CÁLCULO

Volume 2

Dados Internacionais de Catalogação na Publicação (CIP)
(Câmara Brasileira do Livro, SP, Brasil)

Stewart, James
Cálculo, volume 2 / James Stewart, Daniel Clegg, Saleem Watson ; tradução Francisco Magalhães Gomes. – 6. ed. – São Paulo : Cengage Learning, 2023.

Título original: Calculus : early transcendentals
1. reimp. da 9. ed. norte-americana.
ISBN 978-65-5558-402-8

1. Cálculo I. Clegg, Daniel. II. Watson, Saleem. III. Título.

21-89748 CDD-515

Índice para catálogo sistemático:
1. Cálculo : Matemática 515
Cibele Maria Dias – Bibliotecária – CRB-8/9427

CÁLCULO

Volume 2

Tradução da 9ª edição norte-americana

JAMES STEWART
McMASTER UNIVERSITY
E
UNIVERSITY OF TORONTO

DANIEL CLEGG
PALOMAR COLLEGE

SALEEM WATSON
CALIFORNIA STATE UNIVERSITY, LONG BEACH

Tradução técnica dos trechos da 9ª edição:

FRANCISCO MAGALHÃES GOMES
UNIVERSIDADE ESTADUAL DE CAMPINAS (UNICAMP)

Cengage

Austrália • Brasil • Canadá • México • Cingapura • Reino Unido • Estados Unidos

Cálculo – Volume 2 – Tradução da 9ª edição norte-americana

6ª edição brasileira

James Stewart, Daniel Clegg e Saleem Watson

Gerente editorial: Noelma Brocanelli

Editora de desenvolvimento: Gisela Carnicelli

Supervisora de produção gráfica: Fabiana Alencar Albuquerque

Título original: Calculus – Early transcendentals – 9th edition (ISBN 13: 978-0-357-11351-6)

Tradução técnica dos trechos novos da 9ª edição norte-americana: Francisco Magalhães Gomes

Tradução dos trechos da 8ª edição: Helena Maria Ávila de Castro

Revisão técnica da 8ª edição: Eduardo Garibaldi

Tradução dos trechos da 7ª edição norte-americana: EZ2Translate

Revisão técnica da 7ª edição: Eduardo Garibaldi

Tradução técnica da 6ª edição norte-americana: Antonio Carlos Moretti e Antonio Carlos Gilli Martins

Preparação de arquivos: Priscilla Lopes, Beatriz Simões e Diego Carrera

Cotejo e revisão: Fábio Gonçalves, Rosângela Ramos da Silva, Olívia Frade Zambone e Larissa Wostog

Diagramação: PC Editorial Ltda.

Indexação: Priscilla Lopes

Capa: Raquel Braik Pedreira

Imagem da capa: DRN Studio/Shutterstock

Para informações sobre nossos produtos, entre em contato pelo telefone **+55 11 3665-9900.**

Para permissão de uso de material desta obra, envie seu pedido para **direitosautorais@cengage.com.**

ISBN-13: 978-65-5558-402-8
ISBN-10: 65-5558-402-5

Cengage
WeWork
Rua Cerró Cora, 2175 - Alto da Lapa
São Paulo - SP - CEP 05061-450
Tel.: +55 (11) 3665-9900

Para suas soluções de curso e aprendizado, visite **www.cengage.com.br.**

Impresso no Brasil.
Printed in Brazil.
1ª reimpressão – 2023

Sumário

Prefácio ix

Um Tributo a James Stewart xx

Sobre os Autores xxi

Recursos Tecnológicos Desta Edição xxii

Ao Aluno xxiii

Testes de Verificação xxiv

Uma Apresentação do Cálculo xxix

9 Equações Diferenciais 557

9.1 Modelagem com Equações Diferenciais 558

9.2 Campos de Direções e Método de Euler 564

9.3 Equações Separáveis 572

PROJETO APLICADO • Quão Rapidamente um Tanque Esvazia 580

9.4 Modelos para o Crescimento Populacional 581

9.5 Equações Lineares 591

PROJETO APLICADO • O Que é Mais Rápido, Subir ou Descer? 597

9.6 Sistemas Predador-Presa 597

Revisão 604

Problemas Quentes 607

10 Equações Paramétricas e Coordenadas Polares 609

10.1 Curvas Definidas por Equações Paramétricas 610

PROJETO DE DESCOBERTA • Rolando Círculos ao Redor de Círculos 620

10.2 Cálculo com Curvas Parametrizadas 620

PROJETO DE DESCOBERTA • Curvas de Bézier 630

10.3 Coordenadas Polares 630

PROJETO DE DESCOBERTA • Famílias de Curvas Polares 639

10.4 Cálculo em Coordenadas Polares 639

10.5 Seções Cônicas 646

10.6 Seções Cônicas em Coordenadas Polares 654

Revisão 661

Problemas Quentes 664

11 Sequências, Séries e Séries de Potências 665

11.1 Sequências 666

PROJETO DE DESCOBERTA • Sequências Logísticas 679

11.2 Séries 680

11.3 O Teste da Integral e as Estimativas de Somas 692

11.4 Os Testes de Comparação 699

11.5 Séries Alternadas e Convergência Absoluta 705

11.6 Os Testes da Razão e da Raiz 712

11.7 Estratégia para Testes de Séries 717

11.8 Séries de Potências 719

11.9 Representações de Funções como Séries de Potências 724

11.10 Séries de Taylor e Maclaurin 732

PROJETO DE DESCOBERTA • Um Limite Elusivo 747

PROJETO ESCRITO • Como Newton Descobriu a Série Binomial 747

11.11 Aplicações dos Polinômios de Taylor 748

PROJETO APLICADO • Radiação Proveniente das Estrelas 756

Revisão 756

Problemas Quentes 760

12 Vetores e a Geometria do Espaço 765

12.1 Sistemas de Coordenadas Tridimensionais 766

12.2 Vetores 772

PROJETO DE DESCOBERTA • O Formato de Uma Corrente Suspensa 781

12.3 O Produto Escalar 782

12.4 O Produto Vetorial 789

PROJETO DE DESCOBERTA • Geometria de um Tetraedro 797

12.5 Equações de Retas e Planos 798

PROJETO DE DESCOBERTA • Colocando o 3D em Perspectiva 808

12.6 Cilindros e Superfícies Quádricas 808

Revisão 815

Problemas Quentes 818

13 Funções Vetoriais 821

13.1 Funções Vetoriais e Curvas Espaciais 822

13.2 Derivadas e Integrais de Funções Vetoriais 829

13.3 Comprimento de Arco e Curvatura 835

13.4 Movimento no Espaço: Velocidade e Aceleração 846

PROJETO APLICADO • Leis de Kepler 855

Revisão 856

Problemas Quentes 859

14 Derivadas Parciais 861

14.1 Funções de Diversas Variáveis 862

14.2 Limites e Continuidade 877

14.3 Derivadas Parciais 887

PROJETO DE DESCOBERTA • Deduzindo a Função de Produção de Cobb--Douglas 898

14.4 Planos Tangentes e Aproximações Lineares 899

PROJETO APLICADO • O Traje LZR Racer da Speedo 908

14.5 Regra da Cadeia 909

14.6 Derivadas Direcionais e o Vetor Gradiente 917

14.7 Valores Máximo e Mínimo 930

PROJETO DE DESCOBERTA • Aproximação Quadrática e Pontos Críticos 940

14.8 Multiplicadores de Lagrange 940

PROJETO APLICADO • Ciência dos Foguetes 948

PROJETO APLICADO • Otimização de uma Turbina Hidráulica 950

Revisão 951

Problemas Quentes 955

15 Integrais Múltiplas 957

15.1 Integrais Duplas sobre Retângulos 958

15.2 Integrais Duplas sobre Regiões Gerais 970

15.3 Integrais Duplas em Coordenadas Polares 980

15.4 Aplicações de Integrais Duplas 986

15.5 Área de Superfície 996

15.6 Integrais Triplas 999

PROJETO DE DESCOBERTA • Volumes de Hiperesferas 1010

15.7 Integrais Triplas em Coordenadas Cilíndricas 1010

PROJETO DE DESCOBERTA • A Intersecção de Três Cilindros 1015

15.8 Integrais Triplas em Coordenadas Esféricas 1016

PROJETO APLICADO • Corrida na Rampa 1022

15.9 Mudança de Variáveis em Integrais Múltiplas 1023

Revisão 1031

Problemas Quentes 1034

16 Cálculo Vetorial 1037

16.1 Campos Vetoriais 1038
16.2 Integrais de Linha 1045
16.3 O Teorema Fundamental das Integrais de Linha 1056
16.4 Teorema de Green 1066
16.5 Rotacional e Divergente 1073
16.6 Superfícies Parametrizadas e suas Áreas 1081
16.7 Integrais de Superfície 1093
16.8 Teorema de Stokes 1104
16.9 O Teorema do Divergente 1110
16.10 Resumo 1117
Revisão 1118
Problemas Quentes 1121

17 Equações Diferenciais de Segunda Ordem 1123

17.1 Equações Lineares de Segunda Ordem 1124
17.2 Equações Lineares Não Homogêneas 1130
17.3 Aplicações de Equações Diferenciais de Segunda Ordem 1136
17.4 Soluções em Séries 1143
Revisão 1147

Apêndices A1

A Números, Desigualdades e Valores Absolutos A2
B Geometria Analítica e Retas A9
C Gráficos das Equações de Segundo Grau A15
D Trigonometria A22
E Notação Sigma A33
F Demonstrações de Teoremas A38
G O Logaritmo Definido como uma Integral A49
H Respostas para os Exercícios Ímpares A56

ÍNDICE REMISSIVO I1

PÁGINAS DE REFERÊNCIAS P1

Prefácio

Uma descoberta extraordinária resolve um problema extraordinário, mas há um pequeno grão de descoberta na solução de qualquer problema. Ainda que seu problema seja modesto, se ele desafia sua curiosidade e desperta sua inventividade, e se você o resolve por conta própria, você pode experimentar a tensão e desfrutar o triunfo da descoberta.

GEORGE POLYA

A arte de ensinar, segundo Mark Van Doren, é a arte de auxiliar a descoberta. Nessa nona edição, assim como em todas as anteriores, mantemos a tradição de escrever um livro que, esperamos, auxilie os estudantes a descobrir o cálculo – tanto por sua utilidade prática como por sua surpreendente beleza. Nosso intuito é transmitir ao estudante uma ideia da utilidade do cálculo, assim como promover o desenvolvimento de sua habilidade técnica. Ao mesmo tempo, nos empenhamos em valorizar a beleza intrínseca do assunto. Não há dúvida de que Newton experimentou uma sensação de triunfo quando fez suas grandes descobertas. Queremos que os estudantes compartilhem um pouco desse entusiasmo.

A ênfase incidirá sobre a compreensão dos conceitos. Praticamente todos os professores de cálculo concordam que o domínio dos conceitos deve ser o objetivo principal do ensino de cálculo; para atingir esse objetivo, apresentamos os tópicos fundamentais graficamente, numericamente, algebricamente e verbalmente, dando ênfase nas relações existentes entre essas diversas representações. Visualização, experimentação numérica e gráfica e descrição verbal podem facilitar bastante a compreensão de conceitos. Além disso, a compreensão de conceitos e a habilidade técnica podem seguir de mãos dadas, uma reforçando a outra.

Temos plena consciência de que há várias formas adequadas de se ensinar e que existem abordagens diferentes para o ensino e o aprendizado de cálculo, de modo que as explicações e os exercícios foram planejados para acomodar estilos diferentes de ensino e aprendizado. Os recursos disponíveis (incluindo projetos, exercícios estendidos, princípios da resolução de problemas e referências históricas) fornecem uma variedade de reforços para um núcleo composto por conceitos e habilidades fundamentais. Nosso objetivo é fornecer a professores e alunos as ferramentas de que necessitam para traçar seus próprios caminhos para a descoberta do cálculo.

O que Há de Novo Nesta Edição?

Em grande medida, a estrutura geral do texto permanece a mesma, mas vários aprimoramentos foram feitos para tornar a nona edição ainda mais útil como uma ferramenta pedagógica para os professores e como uma ferramenta de aprendizagem para os estudantes. As alterações são resultado do diálogo com colegas e estudantes, de sugestões de leitores e revisores, das descobertas oriundas de nossa própria experiência didática com o livro e das numerosas notas que nos foram confiadas por James Stewart, indicando as mudanças que ele desejava que considerássemos para a nova edição. Em todas as mudanças efetuadas, tanto as pequenas como as grandes, mantivemos as características e o tom que contribuíram para o sucesso desse livro.

- Mais de 20% dos exercícios são novos:

  Foram incluídos exercícios básicos, quando apropriado, próximo ao início de uma sequência de exercícios. Tais exercícios têm como propósito dar mais confiança aos estudantes e reforçar a compreensão dos conceitos fundamentais de uma seção. (Veja, por exemplo, os Exercícios 7.3.1 – 4, 9.1.1 – 5 e 11.4.3 – 6.)

Alguns dos novos exercícios incluem gráficos destinados a encorajar os alunos a perceber o quanto um gráfico facilita a solução de um problema; esses exercícios complementam os seguintes, para os quais os estudantes precisam fornecer seus próprios gráficos. (Veja os Exercícios 6.2.1– 4, 10.4.43 – 46 e 53 – 54, 15.5.1 – 2, 15.6.9 – 12, 16.7.15 e 24, 16.8.9 e 13.)

Alguns exercícios foram estruturados em duas etapas, em que a parte (a) envolve a modelagem e a parte (b) a solução de problema. Isso permite que os estudantes confiram suas respostas para a parte (a) antes de concluir o problema. (Veja os Exercícios 6.1.1 – 4, 6.3.3 – 4, 15.2.7 – 10.)

Alguns exercícios desafiadores e mais elaborados foram adicionados ao final de uma sequência de exercícios (tais como os Exercícios 6.2.87, 9.3.56, 11.2.79 – 81 e 11.9.47).

Atribuiu-se títulos a exercícios selecionados que estendem conceitos discutidos nas seções correspondentes. (Veja, por exemplo, os Exercícios 2.6.66, 10.1.55 – 57, 15.2.80 – 81.)

Dos novos exercícios, alguns dos nossos favoritos são: 1.3.71, 3.4.99, 3.5.65, 4.5.55 – 58, 6.2.79, 6.5.18, 10.5.69, 15.1.38 e 15.4.3 – 4. Adicionalmente, são interessantes e desafiadores o problema 14 da seção *Problemas Quentes* do capítulo 6 e o problema 4 da seção *Problemas Quentes* do capítulo 15.

- Foram incluídos novos exemplos, bem como acrescentados passos à resolução de alguns exercícios já existentes. (Servem como ilustração os exemplos 2.7.5, 6.3.5, 10.1.5, 14.8.1, 14.8.4 e 16.3.4.)
- Várias seções foram restruturadas e receberam novas subseções para que a organização do texto fosse definida a partir de conceitos fundamentais. (Ilustram bem isso as seções 2.3, 11.1, 11.2 e 14.2.)
- Foram incluídos novos gráficos e ilustrações, assim como vários foram renovados, para proporcionar uma visão gráfica adicional de conceitos essenciais.
- Alguns tópicos foram introduzidos e outros expandidos (dentro de uma seção ou em exercícios estendidos) a pedido de revisores. (Exemplos incluem uma subseção sobre torção na Seção 13.3, quocientes diferenciais simétricos no Exercício 2.7.60 e integrais impróprias de mais de um tipo nos Exercícios 7.8.65 – 68.)
- Foram acrescentados novos projetos e alguns dos existentes foram reformulados. (Como exemplo, veja o Projeto de Descoberta ao final da Seção 12.2, *O formato de uma corrente pendente*.)
- As derivadas de funções logarítmicas e de funções trigonométricas inversas são cobertas em uma mesma seção (3.6), na qual se enfatiza o conceito de derivada de função inversa.
- Séries alternadas e convergência absoluta são agora abordadas em uma única seção (11.5).

Recursos

Cada recurso foi concebido para complementar práticas específicas de ensino e aprendizado. Ao longo do texto existem referências históricas, exercícios estendidos, projetos, princípios da resolução de problemas e várias oportunidades do uso de tecnologia para testar conceitos.

Estamos conscientes de que, em um semestre, dificilmente haverá tempo para empregar todos esses recursos, mas o fato de eles estarem disponíveis dá ao professor a opção de indicar alguns deles e, talvez, de apenas chamar a atenção para outros, de modo a enfatizar a riqueza de ideias do cálculo e sua crucial importância para o mundo real.

Exercícios Conceituais

O meio mais importante de promover a compreensão de conceitos é através dos problemas que o professor passa. Para tanto, incluímos vários tipos de problemas. Alguns conjuntos de exercícios começam pela exigência de que se explique o significado de conceitos básicos da seção (veja, por exemplo, os primeiros exercícios das Seções 2.2, 2.5, 11.2, 14.2 e 14.3) e a maioria dos conjuntos de exercícios contém problemas concebidos para reforçar os conhecimentos básicos (tais como os Exercícios 2.5.3 – 10, 5.5.1 – 8, 6.1.1 – 4, 7.3.1 – 4, 9.1.1 – 5 e 11.4.3 – 6). Outros exercícios testam a compreensão de conceitos por meio de gráficos e tabelas (Veja os Exercícios 2.7.17, 2.8.36 – 38, 2.8.47 – 52, 9.1.23 – 25, 10.1.30 – 33, 13.2.1 – 2, 13.3.37 – 43, 14.1.41 – 44, 14.3.2, 14.3.4 – 6, 14.6.1 – 2, 14.7.3 – 4, 15.1.6 – 8, 16.1.13 – 22, 16.2.19 – 20 e 16.3.1 – 2.)

Muitos exercícios fornecem um gráfico para auxiliar sua visualização (veja, por exemplo, os Exercícios 6.2.1 – 4, 10.4.43 – 46, 15.5.1 – 2, 15.6.9 – 12 e 16.7.24). Outro tipo de exercício emprega descrições verbais para avaliar a compreensão de conceitos (veja os Exercícios 2.5.12, 2.8.66, 4.3.79 – 80 e 7.8.79). Além disso, todas as seções de revisão começam com uma Verificação de Conceitos e Testes Verdadeiro-Falso).

Valorizamos particularmente os problemas que combinam e comparam abordagens gráficas, numéricas e algébricas. (Veja os Exercícios 2.6.45 – 46, 3.7.29 e 9.4.4.)

Conjuntos de Exercícios Hierarquizados

Cada conjunto de exercícios é cuidadosamente classificado, partindo-se de exercícios conceituais básicos até exercícios gráficos e de desenvolvimento de habilidades, os quais são seguidos por exercícios mais desafiadores que frequentemente estendem os conceitos da seção, aproveitam conceitos de seções anteriores ou envolvem aplicações ou demonstrações.

Dados Reais

Dados de aplicações reais fornecem uma maneira tangível de introduzir, motivar ou ilustrar os conceitos de cálculo. Sendo assim, muitos exemplos e exercícios envolvem funções definidas por dados numéricos ou gráficos desse tipo. Esses dados reais foram obtidos contactando-se empresas e agências governamentais, bem como fazendo pesquisas na Internet e em bibliotecas. Veja, por exemplo, a Figura 1 da Seção 1.1 (sismograma do terremoto de Northridge), o Exercício 2.8.36 (número de cirurgias cosméticas), o Exercício 5.1.12 (velocidade do ônibus espacial *Endeavour*), o Exercício 5.4.83 (consumo de energia nos estados da região da Nova Inglaterra, nos EUA), o Exemplo 3 da Seção 14.4 (o índice de calor), a Figura 1 da Seção 14.6 (mapa de contorno da temperatura), o Exemplo 9 da Seção 15.1 (a queda de neve no Colorado) e a Figura 1 da Seção 16.1 (campos vetoriais de velocidade do vento na baía de São Francisco).

Projetos

Uma forma de envolver os estudantes e torná-los alunos ativos é fazê-los trabalhar (possivelmente, em grupos) em projetos mais aprofundados que permitam uma sensação de realização ao serem concluídos. Há três tipos de projetos nesse livro.

Os *Projetos Aplicados* envolvem aplicações destinadas a apelar para a imaginação dos estudantes. O projeto apresentado após a Seção 9.5 questiona se uma bola jogada para o alto demora mais para atingir a sua altura máxima ou para cair de volta à sua altura original (a resposta pode surpreendê-lo). O projeto que sucede a Seção 14.8 emprega multiplicadores de Lagrange para determinar as massas dos três estágios de um foguete de modo a minimizar a massa total e, ao mesmo tempo, permitir que o foguete atinja a velocidade desejada.

Os *Projetos de Descoberta* antecipam resultados que serão discutidos posteriormente ou encorajam a descoberta por meio do reconhecimento de padrões (veja o projeto apresentado logo após a Seção 7.6, que explora padrões em integrais). Outros projetos de descoberta exploram aspectos da geometria: tetraedros (após a Seção 12.4), hiperesferas (após a Seção 15.6) e intersecções de três cilindros (após a Seção 15.7). Adicionalmente, o projeto que sucede a Seção 12.2 usa a definição geométrica de derivada para a obtenção de uma fórmula para o formato de uma corrente pendente. Alguns projetos empregam tecnologia de modo substancial; o que é apresentado após a Seção 10.2 mostra como usar curvas de Bézier para desenhar curvas que representam letras usadas por uma impressora a laser.

Os *Projetos Escritos* requerem dos estudantes que comparem métodos atuais com aqueles empregados pelos fundadores do cálculo – o método de Fermat para a obtenção de tangentes, apresentado após a Seção 2.7, é um exemplo. Nesses casos, fornecemos recomendações de leitura.

Resolução de Problemas

Os estudantes normalmente têm dificuldades com problemas que não contam com um método bem definido para a obtenção da solução. Tendo sido aluno de George Polya, James Stewart teve contato, em primeira mão, com as cativantes e penetrantes descobertas de Polya sobre o processo de resolução de problemas. Dessa forma, uma versão modificada da estratégia de resolução de problemas em quatro estágios, proposta por Polya, é apresentada logo após o Capítulo 1, na seção Princípios da Resolução de Problemas. Tais princípios são empregados, explicita e implicitamente, ao longo do livro. Cada um dos demais capítulos é sucedido por uma seção denominada *Problemas Quentes*, que inclui exemplos de como enfrentar problemas desafiadores de cálculo. Ao selecionar os problemas da seção Problemas Quentes, mantivemos em mente o seguinte conselho de David Hilbert: "Um problema matemático deve ser difícil de modo atrair-nos, mas não inacessível a ponto de zombar de nossos esforços". Usamos esses problemas com grande sucesso em nossas próprias aulas de cálculo; é gratificante observar como os estudantes respondem a um desafio. James Stewart disse "Quando incluo esses problemas desafiadores em tarefas e provas, corrijo-os de uma forma diferente... Recompenso significativamente o estudante por apresentar ideias que levem à solução e por reconhecer quais princípios de resolução de problemas são mais relevantes".

Tecnologia

Quando se usa tecnologia, é particularmente importante compreender claramente os conceitos que embasam as imagens na tela ou os resultados de uma conta. Quando usadas de forma apropriada, calculadoras gráficas e computadores são ferramentas poderosas para a descoberta e a compreensão desses conceitos. Esse livro-texto pode ser usado com ou sem o uso de tecnologia – usamos dois símbolos especiais para indicar claramente quando é necessário um tipo particular de auxílio tecnológico. O ícone indica um exercício que definitivamente exige o uso de um programa de desenho ou de uma calculadora gráfica para auxiliar no traçado de um gráfico. (O que não quer dizer que também não se possa usar tecnologia nos demais exercícios.) O símbolo T indica que o auxílio de um programa ou uma calculadora gráfica para a conclusão de um exercício não se limita ao traçado de gráficos. Frequentemente, websites gratuitos como o WolframAlpha.com ou o Symbolab.com são apropriados para isso. Nos casos em que são necessários todos os recursos de um sistema de computação algébrica, como o Maple ou o Mathematica, deixamos isso claro no exercício. Naturalmente, a tecnologia não torna obsoleto o uso de lápis e papel. Frequentemente, cálculos e esboços feitos à mão são melhores que os recursos tecnológicos para ilustrar e reforçar alguns conceitos. Tanto professores como alunos precisam desenvolver a habilidade de decidir em quais situações o uso de tecnologia é apropriado e em quais casos adquire-se mais conhecimento resolvendo um exercício à mão.

WebAssign: webassign.net

CENGAGE | WEBASSIGN

A edição norte-americana deste livro está disponível no WebAssign, uma solução online totalmente personalizável da Cengage para disciplinas de ciências, tecnologia, engenharia e matemática (cujo acrônimo em inglês é STEM). O WebAssign conta com milhares de exercícios numéricos, algébricos e de múltipla escolha, eBook em inglês, vídeos, tutoriais e módulos de aprendizado interativo “Explore It”. Os professores podem decidir a que tipo de auxílio os alunos terão acesso enquanto realizam as tarefas e em que momento esse auxílio será fornecido. O sistema de avaliação realiza uma análise automática das respostas, fornecendo instantaneamente um retorno aos estudantes. Os professores têm acesso a um *dashboard* com resultado de desempenho individual ou da turma, ajudando--os a identificar os pontos em que os estudantes têm dificuldades.

Para mais informações sobre como adquirir o cartão de acesso a essa ferramenta, contate: vendas.brasil@cengage.com. WebAssign é uma plataforma com conteúdo em inglês. É necessário ter conhecimento intermediário do idioma para melhor aproveitamento.

Website do Stewart

Visite StewartCalculus.com para ter acesso ao seguinte material adicional (importante: ao acessar o site, escolha Calculus Early Transcendentals – 9th edition):

- Solutions to the Concept Checks (que fazem parte da seção de revisão de cada capítulo).
- Algebra and Analytic Geometry Review.
- Lies My Calculator and Computer Told Me.
- History of Mathematics, com links para websites históricos recomendados pelo autor.
- Additional Topics: Fourier Series, Rotation of Axes, Formulas for the Remainder Theorem in Taylor Series.
- Links para fontes externas da Internet sobre tópicos particulares.

Todo o material disponível no site do autor está em inglês. A Editora não se responsabiliza pela atualização do site e pelo funcionamento dos links contidos nele. Alguns dos materiais do website do autor também estão disponíveis na página deste livro no site da Cengage.

Na página deste livro no site da Cengage

- Problemas de Desafio para capítulos selecionados, com soluções e respostas (em inglês).
- Problemas Arquivados para todos os capítulos, com soluções e respostas (em português).
- Slides de Power Point® (em português).
- Revisão de Álgebra (em inglês).
- Revisão de Geometria Analítica (em inglês).
- Suplemento: *Mentiras que minha calculadora e meu computador me contaram* com exercícios e soluções (em português).
- Tópicos adicionais: Fórmulas para o termo de resto nas séries de Taylor; séries de Fourier; rotação de eixos; revisão de seções cônicas (em inglês).
- Respostas aos exercícios de verificação de conceitos (em português).
- Manual de soluções (em inglês, para professores).

Conteúdo

Testes de Verificação O livro começa com quatro testes de verificação: Álgebra Básica, Geometria Analítica, Funções e Trigonometria.

Uma Apresentação do Cálculo Temos aqui um panorama da matéria, incluindo uma série de questões para nortear o estudo do cálculo.

VOLUME 1

1 Funções e Modelos Desde o princípio, a multiplicidade de representações das funções é valorizada: verbal, numérica, visual e algébrica. A discussão dos modelos matemáticos conduz a uma revisão das funções usuais, incluindo as funções exponenciais e logarítmicas, por meio desses quatro pontos de vista.

2 Limites e Derivadas O material sobre limites decorre da discussão prévia sobre os problemas da tangente e da velocidade. Os limites são tratados dos pontos de vista descritivo, gráfico, numérico e algébrico. A Seção 2.4, sobre a definição precisa de limite por meio de epsilons e deltas, é opcional. As Seções 2.7 e 2.8 tratam de derivadas (incluindo derivadas para funções definidas gráfica e numericamente) antes da introdução das regras de derivação (que serão discutidas no Capítulo 3). Aqui, os exemplos e exercícios exploram o significado das derivadas em diversos contextos. As derivadas de ordem superior são apresentadas na Seção 2.8.

3 Regras de Derivação Todas as funções básicas, incluindo as exponenciais, logarítmicas e inversas de trigonométricas são derivadas aqui. Agora, as duas últimas classes de funções são cobertas em uma única seção, dedicada à derivada de uma função inversa. Quando as derivadas são calculadas em situações aplicadas, é solicitado que o aluno explique seu significado. Nesta edição, o crescimento e decaimento exponencial são tratados neste capítulo.

4 Aplicações de Derivação Os fatos básicos referentes aos valores extremos e formas de curvas são deduzidos do Teorema do Valor Médio. O uso de tecnologias gráficas ressalta a interação entre o cálculo e as máquinas e a análise de famílias de curvas. São apresentados alguns problemas substanciais de otimização, incluindo uma explicação de por que precisamos elevar nossa cabeça a 42° para ver o topo de um arco-íris.

5 Integrais Problemas de área e distância servem para apresentar a integral definida, introduzindo a notação de somatório (ou notação sigma) quando necessária (esta notação é estudada de forma mais completa no Apêndice E). Dá-se ênfase à explicação do significado das integrais em diversos contextos e à obtenção de estimativas para seus valores a partir de tabelas e gráficos.

6 Aplicações de Integração Este capítulo apresenta algumas aplicações de integração – área, volume, trabalho, valor médio – que podem ser feitas sem o uso de técnicas avançadas. Dá-se ênfase aos métodos gerais. O objetivo é que os alunos consigam dividir uma dada quantidade em partes menores, estimar usando somas de Riemann e que sejam capazes de reconhecer o limite como uma integral.

7 Técnicas de Integração Todos os métodos tradicionais são mencionados, mas é claro que o verdadeiro desafio é perceber qual técnica é mais adequada a cada situação. Dessa forma, uma estratégia para o cálculo de integrais é descrita na Seção 7.5. O uso de programas matemáticos é discutido na Seção 7.6.

8 Mais Aplicações de Integração Este capítulo contém as aplicações de integração para as quais é útil dispor de todas as técnicas de integração – área de superfície e comprimento do arco – bem como outras aplicações à biologia, à economia e à física (força hidrostática e centros de massa). Foi incluída uma seção sobre probabilidade. Há mais aplicações do que se pode estudar em qualquer curso, assim, o professor pode selecionar aquelas que julgue mais interessantes ou adequadas a seus alunos.

VOLUME 2

9 Equações Diferenciais

Modelagem é o tema que unifica esse tratamento introdutório de equações diferenciais. Campos direcionais e o método de Euler são estudados antes de as equações separáveis e lineares serem solucionadas explicitamente, de modo que abordagens qualitativas, numéricas e analíticas recebem a mesma consideração. Esses métodos são aplicados, dentre outros, ao modelo exponencial e ao modelo logístico para o crescimento populacional. As quatro ou cinco primeiras seções deste capítulo servem como uma boa introdução a equações diferenciais de primeira ordem. Uma seção final opcional utiliza os modelos presa-predador para ilustrar sistemas de equações diferenciais.

10 Equações Paramétricas e Coordenadas Polares

Este capítulo introduz curvas paramétricas e polares e aplica os métodos de cálculo a elas. As curvas paramétricas são adequadas a projetos que requerem o uso de recursos tecnológicos para o traçado de gráficos; os dois apresentados aqui envolvem famílias de curvas e curvas de Bézier. Um breve tratamento de seções cônicas em coordenadas polares prepara o caminho para as Leis de Kepler, no Capítulo 13.

11 Sequências, Séries e Séries de Potência

Os testes de convergência possuem justificativas intuitivas (veja a Seção 11.3), bem como demonstrações formais. Estimativas numéricas de somas de séries baseiam-se em qual teste foi usado para demonstrar a convergência. A ênfase é dada à série de Taylor e aos polinômios e suas aplicações à física.

12 Vetores e a Geometria do Espaço

O material sobre geometria analítica tridimensional e vetores é abordado neste e no próximo capítulo. Aqui, lidamos com vetores, produtos escalar e vetorial, retas, planos e superfícies.

13 Funções Vetoriais

Aqui, são estudadas as funções a valores vetoriais, suas derivadas e integrais, o comprimento e curvatura de curvas espaciais, a velocidade e aceleração ao longo dessas curvas, finalizando com as Leis de Kepler.

14 Derivadas Parciais

As funções de duas ou mais variáveis são estudadas do ponto de vista verbal, numérico, visual e algébrico. Em particular, as derivadas parciais são introduzidas mediante a análise de coluna específica de uma tabela com índices de conforto térmico (temperatura aparente do ar), como função da temperatura medida e da umidade relativa.

15 Integrais Múltiplas

Para calcular as médias de temperatura e precipitação de neve em dadas regiões, utilizamos mapas de contorno e a Regra do Ponto Médio. São usadas integrais duplas e triplas no cálculo de volumes, área de superfície e, em projetos, do volume de hiperesferas e da intersecção de três cilindros. As coordenadas esféricas e cilíndricas são introduzidas no contexto de cálculo de integrais triplas. Várias aplicações são contempladas, incluindo o cálculo de massa, carga e probabilidades.

16 Cálculo Vetorial

A apresentação de campos vetoriais é feita por meio de figuras dos campos de velocidade do vento na Baía de São Francisco. Exploramos também as semelhanças entre o Teorema Fundamental para integrais de linha, o Teorema de Green, o Teorema de Stokes e o Teorema do Divergente.

17 Equações Diferenciais de Segunda Ordem

Como as equações diferenciais de primeira ordem foram tratadas no Capítulo 9, este último capítulo trata das equações diferenciais lineares de segunda ordem, sua aplicação em molas vibrantes e circuitos elétricos, e soluções em séries.

Agradecimentos

Um dos principais fatores que auxiliaram a preparação dessa edição foi a orientação fundamentada fornecida por um grande número de revisores, todos com larga experiência no ensino de cálculo. Agradecemos-lhes imensamente por suas sugestões e pelo tempo que despenderam para compreender a abordagem adotada nesse livro. Aprendemos algo com cada um deles.

Revisores Desta Edição

Malcolm Adams, University of Georgia
Ulrich Albrecht, Auburn University
Bonnie Amende, Saint Martin's University
Champike Attanayake, Miami University Middletown
Amy Austin, Texas A&M University
Elizabeth Bowman, University of Alabama
Joe Brandell, West Bloomfield High School / Oakland University
Lorraine Braselton, Georgia Southern University
Mark Brittenham, University of Nebraska–Lincoln
Michael Ching, Amherst College
Kwai-Lee Chui, University of Florida
Arman Darbinyan, Vanderbilt University
Roger Day, Illinois State University
Toka Diagana, Howard University
Karamatu Djima, Amherst College
Mark Dunster, San Diego State University
Eric Erdmann, University of Minnesota–Duluth
Debra Etheridge, The University of North Carolina at Chapel Hill
Jerome Giles, San Diego State University
Mark Grinshpon, Georgia State University
Katie Gurski, Howard University
John Hall, Yale University
David Hemmer, University at Buffalo–SUNY, N. Campus
Frederick Hoffman, Florida Atlantic University
Keith Howard, Mercer University
Iztok Hozo, Indiana University Northwest
Shu-Jen Huang, University of Florida
Matthew Isom, Arizona State University–Polytechnic
James Kimball, *University of Louisiana at Lafayette*
Thomas Kinzel, Boise State University
Anastasios Liakos, United States Naval Academy
Chris Lim, Rutgers University–Camden
Jia Liu, University of West Florida
Joseph Londino, University of Memphis
Colton Magnant, Georgia Southern University
Mark Marino, University at Buffalo–SUNY, N. Campus
Kodie Paul McNamara, Georgetown University
Mariana Montiel, Georgia State University
Russell Murray, Saint Louis Community College
Ashley Nicoloff, Glendale Community College
Daniella Nokolova-Popova, Florida Atlantic University
Giray Okten, Florida State University–Tallahassee
Aaron Peterson, Northwestern University
Alice Petillo, Marymount University
Mihaela Poplicher, University of Cincinnati
Cindy Pulley, Illinois State University
Russell Richins, Thiel College
Lorenzo Sadun, University of Texas at Austin
Michael Santilli, Mesa Community College
Christopher Shaw, Columbia College
Brian Shay, Canyon Crest Academy
Mike Shirazi, Germanna Community College–Fredericksburg
Pavel Sikorskii, Michigan State University
Mary Smeal, University of Alabama
Edwin Smith, Jacksonville State University
Sandra Spiroff, *University of Mississippi*
Stan Stascinsky, Tarrant County College
Jinyuan Tao, Loyola University of Maryland
Ilham Tayahi, University of Memphis
Michael Tom, Louisiana State University–Baton Rouge
Michael Westmoreland, Denison University
Scott Wilde, Baylor University
Larissa Williamson, University of Florida
Michael Yatauro, Penn State Brandywine
Gang Yu, Kent State University
Loris Zucca, Lone Star College–Kingwood

Revisores da Edição Anterior

Jay Abramson, Arizona State University
B. D. Aggarwala, University of Calgary
John Alberghini, Manchester Community College
Michael Albert, Carnegie-Mellon University
Daniel Anderson, University of Iowa
Maria Andersen, Muskegon Community College
Eric Aurand, Eastfield College
Amy Austin, Texas A&M University
Donna J. Bailey, Northeast Missouri State University
Wayne Barber, Chemeketa Community College
Joy Becker, University of Wisconsin–Stout
Marilyn Belkin, Villanova University
Neil Berger, University of Illinois, Chicago
David Berman, University of New Orleans
Anthony J. Bevelacqua, University of North Dakota
Richard Biggs, University of Western Ontario
Robert Blumenthal, Oglethorpe University
Martina Bode, Northwestern University
Przemyslaw Bogacki, Old Dominion University
Barbara Bohannon, Hofstra University
Jay Bourland, Colorado State University
Adam Bowers, University of California San Diego

Philip L. Bowers, Florida State University
Amy Elizabeth Bowman, University of Alabama in Huntsville
Stephen W. Brady, Wichita State University
Michael Breen, Tennessee Technological University
Monica Brown, University of Missouri–St. Louis
Robert N. Bryan, University of Western Ontario
David Buchthal, University of Akron
Roxanne Byrne, University of Colorado at Denver and Health Sciences Center
Jenna Carpenter, Louisiana Tech University
Jorge Cassio, Miami-Dade Community College
Jack Ceder, University of California, Santa Barbara
Scott Chapman, Trinity University
Zhen-Qing Chen, University of Washington–Seattle
James Choike, Oklahoma State University
Neena Chopra, The Pennsylvania State University
Teri Christiansen, University of Missouri–Columbia
Barbara Cortzen, DePaul University
Carl Cowen, Purdue University
Philip S. Crooke, Vanderbilt University
Charles N. Curtis, Missouri Southern State College
Daniel Cyphert, Armstrong State College
Robert Dahlin
Bobby Dale Daniel, Lamar University
Jennifer Daniel, Lamar University
M. Hilary Davies, University of Alaska Anchorage
Gregory J. Davis, University of Wisconsin–Green Bay
Elias Deeba, University of Houston–Downtown
Daniel DiMaria, Suffolk Community College
Seymour Ditor, University of Western Ontario
Edward Dobson, Mississippi State University
Andras Domokos, California State University, Sacramento
Greg Dresden, Washington and Lee University
Daniel Drucker, Wayne State University
Kenn Dunn, Dalhousie University
Dennis Dunninger, Michigan State University
Bruce Edwards, University of Florida
David Ellis, San Francisco State University
John Ellison, Grove City College
Martin Erickson, Truman State University
Garret Etgen, University of Houston
Theodore G. Faticoni, Fordham University
Laurene V. Fausett, Georgia Southern University
Norman Feldman, Sonoma State University
Le Baron O. Ferguson, University of California–Riverside
Newman Fisher, San Francisco State University
Timothy Flaherty, Carnegie Mellon University
José D. Flores, The University of South Dakota
William Francis, Michigan Technological University
James T. Franklin, Valencia Community College, East
Stanley Friedlander, Bronx Community College
Patrick Gallagher, Columbia University–New York
Paul Garrett, University of Minnesota–Minneapolis
Frederick Gass, Miami University of Ohio
Lee Gibson, University of Louisville
Bruce Gilligan, University of Regina
Matthias K. Gobbert, University of Maryland, Baltimore County
Gerald Goff, Oklahoma State University
Isaac Goldbring, University of Illinois at Chicago
Jane Golden, Hillsborough Community College
Stuart Goldenberg, California Polytechnic State University
John A. Graham, Buckingham Browne & Nichols School
Richard Grassl, University of New Mexico
Michael Gregory, University of North Dakota
Charles Groetsch, University of Cincinnati
Semion Gutman, University of Oklahoma
Paul Triantafilos Hadavas, Armstrong Atlantic State University
Salim M. Haïdar, Grand Valley State University
D. W. Hall, Michigan State University
Robert L. Hall, University of Wisconsin–Milwaukee
Howard B. Hamilton, California State University, Sacramento
Darel Hardy, Colorado State University
Shari Harris, John Wood Community College
Gary W. Harrison, College of Charleston
Melvin Hausner, New York University/Courant Institute
Curtis Herink, Mercer University
Russell Herman, University of North Carolina at Wilmington
Allen Hesse, Rochester Community College
Diane Hoffoss, University of San Diego
Randall R. Holmes, Auburn University
Lorraine Hughes, Mississippi State University
James F. Hurley, University of Connecticut
Amer Iqbal, University of Washington–Seattle
Matthew A. Isom, Arizona State University
Jay Jahangiri, Kent State University
Gerald Janusz, University of Illinois at Urbana-Champaign
John H. Jenkins, Embry-Riddle Aeronautical University, Prescott Campus
Lea Jenkins, Clemson University
John Jernigan, Community College of Philadelphia
Clement Jeske, University of Wisconsin, Platteville
Carl Jockusch, University of Illinois at Urbana-Champaign
Jan E. H. Johansson, University of Vermont
Jerry Johnson, Oklahoma State University
Zsuzsanna M. Kadas, St. Michael's College
Brian Karasek, South Mountain Community College
Nets Katz, Indiana University Bloomington
Matt Kaufman
Matthias Kawski, Arizona State University
Frederick W. Keene, Pasadena City College
Robert L. Kelley, University of Miami
Akhtar Khan, Rochester Institute of Technology
Marianne Korten, Kansas State University
Virgil Kowalik, Texas A&I University
Jason Kozinski, University of Florida
Kevin Kreider, University of Akron
Leonard Krop, DePaul University
Carole Krueger, The University of Texas at Arlington
Mark Krusemeyer, Carleton College
Ken Kubota, University of Kentucky
John C. Lawlor, University of Vermont
Christopher C. Leary, State University of New York at Geneseo
David Leeming, University of Victoria
Sam Lesseig, Northeast Missouri State University
Phil Locke, University of Maine
Joyce Longman, Villanova University
Joan McCarter, Arizona State University
Phil McCartney, Northern Kentucky University
Igor Malyshev, San Jose State University
Larry Mansfield, Queens College
Mary Martin, Colgate University
Nathaniel F. G. Martin, University of Virginia
Gerald Y. Matsumoto, American River College
James McKinney, California State Polytechnic University, Pomona

Tom Metzger, University of Pittsburgh
Richard Millspaugh, University of North Dakota
John Mitchell, Clark College
Lon H. Mitchell, Virginia Commonwealth University
Michael Montaño, Riverside Community College
Teri Jo Murphy, University of Oklahoma
Martin Nakashima, California State Polytechnic University, Pomona
Ho Kuen Ng, San Jose State University
Richard Nowakowski, Dalhousie University
Hussain S. Nur, California State University, Fresno
Norma Ortiz-Robinson, Virginia Commonwealth University
Wayne N. Palmer, Utica College
Vincent Panico, University of the Pacific
F. J. Papp, University of Michigan–Dearborn
Donald Paul, Tulsa Community College
Mike Penna, Indiana University–Purdue University Indianapolis
Chad Pierson, University of Minnesota, Duluth
Mark Pinsky, Northwestern University
Lanita Presson, University of Alabama in Huntsville
Lothar Redlin, The Pennsylvania State University
Karin Reinhold, State University of New York at Albany
Thomas Riedel, University of Louisville
Joel W. Robbin, University of Wisconsin–Madison
Lila Roberts, Georgia College and State University
E. Arthur Robinson, Jr., The George Washington University
Richard Rockwell, Pacific Union College
Rob Root, Lafayette College
Richard Ruedemann, Arizona State University
David Ryeburn, Simon Fraser University
Richard St. Andre, Central Michigan University
Ricardo Salinas, San Antonio College
Robert Schmidt, South Dakota State University
Eric Schreiner, Western Michigan University
Christopher Schroeder, Morehead State University
Mihr J. Shah, Kent State University–Trumbull
Angela Sharp, University of Minnesota, Duluth
Patricia Shaw, Mississippi State University
Qin Sheng, Baylor University
Theodore Shifrin, University of Georgia
Wayne Skrapek, University of Saskatchewan
Larry Small, Los Angeles Pierce College
Teresa Morgan Smith, Blinn College
William Smith, University of North Carolina
Donald W. Solomon, University of Wisconsin–Milwaukee
Carl Spitznagel, John Carroll University
Edward Spitznagel, Washington University
Joseph Stampfli, Indiana University
Kristin Stoley, Blinn College
Mohammad Tabanjeh, Virginia State University
Capt. Koichi Takagi, United States Naval Academy
M. B. Tavakoli, Chaffey College
Lorna TenEyck, Chemeketa Community College
Magdalena Toda, Texas Tech University
Ruth Trygstad, Salt Lake Community College
Paul Xavier Uhlig, St. Mary's University, San Antonio
Stan Ver Nooy, University of Oregon
Andrei Verona, California State University–Los Angeles
Klaus Volpert, Villanova University
Rebecca Wahl, Butler University
Russell C. Walker, Carnegie-Mellon University
William L. Walton, McCallie School
Peiyong Wang, Wayne State University
Jack Weiner, University of Guelph
Alan Weinstein, University of California, Berkeley
Roger Werbylo, Pima Community College
Theodore W. Wilcox, Rochester Institute of Technology
Steven Willard, University of Alberta
David Williams, Clayton State University
Robert Wilson, University of Wisconsin–Madison
Jerome Wolbert, University of Michigan–Ann Arbor
Dennis H. Wortman, University of Massachusetts, Boston
Mary Wright, Southern Illinois University–Carbondale
Paul M. Wright, Austin Community College
Xian Wu, University of South Carolina
Zhuan Ye, Northern Illinois University

Agradecemos a todos que contribuíram com essa edição – e foram muitos –, bem como àqueles cujas contribuições às edições anteriores foram mantidas nessa nova edição. Agradecemos a Marigold Ardren, David Behrman, George Bergman, R. B. Burckel, Bruce Colletti, John Dersch, Gove Effinger, Bill Emerson, Alfonso Gracia-Saz, Jeffery Hayen, Dan Kalman, Quyan Khan, John Khoury, Allan MacIsaac, Tami Martin, Monica Nitsche, Aaron Peterson, Lamia Raffo, Norton Starr, Jim Trefzger, Aaron Watson e Weihua Zeng por suas sugestões; a Joseph Bennish, Craig Chamberlin, Kent Merryfield e Gina Sanders pelas relevantes conversas sobre cálculo; a Al Shenk e Dennis Zill pela permissão de uso de exercícios de seus textos de cálculo; à COMAP pela permissão de uso de material de projetos; a David Bleecker, Victor Kaftal, Anthony Lam, Jamie Lawson, Ira Rosenholtz, Paul Sally, Lowell Smylie, Larry Wallen e Jonathan Watson pelas ideias sobre exercícios; a Dan Drucker pelo projeto sobre *roller derby*; a Thomas Banchoff, Tom Farmer, Fred Gass, John Ramsay, Larry Riddle, Philip Straffin e Klaus Volpert pelas ideias sobre projetos; a Josh Babbin, Scott Barnett e Gina Sanders por resolver os novos exercícios e sugerir formas de aprimorá-los; a Jeff Cole por inspecionar as respostas de todos os exercícios e assegurar que estão corretas; a Mary Johnson e Marv Riedesel pela precisão na revisão e a Doug Shaw pela conferência da exatidão dos dados. Agradecemos ainda a Dan Anderson, Ed Barbeau, Fred Brauer, Andy Bulman-Fleming,

Bob Burton, David Cusick, Tom DiCiccio, Garret Etgen, Chris Fisher, Barbara Frank, Leon Gerber, Stuart Goldenberg, Arnold Good, Gene Hecht, Harvey Keynes, E. L. Koh, Zdislav Kovarik, Kevin Kreider, Emile LeBlanc, David Leep, Gerald Leibowitz, Larry Peterson, Mary Pugh, Carl Riehm, John Ringland, Peter Rosenthal, Dusty Sabo, Dan Silver, Simon Smith, Alan Weinstein e Gail Wolkowicz.

Somos gratos a Phyllis Panman por nos auxiliar na preparação do manuscrito, por resolver os exercícios, além de propor novos, e por realizar uma revisão crítica de todo o manuscrito.

Temos uma dívida profunda com nosso amigo e colega Lothar Redlin que havia começado a trabalhar conosco nesta revisão logo antes de sua morte prematura em 2018. Os conhecimentos profundos de Lothar sobre matemática e educação matemática, bem como suas habilidades para resolver problemas instantaneamente, eram dons inestimáveis.

Agradecemos especialmente a Kathi Townes da TECHarts, nosso serviço de produção de editoração (desta e de várias edições passadas). Sua habilidade extraordinária para lembrar detalhes do texto quando necessário, sua facilidade para realizar concomitantemente diferentes tarefas de editoração e sua vasta familiaridade com o livro foram essenciais para assegurar sua exatidão e permitir sua produção dentro do prazo. Também agradecemos a Lori Heckelman pela preparação elegante e precisa das novas ilustrações.

Da Cengage Learning, agradecemos a Timothy Bailey, Teni Baroian, Diane Beasley, Carly Belcher, Vernon Boes, Laura Gallus, Stacy Green, Justin Karr, Mark Linton, Samantha Lugtu, Ashley Maynard, Irene Morris, Lynh Pham, Jennifer Risden, Tim Rogers, Mark Santee, Angela Sheehan e Tom Ziolkowski. Todos fizeram um trabalho notável.

Ao longo das últimas três décadas, esse livro beneficiou-se consideravelmente dos conselhos e orientações de alguns dos melhores editores de matemática: Ron Munro, Harry Campbell, Craig Barth, Jeremy Hayhurst, Gary Ostedt, Bob Pirtle, Richard Stratton, Liz Covello, Neha Taleja e, agora, Gary Whalen. Todos contribuíram significativamente para o sucesso desse livro. De forma destacada, o amplo conhecimento de Gary Whalen sobre as questões atuais relativas ao ensino de matemática e sua pesquisa contínua sobre a criação de formas melhores de uso de tecnologia como ferramenta de auxílio ao ensino e à aprendizagem foram inestimáveis para a criação dessa edição.

JAMES STEWART

DANIEL CLEGG

SALEEM WATSON

Um Tributo a James Stewart

James Stewart tinha um dom particular para ensinar matemática. Os amplos auditórios em que ministrava suas aulas de cálculo estavam sempre lotados de estudantes, que se mantinham atentos, com interesse e ansiedade, enquanto ele os levava a descobrir um novo conceito ou a solução de um problema estimulante. Stewart apresentava o cálculo do jeito que o via – como um tema rico, com conceitos intuitivos, problemas maravilhosos, aplicações relevantes e com uma história fascinante. Como um testamento de seu sucesso como professor e palestrante, muitos de seus estudantes se tornaram matemáticos, cientistas e engenheiros, e não poucos são agora eles mesmos professores universitários. Foram seus estudantes os primeiros a sugerir que ele escrevesse seu próprio livro-texto de cálculo. Ao longo dos anos, ex-alunos, então empregados como cientistas e engenheiros, chamavam-no para discutir problemas matemáticos que encontravam no trabalho; algumas dessas discussões acabaram resultando em novos exercícios e projetos do livro.

Ambos conhecemos James Stewart – ou Jim, como ele gostava que o chamássemos – a partir de suas aulas e palestras, o que o levou a nos convidar a assumir a coautoria em livros-texto de matemática. Nos anos em que passamos juntos, ele foi, sucessivamente, nosso professor, mentor e amigo.

Jim tinha vários talentos especiais cuja combinação talvez o tenha qualificado de forma única a escrever um livro-texto tão belo para cálculo – um livro-texto com uma narrativa dirigida aos estudantes e que combina os fundamentos do cálculo com indicações conceituais de como refletir sobre eles. Jim sempre ouviu atentamente seus alunos para descobrir precisamente em que ponto eles poderiam ter dificuldades com um conceito. E o que é crucial, ele realmente apreciava o trabalho árduo – uma característica necessária para que se conclua a tarefa imensa que consiste em escrever um livro de cálculo. Como seus coautores, desfrutamos de seu entusiasmo e otimismo contagiantes, que sempre tornavam divertido e produtivo, nunca estressante, o tempo que passamos juntos.

A maioria das pessoas concordaria que escrever um livro-texto de cálculo é um feito suficientemente relevante para consumir uma vida, mas, surpreendentemente, Jim tinha muitos outros interesses e realizações: ele tocou violino profissionalmente nas orquestras filarmônicas McMaster e Hamilton por vários anos, teve uma paixão duradoura pela arquitetura, foi patrono das artes e preocupou-se profundamente com muitas causas sociais e humanitárias. Foi também um viajante pelo mundo, um eclético colecionador de arte e até mesmo um cozinheiro *gourmet*.

James Stewart foi uma pessoa, um matemático e um professor extraordinário. Sentimo-nos honrados e privilegiados por termos sido seus coautores e amigos.

DANIEL CLEGG
SALEEM WATSON

Sobre os Autores

Por mais de duas décadas, Daniel Clegg e Saleem Watson trabalharam com James Stewart na redação de livros-texto de matemática. Sua relação de trabalho muito próxima foi particularmente produtiva, uma vez que eles compartilhavam um ponto de vista comum sobre o ensino de matemática e sobre a escrita de textos matemáticos. Em uma entrevista de 2014, James Stewart comentou sobre essa colaboração: "Descobrimos que conseguimos pensar de uma mesma forma... concordamos em quase tudo, o que é um tanto incomum".

Daniel Clegg e Saleem Watson conheceram James Stewart de formas diferentes, ainda que, em ambos os casos, o primeiro encontro tenha se tornado o início de uma longa parceria. Stewart detectou o talento de Daniel para o ensino em um encontro casual em uma conferência matemática e pediu-lhe para rever o manuscrito de uma futura edição de *Cálculo* e para redigir o manual de soluções da versão do livro sobre cálculo em várias variáveis. Desde então, Daniel assumiu um papel crescente na preparação de diversas edições dos livros de cálculo de Stewart. Ambos também foram coautores de um livro-texto de cálculo aplicado. Stewart conheceu Saleem quando este era aluno de seu curso de pós-graduação em matemática. Mais tarde, Stewart passou um período sabático realizando pesquisas com ele na Penn State University, à época em que Saleem era docente lá. Stewart pediu a Saleem e a Lothar Redlin (também aluno de Stewart) que se juntassem a ele para escrever uma série de livros de pré-cálculo; os muitos anos dessa colaboração resultaram em várias edições desses livros.

James Stewart foi professor de matemática na McMaster University e na University of Toronto por muitos anos. Fez pós-graduação na Stanford University e na University of Toronto e, posteriormente, fez pesquisa na University of London. Seu campo de pesquisa era Análise Harmônica e ele também estudou as relações entre matemática e música.

Daniel Clegg é professor de matemática no Palomar College, no sul da Califórnia. Graduou-se na California State University, em Fullerton, e fez pós-graduação na University of California, em Los Angeles (UCLA). Daniel é um competente professor; ensina matemática desde quando era um estudante de pós-graduação na UCLA.

Saleem Watson é professor emérito de matemática na California State University, em Long Beach. Graduado na Andrews University, em Michigan, pós-graduado na Dalhousie University e na McMaster University. Depois de um período como bolsista de pesquisa na University of Warsaw, ele lecionou por muitos anos na Penn State University, antes de se juntar ao Departamento de Matemática da California State University, em Long Beach.

Stewart e Clegg publicaram *Brief Applied Calculus.*

Stewart, Redlin e Watson publicaram *Precalculus: Mathematics for Calculus; College Algebra; Trigonometry; Algebra and Trigonometry* e *College Algebra: Concepts and Contexts* (com Phyllis Panman).

Recursos Tecnológicos Desta Edição

Equipamentos e programas que traçam gráficos e efetuam cálculos são ferramentas valiosas para o aprendizado e a exploração do cálculo. Alguns, inclusive, consolidaram-se no apoio ao ensino de cálculo. Calculadoras gráficas são úteis para traçar gráficos e realizar alguns cálculos numéricos, tais como a determinação de soluções aproximadas de equações ou o cálculo do valor numérico de derivadas (Capítulo 3) ou de integrais definidas (Capítulo 5). Pacotes computacionais de matemática denominados sistemas de computação algébrica (cuja abreviatura é SCA) são ferramentas ainda mais poderosas. Apesar desse nome, a álgebra representa apenas um pequeno subconjunto dos recursos de um SCA. Em particular, um SCA consegue trabalhar com a matemática de forma simbólica, e não apenas numérica. Ele é capaz de determinar soluções exatas para equações, bem como fórmulas exatas para derivadas e integrais.

Hoje em dia, temos acesso a uma gama de ferramentas, com recursos variados, maior do que jamais tivemos no passado. A lista inclui recursos on-line (alguns dos quais gratuitos), bem como aplicativos para smartphones e tablets. Muitos desses recursos incluem ao menos algumas das funcionalidades de um SCA, de modo que alguns exercícios que poderiam tipicamente exigir o emprego de um SCA podem agora ser realizados usando essas ferramentas alternativas.

Nessa edição, em lugar de nos referirmos a um tipo específico de equipamento (uma calculadora gráfica, por exemplo) ou pacote computacional (como um SCA), indicamos o tipo de recurso necessário para a resolução de um exercício.

Ícone de Ferramenta Gráfica

A presença de um ícone desse tipo ao lado de um exercício indica que se espera que você use um equipamento ou programa que o auxilie a traçar um gráfico. Em muitos casos, uma calculadora gráfica é suficiente. Sites como o Desmos.com fornecem recursos semelhantes. Se o gráfico for tridimensional (veja os Capítulos 12 a 16), o WolframAlpha.com é um bom recurso. Também existem muitos aplicativos gráficos para computadores, smartphones e tablets. Se um exercício exigir o traçado de um gráfico, mas não contiver o ícone de ferramenta gráfica, você deverá fazer o gráfico à mão. No Capítulo 1, revisamos os gráficos de funções básicas e discutimos como usar transformações para traçar os gráficos de versões modificadas dessas funções.

T Ícone de Recurso Tecnológico

Esse ícone é usado para indicar que é necessário recorrer a um programa ou equipamento com mais recursos do que o simples traçado de gráficos para concluir o exercício. Várias calculadoras gráficas e programas de computador são capazes de fornecer aproximações numéricas quando estas são exigidas. Para trabalhar simbolicamente com matemática, sites como o WolframAlpha.com ou o Symbolab.com são úteis, assim como são as calculadoras gráficas mais avançadas, como a Texas Instrument TI-89 ou TI-Nspite CAS. Se for necessário contar com recursos exclusivos de um SCA, isso será indicado no exercício e, nesse caso, pode ser necessário recorrer a pacotes computacionais como o Mathematica, o Maple, o MATLAB ou o SageMath. Se um exercício não incluir um ícone de recurso tecnológico, você deverá calcular limites, derivadas e integrais, ou resolver equações à mão, obtendo respostas exatas. Esses exercícios não requerem recursos tecnológicos mais avançados do que, eventualmente, uma calculadora científica básica.

Ao Aluno

A leitura de um livro-texto de cálculo difere da leitura de um conto ou um artigo de jornal. Não desanime se precisar ler o mesmo trecho muitas vezes antes de entendê-lo. E, durante a leitura, você deve sempre ter lápis, papel e calculadora à mão, para fazer contas e desenhar diagramas.

Alguns estudantes preferem partir diretamente para os exercícios passados como dever de casa, consultando o texto somente ao topar com alguma dificuldade. Acreditamos que ler e compreender toda a seção antes de lidar com os exercícios é muito mais interessante. Você deve prestar especial atenção às definições e compreender o significado exato dos termos. E, antes de ler cada exemplo, sugerimos que cubra a solução e tente resolvê-lo sozinho.

Parte do objetivo deste curso é treiná-lo a pensar logicamente. Procure escrever os estágios da resolução de forma articulada, passo a passo, com frases explicativas – e não somente uma série de equações e fórmulas desconexas.

As respostas da maioria dos exercícios ímpares são dadas ao final do livro, no Apêndice H. Alguns exercícios pedem explicações, interpretações ou descrições por extenso. Em tais casos, não há uma forma única de escrever a resposta, então não se preocupe se a sua ficou muito diferente. Da mesma forma, também há mais de uma maneira de expressar uma resposta algébrica ou numérica. Assim, se a sua resposta diferir daquela que consta no livro, não suponha imediatamente que a sua está errada. Por exemplo, se a resposta impressa é $\sqrt{2}-1$ e você chegou em $1/(1+\sqrt{2})$, você está certo, e a racionalização do denominador mostrará que ambas são equivalentes.

O ícone gráfico indica que o exercício definitivamente exige o uso de uma calculadora gráfica ou um computador com um programa que o auxilie a traçar o gráfico. Mas isso não significa que você não possa utilizar esses equipamentos para verificar seus resultados nos demais exercícios. O símbolo **T** indica que é necessário algum auxílio tecnológico mais avançado que o simples traçado de gráficos para a conclusão do exercício. (Para maiores detalhes, consulte a seção Recursos Tecnológicos Desta Edição.)

Você também encontrará o símbolo ⊘, que o alertará sobre a possibilidade de cometer um erro. Esse símbolo é apresentado à margem do texto, em situações nas quais muitos estudantes tendem a cometer o mesmo erro.

Recomendamos que guarde este livro para fins de referência após o término do curso. Como você provavelmente esquecerá alguns detalhes específicos do cálculo, o livro servirá como um lembrete útil quando precisar usá-lo em cursos subsequentes. E, como este livro contém uma maior quantidade de material que pode ser abordada em qualquer curso, ele também pode servir como um recurso valioso para um cientista ou engenheiro em atuação.

O cálculo é uma matéria fascinante e, com justiça, é considerado uma das maiores realizações da inteligência humana. Esperamos que você descubra não apenas o quanto esta disciplina é útil, mas também o quão intrinsecamente bela ela é.

Testes de Verificação

O sucesso no cálculo depende em grande parte do conhecimento da matemática que precede o cálculo: álgebra, geometria analítica, funções e trigonometria. Os testes a seguir têm a intenção de diagnosticar falhas que você possa ter nessas áreas. Depois de fazer cada teste, é possível conferir suas respostas com as respostas dadas e, se necessário, refrescar sua memória consultando o material de revisão fornecido.

A | Testes de Verificação: Álgebra

1. Avalie cada expressão sem usar uma calculadora.

(a) $(-3)^4$ (b) -3^4 (c) 3^{-4}

(d) $\dfrac{5^{23}}{5^{21}}$ (e) $\left(\dfrac{2}{3}\right)^{-2}$ (f) $16^{-3/4}$

2. Simplifique cada expressão. Escreva sua resposta sem expoentes negativos.

(a) $\sqrt{200}-\sqrt{32}$

(b) $(3a^3b^3)(4ab^2)^2$

(c) $\left(\dfrac{3x^{3/2}y^3}{x^2y^{-1/2}}\right)^{-2}$

3. Expanda e simplifique.

(a) $3(x+6)+4(2x-5)$ (b) $(x+3)(4x-5)$

(c) $(\sqrt{a}+\sqrt{b})(\sqrt{a}-\sqrt{b})$ (d) $(2x+3)^2$

(e) $(x+2)^3$

4. Fatore cada expressão.

(a) $4x^2-25$ (b) $2x^2+5x-12$

(c) $x^3-3x^2-4x+12$ (d) x^4+27x

(e) $3x^{3/2}-9x^{1/2}+6x^{-1/2}$ (f) x^3y-4xy

5. Simplifique as expressões racionais.

(a) $\dfrac{x^2+3x+2}{x^2-x-2}$ (b) $\dfrac{2x^2-x-1}{x^2-9}\cdot\dfrac{x+3}{2x+1}$

(c) $\dfrac{x^2}{x^2-4}-\dfrac{x+1}{x+2}$ (d) $\dfrac{\dfrac{y}{x}-\dfrac{x}{y}}{\dfrac{1}{y}-\dfrac{1}{x}}$

6. Racionalize a expressão e simplifique.

(a) $\dfrac{\sqrt{10}}{\sqrt{5}-2}$ (b) $\dfrac{\sqrt{4+h}-2}{h}$

7. Reescreva, completando o quadrado.

(a) x^2+x+1 (b) $2x^2-12x+11$

8. Resolva a equação. (Encontre apenas as soluções reais.)

(a) $x+5=14-\frac{1}{2}x$ (b) $\dfrac{2x}{x+1}=\dfrac{2x-1}{x}$

(c) $x^2-x-12=0$ (d) $2x^2+4x+1=0$

(e) $x^4-3x^2+2=0$ (f) $3|x-4|=10$

(g) $2x(4-x)^{-1/2}-3\sqrt{4-x}=0$

9. Resolva cada desigualdade. Escreva sua resposta usando a notação de intervalos.

(a) $-4<5-3x\leq 17$ (b) $x^2<2x+8$

(c) $x(x-1)(x+2) > 0$ (d) $|x-4| < 3$

(e) $\dfrac{2x-3}{x+1} \leq 1$

10. Diga se cada equação é verdadeira ou falsa.

(a) $(p+q)^2 = p^2 + q^2$ (b) $\sqrt{ab} = \sqrt{a}\sqrt{b}$

(c) $\sqrt{a^2+b^2} = a+b$ (d) $\dfrac{1+TC}{C} = 1+T$

(e) $\dfrac{1}{x-y} = \dfrac{1}{x} - \dfrac{1}{y}$ (f) $\dfrac{1/x}{a/x - b/x} = \dfrac{1}{a-b}$

RESPOSTAS DOS TESTES DE VERIFICAÇÃO A: ÁLGEBRA

1. (a) 81 (b) −81 (c) $\frac{1}{81}$
(d) 25 (e) $\frac{9}{4}$ (f) $\frac{1}{8}$

2. (a) $6\sqrt{2}$ (b) $48a^5b^7$ (c) $\dfrac{x}{9y^7}$

3. (a) $11x - 2$ (b) $4x^2 + 7x - 15$
(c) $a - b$ (d) $4x^2 + 12x + 9$
(e) $x^3 + 6x^2 + 12x + 8$

4. (a) $(2x-5)(2x+5)$ (b) $(2x-3)(x+4)$
(c) $(x-3)(x-2)(x+2)$ (d) $x(x+3)(x^2-3x+9)$
(e) $3x^{-1/2}(x-1)(x-2)$ (f) $xy(x-2)(x+2)$

5. (a) $\dfrac{x+2}{x-2}$ (b) $\dfrac{x-1}{x-3}$
(c) $\dfrac{1}{x-2}$ (d) $-(x+y)$

6. (a) $5\sqrt{2} + 2\sqrt{10}$ (b) $\dfrac{1}{\sqrt{4+h}+2}$

7. (a) $(x+\frac{1}{2})^2 + \frac{3}{4}$ (b) $2(x-3)^2 - 7$

8. (a) 6 (b) 1 (c) −3, 4
(d) $-1 \pm \frac{1}{2}\sqrt{2}$ (e) $\pm 1, \pm\sqrt{2}$ (f) $\frac{2}{3}, \frac{22}{3}$
(g) $\frac{12}{5}$

9. (a) $[-4, 3)$ (b) $(-2, 4)$
(c) $(-2, 0) \cup (1, \infty)$ (d) $(1, 7)$
(e) $(-1, 4]$

10. (a) Falso (b) Verdadeiro (c) Falso
(d) Falso (e) Falso (f) Verdadeiro

Se você tiver dificuldade com estes problemas, consulte a Revisão de Álgebra, "Review of Algebra" na página deste livro no site da Cengage. Material em inglês.

B | Testes de Verificação: Geometria Analítica

1. Encontre uma equação para a reta que passa pelo ponto (2, −5) e
(a) tem inclinação −3
(b) é paralela ao eixo x
(c) é paralela ao eixo y
(d) é paralela à reta $2x - 4y = 3$

2. Encontre uma equação para o círculo que tem centro (−1, 4) e passa pelo ponto (3, −2).

3. Encontre o centro e o raio do círculo com equação $x^2 + y^2 - 6x + 10y + 9 = 0$.

4. Sejam $A(-7, 4)$ e $B(5, -12)$ pontos no plano:
(a) Encontre a inclinação da reta que contém A e B.
(b) Encontre uma equação da reta que passa por A e B. Quais são as intersecções com os eixos?
(c) Encontre o ponto médio do segmento AB.
(d) Encontre o comprimento do segmento AB.
(e) Encontre uma equação para a mediatriz de AB.
(f) Encontre uma equação para o círculo para o qual AB é um diâmetro.

5. Esboce as regiões do plano xy definidas pelas equações ou inequações.

(a) $-1 \leq y \leq 3$ (b) $|x| < 4$ e $|y| < 2$

(c) $y < 1 - \frac{1}{2}x$ (d) $y \geq x^2 - 1$

(e) $x^2 + y^2 < 4$ (f) $9x^2 + 16y^2 = 144$

RESPOSTAS DOS TESTES DE VERIFICAÇÃO B: GEOMETRIA ANALÍTICA

1. (a) $y = -3x + 1$ (b) $y = -5$

(c) $x = 2$ (d) $y = \frac{1}{2}x - 6$

2. $(x + 1)^2 + (y - 4)^2 = 52$

3. Centro $(3, -5)$, raio 5

4. (a) $-\frac{4}{3}$

(b) $4x + 3y + 16 = 0$; intersecção com o eixo $x = -4$; intersecção com o eixo $y = -\frac{16}{3}$

(c) $(-1, -4)$

(d) 20

(e) $3x - 4y = 13$

(f) $(x + 1)^2 + (y + 4)^2 = 100$

5.

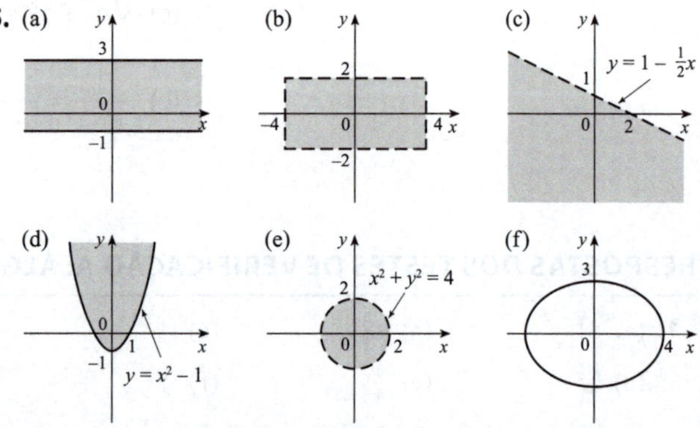

Se você tiver dificuldade com estes problemas, consulte a Revisão de Geometria Analítica, nos Apêndices B e C.

C | Testes de Verificação: Funções

1. O gráfico de uma função f é dado à esquerda.

(a) Diga o valor de $f(-1)$.

(b) Estime o valor de $f(2)$.

(c) Para quais valores de x vale que $f(x) = 2$?

(d) Estime os valores de x tais que $f(x) = 0$.

(e) Diga qual é o domínio e a imagem de f.

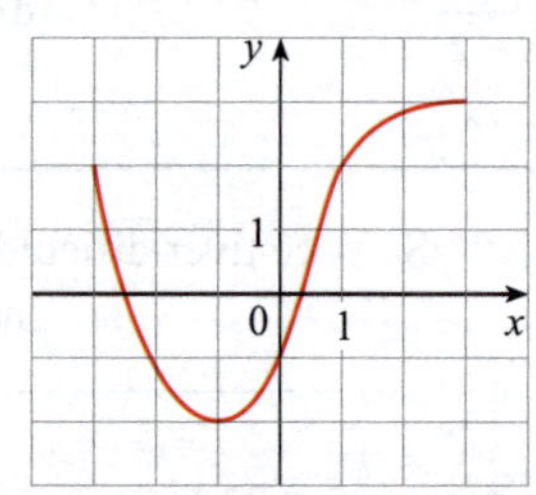

FIGURA PARA O PROBLEMA 1

2. Se $f(x) = x^3$, calcule o quociente $\dfrac{f(2+h) - f(2)}{h}$ e simplifique sua resposta.

3. Encontre o domínio da função.

(a) $f(x) = \dfrac{2x+1}{x^2+x-2}$ (b) $g(x) = \dfrac{\sqrt[3]{x}}{x^2+1}$ (c) $h(x) = \sqrt{4-x} + \sqrt{x^2-1}$

4. Como os gráficos das funções são obtidos a partir do gráfico de f?

(a) $y = -f(x)$ (b) $y = 2f(x) - 1$ (c) $y = f(x-3) + 2$

5. Sem usar uma calculadora, faça um esboço grosseiro do gráfico.

(a) $y = x^3$ (b) $y = (x+1)^3$ (c) $y = (x-2)^3 + 3$

(d) $y = 4 - x^2$ (e) $y = \sqrt{x}$ (f) $y = 2\sqrt{x}$

(g) $y = -2^x$ (h) $y = 1 + x^{-1}$

6. Seja $f(x) = \begin{cases} 1 - x^2 & \text{se } x \leq 0 \\ 2x + 1 & \text{se } x > 0 \end{cases}$

(a) Calcule $f(-2)$ e $f(1)$. (b) Esboce o gráfico de f.

7. Se $f(x) = x^2 + 2x - 1$ e $g(x) = 2x - 3$, encontre cada uma das seguintes funções.

(a) $f \circ g$ (b) $g \circ f$ (c) $g \circ g \circ g$

RESPOSTAS DOS TESTES DE VERIFICAÇÃO C: FUNÇÕES

1. (a) -2 (b) 2,8
(c) -3, 1 (d) $-2{,}5$, 0,3
(e) $[-3, 3]$, $[-2, 3]$

2. $12 + 6h + h^2$

3. (a) $(-\infty, -2) \cup (-2, 1) \cup (1, \infty)$
(b) $(-\infty, \infty)$
(c) $(-\infty, -1] \cup [1, 4]$

4. (a) Refletindo em torno do eixo x.
(b) Expandindo verticalmente por um fator 2, a seguir transladando 1 unidade para baixo.
(c) Transladando 3 unidades para a direita e 2 unidades para cima.

5. (a)
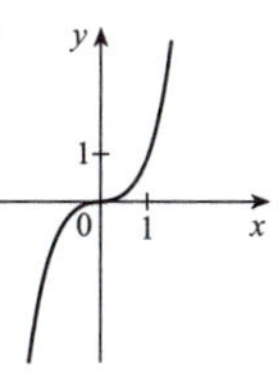
(b)
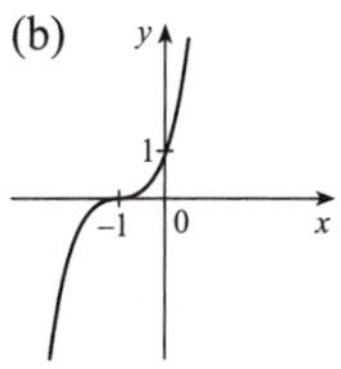
(c)
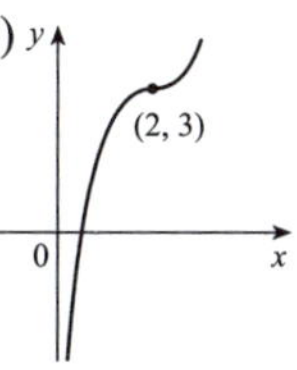

(d)
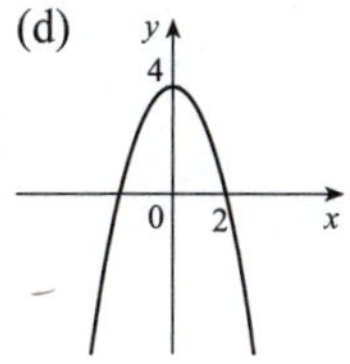
(e)
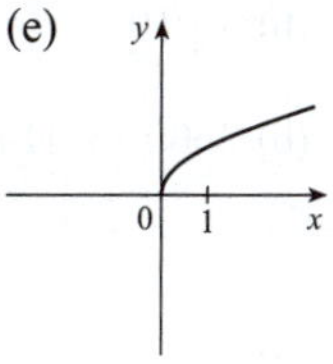
(f)
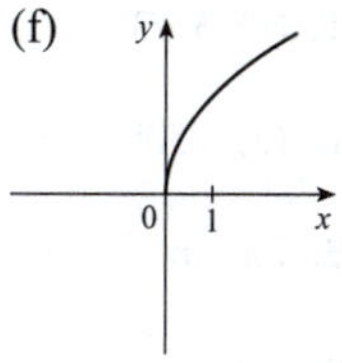
(g)
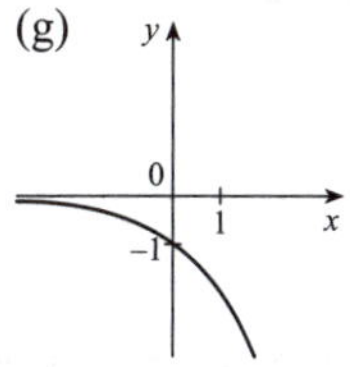
(h)
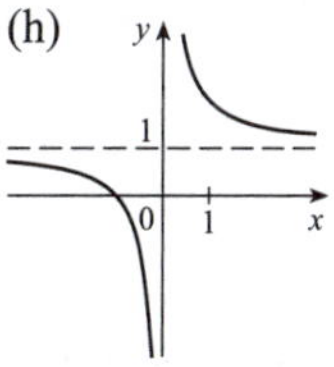

6. (a) -3, 3 (b)
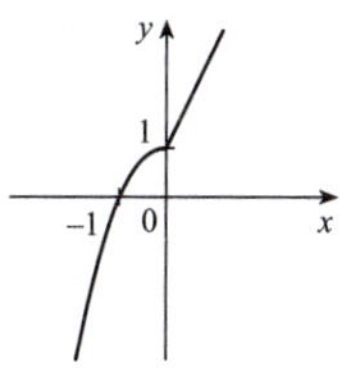

7. (a) $(f \circ g)(x) = 4x^2 - 8x + 2$
(b) $(g \circ f)(x) = 2x^2 + 4x - 5$
(c) $(g \circ g \circ g)(x) = 8x - 21$

Se você tiver dificuldade com estes problemas, consulte as seções 1.1 a 1.3 deste livro.

D Testes de Verificação: Trigonometria

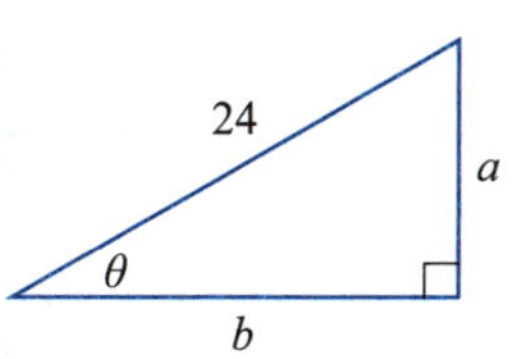

FIGURA PARA O PROBLEMA 5

1. Converta de graus para radianos.
(a) 300° (b) $-18°$

2. Converta de radianos para graus.
(a) $5\pi/6$ (b) 2

3. Encontre o comprimento de um arco de um círculo de raio 12 cm, cujo ângulo central é 30°.

4. Encontre os valores exatos.
(a) $\text{tg}(\pi/3)$ (b) $\text{sen}(7\pi/6)$ (c) $\sec(5\pi/3)$

5. Expresse os comprimentos a e b na figura em termos de θ.

6. Se $\text{sen}\, x = \frac{1}{3}$ e $\sec y = \frac{5}{4}$, onde x e y estão entre 0 e $\pi/2$, avalie $\text{sen}\,(x + y)$.

7. Demonstre as identidades.

(a) $\text{tg}\,\theta\, \text{sen}\,\theta + \cos\theta = \sec\theta$ (b) $\dfrac{2\, \text{tg}\, x}{1 + \text{tg}^2 x} = \text{sen}\, 2x$

8. Encontre todos os valores de x tais que $\text{sen}\, 2x = \text{sen}\, x$ e $0 \le x \le 2\pi$.

9. Esboce o gráfico da função $y = 1 + \text{sen}\, 2x$ sem usar calculadora.

RESPOSTAS DOS TESTES DE VERIFICAÇÃO D: TRIGONOMETRIA

1. (a) $5\pi/3$ (b) $-\pi/10$

2. (a) $150°$ (b) $360°/\pi \approx 114{,}6°$

3. 2π cm

4. (a) $\sqrt{3}$ (b) $-\frac{1}{2}$ (c) 2

5. $a = 24 \text{ sen } \theta$, $b = 24 \cos \theta$

6. $\frac{1}{15}(4 + 6\sqrt{2})$

8. $0, \pi/3, \pi, 5\pi/3, 2\pi$

9.

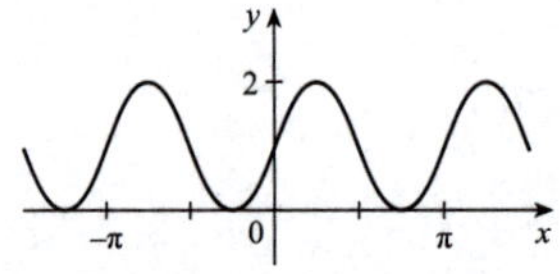

Se você tiver dificuldade com estes problemas, consulte o Apêndice D deste livro.

Ao terminar esse curso, você será capaz de determinar em que ponto um piloto deve iniciar a descida para que o pouso seja suave, encontrar o comprimento da curva usada para projetar o Gateway Arch, em St. Louis, calcular a força em um bastão de beisebol quando este bate na bola, predizer o tamanho das populações de espécies que competem seguindo um modelo presa-predador, mostrar que as abelhas formam as células de uma colmeia de tal forma que o consumo de cera seja mínimo e estimar a quantidade de combustível necessária para pôr em órbita um foguete.

Linha superior: Who is Danny / Shutterstock.com; iStock.com / gnagel; Richard Paul Kane / Shutterstock.com

Linha inferior: Bruce Ellis / Shutterstock.com; Kostiantyn Kravchenko / Shutterstock.com; Ben Cooper / Science Faction / Getty Images"

Uma Apresentação do Cálculo

O CÁLCULO É FUNDAMENTALMENTE DIFERENTE da matemática que você já estudou. Ele é menos estático e mais dinâmico. Trata de variação e de movimento, bem como de quantidades que tendem a outras quantidades. Por esse motivo, pode ser útil ter uma visão geral do cálculo antes de iniciar seu estudo sobre o tema. Damos aqui uma amostra das ideias principais do cálculo e mostramos como seus fundamentos são construídos a partir do conceito de *limite*.

O que É Cálculo?

O mundo à nossa volta muda continuamente – as populações crescem, uma xícara de café esfria, uma pedra cai, os produtos químicos reagem uns com os outros, o valor das moedas flutua, e assim por diante. Gostaríamos de ser capazes de analisar quantidades e processos que sofrem mudanças continuamente. Por exemplo, se uma pedra cai 10 pés a cada segundo, podemos dizer facilmente quão rápido ela cai a cada instante, mas isso *não* é o que acontece de fato – a pedra cai cada vez mais rápido e sua velocidade muda a cada instante. Ao estudar cálculo, aprenderemos como modelar (ou descrever) esses processos de mudança instantânea e como determinar o efeito cumulativo dessas mudanças.

O cálculo se baseia naquilo que você aprendeu de álgebra e geometria analítica, mas promove um avanço espetacular dessas ideias. Seu uso se estende por praticamente todo campo da atividade humana. Você encontrará numerosas aplicações do cálculo ao longo desse livro.

Em sua essência, o cálculo gira em torno de dois problemas fundamentais que envolvem gráficos de funções – o *problema da área* e o *problema da tangente* –, bem como da relação inesperada que existe entre eles. Resolver esses problemas é útil porque a área sob o gráfico de uma função e a reta tangente ao gráfico de uma função têm muitas interpretações importantes em uma variedade de contextos.

O Problema da Área

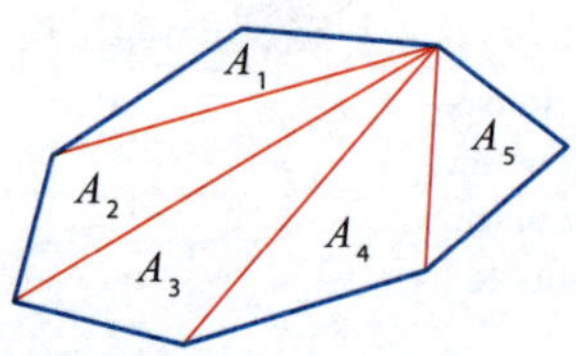

$A = A_1 + A_2 + A_3 + A_4 + A_5$

FIGURA 1

As origens do cálculo remontam à Grécia antiga, pelo menos 2.500 anos atrás, quando foram encontradas áreas usando o chamado "método da exaustão". Naquela época, os gregos já sabiam encontrar a área A de qualquer polígono dividindo-o em triângulos, como na Figura 1, e, em seguida, somando as áreas obtidas.

É muito mais difícil achar a área de uma figura curva. O método da exaustão dos antigos gregos consistia em inscrever e circunscrever a figura com polígonos e, então, aumentar o número de lados deles. A Figura 2 ilustra esse procedimento no caso especial de um círculo, com polígonos regulares inscritos.

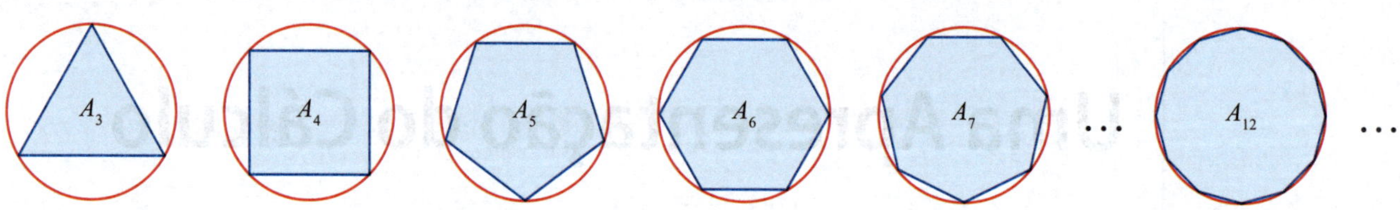

FIGURA 2

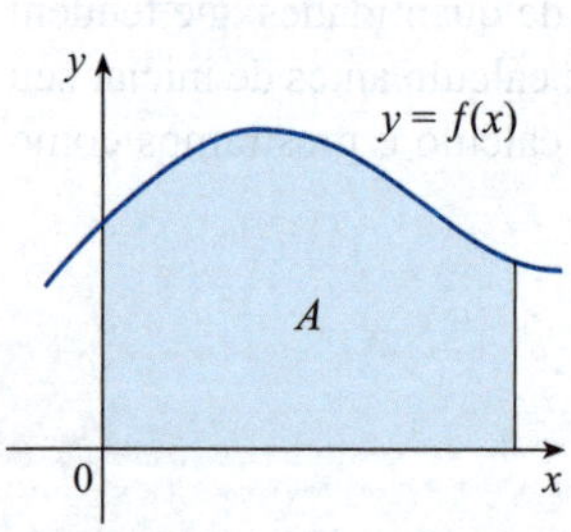

FIGURA 3
A área A da região sob o gráfico de f

Seja A_n a área do polígono inscrito com n lados. À medida que aumentamos n, fica evidente que A_n ficará cada vez mais próxima da área do círculo. Dizemos, então, que a área do círculo é o *limite* das áreas dos polígonos inscritos e escrevemos

$$A = \lim_{n\to\infty} A_n$$

Os gregos não usaram explicitamente limites. Todavia, por um raciocínio indireto, Eudoxo (século V a.C.) usa o método da exaustão para demonstrar a conhecida fórmula da área do círculo: $A = \pi r^2$.

Usaremos uma ideia semelhante no Capítulo 5 para encontrar a área de regiões do tipo mostrado na Figura 3. Aproximaremos tal área por áreas de retângulos, como mostrado na Figura 4. Se aproximarmos a área A da região sob o gráfico de f usando n retângulos R_1, R_2, …, R_n, então a área aproximada é

$$A_n = R_1 + R_2 + \dots R_n$$

Imagine agora que aumentamos o número de retângulos (à medida que a largura de cada um é reduzida) e calculamos A como o limite dessa soma das áreas de retângulos:

$$A = \lim_{n\to\infty} A_n$$

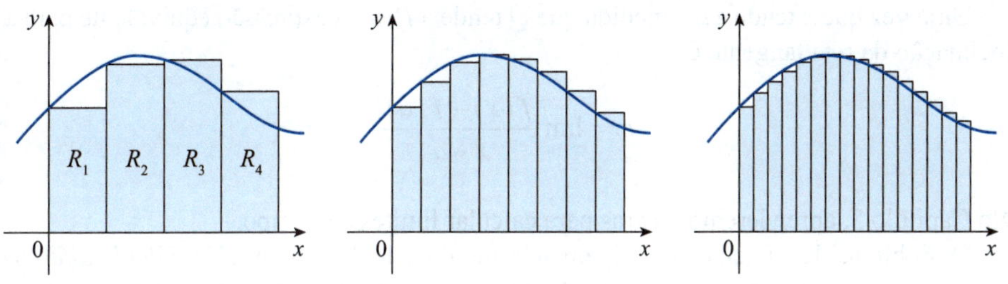

FIGURA 4 Aproximando a área A com o uso de retângulos

No Capítulo 5 aprenderemos como calcular esse tipo de limite.

O problema da área é o problema central do ramo do cálculo denominado *cálculo integral*; ele é importante porque a área sob o gráfico de uma função tem interpretações diferentes dependendo daquilo que a função representa. De fato, as técnicas que desenvolvemos para encontrar áreas também nos permitirão calcular o volume de um sólido, o comprimento de uma curva, a força exercida pela água sobre uma represa, a massa e o centro de massa de uma barra, o trabalho realizado ao se bombear água de um tanque e a quantidade de combustível que é necessária para pôr em órbita um foguete.

O Problema da Tangente

Considere o problema de tentar determinar a reta tangente ℓ a uma curva com equação $y = f(x)$, em um dado ponto P. (Daremos uma definição precisa de reta tangente no Capítulo 2; por ora, você pode imaginá-la como a reta que toca a curva em P, e segue a direção da curva em P, como mostrado na Figura 5.) Uma vez que o ponto P está sobre a reta tangente, podemos encontrar a equação de ℓ se conhecermos sua inclinação m. O problema está no fato de que, para calcular a inclinação, é necessário conhecer dois pontos e, sobre ℓ, temos somente o ponto P. Para contornar esse problema, determinamos primeiro uma aproximação para m, tomando sobre a curva um ponto próximo Q e calculando a inclinação m_{PQ} da reta secante PQ.

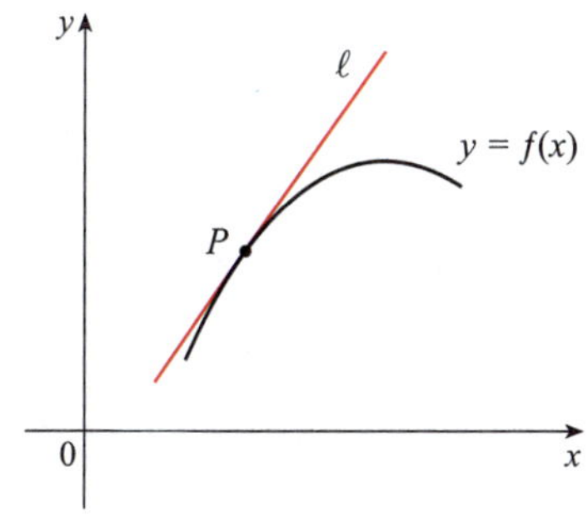

FIGURA 5
A reta tangente em P

Imagine agora o ponto Q movendo-se ao longo da curva em direção a P, como na Figura 6. Você pode ver que a reta secante PQ gira e aproxima-se da reta tangente ℓ como sua posição-limite. Isso significa que a inclinação m_{PQ} da reta secante fica cada vez mais próxima da inclinação m da reta tangente. Isso é denotado por

$$m = \lim_{Q \to P} m_{PQ}$$

e dizemos que m é o limite de m_{PQ} quando Q tende a P ao longo da curva.

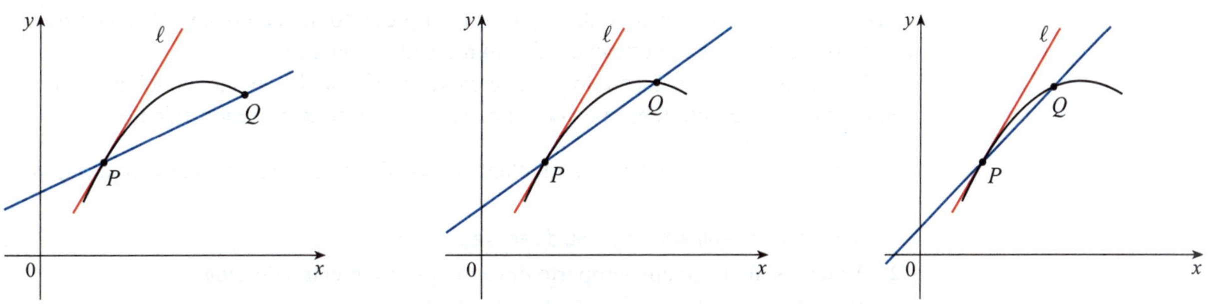

FIGURA 6 As retas secante se aproximam da reta tangente conforme Q se aproxima de P

Da Figura 7, note que, se P é o ponto $(a, f(a))$ e Q é o ponto $(x, f(x))$, então

$$m_{PQ} = \frac{f(x) - f(a)}{x - a}$$

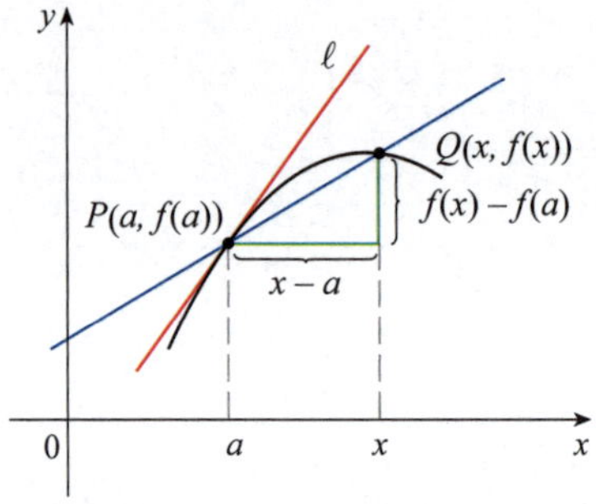

FIGURA 7
A reta secante PQ

Uma vez que x tende a a à medida que Q tende a P, uma expressão equivalente para a inclinação da reta tangente é

$$m = \lim_{x \to a} \frac{f(x) - f(a)}{x - a}$$

No Capítulo 3, aprenderemos regras para calcular limites desse tipo.

O problema da tangente deu origem ao ramo do cálculo denominado *cálculo diferencial*; ele é importante porque a inclinação da reta tangente ao gráfico de uma função pode ter várias interpretações, dependendo do contexto. Por exemplo, a resolução do problema da tangente nos permite determinar a velocidade instantânea de uma pedra que cai, a taxa de variação de uma reação química ou a direção das forças em uma corrente pendente.

Uma Relação entre os Problemas da Área e da Tangente

Os problemas da área e da tangente aparentam ser problemas muito diferentes, mas, supreendentemente, estão intimamente relacionados – de fato, eles estão relacionados de forma tão íntima que a resolução de um deles leva à solução do outro. A relação entre esses dois problemas é introduzida no Capítulo 5; ela é a principal descoberta do cálculo e é adequadamente denominada Teorema Fundamental do Cálculo. Mas talvez o mais importante seja o fato de que o Teorema Fundamental simplifica enormemente a solução do problema da área, tornando possível a determinação de áreas sem que seja necessário aproximá-las por retângulos e, em seguida, calcular os limites associados.

Atribui-se a invenção do cálculo a Isaac Newton (1642-1727) e Gottfried Leibniz (1646-1716) porque eles foram os primeiros a reconhecer a importância do Teorema Fundamental do Cálculo e a utilizá-lo como uma ferramenta para resolver problemas reais. Ao estudar cálculo, você descobrirá por conta própria esses poderosos resultados.

Resumo

Vimos que o conceito de limite aparece na obtenção da área de uma região e na determinação da inclinação da reta tangente a uma curva. É a ideia básica de limite que diferencia o cálculo das outras áreas da matemática. De fato, podemos definir o cálculo como a parte da matemática que lida com limites. Mencionamos que as áreas sob curvas e as inclinações das retas tangentes a curvas têm muitas interpretações diferentes em uma variedade de contextos. Finalmente, comentamos que os problemas da área e da tangente estão intimamente relacionados.

Depois de inventar sua versão do cálculo, Isaac Newton usou-a para explicar o movimento dos planetas em torno do Sol, dando uma resposta definitiva para a descrição de nosso sistema solar, cuja busca durava séculos. Atualmente, o cálculo é aplicado em uma grande variedade de contextos, como a determinação da órbita de satélites e naves espaciais, a estimativa do tamanho de populações, a previsão do tempo, a medição do débito cardíaco e a avaliação da eficiência de um mercado econômico.

Para transmitir uma noção do poder e da versatilidade do cálculo, concluímos fornecendo uma lista de questões que você será capaz de responder usando cálculo.

1. Como podemos projetar uma montanha-russa de modo que o percurso seja seguro e suave?
   (Veja o Projeto Aplicado apresentado após a Seção 3.1.)
2. A que distância de um aeroporto deve um piloto iniciar a descida?
   (Veja o Projeto Aplicado apresentado após a Seção 3.4.)
3. Como podemos explicar o fato de que o ângulo de elevação a partir de um observador até o ponto mais alto de um arco-íris é sempre igual a 42°?
   (Veja o Projeto Aplicado apresentado após a Seção 4.1.)
4. Como podemos estimar o trabalho que foi necessário para construir a Grande Pirâmide de Quéops, no antigo Egito?
   (Veja o Exercício 36 da Seção 6.4.)

5. Com que velocidade um projétil deve ser lançado para escapar da atração gravitacional da Terra?

   (Veja o Exercício 77 da Seção 7.8.)

6. Como podemos explicar as mudanças na espessura do gelo marinho ao longo do tempo e por que as fraturas no gelo tendem a "cicatrizar"?

   (Veja o Exercício 56 da Seção 9.3.)

7. Uma bola jogada para o alto consome mais tempo subindo até atingir sua altura máxima ou caindo de volta à sua altura original?

   (Veja o Projeto Aplicado apresentado após a Seção 9.5.)

8. Como podemos ajustar curvas para desenhar formas que representem letras em uma impressora a laser?

   (Veja o Projeto Aplicado apresentado após a Seção 10.2.)

9. Como podemos explicar o fato de planetas e satélites se moverem em órbitas elípticas?

   (Veja o Projeto Aplicado apresentado após a Seção 13.4.)

10. Como podemos distribuir o fluxo de água entre as turbinas de uma usina hidrelétrica de modo a maximizar a produção total de energia?

    (Veja o Projeto Aplicado apresentado após a Seção 14.8.)

O gelo marinho é um importante ecossistema da Terra. No Exercício 9.3.56, pedimos-lhe que deduza uma equação diferencial que modele a espessura do gelo marinho em função do tempo.

9 Equações Diferenciais

TALVEZ A APLICAÇÃO MAIS IMPORTANTE do cálculo sejam as equações diferenciais. Quando cientistas físicos ou cientistas sociais usam cálculo, muitas vezes o fazem para analisar uma equação diferencial que tenha surgido no processo de modelagem de algum fenômeno que eles estejam estudando. Embora seja quase impossível encontrar uma fórmula explícita para a solução de uma equação diferencial, veremos que as abordagens gráficas e numéricas fornecem a informação necessária.

9.1 Modelagem com Equações Diferenciais

Agora é uma boa hora para ler (ou reler) a discussão de modelagem matemática na Seção 1.2.

Na descrição do processo de modelagem no Capítulo 1, no Volume 1, falamos a respeito da formulação de um modelo matemático de um problema real por meio de raciocínio intuitivo sobre o fenômeno ou por meio de uma lei física fundamentada em evidência experimental. O modelo matemático frequentemente tem a forma de uma *equação diferencial*, isto é, uma equação que contém uma função desconhecida e algumas de suas derivadas. Isso não surpreende, porque em uma situação real normalmente notamos que mudanças ocorrem e queremos predizer o comportamento futuro com base na maneira como os valores presentes variam. Começamos examinando vários exemplos de como as equações diferenciais aparecem quando modelamos um fenômeno físico.

Modelos para o Crescimento Populacional

Um dos modelos para o crescimento de uma população baseia-se na hipótese de que uma população cresce a uma taxa proporcional ao seu tamanho. Essa hipótese é razoável para uma população de bactérias ou animais em condições ideais (meio ambiente ilimitado, nutrição adequada, ausência de predadores, imunidade a doenças).

Vamos identificar e dar nomes às variáveis nesse modelo:

t = tempo (a variável independente)

P = número de indivíduos da população (a variável dependente)

A taxa de crescimento da população é a derivada dP/dt. Assim, nossa hipótese de que a taxa de crescimento da população é proporcional ao seu tamanho é escrita como a equação

1
$$\frac{dP}{dt} = kP$$

onde k é a constante de proporcionalidade. A Equação 1 é nosso primeiro modelo para o crescimento populacional; é uma equação diferencial porque contém uma função desconhecida P e sua derivada dP/dt.

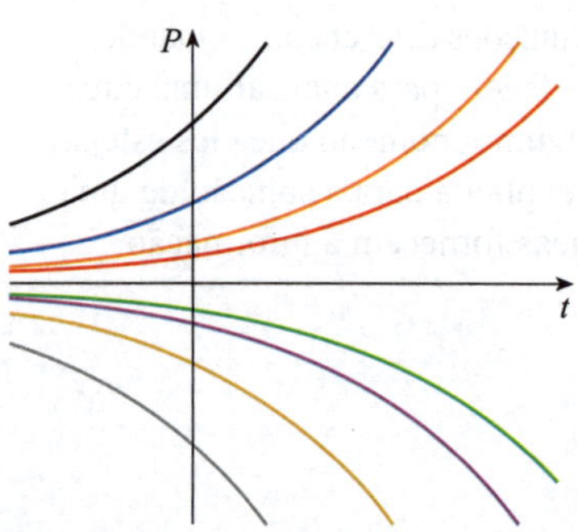

FIGURA 1
A família de soluções de $dP/dt = kP$

Tendo formulado um modelo, vamos olhar para suas consequências. Se desconsiderarmos uma população nula, então $P(t) > 0$ para todo t. Portanto, se $k > 0$, então a Equação 1 mostra que $P'(t) > 0$ para todo t. Isso significa que a população está sempre aumentando. De fato, quando $P(t)$ aumenta, a Equação 1 mostra que dP/dt torna-se maior. Em outras palavras, a taxa de crescimento aumenta quando a população cresce.

Não é difícil pensar em uma solução para a Equação 1. Essa equação nos pede para encontrar uma função cuja derivada seja uma constante multiplicada por ela própria. Sabemos do Capítulo 3, no Volume 1, que as funções exponenciais têm esta propriedade. De fato, se fizermos $P(t) = Ce^{kt}$, então

$$P'(t) = C(ke^{kt}) = k(Ce^{kt}) = kP(t)$$

Portanto, qualquer função exponencial da forma $P(t) = Ce^{kt}$ é uma solução da Equação 1. Quando estudarmos essa equação em detalhes na Seção 9.4, veremos que não existe outra solução.

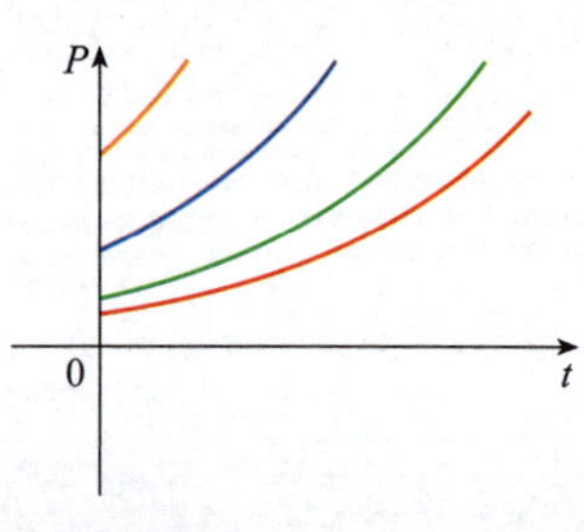

FIGURA 2
A família de soluções $P(t) = Ce^{kt}$ com $C > 0$ e $t \geq 0$

Se fizermos C variar em todos os números reais, obtemos a *família* de soluções $P(t) = Ce^{kt}$ cujos gráficos são mostrados na Figura 1. Mas as populações têm apenas valores positivos e, assim, estamos interessados somente nas soluções com $C > 0$. Se estamos preocupados apenas com valores de t maiores que o instante inicial $t = 0$, a Figura 2 mostra as soluções com significado físico. Fazendo $t = 0$, temos $P(0) = Ce^{k(0)} = C$, de modo que a constante C acaba sendo a população inicial, $P(0)$.

A Equação 1 é apropriada para a modelagem do crescimento populacional sob condições ideais, mas devemos reconhecer que um modelo mais realista deveria refletir o fato de que dado ambiente tem recursos limitados. Muitas populações começam crescendo exponencialmente, porém o nível da população se estabiliza quando ela se aproxima de sua *capacidade de suporte* M (ou diminui em direção a M se ela excede o valor de M). Para um modelo considerar ambos os casos, ele deve satisfazer as duas hipóteses a seguir.

- $\dfrac{dP}{dt} \approx kP$ se P for pequeno (inicialmente a taxa de crescimento é proporcional a P).
- $\dfrac{dP}{dt} < 0$ se $P > M$ (P diminui se exceder M).

Uma das formas de incorporar ambas essas hipóteses é assumir que a taxa de crescimento populacional é proporcional tanto à população quanto à diferença entre a capacidade de suporte e a população. A equação diferencial correspondente é $dP/dt = cP(M - P)$, em que c é a constante de proporcionalidade, ou, de forma equivalente,

2 $$\frac{dP}{dt} = kP\left(1 - \frac{P}{M}\right) \quad \text{em que } k = cM$$

Observe que, se P é pequeno quando comparado com M, então P/M está próximo de 0 e, portanto, $dP/dt \approx kP$. Se $P > M$, então $1 - P/M$ é negativo e, assim, $dP/dt < 0$.

A Equação 2 é chamada *equação diferencial logística* e foi proposta pelo matemático e biólogo holandês Pierre-François Verhulst na década de 1840 como um modelo para o crescimento populacional mundial. Desenvolveremos técnicas que nos permitam encontrar soluções explícitas da equação logística na Seção 9.4, mas, enquanto isso, podemos deduzir as características qualitativas das soluções diretamente da Equação 2. Primeiro, observamos que as funções constantes $P(t) = 0$ e $P(t) = M$ são soluções, porque, em qualquer um dos casos, um dos fatores do lado direito da Equação 2 é zero. (Isso certamente tem um significado físico: se a população sempre for 0 ou estiver na capacidade de suporte, ela fica desse jeito.) Geralmente, soluções constantes de uma equação diferencial, como essas duas soluções, são chamadas **soluções de equilíbrio**.

Se a população inicial $P(0)$ estiver entre 0 e M, então o lado direito da Equação 2 é positivo; assim, $dP/dt > 0$ e a população aumenta. Mas se a população exceder a capacidade de suporte ($P > M$), então $1 - P/M$ é negativo, portanto $dP/dt < 0$ e a população diminui. Observe que, em qualquer um dos casos, se a população se aproxima da capacidade de suporte ($P \to M$), então $dP/dt \to 0$, o que significa que a população se estabiliza. Dessa forma, esperamos que as soluções da equação diferencial logística tenham gráficos que se pareçam com aqueles da Figura 3. Observe que os gráficos se distanciam da solução de equilíbrio $P = 0$ e se aproximam da solução de equilíbrio $P = M$.

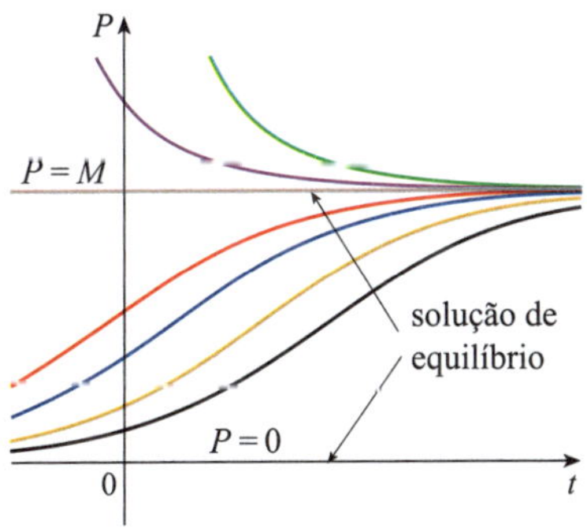

FIGURA 3
Soluções da equação logística

Modelo para o Movimento de uma Mola

Vamos olhar agora para um modelo físico. Consideremos o movimento de um objeto com massa m na extremidade de uma mola vertical (como na Figura 4). Na Seção 6.4, no Volume 1, discutimos a Lei de Hooke, que diz que, se uma mola for esticada (ou comprimida) x unidades a partir de seu tamanho natural, então ela exerce uma força que é proporcional a x:

$$\text{força elástica} = -kx$$

onde k é uma constante positiva (chamada *constante da mola*). Se ignorarmos qualquer força externa de resistência (por causa da resistência do ar ou do atrito), então, pela segunda Lei de Newton (força é igual à massa vezes a aceleração), temos

3 $$m\frac{d^2x}{dt^2} = -kx$$

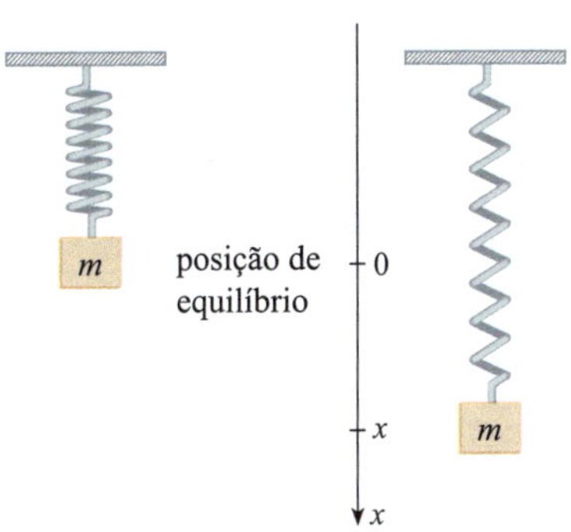

FIGURA 4

Esse é um exemplo do que chamamos *equação diferencial de segunda ordem*, porque envolve derivadas segundas. Vamos ver o que podemos deduzir da solução diretamente da equação. Podemos reescrever a Equação 3 na forma

$$\frac{d^2x}{dt^2} = -\frac{k}{m}x$$

Isso diz que a derivada segunda de x é proporcional a x, mas tem o sinal oposto. Conhecemos duas funções com essa propriedade, as funções seno e cosseno. De fato, todas as soluções da Equação 3 podem ser escritas como combinações de certas funções seno e cosseno (veja o Exercício 16). Isso não é surpreendente; esperamos que a mola oscile em torno de sua posição de equilíbrio e, assim, é natural pensar que funções trigonométricas estejam envolvidas.

Equações Diferenciais Gerais

Em geral, uma **equação diferencial** é aquela que contém uma função desconhecida e uma ou mais de suas derivadas. A **ordem** de uma equação diferencial é a ordem da derivada mais alta que ocorre na equação. Dessa maneira, as Equações 1 e 2 são de primeira ordem e a Equação 3 é de segunda ordem. Em todas as três equações, a variável independente é chamada t e representa o tempo, mas, em geral, a variável independente não precisa representar o tempo. Por exemplo, quando consideramos a equação diferencial

4 $$y' = xy$$

entendemos que y seja uma função desconhecida de x.

Uma função f é denominada **solução** de uma equação diferencial se a equação é satisfeita quando $y = f(x)$ e suas derivadas são substituídas na equação. Assim, f é uma solução da Equação 4 se

$$f'(x) = xf(x)$$

para todos os valores de x em algum intervalo.

Quando nos pedem para *resolver* uma equação diferencial, espera-se que encontremos todas as soluções possíveis da equação. Já resolvemos algumas equações diferenciais particularmente simples; a saber, aquelas da forma

$$y' = f(x)$$

Por exemplo, sabemos que a solução geral da equação diferencial

$$y' = x^3$$

é dada por

$$y = \frac{x^4}{4} + C$$

onde C é uma constante qualquer.

Mas, em geral, resolver uma equação diferencial não é uma tarefa fácil. Não existe uma técnica sistemática que nos permita resolver todas as equações diferenciais. Na Seção 9.2, contudo, veremos como esboçar os gráficos das soluções mesmo quando não temos uma fórmula explícita. Também aprenderemos como achar aproximações numéricas para as soluções.

EXEMPLO 1 Determine se a função $y = x + 1/x$ é uma solução da equação diferencial fornecida.

(a) $xy' + y = 2x$ (b) $xy'' + 2y' = 0$

SOLUÇÃO A primeira e a segunda derivadas de $y = x + 1/x$ (com relação a x) são $y' = 1 - 1/x^2$ e $y'' = 2/x^3$.

(a) Substituindo as expressões de y e y' no lado esquerdo da equação diferencial, obtemos

$$xy' + y = x\left(1 - \frac{1}{x^2}\right) + \left(x + \frac{1}{x}\right)$$

$$= x - \frac{1}{x} + x + \frac{1}{x} = 2x$$

Uma vez que $2x$ é igual ao lado direito da equação diferencial, $y = x + 1/x$ é uma solução.

(b) Substituindo y' e y'', o lado esquerdo se torna

$$xy'' + 2y' = x\left(\frac{2}{x^3}\right) + 2\left(1 - \frac{1}{x^2}\right)$$
$$= \frac{2}{x^2} + 2 - \frac{2}{x^2} = 2$$

que não é igual ao lado direito da equação diferencial. Sendo assim, $y = x + 1/x$ não é uma solução. ■

EXEMPLO 2 Mostre que todo membro da família de funções

$$y = \frac{1+ce^t}{1-ce^t}$$

é uma solução da equação diferencial $y' = \frac{1}{2}(y^2 - 1)$.

SOLUÇÃO Usamos a Regra do Quociente para derivar a expressão em relação a y:

$$y' = \frac{(1-ce^t)(ce^t) - (1+ce^t)(-ce^t)}{(1-ce^t)^2}$$
$$= \frac{ce^t - c^2e^{2t} + ce^t + c^2e^{2t}}{(1-ce^t)^2} = \frac{2ce^t}{(1-ce^t)^2}$$

O lado direito da equação diferencial torna-se

$$\tfrac{1}{2}(y^2 - 1) = \frac{1}{2}\left[\left(\frac{1+ce^t}{1-ce^t}\right)^2 - 1\right]$$
$$= \frac{1}{2}\left[\frac{(1+ce^t)^2 - (1-ce^t)^2}{(1-ce^t)^2}\right]$$
$$= \frac{1}{2}\,\frac{4ce^t}{(1-ce^t)^2} = \frac{2ce^t}{(1-ce^t)^2}$$

Isso mostra que os lados direito e esquerdo da equação diferencial são iguais. Portanto, para todo valor de c, a função dada é solução da equação diferencial. ■

A Figura 5 ilustra os gráficos de sete membros da família do Exemplo 2. A equação diferencial mostra que $y \approx \pm 1$, então $y' \approx 0$. Isso é visualizado pelo achatamento dos gráficos próximo de $y = 1$ e $y = -1$.

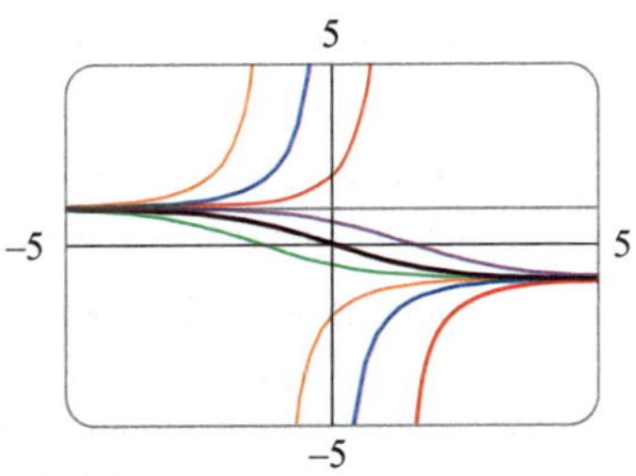

FIGURA 5

Quando aplicamos as equações diferenciais, geralmente não estamos tão interessados em encontrar uma família de soluções (a *solução geral*) quanto em encontrar uma solução que satisfaça algumas condições adicionais. Em muitos problemas físicos precisamos encontrar uma solução particular que satisfaça uma condição do tipo $y(t_0) = y_0$. Esta é chamada **condição inicial**, e o problema de achar uma solução da equação diferencial que satisfaça a condição inicial é denominado **problema de valor inicial**.

Geometricamente, quando impomos uma condição inicial, olhamos para uma família de curvas solução e escolhemos uma que passe pelo ponto (t_0, y_0). Fisicamente, isso corresponde a medir o estado de um sistema no instante t_0 e usar a solução do problema de valor inicial para prever o comportamento futuro do sistema.

EXEMPLO 3 Determine uma solução da equação diferencial $y' = \frac{1}{2}(y^2 - 1)$ que satisfaça a condição inicial $y(0) = 2$.

SOLUÇÃO Do Exemplo 2, sabemos que, para qualquer valor de c, a função

$$y = \frac{1+ce^t}{1-ce^t}$$

é uma solução dessa equação diferencial. Substituindo os valores $t = 0$ e $y = 2$ nessa equação, obtemos

$$2 = \frac{1 + ce^0}{1 - ce^0} = \frac{1 + c}{1 - c}$$

Resolvendo essa equação em relação a c, obtemos $2 - 2c = 1 + c$, o que fornece $c = \frac{1}{3}$. Assim, a solução do problema de valor inicial é

$$y = \frac{1 + \frac{1}{3}e^t}{1 - \frac{1}{3}e^t} = \frac{3 + e^t}{3 - e^t}$$

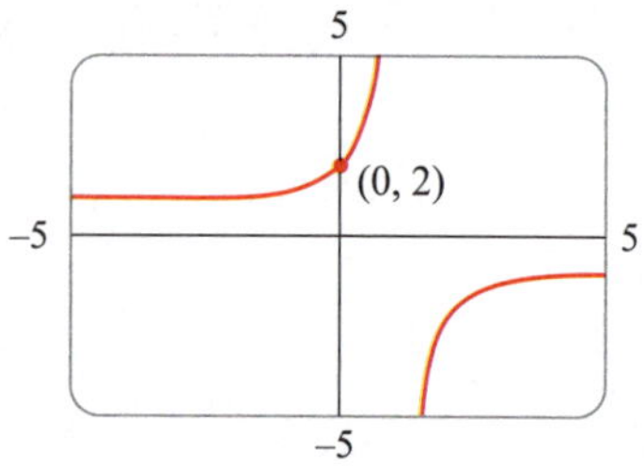

FIGURA 6

O gráfico da solução é mostrado na Figura 6. A curva é o único membro da família de curvas solução mostrada na Figura 5 que passa pelo ponto (0, 2). ■

9.1 Exercícios

1-5 Escreva uma equação diferencial que modele a situação fornecida. Em todos os problemas, a taxa de variação apresentada diz respeito ao tempo, t.

1. A taxa de variação do raio r do tronco de uma árvore é inversamente proporcional ao raio.

2. A taxa de variação da velocidade v de um corpo em queda livre é constante.

3. Para um carro cuja velocidade máxima é M, a taxa de variação da velocidade v do carro é proporcional à diferença entre M e v.

4. Quando uma doença infecciosa é introduzida em uma cidade com população fixa N, a taxa de variação do número y de indivíduos infectados é proporcional ao produto do número de indivíduos infectados pelo número de indivíduos não infectados.

5. Quando uma campanha de propaganda de um novo produto é introduzida em uma cidade com população fixa N, a taxa de variação do número y de indivíduos que ouviram falar do produto no instante t é proporcional ao número de indivíduos da população que ainda não ouviram falar do produto.

6-12 Determine se a função fornecida é uma solução da equação diferencial.

6. $y = \operatorname{sen} x - \cos x$; $y' + y = 2 \operatorname{sen} x$

7. $y = \frac{2}{3}e^x + e^{-2x}$; $y' + 2y = 2e^x$

8. $y = \operatorname{tg} x$; $y' - y^2 = 1$

9. $y = \sqrt{x}$; $xy' - y = 0$

10. $y = \sqrt{1 - x^2}$; $yy' - x = 0$

11. $y = x^3$; $x^2y'' - 6y = 0$

12. $y = \ln x$; $xy'' - y' = 0$

13-14 Mostre que a função fornecida é uma solução do problema de valor inicial.

13. $y = -t\cos t - t$; $t\dfrac{dy}{dt} = y + t^2 \operatorname{sen} t$, $y(\pi) = 0$

14. $y = 5e^{2x} + x$; $\dfrac{dy}{dx} - 2y = 1 - 2x$, $y(0) = 5$

15. (a) Para quais valores de r a função $y = e^{rx}$ satisfaz a equação diferencial $2y'' + y' - y = 0$?
(b) Se r_1 e r_2 são os valores que você encontrou no item (a), mostre que todo membro da família de funções $y = ae^{r_1x} + be^{r_2x}$ também é uma solução.

16. (a) Para quais valores de k a função $y = \cos kt$ satisfaz a equação diferencial $4y'' = -25y$?
(b) Para estes valores de k, verifique se todo membro da família de funções $y = A \operatorname{sen} kt + B \cos kt$ também é uma solução.

17. Quais das seguintes funções são soluções da equação diferencial $y'' + y = \operatorname{sen} x$?
(a) $y = \operatorname{sen} x$ (b) $y = \cos x$
(c) $y = \frac{1}{2}x \operatorname{sen} x$ (d) $y = -\frac{1}{2}x \cos x$

18. (a) Mostre que cada membro da família de funções $y = (\ln x + C)/x$ é uma solução da equação diferencial $x^2y' + xy = 1$.
(b) Ilustre a parte (a) traçando vários membros da família de soluções na mesma tela.
(c) Encontre a solução da equação diferencial que satisfaça a condição inicial $y(1) = 2$.
(d) Encontre a solução da equação diferencial que satisfaça a condição inicial $y(2) = 1$.

19. (a) O que você pode dizer da solução da equação $y' = -y^2$ apenas olhando a equação diferencial?
(b) Verifique se todos os membros da família $y = 1/(x + C)$ são soluções da equação no item (a).
(c) Você pode pensar em uma solução da equação diferencial $y' = -y^2$ que não seja membro da família no item (b)?
(d) Encontre uma solução para o problema de valor inicial
$$y' = -y^2 \qquad y(0) = 0{,}5$$

20. (a) O que você pode dizer sobre o gráfico de uma solução da equação $y' = xy^3$ quando x está próximo de 0? E se x for grande?
(b) Verifique se todos os membros da família $y = (c - x^2)^{-1/2}$ são soluções da equação diferencial $y' = xy^3$.
(c) Trace vários membros da família de soluções na mesma tela. Os gráficos confirmam o que você predisse no item (a)?
(d) Encontre uma solução para o problema de valor inicial
$$y' = xy^3 \qquad y(0) = 2$$

21. Uma população é modelada pela equação diferencial

$$\frac{dP}{dt} = 1{,}2P\left(1 - \frac{P}{4.200}\right)$$

(a) Para quais valores de P a população está aumentando?
(b) Para quais valores de P a população está diminuindo?
(c) Quais são as soluções de equilíbrio?

22. O modelo de Fitzhugh-Nagumo para o impulso elétrico em um neurônio estabelece que, na ausência de efeitos associados a relaxação, o potencial elétrico em um neurônio, $v(t)$, obedece à equação diferencial

$$\frac{dv}{dt} = -v[v^2 - (1+a)v + a]$$

em que a é uma constante positiva tal que $0 < a < 1$.
(a) Para que valores de v esta função é invariável (ou seja, $dv/dt = 0$)?
(b) Para que valores de v esta função é crescente?
(c) Para que valores de v esta função é decrescente?

23. Explique por que as funções cujos gráficos são dados a seguir *não podem* ser soluções da equação diferencial

$$\frac{dy}{dt} = e^t (y-1)^2$$

(a)

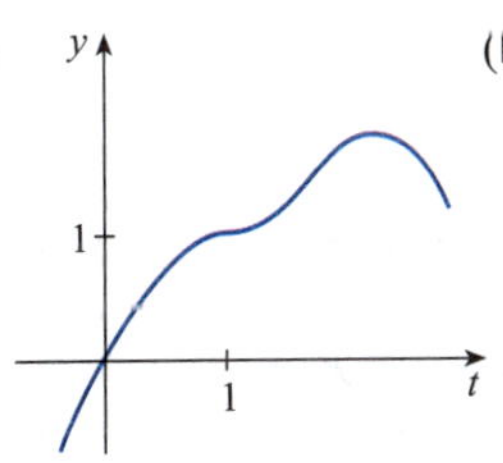

(b)

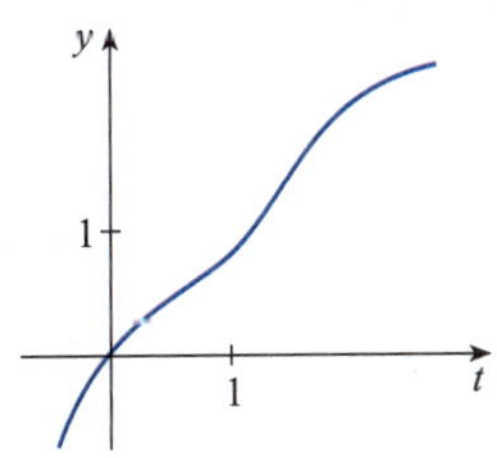

24. A função, cujo gráfico é dado a seguir, é uma solução de uma das seguintes equações diferenciais. Decida qual é a equação correta e justifique sua resposta.

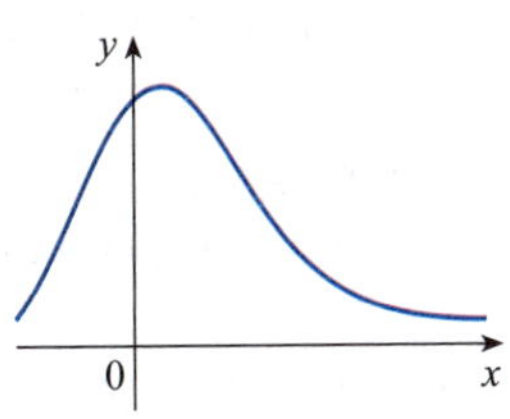

A. $y' = 1 + xy$ B. $y' = -2xy$ C. $y' = 1 - 2xy$

25. Combine as equações diferenciais com os gráficos de solução rotulados de I-IV. Dê razões para suas escolhas.

(a) $y' = 1 + x^2 + y^2$ (b) $y' = xe^{-x^2-y^2}$

(c) $y' = \dfrac{1}{1+e^{x^2+y^2}}$ (d) $y' = \text{sen}(xy)\cos(xy)$

I

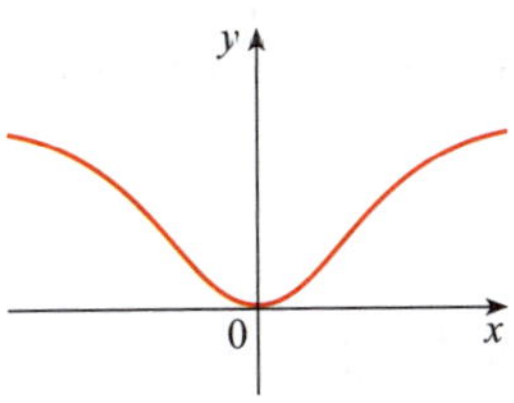

II

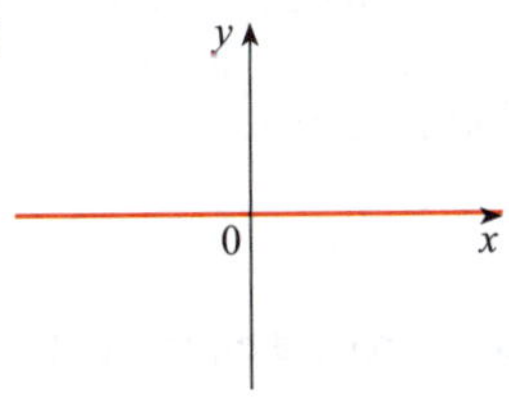

III

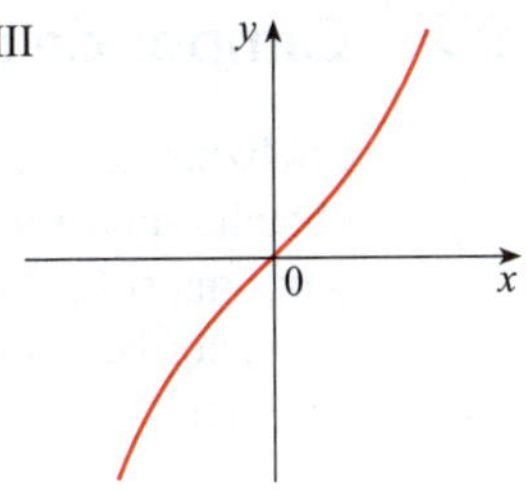

IV

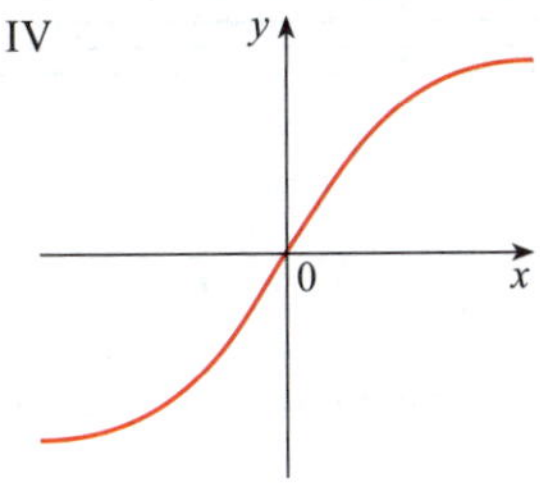

26. Suponha que você tenha acabado de servir uma xícara de café recém-coado com uma temperatura de 95 °C em uma sala onde a temperatura é de 20 °C.
(a) Quando você acha que o café esfria mais rapidamente? O que acontece com a taxa de resfriamento com o passar do tempo? Explique.
(b) A Lei de Resfriamento de Newton afirma que a taxa de resfriamento de um objeto é proporcional à diferença de temperatura entre o objeto e sua vizinhança, desde que essa diferença não seja muito grande. Escreva uma equação diferencial para expressar a Lei de Resfriamento de Newton nessa situação particular. Qual a condição inicial? Tendo em vista sua resposta no item (a), você acha que essa equação diferencial é um modelo apropriado para o resfriamento?
(c) Faça um esboço para o gráfico da solução do problema de valor inicial no item (b).

27. Os psicólogos interessados em teoria do aprendizado estudam as **curvas de aprendizado**. Seja $P(t)$ o nível de desempenho de alguém aprendendo uma habilidade como uma função do tempo de treinamento t. A derivada dP/dt representa a taxa em que o desempenho melhora.
(a) Quando você acha que P aumenta mais rapidamente? O que acontece a dP/dt quando t aumenta? Explique.
(b) Se M é o nível máximo de desempenho do qual o aprendiz é capaz, explique a razão pela qual a equação diferencial

$$\frac{dP}{dt} = k(M-P) \qquad k \text{ uma constante positiva}$$

é um modelo razoável para o aprendizado.
(c) Faça um esboço de uma possível solução da equação diferencial.

28. A equação de Von Bertalanffy afirma que a taxa de crescimento no comprimento de um peixe é proporcional à diferença entre o comprimento atual do peixe L e o comprimento assintótico L_∞ (em centímetros).
(a) Escreva uma equação diferencial que expresse essa ideia.
(b) Faça um esboço do gráfico de uma solução de um problema de valor inicial típico dessa equação diferencial.

29. As equações diferenciais têm sido amplamente usadas no estudo da dissolução de drogas para pacientes que receberam medicamentos por via oral. Uma dessas equações é a equação de Weibull para a concentração $c(t)$ de droga:

$$\frac{dc}{dt} = \frac{k}{t^b}(c_s - c)$$

onde k e c_s são constantes positivas e $0 < b < 1$. Verifique se

$$c(t) = c_s\,(1 - e^{-\alpha t^{1-b}})$$

é uma solução da equação de Weibull para $t > 0$, onde $\alpha = k/(1-b)$. O que a equação diferencial diz sobre como a dissolução da droga ocorre?

9.2 Campos de Direções e Método de Euler

Infelizmente é impossível resolver a maioria das equações diferenciais de forma que se obtenha uma fórmula explícita para a solução. Nesta seção, mostraremos que, mesmo sem uma solução explícita, podemos ainda aprender muito sobre a solução por meio de uma abordagem gráfica (campos de direções) ou de uma abordagem numérica (método de Euler).

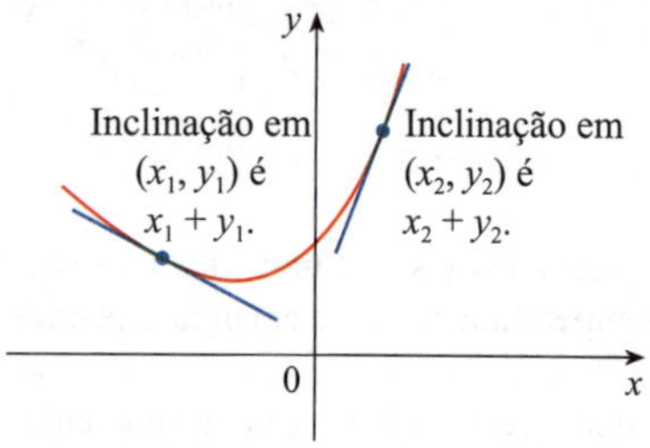

FIGURA 1
Uma solução de $y' = x + y$

Campos de Direções

Suponha que nos peçam para esboçar o gráfico da solução do problema de valor inicial

$$y' = x + y \qquad y(0) = 1$$

Não conhecemos uma fórmula para a solução, então como é possível que esbocemos seus gráficos? Vamos pensar sobre o que uma equação diferencial significa. A equação $y' = x + y$ nos diz que a inclinação em qualquer ponto (x, y) no gráfico (chamado *curva solução*) é igual à soma das coordenadas x e y no ponto (veja a Figura 1). Em particular, como a curva passa pelo ponto (0, 1), sua inclinação ali deve ser $0 + 1 = 1$. Assim, uma pequena porção da curva solução próxima ao ponto (0, 1) parece um segmento de reta curto que passa por (0, 1) com inclinação 1. (Veja a Figura 2).

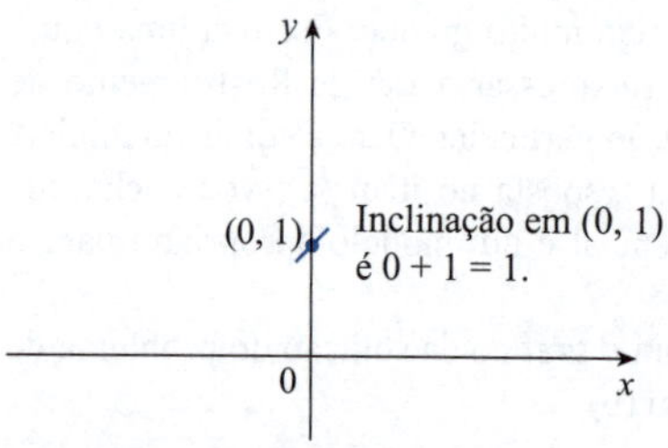

FIGURA 2
Início da curva solução que passa por (0, 1)

Como um guia para esboçar o restante da curva, vamos desenhar pequenos segmentos de reta em diversos pontos (x, y) com inclinação $x + y$. O resultado, denominado *campo de direções*, é mostrado na Figura 3. Por exemplo, o segmento de reta no ponto (1, 2) tem inclinação $1 + 2 = 3$. O campo de direções nos permite visualizar o formato geral das curvas solução pela indicação da direção na qual as curvas prosseguem em cada ponto.

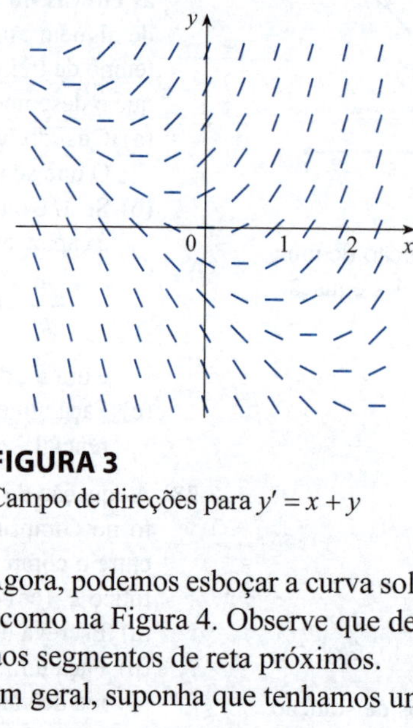

FIGURA 3
Campo de direções para $y' = x + y$

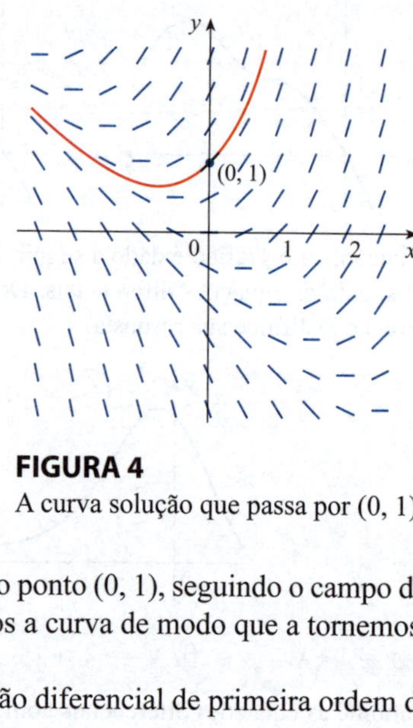

FIGURA 4
A curva solução que passa por (0, 1)

Agora, podemos esboçar a curva solução pelo ponto (0, 1), seguindo o campo de direções como na Figura 4. Observe que desenhamos a curva de modo que a tornemos paralela aos segmentos de reta próximos.

Em geral, suponha que tenhamos uma equação diferencial de primeira ordem do tipo

$$y' = F(x, y)$$

onde $F(x, y)$ é alguma expressão em x e y. A equação diferencial diz que a inclinação da curva solução no ponto (x, y) na curva é $F(x, y)$. Se desenharmos pequenos segmentos de reta com inclinação $F(x, y)$ em vários pontos (x, y), o resultado será chamado **campo de direções** (ou **campo de inclinações**). Esses segmentos de reta indicam a direção na qual uma curva solução está seguindo, de modo que o campo de direções nos ajuda a visualizar o formato geral dessas curvas.

EXEMPLO 1

(a) Esboce o campo de direções para a equação diferencial $y' = x^2 + y^2 - 1$.

(b) Use a parte (a) para esboçar a curva solução que passa pela origem.

SOLUÇÃO

(a) Podemos começar calculando a inclinação em vários pontos na seguinte tabela:

x	-2	-1	0	1	2	-2	-1	0	1	2	...
y	0	0	0	0	0	1	1	1	1	1	...
$y' = x^2 + y^2 - 1$	3	0	-1	0	3	4	1	0	1	4	...

Agora, podemos desenhar pequenos segmentos de reta com essas inclinações nesses pontos. O resultado é o campo de direções mostrado na Figura 5.

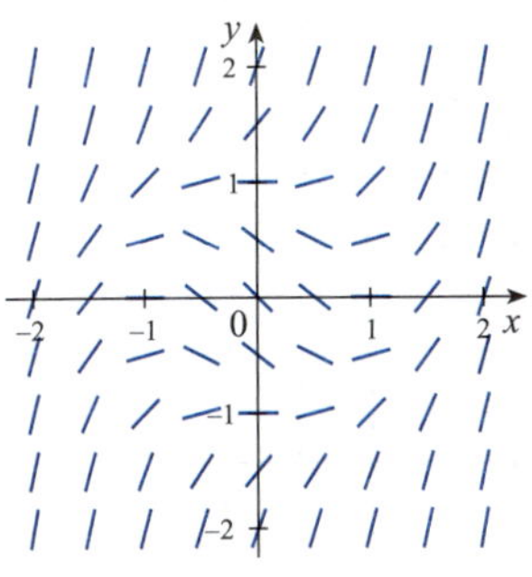

FIGURA 5

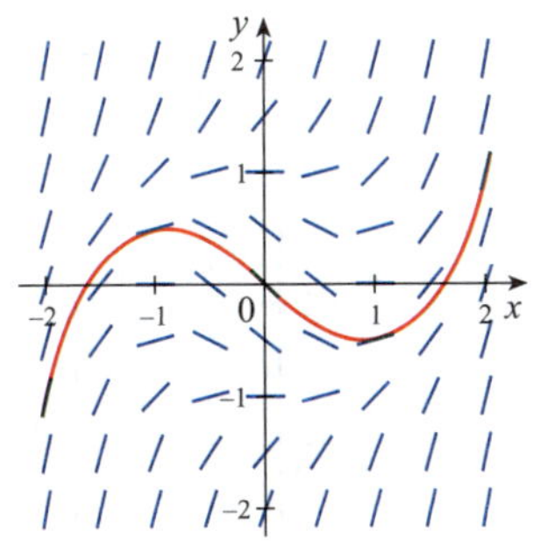

FIGURA 6

(b) Podemos começar na origem e nos mover para a direita na direção do segmento de reta (que tem inclinação -1). Continuamos a desenhar a curva solução de maneira que ela se mova paralela aos segmentos de reta próximos. A curva solução resultante é exposta na Figura 6. Voltando para a origem, desenhamos a curva solução para a esquerda da mesma maneira. ■

Quanto mais segmentos desenharmos no campo de direções, mais clara se tornará a figura. É claro que é tedioso calcular as inclinações e desenhar segmentos de reta para um número muito grande de pontos manualmente, mas os computadores facilitam essa tarefa. A Figura 7 apresenta um campo de direções mais detalhado, desenhado por um computador, para a equação diferencial no Exemplo 1. Isso nos permite desenhar, com uma precisão razoável, as curvas solução com intersecções com o eixo y iguais a -2, -1, 0, 1 e 2.

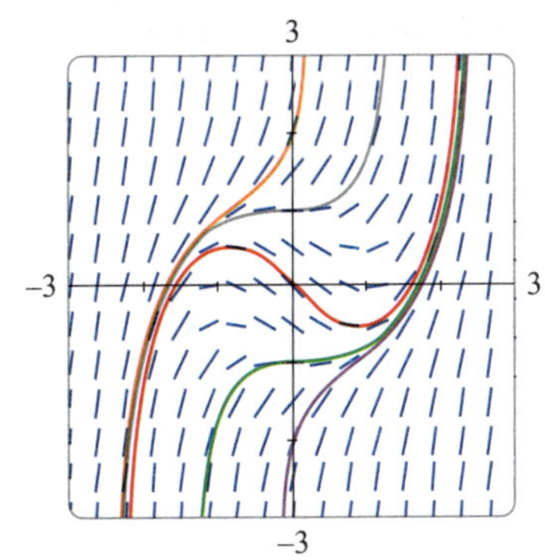

FIGURA 7

Depois disso, vamos ver como campos de direções dão uma percepção das situações físicas. O circuito elétrico simples, mostrado na Figura 8, contém uma força eletromotriz (geralmente uma pilha ou gerador) que produz uma voltagem de $E(t)$ volts (V) e uma corrente de $I(t)$ amperes (A) em um instante t. O circuito também possui um resistor com resistência de R ohms [Ω] e um indutor com indutância de L henries (H).

A Lei de Ohm diz que a queda na voltagem por causa do resistor é RI. A queda de voltagem por causa do indutor é $L(dI/dt)$. Uma das Leis de Kirchhoff diz que a soma das quedas de voltagem é igual à voltagem fornecida $E(t)$. Então temos

1 $$L\frac{dI}{dt} + RI = E(t)$$

que é uma equação diferencial de primeira ordem que modela a corrente I no instante t.

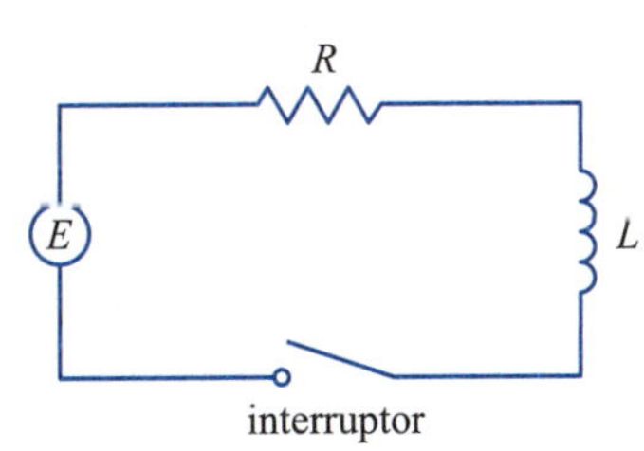

FIGURA 8

EXEMPLO 2 Suponha que no circuito simples da Figura 8 a resistência seja de 12 Ω, a indutância 4 H e a pilha forneça uma voltagem constante de 60 V.

(a) Desenhe um campo de direções para a Equação 1 com esses valores.

(b) O que você pode dizer sobre o valor-limite da corrente?

(c) Identifique quaisquer soluções de equilíbrio.

(d) Se o interruptor for fechado quando $t = 0$, de forma que a corrente comece com $I(0) = 0$, use o campo de direções para esboçar a curva solução.

SOLUÇÃO

(a) Se fizermos $L = 4$, $R = 12$ e $E(t) = 60$ na Equação 1, obteremos

$$4\frac{dI}{dt} + 12I = 60 \quad \text{ou} \quad \frac{dI}{dt} = 15 - 3I$$

O campo de direções para essa equação diferencial é mostrado na Figura 9.

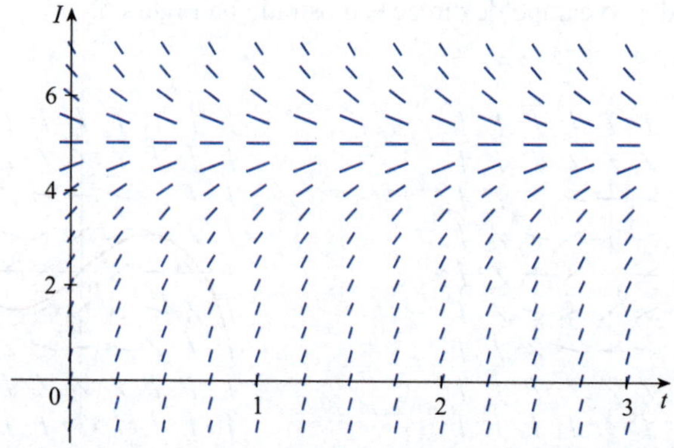

FIGURA 9

(b) Parece, a partir do campo de direções, que todas as soluções se aproximam do valor 5 A, isto é,

$$\lim_{t\to\infty} I(t) = 5$$

Lembre-se que uma solução de equilíbrio é uma solução constante (seu gráfico é uma reta horizontal).

(c) Do campo de direções, observamos que a função constante $I(t) = 5$ é uma solução de equilíbrio. De fato, podemos verificar isso diretamente da equação diferencial $dI/dt = 15 - 3I$. Se $I(t) = 5$, então o lado esquerdo é $dI/dt = 0$ e o lado direito é $15 - 3(5) = 0$.

(d) Usamos o campo de direções para esboçar a curva solução que passa por (0, 0), como indicado na Figura 10.

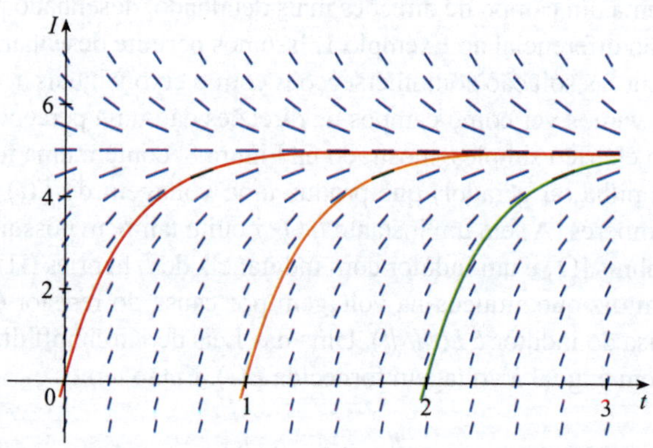

FIGURA 10

■

Observe que na Figura 9 os segmentos de reta ao longo de qualquer reta horizontal são paralelos. Isso ocorre porque a variável independente t não aparece do lado direito da equação $I' = 15 - 3I$. Em geral, uma equação diferencial do tipo

$$y' = f(y)$$

onde a variável independente não aparece do lado direito é chamada **autônoma**. Para tal equação, as inclinações correspondentes a dois pontos diferentes com a mesma coordenada y devem ser iguais. Isso significa que, se conhecermos uma solução para uma equação diferencial autônoma, então poderemos obter infinitas outras apenas pelo deslocamento do gráfico da solução conhecida para a esquerda ou para a direita. Na Figura 10, mostramos as soluções que resultam do deslocamento da curva solução do Exemplo 2 uma ou duas unidades de tempo (ou seja, segundos) para a direita. Elas correspondem ao fechamento do interruptor quando $t = 1$ ou $t = 2$.

Método de Euler

A ideia básica por trás dos campos de direções pode ser usada para encontrar aproximações numéricas para as soluções das equações diferenciais. Ilustramos o método no problema de valor inicial que utilizamos para introduzir os campos de direções:

$$y' = x + y \qquad y(0) = 1$$

A equação diferencial diz que $y'(0) = 0 + 1 = 1$; dessa forma, a curva solução tem inclinação 1 no ponto (0, 1). Como uma primeira aproximação para a solução, poderíamos usar uma aproximação linear $L(x) = x + 1$. Em outras palavras, poderíamos usar a reta tangente em (0, 1) como uma aproximação grosseira para a curva solução (veja a Figura 11).

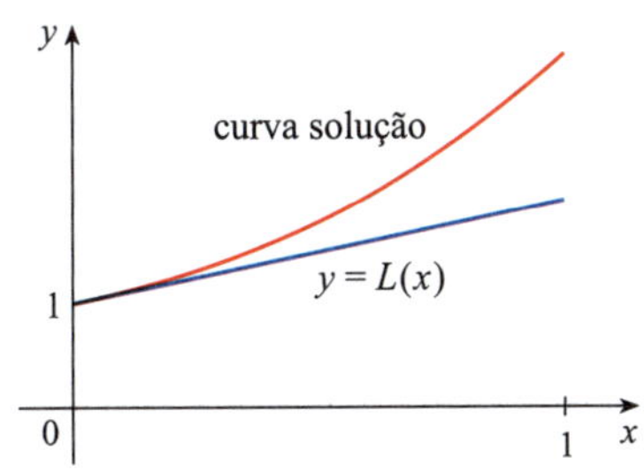

FIGURA 11
Primeira aproximação de Euler

A ideia de Euler era melhorar essa aproximação percorrendo apenas uma pequena distância ao longo da reta tangente e, então, fazer uma correção no meio do caminho, mudando a direção, como indicado pelo campo de direções. A Figura 12 mostra o que acontece se começamos ao longo da reta tangente, mas paramos quando $x = 0{,}5$. (Essa distância horizontal percorrida é chamada de *passo*.) Como $L(0{,}5) = 1{,}5$, temos $y(0{,}5) \approx 1{,}5$ e tomamos (0,5; 1,5) como o ponto de partida para um novo segmento de reta. A equação diferencial nos diz que $y'(0{,}5) = 0{,}5 + 1{,}5 = 2$, assim, usamos a função linear

$$y = 1{,}5 + 2(x - 0{,}5) = 2x + 0{,}5$$

como uma aproximação para a solução para $x > 0{,}5$ (veja o segmento roxo na Figura 12). Se diminuirmos o passo de 0,5 para 0,25, obteremos uma aproximação de Euler melhor (veja a Figura 13).

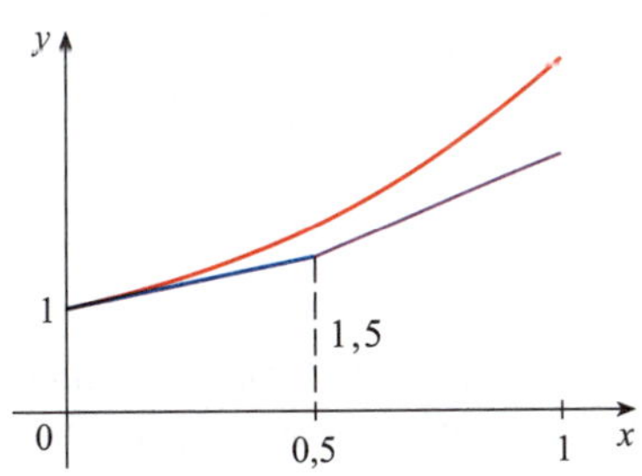

FIGURA 12
Aproximação de Euler com o passo 0,5

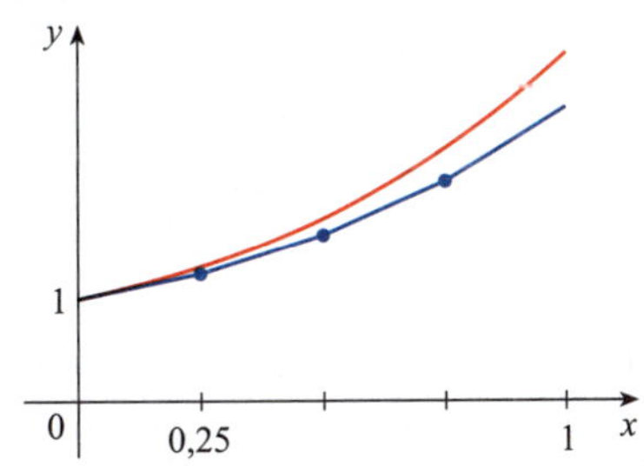

FIGURA 13
Aproximação de Euler com o passo 0,25

Em geral, o método de Euler diz para começarmos no ponto dado pelo valor inicial e prosseguirmos na direção indicada pelo campo de direções. Paramos após uma curta distância, olhamos para a inclinação na nova localização e prosseguimos naquela direção. Continuamos parando e mudando de direção de acordo com o campo de direções. O método de Euler não produz a solução exata para um problema de valor inicial, ele fornece aproximações. Mas, pela diminuição do passo (e, portanto, aumentando o número de correções no meio do caminho), obtemos aproximações sucessivamente melhores para a solução exata. (Compare as Figuras 11, 12 e 13.)

Para o problema de valor inicial de primeira ordem geral $y' = F(x, y)$, $y(x_0) = y_0$, nosso objetivo é encontrar valores aproximados para a solução em números igualmente espaçados x_0, $x_1 = x_0 + h$, $x_2 = x_1 + h$, ..., onde h é o passo. A equação diferencial nos diz que a inclinação em (x_0, y_0) é $y' = F(x_0, y_0)$, assim, a Figura 14 nos mostra que o valor aproximado para a solução quando $x = x_1$ é

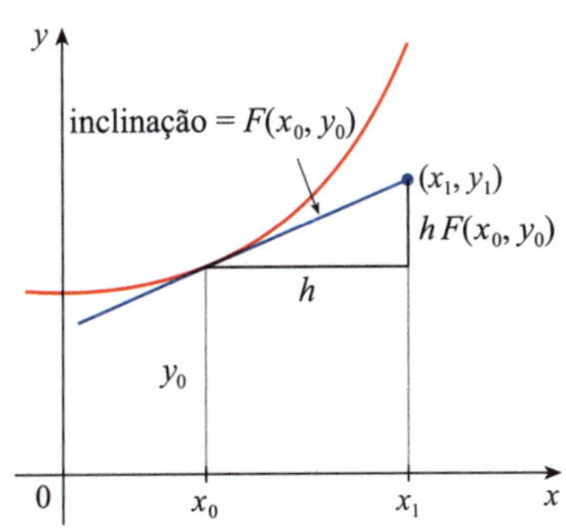

FIGURA 14

$$y_1 = y_0 + hF(x_0, y_0)$$

Analogamente, $$y_2 = y_1 + hF(x_1, y_1)$$

Em geral, $$y_n = y_{n-1} + hF(x_{n-1}, y_{n-1})$$

Método de Euler Os valores aproximados para a solução do problema de valor inicial $y' = F(x, y)$, $y(x_0) = y_0$, com passo h, em $x_n = x_{n-1} + h$, são

$$y_n = y_{n-1} + hF(x_{n-1}, y_{n-1}) \qquad n = 1, 2, 3, \ldots$$

EXEMPLO 3 Use o método de Euler com o passo 0,1 para construir uma tabela de valores aproximados para a solução do problema de valor inicial

$$y' = x + y \qquad y(0) = 1$$

SOLUÇÃO Sabemos que $h = 0{,}1$, $x_0 = 0$, $y_0 = 1$ e $F(x, y) = x + y$. Logo, temos

$$y_1 = y_0 + hF(x_0, y_0) = 1 + 0{,}1(0 + 1) = 1{,}1$$

$$y_2 = y_1 + hF(x_1, y_1) = 1{,}1 + 0{,}1(0{,}1 + 1{,}1) = 1{,}22$$

$$y_3 = y_2 + hF(x_2, y_2) = 1{,}22 + 0{,}1(0{,}2 + 1{,}22) = 1{,}362$$

Isso significa que, se $y(x)$ é a solução exata, então $y(0{,}3) \approx 1{,}362$.

Prosseguindo com cálculos similares, temos os valores na tabela:

n	x_n	y_n	n	x_n	y_n
1	0,1	1,100000	6	0,6	1,943122
2	0,2	1,220000	7	0,7	2,197434
3	0,3	1,362000	8	0,8	2,487178
4	0,4	1,528200	9	0,9	2,815895
5	0,5	1,721020	10	1,0	3,187485

■

Os pacotes de software que produzem aproximações numéricas para soluções de equações diferenciais utilizam os métodos que são refinamentos do método de Euler. Embora o método de Euler seja simples e não tão preciso, é a ideia básica em que os métodos mais precisos são baseados.

Para uma tabela com valores mais precisos no Exemplo 3, poderíamos diminuir o tamanho do passo. Contudo, para um número grande de pequenos passos, a quantidade de cálculos é considerável e, assim, precisamos programar uma calculadora ou um computador para fazer os cálculos. A seguinte tabela mostra os resultados da aplicação do método de Euler com diminuição do tamanho do passo para o problema de valor inicial do Exemplo 3.

Passo	Estimativa de Euler para $y(0{,}5)$	Estimativa de Euler para $y(1)$
0,500	1,500000	2,500000
0,250	1,625000	2,882813
0,100	1,721020	3,187485
0,050	1,757789	3,306595
0,020	1,781212	3,383176
0,010	1,789264	3,409628
0,005	1,793337	3,423034
0,001	1,796619	3,433848

Observe que as estimativas de Euler na tabela parecem estar se aproximando de limites, a saber, os valores verdadeiros de $y(0,5)$ e $y(1)$. A Figura 15 mostra os gráficos das aproximações de Euler com os passos 0,5, 0,25, 0,1, 0,05, 0,02, 0,01 e 0,005. Eles estão se aproximando da curva solução exata à medida que o passo h se aproxima de 0.

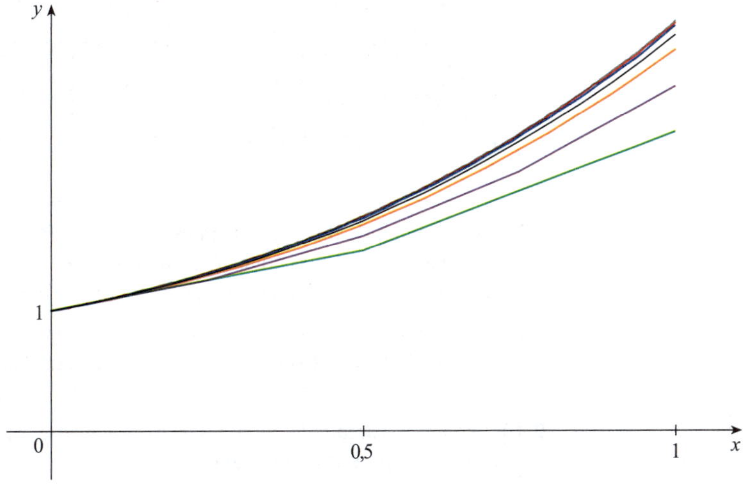

FIGURA 15 Aproximações de Euler tendendo à solução exata

EXEMPLO 4 No Exemplo 2 discutimos um circuito elétrico simples com resistência 12 Ω, indutância 4 H e uma pilha com voltagem 60 V. Se o interruptor for fechado quando $t = 0$, modelamos a corrente I no instante t pelo problema de valor inicial

$$\frac{dI}{dt} = 15 - 3I \qquad I(0) = 0$$

Estime a corrente no circuito meio segundo após o fechamento do interruptor.

SOLUÇÃO Usamos o método de Euler com $F(t, I) = 15 - 3I$, $t_0 = 0$, $I_0 = 0$ e o passo $h = 0,1$ segundo:

$$I_1 = 0 + 0,1(15 - 3 \cdot 0) = 1,5$$

$$I_2 = 1,5 + 0,1(15 - 3 \cdot 1,5) = 2,55$$

$$I_3 = 2,55 + 0,1(15 - 3 \cdot 2,55) = 3,285$$

$$I_4 = 3,285 + 0,1(15 - 3 \cdot 3,285) = 3,7995$$

$$I_5 = 3,7995 + 0,1(15 - 3 \cdot 3,7995) = 4,15965$$

Assim, a corrente após 0,5 s é

$$I(0,5) \approx 4,16 \text{ A}$$

■

Euler

Leonhard Euler (1707-1783) foi o matemático mais importante de meados do século XVIII e o mais prolífico de todos os tempos. Ele nasceu na Suíça, mas passou a maior parte de sua carreira nas academias de ciências apoiadas por Catarina, a Grande, em São Petersburgo, e Frederico, o Grande, em Berlim. Os trabalhos reunidos de Euler (pronunciado *Oiler*) completam cerca de 100 grandes volumes. Como o físico francês Arago disse: "Euler calculava sem esforço aparente, como os homens respiram ou como as águias se sustentam no ar". Os cálculos e as escritas de Euler não diminuíram com o fato de ele ter que criar 13 filhos ou por ele ter ficado completamente cego nos últimos 17 anos de sua vida. Na verdade, quando ficou cego, ditava suas descobertas para seus ajudantes a partir de sua prodigiosa memória e imaginação. Seus tratados sobre cálculo e a maioria dos outros assuntos matemáticos tornaram-se padrão para o ensino de matemática e a equação $e^{i\pi} + 1 = 0$ que ele descobriu relaciona os cinco números mais famosos de toda a matemática.

9.2 Exercícios

1. É mostrado um campo de direções para a equação $y' = x \cos \pi y$.

(a) Esboce os gráficos das soluções que satisfazem as condições iniciais dadas.

(i) $y(0) = 0$ (ii) $y(0) = 0{,}5$

(iii) $y(0) = 1$ (iv) $y(0) = 1{,}6$

(b) Ache todas as soluções de equilíbrio.

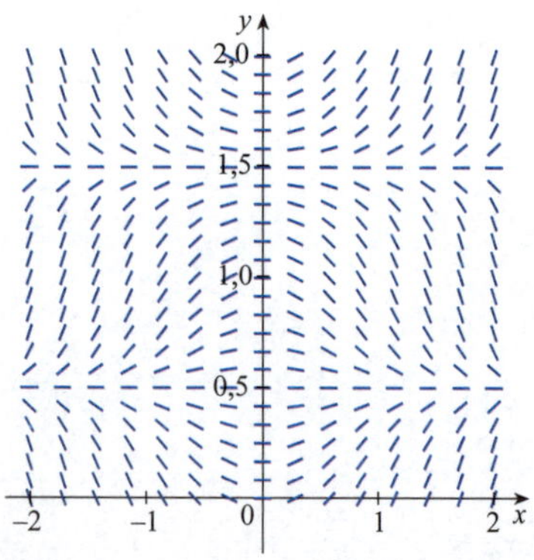

2. É mostrado um campo de direções para a equação $y' = \text{tg}\left(\frac{1}{2}\pi y\right)$.

(a) Esboce os gráficos das soluções que satisfazem as condições iniciais dadas.

(i) $y(0) = 1$ (ii) $y(0) = 0{,}2$

(iii) $y(0) = 2$ (iv) $y(1) = 3$

(b) Ache todas as soluções de equilíbrio.

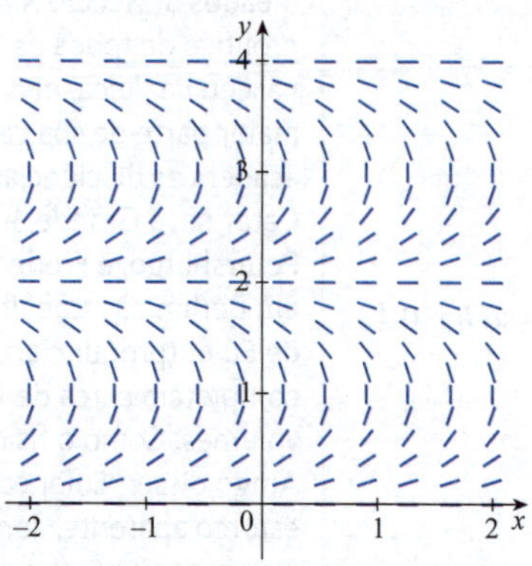

3-6 Ligue a equação diferencial a seu campo de direções (I-IV). Dê as razões para sua resposta.

3. $y' = 2 - y$ **4.** $y' = x(2 - y)$

5. $y' = x + y - 1$ **6.** $y' = \text{sen}\, x \,\text{sen}\, y$

I

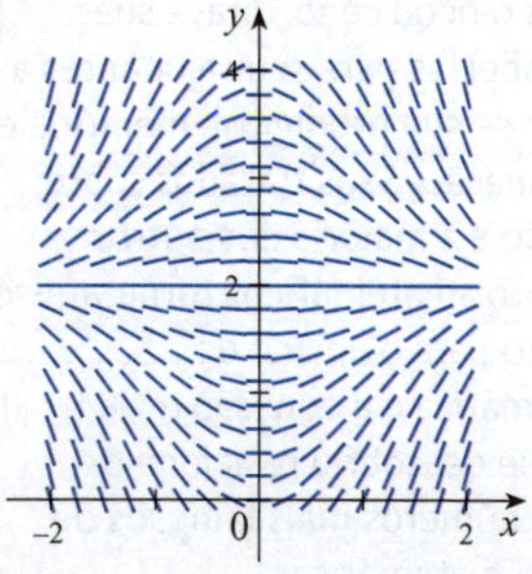

II

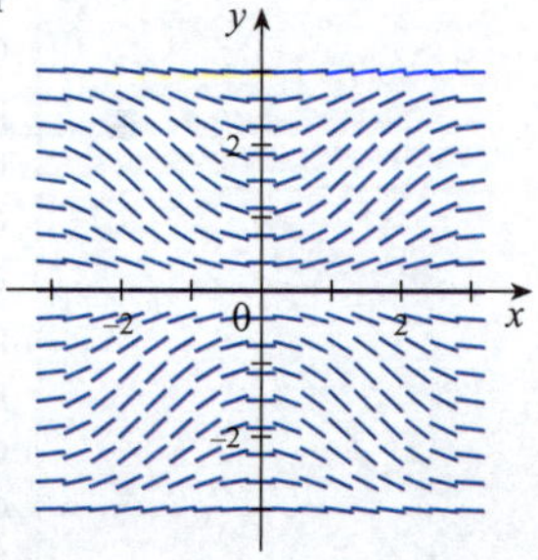

III

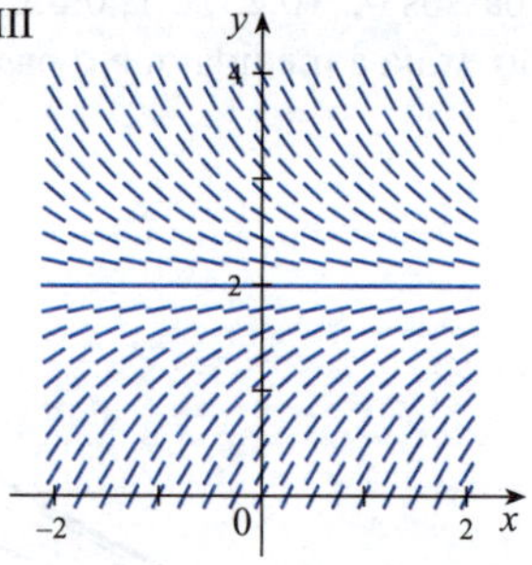

IV

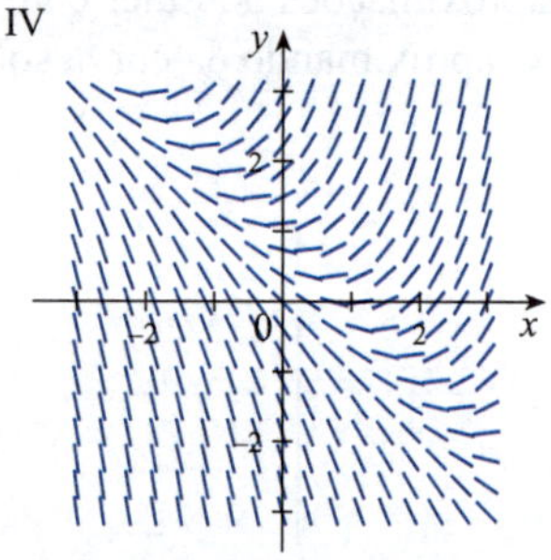

7. Use o campo de direções I para esboçar os gráficos das soluções que satisfazem as condições iniciais dadas.

(a) $y(0) = 1$ (b) $y(0) = 2{,}5$ (c) $y(0) = 3{,}5$

8. Use o campo de direções III (acima) para esboçar os gráficos das soluções que satisfazem as condições iniciais dadas.

(a) $y(0) = 1$ (b) $y(0) = 2{,}5$ (c) $y(0) = 3{,}5$

9-10 Esboce o campo de direções para a equação diferencial. Use-o para esboçar três curvas solução.

9. $y' = \frac{1}{2} y$ **10.** $y' = x - y + 1$

11-14 Esboce o campo de direções das equações diferenciais dadas. Use-os para esboçar a curva solução que passa pelo ponto dado.

11. $y' = y - 2x$ $(1, 0)$ **12.** $y' = xy - x^2$ $(0, 1)$

13. $y' = y + xy$ $(0, 1)$ **14.** $y' = x + y^2$ $(0, 0)$

T **15-16** Use um sistema de computação algébrica para desenhar um campo de direções para a equação diferencial dada. Obtenha uma impressão e esboce uma curva solução que passe por (0, 1). Compare seu esboço com a curva solução traçada por um programa computacional.

15. $y' = x^2 y - \frac{1}{2} y^2$ **16.** $y' = \cos(x + y)$

T **17.** Use um sistema de computação algébrica para desenhar um campo de direções para a equação diferencial $y' = y^3 - 4y$. Obtenha uma impressão e esboce as soluções que satisfazem a condição inicial $y(0) = c$ para diversos valores de c. Para quais valores de c o limite $\lim_{t \to \infty} y(t)$ existe? Quais são os possíveis valores para esse limite?

18. Faça o esboço de um campo de direções para a equação diferencial autônoma $y' = f(y)$, onde o gráfico de f é como o exibido. Como o comportamento limite das soluções depende do valor de $y(0)$?

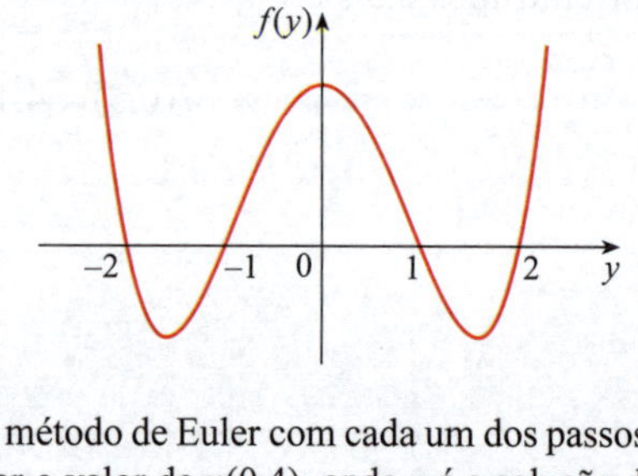

19. (a) Use o método de Euler com cada um dos passos dados para estimar o valor de $y(0{,}4)$, onde y é a solução do problema de valor inicial $y' = y$, $y(0) = 1$.

(i) $h = 0,4$ (ii) $h = 0,2$ (iii) $h = 0,1$

(b) Sabemos que a solução exata do problema de valor inicial no item (a) é $y = e^x$. Desenhe, o mais precisamente que puder, o gráfico de $y = e^x$, $0 \leq x \leq 0,4$, junto com as aproximações de Euler, usando os passos da parte (a). (Seus esboços devem assemelhar-se às Figuras 11, 12 e 13.) Use seus esboços para decidir se suas estimativas no item (a) estão subestimadas ou superestimadas.

(c) O erro no método de Euler é a diferença entre o valor exato e o valor aproximado. Calcule os erros feitos no item (a) ao usar o método de Euler para estimar o verdadeiro valor de $y(0,4)$, a saber, $e^{0,4}$. O que acontece com o erro cada vez que o passo cai pela metade?

20. Um campo de direções para uma equação diferencial é apresentado. Desenhe, com uma régua, os gráficos das aproximações de Euler para a curva solução que passa pela origem. Use os passos $h = 1$ e $h = 0,5$. As estimativas de Euler estarão superestimadas ou subestimadas? Explique.

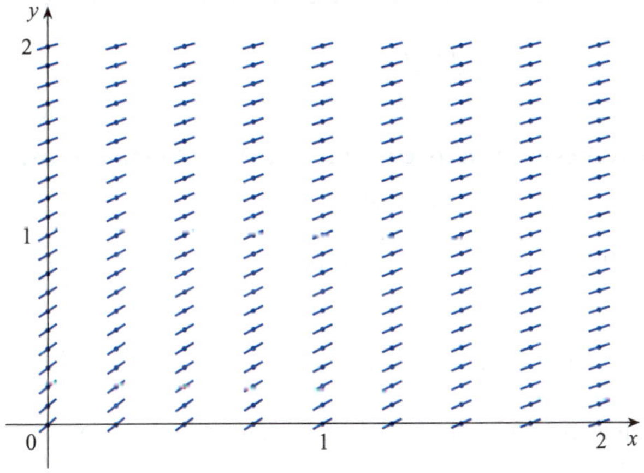

21. Use o método de Euler com tamanho de passo 0,5 para calcular os valores de y aproximados y_1, y_2, y_3 e y_4 da solução do problema de valor inicial $y' = y - 2x$, $y(1) = 0$.

22. Use o método de Euler com tamanho de passo 0,2 para estimar $y(1)$, onde $y(x)$ é a solução do problema de valor inicial $y' = x^2y - \frac{1}{2}y^2$, $y(0) = 1$.

23. Use o método de Euler com tamanho de passo 0,1 para estimar $y(0,5)$, onde $y(x)$ é a solução do problema de valor inicial $y' = y + xy$, $y(0) = 1$.

24. (a) Use o método de Euler com tamanho de passo 0,2 para estimar $y(0,6)$, onde $y(x)$ é a solução do problema de valor inicial $y' = \cos(x + y)$, $y(0) = 0$.

(b) Repita a parte (a) com tamanho de passo 0,1.

T **25.** (a) Programe uma calculadora ou um computador para usar o método de Euler para calcular $y(1)$, onde $y(x)$ é a solução do problema de valor inicial

$$\frac{dy}{dx} + 3x^2 y = 6x^2 \qquad y(0) = 3$$

(i) $h = 1$ (ii) $h = 0,1$

(iii) $h = 0,01$ (iv) $h = 0,001$

(b) Verifique se $y = 2 + e^{-x^3}$ é a solução exata da equação diferencial.

(c) Encontre os erros ao usar o método de Euler para calcular $y(1)$ com os passos da parte (a). O que acontece com o erro quando o passo é dividido por 10?

T **26.** (a) Use o método de Euler com passo de comprimento 0,01 para calcular $y(2)$, em que y é a solução do problema de valor inicial

$$y' = x^3 - y^3 \qquad y(0) = 1$$

(b) Compare sua resposta ao item (a) com o valor de $y(2)$ encontrado na curva solução traçada por um programa computacional.

27. A figura mostra um circuito contendo uma força eletromotriz, um capacitor com capacitância de C farads (F) e um resistor com uma resistência de R de ohms (Ω). A queda de voltagem no capacitor é Q/C, onde Q é a carga (em coulombs, C); nesse caso, a Lei de Kirchhoff fornece

$$RI + \frac{Q}{C} = E(t)$$

Mas $I = dQ/dt$, de modo que temos

$$R\frac{dQ}{dt} + \frac{1}{C}Q = E(t)$$

Suponha que a resistência seja 5 Ω, a capacitância seja 0,05 F e a pilha forneça uma voltagem constante de 60 V.

(a) Desenhe um campo de direções para essa equação diferencial.

(b) Qual é o valor-limite da carga?

(c) Existe uma solução de equilíbrio?

(d) Se a carga inicial for $Q(0) = 0$ C, use o campo de direções para esboçar a curva solução.

(e) Se a carga inicial for $Q(0) = 0$ C, use o método de Euler com o passo 0,1 para estimar a carga depois de meio segundo.

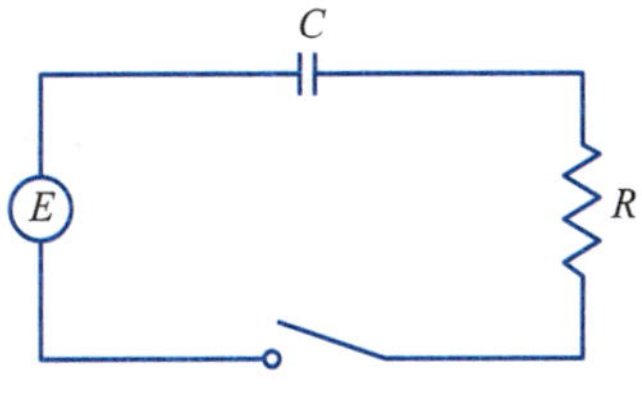

28. No Exercício 9.1.26 consideramos uma xícara de café a 95 °C em uma sala com temperatura de 20 °C. Suponha que o café esfrie a uma taxa de 1 °C por minuto quando sua temperatura for 70 °C.

(a) Como fica a equação diferencial nesse caso?

(b) Desenhe um campo de direções e use-o para esboçar a curva solução para o problema de valor inicial. Qual é o valor-limite da temperatura?

(c) Use o método de Euler com passo $h = 2$ minutos para estimar a temperatura do café após 10 minutos.

9.3 Equações Separáveis

Observamos as equações diferenciais de primeira ordem de um ponto de vista geométrico (campos de direções) e de um ponto de vista numérico (método de Euler). E do ponto de vista simbólico? Seria bom ter uma fórmula explícita para uma solução de uma equação diferencial. Infelizmente, isso não é sempre possível. Mas, nesta seção, examinaremos um tipo de equação diferencial que *pode* ser resolvida explicitamente.

Equações Diferenciais Separáveis

Uma **equação separável** é uma equação diferencial de primeira ordem na qual a expressão para dy/dx pode ser fatorada como uma função de x multiplicada por uma função de y. Em outras palavras, pode ser escrita na forma

$$\frac{dy}{dx} = g(x)f(y)$$

O nome *separável* vem do fato de que a expressão do lado direito pode ser "separada" em uma função de x e uma função de y. Da mesma forma, se $f(y) \neq 0$, podemos escrever

1 $$\frac{dy}{dx} = \frac{g(x)}{h(y)}$$

onde $h(y) = 1/f(y)$. Para resolver essa equação, ela será reescrita na forma diferencial

$$h(y)\,dy = g(x)\,dx$$

A técnica para resolver as equações diferenciais separáveis foi primeiro usada por James Bernoulli (em 1690), para resolver um problema sobre pêndulos, e por Leibniz (em uma carta para Huygens em 1691). John Bernoulli explicou o método geral em um artigo publicado em 1694.

assim todos os y estão em um lado da equação, e todos os x, do outro. Então integramos ambos os lados da equação:

2 $$\int h(y)dy = \int g(x)dx$$

A Equação 2 define y implicitamente como função de x. Em alguns casos também poderemos isolar y em termos de x.

Usamos a Regra da Cadeia para justificar este procedimento: se h e g satisfazem (2), então

$$\frac{d}{dx}\left(\int h(y)dy\right) = \frac{d}{dx}\left(\int g(x)dx\right)$$

Logo $$\frac{d}{dy}\left(\int h(y)dy\right)\frac{dy}{dx} = g(x)$$

e $$h(y)\frac{dy}{dx} = g(x)$$

Portanto, a Equação 1 é satisfeita.

EXEMPLO 1

(a) Resolva a equação diferencial $\dfrac{dy}{dx} = \dfrac{x^2}{y^2}$.

(b) Encontre a solução dessa equação que satisfaça a condição inicial $y(0) = 2$.

SOLUÇÃO

(a) Escrevemos a equação na forma diferencial e integramos os dois lados:

$$y^2\,dy = x^2\,dx$$

$$\int y^2\,dy = \int x^2\,dx$$

$$\tfrac{1}{3}y^3 = \tfrac{1}{3}x^3 + C$$

onde C é uma constante qualquer. (Poderíamos ter usado uma constante C_1 no lado esquerdo e outra constante C_2 no lado direito. Mas decidimos combiná-las em uma só constante no lado direito, fazendo $C = C_2 - C_1$.)

Resolvendo para y, obtemos

$$y = \sqrt[3]{x^3 + 3C}$$

Poderíamos deixar a solução dessa maneira ou podemos escrevê-la na forma

$$y = \sqrt[3]{x^3 + K}$$

onde $K = 3C$. (Pois C é uma constante qualquer e o mesmo ocorre com K.)

(b) Se fizermos $x = 0$ na equação geral da parte (a), temos $y(0) = \sqrt[3]{K}$. Para satisfazer a condição inicial $y(0) = 2$, devemos fazer $\sqrt[3]{K} = 2$ e assim temos $K = 8$. Portanto, a solução do problema de valor inicial é

$$y = \sqrt[3]{x^3 + 8}$$ ■

A Figura 1 ilustra o gráfico de vários membros da família de soluções da equação diferencial do Exemplo 1. A solução do problema com valor inicial da parte (b) é mostrada em vermelho.

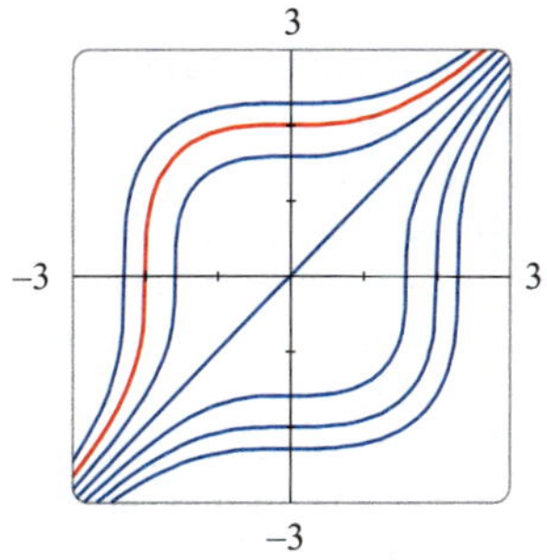

FIGURA 1

EXEMPLO 2 Resolva a equação diferencial $\dfrac{dy}{dx} = \dfrac{6x^2}{2y + \cos y}$.

SOLUÇÃO Escrevendo a equação em uma forma diferencial e integrando ambos os lados, temos

$$(2y + \cos y)\,dy = 6x^2\,dx$$

$$\int (2y + \cos y)\,dy = \int 6x^2\,dx$$

3 $$y^2 + \operatorname{sen} y = 2x^3 + C$$

onde C é uma constante. A Equação 3 fornece uma solução geral implícita. Nesse caso é impossível resolver a equação para expressar y explicitamente como uma função de x. ■

Alguns sistemas de computação algébrica podem traçar as curvas definidas por equações implícitas. A Figura 2 mostra os gráficos de vários membros da família de soluções da equação diferencial no Exemplo 2. Olhando as curvas da esquerda para a direita, os valores de C são 3, 2, 1, 0, −1, −2 e −3.

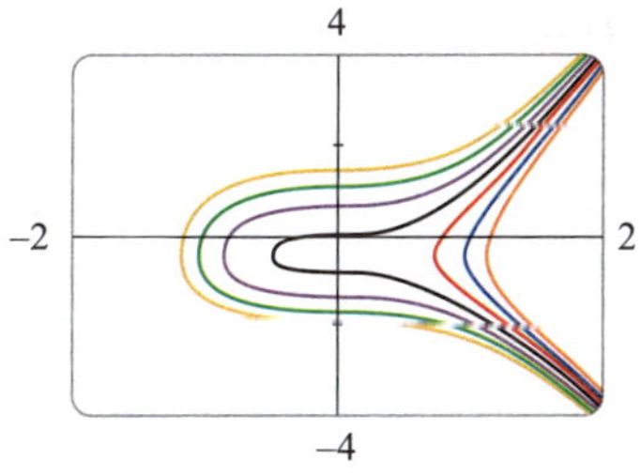

FIGURA 2

EXEMPLO 3 Resolva a equação diferencial $y' = x^2 y$.

SOLUÇÃO Primeiramente, reescrevemos a equação usando a notação de Leibniz:

$$\frac{dy}{dx} = x^2 y$$

Constatamos facilmente que a função constante $y = 0$ é uma solução da equação diferencial dada. Supondo que $y \neq 0$, podemos reescrever a equação em uma notação diferencial e integrá-la:

$$\frac{dy}{y} = x^2\,dx \qquad y \neq 0$$

$$\int \frac{dy}{y} = \int x^2\,dx$$

$$\ln|y| = \frac{x^3}{3} + C$$

Essa equação define y implicitamente como função de x. Mas, nesse caso, podemos solucionar explicitamente para y como a seguir:

$$|y| = e^{\ln|y|} = e^{(x^3/3)+C} = e^C e^{x^3/3}$$

Uma consequência de um teorema de unicidade das soluções de equações diferenciais como a do Exemplo 3 é o fato de que, se duas soluções coincidem em um valor de x, elas devem coincidir em todos os valores de x. (Duas curvas solução são idênticas ou nunca se interceptam.) Uma vez que $y = 0$ é uma solução da equação diferencial do Exemplo 3, deduzimos que todas as outras soluções devem satisfazer $y(x) \neq 0$ para todo x.

então $$y = \pm e^{C}e^{x^3/3}$$

Dessa forma, podemos escrever a solução geral na forma

$$y = Ae^{x^3/3}$$

onde A é uma constante arbitrária ($A = e^C$, ou $A = -e^C$, ou $A = 0$). ■

A Figura 3 mostra um campo de direções para a equação diferencial no Exemplo 3. Compare-a com a Figura 4, em que usamos a equação $y = Ae^{x^3/3}$ para representar as soluções por diversos valores de A. Se você usar o campo de direções para esboçar as curvas solução com a intersecção y 5, 2, 1, −1 e −2, elas irão assemelhar-se com as curvas da Figura 4.

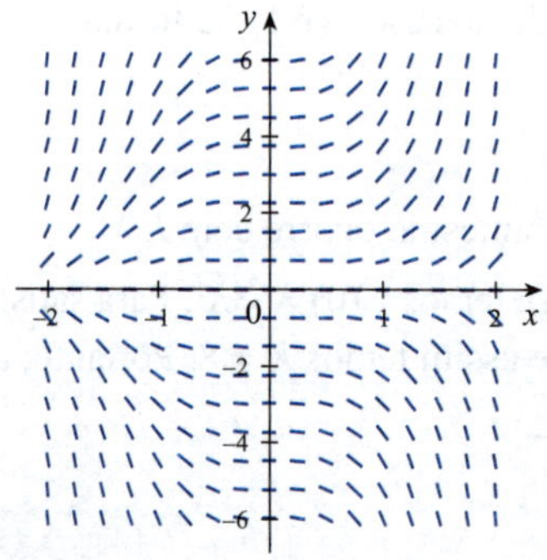

FIGURA 3

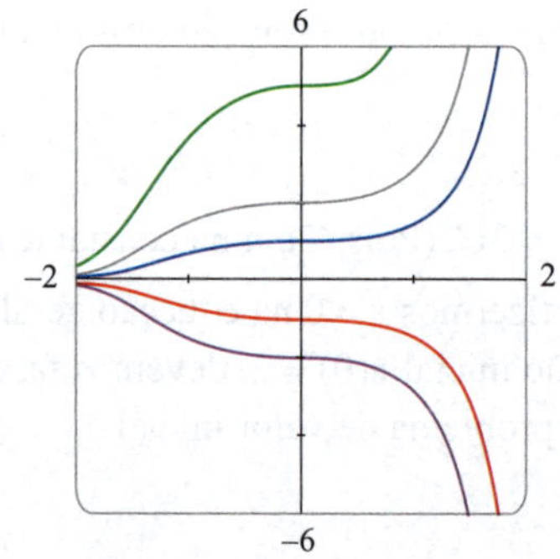

FIGURA 4

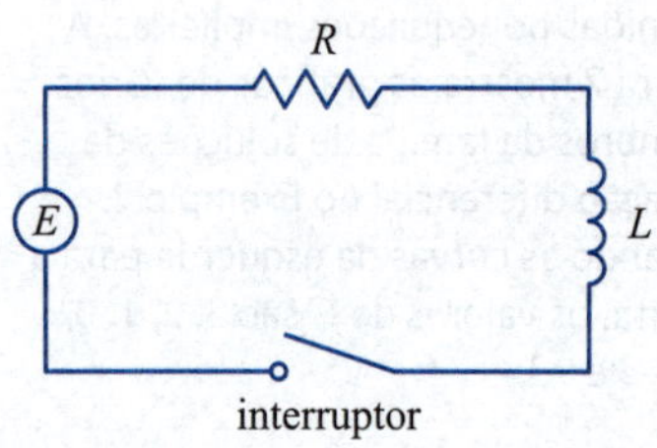

FIGURA 5

EXEMPLO 4 Na Seção 9.2, modelamos a corrente $I(t)$ no circuito elétrico mostrado na Figura 5 pela equação diferencial

$$L\frac{dI}{dt} + RI = E(t)$$

Encontre uma expressão para a corrente em um circuito onde a resistência é 12 Ω, a indutância é 4 H, a pilha fornece uma voltagem constante de 60 V e o interruptor é ligado quando $t = 0$. Qual o valor-limite da corrente?

SOLUÇÃO Com $L = 4$, $R = 12$ e $E(t) = 60$, a equação torna-se

$$4\frac{dI}{dt} + 12I = 60 \quad \text{ou} \quad \frac{dI}{dt} = 15 - 3I$$

e o problema de valor inicial é

$$\frac{dI}{dt} = 15 - 3I \qquad I(0) = 0$$

A Figura 6 revela como a solução no Exemplo 4 (a corrente) se aproxima de seu valor-limite. A comparação com a Figura 9.2.10 mostra que pudemos desenhar uma curva solução bem precisa a partir do campo de direções.

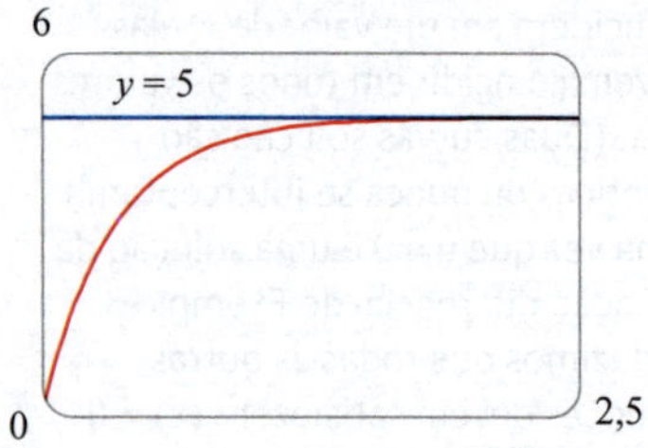

FIGURA 6

Reconhecemos essa equação como separável e a resolvemos da seguinte forma:

$$\int \frac{dI}{15 - 3I} = \int dt \qquad (15 - 3I \neq 0)$$

$$-\tfrac{1}{3}\ln|15 - 3I| = t + C$$

$$|15 - 3I| = e^{-3(t+C)}$$

$$15 - 3I = \pm e^{-3C}e^{-3t} = Ae^{-3t}$$

$$I = 5 - \tfrac{1}{3}Ae^{-3t}$$

Como $I(0) = 0$, temos $5 - \frac{1}{3}A = 0$, assim, $A = 15$ e a solução é

$$I(t) = 5 - 5e^{-3t}$$

A corrente-limite, em amperes, é

$$\lim_{t\to\infty} I(t) = \lim_{t\to\infty}(5 - 5e^{-3t}) = 5 - 5\lim_{t\to\infty} e^{-3t} = 5 - 0 = 5$$ ■

Trajetórias Ortogonais

Uma **trajetória ortogonal** de uma família de curvas é uma curva que intercepta cada curva da família ortogonalmente, isto é, com ângulo reto (veja a Figura 7). Por exemplo, cada membro da família $y = mx$ de retas que passa pela origem é uma trajetória ortogonal da família $x^2 + y^2 = r^2$ de círculos concêntricos com o centro na origem (veja a Figura 8). Dizemos que as duas famílias são trajetórias ortogonais uma da outra.

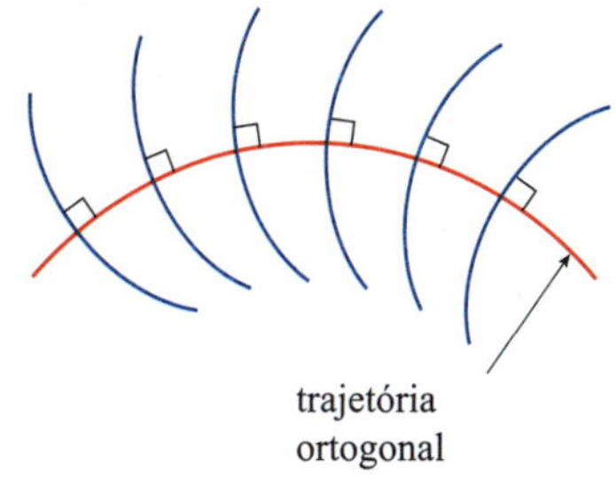

FIGURA 7

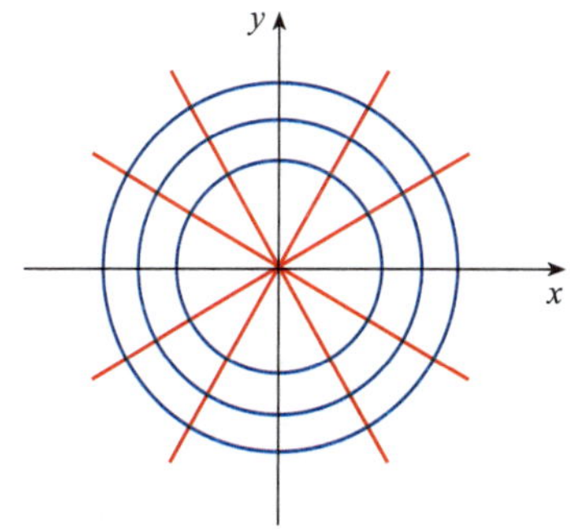

FIGURA 8

EXEMPLO 5 Encontre as trajetórias ortogonais da família de curvas $x = ky^2$, onde k é uma constante arbitrária.

SOLUÇÃO As curvas $x = ky^2$ formam uma família de parábolas cujo eixo de simetria é o eixo x. O primeiro passo é encontrar uma única equação diferencial que seja satisfeita por todos os membros da família. Se derivarmos $x = ky^2$, obteremos

$$1 = 2ky\frac{dy}{dx} \qquad \text{ou} \qquad \frac{dy}{dx} = \frac{1}{2ky}$$

Essa é uma equação diferencial que depende de k, mas precisamos de uma equação que seja válida para todos os valores de k simultaneamente. Para eliminar k observamos que, da equação geral da parábola dada $x = ky^2$, temos $k = x/y^2$ e, assim, a equação diferencial pode ser escrita como

$$\frac{dy}{dx} = \frac{1}{2ky} = \frac{1}{2\frac{x}{y^2}y} \qquad \text{ou} \qquad \frac{dy}{dx} = \frac{y}{2x}$$

Isso significa que a inclinação da reta tangente em qualquer ponto (x, y) em uma das parábolas é $y' = y/(2x)$. Em uma trajetória ortogonal, a inclinação da reta tangente deve ser o oposto do inverso dessa inclinação. Portanto, as trajetórias ortogonais devem satisfazer a equação diferencial

$$\frac{dy}{dx} = -\frac{2x}{y}$$

Essa equação diferencial é separável e a resolvemos como se segue:

$$\int y\,dy = -\int 2x\,dx$$

$$\frac{y^2}{2} = -x^2 + C$$

4 $$x^2 + \frac{y^2}{2} = C$$

onde C é uma constante positiva qualquer. Então, as trajetórias ortogonais são a família de elipses dada pela Equação 4 e esboçada na Figura 9. ■

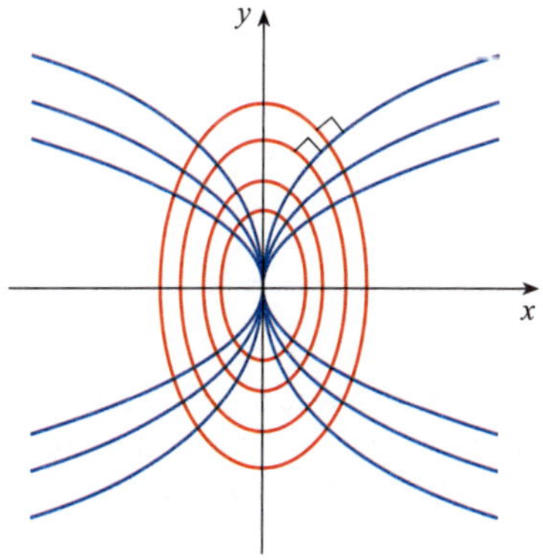

FIGURA 9

As trajetórias ortogonais ocorrem em vários ramos da física. Por exemplo, em um campo eletrostático, as linhas de força são ortogonais às linhas de potencial constante. Também as linhas de corrente em aerodinâmica são trajetórias ortogonais às curvas de velocidade constante.

Problemas de Mistura

Um problema típico de mistura envolve um tanque de capacidade fixa contendo uma solução completamente misturada de alguma substância (digamos, sal). Uma solução de dada concentração entra no tanque a uma taxa fixa e a mistura, bem agitada, sai a uma taxa fixa, que pode ser diferente da taxa de entrada. Se $y(t)$ denota a quantidade de substância no tanque no instante t, então $y'(t)$ é a taxa na qual a substância está sendo adicionada menos a taxa na qual ela está sendo retirada. A descrição matemática da situação frequentemente leva a uma equação diferencial de primeira ordem separável. Podemos usar o mesmo tipo de raciocínio para modelar uma variedade de fenômenos: reações químicas, descarga de poluentes em um lago, injeção de medicamentos na corrente sanguínea, entre outros.

EXEMPLO 6 Um tanque contém 20 kg de sal dissolvido em 5.000 L de água. Água salgada com 0,03 kg de sal por litro entra no tanque a uma taxa de 25 L/min. A solução é misturada completamente e sai do tanque à mesma taxa. Qual a quantidade de sal permanecerá no tanque depois de meia hora?

SOLUÇÃO Seja $y(t)$ a quantidade de sal (em quilogramas) depois de t minutos. Foi-nos dado que $y(0) = 20$ e queremos encontrar $y(30)$. Fazemos isso encontrando uma equação diferencial que seja satisfeita por $y(t)$. Observe que dy/dt é a taxa de variação da quantidade de sal, assim,

5 $$\frac{dy}{dt} = (\text{taxa de entrada}) - (\text{taxa de saída})$$

onde (taxa de entrada) é a taxa na qual o sal entra no tanque e (taxa de saída) é a taxa na qual o sal deixa o tanque. Temos

$$\text{taxa de entrada} = \left(0{,}03\ \frac{\text{kg}}{\text{L}}\right)\left(25\ \frac{\text{L}}{\text{min}}\right) = 0{,}75\ \frac{\text{kg}}{\text{min}}$$

O tanque sempre contém 5.000 L de líquido, então a concentração no tempo t é $y(t)/5.000$ (medida em quilogramas por litro). Como a água salgada sai a uma taxa de 25 L/min, obtemos

$$\text{taxa de saída} = \left(\frac{y(t)}{5.000}\ \frac{\text{kg}}{\text{L}}\right)\left(25\ \frac{\text{L}}{\text{min}}\right) = \frac{y(t)}{200}\ \frac{\text{kg}}{\text{min}}$$

Então, da Equação 5, temos

$$\frac{dy}{dt} = 0{,}75 - \frac{y(t)}{200} = \frac{150 - y(t)}{200}$$

Resolvendo essa equação diferencial separável, obtemos

$$\int \frac{dy}{150 - y} = \int \frac{dt}{200}$$

$$-\ln|150 - y| = \frac{t}{200} + C$$

A Figura 10 mostra o gráfico da função $y(t)$ do Exemplo 6. Observe que, com o passar do tempo, a quantidade de sal se aproxima de 150 kg.

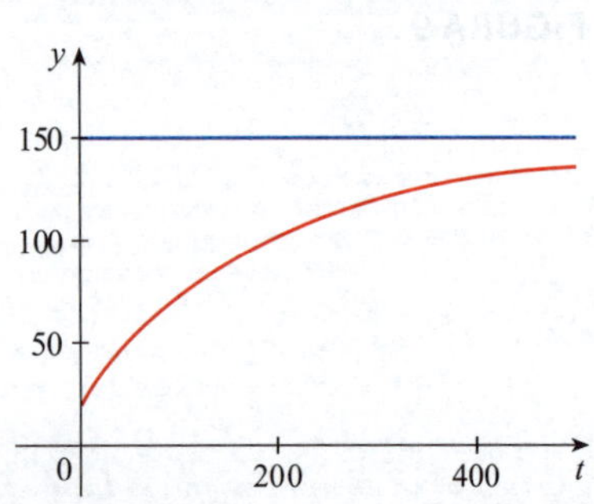

FIGURA 10

Uma vez que $y(0) = 20$, temos $-\ln 130 = C$, logo

$$-\ln|150 - y| = \frac{t}{200} - \ln 130$$

Portanto, $$|150 - y| = 130e^{-t/200}$$

Como $y(t)$ é contínua, $y(0) = 20$ e o lado direito nunca é zero, deduzimos que $150 - y(t)$ é sempre positiva. Então, $|150 - y| = 150 - y$ e assim

$$y(t) = 150 - 130e^{-t/200}$$

A quantidade de sal depois de 30 minutos é

$$y(30) = 150 - 130e^{-30/200} \approx 38{,}1 \text{ kg}$$ ■

9.3 Exercícios

1-12 Resolva a equação diferencial.

1. $\dfrac{dy}{dx} = 3x^2y^2$

2. $\dfrac{dy}{dx} = \dfrac{x}{y^4}$

3. $\dfrac{dy}{dx} = x\sqrt{y}$

4. $xy' = y + 3$

5. $xyy' = x^2 + 1$

6. $y' + xe^y = 0$

7. $(e^y - 1)\,y' = 2 + \cos x$

8. $\dfrac{dy}{dx} = 2x(y^2 + 1)$

9. $\dfrac{dp}{dt} = t^2p - p + t^2 - 1$

10. $\dfrac{dz}{dt} + e^{t+z} = 0$

11. $\dfrac{d\theta}{dt} = \dfrac{t \sec\theta}{\theta e^{t^2}}$

12. $\dfrac{dH}{dR} = \dfrac{RH^2\sqrt{1+R^2}}{\ln H}$

13-20 Encontre a solução da equação diferencial que satisfaça a condição inicial dada.

13. $\dfrac{dy}{dx} = xe^y,\ y(0) = 0$

14. $\dfrac{dP}{dt} = \sqrt{Pt},\quad P(1) = 2$

15. $\dfrac{dA}{dr} = Ab^2\cos br,\quad A(0) = b^3$

16. $x^2y' = k\sec y,\quad y(1) = \pi/6$

17. $\dfrac{du}{dt} = \dfrac{2t + \sec^2 t}{2u},\quad u(0) = -5$

18. $x + 3y^2\sqrt{x^2+1}\,\dfrac{dy}{dx} = 0,\quad y(0) = 1$

19. $x\ln x = y\left(1 + \sqrt{3+y^2}\right)y',\quad y(1) = 1$

20. $\dfrac{dy}{dx} = \dfrac{x \text{ sen } x}{y},\quad y(0) = -1$

21. Encontre uma equação da curva que passe pelo ponto (0, 2) e cuja inclinação em (x, y) seja x/y.

22. Encontre a função f tal que $f'(x) = xf(x) - x$ e $f(0) = 2$.

23. Resolva a equação diferencial $y' = x + y$, usando a mudança de variáveis $u = x + y$.

24. Resolva a equação diferencial $xy' = y + xe^{y/x}$, usando a mudança de variáveis $v = y/x$.

25. (a) Resolva a equação diferencial $y' = 2x\sqrt{1-y^2}$.
    (b) Resolva o problema de valor inicial $y' = 2x\sqrt{1-y^2}$, $y(0) = 0$ e faça um gráfico de solução.
    (c) O problema de valor inicial $y' = 2x\sqrt{1-y^2}$, $y(0) = 2$, tem solução? Explique.

26. Resolva a equação diferencial $e^{-y}y' + \cos x = 0$ e trace vários membros da família de soluções. Como muda a curva solução quando a constante C varia?

27. Resolva o problema de valor inicial $y' = (\text{sen } x)/\text{sen } y$, $y(0) = \pi/2$, e trace a solução (definida implicitamente).

28. Resolva a equação $y' = x\sqrt{x^2+1}/(ye^y)$ e trace vários membros da família de soluções (definidas implicitamente). Como muda a curva solução quando a constante C varia?

29-30
(a) Use um sistema de computação algébrica para desenhar um campo de direção para a equação diferencial. Imprima e use-o para esboçar algumas curvas de solução sem resolver a equação diferencial.
(b) Resolva a equação diferencial.
(c) Use o SCA para desenhar as soluções obtidas na parte (b). Compare com as curvas da parte (a).

29. $y' = y^2$

30. $y' = xy$

31-34 Encontre as trajetórias ortogonais da família de curvas. Usando uma calculadora (ou um computador), desenhe vários membros de cada família na mesma tela.

31. $x^2 + 2y^2 = k^2$

32. $y^2 = kx^3$

33. $y = \dfrac{k}{x}$

34. $y = \dfrac{1}{x+k}$

35-37 Equação Integral Uma *equação integral* é uma equação que contém uma função desconhecida $y(x)$ e uma integral que envolve $y(x)$. Resolva a determinada equação integral. [*Dica*: Use uma condição inicial obtida da equação integral.]

35. $y(x) = 2 + \int_2^x [t - ty(t)]\,dt$

36. $y(x) = 2 + \int_1^x \dfrac{dt}{ty(t)},\quad x > 0$

37. $y(x) = 4 + \int_0^x 2t\sqrt{y(t)}\,dt$

38. Encontre a função f tal que $f(3) = 2$ e

$$(t^2 + 1)f'(t) + [f(t)]^2 + 1 = 0 \qquad t \neq 1$$

[*Dica*: Use a fórmula de adição para $\text{tg}(x + y)$ na Página de Referência 2.]

39. Resolva o problema de valor inicial no Exercício 9.2.27, para encontrar uma expressão para a carga no instante t. Encontre o valor-limite da carga.

40. No Exercício 9.2.28, discutimos uma equação diferencial que modela a temperatura de uma xícara de café a 95 °C em uma sala a 20 °C. Resolva a equação diferencial para encontrar uma expressão para a temperatura do café no instante t.

41. No Exercício 9.1.27, formulamos um modelo para o aprendizado na forma da equação diferencial

$$\frac{dP}{dt} = k(M - P)$$

onde $P(t)$ mede o desempenho de alguém aprendendo uma habilidade depois de um tempo de treinamento t, M é o nível máximo de desempenho e k é uma constante positiva. Resolva essa equação diferencial para encontrar uma expressão para $P(t)$. Qual é o limite dessa expressão?

42. Em uma reação química elementar, as moléculas únicas de dois reagentes A e B formam a molécula do produto C: A + B → C. A lei de ação das massas afirma que a taxa de reação é proporcional ao produto das concentrações de A e B:

$$\frac{d[\mathrm{C}]}{dt} = k[\mathrm{A}][\mathrm{B}]$$

(Veja o Exemplo 3.7.4, no Volume 1.) Então, se as concentrações iniciais forem [A] = a mols/L e [B] = b mols/L e escrevermos x = [C], então teremos

$$\frac{dx}{dt} = k(a-x)(b-x)$$

(a) Supondo que $a \neq b$, encontre x como uma função de t. Use o fato de que a concentração inicial de C é 0.

(b) Encontre $x(t)$ assumindo que $a = b$. Como essa expressão para $x(t)$ é simplificada se soubermos que [C] = $\frac{1}{2}a$ depois de 20 segundos?

43. Em contraste com a situação do Exercício 42, as experiências mostram que a reação $H_2 + Br_2 \rightarrow 2\,HBr$ satisfaz a lei de troca

$$\frac{d[\mathrm{HBr}]}{dt} = k[\mathrm{H}_2][\mathrm{Br}_2]^{1/2}$$

e, portanto, para essa reação a equação diferencial torna-se

$$\frac{dx}{dt} = k(a-x)(b-x)^{1/2}$$

onde x = [HBr] e a e b são concentrações iniciais de hidrogênio e bromo.

(a) Escreva x como uma função de t no caso em que $a = b$. Use o fato de que $x(0) = 0$.

(b) Se $a > b$, encontre t como uma função de x. [*Dica*: Ao desempenhar a integração, faça a substituição $u = \sqrt{b-x}$.]

44. Uma esfera com raio 1 m tem temperatura 15 °C. Ela se encontra dentro de uma esfera concêntrica com raio 2 m e temperatura 25 °C. A temperatura $T(r)$ em uma distância r do centro comum das esferas satisfaz a equação diferencial

$$\frac{d^2T}{dr^2} + \frac{2}{r}\frac{dT}{dr} = 0$$

Se fizermos $S = dT/dr$, então S satisfaz uma equação diferencial de primeira ordem. Encontre uma expressão para a temperatura $T(r)$ entre as duas esferas.

45. Uma solução de glicose é administrada de maneira intravenosa na corrente sanguínea em uma taxa constante r. À medida que a glicose é adicionada, ela é convertida em outras substâncias e removida da corrente sanguínea a uma taxa que é proporcional à concentração naquele instante. Então, um modelo para a concentração $C = C(t)$ da solução de glicose na corrente sanguínea é

$$\frac{dC}{dt} = r - kC$$

onde k é uma constante positiva.

(a) Suponha que a concentração no instante $t = 0$ seja C_0. Determine a concentração em um instante qualquer t, resolvendo a equação diferencial.

(b) Assumindo que $C_0 < r/k$, calcule $\lim_{t\to\infty} C(t)$ e interprete sua resposta.

46. Um pequeno país tem \$ 10 bilhões em papel-moeda em circulação e a cada dia \$ 50 milhões chegam aos bancos daquele lugar. O governo decide introduzir uma nova moeda, fazendo que os bancos troquem notas velhas por novas sempre que a moeda antiga entrar nos bancos. Denote por $x = x(t)$ a quantidade de moeda nova em circulação no instante t, com $x(0) = 0$.

(a) Formule um modelo matemático na forma de um problema de valor inicial que represente o "fluxo" da nova moeda em circulação.

(b) Resolva o problema de valor inicial encontrado no item (a).

(c) Quanto tempo levará para a nova moeda representar 90% da moeda em circulação?

47. Um tanque contém 1.000 L de água salgada com 15 kg de sal dissolvido. Água pura entra no tanque a uma taxa de 10 L/min. A solução é mantida bem misturada e escoa do tanque na mesma taxa. Quanto sal há no tanque (a) após t minutos e (b) após 20 minutos?

48. O ar em uma sala com volume 180 m^3 contém 0,15% de dióxido de carbono, inicialmente. Ar mais fresco com apenas 0,05% de dióxido de carbono entra na sala a uma taxa de 2 m^3/min e o ar misturado sai na mesma taxa. Encontre a porcentagem de dióxido de carbono na sala como uma função do tempo. O que acontece a longo prazo?

49. Um barril com 2.000 L de cerveja contém 4% de álcool (por volume). Cerveja com 6% de álcool é bombeada para dentro do barril a uma taxa de 20 L/min e a mistura é bombeada para fora do barril à mesma taxa. Qual é a porcentagem de álcool depois de uma hora?

50. Um tanque contém 1.000 L de água pura.* Água salgada com 0,05 kg de sal por litro de água entra no tanque a uma taxa de 5 L/min. A salmoura, que contém 0,04 kg de sal por litro de água, entra no tanque a uma taxa de 10 L/min. A solução é mantida completamente misturada e escoa do tanque a uma taxa de 15 L/min. Quanto sal há no tanque (a) depois de t minutos e (b) depois de uma hora?

51. Velocidade Terminal Quando uma gota de chuva cai, ela aumenta de tamanho; assim, sua massa em um instante t é uma função de t, $m(t)$. A taxa de crescimento da massa é $km(t)$ para alguma constante positiva k. Quando aplicamos a Lei do Movimento de Newton à gota de chuva, obtemos $(mv)' = gm$, onde v é a velocidade da gota de chuva (dirigida para baixo) e g é a aceleração da gravidade. A *velocidade terminal* da gota de chuva é $\lim_{t\to\infty} v(t)$. Encontre uma expressão para a velocidade terminal em termos de g e k.

52. Um objeto de massa m está se movendo horizontalmente por um meio que resiste ao movimento com uma força que é uma função da velocidade; isto é,

$$m\frac{d^2s}{dt^2} = m\frac{dv}{dt} = f(v)$$

onde $v = v(t)$ e $s = s(t)$ representam a velocidade e a posição do objeto no instante t, respectivamente. Por exemplo, pense em um barco se movendo pela água.

(a) Suponha que a força de resistência seja proporcional à velocidade, isto é, $f(v) = -kv$, k uma constante positiva. (Esse modelo é apropriado para pequenos valores de v.) Sejam

*Água salgada com 0,05 kg de sal por litro de água entra no tanque a uma taxa de 5 L/min.

$v(0) = v_0$ e $s(0) = s_0$ os valores iniciais de v e s. Determine v e s em qualquer instante t. Qual é a distância total que o objeto viaja a partir do instante $t = 0$?

(b) Para volumes maiores de v, um melhor modelo é obtido ao supor que a força de resistência seja proporcional ao quadrado da velocidade, isto é, $f(v) = -kv^2$, $k > 0$. (Esse modelo foi sugerido primeiro por Newton.) Sejam v_0 e s_0 os valores iniciais de v e s. Determine v e s em qualquer instante t. Qual é a distância total que o objeto viaja nesse caso?

53. Crescimento Alométrico *Crescimento alométrico* em biologia refere-se às relações entre os tamanhos das partes de um organismo (comprimento do crânio e comprimento do corpo, por exemplo). Se $L_1(t)$ e $L_2(t)$ são os tamanhos de dois órgãos em um organismo de idade t, então L_1 e L_2 satisfazem uma lei alométrica se suas taxas de crescimento específicas são proporcionais:

$$\frac{1}{L_1}\frac{dL_1}{dt} = k\frac{1}{L_2}\frac{dL_2}{dt}$$

onde k é uma constante.

(a) Use a lei alométrica para escrever uma equação diferencial fazendo a relação de L_1 e L_2, e solucione-a para expressar L_1 como uma função de L_2.

(b) Em um estudo de diversas espécies de algas unicelulares, a constante de proporcionalidade na lei alométrica relacionando B (biomassa celular) e V (volume celular) foi considerada $k = 0{,}0794$. Escreva B como uma função de V.

54. Um modelo para o crescimento de tumor é dado pela equação de Gompertz

$$\frac{dV}{dt} = a(\ln b - \ln V)V$$

onde a e b são constantes positivas e V é o volume do tumor medido em mm^3.

(a) Encontre uma família de soluções para o volume do tumor como uma função do tempo.

(b) Encontre a solução que tem um volume de tumor inicial de $V(0) = 1$ mm^3.

55. Seja $A(t)$ a área de uma cultura de tecido em um instante t e seja M a área final do tecido quando o crescimento está completo. A maioria das divisões celulares ocorre na periferia do tecido, e o número de células na periferia é proporcional a $\sqrt{A(t)}$. Assim, um modelo razoável para o crescimento de tecido é obtido assumindo-se que a taxa de crescimento da área seja conjuntamente proporcional a $\sqrt{A(t)}$ e $M - A(t)$.

(a) Formule uma equação diferencial e use-a para mostrar que o tecido cresce mais rápido quando $A(t) = \frac{1}{3}M$.

(b) Resolva a equação diferencial para encontrar uma expressão para $A(t)$. Use um sistema de computação algébrica para fazer a integração.

56. Gelo Marinho Muitos fatores influenciam a formação e o crescimento do gelo marinho. Nesse exercício, desenvolvemos um modelo simplificado que descreve como a espessura do gelo marinho é afetada ao longo do tempo pelas temperaturas do ar e da água do oceano. Como comentamos na Seção 1.2, um bom modelo é aquele que simplifica suficientemente a realidade para permitir a realização de cálculos matemáticos, mas é preciso o suficiente para fornecer conclusões úteis.

Considere uma coluna de ar/gelo/água, como aquela mostrada na figura. Assumamos que a temperatura na interface entre o gelo e o ar, T_a (em °C), seja constante (com T_a abaixo do ponto de congelamento da água do mar) e que a temperatura na interface entre o gelo e a água, T_w, também seja constante (com T_w maior que o ponto de congelamento da água).

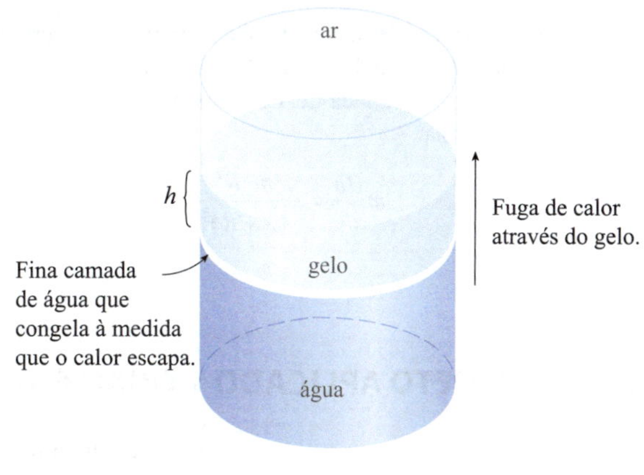

Há uma transferência de energia de baixo para cima através do gelo, a partir da água do mar, que é mais quente, em direção ao ar, que é mais frio, sob a forma de calor, Q, medido em joules (J). Segundo a lei da condução térmica de Fourier, a taxa de transferência de calor dQ/dt satisfaz a equação diferencial

$$\frac{dQ}{dt} = \frac{kA}{h}(T_w - T_a)$$

em que k é uma constante denominada *condutividade térmica* do gelo, A é a área (em m^2) da seção transversal (horizontal) da coluna e h e a espessura do gelo (em m).

(a) A perda de uma pequena quantidade de calor da água do mar, ΔQ, provoca o congelamento de uma fina camada de água, de espessura Δh, na interface entre a água e o gelo. A densidade da água do mar, D (medida em kg/m^3), varia com a temperatura, mas podemos assumir que, nessa interface, a temperatura seja constante (e próxima de 0 °C) e que, consequentemente, D seja constante. Seja L o *calor latente* da água do mar, definido como a quantidade de perda de calor necessária para congelar 1 kg de água. Mostre que $\Delta h \approx (1/LAD)\Delta Q$ e que, portanto,

$$\frac{dh}{dQ} = \frac{1}{LAD}$$

(b) Use a Regra da Cadeia para obter a equação diferencial

$$\frac{dh}{dt} = \frac{k}{LDh}(T_w - T_a)$$

e explique por que essa equação prediz o fato de que o gelo fino cresce mais rapidamente que o gelo espesso, o que faz que uma fratura no gelo tenda a "cicatrizar" e que a espessura de um campo de gelo se torne uniforme ao longo do tempo.

(c) Supondo que a espessura do gelo no instante $t = 0$ seja h_0, determine um modelo para a espessura do gelo em qualquer instante t resolvendo a equação diferencial do item (b).

Fonte: Adaptado de M. Freiberger. Maths and climate change: the melting Arctic. *Plus* (2008): http://plus.maths.org/content/maths-and-climate-change-melting-arctic. Acessado em: 9 mar. 2019.

57. Velocidade de Escape De acordo com a Lei da Gravitação Universal de Newton, a força gravitacional em um objeto de massa m que tenha sido lançado verticalmente para cima da superfície da Terra é

$$F = \frac{mgR^2}{(x+R)^2}$$

onde $x = x(t)$ é a distância do objeto acima da superfície no instante t; R, o raio da Terra; e g, a aceleração da gravidade. Também, pela Segunda Lei de Newton, $F = ma = m(dv/dt)$, e dessa forma

$$m\frac{dv}{dt} = -\frac{mgR^2}{(x+R)^2}$$

(a) Suponha que um foguete seja lançado verticalmente para cima com uma velocidade inicial v_0. Seja h a altura máxima acima da superfície alcançada pelo objeto. Mostre que

$$v_0 = \sqrt{\frac{2gRh}{R+h}}$$

[*Dica*: Pela Regra da Cadeia, $m(dv/dt) = mv\,(dv/dx)$.]

(b) Calcule $v_e = \lim_{h\to\infty} v_0$. Esse limite é chamado velocidade de escape da Terra. (Outro método para encontrar a velocidade de escape é dado no Exercício 7.8.77.)

(c) Use $R = 6.370$ km e $g = 9{,}8$ m/s² para calcular v_e em quilômetros por segundo.

PROJETO APLICADO | QUÃO RAPIDAMENTE UM TANQUE ESVAZIA?

Se água (ou outro líquido) está vazando de um tanque, esperamos que o escoamento seja maior no começo (quando o tanque estiver mais cheio) e que vá gradualmente diminuindo à medida que o nível de água do tanque diminui. Mas queremos uma descrição matemática mais precisa de como o escoamento decresce a fim de responder às perguntas que os engenheiros fazem: quanto tempo demora para que o tanque seja esvaziado completamente? Quão cheio o tanque deve estar para garantir uma pressão mínima a um sistema de irrigação?

Sejam $h(t)$ e $V(t)$ o volume de água no tanque e a altura da água no tanque em dado momento t. Se a água escorre por um furo de área a no fundo do tanque, então a Lei de Torricelli diz que

$$\boxed{1} \qquad \frac{dV}{dt} = -a\sqrt{2gh}$$

onde g é a aceleração devido à gravidade. Logo, a taxa na qual a água escoa do tanque é proporcional à raiz quadrada da altura da água.

1. (a) Suponha que o tanque seja cilíndrico com altura igual a 2 m e raio igual a 1 m e que o buraco seja um círculo com raio igual a 2 cm. Se tomarmos $g = 10$ m/s², mostre que h satisfaz a equação diferencial

$$\frac{dh}{dt} = -0{,}0004\sqrt{20h}$$

(b) Resolva esta equação para encontrar a altura da água no instante t, supondo que o tanque esteja cheio em $t = 0$.

(c) Quanto tempo iria demorar para o tanque ficar completamente vazio?

2. O modelo teórico dado pela Equação 1 não é muito preciso, se levarmos em conta a rotação e viscosidade do líquido. Em vez disso, o modelo

$$\boxed{2} \qquad \frac{dh}{dt} = k\sqrt{h}$$

é em geral usado e a constante k (que depende das propriedades físicas do líquido) é determinada a partir dos dados relacionados com o vazamento do tanque.

(a) Suponha que o buraco esteja posicionado na lateral de uma garrafa e que a altura h da água (acima do buraco) decresça de 10 cm para 3 cm em 68 segundos. Use a Equação 2 para encontrar uma expressão para $h(t)$. Avalie $h(t)$ para $t = 10, 20, 30, 40, 50, 60$.

(b) Perfure um buraco de 4 mm perto do fundo de uma garrafa plástica de refrigerante de 2 litros. Faça marcas de 0 a 10, com "0" correspondendo ao topo do buraco. Com um dedo tampando o buraco, encha a garrafa com água até a marca de 10 cm. Tire seu dedo do buraco e registre os valores de $h(t)$ para $t = 10, 20, 30, 40, 50, 60$ segundos. (Provavelmente, você vai descobrir que demorará cerca de 68 segundos para o nível chegar a $h = 3$ cm.) Compare seus dados com os valores de $h(t)$ da parte (a). Quão bem o modelo previu os valores reais?

O Problema 2(b) é resolvido melhor com uma demonstração em sala de aula ou em um projeto em grupo com três alunos em cada um para marcar o tempo em segundos, outro para estimar a altura a cada 10 segundos e um terceiro para registrar esses valores.

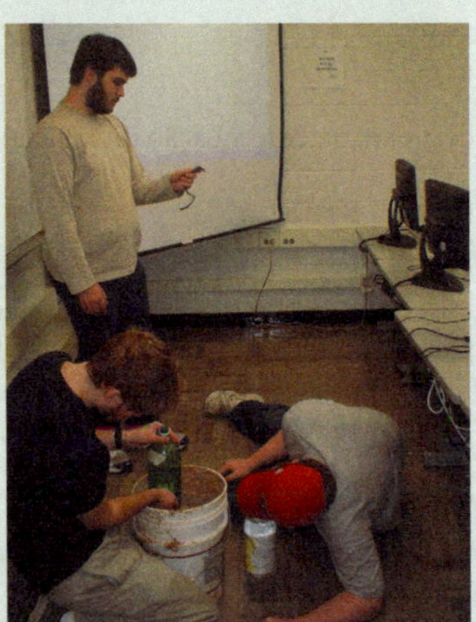

© Richard Le Borne, Dept. Mathematics, Tennessee Technological University

(continua)

3. Em muitas partes do mundo, a água para os sistemas de combate a incêndios em grandes hotéis e hospitais é fornecida pela ação da gravidade em tanques cilíndricos colocados nos telhados desses prédios. Suponha que cada tanque tenha um raio de 3 m e o diâmetro da saída seja de 6 cm. Um engenheiro tem de garantir que a pressão da água seja, no mínimo, de 104 kPa por um período de 10 minutos. (Quando um incêndio acontece, o sistema elétrico pode falhar e pode levar cerca de 10 minutos para que o gerador de emergência e bombas anti-incêndio sejam ativados.) Qual altura o engenheiro deve especificar para o tanque a fim de garantir essa exigência? (Use o fato de que a pressão da água a uma profundidade de d metros é $P = 10d$ quilopascais. Veja a Seção 8.3.)

4. Nem todos os tanques têm a forma de cilindros. Suponha que um tanque tenha uma área transversal $A(h)$ na altura h. Então, o volume de água até a altura h é $V = \int_0^h A(u)\,du$ e, portanto, o Teorema Fundamental do Cálculo nos dá $dV/dh = A(h)$. Segue que

$$\frac{dV}{dt} = \frac{dV}{dh}\frac{dh}{dt} = A(h)\frac{dh}{dt}$$

e assim a Lei de Torricelli se torna

$$A(h)\frac{dh}{dt} = -a\sqrt{2gh}$$

(a) Suponha que o tanque tenha o formato de uma esfera de raio igual a 2 m e que esteja cheia, inicialmente, até a metade de sua capacidade de água. Se o raio do buraco circular é 1 cm e assumimos que $g = 10$ m/s^2, mostre que h satisfaz a equação diferencial

$$(4h - h^2)\frac{dh}{dt} = -0{,}0001\sqrt{20h}$$

(b) Em quanto tempo o tanque ficará completamente vazio?

9.4 Modelos para o Crescimento Populacional

Na Seção 9.1, desenvolvemos duas equações diferenciais que descrevem o crescimento populacional. Nesta seção, aprofundaremos nossa investigação sobre essas equações e usaremos as técnicas da Seção 9.3 para obter modelos explícitos para uma população.

A Lei de Crescimento Natural

Um dos modelos para o crescimento populacional que consideramos na Seção 9.1 baseava-se na suposição de que a população cresce a uma taxa proporcional ao seu tamanho:

$$\frac{dP}{dt} = kP$$

Essa é uma hipótese razoável? Suponha que tenhamos uma população (de bactérias, por exemplo) com tamanho $P = 1.000$ e que, em certo instante, esteja crescendo a uma taxa de $P' = 300$ bactérias por hora. Agora, tomemos outras 1.000 bactérias do mesmo tipo, colocando-as com a primeira população. Cada metade da nova população cresce a uma taxa de 300 bactérias por hora. Seria razoável esperar que a população total de 2.000 aumentasse a uma taxa de 600 bactérias por hora inicialmente (desde que houvesse espaço e nutrientes suficientes). Assim, se dobrarmos o tamanho, dobraremos a taxa de crescimento. Parece possível que a taxa de crescimento seja proporcional ao tamanho.

Em geral, se $P(t)$ for o valor de uma quantidade y no tempo t, e se a taxa de variação de P com relação a t for proporcional a seu tamanho $P(t)$ em qualquer tempo, então

$$\boxed{1} \qquad \frac{dP}{dt} = kP$$

onde k é uma constante. A Equação 1 é algumas vezes chamada **lei do crescimento natural**. Se k for positivo, então a população aumenta; se k for negativo, ela diminui.

Como a Equação 1 é uma equação diferencial separável, podemos resolvê-la pelo método da Seção 9.3:

$$\int \frac{dP}{P} = \int k\, dt$$

$$\ln |P| = kt + C$$

$$|P| = e^{kt+C} = e^C e^{kt}$$

$$P = Ae^{kt}$$

onde A (= $\pm e^C$ ou 0) é uma constante arbitrária. Para percebermos o significado da constante A, observamos que

$$P(0) = Ae^{k \cdot 0} = A$$

Portanto, A é o valor inicial da função.

Exemplos e exercícios sobre a utilização de (2) são dados na Seção 3.8.

2 A solução do problema de valor inicial

$$\frac{dP}{dt} = kP \qquad P(0) = P_0$$

é

$$P(t) = P_0 e^{kt}$$

Outra maneira de escrever a Equação 1 é

$$\frac{dP/dt}{P} = k$$

que diz que a *taxa de crescimento relativa* (a taxa de crescimento dividida pelo tamanho da população; veja a Seção 3.8) é constante. Então, (2) diz que a população com uma taxa de crescimento relativa constante deve crescer exponencialmente.

Podemos levar em conta a emigração (ou a remoção) de uma população modificando a Equação 1: se a taxa de emigração for uma constante m, então a taxa de mudança da população é modelada pela equação diferencial

$$\boxed{3} \qquad \frac{dP}{dt} = kP - m$$

Veja o Exercício 17 para a solução e consequências da Equação 3.

O Modelo Logístico

Como discutimos na Seção 9.1, uma população, com frequência, cresce exponencialmente em seus estágios iniciais, mas em dado momento se estabiliza e se aproxima de sua capacidade de suporte por causa dos recursos limitados. Se $P(t)$ for o tamanho da população no instante t, assumimos que

$$\frac{dP}{dt} \approx kP \qquad \text{se } P \text{ for pequeno}$$

Isso diz que a taxa de crescimento inicialmente está próxima de ser proporcional ao tamanho. Em outras palavras, a taxa de crescimento relativo é praticamente constante quando a população é pequena. Mas também queremos refletir o fato de que a taxa de crescimento relativo diminui quando a população P aumenta e torna-se negativa quando P ultrapassa sua **capacidade de suporte** M, a população máxima que um ambiente é capaz de sustentar a longo prazo. A expressão mais simples para a taxa de crescimento relativo que incorpora essas hipóteses é

$$\frac{dP/dt}{P} = k\left(1 - \frac{P}{M}\right)$$

Multiplicando por P, obtemos o modelo para o crescimento populacional conhecido como a **equação diferencial logística** que vimos pela primeira vez na Seção 9.1:

4
$$\frac{dP}{dt} = kP\left(1 - \frac{P}{M}\right)$$

Observe na Equação 4 que, se P for pequeno comparado com M, então P/M está próximo de 0 e, dessa forma, $dP/dt \approx kP$. Contudo, se $P \to M$ (a população se aproxima de sua capacidade de suporte), então $P/M \to 1$, assim, $dP/dt \to 0$. Podemos deduzir informações sobre quando as soluções aumentam ou diminuem diretamente da Equação 4. Se a população P estiver entre 0 e M, então o lado direito da equação é positivo, desse modo $dP/dt > 0$ e a população aumenta. Mas se a população exceder a capacidade de suporte ($P > M$), então $1 - P/M$ é negativo, portanto $dP/dt < 0$ e a população diminui.

Vamos começar nossa análise mais detalhada da equação diferencial logística olhando para um campo de direções.

EXEMPLO 1 Desenhe um campo de direções para a equação logística com $k = 0{,}08$ e capacidade de suporte $M = 1.000$. O que você pode deduzir sobre as soluções?

SOLUÇÃO Nesse caso a equação diferencial logística é

$$\frac{dP}{dt} = 0{,}08P\left(1 - \frac{P}{1.000}\right)$$

Um campo de direções para essa equação é mostrado na Figura 1. Mostramos apenas o primeiro quadrante porque as populações negativas não têm significado e estamos interessados apenas no que acontece depois de $t = 0$.

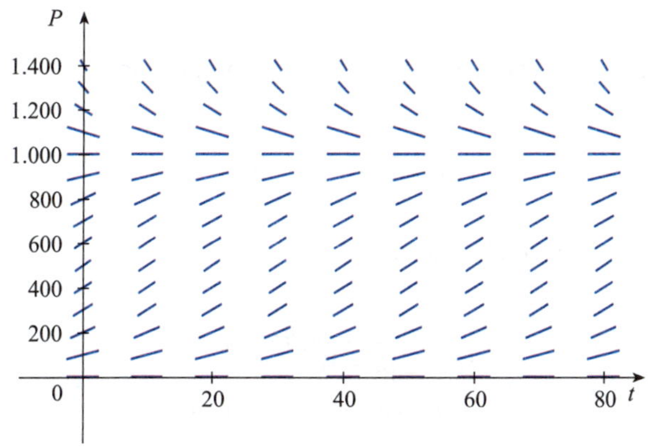

FIGURA 1
Campo de direções para a equação logística no Exemplo 1

A equação logística é autônoma (dP/dt depende apenas de P, não de t); assim, as inclinações são as mesmas ao longo de qualquer reta horizontal. Como esperado, as inclinações são positivas para $0 < P < 1.000$ e negativas para $P > 1.000$.

As inclinações são pequenas quando P está próximo de 0 ou 1.000 (a capacidade de suporte). Observe que as soluções se distanciam da solução de equilíbrio $P = 0$ e se aproximam da solução de equilíbrio $P = 1.000$.

Na Figura 2 usamos o campo de direções para esboçar as curvas solução com populações iniciais $P(0) = 100$, $P(0) = 400$ e $P(0) = 1.300$. Observe que as curvas solução abaixo de $P = 1.000$ estão aumentando, e aquelas que começam acima de $P = 1.000$ estão diminuindo. As inclinações são maiores quando $P \approx 500$, portanto as curvas solução que começam abaixo de $P = 1.000$ têm pontos de inflexão quando $P \approx 500$. De fato, podemos demonstrar que todas as curvas solução que começam abaixo de $P = 500$ têm um ponto de inflexão quando P é exatamente 500. (Veja o Exercício 13.)

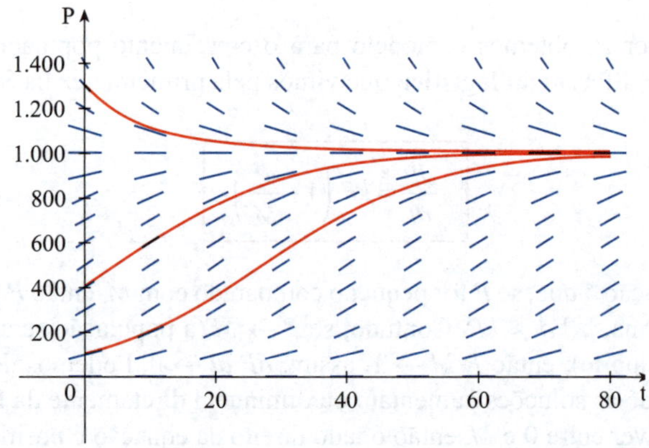

FIGURA 2
Curvas solução para a equação logística no Exemplo 1

A equação logística (4) é separável e podemos resolvê-la explicitamente usando o método da Seção 9.3. Uma vez que

$$\frac{dP}{dt} = kP\left(1 - \frac{P}{M}\right)$$

temos

5
$$\int \frac{dP}{P(1 - P/M)} = \int k\,dt$$

Para calcularmos a integral no lado esquerdo, escrevemos

$$\frac{1}{P(1 - P/M)} = \frac{M}{P(M - P)}$$

Usando frações parciais (veja a Seção 7.4, no Volume 1) temos

$$\frac{M}{P(M - P)} = \frac{1}{P} + \frac{1}{M - P}$$

Isso nos permite reescrever a Equação 5:

$$\int\left(\frac{1}{P} + \frac{1}{M - P}\right) dP = \int k\,dt$$

$$\ln|P| - \ln|M - P| = kt + C$$

$$\ln\left|\frac{M - P}{P}\right| = -kt - C$$

$$\left|\frac{M - P}{P}\right| = e^{-kt-C} = e^{-C}e^{-kt}$$

6
$$\frac{M - P}{P} = Ae^{-kt}$$

onde $A = \pm e^{-C}$. Isolando P na Equação 6, obtemos

$$\frac{M}{P} - 1 = Ae^{-kt} \qquad \Rightarrow \qquad \frac{P}{M} = \frac{1}{1 + Ae^{-kt}}$$

então
$$P = \frac{M}{1 + Ae^{-kt}}$$

Encontramos o valor de A colocando $t = 0$ na Equação 6. Se $t = 0$, então $P = P_0$ (a população inicial); portanto,

$$\frac{M - P_0}{P_0} = Ae^0 = A$$

Então, a solução para a equação logística é

7
$$P(t) = \frac{M}{1 + Ae^{-kt}} \qquad \text{onde } A = \frac{M - P_0}{P_0}$$

Usando a expressão para $P(t)$ na Equação 7, vemos que

$$\lim_{t \to \infty} P(t) = M$$

que é o esperado.

EXEMPLO 2 Escreva a solução para o problema de valor inicial

$$\frac{dP}{dt} = 0{,}08P\left(1 - \frac{P}{1.000}\right) \qquad P(0) = 100$$

e use-a para encontrar a população quando $P(40)$ e $P(80)$. Quando a população alcançará 900?

SOLUÇÃO A equação diferencial é uma equação logística com $k = 0{,}08$, capacidade de suporte $M = 1.000$ e população inicial $P_0 = 100$. Portanto a Equação 7 dá a população no instante t como

$$P(t) = \frac{1.000}{1 + Ae^{-0{,}08t}} \qquad \text{onde } A = \frac{1.000 - 100}{100} = 9$$

Logo,
$$P(t) = \frac{1.000}{1 + 9e^{-0{,}08t}}$$

Assim, os tamanhos da população quando $t = 40$ e $t = 80$ são

$$P(40) = \frac{1.000}{1 + 9e^{-3{,}2}} \approx 731{,}6 \qquad P(80) = \frac{1.000}{1 + 9e^{-6{,}4}} \approx 985{,}3$$

A população alcançará 900 quando

$$\frac{1.000}{1 + 9e^{-0{,}08t}} = 900$$

Resolvendo essa equação para t, temos

$$1 + 9e^{-0{,}08t} = \tfrac{10}{9}$$
$$e^{-0{,}08t} = \tfrac{1}{81}$$
$$-0{,}08t = \ln\tfrac{1}{81} = -\ln 81$$
$$t = \frac{\ln 81}{0{,}08} \approx 54{,}9$$

Compare a curva solução na Figura 3 com a curva solução mais baixa que desenhamos no campo de direções na Figura 2.

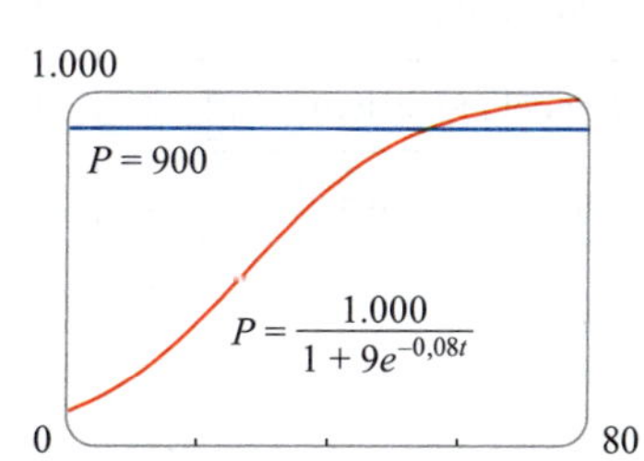

FIGURA 3

Logo, a população chega a 900 quando t for aproximadamente 55. Como uma verificação de nosso trabalho, traçamos a curva da população na Figura 3 e observamos que ela intercepta a reta $P = 900$ em $t \approx 55$.

Comparação do Crescimento Natural com os Modelos Logísticos

Na década de 1930, o biólogo G. F. Gause realizou uma experiência com o protozoário *paramécio* e usou uma equação logística para modelar seus dados. A tabela fornece suas contagens diárias da população de protozoários. Ele estimou a taxa relativa de crescimento inicial como 0,7944 e a capacidade de suporte como 64.

t (dias)	0	1	2	3	4	5	6	7	8	9	10	11	12	13	14	15	16
P (observados)	2	3	22	16	39	52	54	47	50	76	69	51	57	70	53	59	57

EXEMPLO 3 Encontre os modelos exponencial e logístico para os dados de Gause. Compare os valores previstos com os valores observados e comente o ajuste de cada modelo.

SOLUÇÃO Dadas a taxa de crescimento relativo $k = 0{,}7944$ e a população inicial $P_0 = 2$, o modelo exponencial é

$$P(t) = P_0\, e^{kt} = 2e^{0{,}7944t}$$

Gause usou o mesmo valor de k para seu modelo logístico. [Isso é razoável porque $P_0 = 2$ é pequeno comparado com a capacidade de suporte ($M = 64$). A equação

$$\frac{1}{P_0}\frac{dP}{dt}\bigg|_{t=0} = k\left(1 - \frac{2}{64}\right) \approx k$$

mostra que o valor de k para o modelo logístico está muito próximo do valor para o modelo exponencial.]

A seguir, a solução da equação logística dada na Equação 7 fornece

$$P(t) = \frac{M}{1 + Ae^{-kt}} = \frac{64}{1 + Ae^{-0{,}7944t}}$$

onde
$$A = \frac{M - P_0}{P_0} = \frac{64 - 2}{2} = 31$$

Então
$$P(t) = \frac{64}{1 + 31e^{-0{,}7944t}}$$

Usamos essas equações para calcular os valores previstos (arredondados para o inteiro mais próximo) e os comparamos na tabela a seguir.

t (dias)	0	1	2	3	4	5	6	7	8	9	10	11	12	13	14	15	16
P (observados)	2	3	22	16	39	52	54	47	50	76	69	51	57	70	53	59	57
P (modelo logístico)	2	4	9	17	28	40	51	57	61	62	63	64	64	64	64	64	64
P (modelo exponencial)	2	4	10	22	48	106	. . .										

Observamos na tabela e no gráfico da Figura 4 que, para os primeiros três ou quatro dias, o modelo exponencial fornece resultados comparáveis àqueles do método logístico mais sofisticado. Para $t \geq 5$, contudo, o modelo exponencial é muito impreciso, mas o modelo logístico se ajusta bem às observações.

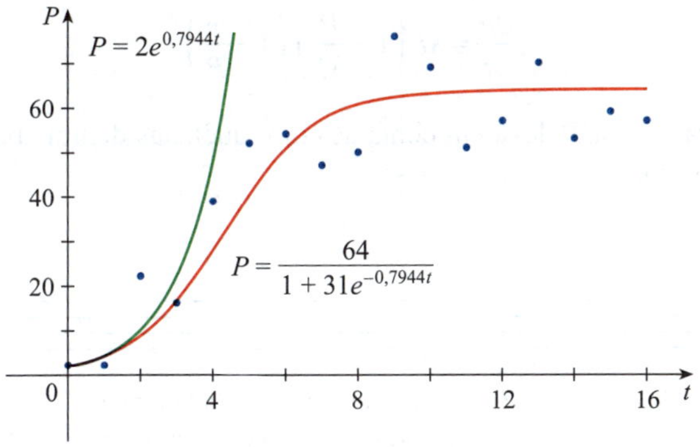

FIGURA 4
Os modelos exponencial e logístico para a população de paramécios

Muitos países que experimentaram um crescimento exponencial no passado notam agora que suas taxas de crescimento populacional estão em declínio e que o modelo logístico é melhor. A tabela à margem fornece a população do Japão em meados de cada ano, em milhares, de 1960 a 2015. A Figura 5 mostra esses dados – usando $t = 0$ para representar 1960 –, bem como uma função logística transladada (obtida empregando-se uma calculadora capaz de ajustar uma função logística a um conjunto de dados por meio de regressão; veja o Exercício 15). Inicialmente, os dados aparentam seguir uma curva exponencial, mas, de uma forma geral, uma função logística fornece um modelo muito mais preciso.

Ano	População (milhares)
1960	94.092
1965	98.883
1970	104.345
1975	111.573
1980	116.807
1985	120.754
1990	123.537
1995	125.327
2000	126.776
2005	127.715
2010	127.579
2015	126.920

Fonte: U. S. Census Bureau/International Program/International Data Base. Revisado em 18 de setembro de 2018. Dados da versão 18.0822. Código 12.0321.

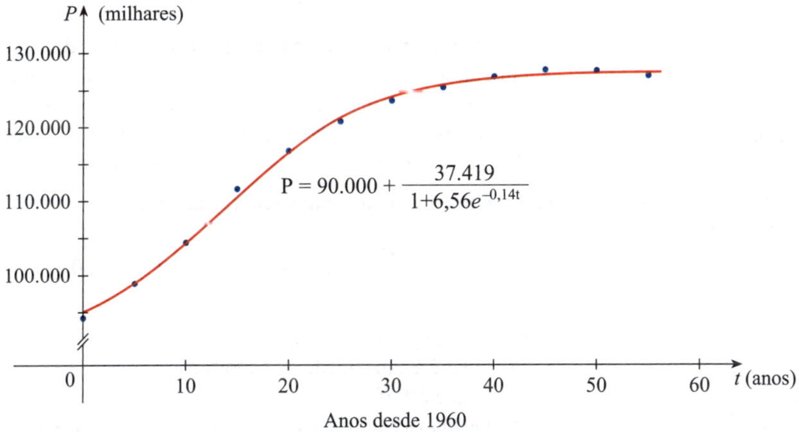

FIGURA 5
Modelo logístico para a população do Japão

Outros Modelos para o Crescimento Populacional

A Lei do Crescimento Natural e a equação diferencial logística não são as únicas equações propostas para modelar o crescimento populacional. No Exercício 22 veremos a função de crescimento de Gompertz e nos Exercícios 23 e 24 investigaremos os modelos de crescimento sazonal.

Dois modelos adicionais são modificações do modelo logístico. A equação diferencial

$$\frac{dP}{dt} = kP\left(1 - \frac{P}{M}\right) - c$$

tem sido usada para modelar as populações que estão sujeitas à remoção de uma maneira ou de outra. (Pense em uma população de peixes que é capturada a uma taxa constante.) Essa Equação é explorada nos Exercícios 19 e 20.

Para algumas espécies existe um nível mínimo populacional m abaixo do qual as espécies tendem a se extinguir. (Os adultos podem não conseguir encontrar parceiros adequados.) Essas populações são modeladas pela equação diferencial

$$\frac{dP}{dt} = kP\left(1-\frac{P}{M}\right)\left(1-\frac{m}{P}\right)$$

onde o fator extra, $1 - m/P$, leva em conta as consequências de uma população esparsa (veja o Exercício 21).

9.4 Exercícios

1-2 Uma população cresce de acordo com a equação logística dada, onde t é medido em semanas.
(a) Qual é a capacidade de suporte? Qual é o valor de k?
(b) Escreva a solução dessa equação.
(c) Qual é a população depois de 10 semanas?

1. $\dfrac{dP}{dt} = 0{,}04P\left(1-\dfrac{P}{1200}\right)$, $\quad P(0) = 60$

2. $\dfrac{dP}{dt} = 0{,}02P - 0{,}0004P^2$, $\quad P(0) = 40$

3. Suponha que uma população se desenvolva de acordo com a equação logística

$$\frac{dP}{dt} = 0{,}05P - 0{,}0005P^2$$

onde t é medido em semanas.
(a) Qual é a capacidade de suporte? Qual é o valor de k?
(b) Um campo de direções para essa equação é mostrado à direita. Onde as inclinações estão próximas de 0? Onde elas são maiores? Quais soluções são crescentes? Quais soluções são decrescentes?

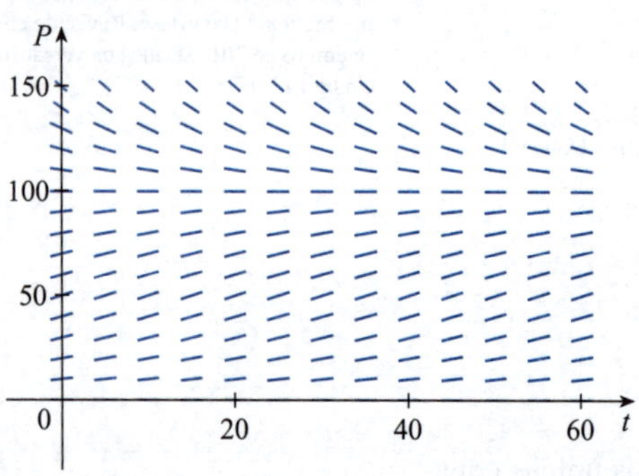

(c) Use o campo de direções para esboçar as soluções para as populações iniciais de 20, 40, 60, 80, 120 e 140. O que essas soluções têm em comum? Como diferem? Quais soluções têm pontos de inflexão? Em qual nível populacional elas ocorrem?
(d) Quais são as soluções de equilíbrio? Como as outras soluções estão relacionadas a essas soluções?

T **4.** Suponha que uma população cresça de acordo com o modelo logístico com capacidade de suporte 6.000 e $k = 0{,}0015$ por ano.
(a) Escreva uma equação diferencial logística para esses valores.
(b) Desenhe um campo de direções (à mão ou com um computador). O que ele lhe diz sobre as curvas solução?
(c) Use o campo de direções para esboçar as curvas solução para as populações iniciais de 1.000, 2.000, 4.000 e 8.000. O que você pode dizer sobre a concavidade dessas curvas? Qual o significado dos pontos de inflexão?
(d) Programe uma calculadora ou um computador para usar o método de Euler com passo $h = 1$ para estimar a população depois de 50 anos se a população inicial for 1.000.
(e) Se a população inicial for 1.000, escreva uma fórmula para a população depois de t anos. Use-a para calcular a população depois de 50 anos e compare com sua estimativa no item (d).
(f) Trace a solução da parte (e) e compare com a curva solução que você esboçou no item (c).

5. O cardume de atum do Pacífico foi modelado pela equação diferencial

$$\frac{dy}{dt} = ky\left(1-\frac{y}{M}\right)$$

onde $y(t)$ é a biomassa (massa total dos membros da população) em quilogramas no instante t (medido em anos), a capacidade de suporte é estimada como $M = 8 \times 10^7$ kg e $k = 0{,}71$ por ano.
(a) Se $y(0) = 2 \times 10^7$ kg, calcule a biomassa um ano depois.
(b) Quanto tempo levará para a biomassa alcançar 4×10^7 kg?

6. Suponha que uma população $P(t)$ satisfaça

$$\frac{dP}{dt} = 0{,}4P - 0{,}001P^2 \qquad P(0) = 50$$

onde t é medido em anos.
(a) Qual é a capacidade de suporte?
(b) O que é $P'(0)$?
(c) Quando a população atingirá 50% da capacidade de suporte?

7. Suponha que uma população cresça de acordo com o modelo logístico com população inicial de 1.000 e capacidade de suporte 10.000. Se a população crescer para 2.500 após um ano, como será a população após outros três anos?

8. A tabela fornece o número de células de levedura em uma cultura nova de laboratório.

Tempo (horas)	Células de levedura	Tempo (horas)	Células de levedura
0	18	10	509
2	39	12	597
4	80	14	640
6	171	16	664
8	336	18	672

(a) Marque os dados e use o gráfico para estimar a capacidade de suporte para a população de levedura.
(b) Use os dados para estimar a taxa de crescimento inicial relativa.
(c) Encontre um modelo exponencial e um modelo logístico para esses dados.

(d) Compare os valores previstos com os valores observados, na tabela e nos gráficos. Comente como seus modelos se ajustam aos dados.
(e) Utilize seu modelo logístico para estimar o número de células de levedura depois de sete horas.

9. A população mundial era de aproximadamente 6,1 bilhões em 2000. A taxa de natalidade naquela época variou entre 35 e 40 milhões por ano, e a taxa de mortalidade variou entre 15 e 20 milhões por ano. Vamos supor que a capacidade de suporte para a população mundial seja de 20 bilhões.
(a) Escreva uma equação diferencial logística para esses dados. (Como a população inicial é pequena em comparação com a capacidade de suporte, você pode tomar k como uma estimativa da taxa de crescimento relativo inicial.)
(b) Utilize o modelo logístico para prever a população mundial em 2010 e compare a população real de 6,9 bilhões.
(c) Use o modelo logístico para prever a população mundial nos anos 2100 e 2500.

10. (a) Suponha que uma conjectura para a capacidade de suporte da população dos Estados Unidos seja 800 milhões. Use-a, e também o fato de que a população era de 282 milhões em 2000, para formular um modelo logístico para a população norte-americana.
(b) Determine o valor de k em seu modelo usando o fato de que a população norte-americana em 2010 era de 309 milhões.
(c) Use seu modelo para prever a população dos Estados Unidos nos anos 2100 e 2200.
(d) Utilize seu modelo para prever o ano no qual a população ultrapassará 500 milhões.

11. Um modelo para a propagação de um boato é que a taxa de propagação é proporcional ao produto da fração y da população que ouviu o boato pela fração que não ouviu o boato.
(a) Escreva uma equação diferencial que seja satisfeita por y.
(b) Resolva a equação diferencial.
(c) Uma cidade pequena tem 1.000 habitantes. Às 8 horas, 80 pessoas tinham ouvido o boato. Ao meio-dia, metade da cidade tinha ouvido o boato. A que horas 90% da população terá ouvido o boato?

12. Os biólogos colocaram em um lago 400 peixes e estimaram a capacidade de suporte (a população máxima de peixes daquela espécie no lago) como 10.000. O número de peixes triplicou no primeiro ano.
(a) Presumindo que o tamanho da população de peixes satisfaça a equação logística, encontre uma expressão para o tamanho da população depois de t anos.
(b) Quanto tempo levará para a população aumentar para 5.000?

13. (a) Mostre que se P satisfizer a equação logística (4), então

$$\frac{d^2P}{dt^2} = k^2 P\left(1 - \frac{P}{M}\right)\left(1 - \frac{2P}{M}\right)$$

b) Deduza que a população cresce mais rapidamente quando ela atinge a metade de sua capacidade de suporte.

14. Para um valor fixo de M (digamos $M = 10$), a família de funções logísticas dada pela Equação 7 depende do valor inicial P_0 e da constante de proporcionalidade k. Faça o gráfico de vários membros dessa família. Como muda o gráfico quando P_0 varia? Como muda o gráfico quando k varia?

T **15. Um Modelo Logístico Transladado** A tabela fornece a população de Trinidad e Tobago, P, em milhares de habitantes, em meados de cada ano, de 1970 a 2015.

Ano	População (milhares)	Ano	População (milhares)
1970	955	1995	1.264
1975	1.007	2000	1.252
1980	1.091	2005	1.237
1985	1.189	2010	1.227
1990	1.255	2015	1.222

Fonte: US Census Bureau/International Programs/International Data Base. Revisado em 18 de setembro de 2018.

(a) Crie um gráfico de dispersão a partir desses dados. Associe $t = 0$ ao ano de 1970.
(b) O gráfico de dispersão sugere que um modelo logístico pode ser apropriado nesse caso, desde que movamos os pontos para baixo (de modo que os valores iniciais de P fiquem mais próximos de 0). Sendo assim, subtraia 900 de cada valor de P e, então, use uma calculadora ou um computador para obter um modelo logístico para os dados transladados.
(c) Some 900 ao modelo obtido no item (b) para obter um modelo logístico transladado para os dados originais. Trace o gráfico do modelo juntamente com os pontos do item (a) e discuta a precisão do modelo.
(d) Supondo que o modelo seja preciso, qual é o seu prognóstico para a população futura de Trinidad e Tobago?

T **16.** A tabela fornece o número de usuários ativos do Twitter em todo o mundo, a cada semestre, de 2010 a 2016.

Anos a partir de 1º jan. 2010	Usuários do Twitter (milhões)	Anos a partir de 1º jan. 2010	Usuários do Twitter (milhões)
0	30	3,5	232
0,5	49	4,0	255
1,0	68	4,5	284
1,5	101	5,0	302
2,0	138	5,5	307
2,5	167	6,0	310
3,0	204	6,5	317

Fonte: www.statistica.com/statistics/282087/number-of-monthly-active-twitter-users/. Acesso em: 9 de mar. 2019.

Use uma calculadora ou um computador para ajustar tanto uma função exponencial quanto uma função logística a esses dados. Trace os pontos da tabela e os gráficos das duas funções de ajuste e discuta a precisão dos modelos.

17. Considere a população $P = P(t)$ com taxas de natalidade e mortalidade relativas constantes α e β, respectivamente, e uma taxa de emigração constante m, onde α, β e m são constantes positivas. Suponha que $\alpha > \beta$. Então, a taxa de variação da população no instante t é modelada pela equação diferencial

$$\frac{dP}{dt} = kP - m \qquad \text{onde } k = \alpha - \beta$$

(a) Encontre a solução desta equação que satisfaça a condição inicial $P(0) = P_0$.

(b) Que condições sobre m levarão a uma expansão exponencial da população?

(c) Que condições sobre m resultarão em uma população constante? E em um declínio da população?

(d) Em 1847, a população da Irlanda era de cerca de 8 milhões e a diferença entre as taxas de natalidade e mortalidade relativas era 1,6% da população. Por causa da fome da batata nas décadas de 1840 e 1850, cerca de 210.000 habitantes por ano emigraram da Irlanda. A população estava crescendo ou decrescendo naquela época?

18. Equação do Dia do Juízo Final Seja c um número positivo. Uma equação diferencial da forma

$$\frac{dy}{dt} = ky^{1+c}$$

onde k é uma constante positiva, é chamada *equação do dia do juízo final* porque o expoente na expressão ky^{1+c} é maior que o expoente 1 do crescimento natural.

(a) Determine a solução que satisfaz a condição inicial $y(0) = y_0$.

(b) Mostre que existe um instante finito $t = T$ (dia do juízo final) tal que $\lim_{t \to T^-} y(t) = \infty$.

(c) Uma raça especialmente fértil de coelhos tem o termo de crescimento $ky^{1,01}$. Se 2 desses coelhos se cruzarem inicialmente e a ninhada for de 16 coelhos depois de três meses, quando será o dia do juízo final?

T **19.** Vamos modificar a equação logística do Exemplo 1 como a seguir:

$$\frac{dP}{dt} = 0{,}08P\left(1 - \frac{P}{1.000}\right) - 15$$

(a) Suponha que $P(t)$ represente uma população de peixes no instante t, onde t é medido em semanas. Explique o significado do termo final na equação (–15).

(b) Desenhe um campo de direções para essa equação diferencial.

(c) Quais são as soluções de equilíbrio?

(d) Use o campo de direções para esboçar várias curvas solução. Descreva o que acontece à população de peixes para várias populações iniciais.

(e) Resolva essa equação diferencial explicitamente, usando frações parciais ou com um sistema de computacão algébrica. Use as populações iniciais 200 e 300. Trace as soluções e compare com seus esboços no item (d).

T **20.** Considere a equação diferencial

$$\frac{dP}{dt} = 0{,}08P\left(1 - \frac{P}{1.000}\right) - c$$

como um modelo para uma população de peixes, onde t é medido em semanas e c é uma constante.

(a) Use um SCA para desenhar campos de direções para diversos valores de c.

(b) A partir dos campos de direções no item (a), determine os valores de c para os quais há pelo menos uma solução de equilíbrio. Para quais valores de c a população de peixes sempre desaparece?

(c) Use a equação diferencial para demonstrar o que você descobriu graficamente no item (b).

(d) Qual sua recomendação para o limite de pesca semanal para essa população de peixes?

21. Existe evidência considerável para apoiar a teoria de que, para algumas espécies, existe uma população mínima m de forma que as espécies se tornarão extintas se o tamanho da população cair abaixo de m. Essa condição pode ser incorporada na equação logística ao introduzir o fator $(1 - m/P)$. Então o modelo logístico modificado é dado pela equação diferencial

$$\frac{dP}{dt} = kP\left(1 - \frac{P}{M}\right)\left(1 - \frac{m}{P}\right)$$

(a) Use a equação diferencial para mostrar que qualquer solução é crescente se $m < P < M$ e decrescente se $0 < P < m$.

(b) Para o caso onde $k = 0{,}08$, $M = 1.000$ e $m = 200$, desenhe um campo de direções e use-o para esboçar várias curvas solução. Descreva o que acontece à população para várias populações iniciais. Quais são as soluções de equilíbrio?

(c) Resolva a equação diferencial explicitamente, usando frações parciais ou um computador. Use a população inicial P_0.

(d) Use a solução no item (c) para mostrar que se $P_0 < m$, então a espécie será extinta. [*Dica*: Mostre que o numerador em sua expressão para $P(t)$ é 0 para algum valor de t.]

22. A função de Gompertz Outro modelo para a função crescimento para uma população limitada é dado pela *função de Gompertz*, que é uma solução da equação diferencial

$$\frac{dP}{dt} = c \ln\left(\frac{M}{P}\right)P$$

onde c é uma constante e M é a capacidade de suporte.

(a) Resolva essa equação diferencial.

(b) Calcule $\lim_{t \to \infty} P(t)$.

(c) Trace a função de crescimento de Gompertz para $M = 1.000$, $P_0 = 100$ e $c = 0{,}05$, e compare-a com a função logística no Exemplo 2. Quais são as similaridades? Quais são as diferenças?

(d) Sabemos do Exercício 13 que a função logística cresce mais rapidamente quando $P = M/2$. Use a equação diferencial de Gompertz para mostrar que a função de Gompertz cresce mais rápido quando $P = M/e$.

23. Em um **modelo de crescimento sazonal**, uma função periódica do tempo é introduzida para considerar variações sazonais na taxa de crescimento. Essas variações podem, por exemplo, ser causadas por mudanças sazonais na oferta de alimentos.

(a) Encontre a solução do modelo de crescimento sazonal

$$\frac{dP}{dt} = kP\cos(rt - \phi) \qquad P(0) = P_0$$

onde k, r e ϕ são constantes positivas.

(b) Traçando a solução para vários valores de k, r e ϕ, explique como os valores de k, r e ϕ afetam a solução. O que você pode dizer sobre $\lim_{t \to \infty} P(t)$?

24. Suponha que alteremos a equação diferencial no Exercício 23 como a seguir:

$$\frac{dP}{dt} = kP\cos^2(rt - \phi) \qquad P(0) = P_0$$

(a) Resolva essa equação diferencial com a ajuda de uma tabela de integrais ou um computador.

(b) Trace a solução para vários valores de k, r e ϕ. Como os valores de k, r e ϕ afetam a solução? O que você pode dizer sobre $\lim_{t \to \infty} P(t)$ nesse caso?

25. Os gráficos das funções logísticas (Figuras 2 e 3) são extremamente similares ao gráfico da função tangente hiperbólica (Figura 3.11.3). Explique a similaridade, mostrando que a função logística dada pela Equação 7 pode ser escrita como

$$P(t) = \tfrac{1}{2}M\left[1 + \operatorname{tgh}\left(\tfrac{1}{2}k(t-c)\right)\right]$$

onde $c = (\ln A)/k$. Portanto, a função logística é apenas uma tangente hiperbólica transladada.

9.5 Equações Lineares

Na Seção 9.3, vimos como resolver equações diferenciais separáveis de primeira ordem. Nesta seção, investigamos um método para resolver uma classe de equações diferenciais que não são obrigatoriamente separáveis.

Equações Diferenciais Lineares

Uma equação diferencial **linear** de primeira ordem é aquela que pode ser escrita na forma

1 $$\frac{dy}{dx} + P(x)y = Q(x)$$

onde P e Q são funções contínuas em dado intervalo. Esse tipo de equação ocorre frequentemente em vários ramos da ciência, como veremos.

Um exemplo de uma equação linear é $xy' + y = 2x$ porque, para $x \neq 0$, esta pode ser escrita na forma

2 $$y' + \frac{1}{x}y = 2$$

Observe que essa equação diferencial não é separável, porque é impossível fatorar a expressão para y' como uma função de x vezes uma função de y. Mas ainda podemos resolver a equação $xy' + y = 2x$ observando que, pela Regra do Produto,

$$xy' + y = (xy)'$$

e assim podemos escrever a equação como

$$(xy)' = 2x$$

Se integrarmos ambos os lados dessa equação, obteremos

$$xy = x^2 + C \quad \text{ou} \quad y = x + \frac{C}{x}$$

Se nos tivesse sido dada a equação diferencial na forma da Equação 2, teríamos de fazer uma etapa preliminar multiplicando cada lado da equação por x.

Ocorre que toda equação diferencial linear de primeira ordem pode ser resolvida de uma maneira similar pela multiplicação de ambos os lados da Equação 1 por uma função adequada $I(x)$, chamada *fator integrante*. Tentamos encontrar I de modo que o lado esquerdo da Equação 1, quando multiplicado por $I(x)$, torna-se a derivada do produto $I(x)y$:

3 $$I(x)(y' + P(x)y) = (I(x)y)'$$

Se pudermos encontrar tal função I, a Equação 1 ficará

$$(I(x)y)' = I(x)\,Q(x)$$

Integrando ambos os lados, teremos

$$I(x)y = \int I(x)Q(x)\,dx + C$$

de modo que a solução será

4 $$y(x) = \frac{1}{I(x)}\left[\int I(x)Q(x)\,dx + C\right]$$

Para encontrarmos esse I, expandimos a Equação 3 e cancelamos termos:

$$I(x)y' + I(x)\,P(x)y = (I(x)y)' = I'(x)y + I(x)y'$$
$$I(x)\,P(x) = I'(x)$$

Esta é uma equação diferencial separável para I, que resolvemos como a seguir:

$$\int \frac{dI}{I} = \int P(x)\,dx$$
$$\ln|I| = \int P(x)\,dx$$
$$I = Ae^{\int P(x)dx}$$

onde $A = \pm e^C$. Estamos procurando um fator de integração particular, não o mais geral; assim, tomamos $A = 1$ e usamos

5 $$I(x) = e^{\int P(x)dx}$$

Então, a fórmula para a solução geral da Equação 1 é fornecida pela Equação 4, onde I é dado pela Equação 5. Em vez de memorizar essa fórmula, contudo, apenas lembramos a forma do fator integrante.

> Para resolver a equação diferencial linear $y' + P(x)y = Q(x)$, multiplique ambos os lados pelo **fator integrante** $I(x) = e^{\int P(x)dx}$ e integre ambos os lados.

EXEMPLO 1 Resolva a equação diferencial $\dfrac{dy}{dx} + 3x^2 y = 6x^2$.

A Figura 1 mostra os gráficos de vários membros da família de soluções no Exemplo 1. Observe que todos eles se aproximam de 2 quando $x \to \infty$.

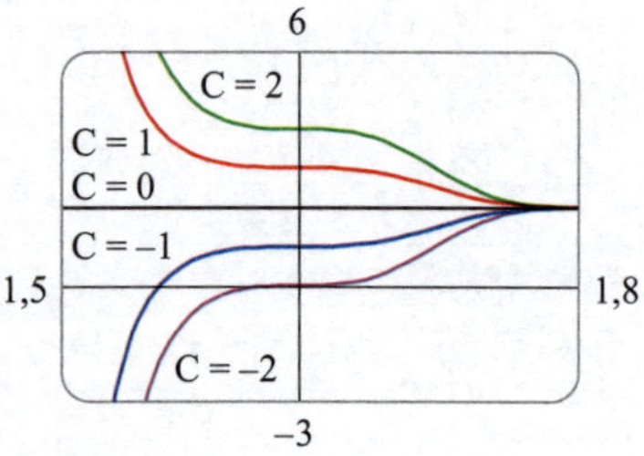

FIGURA 1

SOLUÇÃO A equação dada é linear porque ela tem a forma da Equação 1 com $P(x) = 3x^2$ e $Q(x) = 6x^2$. Um fator integrante é

$$I(x) = e^{\int 3x^2\,dx} = e^{x^3}$$

Multiplicando ambos os lados da equação diferencial por e^{x^3}, obtemos

$$e^{x^3}\frac{dy}{dx} + 3x^2 e^{x^3} y = 6x^2 e^{x^3}$$

ou $$\frac{d}{dx}(e^{x^3} y) = 6x^2 e^{x^3} \quad \text{(Regra do Produto)}$$

Integrando ambos os lados, teremos

$$e^{x^3} y = \int 6x^2 e^{x^3}\,dx = 2e^{x^3} + C$$
$$y = 2 + Ce^{-x^3}$$ ■

EXEMPLO 2 Encontre a solução para o problema de valor inicial

$$x^2y' + xy = 1 \qquad x > 0 \qquad y(1) = 2$$

SOLUÇÃO Devemos primeiro dividir ambos os lados pelo coeficiente de y' para colocar a equação diferencial na forma padrão dada a Equação 1:

6 $$y' + \frac{1}{x}y = \frac{1}{x^2} \qquad x > 0$$

O fator integrante é

$$I(x) = e^{\int (1/x)\,dx} = e^{\ln x} = x$$

A multiplicação de ambos os lados da Equação 6 por x fornece

$$xy' + y = \frac{1}{x} \qquad \text{ou} \qquad (xy)' = \frac{1}{x}$$

Então,
$$xy = \int \frac{1}{x}\,dx = \ln x + C$$

e, assim,
$$y = \frac{\ln x + C}{x}$$

Uma vez que $y(1) = 2$, temos

$$2 = \frac{\ln 1 + C}{1} = C$$

Logo, a solução para o problema de valor inicial é

$$y = \frac{\ln x + 2}{x}$$

A solução do problema de valor inicial no Exemplo 2 é mostrada na Figura 2.

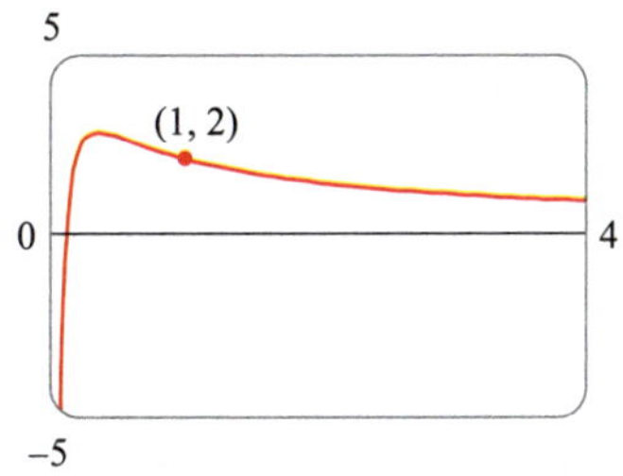

FIGURA 2

EXEMPLO 3 Resolva $y' + 2xy = 1$.

SOLUÇÃO A equação dada está na forma padrão de uma equação linear. Multiplicando pelo fator integrante

$$e^{\int 2x\,dx} = e^{x^2}$$

obtemos ou
$$e^{x^2} y' + 2xe^{x^2} y = e^{x^2}$$

ou
$$\left(e^{x^2} y\right)' = e^{x^2}$$

Portanto,
$$e^{x^2} y = \int e^{x^2}\,dx + C$$

Lembre-se, da Seção 7.5, que $\int e^{x^2}\,dx$ não pode ser expressa em termos de funções elementares. Apesar disso, é uma função perfeitamente boa e podemos deixar a resposta como

$$y = e^{-x^2} \int e^{x^2}\,dx + Ce^{-x^2}$$

Uma outra forma de apresentar a solução, usando a Parte 1 do Teorema Fundamental do Cálculo, é

$$y = e^{-x^2} \int_0^x e^{t^2}\,dt + Ce^{-x^2}$$

(Qualquer número pode ser escolhido para o extremo inferior de integração.)

Embora as soluções da equação diferencial no Exemplo 3 sejam expressas em termos de uma integral, elas ainda podem ser traçadas por um sistema de computação algébrica (Figura 3).

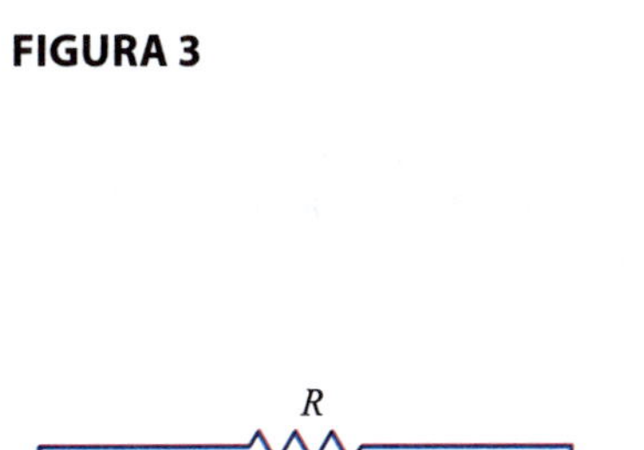

FIGURA 3

Aplicação a Circuitos Elétricos

Na Seção 9.2 consideramos o circuito elétrico simples, mostrado na Figura 4: uma força eletromotriz (geralmente uma pilha ou gerador) produz uma voltagem de $E(t)$ volts (V) e uma corrente de $I(t)$ amperes (A) em um instante t. O circuito também possui um resistor com resistência de R ohms (Ω) e um indutor com indutância de L henries (H).

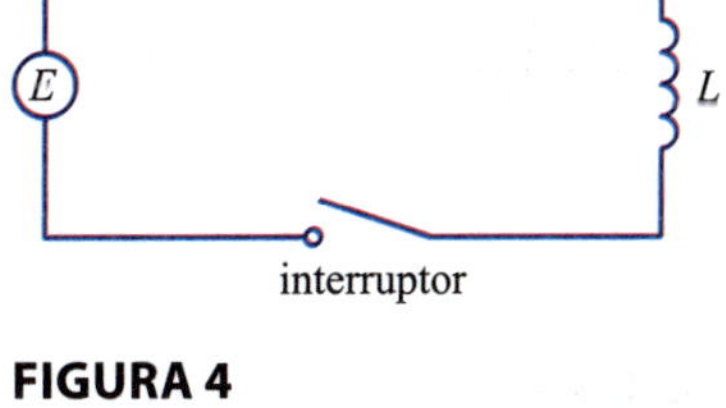

FIGURA 4

A Lei de Ohm calcula a queda na tensão devida ao resistor como RI. A queda da tensão por causa do indutor é $L(dI/dt)$. Uma das leis de Kirchhoff diz que a soma da queda de tensão é igual à voltagem fornecida $E(t)$. Então temos

7 $$L\frac{dI}{dt} + RI = E(t)$$

que é uma equação diferencial linear de primeira ordem. A solução dá a corrente I no tempo t.

EXEMPLO 4 Suponha que no circuito simples da Figura 4 a resistência seja 12 Ω e a indutância seja 4 H. Se uma pilha fornecer uma voltagem constante de 60 V e o interruptor for fechado quando $t = 0$, então a corrente começa com $I(0) = 0$. Encontre (a) $I(t)$, (b) a corrente depois de 1 segundo e (c) o valor-limite da corrente.

A equação diferencial no Exemplo 4 é linear e separável; assim, um método alternativo é resolvê-la como uma equação separável (Exemplo 9.3.4). Se trocarmos a pilha por um gerador, contudo, obteremos uma equação que é linear, mas não é separável (Exemplo 5).

SOLUÇÃO

(a) Se colocarmos $L = 4$, $R = 12$ e $E(t) = 60$ na Equação 7, obteremos o problema de valor inicial

$$4\frac{dI}{dt} + 12I = 60 \qquad I(0) = 0$$

ou

$$\frac{dI}{dt} + 3I = 15 \qquad I(0) = 0$$

Multiplicando pelo fator integrante $e^{\int 3\,dt} = e^{3t}$, obtemos

$$e^{3t}\frac{dI}{dt} + 3e^{3t}I = 15e^{3t}$$

$$\frac{d}{dt}(e^{3t}I) = 15e^{3t}$$

$$e^{3t}I = \int 15e^{3t}\,dt = 5e^{3t} + C$$

$$I(t) = 5 + Ce^{-3t}$$

A Figura 5 mostra como a corrente no Exemplo 4 se aproxima de seu valor-limite.

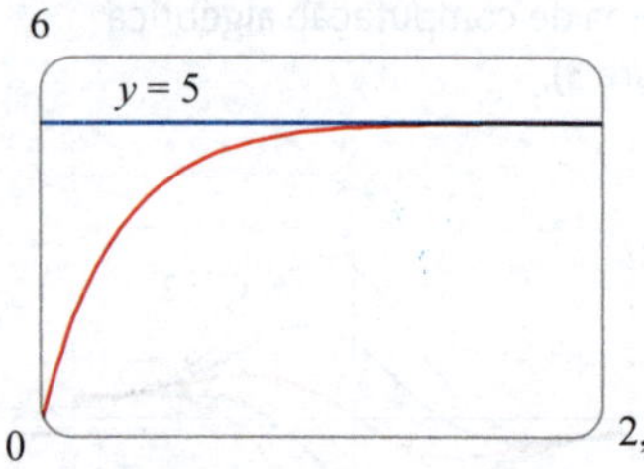

FIGURA 5

Como $I(0) = 0$, temos $5 + C = 0$, assim, $C = -5$ e

$$I(t) = 5(1 - e^{-3t})$$

(b) Depois de um segundo a corrente é

$$I(1) = 5(1 - e^{-3}) \approx 4{,}75 \text{ A}$$

(c) O valor-limite da corrente é dado por

$$\lim_{t\to\infty} I(t) = \lim_{t\to\infty} 5(1 - e^{-3t}) = 5 - 5\lim_{t\to\infty} e^{-3t} = 5 - 0 = 5$$ ■

A Figura 6 mostra o gráfico da corrente quando a pilha é trocada por um gerador.

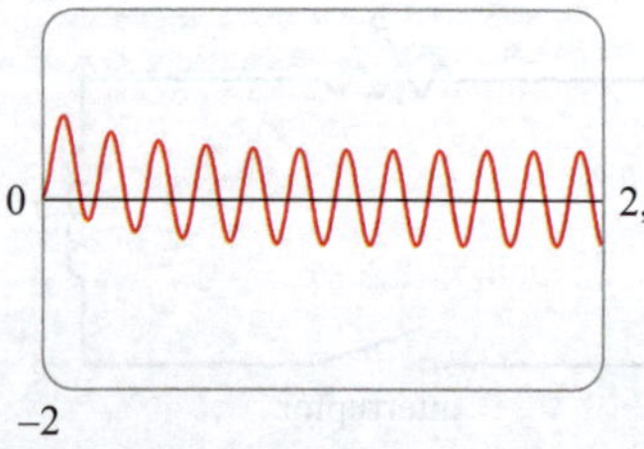

FIGURA 6

EXEMPLO 5 Suponha que a resistência e a indutância permaneçam as mesmas que no Exemplo 4, mas, em vez de uma pilha, usaremos um gerador que produz uma voltagem variável de $E(t) = 60$ sen $30t$ volts. Encontre $I(t)$.

SOLUÇÃO Desta vez a equação diferencial torna-se

$$4\frac{dI}{dt} + 12I = 60 \text{ sen } 30t \qquad \text{ou} \qquad \frac{dI}{dt} + 3I = 15 \text{ sen } 30t$$

O mesmo fator integrante e^{3t} fornece

$$\frac{d}{dt}(e^{3t}I) = e^{3t}\frac{dI}{dt} + 3e^{3t}I = 15e^{3t} \text{ sen } 30t$$

Usando a Fórmula 98 da Tabela de Integrais (ou um computador), obtemos

$$e^{3t}I = \int 15e^{3t} \operatorname{sen} 30t\,dt = 15\frac{e^{3t}}{909}(3 \operatorname{sen} 30t - 30\cos 30t) + C$$

$$I = \tfrac{5}{101}(\operatorname{sen} 30t - 10\cos 30t) + Ce^{-3t}$$

Como $I(0) = 0$, temos

$$-\tfrac{50}{101} + C = 0$$

então $$I(t) = \tfrac{5}{101}(\operatorname{sen} 30t - 10\cos 30t) + \tfrac{50}{101}e^{-3t}$$ ■

9.5 Exercícios

1-4 Determine se a equação diferencial é linear. Se ela for linear, escreva-a na forma apresentada na Equação 1.

1. $y' + x\sqrt{y} = x^2$

2. $y' - x = y \operatorname{tg} x$

3. $ue^t = t + \sqrt{t}\,\dfrac{du}{dt}$

4. $\dfrac{dR}{dt} + t\cos R = e^{-t}$

5-16 Resolva a equação diferencial.

5. $y' + y = 1$

6. $y' - y = e^x$

7. $y' = x - y$

8. $4x^3y + x^4y' = \operatorname{sen}^3 x$

9. $xy' + y = \sqrt{x}$

10. $2xy' + y = 2\sqrt{x}$

11. $xy' - 2y = x^2, \quad x > 0$

12. $y' - 3x^2y = x^2$

13. $t^2\dfrac{dy}{dt} + 3ty = \sqrt{1+t^2}, \quad t > 0$

14. $t \ln t\,\dfrac{dr}{dt} + r = te^t$

15. $y' + y\cos x = x$

16. $y' + 2xy = x^3e^{x^2}$

17-24 Resolva o problema de valor inicial.

17. $xy' + y = 3x^2, \quad y(1) = 4$

18. $xy' - 2y = 2x, \quad y(2) = 0$

19. $x^2y' + 2xy = \ln x, \quad y(1) = 2$

20. $t^3\dfrac{dy}{dt} + 3t^2y = \cos t, \quad y(\pi) = 0$

21. $t\dfrac{du}{dt} = t^2 + 3u, \quad t > 0, \quad u(2) = 4$

22. $xy' + y = x\ln x, \quad y(1) = 0$

23. $xy' = y + x^2 \operatorname{sen} x, \quad y(\pi) = 0$

24. $(x^2+1)\dfrac{dy}{dx} + 3x(y-1) = 0, \quad y(0) = 2$

25-26 Resolva a equação diferencial e use uma calculadora gráfica ou um computador para traçar vários membros da família de soluções. Como a curva solução muda quando C varia?

25. $xy' + 2y = e^x$

26. $xy' = x^2 + 2y$

27-29 Equação Diferencial de Bernoulli Uma *equação diferencial de Bernoulli* (em homenagem a James Bernoulli) é uma equação da forma

$$\frac{dy}{dx} + P(x)y = Q(x)y^n$$

27. Observe que, se $n = 0$ ou 1, a equação de Bernoulli é linear. Para outros valores de n, mostre que a substituição $u = y^{1-n}$ forma a equação de Bernoulli na equação linear

$$\frac{du}{dx} + (1-n)P(x)u = (1-n)Q(x)$$

28. Resolva a equação diferencial $xy' + y = -xy^2$.

29. Resolva a equação diferencial $y' + \dfrac{2}{x}y = \dfrac{y^3}{x^2}$.

30. Resolva a equação de segunda ordem $xy'' + 2y' = 12x^2$ por meio da substituição $u = y'$.

31. No circuito apresentado na Figura 4, uma pilha fornece uma voltagem constante de 40 V, a indutância é 2 H, a resistência é 10 Ω e $I(0) = 0$.
(a) Encontre $I(t)$.
(b) Calcule a corrente depois de 0,1 s.

32. No circuito mostrado na Figura 4, um gerador fornece uma voltagem de $E(t) = 40 \operatorname{sen} 60t$ volts, a indutância é 1 H, a resistência é 20 Ω e $I(0) = 1$ A.
(a) Encontre $I(t)$.
(b) Calcule a corrente depois de 0,1 segundo.
(c) Desenhe o gráfico da função corrente.

33. A figura mostra um circuito contendo uma força eletromotriz, um capacitor com capacitância de C farads (F) e um resistor com uma resistência de R de ohms (Ω). A queda de voltagem no capacitor é Q/C, onde Q é a carga (em coulombs); nesse caso, a Lei de Kirchhoff fornece

$$RI + \frac{Q}{C} = E(t)$$

Mas $I = dQ/dt$ (veja o Exemplo 3.7.3), assim, temos

$$R\frac{dQ}{dt} + \frac{1}{C}Q = E(t)$$

Suponha que a resistência seja 5 Ω e a capacitância, 0,05 F; que a pilha forneça uma voltagem constante de 60 V e que a carga inicial seja $Q(0) = 0$ C. Encontre a carga e a corrente no instante t.

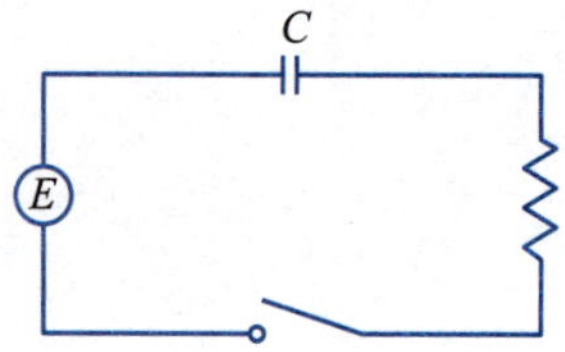

34. No circuito do Exercício 33, $R = 2\ \Omega$, $C = 0{,}01$ F, $Q(0) = 0$ e $E(t) = 10 \operatorname{sen} 60t$. Calcule a carga e a corrente no instante t.

35. Seja $P(t)$ o nível de desempenho de alguém aprendendo uma habilidade como uma função do tempo de treinamento t. O gráfico de P é chamado *curva de aprendizagem*. No Exercício 9.1.27, propusemos a equação diferencial

$$\frac{dP}{dt} = k[M - P(t)]$$

como um modelo razoável para a aprendizagem, onde k é uma constante positiva. Resolva essa equação diferencial linear e use sua solução para traçar a curva de aprendizagem.

36. Dois novos trabalhadores foram contratados para uma linha de montagem. João processou 25 unidades durante a primeira hora e 45 unidades durante a segunda. Marcos processou 35 unidades durante a primeira hora e 50 unidades na segunda. Usando o modelo do Exercício 35 e assumindo que $P(0) = 0$, estime o número máximo de unidades por hora que cada trabalhador é capaz de processar.

37. Na Seção 9.3 analisamos os problemas de misturas nos quais o volume de fluido permanecia constante e vimos que estes fornecem equações diferenciais separáveis (veja o Exemplo 9.3.6). Se as taxas de entrada e de saída do sistema forem diferentes, então o volume não é constante e a equação diferencial resultante é linear, mas não separável.

Um tanque contém 100 L de água. Uma solução com uma concentração salina de 0,4 kg/L é adicionada à taxa de 5 L/min. A solução é mantida misturada e é retirada do tanque na taxa de 3 L/min. Se $y(t)$ é a quantidade de sal (quilogramas) após t minutos, mostre que y satisfaz a equação diferencial

$$\frac{dy}{dt} = 2 - \frac{3y}{100 + 2t}$$

Resolva essa equação e calcule a concentração depois de 20 minutos.

38. Um tanque com capacidade de 400 L está cheio com uma mistura de água e cloro com concentração de 0,05 g de cloro por litro. Para poder reduzir a concentração de cloro, água doce é bombeada para o tanque na taxa de 4 L/s. A mistura é agitada e bombeada para fora em uma taxa de 10 L/s. Encontre a quantidade de cloro no tanque como uma função de tempo.

39. Um objeto de massa m é solto a partir do repouso e presumimos que a resistência do ar seja proporcional à velocidade do objeto. Se $s(t)$ for a distância percorrida depois de t segundos, então a velocidade é $v = s'(t)$ e a aceleração é $a = v'(t)$. Se g for a aceleração da gravidade, então a força para baixo no objeto é $mg - cv$, onde c é uma constante positiva, e a Segunda Lei de Newton fornece

$$m\frac{dv}{dt} = mg - cv$$

(a) Resolva essa equação linear para mostrar que

$$v = \frac{mg}{c}(1 - e^{-ct/m})$$

(b) Qual é a velocidade-limite?

(c) Calcule a distância que o objeto caiu depois de t segundos.

40. Se ignorarmos a resistência do ar, poderemos concluir que os objetos mais pesados não caem mais rápido que objetos mais leves. Mas, se considerarmos a resistência do ar, nossa conclusão muda. Use a expressão para a velocidade de queda de um objeto no Exercício 39(a) para calcular dv/dm e mostrar que os objetos mais pesados *caem* mais rápido que os mais leves.

41. (a) Mostre que a substituição $z = 1/P$ transforma a equação diferencial logística $P' = kP(1 - P/M)$ na equação diferencial linear

$$z' + kz = \frac{k}{M}$$

(b) Resolva a equação diferencial no item (a) para encontrar uma expressão para $P(t)$. Compare com a Equação 9.4.7.

42. Para considerarmos a variação sazonal na equação diferencial podemos permitir que k e M sejam as funções de t:

$$\frac{dP}{dt} = k(t)P\left(1 - \frac{P}{M(t)}\right)$$

(a) Verifique se a substituição $z = 1/P$ transforma essa equação na equação linear

$$\frac{dz}{dt} + k(t)z = \frac{k(t)}{M(t)}$$

(b) Escreva uma expressão para a solução da equação linear no item (a) e use-a para mostrar que se a capacidade de suporte M for constante, então

$$P(t) = \frac{M}{1 + CMe^{-\int k(t)\,dt}}$$

Deduza que se $\int_0^\infty k(t)\,dt = \infty$, então $\lim_{t\to\infty} P(t) = M$. [Isso será comprovado se $k(t) = k_0 + a \cos bt$ com $k_0 > 0$, que descreve uma taxa de crescimento intrínseco positiva com uma variação sazonal periódica.]

(c) Se k é constante, mas M varia, mostre que

$$z(t) = e^{-kt}\int_0^t \frac{ke^{ks}}{M(s)}\,ds + Ce^{-kt}$$

e utilize a Regra de l'Hôspital para decidir que se $M(t)$ tem um limite quando $t \to \infty$, então $P(t)$ tem o mesmo limite.

PROJETO APLICADO | O QUE É MAIS RÁPIDO, SUBIR OU DESCER?

Suponha que você arremesse uma bola para o alto. Você acha que ela demorará mais tempo para atingir sua altura máxima ou para voltar ao solo a partir do ponto mais alto? O problema será resolvido nesse projeto, mas, antes de começar, reflita sobre o assunto e arrisque um palpite com base em sua intuição.

1. Uma bola com massa m é lançada verticalmente para cima a partir do solo, com uma velocidade inicial positiva v_0. Assumimos que as forças que agem sobre a bola são a força da gravidade e a força provocada pela resistência do ar, que tem direção oposta ao movimento, retardando-o, e cuja magnitude é $p\,|v(t)|$, em que p é uma constante positiva e $v(t)$ é a velocidade da bola no instante t. Tanto na subida quanto na descida, a força total que atua sobre a bola é dada por $-pv - mg$. [Durante a subida, $v(t)$ é positiva e a resistência age para baixo; na descida, $v(t)$ é negativa e a resistência age para cima.] Dessa forma, de acordo com a Segunda Lei de Newton, a equação do movimento é

$$mv' = -pv - mg$$

Resolva essa equação diferencial linear para mostrar que a velocidade é dada por

$$v(t) = \left(v_0 + \frac{mg}{p}\right)e^{-pt/m} - \frac{mg}{p}$$

(Observe que essa equação diferencial também é separável.)

2. Mostre que a altura da bola, até o instante em esta chega ao solo, é dada por

$$y(t) = \left(v_0 + \frac{mg}{p}\right)\frac{m}{p}(1 - e^{-pt/m}) - \frac{mgt}{p}$$

3. Seja t_1 o tempo que a bola consome para atingir sua altura máxima. Mostre que

$$t_1 = \frac{m}{p}\ln\left(\frac{mg + pv_0}{mg}\right)$$

Determine esse tempo para uma bola com 1 kg de massa e velocidade inicial de 20 m/s. Suponha que a resistência do ar corresponda a $\frac{1}{10}$ da velocidade.

4. Seja t_2 o instante em que a bola chega de volta ao solo. Para a bola especificada no Problema 3, estime t_2 usando um gráfico da função altura $y(t)$. O que é mais rápido, subir ou descer?

5. De forma geral, não é fácil determinar t_2, uma vez que é impossível resolver explicitamente a equação $y(t) = 0$. Entretanto, podemos usar um método indireto para determinar, entre a subida e a descida, qual é mais rápida: basta determinar se $y(2t_1)$ é positivo ou negativo. Mostre que

$$y(2t_1) = \frac{m^2 g}{p^2}\left(x - \frac{1}{x} - 2\ln x\right)$$

em que $x = e^{pt_1/m}$. Em seguida, mostre que $x > 1$ e que a função

$$f(x) = x - \frac{1}{x} - 2\ln x$$

é crescente para $x > 1$. Use esse resultado para decidir se $y(2t_1)$ é positivo ou negativo. O que você conclui? Entre a subida e a descida, qual é mais rápida?

Várias funções já foram usadas para modelar a força decorrente da resistência do ar, dependendo das características físicas e da velocidade da bola. Aqui, usamos um modelo linear, $-pv$, embora um modelo quadrático ($-pv^2$ na subida e pv^2 na descida) seja outra possibilidade para velocidades mais altas (veja o Exercício 9.3.52). Para uma bola de golfe, alguns experimentos mostraram que um bom modelo consiste em usar $-pv^{1,3}$ na subida e $p\,|v|^{1,3}$ na descida. Entretanto, não importando qual função $-f(v)$ seja usada para representar a força [desde que $f(v) > 0$ para $v > 0$ e $f(v) < 0$ para $v < 0$], a resposta à questão permanece a mesma. Veja F. Brauer. What Goes Up Must Come Down, Eventually. *American Mathematical Monthly*, 108 (2001), pp. 437-40.

9.6 | Sistemas Predador-Presa

Consideramos diversos modelos para o crescimento de uma única espécie que vive sozinha em um ambiente. Nesta seção estudaremos os modelos mais realistas, que levam em consideração a interação de duas espécies no mesmo ambiente. Veremos que esses modelos tomam a forma de um par de equações diferenciais acopladas.

Primeiro levaremos em conta a situação na qual uma espécie, chamada *presa*, tem um amplo suprimento alimentar e a segunda espécie, denominada *predador*, se alimenta da presa. Exemplos de presa e predador incluem coelhos e lobos em uma floresta isolada, peixes e tubarões, pulgões e joaninhas e bactérias e amebas. Nosso modelo terá duas variáveis dependentes e ambas serão funções do tempo. Seja $C(t)$ o número de presas (usando C de coelhos) e $L(t)$ o número de predadores (com L de lobos) no instante t.

Na ausência de predadores, o amplo suprimento de alimentos suportaria o crescimento exponencial de presas, isto é,

$$\frac{dC}{dt} = kC \qquad \text{onde } k \text{ é uma constante positiva}$$

Na ausência de presas, assumimos que a população de predadores declinaria a uma taxa proporcional a ela mesma, isto é,

$$\frac{dL}{dt} = -rL \qquad \text{onde } r \text{ é uma constante positiva}$$

Com ambas as espécies presentes, contudo, supomos que a causa principal por mortalidade entre as presas seja serem comidas por predadores, e as taxas de natalidade e sobrevivência dos predadores dependam da disponibilidade de comida, ou seja, as presas. Também supomos que as duas espécies se encontrem a uma taxa que é proporcional a ambas as populações e é, portanto, proporcional ao produto CL. (Quanto mais houver de cada população, mais encontros serão possíveis.) Um sistema de duas equações diferenciais que incorpora essas hipóteses é como a seguir:

L representa o predador.
C representa a presa.

1 $$\frac{dC}{dt} = kC - aCL \qquad \frac{dL}{dt} = -rL + bCL$$

onde k, r, a e b são constantes positivas. Observe que o termo $-aCL$ diminui a taxa natural de crescimento das presas e o termo bCL aumenta a taxa de crescimento natural dos predadores.

As equações de Lotka-Volterra foram propostas como um modelo para explicar as variações de tubarões e peixes no mar Adriático pelo matemático italiano Vito Volterra (1860-1940).

As equações em (1) são conhecidas como **equações predador-presa**, ou **equações de Lotka-Volterra**. Uma **solução** desse sistema de equações é um par de funções $C(t)$ e $L(t)$, que descreve as populações de presas e predadores como funções do tempo. Como o sistema é acoplado (C e L ocorrem em ambas as equações), não podemos resolver uma equação e depois a outra: temos de resolvê-las de maneira simultânea. Infelizmente, porém, em geral é impossível encontrar fórmulas explícitas para C e L como funções de t. Podemos, contudo, usar métodos gráficos para analisar as equações.

EXEMPLO 1 Suponha que as populações de coelhos e lobos sejam descritas pelas equações de Lotka-Volterra (1) com $k = 0{,}08$, $a = 0{,}001$, $r = 0{,}02$ e $b = 0{,}00002$. O tempo t é medido em meses.

(a) Encontre as soluções constantes (chamadas **soluções de equilíbrio**) e interprete a resposta.

(b) Use o sistema de equações diferenciais para encontrar uma expressão para dL/dC.

(c) Desenhe um campo de direções para a equação diferencial resultante no plano CL. Então, use o campo de direções para esboçar algumas curvas solução.

(d) Suponha que, em algum instante no tempo, existam 1.000 coelhos e 40 lobos. Desenhe a curva solução correspondente e use-a para descrever as mudanças em ambos os níveis de população.

(e) Use a parte (d) para fazer esboços de C e L como funções de t.

SOLUÇÃO

(a) Com os valores dados de k, a, r e b, as equações de Lotka-Volterra se tornam

$$\frac{dC}{dt} = 0{,}08C - 0{,}001CL$$

$$\frac{dL}{dt} = -0{,}02L + 0{,}00002CL$$

Tanto C e L serão constantes se ambas as derivadas forem 0, isto é,

$$C' = C(0{,}08 - 0{,}001L) = 0$$

$$L' = L(-0{,}02 + 0{,}00002C) = 0$$

Uma solução é dada por $C = 0$ e $L = 0$. (Isso faz sentido: se não existirem coelhos ou lobos, as populações não vão aumentar.) A outra solução constante é

$$L = \frac{0{,}08}{0{,}001} = 80$$

$$C = \frac{0{,}02}{0{,}00002} = 1.000$$

Assim, as populações de equilíbrio consistem em 80 lobos e 1.000 coelhos. Isso significa que 1.000 coelhos são o suficiente para suportar uma população constante de 80 lobos. Não existem muitos lobos (o que resultaria em menos coelhos) nem poucos lobos (o que resultaria em mais coelhos).

(b) Usamos a Regra da Cadeia para escrever:

$$\frac{dL}{dt} = \frac{dL}{dC}\frac{dC}{dt}$$

Isolando dL/dC nessa equação, obtemos

$$\frac{dL}{dC} = \frac{\frac{dL}{dt}}{\frac{dC}{dt}} = \frac{-0{,}02L + 0{,}00002CL}{0{,}08C - 0{,}001CL}$$

(c) Se pensarmos em L como uma função de C, teremos a equação diferencial

$$\frac{dL}{dC} = \frac{-0{,}02L + 0{,}00002CL}{0{,}08C - 0{,}001CL}$$

Desenhamos o campo de direções para essa equação diferencial na Figura 1 e o usamos para esboçar várias curvas solução na Figura 2. Se nos movermos ao longo de uma curva solução, veremos como a relação entre C e L muda com o passar do tempo. Observe que as curvas parecem ser fechadas no sentido de que, se viajamos ao longo de uma curva, sempre retornamos ao mesmo ponto. Observe também que o ponto (1.000, 80) está dentro de todas as curvas solução. Esse ponto é denominado *ponto de equilíbrio*, porque corresponde à solução de equilíbrio $C = 1.000$, $L = 80$.

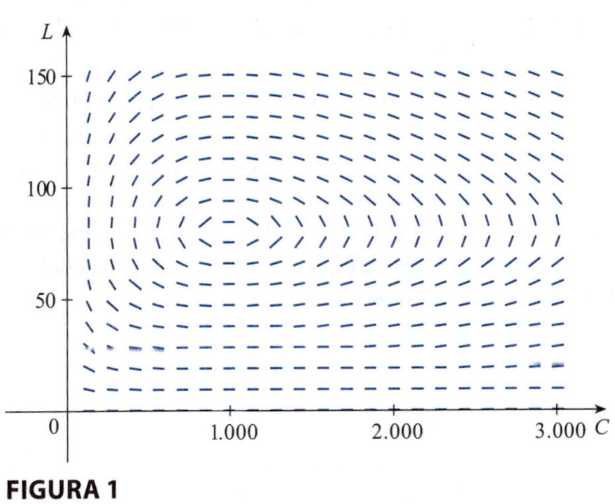

FIGURA 1
Campo de direções para o sistema predador-presa

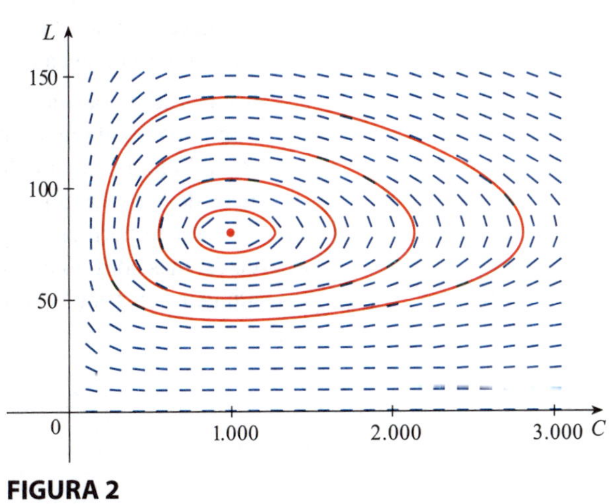

FIGURA 2
Retrato de fase do sistema

Quando representamos as soluções de um sistema de equações diferenciais como na Figura 2, referimo-nos ao plano CL como o **plano de fase** e chamamos as curvas solução de **trajetórias de fase**. Assim, uma trajetória de fase é um caminho traçado pelas soluções (C, L) com o passar do tempo. Um **retrato de fase** consiste em pontos de equilíbrio e trajetórias de fase típicas, como mostrado na Figura 2.

(d) Começar com 1.000 coelhos e 40 lobos corresponde a desenhar a curva solução no ponto $P_0(1.000, 40)$. A Figura 3 mostra essa trajetória de fase com o campo de direções removido. Começando no instante P_0 no tempo $t = 0$ e deixando t aumentar, movemo-nos no sentido horário ou anti-horário ao redor da trajetória de fase? Se colocarmos $C = 1.000$ e $L = 40$ na primeira equação diferencial, teremos

$$\frac{dC}{dt} = 0{,}08(1.000) - 0{,}001(1.000)(40) = 80 - 40 = 40$$

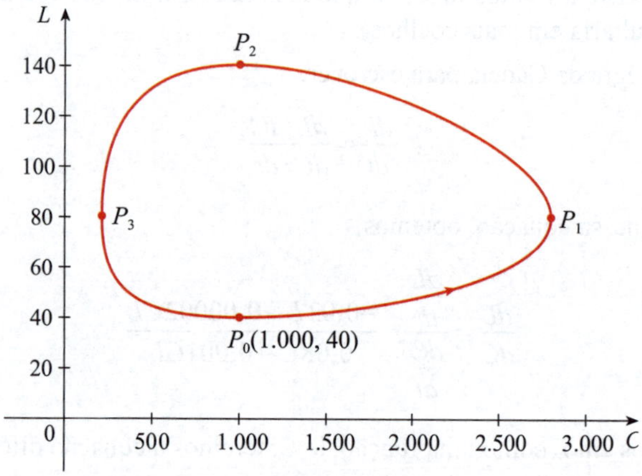

FIGURA 3
Trajetória da fase em (1.000, 40)

Como $dC/dt > 0$, concluímos que C está aumentando em P_0 e assim nos movemos no sentido anti-horário ao longo da trajetória de fase.

Vemos que em P_0 não existem lobos suficientes para manter um equilíbrio entre as populações; dessa forma, a população de coelhos aumenta. Isso resulta em mais lobos e eventualmente existem tantos lobos que os coelhos têm dificuldade para evitá-los. Assim, o número de coelhos começa a declinar (em P_1, onde estimamos que C atinja a população máxima ao redor de 2.800). Isso significa que algum tempo depois a população de lobos começa a declinar (em P_2, onde $C = 1.000$ e $L \approx 140$). Mas isso beneficia os coelhos; portanto, sua população depois começa a aumentar (em P_3, onde $L = 80$ e $C \approx 210$). Como consequência, a população de lobos eventualmente começa a aumentar também. Isso acontece quando as populações retornam a seus valores iniciais de $C = 1.000$ e $L = 40$ e o ciclo inteiro começa novamente.

(e) Da descrição no item (d) de como as populações de coelhos e lobos aumentam e diminuem, podemos esboçar os gráficos de $C(t)$ e $L(t)$. Suponha que os pontos P_1, P_2 e P_3 na Figura 3 sejam alcançados nos instantes t_1, t_2 e t_3. Então podemos esboçar os gráficos de C e L como na Figura 4.

Para tornarmos os gráficos mais fáceis de comparar, os desenhamos nos mesmos eixos, mas com escalas diferentes para C e L, como na Figura 5. Observe que os coelhos atingem sua população máxima cerca de um quarto de ciclo antes dos lobos.

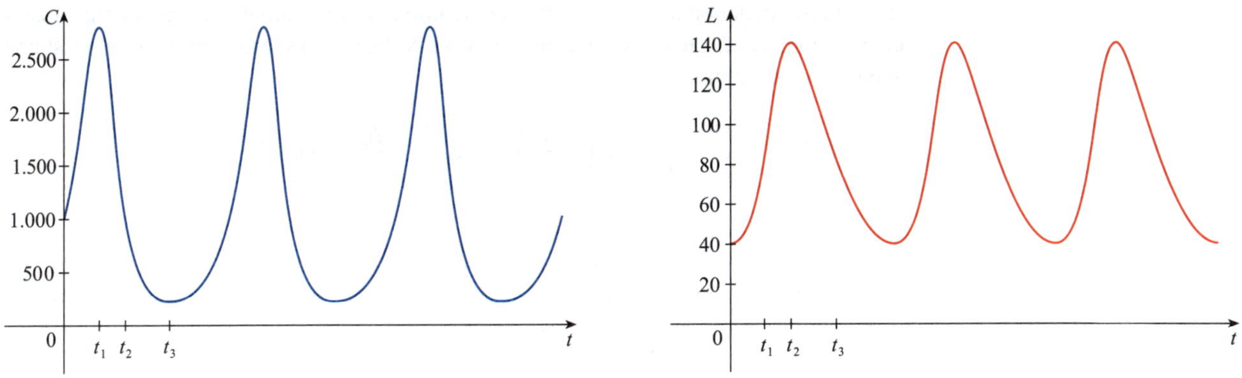

FIGURA 4 Gráficos das populações de coelhos e lobos como função do tempo

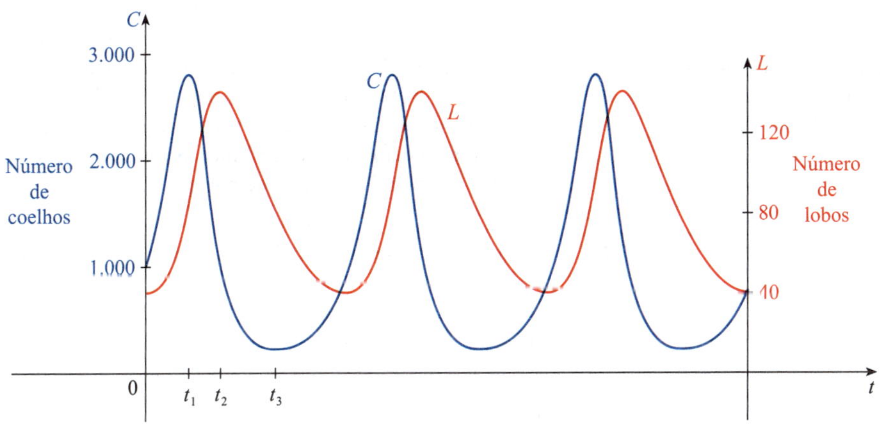

FIGURA 5
Comparação das populações de coelhos e lobos

Uma parte importante do processo de modelagem, como discutimos na Seção 1.2, é interpretar nossas conclusões matemáticas como previsões do mundo real e testar as previsões com dados reais. A Hudson 's Bay Company, que começou a comercializar peles de animais no Canadá em 1670, mantém registros que datam de 1840. A Figura 6 mostra os gráficos do número de peles de coelho e seu predador, o lobo canadense, comercializadas pela empresa há 90 anos. Você pode ver que as oscilações acopladas na população de lebres e linces, prevista pelo modelo de Lotka-Volterra, realmente ocorrem e o período desses ciclos é de aproximadamente dez anos.

Thomas Kitchin & Victoria Hurst/All Canada Photos

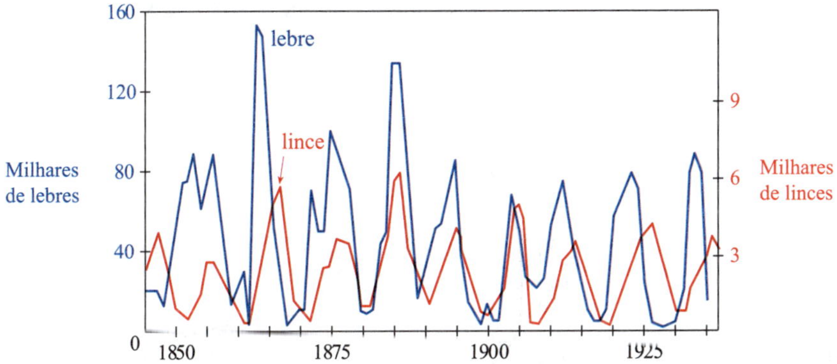

FIGURA 6
A abundância relativa de lebres e linces dos registros da Hudson 's Bay Company

Embora o modelo relativamente simples de Lotka-Volterra tivesse algum sucesso em explicar e prever as populações acopladas, modelos mais sofisticados também têm sido propostos. Uma maneira de modificar as equações de Lotka-Volterra é supor que, na ausência de predadores, a presa cresça de acordo com um modelo logístico com capacidade de suporte M. Então as equações de Lotka-Volterra (1) são substituídas pelo sistema de equações diferenciais

$$\frac{dC}{dt} = kC\left(1 - \frac{C}{M}\right) - aCL \qquad \frac{dL}{dt} = -rL + bCL$$

Esse modelo é investigado nos Exercícios 11 e 12.

Também têm sido propostos modelos para descrever e prever níveis de população de duas espécies que competem pelos mesmos recursos ou cooperam por benefícios mútuos. Esses modelos serão explorados nos Exercícios 2-4.

9.6 Exercícios

1. Para cada sistema predador-presa, determine qual das variáveis, x ou y, representa a população de presas e qual representa a população de predadores. O crescimento das presas é restrito apenas pelos predadores ou por outros fatores também? Os predadores alimentam-se apenas das presas ou eles têm outras fontes de alimentação? Explique.

(a) $\dfrac{dx}{dt} = -0{,}05x + 0{,}0001xy$

$\dfrac{dy}{dt} = 0{,}1y - 0{,}005xy$

(b) $\dfrac{dx}{dt} = 0{,}2x - 0{,}0002x^2 - 0{,}006xy$

$\dfrac{dy}{dt} = -0{,}015y + 0{,}00008xy$

2. Cada sistema de equações diferenciais é um modelo para duas espécies que competem pelas mesmas fontes ou cooperam por mútuo benefício (plantas em floração e insetos polinizadores, por exemplo). Decida se cada sistema descreve competição ou cooperação e explique por que este é um modelo razoável. (Pergunte-se qual é o efeito que o aumento de uma das espécies tem na taxa de crescimento da outra.)

(a) $\dfrac{dx}{dt} = 0{,}12x - 0{,}0006x^2 + 0{,}00001xy$

$\dfrac{dy}{dt} = 0{,}08x + 0{,}00004xy$

(b) $\dfrac{dx}{dt} = 0{,}15x - 0{,}0002x^2 + 0{,}0006xy$

$\dfrac{dy}{dt} = 0{,}2y - 0{,}00008y^2 - 0{,}0002xy$

3. O sistema de equações diferenciais

$$\frac{dx}{dt} = 0{,}5x - 0{,}004x^2 + 0{,}001xy$$

$$\frac{dy}{dt} = 0{,}4y - 0{,}001y^2 - 0{,}002xy$$

é um modelo para as populações de duas espécies.

(a) O modelo descreve cooperação, ou competição, ou uma relação predador-presa?

(b) Encontre as soluções de equilíbrio e explique seu significado.

4. Os linces comem lebres e as lebres comem plantas lenhosas, como salgueiros. Suponha que, na ausência das lebres, a população de salgueiros cresça exponencialmente e a população de linces diminua exponencialmente. Na ausência de linces e salgueiros, a população de lebres diminuirá exponencialmente. Se $L(t)$, $H(t)$ e $W(t)$ representam as populações dessas três espécies no instante t, escreva um sistema de equações diferenciais como um modelo para sua dinâmica. Se as constantes em sua equação são positivas, explique por que você usou sinais de mais ou de menos.

5-6 Uma trajetória de fase é mostrada para as populações de coelhos (C) e raposas (R).

(a) Descreva como cada população muda com o passar do tempo.

(b) Use sua descrição para fazer um esboço grosseiro dos gráficos de C e R como funções do tempo.

5.

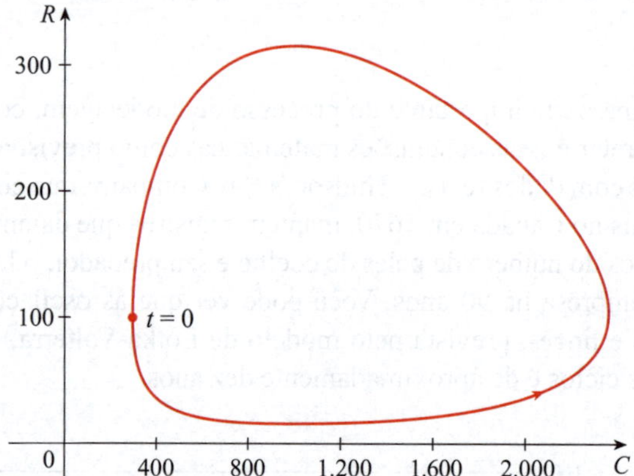

6.

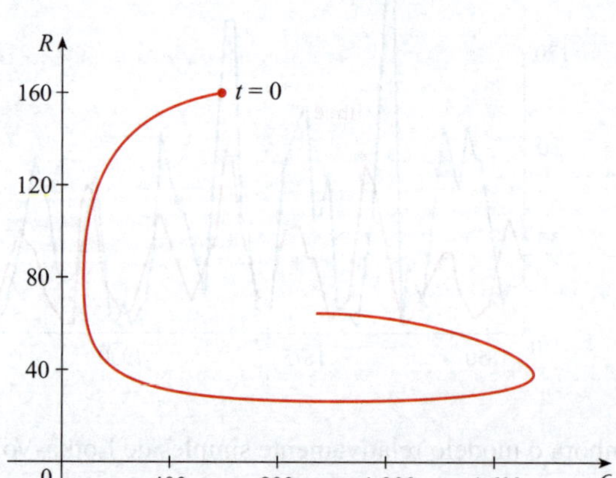

7-8 Os gráficos de populações de duas espécies são ilustrados. Use-os para esboçar a trajetória de fase correspondente.

7. 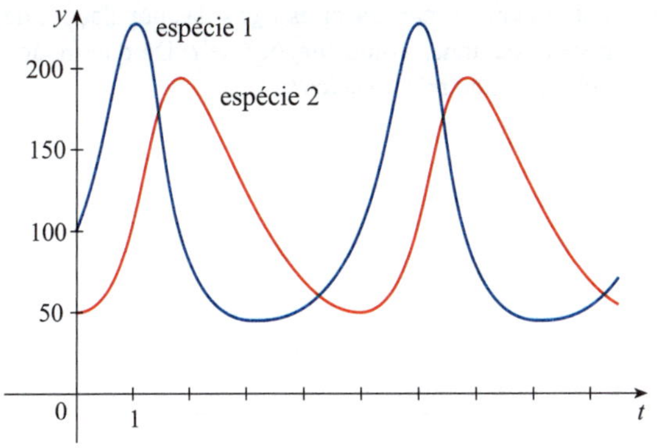

8. 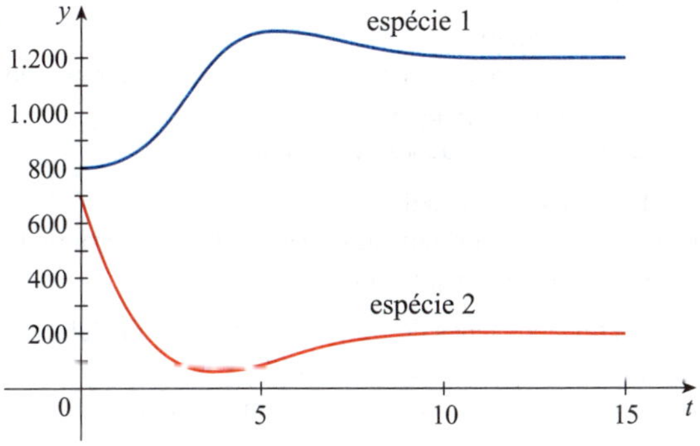

9. No Exemplo 1(b) mostramos que as populações de coelhos e lobos satisfazem a equação diferencial

$$\frac{dL}{dC} = \frac{-0{,}02L + 0{,}00002CL}{0{,}08C - 0{,}001CL}$$

(a) Resolvendo essa equação diferencial separável, mostre que

$$\frac{C^{0{,}02}L^{0{,}08}}{e^{0{,}00002C}e^{0{,}001L}} = C$$

onde C é uma constante.

(b) É impossível resolver essa equação de forma que se obtenha L como uma função explícita de C (ou vice-versa). Use um computador para traçar, entre as curvas solução definidas implicitamente, aquela que passa pelo ponto (1.000, 40) e compare o resultado com a Figura 3.

10. As populações de pulgões e joaninhas são modeladas pelas equações

$$\frac{dP}{dt} = 2P - 0{,}01PJ$$

$$\frac{dJ}{dt} = -0{,}5J + 0{,}0001PJ$$

(a) Calcule as soluções de equilíbrio e explique seu significado.

(b) Encontre uma expressão para dJ/dP.

(c) O campo de direções para a equação diferencial no item (b) é mostrado. Use-o para esboçar um retrato de fase. O que as trajetórias de fase têm em comum?

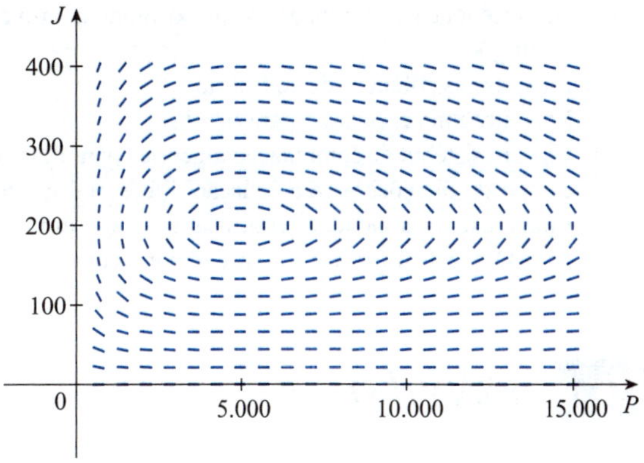

(d) Suponha que no instante $t = 0$ existam 1.000 pulgões e 200 joaninhas. Desenhe a trajetória de fase correspondente e use-a para descrever como ambas as populações variam.

(e) Use o item (d) para fazer esboços das populações de pulgões e joaninhas como funções de t. De que modo esses gráficos estão relacionados?

11. No Exemplo 1 usamos as equações de Lotka-Volterra para modelar as populações de coelhos e lobos. Vamos modificar aquelas equações como a seguir:

$$\frac{dC}{dt} = 0{,}08C(1 - 0{,}0002C) - 0{,}001CL$$

$$\frac{dL}{dt} = -0{,}02L + 0{,}0002CL$$

(a) De acordo com essas equações, o que acontece à população de coelhos na ausência dos lobos?

(b) Calcule as soluções de equilíbrio e explique seus significados.

(c) A figura mostra a trajetória de fase que começa no ponto (1.000, 40). Descreva o que acabará ocorrendo com as populações de coelhos e lobos.

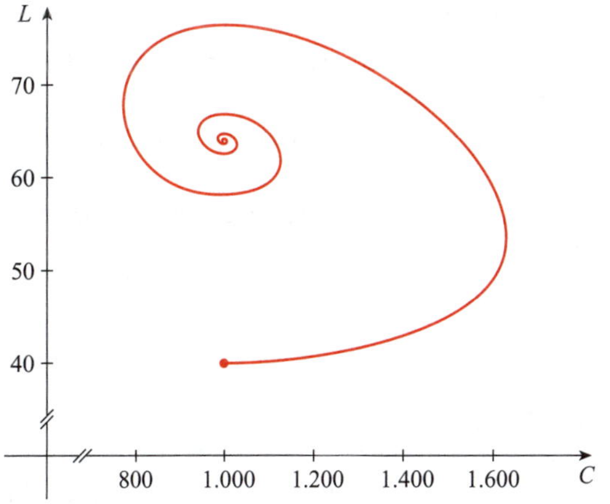

(d) Esboce os gráficos das populações de coelhos e lobos como funções do tempo.

T **12.** No Exercício 10, modelamos populações de pulgões e joaninhas com um sistema Lotka-Volterra. Suponha que modifiquemos aquelas equações como a seguir:

$$\frac{dP}{dt} = 2P(1 - 0{,}0001P) - 0{,}01PJ$$

$$\frac{dJ}{dt} = -0{,}5J + 0{,}0001PJ$$

(a) Na ausência de joaninhas, o que o modelo prevê sobre os pulgões?
(b) Encontre as soluções de equilíbrio.
(c) Encontre uma expressão para dJ/dP.
(d) Use um sistema de computação algébrica para desenhar um campo de direções para a equação diferencial no item (c). Então, use o campo de direções para esboçar um retrato de fase. O que as trajetórias de fase têm em comum?
(e) Suponha que no instante $t = 0$ existam 1.000 pulgões e 200 joaninhas. Desenhe a trajetória de fase correspondente e use-a para descrever como ambas as populações variam.
(f) Use o item (e) para fazer esboços das populações de pulgões e joaninhas como funções de t. De que modo esses gráficos estão relacionados?

9 REVISÃO

VERIFICAÇÃO DE CONCEITOS

As respostas para a Verificação de Conceitos podem ser encontradas na página deste livro no site da Cengage.

1. (a) O que é uma equação diferencial?
(b) O que é a ordem de uma equação diferencial?
(c) O que é uma condição inicial?

2. O que você pode dizer sobre as soluções da equação $y' = x^2 + y^2$ apenas olhando para a equação diferencial?

3. O que é um campo de direções para a equação diferencial $y' = F(x, y)$?

4. Explique como o método de Euler funciona.

5. O que é uma equação diferencial separável? Como você a resolve?

6. O que é uma equação diferencial linear de primeira ordem? Como você a resolve?

7. (a) Escreva a equação diferencial que expresse a lei de crescimento natural. O que ela diz em termos da taxa de crescimento relativo?
(b) Sob quais circunstâncias este é um modelo apropriado para o crescimento populacional?
(c) Quais são as soluções dessa equação?

8. (a) Escreva a equação diferencial.
(b) Sob quais circunstâncias este é um modelo apropriado para o crescimento populacional?

9. (a) Escreva equações de Lotka-Volterra para modelar populações de peixes (P) e tubarões (T).
(b) O que essas equações dizem sobre cada população na ausência da outra?

TESTES VERDADEIRO-FALSO

Determine se a afirmação é falsa ou verdadeira. Se for verdadeira, explique por quê. Caso contrário, explique por que ou dê um exemplo que mostre que é falsa.

1. Todas as soluções da equação diferencial $y' = -1 - y^4$ são funções decrescentes.

2. A função $f(x) = (\ln x)/x$ é uma solução da equação diferencial $x^2y' + xy = 1$.

3. A função $y = 3e^{2x} - 1$ é uma solução do problema de valor inicial $y' - 2y = 1$, $y(0) = 2$.

4. A equação $y' = x + y$ é separável.

5. A equação $y' = 3y - 2x + 6xy - 1$ é separável.

6. A equação $e^xy' = y$ é linear.

7. A equação $y' + xy = e^y$ é linear.

8. Entre as curvas solução da equação diferencial

$$(2x - y)\,y' = x + 2y$$

a que passa pelo ponto (3, 1) tem inclinação igual a 1 nesse ponto.

9. Se y for a solução do problema de valor inicial

$$\frac{dy}{dt} = 2y\left(1 - \frac{y}{5}\right) \qquad y(0) = 1$$

então $\lim_{t\to\infty} y = 5$.

EXERCÍCIOS

1. (a) Um campo de direções para a equação diferencial $y' = y(y - 2)(y - 4)$ é mostrado. Esboce os gráficos das soluções que satisfazem as condições iniciais dadas.
(i) $y(0) = -0{,}3$ (ii) $y(0) = 1$
(iii) $y(0) = 3$ (iv) $y(0) = 4{,}3$
(b) Se a condição inicial for $y(0) = c$, para quais valores de c o $\lim_{t\to\infty} y(t)$ é finito? Quais são as soluções de equilíbrio?

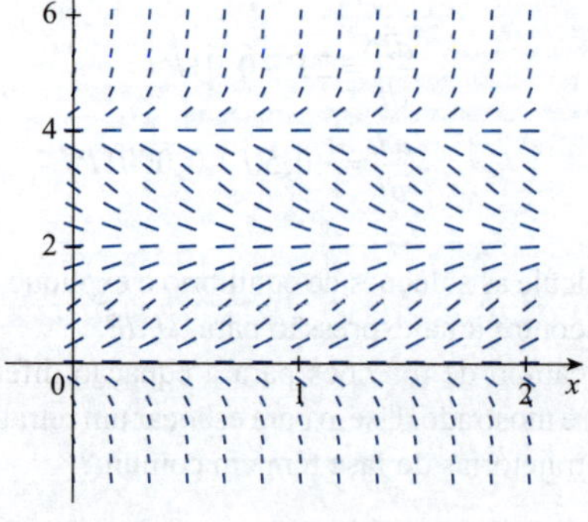

2. (a) Esboce um campo de direções para a equação diferencial $y' = x/y$. Então, use-o para esboçar as quatro soluções que satisfazem as condições iniciais $y(0) = 1$, $y(0) = -1$, $y(2) = 1$ e $y(-2) = 1$.
(b) Verifique seu trabalho no item (a) resolvendo a equação diferencial explicitamente. Que tipo de curva é cada curva solução?

3. (a) Um campo de direções para a equação diferencial $y' = x^2 - y^2$ é mostrado. Esboce a solução do problema de valor inicial

$$y' = x^2 - y^2 \qquad y(0) = 1$$

Use seu gráfico para estimar o valor de $y(0,3)$.

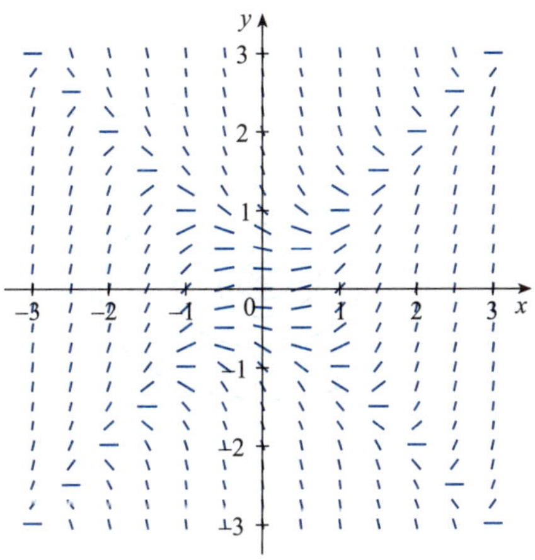

(b) Use o método de Euler com passo 0,1 para estimar $y(0,3)$, onde $y(x)$ é a solução do problema de valor inicial no item (a). Compare com sua estimativa da parte (a).
(c) Em que retas estão localizados os centros dos segmentos de reta horizontais do campo de direções da parte (a)? O que acontece quando uma curva solução intercepta essas retas?

4. (a) Use o método de Euler com o passo 0,2 para estimar $y(0,4)$, onde $y(x)$ é a solução do problema de valor inicial

$$y' = 2xy^2 \qquad y(0) = 1$$

(b) Repita a parte (a) com passo 0,1.
(c) Encontre a solução exata da equação diferencial e compare com o valor em 0,4 com as aproximações nas partes (a) e (b).

5-8 Resolva a equação diferencial.

5. $y' = xe^{-\operatorname{sen} x} - y \cos x$ **6.** $\dfrac{dx}{dt} = 1 - t + x - tx$

7. $2ye^{y^2} y' = 2x + 3\sqrt{x}$ **8.** $x^2y' - y = 2x^3 e^{-1/x}$

9-11 Resolva o problema de valor inicial.

9. $\dfrac{dr}{dt} + 2tr = r, \quad r(0) = 5$

10. $(1 + \cos x)y' = (1 + e^{-y})\operatorname{sen} x, \quad y(0) = 0$

11. $xy' - y = x \ln x, \quad y(1) = 2$

12. Resolva o problema de valor inicial $y' = 3x^2e^y$, $y(0) = 1$ e trace a solução.

13-14 Encontre as trajetórias ortogonais da família de curvas.

13. $y = ke^x$ **14.** $y = e^{kx}$

15. (a) Escreva a solução do problema de valor inicial

$$\frac{dP}{dt} = 0{,}1P\left(1 - \frac{P}{2.000}\right) \quad P(0) = 100$$

e use-a para encontrar a população P quando $t = 20$.
(b) Quando a população atinge 1.200?

16. (a) A população mundial era de 6,08 bilhões em 2000 e 7,35 bilhões em 2015. Encontre um modelo exponencial para esses dados e use-o para prever a população mundial no ano 2030.
(b) De acordo com o modelo no item (a), em que ano a população mundial excederá 10 bilhões?
(c) Use os dados no item (a) para encontrar um modelo logístico para a população. Considere uma capacidade de suporte de 20 bilhões. Então use o modelo logístico para prever a população em 2030. Compare com sua previsão do modelo exponencial.
(d) De acordo com o modelo logístico, em que ano a população mundial excederá 10 bilhões? Compare com suas previsões no item (b).

17. O modelo de crescimento de Von Bertalanffy é usado para prever o comprimento $L(t)$ de um peixe em um período de tempo. Se L_∞ for o maior comprimento para uma espécie, então a hipótese é que a taxa de crescimento do comprimento seja proporcional a $L_\infty - L$, o comprimento que o peixe ainda pode crescer.
(a) Formule e resolva uma equação diferencial para encontrar uma expressão para $L(t)$.
(b) Para o hadoque do Mar do Norte foi determinado que $L_\infty = 53$ cm, $L(0) = 10$ cm e a constante de proporcionalidade é 0,2. Em que a expressão para $L(t)$ torna-se com esses dados?

18. Um tanque contém 100 L de água pura. Água salgada contendo 0,1 kg de sal por litro entra no tanque a uma taxa de 10 L/min. A solução é agitada e retirada do tanque na mesma taxa. Quanto sal permanece no tanque depois de seis minutos?

19. Um modelo para a propagação de uma epidemia é que a taxa de propagação é proporcional ao número de pessoas infectadas e ao número de pessoas não infectadas. Em uma cidade isolada de 5.000 habitantes, 160 pessoas têm uma doença no começo da semana e 1.200, no fim da semana. Quantos dias levará para 80% da população se contaminar?

20. A Lei de Brentano-Stevens em psicologia modela a maneira como um objeto de estudo reage a um estímulo. Ela estabelece que, se R representar a reação à quantidade S de estímulo, então as taxas relativas de aumento são proporcionais:

$$\frac{dR/dt}{R} = k \cdot \frac{dS/dt}{S}$$

onde k é uma constante positiva. Encontre R como uma função de S.

21. O transporte de uma substância através de uma parede capilar na fisiologia pulmonar tem sido modelado pela equação diferencial

$$\frac{dh}{dt} = -\frac{R}{V}\left(\frac{h}{k+h}\right)$$

onde h é a concentração de hormônio na corrente sanguínea, t é o tempo, R é a taxa máxima de transporte, V é o volume do capilar e k é a constante positiva que mede a afinidade entre os hormônios e as enzimas que auxiliam o processo. Resolva essa equação diferencial para encontrar uma relação entre h e t.

22. As populações de pássaros e insetos são modeladas pelas equações

$$\frac{dx}{dt} = 0{,}4x - 0{,}002xy$$
$$\frac{dy}{dt} = -0{,}2y + 0{,}000008xy$$

(a) Qual das variáveis, x ou y, representa a população de pássaros e qual representa a população de insetos? Explique.

(b) Encontre as soluções de equilíbrio e explique seu significado.

(c) Encontre uma expressão para dy/dx.

(d) O campo de direções para a equação diferencial no item (c) é mostrado. Use-o para esboçar a trajetória de fase correspondente às populações iniciais de 100 pássaros e 40.000 insetos. A seguir, use a trajetória de fase para descrever como ambas as populações variam.

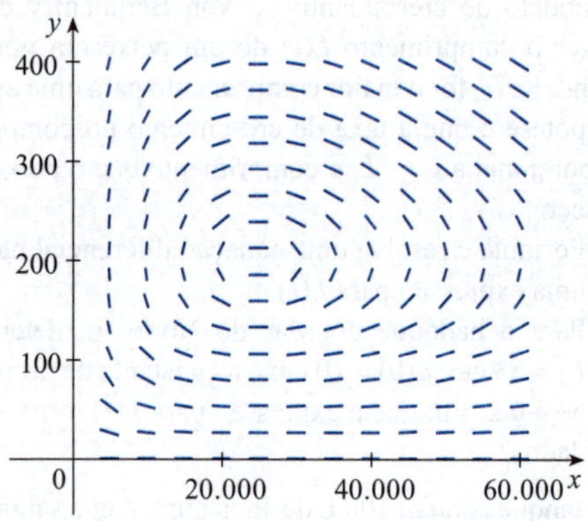

(e) Use a parte (d) para fazer esboços das populações de pássaros e insetos como funções do tempo. De que modo esses gráficos estão relacionados?

23. Suponha que o modelo do Exercício 22 seja trocado pelas equações

$$\frac{dx}{dt} = 0{,}4x(1 - 0{,}000005x) - 0{,}002xy$$
$$\frac{dy}{dt} = -0{,}2y + 0{,}000008xy$$

(a) De acordo com essas equações, o que acontece à população de insetos na ausência dos pássaros?

(b) Encontre as soluções de equilíbrio e explique seu significado.

(c) A figura mostra a trajetória de fase que começa com 100 pássaros e 40.000 insetos. Descreva o que ocorre eventualmente com as populações de pássaros e insetos.

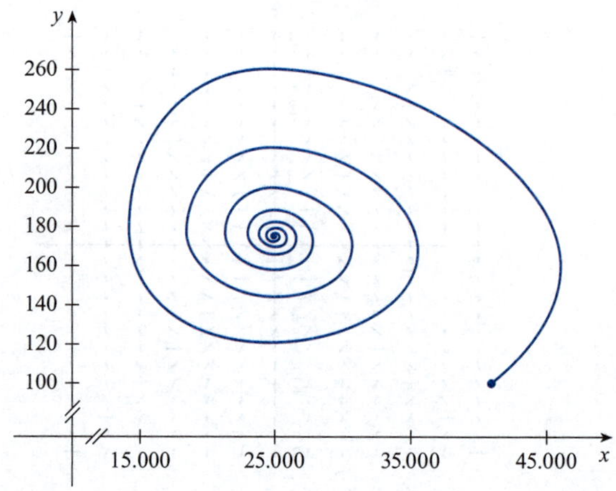

(d) Esboce os gráficos das populações de pássaros e insetos como funções do tempo.

24. Brett pesa 85 kg e está em uma dieta de 2.200 calorias por dia, das quais 1.200 são usadas diretamente pelo metabolismo basal. Ele gasta cerca de 15 cal/kg/dia vezes seu peso fazendo exercícios. Se 1 kg de gordura tiver 10.000 cal e assumirmos que a reserva de calorias na forma de gordura seja 100% eficiente, formule uma equação diferencial e resolva-a para encontrar a massa dele em função do tempo. A massa de Brett eventualmente se aproxima de uma massa de equilíbrio?

Problemas Quentes

1. Encontre todas as funções f tais que f' é contínua e

$$[f(x)]^2 = 100 + \int_0^x \{[f(t)]^2 + [f'(t)]^2\}\,dt \qquad \text{para todo } x.$$

2. Um estudante esqueceu a Regra do Produto para a derivada e cometeu o erro de pensar que $(fg)' = f'g'$. Contudo, ele teve sorte e obteve a resposta certa. A função f que ele usou era $f(x) = e^{x^2}$ e o domínio de seu problema era o intervalo $(\frac{1}{2}, \infty)$. Qual era a função g?

3. Seja f uma função com a propriedade de que $f(0) = 1, f'(0) = 1$ e $f(a + b) = f(a)f(b)$ para todos os números reais a e b. Mostre que $f'(x) = f(x)$ para todo x e deduza que $f(x) = e^x$.

4. Encontre todas as funções f que satisfazem a equação

$$\left(\int f(x)\,dx\right)\left(\int \frac{1}{f(x)}\,dx\right) = -1$$

5. Encontre a curva $y = f(x)$ tal que $f(x) \geq 0, f(0) = 0, f(1) = 1$ e tal que a área sob o gráfico f de 0 a x seja proporcional à $(n + 1)$-ésima potência de $f(x)$.

6. Uma *subtangente* é uma parte do eixo x que fica diretamente abaixo do segmento de uma reta tangente do ponto de contato ao eixo x. Encontre curvas que passem pelo ponto $(c, 1)$ e cujas subtangentes tenham todas comprimento c.

7. Uma torta de pera foi tirada do forno às 17h. Naquela hora, a torta estava pegando fogo, com uma temperatura de 100 °C. Às 17h10, sua temperatura era de 80 °C; às 17h20 era de 65 °C. Qual é a temperatura do ambiente?

8. Começa a cair neve durante a manhã do dia 2 de fevereiro e continua constantemente durante a tarde. Ao meio-dia, um veículo removedor de neve começa a retirá-la de uma estrada a uma taxa constante. O veículo percorreu 6 km do meio-dia até às 13 horas, mas apenas 3 km das 13 às 14 horas. Quando a neve começou a cair? [*Dicas*: Para começar, seja t o instante medido em horas depois do meio-dia; seja $x(t)$ a distância percorrida pelo veículo removedor de neve em um instante t; então a velocidade do veículo é dx/dt. Seja b o número de horas antes do meio-dia quando começou a nevar. Encontre uma expressão para a altura da neve no instante t. Então use as informações fornecidas de que a taxa de remoção R (em m^3/h) é constante.]

9. Um cachorro vê um coelho correndo em linha reta por um campo aberto e começa a caçá-lo. Em um sistema de coordenadas cartesianas (como mostrado na figura), suponha que:

(i) O coelho está na origem e o cachorro, no ponto $(L, 0)$, no instante em que o cachorro primeiro vê o coelho.

(ii) O coelho corre no eixo y e o cachorro corre sempre direto para o coelho.

(iii) O cachorro corre na mesma velocidade do coelho.

(a) Mostre que o caminho do cachorro é o gráfico da função $y = f(x)$, onde y satisfaz a equação diferencial

$$x\frac{d^2y}{dx^2} = \sqrt{1 + \left(\frac{dy}{dx}\right)^2}$$

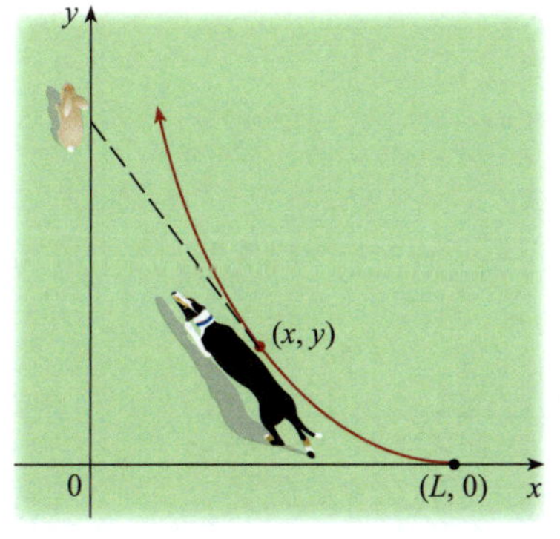

(b) Determine a solução da equação no item (a) que satisfaça as condições iniciais $y = y' = 0$ quando $x = L$. [*Dica*: Seja $z = dy/dx$ na equação diferencial e resolva a equação de primeira ordem resultante para encontrar z; então integre z para encontrar y.]

(c) O cachorro alcança o coelho?

10. (a) Suponha que o cachorro no Problema 9 corra duas vezes mais rápido que o coelho. Encontre uma equação diferencial para a trajetória do cachorro. Então resolva-a para encontrar o ponto onde o cachorro pega o coelho.

(b) Suponha que o cachorro corra com a metade da velocidade do coelho. Quão próximo o cachorro chega do coelho? Quais são suas posições quando eles estão o mais próximo possível?

11. Um engenheiro deve apresentar algumas estimativas à sua companhia sobre uma nova planta de alume, considerando a capacidade de um silo desenhado para armazenar minério de bauxita até este ser processado em alume. O minério parece pó de talco cor-de-rosa e é despejado de uma esteira transportadora no topo do silo. O silo é um cilindro de 30 m de altura com um raio de 60 m. O minério é despejado a uma taxa de 1.500π m^3/h e mantém um formato cônico cujo raio é 1,5 vez a sua altura.

(a) Se, em um instante t determinado, a pilha tiver 20 m de altura, quanto tempo levará para ela alcançar o topo do silo?

(b) Quanto espaço restará no chão do silo quando a pilha tiver 20 m de altura? Quão rápido está crescendo a área preenchida no chão quando a pilha estiver a essa altura?

(c) Suponha que um carregador comece a remover o minério a uma taxa de 500π m^3/h quando a altura da pilha alcança 27 m. Suponha também que a pilha continue a manter seu formato. Quanto tempo levará para a pilha atingir o topo do silo nessas condições?

12. Ache a curva que passa pelo ponto (3, 2) e que tem a propriedade de que, se a reta tangente for desenhada em qualquer ponto P na curva, a parte da reta tangente que está no primeiro quadrante será dividida ao meio por P.

13. Lembre-se de que a reta normal a uma curva em um ponto P na curva é a reta que passa por P e é perpendicular à reta tangente em P. Encontre a curva que passa pelo ponto (3, 2) e que tem a propriedade de que, se a linha normal for desenhada em qualquer ponto na curva, a intersecção y da linha normal sempre será 6.

14. Encontre todas as curvas com a propriedade de que, se a reta normal for desenhada em qualquer ponto P na curva, a parte da reta normal entre P e o eixo x será dividida em duas partes iguais pelo eixo y.

15. Encontre todas as curvas com a propriedade de que, se a linha for desenhada a partir da origem em qualquer ponto (x, y) na curva, e então uma tangente for desenhada para a curva naquele ponto e estender-se para encontrar o eixo x, o resultado é um triângulo isósceles com lados iguais que se encontram em (x, y).

A foto mostra o cometa Hale-Bopp ao passar pela Terra em 1997, com retorno previsto para 4380. Um dos cometas mais brilhantes do século passado, o Hale-Bopp pôde ser observado no céu noturno, a olho nu, por cerca de 18 meses. Ele recebeu o nome de seus descobridores, Alan Hale e Thomas Bopp, que o observaram por telescópio pela primeira vez em 1995 (Hale no Novo México e Bopp no Arizona). Na Seção 10.6, você verá como as coordenadas polares fornecem uma equação conveniente para a trajetória elíptica da órbita do cometa.

Jeff Schneiderman/Moment Open/Getty Images

10 Equações Paramétricas e Coordenadas Polares

ATÉ AGORA DESCREVEMOS as curvas planas dando y como uma função de x $[y = f(x)]$ ou x como uma função de $y[x = g(y)]$ ou fornecendo uma relação entre x e y que define y implicitamente como uma função de $x[f(x, y) = 0]$. Neste capítulo discutiremos dois novos métodos para descrever as curvas.

Algumas curvas, como a cicloide, são mais bem manipuladas quando x e y forem dados em termos de uma terceira variável t, chamada parâmetro $[x = f(t), y = g(t)]$. Outras curvas, como a cardioide, têm sua descrição mais conveniente se usarmos um novo sistema de coordenadas, denominado sistema de coordenadas polares.

10.1 Curvas Definidas por Equações Paramétricas

Imagine que uma partícula se mova ao longo de uma curva C, como mostrado na Figura 1. É impossível descrever C com uma equação do tipo $y = f(x)$ porque C não passa no Teste da Reta Vertical. Mas as coordenadas x e y da partícula são funções do tempo e, assim, podemos escrever $x = f(t)$ e $y = g(t)$. Esse par de equações é, muitas vezes, uma maneira conveniente de descrever uma curva e faz surgir a definição a seguir.

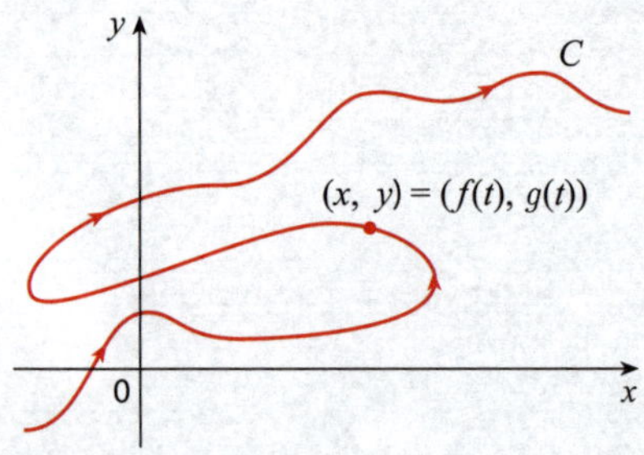

FIGURA 1

Equações Paramétricas

Suponha que x e y sejam ambas dadas como funções de uma terceira variável t (denominada **parâmetro**) pelas equações

$$x = f(t) \qquad y = g(t)$$

(chamadas **equações paramétricas**). Cada valor de t determina um ponto (x, y), que podemos marcar em um plano coordenado. Quando t varia, o ponto $(x, y) = (f(t), g(t))$ varia e traça a curva C, que chamamos **curva parametrizada**. O parâmetro t não representa o tempo necessariamente e, de fato, poderíamos usar outra letra em vez de t para o parâmetro. Porém, em muitas aplicações das curvas parametrizadas, t denota tempo e, portanto, podemos interpretar $(x, y) = (f(t), g(t))$ como a posição de uma partícula no instante t.

EXEMPLO 1 Esboce e identifique a curva definida pelas equações paramétricas

$$x = t^2 - 2t \qquad y = t + 1$$

SOLUÇÃO Cada valor de t fornece um ponto na curva, como mostrado na tabela. Como exemplo, se $t = 1$, então $x = -1$ e $y = 2$, de modo que o ponto correspondente é $(-1, 2)$. Na Figura 2 marcamos os pontos (x, y) determinados por diversos valores do parâmetro e os unimos para produzir uma curva.

t	x	y
−2	8	−1
−1	3	0
0	0	1
1	−1	2
2	0	3
3	3	4
4	8	5

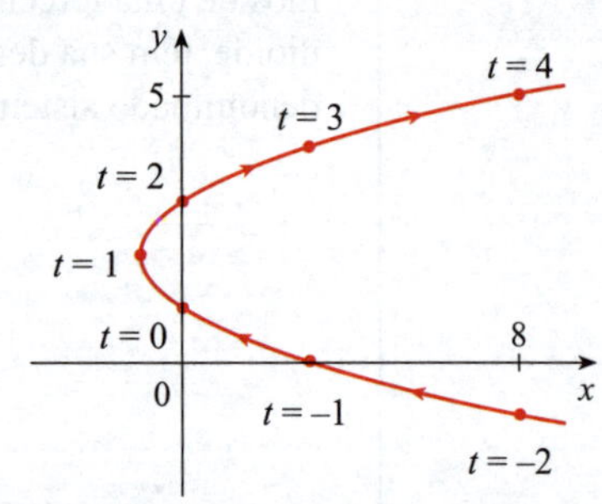

FIGURA 2

Uma partícula cuja posição é dada por equações paramétricas se move ao longo da curva na direção das setas quando t aumenta. Observe que os pontos consecutivos marcados na curva aparecem em intervalos de tempo iguais, mas não a distâncias iguais. Isso ocorre porque a partícula desacelera e então acelera à medida que t aumenta.

Parece, a partir da Figura 2, que a curva traçada pela partícula poderia ser uma parábola. Isso pode ser confirmado pela eliminação do parâmetro t, como a seguir. Obtemos $t = y - 1$ a partir da segunda equação e substituímos na primeira equação. Isso fornece

$$x = t^2 - 2t = (y - 1)^2 - 2(y - 1) = y^2 - 4y + 3$$

Uma vez que a equação $x = y^2 - 4y + 3$ é satisfeita por todos os pares de valores de x e y gerados pelas equações paramétricas, todo ponto (x, y) da curva parametrizada deve pertencer à parábola $x = y^2 - 4y + 3$ e, portanto, a curva parametrizada coincide ao menos com uma parte dessa parábola. E como é possível escolher t de modo que y assuma qualquer valor real, deduzimos que a curva parametrizada compreende toda a parábola. ■

No Exemplo 1, encontramos uma equação cartesiana em x e y cujo gráfico coincide com a curva representada pelas equações paramétricas. Esse processo é denominado **eliminação do parâmetro**. Ele pode ser útil na identificação do formato da curva parametrizada, mas perdemos informação ao empregá-lo. A equação em x e y descreve a curva ao longo da qual a partícula se desloca, enquanto as equações paramétricas têm outras vantagens – elas nos dizem *onde* a partícula está em dado *instante* e indicam a *direção* do movimento. Imaginando o gráfico de uma equação em x e y como uma estrada, as equações paramétricas permitem rastrear o movimento de um carro que viaja ao longo da estrada.

Nem sempre é possível eliminar o parâmetro de equações paramétricas. Há inúmeras curvas parametrizadas que não têm uma representação equivalente como uma equação em x e y.

Nenhuma restrição foi colocada no parâmetro t no Exemplo 1, de modo que assumimos que t poderia ser qualquer número real. No entanto, algumas vezes restringimos t a um intervalo finito. Por exemplo, a curva parametrizada

$$x = t^2 - 2t \qquad y = t + 1 \qquad 0 \leq t \leq 4$$

mostrada na Figura 3 é a parte da parábola do Exemplo 1 que começa no ponto (0, 1) e termina no ponto (8, 5). A seta indica a direção na qual a curva é traçada quando aumenta de 0 até 4.

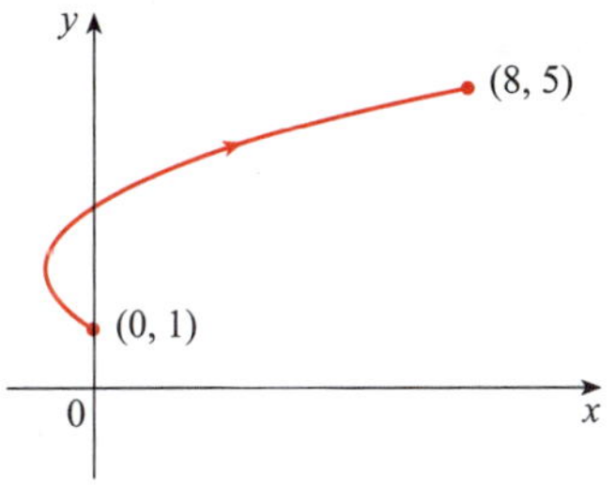

FIGURA 3

De forma geral, a curva com equações paramétricas

$$x = f(t) \qquad y = g(t) \qquad a \leq t \leq b$$

tem **ponto inicial** $(f(a), g(a))$ e **ponto final** $(f(b), g(b))$.

EXEMPLO 2 Que curva é representada pelas seguintes equações paramétricas?

$$x = \cos t \qquad y = \operatorname{sen} t \qquad 0 \leq t \leq 2\pi$$

SOLUÇÃO Se marcarmos os pontos, parece que a curva é um círculo. Podemos confirmar essa impressão pela eliminação de t. Observe que

$$x^2 + y^2 = \cos^2 t + \operatorname{sen}^2 t = 1$$

Uma vez que $x^2 + y^2 = 1$ é satisfeita por todos os pares de valores de x e y gerados pelas equações paramétricas, o ponto (x, y) se move ao longo da circunferência unitária $x^2 + y^2 = 1$. Observe que, neste exemplo, o parâmetro t pode ser interpretado como o ângulo (em radianos) mostrado na Figura 4. Quando t aumenta de 0 até 2π, o ponto $(x, y) = (\cos t, \operatorname{sen} t)$ se move uma vez em torno do círculo, no sentido anti-horário, partindo do ponto (1, 0). ■

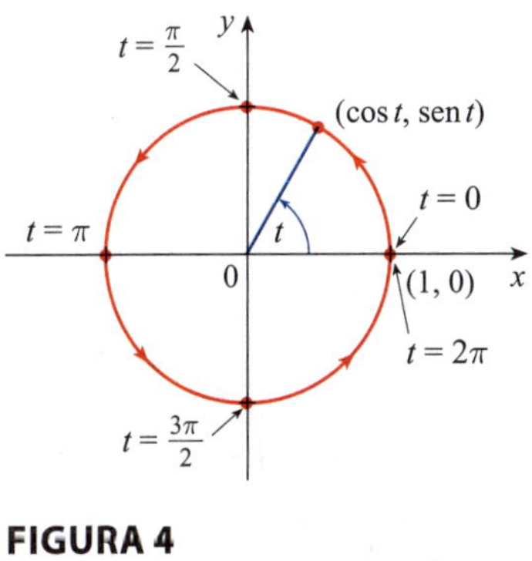

FIGURA 4

EXEMPLO 3 Que curva é representada pelas seguintes equações paramétricas?

$$x = \operatorname{sen} 2t \qquad y = \cos 2t \qquad 0 \leq t \leq 2\pi$$

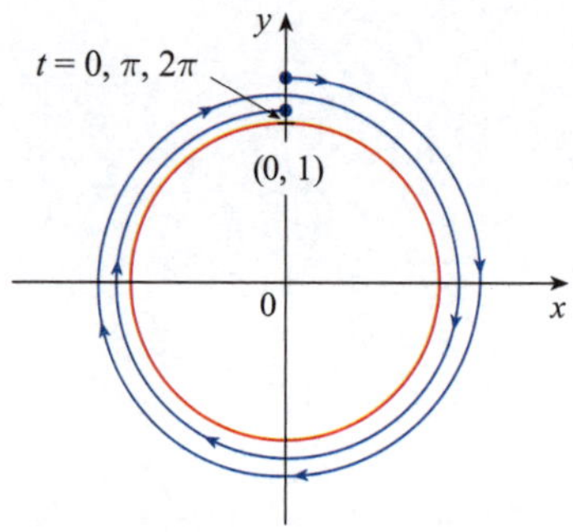

FIGURA 5

SOLUÇÃO Temos

$$x^2 + y^2 = \text{sen}^2 (2t) + \cos^2 (2t) = 1$$

de modo que as equações paramétricas representam o círculo unitário $x^2 + y^2 = 1$. Mas quando t aumenta de 0 até 2π, o ponto $(x, y) = (\text{sen } 2t, \cos 2t)$ começa em $(0, 1)$ e se move *duas vezes* em torno do círculo no sentido horário, como indicado na Figura 5. ■

EXEMPLO 4 Encontre equações paramétricas para o círculo unitário com centro (h, k) e raio r.

SOLUÇÃO Se tomarmos as equações do círculo unitário no Exemplo 2 e multiplicarmos as expressões para x e y por r, obtemos $x = r \cos t$, $y = r \text{ sen } t$. Você pode verificar que essas equações representam um círculo de raio r e centro na origem, percorrido no sentido anti-horário. Agora, trocamos h unidades na direção x e k unidades na direção y e obtemos equações paramétricas do círculo (Figura 6) com centro (h, k) e raio r:

$$x = h + r \cos t \qquad y = k + r \text{ sen } t \qquad 0 \leq t \leq 2\pi$$ ■

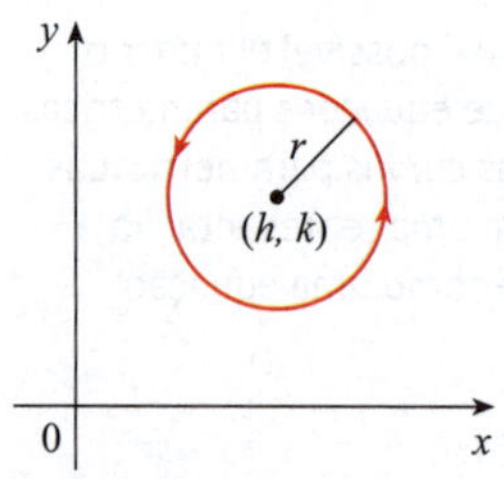

FIGURA 6
$x = h + r \cos t$, $y = k + r \text{ sen } t$

OBSERVAÇÃO Os exemplos 2 e 3 mostram que equações paramétricas diferentes podem representar a mesma curva. Assim, distinguimos uma *curva*, que é um conjunto de pontos, de uma *curva parametrizada*, na qual os pontos são traçados de um modo particular.

No próximo exemplo, usamos equações paramétricas para descrever os movimentos de quatro partículas diferentes que percorrem a mesma curva, mas de maneiras diferentes.

EXEMPLO 5 Cada um dos conjuntos de equações paramétricas apresentados a seguir fornece a posição, no instante t, de uma partícula em movimento.

(a) $x = t^3, \quad y = t$ (b) $x = -t^3, \quad y = -t$

(c) $x = t^{3/2}, \quad y = \sqrt{t}$ (d) $x = e^{-3t}, \quad y = e^{-t}$

Em todos os casos, a eliminação do parâmetro fornece $x = y^3$, de modo que todas as partículas se movem ao longo da curva cúbica $x = y^3$; entretanto, as partículas se movem de maneiras diferentes, como ilustrado na Figura 7.

(a) A partícula move-se da esquerda para a direita à medida que t aumenta.

(b) A partícula move-se da direita para a esquerda à medida que t aumenta.

(c) As equações só estão definidas para $t \geq 0$. A partícula parte da origem (onde $t = 0$) e move-se para a direita à medida que t aumenta.

(d) Nesse caso, $x > 0$ e $y > 0$ para todo t. A partícula move-se da direita para a esquerda e se aproxima do ponto (1,1) à medida que t se aproxima de 0 (pelo lado negativo). Após esse ponto, com o crescimento de t, a partícula se aproxima, mas não atinge a origem.

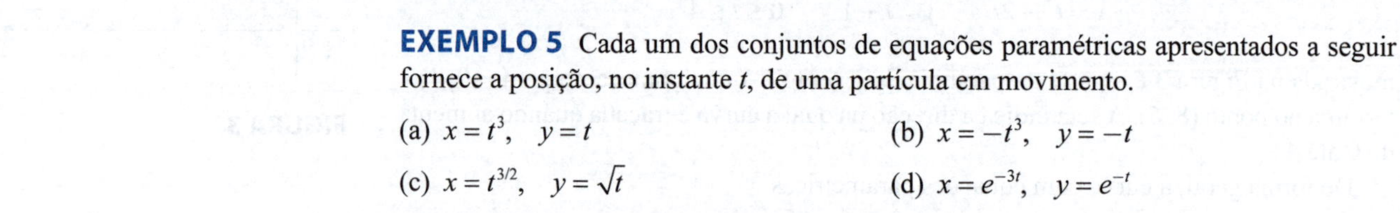

(a) $x = t^3, y = t$ (b) $x = -t^3, y = -t$ (c) $x = t^{3/2}, y = \sqrt{t}$ (d) $x = e^{-3t}, y = e^{-t}$

FIGURA 7

■

EXEMPLO 6 Esboce a curva com equações paramétricas $x = \text{sen } t$, $y = \text{sen}^2 t$.

SOLUÇÃO Observe que $y = (\text{sen } t)^2 = x^2$ e, dessa forma, o ponto (x, y) se move na parábola $y = x^2$. Mas observe também que, como $-1 \leq \text{sen } t \leq 1$, temos $-1 \leq x \leq 1$, assim as equações paramétricas representam apenas a parte da parábola onde $-1 \leq x \leq 1$. Como sen t é periódica, o ponto $(x, y) = (\text{sen } t, \text{sen}^2 t)$ se move para a frente e para trás infinitamente ao longo da parábola de $(-1, 1)$ até $(1, 1)$. (Veja a Figura 8.) ■

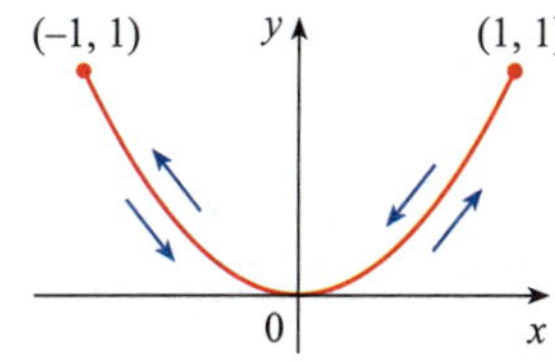

FIGURA 8

EXEMPLO 7 A curva representada pelas equações paramétricas $x = \cos t$, $y = \text{sen } 2t$ é mostrada na Figura 9. Ela é um exemplo de *figura de Lissajous* (veja o Exercício 63). É possível descrevê-la eliminando o parâmetro, mas a equação resultante ($y^2 = 4x^2 - 4x^4$) não é muito útil. Outra forma de visualizar a curva consiste em, primeiramente, traçar separadamente os gráficos de x e y como funções de t, como mostrado na Figura 10.

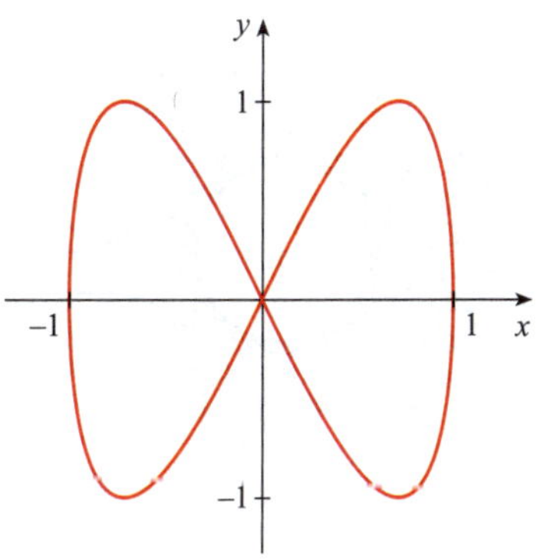

$x = \cos t$, $y = \text{sen } 2t$

FIGURA 9

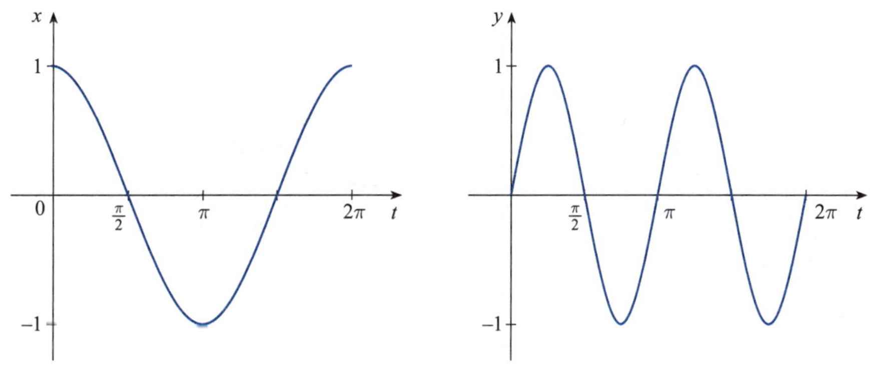

$x = \cos t$ $\qquad$ $y = \text{sen } 2t$

FIGURA 10

Observamos que, à medida que t aumenta de 0 a $\pi/2$, x diminui de 1 a 0, enquanto y começa em 0, aumenta até 1 e então retorna a 0. Tomadas em conjunto, essas descrições produzem o trecho da curva parametrizada que vemos no primeiro quadrante. Prosseguindo de forma análoga, obtemos a curva completa. (Para praticar essa técnica, veja os Exercícios 31-33.) ■

■ Traçando Curvas Parametrizadas com Ferramentas Tecnológicas

A maioria das calculadoras gráficas e dos programas gráficos computacionais pode ser usada para traçar curvas definidas por equações paramétricas. De fato, é instrutivo olhar uma curva parametrizada sendo desenhada por uma calculadora gráfica, porque os pontos são marcados em ordem, à medida que os valores correspondentes do parâmetro aumentam.

O próximo exemplo mostra que as equações paramétricas podem ser usadas para produzir o gráfico de uma equação cartesiana onde x é expresso como uma função de y. (Algumas calculadoras, por exemplo, exigem que y seja expresso como uma função de x.)

EXEMPLO 8 Use uma ferramenta gráfica para traçar a curva $x = y^4 - 3y^2$.

SOLUÇÃO Se fizermos o parâmetro ser $t = y$, então teremos as equações

$$x = t^4 - 3t^2 \qquad y = t$$

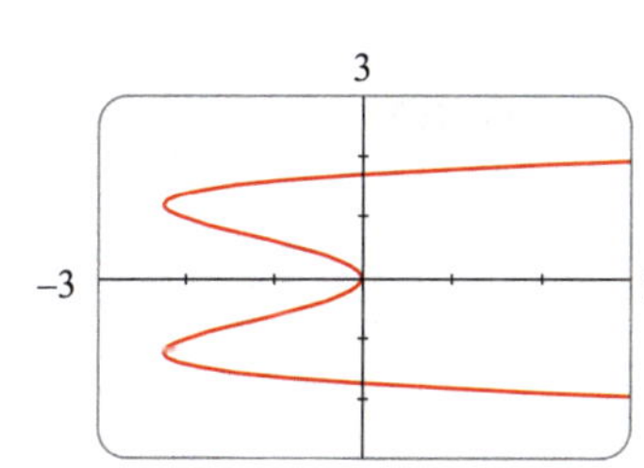

FIGURA 11

Usando essas equações paramétricas para traçar a curva, obtemos a Figura 11. Seria possível resolver a equação dada ($x = y^4 - 3y^2$) para y como quatro funções de x e traçá-las individualmente, mas as equações paramétricas oferecem um método muito mais fácil. ■

Em geral, se precisarmos traçar uma equação do tipo $x = g(y)$, poderemos usar as equações paramétricas

$$x = g(t) \qquad y = t$$

Observe também que curvas com equações $y = f(x)$ (aquelas com as quais estamos mais familiarizados – os gráficos de funções) também podem ser consideradas curvas com equações paramétricas

$$x = t \qquad y = f(t)$$

Ferramentas gráficas são particularmente úteis quando esboçamos curvas complicadas. Por exemplo, seria virtualmente impossível produzir manualmente as curvas mostradas nas Figuras 12, 13 e 14.

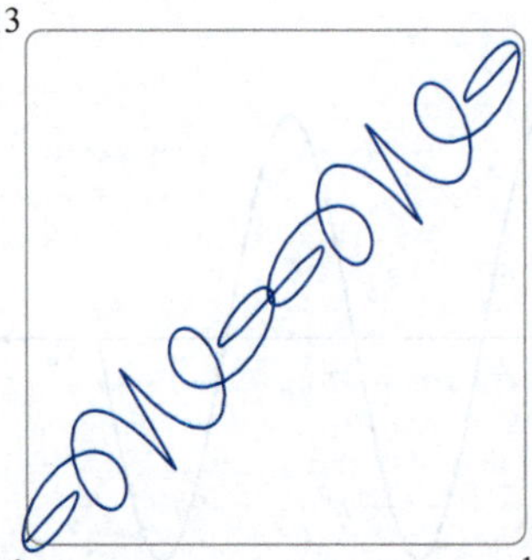

FIGURA 12
$x = t + \text{sen } 5t$
$y = t + \text{sen } 6t$

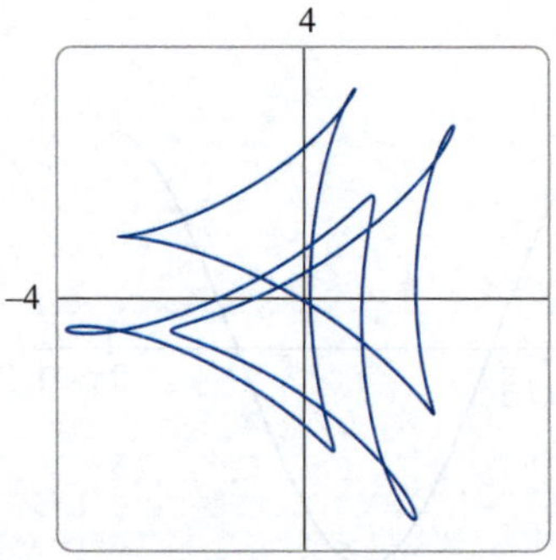

FIGURA 13
$x = \cos t + \cos 6t + 2 \text{ sen } 3t$
$y = \text{sen } t + \text{sen } 6t + 2 \cos 3t$

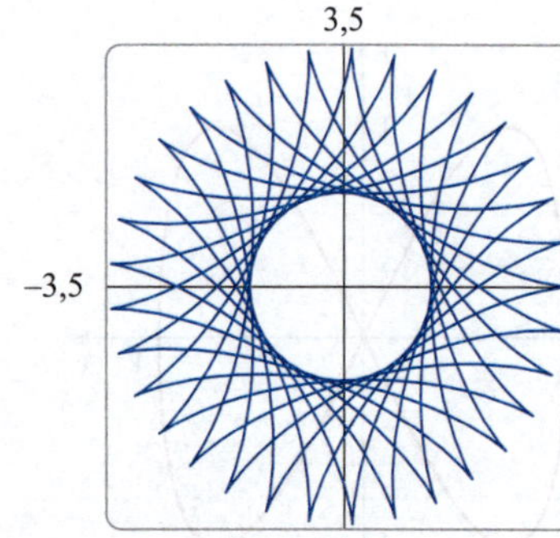

FIGURA 14
$x = 2{,}3 \cos 10t + \cos 23t$
$y = 2{,}3 \text{ sen } 10t - \text{sen } 23t$

Um dos usos mais importantes das curvas parametrizadas é no Computer-Aided Design (CAD). No Projeto de Descoberta depois da Seção 10.2, investigaremos curvas parametrizadas especiais, chamadas **curvas de Bézier**, que são usadas amplamente em fabricação, especialmente na indústria automobilística. Essas curvas também são empregadas na especificação de formatos de letras e outros símbolos em impressoras a laser e em documentos vistos eletronicamente.

A Cicloide

EXEMPLO 9 A curva traçada pelo ponto P na borda de um círculo quando ele rola ao longo de uma reta é chamada **cicloide** (veja a Figura 15). Se o círculo tiver raio r e rolar ao longo do eixo x e se uma posição de P for a origem, encontre as equações paramétricas para a cicloide.

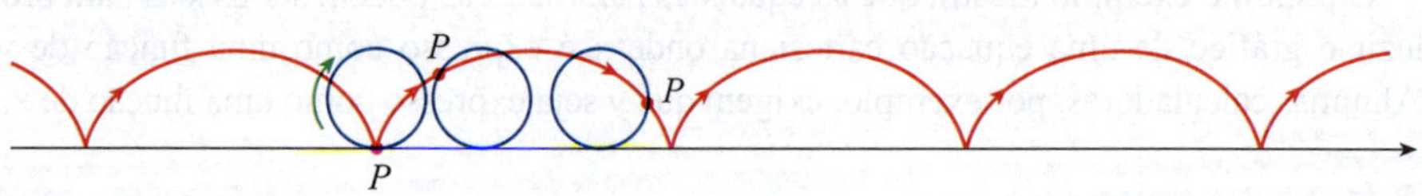

FIGURA 15

SOLUÇÃO Escolhemos como parâmetro o ângulo de rotação θ do círculo ($\theta = 0$ quando P está na origem). Suponha que o círculo tenha girado θ radianos. Como o círculo está em contato com a reta, vemos na Figura 16 que a distância que ele girou a partir da origem é

$$|OT| = \text{arc } PT = r\theta$$

Dessa forma, o centro do círculo será $C(r\theta, r)$. Sejam (x, y) as coordenadas de P. Da Figura 16, vemos que

$$x = |OT| - |PQ| = r\theta - r \operatorname{sen} \theta = r(\theta - \operatorname{sen} \theta)$$

$$y = |TC| - |QC| = r - r \cos \theta = r(1 - \cos \theta)$$

Portanto, as equações paramétricas da cicloide são

1 $$x = r(\theta - \operatorname{sen} \theta) \qquad y = r(1 - \cos \theta) \qquad \theta \in \mathbb{R}$$

Um arco da cicloide surge de uma rotação do círculo e, assim, é descrito por $0 \leq \theta \leq 2\pi$. Embora as Equações 1 tenham sido deduzidas a partir da Figura 16, que ilustra o caso em que $0 < \theta < \pi/2$, podemos ver que essas equações ainda são válidas para outros valores de θ (veja o Exercício 48).

Embora seja possível eliminar o parâmetro θ das Equações 1, a equação cartesiana resultante em x e y é muito complicada [$x = r \cos^{-1}(1 - y/r) - \sqrt{2ry - y^2}$ fornece apenas a metade de um arco] e não tão conveniente para trabalhar quanto as equações paramétricas. ■

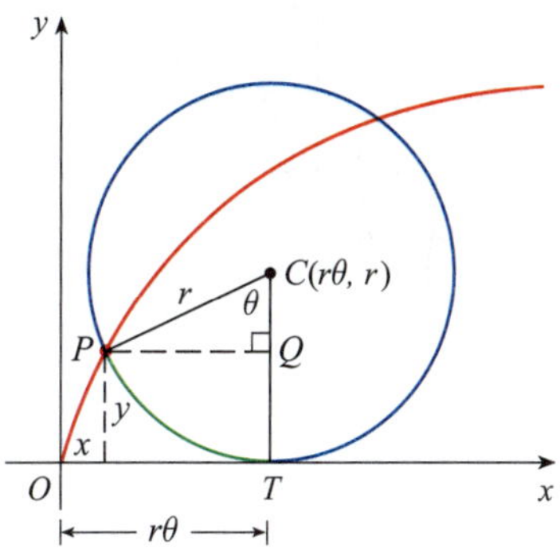

FIGURA 16

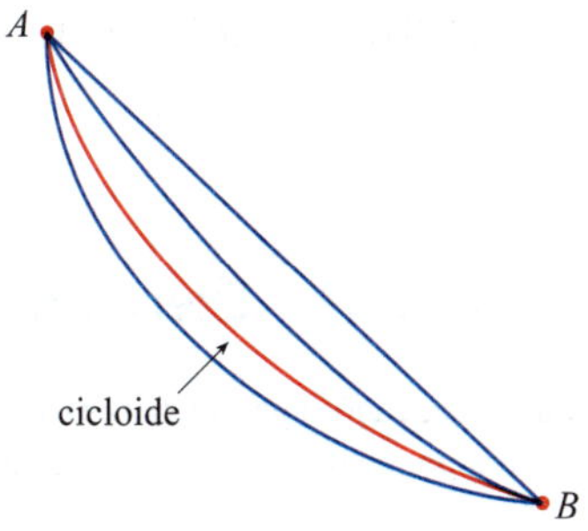

FIGURA 17

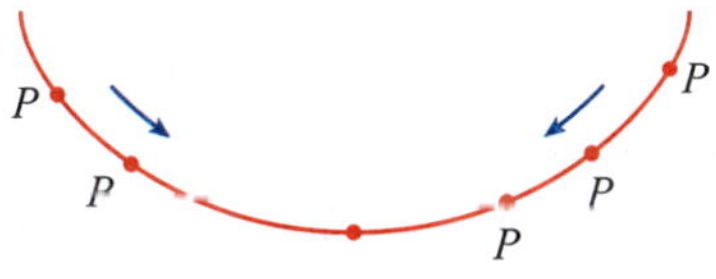

FIGURA 18

Uma das primeiras pessoas a estudar a cicloide foi Galileu, que propôs que pontes poderiam ser construídas no formato de cicloides e que tentou encontrar a área sob um arco de uma cicloide. Mais tarde essa curva apareceu na conexão com o **problema da braquistócrona**: Encontre a curva ao longo da qual uma partícula irá deslizar no menor tempo (sob influência da gravidade) do ponto A para um ponto mais baixo B não diretamente abaixo de A. O matemático suíço John Bernoulli, que apresentou esse problema em 1696, mostrou que entre todas as curvas possíveis que ligam A e B, como na Figura 17, a partícula levará o menor tempo deslizando de A até B se a curva for um arco invertido de uma cicloide.

O físico holandês Huygens já havia mostrado, em 1673, que a cicloide também é a solução do **problema tautocrônico**; isto é, onde quer que a partícula P seja colocada em uma cicloide invertida, ela leva o mesmo tempo para deslizar até o fundo (veja a Figura 18). Huygens propôs que o pêndulo de relógio (que ele inventou) deveria oscilar em um arco cicloidal, porque então ele levaria o mesmo tempo para fazer uma oscilação completa por um arco maior ou menor.

Famílias de Curvas Parametrizadas

EXEMPLO 10 Investigue a família de curvas com equações paramétricas

$$x = a + \cos t \qquad y = a \operatorname{tg} t + \operatorname{sen} t$$

O que essas curvas têm em comum? Como muda o formato quando a aumenta?

SOLUÇÃO Usamos um aparelho gráfico para produzir gráficos para os casos $a = -2, -1, -0{,}5, -0{,}2, 0, 0{,}5, 1$ e 2 mostrados na Figura 19. Observe que todas essas curvas (exceto no caso $a = 0$) têm dois ramos e ambos se aproximam da assíntota vertical $x = a$ quando x se aproxima de a partir da esquerda ou da direita.

Quando $a < -1$, ambos os ramos são lisos; mas quando a se aproxima de -1, o ramo direito adquire um formato pontudo, chamado *cúspide*. Para a entre -1 e 0 a cúspide se torna um laço, que se torna maior quando a se aproxima de 0. Quando $a = 0$, ambos os ramos se juntam e formam um círculo (veja o Exemplo 2). Para a entre 0 e 1, o ramo esquerdo tem um laço, que se encolhe para se tornar uma cúspide quando $a = 1$. Para $a > 1$, os ramos se tornam lisos novamente e, quando a aumenta mais ainda, eles se tornam menos curvados. Observe que as curvas com a positivo são reflexões em torno do eixo y das curvas correspondentes com a negativo.

Essas curvas são denominadas **conchoides de Nicomedes**, em homenagem ao antigo estudioso grego Nicomedes. Ele as chamou de conchoides porque o formato de seus ramos lembra uma concha. ■

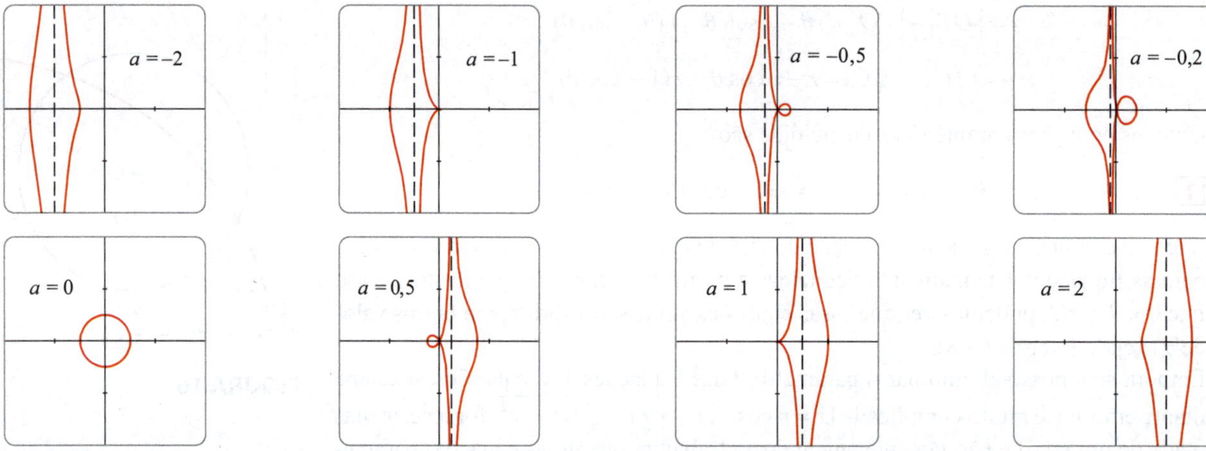

FIGURA 19 Membros da família $x = a + \cos t$, $y = a \operatorname{tg} t + \operatorname{sen} t$, todos traçados na janela retangular $[-4, 4]$ por $[-4, 4]$

10.1 Exercícios

1-2 Para as equações paramétricas fornecidas, determine os pontos (x, y) correspondentes aos valores do parâmetro $t = -2, -1, 0, 1$ e 2.

1. $x = t^2 + t, \quad y = 3^{t+1}$

2. $x = \ln(t^2 + 1), \quad y = t/(t + 4)$

3-6 Esboce a curva usando as equações paramétricas para marcar os pontos. Indique com uma seta a direção na qual a curva é traçada quando t aumenta.

3. $x = 1 - t^2, \quad y = 2t - t^2, \quad -1 \le t \le 2$

4. $x = t^3 + t, \quad y = t^2 + 2, \quad -2 \le t \le 2$

5. $x = 2^t - t, \quad y = 2^{-t} + t, \quad -3 \le t \le 3$

6. $x = \cos^2 t, \quad y = 1 + \cos t, \quad 0 \le t \le \pi$

7-12

(a) Esboce a curva usando as equações paramétricas para marcar os pontos. Indique com uma seta a direção na qual a curva é traçada quando t aumenta.

(b) Elimine o parâmetro para encontrar uma equação cartesiana da curva.

7. $x = 2t - 1, \quad y = \frac{1}{2}t + 1$

8. $x = 3t + 2, \quad y = 2t + 3$

9. $x = t^2 - 3, \quad y = t + 2, \quad -3 \le t \le 3$

10. $x = \operatorname{sen} t, \quad y = 1 - \cos t, \quad 0 \le t \le 2\pi$

11. $x = \sqrt{t}, \quad y = 1 - t$

12. $x = t^2, \quad y = t^3$

13-22

(a) Elimine o parâmetro para encontrar uma equação cartesiana da curva.

(b) Esboce a curva e indique com uma seta a direção na qual a curva é traçada quando o parâmetro aumenta.

13. $x = 3\cos t, \quad y = 3\operatorname{sen} t, \quad 0 \le t \le \pi$

14. $x = \operatorname{sen} 4\theta, \quad y = \cos 4\theta, \quad 0 \le \theta \le \pi/2$

15. $x = \cos\theta, \quad y = \sec^2\theta, \quad 0 \le \theta < \pi/2$

16. $x = \operatorname{cossec} t, \quad y = \operatorname{cotg} t, \quad 0 < t < \pi$

17. $x = e^{-t}, \quad y = e^t$

18. $x = t + 2, \quad y = 1/t, \quad t > 0$

19. $x = \ln t, \quad y = \sqrt{t}, \quad t \ge 1$

20. $x = |t|, \quad y = |1 - |t||$

21. $x = \operatorname{sen}^2 t, \quad y = \cos^2 t$

22. $x = \operatorname{senh} t, \quad y = \operatorname{cossech} t$

23-24 A posição de um objeto em movimento circular é modelada pelas equações paramétricas fornecidas, nas quais t é medido em segundos. Quanto tempo é necessário para completar uma volta? O movimento ocorre no sentido horário ou anti-horário?

23. $x = 5\cos t, \quad y = -5\operatorname{sen} t$

24. $x = 3\operatorname{sen}\left(\frac{\pi}{4}t\right), \quad y = 3\cos\left(\frac{\pi}{4}t\right)$

25-28 Descreva o movimento de uma partícula com posição (x, y) quando t varia no intervalo dado.

25. $x = 5 + 2\cos\pi t, \quad y = 3 + 2\operatorname{sen}\pi t, \quad 1 \le t \le 2$

26. $x = 2 + \operatorname{sen} t, \quad y = 1 + 3\cos t, \quad \pi/2 \le t \le 2\pi$

27. $x = 5\operatorname{sen} t, \quad y = 2\cos t, \quad -\pi \le t \le 5\pi$

28. $x = \operatorname{sen} t, \quad y = \cos^2 t, \quad -2\pi \le t \le 2\pi$

29. Suponha que uma curva seja dada pela equação paramétrica $x = f(t)$, $y = g(t)$ onde a imagem de f é $[1, 4]$ e a imagem de g é $[2, 3]$. O que você pode dizer sobre a curva?

30. Associe os gráficos das equações paramétricas $x = f(t)$ e $y = g(t)$ em (a)-(d) com as curvas paramétricas $x = f(t)$, $y = g(t)$ rotuladas de I-IV. Justifique suas escolhas.

(a) I

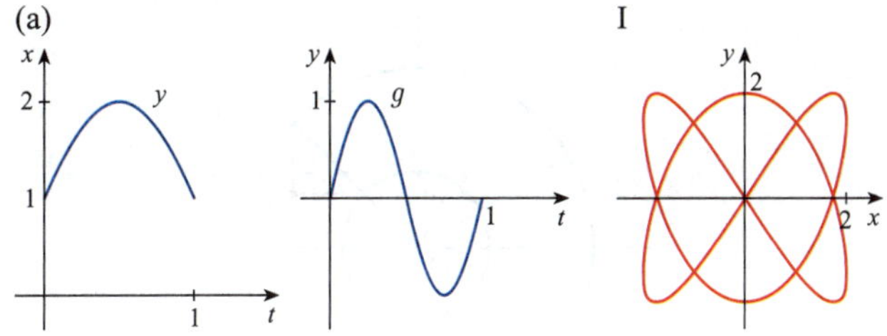

(b) II

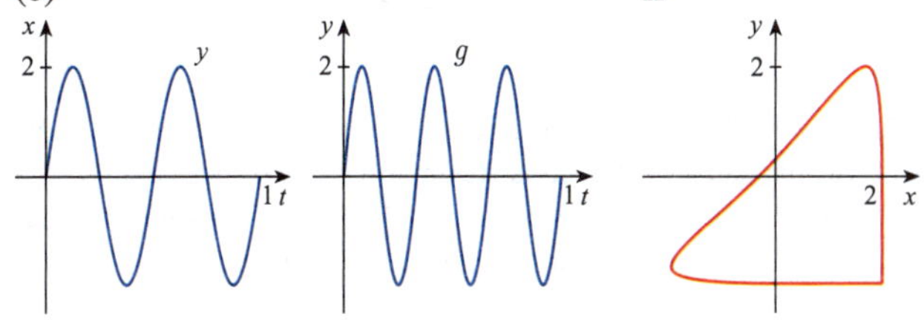

(c) III

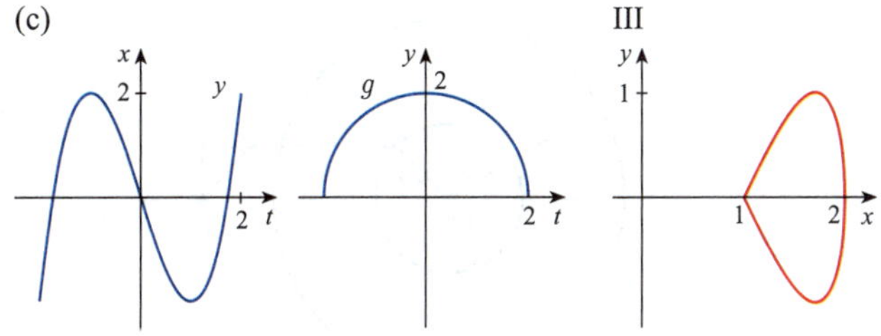

(d) IV

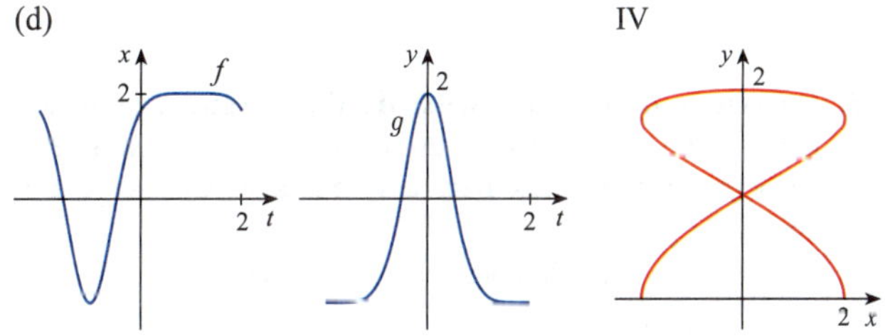

31-33 Use os gráficos de $x = f(t)$ e $y = g(t)$ para esboçar a curva parametrizada $x = f(t)$ e $y = g(t)$. Indique com setas a direção na qual a curva é traçada quanto t aumenta.

31.

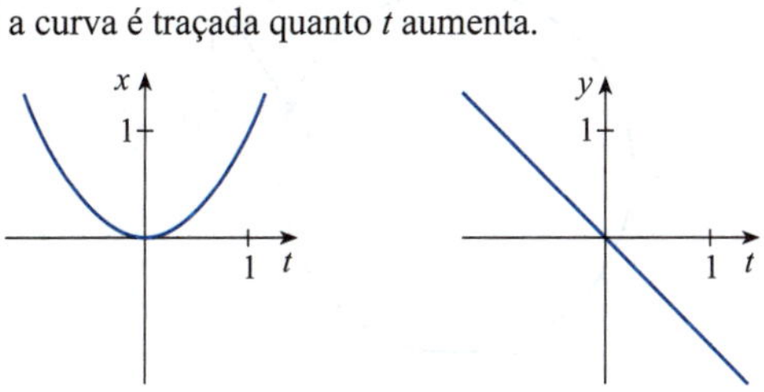

32.

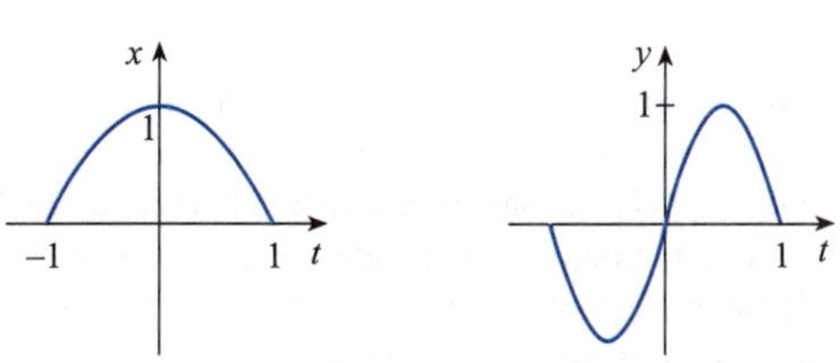

33.

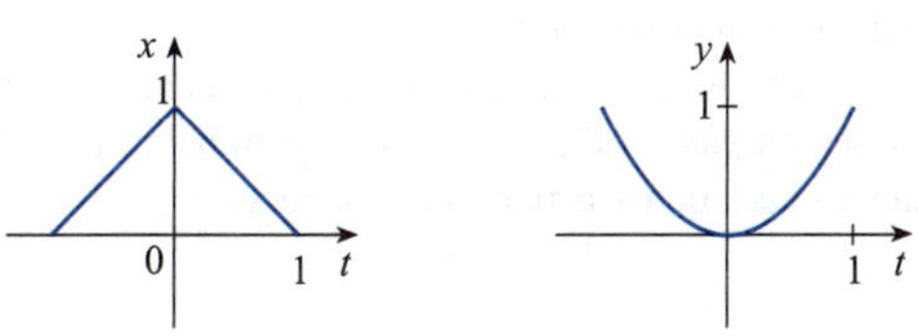

34. Associe as equações paramétricas aos gráficos de I-VI. Justifique suas escolhas.

(a) $x = t^4 - t + 1, \quad y = t^2$

(b) $x = t^2 - 2t, \quad y = \sqrt{t}$

(c) $x = t^3 - 2t, \quad y = t^2 - t$

(d) $x = \cos 5t, \quad y = \text{sen } 2t$

(e) $x = t + \text{sen } 4t, \quad y = t^2 + \cos 3t$

(f) $x = t + \text{sen } 2t, \quad y = t + \text{sen } 3t$

I II III

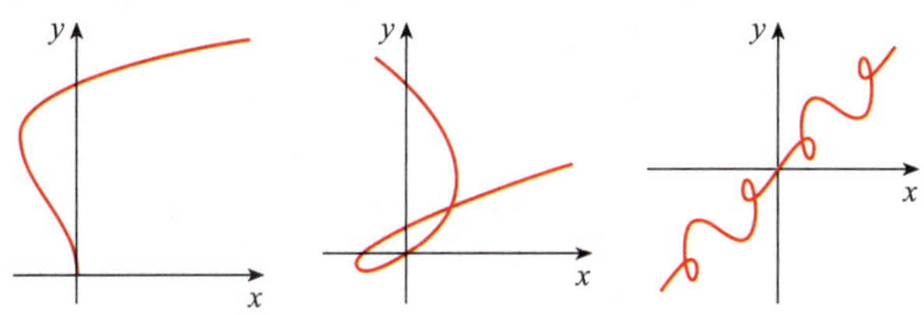

IV V VI

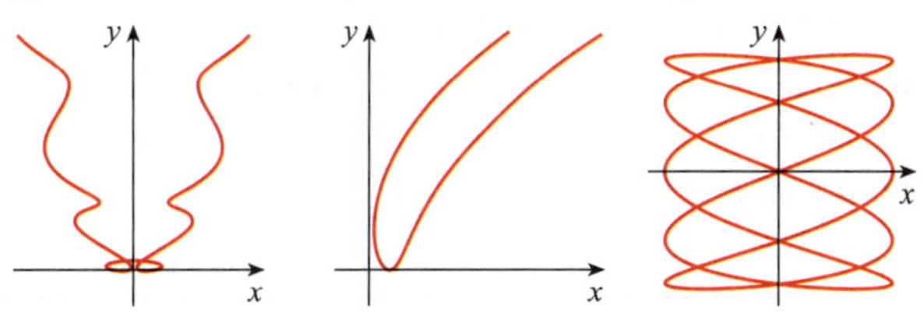

35. Trace a curva $x = y - 2 \text{ sen } \pi y$.

36. Trace as curvas $y = x^3 - 4x$ e $x = y^3 - 4y$ e encontre seus pontos de intersecção, com precisão de uma casa decimal.

37. (a) Mostre que as equações paramétricas

$$x = x_1 + (x_2 - x_1)t \qquad y = y_1 + (y_2 - y_1)t$$

onde $0 \le t \le 1$ descrevem o segmento de reta que une os pontos $P_1(x_1, y_1)$ e $P_2(x_2, y_2)$.

(b) Encontre as equações paramétricas para representar o segmento de reta de $(-2, 7)$ para $(3, -1)$.

38. Usando uma ferramenta gráfica e o resultado do Exercício 37(a), desenhe o triângulo com vértices $A(1, 1)$, $B(4, 2)$ e $C(1, 5)$.

39-40 Determine as equações paramétricas da posição de uma partícula que se move ao longo da circunferência, como descrito.

39. A partícula desloca-se no sentido horário ao redor de um círculo com centro na origem e raio igual a 5, completando uma volta em 4π segundos.

40. A partícula desloca-se no sentido anti-horário ao redor de um círculo com centro em $(1, 3)$ e raio igual a 1, completando uma volta em 3 segundos.

---

41. Encontre equações paramétricas para a trajetória de uma partícula que se move ao longo do círculo $x^2 + (y - 1)^2 = 4$ da seguinte maneira:

(a) Uma vez no sentido horário, a partir de $(2, 1)$.

(b) Três vezes no sentido anti-horário, a partir de $(2, 1)$.

(c) Meia-volta no sentido anti-horário, a partir de $(0, 3)$.

42. (a) Encontre as equações paramétricas para a elipse $x^2/a^2 + y^2/b^2 = 1$. [*Dica*: Modifique as equações do círculo no Exemplo 2.]

(b) Use as equações paramétricas para traçar a elipse quando $a = 3$ e $b = 1, 2, 4$ e 8.

(c) Como muda o formato da elipse quando b varia?

43-44 Use uma calculadora gráfica ou um computador para reproduzir a figura.

43.

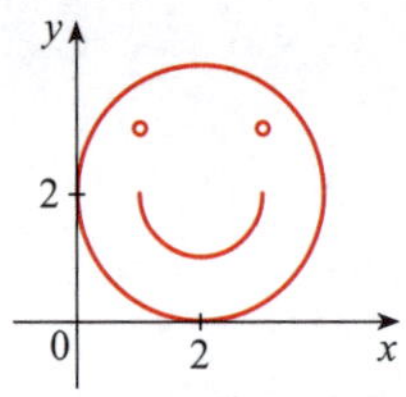

44.

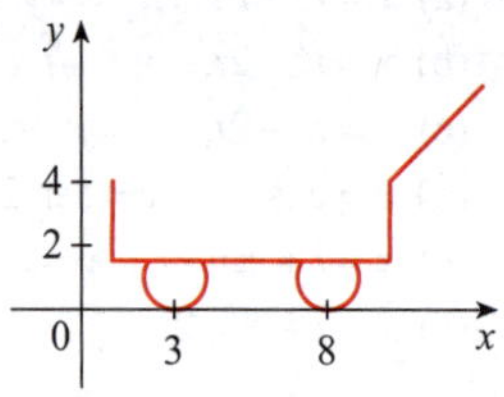

45. (a) Mostre que os pontos de todas as quatro curvas parametrizadas fornecidas satisfazem a mesma equação cartesiana.

(i) $x = t^2, \quad y = t$ (ii) $x = t, \quad y = \sqrt{t}$

(iii) $x = \cos^2 t, \quad y = \cos t$ (iv) $x = 3^{2t}, \quad y = 3^t$

(b) Esboce o gráfico de cada curva da parte (a) e explique as diferenças entre as curvas.

46-47 Compare as curvas representadas pelas equações paramétricas fornecidas. Em que elas diferem?

46. (a) $x = t, \quad y = t^{-2}$ (b) $x = \cos t, \quad y = \sec^2 t$

(c) $x = e^t, \quad y = e^{-2t}$

47. (a) $x = t^3, \quad y = t^2$ (b) $x = t^6, \quad y = t^4$

(c) $x = e^{-3t}, \quad y = e^{-2t}$

48. Deduza as Equações 1 para o caso $\pi/2 < \theta < \pi$.

49. Seja P um ponto a uma distância d do centro de um círculo de raio r. A curva traçada em P como um círculo desliza ao longo de uma linha reta chamada **trocoide**. (Pense no movimento de um ponto sobre um raio de uma roda de bicicleta.) A cicloide é o caso especial de uma trocoide com $d = r$. Usando o mesmo parâmetro θ que para a cicloide e supondo que a reta seja o eixo x e $\theta = 0$ quando P está em um de seus pontos mais baixos, mostre que as equações paramétricas para a trocoide são

$$x = r\theta - d \operatorname{sen} \theta \qquad y = r - d \cos \theta$$

Esboce a trocoide para os casos $d < r$ e $d > r$.

50. Na figura, a circunferência de raio a é estacionária e, para todo θ, o ponto P é o ponto médio do segmento QR. A curva traçada por P, para $0 < \theta < \pi$, é denominada **curva do arco longo**. Determine equações paramétricas para essa curva.

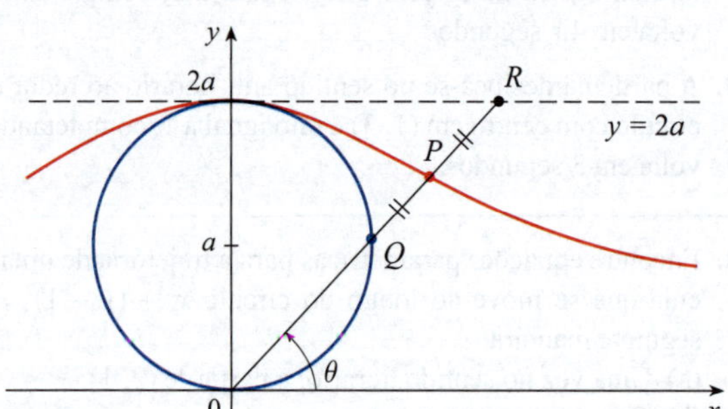

51. Se a e b forem números fixos, encontre as equações paramétricas para a curva que consiste em todas as posições possíveis do ponto P na figura, usando o ângulo θ como parâmetro. Então elimine o parâmetro e identifique a curva.

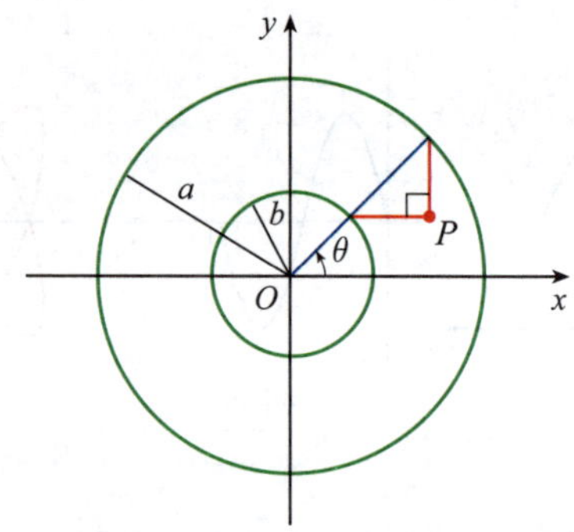

52. Se a e b forem números fixos, encontre as equações paramétricas para a curva que consiste em todas as posições possíveis do ponto P na figura, usando o ângulo θ como parâmetro. O segmento de reta AB é tangente ao círculo maior.

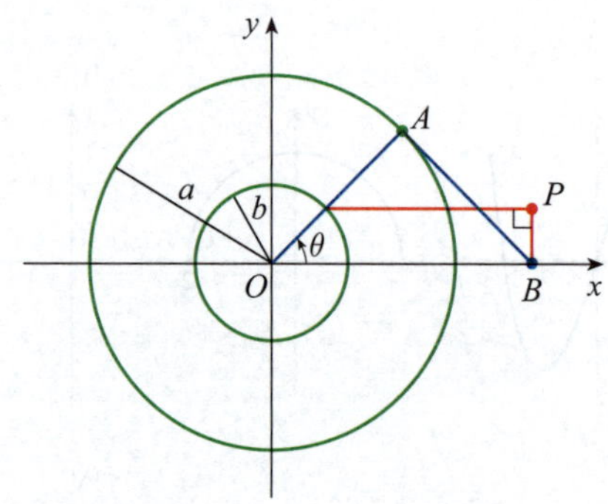

53. Uma curva, denominada **bruxa de Maria Agnesi**, consiste em todas as possíveis posições do ponto P na figura. Mostre que equações paramétricas para essa curva podem ser escritas como

$$x = 2a \operatorname{cotg} \theta \qquad y = 2a \operatorname{sen}^2 \theta$$

Esboce a curva.

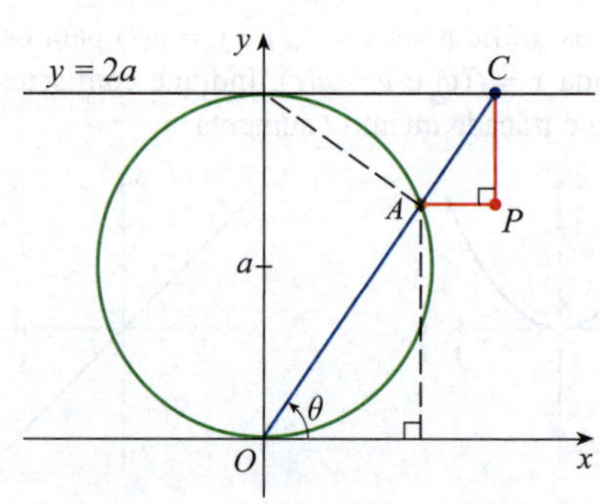

54. (a) Encontre as equações paramétricas para o conjunto de todos os pontos P, como mostrado na figura, tais que $|OP| = |AB|$. (Essa curva é chamada **cissoide de Diocles**, em homenagem ao estudioso grego Diocles, que introduziu a cissoide como um método gráfico para a construção da aresta de um cubo cujo volume é o dobro daquele de um cubo dado.)

(b) Use a descrição geométrica da curva para desenhar um esboço das curvas à mão. Verifique seu trabalho usando as equações paramétricas para traçar a curva.

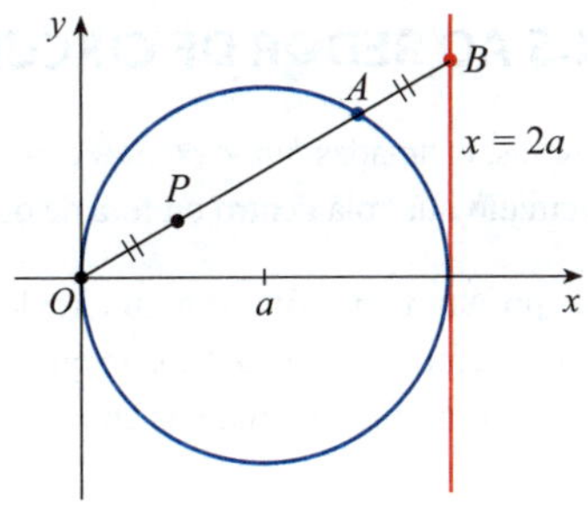

55-57 Intersecção e Colisão Suponha que a posição de cada duas partículas é dada por equações paramétricas. Um ponto de colisão é um ponto onde as partículas estão no mesmo lugar ao mesmo tempo. Se as partículas passarem pelo mesmo ponto, mas em momentos diferentes, então os caminhos se cruzam, mas as partículas não colidem.

55. A posição de uma partícula vermelha no instante t é dada por

$$x = t + 5 \qquad y = t^2 + 4t + 6$$

e a posição de uma partícula azul é dada por

$$x = 2t + 1 \qquad y = 2t + 6$$

Suas trajetórias são mostradas no gráfico a seguir.

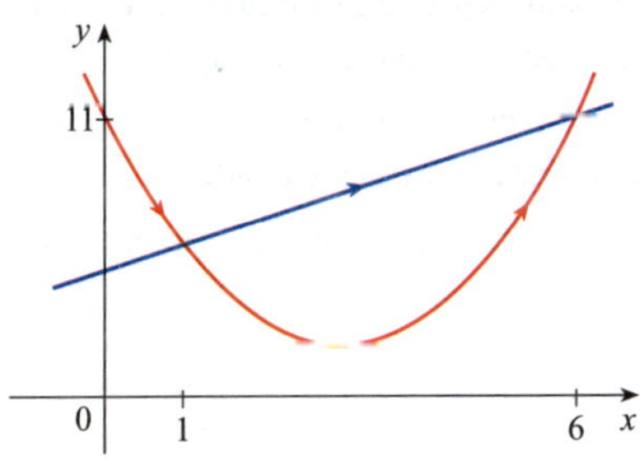

(a) Verifique que as trajetórias das partículas cruzam-se nos pontos (1, 6) e (6, 11). Algum desses pontos é um ponto de colisão? Caso seja, em que instante as partículas colidem?

(b) Suponha que a posição de uma partícula verde seja dada por

$$x = 2t + 4 \qquad y = 2t + 9$$

Mostre que essa partícula desloca-se ao longo da mesma trajetória da partícula azul. Há colisão entre as partículas vermelha e verde? Caso haja, em que ponto e em que instante isso ocorre?

56. Suponha que a posição de uma partícula no instante t seja dada por

$$x = 3 \operatorname{sen} t \qquad y = 2 \cos t \qquad 0 \le t \le 2\pi$$

e que a posição de uma segunda partícula seja dada por

$$x = -3 + \cos t \qquad y = 1 + \operatorname{sen} t \qquad 0 \le t \le 2\pi$$

(a) Trace as trajetórias de ambas as partículas. Quantos pontos de intersecção existem?

(b) As partículas colidem? Se sim, encontre os pontos de colisão.

(c) Descreva o que acontecerá se a trajetória da segunda partícula for dada por

$$x = 3 + \cos t \qquad y = 1 + \operatorname{sen} t \qquad 0 \le t \le 2\pi$$

57. Determine o ponto no qual a curva parametrizada intercepta ela própria, bem como os valores correspondentes de t.

(a) $x = 1 - t^2, \quad y = t - t^3$

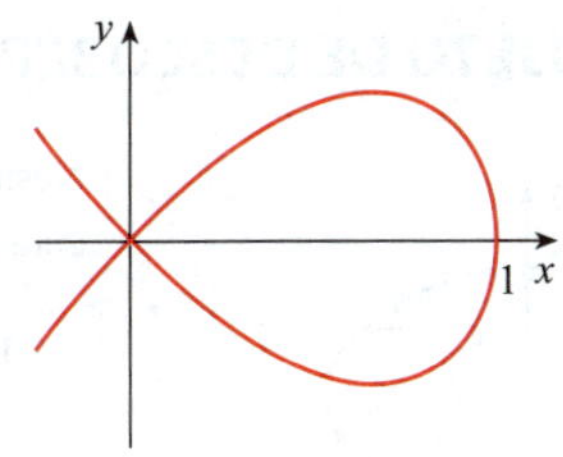

(b) $x = 2t - t^3, \quad y = t - t^2$

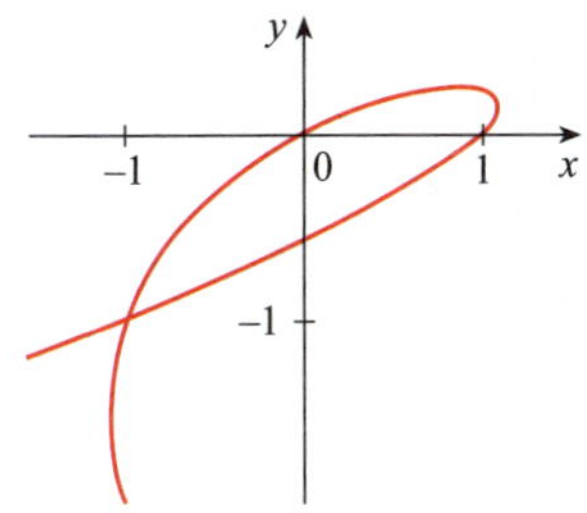

58. Se um projétil é lançado com uma velocidade inicial de v_0 metros por segundo num ângulo a acima da horizontal e assumindo que a resistência do ar é desprezível, então a posição depois de t segundos é dada pelas equações paramétricas

$$x = (v_0 \cos \alpha)t \qquad y = (v_0 \operatorname{sen} \alpha)t - \tfrac{1}{2}gt^2$$

onde g é a aceleração da gravidade (9,8 m/s^2).

(a) Se uma arma for disparada com $\alpha = 30°$ e $v_0 = 500$ m/s, quando a bala atingirá o solo? A que distância da arma a bala atingirá o solo? Qual a altura máxima alcançada pela bala?

(b) Use uma ferramenta gráfica para verificar suas respostas na parte (a). Então trace a trajetória do projétil para vários outros valores do ângulo α para ver onde a bala atinge o solo. Resuma o que você encontrou.

(c) Mostre que a trajetória é parabólica, eliminando o parâmetro.

59. Investigue a família de curvas definidas pelas equações paramétricas $x = t^2$, $y = t^3 - ct$. Como muda o formato quando c aumenta? Ilustre, traçando vários membros da família.

60. As **curvas de catástrofe em forma de cauda de andorinha** são definidas pelas equações paramétricas $x = 2ct - 4t^3$, $y = -ct^2 + 3t^4$. Trace várias dessas curvas. Quais as características que essas curvas têm em comum? Como variam quando c aumenta?

61. Faça um gráfico de diversos membros de uma família de curvas com equações paramétricas $x = t + a \cos t$, $y = t + a \operatorname{sen} t$, onde $a > 0$. Como muda o formato quando a aumenta? Para quais valores de a a curva tem pontos de mínimo?

62. Faça um gráfico com vários membros da família de curvas $x = \operatorname{sen} t + \operatorname{sen} nt$, $y = \cos t + \cos nt$, onde n é um número inteiro positivo. Quais as características que essas curvas têm em comum? O que acontece quando n cresce?

63. As curvas com equações $x = a \operatorname{sen} nt$, $y = b \cos t$ são chamadas **figuras de Lissajous**. Investigue como essas curvas mudam quando a, b e n variam. (Tome n como um inteiro positivo.)

64. Investigue a família de curvas definidas pelas equações paramétricas $x = \cos t$, $y = \operatorname{sen} t - \operatorname{sen} ct$, onde $c > 0$. Comece tomando c como um inteiro positivo e veja o que acontece com a forma à medida que c cresce. A seguir, explore algumas das possibilidades que ocorrem quando c é uma fração.

PROJETO DE DESCOBERTA | ROLANDO CÍRCULOS AO REDOR DE CÍRCULOS

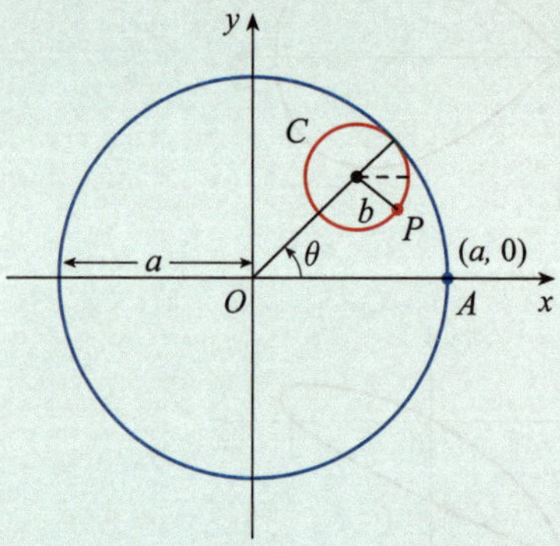

Neste projeto investigaremos as famílias de curvas, chamadas *hipocicloides* e *epicicloides*, que são geradas pelo movimento de um ponto em um círculo que rola dentro ou fora de outro círculo.

1. Uma **hipocicloide** é uma curva traçada por um ponto fixo P num círculo C de raio b conforme C desliza no interior do círculo com centro O e raio a. Mostre que se a posição inicial P é $(a, 0)$ e o parâmetro θ é escolhido como na figura, então as equações paramétricas da hipocicloide são

$$x = (a-b)\cos\theta + b\cos\left(\frac{a-b}{b}\theta\right), \qquad y = (a-b)\operatorname{sen}\theta - b\operatorname{sen}\left(\frac{a-b}{b}\theta\right)$$

2. Use uma ferramenta gráfica para desenhar os gráficos de hipocicloides com a sendo um inteiro positivo e $b = 1$. Como o valor de a afeta o gráfico? Mostre que, se tomarmos $a = 4$, então as equações paramétricas da hipocicloide se reduzirão a

$$x = 4\cos^3\theta \qquad y = 4\operatorname{sen}^3\theta$$

Essa curva é denominada **hipocicloide de quatro cúspides**, ou **astroide**.

3. Agora tente $b = 1$ e $a = n/d$, uma fração onde n e d não têm fator comum. Primeiro faça $n = 1$ e tente determinar graficamente o efeito do denominador d no formato do gráfico. Então faça n variar mantendo d constante. O que acontece quando $n = d + 1$?
4. O que acontece se $b = 1$ e a for irracional? Experimente com um número irracional do tipo $\sqrt{2}$ ou $e - 2$. Tome valores cada vez maiores para θ e especule sobre o que deveria acontecer se traçássemos a hipocicloide para todos os valores reais de θ.
5. Se o círculo C rolar do *lado de fora* de um círculo fixo, a curva traçada por P será chamada **epicicloide**. Encontre equações paramétricas para a epicicloide.
6. Investigue os possíveis formatos para a epicicloide. Use métodos similares aos Problemas 2-4.

10.2 Cálculo com Curvas Parametrizadas

Tendo visto como representar as curvas por equações paramétricas, vamos agora aplicar os métodos de cálculo a essas curvas parametrizadas. Em particular, resolveremos problemas envolvendo tangentes, área, comprimento de arco e área de superfície.

Tangentes

Suponha que f e g sejam funções diferenciáveis e queremos encontrar a reta tangente a um ponto da curva $x = f(t)$ e $y = g(t)$ onde y também é uma função diferenciável de x. A Regra da Cadeia nos diz que

$$\frac{dy}{dt} = \frac{dy}{dx}\cdot\frac{dx}{dt}$$

Se $dx/dt \neq 0$, podemos isolar dy/dx:

$$\boxed{1} \qquad \frac{dy}{dx} = \frac{\dfrac{dy}{dt}}{\dfrac{dx}{dt}} \qquad \text{se} \quad \frac{dx}{dt} \neq 0$$

Se pensarmos em uma curva parametrizada sendo traçada pelo movimento de uma partícula, então *dy/dt* e *dx/dt* são as velocidades vertical e horizontal da partícula e a Fórmula 1 diz que a inclinação da tangente é a razão dessas velocidades.

A Equação 1 (que você pode memorizar imaginando que haja o cancelamento de dt) nos permite encontrar a inclinação dy/dx da reta tangente a uma curva parametrizada, sem ter que eliminar o parâmetro t. Podemos ver de (1) que a curva tem uma tangente horizontal quando $dy/dt = 0$ (desde que $dx/dt \neq 0$) e tem uma tangente vertical quando

$dx/dt = 0$ (desde que $dy/dt \neq 0$). (Caso $dx/dt = 0$ e $dy/dt = 0$ ao mesmo tempo, seria necessário usar outros métodos para determinar a inclinação da tangente.) Essa informação é útil para esboçar as curvas parametrizadas.

Como aprendemos no Capítulo 4, no Volume 1, é também útil considerar d^2y/dx^2. Isso pode ser encontrado mudando y por dy/dx na Equação 1:

$$\frac{d^2y}{dx^2} = \frac{d}{dx}\left(\frac{dy}{dx}\right) = \frac{\dfrac{d}{dt}\left(\dfrac{dy}{dx}\right)}{\dfrac{dx}{dt}}$$

Observe que $\dfrac{d^2y}{dx^2} \neq \dfrac{\dfrac{d^2y}{dt^2}}{\dfrac{d^2x}{dt^2}}$

EXEMPLO 1 Uma curva C é definida pelas equações paramétricas $x = t^2$ e $y = t^3 - 3t$.

(a) Mostre que C tem duas tangentes no ponto (3, 0) e encontre suas equações.

(b) Encontre os pontos em C onde a tangente é horizontal ou vertical.

(c) Determine onde a curva sobe e desce e onde sua concavidade é para cima ou para baixo.

(d) Esboce a curva.

SOLUÇÃO

(a) Observe que $x = 3$ para $t = \pm\sqrt{3}$ e, em ambos os casos, $y = t(t^2 - 3) = 0$. Portanto, o ponto (3, 0) em C surge de dois valores do parâmetro, $t = \sqrt{3}$ e $t = -\sqrt{3}$. Isso indica que C intercepta a si própria em (3, 0). Uma vez que

$$\frac{dy}{dx} = \frac{dy/dt}{dx/dt} = \frac{3t^2 - 3}{2t}$$

a inclinação da tangente quando $t = \sqrt{3}$ é $dy/dx = 6/(2\sqrt{3}) = \sqrt{3}$; e quando $t = -\sqrt{3}$ a inclinação é $dy/dx = -6/(2\sqrt{3}) = -\sqrt{3}$. Assim, temos duas linhas tangentes diferentes em (3, 0) com equações

$$y = \sqrt{3}\,(x - 3) \qquad \text{e} \qquad y = -\sqrt{3}\,(x - 3)$$

(b) C tem uma tangente horizontal quando $dy/dx = 0$, isto é, quando $dy/dt = 0$ e $dx/dt \neq 0$. Uma vez que $dy/dt = 3t^2 - 3$, isso ocorre quando $t^2 = 1$, isto é, $t = \pm 1$. Os pontos correspondentes em C são (1, –2) e (1, 2). C tem uma tangente vertical quando $dx/dt = 2t = 0$, isto é, $t = 0$. (Observe que $dy/dt \neq 0$ ali). O ponto correspondente em C é (0, 0).

(c) Para determinar a concavidade, calculamos a segunda derivada:

$$\frac{d^2y}{dx^2} = \frac{\dfrac{d}{dt}\left(\dfrac{dy}{dx}\right)}{\dfrac{dx}{dt}} = \frac{\dfrac{d}{dt}\left(\dfrac{3t^2-3}{2t}\right)}{\dfrac{dx}{dt}} = \frac{\dfrac{6t^2+6}{4t^2}}{2t} = \frac{3t^2+3}{4t^3}$$

Então a concavidade da curva é para cima quando $t > 0$ e para baixo quando $t < 0$.

(d) Usando as informações das partes (b) e (c), esboçamos C na Figura 1. ■

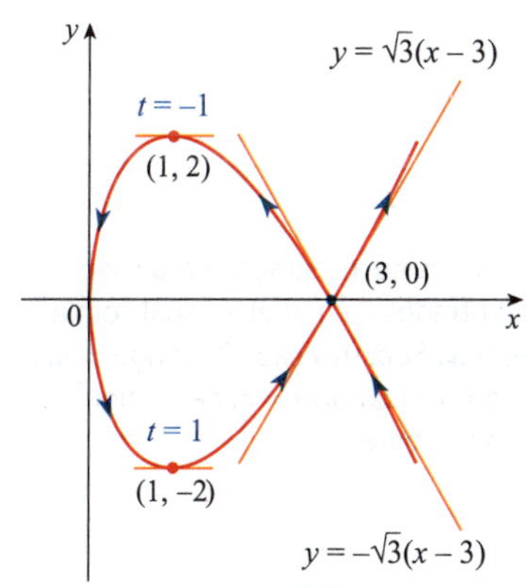

FIGURA 1

EXEMPLO 2

(a) Encontre a tangente à cicloide $x = r(\theta - \text{sen}\,\theta)$, $y = r(1 - \cos\theta)$ no ponto onde $\theta = \pi/3$. (Veja o Exemplo 9, na Seção 10.1)

(b) Em que pontos a tangente é horizontal? Quando é vertical?

SOLUÇÃO

(a) A inclinação da reta tangente é

$$\frac{dy}{dx} = \frac{dy/d\theta}{dx/d\theta} = \frac{r\,\text{sen}\,\theta}{r(1-\cos\theta)} = \frac{\text{sen}\,\theta}{1-\cos\theta}$$

Quando $\theta = \pi/3$, temos

$$x = r\left(\frac{\pi}{3} - \text{sen}\,\frac{\pi}{3}\right) = r\left(\frac{\pi}{3} - \frac{\sqrt{3}}{2}\right) \qquad y = r\left(1 - \cos\frac{\pi}{3}\right) = \frac{r}{2}$$

e
$$\frac{dy}{dx} = \frac{\text{sen}(\pi/3)}{1-\cos(\pi/3)} = \frac{\sqrt{3}/2}{1-\frac{1}{2}} = \sqrt{3}$$

Portanto, a inclinação da tangente é $\sqrt{3}$ e sua equação é

$$y - \frac{r}{2} = \sqrt{3}\left(x - \frac{r\pi}{3} + \frac{r\sqrt{3}}{2}\right) \qquad \text{ou} \qquad \sqrt{3}\,x - y = r\left(\frac{\pi}{\sqrt{3}} - 2\right)$$

A tangente está esboçada na Figura 2.

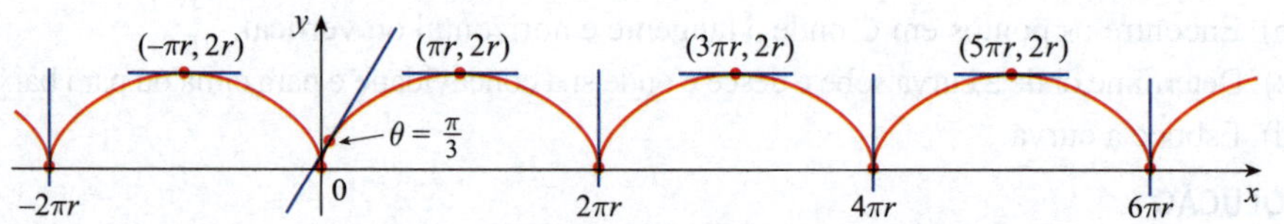

FIGURA 2

(b) A tangente é horizontal quando $dy/dx = 0$, o que ocorre quando $\text{sen}\,\theta = 0$ e $1 - \cos\theta \neq 0$, isto é, $\theta = (2n - 1)\pi$, n um inteiro. O ponto correspondente na cicloide é $((2n - 1)\pi r, 2r)$.

Quando $\theta = 2n\pi$, tanto $dx/d\theta$ quanto $dy/d\theta$ são 0. A partir do gráfico parece que existem tangentes verticais naqueles pontos. Podemos verificar isso usando a Regra de L'Hôspital, como a seguir:

$$\lim_{\theta\to 2n\pi^+} \frac{dy}{dx} = \lim_{\theta\to 2n\pi^+} \frac{\text{sen}\,\theta}{1-\cos\theta} = \lim_{\theta\to 2n\pi^+} \frac{\cos\theta}{\text{sen}\,\theta} = \infty$$

Um cálculo similar mostra que $dy/dx \to -\infty$ quando $\theta \to 2n\pi^-$; assim, realmente existem tangentes verticais quando $\theta = 2n\pi$, isto é, quando $x = 2n\pi r$. (Veja a Figura 2.) ■

■ Áreas

Sabemos que a área sob uma curva $y = F(x)$ de a até b é $A = \int_a^b F(x)\,dx$, em que $F(x) \geq 0$. Se a curva for dada por equações paramétricas $x = f(t)$, $y = g(t)$, $\alpha \leq t \leq \beta$, então podemos deduzir uma fórmula de área pelo uso da Regra da Substituição para Integrais Definidas como a seguir:

Os limites de integração para t são encontrados da maneira usual com a Regra da Substituição. Quando $x = a$, t é α ou β. Quando $x = b$, t é o valor remanescente.

$$A = \int_a^b y\,dx = \int_\alpha^\beta g(t)\,f'(t)\,dt \qquad \left[\text{ou } \int_\beta^\alpha g(t)\,f'(t)\,dt\right]$$

EXEMPLO 3 Encontre a área sob um arco da cicloide

$$x = r(\theta - \text{sen}\,\theta) \qquad y = r(1 - \cos\theta)$$

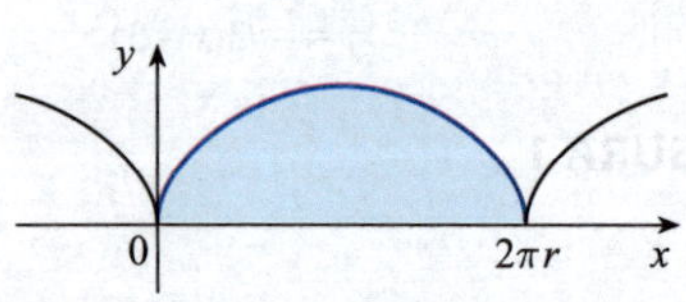

FIGURA 3

O resultado do Exemplo 3 diz que a área sob um arco da cicloide é três vezes a área do círculo que rola e gera a cicloide (veja o Exemplo 10.1.9). Galileu conjecturou esse resultado, mas este foi demonstrado inicialmente pelos matemáticos francês Roberval e italiano Torricelli.

SOLUÇÃO Um arco da cicloide (veja a Figura 3) é dado por $0 \leq \theta \leq 2\pi$. Usando a Regra da Substituição com $y = r(1 - \cos\theta)$ e $dx = r(1 - \cos\theta)d\theta$, temos

$$\begin{aligned} A &= \int_0^{2\pi r} y\,dx = \int_0^{2\pi} r(1-\cos\theta)\,r(1-\cos\theta)\,d\theta \\ &= r^2 \int_0^{2\pi} (1-\cos\theta)^2\,d\theta = r^2 \int_0^{2\pi} (1 - 2\cos\theta + \cos^2\theta)\,d\theta \\ &= r^2 \int_0^{2\pi} \left[1 - 2\cos\theta + \tfrac{1}{2}(1+\cos 2\theta)\right] d\theta \\ &= r^2 \left[\tfrac{3}{2}\theta - 2\,\text{sen}\,\theta + \tfrac{1}{4}\,\text{sen}\,2\theta\right]_0^{2\pi} \\ &= r^2\left(\tfrac{3}{2}\cdot 2\pi\right) = 3\pi r^2 \end{aligned}$$

■

Comprimento de Arco

Já sabemos como encontrar o comprimento L de uma curva C dada na forma $y = F(x)$, $a \le x \le b$. A Fórmula 8.1.3, no volume 1, diz que, se F' for contínua, então

2 $$L = \int_a^b \sqrt{1 + \left(\frac{dy}{dx}\right)^2}\, dx$$

Suponha que C também possa ser descrita pelas equações paramétricas $x = f(t)$ e $y = g(t)$, $\alpha \le t \le \beta$, em que $dx/dt = f'(t) > 0$. Isso significa que C é percorrida uma vez, da esquerda para a direita, quando t aumenta de α até β e $f(\alpha) = a$, $f(\beta) = b$. Colocando a Fórmula 1 na Fórmula 2 e usando a Regra da Substituição, obtemos

$$L = \int_a^b \sqrt{1 + \left(\frac{dy}{dx}\right)^2}\, dx = \int_\alpha^\beta \sqrt{1 + \left(\frac{dy/dt}{dx/dt}\right)^2}\, \frac{dx}{dt}\, dt$$

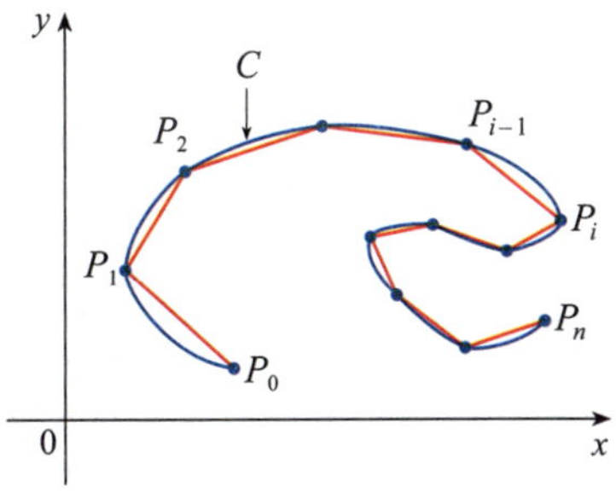

FIGURA 4

Uma vez que $dx/dt > 0$, temos

3 $$L = \int_\alpha^\beta \sqrt{\left(\frac{dx}{dt}\right)^2 + \left(\frac{dy}{dt}\right)^2}\, dt$$

Mesmo que C não possa ser expressa na forma $y = F(x)$, a Fórmula 3 ainda é válida, mas a obtemos por aproximações poligonais. Dividimos o intervalo do parâmetro $[\alpha, \beta]$ em n subintervalos de comprimentos iguais Δt. Se $t_0, t_1, t_2, \ldots, t_n$ são as extremidades desses subintervalos, então $x_i = f(t_i)$ e $y_i = g(t_i)$ são as coordenadas dos pontos $P_i(x_i, y_i)$ que estão em C e o polígono com vértices $P_0, P_1, \ldots, P_n$ aproxima C. (Veja a Figura 4.)

Como na Seção 8.1, no Volume 1, definimos o comprimento L de C como o limite dos comprimentos dessas poligonais aproximadoras quando $n \to \infty$:

$$L = \lim_{n\to\infty} \sum_{i=1}^{n} |P_{i-1}P_i|$$

O Teorema do Valor Médio, quando aplicado a f no intervalo $[t_{i-1}, t_i]$, fornece um número t_i^* em (t_{i-1}, t_i) tal que

$$f(t_i) - f(t_{i-1}) = f'(t_i^*)(t_i - t_{i-1})$$

Agora $\Delta x_i = x_i - x_{i-1}$ e $\Delta y_i = y_i - y_{i-1}$, essa equação fica

$$\Delta x_i = f'(t_i^*)\, \Delta t$$

Analogamente, quando aplicado a g, o Teorema do Valor Médio fornece um número t_i^{**} em (t_{i-1}, t_i), de forma que

$$\Delta y_i = g'(t_i^{**})\, \Delta t$$

Portanto

$$|P_{i-1}P_i| = \sqrt{(\Delta x_i)^2 + (\Delta y_i)^2} = \sqrt{[f'(t_i^*)\Delta t]^2 + [g'(t_i^{**})\Delta t]^2}$$
$$= \sqrt{[f(t_i^*)]^2 + [g'(t_i^{**})]^2}\, \Delta t$$

e também

4 $$L = \lim_{n\to\infty} \sum_{i=1}^{n} \sqrt{[f'(t_i^*)]^2 + [g'(t_i^{**})]^2}\, \Delta t$$

A soma em (4) se parece com a soma de Riemann da função $\sqrt{[f'(t)]^2 + [g'(t)]^2}$, contudo, não é exatamente uma soma de Riemann, porque em geral $t_i^* \ne t_i^{**}$. Mesmo assim, se f' e g' forem contínuas, pode ser mostrado que o limite em (4) é o mesmo que se t_i^* e t_i^{**} fossem iguais; ou seja,

$$L = \int_\alpha^\beta \sqrt{[f'(t)]^2 + [g'(t)]^2}\, dt$$

Então, usando a notação de Leibniz, temos o seguinte resultado, que possui a mesma forma da Fórmula 3.

5 Teorema Se uma curva C é descrita por equações paramétricas $x = f(t)$, $y = g(t)$, $\alpha \le t \le \beta$, onde f' e g' são contínuas em $[\alpha, \beta]$ e C é percorrida exatamente uma vez quando t aumenta de α até β, então o comprimento de C é

$$L = \int_\alpha^\beta \sqrt{\left(\frac{dx}{dt}\right)^2 + \left(\frac{dy}{dt}\right)^2}\, dt$$

Observe que a fórmula no Teorema 5 é consistente com a fórmula geral $L = \int ds$ da Seção 8.1, em que

6
$$ds = \sqrt{\left(\frac{dx}{dt}\right)^2 + \left(\frac{dy}{dt}\right)^2}\, dt$$

EXEMPLO 4 Se usarmos a representação do círculo unitário dada no Exemplo 10.1.2,

$$x = \cos t \qquad y = \operatorname{sen} t \qquad 0 \le t \le 2\pi$$

então $dx/dt = -\operatorname{sen} t$ e $dy/dt = \cos t$, logo o Teorema 5 nos dá

$$L = \int_0^{2\pi} \sqrt{\left(\frac{dx}{dt}\right)^2 + \left(\frac{dy}{dt}\right)^2}\, dt = \int_0^{2\pi} \sqrt{\operatorname{sen}^2 t + \cos^2 t}\, dt \int_0^{2\pi} dt = 2\pi$$

como esperado. Se, por outro lado, utilizarmos a representação dada no Exemplo 10.1.3,

$$x = \operatorname{sen} 2t \qquad y = \cos 2t \qquad 0 \le t \le 2\pi$$

então $dx/dt = 2 \cos 2t$, $dy/dt = -2 \operatorname{sen} 2t$ e a integral do Teorema 5 fornece

$$\int_0^{2\pi} \sqrt{\left(\frac{dx}{dt}\right)^2 + \left(\frac{dy}{dt}\right)^2}\, dt = \int_0^{2\pi} \sqrt{4\cos^2(2t) + 4\operatorname{sen}^2(2t)}\, dt = \int_0^{2\pi} 2\, dt = 4\pi$$

Observe que a integral fornece o dobro do comprimento do arco do círculo, porque quando t aumenta de 0 até 2π, o ponto $(\operatorname{sen} 2t, \cos 2t)$ percorre o círculo duas vezes. Em geral, ao encontrarmos o comprimento da curva C a partir de uma representação paramétrica, temos de tomar cuidado para ter a certeza de que C é percorrida apenas uma vez quando t aumenta de α até β. ■

EXEMPLO 5 Encontre o comprimento de um arco da cicloide $x = r(\theta - \operatorname{sen} \theta)$, $y = r(1 - \cos \theta)$.

SOLUÇÃO Do Exemplo 3 vemos que um arco é descrito pelo intervalo paramétrico $0 \le \theta \le 2\pi$. Uma vez que

$$\frac{dx}{d\theta} = r(1 - \cos\theta) \qquad \text{e} \qquad \frac{dy}{d\theta} = r \operatorname{sen}\theta$$

temos

$$L=\int_0^{2\pi}\sqrt{\left(\frac{dx}{d\theta}\right)^2+\left(\frac{dy}{d\theta}\right)^2}\,d\theta=\int_0^{2\pi}\sqrt{r^2(1-\cos\theta)^2+r^2\text{sen}^2\theta}\,d\theta$$
$$=\int_0^{2\pi}\sqrt{r^2(1-2\cos\theta+\cos^2\theta+\text{sen}^2\theta)}\,d\theta$$
$$=r\int_0^{2\pi}\sqrt{2(1-\cos\theta)}\,d\theta$$

Para calcular essa integral, usamos a identidade $\text{sen}^2x=\frac{1}{2}(1-\cos 2x)$ com $\theta=2x$, que fornece $1-\cos\theta=2\,\text{sen}^2(\theta/2)$. Como $0\le\theta\le 2\pi$, obtemos $0\le\theta/2\le\pi$, logo, $\text{sen}(\theta/2)\ge 0$. Portanto

$$\sqrt{2(1-\cos\theta)}=\sqrt{4\,\text{sen}^2(\theta/2)}=2|\text{sen}(\theta/2)|=2\,\text{sen}(\theta/2)$$

e também
$$L=2r\int_0^{2\pi}\text{sen}(\theta/2)\,d\theta=2r[-2\cos(\theta/2)]_0^{2\pi}$$
$$=2r[2+2]=8r$$

O resultado do Exemplo 5 diz que o comprimento de um arco de uma cicloide é oito vezes o raio do círculo gerador (veja a Figura 5). Isso foi demonstrado pela primeira vez em 1658 por *Sir* Christopher Wren, que depois se tornou o arquiteto da Catedral de São Paulo, em Londres.

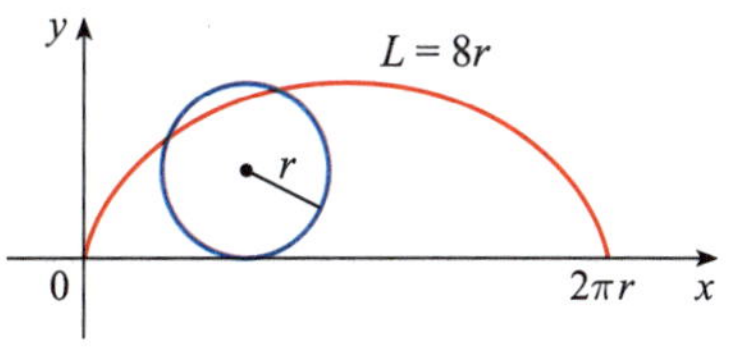

FIGURA 5

A função comprimento de arco e a velocidade

Lembre-se que a função comprimento de arco (Fórmula 8.1.5) fornece o comprimento de uma curva, entre um ponto inicial e qualquer outro ponto da curva. Para uma curva parametrizada C dada por $x=f(t)$ e $y=g(t)$, em que f' e g' são contínuas, definamos $s(t)$ como o comprimento do arco, ao longo de C, entre um ponto inicial $(f(\alpha), g(\alpha))$ e um ponto $(f(t), g(t))$ de C. Segundo o Teorema 5, a **função comprimento de arco** s para curvas parametrizadas é

7 $$s(t)=\int_\alpha^t\sqrt{\left(\frac{dx}{du}\right)^2+\left(\frac{dy}{du}\right)^2}\,du$$

(Substituímos a variável de integração por u para que t não tivesse dois significados.)

Se as equações paramétricas descrevem a posição de uma partícula em movimento (em que t representa o tempo), então a **velocidade** da partícula no instante t, $v(t)$, é a taxa de variação da distância percorrida (ou seja, do comprimento de arco) com relação ao tempo: $s'(t)$. Assim, segundo a Equação 7 e a Parte 1 do Teorema Fundamental do Cálculo, temos

8 $$v(t)=s'(t)=\sqrt{\left(\frac{dx}{dt}\right)^2+\left(\frac{dy}{dt}\right)^2}$$

EXEMPLO 6 A posição de uma partícula no instante t é dada pelas equações paramétricas $x=2t+3$, $y=4t^2$, $t\ge 0$. Determine a velocidade da partícula quando ela está no ponto (5, 4).

SOLUÇÃO Segundo a Equação 8, a velocidade da partícula em qualquer instante t é dada por

$$v(t)=\sqrt{2^2+(8t)^2}=2\sqrt{1+16t^2}$$

A partícula atinge o ponto (5, 4) quando $t=1$, de modo que sua velocidade nesse ponto é $v(1)=2\sqrt{17}\approx 8{,}25$. (Se a distância é medida em metros e o tempo em segundos, então a velocidade é de, aproximadamente, 8,25 m/s.)

Área de Superfície

Da mesma maneira como para o comprimento do arco, podemos adaptar a Fórmula 8.2.5, no Volume 1, para obter uma fórmula para a área da superfície. Se a curva dada pelas equações paramétricas $x=f(t)$, $y=g(t)$, $\alpha\le t\le\beta$, onde f', g' são contínuas $g(t)\ge 0$, seja girada em torno do eixo x. Se C é percorrida exatamente uma vez quando t cresce de α a β, então a área da superfície resultante é dada por

9 $$S = \int_{\alpha}^{\beta} 2\pi y \sqrt{\left(\frac{dx}{dt}\right)^2 + \left(\frac{dy}{dt}\right)^2}\, dt$$

As fórmulas simbólicas gerais $S = \int 2\pi\, y\, ds$ e $S = \int 2\pi\, x\, ds$ (Fórmulas 8.2.7 e 8.2.8) permanecem válidas, devendo-se adotar a expressão de ds fornecida pela Fórmula 6.

EXEMPLO 7 Mostre que a área da superfície de uma esfera de raio r é $4\pi r^2$.

SOLUÇÃO A esfera é obtida pela rotação do semicírculo

$$x = r\cos t \qquad y = r\,\text{sen}\,t \qquad 0 \le t \le \pi$$

sobre o eixo x. Portanto, da Fórmula 9, temos

$$\begin{aligned} S &= \int_0^{\pi} 2\pi r\,\text{sen}\,t\sqrt{(-r\,\text{sen}\,t)^2 + (r\cos t)^2}\,dt \\ &= 2\pi\int_0^{\pi} r\,\text{sen}\,t\sqrt{r^2(\text{sen}^2 t + \cos^2 t)}\,dt = 2\pi\int_0^{\pi} r\,\text{sen}\,t \cdot r\,dt \\ &= 2\pi r^2\int_0^{\pi}\text{sen}\,t\,dt = 2\pi r^2(-\cos t)\Big]_0^{\pi} = 4\pi r^2 \end{aligned}$$

10.2 Exercícios

1-4 Determine dx/dt, dy/dt e dy/dx.

1. $x = 2t^3 + 3t, \quad y = 4t - 5t^2$

2. $x = t - \ln t, \quad y = t^2 - t^{-2}$

3. $x = te^t, \quad y = t + \text{sen}\,t$

4. $x = t + \text{sen}(t^2 + 2), \quad y = \text{tg}(t^2 + 2)$

5-6 Determine a inclinação da tangente à curva parametrizada, no ponto indicado.

5. $x = t^2 + 2t, \quad y = 2^t - 2t$

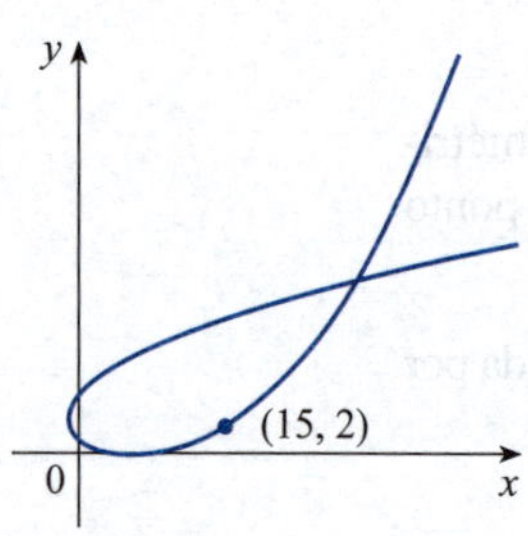

6. $x = t + \cos \pi t, \quad y = -t + \text{sen}\,\pi t$

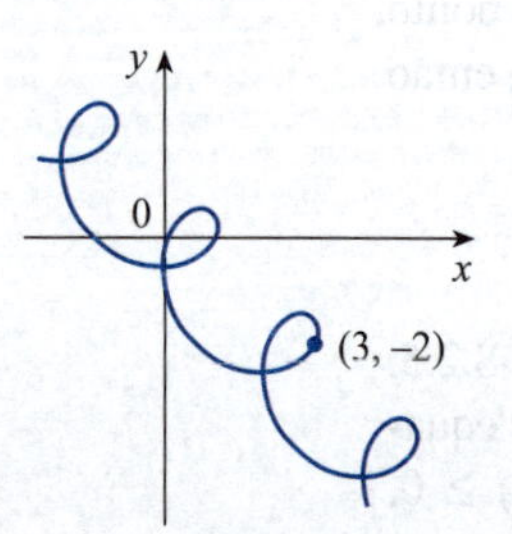

7-10 Encontre uma equação da tangente à curva no ponto correspondente ao valor do parâmetro dado.

7. $x = t^3 + 1, \quad y = t^4 + t; \quad t = -1$

8. $x = \sqrt{t}, \quad y = t^2 - 2t; \quad t = 4$

9. $x = \text{sen}\,2t + \cos t, \quad y = \cos 2t - \text{sen}\,t; \quad t = \pi$

10. $x = e^t\,\text{sen}\,\pi t, \quad y = e^{2t}; \quad t = 0$

11-12 Encontre uma equação da tangente da curva em dado ponto por dois métodos: (a) sem eliminar o parâmetro e (b) eliminando o parâmetro primeiro.

11. $x = \text{sen}\,t, \quad y = \cos^2 t; \quad \left(\frac{1}{2}, \frac{3}{4}\right)$

12. $x = \sqrt{t + 4}, \quad y = 1/(t + 4); \quad \left(2, \frac{1}{4}\right)$

13-14 Encontre uma equação da tangente da curva no ponto dado. A seguir, trace a curva e a tangente.

13. $x = t^2 - t, \quad y = t^2 + t + 1; \quad (0, 3)$

14. $x = \text{sen}\,\pi t, \quad y = t^2 + t; \quad (0, 2)$

15-20 Encontre dy/dx e d^2y/dx^2. Para quais valores de t a curva é côncava para cima?

15. $x = t^2 + 1, \quad y = t^2 + t$

16. $x = t^3 + 1, \quad y = t^2 - t$

17. $x = e^t, \quad y = te^{-t}$

18. $x = t^2 + 1, \quad y = e^t - 1$

19. $x = t - \ln t, \quad y = t + \ln t$

20. $x = \cos t, \quad y = \text{sen}\,2t, \quad 0 < t < \pi$

21-24 Encontre os pontos na curva onde a tangente é horizontal ou vertical. Se você tiver uma ferramenta gráfica, trace a curva.

21. $x = t^3 - 3t, \quad y = t^2 - 3$

22. $x = t^3 - 3t, \quad y = t^3 - 3t^2$

23. $x = \cos\theta, y = \cos 3\theta$

24. $x = e^{\operatorname{sen}\theta}, y = e^{\cos\theta}$

25. Use um gráfico para estimar as coordenadas do ponto mais à esquerda na curva $x = t - t^6$, $y = e^t$. Então, use o cálculo para calcular as coordenadas exatas.

26. Use um gráfico para estimar as coordenadas do ponto mais baixo e do ponto mais à esquerda na curva $x = t^4 - 2t, y = t + t^4$. A seguir, encontre as coordenadas exatas.

27-28 Trace a curva em uma janela retangular que mostre todos os aspectos importantes da curva.

27. $x = t^4 - 2t^3 - 2t^2, \quad y = t^3 - t$

28. $x = t^4 + 4t^3 - 8t^2, \quad y = 2t^2 - t$

29. Mostre que a curva $x = \cos t, y = \operatorname{sen} t \cos t$ tem duas tangentes em (0, 0) e encontre suas equações. Esboce a curva.

30. Trace a curva $x = -2\cos t, y = \operatorname{sen} t + \operatorname{sen} 2t$ para descobrir onde ela intercepta a si mesma. A seguir, encontre equações para ambas as tangentes nesse ponto.

31. (a) Encontre a inclinação da reta tangente à trocoide $x = r\theta - d \operatorname{sen}\theta, y = r - d\cos\theta$ em termos de θ. (Veja o Exercício 10.1.49.)
(b) Mostre que, se $d < r$, então a trocoide não tem uma tangente vertical.

32. (a) Encontre a inclinação da reta tangente à trocoide $x = a\cos^3\theta$, $y = a\operatorname{sen}^3\theta$ em termos de θ. (As astroides foram exploradas no Projeto de Descoberta.)
(b) Em que pontos a tangente é horizontal ou vertical?
(c) Em que pontos a tangente tem inclinação 1 ou -1?

33. Em quais pontos na curva $x = 3t^2 + 1, y = t^3 - 1$ a reta tangente tem inclinação $\frac{1}{2}$?

34. Encontre as equações das tangentes à curva $x = 3t^2 + 1$, $y = 2t^3 + 1$ que passam pelo ponto (4, 3).

35-36 Determine a área da região delimitada pela curva parametrizada fornecida e pelo eixo x.

35. $x = t^3 + 1, \quad y = 2t - t^2$

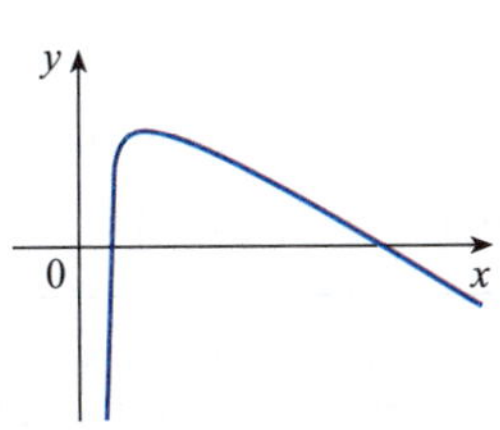

36. $x = \operatorname{sen} t, \quad y = \operatorname{sen} t \cos t, \quad 0 \le t \le \pi/2$

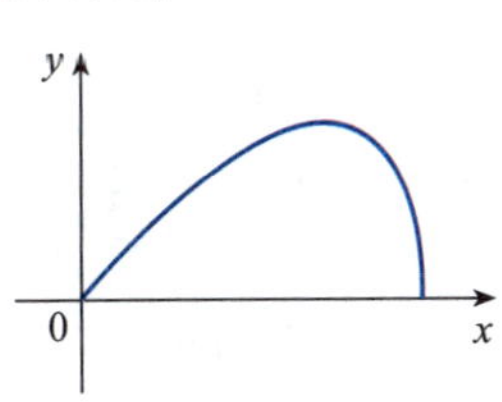

37-38 Determine a área da região delimitada pela curva parametrizada fornecida e pelo eixo y.

37. $x = \operatorname{sen}^2 t$,
$y = \cos t$

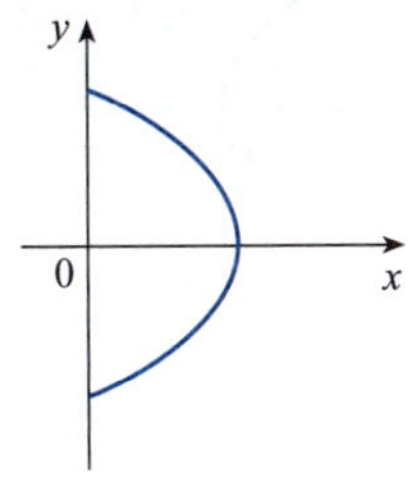

38. $x = t^2 - 2t$
$y = \sqrt{t}$

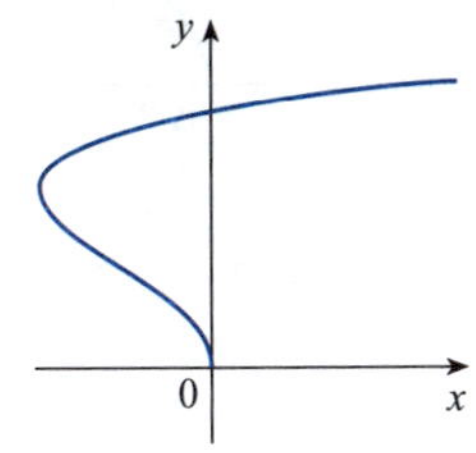

39. Use as equações paramétricas de uma elipse, $x = a\cos\theta$, $y = b\operatorname{sen}\theta$, $0 \le \theta \le 2\pi$, para calcular a área delimitada por essas curvas.

40. Determine a área da região delimitada pelo laço da curva

$$x = 1 - t^2, \quad y = t - t^3$$

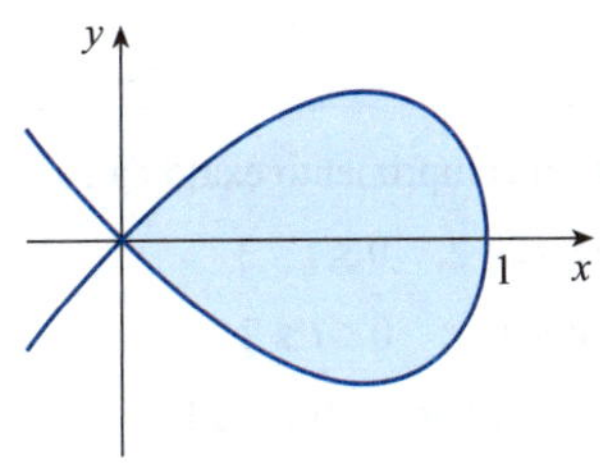

41. Encontre a área sob um arco da trocoide do Exercício 10.1.49, para o caso $d < r$.

42. Seja $\mathcal{R}$ a região dentro do laço da curva no Exemplo 1.
(a) Calcule a área de $\mathcal{R}$.
(b) Se $\mathcal{R}$ girar em torno do eixo x, encontre o volume do sólido resultante.
(c) Encontre o centroide de $\mathcal{R}$.

43-46 Defina uma integral que represente o comprimento da parte da curva parametrizada mostrada no gráfico. Em seguida, use uma calculadora (ou computador) para determinar o comprimento, com precisão de quatro casas decimais.

43. $x = 3t^2 - t^3, \quad y = t^2 - 2t$

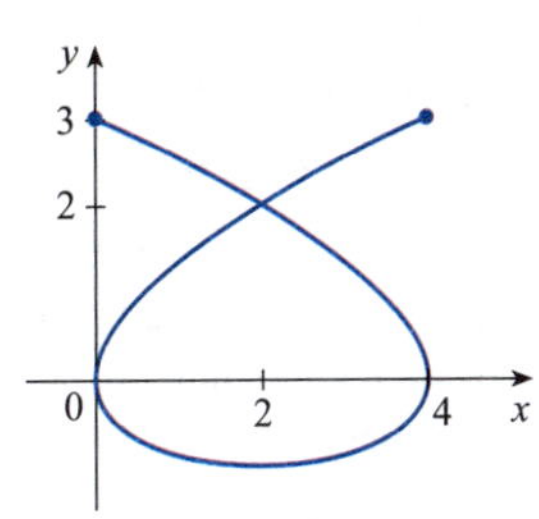

44. $x = t + e^{-t}, \quad y = t^2 + t$

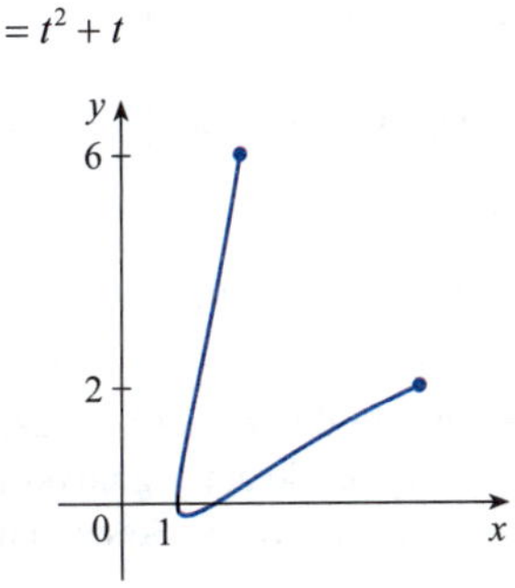

45. $x = t - 2 \text{ sen } t, \quad y = 1 - 2 \cos t, \quad 0 \le t \le 4\pi$

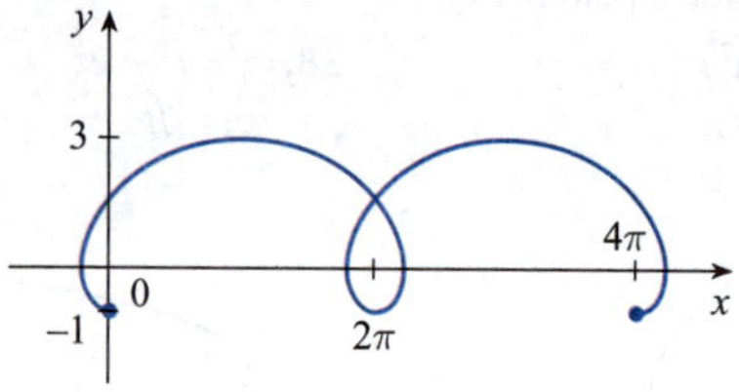

46. $x = t \cos t, \quad y = t - 5 \text{ sen } t$

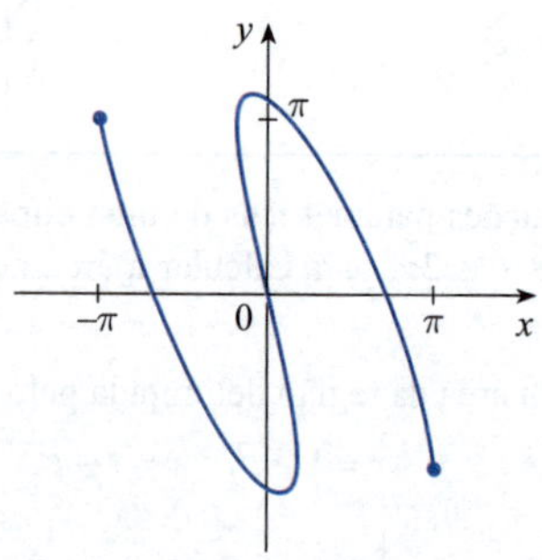

47-50 Determine o comprimento exato da curva.

47. $x = \frac{2}{3}t^3, \quad y = t^2 - 2, \quad 0 \le t \le 3$

48. $x = e^t - t, \quad y = 4e^{t/2}, \quad 0 \le t \le 2$

49. $x = t \text{ sen } t, \quad y = t \cos t, \quad 0 \le t \le 1$

50. $x = 3 \cos t - \cos 3t, \quad y = 3 \text{ sen } t - \text{sen } 3t, \quad 0 \le t \le \pi$

51-52 Trace a curva e calcule seu comprimento.

51. $x = e^t \cos t, \quad y = e^t \text{ sen } t, \quad 0 \le t \le \pi$

52. $x = \cos t + \ln(\text{tg } \frac{1}{2}t), \quad y = \text{sen } t, \quad \pi/4 \le t \le 3\pi/4$

53. Trace a curva $x = \text{sen } t + \text{sen } 1{,}5t$, $y = \cos t$ e encontre seu comprimento correto com 4 casas decimais.

54. Ache o comprimento do laço da curva $x = 3t - t^3$, $y = 3t^2$.

55-56 Encontre a distância percorrida por uma partícula com posição (x, y) quando t varia em dado intervalo de tempo. Compare com o comprimento da curva.

55. $x = \text{sen}^2 t, \quad y = \cos^2 t, \quad 0 \le t \le 3\pi$

56. $x = \cos^2 t, \quad y = \cos t, \quad 0 \le t \le 4\pi$

57-60 As equações paramétricas a seguir fornecem a posição (em metros) de uma partícula em movimento, no instante t (em segundos). Determine a velocidade da partícula no instante ou no ponto indicado.

57. $x = 2t - 3, \quad y = 2t^2 - 3t + 6; \quad t = 5$

58. $x = 2 + 5 \cos\left(\frac{\pi}{3}t\right), \quad y = -2 + 7 \text{ sen}\left(\frac{\pi}{3}t\right); \quad t = 3$

59. $x = e^t, \quad y = te^t; \quad (e, e)$

60. $x = t^2 + 1, \quad y = t^4 + 2t^2 + 1; \quad (2, 4)$

61. Um projétil é lançado do ponto (0, 0) com uma velocidade inicial de v_0 m/s e formando um ângulo positivo α com a horizontal (Veja o Exercício 10.1.58.) Assumindo que a resistência do ar seja desprezível, a posição (em metros) do projétil após t segundos é dada pelas equações paramétricas

$$x = (v_0 \cos \alpha)t \qquad y = (v_0 \text{ sen } \alpha)t - \tfrac{1}{2}gt^2$$

em que $g = 9{,}8$ m/s² é a aceleração da gravidade.

(a) Determine a velocidade do projétil quando ele atinge o solo.

(b) Determine a velocidade do projétil no ponto em que sua altura é máxima.

62. Mostre que o comprimento total da elipse $x = a \text{ sen } \theta, y = b \cos \theta$, $a > b > 0$, é

$$L = 4a \int_0^{\pi/2} \sqrt{1 - e^2 \text{sen}^2 \theta} \, d\theta$$

onde e é a excentricidade da elipse $\left(e = c/a, \text{ onde } c = \sqrt{a^2 - b^2}\,\right)$.

63. (a) Trace a **epitrocoide** com equações

$$x = 11 \cos t - 4 \cos(11t/2)$$
$$y = 11 \text{ sen } t - 4 \text{ sen}(11t/2)$$

Qual intervalo do parâmetro fornece a curva completa?

(b) Use uma calculadora ou um computador para calcular o comprimento aproximado dessa curva.

64. Uma curva chamada **espiral de Cornu** é definida pelas equações paramétricas

$$x = C(t) = \int_0^t \cos(\pi u^2/2) \, du$$
$$y = S(t) = \int_0^t \text{sen}(\pi u^2/2) \, du$$

onde C e S são as funções de Fresnel, que foram introduzidas no Capítulo 5, no Volume 1.

(a) Trace essa curva. O que acontece quando $t \to \infty$ e $t \to -\infty$?

(b) Calcule o comprimento da espiral de Cornu a partir da origem até o ponto com o valor do parâmetro t.

65-66 A curva mostrada na figura é a astroide $x = a \cos^3\theta$, $y = a \text{ sen}^3\theta$. (As astroides são exploradas no Projeto de Descoberta apresentado após a Seção 10.1.)

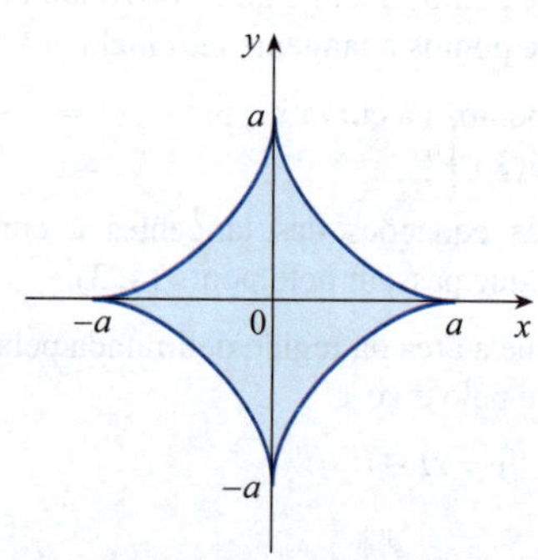

65. Determine a área da região delimitada pela astroide.

66. Determine o perímetro da astroide.

67-70 Escreva uma integral para a área da superfície obtida pela rotação da curva em torno do eixo x. Use uma calculadora ou um computador para encontrar a superfície com precisão de quatro casas decimais.

67. $x = t \text{ sen } t, \quad y = t \cos t, \quad 0 \le t \le \pi/2$

68. $x = \text{sen } t, \quad y = \text{sen } 2t, \quad 0 \le t \le \pi/2$

69. $x = t + e^t, \quad y = e^{-t}, \quad 0 \le t \le 1$

70. $x = t^2 - t^3, \quad y = t + t^4, \quad 0 \le t \le 1$

71-73 Encontre a área exata da superfície obtida pela rotação da curva dada em torno do eixo x.

71. $x = t^3, \quad y = t^2, \quad 0 \leq t \leq 1$

72. $x = 2t^2 + 1/t, \quad y = 8\sqrt{t}, \quad 1 \leq t \leq 3$

73. $x = a\cos^3\theta, \quad y = a \operatorname{sen}^3\theta, \quad 0 \leq \theta \leq \pi/2$

74. Trace a curva

$$x = 2\cos\theta - \cos 2\theta$$
$$y = 2\operatorname{sen}\theta - \operatorname{sen}2\theta$$

Se essa curva girar em torno do eixo x, calcule a área da superfície resultante. (Use o gráfico para ajudar a encontrar o intervalo correto do parâmetro.)

75-76 Calcule a área da superfície gerada pela rotação da curva dada em torno do eixo y.

75. $x = 3t^2, \quad y = 2t^3, \quad 0 \leq t \leq 5$

76. $x = e^t - t, \quad y = 4e^{t/2}, \quad 0 \leq t \leq 1$

77. Se f' for contínua e $f'(t) \neq 0$ para $a \leq t \leq b$, mostre que a curva parametrizada $x = f(t)$, $y = g(t)$, $a \leq t \leq b$, pode ser colocada na forma $y = F(x)$. [*Dica*: Mostre que f^{-1} existe.]

78. Use a Fórmula 1 para deduzir a Fórmula 9 a partir da Fórmula 8.2.5, no Volume 1, para o caso no qual a curva pode ser representada na forma $y = F(x)$, $a \leq x \leq b$.

79-83 Curvatura A **curvatura** no ponto P da curva é definida como

$$\kappa = \left|\frac{d\phi}{ds}\right|$$

onde ϕ é o ângulo de inclinação da reta tangente em P, como mostrado na figura. Então, a curvatura é o valor absoluto da taxa de variação de ϕ em relação ao comprimento de arco. Essa pode ser considerada uma medida da taxa de variação de direção da curva em P e será estudada em mais detalhes no Capítulo 13.

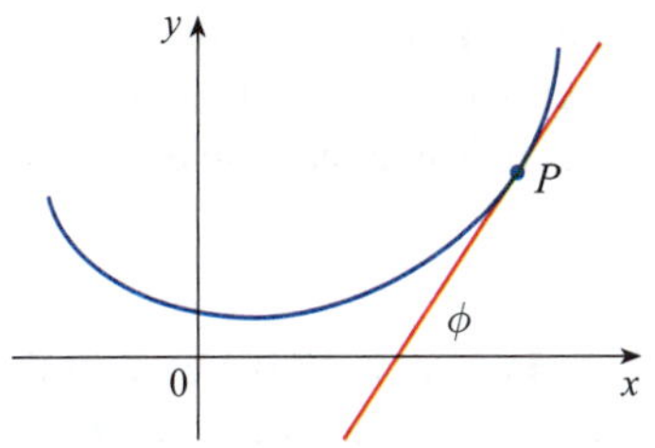

79. Para a curva parametrizada $x = x(t)$, $y = y(t)$, deduza a fórmula

$$\kappa = \frac{|\dot{x}\ddot{y} - \ddot{x}\dot{y}|}{[\dot{x}^2 + \dot{y}^2]^{3/2}}$$

onde os pontos indicam as derivadas em relação a t, assim $\dot{x} = dx/dt$. [*Dica*: Use $\phi = \operatorname{tg}^{-1}(dy/dx)$ e a Fórmula 2 para encontrar $d\phi/ds$. Então, use a Regra da Cadeia para achar $d\phi/ds$.]

80. Considerando uma curva $y = f(x)$ como a curva parametrizada $x = x$, $y = f(x)$, com o parâmetro x, mostre que a fórmula do Exercício 79 se torna

$$\kappa = \frac{|d^2y/dx^2|}{[1 + (dy/dx)^2]^{3/2}}$$

81. (a) Use a fórmula do Exercício 79 para encontrar a curvatura da cicloide $x = \theta - \operatorname{sen}\theta$, $y = 1 - \cos\theta$ no topo de um de seus arcos.

82. (a) Use a fórmula do Exercício 80 para encontrar a curvatura da parábola $y = x^2$ no ponto (1, 1).
(b) Em que ponto essa parábola tem curvatura máxima?

83. (a) Mostre que a curvatura em cada ponto de uma reta é $\kappa = 0$.
(b) Mostre que a curvatura em cada ponto do círculo de raio r é $\kappa = 1/r$.

84. Uma vaca é amarrada a um silo com raio r por uma corda comprida o suficiente para alcançar apenas o outro lado do silo. Calcule a área disponível para a vaca pastar.

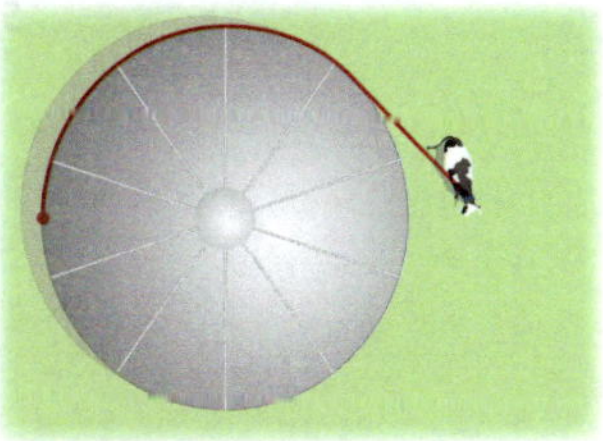

85. Um barbante é enrolado ao redor de um círculo e então desenrolado, sendo mantido esticado. A curva traçada pelo ponto P no final do barbante é chamada **involuta** do círculo. Se o círculo tiver raio r e centro O, se a posição inicial de P for $(r, 0)$ e se o parâmetro θ for escolhido como na figura, mostre que as equações paramétricas da involuta são

$$x = r(\cos\theta + \theta\operatorname{sen}\theta)$$
$$y = r(\operatorname{sen}\theta - \theta\cos\theta)$$

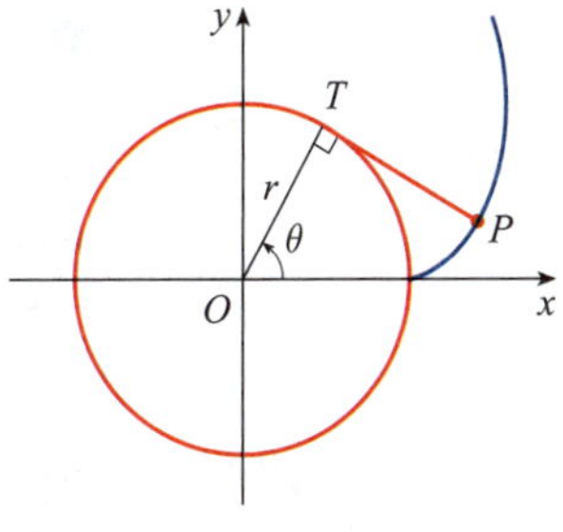

PROJETO DE DESCOBERTA | CURVAS DE BÉZIER

As **curvas de Bézier** são usadas em Computer-Aided Design (CAD) e têm esse nome em homenagem a Pierre Bézier (1910-1999), matemático francês que trabalhava na indústria automobilística. Uma curva cúbica de Bézier é determinada por quatro *pontos de controle*, $P_0(x_0, y_0)$, $P_1(x_1, y_1)$, $P_2(x_2, y_2)$ e $P_3(x_3, y_3)$, e é definida pelas equações paramétricas

$$x = x_0(1-t)^3 + 3x_1t(1-t)^2 + 3x_2t^2(1-t) + x_3t^3$$

$$y = y_0(1-t)^3 + 3y_1t(1-t)^2 + 3y_2t^2(1-t) + y_3t^3$$

onde $0 \leq t \leq 1$. Observe que, quando $t = 0$, temos $(x, y) = (x_0, y_0)$, e quando $t = 1$, obtemos $(x, y) = (x_3, y_3)$; assim, a curva começa em P_0 e termina em P_3.

1. Trace a curva de Bézier com pontos de controle $P_0(4, 1)$, $P_1(28, 48)$, $P_2(50, 42)$ e $P_3(40, 5)$. Então, na mesma tela, trace os segmentos P_0P_1, P_1P_2 e P_2P_3. (O Exercício 10.1.37 mostra como fazer isso.) Observe que os pontos de controle intermediários P_1 e P_2 não estão na curva; a curva começa em P_0, vai em direção a P_1 e P_2 sem tocá-los, e termina em P_3.
2. A partir do gráfico no Problema 1, parece que a tangente em P_0 passa por P_1 e a tangente em P_3 passa por P_2. Demonstre isso.
3. Tente produzir uma curva de Bézier com um laço mudando o segundo ponto de controle no Problema 1.
4. Algumas impressoras a laser usam as curvas de Bézier para representar letras e outros símbolos. Experimente com pontos de controle até você encontrar uma curva de Bézier que dê uma representação razoável da letra C.
5. Formatos mais complexos podem ser representados juntando-se duas ou mais curvas de Bézier. Suponha que a primeira curva de Bézier tenha pontos de controle P_0, P_1, P_2, P_3 e a segunda tenha pontos de controle P_3, P_4, P_5, P_6. Se quisermos que essas duas partes se juntem de modo liso, então as tangentes em P_3 devem coincidir, e os pontos P_2, P_3 e P_4 devem estar nessa reta tangente comum. Usando esse princípio, encontre os pontos de controle para um par de curvas de Bézier que represente a letra S.

10.3 Coordenadas Polares

Um sistema de coordenadas representa um ponto do plano por um par ordenado de números, denominados coordenadas. Usualmente, empregamos as coordenadas cartesianas, que são distâncias orientadas definidas a partir de dois eixos perpendiculares. Nesta seção, descrevemos um sistema de coordenadas introduzido por Newton, denominado *sistema de coordenadas polares*, que é mais conveniente em muitas aplicações.

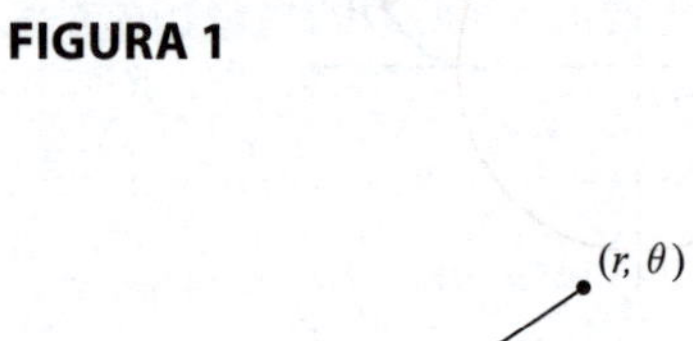

FIGURA 1

O Sistema de Coordenadas Polares

Escolhemos um ponto no plano chamado **polo** (ou origem) e está rotulado de O. Então desenhamos uma meia linha começando em O chamada **eixo polar**. Esse eixo é geralmente desenhado horizontalmente para a direita e corresponde ao eixo x positivo nas coordenadas cartesianas.

Se P for qualquer outro ponto no plano, seja r a distância de O até P e seja θ o ângulo (geralmente medido em radianos) entre o eixo polar e a reta OP, como na Figura 1. Assim, o ponto P é representado pelo par ordenado (r, θ) e r, θ são chamados **coordenadas polares** P. Usamos a convenção de que um ângulo é positivo se for medido no sentido anti-horário a partir do eixo polar e negativo se for medido no sentido horário. Se $P = O$, então $r = 0$, e convencionamos que $(0, \theta)$ representa o polo para qualquer valor de θ.

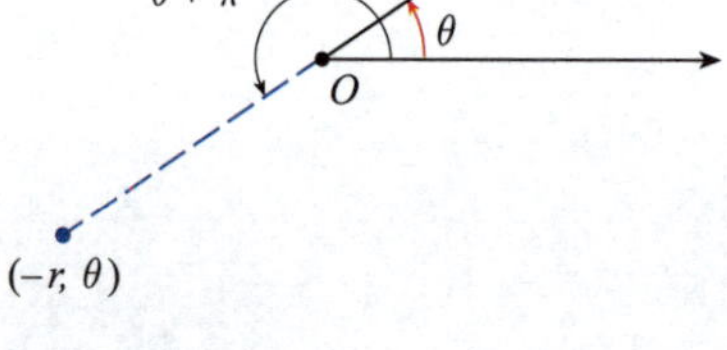

FIGURA 2

Estendemos o significado de coordenadas polares (r, θ) para o caso no qual r é negativo convencionando que, como na Figura 2, os pontos $(-r, \theta)$ e (r, θ) estão na mesma reta passando por O e estão à mesma distância $|r|$ a partir de O, mas em lados opostos de O. Se $r > 0$, o ponto (r, θ) está no mesmo quadrante que θ; se $r < 0$, ele está no quadrante do lado oposto ao polo. Observe que $(-r, \theta)$ representa o mesmo ponto que $(r, \theta + \pi)$.

EXEMPLO 1 Marque os pontos cujas coordenadas polares são dadas.

(a) $(1, 5\pi/4)$ (b) $(2, 3\pi)$ (c) $(2, -2\pi/3)$ (d) $(-3, 3\pi/4)$

SOLUÇÃO Os pontos estão marcados na Figura 3. Na parte (d) o ponto $(-3, 3\pi/4)$ está localizado três unidades a partir do polo no quarto quadrante, porque o ângulo $3\pi/4$ está no segundo quadrante e $r = -3$ é negativo.

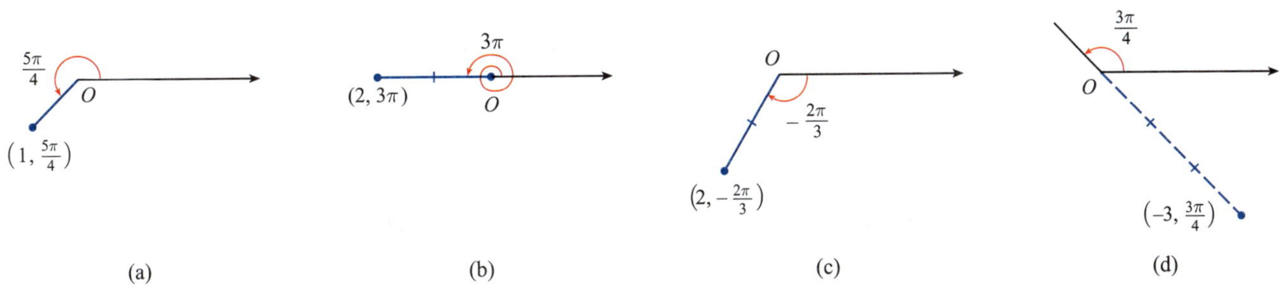

FIGURA 3 ■

No sistema de coordenadas cartesianas cada ponto tem apenas uma representação, mas no sistema de coordenadas polares cada ponto tem muitas representações. Por exemplo, o ponto $(1, 5\pi/4)$ no Exemplo 1(a) poderia ser escrito como $(1, -3\pi/4)$ ou $(1, 13\pi/4)$ ou $(-1, \pi/4)$. (Veja a Figura 4.)

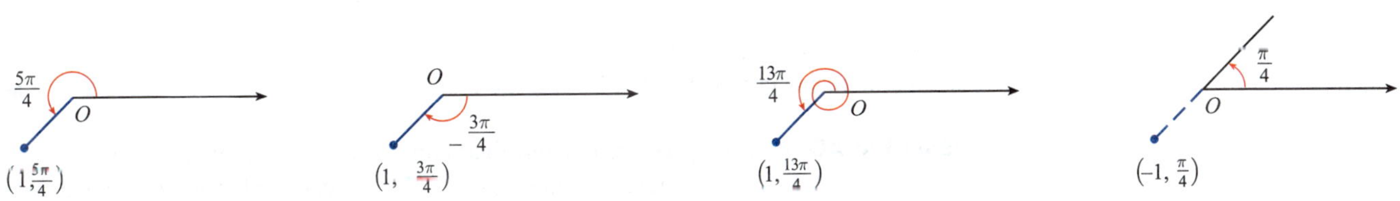

FIGURA 4

De fato, como uma rotação completa no sentido anti-horário é dada por um ângulo 2π, o ponto representado pelas coordenadas polares (r, θ) é também representado por

$$(r, \theta + 2n\pi) \qquad \text{e} \qquad (-r, \theta + (2n + 1)\pi)$$

onde n é qualquer inteiro.

■ Relação entre as Coordenadas Polares e Cartesianas

A relação entre as coordenadas polares e cartesianas pode ser vista a partir da Figura 5, na qual o polo corresponde à origem e o eixo polar coincide com o eixo x positivo. Se o ponto P tiver coordenadas cartesianas (x, y) e coordenadas polares (r, θ), então, a partir da figura, temos $\cos\theta = x/r$ e $\text{sen}\,\theta = y/r$. Assim, para determinar as coordenadas cartesianas (x, y) quando as coordendas polares (r, θ) são conhecidas, usamos as equações

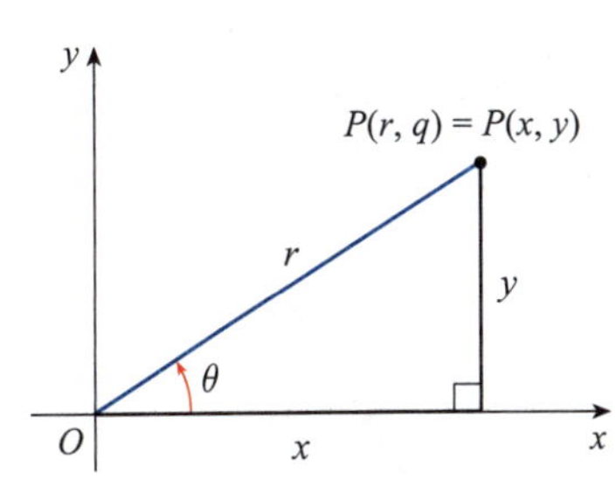

FIGURA 5

1 $$x = r\cos\theta \qquad x = r\,\text{sen}\,\theta$$

Para determinar as coordenadas polares (r, θ) quando as coordenadas cartesianas (x, y) são conhecidas, usamos as equações

2 $$r^2 = x^2 + y \qquad \text{tg}\,\theta = \frac{y}{x}$$

que podem ser deduzidas a partir das Equações 1 ou simplesmente lidas a partir da Figura 5.

Embora as Equações 1 e 2 tenham sido deduzidas da Figura 5, que ilustra o caso em que $r > 0$ e $0 < \theta < \pi/2$, essas equações são válidas para todos os valores de r e θ. (Veja a definição geral de sen θ e de cos θ no Apêndice D.)

EXEMPLO 2 Converta o ponto $(2, \pi/3)$ de coordenadas polares para cartesianas.

SOLUÇÃO Como $r = 2$ e $\theta = \pi/3$, as Equações 1 fornecem

$$x = r\cos\theta = 2\cos\frac{\pi}{3} = 2\cdot\frac{1}{2} = 1$$

$$y = r\,\text{sen}\,\theta = 2\,\text{sen}\,\frac{\pi}{3} = 2\cdot\frac{\sqrt{3}}{2} = \sqrt{3}$$

Portanto, o ponto é $(1, \sqrt{3})$ nas coordenadas cartesianas. ■

EXEMPLO 3 Represente o ponto com coordenadas cartesianas $(1, -1)$ em termos de coordenadas polares.

SOLUÇÃO Se escolhermos r positivo, então a Equação 2 fornece

$$r = \sqrt{x^2 + y^2} = \sqrt{1^2 + (-1)^2} = \sqrt{2}$$

$$\text{tg}\,\theta = \frac{y}{x} = -1$$

Como o ponto $(1, -1)$ está no quarto quadrante, podemos escolher $\theta = -\pi/4$ ou $\theta = 7\pi/4$. Então uma resposta possível é $(\sqrt{2}, -\pi/4)$; e outra é $(\sqrt{2}, 7\pi/4)$. ■

OBSERVAÇÃO As Equações 2 não determinam univocamente θ quando x e y são dados, porque, à medida que θ aumenta no intervalo $0 \leq \theta < 2\pi$, cada valor de tg θ ocorre duas vezes. Portanto, para converter coordenadas cartesianas em coordenadas polares, não é apenas suficiente encontrar r e θ que satisfaçam as Equações 2. Como no Exemplo 3, devemos escolher θ de modo que o ponto (r, θ) esteja no quadrante correto.

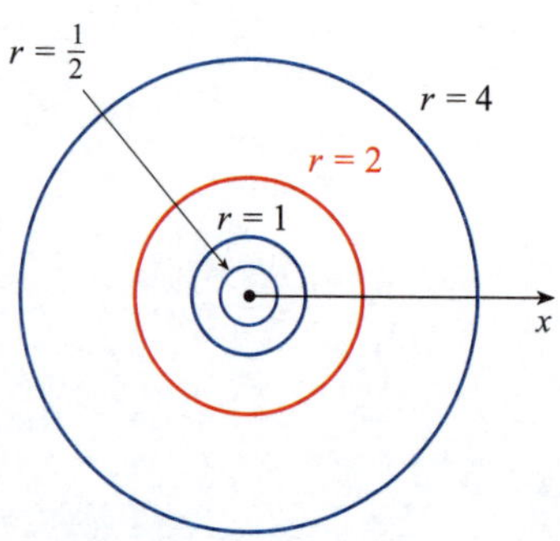

FIGURA 6

■ Curvas Polares

O **gráfico de uma equação polar** $r = f(\theta)$, ou mais genericamente, $F(r, \theta) = 0$, consiste em todos os pontos P que têm pelo menos uma representação (r, θ) cujas coordenadas satisfaçam a equação.

EXEMPLO 4 Que curva é representada pela equação polar $r = 2$?

SOLUÇÃO A curva consiste em todos os pontos (r, θ) com $r = 2$. Como r representa a distância do ponto ao polo, a curva $r = 2$ representa o círculo com centro O e raio 2. Em geral, a equação $r = a$ representa um círculo com centro O e raio $|a|$. (Veja a Figura 6.) ■

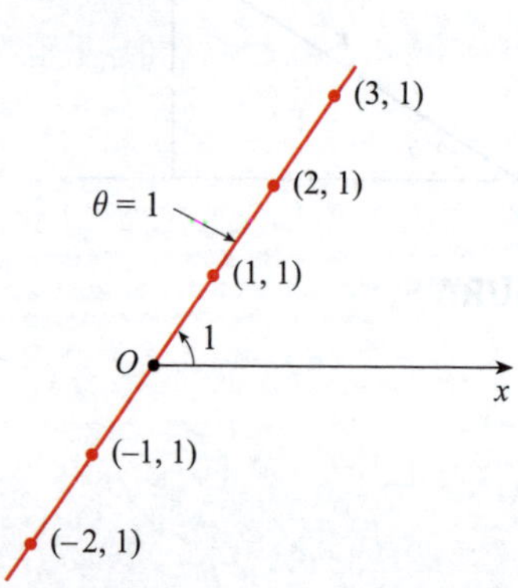

FIGURA 7

EXEMPLO 5 Esboce a curva polar $\theta = 1$.

SOLUÇÃO Essa curva consiste em todos os pontos (r, θ) tal que o ângulo polar θ é 1 radiano. É uma reta que passa por O e forma um ângulo de 1 radiano com o eixo polar (veja a Figura 7). Observe que os pontos $(r, 1)$ na reta com $r > 0$ estão no primeiro quadrante, enquanto aqueles com $r < 0$ estão no terceiro quadrante. ■

EXEMPLO 6

(a) Esboce a curva com equação polar $r = 2\cos\theta$.

(b) Encontre a equação cartesiana para essa curva.

SOLUÇÃO

(a) Na Figura 8 encontramos os valores de r para alguns valores convenientes de θ e marcamos os pontos correspondentes (r, θ). Então juntamos esses pontos para esboçar a curva, que parece ser um círculo. Usamos os valores de θ apenas entre 0 e π, já que, se deixarmos θ aumentar além de π, obtemos os mesmos pontos novamente.

θ	$r = 2\cos\theta$
0	2
$\pi/6$	$\sqrt{3}$
$\pi/4$	$\sqrt{2}$
$\pi/3$	1
$\pi/2$	0
$2\pi/3$	-1
$3\pi/4$	$-\sqrt{2}$
$5\pi/6$	$-\sqrt{3}$
π	-2

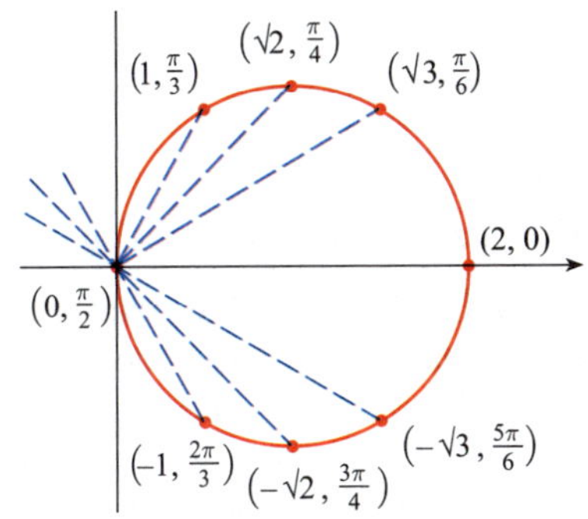

FIGURA 8
Tabela de valores e gráfico de $r = 2\cos\theta$

(b) Para convertermos a equação dada em uma equação cartesiana, usamos as Equações 1 e 2. A partir de $x = r\cos\theta$, temos $\cos\theta = x/r$; assim, a equação $r = 2\cos\theta$ torna-se $r = 2x/r$, que fornece

$$2x = r^2 = x^2 + y^2 \qquad \text{ou} \qquad x^2 + y^2 - 2x = 0$$

Completando o quadrado, obtemos

$$(x - 1)^2 + y^2 = 1$$

que é uma equação do círculo com centro (1, 0) e raio 1. ■

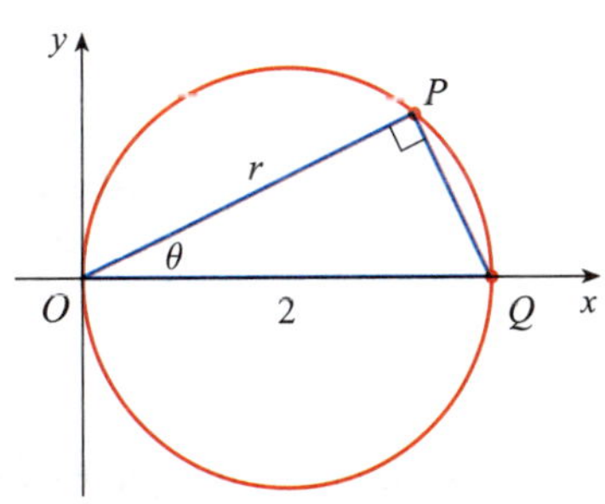

A Figura 9 mostra em uma ilustração geométrica que o círculo no Exemplo 6 tem a equação $r = 2\cos\theta$. O ângulo OPQ é um ângulo reto (por quê?) e assim $r/2 = \cos\theta$.

FIGURA 9

EXEMPLO 7 Esboce a curva polar $r = 1 + \operatorname{sen}\theta$.

SOLUÇÃO Em vez de marcarmos os pontos como no Exemplo 6, primeiro esboçamos o gráfico de $r = 1 + \operatorname{sen}\theta$ em coordenadas *cartesianas* na Figura 10 pelo deslocamento da curva seno uma unidade para cima. Isso nos permite ler de uma vez os valores de r que correspondem aos valores crescentes de θ. Por exemplo, vemos que, quando θ aumenta de 0 até $\pi/2$, r (a distância a partir de O) aumenta de 1 até 2, assim esboçamos a parte correspondente da curva polar na Figura 11(a). Quando θ aumenta de $\pi/2$ até π, a Figura 10 mostra que r diminui de 2 até 1, e dessa forma esboçamos a próxima parte da curva como na Figura 11(b). Quando θ aumenta de π até $3\pi/2$, r diminui de 1 para 0, como apresentado na parte (c). Finalmente, quando θ aumenta de $3\pi/2$ até 2π, r aumenta de 0 para 1, como mostrado na parte (d). Se deixássemos θ aumentar além de 2π ou diminuir além de 0, simplesmente retraçaríamos nossa trajetória. Juntando as partes da curva nas Figuras 11(a)-(d), esboçamos a curva completa na parte (e). Ela é chamada **cardioide**, porque tem o formato parecido com o de um coração.

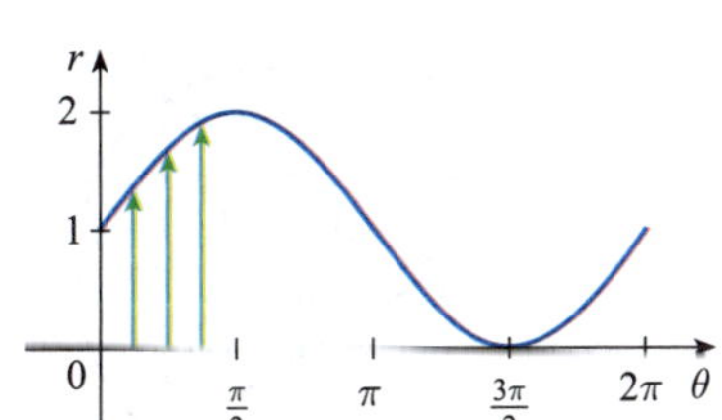

FIGURA 10
$r = 1 + \operatorname{sen}\theta$ em coordenadas cartesianas, $0 \le \theta \le 2\pi$

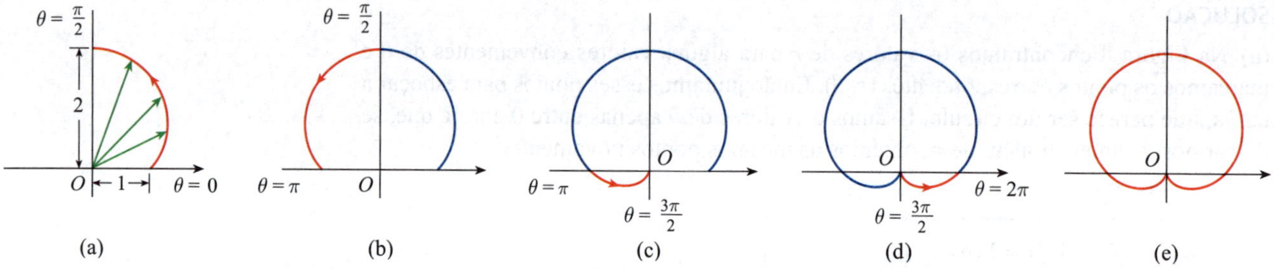

FIGURA 11 Estágios do esboço da cardioide $r = 1 + \text{sen}\,\theta$

EXEMPLO 8 Esboce a curva $r = \cos 2\theta$.

SOLUÇÃO Como no Exemplo 7, fizemos o esboço de $r = \cos 2\theta$, $0 \leq \theta \leq 2\pi$, em coordenadas cartesianas na Figura 12. Quando θ aumenta de 0 até $\pi/4$, a Figura 12 mostra que r diminui de 1 até 0, e assim desenhamos a parte correspondente da curva polar na Figura 13 (indicada por ①. Conforme θ aumenta de $\pi/4$ até $\pi/2$, r vai de 0 a -1. Isso significa que a distância de O aumenta de 0 até 1, mas, em vez de ser no primeiro quadrante, essa parte da curva polar (indicada por ②) está no lado oposto ao polo no terceiro quadrante. O restante da curva é desenhado de uma maneira semelhante, com números e setas indicando a ordem na qual as partes são traçadas. A curva resultante tem quatro laços e é denominada **rosácea de quatro pétalas**.

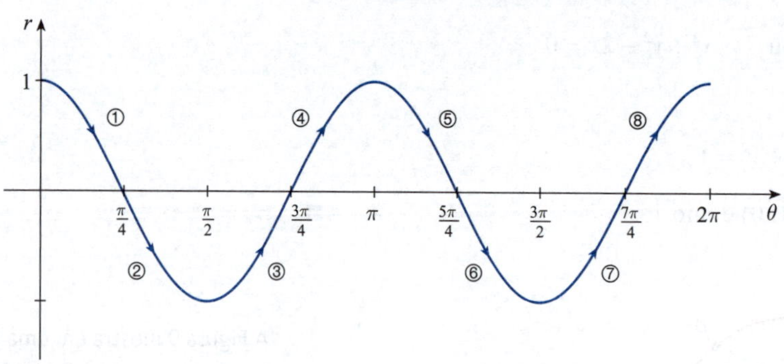

FIGURA 12
$r = \cos 2\theta$ em coordenadas cartesianas

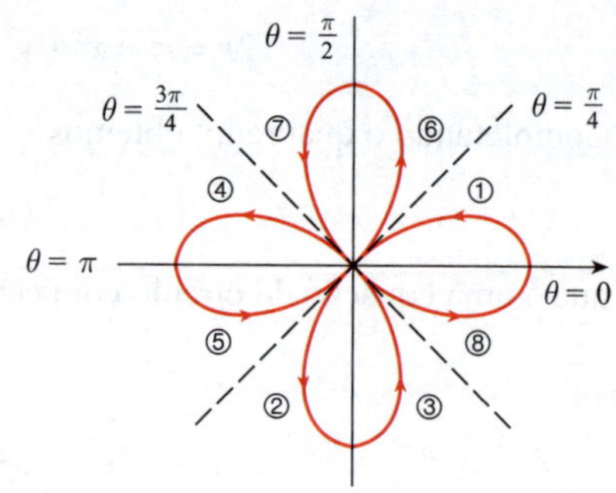

FIGURA 13
Rosácea de quatro pétalas $r = \cos 2\theta$

Simetria

Ao esboçar curvas polares, lembre-se de que é útil algumas vezes levar em conta a simetria. As três regras seguintes são explicadas pela Figura 14.

(a) Se uma equação polar não mudar quando θ for trocado por $-\theta$, a curva será simétrica em relação ao eixo polar.

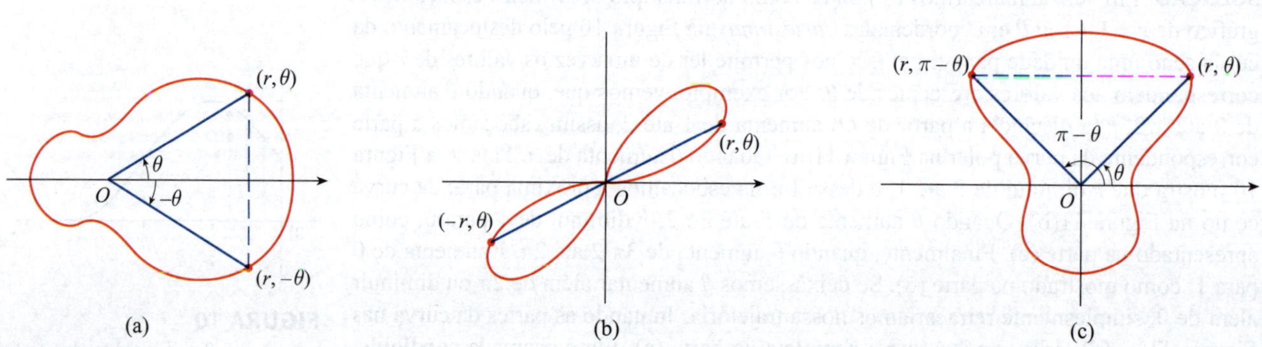

FIGURA 14

(b) Se a equação não mudar quando r for trocado por $-r$, ou quando θ for trocado por $\theta + \pi$, a curva será simétrica em relação ao polo. (Isso significa que a curva permanecerá inalterada se a girarmos 180° em torno da origem.)

(c) Se a equação não mudar quando θ for trocado por $\pi - \theta$, a curva será simétrica em relação à reta vertical $\theta = \pi/2$.

As curvas nos Exemplos 6 e 8 são simétricas em relação ao eixo polar, pois $\cos(-\theta) = \cos\theta$. As curvas nos Exemplos 7 e 8 são simétricas em relação à $\theta = \pi/2$ porque $\text{sen}(\pi - \theta) = \text{sen}\,\theta$ e $\cos[2(\pi - \theta)] = \cos 2\theta$. A rosácea de quatro pétalas é também simétrica em relação ao polo. Essas propriedades de simetria poderiam ser usadas para esboçar as curvas. Por exemplo, no Exemplo 6 só precisaríamos ter marcado pontos para $0 \leq \theta \leq \pi/2$ e então refleti-los em torno do eixo polar para obter o círculo completo.

Traçando Curvas Polares com Ferramentas Gráficas

Embora seja útil saber esboçar as curvas polares simples manualmente, precisamos usar uma calculadora gráfica ou um computador quando nos deparamos com curvas complicadas, como as mostradas nas Figuras 15 e 16.

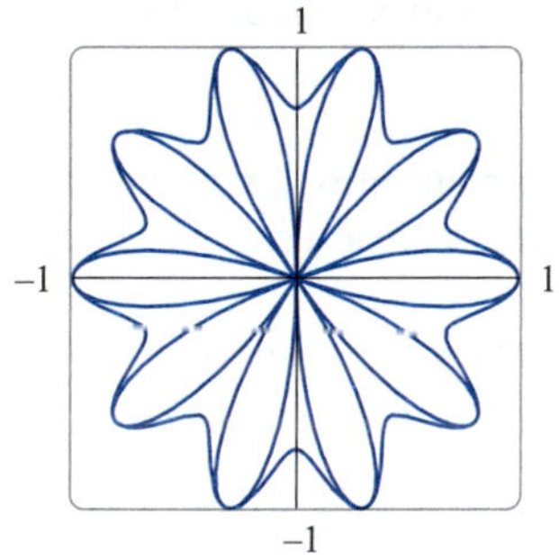

FIGURA 15
$r = \text{sen}^3(2{,}5\theta) + \cos^3(2{,}5\theta)$

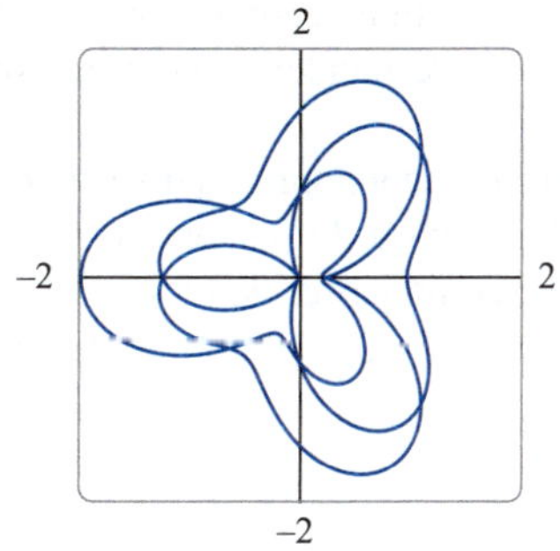

FIGURA 16
$r = \text{sen}^2(3\theta/2) + \cos^2(2\theta/3)$

EXEMPLO 9 Trace o gráfico da curva $r = \text{sen}(8\theta/5)$.

SOLUÇÃO Primeiramente, precisamos determinar o domínio com relação a θ. Assim, nos perguntamos: quantas rotações completas são necessárias até que a curva comece a se repetir? Supondo que a resposta seja n, então

$$\text{sen}\,\frac{8(\theta + 2n\pi)}{5} = \text{sen}\left(\frac{8\theta}{5} + \frac{16n\pi}{5}\right) = \text{sen}\,\frac{8\theta}{5}$$

e, portanto, exigimos que $16n\pi/5$ seja um múltiplo par de π. A primeira vez que isso ocorre é quando $n = 5$. Dessa forma, conseguiremos traçar o gráfico de toda a curva se especificarmos que $0 \leq \theta \leq 10\pi$. A Figura 17 mostra a curva resultante. Observe que essa curva tem 16 laços. ■

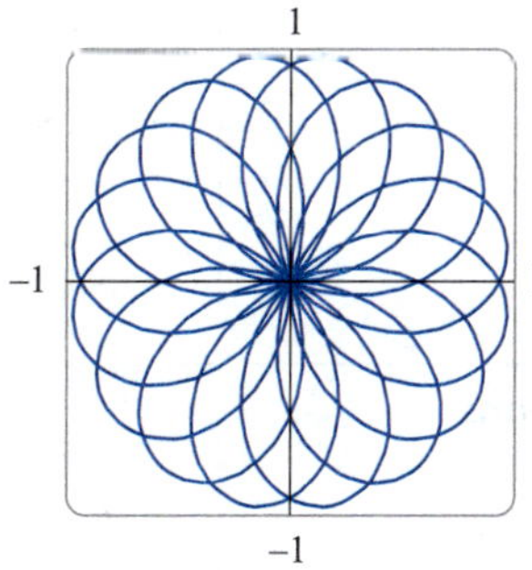

FIGURA 17
$r = \text{sen}(8\theta/5)$

EXEMPLO 10 Investigue a família de curvas polares dada por $r = 1 + c\,\text{sen}\,\theta$. Como o formato muda conforme c varia? (Essas curvas são chamadas **limaçons**, que em francês significa caracol, por causa do formato dessas curvas para certos valores de c.)

SOLUÇÃO A Figura 18 mostra gráficos desenhados por computador para vários valores de c. (Observe que obtemos o gráfico completo considerando que $0 \leq \theta < 2\pi$.) Para $c > 1$, há uma volta que é decrescente em tamanho conforme c diminui. Quando $c = 1$, o laço desaparece e a curva torna-se a cardioide que esboçamos no Exemplo 7. Para c entre 1 e $\frac{1}{2}$, a cúspide da cardioide é suavizada e torna-se uma "covinha". Quando c diminui de $\frac{1}{2}$ para 0, a curva limaçon parece oval. Essa oval se torna mais circular quando $c \to 0$ e quando $c = 0$, a curva é apenas o círculo $r = 1$.

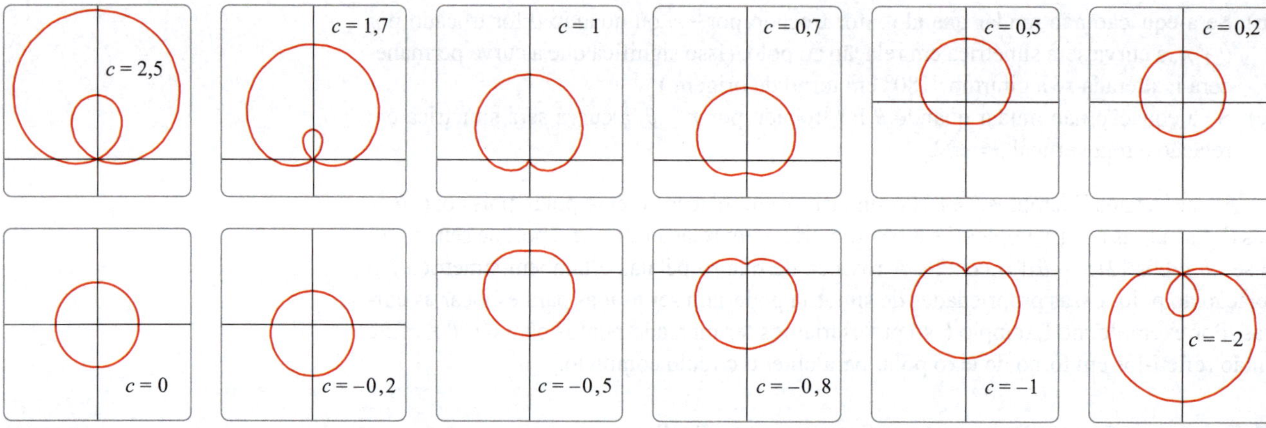

FIGURA 18
Membros da família de curvas limaçons $r = 1 + c \operatorname{sen} \theta$

No Exercício 55 pediremos que você demonstre analiticamente o que descobriu a partir dos gráficos na Figura 18.

As partes restantes da Figura 18 mostram que, quando c se torna negativo, os formatos mudam na ordem inversa. De fato, essas curvas são reflexões ao redor do eixo horizontal das curvas correspondentes com c positivo. ■

Curvas limaçons surgem do estudo de movimento planetário. Em particular, a trajetória de Marte, vista do planeta Terra, tem sido modelada como uma curva limaçon com uma volta, como partes da Figura 18 com $|c| > 1$.

A Tabela 1 apresenta um resumo de algumas curvas polares usuais.

Tabela 1 Curvas Polares Usuais

Circunferências e Espirais	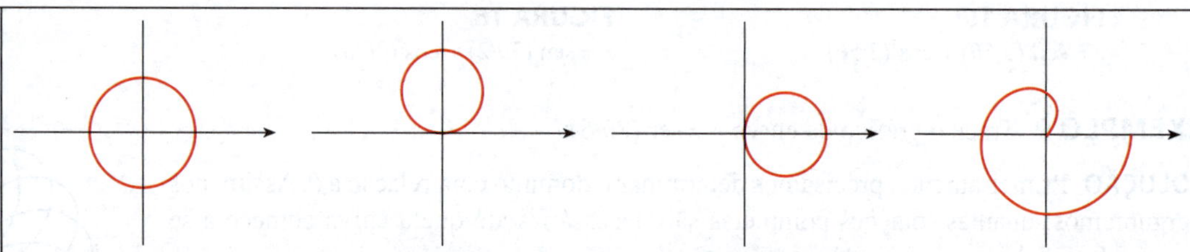 circunferência $r = a$ · circunferência $r = a \operatorname{sen} \theta$ · circunferência $r = a \cos \theta$ · espiral $r = a\theta$
Limaçons $r = a \pm b \operatorname{sen} \theta$ $r = a \pm b \cos \theta$ $(a > 0, b > 0)$ A orientação depende da função trigonométrica (seno ou cosseno) e do sinal de b	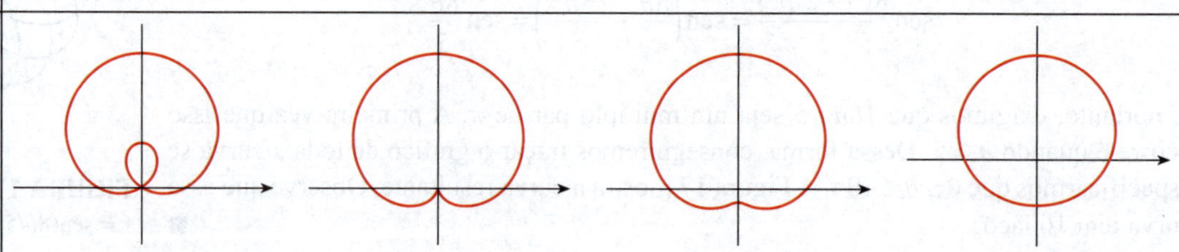 limaçon com laço interno $a < b$ · cardioide $a = b$ · limaçon com "covinha" $a > b$ · limaçon convexo $a \geq 2b$
Rosáceas $r = a \operatorname{sen} n\theta$ $r = a \cos n\theta$ Com n pétalas se n é ímpar Com $2n$ pétalas se n é par	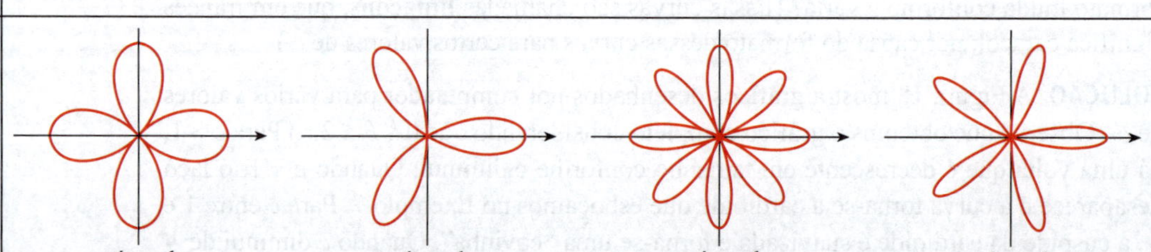 rosácea de quatro pétalas $r = a \cos 2\theta$ · rosácea de três pétalas $r = a \cos 3\theta$ · rosácea de oito pétalas $r = a \cos 4\theta$ · rosácea de cinco pétalas $r = a \cos 5\theta$

Lemniscatas

Curvas em forma de oito

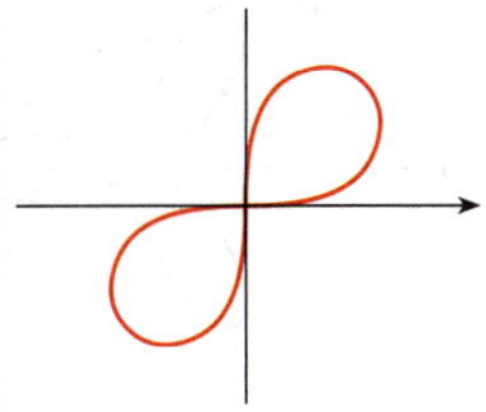

lemniscata
$r^2 = a^2 \text{ sen } 2\theta$

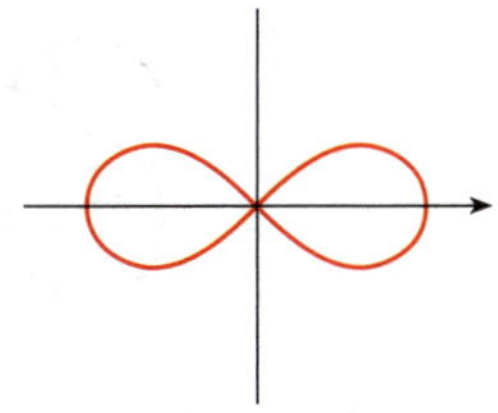

lemniscata
$r^2 = a^2 \cos 2\theta$

10.3 Exercícios

1-2 Marque os pontos cujas coordenadas polares são dadas. A seguir, encontre dois outros pares de coordenadas polares desse ponto, um com $r > 0$ e o outro com $r < 0$.

1. (a) $(1, \pi/4)$ (b) $(-2, 3\pi/2)$ (c) $(3, -\pi/3)$

2. (a) $(2, 5\pi/6)$ (b) $(1, -2\pi/3)$ (c) $(-1, 5\pi/4)$

3-4 Marque o ponto cujas coordenadas polares são dadas. A seguir, encontre as coordenadas cartesianas do ponto.

3. (a) $(2, 3\pi/2)$ (b) $(\sqrt{2}, \pi/4)$ (c) $(-1, -\pi/6)$

4. (a) $(4, 4\pi/3)$ (b) $(-2, 3\pi/4)$ (c) $(-3, -\pi/3)$

5-6 As coordenadas cartesianas de um ponto são dadas.

(i) Encontre as coordenadas polares (r, θ) do ponto, onde $r > 0$ e $0 \le \theta < 2\pi$.

(ii) Encontre as coordenadas polares (r, θ) do ponto, onde $r < 0$ e $0 \le \theta < 2\pi$.

5. (a) $(-4, 4)$ (b) $(3, 3\sqrt{3})$

6. (a) $(\sqrt{3}, -1)$ (b) $(-6, 0)$

7-12 Esboce a região do plano composta pelos pontos cujas coordenadas polares satisfazem as condições fornecidas.

7. $1 < r \le 3$

8. $r \ge 2, \quad 0 \le \theta \le \pi$

9. $0 \le r \le 1, \quad -\pi/2 \le \theta \le \pi/2$

10. $3 < r < 5, \quad 2\pi/3 \le \theta \le 4\pi/3$

11. $2 \le r < 4, \quad 3\pi/4 \le \theta \le 7\pi/4$

12. $r \ge 0, \quad \pi \le \theta \le 5\pi/2$

13. Encontre a distância entre os pontos com coordenadas polares $(4, 4\pi/3)$ e $(6, 5\pi/3)$.

14. Encontre uma fórmula para a distância entre os pontos com coordenadas polares (r_1, θ_1) e (r_2, θ_2).

15-20 Identifique a curva determinando sua equação cartesiana.

15. $r^2 = 5$ **16.** $r = 4 \sec \theta$

17. $r = 5 \cos \theta$ **18.** $\theta = \pi/3$

19. $r^2 \cos 2\theta = 1$ **20.** $r^2 \text{ sen } 2\theta = 1$

21-26 Determine uma equação polar para a curva representada pela equação cartesiana fornecida.

21. $x^2 + y^2 = 7$ **22.** $x = -1$

23. $y = \sqrt{3}x$ **24.** $y = -2x^2$

25. $x^2 + y^2 = 4y$ **26.** $x^2 - y^2 = 4$

27-28 Para cada uma das curvas descritas, decida se a curva seria mais facilmente dada por uma equação polar ou por uma equação cartesiana. Então, escreva uma equação para a curva.

27. (a) Uma reta que passa pela origem e forma um ângulo de $\pi/6$ com o eixo x positivo.
(b) Uma reta vertical pelo ponto $(3, 3)$.

28. (a) Um círculo com raio 5 e centro $(2, 3)$.
(b) Um círculo com centro na origem e raio 4.

29-32 A figura mostra o gráfico de r como uma função de θ em coordenadas cartesianas. Use-o para esboçar a curva polar correspondente.

29.

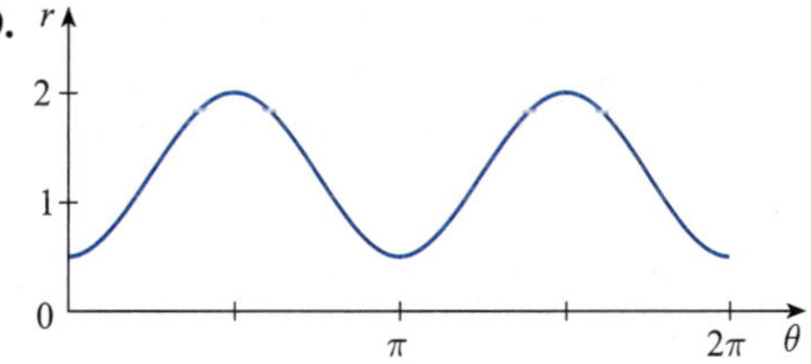

30.

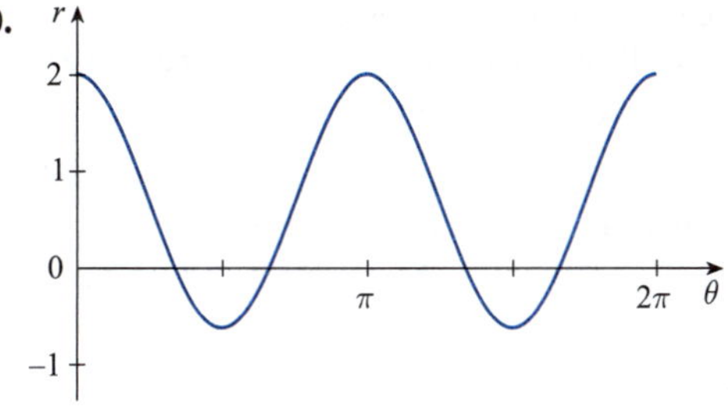

31.

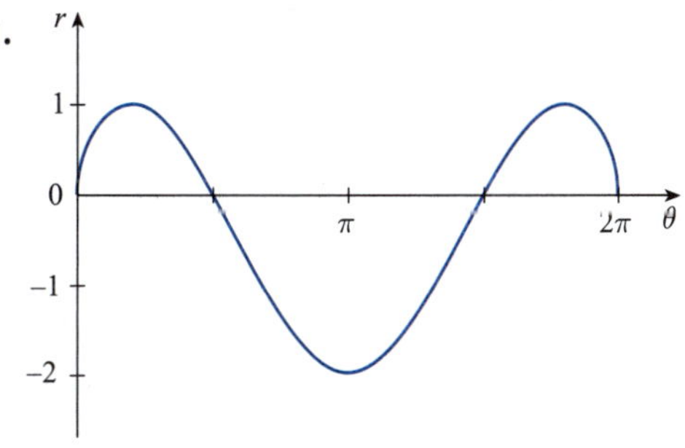

32. 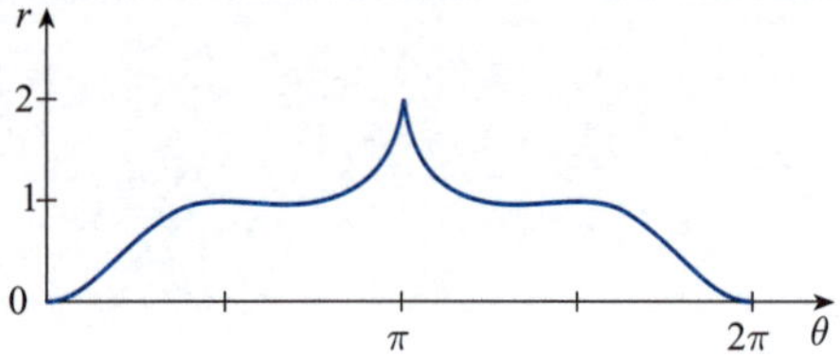

33-50 Esboce a curva cuja equação polar é fornecida traçando, em primeiro lugar, o gráfico de r como uma função de θ em coordenadas cartesianas.

33. $r = -2 \text{ sen } \theta$

34. $r = 1 - \cos \theta$

35. $r = 2(1 + \cos \theta)$

36. $r = 1 + 2 \cos \theta$

37. $r = \theta, \quad \theta \geq 0$

38. $r = \theta^2, \quad -2\pi \leq \theta \leq 2\pi$

39. $r = 3 \cos 3\theta$

40. $r = -\text{sen } 5\theta$

41. $r = 2 \cos 4\theta$

42. $r = 2 \text{ sen } 6\theta$

43. $r = 1 + 3 \cos \theta$

44. $r = 1 + 5 \text{ sen } \theta$

45. $r^2 = 9 \text{ sen } 2\theta$

46. $r^2 = \cos 4\theta$

47. $r = 2 + \text{sen } 3\theta$

48. $r^2\theta = 1$

49. $r = \text{sen}(\theta/2)$

50. $r = \cos(\theta/3)$

51. Mostre que a curva polar $r = 4 + 2 \sec \theta$ (chamada **conchoide**) tem a reta $x = 2$ como uma assíntota vertical mostrando que $\lim_{r \to \pm\infty} x = 2$. Use esse fato para ajudar a esboçar a conchoide.

52. Mostre que a curva $r = 2 - \text{cossec } \theta$ (também uma conchoide) tem a reta $y = -1$ como uma assíntota horizontal mostrando que $\lim_{r \to \pm\infty} y = -1$. Use esse fato para ajudar a esboçar a conchoide.

53. Mostre que a curva $r = \text{sen } \theta \text{ tg } \theta$ (denominada **cissoide de Diocles**) tem a reta $x = 1$ como uma assíntota vertical. Mostre também que a curva está inteiramente dentro da faixa vertical $0 \leq x < 1$. Use esses fatos para ajudar a esboçar a cissoide.

54. Esboce a curva $(x^2 + y^2)^3 = 4x^2 y^2$.

55. (a) No Exemplo 10 os gráficos sugerem que a curva limaçon $r = 1 + c \text{ sen } \theta$ tem um laço interno quando $|c| > 1$. Demonstre que isso é verdadeiro e encontre os valores de θ que correspondam ao laço interno.

(b) A partir da Figura 18 parece que a curva limaçon perde sua covinha quando $c = \frac{1}{2}$. Demonstre isto.

56. Associe as equações polares com os gráficos identificados pelos números I a IX. Justifique suas escolhas.

(a) $r = \cos 3\theta$ (b) $r = \ln \theta, \quad 1 \leq \theta \leq 6\pi$

(c) $r = \cos(\theta/2)$ (d) $r = \cos(\theta/3)$

(e) $r = \sec(\theta/3)$ (f) $r = \sec \theta$

(g) $r = \theta^2, \quad 0 \leq \theta \leq 8\pi$ (h) $r = 2 + \cos 3\theta$

(i) $r = 2 + \cos(3\theta/2)$

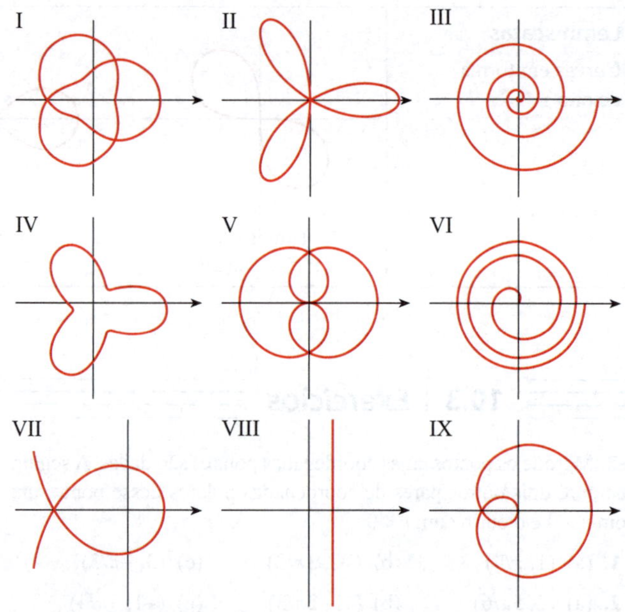

57. Mostre que a equação polar $r = a \text{ sen } \theta + b \cos \theta$, para a qual $ab \neq 0$, representa um círculo e calcule seu centro e o raio.

58. Mostre que as curvas $r = a \text{ sen } \theta$ e $r = a \cos \theta$ se interceptam com ângulos retos.

59-64 Use uma ferramenta gráfica para traçar a curva polar. Escolha o intervalo do parâmetro para ter certeza de que você fez a curva inteira.

59. $r = 1 + 2 \text{ sen}(\theta/2)$ (nefroide de Freeth)

60. $r = \sqrt{1 - 0{,}8 \text{ sen}^2 \theta}$ (hipopédia)

61. $r = e^{\text{sen } \theta} - 2 \cos(4\theta)$ (curva em borboleta)

62. $r = |\text{tg } \theta|^{|\text{cotg } \theta|}$ (curva dos namorados)

63. $r = 1 + \cos^{999} \theta$ (curva de PacMan)

64. $r = 2 + \cos^2(9\theta/4)$

65. Como os gráficos $r = 1 + \text{sen}(\theta - \pi/6)$ e $r = 1 + \text{sen}(\theta - \pi/3)$ estão relacionados ao gráfico $r = 1 + \text{sen } \theta$? Em geral, como o gráfico de $r = f(\theta - \alpha)$ está relacionado ao gráfico de $r = f(\theta)$?

66. Use um gráfico para estimar a coordenada y dos pontos mais altos na curva $r = \text{sen } 2\theta$. Então, use o cálculo para encontrar o valor exato.

67. Investigue a família de curvas dadas por $r = 1 + c \cos \theta$, em que c é um número real. Como o formato muda conforme c varia?

68. Investigue a família de curvas dada por $r = 1 + \cos^n \theta$ onde n é um inteiro positivo. Como muda o formato quando n aumenta? O que acontece quando n se torna maior? Explique a forma para o n maior considerando o gráfico de r como uma função de θ nas coordenadas cartesianas.

PROJETO DE DESCOBERTA | FAMÍLIAS DE CURVAS POLARES

Neste projeto você vai descobrir formas interessantes e bonitas que membros das famílias de curvas polares podem fazer. Também verá como a forma da curva muda conforme você varia as constantes.

1. (a) Investigue a família de curvas definidas pelas equações polares $r = \text{sen}\, n\theta$, onde n é um inteiro positivo. Como o número de laços está relacionado a n?

(b) O que aconteceria se a equação na parte (a) fosse trocada por $r = |\text{sen}\, n\theta|$?

2. Uma família de curvas é dada pelas equações $r = 1 + c\,\text{sen}\, n\theta$, onde c é um número real e n é um inteiro positivo. Como o gráfico muda quando n aumenta? Como ele muda quando c varia? Ilustre traçando membros suficientes da família para justificar suas conclusões.

3. Uma família de curvas tem equações polares

$$r = \frac{1 - a\cos\theta}{1 + a\cos\theta}$$

Investigue como o gráfico muda quando o número a varia. Em particular, você deveria identificar os valores de transição de a para os quais o formato básico da curva muda.

4. O astrônomo Giovanni Cassini (1625-1712) estudou a família de curvas com equações polares

$$r\,4 - 2c^2 r^2 \cos 2\theta + c^4 - a^4 = 0$$

para as quais a e c são números reais positivos. Essas curvas são chamadas **ovais de Cassini**, mesmo que elas sejam ovais apenas para alguns valores de a e c. (Cassini pensava que essas curvas poderiam representar as órbitas dos planetas melhor que as elipses de Kepler.) Investigue a variedade de formas que essas curvas podem ter. Em particular, como estão relacionados a e c quando a curva se divide em duas partes?

10.4 | Cálculo em Coordenadas Polares

Nesta seção, aplicamos os métodos do cálculo para determinar áreas, comprimentos de arcos e tangentes relativas a curvas polares.

Área

Para deduzir a fórmula da área de uma região cuja fronteira é definida por uma equação polar, precisamos usar a fórmula da área de um setor circular:

1 $$A = \tfrac{1}{2} r^2\theta$$

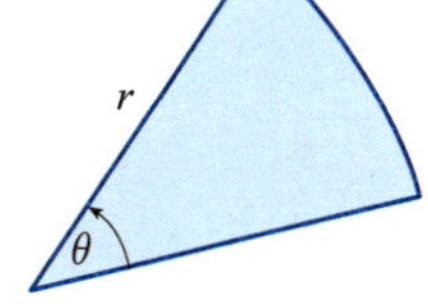

FIGURA 1

onde, como na Figura 1, r é o raio e θ, a medida em radianos do ângulo central. A Fórmula 1 segue do fato de que a área de um setor é proporcional a seu ângulo central: $A = (\theta/2\pi)\pi r^2 = \frac{1}{2}r^2\theta$. (Veja também o Exercício 7.3.41, no Volume 1.)

Seja $\mathcal{R}$ a região ilustrada na Figura 2, limitada pela curva polar $r = f(\theta)$ e pelos raios $\theta = a$ e $\theta = b$, onde f é uma função contínua positiva e onde $0 < b - a \le 2\pi$. Dividimos o intervalo $[a, b]$ em subintervalos com extremidades $\theta_0, \theta_1, \theta_2, \ldots, \theta_n$ e larguras iguais a $\Delta\theta$. Os raios $\theta = \theta_i$ podem dividir $\mathcal{R}$ em n regiões menores com ângulos centrais $\Delta\theta = \theta_i - \theta_{i-1}$. Se escolhermos θ_i^* no i-ésimo subintervalo $[\theta_{i-1}, \theta_i]$, então a área ΔA_i da i-ésima região será aproximada pela área do setor de um círculo com ângulo central $\Delta\theta$ e raio $f(\theta_i^*)$. (Veja a Figura 3.)

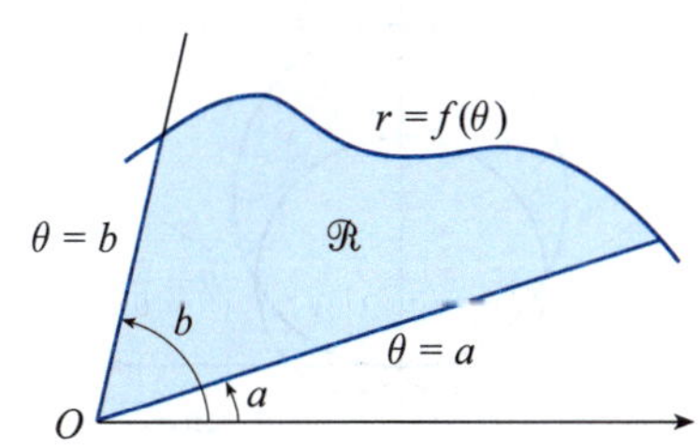

FIGURA 2

Então, a partir da Fórmula 1 temos

$$\Delta A_i \approx \tfrac{1}{2}[f(\theta_i^*)]^2\,\Delta\theta$$

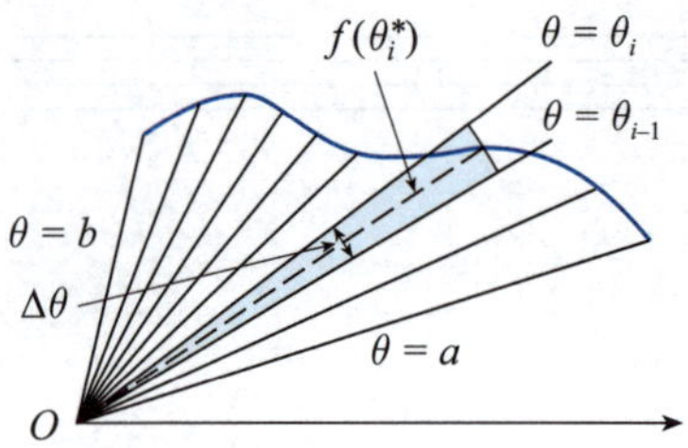

FIGURA 3

e, assim, uma aproximação para a área total A de $\mathcal{R}$ é

2 $$A \approx \sum_{i=1}^{n} \tfrac{1}{2}[f(\theta_i^*)]^2 \, \Delta\theta$$

A partir da Figura 3 parece que a aproximação em (2) melhora quando $n \to \infty$. Mas as somas em (2) são as somas de Riemann para a função $g(\theta) = \frac{1}{2}[f(\theta)]^2$, logo

$$\lim_{x \to \infty} \sum_{i=1}^{n} \tfrac{1}{2}[f(\theta_i^*)]^2 \, \Delta\theta = \int_a^b \tfrac{1}{2}[f(\theta)]^2 \, d\theta$$

Portanto, parece plausível (e de fato pode ser demonstrado) que a fórmula para a área A da região polar $\mathcal{R}$ é

3 $$A = \int_a^b \tfrac{1}{2}[f(\theta)]^2 \, d\theta$$

A Fórmula 3 é frequentemente escrita como

4 $$A = \int_a^b \tfrac{1}{2} r^2 \, d\theta$$

subentendendo que $r = f(\theta)$. Observe a similaridade entre as Fórmulas 1 e 4.

Quando aplicamos a Fórmula 3 ou 4, é interessante pensar na área como sendo varrida por um raio em rotação que passa por O e que começa com ângulo a e termina com ângulo b.

EXEMPLO 1 Calcule a área delimitada por um laço da rosácea de quatro pétalas $r = \cos 2\theta$.

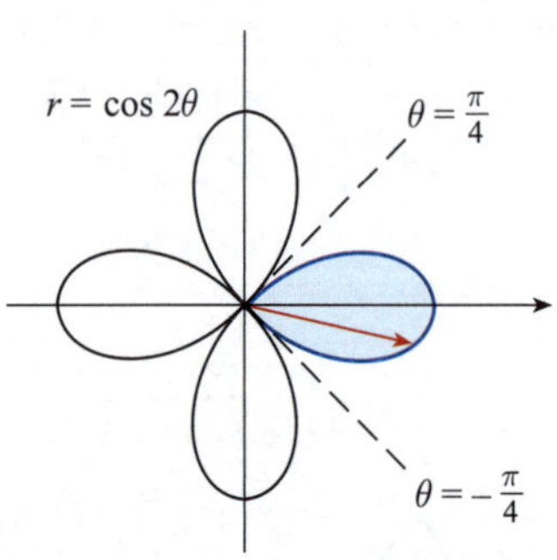

FIGURA 4

SOLUÇÃO A curva $r = \cos 2\theta$ foi esboçada no Exemplo 10.3.8. Observe a partir da Figura 4 que a região delimitada pelo laço direito é varrida pelo raio que gira de $\theta = -\pi/4$ até $\theta = \pi/4$. Dessa forma, a Fórmula 4 fornece

$$A = \int_{-\pi/4}^{\pi/4} \tfrac{1}{2} r^2 \, d\theta = \tfrac{1}{2}\int_{-\pi/4}^{\pi/4} \cos^2 2\theta \, d\theta$$

Uma vez que a região é simétrica com relação ao eixo polar $\theta = 0$, podemos escrever

$$\begin{aligned} A &= 2 \cdot \tfrac{1}{2}\int_0^{\pi/4} \cos^2 2\theta \, d\theta \\ &= \int_0^{\pi/4} \tfrac{1}{2}(1 + \cos 4\theta)\, d\theta \qquad \text{[uma vez que } \cos^2 u = \tfrac{1}{2}(1 + \cos 2u)\text{]} \\ &= \tfrac{1}{2}\left[\theta + \tfrac{1}{4}\operatorname{sen} 4\theta\right]_0^{\pi/4} = \frac{\pi}{8} \end{aligned}$$

■

EXEMPLO 2 Calcule a área da região que está dentro do círculo $r = 3 \operatorname{sen} \theta$ e fora da cardioide $r = 1 + \operatorname{sen} \theta$.

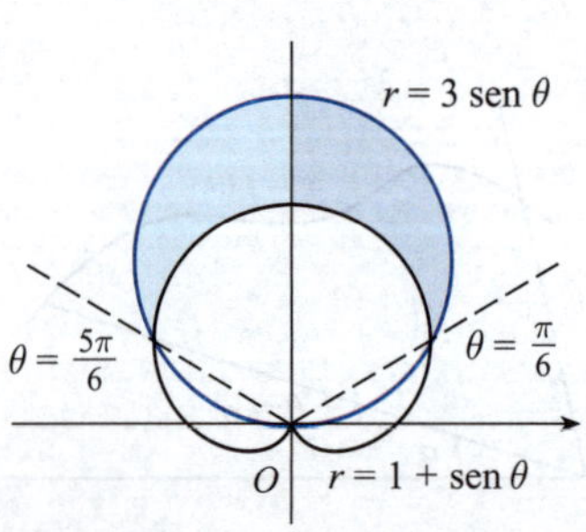

FIGURA 5

SOLUÇÃO A cardioide (veja o Exemplo 10.3.7) e o círculo estão esboçados na Figura 5, e a região desejada está sombreada. Os valores de a e b na Fórmula 4 são determinados achando-se os pontos de intersecção das duas curvas. Elas se interceptam quando $3 \operatorname{sen} \theta = 1 + \operatorname{sen} \theta$, o que fornece $\operatorname{sen} \theta = \frac{1}{2}$, ou seja, $\theta = \pi/6, 5\pi/6$. A área desejada pode ser encontrada pela subtração da área dentro da cardioide entre $\theta = \pi/6$ e $\theta = 5\pi/6$ da área dentro do círculo de $\pi/6$ até $5\pi/6$. Logo,

$$A = \tfrac{1}{2}\int_{\pi/6}^{5\pi/6} (3 \operatorname{sen} \theta)^2 \, d\theta - \tfrac{1}{2}\int_{\pi/6}^{5\pi/6} (1 + \operatorname{sen} \theta)^2 \, d\theta$$

Como a região é simétrica em relação ao eixo $\theta = \pi/2$, podemos escrever

$$\begin{aligned}A &= 2\left[\tfrac{1}{2}\int_{\pi/6}^{\pi/2} 9\,\mathrm{sen}^2\theta\, d\theta - \tfrac{1}{2}\int_{\pi/6}^{5\pi/6}(1+2\,\mathrm{sen}\,\theta+\mathrm{sen}^2\theta)\,d\theta\right]\\ &= \int_{\pi/6}^{\pi/2}(8\,\mathrm{sen}^2\theta - 1 - 2\,\mathrm{sen}\,\theta)\,d\theta\\ &= \int_{\pi/6}^{\pi/2}(3 - 4\cos 2\theta - 2\,\mathrm{sen}\,\theta)\,d\theta \qquad [\text{porque } \mathrm{sen}^2\theta = \tfrac{1}{2}(1-\cos 2\theta)]\\ &= 3\theta - 2\,\mathrm{sen}\,2\theta + 2\cos\theta\Big]_{\pi/6}^{\pi/2} = \pi\end{aligned}$$

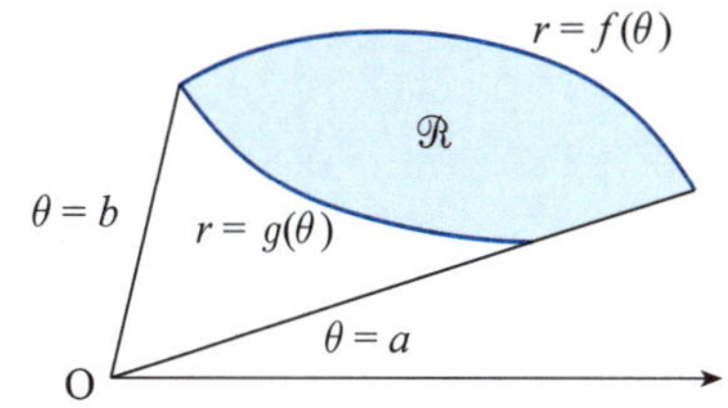

FIGURA 6

O Exemplo 2 ilustra o procedimento para encontrar a área da região delimitada por duas curvas polares. Em geral, seja $\mathscr{R}$ uma região, como ilustrado na Figura 6, que é limitada pelas curvas com as equações polares $r = f(\theta)$, $r = g(\theta)$, $\theta = a$ e $\theta = b$, onde $f(\theta) \geq g(\theta) \geq 0$ e $0 < b - a \leq 2\pi$. A área A de $\mathscr{R}$ é calculada pela subtração da área dentro de $r = g(\theta)$ da área dentro de $r = f(\theta)$; assim, usando a Fórmula 3 temos

$$\begin{aligned}A &= \int_a^b \tfrac{1}{2}[f(\theta)]^2\, d\theta - \int_a^b \tfrac{1}{2}[g(\theta)]^2\, d\theta\\ &= \tfrac{1}{2}\int_a^b ([f(\theta)]^2 - [g(\theta)]^2)\,d\theta\end{aligned}$$

ATENÇÃO O fato de que um único ponto tem muitas representações em coordenadas polares algumas vezes torna difícil encontrar todos os pontos de intersecção de duas curvas polares. Por exemplo, é óbvio a partir da Figura 5 que o círculo e a cardioide têm três pontos de intersecção; contudo, no Exemplo 2, resolvemos as equações $r = 3$ sen θ e $r = 1 +$ sen θ e encontramos apenas dois pontos, $(\frac{3}{2}, \pi/6)$ e $(\frac{3}{2}, 5\pi/6)$. A origem também é um ponto de intersecção, mas não pudemos encontrá-lo resolvendo as equações para as curvas, pois a origem não tem uma única representação em coordenadas polares que satisfaça ambas as equações. Observe que, quando representada como $(0, 0)$ ou $(0, \pi)$, a origem satisfaz $r = 3$ sen θ e, assim, está no círculo; quando representada como $(0, 3\pi/2)$, satisfaz $r = 1 +$ sen θ e dessa forma, está na cardioide. Imagine dois pontos se movendo ao longo das curvas conforme o valor do parâmetro θ aumenta de 0 a 2π. Em uma curva a origem é alcançada em $\theta = 0$ e $\theta = \pi$; na outra, ela é atingida em $\theta = 3\pi/2$. Os pontos não colidem na origem, porque eles a alcançam em tempos diferentes, mas de qualquer modo as curvas se interceptam. (Veja também os Exercícios 10.1.55-57.)

Então, para encontrar todos os pontos de intersecção de duas curvas polares, é recomendável que você desenhe os gráficos de ambas as curvas. É especialmente conveniente usar uma calculadora gráfica ou um computador para ajudar nessa tarefa.

EXEMPLO 3 Encontre todos os pontos de intersecção das curvas $r = \cos 2\theta$ e $r = \frac{1}{2}$.

SOLUÇÃO Se resolvermos as equações $r = \cos 2\theta$ e $r = \frac{1}{2}$, simultaneamente, obteremos $\cos 2\theta = \frac{1}{2}$ e, portanto, $2\theta = \pi/3, 5\pi/3, 7\pi/3, 11\pi/3$. Então, os valores de θ entre 0 e 2π que satisfazem ambas as equações são $\theta = \pi/6, 5\pi/6, 7\pi/6, 11\pi/6$. Encontramos quatro pontos de intersecção: $(\frac{1}{2}, \pi/6)$, $(\frac{1}{2}, 5\pi/6)$, $(\frac{1}{2}, 7\pi/6)$ e $(\frac{1}{2}, 11\pi/6)$.

Contudo, você pode ver a partir da Figura 7 que as curvas têm outros quatro pontos de intersecção, a saber: $(\frac{1}{2}, \pi/3)$, $(\frac{1}{2}, 2\pi/3)$, $(\frac{1}{2}, 4\pi/3)$ e $(\frac{1}{2}, 5\pi/3)$. Esses podem ser encontrados usando-se simetria ou observando que outra equação do círculo é $r = -\frac{1}{2}$ e então resolvendo as equações $r = \cos 2\theta$ e $r = -\frac{1}{2}$ simultaneamente.

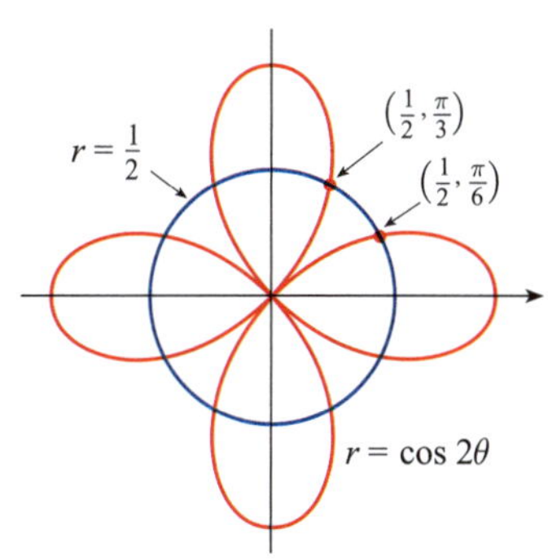

FIGURA 7

Comprimento de Arco

Como vimos na Seção 10.3, as coordenadas retangulares (x, y) e as coordenadas polares (r, θ) estão relacionadas pelas equações $x = r\cos\theta$ e $y = r$ sen θ. Considerando θ como um parâmetro, somos capazes de escrever equações paramétricas para uma curva polar $r = f(\theta)$, como mostrado a seguir.

Equações paramétricas de uma curva polar

5 $$x = r\cos\theta = f(\theta)\cos\theta \qquad y = r\,\text{sen}\,\theta = f(\theta)\,\text{sen}\,\theta$$

Para determinar o comprimento de uma curva polar $r = f(\theta)$, $a \le \theta \le b$, partimos das Equações 5 e as diferenciamos com respeito a θ (usando a Regra do Produto):

$$\frac{dx}{d\theta} = \frac{dr}{d\theta}\cos\theta - r\,\text{sen}\,\theta \qquad \frac{dy}{d\theta} = \frac{dr}{d\theta}\text{sen}\,\theta + r\cos\theta$$

Assim, usando $\cos^2\theta + \text{sen}^2\theta = 1$, temos

$$\begin{aligned}\left(\frac{dx}{d\theta}\right)^2 + \left(\frac{dy}{d\theta}\right)^2 &= \left(\frac{dr}{d\theta}\right)^2\cos^2\theta - 2r\frac{dr}{d\theta}\cos\theta\,\text{sen}\,\theta + r^2\text{sen}^2\theta \\ &\quad + \left(\frac{dr}{d\theta}\right)^2\text{sen}^2\theta + 2r\frac{dr}{d\theta}\text{sen}\,\theta\cos\theta + r^2\cos^2\theta \\ &= \left(\frac{dr}{d\theta}\right)^2 + r^2\end{aligned}$$

Assumindo que f' é contínua, podemos usar o Teorema 10.2.5 para escrever o comprimento de arco como

$$L = \int_a^b \sqrt{\left(\frac{dx}{d\theta}\right)^2 + \left(\frac{dy}{d\theta}\right)^2}\,d\theta$$

Portanto, o comprimento da curva com equação polar $r = f(\theta)$, $a \le \theta \le b$, é

6 $$L = \int_a^b \sqrt{r^2 + \left(\frac{dr}{d\theta}\right)^2}\,d\theta$$

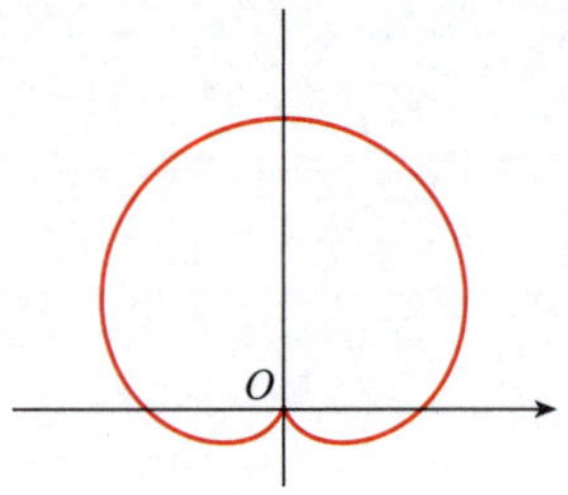

FIGURA 8
$r = 1 + \text{sen}\,\theta$

EXEMPLO 4 Calcule o comprimento da cardioide $r = 1 + \text{sen}\,\theta$.

SOLUÇÃO A cardioide é mostrada na Figura 8. (Esboçamos no Exemplo 10.3.7.) Seu comprimento total é dado pelo intervalo do parâmetro $0 \le \theta \le 2\pi$, então a Fórmula 6 dá

$$L = \int_0^{2\pi}\sqrt{r^2 + \left(\frac{dr}{d\theta}\right)^2}\,d\theta = \int_0^{2\pi}\sqrt{(1+\text{sen}\,\theta)^2 + \cos^2\theta}\,d\theta = \int_0^{2\pi}\sqrt{2 + 2\,\text{sen}\,\theta}\,d\theta$$

Poderíamos calcular essa integral pela multiplicação e divisão do integrando por $\sqrt{2 - 2\,\text{sen}\,\theta}$, ou poderíamos usar um sistema de computação algébrica. De qualquer maneira, calculamos que o comprimento da cardioide é $L = 8$. ■

■ Tangentes

Para determinar a reta tangente a uma curva polar $r = f(\theta)$, consideramos novamente que θ é um parâmetro e escrevemos equações paramétricas para a curva, tal como fizemos nas Equações 5:

$$x = r\cos\theta = f(\theta)\cos\theta \qquad y = r\,\text{sen}\,\theta = f(\theta)\,\text{sen}\,\theta$$

Assim, usando o método de determinação da inclinação de uma curva parametrizada (Equação 10.2.1) e a Regra do Produto, temos

7 $$\frac{dy}{dx} = \frac{\dfrac{dy}{d\theta}}{\dfrac{dx}{d\theta}} = \frac{\dfrac{dr}{d\theta}\,\text{sen}\,\theta + r\cos\theta}{\dfrac{dr}{d\theta}\cos\theta - r\,\text{sen}\,\theta}$$

Identificamos a posição das tangentes horizontais determinando os pontos em que $dy/d\theta = 0$ (desde que $dx/d\theta \neq 0$). Analogamente, identificamos a posição das tangentes verticais determinando os pontos em que $dx/d\theta = 0$ (desde que $dy/d\theta \neq 0$).

Note que, se estivermos interessados nas retas tangentes no polo, então $r = 0$ e a Equação 7 torna-se simplesmente

$$\frac{dy}{dx} = \operatorname{tg}\theta \qquad \text{se } \frac{dr}{d\theta} \neq 0$$

Observe o Exemplo 10.3.8, no qual determinamos que $r = \cos 2\theta = 0$ quando $\theta = \pi/4$ ou $3\pi/4$. Isso significa que as retas $\theta = \pi/4$ e $\theta = 3\pi/4$ (ou $y = x$ e $y = -x$) são retas tangentes a $r = \cos 2\theta$ na origem.

EXEMPLO 5

(a) Determine a inclinação da reta tangente à cardioide $r = 1 + \operatorname{sen}\theta$, apresentada no Exemplo 4, no ponto em que $\theta = \pi/3$.

(b) Determine os pontos da cardioide nos quais a reta tangente é horizontal ou vertical.

SOLUÇÃO Usando a Equação 7 com $r = 1 + \operatorname{sen}\theta$, temos

$$\frac{dy}{dx} = \frac{\dfrac{dr}{d\theta}\operatorname{sen}\theta + r\cos\theta}{\dfrac{dr}{d\theta}\cos\theta - r\operatorname{sen}\theta} = \frac{\cos\theta\operatorname{sen}\theta + (1+\operatorname{sen}\theta)\cos\theta}{\cos\theta\cos\theta - (1+\operatorname{sen}\theta)\operatorname{sen}\theta}$$

$$= \frac{\cos\theta\,(1+2\operatorname{sen}\theta)}{1-2\operatorname{sen}^2\theta - \operatorname{sen}\theta} = \frac{\cos\theta\,(1+2\operatorname{sen}\theta)}{(1+\operatorname{sen}\theta)(1-2\operatorname{sen}\theta)}$$

(a) A inclinação da tangente no ponto em que $\theta = \pi/3$ é

$$\left.\frac{dy}{dx}\right|_{\theta=\pi/3} = \frac{\cos(\pi/3)[1+2\operatorname{sen}(\pi/3)]}{[1+\operatorname{sen}(\pi/3)][1-2\operatorname{sen}(\pi/3)]} = \frac{\frac{1}{2}(1+\sqrt{3})}{(1+\sqrt{3}/2)(1-\sqrt{3})}$$

$$= \frac{1+\sqrt{3}}{(2+\sqrt{3})(1-\sqrt{3})} = \frac{1+\sqrt{3}}{-1-\sqrt{3}} = -1$$

(b) Observe que

$$\frac{dy}{d\theta} = \cos\theta\,(1+2\operatorname{sen}\theta) = 0 \qquad \text{quando } \theta = \frac{\pi}{2}, \frac{3\pi}{2}, \frac{7\pi}{6}, \frac{11\pi}{6}$$

$$\frac{dx}{d\theta} = (1+\operatorname{sen}\theta)(1-2\operatorname{sen}\theta) = 0 \qquad \text{quando } \theta = \frac{3\pi}{2}, \frac{\pi}{6}, \frac{5\pi}{6}$$

Portanto, há tangentes horizontais nos pontos $(2, \pi/2)$, $(\frac{1}{2}, 7\pi/6)$ e $(\frac{1}{2}, 11\pi/6)$, e tangentes verticais nos pontos $(\frac{3}{2}, \pi/6)$ e $(\frac{3}{2}, 5\pi/6)$. Quando $\theta = 3\pi/2$, tanto $dy/d\theta$ quanto $dx/d\theta$ são iguais a 0, de modo que temos que ser cuidadosos. Usando a Regra de L'Hôspital, temos

$$\lim_{\theta\to(3\pi/2)^-}\frac{dy}{dx} = \left(\lim_{\theta\to(3\pi/2)^-}\frac{1+2\operatorname{sen}\theta}{1-2\operatorname{sen}\theta}\right)\left(\lim_{\theta\to(3\pi/2)^-}\frac{\cos\theta}{1+\operatorname{sen}\theta}\right)$$

$$= -\frac{1}{3}\lim_{\theta\to(3\pi/2)^-}\frac{\cos\theta}{1+\operatorname{sen}\theta} = -\frac{1}{3}\lim_{\theta\to(3\pi/2)^-}\frac{-\operatorname{sen}\theta}{\cos\theta} = \infty$$

Por simetria,

$$\lim_{\theta\to(3\pi/2)^+}\frac{dy}{dx} = -\infty$$

Dessa forma, há uma reta tangente vertical no polo (veja a Figura 9). ■

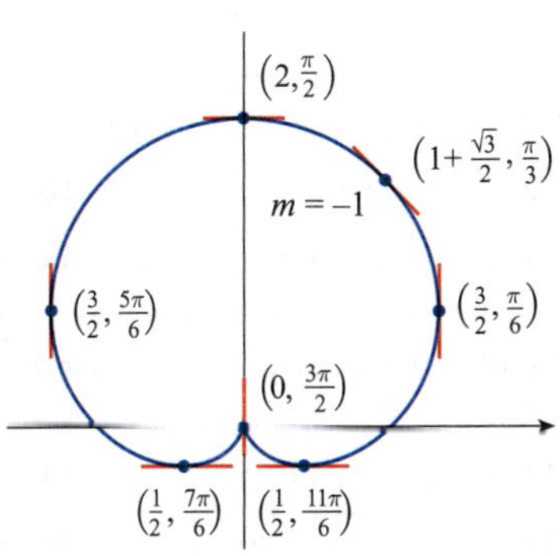

FIGURA 9
Retas tangentes para $r = 1 + \operatorname{sen}\theta$

OBSERVAÇÃO Em lugar de memorizar a Equação 7, podemos empregar o método utilizado para deduzi-la. Note que, no Exemplo 5, poderíamos ter escrito as equações paramétricas da curva como

$$x = r\cos\theta = (1 + \operatorname{sen}\theta)\cos\theta = \cos\theta + \tfrac{1}{2}\operatorname{sen} 2\theta$$

$$y = r\operatorname{sen}\theta = (1 + \operatorname{sen}\theta)\operatorname{sen}\theta = \operatorname{sen}\theta + \operatorname{sen}^2\theta$$

Assim, teríamos

$$\frac{dy}{dx} = \frac{dy/d\theta}{dx/d\theta} = \frac{\cos\theta + 2\operatorname{sen}\theta\cos\theta}{-\operatorname{sen}\theta + \cos 2\theta} = \frac{\cos\theta + \operatorname{sen} 2\theta}{-\operatorname{sen}\theta + \cos 2\theta}$$

que é equivalente à expressão que obtivemos anteriormente.

10.4 Exercícios

1-4 Determine a área da região que é delimitada pela curva fornecida e está localizada no setor especificado.

1. $r = \sqrt{2\theta}$, $0 \le \theta \le \pi/2$

2. $r = e^{\theta}$, $3\pi/4 \le \theta \le 3\pi/2$

3. $r = \operatorname{sen}\theta + \cos\theta$, $0 \le \theta \le \pi$

4. $r = 1/\theta$, $\pi/2 \le \theta \le 2\pi$

5-8 Encontre a área da região sombreada.

5.

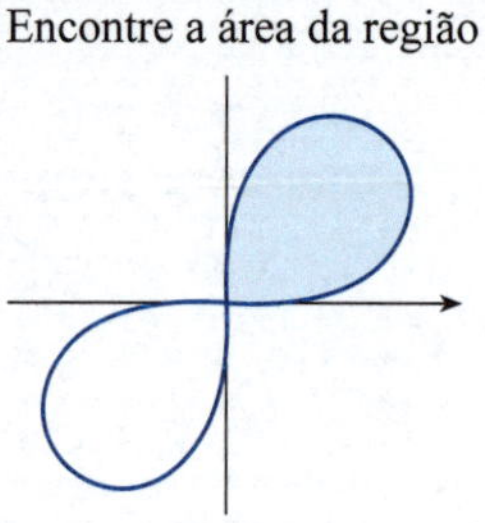

$r^2 = \operatorname{sen} 2\theta$

6.

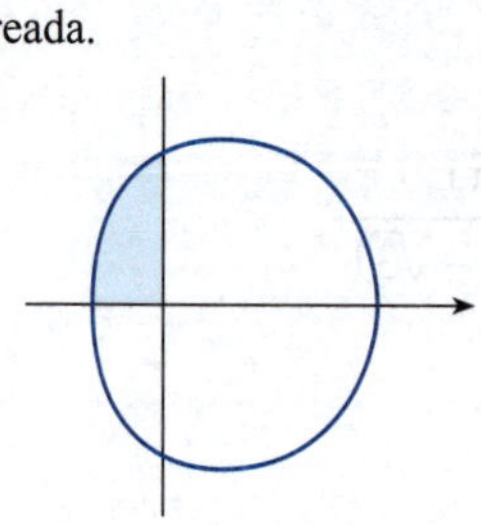

$r = 2 + \cos\theta$

7.

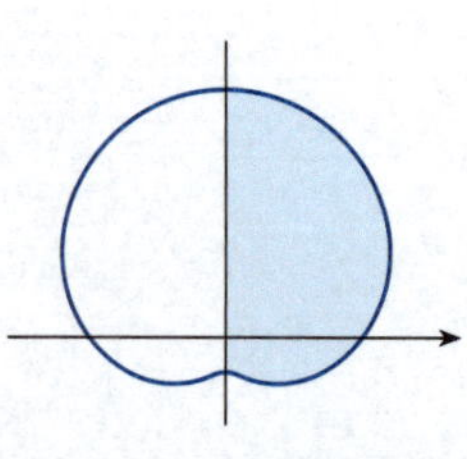

$r = 4 + 3\operatorname{sen}\theta$

8.

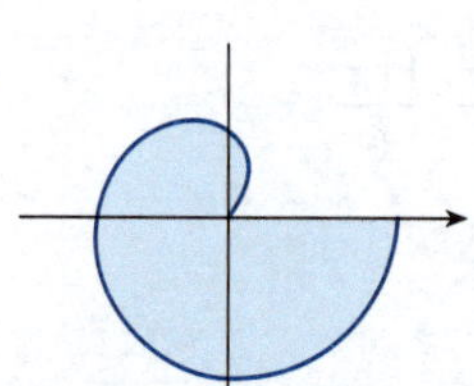

$r = \sqrt{\ln\theta}$, $1 \le \theta \le 2\pi$

9-12 Esboce a curva e determine a área da região por ela delimitada.

9. $r = 4\cos\theta$ **10.** $r = 2 + 2\cos\theta$

11. $r = 3 - 2\operatorname{sen}\theta$ **12.** $r = 2\operatorname{sen} 3\theta$

13-16 Trace a curva e determine a área da região por ela delimitada.

13. $r = 2 + \operatorname{sen} 4\theta$ **14.** $r = 3 - 2\cos 4\theta$

15. $r = \sqrt{1 + \cos^2(5\theta)}$ **16.** $r = 1 + 5\operatorname{sen} 6\theta$

17-21 Encontre a área da região dentro de um laço da curva.

17. $r = 4\cos 3\theta$ **18.** $r^2 = 4\cos 2\theta$

19. $r = \operatorname{sen} 4\theta$ **20.** $r = 2\operatorname{sen} 5\theta$

21. $r = 1 + 2\operatorname{sen}\theta$ (laço interno)

22. Calcule a área delimitada pelo laço do **estrofoide** $r = 2\cos\theta - \sec\theta$.

23-28 Determine a área da região que está dentro da primeira curva e fora da segunda curva.

23. $r = 4\operatorname{sen}\theta$, $r = 2$

24. $r = 1 - \operatorname{sen}\theta$, $r = 1$

25. $r^2 = 8\cos 2\theta$, $r = 2$

26. $r = 1 + \cos\theta$, $r = 2 - \cos\theta$

27. $r = 3\cos\theta$, $r = 1 + \cos\theta$

28. $r = 3\operatorname{sen}\theta$, $r = 2 - \operatorname{sen}\theta$

29-34 Encontre a área da região que está dentro de ambas as curvas.

29. $r = 3\operatorname{sen}\theta$, $r = 3\cos\theta$

30. $r = 1 + \cos\theta$, $r = 1 - \cos\theta$

31. $r = \operatorname{sen} 2\theta$, $r = \cos 2\theta$

32. $r = 3 + 2\cos\theta$, $r = 3 + 2\operatorname{sen}\theta$

33. $r^2 = 2\operatorname{sen} 2\theta$, $r = 1$

34. $r = a\operatorname{sen}\theta$, $r = b\cos\theta$, $a > 0, b > 0$

35. Encontre a área dentro do laço maior e fora do laço menor da curva limaçon $r = \frac{1}{2} + \cos\theta$.

36. Encontre a área entre o laço maior e o laço menor da curva $r = 1 + 2\cos 3\theta$.

37-42 Determine todos os pontos de intersecção das curvas fornecidas.

37. $r = \operatorname{sen}\theta$, $r = 1 - \operatorname{sen}\theta$

38. $r = 1 + \cos\theta$, $r = 1 - \operatorname{sen}\theta$

39. $r = 2\operatorname{sen} 2\theta$, $r = 1$

40. $r = \cos\theta$, $r = \text{sen}\,2\theta$

41. $r^2 = 2\cos 2\theta$, $\quad r = 1$

42. $r^2 = \text{sen}\,2\theta$, $\quad r^2 = \cos 2\theta$

43-46 Determine a área da região sombreada.

43.

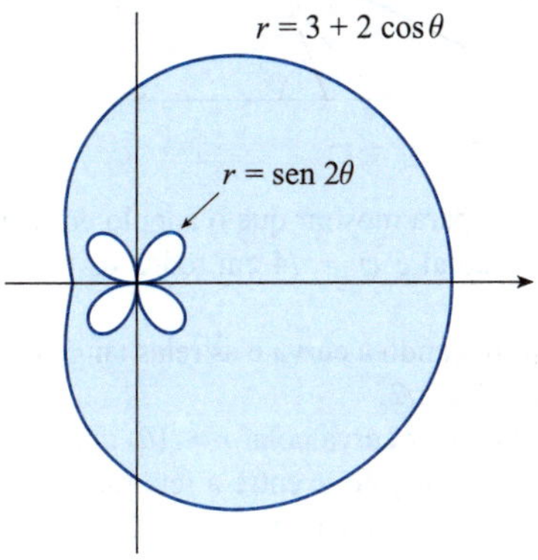

44.

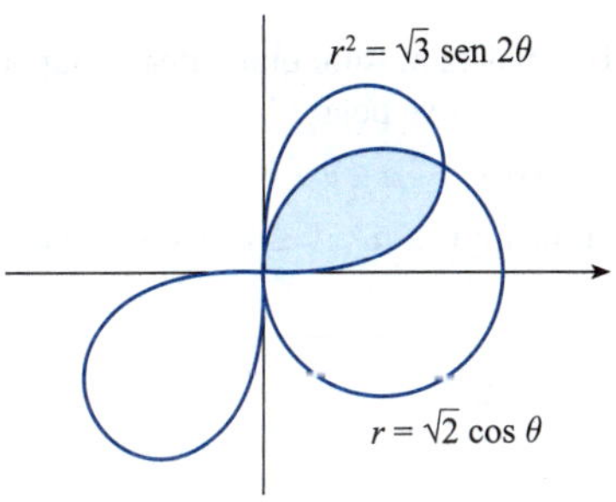

45.

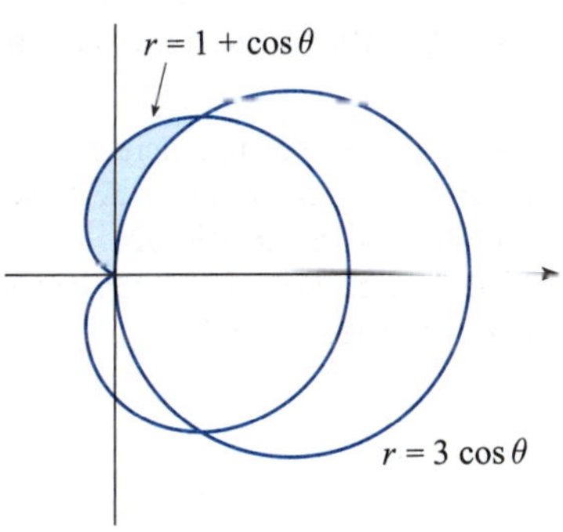

46.

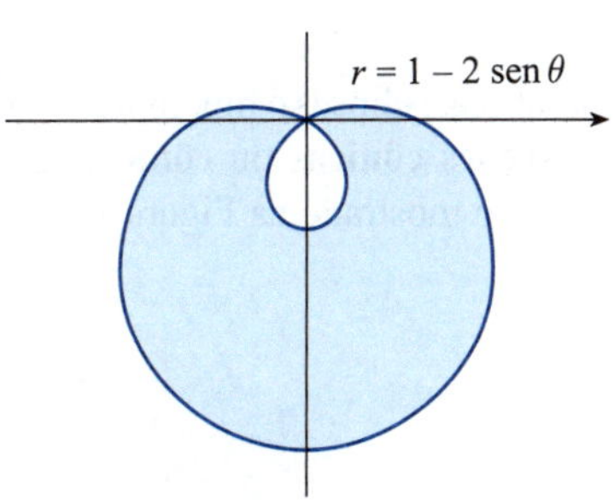

---

47. Os pontos de intersecção da cardioide $r = 1 + \text{sen}\,\theta$ e do laço espiral $r = 2\theta$, $-\pi/2 \le \theta \le \pi/2$, não podem ser encontrados exatamente. Use uma ferramenta gráfica para encontrar os valores aproximados de θ nos quais eles se interceptam. Então, use esses valores para estimar a área que está dentro de ambas as curvas.

48. Ao gravarem apresentações ao vivo, os engenheiros de som usam um padrão de captação em forma de cardioide, pois ele suprime o barulho da audiência. Suponha que o microfone esteja colocado a 4 m da frente do palco (como na figura) e que o limite da região de captação ótima seja dado pela cardioide $r = 8 + 8\,\text{sen}\,\theta$, onde r é medido em metros e o microfone está no polo. Os músicos querem saber a área que eles terão no palco dentro da área de captação ótima do microfone. Responda a essa pergunta.

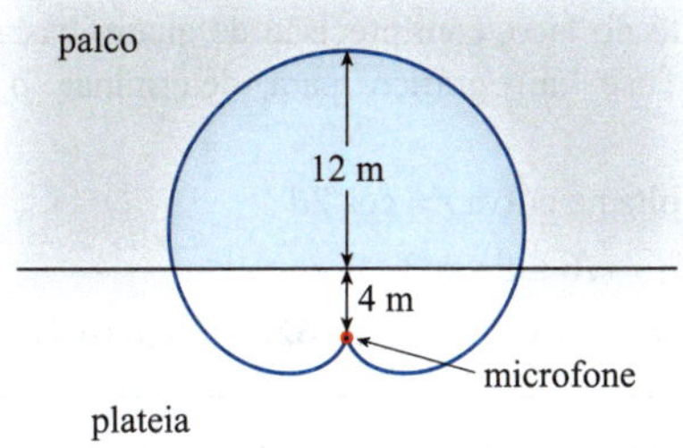

49-52 Determine o comprimento exato da curva polar.

49. $r = 2\cos\theta$, $\quad 0 \le \theta \le \pi$

50. $r = e^{\theta/2}$, $\quad 0 \le \theta \le \pi/2$

51. $r = \theta^2$, $\quad 0 \le \theta \le 2\pi$

52. $r = 2(1 + \cos\theta)$

53-54 Determine o comprimento exato do trecho da curva mostrado em azul.

53.

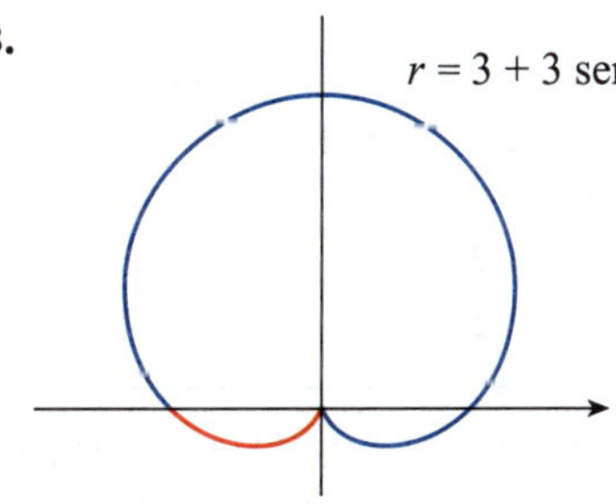

54.

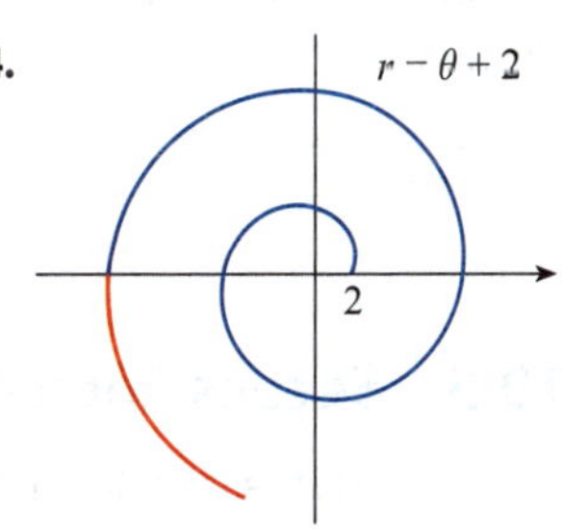

55-56 Calcule o comprimento da curva. Use um gráfico para determinar o intervalo de parâmetro.

55. $r = \cos^4(\theta/4)$

56. $r = \cos^2(\theta/2)$

57-58 Defina, mas não calcule, uma integral que permita a determinação do comprimento do trecho da curva mostrado em azul.

57.

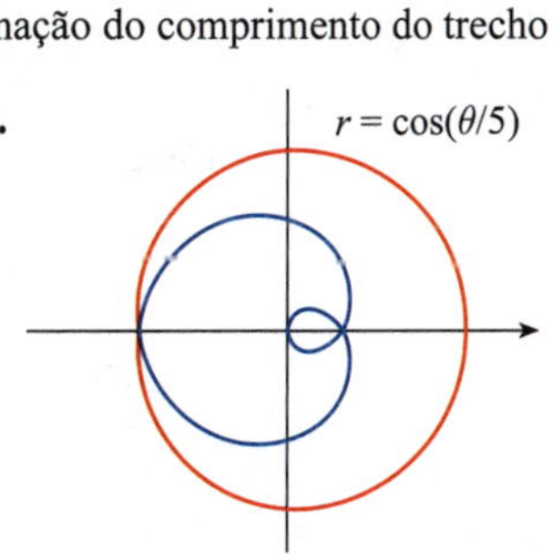

58. 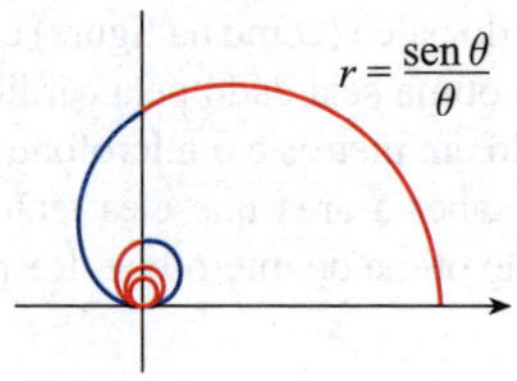

T **59-62** Use uma calculadora ou um computador para encontrar o comprimento do laço, com precisão de quatro casas decimais. Se necessário, use um gráfico para determinar o intervalo de parâmetro.

59. Uma volta na curva $r = \cos 2\theta$

60. $r = \text{tg}\,\theta, \quad \pi/6 \leq \theta \leq \pi/3$

61. $r = \text{sen}(6\,\text{sen}\,\theta)$

62. $r = \text{sen}\,(\theta/4)$

63-68 Determine a inclinação da reta tangente à curva polar indicada, no ponto especificado pelo valor de θ.

63. $r = 2\cos\theta, \quad \theta = \pi/3$

64. $r = 2 + \text{sen}\,3\theta, \quad \theta = \pi/4$

65. $r = 1/\theta, \quad \theta = \pi$

66. $r = \text{sen}\,\theta + 2\cos\theta, \quad \theta = \pi/2$

67. $r = \cos 2\theta, \quad \theta = \pi/4$

68. $r = 1 + 2\cos\theta, \quad \theta = \pi/3$

69-72 Determine os pontos da curva indicada nos quais a reta tangente é vertical ou horizontal.

69. $r = \text{sen}\,\theta$

70. $r = 1 - \text{sen}\,\theta$

71. $r = 1 + \cos\theta$

72. $r = e^{\theta}$

73. Seja P um ponto qualquer da curva $r = f(\theta)$ (com exceção da origem). Supondo que ψ seja o ângulo entre a reta tangente em P e a reta radial OP, mostre que

$$\text{tg}\,\psi = \frac{r}{dr/d\theta}$$

[Dica: Observe que $\psi = \phi - \theta$ na figura.]

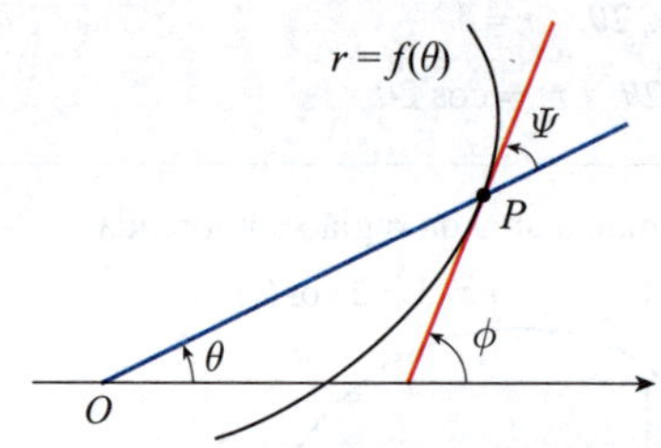

74. (a) Use o Exercício 73 para mostrar que o ângulo entre a reta tangente e a reta radial é $\psi = \pi/4$ em todos os pontos da curva $r = e^{\theta}$.

(b) Ilustre a parte (a) traçando a curva e as retas tangentes nos pontos em que $\theta = 0$ e $\pi/2$.

(c) Demonstre que qualquer curva polar $r = f(\theta)$ que possua a propriedade de que o ângulo ψ entre a reta radial e a reta tangente seja constante deve ter a forma $r = Ce^{k\theta}$, em que C e k são constantes.

75. (a) Use a Fórmula 10.2.9 para mostrar que a área da superfície gerada pela rotação da curva polar

$$r = f(\theta) \qquad a \leq \theta \leq b$$

(em que f' é contínua e $0 \leq a < b \leq \pi$) em torno do eixo polar é

$$S = \int_a^b 2\pi r\,\text{sen}\,\theta\,\sqrt{r^2 + \left(\frac{dr}{d\theta}\right)^2}\,d\theta$$

(b) Use a fórmula da parte (a) para determinar a área da superfície gerada pela rotação da lemniscata $r^2 = \cos 2\theta$ em torno do eixo polar.

76. (a) Encontre a fórmula para a área da superfície gerada pela rotação da curva polar $r = f(\theta)$, $a \leq \theta \leq b$ (onde f' é contínua e $0 \leq a < b \leq \pi$), em torno da reta $\theta = \pi/2$.

(b) Calcule a área da superfície gerada pela rotação da lemniscata $r^2 = \cos 2\theta$ em torno da reta $\theta = \pi/2$.

10.5 Seções Cônicas

Nesta seção daremos as definições geométricas de parábolas, elipses e hipérboles, e deduziremos suas equações padrão. Elas são chamadas **seções cônicas** ou **cônicas**, porque resultam da intersecção de um cone com um plano, como mostrado na Figura 1.

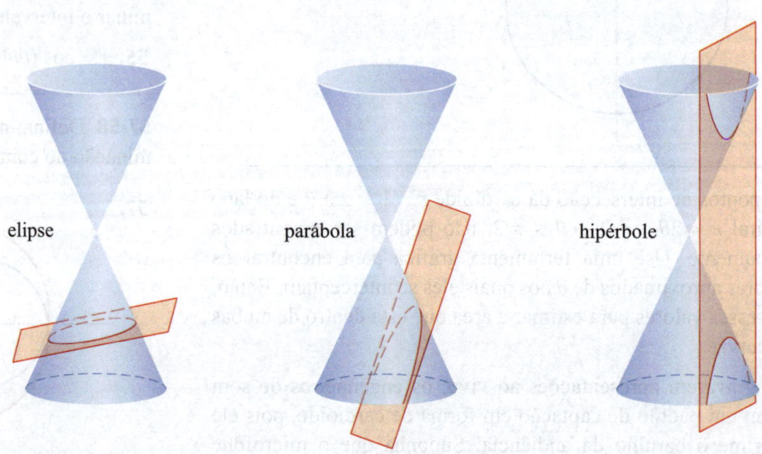

FIGURA 1
Cônicas

Parábolas

Uma **parábola** é o conjunto de pontos em um plano cujas distâncias a um ponto fixo F (denominado **foco**) e a uma reta fixa (chamada **diretriz**) são iguais. Essa definição é ilustrada pela Figura 2. Observe que o ponto na metade do caminho entre o foco e a diretriz está na parábola; ele é conhecido como **vértice**. A reta que passa pelo foco e é perpendicular à diretriz é intitulada **eixo** da parábola.

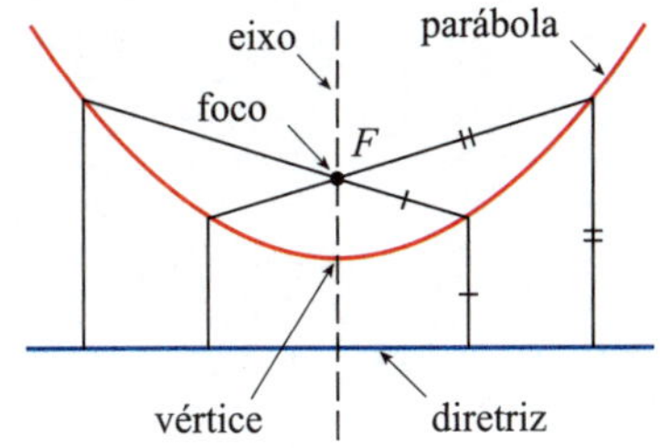

FIGURA 2

No século XVI, Galileu mostrou que a trajetória de um projétil atirado no ar com certo ângulo em relação ao solo é uma parábola. Desde essa época, os formatos parabólicos têm sido usados para desenhar faróis de carro, telescópios refletores e pontes suspensas. (Veja o Problema 22 da seção Problemas Quentes apresentada após o Capítulo 3, no Volume 1, para conhecer a propriedade de reflexão das parábolas, que as torna tão útil.)

Obteremos uma equação particularmente simples para uma parábola se colocarmos o vértice na origem O e sua diretriz paralela ao eixo x, como na Figura 3. Se o foco for o ponto $(0, p)$, então a diretriz tem a equação $y = -p$. Se $P(x, y)$ é qualquer ponto na parábola, então a distância de P até o foco é de

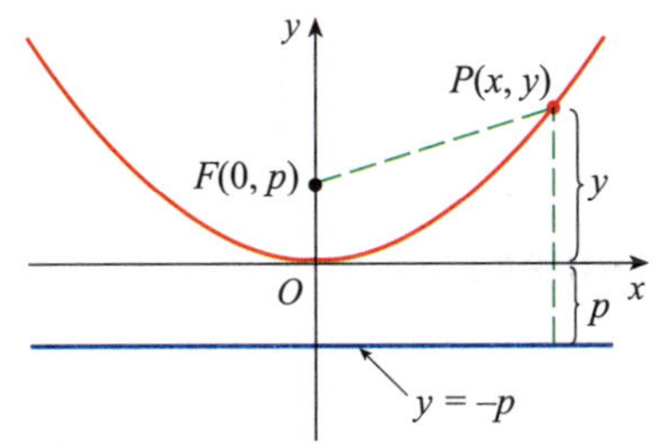

FIGURA 3

$$|PF| = \sqrt{x^2 + (y-p)^2}$$

e a distância de P até a diretriz é $|y + p|$. (A Figura 3 ilustra o caso onde $p > 0$.) A propriedade de definição de uma parábola é que essas distâncias são iguais:

$$\sqrt{x^2 + (y-p)^2} = |y + p|$$

Obtemos uma equação equivalente elevando ao quadrado e simplificando:

$$x^2 + (y-p)^2 = |y+p|^2 = (y+p)^2$$

$$x^2 + y^2 - 2py + p^2 = y^2 + 2py + p^2$$

$$x^2 = 4py$$

> **1** Uma equação da parábola com foco $(0, p)$ e diretriz $y = -p$ é
>
> $$x^2 = 4py$$

Se escrevermos $a = 1/(4p)$, então a equação padrão de uma parábola (1) torna-se $y = ax^2$. A concavidade é para cima se $p > 0$ e para baixo se $p < 0$ [veja a Figura 4, partes (a) e (b)]. O gráfico é simétrico em relação ao eixo y porque (1) não muda quando x é trocado por $-x$.

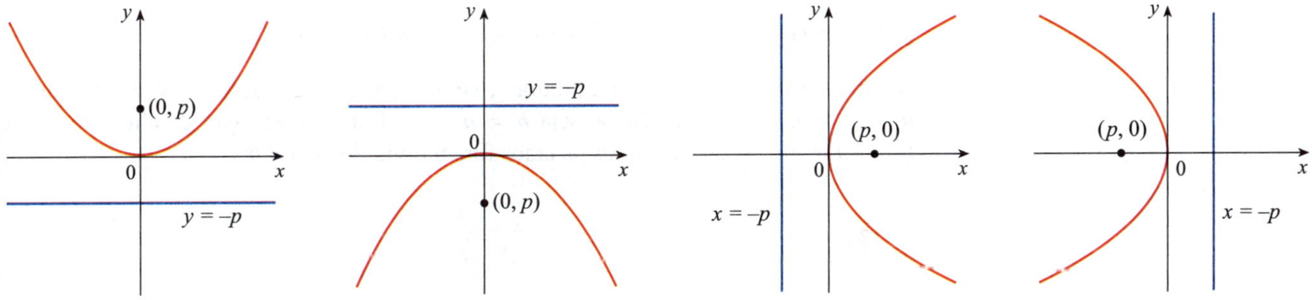

(a) $x^2 = 4py$, $p > 0$ (b) $x^2 = 4py$, $p < 0$ (c) $y^2 = 4px$, $p > 0$ (d) $y^2 = 4px$, $p < 0$

FIGURA 4

Se trocarmos x e y em (1), obteremos

2 Uma equação da parábola com foco $(p, 0)$ e diretriz $x = -p$ é

$$y^2 = 4px$$

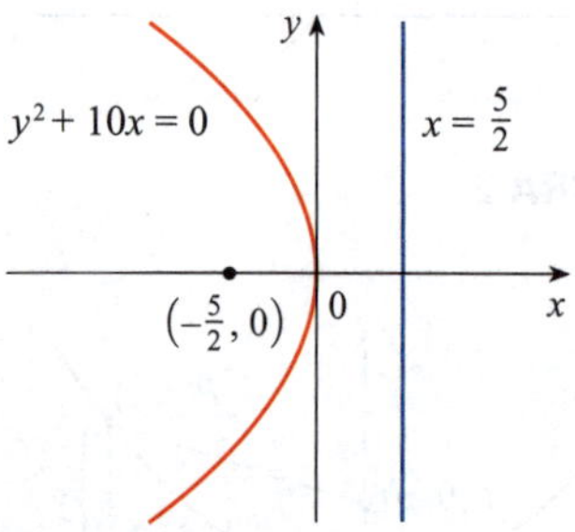

FIGURA 5

(Trocar x e y significa refletir em relação à linha diagonal $y = x$.) A parábola abre para a direita se $p > 0$ e para a esquerda se $p < 0$ [veja a Figura 4, partes (c) e (d)]. Em ambos os casos, o gráfico é simétrico em relação ao eixo x, que é o eixo da parábola.

EXEMPLO 1 Encontre o foco e a diretriz da parábola $y^2 + 10x = 0$ e esboce o gráfico.

SOLUÇÃO Se escrevermos a equação como $y^2 = -10x$ e a compararmos com a Equação 2, veremos que $4p = -10$, assim, $p = -\frac{5}{2}$. Então, o foco é $(p, 0) = (-\frac{5}{2}, 0)$ e a diretriz é $x = \frac{5}{2}$. O esboço é mostrado na Figura 5. ■

Elipses

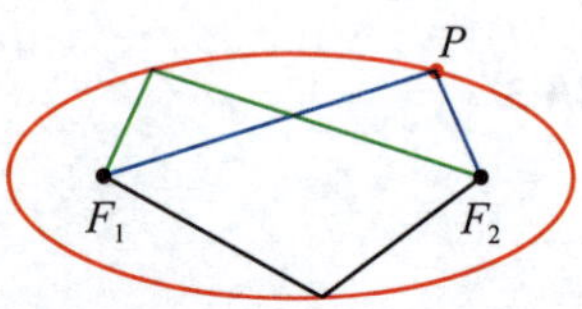

FIGURA 6

Uma **elipse** é o conjunto de pontos em um plano cuja soma das distâncias a dois pontos fixos F_1 e F_2 é uma constante (veja a Figura 6). Esses dois pontos são chamados **focos**. Uma das Leis de Kepler é que as órbitas dos planetas no sistema solar são elipses com o Sol em um dos focos.

Para obtermos a equação mais simples para uma elipse, colocamos os focos no eixo x nos pontos $(-c, 0)$ e $(c, 0)$ como na Figura 7, de modo que a origem esteja na metade do caminho entre os focos. Seja a soma das distâncias de um ponto na elipse até os focos $2a > 0$. Então $P(x, y)$ é um ponto na elipse quando

$$|PF_1| + |PF_2| = 2a$$

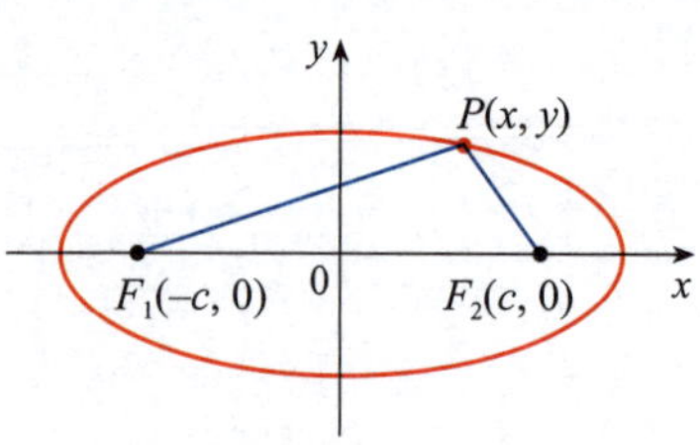

FIGURA 7
P está sobre a elipse quando $|PF_1| + |PF_2| = 2a$.

isto é,
$$\sqrt{(x+c)^2 + y^2} + \sqrt{(x-c)^2 + y^2} = 2a$$

ou
$$\sqrt{(x-c)^2 + y^2} = 2a - \sqrt{(x+c)^2 + y^2}$$

Elevando ao quadrado ambos os lados, temos

$$x^2 - 2cx + c^2 + y^2 = 4a^2 - 4a\sqrt{(x+c)^2 + y^2} + x^2 + 2cx + c^2 + y^2$$

que se simplifica para
$$a\sqrt{(x+c)^2 + y^2} = a^2 + cx$$

Elevamos ao quadrado novamente:

$$a^2(x^2 + 2cx + c^2 + y^2) = a^4 + 2a^2cx + c^2x^2$$

que se torna
$$(a^2 - c^2)x^2 + a^2 y^2 = a^2(a^2 - c^2)$$

A partir do triângulo F_1F_2P na Figura 7, vemos que $2c < 2a$, assim, $c < a$ e, portanto, $a^2 - c^2 > 0$. Por conveniência, seja $b^2 = a^2 - c^2$. Então, a equação da elipse torna-se $b^2x^2 + a^2y^2 = a^2b^2$, ou, se ambos os lados forem divididos por a^2b^2,

3
$$\frac{x^2}{a^2} + \frac{y^2}{b^2} = 1$$

Como $b^2 = a^2 - c^2 < a^2$, segue que $b < a$. As intersecções com o eixo x são encontradas fazendo-se $y = 0$. Então $x^2/a^2 = 1$, ou $x^2 = a^2$, assim $x = \pm a$. Os pontos correspondentes $(a, 0)$ e $(-a, 0)$ são chamados **vértices** da elipse, e o segmento de reta que une os vértices é dito **eixo maior**. Para encontrarmos as intersecções com o eixo y fazemos $x = 0$ e obtemos $y^2 = b^2$, ou seja, $y = \pm b$. O segmento de reta unindo os pontos $(0, b)$ e $(0, -b)$ é o **eixo menor**. A Equação 3 não muda se x for trocado por $-x$ ou y for trocado por $-y$, logo, é simétrica em relação a ambos os eixos. Observe que, se os focos coincidirem, então $c = 0$, portanto, $a = b$ e a elipse torna-se um círculo com raio $r = a = b$.

Resumimos essa discussão a seguir (veja também a Figura 8).

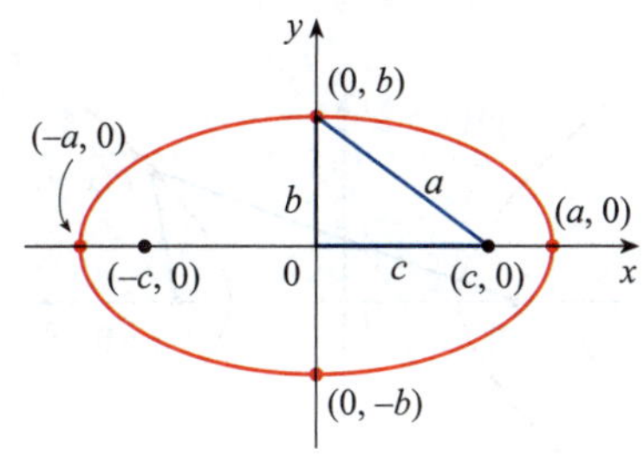

FIGURA 8
$\dfrac{x^2}{a^2} + \dfrac{y^2}{b^2} = 1,\ a \geq b$

4 A elipse

$$\frac{x^2}{a^2} + \frac{y^2}{b^2} = 1 \qquad a \geq b > 0$$

tem focos $(\pm c, 0)$, onde $c^2 = a^2 - b^2$, e vértices $(\pm a, 0)$.

Se os focos de uma elipse estiverem localizados no eixo y em $(0, \pm c)$, então podemos encontrar sua equação trocando x e y em (4). (Veja a Figura 9.)

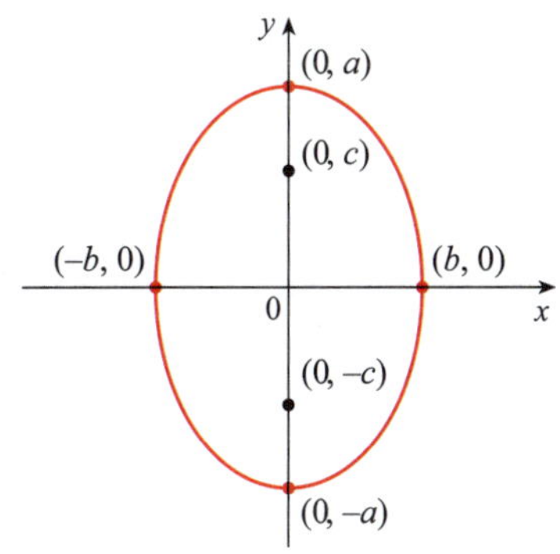

FIGURA 9
$\dfrac{x^2}{b^2} + \dfrac{y^2}{a^2} = 1,\ a \geq b$

5 A elipse

$$\frac{x^2}{b^2} + \frac{y^2}{a^2} = 1 \qquad a \geq b > 0$$

tem focos $(0, \pm c,)$, onde $c^2 = a^2 - b^2$, e vértices $(0, \pm a,)$.

EXEMPLO 2 Esboce o gráfico de $9x^2 + 16y^2 = 144$ e localize os focos.

SOLUÇÃO Dividindo ambos os lados da equação por 144:

$$\frac{x^2}{16} + \frac{y^2}{9} = 1$$

A equação está agora na forma padrão para uma elipse, e assim temos $a^2 = 16$, $b^2 = 9$, $a = 4$ e $b = 3$. As intersecções com o eixo x são ± 4 e as intersecções com o eixo y são ± 3. Além disso, $c^2 = a^2 - b^2 = 7$, portanto $c = \sqrt{7}$, e os focos são $(\pm\sqrt{7}, 0)$. O gráfico é esboçado na Figura 10. ■

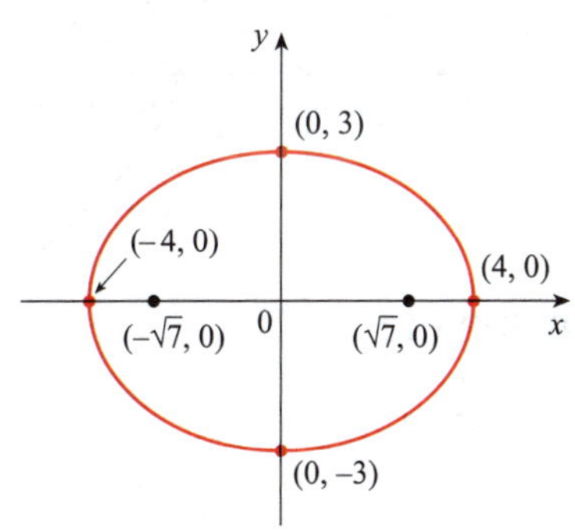

FIGURA 10
$9x^2 + 16y^2 = 144$

EXEMPLO 3 Encontre uma equação para a elipse com focos $(0, \pm 2)$ e vértices $(0, \pm 3)$.

SOLUÇÃO Usando a notação de (5), temos $c = 2$ e $a = 3$. Então, obtemos $b^2 = a^2 - c^2 = 9 - 4 = 5$; logo, uma equação para a elipse é

$$\frac{x^2}{5} + \frac{y^2}{9} = 1$$

Outra maneira de escrever a equação é $9x^2 + 5y^2 = 45$. ■

Como as parábolas, as elipses têm uma propriedade de reflexão interessante, com consequências práticas. Se uma fonte de luz – ou som – for colocada em um foco de uma superfície com seções transversais elípticas, então toda luz – ou som – é refletida da superfície para o outro foco (veja o Exercício 67). Esse princípio é usado em *litotripsia*, um tratamento para pedras nos rins. Um refletor com seção transversal elíptica é colocado de maneira que a pedra no rim esteja em um foco. Ondas sonoras de alta intensidade geradas no outro foco são refletidas para a pedra e a destroem sem causar dano ao tecido vizinho. O paciente não sofre o trauma de uma cirurgia e se recupera em poucos dias.

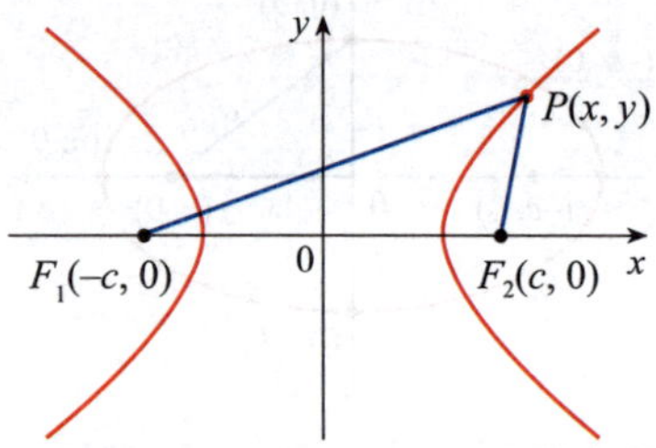

FIGURA 11
P está na hipérbole quando $|PF_1| - |PF_2| = \pm 2a$.

Hipérbole

Uma **hipérbole** é o conjunto de todos os pontos em um plano cuja diferença entre as distâncias a dois pontos fixos F_1 e F_2 (os **focos**) é uma constante. Essa definição é ilustrada na Figura 11.

As hipérboles ocorrem frequentemente como gráficos de equações em química, física, biologia e economia (Lei de Boyle, Lei de Ohm, curvas de demanda e de oferta). Uma aplicação particularmente importante de hipérboles é encontrada nos sistemas de navegação desenvolvidos nas duas Guerras Mundiais (veja o Exercício 53).

Observe que a definição de uma hipérbole é similar àquela de uma elipse; a única mudança é que a soma das distâncias se torna uma diferença das distâncias. De fato, a dedução da equação de uma hipérbole é também similar àquela dada anteriormente para uma elipse. Pediremos para você mostrar no Exercício 54 que, quando os focos estão no eixo *x* em $(\pm c, 0)$ e a diferença das distâncias for $|PF_1| - |PF_2| = \pm 2a$, então a equação da hipérbole é

6
$$\frac{x^2}{a^2} - \frac{y^2}{b^2} = 1$$

onde $c^2 = a^2 + b^2$. Observe que as intersecções com o eixo *x* são novamente $\pm a$, e os pontos $(a, 0)$ e $(-a, 0)$ são os **vértices** da hipérbole. Mas, se colocarmos $x = 0$ na Equação 6, teremos $y^2 = -b^2$, que é impossível; dessa forma, não existe intersecção com o eixo *y*. A hipérbole é simétrica em relação a ambos os eixos.

Para analisarmos a hipérbole um pouco mais, olhamos a Equação 6 e obtemos

$$\frac{x^2}{a^2} = 1 + \frac{y^2}{b^2} \geq 1$$

Isso mostra que $x^2 \geq a^2$, de modo que $|x| = \sqrt{x^2} \geq a$. Portanto, temos $x \geq a$ ou $x \leq -a$. Isso significa que a hipérbole consiste em duas partes, chamadas *ramos*.

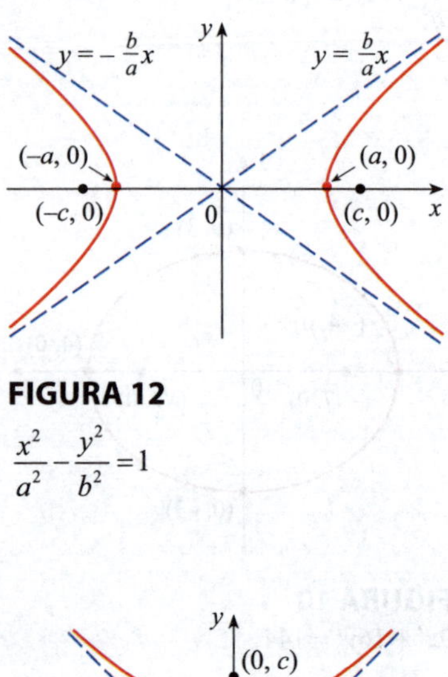

FIGURA 12
$$\frac{x^2}{a^2} - \frac{y^2}{b^2} = 1$$

Quando desenhamos uma hipérbole é útil desenhar primeiro as **assíntotas**, que são as linhas pontilhadas $y = (b/a)x$ e $y = -(b/a)x$ mostradas na Figura 12. Ambos os ramos da hipérbole atingem as assíntotas; isto é, eles se tornam arbitrariamente perto das assíntotas. [Veja o Exercício 4.5.77, no Volume 1, onde é mostrado que estas retas são assíntotas oblíquas.]

7 A hipérbole

$$\frac{x^2}{a^2} - \frac{y^2}{b^2} = 1$$

tem focos $(\pm c, 0)$, onde $c^2 = a^2 + b^2$, vértices $(\pm a, 0)$, e assíntotas $y = \pm(b/a)x$.

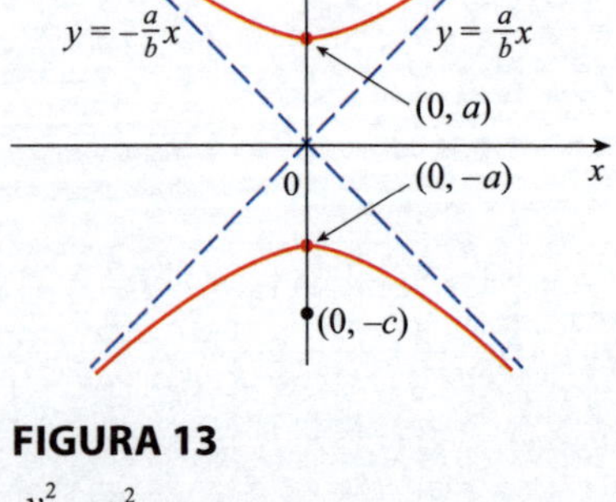

FIGURA 13
$$\frac{y^2}{a^2} - \frac{x^2}{b^2} = 1$$

Se os focos de uma hipérbole estiverem no eixo *y*, então, trocando os papéis de *x* e *y*, obtemos a seguinte informação, que é ilustrada na Figura 13.

8 A hipérbole

$$\frac{y^2}{a^2} - \frac{x^2}{b^2} = 1$$

tem focos $(0, \pm c)$, onde $c^2 = a^2 + b^2$, vértices $(0, \pm a)$, e assíntotas $y = \pm(a/b)x$.

EXEMPLO 4 Encontre os focos e as assíntotas da hipérbole $9x^2 - 16y^2 = 144$ e esboce seu gráfico.

SOLUÇÃO Dividindo ambos os lados da equação por 144, teremos:

$$\frac{x^2}{16} - \frac{y^2}{9} = 1$$

que é da forma dada em (7) com $a = 4$ e $b = 3$. Como $c^2 = 16 + 9 = 25$, os focos são $(\pm 5, 0)$. As assíntotas são as retas $y = \frac{3}{4}x$ e $y = -\frac{3}{4}x$. O gráfico é visto na Figura 14. ■

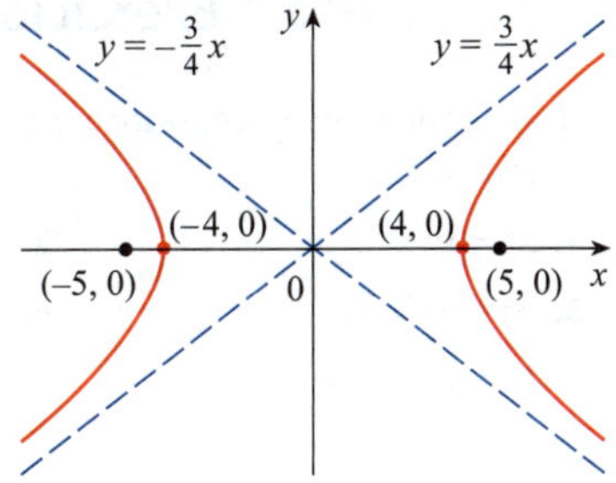

FIGURA 14
$9x^2 - 16y^2 = 144$

EXEMPLO 5 Encontre os focos e a equação da hipérbole com vértices $(0, \pm 1)$ e assíntota $y = 2x$.

SOLUÇÃO A partir de (8) e da informação dada, vemos que $a = 1$ e $a/b = 2$. Então, $b = a/2 = \frac{1}{2}$ e $c^2 = a^2 + b^2 = \frac{5}{4}$. Os focos são $(0, \pm\sqrt{5}/2)$ e a equação da hipérbole é

$$y^2 - 4x^2 = 1$$ ■

Cônicas Transladadas

Como discutido no Apêndice C, transladamos as cônicas tomando as equações padrão (1), (2), (4), (5), (7) e (8) e trocando x e y por $x - h$ e $y - k$.

EXEMPLO 6 Encontre uma equação para a elipse com focos $(2, -2)$, $(4, -2)$ e vértices $(1, -2)$, $(5, -2)$.

SOLUÇÃO O eixo maior é o segmento de reta que une os vértices $(1, -2)$, $(5, -2)$ e tem comprimento 4; assim, $a = 2$. A distância entre os focos é 2, e assim, $c = 1$. Então, $b^2 - a^2 - c^2 = 3$. Como o centro da elipse é $(3, -2)$, trocamos x e y em (4) por $x - 3$ e $y + 2$ para obter

$$\frac{(x-3)^2}{4} + \frac{(y+2)^2}{3} = 1$$

como a equação da elipse. ■

EXEMPLO 7 Esboce a cônica $9x^2 - 4y^2 - 72x + 8y + 176 = 0$ e ache seus focos.

SOLUÇÃO Completamos os quadrados como a seguir:

$$4(y^2 - 2y) - 9(x^2 - 8x) = 176$$
$$4(y^2 - 2y + 1) - 9(x^2 - 8x + 16) = 176 + 4 - 144$$
$$4(y - 1)^2 - 9(x - 4)^2 = 36$$
$$\frac{(y-1)^2}{9} - \frac{(x-4)^2}{4} = 1$$

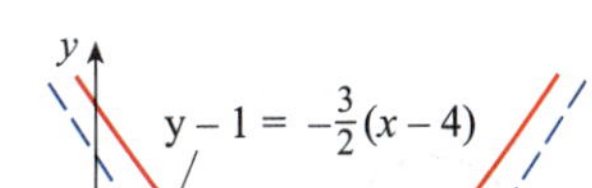

FIGURA 15
$9x^2 - 4y^2 - 72x + 8y + 176 = 0$

Isso está na forma de (8), exceto que x e y estão trocados por $x - 4$ e $y - 1$. Então, $a^2 = 9$, $b^2 = 4$ e $c^2 = 13$. A hipérbole está deslocada quatro unidades para a direita e uma unidade para cima. Os focos são $(4, 1 + \sqrt{13})$ e $(4, 1 - \sqrt{13})$ e os vértices são $(4, 4)$ e $(4, -2)$. As assíntotas são $y - 1 = \pm\frac{3}{2}(x - 4)$. A hipérbole é esboçada na Figura 15. ■

10.5 Exercícios

1-8 Determine o vértice, o foco e a diretriz da parábola e esboce seu gráfico.

1. $x^2 = 8y$

2. $9x = y^2$

3. $5x + 3y^2 = 0$

4. $x^2 + 12y = 0$

5. $(y + 1)^2 = 16(x - 3)$

6. $(x - 3)^2 = 8(y + 1)$

7. $y^2 + 6y + 2x + 1 = 0$

8. $2x^2 - 16x - 3y + 38 = 0$

9-10 Encontre uma equação da parábola. A seguir, ache o foco e a diretriz.

9.

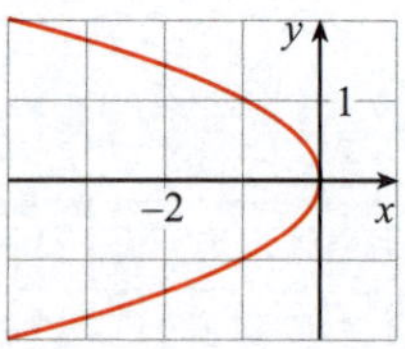

10.

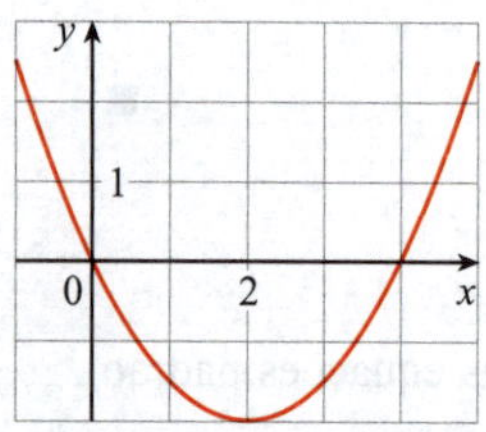

11-16 Determine os vértices e os focos da elipse e esboce seu gráfico.

11. $\dfrac{x^2}{16} + \dfrac{y^2}{25} = 1$

12. $\dfrac{x^2}{4} + \dfrac{y^2}{3} = 1$

13. $x^2 + 3y^2 = 9$

14. $x^2 = 4 - 2y^2$

15. $4x^2 + 25y^2 - 50y = 75$

16. $9x^2 - 54x + y^2 + 2y + 46 = 0$

17-18 Encontre uma equação da elipse. A seguir, localize seus focos.

17.

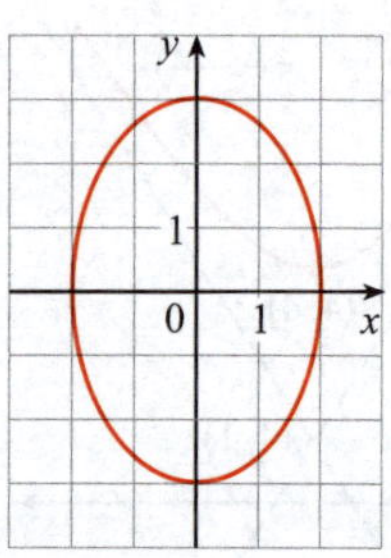

18.

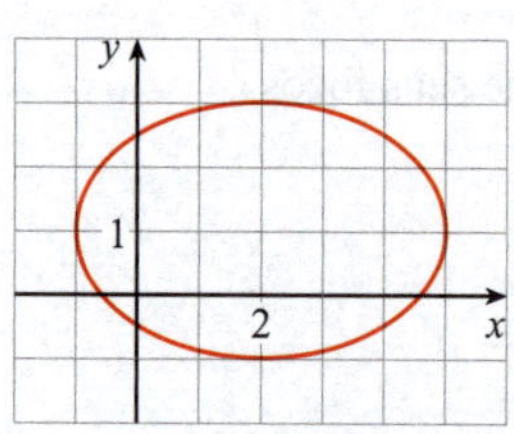

19-24 Encontre os vértices, os focos e as assíntotas da hipérbole e esboce seu gráfico.

19. $\dfrac{y^2}{25} - \dfrac{x^2}{9} = 1$

20. $\dfrac{x^2}{36} - \dfrac{y^2}{64} = 1$

21. $x^2 - y^2 = 100$

22. $y^2 - 16x^2 = 16$

23. $x^2 - y^2 + 2y = 2$

24. $9y^2 - 4x^2 - 36y - 8x = 4$

25-26 Determine a equação da hipérbole. Em seguida, determine os focos e as assíntotas.

25.

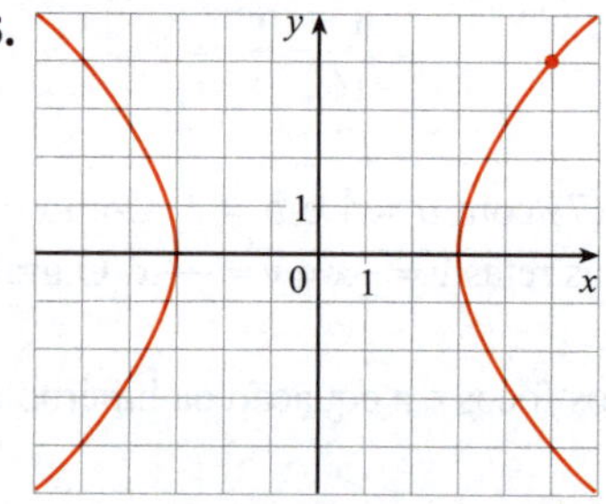

26.

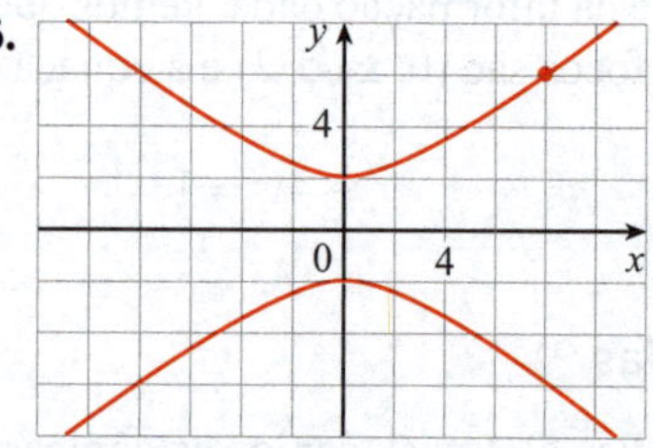

27-32 Identifique o tipo de seção cônica cuja equação é dada e encontre os vértices e os focos.

27. $4x^2 = y^2 + 4$

28. $4x^2 = y + 4$

29. $x^2 = 4y - 2y^2$

30. $y^2 - 2 = x^2 - 2x$

31. $3x^2 - 6x - 2y = 1$

32. $x^2 - 2x + 2y^2 - 8y + 7 = 0$

33-50 Encontre uma equação para a cônica que satisfaz as condições dadas.

33. Parábola, vértice $(0, 0)$, foco $(1, 0)$

34. Parábola, foco $(0, 0)$, diretriz $y = 6$

35. Parábola, foco $(-4, 0)$, diretriz $x = 2$

36. Parábola, foco $(2, -1)$, vértice $(2, 3)$

37. Parábola, vértice $(3, -1)$, eixo horizontal, passando em $(-15, 2)$

38. Parábola, eixo vertical, passando em $(0, 4)$, $(1, 3)$ e $(-2, -6)$

39. Elipse, focos $(\pm 2, 0)$, vértices $(\pm 5, 0)$

40. Elipse, focos $(0, \pm\sqrt{2})$, vértices $(0, \pm 2)$

41. Elipse, focos $(0, 2)$, $(0, 6)$, vértices $(0, 0)$, $(0, 8)$

42. Elipse, focos $(0, -1)$, $(8, -1)$ vértices $(9, -1)$

43. Elipse, centro $(-1, 4)$, vértices $(-1, 0)$, focos $(-1, 6)$

44. Elipse, focos $(\pm 4, 0)$, passando por $(-4, 1{,}8)$

45. Hipérbole, vértices $(\pm 3, 0)$, focos $(\pm 5, 0)$

46. Hipérbole, vértices $(0, \pm 2)$, focos $(0, \pm 5)$

47. Hipérbole, vértices $(-3, -4)$, $(-3, 6)$, focos $(-3, -7)$ e $(-3, 9)$

48. Hipérbole, vértices $(-1, 2)$ e $(7, 2)$, focos $(-2, 2)$ e $(8, 2)$

49. Hipérbole, vértices $(\pm 3, 0)$, assíntotas $y = \pm 2x$

50. Hipérbole, focos $(2, 0)$ e $(2, 8)$, assíntotas $y = 3 + \frac{1}{2}x$ e $y = 5 - \frac{1}{2}x$

51. Em uma órbita lunar, o ponto mais próximo da superfície da Lua é chamado *perilúnio* e o ponto mais distante da superfície da Lua é denominado *apolúnio*. A nave espacial *Apollo 11* foi colocada em uma órbita lunar elíptica com altitude de perilúnio de 110 km e altitude de apolúnio de 314 km (acima da Lua). Encontre uma equação dessa elipse se o raio da Lua for 1.728 km e o centro da Lua estiver em um dos focos.

52. Uma seção transversal de um refletor parabólico é mostrada na figura. A lâmpada é colocada no foco, e a abertura no foco é 10 cm.

(a) Ache uma equação da parábola.

(b) Encontre o diâmetro da abertura $|CD|$, 11 cm a partir do vértice.

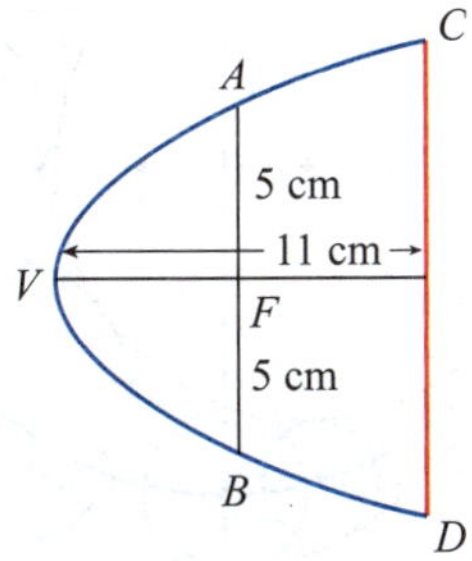

53. O sistema de navegação por rádio LORAN (LOng RAnge Navigation) foi amplamente usado até a década de 1990, quando foi suplantado pelo sistema GPS. No sistema LORAN, duas estações de rádio situadas em A e B transmitem sinais simultaneamente para um navio ou avião localizados em P. O computador de bordo converte a diferença de tempo na recepção desses sinais em diferença de distância $|PA| - |PB|$ e isso, de acordo com a definição de uma hipérbole, localiza o navio ou o avião em um ramo da hipérbole (veja a figura). Suponha que a estação B esteja localizada 640 km a leste da estação A na costa. Um navio recebe o sinal de B 1.200 microssegundos (μs) antes de receber o sinal de A.

(a) Assumindo que o sinal de rádio viaja a uma velocidade de 300 m/μs, encontre uma equação da hipérbole na qual o navio está.

(b) Se o navio deveria estar ao norte de B, a que distância da costa ele estará?

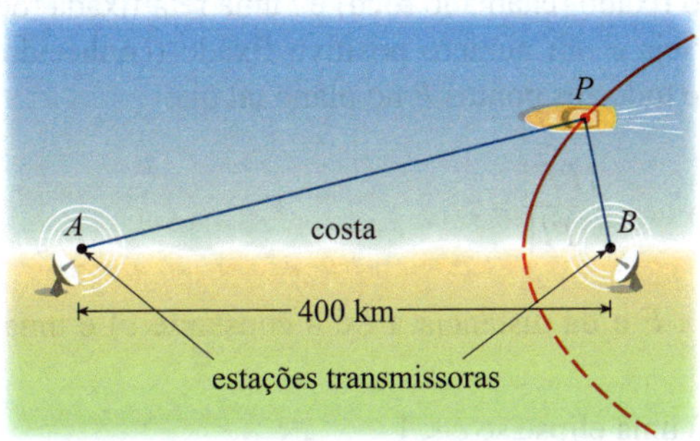

54. Use a definição de uma hipérbole para deduzir a Equação 6 para uma hipérbole com focos $(\pm c, 0)$ e vértices $(\pm a, 0)$.

55. Mostre que a função definida pelo ramo superior da hipérbole $y^2/a^2 - x^2/b^2 = 1$ tem concavidade para cima.

56. Encontre uma equação para a elipse com focos $(1, 1)$ e $(-1, -1)$ e eixo maior com comprimento igual a 4.

57. Determine o tipo de curva representado pela equação

$$\frac{x^2}{k} + \frac{y^2}{k-16} = 1$$

em cada um dos seguintes casos:

(a) $k > 16$ (b) $0 < k < 16$ (c) $k < 0$.

(d) Mostre que todas as curvas nas partes (a) e (b) têm os mesmos focos, não importando o valor de k.

58. (a) Mostre que a equação da reta tangente à parábola $y^2 = 4px$ no ponto (x_0, y_0) pode ser escrita como

$$y_0 y = 2p(x + x_0)$$

(b) Onde essa reta tangente intercepta o eixo x? Use esse fato para desenhar a reta tangente.

59. Mostre que as retas tangentes à parábola $x^2 = 4py$ desenhadas a partir de um ponto qualquer na diretriz são perpendiculares.

60. Mostre que se uma elipse e uma hipérbole tiverem os mesmos focos, então suas retas tangentes em cada ponto de intersecção são perpendiculares.

61. Use a Regra de Simpson com $n = 8$ para estimar a comprimento da elipse $9x^2 + 4y^2 = 36$.

62. Plutão percorre uma órbita elíptica ao redor do Sol (em um foco). O comprimento do eixo maior é $1{,}18 \times 10^{10}$ km e o comprimento do eixo menor é $1{,}14 \times 10^{10}$ km. Use a Regra de Simpson com $n = 10$ para estimar a distância percorrida pelo planeta durante uma órbita completa em torno do Sol.

63. Encontre a área da região delimitada pela hipérbole $x^2/a^2 - y^2/b^2 = 1$ e pela reta vertical passando por um foco.

64. (a) Se uma elipse é girada em torno de seu eixo maior, encontre o volume do sólido resultante.

(b) Se ela for girada em torno de seu eixo menor, encontre o volume resultante.

65. Encontre o centroide da região limitada pelo eixo x e a metade superior da elipse $9x^2 + 4y^2 = 36$.

66. (a) Calcule a área da superfície da elipsoide que é gerada ao rotacionar a elipse em torno de seu eixo maior.

(b) Qual é a área da superfície se a elipse for rotacionada em seu eixo menor?

67-68 Propriedades de Reflexão das Seções Cônicas Vimos a propriedade de reflexão das parábolas no Problema 22 da seção Problemas Quentes apresentada após o Capítulo 3, no Volume 1. Investigaremos agora as propriedades de reflexão das elipses e hipérboles.

67. Seja $P(x_1, y_1)$ um ponto na elipse $x^2/a^2 + y^2/b^2 = 1$ com focos F_1 e F_2 e sejam α e β os ângulos entre as retas PF_1, PF_2 e a elipse como na figura. Demonstre que $\alpha = \beta$. Isso explica como galerias de sussurros e litotripsia funcionam. O som vindo de um dos focos é refletido e passa pelo outro foco. [*Dica*: Use a fórmula do Problema 21 (Problemas Quentes) na página 253, do Capítulo 3, no Volume 1, para mostrar que tg α = tg β.]

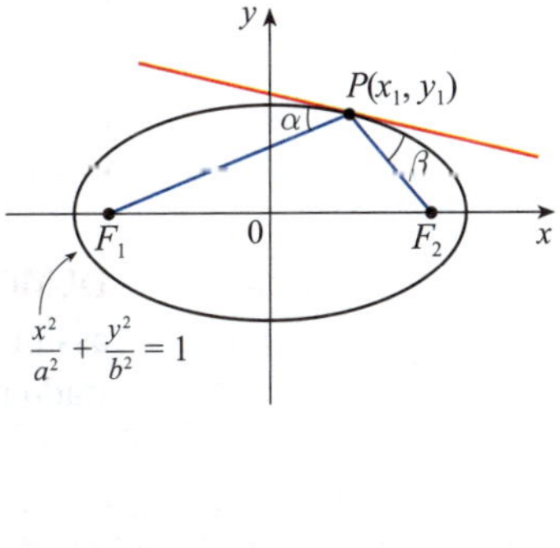

68. Seja $P(x_1, y_1)$ um ponto na hipérbole $x^2/a^2 - y^2/b^2 = 1$ com focos F_1 e F_2 e sejam α e β os ângulos entre as retas PF_1, PF_2 e a hipérbole, como mostrado na figura. Demonstre que $\alpha = \beta$. Isso mostra que a luz dirigida ao foco F_2 de um espelho hiperbólico é refletida em direção ao outro foco F_1.

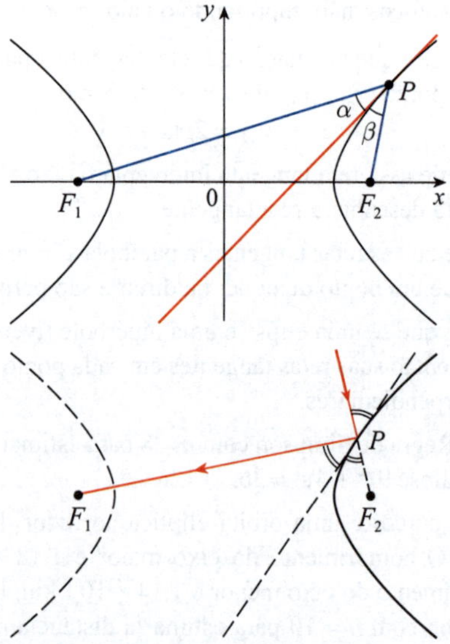

69. O gráfico mostra duas circunferências vermelhas com centros em (−1, 0) e (1, 0) e raios que medem 3 e 5, respectivamente. Considere o conjunto de todas as circunferências tangentes às duas circunferências vermelhas. (Algumas dessas circunferências são mostradas em azul na figura.) Mostre que os centros de todas essas circunferências estão sobre uma elipse com focos (±1, 0). Determine uma equação para essa elipse.

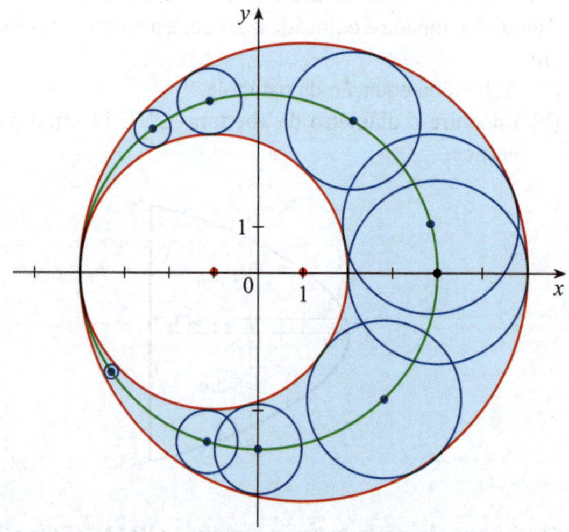

10.6 Seções Cônicas em Coordenadas Polares

Na seção 10.5, definimos a parábola em termos de um foco e da diretriz, mas definimos a elipse e a hipérbole em termos de dois focos. Nesta seção, daremos um tratamento mais uniforme para os três tipos de seções cônicas quanto ao foco e à diretriz.

Uma Descrição Unificada das Cônicas

Posicionando o foco na origem, uma seção cônica tem uma equação polar simples, que fornece uma descrição conveniente do movimento dos planetas, satélites e cometas.

1 Teorema Seja F um ponto fixado (chamado **foco**) e l uma reta fixada (denominada **diretriz**) em um plano. Seja e um número positivo fixado (conhecido como **excentricidade**). O conjunto de todos os pontos P no plano tal que

$$\frac{|PF|}{|Pl|} = e$$

(ou seja, a razão da distância a F e da distância a l é a constante e) é uma seção cônica. A cônica é

(a) uma elipse se $e < 1$

(b) uma parábola se $e = 1$

(c) uma hipérbole se $e > 1$

DEMONSTRAÇÃO Observe que, se a excentricidade for $e = 1$, então $|PF| = |Pl|$, e assim a condição dada simplesmente se torna a definição de uma parábola, como mostrado na Seção 10.5.

Vamos colocar o foco F na origem e a diretriz paralela ao eixo y e d unidades para a direita. Então a diretriz tem a equação $x = d$ e é perpendicular ao eixo polar. Se o ponto P tiver coordenadas polares (r, θ), vemos a partir da Figura 1 que

$$|PF| = r \qquad |Pl| = d - r\cos\theta$$

Então, a condição $|PF|/|Pl| = e$ ou $|PF| = e|Pl|$ torna-se

2 $$r = e(d - r\cos\theta)$$

Se elevarmos ao quadrado ambos os lados dessa equação polar e convertermos para coordenadas retangulares, teremos

$$x^2 + y^2 = e^2(d - x)^2 = e^2(d^2 - 2dx + x^2)$$

ou $$(1 - e^2)x^2 + 2de^2x + y^2 = e^2d^2$$

Depois de completarmos os quadrados, temos

3 $$\left(x + \frac{e^2d}{1-e^2}\right)^2 + \frac{y^2}{1-e^2} = \frac{e^2d^2}{(1-e^2)^2}$$

Se $e < 1$, reconhecemos a Equação 3 como a equação de uma elipse. De fato, ela é da forma

$$\frac{(x-h)^2}{a^2} + \frac{y^2}{b^2} - 1$$

onde

4 $$h = -\frac{e^2d}{1-e^2} \qquad a^2 = \frac{e^2d^2}{(1-e^2)^2} \qquad b^2 = \frac{e^2d}{1-e^2}$$

Na Seção 10.5, descobrimos que os focos de uma elipse estão a uma distância c do centro, onde

5 $$c^2 = a^2 - b^2 = \frac{e^4d^2}{(1-e^2)^2}$$

Isso mostra que $$c = \frac{e^2d}{1-e^2} = -h$$

e confirma que o foco como definido no Teorema 1 significa a mesma coisa que o foco definido na Seção 10.5. Também segue das Equações 4 e 5 que a excentricidade é dada por

$$e = \frac{c}{a}$$

Se $e > 1$, então $1 - e^2 < 0$ e vemos que a Equação 3 representa uma hipérbole. Da mesma maneira que fizemos anteriormente, poderíamos reescrever a Equação 3 na forma

$$\frac{(x-h)^2}{a^2} - \frac{y^2}{b^2} = 1$$

e ver que

$$e = \frac{c}{a} \qquad \text{onde} \quad c^2 = a^2 + b^2$$

■

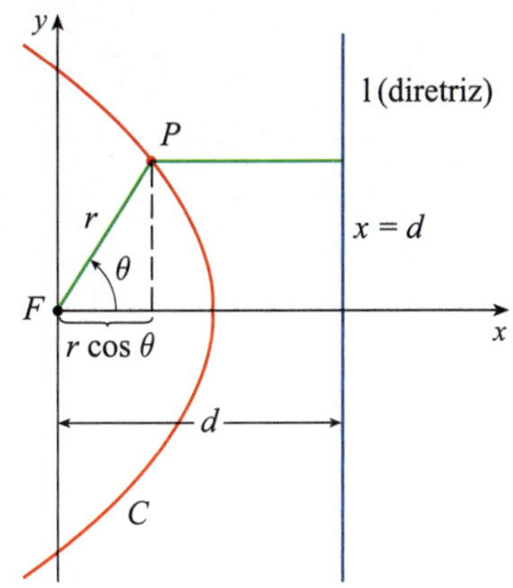

FIGURA 1

Equações Polares das Cônicas

Na Figura 1, o foco da seção cônica está localizado na origem e a diretriz tem equação $x = d$. Isolando r na Equação 2, constatamos que a equação polar dessa cônica pode ser escrita como

$$r = \frac{ed}{1 + e\cos\theta}$$

Se a diretriz for escolhida como estando à esquerda do foco em $x = -d$, ou se a diretriz for escolhida como estando paralela ao eixo polar em $y = \pm d$, então a equação polar da cônica é dada pelo seguinte teorema, que é ilustrado pela Figura 2. (Veja os Exercícios 10.6.27-29.)

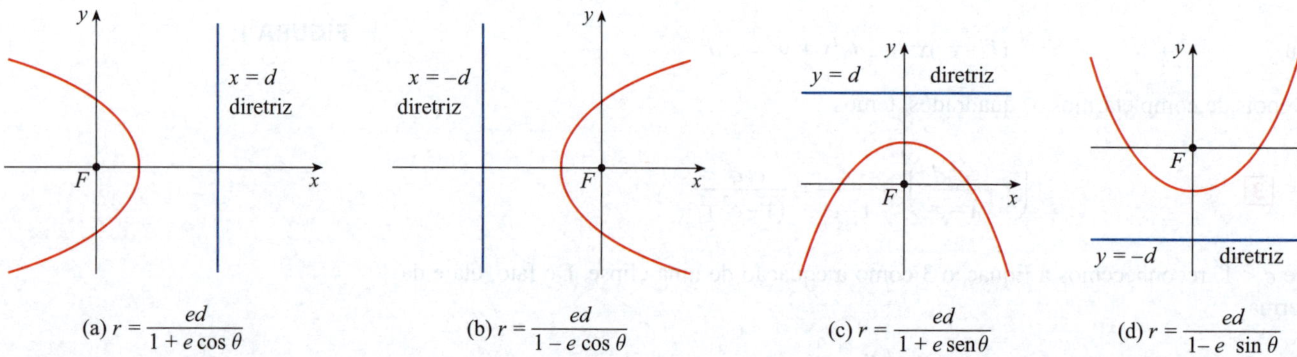

FIGURA 2 Equações polares de cônicas

6 Teorema A equação polar da forma

$$r = \frac{ed}{1 \pm e\cos\theta} \quad \text{ou} \quad r = \frac{ed}{1 \pm e\,\text{sen}\,\theta}$$

representa uma seção cônica com excentricidade e. A cônica é uma elipse se $e < 1$, uma parábola se $e = 1$ ou uma hipérbole se $e > 1$.

EXEMPLO 1 Encontre uma equação polar para uma parábola que tem seu foco na origem e cuja diretriz é a reta $y = -6$.

SOLUÇÃO Usando o Teorema 6 com $e = 1$ e $d = 6$, e usando a parte (d) da Figura 2, vemos que a equação da parábola é

$$r = \frac{6}{1 - \text{sen}\,\theta}$$

■

EXEMPLO 2 Uma cônica é dada pela equação polar

$$r = \frac{10}{3 - 2\cos\theta}$$

Encontre a excentricidade, identifique a cônica, localize a diretriz e esboce a cônica.

SOLUÇÃO Dividindo numerador e denominador por 3, escrevemos a equação como

$$r = \frac{\frac{10}{3}}{1 - \frac{2}{3}\cos\theta}$$

Do Teorema 6, vemos que isso representa uma elipse com $e = \frac{2}{3}$. Uma vez que $ed = \frac{10}{3}$, temos

$$d = \frac{\frac{10}{3}}{e} = \frac{\frac{10}{3}}{\frac{2}{3}} = 5$$

logo, a diretriz tem equação cartesiana $x = -5$. Para esboçar a curva, determinamos os valores de r para $\theta = 0$, $\pi/2$, π e $3\pi/2$, como mostrado na tabela. A elipse é esboçada na Figura 3.

θ	r
0	10
$\frac{\pi}{2}$	$\frac{10}{3}$
π	2
$\frac{3\pi}{2}$	$\frac{10}{3}$

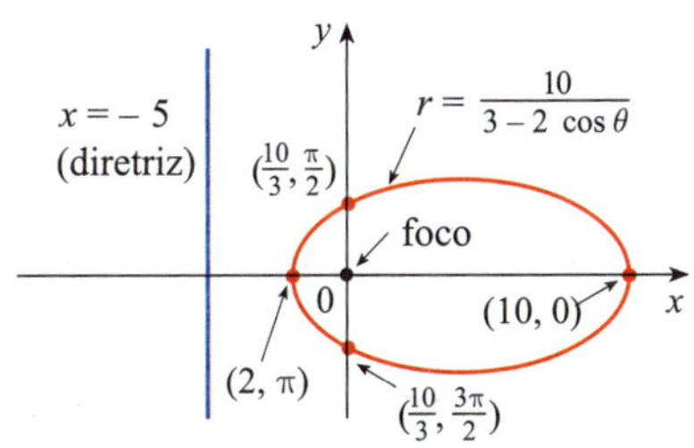

FIGURA 3
$r = \dfrac{10}{3 - 2\cos\theta}$

EXEMPLO 3 Esboce a cônica $r = \dfrac{12}{2 + 4\,\text{sen}\,\theta}$.

SOLUÇÃO Escrevendo a equação na forma

$$r = \frac{6}{1 + 2\,\text{sen}\,\theta}$$

vemos que a excentricidade é $e = 2$ e, portanto, representa uma hipérbole. Como $ed = 6$, $d = 3$ e a diretriz tem equação $y = 3$. Para esboçar a curva, determinamos os valores de r para $\theta = 0$, $\pi/2$, π e $3\pi/2$, como mostrado na tabela. Os vértices ocorrem quando $\theta = \pi/2$ e $3\pi/2$, assim eles são $(2, \pi/2)$ e $(-6, 3\pi/2) = (6, \pi/2)$. Também é útil marcar os pontos de intersecção com o eixo x. Isso ocorre quando $\theta = 0, \pi$; em ambos os casos $r = 6$. Para maior precisão poderíamos desenhar as assíntotas. Observe $r \to \pm\infty$ quando $1 + 2\,\text{sen}\,\theta \to 0^+$ ou 0^- e $1 + 2\,\text{sen}\,\theta = 0$ quando $\text{sen}\,\theta = -\frac{1}{2}$. Então, as assíntotas são paralelas aos raios $\theta = 7\pi/6$ e $\theta = 11\pi/6$. A hipérbole é esboçada na Figura 4.

θ	r
0	6
$\frac{\pi}{2}$	2
π	6
$\frac{3\pi}{2}$	-6

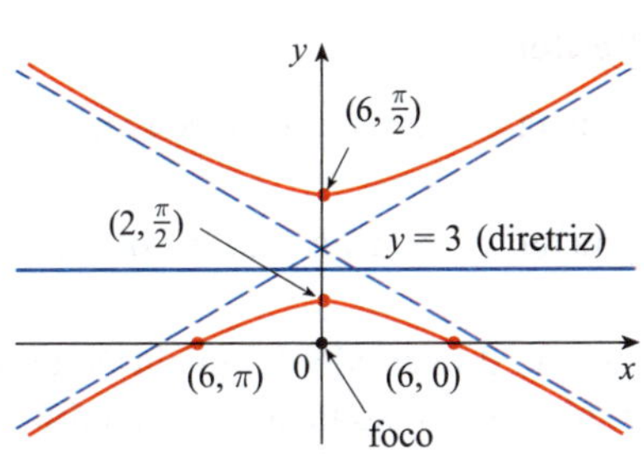

FIGURA 4
$r = \dfrac{12}{2 + 4\,\text{sen}\,\theta}$

Na rotação de seções cônicas descobriremos que é muito mais conveniente usar as equações polares do que as equações cartesianas. Apenas usamos o fato de que (veja o Exercício 10.3.65) o gráfico de $r = f(\theta - \alpha)$ é o gráfico de $r = f(\theta)$ que gira no sentido anti-horário ao redor da origem por um ângulo α.

EXEMPLO 4 Se a elipse do Exemplo 2 girar por um ângulo $\pi/4$ ao redor da origem, encontre uma equação polar e trace a elipse resultante.

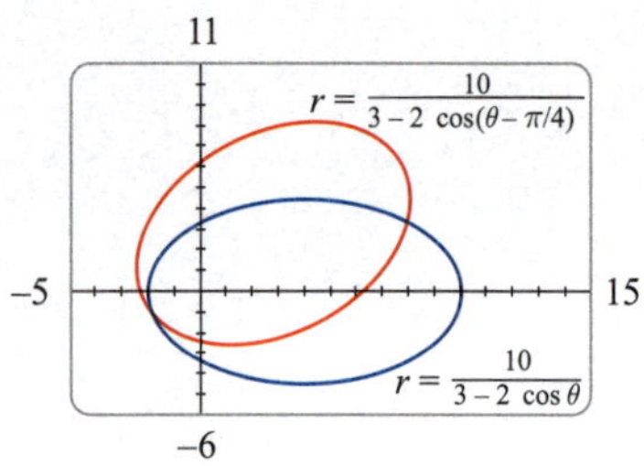

FIGURA 5

SOLUÇÃO Obtemos a equação da elipse que gira trocando θ por $\theta - \pi/4$ na equação dada no Exemplo 2. Assim a nova equação é

$$r = \frac{10}{3 - 2\cos(\theta - \pi/4)}$$

Usamos essa equação para traçar a elipse girada na Figura 5. Observe que a elipse gira ao redor de seu foco esquerdo. ■

Na Figura 6, usamos um computador para esboçar um número de cônicas para demonstrar o efeito de variar a excentricidade e. Note que quando e está próximo de 0 a elipse é quase circular, enquanto ela se torna mais alongada conforme $e \to 1^-$. Quando $e = 1$, claro, a cônica é uma parábola.

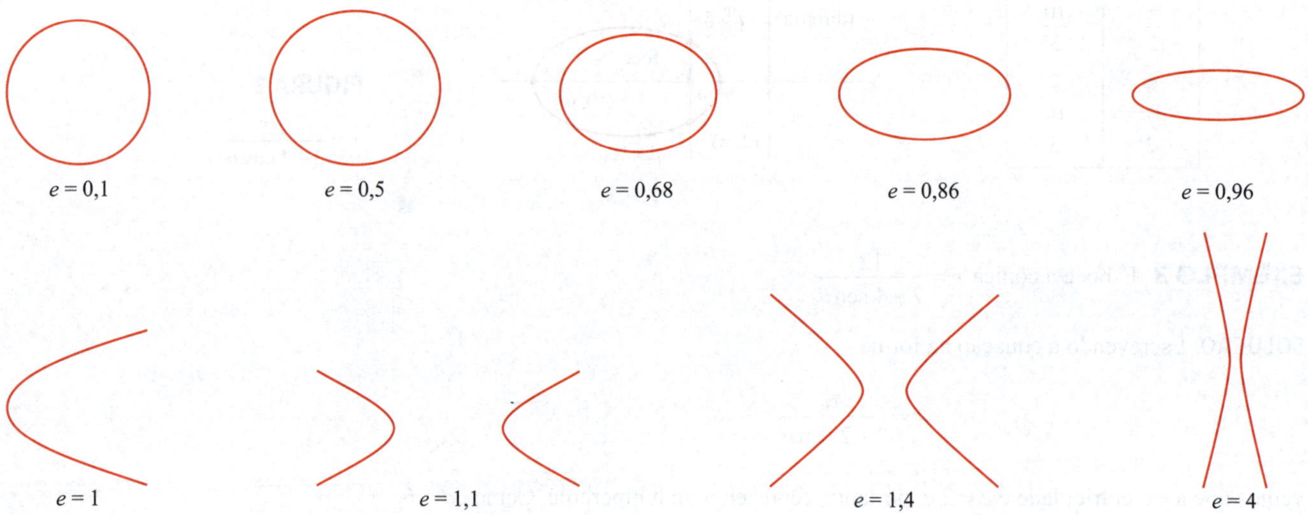

FIGURA 6

■ Leis de Kepler

Em 1609, o matemático e astrônomo alemão Johannes Kepler, com base em uma enorme quantidade de dados astronômicos, publicou as seguintes três leis do movimento planetário.

Leis de Kepler

1. Um planeta gira em torno do Sol em uma órbita elíptica, com o Sol em um dos focos.
2. O segmento de reta ligando o Sol a um planeta varre áreas iguais em tempos iguais.
3. O quadrado do período de revolução de um planeta é proporcional ao cubo do comprimento do eixo maior de sua órbita.

Embora Kepler tenha formulado suas leis quanto aos movimentos dos planetas em torno do Sol, elas se aplicam igualmente bem ao movimento de luas, cometas, satélites e outros corpos sujeitos a uma única força gravitacional. Na Seção 13.4, mostraremos como deduzir as leis de Kepler a partir das leis de Newton. Aqui, usamos a Primeira Lei de Kepler, com a equação polar de uma elipse, para calcular quantidades de interesse em astronomia.

Para o propósito de cálculos astronômicos, é útil expressar a equação de uma elipse em termos de sua excentricidade e e de seu semieixo maior a. Podemos escrever a distância d do foco à diretriz em termos de a se usarmos (4):

$$a^2 = \frac{e^2 d^2}{(1-e^2)^2} \quad \Rightarrow \quad d^2 = \frac{a^2(1-e^2)^2}{e^2} \quad \Rightarrow \quad d = \frac{a(1-e^2)}{e}$$

Assim, $ed = a(1 - e^2)$. Se a diretriz for $x = d$, então a equação polar é

$$r = \frac{ed}{1+e\cos\theta} = \frac{a(1-e^2)}{1+e\cos\theta}$$

7 Teorema A equação polar de uma elipse com foco na origem, semieixo maior a, excentricidade e e diretriz $x = d$ pode ser escrita na forma

$$r = \frac{a(1-e^2)}{1+e\cos\theta}$$

As posições de um planeta que estão mais próximas e mais distantes do Sol são chamadas **periélio** e **afélio**, respectivamente, e correspondem aos vértices da elipse. As distâncias do Sol ao periélio e afélio são chamadas **distância do periélio** e **distância do afélio**, respectivamente. Na Figura 7, o Sol está no foco F, de modo que no periélio temos $\theta = 0$ e, da Equação 7,

$$r = \frac{a(1-e^2)}{1+e\cos\theta} = \frac{a(1-e)(1+e)}{1+e} = a(1-e)$$

De forma análoga, no afélio $\theta = \pi$ e $r = a(1 + e)$.

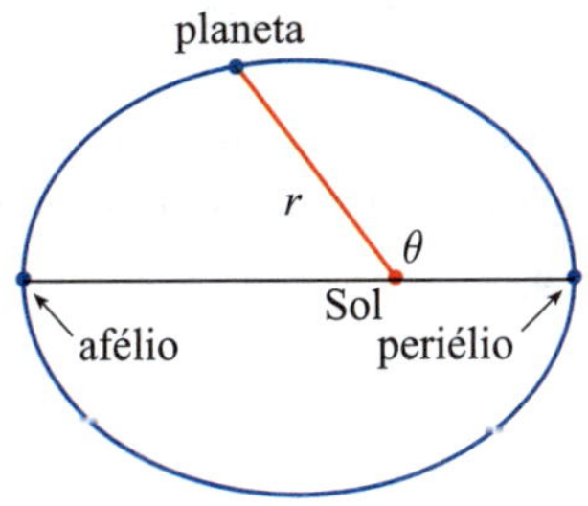

FIGURA 7

8 Teorema A distância do periélio de um planeta ao Sol é $a(1 - e)$ e a distância do afélio é $a(1 + e)$.

EXEMPLO 5

(a) Encontre uma equação polar aproximada para a órbita elíptica da Terra em torno do Sol (em um foco), dado que a excentricidade é cerca de 0,017 e o comprimento do eixo maior é cerca de $2{,}99 \times 10^8$ km.

(b) Encontre a distância da Terra ao Sol no periélio e no afélio.

SOLUÇÃO

(a) O comprimento do eixo maior é $2a = 2{,}99 \times 10^8$, de modo que $a = 1{,}495 \times 10^8$. Foi dado que $e = 0{,}017$ e assim, da Equação 7, uma equação da órbita da Terra em torno do Sol é

$$r = \frac{a(1-e^2)}{1+e\cos\theta} = \frac{(1{,}495\times10^8)[1-(0{,}017)^2]}{1+0{,}017\cos\theta}$$

ou, aproximadamente,

$$r = \frac{1{,}49\times10^8}{1+0{,}017\cos\theta}$$

(b) De (8), a distância do periélio da Terra ao Sol é

$$a(1 - e) = (1{,}495 \times 10^8)(1 - 0{,}017) = 1{,}47 \times 10^8 \text{ km}$$

e a distância do afélio é

$$a(1 + e) = (1{,}495 \times 10^8)(1 + 0{,}017) = 1{,}52 \times 10^8 \text{ km}$$

■

10.6 Exercícios

1-8 Escreva uma equação polar de uma cônica com o foco na origem e com os dados fornecidos

1. Parábola, diretriz $x = 2$
2. Elipse, excentricidade $\frac{1}{3}$, diretriz $y = 6$
3. Hipérbole, excentricidade 2, diretriz $y = -4$
4. Hipérbole, excentricidade $\frac{5}{2}$, diretriz $x = -3$
5. Elipse, excentricidade $\frac{2}{3}$, vértice $(2, \pi)$
6. Elipse, excentricidade 0,6, diretriz $r = 4$ cossec θ
7. Parábola, vértice $(3, \pi/2)$
8. Hipérbole, excentricidade 2, diretriz $r = -2 \sec \theta$

9-14 Associe as equações polares com os gráficos identificados pelos números I a VI. Justifique sua resposta.

9. $r = \dfrac{3}{1 - \text{sen}\,\theta}$
10. $r = \dfrac{9}{1 + 2\cos\theta}$
11. $r = \dfrac{12}{8 - 7\cos\theta}$
12. $r = \dfrac{12}{4 + 3\,\text{sen}\,\theta}$
13. $r = \dfrac{5}{2 + 3\,\text{sen}\,\theta}$
14. $r = \dfrac{3}{2 - 2\cos\theta}$

I
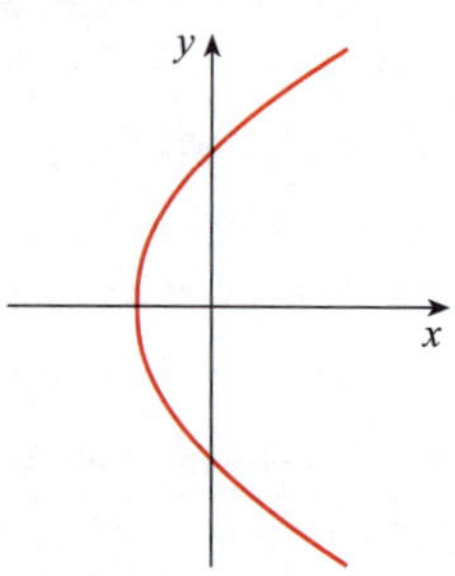

II
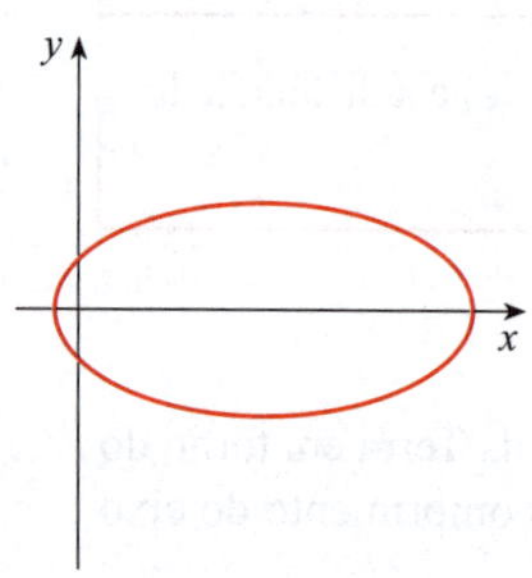

III
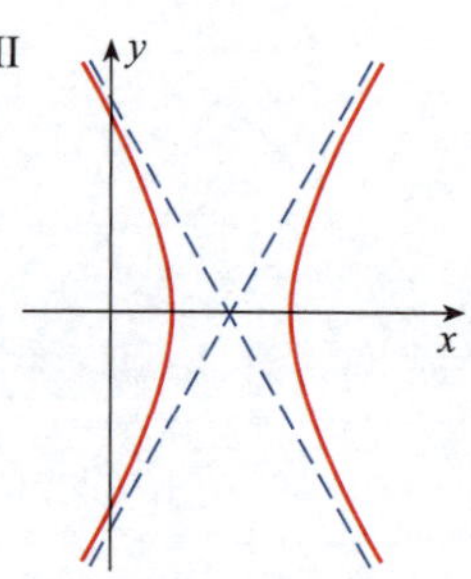

IV
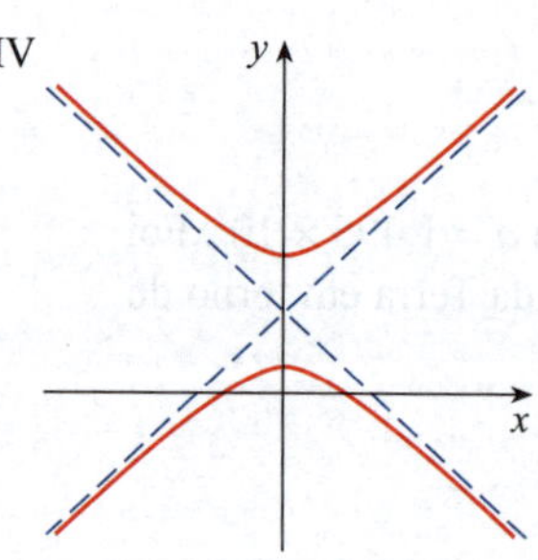

V
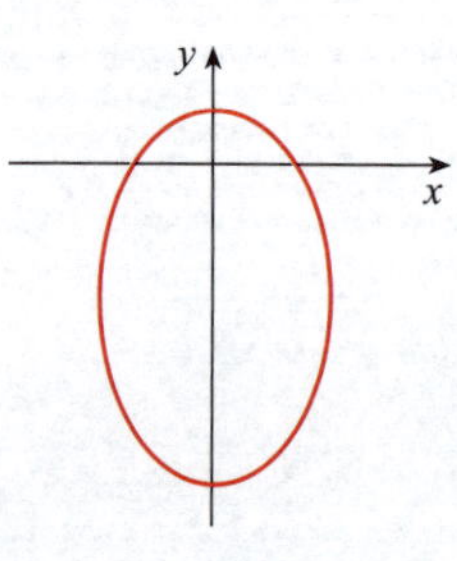

VI
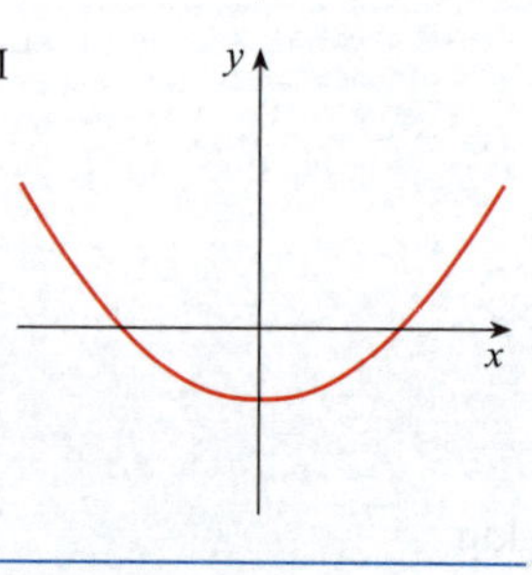

15-22 (a) Determine a excentricidade, (b) identifique a cônica, (c) forneça uma equação para a diretriz e (d) esboce a cônica.

15. $r = \dfrac{4}{5 - 4\,\text{sen}\,\theta}$
16. $r = \dfrac{1}{2 + \text{sen}\,\theta}$
17. $r = \dfrac{2}{3 + 3\,\text{sen}\,\theta}$
18. $r = \dfrac{5}{2 - 4\cos\theta}$
19. $r = \dfrac{9}{6 + 2\cos\theta}$
20. $r = \dfrac{1}{3 - 3\,\text{sen}\,\theta}$
21. $r = \dfrac{3}{4 - 8\cos\theta}$
22. $r = \dfrac{4}{2 + 3\cos\theta}$

23. (a) Encontre a excentricidade e a diretriz da cônica $r = 1/(1 - 2\,\text{sen}\,\theta)$ e faça um gráfico da cônica e sua diretriz.
    (b) Se a cônica girar no sentido anti-horário em torno da origem por um ângulo $3\pi/4$, escreva a equação resultante e trace sua curva.

24. Trace a cônica

$$r = \frac{4}{5 + 6\cos\theta}$$

e sua diretriz. Trace também a cônica obtida girando essa curva em um ângulo de $\pi/3$ em torno da origem.

25. Em uma mesma janela, trace as cônicas

$$r = \frac{e}{1 - e\cos\theta}$$

com $e = 0{,}4$, $0{,}6$, $0{,}8$ e $1{,}0$. Como o valor de e afeta o formato da curva?

26. (a) Trace as cônicas

$$r = \frac{ed}{1 + e\,\text{sen}\,\theta}$$

para $e = 1$ e vários valores de d. Como o valor de d afeta o formato da cônica?
    (b) Trace as cônicas para $d = 1$ e vários valores de e. Como o valor de e afeta o formato da cônica?

27. Mostre que uma cônica com foco na origem, excentricidade e e diretriz $x = -d$ tem a equação polar

$$r = \frac{ed}{1 - e\cos\theta}$$

28. Mostre que uma cônica com foco na origem, excentricidade e e diretriz $y = d$ tem a equação polar

$$r = \frac{ed}{1 + e\,\text{sen}\,\theta}$$

29. Mostre que uma cônica com foco na origem, excentricidade e e diretriz $y = -d$ tem a equação polar

$$r = \frac{ed}{1 - e\,\text{sen}\,\theta}$$

30. Mostre que as parábolas $r = c/(1 + \cos\theta)$ e $r = d/(1 - \cos\theta)$ se interceptam em ângulos retos.

31. A órbita de Marte em torno do Sol é uma elipse com excentricidade 0,093 e semieixo maior $2,28 \times 10^8$ km. Encontre uma equação polar da órbita.

32. A órbita de Júpiter tem excentricidade 0,048 e o comprimento do seu eixo maior é $1,56 \times 10^9$ km. Encontre uma equação polar para a órbita.

33. A órbita do cometa Halley, visto pela última vez em 1986 e com retorno esperado para 2061, é uma elipse com excentricidade 0,97 e com um foco no Sol. O comprimento do eixo maior é 36,18 AU [Uma unidade astronômica (AU) é a distância média entre a Terra e o Sol, cerca de 150 milhões de quilômetros.] Encontre uma equação polar para a órbita do cometa Halley. Qual é a distância máxima do cometa até o Sol?

34. O cometa Hale-Bopp, descoberto em 1995, tem uma órbita elíptica com excentricidade 0,9951. O comprimento do eixo maior é 356,6 UA. Encontre uma equação polar para a órbita desse cometa. Quão perto do Sol chega esse cometa?

35. O planeta Mercúrio viaja numa órbita elíptica com excentricidade de 0,206. Sua distância mínima do Sol é de $4,6 \times 10^7$ km. Calcule sua distância máxima do Sol.

36. A distância de Plutão até o Sol é $4,43 \times 10^9$ km no periélio e $7,37 \times 10^9$ km no afélio. Encontre a excentricidade da órbita de Plutão.

37. Usando os dados do Exercício 35, calcule a distância percorrida pelo planeta Mercúrio durante uma órbita completa ao redor do Sol. (Se sua calculadora ou sistema de computação algébrica calcular integrais definidas, use-os. Caso contrário, use a Regra de Simpson.)

10 REVISÃO

VERIFICAÇÃO DE CONCEITOS

As respostas para a Verificação de Conceitos podem ser encontradas na página deste livro no site da Cengage

1. (a) O que é uma curva parametrizada?
(b) Como você esboça uma curva parametrizada?

2. (a) Como você calcula a inclinação de uma tangente a uma curva parametrizada?
(b) Como você calcula a área sob uma curva parametrizada?

3. Escreva uma expressão para cada um dos seguintes itens:
(a) O comprimento de uma curva parametrizada.
(b) A área da superfície obtida pela rotação de uma curva parametrizada em torno do eixo x.
(c) A velocidade de uma partícula que se desloca ao longo de uma curva parametrizada.

4. (a) Use um diagrama para explicar o significado das coordenadas polares (r, θ) de um ponto.
(b) Escreva as equações para expressar as coordenadas cartesianas (x, y) de um ponto em termos de coordenadas polares.
(c) Quais equações você usaria para encontrar as coordenadas polares de um ponto se soubesse as coordenadas cartesianas?

5. (a) Como você calcula a área de uma região limitada por uma curva polar?
(b) Como você calcula o comprimento de uma curva polar?
(c) Como você calcula a inclinação de uma reta tangente a uma curva polar?

6. (a) Dê uma definição geométrica de uma parábola.
(b) Escreva uma equação de uma parábola com foco $(0, p)$ e diretriz $y = -p$. Então, o foco é $(p, 0)$ e a diretriz é $x = -p$.

7. (a) Dê uma definição de uma elipse em termos dos focos.
(b) Escreva uma equação para a elipse com focos $(\pm c, 0)$ e vértices $(\pm a, 0)$.

8. (a) Dê uma definição de uma hipérbole em termos dos focos.
(b) Escreva uma equação para a hipérbole com os focos $(\pm c, 0)$ e os vértices $(\pm a, 0)$.
(c) Escreva equações para as assíntotas da hipérbole na parte (b).

9. (a) O que é a excentricidade de uma seção cônica?
(b) O que você pode dizer sobre a excentricidade se a seção cônica for uma elipse? Uma hipérbole? Uma parábola?
(c) Escreva uma equação polar para uma seção cônica com excentricidade e e diretriz $x = d$. O que acontece se a diretriz for $x = -d$? $y = d$? $y = -d$?

TESTES VERDADEIRO-FALSO

Determine se a afirmação é falsa ou verdadeira. Se for verdadeira, explique por quê. Caso contrário, explique por que ou dê um exemplo que mostre que é falsa.

1. Se a curva parametrizada $x = f(t)$, $y = g(t)$ satisfaz $g'(1) = 0$, então ela tem uma tangente horizontal quando $t = 1$.

2. Se $x = f(t)$ e $y = g(t)$ têm segundas derivadas, então

$$\frac{d^2y}{dx^2} = \frac{d^2y/dt^2}{d^2x/dt^2}$$

3. O comprimento da curva $x = f(t)$, $y = g(t)$, $a \le t \le b$ é

$$\int_a^b \sqrt{[f'(t)]^2 + [g'(t)]^2}\, dt$$

4. Supondo que a posição de uma partícula no instante t seja dada pelas equações paramétricas $x = 3t + 1$ e $y = 2t^2 + 1$, a velocidade da partícula no instante $t = 3$ é igual ao valor de dy/dx quando $t = 3$.
5. Se um ponto é representado por (x, y) em coordenadas cartesianas (onde $x \neq 0$) e (r, θ) em coordenadas polares, então $\theta = \text{tg}^{-1}(y/x)$.
6. As curvas polares

$$r = 1 - \text{sen } 2\theta \qquad r = \text{sen } 2\theta - 1$$

têm o mesmo gráfico.

7. As equações $r = 2$, $x^2 + y^2 = 4$ e $x = 2 \text{ sen } 3t$, $y = 2 \cos 3t$ $(0 \leq t \leq 2\pi)$ têm todas o mesmo gráfico.
8. As equações paramétricas $x = t^2$, $y = t^4$ possuem o mesmo gráfico de $x = t^3$, $y = t^6$.
9. O gráfico de $y^2 = 2y + 3x$ é uma parábola.
10. A reta tangente a uma parábola intercepta a parábola apenas uma vez.
11. Uma hipérbole nunca intercepta sua diretriz.

EXERCÍCIOS

1-5 Esboce a curva parametrizada e elimine o parâmetro para encontrar a equação cartesiana da curva.

1. $x = t^2 + 4t, \quad y = 2 - t, \quad -4 \leq t \leq 1$
2. $x = 1 + e^{2t}, \quad y = e^t$
3. $x = \ln t, \quad y = t^2$
4. $x = 2 \cos \theta, \quad y = 1 + \text{sen } \theta$
5. $x = \cos \theta, \quad y = \sec \theta, \quad 0 \leq \theta < \pi/2$

6. Descreva o movimento de uma partícula cuja posição é dada por (x, y), em que $x = 2 + 4 \cos \pi t$ e $y = -3 + 4 \text{ sen } \pi t$, conforme t aumenta de 0 a 4.
7. Escreva os diferentes conjuntos de equações paramétricas para a curva $y = \sqrt{x}$.
8. Use os gráficos de $x = f(t)$ e $y = g(t)$ para esboçar a curva parametrizada $x = f(t)$, $y = g(t)$. Indique com setas a direção na qual a curva é traçada quando t aumenta.

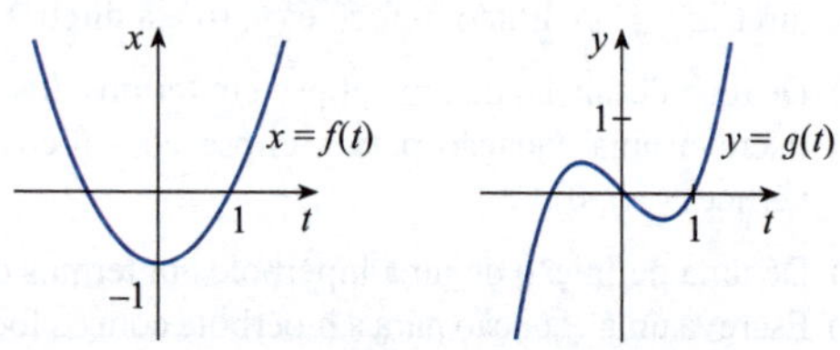

9. (a) Marque o ponto com coordenadas polares $(4, 2\pi/3)$. A seguir, encontre suas coordenadas cartesianas.
(b) As coordenadas cartesianas de um ponto são $(-3, 3)$. Encontre dois conjuntos de coordenadas polares para o ponto.
10. Esboce a região que consiste nos pontos cujas coordenadas polares satisfazem $1 \leq r < 2$ e $\pi/6 \leq \theta \leq 5\pi/6$.

11-18 Esboce a curva polar.

11. $r = 1 + \text{sen } \theta$
12. $r = \text{sen } 4\theta$
13. $r = \cos 3\theta$
14. $r = 3 + \cos 3\theta$
15. $r = 1 + \cos 2\theta$
16. $r = 2 \cos(\theta/2)$
17. $r = \dfrac{3}{1 + 2 \text{ sen } \theta}$
18. $r = \dfrac{3}{2 - 2 \cos \theta}$

19-20 Encontre uma equação polar para a curva representada pela equação cartesiana dada.

19. $x + y = 2$
20. $x^2 + y^2 = 2$

21. A curva com equação polar $r = (\text{sen } \theta)/\theta$ é chamada **cocleoide**. Use um gráfico de r como função de θ em coordenadas cartesianas para esboçar a cocleoide manualmente. Então trace-a com uma calculadora ou um computador para verificar seu esboço.
22. A figura mostra o gráfico de r como uma função de θ em coordenadas cartesianas. Use-o para esboçar a curva polar correspondente.

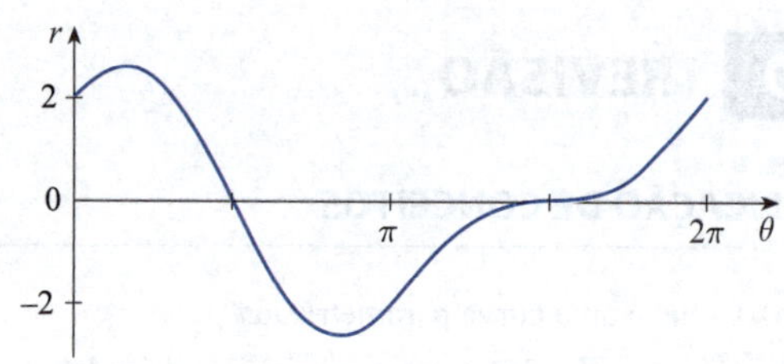

23-26 Calcule a inclinação da reta tangente à curva dada no ponto correspondente ao valor especificado do parâmetro.

23. $x = \ln t, \quad y = 1 + t^2; \quad t = 1$
24. $x = t^3 + 6t + 1, \quad y = 2t - t^2; \quad t = -1$
25. $r = e^{-\theta}; \quad \theta = \pi$
26. $r = 3 + \cos 3\theta; \quad \theta = \pi/2$

27-28 Encontre dy/dx e d^2y/dx^2.

27. $x = t + \text{sen } t, \quad y = t - \cos t$
28. $x = 1 + t^2, \quad y = t - t^3$

29. Use um gráfico para estimar as coordenadas do ponto mais baixo na curva $x = t^3 - 3t$, $y = t^2 + t + 1$. Então, use o cálculo para calcular as coordenadas exatas.
30. Calcule a área da região delimitada pelo laço da curva no Exercício 29.
31. Em quais pontos a curva

$$x = 2a \cos t - a \cos 2t \qquad y = 2a \text{ sen } t - a \text{ sen } 2t$$

tem tangentes verticais e horizontais? Use essa informação para ajudar a esboçar a curva.

32. Calcule a área delimitada pela curva no Exercício 31.
33. Calcule a área delimitada pela curva $r^2 = 9 \cos 5\theta$.
34. Calcule a área delimitada pelo laço interno da curva $r = 1 - 3 \text{ sen } \theta$.

35. Encontre os pontos de intersecção das curvas $r = 2$ e $r = 4 \cos \theta$.

36. Encontre os pontos de intersecção das curvas $r = \text{cotg } \theta$ e $r = 2 \cos \theta$.

37. Encontre a área da região que está dentro de ambos os círculos $r = 2 \text{ sen } \theta$ e $r = \text{sen } \theta + \cos \theta$.

38. Encontre a área da região que está dentro da curva $r = 2 + \cos 2\theta$, mas fora da curva $r = 2 + \text{sen } \theta$.

39-42 Calcule o comprimento da curva.

39. $x = 3t^2, \quad y = 2t^3, \quad 0 \le t \le 2$

40. $x = 2 + 3t, \quad y = \text{cossech } 3t, \quad 0 \le t \le 1$

41. $r = 1/\theta, \quad \pi \le \theta \le 2\pi$

42. $r = \text{sen}^3(\theta/3), \quad 0 \le \theta \le \pi$

---

43. A posição (em metros) de uma partícula no instante t (em segundos) é dada pelas equações paramétricas

$$x = \tfrac{1}{2}(t^2 + 3), \qquad y = 5 - \tfrac{1}{3}t^3$$

(a) Determine a velocidade da partícula no ponto $(6, -4)$.
(b) Qual é a velocidade média da partícula para $0 \le t \le 8$?

44. (a) Determine o comprimento exato do trecho da curva mostrado em azul na figura.
(b) Determine a área da região sombreada.

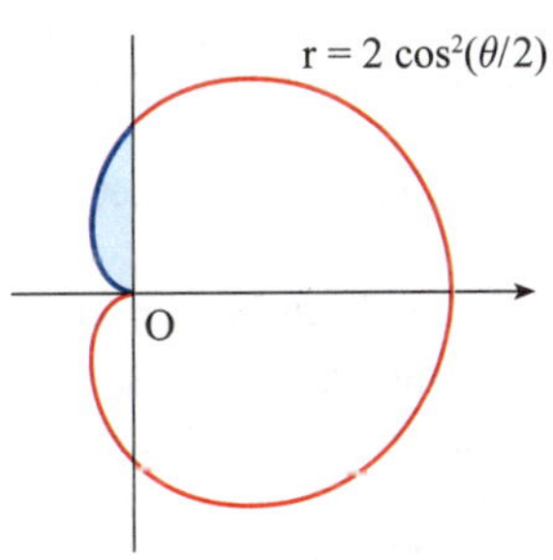

45-46 Calcule a área da superfície obtida pela rotação da curva dada em torno do eixo x.

45. $x = 4\sqrt{t}, \quad y = \dfrac{t^3}{3} + \dfrac{1}{2t^2}, \quad 1 \le t \le 4$

46. $x = 2 + 3t, \quad y = \text{cossech } 3t, \quad 0 \le t \le 1$

---

47. As curvas definidas pelas equações paramétricas

$$x = \frac{t^2 - c}{t^2 + 1} \qquad y = \frac{t(t^2 - c)}{t^2 + 1}$$

são chamadas **estrofoides** (do grego "girar ou torcer"). Investigue como essas curvas mudam quando c varia.

48. Uma família de curvas tem equações polares $r^a = |\text{sen } 2\theta|$, onde a é um número positivo. Investigue como essas curvas mudam quando a varia.

49-52 Encontre os focos e os vértices e esboce o gráfico.

49. $\dfrac{x^2}{9} + \dfrac{y^2}{8} = 1$

50. $4x^2 - y^2 = 16$

51. $6y^2 + x - 36y + 55 = 0$

52. $25x^2 + 4y^2 + 50x - 16y = 59$

---

53. Encontre uma equação da elipse com foco $(\pm 4, 0)$ e diretriz $(\pm 5, 0)$.

54. Encontre uma equação da hipérbole com focos $(2, 1)$ e vértices $x = -4$.

55. Encontre uma equação da hipérbole com focos $(0, \pm 4)$ e assíntotas $y = \pm 3x$.

56. Encontre uma equação da elipse com focos $(3, \pm 2)$ e eixo principal com comprimento 8.

57. Encontre uma equação para a elipse que compartilhe um vértice e um foco com a parábola $x^2 + y = 100$ e que tenha seu outro foco na origem.

58. Mostre que, se m for qualquer número real, então existem exatamente duas retas de inclinação m tangentes à elipse $x^2/a^2 + y^2/b^2 = 1$ e suas equações são

$$y = mx \pm \sqrt{a^2 m^2 + b^2}$$

59. Encontre uma equação polar para a elipse com foco na origem, excentricidade $\frac{1}{3}$ e diretriz com equação $r = 4 \sec \theta$.

60. Represente graficamente a elipse $r = 2/(4 - 3 \cos \theta)$ e sua diretriz. Também represente graficamente a elipse obtida pela rotação sobre a origem através de um ângulo $2\pi/3$.

61. Mostre que os ângulos entre o eixo polar e as assíntotas da hipérbole $r = ed/(1 - e \cos \theta)$, $e > 1$, são dados por $\cos^{-1}(\pm 1/e)$.

62. Uma curva chamada **fólio de Descartes** é definida pelas equações paramétricas

$$x = \frac{3t}{1 + t^3} \qquad y = \frac{3t^2}{1 + t^3}$$

(a) Mostre que, se (a, b) estiverem na curva, então (b, a) também está; isto é, a curva é simétrica em relação à reta $y = x$. Onde a curva intercepta essa reta?
(b) Encontre os pontos na curva onde as retas tangentes são horizontais ou verticais.
(c) Mostre que a reta $y = -x - 1$ é uma assíntota oblíqua.
(d) Esboce a curva.
(e) Mostre que a equação cartesiana dessa curva é $x^3 + y^3 = 3xy$.
(f) Mostre que a equação polar pode ser escrita na forma

$$r = \frac{3 \sec \theta \ \text{tg } \theta}{1 + \text{tg}^3 \theta}$$

(g) Encontre a área da região dentro do laço dessa curva.
(h) Mostre que a área do laço é a mesma que está entre a assíntota e os ramos infinitos da curva. (Use um sistema de computação algébrica para calcular a integral.)

Problemas Quentes

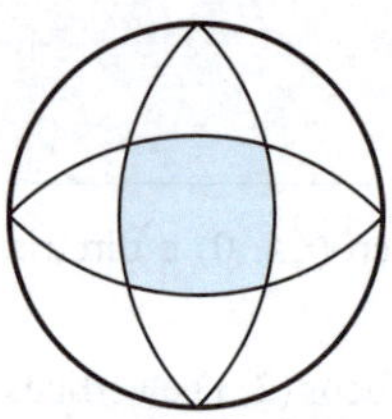

FIGURA PARA O PROBLEMA 1

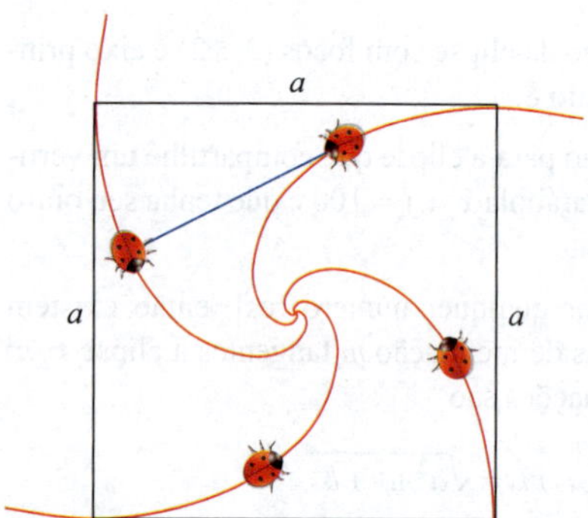

FIGURA PARA O PROBLEMA 4

1. A circunferência de fora na figura tem raio 1 e os centros dos arcos circulares de dentro estão no círculo de fora. Encontre a área da região sombreada.

2. (a) Encontre os pontos mais altos e mais baixos sobre a curva $x^4 + y^4 = x^2 + y^2$.
   (b) Esboce a curva. (Observe que ela é simétrica em relação a ambos os eixos e a ambas as retas $y = \pm x$; assim, inicialmente é suficiente considerar $y \geq x \geq 0$.)
   (c) Use as coordenadas polares e um sistema de computação algébrica para encontrar a área dentro da curva.

3. Qual é a menor janela que contém cada membro da família de curvas polares $r = 1 + c \operatorname{sen} \theta$, onde $0 \leq c \leq 1$? Ilustre sua resposta traçando vários membros da família nesta janela.

4. Quatro insetos são posicionados nos quatro cantos de um quadrado com comprimento a. Os insetos andam no sentido anti-horário na mesma velocidade e cada um deles sempre anda diretamente em direção ao próximo inseto. Eles se aproximam do centro do quadrado ao longo de um caminho em espiral.
   (a) Encontre a equação polar do caminho do inseto supondo que o polo esteja no centro do quadrado. (Use o fato de que a reta ligando um inseto até o próximo é tangente ao caminho do inseto.)
   (b) Encontre a distância percorrida por um inseto quando ele encontra os outros insetos no centro.

5. Mostre que qualquer linha tangente à hipérbole toca a hipérbole na metade do caminho entre os pontos de intersecção com a tangente e as assíntotas.

6. Um círculo C de raio $2r$ tem seu centro na origem. O círculo de raio r rola sem sair do sentido anti-horário ao redor de C. Um ponto P está localizado num raio fixo de um círculo em movimento numa distância b do centro, $0 < b < r$. [Ver partes (i) e (ii) da Figura.] Seja L a reta do centro de C ao centro do círculo em rotação e seja θ o ângulo que L faz com o eixo x positivo.
   (a) Usando θ como um parâmetro, mostre que as equações paramétricas da trajetória percorrida por P são

   $$x = b \cos 3\theta + 3r \cos \theta \qquad y = b \operatorname{sen} 3\theta + 3r \operatorname{sen} \theta$$

   Observação: Se $b = 0$, a trajetória é um círculo de raio $3r$; se $b = r$, a trajetória é uma *epicicloide*. A trajetória percorrida por P para $0 < b < r$ é chamada *epitrocoide*.
   (b) Trace a curva para diversos valores de b entre 0 e r.
   (c) Mostre que pode ser inscrito um triângulo equilátero na epitrocoide e que seu centroide está no círculo de raio b centrado na origem.
   Observação: Este é o princípio do motor de rotação de Wankel. Quando o triângulo equilátero gira com seu vértice na epitrocoide, seu centroide percorre um círculo cujo centro está no centro da curva.
   (d) Na maioria dos motores de rotação os lados do triângulo equilátero são substituídos por arcos de círculo centrados no vértice oposto como na parte (iii) da figura (então, o diâmetro do rotor é constante). Mostre que o rotor irá caber na epitrocoide se $b \leq \frac{3}{2}(2 - \sqrt{3})r$.

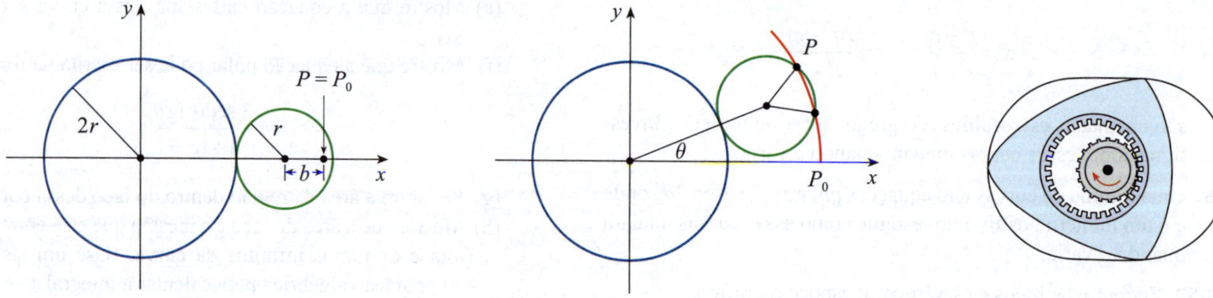

(i) (ii) (iii)

Os astrônomos obtêm informações sobre corpos celestes distantes a partir da radiação eletromagnética emitida por esses corpos. No projeto apresentado após a Seção 11.11, pedimos-lhe que compare a radiação emitida por estrelas diferentes, incluindo a Betelgeuse (a maior das estrelas observáveis), a Sirius e o nosso próprio Sol.

Antares StarExplorer/Shutterstock.com

11 Sequências, Séries e Séries de Potências

EM TODOS OS CAPÍTULOS ANTERIORES, estudamos funções definidas em um intervalo. Nesse capítulo, começamos pelo estudo de sequências de números. Uma sequência pode ser vista como uma função cujo domínio é um conjunto de números naturais. Após as sequências, abordamos as séries infinitas (a soma dos números de uma sequência). Isaac Newton representou funções definidas em um intervalo como somas de séries infinitas, em parte porque tais séries são fáceis de integrar e derivar. Na Seção 11.10, veremos que essa ideia nos permite integrar funções para as quais fomos incapazes de encontrar primitivas, como e^{-x^2}. Muitas das funções que aparecem em física-matemática e em química – tais como as funções de Bessel – são definidas como somas de séries; assim, é importante familiarizar-se com os conceitos básicos de convergência de sequências e séries infinitas.

Os físicos também usam séries de outra maneira, como veremos na Seção 11.11. Em áreas de estudo diversas, como óptica, relatividade especial, eletromagnetismo e cosmologia, eles analisam fenômenos trocando uma função pelos primeiros termos da série que representam essa função.

11.1 Sequências

Muitos conceitos do cálculo envolvem listas de números que decorrem da aplicação de um processo em estágios. Por exemplo, quando usamos o Método de Newton (Seção 4.8, no Volume 1) para aproximar o zero de uma função, geramos uma lista ou *sequência* de números. Quando calculamos taxas médias de variação de uma função em intervalos cada vez menores com o propósito de aproximar uma taxa instantânea de variação (como fizemos na Seção 2.7, no Volume 1), também geramos uma sequência de números.

No Século V a.C., o filósofo grego Zenão de Eleia apresentou quatro problemas, conhecidos atualmente como *paradoxos de Zenão*, com o propósito de contestar algumas das ideias relativas a espaço e tempo que existiam naquela época. Em um dos paradoxos, Zenão argumenta que um homem que se encontra em uma sala jamais seria incapaz de alcançar uma parede porque teria, primeiramente, que andar metade da distância à parede e, em seguida, metade da distância restante, seguida de outra metade do que ainda resta, prosseguindo indefinidamente dessa maneira (veja a Figura 1). As distâncias percorridas pelo homem nos vários estágios formam uma sequência:

$$\frac{1}{2},\ \frac{1}{4},\ \frac{1}{8},\ \frac{1}{16},\ \frac{1}{32},\ \ldots,\ \frac{1}{2^n},\ \ldots$$

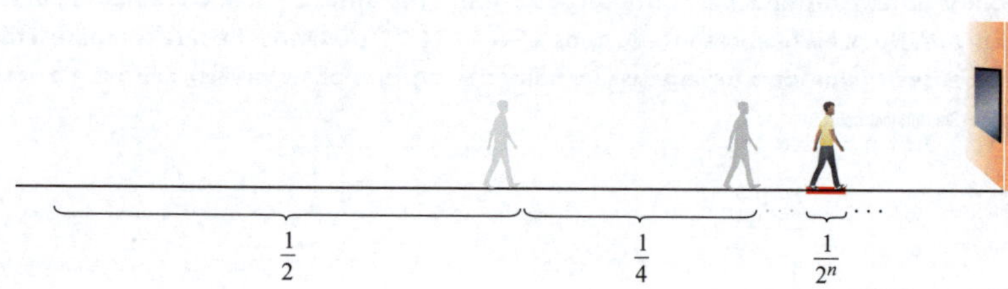

FIGURA 1
No n-ésimo estágio, o homem percorre uma distância de $1/2^n$.

Sequências Infinitas

Uma **sequência infinita**, ou simplesmente **sequência**, pode ser compreendida como uma lista de números apresentados em uma ordem definida:

$$a_1, a_2, a_3, a_4, \ldots, a_n, \ldots$$

O número a_1 é chamado *primeiro termo*, a_2 é o *segundo termo* e, em geral, a_n é o *n-ésimo termo*. Trataremos exclusivamente de sequências infinitas, de modo que cada termo a_n terá um sucessor a_{n+1}.

Observe que, para cada inteiro positivo n existe um número correspondente a_n e, dessa forma, uma sequência f pode ser definida como uma função cujo domínio é o conjunto dos inteiros positivos. Mas, geralmente, escrevemos a_n em vez da notação de função $f(n)$ para o valor da função no número n.

NOTAÇÃO A sequência $\{a_1, a_2, a_3, \ldots\}$ é também indicada por

$$\{a_n\} \qquad \text{ou} \qquad \{a_n\}_{n=1}^{\infty}$$

Salvo se indicarmos de outra forma, suporemos que n começa em 1.

EXEMPLO 1 Algumas sequências podem ser definidas fornecendo-se uma fórmula para o n-ésimo termo.

(a) No início da seção, descrevemos uma sequência de distâncias percorridas por um homem em uma sala. Três descrições equivalentes para essa sequência são dadas a seguir:

$$\left\{\frac{1}{2^n}\right\} \qquad a_n = \frac{1}{2^n} \qquad \left\{\frac{1}{2}, \frac{1}{4}, \frac{1}{8}, \frac{1}{16}, \frac{1}{32}, \ldots, \frac{1}{2^n}, \ldots\right\}$$

Na terceira descrição, escrevemos alguns dos termos iniciais da sequência: $a_1 = 1/2^1$, $a_2 = 1/2^2$, e assim por diante.

(b) A expressão $\left\{\frac{n}{n+1}\right\}_{n=2}^{\infty}$ define uma sequência cuja fórmula do n-ésimo termo é $a_n = \frac{n}{n+1}$ e que começa em $n = 2$:

$$\left\{\frac{2}{3}, \frac{3}{4}, \frac{4}{5}, \frac{5}{6}, \dots\right\}$$

(c) A sequência $\{\sqrt{3}, \sqrt{4}, \sqrt{5}, \sqrt{6}, \dots\}$ pode ser descrita por $\{\sqrt{n+2}\}_{n=1}^{\infty}$ se começarmos em $n = 1$. Analogamente, podemos começar em $n = 3$ e escrever $\{\sqrt{n}\}_{n=3}^{\infty}$ ou $a_n = \sqrt{n}$, $n \geq 3$.

(d) A expressão $\left\{(-1)^n \frac{(n+1)}{3^n}\right\}_{n=0}^{\infty}$ gera a sequência

$$\left\{\frac{1}{1}, -\frac{2}{3}, \frac{3}{9}, -\frac{4}{27}, \frac{5}{81}, \dots\right\}$$

Nesse caso, o primeiro termo corresponde a $n = 0$ e o fator $(-1)^n$ contido na expressão faz que os termos se alternem entre positivos e negativos. ■

EXEMPLO 2 Encontre uma fórmula para o termo geral a_n da sequência

$$\left\{\frac{3}{5}, -\frac{4}{25}, \frac{5}{125}, -\frac{6}{625}, \frac{7}{3.125}, \dots\right\}$$

supondo que o padrão dos primeiros termos continue.

SOLUÇÃO Foi-nos dado que

$$a_1 = \frac{3}{5} \qquad a_2 = -\frac{4}{25} \qquad a_3 = \frac{5}{125} \qquad a_4 = -\frac{6}{625} \qquad a_5 = \frac{7}{3.125}$$

Observe que os numeradores dessas frações começam com 3 e são incrementados por 1 à medida que avançamos para o próximo termo. O segundo termo tem numerador 4; o terceiro, numerador 5; generalizando, o n-ésimo termo terá numerador $n + 2$. Os denominadores são a potência de 5, logo a_n tem denominador 5^n. Os sinais dos termos alternam entre positivo e negativo, assim, precisamos multiplicar por uma potência de -1, como no Exemplo 1(d). Nesse caso, queremos que a_1 seja positivo e assim usamos $(-1)^{n-1}$ ou $(-1)^{n+1}$. Portanto,

$$a_n = (-1)^{n-1} \frac{n+2}{5^n}$$ ■

EXEMPLO 3 Aqui estão algumas sequências que não têm uma equação de definição simples.

(a) A sequência $\{p_n\}$, onde p_n é a população do mundo no dia 1º de janeiro do ano n.

(b) Se fizermos a_n ser o algarismo na n-ésima casa decimal do número e, então $\{a_n\}$ é uma sequência bem definida cujos primeiros termos são

$$\{7, 1, 8, 2, 8, 1, 8, 2, 8, 4, 5, \dots\}$$

(c) A **sequência de Fibonacci** $\{f_n\}$ é definida recursivamente pelas condições

$$f_1 = 1 \qquad f_2 = 1 \qquad f_n = f_{n-1} + f_{n-2} \qquad n \geq 3$$

Cada termo é a soma dos dois termos precedentes. Os primeiros termos são

$$\{1, 1, 2, 3, 5, 8, 13, 21, \ldots\}$$

Essa sequência surgiu quando o matemático italiano conhecido como Fibonacci resolveu, no século XIII, um problema envolvendo a reprodução de coelhos (veja o Exercício 89). ■

O Limite de uma Sequência

Pode-se retratar uma sequência tanto marcando seus termos sobre a reta real como traçando o seu gráfico. As Figuras 2 e 3 ilustram essas representações para a sequência

$$\left\{\frac{n}{n+1}\right\} = \left\{\frac{1}{2}, \frac{2}{3}, \frac{3}{4}, \frac{4}{5}, \ldots\right\}$$

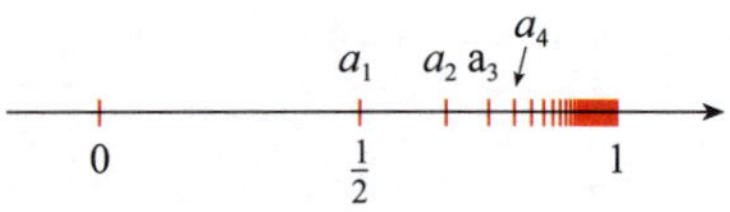

FIGURA 2

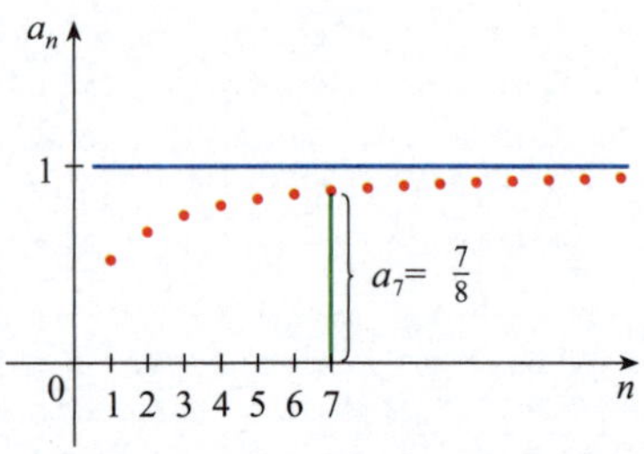

FIGURA 3

Como uma sequência $\{a_n\}_{n=1}^{\infty}$ é uma função cujo domínio é o conjunto de números inteiros positivos, seu gráfico é composto por pontos discretos com coordenadas

$$(1, a_1) \qquad (2, a_2) \qquad (3, a_3) \qquad \ldots \qquad (n, a_n) \qquad \ldots$$

A partir da Figura 2 ou 3 parece que os termos da sequência $a_n = n/(n + 1)$ estão se aproximando de 1 quando n se torna grande. De fato, a diferença

$$1 - \frac{n}{n+1} = \frac{1}{n+1}$$

pode ficar tão pequena quanto se desejar, tornando n suficientemente grande. Indicamos isso escrevendo

$$\lim_{n\to\infty} \frac{n}{n+1} = 1$$

Em geral, a notação

$$\lim_{n\to\infty} a_n = L$$

significa que os termos da sequência $\{a_n\}$ aproximam-se de L quando n torna-se grande. Observe que a seguinte definição do limite de uma sequência é muito parecida com a definição do limite de uma função no infinito, dada na Seção 2.6.

1 Definição Intuitiva do Limite de uma Sequência Uma sequência $\{a_n\}$ tem **limite** L e escrevemos

$$\lim_{n\to\infty} a_n = L \quad \text{ou} \quad a_n \to L \text{ quando } n \to \infty$$

se pudermos tornar os termos a_n tão próximos de L quanto quisermos ao fazer n suficientemente grande. Se $\lim_{n\to\infty} a_n$ existir, dizemos que a sequência **converge** (ou é **convergente**). Caso contrário, dizemos que a sequência **diverge** (ou é **divergente**).

A Figura 4 ilustra a Definição 1 mostrando os gráficos de duas sequências convergentes que têm limite L.

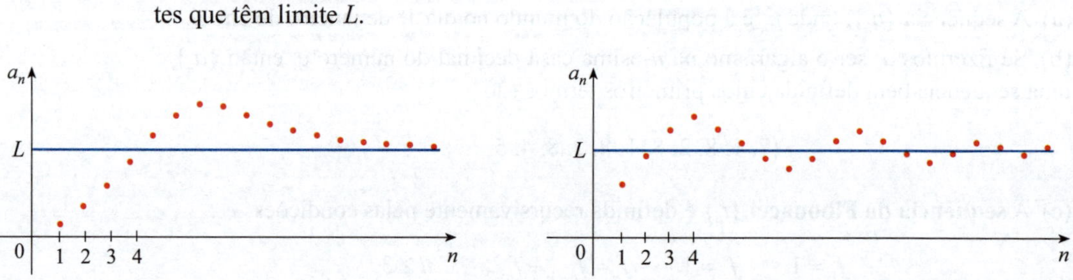

FIGURA 4 Gráficos de duas sequências convergentes com $\lim_{n\to\infty} a_n = L$

Uma versão mais precisa da Definição 1 é a seguinte.

2 Definição Precisa do Limite de uma Sequência Uma sequência $\{a_n\}$ tem **limite** L e escrevemos

$$\lim_{n\to\infty} a_n = L \quad \text{ou} \quad a_n \to L \text{ quando } n \to \infty$$

se, para cada $\varepsilon > 0$ existir um inteiro correspondente N tal que

$$\text{se} \quad n > N, \quad \text{então} \quad |a_n - L| < \varepsilon$$

Compare esta definição com a Definição 2.6.7

A Definição 2 é ilustrada pela Figura 5, na qual os termos $a_1, a_2, a_3, \ldots$ são marcados na reta real. Não importa quão pequeno seja escolhido o intervalo $(L - \varepsilon, L + \varepsilon)$, existe um N tal que todos os termos da sequência de a_{N+1} em diante devem estar naquele intervalo.

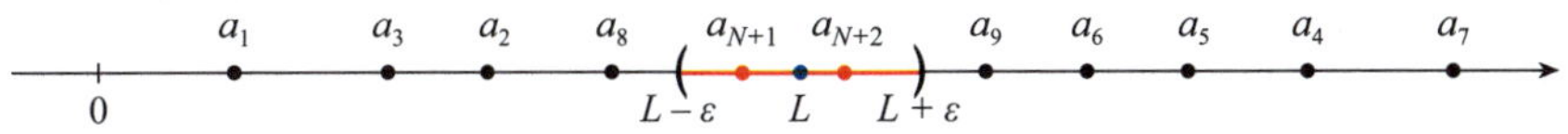

FIGURA 5

Outra ilustração de Definição 2 é dada na Figura 6. Os pontos no gráfico de $\{a_n\}$ devem estar entre as linhas horizontais $y = L + \varepsilon$ e $y = L - \varepsilon$ se $n > N$. Esse quadro deve ser válido independentemente do quão pequeno ε é escolhido, mas geralmente um ε menor exige um N maior.

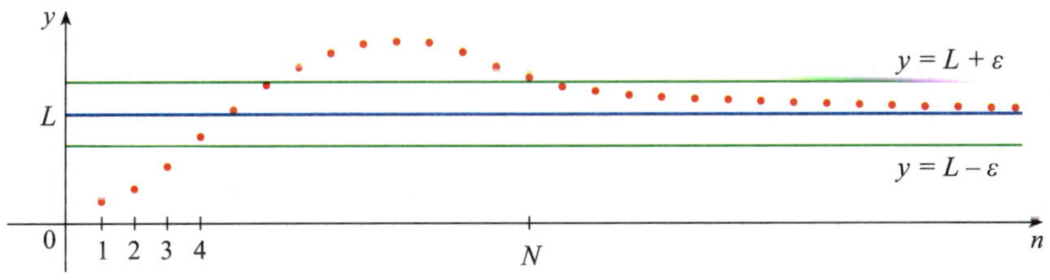

FIGURA 6

Uma *sequência* diverge se os seus termos não tendem a um único número. A Figura 7 ilustra duas maneiras diferentes por meio das quais uma sequência pode divergir.

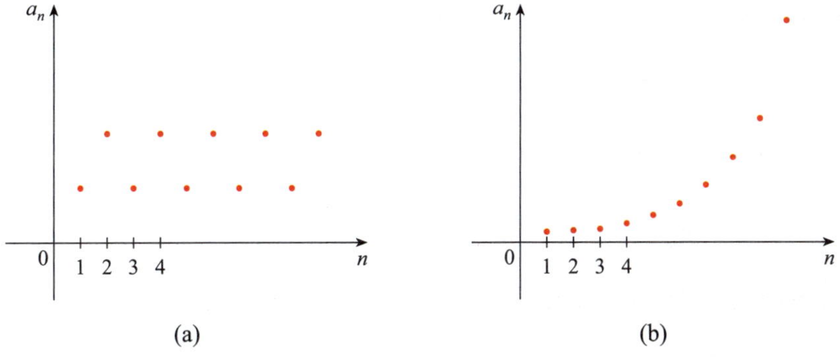

FIGURA 7
Gráficos de duas sequências divergentes

A sequência retratada na Figura 7(a) diverge porque oscila entre dois números diferentes e não tende a um valor único quando $n \to \infty$. No gráfico da parte (b), a_n cresce ilimitadamente à medida que n aumenta. Para indicar a forma particular de divergência dessa sequência, escrevemos $\lim_{n\to\infty} a_n = \infty$ e dizemos que a sequência diverge para ∞. A definição precisa apresentada a seguir é similar à Definição 2.6.9.

3 Definição Precisa de um Limite Infinito A notação $\lim_{n\to\infty} a_n = \infty$ significa que, para todo número positivo M, existe um número inteiro N tal que

$$\text{se} \quad n > N, \quad \text{então} \quad a_n > M$$

Há uma definição análoga para $\lim_{n\to\infty} a_n = -\infty$.

Propriedades de Sequências Convergentes

A comparação da Definição 2 com a Definição 2.6.7, no Volume 1, mostra que a única diferença entre $\lim_{n\to\infty} a_n = L$ e $\lim_{n\to\infty} f(x) = L$ é que n precisa ser inteiro. Então, temos o seguinte teorema, ilustrado pela Figura 8.

4 Teorema Se $\lim_{x\to\infty} f(x) = L$ e $f(n) = a_n$ quando n é um inteiro, então $\lim_{n\to\infty} a_n = L$.

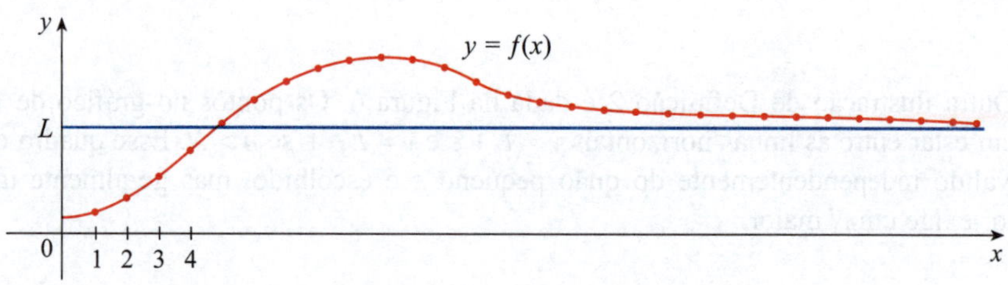

FIGURA 8

Por exemplo, como sabemos que $\lim_{x\to\infty} (1/x^r) = 0$ para $r > 0$ (Teorema 2.6.5), decorre do Teorema 4 que

5 $$\lim_{n\to\infty} \frac{1}{n^r} = 0 \quad \text{se} \quad r > 0$$

As Propriedades dos Limites apresentadas na Seção 2.3 (no Volume 1) também se aplicam aos limites de sequências e suas demonstrações são similares.

Propriedades dos Limites de Sequências Suponha que $\{a_n\}$ e $\{b_n\}$ sejam sequências convergentes e que c seja uma constante. Então

Propriedade da Soma
1. $\lim_{n\to\infty} (a_n + b_n) = \lim_{n\to\infty} a_n + \lim_{n\to\infty} b_n$

Propriedade da Diferença
2. $\lim_{n\to\infty} (a_n - b_n) = \lim_{n\to\infty} a_n - \lim_{n\to\infty} b_n$

Propriedade da Multiplicação por Constante
3. $\lim_{n\to\infty} ca_n = c \lim_{n\to\infty} a_n$

Propriedade do Produto
4. $\lim_{n\to\infty} (a_n b_n) = \lim_{n\to\infty} a_n \cdot \lim_{n\to\infty} b_n$

Propriedade do Quociente
5. $\lim_{n\to\infty} \dfrac{a_n}{b_n} = \dfrac{\lim_{n\to\infty} a_n}{\lim_{n\to\infty} b_n}$ se $\lim_{n\to\infty} b_n \neq 0$

Outra propriedade útil das sequências é a Propriedade da Potência, apresentada a seguir, que lhe pediremos para demonstrar no Exercício 94.

$$\lim_{n\to\infty} a_n^p = \left[\lim_{n\to\infty} a_n\right]^p \text{ se } p > 0 \text{ e } a_n > 0$$

Propriedade da Potência

O Teorema do Confronto também pode ser adaptado para sequências como a seguir (veja a Figura 9).

Se $a_n \leq b_n \leq c_n$ para $n \geq n_0$ e $\lim_{n\to\infty} a_n = \lim_{n\to\infty} c_n = L$, então $\lim_{n\to\infty} b_n = L$.

Propriedades do Limite para Sequências

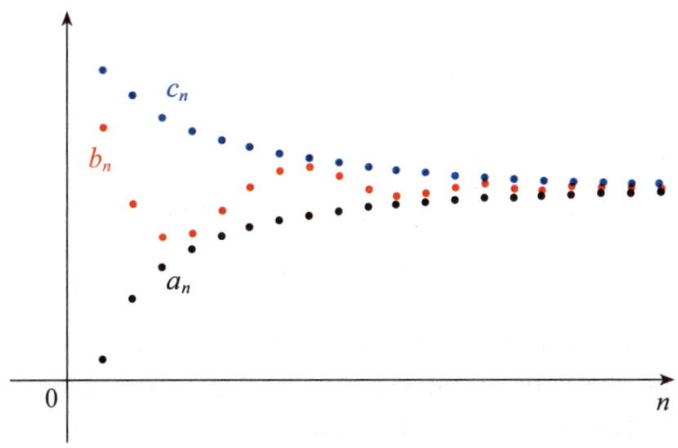

FIGURA 9
A sequência $\{b_n\}$ fica presa entre as sequências $\{a_n\}$ e $\{c_n\}$.

Outro fato útil sobre limites de sequências é dado pelo seguinte teorema, cuja demonstração é pedida no Exercício 93.

6 Teorema Se $\lim_{n\to\infty} |a_n| = 0$, então $\lim_{n\to\infty} a_n = 0$.

EXEMPLO 4 Encontre $\lim_{n\to\infty} \frac{n}{n+1}$.

SOLUÇÃO O método é semelhante ao que foi utilizado na Seção 2.6, no Volume 1: dividir o numerador e o denominador pela maior potência de n que ocorre no denominador e depois usar as Leis do Limite para Sequências.

$$\lim_{n\to\infty} \frac{n}{n+1} = \lim_{n\to\infty} \frac{1}{1+\frac{1}{n}} = \frac{\lim_{n\to\infty} 1}{\lim_{n\to\infty} 1 + \lim_{n\to\infty} \frac{1}{n}}$$

$$= \frac{1}{1+0} = 1$$

Aqui usamos a Equação 5 com $r = 1$. ■

Em geral, para qualquer constante c

$$\lim_{n\to\infty} c = c$$

Isso mostra que a suposição que fizemos anteriormente das Figuras 2 e 3 estavam correta.

EXEMPLO 5 A sequência $a_n = \frac{n}{\sqrt{10+n}}$ é convergente ou divergente?

SOLUÇÃO Como no Exemplo 4, dividimos o numerador e o denominador por n:

$$\lim_{n\to\infty} = \frac{n}{\sqrt{10+n}} = \lim_{n\to\infty} = \frac{1}{\sqrt{\frac{10}{n^2}+\frac{1}{n}}} = \infty$$

como o numerador é constante e o denominador (que é positivo) se aproxima de 0. Então $\{a_n\}$ é divergente. ■

EXEMPLO 6 Calcule $\lim_{n\to\infty} \frac{\ln n}{n}$.

SOLUÇÃO Observe que numerador e denominador se aproximam do infinito quando $n \to \infty$. Não podemos empregar a Regra de l'Hôspital diretamente, porque ela não se aplica a sequências, mas, sim, a funções de uma variável real. Contudo, podemos usar a Regra de l'Hôspital para a função relacionada $f(x) = (\ln x)/x$ e obter

$$\lim_{x\to\infty} \frac{\ln x}{x} = \lim_{x\to\infty} \frac{1/x}{1} = 0$$

Temos, portanto, pelo Teorema 4,

$$\lim_{n\to\infty} \frac{\ln n}{n} = 0$$

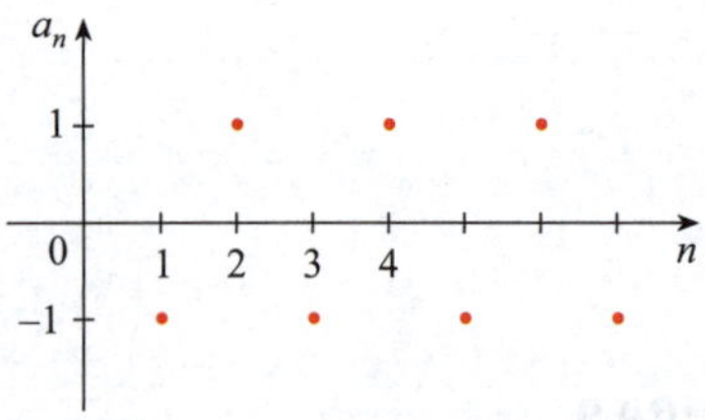

FIGURA 10 A sequência $\{(-1)^n\}$

EXEMPLO 7 Determine se a sequência $a_n = (-1)^n$ é convergente ou divergente.

SOLUÇÃO Se escrevermos os termos da sequência, obteremos

$$\{-1, 1, -1, 1, -1, 1, -1, \ldots\}$$

O gráfico dessa sequência é mostrado na Figura 10. Uma vez que os termos oscilam entre 1 e −1 com frequência indefinida, a_n não se aproxima de nenhum número. Logo $\lim_{n\to\infty} (-1)^n$ não existe; ou seja, a sequência $\{(-1)^n\}$ é divergente.

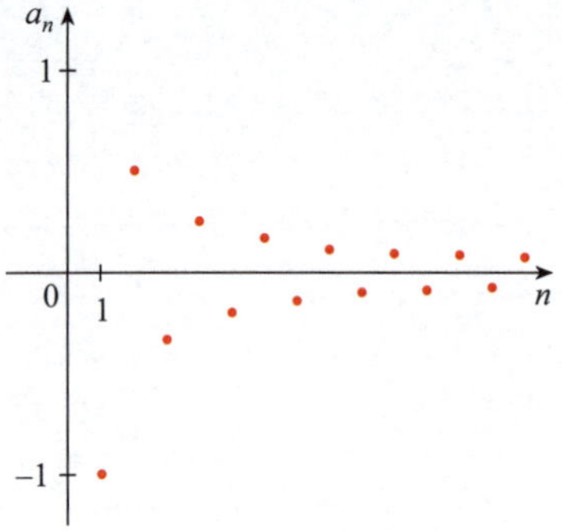

FIGURA 11 A sequência $\left\{\frac{(-1)^n}{n}\right\}$

EXEMPLO 8 Calcule $\lim_{n\to\infty} \frac{(-1)^n}{n}$ se ele existir.

SOLUÇÃO Primeiro calculamos o limite do valor absoluto:

$$\lim_{n\to\infty} \left| \frac{(-1)^n}{n} \right| = \lim_{n\to\infty} \frac{1}{n} = 0$$

Portanto, pelo Teorema 6,

$$\lim_{n\to\infty} \frac{(-1)^n}{n} = 0$$

A sequência é representada graficamente na Figura 11.

O seguinte teorema diz que se aplicarmos uma função contínua aos termos de uma sequência convergente, o resultado também será convergente. A demonstração é dada no Apêndice F.

7 Teorema Se $\lim_{n\to\infty} a_n = L$ e se a função f for contínua em L, então

$$\lim_{n\to\infty} f(a_n) = f(L)$$

EXEMPLO 9 Encontre $\lim_{n\to\infty} \operatorname{sen} \frac{\pi}{n}$.

SOLUÇÃO Como a função seno é contínua em 0, o Teorema 7 nos permite escrever

$$\lim_{n\to\infty} \operatorname{sen} \frac{\pi}{n} = \operatorname{sen}\left(\lim_{n\to\infty} \frac{\pi}{n}\right) = \operatorname{sen} 0 = 0$$

EXEMPLO 10 Discuta a convergência da sequência $a_n = n!/n^n$, onde $n! = 1 \cdot 2 \cdot 3 \cdot \cdots \cdot n$.

SOLUÇÃO Numerador e denominador se aproximam do infinito quando $n \to \infty$, mas aqui não temos uma função correspondente para usar com a Regra de l'Hôspital ($x!$ não está definido quando x não é um inteiro). Vamos escrever alguns termos para pensar sobre o que acontece com a_n quando n cresce:

$$a_1 = 1 \qquad a_2 = \frac{1 \cdot 2}{2 \cdot 2} \qquad a_3 = \frac{1 \cdot 2 \cdot 3}{3 \cdot 3 \cdot 3}$$

8 $$a_n = \frac{1 \cdot 2 \cdot 3 \cdot \cdots \cdot n}{n \cdot n \cdot n \cdot \cdots \cdot n}$$

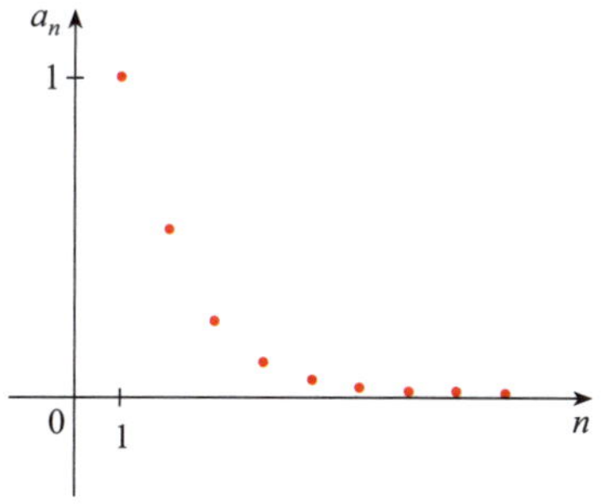

FIGURA 12 A sequência $\{n!/n^n\}$

Parece, a partir dessas expressões e do gráfico na Figura 12, que os termos estão decrescendo e talvez se aproximem de 0. Para confirmar isso, observe na Equação 8 que

$$a_n = \frac{1}{n}\left(\frac{2 \cdot 3 \cdot \cdots \cdot n}{n \cdot n \cdot \cdots \cdot n}\right)$$

Observe que a expressão em parênteses é no máximo 1, porque o numerador é menor (ou igual) ao denominador. Logo,

$$0 < a_n \leq \frac{1}{n}$$

Sabemos que $1/n \to 0$ quando $n \to \infty$. Portanto, $a_n \to 0$ quando $n \to \infty$ pelo Teorema do Confronto. ■

EXEMPLO 11 Para que valores de r a sequência $\{r^n\}$ é convergente?

SOLUÇÃO Sabemos pela Seção 2.6 e dos gráficos das funções exponenciais na Seção 1.4 (ambas do Volume 1) que $\lim_{x\to\infty} b^x = \infty$ para $b > 1$ e $\lim_{x\to\infty} b^x = 0$ para $0 < b < 1$. Logo, colocando $b = r$ e usando o Teorema 4, temos

$$\lim_{n\to\infty} r^n = \begin{cases} \infty & \text{se } r > 1 \\ 0 & \text{se } 0 < r < 1 \end{cases}$$

É óbvio que

$$\lim_{n\to\infty} 1^n = 1 \qquad \text{e} \qquad \lim_{n\to\infty} 0^n = 0$$

Se $-1 < r < 0$, então $0 < |r| < 1$, então

$$\lim_{n\to\infty} |r^n| = \lim_{n\to\infty} |r|^n = 0$$

e, portanto, $\lim_{n\to\infty} r^n = 0$ pelo Teorema 6. Se $r \leq -1$, então $\{r^n\}$ diverge como no Exemplo 7. A Figura 13 mostra os gráficos para vários valores de r. (O caso $r = -1$ é mostrado na Figura 10.)

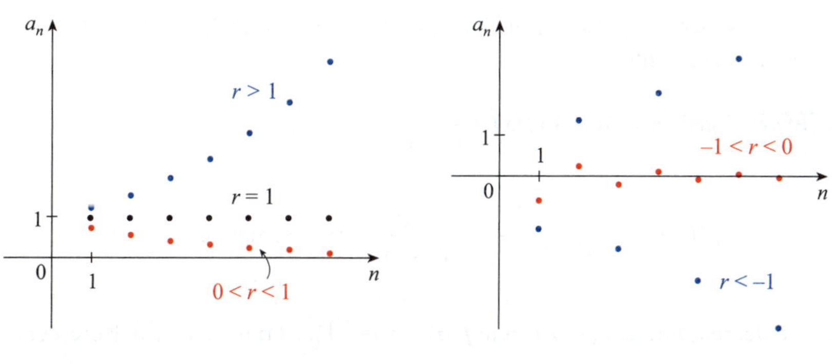

FIGURA 13 A sequência $a_n = r^n$ ■

Os resultados do Exemplo 11 estão resumidos a seguir para uso futuro.

9 A sequência $\{r^n\}$ é convergente se $-1 < r \leq 1$ e divergente para todos os outros valores de r.

$$\lim_{n\to\infty} r^n = \begin{cases} 0 & \text{se } -1 < r < 1 \\ 1 & \text{se } r = 1 \end{cases}$$

Sequências Monótonas e Limitadas

Sequências cujos termos sempre crescem (ou sempre decrescem) têm um papel de destaque no estudo das sequências.

10 Definição A sequência $\{a_n\}$ é chamada **crescente** se $a_n < a_{n+1}$ para todo $n \geq 1$, isto é, $a_1 < a_2 < a_3 < \cdots$. É chamado **decrescente** se $a_n > a_{n+1}$ para todo $n \geq 1$. Uma sequência é chamada **monótona** se for crescente ou decrescente.

EXEMPLO 12 A sequência $\left\{\dfrac{3}{n+5}\right\}$ é decrescente porque

No Exemplo 12, $3/(n+6)$ é menor que $3/(n+5)$ porque o denominador é maior.

$$a_n = \frac{3}{n+5} > \frac{3}{n+6} = \frac{3}{(n+1)+5} = a_{n+1}$$

para todo $n \geq 1$. ■

EXEMPLO 13 Mostre que a sequência $a_n = \dfrac{n}{n^2+1}$ é decrescente.

SOLUÇÃO 1 Devemos mostrar que $a_n > a_{n+1}$, isto é,

$$\frac{n}{n^2+1} > \frac{n+1}{(n+1)^2+1}$$

Essa desigualdade é equivalente àquela que obteríamos pela multiplicação cruzada:

$$\frac{n}{n^2+1} > \frac{n+1}{(n+1)^2+1} \iff n[(n+1)^2+1] > (n+1)(n^2+1)$$
$$\iff n^3 + 2n^2 + 2n > n^3 + n^2 + n + 1$$
$$\iff n^2 + n > 1$$

Como $n \geq 1$, sabemos que a desigualdade $n^2 + n > 1$ é verdadeira. Portanto, $a_n > a_{n+1}$, então $\{a_n\}$ é decrescente. ■

SOLUÇÃO 2 Considere a função $f(x) = \dfrac{x}{x^2+1}$:

$$f'(x) = \frac{x^2+1-x\cdot 2x}{(x^2+1)^2} = \frac{1-x^2}{(x^2+1)^2} < 0 \quad \text{sempre que } x^2 > 1$$

Assim, f é decrescente em $(1, \infty)$ e em $f(n) > f(n+1)$. Portanto, $\{a_n\}$ é decrescente. ■

11 **Definição** Uma sequência $\{a_n\}$ é **limitada superiormente** se existir um número M tal que

$$a_n \leq M \qquad \text{para todo } n \geq 1$$

Uma sequência é **limitada inferiormente** se existir um número m tal que

$$m \leq a_n \qquad \text{para todo } n \geq 1$$

Se uma sequência for limitada superior e inferiormente, então é chamada de **sequência limitada**.

Por exemplo, a sequência $a_n = n$ é limitada inferiormente ($a_n > 0$), mas não superiormente. A sequência $a_n = n/(n + 1)$ é limitada porque $0 < a_n < 1$ para todo n.

Sabemos que nem toda sequência limitada é convergente [por exemplo, a sequência $a_n = (-1)^n$ satisfaz $-1 \leq a_n \leq 1$, mas é divergente, como mostrado no Exemplo 7], e que nem toda sequência monótona é convergente ($a_n = n \to \infty$). Mas se uma sequência for limitada *e* monótona, então ela deve ser convergente. Este fato é provado no Teorema 12, mas intuitivamente você pode entender porque é verdadeiro, olhando para a Figura 14. Se $\{a_n\}$ está aumentando e $a_n \leq M$ para todo n, então os termos são forçados a se aglomerar e se aproximar de algum número L.

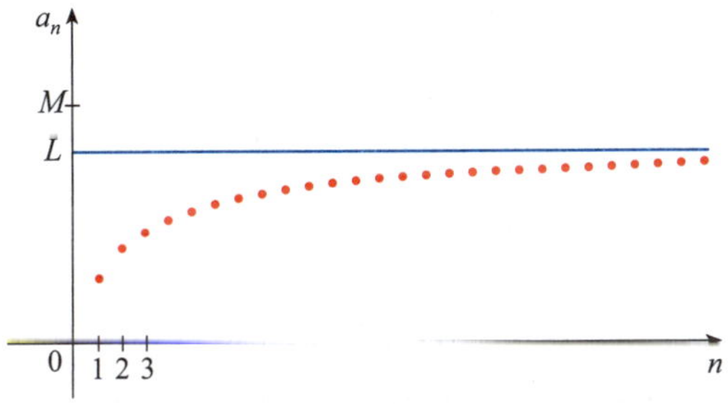

FIGURA 14

12 **Teorema da Sequência Monótona** Toda sequência monótona e limitada é convergente.

Em particular, uma sequência que é crescente e limitada superiormente converge, assim como uma sequência que é decrescente e limitada inferiormente converge.

A demonstração do Teorema 12 é baseada no **Axioma de Completude** para o conjunto $\mathbb{R}$ dos números reais, que diz que, se S é um conjunto não vazio de números reais, que tem um limitante superior M ($x \leq M$ para todo x em S), então S tem um **limitante superior mínimo** b. (Isso significa que b é um limite superior para S, mas se M é qualquer outro limitante superior, então $b \leq M$.) O Axioma de Completude é uma expressão do fato de que não há salto ou furo na reta do número real.

DEMONSTRAÇÃO DO TEOREMA 12 Suponha que $\{a_n\}$ seja uma sequência crescente. Como $\{a_n\}$ é limitada, o conjunto $S = \{a_n \mid n \geq 1\}$ tem um limitante superior. Pelo Axioma de Completude, existe um menor limitante superior L. Dado $\varepsilon > 0$, $L - \varepsilon$ *não* é um limitante superior para S (pois L é o *limite* superior mínimo). Portanto,

$$a_N > L - \varepsilon \qquad \text{para algum inteiro } N$$

Mas a sequência é crescente, logo $a_n \geq a_N$ para cada $n > N$. Assim, se $n > N$, temos

$$a_n > L - \varepsilon$$

então $$0 \leq L - a_n < \varepsilon$$

desde que $a_n \leq L$. Assim,

$$|L - a_n| < \varepsilon \qquad \text{sempre que } n > N$$

então $\lim_{n\to\infty} a_n = L$.

Uma demonstração similar (usando o maior limitante inferior) funciona se $\{a_n\}$ for decrescente. ■

EXEMPLO 14 Investigue a sequência $\{a_n\}$ definida pela *relação de recorrência*

$$a_1 = 2 \qquad a_{n+1} = \tfrac{1}{2}(a_n + 6) \qquad \text{para } n = 1, 2, 3, \ldots$$

SOLUÇÃO Começamos calculando os primeiros termos:

$$a_1 = 2 \qquad a_2 = \tfrac{1}{2}(2 + 6) = 4 \qquad a_3 = \tfrac{1}{2}(4 + 6) = 5$$

$$a_4 = \tfrac{1}{2}(5 + 6) = 5{,}5 \qquad a_5 = 5{,}75 \qquad a_6 = 5{,}875$$

$$a_7 = 5{,}9375 \qquad a_8 = 5{,}96875 \qquad a_9 = 5{,}984375$$

A indução matemática é frequentemente usada para trabalhar com sequências recursivas. Veja o fim do Capítulo 1 (Volume 1) para consultar o Princípio da Indução Matemática.

Esses termos iniciais sugerem que a sequência é crescente e que os termos estão se aproximando de 6. Para confirmar que a sequência é crescente, usamos a indução matemática para mostrar que $a_{n+1} > a_n$ para todo $n \geq 1$. Isso é verdade para $n = 1$ porque $a_2 = 4 > a_1$. Se assumirmos que isso é verdadeiro para $n = k$, então temos

$$a_{k+1} > a_k$$

então

$$a_{k+1} + 6 > a_k + 6$$

e

$$\tfrac{1}{2}(a_{k+1} + 6) > \tfrac{1}{2}(a_k + 6)$$

Logo,

$$a_{k+2} > a_{k+1}$$

Deduzirmos que $a_{n+1} > a_n$ é verdadeiro para $n = k + 1$. Portanto, a desigualdade é verdadeira para todo n por indução matemática.

Em seguida, verificamos que $\{a_n\}$ é limitada mostrando que $a_n < 6$ para todo n. (Uma vez que a sequência é crescente, já sabemos que ela tem um limitante inferior: $a_n \geq a_1 = 2$ para todo n). Sabemos que $a_1 < 6$, assim a afirmação é verdadeira para $n = 1$. Suponha que isso seja verdadeiro para $n = k$. Então,

$$a_k < 6$$

então

$$a_k + 6 < 12$$

e

$$\tfrac{1}{2}(a_k + 6) < \tfrac{1}{2}(12) = 6$$

Logo,

$$a_{k+1} < 6$$

Isso mostra, por indução matemática, que $a_n < 6$ para todo n.

Como a sequência $\{a_n\}$ é crescente e limitada, o Teorema 12 garante que ela tem um limite. O teorema não nos conta qual é o valor do limite. Mas agora que sabemos que $L = \lim_{n\to\infty} a_n$ existe, podemos usar a relação de recorrência dada para escrever

$$\lim_{n\to\infty} a_{n+1} = \lim_{n\to\infty} \tfrac{1}{2}(a_n + 6) = \tfrac{1}{2}\left(\lim_{n\to\infty} a_n + 6\right) = \tfrac{1}{2}(L + 6)$$

Uma demonstração desse fato é pedida no Exercício 76.

Como $a_n \to L$, segue também que $a_{n+1} \to L$ (quando $n \to \infty$, $n + 1 \to \infty$, igualmente). Logo, temos

$$L = \tfrac{1}{2}(L + 6)$$

Resolvendo essa equação para L, temos $L = 6$, como previsto. ■

11.1 Exercícios

1. (a) O que é uma sequência?
(b) O que significa dizer que $\lim_{n\to\infty} a_n = 8$?
(c) O que significa dizer que $\lim_{n\to\infty} a_n = \infty$?

2. (a) O que é uma sequência convergente? Dê dois exemplos.
(b) O que é uma sequência divergente? Dê dois exemplos.

3-16 Liste os cinco primeiros termos da sequência.

3. $a_n = n^3 - 1$

4. $a_n = \dfrac{1}{3^n + 1}$

5. $\{2^n + n\}_{n=2}^{\infty}$

6. $\left\{\dfrac{n^2-1}{n^2+1}\right\}_{n=3}^{\infty}$

7. $a_n = \dfrac{(-1)^{n-1}}{n^2}$

8. $a_n = \dfrac{(-1)^n}{4^n}$

9. $a_n = \cos n\pi$

10. $a_n = 1 + (-1)^n$

11. $a_n = \dfrac{(-2)^n}{(n+1)!}$

12. $a_n = \dfrac{2n+1}{n!+1}$

13. $a_1 = 1, \quad a_{n+1} = 2a_n + 1$

14. $a_1 = 6, \quad a_{n+1} = \dfrac{a_n}{n}$

15. $u_1 = 2, \quad u_{n+1} = \dfrac{a_n}{1+a_n}$

16. $a_1 = 2, \quad a_2 = 1, \quad a_{n+1} = a_n - a_{n-1}$

17-22 Encontre uma fórmula para o termo geral a_n da sequência, assumindo que o padrão dos primeiros termos continue.

17. $\left\{\frac{1}{2}, \frac{1}{4}, \frac{1}{6}, \frac{1}{8}, \frac{1}{10}, \ldots\right\}$

18. $\left\{4, -1, \frac{1}{4}, -\frac{1}{16}, \frac{1}{64}, \ldots\right\}$

19. $\left\{-3, 2, -\frac{4}{3}, \frac{8}{9}, -\frac{16}{27}, \ldots\right\}$

20. $\{5, 8, 11, 14, 17, \ldots\}$

21. $\left\{\frac{1}{2}, -\frac{4}{3}, \frac{9}{4}, -\frac{16}{5}, \frac{25}{6}, \ldots\right\}$

22. $\{1, 0, -1, 0, 1, 0, -1, 0, \ldots\}$

23-26 Calcule, com quatro casas decimais, os primeiros 10 termos da sequência e use-os para traçar o gráfico da sequência à mão. Essa sequência parece ter um limite? Se assim for, calcule-o. Se não, explique por quê.

23. $a_n = \dfrac{3n}{1+6n}$

24. $a_n = 2 + \dfrac{(-1)^n}{n}$

25. $a_n = 1 + \left(-\frac{1}{2}\right)^n$

26. $a_n = 1 + \dfrac{10^n}{9^n}$

27-62 Determine se a sequência converge ou diverge. Se ela convergir, encontre o limite.

27. $a_n = \dfrac{5}{n+2}$

28. $a_n = 5\sqrt{n+2}$

29. $a_n = \dfrac{4n^2 - 3n}{2n^2 + 1}$

30. $a_n = \dfrac{4n^2 - 3n}{2n+1}$

31. $a_n = \dfrac{n^4}{n^3 - 2n}$

32. $a_n = 2 + (0{,}86)^n$

33. $a_n = 3^n 7^{-n}$

34. $a_n = \dfrac{3\sqrt{n}}{\sqrt{n}+2}$

35. $a_n = e^{-1/\sqrt{n}}$

36. $a_n = \dfrac{4^n}{1+9^n}$

37. $a_n = \sqrt{\dfrac{1+4n^2}{1+n^2}}$

38. $a_n = \cos\left(\dfrac{n\pi}{n+1}\right)$

39. $a_n = \dfrac{n^2}{\sqrt{n^3+4n}}$

40. $a_n = e^{2n/(n+2)}$

41. $a_n = \dfrac{(-1)^n}{2\sqrt{n}}$

42. $a_n = \dfrac{(-1)^{n+1} n}{n+\sqrt{n}}$

43. $\left\{\dfrac{(2n-1)!}{(2n+1)!}\right\}$

44. $\left\{\dfrac{\ln n}{\ln(2n)}\right\}$

45. $\{\text{sen}\, n\}$

46. $a_n = \dfrac{\text{tg}^{-1} n}{n}$

47. $\{n^2 e^{-n}\}$

48. $a_n = \ln(n+1) - \ln n$

49. $a_n = \dfrac{\cos^2 n}{2^n}$

50. $a_n = \sqrt[n]{2^{1+3n}}$

51. $a_n = n\, \text{sen}(1/n)$

52. $a_n = 2^{-n}\cos n\pi$

53. $a_n = \left(1 + \dfrac{2}{n}\right)^n$

54. $a_n = n^{1/n}$

55. $a_n = \ln(2n^2 + 1) - \ln(n^2 + 1)$

56. $a_n = \dfrac{(\ln n)^2}{n}$

57. $a_n = \text{arctg}(\ln n)$

58. $a_n = n - \sqrt{n+1}\sqrt{n+3}$

59. $\{0, 1, 0, 0, 1, 0, 0, 0, 1, \ldots\}$

60. $\left\{\frac{1}{1}, \frac{1}{3}, \frac{1}{2}, \frac{1}{4}, \frac{1}{3}, \frac{1}{5}, \frac{1}{4}, \frac{1}{6}, \ldots\right\}$

61. $a_n = \dfrac{n!}{2^n}$

62. $a_n = \dfrac{(-3)^n}{n!}$

63-69 Use um gráfico da sequência para decidir se ela é convergente ou divergente. Se a sequência for convergente, conjecture o valor do limite a partir do gráfico e então demonstre sua conjectura.

63. $a_n = (-1)^n \dfrac{n}{n+1}$

64. $a_n = \dfrac{\text{sen}\, n}{n}$

65. $a_n = \text{arctg}\left(\dfrac{n^2}{n^2+4}\right)$

66. $a_n = \sqrt[n]{3^n + 5^n}$

67. $a_n = \dfrac{n^2 \cos n}{1+n^2}$

68. $a_n = \dfrac{1 \cdot 3 \cdot 5 \cdot \cdots \cdot (2n-1)}{n!}$

69. $a_n = \dfrac{1 \cdot 3 \cdot 5 \cdot \cdots \cdot (2n-1)}{(2n)^n}$

70. (a) Determine se a sequência definida a seguir é convergente ou divergente:

$$a_1 = 1 \qquad a_{n+1} = 4 - a_n \qquad \text{para } n \geq 1$$

(b) O que acontece se o primeiro termo para $a_1 = 2$?

71. Se \$ 1.000 forem investidos a uma taxa de juros de 6%, contabilizados anualmente, depois de n anos o investimento valerá $a_n = 1.000(1{,}06)^n$ dólares.

(a) Encontre os cinco primeiros termos da sequência $\{a_n\}$.

(b) A sequência é convergente ou divergente? Explique.

72. Se você depositar \$ 100 no final de cada mês em uma conta que paga juros de 3% ao ano com capitalização mensal, o montante de juros acumulados após n meses é dado pela sequência

$$I_n = 100\left(\frac{1{,}0025^n - 1}{0{,}0025} - n\right)$$

(a) Encontre os seis primeiros termos da sequência.

(b) O quanto de juros você vai ter ganho depois de dois anos?

73. Um piscicultor possui 5.000 bagres em sua lagoa. O número de bagres aumenta 8% ao mês e o agricultor retira 300 bagres por mês.

(a) Mostre que a população de bagres P_n depois n meses é dada recursivamente por

$$P_n = 1{,}08P_{n-1} - 300 \qquad P_0 = 5.000$$

(b) Quantos bagres estarão na lagoa depois de seis meses?

74. Calcule os primeiros 40 termos da sequência definida por

$$a_{n+1} = \begin{cases} \frac{1}{2}a_n & \text{se } a_n \text{ é um número par} \\ 3a_n + 1 & \text{se } a_n \text{ é um número ímpar} \end{cases}$$

e $a_1 = 11$. Faça o mesmo se $a_1 = 25$. Faça uma conjectura sobre este tipo de sequência.

75. Para quais valores de r a sequência $\{nr^n\}$ é convergente?

76. (a) Se $\{a_n\}$ for convergente, mostre que

$$\lim_{n\to\infty} a_{n+1} = \lim_{n\to\infty} a_n$$

(b) Uma sequência $\{a_n\}$ é definida por $a_1 = 1$ e $a_{n+1} = 1/(1 + a_n)$ para $n \geq 1$. Supondo que $\{a_n\}$ seja convergente, encontre seu limite.

77. Suponha que você saiba que $\{a_n\}$ é uma sequência decrescente e que todos os termos estão entre os números 5 e 8. Explique por que a sequência tem um limite. O que você pode dizer sobre o valor do limite?

78-84 Determine se a sequência dada é crescente, decrescente ou não monótona. A sequência é limitada?

78. $a_n = \cos n$

79. $a_n = \dfrac{1}{2n+3}$

80. $a_n = \dfrac{1-n}{2+n}$

81. $a_n = n(-1)^n$

82. $a_n = 2 + \dfrac{(-1)^n}{n}$

83. $a_n = 3 - 2ne^{-n}$

84. $a_n = n^3 - 3n + 3$

---

85. Calcule o limite da sequência

$$\left\{\sqrt{2}, \sqrt{2\sqrt{2}}, \sqrt{2\sqrt{2\sqrt{2}}}, \ldots\right\}$$

86. Uma sequência $\{a_n\}$ é dada por $a_1 = \sqrt{2}$, $a_{n+1} = \sqrt{2 + a_n}$.

(a) Por indução, ou de outra maneira, mostre que $\{a_n\}$ é crescente e limitada superiormente por 3. Aplique o Teorema da Sequência Monótona para mostrar que $\lim_{n\to\infty} a_n$ existe.

(b) Encontre $\lim_{n\to\infty} a_n$.

87. Mostre que a sequência definida por

$$a_1 = 1 \qquad a_{n+1} = 3 - \frac{1}{a_n}$$

é crescente e $a_n < 3$ para todo n. Deduza que $\{a_n\}$ é convergente e encontre seu limite.

88. Mostre que a sequência definida por

$$a_1 = 2 \qquad a_{n+1} = \frac{1}{3 - a_n}$$

satisfaz $0 < a_n \leq 2$ e é decrescente. Deduza que a sequência é convergente e encontre seu limite.

89. (a) Fibonacci colocou o seguinte problema: suponha que coelhos vivam para sempre e que a cada mês cada par produza um novo par, que se torna reprodutivo com 2 meses de idade. Se começarmos com um par recém-nascido, quantos pares de coelhos teremos no n-ésimo mês? Mostre que a resposta é f_n, onde $\{f_n\}$ é a sequência de Fibonacci definida no Exemplo 3(c).

(b) Seja $a_n = f_{n+1}/f_n$ e mostre que $a_{n-1} = 1 + 1/a_{n-2}$. Supondo que $\{a_n\}$ seja convergente, encontre seu limite.

90. (a) Sejam $a_1 = a$, $a_2 = f(a)$, $a_3 = f(a_2) = f(f(a))$, ..., $a_{n+1} = f(a_n)$, onde f é uma função contínua. Se $\lim_{n\to\infty} a_n = L$, mostre que $f(L) = L$.

(b) Ilustre a parte (a) tomando $f(x) = \cos x$, $a = 1$, e estimando o valor de L com precisão de cinco casas decimais.

91. (a) Use um gráfico para conjecturar o valor do limite

$$\lim_{n\to\infty} \frac{n^5}{n!}$$

(b) Use um gráfico da sequência na parte (a) para encontrar os menores valores de N que correspondam a $\varepsilon = 0{,}1$ e $\varepsilon = 0{,}001$ na Definição 2.

92. Use a Definição 2 diretamente para demonstrar que $\lim_{n\to\infty} r^n = 0$ quando $|r| < 1$.

93. Demonstre o Teorema 6.
[*Dica*: Use a Definição 2 ou o Teorema do Confronto.]

94. Use o Teorema 7 para provar a Propriedade da Potência:

$$\lim_{n\to\infty} a_n^p = \left[\lim_{n\to\infty} a_n\right]^p \qquad \text{se } p > 0 \text{ e } a_n > 0$$

95. Demonstre que, se $\lim_{n\to\infty} a_n = 0$ e $\{b_n\}$ for limitada, então $\lim_{n\to\infty} (a_n b_n) = 0$

96. Seja $a_n = (1 + 1/n)^n$.

(a) Mostre que, se $0 \leq a < b$, então

$$\frac{b^{n+1} - a^{n+1}}{b - a} < (n+1)b^n$$

(b) Deduza que $b^n[(n+1)a - nb] < a^{n+1}$.

(c) Use $a = 1 + 1/(n+1)$ e $b = 1 + 1/n$ na parte (b) para mostrar que $\{a_n\}$ é crescente.

(d) Use $a = 1$ e $b = 1 + 1/(2n)$ na parte (b) para mostrar que $a_{2n} < 4$.

(e) Use as partes (c) e (d) para mostrar que $a_n < 4$ para todo n.

(f) Use o Teorema 12 para mostrar que $\lim_{n\to\infty}(1 + 1/n)^n$ existe. (O limite é e. Ver Equação 3.6.6).

97. Sejam a e b números positivos com $a > b$. Seja a_1 sua média aritmética e b_1, sua média geométrica:

$$a_1 = \frac{a+b}{2} \qquad b_1 \sqrt{ab}$$

Repita esse procedimento de modo que, em geral,

$$a_{n+1} = \frac{a_n + b_n}{2} \qquad b_{n+1} \sqrt{a_n b_n}$$

(a) Use a indução matemática para mostrar que

$$a_n > a_{n+1} > b_{n+1} > b_n$$

(b) Deduza que $\{a_n\}$ e $\{b_n\}$ são ambas convergentes.

(c) Mostre que $\lim_{n\to\infty} a_n = \lim_{n\to\infty} b_n$. Gauss chamou o valor comum desses limites de **média aritmética-geométrica** dos números a e b.

98. (a) Mostre que, se $\lim_{n\to\infty} a_{2n} = L$ e $\lim_{n\to\infty} a_{2n+1} = L$, então $\{a_n\}$ é convergente e $\lim_{n\to\infty} a_n = L$.

(b) Se $a_1 = 1$ e

$$a_{n+1} = 1 + \frac{1}{1+a_n}$$

encontre os oito primeiros membros da sequência $\{a_n\}$. Então use a parte (a) para mostrar que $\lim_{n\to\infty} a_n = \sqrt{2}$. Isso dá a **expansão em frações contínuas**

$$\sqrt{2} = 1 + \cfrac{1}{2 + \cfrac{1}{2 + \cdots}}$$

99. O tamanho de uma população de peixes pode ser modelado pela fórmula

$$p_{n+1} = \frac{bp_n}{a + p_n}$$

onde p_n é o tamanho da população de peixes depois de n anos e a e b são constantes positivas que dependem da espécie e de seu habitat. Suponha que a população no ano 0 seja $p_0 > 0$.

(a) Mostre que se $\{p_n\}$ é convergente, então os únicos valores possíveis para seu limite são 0 e $b - a$.

(b) Mostre que $p_{n+1} < (b/a)\, p_n$.

(c) Use o item (b) para mostrar que, se $a > b$, então $\lim_{n\to\infty} p_n = 0$; em outras palavras, a população se extingue.

(d) Agora suponha que $a < b$. Mostre que, se $p_0 < b - a$, então $\{p_n\}$ é crescente e $0 < p_n < b - a$. Mostre também que, se $p_0 > b - a$, então $\{p_n\}$ é decrescente e $p_n > b - a$. Deduza que se $a < b$, então $\lim_{n\to\infty} p_n = b - a$.

PROJETO DE DESCOBERTA | T SEQUÊNCIAS LOGÍSTICAS

Uma sequência que aparece em ecologia como um modelo para o crescimento populacional é definida pela **equação de diferença logística**

$$p_{n+1} = kp_n(1 - p_n)$$

onde p_n mede o tamanho da população da n-ésima geração de uma única espécie. Para manter os números manejáveis, tomamos p_n como uma fração do tamanho máximo da população, e assim $0 \le p_n \le 1$. Observe que a forma dessa equação é similar à da equação diferencial logística na Seção 9.4. O modelo discreto – com sequências em vez de funções contínuas – é preferível para modelar populações de insetos, nas quais acasalamento e morte ocorrem de maneira periódica.

Um ecologista está interessado em prever o tamanho da população com o passar do tempo e faz as perguntas: Ela vai estabilizar em um valor-limite? Ela mudará de uma maneira cíclica? Ou exibirá comportamento aleatório?

Escreva um programa para calcular os n primeiros termos dessa sequência, começando com uma população inicial p_0, onde $0 < p_0 < 1$. Utilize este programa para fazer o seguinte.

1. Calcule 20 ou 30 termos da sequência para $p_0 = \frac{1}{2}$ e para dois valores de k tal que $1 < k < 3$. Faça um gráfico de cada sequência. As sequências parecem convergir? Repita para um valor diferente de p_0 entre 0 e 1. O limite depende da escolha de p_0? Depende da escolha de k?

2. Calcule termos da sequência para um valor de k entre 3 e 3,4 e faça seu gráfico. O que você nota sobre o comportamento dos termos?

3. Experimente com valores de k entre 3,4 e 3,5. O que acontece com os termos?

4. Para valores de k entre 3,6 e 4, calcule e trace pelo menos 100 termos e comente sobre o comportamento da sequência. O que acontecerá se você mudar p_0 por 0,001? Esse tipo de comportamento é chamado *caótico* e é exibido por populações de insetos sob certas condições.

11.2 Séries

Como vimos na Seção 11.1, em um de seus paradoxos, Zenão observou que, para que um homem em uma sala chegasse a uma parede, ele precisaria, primeiramente, andar metade da distância à parede e, em seguida, metade da distância restante ($\frac{1}{4}$ do total), seguida de outra metade do que ainda resta ($\frac{1}{8}$), e assim por diante (veja a Figura 1). Tendo em vista que esse processo pode ser repetido indefinidamente, Zenão argumentou que o homem jamais alcançará a parede.

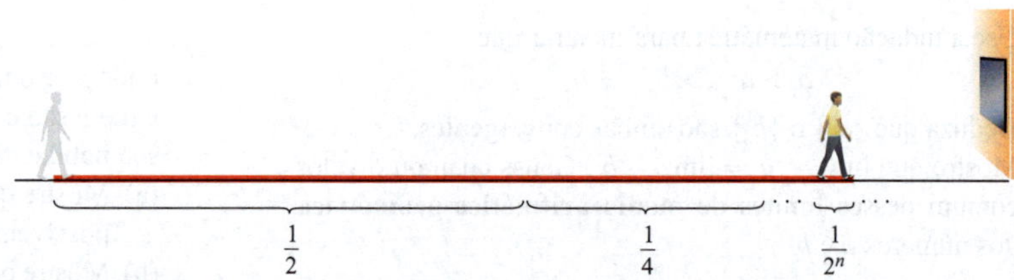

FIGURA 1
No n-ésimo estágio, o homem já percorreu uma distância total de $\frac{1}{2}+\frac{1}{4}+\frac{1}{8}+\cdots+\frac{1}{2^n}$.

Naturalmente, sabemos que o homem consegue, de fato, chegar à parede, o que sugere que talvez seja possível expressar a distância total por ele percorrida como a soma de um número infinito de distâncias cada vez menores, da seguinte forma:

$$1 = \frac{1}{2}+\frac{1}{4}+\frac{1}{8}+\frac{1}{16}+\cdots+\frac{1}{2^n}+\cdots$$

Zenão argumentava que não fazia sentido somar uma quantidade infinita de números. Entretanto, há outras situações em que usamos somas infinitas de forma implícita. Por exemplo, o valor de π na notação decimal é

Com o auxílio de computadores, pesquisadores obtiveram aproximações decimais de π com precisão de dez trilhões de casas decimais.

$$\pi = 3{,}14159\ 26535\ 89793\ 23846\ 26433\ 83279\ 50288\ \ldots$$

A convenção por trás de nossa notação decimal é que qualquer número pode ser escrito como uma soma infinita.

$$\pi = 3+\frac{1}{10}+\frac{4}{10^2}+\frac{1}{10^3}+\frac{5}{10^4}+\frac{9}{10^5}+\frac{2}{10^6}+\frac{6}{10^7}+\frac{5}{10^8}+\cdots$$

Não podemos literalmente somar um número infinito de termos, mas, quanto mais termos somarmos, mais próximo chegaremos do valor real de π.

Séries Infinitas

Ao tentarmos somar os termos de uma sequência infinita $\{a_n\}_{n=1}^{\infty}$, obtemos uma expressão na forma

$$a_1 + a_2 + a_3 + \cdots + a_n + \cdots \tag{1}$$

que é denominada uma **série infinita** (ou apenas **série**) e é denotada, por simplicidade, pelo símbolo

$$\sum_{n=1}^{\infty} a_n \quad \text{ou} \quad \sum a_n$$

Em geral, faz sentido falar sobre a soma de uma quantidade infinita de termos? Por exemplo, seria impossível encontrar uma soma finita para a série

$$1+2+3+4+5+\cdots+n+\cdots$$

porque, se começarmos adicionando os termos, obteremos somas cumulativas que crescem ilimitadamente.

Entretanto, considere a série de distâncias do paradoxo de Zenão:

$$\frac{1}{2}+\frac{1}{4}+\frac{1}{8}+\frac{1}{16}+\frac{1}{32}+\frac{1}{64}+\cdots+\frac{1}{2^n}+\cdots$$

Se começarmos a somar os termos e acompanharmos os subtotais à medida que avançarmos, obteremos $\frac{1}{2}$, $\frac{3}{4}$ (a soma dos dois primeiros termos), $\frac{7}{8}$ (a soma dos três primeiros termos), $\frac{15}{16}$, $\frac{31}{32}$, $\frac{63}{64}$, e assim por diante. A tabela à margem mostra que, à medida que somamos cada vez mais termos, essas *somas parciais* tornam-se cada vez mais próximas de 1. De fato, pode-se verificar que a n-ésima soma parcial é dada por

$$\frac{2^n-1}{2^n}=1-\frac{1}{2^n}$$

n	Soma dos n primeiros termos
1	0,50000000
2	0,75000000
3	0,87500000
4	0,93750000
5	0,96875000
6	0,98437500
7	0,99218750
10	0,99902344
15	0,99996948
20	0,99999905
25	0,99999997

e notamos que, somando um número suficientemente grande de termos da série (tomando n suficientemente grande), é possível tornar as somas parciais tão próximas de 1 quanto desejarmos. Assim, parece razoável dizer que a soma dessa série infinita é 1 e escrever

$$\sum_{n=1}^{\infty}\frac{1}{2^n}=\frac{1}{2}+\frac{1}{4}+\frac{1}{8}+\frac{1}{16}+\cdots+\frac{1}{2^n}+\cdots=1$$

Usamos uma ideia parecida para determinar se uma série geral Σa_n tem uma soma ou não. Consideramos as **somas parciais**

$$s_1 = a_1$$
$$s_2 = a_1 + a_2$$
$$s_3 = a_1 + a_2 + a_3$$
$$s_4 = a_1 + a_2 + a_3 + a_4$$

e, em geral,

$$s_n = a_1 + a_2 + a_3 + \cdots + a_n = \sum_{i=1}^{n} a_i$$

Essas somas parciais formam uma nova sequência $\{s_n\}$, que pode ou não ter um limite. Se $\lim_{n\to\infty} s_n$ existir (como um número finito), então o chamamos soma da série infinita Σa_n.

2 Definição Dada uma série $\Sigma_{n=1}^{\infty} a_n = a_1 + a_2 + a_3 + \cdots$, denote por s_n sua n-ésima soma parcial:

$$s_n = \sum_{i=1}^{n} a_i = a_1 + a_2 + \cdots + a_n$$

Se a sequência $\{s_n\}$ for convergente e $\lim_{n\to\infty} s_n = s$ existir como um número real, então a série Σa_n é chamada **convergente**, e escrevemos

$$a_1 + a_2 + \cdots + a_n + \cdots = s \qquad \text{ou} \qquad \sum_{n=1}^{\infty} a_n = s$$

O número s é chamado a **soma** da série.

Se a sequência $\{s_n\}$ é divergente, então a série é chamada **divergente**.

Compare com a integral imprópria

$$\int_1^\infty f(x)\,dx = \lim_{t\to\infty}\int_1^t f(x)\,dx$$

Para encontrarmos essa integral, integramos de 1 até t e então fazemos $t \to \infty$. Para uma série, somamos de 1 a n e então fazemos $n \to \infty$.

Assim, a soma de uma série é o limite da sequência de somas parciais. Desse modo, quando escrevemos $\Sigma_{n=1}^{\infty} a_n = s$, queremos dizer que, somando um número suficiente de termos da série, podemos chegar tão perto quanto quisermos do número s. Observe que

$$\sum_{n=1}^{\infty} a_n = \lim_{n\to\infty}\sum_{i=1}^{n} a_i$$

EXEMPLO 1 Suponhamos que se saiba que a soma dos primeiros n termos da série $\Sigma_{n=1}^{\infty} a_n$ seja

$$s_n = a_1 + a_2 + \cdots + a_n = \frac{2n}{3n+5}$$

Em seguida, a soma da série é o limite da sequência $\{s_n\}$:

$$\sum_{n=1}^{\infty} a_n = \lim_{n\to\infty} s_n = \lim_{n\to\infty}\frac{2n}{3n+5} = \lim_{n\to\infty}\frac{2}{3+\frac{5}{n}} = \frac{2}{3}$$ ■

No Exemplo 1 foi nos *dada* uma expressão para a soma dos primeiros termos n. No exemplo a seguir, encontraremos uma expressão para a enésima soma parcial.

EXEMPLO 2 Mostre que a série $\displaystyle\sum_{n=1}^{\infty}\frac{1}{n(n+1)}$ é convergente e determine sua soma.

SOLUÇÃO Usemos a definição de série convergente e calculemos as somas parciais.

$$s_n = \sum_{i=1}^{n}\frac{1}{i(i+1)} = \frac{1}{1\cdot 2} + \frac{1}{2\cdot 3} + \frac{1}{3\cdot 4} + \cdots + \frac{1}{n(n+1)}$$

Podemos simplificar essa expressão se usarmos a decomposição em frações parciais

$$\frac{1}{i(i+1)} = \frac{1}{i} - \frac{1}{i+1}$$

(veja a Seção 7.4, no Volume 1). Assim, temos

$$\begin{aligned} s_n &= \sum_{i=1}^{n}\frac{1}{i(i+1)} = \sum_{i=1}^{n}\left(\frac{1}{i} - \frac{1}{i+1}\right) \\ &= \left(1 - \frac{1}{2}\right) + \left(\frac{1}{2} - \frac{1}{3}\right) + \left(\frac{1}{3} - \frac{1}{4}\right) + \cdots + \left(\frac{1}{n} - \frac{1}{n+1}\right) \\ &= 1 - \frac{1}{n+1} \end{aligned}$$

Observe que os termos se cancelam aos pares. Esse é um exemplo de **soma telescópica**: em decorrência de todos os cancelamentos, a soma é reduzida (tal como um telescópio retrátil de pirata) a apenas dois termos.

e, dessa forma, $$\lim_{n\to\infty} s_n = \lim_{n\to\infty}\left(1 - \frac{1}{n+1}\right) = 1 - 0 = 1$$

Consequentemente, a série apresentada é convergente e

$$\sum_{n=1}^{\infty}\frac{1}{n(n+1)} = 1$$ ■

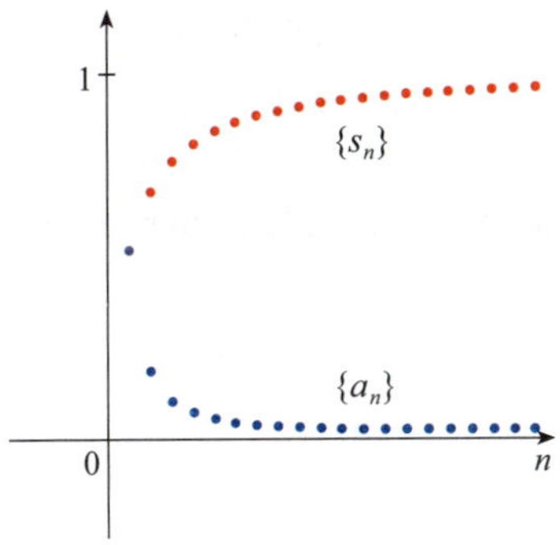

A Figura 2 ilustra o Exemplo 2, mostrando os gráficos da sequência de termos $a_n = 1/[n(n+1)]$ e da sequência de somas parciais $\{s_n\}$. Observe que $a_n \to 0$ e $s_n \to 1$. Os Exercícios 82 e 83 fornecem duas interpretações geométricas para o Exemplo 2.

FIGURA 2

Soma de uma Série Geométrica

Um exemplo importante de série infinita é a **série geométrica**

$$a + ar + ar^2 + ar^3 + \cdots + ar^{n-1} + \cdots = \sum_{n=1}^{\infty} ar^{n-1} \qquad a \neq 0$$

Cada termo dessa soma é obtido a partir do anterior, multiplicando-o pela **razão comum** r. (A série oriunda do paradoxo de Zenão é o caso particular em que $a = \frac{1}{2}$ e $r = \frac{1}{2}$.)

Se $r = 1$, então $s_n = a + a + \cdots + a = na \to \pm\infty$. Como $\lim_{n\to\infty} s_n$ não existe, a série geométrica diverge nesse caso.

Se $r \neq 1$, temos

$$s_n = a + ar + ar^2 + \cdots + ar^{n-1}$$

e

$$rs_n = \qquad ar + ar^2 + \cdots + ar^{n-1} + ar^n$$

Subtraindo essas equações, obtemos

$$s_n - rs_n = a - ar^n$$

3
$$s_n = \frac{a(1-r^n)}{1-r}$$

Se $-1 < r < 1$, sabemos, a partir de 11.1.9, que $r^n \to 0$ quando $n \to \infty$, assim

$$\lim_{n\to\infty} s_n = \lim_{n\to\infty} \frac{a(1-r^n)}{1-r} = \frac{a}{1-r} - \frac{a}{1-r} \cdot \lim_{n\to\infty} r^n = \frac{a}{1-r}$$

Então, quando $|r| < 1$, a série geométrica é convergente, e sua soma é $a/(1-r)$.

Se $r \leq -1$ ou $r > 1$, a sequência $\{r^n\}$ é divergente por 11.1.9; assim, pela Equação 3, $\lim_{n\to\infty} s_n$ não existe. Portanto, a série geométrica diverge naqueles casos. Resumimos os resultados do Exemplo 2 como a seguir.

A Figura 3 fornece uma demonstração geométrica da fórmula para a soma das séries geométricas. Se os triângulos forem construídos como mostrado e s for a soma da série, então, por semelhança de triângulos,

$$\frac{s}{a} = \frac{a}{a-ar} \qquad \text{logo} \qquad s = \frac{a}{1-r}$$

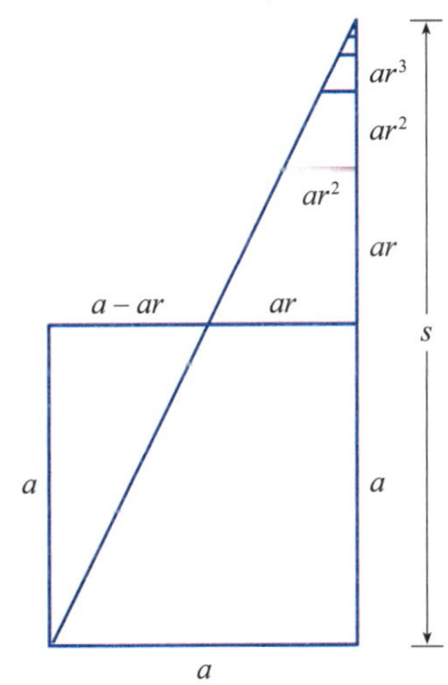

FIGURA 3

4 A série geométrica

$$\sum_{n=1}^{\infty} ar^{n-1} = a + ar + ar^2 + \cdots$$

é convergente se $|r| < 1$ e sua soma é

$$\sum_{n=1}^{\infty} ar^{n-1} = \frac{a}{1-r} \qquad |r| < 1$$

Se $|r| \geq 1$, a série geométrica é divergente.

Em palavras: a soma de uma série geométrica convergente é

$$\frac{\text{primeiro termo}}{1 - \text{relação comum}}$$

EXEMPLO 3 Encontre a soma da série geométrica

$$5-\tfrac{10}{3}+\tfrac{20}{9}-\tfrac{40}{27}+\cdots$$

SOLUÇÃO O primeiro termo é $a = 5$ e a razão comum é $r = -\frac{2}{3}$. Como $|r| = \frac{2}{3} < 1$, a série é convergente por (4) e sua soma é

$$\frac{5}{1-\left(-\frac{2}{3}\right)} = \frac{5}{\frac{5}{3}} = 3$$ ■

O que realmente queremos dizer quando afirmamos que a soma da série no Exemplo 3 é 3? Claro, não podemos somar literalmente um número infinito de termos, um a um. Mas, de acordo com a Definição 2, a soma total é o limite da sequência de somas parciais. Então, fazendo a soma de um número suficiente de termos, podemos chegar tão próximo quanto gostaríamos do número 3. A tabela mostra as primeiras dez somas parciais s_n e o gráfico da Figura 4 mostra como a sequência de somas parciais se aproxima de 3.

n	s_n
1	5,000000
2	1,666667
3	3,888889
4	2,407407
5	3,395062
6	2,736626
7	3,175583
8	2,882945
9	3,078037
10	2,947975

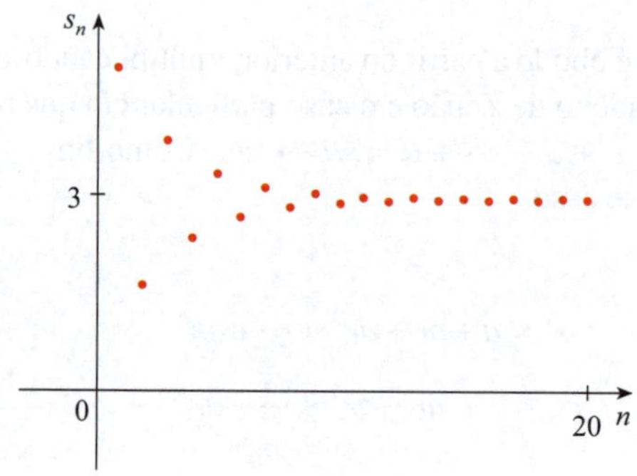

FIGURA 4

EXEMPLO 4 A série $\sum_{n=1}^{\infty} 2^{2n}3^{1-n}$ é convergente ou divergente?

SOLUÇÃO Vamos reescrever o n-ésimo termo da série na forma ar^{n-1}:

$$\sum_{n=1}^{\infty} 2^{2n}3^{1-n} = \sum_{n=1}^{\infty} (2^2)^n\, 3^{-(n-1)} = \sum_{n=1}^{\infty} \frac{4^n}{3^{n-1}} = \sum_{n=1}^{\infty} 4\left(\tfrac{4}{3}\right)^{n-1}$$

Outra maneira de identificar a e r é escrever os primeiros termos:

$$4+\tfrac{16}{3}+\tfrac{64}{9}+\cdots$$

Reconhecemos essa série como uma série geométrica com $a = 4$ e $r = \frac{4}{3}$. Como $r > 1$, a série diverge por (4). ■

EXEMPLO 5 Uma droga é administrada a um paciente todos os dias no mesmo horário. Suponha que a concentração da droga seja C_n (medida em mg/mL) depois da injeção no enésimo dia. Antes da injeção do próximo dia, apenas 30% da droga permanece na corrente sanguínea e a dose diária causa um aumento de 0,2 mg/mL na concentração.

(a) Determine a concentração logo após a terceira injeção.

(b) Qual é a concentração exatamente após a enésima dose?

(c) Qual é a concentração limite?

SOLUÇÃO

(a) Logo antes da dose diária da medicação ser administrada, a concentração está reduzida a 30% da concentração do dia anterior, ou seja, $0{,}3C_n$. Com a nova dose, a concentração aumenta de 0,2 mg/mL e assim

$$C_{n+1} = 0{,}2 + 0{,}3C_n$$

Começando com $C_0 = 0$ e colocando $n = 0, 1, 2$ nessa equação, obtemos

$$C_1 = 0{,}2 + 0{,}3C_0 = 0{,}2$$
$$C_2 = 0{,}2 + 0{,}3C_1 = 0{,}2 + 0{,}2(0{,}3) = 0{,}26$$
$$C_3 = 0{,}2 + 0{,}3C_2 = 0{,}2 + 0{,}2(0{,}3) + 0{,}2(0{,}3)^2 = 0{,}278$$

A concentração depois de 3 dias é 0,278 mg/mL.

(b) Depois da enésima dose, a concentração é

$$C_n = 0{,}2 + 0{,}2(0{,}3) + 0{,}2(0{,}3)^2 + \cdots + 0{,}2(0{,}3)^{n-1}$$

Isso é uma série geométrica finita com $a = 0{,}2$ e $r = 0{,}3$, assim, pela Fórmula 3 temos

$$C_n = \frac{0{,}2[1-(0{,}3)^n]}{1-0{,}3} = \frac{2}{7}[1-(0{,}3)^n]\text{mg/mL}$$

(c) Como $0{,}3 < 1$, sabemos que $\lim_{n\to\infty}(0{,}3)^n = 0$. Assim, a concentração limite é

$$\lim_{n\to\infty} C_n = \lim_{n\to\infty}\frac{2}{7}[1-(0{,}3)^n] = \frac{2}{7}(1-0) = \frac{2}{7}\ \text{mg/mL}$$ ■

EXEMPLO 6 Escreva o número $2{,}3\overline{17} = 2{,}3171717\ldots$ como uma razão de inteiros.

SOLUÇÃO

$$2{,}3171717\ldots = 2{,}3 + \frac{17}{10^3} + \frac{17}{10^5} + \frac{17}{10^7} + \cdots$$

Depois do primeiro termo, temos uma série geométrica com $a = 17/10^3$ e $r = 1/10^2$. Portanto,

$$2{,}3\overline{17} = 2{,}3 + \frac{\dfrac{17}{10^3}}{1-\dfrac{1}{10^2}} = 2{,}3 + \frac{\dfrac{17}{1.000}}{\dfrac{99}{100}}$$
$$= \frac{23}{10} + \frac{17}{990} = \frac{1.147}{495}$$ ■

EXEMPLO 7 Encontre a soma da série $\sum_{n=0}^{\infty} x^n$, onde $|x| < 1$.

SOLUÇÃO Observe que esta série começa com $n = 0$, de modo que o primeiro termo é $x^0 = 1$. (Com a série, adotamos a convenção de que $x^0 = 1$ mesmo quando $x = 0$.) Assim

$$\sum_{n=0}^{\infty} x^n = 1 + x + x^2 + x^3 + x^4 + \cdots$$

Esta é uma série geométrica com $a = 1$ e $r = x$. Uma vez que $|r| = |x| < 1$, que converge e (4) resulta em

5 $$\sum_{n=0}^{\infty} x^n = \frac{1}{1-x}$$ ■

■ Teste da Divergência

Lembre-se de que uma série é divergente se sua sequência de somas parciais é uma sequência divergente.

EXEMPLO 8 Mostre que a **série harmônica**

$$\sum_{n=1}^{\infty} \frac{1}{n} = 1 + \frac{1}{2} + \frac{1}{3} + \frac{1}{4} + \cdots$$

é divergente.

SOLUÇÃO Para essa série particular, é conveniente considerar as somas parciais $s_2, s_4, s_8, s_{16}, s_{32}, \ldots$ e mostrar que elas se tornam grandes.

$$\begin{aligned}
s_2 &= 1 + \tfrac{1}{2} \\
s_4 &= 1 + \tfrac{1}{2} + \left(\tfrac{1}{3} + \tfrac{1}{4}\right) > 1 + \tfrac{1}{2} + \left(\tfrac{1}{4} + \tfrac{1}{4}\right) = 1 + \tfrac{2}{2} \\
s_8 &= 1 + \tfrac{1}{2} + \left(\tfrac{1}{3} + \tfrac{1}{4}\right) + \left(\tfrac{1}{5} + \tfrac{1}{6} + \tfrac{1}{7} + \tfrac{1}{8}\right) \\
&> 1 + \tfrac{1}{2} + \left(\tfrac{1}{4} + \tfrac{1}{4}\right) + \left(\tfrac{1}{8} + \tfrac{1}{8} + \tfrac{1}{8} + \tfrac{1}{8}\right) \\
&= 1 + \tfrac{1}{2} + \tfrac{1}{2} + \tfrac{1}{2} = 1 + \tfrac{3}{2} \\
s_{16} &= 1 + \tfrac{1}{2} + \left(\tfrac{1}{3} + \tfrac{1}{4}\right) + \left(\tfrac{1}{5} + \cdots + \tfrac{1}{8}\right) + \left(\tfrac{1}{9} + \cdots + \tfrac{1}{16}\right) \\
&> 1 + \tfrac{1}{2} + \left(\tfrac{1}{4} + \tfrac{1}{4}\right) + \left(\tfrac{1}{8} + \cdots + \tfrac{1}{8}\right) + \left(\tfrac{1}{16} + \cdots + \tfrac{1}{16}\right) \\
&= 1 + \tfrac{1}{2} + \tfrac{1}{2} + \tfrac{1}{2} + \tfrac{1}{2} = 1 + \tfrac{4}{2}
\end{aligned}$$

Analogamente, $s_{32} > 1 + \frac{5}{2}$, $s_{64} > 1 + \frac{6}{2}$, e, em geral,

$$s_{2^n} > 1 + \frac{n}{2}$$

O método usado no Exemplo 8 para mostrar que a série harmônica diverge foi desenvolvido pelo estudioso francês Nicole Oresme (1323-1382).

Isso mostra que $s_{2^n} \to \infty$ quando $n \to \infty$ e assim $\{s_n\}$ é divergente. Portanto, a série harmônica diverge. ■

6 Teorema Se a série $\sum_{n=1}^{\infty} a_n$ for convergente, então $\lim_{n\to\infty} a_n = 0$.

DEMONSTRAÇÃO Seja $s_n = a_1 + a_2 + \cdots + a_n$. Então, $a_n = s_n - s_{n-1}$. Como $\Sigma\, a_n$ é convergente, a sequência $\{s_n\}$ é convergente. Seja $\lim_{n\to\infty} s_n = s$. Como $n - 1 \to \infty$ quando $n \to \infty$, também temos $\lim_{n\to\infty} s_{n-1} = s$. Portanto,

$$\lim_{n\to\infty} a_n = \lim_{n\to\infty} (s_n - s_{n-1}) = \lim_{n\to\infty} s_n - \lim_{n\to\infty} s_{n-1} = s - s = 0$$ ■

OBSERVAÇÃO Com qualquer *série* $\Sigma\, a_n$ associamos duas *sequências*: a sequência $\{s_n\}$ de suas somas parciais e a sequência $\{a_n\}$ de seus termos. Se $\Sigma\, a_n$ for convergente, o limite da sequência $\{s_n\}$ é s (a soma da série) e, como o Teorema 6 afirma, o limite da sequência $\{a_n\}$ é 0.

ATENÇÃO A recíproca do Teorema 6 não é verdadeira, em geral. Se $\lim_{n\to\infty} a_n = 0$, não podemos concluir que $\Sigma\, a_n$ é convergente. Observe que, para a série harmônica $\Sigma\, 1/n$, temos $a_n = 1/n \to 0$ quando $n \to \infty$, mas mostramos no Exemplo 8 que $\Sigma\, 1/n$ é divergente.

7 Teste da Divergência Se $\lim_{n\to\infty} a_n$ não existir ou se $\lim_{n\to\infty} a_n \neq 0$, então a série $\sum_{n=1}^{\infty} a_n$ é divergente.

O Teste da Divergência vem do Teorema 6, porque, se a série não for divergente, ela é convergente, e, assim, $\lim_{n\to\infty} a_n = 0$.

EXEMPLO 9 Mostre que a série $\displaystyle\sum_{n=1}^{\infty} \frac{n^2}{5n^2+4}$ diverge.

SOLUÇÃO

$$\lim_{n\to\infty} a_n = \lim_{n\to\infty} \frac{n^2}{5n^2+4} = \lim_{n\to\infty} \frac{1}{5+4/n^2} = \frac{1}{5} \neq 0$$

Desse modo, a série diverge pelo Teste da Divergência. ■

OBSERVAÇÃO Se descobrirmos que $\lim_{n\to\infty} a_n \neq 0$, saberemos que $\Sigma\, a_n$ é divergente. Se acharmos que $\lim_{n\to\infty} a_n = 0$, esse fato não nos diz *nada* sobre a convergência ou divergência de $\Sigma\, a_n$. Lembre-se do aviso dado após o Teorema 6: se $\lim_{n\to\infty} a_n = 0$, a série $\Sigma\, a_n$ pode convergir ou divergir.

Propriedades das Séries Convergentes

As seguintes propriedades das séries convergentes decorrem das respectivas Propriedades dos Limites de Sequências, apresentadas na Seção 11.1.

8 Teorema Se $\Sigma\, a_n$ e $\Sigma\, b_n$ forem séries convergentes, então também o serão as séries $\Sigma\, ca_n$ (onde c é uma constante), $\Sigma\,(a_n + b_n)$ e $\Sigma\,(a_n - b_n)$ e

(i) $\displaystyle\sum_{n=1}^{\infty} ca_n = c\sum_{n=1}^{\infty} a_n$

(ii) $\displaystyle\sum_{n=1}^{\infty} (a_n + b_n) = \sum_{n=1}^{\infty} a_n + \sum_{n=1}^{\infty} b_n$

(iii) $\displaystyle\sum_{n=1}^{\infty} (a_n - b_n) = \sum_{n=1}^{\infty} a_n - \sum_{n=1}^{\infty} b_n$

Demonstraremos o item (ii); a demonstração dos demais itens é deixada como exercício.

DEMONSTRAÇÃO DO ITEM (ii) Sejam

$$s_n = \sum_{i=1}^{n} a_i \qquad s = \sum_{n=1}^{\infty} a_n \qquad t_n = \sum_{i=1}^{n} b_i \qquad t = \sum_{n=1}^{\infty} b_n$$

A n-ésima soma parcial para a série $\Sigma\,(a_n + b_n)$ é

$$u_n = \sum_{i=1}^{n} (a_i + b_i)$$

e, usando a Equação 5.2.10, no Volume 1, temos

$$\begin{aligned}\lim_{n\to\infty} u_n &= \lim_{n\to\infty} \sum_{i=1}^{n} (a_i + b_i) = \lim_{n\to\infty} \left(\sum_{i=1}^{n} a_i + \sum_{i=1}^{n} b_i\right) \\ &= \lim_{n\to\infty} \sum_{i=1}^{n} a_i + \lim_{n\to\infty} \sum_{i=1}^{n} b_i \\ &= \lim_{n\to\infty} s_n + \lim_{n\to\infty} t_n = s + t\end{aligned}$$

Portanto, $\Sigma\,(a_n + b_n)$ é convergente e sua soma é

$$\sum_{n=1}^{\infty} (a_n + b_n) = s + t = \sum_{n=1}^{\infty} a_n + \sum_{n=1}^{\infty} b_n$$ ■

EXEMPLO 10 Calcule a soma da série $\sum_{n=1}^{\infty}\left(\dfrac{3}{n(n+1)}+\dfrac{1}{2^n}\right)$.

SOLUÇÃO A série $\Sigma\, 1/2^n$ é uma série geométrica com $a = \frac{1}{2}$ e $r = \frac{1}{2}$, assim

$$\sum_{n=1}^{\infty}\frac{1}{2^n}=\frac{\frac{1}{2}}{1-\frac{1}{2}}=1$$

No Exemplo 2, encontramos que

$$\sum_{n=1}^{\infty}\frac{1}{n(n+1)}=1$$

Assim, pelo Teorema 8, a série dada é convergente e

$$\sum_{n=1}^{\infty}\left(\frac{3}{n(n+1)}+\frac{1}{2^n}\right)=3\sum_{n=1}^{\infty}\frac{1}{n(n+1)}+\sum_{n=1}^{\infty}\frac{1}{2^n}$$
$$=3\cdot 1+1=4$$

OBSERVAÇÃO Um número finito de termos não afeta a convergência ou divergência de uma série. Por exemplo: suponha que possamos mostrar que a série

$$\sum_{n=4}^{\infty}\frac{n}{n^3+1}$$

é convergente. Uma vez que

$$\sum_{n=1}^{\infty}\frac{n}{n^3+1}=\frac{1}{2}+\frac{2}{9}+\frac{3}{28}+\sum_{n=4}^{\infty}\frac{n}{n^3+1}$$

segue que a série inteira $\Sigma_{n=1}^{\infty}\, n/(n^3+1)$ é convergente. Analogamente, se soubermos que a série $\Sigma_{n=N+1}^{\infty}\, a_n$ converge, então a série completa

$$\sum_{n=1}^{\infty}a_n=\sum_{n=1}^{N}a_n+\sum_{n=N+1}^{\infty}a_n$$

também é convergente.

11.2 Exercícios

1. (a) Qual é a diferença entre uma sequência e uma série?
(b) O que é uma série convergente? O que é uma série divergente?

2. Explique o significado de se dizer que $\Sigma_{n=1}^{\infty}\, a_n = 5$.

3-4 Calcule a soma da série $\Sigma_{n=1}^{\infty}\, a_n$ cujas somas parciais são dadas.

3. $s_n = 2 - 3(0,8)^n$

4. $s_n = \dfrac{n^2-1}{4n^2+1}$

5-10 Calcule os oito primeiros termos da sequência de somas parciais corretas para quatro casas decimais. Parece que a série é convergente ou divergente?

5. $\sum_{n=1}^{\infty}\dfrac{1}{n^3}$

6. $\sum_{n=1}^{\infty}\dfrac{1}{\sqrt[3]{n}}$

7. $\sum_{n=1}^{\infty}\operatorname{sen} n$

8. $\sum_{n=1}^{\infty}(-1)^n\, n$

9. $\sum_{n=1}^{\infty}\dfrac{1}{n^4+n^2}$

10. $\sum_{n=1}^{\infty}\dfrac{(-1)^{n-1}}{n!}$

11-14 Calcule pelo menos dez somas parciais da série. Faça o gráfico de ambas as sequências de termos e de somas parciais na mesma tela. Parece que a série é convergente ou divergente? Se ela for convergente, calcule a soma. Se for divergente, explique por quê.

11. $\sum_{n=1}^{\infty}\dfrac{6}{(-3)^n}$

12. $\sum_{n=1}^{\infty}\cos n$

13. $\sum_{n=1}^{\infty}\dfrac{n}{\sqrt{n^2+4}}$

14. $\sum_{n=1}^{\infty}\dfrac{7^{n+1}}{10^n}$

15. Seja $a_n = \dfrac{2n}{3n+1}$.
(a) Determine se $\{a_n\}$ é convergente.
(b) Determine se $\Sigma_{n=1}^{\infty}\, a_n$ é convergente.

16. (a) Explique a diferença entre

$$\sum_{i=1}^{n} a_i \quad \text{e} \quad \sum_{j=1}^{n} a_j$$

(b) Explique a diferença entre

$$\sum_{i=1}^{n} a_i \quad \text{e} \quad \sum_{i=1}^{n} a_j$$

17-22 Determine se a série é convergente ou divergente expressando s_n como uma soma telescópica (como no Exemplo 2). Se ela for convergente, calcule sua soma.

17. $\sum_{n=1}^{\infty}\left(\frac{1}{n+2}-\frac{1}{n}\right)$ **18.** $\sum_{n=4}^{\infty}\left(\frac{1}{\sqrt{n}}-\frac{1}{\sqrt{n+1}}\right)$

19. $\sum_{n=1}^{\infty}\frac{3}{n(n+3)}$ **20.** $\sum_{n=1}^{\infty}\ln\frac{n}{n+1}$

21. $\sum_{n=1}^{\infty}\left(e^{1/n}-e^{1/(n+1)}\right)$ **22.** $\sum_{n=2}^{\infty}\frac{1}{n^3-n}$

23-32 Determine se a série geométrica é convergente ou divergente. Se ela for convergente, calcule sua soma.

23. $3-4+\frac{16}{3}-\frac{64}{9}+\cdots$ **24.** $4+3+\frac{9}{4}+\frac{27}{16}+\cdots$

25. $10-2+0{,}4-0{,}08+\cdots$

26. $2+0{,}5+0{,}125+0{,}03125+\cdots$

27. $\sum_{n=1}^{\infty}12(0{,}73)^{n-1}$ **28.** $\sum_{n=1}^{\infty}\frac{5}{\pi^n}$

29. $\sum_{n=1}^{\infty}\frac{(-3)^{n-1}}{4^n}$ **30.** $\sum_{n=0}^{\infty}\frac{3^{n+1}}{(-2)^n}$

31. $\sum_{n=1}^{\infty}\frac{e^{2n}}{6^{n-1}}$ **32.** $\sum_{n=1}^{\infty}\frac{6\cdot 2^{2n-1}}{3^n}$

33-50 Determine se a série é convergente ou divergente. Se ela for convergente, calcule sua soma.

33. $\frac{1}{3}+\frac{1}{6}+\frac{1}{9}+\frac{1}{12}+\frac{1}{15}+\cdots$

34. $\frac{1}{2}+\frac{2}{3}+\frac{3}{4}+\frac{4}{5}+\frac{5}{6}+\frac{6}{7}+\cdots$

35. $\frac{2}{5}+\frac{4}{25}+\frac{8}{125}+\frac{16}{625}+\frac{32}{3.125}+\cdots$

36. $\frac{1}{3}+\frac{2}{9}+\frac{1}{27}+\frac{2}{81}+\frac{1}{243}+\frac{2}{729}+\cdots$

37. $\sum_{n=1}^{\infty}\frac{2+n}{1-2n}$ **38.** $\sum_{k=1}^{\infty}\frac{k^2}{k^2-2k+5}$

39. $\sum_{n=1}^{\infty}3^{n+1}4^{-n}$ **40.** $\sum_{n=1}^{\infty}[(-0{,}2)^n+(0{,}6)^{n-1}]$

41. $\sum_{n=1}^{\infty}\frac{1}{4+e^{-n}}$ **42.** $\sum_{n=1}^{\infty}\frac{2^n+4^n}{e^n}$

43. $\sum_{k=1}^{\infty}(\operatorname{sen} 100)^k$ **44.** $\sum_{n=1}^{\infty}\frac{1}{1+\left(\frac{2}{3}\right)^n}$

45. $\sum_{n=1}^{\infty}\ln\left(\frac{n^2+1}{2n^2+1}\right)$ **46.** $\sum_{k=0}^{\infty}(\sqrt{2})^{-k}$

47. $\sum_{n=1}^{\infty}\operatorname{arctg} n$ **48.** $\sum_{n=1}^{\infty}\left(\frac{3}{5^n}+\frac{2}{n}\right)$

49. $\sum_{n=1}^{\infty}\left(\frac{1}{e^n}+\frac{1}{n(n+1)}\right)$ **50.** $\sum_{n=1}^{\infty}\frac{e^n}{n^2}$

51. Seja $x = 0{,}99999\ \ldots$.
(a) Você pensa que $x < 1$ ou $x = 1$?
(b) Some uma série geométrica para encontrar o valor de x.
(c) Quantas representações decimais o número 1 tem?
(d) Quais os números que têm mais de uma representação decimal?

52. Uma sequência de termos é definida por

$$a_1 = 1 \qquad a_n = (5-n)a_{n-1}$$

Calcule $\Sigma_{n=1}^{\infty} a_n$.

53-58 Expresse o número como uma razão de inteiros.

53. $0{,}\overline{8} = 0{,}8888\ldots$

54. $0{,}\overline{46} = 0{,}46464646\ldots$

55. $2{,}\overline{516} = 2{,}516516516\ldots$

56. $10{,}1\overline{35} = 10{,}135353535\ldots$

57. $10{,}234\overline{567}$ **58.** $5{,}\overline{71358}$

59-66 Encontre os valores de x para os quais a série converge. Calcule a soma da série para esses valores de x.

59. $\sum_{n=1}^{\infty}(-5)^n x^n$ **60.** $\sum_{n=1}^{\infty}(x+2)^n$

61. $\sum_{n=0}^{\infty}\frac{(x-2)^n}{3^n}$ **62.** $\sum_{n=0}^{\infty}(-4)^n(x-5)^n$

63. $\sum_{n=0}^{\infty}\frac{2^n}{x^n}$ **64.** $\sum_{n=0}^{\infty}\frac{x^n}{2^n}$

65. $\sum_{n=0}^{\infty}e^{nx}$ **66.** $\sum_{n=0}^{\infty}\frac{\operatorname{sen}^n x}{3^n}$

T **67-68** Use o comando de frações parciais em seu SCA para encontrar uma expressão conveniente para a soma parcial; então utilize essa expressão para encontrar a soma da série. Verifique sua resposta usando o SCA para somar a série diretamente.

67. $\sum_{n=1}^{\infty}\frac{3n^2+3n+1}{(n^2+n)^3}$ **68.** $\sum_{n=3}^{\infty}\frac{1}{n^5-5n^3+4n}$

69. Se a n-ésima soma parcial de uma série $\Sigma_{n=1}^{\infty} a_n$ é

$$s_n = \frac{n-1}{n+1}$$

encontre a_n e $\Sigma_{n=1}^{\infty} a_n$.

70. Se a n-ésima soma parcial de uma série $\Sigma_{n=1}^{\infty} a_n$ é $s_n = 3 - n2^{-n}$, encontre a_n e $\Sigma_{n=1}^{\infty} a_n$.

71. Um médico prescreve um comprimido de antibiótico de 100 mg que deve ser tomado a cada 8 horas. Sabe-se que o corpo elimina 75% da droga em 8 horas.
(a) Quanto da droga está no corpo logo antes do segundo comprimido ser ingerido? E do terceiro comprimido?

(b) Se Q_n é a quantidade de antibiótico no corpo logo depois do n-ésimo comprimido ser ingerido, encontre uma equação que expresse $Q_n + 1$ em termos de Q_n.

(c) Qual quantidade de antibiótico permanece no corpo a longo prazo?

72. Uma droga é injetada em um paciente a cada 12 horas. Imediatamente antes de cada injeção, a concentração de droga foi reduzida para 90% e a nova dose causa um aumento na concentração de 1,5 mg/L.

(a) Qual é a concentração depois de 3 doses?

(b) Se C_n é a concentração depois da n-ésima dose, encontre uma fórmula para C_n em função de n.

(c) Qual é o valor limite da concentração?

73. Um paciente toma 150 mg de um fármaco, ao mesmo tempo, todos os dias. Sabe-se que o corpo elimina 95% da droga em 24 horas.

(a) Qual é a quantidade do fármaco no corpo depois do terceiro comprimido? Após o n-ésimo comprimido?

(b) Qual quantidade da droga permanece no corpo, a longo prazo?

74. Depois da injeção de uma dose D de insulina, a concentração de insulina no sistema do paciente decai exponencialmente e por isso pode ser escrito como De^{-at}, onde t representa o tempo em horas e a é uma constante positiva.

(a) Se uma dose D é injetada a cada T horas, escreva uma expressão para a soma das concentrações residuais pouco antes da $(n + 1)$-ésima injeção.

(b) Determine o limite de concentração pré-injeção.

(c) Se a concentração de insulina deve ser sempre igual ou superior a um valor crítico C, determine uma dose mínima D em termos de C, a e T.

75. Quando o dinheiro é gasto em produtos e serviços, aqueles que o recebem também gastam uma parte dele. As pessoas que recebem parte do dinheiro gasto duas vezes gastarão uma parte, e assim por diante. Os economistas chamam essa reação em cadeia de *efeito multiplicador*. Em uma comunidade hipotética isolada, o governo local começa o processo gastando D dólares. Suponha que cada destinatário de dinheiro gasto gaste $100c\%$ e guarde $100s\%$ do dinheiro que recebe. Os valores c e s são denominados *propensão marginal a consumir* e *propensão marginal a economizar* e, é claro, $c + s = 1$.

(a) Seja S_n o gasto total que foi gerado depois de n transações. Encontre uma equação para S_n.

(b) Mostre que $\lim_{n\to\infty} S_n = kD$, onde $k = 1/s$. O número k é chamado *multiplicador*. Qual é o multiplicador se a propensão marginal para consumir for 80%?

Obs.: O governo federal usa esse princípio para justificar o gasto deficitário. Os bancos usam esse princípio para justificar o empréstimo de uma grande porcentagem do dinheiro que recebem em depósitos.

76. Certa bola tem a seguinte propriedade: cada vez que cai a partir de uma altura h em uma superfície dura e nivelada, ela volta até uma altura rh, onde $0 < r < 1$. Suponha que a bola seja lançada de uma altura inicial de H metros.

(a) Supondo que a bola continua a pular indefinidamente, calcule a distância total que ela percorre.

(b) Calcule o tempo total que a bola pula. (Use o fato de que a bola cai $\frac{1}{2}gt^2$ metros em t segundos.)

(c) Suponha que, cada vez que a bola atingir a superfície com velocidade v, ela rebaterá com velocidade $-kv$, onde $0 < k < 1$. Quanto tempo levará para a bola parar?

77. Encontre o valor de c se $\sum_{n=2}^{\infty} (1+c)^{-n} = 2$.

78. Encontre o valor de c tal que $\sum_{n=0}^{\infty} e^{nc} = 10$.

79-81 A Série Harmônica Diverge No Exemplo 8, provamos que a série harmônica diverge. Esboçamos aqui outros métodos para provar esse fato. Em cada caso, suponha que a série converge e que sua soma é S, e mostre que essa hipótese leva a uma contradição.

79. $$S = \left(1+\frac{1}{2}\right)+\left(\frac{1}{3}+\frac{1}{4}\right)+\left(\frac{1}{5}+\frac{1}{6}\right)+\cdots$$
$$>\left(\frac{1}{2}+\frac{1}{2}\right)+\left(\frac{1}{4}+\frac{1}{4}\right)+\left(\frac{1}{6}+\frac{1}{6}\right)+\cdots = S$$

80. $$S = 1+\left(\frac{1}{2}+\frac{1}{3}+\frac{1}{4}\right)+\left(\frac{1}{5}+\frac{1}{6}+\frac{1}{7}\right)+$$
$$\left(\frac{1}{8}+\frac{1}{9}+\frac{1}{10}\right)+\cdots > 1+\frac{3}{3}+\frac{3}{6}+\frac{3}{9}+\cdots = 1+S$$

Dica: Mostre primeiramente que $\dfrac{1}{n-1}+\dfrac{1}{n+1} > \dfrac{2}{n}$.

81. $$e^{1+(1/2)+(1/3)+\cdots+(1/n)} = e^1 \cdot e^{1/2} \cdot e^{1/3} \cdot \cdots \cdot e^{1/n}$$
$$>(1+1)\left(1+\frac{1}{2}\right)\left(1+\frac{1}{3}\right)\cdots\left(1+\frac{1}{n}\right) = n+1$$

Dica: Mostre primeiramente que $e^x > 1 + x$.

---

82. Trace as curvas $y = x^n$, $0 \le x \le 1$, para $n = 0, 1, 2, 3, 4, \ldots$ na mesma tela. Encontrando as áreas entre as curvas sucessivas, dê uma demonstração geométrica do fato, mostrado no Exemplo 2, de que

$$\sum_{n=1}^{\infty} \frac{1}{n(n+1)} = 1$$

83. A figura mostra dois círculos C e D de raio 1 que se tocam em P. T é uma reta tangente comum; C_1 é o círculo que toca C, D e T; C_2 é o círculo que toca C, D e C_1; C_3 é o círculo que toca C, D e C_2. Esse procedimento pode continuar indefinidamente e produzir uma sequência infinita de círculos $\{C_n\}$. Encontre uma expressão para o diâmetro de C_n e então forneça outra demonstração geométrica do Exemplo 2.

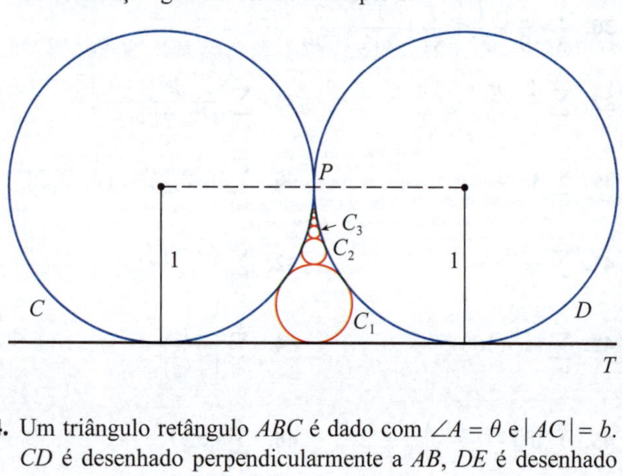

84. Um triângulo retângulo ABC é dado com $\angle A = \theta$ e $|AC| = b$. CD é desenhado perpendicularmente a AB, DE é desenhado perpendicularmente a BC, $EF \perp AB$, e esse processo continua indefinidamente, como mostrado na figura. Calcule o comprimento total de todas as perpendiculares

$$|CD| + |DE| + |EF| + |FG| + \cdots$$

em termos de b e θ.

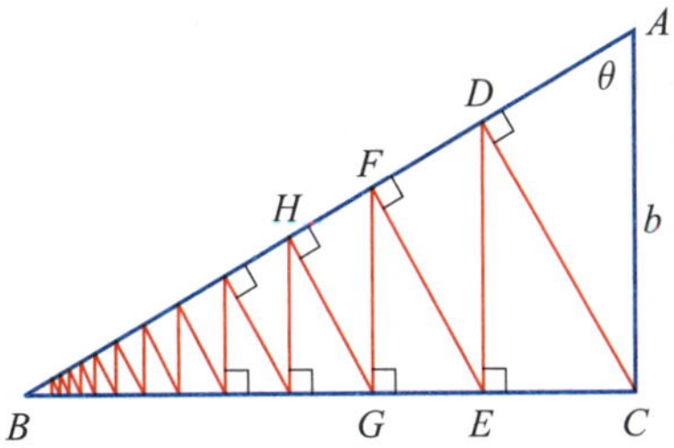

85. O que está errado com o seguinte cálculo?

$$\begin{aligned} 0 &= 0 + 0 + 0 + \cdots \\ &= (1 - 1) + (1 - 1) + (1 - 1) + \cdots \\ &= 1 - 1 + 1 - 1 + 1 - 1 + \cdots \\ &= 1 + (-1 + 1) + (-1 + 1) + (-1 + 1) + \cdots \\ &= 1 + 0 + 0 + 0 + \cdots = 1 \end{aligned}$$

(Guido Ubaldo pensou que isso provava a existência de Deus, porque "alguma coisa tinha sido criada do nada".)

86. Suponha que $\Sigma_{n=1}^{\infty} a_n (a_n \neq 0)$ seja uma série convergente. Demonstre que $\Sigma_{n=1}^{\infty} 1/a_n$ é uma série divergente.

87. (a) Demonstre a parte (i) do Teorema 8.
(b) Demonstre o item (iii) do Teorema 8.

88. Se $\Sigma\, a_n$ for divergente e $c \neq 0$, mostre que $\Sigma\, ca_n$ é divergente.

89. Se $\Sigma\, a_n$ for convergente e $\Sigma\, b_n$, divergente, mostre que a série $\Sigma\,(a_n + b_n)$ é divergente. [*Dica*: Argumente por contradição.]

90. Se $\Sigma\, a_n$ e $\Sigma\, b_n$ forem ambas divergentes, $\Sigma\,(a_n + b_n)$ é necessariamente divergente?

91. Suponha que uma série $\Sigma\, a_n$ tenha termos positivos e suas somas parciais s_n satisfaçam a desigualdade $s_n \leq 1.000$ para todo n. Explique por que $\Sigma\, a_n$ deve ser convergente.

92. A sequência de Fibonacci foi definida na Seção 11.1 pelas equações

$$f_1 = 1, \quad f_2 = 1, \quad f_n = f_{n-1} + f_{n-2} \qquad n \geq 3$$

Mostre que cada uma das afirmações a seguir é verdadeira.

(a) $\dfrac{1}{f_{n-1}f_{n+1}} = \dfrac{1}{f_{n-1}f_n} - \dfrac{1}{f_n f_{n+1}}$

(b) $\displaystyle\sum_{n=2}^{\infty} \frac{1}{f_{n-1}f_{n+1}} = 1$

(c) $\displaystyle\sum_{n=2}^{\infty} \frac{f_n}{f_{n-1}f_{n+1}} = 2$

93. O **conjunto de Cantor**, cujo nome é uma homenagem ao matemático alemão Georg Cantor (1845-1918), é construído como a seguir. Começamos com o intervalo fechado [0, 1] e removemos o intervalo aberto $(\frac{1}{3}, \frac{2}{3})$. Isso nos leva a dois intervalos, $[0, \frac{1}{3}]$ e $[\frac{2}{3}, 1]$, e removemos cada terço intermediário aberto. Quatro intervalos permanecem, e novamente repetimos o processo. Continuamos esse procedimento indefinidamente, em cada passo removendo o terço do meio aberto de cada intervalo que permanece do passo anterior. O conjunto de Cantor consiste nos números em [0, 1] que permanecem depois de todos estes intervalos terem sido removidos.
(a) Mostre que o comprimento total de todos os intervalos que foram removidos é 1. Apesar disso, o conjunto de Cantor contém infinitos números. Dê exemplos de alguns números no conjunto de Cantor.
(b) O **tapete de Sierpinski** é o correspondente bidimensional do conjunto de Cantor. Ele é construído pela remoção do subquadrado central de um quadrado de lado 1 dividido em nove subquadrados. A etapa seguinte consiste em remover os subquadrados centrais dos oito quadrados menores que permaneceram, e assim por diante. (A figura mostra os três primeiros passos da construção.) Mostre que a soma das áreas dos quadrados removidos é 1. Isso implica que o tapete de Sierpinski tem área 0.

94. (a) Uma sequência $\{a_n\}$ é definida recursivamente pela equação $a_n = \frac{1}{2}(a_{n-1} + a_{n-2})$ para $n \geq 3$, onde a_1 e a_2 podem ser quaisquer números reais. Experimente com vários valores de a_1 e a_2, e use sua calculadora para descobrir o limite da sequência.
(b) Encontre $\lim_{n\to\infty} a_n$ em termos de a_1 e a_2 expressando $a_{n+1} - a_n$ em termos de $a_2 - a_1$ e somando uma série.

95. Considere a série $\Sigma_{n=1}^{\infty} n/(n+1)!$.
(a) Encontre as somas parciais s_1, s_2, s_3 e s_4. Você reconhece os denominadores? Use o padrão para conjecturar uma fórmula para s_n.
(b) Use indução matemática para demonstrar sua conjectura.
(c) Mostre que a série infinita dada é convergente e calcule sua soma.

96. A figura mostra infinitos círculos se aproximando dos vértices de um triângulo equilátero. Cada círculo toca outros círculos e lados do triângulo. Se o triângulo tiver lados de comprimento 1, calcule a área total ocupada pelos círculos.

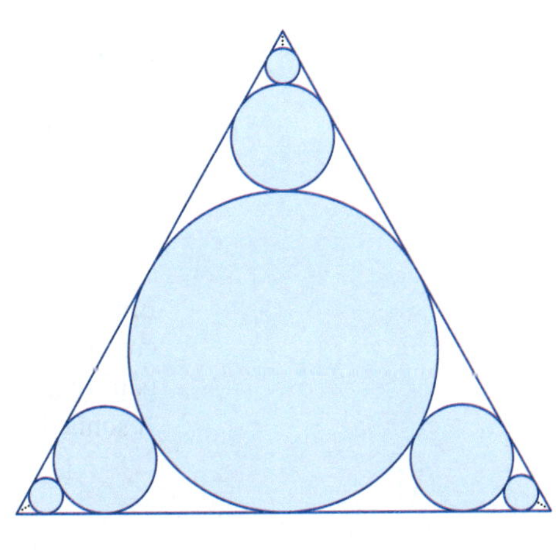

11.3 O Teste da Integral e as Estimativas de Somas

Em geral, é difícil encontrar a soma exata de uma série. Conseguimos fazer isso para as séries geométricas e para algumas series telescópicas porque em cada um desses casos pudemos encontrar uma fórmula simples para a n-ésima soma parcial s_n. Mas geralmente não é fácil descobrir uma fórmula. Portanto, nas próximas seções, desenvolveremos vários testes que nos permitem determinar se uma série é convergente ou divergente sem encontrar sua soma explicitamente. (Em alguns casos, contudo, nossos métodos nos permitirão encontrar boas estimativas da soma.) Nosso primeiro teste envolve integrais impróprias.

O Teste da Integral

Começamos investigando as séries cujos termos são os recíprocos dos quadrados de inteiros positivos.

$$\sum_{n=1}^{\infty} \frac{1}{n^2} = \frac{1}{1^2} + \frac{1}{2^2} + \frac{1}{3^2} + \frac{1}{4^2} + \frac{1}{5^2} + \cdots$$

n	$s_n = \sum_{i=1}^{n} \frac{1}{i^2}$
5	1,4636
10	1,5498
50	1,6251
100	1,6350
500	1,6429
1.000	1,6439
5.000	1,6447

Não existe uma fórmula simples para a soma s_n dos primeiros termos n, mas a tabela de valores aproximados gerada por computador dada na margem sugere que as somas parciais estão se aproximando de um número próximo de 1,64 quando $n \to \infty$ e, assim, parece que a série é convergente.

Podemos confirmar essa impressão com um argumento geométrico. A Figura 1 mostra a curva $y = 1/x^2$ e retângulos colocados abaixo dela. A base de cada retângulo é um intervalo de comprimento 1; a altura é igual ao valor da função $y = 1/x^2$ na extremidade direita do intervalo.

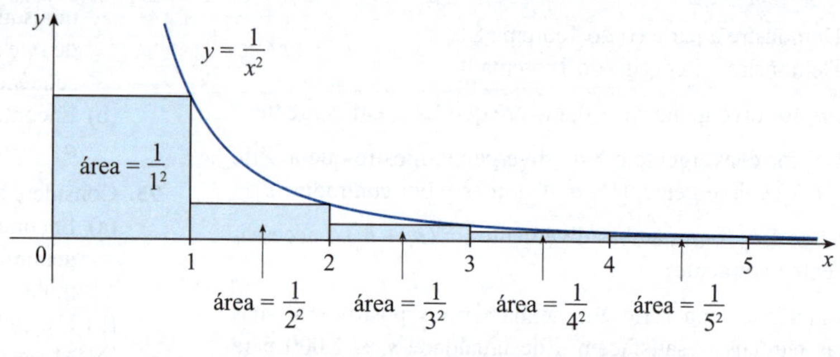

FIGURA 1

Dessa forma, a soma das áreas dos retângulos é

$$\frac{1}{1^2} + \frac{1}{2^2} + \frac{1}{3^2} + \frac{1}{4^2} + \frac{1}{5^2} + \cdots = \sum_{n=1}^{\infty} \frac{1}{n^2}$$

Se excluirmos o primeiro retângulo, a área total dos retângulos remanescentes será menor que a área sob a curva $y = 1/x^2$ para $x \geq 1$, que é o valor da integral $\int_1^{\infty} (1/x^2)\, dx$. Na Seção 7.8, no Volume 1, descobrimos que essa integral imprópria é convergente e tem valor 1. Assim, a figura mostra que todas as somas parciais são menores que

$$\frac{1}{1^2} + \int_1^{\infty} \frac{1}{x^2}\, dx = 2$$

Então, as somas parciais são limitadas. Também sabemos que as somas parciais são crescentes (porque todos os termos são positivos). Portanto, as somas parciais convergem (pelo Teorema da Sequência Monótona) e, dessa maneira, a série é convergente. A soma da série (o limite das somas parciais) é também menor que 2:

$$\sum_{n=1}^{\infty} \frac{1}{n^2} = \frac{1}{1^2} + \frac{1}{2^2} + \frac{1}{3^2} + \frac{1}{4^2} + \cdots < 2$$

[A soma exata dessa série encontrada pelo matemático suíço Leonhard Euler (1707-1783) é $\pi^2/6$, mas a demonstração desse fato é muito difícil. (Veja o Problema 6 em Problemas Quentes, no Capítulo 15.)]

Agora vamos olhar para a série

$$\sum_{n=1}^{\infty} \frac{1}{\sqrt{n}} = \frac{1}{\sqrt{1}} + \frac{1}{\sqrt{2}} + \frac{1}{\sqrt{3}} + \frac{1}{\sqrt{4}} + \frac{1}{\sqrt{5}} + \cdots$$

n	$s_n = \sum_{i=1}^{n} \frac{1}{\sqrt{i}}$
5	3,2317
10	5,0210
50	12,7524
100	18,5896
500	43,2834
1.000	61,8010
5.000	139,9681

A tabela de valores de s_n sugere que as somas parciais não estão se aproximando de um número; assim, suspeitamos que essa série possa ser divergente. Novamente usamos um desenho para a confirmação. A Figura 2 mostra a curva $y = 1/\sqrt{x}$, porém dessa vez utilizamos retângulos cujos topos estão *acima* da curva.

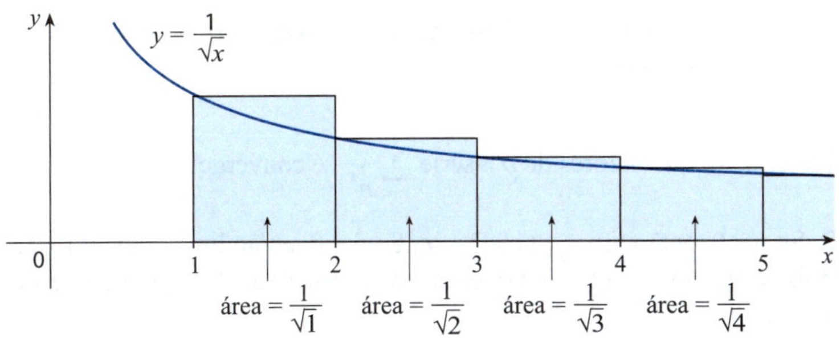

FIGURA 2

A base de cada retângulo é um intervalo de comprimento 1. A altura é igual ao valor da função $y = 1/\sqrt{x}$ na extremidade *esquerda* do intervalo. Dessa forma, a soma de todas as áreas dos retângulos é

$$= \frac{1}{\sqrt{1}} + \frac{1}{\sqrt{2}} + \frac{1}{\sqrt{3}} + \frac{1}{\sqrt{4}} + \frac{1}{\sqrt{5}} + \cdots = \sum_{n=1}^{\infty} \frac{1}{\sqrt{n}}$$

Essa área total é maior que a área sob a curva $y = 1/\sqrt{x}$ para $x \geq 1$, que é igual à integral $\int_1^{\infty} (1/\sqrt{x})\, dx$. Mas sabemos, a partir da Seção 7.8.4, do Volume 1, que essa integral imprópria é divergente. Em outras palavras, a área sob a curva é infinita. Assim, a soma da série deve ser infinita; isto é, a série é divergente.

O mesmo tipo de argumentação geométrica que usamos para essas duas séries pode ser usado para demonstrar o seguinte teste. (A demonstração é dada no fim desta seção.)

O Teste da Integral Suponha que f seja uma função contínua, positiva e decrescente em $[1, \infty)$ e seja $a_n = f(n)$. Então a série $\Sigma_{n=1}^{\infty} a_n$ é convergente se, e somente se, a integral imprópria $\int_1^{\infty} f(x)\, dx$ for convergente. Em outras palavras:

(i) Se $\int_1^{\infty} f(x)\, dx$ for convergente, então $\sum_{n=1}^{\infty} a_n$ é convergente.

(ii) Se $\int_1^{\infty} f(x)\, dx$ for divergente, então $\sum_{n=1}^{\infty} a_n$ é divergente.

OBSERVAÇÃO Quando você usar o Teste da Integral, não é necessário começar a série ou a integral em $n = 1$. Por exemplo, testando a série

$$\sum_{n=4}^{\infty} \frac{1}{(n-3)^2} \qquad \text{usamos} \qquad \int_4^{\infty} \frac{1}{(x-3)^2}\, dx$$

Também não é necessário que f seja *sempre* decrescente. O importante é que f seja *decrescente* a partir de certo ponto, isto é, decrescente para x maior que algum número N.

Então, $\Sigma_{n=N}^{\infty} a_n$ é convergente, e assim $\Sigma_{n=1}^{\infty} a_n$ é convergente (veja a Observação no final da Seção 11.2).

Para usarmos o Teste da Integral, precisamos ser capazes de calcular $\int_1^{\infty} f(x)dx$ e, portanto, precisamos ser capazes de encontrar uma antiderivada de f. Frequentemente é difícil ou impossível, por isso precisamos de outros testes de convergência também.

EXEMPLO 1 Teste a série $\displaystyle\sum_{n=1}^{\infty} \frac{1}{n^2+1}$ quanto a convergência ou divergência.

SOLUÇÃO A função $f(x) = 1/(x^2 + 1)$ é contínua, positiva e decrescente em $[1, \infty)$, e assim usamos o Teste da Integral:

$$\int_1^{\infty} \frac{1}{x^2+1}\,dx = \lim_{t\to\infty} \int_1^t \frac{1}{x^2+1}\,dx = \lim_{t\to\infty} \mathrm{tg}^{-1}\, x \Big]_1^t$$

$$= \lim_{t\to\infty}\left(\mathrm{tg}^{-1} t - \frac{\pi}{4}\right) = \frac{\pi}{2} - \frac{\pi}{4} = \frac{\pi}{4}$$

Então, $\int_1^{\infty} 1/(x^2 + 1)\, dx$ é uma integral convergente e, dessa forma, pelo Teste da Integral, a série $\Sigma\, 1/(n^2 + 1)$ é convergente. ■

EXEMPLO 2 Para que valores de p a série $\displaystyle\sum_{n=1}^{\infty} \frac{1}{n^p}$ é convergente?

SOLUÇÃO Se $p < 0$, então $\lim_{n\to\infty} (1/n^p) = \infty$. Se $p = 0$, então $\lim_{n\to\infty} (1/n^p) = 1$. Em qualquer dos dois casos, $\lim_{n\to\infty} (1/n^p) \neq 0$, e, assim, a série dada diverge pelo Teste da Divergência (11.2.7).

Se $p > 0$, então a função $f(x) = 1/x^p$ é claramente contínua, positiva e decrescente em $[1, \infty)$. Encontramos na Seção 7.8 [veja (7.8.2)] que

$$\int_1^{\infty} \frac{1}{x^p}\,dx \text{ é convergente se } p > 1 \text{ e divergente se } p \le 1$$

Segue do Teste da Integral que a série $\Sigma\, 1/n^p$ converge se $p > 1$ e diverge se $0 < p \le 1$. (Para $p = 1$, esta é a série harmônica discutida no Exemplo 11.2.8). ■

A série no Exemplo 2 é chamada **série *p***. É importante para o restante deste capítulo; desse modo, resumimos os resultados do Exemplo 2 para referência futura, como a seguir.

1 A série p $\displaystyle\sum_{n=1}^{\infty} \frac{1}{n^p}$ é convergente se $p > 1$ e divergente se $p \le 1$.

EXEMPLO 3

(a) A série

$$\sum_{n=1}^{\infty} \frac{1}{n^3} = \frac{1}{1^3} + \frac{1}{2^3} + \frac{1}{3^3} + \frac{1}{4^3} + \cdots$$

é convergente porque ela é uma série p com $p = 3 > 1$.

(b) A série

$$\sum_{n=1}^{\infty} \frac{1}{n^{1/3}} = \sum_{n=1}^{\infty} \frac{1}{\sqrt[3]{n}} = 1 + \frac{1}{\sqrt[3]{2}} + \frac{1}{\sqrt[3]{3}} + \frac{1}{\sqrt[3]{4}} + \cdots$$

é divergente porque ela é uma série p com $p = \frac{1}{3} < 1$. ■

Podemos considerar que a convergência de uma série com termos positivos depende de quão "rapidamente" os termos da série tendem a zero. Para qualquer série p (com $p > 0$), os termos $a^n = 1/n^p$ tendem a zero, mas eles o fazem mais rapidamente para valores maiores de p.

OBSERVAÇÃO *Não* devemos inferir a partir do Teste da Integral que a soma da série é igual ao valor da integral. De fato,

$$\sum_{n=1}^{\infty} \frac{1}{n^2} = \frac{\pi^2}{6} \qquad \text{enquanto} \qquad \int_1^{\infty} \frac{1}{x^2}\,dx = 1$$

Portanto, em geral,

$$\sum_{n=1}^{\infty} a_n \int_1^{\infty} f(x)\,dx$$

EXEMPLO 4 Determine se a série $\sum_{n=1}^{\infty} \frac{\ln n}{n}$ converge ou diverge.

SOLUÇÃO A função $f(x) = (\ln x)/x$ é positiva e contínua para $x > 1$ porque a função logaritmo é contínua. Mas não é óbvio se f é decrescente ou não; assim, calculamos sua derivada:

$$f'(x) = \frac{(1/x)x - \ln x}{x^2} = \frac{1 - \ln x}{x^2}$$

Então $f'(x) < 0$ quando $\ln x > 1$, isto é, $x > e$. Segue que f é decrescente quando $x > e$ e podemos aplicar o Teste da Integral

$$\int_1^{\infty} \frac{\ln x}{x}\,dx = \lim_{t\to\infty} \int_1^t \frac{\ln x}{x}\,dx = \lim_{t\to\infty} \frac{(\ln x)^2}{2}\Bigg]_1^t$$

$$= \lim_{t\to\infty} \frac{(\ln t)^2}{2} = \infty$$

Como essa integral imprópria é divergente, a série: $\Sigma\,(\ln n)/n$ também é divergente pelo Teste da Integral. ■

Estimando a Soma de uma Série

Suponha que possamos usar o Teste da Integral para mostrar que uma série $\Sigma\, a_n$ seja convergente e que queremos encontrar uma aproximação para a soma s da série. Claro, qualquer soma parcial s_n é uma aproximação para s porque $\lim_{n\to\infty} s_n = s$. Mas quão precisa é tal aproximação? Para descobrirmos, precisamos estimar o tamanho do **resto**

$$R_n = s - s_n = a_{n+1} + a_{n+2} + a_{n+3} + \cdots$$

O resto R_n é o erro resultante de quando s_n, a soma dos n primeiros termos, é utilizada como uma aproximação para a soma total.

Usamos a mesma notação e ideias que no Teste da Integral, supondo que f seja decrescente em $[n, \infty)$. Comparando as áreas dos retângulos com a área sob $y = f(x)$ para $x \geq n$ na Figura 3, vemos que

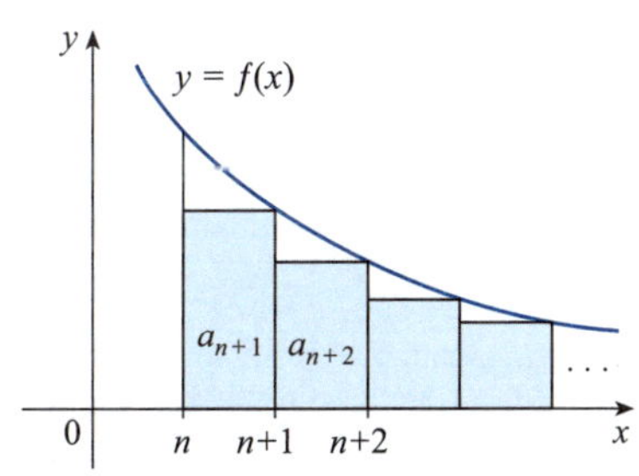

FIGURA 3

$$R_n = a_{n+1} + a_{n+2} + \cdots \leq \int_n^{\infty} f(x)\,dx$$

De maneira semelhante, vemos, a partir da Figura 4, que

$$R_n = a_{n+1} + a_{n+2} + \cdots \geq \int_{n+1}^{\infty} f(x)\,dx$$

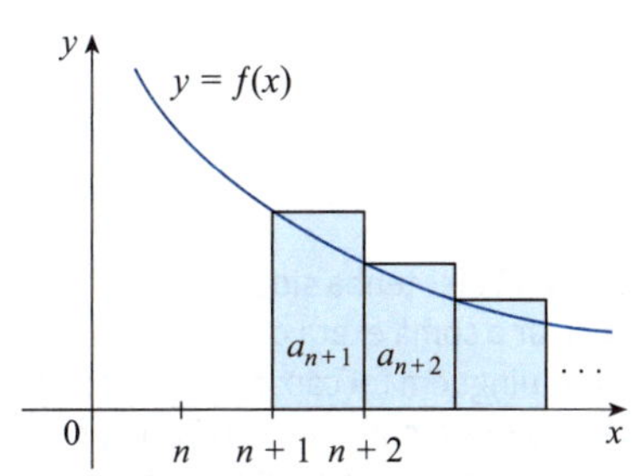

FIGURA 4

Assim, demonstramos a seguinte estimativa para o erro.

2 Estimativa do Resto para o Teste da Integral Suponha que $f(k) = a_k$, onde f é uma função contínua, positiva, decrescente para $x \geq n$ e $\Sigma\, a_n$ é convergente. Se $R_n = s - s_n$, então

$$\int_{n+1}^{\infty} f(x)\,dx \leq R_n \leq \int_n^{\infty} f(x)\,dx$$

EXEMPLO 5

(a) Aproxime a soma da série $\Sigma\, 1/n^3$ usando a soma dos dez primeiros termos. Estime o erro envolvido nessa aproximação.

(b) Quantos termos são necessários para garantir que a soma tenha precisão de 0,0005?

SOLUÇÃO Em ambas as partes, (a) e (b), precisamos conhecer $\int_n^\infty f(x)\,dx$. Com $f(x) = 1/x^3$, que satisfaz as condições do Teste da Integral, temos

$$\int_n^\infty \frac{1}{x^3}\,dx = \lim_{t\to\infty}\left[-\frac{1}{2x^2}\right]_n^t = \lim_{t\to\infty}\left(-\frac{1}{2t^2}+\frac{1}{2n^2}\right) = \frac{1}{2n^2}$$

(a) A aproximação da soma da série pela 10ª soma parcial, temos

$$\sum_{n=1}^{\infty}\frac{1}{n^3} \approx s_{10} = \frac{1}{1^3}+\frac{1}{2^3}+\frac{1}{3^3}+\cdots+\frac{1}{10^3} \approx 1{,}1975$$

De acordo com a estimativa do resto em (2), temos

$$R_{10} \le \int_{10}^\infty \frac{1}{x^3}\,dx = \frac{1}{2(10)^2} = \frac{1}{200}$$

Por conseguinte, o tamanho do erro é no máximo 0,005.

(b) A precisão de 0,0005 significa que temos de encontrar um valor de n tal que $R_n \le 0{,}0005$. Uma vez que

$$R_n \le \int_n^\infty \frac{1}{x^3}\,dx = \frac{1}{2n^2}$$

queremos

$$\frac{1}{2n^2} < 0{,}0005$$

Resolvendo esta desigualdade, obtemos

$$n^2 > \frac{1}{0{,}001} = 1.000 \quad \text{ou} \quad n > \sqrt{1.000} \approx 31{,}6$$

Precisamos de 32 termos para garantir a precisão em 0,0005. ■

Se acrescentarmos s_n para cada lado das desigualdades em (2), obtemos

3
$$s_n + \int_{n+1}^\infty f(x)\,dx \le s \le s_n + \int_n^\infty f(x)\,dx$$

como $s_n + R_n = s$. As desigualdades em (3) dão um limite inferior e um limite superior para s. Eles fornecem uma aproximação mais precisa para a soma da série do que a soma parcial s_n.

Embora Euler tenha sido capaz de calcular a soma exata da série p para $p = 2$, ninguém foi capaz de encontrar a soma exata por $p = 3$. No Exemplo 6, no entanto, vamos mostrar como *estimar* essa soma.

EXEMPLO 6 Use (3) com $n = 10$ para estimar a soma da série $\sum_{n=1}^{\infty}\frac{1}{n^3}$.

SOLUÇÃO As desigualdades em (3) tornam-se

$$s_{10} + \int_{11}^\infty \frac{1}{x^3}\,dx \le s \le s_{10} + \int_{10}^\infty \frac{1}{x^3}\,dx$$

Do Exemplo 5, sabemos que

$$\int_{11}^\infty \frac{1}{x^3}\,dx = \frac{1}{2n^2}$$

então $$s_{10} + \frac{1}{2(11)^2} \le s \le s_{10} + \frac{1}{2(10)^2}$$

Usando $s_{10} \approx 1{,}197532$, obtemos

$$1{,}201664 \le s \le 1{,}202532$$

Se aproximarmos s pelo ponto médio desse intervalo, então o erro é no máximo metade do comprimento do intervalo. Logo,

$$\sum_{n=1}^{\infty} \frac{1}{n^3} \approx 1{,}2021 \qquad \text{com erro} < 0{,}0005$$ ■

Se compararmos o Exemplo 6 com o Exemplo 5, veremos que a estimativa melhorada em (3) pode ser muito melhor que a estimativa $s \approx s_n$. Para fazer um erro menor que 0,0005, tivemos de usar 32 termos no Exemplo 5, mas apenas dez termos no Exemplo 6.

■ Demonstração do Teste da Integral

Já vimos a ideia básica por trás da demonstração do Teste da Integral nas Figuras 1 e 2 para as séries $\Sigma\, 1/n^2$ e $\Sigma\, 1/\sqrt{n}$. Para a série geral $\Sigma\, a_n$, veja as Figuras 5 e 6. A área do primeiro retângulo sombreado na Figura 5 é o valor de f na extremidade direita de $[1, 2]$, isto é, $f(2) = a_2$. Assim, comparando as áreas dos retângulos sombreados com a área sob $y = f(x)$ de 1 até n, vemos que

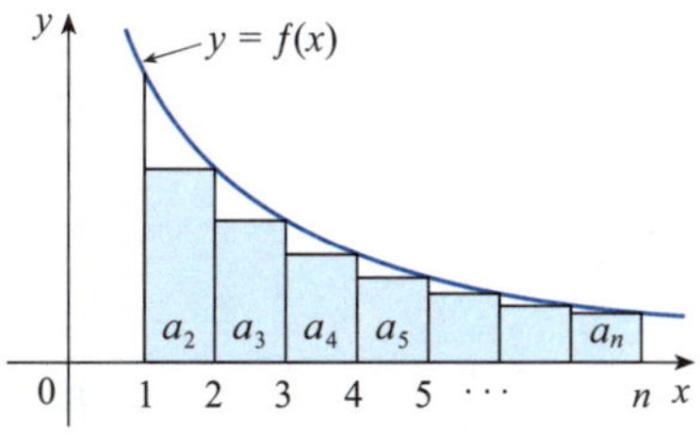

FIGURA 5

4 $$a_2 + a_3 + \cdots + a_n \le \int_1^n f(x)\,dx$$

(Observe que essa desigualdade depende do fato de f ser decrescente.) Da mesma forma, a Figura 6 mostra que

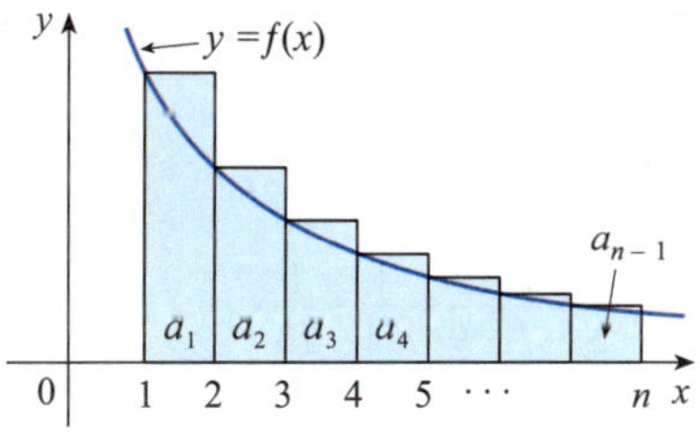

FIGURA 6

5 $$\int_1^n f(x)\,dx \le a_1 + a_2 + \cdots + a_{n-1}$$

(i) Se $\int_1^\infty f(x)\,dx$ for convergente, então (4) dá a

$$\sum_{i=2}^{n} a_i \le \int_1^n f(x)\,dx \le \int_1^\infty f(x)\,dx$$

já que $f(x) \ge 0$. Portanto,

$$s_n = a_1 + \sum_{i=2}^{n} a_i \le a_1 + \int_1^\infty f(x)\,dx = M, \text{ digamos}$$

como $s_n \le M$ para todo n, a sequência $\{s_n\}$ é limitada superiormente. Também

$$s_{n+1} = s_n + a_{n+1} \ge s_n$$

já que $a_{n+1} = f(n+1) \ge 0$. Então, $\{s_n\}$ é uma sequência crescente limitada e, assim, ela é convergente pelo Teorema da Sequência Monótona (11.1.12). Isso significa que $\Sigma\, a_n$ é convergente.

(ii) Se $\int_1^\infty f(x)\,dx$ for divergente, então $\int_1^n f(x)\,dx \to \infty$ quando $n \to \infty$ porque $f(x) \ge 0$. Mas (5) dá a

$$\int_1^n f(x)\,dx \le \sum_{i=1}^{n-1} a_i = s_{n-1}$$

e também $s_{n-1} \to \infty$. Isso implica que $s_n \to \infty$ e, assim, $\Sigma\, a_n$ diverge. ■

11.3 Exercícios

1. Faça um desenho para mostrar que

$$\sum_{n=2}^{\infty} \frac{1}{n^{1,5}} < \int_1^{\infty} \frac{1}{x^{1,5}} dx$$

O que você pode concluir sobre a série?

2. Suponha que f seja uma função contínua, positiva e decrescente para $x \geq 1$ e $a_n = f(n)$. Desenhando uma figura, coloque em ordem crescente as três quantidades:

$$\int_1^6 f(x)dx \qquad \sum_{i=1}^{5} a_i \qquad \sum_{i=2}^{6} a_i$$

3-10 Use o Teste da Integral para determinar se a série é convergente ou divergente.

3. $\sum_{n=1}^{\infty} n^{-3}$

4. $\sum_{n=1}^{\infty} n^{-0,3}$

5. $\sum_{n=1}^{\infty} \frac{2}{5n-1}$

6. $\sum_{n=1}^{\infty} \frac{1}{(3n-1)^4}$

7. $\sum_{n=2}^{\infty} \frac{n^2}{n^3+1}$

8. $\sum_{n=1}^{\infty} n^2 e^{-n^3}$

9. $\sum_{n=2}^{\infty} \frac{1}{n(\ln n)^3}$

10. $\sum_{n=1}^{\infty} \frac{\operatorname{tg}^{-1} n}{1+n^2}$

11-28 Determine se a série é convergente ou divergente

11. $\sum_{n=1}^{\infty} \frac{1}{n^{\sqrt{2}}}$

12. $\sum_{n=3}^{\infty} n^{-0,9999}$

13. $1 + \frac{1}{8} + \frac{1}{27} + \frac{1}{64} + \frac{1}{125} + \cdots$

14. $\frac{1}{5} + \frac{1}{7} + \frac{1}{9} + \frac{1}{11} + \frac{1}{13} + \cdots$

15. $\frac{1}{3} + \frac{1}{7} + \frac{1}{11} + \frac{1}{15} + \frac{1}{19} + \cdots$

16. $1 + \frac{1}{2\sqrt{2}} + \frac{1}{3\sqrt{3}} + \frac{1}{4\sqrt{4}} + \frac{1}{5\sqrt{5}} + \cdots$

17. $\sum_{n=1}^{\infty} \frac{\sqrt{n}+4}{n^2}$

18. $\sum_{n=1}^{\infty} \frac{\sqrt{n}+4}{1+n^{3/2}}$

19. $\sum_{n=1}^{\infty} \frac{1}{n^2+4}$

20. $\sum_{n=1}^{\infty} \frac{1}{n^2+2n+2}$

21. $\sum_{n=1}^{\infty} \frac{n^3}{n^2+4}$

22. $\sum_{n=3}^{\infty} \frac{3n-4}{n^2-2n}$

23. $\sum_{n=2}^{\infty} \frac{1}{n \ln n}$

24. $\sum_{n=2}^{\infty} \frac{\ln n}{n^2}$

25. $\sum_{k=1}^{\infty} k e^{-k}$

26. $\sum_{k=1}^{\infty} k e^{-k^2}$

27. $\sum_{n=1}^{\infty} \frac{1}{n^2+n^3}$

28. $\sum_{n=1}^{\infty} \frac{n}{n^4+1}$

29-30 Explique por que o Teste da Integral não pode ser usado para determinar se a série é convergente.

29. $\sum_{n=1}^{\infty} \frac{\cos \pi n}{\sqrt{n}}$

30. $\sum_{n=1}^{\infty} \frac{\cos^2 n}{1+n^2}$

31-34 Encontre os valores de p para os quais a série é convergente ou divergente.

31. $\sum_{n=2}^{\infty} \frac{1}{n(\ln n)^p}$

32. $\sum_{n=3}^{\infty} \frac{1}{n \ln n [\ln(\ln n)]^p}$

33. $\sum_{n=1}^{\infty} n(1+n^2)^p$

34. $\sum_{n=1}^{\infty} \frac{\ln n}{n^p}$

35-37 A Função Zeta de Riemann A função ζ definida por

$$\zeta(s) = \sum_{n=1}^{\infty} \frac{1}{n^s}$$

em que s é um número complexo, é denominada *função zeta de Riemann*.

35. Para quais números reais x, $\zeta(x)$ está definida?

36. Leonhard Euler foi capaz de calcular a soma exata da série p com $p = 2$:

$$\zeta(2) = \sum_{n=1}^{\infty} \frac{1}{n^2} = \frac{\pi^2}{6}$$

Use esse fato para determinar a soma de cada uma das séries a seguir.

(a) $\sum_{n=2}^{\infty} \frac{1}{n^2}$

(b) $\sum_{n=3}^{\infty} \frac{1}{(n+1)^2}$

(c) $\sum_{n=1}^{\infty} \frac{1}{(2n)^2}$

37. Euler também determinou a soma da série p com $p = 4$:

$$\zeta(4) = \sum_{n=1}^{\infty} \frac{1}{n^4} = \frac{\pi^4}{90}$$

Use o resultado de Euler para encontrar a soma da série.

(a) $\sum_{n=1}^{\infty} \left(\frac{3}{n}\right)^4$

(b) $\sum_{k=5}^{\infty} \frac{1}{(k-2)^4}$

38. (a) Encontre a soma parcial s_{10} da série $\Sigma_{n=1}^{\infty} 1/n^4$. Estime o erro cometido ao usar s_{10} como uma aproximação para a soma da série.

(b) Utilize (3) com $n = 10$ para dar uma estimativa melhorada da soma.

(c) Compare sua estimativa da parte (b) com o valor exato dado no Exercício 37.

(d) Encontre um valor de n tal que s_n represente a soma com precisão de 0,00001.

39. (a) Use a soma dos dez primeiros termos para estimar a soma da série $\Sigma_{n=1}^{\infty} 1/n^2$. Quão boa é essa estimativa?

(b) Melhore essa estimativa usando (3) com $n = 10$.

(c) Compare sua estimativa da parte (b) com o valor exato dado no Exercício 36.

(d) Encontre um valor de n que garanta que o erro na aproximação $s \approx s_n$ seja menor que 0,001.

40. Calcule a soma da série $\Sigma_{n=1}^{\infty} ne^{-2n}$ com precisão de quatro casas decimais.

41. Estime $\Sigma_{n=1}^{\infty} (2n+1)^{-6}$ com precisão de cinco casas decimais.

42. Quantos termos da série $\Sigma_{n=2}^{\infty} 1/[n(\ln n)^2]$ você precisaria somar para encontrar sua soma com precisão de 0,01?

43. Mostre que, se queremos aproximar a soma da série $\Sigma_{n=1}^{\infty} n^{-1,001}$ de maneira que o erro seja menor que 5 na nona casa decimal, então precisamos somar mais que $10^{11,301}$ termos!

T **44.** (a) Mostre que a série $\Sigma_{n=1}^{\infty} (\ln n)^2/n^2$ é convergente.
(b) Encontre um limitante superior para o erro na aproximação $s \approx s_n$.
(c) Qual é o menor valor de n tal que esse limitante superior seja menor que 0,05?
(d) Encontre s_n para esse valor de n.

45. (a) Use (4) para mostrar que, se s_n é a n-ésima soma parcial da série harmônica, então

$$s_n \leq 1 + \ln n$$

(b) A série harmônica diverge, mas muito lentamente. Use a parte (a) para mostrar que a soma do primeiro milhão de termos é menor que 15 e a soma do primeiro bilhão de termos é menor que 22.

46. Use as seguintes etapas para mostrar que a sequência

$$t_n = 1 + \frac{1}{2} + \frac{1}{3} + \cdots + \frac{1}{n} - \ln n$$

tem um limite. (O valor do limite é denotado por γ e é chamado constante de Euler.)
(a) Desenhe uma figura como a Figura 6 com $f(x) = 1/x$ e interprete t_n como uma área [ou use (5)] para mostrar que $t_n > 0$ para todo n.
(b) Interprete

$$t_n - t_{n+1} = [\ln(n+1) - \ln n] - \frac{1}{n+1}$$

como uma diferença de áreas para mostrar que $t_n - t_{n+1} > 0$. Portanto, $\{t_n\}$ é uma sequência decrescente.
(c) Use o Teorema da Sequência Monótona para mostrar que $\{t_n\}$ é convergente.

47. Encontre todos os valores positivos de b para os quais a série $\Sigma_{n=1}^{\infty} b^{\ln n}$ converge.

48. Encontre todos os valores de c para os quais a seguinte série converge:

$$\sum_{n=1}^{\infty} \left(\frac{c}{n} - \frac{1}{n+1} \right)$$

11.4 Os Testes de Comparação

Nos testes de comparação, a ideia é comparar uma série dada com uma que sabemos ser convergente ou divergente. Se duas séries contêm apenas termos positivos, podemos comparar diretamente os termos correspondentes para verificar qual é maior (o Teste da Comparação Direta) ou podemos investigar o limite da razão entre termos correspondentes (o Teste da Comparação no Limite).

O Teste da Comparação Direta

Consideremos as séries

$$\sum_{n=1}^{\infty} \frac{1}{2^n + 1} \quad \text{e} \quad \sum_{n=1}^{\infty} \frac{1}{2^n}$$

A segunda série, $\Sigma_{n=1}^{\infty} 1/2^n$, é uma série geométrica com $a = \frac{1}{2}$ e $r = \frac{1}{2}$, sendo, portanto, convergente. Como essas séries são muito semelhantes, temos a impressão de que a primeira série também pode ser convergente. De fato, isso ocorre. A desigualdade

$$\frac{1}{2^n + 1} < \frac{1}{2^n}$$

mostra que $\Sigma\, 1/(2^n + 1)$ tem termos menores que aqueles da série geométrica $\Sigma\, 1/2^n$ e, dessa forma, todas as suas somas parciais são também menores que 1 (a soma da série geométrica). Isso significa que suas somas parciais formam uma sequência crescente limitada, que é convergente. Também segue que a soma da série é menor que a soma da série geométrica:

$$\sum_{n=1}^{\infty} \frac{1}{2^n + 1} < 1$$

Argumentação semelhante pode ser usada para demonstrar o seguinte teste, que se aplica apenas a séries cujos termos são positivos. A primeira parte diz que, se tivermos uma série cujos termos são *menores* que aqueles de uma série que sabemos ser *convergente*, então nossa série também será convergente. A segunda parte diz que, se começarmos com uma série cujos termos são *maiores* que aqueles de uma série que sabemos ser *divergente*, ela também será divergente.

O Teste da Comparação Direta Suponha que Σa_n e Σb_n sejam séries com termos positivos.

(i) Se Σb_n for convergente e $a_n \le b_n$ para todo n, então Σa_n também será convergente.

(ii) Se Σb_n for divergente e $a_n \ge b_n$ para todo n, então Σa_n também será divergente.

DEMONSTRAÇÃO

É importante ter em mente a diferença entre uma sequência e uma série. Uma sequência é uma lista de números, enquanto uma série é uma soma. Com cada série Σa_n não estão associadas duas sequências: a sequência $\{a_n\}$ de termos e a sequência $\{s_n\}$ de somas parciais.

(i) Seja
$$s_n = \sum_{i=1}^{n} a_i \qquad t_n = \sum_{i=1}^{n} b_i \qquad t = \sum_{n=1}^{\infty} b_n$$

Como ambas as séries têm termos positivos, as sequências $\{s_n\}$ e $\{t_n\}$ são crescentes ($s_{n+1} = s_n + a_{n+1} \ge s_n$). Também $t_n \to t$, portanto, $t_n \le t$ para todo n. Como $a_i \le b_i$, temos $s_n \le t_n$. Assim, $s_n \le t$ para todo n. Isso significa que $\{s_n\}$ é crescente e limitada superiormente e, portanto, converge pelo Teorema da Sequência Monótona. Por conseguinte, Σa_n converge.

(ii) Se Σb_n for divergente, então $t_n \to \infty$ (porque $\{t_n\}$ é crescente). Mas $a_i \ge b_i$, assim, $s_n \ge t_n$. Então, $s_n \to \infty$. Portanto, Σa_n diverge. ■

Séries padrão para usar nos testes da comparação

Ao usarmos o Teste da Comparação Direta, devemos, é claro, ter algumas séries conhecidas Σb_n para o propósito de comparação. Na maior parte do tempo usamos uma dessas séries:

- Uma série p [$\Sigma 1/n^p$ converge se $p > 1$ e diverge se $p \le 1$; veja (11.3.1)].
- Uma série geométrica [Σar^{n-1} converge se $|r| < 1$ e diverge se $|r| \ge 1$; veja (11.2.4)].

EXEMPLO 1 Determine se a série $\displaystyle\sum_{n=1}^{\infty} \frac{5}{2n^2+4n+3}$ converge ou diverge.

SOLUÇÃO Para um n grande, o termo dominante no denominador é $2n^2$, assim, comparamos a série dada com a série $\Sigma 5/(2n^2)$. Observe que

$$\frac{5}{2n^2+4n+3} < \frac{5}{2n^2}$$

pois o lado esquerdo tem um denominador maior. (Na notação do Teste da Comparação Direta, a_n é o lado esquerdo e b_n é o lado direito.) Sabemos que

$$\sum_{n=1}^{\infty} \frac{5}{2n^2} = \frac{5}{2} \sum_{n=1}^{\infty} \frac{1}{n^2}$$

é convergente porque é uma constante vezes uma série p com $p = 2 > 1$. Portanto,

$$\sum_{n=1}^{\infty} \frac{5}{2n^2+4n+3}$$

é convergente pela parte (i) do Teste da Comparação Direta. ■

OBSERVAÇÃO Embora a condição $a_n \le b_n$ ou $a_n \ge b_n$ no Teste da Comparação Direta seja dada para todo n, precisamos verificar apenas que ela vale para $n \ge N$, onde N é algum inteiro fixo, porque a convergência de uma série não é afetada por um número finito de termos. Isso é ilustrado no próximo exemplo.

EXEMPLO 2 Teste a série $\sum_{k=1}^{\infty} \frac{\ln k}{k}$ quanto a convergência ou divergência.

SOLUÇÃO Usamos o Teste da Integral para testar esta série no Exemplo 11.3.4, mas também podemos testá-lo comparando-o com a série harmônica. Observe que $k > 1$ para $k \geq 3$ e assim

$$\frac{\ln k}{k} > \frac{1}{k} \qquad k \geq 3$$

Sabemos que $\Sigma\, 1/k$ é divergente (série p com $p = 1$). Então, a série dada é divergente pelo Teste da Comparação Direta. ■

O Teste da Comparação no Limite

O Teste da Comparação Direta só é conclusivo se os termos da série que está sendo investigada são menores que os de uma série convergente ou maiores que os de uma série divergente. Se os termos são maiores que os termos de uma série convergente ou menores que os de uma série divergente, então o Teste da Comparação Direta não pode ser aplicado. Considere, por exemplo, a série

$$\sum_{n=1}^{\infty} \frac{1}{2^n - 1}$$

A desigualdade

$$\frac{1}{2^n - 1} > \frac{1}{2^n}$$

é inútil para ser usada com o Teste da Comparação Direta, porque $\Sigma\, b_n = \Sigma \left(\frac{1}{2}\right)^n$ é convergente e $a_n > b_n$. Mesmo assim, temos a impressão de que $\Sigma\, 1/(2^n - 1)$ deve ser convergente, pois ela é muito parecida com a série geométrica convergente $\Sigma \left(\frac{1}{2}\right)^n$. Em tais casos, o seguinte teste pode ser usado.

O Teste da Comparação no Limite Suponha que $\Sigma\, a_n$ e $\Sigma\, b_n$ sejam séries com termos positivos. Se

$$\lim_{n\to\infty} \frac{a_n}{b_n} = c$$

onde c é um número finito e $c > 0$, então ambas as séries convergem ou ambas as séries divergem.

Os Exercícios 48 e 49 lidam com os casos $c = 0$ e $c = \infty$.

DEMONSTRAÇÃO Sejam m e M números positivos tais que $m < c < M$. Uma vez que a_n/b_n está próximo de c para um n grande, existe um inteiro N tal que

$$m < \frac{a_n}{b_n} < M \qquad \text{onde } n > N$$

e, assim,

$$mb_n < a_n < Mb_n \qquad \text{quando } n > N$$

Se $\Sigma\, b_n$ convergir, então $\Sigma\, Mb_n$ também converge. Então, $\Sigma\, a_n$ converge pela parte (i) do Teste da Comparação Direta. Se $\Sigma\, b_n$ divergir, então $\Sigma\, mb_n$ também diverge, e a parte (ii) do Teste da Comparação Direta mostra que $\Sigma\, a_n$ diverge. ■

EXEMPLO 3 Teste a série $\sum_{n=1}^{\infty} \frac{1}{2^n - 1}$ quanto a convergência ou divergência.

SOLUÇÃO Usamos o Teste da Comparação no Limite com

$$a_n = \frac{1}{2^n - 1} \qquad b_n = \frac{1}{2^n}$$

e obtemos

$$\lim_{n\to\infty} \frac{a_n}{b_n} = \lim_{n\to\infty} \frac{1(2^n - 1)}{1/2^n} = \lim_{n\to\infty} \frac{2^n}{2^n - 1} = \lim_{n\to\infty} \frac{1}{1 - 1/2^n} = 1 > 0$$

Como esse limite existe e $\Sigma\, 1/2^n$ é uma série geométrica convergente, a série dada converge pelo Teste da Comparação no Limite. ■

EXEMPLO 4 Determine se a série $\sum_{n=1}^{\infty} \frac{2n^2 + 3n}{\sqrt{5 + n^5}}$ converge ou diverge.

SOLUÇÃO A parte dominante do numerador é $2n^2$ e a parte dominante do denominador é $\sqrt{n^5} = n^{5/2}$. Isso sugere tomar

$$a_n = \frac{2n^2 + 3n}{\sqrt{5 + n^5}} \qquad b_n = \frac{2n^2}{n^{5/2}} = \frac{2}{n^{1/2}}$$

$$\lim_{n\to\infty} \frac{a_n}{b_n} = \lim_{n\to\infty} \frac{2n^2 + 3n}{\sqrt{5 + n^5}} \cdot \frac{n^{1/2}}{2} = \lim_{n\to\infty} \frac{2n^{5/2} + 3n^{3/2}}{2\sqrt{5 + n^5}}$$

$$= \lim_{n\to\infty} \frac{2 + \dfrac{3}{n}}{2\sqrt{\dfrac{5}{n^5} + 1}} = \frac{2 + 0}{2\sqrt{0 + 1}} = 1$$

Como $\Sigma\, b_n = 2\,\Sigma\, 1/n^{1/2}$ é divergente (série p com $p = \frac{1}{2} < 1$), a série dada diverge pelo Teste da Comparação no Limite. ■

Observe que, ao testar muitas séries, encontramos uma série de comparação apropriada $\Sigma\, b_n$ mantendo apenas as potências mais altas no numerador e denominador.

■ Estimando Somas

Se tivéssemos usado o Teste da Comparação Direta para mostrar que uma série $\Sigma\, a_n$ converge pela comparação com uma série $\Sigma\, b_n$, poderíamos ser capazes de estimar a soma $\Sigma\, a_n$ por comparação dos restos. Como na Seção 11.3, consideramos o resto

$$R_n = s - s_n = a_{n+1} + a_{n+2} + \cdots$$

Para a série de comparação $\Sigma\, b_n$, consideramos o resto correspondente

$$T_n = t - t_n = b_{n+1} + b_{n+2} + \cdots$$

Como $a_n \leq b_n$ para todo n, temos $R_n \leq T_n$. Se $\Sigma\, b_n$ é uma série p, podemos estimar seu restante T_n como na Seção 11.3. Se $\Sigma\, b_n$ for uma série geométrica, então T_n é a soma de uma série geométrica e podemos somá-la exatamente (veja os Exercícios 43 e 44). Em qualquer dos dois casos, sabemos que R_n é menor que T_n.

EXEMPLO 5 Use a soma dos cem primeiros termos para aproximar a soma da série $\Sigma\, 1/(n^3 + 1)$. Estime o erro envolvido nessa aproximação.

SOLUÇÃO Uma vez que

$$\frac{1}{n^3+1} < \frac{1}{n^3}$$

a série dada é convergente pelo Teste da Comparação Direta. O resto T_n para a série de comparação $\Sigma\, 1/n^3$ foi estimado no Exemplo 11.3.5 usando a Estimativa do Resto para o Teste da Integral. Lá encontramos que

$$T_n \leq \int_n^{\infty} \frac{1}{x^3}\, dx = \frac{1}{2n^2}$$

Portanto, o resto R_n para a série dada satisfaz

$$R_n \leq T_n \leq \frac{1}{2n^2}$$

Com $n = 100$, temos

$$R_{100} \leq \frac{1}{2(100)^2} = 0{,}00005$$

Usando uma calculadora programável ou um computador, encontramos que

$$\sum_{n=1}^{\infty} \frac{1}{n^3+1} \approx \sum_{n=1}^{100} \frac{1}{n^3+1} \approx 0{,}6864538$$

com erro menor que 0,00005. ■

11.4 | Exercícios

1. Suponha que $\Sigma\, a_n$ e $\Sigma\, b_n$ sejam séries com termos positivos e que $\Sigma\, b_n$ seja convergente.
(a) Se $a_n > b_n$ para todo n, o que você pode dizer sobre $\Sigma\, a_n$? Por quê?
(b) Se $a_n < b_n$ para todo n, o que você pode dizer sobre $\Sigma\, a_n$? Por quê?

2. Suponha que $\Sigma\, a_n$ e $\Sigma\, b_n$ sejam séries com termos positivos e que $\Sigma\, b_n$ seja divergente.
(a) Se $a_n > b_n$ para todo n, o que você pode dizer sobre $\Sigma\, a_n$? Por quê?
(b) Se $a_n < b_n$ para todo n, o que você pode dizer sobre $\Sigma\, a_n$? Por quê?

3. (a) Use o Teste da Comparação Direta para mostrar que a primeira série converge, comparando-a com a segunda série.

$$\sum_{n=2}^{\infty} \frac{n}{n^3+5} \qquad \sum_{n=2}^{\infty} \frac{1}{n^2}$$

(b) Use o Teste da Comparação no Limite para mostrar que a primeira série converge, comparando-a com a segunda série.

$$\sum_{n=2}^{\infty} \frac{n}{n^3-5} \qquad \sum_{n=2}^{\infty} \frac{1}{n^2}$$

4. (a) Use o Teste da Comparação Direta para mostrar que a primeira série diverge, comparando-a com a segunda série.

$$\sum_{n=2}^{\infty} \frac{n^2+n}{n^3-2} \qquad \sum_{n=2}^{\infty} \frac{1}{n}$$

(b) Use o Teste da Comparação no Limite para mostrar que a primeira série diverge, comparando-a com a segunda série.

$$\sum_{n=2}^{\infty} \frac{n^2-n}{n^3+2} \qquad \sum_{n=2}^{\infty} \frac{1}{n}$$

5. Qual das seguintes desigualdades pode ser usada para mostrar que $\Sigma_{n=1}^{\infty}\, n/(n^3 + 1)$ converge?

(a) $\dfrac{n}{n^3+1} \geq \dfrac{1}{n^3+1}$ (b) $\dfrac{n}{n^3+1} \leq \dfrac{1}{n}$

(c) $\dfrac{n}{n^3+1} \leq \dfrac{1}{n^2}$

6. Qual das seguintes desigualdades pode ser usada para mostrar que $\Sigma_{n=1}^{\infty}\, n/(n^2 + 1)$ diverge?

(a) $\dfrac{n}{n^2+1} \geq \dfrac{1}{n^2+1}$ (b) $\dfrac{n}{n^2+1} \leq \dfrac{1}{n}$

(c) $\dfrac{n}{n^2+1} \geq \dfrac{1}{2n}$

7-40 Determine se a série converge ou diverge.

7. $\sum_{n=1}^{\infty} \frac{1}{n^3+8}$

8. $\sum_{n=2}^{\infty} \frac{1}{\sqrt{n}-1}$

9. $\sum_{n=1}^{\infty} \frac{n+1}{n\sqrt{n}}$

10. $\sum_{n=1}^{\infty} \frac{n-1}{n^3+1}$

11. $\sum_{n=1}^{\infty} \frac{9^n}{3+10^n}$

12. $\sum_{n=1}^{\infty} \frac{6^n}{5^n-1}$

13. $\sum_{n=2}^{\infty} \frac{1}{\ln n}$

14. $\sum_{k=1}^{\infty} \frac{k \operatorname{sen}^2 k}{1+k^3}$

15. $\sum_{k=1}^{\infty} \frac{\sqrt[3]{k}}{\sqrt{k^3+4k+3}}$

16. $\sum_{k=1}^{\infty} \frac{(2k-1)(k^2-1)}{(k+1)(k^2+4)^2}$

17. $\sum_{n=1}^{\infty} \frac{1+\cos n}{e^n}$

18. $\sum_{n=1}^{\infty} \frac{1}{\sqrt[3]{3n^4+1}}$

19. $\sum_{n=1}^{\infty} \frac{4^{n+1}}{3^n-2}$

20. $\sum_{n=1}^{\infty} \frac{1}{n^n}$

21. $\sum_{n=1}^{\infty} \frac{1}{\sqrt{n^2+1}}$

22. $\sum_{n=1}^{\infty} \frac{2}{\sqrt{n}+2}$

23. $\sum_{n=1}^{\infty} \frac{n+1}{n^3+n}$

24. $\sum_{n=1}^{\infty} \frac{n^2+n+1}{n^4+n^2}$

25. $\sum_{n=1}^{\infty} \frac{\sqrt{1+n}}{2+n}$

26. $\sum_{n=3}^{\infty} \frac{n+2}{(n+1)^3}$

27. $\sum_{n=1}^{\infty} \frac{5+2n}{(1+n^2)^2}$

28. $\sum_{n=1}^{\infty} \frac{n+3^n}{n+2^n}$

29. $\sum_{n=1}^{\infty} \frac{e^n+1}{ne^n+1}$

30. $\sum_{n=2}^{\infty} \frac{1}{n\sqrt{n^2-1}}$

31. $\sum_{n=1}^{\infty} \frac{2+\operatorname{sen} n}{n^2}$

32. $\sum_{n=1}^{\infty} \frac{n^2+\cos^2 n}{n^3}$

33. $\sum_{n=1}^{\infty} \left(1+\frac{1}{n}\right)^2 e^{-n}$

34. $\sum_{n=1}^{\infty} \frac{e^{1/n}}{n}$

35. $\sum_{n=1}^{\infty} \frac{1}{n!}$

36. $\sum_{n=1}^{\infty} \frac{n!}{n^n}$

37. $\sum_{n=1}^{\infty} \operatorname{sen}\left(\frac{1}{n}\right)$

38. $\sum_{n=1}^{\infty} \operatorname{sen}^2\left(\frac{1}{n}\right)$

39. $\sum_{n=1}^{\infty} \frac{1}{n} \operatorname{tg} \frac{1}{n}$

40. $\sum_{n=1}^{\infty} \frac{1}{n^{1+1/n}}$

41-44 Use a soma dos dez primeiros termos para aproximar a soma da série. Estime o erro.

41. $\sum_{n=1}^{\infty} \frac{1}{5+n^5}$

42. $\sum_{n=1}^{\infty} \frac{e^{1/n}}{n^4}$

43. $\sum_{n=1}^{\infty} 5^{-n}\cos^2 n$

44. $\sum_{n=1}^{\infty} \frac{1}{3^n+4^n}$

45. O significado da representação decimal de um número $0.d_1d_2d_3\ldots$ (onde o algarismo d_i é um dos números 0, 1, 2, …, 9) é que

$$0.d_1d_2d_3d_4\ldots = \frac{d_1}{10} + \frac{d_2}{10^2} + \frac{d_3}{10^3} + \frac{d_4}{10^4} + \cdots$$

Mostre que essa série sempre converge para todas as escolhas de $d_1, d_2, \ldots$

46. Para quais valores de p a série $\Sigma_{n=2}^{\infty} 1/(n^p \ln n)$ converge?

47. Mostre que

$$\sum_{n=2}^{\infty} \frac{1}{(\ln n)^{\ln \ln n}}$$

diverge. [*Dica*: Use a Fórmula 1.5.10 ($x^r = e^{r \ln x}$), do Capítulo 1, do Volume 1, e o fato de que $\ln x < \sqrt{x}$ para $x \geq 1$.]

48. (a) Suponha que $\Sigma\, a_n$ e $\Sigma\, b_n$ sejam séries com termos positivos e que $\Sigma\, b_n$ seja convergente. Demonstre que, se

$$\lim_{n\to\infty} \frac{a_n}{b_n} = 0$$

então $\Sigma\, a_n$ também é convergente.

(b) Use a parte (a) para mostrar que as séries convergem.

(i) $\sum_{n=1}^{\infty} \frac{\ln n}{n^3}$ (ii) $\sum_{n=1}^{\infty} \left(1-\cos\frac{1}{n^2}\right)$

49. (a) Suponha que $\Sigma\, a_n$ e $\Sigma\, b_n$ sejam séries com termos positivos e que $\Sigma\, b_n$ seja divergente. Demonstre que, se

$$\lim_{n\to\infty} \frac{a_n}{b_n} = \infty$$

então $\Sigma\, a_n$ também é divergente.

(b) Use o item (a) para mostrar que as séries divergem.

(i) $\sum_{n=2}^{\infty} \frac{1}{\ln n}$ (ii) $\sum_{n=1}^{\infty} \frac{\ln n}{n}$

50. Dê um exemplo de um par de séries $\Sigma\, a_n$ e $\Sigma\, b_n$ com termos positivos para as quais $\lim_{n\to\infty} (a_n/b_n) = 0$ e $\Sigma\, b_n$ diverge, mas $\Sigma\, a_n$ converge. (Compare com o Exercício 48.)

51. Mostre que, se $a_n > 0$ e $\lim_{n\to\infty} na_n \neq 0$, então $\Sigma\, a_n$ é divergente.

52. Mostre que, se $a_n > 0$ e $\Sigma\, a_n$ for convergente, então $\Sigma \ln(1 + a_n)$ é convergente.

53. Se $\Sigma\, a_n$ for uma série convergente com termos positivos, é verdade que $\Sigma \operatorname{sen}(a_n)$ também será convergente?

54. Demonstre que, se $a_n \geq 0$ e $\Sigma\, a_n$ converge, então $\Sigma\, a_n^2$ também converge.

55. Sejam $\Sigma\, a_n$ e $\Sigma\, b_n$ séries com termos positivos. Verifique se cada uma das afirmações abaixo é verdadeira ou falsa. Se uma afirmação for falsa, dê um exemplo que a contradiga.

(a) Se $\Sigma\, a_n$ e $\Sigma\, b_n$ são divergentes, então $\Sigma\, a_nb_n$ é divergente.

(b) Se $\Sigma\, a_n$ converge e $\Sigma\, b_n$ diverge, então $\Sigma\, a_nb_n$ diverge.

(c) Se $\Sigma\, a_n$ e $\Sigma\, b_n$ são convergentes, então $\Sigma\, a_nb_n$ é convergente.

11.5 | Séries Alternadas e Convergência Absoluta

Os testes de convergência que estudamos até aqui se aplicam apenas a séries com termos positivos. Nesta seção e na próxima, aprenderemos como lidar com séries cujos termos não são necessariamente positivos. De particular importância são as *séries alternadas*, cujos termos se alternam no sinal.

Séries Alternadas

Uma **série alternada** é aquela cujos termos são alternadamente positivos e negativos. Aqui estão dois exemplos:

$$1-\frac{1}{2}+\frac{1}{3}-\frac{1}{4}+\frac{1}{5}-\frac{1}{6}+\cdots=\sum_{n=1}^{\infty}(-1)^{n-1}\frac{1}{n}$$

$$-\frac{1}{2}+\frac{2}{3}-\frac{3}{4}+\frac{4}{5}-\frac{5}{6}+\frac{6}{7}-\cdots=\sum_{n=1}^{\infty}(-1)^{n}\frac{n}{n+1}$$

Vemos desses exemplos que o n-ésimo termo de uma série alternada é da forma

$$a_n=(-1)^{n-1}b_n \qquad \text{ou} \qquad a_n=(-1)^n b_n$$

onde b_n é um número positivo. (De fato, $b_n=|a_n|$.)

O teste a seguir diz que, se os termos de uma série alternada decrescem para 0 em valor absoluto, então a série converge.

O Teste da Série Alternada Se a série alternada

$$\sum_{n=1}^{\infty}(-1)^{n-1}b_n=b_1-b_2+b_3-b_4+b_5-b_6+\cdots \qquad (b_n>0)$$

satisfaz as condições

$$\text{(i)}\ b_{n+1}\le b_n \qquad \text{para todo } n$$

$$\text{(ii)}\ \lim_{n\to\infty}b_n=0$$

então a série é convergente.

Antes de demonstrarmos, vejamos a Figura 1, que esboça a ideia por trás da demonstração. Primeiro traçamos $s_1=b_1$ sobre a reta real. Para encontrarmos s_2, subtraímos b_2; assim s_2 está à esquerda de s_1. Então, para encontrarmos s_3, adicionamos b_3; assim, s_3 está à direita de s_2. Mas, como $b_3<b_2$, s_3 está à esquerda de s_1. Continuando dessa maneira, vemos que as somas parciais oscilam de um lado para outro. Como $b_n\to 0$, as etapas subsequentes vão se tornando cada vez menores. As somas parciais pares $s_2, s_4, s_6, \ldots$ são crescentes e as somas parciais ímpares $s_1, s_3, s_5, \ldots$ são decrescentes. Então, parece plausível que ambas estejam convergindo para algum número s, que é a soma da série. Portanto, consideramos as somas parciais pares e ímpares separadamente na demonstração a seguir.

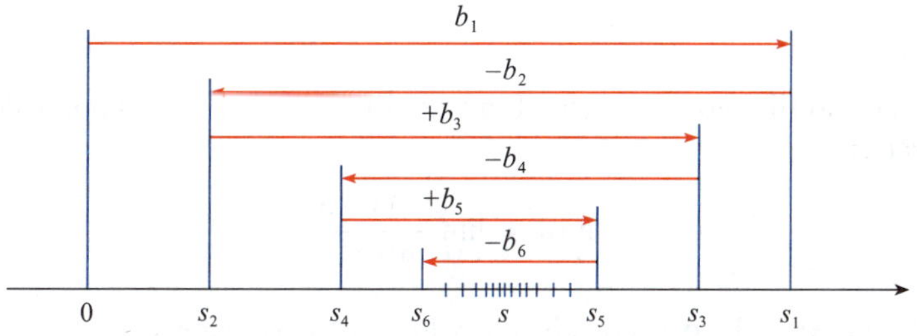

FIGURA 1

DEMONSTRAÇÃO DO TESTE DA SÉRIE ALTERNADA Primeiro consideramos as somas parciais pares:

$$s_2 = b_1 - b_2 \geq 0 \qquad \text{uma vez que } b_2 \leq b_1$$

$$s_4 = s_2 + (b_3 - b_4) \geq s_2 \qquad \text{uma vez que } b_4 \leq b_3$$

Em geral $$s_{2n} = s_{2n-2} + (b_{2n-1} - b_{2n}) \geq s_{2n-2} \qquad \text{uma vez que } b_{2n} \leq b_{2n-1}$$

Logo $$0 \leq s_2 \leq s_4 \leq s_6 \leq \cdots \leq s_{2n} \leq \cdots$$

Mas podemos escrever também

$$s_{2n} = b_1 - (b_2 - b_3) - (b_4 - b_5) - \cdots - (b_{2n-2} - b_{2n-1}) - b_{2n}$$

Cada termo entre parênteses é positivo, portanto, $s_{2n} \leq b_1$ para todo n. Dessa forma, a sequência $\{s_{2n}\}$ de somas parciais pares é crescente e limitada superiormente. É, portanto, convergente pelo Teorema da Sequência Monótona. Vamos chamar esse limite de s, isto é,

$$\lim_{n\to\infty} s_{2n} = s$$

Agora, calculamos o limite das somas parciais ímpares:

$$\begin{aligned}\lim_{n\to\infty} s_{2n+1} &= \lim_{n\to\infty}(s_{2n} + b_{2n+1}) \\ &= \lim_{n\to\infty} s_{2n} + \lim_{n\to\infty} b_{2n+1} \\ &= s + 0 \qquad \text{[pela condição (ii)]} \\ &= s\end{aligned}$$

Como ambas as somas parciais pares e ímpares convergem para s, temos $\lim_{n\to\infty} s_n = s$ [veja o Exercício 11.1.98(a)] e, assim, a série é convergente. ■

A Figura 2 ilustra o Exemplo 1 mostrando os gráficos dos termos $a_n = (-1)^{n-1}/n$ e as somas parciais s_n. Observe como os valores de s_n ziguezagueiam em torno do valor-limite, o que parece ser cerca de 0,7. Na verdade, pode-se provar que a soma exata da série é $\ln 2 \approx 0{,}693$ (veja o Exercício 50).

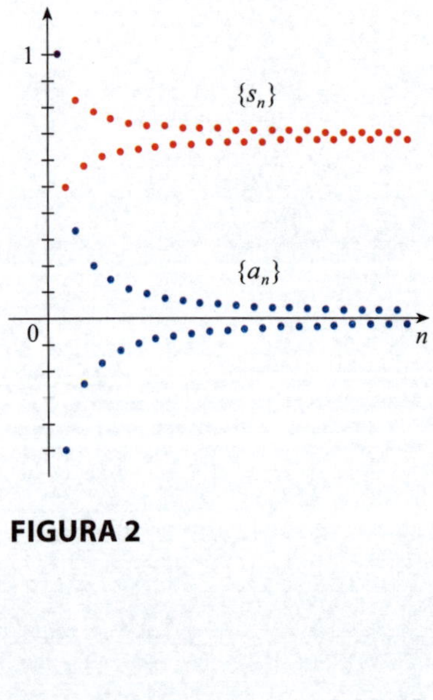

FIGURA 2

EXEMPLO 1 A série harmônica alternada

$$1 - \frac{1}{2} + \frac{1}{3} - \frac{1}{4} + \cdots = \sum_{n=1}^{\infty} \frac{(-1)^{n-1}}{n}$$

satisfaz as condições

$$\text{(i) } b_{n+1} < b_n \quad \text{uma vez que} \quad \frac{1}{n+1} < \frac{1}{n}$$

$$\text{(ii) } \lim_{n\to\infty} b_n = \lim_{n\to\infty} \frac{1}{n} = 0$$

logo, a série é convergente pelo Teste da Série Alternada. ■

EXEMPLO 2 A série $\displaystyle\sum_{n=1}^{\infty} \frac{(-1)^n 3n}{4n-1}$ é alternada, mas

$$\lim_{n\to\infty} b_n = \lim_{n\to\infty} \frac{3n}{4n-1} = \lim_{n\to\infty} \frac{3}{4 - \dfrac{1}{n}} = \frac{3}{4}$$

assim, a condição (ii) não é satisfeita. Em vez disto, olhamos para o limite do n-ésimo termo da série:

$$\lim_{n\to\infty} a_n = \lim_{n\to\infty} \frac{(-1)^n 3n}{4n-1}$$

Este limite não existe, logo a série diverge pelo Teste da Divergência. ■

EXEMPLO 3 Teste a série $\sum_{n=1}^{\infty}(-1)^{n+1}\frac{n^2}{n^3+1}$ quanto a convergência ou divergência.

SOLUÇÃO A série dada é alternada; assim, tentamos verificar as condições (i) e (ii) do Teste da Série Alternada.

Condição (i): Ao contrário da situação no Exemplo 1, não é óbvio que a sequência dada por $b_n = n^2/(n^3 + 1)$ seja decrescente. Contudo, se considerarmos a função associada $f(x) = x^2/(x^3 + 1)$, descobriremos que

$$f'(x) = \frac{x(2-x^3)}{(x^3+1)^2}$$

Como estamos apenas considerando x positivo, vemos que $f'(x) < 0$ se $2 - x^3 < 0$, isto é, $x > \sqrt[3]{2}$. Então, f é decrescente no intervalo $(\sqrt[3]{2},\infty)$. Isso significa que $f(n + 1) < f(n)$ e, portanto, $b_{n+1} < b_n$ quando $n \geq 2$. (A desigualdade $b_2 < b_1$ pode ser verificada diretamente, mas o que realmente importa é que a sequência $\{b_n\}$ é eventualmente decrescente.)

A condição (ii) é prontamente verificada:

$$\lim_{n\to\infty} b_n = \lim_{n\to\infty}\frac{n^2}{n^3+1} = \lim_{n\to\infty}\frac{1/n}{1+1/n^3} = 0$$

Então, a série dada é convergente pelo Teste da Série Alternada. ■

Em vez de verificarmos a condição (i) do Teste da Série Alternada calculando uma derivada, poderíamos verificar $b_{n+1} < b_n$ diretamente usando a técnica da Solução 1 do Exemplo 11.1.13.

Estimando Somas de Séries Alternadas

Uma soma parcial s_n de qualquer série convergente pode ser usada como uma aproximação para a soma total s, porém isso não é de muita utilidade, a menos que possamos estimar a precisão da aproximação. O erro envolvido usando $s \approx s_n$ é o resto $R_n = s - s_n$. O próximo teorema diz que, para séries que satisfazem as condições do Teste da Série Alternada, o tamanho do erro é menor que b_{n+1}, que é o valor absoluto do primeiro termo negligenciado.

Teorema da Estimativa de Séries Alternadas Se $s = \Sigma(-1)^{n-1}b_n$, onde $b_n > 0$, é a soma de uma série alternada que satisfaz

(i) $b_{n+1} \leq b_n$ e (ii) $\lim_{n\to\infty} b_n = 0$

então, $|R_n| = |s - s_n| \leq b_{n+1}$

Você pode ver por que o Teorema da Estimativa de Séries Alternadas é verdadeiro olhando a Figura 1 (página 705). Observe que $s - s_4 < b_5$, $|s - s_5| < b_6$, e assim por diante. Observe, também, que s está entre quaisquer duas somas parciais consecutivas.

DEMONSTRAÇÃO Sabemos pela demonstração do Teste da Série Alternada que s está entre duas somas parciais consecutivas quaisquer s_n e s_{n+1}. (Mostramos que s é maior que todas as somas até mesmo parciais. Um argumento similar mostra que s é menor que todas as somas ímpares.) Segue-se que

$$|s - s_n| \leq |s_{n+1} - s_n| = b_{n+1}$$ ■

EXEMPLO 4 Encontre a soma da série $\sum_{n=0}^{\infty}\frac{(-1)^n}{n!}$ com precisão de três casas decimais.

Por definição, $0! = 1$.

SOLUÇÃO Primeiro observamos que a série é convergente pelo Teste da Série Alternada, porque

(i) $b_{n+1} = \frac{1}{(n+1)!} = \frac{1}{n!(n+1)} < \frac{1}{n!} = b_n$

(ii) $0 < \frac{1}{n!} < \frac{1}{n} \to 0$ então $b_n = \frac{1}{n!} \to 0$ como $n \to \infty$

Para se ter uma ideia de quantos termos precisamos usar em nossa aproximação, vamos escrever os primeiros termos da série

$$s = \frac{1}{0!} - \frac{1}{1!} + \frac{1}{2!} - \frac{1}{3!} + \frac{1}{4!} - \frac{1}{5!} + \frac{1}{6!} - \frac{1}{7!} + \cdots$$

$$= 1 - 1 + \tfrac{1}{2} - \tfrac{1}{6} + \tfrac{1}{24} - \tfrac{1}{120} + \tfrac{1}{720} - \tfrac{1}{5.040} + \cdots$$

Observe que $$b_7 = \tfrac{1}{5.040} < \tfrac{1}{5.000} = 0{,}0002$$

e $$s_6 = 1 - 1 + \tfrac{1}{2} - \tfrac{1}{6} + \tfrac{1}{24} - \tfrac{1}{120} + \tfrac{1}{720} \approx 0{,}368056$$

Na Seção 11.10 demonstraremos que $e^x = \sum_{n=0}^{\infty} x^n/n!$ para todo x, assim, o que obtivemos no Exemplo 4 é realmente uma aproximação para o número e^{-1}.

Pelo Teorema da Estimativa da Série Alternada, sabemos que

$$|s - s_6| \le b_7 < 0{,}0002$$

Esse erro menor que 0,0002 não afeta a terceira casa decimal, assim, temos $s \approx 0{,}368$ com precisão de três casas decimais. ■

OBSERVAÇÃO A regra de que o erro (ao usar s_n para aproximar s) é menor que o primeiro termo negligenciado é, em geral, válida apenas para séries alternadas que satisfazem as condições do Teorema da Estimativa da Série Alternada. A regra não se aplica a outros tipos de séries.

Convergência Absoluta e Convergência Condicional

Dada qualquer série $\Sigma\, a_n$, podemos considerar a série correspondente

$$\sum_{n=1}^{\infty} |a_n| = |a_1| + |a_2| + |a_3| + \cdots$$

cujos termos são os valores absolutos dos termos da série original.

Discutimos os testes de convergência para séries com termos positivos e para séries alternadas. Mas o que acontece se os sinais dos temos mudarem irregularmente? Veremos no Exemplo 7 que a ideia de convergência absoluta algumas vezes ajuda em tais casos.

1 Definição Uma série $\Sigma\, a_n$ é dita **absolutamente convergente** se a série de valores absolutos $\Sigma\, |a_n|$ for convergente.

Observe que, se $\Sigma\, a_n$ for uma série com termos positivos, então $|a_n| = a_n$ e, assim, a convergência absoluta é a mesma coisa que a convergência nesse caso.

EXEMPLO 5 A série alternada

$$\sum_{n=1}^{\infty} \frac{(-1)^{n-1}}{n^2} = 1 - \frac{1}{2^2} + \frac{1}{3^2} - \frac{1}{4^2} + \cdots$$

é absolutamente convergente porque

$$\sum_{n=1}^{\infty} \left| \frac{(-1)^{n-1}}{n^2} \right| = \sum_{n=1}^{\infty} \frac{1}{n^2} = 1 + \frac{1}{2^2} + \frac{1}{3^2} + \frac{1}{4^2} + \cdots$$

é uma série p convergente ($p = 2$). ■

2 Definição Uma série $\Sigma\, a_n$ é chamada **condicionalmente convergente** se ela for convergente, mas não for absolutamente convergente; ou seja, se $\Sigma\, a_n$ convergir, mas $\Sigma\, |a_n|$ divergir.

EXEMPLO 6 Sabemos pelo Exemplo 1 que a série harmônica alternada

$$\sum_{n=1}^{\infty} \frac{(-1)^{n-1}}{n} = 1 - \frac{1}{2} + \frac{1}{3} - \frac{1}{4} + \cdots$$

é convergente, mas não é absolutamente convergente, porque a série de valores absolutos correspondente é

$$\sum_{n=1}^{\infty} \left| \frac{(-1)^{n-1}}{n} \right| = \sum_{n=1}^{\infty} \frac{1}{n} = 1 + \frac{1}{2} + \frac{1}{3} + \frac{1}{4} + \cdots$$

que é a série harmônica (série p com $p = 1$) e é, portanto, divergente. Assim, a série harmônica alternada é condicionalmente convergente. ■

O Exemplo 6 mostra que a série harmônica alternada é condicionalmente convergente. Então, é possível uma série ser convergente, porém não absolutamente convergente. Contudo, o teorema seguinte declara que a convergência absoluta implica convergência.

3 Teorema Se uma série $\Sigma\, a_n$ for absolutamente convergente, então ela é convergente.

Você pode considerar a convergência absoluta como um tipo mais forte de convergência. Uma série absolutamente convergente, como aquela do Exemplo 5, convergirá independentemente do sinal de seus termos, enquanto a série do Exemplo 6 não convergirá se convertermos todos os seus termos negativos em positivos.

DEMONSTRAÇÃO Observe que a desigualdade

$$0 \le a_n + |a_n| \le 2\,|a_n|$$

é verdadeira porque $|a_n|$ é a_n ou $-a_n$. Se $\Sigma\, a_n$ for absolutamente convergente, então $\Sigma\, |a_n|$ é convergente, assim $\Sigma\, 2\,|a_n|$ é convergente. Portanto, pelo Teste da Comparação Direta, $\Sigma\, (a_n + |a_n|)$ é convergente. Então,

$$\sum a_n = \sum (a_n + |a_n|) - \sum |a_n|$$

é a diferença de duas séries convergentes e é, portanto, convergente. ■

EXEMPLO 7 Determine se a série

$$\sum_{n=1}^{\infty} \frac{\cos n}{n^2} = \frac{\cos 1}{1^2} + \frac{\cos 2}{2^2} + \frac{\cos 3}{3^2} + \cdots$$

é convergente ou divergente.

A Figura 3 mostra os gráficos dos termos a_n e das somas parciais s_n da série no Exemplo 7. Observe que a série não é alternada, mas tem termos positivos e negativos.

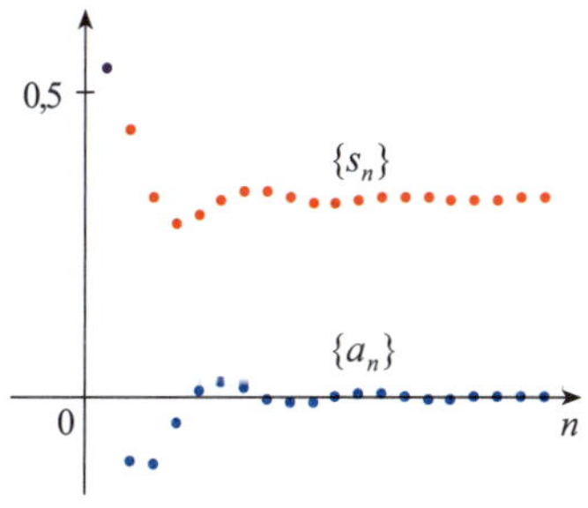

FIGURA 3

SOLUÇÃO Essa série tem termos positivos e negativos, mas não é alternada. (O primeiro termo é positivo, os próximos três são negativos e os três seguintes são positivos. Os sinais trocam irregularmente.) Podemos aplicar o Teste da Comparação Direta com a série de valores absolutos

$$\sum_{n=1}^{\infty} \left| \frac{\cos n}{n^2} \right| = \sum_{n=1}^{\infty} \frac{|\cos n|}{n^2}$$

Uma vez que $|\cos n| \le 1$ para todo n, temos

$$\frac{|\cos n|}{n^2} \le \frac{1}{n^2}$$

Sabemos que $\Sigma\, 1/n^2$ é convergente (série p com $p = 2$) e, assim, $\Sigma\,|\cos n\,|/n^2$ é convergente pelo Teste da Comparação Direta. Então a série dada $\Sigma\,(\cos n)/n^2$ é absolutamente convergente e, portanto, convergente pelo Teorema 3. ■

EXEMPLO 8 Determine se a série é absolutamente convergente, condicionalmente convergente ou divergente.

(a) $\displaystyle\sum_{n=1}^{\infty}\frac{(-1)^n}{n^3}$ (b) $\displaystyle\sum_{n=1}^{\infty}\frac{(-1)^n}{\sqrt[3]{n}}$ (c) $\displaystyle\sum_{n=1}^{\infty}(-1)^n\frac{n}{2n+1}$

SOLUÇÃO

(a) Como a série

$$\sum_{n=1}^{\infty}\left|\frac{(-1)^n}{n^3}\right| = \sum_{n=1}^{\infty}\frac{1}{n^3}$$

converge (por ser uma série p com $p = 3$), a série apresentada é absolutamente convergente.

(b) Começaremos testando se há convergência absoluta. A série

$$\sum_{n=1}^{\infty}\left|\frac{(-1)^n}{\sqrt[3]{n}}\right| = \sum_{n=1}^{\infty}\frac{1}{\sqrt[3]{n}}$$

diverge (por ser uma série p com $p = \frac{1}{3}$), de modo que a série fornecida *não* é absolutamente convergente. No entanto, a série converge segundo o Teste da Série Alternada (já que $b_{n+1} \le b_n$ e $\lim_{n\to\infty} b_n = 0$). Como a série converge, mas não é absolutamente convergente, ela é condicionalmente convergente.

(c) Essa série é alternada, mas

$$\lim_{n\to\infty} a_n = \lim_{n\to\infty}(-1)^n\frac{n}{2n+1}$$

não existe (veja a Figura 4), de modo que a série diverge segundo o Teste da Divergência. ■

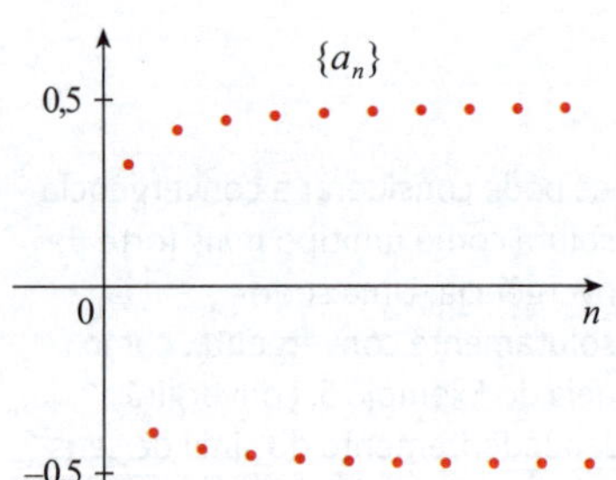

FIGURA 4
Os termos de $\{a_n\}$ se aproximam, alternadamente, de 0,5 e –0,5.

■ Rearranjos

A questão de uma série ser absolutamente convergente ou condicionalmente convergente tem importância na questão sobre se somas infinitas se comportam ou não como somas finitas.

Se rearranjarmos a ordem dos termos em uma soma finita, então é claro que o valor da soma permanecerá inalterado. Mas esse não é sempre o caso para uma série infinita. Por um **rearranjo** de uma série infinita $\Sigma\, a_n$ queremos dizer uma série obtida simplesmente mudando a ordem dos termos. Por exemplo, um rearranjo de $\Sigma\, a_n$ poderia começar como a seguir:

$$a_1 + a_2 + a_5 + a_3 + a_4 + a_{15} + a_6 + a_7 + a_{20} + \cdots$$

Ocorre que

se $\Sigma\, a_n$ é uma série absolutamente convergente com soma s,
então qualquer rearranjo de $\Sigma\, a_n$ tem a mesma soma s.

Contudo, qualquer série condicionalmente convergente pode ser rearranjada para dar uma soma diferente. Para ilustrarmos esse fato, vamos considerar a série harmônica alternada do Exemplo 1. No Exercício 50, pede-se que você mostre que

4 $$1 - \tfrac{1}{2} + \tfrac{1}{3} - \tfrac{1}{4} + \tfrac{1}{5} - \tfrac{1}{6} + \tfrac{1}{7} - \tfrac{1}{8} + \cdots = \ln 2$$

Se multiplicarmos esta série por $\frac{1}{2}$, obtemos

$$\frac{1}{2}-\frac{1}{4}+\frac{1}{6}-\frac{1}{8}+\cdots=\frac{1}{2}\ln 2$$

Inserindo zeros entre os termos dessa série, teremos

5 $$0+\frac{1}{2}+0-\frac{1}{4}+0+\frac{1}{6}+0-\frac{1}{8}+\cdots=\frac{1}{2}\ln 2$$

A soma desses zeros não afeta a soma da série; cada termo na sequência de somas parciais é repetido, mas o limite é o mesmo.

Agora adicionamos as séries nas Equações 4 e 5 usando o Teorema 11.2.8:

6 $$1+\frac{1}{3}-\frac{1}{2}+\frac{1}{5}+\frac{1}{7}-\frac{1}{4}+\cdots=\frac{3}{2}\ln 2$$

Observe que a série em (6) contém os mesmos termos que em (4), mas rearranjados de modo que um termo negativo ocorra depois de cada par de termos positivos. As somas dessas séries, contudo, são diferentes. De fato, Riemann demonstrou que

> se $\Sigma\, a_n$ for uma série condicionalmente convergente e r for qualquer número real, então existe um rearranjo de $\Sigma\, a_n$ que tem uma soma igual a r.

Uma demonstração desse fato é delineada no Exercício 52.

11.5 Exercícios

1. (a) O que é uma série alternada?
(b) Sob quais condições uma série alternada converge?
(c) Supondo que essas condições sejam satisfeitas, o que você pode afirmar sobre o resto após n termos?

2-20 Verifique se a série é convergente ou divergente.

2. $\frac{2}{3}-\frac{2}{5}+\frac{2}{7}-\frac{2}{9}+\frac{2}{11}-\cdots$

3. $-\frac{2}{5}+\frac{4}{6}-\frac{6}{7}+\frac{8}{8}-\frac{10}{9}+\cdots$

4. $\dfrac{1}{\ln 3}-\dfrac{1}{\ln 4}+\dfrac{1}{\ln 5}-\dfrac{1}{\ln 6}+\dfrac{1}{\ln 7}-\cdots$

5. $\displaystyle\sum_{n=1}^{\infty}\frac{(-1)^{n-1}}{3+5n}$

6. $\displaystyle\sum_{n=0}^{\infty}\frac{(-1)^{n+1}}{\sqrt{n+1}}$

7. $\displaystyle\sum_{n=1}^{\infty}(-1)^n\frac{3n-1}{2n+1}$

8. $\displaystyle\sum_{n=1}^{\infty}(-1)^n\frac{n^2}{n^2+n+1}$

9. $\displaystyle\sum_{n=1}^{\infty}(-1)^n e^{-n}$

10. $\displaystyle\sum_{n=1}^{\infty}(-1)^n\frac{\sqrt{n}}{2n+3}$

11. $\displaystyle\sum_{n=1}^{\infty}(-1)^{n+1}\frac{n^2}{n^3+4}$

12. $\displaystyle\sum_{n=1}^{\infty}(-1)^n\frac{n}{2^n}$

13. $\displaystyle\sum_{n=1}^{\infty}(-1)^{n-1}e^{2/n}$

14. $\displaystyle\sum_{n=1}^{\infty}(-1)^{n-1}\operatorname{arctg} n$

15. $\displaystyle\sum_{n=0}^{\infty}\frac{\operatorname{sen}(n+\frac{1}{2})\pi}{1+\sqrt{n}}$

16. $\displaystyle\sum_{n=1}^{\infty}\frac{n\cos n\pi}{2^n}$

17. $\displaystyle\sum_{n=1}^{\infty}(-1)^n\operatorname{sen}\frac{\pi}{n}$

18. $\displaystyle\sum_{n=1}^{\infty}(-1)^n\cos\frac{\pi}{n}$

19. $\displaystyle\sum_{n=1}^{\infty}(-1)^n\frac{n^2}{5^n}$

20. $\displaystyle\sum_{n=1}^{\infty}(-1)^n\left(\sqrt{n+1}-\sqrt{n}\right)$

21. (a) O que significa dizer que uma série é absolutamente convergente?
(b) O que significa dizer que uma série é condicionalmente convergente?
(c) Se a série de termos positivos $\Sigma_{n=1}^{\infty} b_n$ converge, o que você pode afirmar sobre a série $\Sigma_{n=1}^{\infty}(-1)^n b_n$?

22-34 Determine se a série é absolutamente convergente, condicionalmente convergente ou divergente.

22. $\displaystyle\sum_{n=1}^{\infty}\frac{(-1)^n}{n^4}$

23. $\displaystyle\sum_{n=1}^{\infty}\frac{(-1)^{n-1}}{\sqrt[3]{n^2}}$

24. $\displaystyle\sum_{n=0}^{\infty}(-1)^{n+1}\frac{n^2}{n^2+1}$

25. $\displaystyle\sum_{n=1}^{\infty}\frac{(-1)^n}{5n+1}$

26. $\displaystyle\sum_{n=1}^{\infty}\frac{-n}{n^2+1}$

27. $\displaystyle\sum_{n=1}^{\infty}\frac{(-1)^n}{n^2+1}$

28. $\displaystyle\sum_{n=1}^{\infty}\frac{\operatorname{sen} n}{2^n}$

29. $\displaystyle\sum_{n=1}^{\infty}\frac{1+2\operatorname{sen} n}{n^3}$

30. $\displaystyle\sum_{n=1}^{\infty}(-1)^{n-1}\frac{n}{n^2+4}$

31. $\displaystyle\sum_{n=2}^{\infty}\frac{(-1)^n}{\ln n}$

32. $\displaystyle\sum_{n=1}^{\infty}(-1)^n\frac{n}{\sqrt{n^3+2}}$

33. $\displaystyle\sum_{n=1}^{\infty}\frac{\cos n\pi}{3n+2}$

34. $\displaystyle\sum_{n=2}^{\infty}\frac{(-1)^n}{n\ln n}$

35-36 Trace, em uma mesma janela, tanto o gráfico da sequência de termos, como o gráfico das somas parciais. Use o gráfico para fazer uma estimativa aproximada da soma da série. Em seguida, use o Teorema da Estimativa de Séries Alternadas para estimar a soma, com quatro casas decimais de precisão.

35. $\displaystyle\sum_{n=1}^{\infty}\frac{(-0,8)^n}{n!}$

36. $\displaystyle\sum_{n=1}^{\infty}(-1)^{n-1}\frac{n}{8^n}$

37-40 Mostre que a série é convergente. Quantos termos da série precisamos somar para encontrar a soma parcial com a precisão indicada?

37. $\displaystyle\sum_{n=1}^{\infty}\frac{(-1)^{n+1}}{n^6}$ $(|\text{erro}| < 0,00005)$

38. $\displaystyle\sum_{n=1}^{\infty}\frac{(-\frac{1}{3})^n}{n}$ $(|\text{erro}| < 0,0005)$

39. $\displaystyle\sum_{n=1}^{\infty}\frac{(-1)^{n-1}}{n^2\,2^n}$ $(|\text{erro}| < 0,0005)$

40. $\displaystyle\sum_{n=1}^{\infty}\left(-\frac{1}{n}\right)^n$ $(|\text{erro}| < 0,00005)$

41-44 Aproxime a soma da série, com quatro casas decimais de precisão.

41. $\displaystyle\sum_{n=1}^{\infty}\frac{(-1)^n}{(2n)!}$

42. $\displaystyle\sum_{n=1}^{\infty}\frac{(-1)^{n+1}}{n^6}$

43. $\displaystyle\sum_{n=1}^{\infty}(-1)^n\,ne^{-2n}$

44. $\displaystyle\sum_{n=1}^{\infty}\frac{(-1)^{n-1}}{n4^n}$

45. A 50ª soma parcial, s_{50}, da série alternada $\Sigma_{n=1}^{\infty}(-1)^{n-1}/n$ é uma aproximação superestimada ou subestimada da soma total? Explique.

46-48 Para quais valores de p cada série é convergente?

46. $\displaystyle\sum_{n=1}^{\infty}\frac{(-1)^{n-1}}{n^p}$

47. $\displaystyle\sum_{n=1}^{\infty}\frac{(-1)^n}{n+p}$

48. $\displaystyle\sum_{n=2}^{\infty}(-1)^{n-1}\frac{(\ln n)^p}{n}$

49. Mostre que a série $\Sigma(-1)^{n-1}b_n$, em que $b_n = 1/n$ se n é ímpar e $b_n = 1/n^2$ se n é par, é divergente. Por que não se pode aplicar o Teste da Série Alternada?

50. Use os seguintes passos para mostrar que

$$\sum_{n=1}^{\infty}\frac{(-1)^{n-1}}{n} = \ln 2$$

Suponha que h_n e s_n sejam as somas parciais das séries harmônica e harmônica alternada.

(a) Mostre que $s_{2n} = h_{2n} - h_n$.

(b) Do Exercício 11.3.46, temos

$$h_n - \ln n \to \gamma \qquad \text{quando } n \to \infty$$

e, portanto,

$$h_{2n} - \ln(2n) \to \gamma \qquad \text{quando } n \to \infty$$

Use esses fatos, juntamente com o item (a), para mostrar que $s_{2n} \to \ln 2$ quando $n \to \infty$.

51. Dada uma série qualquer Σa_n, definimos uma série Σa_n^+ cujos termos são todos termos positivos de Σa_n e uma série Σa_n^- cujos termos são todos termos negativos de Σa_n. Para ser específico, seja

$$a_n^+ = \frac{a_n + |a_n|}{2} \qquad a_n^- = \frac{a_n - |a_n|}{2}$$

Observe que, se $a_n > 0$, então $a_n^+ = a_n$ e $a_n^- = 0$, ao passo que, se $a_n < 0$, então $a_n^- = a_n$ e $a_n^+ = 0$.

(a) Se Σa_n for absolutamente convergente, mostre que ambas as séries Σa_n^+ e Σa_n^- são convergentes.

(b) Se Σa_n for condicionalmente convergente, mostre que ambas as séries Σa_n^+ e Σa_n^- são divergentes.

52. Demonstre que se Σa_n for uma série condicionalmente convergente e r for qualquer número real, então existe um rearranjo de Σa_n que tem uma soma r. [*Dicas*: Use a notação de Exercício 51. Tome apenas termos positivos suficientes a_n^+ de modo que a sua soma seja maior que r. Em seguida, adicione o menor número de termos negativos a_n^- de modo que a soma seja menor que r. Continue assim e use o Teorema 11.2.6.]

53. Suponhamos que a série Σa_n seja condicionalmente convergente.

(a) Demonstre que a série $\Sigma n^2 a_n$ é convergente.

(b) A convergência condicional de Σa_n não é suficiente para determinar se Σna_n é convergente. Mostre isso dando um exemplo de uma série condicionalmente convergente tal que Σna_n converge e um exemplo em que Σna_n diverge.

11.6 Os Testes da Razão e da Raiz

Uma maneira de determinar quão rapidamente os termos de uma série decrescem (ou crescem) consiste em calcular as razões de termos consecutivos. Para uma série geométrica Σar^{n-1}, temos $|a_{n+1}/a_n| = |r|$ para todo n, de modo que a série converge se $|r| < 1$. O Teste da Razão nos diz que, para qualquer série, se as razões $|a_{n+1}/a_n|$ tendem a um número menor que 1 quando $n \to \infty$, então a série converge. A demonstração do Teste da Razão, assim como a do Teste da Raiz, envolve a comparação da série com uma série geométrica.

O Teste da Razão

O teste a seguir é muito útil para determinar se uma série dada é absolutamente convergente.

O Teste da Razão

(i) Se $\lim_{n\to\infty}\left|\frac{a_{n+1}}{a_n}\right| = L < 1$, então a série $\sum_{n=1}^{\infty} a_n$ é absolutamente convergente (e, portanto, convergente).

(ii) Se $\lim_{n\to\infty}\left|\frac{a_{n+1}}{a_n}\right| = L > 1$ ou $\lim_{n\to\infty}\left|\frac{a_{n+1}}{a_n}\right|$, então a série $\sum_{n=1}^{\infty} a_n$ é divergente.

(iii) Se $\lim_{n\to\infty}\left|\frac{a_{n+1}}{a_n}\right| = 1$, o Teste da Razão é inconclusivo, ou seja, nenhuma conclusão pode ser tirada sobre a convergência ou divergência de $\Sigma\, a_n$.

DEMONSTRAÇÃO

(i) A ideia é comparar a série dada com uma série geométrica convergente. Como $L < 1$, podemos escolher um número r tal que $L < r < 1$. Uma vez que

$$\lim_{n\to\infty}\left|\frac{a_{n+1}}{a_n}\right| = L \qquad \text{e} \qquad L < r$$

a razão $|a_{n+1}/a_n|$ eventualmente será menor que r; isto é, existe um inteiro N tal que

$$\left|\frac{a_{n+1}}{a_n}\right| < r \qquad \text{sempre que} \qquad n \geq N$$

ou, de maneira equivalente,

1 $$|a_{n+1}| < |a_n|\, r \qquad \text{sempre que } n \geq N$$

Colocando n sucessivamente igual a N, $N + 1$, $N + 2$, ... em (1), obtemos

$$|a_{N+1}| < |a_N|\, r$$
$$|a_{N+2}| < |a_{N+1}|\, r < |a_N|\, r^2$$
$$|a_{N+3}| < |a_{N+2}|\, r < |a_N|\, r^3$$

e, em geral,

2 $$|a_{N+k}| < |a_N|\, r^k \qquad \text{para todo } k \geq 1$$

Agora, a série

$$\sum_{k=1}^{\infty} |a_N|\, r^k = |a_N|\, r + |a_N|\, r^2 + |a_N|\, r^3 + \cdots$$

é convergente porque é uma série geométrica com $0 < r < 1$. Assim, a desigualdade (2), junto com o Teste da Comparação Direta, mostra que a série

$$\sum_{n=N+1}^{\infty} |a_n| = \sum_{k=1}^{\infty} |a_{N+k}| = |a_{N+1}| + |a_{N+2}| + |a_{N+3}| + \cdots$$

também é convergente. Segue que a série $\Sigma_{n=1}^{\infty} |a_n|$ é convergente. (Lembre-se de que um número finito de termos não afeta a convergência.) Portanto, $\Sigma\, a_n$ é absolutamente convergente.

(ii) Se $|a_{n+1}/a_n| \to L > 1$ ou $|a_{n+1}/a_n| \to \infty$, então a razão $|a_{n+1}/a_n|$ eventualmente será maior que 1; isto é, existe um inteiro N tal que

$$\left|\frac{a_{n+1}}{a_n}\right| > 1 \qquad \text{sempre que} \qquad n \geq N$$

Isso significa que $|a_{n+1}| < |a_n|$ quando $n \geq N$, e assim

$$\lim_{n\to\infty} a_n \neq 0$$

Portanto, $\Sigma\, a_n$ diverge pelo Teste da Divergência. ■

Estimando Somas
Nas últimas três seções, usamos vários métodos para estimar a soma de uma série – o método dependia de qual teste era usado para demonstrar a convergência. O que acontece com a série para a qual o Teste da Razão funciona? Existem duas possibilidades: se a série for alternada, como no Exemplo 1, então é melhor usar os métodos da Seção 11.5. Se os termos são todos positivos, então use os métodos especiais explicados no Exercício 42.

EXEMPLO 1 Teste a $\sum_{n=1}^{\infty}(-1)^n \dfrac{n^3}{3^n}$ quanto à convergência absoluta.

SOLUÇÃO Usamos o Teste da Razão com $a_n = (-1)^n\, n^3/3^n$:

$$\left|\frac{a_{n+1}}{a_n}\right| = \left|\frac{\dfrac{(-1)^{n+1}(n+1)^3}{3^{n+1}}}{\dfrac{(-1)^n n^3}{3^n}}\right| = \frac{(n+1)^3}{3^{n+1}}\cdot\frac{3^n}{n^3}$$

$$= \frac{1}{3}\left(\frac{n+1}{n}\right)^3 = \frac{1}{3}\left(1+\frac{1}{n}\right)^3 \to \frac{1}{3} < 1$$

Então, pelo Teste da Razão, a série dada é absolutamente convergente. ■

EXEMPLO 2 Teste a convergência da série $\sum_{n=1}^{\infty}\dfrac{n^n}{n!}$.

SOLUÇÃO Como os termos $a_n = n^n/n!$ são positivos, não precisamos dos símbolos de valor absoluto.

$$\frac{a_{n+1}}{a_n} = \frac{(n+1)^{n+1}}{(n+1)!}\cdot\frac{n!}{n^n} = \frac{(n+1)(n+1)^n}{(n+1)\,n!}\cdot\frac{n!}{n^n}$$

$$= \left(\frac{n+1}{n}\right)^n = \left(1+\frac{1}{n}\right)^n \to e \qquad \text{quando } n\to\infty$$

(veja a Equação 3.6.6). Uma vez que $e > 1$, a série dada é divergente pelo Teste da Razão. ■

OBSERVAÇÃO Embora o Teste da Razão funcione no Exemplo 2, um método mais simples é usar o Teste da Divergência. Uma vez que

$$a_n = \frac{n^n}{n!} = \frac{n\cdot n\cdot n\cdot\cdots\cdot n}{1\cdot 2\cdot 3\cdot\cdots\cdot n} \geq n$$

segue que a_n não tende a 0 quando $n\to\infty$. Portanto, a série dada é divergente pelo Teste da Divergência.

EXEMPLO 3 A parte (iii) do Teste da Razão afirma que, se $\lim_{n\to\infty}|a_{n+1}/a_n| = 1$, o teste não fornece qualquer informação. Como exemplo, apliquemos o Teste da Razão a cada uma das seguintes séries:

$$\sum_{n=1}^{\infty}\frac{1}{n} \qquad \sum_{n=1}^{\infty}\frac{1}{n^2}$$

Na primeira série, $a_n = 1/n$ e

$$\left|\frac{a_{n+1}}{a_n}\right| = \frac{1/(n+1)}{1/n} = \frac{n}{n+1} \to 1 \qquad \text{quando } n\to\infty$$

Na segunda série, $a_n = 1/n^2$ e

$$\left|\frac{a_{n+1}}{a_n}\right| = \frac{1/(n+1)^2}{1/n^2} = \left(\frac{n}{n+1}\right)^2 \to 1 \quad \text{quando } n \to \infty$$

Nos dois casos, o Teste da Razão falha em determinar se a série converge ou diverge, de modo que temos que tentar empregar outro teste. Nesse caso, a primeira série é a série harmônica, que sabemos que diverge; já a segunda série é uma série p com $p > 1$, de modo que é convergente. ■

Normalmente, o Teste da Razão é conclusivo se o n-ésimo termo da série contém uma função exponencial ou um fatorial, como nos Exemplos 1 e 2. O Teste sempre falhará para séries p, como no Exemplo 3.

O Teste da Raiz

O teste a seguir é conveniente para ser aplicado quando n-ésimas potências ocorrem. Sua demonstração é semelhante à demonstração do Teste da Razão e é deixada como Exercício 45.

O Teste da Raiz

(i) Se $\lim_{n\to\infty} \sqrt[n]{|a_n|} = L < 1$, então a série $\sum_{n=1}^{\infty} a_n$ é absolutamente convergente (e, portanto, convergente).

(ii) Se $\lim_{n\to\infty} \sqrt[n]{|a_n|} = L > 1$ ou $\lim_{n\to\infty} \sqrt[n]{|a_n|} = \infty$, então a série $\sum_{n=1}^{\infty} a_n$ é divergente.

(iii) Se $\lim_{n\to\infty} \sqrt[n]{|a_n|} = 1$, o Teste da Raiz não é conclusivo.

Se $\lim_{n\to\infty} \sqrt[n]{|a_n|} = 1$, então a parte (iii) do Teste da Raiz diz que o teste não dá informação. A série $\Sigma\, a_n$ pode convergir ou divergir. (Se $L = 1$ no Teste da Razão, não tente o Teste da Raiz, porque L será novamente 1. E se $L = 1$ no Teste da Raiz, não tente o Teste da Razão, pois ele também falhará.)

EXEMPLO 4 Teste a convergência da série $\sum_{n=1}^{\infty} \left(\frac{2n+3}{3n+2}\right)^n$.

SOLUÇÃO

$$a_n = \left(\frac{2n+3}{3n+2}\right)^n$$

$$\sqrt[n]{|a_n|} = \frac{2n+3}{3n+2} = \frac{2+\frac{3}{n}}{3+\frac{2}{n}} \to \frac{2}{3} < 1$$

Assim, a série fornecida é absolutamente convergente (e, portanto, convergente) segundo o Teste da Raiz. ■

EXEMPLO 5 Determine se a série $\sum_{n=1}^{\infty} \left(\frac{n}{n+1}\right)^n$ converge ou diverge.

SOLUÇÃO Nesse caso, parece natural aplicar o Teste da Raiz:

$$\sqrt[n]{|a_n|} = \frac{n}{n+1} \to 1 \quad \text{quando } n \to \infty$$

Como esse limite é igual a 1, o Teste da Raiz não é conclusivo. Entretanto, usando a Equação 3.6.6, notamos que

Equação 3.6.6

$$e = \lim_{x\to\infty}\left(1+\frac{1}{n}\right)^n$$

$$a_n = \left(\frac{n}{n+1}\right)^n = \frac{1}{\left(\frac{n+1}{n}\right)^n} \to \frac{1}{e} \quad \text{quando } n \to \infty$$

Uma vez que esse limite é diferente de zero, a série diverge, segundo o Teste da Divergência. ■

O Exemplo 5 serve como um alerta de que, ao se verificar se uma série é convergente ou divergente, muitas vezes é conveniente aplicar o Teste da Divergência antes de se tentar empregar outros testes.

11.6 Exercícios

1. O que você pode dizer sobre a série Σa_n em cada um dos seguintes casos?

(a) $\lim_{n\to\infty}\left|\frac{a_{n+1}}{a_n}\right| = 8$

(b) $\lim_{n\to\infty}\left|\frac{a_{n+1}}{a_n}\right| = 0{,}8$

(c) $\lim_{n\to\infty}\left|\frac{a_{n+1}}{a_n}\right| = 1$

2. Suponha que, para a série Σa_n, tenhamos $\lim_{n\to\infty} |a_n/a_{n+1}| = 2$. Quanto vale $\lim_{n\to\infty} |a_{n+1}/a_n|$? A série converge?

3-20 Use o Teste da Razão para determinar se a série é convergente ou divergente.

3. $\sum_{n=1}^{\infty} \frac{n}{5^n}$

4. $\sum_{n=1}^{\infty} \frac{(-2)^n}{n^2}$

5. $\sum_{n=1}^{\infty} (-1)^{n-1}\frac{3^n}{2^n n^3}$

6. $\sum_{n=0}^{\infty} \frac{(-3)^n}{(2n+1)!}$

7. $\sum_{k=1}^{\infty} \frac{1}{k!}$

8. $\sum_{k=1}^{\infty} ke^{-k}$

9. $\sum_{n=1}^{\infty} \frac{10^n}{(n+1)4^{2n+1}}$

10. $\sum_{n=1}^{\infty} \frac{n!}{100^n}$

11. $\sum_{n=1}^{\infty} \frac{n\pi^n}{(-3)^{n-1}}$

12. $\sum_{n=1}^{\infty} \frac{n^{10}}{(-10)^{n+1}}$

13. $\sum_{n=1}^{\infty} \frac{\cos(n\pi/3)}{n!}$

14. $\sum_{n=1}^{\infty} \frac{n!}{n^n}$

15. $\sum_{n=1}^{\infty} \frac{n^{100}100^n}{n!}$

16. $\sum_{n=1}^{\infty} \frac{(2n)!}{(n!)^2}$

17. $1 - \frac{2!}{1\cdot 3} + \frac{3!}{1\cdot 3\cdot 5} - \frac{4!}{1\cdot 3\cdot 5\cdot 7} + \cdots + (-1)^{n-1}\frac{n!}{1\cdot 3\cdot 5\cdot \cdots \cdot (2n-1)} + \cdots$

18. $\frac{2}{3} + \frac{2\cdot 5}{3\cdot 5} + \frac{2\cdot 5\cdot 8}{3\cdot 5\cdot 7} + \frac{2\cdot 5\cdot 8\cdot 11}{3\cdot 5\cdot 7\cdot 9} + \cdots$

19. $\sum_{n=1}^{\infty} \frac{2\cdot 4\cdot 6\cdot \cdots \cdot (2n)}{n!}$

20. $\sum_{n=1}^{\infty} (-1)^n \frac{2^n n!}{5\cdot 8\cdot 11\cdot \cdots \cdot (3n+2)}$

21-26 Use o Teste da Raiz para determinar se a série é convergente ou divergente.

21. $\sum_{n=1}^{\infty} \left(\frac{n^2+1}{2n^2+1}\right)^n$

22. $\sum_{n=1}^{\infty} \frac{(-2)^n}{n^n}$

23. $\sum_{n=2}^{\infty} \frac{(-1)^{n-1}}{(\ln n)^n}$

24. $\sum_{n=1}^{\infty} \left(\frac{-2n}{n+1}\right)^{5n}$

25. $\sum_{n=1}^{\infty} \left(1+\frac{1}{n}\right)^{n^2}$

26. $\sum_{n=0}^{\infty} (\operatorname{arctg} n)^n$

27-34 Use qualquer teste para determinar se a série é absolutamente convergente, condicionalmente convergente ou divergente.

27. $\sum_{n=2}^{\infty} \frac{(-1)^n \ln n}{n}$

28. $\sum_{n=1}^{\infty} \left(\frac{1-n}{2+3n}\right)^n$

29. $\sum_{n=1}^{\infty} \frac{(-9)^n}{n10^{n+1}}$

30. $\sum_{n=1}^{\infty} \frac{n5^{2n}}{10^{n+1}}$

31. $\sum_{n=2}^{\infty} \left(\frac{n}{\ln n}\right)^n$

32. $\sum_{n=1}^{\infty} \frac{\operatorname{sen}(n\pi/6)}{1+n\sqrt{n}}$

33. $\sum_{n=1}^{\infty} \frac{(-1)^n \operatorname{arctg} n}{n^2}$

34. $\sum_{n=2}^{\infty} \frac{(-1)^n}{\sqrt{n}\ln n}$ [*Dica*: $\ln x < \sqrt{x}$.]

35. Os termos de uma série são definidos de forma recursiva pelas equações

$$a_1 = 2 \qquad a_{n+1} = \frac{5n+1}{4n+3}a_n$$

Determine se Σa_n converge ou diverge.

36. Uma série Σa_n é definida pelas equações

$$a_1 = 1 \qquad a_{n+1} = \frac{2+\cos n}{\sqrt{n}}a_n$$

Determine se Σa_n converge ou diverge.

37-38 Seja $\{b_n\}$ uma sequência de números positivos que converge para $\frac{1}{2}$. Determine se a série dada é absolutamente convergente.

37. $\displaystyle\sum_{n=1}^{\infty} \frac{b_n^n \cos n\pi}{n}$ **38.** $\displaystyle\sum_{n=1}^{\infty} \frac{(-1)^n n!}{n^n b_1 b_2 b_3 \cdots b_n}$

39. Para quais das seguintes séries o Teste da Razão não é conclusivo (isto é, ele não dá uma resposta definida)?

(a) $\displaystyle\sum_{n=1}^{\infty} \frac{1}{n^3}$ (b) $\displaystyle\sum_{n=1}^{\infty} \frac{n}{2^n}$

(c) $\displaystyle\sum_{n=1}^{\infty} \frac{(-3)^{n-1}}{\sqrt{n}}$ (d) $\displaystyle\sum_{n=1}^{\infty} \frac{\sqrt{n}}{1+n^2}$

40. Para quais inteiros positivos k a seguinte série é convergente?

$$\sum_{n=1}^{\infty} \frac{(n!)^2}{(kn)!}$$

41. (a) Mostre que $\Sigma_{n=0}^{\infty} x^n/n!$ converge para todo x.
(b) Deduza que $\lim_{n\to\infty} x^n/n! = 0$ para todo x.

42. Seja Σa_n uma série com termos positivos e seja $r_n = a_{n+1}/a_n$. Suponha que $\lim_{n\to\infty} r_n = L < 1$, assim, Σa_n converge pelo Teste da Razão. Como habitualmente, faça R_n ser o resto depois de n termos, isto é,

$$R_n = a_{n+1} + a_{n+2} + a_{n+3} + \cdots$$

(a) Se $\{r_n\}$ for uma sequência decrescente e $r_{n+1} < 1$, mostre, pela soma de uma série geométrica, que

$$R_n \le \frac{a_{n+1}}{1-r_{n+1}}$$

(b) Se $\{r_n\}$ for uma sequência crescente, mostre que

$$R_n \le \frac{a_{n+1}}{1-L}$$

43. (a) Encontre a soma parcial s_5 da série $\Sigma_{n=1}^{\infty} 1/(n2^n)$. Use o Exercício 42 para estimar o erro ao usar s_5 como uma aproximação da soma da série.
(b) Encontre um valor de n tal que s_n represente a soma com precisão de 0,00005. Use esse valor de n para a soma aproximada da série.

44. Utilize a soma dos primeiros dez termos para aproximar a soma da série

$$\sum_{n=1}^{\infty} \frac{n}{2^n}$$

Use o Exercício 42 para estimar o erro.

45. Prove o Teste da Raiz. [*Dica para parte* (*i*): Tome qualquer número r tal que $L < r < 1$ e use o fato de que existe um inteiro N tal que $\sqrt[n]{|a_n|} < r$ sempre que $n \ge N$.]

46. Por volta de 1910, o matemático indiano Srinivasa Ramanujan descobriu a fórmula

$$\frac{1}{\pi} = \frac{2\sqrt{2}}{9.801} \sum_{n=0}^{\infty} \frac{(4n)!(1.103 + 26.390n)}{(n!)^4\, 396^{4n}}$$

William Gosper usou esta série em 1985 para calcular os primeiros 17 milhões de algarismos de π.
(a) Verifique que a série é convergente.
(b) Quantas casas decimais corretas de π você obtém se usar apenas o primeiro termo da série? E se usar dois termos?

11.7 Estratégia para Testes de Séries

Agora temos diversas maneiras de testar a convergência ou divergência de uma série; o problema é decidir qual teste usar em qual série. Nesse aspecto, testar séries é similar a integrar funções. Mais uma vez, não há regras certeiras e rápidas para determinar qual teste aplicar em cada série, mas você pode achar os conselhos a seguir proveitosos.

Não é uma boa estratégia aplicar uma lista de testes em uma ordem específica até que um deles finalmente funcione. Isso seria uma perda de tempo e esforço. Em vez disso, como na integração, a principal estratégia é classificar a série de acordo com sua *forma*.

1. **Teste da Divergência** Se você perceber que $\lim_{n\to\infty} a_n$ pode ser diferente de 0, aplique o Teste da Divergência.
2. **Série *p*** Se a série tiver a forma $\Sigma\, 1/n^p$, ela é uma série p, que sabemos ser convergente se $p > 1$ e divergente se $p \le 1$.
3. **Série Geométrica** Se a série tiver a forma $\Sigma\, ar^{n-1}$ ou $\Sigma\, ar^n$, ela é uma série geométrica, que converge se $|r| < 1$ e diverge se $|r| \ge 1$. Algumas manipulações algébricas podem ser necessárias para converter a série a essa forma.
4. **Testes de Comparação** Se a série tiver uma forma similar a uma série p ou a uma série geométrica, então você deve considerar a aplicação de um dos testes de comparação. Em particular, se a_n for uma função racional ou uma função algébrica de n (envolvendo raízes de polinômios), a série deve ser comparada com uma série p. Observe que a maioria das séries apresentadas nos Exercícios 11.4 tem essa forma. (O valor de p deve ser escolhido como na Seção 11.4, mantendo-se apenas as potências mais altas de n no numerador e no denominador.) Embora os testes de

comparação só sejam aplicáveis a séries com termos positivos, se Σa_n contiver alguns termos negativos, podemos aplicar o Teste da Comparação a $\Sigma |a_n|$ e verificar se há convergência absoluta.

5. **Teste da Série Alternada** Se a série tiver a forma $\Sigma (-1)^{n-1} b_n$ ou $\Sigma (-1)^n b_n$, então o Teste da Série Alternada é uma possibilidade óbvia. Observe que, se Σb_n converge, a série fornecida é absolutamente convergente e é, portanto, convergente.
6. **Teste da Razão** Séries que envolvem fatoriais ou outros produtos (incluindo uma constante elevada à n-ésima potência) têm, muitas vezes, sua convergência convenientemente verificada usando-se o Teste da Razão. Tenha em mente que, quando $n \to \infty$, $|a_{n+1}/a_n| \to 1$ para todas as séries p e, consequentemente, para todas as funções racionais ou algébricas de n. Sendo assim, o Teste da Razão não deve ser usado para tais séries.
7. **Teste da Raiz** Se a_n tiver a forma $(b_n)^n$, o Teste da Raiz pode ser útil.
8. **Teste da Integral** Se $a_n = f(n)$, em que $\int_1^\infty f(x)\,dx$ é fácil de calcular, então o Teste da Integral é eficaz (supondo que as hipóteses desse teste sejam satisfeitas).

Nos próximos exemplos não faremos todos os cálculos, mas simplesmente indicaremos quais testes devem ser usados.

EXEMPLO 1 $\displaystyle\sum_{n=1}^{\infty} \frac{n-1}{2n+1}$

Como $a_n \to \frac{1}{2} \neq 0$ quando $n \to \infty$, devemos usar o Teste da Divergência. ■

EXEMPLO 2 $\displaystyle\sum_{n=1}^{\infty} \frac{\sqrt{n^3+1}}{3n^3+4n^2+2}$

Como a_n é uma função algébrica de n, comparamos a série dada com uma série p. A série de comparação para o Teste da Comparação no Limite é Σb_n, onde

$$b_n = \frac{\sqrt{n^3}}{3n^3} = \frac{n^{3/2}}{3n^3} = \frac{1}{3n^{3/2}}$$

■

EXEMPLO 3 $\displaystyle\sum_{n=1}^{\infty} ne^{-n^2}$

Como a integral $\int_1^\infty xe^{-x^2}\,dx$ é facilmente calculada, usamos o Teste da Integral. O Teste da Razão também funciona. ■

EXEMPLO 4 $\displaystyle\sum_{n=1}^{\infty} (-1)^n \frac{n^2}{n^4+1}$

Como a série é alternada, usamos o Teste da Série Alternada. Também podemos observar que $\Sigma |a_n|$ converge (compare essa série com $\Sigma 1/n^2$), de modo que a série fornecida converge absolutamente e, consequentemente, converge. ■

EXEMPLO 5 $\displaystyle\sum_{k=1}^{\infty} \frac{2^k}{k!}$

Como a série envolve $k!$, usamos o Teste da Razão. ■

EXEMPLO 6 $\displaystyle\sum_{n=1}^{\infty} \frac{1}{2+3^n}$

Como a série está intimamente relacionada à série geométrica $\Sigma 1/3^n$, usamos o Teste da Comparação. ■

11.7 Exercícios

1-8 Em cada exercício, são dadas duas séries com aparência semelhante. Teste cada uma para saber se é convergente ou divergente.

1. (a) $\sum_{n=1}^{\infty} \frac{1}{5^n}$ (b) $\sum_{n=1}^{\infty} \frac{1}{5^n + n}$

2. (a) $\sum_{n=1}^{\infty} \frac{(-1)^n}{n^{3/2}}$ (b) $\sum_{n=1}^{\infty} \frac{1}{n^{3/2}}$

3. (a) $\sum_{n=1}^{\infty} \frac{n}{3^n}$ (b) $\sum_{n=1}^{\infty} \frac{3^n}{n}$

4. (a) $\sum_{n=1}^{\infty} \frac{n+1}{n}$ (b) $\sum_{n=1}^{\infty} (-1)^n \frac{n+1}{n}$

5. (a) $\sum_{n=1}^{\infty} \frac{n}{n^2+1}$ (b) $\sum_{n=1}^{\infty} \left(\frac{n}{n^2+1}\right)^n$

6. (a) $\sum_{n=1}^{\infty} \frac{\ln n}{n}$ (b) $\sum_{n=10}^{\infty} \frac{1}{n \ln n}$

7. (a) $\sum_{n=1}^{\infty} \frac{1}{n+n!}$ (b) $\sum_{n=1}^{\infty} \left(\frac{1}{n} + \frac{1}{n!}\right)$

8. (a) $\sum_{n=1}^{\infty} \frac{1}{\sqrt{n^2+1}}$ (b) $\sum_{n=1}^{\infty} \frac{1}{n\sqrt{n^2+1}}$

9-48 Teste a série quanto à convergência ou à divergência.

9. $\sum_{n=1}^{\infty} \frac{n^2-1}{n^3+1}$

10. $\sum_{n=1}^{\infty} \frac{n-1}{n^3+1}$

11. $\sum_{n=1}^{\infty} (-1)^n \frac{n^2-1}{n^3+1}$

12. $\sum_{n=1}^{\infty} (-1)^n \frac{n^2-1}{n^2+1}$

13. $\sum_{n=1}^{\infty} \frac{e^n}{n^2}$

14. $\sum_{n=1}^{\infty} \frac{n^{2n}}{(1+n)^{3n}}$

15. $\sum_{n=2}^{\infty} \frac{1}{n\sqrt{\ln n}}$

16. $\sum_{n=1}^{\infty} (-1)^{n-1} \frac{n^4}{4^n}$

17. $\sum_{n=0}^{\infty} (-1)^n \frac{\pi^{2n}}{(2n)!}$

18. $\sum_{n=1}^{\infty} n^2 e^{-n^3}$

19. $\sum_{n=1}^{\infty} \left(\frac{1}{n^3} + \frac{1}{3^n}\right)$

20. $\sum_{k=1}^{\infty} \frac{1}{k\sqrt{k^2+1}}$

21. $\sum_{n=1}^{\infty} \frac{3^n n^2}{n!}$

22. $\sum_{n=1}^{\infty} \frac{\operatorname{sen} 2n}{1+2^n}$

23. $\sum_{k=1}^{\infty} \frac{2^{k-1} 3^{k+1}}{k^k}$

24. $\sum_{n=1}^{\infty} \frac{\sqrt{n^4+1}}{n^3+n}$

25. $\sum_{n=1}^{\infty} \frac{1 \cdot 3 \cdot 5 \cdot \cdots \cdot (2n-1)}{2 \cdot 5 \cdot 8 \cdot \cdots \cdot (3n-1)}$

26. $\sum_{n=2}^{\infty} \frac{(-1)^{n-1}}{\sqrt{n}-1}$

27. $\sum_{n=1}^{\infty} (-1)^n \frac{\ln n}{\sqrt{n}}$

28. $\sum_{k=1}^{\infty} \frac{\sqrt[3]{k}-1}{k(\sqrt{k}+1)}$

29. $\sum_{n=1}^{\infty} (-1)^n \cos(1/n^2)$

30. $\sum_{k=1}^{\infty} \frac{1}{2+\operatorname{sen} k}$

31. $\sum_{n=1}^{\infty} \operatorname{tg}(1/n)$

32. $\sum_{n=1}^{\infty} n \operatorname{sen}(1/n)$

33. $\sum_{n=1}^{\infty} \frac{4-\cos n}{\sqrt{n}}$

34. $\sum_{n=1}^{\infty} \frac{8+(-1)^n n}{n}$

35. $\sum_{n=1}^{\infty} \frac{n!}{e^{n^2}}$

36. $\sum_{n=1}^{\infty} \frac{n^2+1}{5^n}$

37. $\sum_{k=1}^{\infty} \frac{k \ln k}{(k+1)^3}$

38. $\sum_{n=1}^{\infty} \frac{e^{1/n}}{n^2}$

39. $\sum_{n=1}^{\infty} \frac{(-1)^n}{\cosh n}$

40. $\sum_{j=1}^{\infty} (-1)^j \frac{\sqrt{j}}{j+5}$

41. $\sum_{k=1}^{\infty} \frac{5^k}{3^k+4^k}$

42. $\sum_{n=1}^{\infty} \frac{(n!)^n}{n^{4n}}$

43. $\sum_{n=1}^{\infty} \left(\frac{n}{n+1}\right)^{n^2}$

44. $\sum_{n=1}^{\infty} \frac{1}{n+n\cos^2 n}$

45. $\sum_{n=1}^{\infty} \frac{1}{n^{1+1/n}}$

46. $\sum_{n=2}^{\infty} \frac{1}{(\ln n)^{\ln n}}$

47. $\sum_{n=1}^{\infty} (\sqrt[n]{2}-1)^n$

48. $\sum_{n=1}^{\infty} (\sqrt[n]{2}-1)$

11.8 Séries de Potências

Até o momento, estudamos séries numéricas: Σa_n. Agora, consideraremos as séries, denominadas *séries de potências*, nas quais cada termo inclui uma potência da variável x: $\Sigma c_n x^n$.

Séries de Potências

Uma **série de potências** é uma série da forma

1 $$\sum_{n=0}^{\infty} c_n x^n = c_0 + c_1 x + c_2 x^2 + c_3 x^3 + \cdots$$

onde x é uma variável e c_n são constantes chamadas **coeficientes** da série. Para cada número que substituímos por x, a série (1) é uma série de constantes que podemos testar quanto à convergência ou divergência. Uma série de potências pode convergir para alguns valores de x e divergir para outros valores de x. A soma da série é uma função

$$f(x) = c_0 + c_1x + c_2x^2 + \cdots + c_nx^n + \cdots$$

cujo domínio é o conjunto de todos os x para os quais a série converge. Observe que f se assemelha a um polinômio. A única diferença é que f tem infinitos termos.

Série trigonométrica

Uma série de potências é uma série em que cada termo é uma função de potência. Uma **série trigonométrica**

$$\sum_{n=0}^{\infty} (a_n \cos nx + b_n \operatorname{sen} nx)$$

é uma série cujos termos são funções trigonométricas.

Por exemplo, se tomarmos $c_n = 1$ para todo n, a série de potências se torna a série geométrica

2 $$\sum_{n=0}^{\infty} x^n = 1 + x + x^2 + \cdots + x^n + \cdots$$

que converge quando $-1 < x < 1$ e diverge quando $|x| \geq 1$ (veja a Equação 11.2.5). Na verdade, se pusermos $x = \frac{1}{2}$ na série geométrica (2), obteremos a série convergente

$$\sum_{n=0}^{\infty} \left(\frac{1}{2}\right)^n = 1 + \frac{1}{2} + \frac{1}{4} + \frac{1}{8} + \frac{1}{16} + \cdots$$

mas se pusermos $x = 2$ em (2), obteremos a série divergente

$$\sum_{n=0}^{\infty} 2^n = 1 + 2 + 4 + 8 + 16 + \cdots$$

Em geral, a série da forma

3 $$\sum_{n=0}^{\infty} c_n (x-a)^n = c_0 + c_1 (x-a) + c_2 (x-a)^2 + \cdots$$

é chamada uma **série de potências em** $(x - a)$ ou uma **série de potências centrada em** $\boldsymbol{a}$ ou uma **série de potências em torno de** $\boldsymbol{a}$. Observe que, ao escrevermos o termo correspondente a $n = 0$ nas Equações 1 e 3, adotamos a convenção de que $(x - a)^0 = 1$, mesmo quando $x = a$. Observe também que, quando $x = a$, todos os termos são 0 para $n \geq 1$ e assim a série de potências (3) sempre converge quando $x = a$.

Para determinar os valores de x para os quais uma série de potências converge, normalmente usamos o Teste da Razão (ou da Raiz).

EXEMPLO 1 Para quais valores de x a série $\sum_{n=1}^{\infty} \frac{(x-3)^n}{n}$ é convergente?

SOLUÇÃO Se empregarmos a_n para denotar o n-ésimo termo da série, como de hábito, então $a_n = (x - 3)^n/n$ e

$$\left|\frac{a_{n+1}}{a_n}\right| = \left|\frac{(x-3)^{n+1}}{n+1} \cdot \frac{n}{(x-3)^n}\right|$$

$$= \frac{1}{1+\frac{1}{n}}|x-3| \to |x-3| \quad \text{quando} \quad n \to \infty$$

Pelo Teste da Razão, a série fornecida é absolutamente convergente e, portanto, convergente quando $|x - 3| < 1$ e é divergente quando $|x - 3| > 1$. Como

$$|x-3| < 1 \quad \Leftrightarrow \quad -1 < x-3 < 1 \quad \Leftrightarrow \quad 2 < x < 4$$

a série converge quando $2 < x < 4$ e diverge quando $x < 2$ ou $x > 4$.

O Teste da Razão não informa o que ocorre quando $|x - 3| = 1$, o que nos obriga a considerar $x = 2$ e $x = 4$ separadamente. Se substituímos $x = 4$ na série, ela se torna $\Sigma\, 1/n$, ou seja, a série harmônica, que é divergente. Para $x = 2$, a série corresponde a $\Sigma\,(-1)^n/n$, que converge segundo o Teste da Série Alternada. Assim, a série de potências apresentada converge para $2 \leq x < 4$. ■

EXEMPLO 2 Para quais valores de x a série $\sum_{n=0}^{\infty} n!x^n$ é convergente?

SOLUÇÃO Usaremos novamente o Teste da Razão. Seja $a_n = n!x^n$. Se $x \neq 0$, temos

$$\lim_{n\to\infty}\left|\frac{a_{n+1}}{a_n}\right| = \lim_{n\to\infty}\left|\frac{(n+1)!x^{n+1}}{n!x^n}\right| = \lim_{n\to\infty}(n+1)|x| = \infty$$

Note que
$(n+1)! = (n+1)n(n-1)\cdot \cdots \cdot 3\cdot 2\cdot 1$
$= (n+1)n!$

Pelo Teste da Razão a série diverge quando $x \neq 0$. Assim, a série fornecida converge apenas quando $x = 0$. ■

EXEMPLO 3 Para quais valores de x a série $\sum_{n=0}^{\infty}\frac{x^n}{(2n)!}$ converge?

SOLUÇÃO Nesse caso, $a_n = x^n/(2n)!$ e, quando $n \to \infty$, temos

$$\left|\frac{a_{n+1}}{a_n}\right| = \left|\frac{x^{n+1}}{[2(n+1)]!}\cdot\frac{(2n)!}{x^n}\right| = \frac{(2n)!}{(2n+2)!}|x|$$

$$= \frac{(2n)!}{(2n)!(2n+1)(2n+2)}|x| = \frac{|x|}{(2n+1)(2n+2)} \to 0 < 1$$

para todo x. Assim, pelo Teste da Razão, a série fornecida converge para todos os valores de x. ■

Intervalo de Convergência

Para as séries de potências que vimos até agora, o conjunto de valores de x para os quais a série é convergente tem sempre sido um intervalo [um intervalo finito para a série geométrica e a série no Exemplo 1, o intervalo infinito $(-\infty, \infty)$ no Exemplo 3 e um intervalo colapsado $[0, 0] = \{0\}$ no Exemplo 2]. O teorema a seguir, demonstrado no Apêndice F, diz que isso, em geral, é verdadeiro.

4 Teorema Para dada série de potências $\sum_{n=0}^{\infty} c_n(x-a)^n$, existem apenas três possibilidades:

(i) A série converge apenas quando $x = a$.

(ii) A série converge para todo x.

(iii) Existe um número positivo R tal que a série converge se $|x - a| < R$ e diverge se $|x - a| > R$.

O número R no caso (iii) é chamado **raio de convergência** da série de potências. Por convenção, o raio de convergência é $R = 0$ no caso (i) e $R = \infty$ no caso (ii). O **intervalo de convergência** de uma série de potências é aquele que consiste em todos os valores de x para os quais a série converge. No caso (i) o intervalo consiste em apenas um único ponto a. No caso (ii) o intervalo é $(-\infty, \infty)$. No caso (iii) observe que a desigualdade $|x - a| < R$ pode ser reescrita como $a - R < x < a + R$. Quando x é uma *extremidade* do intervalo, isto é, $x = a \pm R$, qualquer coisa pode acontecer – a série pode convergir em uma ou ambas as extremidades ou divergir em ambas as extremidades. Então, no caso (iii) existem quatro possibilidades para o intervalo de convergência:

$$(a - R, a + R) \qquad (a - R, a + R] \qquad [a - R, a + R) \qquad [a - R, a + R]$$

A situação é ilustrada na Figura 1.

FIGURA 1

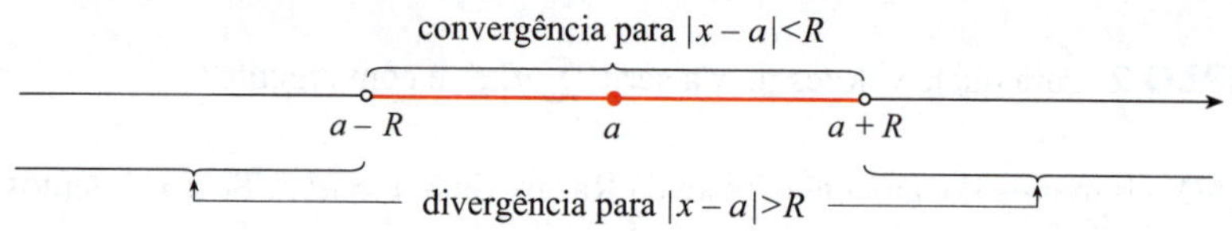

Resumimos aqui o raio e o intervalo de convergência para cada um dos exemplos já considerados nesta seção.

	Série	Raio de convergência	Intervalo de convergência
Série geométrica	$\sum_{n=0}^{\infty} x^n$	$R = 1$	$(-1, 1)$
Exemplo 1	$\sum_{n=1}^{\infty} \frac{(x-3)^n}{n}$	$R = 1$	$[2, 4)$
Exemplo 2	$\sum_{n=0}^{\infty} n!\, x^n$	$R = 0$	$\{0\}$
Exemplo 3	$\sum_{n=0}^{\infty} \frac{x^n}{(2n)!}$	$R = \infty$	$(-\infty, \infty)$

OBSERVAÇÃO Em geral, o Teste da Razão (ou algumas vezes o Teste da Raiz) deve ser usado para determinar o raio de convergência R. Os Testes da Razão e da Raiz sempre falham quando x é uma extremidade do intervalo de convergência; assim, as extremidades devem ser estudadas com outro teste.

EXEMPLO 4 Encontre o raio de convergência e o intervalo de convergência da série

$$\sum_{n=0}^{\infty} \frac{(-3)^n x^n}{\sqrt{n+1}}$$

SOLUÇÃO Seja $a_n = (-3)^n x^n / \sqrt{n+1}$. Então,

$$\left|\frac{a_{n+1}}{a_n}\right| = \left|\frac{(-3)^{n+1} x^{n+1}}{\sqrt{n+2}} \cdot \frac{\sqrt{n+1}}{(-3)^n x^n}\right| = \left|-3x\sqrt{\frac{n+1}{n+2}}\right|$$

$$= 3\sqrt{\frac{1+(1/n)}{1+(2/n)}}\,|x| \to 3|x| \qquad \text{quando} \qquad n \to \infty$$

Pelo Teste da Razão, a série dada converge se $3|x| < 1$ e diverge se $3|x| > 1$. Então, ela converge se $|x| < \frac{1}{3}$ e diverge se $|x| > \frac{1}{3}$. Isso significa que o raio de convergência $R = \frac{1}{3}$.

Sabemos que a série converge no intervalo $(-\frac{1}{3}, \frac{1}{3})$, mas devemos agora testar a convergência nas extremidades desse intervalo. Se $x = -\frac{1}{3}$, a série torna-se

$$\sum_{n=0}^{\infty} \frac{(-3)^n \left(-\frac{1}{3}\right)^n}{\sqrt{n+1}} = \sum_{n=0}^{\infty} \frac{1}{\sqrt{n+1}} = \frac{1}{\sqrt{1}} + \frac{1}{\sqrt{2}} + \frac{1}{\sqrt{3}} + \frac{1}{\sqrt{4}} + \cdots$$

que diverge. Ela é uma série p com $p = \frac{1}{2} < 1$.) Se $x = \frac{1}{3}$, a série é

$$\sum_{n=0}^{\infty} \frac{(-3)^n \left(\frac{1}{3}\right)^n}{\sqrt{n+1}} = \sum_{n=0}^{\infty} \frac{(-1)^n}{\sqrt{n+1}}$$

que converge pelo Teste da Série Alternada. Portanto, a série de potências dada converge quando $-\frac{1}{3} < x \leq \frac{1}{3}$; assim, o intervalo de convergência é $\left(-\frac{1}{3}, \frac{1}{3}\right]$. ■

EXEMPLO 5 Encontre o raio de convergência e o intervalo de convergência da série

$$\sum_{n=0}^{\infty} \frac{n(x+2)^n}{3^{n+1}}$$

SOLUÇÃO Se $a_n = n(x+2)^n/3^{n+1}$, então

$$\left|\frac{a_{n+1}}{a_n}\right| = \left|\frac{(n+1)(x+2)^{n+1}}{3^{n+2}} \cdot \frac{3^{n+1}}{n(x+2)^n}\right|$$

$$= \left(1+\frac{1}{n}\right)\frac{|x+2|}{3} \to \frac{|x+2|}{3} \quad \text{quando } n \to \infty$$

Usando o Teste da Razão vemos que a série converge se $|x+2|/3 < 1$ e diverge se $|x+2|/3 > 1$. Assim, ela converge se $|x+2| < 3$ e diverge se $|x+2| > 3$. Então, o raio de convergência é $R = 3$.

A desigualdade $|x+2| < 3$ pode ser escrita como $-5 < x < 1$, assim, testamos a série nas extremidades -5 e 1. Quando $x = -5$, a série é

$$\sum_{n=0}^{\infty} \frac{n(-3)^n}{3^{n+1}} = \frac{1}{3}\sum_{n=0}^{\infty} (-1)^n n$$

que diverge pelo Teste da Divergência [$(-1)^n n$ não converge para 0]. Quando $x = 1$, a série é

$$\sum_{n=0}^{\infty} \frac{n(3)^n}{3^{n+1}} = \frac{1}{3}\sum_{n=0}^{\infty} n$$

que também diverge pelo Teste da Divergência. Então, a série converge apenas quando $-5 < x < 1$, de modo que o intervalo de convergência é $(-5, 1)$. ■

11.8 Exercícios

1. O que é uma série de potências?

2. (a) O que é o raio de convergência de uma série de potências? Como você o encontra?
(b) O que é o intervalo de convergência de uma série de potências? Como você o encontra?

3-36 Encontre o raio de convergência e o intervalo de convergência da série de potências.

3. $\sum_{n=1}^{\infty} \frac{x^n}{n}$

4. $\sum_{n=1}^{\infty} (-1)^n n x^n$

5. $\sum_{n=1}^{\infty} \sqrt{n}\, x^n$

6. $\sum_{n=1}^{\infty} \frac{(-1)^n x^n}{\sqrt[3]{n}}$

7. $\sum_{n=1}^{\infty} \frac{n}{5^n} x^n$

8. $\sum_{n=2}^{\infty} \frac{5^n}{n} x^n$

9. $\sum_{n=1}^{\infty} \frac{x^n}{n3^n}$

10. $\sum_{n=1}^{\infty} \frac{n}{n+1} x^n$

11. $\sum_{n=1}^{\infty} \frac{x^n}{2n-1}$

12. $\sum_{n=1}^{\infty} \frac{(-1)^n x^n}{n^2}$

13. $\sum_{n=0}^{\infty} \frac{x^n}{n!}$

14. $\sum_{n=1}^{\infty} n^n x^n$

15. $\sum_{n=1}^{\infty} \frac{x^n}{n^4 4^n}$

16. $\sum_{n=1}^{\infty} 2^n n^2 x^n$

17. $\sum_{n=1}^{\infty} \frac{(-1)^n 4^n}{\sqrt{n}} x^n$

18. $\sum_{n=1}^{\infty} \frac{(-1)^{n-1}}{n5^n} x^n$

19. $\sum_{n=1}^{\infty} \frac{n}{2^n (n^2+1)} x^n$

20. $\sum_{n=1}^{\infty} \frac{x^{2n}}{n!}$

21. $\sum_{n=0}^{\infty} \frac{(x-2)^n}{n^2+1}$

22. $\sum_{n=1}^{\infty} \frac{(-1)^n}{(2n-1)2^n}(x-1)^n$

23. $\sum_{n=2}^{\infty} \frac{(x+2)^n}{2^n \ln n}$

24. $\sum_{n=1}^{\infty} \frac{\sqrt{n}}{8^n}(x+6)^n$

25. $\sum_{n=1}^{\infty} \frac{(x-2)^n}{n^n}$

26. $\sum_{n=1}^{\infty} \frac{(2x-1)^n}{5^n \sqrt{n}}$

27. $\sum_{n=4}^{\infty} \frac{\ln n}{n} x^n$

28. $\sum_{n=2}^{\infty} \frac{(-1)^n}{n \ln n} x^n$

29. $\sum_{n=1}^{\infty} \frac{n}{b^n}(x-a)^n, \quad b>0$

30. $\sum_{n=2}^{\infty} \frac{b^n}{\ln n}(x-a)^n, \quad b>0$

31. $\sum_{n=1}^{\infty} n!(2x-1)^n$

32. $\sum_{n=1}^{\infty} \frac{n^2 x^n}{2 \cdot 4 \cdot 6 \cdot \cdots \cdot (2n)}$

33. $\sum_{n=1}^{\infty} \frac{(5x-4)^n}{n^3}$

34. $\sum_{n=2}^{\infty} \frac{x^{2n}}{n(\ln n)^2}$

35. $\sum_{n=1}^{\infty} \frac{x^n}{1 \cdot 3 \cdot 5 \cdot \cdots \cdot (2n-1)}$

36. $\sum_{n=1}^{\infty} \frac{n! x^n}{1 \cdot 3 \cdot 5 \cdot \cdots \cdot (2n-1)}$

---

37. O fato de $\Sigma_{n=0}^{\infty} c_n 4^n$ ser convergente implica que as séries a seguir são convergentes?

(a) $\sum_{n=0}^{\infty} c_n (-2)^n$ (b) $\sum_{n=0}^{\infty} c_n (-4)^n$

38. Suponha que $\Sigma_{n=0}^{\infty} c_n x^n$ convirja quando $x = -4$ e divirja quando $x = 6$. O que pode ser dito sobre a convergência ou divergência das séries a seguir?

(a) $\sum_{n=0}^{\infty} c_n$ (b) $\sum_{n=0}^{\infty} c_n 8^n$

(c) $\sum_{n=0}^{\infty} c_n (-3)^n$ (d) $\sum_{n=0}^{\infty} (-1)^n c_n 9^n$

39. Se k for um inteiro positivo, encontre o raio de convergência da série

$$\sum_{n=0}^{\infty} \frac{(n!)^k}{(kn)!} x^n$$

40. Sejam p e q números reais com $p < q$. Encontre uma série de potências cujo intervalo de convergência seja

(a) (p, q) (b) $(p, q]$ (c) $[p, q)$ (d) $[p, q]$

41. É possível encontrar uma série de potências cujo intervalo de convergência seja $[0, \infty)$? Explique.

42. Trace na mesma tela as primeiras somas $s_n(x)$ da série $\Sigma_{n=0}^{\infty} x^n$, junto com a função-soma $f(x) = 1/(1-x)$, em uma tela comum. Em que intervalo essas somas parciais parecem estar convergindo para $f(x)$?

43. Mostre que, se $\lim_{n\to\infty} \sqrt[n]{|c_n|} = c$, onde $c \neq 0$, então o raio de convergência da série de potências $\Sigma c_n x^n$ é $R = 1/c$.

44. Suponha que a série de potência $\Sigma c_n (x-a)^n$ satisfaça $c_n \neq 0$ para todo n. Mostre que, se $\lim_{n\to\infty} |c_n/c_{n+1}|$ existir, então ele será igual ao do raio de convergência da série de potências.

45. Suponha que a série $\Sigma c_n x^n$ tenha raio de convergência 2 e que a série $\Sigma d_n x^n$ tenha raio de convergência 3. O que você pode dizer sobre o raio de convergência da série $\Sigma (c_n + d_n) x^n$?

46. Suponha que o raio de convergência da série de potências $\Sigma c_n x^n$ seja R. Qual é o raio da série de potências $\Sigma c_n x^{2n}$?

11.9 Representações de Funções como Séries de Potências

Nesta seção, aprenderemos como representar algumas funções familiares como somas de séries de potências pela manipulação de séries geométricas ou pela derivação ou integração de tais séries. Você pode estar se perguntando por que queremos expressar uma função conhecida como uma soma infinita de termos. Veremos mais tarde que essa estratégia é útil para integrar funções que não têm antiderivadas elementares e para aproximar funções por polinômios. (Cientistas fazem isso para simplificar expressões que eles utilizam; cientistas que trabalham com computadores fazem isso para calcular as funções em calculadoras e computadores.)

Representações de Funções Usando Séries Geométricas

É possível obter representações em séries de potências para várias funções por meio da manipulação de séries geométricas. Comecemos com uma equação que vimos anteriormente.

1 $$\frac{1}{1-x} = 1 + x + x^2 + x^3 + \cdots = \sum_{n=0}^{\infty} x^n \qquad |x| < 1$$

Encontramos essa equação primeiro no Exemplo 11.2.7, onde a obtivemos observando que ela é uma série geométrica com $a = 1$ e $r = x$. Aqui nosso ponto de vista é diferente. Agora nos referiremos à Equação 1 como uma expressão da função $f(x) = 1/(1-x)$ como uma soma de uma série de potências. Dizemos que $\sum_{n=0}^{\infty} x^n$, $|x| < 1$, é uma *representação de série de potências* de $1/(1 - x)$ no intervalo $(-1, 1)$.

Uma ilustração geométrica da Equação 1 é mostrada na Figura 1. Como a soma de uma série é o limite da sequência de somas parciais, temos

$$\frac{1}{1-x} = \lim_{n\to\infty} s_n(x)$$

onde

$$s_n(x) = 1 + x + x^2 + \cdots + x^n$$

é a n-ésima soma parcial. Observe que à medida que n aumenta, $s_n(x)$ se torna uma aproximação cada vez melhor de $f(x)$ para $-1 < x < 1$.

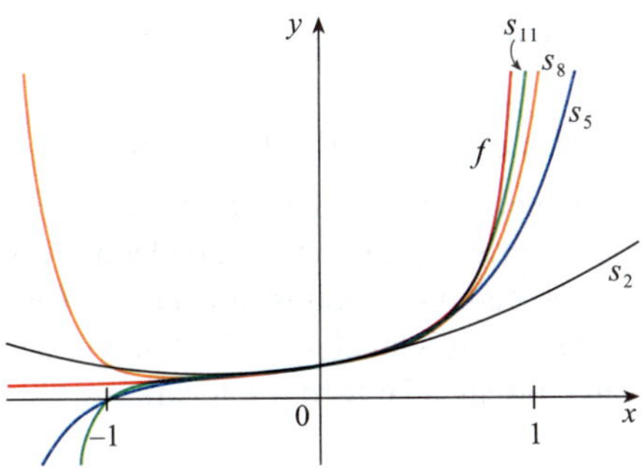

FIGURA 1
$f(x) = \dfrac{1}{1-x}$ e algumas somas parciais

A série de potências (1) que representa a função $f(x) = 1/(1 - x)$ pode ser usada para se obter representações em séries de potências para muitas outras funções, como veremos nos próximos exemplos.

EXEMPLO 1 Expresse $1/(1 + x^2)$ como a soma de uma série de potências e encontre o intervalo de convergência.

SOLUÇÃO Trocando x por $-x^2$ na Equação 1, temos

$$\frac{1}{1+x^2} = \frac{1}{1-(-x^2)} = \sum_{n=0}^{\infty} (-x^2)^n$$

$$= \sum_{n=0}^{\infty} (-1)^n x^{2n} = 1 - x^2 + x^4 - x^6 + x^8 - \cdots$$

Como essa é uma série geométrica, ela converge quando $|-x^2| < 1$, isto é, $x^2 < 1$, ou $|x| < 1$. Portanto, o intervalo de convergência é $(-1, 1)$. (É claro que poderíamos ter determinado o raio de convergência aplicando o Teste da Razão, mas todo aquele trabalho é desnecessário aqui.) ■

EXEMPLO 2 Encontre uma representação em série de potências para $1/(x + 2)$.

SOLUÇÃO Para colocarmos essa função na forma do lado esquerdo da Equação 1, primeiro fatoramos um 2 do denominador:

$$\frac{2}{2+x} = \frac{1}{2\left(1+\frac{x}{2}\right)} = \frac{1}{2\left[1-\left(-\frac{x}{2}\right)\right]}$$

$$= \frac{1}{2}\sum_{n=0}^{\infty}\left(-\frac{x}{2}\right)^n = \sum_{n=0}^{\infty}\frac{(-1)^n}{2^{n+1}}x^n$$

A série converge quando $|-x/2| < 1$, isto é, $|x| < 2$. Assim, o intervalo de convergência é $(-2, 2)$. ■

EXEMPLO 3 Encontre uma representação em série de potências para $x^3/(x+2)$.

SOLUÇÃO Como essa função é apenas x^3 vezes a função no Exemplo 2, tudo o que temos de fazer é multiplicar essa série por x^3:

É válido mover x^3 para dentro do sinal de somatória, porque ele não depende de n. [Use o Teorema 11.2.8(i) com $c = x^3$.]

$$\frac{x^3}{x+2} = x^3 \cdot \frac{1}{x+2} = x^3 \sum_{n=0}^{\infty} \frac{(-1)^n}{2^{n+1}} x^n = \sum_{n=0}^{\infty} \frac{(-1)^n}{2^{n+1}} x^{n+3}$$
$$= \tfrac{1}{2}x^3 - \tfrac{1}{4}x^4 + \tfrac{1}{8}x^5 - \tfrac{1}{16}x^6 + \cdots$$

Outra maneira de escrever essa série é a seguinte:

$$\frac{x^3}{x+2} = \sum_{n=3}^{\infty} \frac{(-1)^{n-1}}{2^{n-2}} x^n$$

Como no Exemplo 2, o intervalo de convergência é $(-2, 2)$. ■

Derivação e Integração de Séries de Potências

A soma de uma série de potências é uma função $f(x) = \sum_{n=0}^{\infty} c_n(x-a)^n$ cujo domínio é o intervalo de convergência da série. Gostaríamos de poder derivar e integrar tais funções, e o teorema a seguir (que não demonstraremos) diz que podemos fazer isso por derivação ou integração de cada termo individual na série, como faríamos para um polinômio. Isso é chamado **derivação e integração termo a termo.**

2 Teorema Se a série de potências $\sum c_n(x-a)^n$ tiver um raio de convergência $R > 0$, então a função f definida por

$$f(x) = c_0 + c_1(x-a) + c_2(x-a)^2 + \cdots = \sum_{n=0}^{\infty} c_n (x-a)^n$$

é diferenciável (e, portanto, contínua) no intervalo $(a-R, a+R)$ e

(i) $f'(x) = c_1 + 2c_2(x-a) + 3c_3(x-a)^2 + \cdots = \sum_{n=1}^{\infty} nc_n (x-a)^{n-1}$

(ii) $\int f(x)\,dx = C + c_0(x-a) + c_1 \dfrac{(x-a)^2}{2} + c_2 \dfrac{(x-a)^3}{3} + \cdots$

$$= C + \sum_{n=0}^{\infty} c_n \frac{(x-a)^{n+1}}{n+1}$$

Os raios de convergência das séries de potências nas Equações (i) e (ii) são ambos R.

Na parte (i), a soma começa em $n = 1$ porque a derivada de c_0, o termo constante de f, é igual a 0.

Na parte (ii), $\int c_0\,dx = c_0x + C_1$ é escrito como $c_0(x-a) + C$, onde $C = C_1 + ac_0$; assim, todos os termos da série têm a mesma forma.

OBSERVAÇÃO 1 As Equações (i) e (ii) no Teorema 2 podem ser reescritas na forma

(iii) $$\frac{d}{dx}\left[\sum_{n=0}^{\infty} c_n (x-a)^n\right] = \sum_{n=0}^{\infty} \frac{d}{dx}[c_n (x-a)^n]$$

(iv) $$\int \left[\sum_{n=0}^{\infty} c_n (x-a)^n\right] dx = \sum_{n=0}^{\infty} \int c_n (x-a)^n dx$$

Sabemos que, para somas finitas, a derivada de uma soma é a soma das derivadas, e que a integral de uma soma é a soma das integrais. As Equações (iii) e (iv) afirmam que o mesmo é verdadeiro para somas infinitas, desde que estejamos lidando com *séries de potências*. (Para outros tipos de séries de funções a situação não é tão simples; veja o Exercício 44.)

OBSERVAÇÃO 2 Embora o Teorema 2 diga que o raio de convergência permanece o mesmo quando uma série de potências é derivada ou integrada, isso não significa que o *intervalo* de convergência permaneça o mesmo. Pode acontecer de a série original convergir em uma extremidade enquanto a série derivada diverge nesse ponto (veja o Exercício 45).

EXEMPLO 4 Expresse $1/(1-x)^2$ como uma série de potências derivando a Equação 1. Qual é o raio de convergência?

A ideia de derivar termo a termo uma série de potências é a base de um poderoso método para a solução de equações diferenciais. Nos Exercícios 37-40, você verá que uma função expressa como uma série de potências pode ser a solução de uma equação diferencial.

SOLUÇÃO Partimos de

$$\frac{1}{1-x} = 1 + x + x^2 + x^3 + \cdots = \sum_{n=0}^{\infty} x^n$$

Derivando os dois lados da equação, obtemos

$$\frac{1}{(1-x)^2} = 1 + 2x + 3x^2 + \cdots = \sum_{n=1}^{\infty} nx^{n-1}$$

Caso desejemos, é possível substituir n por $n + 1$ e escrever a resposta como

$$\frac{1}{(1-x)^2} = \sum_{n=0}^{\infty} (n+1)x^n$$

Segundo o Teorema 2, o raio de convergência da série obtida por derivação é o mesmo raio de convergência da série original, ou seja, $R = 1$. ■

EXEMPLO 5 Obtenha uma representação em série de potências para $\ln(1 + x)$ e determine seu raio de convergência.

SOLUÇÃO Notamos que a derivada dessa função é $1/(1 + x)$. Da Equação 1, temos

$$\frac{1}{1+x} = \frac{1}{1-(-x)} = 1 - x + x^2 - x^3 + \cdots \qquad |x| < 1$$

Integrando os dois lados dessa equação, obtemos

$$\begin{aligned}\ln(1+x) &= \int \frac{1}{1+x}\,dx = \int (1 - x + x^2 - x^3 + \cdots)\,dx \\ &= x - \frac{x^2}{2} + \frac{x^3}{3} - \frac{x^4}{4} + \cdots + C \\ &= \sum_{n=1}^{\infty} (-1)^{n-1} \frac{x^n}{n} + C \qquad |x| < 1\end{aligned}$$

Para determinar o valor de C, substituímos $x = 0$ nessa equação, obtendo $\ln(1 + 0) = C$. Assim, $C = 0$ e

$$\ln(1+x) = x - \frac{x^2}{2} + \frac{x^3}{3} - \frac{x^4}{4} + \cdots = \sum_{n=1}^{\infty} (-1)^{n-1} \frac{x^n}{n} \qquad |x| < 1$$

O raio de convergência é o mesmo que o da série original: $R = 1$. ■

EXEMPLO 6 Encontre uma representação em série de potências para $f(x) = \text{tg}^{-1}x$.

SOLUÇÃO Observamos que $f'(x) = 1/(1 + x^2)$ e encontramos a série pedida pela integração da série de potências para $1/(1 + x^2)$ encontrada no Exemplo 1.

A série de potência para $\text{tg}^{-1}x$ obtida no Exemplo 6 é chamada *série de Gregory* devido ao matemático escocês James Gregory (1638-1675), que antecipou algumas das descobertas de Newton. Mostramos que a série de Gregory é válida quando $-1 < x < 1$, mas verifica-se (embora não seja fácil de provar) que também é válida quando $x = \pm 1$. Observe que quando $x = 1$ a série se torna

$$\frac{\pi}{4} = 1 - \frac{1}{3} + \frac{1}{5} - \frac{1}{7} + \cdots$$

Esse belo resultado é conhecido como a fórmula de Leibniz para π.

$$\begin{aligned}\text{tg}^{-1}x &= \int \frac{1}{1+x^2}\,dx = \int (1 - x^2 + x^4 - x^6 + \cdots)\,dx \\ &= C + x - \frac{x^3}{3} + \frac{x^5}{5} - \frac{x^7}{7} + \cdots\end{aligned}$$

Para encontrarmos C, colocamos $x = 0$ e obtemos $C = \text{tg}^{-1}\,0 = 0$. Portanto,

$$\begin{aligned}\text{tg}^{-1}x &= x - \frac{x^3}{3} + \frac{x^5}{5} - \frac{x^7}{7} + \cdots \\ &= \sum_{n=0}^{\infty} (-1)^n \frac{x^{2n+1}}{2n+1}\end{aligned}$$

Como o raio de convergência da série para $1/(1 + x^2)$ é 1, o raio de convergência dessa série para $\text{tg}^{-1}x$ é também 1. ■

EXEMPLO 7

(a) Calcule $\int [1/(1 + x^7)]\,dx$ como uma série de potências.

(b) Use a parte (a) para aproximar $\int_0^{0,5} [1/(1 + x^7)]\,dx$ com precisão de 10^{-7}.

SOLUÇÃO

(a) A primeira etapa é expressar o integrando, $1/(1 + x^7)$, como a soma de uma série de potências.
Como no Exemplo 1, começamos com a Equação 1 e trocamos x por $-x^7$:

$$\begin{aligned}\frac{1}{1+x^7} &= \frac{1}{1-(-x^7)} = \sum_{n=0}^{\infty} (-x^7)^n \\ &= \sum_{n=0}^{\infty} (-1)^n x^{7n} = 1 - x^7 + x^{14} - \cdots\end{aligned}$$

Este exemplo mostra outra utilidade das representações em séries de potências. Integrar manualmente $1/(1 + x^7)$ é incrivelmente difícil. Sistemas de computação algébrica diferentes fornecem respostas em formas variadas, mas todas são extremamente complicadas. De fato, é muito mais fácil lidar com a resposta em série infinita que obtivemos no Exemplo 7(a) do que com a resposta finita fornecida por um computador.

Agora integramos termo a termo:

$$\begin{aligned}\int \frac{1}{1+x^7}\,dx &= \int \sum_{n=0}^{\infty} (-1)^n x^{7n}\,dx = C + \sum_{n=0}^{\infty} (-1)^n \frac{x^{7n+1}}{7n+1} \\ &= C + x - \frac{x^8}{8} + \frac{x^{15}}{15} - \frac{x^{22}}{22} + \cdots\end{aligned}$$

Essa série converge para $|-x^7| < 1$, isto é, para $|x| < 1$.

(b) Ao aplicar o Teorema Fundamental do Cálculo, não importa qual antiderivada utilizamos; assim vamos usar a antiderivada da parte (a) com $C = 0$:

$$\begin{aligned}\int_0^{0,5} \frac{1}{1+x^7}\,dx &= \left[x - \frac{x^8}{8} + \frac{x^{15}}{15} - \frac{x^{22}}{22} + \cdots \right]_0^{1/2} \\ &= \frac{1}{2} - \frac{1}{8 \cdot 2^8} + \frac{1}{15 \cdot 2^{15}} - \frac{1}{22 \cdot 2^{22}} + \cdots + \frac{(-1)^n}{(7n+1)2^{7n+1}} + \cdots\end{aligned}$$

Essa série infinita é o valor exato da integral definida, mas, como é uma série alternada, podemos aproximar a soma usando o Teorema da Estimativa de Séries Alternadas. Se pararmos de somar depois do termo com $n = 3$, o erro é menor que o termo com $n = 4$:

$$\frac{1}{29 \cdot 2^{29}} \approx 6,4 \times 10^{-11}$$

Logo, temos

$$\int_0^{0,5} \frac{1}{1+x^7}\,dx \approx \frac{1}{2} - \frac{1}{8\cdot 2^8} + \frac{1}{15\cdot 2^{15}} - \frac{1}{22\cdot 2^{22}} \approx 0,49951374$$ ■

Funções Definidas por Séries de Potências

Algumas das funções mais importantes das ciências são definidas por séries de potências e não podem ser expressas em termos de funções elementares (como descrito na Seção 7.5). Muitas delas surgem naturalmente como solução de equações diferenciais. Uma classe desse tipo de função compreende as **funções de Bessel**, que receberam esse nome em homenagem ao astrônomo alemão Friedrich Bessel (1784-1846). Essas funções apareceram pela primeira vez quando Bessel resolveu a equação proposta por Kepler para descrever o movimento planetário. Desde aquela época, as funções de Bessel vêm sendo aplicadas a muitos tópicos diferentes de física, incluindo a distribuição de temperatura em uma placa circular e o formato de uma membrana que vibra. As funções de Bessel aparecem no próximo exemplo, bem como nos Exercícios 39 e 40. Outros exemplos de funções definidas por séries de potências são apresentados nos Exercícios 38 e 41.

EXEMPLO 8 A função de Bessel de ordem 0 é definida por

$$J_0(x) = \sum_{n=0}^{\infty} \frac{(-1)^n x^{2n}}{2^{2n}(n!)^2}$$

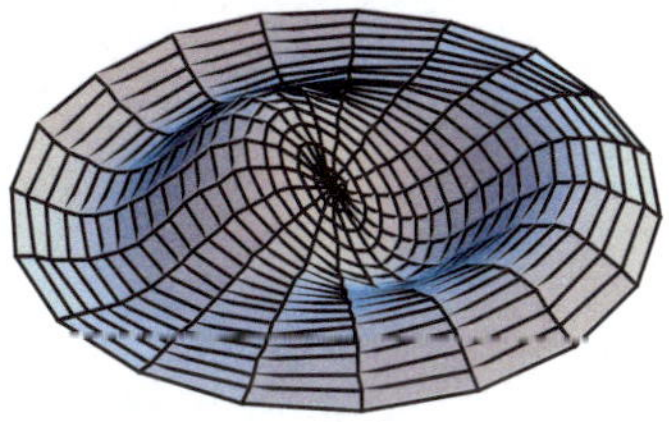

Um modelo gerado por computador, com base em funções de Bessel e funções cosseno, para uma membrana que vibra.

(a) Determine o domínio de J_0.

(b) Determine a derivada de J_0.

SOLUÇÃO

(a) Seja $a_n = (-1)^n x^{2n}/[2^{2n}(n!)^2]$. Nesse caso,

$$\left|\frac{a_{n+1}}{a_n}\right| = \left|\frac{(-1)^{n+1} x^{2(n+1)}}{2^{2(n+1)}[(n+1)!]^2} \cdot \frac{2^{2n}(n!)^2}{(-1)^n x^{2n}}\right|$$

$$= \frac{x^{2n+2}}{2^{2n+2}(n+1)^2(n!)^2} \cdot \frac{2^{2n}(n!)^2}{x^{2n}}$$

$$= \frac{x^2}{4(n+1)^2} \to 0 < 1 \qquad \text{para todo } x$$

Assim, pelo Teste da Razão, a série apresentada converge para todos os valores de x. Em outras palavras, o domínio da função de Bessel J_0 é $(-\infty, \infty) = \mathbb{R}$.

(b) Segundo o Teorema 2, J_0 é diferenciável para todo x e sua derivada é obtida derivando-a termo a termo, como mostrado a seguir:

$$J_0'(x) = \sum_{n=0}^{\infty} \frac{d}{dx} \frac{(-1)^n x^{2n}}{2^{2n}(n!)^2} = \sum_{n=1}^{\infty} \frac{(-1)^n 2n x^{2n-1}}{2^{2n}(n!)^2}$$ ■

Lembre-se de que a soma de uma série é igual ao limite da sequência de somas parciais. Assim, ao definirmos a função de Bessel do Exemplo 8 como a soma de uma série, queremos dizer que, para todo número real x,

$$J_0(x) = \lim_{n\to\infty} s_n(x) \qquad \text{onde} \qquad s_n(x) = \sum_{i=0}^{n} \frac{(-1)^i x^{2i}}{2^{2i}(i!)^2}$$

As primeiras dessas somas parciais são

$$s_0(x) = 1$$

$$s_1(x) = 1 - \frac{x^2}{4}$$

$$s_2(x) = 1 - \frac{x^2}{4} + \frac{x^4}{64}$$

$$s_3(x) = 1 - \frac{x^2}{4} + \frac{x^4}{64} - \frac{x^6}{2.304}$$

$$s_4(x) = 1 - \frac{x^2}{4} + \frac{x^4}{64} - \frac{x^6}{2.304} + \frac{x^8}{147.456}$$

A Figura 2 mostra os gráficos dessas somas parciais, que são polinômios. Todas são aproximações da função J_0, mas as aproximações se tornam melhores à medida que mais termos são incluídos. A Figura 3 mostra um gráfico mais completo da função de Bessel.

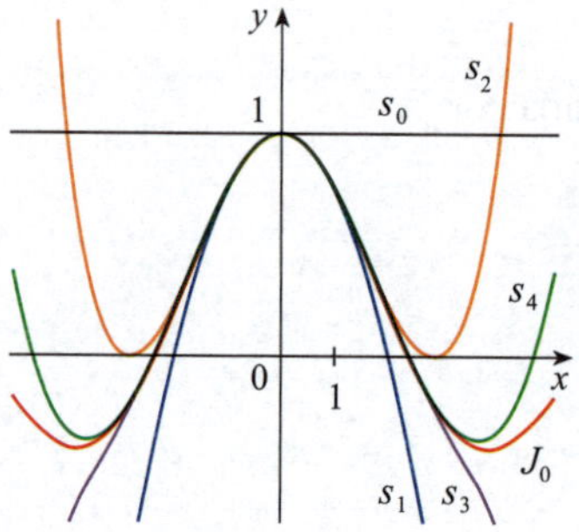

FIGURA 2
Somas parciais da função de Bessel J_0

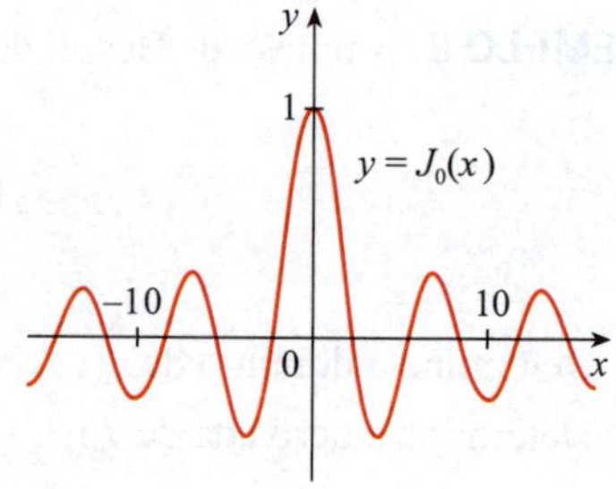

FIGURA 3

11.9 Exercícios

1. Se o raio de convergência da série de potências $\sum_{n=0}^{\infty} c_n x^n$ for 10, qual será o raio de convergência da série $\sum_{n=1}^{\infty} n c_n x^{n-1}$? Por quê?

2. Suponha que você saiba que a série $\sum_{n=0}^{\infty} b_n x^n$ converge para $|x| < 2$. O que você pode dizer sobre a série a seguir? Por quê?

$$\sum_{n=0}^{\infty} \frac{b_n}{n+1} x^{n+1}$$

3-12 Encontre uma representação em série de potências para a função e determine o intervalo de convergência.

3. $f(x) = \dfrac{1}{1+x}$ **4.** $f(x) = \dfrac{x}{1+x}$

5. $f(x) = \dfrac{1}{1-x^2}$ **6.** $f(x) = \dfrac{5}{1-4x^2}$

7. $f(x) = \dfrac{2}{3-x}$ **8.** $f(x) = \dfrac{4}{2x+3}$

9. $f(x) = \dfrac{x^2}{x^4+16}$ **10.** $f(x) = \dfrac{x}{2x^2+1}$

11. $f(x) = \dfrac{x-1}{x+2}$ **12.** $f(x) = \dfrac{x+a}{x^2+a^2}, \quad a > 0$

13-14 Expresse a função como a soma de uma série de potências usando primeiro frações parciais. Encontre o intervalo de convergência.

13. $f(x) = \dfrac{2x-4}{x^2-4x+3}$ **14.** $f(x) = \dfrac{2x+3}{x^2+3x+2}$

15. (a) Use derivação para encontrar a representação em série de potências para

$$f(x) = \frac{1}{(1+x)^2}$$

Qual é o raio de convergência?

(b) Use o item (a) para encontrar uma série de potências para

$$f(x) = \frac{1}{(1+x)^3}$$

(c) Use o item (b) para achar uma série de potências para

$$f(x) = \frac{x^2}{(1+x)^3}$$

16. (a) Use a Equação 1 para determinar uma representação em série de potências para $f(x) = \ln(1+x)$. Qual é o raio de convergência?

(b) Use o item (a) para encontrar uma série de potências para $f(x) = x \ln(1 - x)$.

(c) Ao colocar $x = \frac{1}{2}$ no seu resultado da parte (a), expresse ln 2 como a soma de uma série infinita.

17-22 Encontre uma representação em série de potências para a função e determine o raio de convergência.

17. $f(x) = \dfrac{x}{(1+4x)^2}$ **18.** $f(x) = \left(\dfrac{x}{2-x}\right)^3$

19. $f(x) = \dfrac{1+x}{(1-x)^2}$ **20.** $f(x) = \dfrac{x^2+x}{(1-x)^3}$

21. $f(x) = \ln(5-x)$ **22.** $f(x) = x^2 \operatorname{tg}^{-1}(x^3)$

23-26 Encontre uma representação em série de potências para f, trace f e várias somas parciais $s_n(x)$ na mesma tela. O que acontece quando n cresce?

23. $f(x) = \dfrac{x^2}{x^2+1}$ **24.** $f(x) = \ln(1 + x^4)$

25. $f(x) = \ln\left(\dfrac{1+x}{1-x}\right)$ **26.** $f(x) = \operatorname{tg}^{-1}(2x)$

27-30 Calcule a integral indefinida como uma série de potências. Qual é o raio de convergência?

27. $\displaystyle\int \frac{t}{1-t^8}\,dt$ **28.** $\displaystyle\int \frac{t}{1+t^3}\,dt$

29. $\displaystyle\int x^2 \ln(1+x)\,dx$ **30.** $\displaystyle\int \frac{\operatorname{tg}^{-1} x}{x}\,dx$

31-34 Use uma série de potências para aproximar a integral definida com precisão de seis casas decimais.

31. $\displaystyle\int_0^{0,3} \frac{x}{1+x^3}\,dx$ **32.** $\displaystyle\int_0^{1/2} \operatorname{arctg}\frac{x}{2}\,dx$

33. $\displaystyle\int_0^{0,2} x\ln(1+x^2)\,dx$ **34.** $\displaystyle\int_0^{0,3} \frac{x^2}{1+x^4}\,dx$

35. Use o resultado do Exemplo 6 para calcular arctg 0,2 com precisão de cinco casas decimais.

36. Use o resultado do Exemplo 5 para calcular ln 1,1 com precisão de quatro casas decimais.

37. (a) Mostre que a função

$$f(x) = \sum_{n=0}^{\infty} \frac{x^n}{n!}$$

é uma solução da equação diferencial

$$f'(x) = f(x)$$

(b) Mostre que $f(x) = e^x$.

38. Demonstre que a função

$$f(x) = \sum_{n=0}^{\infty} \frac{(-1)^n x^{2n}}{(2n)!}$$

é uma solução da equação diferencial

$$f''(x) + f(x) = 0$$

39. (a) Mostre que J_0 (a função de Bessel de ordem 0 dada no Exemplo 8) satisfaz a equação diferencial

$$x^2 J_0''(x) + x J_0'(x) + x^2 J_0(x) = 0$$

(b) Calcule $\int_0^1 J_0(x)\,dx$ com precisão de três casas decimais.

40. A função de Bessel de ordem 1 é definida por

$$J_1(x) = \sum_{n=0}^{\infty} \frac{(-1)^n x^{2n+1}}{n!(n+1)!2^{2n+1}}$$

(a) Determine o domínio de J_1.

(b) Mostre que J_1 satisfaz a equação diferencial

$$x^2 J_1''(x) + x J_1'(x) + (x^2 - 1) J_1(x) = 0$$

(c) Mostre que $J_0'(x) = -J_1(x)$.

41. A função A definida por

$$A(x) = 1 + \frac{x^3}{2\cdot 3} + \frac{x^6}{2\cdot 3\cdot 5\cdot 6} + \frac{x^9}{2\cdot 3\cdot 5\cdot 6\cdot 8\cdot 9} + \cdots$$

é denominada uma *função de Airy*, em homenagem ao matemático e astrônomo inglês Sir George Airy (1801-1892).

(a) Determine o domínio da função de Airy.

(b) Trace, em uma mesma janela, o gráfico de várias das primeiras somas parciais da função.

(c) Use um sistema de computação algébrica que tenha funções de Airy pré-programadas para traçar, em uma mesma janela, os gráficos de A e das somas parciais do item (b), e observe como as somas parciais aproximam A.

42. Supondo que $f(x) = \sum_{n=0}^{\infty} c_n x^n$, em que $c_{n+4} = c_n$ para todo $n \geq 0$, determine o intervalo de convergência da série, bem como uma fórmula para $f(x)$.

43. Uma função f é definida por

$$f(x) = 1 + 2x + 2x^3 + x^4 + \cdots$$

ou seja, seus coeficientes são $c_{2n} = 1$ e $c_{2n+1} = 2$ para todo $n \geq 0$. Determine o intervalo de convergência da série e obtenha uma fórmula explícita para $f(x)$.

44. Seja $f_n(x) = (\operatorname{sen} nx)/n^2$. Mostre que a série $\Sigma f_n(x)$ converge para todos os valores de x, mas que a série de derivadas $\Sigma f_n'(x)$ diverge quando $x = 2n\pi$, n um inteiro. Para quais valores de x a série $\Sigma f_n''(x)$ converge?

45. Considere

$$f(x) = \sum_{n=1}^{\infty} \frac{x^n}{n^2}$$

Encontre os intervalos de convergência para f, f' e f''.

46. (a) Começando com a série geométrica $\sum_{n=0}^{\infty} x^n$, encontre a soma da série

$$\sum_{n=1}^{\infty} n x^{n-1} \qquad |x| < 1$$

(b) Encontre a soma de cada uma das séries a seguir.

(i) $\displaystyle\sum_{n=1}^{\infty} n x^n, \quad |x| < 1$ (ii) $\displaystyle\sum_{n=1}^{\infty} \frac{n}{2^n}$

(c) Encontre a soma de cada uma das séries a seguir.

(i) $\displaystyle\sum_{n=2}^{\infty} n(n-1)x^n \qquad |x| < 1$

(ii) $\sum_{n=2}^{\infty} \frac{n^2 - n}{2^n}$ (iii) $\sum_{n=1}^{\infty} \frac{n^2}{2^n}$

47. Supondo que $f(x) = 1/(1 - x)$, obtenha uma representação em série de potências para $h(x) = xf'(x) + x^2f''(x)$ e determine seu raio de convergência. Use esse resultado para mostrar que

$$\sum_{n=1}^{\infty} \frac{n^2}{2^n} = 6$$

48. Use a representação em série de potências de $f(x) = 1/(1 - x)^2$ e o fato de que $9.801 = 99^2$ para mostrar que $1/9.801$ é uma dízima periódica que contém todos os números de dois algarismos em ordem crescente, com exceção de 98, como mostrado a seguir.

$$\frac{1}{9.801} = 0{,}\overline{00\ 01\ 02\ 03 \ldots 96\ 97\ 99}$$

[*Dica*: Considere que $x = \frac{1}{100}$.]

49. Use a série de potências para $\text{tg}^{-1}x$ para demonstrar a seguinte expressão para π como a soma de uma série infinita:

$$\pi = 2\sqrt{3} \sum_{n=0}^{\infty} \frac{(-1)^n}{(2n+1)3^n}$$

50. (a) Completando o quadrado, mostre que

$$\int_0^{1/2} \frac{dx}{x^2 - x + 1} = \frac{\pi}{3\sqrt{3}}$$

(b) Usando a fatoração de $x^3 + 1$ como uma soma de cubos, reescreva a integral no item (a). Depois, expresse $1/(x^3 + 1)$ como a soma de uma série de potências e use-a para demonstrar a seguinte fórmula para π:

$$\pi = \frac{3\sqrt{3}}{4} \sum_{n=0}^{\infty} \frac{(-1)^n}{8^n} \left(\frac{2}{3n+1} + \frac{1}{3n+2} \right)$$

51. Use o Teste da Razão da mostrar que, se a série $\Sigma_{n=0}^{\infty} c_n x^n$ tem raio de convergência R, então cada uma das séries

$$\sum_{n=1}^{\infty} nc_n x^{n-1} \quad \text{e} \quad \sum_{n=0}^{\infty} c_n \frac{x^{n+1}}{n+1}$$

também tem raio de convergência R.

11.10 Séries de Taylor e Maclaurin

Na seção 11.9 pudemos encontrar representações para certa classe restrita de funções, a saber, aquelas que podem ser obtidas a partir de séries geométricas. Aqui investigaremos problemas mais gerais: Quais as funções que têm representações de séries de potências? Como podemos achar tais representações? Veremos que algumas das funções mais importantes do cálculo, tais como e^x e sen x, podem ser representadas como séries de potências.

Definição das Séries de Taylor e de Maclaurin

Começamos supondo que f seja uma função que possa ser representada por uma série de potências.

1 $$f(x) = c_0 + c_1(x - a) + c_2(x - a)^2 + c_3(x - a)^3 + c_4(x - a)^4 + \cdots \quad |x - a| < R$$

Vamos tentar determinar quais coeficientes c_n devem aparecer em termos de f. Para começar, observe que, se colocarmos $x = a$ na Equação 1, então todos os termos após o primeiro são 0 e obtermos

$$f(a) = c_0$$

Pelo Teorema 11.9.2, podemos derivar a série na Equação 1 termo a termo:

2 $$f'(x) = c_1 + 2c_2(x - a) + 3c_3(x - a)^2 + 4c_4(x - a)^3 + \cdots \qquad |x - a| < R$$

e a substituição de $x = a$ na Equação 2 fornece

$$f'(a) = c_1$$

Agora derivamos ambos os lados da Equação 2 e obtemos

3 $$f''(x) = 2c_2 + 2 \cdot 3c_3(x - a) + 3 \cdot 4c_4(x - a)^2 + \cdots \qquad |x - a| < R$$

Novamente colocamos $x = a$ na Equação 3. O resultado é

$$f''(a) = 2c_2$$

Vamos aplicar o procedimento mais uma vez. A derivação da série na Equação 3 fornece

4 $$f'''(x) = 2 \cdot 3c_3 + 2 \cdot 3 \cdot 4c_4(x-a) + 3 \cdot 4 \cdot 5c_5(x-a)^2 + \cdots \qquad |x-a| < R$$

e a substituição de $x = a$ na Equação 4 fornece

$$f'''(a) = 2 \cdot 3c_3 = 3!c_3$$

Agora você pode ver o padrão. Se continuarmos a derivar e substituir $x = a$, obteremos

$$f^{(n)}(a) = 2 \cdot 3 \cdot 4 \cdot \cdots \cdot nc_n = n!c_n$$

Isolando o n-ésimo coeficiente c_n nessa equação, obteremos

$$c_n = \frac{f^{(n)}(a)}{n!}$$

Essa fórmula permanecerá válida mesmo para $n = 0$ se adotarmos as convenções de que $0! = 1$ e $f^{(0)} = f$. Assim, demonstramos o teorema a seguir.

5 Teorema Se f tiver uma representação (expansão) em série de potências em a, isto é, se

$$f(x) = \sum_{n=0}^{\infty} c_n (x-a)^n \qquad |x-a| < R$$

então seus coeficientes são dados pela fórmula

$$c_n = \frac{f^{(n)}(a)}{n!}$$

Substituindo essa fórmula para c_n de volta na série, vemos que, se f tiver uma expansão em série de potências em a, então ela deve ser da seguinte forma:

6 $$f(x) = \sum_{n=0}^{\infty} \frac{f^{(n)}(a)}{n!}(x-a)^n$$
$$= f(a) + \frac{f'(a)}{1!}(x-a) + \frac{f''(a)}{2!}(x-a)^2 + \frac{f'''(a)}{3!}(x-a)^3 + \cdots$$

A série na Equação 6 é chamada **série de Taylor da função f em a** (ou **em torno de a** ou **centrado em a**). Para o caso especial $a = 0$, a série de Taylor torna-se

7 $$f(x) = \sum_{n=0}^{\infty} \frac{f^{(n)}(0)}{n!}x^n = f(0) + \frac{f'(0)}{1!}x + \frac{f''(0)}{2!}x^2 + \cdots$$

Esse caso aparece com tanta frequência que a ele foi dado o nome especial de **série de Maclaurin**.

OBSERVAÇÃO 1 Quando encontramos uma série de Taylor para uma função f, não há garantia de que a soma da série de Taylor seja igual a f. O Teorema 5 afirma que, se f tem uma representação em série de potências em torno de a, então essa série de potências

Taylor e Maclaurin

A série de Taylor é assim denominada em homenagem ao matemático inglês Brook Taylor (1685-1731) e da série de Maclaurin ao matemático escocês Colin Maclaurin (1698-1746), apesar do fato de a série de Maclaurin ser realmente apenas um caso especial da série de Taylor. Mas a ideia de representar funções específicas como somas de séries de potências remonta a Newton, e a série geral de Taylor era conhecida pelo matemático escocês James Gregory, em 1668, e pelo matemático suíço John Bernoulli, na década de 1690. Taylor aparentemente ignorava a obra de Gregory e Bernoulli quando publicou suas descobertas sobre a série em 1715, em seu livro *Methodus incrementorum directa et inversa*. A série de Maclaurin é assim denominada pelo fato de Colin Maclaurin tê-la popularizado em seu livro de cálculo *Treatise of Fluxions* publicado em 1742.

coincidirá com a série de Taylor de *f*. Existem, contudo, funções que não são iguais à soma de suas séries de Taylor, como a função descrita no Exercício 96.

OBSERVAÇÃO 2 A representação em série de potências de uma função *f* em *a* é única, não importando o modo como foi obtida. O Teorema 5 afirma que, se *f* tem uma representação em série de potências $f(x) = \Sigma\, c_n(x - a)^n$, então c_n deve ser igual a $f^{(n)}(a)/n!$. Assim, todas as representações em séries de potências que construímos na Seção 11.9 são, de fato, as séries de Taylor das funções que elas representam.

EXEMPLO 1 Segundo a Equação 11.9.1, a função $f(x) = 1/(1 - x)$ tem uma representação em série de potências na forma

$$\frac{1}{1-x} = \sum_{n=0}^{\infty} x^n = 1 + x + x^2 + x^3 + \cdots \qquad |x| < 1$$

De acordo com o Teorema 5, essa série deve ser a série de Maclaurin de *f*, com coeficientes c_n dados por $f^{(n)}(0)/n!$. Para confirmar isso, calculamos

$$f(x) = \frac{1}{1-x} \qquad f(0) = 1$$

$$f'(x) = \frac{1}{(1-x)^2} \qquad f'(0) = 1$$

$$f''(x) = \frac{1 \cdot 2}{(1-x)^3} \qquad f''(0) = 1 \cdot 2$$

$$f'''(x) = \frac{1 \cdot 2 \cdot 3}{(1-x)^4} \qquad f'''(0) = 1 \cdot 2 \cdot 3$$

e, de uma forma geral,

$$f^{(n)}(x) = \frac{n!}{(1-x)^{n+1}} \qquad f^{(n)}(0) = n!$$

Assim,

$$c_n = \frac{f^{(n)}(0)}{n!} = \frac{n!}{n!} = 1$$

e, segundo a Equação 7,

$$\frac{1}{1-x} = \sum_{n=0}^{\infty} \frac{f^{(n)}(0)}{n!} x^n = \sum_{n=0}^{\infty} x^n$$

■

EXEMPLO 2 Encontre a série de Maclaurin da função $f(x) = e^x$ e seu raio de convergência.

SOLUÇÃO Se $f(x) = e^x$, então $f^{(n)}(x) = e^x$, portanto, $f^{(n)}(0) = e^0 = 1$ para todo *n*. Portanto, a série de Taylor para *f* em 0 (isto é, a série de Maclaurin) é

$$\sum_{n=0}^{\infty} \frac{f^{(n)}(0)}{n!} x^n = \sum_{n=0}^{\infty} \frac{x^n}{n!} = 1 + \frac{x}{1!} - \frac{x^2}{2!} + \frac{x^3}{3!} + \cdots$$

Para encontrarmos o raio de convergência fazemos $a_n = x^n/n!$. Então,

$$\left|\frac{a_{n+1}}{a_n}\right| = \left|\frac{x^{n+1}}{(n+1)!} \cdot \frac{n!}{x^n}\right| = \frac{|x|}{n+1} \to 0 < 1$$

de modo que, pelo Teste da Razão, a série converge para todo *x* e o raio de convergência é $R = \infty$.

■

Quando uma Função É Representada por sua Série de Taylor?

Com base no Teorema 5 e no Exemplo 2, podemos concluir que, *se soubermos* que e^x tem uma representação em série de potências em 0, então essa série de potências deve ser a sua série de Maclaurin

$$e^x = \sum_{n=0}^{\infty} \frac{x^n}{n!}$$

Assim, como determinar se e^x *tem* uma representação em série de potências?

Vamos investigar a questão mais geral: sob quais circunstâncias uma função é igual à soma de sua série de Taylor? Em outras palavras, se f tiver derivadas de todas as ordens, quando é verdade que

$$f(x) = \sum_{n=0}^{\infty} \frac{f^{(n)}(a)}{n!}(x-a)^n$$

Como com qualquer série convergente, isso significa que $f(x)$ é o limite da sequência das somas parciais. No caso da série de Taylor, as somas parciais são

$$\begin{aligned} T_n(x) &= \sum_{i=0}^{n} \frac{f^{(i)}(a)}{i!}(x-a)^i \\ &= f(a) + \frac{f'(a)}{1!}(x-a) + \frac{f''(a)}{2!}(x-a)^2 + \cdots + \frac{f^{(n)}(a)}{n!}(x-a)^n \end{aligned}$$

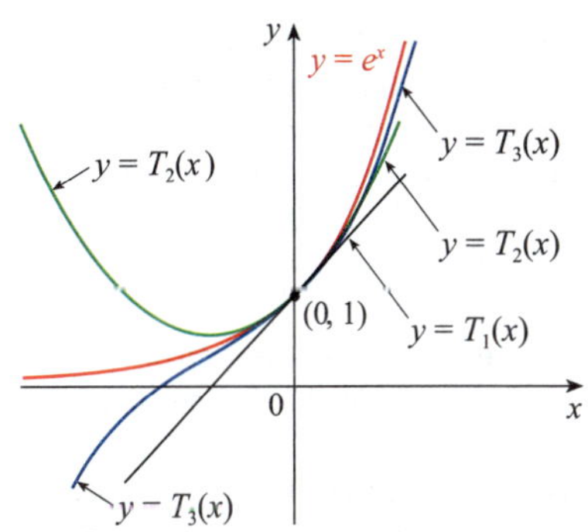

FIGURA 1

Quando n aumenta, $T_n(x)$ parece aproximar e^x na Figura 1. Isso sugere que e^x seja igual à soma de sua série de Taylor.

Observe que T_n é um polinômio de grau n chamado **polinômio de Taylor de *n*-ésimo grau de *f* em *a***. Por exemplo, para a função exponencial $f(x) = e^x$, o resultado do Exemplo 2 mostra que os polinômios de Taylor em 0 (ou polinômios de Maclaurin) com $n = 1$, 2 e 3 são

$$T_1(x) = 1 + x \qquad T_2(x) = 1 + x + \frac{x^2}{2!} \qquad T_3(x) = 1 + x + \frac{x^2}{2!} + \frac{x^3}{3!}$$

Os gráficos da função exponencial e desses três polinômios de Taylor estão desenhados na Figura 1.

Em geral, $f(x)$ é a soma da sua série de Taylor se

$$f(x) = \lim_{n\to\infty} T_n(x)$$

Se considerarmos

$$R_n(x) = f(x) - T_n(x) \qquad \text{de modo que} \qquad f(x) = T_n(x) + R_n(x)$$

então, $R_n(x)$ é denominado **resto** da série de Taylor. Se pudermos de alguma maneira mostrar que $\lim_{n\to\infty} R_n(x) = 0$, teremos mostrado que

$$\lim_{n\to\infty} T_n(x) = \lim_{n\to\infty} [f(x) - R_n(x)] = f(x) - \lim_{n\to\infty} R_n(x) = f(x)$$

Assim, demonstramos o seguinte teorema:

8 Teorema Se $f(x) = T_n(x) + R_n(x)$, onde T_n é o polinômio de Taylor de n-ésimo grau de f em a e

$$\lim_{n\to\infty} R_n(x) = 0$$

para $|x - a| < R$, então f é igual à soma de sua série de Taylor no intervalo $|x - a| < R$.

Ao tentarmos mostrar que $\lim_{n\to\infty} R_n(x) = 0$ para uma função específica f, geralmente usamos o teorema a seguir.

9 Desigualdade de Taylor Se para $|f^{(n+1)}(x)| \le M$ para $|x - a| \le d$, então o resto $R_n(x)$ da série de Taylor satisfaz a desigualdade

$$|R_n(x)| \le \frac{M}{(n+1)!}|x-a|^{n+1} \quad \text{para } |x-a| \le d$$

Fórmulas para o Termo Restante de Taylor

Como alternativas para a Desigualdade de Taylor, temos as seguintes fórmulas para resto. Se $f^{(n+1)}$ for contínua sobre um intervalo I e $x \in I$, então

$$R_n(x) = \frac{1}{n!}\int_a^x (x-t)^n f^{(n+1)}(t)\,dt$$

Essa é chamada *forma integral do resto*. Outra fórmula, chamada *forma de Lagrange para o resto*, afirma que existe um número z entre x e a tal que

$$R_n(x) = \frac{f^{(n+1)}(z)}{(n+1)!}(x-a)^{n+1}$$

Essa versão é uma extensão do Teorema do Valor Médio (que é o caso $n = 0$).

As demonstrações dessas fórmulas, acompanhadas de discussões sobre como usá-las para resolver os exemplos das Seções 11.10 e 11.11, são dadas no site

www.StewartCalculus.com

Clique em *Additional Topics* e, em seguida, em *Formulas for the Remainder Term in Taylor Series*.

DEMONSTRAÇÃO Primeiro, provamos a Desigualdade de Taylor para $n = 1$, assumimos que $|f''(x)| \le M$. Em particular, temos $f''(x) \le M$, assim, para $a \le x \le a + d$ temos

$$\int_a^x f''(t)\,dt \le \int_a^x M\,dt$$

Uma antiderivada de f'' é f', dessa forma, pela parte 2 do Teorema Fundamental do Cálculo, temos

$$f'(x) - f'(a) \le M(x-a) \qquad \text{ou} \qquad f'(x) \le f'(a) + M(x-a)$$

Logo,

$$\int_a^x f'(t)\,dt \le \int_a^x [f'(a) + M(t-a)]\,dt$$

$$f(x) - f(a) \le f'(a)(x-a) + M\,\frac{(x-a)^2}{2}$$

$$f(x) - f(a) - f'(a)(x-a) \le \frac{M}{2}(x-a)^2$$

Mas $R_1(x) = f(x) - T_1(x) = f(x) - f(a) - f'(a)(x-a)$. Portanto,

$$R_1(x) \le \frac{M}{2}(x-a)^2$$

Um argumento similar, usando $f''(x) \ge -M$, mostra que

$$R_1(x) \ge -\frac{M}{2}(x-a)^2$$

Então,

$$|R_1(x)| \le \frac{M}{2}|x-a|^2$$

Embora tenhamos suposto que $x > a$, cálculos similares mostram que essa desigualdade é também verdadeira para $x < a$.

Isso demonstra a Desigualdade de Taylor para o caso onde $n = 1$. O resultado para um n qualquer é demonstrado de maneira similar pela integração $n + 1$ vezes. (Veja o Exercício 95 para o caso $n = 2$.) ■

OBSERVAÇÃO Na Seção 11.11 exploraremos o uso da Desigualdade de Taylor para aproximar funções. Nosso uso imediato é aplicá-la em conjunto com o Teorema 8.

Quando aplicamos os Teoremas 8 e 9, muitas vezes é útil usar o fato a seguir.

10 $$\lim_{n\to\infty} \frac{x^n}{n!} = 0 \quad \text{para todo número real } x$$

Isso é verdade porque sabemos pelo Exemplo 2 que a série $\Sigma\, x^n/n!$ converge para todo x, e seu n-ésimo termo tende a 0.

EXEMPLO 3 Demonstre que e^x é igual à soma de sua série de Maclaurin.

SOLUÇÃO Se $f(x) = e^x$, então $f^{(n+1)}(x) = e^x$ para todo n. Se d é qualquer número positivo e $|x| \le d$, então $|f^{(n+1)}(x)| = e^x \le e^d$. Assim, a Desigualdade de Taylor, com $a = 0$ e $M = e^d$, diz que

$$|R_n(x)| \le \frac{e^d}{(n+1)!}|x|^{n+1} \qquad \text{para } |x| \le d$$

Observe que a mesma constante $M = e^d$ serve para cada valor de n. Mas, pela Equação 10, temos

$$\lim_{n\to\infty} \frac{e^d}{(n+1)!}|x|^{n+1} = e^d \lim_{n\to\infty} \frac{|x|^{n+1}}{(n+1)!} = 0$$

Decorre do Teorema do Confronto que $\lim_{n\to\infty} |R_n(x)| = 0$ e, portanto, $\lim_{n\to\infty} R_n(x) = 0$ para todos os valores de x. Pelo Teorema 8, e^x é igual à soma de sua série de Maclaurin, isto é

11 $$e^x = \sum_{n=0}^{\infty} \frac{x^n}{n!} \qquad \text{para todo } x$$

Em particular, se colocarmos $x = 1$ na Equação 11, obteremos a seguinte expressão para o número e como a soma de uma série infinita:

12 $$e^x = \sum_{n=0}^{\infty} \frac{1}{n!} = 1 + \frac{1}{1!} + \frac{1}{2!} + \frac{1}{3!} + \cdots$$

Com o auxílio de computadores, pesquisadores já são capazes de calcular o valor de e com trilhões de casas decimais de precisão.

EXEMPLO 4 Encontre a série de Taylor de $f(x) = e^x$ em $a = 2$.

SOLUÇÃO Temos $f^{(n)}(2) = e^2$ e, assim, colocando $a = 2$ na definição de uma série de Taylor (6), obtemos

$$\sum_{n=0}^{\infty} \frac{f^{(n)}(2)}{n!}(x-2)^n = \sum_{n=0}^{\infty} \frac{e^2}{n!}(x-2)^n$$

Novamente pode ser verificado, como no Exemplo 2, que o raio de convergência é $R = \infty$. Como no Exemplo 3, podemos verificar que $\lim_{n\to\infty} R_n(x) = 0$, assim

13 $$e^x = \sum_{n=0}^{\infty} \frac{e^2}{n!}(x-2)^n \qquad \text{para todo } x$$ ■

Temos duas expansões em série de potência para e^x, a série Maclaurin na Equação 11 e da série de Taylor na Equação 13. A primeira é melhor, se estivermos interessados em valores de x próximos de 0, e a segunda é melhor se x é próximo de 2.

Séries de Taylor de Funções Importantes

Nos Exemplos 2 e 4, construímos representações em séries de potências para a função e^x, assim como, na Seção 11.9, determinamos representações em séries de potências para várias outras funções, incluindo $\ln(1 + x)$ e $\text{tg}^{-1}(x)$. Obteremos agora as representações de mais algumas funções importantes, incluindo $\text{sen}\, x$ e $\cos x$.

EXEMPLO 5 Encontre a série de Maclaurin de $\text{sen}\, x$ e demonstre que ela representa $\text{sen}\, x$ para todo x.

A Figura 2 mostra o gráfico de sen x com seus polinômios de Taylor (ou Maclaurin)

$$T_1(x) = x$$

$$T_3(x) = x - \frac{x^3}{3!}$$

$$T_5(x) = x - \frac{x^3}{3!} + \frac{x^5}{5!}$$

Observe que, quando n aumenta, $T_n(x)$ torna-se uma aproximação melhor para sen x.

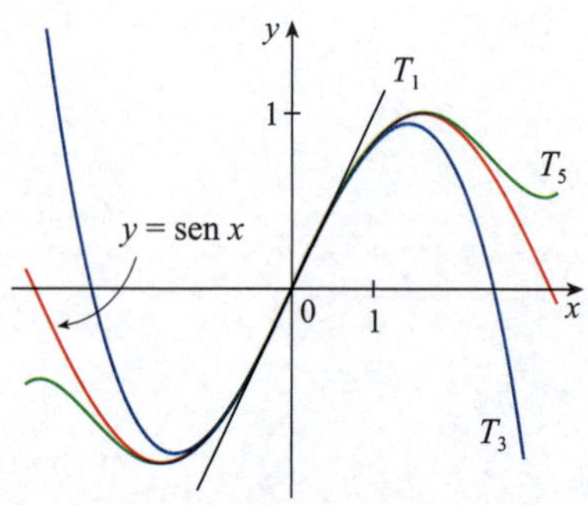

FIGURA 2

SOLUÇÃO Arranjamos nossos cálculos em duas colunas:

$$\begin{aligned} f(x) &= \text{sen}\, x & f(0) &= 0 \\ f'(x) &= \cos x & f'(0) &= 1 \\ f''(x) &= -\text{sen}\, x & f''(0) &= 0 \\ f'''(x) &= -\cos x & f'''(0) &= -1 \\ f^{(4)}(x) &= \text{sen}\, x & f^{(4)}(0) &= 0 \end{aligned}$$

Como as derivadas se repetem em um ciclo de quatro, podemos escrever a série de Maclaurin da seguinte forma:

$$f(0) + \frac{f'(0)}{1!}x + \frac{f''(0)}{2!}x^2 + \frac{f'''(0)}{3!}x^3 + \cdots$$

$$= x - \frac{x^3}{3!} + \frac{x^5}{5!} - \frac{x^7}{7!} + \cdots = \sum_{n=0}^{\infty} (-1)^n \frac{x^{2n+1}}{(2n+1)!}$$

Como $f^{(n+1)}(x)$ é $\pm$sen x ou $\pm\cos x$, sabemos que $|f^{(n+1)}(x)| \leq 1$ para todo x. Assim, podemos tomar $M = 1$ na Desigualdade de Taylor:

14

$$|R_n(x)| \leq \frac{M}{(n+1)!}|x^{n+1}| = \frac{|x|^{n+1}}{(n+1)!}$$

Pela Equação 10, o lado direito dessa desigualdade tende a 0 quando $n \to \infty$, dessa forma, $|R_n(x)| \to 0$ pelo Teorema do Confronto. Segue que $R_n(x) \to 0$ quando $n \to \infty$, assim, sen x é igual à soma de sua série de Maclaurin pelo Teorema 8. ■

Destacamos o resultado do Exemplo 5 para referência futura.

15

$$\text{sen}\, x = x - \frac{x^3}{3!} + \frac{x^5}{5!} - \frac{x^7}{7!} + \cdots$$

$$= \sum_{n=0}^{\infty} (-1)^n \frac{x^{2n+1}}{(2n+1)!} \qquad \text{para todo } x$$

EXEMPLO 6 Encontre a série de Maclaurin para cos x.

SOLUÇÃO Poderíamos proceder diretamente como no Exemplo 5, mas é mais fácil usar o Teorema 11.9.2 para derivar a série de Maclaurin de sen x dada pela Equação 15:

$$\cos x = \frac{d}{dx}(\text{sen}\, x) = \frac{d}{dx}\left(x - \frac{x^3}{3!} + \frac{x^5}{5!} - \frac{x^7}{7!} + \cdots\right)$$

$$= 1 - \frac{3x^2}{3!} + \frac{5x^4}{5!} - \frac{7x^6}{7!} + \cdots = 1 - \frac{x^2}{2!} + \frac{x^4}{4!} - \frac{x^6}{6!} + \cdots$$

Segundo o Teorema 11.9.2, a série obtida derivando-se a série de sen x converge para a derivada de sen x, que é cos x, e o raio de convergência permanece inalterado, de modo que a série converge para todo x. ■

As séries de Maclaurin para e^x, sen x e cos x que encontramos nos Exemplos 3, 5 e 6 foram descobertas, utilizando diferentes métodos, por Newton. Essas equações são notáveis, porque dizem que saberemos tudo sobre cada uma dessas funções, se conhecermos todos as suas derivadas no ponto 0.

Destaquemos o resultado do Exemplo 6 para referência futura.

16

$$\cos x = 1 - \frac{x^2}{2!} + \frac{x^4}{4!} - \frac{x^6}{6!} + \cdots$$

$$= \sum_{n=0}^{\infty} (-1)^n \frac{x^{2n}}{(2n)!} \qquad \text{para todo } x$$

EXEMPLO 7 Represente $f(x) = \text{sen } x$ como a soma de sua série de Taylor centrada em $\pi/3$.

SOLUÇÃO Arranjando nosso trabalho em colunas, temos

$$f(x) = \text{sen } x \qquad f\left(\frac{\pi}{3}\right) = \frac{\sqrt{3}}{2}$$

$$f'(x) = \cos x \qquad f'\left(\frac{\pi}{3}\right) = \frac{1}{2}$$

$$f''(x) = -\text{sen } x \qquad f''\left(\frac{\pi}{3}\right) = -\frac{\sqrt{3}}{2}$$

$$f'''(x) = -\cos x \qquad f'''\left(\frac{\pi}{3}\right) = -\frac{1}{2}$$

e esse padrão se repete indefinidamente. Portanto, a série de Taylor em $\pi/3$ é

$$f\left(\frac{\pi}{3}\right) + \frac{f'\left(\frac{\pi}{3}\right)}{1!}\left(x - \frac{\pi}{3}\right) + \frac{f''\left(\frac{\pi}{3}\right)}{2!}\left(x - \frac{\pi}{3}\right)^2 + \frac{f'''\left(\frac{\pi}{3}\right)}{3!}\left(x - \frac{\pi}{3}\right)^3 + \cdots$$

$$= \frac{\sqrt{3}}{2} + \frac{1}{2 \cdot 1!}\left(x - \frac{\pi}{3}\right) - \frac{\sqrt{3}}{2 \cdot 2!}\left(x - \frac{\pi}{3}\right)^2 - \frac{1}{2 \cdot 3!}\left(x - \frac{\pi}{3}\right)^3 + \cdots$$

A demonstração de que essa série representa sen x para todo x é muito semelhante a feita no Exemplo 5. (Apenas troque x por $x - \pi/3$ em (14).) Podemos escrever a série na notação sigma se separarmos os termos que contêm $\sqrt{3}$:

$$\text{sen } x = \sum_{n=0}^{\infty} \frac{(-1)^n \sqrt{3}}{2(2n)!}\left(x - \frac{\pi}{3}\right)^{2n} + \sum_{n=0}^{\infty} \frac{(-1)^n}{2(2n+1)!}\left(x - \frac{\pi}{3}\right)^{2n+1}$$ ■

Obtivemos duas representações em séries diferentes para sen x, isto é, a série de Maclaurin, no Exemplo 5, e a série de Taylor, no Exemplo 7. É melhor usarmos a série de Maclaurin para valores de x próximos de 0 e a série de Taylor para valores de x próximos de $\pi/3$. Observe que o terceiro polinômio de Taylor T_3 na Figura 3 é uma boa aproximação para sen x próximo de $\pi/3$, mas não tão precisa para o próximo de 0. Compare-o com o terceiro polinômio de Maclaurin T_3 na Figura 2, na qual o oposto é verdadeiro.

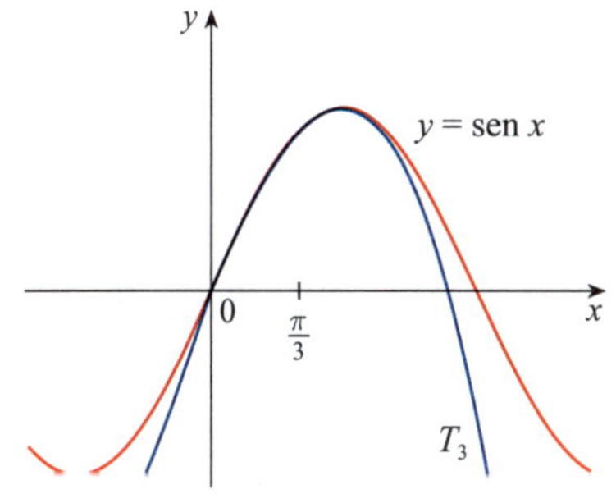

FIGURA 3

EXEMPLO 8 Encontre a série de Maclaurin de $f(x) = (1 + x)^k$, onde k é um número real qualquer.

SOLUÇÃO Arranjando nosso trabalho em colunas, temos

$$f(x) = (1+x)^k \qquad f(0) = 1$$

$$f'(x) = k(1+x)^{k-1} \qquad f'(0) = k$$

$$f''(x) = k(k-1)(1+x)^{k-2} \qquad f''(0) = k(k-1)$$

$$f'''(x) = k(k-1)(k-2)(1+x)^{k-3} \qquad f'''(0) = k(k-1)(k-2)$$

$$\vdots \qquad \vdots$$

$$f^{(n)}(x) = k(k-1)\cdots(k-n+1)(1+x)^{k-n} \qquad f^{(n)}(0) = k(k-1)\cdots(k-n+1)$$

Portanto, a série de Maclaurin de $f(x) = (1 + x)^k$ é

$$\sum_{n=0}^{\infty} \frac{f^{(n)}(0)}{n!} x^n = \sum_{n=0}^{\infty} \frac{k(k-1)\cdots(k-n+1)}{n!} x^n$$

Essa série é chamada **série binomial**. Observe que, se k é um inteiro não negativo, então os termos são, eventualmente, nulos, de modo que a série é finita. Para outros valores de k, nenhum dos termos é 0 e assim podemos investigar a convergência da série usando o Teste da Razão. Se o n-ésimo termo é a_n, então

$$\left|\frac{a_{n+1}}{a_n}\right| = \left|\frac{k(k-1)\cdots(k-n+1)(k-n)x^{n+1}}{(n+1)!}\cdot\frac{n!}{k(k-1)\cdots(k-n+1)x^n}\right|$$

$$= \frac{|k-n|}{n+1}|x| = \frac{\left|1-\dfrac{k}{n}\right|}{1+\dfrac{1}{n}}|x| \to |x| \quad \text{quando } n\to\infty$$

Logo, pelo Teste da Razão, a série binomial converge se $|x| < 1$ e diverge se $|x| > 1$. ■

A notação tradicional para os coeficientes na série binomial é

$$\binom{k}{n} = \frac{k(k-1)(k-2)\cdots(k-n+1)}{n!}$$

e esses números são chamados **coeficientes binomiais**.

O teorema a seguir afirma que $(1 + x)^k$ é igual à soma de sua série de Maclaurin. É possível demonstrar isso mostrando que o resto $R_n(x)$ tende a 0, mas assim acaba sendo muito difícil. A demonstração delineada no Exercício 97 é muito mais simples.

17 A Série Binomial Se k for um número real qualquer e $|x| < 1$ então

$$(1+x)^k = \sum_{n=0}^{\infty}\binom{k}{n}x^n = 1 + kx + \frac{k(k-1)}{2!}x^2 + \frac{k(k-1)(k-2)}{3!}x^3 + \cdots$$

Embora a série binomial sempre convirja quando $|x| < 1$, a questão de ser ou não convergente nas extremidades, ± 1, depende do valor de k. Ocorre que a série converge em 1 se $-1 < k \le 0$ e em ambas as extremidades se $k \ge 0$. Observe que se k for um inteiro positivo e $n > k$, então a expressão para $\binom{k}{n}$ contém um fator $(k - k)$, de modo que $\binom{k}{n} = 0$ para $n > k$. Isso significa que a série acaba e se reduz ao Teorema Binomial usual quando k for um inteiro positivo. (Veja a Página de Referência 1.)

EXEMPLO 9 Encontre a série de Maclaurin da função $f(x) = \dfrac{1}{\sqrt{4-x}}$ e seu raio de convergência.

SOLUÇÃO Escrevemos $f(x)$ em uma forma na qual podemos usar a série binomial:

$$\frac{1}{\sqrt{4-x}} = \frac{1}{\sqrt{4\left(1-\dfrac{x}{4}\right)}} = \frac{1}{2\sqrt{1-\dfrac{x}{4}}} = \frac{1}{2}\left(1-\frac{x}{4}\right)^{-1/2}$$

Usando a série binomial com $k = -\frac{1}{2}$ e com x substituído por $-x/4$, temos

$$\frac{1}{\sqrt{4-x}} = \frac{1}{2}\left(1-\frac{x}{4}\right)^{-1/2} = \frac{1}{2}\sum_{n=0}^{\infty}\binom{-\frac{1}{2}}{n}\left(-\frac{x}{4}\right)^n$$

$$= \frac{1}{2}\left[1 + \left(-\frac{1}{2}\right)\left(-\frac{x}{4}\right) + \frac{\left(-\frac{1}{2}\right)\left(-\frac{3}{2}\right)}{2!}\left(-\frac{x}{4}\right)^2 + \frac{\left(-\frac{1}{2}\right)\left(-\frac{3}{2}\right)\left(-\frac{5}{2}\right)}{3!}\left(-\frac{x}{4}\right)^3 \right.$$

$$\left. + \cdots + \frac{\left(-\frac{1}{2}\right)\left(-\frac{3}{2}\right)\left(-\frac{5}{2}\right)\cdots\left(-\frac{1}{2}-n+1\right)}{n!}\left(-\frac{x}{4}\right)^n + \cdots\right]$$

$$= \frac{1}{2}\left[1 + \frac{1}{8}x + \frac{1\cdot 3}{2!8^2}x^2 + \frac{1\cdot 3\cdot 5}{3!8^3}x^3 + \cdots + \frac{1\cdot 3\cdot 5\cdot\cdots\cdot(2n-1)}{n!8^n}x^n + \cdots\right]$$

Sabemos de (17) que essa série converge quando $|-x/4| < 1$, ou seja, $|x| < 4$, de modo que o raio de convergência é $R = 4$. ■

Listamos na tabela a seguir, para referência futura, algumas séries de Maclaurin importantes que deduzimos nesta seção e na Seção 11.9.

Tabela 1

Séries de Maclaurin importantes e seus raios de convergência

$\dfrac{1}{1-x} = \sum_{n=0}^{\infty} x^n = 1 + x + x^2 + x^3 + \cdots$	$R = 1$
$e^x = \sum_{n=0}^{\infty} \dfrac{x^n}{n!} = 1 + \dfrac{x}{1!} + \dfrac{x^2}{2!} + \dfrac{x^3}{3!} + \cdots$	$R = \infty$
$\text{sen}\, x = \sum_{n=0}^{\infty} (-1)^n \dfrac{x^{2n+1}}{(2n+1)!} = x - \dfrac{x^3}{3!} + \dfrac{x^5}{5!} - \dfrac{x^7}{7!} + \cdots$	$R = \infty$
$\cos x = \sum_{n=0}^{\infty} (-1)^n \dfrac{x^{2n}}{(2n)!} = 1 - \dfrac{x^2}{2!} + \dfrac{x^4}{4!} - \dfrac{x^6}{6!} + \cdots$	$R = \infty$
$\text{tg}^{-1} x = \sum_{n=0}^{\infty} (-1)^n \dfrac{x^{2n+1}}{2n+1} = x - \dfrac{x^3}{3} + \dfrac{x^5}{5} - \dfrac{x^7}{7} + \cdots$	$R = 1$
$\ln(1+x) = \sum_{n=1}^{\infty} (-1)^{n-1} \dfrac{x^n}{n} = x - \dfrac{x^2}{2} + \dfrac{x^3}{3} - \dfrac{x^4}{4} + \cdots$	$R = 1$
$(1+x)^k = \sum_{n=0}^{\infty} \binom{k}{n} x^n = 1 + kx + \dfrac{k(k-1)}{2!}x^2 + \dfrac{k(k-1)(k-2)}{3!}x^3 + \cdots$	$R = 1$

■ Novas Séries de Taylor a partir de Antigas

Como comentamos na Observação 2, se uma função tem uma representação em série de potências em a, então essa série é unicamente determinada. Isto é, não importando como uma representação em série de potências de uma função f é obtida, ela coincidirá com a série de Taylor de f. Assim, podemos obter novas representações em série de Taylor manipulando as séries fornecidas na Tabela 1, em lugar de usar a fórmula do coeficiente apresentada no Teorema 5.

Como vimos nos exemplos da Seção 11.9, podemos substituir x em determinada série de Taylor por uma expressão na forma cx^m, podemos multiplicar (ou dividir) a série por essa expressão e podemos derivar ou integrar termo a termo (Teorema 11.9.2). Pode-se mostrar que também podemos obter novas séries de Taylor somando, subtraindo, multiplicando ou dividindo séries de Taylor.

EXEMPLO 10 Obtenha a série de Maclaurin para (a) $f(x) = x \cos x$ e (b) $f(x) = \ln(1 + 3x^2)$.

SOLUÇÃO

(a) Multiplicando a série de Maclaurin para $\cos x$ (veja a Tabela 1) por x, obtemos

$$x \cos x = x \sum_{n=0}^{\infty} (-1)^n \frac{x^{2n}}{(2n)!} = \sum_{n=0}^{\infty} (-1)^n \frac{x^{2n+1}}{(2n)!} \qquad \text{para todo } x$$

(b) A substituição de x por $3x^2$ na série de Maclaurin para $\ln(1 + x)$ fornece

$$\ln(1+3x^2) = \sum_{n=1}^{\infty} (-1)^{n-1} \frac{(3x^2)^n}{n} = \sum_{n=1}^{\infty} (-1)^{n-1} \frac{3^n x^{2n}}{n}$$

Segundo a Tabela 1, essa série converge para $|3x^2| < 1$, ou seja, para $|x| < 1/\sqrt{3}$, de modo que o raio de convergência é $R = 1/\sqrt{3}$. ■

EXEMPLO 11 Determine a função representada pela série de potências $\sum_{n=0}^{\infty}(-1)^n \frac{2^n x^n}{n!}$.

SOLUÇÃO Escrevendo

$$\sum_{n=0}^{\infty}(-1)^n \frac{2^n x^n}{n!} = \sum_{n=0}^{\infty}\frac{(-2x)^n}{n!}$$

percebemos que essa série é obtida substituindo-se x por $-2x$ na série de e^x (fornecida na Tabela 1). Assim, a série representa a função e^{-2x}. ■

EXEMPLO 12 Calcule a soma da série $\frac{1}{1\cdot 2} - \frac{1}{2\cdot 2^2} + \frac{1}{3\cdot 2^3} - \frac{1}{4\cdot 2^4} + \cdots$.

SOLUÇÃO Com a notação sigma podemos escrever a série dada como

$$\sum_{n=1}^{\infty}(-1)^{n-1}\frac{1}{n\cdot 2^n} = \sum_{n=1}^{\infty}(-1)^{n-1}\frac{\left(\frac{1}{2}\right)^n}{n}$$

Em seguida, a partir da Tabela 1 podemos ver que esta série corresponde à entrada para $\ln(1 + x)$ com $x = \frac{1}{2}$. Logo,

$$\sum_{n=1}^{\infty}(-1)^{n-1}\frac{1}{n\cdot 2^n} = \ln\left(1+\tfrac{1}{2}\right) = \ln\tfrac{3}{2}$$ ■

Uma razão pela qual as séries de Taylor são importantes é que elas nos permitem integrar funções com as quais não podíamos lidar anteriormente. De fato, na introdução deste capítulo mencionamos que Newton frequentemente integrava funções expressando-as inicialmente como uma série de potências e então integrando-as termo a termo. A função $f(x) = e^{-x^2}$ não pode ser integrada pelas técnicas discutidas até agora porque sua antiderivada não é uma função elementar (veja a Seção 7.5). No exemplo a seguir, usamos a ideia de Newton para integrar esta função.

EXEMPLO 13

(a) Calcule $\int e^{-x^2}\,dx$ como uma série infinita.

(b) Calcule $\int_0^1 e^{-x^2}\,dx$ com precisão de 0,001.

SOLUÇÃO

(a) Primeiro encontramos a série de Maclaurin de $f(x) = e^{-x^2}$. Embora seja possível usar o método direto, vamos encontrá-la simplesmente trocando x por $-x^2$ na série para e^x dada na Tabela 1. Então, para todos os valores de x,

$$e^{-x^2} = \sum_{n=0}^{\infty}\frac{(-x^2)^n}{n!} = \sum_{n=0}^{\infty}(-1)^n\frac{x^{2n}}{n!} = 1 - \frac{x^2}{1!} + \frac{x^4}{2!} - \frac{x^6}{3!} + \cdots$$

Agora integramos termo a termo:

$$\int e^{-x^2}\,dx = \int\left(1 - \frac{x^2}{1!} + \frac{x^4}{2!} - \frac{x^6}{3!} + \cdots + (-1)^n\frac{x^{2n}}{n!} + \cdots\right)dx$$

$$= C + x - \frac{x^3}{3\cdot 1!} + \frac{x^5}{5\cdot 2!} - \frac{x^7}{7\cdot 3!} + \cdots + (-1)^n\frac{x^{2n+1}}{(2n+1)n!} + \cdots$$

Essa série converge para tudo, porque a série original para e^{-x^2} converge para todo x.

(b) O Teorema Fundamental do Cálculo fornece

$$\int_0^1 e^{-x^2}\,dx = \left[x - \frac{x^3}{3\cdot 1!} + \frac{x^5}{5\cdot 2!} - \frac{x^7}{7\cdot 3!} + \frac{x^9}{9\cdot 4!} - \cdots\right]_0^1$$

$$= 1 - \tfrac{1}{3} + \tfrac{1}{10} - \tfrac{1}{42} + \tfrac{1}{216} - \cdots \approx 1 - \tfrac{1}{3} + \tfrac{1}{10} - \tfrac{1}{42} + \tfrac{1}{216} \approx 0{,}7475$$

Podemos tomar $C = 0$ na antiderivada na parte (a).

O Teorema da Estimativa da Série Alternada mostra que o erro envolvido nessa aproximação é menor que

$$\frac{1}{11\cdot 5!} = \frac{1}{1.320} < 0{,}001$$ ■

Outro uso da série de Taylor é ilustrado no próximo exemplo. O limite poderia ser encontrado com a Regra de l'Hôspital, mas, em vez disso, usamos uma série.

EXEMPLO 14 Calcule $\lim\limits_{x\to 0} \dfrac{e^x - 1 - x}{x^2}$.

SOLUÇÃO Usando a série de Maclaurin para e^x da Tabela 1, vemos que a série Maclaurin para $(e^x - 1 - x)/x^2$ é

$$\frac{e^x - 1 - x}{x^2} = \left[\left(1 + \frac{x}{1!} + \frac{x^2}{2!} + \frac{x^3}{3!} + \cdots\right) - 1 - x\right]\Big/x^2$$

$$= \frac{1}{x^2}\left(\frac{x^2}{2!} + \frac{x^3}{3!} + \frac{x^4}{4!} + \cdots\right) = \frac{1}{2!} + \frac{x}{3!} + \frac{x^2}{4!} + \cdots$$

O limite no Exemplo 14 também poderia ter sido calculado usando-se a Regra de l'Hôspital.

Logo,

$$\lim_{x\to 0}\frac{e^x - 1 - x}{x^2} = \lim_{x\to 0}\left(\frac{1}{2!} + \frac{x}{3!} + \frac{x^2}{4!} + \cdots\right)$$

$$= \frac{1}{2!} + 0 + 0 + \cdots = \frac{1}{2}$$

porque as séries de potências são funções contínuas. ■

Multiplicação e Divisão de Séries de Potências

Se as séries de potências forem somadas ou subtraídas, elas se comportarão como polinômios (o Teorema 11.2.8 mostra isso). De fato, como o próximo exemplo ilustra, elas também podem ser multiplicadas e divididas como polinômios. Encontramos apenas os primeiros termos, pois os cálculos para os termos posteriores tornam-se tediosos e os termos iniciais são os mais importantes.

EXEMPLO 15 Encontre os três primeiros termos diferentes de zero na série de Maclaurin de (a) e^x sen x e (b) tg x.

SOLUÇÃO

(a) Usando a série de Maclaurin de e^x e sen x na Tabela 1, temos

$$e^x \operatorname{sen} x = \left(1 + \frac{x}{1!} + \frac{x^2}{2!} + \frac{x^3}{3!} + \cdots\right)\left(x - \frac{x^3}{3!} + \cdots\right)$$

Multiplicamos essas expressões, juntando os termos semelhantes como nos polinômios:

$$\begin{array}{rl} & 1 + x + \tfrac{1}{2}x^2 + \tfrac{1}{6}x^3 + \cdots \\ \times & \quad x \qquad\quad - \tfrac{1}{6}x^3 + \cdots \\ \hline & x + \; x^2 + \tfrac{1}{2}x^3 + \tfrac{1}{6}x^4 + \cdots \\ + & \qquad\qquad - \tfrac{1}{6}x^3 - \tfrac{1}{6}x^4 - \cdots \\ \hline & x + \; x^2 + \tfrac{1}{3}x^3 + \cdots \end{array}$$

Logo,

$$e^x \operatorname{sen} x = x + x^2 + \tfrac{1}{3}x^3 + \cdots$$

(b) Usando as séries de Maclaurin da Tabela 1, obtemos

$$\operatorname{tg} x = \frac{\operatorname{sen} x}{\cos x} = \frac{x - \dfrac{x^3}{3!} + \dfrac{x^5}{5!} - \cdots}{1 - \dfrac{x^2}{2!} + \dfrac{x^4}{4!} - \cdots}$$

Usamos um procedimento parecido com a divisão de polinômios:

$$\begin{array}{r|l} & x + \tfrac{1}{3}x^3 + \tfrac{2}{15}x^5 + \cdots \\ \hline 1 - \tfrac{1}{2}x^2 + \tfrac{1}{24}x^4 - \cdots & x - \tfrac{1}{6}x^3 + \tfrac{1}{120}x^5 - \cdots \\ & x - \tfrac{1}{2}x^3 + \tfrac{1}{24}x^5 - \cdots \\ \cline{2-2} & \quad \tfrac{1}{3}x^3 - \tfrac{1}{30}x^5 + \cdots \\ & \quad \tfrac{1}{3}x^3 - \tfrac{1}{6}x^5 + \cdots \\ \cline{2-2} & \qquad \tfrac{2}{15}x^5 + \cdots \end{array}$$

Logo,

$$\operatorname{tg} x = x + \tfrac{1}{3}x^3 + \tfrac{2}{15}x^5 + \cdots$$

■

Embora não tenhamos tentado justificar as manipulações formais usadas no Exemplo 15, elas são legítimas. Existe um teorema que afirma que, se ambos $f(x) = \Sigma c_n x^n$ e $g(x) = \Sigma b_n x^n$ convergirem para $|x| < R$ e as séries forem multiplicadas como se fossem polinômios, então, a série resultante também convergirá para $|x| < R$ e representará $f(x)g(x)$. Para a divisão, necessitamos de $b_0 \neq 0$; a série resultante converge para $|x|$ suficientemente pequeno.

11.10 Exercícios

1. Se $f(x) = \Sigma_{n=0}^{\infty} b_n(x - 5)^n$ para todo x, escreva uma fórmula para b_8.

2. É dado o gráfico de f.

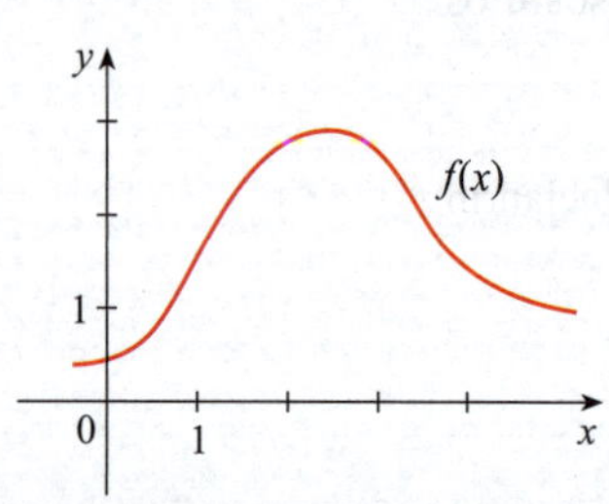

(a) Explique por que a série

$$1{,}1 + 0{,}7x^2 + 2{,}2x^3 + \cdots$$

não é a série de Maclaurin de f.

(b) Explique por que a série

$$1{,}6 - 0{,}8(x - 1) + 0{,}4(x - 1)^2 - 0{,}1(x - 1)^3 + \cdots$$

não é a série de Taylor de f centrada em 1.

(c) Explique por que a série

$$2{,}8 + 0{,}5(x - 2) + 1{,}5(x - 2)^2 - 0{,}1(x - 2)^3 + \cdots$$

não é a série de Taylor de f centrada em 2.

3. Se $f^{(n)}(0) = (n + 1)!$ para $n = 0, 1, 2, \ldots$, encontre a série de Maclaurin de f e seu raio de convergência.

4. Encontre a série de Maclaurin de f centrada em 4 se

$$f^{(n)}(4) = \frac{(-1)^n\, n!}{3^n\,(n+1)}$$

Qual é o raio de convergência da série de Taylor?

5-10 Use a definição de série de Taylor para encontrar os primeiros quatro termos não nulos da série para $f(x)$ centrada no valor dado de a.

5. $f(x) = xe^x, \quad a = 0$

6. $f(x) = \dfrac{1}{1+x}, \quad a = 2$

7. $f(x) = \sqrt[3]{x}, \quad a = 8$

8. $f(x) = \ln x, \quad a = 1$

9. $f(x) = \text{sen}\, x, \quad a = \pi/6$

10. $f(x) = \cos^2 x, \quad a = 0$

11-20 Encontre a série de Maclaurin de $f(x)$ usando a definição de uma série de Maclaurin. [Suponha que f tenha expansão em uma série de potências. Não mostre que $R_n(x) \to 0$.] Também encontre o raio de convergência associado.

11. $f(x) = (1 - x)^{-2}$

12. $f(x) = \ln(1 + x)$

13. $f(x) = \cos x$

14. $f(x) = e^{-2x}$

15. $f(x) = 2x^4 - 3x^2 + 3$

16. $f(x) = \text{sen}\, 3x$

17. $f(x) = 2^x$

18. $f(x) = x \cos x$

19. $f(x) = \text{senh}\, x$

20. $f(x) = \text{cossech}\, x$

21-30 Encontre a série de Taylor de $f(x)$ centrada no valor dado de a. [Suponha que f tenha expansão em uma série de potências. Não mostre que $R_n(x) \to 0$.] Também encontre o raio de convergência associado.

21. $f(x) = x^5 + 2x^3 + x, \quad a = 2$

22. $f(x) = x^6 - x^4 + 2, \quad a = -2$

23. $f(x) = \ln x, \quad a = 2$

24. $f(x) = 1/x, \quad a = -3$

25. $f(x) = e^{2x}, \quad a = 3$

26. $f(x) = 1/x^2, \quad a = 1$

27. $f(x) = \text{sen}\, x, \quad a = \pi$

28. $f(x) = \cos x, \quad a = \pi/2$

29. $f(x) = \text{sen}\, 2x, \quad a = \pi$

30. $f(x) = \sqrt{x}, \quad a = 16$

31. Demonstre que a série obtida no Exercício 13 representa cos x para todo x.

32. Demonstre que a série obtida no Exercício 27 representa sen x para todo x.

33. Demonstre que a série obtida no Exercício 19 representa senh x para todo x.

34. Demonstre que a série obtida no Exercício 20 representa cossech x para todo x.

35-38 Use a série binomial para expandir a função como uma série de potência. Diga qual é o raio de convergência.

35. $\sqrt[4]{1-x}$

36. $\sqrt[3]{8+x}$

37. $\dfrac{1}{(2+x)^3}$

38. $(1 - x)^{3/4}$

39-48 Use uma série de Maclaurin na Tabela 1 para obter a série de Maclaurin da função dada.

39. $f(x) = \text{arctg}(x^2)$

40. $f(x) = \text{sen}(\pi x/4)$

41. $f(x) = x \cos 2x$

42. $f(x) = e^{3x} - e^{2x}$

43. $f(x) = x \cos(\frac{1}{2}x^2)$

44. $f(x) = x^2 \ln(1 + x^3)$

45. $f(x) = \dfrac{x}{\sqrt{4+x^2}}$

46. $f(x) = \dfrac{x^2}{\sqrt{2+x}}$

47. $f(x) = \text{sen}^2 x \quad$ [*Dica*: Use $\text{sen}^2 x = \frac{1}{2}(1 - \cos 2x)$.]

48. $f(x) = \begin{cases} \dfrac{x - \text{sen}\, x}{x^3} & \text{se } x \neq 0 \\ \frac{1}{6} & \text{se } x = 0 \end{cases}$

49. Use as definições

$$\text{senh}\, x = \frac{e^x - e^{-x}}{2} \qquad \text{cossech}\, x = \frac{e^x + e^{-x}}{2}$$

e a série Maclaurin de e^x para mostrar que

(a) $\text{senh}\, x = \displaystyle\sum_{n=0}^{\infty} \frac{x^{2n+1}}{(2n+1)!}$

(b) $\text{cossech}\, x = \displaystyle\sum_{n=0}^{\infty} \frac{x^{2n}}{(2n)!}$

50. Use a fórmula

$$\text{tgh}^{-1} x = \frac{1}{2} \ln\left(\frac{1+x}{1-x}\right) \qquad -1 < x < 1$$

e a série Maclaurin de $\ln(1 + x)$ para mostrar que

$$\text{tgh}^{-1} x = \sum_{n=0}^{\infty} \frac{x^{2n+1}}{2n+1}$$

51-54 Encontre a série de Maclaurin de f (por qualquer método) e o raio de convergência associado. Trace f e seus primeiros polinômios de Taylor na mesma tela. O que você observa sobre a relação entre esses polinômios e f?

51. $f(x) = \cos(x^2)$

52. $f(x) = \ln(1 + x^2)$

53. $f(x) = xe^{-x}$

54. $f(x) = \text{tg}^{-1}(x^3)$

55. Use a série de Maclaurin para cos x para calcular cos 5° com precisão de cinco casas decimais.

56. Use a série de Maclaurin para e^x para calcular $1/\sqrt[10]{e}$ com precisão de cinco casas decimais.

57. (a) Use a série binomial para expandir $1/\sqrt{1-x^2}$.
(b) Use a parte (a) para encontrar a série de Maclaurin de $\text{sen}^{-1} x$.

58. (a) Expanda $1/\sqrt[4]{1+x}$ como uma série de potências.
(b) Utilize a parte (a) para estimar $1/\sqrt[4]{1,1}$ com precisão de três casas decimais.

59-62 Calcule a integral indefinida como uma série infinita.

59. $\int \sqrt{1+x^3}\, dx$

60. $\int x^2 \,\text{sen}(x^2)\, dx$

61. $\int \dfrac{\cos x - 1}{x}\, dx$

62. $\int \text{arctg}\,(x^2)\, dx$

63-66 Use séries para aproximar a integral definida com a precisão indicada.

63. $\int_0^{1/2} x^3 \,\text{arctg}\, x\, dx \quad$ (quatro casas decimais)

64. $\int_0^1 \text{sen}(x^4)\, dx \quad$ (quatro casas decimais)

65. $\int_0^{0,4} \sqrt{1+x^4}\, dx \quad (|\,\text{erro}\,| < 5 \times 10^{-6})$

66. $\int_0^{0,5} x^2 e^{-x^2}\, dx \quad (|\,\text{erro}\,| < 0,001)$

67-71 Use séries para calcular o limite.

67. $\lim\limits_{x\to 0}\dfrac{x-\ln(1+x)}{x^2}$

68. $\lim\limits_{x\to 0}\dfrac{1-\cos x}{1+x-e^x}$

69. $\lim\limits_{x\to 0}\dfrac{\operatorname{sen} x - x + \frac{1}{6}x^3}{x^5}$

70. $\lim\limits_{x\to 0}\dfrac{\sqrt{1+x}-1-\frac{1}{2}x}{x^2}$

71. $\lim\limits_{x\to 0}\dfrac{x^3-3x+3\operatorname{tg}^{-1}x}{x^5}$

72. Use a série do Exemplo 15(b) para calcular

$$\lim_{x\to 0}\frac{\operatorname{tg} x - x}{x^3}$$

Encontramos esse limite no Exemplo 4.4.4 (do Volume 1), usando a Regra de l'Hôspital três vezes. Qual método você prefere?

73-78 Use multiplicação ou divisão de séries de potências para encontrar os três primeiros termos diferentes de zero na série de Maclaurin de cada função.

73. $y = e^{-x^2}\cos x$

74. $y = \sec x$

75. $y = \dfrac{x}{\operatorname{sen} x}$

76. $y = e^x \ln(1+x)$

77. $y = (\operatorname{arctg} x)^2$

78. $y = e^x \operatorname{sen}^2 x$

79-82 Determine a função representada pela série de potências fornecida.

79. $\displaystyle\sum_{n=0}^{\infty}(-1)^n\frac{x^{4n}}{n!}$

80. $\displaystyle\sum_{n=1}^{\infty}(-1)^{n-1}\frac{x^{4n}}{n}$

81. $\displaystyle\sum_{n=0}^{\infty}(-1)^n\frac{x^{2n+1}}{2^{2n+1}(2n+1)}$

82. $\displaystyle\sum_{n=0}^{\infty}(-1)^n\frac{x^{2n+1}}{2^{2n+1}(2n+1)!}$

83-90 Encontre a soma da série.

83. $\displaystyle\sum_{n=0}^{\infty}\frac{(-1)^n}{n!}$

84. $\displaystyle\sum_{n=0}^{\infty}\frac{(-1)^n\pi^{2n}}{6^{2n}(2n)!}$

85. $\displaystyle\sum_{n=1}^{\infty}(-1)^{n-1}\frac{3^n}{n5^n}$

86. $\displaystyle\sum_{n=0}^{\infty}\frac{3^n}{5^n\, n!}$

87. $\displaystyle\sum_{n=0}^{\infty}\frac{(-1)^n\pi^{2n+1}}{4^{2n+1}(2n+1)!}$

88. $1-\ln 2+\dfrac{(\ln 2)^2}{2!}-\dfrac{(\ln 2)^3}{3!}+\cdots$

89. $3+\dfrac{9}{2!}+\dfrac{27}{3!}+\dfrac{81}{4!}+\cdots$

90. $\dfrac{1}{1\cdot 2}-\dfrac{1}{3\cdot 2^3}+\dfrac{1}{5\cdot 2^5}-\dfrac{1}{7\cdot 2^7}+\cdots$

91. Mostre que se p é um polinômio de n-ésimo grau, então

$$p(x+1)=\sum_{i=0}^{n}\frac{p^{(i)}(x)}{i!}$$

92. Use a série de Maclaurin de $f(x) = x/(1+x^2)$ para obter $f^{(101)}(0)$.

93. Use a série de Maclaurin de $f(x) = x\operatorname{sen}(x^2)$ para obter $f^{(203)}(0)$.

94. Se $f(x) = (1+x^3)^{30}$, o que é $f^{(58)}(0)$?

95. Demonstre a Desigualdade de Taylor para $n = 2$, isto é, demonstre que, se $|f'''(x)| \le M$ para $|x-a| \le d$, então

$$|R_2(x)| \le \frac{M}{6}|x-a|^3 \qquad \text{para } |x-a|\le d$$

96. (a) Mostre que a função definida por

$$f(x)=\begin{cases} e^{-1/x^2} & \text{se } x\neq 0\\ 0 & \text{se } x=0\end{cases}$$

não é igual à sua série de Maclaurin.

(b) Trace a função na parte (a) e comente seu comportamento próximo da origem.

97. Use os seguintes passos para demonstrar o Teorema 17.

(a) Seja $g(x)=\Sigma_{n=0}^{\infty}\binom{k}{n}x^n$. Derive esta série para mostrar que

$$g'(x)=\frac{kg(x)}{1+x} \qquad -1<x<1$$

(b) Seja $h(x) = (1+x)^{-k}g(x)$ e mostre que $h'(x) = 0$.

(c) Deduza que $g(x) = (1+x)^k$.

98. No Exercício 10.2.62, foi mostrado que o comprimento da elipse $x = a\operatorname{sen}\theta$, $y = b\cos\theta$, onde $a > b > 0$, é

$$L = 4a\int_0^{\pi/2}\sqrt{1-e^2\operatorname{sen}^2\theta}\,d\theta$$

onde $e=\sqrt{a^2-b^2}/a$ é a excentricidade da elipse.

Expanda o integrando como uma série binomial e use o resultado do Exercício 7.1.56, para expressar L como uma série de potências da excentricidade até os termos em e^6.

PROJETO DE DESCOBERTA | T UM LIMITE ELUSIVO

Este projeto envolve a função

$$f(x) = \frac{\text{sen}(\text{tg}\, x) - \text{tg}(\text{sen}\, x)}{\text{arcsen}(\text{arctg}\, x) - \text{arcsen}(\text{arctg}\, x)}$$

1. Use um sistema de computação algébrica para avaliar $f(x)$ para $x = 1$, 0,1, 0,01, 0,001 e 0,0001. (É possível que uma calculadora não forneça valores precisos). Parece que f tem um limite quando $x \to 0$?
2. Use o SCA para traçar f próximo de $x = 0$. Parece que f tem um limite quando $x \to 0$?
3. Tente calcular $\lim_{x \to 0} f(x)$ pela Regra de l'Hôspital, usando seu SCA para encontrar as derivadas do numerador e do denominador. O que você descobriu? Quantas aplicações da Regra de l'Hôspital são necessárias?
4. Calcule $\lim_{x \to 0} f(x)$ usando seu SCA para encontrar quantos termos foram necessários da série de Taylor do numerador e do denominador.
5. Use o comando de limite em seu SCA para encontrar o $\lim_{x \to 0} f(x)$ diretamente. (A maioria dos sistemas de computação algébrica usa o método do Problema 4 para calcular limites.)
6. Tendo em vista as respostas aos Problemas 4 e 5, como você explica os resultados dos Problemas 1 e 2?

PROJETO ESCRITO | COMO NEWTON DESCOBRIU A SÉRIE BINOMIAL

O Teorema Binomial, que dá a expansão de $(a + b)^k$, era conhecido pelos matemáticos chineses muitos séculos antes da época de Newton para o caso em que o expoente k é um inteiro positivo. Em 1665, quando tinha 22 anos, Newton foi o primeiro a descobrir a expansão em série infinita de $(a + b)^k$ quando k é um expoente fracionário (positivo ou negativo). Ele não publicou sua descoberta, mas enunciou-a e deu exemplos de como usá-la em uma carta (chamada hoje *epistola prior*) datada de 13 de junho de 1676, que ele enviou a Henry Oldenburg, secretário da Royal Society of London, para transmiti-la a Leibniz. Quando Leibniz respondeu, ele perguntou como Newton tinha descoberto a série binomial. Newton escreveu uma segunda carta, a *epistola posterior*, em 24 de outubro de 1676, na qual explicou detalhadamente como chegou à sua descoberta por uma rota muito indireta. Ele estava investigando as áreas sob as curvas $y = (1 - x^2)^{n/2}$ de 0 a x para $n = 0$, 1, 2, 3, 4, ... Essas são fáceis de calcular se n for par. Ao observar padrões e interpolação, Newton foi capaz de adivinhar as respostas para valores ímpares de n. Então, ele percebeu que poderia obter as mesmas respostas expressando $(1 - x^2)^{n/2}$ como uma série infinita.

Escreva um ensaio sobre a descoberta de Newton da série binomial. Comece dando um enunciado da série binomial na notação de Newton. Explique por que a versão de Newton é equivalente ao Teorema 11.10.17. Então leia a *epistola posterior* de Newton e explique os padrões que ele descobriu nas áreas sob as curvas $y = (1 - x^2)^{n/2}$. Mostre como pôde conjecturar as áreas sob as curvas restantes e como verificou suas respostas. Finalmente, explique como essas descobertas levaram à série binomial. Os livros de Edwards [1] e Katz [3] contêm comentários sobre as cartas de Newton.

1. Edwards Jr., C. H. *The Historical Development of the Calculus*. Nova York: Springer-Verlag, 1979, p. 178-87.
2. Fauvel, J.; Gray J. *The History of Mathematics*: *A Reader*. Basingstoke, UK: MacMillan Education, 1987.
3. Victor, Katz. *A History of Mathematics*: *An Introduction*. 3. ed. Boston: Addison-Wesley, 2009, p. 543-82.
4. Struik, D. J. *A Sourcebook in Mathematics, 1200-1800*. Cambridge, MA: Harvard University Press, 1969.

11.11 Aplicações dos Polinômios de Taylor

Nesta seção, exploraremos dois tipos de aplicações de polinômios de Taylor. Primeiro, veremos como eles são usados para aproximar funções – os cientistas de computação os empregam porque os polinômios são as mais simples das funções. Depois, investigaremos como físicos e engenheiros utilizam esses polinômios em campos como relatividade, óptica, radiações de corpos negros, dipolos elétricos, velocidade das ondas de água e na construção de rodovias no deserto.

Aproximando Funções por Polinômios

Suponha que $f(x)$ seja igual à soma de sua série de Taylor em a:

$$f(x) = \sum_{n=0}^{\infty} \frac{f^{(n)}(a)}{n!}(x-a)^n$$

Na Seção 11.10, introduzimos a notação $T_n(x)$ para a n-ésima soma parcial dessa série, a que chamamos polinômio de Taylor de n-ésimo grau de f em a. Assim,

$$T_n(x) = \sum_{i=0}^{n} \frac{f^{(i)}(a)}{i!}(x-a)^i$$

$$= f(a) + \frac{f'(a)}{1!}(x-a) + \frac{f''(a)}{2!}(x-a)^2 + \cdots + \frac{f^{(n)}(a)}{n!}(x-a)^n$$

Como f é a soma de sua série de Taylor, sabemos que $T_n(x) \to f(x)$ quando $n \to \infty$ e, assim, T_n pode ser usado como uma aproximação para f: $f(x) \approx T_n(x)$.

Observe que o polinômio de Taylor de primeiro grau

$$T_1(x) = f(a) + f'(a)(x-a)$$

é o mesmo que a linearização de f até a que discutimos na Seção 3.10, no Volume 1. Observe também que T_1 e seus derivados têm os mesmos valores em a que f e f' têm. Em geral, pode ser mostrado que as derivadas de T_n em a coincidem com as de f, incluindo até as derivadas de ordem n.

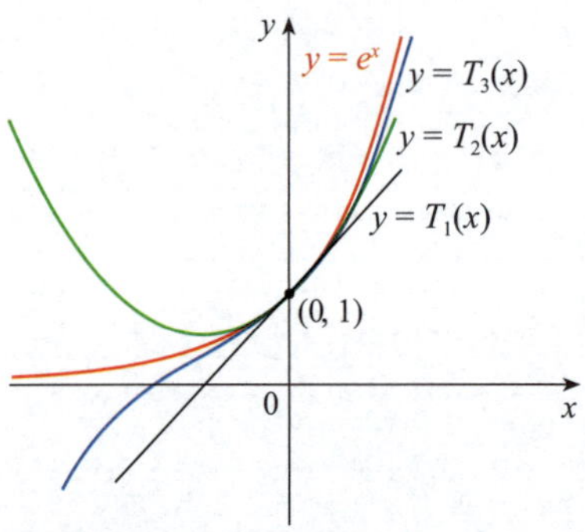

FIGURA 1

	$x = 0,2$	$x = 3,0$
$T_2(x)$	1.220000	8,500000
$T_4(x)$	1,221400	16,375000
$T_6(x)$	1,221403	19,412500
$T_8(x)$	1,221403	20,009152
$T_{10}(x)$	1,221403	20,079665
e^x	1,221403	20,085537

Para ilustrarmos essas ideias, vamos olhar novamente para os gráficos de $y = e^x$ e seus primeiros polinômios de Taylor, como mostrado na Figura 1. O gráfico de T_1 é a reta tangente a $y = e^x$ em (0, 1); essa reta tangente é a melhor aproximação linear para e^x próximo de (0, 1). O gráfico de T_2 é a parábola $y = 1 + x + x^2/2$, e o gráfico de T_3 é a curva cúbica $y = 1 + x + x^2/2 + x^3/6$, que é uma aproximação melhor para a curva exponencial $y = e^x$ do que T_2. O próximo polinômio de Taylor T_4 seria uma aproximação ainda melhor, e assim por diante.

Os valores na tabela dão uma ilustração numérica da convergência dos polinômios de Taylor $T_n(x)$ para a função $y = e^x$. Vemos que, quando $x = 0,2$, a convergência é muito rápida, mas, quando $x = 3$, ela é um tanto mais lenta. De fato, quanto mais longe x está de 0, mais lentamente $T_n(x)$ converge para e^x.

Quando usamos um polinômio de Taylor T_n para aproximar uma função f, temos de fazer as seguintes perguntas: Quão boa é uma aproximação? Quão grande devemos deixar n para obter a precisão desejada? Para respondermos a tais questões, precisamos olhar os valores absolutos do resto:

$$|R_n(x)| = |f(x) - T_n(x)|$$

Existem três métodos possíveis para estimar o tamanho do erro:

1. Podemos usar uma calculadora ou um computador para traçar o gráfico de $|R_n(x)| = |f(x) - T_n(x)|$ e, a partir dele, estimar o erro.

2. Se a série for alternada, podemos usar o Teorema da Estimativa de Séries Alternadas.
3. Em todos os casos podemos usar a Desigualdade de Taylor (Teorema 11.10.9), que diz que, se $|f^{(n+1)}(x)| \leq M$, então

$$|R_n(x)| \leq \frac{M}{(n+1)!}|x-a|^{n+1}$$

EXEMPLO 1

(a) Aproxime a função $f(x) = \sqrt[3]{x}$ por um polinômio de Taylor de grau 2 em $a = 8$.

(b) Qual é a precisão dessa aproximação quando $7 \leq x \leq 9$?

SOLUÇÃO

(a)

$$\begin{aligned} f(x) &= \sqrt[3]{x} = x^{1/3} & f(8) &= 2 \\ f'(x) &= \tfrac{1}{3}x^{-2/3} & f'(8) &= \tfrac{1}{12} \\ f''(x) &= -\tfrac{2}{9}x^{-5/3} & f''(8) &= \tfrac{1}{144} \\ f'''(x) &= \tfrac{10}{27}x^{-8/3} \end{aligned}$$

Então, o polinômio Taylor de segundo grau é

$$\begin{aligned} T_2(x) &= f(8) + \frac{f'(8)}{1!}(x-8) + \frac{f''(8)}{2!}(x-8)^2 \\ &= 2 + \tfrac{1}{12}(x-8) - \tfrac{1}{288}(x-8)^2 \end{aligned}$$

A aproximação desejada é

$$\sqrt[3]{x} \approx T_2(x) = 2 + \tfrac{1}{12}(x-8) - \tfrac{1}{288}(x-8)^2$$

(b) A série de Taylor não é alternada quando $x < 8$, assim, não podemos usar o Teorema da Estimativa de Séries Alternadas nesse exemplo. Mas podemos usar a Desigualdade de Taylor com $n = 2$ e $a = 8$:

$$|R_2(x)| \leq \frac{M}{3!}|x-8|^3$$

onde $|f'''(x)| \leq M$. Como $x \geq 7$, temos $x^{8/3} \geq 7^{8/3}$ e, dessa forma,

$$f'''(x) = \frac{10}{27} \cdot \frac{1}{x^{8/3}} \leq \frac{10}{27} \cdot \frac{1}{7^{8/3}} < 0{,}0021$$

Portanto, podemos tomar $M = 0{,}0021$. Além disso, $7 \leq x \leq 9$, assim, $-1 \leq x - 8 \leq 1$ e $|x - 8| \leq 1$. Então, a Desigualdade de Taylor dá

$$|R_2(x)| \leq \frac{0{,}0021}{3!} \cdot 1^3 = \frac{0{,}0021}{6} < 0{,}0004$$

Logo, se $7 \leq x \leq 9$, a aproximação na parte (a) tem precisão de 0,0004. ■

Vamos verificar os cálculos graficamente no Exemplo 1. A Figura 2 mostra que os gráficos de $y = \sqrt[3]{x}$ e $y = T_2(x)$ estão muito próximos um do outro quando x está próximo de 8. A Figura 3 mostra o gráfico de $|R_2(x)|$ calculado a partir da expressão

$$|R_2(x)| = |\sqrt[3]{x} - T_2(x)|$$

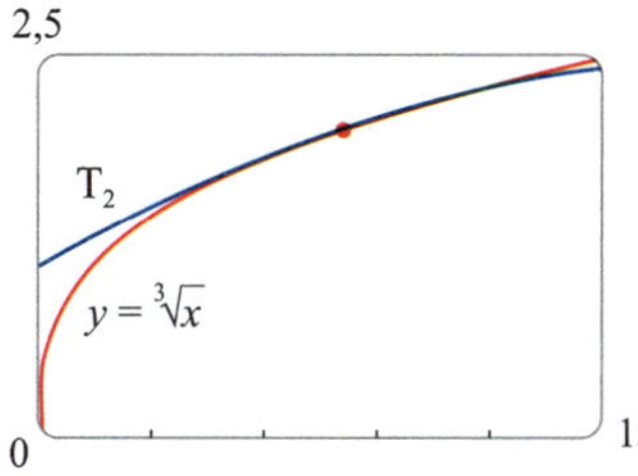

FIGURA 2

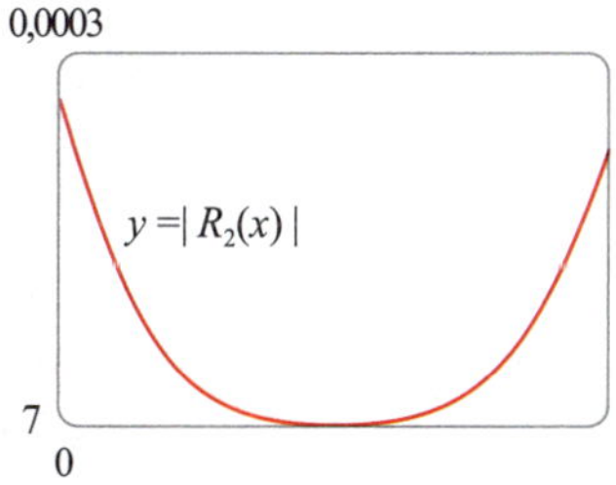

FIGURA 3

Vemos a partir do gráfico que

$$|R_2(x)| < 0{,}0003$$

quando $7 \le x \le 9$. Então, a estimativa do erro a partir de métodos gráficos é ligeiramente melhor que a estimativa do erro a partir da Desigualdade de Taylor, nesse caso.

EXEMPLO 2

(a) Qual é o máximo erro possível ao usar a aproximação

$$\operatorname{sen} x \approx x - \frac{x^3}{3!} + \frac{x^5}{5!}$$

quando $-0{,}3 \le x \le 0{,}3$? Use essa aproximação para encontrar sen 12° com precisão de seis casas decimais.

(b) Para quais valores de x essa aproximação tem precisão de 0,00005?

SOLUÇÃO

(a) Observe que a série de Maclaurin

$$\operatorname{sen} x = x - \frac{x^3}{3!} + \frac{x^5}{5!} - \frac{x^7}{7!} + \cdots$$

é alternada para todos os valores de x diferentes de zero e os termos sucessivos são decrescentes, pois $|x| < 1$; dessa maneira, podemos usar o Teorema da Estimativa de Séries Alternadas. O erro na aproximação de sen x pelos três primeiros termos de sua série de Maclaurin é de, no máximo,

$$\left|\frac{x^7}{7!}\right| = \frac{|x|^7}{5.040}$$

Se $-0{,}3 \le x \le 0{,}3$, então $|x| \le 0{,}3$; assim, o erro é menor que

$$\frac{(0{,}3)^7}{5.040} \approx 4{,}3 \times 10^{-8}$$

Para encontrarmos sen 12°, primeiro convertemos para radianos:

$$\operatorname{sen} 12° = \operatorname{sen}\left(\frac{12\pi}{180}\right) = \operatorname{sen}\left(\frac{\pi}{15}\right)$$

$$\approx \frac{\pi}{15} = \left(\frac{\pi}{15}\right)^3 \frac{1}{3!} + \left(\frac{\pi}{15}\right)^5 \frac{1}{5!} \approx 0{,}20791169$$

Então, com precisão de seis casas decimais, sen 12° ≈ 0,207912.

(b) O erro será menor que 0,00005 se

$$\frac{|x|^7}{5.040} < 0{,}00005$$

Resolvendo essa inequação para x, temos

$$|x|^7 < 0{,}252 \qquad \text{ou} \qquad |x| < (0{,}252)^{1/7} \approx 0{,}821$$

Assim, a aproximação dada tem precisão de 0,00005 quando $|x| < 0{,}82$. ■

O que acontecerá se usarmos a Desigualdade de Taylor para resolver o Exemplo 2? Como $f^{(7)}(x) = -\cos x$, obtemos $|f^{(7)}(x)| \le 1$, logo

$$|R_6(x)| \le \frac{1}{7!}|x|^7$$

Assim, obtemos as mesmas estimativas que usando o Teorema da Estimativa de Séries Alternadas.

E com métodos gráficos? A Figura 4 mostra o gráfico de

$$|R_6(x)| = \left|\operatorname{sen} x - \left(x - \tfrac{1}{6}x^3 + \tfrac{1}{120}x^5\right)\right|$$

e vemos a partir dele que $|R_6(x)| < 4{,}3 \times 10^{-8}$ quando $|x| \leq 0{,}3$. Essa é a mesma estimativa que obtivemos no Exemplo 2. Para a parte (b) queremos $|R_6(x)| < 0{,}00005$, assim traçamos $y = |R_6(x)|$ e $y = 0{,}00005$ na Figura 5. Das coordenadas do ponto de intersecção à direita, descobrimos que a desigualdade é satisfeita quando $|x| < 0{,}82$. De novo, essa é a mesma estimativa que obtivemos na solução do Exemplo 2.

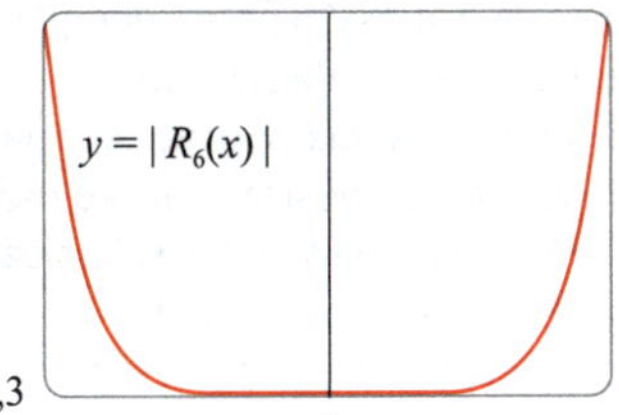

FIGURA 4

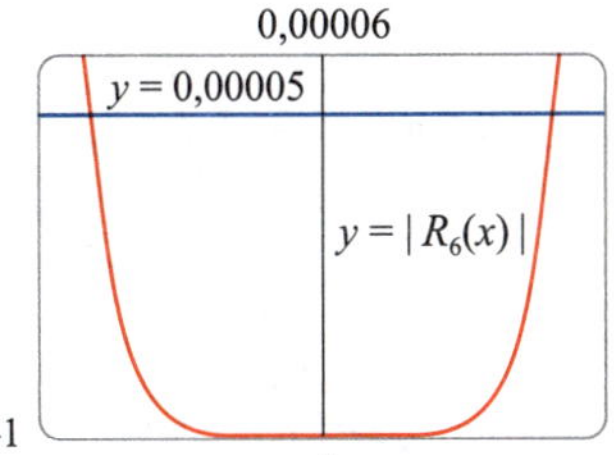

FIGURA 5

Se nos fosse pedido para aproximar sen 72° em vez de sen 12° no Exemplo 2, teria sido mais eficiente usar o polinômio de Taylor em $a = \pi/3$ (em vez de $a = 0$) porque ele é uma aproximação melhor para sen x para valores de x próximos de $\pi/3$. Observe que 72° está mais próximo de 60° (ou $\pi/3$ radianos) e as derivadas de sen x são fáceis de calcular em $\pi/3$.

A Figura 6 mostra os gráficos das aproximações por polinômios de Maclaurin

$$T_1(x) = x \qquad T_3(x) = x - \frac{x^3}{3!}$$

$$T_5(x) = x - \frac{x^3}{3!} + \frac{x^5}{5!} \qquad T_7(x) = x - \frac{x^3}{3!} + \frac{x^5}{5!} - \frac{x^7}{7!}$$

da curva seno. Você pode ver que, quando n aumenta, $T_n(x)$ é uma boa aproximação para sem x em um intervalo cada vez maior.

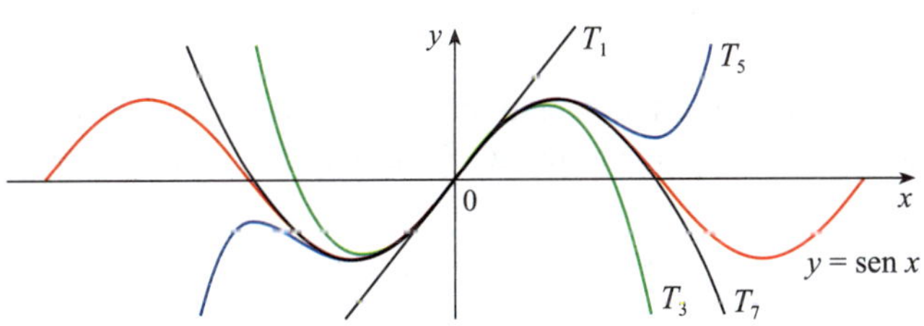

FIGURA 6

Um uso desse tipo de cálculo feito nos Exemplos 1 e 2 ocorre em calculadoras e computadores. Por exemplo, quando você pressiona as teclas sen ou e^x em sua calculadora, ou quando um programador de computador usa uma sub-rotina para uma função trigonométrica ou exponencial ou de Bessel, em muitas máquinas é calculada uma aproximação polinomial. O polinômio é com frequência um polinômio de Taylor que foi modificado de modo que o erro seja espalhado mais uniformemente por um intervalo.

Aplicações à Física

Os polinômios de Taylor são usados frequentemente na física. Para obter informações sobre uma equação, um físico muitas vezes simplifica uma função considerando apenas os primeiros dois ou três termos em sua série de Taylor. Em outras palavras, o físico usa um polinômio de Taylor como uma aproximação para a função. A Desigualdade de Taylor pode, então, ser usada para medir a precisão da aproximação. O exemplo a seguir mostra uma maneira na qual essa ideia é usada em relatividade especial.

EXEMPLO 3 Na teoria da relatividade especial de Einstein, a massa m de um objeto se movendo a uma velocidade v é

$$m = \frac{m_0}{\sqrt{1 - v^2/c^2}}$$

A curva superior na Figura 7 é o gráfico da expressão para a energia cinética K de um objeto com velocidade v na relatividade especial. A curva inferior mostra a função usada para K na física newtoniana clássica. Quando é muito menor que a velocidade da luz, as curvas são praticamente idênticas.

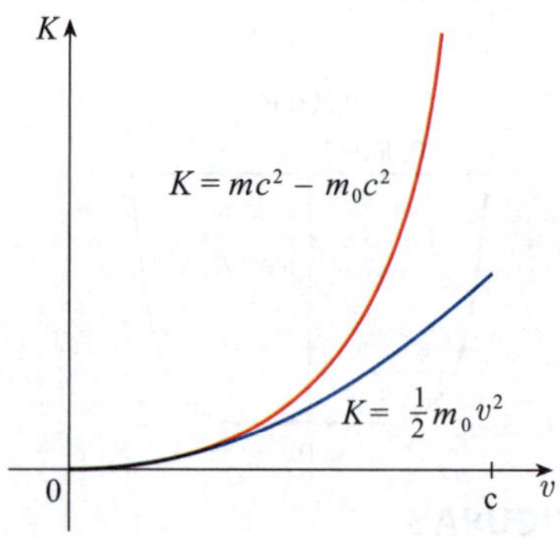

FIGURA 7

onde m_0 é a massa do objeto em repouso e c é a velocidade da luz. A energia cinética K do objeto é a diferença entre sua energia total e sua energia em repouso:

$$K = mc^2 - m_0c^2$$

(a) Mostre que, quando v for muito pequeno comparado a c, essa expressão para K coincide com a física clássica de Newton: $K = \frac{1}{2} m_0 v^2$.

(b) Use a Desigualdade de Taylor para estimar a diferença entre essas expressões para K quando $|v| \leq 100$ m/s.

SOLUÇÃO

(a) Usando as expressões dadas para K e m, obtemos

$$K = mc^2 - m_0c^2 = \frac{m_0c^2}{\sqrt{1 - v^2/c^2}} - m_0c^2 = m_0c^2\left[\left(1 - \frac{v^2}{c^2}\right)^{-1/2} - 1\right]$$

Com $x = -v^2/c^2$, a série de Maclaurin para $(1 + x)^{-1/2}$ é calculada mais facilmente como uma série binomial com $k = -\frac{1}{2}$. (Observe que $|x| < 1$ porque $v < c$.) Por isso, temos

$$(1+x)^{-1/2} = 1 - \tfrac{1}{2}x + \frac{(-\frac{1}{2})(-\frac{3}{2})}{2!}x^2 + \frac{(-\frac{1}{2})(-\frac{3}{2})(-\frac{5}{2})}{3!}x^3 + \cdots$$

$$= 1 - \tfrac{1}{2}x + \tfrac{3}{8}x^2 - \tfrac{5}{16}x^3 + \cdots$$

e

$$K = m_0c^2\left[\left(1 + \frac{1}{2}\frac{v^2}{c^2} + \frac{3}{8}\frac{v^4}{c^4} + \frac{5}{16}\frac{v^6}{c^6} + \cdots\right) - 1\right]$$

$$= m_0c^2\left(\frac{1}{2}\frac{v^2}{c^2} + \frac{3}{8}\frac{v^4}{c^4} + \frac{5}{16}\frac{v^6}{c^6} + \cdots\right)$$

Se v for muito menor que c, todos os termos depois do primeiro são muito menores quando comparados com o primeiro termo. Se os omitirmos, obteremos

$$K \approx m_0c^2\left(\frac{1}{2}\frac{v^2}{c^2}\right) = \tfrac{1}{2}m_0v^2$$

(b) Se $x = -v^2/c^2$, $f(x) = m_0c^2\,[(1 + x)^{-1/2} - 1]$ e M for um número tal que $|f''(x)| \leq M$, então podemos usar a Desigualdade de Taylor para escrever

$$|R_1(x)| \leq \frac{M}{2!}x^2$$

Temos $f''(x) = \frac{3}{4}\,m_0c^2(1 + x)^{-5/2}$ e nos foi dado que $|v| \leq 100$ m/s, portanto

$$|f''(x)| = \frac{3m_0c^2}{4(1 - v^2/c^2)^{5/2}} \leq \frac{3m_0c^2}{4(1 - 100^2/c^2)^{5/2}} \; (= M)$$

Logo, com $c = 3 \times 10^8$ m/s,

$$|R_1(x)| \leq \frac{1}{2} \cdot \frac{3m_0c^2}{4(1 - 100^2/c^2)^{5/2}} \cdot \frac{100^4}{c^4} < (4{,}17 \times 10^{-10})\,m_0$$

Assim, quando $|v| \leq 100$ m/s, o módulo do erro ao usar a expressão newtoniana para a energia cinética é no máximo $(4{,}2 \times 10^{-10})m_0$. ■

Outra aplicação à física ocorre em óptica. A Figura 8 mostra uma onda de uma fonte pontual S encontrando uma interface esférica de raio R centrada em C. O raio SA é refratado em direção a P.

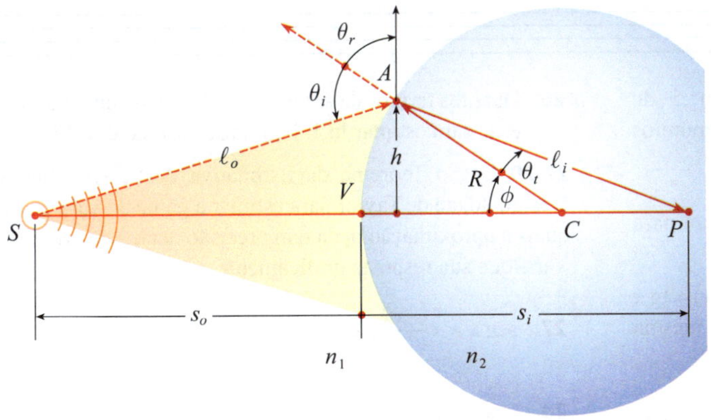

FIGURA 8
Refração em uma interface esférica

Usando o princípio de Fermat de que a luz viaja de modo a minimizar o tempo de percurso, Hecht deduz a equação

1
$$\frac{n_1}{\ell_o}+\frac{n_2}{\ell_i}=\frac{1}{R}\left(\frac{n_2 s_i}{\ell_i}-\frac{n_1 s_o}{\ell_o}\right)$$

onde n_1 e n_2 são índices de refração e ℓ_o, ℓ_i, s_o e s_i são as distâncias indicadas na Figura 8. Pela Lei dos Cossenos, aplicada aos triângulos ACS e ACP, temos

2
$$\ell_o=\sqrt{R^2+(s_o+R)^2-2R(s_o+R)\cos\phi}$$
$$\ell_i=\sqrt{R^2+(s_i-R)^2+2R(s_i-R)\cos\phi}$$

Aqui usamos a identidade
$\cos(\pi-\phi)=-\cos\phi$

Como a Equação 1 é difícil para se trabalhar, Gauss, em 1841, a simplificou usando a aproximação linear $\cos\phi\approx 1$ para valores pequenos de ϕ. (Isso equivale a usar os polinômios de Taylor de grau 1.) Então, a Equação 1 se torna a equação mais simples a seguir [como lhe será solicitado demonstrar no Exercício 34(a)]:

3
$$\frac{n_1}{s_o}+\frac{n_2}{s_i}=\frac{n_2-n_1}{R}$$

A teoria óptica resultante é conhecida como *óptica gaussiana*, ou *óptica de primeira ordem*, e tornou-se a ferramenta teórica básica usada no projeto de lentes.

Uma teoria mais precisa é obtida aproximando $\cos\phi$ por seu polinômio de Taylor de grau 3 (que é o mesmo que o polinômio de Taylor de grau 2). Ela leva em consideração raios para os quais ϕ não é tão pequeno, isto é, raios que atingem a superfície a distâncias h maiores acima do eixo. No Exercício 34(b) lhe será pedido para que use essa aproximação para deduzir a equação mais precisa

4
$$\frac{n_1}{s_o}+\frac{n_2}{s_i}=\frac{n_2-n_1}{R}+h^2\left[\frac{n_1}{2s_o}\left(\frac{1}{s_o}+\frac{1}{R}\right)^2+\frac{n_2}{2s_i}\left(\frac{1}{R}-\frac{1}{s_i}\right)^2\right]$$

A teoria óptica resultante é conhecida como *óptica de terceira ordem*.

Outras aplicações dos polinômios de Taylor à física são exploradas nos Exercícios 32, 33, 35, 36, 37 e 38, e no Projeto Aplicado seguinte a esta seção.

11.11 Exercícios

1. (a) Encontre os polinômios de Taylor até o grau 5 de $f(x) = \text{sen}\, x$ centrados em $a = 0$. Trace f e esses polinômios na mesma tela.
(b) Calcule f e esses polinômios em $x = \pi/4$, $\pi/2$ e π.
(c) Comente como os polinômios de Taylor convergem para $f(x)$.

2. (a) Encontre os polinômios de Taylor até o grau 3 de $f(x) = \text{tg}\, x$ centrados em $a = 0$. Trace f e esses polinômios na mesma tela.
(b) Calcule f e esses polinômios em $x = \pi/6$, $\pi/4$ e $\pi/3$.
(c) Comente como os polinômios de Taylor convergem para $f(x)$.

3-10 Encontre o polinômio de Taylor $T_3(x)$ da função f centradas no número a. Faça o gráfico de f e T_3 na mesma tela.

3. $f(x) = e^x$, $a = 1$
4. $f(x) = \text{sen}\, x$, $a = \pi/6$
5. $f(x) = \cos x$, $a = \pi/2$
6. $f(x) = e^{-x}\, \text{sen}\, x$, $a = 0$
7. $f(x) = \ln x$, $a = 1$
8. $f(x) = x \cos x$, $a = 0$
9. $f(x) = xe^{-2x}$, $a = 0$
10. $f(x) = \text{tg}^{-1}\, x$, $a = 1$

11-12 Use um sistema de computação algébrica para encontrar os polinômios de Taylor T_n centrados em a para $n = 2, 3, 4, 5$. Então trace os gráficos destes polinômios e f na mesma tela.

11. $f(x) = \text{cotg}\, x$, $a = \pi/4$
12. $f(x) = \sqrt[3]{1+x^2}$, $a = 0$

13-22
(a) Aproxime f por um polinômio de Taylor com grau n no número a.
(b) Use a Desigualdade de Taylor para estimar a precisão da aproximação $f(x) \approx T_n(x)$ quando x estiver no intervalo dado.
(c) Verifique seu resultado na parte (b) traçando $|R_n(x)|$.

13. $f(x) = 1/x$, $a = 1$, $n = 2$, $0{,}7 \le x \le 1{,}3$
14. $f(x) = x^{-1/2}$, $a = 4$, $n = 2$, $3{,}5 \le x \le 4{,}5$
15. $f(x) = x^{2/3}$, $a = 1$, $n = 3$, $0{,}8 \le x \le 1{,}2$
16. $f(x) = \text{sen}\, x$, $a = \pi/6$, $n = 4$, $0 \le x \le \pi/3$
17. $f(x) = \sec x$, $a = 0$, $n = 2$, $-0{,}2 \le x \le 0{,}2$
18. $f(x) = \ln(1 + 2x)$, $a = 1$, $n = 3$, $0{,}5 \le x \le 1{,}5$
19. $f(x) = e^{x^2}$, $a = 0$, $n = 3$, $0 \le x \le 0{,}1$
20. $f(x) = x \ln x$, $a = 1$, $n = 3$, $0{,}5 \le x \le 1{,}5$
21. $f(x) = x\, \text{sen}\, x$, $a = 0$, $n = 4$, $-1 \le x \le 1$
22. $f(x) = \text{senh}\, 2x$, $a = 0$, $n = 5$, $-1 \le x \le 1$

23. Use a informação do Exercício 5 para estimar cos 80° com precisão de cinco casas decimais.

24. Use a informação do Exercício 16 para estimar sen 38° com precisão de cinco casas decimais.

25. Use a Desigualdade de Taylor para determinar o número de termos da série de Maclaurin de e^x que devem ser usados para estimar $e^{0,1}$ com precisão de 0,00001.

26. Quantos termos da série de Maclaurin de $\ln(1 + x)$ você precisa usar para estimar ln 1,4 com precisão de 0,001?

27-29 Use o Teorema da Estimativa de Séries Alternadas ou a Desigualdade de Taylor para estimar a gama de valores de x para os quais a aproximação dada tem precisão dentro do erro estabelecido. Verifique sua resposta graficamente.

27. $\text{sen}\, x \approx x - \dfrac{x^3}{6} \quad (|\text{erro}| < 0{,}01)$

28. $\cos x \approx 1 - \dfrac{x^2}{2} + \dfrac{x^4}{24} \quad (|\text{erro}| < 0{,}005)$

29. $\text{arctg}\, x \approx x - \dfrac{x^3}{3} + \dfrac{x^5}{5} \quad (|\text{erro}| < 0{,}05)$

30. Suponha que você saiba que

$$f^{(n)}(4) = \frac{(-1)^n\, n!}{3^n\,(n+1)}$$

e que a série de Taylor de f centrada em 4 converge para $f(x)$ para todo x no intervalo de convergência. Mostre que o polinômio de Taylor de grau 5 aproxima $f(5)$ com erro menor que 0,0002.

31. Um carro está se movendo com velocidade de 20 m/s e aceleração de 2 m/s^2 em dado instante. Usando um polinômio de Taylor de grau 2, estime a distância que o carro percorre no próximo segundo. Seria razoável utilizar esse polinômio para estimar a distância percorrida durante o próximo minuto?

32. A resistividade ρ de um fio condutor é o recíproco da condutividade e é medida em unidades de ohm-metros (Ω-m). A resistividade de dado metal depende da temperatura de acordo com a equação

$$\rho(t) = \rho_{20}\, e^{\alpha(t-20)}$$

onde t é a temperatura em °C. Existem tabelas que listam os valores de α (o coeficiente de temperatura) e ρ_{20} (a resistividade a 20 °C) para vários metais. Exceto a temperaturas muito baixas, a resistividade varia quase linearmente com a temperatura, e assim é comum aproximar a expressão para $\rho(t)$ por seu polinômio de Taylor de grau 1 ou 2 em $t = 20$.
(a) Encontre expressões para estas aproximações linear e quadrática.
(b) Para o cobre, a tabela fornece $\alpha = 0{,}0039$/°C e $\rho_{20} = 1{,}7 \times 10^{-8}$ Ω-m. Trace a resistividade do cobre e as aproximações linear e quadrática para -250 °C $\le t \le$ 1.000 °C.
(c) Para quais valores de t a aproximação linear coincide com a expressão exponencial com precisão de 1%?

33. Um dipolo elétrico consiste em duas cargas elétricas de módulos iguais e sinais opostos. Se as cargas forem q e $-q$ e estiverem localizadas a uma distância d, então o campo elétrico E no ponto P na figura é

$$E = \frac{q}{D^2} - \frac{q}{(D+d)^2}$$

Expandindo essa expressão para E como uma série de potências de d/D, mostre que E é aproximadamente proporcional a $1/D^3$ quando P está muito distante do dipolo.

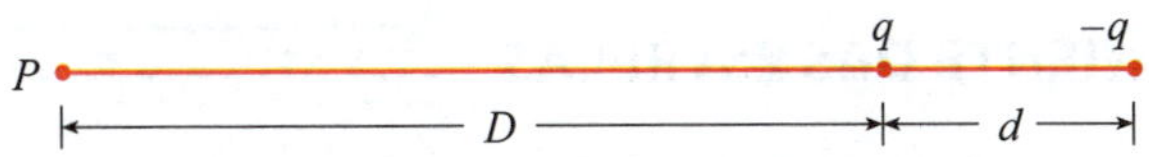

34. (a) Deduza a Equação 3 para a óptica gaussiana a partir da Equação 1 aproximando cos ϕ na Equação 2 por seu polinômio de Taylor de grau 1.

(b) Mostre que se cos ϕ for substituído por seu polinômio de Taylor de terceiro grau na Equação 2, então a Equação 1 se torna Equação 4 para terceira ordem óptica. [*Dica*: Use os dois primeiros termos da série binomial para ℓ_o^{-1} e ℓ_i^{-1} Use, também, $\phi \approx$ sen ϕ.]

35. Se uma onda de água com comprimento L se mover com velocidade v ao longo de um corpo de água com profundidade d, como na figura, então

$$v^2 = \frac{gL}{2\pi}\,\text{tgh}\,\frac{2\pi d}{L}$$

(a) Se a água for profunda, mostre que $v \approx \sqrt{gL/(2\pi)}$.

(b) Se a água for rasa, use a série de Maclaurin para tgh para mostrar que $v \approx \sqrt{gd}$. (Então, em água rasa a velocidade de uma onda tende a ser independente do comprimento da onda.)

(c) Use o Teorema da Estimativa de Séries Alternadas para mostrar que, se $L > 10d$, então a estimativa $v^2 \approx gd$ tem precisão de $0{,}014gL$.

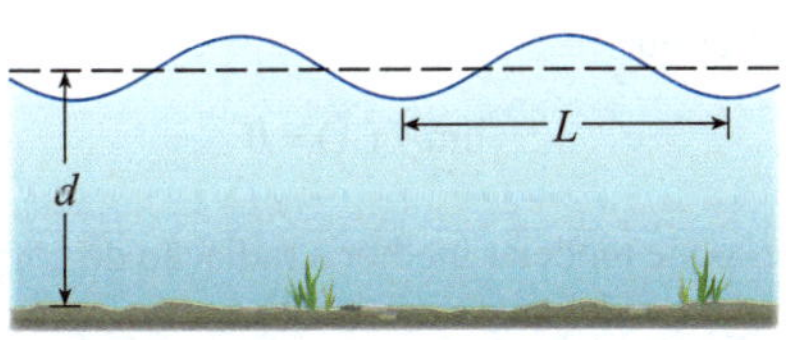

36. Um disco uniformemente carregado tem raio R e densidade de carga superficial σ como na figura. O potencial elétrico V no ponto P a uma distância d ao longo do eixo perpendicular central do disco é

$$V = 2\pi k_e \sigma\left(\sqrt{d^2 + R^2} - d\right)$$

onde k_e é uma constante (chamada constante de Coulomb). Mostre que

$$V \approx \frac{\pi k_e R^2 \sigma}{d} \qquad \text{para } d \text{ grande}$$

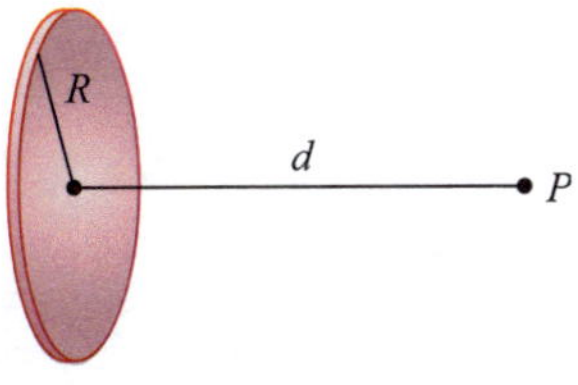

37. Se um topógrafo mede as diferenças nas elevações dos terrenos em um deserto, com a finalidade de construir uma rodovia, ele tem de fazer correções por causa da curvatura da Terra.

(a) Se R é o raio da Terra e L é o comprimento da rodovia, mostre que a correção a ser feita será

$$C = R\sec(L/R) - R$$

(b) Use um polinômio de Taylor para mostrar que

$$C \approx \frac{L^2}{2R} + \frac{5L^4}{24R^3}$$

(c) Compare as correções dadas pelas fórmulas em (a) e (b) para uma rodovia que tenha 100 km de percurso. (Tome o raio da Terra como 6.370 km.)

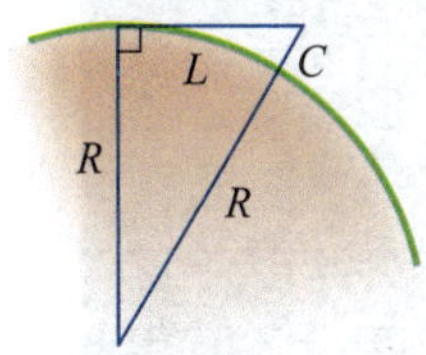

38. O período de um pêndulo com comprimento L que faz um ângulo máximo θ_0 com a vertical é

$$T = 4\sqrt{\frac{L}{g}}\int_0^{\pi/2}\frac{dx}{\sqrt{1 - k^2\,\text{sen}^2 x}}$$

onde $k = \text{sen}\left(\frac{1}{2}\theta_0\right)$ e g é a aceleração da gravidade. (No Exercício 7.7.42, no Volume 1, essa integral foi aproximada pela regra de Simpson.)

(a) Expanda o integrando como uma série binomial e use o resultado do Exercício 7.1.56, no Volume 1, para mostrar que

$$T = 2\pi\sqrt{\frac{L}{g}}\left[1 + \frac{1^2}{2^2}k^2 + \frac{1^2 3^2}{2^2 4^2}k^4 + \frac{1^2 3^2 5^2}{2^2 4^2 6^2}k^6 + \cdots\right]$$

Se θ_0 não for muito grande, a aproximação $T \approx 2\pi\sqrt{L/g}$, obtida ao se usar o primeiro termo da série, é frequentemente utilizada. Uma aproximação melhor seria obtida pelos dois primeiros termos:

$$T \approx 2\pi\sqrt{\frac{L}{g}}\left(1 + \tfrac{1}{4}k^2\right)$$

(b) Observe que todos os termos da série, com exceção do primeiro, têm coeficientes que são, no máximo, $\frac{1}{4}$. Use esse fato para comparar esta série com a série geométrica e mostre que

$$2\pi\sqrt{\frac{L}{g}}\left(1 + \tfrac{1}{4}k^2\right) \le T \le 2\pi\sqrt{\frac{L}{g}}\,\frac{4 - 3k^2}{4 - 4k^2}$$

(c) Use as desigualdades em (b) para estimar o período de um pêndulo com $L = 1$ metro e $\theta_0 = 10°$. Como isso se compara com a estimativa $T \approx 2\pi\sqrt{L/g}$? E se $\theta_0 = 42°$?

39. Na Seção 4.8, do Volume 1, consideramos o método de Newton para aproximar uma raiz r da equação $f(x) = 0$, e a partir de uma aproximação inicial x_1 obtivemos aproximações sucessivas x_2, x_3, ..., onde

$$x_{n+1} = x_n - \frac{f(x_n)}{f'(x_n)}$$

Use a Desigualdade de Taylor com $n = 1$, $a = x_n$ e $x = r$ para mostrar que, se $f''(x)$ existir em um intervalo I contendo r, x_n e x_{n+1}, e $|f''(x)| \le M$, $|f'(x)| \ge K$ para todo $x \in I$, então

$$|x_{n+1} - r| \le \frac{M}{2K}|x_n - r|^2$$

[Isso significa que, se x_n tem precisão de d casas decimais, então x_{n+1} terá precisão de cerca de $2d$ casas decimais. Mais precisamente, se o erro no estágio n for no máximo 10^{-m}, então o erro na etapa $n + 1$ será no máximo $(M/2K)10^{-2m}$.]

PROJETO APLICADO | RADIAÇÃO PROVENIENTE DAS ESTRELAS

Luke Dodd/SCIENCE PHOTO LIBRARY/Getty Images

Qualquer objeto emite radiação quando aquecido. Um *corpo negro* é um sistema que absorve toda a radiação que incide nele. Por exemplo, uma superfície preta não brilhante ou uma grande cavidade com um pequeno furo em sua parede (como uma fornalha siderúrgica) é um corpo negro e emite radiação de corpo negro. Até a radiação do Sol está próxima de ser a radiação de um corpo negro.

Proposta no fim do século XIX, a Lei de Rayleigh-Jeans expressa a densidade de energia da radiação do corpo negro de comprimento de onda λ como

$$f(\lambda) = \frac{8\pi kT}{\lambda^4}$$

onde λ é medido em metros, T é a temperatura em kelvins (K) e k é a constante de Boltzmann. A Lei de Rayleigh-Jeans coincide com as medidas experimentais para comprimentos de onda longos, mas diverge drasticamente para comprimentos de onda curtos. [A lei prediz que $f(\lambda) \to \infty$ quando $\lambda \to 0^+$, mas experiências mostraram que $f(\lambda) \to 0$.] Esse fato é conhecido como a *catástrofe ultravioleta*.

Em 1900, Max Planck encontrou um modelo melhor (conhecido agora como a Lei de Planck) para a radiação do corpo negro:

$$f(\lambda) = \frac{8\pi hc\lambda^{-5}}{e^{hc/(\lambda kT)} - 1}$$

onde λ é medido em metros, T é a temperatura (em kelvins) e

h = constante de Planck's = $6{,}6262 \times 10^{-34}$ J·s

c = velocidade da luz = $2{,}997925 \times 10^{8}$ m/s

k = constante de Boltzmann's = $1{,}3807 \times 10^{-23}$ J/K

1. Use a Regra de l'Hôspital para mostrar que

$$\lim_{\lambda \to 0^+} f(\lambda) = 0 \qquad \text{e} \qquad \lim_{\lambda \to \infty} f(\lambda) = 0$$

para a Lei de Planck. Assim, essa lei pode modelar melhor a radiação do corpo negro que a Lei de Rayleigh-Jeans para comprimentos de onda mais curtos.

2. Use um polinômio de Taylor para mostrar que, para comprimentos de onda longos, a Lei de Planck fornece aproximadamente os mesmos valores que a Lei de Rayleigh-Jeans.

3. Trace f dada por ambas as leis na mesma tela e comente as similaridades e diferenças. Use $T = 5.700$ K (a temperatura do Sol). (Você pode querer mudar de metros para unidade mais conveniente de micrômetros: 1 μm = 10^{-6} m.)

4. Use seu gráfico no Problema 3 para estimar o valor de λ para o qual $f(\lambda)$ é um máximo na Lei de Planck.

5. Investigue como o gráfico de f muda quando T varia. (Use a Lei de Planck.) Em particular, trace f para as estrelas Betelgeuse (T = 3.400 K), Procyon (T = 6.400 K) e Sirius (T = 9.200 K), e também o Sol. Como a radiação total emitida (a área sob a curva) varia com T? Use o gráfico para comentar por que Sirius é conhecida como uma estrela azul e Betelgeuse, como uma estrela vermelha.

11 REVISÃO

VERIFICAÇÃO DE CONCEITOS

As respostas para a seção Verificação de Conceitos podem ser encontradas na página deste livro no site da Cengage.

1. (a) O que é uma sequência convergente?
(b) O que é uma série convergente?
(c) O que significa $\lim_{n\to\infty} a_n = 3$?
(d) O que significa $\Sigma_{n=1}^{\infty} a_n = 3$?

2. (a) O que é uma sequência limitada?
(b) O que é uma sequência monótona?
(c) O que você pode dizer sobre uma sequência monótona limitada?

3. (a) O que é uma série geométrica? Sob que circunstâncias ela é convergente? Qual é sua soma?
(b) O que é uma série p? Sob que circunstâncias ela é convergente?

4. Suponha que $\Sigma a_n = 3$ e s_n seja a n-ésima soma parcial da série. O que é $\lim_{n\to\infty} a_n$? O que é $\lim_{n\to\infty} s_n$?

5. Enuncie o seguinte:
(a) O Teste da Divergência.
(b) O Teste da Integral.
(c) O Teste da Comparação Direta.
(d) O Teste da Comparação no Limite.
(e) O Teste da Série Alternada.
(f) O Teste da Razão.
(g) O Teste da Raiz.

6. (a) O que é uma série absolutamente convergente?
(b) O que você pode dizer sobre essas séries?
(c) O que é uma série condicionalmente convergente?

7. (a) Se uma série for convergente pelo Teste da Integral, como você estima sua soma?
(b) Se uma série for convergente pelo Teste da Comparação Direta, como você estima sua soma?
(c) Se uma série for convergente pelo Teste da Série Alternada, como você estima sua soma?

8. (a) Escreva a forma geral de uma série de potências.
(b) O que é o raio de convergência de uma série de potências?
(c) O que é o intervalo de convergência de uma série de potências?

9. Suponha que $f(x)$ seja a soma de uma série de potências com raio de convergência R.
(a) Como você deriva f? Qual é o raio de convergência da série para f'?
(b) Como você integra f? Qual é o raio de convergência da série para $\int f(x)\,dx$?

10. (a) Escreva uma expressão para a série de Taylor de n-ésimo grau de f centrada em a.
(b) Escreva uma expressão para a série de Taylor de f centrada em a.
(c) Escreva uma expressão para a série de Maclaurin de f.
(d) Como você mostra que $f(x)$ é igual à soma de sua série de Taylor?
(e) Enuncie a Desigualdade de Taylor.

11. Escreva a série de Maclaurin e o intervalo de convergência para cada uma das seguintes funções:
(a) $1/(1-x)$ (b) e^x
(c) $\operatorname{sen} x$ (d) $\cos x$
(e) $\operatorname{tg}^{-1}x$ (f) $\ln(1+x)$

12. Escreva a expansão da série binomial de $(1+x)^k$. Qual é o raio de convergência dessa série?

TESTES VERDADEIRO-FALSO

Determine se a afirmação é falsa ou verdadeira. Se for verdadeira, explique por quê. Caso contrário, explique por que ou dê um exemplo que mostre que é falsa.

1. Se $\lim_{n\to\infty} a_n = 0$, então Σa_n é convergente.

2. A série $\Sigma_{n=1}^{\infty} n^{-\operatorname{sen} 1}$ é convergente.

3. Se $\lim_{n\to\infty} a_n = L$, então $\lim_{n\to\infty} a_{2n+1} = L$.

4. Se $\Sigma c_n 6^n$ for convergente, então $\Sigma c_n(-2)^n$ é convergente.

5. Se $\Sigma c_n 6^n$ for convergente, então $\Sigma c_n(-6)^n$ é convergente.

6. Se $\Sigma c_n x^n$ diverge quando $x = 6$, então ela diverge quando $x = 10$.

7. O Teste da Razão pode ser usado para determinar se $\Sigma 1/n^3$ converge.

8. O Teste da Razão pode ser usado para determinar se $\Sigma 1/n!$ converge.

9. Se $0 \le a_n \le b_n$ e Σb_n divergir, então Σa_n diverge.

10. $\displaystyle\sum_{n=0}^{\infty} \frac{(-1)^n}{n!} = \frac{1}{e}$

11. Se $-1 < \alpha < 1$, então $\lim_{n\to\infty} \alpha^n = 0$.

12. Se Σa_n é divergente, então $\Sigma |a_n|$ é divergente.

13. Se $f(x) = 2x - x^2 + \frac{1}{3}x^3 - \cdots$ converge para todo x, então $f'''(0) = 2$.

14. Se $\{a_n\}$ e $\{b_n\}$ são ambas divergentes, então $\{a_n + b_n\}$ é divergente.

15. Se $\{a_n\}$ e $\{b_n\}$ são ambas divergentes, então $\{a_n b_n\}$ é divergente.

16. Se $\{a_n\}$ é decrescente e $a_n > 0$ para todo n, então $\{a_n\}$ será convergente.

17. Se $a_n > 0$ e Σa_n converge, então $\Sigma(-1)^n a_n$ também converge.

18. Se $a_n > 0$ e $\lim_{n\to\infty}(a_{n+1}/a_n) < 1$, então $\lim_{n\to\infty} a_n = 0$.

19. $0{,}99999... = 1$

20. Se $\lim_{n\to\infty} a_n = 2$, então $\lim_{n\to\infty}(a_{n+3} - a_n) = 0$.

21. Se um número finito de termos forem adicionados a uma série convergente, a nova série também é convergente.

22. Se $\displaystyle\sum_{n=1}^{\infty} a_n = A$ e $\displaystyle\sum_{n=1}^{\infty} b_n = B$, então $\displaystyle\sum_{n=1}^{\infty} a_n b_n = AB$.

EXERCÍCIOS

1-8 Determine se a sequência é convergente ou divergente. Se ela for convergente, encontre seu limite.

1. $a_n = \dfrac{2+n^3}{1+2n^3}$ **2.** $a_n = \dfrac{9^{n+1}}{10^n}$

3. $a_n = \dfrac{n^3}{1+n^2}$ **4.** $a_n = \cos(n\pi/2)$

5. $a_n = \dfrac{n \operatorname{sen} n}{n^2+1}$ **6.** $a_n = \dfrac{\ln n}{\sqrt{n}}$

7. $\{(1+3/n)^{4n}\}$ **8.** $\{(-10)^n/n!\}$

9. Uma sequência é definida recursivamente pelas equações $a_1 = 1$, $a_{n+1} = \frac{1}{3}(a_n + 4)$. Mostre que $\{a_n\}$ é crescente e $a_n < 2$ para todo n. Deduza que $\{a_n\}$ é convergente e encontre seu limite.

10. Mostre que $\lim_{n\to\infty} n^4 e^{-n} = 0$ e use um gráfico para encontrar o menor valor de N que corresponde a $\varepsilon = 0{,}1$ na definição de limite.

11-22 Determine se a série é convergente ou divergente.

11. $\sum_{n=1}^{\infty} \frac{n}{n^3+1}$ **12.** $\sum_{n=1}^{\infty} \frac{n^2+1}{n^3+1}$

13. $\sum_{n=1}^{\infty} \frac{n^3}{5^n}$ **14.** $\sum_{n=1}^{\infty} \frac{(-1)^n}{\sqrt{n+1}}$

15. $\sum_{n=2}^{\infty} \frac{1}{n\sqrt{\ln n}}$ **16.** $\sum_{n=1}^{\infty} \ln\left(\frac{n}{3n+1}\right)$

17. $\sum_{n=1}^{\infty} \frac{\cos 3n}{1+(1{,}2)^n}$ **18.** $\sum_{n=1}^{\infty} \frac{n^{2n}}{(1+2n^2)^n}$

19. $\sum_{n=1}^{\infty} \frac{1\cdot 3\cdot 5\cdot\cdots\cdot(2n-1)}{5^n n!}$

20. $\sum_{n=1}^{\infty} \frac{(-5)^{2n}}{n^2 9^n}$

21. $\sum_{n=1}^{\infty} (-1)^{n-1} \frac{\sqrt{n}}{n+1}$

22. $\sum_{n=1}^{\infty} \frac{\sqrt{n+1}-\sqrt{n-1}}{n}$

23-26 Determine se a série é condicionalmente convergente, absolutamente convergente ou divergente.

23. $\sum_{n=1}^{\infty} (-1)^{n-1} n^{-1/3}$ **24.** $\sum_{n=1}^{\infty} (-1)^{n-1} n^{-3}$

25. $\sum_{n=1}^{\infty} \frac{(-1)^n (n+1)3^n}{2^{2n+1}}$ **26.** $\sum_{n=2}^{\infty} \frac{(-1)^n \sqrt{n}}{\ln n}$

27-31 Encontre a soma da série.

27. $\sum_{n=1}^{\infty} \frac{(-3)^{n-1}}{2^{3n}}$ **28.** $\sum_{n=1}^{\infty} \frac{1}{n(n+3)}$

29. $\sum_{n=1}^{\infty} [\mathrm{tg}^{-1}(n+1) - \mathrm{tg}^{-1} n]$

30. $\sum_{n=0}^{\infty} \frac{(-1)^n \pi^n}{3^{2n}(2n)!}$

31. $1 - e + \frac{e^2}{2!} - \frac{e^3}{3!} + \frac{e^4}{4!} - \cdots$

32. Expresse a dízima periódica 4,17326326326... como uma fração.

33. Mostre que $\cosh x \geq 1 + \frac{1}{2}x^2$ para todo x.

34. Para quais valores de x a série $\Sigma_{n=1}^{\infty} (\ln x)^n$ converge?

35. Encontre a soma da série

$$\sum_{n=1}^{\infty} \frac{(-1)^{n+1}}{n^5}$$

com precisão de quatro casas decimais.

36. (a) Encontre a soma parcial s_5 da série $\Sigma_{n=1}^{\infty} 1/n^6$ e estime o erro ao usá-la como uma aproximação para a soma da série.

(b) Encontre a soma da série com precisão de cinco casas decimais.

37. Use a soma dos oito primeiros termos para aproximar a soma da série $\Sigma_{n=1}^{\infty} (2 + 5^n)^{-1}$. Estime o erro envolvido nessa aproximação.

38. (a) Mostre que a série $\sum_{n=1}^{\infty} \frac{n^n}{(2n)!}$ é convergente.

(b) Deduza que $\lim_{n\to\infty} \frac{n^n}{(2n)!} = 0$.

39. Demonstre que, se a série $\Sigma_{n=1}^{\infty} a_n$ for absolutamente convergente, então a série

$$\sum_{n=1}^{\infty} \left(\frac{n+1}{n}\right) a_n$$

é absolutamente convergente também.

40-43 Encontre o raio de convergência e o intervalo de convergência da série.

40. $\sum_{n=1}^{\infty} (-1)^n \frac{x^n}{n^2 5^n}$ **41.** $\sum_{n=1}^{\infty} \frac{(x+2)^n}{n 4^n}$

42. $\sum_{n=1}^{\infty} \frac{2^n (x-2)^n}{(n+2)!}$ **43.** $\sum_{n=0}^{\infty} \frac{2^n (x-3)^n}{\sqrt{n+3}}$

44. Encontre o raio de convergência da série

$$\sum_{n=1}^{\infty} \frac{(2n)!}{(n!)^2} x^n$$

45. Encontre a série de Taylor de $f(x) = \operatorname{sen} x$ em $a = \pi/6$.

46. Encontre a série de Taylor de $f(x) = \cos x$ em $a = \pi/3$.

47-54 Encontre a série de Maclaurin de f e seu raio de convergência. Você pode usar o método direto (a definição de série de Maclaurin) ou ou as séries de Maclaurin listadas na Tabela 11.10.1.

47. $f(x) = \frac{x^2}{1+x}$ **48.** $f(x) = \mathrm{tg}^{-1}(x^2)$

49. $f(x) = \ln(4-x)$ **50.** $f(x) = xe^{2x}$

51. $f(x) = \operatorname{sen}(x^4)$ **52.** $f(x) = 10^x$

53. $f(x) = 1/\sqrt[4]{16-x}$ **54.** $f(x) = (1-3x)^{-5}$

55. Calcule $\int \frac{e^x}{x}\,dx$ como uma série infinita.

56. Use séries para aproximar $\int_0^1 \sqrt{1+x^4}\,dx$ com precisão de duas casas decimais.

57-58

(a) Aproxime f por um polinômio de Taylor com n-ésimo grau no número a.

(b) Trace f e T_n na mesma tela.

(c) Use a Desigualdade de Taylor para estimar a precisão da aproximação $f(x) = T_n(x)$ quando x estiver no intervalo dado.

(d) Verifique seu resultado na parte (c) traçando $|R_n(x)|$.

57. $f(x) = \sqrt{x}$, $a = 1$, $n = 3$, $0{,}9 \leq x \leq 1{,}1$

58. $f(x) = \sec x$, $a = 0$, $n = 2$, $0 \leq x \leq \pi/6$

59. Use séries para calcular o limite a seguir.

$$\lim_{x \to 0} \frac{\operatorname{sen} x - x}{x^3}$$

60. A força da gravidade em um objeto de massa m a uma altura h acima da superfície da Terra é

$$F = \frac{mgR^2}{(R+h)^2}$$

onde R é o raio da Terra e g é a aceleração da gravidade para um objeto sobre a superfície da terra.

(a) Expresse F como uma série de potências em h/R.

(b) Observe que se nós aproximamos F pelo primeiro termo da série, temos a expressão $F \approx mg$, que é normalmente utilizada quando h é muito menor que R. Use o Teorema da Estimativa de Séries Alternadas ou a Desigualdade de Taylor para estimar a gama de valores de h para os quais a aproximação $F \approx mg$ tem precisão dentro de um por cento. (Use $R = 6.400$ km.)

61. Suponha que $f(x) = \Sigma_{n=0}^{\infty} c_n x^n$ para todo x.

(a) Se f é uma função ímpar, mostre que

$$c_0 = c_2 = c_4 = \cdots = 0$$

(b) Se f for uma função par, mostre que

$$c_1 = c_3 = c_5 = \cdots = 0$$

62. Se $f(x) = e^{x^2}$, mostre que $f^{(2n)}(0) = \dfrac{(2n)!}{n!}$.

Problemas Quentes

EXEMPLO 1 Calcule a soma da série $\displaystyle\sum_{n=0}^{\infty} \frac{(x+2)^n}{(n+3)!}$.

Antes de olhar a solução do exemplo, cubra-a e tente resolver você mesmo.

SOLUÇÃO O princípio de resolução de problemas que é relevante aqui é *reconhecer algo familiar*. As séries dadas se parecem em alguma coisa com uma série que já conhecemos? Bem, ela tem alguns ingredientes em comum com a série de Maclaurin para a função exponencial:

$$e^x = \sum_{n=0}^{\infty} \frac{x^n}{n!} = 1 + x + \frac{x^2}{2!} + \frac{x^3}{3!} + \cdots$$

Podemos fazer essa série parecer mais com a nossa série dada pela substituição de x por $x + 2$:

$$e^{x+2} = \sum_{n=0}^{\infty} \frac{(x+2)^n}{n!} = 1 + (x+2) + \frac{(x+2)^2}{2!} + \frac{(x+2)^3}{3!} + \cdots$$

Mas aqui o expoente no numerador corresponde ao número no denominador cujo fatorial é tirado. Para que isso aconteça na série dada, vamos multiplicar e dividir por $(x + 2)^3$:

$$\sum_{n=0}^{\infty} \frac{(x+2)^n}{(n+3)!} = \frac{1}{(x+2)^3} \sum_{n=0}^{\infty} \frac{(x+2)^{n+3}}{(n+3)!}$$

$$= (x+2)^{-3} \left[\frac{(x+2)^3}{3!} + \frac{(x+2)^4}{4!} + \cdots \right]$$

Vemos que a série entre parênteses é apenas a série para e^{x+2} com os três primeiros termos faltando. Logo,

$$\sum_{n=0}^{\infty} \frac{(x+2)^n}{(n+3)!} = (x+2)^{-3} \left[e^{x+2} - 1 - (x+2) - \frac{(x+2)^2}{2!} \right]$$ ■

PROBLEMAS

1. (a) Mostre que $\operatorname{tg} \frac{1}{2}x = \operatorname{cotg} \frac{1}{2}x - 2 \operatorname{cotg} x$.

(b) Encontre a soma da série

$$\sum_{n=1}^{\infty} \frac{1}{2^n} \operatorname{tg} \frac{x}{2^n}$$

2. Seja $\{P_n\}$ uma sequência de pontos determinados como na figura. Então $|AP_1| = 1$, $|P_n P_{n+1}| = 2^{n-1}$, e o ângulo $AP_n P_{n+1}$ é um ângulo reto. Encontre $\lim_{n\to\infty} \angle P_n A P_{n+1}$.

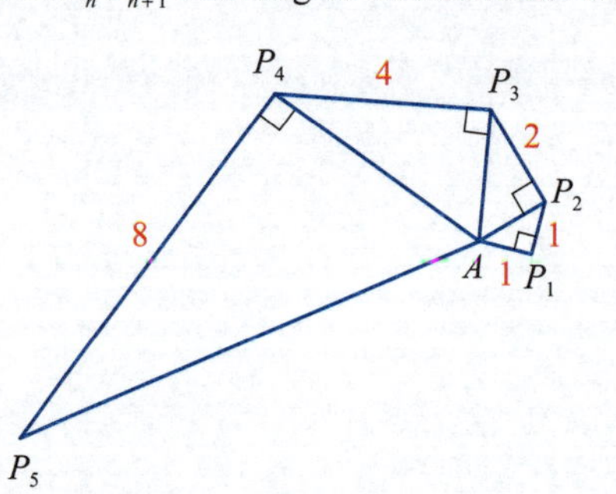

3. Para construir a **curva floco de neve**, comece com um triângulo equilátero com lados 1 de comprimento. A Etapa 1 na construção é dividir cada lado em três partes iguais, construir um triângulo equilátero na parte do meio e, então, apagar a parte do meio (veja a figura). A Etapa 2 consiste em repetir a Etapa 1 para cada lado do polígono resultante. Esse processo é repetido a cada etapa seguinte. A curva floco de neve é aquela que resulta da repetição desse processo indefinidamente.

(a) Sejam s_n, l_n e p_n as representações do número de lados, do comprimento de um lado e do comprimento total da n-ésima curva de aproximação (a curva obtida depois da Etapa n de construção), respectivamente. Encontre fórmulas para s_n, l_n e p_n.

(b) Mostre que $p_n \to \infty$ quando $n \to \infty$.

(c) Some uma série infinita para encontrar a área dentro da curva floco de neve.

Observação: As partes (b) e (c) mostram que a curva floco de neve é infinitamente longa, mas delimita apenas uma área finita.

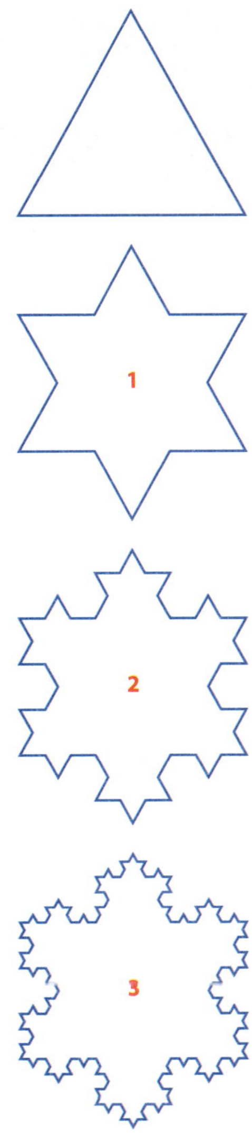

FIGURA PARA O PROBLEMA 3

4. Encontre a soma da série

$$1+\frac{1}{2}+\frac{1}{3}+\frac{1}{4}+\frac{1}{6}+\frac{1}{8}+\frac{1}{9}+\frac{1}{12}+\cdots$$

onde os termos são os recíprocos dos inteiros positivos cujos únicos fatores primos são 2 e 3.

5. (a) Mostre que, para $xy \neq -1$,

$$\text{arctg}\, x - \text{arctg}\, y = \text{arctg}\, \frac{x-y}{1+xy}$$

se o lado esquerdo estiver entre $-\pi/2$ e $\pi/2$.

(b) Mostre que $\text{arctg}\, \frac{120}{119} - \text{arctg}\, \frac{1}{239} = \pi/4$.

(c) Deduza a seguinte fórmula de John Machin (1680-1751):

$$4\, \text{arctg}\, \tfrac{1}{5} - \text{arctg}\, \tfrac{1}{239} = \frac{\pi}{4}$$

(d) Use a série de Maclaurin para arctg para mostrar que

$$0{,}1973955597 < \text{arctg}\, \tfrac{1}{5} < 0{,}1973955616$$

(e) Mostre que

$$0{,}004184075 < \text{arctg}\, \tfrac{1}{239} < 0{,}004184077$$

(f) Deduza que, com precisão de sete casas decimais, $\pi \approx 3{,}1415927$.

Machin usou esse método em 1706 para encontrar π com precisão de 100 casas decimais. Recentemente, com a ajuda de computadores, o valor de π tem sido calculado com uma precisão cada vez maior, já tendo ultrapassado com folga o trilhão de casas decimais.

6. (a) Demonstre uma fórmula similar àquela no Problema 5(a), mas envolvendo arccotg em vez de arctg.

(b) Encontre a soma da série $\Sigma_{n=0}^{\infty}\, \text{arccotg}(n^2 + n + 1)$.

7. Use o resultado do problema 5(a) para encontrar a soma da série $\Sigma_{n=1}^{\infty}\, \text{arctg}(2/n^2)$.

8. Se $a_0 + a_1 + a_2 + \cdots + a_k = 0$, mostre que

$$\lim_{n\to\infty}\left(a_0\sqrt{n} + a_1\sqrt{n+1} + a_2\sqrt{n+2} + \cdots + a_k\sqrt{n+k}\right) = 0$$

Se você não vê como demonstrar isso, tente a estratégia de resolução de problemas com *uso de analogias* (Capítulo 1 – Volume 1). Tente os casos especiais $k = 1$ e $k = 2$ primeiro. Se você vir como demonstrar a asserção para esses casos, provavelmente verá como demonstrá-la no caso geral.

SP Revise os Princípios da Resolução de Problemas apresentados após o Capítulo 1.

9. Determine o intervalo de convergência de $\Sigma_{n=1}^{\infty}\, n^3x^n$ e encontre sua soma.

10. Suponha que você tenha um grande suprimento de livros, todos do mesmo tamanho, e os empilhe na borda de uma mesa, com cada livro se estendendo mais longe da borda da mesa do que o livro embaixo dele. Mostre que é possível fazer isso de maneira que o livro no topo da pilha fique inteiramente além da mesa. De fato, mostre que o livro do topo pode se estender a qualquer distância além da borda da mesa se a pilha for alta o suficiente. Utilize o seguinte método de empilhamento: o livro do topo se estende por metade de seu comprimento além do segundo livro. O segundo livro se estende por um quarto de seu comprimento além do terceiro. O terceiro se estende por um sexto de seu comprimento além do quarto, e assim por diante. (Tente você mesmo com um baralho.) Considere centros de massa.

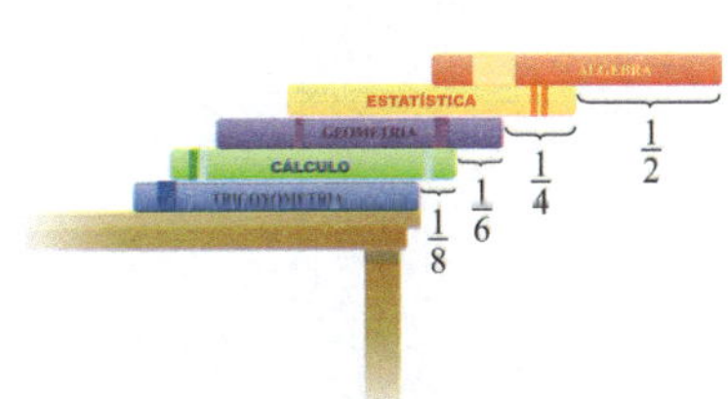

FIGURA PARA O PROBLEMA 10

11. Encontre a soma da série $\sum_{n=2}^{\infty} \ln\left(1 - \frac{1}{n^2}\right)$.

12. Se $p > 1$, calcule a expressão.

$$\frac{1 + \frac{1}{2^p} + \frac{1}{3^p} + \frac{1}{4^p} + \cdots}{1 - \frac{1}{2^p} + \frac{1}{3^p} - \frac{1}{4^p} + \cdots}$$

13. Suponha que círculos de diâmetros iguais sejam agrupados o mais junto possível em n fileiras dentro de um triângulo equilátero. (A figura ilustra o caso $n = 4$.) Se A for a área do triângulo e A_n for a área total ocupada pelas n fileiras de círculos, mostre que

$$\lim_{n\to\infty} \frac{A_n}{A} = \frac{\pi}{2\sqrt{3}}$$

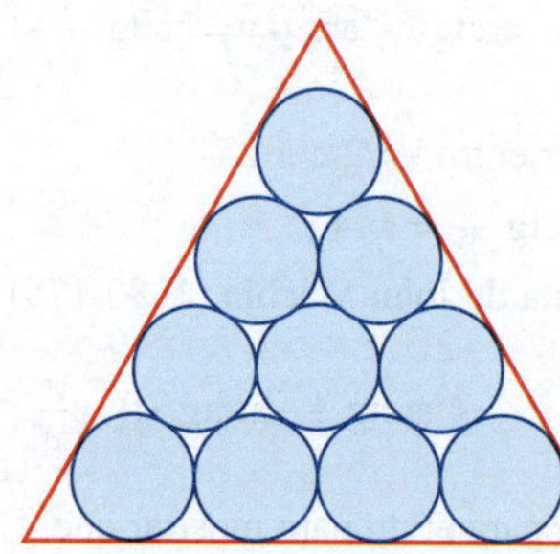

14. Uma sequência $\{a_n\}$ é definida recursivamente pelas equações

$$a_0 = a_1 = 1 \qquad n(n-1)a_n = (n-1)(n-2)a_{n-1} - (n-3)a_{n-2}$$

Encontre a soma da série $\Sigma_{n=0}^{\infty} a_n$.

15. Se a curva $y = e^{-x/10}$ sen x, $x \geq 0$, for girada em torno do eixo x, o sólido resultante se parece com uma sequência infinita de bolinhas decrescentes.
   (a) Encontre o volume exato da n-ésima bolinha. (Use uma tabela de integrais ou um sistema de computação algébrica.)
   (b) Encontre o volume total das bolinhas.

16. Começando com os vértices $P_1(0, 1)$, $P_2(1, 1)$, $P_3(1, 0)$, $P_4(0, 0)$ de um quadrado, construímos pontos adicionais conforme mostrado na figura: P_5 é o ponto médio de $P_1 P_2$, P_6 é o ponto médio de $P_2 P_3$, P_7 é o ponto médio de $P_3 P_4$, e assim por diante. O caminho espiral poligonal $P_1 P_2 P_3 P_4 P_5 P_6 P_7 \ldots$ tende a um ponto P dentro do quadrado.
   (a) Se as coordenadas de P_n forem (x_n, y_n), mostre que $\frac{1}{2}x_n + x_{n+1} + x_{n+2} + x_{n+3} = 2$ e encontre uma equação similar para as coordenadas y.
   (b) Encontre as coordenadas de P.

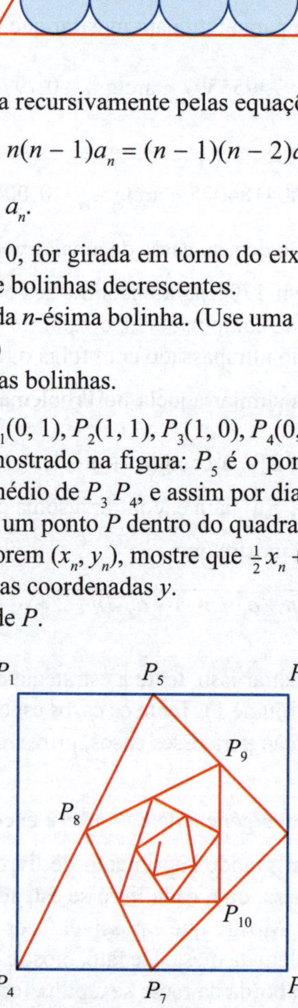

17. Encontre a soma da série $\sum_{n=1}^{\infty} \frac{(-1)^n}{(2n+1)3^n}$.

18. Efetue as seguintes etapas para mostrar que

$$\frac{1}{1\cdot 2}+\frac{1}{3\cdot 4}+\frac{1}{5\cdot 6}+\frac{1}{7\cdot 8}+\cdots=\ln 2$$

(a) Use a fórmula 11.2.3 para a soma de uma série geométrica finita para obter uma expressão para

$$1-x+x^2-x^3+\cdots+x^{2n-2}-x^{2n-1}$$

(b) Integre o resultado da parte (a) de 0 a 1 para obter uma expressão para

$$1-\frac{1}{2}+\frac{1}{3}-\frac{1}{4}+\cdots+\frac{1}{2n-1}-\frac{1}{2n}$$

como uma integral.

(c) Deduza a partir da parte (b), que

$$\left|\frac{1}{1\cdot 2}+\frac{1}{3\cdot 4}+\frac{1}{5\cdot 6}+\cdots+\frac{1}{(2n-1)(2n)}-\int_0^1\frac{dx}{1+x}\right|<\int_0^1 x^{2n}\,dx$$

(d) Use a parte (c) para mostrar que a soma da série dada é ln 2.

19. Encontre todas as soluções da equação

$$1+\frac{x}{2!}+\frac{x^2}{4!}+\frac{x^3}{6!}+\frac{x^4}{8!}+\cdots=0$$

[*Dica*: Considere os casos $x \geq 0$ e $x < 0$ separadamente.]

20. Triângulos retângulos são construídos conforme a figura. Cada triângulo tem altura igual a 1 e sua base é a hipotenusa do triângulo anterior. Mostre que essa sequência faz um número ilimitado de voltas ao redor de P, demonstrando que $\Sigma\,\theta_n$ é uma série divergente.

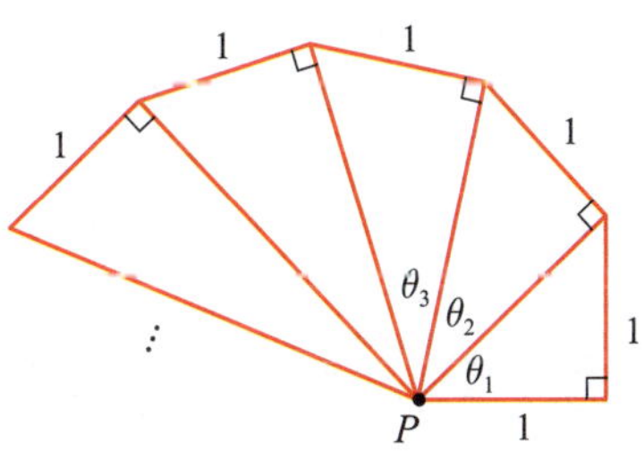

21. Considere a série cujos termos são os recíprocos de inteiros positivos que podem ser escritos na base 10 sem usar o dígito 0. Mostre que essa série é convergente e a soma é menor que 90.

22. (a) Mostre que a série de Maclaurin da função

$$f(x)=\frac{x}{1-x-x^2} \qquad \text{é} \qquad \sum_{n=1}^{\infty} f_n x^n$$

onde f_n é o n-ésimo número de Fibonacci, isto é, $f_1 = 1, f_2 = 1$ e $f_n = f_{n-1} + f_{n-2}$ para $n \geq 3$. Encontre o raio de convergência da série. [*Dica*: Escreva $x/(1-x-x^2) = c_0 + c_1 x + c_2 x^2 + \cdots$ e multiplique ambos os lados desta equação por $1 - x - x^2$.]

(b) Ao escrever $f(x)$ como uma soma de frações parciais, portanto, obtendo a série de Maclaurin de uma maneira diferente, encontre uma fórmula explícita para o n-ésimo número de Fibonacci.

23. Considere

$$u=1+\frac{x^3}{3!}+\frac{x^6}{6!}+\frac{x^9}{9!}+\cdots$$

$$v=x+\frac{x^4}{4!}+\frac{x^7}{7!}+\frac{x^{10}}{10!}+\cdots$$

$$w=\frac{x^2}{2!}+\frac{x^5}{5!}+\frac{x^8}{8!}+\cdots$$

Mostre que $u^3 + v^3 + w^3 - 3uvw = 1$.

24. Demonstre que se $n > 1$, a n-ésima soma parcial da série harmônica não é um inteiro. *Dica*: Seja 2^k a maior potência de 2 que é menor ou igual a n e seja M o produto de todos os inteiros ímpares que são menores ou iguais a n. Suponha que $s_n = m$, um inteiro. Então, $M2^k s_n = M2^k m$. O lado direito dessa equação é par. Demonstre que o lado esquerdo é ímpar, mostrando que cada um de seus termos é um inteiro par, com exceção de um.

As forças provocadas pelo vento e pela água nas velas e na quilha de um barco a vela determinam a direção na qual o barco navega. Forças como essas são convenientemente representadas por vetores, pois contêm tanto magnitude como direção. No Exercício 12.3.52, pedimos-lhe que calcule o trabalho realizado pelo vento ao mover um barco a vela ao longo de determinado percurso.

12 Vetores e a Geometria do Espaço

NESTE CAPÍTULO, APRESENTAMOS vetores e sistemas de coordenadas para um espaço tridimensional. Isso servirá como base para o estudo dos tópicos de cálculo que envolvem curvas no espaço e funções em duas variáveis (cujos gráficos são superfícies no espaço), nos Capítulos 13 a 16. Neste capítulo, veremos que vetores fornecem uma descrição particularmente simples de retas e planos no espaço.

12.1 Sistemas de Coordenadas Tridimensionais

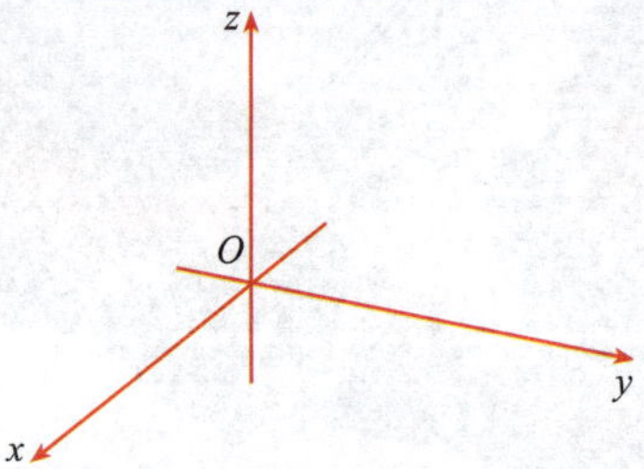

FIGURA 1
Eixos coordenados

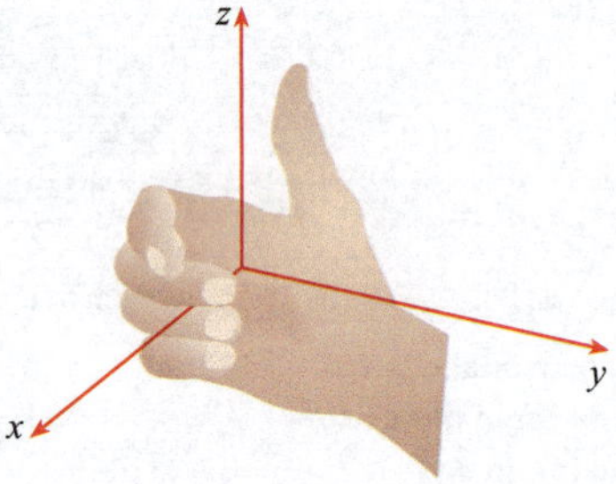

FIGURA 2
Regra da mão direita

Para localizar um ponto no plano são necessários dois números. Sabemos que qualquer ponto no plano pode ser representado como um par ordenado (a, b) de números reais, onde a é a coordenada x e b é a coordenada y. Por essa razão, um plano é chamado bidimensional. Para localizar um ponto no espaço, necessitamos de três números. Representaremos qualquer ponto no espaço pela tripla ordenada (a, b, c) de números reais.

Espaço Tridimensional

Para representarmos os pontos no espaço, primeiro escolhemos um ponto fixo O (a origem) e três retas orientadas O que sejam perpendiculares entre si, denominadas **eixos coordenados** e denotados eixo x, eixo y e eixo z. Geralmente, colocamos os eixos x e y, como retas horizontais e a reta vertical como o eixo z, e indicamos a orientação dos eixos com setas, como mostrado na Figura 1. O sentido do eixo z é determinado pela **regra da mão direita**, como ilustrado na Figura 2. Se você arredondar os dedos de sua mão direita ao redor do eixo z de forma a rodar 90° no sentido anti-horário do eixo x positivo para o eixo y positivo, o polegar apontará para o sentido positivo do eixo z.

Os três eixos coordenados determinam três **planos coordenados** ilustrados na Figura 3(a). O plano xy contém os eixos x e y; o plano yz contém os eixos y e z; o plano xz contém os eixos x e z. Esses três planos coordenados dividem o espaço em oito partes, chamadas **octantes**. O **primeiro octante** é determinado pelos eixos positivos.

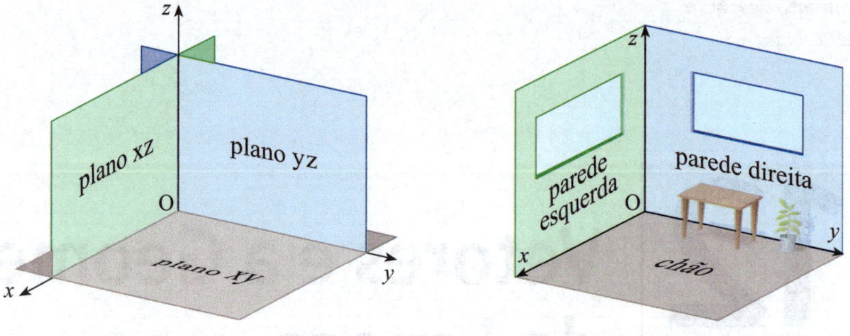

FIGURA 3 (a) Planos coordenados (b)

Como muitas pessoas têm dificuldade em visualizar diagramas de figuras em três dimensões, pode ser útil fazer o que sugerimos a seguir [veja a Figura 3(b)]. Olhe para algum canto inferior de um cômodo e defina-o como origem. A parede que se encontra à sua esquerda está no plano xz, a parede à sua direita está no plano yz e o chão está no plano xy. O eixo x está ao longo da intersecção do chão com a parede esquerda. O eixo y fica ao longo da intersecção do chão com a parede direita. O eixo z fica ao longo da intersecção das duas paredes, orientado no sentido do teto. Se você está no primeiro octante e imagina outras sete salas situadas nos outros sete octantes (três no mesmo andar e quatro no andar abaixo), todas têm o canto O em comum.

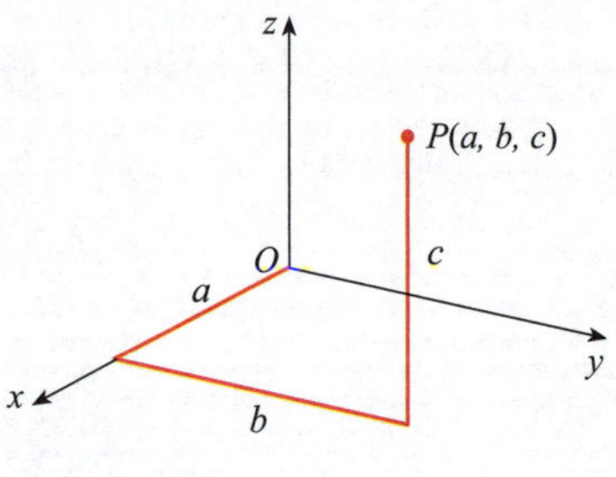

FIGURA 4

Se P é qualquer ponto no espaço, seja a a distância (orientada) a partir do plano yz ao ponto P; seja b a distância a partir do plano xz até o ponto P, e seja c, a distância do plano xy ao ponto P. Representamos o ponto de P pela tripla ordenada (a, b, c) de números reais e chamamos a, b e c de **coordenadas** de P; a é a coordenada x, b é a coordenada y e c é a coordenada z. Assim, para localizarmos o ponto (a, b, c), começamos da origem O e movemos a unidades ao longo do eixo x; em seguida, b unidades paralelamente ao eixo y e, por fim, c unidades paralelamente ao eixo z, como na Figura 4.

O ponto $P(a, b, c)$ determina uma caixa retangular como mostrada na Figura 5. Se traçarmos uma perpendicular de P ao plano xy, encontraremos um ponto Q com coordenadas $(a, b, 0)$, denominado **projeção** de P no plano xy. Analogamente, $R(0, b, c)$ e $S(a, 0, c)$ são as projeções de P nos planos yz e xz, respectivamente.

Como ilustrações numéricas, os pontos (–4, 3, –5) e (3, –2, –6) são mostrados na Figura 6.

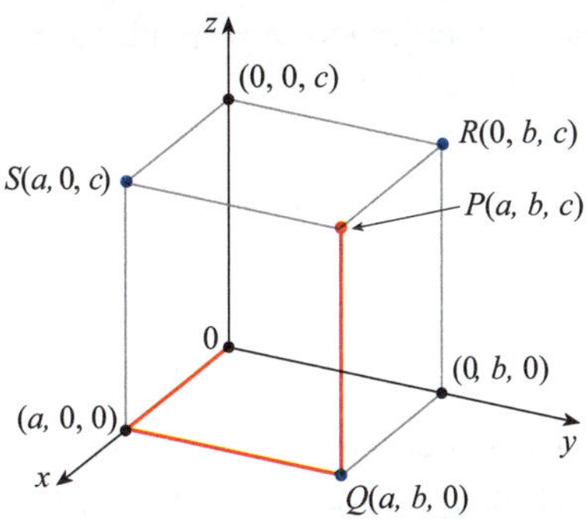

FIGURA 5

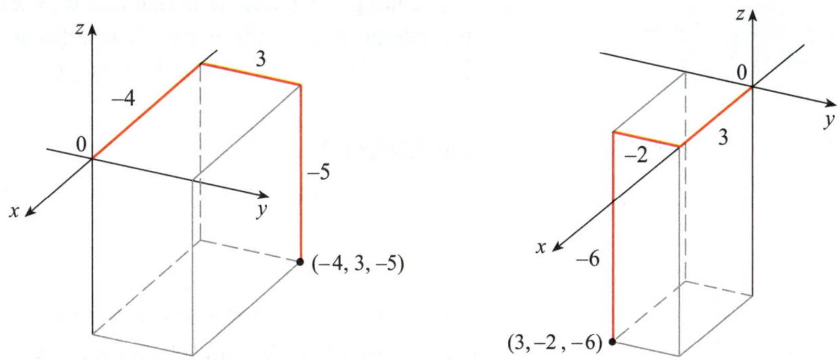

FIGURA 6

O produto cartesiano $\mathbb{R} \times \mathbb{R} \times \mathbb{R} = \{(x, y, z) \mid x, y, z \in \mathbb{R}\}$ é o conjunto de todas as triplas ordenadas de números reais e é denotado por $\mathbb{R}^3$. Demos uma correspondência biunívoca entre os pontos P no espaço e triplas ordenadas (a, b, c) no $\mathbb{R}^3$. Isso é denominado um **sistema de coordenadas retangular tridimensional**. Observe que, em termos de coordenadas, o primeiro octante pode ser descrito como o conjunto de pontos cujas coordenadas são todas positivas.

Superfícies e Sólidos

Na geometria analítica bidimensional, o gráfico de uma equação envolvendo x e y é uma curva em $\mathbb{R}^2$. Na geometria analítica tridimensional, uma equação em x, y e z representa uma *superfície* em $\mathbb{R}^3$.

EXEMPLO 1 Que superfícies em $\mathbb{R}^3$ estão representadas pelas seguintes equações?

(a) $z = 3$ (b) $y = 5$

SOLUÇÃO

(a) A equação $z = 3$ representa o conjunto $\{(x, y, z) \mid z = 3\}$, que é conjunto de todos os pontos em $\mathbb{R}^3$ com coordenada z igual a 3 (x e y podem ambos ter qualquer valor). Esse é o plano horizontal paralelo ao plano xy e três unidades acima deste, como na Figura 7(a).

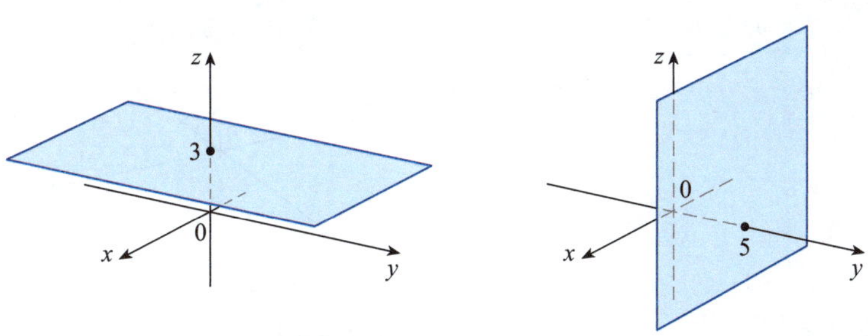

(a) $z = 3$, um plano em $\mathbb{R}^3$

(b) $y = 5$, um plano em $\mathbb{R}^3$

FIGURA 7

(b) A equação $y = 5$ representa o conjunto de todos os pontos em $\mathbb{R}^3$ cuja coordenada y é 5. Esse é o plano vertical paralelo ao plano xz e cinco unidades à direita deste, como na Figura 7(b). ■

OBSERVAÇÃO Quando é dada uma equação, precisamos descobrir a partir do contexto se ela representa uma curva em $\mathbb{R}^2$ ou uma superfície em $\mathbb{R}^3$. Como exemplo, $x = 2$

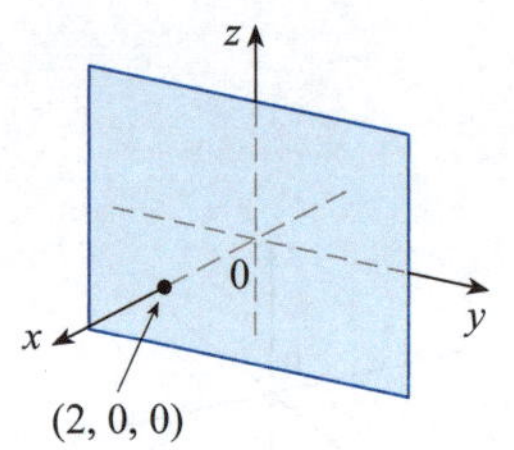

(a) Em $\mathbb{R}^3$, $x = 2$ é um plano.

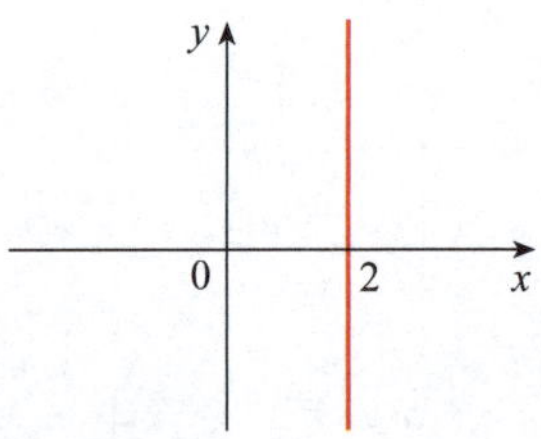

(b) Em $\mathbb{R}^2$, $x = 2$ é uma reta.

FIGURA 8

representa um plano em $\mathbb{R}^3$, mas, naturalmente, também pode representar uma reta em $\mathbb{R}^2$ se estivermos trabalhando com geometria analítica bidimensional. Veja a Figura 8.

Em geral, se k é uma constante, então $x = k$ representa um plano paralelo ao plano yz, $y = k$ é um plano paralelo ao plano xz e $z = k$ é um plano paralelo ao plano xy. Na Figura 5, as faces da caixa retangular são formadas pelos três planos coordenados $x = 0$ (o plano yz), $y = 0$ (o plano xz) e $z = 0$ (o plano xy), e os planos $x = a$, $y = b$ e $z = c$.

EXEMPLO 2

(a) Quais os pontos (x, y, z) satisfazem as equações

$$x^2 + y^2 = 1 \qquad \text{e} \qquad z = 3$$

(b) O que a equação $x^2 + y^2 = 1$ representa como uma superfície em $\mathbb{R}^3$?

(c) Que região sólida em $\mathbb{R}^3$ é representada pelas desigualdades $x^2 + y^2 \leq 1$ e $2 \leq z \leq 4$?

SOLUÇÃO

(a) Como $z = 3$, os pontos estão no plano horizontal $z = 3$ a partir do Exemplo 1(a). Uma vez que $x^2 + y^2 = 1$, os pontos estão sobre o círculo com raio 1 e centro no eixo z. Veja a Figura 9.

(b) Dado que $x^2 + y^2 = 1$, sem restrições em z, vemos que o ponto (x, y, z) poderia estar sobre um círculo em qualquer plano horizontal $z = k$. Assim, a superfície de $x^2 + y^2 = 1$ em $\mathbb{R}^3$ é constituída por todos os possíveis círculos horizontais $x^2 + y^2 = 1$, $z = k$, e, consequentemente, o cilindro circular com raio 1 cujo eixo é o eixo z. Veja a Figura 10.

(c) Uma vez que $x^2 + y^2 \leq 1$, todo ponto (x, y, z) da região deve pertencer a um círculo de raio 1, centrado no eixo z, sobre um plano horizontal $z = k$. Como foi estabelecido que $2 \leq z \leq 4$, as desigualdades fornecidas representam a porção do cilindro circular de raio 1, com eixo sobre o eixo z, compreendida entre os planos $z = 2$ e $z = 4$, incluindo ambos. Veja a Figura 11.

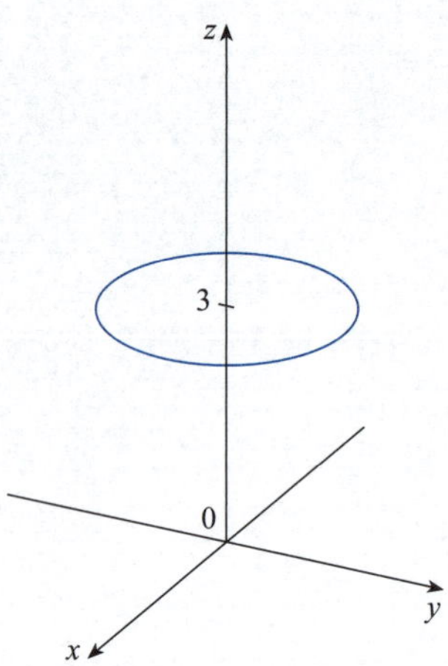

FIGURA 9
O círculo $x^2 + y^2 = 1$, $z = 3$

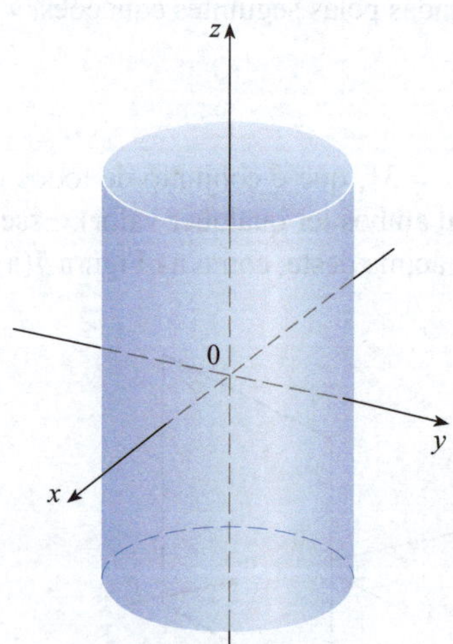

FIGURA 10
O cilindro $x^2 + y^2 = 1$

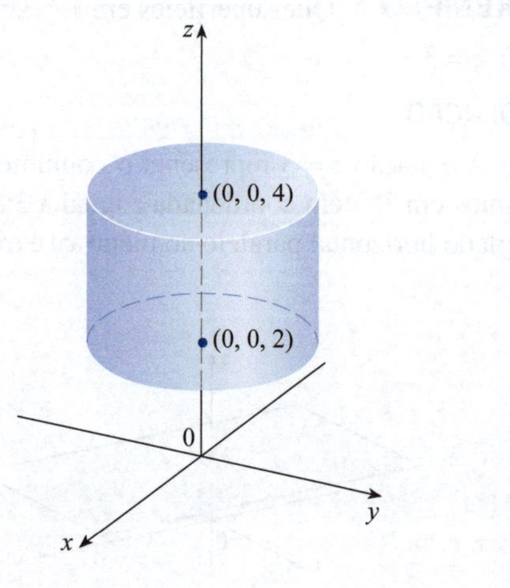

FIGURA 11
A região sólida $x^2 + y^2 \leq 1$, $2 \leq z \leq 4$ ■

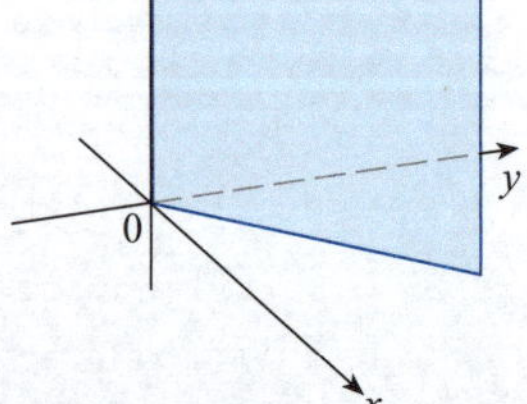

FIGURA 12
Parte do plano $y = x$

EXEMPLO 3 Descreva e esboce a superfície em $\mathbb{R}^3$ representada pela equação $y = x$.

SOLUÇÃO A equação representa o conjunto de todos os pontos em $\mathbb{R}^3$ com coordenadas x e y iguais, isto é, $\{(x, x, z) \mid x \in \mathbb{R}, z \in \mathbb{R}\}$. Trata-se de um plano vertical que intersecta o plano xy na reta $y = x$, $z = 0$. A porção desse plano que se encontra no primeiro octante está esboçada na Figura 12. ■

Distâncias e Esferas

A fórmula familiar para a distância entre dois pontos em um plano é estendida facilmente para a seguinte fórmula tridimensional.

Fórmula da Distância em Três Dimensões A distância $|P_1P_2|$ entre os pontos $P_1(x_1, y_1, z_1)$ e $P_2(x_2, y_2, z_2)$ é

$$|P_1P_2| = \sqrt{(x_2 - x_1)^2 + (y_2 - y_1)^2 + (z_2 - z_1)^2}$$

Para vermos por que essa fórmula é verdadeira, vamos construir uma caixa retangular (como na Figura 13), onde P_1 e P_2 são vértices opostos e as faces dessa caixa são paralelas aos planos coordenados. Se $A(x_2, y_1, z_1)$ e $B(x_2, y_2, z_1)$ são os vértices da caixa indicados na figura, então,

$$|P_1A| = |x_2 - x_1| \qquad |AB| = |y_2 - y_1| \qquad |BP_2| = |z_2 - z_1|$$

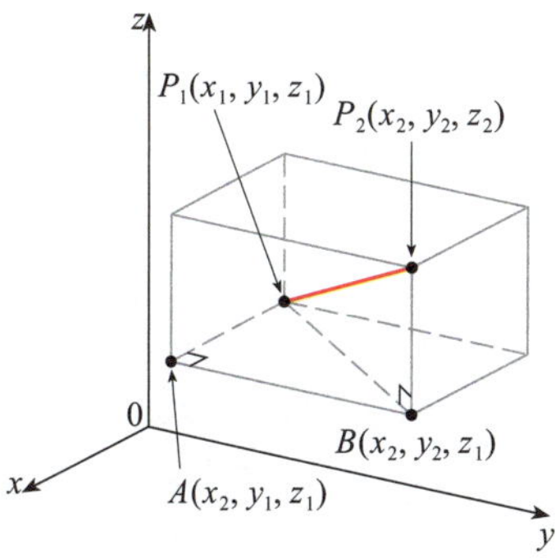

FIGURA 13

Como os triângulos P_1BP_2 e P_1AB são ambos triângulos retângulos, duas aplicações do Teorema de Pitágoras fornecem

$$|P_1P_2|^2 = |P_1B|^2 + |BP_2|^2$$

e

$$|P_1B|^2 = |P_1A|^2 + |AB|^2$$

Combinando essas equações, obtemos

$$\begin{aligned} |P_1P_2|^2 &= |P_1A|^2 + |AB|^2 + |BP_2|^2 \\ &= |x_2 - x_1|^2 + |y_2 - y_1|^2 + |z_2 - z_1|^2 \\ &= (x_2 - x_1)^2 + (y_2 - y_1)^2 + (z_2 - z_1)^2 \end{aligned}$$

Logo,

$$|P_1P_2| = \sqrt{(x_2 - x_1)^2 + (y_2 - y_1)^2 + (z_2 - z_1)^2}$$

EXEMPLO 4 A distância do ponto $P(2, -1, 7)$ ao ponto $Q(1, -3, 5)$ é

$$|PQ| = \sqrt{(1-2)^2 + (-3+1)^2 + (5-7)^2} = \sqrt{1+4+4} = 3$$

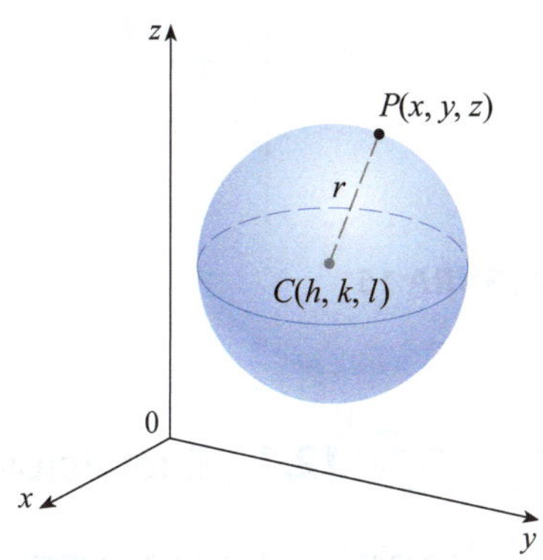

FIGURA 14

Uma esfera de raio r e centro em $C(h, k, l)$ é definida como o conjunto de todos os pontos $P(x, y, z)$ cuja distância a C é igual a r. (Veja a Figura 14.) Assim, P está sobre a esfera se e somente se $|PC| = r$, ou seja,

$$\sqrt{(x-h)^2 + (y-k)^2 + (z-l)^2} = r$$

Elevando ao quadrado os dois lados da equação, obtemos o resultado a seguir.

Equação da Esfera A equação de uma esfera com centro $C(h, k, l)$ e raio r é

$$(x-h)^2 + (y-k)^2 + (z-l)^2 = r^2$$

Em particular, se o centro é a origem O, então a equação da esfera é

$$x^2 + y^2 + z^2 = r^2$$

EXEMPLO 5 Obtenha uma equação para a esfera cujo centro é (3, –1, 6) e que passa pelo ponto (5, 2, 3).

SOLUÇÃO O raio r da esfera é igual à distância entre os pontos (3, –1, 6) e (5, 2, 3):

$$r = \sqrt{(5-3)^2 + [2-(-1)]^2 + (3-6)^2} = \sqrt{22}$$

Logo, uma equação da esfera é

$$(x-3)^2 + [y-(-1)]^2 + (z-6)^2 = (\sqrt{22})^2$$

ou

$$(x-3)^2 + (y+1)^2 + (z-6)^2 = 22$$

■

EXEMPLO 6 Mostre que $x^2 + y^2 + z^2 + 4x - 6y + 2z + 6 = 0$ é a equação de uma esfera e encontre seu centro e raio.

SOLUÇÃO Podemos reescrever a equação dada na forma da equação de uma esfera se completarmos os quadrados:

$$(x^2 + 4x + 4) + (y^2 - 6y + 9) + (z^2 + 2z + 1) = -6 + 4 + 9 + 1$$

$$(x+2)^2 + (y-3)^2 + (z+1)^2 = 8$$

Comparando essa equação com a forma padrão, vemos que esta é a equação de uma esfera com centro (–2, 3, –1) e raio $\sqrt{8} = 2\sqrt{2}$. ■

EXEMPLO 7 Que região de $\mathbb{R}^3$ é representada pelas seguintes inequações?

$$1 \leq x^2 + y^2 + z^2 \leq 4 \qquad z \leq 0$$

SOLUÇÃO As inequações

$$1 \leq x^2 + y^2 + z^2 \leq 4$$

podem ser reescritas como

$$1 \leq \sqrt{x^2 + y^2 + z^2} \leq 2$$

portanto, representam os pontos (x, y, z) cuja distância à origem é pelo menos 1 e, no máximo, 2. Mas nos foi dado também que $z \leq 0$, estando os pontos, portanto, abaixo do plano xy. Assim, as inequações dadas representam a região que está entre as (ou nas) esferas $x^2 + y^2 + z^2 = 1$ e $x^2 + y^2 + z^2 = 4$ e sob (ou sobre) o plano xy. O esboço da região está apresentado na Figura 15. ■

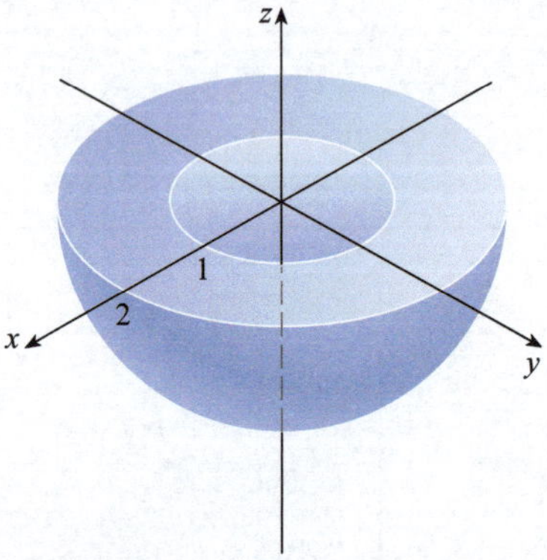

FIGURA 15

12.1 Exercícios

1. Suponha que, a partir da origem, você tenha percorrido uma distância de 4 unidades ao longo do eixo x no sentido positivo e então uma distância de 3 unidades para baixo. Quais as coordenadas de sua posição atual?

2. Esboce os pontos (1, 5, 3), (0, 2, –3), (–3, 0, 2) e (2, –2, –1) em um único conjunto de eixos coordenados.

3. Qual dos pontos $A(-4, 0, -1)$, $B(3, 1, -5)$ e $C(2, 4, 6)$ está mais próximo do plano yz? Qual ponto pertence ao plano xz?

4. Quais são as projeções do ponto (2, 3, 5) nos planos xy, yz e xz? Desenhe uma caixa retangular que tenha vértices opostos na origem e em (2, 3, 5) e suas faces paralelas aos planos coordenados. Nomeie todos os vértices da caixa. Determine o comprimento da diagonal dessa caixa.

5. O que a equação $x = 4$ representa em $\mathbb{R}^2$? O que ela representa em $\mathbb{R}^3$? Ilustre com esboços.

6. O que a equação $y = 3$ representa em $\mathbb{R}^3$? O que $z = 5$ representa? O que o par de equações $y = 3$, $z = 5$ representa? Em outras

palavras, descreva o conjunto de pontos (x, y, z) tal que $y = 3$ e $z = 5$. Ilustre com um esboço.

7. Descreva e esboce a superfície em $\mathbb{R}^3$ representada pela equação $x + y = 2$.

8. Descreva e esboce a superfície em $\mathbb{R}^3$ representada pela equação $x^2 + z^2 = 9$.

9-10 Determine a distância entre os pontos fornecidos.

9. $(3, 5, -2)$, $(-1, 1, -4)$ **10.** $(-6, -3, 0)$, $(2, 4, 5)$

11-12 Encontre os comprimentos dos lados do triângulo PQR. Ele é um triângulo retângulo? É isósceles?

11. $P(3, -2, -3)$, $Q(7, 0, 1)$, $R(1, 2, 1)$

12. $P(2, -1, 0)$, $Q(4, 1, 1)$, $R(4, -5, 4)$

---

13. Determine se os pontos estão em uma mesma reta.
(a) $A(2, 4, 2)$, $B(3, 7, -2)$, $C(1, 3, 3)$
(b) $D(0, -5, 5)$, $E(1, -2, 4)$, $F(3, 4, 2)$

14. Determine a distância entre $(4, -2, 6)$ e cada uma das seguintes regiões:
(a) Plano xy (b) Plano yz
(c) Plano xz (d) Eixo x
(e) Eixo y (f) Eixo z

15. Determine uma equação da esfera com centro em $(-3, 2, 5)$ e raio 4. Qual é a intersecção da esfera com o plano yz?

16. Determine uma equação da esfera com centro em $(2, -6, 4)$ e raio 5. Descreva sua intersecção com cada um dos planos coordenados.

17. Encontre uma equação da esfera que passa pelo ponto $(4, 3, -1)$ e tem centro em $(3, 8, 1)$.

18. Determine uma equação da esfera que passa pela origem e tem centro em $(1, 2, 3)$.

19-22 Mostre que a equação representa uma esfera e determine seu centro e raio.

19. $x^2 + y^2 + z^2 + 8x - 2z = 8$

20. $x^2 + y^2 + z^2 = 6x - 4y - 10z$

21. $2x^2 + 2y^2 + 2z^2 - 2x + 4y + 1 = 0$

22. $4x^2 + 4y^2 + 4z^2 = 16x - 6y - 12$

---

23. Fórmula do Ponto Médio Prove que o ponto médio do segmento de reta de $P_1(x_1, y_1, z_1)$ a $P_2(x_2, y_2, z_2)$ é

$$\left(\frac{x_1 + x_2}{2}, \frac{y_1 + y_2}{2}, \frac{z_1 + z_2}{2}\right)$$

24. Use a Fórmula do Ponto Médio do Exercício 23 para determinar o centro de uma esfera da qual um dos diâmetros tem como extremidades os pontos $(5, 4, 3)$ e $(1, 6, -9)$. Em seguida, determine uma equação para a esfera.

25. Determine uma equação para a esfera que tem centro em $(-1, 4, 5)$ e que toca (em um único ponto) (a) o plano xy, (b) o plano yz e (c) o plano xz.

26. Qual plano coordenado está mais próximo do ponto $(7, 3, 8)$? Determine uma equação para a esfera que tem centro em $(7, 3, 8)$ e que toca (em um único ponto) tal plano coordenado.

27-42 Descreva em palavras a região de $\mathbb{R}^3$ representada pela equação ou inequação.

27. $z = -2$ **28.** $x = 3$

29. $y \geq 1$ **30.** $x < 4$

31. $-1 \leq x \leq 2$ **32.** $z = y$

33. $x^2 + y^2 = 4$, $z = -1$ **34.** $x^2 + y^2 = 4$

35. $y^2 + z^2 \leq 25$ **36.** $x^2 + z^2 \leq 25$, $0 \leq y \leq 2$

37. $x^2 + y^2 + z^2 = 4$ **38.** $x^2 + y^2 + z^2 \leq 4$

39. $1 \leq x^2 + y^2 + z^2 \leq 5$ **40.** $1 \leq x^2 + y^2 \leq 5$

41. $0 \leq x \leq 3$, $0 \leq y \leq 3$, $0 \leq z \leq 3$

42. $x^2 + y^2 + z^2 > 2z$

43-46 Escreva inequações para descrever a região dada.

43. A região entre o plano yz e o plano vertical $x = 5$.

44. O cilindro sólido que está sobre ou abaixo do plano $z = 8$ e sobre ou acima do disco no plano xy com centro na origem e raio 2.

45. A região constituída em todos os pontos entre (mas não sobre) as esferas de raio r e R centradas na origem, onde $r < R$.

46. O hemisfério superior sólido da esfera de raio 2 centrada na origem.

---

47. A figura mostra uma reta L_1 no espaço e uma segunda reta L_2, que é a projeção de L_1 no plano xy. (Isto é, os pontos de L_2 estão diretamente abaixo ou acima dos pontos de L_1.)
(a) Determine as coordenadas do ponto P da reta L_1.
(b) Localize no diagrama os pontos A, B e C, onde a reta L_1 intercepta os planos xy, o plano yz e o plano xz, respectivamente.

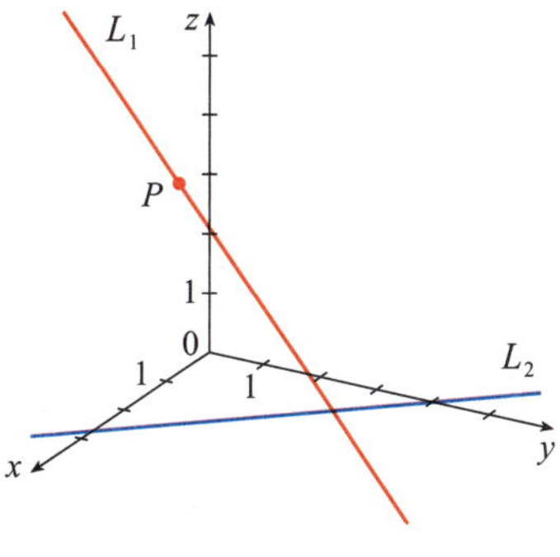

48. Considere os pontos P tal que a distância de P para $A(-1, 5, 3)$ seja o dobro da distância de P para $B(6, 2, -2)$. Mostre que o conjunto desses pontos é uma esfera e determine seu raio e centro.

49. Determine uma equação para o conjunto de pontos equidistantes dos pontos $A(-1, 5, 3)$ e $B(6, 2, -2)$. Descreva o conjunto.

50. Determine o volume do sólido que está contido em ambas as esferas

$$x^2 + y^2 + z^2 + 4x - 2y + 4z + 5 = 0$$

e

$$x^2 + y^2 + z^2 = 4$$

51. Encontre a distância entre as esferas $x^2 + y^2 + z^2 = 4$ e $x^2 + y^2 + z^2 = 4x + 4y + 4z - 11$.

52. Descreva e esboce um sólido com as seguintes propriedades. Quando iluminado por raios paralelos ao eixo z, a sua sombra é um disco circular. Quando iluminado por raios paralelos ao eixo y, sua sombra é um quadrado. Quando iluminado por raios paralelos ao eixo x, sua sombra é um triângulo isósceles.

12.2 Vetores

O termo **vetor** é usado em matemática e em outras ciências para indicar uma quantidade que tem, ao mesmo tempo, magnitude e direção. Por exemplo, para descrever a velocidade de um objeto em movimento, precisamos especificar tanto a velocidade do objeto como a direção de deslocamento. Também são exemplos de vetores a força, o deslocamento e a aceleração.

Descrição Geométrica de Vetores

Um vetor é frequentemente representado por uma seta ou segmento de reta orientado. O comprimento da seta representa o módulo do vetor e a seta aponta na direção e sentido do vetor. Denotamos um vetor por uma letra em negrito (**v**) ou colocando uma seta sobre a letra ($\vec{v}$).

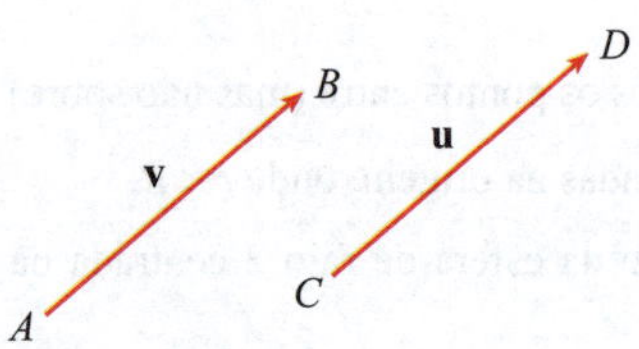

FIGURA 1
Vetores equivalentes

Por exemplo, suponha que uma partícula se mova ao longo de um segmento de reta do ponto A para o ponto B. O **vetor deslocamento correspondente v**, mostrado na Figura 1, possui **ponto inicial** A (o início) e **ponto terminal** B (o fim) e indicamos isso por $\mathbf{v} = \overrightarrow{AB}$. Observe que o vetor $\mathbf{u} = \overrightarrow{CD}$ tem o mesmo tamanho, a mesma direção e sentido que **v**, embora esteja em uma posição diferente. Dizemos que **u** e **v** são **equivalentes** (ou **iguais**) e escrevemos $\mathbf{u} = \mathbf{v}$. O **vetor zero**, denotado por $\mathbf{0}$, tem comprimento 0. Ele é o único vetor sem nenhuma direção específica.

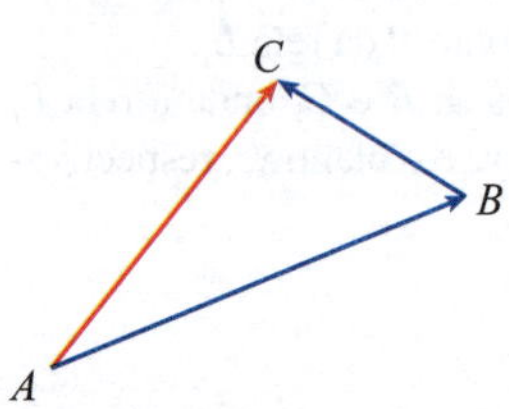

FIGURA 2

A combinação de vetores frequentemente nos será útil. Suponha, por exemplo, que uma partícula se mova de A para B, assim, seu deslocamento é $\overrightarrow{AB}$. Em seguida, a partícula muda de direção e move-se a partir de B para C, com vetor de deslocamento $\overrightarrow{BC}$, como na Figura 2. O efeito combinado desses deslocamentos é que a partícula se moveu de A para C. O vetor deslocamento resultante $\overrightarrow{AC}$ é chamado de *soma* de $\overrightarrow{AB}$ e $\overrightarrow{BC}$ e escrevemos

$$\overrightarrow{AC} = \overrightarrow{AB} + \overrightarrow{BC}$$

Em geral, se começarmos com os vetores **u** e **v**, primeiro movemos **v** de forma que seu início coincida com o fim de **u** e definimos a soma de **u** e **v**, como segue.

Definição da Adição de Vetores Se **u** e **v** são vetores posicionados de maneira que o ponto inicial de **v** é o ponto terminal de **u**, então a **soma** $\mathbf{u} + \mathbf{v}$ é o vetor do ponto inicial de **u** ao ponto final de **v**.

A definição de adição de vetores é ilustrada na Figura 3. Você pode ver por que essa definição é algumas vezes chamada **Lei do Triângulo**.

Na Figura 4 começamos com os mesmos vetores **u** e **v**, como na Figura 3, e desenhamos uma cópia de **v** com o mesmo ponto inicial **u**. Completando o paralelogramo, vemos que $\mathbf{u} + \mathbf{v} = \mathbf{v} + \mathbf{u}$. Isso também fornece uma outra maneira de construir a soma: se posicionarmos **u** e **v** de maneira que eles comecem no mesmo ponto, então $\mathbf{u} + \mathbf{v}$ estará ao longo da diagonal do paralelogramo com **u** e **v** como lados. (Esta é a chamada **Lei do Paralelogramo**.)

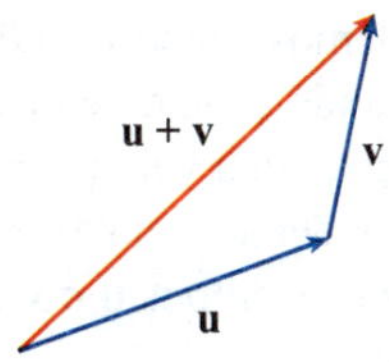

FIGURA 3
Lei do Triângulo

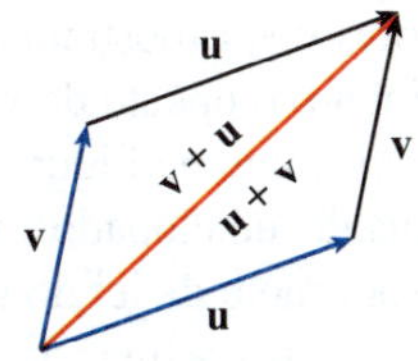

FIGURA 4
Lei do Paralelogramo

EXEMPLO 1 Desenhe a soma dos vetores **a** e **b** mostrados na Figura 5.

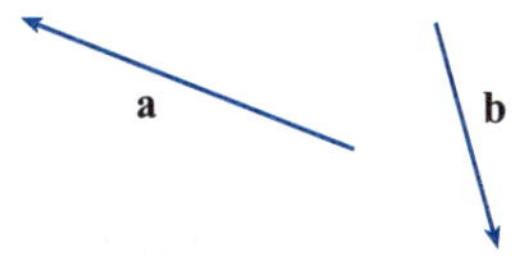

FIGURA 5

SOLUÇÃO Primeiro transladamos **b** e posicionamos seu ponto inicial no ponto final de **a**, tomando cuidado para desenhar uma cópia de **b** que tenha o mesmo comprimento e direção. A seguir, desenhamos o vetor **a** + **b** [veja a Figura 6(a)] começando no ponto inicial de **a** e terminando no ponto final da cópia de **b**.

Alternativamente, podemos posicionar **b** tal que ele comece onde **a** começa e construir **a** + **b** pela Lei do Paralelogramo, como na Figura 6(b).

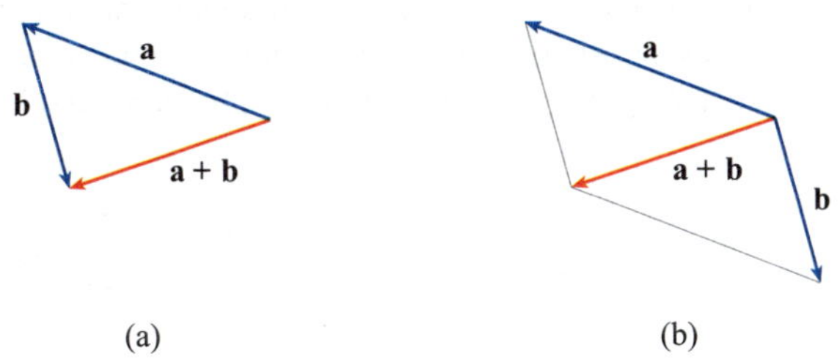

FIGURA 6

■

É possível multiplicar um vetor **v** por um número real c. (Nesse contexto, chamaremos o número real c um **escalar**, a fim de distingui-lo de um vetor.) Por exemplo, queremos que o *múltiplo escalar* 2**v** seja o mesmo vetor que **v** + **v**, o qual possui a mesma direção e sentido de **v**, mas tem o dobro do comprimento. Em geral, multiplicamos um vetor por um escalar da seguinte maneira.

> **Definição de Multiplicação Escalar** Se c é um escalar e **v** é um vetor, então a **multiplicação escalar** c**v** é o vetor cujo comprimento é $|c|$ vezes o comprimento de **v** e cuja direção e sentido são os mesmos de **v** se $c > 0$ e sentido oposto a **v** se $c < 0$. Se $c = 0$ ou $\mathbf{v} = \mathbf{0}$, então $c\mathbf{v} = \mathbf{0}$.

Essa definição está ilustrada na Figura 7. Vemos que os números reais agem como fatores de escala aqui; é por isso que são denominados escalares. Observe que os dois vetores não nulos são **paralelos** se são múltiplos escalares um do outro. Em particular, o vetor $-\mathbf{v} = (-1)\mathbf{v}$ tem o mesmo comprimento de **v**, mas aponta em sentido oposto. É denominado **oposto** de **v**.

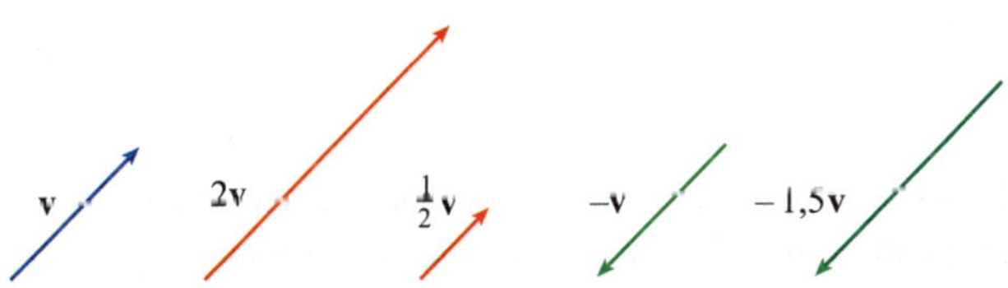

FIGURA 7
Múltiplos escalares de **v**

Pela **diferença** **u** − **v** de dois vetores, queremos dizer

$$\mathbf{u} - \mathbf{v} = \mathbf{u} + (-\mathbf{v})$$

Para os vetores **u** e **v** mostrados na Figura 8(a), podemos construir a diferença **u** – **v** desenhando primeiro o oposto de **v**, –**v**, e então adicionando a ele o vetor **u** usando a Lei do Paralelogramo, como na Figura 8(b). Como alternativa, uma vez que **v** + (**u** – **v**) = **u**, o vetor **u** – **v**, quando adicionado a **v**, fornece **u**. Assim, podemos construir **u** – **v** tal como na Figura 8(c), por meio da lei do triângulo. Observe que se ambos **u** e **v** começarem no mesmo ponto, então **u** – **v** liga a ponta de **v** à ponta de **u**.

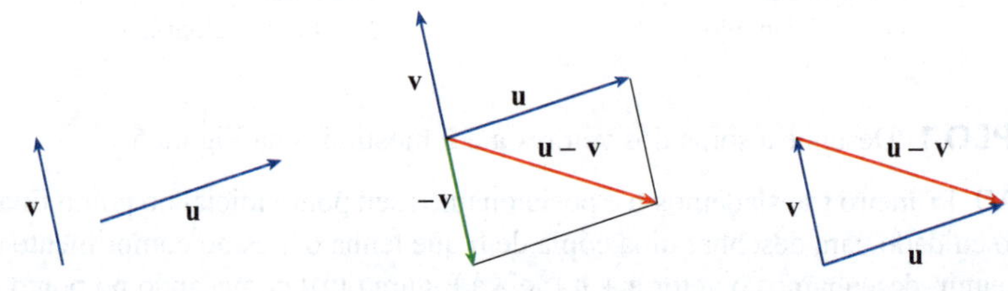

FIGURA 8
Desenhando **u** – **v**

EXEMPLO 2 Se **a** e **b** são os vetores mostrados na Figura 9, desenhe **a** – 2**b**.

SOLUÇÃO Primeiro, desenhamos o vetor –2**b** apontando no sentido oposto a **b** e com o dobro de seu tamanho. Nós o posicionamos com seu ponto inicial no ponto terminal de **a** e então usamos a Lei do Triângulo para desenhar **a** + (–2**b**), como na Figura 10.

FIGURA 9

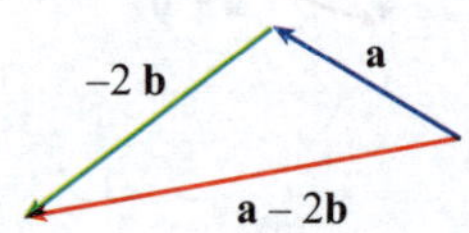

FIGURA 10

Componentes de um Vetor

Para alguns propósitos é melhor introduzir um sistema de coordenadas e tratar os vetores algebricamente. Se posicionarmos o ponto inicial de um vetor **a** na origem de um sistema de coordenadas retangulares, então o ponto final de **a** tem coordenadas da forma (a_1, a_2) ou (a_1, a_2, a_3), dependendo se nosso sistema de coordenadas for em duas ou três dimensões (veja a Figura 11). Essas coordenadas são denominadas **componentes** de **a** e escrevemos

$$\mathbf{a} = \langle a_1, a_2 \rangle \quad \text{ou} \quad \mathbf{a} = \langle a_1, a_2, a_3 \rangle$$

Usamos a notação $\langle a_1, a_2 \rangle$ para o par ordenado que se refere a um vetor para não confundir com o par ordenado (a_1, a_2) que corresponde a um ponto no plano.

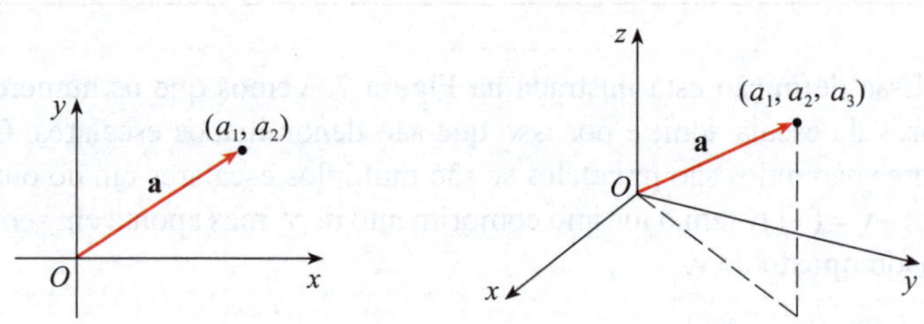

FIGURA 11

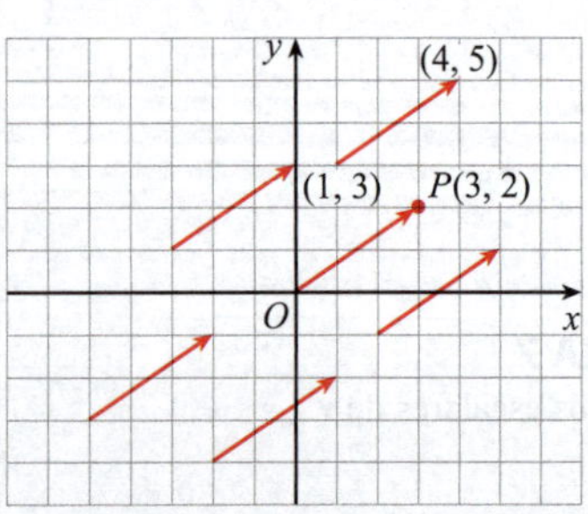

FIGURA 12
Representações do vetor $\mathbf{a} = \langle 3, 2 \rangle$

Por exemplo, os vetores apresentados na Figura 12 são todos equivalentes ao vetor $\overrightarrow{OP} = \langle 3, 2 \rangle$ cujo ponto terminal é $P(3, 2)$. O que eles têm em comum é que o ponto terminal é alcançado a partir do ponto inicial por um deslocamento de três unidades para a direita e duas para cima. Podemos pensar em todos esses vetores geométricos como **representações** do vetor algébrico $\mathbf{a} = \langle 3, 2 \rangle$. A representação particular $\overrightarrow{OP}$ da origem ao ponto $P(3, 2)$ é chamada **vetor posição** do ponto P.

Em três dimensões, o vetor $\mathbf{a} = \overrightarrow{OP} = \langle a_1, a_2, a_3 \rangle$ é o **vetor posição** do ponto $P(a_1, a_2, a_3)$. (Veja a Figura 13.) Vamos considerar qualquer outra representação $\overrightarrow{AB}$ de **a**, em que o ponto inicial é $A(x_1, y_1, z_1)$ e o ponto final é $B(x_2, y_2, z_2)$. Então, temos que ter $x_1 + a_1 = x_2$, $y_1 + a_2 = y_2$ e $z_1 + a_3 = z_2$ e, então, $a_1 = x_2 - x_1$, $a_2 = y_2 - y_1$ e $a_3 = z_2 - z_1$. Portanto, temos o seguinte resultado.

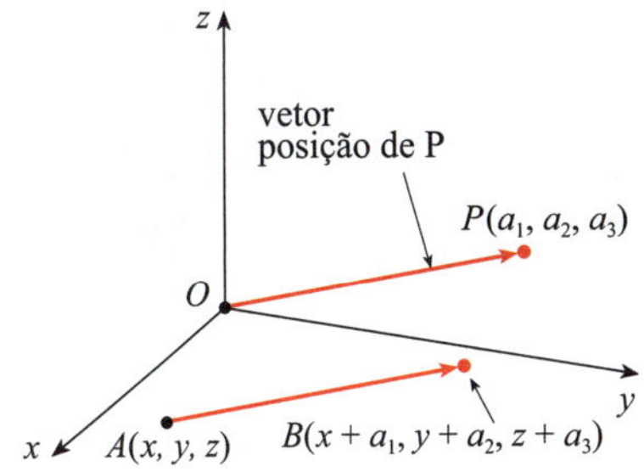

FIGURA 13
Representações de $\mathbf{a} = \langle a_1, a_2, a_3 \rangle$

1 Dados os pontos $A(x_1, y_1, z_1)$ e $B(x_2, y_2, z_2)$, o vetor **a** com representação $\overrightarrow{AB}$ é

$$\mathbf{a} = \langle x_2 - x_1, y_2 - y_1, z_2 - z_1 \rangle$$

EXEMPLO 3 Encontre o vetor representado pelo segmento de reta orientado com ponto inicial $A(2, -3, 4)$ e ponto final $B(-2, 1, 1)$.

SOLUÇÃO Por (1), o vetor correspondente a $\overrightarrow{AB}$ é

$$\mathbf{a} = \langle -2 - 2, 1 - (-3), 1 - 4 \rangle = \langle -4, 4, -3 \rangle$$

A **magnitude** ou **comprimento** do vetor **v** é o comprimento de qualquer uma de suas representações e é denotado pelo símbolo $|\mathbf{v}|$ ou $\|\mathbf{v}\|$. Usando a fórmula de distância para calcular o comprimento de um segmento OP, obtemos as seguintes fórmulas.

O comprimento de um vetor bidimensional $\mathbf{a} = \langle a_1, a_2 \rangle$ é

$$|\mathbf{a}| = \sqrt{a_1^2 + a_2^2}$$

O comprimento de um vetor tridimensional $\mathbf{a} = \langle a_1, a_2, a_3 \rangle$ é

$$|\mathbf{a}| = \sqrt{a_1^2 + a_2^2 + a_3^2}$$

Como somamos os vetores algebricamente? A Figura 14 mostra que, se $\mathbf{a} = \langle a_1, a_2 \rangle$ e $\mathbf{b} = \langle b_1, b_2 \rangle$, então a soma é $\mathbf{a} + \mathbf{b} = \langle a_1 + b_1, a_2 + b_2 \rangle$, pelo menos para o caso em que as componentes são positivas. Em outras palavras, para *somarmos algebricamente vetores, somamos suas componentes*. Analogamente, *para subtrairmos vetores, subtraímos suas componentes*. A partir dos triângulos semelhantes, na Figura 15, vemos que as componentes de $c\mathbf{a}$ são ca_1 e ca_2. Assim *para multiplicarmos um vetor por um escalar multiplicamos cada componente por aquele escalar*.

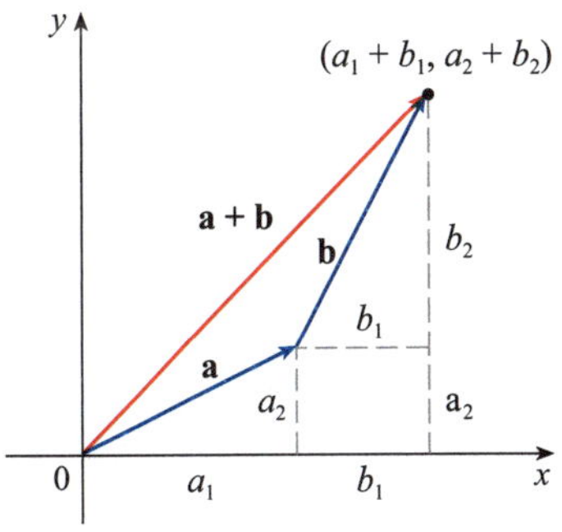

FIGURA 14

Se $\mathbf{a} = \langle a_1, a_2 \rangle$ e $\mathbf{b} = \langle b_1, b_2 \rangle$, então

$$\mathbf{a} + \mathbf{b} = \langle a_1 + b_1, a_2 + b_2 \rangle \qquad \mathbf{a} - \mathbf{b} = \langle a_1 - b_1, a_2 - b_2 \rangle$$
$$c\mathbf{a} = \langle ca_1, ca_2 \rangle$$

Analogamente, para os vetores tridimensionais,

$$\langle a_1, a_2, a_3 \rangle + \langle b_1, b_2, b_3 \rangle = \langle a_1 + b_1, a_2 + b_2, a_3 + b_3 \rangle$$
$$\langle a_1, a_2, a_3 \rangle - \langle b_1, b_2, b_3 \rangle = \langle a_1 - b_1, a_2 - b_2, a_3 - b_3 \rangle$$
$$c\langle a_1, a_2, a_3 \rangle = \langle ca_1, ca_2, ca_3 \rangle$$

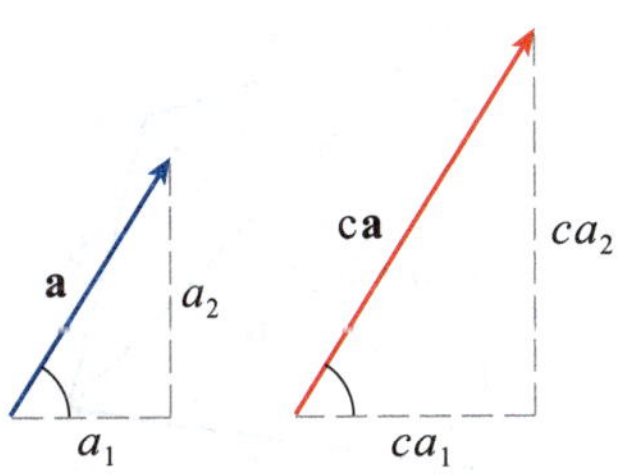

FIGURA 15

EXEMPLO 4 Se $\mathbf{a} = \langle 4, 0, 3\rangle$ e $\mathbf{b} = \langle -2, 1, 5\rangle$, encontre $|\mathbf{a}|$ e os vetores $\mathbf{a} + \mathbf{b}$, $\mathbf{a} - \mathbf{b}$, $3\mathbf{b}$ e $2\mathbf{a} + 5\mathbf{b}$.

SOLUÇÃO

$$|\mathbf{a}| = \sqrt{4^2 + 0^2 + 3^2} = \sqrt{25} = 5$$

$$\mathbf{a} + \mathbf{b} = \langle 4, 0, 3\rangle + \langle -2, 1, 5\rangle$$
$$= \langle 4 + (-2), 0 + 1, 3 + 5\rangle = \langle 2, 1, 8\rangle$$

$$\mathbf{a} - \mathbf{b} = \langle 4, 0, 3\rangle - \langle -2, 1, 5\rangle$$
$$= \langle 4 - (-2), 0 - 1, 3 - 5\rangle = \langle 6, -1, -2\rangle$$

$$3\mathbf{b} = 3\langle -2, 1, 5\rangle = \langle 3(-2), 3(1), 3(5)\rangle = \langle -6, 3, 15\rangle$$

$$2\mathbf{a} + 5\mathbf{b} = 2\langle 4, 0, 3\rangle + 5\langle -2, 1, 5\rangle$$
$$= \langle 8, 0, 6\rangle + \langle -10, 5, 25\rangle = \langle -2, 5, 31\rangle$$ ■

Vetores em n dimensões são usados para listar várias quantidades em um modo organizado. Por exemplo, as componentes do vetor de dimensão 6

$$\mathbf{p} = \langle p_1, p_2, p_3, p_4, p_5, p_6\rangle$$

podem representar os preços de seis itens diferentes necessários na fabricação de um artigo particular. Vetores de dimensão quatro $\langle x, y, z, t\rangle$ são usados em teoria da relatividade, na qual as primeiras três componentes especificam a posição no espaço e a quarta representa o tempo.

Denotaremos por V_2 o conjunto de todos os vetores bidimensionais e por V_3 o conjunto de todos os vetores tridimensionais. De forma mais geral, precisaremos, adiante, considerar o conjunto V_n dos n vetores de dimensão. Um vetor de dimensão n é uma n-upla ordenada:

$$\mathbf{a} = \langle a_1, a_2, \ldots, a_n\rangle$$

onde $a_1, a_2, \ldots, a_n$ são números reais chamados componentes de **a**. Adição e multiplicação escalar em V_n são definidas em termos das componentes, como para os casos $n = 2$ e $n = 3$.

Propriedades dos Vetores Se **a**, **b** e **c** são vetores em V_n e c e d são escalares, então

1. $\mathbf{a} + \mathbf{b} = \mathbf{b} + \mathbf{a}$	**2.** $\mathbf{a} + (\mathbf{b} + \mathbf{c}) = (\mathbf{a} + \mathbf{b}) + \mathbf{c}$
3. $\mathbf{a} + \mathbf{0} = \mathbf{a}$	**4.** $\mathbf{a} + (-\mathbf{a}) = \mathbf{0}$
5. $c(\mathbf{a} + \mathbf{b}) = c\mathbf{a} + c\mathbf{b}$	**6.** $(c + d)\mathbf{a} = c\mathbf{a} + d\mathbf{a}$
7. $(cd)\mathbf{a} = c(d\mathbf{a})$	**8.** $1\mathbf{a} = \mathbf{a}$

Essas oito propriedades dos vetores podem ser facilmente verificadas, tanto geométrica quanto algebricamente. Por exemplo, a Propriedade 1 pode ser vista na Figura 4 (equivale à Lei do Paralelogramo) ou como a seguir, no caso $n = 2$:

$$\mathbf{a} + \mathbf{b} = \langle a_1, a_2\rangle + \langle b_1, b_2\rangle = \langle a_1 + b_1, a_2 + b_2\rangle$$
$$= \langle b_1 + a_1, b_2 + a_2\rangle = \langle b_1, b_2\rangle + \langle a_1, a_2\rangle$$
$$= \mathbf{b} + \mathbf{a}$$

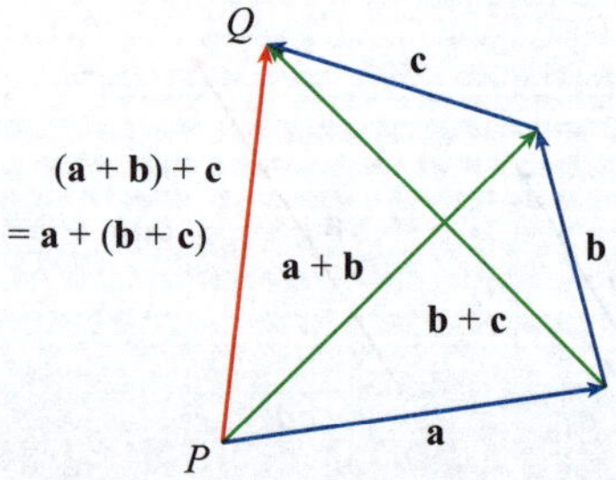

FIGURA 16

Podemos ver por que a Propriedade 2 (a propriedade associativa) é verdadeira olhando para a Figura 16 e aplicando a Lei de Triângulo várias vezes: o vetor $\overrightarrow{PQ}$ é obtido pela primeira construção $\mathbf{a} + \mathbf{b}$ e, em seguida, adicionando **c** ou por adição de **a** ao vetor $\mathbf{b} + \mathbf{c}$.

Três vetores em V_3 têm papel especial. Considere

$$\mathbf{i} = \langle 1, 0, 0\rangle \qquad \mathbf{j} = \langle 0, 1, 0\rangle \qquad \mathbf{k} = \langle 0, 0, 1\rangle$$

Esses vetores **i**, **j** e **k** são chamados **vetores da base canônica**. Eles têm comprimento 1 e direção e sentido dos eixos x, y e z positivos. Da mesma forma, em duas dimensões, definimos $\mathbf{i} = \langle 1, 0\rangle$ e $\mathbf{j} = \langle 0, 1\rangle$. (Veja a Figura 17).

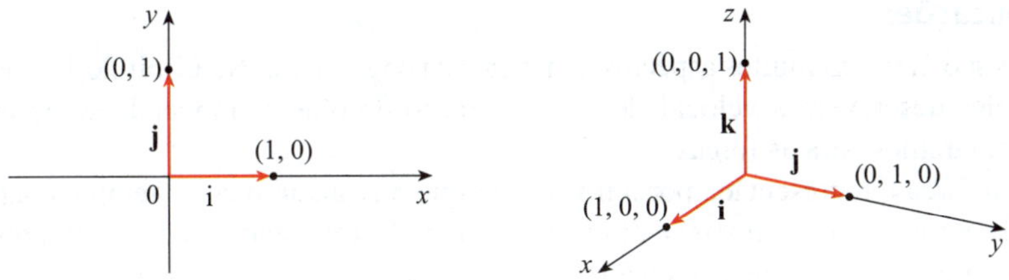

FIGURA 17
Vetores da base canônica em V_2 e V_3

Se $\mathbf{a} = \langle a_1, a_2, a_3 \rangle$, então podemos escrever

$$\mathbf{a} = \langle a_1, a_2, a_3 \rangle = \langle a_1, 0, 0 \rangle + \langle 0, a_2, 0 \rangle + \langle 0, 0, a_3 \rangle$$
$$= a_1\langle 1, 0, 0 \rangle + a_2\langle 0, 1, 0 \rangle + a_3\langle 0, 0, 1 \rangle$$

2 $$\mathbf{a} = a_1\mathbf{i} + a_2\mathbf{j} + a_3\mathbf{k}$$

Assim, qualquer vetor em V_3 pode ser expresso em termos de **i**, **j** e **k**. Por exemplo,

$$\langle 1, -2, 6 \rangle = \mathbf{i} - 2\mathbf{j} + 6\mathbf{k}$$

Da mesma forma, em duas dimensões, podemos escrever

3 $$\mathbf{a} = \langle a_1, a_2 \rangle = a_1\mathbf{i} + a_2\mathbf{j}$$

Veja a Figura 18 para a interpretação geométrica das Equações 3 e 2 e compare com a Figura 17.

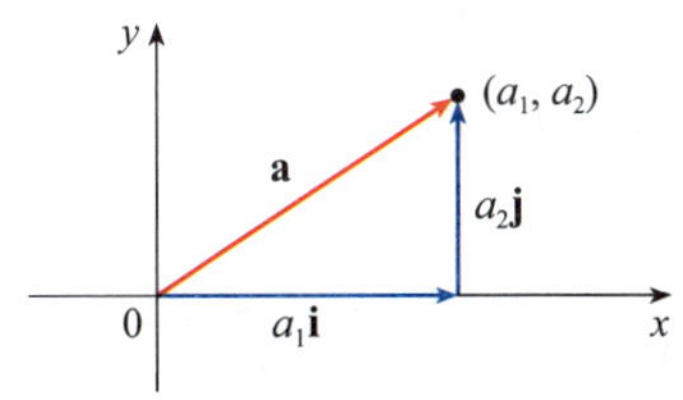

(a) $\mathbf{a} = a_1\mathbf{i} + a_2\mathbf{j}$

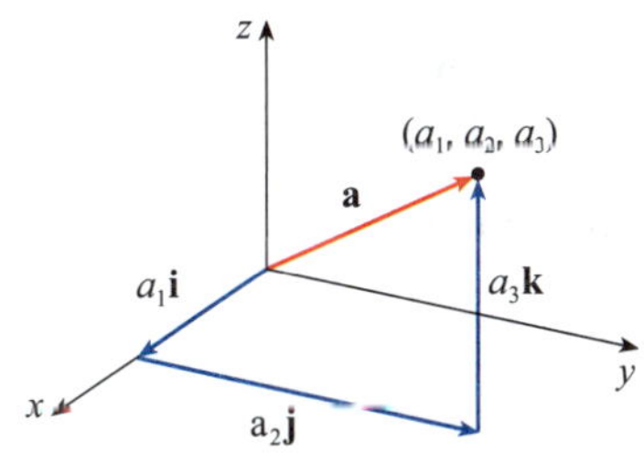

(b) $\mathbf{a} = a_1\mathbf{i} + a_2\mathbf{j} + a_3\mathbf{k}$

FIGURA 18

EXEMPLO 5 Se $\mathbf{a} = \mathbf{i} + 2\mathbf{j} - 3\mathbf{k}$ e $\mathbf{b} = 4\mathbf{i} + 7\mathbf{k}$, expresse o vetor $2\mathbf{a} + 3\mathbf{b}$ nos termos de **i**, **j** e **k**.

SOLUÇÃO Usando as Propriedades 1, 2, 5, 6 e 7 dos vetores, temos

$$2\mathbf{a} + 3\mathbf{b} = 2(\mathbf{i} + 2\mathbf{j} - 3\mathbf{k}) + 3(4\mathbf{i} + 7\mathbf{k})$$
$$= 2\mathbf{i} + 4\mathbf{j} - 6\mathbf{k} + 12\mathbf{i} + 21\mathbf{k} = 14\mathbf{i} + 4\mathbf{j} + 15\mathbf{k}$$ ■

Um **versor** ou **vetor unitário** é um vetor cujo módulo é 1. Os vetores **i**, **j** e **k** são exemplos de vetores unitários ou versores. Em geral, se $\mathbf{a} \neq \mathbf{0}$, então o vetor unitário que tem mesma direção e mesmo sentido de **a**, chamado versor de **a**, é

4 $$\mathbf{u} = \frac{1}{|\mathbf{a}|}\mathbf{a} = \frac{\mathbf{a}}{|\mathbf{a}|}$$

Para verificar isso, seja $c = 1/|\mathbf{a}|$. Então, $\mathbf{u} = c\mathbf{a}$ e c é um escalar positivo, de modo que **u** tem a mesma direção e o mesmo sentido do vetor **a**. Além disso,

$$|\mathbf{u}| = |c\mathbf{a}| = |c||\mathbf{a}| = \frac{1}{|\mathbf{a}|}|\mathbf{a}| = 1$$

EXEMPLO 6 Determine o versor do vetor $2\mathbf{i} - \mathbf{j} - 2\mathbf{k}$.

SOLUÇÃO O vetor dado tem módulo

$$|2\mathbf{i} - \mathbf{j} - 2\mathbf{k}| = \sqrt{2^2 + (-1)^2 + (-2)^2} = \sqrt{9} = 3$$

portanto, pela Equação 4, o versor é

$$\tfrac{1}{3}(2\mathbf{i} - \mathbf{j} - 2\mathbf{k}) = \tfrac{2}{3}\mathbf{i} - \tfrac{1}{3}\mathbf{j} - \tfrac{2}{3}\mathbf{k}$$ ■

Gibbs
Josiah Willard Gibbs (1839-1903), um professor de física matemática na Universidade de Yale, publicou o primeiro livro em vetores, *Vector Analysis*, em 1881. Objetos mais complicados, chamados quatérnions, já haviam sido inventados por Hamilton como ferramentas matemáticas para descrever o espaço, mas eles não eram fáceis para os cientistas usarem. Quatérnions têm uma parte escalar e uma parte vetor. A ideia de Gibb era usar a parte vetor separadamente. Maxwell e Heaviside tinham ideias semelhantes, mas a abordagem de Gibb provou ser a maneira mais conveniente para estudar o espaço.

Aplicações

Vetores são úteis em muitos aspectos da física e da engenharia. No Capítulo 13, veremos como eles descrevem a velocidade e a aceleração de objetos movendo-se no espaço. Aqui, olharemos para as forças.

Uma força é representada por um vetor porque possui, ao mesmo tempo, magnitude (medida em newtons ou libras) e direção. Se várias forças estão agindo em um objeto, a **força resultante** experimentada pelo objeto é o vetor soma dessas forças.

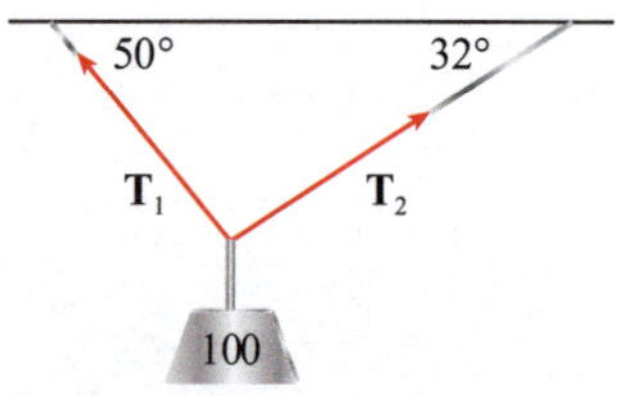

FIGURA 19

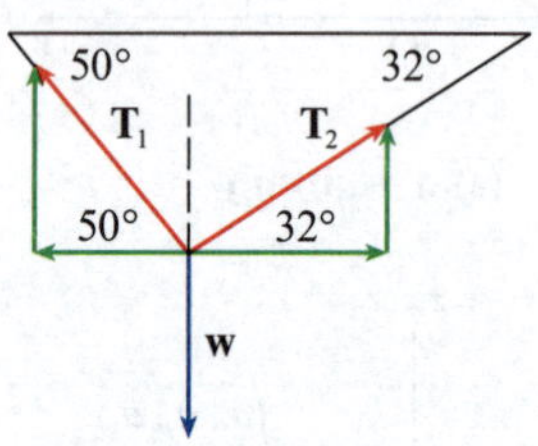

FIGURA 20

EXEMPLO 7 Uma carga de 100 kg de massa pende a partir de dois fios como é mostrado na Figura 19. Encontre as tensões (forças) $\mathbf{T}_1$ e $\mathbf{T}_2$ em ambos os fios e magnitudes das tensões.

SOLUÇÃO Primeiro vamos exprimir $\mathbf{T}_1$ e $\mathbf{T}_2$ em função de suas componentes horizontal e vertical. Da Figura 20 vemos que

$$\boxed{5} \qquad \mathbf{T}_1 = -|\mathbf{T}_1|\cos 50°\,\mathbf{i} + |\mathbf{T}_1|\,\mathrm{sen}\,50°\,\mathbf{j}$$

$$\boxed{6} \qquad \mathbf{T}_2 = |\mathbf{T}_2|\cos 32°\,\mathbf{i} + |\mathbf{T}_2|\,\mathrm{sen}\,32°\,\mathbf{j}$$

A força de gravidade que age sobre a carga é $\mathbf{F} = -100(9{,}8)\,\mathbf{j} = -980\,\mathbf{j}$. A resultante $\mathbf{T}_1 + \mathbf{T}_2$ contrabalança $\mathbf{F}$ de modo que

$$\mathbf{T}_1 + \mathbf{T}_2 = -\mathbf{F} = 980\mathbf{j}$$

Logo,

$$(-|\mathbf{T}_1|\cos 50° + |\mathbf{T}_2|\cos 32°)\,\mathbf{i} + (|\mathbf{T}_1|\,\mathrm{sen}\,50° + |\mathbf{T}_2|\,\mathrm{sen}\,32°)\,\mathbf{j} = 980\mathbf{j}$$

Igualando as componentes, obtemos

$$-|\mathbf{T}_1|\cos 50° + |\mathbf{T}_2|\cos 32° = 0$$

$$|\mathbf{T}_1|\,\mathrm{sen}\,50° + |\mathbf{T}_2|\,\mathrm{sen}\,32° = 980$$

Resolvendo a primeira dessas equações para $|\mathbf{T}_2|$ e substituindo na segunda, temos

$$|\mathbf{T}_1|\,\mathrm{sen}\,50° + \frac{|\mathbf{T}_1|\cos 50°}{\cos 32°}\,\mathrm{sen}\,32° = 980$$

$$|\mathbf{T}_1|\left(\mathrm{sen}\,50° + \cos 50°\,\frac{\mathrm{sen}\,32°}{\cos 32°}\right) = 980$$

Ou seja, os módulos das tensões são

$$|\mathbf{T}_1| = \frac{980}{\mathrm{sen}\,50° + \mathrm{tg}\,32°\,\cos 50°} \approx 839\,\mathrm{N}$$

e

$$|\mathbf{T}_2| = \frac{|\mathbf{T}_1|\cos 50°}{\cos 32°} \approx 636\,\mathrm{N}$$

Substituindo esses valores em (5) e (6), obtemos os vetores tensão

$$\mathbf{T}_1 \approx -539\,\mathbf{i} + 643\,\mathbf{j}$$

$$\mathbf{T}_2 \approx 539\,\mathbf{i} + 337\,\mathbf{j}$$ ■

Quando um avião voa sob a ação do vento, o *curso verdadeiro* (ou *rota*) do avião é a direção do vetor resultante da combinação dos vetores de velocidade do avião e do vento. A *velocidade com relação ao solo* do avião é a magnitude do vetor resultante. De maneira similar, um barco que navega em meio à correnteza segue um curso verdadeiro na direção resultante da combinação dos vetores de velocidade do barco e da corrente.

EXEMPLO 8 Uma mulher parte de barco da margem sul de um rio reto que flui para o oeste a 4 km/h. Ela deseja desembarcar no ponto da margem oposta que está exatamente à frente do ponto de partida. Supondo que a velocidade do barco (com relação à água) seja de 8 km/h, em que direção ela deve conduzir o barco para alcançar o ponto de desembarque desejado?

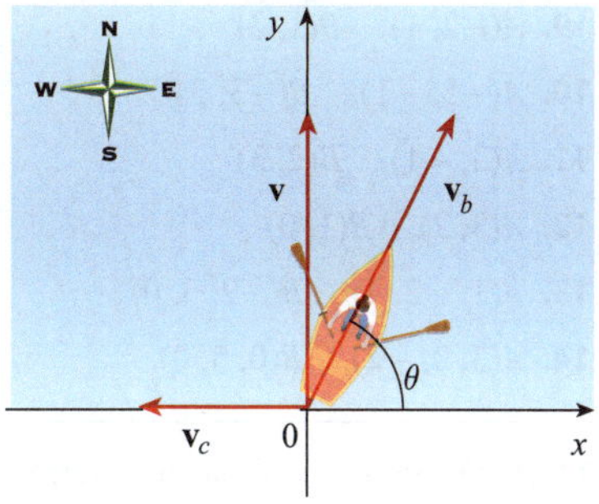

FIGURA 21

Ao descrever direções de navegação, usamos frequentemente um *rumo*, como N 20° W, que significa que, a partir da direção norte deve-se virar 20° para o oeste. (Observe que um rumo é definido sempre a partir do norte ou do sul.)

SOLUÇÃO Definamos os eixos coordenados de modo que a origem esteja sobre a posição inicial do barco, como mostrado na Figura 21. O vetor velocidade da correnteza do rio é $\mathbf{v}_c = -4\,\mathbf{i}$ e, como a velocidade do barco (em água parada) é igual a 8 km/h, o vetor velocidade do barco é $\mathbf{v}_b = 8(\cos\theta\,\mathbf{i} + \text{sen}\,\theta\,\mathbf{j})$, em que θ é o ângulo mostrado na figura. O vetor velocidade resultante é

$$\begin{aligned}\mathbf{v} &= \mathbf{v}_b + \mathbf{v}_c \\ &= 8\cos\theta\,\mathbf{i} + 8\,\text{sen}\,\theta\,\mathbf{j} - 4\,\mathbf{i} = (-4 + 8\cos\theta)\mathbf{i} + (8\,\text{sen}\,\theta)\mathbf{j}\end{aligned}$$

Queremos que o curso verdadeiro do barco aponte diretamente para o norte, de modo que a componente x de $\mathbf{v}$ deve ser igual a zero:

$$-4 + 8\cos\theta = 0 \quad\Rightarrow\quad \cos\theta = \tfrac{1}{2} \quad\Rightarrow\quad \theta = 60°$$

Assim, a mulher deve conduzir o barco na direção $\theta = 60°$ ou N 30° E. ■

12.2 Exercícios

1. Quais das seguintes grandezas são vetoriais ou escalares? Explique.
(a) O custo de um bilhete de cinema.
(b) A correnteza em um rio.
(c) A trajetória inicial do voo entre Houston e Dallas.
(d) A população mundial.

2. Qual a relação existente entre o ponto (4, 7) e o vetor $\langle 4, 7\rangle$? Faça um esboço ilustrativo.

3. Indique os vetores iguais no paralelogramo mostrado.

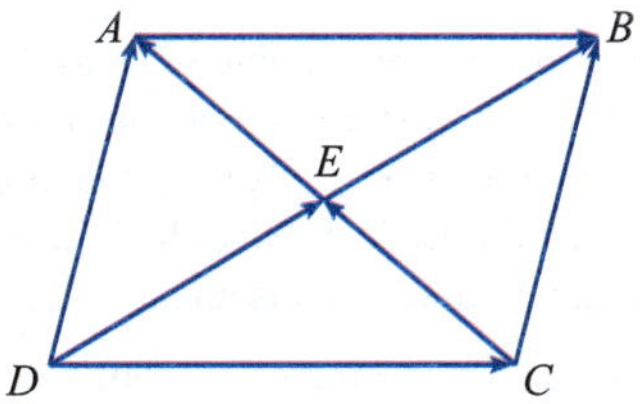

4. Escreva cada combinação de vetores como um único vetor.

(a) $\overrightarrow{AB} + \overrightarrow{BC}$ (b) $\overrightarrow{CD} + \overrightarrow{DB}$

(c) $\overrightarrow{DB} - \overrightarrow{AB}$ (d) $\overrightarrow{DC} + \overrightarrow{CA} + \overrightarrow{AB}$

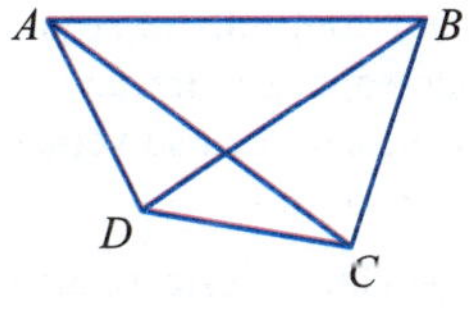

5. Copie os vetores na figura e use-os para desenhar os seguintes vetores.
(a) $\mathbf{a} + \mathbf{b}$ (b) $\mathbf{b} + \mathbf{c}$
(c) $\mathbf{a} + \mathbf{c}$ (d) $\mathbf{a} - \mathbf{c}$
(e) $\mathbf{b} + \mathbf{a} + \mathbf{c}$ (f) $\mathbf{a} - \mathbf{b} - \mathbf{c}$

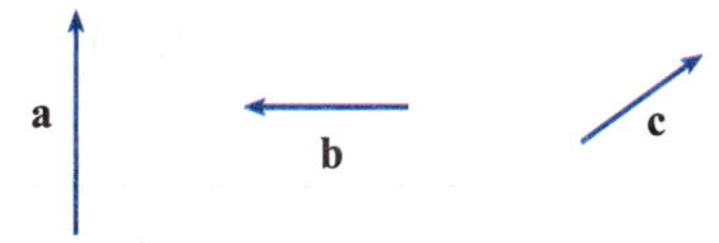

6. Copie os vetores na figura e use-os para desenhar os seguintes vetores.
(a) $\mathbf{u} + \mathbf{v}$ (b) $\mathbf{u} - \mathbf{v}$
(c) $2\mathbf{u}$ (d) $-\frac{1}{2}\mathbf{v}$
(e) $3\mathbf{u} + \mathbf{v}$ (f) $\mathbf{v} - 2\mathbf{u}$

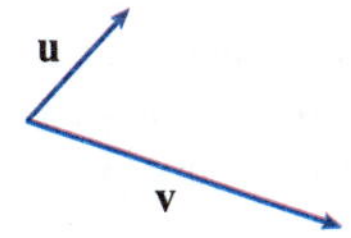

7. Na figura, a ponta de $\mathbf{c}$ e a cauda de $\mathbf{d}$ são ambas o ponto médio de QR. Expresse $\mathbf{c}$ e $\mathbf{d}$ em termos de $\mathbf{a}$ e $\mathbf{b}$.

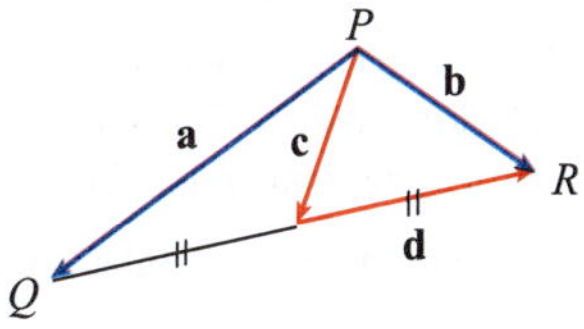

8. Se os vetores da figura satisfizerem $|\mathbf{u}| = |\mathbf{v}| = 1$ e $\mathbf{u} + \mathbf{v} + \mathbf{w} = 0$, o que é $|\mathbf{w}|$?

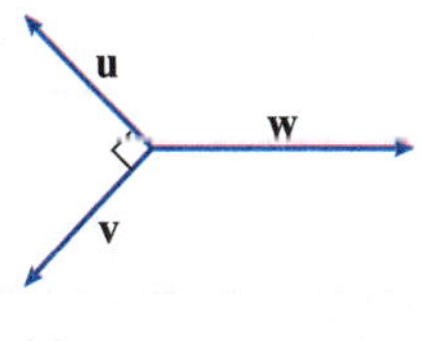

9-14 Determine o vetor $\mathbf{a}$ com representação dada pelo segmento de reta orientado $\overrightarrow{AB}$. Desenhe $\overrightarrow{AB}$ e o equivalente com início na origem.

9. $A(-2, 1)$, $B(1, 2)$

10. $A(-5, -1)$, $B(-3, 3)$

11. $A(3, -1)$, $B(2, 3)$

12. $A(3, 2)$, $B(1, 0)$

13. $A(1, -2, 4)$, $B(-2, 3, 0)$

14. $A(3, 0, -2)$, $B(0, 5, 0)$

15-18 Determine a soma dos vetores dados e ilustre geometricamente.

15. $\langle -1, 4 \rangle$ $\langle 6, -2 \rangle$

16. $\langle 3, -1 \rangle$ $\langle -1, 5 \rangle$

17. $\langle 3, 0, 1 \rangle$ $\langle 0, 8, 0 \rangle$

18. $\langle 1, 3, -2 \rangle$ $\langle 0, 0, 6 \rangle$

19-22 Determine $\mathbf{a} + \mathbf{b}$, $4\mathbf{a} + 2\mathbf{b}$, $|\mathbf{a}|$ e $|\mathbf{a} - \mathbf{b}|$.

19. $\mathbf{a} = \langle -3, 4 \rangle$, $\mathbf{b} = \langle 9, -1 \rangle$

20. $\mathbf{a} = 5\mathbf{i} + 3\mathbf{j}$, $\mathbf{b} = -\mathbf{i} - 2\mathbf{j}$

21. $\mathbf{a} = 4\mathbf{i} - 3\mathbf{j} + 2\mathbf{k}$, $\mathbf{b} = 2\mathbf{i} - 4\mathbf{k}$

22. $\mathbf{a} = \langle 8, 1, -4 \rangle$, $\mathbf{b} = \langle 5, -2, 1 \rangle$

23-25 Determine o vetor unitário com mesma direção e sentido que o vetor dado.

23. $\langle 6, -2 \rangle$

24. $-5\mathbf{i} + 3\mathbf{j} - \mathbf{k}$

25. $8\mathbf{i} - \mathbf{j} + 4\mathbf{k}$

26. Ache um vetor que possui a mesma direção e o mesmo sentido que $\langle 6, 2, -3 \rangle$, mas tem comprimento 4.

27-28 O que é o ângulo entre o vetor dado e o sentido positivo do eixo x?

27. $\mathbf{i} + \sqrt{3}\,\mathbf{j}$

28. $8\mathbf{i} + 6\,\mathbf{j}$

29. Um vetor $\mathbf{v}$ em V_2 tem ponto inicial na origem e ponto terminal no 2° quadrante. Supondo que $\mathbf{v}$ faça um ângulo de $5\pi/6$ com a parte positiva do eixo x e que $|\mathbf{v}| = 4$, determine $\mathbf{v}$ na forma de componentes.

30. Se uma criança puxa um trenó na neve com força de 50 N a um ângulo de 38° com relação à horizontal, ache as componentes horizontal e vertical da força.

31. Um *quarterback* lança uma bola de futebol com ângulo de elevação 40° e velocidade de 20 m/s. Encontre as componentes horizontal e vertical do vetor velocidade.

32-33 Encontre o módulo da força resultante e o ângulo que ela faz com o eixo x positivo.

32.

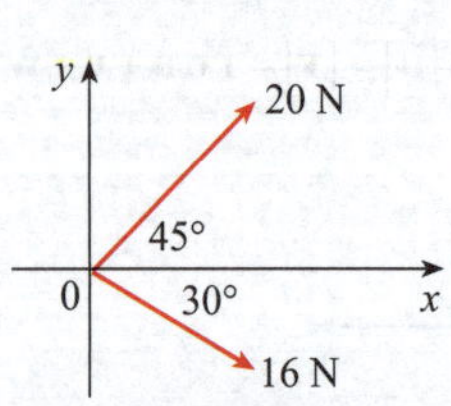

33.

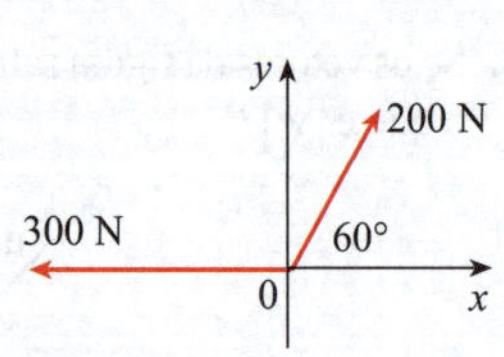

34. Um guindaste suspende uma viga de aço com 500 kg usando cabos (de peso desprezível) que ligam um gancho a cada uma das extremidades da viga. Cada cabo faz um ângulo de 60° com a viga. Determine o vetor tensão em cada cabo e a magnitude de cada tensão.

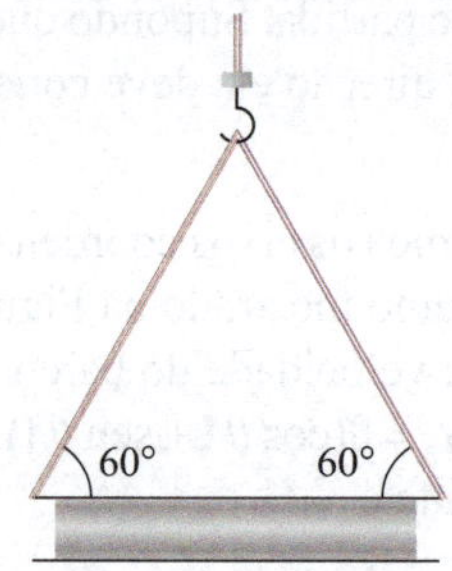

35. Uma talha de polia do tipo *block-and-tackle* está suspensa em um armazém por cordas de 2 m e 3 m de comprimento. A talha pesa 350 N. As cordas, presas em alturas diferentes, fazem ângulos de 50° e 38° com a horizontal. Encontre a tensão em cada corda e a magnitude (o módulo) da tensão.

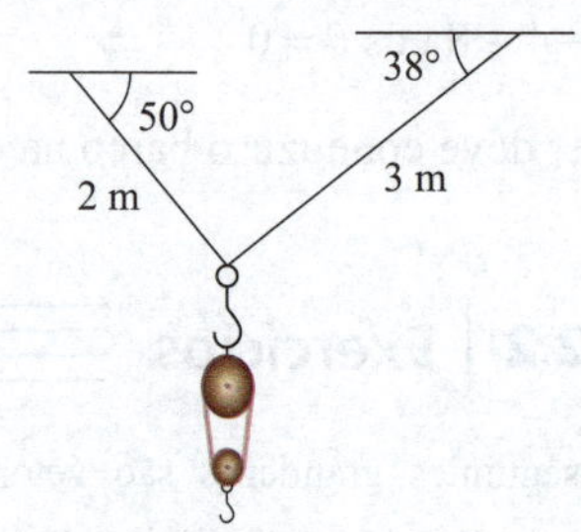

36. A tensão $\mathbf{T}$ em cada extremidade da corrente tem magnitude 25 N (veja a figura). Qual o peso da corrente?

37. Três forças atuam sobre um objeto. Duas das forças fazem um ângulo de 100° entre si e têm magnitudes de 25 N e 12 N. A terceira é perpendicular ao plano formado por essas duas forças e tem magnitude de 4 N. Calcule a magnitude da força capaz de contrabalançar precisamente essas três forças.

38. Uma remadora deseja atravessar com seu caiaque um canal que tem 400 m de largura, para desembarcar em um ponto que está 250 m rio acima de seu ponto de partida. Ela é capaz de remar a 2 m/s (em água parada) e a correnteza do canal flui a 0,5 m/s.

(a) Em que direção ela deve conduzir o caiaque?

(b) Quanto tempo durará a travessia?

39. Um piloto conduz um avião na direção N 45° W, a uma velocidade de 290 km/h com relação ao ar (velocidade no ar sem vento). Um vento sopra na direção S 30° E a uma velocidade de 55 km/h. Determine o curso verdadeiro e a velocidade do avião com relação ao solo.

40. Um navio navega para o oeste a uma velocidade de 32 km/h, enquanto um cachorro corre para o norte no convés do navio, a 4 km/h. Determine a velocidade e a direção na qual corre o cachorro com relação à superfície da água.

41. Encontre os vetores unitários que são paralelos à reta tangente à parábola $y = x^2$ no ponto $(2, 4)$.

42. (a) Encontre os vetores unitários que são paralelos à reta tangente à curva $y = 2$ sen x no ponto $(\pi/6, 1)$.
(b) Encontre os vetores unitários que são perpendiculares à reta tangente.
(c) Esboce a curva $y = 2$ sen x e os vetores nas partes (a) e (b), todos começando em $(\pi/6, 1)$.

43. Se A, B e C são vértices de um triângulo, determine

$$\overrightarrow{AB} + \overrightarrow{BC} + \overrightarrow{CA}$$

44. Seja C o ponto no segmento de reta AB que está duas vezes mais distante de B que de A. Se $\mathbf{a} = \overrightarrow{OA}$, $\mathbf{b} = \overrightarrow{OB}$ e $\mathbf{c} = \overrightarrow{OC}$, mostre que $\mathbf{c} = \frac{2}{3}\mathbf{a} + \frac{1}{3}\mathbf{b}$.

45. (a) Desenhe os vetores $\mathbf{a} = \langle 3, 2\rangle$, $\mathbf{b} = \langle 2, -1\rangle$ e $\mathbf{c} = \langle 7, 1\rangle$.
(b) Mostre, por um esboço, que existem escalares s e t tal que $\mathbf{c} = s\mathbf{a} + t\mathbf{b}$.
(c) Use o esboço para estimar os valores de s e t.
(d) Determine os valores exatos de s e t.

46. Suponha que **a** e **b** sejam vetores não nulos, que não sejam paralelos e **c** seja qualquer vetor no plano determinado por **a** e **b**. Dê um argumento geométrico para mostrar que **c** pode ser escrito como $\mathbf{c} = s\mathbf{a} + t\mathbf{b}$ para escalares adequados s e t. Em seguida, dê um argumento usando componentes.

47. Se $\mathbf{r} = \langle x, y, z\rangle$ e $\mathbf{r}_0 = \langle x_0, y_0, z_0\rangle$, descreva o conjunto de todos os pontos (x, y, z) de tal forma que $|\mathbf{r} - \mathbf{r}_0| = 1$.

48. Se $\mathbf{r} = \langle x, y\rangle$, $\mathbf{r}_1 = \langle x_1, y_1\rangle$ e $\mathbf{r}_2 = \langle x_2, y_2\rangle$, descreva o conjunto de todos os pontos (x, y) de tal forma que $|\mathbf{r} - \mathbf{r}_1| + |\mathbf{r} - \mathbf{r}_2| = k$, sendo $k > |\mathbf{r}_1 - \mathbf{r}_2|$.

49. A Figura 16 fornece uma demonstração geométrica da Propriedade 2 dos vetores. Use as componentes para dar uma demonstração algébrica desse fato no caso $n = 2$.

50. Demonstre a Propriedade 5 de vetores algebricamente para o caso de $n = 3$. Em seguida, use semelhança de triângulos para dar uma prova geométrica.

51. Utilize vetores para demonstrar que uma reta unindo os pontos médios de dois lados de um triângulo é paralela ao terceiro lado e tem metade de seu comprimento.

52. Refletores de Canto Suponha que os três planos coordenados sejam todos espelhados e que um raio de luz dado pelo vetor $\mathbf{a} = \langle a_1, a_2, a_3\rangle$ atinja primeiro o plano xz, como mostrado na figura. Use o fato de os ângulos de incidência e de reflexão serem iguais para mostrar que a direção do raio refletido é dada por $\mathbf{b} = \langle a_1, -a_2, a_3\rangle$. Deduza que, após ser refletido em todos os três espelhos perpendiculares, o raio resultante é paralelo ao raio inicial. (Cientistas norte-americanos usaram esse princípio, juntamente com um feixe de laser e um conjunto de espelhos em cantoneira na Lua, para calcular de modo preciso a distância da Terra à Lua.)

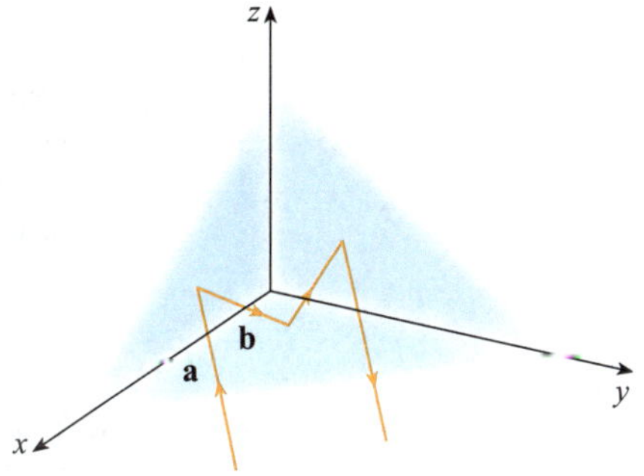

PROJETO DE DESCOBERTA | O FORMATO DE UMA CORRENTE SUSPENSA

Na Seção 3.11, afirmamos que uma corrente ou um cabo flexível e pesado suspenso entre dois pontos que estão à mesma altura toma a forma de uma curva denominada *catenária* (um termo supostamente cunhado por Thomas Jefferson), cuja equação é $y = a$ cossech(x/a). Neste projeto, usaremos a interpretação da derivada como a inclinação de uma reta tangente para deduzir essa equação.

Suponha que uma corrente (ou cabo) com massa linear uniforme ρ esteja suspensa entre dois pontos, como mostrado na figura. Posicionamos a origem no vértice da catenária e designamos por (x, y) qualquer ponto da curva no qual $x > 0$. (Por simetria, obtemos um resultado similar para $x < 0$.)

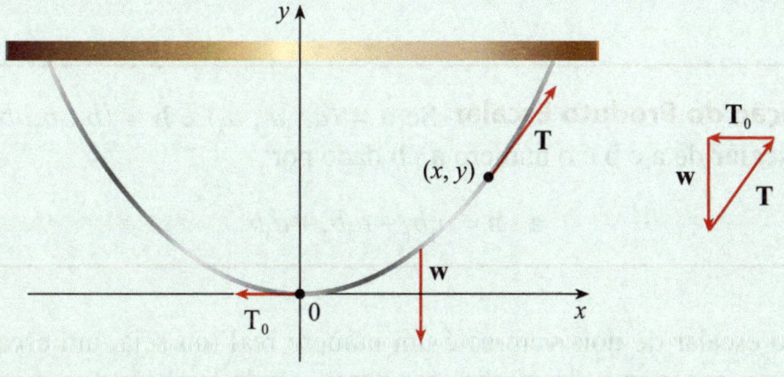

Considere o trecho da corrente compreendido entre a origem e o ponto (x, y). As forças que atuam nesse trecho são a força gravitacional **w**, que aponta para baixo, e as tensões nas

(Continua)

extremidades do trecho, $\mathbf{T}_0$ e $\mathbf{T}$ – ambas tangentes à curva. Como esse trecho da corrente está em equilíbrio, sabemos que

$$\mathbf{T}_0 + \mathbf{T} + \mathbf{w} = \mathbf{0}$$

1. Seja $y = f(x)$ a equação da curva e seja $s(x)$ a função comprimento de arco (Equação 8.1.5) correspondente ao trecho entre a origem e o ponto (x, y). Mostre que $\mathbf{T} = \langle |\mathbf{T}_0|, g\rho s(x)\rangle$, em que g é a aceleração da gravidade.

2. Interpretando dy/dx como a inclinação da tangente em (x, y), mostre que

$$\frac{dy}{dx} = \frac{s(x)}{a}$$

em que $a = |\mathbf{T}_0|/(g\rho)$ é uma constante.

3. Derive os dois lados da equação diferencial da Questão 2 e use a Equação 8.1.6 para obter a equação diferencial de segunda ordem

$$\frac{d^2y}{dx^2} = \frac{1}{a}\sqrt{1 + \left(\frac{dy}{dx}\right)^2}$$

com condições iniciais $y(0) = 0$ (a curva passa pela origem) e $y'(0) = 0$ (a reta tangente à curva na origem é horizontal). Resolva essa equação substituindo $z = dy/dx$ e resolvendo, em seguida, a equação diferencial de primeira ordem assim obtida. Conclua que a equação da curva é

$$y = a \operatorname{cossech} \frac{x}{a} - a$$

4. Trace o gráfico de $y = a \operatorname{cossech}(x/a) - a$ para $a = \frac{1}{2}$, $a = 1$ e $a = 3$. Como o valor de a afeta o formato da curva?

12.3 O Produto Escalar

Até aqui aprendemos a somar os vetores e multiplicá-los por um escalar. A questão surge: é possível multiplicar dois vetores de modo que o valor resultante seja de alguma utilidade? Um desses produtos é o produto escalar, cuja definição vem a seguir. O outro é o produto vetorial, que será discutido na próxima seção.

O Produto Escalar de Dois Vetores

Para obter o produto escalar dos vetores **a** e **b**, multiplicamos as componentes correspondentes e somamos os valores obtidos.

1 Definição do Produto Escalar Se $\mathbf{a} = \langle a_1, a_2, a_3\rangle$ e $\mathbf{b} = \langle b_1, b_2, b_3\rangle$, então o **produto escalar** de **a** e **b** é o número $\mathbf{a} \cdot \mathbf{b}$ dado por

$$\mathbf{a} \cdot \mathbf{b} = a_1b_1 + a_2b_2 + a_3b_3$$

O produto escalar de dois vetores é um número real (ou seja, um escalar), não um vetor. É por essa razão que ele recebe esse nome, sendo também denominado **produto interno**. Embora a Definição 1 tenha envolvido vetores tridimensionais, o produto escalar de vetores bidimensionais é definido de forma semelhante:

$$\langle a_1, a_2\rangle \cdot \langle b_1, b_2\rangle = a_1b_1 + a_2b_2$$

EXEMPLO 1

$$\langle 2, 4\rangle \cdot \langle 3, -1\rangle = 2(3) + 4(-1) = 2$$

$$\langle -1, 7, 4\rangle \cdot \langle 6, 2, -\tfrac{1}{2}\rangle = (-1)(6) + 7(2) + 4(-\tfrac{1}{2}) = 6$$

$$(\mathbf{i} + 2\mathbf{j} - 3\mathbf{k}) \cdot (2\mathbf{j} - \mathbf{k}) = 1(0) + 2(2) + (-3)(-1) = 7$$

O produto escalar obedece a muitas das regras que valem para o produto de números reais. Esse fato é apresentado no seguinte teorema.

2 Propriedades do Produto Escalar Se **a**, **b** e **c** são vetores em V_3 e c é um escalar, então

1. $\mathbf{a} \cdot \mathbf{a} = |\mathbf{a}|^2$
2. $\mathbf{a} \cdot \mathbf{b} = \mathbf{b} \cdot \mathbf{a}$
3. $\mathbf{a} \cdot (\mathbf{b} + \mathbf{c}) = \mathbf{a} \cdot \mathbf{b} + \mathbf{a} \cdot \mathbf{c}$
4. $(c\mathbf{a}) \cdot \mathbf{b} = c(\mathbf{a} \cdot \mathbf{b}) = \mathbf{a} \cdot (c\mathbf{b})$
5. $\mathbf{0} \cdot \mathbf{a} = 0$

DEMONSTRAÇÃO Essas propriedades podem ser facilmente demonstradas usando-se a Definição 1. Como exemplo, apresentamos a seguir as demonstrações das Propriedades 1 e 3.

1. $\mathbf{a} \cdot \mathbf{a} = a_1^2 + a_2^2 + a_3^2 = |\mathbf{a}|^2$

3.
$$\begin{aligned}\mathbf{a} \cdot (\mathbf{b} + \mathbf{c}) &= \langle a_1, a_2, a_3\rangle \cdot \langle b_1 + c_1, b_2 + c_2, b_3 + c_3\rangle \\ &= a_1(b_1 + c_1) + a_2(b_2 + c_2) + a_3(b_3 + c_3) \\ &= a_1b_1 + a_1c_1 + a_2b_2 + a_2c_2 + a_3b_3 + a_3c_3 \\ &= (a_1b_1 + a_2b_2 + a_3b_3) + (a_1c_1 + a_2c_2 + a_3c_3) \\ &= \mathbf{a} \cdot \mathbf{b} + \mathbf{a} \cdot \mathbf{c}\end{aligned}$$

As demonstrações restantes ficam como exercício.

O produto escalar $\mathbf{a} \cdot \mathbf{b}$ tem uma interpretação geométrica em termos do **ângulo** θ **entre a e b**, definido como o ângulo entre os representantes de **a** e **b**, ambos com ponto inicial na origem, onde $0 \leq \theta \leq \pi$. Em outras palavras, θ é o ângulo entre os segmentos de reta $\overrightarrow{OA}$ e $\overrightarrow{OB}$ da Figura 1. Observe que, se **a** e **b** são vetores paralelos, então $\theta = 0$ ou $\theta = \pi$.

No teorema a seguir, a fórmula dada é utilizada por físicos como *definição* do produto escalar.

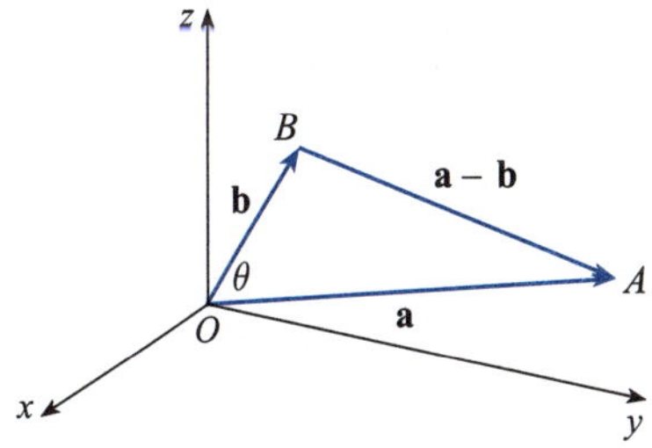

FIGURA 1

3 Teorema Se θ é o ângulo entre os vetores **a** e **b**, então

$$\mathbf{a} \cdot \mathbf{b} = |\mathbf{a}|\,|\mathbf{b}| \cos \theta$$

DEMONSTRAÇÃO Se aplicarmos a Lei dos Cossenos ao triângulo OAB da Figura 1, obteremos

A Lei dos Cossenos é revista no Apêndice D.

4 $$|AB|^2 = |OA|^2 + |OB|^2 - 2|OA|\,|OB| \cos \theta$$

(Observe que a Lei dos Cossenos ainda se aplica nos casos limites quando $\theta = 0$ ou π, ou $\mathbf{a} = \mathbf{0}$ ou $\mathbf{b} = \mathbf{0}$.) Mas $|OA| = |\mathbf{a}|$, $|OB| = |\mathbf{b}|$ e $|AB| = |\mathbf{a} - \mathbf{b}|$, assim, a Equação 4 torna-se

5 $$|\mathbf{a} - \mathbf{b}|^2 = |\mathbf{a}|^2 + |\mathbf{b}|^2 - 2|\mathbf{a}|\,|\mathbf{b}| \cos \theta$$

Usando as Propriedades 1, 2 e 3 do produto escalar, podemos reescrever o lado esquerdo dessa equação como:

$$\begin{aligned}|\mathbf{a}-\mathbf{b}|^2 &= (\mathbf{a}-\mathbf{b})\cdot(\mathbf{a}-\mathbf{b})\\ &= \mathbf{a}\cdot\mathbf{a}-\mathbf{a}\cdot\mathbf{b}-\mathbf{b}\cdot\mathbf{a}+\mathbf{b}\cdot\mathbf{b}\\ &= |\mathbf{a}|^2-2\mathbf{a}\cdot\mathbf{b}+|\mathbf{b}|^2\end{aligned}$$

Portanto, a Equação 5 fornece

$$|\mathbf{a}|^2-2\mathbf{a}\cdot\mathbf{b}+|\mathbf{b}|^2=|\mathbf{a}|^2+|\mathbf{b}|^2-2|\mathbf{a}|\,|\mathbf{b}|\cos\theta$$

Logo,

$$-2\mathbf{a}\cdot\mathbf{b}=-2|\mathbf{a}|\,|\mathbf{b}|\cos\theta$$

ou

$$\mathbf{a}\cdot\mathbf{b}=|\mathbf{a}|\,|\mathbf{b}|\cos\theta$$ ■

EXEMPLO 2 Se os vetores **a** e **b** têm módulos 4 e 6 e o ângulo entre eles é $\pi/3$, determine $\mathbf{a}\cdot\mathbf{b}$.

SOLUÇÃO Usando o Teorema 3, temos

$$\mathbf{a}\cdot\mathbf{b}=|\mathbf{a}|\,|\mathbf{b}|\cos(\pi/3)=4\cdot6\cdot\tfrac{1}{2}=12$$ ■

A fórmula do Teorema 3 nos permite ainda determinar o ângulo entre dois vetores.

6 Corolário Se θ é o ângulo entre dois vetores não nulos **a** e **b**, então

$$\cos\theta=\frac{\mathbf{a}\cdot\mathbf{b}}{|\mathbf{a}|\,|\mathbf{b}|}$$

EXEMPLO 3 Determine o ângulo entre os vetores $\mathbf{a}=\langle 2, 2, -1\rangle$ e $\mathbf{b}=\langle 5, -3, 2\rangle$.

SOLUÇÃO Uma vez que

$$|\mathbf{a}|=\sqrt{2^2+2^2+(-1)^2}=3 \quad \text{e} \quad |\mathbf{b}|=\sqrt{5^2+(-3)^2+2^2}=\sqrt{38}$$

e uma vez que

$$\mathbf{a}\cdot\mathbf{b}=2(5)+2(-3)+(-1)(2)=2$$

temos, do Corolário 6,

$$\cos\theta=\frac{\mathbf{a}\cdot\mathbf{b}}{|\mathbf{a}|\,|\mathbf{b}|}=\frac{2}{3\sqrt{38}}$$

Assim, o ângulo entre **a** e **b** é

$$\theta=\cos^{-1}\left(\frac{2}{3\sqrt{38}}\right)\approx 1{,}46 \quad (\text{ou } 84°)$$ ■

Dois vetores não nulos **a** e **b** são **perpendiculares** ou **ortogonais** se o ângulo entre eles é $\theta=\pi/2$. O Teorema 3 nos fornece

$$\mathbf{a}\cdot\mathbf{b}=|\mathbf{a}|\,|\mathbf{b}|\cos(\pi/2)=0$$

e reciprocamente se $\mathbf{a}\cdot\mathbf{b}=0$, então $\cos\theta=0$, portanto, $\theta=\pi/2$. O vetor nulo **0** é considerado perpendicular a todos os vetores. Temos, portanto, um método para determinar se dois vetores são ortogonais.

7 Dois vetores **a** e **b** são ortogonais se e somente se $\mathbf{a} \cdot \mathbf{b} = 0$.

EXEMPLO 4 Mostre que $2\mathbf{i} + 2\mathbf{j} - \mathbf{k}$ é perpendicular a $5\mathbf{i} - 4\mathbf{j} + 2\mathbf{k}$.

SOLUÇÃO Uma vez que

$$(2\mathbf{i} + 2\mathbf{j} - \mathbf{k}) \cdot (5\mathbf{i} - 4\mathbf{j} + 2\mathbf{k}) = 2(5) + 2(-4) + (-1)(2) = 0$$

esses vetores são perpendiculares por (7). ■

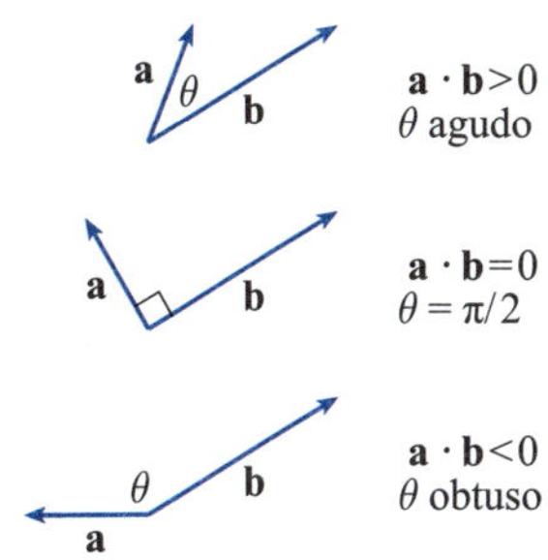

FIGURA 2

Como $\cos\theta > 0$ se $0 \le \theta < \pi/2$ e $\cos\theta < 0$ se $\pi/2 < \theta \le \pi$, vemos que $\mathbf{a} \cdot \mathbf{b}$ é positivo para $\theta < \pi/2$ e negativo para $\theta > \pi/2$. Podemos pensar que $\mathbf{a} \cdot \mathbf{b}$ mede o quão próxima está a direção de **a** da de **b**. O produto escalar $\mathbf{a} \cdot \mathbf{b}$ é positivo se **a** e **b** apontam para direções próximas, 0 se eles são perpendiculares e negativo se apontam em direções próximas, mas com sentidos opostos (veja a Figura 2). No caso extremo, onde **a** e **b** têm mesma direção e sentido, temos $\theta = 0$, portanto, $\cos\theta = 1$ e

$$\mathbf{a} \cdot \mathbf{b} = |\mathbf{a}|\,|\mathbf{b}|$$

Se **a** e **b** têm a mesma direção, mas sentidos opostos, temos $\theta = \pi$ e, assim, $\cos\theta = -1$ e $\mathbf{a} \cdot \mathbf{b} = -|\mathbf{a}|\,|\mathbf{b}|$.

Ângulos Diretores e Cossenos Diretores

Os **ângulos diretores** de um vetor não nulo **a** são os ângulos α, β e γ (no intervalo $[0, \pi]$) que **a** faz com os eixos coordenados positivos x, y e z, respectivamente. (Veja a Figura 3.)

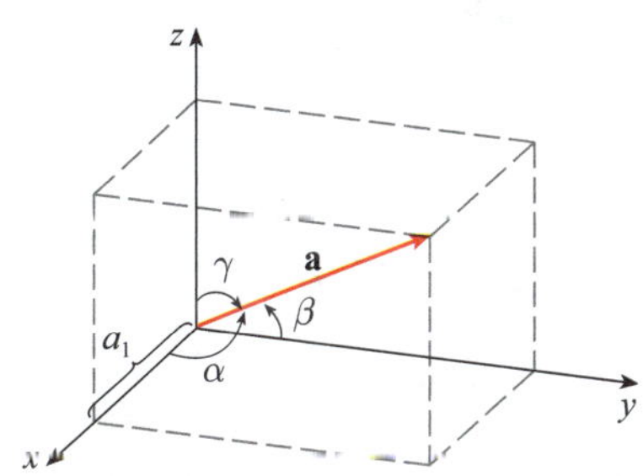

FIGURA 3

Os cossenos desses ângulos diretores, $\cos\alpha$, $\cos\beta$ e $\cos\gamma$, são chamados **cossenos diretores** do vetor **a**. Usando o Corolário 6 com **b** substituído por **i**, obtemos

8 $$\cos\alpha = \frac{\mathbf{a} \cdot \mathbf{i}}{|\mathbf{a}|\,|\mathbf{i}|} = \frac{a_1}{|\mathbf{a}|}$$

(Isso pode ser visto diretamente na Figura 3.)

Da mesma forma, temos

9 $$\cos\beta = \frac{a_2}{|\mathbf{a}|} \qquad \cos\gamma = \frac{a_3}{|\mathbf{a}|}$$

Elevando as expressões nas Equações 8 e 9 ao quadrado e somando, obtemos

10 $$\cos^2\alpha + \cos^2\beta + \cos^2\gamma = 1$$

Podemos ainda usar as Equações 8 e 9 para escrever

$$\begin{aligned}\mathbf{a} = \langle a_1, a_2, a_3 \rangle &= \langle |\mathbf{a}|\cos\alpha, |\mathbf{a}|\cos\beta, |\mathbf{a}|\cos\gamma \rangle \\ &= |\mathbf{a}|\langle \cos\alpha, \cos\beta, \cos\gamma \rangle\end{aligned}$$

Portanto,

11 $$\frac{1}{|\mathbf{a}|}\mathbf{a} = \langle \cos\alpha, \cos\beta, \cos\gamma \rangle$$

que diz que os cossenos diretores de **a** são as componentes do vetor unitário de **a**.

EXEMPLO 5 Determine os ângulos diretores do vetor $\mathbf{a} = \langle 1, 2, 3 \rangle$.

SOLUÇÃO Como $|\mathbf{a}| = \sqrt{1^2 + 2^2 + 3^2} = \sqrt{14}$, as Equações 8 e 9 fornecem

$$\cos\alpha = \frac{1}{\sqrt{14}} \qquad \cos\beta = \frac{2}{\sqrt{14}} \qquad \cos\gamma = \frac{3}{\sqrt{14}}$$

e também

$$\alpha = \cos^{-1}\left(\frac{1}{\sqrt{14}}\right) \approx 74° \qquad \beta = \cos^{-1}\left(\frac{2}{\sqrt{14}}\right) \approx 58° \qquad \gamma = \cos^{-1}\left(\frac{3}{\sqrt{14}}\right) \approx 37°$$

Projeções

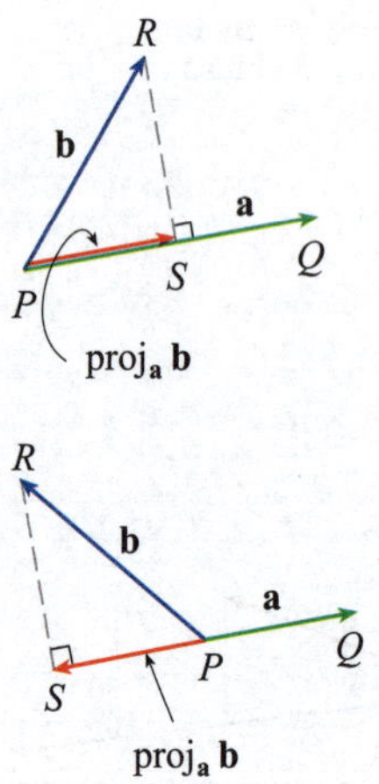

FIGURA 4
Projeção de vetores

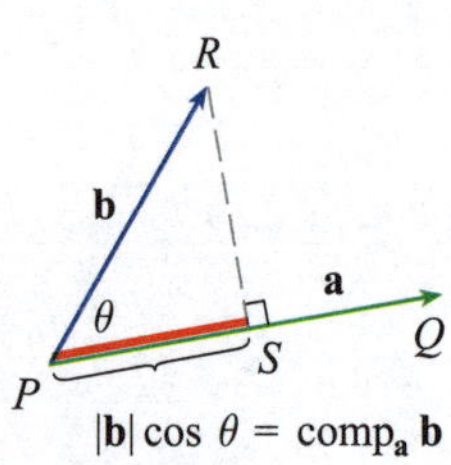

FIGURA 5
Projeção escalar

A Figura 4 mostra as representações $\overrightarrow{PQ}$ e $\overrightarrow{PR}$ de dois vetores **a** e **b** com a mesma origem P. Se S é o pé do perpendicular a partir de R à reta contendo $\overrightarrow{PQ}$, então o vetor com representação $\overrightarrow{PS}$ é chamado **vetor projeção** de **b** sobre **a** e é denotado por $\text{proj}_{\mathbf{a}}\,\mathbf{b}$. (Você pode pensar nele como uma sombra de **b**.)

A **projeção escalar** de **b** sobre **a** (também chamada **componente de b ao longo de a**) é definida como o módulo com sinal do vetor projeção, cujo valor é dado pelo número $|\mathbf{b}|\cos\theta$, onde θ é o ângulo entre **a** e **b**. (Veja a Figura 5.) Isso é indicado por $\text{comp}_{\mathbf{a}}\,\mathbf{b}$. Observe que esse número é negativo se $\pi/2 < \theta \leq \pi$. A equação

$$\mathbf{a}\cdot\mathbf{b} = |\mathbf{a}||\mathbf{b}|\cos\theta = |\mathbf{a}|(|\mathbf{b}|\cos\theta)$$

mostra que o produto escalar de **a** por **b** pode ser interpretado como o módulo de **a** multiplicado pela projeção escalar de **b** sobre **a**. Uma vez que

$$|\mathbf{b}|\cos\theta = \frac{\mathbf{a}\cdot\mathbf{b}}{|\mathbf{a}|} = \frac{\mathbf{a}}{|\mathbf{a}|}\cdot\mathbf{b}$$

a componente de **b** ao longo de **a** pode ser calculada tomando-se o produto escalar de **b** pelo versor de **a**. Resumindo, temos:

Projeção escalar de **b** sobre **a**:	$\text{comp}_{\mathbf{a}}\,\mathbf{b} = \dfrac{\mathbf{a}\cdot\mathbf{b}}{\lvert\mathbf{a}\rvert}$
Vetor projeção de **b** sobre **a**:	$\text{proj}_{\mathbf{a}}\,\mathbf{b} = \left(\dfrac{\mathbf{a}\cdot\mathbf{b}}{\lvert\mathbf{a}\rvert}\right)\dfrac{\mathbf{a}}{\lvert\mathbf{a}\rvert} = \dfrac{\mathbf{a}\cdot\mathbf{b}}{\lvert\mathbf{a}\rvert^2}\mathbf{a}$

Observe que o vetor projeção é a projeção escalar vezes o vetor de **a**.

EXEMPLO 6 Determine a projeção escalar de $\mathbf{b} = \langle 1, 1, 2 \rangle$ sobre $\mathbf{a} = \langle -2, 3, 1 \rangle$.

SOLUÇÃO Como $|\mathbf{a}| = \sqrt{(-2)^2 + 3^2 + 1^2} = \sqrt{14}$, a projeção escalar de **b** sobre **a** é

$$\text{comp}_{\mathbf{a}}\,\mathbf{b} = \frac{\mathbf{a}\cdot\mathbf{b}}{|\mathbf{a}|} = \frac{(-2)(1) + 3(1) + 1(2)}{\sqrt{14}} = \frac{3}{\sqrt{14}}$$

O vetor de projeção é esse escalar multiplicado pelo versor de **a**:

$$\text{proj}_{\mathbf{a}}\,\mathbf{b} = \frac{3}{\sqrt{14}}\frac{\mathbf{a}}{|\mathbf{a}|} = \frac{3}{14}\mathbf{a} = \left\langle -\frac{3}{7}, \frac{9}{14}, \frac{3}{14} \right\rangle$$

Aplicação: Trabalho

Um uso de projeções ocorre em física, no cálculo do trabalho. Na Seção 6.4, no Volume 1, definimos o trabalho exercido por uma força constante F movendo um objeto por uma distância d como $W = Fd$, mas isso só se aplicava quando a força era exercida ao longo da reta de deslocamento do objeto. Suponha agora que a força constante seja um vetor $\mathbf{F} = \overrightarrow{PR}$ com direção diferente da reta de deslocamento do objeto, como indicado na Figura 6. Se a força move o objeto de P a Q, então o **vetor de deslocamento** é $\mathbf{D} = \overrightarrow{PQ}$. O **trabalho** realizado é definido como o produto da componente da força ao longo de $\mathbf{D}$ pela distância percorrida:

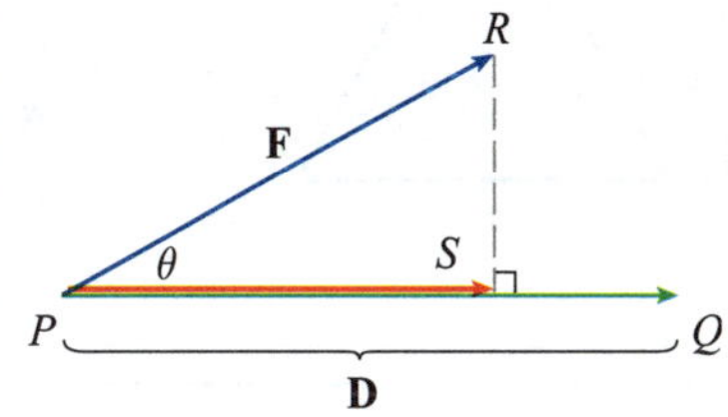

FIGURA 6

$$W = (|\mathbf{F}|\cos\theta)\,|\mathbf{D}|$$

Do Teorema 3, temos

12 $$W = |\mathbf{F}|\,|\mathbf{D}|\cos\theta = \mathbf{F}\cdot\mathbf{D}$$

Assim, o trabalho realizado por uma força constante $\mathbf{F}$ é o produto escalar $\mathbf{F}\cdot\mathbf{D}$, onde $\mathbf{D}$ é o vetor deslocamento.

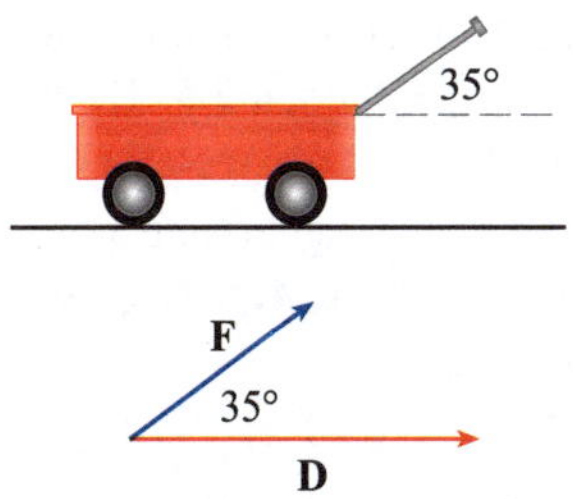

FIGURA 7

EXEMPLO 7 Um carrinho é puxado uma distância de 100 m ao longo de um caminho horizontal por uma força constante de 70 N. A alça do carrinho é mantida a um ângulo de 35° acima da horizontal. Encontre o trabalho feito pela força.

SOLUÇÃO Se $\mathbf{F}$ e $\mathbf{D}$ são os vetores força e deslocamento, respectivamente, como mostrado na Figura 7, então o trabalho realizado é

$$W = \mathbf{F}\cdot\mathbf{D} = |\mathbf{F}|\,|\mathbf{D}|\cos 35°$$

$$= (70)(100)\cos 35° \approx 5\,734 \text{ N·m} = 5734 \text{ J}$$ ■

EXEMPLO 8 Uma força é dada pelo vetor $\mathbf{F} = 3\mathbf{i} + 4\mathbf{j} + 5\mathbf{k}$ e move uma partícula do ponto $P(2, 1, 0)$ para o ponto $Q(4, 6, 2)$. Determine o trabalho realizado.

SOLUÇÃO O vetor deslocamento é $\mathbf{D} = \overrightarrow{PQ} = \langle 2, 5, 2\rangle$, portanto, utilizando a Equação 12, o trabalho realizado é

$$W = \mathbf{F}\cdot\mathbf{D} = \langle 3, 4, 5\rangle \cdot \langle 2, 5, 2\rangle$$

$$= 6 + 20 + 10 = 36$$

Se a unidade de comprimento é o metro e a força é medida em newtons, o trabalho realizado é de 36 J. ■

12.3 Exercícios

1. Quais das seguintes expressões têm significado? Quais não fazem sentido? Explique.
   (a) $(\mathbf{a}\cdot\mathbf{b})\cdot\mathbf{c}$ (b) $(\mathbf{a}\cdot\mathbf{b})\mathbf{c}$
   (c) $|\mathbf{a}|(\mathbf{b}\cdot\mathbf{c})$ (d) $\mathbf{a}\cdot(\mathbf{b}+\mathbf{c})$
   (e) $\mathbf{a}\cdot\mathbf{b}+\mathbf{c}$ (f) $|\mathbf{a}|\cdot(\mathbf{b}+\mathbf{c})$

2-10 Defina $\mathbf{a}\cdot\mathbf{b}$.

2. $\mathbf{a} = \langle 5, -2\rangle$, $\mathbf{b} = \langle 3, 4\rangle$
3. $\mathbf{a} = \langle 1{,}5;\ 0{,}4\rangle$, $\mathbf{b} = \langle -4, 6\rangle$
4. $\mathbf{a} = \langle 6, -2, 3\rangle$, $\mathbf{b} = \langle 2, 5, -1\rangle$
5. $\mathbf{a} = \langle 4, 1, \frac{1}{4}\rangle$, $\mathbf{b} = \langle 6, -3, -8\rangle$
6. $\mathbf{a} = \langle p, -p, 2p\rangle$, $\mathbf{b} = \langle 2q, q, -q\rangle$
7. $\mathbf{a} = 2\mathbf{i} + \mathbf{j}$, $\mathbf{b} = \mathbf{i} - \mathbf{j} + \mathbf{k}$
8. $\mathbf{a} = 3\mathbf{i} + 2\mathbf{j} - \mathbf{k}$, $\mathbf{b} = 4\mathbf{i} + 5\mathbf{k}$
9. $|\mathbf{a}| = 7$, $|\mathbf{b}| = 4$, o ângulo entre $\mathbf{a}$ e $\mathbf{b}$ é 30°.
10. $|\mathbf{a}| = 80$, $|\mathbf{b}| = 50$, o ângulo entre $\mathbf{a}$ e $\mathbf{b}$ é $3\pi/4$.

11-12 Se $\mathbf{u}$ for um vetor unitário, defina $\mathbf{u}\cdot\mathbf{v}$ e $\mathbf{u}\cdot\mathbf{w}$.

11.

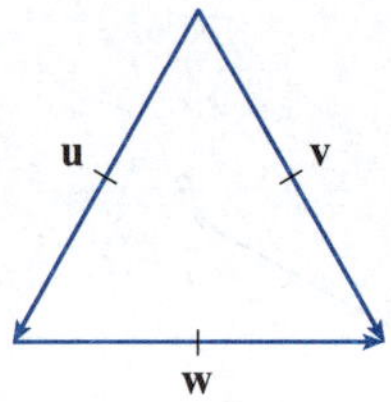

12.

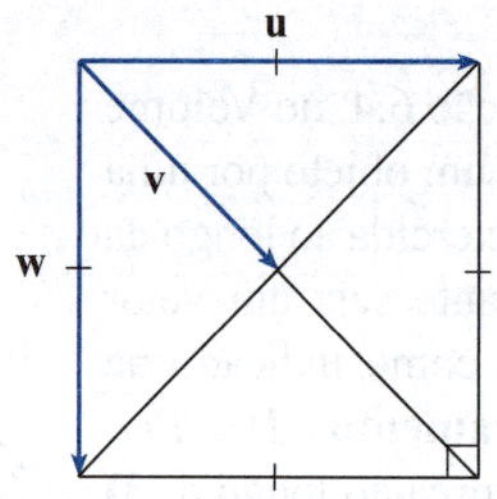

13. (a) Mostre que $\mathbf{i} \cdot \mathbf{j} = \mathbf{j} \cdot \mathbf{k} = \mathbf{k} \cdot \mathbf{i} = 0$.
(b) Mostre que $\mathbf{i} \cdot \mathbf{i} = \mathbf{j} \cdot \mathbf{j} = \mathbf{k} \cdot \mathbf{k} = 1$.

14. Um vendedor vende a hambúrgueres, b cachorros-quentes e c refrigerantes em determinado dia. Ele cobra \$ 4 pelo hambúrguer, \$ 2,50 pelo cachorro-quente e \$ 1 pelo refrigerante. Se $\mathbf{A} = \langle a, b, c \rangle$ e $\mathbf{P} = \langle 4; 2{,}5; 1 \rangle$, qual o significado do produto escalar $\mathbf{A} \cdot \mathbf{P}$?

15-20 Determine o ângulo entre os vetores. (Encontre inicialmente uma expressão exata e, depois, aproxime o valor até a precisão de um grau.)

15. $\mathbf{u} = \langle 5, 1 \rangle$, $\mathbf{v} = \langle 3, 2 \rangle$

16. $\mathbf{a} = \mathbf{i} - 3\mathbf{j}$, $\mathbf{b} = -3\mathbf{i} + 4\mathbf{j}$

17. $\mathbf{a} = \langle 1, -4, 1 \rangle$, $\mathbf{b} = \langle 0, 2, -2 \rangle$

18. $\mathbf{a} = \langle -1, 3, 4 \rangle$, $\mathbf{b} = \langle 5, 2, 1 \rangle$

19. $\mathbf{u} = \mathbf{i} - 4\mathbf{j} + \mathbf{k}$, $\mathbf{v} = -3\mathbf{i} + \mathbf{j} + 5\mathbf{k}$

20. $\mathbf{a} = 8\mathbf{i} - \mathbf{j} + 4\mathbf{k}$, $\mathbf{b} = 4\mathbf{j} + 2\mathbf{k}$

21-22 Determine, aproximando o valor até a precisão de um grau, os três ângulos do triângulo cujos vértices são dados.

21. $P(2, 0)$, $Q(0, 3)$, $R(3, 4)$

22. $A(1, 0, -1)$, $B(3, -2, 0)$, $C(1, 3, 3)$

23-24 Determine se os vetores dados são ortogonais, paralelos ou nenhum dos dois.

23. (a) $\mathbf{a} = \langle 9, 3 \rangle$, $\mathbf{b} = \langle -2, 6 \rangle$
(b) $\mathbf{a} = \langle 4, 5, -2 \rangle$, $\mathbf{b} = \langle 3, -1, 5 \rangle$
(c) $\mathbf{a} = -8\mathbf{i} + 12\mathbf{j} + 4\mathbf{k}$, $\mathbf{b} = 6\mathbf{i} - 9\mathbf{j} - 3\mathbf{k}$
(d) $\mathbf{a} = 3\mathbf{i} - \mathbf{j} + 3\mathbf{k}$, $\mathbf{b} = 5\mathbf{i} + 9\mathbf{j} - 2\mathbf{k}$

24. (a) $\mathbf{u} = \langle -5, 4, -2 \rangle$, $\mathbf{v} = \langle 3, 4, -1 \rangle$
(b) $\mathbf{u} = 9\mathbf{i} - 6\mathbf{j} + 3\mathbf{k}$, $\mathbf{v} = -6\mathbf{i} + 4\mathbf{j} - 2\mathbf{k}$
(c) $\mathbf{u} = \langle c, c, c \rangle$, $\mathbf{v} = \langle c, 0, -c \rangle$

25. Use vetores para decidir se o triângulo com vértices $P(1, -3, -2)$, $Q(2, 0, -4)$ e $R(6, -2, -5)$ é retângulo.

26. Determine os valores de x tal que o ângulo entre os vetores $\langle 2, 1, -1 \rangle$ e $\langle 1, x, 0 \rangle$ seja 45°.

27. Determine um vetor unitário que seja ortogonal a $\mathbf{i} + \mathbf{j}$ e $\mathbf{i} + \mathbf{k}$.

28. Ache dois vetores unitários que façam um ângulo de 60° com $\mathbf{v} = \langle 3, 4 \rangle$.

29-30 Determine o ângulo agudo entre as retas. Use graus, com valores arredondados para uma casa decimal.

29. $y = 4 - 3x$, $y = 3x + 2$

30. $5x - y = 8$, $x + 3y = 15$

31-32 Encontre os ângulos agudos entre as curvas nos seus pontos de intersecção. (O ângulo entre as duas curvas é o ângulo entre as suas retas tangentes no ponto de intersecção.)

31. $y = x^2$, $y = x^3$

32. $y = \text{sen}\, x$, $y = \cos x$, $0 \leq x \leq \pi/2$

33-37 Determine os cossenos diretores e os ângulos diretores do vetor. (Forneça os ângulos diretores com precisão de um décimo de grau.)

33. $\langle 4, 1, 8 \rangle$

34. $\langle -6, 2, 9 \rangle$

35. $3\mathbf{i} - \mathbf{j} - 2\mathbf{k}$

36. $-0{,}7\mathbf{i} + 1{,}2\mathbf{j} - 0{,}8\mathbf{k}$

37. $\langle c, c, c \rangle$, em que $c > 0$

38. Se um vetor tem ângulos diretores $\alpha = \pi/4$ e $\beta = \pi/3$, determine o terceiro ângulo diretor γ.

39-44 Determine o vetor projeção e a projeção escalar de **b** sobre **a**.

39. $\mathbf{a} = \langle -5, 12 \rangle$, $\mathbf{b} = \langle 4, 6 \rangle$

40. $\mathbf{a} = \langle 1, 4 \rangle$, $\mathbf{b} = \langle 2, 3 \rangle$

41. $\mathbf{a} = \langle 4, 7, -4 \rangle$, $\mathbf{b} = \langle 3, -1, 1 \rangle$

42. $\mathbf{a} = \langle -1, 4, 8 \rangle$, $\mathbf{b} = \langle 12, 1, 2 \rangle$

43. $\mathbf{a} = 3\mathbf{i} - 3\mathbf{j} + \mathbf{k}$, $\mathbf{b} = 2\mathbf{i} + 4\mathbf{j} - \mathbf{k}$

44. $\mathbf{a} = \mathbf{i} + 2\mathbf{j} + 3\mathbf{k}$, $\mathbf{b} = 5\mathbf{i} - \mathbf{k}$

45. Mostre que o vetor $\text{ort}_{\mathbf{a}}\, \mathbf{b} = \mathbf{b} - \text{proj}_{\mathbf{a}}\, \mathbf{b}$ é ortogonal a **a**. (Este vetor é chamado **projeção ortogonal** de **b**.)

46. Para os vetores do Exercício 40, determine $\text{ort}_{\mathbf{a}}\, \mathbf{b}$ e ilustre esboçando os vetores **a**, **b**, $\text{proj}_{\mathbf{a}}\, \mathbf{b}$ e $\text{ort}_{\mathbf{a}}\, \mathbf{b}$.

47. Se $\mathbf{a} = \langle 3, 0, -1 \rangle$, determine um vetor **b** tal que $\text{comp}_{\mathbf{a}}\, \mathbf{b} = 2$.

48. Suponha que **a** e **b** sejam vetores não nulos.
(a) Sob quais circunstâncias $\text{comp}_{\mathbf{a}}\, \mathbf{b} = \text{comp}_{\mathbf{b}}\, \mathbf{a}$?
(b) Sob quais circunstâncias $\text{proj}_{\mathbf{a}}\, \mathbf{b} = \text{proj}_{\mathbf{b}}\, \mathbf{a}$?

49. Encontre o trabalho feito por uma força $\mathbf{F} = 8\mathbf{i} - 6\mathbf{j} + 9\mathbf{k}$ que move um objeto do ponto $(0, 10, 8)$ para o ponto $(6, 12, 20)$ ao longo de uma reta. A distância é medida em metros, e a força, em newtons.

50. Um caminhão-guincho puxa um carro quebrado por uma estrada. A corrente faz um ângulo de 30° com a estrada e a tensão na corrente é 1.500 N. Quanto trabalho é feito pelo caminhão ao puxar o carro por 1 km?

51. Um trenó é puxado por uma corda ao longo de uma trilha plana horizontal sobre a neve. Uma força de 30 N que atua formando um ângulo de 40° acima da horizontal move o trenó por 80 m. Determine o trabalho realizado pela força.

52. Um barco navega para o sul com o auxílio de um vento que sopra na direção S 36° E e tem magnitude igual a 2.000 N. Determine o trabalho que o vento realiza quando o barco se desloca por 40 m.

53. **Distância de um Ponto a uma Reta** Use uma projeção escalar para mostrar que a distância de um ponto $P_1(x_1, y_1)$ à reta $ax + by + c = 0$ é

$$\frac{|ax_1 + by_1 + c|}{\sqrt{a^2 + b^2}}$$

Use essa fórmula para determinar a distância do ponto $(-2, 3)$ à reta $3x - 4y + 5 = 0$.

54. Se $\mathbf{r} = \langle x, y, z\rangle$, $\mathbf{a} = \langle a_1, a_2, a_3\rangle$ e $\mathbf{b} = \langle b_1, b_2, b_3\rangle$, mostre que a equação $(\mathbf{r} - \mathbf{a}) \cdot (\mathbf{r} - \mathbf{b}) = 0$ representa uma esfera e determine seu centro e raio.

55. Calcule o ângulo entre a diagonal de um cubo e uma de suas arestas.

56. Determine o ângulo entre uma diagonal do cubo e a diagonal de uma de suas faces. Forneça o resultado em graus, com valores arredondados para uma casa decimal.

57. Uma molécula de metano, CH_4, é estruturada com os quatro átomos de hidrogênio nos vértices de um tetraedro regular e o carbono no centro. O *ângulo de vínculo* é o ângulo formado pela ligação H–C–H; é o ângulo entre as retas que ligam o carbono a dois átomos de hidrogênio. Mostre que esse ângulo de vínculo é de aproximadamente 109,5°. [*Dica*: Tome os vértices do tetraedro nos pontos (1, 0, 0), (0, 1, 0), (0, 0, 1) e (1, 1, 1), como mostra a figura. Mostre então que o centro é $(\frac{1}{2}, \frac{1}{2}, \frac{1}{2})$.]

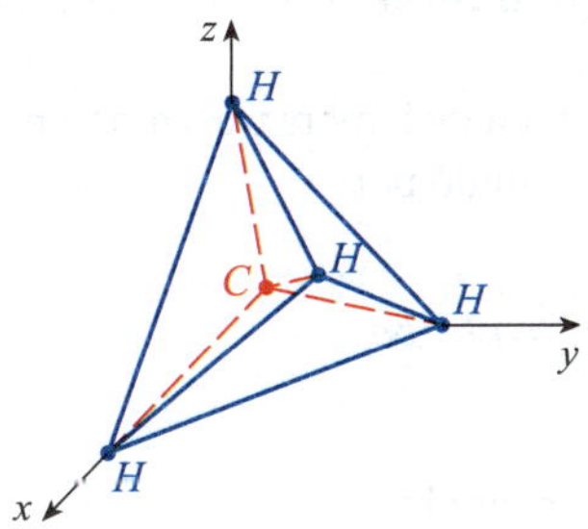

58. Se $\mathbf{c} = |\mathbf{a}|\mathbf{b} + |\mathbf{b}|\mathbf{a}$, onde **a**, **b** e **c** são vetores não nulos, mostre que **c** é a bissetriz do ângulo entre **a** e **b**.

59. Demonstre as Propriedades 2, 4 e 5 do produto escalar (Teorema 2).

60. Suponha que todos os lados de um quadrilátero tenham o mesmo comprimento e que os lados opostos sejam paralelos. Use vetores para demonstrar que as diagonais são perpendiculares.

61. Desigualdade de Cauchy-Schwarz Utilize o Teorema 3 para demonstrar a Desigualdade de Cauchy-Schwarz:

$$|\mathbf{a} \cdot \mathbf{b}| \leq |\mathbf{a}||\mathbf{b}|$$

62. Desigualdade Triangular A Desigualdade Triangular para vetores é

$$|\mathbf{a} + \mathbf{b}| \leq |\mathbf{a}| + |\mathbf{b}|$$

(a) Dê uma interpretação geométrica para a Desigualdade Triangular.

(b) Use a desigualdade de Cauchy-Schwarz do Exercício 61 para provar a Desigualdade Triangular. [*Dica*: Use o fato de que $|\mathbf{a} + \mathbf{b}|^2 = (\mathbf{a} + \mathbf{b}) \cdot (\mathbf{a} + \mathbf{b})$ e use a Propriedade 3 do produto escalar.]

63. Regra do Paralelogramo A Regra do Paralelogramo estabelece que

$$|\mathbf{a} + \mathbf{b}|^2 + |\mathbf{a} - \mathbf{b}|^2 = 2|\mathbf{a}|^2 + 2|\mathbf{b}|^2$$

(a) Dê uma interpretação geométrica da Lei do Paralelogramo.

(b) Demonstre a Lei do Paralelogramo. (Veja a sugestão do Exercício 62.)

64. Mostre que se $\mathbf{u} + \mathbf{v}$ e $\mathbf{u} - \mathbf{v}$ forem ortogonais, então os vetores **u** e **v** devem ter o mesmo comprimento.

65. Se θ é o ângulo entre os vetores **a** e **b**, mostre que

$$\text{proj}_{\mathbf{a}}\, \mathbf{b} \cdot \text{proj}_{\mathbf{b}}\, \mathbf{a} = (\mathbf{a} \cdot \mathbf{b}) \cos^2\theta$$

66. (a) Mostre que, se **u** e **v** são vetores ortogonais não nulos, então $|\mathbf{u} + \mathbf{v}|^2 = |\mathbf{u}|^2 + |\mathbf{v}|^2$.

(b) Mostre que o inverso do item (a) também é verdadeiro: se $|\mathbf{u} + \mathbf{v}|^2 = |\mathbf{u}|^2 + |\mathbf{v}|^2$, então **u** e **v** são ortogonais.

12.4 O Produto Vetorial

Dados dois vetores não nulos, é muito importante ser capaz de determinar um vetor não nulo que seja perpendicular a ambos, como veremos na próxima seção e nos Capítulos 13 e 14. Vamos definir agora uma operação, denominada produto vetorial, que produz tal vetor.

O Produto Vetorial entre Dois Vetores

Dados dois vetores não nulos $\mathbf{a} = \langle a_1, a_2, a_3\rangle$ e $\mathbf{b} = \langle b_1, b_2, b_3\rangle$, suponha que um vetor não nulo $\mathbf{c} = \langle c_1, c_2, c_3\rangle$ seja, ao mesmo tempo, perpendicular a **a** e a **b**. Nesse caso, $\mathbf{a} \cdot \mathbf{c} = 0$ e $\mathbf{b} \cdot \mathbf{c} = 0$ e, portanto,

1 $$a_1c_1 + a_2c_2 + a_3c_3 = 0$$

2 $$b_1c_1 + b_2c_2 + b_3c_3 = 0$$

Para eliminarmos c_3, multiplicamos (1) por b_3 e (2) por a_3 e subtraímos:

3 $$(a_1b_3 - a_3b_1)c_1 + (a_2b_3 - a_3b_2)c_2 = 0$$

A Equação 3 tem a forma $pc_1 + qc_2 = 0$, para a qual uma solução óbvia é $c_1 = q$ e $c_2 = -p$. Então, uma solução de (3) é

$$c_1 = a_2b_3 - a_3b_2 \qquad c_2 = a_3b_1 - a_1b_3$$

Substituindo esses valores em (1) e (2), obtemos então

$$c_3 = a_1b_2 - a_2b_1$$

Isso significa que um vetor perpendicular a ambos **a** e **b** é

$$\langle c_1, c_2, c_3 \rangle = \langle a_2b_3 - a_3b_2, a_3b_1 - a_1b_3, a_1b_2 - a_2b_1 \rangle$$

O vetor resultante é chamado *produto vetorial* de **a** e **b** e é denotado por **a** × **b**.

4 Definição de Produto Vetorial Se $\mathbf{a} = \langle a_1, a_2, a_3 \rangle$ e $\mathbf{b} = \langle b_1, b_2, b_3 \rangle$, então o **produto vetorial** de **a** e **b** é o vetor

$$\mathbf{a} \times \mathbf{b} = \langle a_2b_3 - a_3b_2, a_3b_1 - a_1b_3, a_1b_2 - a_2b_1 \rangle$$

Hamilton
O produto vetorial foi inventado pelo matemático irlandês *Sir* William Rowan Hamilton (1805-1865), que tinha criado um precursor de vetores, chamado quatérnions. Aos 5 anos de idade, Hamilton podia ler em latim, grego e hebraico. Aos 8, acrescentou o francês e o italiano, e aos 10 podia ler em árabe e sânscrito. Na idade de 21 anos, quando ainda era aluno de graduação no Trinity College, em Dublin, Hamilton foi nomeado professor de Astronomia na Universidade e Astrônomo Real da Irlanda!

Observe que o **produto vetorial a × b de** dois vetores **a** e **b**, ao contrário do produto escalar, é um vetor, também chamado de **produto cruzado**. Observe que **a** × **b** só é definido se **a** e **b** forem vetores *tridimensionais*.

A fim de tornarmos a Definição 4 mais fácil de lembrar, usamos a notação de determinantes. Um **determinante de ordem 2** é definido por

$$\begin{vmatrix} a & b \\ c & d \end{vmatrix} = ad - bc$$

(Multiplique as diagonais e subtraia.) Por exemplo,

$$\begin{vmatrix} 2 & 1 \\ -6 & 4 \end{vmatrix} = 2(4) - 1(-6) = 14$$

Um **determinante de ordem 3** pode ser definido em termos dos determinantes de segunda ordem como:

5
$$\begin{vmatrix} a_1 & a_2 & a_3 \\ b_1 & b_2 & b_3 \\ c_1 & c_2 & c_3 \end{vmatrix} = a_1 \begin{vmatrix} b_2 & b_3 \\ c_2 & c_3 \end{vmatrix} - a_2 \begin{vmatrix} b_1 & b_3 \\ c_1 & c_3 \end{vmatrix} + a_3 \begin{vmatrix} b_1 & b_2 \\ c_1 & c_2 \end{vmatrix}$$

Observe que cada termo do lado direito da Equação 5 envolve um número a_i da primeira linha do determinante, e a_i é multiplicado por um determinante de segunda ordem obtido do determinante do lado esquerdo pela remoção da linha e da coluna em que aparece o elemento a_i. Observe também que o sinal de menos aparece no segundo termo. Por exemplo,

$$\begin{vmatrix} 1 & 2 & -1 \\ 3 & 0 & 1 \\ -5 & 4 & 2 \end{vmatrix} = 1 \begin{vmatrix} 0 & 1 \\ 4 & 2 \end{vmatrix} - 2 \begin{vmatrix} 3 & 1 \\ -5 & 2 \end{vmatrix} + (-1) \begin{vmatrix} 3 & 0 \\ -5 & 4 \end{vmatrix}$$

$$= 1(0-4) - 2(6+5) + (-1)(12-0) = -38$$

Se reescrevermos a Definição 4 utilizando determinantes de segunda ordem e a base canônica de vetores **i**, **j** e **k**, veremos que o produto vetorial do vetor $\mathbf{a} = a_1\mathbf{i} + a_2\mathbf{j} + a_3\mathbf{k}$ por $\mathbf{b} = b_1\mathbf{i} + b_2\mathbf{j} + b_3\mathbf{k}$ é

6
$$\mathbf{a} \times \mathbf{b} = \begin{vmatrix} a_2 & a_3 \\ b_2 & b_3 \end{vmatrix} \mathbf{i} - \begin{vmatrix} a_1 & a_3 \\ b_1 & b_3 \end{vmatrix} \mathbf{j} + \begin{vmatrix} a_1 & a_2 \\ b_1 & b_2 \end{vmatrix} \mathbf{k}$$

Em vista da semelhança entre as Equações 5 e 6, geralmente escrevemos

7 $$\mathbf{a}\times\mathbf{b} = \begin{vmatrix} \mathbf{i} & \mathbf{j} & \mathbf{k} \\ a_1 & a_2 & a_3 \\ b_1 & b_2 & b_3 \end{vmatrix}$$

Apesar de a primeira reta do determinante simbólico da Equação 7 ser constituída de vetores, se fizermos a expansão como se fosse um determinante comum usando a regra dada pela Equação 5, obteremos a Equação 6. A fórmula simbólica dada pela Equação 7 é provavelmente o modo mais fácil de lembrarmos e calcularmos o produto vetorial.

EXEMPLO 1 Se $\mathbf{a} = \langle 1, 3, 4\rangle$ e $\mathbf{b} = \langle 2, 7, -5\rangle$, então

$$\begin{aligned}\mathbf{a}\times\mathbf{b} &= \begin{vmatrix} \mathbf{i} & \mathbf{j} & \mathbf{k} \\ 1 & 3 & 4 \\ 2 & 7 & -5 \end{vmatrix} \\ &= \begin{vmatrix} 3 & 4 \\ 7 & -5 \end{vmatrix}\mathbf{i} - \begin{vmatrix} 1 & 4 \\ 2 & -5 \end{vmatrix}\mathbf{j} + \begin{vmatrix} 1 & 3 \\ 2 & 7 \end{vmatrix}\mathbf{k} \\ &= (-15-28)\mathbf{i} - (-5-8)\mathbf{j} + (7-6)\mathbf{k} = -43\mathbf{i} + 13\mathbf{j} + \mathbf{k}\end{aligned}$$

■

EXEMPLO 2 Mostre que $\mathbf{a}\times\mathbf{a} = \mathbf{0}$ para qualquer vetor $\mathbf{a}$ em V_3.

SOLUÇÃO Se $\mathbf{a} = \langle a_1, a_2, a_3\rangle$, então

$$\begin{aligned}\mathbf{a}\times\mathbf{a} &= \begin{vmatrix} \mathbf{i} & \mathbf{j} & \mathbf{k} \\ a_1 & a_2 & a_3 \\ a_1 & a_2 & a_3 \end{vmatrix} \\ &= (a_2a_3 - a_3a_2)\mathbf{i} - (a_1a_3 - a_3a_1)\mathbf{j} + (a_1a_2 - a_2a_1)\mathbf{k} \\ &= 0\mathbf{i} - 0\mathbf{j} + 0\mathbf{k} = \mathbf{0}\end{aligned}$$

■

Propriedades do Produto Vetorial

Nós construímos o produto cruzado $\mathbf{a}\times\mathbf{b}$ de modo que ele seria perpendicular a ambos **a** e **b**. Essa é uma das propriedades mais importantes de um produto cruzado, então vamos enfatizá-la e confirmá-la no seguinte teorema.

> **8 Teorema** O vetor $\mathbf{a}\times\mathbf{b}$ é ortogonal tanto a **a** quanto a **b**.

DEMONSTRAÇÃO Para mostrarmos que $\mathbf{a}\times\mathbf{b}$ é ortogonal a **a**, vamos efetuar seu produto escalar com segue:

$$\begin{aligned}(\mathbf{a}\times\mathbf{b})\cdot\mathbf{a} &= \begin{vmatrix} a_2 & a_3 \\ b_2 & b_3 \end{vmatrix} a_1 - \begin{vmatrix} a_1 & a_3 \\ b_1 & b_3 \end{vmatrix} a_2 + \begin{vmatrix} a_1 & a_2 \\ b_1 & b_2 \end{vmatrix} a_3 \\ &= a_1(a_2b_3 - a_3b_2) - a_2(a_1b_3 - a_3b_1) + a_3(a_1b_2 - a_2b_1) \\ &= a_1a_2b_3 - a_1b_2a_3 - a_1a_2b_3 + b_1a_2a_3 + a_1b_2a_3 - b_1a_2a_3 \\ &= 0\end{aligned}$$

Um cálculo semelhante mostra que $(\mathbf{a}\times\mathbf{b})\cdot\mathbf{b} = 0$. Portanto, $\mathbf{a}\times\mathbf{b}$ é ortogonal tanto a **a** quanto a **b**. ■

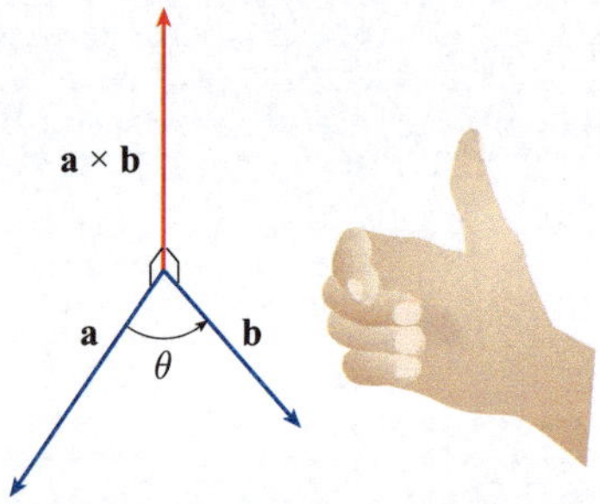

FIGURA 1
A regra da mão direita fornece a direção de $\mathbf{a} \times \mathbf{b}$.

Se $\mathbf{a}$ e $\mathbf{b}$ são representados por segmentos de retas orientados com mesma origem (como na Figura 1), então o Teorema 8 diz que $\mathbf{a} \times \mathbf{b}$ é um vetor perpendicular ao plano que passa por $\mathbf{a}$ e $\mathbf{b}$. O sentido da direção de $\mathbf{a} \times \mathbf{b}$ é dado pela *regra da mão direita*: se os dedos de sua mão direita se curvarem na direção (através de um ângulo inferior a 180°) de $\mathbf{a}$ para $\mathbf{b}$, então seu polegar estará apontando na direção e sentido de $\mathbf{a} \times \mathbf{b}$.

Conhecendo o sentido e a direção do vetor $\mathbf{a} \times \mathbf{b}$, resta a descrição geométrica de seu módulo $|\mathbf{a} \times \mathbf{b}|$. Isso é dado pelo seguinte teorema:

9 Teorema Se θ é o ângulo entre $\mathbf{a}$ e $\mathbf{b}$ (portanto, $0 \leq \theta \leq \pi$), então o comprimento do produto vetorial $\mathbf{a} \times \mathbf{b}$ é dado por

$$|\mathbf{a}\times\mathbf{b}| = |\mathbf{a}||\mathbf{b}|\operatorname{sen}\theta$$

DEMONSTRAÇÃO Das definições de produto vetorial e norma de um vetor, temos

$$\begin{aligned}
|\mathbf{a}\times\mathbf{b}|^2 &= (a_2b_3 - a_3b_2)^2 + (a_3b_1 - a_1b_3)^2 + (a_1b_2 - a_2b_1)^2 \\
&= a_2^2b_3^2 - 2a_2a_3b_2b_3 + a_3^2b_2^2 + a_3^2b_1^2 - 2a_1a_3b_1b_3 + a_1^2b_3^2 \\
&\quad + a_1^2b_2^2 - 2a_1a_2b_1b_2 + a_2^2b_1^2 \\
&= (a_1^2 + a_2^2 + a_3^2)(b_1^2 + b_2^2 + b_3^2) - (a_1b_1 + a_2b_2 + a_3b_3)^2 \\
&= |\mathbf{a}|^2|\mathbf{b}|^2 - (\mathbf{a}\cdot\mathbf{b})^2 \\
&= |\mathbf{a}|^2|\mathbf{b}|^2 - |\mathbf{a}|^2|\mathbf{b}|^2\cos^2\theta \qquad \text{(pelo Teorema 12.3.3)} \\
&= |\mathbf{a}|^2|\mathbf{b}|^2(1 - \cos^2\theta) \\
&= |\mathbf{a}|^2|\mathbf{b}|^2\operatorname{sen}^2\theta
\end{aligned}$$

Extraindo a raiz e observando que $\sqrt{\operatorname{sen}^2\theta} = \operatorname{sen}\theta$ porque $\operatorname{sen}\theta \geq 0$ quando $0 \leq \theta \leq \pi$, temos

$$|\mathbf{a}\times\mathbf{b}| = |\mathbf{a}||\mathbf{b}|\operatorname{sen}\theta$$

■

10 Corolário Dois vetores diferentes de zero $\mathbf{a}$ e $\mathbf{b}$ são paralelos se e somente se

$$\mathbf{a}\times\mathbf{b} = \mathbf{0}$$

DEMONSTRAÇÃO Dois vetores não nulos $\mathbf{a}$ e $\mathbf{b}$ são paralelos se e somente se $\theta = 0$ ou π. Em ambos os casos $\operatorname{sen}\theta = 0$, de modo que $|\mathbf{a} \times \mathbf{b}| = 0$ e, por conseguinte, $\mathbf{a} \times \mathbf{b} = \mathbf{0}$. ■

Caracterização geométrica de $\mathbf{a} \times \mathbf{b}$

Como um vetor fica completamente determinado se conhecermos seu módulo, direção e sentido, podemos dizer que $\mathbf{a} \times \mathbf{b}$ é o vetor perpendicular aos vetores $\mathbf{a}$ e $\mathbf{b}$, cuja orientação é determinada pela regra da mão direita, e cujo comprimento é $|\mathbf{a}|\,|\mathbf{b}|\operatorname{sen}\theta$. De fato, é exatamente assim que os físicos *definem* $\mathbf{a} \times \mathbf{b}$.

A interpretação geométrica do Teorema 9 pode ser vista examinando-se a Figura 2. Se $\mathbf{a}$ e $\mathbf{b}$ são tomados como segmentos de reta orientados com o mesmo ponto inicial, determinam um paralelogramo com base $|\mathbf{a}|$, altura $|\mathbf{b}|\operatorname{sen}\theta$ e com área

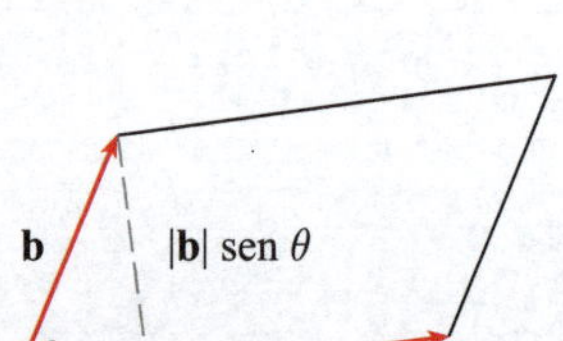

FIGURA 2

$$A = |\mathbf{a}|(|\mathbf{b}|\operatorname{sen}\theta) = |\mathbf{a}\times\mathbf{b}|$$

Então, temos a seguinte forma de interpretar o módulo do produto escalar.

O módulo do produto cruzado $\mathbf{a} \times \mathbf{b}$ é igual à área do paralelogramo determinado por **a** e **b**.

EXEMPLO 3 Encontre um vetor perpendicular ao plano que passa através dos pontos $P(1, 4, 6)$, $Q(-2, 5, -1)$ e $R(1, -1, 1)$.

SOLUÇÃO O vetor $\overrightarrow{PQ} \times \overrightarrow{PR}$ é perpendicular a ambos $\overrightarrow{PQ}$ e $\overrightarrow{PR}$ e, portanto, perpendicular ao plano que passa por P, Q e R. Sabemos de (12.2.1) que

$$\overrightarrow{PQ} = (-2-1)\mathbf{i} + (5-4)\mathbf{j} + (-1-6)\mathbf{k} = -3\mathbf{i} + \mathbf{j} - 7\mathbf{k}$$
$$\overrightarrow{PR} = (1-1)\mathbf{i} + (-1-4)\mathbf{j} + (1-6)\mathbf{k} = -5\mathbf{j} - 5\mathbf{k}$$

Calculando o produto cruzado desses vetores:

$$\overrightarrow{PQ} \times \overrightarrow{PR} = \begin{vmatrix} \mathbf{i} & \mathbf{j} & \mathbf{k} \\ -3 & 1 & -7 \\ 0 & -5 & -5 \end{vmatrix}$$
$$= (-5-35)\mathbf{i} - (15-0)\mathbf{j} + (15-0)\mathbf{k} = -40\mathbf{i} - 15\mathbf{j} + 15\mathbf{k}$$

Logo, o vetor $\langle -40, -15, 15 \rangle$ é perpendicular ao plano dado. Qualquer múltiplo por escalar não nulo desse vetor, tal como $\langle -8, -3, 3 \rangle$, é também perpendicular ao plano. ■

EXEMPLO 4 Encontre a área do triângulo com vértices $P(1, 4, 6)$, $Q(-2, 5, -1)$ e $R(1, -1, 1)$.

SOLUÇÃO No Exemplo 3 calculamos que $\overrightarrow{PQ} \times \overrightarrow{PR} = \langle -40, -15, 15 \rangle$. A área do paralelogramo com lados adjacentes PQ e PR é o comprimento do produto vetorial:

$$\left| \overrightarrow{PQ} \times \overrightarrow{PR} \right| = \sqrt{(-40)^2 + (-15)^2 + 15^2} = 5\sqrt{82}$$

A área A do triângulo PQR é metade da área desse paralelogramo, ou seja, $\frac{5}{2}\sqrt{82}$. ■

Se aplicarmos os Teoremas 8 e 9 aos vetores da base canônica **i**, **j** e **k** usando $\theta = \pi/2$, obtemos

$$\mathbf{i} \times \mathbf{j} = \mathbf{k} \qquad \mathbf{j} \times \mathbf{k} = \mathbf{i} \qquad \mathbf{k} \times \mathbf{i} = \mathbf{j}$$
$$\mathbf{j} \times \mathbf{i} = -\mathbf{k} \qquad \mathbf{k} \times \mathbf{j} = -\mathbf{i} \qquad \mathbf{i} \times \mathbf{k} = -\mathbf{j}$$

Observe que $\qquad \mathbf{i} \times \mathbf{j} \neq \mathbf{j} \times \mathbf{i}$

Portanto, o produto vetorial não é comutativo. Também

$$\mathbf{i} \times (\mathbf{i} \times \mathbf{j}) = \mathbf{i} \times \mathbf{k} = -\mathbf{j}$$

Enquanto $\qquad (\mathbf{i} \times \mathbf{i}) \times \mathbf{j} = \mathbf{0} \times \mathbf{j} = \mathbf{0}$

Logo, a propriedade associativa da multiplicação também não vale obrigatoriamente aqui; ou seja, em geral, temos

$$(\mathbf{a} \times \mathbf{b}) \times \mathbf{c} \neq \mathbf{a} \times (\mathbf{b} \times \mathbf{c})$$

Entretanto, algumas das propriedades usuais da álgebra ainda *valem* para o produto vetorial. O teorema a seguir resume as propriedades dos produtos vetoriais.

11 **Propriedade do produto vetorial** Se **a**, **b** e **c** são vetores e c é um escalar, então

1. $\mathbf{a} \times \mathbf{b} = -\mathbf{b} \times \mathbf{a}$
2. $(c\mathbf{a}) \times \mathbf{b} = c(\mathbf{a} \times \mathbf{b}) = \mathbf{a} \times (c\mathbf{b})$
3. $\mathbf{a} \times (\mathbf{b} + \mathbf{c}) = \mathbf{a} \times \mathbf{b} + \mathbf{a} \times \mathbf{c}$
4. $(\mathbf{a} + \mathbf{b}) \times \mathbf{c} = \mathbf{a} \times \mathbf{c} + \mathbf{b} \times \mathbf{c}$
5. $\mathbf{a} \cdot (\mathbf{b} \times \mathbf{c}) = (\mathbf{a} \times \mathbf{b}) \cdot \mathbf{c}$
6. $\mathbf{a} \times (\mathbf{b} \times \mathbf{c}) = (\mathbf{a} \cdot \mathbf{c})\mathbf{b} - (\mathbf{a} \cdot \mathbf{b})\mathbf{c}$

Podemos demonstrar essas propriedades escrevendo os vetores em termos de suas componentes e usar a definição de produto vetorial. Faremos, a seguir, a demonstração da Propriedade 5 e deixaremos as outras como exercício.

DEMONSTRAÇÃO DA PROPRIEDADE 5 Se $\mathbf{a} = \langle a_1, a_2, a_3 \rangle$, $\mathbf{b} = \langle b_1, b_2, b_3 \rangle$ e $\mathbf{c} = \langle c_1, c_2, c_3 \rangle$, então

12
$$\begin{aligned}
\mathbf{a} \cdot (\mathbf{b} \times \mathbf{c}) &= a_1(b_2c_3 - b_3c_2) + a_2(b_3c_1 - b_1c_3) + a_3(b_1c_2 - b_2c_1) \\
&= a_1b_2c_3 - a_1b_3c_2 + a_2b_3c_1 - a_2b_1c_3 + a_3b_1c_2 - a_3b_2c_1 \\
&= (a_2b_3 - a_3b_2)c_1 + (a_3b_1 - a_1b_3)c_2 + (a_1b_2 - a_2b_1)c_3 \\
&= (\mathbf{a} \times \mathbf{b}) \cdot \mathbf{c}
\end{aligned}$$
■

Produtos Triplos

O produto $\mathbf{a} \cdot (\mathbf{b} \times \mathbf{c})$ que ocorre na Propriedade 5 é chamado **produto misto ou produto triplo escalar** dos vetores **a, b** e **c**. Observe, a partir da Equação 12, que podemos escrever o produto escalar triplo como um determinante:

13
$$\mathbf{a} \cdot (\mathbf{b} \times \mathbf{c}) = \begin{vmatrix} a_1 & a_2 & a_3 \\ b_1 & b_2 & b_3 \\ c_1 & c_2 & c_3 \end{vmatrix}$$

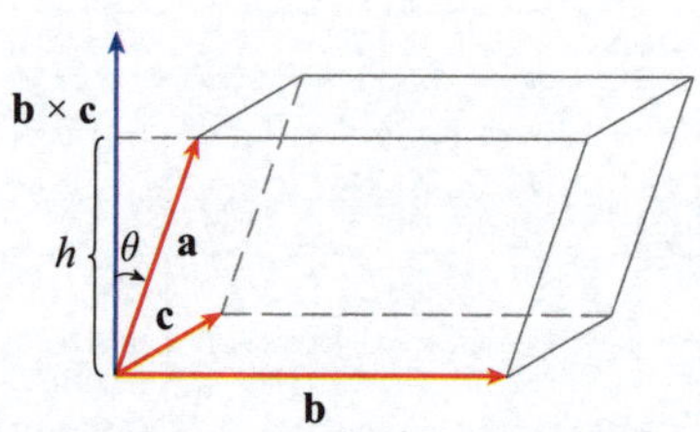

FIGURA 3

O significado geométrico do produto misto pode ser visto considerando-se o paralelepípedo determinado pelos vetores **a, b** e **c**. (Veja a Figura 3.) A área da base do paralelogramo é $A = |\mathbf{b} \times \mathbf{c}|$. Se θ é o ângulo entre **a** e $\mathbf{b} \times \mathbf{c}$, então a altura h do paralelepípedo é $h = |\mathbf{a}|\,|\cos\theta|$. (Devemos utilizar $|\cos\theta|$ em vez de $\cos\theta$ no caso de $\theta > \pi/2$.) Por conseguinte, o volume do paralelepípedo é

$$V = Ah = |\mathbf{b} \times \mathbf{c}|\,|\mathbf{a}|\,|\cos\theta| = |\mathbf{a} \cdot (\mathbf{b} \times \mathbf{c})| \qquad \text{(pelo Teorema 12.3.3)}$$

Assim, demonstramos a seguinte fórmula:

14 O volume do paralelepípedo determinado pelos vetores **a, b** e **c** é o módulo do produto misto:

$$V = |\mathbf{a} \cdot (\mathbf{b} \times \mathbf{c})|$$

Se usarmos a Fórmula (14) e descobrirmos que o volume do paralelepípedo determinado **a, b** e **c** é 0, os três vetores precisam pertencer ao mesmo plano; isso quer dizer que eles são **coplanares.**

EXEMPLO 5 Utilize o produto misto para mostrar que os vetores **a** = ⟨1, 4, −7⟩ **b** = ⟨2, −1, 4⟩ e **c** = ⟨0, −9, 18⟩ são coplanares.

SOLUÇÃO Se usarmos a Equação 13 para calcular o produto misto, teremos:

$$\mathbf{a}\cdot(\mathbf{b}\times\mathbf{c}) = \begin{vmatrix} 1 & 4 & -7 \\ 2 & -1 & 4 \\ 0 & -9 & 18 \end{vmatrix}$$

$$= 1\begin{vmatrix} -1 & 4 \\ -9 & 18 \end{vmatrix} - 4\begin{vmatrix} 2 & 4 \\ 0 & 18 \end{vmatrix} - 7\begin{vmatrix} 2 & -1 \\ 0 & -9 \end{vmatrix}$$

$$= 1(18) - 4(36) - 7(-18) = 0$$

Portanto, por (14), o volume do paralelepípedo determinado por **a**, **b** e **c** é 0. Isso significa que **a**, **b** e **c** são coplanares. ■

O produto **a** × (**b** × **c**) que ocorre na Propriedade 6 é chamado **triplo produto vetorial** de **a**, **b** e **c**. A Propriedade 6 será usada para deduzir a Primeira Lei de Kepler do movimento planetário no Capítulo 13. Sua demonstração é pedida no Exercício 50.

Aplicação: Torque

A ideia de produto vetorial aparece muito frequentemente em física. Em particular, considera-se uma força **F** agindo sobre um corpo rígido em um determinado ponto de um vetor posição **r**. (Por exemplo, ao apertarmos um parafuso aplicando uma força a uma chave de boca, como na Figura 4, iremos girar o parafuso). O **torque** $\boldsymbol{\tau}$ (em relação à origem) é definido como sendo o produto cruzado dos vetores posição e força:

$$\boldsymbol{\tau} = \mathbf{r} \times \mathbf{F}$$

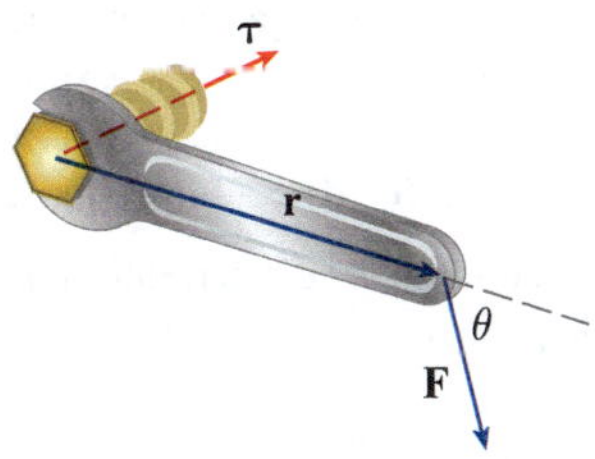

FIGURA 4

e mede a tendência do corpo para girar em torno da origem. A direção do vetor torque indica o eixo de rotação. De acordo com o Teorema 9, o módulo do torque é

$$|\boldsymbol{\tau}| = |\mathbf{r} \times \mathbf{F}| = |\mathbf{r}|\,|\mathbf{F}|\,\text{sen}\,\theta,$$

onde θ é o ângulo entre o vetor posição e o vetor força. Observe que a única componente da força **F** que pode causar a rotação do objeto é a perpendicular a **r**, ou seja, $|\mathbf{F}|\,\text{sen}\,\theta$. O módulo do torque é igual à área do paralelogramo determinado por **r** e **F**.

EXEMPLO 6 Um parafuso é apertado aplicando-se uma força de 40 N a uma chave de boca de 0,25 m, como mostrado na Figura 5. Determine o módulo do torque em relação ao centro do parafuso.

SOLUÇÃO O módulo do vetor torque é

$$|\boldsymbol{\tau}| = |\mathbf{r} \times \mathbf{F}| = |\mathbf{r}|\,|\mathbf{F}|\,\text{sen}\,75° = (0{,}25)\,(40)\,\text{sen}\,75°$$
$$= 10\,\text{sen}\,75° \approx 9{,}66\ \text{N·m}$$

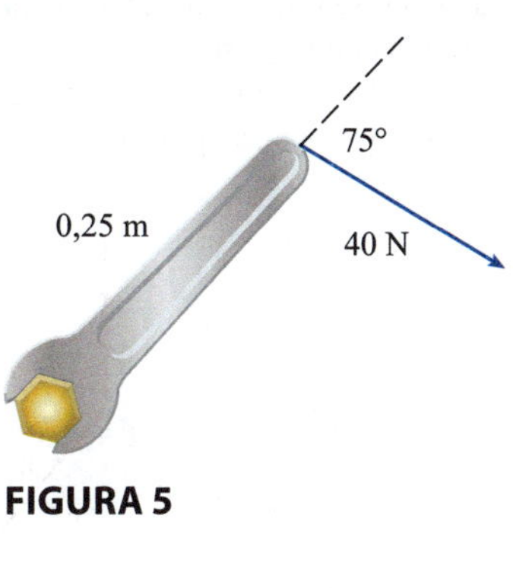

FIGURA 5

Se o parafuso tem a rosca para a direita, o vetor torque é

$$\boldsymbol{\tau} = |\boldsymbol{\tau}|\,\mathbf{n} \approx 9{,}66\,\mathbf{n}$$

onde **n** é um vetor unitário com direção perpendicular à página (pela regra da mão direita). ■

12.4 Exercícios

1–7 Determine o produto vetorial $\mathbf{a} \times \mathbf{b}$ e verifique que ele é ortogonal a $\mathbf{a}$ e $\mathbf{b}$.

1. $\mathbf{a} = \langle 2, 3, 0 \rangle$, $\mathbf{b} = \langle 1, 0, 5 \rangle$

2. $\mathbf{a} = \langle 4, 3, -2 \rangle$, $\mathbf{b} = \langle 2, -1, 1 \rangle$

3. $\mathbf{a} = 2\mathbf{j} - 4\mathbf{k}$, $\mathbf{b} = -\mathbf{i} + 3\mathbf{j} + \mathbf{k}$

4. $\mathbf{a} = 3\mathbf{i} + 3\mathbf{j} - 3\mathbf{k}$, $\mathbf{b} = 3\mathbf{i} - 3\mathbf{j} + 3\mathbf{k}$

5. $\mathbf{a} = \frac{1}{2}\mathbf{i} + \frac{1}{3}\mathbf{j} + \frac{1}{4}\mathbf{k}$, $\mathbf{b} = \mathbf{i} + 2\mathbf{j} - 3\mathbf{k}$

6. $\mathbf{a} = t\mathbf{i} + \cos t\,\mathbf{j} + \operatorname{sen} t\,\mathbf{k}$, $\mathbf{b} = \mathbf{i} - \operatorname{sen} t\,\mathbf{j} + \cos t\,\mathbf{k}$

7. $\mathbf{a} = \langle t^3, t^2, t \rangle$, $\mathbf{b} = \langle t, 2t, 3t \rangle$

8. Se $\mathbf{a} = \mathbf{i} - 2\mathbf{k}$ e $\mathbf{b} = \mathbf{j} + \mathbf{k}$, calcule $\mathbf{a} \times \mathbf{b}$. Esboce $\mathbf{a}$, $\mathbf{b}$ e $\mathbf{a} \times \mathbf{b}$ como vetores com início na origem.

9-12 Encontre o vetor, sem usar determinantes, mas usando propriedades do produto vetorial.

9. $(\mathbf{i} \times \mathbf{j}) \times \mathbf{k}$

10. $\mathbf{k} \times (\mathbf{i} - 2\mathbf{j})$

11. $(\mathbf{j} - \mathbf{k}) \times (\mathbf{k} - \mathbf{i})$

12. $(\mathbf{i} + \mathbf{j}) \times (\mathbf{i} - \mathbf{j})$

13. Diga se cada expressão a seguir tem sentido. Se não, explique por quê. Se tiver, diga se é um vetor ou um escalar.
(a) $\mathbf{a} \cdot (\mathbf{b} \times \mathbf{c})$
(b) $\mathbf{a} \times (\mathbf{b} \cdot \mathbf{c})$
(c) $\mathbf{a} \times (\mathbf{b} \times \mathbf{c})$
(d) $\mathbf{a} \cdot (\mathbf{b} \cdot \mathbf{c})$
(e) $(\mathbf{a} \cdot \mathbf{b}) \times (\mathbf{c} \cdot \mathbf{d})$
(f) $(\mathbf{a} \times \mathbf{b}) \cdot (\mathbf{c} \times \mathbf{d})$

14-15 Calcule $|\mathbf{u} \times \mathbf{v}|$ e determine se $\mathbf{u} \times \mathbf{v}$ tem o sentido de entrar ou sair da página.

14.
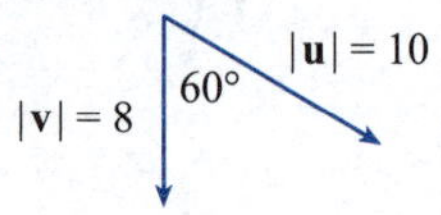

15.
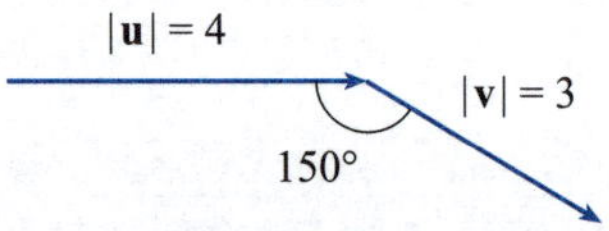

16. A figura mostra um vetor $\mathbf{a}$ no plano xy e um vetor $\mathbf{b}$ na direção de $\mathbf{k}$. Os seus comprimentos são $|\mathbf{a}| = 3$ e $|\mathbf{b}| = 2$.
(a) Encontre $|\mathbf{a} \times \mathbf{b}|$.
(b) Utilize a regra da mão direita para decidir se as componentes de $\mathbf{a} \times \mathbf{b}$ são positivas, negativas ou 0.

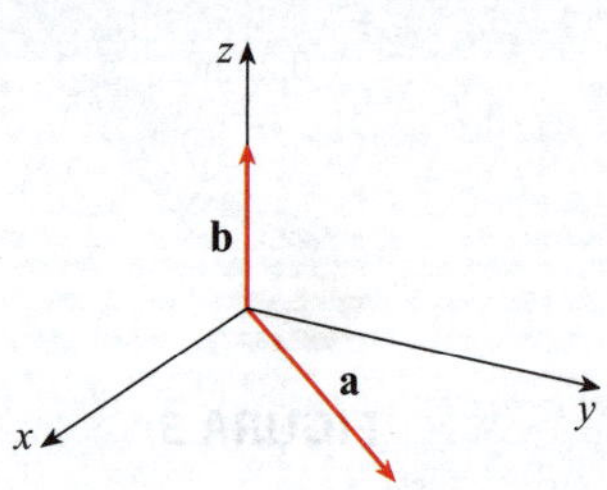

17. Se $\mathbf{a} = \langle 2, -1, 3 \rangle$ e $\mathbf{b} = \langle 4, 2, 1 \rangle$, encontre $\mathbf{a} \times \mathbf{b}$ e $\mathbf{b} \times \mathbf{a}$.

18. Se $\mathbf{a} = \langle 1, 0, 1 \rangle$, $\mathbf{b} = \langle 2, 1, -1 \rangle$ e $\mathbf{c} = \langle 0, 1, 3 \rangle$, mostre que $\mathbf{a} \times (\mathbf{b} \times \mathbf{c}) \neq (\mathbf{a} \times \mathbf{b}) \times \mathbf{c}$.

19. Determine dois vetores unitários que sejam ortogonais a $\langle 3, 2, 1 \rangle$ e $\langle -1, 1, 0 \rangle$.

20. Determine dois vetores unitários que sejam ortogonais a $\mathbf{j} - \mathbf{k}$ e $\mathbf{i} + \mathbf{j}$.

21. Mostre que $\mathbf{0} \times \mathbf{a} = \mathbf{0} = \mathbf{a} \times \mathbf{0}$ para qualquer vetor $\mathbf{a}$ em V_3.

22. Mostre que $(\mathbf{a} \times \mathbf{b}) \cdot \mathbf{b} = 0$ para todo vetor $\mathbf{a}$ e $\mathbf{b}$ em V_3.

23-26 Demonstre a propriedade do produto vetorial (Teorema 11).

23. Propriedade 1: $\mathbf{a} \times \mathbf{b} = -\mathbf{b} \times \mathbf{a}$

24. Propriedade 2: $(c\mathbf{a}) \times \mathbf{b} = c(\mathbf{a} \times \mathbf{b}) = \mathbf{a} \times (c\mathbf{b})$

25. Propriedade 3: $\mathbf{a} \times (\mathbf{b} + \mathbf{c}) = \mathbf{a} \times \mathbf{b} + \mathbf{a} \times \mathbf{c}$

26. Propriedade 4: $(\mathbf{a} + \mathbf{b}) \times \mathbf{c} = \mathbf{a} \times \mathbf{c} + \mathbf{b} \times \mathbf{c}$

27. Encontre a área do paralelogramo com vértices $A(-3,0)$, $B(-1, 3)$, $C(5, 2)$ e $D(3, -1)$.

28. Encontre a área do paralelogramo com vértices $P(1, 0, 2)$, $Q(3, 3, 3)$, $R(7, 5, 8)$ e $S(5, 2, 7)$.

29-32 (a) Encontre um vetor não nulo ortogonal ao plano que passa pelos pontos P, Q e R e (b) calcule a área do triângulo PQR.

29. $P(3, 1, 1)$, $Q(5, 2, 4)$, $R(8, 5, 3)$

30. $P(-2, 0, 4)$, $Q(1, 3, -2)$, $R(0, 3, 5)$

31. $P(7, -2, 0)$, $Q(3, 1, 3)$, $R(4, -4, 2)$

32. $P(2, -3, 4)$, $Q(-1, -2, 2)$, $R(3, 1, -3)$

33-34 Calcule o volume do paralelepípedo determinado pelos vetores $\mathbf{a}$, $\mathbf{b}$ e $\mathbf{c}$.

33. $\mathbf{a} = \langle 1, 2, 3 \rangle$, $\mathbf{b} = \langle -1, 1, 2 \rangle$, $\mathbf{c} = \langle 2, 1, 4 \rangle$

34. $\mathbf{a} = \mathbf{i} + \mathbf{j}$, $\mathbf{b} = \mathbf{j} + \mathbf{k}$, $\mathbf{c} = \mathbf{i} + \mathbf{j} + \mathbf{k}$

35-36 Calcule o volume do paralelepípedo com lados adjacentes PQ, PR e PS.

35. $P(-2, 1, 0)$, $Q(2, 3, 2)$, $R(1, 4, -1)$, $S(3, 6, 1)$

36. $P(3, 0, 1)$, $Q(-1, 2, 5)$, $R(5, 1, -1)$, $S(0, 4, 2)$

37. Utilize o produto misto para mostrar que os vetores $\mathbf{u} = \mathbf{i} + 5\mathbf{j} - 2\mathbf{k}$, $\mathbf{v} = 3\mathbf{i} - \mathbf{j}$ e $\mathbf{w} = 5\mathbf{i} + 9\mathbf{j} - 4\mathbf{k}$ são coplanares.

38. Use o produto misto para determinar se os pontos $A(1, 3, 2)$, $B(3, -1, 6)$, $C(5, 2, 0)$ e $D(3, 6, -4)$ pertencem ao mesmo plano.

39. O pedal de uma bicicleta é empurrado por um pé com força de 60 N, como mostrado. A haste do pedal tem 18 cm de comprimento. Determine o módulo do torque em relação a P.

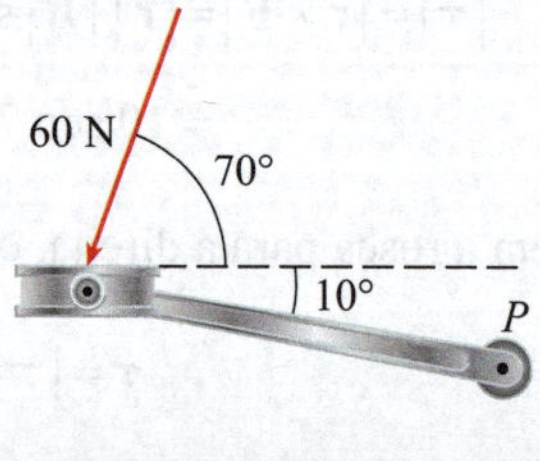

40. (a) Uma força horizontal de 90 N é aplicada à manopla de uma alavanca de mudança de marchas, como mostrado na figura. Determine a magnitude do torque em torno do ponto de articulação P.

(b) Determine a magnitude do torque em torno de P se a mesma força for aplicada à dobra da alavanca, Q.

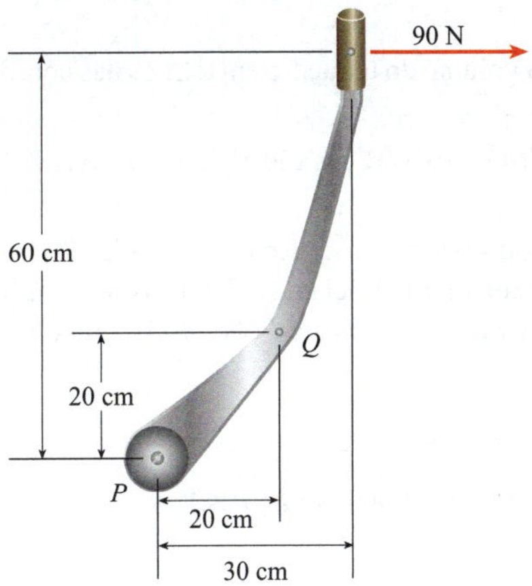

41. Uma chave de boca com 30 cm de comprimento posicionada ao longo do eixo y aperta um parafuso colocado na origem. Uma força é aplicada no final do cabo da chave com direção dada por $\langle 0, 3, -4\rangle$. Determine o módulo da força necessária para que o torque resultante no parafuso seja de 100 N·m.

42. Seja $\mathbf{v} = 5\mathbf{j}$ e seja $\mathbf{u}$ um vetor com comprimento 3 com início na origem e que gira no plano xy. Determine o máximo e o mínimo valor possível para $\mathbf{u} \times \mathbf{v}$. Qual a direção e o sentido de $\mathbf{u} \times \mathbf{v}$?

43. Se $\mathbf{a} \cdot \mathbf{b} = \sqrt{3}$ e $\mathbf{a} \times \mathbf{b} = \langle 1, 2, 2\rangle$, defina o ângulo entre $\mathbf{a}$ e $\mathbf{b}$.

44. (a) Defina todos os vetores $\mathbf{v}$ tal que

$$\langle 1, 2, 1\rangle \times \mathbf{v} = \langle 3, 1, -5\rangle$$

(b) Explique por que não há nenhum vetor $\mathbf{v}$ tal que

$$\langle 1, 2, 1\rangle \times \mathbf{v} = \langle 3, 1, 5\rangle$$

45. Distância de um Ponto a uma Reta Seja P um ponto fora da reta L que passa através dos pontos Q e R.

(a) Mostre que a distância d a partir do ponto P para a reta L é

$$d = \frac{|\mathbf{a} \times \mathbf{b}|}{|\mathbf{a}|}$$

onde $\mathbf{a} = \overrightarrow{QR}$ e $\mathbf{b} = \overrightarrow{QP}$.

(b) Use a fórmula da parte (a) para encontrar a distância do ponto $P(1, 1, 1)$ à reta que passa por $Q\ (0, 6, 8)$ e $R\ (-1, 4, 7)$.

46. Distância de um Ponto a um Plano Seja P um ponto fora do plano que passa pelos pontos Q, R e S.

(a) Mostre que a distância d de P para o plano é

$$d = \frac{|\mathbf{a} \cdot (\mathbf{b} \times \mathbf{c})|}{|\mathbf{a} \times \mathbf{b}|}$$

onde $\mathbf{a} = \overrightarrow{QR}$, $\mathbf{b} = \overrightarrow{QS}$ e $\mathbf{c} = \overrightarrow{QP}$.

(b) Use a fórmula da parte (a) para encontrar a distância do ponto $P(2, 1, 4)$ em relação ao plano que passa pelos pontos $Q(1, 0, 0)$, $R(0, 2, 0)$ e $S(0, 0, 3)$.

47. Mostre que $|\mathbf{a} \times \mathbf{b}|^2 = |\mathbf{a}|^2 |\mathbf{b}|^2 - (\mathbf{a} \cdot \mathbf{b})^2$.

48. Se $\mathbf{a} + \mathbf{b} + \mathbf{c} = \mathbf{0}$, mostre que

$$\mathbf{a} \times \mathbf{b} = \mathbf{b} \times \mathbf{c} = \mathbf{c} \times \mathbf{a}$$

49. Demonstre que $(\mathbf{a} - \mathbf{b}) \times (\mathbf{a} + \mathbf{b}) = 2(\mathbf{a} \times \mathbf{b})$.

50. Demonstre a Propriedade 6 do produto vetorial, ou seja,

$$\mathbf{a} \times (\mathbf{b} \times \mathbf{c}) = (\mathbf{a} \cdot \mathbf{c})\mathbf{b} - (\mathbf{a} \cdot \mathbf{b})\mathbf{c}$$

51. Utilize o Exercício 50 para demonstrar que

$$\mathbf{a} \times (\mathbf{b} \times \mathbf{c}) + \mathbf{b} \times (\mathbf{c} \times \mathbf{a}) + \mathbf{c} \times (\mathbf{a} \times \mathbf{b}) = \mathbf{0}$$

52. Demonstre que

$$(\mathbf{a} \times \mathbf{b}) \cdot (\mathbf{c} \times \mathbf{d}) = \begin{vmatrix} \mathbf{a} \cdot \mathbf{c} & \mathbf{b} \cdot \mathbf{c} \\ \mathbf{a} \cdot \mathbf{d} & \mathbf{b} \cdot \mathbf{d} \end{vmatrix}$$

53. Suponha que $\mathbf{a} \neq \mathbf{0}$.

(a) Se $\mathbf{a} \cdot \mathbf{b} = \mathbf{a} \cdot \mathbf{c}$, é verdade que $\mathbf{b} = \mathbf{c}$?

(b) Se $\mathbf{a} \times \mathbf{b} = \mathbf{a} \times \mathbf{c}$, é verdade que $\mathbf{b} = \mathbf{c}$?

(c) Se $\mathbf{a} \cdot \mathbf{b} = \mathbf{a} \cdot \mathbf{c}$ e $\mathbf{a} \times \mathbf{b} = \mathbf{a} \times \mathbf{c}$, é verdade que $\mathbf{b} = \mathbf{c}$?

54. Se $\mathbf{v}_1$, $\mathbf{v}_2$ e $\mathbf{v}_3$ são vetores não coplanares, defina

$$\mathbf{k}_1 = \frac{\mathbf{v}_2 \times \mathbf{v}_3}{\mathbf{v}_1 \cdot (\mathbf{v}_2 \times \mathbf{v}_3)} \qquad \mathbf{k}_2 = \frac{\mathbf{v}_3 \times \mathbf{v}_1}{\mathbf{v}_1 \cdot (\mathbf{v}_2 \times \mathbf{v}_3)}$$

$$\mathbf{k}_3 = \frac{\mathbf{v}_1 \times \mathbf{v}_2}{\mathbf{v}_1 \cdot (\mathbf{v}_2 \times \mathbf{v}_3)}$$

(Esses vetores aparecem no estudo de cristalografia. Vetores da forma $n_1\mathbf{v}_1 + n_2\mathbf{v}_2 + n_3\mathbf{v}_3$, em que cada n_i é um número inteiro, formam um *reticulado* para um cristal. Vetores escritos de forma semelhante, em termos de $\mathbf{k}_1$, $\mathbf{k}_2$ e $\mathbf{k}_3$ formam o *reticulado recíproco*).

(a) Mostre que $\mathbf{k}_i$ é perpendicular a $\mathbf{v}_j$ se $i \neq j$.

(b) Mostre que $\mathbf{k}_i \cdot \mathbf{v}_i = 1$ para $i = 1, 2, 3$.

(c) Mostre que $\mathbf{k}_1 \cdot (\mathbf{k}_2 \times \mathbf{k}_3) = \dfrac{1}{\mathbf{v}_1 \cdot (\mathbf{v}_2 \times \mathbf{v}_3)}$

PROJETO DE DESCOBERTA | GEOMETRIA DE UM TETRAEDRO

Um tetraedro é um sólido com quatro vértices, P, Q, R e S, e quatro faces triangulares, como mostrado na figura.

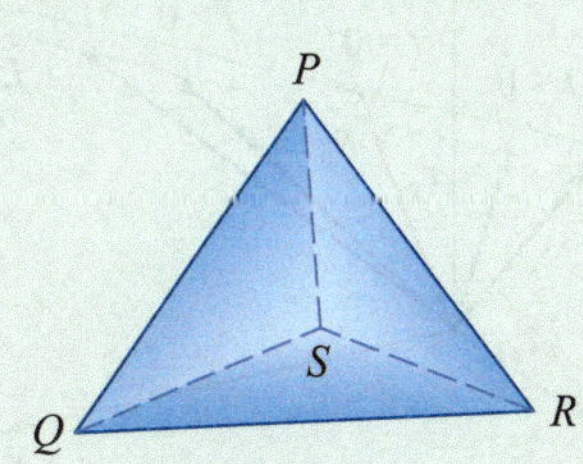

1. Sejam $\mathbf{v}_1$, $\mathbf{v}_2$, $\mathbf{v}_3$ e $\mathbf{v}_4$ vetores de comprimentos iguais à área das faces opostas aos vértices P, Q, R e S, respectivamente, e direções perpendiculares às respectivas faces e apontando para fora do tetraedro. Mostre que

$$\mathbf{v}_1 + \mathbf{v}_2 + \mathbf{v}_3 + \mathbf{v}_4 = \mathbf{0}$$

(Continua)

2. O volume V de um tetraedro é um terço da distância de um vértice à face oposta vezes a área dessa face.

   (a) Determine uma fórmula para o volume do tetraedro em termos das coordenadas de seus vértices P, Q, R e S.

   (b) Encontre o volume do tetraedro cujos vértices são $P(1, 1, 1)$, $Q(1, 2, 3)$, $R(1, 1, 2)$ e $S(3, -1, 2)$.

3. Suponhamos que o tetraedro na figura tenha um vértice trirretangular S. (Isso significa que os três ângulos de S são todos ângulos retos.) Sejam A, B e C as áreas das três faces que encontram o vértice S, e seja D a área da face oposta PQR. Utilizando o resultado do Problema 1, mostre que

$$D^2 = A^2 + B^2 + C^2$$

(Essa é uma versão tridimensional do Teorema de Pitágoras.)

12.5 Equações de Retas e Planos

Uma reta no plano xy é determinada quando um ponto e uma direção (inclinação ou coeficiente angular da reta) são dados. A equação da reta pode ser então escrita utilizando-se a forma ponto-inclinação.

Do mesmo modo, uma reta L no espaço tridimensional é determinada quando conhecemos um ponto $P_0(x_0, y_0, z_0)$ em L e uma direção para L, que é convenientemente descrita por um vetor $\mathbf{v}$ paralelo à reta. Seja $P(x, y, z)$ um ponto arbitrário sobre L e sejam $\mathbf{r}_0$ e $\mathbf{r}$ os vetores posição de P_0 e P (isto é, eles têm representantes $\overrightarrow{OP_0}$ e $\overrightarrow{OP}$). Se $\mathbf{a}$ é o vetor com representante $\overrightarrow{P_0P}$, como na Figura 1, então pela Regra do Triângulo para soma dos vetores temos $\mathbf{r} = \mathbf{r}_0 + \mathbf{a}$.

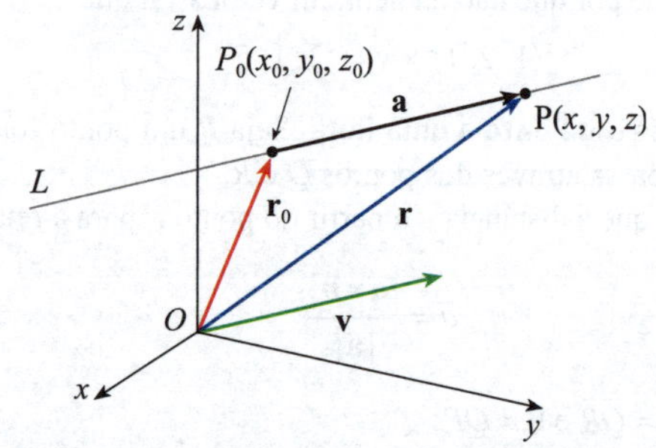

FIGURA 1

Mas, uma vez que $\mathbf{a}$ e $\mathbf{v}$ são vetores paralelos, há um escalar t de tal modo que $\mathbf{a} = t\mathbf{v}$. Assim,

$$\boxed{1} \qquad \mathbf{r} = \mathbf{r}_0 + t\mathbf{v}$$

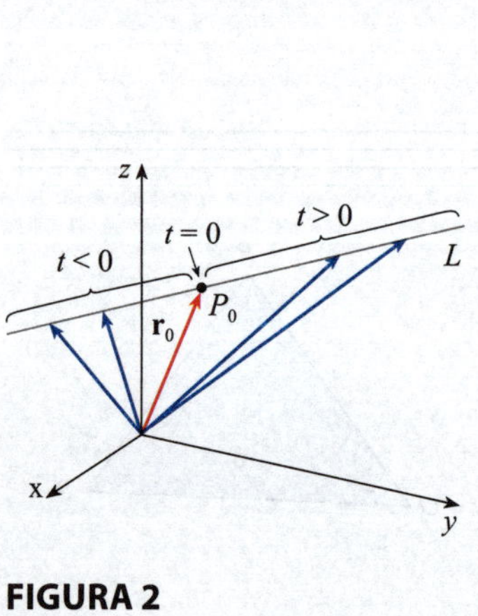

FIGURA 2

que é a **equação vetorial** de L. Cada valor do **parâmetro** t fornece o vetor posição $\mathbf{r}$ de um ponto em L. Em outras palavras, como t varia, a reta é traçada pela ponta do vetor $\mathbf{r}$. Como a Figura 2 indica, os valores positivos de t correspondem a pontos em L que se encontram de um lado de P_0, enquanto os valores negativos de t correspondem a pontos que se encontram do outro lado de P_0.

Se o vetor $\mathbf{v}$, que fornece a direção da reta L, é escrito sob a forma de componentes $\mathbf{v} = \langle a, b, c\rangle$, temos que $t\mathbf{v} = \langle ta, tb, tc\rangle$. Também podemos escrever $\mathbf{r} = \langle x, y, z\rangle$ e $\mathbf{r}_0 = \langle x_0, y_0, z_0\rangle$, de modo que a equação do vetor (1) se torna

$$\langle x, y, z\rangle = \langle x_0 + ta, y_0 + tb, z_0 + tc\rangle$$

Dois vetores iguais têm as componentes correspondentes iguais. Assim, temos três equações escalares:

$$x = x_0 + at \qquad y = y_0 + bt \qquad z = z_0 + ct$$

onde $t \in \mathbb{R}$. Essas equações são chamadas **equações paramétricas** da reta L, que passa pelo ponto $P_0(x_0, y_0, z_0)$ e é paralela ao vetor $\mathbf{v} = \langle a, b, c \rangle$. Cada valor do parâmetro t fornece um ponto (x, y, z) em L.

2 As equações paramétricas de uma reta por um ponto (x_0, y_0, z_0) e paralela ao vetor direção $\langle a, b, c \rangle$ são

$$x = x_0 + at \qquad y = y_0 + bt \qquad z = z_0 + ct$$

EXEMPLO 1

(a) Determine as equações vetorial e paramétrica de uma reta que passa pelo ponto (5, 1, 3) e é paralela ao vetor $\mathbf{i} + 4\mathbf{j} - 2\mathbf{k}$.

(b) Determine outros dois pontos na reta.

A Figura 3 mostra a reta L do Exemplo 1 e sua relação com o ponto dado e o vetor direção.

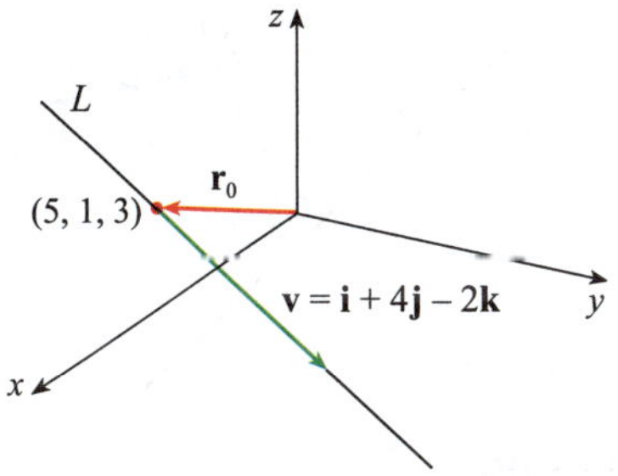

FIGURA 3

SOLUÇÃO

(a) Aqui $\mathbf{r}_0 = \langle 5, 1, 3 \rangle = 5\mathbf{i} + \mathbf{j} + 3\mathbf{k}$ e $\mathbf{v} = \mathbf{i} + 4\mathbf{j} - 2\mathbf{k}$, portanto, a equação do vetor (1) se torna

$$\mathbf{r} = (5\mathbf{i} + \mathbf{j} + 3\mathbf{k}) + t(\mathbf{i} + 4\mathbf{j} - 2\mathbf{k})$$

ou

$$\mathbf{r} = (5 + t)\mathbf{i} + (1 + 4t)\,\mathbf{j} + (3 - 2t)\,\mathbf{k}$$

As equações paramétricas são

$$x = 5 + t \qquad y = 1 + 4t \qquad z = 3 - 2t$$

(b) Escolhendo o valor do parâmetro $t = 1$ temos $x = 6, y = 5$ e $z = 1$, assim (6, 5, 1) é um ponto sobre a reta. Da mesma forma, $t = -1$ corresponde ao ponto (4, –3, 5). ■

A equação vetorial e as equações paramétricas de uma reta não são únicas. Se trocarmos o ponto ou o parâmetro ou escolhermos um vetor paralelo diferente, a equação muda. Por exemplo, se, em vez do ponto (5, 1, 3) escolhermos o ponto (6, 5, 1) no Exemplo 1, as equações paramétricas da reta se tornam

$$x = 6 + t \qquad y = 5 + 4t \qquad z = 1 - 2t$$

Ou, se mantivermos o ponto (5, 1, 3), mas escolhermos o vetor paralelo $2\,\mathbf{i} + 8\mathbf{j} - 4\mathbf{k}$, chegaremos às equações

$$x = 5 + 2t \qquad y = 1 + 8t \qquad z = 3 - 4t$$

Em geral, se um vetor $\mathbf{v} = \langle a, b, c \rangle$ é usado para descrever a direção de uma reta L, então os números a, b e c são as **componentes do vetor diretor** de L. Uma vez que qualquer vetor paralelo $\mathbf{v}$ também pode ser usado, vemos que quaisquer três números proporcionais a a, b e c poderiam também ser usados como componentes do vetor diretor de L.

Outra maneira de descrever uma reta L é eliminar o parâmetro t das Equações 2. Se nenhum dos números a, b e c for 0, podemos resolver cada uma das equações por t:

$$t = \frac{x - x_0}{a} \qquad t = \frac{y - y_0}{b} \qquad t = \frac{z - z_0}{c}$$

Igualando os resultados, obtemos

3
$$\frac{x - x_0}{a} = \frac{y - y_0}{b} = \frac{z - z_0}{c}$$

Essas equações são chamadas **equações simétricas** de L. Observe que os números a, b e c que aparecem nos denominadores das Equações 3 são as componentes do vetor diretor de L, isto é, as componentes de um vetor paralelo ao vetor diretor de L. Se a, b ou c for 0, ainda podemos eliminar t. Por exemplo, se $a = 0$, podemos escrever as equações de L como

$$x = x_0 \qquad \frac{y - y_0}{b} = \frac{z - z_0}{c}$$

Isso indica que a reta L pertence ao plano vertical $x = x_0$.

A Figura 4 mostra a reta L do Exemplo 2 e o ponto P de intersecção com o plano xy.

EXEMPLO 2

(a) Determine as equações paramétricas e simétricas da reta que passa pelos pontos $A(2, 4, -3)$ e $B(3, -1, 1)$.

(b) Qual a intersecção dessa reta com o plano xy?

SOLUÇÃO

(a) Não nos foi dado de forma explícita o vetor paralelo à reta, mas observe que o vetor $\mathbf{v}$ com representação $\overrightarrow{AB}$ é paralelo à reta e

$$\mathbf{v} = \langle 3 - 2, -1 - 4, 1 - (-3) \rangle = \langle 1, -5, 4 \rangle$$

Assim, os números diretores são $a = 1$, $b = -5$ e $c = 4$. Considerando o ponto $(2, 4, -3)$ como P_0, vemos que as equações paramétricas (2) são

$$x = 2 + t \qquad y = 4 - 5t \qquad z = -3 + 4t$$

e as equações simétricas (3) são

$$\frac{x - 2}{1} = \frac{y - 4}{-5} = \frac{z + 3}{4}$$

(b) A reta intercepta o plano xy quando $z = 0$. Das equações paramétricas, temos $z = -3 + 4t = 0$, o que fornece $t = \frac{3}{4}$. Usando esse valor de t, obtemos $x = 2 + \frac{3}{4} = \frac{11}{4}$ e $y = 4 - 5(\frac{3}{4}) = \frac{1}{4}$. Portanto, a reta intercepta o plano xy no ponto $(\frac{11}{4}, \frac{1}{4}, 0)$.

Alternativamente, podemos substituir $z = 0$ nas equações simétricas, obtendo

$$\frac{x - 2}{1} = \frac{y - 4}{-5} = \frac{3}{4}$$

o que fornece $x = \frac{11}{4}$ e $y = \frac{1}{4}$. ■

A Figura 4 mostra a reta L do Exemplo 2 e o ponto P de intersecção com o plano xy.

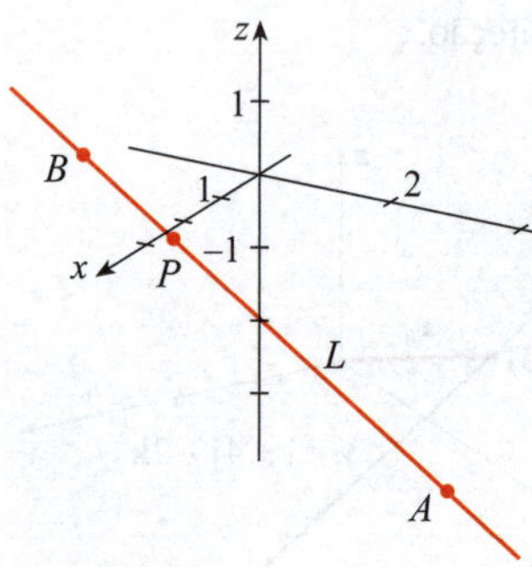

FIGURA 4

Em geral, o procedimento do Exemplo 2 mostra que as componentes do vetor diretor da reta L que passa pelos ponto $P_0(x_0, y_0, z_0)$ e $P_1(x_1, y_1, z_1)$ são $x_1 - x_0$, $y_1 - y_0$ e $z_1 - z_0$ e as equações simétricas de L são

$$\frac{x - x_0}{x_1 - x_0} = \frac{y - y_0}{y_1 - y_0} = \frac{z - z_0}{z_1 - z_0}$$

Frequentemente precisamos de uma descrição, não de uma reta inteira, mas apenas de um segmento de reta. Como, por exemplo, poderíamos descrever o segmento de reta AB no Exemplo 2? Se colocarmos $t = 0$ nas equações paramétricas no Exemplo 2(a), temos o ponto $(2, 4, -3)$ e se colocarmos $t = 1$, temos $(3, -1, 1)$. Assim, o segmento de reta AB é descrito pelas equações paramétricas

$$x = 2 + t \qquad y = 4 - 5t \qquad z = -3 + 4t \qquad 0 \le t \le 1$$

ou pela equação vetorial correspondente

$$\mathbf{r}(t) = \langle 2 + t, 4 - 5t, -3 + 4t \rangle \qquad 0 \leq t \leq 1$$

De modo geral, sabemos a partir da Equação 1 que a equação vetorial de uma reta partindo (do fim) de vetor $\mathbf{r}_0$ na direção de um vetor $\mathbf{v}$ é $\mathbf{r} = \mathbf{r}_0 + t\mathbf{v}$. Se a reta também passa por (a ponta) $\mathbf{r}_1$, então podemos tomar $\mathbf{v} = \mathbf{r}_1 - \mathbf{r}_0$ e então sua equação vetorial é

$$\mathbf{r} = \mathbf{r}_0 + t(\mathbf{r}_1 - \mathbf{r}_0) = (1 - t)\mathbf{r}_0 + t\mathbf{r}_1$$

O segmento de reta de $\mathbf{r}_0$ até $\mathbf{r}_1$ é dado pelo intervalo do parâmetro $0 \leq t \leq 1$.

4 O segmento de reta de $\mathbf{r}_0$ até $\mathbf{r}_1$ é dado pela equação vetorial

$$\mathbf{r}(t) = (1 - t)\mathbf{r}_0 + t\mathbf{r}_1 \qquad 0 \leq t \leq 1$$

EXEMPLO 3 Mostre que as retas L_1 e L_2 com as equações paramétricas dadas por

$$L_1: \quad x = 1 + t \qquad y = -2 + 3t \qquad z = 4 - t$$

$$L_2: \quad x = 2s \qquad y = 3 + s \qquad z = -3 + 4s$$

são **retas reversas**, isto é, são retas que não se interceptam e não são paralelas (não pertencendo, portanto, a um mesmo plano).

As retas L_1 e L_2 do Exemplo 3 são reversas e estão na Figura 5.

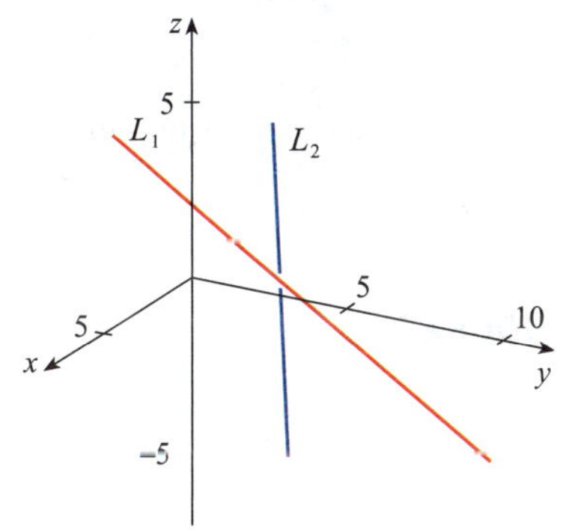

FIGURA 5

SOLUÇÃO As retas não são paralelas, pois seus vetores diretores $\langle 1, 3, -1 \rangle$ e $\langle 2, 1, 4 \rangle$ não são paralelos. (As componentes não são proporcionais.) Se L_1 e L_2 tivessem um ponto de intersecção, haveria valores de t e s tal que

$$1 + t = 2s$$
$$-2 + 3t = 3 + s$$
$$4 - t = -3 + 4s$$

Mas, se resolvermos as primeiras duas equações, obteremos $t = \frac{11}{5}$ e $s = \frac{8}{5}$, que não satisfazem a terceira equação. Não existem valores para t e s que satisfaçam as três equações, portanto, L_1 e L_2 não se interceptam. Desse modo, L_1 e L_2 são retas reversas. ■

Planos

Enquanto as retas no espaço são facilmente determinadas por um ponto e um vetor diretor, um plano é um pouco mais complicado de descrever. Um único vetor paralelo ao plano desejado não é suficiente para fixar a direção do plano, mas um vetor que seja perpendicular a esse plano define de modo completo sua direção. Então, um plano no espaço fica determinado se conhecermos um ponto $P_0(x_0, y_0, z_0)$ no plano e um vetor $\mathbf{n}$ que seja ortogonal ao plano. Esse vetor ortogonal $\mathbf{n}$ é chamado **vetor normal**. Seja $P(x, y, z)$ um ponto arbitrário no plano e sejam $\mathbf{r}_0$ e $\mathbf{r}$ os vetores posição P_0 e P. Então, o vetor $\mathbf{r} - \mathbf{r}_0$ é representado por $\overrightarrow{P_0P}$. (Veja a Figura 6.) O vetor normal $\mathbf{n}$ é ortogonal a todo vetor do plano. Em particular, $\mathbf{n}$ é ortogonal a $\mathbf{r} - \mathbf{r}_0$ e, assim, temos

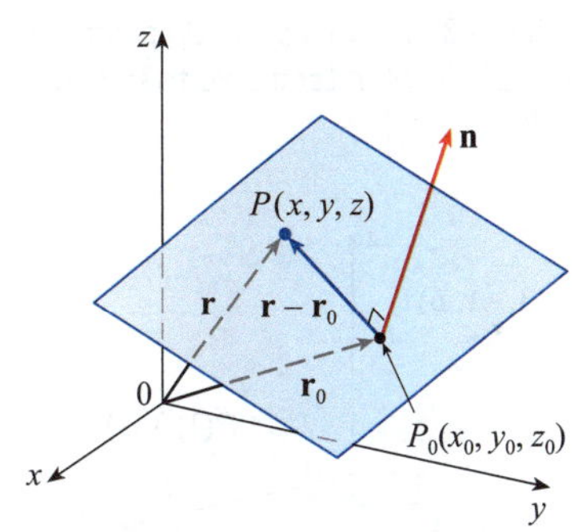

FIGURA 6

5 $$\mathbf{n} \cdot (\mathbf{r} - \mathbf{r}_0) = 0$$

que pode ser reescrito como

6 $$\mathbf{n} \cdot \mathbf{r} = \mathbf{n} \cdot \mathbf{r}_0$$

Tanto a Equação 5 quanto a Equação 6 são chamadas **equações vetoriais do plano**.

Para obtermos uma equação escalar para o plano, escrevemos $\mathbf{n} = \langle a, b, c\rangle$, $\mathbf{r} = \langle x, y, z\rangle$ e $\mathbf{r}_0 = \langle x_0, y_0, z_0\rangle$. Nesse caso, a equação vetorial (5) se torna

$$\langle a, b, c\rangle \cdot \langle x - x_0, y - y_0, z - z_0\rangle = 0$$

A expansão do lado esquerdo dessa equação fornece o resultado a seguir.

7 A **equação escalar do plano** pelo ponto $P_0(x_0, y_0, z_0)$ com vetor normal $\mathbf{n} = \langle a, b, c\rangle$ é

$$a(x - x_0) + b(y - y_0) + c(z - z_0) = 0$$

EXEMPLO 4 Determine uma equação do plano que passa pelo ponto (2, 4, –1) e tem como vetor normal $\mathbf{n} = \langle 2, 3, 4\rangle$. Encontre também suas intersecções com os eixos coordenados e faça um esboço do plano.

SOLUÇÃO Tomando $a = 2$, $b = 3$, $c = 4$, $x_0 = 2$, $y_0 = 4$ e $z_0 = -1$ na Equação 7, vemos que uma equação do plano é

$$2(x - 2) + 3(y - 4) + 4(z + 1) = 0$$

ou

$$2x + 3y + 4z = 12$$

Para encontrarmos a intersecção com o eixo x, colocamos $y = z = 0$ nessa equação e obtemos $x = 6$. Da mesma forma, a intersecção com o plano y é 4 e a intersecção com o plano z é 3. Isso nos permite esboçar a porção do plano pertencente ao primeiro octante (veja a Figura 7). ■

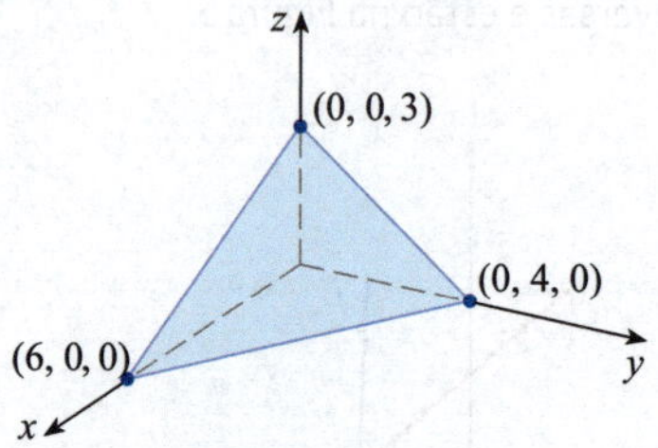

FIGURA 7

Agrupando os termos na Equação 7 como fizemos no Exemplo 4, podemos reescrever a equação do plano como

8
$$ax + by + cz + d = 0$$

onde $d = -(ax_0 + by_0 + cz_0)$. A Equação 8 é chamada **equação linear** em x, y e z. Reciprocamente, pode ser mostrado que, se a, b e c não são todos nulos, a equação linear (8) representa um plano cujo vetor normal é o vetor $\langle a, b, c\rangle$. (Veja o Exercício 83.)

A Figura 8 mostra a parte do plano do Exemplo 5 delimitada pelo triângulo *PQR*.

EXEMPLO 5 Encontre uma equação do plano que passa pelos pontos $P(1, 3, 2)$, $Q(3, -1, 6)$ e $R(5, 2, 0)$.

SOLUÇÃO Os vetores **a** e **b** correspondentes a $\overrightarrow{PQ}$ e $\overrightarrow{PR}$ são

$$\mathbf{a} = \langle 2, -4, 4\rangle \qquad \mathbf{b} = \langle 4, -1, -2\rangle$$

Como tanto **a** quanto **b** pertencem ao plano, seu produto vetorial $\mathbf{a} \times \mathbf{b}$ é ortogonal ao plano e pode ser tomado como o vetor normal. Assim,

$$\mathbf{n} = \mathbf{a} \times \mathbf{b} = \begin{vmatrix} \mathbf{i} & \mathbf{j} & \mathbf{k} \\ 2 & -4 & 4 \\ 4 & -1 & -2 \end{vmatrix} = 12\mathbf{i} + 20\mathbf{j} + 14\mathbf{k}$$

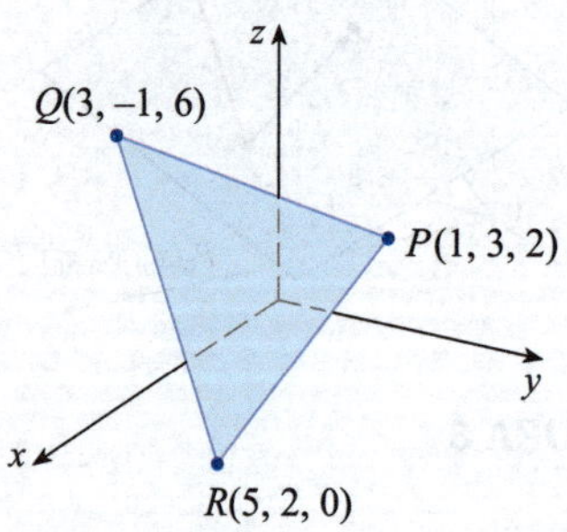

FIGURA 8

Com o ponto $P(1, 3, 2)$ e o vetor normal **n**, uma equação do plano é

$$12(x - 1) + 20(y - 3) + 14(z - 2) = 0$$

ou

$$6x + 10y + 7z = 50$$ ■

EXEMPLO 6 Determine o ponto no qual a reta com equações paramétricas $x = 2 + 3t$, $y = -4t$, $z = 5 + t$ intercepta o plano $4x + 5y - 2z = 18$.

SOLUÇÃO Substituímos as expressões x, y e z das equações paramétricas na equação do plano:

$$4(2 + 3t) + 5(-4t) - 2(5 + t) = 18$$

Isso simplifica a $-10t = 20$, portanto, $t = -2$. Por conseguinte, o ponto de intersecção ocorre quando o valor do parâmetro é $t = -2$. Então $x = 2 + 3(-2) = -4$, $y = -4(-2) = 8$, $z = 5 - 2 = 3$ e, portanto, o ponto de intersecção é $(-4, 8, 3)$. ■

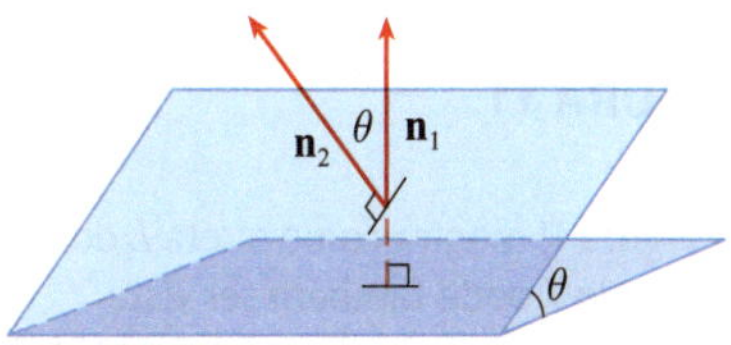

FIGURA 9

Dois planos são **paralelos** se seus vetores normais são paralelos. Por exemplo, os planos $x + 2y - 3z = 4$ e $2x + 4y - 6z = 3$ são paralelos porque os seus vetores normais são $\mathbf{n}_1 = \langle 1, 2, -3\rangle$ e $\mathbf{n}_2 = \langle 2, 4, -6\rangle$ e $\mathbf{n}_2 = 2\mathbf{n}_1$. Se dois planos não são paralelos, eles se interceptam em uma reta, e o ângulo entre os dois planos é definido como o ângulo entre os vetores normais aos planos (veja o ângulo θ na Figura 9).

EXEMPLO 7

(a) Determine o ângulo entre os planos $x + y + z = 1$ e $x - 2y + 3z = 1$.

(b) Determine as equações simétricas da reta intersecção L desses dois planos.

A Figura 10 mostra os planos do Exemplo 7 e a reta de intersecção L.

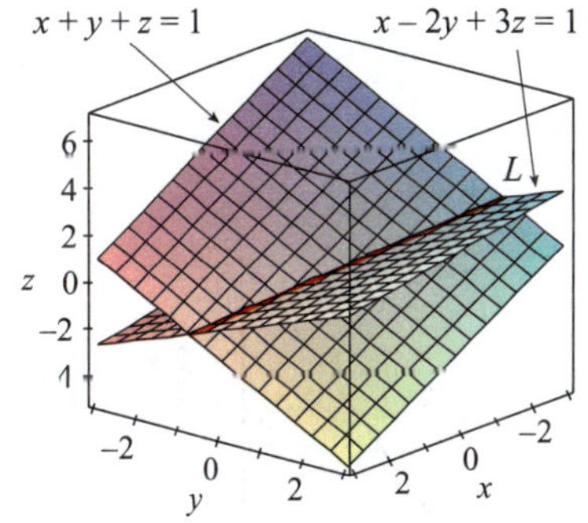

FIGURA 10

SOLUÇÃO

(a) Os vetores normais a esses planos são

$$\mathbf{n}_1 = \langle 1, 1, 1\rangle \qquad \mathbf{n}_2 = \langle 1, -2, 3\rangle$$

Portanto, se θ é o ângulo entre os dois planos, o Corolário 12.3.6 fornece

$$\cos\theta = \frac{\mathbf{n}_1 \cdot \mathbf{n}_2}{|\mathbf{n}_1||\mathbf{n}_2|} = \frac{1(1)+1(-2)+1(3)}{\sqrt{1+1+1}\sqrt{1+4+9}} = \frac{2}{\sqrt{42}}$$

$$\theta = \cos^{-1}\left(\frac{2}{\sqrt{42}}\right) \approx 72^\circ$$

(b) Primeiro precisamos encontrar um ponto em L. Por exemplo, podemos achar o ponto onde a reta intercepta o plano xy tomando $z = 0$ na equação dos dois planos. Isso fornece as equações $x + y = 1$ e $x - 2y = 1$, cuja solução é $x = 1$, $y = 0$. Portanto, o ponto $(1, 0, 0)$ encontra-se em L.

Observe que, como L pertence a ambos os planos, é perpendicular ao vetor normal de ambos os planos. Então, um vetor $\mathbf{v}$ paralelo a L é dado pelo produto vetorial

Outro modo de determinar a reta de intersecção é resolver a equação do plano para duas variáveis em função da terceira, que será tomada como parâmetro.

$$\mathbf{v} = \mathbf{n}_1 \times \mathbf{n}_2 = \begin{vmatrix} \mathbf{i} & \mathbf{j} & \mathbf{k} \\ 1 & 1 & 1 \\ 1 & -2 & 3 \end{vmatrix} = 5\mathbf{i} - 2\mathbf{j} - 3\mathbf{k}$$

e, assim, as equações simétricas de L podem ser escritas como

$$\frac{x-1}{5} = \frac{y}{-2} = \frac{z}{-3}$$ ■

OBSERVAÇÃO Como uma equação linear nas variáveis x, y e z representa um plano e dois planos não paralelos se interceptam em uma reta, segue que duas equações lineares podem representar uma reta. Os pontos (x, y, z) que satisfazem a ambas as equações $a_1x + b_1y + c_1z + d_1 = 0$ e $a_2x + b_2y + c_2z + d_2 = 0$ pertencem a ambos os planos, e assim esse par de equações lineares representa a reta intersecção dos planos (se eles não forem paralelos). Por exemplo, no Exemplo 7, a reta de L foi dada como a reta de intersecção

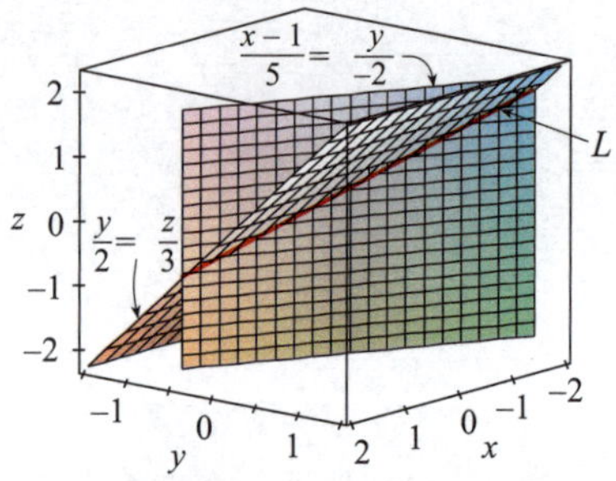

FIGURA 11

A Figura 11 mostra como a reta L do Exemplo 7 pode também ser vista como a intersecção dos planos obtidos a partir de suas equações simétricas.

dos planos $x + y + z = 1$ e $x - 2y + 3z = 1$. As equações simétricas que encontramos para L podem ser escritas como

$$\frac{x-1}{5} = \frac{y}{-2} \quad \text{e} \quad \frac{y}{-2} = \frac{z}{-3}$$

que é um par de equações lineares. Elas descrevem L como a reta intersecção dos planos $(x - 1)/5 = y/(-2)$ e $y/(-2) = z/(-3)$. (Veja a Figura 11.)

Em geral, quando escrevemos as equações de uma reta na forma simétrica

$$\frac{x-x_0}{a} = \frac{y-y_0}{b} = \frac{z-z_0}{c}$$

podemos pensar na reta como a intersecção de dois planos

$$\frac{x-x_0}{a} = \frac{y-y_0}{b} \quad \text{e} \quad \frac{y-y_0}{b} = \frac{z-z_0}{c}$$

Distâncias

Com o objetivo de determinar uma fórmula para a distância D entre um ponto $P_1(x_1, y_1, z_1)$ e o plano $ax + by + cz + d = 0$, consideramos que $P_0(x_0, y_0, z_0)$ é um ponto qualquer do plano e que **b** é o vetor correspondente a $\overrightarrow{P_0P_1}$. Nesse caso,

$$\mathbf{b} = \langle x_1 - x_0, y_1 - y_0, z_1 - z_0 \rangle$$

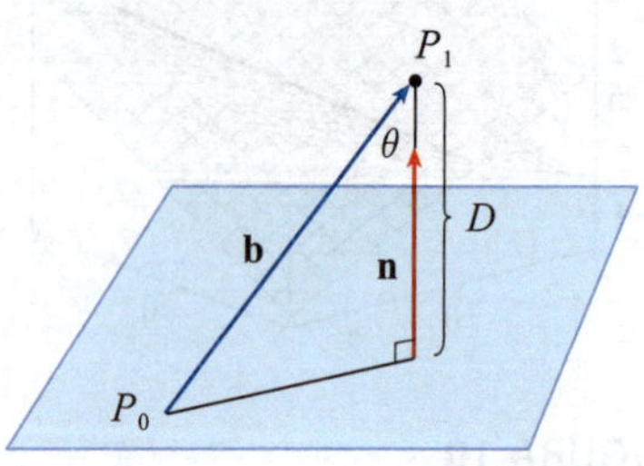

FIGURA 12

Da Figura 12 podemos ver que a distância D de P_1 até o plano é igual ao valor absoluto da projeção escalar de **b** sobre o vetor normal $\mathbf{n} = \langle a, b, c \rangle$. (Veja a Seção 12.3.) Assim,

$$D = |\text{comp}_\mathbf{n}\,\mathbf{b}| = \frac{|\mathbf{n} \cdot \mathbf{b}|}{|\mathbf{n}|}$$

$$= \frac{|a(x_1 - x_0) + b(y_1 - y_0) + c(z_1 - z_0)|}{\sqrt{a^2 + b^2 + c^2}}$$

$$= \frac{|(ax_1 + by_1 + cz_1) - (ax_0 + by_0 + cz_0)|}{\sqrt{a^2 + b^2 + c^2}}$$

Uma vez que P_0 se situa no plano, as suas coordenadas satisfazem a equação do plano e por isso temos $ax_0 + by_0 + cz_0 + d = 0$. Obtemos assim a seguinte fórmula.

9 A distância D entre o ponto $P_1(x_1, y_1, z_1)$ e o plano $ax + by + cz + d = 0$ é dada por

$$D = \frac{|ax_1 + by_1 + cz_1 + d|}{\sqrt{a^2 + b^2 + c^2}}$$

EXEMPLO 8 Determine a distância entre os dois planos paralelos $10x + 2y - 2z = 5$ e $5x + y - z = 1$.

SOLUÇÃO Observemos primeiro que os dois planos são paralelos, pois seus vetores normais $\langle 10, 2, -2 \rangle$ e $\langle 5, 1, -1 \rangle$ são vetores paralelos. Para achar a distância D entre os planos, escolhemos um ponto qualquer em um plano e calculamos sua distância ao outro plano. Em particular, se tomarmos $y = z = 0$ na equação do primeiro plano, obteremos $10x = 5$ e, portanto, $(\frac{1}{2}, 0, 0)$ é um ponto desse plano. Pela Fórmula 9, a distância entre $(\frac{1}{2}, 0, 0)$ e o plano $5x + y - z - 1 = 0$ é

$$D = \frac{|5(\frac{1}{2}) + 1(0) - 1(0) - 1|}{\sqrt{5^2 + 1^2 + (-1)^2}} = \frac{\frac{3}{2}}{3\sqrt{3}} = \frac{\sqrt{3}}{6}$$

Assim, a distância entre os planos é $\sqrt{3}/6$. ■

EXEMPLO 9 No Exemplo 3 mostramos que as retas

$$L_1: \quad x = 1 + t \qquad y = -2 + 3t \qquad z = 4 - t$$

$$L_2: \quad x = 2s \qquad y = 3 + s \qquad z = -3 + 4s$$

são retas reversas. Determine a distância entre elas.

SOLUÇÃO Como as duas retas L_1 e L_2 são reversas, elas podem ser vistas como pertencentes aos planos paralelos P_1 e P_2. A distância entre L_1 e L_2 é igual à distância entre P_1 e P_2, que pode ser calculada como no Exemplo 8. O vetor normal a ambos os planos precisa ser ortogonal aos vetores $\mathbf{v}_1 = \langle 1, 3, -1 \rangle$ (vetor diretor de L_1) e $\mathbf{v}_2 = \langle 2, 1, 4 \rangle$ (vetor diretor de L_2). Assim, o vetor normal é dado por

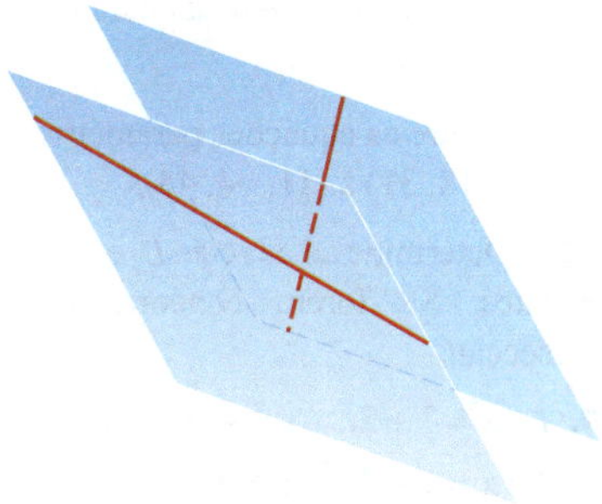

FIGURA 13
Retas reversas, como aquelas no Exemplo 9, sempre estão em planos paralelos (não idênticos).

$$\mathbf{n} = \mathbf{v}_1 \times \mathbf{v}_2 = \begin{vmatrix} \mathbf{i} & \mathbf{j} & \mathbf{k} \\ 1 & 3 & -1 \\ 2 & 1 & 4 \end{vmatrix} = 13\mathbf{i} - 6\mathbf{j} - 5\mathbf{k}$$

Se colocarmos $s = 0$ nas equações de L_2, temos o ponto $(0, 3, -3)$ em L_2 e, então a equação de P_2 é

$$13(x - 0) - 6(y - 3) - 5(z + 3) = 0 \qquad \text{ou} \qquad 13x - 6y - 5z + 3 = 0$$

Tomando agora $t = 0$ na equação de L_1, obtemos o ponto $(1, -2, 4)$ em P_1. Assim, a distância entre L_1 e L_2 é a mesma distância a partir de $(1, -2, 4)$ até $13x - 6y - 5z + 3 = 0$. Pela Fórmula 9, essa distância é

$$D = \frac{|13(1) - 6(-2) - 5(4) + 3|}{\sqrt{13^2 + (-6)^2 + (-5)^2}} = \frac{8}{\sqrt{230}} \approx 0{,}53$$ ■

12.5 Exercícios

1. Determine se são verdadeiras ou falsas as seguintes afirmações em $\mathbb{R}^3$.
(a) Duas retas paralelas a uma terceira são paralelas.
(b) Duas retas perpendiculares a uma terceira são paralelas.
(c) Dois planos paralelos a um terceiro são paralelos.
(d) Dois planos perpendiculares a um terceiro são paralelos.
(e) Duas retas paralelas a um plano são paralelas.
(f) Duas retas perpendiculares a um plano são paralelas.
(g) Dois planos paralelos a uma reta são paralelos.
(h) Dois planos perpendiculares a uma reta são paralelos.
(i) Dois planos ou se interceptam ou são paralelos.
(j) Duas retas ou se interceptam ou são paralelas.
(k) Um plano e uma reta ou se interceptam ou são paralelos.

2-5 Determine uma equação vetorial e equações paramétricas para a reta.

2. A reta que passa pelo ponto $(4, 2, -3)$ e é paralela ao vetor $2\mathbf{i} - \mathbf{j} + 6\mathbf{k}$

3. A reta que passa pelo ponto $(-1, 8, 7)$ e é paralela ao vetor $\langle \frac{1}{2}, \frac{1}{3}, \frac{1}{4} \rangle$

4. A reta que passa pelo ponto $(6, 0, -2)$ e é paralela à reta
$x = 4 - 3t, \quad y = -1 + 4t, \quad z = 6 + 5t$

5. A reta que passa pelo ponto $(5, 7, 1)$ e é perpendicular ao plano $3x - 2y + 2z = 8$

6-12 Determine as equações paramétricas e as equações simétricas para a reta.

6. A reta que passa pelos pontos $(-5, 2, 5)$ e $(1, 6, -2)$

7. A reta que passa pela origem e pelo ponto $(8, -1, 3)$

8. A reta que passa pelos pontos $(0{,}4, -0{,}2, 1{,}1)$ e $(1{,}3, 0{,}8, -2{,}3)$

9. A reta que passa pelos pontos $(12, 9, -13)$ e $(-7, 9, 11)$

10. A reta que passa por $(2, 1, 0)$ e é perpendicular tanto a $\mathbf{i} + \mathbf{j}$ quanto $\mathbf{j} + \mathbf{k}$

11. A reta que passa por $(-6, 2, 3)$ e é paralela à reta $\frac{1}{2}x = \frac{1}{3}y = z + 1$

12. A reta de intersecção dos planos $x + 2y + 3z = 1$ e $x - y + z = 1$

13. A reta que passa por $(-4, -6, 1)$ e $(-2, 0 -3)$ é paralela à reta que passa pelos pontos $(10, 18, 4)$ e $(5, 3, 14)$?

14. A reta que passa por $(-2, 4, 0)$ e $(1, 1, 1)$ é perpendicular à reta que passa por $(2, 3, 4)$ e $(3, -1, -8)$?

15. (a) Encontre equações simétricas para a reta que passa pelo ponto $(1, -5, 6)$ e é paralela ao vetor $\langle -1, 2, -3\rangle$.
(b) Determine os pontos nos quais a reta da parte (a) intercepta os planos coordenados.

16. (a) Encontre as equações paramétricas da reta que passa por $(2, 4, 6)$ e é perpendicular ao plano $x - y + 3z = 7$.
(b) Em que pontos essa reta intercepta os planos coordenados?

17. Ache a equação vetorial para o segmento de reta de $(6, -1, 9)$ a $(7, 6, 0)$.

18. Encontre as equações paramétricas para o segmento de reta de $(-2, 18, 31)$ a $(11, -4, 48)$.

19-22 Determine se as retas L_1 e L_2 são paralelas, reversas ou concorrentes. Se forem concorrentes, determine seu ponto de intersecção.

19. L_1: $x = 3 + 2t$, $y = 4 - t$, $z = 1 + 3t$
L_2: $x = 1 + 4s$, $y = 3 - 2s$, $z = 4 + 5s$

20. L_1: $x = 5 - 12t$, $y = 3 + 9t$, $z = 1 - 3t$
L_2: $x = 3 + 8s$, $y = -6s$, $z = 7 + 2s$

21. L_1: $\dfrac{x-2}{1} = \dfrac{y-3}{-2} = \dfrac{z-1}{-3}$

L_2: $\dfrac{x-3}{1} = \dfrac{y+4}{3} = \dfrac{z-2}{-7}$

22. L_1: $\dfrac{x}{1} = \dfrac{y-1}{-1} = \dfrac{z-2}{3}$

L_2: $\dfrac{x-2}{2} = \dfrac{y-3}{-2} = \dfrac{z}{7}$

23-40 Determine a equação do plano.

23. O plano que passa pelo ponto $(3, 2, 1)$ e cujo vetor normal é $5\mathbf{i} + 4\mathbf{j} + 6\mathbf{k}$

24. O plano que passa pelo ponto $(-3, 4, 2)$ e cujo vetor normal é $\langle 6, 1, -1\rangle$

25. O plano que passa pelo ponto $(5, -2, 4)$ e é perpendicular ao vetor $-\mathbf{i} + 2\mathbf{j} + 3\mathbf{k}$

26. O plano que passa pela origem e é perpendicular à reta

$$x = 1 - 8t, \quad y = -1 - 7t, \quad z = 4 + 2t$$

27. O plano que passa pelo ponto $(1, 3, -1)$ e é perpendicular à reta

$$\frac{x+3}{4} = -y = \frac{z-1}{5}$$

28. O plano que passa pelo ponto $(9, -4, -5)$ e é paralelo ao plano $z = 2x - 3y$

29. O plano que passa pelo ponto $(2{,}1,\ 1{,}7,\ -0{,}9)$ e é paralelo ao plano $2x - y + 3z = 1$

30. O plano que contém a reta $x = 1 + t$, $y = 2 - t$, $z = 4 - 3t$ e é paralelo ao plano $5x + 2y + z = 1$

31. O plano que passa pelos pontos $(0, 1, 1)$, $(1, 0, 1)$ e $(1, 1, 0)$

32. O plano que passa pela origem e pelos pontos $(3, -2, 1)$ e $(1, 1, 1)$

33. O plano que passa pelos pontos $(2, 1, 2)$,$(3, -8, 6)$ e $(-2, -3, 1)$

34. O plano que passa pelos pontos $(3, 0, -1)$, $(-2, -2, 3)$ e $(7, 1, -4)$

35. O plano que passa pelo ponto $(3, 5, -1)$ e contém a reta $x = 4 - t$, $y = 2t - 1$, $z = -3t$

36. O plano que passa pelo ponto $(6, -1, 3)$ e contém a reta cujas equações simétricas são $x/3 = y + 4 = z/2$

37. O plano que passa pelo ponto $(3, 1, 4)$ e contém a reta de intersecção dos planos $x + 2y + 3z = 1$ e $2x - y + z = -3$

38. O plano que passa pelos pontos $(0, -2, 5)$ e $(-1, 3, 1)$ e é perpendicular ao plano $2z = 5x + 4y$

39. O plano que passa pelo ponto $(1, 5, 1)$ e é perpendicular aos planos $2x + y - 2z = 2$ e $x + 3z = 4$

40. O plano que passa pela reta de intersecção dos planos $x - z = 1$ e $y + 2z = 3$ e é perpendicular ao plano $x + y - 2z = 1$

41-44 Use as intersecções com os eixos coordenados como uma ajuda para esboçar o plano.

41. $2x + 5y + z = 10$

42. $3x + y + 2z = 6$

43. $6x - 3y + 4z = 6$

44. $6x + 5y - 3z = 15$

45-47 Determine o ponto no qual a reta intercepta o plano dado.

45. $x = 2 - 2t$, $y = 3t$, $z = 1 + t$; $x + 2y - z = 7$

46. $x = t - 1$, $y = 1 + 2t$, $z = 3 - t$; $3x - y + 2z = 5$

47. $5x = y/2 = z + 2$; $10x - 7y + 3z + 24 = 0$

48. Em que ponto a reta que passa por $(-3, 1, 0)$ e $(-1, 5, 6)$ intercepta o plano $2x + y - z = -2$?

49. Determine as coordenadas do vetor diretor da reta intersecção dos planos $x + y + z = 1$ e $x + z = 0$.

50. Determine o cosseno do ângulo entre os planos $x + y + z = 0$ e $x + 2y + 3z = 1$.

51-56 Determine se os planos são paralelos, perpendiculares ou nenhum dos dois. No caso de nenhum dos dois, calcule o ângulo entre eles. (Arredonde para uma casa decimal.)

51. $x + 4y - 3z = 1$, $-3x + 6y + 7z = 0$

52. $9x - 3y + 6z = 2$, $2y = 6x + 4z$

53. $x + 2y - z = 2$, $2x - 2y + z = 1$

54. $x - y + 3z = 1$, $3x + y - z = 2$

55. $2x - 3y = z$, $4x = 3 + 6y + 2z$

56. $5x + 2y + 3z = 2$, $y = 4x - 6z$

57-58
(a) Determine as equações simétricas da reta intersecção dos planos e
(b) Determine o ângulo, em graus arredondados para uma casa decimal, entre os planos.

57. $x + y + z = 1$, $x + 2y + 2z = 1$

58. $3x - 2y + z = 1$, $2x + y - 3z = 3$

59-60 Encontre equações simétricas para a reta de intersecção dos planos.

59. $5x - 2y - 2z = 1, \quad 4x + y + z = 6$

60. $z = 2x - y - 5, \quad z = 4x + 3y - 5$

---

61. Determine uma equação do plano constituído de todos os pontos que são equidistantes dos pontos (1, 0, –2) e (3, 4, 0).

62. Determine uma equação do plano constituído de todos os pontos que são equidistantes dos pontos (2, 5, 5) e (–6, 3, 1).

63. Determine a equação do plano que x intercepta o eixo x em a, o eixo y em b e o eixo z em c.

64. (a) Determine o ponto dado pela intersecção das retas:

$$\mathbf{r} = \langle 1, 1, 0 \rangle + t\langle 1, -1, 2 \rangle$$

$$\mathbf{r} = \langle 2, 0, 2 \rangle + s\langle -1, 1, 0 \rangle$$

(b) Determine a equação do plano que contém essas retas.

65. Encontre as equações paramétricas da reta que passa pelo ponto (0, 1, 2), é paralela ao plano $x + y + z = 2$ e é perpendicular à reta $x = 1 + t, y = 1 - t, z = 2t$.

66. Determine as equações paramétricas da reta que passa pelo ponto (0, 1, 2), é perpendicular à reta $x = 1 + t, y = 1 - t, z = 2t$ e intercepta essa reta.

67. Quais dos quatro planos seguintes são paralelos? Existem dois coincidentes?

P_1: $3x + 6y - 3z = 6$ $\qquad$ P_2: $4x - 12y + 8z = 5$

P_3: $9y = 1 + 3x + 6z$ $\qquad$ P_4: $z = x + 2y - 2$

68. Quais das quatro retas seguintes são paralelas? Existem duas coincidentes?

$$L_1: x = 1 + 6t, \quad y = 1 - 3t, \quad z = 12t + 5$$

$$L_2: x = 1 + 2t, \quad y = t, \quad z = 1 + 4t$$

$$L_3: 2x - 2 = 4 - 4y = z + 1$$

$$L_4: \mathbf{r} = \langle 3, 1, 5 \rangle + t\langle 4, 2, 8 \rangle$$

69-70 Utilize a fórmula que aparece no Exercício 12.4.45 para determinar a distância do ponto à reta dada.

69. $(4, 1, -2); \quad x = 1 + t, \quad y = 3 - 2t, \quad z = 4 - 3t$

70. $(0, 1, 3); \quad x = 2t, \quad y = 6 - 2t, \quad z = 3 + t$

71-72 Determine a distância do ponto ao plano dado.

71. $(1, -2, 4), \quad 3x + 2y + 6z = 5$

72. $(-6, 3, 5), \quad x - 2y - 4z = 8$

73-74 Determine a distância entre os planos paralelos dados.

73. $2x - 3y + z = 4, \quad 4x - 6y + 2z = 3$

74. $6z = 4y - 2x, \quad 9z = 1 - 3x + 6y$

---

75. Distância entre Planos Paralelos Mostre que a distância entre os planos paralelos $ax + by + cz + d_1 = 0$ e $ax + by + cz + d_2 = 0$ é

$$D = \frac{|d_1 - d_2|}{\sqrt{a^2 + b^2 + c^2}}$$

76. Determine as equações dos planos que são paralelos ao plano $x + 2y - 2z = 1$ e que distam duas unidades dele.

77. Mostre que as retas com equações simétricas $x = y = z$ e $x + 1 = y/2 = z/3$ são reversas e determine a distância entre elas.

78. Encontre a distância entre as retas de inclinação com equações paramétricas $x = 1 + t, y = 1 + 6t, z = 2t$ e $x = 1 + 2s, y = 5 + 15s, z = -2 + 6s$.

79. Seja L_1 a reta que passa pela origem e pelo ponto (2, 0, –1). Seja L_2 a reta que passa pela origem e pelo ponto (1, –1, 1) e (4, 1, 3). Encontre a distância entre L_1 e L_2.

80. Seja L_1 a reta que passa pela origem e pelo ponto (1, 2, 6) e (2, 4, 8). Seja L_2 a reta de intersecção dos planos P_1 e P_2, onde P_1 é o plano $x - y + 2z + 1 = 0$ e P_2 é o plano que passa pelos pontos (3, 2, –1), (0, 0, 1) e (1, 2, 1). Encontre a distância entre L_1 e L_2.

81. Dois tanques estão participando de uma simulação de batalha. O tanque A está no ponto (325, 810, 561) e o tanque B está posicionado no ponto (765, 675, 599).

(a) Encontre as equações paramétricas da linha de visada entre os tanques.

(b) Se dividirmos a linha de visada em 5 segmentos iguais, as elevações do terreno nos quatro pontos intermediários, do tanque A para o tanque B, são 549, 566, 586 e 589. Os tanques podem ver um ao outro?

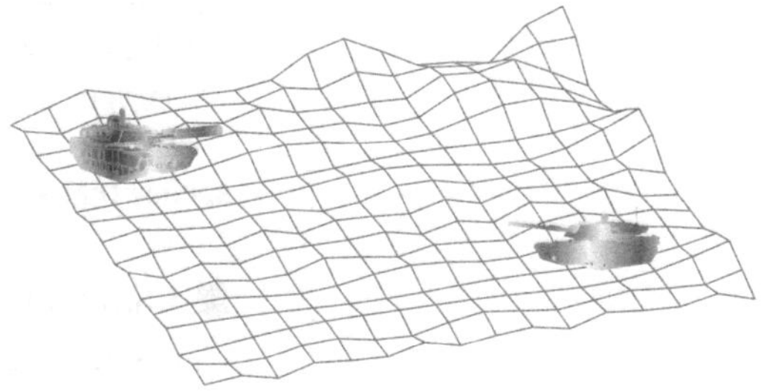

82. Dê a interpretação geométrica de cada família de planos.

(a) $x + y + z = c$

(b) $x + y + cz = 1$

(c) $y \cos\theta + z \operatorname{sen}\theta = 1$

83. Se a, b e c não são todos nulos, mostre que a equação $ax + by + cz + d = 0$ representa um plano e $\langle a, b, c \rangle$ é o vetor normal ao plano.

Dica: Suponha $a \neq 0$ e reescreva a equação na forma

$$a\left(x + \frac{d}{a}\right) + b(y - 0) + c(z - 0) = 0$$

PROJETO DE DESCOBERTA | COLOCANDO O 3D EM PERSPECTIVA

Programadores de computação gráfica enfrentam o mesmo desafio que os grandes pintores do passado: como representar uma cena tridimensional como uma imagem plana em um plano bidimensional (a tela ou um monitor). Para criar a ilusão de perspectiva, na qual os objetos próximos parecem maiores que aqueles mais distantes, os objetos tridimensionais na memória do computador são projetados em uma tela retangular a partir do ponto de visão onde o olho ou a câmera estão localizados. O volume de visão – a porção do espaço que estará visível – é a região contida nos quatro planos que passam pelo ponto de visão e por uma aresta da tela retangular. Se os objetos na cena se estendem além dos quatro planos, eles são truncados antes que os dados sejam enviados para a tela. Esses planos são, portanto, chamados *planos cortantes*.

1. Suponha que a tela seja representada por um retângulo no plano yz com vértices $(0, \pm 400, 0)$ e $(0, \pm 400, 600)$, e a câmera esteja localizada em $(1000, 0, 0)$. Uma reta L na cena passa pelos pontos $(230, -285, 102)$ e $(860, 105, 264)$. Em quais pontos L será contada pelos planos cortantes?
2. Se o segmento de reta cortado for projetado na tela, identifique o segmento de reta resultante.
3. Use equações paramétricas para traçar as arestas da tela, o segmento de reta cortado e sua projeção na tela. A seguir, adicione retas que conectem o ponto de visão a cada extremidade dos segmentos cortados para verificar que a projeção está correta.
4. Um retângulo com vértices $(621, -147, 206)$, $(563, 31, 242)$, $(657, -111, 86)$ e $(599, 67, 122)$ é adicionado à cena. A reta L intercepta esse retângulo. Para fazer o retângulo parecer opaco, um programador pode usar *retas escondidas*, as quais removem partes do objeto que estão atrás de outros objetos. Identifique a parte de L que deve ser removida.

12.6 Cilindros e Superfícies Quádricas

Já vimos dois tipos especiais de superfícies – planos (Seção 12.5) e esferas (Seção 12.1). Aqui, estudaremos outros dois tipos de superfícies – cilindros e superfícies quádricas.

Para esboçar o gráfico dessas superfícies é útil determinar a intersecção da superfície com planos paralelos aos planos coordenados. Essas curvas são denominadas **cortes** (ou **seções transversais**) da superfície.

Cilindros

Um **cilindro** é uma superfície constituída de todas as retas (chamadas **geratrizes**) que são paralelas a uma reta dada e que passam por uma curva plana.

EXEMPLO 1 Esboce o gráfico da superfície $z = x^2$.

SOLUÇÃO Observe que a equação do gráfico, $z = x^2$, não envolve y. Isso significa que qualquer plano vertical com a equação $y = k$ (em paralelo com o plano xz) intersecta o gráfico de uma curva com a equação $z = x^2$. Os cortes verticais são, portanto, parábolas. A Figura 1 mostra como o gráfico é formado tornando a parábola $z = x^2$ no plano xz e movendo-a na direção do eixo y. O gráfico é uma superfície chamada **cilindro parabólico**, constituída por um número infinito de cópias deslocadas da mesma parábola. Aqui, as geratrizes do cilindro são paralelas ao eixo y. ■

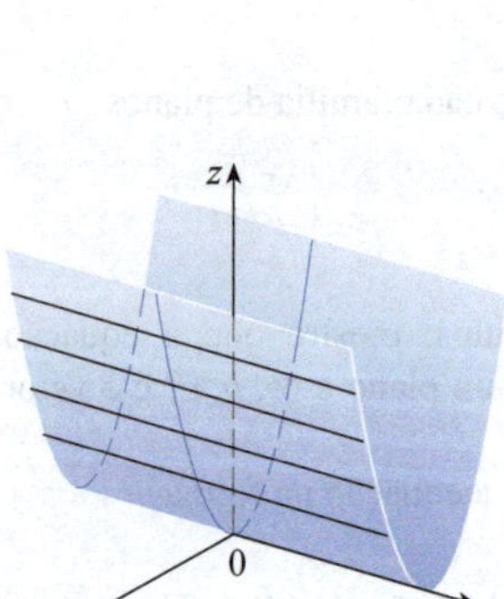

FIGURA 1
A superfície $z = x^2$ é um cilindro parabólico.

Observamos que a variável y não aparece na equação do cilindro do Exemplo 1. Esse fato é comum às superfícies cujas geratrizes são paralelas a um dos eixos coordenados. Se uma das variáveis x, y ou z está faltando na equação da superfície, a superfície é um cilindro.

EXEMPLO 2 Identifique e esboce as superfícies.

(a) $x^2 + y^2 = 1$ (b) $y^2 + z^2 = 1$

SOLUÇÃO

(a) Como z não aparece e as equações $x^2 + y^2 = 1$, $z = k$ representam uma circunferência de raio 1 no plano $z = k$, a superfície $x^2 + y^2 = 1$ é um cilindro circular cujo eixo é o eixo z. (Veja a Figura 2. Essa superfície foi citada pela primeira vez no Exemplo 12.1.2.) Aqui, as geratrizes são retas verticais.

(b) Nesse caso, a variável x é que está faltando, e a superfície é um cilindro circular cujo eixo é o eixo x. (Veja a Figura 3.) Ela é obtida tomando-se a circunferência $y^2 + z^2 = 1$, $x = 0$ no plano yz e deslocando-a paralelamente ao eixo x.

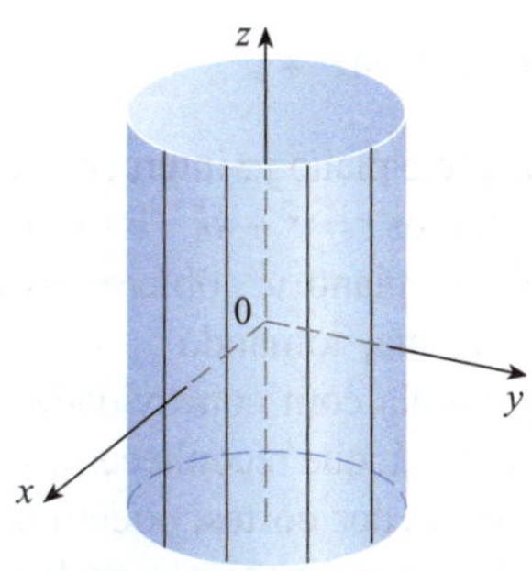

FIGURA 2
$x^2 + y^2 = 1$

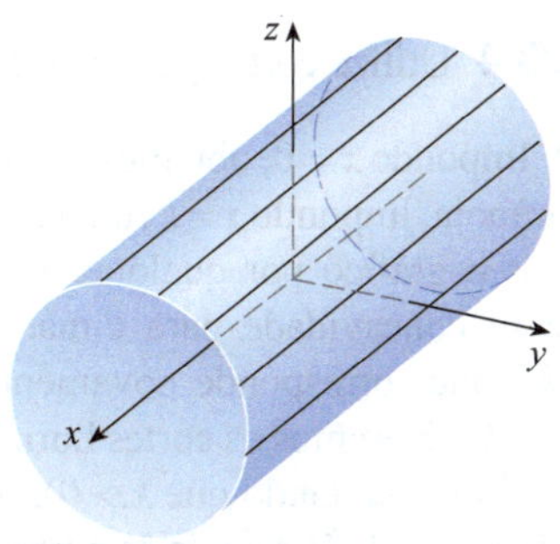

FIGURA 3
$y^2 + z^2 = 1$

OBSERVAÇÃO Quando estamos tratando de superfícies, é importante reconhecer que uma equação como $x^2 + y^2 = 1$ representa um cilindro, e não uma circunferência. O corte desse cilindro $x^2 + y^2 = 1$ no plano xy é a circunferência de equações $x^2 + y^2 = 1$, $z = 0$.

Superfícies Quádricas

Uma **superfície quádrica** é o gráfico de uma equação de segundo grau nas três variáveis x, y e z. A equação mais geral é

$$Ax^2 + By^2 + Cz^2 + Dxy + Eyz + Fxz + Gx + Hy + Iz + J = 0$$

onde $A, B, C, \ldots, J$ são constantes, mas por rotação e translação essa equação pode ser posta em uma de duas formas padrão

$$Ax^2 + By^2 + Cz^2 + J = 0 \qquad \text{ou} \qquad Ax^2 + By^2 + Iz = 0$$

As superfícies quádricas são as correspondentes tridimensionais das cônicas no plano. (Veja a Seção 10.5 para uma revisão das seções cônicas.)

EXEMPLO 3 Utilize cortes para fazer o esboço da superfície quádrica com equação

$$x^2 + \frac{y^2}{9} + \frac{z^2}{4} = 1$$

SOLUÇÃO Substituindo $z = 0$, determinamos que o corte no plano xy é $x^2 + y^2/9 = 1$, que reconhecemos ser a equação de uma elipse. Em geral, o corte horizontal no plano $z = k$ é

$$x^2 + \frac{y^2}{9} = 1 - \frac{k^2}{4} \qquad z = k$$

que é uma elipse, desde que $k^2 < 4$, ou seja, $-2 < k < 2$. (O corte consiste em um único ponto quando $|k| = 2$ e é vazio para $|k| > 2$.)

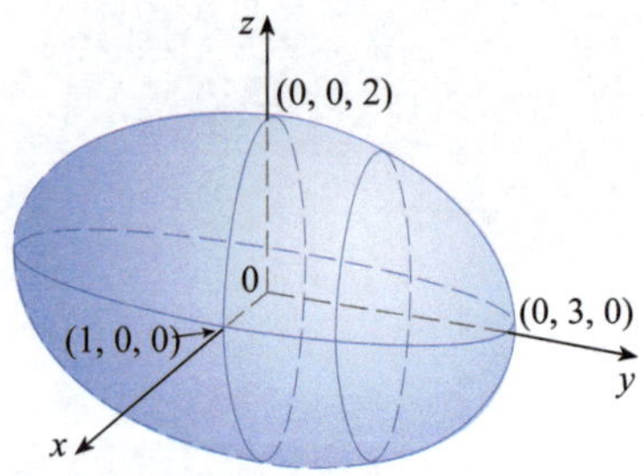

FIGURA 4

Elipsoide $x^2 + \frac{y^2}{9} + \frac{z^2}{4} = 1$

Da mesma forma, os cortes verticais paralelos aos planos yz e xz também são elipses:

$$\frac{y^2}{9} + \frac{z^2}{4} = 1 - k^2 \qquad x = k \qquad (\text{se } -1 < k < 1)$$

$$x^2 + \frac{z^2}{4} = 1 - \frac{k^2}{9} \qquad y = k \qquad (\text{se } -3 < k < 3)$$

A Figura 4 mostra como desenhar alguns cortes para indicar a forma da superfície. Essa superfície é chamada **elipsoide**, visto que todos os seus cortes são elipses. Observe a simetria em relação a cada plano coordenado; isso é reflexo do fato de só aparecerem potências pares de x, y e z. ■

EXEMPLO 4 Utilize cortes para esboçar a superfície $z = 4x^2 + y^2$.

SOLUÇÃO Impondo $x = 0$, obtemos $z = y^2$, de forma que o plano yz intercepta a superfície em uma parábola. Impondo $x = k$ (uma constante), obtemos $z = y^2 + 4k^2$. Isso significa que, se cortarmos o gráfico por qualquer plano paralelo ao plano yz, obteremos uma nova parábola com concavidade para cima. Da mesma forma, tomando $y = k$, o corte é $z = 4x^2 + k^2$, que corresponde novamente a uma parábola com concavidade para cima. Tomando $z = k$, obteremos os cortes horizontais $4x^2 + y^2 = k$, que reconhecemos como uma família de elipses (supondo que $k > 0$). Sabendo a forma dos cortes, podemos esboçar o gráfico da Figura 5. Pelo fato de os cortes serem parábolas e elipses, a superfície quádrica $z = 4x^2 + y^2$ é denominada **paraboloide elíptico**. ■

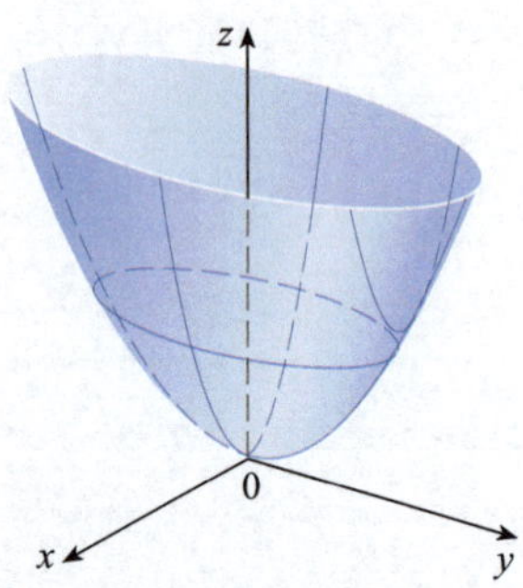

FIGURA 5

A superfície $z = 4x^2 + y^2$ é um paraboloide elíptico. Os cortes horizontais são elipses e os cortes verticais são parábolas.

EXEMPLO 5 Esboce a superfície $z = y^2 - x^2$.

SOLUÇÃO Os cortes nos planos verticais $x = k$ são parábolas $z = y^2 - k^2$, com concavidade para cima. Os cortes em $y = k$ são parábolas $z = -x^2 + k^2$, com concavidade para baixo. Os cortes horizontais são $y^2 - x^2 = k$, uma família de hipérboles. Na Figura 6, desenhamos esses cortes e mostramos como eles aparecem quando colocados nos planos corretos na Figura 7.

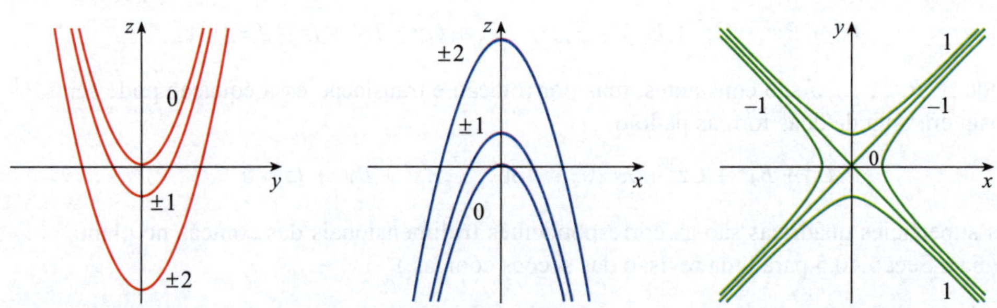

Cortes em $x = k$ são $z = y^2 - k^2$. Cortes em $y = k$ são $z = -x^2 + k^2$. Cortes em $z = k$ são $y^2 - x^2 = k$.

FIGURA 6

Os cortes verticais são parábolas; os cortes horizontais são hipérboles. Todos os cortes são identificados por um valor de k.

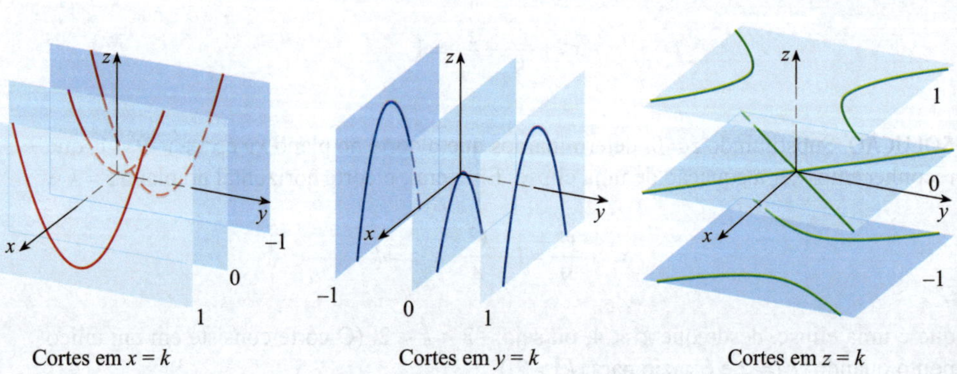

Cortes em $x = k$ Cortes em $y = k$ Cortes em $z = k$

FIGURA 7

Cortes movidos para seus planos corretos.

Na Figura 8, colocamos juntos os cortes da Figura 7 para formar a superfície $z = y^2 - x^2$, um **paraboloide hiperbólico**. Observe que o formato da superfície perto da origem se assemelha a uma sela. Essa superfície será alvo de estudos futuros na Seção 14.7, quando discutirmos os pontos de sela.

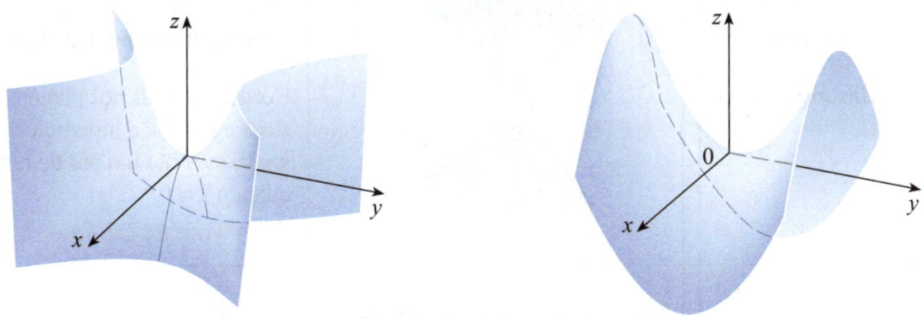

FIGURA 8

Duas visões da superfície $z = y^2 - x^2$ que é um paraboloide hiperbólico.

■

EXEMPLO 6 Esboce a superfície $\frac{x^2}{4} + y^2 - \frac{z^2}{4} = 1$.

SOLUÇÃO O corte em qualquer plano horizontal $z = k$ é a elipse

$$\frac{x^2}{4} + y^2 = 1 + \frac{k^2}{4} \qquad z = k$$

mas os cortes nos planos xz e yz são as hipérboles

$$\frac{x^2}{4} - \frac{z^2}{4} = 1 \quad y = 0 \qquad \text{e} \qquad y^2 - \frac{z^2}{4} = 1 \quad x = 0$$

Essa superfície é chamada **hiperboloide de uma folha** e está esboçada na Figura 9.

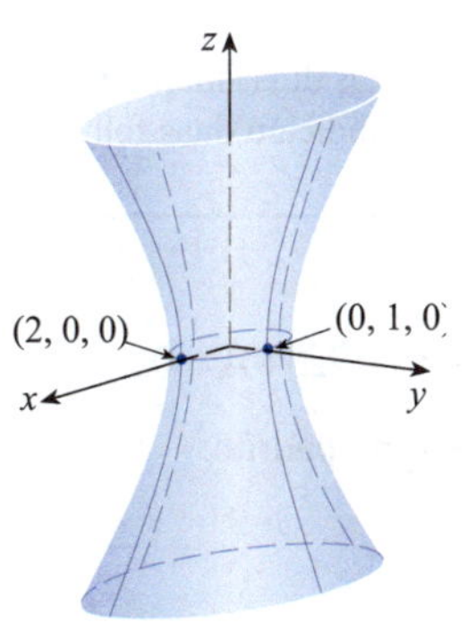

FIGURA 9

A superfície $\frac{x^2}{4} + y^2 - \frac{z^2}{4} = 1$, que é um hiperboloide de uma folha

■

A ideia de usar os cortes para desenhar a superfície é empregada em programas de computadores que fazem gráficos tridimensionais. Na maioria desses programas, os cortes nos planos verticais $x = k$ e $y = k$ são desenhados para valores de k. A Tabela 1 mostra gráficos de computador de seis quádricas básicas na forma padrão. Todas as superfícies são simétricas em relação ao eixo z. Se uma quádrica é simétrica em relação a um eixo diferente, sua equação se modifica de modo apropriado.

Tabela 1 Gráfico de Superfícies Quádricas

Superfície	Equação	Superfície	Equação
Elipsoide 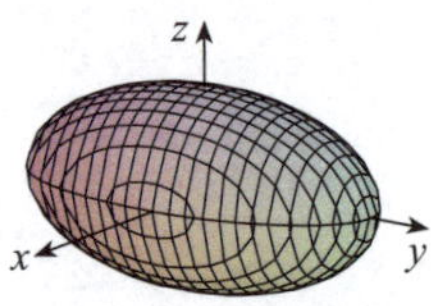 	$\frac{x^2}{a^2}+\frac{y^2}{b^2}+\frac{z^2}{c^2}=1$ Todos os cortes são elipses. Se $a = b = c$, o elipsoide é uma esfera.	**Cone** 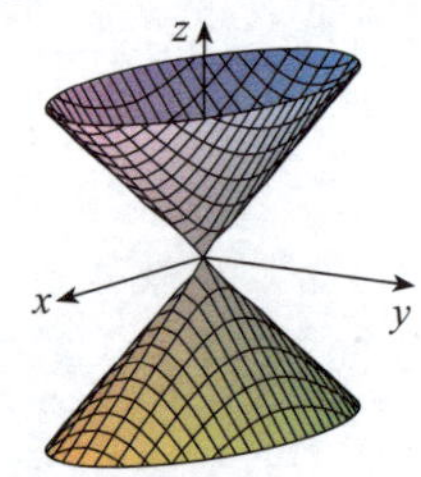 	$\frac{z^2}{c^2}=\frac{x^2}{a^2}+\frac{y^2}{b^2}$ Cortes horizontais são elipses. Cortes verticais nos planos $x = k$ e $y = k$ são hipérboles se $k \neq 0$, mas são um par de retas quando $k = 0$.
Paraboloide Elíptico 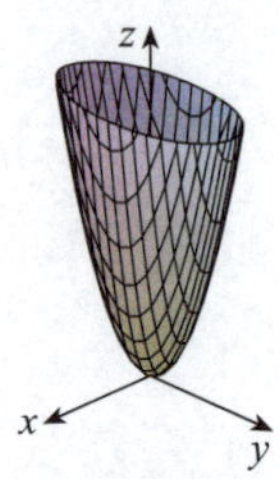 	$\frac{z}{c}=\frac{x^2}{a^2}+\frac{y^2}{b^2}$ Cortes horizontais são elipses. Cortes verticais são parábolas. A variável elevada à primeira potência indica o eixo do paraboloide.	**Hiperboloide de Uma Folha** 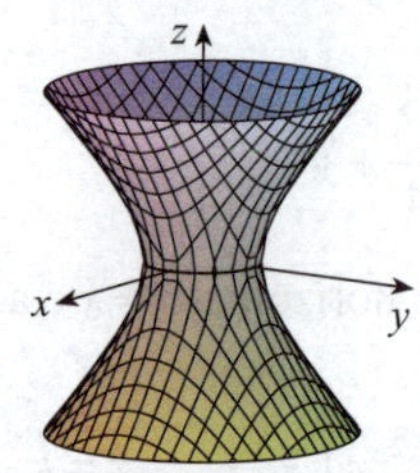 	$\frac{x^2}{a^2}+\frac{y^2}{b^2}-\frac{z^2}{c^2}=1$ Cortes horizontais são elipses. Cortes verticais são hipérboles. O eixo de simetria corresponde à variável cujo coeficiente é negativo.
Paraboloide Hiperbólico 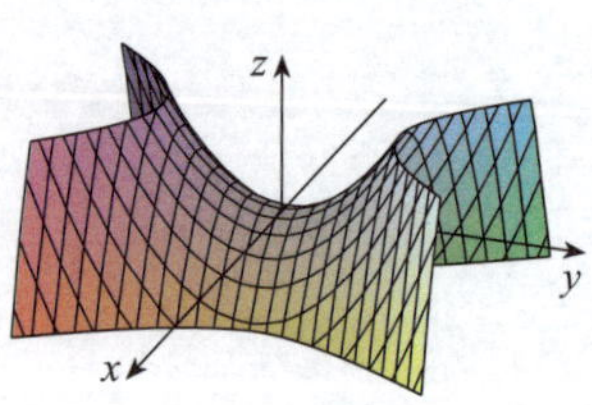 	$\frac{z}{c}=\frac{x^2}{a^2}-\frac{y^2}{b^2}$ Cortes horizontais são hipérboles. Cortes verticais são parábolas. O caso aqui ilustrado corresponde a $c < 0$.	**Hiperboloide de Duas Folhas** 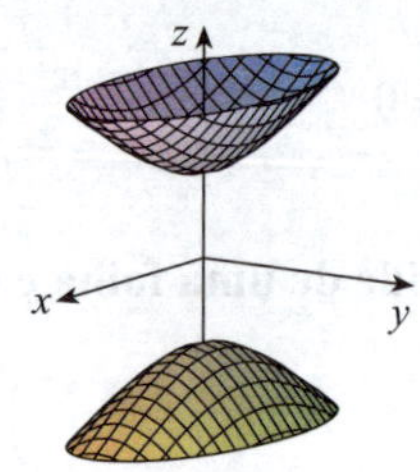 	$-\frac{x^2}{a^2}-\frac{y^2}{b^2}+\frac{z^2}{c^2}=1$ Cortes horizontais em $z = k$ são elipses se $k > c$ ou se $k < -c$. Cortes verticais são hipérboles. Os dois sinais de menos indicam duas folhas.

EXEMPLO 7 Identifique e esboce as superfícies $4x^2 - y^2 + 2z^2 + 4 = 0$.

SOLUÇÃO Dividindo por -4, colocamos a equação na forma padrão:

$$-x^2+\frac{y^2}{4}-\frac{z^2}{2}=1$$

Comparando essa equação com as da Tabela 1, vemos que ela representa um hiperboloide de duas folhas, exceto que aqui o eixo do hiperboloide é o eixo y. Os cortes nos planos xy e yz são as hipérboles

$$-x^2+\frac{y^2}{4}=1 \quad z=0 \qquad \text{e} \qquad \frac{y^2}{4}-\frac{z^2}{2}=1 \quad x=0$$

A superfície não tem corte no plano xz, mas os cortes nos planos verticais $y = k$ para $|k| > 2$ são as elipses

$$x^2+\frac{z^2}{2}=\frac{k^2}{4}-1 \qquad y=k$$

que podem ser escritas como

$$\frac{x^2}{\frac{k^2}{4}-1}+\frac{z^2}{2\left(\frac{k^2}{4}-1\right)}=1 \qquad y=k$$

Esses cortes foram usados para fazer o esboço na Figura 10. ■

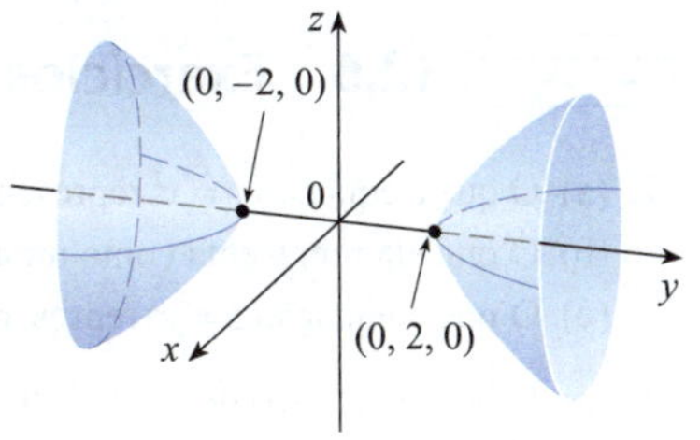

FIGURA 10
A superfície $4x^2 - y^2 + 2z^2 + 4 = 0$, que é um hiperboloide de duas folhas

EXEMPLO 8 Classifique a superfície quadrática $x^2 + 2z^2 - 6x - y + 10 = 0$.

SOLUÇÃO Completando os quadrados, reescrevemos a equação como

$$y - 1 = (x-3)^2 + 2z^2$$

Comparando essa equação com a Tabela 1, vemos que se trata de um paraboloide elíptico. Aqui, entretanto, o eixo do paraboloide é paralelo ao eixo y e foi transladado de forma que o vértice é o ponto (3, 1, 0). Os cortes nos planos $y = k$ ($k > 1$) são as elipses

$$(x-3)^2 + 2z^2 = k - 1 \qquad y = k$$

O corte no plano xy é a parábola com a equação $y = 1 + (x-3)^2$, $z = 0$. O paraboloide é apresentado na Figura 11. ■

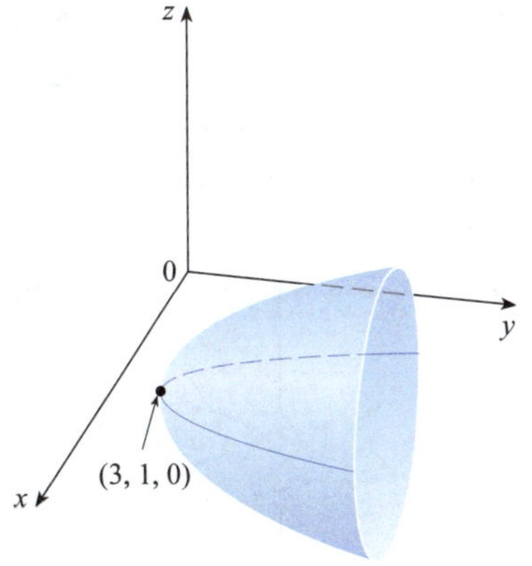

FIGURA 11
$x^2 + 2z^2 - 6x - y + 10 = 0$, que é um paraboloide

Aplicações de Superfícies Quádricas

Exemplos de superfícies quádricas podem ser encontrados no mundo a nossa volta. De fato, o mundo propriamente dito é um bom exemplo. Embora a Terra seja usualmente modelada como uma esfera, um modelo mais preciso é um elipsoide, pois a rotação da Terra causa um achatamento nos polos. (Veja o Exercício 51.)

Paraboloides circulares, obtidos pela rotação de uma parábola em torno de seu eixo, são usados para coletar e refletir luz, som e sinais de rádio e televisão [veja a Figura 12(a)]. Em um radiotelescópio, por exemplo, sinais das estrelas distantes que atingem a bacia são todos refletidos para o receptor no foco e, assim, amplificados. (Essa ideia é explicada no Problema 22 do Capítulo 3.) O mesmo princípio se aplica a microfones e antenas de satélite na forma de paraboloides.

Torres de resfriamento para reatores nucleares são usualmente projetadas na forma de hiperboloides de uma folha [Figura 12(b)], por razões de estabilidade estrutural. Pares de hiperboloides são usados para transmitir movimento de rotação entre eixos transversais. [Veja a Figura 12(c), na qual os dentes das engrenagens são as retas geradoras dos hiperboloides. Veja o Exercício 53.]

(a) Uma antena parabólica reflete sinais para o foco de um paraboloide.

(b) Reatores nucleares têm torres de arrefecimento com a forma de hiperboloides.

(c) Engrenagens com formato de hiperboloides encaixam-se e giram em torno de eixos oblíquos.

FIGURA 12 Aplicações de superfícies quádricas

12.6 Exercícios

1. (a) O que a equação $y = x^2$ representa como uma curva em $\mathbb{R}^2$?
(b) O que ela representa como uma superfície em $\mathbb{R}^3$?
(c) O que a equação $z = y^2$ representa?

2. (a) Esboce o gráfico de $y = e^x$ como uma curva em $\mathbb{R}^2$.
(b) Esboce o gráfico de $y = e^x$ como uma superfície em $\mathbb{R}^3$.
(c) Descreva e esboce a superfície $z = e^y$.

3-8 Descreva e esboce a superfície.

3. $x^2 + z^2 = 4$ **4.** $y^2 + 9z^2 = 9$

5. $x^2 + y + 1 = 0$ **6.** $z = -\sqrt{x}$

7. $xy = 1$ **8.** $z = \text{sen } y$

9-10 Escreva uma equação cujo gráfico pode ser a superfície mostrada na figura.

9.

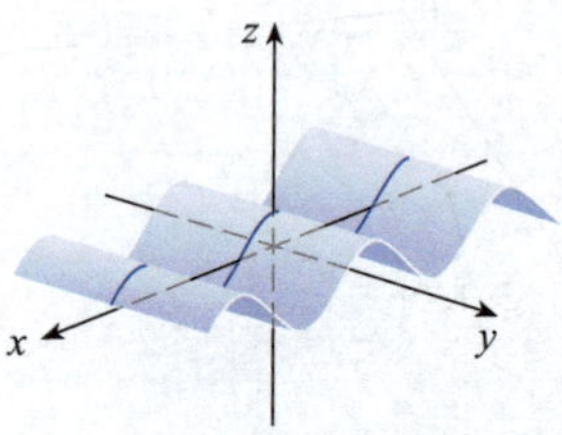

10.

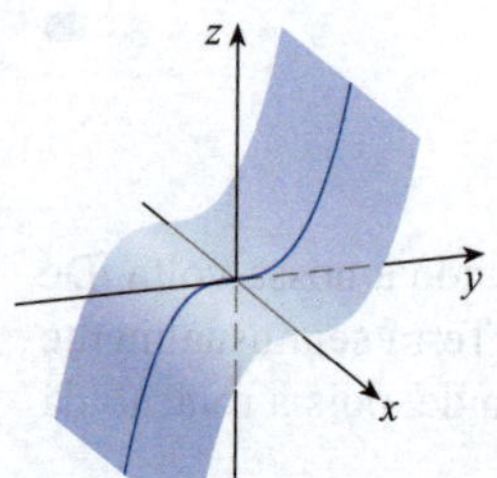

11. (a) Encontre e identifique os cortes da superfície quádrica $x^2 + y^2 - z^2 = 1$ e explique por que o gráfico parece com o gráfico do hiperboloide de uma folha da Tabela 1.
(b) Se trocarmos a equação na parte (a) para $x^2 - y^2 + z^2 = 1$, como isso afeta o gráfico?
(c) E se trocarmos a equação em (a) para $x^2 + y^2 + 2y - z^2 = 0$?

12. (a) Encontre e identifique os cortes da superfície quádrica $-x^2 - y^2 + z^2 = 1$ e explique por que o gráfico se parece com o gráfico do hiperboloide de duas folhas da Tabela 1.
(b) Se a equação na parte (a) for trocada para $x^2 - y^2 - z^2 = 1$, o que acontece com o gráfico? Esboce o novo gráfico.

13-22 Use cortes para esboçar e identificar as superfícies.

13. $x = y^2 + 4z^2$

14. $4x^2 + 9y^2 + 9z^2 = 36$

15. $x^2 = 4y^2 + z^2$ **16.** $z^2 - 4x^2 - y^2 = 4$

17. $9y^2 + 4z^2 = x^2 + 36$ **18.** $3x^2 + y + 3z^2 = 0$

19. $\dfrac{x^2}{9} + \dfrac{y^2}{25} + \dfrac{z^2}{4} = 1$ **20.** $3x^2 - y^2 + 3z^2 = 0$

21. $y = z^2 - x^2$ **22.** $x = y^2 - z^2$

23-30 Faça uma correspondência entre a equação e seu gráfico (identificado por I-VIII). Justifique sua escolha.

23. $x^2 + 4y^2 + 9z^2 = 1$ **24.** $9x^2 + 4y^2 + z^2 = 1$

25. $x^2 - y^2 + z^2 = 1$ **26.** $-x^2 + y^2 - z^2 = 1$

27. $y = 2x^2 + z^2$ **28.** $y^2 = x^2 + 2z^2$

29. $x^2 + 2z^2 = 1$ **30.** $y = x^2 - z^2$

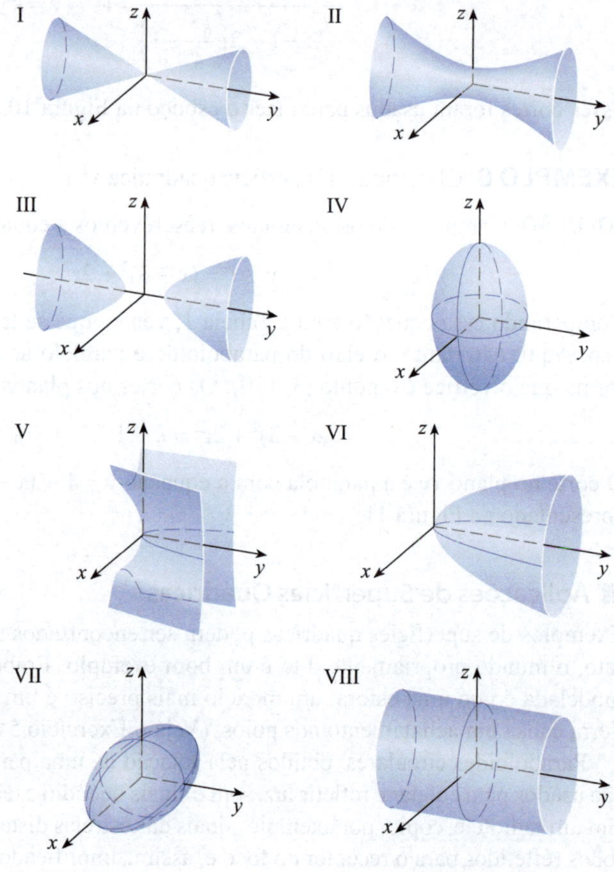

31-32 Esboce e identifique uma superfície quadrática que poderia ter os cortes mostrados.

31. Cortes em $x = k$ Cortes em $y = k$

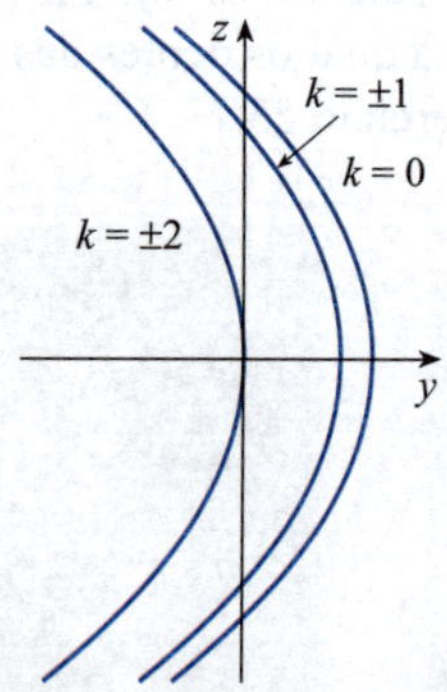

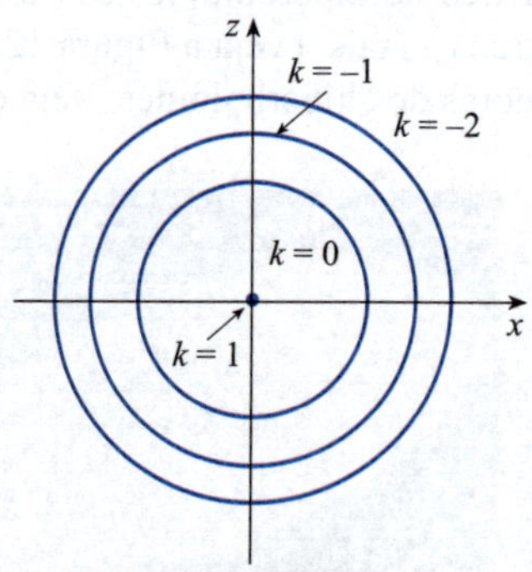

32. Cortes em $x = k$ Cortes em $z = k$

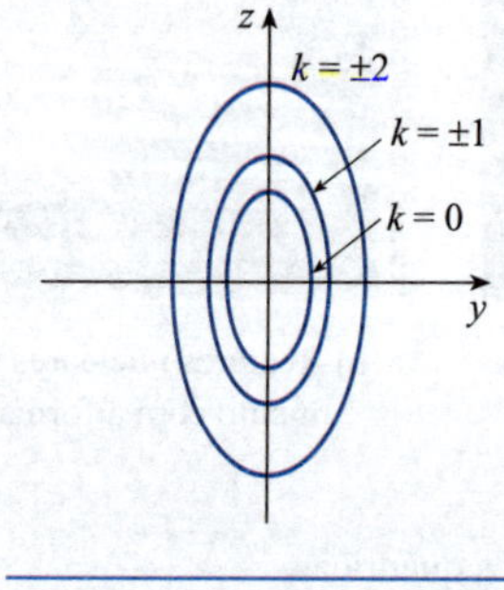

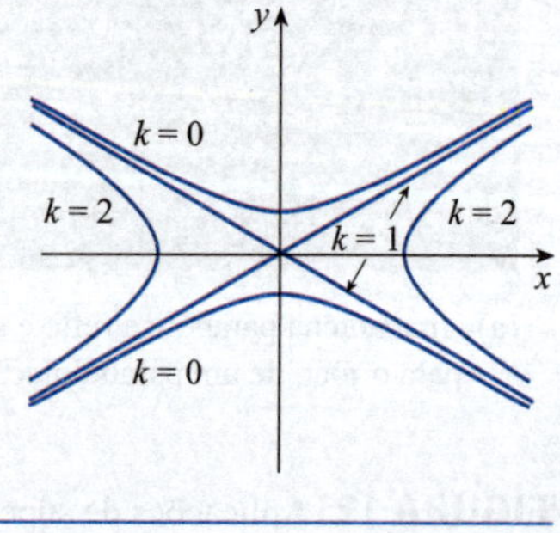

33-40 Coloque a equação na forma padrão, classifique a superfície e esboce-a.

33. $y^2 = x^2 + 1/9\, z^2$

34. $4x^2 - y + 2z^2 = 0$

35. $x^2 + 2y - 2z^2 = 0$

36. $y^2 = x^2 + 4z^2 + 4$

37. $x^2 + y^2 - 2x - 6y - z + 10 = 0$

38. $x^2 - y^2 - z^2 - 4x - 2z + 3 = 0$

39. $x^2 - y^2 + z^2 - 4x - 2z = 0$

40. $4x^2 + y^2 + z^2 - 24x - 8y + 4z + 55 = 0$

41-44 Trace o gráfico da superfície. Experimente diversos pontos de vista e vários domínios para as variáveis até obter uma boa visão da superfície.

41. $-4x^2 - y^2 + z^2 = 1$

42. $x^2 - y^2 - z = 0$

43. $-4x^2 - y^2 + z^2 = 0$

44. $x^2 - 6x + 4y^2 - z = 0$

---

45. Esboce a região delimitada pelas superfícies $z = \sqrt{x^2 + y^2}$ e $x^2 + y^2 = 1$ para $1 \leq z \leq 2$.

46. Esboce a região delimitada pelos paraboloides $z = x^2 + y^2$ e $z = 2 - x^2 - y^2$

47. Determine uma equação da superfície obtida pela rotação da parábola da curva $y = \sqrt{x}$ em torno do eixo x.

48. Determine uma equação da superfície obtida pela rotação da reta $z = 2y$ em torno do eixo z.

49. Determine uma equação da superfície constituída de todos os pontos que são equidistantes do ponto $(-1, 0, 0)$ e do plano $x = 1$. Identifique a superfície.

50. Determine uma equação da superfície constituída de todos os pontos P para os quais a distância de P ao eixo x é o dobro da distância de P ao plano yz. Identifique a superfície.

51. Tradicionalmente, a superfície da Terra tem sido modelada como uma esfera, mas o World Geodesic System de 1984 (WGS-84) usa um elipsoide como um modelo mais preciso. Ele coloca o centro da Terra na origem e o Polo Norte no eixo z positivo. A distância do centro ao polo é 6.356,523 km e a distância a um ponto do Equador é 6.378,137 km.

(a) Encontre uma equação para superfície da Terra como a usada pelo WGS-84.

(b) Curvas de latitude igual são cortes nos planos $z = k$. Qual é a forma dessas curvas?

(c) Meridianos (curvas com longitude constante) são cortes nos planos da forma $y = mx$. Qual é a forma desses meridianos?

52. Uma torre de resfriamento de um reator nuclear deve ser construída na forma de um hiperboloide de uma folha [veja a Figura 12(b)]. O diâmetro da base é de 280 m, e o diâmetro mínimo, 500 m acima da base, é de 200 m. Encontre uma equação para a torre.

53. Mostre que, se o ponto (a, b, c) encontra-se sobre o paraboloide hiperbólico $z = y^2 - x^2$, então as retas com as equações paramétricas $x = a + t$, $y = b + t$, $z = c + 2(b - a)t$ e $x = a + t$, $y = b - t$, $z = c - 2(b + a)t$, ambas, encontram-se inteiramente sobre este paraboloide. (Isso mostra que o paraboloide hiperbólico é o que é chamado uma **superfície regrada**; ou seja, ela pode ser gerada pelo movimento de uma reta. De fato, este exercício mostra que passando por cada ponto do paraboloide hiperbólico existem duas retas geradoras. As únicas outras superfícies quádricas que são superfícies regradas são os cilindros, cones e hiperboloides de uma folha.)

54. Mostre que a curva de intersecção das superfícies $x^2 + 2y^2 - z^2 + 3x = 1$ e $2x^2 + 4y^2 - 2z^2 - 5y = 0$ se situa num plano.

55. Desenhe as superfícies $z = x^2 + y^2$ e $z = 1 - y^2$ em uma mesma tela usando o domínio $|x| \leq 1{,}2$, $|y| \leq 1{,}2$ e observe a curva de intersecção dessas superfícies. Mostre que a projeção dessa curva no plano xy é uma elipse.

12 REVISÃO

VERIFICAÇÃO DE CONCEITOS

As respostas para a Verificação de Conceitos podem ser encontradas na página deste livro no site da Cengage.

1. Qual a diferença entre um vetor e um escalar?
2. Como somamos dois vetores geometricamente? Como os somamos algebricamente?
3. Se **a** é um vetor e c é um escalar, qual a relação entre c**a** e **a** geometricamente? Como determinar c**a** algebricamente?
4. Como determinar um vetor de um ponto a outro?
5. Como determinar o produto escalar **a** · **b** de dois vetores se você conhece seus comprimentos e o ângulo entre eles? E se você conhece suas componentes?
6. Para que o produto escalar é útil?
7. Escreva as expressões para a projeção escalar e vetor projeção de **b** sobre **a**. Ilustre com diagramas.
8. Como determinar o produto vetorial **a** × **b** de dois vetores se você conhece seus módulos e o ângulo entre eles? E se você conhece suas componentes?
9. Para que o produto vetorial é útil?
10. (a) Como calcular a área do paralelogramo definido pelos vetores **a** e **b**?
    (b) Como calcular o volume do paralelepípedo definido pelos vetores **a**, **b** e **c**?
11. Como determinar um vetor perpendicular a um plano?
12. Como determinar o ângulo entre dois planos que se interceptam?
13. Escreva as equações vetorial, paramétricas e simétricas para uma reta.

14. Escreva as equações vetorial e escalar de um plano.

15. (a) Como você sabe se dois vetores são paralelos?
(b) Como você sabe se dois vetores são perpendiculares?
(c) Como você sabe se dois planos são paralelos?

16. (a) Descreva um método para determinar se três pontos P, Q e R estão alinhados.
(b) Descreva um método para determinar se quatro pontos P, Q, R e S são coplanares.

17. (a) Como você determina a distância de um ponto a uma reta?
(b) Como você determina a distância de um ponto a um plano?
(c) Como você determina a distância entre retas?

18. O que são os cortes de uma superfície? Como determiná-los?

19. Escreva as equações na forma padrão dos seis tipos de quádricas.

TESTES VERDADEIRO-FALSO

Determine se a afirmação é falsa ou verdadeira. Se for verdadeira, explique por quê. Caso contrário, explique por que ou dê um exemplo que mostre que é falsa.

1. Se $\mathbf{u} = \langle u_1, u_2 \rangle$ e $\mathbf{v} = \langle v_1, v_2 \rangle$, então $\mathbf{u} \cdot \mathbf{v} = \langle u_1v_1, u_2v_2 \rangle$.

2. Para quaisquer vetores **u** e **v** em V_3, $|\mathbf{u} + \mathbf{v}| = |\mathbf{u}| + |\mathbf{v}|$.

3. Para quaisquer vetores **u** e **v** em V_3, $|\mathbf{u} \cdot \mathbf{v}| = |\mathbf{u}||\mathbf{v}|$.

4. Para quaisquer vetores **u** e **v** em V_3, $|\mathbf{u} \times \mathbf{v}| = |\mathbf{u}||\mathbf{v}|$.

5. Para quaisquer vetores **u** e **v** em V_3, $\mathbf{u} \cdot \mathbf{v} = \mathbf{v} \cdot \mathbf{u}$.

6. Para quaisquer vetores **u** e **v** em V_3, $\mathbf{u} \times \mathbf{v} = \mathbf{v} \times \mathbf{u}$.

7. Para quaisquer vetores **u** e **v** em V_3, $|\mathbf{u} \times \mathbf{v}| = |\mathbf{v} \times \mathbf{u}|$.

8. Para quaisquer vetores **u** e **v** em V_3 e qualquer escalar k,
$$k(\mathbf{u} \cdot \mathbf{v}) = (k\mathbf{u}) \cdot \mathbf{v}.$$

9. Para quaisquer vetores **u** e **v** em V_3 e qualquer escalar k,
$$k(\mathbf{u} \times \mathbf{v}) = (k\mathbf{u}) \times \mathbf{v}$$

10. Para quaisquer vetores **u**, **v** e **w** em V_3,
$$(\mathbf{u} + \mathbf{v}) \times \mathbf{w} = \mathbf{u} \times \mathbf{w} + \mathbf{v} \times \mathbf{w}$$

11. Para quaisquer vetores **u**, **v** e **w** em V_3,
$$\mathbf{u} \cdot (\mathbf{v} \times \mathbf{w}) = (\mathbf{u} \times \mathbf{v}) \cdot \mathbf{w}$$

12. Para quaisquer vetores **u**, **v** e **w** em V_3,
$$\mathbf{u} \times (\mathbf{v} \times \mathbf{w}) = (\mathbf{u} \times \mathbf{v}) \times \mathbf{w}$$

13. Para quaisquer vetores **u** e **v** em V_3, $(\mathbf{u} \times \mathbf{v}) \cdot \mathbf{u} = 0$.

14. Para quaisquer vetores **u** e **v** em V_3, $(\mathbf{u} + \mathbf{v}) \times \mathbf{v} = \mathbf{u} \times \mathbf{v}$.

15. O vetor $\langle 3, -1, 2 \rangle$ é paralelo ao plano
$$6x - 2y + 4z = 1$$

16. Uma equação linear $Ax + By + Cz + D = 0$ representa uma reta no espaço.

17. O conjunto de pontos $\{(x, y, z) \mid x^2 + y^2 = 1\}$ é um círculo.

18. Em $\mathbb{R}^3$ o gráfico de $y = x^2$ é um paraboloide.

19. Se $\mathbf{u} \cdot \mathbf{v} = 0$, então $\mathbf{u} = 0$ ou $\mathbf{v} = 0$.

20. Se $\mathbf{u} \times \mathbf{v} = 0$, então $\mathbf{u} = 0$ ou $\mathbf{v} = 0$.

21. Se $\mathbf{u} \cdot \mathbf{v} = 0$ e $\mathbf{u} \times \mathbf{v} = 0$, então $\mathbf{u} = 0$ ou $\mathbf{v} = 0$.

22. Se **u** e **v** estão em V_3, então $|\mathbf{u} \cdot \mathbf{v}| \leq |\mathbf{u}||\mathbf{v}|$.

EXERCÍCIOS

1. (a) Encontre uma equação da esfera que passa pelo ponto $(6, -2, 3)$ e tem centro $(-1, 2, 1)$.
(b) Encontre a curva na qual essa esfera intercepta o plano yz.
(c) Encontre o centro e o raio da esfera
$$x^2 + y^2 + z^2 - 8x + 2y + 6z + 1 = 0$$

2. Copie os vetores da figura e utilize-os para desenhar os seguintes vetores.

(a) $\mathbf{a} + \mathbf{b}$ (b) $\mathbf{a} - \mathbf{b}$
(c) $-\frac{1}{2}\mathbf{a}$ (d) $2\mathbf{a} + \mathbf{b}$

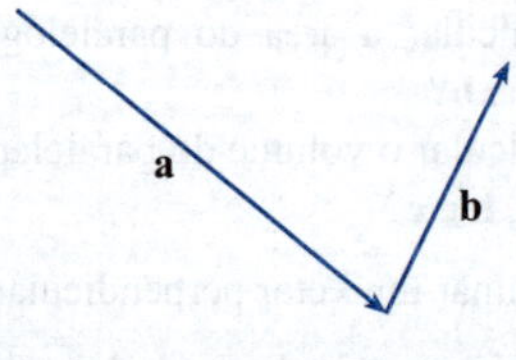

3. Se **u** e **v** são os vetores mostrados na figura, determine $\mathbf{u} \cdot \mathbf{v}$ e $|\mathbf{u} \times \mathbf{v}|$. O sentido do vetor $\mathbf{u} \times \mathbf{v}$ é entrando ou saindo do papel?

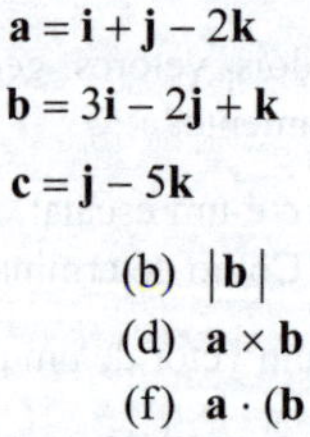

4. Calcule a quantidade dada se
$$\mathbf{a} = \mathbf{i} + \mathbf{j} - 2\mathbf{k}$$
$$\mathbf{b} = 3\mathbf{i} - 2\mathbf{j} + \mathbf{k}$$
$$\mathbf{c} = \mathbf{j} - 5\mathbf{k}$$

(a) $2\mathbf{a} + 3\mathbf{b}$ (b) $|\mathbf{b}|$
(c) $\mathbf{a} \cdot \mathbf{b}$ (d) $\mathbf{a} \times \mathbf{b}$
(e) $|\mathbf{b} \times \mathbf{c}|$ (f) $\mathbf{a} \cdot (\mathbf{b} \times \mathbf{c})$
(g) $\mathbf{c} \times \mathbf{c}$ (h) $\mathbf{a} \times (\mathbf{b} \times \mathbf{c})$
(i) $\text{comp}_{\mathbf{a}}\, \mathbf{b}$ (j) $\text{proj}_{\mathbf{a}}\, \mathbf{b}$
(k) O ângulo entre **a** e **b** (com precisão de um grau).

5. Determine os valores de x tal que os vetores $\langle 3, 2, x \rangle$ e $\langle 2x, 4, x \rangle$ sejam ortogonais.

6. Determine dois vetores unitários que sejam ortogonais $\mathbf{j} + 2\mathbf{k}$ e $\mathbf{i} - 2\mathbf{j} + 3\mathbf{k}$.

7. Suponha que $\mathbf{u} \cdot (\mathbf{v} \times \mathbf{w}) = 2$. Encontre

(a) $(\mathbf{u} \times \mathbf{v}) \cdot \mathbf{w}$ (b) $\mathbf{u} \cdot (\mathbf{w} \times \mathbf{v})$

(c) $\mathbf{v} \cdot (\mathbf{u} \times \mathbf{w})$ (d) $(\mathbf{u} \times \mathbf{v}) \cdot \mathbf{v}$

8. Mostre que, se $\mathbf{a}$, $\mathbf{b}$ e $\mathbf{c}$ estão em V_3, então

$$(\mathbf{a} \times \mathbf{b}) \cdot [(\mathbf{b} \times \mathbf{c}) \times (\mathbf{c} \times \mathbf{a})] = [\mathbf{a} \cdot (\mathbf{b} \times \mathbf{c})]^2$$

9. Determine o ângulo agudo entre duas diagonais de um cubo.

10. Dados os pontos $A(1, 0, 1)$, $B(2, 3, 0)$, $C(-1, 1, 4)$ e $D(0, 3, 2)$, determine o volume do paralelepípedo com lados adjacentes AB, AC e AD.

11. (a) Encontre um vetor perpendicular ao plano através dos pontos $A(1, 0, 0)$, $B(2, 0, -1)$ e $C(1, 4, 3)$.

(b) Determine a área do triângulo ABC.

12. Uma força constante $\mathbf{F} = 3\mathbf{i} + 5\mathbf{j} + 10\mathbf{k}$ move um objeto ao longo do segmento de reta de $(1, 0, 2)$ a $(5, 3, 8)$. Determine o trabalho realizado se a distância for medida em metros e a força em newtons.

13. Um barco é puxado para a praia usando duas cordas, como mostrado no diagrama. Se é necessária uma força de 255 N, determine o módulo da força exercida em cada corda.

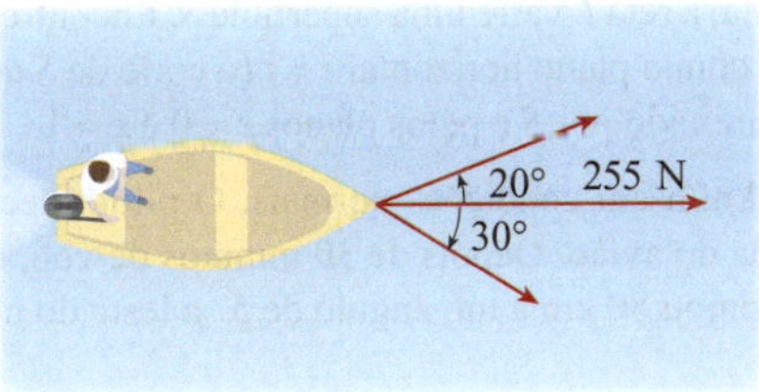

14. Encontre a magnitude do torque em relação ao ponto P se uma força de 50 N é aplicada como mostrado.

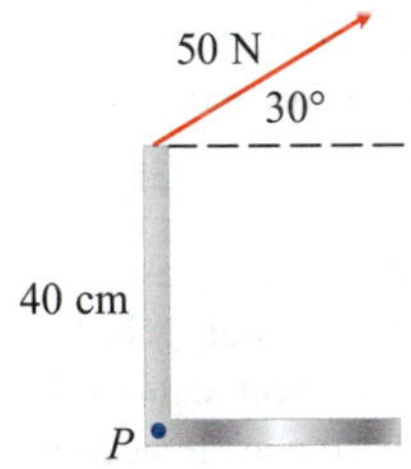

15-17 Determine as equações paramétricas da reta.

15. A reta que passa por $(4, -1, 2)$ e $(1, 1, 5)$

16. A reta que passa por $(1, 0, -1)$ e é paralela à reta $\frac{1}{3}(x - 4) = \frac{1}{2}y = z + 2$

17. A reta que passa por $(-2, 2, 4)$ e é perpendicular ao plano $2x - y + 5z = 12$

18-20 Determine a equação do plano.

18. O plano que passa por $(2, 1, 0)$ e é paralelo a $x + 4y - 3z = 1$

19. O plano que passa por $(3, -1, 1)$, $(4, 0, 2)$ e $(6, 3, 1)$

20. O plano que passa por $(1, 2, -2)$ e contém a reta $x = 2t$, $y = 3 - t$, $z = 1 + 3t$.

---

21. Determine o ponto no qual a reta com equações paramétricas $x = 2 - t$, $y = 1 + 3t$, $z = 4t$ intercepta o plano $2x - y + z = 2$.

22. Encontre a distância desde a origem até a reta $x = 1 + t$, $y = 2 - t$, $z = -1 + 2t$.

23. Determine se as retas dadas pelas equações simétricas

$$\frac{x-1}{2} = \frac{y-2}{3} = \frac{z-3}{4}$$

e

$$\frac{x+1}{6} = \frac{y-3}{-1} = \frac{z+5}{2}$$

são paralelas, se inclinam ou intersectam.

24. (a) Mostre que os planos $x + y - z = 1$ e $2x - 3y + 4z = 5$ não são nem paralelos nem perpendiculares.

(b) Determine, com precisão de um grau, o ângulo entre os planos.

25. Encontre uma equação do plano que passa pela reta de intersecção dos planos $x - z = 1$ e $y + 2z = 3$ e é perpendicular ao plano $x + y - 2z = 1$.

26. (a) Encontre uma equação do plano que passa através dos pontos $A(2, 1, 1)$, $B(-1, -1, 10)$ e $C(1, 3, -4)$.

(b) Encontre as equações simétricas da reta que passa por B e é perpendicular ao plano da parte (a).

(c) Um segundo plano passa por $(2, 0, 4)$ e tem vetor normal $\langle 2, -4, -3 \rangle$. Mostre que o ângulo agudo entre os planos é aproximadamente 43°.

(d) Encontre as equações paramétricas para a reta intersecção dos dois planos.

27. Determine a distância entre os dois planos $3x + y - 4z = 2$ e $3x + y - 4z = 24$.

28-36 Identifique e esboce o gráfico de cada superfície.

28. $x = 3$

29. $x = z$

30. $y = z2$

31. $x^2 = y^2 + 4z^2$

32. $4x - y + 2z = 4$

33. $-4x^2 + y^2 - 4z^2 = 4$

34. $y^2 + z^2 = 1 + x^2$

35. $4x^2 + 4y^2 - 8y + z^2 = 0$

36. $x = y^2 + z^2 - 2y - 4z + 5$

---

37. Um elipsoide é criado pela rotação da elipse $4x^2 + y^2 = 16$ sobre o eixo x. Encontre uma equação do elipsoide.

38. Uma superfície é constituída de todos os pontos P tal que a distância de P ao plano $y = 1$ é o dobro da distância de P ao ponto $(0, -1, 0)$. Determine a equação dessa superfície e identifique-a.

Problemas Quentes

1. Cada borda de uma caixa cúbica tem comprimento de 1 m. A caixa contém nove bolas esféricas com o mesmo raio r. O centro de uma esfera está no centro do cubo e ela toca as outras oito bolas. Cada uma das oito bolas toca 3 lados da caixa. As bolas estão firmemente alojadas na caixa. (Veja a figura.) Determine r. Se você tiver dificuldade para resolver este problema, leia sobre estratégia de resolução de problemas no final do Capítulo 1 (Volume 1).

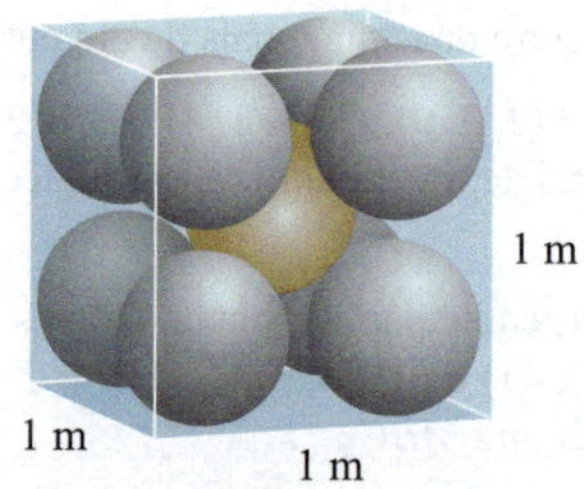

FIGURA PARA O PROBLEMA 1

2. Seja B uma caixa sólida com comprimento L, largura W e altura H. Seja S o conjunto de todos os pontos que estão a uma distância de no máximo 1 de algum ponto B. Expresse o volume de S nos termos de L, W e H.

3. Seja L a reta obtida pela intersecção dos planos $cx + y + z = c$ e $x - cy + cz = -1$, onde c é um número real.

(a) Determine as equações simétricas da reta L.

(b) À medida que o número de c varia, a reta L varre uma superfície S. Encontre uma equação para a curva de intersecção de S com o plano horizontal $z = t$ (o corte de S no plano $z = t$).

(c) Determine o volume do sólido limitado por S e pelos planos $z = 0$ e $z = 1$.

4. Um avião é capaz de viajar a 180 km/h em condições normais. O piloto decola e voa em direção ao norte, guiado pela bússola do avião. Depois de 30 minutos de voo, o piloto constata que, em decorrência do vento, viajou 80 km a um ângulo de 5° a leste do norte.

(a) Qual a velocidade do vento?

(b) Para que direção o piloto deveria ter dirigido o avião para alcançar o destino pretendido?

5. Suponha que $\mathbf{v}_1$ e $\mathbf{v}_2$ sejam vetores com $|\mathbf{v}_1| = 2$, $|\mathbf{v}_2| = 3$ e $\mathbf{v}_1 \cdot \mathbf{v}_2 = 5$. Seja $\mathbf{v}_3 = \text{proj}_{\mathbf{v}_1} \mathbf{v}_2$, $\mathbf{v}_4 = \text{proj}_{\mathbf{v}2} \mathbf{v}_3$, $\mathbf{v}_5 = \text{proj}_{\mathbf{v}3} \mathbf{v}_4$, e assim por diante. Calcule $\Sigma_{n=1}^{\infty} |\mathbf{v}_n|$.

6. Encontre uma equação da esfera maior que passa através do ponto $(-1, 1, 4)$ e é tal que cada um dos pontos (x, y, z) no interior da esfera satisfaz a condição

$$x^2 + y^2 + z^2 < 136 + 2(x + 2y + 3z)$$

7. Suponha que um bloco de massa m seja colocado em um plano inclinado, como mostrado na figura. A descida do bloco pelo plano inclinado é freada pela força de atrito; se θ não for grande o suficiente, o atrito impedirá qualquer deslocamento do bloco. As forças que agem sobre o bloco são seu peso $\mathbf{W}$, onde $|\mathbf{W}| = mg$ (g é a aceleração da gravidade); a força normal $\mathbf{N}$ (o componente normal da força de reação no plano do bloco), onde $|\mathbf{N}| = n$; e a força $\mathbf{F}$ devida ao atrito, que age paralelamente ao plano inclinado, no sentido contrário ao movimento. Se o bloco estiver parado e θ for aumentado, $|\mathbf{F}|$ aumentará até atingir um valor máximo, além do qual o bloco começará a deslizar. Nesse ângulo θ_s, pode ser observado que $|\mathbf{F}|$ é proporcional a n. Então, quando $|\mathbf{F}|$ é máximo, podemos dizer que $|\mathbf{F}| = \mu_s n$, onde μ_s é chamado *coeficiente de atrito estático* e depende dos materiais que estão em contato.

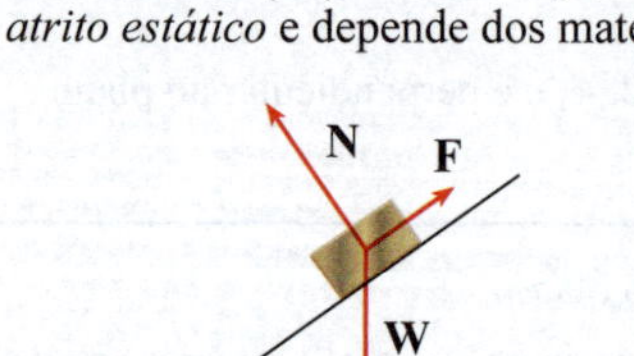

FIGURA PARA O PROBLEMA 7

(a) Observe que $\mathbf{N} + \mathbf{F} + \mathbf{W} = \mathbf{0}$ e deduza que $\mu_s = \text{tg}\, \theta_s$.

(b) Suponha que, para $\theta > \theta_s$, uma força adicional exterior $\mathbf{H}$ seja aplicada ao bloco, na horizontal a partir da esquerda, e seja $|\mathbf{H}| = h$. Se h for pequeno, o bloco pode ainda deslizar para baixo do plano; se h for suficientemente grande, o bloco irá mover-se no avião. Seja $h_{\text{mín}}$ o menor valor de h que permita ao bloco permanecer parado (de modo que $|\mathbf{F}|$ é máximo).

Escolhendo os eixos coordenados de modo que **F** esteja na direção do eixo x, determine para cada força atuante suas componentes paralela e perpendicular ao plano inclinado e mostre que

$$h_{\text{mín}} \operatorname{sen} \theta + mg \cos \theta = n \qquad \text{e} \qquad h_{\text{mín}} \cos \theta + \mu_s n = mg \operatorname{sen} \theta$$

(c) Mostre que

$$h_{\text{mín}} = mg \operatorname{tg} (\theta - \theta_s)$$

Isso parece razoável? Faz sentido para $\theta = \theta_s$? E quando $\theta \to 90°$? Explique.

(d) Seja $h_{\text{máx}}$ o maior valor que permita ao bloco permanecer parado. (Nesse caso, qual o sentido de **F**?) Mostre que

$$h_{\text{máx}} = mg \operatorname{tg} (\theta + \theta_s)$$

Isso parece razoável? Explique.

8. Um sólido tem as seguintes propriedades. Quando iluminado por raios paralelos ao eixo z, a sua sombra é um disco circular. Quando iluminado por raios paralelos ao eixo y, sua sombra é um quadrado. Quando iluminado por raios paralelos ao eixo, sua sombra é um triângulo isósceles. (No Exercício 12.1.52 foi solicitado que se descrevesse e se esboçasse um exemplo de um sólido, mas há muitos outros sólidos). Suponha que a projeção sobre o plano xz seja um quadrado cujos lados têm comprimento 1.

(a) Qual é o volume do maior sólido?

(b) Existe um menor volume?

As trajetórias de objetos que se movem no espaço, como os aviões a jato fotografados aqui, podem ser descritas por funções vetoriais. Na Seção 13.1, veremos como usar essas funções vetoriais para determinar se dois desses objetos colidirão ou não.

Magdalena Zeglen/EyeEm/Getty Images

13 Funções Vetoriais

AS FUNÇÕES QUE USAMOS até agora foram funções com valores reais. Agora, estudaremos funções cujos valores são vetores, pois estas são necessárias para descrever curvas e superfícies no espaço. Usaremos funções com valores vetoriais também para descrever o movimento de objetos no espaço. Em particular, nós as usaremos para deduzir as leis de Kepler para o movimento planetário.

13.1 Funções Vetoriais e Curvas Espaciais

Em geral, uma função é uma regra que associa a cada elemento de seu domínio um elemento de sua imagem. Uma **função vetorial**, ou **função com valores vetoriais**, é uma função cujo domínio é um conjunto de números reais e cuja imagem é um conjunto de vetores. Estamos particularmente interessados em funções vetoriais $\mathbf{r}$ cujos valores são vetores tridimensionais. Isso significa que, para todo número t no domínio de $\mathbf{r}$ existe um único vetor de V_3 denotado por $\mathbf{r}(t)$. Se $f(t)$, $g(t)$ e $h(t)$ são as componentes do vetor $\mathbf{r}(t)$, então f, g e h são funções com valores reais chamadas **funções componentes** de $\mathbf{r}$ e podemos escrever

$$\mathbf{r}(t) = \langle f(t), g(t), h(t)\rangle = f(t)\,\mathbf{i} + g(t)\,\mathbf{j} + h(t)\,\mathbf{k}$$

Usamos a letra t para denotar a variável independente porque ela representa o tempo na maioria das aplicações de funções vetoriais.

EXEMPLO 1 Se

$$\mathbf{r}(t) = \left\langle t^3, \ln(3-t), \sqrt{t}\right\rangle$$

então, as funções componentes são

$$f(t) = t^3 \qquad g(t) = \ln(3-t) \qquad h(t) = \sqrt{t}$$

Pela convenção usual, o domínio de $\mathbf{r}$ é constituído por todos os valores de t para os quais a expressão $\mathbf{r}(t)$ está definida. As expressões t^3, $\ln(3-t)$ e $\sqrt{t}$ são definidas quando $3 - t > 0$ e $t \geq 0$. Portanto, o domínio de $\mathbf{r}$ é o intervalo $[0, 3)$. ■

Limites e Continuidade

O **limite** de uma função vetorial $\mathbf{r}$ é definido tomando-se os limites de suas funções componentes como a seguir.

Se $\lim_{t\to a} \mathbf{r}(t) = \mathbf{L}$, essa definição equivale a dizer que o comprimento, a direção e o sentido do vetor $\mathbf{r}(t)$ se aproximam do comprimento, da direção e do sentido do vetor $\mathbf{L}$.

1 Se $\mathbf{r}(t) = \langle f(t), g(t), h(t)\rangle$, então

$$\lim_{t\to a}\mathbf{r}(t) = \left\langle \lim_{t\to a} f(t), \lim_{t\to a} g(t), \lim_{t\to a} h(t)\right\rangle$$

desde que os limites das funções componentes existam.

Da mesma forma, poderíamos ter adotado uma definição usando o ε-δ (veja o Exercício 62). Os limites de funções vetoriais obedecem às mesmas regras que os limites de funções reais (veja o Exercício 61).

EXEMPLO 2 Determine $\lim_{t\to 0}\mathbf{r}(t)$, onde $\mathbf{r}(t) = (1+t^3)\mathbf{i} + te^{-t}\mathbf{j} + \frac{\operatorname{sen} t}{t}\mathbf{k}$.

SOLUÇÃO De acordo com a Definição 1, o limite de $\mathbf{r}$ é o vetor cujas componentes são os limites das funções componentes de $\mathbf{r}$:

$$\lim_{t\to 0}\mathbf{r}(t) = \left[\lim_{t\to 0}(1+t^3)\right]\mathbf{i} + \left[\lim_{t\to 0} te^{-t}\right]\mathbf{j} + \left[\lim_{t\to 0}\frac{\operatorname{sen} t}{t}\right]\mathbf{k}$$

$$= \mathbf{i} + \mathbf{k} \qquad \text{(pela Equação 3.3.5)}$$ ■

Uma função vetorial $\mathbf{r}$ é **contínua em *a*** se

$$\lim_{t\to a}\mathbf{r}(t) = \mathbf{r}(a)$$

Em vista da Definição 1, vemos que **r** é contínua em a se e somente se suas funções componentes f, g e h forem contínuas em a.

Curvas no Espaço

As curvas espaciais e as funções vetoriais contínuas estão intimamente relacionadas. Suponha que f, g e h sejam funções reais contínuas em um intervalo I. Em seguida, o conjunto C de todos os pontos (x, y, z) no espaço, sendo

2 $$x = f(t) \qquad y = g(t) \qquad z = h(t)$$

e t varia no intervalo I, é chamado **curva espacial**. As equações em (2) são denominadas **equações paramétricas de C** e t é conhecido como **parâmetro**. Podemos pensar em C como tendo sido traçada pelo movimento de uma partícula cuja posição no instante t é $(f(t), g(t), h(t))$. Se considerarmos agora a função vetorial $\mathbf{r}(t) = \langle f(t), g(t), h(t)\rangle$, então $\mathbf{r}(t)$ é o vetor posição do ponto de $P(f(t), g(t), h(t))$ em C. Assim, qualquer função vetorial contínua **r** define uma curva espacial C que é traçada pela ponta do vetor em movimento $\mathbf{r}(t)$, como se mostra na Figura 1.

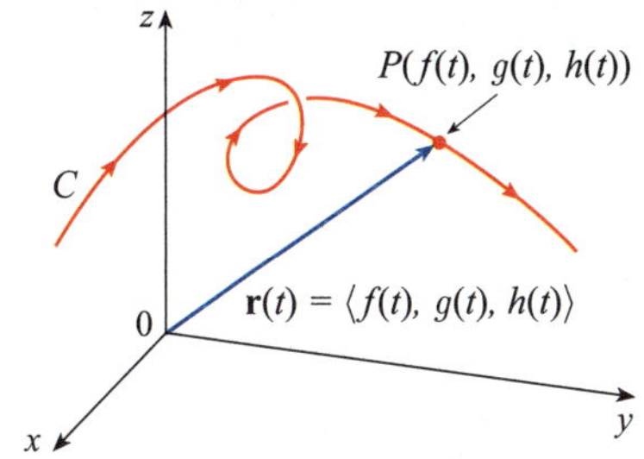

FIGURA 1
C é traçada pelo movimento da ponta do vetor de posição $\mathbf{r}(t)$

EXEMPLO 3 Descreva a curva definida pela função vetorial

$$\mathbf{r}(t) = \langle 1 + t, 2 + 5t, -1 + 6t\rangle$$

SOLUÇÃO As equações paramétricas correspondentes são

$$x = 1 + t \qquad y = 2 + 5t \qquad z = -1 + 6t$$

que reconhecemos, a partir da Equação 12.5.2, como as equações paramétricas de uma reta passando pelo ponto $(1, 2, -1)$ e paralela ao vetor $\langle 1, 5, 6\rangle$. Como alternativa, podemos observar que a função pode ser escrita como $\mathbf{r} = \mathbf{r}_0 + t\mathbf{v}$, quando $\mathbf{r}_0 = \langle 1, 2, -1\rangle$ e $\mathbf{v} = \langle 1, 5, 6\rangle$, e esta é a equação vetorial da reta dada pela Equação 12.5.1. ■

Curvas planas também podem ser representadas utilizando-se notação vetorial. Por exemplo, a curva determinada pelas equações paramétricas $x = t^2 - 2t$ e $y = t + 1$ (veja o Exemplo 10.1.1) poderia também ser descrita pela equação vetorial

$$\mathbf{r}(t) = \langle t^2 - 2t, t + 1\rangle = (t^2 - 2t)\,\mathbf{i} + (t + 1)\,\mathbf{j}$$

onde $\mathbf{i} = \langle 1, 0\rangle$ e $\mathbf{j} = \langle 0, 1\rangle$.

EXEMPLO 4 Esboce a curva cuja equação vetorial é dada por

$$\mathbf{r}(t) = \cos t\,\mathbf{i} + \operatorname{sen} t\,\mathbf{j} + t\,\mathbf{k}$$

SOLUÇÃO As equações paramétricas para essa curva são

$$x = \cos t \qquad y = \operatorname{sen} t \qquad z = t$$

Uma vez que $x^2 + y^2 = \cos^2 t + \operatorname{sen}^2 t = 1$ para todos os valores de t, a curva deve situar-se no cilindro circular $x^2 + y^2 = 1$. O ponto (x, y, z) está diretamente acima do ponto $(x, y, 0)$, que se move para a esquerda em torno do círculo $x^2 + y^2 = 1$ no plano xy. (A projeção da curva para o plano xy tem equação vetorial $\mathbf{r}(t) = (\cos t, \operatorname{sen} t, 0)$. Veja o Exemplo 10.1.2. Como $z = t$ a curva gira para cima ao redor do cilindro quando t aumenta. A curva, mostrada na Figura 2, é chamada **hélice**. ■

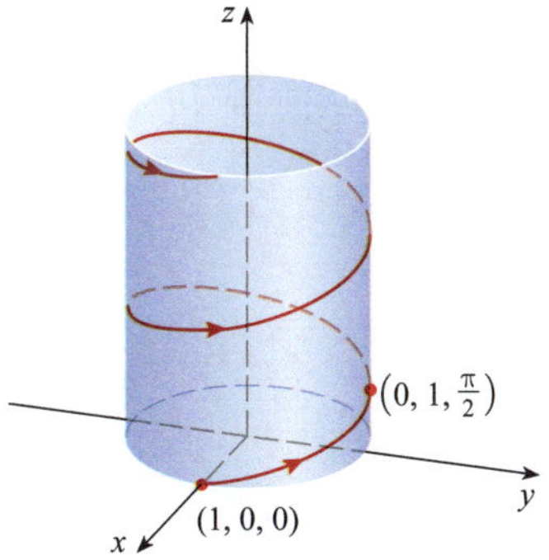

FIGURA 2

A forma de saca-rolha da hélice circular do Exemplo 4 é a mesma das molas. Elas também aparecem no modelo do DNA (ácido desoxirribonucleico, material genético de células vivas). Em 1953, James Watson e Francis Crick mostraram que a estrutura da molécula de DNA é de duas hélices circulares paralelas interligadas, como na Figura 3.

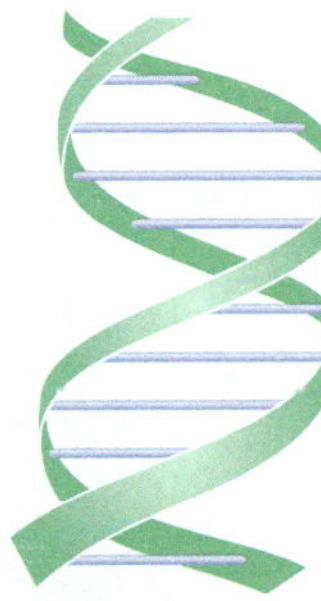

FIGURA 3
Uma hélice dupla

Nos Exemplos 3 e 4, demos as equações vetoriais das curvas e pedimos uma descrição geométrica ou esboço delas. Nos três exemplos a seguir, daremos uma descrição geométrica da curva e pediremos para encontrar equações paramétricas para ela.

A Figura 4 mostra o segmento de linha PQ no Exemplo 5.

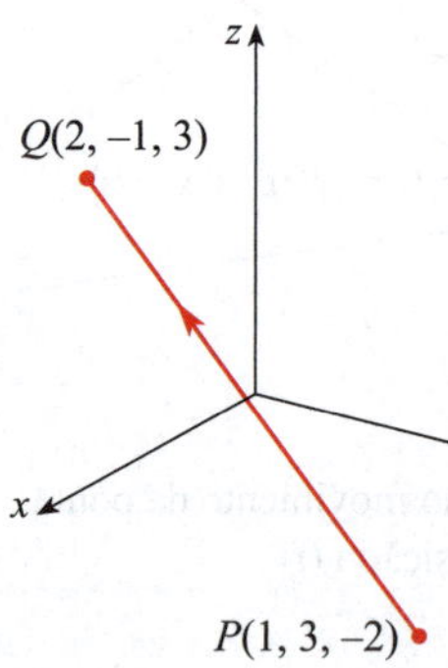

FIGURA 4

EXEMPLO 5 Determine uma equação vetorial e as equações paramétricas para o segmento de reta ligando o ponto $P(1, 3, -2)$ ao ponto $Q(2, -1, 3)$.

SOLUÇÃO Na Seção 12.5, encontramos uma equação vetorial para o segmento de reta que une a extremidade do vetor $\mathbf{r}_0$ à extremidade do vetor $\mathbf{r}_1$:

$$\mathbf{r}(t) = (1 - t)\,\mathbf{r}_0 + t\,\mathbf{r}_1 \qquad 0 \le t \le 1$$

(Veja a Equação 12.5.4.) Aqui tomamos $\mathbf{r}_0 = \langle 1, 3, -2 \rangle$ e $\mathbf{r}_1 = \langle 2, -1, 3 \rangle$ para obter uma equação vetorial do segmento de linha de P para Q:

$$\mathbf{r}(t) = (1 - t)\langle 1, 3, -2 \rangle + t\,\langle 2, -1, 3 \rangle \qquad 0 \le t \le 1$$

ou

$$\mathbf{r}(t) = \langle 1 + t, 3 - 4t, -2 + 5t \rangle \qquad 0 \le t \le 1$$

As equações paramétricas correspondentes são

$$x = 1 + t \qquad y = 3 - 4t \qquad z = -2 + 5t \qquad 0 \le t \le 1$$ ■

EXEMPLO 6 Determine uma equação vetorial que represente a curva obtida pela intersecção do cilindro $x^2 + y^2 = 1$ com o plano $y + z = 2$.

SOLUÇÃO A Figura 5 mostra como o plano intercepta o cilindro, e a Figura 6 mostra a curva de intersecção C, que é uma elipse.

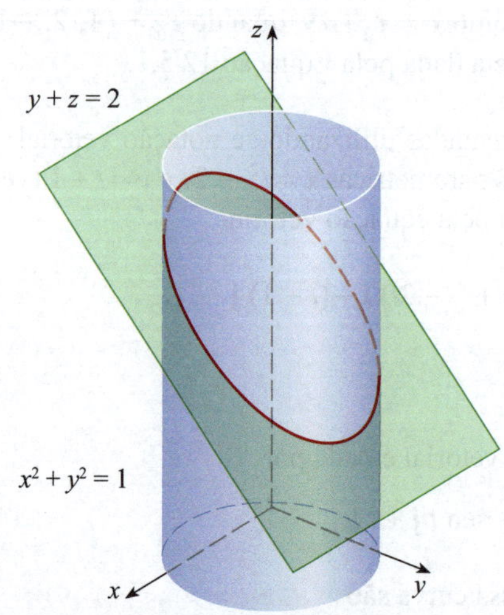

FIGURA 5

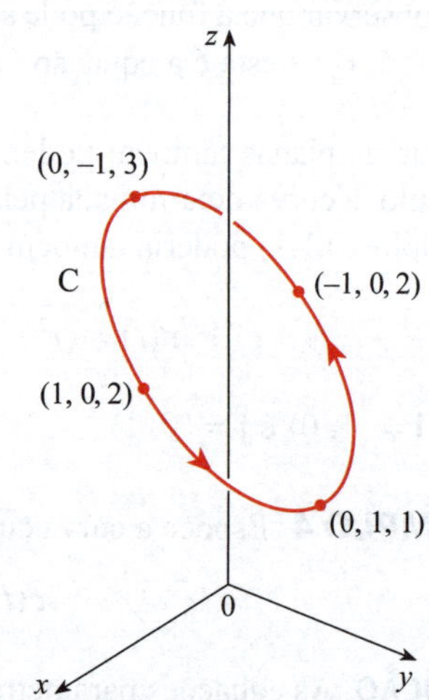

FIGURA 6

A projeção de C para o plano xy é o círculo $x^2 + y^2 = 1$, $z = 0$. Então, sabemos do Exemplo 10.1.2 que podemos escrever

$$x = \cos t \qquad y = \operatorname{sen} t \qquad 0 \le t \le 2\pi$$

Da equação do plano, temos

$$z = 2 - y = 2 - \operatorname{sen} t$$

Deste modo, podemos escrever as equações paramétricas para C como

$$x = \cos t \qquad y = \operatorname{sen} t \qquad z = 2 - \operatorname{sen} t \qquad 0 \le t \le 2\pi$$

A equação vetorial correspondente é

$$\mathbf{r}(t) = \cos t\,\mathbf{i} + \text{sen}\,t\,\mathbf{j} + (2 - \text{sen}\,t)\,\mathbf{k} \qquad 0 \le t \le 2\pi$$

Essa equação é chamada de *parametrização* da curva C. As setas na Figura 6 indicam o sentido em que a curva C é percorrida quando o valor do parâmetro t aumenta. ■

EXEMPLO 7 Determine as equações paramétricas da curva formada pela intersecção do paraboloide $4y = x^2 + z^2$ com o plano $y = x$.

A Figura 7 mostra as superfícies do Exemplo 7 e a curva obtida pela intersecção dessas superfícies.

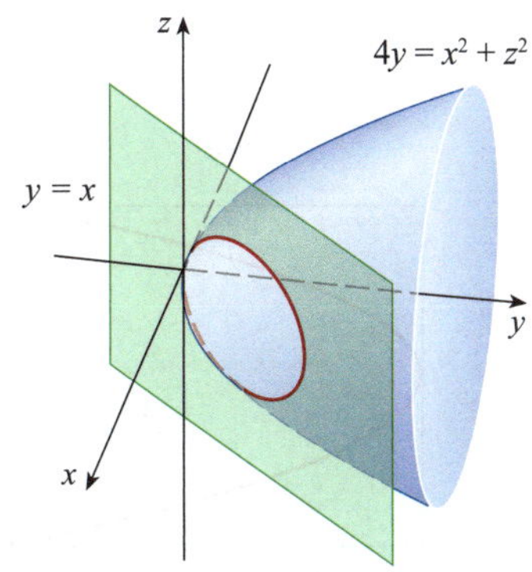

FIGURA 7

SOLUÇÃO Como qualquer ponto da curva C, que está na intersecção das superfícies, satisfaz as equações das duas superfícies, podemos substituir $y = x$ na equação do paraboloide, o que nos fornece $4x = x^2 + z^2$. Completando o quadrado em x, obtemos $(x - 2)^2 + z^2 = 4$, de modo que C deve estar contida no cilindro circular $(x - 2)^2 + z^2 = 4$ e a projeção de C no plano xz será a circunferência definida por $(x - 2)^2 + z^2 = 4$, $y = 0$ [que tem centro em $(2, 0, 0)$ e raio 2]. Assim, segundo o Exemplo 10.1.4, podemos escrever $x = 2 + 2\cos t$, $z = 2\,\text{sen}\,t$, $0 \le t \le 2\pi$, e, uma vez que $y = x$, as equações paramétricas de C são

$$x = 2 + 2\cos t, \qquad y = 2 + 2\cos t, \qquad z = 2\,\text{sen}\,t, \qquad 0 \le t \le 2\pi$$ ■

Utilizando Computadores para Traçar Curvas Espaciais

As curvas espaciais são inerentemente mais difíceis de desenhar que as curvas planas. Para uma representação mais precisa, será necessário utilizar a tecnologia. Por exemplo, a Figura 8 mostra o gráfico gerado por computador da curva com equações paramétricas

$$x = (4 + \text{sen}\,20t)\cos t \qquad y = (4 + \text{sen}\,20t)\,\text{sen}\,t \qquad z = \cos 20t$$

Essa curva é denominada **espiral toroidal**, pois está sobre um toro. Outra curva interessante, o **nó de trevo ou trifólio**, com equações

$$x = (2 + \cos 1{,}5t)\cos t \qquad y = (2 + \cos 1{,}5t)\,\text{sen}\,t \qquad z = \text{sen}\,1{,}5t$$

está ilustrada na Figura 9. Seria muito difícil traçar qualquer uma dessas curvas à mão.

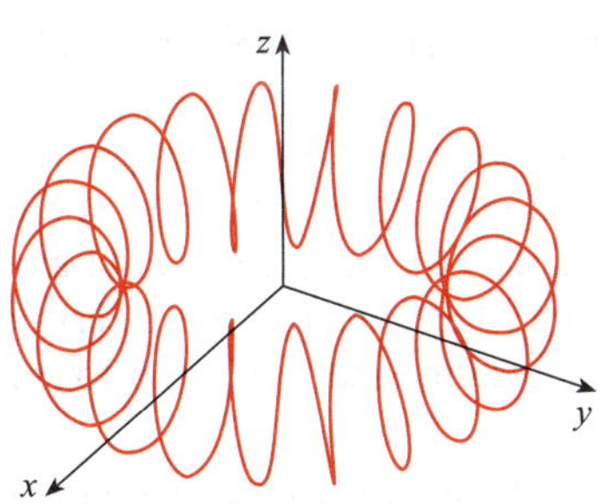

FIGURA 8
Espiral toroidal

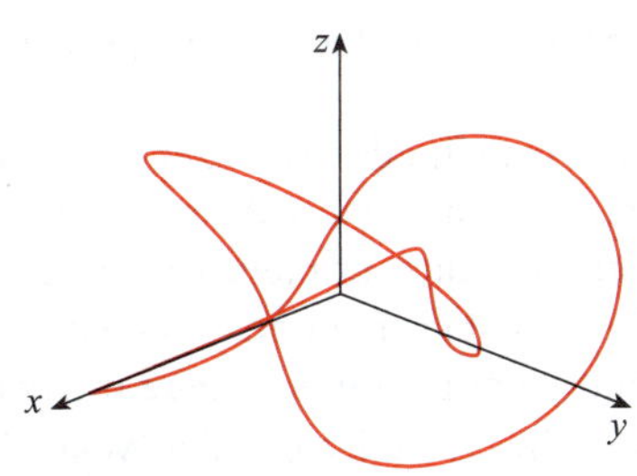

FIGURA 9
Nó de trevo

Mesmo com o auxílio de computador no desenho de curvas espaciais, as ilusões ópticas tornam difícil entender a forma real da curva. (Isso é especialmente verdadeiro na Figura 9. Veja o Exercício 60.) O exemplo seguinte mostra como lidar com esse problema.

EXEMPLO 8 Utilize um computador para traçar a curva com equação vetorial $\mathbf{r}(t) = \langle t, t^2, t^3 \rangle$. Essa curva é chamada **cúbica retorcida**.

SOLUÇÃO Começaremos traçando, com o auxílio do computador, a curva com equações paramétricas $x = t$, $y = t^2$, $z = t^3$ para $-2 \le t \le 2$. O resultado é mostrado na Figura 10(a), mas é difícil ver a verdadeira natureza da curva através desse único gráfico. A maioria dos programas de computador para desenhar em três dimensões permite, em vez de utilizar os eixos coordenados, colocar uma caixa envolvendo a curva ou superfície. Quando olhamos a mesma curva na caixa na Figura 10(b), conseguimos visualizar melhor sua forma. Podemos ver que a curva se eleva do canto inferior da caixa para o canto superior mais próximo de nós, torcendo-se à medida que sobe.

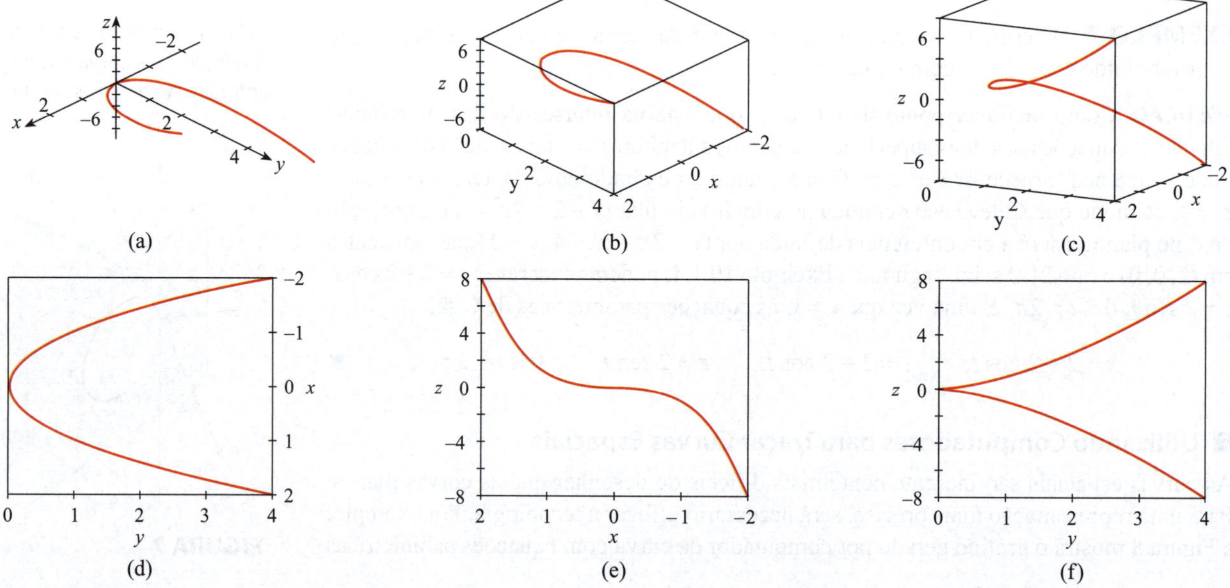

FIGURA 10 Vistas da cúbica retorcida

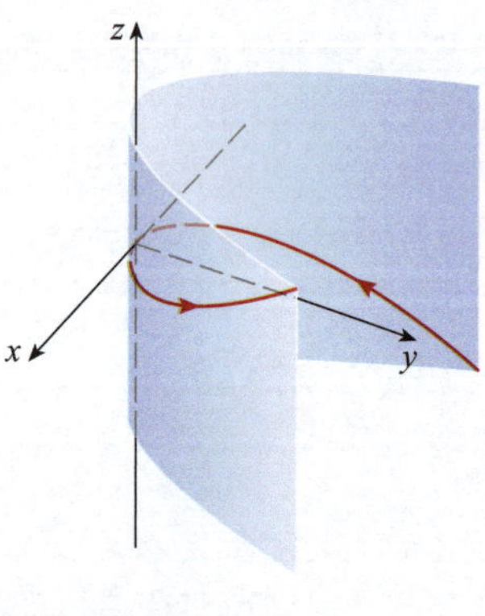

FIGURA 11

Temos uma ideia melhor da curva quando a observamos de diversos ângulos. A parte (c) apresenta o resultado da rotação da caixa para fornecer outro ponto de vista. As partes (d), (e) e (f) mostram o que vemos quando olhamos diretamente através de uma face da caixa. Em particular, a parte (d) mostra a vista de cima da caixa. A curva obtida é a projeção da curva no plano *xy*, a parábola $y = x^2$. A parte (e) exibe a projeção no plano *xz* a curva cúbica $z = x^3$. Fica claro o porquê de essa curva ser chamada cúbica retorcida. ■

Outra maneira de visualizar uma curva espacial é desenhá-la em uma superfície. Por exemplo, a cúbica retorcida do Exemplo 8 está no cilindro parabólico $y = x^2$. (Elimine o parâmetro das duas primeiras equações paramétricas, $x = t$ e $y = t^2$.) A Figura 11 mostra o cilindro e a cúbica retorcida sobrepostos, tornando mais fácil enxergar que a curva caminha da origem para cima, sobre o cilindro. Usamos essa mesma técnica no Exemplo 4 para visualizar a hélice circular (veja a Figura 2).

Um terceiro processo de visualização para a cúbica retorcida é constatar que a curva também está contida na superfície cilíndrica $z = x^3$. Então podemos ver a curva como a intersecção das duas superfícies cilíndricas $y = x^2$ e $z = x^3$. (Veja a Figura 12.)

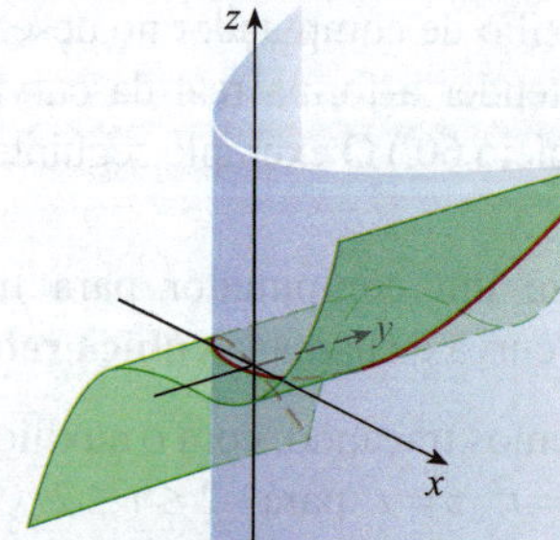

FIGURA 12

Vimos que uma curva espacial interessante, a hélice, aparece no modelo do DNA. Outro exemplo notável de uma curva espacial na ciência é a trajetória de uma partícula de carga positiva em campos elétricos e magnéticos ortogonalmente orientados **E** e **B**. Dependendo da velocidade inicial dada à partícula na origem, a trajetória da partícula ou é uma curva espacial, cuja projeção sobre o plano horizontal é a cicloide estudada na Seção 10.1 [Figura 13(a)], ou é uma curva cuja projeção é a trocoide investigada no Exercício 10.1.49 [Figura 13(b).]

Alguns sistemas de computação algébrica nos proporcionam uma figura bem mais clara de uma curva espacial envolvendo-a em um tubo. Esse recurso nos permite ver se uma parte de uma curva passa pela frente ou por trás de outra parte dessa curva. Por exemplo, a Figura 14 mostra a curva da Figura 13(b), obtida como resultado do comando `tubeplot` no Maple.

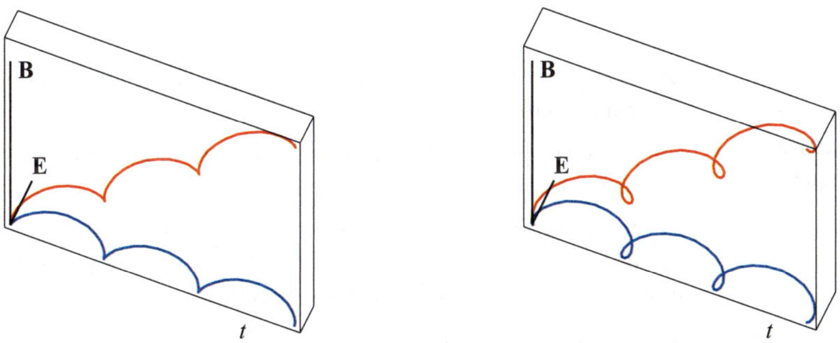

(a) $\mathbf{r}(t) = \langle t - \operatorname{sen} t,\ 1 - \cos t,\ t \rangle$

(b) $\mathbf{r}(t) = \langle t - \frac{3}{2} \operatorname{sen} t,\ 1 - \frac{3}{2} \cos t \rangle$

FIGURA 13
Movimento de partícula carregada em campos elétrico e magnético orientados ortogonalmente

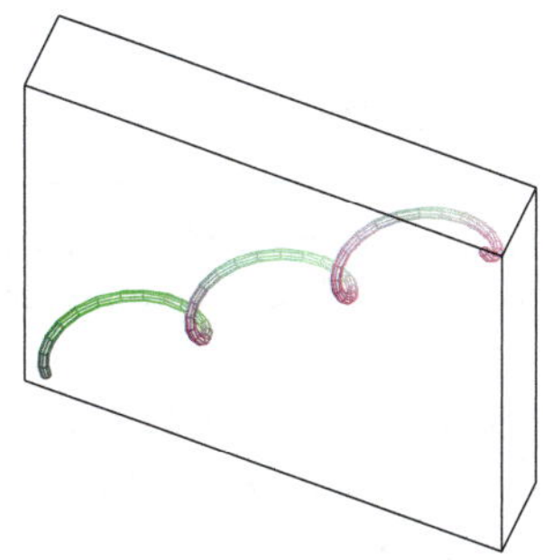

FIGURA 14

Para mais detalhes sobre a física envolvida e animações das trajetórias das partículas, consulte os seguintes sites:

- www.physics.ucla.edu/plasma-exp/Beam/
- www.phy.ntnu.edu.tw/ntnujava/index.php?topic=36

13.1 Exercícios

1-2 Determine o domínio das funções vetoriais.

1. $\mathbf{r}(t) = \left\langle \ln(t+1), \dfrac{t}{\sqrt{9-t^2}}, 2^t \right\rangle$

2. $\mathbf{r}(t) = \cos t\,\mathbf{i} + \ln t\,\mathbf{j} + \dfrac{1}{t-2}\mathbf{k}$

3-6 Calcule os limites.

3. $\displaystyle\lim_{t\to 0}\left(e^{-3t}\mathbf{i} + \frac{t^2}{\operatorname{sen}^2 t}\mathbf{j} + \cos 2t\,\mathbf{k} \right)$

4. $\displaystyle\lim_{t\to 1}\left(\frac{t^2-t}{t-1}\mathbf{i} + \sqrt{t+8}\,\mathbf{j} + \frac{\operatorname{sen}\pi t}{\ln t}\mathbf{k} \right)$

5. $\displaystyle\lim_{t\to\infty}\left\langle \frac{1+t^2}{1-t^2}, \operatorname{tg}^{-1} t, \frac{1-e^{-2t}}{t} \right\rangle$

6. $\displaystyle\lim_{t\to\infty}\left\langle te^{-t}, \frac{t^3+t}{2t^3-1}, t\operatorname{sen}\frac{1}{t} \right\rangle$

7-16 Esboce o gráfico da curva cuja equação vetorial é dada. Indique com setas a direção na qual o parâmetro t cresce.

7. $\mathbf{r}(t) = \langle -\cos t, t \rangle$

8. $\mathbf{r}(t) = \langle t^2 - 1, t \rangle$

9. $\mathbf{r}(t) = \langle 3 \operatorname{sen} t, 2 \cos t \rangle$

10. $\mathbf{r}(t) = e^t\,\mathbf{i} + e^{-t}\,\mathbf{j}$

11. $\mathbf{r}(t) = \langle t, 2 - t, 2t \rangle$

12. $\mathbf{r}(t) = \langle \operatorname{sen} \pi t, t, \cos \pi t \rangle$

13. $\mathbf{r}(t) = \langle 3, t, 2 - t^2 \rangle$

14. $\mathbf{r}(t) = 2 \cos t\,\mathbf{i} + 2 \operatorname{sen} t\,\mathbf{j} + \mathbf{k}$

15. $\mathbf{r}(t) = t^2\,\mathbf{i} + t^4\,\mathbf{j} + t^6\,\mathbf{k}$

16. $\mathbf{r}(t) = \cos t\,\mathbf{i} - \cos t\,\mathbf{j} + \operatorname{sen} t\,\mathbf{k}$

17-18 Trace a projeção da curva sobre o plano indicado.

17. $\mathbf{r}(t) = \langle t^2, t^3, t^{-3} \rangle$, plano yz

18. $\mathbf{r}(t) = \langle t + 1, 3t + 1, \cos(t/2) \rangle$, plano xy

19-20 Trace as projeções da curva sobre os três planos coordenados. Use essas projeções para auxiliá-lo a esboçar a curva.

19. $\mathbf{r}(t) = \langle t, \text{sen}\, t, 2\cos t \rangle$

20. $\mathbf{r}(t) = \langle t, t, t^2 \rangle$

21-24 Determine uma equação vetorial e as equações paramétricas do segmento de reta que liga P a Q.

21. $P(-2, 1, 0)$, $Q(5, 2, -3)$

22. $P(0, 0, 0)$, $Q(-7, 4, 6)$

23. $P(3{,}5, -1{,}4, 2{,}1)$, $Q(1{,}8, 0{,}3, 2{,}1)$

24. $P(a, b, c)$, $Q(u, v, w)$

25-30 Faça uma correspondência entre as equações paramétricas e os gráficos (identificados com números de I-VI). Justifique sua escolha.

25. $x = t\cos t, \quad y = t, \quad z = t\,\text{sen}\, t, \quad t \geq 0$

26. $x = \cos t, \quad y = \text{sen}\, t, \quad z = 1/(1+t^2)$

27. $x = t, \quad y = 1/(1+t^2), \quad z = t^2$

28. $x = \cos t, \quad y = \text{sen}\, t, \quad z = \cos 2t$

29. $x = \cos 8t, \quad y = \text{sen}\, 8t, \quad z = e^{0{,}8t}, \quad t \geq 0$

30. $x = \cos^2 t, \quad y = \text{sen}^2\, t, \quad z = t$

I

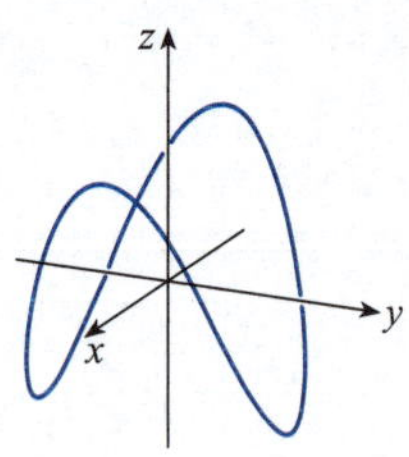

II

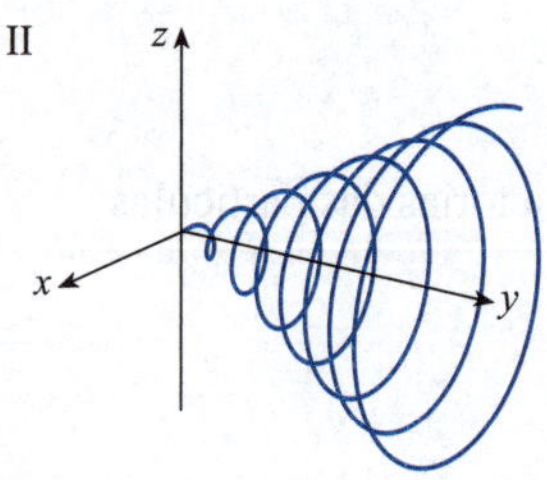

III

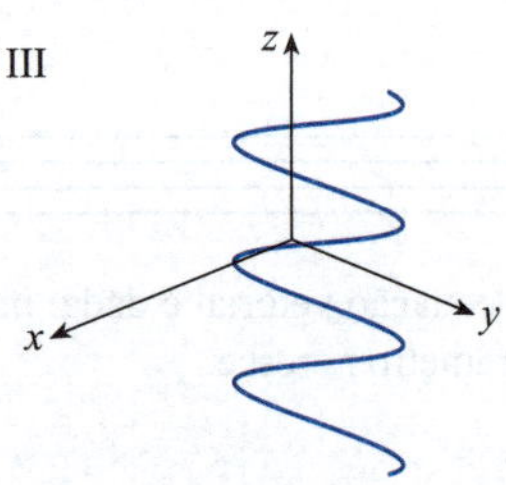

IV

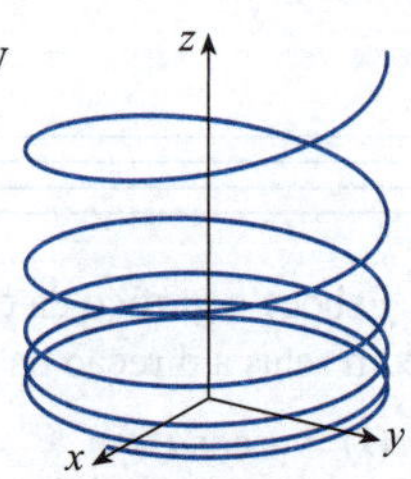

V

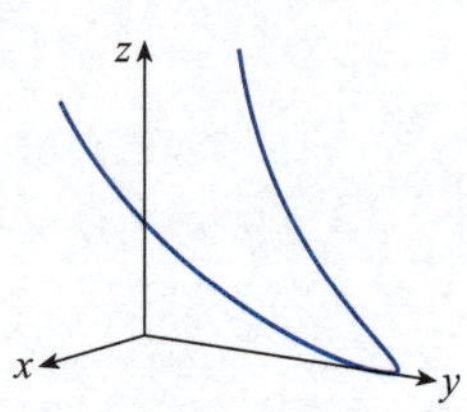

VI

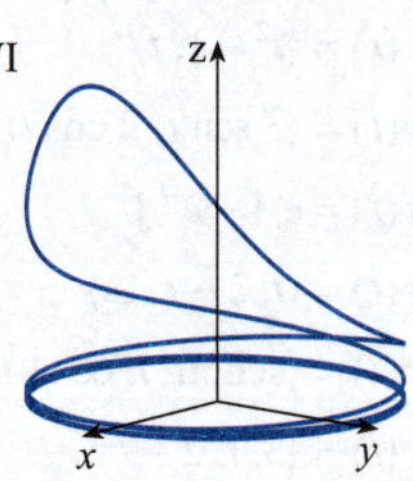

31-34 Determine a equação do plano que contém a curva cuja equação vetorial é fornecida.

31. $\mathbf{r}(t) = \langle t, 4, t^2 \rangle$

32. $\mathbf{r}(t) = \langle t, t^2, t \rangle$

33. $\mathbf{r}(t) = \langle \text{sen}\, t, \cos t, -\cos t \rangle$

34. $\mathbf{r}(t) = \langle 2t, \text{sen}\, t, t+1 \rangle$

---

35. Mostre que a curva com equações paramétricas $x = t\cos t$, $y = t\,\text{sen}\, t$, $z = t$ está no cone $z^2 = x^2 + y^2$, e use esse fato para esboçar a curva.

36. Mostre que a curva com equações paramétricas $x = \text{sen}\, t$, $y = \cos t$, $z = \text{sen}^2 t$ é a curva de intersecção das superfícies $z = x^2$ e $x^2 + y^2 = 1$. Use esse fato para esboçar a curva.

37. Encontre três superfícies diferentes que contêm a curva

$$\mathbf{r}(t) = 2t\,\mathbf{i} + e^t\,\mathbf{j} + e^{2t}\,\mathbf{k}.$$

38. Encontre três superfícies diferentes que contêm a curva

$$\mathbf{r}(t) = t^2\,\mathbf{i} + \ln t\,\mathbf{j} + (1/t)\,\mathbf{k}.$$

39. Em quais pontos a curva $\mathbf{r}(t) = t\,\mathbf{i} + (2t - t^2)\,\mathbf{k}$ intercepta o paraboloide $z = x^2 + y^2$?

40. Em quais pontos a hélice $\mathbf{r}(t) = \langle \text{sen}\, t, \cos t, t \rangle$ intercepta a esfera $x^2 + y^2 + z^2 = 5$?

41-45 Utilize um computador para traçar a curva da equação vetorial dada. Escolha o domínio do parâmetro e ponto de vista de forma a revelar a verdadeira natureza da curva.

41. $\mathbf{r}(t) = \langle \cos t\,\text{sen}\, 2t, \text{sen}\, t\,\text{sen}\, 2t, \cos 2t \rangle$

42. $\mathbf{r}(t) = \langle te^t, e^{-t}, t \rangle$

43. $\mathbf{r}(t) = \langle \text{sen}\, 3t\cos t, \frac{1}{4}t, \text{sen}\, 3t\,\text{sen}\, t \rangle$

44. $\mathbf{r}(t) = \langle \cos(8\cos t)\,\text{sen}\, t, \text{sen}(8\cos t)\,\text{sen}\, t, \cos t \rangle$

45. $\mathbf{r}(t) = \langle \cos 2t, \cos 3t, \cos 4t \rangle$

---

46. Trace a curva com equações paramétricas

$$x = \text{sen}\, t, \quad y = \text{sen}\, 2t, \quad z = \cos 4t.$$

Explique sua forma representando por gráficos suas projeções para os três planos coordenados.

47. Trace a curva com equações paramétricas

$$x = (1 + \cos 16t)\cos t$$
$$y = (1 + \cos 16t)\,\text{sen}\, t$$
$$z = 1 + \cos 16t$$

Explique a aparência da curva, mostrando que ela está em um cone.

48. Trace a curva com equações paramétricas

$$x = \sqrt{1 - 0{,}25\cos^2 10t}\,\cos t$$
$$y = \sqrt{1 - 0{,}25\cos^2 10t}\,\text{sen}\, t$$
$$z = 0{,}5\cos 10t$$

Explique a aparência da curva, mostrando que ela está em uma esfera.

49. Mostre que a curva com equações paramétricas $x = t^2$, $y = 1 - 3t$, $z = 1 + t^3$ passa pelos pontos $(1, 4, 0)$ e $(9, -8, 28)$, mas não passa pelo ponto $(4, 7, -6)$.

50-54 Determine a função vetorial que representa a curva obtida pela intersecção das duas superfícies.

50. O cilindro de $x^2 + y^2 = 4$ e a superfície $z = xy$

51. O cone $z = \sqrt{x^2 + y^2}$ e o plano $z = 1 + y$

52. O paraboloide $z = 4x^2 + y^2$ e o cilindro parabólico $y = x^2$

53. A hipérbole $z = x^2 - y^2$ e o cilindro $x^2 + y^2 = 1$

54. O semielipsoide $x^2 + y^2 + 4z^2 = 4$, $y \geq 0$, e o cilindro $x^2 + z^2 = 1$

55. Tente esboçar à mão a curva obtida pela intersecção do cilindro circular $x^2 + y^2 = 4$ com o cilindro parabólico $z = x^2$. Determine então as equações paramétricas dessa curva e utilize um computador para desenhá-la.

56. Tente esboçar à mão a curva obtida pela intersecção do cilindro circular $y = x^2$ e a metade superior do elipsoide $x^2 + 4y^2 + 4z^2 = 16$. Determine então as equações paramétricas dessa curva e utilize um computador para desenhá-la.

57-58 Intersecção e Colisão Se dois objetos viajam pelo espaço ao longo de duas curvas diferentes, é sempre importante saber se eles vão colidir. (Será que um míssil atingiu seu alvo em movimento? Duas aeronaves vão colidir?) As curvas podem se interceptar, mas precisamos saber se os objetos estarão na mesma posição *no mesmo instante*. (Veja os Exercícios 10.1.55-57.)

57. As trajetórias de duas partículas são dadas pelas funções vetoriais

$$\mathbf{r}_1(t) = \langle t^2, 7t - 12, t^2 \rangle \qquad \mathbf{r}_2(t) = \langle 4t - 3, t^2, 5t - 6 \rangle$$

para $t \geq 0$. As partículas colidem?

58. Duas partículas se movem ao longo das curvas espaciais

$$\mathbf{r}_1(t) = \langle t, t^2, t^3 \rangle \qquad \mathbf{r}_2(t) = \langle 1 + 2t, 1 + 6t, 1 + 14t \rangle$$

As partículas colidem? Suas trajetórias se interceptam?

59. (a) Trace a curva com equações paramétricas

$$x = \tfrac{27}{26}\operatorname{sen} 8t - \tfrac{8}{39}\operatorname{sen} 18t$$
$$y = -\tfrac{27}{26}\cos 8t + \tfrac{8}{39}\cos 18t$$
$$z = \tfrac{144}{65}\operatorname{sen} 5t$$

(b) Mostre que a curva está no hiperboloide de uma folha $144x^2 + 144y^2 - 25z^2 = 100$.

60. Nó de Trevo A visão do nó de trevo apresentada na Figura 9 é correta, mas não muito reveladora. Use as equações paramétricas

$$x = (2 + \cos 1{,}5t) \cos t$$
$$y = (2 + \cos 1{,}5t) \operatorname{sen} t$$
$$z = \operatorname{sen} 1{,}5t$$

para esboçar à mão a curva vista de cima, deixando pequenas falhas para indicar os pontos onde a curva se sobrepõe. Comece mostrando que sua projeção sobre o plano xy tem coordenadas polares $r = 2 + \cos 1{,}5t$ e $\theta = t$, de forma que r varia entre 1 e 3. Mostre então que z tem um valor máximo e um mínimo quando a projeção está entre $r = 1$ e $r = 3$.

Quando você terminar o esboço à mão livre, utilize um computador para traçar a curva com o observador vendo de cima e compare-a ao seu desenho. Trace a curva sob outros pontos de vista. Você alcançará melhor resultado se traçar um tubo de raio 0,2 em torno da curva. (Utilize o comando `tubeplot` do Maple ou o `tubecurve` ou comando `Tube` no Mathematica.)

61. Propriedades dos Limites Suponha que **u** e **v** sejam funções vetoriais que possuem limites quando $t \to a$ e seja c uma constante. Demonstre as seguintes propriedades de limites.

(a) $\lim_{t \to a}[\mathbf{u}(t) + \mathbf{v}(t)] = \lim_{t \to a}\mathbf{u}(t) + \lim_{t \to a}\mathbf{v}(t)$

(b) $\lim_{t \to a} c\mathbf{u}(t) = c \lim_{t \to a}\mathbf{u}(t)$

(c) $\lim_{t \to a}[\mathbf{u}(t) \cdot \mathbf{v}(t)] = \lim_{t \to a}\mathbf{u}(t) \cdot \lim_{t \to a}\mathbf{v}(t)$

(d) $\lim_{t \to a}[\mathbf{u}(t) \times \mathbf{v}(t)] = \lim_{t \to a}\mathbf{u}(t) \times \lim_{t \to a}\mathbf{v}(t)$

62. Mostre que $\lim_{t \to a} \mathbf{r}(t) = \mathbf{b}$ se e somente se para todo $\varepsilon > 0$ existe um número $\delta > 0$ tal que

$$\text{se } 0 < |t - a| < \delta, \text{ então } |\mathbf{r}(t) - \mathbf{b}| < \varepsilon$$

13.2 Derivadas e Integrais de Funções Vetoriais

Mais adiante neste capítulo, utilizaremos as funções vetoriais para descrever o movimento dos planetas e outros objetos no espaço. Vamos nos preparar aqui para desenvolver o cálculo com funções vetoriais.

Derivadas

A derivada $\mathbf{r}'$ de uma função vetorial $\mathbf{r}$ é definida do mesmo modo como foi feito para as funções com valores reais:

1
$$\frac{d\mathbf{r}}{dt} = \mathbf{r}'(t) = \lim_{h \to 0} \frac{\mathbf{r}(t+h) - \mathbf{r}(t)}{h}$$

se esse limite existir. O significado geométrico dessa definição está representado na Figura 1. Se os pontos P e Q têm vetores posição $\mathbf{r}(t)$ e $\mathbf{r}(t + h)$, então $\overrightarrow{PQ}$ representa o vetor $\mathbf{r}(t + h) - \mathbf{r}(t)$, que pode ser visto como um vetor secante. Se $h > 0$, o múltiplo escalar $(1/h)(\mathbf{r}(t + h) - \mathbf{r}(t))$ tem o mesmo sentido que $\mathbf{r}(t + h) - \mathbf{r}(t)$. Quando $h \to 0$, parece que esse vetor se aproxima de um vetor que está sobre a reta tangente. Por essa razão, o vetor $\mathbf{r}'(t)$ é chamado **vetor tangente** à curva definida por $\mathbf{r}$ no ponto P, desde que $\mathbf{r}'(t)$ exista e $\mathbf{r}'(t) \neq \mathbf{0}$. A **reta tangente** a C em P é definida como a reta que passa por P e é paralela ao vetor $\mathbf{r}'(t)$.

Observe que quando $0 < h < 1$, a multiplicação do vetor secante por $1/h$ *estica* o vetor, como mostra a Figura 1(b).

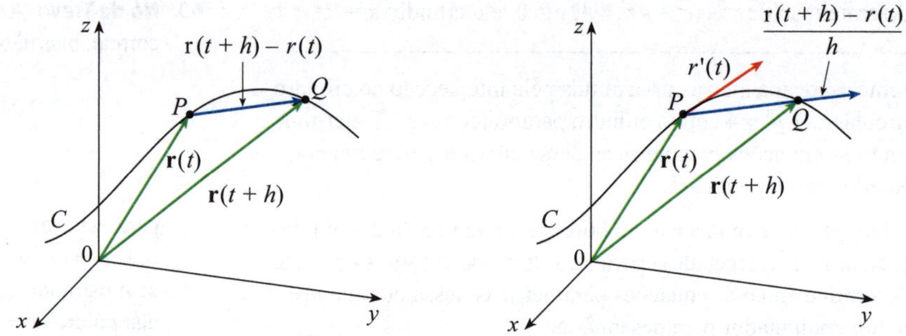

FIGURA 1 (a) O vetor secante $\overrightarrow{PQ}$ (b) O vetor tangente $\mathbf{r}'(t)$

O teorema seguinte fornece um método conveniente para calcular a derivada de uma função vetorial **r** por derivação de cada componente de **r**.

2 Teorema Se $\mathbf{r}(t) = \langle f(t), g(t), h(t)\rangle = f(t)\,\mathbf{i} + g(t)\,\mathbf{j} + h(t)\,\mathbf{k}$, onde f, g e h são funções diferenciáveis, então

$$\mathbf{r}'(t) = \langle f'(t), g'(t), h'(t)\rangle = f'(t)\,\mathbf{i} + g'(t)\,\mathbf{j} + h'(t)\,\mathbf{k}$$

DEMONSTRAÇÃO

$$\mathbf{r}'(t) = \lim_{\Delta t \to 0} \frac{1}{\Delta t}[\mathbf{r}(t+\Delta t) - \mathbf{r}(t)]$$

$$= \lim_{\Delta t \to 0} \frac{1}{\Delta t}[\langle f(t+\Delta t),\ g(t+\Delta t),\ h(t+\Delta t)\rangle - \langle f(t),\ g(t),\ h(t)\rangle]$$

$$= \lim_{\Delta t \to 0} \left\langle \frac{f(t+\Delta t)-f(t)}{\Delta t},\ \frac{g(t+\Delta t)-g(t)}{\Delta t},\ \frac{h(t+\Delta t)-h(t)}{\Delta t} \right\rangle$$

$$= \left\langle \lim_{\Delta t \to 0} \frac{f(t+\Delta t)-f(t)}{\Delta t},\ \lim_{\Delta t \to 0} \frac{g(t+\Delta t)-g(t)}{\Delta t},\ \lim_{\Delta t \to 0} \frac{h(t+\Delta t)-h(t)}{\Delta t} \right\rangle$$

$$= \langle f'(t),\ g'(t),\ h'(t)\rangle$$ ■

Um vetor unitário que tem a mesma direção do vetor tangente é denominado **vetor tangente unitário T** e é definido por

$$\mathbf{T}(t) = \frac{\mathbf{r}'(t)}{|\mathbf{r}'(t)|}$$

EXEMPLO 1

(a) Determine a derivada de $\mathbf{r}(t) = (1 + t^3)\,\mathbf{i} + te^{-t}\,\mathbf{j} + \operatorname{sen} 2t\,\mathbf{k}$.

(b) Encontre o vetor tangente unitário no ponto onde $t = 0$.

SOLUÇÃO

(a) De acordo com o Teorema 2, derivando cada componente de **r**, obtemos:

$$\mathbf{r}'(t) = 3t^2\,\mathbf{i} + (1 - t)e^{-t}\,\mathbf{j} + 2\cos 2t\,\mathbf{k}$$

(b) Uma vez que $\mathbf{r}(0) = \mathbf{i}$ e $\mathbf{r}'(0) = \mathbf{j} + 2\,\mathbf{k}$, o vetor unitário da tangente no ponto $(1, 0, 0)$ é

$$\mathbf{T}(0) = \frac{\mathbf{r}'(0)}{|\mathbf{r}'(0)|} = \frac{\mathbf{j} + 2\mathbf{k}}{\sqrt{1+4}} = \frac{1}{\sqrt{5}}\mathbf{j} + \frac{2}{\sqrt{5}}\mathbf{k}$$ ■

EXEMPLO 2 Para a curva $\mathbf{r}(t) = \sqrt{t}\,\mathbf{i} + (2 - t)\,\mathbf{j}$, determine $\mathbf{r}'(t)$ e desenhe o vetor posição $\mathbf{r}(1)$ e o vetor tangente $\mathbf{r}'(1)$.

SOLUÇÃO Temos

$$\mathbf{r}'(t) = \frac{1}{2\sqrt{t}}\,\mathbf{i} - \mathbf{j} \qquad \text{e} \qquad \mathbf{r}'(1) = \frac{1}{2}\,\mathbf{i} - \mathbf{j}$$

A curva é plana, e a eliminação do parâmetro das equações $x = \sqrt{t}$, $y = 2 - t$ nos dá $y = 2 - x^2$, $x \geq 0$. Na Figura 2, desenhamos o vetor posição $\mathbf{r}(1) = \mathbf{i} + \mathbf{j}$ começando na origem e o vetor tangente $\mathbf{r}'(1)$ começando no ponto correspondente (1, 1). ■

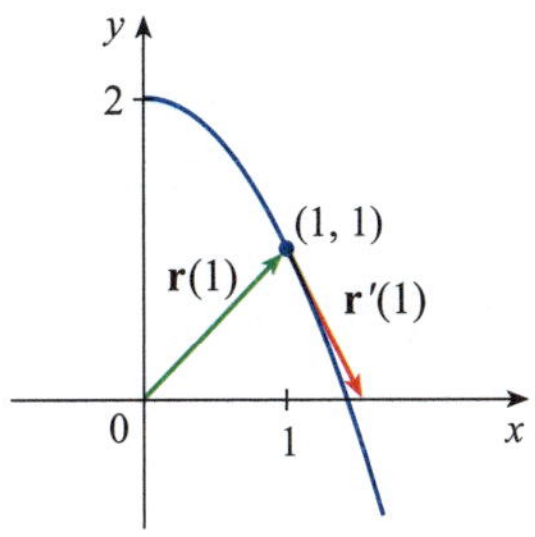

FIGURA 2

Observe na Figura 2 os pontos de vetor tangente na direção de aumentar *t*. (Veja o Exercício 60.)

EXEMPLO 3 Determine as equações paramétricas para a reta tangente à hélice com equações paramétricas

$$x = 2\cos t \qquad y = \operatorname{sen} t \qquad z = t$$

no ponto $(0, 1, \pi/2)$.

SOLUÇÃO A equação vetorial da hélice é $\mathbf{r}(t) = \langle 2\cos t, \operatorname{sen} t, t\rangle$, de modo que

$$\mathbf{r}'(t) = \langle -2\operatorname{sen} t, \cos t, 1\rangle$$

A hélice e a reta tangente do Exemplo 3 estão na Figura 3.

O valor do parâmetro correspondente ao ponto $(0, 1, \pi/2)$ é $t = \pi/2$, e o vetor tangente é $\mathbf{r}'(\pi/2) = \langle -2, 0, 1\rangle$. A reta tangente passa por $(0, 1, \pi/2)$ e é paralela ao vetor $\langle -2, 0, 1\rangle$, então, pela Equação 12.5.2, suas equações paramétricas são

$$x = -2t \qquad y = 1 \qquad z = \frac{\pi}{2} + t$$ ■

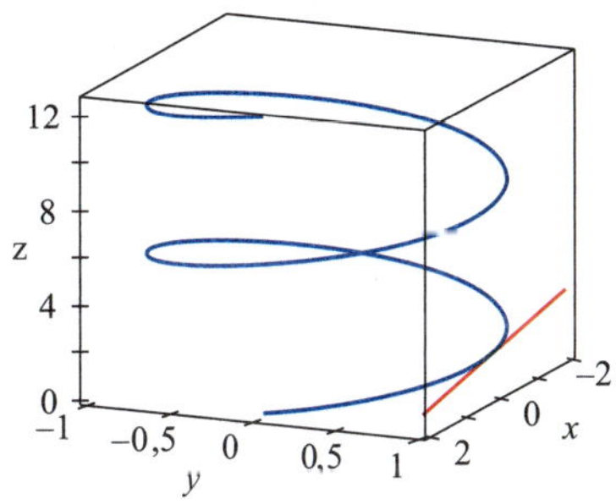

FIGURA 3

Do mesmo modo que para as funções reais, a **segunda derivada** da função vetorial $\mathbf{r}$ é a derivada de $\mathbf{r}'$, ou seja, $\mathbf{r}'' = (\mathbf{r}')'$. Por exemplo, a segunda derivada da função do Exemplo 3 é

$$\mathbf{r}''(t) = \langle -2\cos t, -\operatorname{sen} t, 0\rangle$$

Regras de Derivação

O próximo teorema mostra que as fórmulas de derivação para funções reais têm suas equivalentes para as funções vetoriais.

Na Seção 13.4 veremos como $\mathbf{r}'(t)$ e $\mathbf{r}''(t)$ podem ser interpretados como os vetores velocidade e aceleração de uma partícula se movendo pelo espaço com vetor posição $\mathbf{r}(t)$ no instante *t*.

3 Teorema Suponha que **u** e **v** sejam funções vetoriais diferenciáveis, *c* um escalar e *f* uma função real. Então,

1. $\dfrac{d}{dt}[\mathbf{u}(t) + \mathbf{v}(t)] = \mathbf{u}'(t) + \mathbf{v}'(t)$

2. $\dfrac{d}{dt}[c\mathbf{u}(t)] = c\mathbf{u}'(t)$

3. $\dfrac{d}{dt}[f(t)\mathbf{u}(t)] = f'(t)\mathbf{u}(t) + f(t)\mathbf{u}'(t)$

4. $\dfrac{d}{dt}[\mathbf{u}(t)\cdot\mathbf{v}(t)] = \mathbf{u}'(t)\cdot\mathbf{v}(t) + \mathbf{u}(t)\cdot\mathbf{v}'(t)$

5. $\dfrac{d}{dt}[\mathbf{u}(t)\times\mathbf{v}(t)] = \mathbf{u}'(t)\times\mathbf{v}(t) + \mathbf{u}(t)\times\mathbf{v}'(t)$

6. $\dfrac{d}{dt}[\mathbf{u}(f(t))] = f'(t)\mathbf{u}'(f(t))$ (Regra da Cadeia)

Esse teorema pode ser demonstrado usando-se diretamente a Definição 1 ou empregando-se o Teorema 2 e as fórmulas de derivação correspondentes para as funções com valores reais. A demonstração da Fórmula 4 está a seguir; as fórmulas restantes são deixadas como exercícios.

DEMONSTRAÇÃO DA FÓRMULA 4 Sejam

$$\mathbf{u}(t) = \langle f_1(t),\, f_2(t),\, f_3(t)\rangle \qquad \mathbf{v}(t) = \langle g_1(t),\, g_2(t),\, g_3(t)\rangle$$

Então $\quad \mathbf{u}(t)\cdot\mathbf{v}(t) = f_1(t)g_1(t) + f_2(t)g_2(t) + f_3(t)g_3(t) = \sum_{i=1}^{3} f_i(t)g_i(t)$

e as regras usuais de derivação do produto fornecem

$$\begin{aligned}\frac{d}{dt}[\mathbf{u}(t)\cdot\mathbf{v}(t)] &= \frac{d}{dt}\sum_{i=1}^{3} f_i(t)g_i(t) = \sum_{i=1}^{3}\frac{d}{dt}[f_i(t)g_i(t)] \\ &= \sum_{i=1}^{3}[f_i'(t)g_i(t) + f_i(t)g_i'(t)] \\ &= \sum_{i=1}^{3} f_i'(t)g_i(t) + \sum_{i=1}^{3} f_i(t)g_i'(t) \\ &= \mathbf{u}'(t)\cdot\mathbf{v}(t) + \mathbf{u}(t)\cdot\mathbf{v}'(t)\end{aligned}$$

■

Usamos a Fórmula 4 para demonstrar o seguinte teorema:

> **4 Teorema** Se $|\mathbf{r}(t)| = c$ (uma constante), então $\mathbf{r}'(t)$ é ortogonal a $\mathbf{r}(t)$ para todo t.

DEMONSTRAÇÃO Uma vez que

$$\mathbf{r}(t)\cdot\mathbf{r}(t) = |\mathbf{r}(t)|^2 = c^2$$

e c^2 é uma constante, da Fórmula 4 do Teorema 3 vem

$$0 = \frac{d}{dt}[\mathbf{r}(t)\cdot\mathbf{r}(t)] = \mathbf{r}'(t)\cdot\mathbf{r}(t) + \mathbf{r}(t)\cdot\mathbf{r}'(t) = 2\mathbf{r}'(t)\cdot\mathbf{r}(t)$$

Assim, $\mathbf{r}'(t)\cdot\mathbf{r}(t) = 0$, que diz que $\mathbf{r}'(t)$ é ortogonal a $\mathbf{r}(t)$. ■

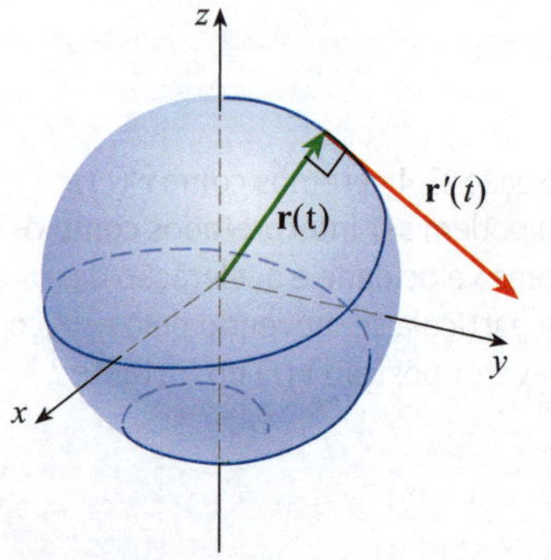

FIGURA 4

Geometricamente, esse resultado indica que, se a curva está em uma esfera com o centro na origem, então o vetor tangente $\mathbf{r}'(t)$ é sempre perpendicular ao vetor posição $\mathbf{r}(t)$. (Veja a Figura 4.)

Integrais

A **integral definida** de uma função vetorial contínua $\mathbf{r}(t)$ pode ser definida da mesma forma que para a função real, exceto que a integral resulta em um vetor. Mas podemos expressar a integral de $\mathbf{r}$ como a integral de suas funções componentes f, g e h como segue. (Utilizamos a notação do Capítulo 5, no Volume 1.)

$$\begin{aligned}\int_a^b \mathbf{r}(t)\,dt &= \lim_{n\to\infty}\sum_{i=1}^{n}\mathbf{r}(t_i^*)\Delta t \\ &= \lim_{n\to\infty}\left[\left(\sum_{i=1}^{n} f(t_i^*)\Delta t\right)\mathbf{i} + \left(\sum_{i=1}^{n} g(t_i^*)\Delta t\right)\mathbf{j} + \left(\sum_{i=1}^{n} h(t_i^*)\Delta t\right)\mathbf{k}\right]\end{aligned}$$

e também

$$\int_a^b \mathbf{r}(t)\,dt = \left(\int_a^b f(t)\,dt\right)\mathbf{i} + \left(\int_a^b g(t)\,dt\right)\mathbf{j} + \left(\int_a^b h(t)\,dt\right)\mathbf{k}$$

Isso mostra que podemos calcular a integral da função vetorial integrando cada componente dela.

Podemos estender o Teorema Fundamental do Cálculo para as funções vetoriais contínuas como se segue:

$$\int_a^b \mathbf{r}(t)\,dt = \mathbf{R}(t)\big]_a^b = \mathbf{R}(b) - \mathbf{R}(a)$$

onde $\mathbf{R}$ é uma primitiva de $\mathbf{r}$, ou seja, $\mathbf{R}'(t) = \mathbf{r}(t)$. Usaremos a notação $\int \mathbf{r}(t)\,dt$ para as integrais indefinidas (primitivas).

EXEMPLO 4 Se $\mathbf{r}(t) = 2\cos t\,\mathbf{i} + \text{sen}\,t\,\mathbf{j} + 2t\,\boldsymbol{k}$, então

$$\int \mathbf{r}(t)\,dt = \left(\int 2\cos t\,dt\right)\mathbf{i} + \left(\int \text{sen}\,t\,dt\right)\mathbf{j} + \left(\int 2t\,dt\right)\mathbf{k}$$

$$= 2\,\text{sen}\,t\,\mathbf{i} - \cos t\,\mathbf{j} + t^2\mathbf{k} + \mathbf{C}$$

onde $\mathbf{C}$ é um vetor constante de integração, e

$$\int_0^{\pi/2} \mathbf{r}(t)\,dt = [2\,\text{sen}\,t\,\mathbf{i} - \cos t\,\mathbf{j} + t^2\mathbf{k}]_0^{\pi/2} = 2\mathbf{i} + \mathbf{j} + \frac{\pi^2}{4}\mathbf{k}$$ ■

13.2 Exercícios

1. A figura mostra uma curva C dada pela função vetorial $\mathbf{r}(t)$.
(a) Desenhe os vetores $\mathbf{r}(4{,}5) - \mathbf{r}(4)$ e $\mathbf{r}(4{,}2) - \mathbf{r}(4)$.
(b) Esboce os vetores

$$\frac{\mathbf{r}(4{,}5) - \mathbf{r}(4)}{0{,}5} \quad \text{e} \quad \frac{\mathbf{r}(4{,}2) - \mathbf{r}(4)}{0{,}2}$$

(c) Escreva a expressão para $\mathbf{r}'(4)$ e para seu vetor tangente unitário $\mathbf{T}(4)$.
(d) Desenhe o vetor $\mathbf{T}(4)$.

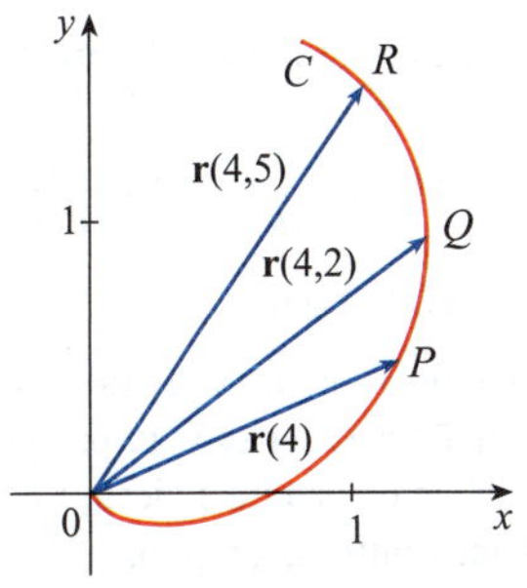

2. (a) Faça um esboço grande da curva descrita pela função vetorial $\mathbf{r}(t) = \langle t^2, t\rangle$, $0 \le t \le 2$, e desenhe os vetores $\mathbf{r}(1)$, $\mathbf{r}(1{,}1)$ e $\mathbf{r}(1{,}1) - \mathbf{r}(1)$.
(b) Desenhe o vetor $\mathbf{r}'(1)$ começando em (1, 1) e o compare com o vetor

$$\frac{\mathbf{r}(1{,}1) - \mathbf{r}(1)}{0{,}1}$$

Explique por que esses vetores estão tão próximos um do outro tanto em módulo quanto em direção e sentido.

3-8
(a) Esboce o gráfico da curva plana com a equação vetorial dada.
(b) Encontre $\mathbf{r}'(t)$.
(c) Esboce o vetor posição $\mathbf{r}(t)$ e o vetor tangente $\mathbf{r}'(t)$ para o valor dado de t.

3. $\mathbf{r}(t) = \langle t-2, t^2+1\rangle$, $t = -1$

4. $\mathbf{r}(t) = \langle t^2, t^3\rangle$, $t = 1$

5. $\mathbf{r}(t) = e^{2t}\,\mathbf{i} + e^t\,\mathbf{j}$, $t = 0$

6. $\mathbf{r}(t) = e^t\,\mathbf{i} + 2t\,\mathbf{j}$, $t = 0$

7. $\mathbf{r}(t) = 4\,\text{sen}\,t\,\mathbf{i} - 2\cos t\,\mathbf{j}$, $t = 3\pi/4$

8. $\mathbf{r}(t) = (\cos t + 1)\,\mathbf{i} + (\text{sen}\,t - 1)\,\mathbf{j}$, $t = -\pi/3$

9-16 Determine a derivada da função vetorial.

9. $\mathbf{r}(t) = \left\langle \sqrt{t-2}, 3, 1/t^2 \right\rangle$

10. $\mathbf{r}(t) = \langle e^{-t}, t - t^3, \ln t\rangle$

11. $\mathbf{r}(t) = t^2\,\mathbf{i} + \cos(t^2)\mathbf{j} + \text{sen}^2 t\,\mathbf{k}$

12. $\mathbf{r}(t) = \dfrac{1}{1+t}\mathbf{i} + \dfrac{t}{1+t}\mathbf{j} + \dfrac{t^2}{1+t}\mathbf{k}$

13. $\mathbf{r}(t) = t\,\text{sen}\,t\,\mathbf{i} + e^t\cos t\,\mathbf{j} + \text{sen}\,t\cos t\,\mathbf{k}$

14. $\mathbf{r}(t) = \text{sen}^2 at\,\mathbf{i} + te^{bt}\,\mathbf{j} + \cos^2 ct\,\mathbf{k}$

15. $\mathbf{r}(t) = \mathbf{a} + t\,\mathbf{b} + t^2\mathbf{c}$

16. $\mathbf{r}(t) = t\,\mathbf{a} \times (\mathbf{b} + t\,\mathbf{c})$

17-20 Determine o vetor tangente unitário $\mathbf{T}(t)$ no ponto com valor de parâmetro dado t.

17. $\mathbf{r}(t) = \langle t^2 - 2t,\ 1 + 3t,\ \frac{1}{3}t^3 + \frac{1}{2}t^2 \rangle, \quad t = 2$

18. $\mathbf{r}(t) = \langle \text{tg}^{-1}\, t,\ 2e^{2t},\ 8te^t \rangle, \quad t = 0$

19. $\mathbf{r}(t) = \cos t\,\mathbf{i} + 3t\,\mathbf{j} + 2\,\text{sen}\,2t\,\mathbf{k}, \quad t = 0$

20. $\mathbf{r}(t) = \text{sen}^2\, t\,\mathbf{i} + \cos^2 t\,\mathbf{j} + \text{tg}^2\, t\,\mathbf{k}, \quad t = \pi/4$

21-22 Determine o vetor tangente unitário $\mathbf{T}(t)$ no ponto indicado da curva.

21. $\mathbf{r}(t) = \langle t^3 + 1,\ 3t - 5,\ 4/t \rangle, \quad (2, -2, 4)$

22. $\mathbf{r}(t) = \text{sen}\, t\,\mathbf{i} + 5t\,\mathbf{j} + \cos t\,\mathbf{k}, \quad (0, 0, 1)$

23. Supondo que $\mathbf{r}(t) = \langle t^4, t, t^2 \rangle$, determine $\mathbf{r}'(t)$, $\mathbf{T}(1)$, $\mathbf{r}''(t)$ e $\mathbf{r}'(t) \times \mathbf{r}''(t)$.

24. Supondo que $\mathbf{r}(t) = \langle e^{2t}, e^{-3t}, t \rangle$, determine $\mathbf{r}'(0)$, $\mathbf{T}(0)$, $\mathbf{r}''(0)$ e $\mathbf{r}'(0) \times \mathbf{r}''(0)$.

25-28 Determine as equações paramétricas para a reta tangente à curva dada pelas equações paramétricas, no ponto especificado.

25. $x = t^2 + 1, \quad y = 4\sqrt{t}, \quad z = e^{t^2 - t}; \quad (2, 4, 1)$

26. $x = \ln(t + 1), \quad y = t\cos 2t, \quad z = 2^t; \quad (0, 0, 1)$

27. $x = e^{-t}\cos t, \quad y = e^{-t}\,\text{sen}\, t, \quad z = e^{-t}; \quad (1, 0, 1)$

28. $x = \sqrt{t^2 + 3}, \quad y = \ln(t^2 + 3), \quad z = t; \quad (2, \ln 4, 1)$

29. Encontre uma equação para a reta tangente à curva de intersecção dos cilindros $x^2 + y^2 = 25$ e $y^2 + z^2 = 20$ no ponto $(3, 4, 2)$.

30. Encontre o ponto na curva de $\mathbf{r}(t) = \langle 2\cos t,\ 2\,\text{sen}\, t,\ e^t \rangle$, $0 \le t \le \pi$, em que a reta tangente é paralela ao plano $\sqrt{3}x + y = 1$.

31-33 Determine as equações paramétricas para a reta tangente à curva dada pelas equações paramétricas, no ponto especificado. Ilustre traçando o gráfico da curva e da reta tangente em uma mesma tela.

31. $x = t,\ y = e^{-t},\ z = 2t - t^2; \quad (0, 1, 0)$

32. $x = 2\cos t,\ y = 2\,\text{sen}\, t,\ z = 4\cos 2t; \quad (\sqrt{3}, 1, 2)$

33. $x = t\cos t,\ y = t,\ z = t\,\text{sen}\, t; \quad (-\pi, \pi, 0)$

34. (a) Determine o ponto de intersecção das retas tangentes à curva $\mathbf{r}(t) = \langle \text{sen}\,\pi t,\ 2\,\text{sen}\,\pi t,\ \cos\pi t \rangle$ nos pontos $t = 0$ e $t = 0{,}5$.

(b) Ilustre traçando o gráfico da curva e ambas as tangentes.

35. As curvas de $\mathbf{r}_1(t) = \langle t, t^2, t^3 \rangle$ e $\mathbf{r}_2(t) = \langle \text{sen}\, t, \text{sen}\, 2t, t \rangle$ se interceptam na origem. Determine o ângulo de intersecção dessas com precisão de um grau.

36. Em que ponto as curvas $\mathbf{r}_1(t) = \langle t, 1 - t, 3 + t^2 \rangle$ e $\mathbf{r}_2(s) = \langle 3 - s, s - 2, s^2 \rangle$ se cruzam? Determine o ângulo de intersecção dessas com precisão de um grau.

37-42 Calcule a integral.

37. $\int_0^2 (t\,\mathbf{i} - t^3\,\mathbf{j} + 3t^5\,\mathbf{k})\,dt$

38. $\int_1^4 (2t^{3/2}\,\mathbf{i} + (t + 1)\sqrt{t}\,\mathbf{k})\,dt$

39. $\int_0^1 \left(\frac{1}{t+1}\mathbf{i} + \frac{1}{t^2+1}\mathbf{j} + \frac{t}{t^2+1}\mathbf{k} \right) dt$

40. $\int_0^{\pi/4} (\sec t\ \text{tg}\, t\,\mathbf{i} + t\cos 2t\,\mathbf{j} + \text{sen}^2\, 2t\cos 2t\,\mathbf{k})\,dt$

41. $\int \left(\frac{1}{1+t^2}\mathbf{i} + te^{t^2}\mathbf{j} + \sqrt{t}\,\mathbf{k} \right) dt$

42. $\int \left(t\cos t^2\,\mathbf{i} + \frac{1}{t}\mathbf{j} + \sec^2 t\,\mathbf{k} \right) dt$

43. Determine $\mathbf{r}(t)$ supondo que $\mathbf{r}'(t) = 2t\mathbf{i} + 3t^2\mathbf{j} + \sqrt{t}\,\mathbf{k}$ e $\mathbf{r}(1) = \mathbf{i} + \mathbf{j}$.

44. Determine $\mathbf{r}(t)$ supondo que $\mathbf{r}'(t) = t\,\mathbf{i} + e^t\mathbf{j} + te^t\mathbf{k}$ e $\mathbf{r}(0) = \mathbf{i} + \mathbf{j} + \mathbf{k}$.

45. Demonstre a Fórmula 1 do Teorema 3.

46. Demonstre a Fórmula 3 do Teorema 3.

47. Demonstre a Fórmula 5 do Teorema 3.

48. Demonstre a Fórmula 6 do Teorema 3.

49. Se $\mathbf{u}(t) = (\text{sen}\, t, \cos t, t)$ e $\mathbf{v}(t) = (t, \cos t, \text{sen}\, t)$, utilize a Fórmula 4 do Teorema 3 para encontrar

$$\frac{d}{dt}[\mathbf{u}(t) \cdot \mathbf{v}(t)]$$

50. Se $\mathbf{u}$ e $\mathbf{v}$ são as funções de vetor no Exercício 49, utilize a Fórmula 5 do Teorema 3 para encontrar

$$\frac{d}{dt}[\mathbf{u}(t) \times \mathbf{v}(t)]$$

51. Determine $f'(2)$, onde $f(t) = \mathbf{u}(t) \cdot \mathbf{v}(t)$, $\mathbf{u}(2) = \langle 1, 2, -1 \rangle$, $\mathbf{u}'(2) = \langle 3, 0, 4 \rangle$ e $\mathbf{v}(t) = \langle t, t^2, t^3 \rangle$.

52. Se $\mathbf{r}(t) = \mathbf{u}(t) \times \mathbf{v}(t)$, onde $\mathbf{u}$ e $\mathbf{v}$ são as funções de vetor no Exercício 51, encontre $\mathbf{r}'(2)$.

53. Se $\mathbf{r}(t) = \mathbf{a}\cos \omega t + \mathbf{b}\,\text{sen}\,\omega t$, onde $\mathbf{a}$ e $\mathbf{b}$ são vetores constantes, mostre que $\mathbf{r}(t) \times \mathbf{r}'(t) = \omega\mathbf{a} \times \mathbf{b}$.

54. Se $\mathbf{r}$ é a função vetorial no Exercício 53, mostre que $\mathbf{r}''(t) + \omega^2\mathbf{r}(t) = \mathbf{0}$.

55. Mostre que se $\mathbf{r}$ é uma função vetorial tal que exista $\mathbf{r}''$, então

$$\frac{d}{dt}[\mathbf{r}(t) \times \mathbf{r}'(t)] = \mathbf{r}(t) \times \mathbf{r}''(t)$$

56. Determine uma expressão para $\frac{d}{dt}[\mathbf{u}(t) \cdot (\mathbf{v}(t) \times \mathbf{w}(t))]$.

57. Se $\mathbf{r}(t) \neq \mathbf{0}$, mostre que $\frac{d}{dt}|\mathbf{r}(t)| = \frac{1}{|\mathbf{r}(t)|}\mathbf{r}(t) \cdot \mathbf{r}'(t)$.

[*Dica*: $|\mathbf{r}(t)|^2 = \mathbf{r}(t) \cdot \mathbf{r}(t)$]

58. Prove o inverso do Teorema 4: Se uma curva tem a propriedade de o vetor posição $\mathbf{r}(t)$ ser sempre ortogonal ao vetor tangente $\mathbf{r}'(t)$, então $|\mathbf{r}(t)|$ é constante e, desta forma, a curva está sobre uma esfera com centro na origem.

59. Se $\mathbf{u}(t) = \mathbf{r}(t) \cdot [\mathbf{r}'(t) \times \mathbf{r}''(t)]$, mostre que

$$\mathbf{u}'(t) = \mathbf{r}(t) \cdot [\mathbf{r}'(t) \times \mathbf{r}'''(t)]$$

60. Mostre que o vetor tangente a uma curva definida por uma função vetorial $\mathbf{r}(t)$ aponta no mesmo sentido da curva com t aumentando.

[*Dica*: Consulte a Figura 1 e considere os casos $h > 0$ e $h < 0$ separadamente.]

13.3 | Comprimento de Arco e Curvatura

Comprimento de uma Curva

Na Seção 10.2, definimos o comprimento de uma curva plana com equações paramétricas $x = f(t)$, $y = g(t)$, $a \le t \le b$, como o limite do comprimento das poligonais inscritas e, para o caso no qual f' e g' são contínuas, chegamos à seguinte fórmula

1 $$L = \int_a^b \sqrt{[f'(t)]^2 + [g'(t)]^2}\, dt = \int_a^b \sqrt{\left(\frac{dx}{dt}\right)^2 + \left(\frac{dy}{dt}\right)^2}\, dt$$

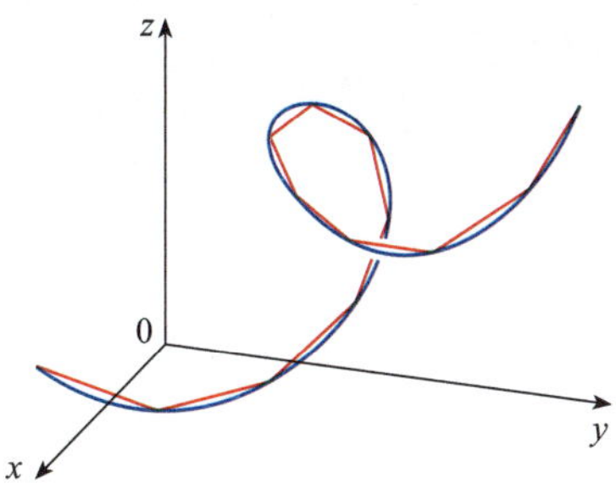

FIGURA 1
O comprimento de uma curva espacial é o limite dos comprimentos das poligonais inscritas

O comprimento de uma curva espacial é definido exatamente da mesma forma (veja a Figura 1). Suponha que a curva tenha equação vetorial $\mathbf{r}(t) = \langle f(t), g(t), h(t)\rangle$, $a \le t \le b$, ou, o que é equivalente, equações paramétricas $x = f(t)$, $y = g(t)$, $z = h(t)$, onde f', g' e h' são funções contínuas. Se a curva é percorrida exatamente uma vez à medida que t cresce, a partir de a para b, é possível mostrar que

2 $$L = \int_a^b \sqrt{[f'(t)]^2 + [g'(t)]^2 + [h'(t)]^2}\, dt = \int_a^b \sqrt{\left(\frac{dx}{dt}\right)^2 + \left(\frac{dy}{dt}\right)^2 + \left(\frac{dz}{dt}\right)^2}\, dt$$

Observe que os comprimentos dos arcos de curva dados pelas Fórmulas (1) e (2) podem ser escritos de forma mais compacta

3 $$L = \int_a^b |\mathbf{r}'(t)|\, dt$$

Na Seção 13.4, veremos que, se $\mathbf{r}(t)$ é o vetor posição de um objeto em movimento no instante t, então $\mathbf{r}'(t)$ é o vetor velocidade e $|\mathbf{r}'(t)|$ é a velocidade escalar. Assim, a Equação 3 diz que para calcular a distância percorrida, integramos a velocidade escalar.

porque, para curvas planas $\mathbf{r}(t) = f(t)\,\mathbf{i} + g(t)\,\mathbf{j}$,

$$|\mathbf{r}'(t)| = |f'(t)\mathbf{i} + g'(t)\mathbf{j}| = \sqrt{[f'(t)]^2 + [g'(t)]^2}$$

e para as curvas espaciais $\mathbf{r}(t) = f(t)\,\mathbf{i} + g(t)\,\mathbf{j} + h(t)\,\mathbf{k}$,

$$|\mathbf{r}'(t)| = |f'(t)\mathbf{i} + g'(t)\mathbf{j} + h'(t)\mathbf{k}| = \sqrt{[f'(t)]^2 + [g'(t)]^2 + [h'(t)]^2}$$

EXEMPLO 1 Calcule o comprimento do arco da hélice circular de equação $\mathbf{r}(t) = \cos t\,\mathbf{i} + \text{sen}\, t\,\mathbf{j} + t\,\mathbf{k}$ do ponto $(1, 0, 0)$ até o ponto $(1, 0, 2\pi)$.

A Figura 2 mostra o arco de hélice cujo comprimento é calculado no Exemplo 1.

SOLUÇÃO Uma vez que $\mathbf{r}'(t) = -\text{sen}\, t\,\mathbf{i} + \cos t\,\mathbf{j} + \mathbf{k}$, temos

$$|\mathbf{r}'(t)| = \sqrt{(-\text{sen}\, t)^2 + \cos^2 t + 1} = \sqrt{2}$$

O arco de $(1, 0, 0)$ até $(1, 0, 2\pi)$ é descrito quando o parâmetro percorre o intervalo $0 \le t \le 2\pi$ e, assim, da Fórmula 3, temos

$$L = \int_0^{2\pi} |\mathbf{r}'(t)|\, dt = \int_0^{2\pi} \sqrt{2}\, dt = 2\sqrt{2}\,\pi$$ ■

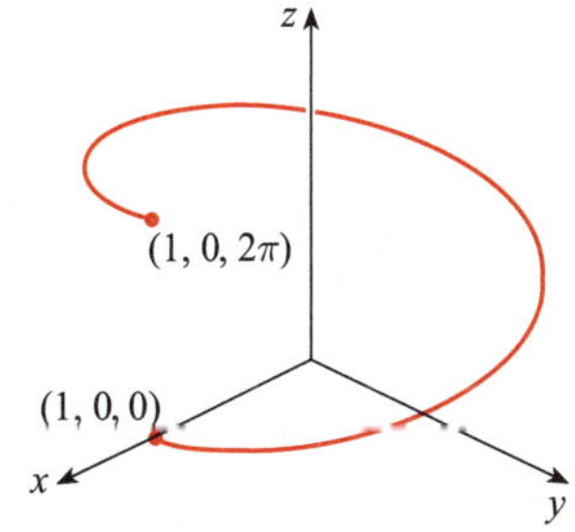

FIGURA 2

Uma única curva C pode ser representada por mais de uma função vetorial. Por exemplo, a cúbica retorcida

4 $$\mathbf{r}_1(t) = \langle t, t^2, t^3\rangle \qquad 1 \le t \le 2$$

poderia ser representada também pela função

$$\boxed{5} \qquad \mathbf{r}_2(u) = \langle e^u, e^{2u}, e^{3u} \rangle \qquad 0 \le u \le \ln 2$$

onde a relação entre os parâmetros t e u é dada por $t = e^u$. Dizemos que as Equações 4 e 5 são **parametrizações** da curva C. Se fôssemos usar a Equação 3 para calcular o comprimento de C usando Equações 4 e 5, obteríamos a mesma resposta. Isso ocorre porque o comprimento de arco é uma propriedade geométrica da curva e, consequentemente, é independente da parametrização empregada.

A Função Comprimento de Arco

Suponhamos agora que C seja uma curva dada pela função vetorial

$$\mathbf{r}(t) = f(t)\,\mathbf{i} + g(t)\,\mathbf{j} + h(t)\,\mathbf{k} \qquad a \le t \le b$$

onde $\mathbf{r}'$ é contínua e C é percorrida exatamente uma vez à medida que t aumenta de a para b. Definimos sua **função de comprimento de arco** s por

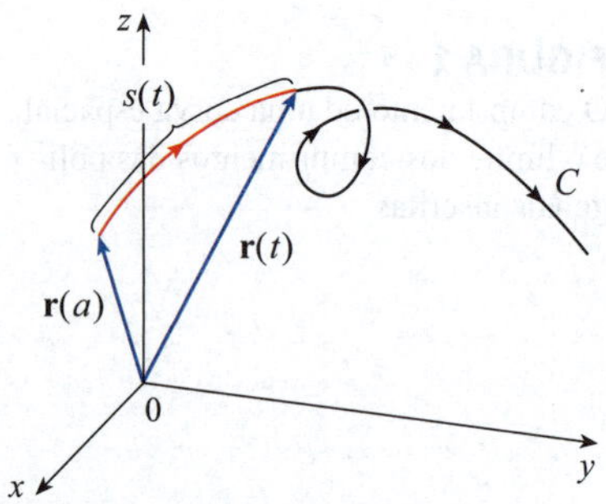

FIGURA 3

$$\boxed{6} \qquad s(t) = \int_a^t |\mathbf{r}'(u)|\,du = \int_a^t \sqrt{\left(\frac{dx}{du}\right)^2 + \left(\frac{dy}{du}\right)^2 + \left(\frac{dz}{du}\right)^2}\,du$$

(Compare com as Equações 10.2.7.) Então, $s(t)$ é o comprimento da parte de C entre $\mathbf{r}(a)$ e $\mathbf{r}(t)$. (Veja a Figura 3.) Se derivarmos os dois lados da Equação 6 usando a Parte 1 do Teorema Fundamental do Cálculo, obteremos

$$\boxed{7} \qquad \frac{ds}{dt} = |\mathbf{r}'(t)|$$

É frequentemente útil **parametrizar uma curva em relação ao comprimento do arco**, pois o comprimento de arco aparece naturalmente a partir da forma da curva e não depende do sistema de coordenadas utilizado ou de uma parametrização específica. Se uma curva $\mathbf{r}(t)$ já está dada em termos de um parâmetro t e $s(t)$ é a função comprimento de arco dada pela Equação 6, podemos ser capazes de escrever t como uma função de s: $t = t(s)$. Em seguida, a curva pode ser reparametrizada em termos de s substituindo por t: $\mathbf{r} = \mathbf{r}(t(s))$. Assim, se $s = 3$, por exemplo, $\mathbf{r}(t(3))$ é a posição do ponto que está a três unidades de comprimento do início da curva.

EXEMPLO 2 Reparametrize a hélice circular $\mathbf{r}(t) = \cos t\,\mathbf{i} + \operatorname{sen} t\,\mathbf{j} + t\,\mathbf{k}$ utilizando o comprimento de arco medido a partir de $(1, 0, 0)$ na direção de crescimento de t.

SOLUÇÃO O ponto inicial $(1, 0, 0)$ corresponde ao valor do parâmetro $t = 0$. A partir do Exemplo 1, temos

$$\frac{ds}{dt} = |\mathbf{r}'(t)| = \sqrt{2}$$

e, assim,

$$s = s(t) = \int_0^t |\mathbf{r}'(u)|\,du = \int_0^t \sqrt{2}\,du = \sqrt{2}\,t$$

Portanto, $t = s/\sqrt{2}$ e a reparametrização pedida é obtida substituindo-se o valor de t:

$$\mathbf{r}(t(s)) = \cos(s/\sqrt{2})\,\mathbf{i} + \operatorname{sen}(s/\sqrt{2})\,\mathbf{j} + (s/\sqrt{2})\,\mathbf{k}$$

■

Curvatura

Uma parametrização $\mathbf{r}(t)$ é chamada **suave** em um intervalo I se $\mathbf{r}'$ for contínua e $\mathbf{r}'(t) \neq \mathbf{0}$ em I. Uma curva é chamada de **suave** se tiver uma parametrização suave. Uma curva suave não tem quebras abruptas ou cúspides; quando seu vetor tangente gira, ele o faz continuamente.

Se C for uma curva suave definida por uma função vetorial $\mathbf{r}$, lembre-se de que o vetor tangente unitário $\mathbf{T}(t)$ será dado por

$$\mathbf{T}(t)=\frac{\mathbf{r}'(t)}{|\mathbf{r}'(t)|}$$

e indica a direção da curva. Da Figura 4, podemos ver que $\mathbf{T}(t)$ muda de direção muito devagar quando a curva C é razoavelmente reta, mas muda de direção mais rapidamente quando a curva C se dobra ou retorce mais acentuadamente.

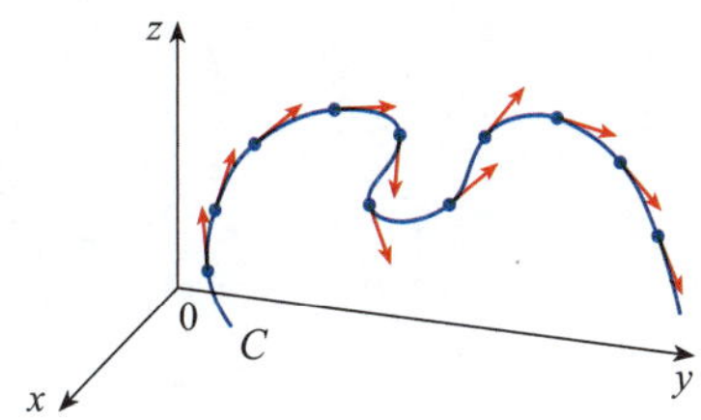

FIGURA 4
Vetor tangente unitário em pontos igualmente espaçados de C

A curvatura de C em dado ponto é a medida de quão rapidamente a curva muda de direção no ponto. Especificamente, definimos a curvatura como o módulo da taxa de variação do vetor tangente unitário com relação ao comprimento do arco. (Utilizamos o comprimento de arco, pois assim a curvatura independe da parametrização.) Como o vetor tangente unitário tem comprimento constante, apenas variações na direção contribuem com a taxa de variação de $\mathbf{T}$.

8 **Definição** A **curvatura** de uma curva é

$$\kappa=\left|\frac{d\mathbf{T}}{ds}\right|$$

onde $\mathbf{T}$ é o vetor tangente unitário.

A curvatura é mais simples de calcular se expressa em termos do parâmetro t em vez de s. Assim, usamos a Regra da Cadeia (Teorema 13.2.3, Fórmula 6) para escrever

$$\frac{d\mathbf{T}}{dt}=\frac{d\mathbf{T}}{ds}\frac{ds}{dt} \qquad \Rightarrow \qquad \kappa=\left|\frac{d\mathbf{T}}{ds}\right|=\left|\frac{d\mathbf{T}/dt}{ds/dt}\right|$$

Mas, da Equação 7, $ds/dt=|\mathbf{r}'(t)|$, e então

9
$$\kappa(t)=\frac{|\mathbf{T}'(t)|}{|\mathbf{r}'(t)|}$$

EXEMPLO 3 Mostre que a curvatura de um círculo de raio a é $1/a$.

SOLUÇÃO Podemos tomar o círculo com centro na origem e parametrizado por

$$\mathbf{r}(t)=a\cos t\,\mathbf{i}+a\,\mathrm{sen}\,t\,\mathbf{j}$$

Portanto, $\quad \mathbf{r}'(t)=-a\,\mathrm{sen}\,t\,\mathbf{i}+a\cos t\,\mathbf{j} \quad$ e $\quad |\mathbf{r}'(t)|=a$

logo, $$\mathbf{T}(t)=\frac{\mathbf{r}'(t)}{|\mathbf{r}'(t)|}=-\mathrm{sen}\,t\,\mathbf{i}+\cos t\,\mathbf{j}$$

e $$\mathbf{T}'(t)=-\cos t\,\mathbf{i}-\mathrm{sen}\,t\,\mathbf{j}$$

Isso nos dá $|\mathbf{T}'(t)|=1$, então, usando a Fórmula 9, temos

$$\kappa(t)=\frac{|\mathbf{T}'(t)|}{|\mathbf{r}'(t)|}=\frac{1}{a}$$ ■

O resultado do Exemplo 3 mostra que pequenos círculos têm uma grande curvatura, enquanto grandes círculos têm uma pequena curvatura, como nossa intuição indica. Podemos ver diretamente da definição que a curvatura de uma reta é sempre 0, pois o vetor tangente é constante.

Embora a Fórmula 9 possa ser utilizada em qualquer caso para calcular a curvatura, em geral é mais conveniente aplicar a fórmula dada pelo teorema a seguir:

10 Teorema A curvatura de uma curva dada pela função vetorial **r** é

$$\kappa(t) = \frac{|\mathbf{r}'(t) \times \mathbf{r}''(t)|}{|\mathbf{r}'(t)|^3}$$

DEMONSTRAÇÃO Como $\mathbf{T} = \mathbf{r}'/|\mathbf{r}'|$ e $|\mathbf{r}'| = ds/dt$, temos

$$\mathbf{r} = |\mathbf{r}'|\mathbf{T} = \frac{ds}{dt}\mathbf{T}$$

e, pela Regra do Produto (Teorema 13.2.3, Fórmula 3), temos

$$\mathbf{r}'' = \frac{d^2s}{dt^2}\mathbf{T} + \frac{ds}{dt}\mathbf{T}'$$

Usando o fato de que $\mathbf{T} \times \mathbf{T} = \mathbf{0}$ (veja o Exemplo 12.4.2), temos

$$\mathbf{r}' \times \mathbf{r}'' = \left(\frac{ds}{dt}\right)^2 (\mathbf{T} \times \mathbf{T}')$$

Agora $|\mathbf{T}(t)| = 1$ para todo t, então $\mathbf{T}$ e $\mathbf{T}'$ são ortogonais pelo Exemplo 13.2.4. Portanto, pelo Teorema 12.4.9,

$$|\mathbf{r}' \times \mathbf{r}''| = \left(\frac{ds}{dt}\right)^2 |\mathbf{T} \times \mathbf{T}'| = \left(\frac{ds}{dt}\right)^2 |\mathbf{T}||\mathbf{T}'| = \left(\frac{ds}{dt}\right)^2 |\mathbf{T}'|$$

Logo,

$$|\mathbf{T}'| = \frac{|\mathbf{r}' \times \mathbf{r}''|}{(ds/dt)^2} = \frac{|\mathbf{r}' \times \mathbf{r}''|}{|\mathbf{r}'|^2}$$

e

$$\kappa = \frac{|\mathbf{T}'|}{|\mathbf{r}'|} = \frac{|\mathbf{r}' \times \mathbf{r}''|}{|\mathbf{r}'|^3}$$

■

EXEMPLO 4 Determine a curvatura da cúbica retorcida $\mathbf{r}(t) = \langle t, t^2, t^3 \rangle$ em um ponto genérico e em (0, 0, 0).

SOLUÇÃO Calculemos inicialmente os ingredientes necessários:

$$\mathbf{r}'(t) = \langle 1, 2t, 3t^2 \rangle \qquad \mathbf{r}''(t) = \langle 0, 2, 6t \rangle$$

$$|\mathbf{r}'(t)| = \sqrt{1 + 4t^2 + 9t^4}$$

$$\mathbf{r}'(t) \times \mathbf{r}''(t) = \begin{vmatrix} \mathbf{i} & \mathbf{j} & \mathbf{k} \\ 1 & 2t & 3t^2 \\ 0 & 2 & 6t \end{vmatrix} = 6t^2\mathbf{i} - 6t\,\mathbf{j} + 2\mathbf{k}$$

$$|\mathbf{r}'(t) \times \mathbf{r}''(t)| = \sqrt{36t^4 + 36t^2 + 4} = 2\sqrt{9t^4 + 9t^2 + 1}$$

Então, aplicando o Teorema 10, temos

$$\kappa(t)=\frac{|\mathbf{r}'(t)\times\mathbf{r}''(t)|}{|\mathbf{r}'(t)|^3}=\frac{2\sqrt{1+9t^2+9t^4}}{(1+4t^2+9t^4)^{3/2}}$$

Na origem, onde $t = 0$, a curvatura é $\kappa(0) = 2$. ■

Para o caso especial de uma curva plana com a equação $y = f(x)$, escolhemos x como parâmetro e escrevemos $\mathbf{r}(x) = x\,\mathbf{i} + f(x)\,\mathbf{j}$. Então, $\mathbf{r}'(x) = \mathbf{i} + f'(x)\,\mathbf{j}$ e $\mathbf{r}''(x) = f''(x)\,\mathbf{j}$. Como $\mathbf{i}\times\mathbf{j} = \mathbf{k}$ e $\mathbf{j}\times\mathbf{j} = \mathbf{0}$, segue que $\mathbf{r}'(x)\times\mathbf{r}''(x) = f''(x)\,\mathbf{k}$. Nós também temos $|\mathbf{r}'(x)| = \sqrt{1+[f'(x)]^2}$ e, assim, pelo Teorema 10,

11
$$\kappa(x)=\frac{|(f''(x)|}{[1+(f'(x))^2]^{3/2}}$$

EXEMPLO 5 Encontre a curvatura da parábola $y = x^2$ nos pontos (0, 0), (1, 1) e (2, 4).

SOLUÇÃO Como $y' = 2x$ e $y'' = 2$, a Fórmula 11 nos dá

$$\kappa(x)=\frac{|y''|}{[1+(y')^2]^{3/2}}=\frac{2}{(1+4x^2)^{3/2}}$$

A curvatura em (0, 0) é $\kappa(0) = 2$. Em (1, 1) isso é $\kappa(1) = 2/5^{3/2} \approx 0{,}18$. Em (2, 4) isso é $\kappa(2) = 2/17^{3/2} \approx 0{,}03$. Observe a partir da expressão de $\kappa(x)$ ou o gráfico de κ na Figura 5 que $\kappa(x) \to 0$ quando $x \to \pm\infty$. Isso corresponde ao fato de que a parábola parece tornar-se mais plana quando $x \to \pm\infty$. ■

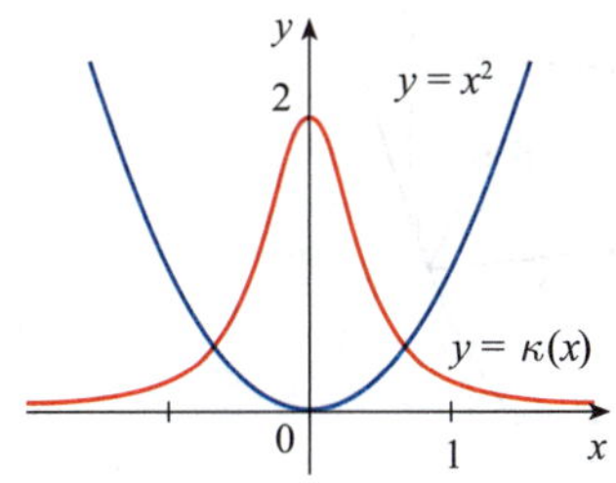

FIGURA 5
A parábola $y = x^2$ e sua função curvatura

■ Vetores Normal e Binormal

Em ponto dado de uma curva suave $\mathbf{r}(t)$, existem muitos vetores que são ortogonais ao vetor tangente unitário $\mathbf{T}(t)$. Escolhemos um observando que, como $|\mathbf{T}(t)| = 1$ para todo t, temos $\mathbf{T}(t)\cdot\mathbf{T}'(t) = 0$ segundo o Teorema 13.2.4, de modo que $\mathbf{T}'(t)$ é ortogonal a $\mathbf{T}(t)$. Observe, no entanto, que $\mathbf{T}'(t)$ pode não ser um vetor unitário. Mas em qualquer ponto onde $\kappa \neq 0$ podemos definir o **vetor normal unitário principal** $\mathbf{N}(t)$ (ou simplesmente **normal unitário**) como

$$\mathbf{N}(t)=\frac{\mathbf{T}'(t)}{|\mathbf{T}'(t)|}$$

Podemos pensar no vetor normal unitário como uma indicação da direção na qual a curva está virando em cada ponto. O vetor

$$\mathbf{B}(t) = \mathbf{T}(t) \times \mathbf{N}(t)$$

é chamado **vetor binormal**. Ele é perpendicular a ambos **T** e **N** e também é unitário (veja a Figura 6).

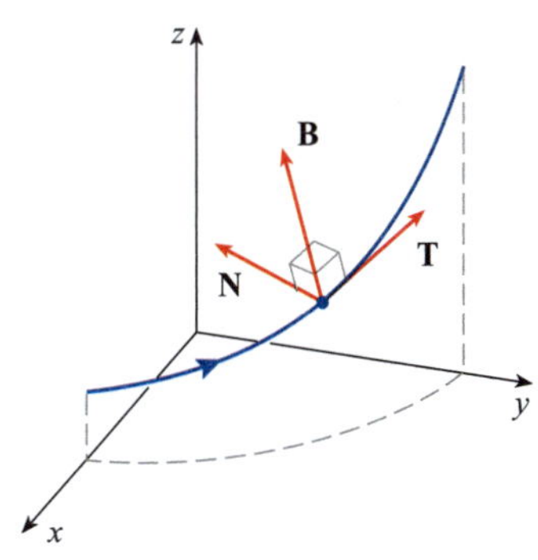

FIGURA 6

EXEMPLO 6 Determine os vetores normal e binormal da hélice circular

$$\mathbf{r}(t) = \cos t\,\mathbf{i} + \operatorname{sen} t\,\mathbf{j} + t\,\mathbf{k}$$

SOLUÇÃO Vamos, inicialmente, calcular os ingredientes necessários para o cálculo do vetor normal unitário:

$$\mathbf{r}'(t) = -\operatorname{sen} t\,\mathbf{i} + \cos t\,\mathbf{j} + \mathbf{k} \qquad |\mathbf{r}'(t)| = \sqrt{2}$$

A Figura 7 ilustra o Exemplo 6 mostrando os vetores **T**, **N** e **B** em dois pontos da hélice circular. Em geral, os vetores **T**, **N** e **B**, começando nos vários pontos da curva, formam um conjunto de vetores ortogonais, denominados referencial **TNB**, que se move ao longo da curva quando t varia. Esse referencial **TNB** tem um papel importante em um ramo da matemática chamado geometria diferencial e em suas aplicações em movimento de naves espaciais.

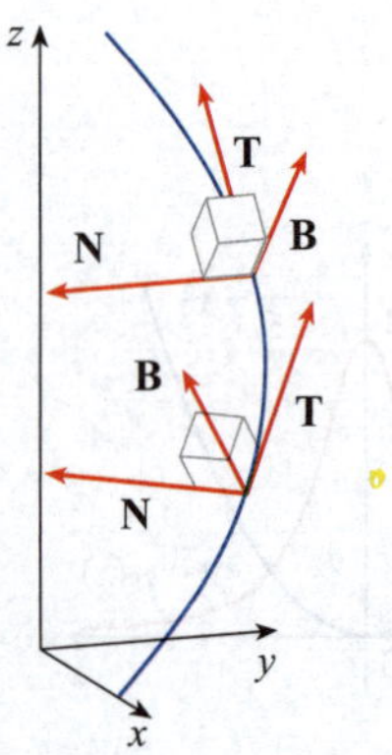

FIGURA 7

$$\mathbf{T}(t) = \frac{\mathbf{r}'(t)}{|\mathbf{r}'(t)|} = \frac{1}{\sqrt{2}}(-\operatorname{sen} t\,\mathbf{i} + \cos t\,\mathbf{j} + \mathbf{k})$$

$$\mathbf{T}'(t) = \frac{1}{\sqrt{2}}(-\cos t\,\mathbf{i} - \operatorname{sen} t\,\mathbf{j}) \qquad |\mathbf{T}'(t)| = \frac{1}{\sqrt{2}}$$

$$\mathbf{N}(t) = \frac{\mathbf{T}'(t)}{|\mathbf{T}'(t)|} = -\cos t\,\mathbf{i} - \operatorname{sen} t\,\mathbf{j} = \langle -\cos t,\ -\operatorname{sen} t,\ 0\rangle$$

Isso mostra que o vetor normal em um ponto da hélice circular é horizontal e aponta em direção ao eixo z. O vetor binormal é

$$\mathbf{B}(t) = \mathbf{T}(t) \times \mathbf{N}(t) = \frac{1}{\sqrt{2}}\begin{bmatrix} \mathbf{i} & \mathbf{j} & \mathbf{k} \\ -\operatorname{sen} t & \cos t & 1 \\ -\cos t & -\operatorname{sen} t & 0 \end{bmatrix} = \frac{1}{\sqrt{2}}\langle \operatorname{sen} t, -\cos t, 1\rangle$$ ■

EXEMPLO 7 Para a curva $\mathbf{r}(t) = \langle t, \sqrt{2}\ln t, 1/t\rangle$, determine os vetores tangente unitário, normal unitário e binormal, assim como a curvatura, no ponto (1, 0, 1).

SOLUÇÃO Começamos determinando **T** e **T′** como funções de t.

$$\mathbf{r}'(t) = \langle 1, \sqrt{2}/t, -1/t^2\rangle$$

$$|\mathbf{r}'(t)| = \sqrt{1 + \frac{2}{t^2} + \frac{1}{t^4}} = \frac{1}{t^2}\sqrt{t^4 + 2t^2 + 1}$$

$$= \frac{1}{t^2}\sqrt{(t^2+1)^2} = \frac{1}{t^2}(t^2+1) \qquad \text{(uma vez que } t^2 + 1 > 0\text{)}$$

$$\mathbf{T}(t) = \frac{\mathbf{r}'(t)}{|\mathbf{r}'(t)|} = \frac{t^2}{(t^2+1)}\left\langle 1, \frac{\sqrt{2}}{t}, -\frac{1}{t^2}\right\rangle = \frac{1}{(t^2+1)}\langle t^2, \sqrt{2}t, -1\rangle$$

Usamos, então, a Fórmula 3 do Teorema 13.2.3 para derivar **T**:

$$\mathbf{T}'(t) = \frac{-2t}{(t^2+1)^2}\langle t^2, \sqrt{2}\,t, -1\rangle + \frac{1}{(t^2+1)}\langle 2t, \sqrt{2}, 0\rangle$$

O ponto (1, 0, 1) corresponde a $t = 1$, de modo que temos

$$\mathbf{T}(1) = \tfrac{1}{2}\langle 1, \sqrt{2}, -1\rangle$$

$$\mathbf{T}'(1) = -\tfrac{1}{2}\langle 1, \sqrt{2}, -1\rangle + \tfrac{1}{2}\langle 2, \sqrt{2}, 0\rangle = \tfrac{1}{2}\langle 1,\ 0,\ 1\rangle$$

$$\mathbf{N}(1) = \frac{\mathbf{T}'(1)}{|\mathbf{T}'(1)|} = \frac{\tfrac{1}{2}\langle 1,\ 0,\ 1\rangle}{\tfrac{1}{2}\sqrt{1+0+1}} = \frac{1}{\sqrt{2}}\langle 1,\ 0,\ 1\rangle$$

$$\mathbf{B}(1) = \mathbf{T}(1) \times \mathbf{N}(1) = \frac{1}{2\sqrt{2}}\langle \sqrt{2}, -2, -\sqrt{2}\rangle = \tfrac{1}{2}\langle 1, -\sqrt{2}, -1\rangle$$

e, segundo a Fórmula 9, a curvatura é

$$\kappa(1) = \frac{|\mathbf{T}'(1)|}{|\mathbf{r}'(1)|} = \frac{\sqrt{2}/2}{2} = \frac{\sqrt{2}}{4}$$

Também poderíamos ter usado o Teorema 10 para calcular $\kappa(1)$; você pode verificar que obteríamos a mesma resposta. ■

O plano determinado pelos vetores normal, **N**, e binormal, **B**, em um ponto P sobre uma curva C é denominado **plano normal** a C em P. Ele é composto por todas as retas que são ortogonais ao vetor tangente **T**. O plano determinado pelos vetores **T** e **N** é denominado **plano osculador** de C em P (veja a Figura 8). O nome vem do termo latino *osculum*, que significa "beijo". Esse é o plano que mais perto chega de conter a parte da curva que está na vizinhança de P. (Para uma curva plana, o plano osculador é simplesmente o plano que contém a curva.)

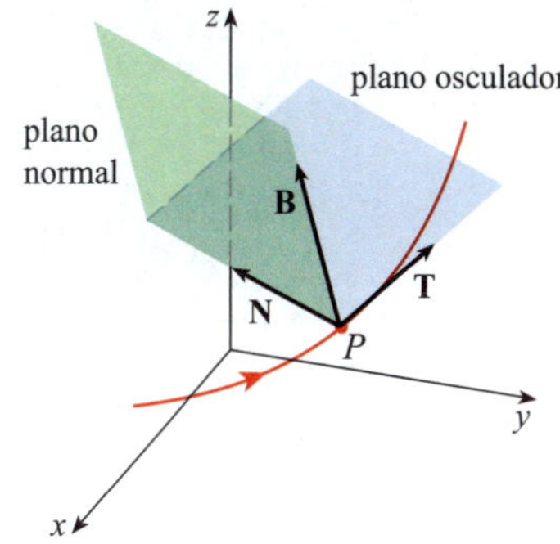

FIGURA 8

O **círculo de curvatura**, ou **círculo osculador**, de C em P é o círculo que está sobre o plano osculador, passa por P e tem raio $1/\kappa$, e cujo centro dista $1/\kappa$ de P, na direção definida pelo vetor **N**. O centro do círculo é denominado **centro de curvatura** de C em P. Podemos considerar o círculo de curvatura o círculo que melhor descreve como C se comporta perto de P – ele compartilha com C a tangente, a normal e a curvatura em P. A Figura 9 ilustra dois círculos de curvatura para uma curva no plano.

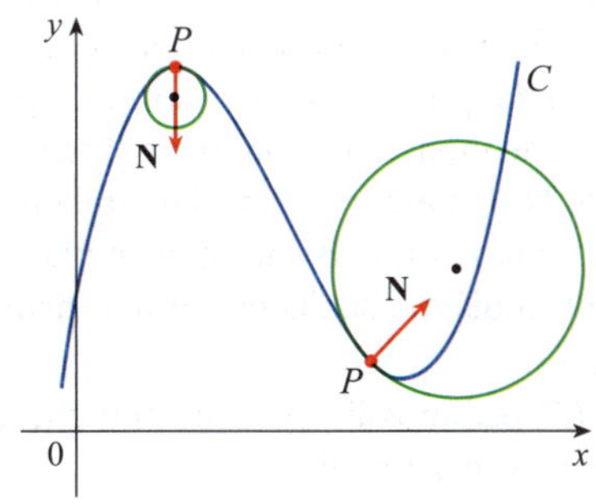

FIGURA 9

EXEMPLO 8 Determine as equações do plano normal e do plano osculador da hélice circular do Exemplo 6 no ponto $P(0, 1, \pi/2)$.

A Figura 10 mostra a hélice e o plano osculador do Exemplo 8.

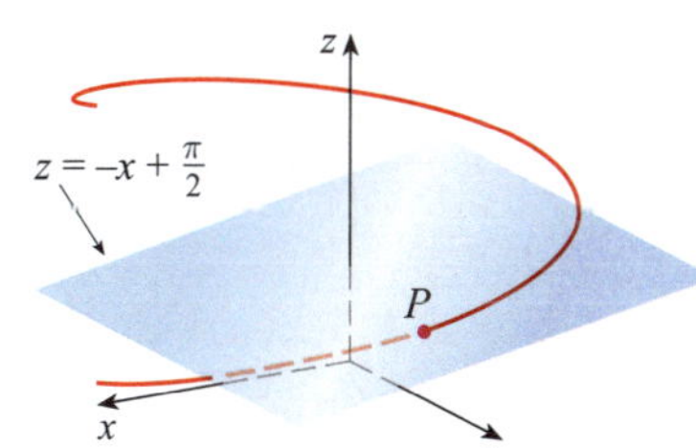

FIGURA 10

SOLUÇÃO O ponto P corresponde a $t = \pi/2$ e o plano normal lá tem vetor normal $\mathbf{r}'(\pi/2) = \langle -1, 0, 1 \rangle$, de modo que uma equação é

$$-1(x - 0) + 0(y - 1) + 1\left(z - \frac{\pi}{2}\right) = 0 \quad \text{ou} \quad z = x + \frac{\pi}{2}$$

O plano osculador em P contém os vetores **T** e **N**, e assim seu vetor normal é $\mathbf{T} \times \mathbf{N} = \mathbf{B}$. A partir do Exemplo 6, temos

$$\mathbf{B}(t) = \frac{1}{\sqrt{2}}\langle \operatorname{sen} t, -\cos t, 1 \rangle \qquad \mathbf{B}\left(\frac{\pi}{2}\right) = \left\langle \frac{1}{\sqrt{2}}, 0, \frac{1}{\sqrt{2}} \right\rangle$$

O vetor $\langle 1, 0, 1 \rangle$ é paralelo a $\mathbf{B}(\pi/2)$ (de modo que também é normal ao plano osculador). Assim, o plano osculador pode ser descrito pela equação

$$1(x - 0) + 0(y - 1) + 1\left(z - \frac{\pi}{2}\right) = 0 \quad \text{ou} \quad z = -x + \frac{\pi}{2}$$ ■

EXEMPLO 9 Determine e desenhe o círculo osculador da parábola $y = x^2$ na origem.

SOLUÇÃO Do Exemplo 5, a curvatura da parábola na origem é $\kappa(0) = 2$. Dessa forma, o raio do círculo osculador é $1/\kappa = \frac{1}{2}$. Um deslocamento correspondente a essa distância na direção de $\mathbf{N} = \langle 0, 1 \rangle$ (o vetor tangente é horizontal na origem, de modo que o vetor normal é vertical) nos revela que o centro de curvatura está em $(0, \frac{1}{2})$, de modo que uma equação para o círculo de curvatura é

$$x^2 + (y - \tfrac{1}{2})^2 = \tfrac{1}{4}$$

O círculo é mostrado na Figura 11. ■

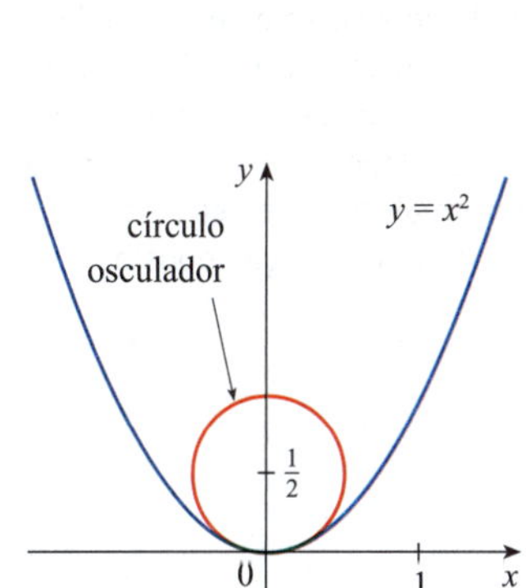

FIGURA 11
Note que o círculo e a parábola aparentam se curvar da mesma maneira na origem

Resumimos aqui as fórmulas para os vetores tangente unitário, normal unitário e binormal e para a curvatura.

$$\mathbf{T}(t)=\frac{\mathbf{r}'(t)}{|\mathbf{r}'(t)|} \qquad \mathbf{N}=\frac{\mathbf{T}'(t)}{|\mathbf{T}'(t)|} \qquad \mathbf{B}(t)=\mathbf{T}(t)\times\mathbf{N}(t)$$

$$\kappa=\left|\frac{d\mathbf{T}}{ds}\right|=\frac{|\mathbf{T}'(t)|}{|\mathbf{r}'(t)|}=\frac{|\mathbf{r}'(t)\times\mathbf{r}''(t)|}{|\mathbf{r}'(t)|^3}$$

Torção

A curvatura $\kappa = |d\mathbf{T}/ds|$ em um ponto P de uma curva C indica quão forte é a inflexão da curva. Como $\mathbf{T}$ é um vetor normal ao plano normal, $d\mathbf{T}/ds$ nos indica como o plano normal varia à medida que P se desloca sobre C. [Observe que o vetor $d\mathbf{T}/ds$ é paralelo a $\mathbf{N}$ (Exercício 63), de modo que, conforme P se desloca sobre C, o vetor tangente em P gira na direção de $\mathbf{N}$. Uma curva espacial também pode ser torcida para fora do plano osculador em P.] Uma vez que $\mathbf{B}$ é normal ao plano osculador, $d\mathbf{B}/ds$ nos fornece informação sobre como o plano osculador varia à medida que P se desloca ao longo de C. (Veja a Figura 12.)

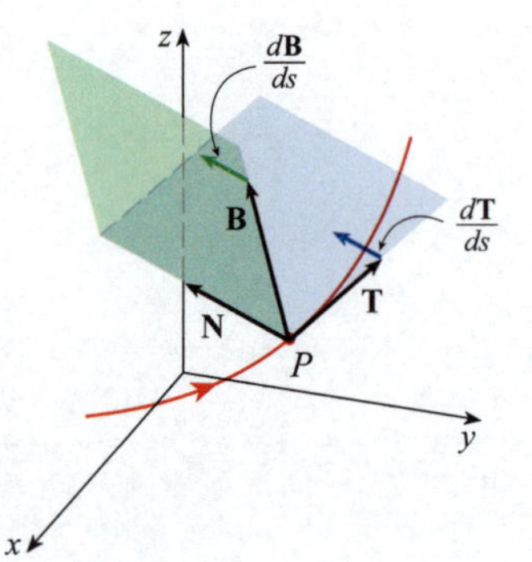

FIGURA 12

No Exercício 65, pedimos-lhe para mostrar que $d\mathbf{B}/ds$ é paralelo a $\mathbf{N}$. Em decorrência desse fato, existe um escalar τ tal que

12 $$\frac{d\mathbf{B}}{ds}=-\tau\mathbf{N}$$

(É comum incluir o sinal negativo na Equação 12.) O número τ é denominado **torção** de C em P. Aplicando o produto escalar por $\mathbf{N}$ aos dois lados da Equação 12 e observando que $\mathbf{N}\cdot\mathbf{N}=1$, obtemos a seguinte definição.

13 Definição A **torção** de uma curva é dada por

$$\tau=-\frac{d\mathbf{B}}{ds}\cdot\mathbf{N}$$

Intuitivamente, a torção τ em um ponto P de uma curva é uma medida do quanto a curva é "torcida" em P. Se τ é positiva, a curva é torcida para fora do plano osculador em P na direção do vetor binormal $\mathbf{B}$; se τ é negativa, a curva é torcida na direção oposta.

A torção pode ser calculada mais facilmente se a expressarmos em relação ao parâmetro t, em lugar de s, motivo pelo qual usamos a Regra da Cadeia para escrever

$$\frac{d\mathbf{B}}{dt}=\frac{d\mathbf{B}}{ds}\frac{ds}{dt} \quad \text{de modo que} \quad \frac{d\mathbf{B}}{ds}=\frac{d\mathbf{B}/dt}{ds/dt}=\frac{\mathbf{B}'(t)}{|\mathbf{r}'(t)|}$$

Assim, da Definição 13, obtemos

14 $$\tau(t)=-\frac{\mathbf{B}'(t)\cdot\mathbf{N}(t)}{|\mathbf{r}'(t)|}$$

EXEMPLO 10 Determine a torção da hélice $\mathbf{r}(t)=\langle\cos t, \operatorname{sen} t, t\rangle$.

SOLUÇÃO No Exemplo 6, calculamos $ds/dt = |\mathbf{r}'(t)| = \sqrt{2}$, $\mathbf{N}(t) = \langle -\cos t, -\operatorname{sen} t, 0\rangle$ e $\mathbf{B}(t) = (1/\sqrt{2})\langle \operatorname{sen} t, -\cos t, 1\rangle$. Logo, $\mathbf{B}'(t) = (1/\sqrt{2})\langle \cos t, \operatorname{sen} t, 0\rangle$ e a Fórmula 14 fornece

$$\tau(t) = -\frac{\mathbf{B}'(t)\cdot\mathbf{N}(t)}{|\mathbf{r}'(t)|} = -\frac{1}{2}\langle \cos t, \operatorname{sen} t, 0\rangle \cdot \langle -\cos t, -\operatorname{sen} t, 0\rangle = \frac{1}{2}$$ ■

A Figura 13 mostra a circunferência unitária $\mathbf{r}(t) = \langle \cos t,\ \operatorname{sen} t,\ 0\rangle$ no plano xy e a Figura 14 mostra a hélice do Exemplo 10. Ambas as curvas têm curvatura constante, mas a circunferência tem torção constante e igual a 0, enquanto a hélice tem torção constante e igual a $\frac{1}{2}$. Podemos imaginar que, em cada ponto, a circunferência se curva, mas nunca se torce, ao passo que a hélice é curvada *e* torcida (para cima) a cada ponto.

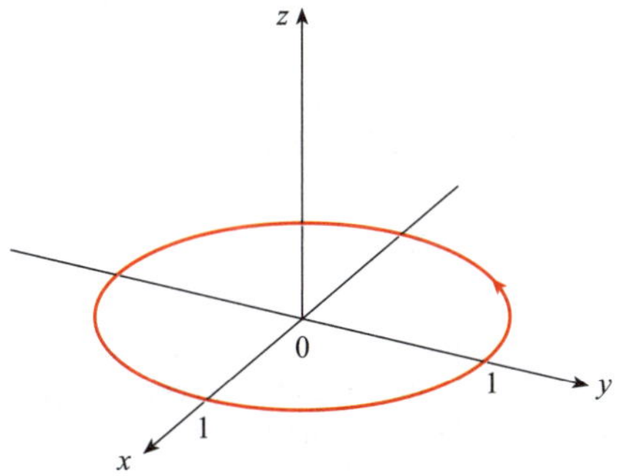

FIGURA 13 $\kappa = 1, \tau = 0$

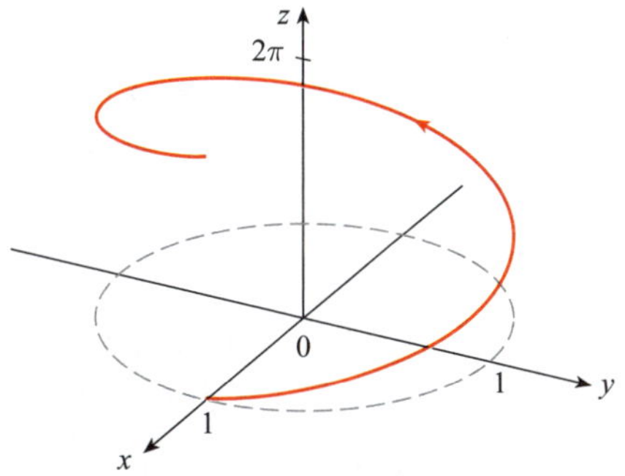

FIGURA 14 $\kappa = \frac{1}{2}, \tau = \frac{1}{2}$

Pode-se mostrar que, sob certas condições, o formato de uma curva espacial é completamente determinado pelos valores da curvatura e da torção em cada um de seus pontos.

O Teorema a seguir fornece uma fórmula que, frequentemente, é ainda mais conveniente para o cálculo da torção; sua demonstração é delineada no Exercício 72.

15 Teorema A torção da curva descrita pela função vetorial $\mathbf{r}$ é dada por

$$\tau(t) = \frac{[\mathbf{r}'(t)\times\mathbf{r}''(t)]\cdot\mathbf{r}'''(t)}{|\mathbf{r}'(t)\times\mathbf{r}''(t)|^2}$$

Nos Exercícios 68-70, pedimos-lhe que use o Teorema 15 para calcular a torção de uma curva.

13.3 Exercícios

1-2
(a) Use a Equação 2 para calcular o comprimento do segmento de reta fornecido.
(b) Calcule o mesmo comprimento usando a fórmula da distância e compare o resultado com a resposta que você forneceu no item (a).

1. $\mathbf{r}(t) = \langle 3 - t, 2t, 4t + 1\rangle$, $\quad 1 \le t \le 3$

2. $\mathbf{r}(t) = (t + 2)\,\mathbf{i} - t\,\mathbf{j} + (3t - 5)\,\mathbf{k}$, $\quad -1 \le t \le 2$

3-8 Determine o comprimento da curva.

3. $\mathbf{r}(t) = \langle t, 3\cos t, 3\operatorname{sen} t\rangle$, $\quad -5 \le t \le 5$

4. $\mathbf{r}(t) = \langle 2t, t^2, \frac{1}{3}t^3\rangle$, $\quad 0 \le t \le 1$

5. $\mathbf{r}(t) = \sqrt{2}\,t\,\mathbf{i} + e^t\,\mathbf{j} + e^{-t}\,\mathbf{k}$, $\quad 0 \le t \le 1$

6. $\mathbf{r}(t) = \cos t\,\mathbf{i} + \operatorname{sen} t\,\mathbf{j} + \ln\cos t\,\mathbf{k}$, $\quad 0 \le t \le \pi/4$

7. $\mathbf{r}(t) = \mathbf{i} + t^2\,\mathbf{j} + t^3\,\mathbf{k}$, $\quad 0 \le t \le 1$

8. $\mathbf{r}(t) = t^2\,\mathbf{i} + 9t\,\mathbf{j} + 4t^{3/2}\,\mathbf{k}$, $\quad 1 \le t \le 4$

T **9-11** Encontre o comprimento da curva com precisão de quatro casas decimais. (Use sua calculadora para aproximar a integral.)

9. $\mathbf{r}(t) = \langle t^2, t^3, t^4\rangle$, $\quad 0 \le t \le 2$

10. $\mathbf{r}(t) = \langle t, e^{-t}, te^{-t}\rangle$, $\quad 1 \le t \le 3$

11. $\mathbf{r}(t) = \langle \cos \pi t, 2t, \operatorname{sen} 2\pi t\rangle$, de $(1, 0, 0)$ até $(1, 4, 0)$

T **12.** Trace a curva com equações paramétricas $x = \operatorname{sen} t$, $y = \operatorname{sen} 2t$, $z = \operatorname{sen} 3t$. Encontre o comprimento total desta curva com precisão de quatro casas decimais.

13. Seja C a curva de intersecção do cilindro parabólico $x^2 = 2y$ e da superfície $3z = xy$. Encontre o comprimento exato de C da origem até o ponto $(6, 18, 36)$.

14. Encontre, com precisão de quatro casas decimais, o comprimento da curva de intersecção do cilindro $4x^2 + y^2 = 4$ com o plano $x + y + z = 2$.

15-16
(a) Encontre a função comprimento de arco da curva medida a partir do ponto P na direção de t crescente e, a seguir, reparametrize a curva com relação ao comprimento de arco começando de P.
(b) Encontre o ponto a 4 unidades de P ao longo da curva (na direção de t crescente).

15. $\mathbf{r}(t) = (5 - t)\,\mathbf{i} + (4t - 3)\,\mathbf{j} + 3t\,\mathbf{k}$, $P(4, 1, 3)$

16. $\mathbf{r}(t) = e^t \operatorname{sen} t\,\mathbf{i} + e^t \cos t\,\mathbf{j} + \sqrt{2}\,e^t\,\mathbf{k}$, $\quad P(0, 1, \sqrt{2})$

17. Suponha que você comece no ponto (0, 0, 3) e se mova 5 unidades ao longo da curva $x = 3 \operatorname{sen} t$, $y = 4t$, $z = 3 \cos t$ na direção positiva. Onde você está agora?

18. Reparametrize a curva

$$\mathbf{r}(t) = \left(\frac{2}{t^2+1} - 1\right)\mathbf{i} + \frac{2t}{t^2+1}\mathbf{j}$$

em relação ao comprimento do arco medido a partir do ponto (1, 0) na direção crescente de t. Expresse a reparametrização em sua forma mais simples. O que você pode concluir sobre a curva?

19-24
(a) Determine os vetores tangente e normal unitários $\mathbf{T}(t)$ e $\mathbf{N}(t)$.
(b) Utilize a Fórmula 9 para encontrar a curvatura.

19. $\mathbf{r}(t) = \langle t^2, \operatorname{sen} t - t\cos t, \cos t + t \operatorname{sen} t\rangle$, $\quad t > 0$

20. $\mathbf{r}(t) = \langle 5 \operatorname{sen} t, t, 5 \cos t\rangle$

21. $\mathbf{r}(t) = \langle t, t^2, 4\rangle$

22. $\mathbf{r}(t) = \langle t, t, \frac{1}{2}t^2\rangle$

23. $\mathbf{r}(t) = \langle t, \frac{1}{2}t^2, t^2\rangle$

24. $\mathbf{r}(t) = \langle \sqrt{2}\,t, e^t, e^{-t}\rangle$

25-27 Utilize o Teorema 10 para encontrar a curvatura.

25. $\mathbf{r}(t) = t^3\,\mathbf{j} + t^2\,\mathbf{k}$

26. $\mathbf{r}(t) = t\,\mathbf{i} + t^2\,\mathbf{j} + e^t\,\mathbf{k}$

27. $\mathbf{r}(t) = \sqrt{6}\,t^2\,\mathbf{i} + 2t\,\mathbf{j} + 2t^3\,\mathbf{k}$

28. Determine a curvatura de $\mathbf{r}(t) = \langle t^2, \ln t, t \ln t\rangle$ no ponto (1, 0, 0).

29. Encontre a curvatura de $\mathbf{r}(t) = (t, t^2, t^3)$ no ponto (1, 1, 1).

30. Trace o gráfico da curva com equações paramétricas $x = \cos t$, $y = \operatorname{sen} t$, $z = \operatorname{sen} 5t$ e calcule a curvatura no ponto (1, 0, 0).

31-33 Use a Fórmula 11 para determinar a curvatura.

31. $y = x^4$

32. $y = \operatorname{tg} x$

33. $y = xe^x$

34-35 Em que ponto a curva tem curvatura máxima? O que acontece com a curvatura quando $x \to \infty$?

34. $y = \ln x$

35. $y = e^x$

36. Determine a equação de uma parábola que tenha curvatura 4 na origem.

37. (a) A curvatura da curva C mostrada na figura é maior em P ou em Q? Explique.
(b) Estime a curvatura em P e Q desenhando o círculo osculador nesses pontos.

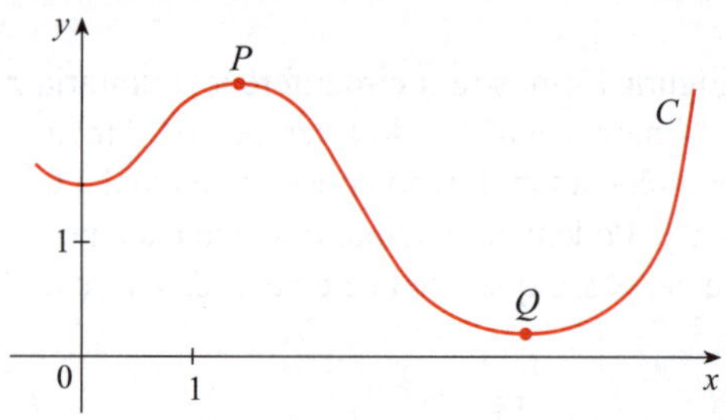

38-39 Utilize uma calculadora gráfica ou um computador para traçar na mesma tela a curva e sua função curvatura $\kappa(x)$. Esse é o gráfico que você esperava?

38. $y = x^4 - 2x^2$

39. $y = x^{-2}$

40-41 Use um sistema de computação algébrica para calcular a função curvatura $\kappa(t)$. Em seguida, trace o gráfico da curva espacial e de sua função curvatura. Explique de que maneira a curvatura reflete o formato da curva.

40. $\mathbf{r}(t) = \langle t - \operatorname{sen} t, 1 - \cos t, 4\cos(t/2)\rangle$, $\quad 0 \le t \le 8\pi$

41. $\mathbf{r}(t) = \langle te^t, e^{-t}, \sqrt{2}\,t\rangle$, $\quad -5 \le t \le 5$

42-43 Dois gráficos, a e b, são mostrados. Um é a curva $y = f(x)$ e o outro é o gráfico da sua função curvatura $y = \kappa(x)$. Identifique cada uma e justifique suas escolhas.

42.

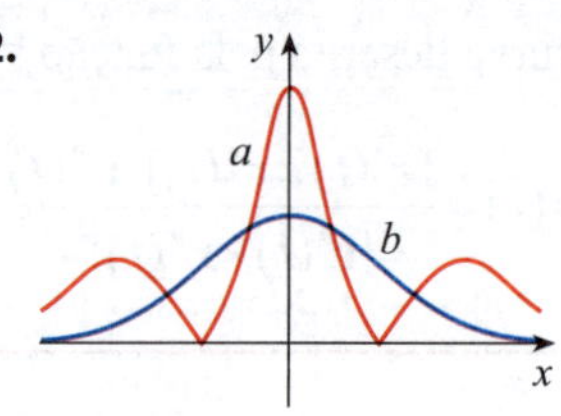

43.

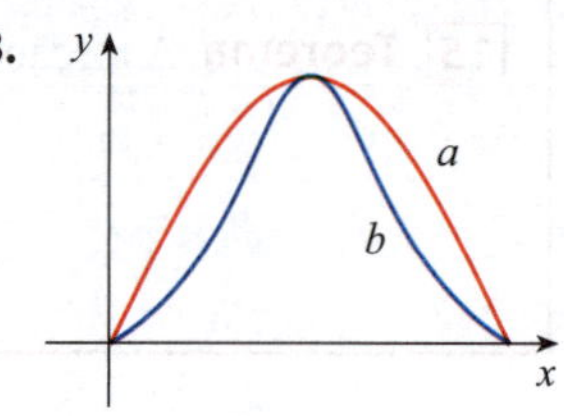

44. (a) Desenhe a curva $\mathbf{r}(t) = \langle \operatorname{sen} 3t, \operatorname{sen} 2t, \operatorname{sen} 3t\rangle$. Em quantos pontos da curva tem-se a impressão de que a curvatura possui um máximo local ou absoluto?
(b) Use um computador para determinar e fazer o gráfico da função curvatura. Esse gráfico confirma sua conclusão na parte (a)?

45. O gráfico de $\mathbf{r}(t) = \langle t - \frac{3}{2}\operatorname{sen} t, 1 - \frac{3}{2}\cos t, t\rangle$ é mostrado na Figura 13.1.13(b). Onde você acha que a curvatura é maior? Use um computador para determinar e fazer o gráfico da função curvatura. Para quais valores de t a curvatura é maior?

46-49 Curvatura de Curvas Planas Parametrizadas A curvatura de uma curva plana parametrizada $x = f(t)$, $y = g(t)$ é dada por

$$\kappa = \frac{|\dot{x}\ddot{y} - \dot{y}\ddot{x}|}{[\dot{x}^2 + \dot{y}^2]^{3/2}}$$

onde os pontos indicam as derivadas em relação a t.

46. Use o Teorema 10 para demonstrar essa fórmula da curvatura.

47. Determine a curvatura da curva $x = t^2$, $y = t^3$.

48. Determine a curvatura da curva $x = a\cos \omega t$, $y = b \operatorname{sen} \omega t$.

49. Determine a curvatura da curva $x = e^t \cos t$, $y = e^t \operatorname{sen} t$.

50. Considere a curvatura em $x = 0$ para cada membro da família de funções $f(x) = e^{cx}$. Para quais membros $\kappa(0)$ é maior?

51-52 Encontre os vetores **T**, **N** e **B** no ponto indicado.

51. $\mathbf{r}(t) = \langle t^2, \frac{2}{3}t^3, t \rangle \quad (1, \frac{2}{3}, 1)$

52. $\mathbf{r}(t) = \langle \cos t, \operatorname{sen} t, \ln \cos t \rangle, \quad (1, 0, 0)$

53-54 Determine as equações dos planos normal e osculador da curva no ponto indicado.

53. $x = \operatorname{sen} 2t, y = -\cos 2t, z = 4t; \quad (0, 1, 2\pi)$

54. $x = \ln t, y = 2t, z = t^2; \quad (0, 2, 1)$

---

55. Encontre as equações para o círculo osculador da elipse $9x^2 + 4y^2 = 36$ nos pontos (2, 0) e (0, 3). Utilize uma calculadora gráfica ou computador para traçar a elipse e ambos os círculos osculadores na mesma tela.

56. Encontre as equações para o círculo osculador da parábola $y = \frac{1}{2}x^2$ nos pontos (0, 0) e $(1, \frac{1}{2})$. Trace os dois círculos osculadores e a parábola na mesma tela.

57. Em qual ponto da curva $x = t^3, y = 3t, z = t^4$ o plano normal é paralelo ao plano $6x + 6y - 8z = 1$?

58. Existe um ponto da curva do Exercício 57 onde o plano osculador é paralelo ao plano $x + y + z = 1$? [*Observação*: Você precisará de um computador para derivar, simplificar e calcular um produto vetorial.]

59. Determine as equações dos planos normais e osculador da curva de intersecção dos cilindros parabólicos $x = y^2$ e $z = x^2$ no ponto (1, 1, 1).

60. Mostre que o plano osculador em cada ponto da curva $\mathbf{r}(t) = \langle t + 2, 1 - t, \frac{1}{2}t^2 \rangle$ é o mesmo plano. O que você pode concluir sobre a curva?

61. Mostre que em todo ponto na curva

$$\mathbf{r}(t) = \langle e^t \cos t, e^t \operatorname{sen} t, e^t \rangle$$

o ângulo entre o vetor tangente unitário e o eixo z é o mesmo. A seguir, mostre que o mesmo resultado é válido para os vetores normal e binormal.

62. O Plano Retificador O *plano retificador* de uma curva em um ponto é o plano que contém os vetores **T** e **B** daquele ponto. Encontre o plano retificador da curva $\mathbf{r}(t) = \operatorname{sen} t\,\mathbf{i} + \cos t\,\mathbf{j} + \operatorname{tg} t\,\mathbf{k}$ no ponto $(\sqrt{2}/2, \sqrt{2}/2, 1)$.

63. Mostre que a curvatura κ está relacionada com os vetores tangente e normal pela equação

$$\frac{d\mathbf{T}}{ds} = \kappa\mathbf{N}$$

64. Mostre que a curvatura de uma curva plana é $\kappa = |d\phi/ds|$ na qual ϕ é o ângulo entre **T** e **i**, isto é, é o ângulo de inclinação da reta tangente. (Isso mostra que a definição de curvatura é consistente com a definição de curvas planas apresentada nos Exercícios 10.2.79-83.)

65. (a) Mostre que $d\mathbf{B}/ds$ é perpendicular a **B**.
(b) Mostre que $d\mathbf{B}/ds$ é perpendicular a **T**.
(c) Deduza das partes (a) e (b) que $d\mathbf{B}/ds$ é paralela a **N**.

66-67 Use a Fórmula 14 para determinar a torção no ponto associado ao valor fornecido de t.

66. $\mathbf{r}(t) = \langle \operatorname{sen} t, 3t, \cos t \rangle \quad t = \pi/2$

67. $\mathbf{r}(t) = \langle \frac{1}{2}t^2, 2t, t \rangle \quad t = 1$

68-70 Use o Teorema 15 para determinar a torção da curva fornecida em um ponto genérico, bem como no ponto correspondente a $t = 0$.

68. $\mathbf{r}(t) = \langle t, \frac{1}{2}t^2, \frac{1}{3}t^3 \rangle$

69. $\mathbf{r}(t) = \langle e^t, e^{-t}, t \rangle$

70. $\mathbf{r}(t) = \langle \cos t, \operatorname{sen} t, \operatorname{sen} t \rangle$

71-72 Fórmulas de Frenet-Serret As fórmulas seguintes, chamadas *fórmulas de Frenet-Serret*, são de fundamental importância em geometria diferencial:

1. $d\mathbf{T}/ds = \kappa\mathbf{N}$
2. $d\mathbf{N}/ds = -\kappa\mathbf{T} + \tau\mathbf{B}$
3. $d\mathbf{B}/ds = -\tau\mathbf{N}$

(A Fórmula 1 é fornecida no Exercício 63 e a Fórmula 3 é a Equação 12.)

71. Use o fato de que $\mathbf{N} = \mathbf{B} \times \mathbf{T}$ para deduzir a Fórmula 2 a partir das Fórmulas 1 e 3.

72. Utilize as fórmulas de Frenet-Serret para demonstrar cada um dos seguintes itens. (Apóstrofo denota derivadas com relação a t. Comece como na demonstração do Teorema 10.)
(a) $\mathbf{r}'' = s''\mathbf{T} + \kappa(s')^2\,\mathbf{N}$
(b) $\mathbf{r}' \times \mathbf{r}'' = \kappa(s')^3\,\mathbf{B}$
(c) $\mathbf{r}''' = [s''' - \kappa^2(s')^3]\,\mathbf{T} + [3\kappa s's'' + \kappa'(s')^2]\,\mathbf{N} + \kappa\tau\,(s')^3\,\mathbf{B}$
(d) $\tau = \dfrac{(\mathbf{r}' \times \mathbf{r}'') \cdot \mathbf{r}'''}{|\mathbf{r}' \times \mathbf{r}''|^2}$

---

73. Mostre que a hélice circular $\mathbf{r}(t) = \langle a \cos t, a \operatorname{sen} t, bt \rangle$, na qual a e b são as constantes positivas, tem curvatura e torção constantes. (Use o Teorema 15.)

74. Encontre a curvatura e torção da curva $x = \operatorname{senh} t, y = \operatorname{cossech} t, z = t$ no ponto (0, 1, 0).

75. Evoluta de uma Curva A *evoluta* de uma curva suave C é a curva gerada pelos centros de curvatura de C.
(a) Explique por que a evoluta de uma curva descrita por **r** é dada por

$$r_e(t) = r(t) + \frac{1}{\kappa(t)}\mathbf{N}(t) \qquad \kappa(t) \neq 0$$

(b) Determine a evoluta da hélice do Exemplo 6.
(c) Determine a evoluta da parábola do Exemplo 5.

76. Curvas Planares Uma curva espacial C dada por $\mathbf{r}(t) = \langle x(t), y(t), z(t) \rangle$ é denominada *planar* se está contida em um plano.
(a) Mostre que C é planar se e somente se existirem escalares a, b, c e d, nem todos iguais a zero, tais que $ax(t) + by(t) + cz(t) = d$ para todo t.
(b) Mostre que, se C é planar, o vetor binormal **B** é normal ao plano que contém C.
(c) Mostre que, se C é uma curva planar, a torção de C é igual a zero para todo t.
(d) Mostre que a curva $\mathbf{r}(t) = \langle t, 2t, t^2 \rangle$ é planar e determine a equação do plano que contém a curva. Use essa equação para determinar o vetor binormal **B**.

77. A molécula de DNA tem a forma de duas hélices circulares (veja a Figura 13.1.3). O raio de cada uma das hélices é de cerca de 10 ångströms (1 Å = 10^{-8} cm). Cada hélice, em uma volta completa, sobe 34 Å, e existem cerca de $2{,}9 \times 10^8$ voltas completas. Estime o comprimento de cada hélice circular.

78. Consideremos o problema de projetar uma linha férrea de modo que se façam transições lisas entre as seções de trilhos retos. Um trilho existente ao longo da parte negativa do eixo x precisa ser ligado a um trilho que corre ao longo da reta $y = 1$ para $x \geq 1$.

(a) Determine um polinômio $P = P(x)$ de grau 5 tal que a função F definida por

$$F(x) = \begin{cases} 0 & \text{se } x \leq 0 \\ P(x) & \text{se } 0 < x < 1 \\ 1 & \text{se } x \geq 1 \end{cases}$$

seja contínua e tenha derivada e curvatura contínuas.

(b) Trace F.

13.4 Movimento no Espaço: Velocidade e Aceleração

Nesta seção, mostraremos como as ideias dos vetores tangente e normal, assim como as de curvatura, podem ser usadas na física para estudar o movimento de objetos, sua velocidade e sua aceleração, quando estão se movendo ao longo de uma curva espacial. Em particular, seguiremos os passos de Newton, usando seu método para deduzir a Primeira Lei de Kepler para o movimento planetário.

Vetor Velocidade, Velocidade Escalar e Aceleração

Suponha que uma partícula se mova no espaço de forma que seu vetor posição no instante t é $\mathbf{r}(t)$. Observe da Figura 1 que, para pequenos valores de h, o vetor

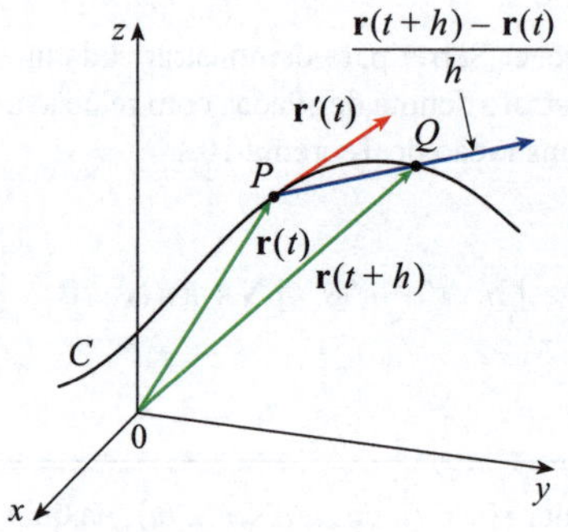

FIGURA 1

1
$$\frac{\mathbf{r}(t+h)-\mathbf{r}(t)}{h}$$

se aproxima da direção de movimento da partícula que se move ao longo da curva $\mathbf{r}(t)$. Seu módulo mede o tamanho do vetor deslocamento por unidade de tempo. O vetor (1) fornece a velocidade média no intervalo de tempo de comprimento h e seu limite é o **vetor velocidade** $\mathbf{v}(t)$ no instante t:

2
$$\mathbf{v}(t) = \lim_{h \to 0} \frac{\mathbf{r}(t+h)-\mathbf{r}(t)}{h} = \mathbf{r}'(t)$$

Portanto, o vetor velocidade é também o vetor tangente e tem a direção da reta tangente à curva.

A **velocidade escalar** da partícula no instante t é a magnitude do vetor velocidade, ou seja, $|\mathbf{v}(t)|$. Isso é apropriado, pois, de (2) e da Equação 13.3.7, temos

Compare essa equação com a Equação 10.2.8, na qual definimos a velocidade escalar para curvas paramétricas planas.

$$|\mathbf{v}(t)| = |\mathbf{r}'(t)| = \frac{ds}{dt} = \text{ a taxa de variação da distância com relação ao tempo}$$

Como no caso de movimento unidimensional, a **aceleração** da partícula é definida como a derivada da velocidade:

$$\mathbf{a}(t) = \mathbf{v}'(t) = \mathbf{r}''(t)$$

EXEMPLO 1 O vetor posição de um objeto em movimento em um plano é dado por $\mathbf{r}(t) = t^3\,\mathbf{i} + t^2\,\mathbf{j}$. Determine a sua velocidade, a velocidade escalar e a aceleração quando $t = 1$ e ilustre geometricamente.

SOLUÇÃO A velocidade e a aceleração no instante t são

$$\mathbf{v}(t) = \mathbf{r}'(t) = 3t^2\,\mathbf{i} + 2t\,\mathbf{j} \qquad \mathbf{a}(t) = \mathbf{r}''(t) = 6t\,\mathbf{i} + 2\,\mathbf{j}$$

e a velocidade escalar é

$$|\mathbf{v}(t)| = \sqrt{(3t^2)^2 + (2t)^2} = \sqrt{9t^4 + 4t^2}$$

Quando $t = 1$, temos

$$\mathbf{v}(1) = 3\mathbf{i} + 2\mathbf{j} \qquad \mathbf{a}(1) = 6\mathbf{i} + 2\mathbf{j} \qquad |\mathbf{v}(1)| = \sqrt{13}$$

Os vetores velocidade e aceleração estão mostrados na Figura 2. ■

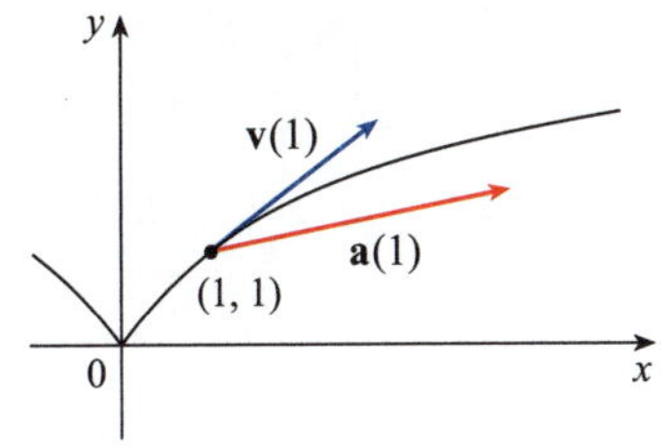

FIGURA 2

EXEMPLO 2 Determine a velocidade, a aceleração e a velocidade escalar de uma partícula com vetor posição $\mathbf{r}(t) = \langle t^2, e^t, te^t \rangle$.

SOLUÇÃO

$$\mathbf{v}(t) = \mathbf{r}'(t) = \langle 2t, e^t, (1+t)e^t \rangle$$

$$\mathbf{a}(t) = \mathbf{v}'(t) = \langle 2, e^t, (2+t)e^t \rangle$$

$$|\mathbf{v}(t)| = \sqrt{4t^2 + e^{2t} + (1+t)^2 e^{2t}}$$ ■

A Figura 3 mostra a trajetória da partícula do Exemplo 2 com vetores velocidade e aceleração quando $t = 1$.

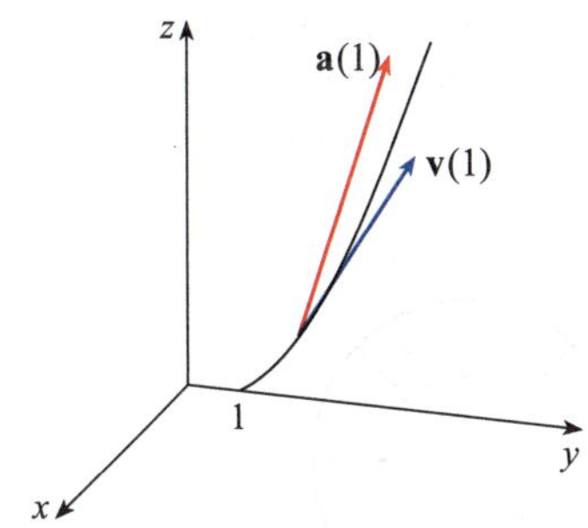

FIGURA 3

OBSERVAÇÃO Anteriormente neste capítulo, vimos que, embora uma curva possa ser parametrizada de várias formas, as propriedades geométricas da curva – comprimento de arco, curvatura e torção – são independentes da parametrização escolhida. Por outro lado, o vetor velocidade, a velocidade escalar e a aceleração *dependem* da parametrização empregada. Imaginando a curva como uma estrada, uma parametrização descreve como você percorre essa estrada. O comprimento e a curvatura da estrada não dependem de como você a percorre, mas sua velocidade e aceleração dependem.

A integração de vetores introduzida na Seção 13.2 pode ser usada para achar o vetor posição quando os vetores velocidade ou aceleração são conhecidos, como no seguinte exemplo.

EXEMPLO 3 Uma partícula movendo-se começa numa posição inicial $\mathbf{r}(0) = \langle 1, 0, 0 \rangle$ com uma velocidade inicial $\mathbf{v}(0) = \mathbf{i} - \mathbf{j} + \mathbf{k}$. Sua aceleração é $\mathbf{a}(t) = 4t\,\mathbf{i} + 6t\,\mathbf{j} + \mathbf{k}$. Determine a sua velocidade e posição no momento t.

SOLUÇÃO Uma vez que $\mathbf{a}(t) = \mathbf{v}'(t)$, temos

$$\mathbf{v}(t) = \int \mathbf{a}(t)\,dt = \int (4t\,\mathbf{i} + 6t\,\mathbf{j} + \mathbf{k})\,dt$$

$$= 2t^2\,\mathbf{i} + 3t^2\,\mathbf{j} + t\,\mathbf{k} + \mathbf{C}$$

Para determinarmos o valor da constante do vetor $\mathbf{C}$, usamos o fato de que $\mathbf{v}(0) = \mathbf{i} - \mathbf{j} + \mathbf{k}$. A equação anterior permite $\mathbf{v}(0) = \mathbf{C}$, de modo que $\mathbf{C} = \mathbf{i} - \mathbf{j} + \mathbf{k}$ e

$$\mathbf{v}(t) = 2t^2\,\mathbf{i} + 3t^2\,\mathbf{j} + t\,\mathbf{k} + \mathbf{i} - \mathbf{j} + \mathbf{k}$$

$$= (2t^2 + 1)\,\mathbf{i} + (3t^2 - 1)\,\mathbf{j} + (t + 1)\,\mathbf{k}$$

A expressão para $\mathbf{r}(t)$ que obtivemos no Exemplo 3 foi usada para traçar a trajetória da partícula na Figura 4 para $0 \le t \le 3$.

Uma vez que $\mathbf{v}(t) = \mathbf{r}'(t)$, temos

$$\mathbf{r}(t) = \int \mathbf{v}(t)\,dt$$

$$= \int [(2t^2+1)\,\mathbf{i} + (3t^2-1)\,\mathbf{j} + (t+1)\,\mathbf{k}]\,dt$$

$$= (\tfrac{2}{3}t^3 + t)\,\mathbf{i} + (t^3 - t)\,\mathbf{j} + (\tfrac{1}{2}t^2 + t)\,\mathbf{k} + \mathbf{D}$$

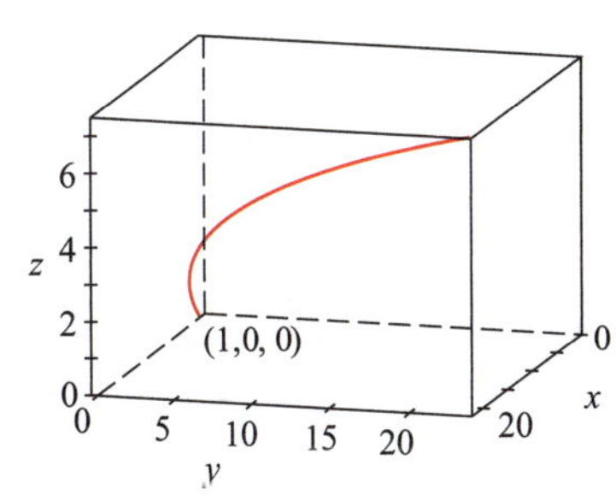

FIGURA 4

Tomando $t = 0$, achamos que $\mathbf{D} = \mathbf{r}(0) = \mathbf{i}$, então a posição no tempo t é dada por

$$\mathbf{r}(t) = (\tfrac{2}{3}t^3 + t + 1)\,\mathbf{i} + (t^3 - t)\,\mathbf{j} + (\tfrac{1}{2}t^2 + t)\,\mathbf{k}$$ ■

Em geral, por integração vetorial podemos recuperar a velocidade quando a aceleração for conhecida e a posição quando a velocidade for conhecida:

$$\mathbf{v}(t)=\mathbf{v}(t_0)+\int_{t_0}^{t}\mathbf{a}(u)\,du \qquad \mathbf{r}(t)=\mathbf{r}(t_0)+\int_{t_0}^{t}\mathbf{v}(u)\,du$$

Se a força que age sobre a partícula é conhecida, então a aceleração pode ser determinada a partir da **Segunda Lei de Newton para o Movimento**. A versão vetorial dessa lei nos diz que, se em qualquer instante de tempo t, uma força $\mathbf{F}(t)$ age sobre um objeto m produzindo uma aceleração $\mathbf{a}(t)$, então

$$\mathbf{F}(t)=m\mathbf{a}(t)$$

EXEMPLO 4 Um objeto de massa m que se move em uma trajetória circular com velocidade angular constante ω tem vetor posição dado por $\mathbf{r}(t) = a\cos\omega t\,\mathbf{i} + a\,\text{sen}\,\omega t\,\mathbf{j}$. Determine a força que age sobre o objeto e mostre que sua direção e sentido são dados pela reta que passa pela origem, apontando em direção à origem.

O objeto que se move com posição P tem velocidade angular $\omega = d\theta/dt$, onde θ é o ângulo mostrado na Figura 5.

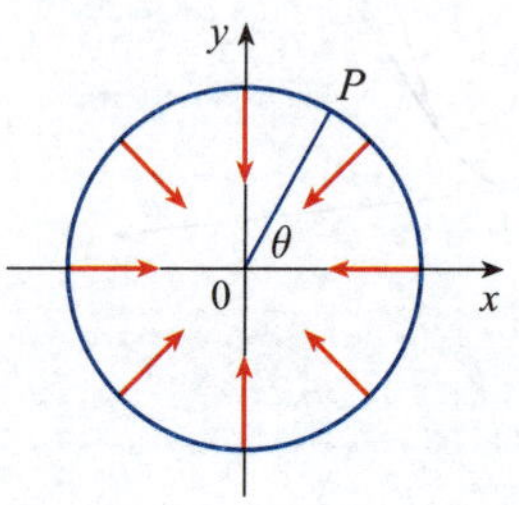

FIGURA 5

SOLUÇÃO Para encontrarmos a força, precisamos primeiro saber a aceleração:

$$\mathbf{v}(t)=\mathbf{r}'(t)=-a\omega\,\text{sen}\,\omega t\,\mathbf{i}+a\omega\cos\omega t\,\mathbf{j}$$

$$\mathbf{a}(t)=\mathbf{v}'(t)=-a\omega^2\cos\omega t\,\mathbf{i}-a\omega^2\,\text{sen}\,\omega t\,\mathbf{j}$$

Portanto, pela Segunda Lei de Newton, temos a força

$$\mathbf{F}(t)=m\mathbf{a}(t)=-m\omega^2(a\cos\omega t\,\mathbf{i}+a\,\text{sen}\,\omega t\,\mathbf{j})$$

Observe que $\mathbf{F}(t) = -m\omega^2\mathbf{r}(t)$. Isso mostra que a força age na direção oposta ao vetor radial $\mathbf{r}(t)$ e, portanto, aponta para a origem (veja a Figura 5). Essa força é chamada *força centrípeta*. ■

■ Movimento de um projétil

EXEMPLO 5 Um projétil é disparado com ângulo de elevação α e velocidade inicial $\mathbf{v}_0$. (Veja a Figura 6.) Assumindo que a resistência do ar seja desprezível e que a única força externa seja devida à gravidade, determine a função posição $\mathbf{r}(t)$ do projétil. Para qual valor de α obtemos maior alcance (distância horizontal percorrida)?

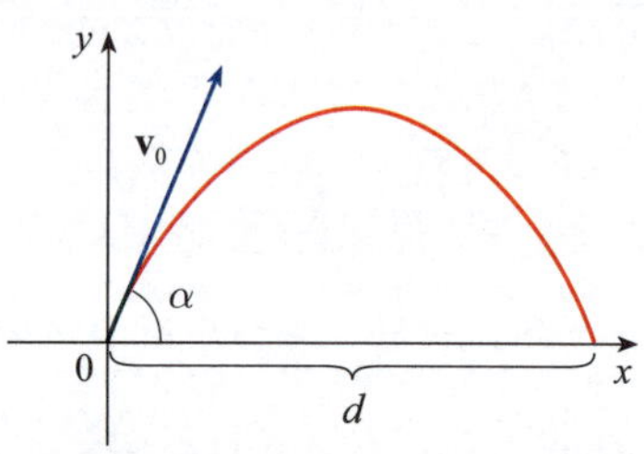

FIGURA 6

SOLUÇÃO Fixamos os eixos coordenados de forma que a origem coincida com o ponto inicial da trajetória do projétil. Como a força devido à gravidade age para baixo, temos

$$\mathbf{F}=m\mathbf{a}=-mg\,\mathbf{j}$$

onde $g = |\mathbf{a}| \approx 9{,}8\ \text{m/s}^2$. Assim,

$$\mathbf{a}=-g\,\mathbf{j}$$

Uma vez que $\mathbf{v}'(t) = \mathbf{a}$, temos $\quad \mathbf{v}(t) = -gt\,\mathbf{j} + \mathbf{C}$

onde $\mathbf{C} = \mathbf{v}(0) = \mathbf{v}_0$. Portanto,

$$\mathbf{r}'(t)=\mathbf{v}(t)=-gt\,\mathbf{j}+\mathbf{v}_0$$

Integrando novamente, obtemos

$$\mathbf{r}(t)=-\tfrac{1}{2}gt^2\,\mathbf{j}+t\,\mathbf{v}_0+\mathbf{D}$$

Mas $\mathbf{D} = \mathbf{r}(0) = \mathbf{0}$, e então o vetor posição do projétil é dado por

3 $$\mathbf{r}(t)=-\tfrac{1}{2}gt^2\,\mathbf{j}+t\,\mathbf{v}_0$$

Se escrevermos $|\mathbf{v}_0| = v_0$ (a velocidade escalar inicial do projétil), então

$$\mathbf{v}_0=v_0\cos\alpha\,\mathbf{i}+v_0\,\text{sen}\,\alpha\,\mathbf{j}$$

e a Equação 3 se torna

$$\mathbf{r}(t) = (v_0 \cos\alpha)t\,\mathbf{i} + \left[(v_0 \operatorname{sen}\alpha)t - \tfrac{1}{2}gt^2\right]\mathbf{j}$$

As equações paramétricas da trajetória são

4 $$x = (v_0 \cos\alpha)t \qquad y = (v_0 \operatorname{sen}\alpha)t - \tfrac{1}{2}gt^2$$

Se você eliminar t das Equações 4, verá que y é uma função quadrática de x. Assim, o caminho do projétil faz parte de uma parábola.

A distância horizontal d é dada pelo valor de x quando $y = 0$. Ajustando $y = 0$, obtemos $t = 0$ ou $t = (2v_0 \operatorname{sen} \alpha)/g$. O último valor de t fornece

$$d = x = (v_0 \cos\alpha)\frac{2v_0 \operatorname{sen}\alpha}{g} = \frac{v_0^2 (2\operatorname{sen}\alpha \ \cos\alpha)}{g} = \frac{v_0^2 \operatorname{sen} 2\alpha}{g}$$

Claramente, d tem valor máximo quando sen $2\alpha = 1$, ou seja, quando $\alpha = 45°$. ■

EXEMPLO 6 Um projétil é lançado com velocidade de disparo de 150 m/s e ângulo de elevação de 30° de um ponto 10 m acima do nível do solo. Onde o projétil vai atingir o solo e com que velocidade escalar?

SOLUÇÃO Se tomarmos a origem no nível do solo, então a posição inicial do projétil é (0, 10) e, portanto, precisamos adequar a Equação 4 adicionando 10 na expressão para y. Com $v_0 = 150$ m/s, $\alpha = 30°$ e $g = 9{,}8$ m/s^2, temos

$$x = 150\cos(30°)t = 75\sqrt{3}\,t$$

$$y = 10 + 150 \operatorname{sen}(30°)t - \tfrac{1}{2}(9{,}8)t^2 = 10 + 75t - 4{,}9t^2$$

O impacto ocorrerá quando $y = 0$, isto é, $4{,}9t^2 - 75t - 10 = 0$. Usando a fórmula quadrática para resolver essa equação (e tomando apenas o valor positivo de t), temos

$$t = \frac{75 + \sqrt{5.625 + 196}}{9{,}8} \approx 15{,}44$$

Logo, $x \approx 75\sqrt{3}\ (15{,}44) \approx 2.006$, de modo que o projétil atinge o solo a uma distância de aproximadamente 2.006 m.

A velocidade do projétil é

$$\mathbf{v}(t) = \mathbf{r}'(t) = 75\sqrt{3}\,\mathbf{i} + (75 - 9{,}8t)\,\mathbf{j}$$

Portanto, sua velocidade escalar no momento do impacto é

$$|\mathbf{v}(15{,}44)| = \sqrt{\left(75\sqrt{3}\right)^2 + (75 - 9{,}8 \cdot 15{,}44)^2} \approx 151 \text{ m/s}$$ ■

Componentes Tangencial e Normal da Aceleração

Quando estudamos o movimento de uma partícula, é frequentemente útil decompor a aceleração em duas componentes, uma na direção da tangente e outra na direção da normal. Se escrevermos $v = |\mathbf{v}|$ para a velocidade escalar da partícula, então

$$\mathbf{T}(t) = \frac{\mathbf{r}'(t)}{|\mathbf{r}'(t)|} = \frac{\mathbf{v}(t)}{|\mathbf{v}(t)|} = \frac{\mathbf{v}}{v}$$

e, assim, $$\mathbf{v} = v\mathbf{T}$$

Se derivarmos ambos os lados em relação a t, obteremos

5 $$\mathbf{a} = \mathbf{v}' = v'\mathbf{T} + v\mathbf{T}'$$

Se usarmos a expressão da curvatura dada pela Equação 13.3.9, temos

6 $$\kappa = \frac{|\mathbf{T}'|}{|\mathbf{r}'|} = \frac{|\mathbf{T}'|}{v} \quad \text{logo} \quad |\mathbf{T}'| = \kappa v$$

O vetor normal unitário foi definido na seção anterior como $\mathbf{N} = \mathbf{T}'/|\mathbf{T}'|$, então (6) fornece

$$\mathbf{T}' = |\mathbf{T}'|\,\mathbf{N} = \kappa v\,\mathbf{N}$$

e a Equação 5 se torna

7 $$\boxed{\mathbf{a} = v'\mathbf{T} + \kappa v^2\,\mathbf{N}}$$

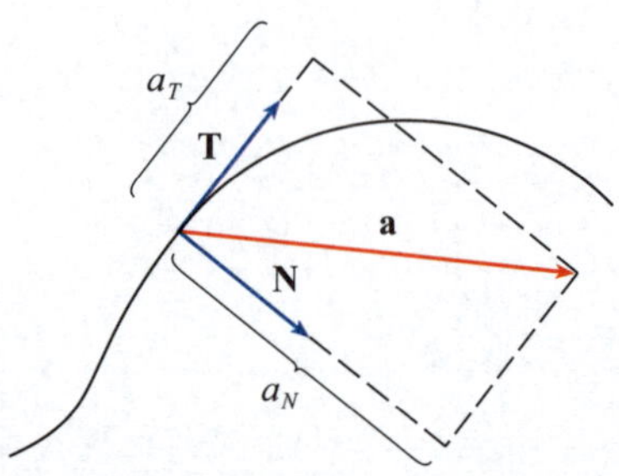

FIGURA 7

Escrevendo a_T e a_N para as componentes tangencial e normal da aceleração, temos

$$\mathbf{a} = a_T\,\mathbf{T} + a_N\,\mathbf{N}$$

sendo

8 $$a_T = v' \quad \text{e} \quad a_N = \kappa v^2$$

Essa conclusão está ilustrada na Figura 7.

Vamos olhar agora o que a Fórmula 7 nos diz. A primeira coisa a observar é que o vetor binormal **B** não aparece. Independentemente de como o objeto se move no espaço, sua aceleração sempre está nos planos de **T** e **N** (o plano osculador). (Lembre-se de que **T** fornece a direção e sentido do movimento e **N** aponta a direção na qual a curva está se entortando.) Em seguida, observamos que a componente tangencial da aceleração é v', a taxa de variação da velocidade escalar e a componente normal da aceleração é κv^2, a curvatura vezes o quadrado da velocidade escalar. Isso explica o que acontece com um passageiro em um carro – uma virada brusca em uma rua pode ser vista como um valor grande de curvatura κ, de forma que a componente da aceleração perpendicular ao movimento é grande e o passageiro é jogado contra a porta do carro. A alta velocidade em uma curva tem o mesmo efeito: de fato, se dobrarmos nossa velocidade escalar, a_N será aumentada por um fator de 4.

Apesar de termos uma expressão para as componentes tangencial e normal da aceleração na Equação 8, é desejável obter expressões que dependam somente de **r**, **r′** e **r″**. Com essa finalidade, tomamos o produto escalar de $\mathbf{v} = v\mathbf{T}$ com **a** como dada na Equação 7:

$$\begin{aligned}\mathbf{v}\cdot\mathbf{a} &= v\mathbf{T}\cdot(v'\mathbf{T} + \kappa v^2\,\mathbf{N})\\ &= vv'\mathbf{T}\cdot\mathbf{T} + \kappa v^3\,\mathbf{T}\cdot\mathbf{N}\\ &= vv' \qquad \text{(uma vez que } \mathbf{T}\cdot\mathbf{T} = 1 \text{ e } \mathbf{T}\cdot\mathbf{N} = 0)\end{aligned}$$

Portanto,

9 $$a_T = v' = \frac{\mathbf{v}\cdot\mathbf{a}}{v} = \frac{\mathbf{r}'(t)\cdot\mathbf{r}''(t)}{|\mathbf{r}'(t)|}$$

Usando a fórmula da curvatura dada pelo Teorema 13.3.10, temos

10 $$a_N = \kappa v^2 = \frac{|\mathbf{r}'(t)\times\mathbf{r}''(t)|}{|\mathbf{r}'(t)|^3}|\mathbf{r}'(t)|^2 = \frac{|\mathbf{r}'(t)\times\mathbf{r}''(t)|}{|\mathbf{r}'(t)|}$$

EXEMPLO 7 Uma partícula se move com função posição $\mathbf{r}(t) = \langle t^2, t^2, t^3 \rangle$. Determine as componentes tangencial e normal da aceleração.

SOLUÇÃO

$$\mathbf{r}(t) = t^2\mathbf{i} + t^2\mathbf{j} + t^3\mathbf{k}$$

$$\mathbf{r}'(t) = 2t\,\mathbf{i} + 2t\,\mathbf{j} + 3t^2\mathbf{k}$$

$$\mathbf{r}''(t) = 2\mathbf{i} + 2\mathbf{j} + 6t\,\mathbf{k}$$

$$|\mathbf{r}'(t)| = \sqrt{8t^2 + 9t^4}$$

Portanto, da Equação 9 vem que a componente tangencial é

$$a_T = \frac{\mathbf{r}'(t)\cdot\mathbf{r}''(t)}{|\mathbf{r}'(t)|} = \frac{8t + 18t^3}{\sqrt{8t^2 + 9t^4}}$$

Uma vez que $$\mathbf{r}'(t)\times\mathbf{r}''(t) = \begin{vmatrix} \mathbf{i} & \mathbf{j} & \mathbf{k} \\ 2t & 2t & 3t^2 \\ 2 & 2 & 6t \end{vmatrix} = 6t^2\mathbf{i} - 6t^2\mathbf{j}$$

da Equação 10, obtemos a componente normal

$$a_N = \frac{|\mathbf{r}'(t)\times\mathbf{r}''(t)|}{|\mathbf{r}'(t)|} = \frac{6\sqrt{2}\,t^2}{\sqrt{8t^2 + 9t^4}}$$ ■

Leis de Kepler para o Movimento Planetário

Descreveremos agora um dos principais feitos do cálculo mostrando como o material deste capítulo pode ser usado para demonstrar as leis de Kepler para o movimento planetário. Depois de 20 anos estudando as observações do astrônomo dinamarquês Tycho Brahe, o astrônomo e matemático alemão Johannes Kepler (1571-1630) formulou as seguintes três leis:

Leis de Kepler

1. Um planeta gira em torno do Sol em uma órbita elíptica, com o Sol em um dos focos.
2. O segmento de reta que liga o Sol a um planeta varre áreas iguais em intervalos de tempo iguais.
3. O quadrado do período de revolução de um planeta é proporcional ao cubo do comprimento do eixo maior de sua órbita.

Em seu livro *Principia Mathematica*, de 1687, Sir Isaac Newton mostrou que as três leis de Kepler podem ser obtidas como consequências de outras duas leis de sua autoria, a Segunda Lei do Movimento e a Lei da Gravitação Universal. A seguir, demonstraremos a Primeira Lei de Kepler. As leis restantes são deixadas como exercícios (com sugestões).

Como a força gravitacional do Sol sobre um planeta é muito maior que as forças exercidas por outros corpos celestes, podemos ignorar todos os outros corpos do Universo, exceto o Sol e um planeta girando em torno dele. Usaremos um sistema de coordenadas com origem no Sol e seja $\mathbf{r} = \mathbf{r}(t)$ o vetor posição do planeta. (Poderíamos igualmente considerar $\mathbf{r}$ o vetor posição da Lua ou de um satélite girando em torno da Terra, ou um cometa movendo-se em torno de uma estrela.) O vetor velocidade é $\mathbf{v} = \mathbf{r}'$ e o vetor aceleração é $\mathbf{a} = \mathbf{r}''$. Utilizaremos as seguintes leis de Newton:

Segunda Lei do Movimento $\quad \mathbf{F} = m\mathbf{a}$

Lei de Gravitação: $\quad \mathbf{F} = -\dfrac{GMm}{r^3}\,\mathbf{r} = -\dfrac{GMm}{r^2}\,\mathbf{u}$

onde **F** é a força da gravidade sobre o planeta, m e M são as massas do planeta e do Sol, G é a constante gravitacional, $r = |\mathbf{r}|$, e $\mathbf{u} = (1/r)\mathbf{r}$ é o vetor unitário na direção de **r**.

Mostraremos inicialmente que o planeta se move em um plano. Igualando a expressão para **F** nas duas leis de Newton, chegamos a

$$\mathbf{a} = -\frac{GM}{r^3}\mathbf{r}$$

e, assim, **a** é paralelo a **r**. Segue que $\mathbf{r} \times \mathbf{a} = \mathbf{0}$. Usamos a Fórmula 5 no Teorema 13.2.3 para escrever

$$\begin{aligned}\frac{d}{dt}(\mathbf{r}\times\mathbf{v}) &= \mathbf{r}'\times\mathbf{v}+\mathbf{r}\times\mathbf{v}' \\ &= \mathbf{v}\times\mathbf{v}+\mathbf{r}\times\mathbf{a} = \mathbf{0}+\mathbf{0} = \mathbf{0}\end{aligned}$$

Logo, $$\mathbf{r}\times\mathbf{v} = \mathbf{h}$$

onde **h** é um vetor constante. (Podemos assumir que $\mathbf{h} \neq \mathbf{0}$; isto é, **r** e **v** não são paralelos.) Isso significa que o vetor $\mathbf{r} = \mathbf{r}(t)$ é perpendicular a **h** para todos os valores de t, de modo que o planeta sempre se situa no plano através da origem perpendicular de **h**. Assim, a órbita do planeta é uma curva plana.

Para demonstrarmos a Primeira Lei de Kepler, vamos reescrever o vetor **h** como segue:

$$\begin{aligned}\mathbf{h} &= \mathbf{r}\times\mathbf{v} = \mathbf{r}\times\mathbf{r}' = r\,\mathbf{u}\times(r\,\mathbf{u})' \\ &= r\,\mathbf{u}\times(r\,\mathbf{u}'+r'\mathbf{u}) = r^2(\mathbf{u}\times\mathbf{u}') + rr'(\mathbf{u}\times\mathbf{u}) \\ &= r^2(\mathbf{u}\times\mathbf{u}')\end{aligned}$$

Então,

$$\begin{aligned}\mathbf{a}\times\mathbf{h} &= \frac{-GM}{r^2}\mathbf{u}\times(r^2\mathbf{u}\times\mathbf{u}') = -GM\,\mathbf{u}\times(\mathbf{u}\times\mathbf{u}') \\ &= -GM[(\mathbf{u}\cdot\mathbf{u}')\mathbf{u}-(\mathbf{u}\cdot\mathbf{u})\mathbf{u}'] \qquad \text{(pelo Teorema 12.4.11, Propriedade 6)}\end{aligned}$$

Mas $\mathbf{u}\cdot\mathbf{u} = |\mathbf{u}|^2 = 1$ e, uma vez que $|\mathbf{u}(t)| = 1$, decorre do Teorema 13.2.4 que

$$\mathbf{u}\cdot\mathbf{u}' = 0$$

Portanto, $$\mathbf{a}\times\mathbf{h} = GM\,\mathbf{u}'$$

e, assim, $$(\mathbf{v}\times\mathbf{h})' = \mathbf{v}'\times\mathbf{h}+\mathbf{v}\times\mathbf{h}' = \mathbf{v}'\times\mathbf{h} = \mathbf{a}\times\mathbf{h} = GM\,\mathbf{u}'$$

Integrando ambos os lados da equação, obtemos

11 $$\mathbf{v}\times\mathbf{h} = GM\,\mathbf{u}+\mathbf{c}$$

onde **c** é um vetor constante.

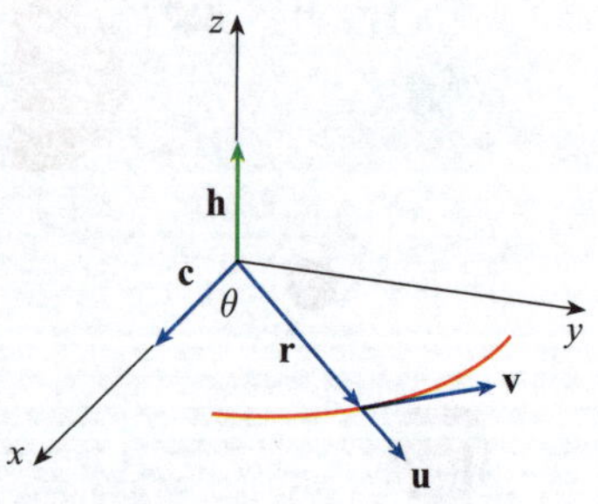

FIGURA 8

Neste ponto, é conveniente escolher os eixos coordenados de forma que o vetor da base canônica **k** aponte na direção do vetor **h**. Em seguida, o planeta se move no plano xy. Como ambos $\mathbf{v}\times\mathbf{h}$ e **u** são perpendiculares a **h**, a Equação 11 mostra que **c** pertence ao plano xy. Isso significa que podemos escolher os eixos x e y de forma que o vetor **i** esteja na direção de **c**, como mostrado na Figura 8.

Se θ é o ângulo entre **c** e **r**, então (r, θ) são as coordenadas polares do planeta. Da Equação 11, temos

$$\begin{aligned}\mathbf{r}\cdot(\mathbf{v}\times\mathbf{h}) &= \mathbf{r}\cdot(GM\,\mathbf{u}+\mathbf{c}) = GM\,\mathbf{r}\cdot\mathbf{u}+\mathbf{r}\cdot\mathbf{c} \\ &= GMr\,\mathbf{u}\cdot\mathbf{u}+|\mathbf{r}||\mathbf{c}|\cos\theta = GMr+rc\cos\theta\end{aligned}$$

onde $c = |\mathbf{c}|$. Então,

$$r = \frac{\mathbf{r}\cdot(\mathbf{v}\times\mathbf{h})}{GM + c\cos\theta} = \frac{1}{GM}\,\frac{\mathbf{r}\cdot(\mathbf{v}\times\mathbf{h})}{1+e\cos\theta}$$

onde $e = c/(GM)$. Mas

$$\mathbf{r}\cdot(\mathbf{v}\times\mathbf{h}) = (\mathbf{r}\times\mathbf{v})\cdot\mathbf{h} = \mathbf{h}\cdot\mathbf{h} = |\mathbf{h}|^2 = h^2$$

onde $h = |\mathbf{h}|$. Logo,

$$r = \frac{h^2/(GM)}{1+e\cos\theta} = \frac{eh^2/c}{1+e\cos\theta}$$

Escrevendo $d = h^2/c$, obtemos a equação

12
$$r = \frac{ed}{1+e\cos\theta}$$

Comparando com o Teorema 10.6.6, vemos que a Equação 12 é aquela da forma polar da seção cônica com foco na origem e excentricidade e. Sabemos que a órbita de um planeta é uma curva fechada e assim a cônica deve ser uma elipse.

Isso completa a dedução da Primeira Lei de Kepler. Vamos orientá-lo através da derivação das Segunda e Terceira Leis do Projeto Aplicado. As demonstrações dessas três leis mostram que o método deste capítulo fornece uma ferramenta poderosa na descrição de leis da natureza.

13.4 Exercícios

1. A tabela fornece coordenadas de uma partícula movendo-se no espaço ao longo de uma curva suave.

(a) Determine a velocidade média nos intervalos de tempo [0, 1], [0,5, 1], [1, 2] e [1, 1,5].

(b) Estime a velocidade e a velocidade escalar da partícula no instante $t = 1$.

t	x	y	z
0	2,7	9,8	3,7
0,5	3,5	7,2	3,3
1,0	4,5	6,0	3,0
1,5	5,9	6,4	2,8
2,0	7,3	7,8	2,7

2. A figura mostra a trajetória de uma partícula que se move com vetor posição $\mathbf{r}(t)$ no instante t.

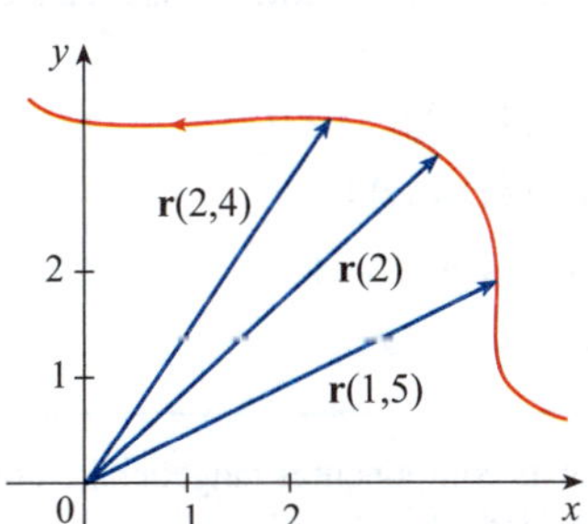

(a) Desenhe um vetor que represente a velocidade média da partícula no intervalo de tempo $2 \le t \le 2{,}4$.

(b) Desenhe um vetor que represente a velocidade média da partícula no intervalo de tempo $1{,}5 \le t \le 2$.

(c) Escreva uma expressão para o vetor velocidade $\mathbf{v}(2)$.

(d) Desenhe uma aproximação do vetor $\mathbf{v}(2)$ e estime a velocidade escalar da partícula em $t = 2$.

3-8 Determine a velocidade, a aceleração e a velocidade escalar da partícula cuja função posição é dada. Esboce a trajetória da partícula e desenhe os vetores velocidade e aceleração para os valores de t especificados.

3. $\mathbf{r}(t) = \langle -\frac{1}{2}t^2, t\rangle, \quad t = 2$

4. $\mathbf{r}(t) = \langle t^2, 1/t^2\rangle, \quad t = 1$

5. $\mathbf{r}(t) = 3\cos t\,\mathbf{i} + 2\,\text{sen}\,t\,\mathbf{j}, \quad t = \pi/3$

6. $\mathbf{r}(t) = e^t\,\mathbf{i} + e^{2t}\,\mathbf{j}, \quad t = 0$

7. $\mathbf{r}(t) = t\,\mathbf{i} + t^2\,\mathbf{j} + 2\,\mathbf{k}, \quad t = 1$

8. $\mathbf{r}(t) = t\,\mathbf{i} + 2\cos t\,\mathbf{j} + \text{sen}\,t\,\mathbf{k}, \quad t = 0$

9-14 Determine a velocidade, a aceleração e a velocidade escalar da partícula cuja função posição é dada.

9. $\mathbf{r}(t) = \langle t^2 + t, t^2 - t, t^3\rangle$

10. $\mathbf{r}(t) = \langle 2\cos t, 3t, 2\,\text{sen}\,t\rangle$

11. $\mathbf{r}(t) = \sqrt{2}\,t\,\mathbf{i} + e^t\,\mathbf{j} + e^{-t}\,\mathbf{k}$

12. $\mathbf{r}(t) = t^2\,\mathbf{i} + 2t\,\mathbf{j} + \ln t\,\mathbf{k}$

13. $\mathbf{r}(t) = e^t(\cos t\,\mathbf{i} + \text{sen}\,t\,\mathbf{j} + t\,\mathbf{k})$

14. $\mathbf{r}(t) = \langle t^2, \text{sen}\,t - t\cos t, \cos t + t\,\text{sen}\,t\rangle, \quad t \ge 0$

15-16 Determine os vetores velocidade e a posição de uma partícula, dadas a sua aceleração, velocidade e posição iniciais.

15. $\mathbf{a}(t) = 2\mathbf{i} + 2t\,\mathbf{k}$, $\mathbf{v}(0) = 3\mathbf{i} - \mathbf{j}$, $\mathbf{r}(0) = \mathbf{j} + \mathbf{k}$

16. $\mathbf{a}(t) = \text{sen}\, t\,\mathbf{i} + 2\cos t\,\mathbf{j} + 6t\,\mathbf{k}$, $\mathbf{v}(0) = -\mathbf{k}$, $\mathbf{r}(0) = \mathbf{j} - 4\mathbf{k}$

17-18

(a) Determine o vetor posição de uma partícula, dada a sua aceleração e suas velocidades e posição iniciais.

(b) Utilize o computador para traçar a trajetória percorrida pela partícula.

17. $\mathbf{a}(t) = 2t\,\mathbf{i} + \text{sen}\, t\,\mathbf{j} + \cos 2t\,\mathbf{k}$, $\mathbf{v}(0) = \mathbf{i}$, $\mathbf{r}(0) = \mathbf{j}$

18. $\mathbf{a}(t) = t\,\mathbf{i} + e^t\,\mathbf{j} + e^{-t}\,\mathbf{k}$, $\mathbf{v}(0) = \mathbf{k}$, $\mathbf{r}(0) = \mathbf{j} + 4\mathbf{k}$

19. A função posição de uma partícula é dada por $\mathbf{r}(t) = \langle t^2, 5t, t^2 - 16t \rangle$. Quando sua velocidade escalar é mínima?

20. Qual a força necessária para que uma partícula de massa m tenha a função posição $\mathbf{r}(t) = t^3\,\mathbf{i} + t^2\,\mathbf{j} + t^3\mathbf{k}$?

21. Uma força com magnitude 20 N atua diretamente para cima do plano xy em um objeto com massa de 4 kg. O objeto começa na origem com velocidade inicial $\mathbf{v}(0) = \mathbf{i} - \mathbf{j}$. Encontre a sua função posição e a sua velocidade no instante t.

22. Mostre que, se uma partícula se move com velocidade escalar constante, então os vetores velocidade e aceleração são ortogonais.

23. Um projétil é disparado com uma velocidade escalar inicial de 200 m/s e ângulo de elevação de 60°. Determine (a) o alcance do projétil, (b) a altura máxima atingida e (c) a velocidade escalar no impacto.

24. Repita o Exercício 23, considerando agora o projétil disparado de uma posição 100 m acima do solo.

25. Uma bola é atirada em um ângulo de elevação de 45° em relação ao solo. Se a bola cai no solo a uma distância de 90 m, qual a velocidade escalar inicial da bola?

26. Um projétil é disparado de um tanque com velocidade inicial 400 m/s. Encontre dois ângulos de elevação que podem ser usados para atingir um alvo a 3.000 m de distância.

27. Uma arma é disparada com ângulo de elevação de 36°. Qual a velocidade de disparo se o máximo de altura que a bala atinge é de 500 m?

28. No beisebol, um batedor rebate uma bola, que está 1 m acima do chão, em direção à parte central da cerca do campo, que tem 4 m de altura e dista 120 m da base do lançamento. A bola deixa o bastão com uma velocidade escalar de 35 m/s e com ângulo de 50° acima da horizontal. Foi *home run*? (Em outras palavras, a bola passou por cima da cerca?)

29. Uma cidade medieval tem a forma de um quadrado e está protegida pelas muralhas com comprimento de 500 m e altura de 15 m. Você é o comandante de um exército de ataque e o mais próximo que você pode chegar da muralha é 100 m. Seu plano é incendiar a cidade catapultando rochas aquecidas sobre a parede (com uma velocidade inicial de 80 m/s). Em que intervalo de ângulos você deve dizer a seus homens para armar a catapulta? (Suponha que a trajetória das rochas seja perpendicular à muralha.)

30. Mostre que um projétil atinge três quartos da sua altura máxima em metade do tempo necessário para atingir a sua altura máxima.

31. Uma bola é lançada para o ar para leste a partir da origem (na direção do eixo x positivo). A velocidade inicial é $50\mathbf{i} + 80\,\mathbf{k}$, com a velocidade medida em pés por segundo. A rotação da bola resulta em uma aceleração em direção ao sul de 4 m/s², de modo que o vetor aceleração é $\mathbf{a} = -4\mathbf{j} - 32\,\mathbf{k}$. Onde a bola cai e com que velocidade escalar?

32. Uma bola com massa 0,8 kg é arremessada ao ar em direção ao sul com velocidade escalar de 30 m/s e ângulo de 30° com o solo. Um vento do oeste aplica uma força constante de 4 N à bola na direção leste. Onde a bola cai e com que velocidade escalar?

33. A água, descendo por um trecho reto de um rio, em geral escoa mais rapidamente no meio e a velocidade escalar diminui para quase zero nas margens. Considere um trecho longo de rio escoando para o norte com as margens paralelas distando 40 m uma da outra. Se a velocidade máxima da água é de 3 m/s, pode-se utilizar uma função quadrática como um modelo básico para a taxa de fluxo de água x unidades de distância da margem oeste: $f(x) = \frac{3}{400}x(40 - x)$.

(a) Um barco se move com uma velocidade escalar constante de 5 m/s a partir de um ponto A na margem oeste enquanto se mantém direcionado perpendicularmente à margem. A que distância rio abaixo, na margem oposta, o barco vai atingir a terra firme? Faça um gráfico da trajetória do barco.

(b) Suponha que quiséssemos pilotar o barco para terra no ponto B na margem leste em frente a A. Se mantivermos uma velocidade constante de 5 m/s, e uma direção constante, encontre o ângulo em que o barco deve dirigir. Depois, faça o gráfico do caminho real que o barco segue. Essa trajetória parece realista?

34. Outro modelo razoável para a velocidade escalar da água do rio no Exercício 33 é uma função senoidal: $f(x) = 3\,\text{sen}(\pi x/40)$. Se o piloto do barco quiser atravessar o rio de A até B com direção constante e velocidade escalar constante de 5 m/s, determine o ângulo no qual o barco deve seguir.

35. Uma partícula tem função posição $\mathbf{r}(t)$. Se $\mathbf{r}'(t) = \mathbf{c} \times \mathbf{r}(t)$, onde $\mathbf{c}$ é um vetor constante, descreva o caminho da partícula.

36. (a) Se uma partícula se move ao longo de uma linha reta, o que você pode dizer sobre seu vetor aceleração?

(b) Se uma partícula se move com velocidade constante ao longo de uma curva, o que você pode dizer sobre seu vetor aceleração?

37-40 Determine as componentes tangencial e normal do vetor aceleração.

37. $\mathbf{r}(t) = (t^2 + 1)\,\mathbf{i} + t^3\,\mathbf{j}$, $t \geq 0$

38. $\mathbf{r}(t) = 2t^2\,\mathbf{i} + \left(\frac{2}{3}t^3 - 2t\right)\mathbf{j}$

39. $\mathbf{r}(t) = \cos t\,\mathbf{i} + \text{sen}\, t\,\mathbf{j} + t\,\mathbf{k}$

40. $\mathbf{r}(t) = t\,\mathbf{i} + 2e^t\,\mathbf{j} + e^{2t}\,\mathbf{k}$

41-42 Encontre as componentes tangencial e normal do vetor aceleração no ponto dado.

41. $\mathbf{r}(t) = \ln t\,\mathbf{i} + (t^2 + 3t)\,\mathbf{j} + 4\sqrt{t}\,\mathbf{k}$, $(0, 4, 4)$

42. $\mathbf{r}(t) = \dfrac{1}{t}\mathbf{i} + \dfrac{1}{t^2}\mathbf{j} + \dfrac{1}{t^3}\mathbf{k}, \quad (1, 1, 1)$

43. O módulo do vetor aceleração **a** é 10 cm/s^2. Use a figura para estimar as componentes tangencial e normal de **a**.

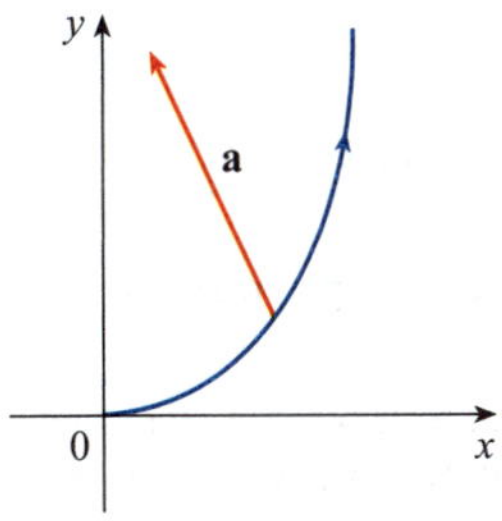

44. Momento Angular e Torque Se uma partícula com massa m se move com vetor posição $\mathbf{r}(t)$, então seu *momento angular* é definido como $\mathbf{L}(t) = m\mathbf{r}(t) \times \mathbf{v}(t)$ e seu **torque** é definido como $\tau(t) = m\mathbf{r}(t) \times \mathbf{a}(t)$. Mostre que $\mathbf{L}'(t) = \tau(t)$. Deduza que, se $\tau(t) = \mathbf{0}$ para todo t, então $\mathbf{L}(t)$ é constante. (Essa é a *lei de conservação do momento angular*.)

45. A função posição de uma nave espacial é

$$\mathbf{r}(t) = (3 + t)\mathbf{i} + (2 + \ln t)\mathbf{j} + \left(7 - \frac{4}{t^2 + 1}\right)\mathbf{k}$$

e as coordenadas de uma estação espacial são (6, 4, 9). O capitão quer que a nave atraque na estação espacial. Quando os motores da nave devem ser desligados?

46. Um foguete queimando seu combustível a bordo enquanto se move através do espaço tem velocidade $\mathbf{v}(t)$ e massa $m(t)$ no momento t. Se os gases de exaustão escapam com velocidade de $\mathbf{v}_e$ em relação ao foguete, pode deduzir-se a partir da Segunda Lei de Newton do Movimento que

$$m\frac{d\mathbf{v}}{dt} = \frac{dm}{dt}\mathbf{v}_e$$

(a) Mostre que $\mathbf{v}(t) = \mathbf{v}(0) - \ln\dfrac{m(0)}{m(t)}\mathbf{v}_e$.

(b) Para que, em linha reta, o foguete acelere do repouso para o dobro da velocidade escalar de escape de seus gases de combustão, que fração de sua massa inicial o foguete deverá queimar como combustível?

PROJETO APLICADO | LEIS DE KEPLER

Johannes Kepler enunciou três leis sobre o movimento planetário, baseando-se em uma grande quantidade de dados relativos à posição dos planetas em diferentes instantes de tempo.

Leis de Kepler

1. Um planeta gira em torno do Sol em uma órbita elíptica, com o Sol em um dos focos.
2. O segmento de reta que liga o Sol a um planeta varre áreas iguais em intervalos de tempo iguais.
3. O quadrado do período de revolução de um planeta é proporcional ao cubo do comprimento do eixo maior de sua órbita.

Kepler formulou essas leis, pois elas se ajustavam aos dados astronômicos. Ele não foi capaz de perceber por que elas eram válidas nem como se relacionavam umas com as outras. Mas Sir Isaac Newton, em seu *Principia Mathematica*, de 1687, mostrou como deduzir as três leis de Kepler de duas leis de sua autoria, a Segunda Lei do Movimento e a Lei da Gravitação Universal. Na Seção 13.4 demonstramos a Primeira Lei de Kepler usando o cálculo de funções vetoriais. Neste projeto, guiaremos você pela demonstração da Segunda e da Terceira Leis de Kepler e exploraremos suas consequências.

1. Utilize os seguintes passos para demonstrar a Segunda Lei de Kepler. A notação será a mesma que foi empregada na demonstração da Primeira Lei na Seção 13.4. Em particular, use coordenadas polares $\mathbf{r} = (r\cos\theta)\,\mathbf{i} + (r \operatorname{sen}\theta)\,\mathbf{j}$.

(a) Mostre que $\mathbf{h} = r^2\dfrac{d\theta}{dt}\mathbf{k}$.

(b) Deduza que $r^2\dfrac{d\theta}{dt} = h$.

(*continua*)

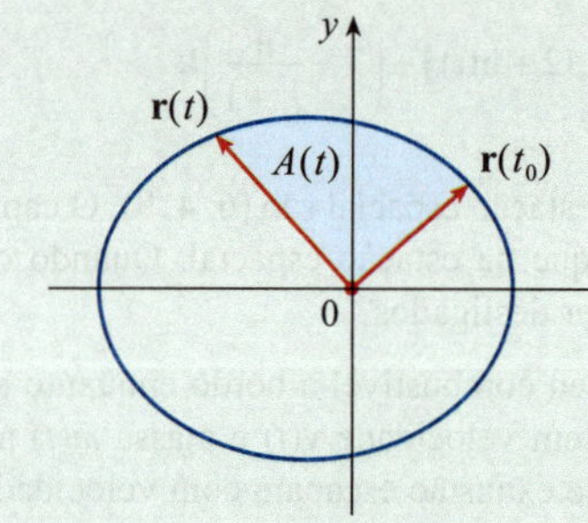

(c) Se $A = A(t)$ é a área varrida pelo vetor radical $\mathbf{r} = \mathbf{r}(t)$ no intervalo de tempo $[t_0, t]$ como na figura, mostre que

$$\frac{dA}{dt} = \tfrac{1}{2} r^2 \frac{d\theta}{dt}$$

(d) Deduza que

$$\frac{dA}{dt} = \tfrac{1}{2} h = \text{constante}$$

Essa equação mostra que a taxa na qual A é percorrida é constante e demonstra a Segunda Lei de Kepler.

2. Seja T o período de um planeta em torno do Sol; ou seja, T é o tempo necessário para o planeta dar uma volta completa em torno do Sol, em sua órbita elíptica. Suponha que os comprimentos dos eixos maior e menor da elipse sejam $2a$ e $2b$.

(a) Use a parte (d) do Problema 1 para mostrar que $T = 2\pi ab/h$.

(b) Mostre que $\dfrac{h^2}{GM} = ed = \dfrac{b^2}{a}$.

(c) Use as partes (a) e (b) para mostrar que $T^2 = \dfrac{4\pi^2}{GM} a^3$.

Isso demonstra a Terceira Lei de Kepler. [Observe que a constante de proporcionalidade $4\pi^2/(GM)$ independe do planeta.]

3. O período da Terra girando em torno do Sol é de aproximadamente 365,25 dias. Utilize esse fato e a Terceira Lei de Kepler para determinar o eixo maior da órbita terrestre. Você precisará do valor da massa do Sol, $M = 1{,}99 \times 10^{30}$ kg, e da constante gravitacional, $G = 6{,}67 \times 10^{-11}$ N·m²/kg².

4. É possível colocar um satélite em órbita em torno da Terra de modo que ele permaneça fixo em uma posição localizada sobre o equador. Calcule a altitude necessária para esse satélite. A massa da Terra é $5{,}98 \times 10^{24}$ kg; seu raio é $6{,}37 \times 10^6$ m. (Essa órbita é chamada Órbita Geoestacionária Clarke, em homenagem a Arthur C. Clarke, quem primeiro propôs a ideia, em 1945. O primeiro satélite, *Syncom II*, foi lançado em julho de 1963.)

13 REVISÃO

VERIFICAÇÃO DE CONCEITOS

As respostas para a Verificação de Conceitos podem ser encontradas na página deste livro no site da Cengage.

1. O que é uma função vetorial? Como calcular sua derivada e sua integral?

2. Qual a relação entre funções vetoriais e curvas espaciais?

3. Como achar o vetor tangente a uma curva suave em um ponto? Como achar a reta tangente? Como determinar o vetor tangente unitário?

4. Se $\mathbf{u}$ e $\mathbf{v}$ são funções vetoriais diferenciáveis, c é um escalar e f é uma função real, escreva as regras para derivar as seguintes funções vetoriais:

(a) $\mathbf{u}(t) + \mathbf{v}(t)$ (b) $c\mathbf{u}(t)$ (c) $f(t)\,\mathbf{u}(t)$
(d) $\mathbf{u}(t) \cdot \mathbf{v}(t)$ (e) $\mathbf{u}(t) \times \mathbf{v}(t)$ (f) $\mathbf{u}(f(t))$

5. Como achar o comprimento de uma curva espacial dada pela função vetorial $\mathbf{r}(t)$?

6. (a) Qual a definição de curvatura?

(b) Escreva a fórmula para curvatura em função de $\mathbf{r}'(t)$ e $\mathbf{T}'(t)$.

(c) Escreva a fórmula para curvatura em função de $\mathbf{r}'(t)$ e $\mathbf{r}''(t)$.

(d) Escreva a fórmula para curvatura de uma curva plana com equação $y = f(x)$.

7. (a) Escreva as fórmulas para os vetores normal e binormal de uma curva suave espacial $\mathbf{r}(t)$.

(b) O que é o plano normal de uma curva em um ponto? E o plano osculador? O que é o círculo osculador?

8. (a) Como determinar a velocidade, a velocidade escalar e a aceleração de uma partícula que se move ao longo de uma curva espacial?

(b) Escreva a aceleração em termos de suas componentes tangencial e normal.

9. Quais são as leis de Kepler?

TESTES VERDADEIRO-FALSO

Determine se a afirmação é falsa ou verdadeira. Se for verdadeira, explique por quê. Caso contrário, explique por que ou dê um exemplo que mostre que é falsa.

1. A curva com equação vetorial $\mathbf{r}(t) = t^3\,\mathbf{i} + 2t^3\,\mathbf{j} + 3t^3\,\mathbf{k}$ é uma reta.
2. A curva $\mathbf{r}(t) = \langle 0, t^2, 4t \rangle$ é uma parábola.
3. A curva $\mathbf{r}(t) = \langle 2t, 3 - t, 0 \rangle$ é uma linha que passa através da origem.
4. A derivada da função vetorial é obtida derivando cada componente da função.
5. Se $\mathbf{u}(t)$ e $\mathbf{v}(t)$ são funções vetoriais diferenciáveis, então
$$\frac{d}{dt}[\mathbf{u}(t) \times \mathbf{v}(t)] = \mathbf{u}'(t) \times \mathbf{v}'(t)$$
6. Se $\mathbf{r}(t)$ é uma função vetorial diferenciável, então
$$\frac{d}{dt}|\mathbf{r}(t)| = |\mathbf{r}'(t)|$$
7. Se $\mathbf{T}(t)$ é o vetor tangente unitário de uma curva suave, então a curvatura é $\kappa = |d\mathbf{T}/dt|$.
8. O vetor binormal é $\mathbf{B}(t) = \mathbf{N}(t) \times \mathbf{T}(t)$.
9. Suponha que f seja duas vezes continuamente diferenciável. Em um ponto de inflexão da curva $y = f(x)$, a curvatura é 0.
10. Se $\kappa(t) = 0$ para todo t, a curva é uma reta.
11. Se $|\mathbf{r}(t)| = 1$ para todo t, então $|\mathbf{r}'(t)|$ é constante.
12. Se $|\mathbf{r}(t)| = 1$ para todo t, então $\mathbf{r}'(t)$ é ortogonal a $\mathbf{r}(t)$ para todo t.
13. O círculo osculador de uma curva C em um ponto tem o mesmo vetor tangente, vetor normal e curvatura que C naquele ponto.
14. As parametrizações diferentes de uma mesma curva resultam em vetores tangentes idênticos em um mesmo ponto da curva.
15. A projeção da curva $\mathbf{r}(t) = \langle \cos 2t, t, \operatorname{sen} 2t \rangle$ sobre o plano xz é uma circunferência.
16. As equações vetoriais $\mathbf{r}(t) = \langle t, 2t, t + 1 \rangle$ e $\mathbf{r}(t) = \langle t - 1, 2t - 2, t \rangle$ são parametrizações da mesma reta.

EXERCÍCIOS

1. (a) Esboce a curva com função vetorial
$$\mathbf{r}(t) = t\,\mathbf{i} + \cos \pi t\,\mathbf{j} + \operatorname{sen} \pi t\,\mathbf{k} \qquad t \geq 0$$
(b) Encontre $\mathbf{r}'(t)$ e $\mathbf{r}''(t)$.
2. Seja $\mathbf{r}(t) = \langle \sqrt{2 - t}, (e^t - 1)/t, \ln(t + 1) \rangle$.
(a) Determine o domínio de $\mathbf{r}$.
(b) Encontre $\lim_{t \to 0} \mathbf{r}(t)$.
(c) Encontre $\mathbf{r}'(t)$.
3. Determine uma equação vetorial que represente a curva obtida pela intersecção do cilindro $x^2 + y^2 = 16$ com o plano $x + z = 5$.
4. Determine as equações paramétricas da reta tangente à curva $x = 2 \operatorname{sen} t$, $y = 2 \operatorname{sen} 2t$, $z = 2 \operatorname{sen} 3t$ no ponto $(1, \sqrt{3}, 2)$. Desenhe a curva e a tangente em uma mesma tela.
5. Se $\mathbf{r}(t) = t^2\,\mathbf{i} + t \cos \pi t\,\mathbf{j} + \operatorname{sen} \pi t\,\mathbf{k}$, calcule $\int_0^1 \mathbf{r}(t)\,dt$.
6. Seja C a curva com equação $x = 2 - t^3$, $y = 2t - 1$, $z = \ln t$. Encontre (a) o ponto em que C intersecta o plano xz, (b) as equações paramétricas da reta tangente em $(1, 1, 0)$ e (c) uma equação do plano normal ao C em $(1, 1, 0)$.
7. Use a Regra de Simpson com $n = 6$ para estimar o comprimento do arco da curva com as equações $x = t^2$, $y = t^3$, $z = t^4$, $0 \leq t \leq 3$.
8. Determine o comprimento da curva $\mathbf{r}(t) = \langle 2t^{3/2}, \cos 2t, \operatorname{sen} 2t \rangle$, $0 \leq t \leq 1$.
9. A hélice $\mathbf{r}_1(t) = \cos t\,\mathbf{i} + \operatorname{sen} t\,\mathbf{j} + t\,\mathbf{k}$ intercepta a curva $\mathbf{r}_2(t) = (1 + t)\,\mathbf{i} + t^2\,\mathbf{j} + t^3\,\mathbf{k}$ no ponto $(1, 0, 0)$. Determine o ângulo de intersecção dessas curvas.
10. Reparametrize a curva $\mathbf{r}(t) = e^t\,\mathbf{i} + e^t \operatorname{sen} t\,\mathbf{j} + e^t \cos t\,\mathbf{k}$ com relação ao comprimento de arco medido a partir do ponto $(1, 0, 1)$ na direção crescente de t.
11. Para a curva dada por $\mathbf{r}(t) = \langle \operatorname{sen}^3 t, \cos^3 t, \operatorname{sen}^2 t \rangle$, $0 \leq t \leq \pi/2$ encontre
(a) o vetor tangente unitário,
(b) o vetor normal unitário,
(c) o vetor binormal unitário,
(d) a curvatura e
(e) a torção.
12. Encontre a curvatura da elipse $x = 3 \cos t$, $y = 4 \operatorname{sen} t$ no ponto $(3, 0)$ e $(0, 4)$.
13. Encontre a curvatura da curva $y = x^4$ no ponto $(1, 1)$.
14. Determine uma equação do círculo osculador da curva $y = x^4 - x^2$ na origem. Faça o gráfico da curva e do círculo osculador.
15. Determine uma equação do plano osculador da curva $x = \operatorname{sen} 2t$, $y = t$, $z = \cos 2t$ no ponto $(0, \pi, 1)$.
16. A figura mostra a curva C traçada por uma partícula com vetor posição $\mathbf{r}(t)$ no instante t.
(a) Desenhe um vetor que represente a velocidade média da partícula no intervalo de tempo $3 \leq t \leq 3{,}2$.
(b) Escreva a expressão para a velocidade $\mathbf{v}(3)$.
(c) Escreva uma expressão para o vetor tangente unitário $\mathbf{T}(3)$ e desenhe-o.

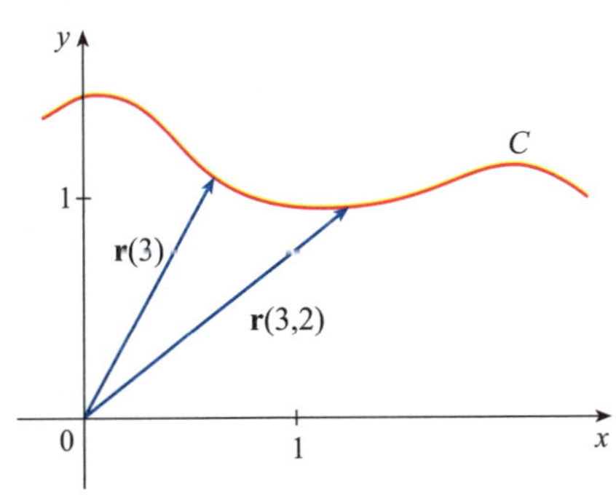

17. Uma partícula se move com função posição $\mathbf{r}(t) = t \ln t\,\mathbf{i} + t\,\mathbf{j} + e^{-t}\,\mathbf{k}$. Determine a velocidade, a velocidade escalar e a aceleração da partícula.

18. Encontre a velocidade, velocidade escalar e aceleração de uma partícula que se move com função posição $\mathbf{r}(t) = (2t^2 - 3)\,\mathbf{i} + 2t\,\mathbf{j}$. Esboce a trajetória da partícula e trace os vetores posição, velocidade e aceleração em $t = 1$.

19. Uma partícula começa na origem com velocidade inicial $\mathbf{i} - \mathbf{j} + 3\,\mathbf{k}$. Sua aceleração é $\mathbf{a}(t) = 6t\,\mathbf{i} + 12t^2\,\mathbf{j} - 6t\,\mathbf{k}$. Determine sua função posição.

20. Um atleta arremessa um disco em um ângulo de 45° em relação à horizontal com velocidade escalar inicial de 13 m/s. Ele deixa sua mão 2 m acima do solo.
(a) Onde está o disco 2 segundos depois?
(b) Qual a altura máxima que o disco atinge?
(c) Onde o disco atinge o chão?

21. Um projétil é lançado com velocidade inicial de 40 m/s do chão de um túnel cuja altura é 30 m. Que ângulo de elevação deveria ser usado para atingir o maior alcance horizontal possível do projétil? Qual é o alcance máximo?

22. Determine as componentes tangencial e normal do vetor aceleração de uma partícula que se move com vetor posição

$$\mathbf{r}(t) = t\,\mathbf{i} + 2t\,\mathbf{j} + t^2\,\mathbf{k}$$

23. Um disco de raio 1 está rodando no sentido anti-horário com uma velocidade angular constante ω. Uma partícula inicia no centro do disco e se move em direção às bordas em uma direção radial fixa de forma que sua posição no instante t, $t \geq 0$, é dada por $\mathbf{r}(t) = t\,\mathbf{R}(t)$, sendo

$$\mathbf{R}(t) = \cos \omega t\,\mathbf{i} + \text{sen}\,\omega t\,\mathbf{j}$$

(a) Mostre que a velocidade $\mathbf{v}$ da partícula é

$$\mathbf{v} = \cos \omega t\,\mathbf{i} + \text{sen}\,\omega t\,\mathbf{j} + t\mathbf{v}_d$$

onde $\mathbf{v}_d = \mathbf{R}'(t)$ é a velocidade do ponto na borda do disco.

(b) Mostre que a aceleração $\mathbf{a}$ da partícula é

$$\mathbf{a} = 2\,\mathbf{v}_d + t\,\mathbf{a}_d$$

onde $\mathbf{a}_d = \mathbf{R}''(t)$ é a aceleração na borda do disco. O termo extra $2\,\mathbf{v}_d$ é chamado *aceleração de Coriolis*; é o resultado da interação entre a rotação do disco e o movimento da partícula. Podemos obter uma demonstração física dessa aceleração andando em direção à borda de um carrossel.

(c) Determine a aceleração de Coriolis de uma partícula que se move em um disco rodando segundo a equação

$$\mathbf{r}(t) = e^{-t} \cos \omega t\,\mathbf{i} + e^{-t}\,\text{sen}\,\omega t\,\mathbf{j}$$

24. No projeto de *curvas de transferência*, usadas para ligar trechos de ferrovia em trilhos retos, é importante perceber que a aceleração do trem deve ser contínua, de modo que a força de reação exercida pelo trem na pista também é contínua. Por causa das fórmulas para os componentes de aceleração na Seção 13.4, este só será o caso se a curvatura variar continuamente.

(a) Um candidato lógico à curva de transferência para juntar dois trilhos existentes dados por $y = 1$ para $x \leq 0$ e $y = \sqrt{2} - x$ para $x \geq 1/\sqrt{2}$ poderia ser a função $f(x) = \sqrt{1 - x^2}$, $0 < x < 1/\sqrt{2}$, cujo gráfico é o arco de círculo mostrado na figura. À primeira vista, parece razoável. Demonstre que a função

$$F(x) = \begin{cases} 1 & \text{se } x \leq 0 \\ \sqrt{1 - x^2} & \text{se } 0 < x < 1/\sqrt{2} \\ \sqrt{2} - x & \text{se } x \geq 1/\sqrt{2} \end{cases}$$

é contínua e tem inclinação contínua, mas não tem curvatura contínua. Assim, f não é uma curva de transferência adequada.

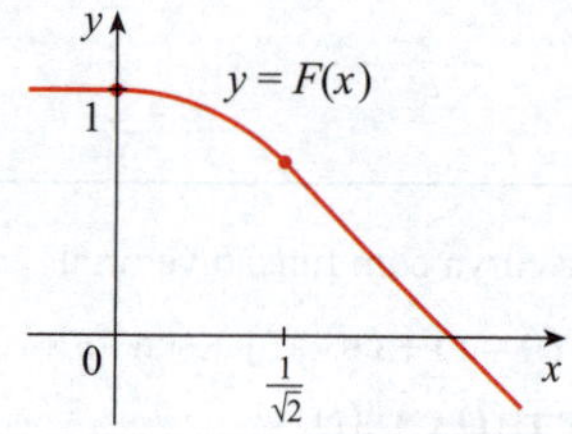

(b) Determine um polinômio de quinto grau para servir de curva de transferência entre os dois segmentos de reta: $y = 0$ para $x \leq 0$ e $y = x$ para $x \geq 1$. Poderíamos utilizar um polinômio de quarto grau? Use uma calculadora gráfica ou computador para esboçar o gráfico da função "conectada" e verifique que ele se assemelha ao da figura.

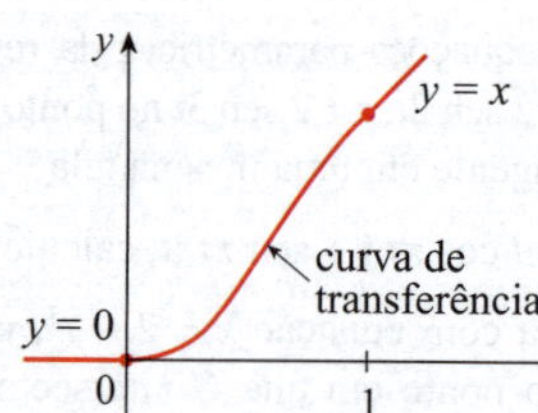

Problemas Quentes

1. Uma partícula P move-se com velocidade angular constante ω em torno de um círculo com centro na origem e raio R. A partícula é considerada em *movimento circular uniforme*. Suponha que o movimento seja no sentido anti-horário e que a partícula esteja no ponto $(R, 0)$ quando $t = 0$. O vetor posição no instante $t \geq 0$ é $\mathbf{r}(t) = R \cos \omega t\ \mathbf{i} + R \operatorname{sen} \omega t\ \mathbf{j}$.

(a) Encontre o vetor velocidade $\mathbf{v}$ e mostre que $\mathbf{v} \cdot \mathbf{r} = 0$. Conclua que $\mathbf{v}$ é tangente ao círculo e tem sentido igual ao do movimento.

(b) Mostre que a velocidade $|\mathbf{v}|$ da partícula é a constante ωR. O *período* T da partícula é o tempo requerido para uma volta completa. Conclua que

$$T = \frac{2\pi R}{|\mathbf{v}|} = \frac{2\pi}{\omega}$$

(c) Encontre o vetor aceleração $\mathbf{a}$. Mostre que ele é proporcional a $\mathbf{r}$ e que aponta para a origem. Uma aceleração com essa propriedade é chamada *aceleração centrípeta*. Mostre que o módulo do vetor aceleração é $|\mathbf{a}| = R\omega^2$.

(d) Suponha que a partícula tenha uma massa m. Mostre que a magnitude da força $\mathbf{F}$ que é necessária para produzir esse movimento, denominada *força centrípeta*, é

$$|\mathbf{F}| = \frac{m|\mathbf{v}|^2}{R}$$

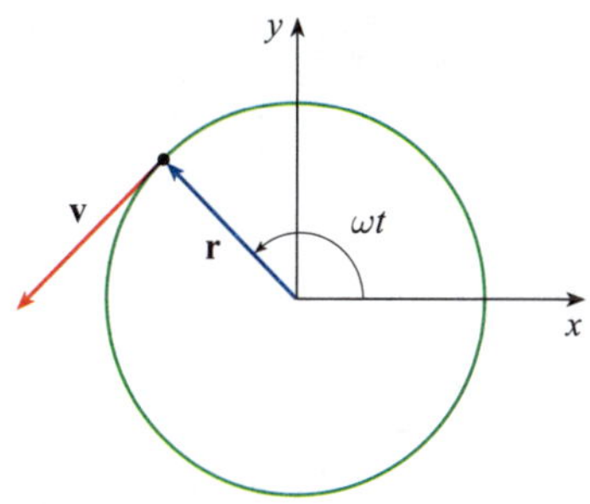

FIGURA PARA O PROBLEMA 1

2. Uma curva circular de raio R em uma autoestrada é inclinada em um ângulo de θ de modo que um carro possa passar pela curva sem derrapar quando não existe atrito entre a estrada e os pneus. A perda de atrito ocorre, por exemplo, se a estrada está coberta com uma fina camada de água ou de gelo. A velocidade escalar nominal v_R associada a uma curva é a velocidade escalar máxima que o carro pode atingir sem derrapar. Suponha que um carro de massa m esteja transpondo a curva com a velocidade escalar nominal v_R. Duas forças que atuam sobre o carro: a força vertical, mg, devido ao peso do carro, e uma força $\mathbf{F}$ exercida pela estrada, perpendicular a ela (veja a figura).

A componente vertical de $\mathbf{F}$ equilibra o peso do carro, de forma que $|\mathbf{F}| \cos \theta = mg$. A componente horizontal de $\mathbf{F}$ produz uma força centrípeta no carro de forma que, pela Segunda Lei de Newton e pela parte (d) do Problema 1,

$$|\mathbf{F}| \operatorname{sen} \theta = \frac{m v_R^2}{R}$$

(a) Mostre que $v_R^2 = Rg \operatorname{tg} \theta$.

(b) Determine a velocidade escalar nominal associada a uma curva circular de raio 120 m que é inclinada em um ângulo de 12°.

(c) Suponha que os engenheiros projetistas queiram manter a inclinação em 12°, mas desejem aumentar a velocidade escalar nominal em 50%. Nesse caso, qual deve ser o raio da curva?

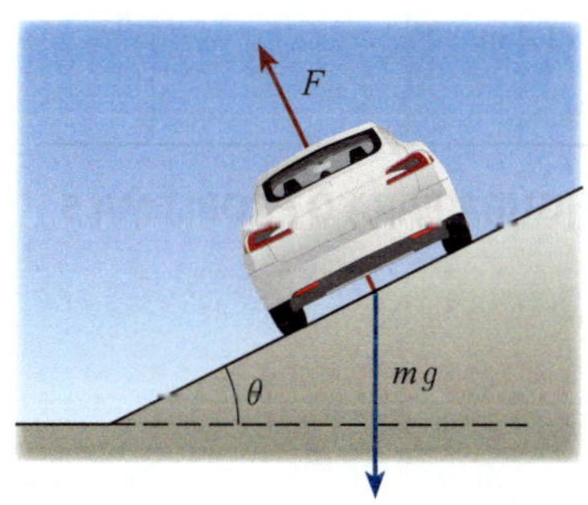

FIGURA PARA O PROBLEMA 2

3. Um projétil é disparado da origem com um ângulo de elevação α e velocidade inicial v_0. Supondo que a resistência do ar seja desprezível e que a única força que age sobre o projétil seja a gravidade, g, foi mostrado no Exemplo 13.4.5 que o vetor posição do projétil é

$$\mathbf{r}(t) = (v_0 \cos \alpha)t\,\mathbf{i} + \left[(v_0 \operatorname{sen} \alpha)t - \tfrac{1}{2}gt^2\right]\mathbf{j}$$

Também foi mostrado que o alcance máximo do projétil ocorre quando $\alpha = 45°$ e, nesse caso, o alcance é $R = v_0^2/g$.

(a) Qual é o ângulo no qual o projétil deve ser disparado para atingir a altura máxima e qual é essa altura?

(b) Fixe uma velocidade inicial v_0 e considere a parábola $x^2 + 2Ry - R^2 = 0$, cujo gráfico é exposto na figura. Mostre que o projétil pode atingir qualquer alvo dentro ou na fronteira da região limitada pela parábola e pelo eixo x, e que o projétil não pode atingir nenhum alvo fora dessa região.

(c) Suponha que o lançador do projétil tenha um ângulo de inclinação α quando mirando um alvo que esteja suspenso a uma altura h diretamente acima de um ponto D unidades à frente (veja a figura ao lado). O alvo é solto no instante em que o projétil é lançado. Mostre que o projétil sempre atinge o alvo, independentemente da velocidade v_0, desde que o projétil não atinja o solo "antes" de D.

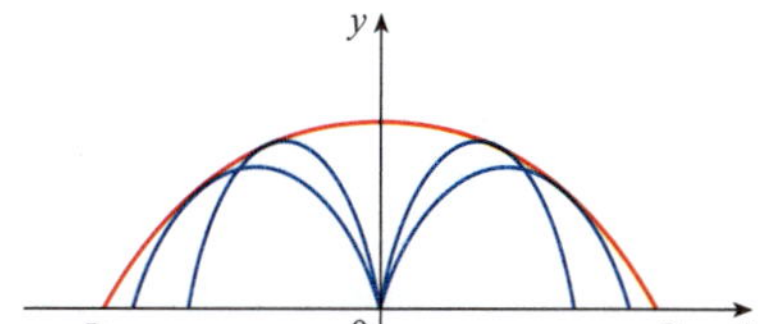

FIGURA PARA O PROBLEMA 3

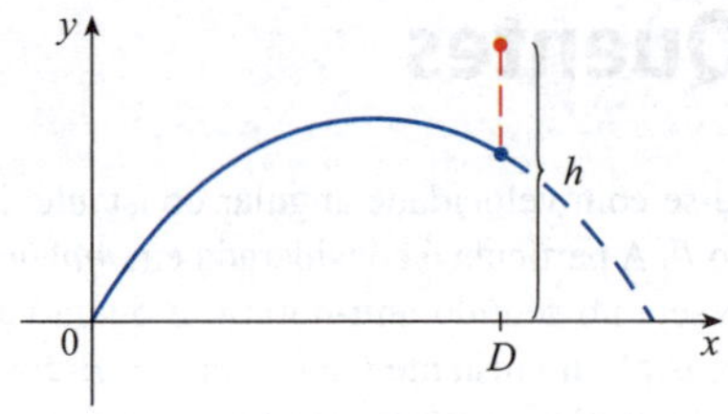

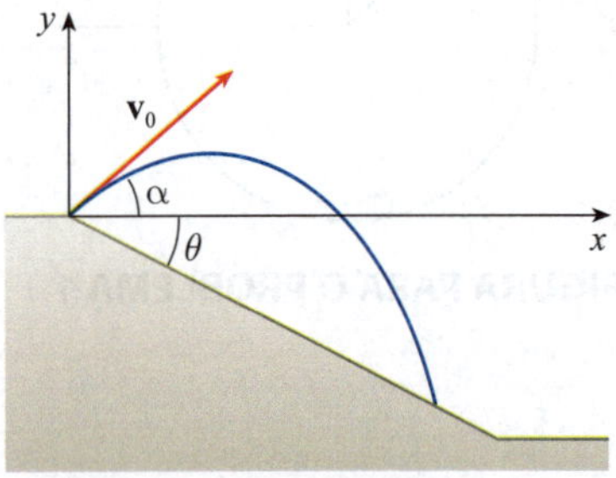

FIGURA PARA O PROBLEMA 4

4. (a) Um projétil é disparado a partir da origem em direção a um plano inclinado para baixo em um ângulo θ com a horizontal. O ângulo de elevação do lançador e a velocidade escalar inicial do projétil são α e v_0 , respectivamente. Encontre o vetor posição do projétil e as equações paramétricas da trajetória do projétil como funções do tempo t. (Ignore a resistência do ar.)

(b) Mostre que o ângulo α de elevação que vai maximizar o alcance do projétil no plano inclinado é a metade do ângulo entre o plano e a vertical.

(c) Suponha que o projétil seja lançado sobre um plano inclinado para cima cujo ângulo de inclinação é θ. Mostre que, a fim de maximizar o alcance (ladeira acima), o projétil deverá ser disparado em direção à metade do ângulo entre o plano e a vertical.

(d) Em um artigo apresentado em 1686, Edmond Halley resumiu as leis da gravitação e do movimento de projéteis e as aplicou à artilharia. Um dos problemas propostos por ele envolvia disparar um projétil para atingir um alvo a uma distância R em um plano inclinado para cima. Mostre que o ângulo no qual o projétil deve ser disparado para atingir o alvo, mas usando a menor quantidade de energia, é o mesmo que o ângulo da parte (c). (Use o fato de que a energia necessária para disparar o projétil é proporcional ao quadrado da velocidade inicial; assim, minimizar a energia equivale a minimizar a velocidade inicial.)

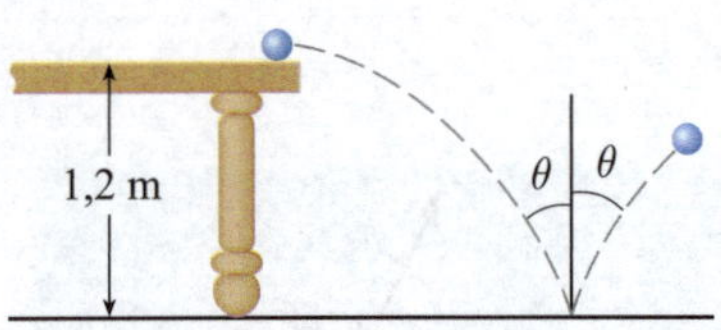

FIGURA PARA O PROBLEMA 5

5. Uma bola rola de uma mesa com velocidade escalar de 0,5 m/s. A mesa tem 1,2 m de altura.

(a) Determine o ponto no qual a bola atinge o solo e encontre sua velocidade escalar no instante do impacto.

(b) Encontre o ângulo θ entre a trajetória da bola e a reta vertical que passa pelo ponto de impacto (veja a figura).

(c) Suponha que a bola repique no solo no mesmo ângulo com o qual ela o atinge, mas que perca 20% de sua velocidade escalar em virtude da energia absorvida no impacto. Onde a bola atinge o chão no segundo repique?

6. Determine a curvatura da curva com equações paramétricas

$$x = \int_0^t \text{sen}\left(\tfrac{1}{2}\pi\theta^2\right)d\theta \qquad y = \int_0^t \cos\left(\tfrac{1}{2}\pi\theta^2\right)d\theta$$

T **7.** Se um projétil é disparado com ângulo de elevação α e velocidade escalar inicial v, as equações paramétricas de sua trajetória são

$$x = (v\cos\alpha)t \qquad y = (v\,\text{sen}\,\alpha)t - \tfrac{1}{2}gt^2$$

(Veja o Exemplo 13.4.5.) Sabemos que o alcance (distância horizontal percorrida) é maximizado quando $\alpha = 45°$. Qual valor de α maximiza a distância total percorrida pelo projétil? (Dê sua resposta com precisão de um grau.)

8. Um cabo tem raio r e comprimento L e é enrolado em torno de um carretel com raio R sem excesso de lapidação. Qual é o comprimento mais curto ao longo da bobina, que é coberta pelo cabo?

9. Mostre que a curva com equação vetorial

$$\mathbf{r}(t) = \langle a_1t^2 + b_1t + c_1,\ a_2t^2 + b_2t + c_2,\ a_3t^2 + b_3t + c_3\rangle$$

encontra-se em um plano e encontre uma equação do plano.

Uma função de duas variáveis é capaz de descrever o formato de uma superfície como a que é formada por essas dunas de areia. No Exercício 14.6.40, pedimos-lhe que use derivadas parciais para calcular a taxa de variação da altitude que um alpinista enfrenta caminhando em direções diferentes.

SeppFriedhube /E+/Getty Images

14 Derivadas Parciais

ATÉ AQUI TRATAMOS o cálculo de funções de uma única variável. No entanto, no mundo real, quantidades físicas frequentemente dependem de duas ou mais variáveis, de modo que, neste capítulo, focalizaremos nossa atenção em funções de diversas variáveis e estenderemos nossas ideias básicas do cálculo diferencial para tais funções.

14.1 Funções de Diversas Variáveis

Nesta seção, estudaremos as funções de duas ou mais variáveis sob quatro pontos de vista diferentes:

- verbalmente (pela descrição em palavras)
- numericamente (por uma tabela de valores)
- visualmente (por um gráfico ou curvas de nível)
- algebricamente (por uma fórmula explícita)

Funções de Duas Variáveis

A temperatura T em um ponto da superfície da Terra em dado instante de tempo depende da longitude x e da latitude y do ponto. Podemos pensar em T como uma função de duas variáveis x e y, ou como uma função do par (x, y). Indicamos essa dependência funcional escrevendo $T = f(x, y)$.

O volume V de um cilindro circular depende de seu raio r e de sua altura h. De fato, sabemos que $V = \pi r^2 h$. Dizemos que V é uma função de r e de h, e podemos escrever $V(r, h) = \pi r^2 h$.

Definição Uma **função f de duas variáveis** é uma regra que associa a cada par ordenado de números reais (x, y) de um conjunto D um único valor real, denotado por $f(x, y)$. O conjunto D é o **domínio** de f e sua **imagem** é o conjunto de valores possíveis de f, ou seja, $\{f(x, y) \mid (x, y) \in D\}$.

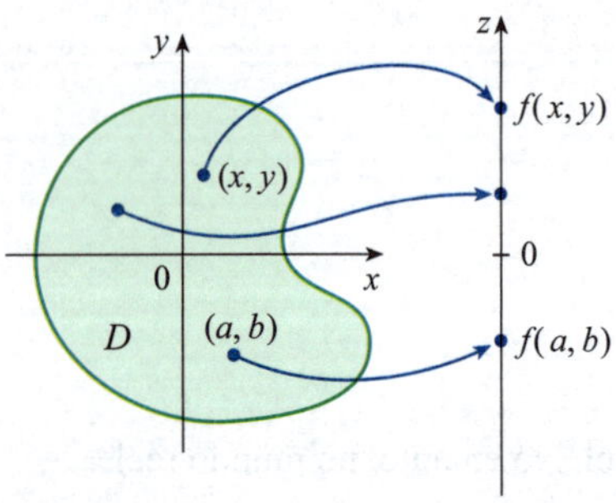

FIGURA 1

Frequentemente escrevemos $z = f(x, y)$ para tornar explícitos os valores tomados por f em um ponto genérico (x, y). As variáveis x e y são **variáveis independentes** e z é a **variável dependente**. [Compare com a notação $y = f(x)$ para as funções de uma única variável.]

Uma função de duas variáveis é simplesmente aquela cujo domínio é um subconjunto de $\mathbb{R}^2$ e cuja imagem é um subconjunto de $\mathbb{R}$. Uma maneira de visualizar essa função é pelo diagrama de setas (veja a Figura 1), no qual o domínio D é representado como um subconjunto do plano xy e a imagem é um conjunto de números na reta real, mostrado como um eixo z. Por exemplo, se $f(x, y)$ representa a temperatura em um ponto (x, y) em uma placa de metal chata com o formato de D, podemos pensar que o eixo z é um termômetro exibindo as temperaturas registradas.

Se a função f é dada por uma fórmula e seu domínio não é especificado, fica subtendido que o domínio de f é o conjunto de todos os pares (x, y) para os quais a expressão dada define um número real.

EXEMPLO 1 Para cada uma das seguintes funções, calcule $f(3, 2)$ e encontre o domínio.

(a) $f(x, y) = \dfrac{\sqrt{x + y + 1}}{x - 1}$ (b) $f(x, y) = x \ln(y^2 - x)$

SOLUÇÃO

(a) $f(3, 2) = \dfrac{\sqrt{3 + 2 + 1}}{3 - 1} = \dfrac{\sqrt{6}}{2}$

A expressão para f está bem definida se o denominador for diferente de 0 e o número cuja raiz quadrada será extraída for não negativo. Portanto, o domínio de f é

$$D = \{(x, y) \mid x + y + 1 \geq 0, x \neq 1\}$$

A desigualdade $x + y + 1 \geq 0$, ou $y \geq -x - 1$, descreve os pontos que estão na linha $y = -x - 1$ ou acima dela, enquanto $x \neq 1$ significa que os pontos na linha $x = 1$ devem ser excluídos do domínio. (Veja a Figura 2.)

(b) $f(3, 2) = 3\ \ln(2^2 - 3) = 3\ \ln 1 = 0$

Já que $\ln(y^2 - x)$ é definido somente quando $y^2 - x > 0$, isto é, $x < y^2$, o domínio de f é $D = \{(x, y)|\ x < y^2\}$. Isso representa o conjunto de pontos à esquerda da parábola $x = y^2$. (Veja a Figura 3.)

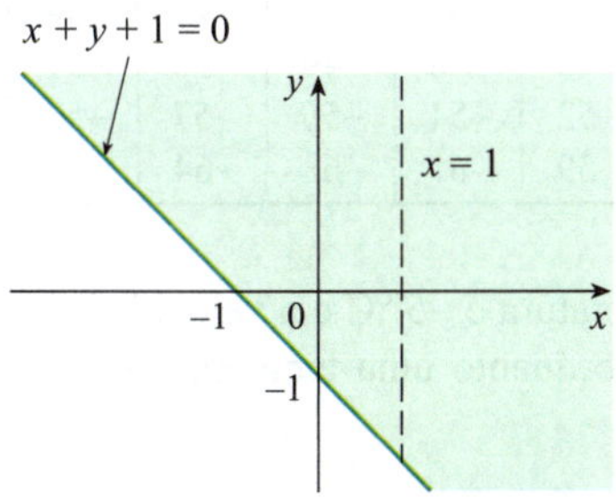

FIGURA 2

Domínio de $f(x, y) = \dfrac{\sqrt{x + y + 1}}{x - 1}$

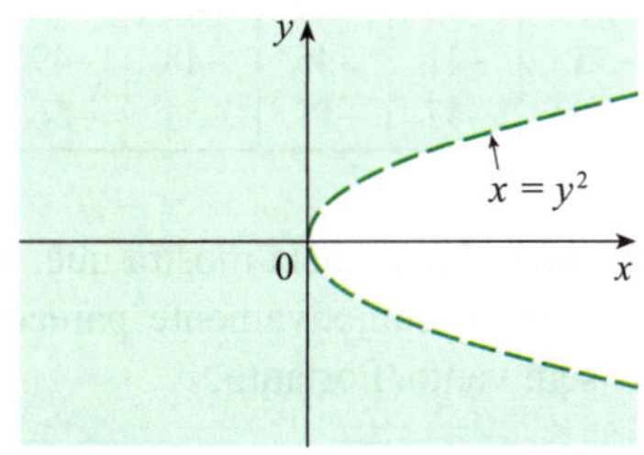

FIGURA 3

Domínio de $f(x, y) = x\ \ln(y^2 - x)$ ■

EXEMPLO 2 Determine o domínio e o conjunto imagem de $g(x, y) = \sqrt{9 - x^2 - y^2}$.

SOLUÇÃO O domínio de g é

$$D = \{(x, y)\ |\ 9 - x^2 - y^2 \geq 0\} = \{(x, y)\ |\ x^2 + y^2 \leq 9\}$$

que é o disco com centro em (0, 0) e raio 3. (Veja a Figura 4.) O conjunto imagem de g é

$$\left\{z\ |\ z = \sqrt{9 - x^2 - y^2},\ (x, y) \in D\right\}$$

Como z é uma raiz quadrada positiva, $z \geq 0$. Além disso, como $9 - x^2 - y^2 \leq 9$, temos

$$\sqrt{9 - x^2 - y^2} \leq 3$$

Dessa forma, o conjunto imagem é

$$\{z\ |\ 0 \leq z \leq 3\} = [0, 3]$$ ■

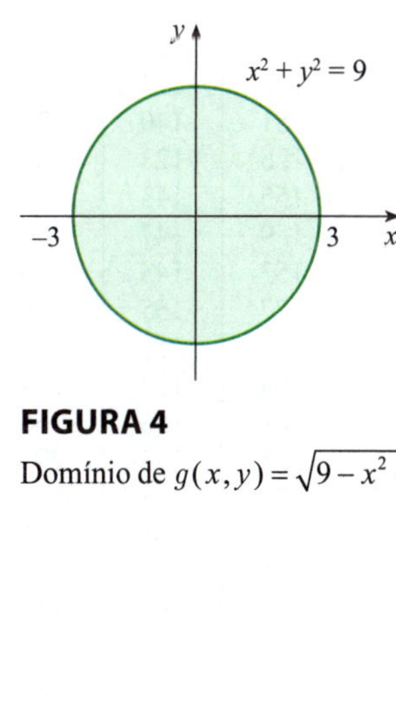

FIGURA 4

Domínio de $g(x, y) = \sqrt{9 - x^2 - y^2}$

Nem todas as funções podem ser representadas por fórmulas explícitas. A função do exemplo a seguir é descrita verbalmente e por estimativas numéricas de seus valores.

EXEMPLO 3 Em regiões com inverno severo, o *índice de sensação térmica* é frequentemente utilizado para descrever a severidade aparente do frio. Esse índice W mede a temperatura subjetiva que depende da temperatura real T e da velocidade do vento, v. Assim, W é uma função de T e de v, e podemos escrever $W = f(T, v)$. A Tabela 1 apresenta valores de W compilados pelo Serviço Nacional de Meteorologia dos Estados Unidos e pelo Serviço Meteorológico do Canadá.

Índice de Sensação Térmica

O índice de sensação térmica mede a percepção do frio quando está ventando. Ele tem base em um modelo de quão rápido a face humana perde calor. Ele foi desenvolvido por meio de testes clínicos nos quais os voluntários eram expostos a diversas temperaturas e velocidades do vento em um túnel de vento refrigerado.

Tabela 1 **Índice de sensação térmica como função da temperatura do ar e velocidade do vento**

Velocidade do vento (km/h)

Temperatura real (°C) — T \ v	5	10	15	20	25	30	40	50	60	70	80
5	4	3	2	1	1	0	−1	−1	−2	−2	−3
0	−2	−3	−4	−5	−6	−6	−7	−8	−9	−9	−10
−5	−7	−9	−11	−12	−12	−13	−14	−15	−16	−16	−17
−10	−13	−15	−17	−18	−19	−20	−21	−22	−23	−23	−24
−15	−19	−21	−23	−24	−25	−26	−27	−29	−30	−30	−31
−20	−24	−27	−29	−30	−32	−33	−34	−35	−36	−37	−38
−25	−30	−33	−35	−37	−38	−39	−41	−42	−43	−44	−45
−30	−36	−39	−41	−43	−44	−46	−48	−49	−50	−51	−52
−35	−41	−45	−48	−49	−51	−52	−54	−56	−57	−58	−60
−40	−47	−51	−54	−56	−57	−59	−61	−63	−64	−65	−67

Por exemplo, a tabela mostra que, se a temperatura é −5 °C e a velocidade do vento, 50 km/h, então subjetivamente parecerá tão frio quanto uma temperatura de cerca de −15 °C sem vento. Portanto,

$$f(-5, 50) = -15$$

■

EXEMPLO 4 Em 1928, Charles Cobb e Paul Douglas publicaram um estudo no qual modelaram o crescimento da economia norte-americana durante o período de 1899-1922. Eles consideraram uma visão simplificada da economia em que a saída da produção é determinada pela quantidade de trabalho envolvido e pela quantidade de capital investido. Apesar de existirem muitos outros fatores que afetam o desempenho da economia, esse modelo mostrou-se bastante preciso. A função que Cobb e Douglas utilizaram para modelar a produção era da forma

$$\boxed{1} \qquad P(L, K) = bL^{\alpha}K^{1-\alpha}$$

onde P é a produção total (valor monetário dos bens produzidos no ano); L, a quantidade de trabalho (número total de pessoas-hora trabalhadas em um ano); e K, a quantidade de capital investido (valor monetário das máquinas, equipamentos e prédios). No Projeto de Descoberta apresentado após a Seção 14.3, mostraremos como obter a Equação 1 a partir de algumas hipóteses econômicas.

Tabela 2

Ano	P	L	K
1899	100	100	100
1900	101	105	107
1901	112	110	114
1902	122	117	122
1903	124	122	131
1904	122	121	138
1905	143	125	149
1906	152	134	163
1907	151	140	176
1908	126	123	185
1909	155	143	198
1910	159	147	208
1911	153	148	216
1912	177	155	226
1913	184	156	236
1914	169	152	244
1915	189	156	266
1916	225	183	298
1917	227	198	335
1918	223	201	366
1919	218	196	387
1920	231	194	407
1921	179	146	417
1922	240	161	431

Cobb e Douglas usaram dados econômicos publicados pelo governo para construir a Tabela 2. Eles tomaram o ano de 1899 como base e P, L e K foram tomados valendo 100 nesse ano. Os valores para outros anos foram expressos como porcentagens dos valores de 1899.

Cobb e Douglas utilizaram o método dos quadrados mínimos para ajustar os dados da Tabela 2 à função

$$\boxed{2} \qquad P(L, K) = 1{,}01L^{0{,}75}K^{0{,}25}$$

(Veja o Exercício 81 para detalhes.)

Se usarmos o modelo dado pela função na Equação 2 para calcular a produção nos anos de 1910 e 1920, obteremos os valores

$$P(147, 208) = 1{,}01(147)^{0{,}75}(208)^{0{,}25} \approx 161{,}9$$

$$P(194, 407) = 1{,}01(194)^{0{,}75}(407)^{0{,}25} \approx 235{,}8$$

que são muito próximos dos valores reais, 159 e 231.

A função de produção (1) foi usada posteriormente em muitos contextos, de empresas individuais até questões globais de economia. Ela passou a ser conhecida como **função de produção de Cobb-Douglas**. Seu domínio é $\{(L, K) \mid L \geq 0, K \geq 0\}$, pois, como L e K representam mão de obra e capital, não podem ser negativos. ■

Gráficos

Outra forma de visualizar o comportamento de uma função de duas variáveis é considerar seu gráfico.

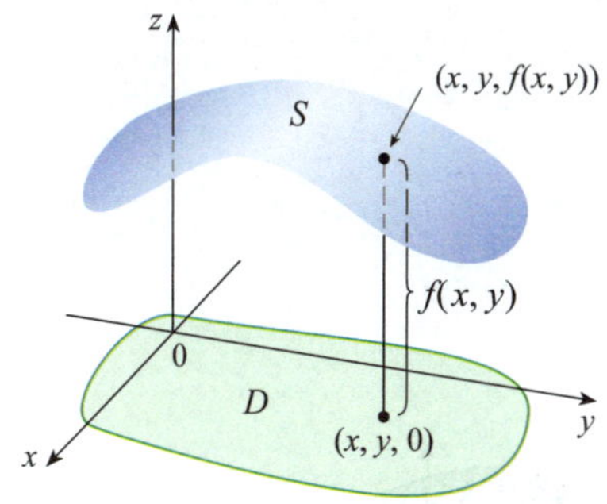

FIGURA 5

Definição Se f é uma função de duas variáveis com domínio D, então o **gráfico** de f é o conjunto de todos os pontos (x, y, z) em $\mathbb{R}^3$ tal que $z = f(x, y)$ e (x, y) pertença a D.

O gráfico de uma função f com duas variáveis é uma superfície S com equação $z = f(x, y)$. Podemos visualizar o gráfico S de f como estando diretamente acima ou abaixo de seu domínio D no plano xy (veja a Figura 5).

EXEMPLO 5 Esboce o gráfico da função $f(x, y) = 6 - 3x - 2y$.

SOLUÇÃO O gráfico de f tem a equação $z = 6 - 3x - 2y$, ou $3x + 2y + z = 6$, que representa um plano. Para desenharmos o plano, primeiro achamos as intersecções com os eixos. Colocando $y = z = 0$ na equação, obtemos $x = 2$ como a intersecção com o eixo x. Da mesma forma, a intersecção com y é 3 e a intersecção com z é 6. Isso nos permite esboçar a porção do gráfico pertencente ao primeiro octante na Figura 6. ■

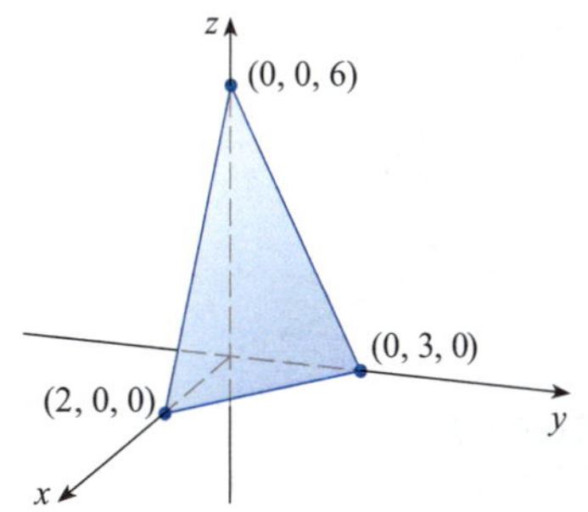

FIGURA 6

A função do Exemplo 5 é um caso especial da função

$$f(x, y) = ax + by + c$$

e é chamada **função linear**. O gráfico de uma dessas funções tem a equação

$$z = ax + by + c \qquad \text{ou} \qquad ax + by - z + c = 0$$

e, portanto, é um plano (veja a Seção 12.5). Do mesmo modo que as funções lineares de uma única variável são importantes no cálculo de uma variável, veremos que as funções lineares de duas variáveis têm um papel central no cálculo com muitas variáveis.

EXEMPLO 6 Esboce o gráfico de $g(x, y) = \sqrt{9 - x^2 - y^2}$.

SOLUÇÃO No Exemplo 2, descobrimos que o domínio de g é o disco com centro em $(0, 0)$ e raio 3. O gráfico de g tem a equação $z = \sqrt{9 - x^2 - y^2}$. Elevando ao quadrado ambos os lados da equação, obtemos $z^2 = 9 - x^2 - y^2$, ou $x^2 + y^2 + z^2 = 9$, que reconhecemos como a equação da esfera de centro na origem e raio 3. Mas, como $z \geq 0$, o gráfico de g é somente a metade superior da esfera (veja a Figura 7).

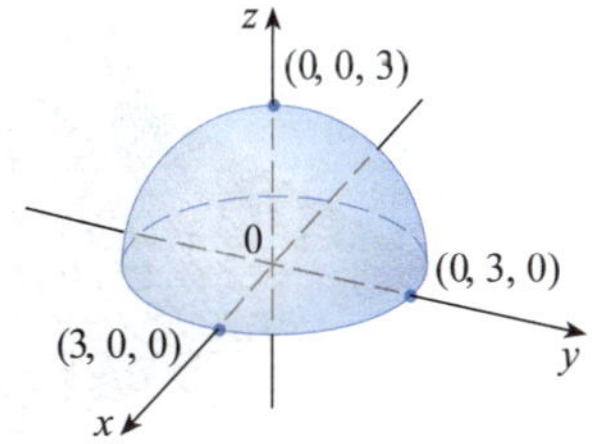

FIGURA 7
Gráfico de $g(x, y) = \sqrt{9 - x^2 - y^2}$

OBSERVAÇÃO Uma esfera inteira não pode ser representada por uma única função de x e y. Como vimos no Exemplo 6, o hemisfério superior da esfera $x^2 + y^2 + z^2 = 9$ é representado pela função $g(x, y) = \sqrt{9 - x^2 - y^2}$. O hemisfério inferior é representado pela função $h(x, y) = -\sqrt{9 - x^2 - y^2}$.

EXEMPLO 7 Utilize o computador para traçar o gráfico da função de produção de Cobb-Douglas $P(L, K) = 1{,}01L^{0{,}75}K^{0{,}25}$.

SOLUÇÃO A Figura 8 mostra o gráfico de P para os valores de mão de obra L e capital K que estão entre 0 e 300. O computador utilizou os cortes verticais para desenhar a superfície. Vemos a partir desses cortes que o valor da produção P aumenta com o crescimento de L ou de K, como esperado.

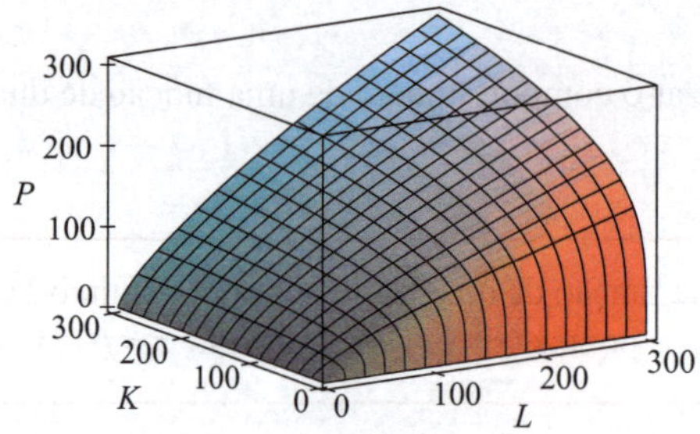

FIGURA 8

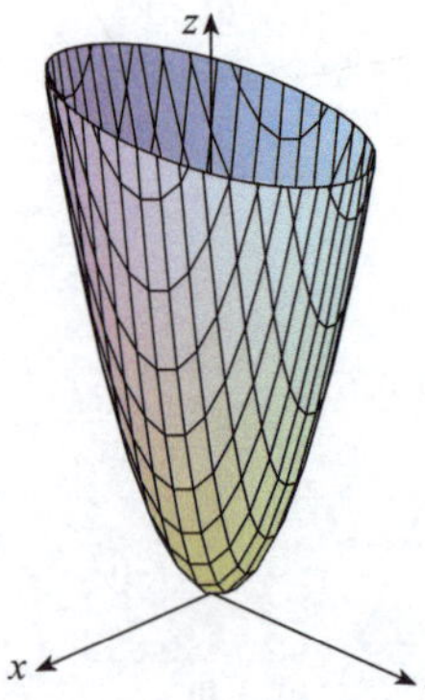

FIGURA 9
Gráfico de $h(x, y) = 4x^2 + y^2$

EXEMPLO 8 Determine o domínio e a imagem e esboce o gráfico de $h(x, y) = 4x^2 + y^2$.

SOLUÇÃO Observe que $h(x, y)$ é definida para todos os possíveis pares ordenados de números reais (x, y) e seu domínio é $\mathbb{R}^2$, o plano xy todo. A imagem de h é o conjunto $[0, \infty)$ de todos os números reais não negativos. [Observe que $x^2 \geq 0$ e $y^2 \geq 0$, portanto, $h(x, y) \geq 0$ para todo x e y.] O gráfico de h tem a equação $z = 4x^2 + y^2$, que é o paraboloide elíptico que esboçamos no Exemplo 12.6.4. Os cortes horizontais são elipses e os cortes verticais são parábolas (veja a Figura 9).

Muitos programas de computador são desenvolvidos para traçar os gráficos de funções de duas variáveis. Em alguns desses programas, são desenhados os cortes nos planos verticais $x = k$ e $y = k$ para os valores de k igualmente espaçados.

A Figura 10 mostra uma série de gráficos de diversas funções, gerados por computador. Observe que obtemos uma visão melhor da função quando a giramos de modo que a olhamos por diferentes pontos de vista. Nos itens (a) e (b) o gráfico de f é achatado e próximo do plano xy, exceto perto da origem; isso se dá porque $e^{-x^2-y^2}$ é muito pequeno quando x ou y é grande.

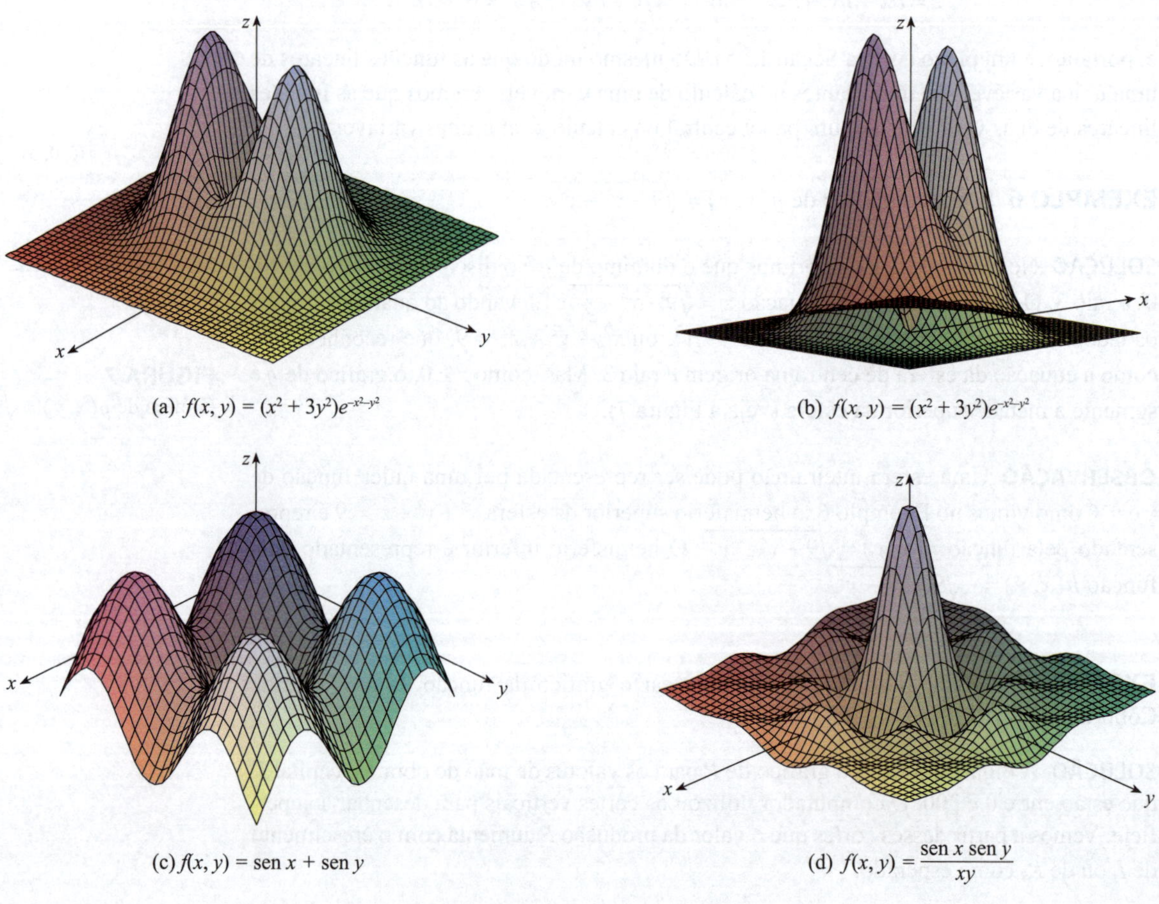

(a) $f(x, y) = (x^2 + 3y^2)e^{-x^2-y^2}$

(b) $f(x, y) = (x^2 + 3y^2)e^{-x^2-y^2}$

(c) $f(x, y) = \operatorname{sen} x + \operatorname{sen} y$

(d) $f(x, y) = \dfrac{\operatorname{sen} x \operatorname{sen} y}{xy}$

FIGURA 10

Curvas de Nível

Até aqui vimos dois métodos diferentes para visualizar funções: diagramas de flechas e gráficos. Um terceiro método, emprestado dos cartógrafos, é um mapa de contorno, em que os pontos com elevações constantes são ligados para formar *curvas de contorno* ou *curvas de nível*.

Definição As **curvas de nível** de uma função f de duas variáveis são aquelas com equação $f(x, y) = k$, onde k é uma constante (na imagem de f).

Uma curva de nível $f(x, y) = k$ é o conjunto de todos os pontos do domínio de f nos quais o valor de f é k. Em outras palavras, ela é uma curva no plano xy que mostra quais pontos do gráfico de f têm altura k (acima ou abaixo do plano xy). Uma coleção de curvas de nível é denominada **mapa de contorno**. Mapas de contorno são mais representativos quando as curvas de nível $f(x, y) = k$ são traçadas para valores igualmente espaçados de k, de modo que assumiremos doravante que isso ocorre, salvo quando expressamente indicado.

Você pode ver na Figura 11 a relação entre as curvas de nível e os cortes horizontais. As curvas de nível $f(x, y) = k$ são apenas cortes do gráfico de f no plano horizontal $z = k$ projetados sobre o plano xy. Assim, se você traçar um mapa de contorno de uma função e visualizar as curvas de nível sendo elevadas para a superfície na altura indicada, poderá imaginar o gráfico da função colocando as duas informações juntas. A superfície será mais inclinada onde as curvas de nível estiverem mais próximas umas das outras e um pouco mais achatada onde as curvas de nível estão distantes umas das outras.

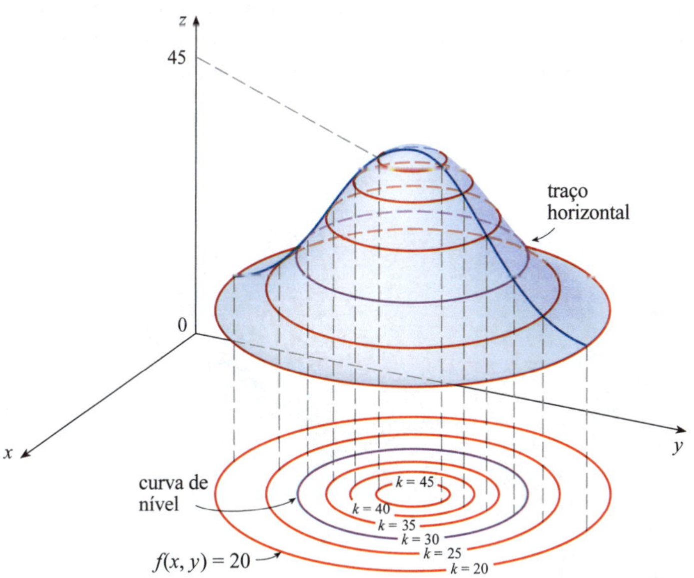

FIGURA 11

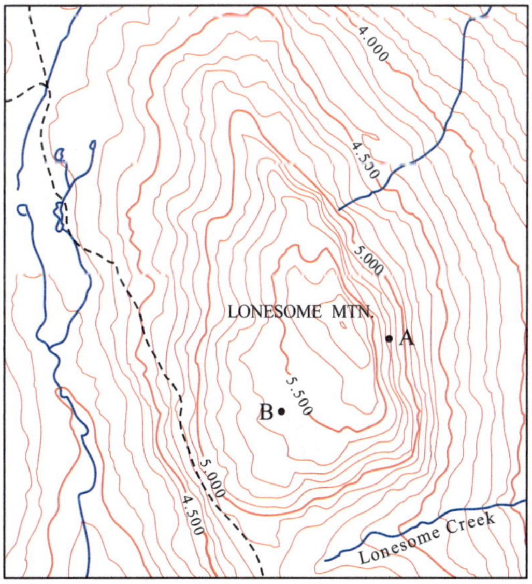

FIGURA 12

Um exemplo comum de curvas de nível ocorre em mapas topográficos de regiões montanhosas, como o mapa da Figura 12. As curvas de nível são aquelas em que a elevação em relação ao nível do mar é constante. Se você andar sobre um desses contornos, nem descerá nem subirá. Outro exemplo comum é a função temperatura apresentada no parágrafo inicial desta seção. Aqui as curvas de nível são chamadas **curvas isotérmicas**; elas ligam localidades que têm a mesma temperatura. A Figura 13 mostra um mapa de clima indicando as temperaturas médias do mês de julho. Isotérmicas são as curvas que separam as bandas destacadas.

Nos mapas de clima de pressão atmosférica em dado instante, como função da longitude e da latitude, as curvas de nível são chamadas **isobáricas** e ligam locais com a mesma pressão. (Veja o Exercício 34.) Ventos superficiais tendem a fluir de áreas de alta pressão transversalmente às isobáricas em direção às áreas de baixa pressão e são mais fortes onde as isobáricas estão mais próximas.

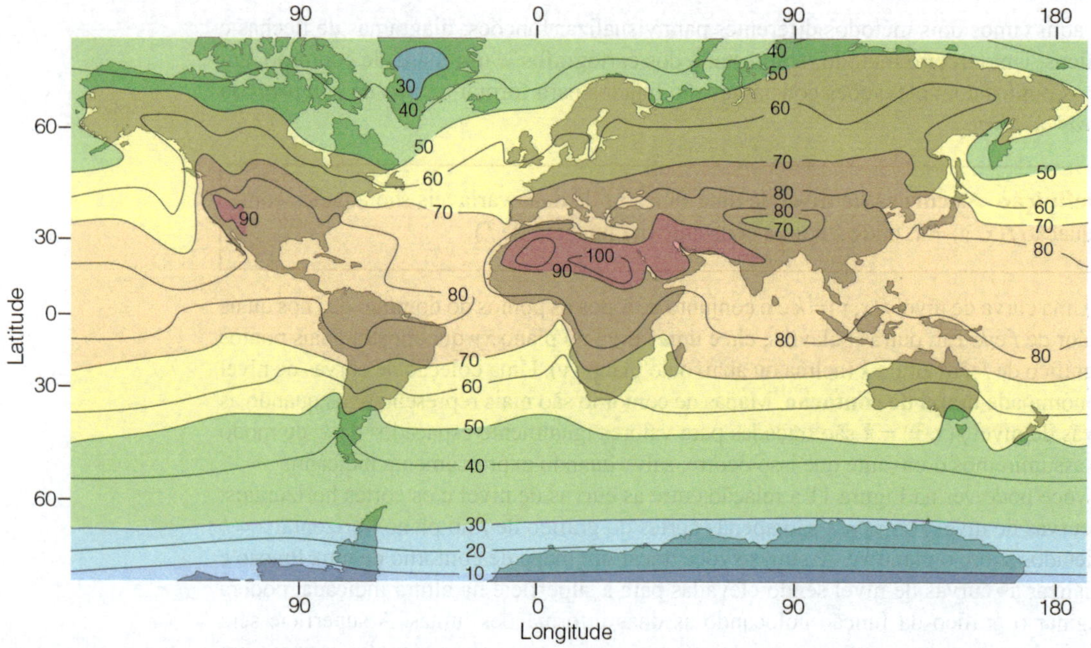

FIGURA 13 Temperatura média do ar perto do nível do mar em julho (°C)

A Figura 14 mostra um mapa de contorno da precipitação mundial. Aqui, as curvas de nível não estão identificadas, mas elas separam as regiões coloridas e a quantidade de precipitação em cada região é indicada na chave de cores.

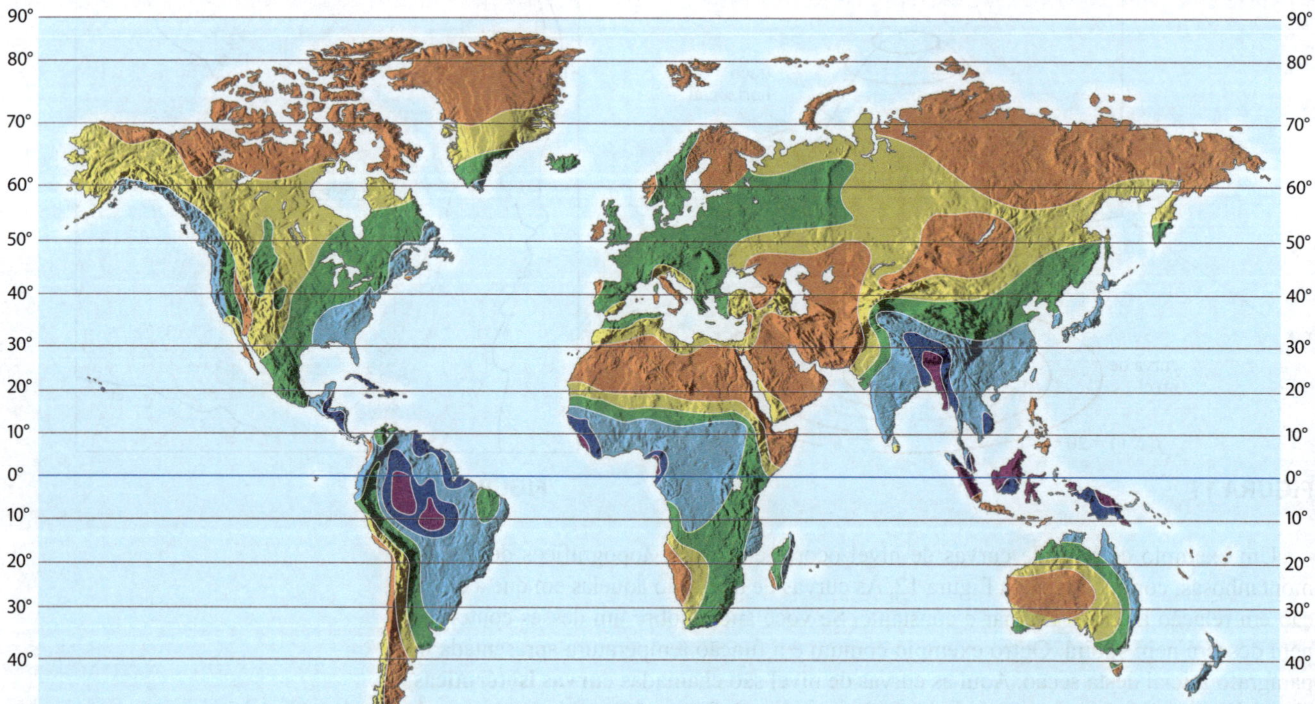

FIGURA 14 Precipitação

EXEMPLO 9 Um mapa de contorno para uma função f é mostrado na Figura 15. Use-o para estimar os valores de $f(1, 3)$ e $f(4, 5)$.

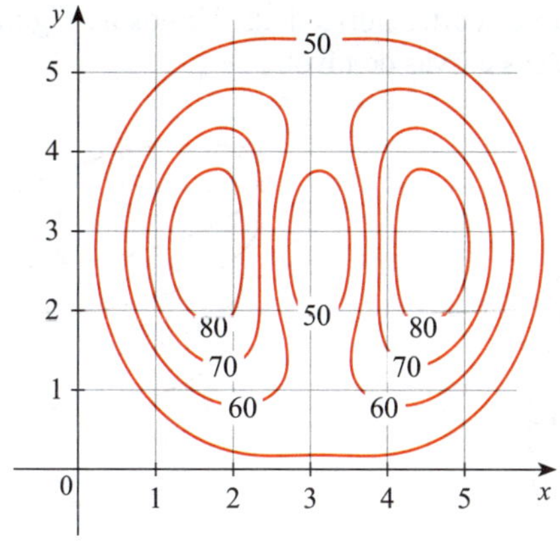

FIGURA 15

SOLUÇÃO O ponto $(1, 3)$ está na parte entre as curvas de nível cujos valores de z são 70 e 80. Estimamos que

$$f(1, 3) \approx 73$$

Da mesma forma, estimamos que $\quad f(4, 5) \approx 56$ ■

EXEMPLO 10 Esboce as curvas de nível da função $f(x, y) = 6 - 3x - 2y$ para os valores $k = -6, 0, 6, 12$.

SOLUÇÃO As curvas de nível são

$$6 - 3x - 2y = k \qquad \text{ou} \qquad 3x + 2y + (k - 6) = 0$$

Essa é uma família de retas com inclinação $-\frac{3}{2}$. As quatro curvas de nível particulares pedidas com $k = -6, 0, 6$ e 12 são $3x + 2y - 12 = 0$, $3x + 2y - 6 = 0$, $3x + 2y = 0$ e $3x + 2y + 6 = 0$. Elas estão esboçadas na Figura 16. Para valores igualmente espaçados de k, as curvas de nível são retas paralelas, igualmente espaçadas, porque o gráfico de f é um plano (veja a Figura 6). ■

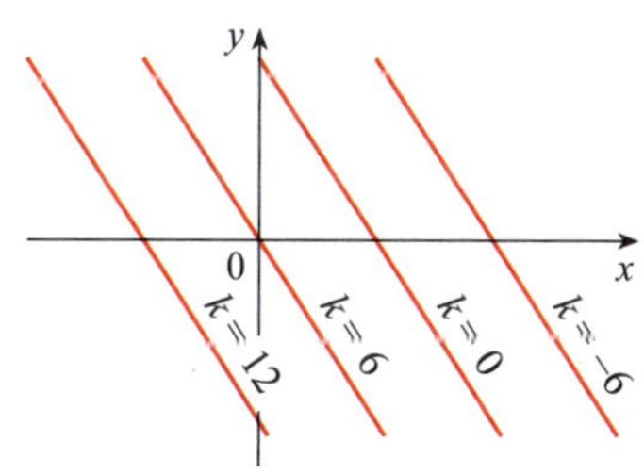

FIGURA 16
Mapa de contorno de $f(x, y) = 6 - 3x - 2y$

EXEMPLO 11 Esboce as curvas de nível da função

$$g(x, y) = \sqrt{9 - x^2 - y^2} \qquad \text{para } k = 0, 1, 2, 3$$

SOLUÇÃO As curvas de nível são

$$\sqrt{9 - x^2 - y^2} = k \qquad \text{ou} \qquad x^2 + y^2 = 9 - k^2$$

Essa é uma família de circunferências concêntricas com centro em $(0, 0)$ e raio $\sqrt{9 - k^2}$. Os casos $k = 0, 1, 2, 3$ são mostrados na Figura 17. Tente visualizar essas curvas de nível elevadas para formar uma superfície e compare com o gráfico de g (um hemisfério) na Figura 7. ■

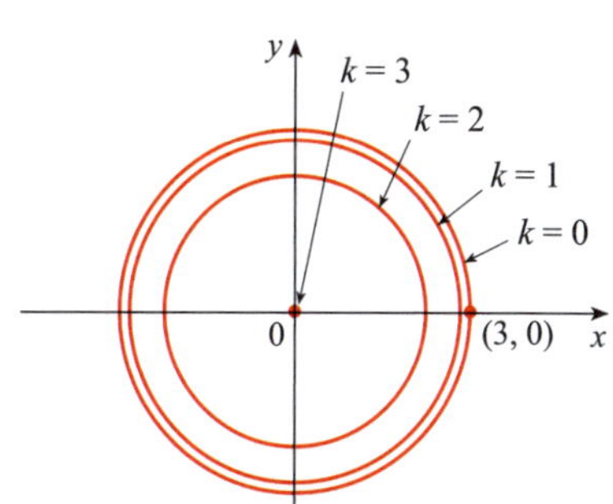

FIGURA 17
Mapa de contorno de $g(x, y) = \sqrt{9 - x^2 - y^2}$

EXEMPLO 12 Esboce algumas curvas de nível da função $h(x, y) = 4x^2 + y^2 + 1$.

SOLUÇÃO As curvas de nível são

$$4x^2 + y^2 + 1 = k \qquad \text{ou} \qquad \frac{x^2}{\frac{1}{4}(k - 1)} + \frac{y^2}{k - 1} = 1$$

que, para $k > 1$, descrevem uma família de elipses com semieixos $\frac{1}{2}\sqrt{k-1}$ ou $\sqrt{k-1}$. A Figura 18(a) mostra um mapa de contorno de h desenhado por um computador. A Figura 18(b) apresenta essas curvas de nível elevadas para o gráfico de h (um paraboloide elíptico), onde elas se tornam os cortes horizontais. Vemos na Figura 18 como o gráfico de h é montado a partir de suas curvas de nível.

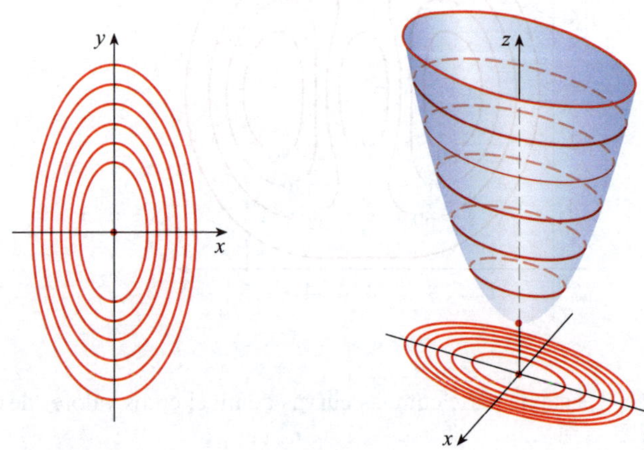

FIGURA 18
O gráfico de $h(x, y) = 4x^2 + y^2 + 1$ é formado levantando-se as curvas de nível.

(a) Mapa de contorno (b) Cortes horizontais são curvas de nível elevadas ■

EXEMPLO 13 Trace as curvas de nível da função de produção de Cobb-Douglas do Exemplo 4.

SOLUÇÃO Na Figura 19 usamos o computador para desenhar um mapa de contorno da função de produção de Cobb-Douglas

$$P(L, K) = 1{,}01\, L^{0{,}75}\, K^{0{,}25}$$

As curvas de nível são rotuladas com o valor da produção P. Por exemplo, a curva de nível indicada com 140 mostra todos os valores da mão de obra L e do capital de investimento K que resultam em uma produção de $P = 140$. Vemos que, para um valor fixo de P, L aumenta e K decresce e vice-versa.

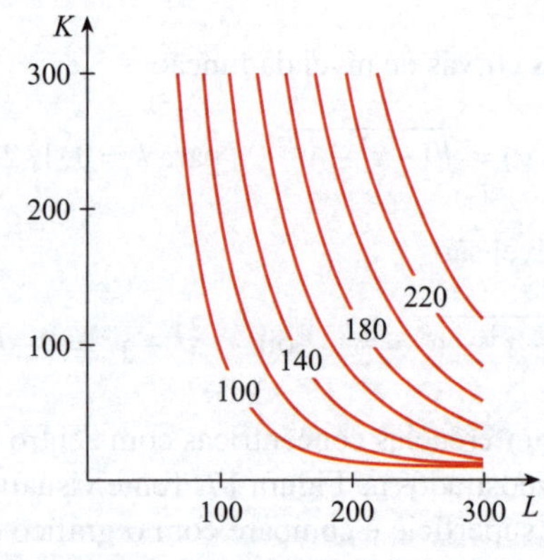

FIGURA 19 ■

Para alguns propósitos, o mapa de contorno é mais útil que um gráfico. Certamente isto é verdadeiro no Exemplo 13. (Compare a Figura 19 com a Figura 8.) Isso também é verdadeiro na estimativa dos valores da função, como no Exemplo 9.

A Figura 20 apresenta algumas curvas de nível geradas por computador juntamente com os gráficos correspondentes. Observe que as curvas de nível na parte (c) da figura aparecem muito amontoadas perto da origem. Isso corresponde ao fato de o gráfico na parte (d) ser muito íngreme perto da origem.

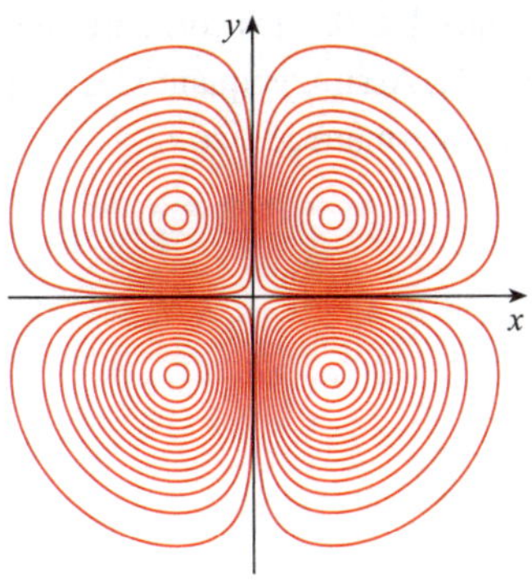

(a) Curvas de nível de $f(x, y) = -xye^{-x^2-y^2}$

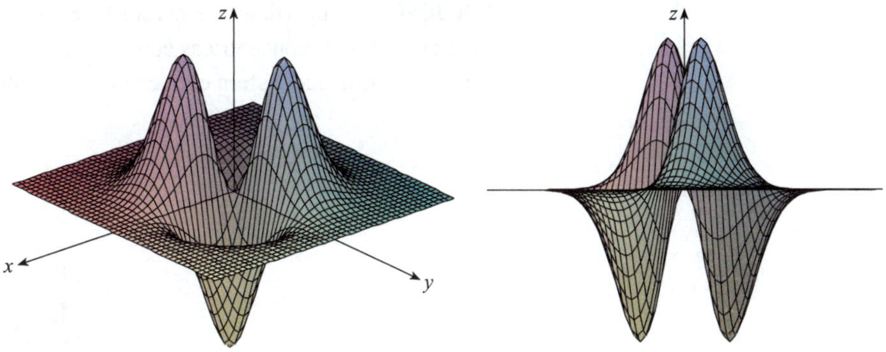

(b) Duas vistas de $f(x, y) = -xye^{-x^2-y^2}$

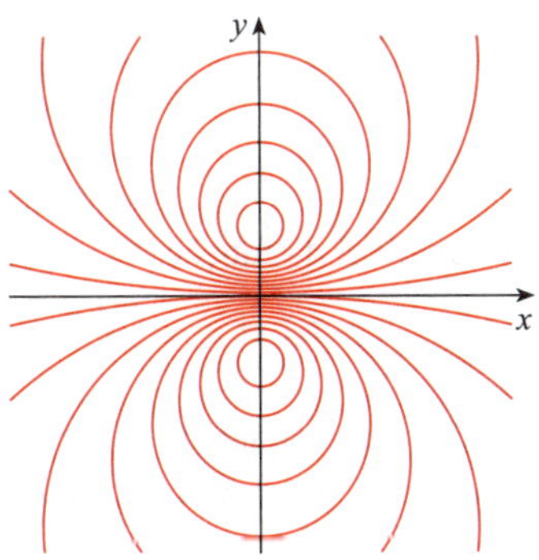

(c) Curvas de nível de $f(x, y) = \dfrac{-3y}{x^2 + y^2 + 1}$

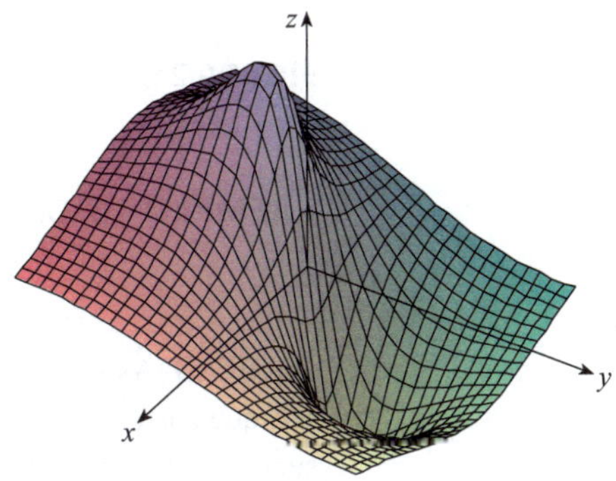

(d) $f(x, y) = \dfrac{-3y}{x^2 + y^2 + 1}$

FIGURA 20

Funções de Três ou Mais Variáveis

Uma **função com três variáveis**, f, é uma regra que associa a cada tripla ordenada (x, y, z) em um domínio $D \subset \mathbb{R}^3$ um único número real, denotado por $f(x, y, z)$. Por exemplo, a temperatura T em um ponto da superfície terrestre depende da longitude x e da latitude y do ponto e do tempo t, de modo que podemos escrever $T = f(x, y, t)$.

EXEMPLO 14 Encontre o domínio de f se

$$f(x, y, z) = \ln(z - y) + xy \text{ sen } z$$

SOLUÇÃO A expressão para $f(x, y, z)$ é definida enquanto $z - y > 0$, assim, o domínio de f é

$$D = \{(x, y, z) \in \mathbb{R}^3 \mid z > y\}$$

Esse é um **semiespaço** que consiste em todos pontos que estão acima do plano $z = y$. ■

É muito difícil visualizar uma função de f de três variáveis por seu gráfico, já que ele estaria em um espaço de quatro dimensões. No entanto, obtemos certo conhecimento de f ao examinar suas **superfícies de nível**, que são aquelas com equações $f(x, y, z) = k$, onde k é uma constante. Se o ponto (x, y, z) se move ao longo de uma superfície de nível, o valor $f(x, y, z)$ permanece fixo.

EXEMPLO 15 Encontre as superfícies de nível da função.

$$f(x, y, z) = x^2 + y^2 + z^2$$

SOLUÇÃO As superfícies de nível são $x^2 + y^2 + z^2 = k$, onde $k \geq 0$. Elas formam uma família de esferas concêntricas com raio $\sqrt{k}$. (Veja a Figura 21.) Assim, enquanto (x, y, z) varia sobre qualquer esfera com centro O, o valor de $f(x, y, z)$ permanece fixo.

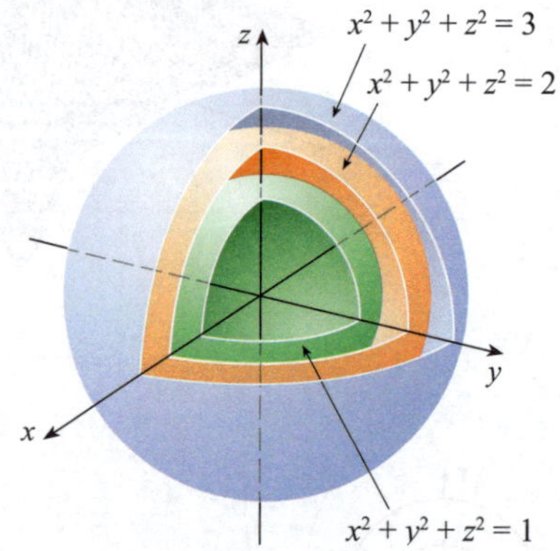

FIGURA 21

EXEMPLO 16 Descreva as superfícies de nível da função

$$f(x, y, z) = x^2 - y - z^2$$

SOLUÇÃO As superfícies de nível são dadas pelas equações $x^2 - y - z^2 = k$ ou $y = x^2 - z^2 - k$, que correspondem a uma família de paraboloides hiperbólicos. A Figura 22 mostra as superfícies de nível para $k = 0$ e $k = \pm 5$.

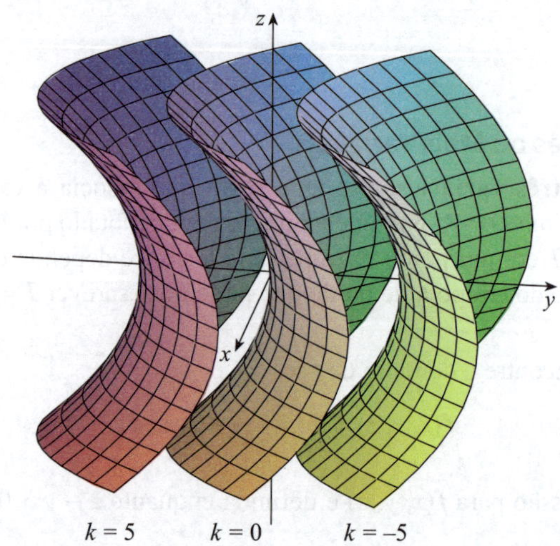

FIGURA 22

Funções com qualquer número de variáveis podem ser consideradas. Uma **função de *n* variáveis** é uma regra que associa um número $z = f(x_1, x_2, \ldots, x_n)$ a uma n-upla de números reais $(x_1, x_2, \ldots, x_n)$. Denotamos $\mathbb{R}^n$ o conjunto de todas essas n-uplas. Como exemplo, se uma companhia usa n ingredientes diferentes na fabricação de um produto alimentício, se c_i é o custo por unidade do i-ésimo ingrediente e se x_i unidades do ingrediente são usadas, então o custo total C dos ingredientes é uma função das n variáveis $(x_1, x_2, \ldots, x_n)$:

3 $$C = f(x_1, x_2, \ldots, x_n) = c_1x_1 + c_2x_2 + \cdots + c_nx_n$$

A função f é uma função real cujo domínio é um subconjunto de $\mathbb{R}^n$. Algumas vezes, usamos a notação vetorial para representar essas funções de maneira mais compacta:

supondo que $\mathbf{x} = \langle x_1, x_2, \ldots, x_n \rangle$, escrevemos frequentemente $f(\mathbf{x})$ em lugar de $f(x_1, x_2, \ldots, x_n)$. Com essa notação, podemos reescrever a função definida na Equação 3 como

$$f(\mathbf{x}) = \mathbf{c} \cdot \mathbf{x}$$

em que $\mathbf{c} = \langle c_1, c_2, \ldots, c_n \rangle$ e $\mathbf{c} \cdot \mathbf{x}$ denota o produto escalar entre os vetores $\mathbf{c}$ e $\mathbf{x}$ em V_n.

Tendo em vista a correspondência biunívoca entre os pontos $(x_1, x_2, \ldots, x_n)$ em $\mathbb{R}^n$ e seus vetores posição $\mathbf{x} = \langle x_1, x_2, \ldots, x_n \rangle$ em V_n, temos três maneiras de enxergar uma função f definida em um subconjunto de $\mathbb{R}^n$:

1. Como uma função de n variáveis reais $x_1, x_2, \ldots, x_n$
2. Como uma função de um único ponto n-dimensional $(x_1, x_2, \ldots, x_n)$
3. Como uma função de uma única variável vetorial $\mathbf{x} = \langle x_1, x_2, \ldots, x_n \rangle$

Veremos que todos os três pontos de vista são úteis.

14.1 Exercícios

1. Dada $f(x, y) = x^2y/(2x - y^2)$, determine
(a) $f(1, 3)$ (b) $f(-2, -1)$
(c) $f(x + h, y)$ (d) $f(x, x)$

2. Dada $g(x, y) = x \operatorname{sen} y + y \operatorname{sen} x$, determine
(a) $g(\pi, 0)$ (b) $g(\pi/2, \pi/4)$
(c) $g(0, y)$ (d) $g(x, y + h)$

3. Seja dada $g(x, y) = x^2 \ln(x + y)$.
(a) Calcule $g(3, 1)$.
(b) Determine e esboce o domínio de g.
(c) Determine o conjunto imagem de g.

4. Seja dada $h(x, y) = e^{\sqrt{y - x^2}}$.
(a) Calcule $h(-2, 5)$.
(b) Determine e esboce o domínio de h.
(c) Determine o conjunto imagem de h.

5. Seja dada $F(x, y, z) = \sqrt{y} - \sqrt{x - 2z}$.
(a) Calcule $F(3, 4, 1)$.
(b) Determine e descreva o domínio de F.

6. Seja dada $f(x, y, z) = \ln\left(z - \sqrt{x^2 + y^2}\right)$.
(a) Calcule $f(4, -3, 6)$.
(b) Determine e descreva o domínio de f.

7-16 Determine e esboce o domínio da função.

7. $f(x, y) = \sqrt{x - 2} + \sqrt{y - 1}$

8. $f(x, y) = \sqrt[4]{x - 3y}$

9. $g(x, y) = \sqrt{x} + \sqrt{4 - 4x^2 - y^2}$

10. $g(x, y) = \ln(x^2 + y^2 - 9)$

11. $g(x, y) = \dfrac{x - y}{x + y}$

12. $g(x, y) = \dfrac{\ln(2 - x)}{1 - x^2 - y^2}$

13. $p(x, y) = \dfrac{\sqrt{xy}}{x + 1}$

14. $f(x, y) = \operatorname{sen}^{-1}(x + 1)$

15. $f(x, y, z) = \sqrt{4 - x^2} + \sqrt{9 - y^2} + \sqrt{1 - z^2}$

16. $f(x, y, z) = \ln(16 - 4x^2 - 4y^2 - z^2)$

---

17. Um modelo para a área da superfície do corpo humano é dado pela função

$$S = f(w, h) = 0{,}0072 w^{0{,}425} h^{0{,}725}$$

em que w é o peso (em quilogramas), h é a altura (em centímetros) e S é medida em metros quadrados.
(a) Determine $f(73, 178)$ e interprete o resultado.
(b) Qual é a área da superfície do seu próprio corpo?

18. Um fabricante modelou a função P correspondente à sua produção anual (o valor monetário de toda a sua produção, em milhões de dólares) como a função de Cobb-Douglas

$$P(L, K) = 1{,}47 L^{0{,}65} K^{0{,}35}$$

em que L é o número de horas de trabalho (em milhares) e K é o capital investido (em milhões de dólares). Determine $P(120, 20)$ e interprete o resultado.

19. No Exemplo 3 consideramos a função $W = f(T, v)$, onde W era o índice de sensação térmica, T é a temperatura real e v é a velocidade do vento. A representação numérica foi fornecida pela Tabela 1.
(a) Qual é o valor de $f(-15, 40)$? Qual é o seu significado?
(b) Descreva em palavras o significado da questão "Para quais valores de v é verdade que $f(-20, v) = -30$?" Em seguida, responda à questão.
(c) Descreva o significado da questão "Para quais valores de T é verdade que $f(T, 20) = -49$?" Em seguida, responda à questão.
(d) Qual o significado da função $W = f(-5, v)$? Descreva seu comportamento.
(e) Qual o significado da função $W = f(T, 50)$? Descreva seu comportamento.

20. O *índice I de temperatura-umidade* (ou simplesmente *índice de calor*) é a temperatura aparente do ar quando a temperatura real é T e a umidade relativa é h, de modo que podemos escrever $I = f(T, h)$. A tabela seguinte com valores de I foi extraída de uma tabela da National Oceanic & Atmospheric Administration.

Tabela 3 Temperatura aparente como função da temperatura e da umidade

Unidade relativa (%)

Temperatura real (°C) — T \ h	20	30	40	50	60	70
20	20	20	20	21	22	23
25	25	25	26	28	30	32
30	30	31	34	36	38	41
35	36	39	42	45	48	51
40	43	47	51	55	59	63

(a) Qual é o valor de $f(95, 70)$? Qual é o seu significado?
(b) Para que valor de h temos $f(90, h) = 100$?
(c) Para que valor de T temos $f(T, 50) = 88$?
(d) Quais são os significados das funções $I = f(80, h)$ e $I = f(100, h)$? Compare o comportamento dessas duas funções de h.

21. A altura h de ondas em mar aberto depende da velocidade do vento v e do tempo t durante o qual o vento se manteve naquela intensidade. Os valores da função $h = f(v, t)$, dados em metros, são apresentados na Tabela 4.

Tabela 4 Altura da onda em função da velocidade e duração do vento

Duração (horas)

Velocidade do vento (km/h) — v \ t	5	10	15	20	30	40	50
20	0,6	0,6	0,6	0,6	0,6	0,6	0,6
30	1,2	1,3	1,5	1,5	1,5	1,6	1,6
40	1,5	2,2	2,4	2,5	2,7	2,8	2,8
60	2,8	4,0	4,9	5,2	5,5	5,8	5,9
80	4,3	6,4	7,7	8,6	9,5	10,1	10,2
100	5,8	8,9	11,0	12,2	13,8	14,7	15,3
120	7,4	11,3	14,4	16,6	19,0	20,5	21,1

(a) Qual é o valor de $f(40, 15)$? Qual é o seu significado?
(b) Qual o significado da função $h = f(30, t)$? Descreva seu comportamento.
(c) Qual o significado da função $h = f(v, 30)$? Descreva seu comportamento.

22. Uma companhia fabrica caixas de papelão em três tamanhos: pequeno, médio e grande. O custo de produção equivale a $ 2,50 para a caixa pequena, $ 4,00 para a caixa média e $ 4,50 para a caixa grande. Os custos fixos de produção correspondem a $ 8.000.
(a) Expresse o custo de produção de x caixas pequenas, y caixas médias e z caixas grandes como uma função de três variáveis: $C = f(x, y, z)$.
(b) Calcule $f(3.000, 5.000, 4.000)$ e interprete o resultado.
(c) Determine o domínio de f.

23-31 Esboce o gráfico da função.

23. $f(x, y) = y$

24. $f(x, y) = x^2$

25. $f(x, y) = 10 - 4x - 5y$

26. $f(x, y) = \cos y$

27. $f(x, y) = \operatorname{sen} x$

28. $f(x, y) = 2 - x^2 - y^2$

29. $f(x, y) = x^2 + 4y^2 + 1$

30. $f(x, y) = \sqrt{4x^2 + y^2}$

31. $f(x, y) = \sqrt{4 - 4x^2 - y^2}$

32. Faça uma correspondência entre a função e seu gráfico (identificado por I-VI). Justifique sua escolha.

(a) $f(x, y) = \dfrac{1}{1 + x^2 + y^2}$ (b) $f(x, y) = \dfrac{1}{1 + x^2 y^2}$

(c) $f(x, y) = \ln(x^2 + y^2)$ (d) $f(x, y) = \cos\sqrt{x^2 + y^2}$

(e) $f(x, y) = |xy|$ (f) $f(x, y) = \cos(xy)$

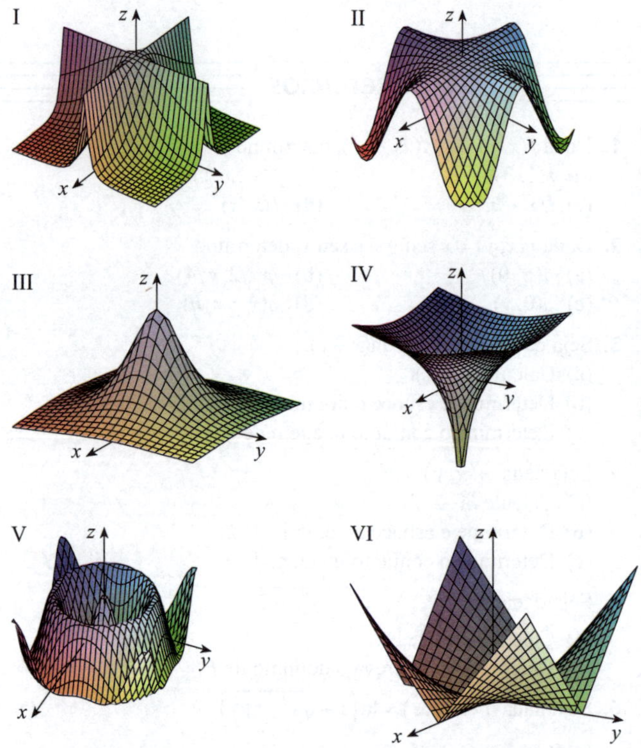

33. Um mapa de contorno de uma função f é apresentado. Use-o para estimar os valores de $f(-3, 3)$ e $f(3, -2)$. O que você pode dizer sobre a forma do gráfico?

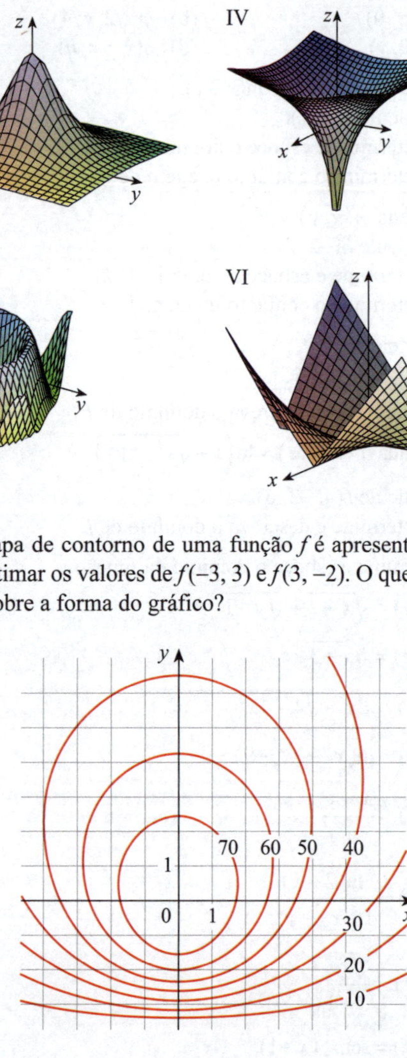

34. Um mapa de contorno da pressão atmosférica na América do Norte é mostrado em determinado dia. Nas curvas de nível (chamadas isobáricas) a pressão é indicada em milibares (mb).

(a) Estime a pressão em *C* (Chicago), *N* (Nashville), *S* (São Francisco) e *V* (Vancouver).

(b) Em quais desses lugares os ventos eram mais fortes? (Veja a discussão que antecede o Exemplo 9.)

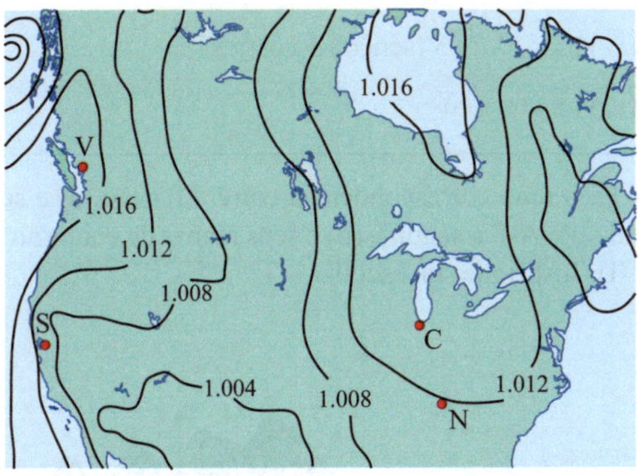

35. As curvas de nível (isotérmicas) são mostradas para a temperatura típica da água (em °C) em Long Lake (Minnesota) como uma função de profundidade e da época do ano. Estime a temperatura do lago em 9 de junho (dia 160) em uma profundidade de 10 m e em 29 de junho (dia 180) em uma profundidade de 5 m.

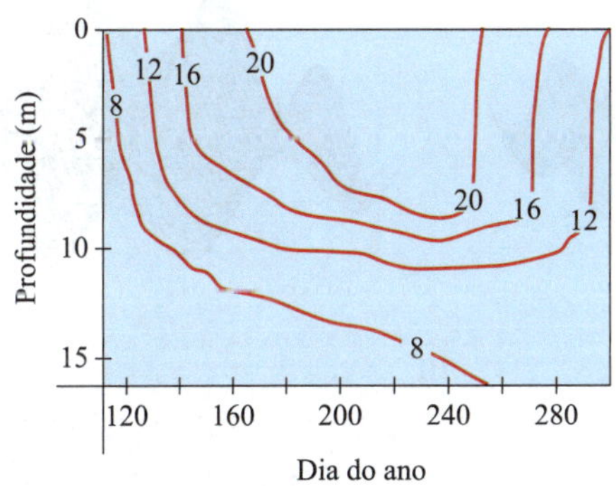

36. Dois mapas de contorno são mostrados na figura. Um é de uma função *f* cujo gráfico é um cone. O outro é de uma função *g* cujo gráfico é um paraboloide. Qual é qual? Por quê?

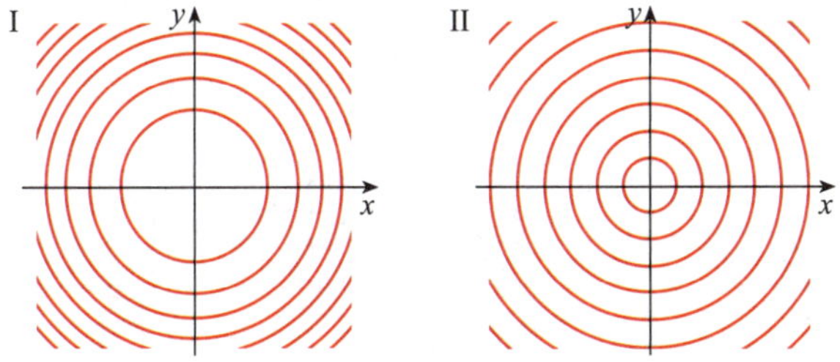

37. Localize os pontos *A* e *B* no mapa da Montanha Solitária (Figura 12). Como você descreveria o terreno perto de *A*? E perto de *B*?

38. Faça um esboço de um mapa de contorno da função cujo gráfico está mostrado.

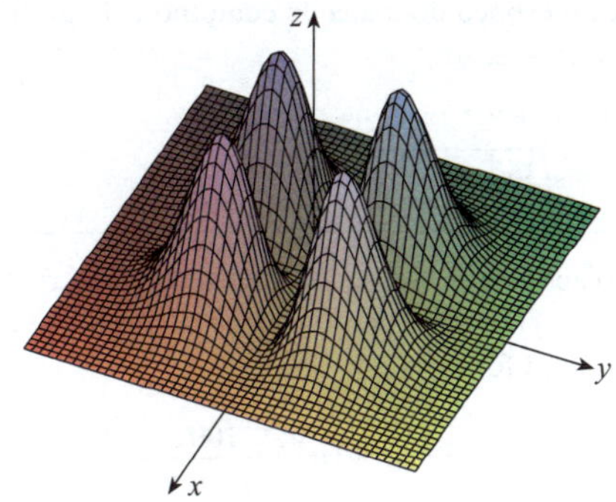

39. O índice de massa corporal (IMC) de uma pessoa é definido por

$$B(m,h) = \frac{m}{h^2}$$

onde *m* é a massa da pessoa (em quilogramas) e *h* é a altura (em metros). Desenhe as curvas de nível $B(m, h) = 18{,}5$, $B(m, h) = 25$, $B(m, h) = 30$ e $B(m, h) = 40$. Uma orientação grosseira é que uma pessoa está abaixo do peso se o IMC for menor do que 18,5; ótimo se o IMC estiver entre 18,5 e 25; com sobrepeso se o IMC estiver entre 25 e 30 e obeso se o IMC exceder 30. Sombreie a região correspondente ao IMC ótimo. Uma pessoa que pese 62 kg e meça 152 cm entra nessa categoria?

40. O índice de massa corporal foi definido no Exercício 39. Desenhe a curva de nível dessa função correspondente a alguém que meça 200 cm de altura e pese 80 kg. Encontre os pesos e alturas de outras duas pessoas na mesma curva de nível.

41-44 Um mapa de contorno de uma função é mostrado. Use-o para fazer um esboço do gráfico da *f*.

41.

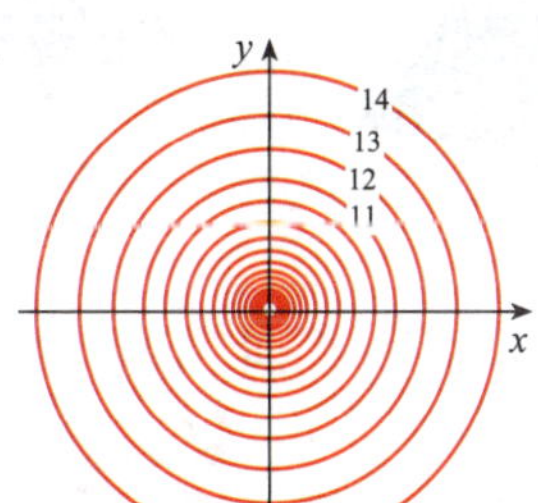

42.

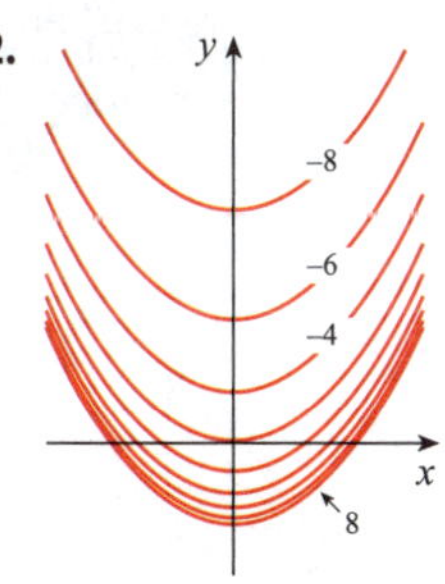

43.

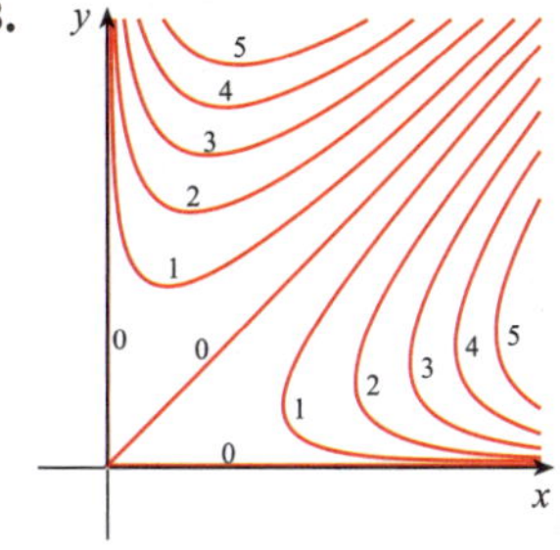

44.

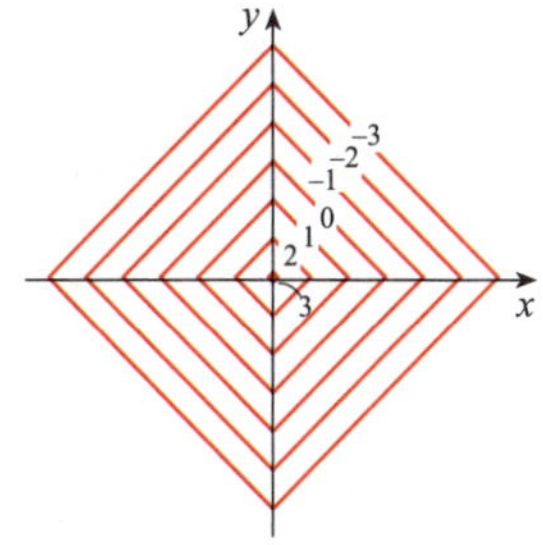

45-52 Faça o mapa de contorno da função mostrando várias curvas de nível.

45. $f(x, y) = x^2 - y^2$

46. $f(x, y) = xy$

47. $f(x, y) = \sqrt{x} + y$

48. $f(x, y) = \ln(x^2 + 4y^2)$

49. $f(x, y) = ye^x$

50. $f(x, y) = y - \text{arctg}\, x$

51. $f(x, y) = \sqrt[3]{x^2 + y^2}$

52. $f(x, y) = y/(x^2 + y^2)$

53-54 Faça o esboço do mapa de contorno e do gráfico da função dada e compare-os.

53. $f(x, y) = x^2 + 9y^2$

54. $f(x, y) = \sqrt{36 - 9x^2 - 4y^2}$

---

55. Uma placa fina de metal, localizada no plano xy, tem temperatura $T(x, y)$ no ponto (x, y). Esboce curvas de nível se a função temperatura for dada por

$$T(x, y) = \frac{100}{1 + x^2 + 2y^2}$$

56. Se $V(x, y)$ é o potencial elétrico em um ponto (x, y) no plano xy, então as curvas de nível de V são chamadas *curvas equipotenciais*, porque em todos os pontos dessa curva o potencial elétrico é o mesmo. Esboce algumas curvas equipotenciais se $V(x, y) = c/\sqrt{r^2 - x^2 - y^2}$, onde c é uma constante positiva.

57-60 Trace o gráfico da função usando vários domínios e pontos de vista. Se seu programa também produz curvas de nível, trace o mapa de contorno da mesma função e compare.

57. $f(x, y) = xy^2 - x^3$ (dorso do macaco)

58. $f(x, y) = xy^3 - yx^3$ (dorso do cachorro)

59. $f(x, y) = e^{-(x^2+y^2)/3}\,(\text{sen}(x^2) + \cos(y^2))$

60. $f(x, y) = \cos x \cos y$

61-66 Faça uma correspondência entre a função (a) e seu gráfico (indicado por A-F a seguir), (b) e seus mapas de contorno (indicado por I-VI). Justifique sua escolha.

A

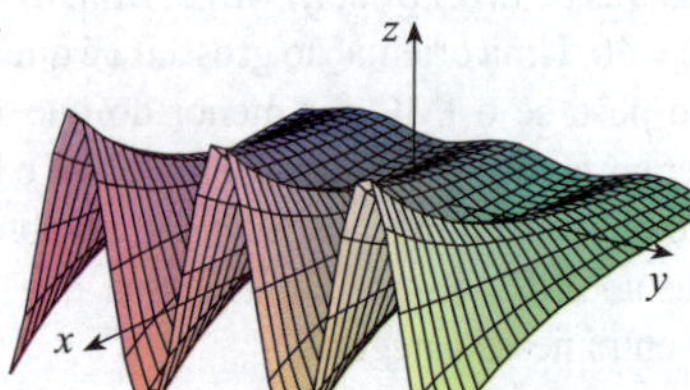

B

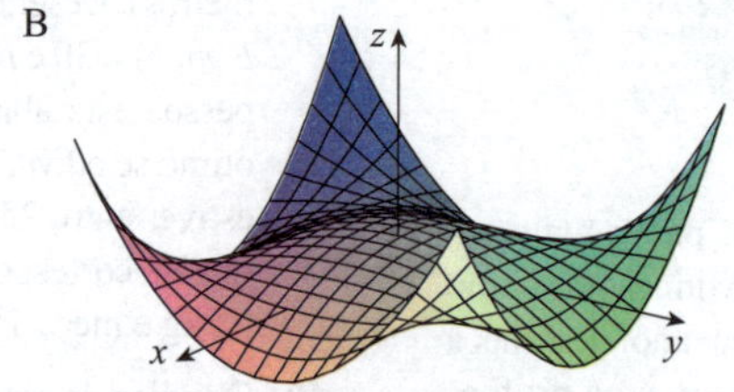

C

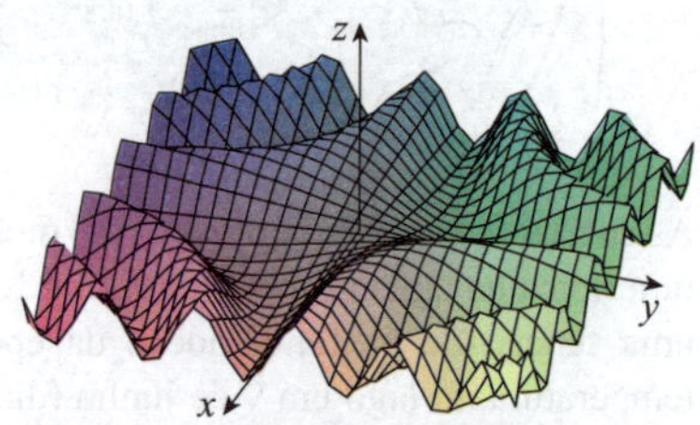

D

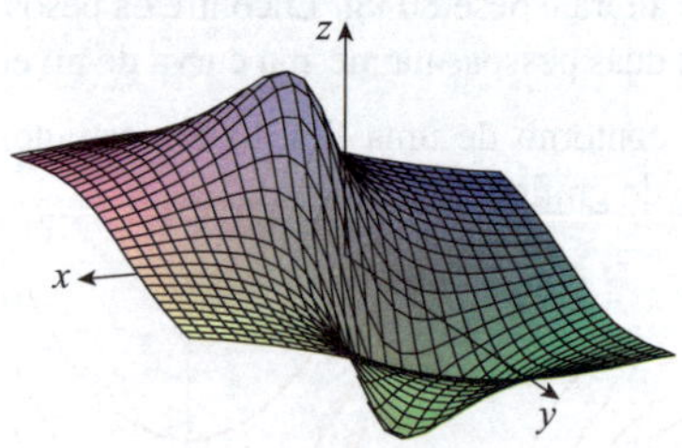

E

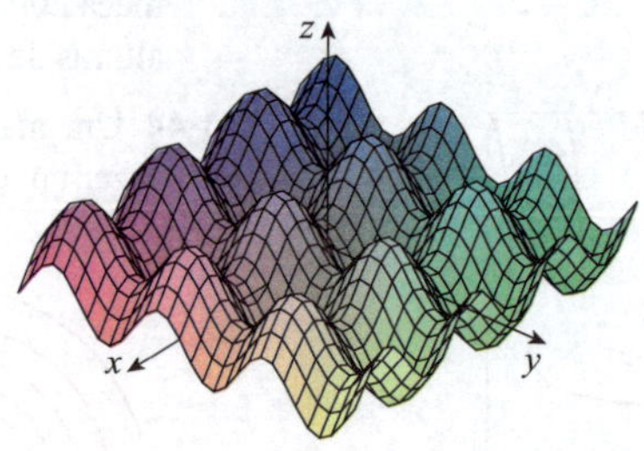

F

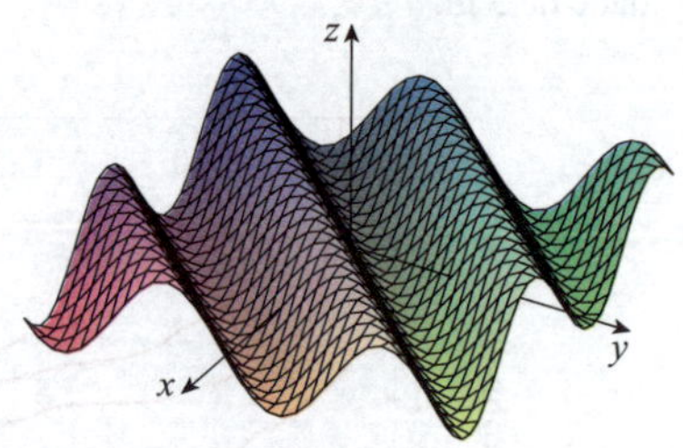

I

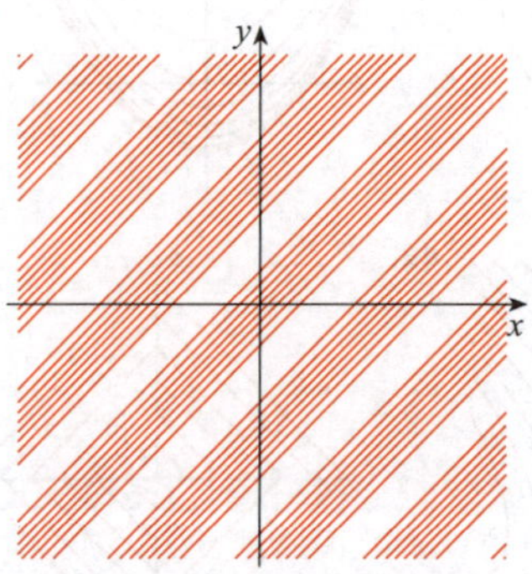

II

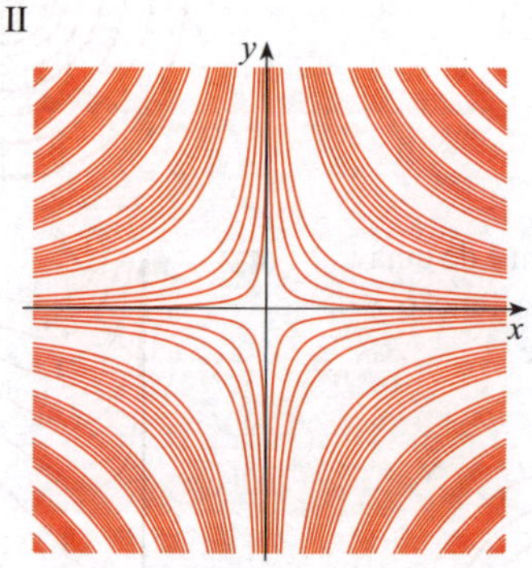

III

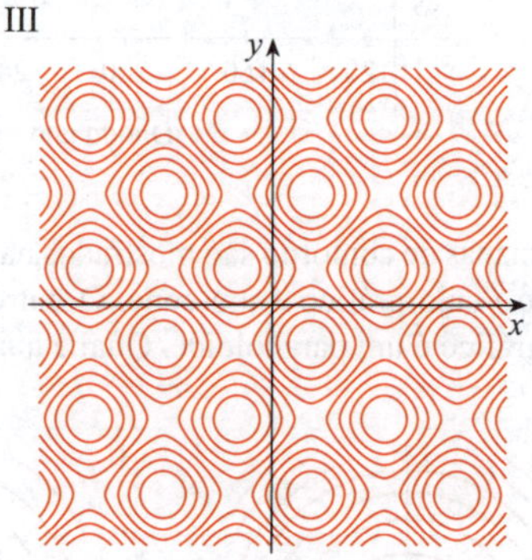

IV

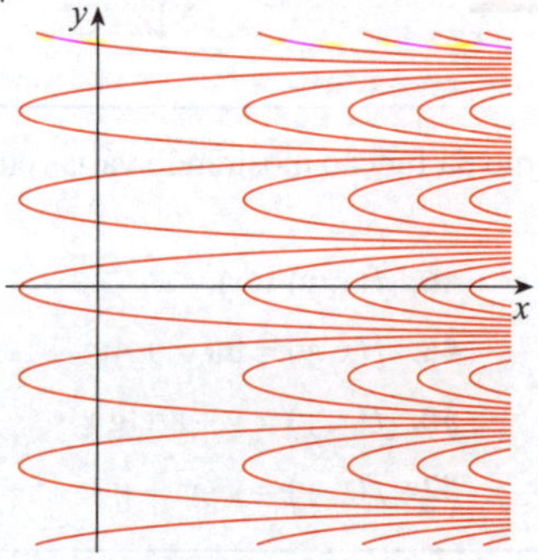

V

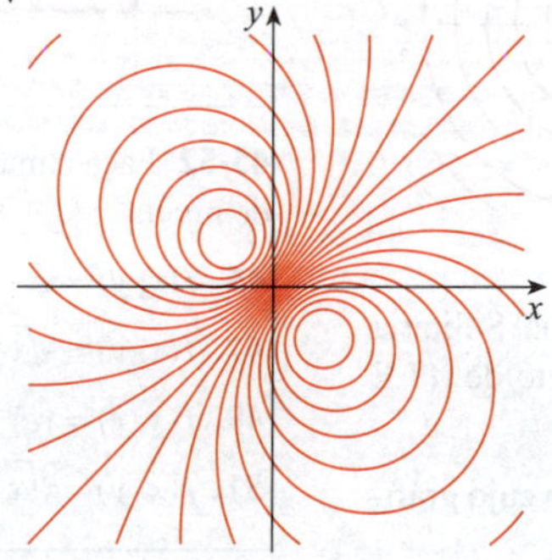

VI

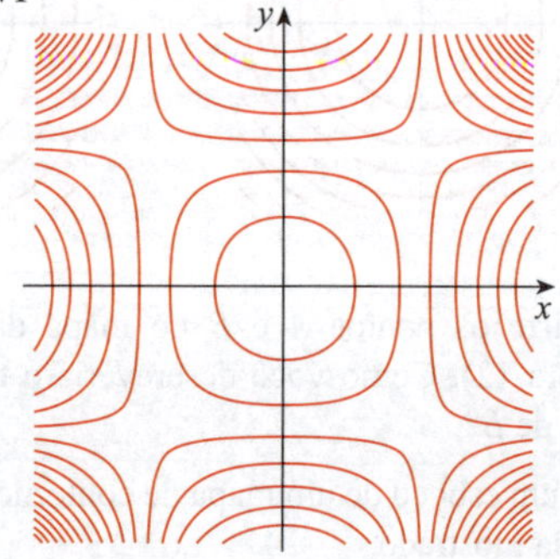

61. $z = \text{sen}\,(xy)$

62. $z = e^x \cos y$

63. $z = \text{sen}\,(x - y)$

64. $z = \text{sen}\,x - \text{sen}\,y$

65. $z = (1 - x^2)(1 - y^2)$

66. $z = \dfrac{x - y}{1 + x^2 + y^2}$

67-70 Descreva as superfícies de nível da função.

67. $f(x, y, z) = 2y - z + 1$

68. $g(x, y, z) = x + y^2 - z^2$

69. $g(x, y, z) = x^2 + y^2 - z^2$

70. $f(x, y, z) = x^2 + 2y^2 + 3z^2$

71-72 Descreva como o gráfico de g é obtido a partir do gráfico de f.

71. (a) $g(x, y) = f(x, y) + 2$
(b) $g(x, y) = 2\,f(x, y)$
(c) $g(x, y) = -f(x, y)$
(d) $g(x, y) = 2 - f(x, y)$

72. (a) $g(x, y) = f(x - 2, y)$
(b) $g(x, y) = f(x, y + 2)$
(c) $g(x, y) = f(x + 3, y - 4)$

73-74 Trace o gráfico da função usando vários domínios e pontos de vista. Imprima aquela que apresente melhor os "picos e vales". Você acha que essa função tem um valor máximo? Você poderia identificar os pontos do gráfico correspondentes aos "máximos locais"? E aos "mínimos locais"?

73. $f(x, y) = 3x - x^4 - 4y^2 - 10xy$

74. $f(x, y) = xye^{-x^2-y^2}$

75-76 Trace a função usando diversos domínios e pontos de vista. Comente o comportamento da função no limite. O que acontece quando x e y se tornam muito grandes? O que acontece quando (x, y) se aproxima da origem?

75. $f(x, y) = \dfrac{x + y}{x^2 + y^2}$

76. $f(x, y) = \dfrac{xy}{x^2 + y^2}$

77. Investigue a família de função $f(x, y) = e^{cx^2 + y^2}$. Como a forma do gráfico depende de c?

78. Investigue a família de superfícies

$$z = (ax^2 + by^2)e^{-x^2-y^2}$$

Como a forma do gráfico depende dos números a e b?

79. Investigue a família de superfícies $z = x^2 + y^2 + cxy$. Em particular, você deve determinar os valores de transição de c para os quais a superfície muda de um tipo de superfície quádrica para outro.

80. Faça o gráfico das funções

$$f(x,y) = \sqrt{x^2 + y^2}$$
$$f(x,y) = e^{\sqrt{x^2+y^2}}$$
$$f(x,y) = \ln\sqrt{x^2 + y^2}$$
$$f(x,y) = \text{sen}\left(\sqrt{x^2 + y^2}\right)$$

e

$$f(x,y) = \frac{1}{\sqrt{x^2 + y^2}}$$

Em geral, se g é uma função de uma variável, como obter o gráfico de

$$f(x,y) = g\left(\sqrt{x^2 + y^2}\right)$$

a partir do gráfico de g?

81. (a) Mostre que, tomando logaritmos, a função geral de Cobb-Douglas $P = bL^{\alpha}K^{1-\alpha}$ pode ser expressa como

$$\ln\frac{P}{K} = \ln b + \alpha\ln\frac{L}{K}$$

(b) Se deixarmos $x = \ln(L/K)$ e $y = \ln(P/K)$, a equação no item (a) torna-se a equação linear $y = \alpha x + \ln b$. Use a Tabela 2 (no Exemplo 4) para fazer a tabela dos valores de $\ln(L/K)$ e $\ln(P/K)$ para os anos 1899-1922. Em seguida, use uma calculadora gráfica ou o computador para encontrar a linha de regressão dos quadrados mínimos pelos pontos $(\ln(L/K), \ln(P/K))$.

(c) Deduza que a função de produção de Cobb-Douglas é $P = 1{,}01L^{0{,}75}K^{0{,}25}$.

14.2 Limites e Continuidade

Limites de Funções de Duas Variáveis

Vamos comparar o comportamento das funções

$$f(x,y) = \frac{\text{sen}(x^2 + y^2)}{x^2 + y^2} \quad \text{e} \quad g(x,y) = \frac{x^2 - y^2}{x^2 + y^2}$$

quando x e y se aproximam de 0 [e, portanto, o ponto (x, y) se aproxima da origem].

As Tabelas 1 e 2 mostram valores de $f(x, y)$ e $g(x, y)$, com precisão de três casas decimais, para pontos (x, y) próximos da origem. (Observe que nenhuma das funções está definida na origem.)

Tabela 1 Valores de $f(x, y)$

x \ y	−1,0	−0,5	−0,2	0	0,2	0,5	1,0
−1,0	0,455	0,759	0,829	0,841	0,829	0,759	0,455
−0,5	0,759	0,959	0,986	0,990	0,986	0,959	0,759
−0,2	0,829	0,986	0,999	1,000	0,999	0,986	0,829
0	0,841	0,990	1,000		1,000	0,990	0,841
0,2	0,829	0,986	0,999	1,000	0,999	0,986	0,829
0,5	0,759	0,959	0,986	0,990	0,986	0,959	0,759
1,0	0,455	0,759	0,829	0,841	0,829	0,759	0,455

Tabela 2 Valores de $g(x, y)$

x \ y	−1,0	−0,5	−0,2	0	0,2	0,5	1,0
−1,0	0,000	0,600	0,923	1,000	0,923	0,600	0,000
−0,5	−0,600	0,000	0,724	1,000	0,724	0,000	−0,600
−0,2	−0,923	−0,724	0,000	1,000	0,000	−0,724	−0,923
0	−1,000	−1,000	−1,000		−1,000	−1,000	−1,000
0,2	−0,923	−0,724	0,000	1,000	0,000	−0,724	−0,923
0,5	−0,600	0,000	0,724	1,000	0,724	0,000	−0,600
1,0	0,000	0,600	0,923	1,000	0,923	0,600	0,000

Parece que, quando (x, y) se aproxima de $(0, 0)$, os valores de $f(x, y)$ se aproximam de 1, ao passo que os valores de $g(x, y)$ não se aproximam de valor algum. Essa nossa observação baseada em evidências numéricas está correta, e podemos escrever

$$\lim_{(x,\, y)\to(0,\, 0)} \frac{\operatorname{sen}(x^2+y^2)}{x^2+y^2} = 1 \qquad \text{e} \qquad \lim_{(x,\, y)\to(0,\, 0)} \frac{x^2-y^2}{x^2+y^2} \quad \text{não existe}$$

Em geral, usamos a notação

$$\lim_{(x,\, y)\to(a,\, b)} f(x, y) = L$$

para indicar que os valores de $f(x, y)$ se aproximam do número L à medida que o ponto (x, y) se aproxima do ponto (a, b) (mantendo-se no domínio de f). Em outras palavras, podemos fazer os valores de $f(x, y)$ tão próximos de L quanto quisermos tornando o ponto (x, y) suficientemente próximo do ponto (a, b), mas não igual a (a, b). Uma definição mais precisa é a seguinte:

1 Definição Seja f uma função de duas variáveis cujo domínio D contém pontos arbitrariamente próximos de (a, b). Dizemos que o **limite de $f(x, y)$ quando (x, y) tende a (a, b)** é L e escrevemos

$$\lim_{(x,\, y)\to(a,\, b)} f(x, y) = L$$

se para todo número $\varepsilon > 0$ houver um número correspondente de $\delta > 0$ tal que

se $(x, y) \in D$ e $0 < \sqrt{(x-a)^2+(y-b)^2} < \delta$, então $|f(x, y) - L| < \varepsilon$

Outras notações para o limite da Definição 1 são

$$\lim_{\substack{x\to a\\ y\to b}} f(x, y) = L \qquad \text{e} \qquad f(x, y) \to L \text{ como } (x, y) \to (a, b)$$

Observe que $|f(x, y) - L|$ corresponde à distância entre os números $f(x, y)$ e L, e $\sqrt{(x-a)^2+(y-b)^2}$ é a distância entre o ponto (x, y) e o ponto (a, b). Assim, a Definição 1 diz que a distância entre $f(x, y)$ e L pode ser feita arbitrariamente pequena se tornarmos a distância de (x, y) a (a, b) suficientemente pequena, desde que diferente de 0. (Compare essa definição com a do limite de uma função de uma variável – Definição 2.4.2, do Volume 1.) A Figura 1 ilustra a Definição 1 por meio de um diagrama de setas. Se qualquer intervalo pequeno $(L - \varepsilon, L + \varepsilon)$ for dado em volta de L, poderemos encontrar um disco D_δ com o centro em (a, b) e raio $\delta > 0$ tal que f mapeia todos os pontos em D_δ [exceto, possivelmente, (a, b)] no intervalo $(L - \varepsilon, L + \varepsilon)$.

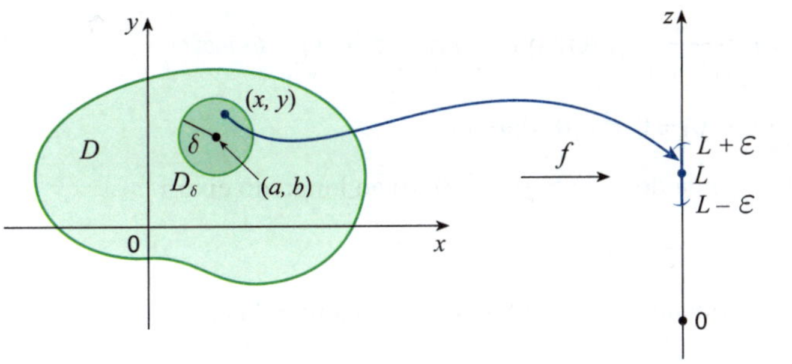

FIGURA 1

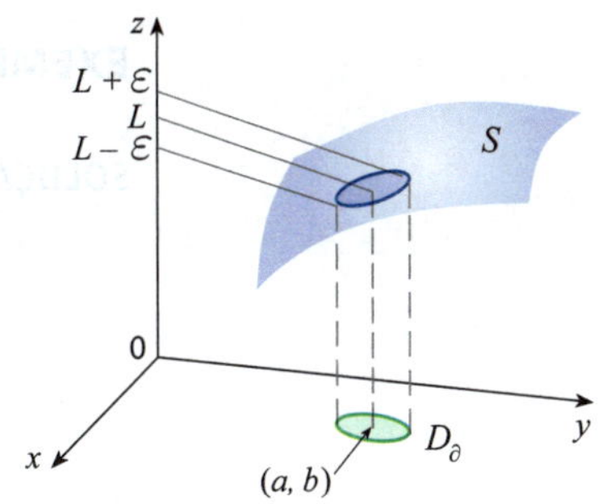

FIGURA 2

Outra ilustração da Definição 1 é dada na Figura 2, onde a superfície S é o gráfico de f. Se $\varepsilon > 0$ for dado, podemos achar $\delta > 0$ tal que se (x, y) for restrito ao disco D_δ e $(x, y) \neq (a, b)$, então a parte correspondente de S fica entre os planos horizontais $z = L - \varepsilon$ e $z = L + \varepsilon$.

Mostrando que um Limite não Existe

Para as funções de uma única variável, quando fazemos x tender a a, só existem duas direções possíveis de aproximação: pela esquerda ou pela direita. Lembremos a partir do Capítulo 2 que se $\lim_{x \to a^-} f(x) \neq \lim_{x \to a^+} f(x)$, então $\lim_{x \to a} f(x)$ não existe.

Já para as funções de duas variáveis essa situação não é tão simples porque existem infinitas maneiras de (x, y) se aproximar de (a, b) por uma quantidade infinita de direções e de qualquer maneira que se queira (veja a Figura 3), bastando que (x, y) se mantenha no domínio de f.

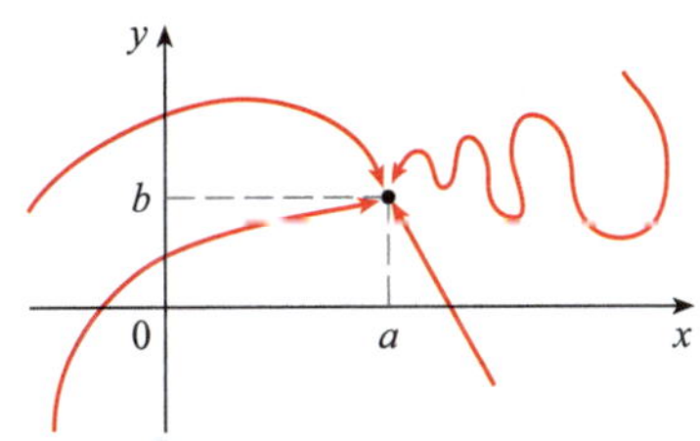

FIGURA 3
Caminhos diferentes que se aproximam de (a, b)

A Definição 1 diz que a distância entre $f(x, y)$ e L pode ser feita arbitrariamente pequena se tornarmos a distância de (x, y) para (a, b) suficientemente pequena (mas não nula). A definição refere-se somente à *distância* entre (x, y) e (a, b). Ela não se refere à direção da abordagem. Portanto, se o limite existe, $f(x, y)$ deve se aproximar do mesmo valor-limite, *independentemente* do modo como (x, y) se aproxima de (a, b). Assim, uma maneira de mostrar que $\lim_{(x, y) \to (a, b)} f(x, y)$ não existe consiste em encontrar caminhos distintos de aproximação a (a, b) para os quais a função tenha limites diferentes.

> Se $f(x, y) \to L_1$ quando $(x, y) \to (a, b)$ ao longo do caminho C_1 e $f(x, y) \to L_2$ quando $(x, y) \to (a, b)$ ao longo do caminho C_2, com $L_1 \neq L_2$, então $\lim_{(x, y) \to (a, b)} f(x, y)$ não existe.

EXEMPLO 1 Mostre que $\displaystyle\lim_{(x, y) \to (0, 0)} \frac{x^2 - y^2}{x^2 + y^2}$ não existe.

SOLUÇÃO Seja dada $f(x, y) = (x^2 - y^2)/(x^2 + y^2)$. Primeiramente, façamos (x, y) se aproximar de $(0, 0)$ ao longo do eixo x. Nesse caminho, $y = 0$ para todo ponto (x, y), de modo que a função se torna $f(x, 0) = x^2/x^2 = 1$ para todo $x \neq 0$ e, portanto,

$$f(x, y) \to 1 \qquad \text{quando} \qquad (x, y) \to (0, 0) \text{ ao longo do eixo } x$$

Agora vamos nos aproximar ao longo do eixo y, colocando $x = 0$. Então, $f(0, y) = \dfrac{-y^2}{y^2} = -1$ para todo $y \neq 0$, portanto,

$$f(x, y) \to -1 \qquad \text{quando} \qquad (x, y) \to (0, 0) \text{ ao longo do eixo } y$$

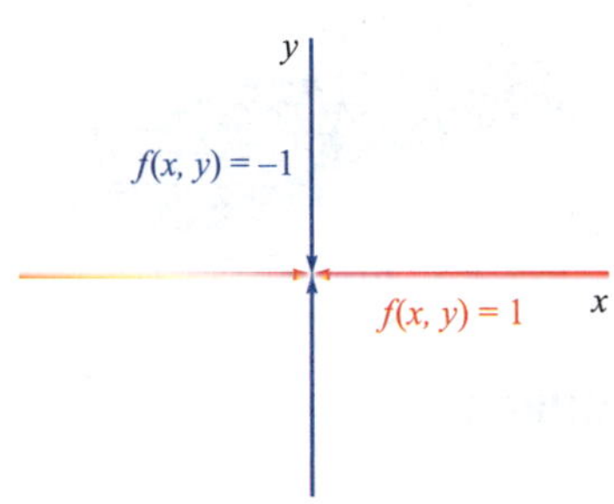

FIGURA 4

(veja a Figura 4). Como f tem dois limites diferentes quando (x, y) tende a $(0, 0)$ ao longo de duas retas diferentes, o limite não existe. (Isso confirma a conjectura que fizemos com base na evidência numérica no início desta seção.) ■

EXEMPLO 2 Se $f(x,y) = \dfrac{xy}{x^2+y^2}$, será que $\lim\limits_{(x,y)\to(0,0)} f(x,y)$ existe?

SOLUÇÃO Se $y = 0$, então $f(x, 0) = 0/x^2 = 0$. Portanto,

$$f(x,y) \to 0 \qquad \text{quando} \qquad (x,y) \to (0,0) \text{ ao longo do eixo } x$$

Se $x = 0$, então $f(0, y) = 0/y^2 = 0$, portanto,

$$f(x,y) \to 0 \qquad \text{quando} \qquad (x,y) \to (0,0) \text{ ao longo do eixo } y$$

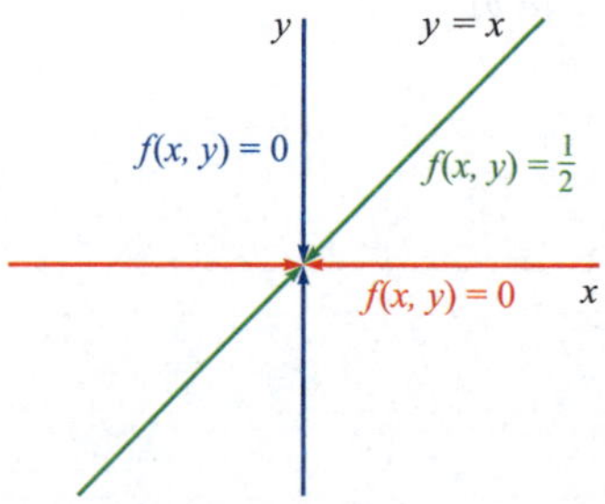

FIGURA 5

Apesar de termos encontrado valores idênticos ao longo dos eixos, não podemos afirmar que o limite exista e seja 0. Vamos agora nos aproximar de (0, 0) ao longo de outra reta; por exemplo, $y = x$. Para todo $x \neq 0$,

$$f(x,x) = \frac{x^2}{x^2+x^2} = \frac{1}{2}$$

Portanto, $\quad f(x,y) \to \frac{1}{2} \quad$ quando $\quad (x,y) \to (0,0)$ ao longo de $y = x$

(Veja a Figura 5.) Como obtivemos valores diferentes para o limite ao longo de caminhos diferentes, podemos afirmar que o limite dado não existe. ■

A Figura 6 nos dá uma ideia do que acontece no Exemplo 2. A cumeeira que ocorre acima da reta $y = x$ corresponde ao fato de que $f(x, y) = \frac{1}{2}$ para todos os pontos (x, y) dessa reta, exceto na origem.

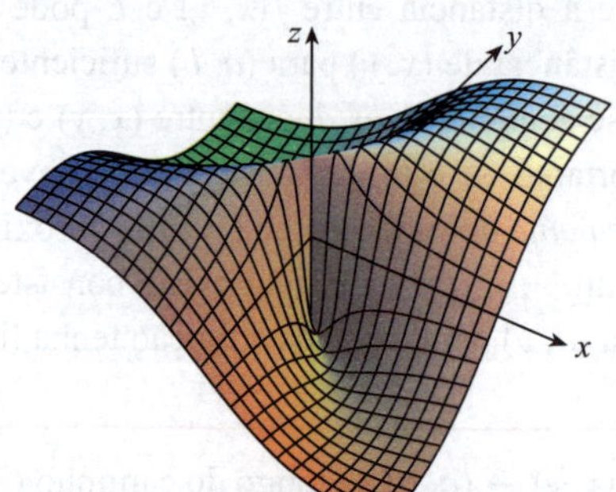

FIGURA 6
$f(x,y) = \dfrac{xy}{x^2+y^2}$

EXEMPLO 3 Se $f(x,y) = \dfrac{xy^2}{x^2+y^4}$, será que $\lim\limits_{(x,y)\to(0,0)} f(x,y)$ existe?

A Figura 7 mostra o gráfico da função do Exemplo 3. Observe a cumeeira sobre a parábola $x = y^2$.

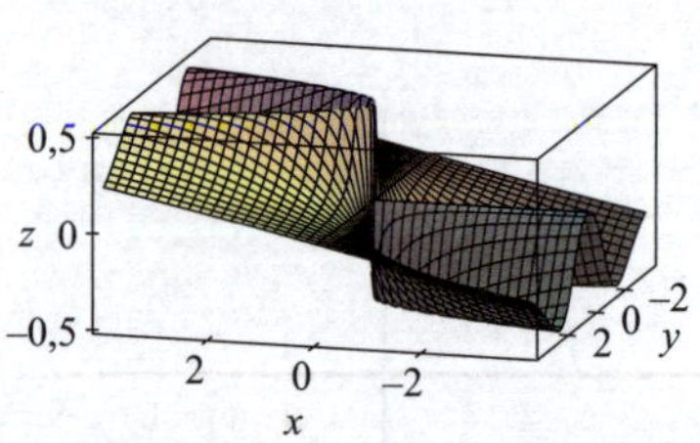

FIGURA 7

SOLUÇÃO Com a Solução do Exemplo 2 em mente, vamos tentar economizar tempo deixando $(x, y) \to (0, 0)$ ao longo de qualquer reta não vertical através da origem. Se a reta não for o eixo y, então $y = mx$, onde m é a inclinação da reta e

$$f(x,y) = f(x,mx) = \frac{x(mx)^2}{x^2+(mx)^4} = \frac{m^2x^3}{x^2+m^4x^4} = \frac{m^2x}{1+m^4x^2}$$

Portanto, $\quad f(x,y) \to 0 \quad$ quando $\quad (x,y) \to (0,0)$ ao longo de $y = mx$

Obtemos o mesmo resultado quando $(x, y) \to (0, 0)$ ao longo da reta $x = 0$. Portanto, f tem o mesmo valor-limite ao longo de toda reta pela origem. Mas isso ainda não garante que o limite seja 0, pois, se tomarmos agora $(x, y) \to (0, 0)$ ao longo da parábola $x = y^2$, teremos

$$f(x,y) = f(y^2,y) = \frac{y^2 \cdot y^2}{(y^2)^2+y^4} = \frac{y^4}{2y^4} = \frac{1}{2}$$

Portanto, $f(x, y) \to \frac{1}{2}$ quando $(x, y) \to (0, 0)$ ao longo de $x = y^2$

Como caminhos diferentes levaram a resultados diferentes, o limite não existe. ■

Propriedades dos Limites

Tal como ocorre com as funções de uma variável, o cálculo de limites de funções de duas variáveis pode ser consideravelmente simplificado usando-se as propriedades dos limites. De fato, as Propriedades dos Limites enunciadas na Seção 2.3, do Volume 1, podem ser estendidas a funções de duas variáveis. Assumindo que o limite indicado exista, podemos enunciar verbalmente essas propriedades como descrito a seguir.

1. O limite de uma soma é a soma dos limites. **Propriedade da Soma**
2. O limite de uma diferença é a diferença dos limites. **Propriedade da Diferença**
3. O limite do produto de uma constante por uma função é igual ao produto da constante pelo limite da função. **Propriedade da Multiplicação por Constante**
4. O limite de um produto é o produto dos limites. **Propriedade do Produto**
5. O limite de um quociente é o quociente dos limites (desde que o limite do denominador não seja zero). **Propriedade do Quociente**

No Exercício 54, pedimos-lhe que prove os seguintes limites especiais:

2 $$\lim_{(x,\,y)\to(a,\,b)} x = a \qquad \lim_{(x,\,y)\to(a,\,b)} y = b \qquad \lim_{(x,\,y)\to(a,\,b)} c = c$$

Uma **função polinomial** de duas variáveis (ou simplesmente **polinômio**) é uma soma de termos na forma $cx^m y^n$, em que c é uma constante e m e n são números inteiros não negativos. Uma **função racional** é a razão de dois polinômios. Por exemplo,

$$p(x, y) = x^4 + 5x^3y^2 + 6xy^4 - 7y + 6$$

é um polinômio, enquanto

$$q(x, y) = \frac{2xy + 1}{x^2 + y^2}$$

é uma função racional.

Os limites especiais fornecidos em (2), juntamente com as propriedades dos limites, permitem-nos calcular por substituição direta o limite de qualquer função polinomial p:

3 $$\lim_{(x,\,y)\to(a,\,b)} p(x, y) = p(a, b)$$

Da mesma forma, para qualquer função racional $q(x, y) = p(x, y)/r(x, y)$, temos

4 $$\lim_{(x,\,y)\to(a,\,b)} q(x, y) = \lim_{(x,\,y)\to(a,\,b)} \frac{p(x, y)}{r(x, y)} = \frac{p(a, b)}{r(a, b)} = q(a, b)$$

desde que (a, b) pertença ao domínio de q.

EXEMPLO 4 Calcule $\lim_{(x,\,y)\to(1,\,2)} (x^2y^3 - x^3y^2 + 3x + 2y)$.

SOLUÇÃO Como $f(x, y) = x^2y^3 - x^3y^2 + 3x + 2y$ é um polinômio, podemos determinar o limite por substituição direta.

$$\lim_{(x,\,y)\to(1,\,2)} (x^2y^3 - x^3y^2 + 3x + 2y) = 1^2 \cdot 2^3 - 1^3 \cdot 2^2 + 3 \cdot 1 + 2 \cdot 2 = 11$$ ■

EXEMPLO 5 Calcule $\lim_{(x,\,y)\to(-2,\,3)} \frac{x^2y + 1}{x^3y^2 - 2x}$, caso o limite exista.

SOLUÇÃO A função $f(x, y) = (x^2y + 1)/(x^3y^2 - 2x)$ é uma função racional e o ponto $(-2, 3)$ pertence a seu domínio (o denominador não vale 0 nesse ponto), de modo que podemos calcular o limite por substituição direta:

$$\lim_{(x, y)\to(-2, 3)} \frac{x^2 y+1}{x^3 y^2 - 2x} = \frac{(-2)^2 (3)+1}{(-2)^3 (3)^2 - 2(-2)} = -\frac{13}{68}$$ ■

O Teorema do Confronto também é válido para funções de duas ou mais variáveis. No próximo exemplo, determinamos um limite de duas formas diferentes: empregando a definição de limite e usando o Teorema do Confronto.

EXEMPLO 6 Ache $\displaystyle\lim_{(x, y)\to(0, 0)} \frac{3x^2 y}{x^2 + y^2}$ se existir.

SOLUÇÃO 1 Como no Exemplo 3, podemos mostrar que o limite ao longo de uma reta qualquer que passa pela origem é 0. Isso não prova que o limite seja 0, mas o limite ao longo das parábolas $y = x^2$ e $x = y^2$ também obtemos o limite 0, portanto começamos a suspeitar que o limite existe e é igual a 0.

Seja $\varepsilon > 0$. Queremos encontrar $\delta > 0$ tal que

$$\text{se} \quad 0 < \sqrt{x^2 + y^2} < \delta, \quad \text{então} \quad \left|\frac{3x^2 y}{x^2 + y^2} - 0\right| < \varepsilon$$

ou seja,
$$\text{se} \quad 0 < \sqrt{x^2 + y^2} < \delta, \quad \text{então} \quad \frac{3x^2 |y|}{x^2 + y^2} < \varepsilon$$

Mas $x^2 \le x^2 + y^2$, uma vez que $y^2 \ge 0$, portanto, $x^2/(x^2 + y^2) \le 1$ e, assim,

5
$$\frac{3x^2 |y|}{x^2 + y^2} \le 3|y| = 3\sqrt{y^2} \le 3\sqrt{x^2 + y^2}$$

Dessa forma, se escolhermos $\delta = \varepsilon/3$ e fizermos $0 < \sqrt{x^2 + y^2} < \delta$, teremos

$$\left|\frac{3x^2 y}{x^2 + y^2} - 0\right| \le 3\sqrt{x^2 + y^2} < 3\delta = 3\left(\frac{\varepsilon}{3}\right) = \varepsilon$$

Logo, pela Definição 1,

$$\lim_{(x, y)\to(0, 0)} \frac{3x^2 y}{x^2 + y^2} = 0$$

SOLUÇÃO 2 Como na Solução 1, temos

$$\left|\frac{3x^2 y}{x^2 + y^2}\right| = \frac{3x^2 |y|}{x^2 + y^2} \le 3|y|$$

e, portanto,

$$-3|y| \le \frac{3x^2 y}{x^2 + y^2} \le 3|y|$$

Notamos, então, que $|y| \to 0$ quando $y \to 0$, de modo que $\displaystyle\lim_{(x, y)\to(0, 0)} (-3|y|) = 0$ e $\displaystyle\lim_{(x, y)\to(0, 0)} (3|y|) = 0$ (usando a Propriedade 3 do limite). Assim, segundo o Teorema do Confronto,

$$\lim_{(x, y)\to(0, 0)} \frac{3x^2 y}{x^2 + y^2} = 0$$ ■

Continuidade

Lembremo-nos de que o cálculo de limites de funções *contínuas* de uma única variável é fácil. Ele pode ser obtido por substituição direta, porque, pela definição de função contínua, $\lim_{x \to a} f(x) = f(a)$. Funções contínuas de duas variáveis também são definidas pela propriedade da substituição direta.

6 Definição Uma função f de duas variáveis é dita **contínua em** (a, b) se

$$\lim_{(x,\, y) \to (a,\, b)} f(x, y) = f(a, b)$$

Dizemos que f é **contínua em** D se f for contínua em todo ponto (a, b) de D.

O significado intuitivo de continuidade é que, se o ponto (x, y) varia por uma pequena quantidade, o valor de $f(x, y)$ variará por uma pequena quantidade. Isso quer dizer que a superfície que corresponde ao gráfico de uma função contínua não tem buracos ou rupturas.

Já vimos que os limites de funções polinomiais podem ser calculados por substituição direta (Equação 3). Sendo assim, em decorrência da definição de continuidade, *todos os polinômios são contínuos em* $\mathbb{R}^2$. Do mesmo modo, a Equação 4 indica que *qualquer função racional é contínua em seu domínio*. De modo geral, usando as propriedades dos limites, constata-se que somas, diferenças, produtos e quocientes de funções contínuas são contínuos em seus domínios.

EXEMPLO 7 Onde a função $f(x, y) = \dfrac{x^2 - y^2}{x^2 + y^2}$ é contínua?

SOLUÇÃO A função f é descontínua em (0, 0), pois ela não está definida nesse ponto. Como f é uma função racional, ela é contínua em seu domínio, o que corresponde ao conjunto $D = \{(x, y) \mid (x, y) \neq (0, 0)\}$. ■

EXEMPLO 8 Seja

$$g(x, y) = \begin{cases} \dfrac{x^2 - y^2}{x^2 + y^2} & \text{se } (x, y) \neq (0,0) \\ 0 & \text{se } (x, y) = (0,0) \end{cases}$$

Aqui g está definida em (0, 0), mas g ainda é descontínua porque $\lim_{(x,y)\to(0,0)} g(x, y)$ não existe (veja o Exemplo 1). ■

EXEMPLO 9 Seja

$$f(x, y) = \begin{cases} \dfrac{3x^2 y}{x^2 + y^2} & \text{se } (x, y) \neq (0,0) \\ 0 & \text{se } (x, y) = (0,0) \end{cases}$$

Sabemos que f é contínua para $(x, y) \neq (0, 0)$, uma vez que ela é uma função racional definida nessa região. Do Exemplo 6, temos que

$$\lim_{(x,\, y)\to(0,\, 0)} f(x, y) = \lim_{(x,\, y)\to(0,\, 0)} \frac{3x^2 y}{x^2 + y^2} = 0 = f(0,0)$$

Portanto, f é contínua em (0, 0) e, consequentemente, contínua em $\mathbb{R}^2$. ■

A Figura 8 mostra o gráfico da função contínua do Exemplo 9.

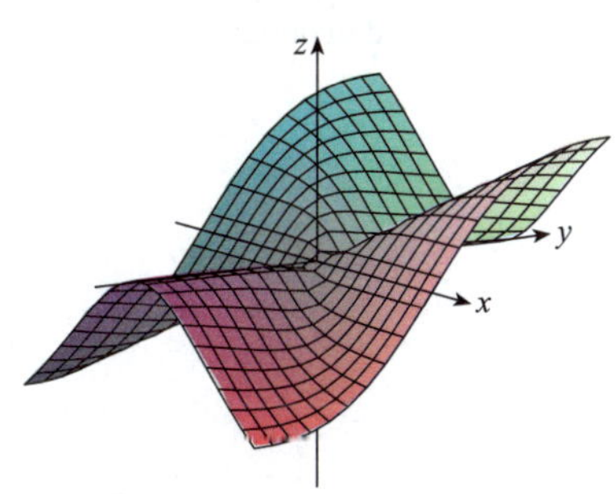

FIGURA 8

Como para as funções de uma variável, a composição é outra maneira de combinar funções contínuas para obter outra também contínua. De fato, pode ser mostrado que, se

f é uma função contínua de duas variáveis e g é uma função contínua de uma única variável definida na imagem de f, a função composta $h = g \circ f$ definida por $h(x, y) = g(f(x, y))$ também é contínua.

EXEMPLO 10 Em que pontos a função $h(x, y) = e^{-(x^2+y^2)}$ é contínua?

SOLUÇÃO A função $f(x, y) = x^2 + y^2$ é um polinômio e, portanto, é contínua em $\mathbb{R}^2$. Como a função $g(t) = e^{-t}$ é contínua para todos os valores de t, a função composta

$$h(x, y) = g(f(x, y)) = e^{-(x^2+y^2)}$$

é contínua em $\mathbb{R}^2$. O gráfico da função h é mostrado na Figura 9.

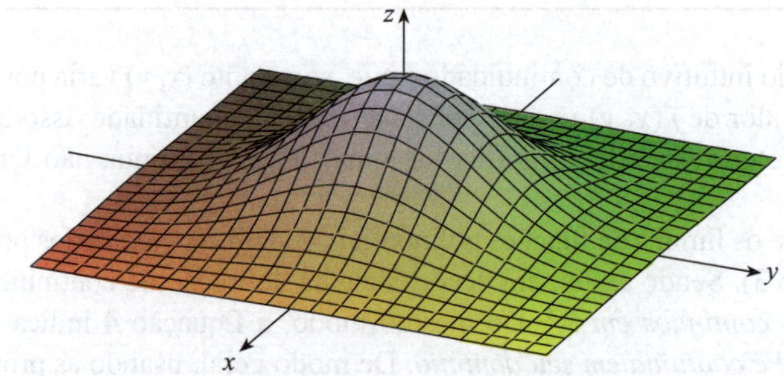

FIGURA 9
A função $h(x, y) = e^{-(x^2+y^2)}$ é contínua em toda parte.

■

EXEMPLO 11 Onde a função $h(x, y) = \text{arctg}(y/x)$ é contínua?

SOLUÇÃO A função $f(x, y) = y/x$ é racional e, desse modo, contínua em todo lugar, exceto sobre a reta $x = 0$. A função $g(t) = \text{arctg } t$ é contínua em toda parte. Logo, a função composta

$$g(f(x, y)) = \text{arctg}(y/x) = h(x, y)$$

é contínua, exceto onde $x = 0$. O desenho da Figura 10 mostra a ruptura existente no gráfico da função h acima do eixo y.

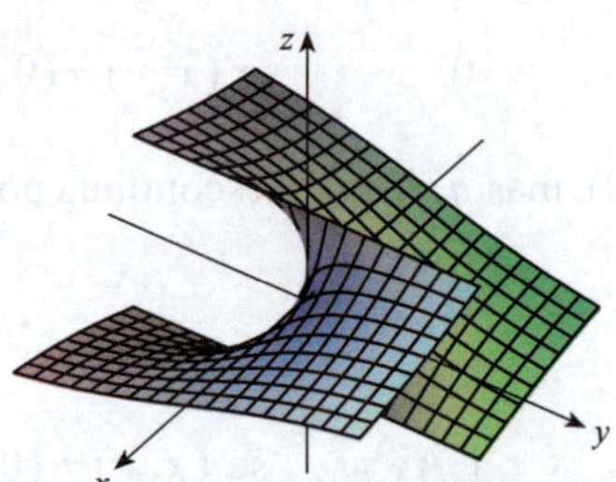

FIGURA 10
A função $h(x, y) = \text{arctg}(y/x)$ é descontínua, onde $x = 0$.

■

■ Funções de Três ou Mais Variáveis

Tudo o que fizemos até aqui pode ser estendido para as funções com três ou mais variáveis. A notação

$$\lim_{(x, y, z) \to (a, b, c)} f(x, y, z) = L$$

significa que os valores de $f(x, y, z)$ se aproximam do número L à medida que o ponto (x, y, z) se aproxima do ponto (a, b, c) (mantendo-se no domínio de f). Como a distância entre dois pontos (x, y, z) e (a, b, c) em $\mathbb{R}^3$ é dada por $\sqrt{(x-a)^2 + (y-b)^2 + (z-c)^2}$, podemos escrever a definição precisa da seguinte forma: para todo número $\varepsilon > 0$ existe um número correspondente $\delta > 0$ tal que se (x, y, z) está no domínio de f e $0 < \sqrt{(x-a)^2 + (y-b)^2 + (z-c)^2} < \delta$

$$\text{então } |f(x, y, z) - L| < \varepsilon$$

A função f é **contínua** em (a, b, c) se

$$\lim_{(x, y, z)\to(a, b, c)} f(x, y, z) = f(a, b, c)$$

Por exemplo, a função

$$f(x,y,z) = \frac{1}{x^2 + y^2 + z^2 - 1}$$

é uma função racional em três variáveis, e, portanto, é contínua em todo ponto de $\mathbb{R}^3$, exceto onde $x^2 + y^2 + z^2 = 1$. Em outras palavras, é descontínua na esfera com o centro na origem e raio 1.

Se usarmos a notação vetorial introduzida no fim da Seção 14.1, poderemos escrever as definições de limite para as funções de duas ou três variáveis de uma forma compacta, como a seguir.

7 Se f é definida em um subconjunto D de $\mathbb{R}^n$, então $\lim_{\mathbf{x}\to\mathbf{a}} f(\mathbf{x}) = L$ significa que para todo número $\varepsilon > 0$ existe um número correspondente $\delta > 0$ tal que

$$\text{se } \mathbf{x} \in D \text{ e } 0 < |\mathbf{x} - \mathbf{a}| < \delta, \text{ então } |f(\mathbf{x}) - L| < \varepsilon$$

Observe que se $n = 1$, então $\mathbf{x} = x$ e $\mathbf{a} = a$, e (7) é exatamente a definição do limite para as funções de uma única variável (Definição 2.4.2). Para o caso $n = 2$, temos $\mathbf{x} = \langle x, y\rangle$, $\mathbf{a} = \langle a, b\rangle$ e $|\mathbf{x} - \mathbf{a}| = \sqrt{(x-a)^2 + (y-b)^2}$, de modo que (7) se torna a Definição 1. Se $n = 3$, então $\mathbf{x} = \langle x, y, z\rangle$, $\mathbf{a} = \langle a, b, c\rangle$, e (7) é a definição de limite de uma função de três variáveis. Em cada caso, a definição de continuidade pode ser escrita como

$$\lim_{\mathbf{x}\to\mathbf{a}} f(\mathbf{x}) = f(\mathbf{a})$$

14.2 | Exercícios

1. Suponha que $\lim_{(x, y)\to(3, 1)} f(x, y) = 6$. O que podemos dizer do valor de $f(3, 1)$? E se a função f for contínua?

2. Explique por que cada função é contínua ou descontínua.
(a) A temperatura externa como função da latitude, da longitude e do tempo.
(b) A altura acima do nível do mar como função da longitude, da latitude e do tempo.
(c) O custo da tarifa do táxi como função da distância percorrida e do tempo gasto.

3-4 Utilize uma tabela de valores numéricos de $f(x, y)$ para (x, y) perto da origem para conjecturar sobre o limite de $f(x, y)$ quando $(x, y) \to (0, 0)$. Em seguida, explique por que sua conjectura está correta.

3. $f(x, y) = \dfrac{x^2y^3 + x^3y^2 - 5}{2 - xy}$ **4.** $f(x, y) = \dfrac{2xy}{x^2 + 2y^2}$

5-12 Determine o limite.

5. $\lim_{(x, y)\to(3, 2)} \left(x^2y^3 - 4y^2\right)$

6. $\lim_{(x, y)\to(5, -2)} (x^2y + 3xy^2 + 4)$

7. $\lim_{(x, y)\to(-3, 1)} \dfrac{x^2y - xy^3}{x - y + 2}$

8. $\lim_{(x, y)\to(2, -1)} \dfrac{x^2y + xy^2}{x^2 - y^2}$

9. $\lim_{(x, y)\to(\pi, \pi/2)} y \operatorname{sen}(x - y)$

10. $\lim_{(x, y)\to(3, 2)} e^{\sqrt{2x-y}}$

11. $\lim_{(x, y)\to(1, 1)} \left(\dfrac{x^2y^3 - x^3y^2}{x^2 - y^2}\right)$

12. $\lim_{(x, y)\to(\pi, \pi/2)} \dfrac{\cos y - \operatorname{sen} 2y}{\cos x \cos y}$

13-18 Mostre que o limite não existe.

13. $\lim_{(x, y)\to(0, 0)} \dfrac{y^2}{x^2 + y^2}$

14. $\lim_{(x, y)\to(0, 0)} \dfrac{2xy}{x^2 + 3y^2}$

15. $\lim_{(x, y)\to(0, 0)} \dfrac{(x + y)^2}{x^2 + y^2}$

16. $\lim_{(x, y)\to(0, 0)} \dfrac{x^2 + xy^2}{x^4 + y^2}$

17. $\displaystyle\lim_{(x,\, y)\to(0,\, 0)} \frac{y^2 \operatorname{sen}^2 x}{x^4 + y^4}$

18. $\displaystyle\lim_{(x,\, y)\to(1,\, 1)} \frac{y - x}{1 - y + \ln x}$

19-30 Determine o limite, caso ele exista, ou mostre que o limite não existe.

19. $\displaystyle\lim_{(x,\, y)\to(-1,\, -2)} (x^2 y - xy^2 + 3)^3$

20. $\displaystyle\lim_{(x,\, y)\to(\pi,\, 1/2)} e^{xy} \operatorname{sen} xy$

21. $\displaystyle\lim_{(x,\, y)\to(2,\, 3)} \frac{3x - 2y}{4x^2 - y^2}$

22. $\displaystyle\lim_{(x,\, y)\to(1,\, 2)} \frac{2x - y}{4x^2 - y^2}$

23. $\displaystyle\lim_{(x,\, y)\to(0,\, 0)} \frac{xy^2 \cos y}{x^2 + y^4}$

24. $\displaystyle\lim_{(x,\, y)\to(0,\, 0)} \frac{x^3 - y^3}{x^2 + xy + y^2}$

25. $\displaystyle\lim_{(x,\, y)\to(0,\, 0)} \frac{x^2 + y^2}{\sqrt{x^2 + y^2 + 1} - 1}$

26. $\displaystyle\lim_{(x,\, y)\to(0,\, 0)} \frac{xy^4}{x^2 + y^8}$

27. $\displaystyle\lim_{(x,\, y,\, z)\to(6,\, 1,\, -2)} \sqrt{x + z} \cos(\pi y)$

28. $\displaystyle\lim_{(x,\, y,\, z)\to(0,\, 0,\, 0)} \frac{xy + yz}{x^2 + y^2 + z^2}$

29. $\displaystyle\lim_{(x,\, y,\, z)\to(0,\, 0,\, 0)} \frac{xy + yz^2 + xz^2}{x^2 + y^2 + z^4}$

30. $\displaystyle\lim_{(x,\, y,\, z)\to(0,\, 0,\, 0)} \frac{x^4 + y^2 + z^3}{x^4 + 2y^2 + z}$

31-34 Use o Teorema do Confronto para determinar o limite.

31. $\displaystyle\lim_{(x,\, y)\to(0,\, 0)} xy \operatorname{sen} \frac{1}{x^2 + y^2}$

32. $\displaystyle\lim_{(x,\, y)\to(0,\, 0)} \frac{xy}{\sqrt{x^2 + y^2}}$

33. $\displaystyle\lim_{(x,\, y)\to(0,\, 0)} \frac{xy^4}{x^4 + y^4}$

34. $\displaystyle\lim_{(x,\, y,\, z)\to(0,\, 0,\, 0)} \frac{x^2 y^2 z^2}{x^2 + y^2 + z^2}$

35-36 Utilize um gráfico feito por computador para explicar por que o limite não existe.

35. $\displaystyle\lim_{(x,\, y)\to(0,\, 0)} \frac{2x^2 + 3xy + 4y^2}{3x^2 + 5y^2}$

36. $\displaystyle\lim_{(x,y)\to(0,\, 0)} \frac{xy^3}{x^2 + y^6}$

37-38 Determine $h(x, y) = g(f(x, y))$ e o conjunto no qual h é contínua.

37. $g(t) = t^2 + \sqrt{t}, \quad f(x, y) = 2x + 3y - 6$

38. $g(t) = t + \ln t, \quad f(x, y) = \dfrac{1 - xy}{1 + x^2 y^2}$

39-40 Trace o gráfico da função e observe onde ela é descontínua. Em seguida, utilize a fórmula para explicar o que você observou.

39. $f(x, y) = e^{1/(x - y)}$

40. $f(x, y) = \dfrac{1 - xy}{1 - x^2 - y^2}$

41-50 Determine o maior conjunto no qual a função é contínua.

41. $F(x, y) = \dfrac{xy}{1 + e^{x - y}}$

42. $F(x, y) = \cos\sqrt{1 + x - y}$

43. $F(x, y) = \dfrac{1 + x^2 + y^2}{1 - x^2 - y^2}$

44. $H(x, y) = \dfrac{e^x + e^y}{e^{xy} - 1}$

45. $G(x, y) = \sqrt{x} + \sqrt{1 - x^2 - y^2}$

46. $G(x, y) = \ln(1 + x - y)$

47. $f(x, y, z) = \operatorname{arcsen}(x^2 + y^2 + z^2)$

48. $f(x, y) = \sqrt{y - x^2}\, \ln z$

49. $f(x, y) = \begin{cases} \dfrac{x^2 y^3}{2x^2 + y^2} & \text{se } (x, y) \neq (0, 0) \\ 1 & \text{se } (x, y) = (0, 0) \end{cases}$

50. $f(x, y) = \begin{cases} \dfrac{xy}{x^2 + xy + y^2} & \text{se } (x, y) \neq (0, 0) \\ 0 & \text{se } (x, y) = (0, 0) \end{cases}$

51-53 Utilize coordenadas polares para determinar o limite. [Se (r, θ) são as coordenadas polares do ponto (x, y) com $r \geq 0$, observe que $r \to 0^+$ quando $(x, y) \to (0, 0)$.]

51. $\displaystyle\lim_{(x,\, y)\to(0,\, 0)} \frac{x^3 + y^3}{x^2 + y^2}$

52. $\displaystyle\lim_{(x,\, y)\to(0,\, 0)} (x^2 + y^2) \ln(x^2 + y^2)$

53. $\displaystyle\lim_{(x,\, y)\to(0,\, 0)} \frac{e^{-x^2 - y^2} - 1}{x^2 + y^2}$

54. Prove os três limites especiais apresentados em (2).

55. No início desta seção consideramos a função

$$f(x, y) = \frac{\operatorname{sen}(x^2 + y^2)}{x^2 + y^2}$$

e conjecturamos com base na evidência numérica que $f(x, y) \to 1$ quando $(x, y) \to (0, 0)$. Utilize coordenadas polares para comprovar o valor do limite. Em seguida, faça o gráfico da função.

56. Trace o gráfico e analise a continuidade da função

$$f(x,y) = \begin{cases} \dfrac{\operatorname{sen} xy}{xy} & \text{se } xy \neq 0 \\ 1 & \text{se } xy = 0 \end{cases}$$

57. Seja

$$f(x,y) = \begin{cases} 0 & \text{se } y \leq 0 \text{ ou } y \geq x^4 \\ 1 & \text{se } 0 < y < x^4 \end{cases}$$

(a) Mostre que $f(x, y) \to 0$ quando $(x, y) \to (0, 0)$ por qualquer caminho da forma $y = mx^a$ passando por $(0, 0)$ com $0 < a < 4$.

(b) Independentemente do item (a), mostre que f é descontínua em $(0, 0)$.

(c) Mostre que f é descontínua em duas curvas inteiras.

58. Mostre que a função f dada por $f(\mathbf{x}) = |\mathbf{x}|$ é contínua em $\mathbb{R}^n$. [*Dica*: Considere $|\mathbf{x} - \mathbf{a}|^2 = (\mathbf{x} - \mathbf{a}) \cdot (\mathbf{x} - \mathbf{a})$.]

59. Se $\mathbf{c} \in V_n$, mostre que a função f dada por $f(\mathbf{x}) = \mathbf{c} \cdot \mathbf{x}$ é contínua em $\mathbb{R}^n$.

14.3 Derivadas Parciais

Derivadas Parciais de Funções de Duas Variáveis

Em um dia quente, a umidade muito alta aumenta a sensação de calor, ao passo que, se o ar está muito seco, temos a sensação de temperatura mais baixa que a indicada no termômetro. O Serviço Meteorológico do Canadá introduziu o *índice de calor* (ou índice de temperatura-umidade) para descrever os efeitos combinados da temperatura e umidade. O *índice de calor I* é a temperatura aparente do ar quando a temperatura real for T e a umidade relativa for H. Desse modo, I é uma função de T e H e podemos escrever $I = f(T, H)$. A tabela de valores de I a seguir é a parte de uma tabela compilada pelo Serviço Meteorológico.

Tabela 1 Índice de calor *I* como função da temperatura e umidade

Umidade relativa (%) (colunas H); Temperatura real (°C) (linhas T)

T \ H	40	45	50	55	60	65	70	75	80
26	28	28	29	31	31	32	33	34	35
28	31	32	33	34	35	36	37	38	39
30	34	35	36	37	38	40	41	42	43
32	37	38	39	41	42	43	45	46	47
34	41	42	43	45	47	48	49	51	52
36	43	45	47	48	50	51	53	54	56

Se nos concentrarmos na coluna assinalada da tabela que corresponde à umidade relativa de $H = 60\%$, estaremos considerando o índice de calor como uma função de uma única variável T para um valor fixado de H. Vamos escrever $g(T) = f(T, 60)$. Então, $g(T)$ descreve como o índice de calor I aumenta à medida que a temperatura real T aumenta quando a umidade relativa é 60%. A derivada de g quando $T = 30$ °C é a taxa de variação de I com relação a T quando $T = 30$ °C:

$$g'(30) = \lim_{h \to 0} \frac{g(30+h) - g(30)}{h} = \lim_{h \to 0} \frac{f(30+h,\, 60) - f(30,\, 60)}{h}$$

Podemos aproximar seu $g'(30)$ usando os valores da Tabela 1 e tomando $h = 2$ e -2:

$$g'(30) \approx \frac{g(32) - g(30)}{2} = \frac{f(32,60) - f(30,60)}{2} = \frac{42 - 38}{2} = 2$$

$$g'(30) \approx \frac{g(28) - g(30)}{-2} = \frac{f(28,60) - f(30,60)}{-2} = \frac{35 - 38}{-2} = 1{,}5$$

Calculando a média desses valores, podemos dizer que a derivada $g'(30)$ é aproximadamente 1,75. Isso significa que, quando a temperatura real é 30 °C e a umidade relativa é

60%, a temperatura aparente (índice de calor) aumenta cerca de 1,75 °C para cada grau que a temperatura real sobe.

Olhemos agora para a linha sombreada da Tabela 1, que corresponde à temperatura fixa de $T = 30$ °C. Os números nesta linha são valores da função $G(H) = f(30, H)$, que descreve como o índice de calor aumenta à medida que a umidade relativa H aumenta quando a temperatura real é $T = 30$ °C. A derivada dessa função quando $H = 60\%$ é a taxa de variação de I com relação a H quando $H = 60\%$:

$$G'(60) = \lim_{h\to 0} \frac{G(60+h) - G(60)}{h} = \lim_{h\to 0} \frac{f(30,\, 60+h) - f(30,\, 60)}{h}$$

Tomando $h = 5$ e -5, aproximamos o valor de $G'(60)$ usando os valores tabelados:

$$G'(60) \approx \frac{G(65) - G(60)}{5} = \frac{f(30,\, 65) - f(30,\, 60)}{5} = \frac{42-38}{5} = 0{,}4$$

$$G'(60) \approx \frac{G(55) - G(60)}{-5} = \frac{f(30, 55) - f(30,\, 60)}{-5} = \frac{37-38}{-5} = 0{,}2$$

Ao calcularmos a média desses valores, obtemos a estimativa $G'(60) \approx 0{,}3$. Isso nos diz que, quando a temperatura é de 30 °C e a umidade relativa é de 60%, o índice de calor aumenta em cerca de 0,3 °C para cada ponto percentual que a umidade relativa aumenta.

Em geral, se f é uma função de duas variáveis x e y, suponha que deixemos somente x variar enquanto mantemos fixo o valor de y, por exemplo, fazendo $y = b$, onde b é uma constante. Estaremos então considerando, realmente, uma função de uma única variável x, a saber, $g(x) = f(x, b)$. Se g tem derivada em a, nós a chamaremos **derivada parcial de *f* em relação a *x* em (*a*, *b*)** e a denotaremos por $f_x(a, b)$. Assim,

1 $$f_x(a, b) = g'(a) \qquad \text{onde} \qquad g(x) = f(x, b)$$

Pela definição de derivada, temos

$$g'(a) = \lim_{h\to 0} \frac{g(a+h) - g(a)}{h}$$

e, assim, a Equação 1 torna-se

2 $$f_x(a,b) = \lim_{h\to 0} \frac{f(a+h,b) - f(a,b)}{h}$$

Da mesma forma, a **derivada parcial de *f* em relação a *y* em (*a*, *b*)**, denotada por $f_y(a, b)$, é obtida mantendo-se x fixo ($x = a$) e determinando-se a derivada em b da função $G(y) = f(a, y)$:

3 $$f_y(a,b) = \lim_{h\to 0} \frac{f(a,b+h) - f(a,b)}{h}$$

Com essa notação para as derivadas parciais, podemos escrever as taxas de variação do índice de calor I com relação à temperatura real T e umidade relativa H quando $T = 30$ °C e $H = 60\%$ como segue:

$$f_T(30,\, 60) \approx 1{,}75 \qquad f_H(30,\, 60) \approx 0{,}3$$

Se agora deixamos o ponto (a, b) variar nas Equações 2 e 3, f_x e f_y se tornam funções de duas variáveis.

4 Definição Se f é uma função de duas variáveis, suas **derivadas parciais** são as funções f_x e f_y definidas por

$$f_x(x,y) = \lim_{h\to 0}\frac{f(x+h,y)-f(x,y)}{h}$$

$$f_y(x,y) = \lim_{h\to 0}\frac{f(x,y+h)-f(x,y)}{h}$$

Existem diversas notações alternativas para as derivadas parciais. Por exemplo, em vez de f_x, podemos escrever f_1 ou $D_1 f$ (para indicar a derivação em relação à *primeira* variável) ou $\partial f/\partial x$. Mas aqui $\partial f/\partial x$ não pode ser interpretada como uma razão de diferenciais.

Notações para as Derivadas Parciais Se $z = f(x, y)$, escrevemos

$$f_x(x,y) = f_x = \frac{\partial f}{\partial x} = \frac{\partial}{\partial x}f(x,y) = \frac{\partial z}{\partial x} = f_1 = D_1 f = D_x f$$

$$f_y(x,y) = f_y = \frac{\partial f}{\partial y} = \frac{\partial}{\partial y}f(x,y) = \frac{\partial z}{\partial y} = f_2 = D_2 f = D_y f$$

Para calcularmos as derivadas parciais, tudo o que temos a fazer é nos lembrarmos, a partir da Equação 1, que a derivada parcial com relação a x é a derivada *ordinária* da função g de uma única variável obtida mantendo-se fixo o valor de y. Então, temos a seguinte regra.

Regra para Determinar as Derivadas Parciais de $z = f(x, y)$

1. Para determinar f_x, trate y como uma constante e derive $f(x, y)$ com relação a x.
2. Para determinar f_y, trate x como uma constante e derive $f(x, y)$ com relação a y.

EXEMPLO 1 Se $f(x, y) = x^3 + x^2y^3 - 2y^2$, encontre $f_x(2, 1)$ e $f_y(2, 1)$.

SOLUÇÃO Mantendo y constante e derivando em relação a x, obtemos

$$f_x(x, y) = 3x^2 + 2xy^3$$

e, assim,

$$f_x(2, 1) = 3 \cdot 2^2 + 2 \cdot 2 \cdot 1^3 = 16$$

Mantendo x constante e derivando em relação a y, obtemos

$$f_y(x, y) = 3x^2y^2 - 4y$$

$$f_y(2, 1) = 3 \cdot 2^2 \cdot 1^2 - 4 \cdot 1 = 8$$ ■

EXEMPLO 2 Dada $f(x, y) = \operatorname{sen}\left(\frac{x}{1+y}\right)$, calcule $\frac{\partial f}{\partial x}$ e $\frac{\partial f}{\partial y}$.

SOLUÇÃO Usando a Regra da Cadeia para funções de uma variável, temos

$$\frac{\partial f}{\partial x} = \cos\left(\frac{x}{1+y}\right)\cdot\frac{\partial}{\partial x}\left(\frac{x}{1+y}\right) = \cos\left(\frac{x}{1+y}\right)\cdot\frac{1}{1+y}$$

$$\frac{\partial f}{\partial y} = \cos\left(\frac{x}{1+y}\right)\cdot\frac{\partial}{\partial y}\left(\frac{x}{1+y}\right) = -\cos\left(\frac{x}{1+y}\right)\cdot\frac{x}{(1+y)^2}$$ ■

Interpretações das Derivadas Parciais

Para darmos uma interpretação geométrica para as derivadas parciais, lembremo-nos de que a equação $z = f(x, y)$ representa uma superfície S (o gráfico de f). Se $f(a, b) = c$, então o ponto $P(a, b, c)$ está em S. Ao fixar $y = b$, estamos restringindo nossa atenção à curva C_1, na qual o plano vertical $y = b$ intersecciona S. (Em outras palavras, C_1 é o corte de S no plano $y = b$.) Dessa maneira, o plano vertical $x = a$ intersecciona S em uma curva C_2. As curvas C_1 e C_2 passam pelo ponto P (Veja a Figura 1.)

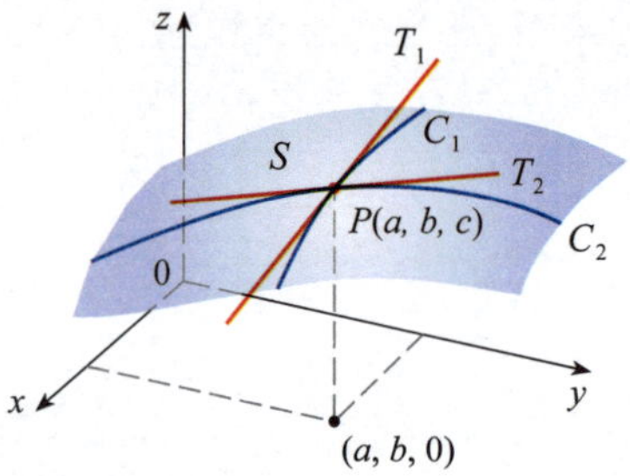

FIGURA 1
As derivadas parciais de f em (a, b) são as inclinações das retas tangentes a C_1 e C_2.

Observe que a curva C_1 é o gráfico da função $g(x) = f(x, b)$, de modo que a inclinação da tangente T_1 em P é $g'(a) = f_x(a, b)$. A curva C_2 é o gráfico da função $G(y) = f(a, y)$, de modo que a inclinação da tangente T_2 em P é $G'(b) = f_y(a, b)$.

Então, as derivadas parciais $f_x(a, b)$ e $f_y(a, b)$ podem ser interpretadas geometricamente como as inclinações das retas tangentes em $P(a, b, c)$ aos cortes C_1 e C_2 de S nos planos $y = b$ e $x = a$.

EXEMPLO 3 Se $f(x, y) = 4 - x^2 - 2y^2$, determine $f_x(1, 1)$ e $f_y(1, 1)$ e interprete esses números como inclinações.

SOLUÇÃO Temos

$$f_x(x, y) = -2x \qquad f_y(x, y) = -4y$$

$$f_x(1, 1) = -2 \qquad f_y(1, 1) = -4$$

O gráfico de f é o paraboloide $z = 4 - x^2 - 2y^2$, e o plano vertical $y = 1$ intercepta-o na parábola $z = 2 - x^2$, $y = 1$. (Como na discussão anterior, rotulamos C_1 na Figura 2.) A inclinação da reta tangente a essa parábola no ponto $(1, 1, 1)$ é $f_x(1, 1) = -2$. (Observe que a reta tangente tem inclinação para baixo na direção positiva de x.) Da mesma forma, a curva C_2 na qual o plano $x = 1$ intercepta o paraboloide é a parábola $z = 3 - 2y^2$, $x = 1$, e a inclinação da reta tangente em $(1, 1, 1)$ é $f_y(1, 1) = -4$. (Veja a Figura 3.)

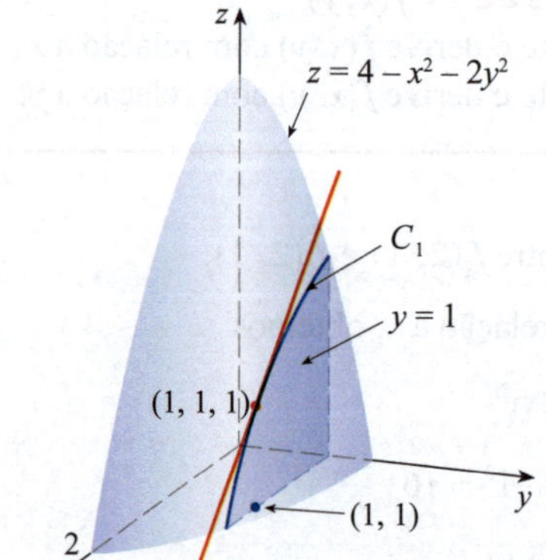

FIGURA 2

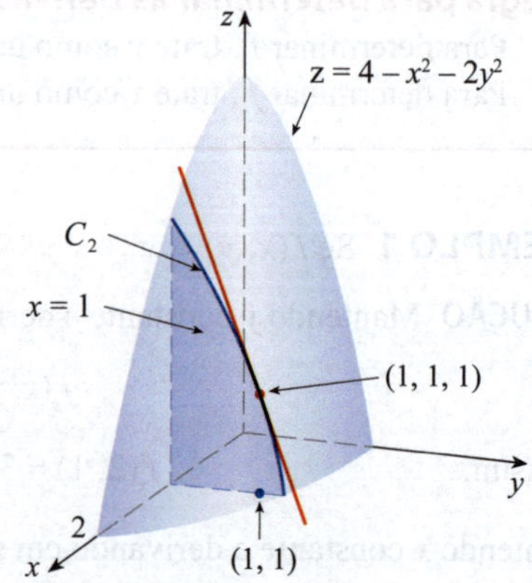

FIGURA 3 ■

Como vimos no caso da função índice de calor, mencionada no início desta seção, as derivadas parciais também podem ser interpretadas como *taxas de variação*. Dada $z = f(x, y)$, $\partial z/\partial x$ representa a taxa de variação de z com relação a x, quando y é mantida constante. Da mesma forma, $\partial z/\partial y$ representa a taxa de variação de z com relação a y, quando x é mantida constante.

EXEMPLO 4 No Exercício 14.1.39, definimos o índice de massa corporal de uma pessoa como

$$B(m, h) = \frac{m}{h^2}$$

Calcule as derivadas parciais de B para um homem jovem com $m = 64$ kg e $h = 1{,}68$ m e interprete-o.

SOLUÇÃO Considerando h constante, vemos que a derivada parcial com relação a m é

$$\frac{\partial B}{\partial m}(m,h) = \frac{\partial}{\partial m}\left(\frac{m}{h^2}\right) = \frac{1}{h^2}$$

de modo que
$$\frac{\partial B}{\partial m}(64,\ 1{,}68) = \frac{1}{(1{,}68)^2} \approx 0{,}35(\text{kg/m}^2)/\text{kg}$$

Essa é a taxa na qual o IMC do homem cresce com relação a seu peso quando ele pesa 64 kg e mede 1,68 m. Assim, se seu peso aumentar por uma pequena quantidade, um quilograma, por exemplo, e seu peso permanecer inalterado, então seu IMC, que é $B(64,\ 1{,}68) \approx 22{,}68$, aumentará em cerca de 0,35.

Agora, consideramos m constante. A derivada parcial com relação a h é

$$\frac{\partial B}{\partial h}(m,h) = \frac{\partial}{\partial h}\left(\frac{m}{h^2}\right) = m\left(-\frac{2}{h^3}\right) = -\frac{2m}{h^3}$$

de modo que
$$\frac{\partial B}{\partial h}(64,\ 1{,}68) = -\frac{2 \cdot 64}{(1{,}68)^3} \approx -27(\text{kg/m}^2)/\text{m}$$

Essa é a taxa na qual o IMC do homem aumenta com relação a sua altura quando ele pesa 64 kg e sua altura é 1,68 m. Assim, se o homem ainda estiver crescendo e seu peso permanecer inalterado enquanto sua altura aumenta um pouco, digamos 1 cm, então seu IMC *diminuirá* em cerca de $27(0{,}01) = 0{,}27$. ■

EXEMPLO 5 Determine $\partial z/\partial x$ e $\partial z/\partial y$ supondo que z seja definida implicitamente como uma função de x e y por meio da equação

$$x^3 + y^3 + z^3 + 6xyz + 4 = 0$$

Em seguida, calcule essas derivadas parciais no ponto $(-1, 1, 2)$.

Alguns softwares de computação algébrica podem traçar superfícies definidas por equações implícitas com três variáveis. A Figura 4 mostra o desenho da superfície definida implicitamente pela equação do Exemplo 5.

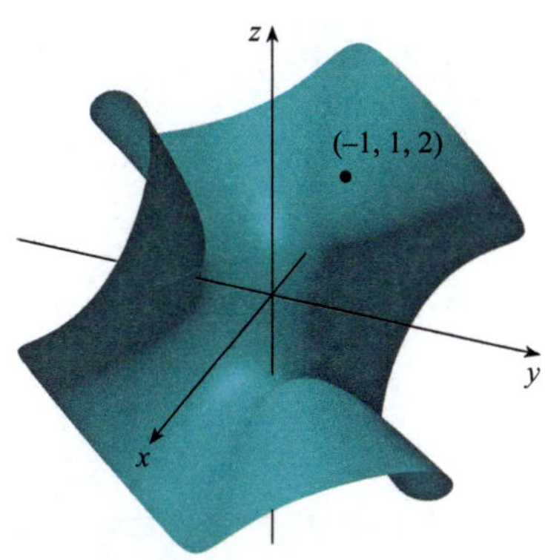

FIGURA 4

SOLUÇÃO Para determinar $\partial z/\partial x$, derivamos implicitamente com relação a x, tomando o cuidado de tratar y como uma constante e z como uma função (de x):

$$3x^2 + 3z^2\frac{\partial z}{\partial x} + 6yz + 6xy\frac{\partial z}{\partial x} = 0$$

Isolando $\partial z/\partial x$ nessa equação, obtemos

$$\frac{\partial z}{\partial x} = -\frac{x^2 + 2yz}{z^2 + 2xy}$$

Da mesma forma, a diferenciação implícita com relação a y fornece

$$\frac{\partial z}{\partial y} = -\frac{y^2 + 2xz}{z^2 + 2xy}$$

Observe que o ponto $(-1, 1, 2)$ satisfaz a equação $x^3 + y^3 + z^3 + 6xyz + 4 = 0$, de modo que pertence à superfície. Nesse ponto,

$$\frac{\partial z}{\partial x} = -\frac{(-1)^2 + 2\cdot 1\cdot 2}{2^2 + 2(-1)\cdot 1} = -\frac{5}{2} \quad \text{e} \quad \frac{\partial z}{\partial x} = -\frac{1^2 + 2(-1)\cdot 2}{2^2 + 2(-1)\cdot 1} = \frac{3}{2}$$ ■

Funções de Três ou Mais Variáveis

As derivadas parciais também podem ser definidas para funções de três ou mais variáveis. Por exemplo, se f é uma função de três variáveis x, y e z, então sua derivada parcial em relação a x é definida como

$$f_x(x, y, z) = \lim_{h \to 0} \frac{f(x+h, y, z) - f(x, y, z)}{h}$$

e é determinada olhando-se y e z como constantes e derivando $f(x, y, z)$ em relação a x. Se $w = f(x, y, z)$, então $f_x = \partial w/\partial x$ pode ser interpretada como a taxa de variação de w com relação a x quando y e z são mantidos fixos. Entretanto, não podemos interpretá-la geometricamente porque o gráfico de f pertence ao espaço de dimensão quatro.

Em geral, se u é uma função de n variáveis, $u = f(x_1, x_2, \ldots, x_n)$, sua derivada parcial em relação à i-ésima variável x_i é

$$\frac{\partial u}{\partial x_i} = \lim_{h \to 0} \frac{f(x_1, \ldots, x_{i-1}, x_i + h, x_{i+1}, \ldots, x_n) - f(x_1, \ldots, x_i, \ldots, x_n)}{h}$$

e podemos também escrever $\dfrac{\partial u}{\partial x_i} = \dfrac{\partial f}{\partial x_i} = f_{x_i} = f_i = D_i f$

EXEMPLO 6 Determine f_x, f_y e f_z se $f(x, y, z) = e^{xy} \ln z$.

SOLUÇÃO Mantendo y e z constantes e derivando em relação a x, temos

$$f_x = ye^{xy} \ln z$$

Da mesma forma, $\qquad f_y = xe^{xy} \ln z \qquad$ e $\qquad f_z = \dfrac{e^{xy}}{z}$ ■

Derivadas de Ordem Superior

Se f é uma função de duas variáveis, suas derivadas parciais f_x e f_y são funções de duas variáveis, de modo que podemos considerar novamente suas derivadas parciais $(f_x)_x$, $(f_x)_y$, $(f_y)_x$ e $(f_y)_y$, chamadas **derivadas parciais de segunda ordem** de f. Se $z = f(x, y)$, usamos a seguinte notação:

$$(f_x)_x = f_{xx} = f_{11} = \frac{\partial}{\partial x}\left(\frac{\partial f}{\partial x}\right) = \frac{\partial^2 f}{\partial x^2} = \frac{\partial^2 z}{\partial x^2}$$

$$(f_x)_y = f_{xy} = f_{12} = \frac{\partial}{\partial y}\left(\frac{\partial f}{\partial x}\right) = \frac{\partial^2 f}{\partial y \partial x} = \frac{\partial^2 z}{\partial y \partial x}$$

$$(f_y)_x = f_{yx} = f_{21} = \frac{\partial}{\partial x}\left(\frac{\partial f}{\partial y}\right) = \frac{\partial^2 f}{\partial x \partial y} = \frac{\partial^2 z}{\partial x \partial y}$$

$$(f_y)_y = f_{yy} = f_{22} = \frac{\partial}{\partial y}\left(\frac{\partial f}{\partial y}\right) = \frac{\partial^2 f}{\partial y^2} = \frac{\partial^2 z}{\partial y^2}$$

Portanto, a notação f_{xy} (ou $\partial^2 f/\partial y\, \partial x$) significa que primeiro derivamos com relação a x e depois em relação a y, ao passo que no cálculo de f_{yx} a ordem é invertida.

EXEMPLO 7 Determine as derivadas parciais de

$$f(x, y) = x^3 + x^2y^3 - 2y^2$$

SOLUÇÃO No Exemplo 1, descobrimos que

$$f_x(x, y) = 3x^2 + 2xy^3 \qquad f_y(x, y) = 3x^2y^2 - 4y$$

Portanto,

$$f_{xx} = \frac{\partial}{\partial x}(3x^2 + 2xy^3) = 6x + 2y^3 \qquad f_{xy} = \frac{\partial}{\partial x}(3x^2 + 2xy^3) = 6xy^2$$

$$f_{yx} = \frac{\partial}{\partial x}(3x^2y^2 + 4y) = 6xy^2 \qquad f_{yy} = \frac{\partial}{\partial x}(3x^2y^2 - 4y) = 6x^2y - 4$$

Observe que $f_{xy} = f_{yx}$ no Exemplo 7. Isso não é só uma coincidência. As derivadas parciais mistas f_{xy} e f_{yx} são iguais para a maioria das funções que encontramos na prática. O próximo teorema, do matemático francês Alexis Clairaut (1713-1765), fornece condições sob as quais podemos afirmar que $f_{xy} = f_{yx}$. A demonstração é feita no Apêndice F.

Teorema de Clairaut Suponha que f seja definida em um disco aberto D que contenha o ponto (a, b). Se as funções f_{xy} e f_{yx} forem ambas contínuas em D, então

$$f_{xy}(a, b) = f_{yx}(a, b)$$

Clairaut
Alexis Clairaut foi uma criança prodígio na área da matemática: aos 10 anos leu o texto de cálculo de l'Hôspital, e aos 13 apresentou um artigo sobre geometria na Academia Francesa de Ciências. Aos 18 anos, Clairaut publicou *Recherches sur les courbes à double courbure*, o primeiro tratado sistemático em geometria analítica tridimensional, em que incluiu o cálculo de curvas espaciais.

Derivadas parciais de ordem 3 ou maior também podem ser definidas. Por exemplo,

$$f_{xyy} = (f_{xy})_y = \frac{\partial}{\partial y}\left(\frac{\partial^2 f}{\partial y\,\partial x}\right) = \frac{\partial^3 f}{\partial y^2\,\partial x}$$

e usando o Teorema de Clairaut podemos mostrar que $f_{xyy} = f_{yxy} = f_{yyx}$ se essas funções forem contínuas.

EXEMPLO 8 Calcule f_{xxyz} se $f(x, y, z) = \text{sen}(3x + yz)$.

SOLUÇÃO

$$f_x = 3\cos(3x + yz)$$

$$f_{xx} = -9\,\text{sen}(3x + yz)$$

$$f_{xxy} = -9z\cos(3x + yz)$$

$$f_{xxyz} = -9\cos(3x + yz) + 9yz\,\text{sen}(3x + yz)$$

Equações Diferenciais Parciais

As derivadas parciais ocorrem em *equações diferenciais parciais* que exprimem certas leis físicas. Por exemplo, a equação diferencial parcial

$$\frac{\partial^2 u}{\partial x^2} + \frac{\partial^2 u}{\partial y^2} = 0$$

é denominada **equação de Laplace** em homenagem a Pierre Laplace (1749-1827). As soluções dessa equação são chamadas **funções harmônicas** e são muito importantes no estudo de condução de calor, escoamento de fluidos e potencial elétrico.

EXEMPLO 9 Mostre que a função $u(x, y) = e^x \text{sen}\, y$ é solução da equação de Laplace.

SOLUÇÃO Primeiro calcularemos as derivadas parciais necessárias de segunda ordem:

$$u_x = e^x \text{sen}\, y \qquad u_y = e^x \cos y$$

$$u_{xx} = e^x \text{sen}\, y \qquad u_{yy} = -e^x \text{sen}\, y$$

Assim,

$$u_{xx} + u_{yy} = e^x \text{sen}\, y - e^x \text{sen}\, y = 0$$

Portanto, u satisfaz a equação de Laplace.

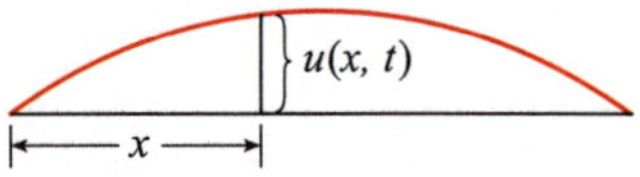

FIGURA 5

A equação da onda

$$\frac{\partial^2 u}{\partial t^2} = a^2 \frac{\partial^2 u}{\partial x^2}$$

descreve o movimento de uma onda, que pode ser do mar, de som, luminosa ou se movendo em uma corda vibrante. Por exemplo, se $u(x, t)$ representa o deslocamento da corda vibrante de violino no instante t e à distância x de uma das extremidades da corda (como na Figura 5), então $u(x, t)$ satisfaz a equação da onda. A constante a depende da densidade da corda e da tensão aplicada nela.

EXEMPLO 10 Verifique se a função $u(x, t) = \text{sen}(x - at)$ satisfaz a equação de onda.

SOLUÇÃO

$$u_x = \cos(x - at) \qquad u_t = -a\cos(x - at)$$

$$u_{xx} = -\text{sen}(x - at) \qquad u_{tt} = -a^2\text{sen}(x - at) = a^2 u_{xx}$$

Então u satisfaz a equação de onda. ■

As equações diferenciais parciais que envolvem as funções de três variáveis também são muito importantes na ciência e na engenharia. A equação tridimensional de Laplace é

$$\boxed{5} \qquad \frac{\partial^2 u}{\partial x^2} + \frac{\partial^2 u}{\partial y^2} + \frac{\partial^2 u}{\partial z^2} = 0$$

e um lugar em que ocorre é na geofísica. Se $u(x, y, z)$ representa a força do campo magnético na posição (x, y, z), então ela satisfaz a Equação 5. A força do campo magnético indica a distribuição de minerais ricos em ferro e reflete diferentes tipos de rochas e a localização de falhas.

14.3 Exercícios

1. No início dessa seção, discutimos a função $I = f(T, H)$, em que I é o índice de calor, T é a temperatura real e H é a umidade relativa. Use a Tabela 1 para estimar $f_T(34, 75)$ e $f_H(34, 75)$. Qual é o significado prático desses valores?

2. A altura das ondas em mar aberto, h, depende da velocidade do vento, v, e do intervalo de tempo t no qual o vento vem soprando a essa velocidade. Alguns valores da função $h = f(v, t)$, em pés, são fornecidos na tabela a seguir.

Duração (horas)

Velocidade do vento (km/h) — v \ t	5	10	15	20	30	40	50
20	0,6	0,6	0,6	0,6	0,6	0,6	0,6
30	1,2	1,3	1,5	1,5	1,5	1,6	1,6
40	1,5	2,2	2,4	2,5	2,7	2,8	2,8
60	2,8	4,0	4,9	5,2	5,5	5,8	5,9
80	4,3	6,4	7,7	8,6	9,5	10,1	10,2
100	5,8	8,9	11,0	12,2	13,8	14,7	15,3
120	7,4	11,3	14,4	16,6	19,0	20,5	21,1

(a) O que significam as derivadas parciais $\partial h/\partial v$ e $\partial h/\partial t$?

(b) Estime os valores de $f_v(40, 15)$ e $f_t(40, 15)$. Qual é o significado prático desses valores?

(c) Qual parece ser o valor do limite a seguir?

$$\lim_{t\to\infty} \frac{\partial h}{\partial t}$$

3. A temperatura T (em °C) de uma localidade do Hemisfério Norte depende da longitude x, da latitude y e do tempo t, de modo que podemos escrever $T = f(x, y, t)$. Vamos medir o tempo em horas a partir do início de janeiro.

(a) Qual o significado das derivadas parciais $\partial T/\partial x$, $\partial T/\partial y$ e $\partial T/\partial t$?

(b) Honolulu tem longitude de 158° W e latitude de 21° N. Suponha que às 9 horas em 1º de janeiro esteja ventando para noroeste uma brisa quente, de forma que a Oeste e a Sul o ar esteja quente e a Norte e Leste o ar esteja mais frio. Você esperaria que f_x (158, 21, 9), f_y (158, 21, 9) e f_t (158, 21, 9) fossem positivos ou negativos? Explique.

4-5 Determine os sinais das derivadas parciais da função f cujo gráfico está mostrado.

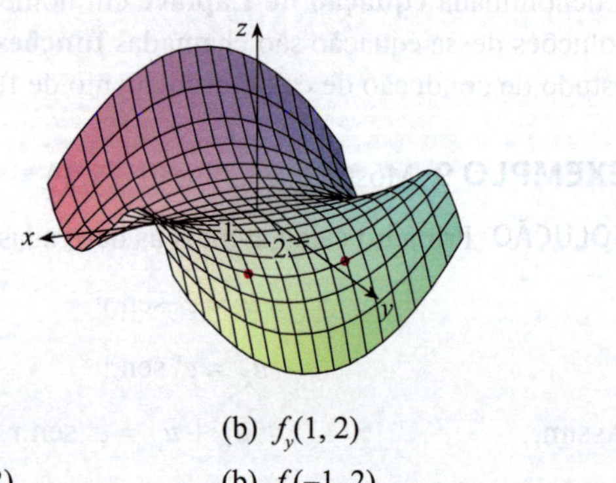

4. (a) $f_x(1, 2)$ (b) $f_y(1, 2)$

5. (a) $f_x(-1, 2)$ (b) $f_y(-1, 2)$

6. A figura mostra o mapa de contorno de uma função f. Use-o para estimar $f_x(2, 1)$ e $f_y(2, 1)$.

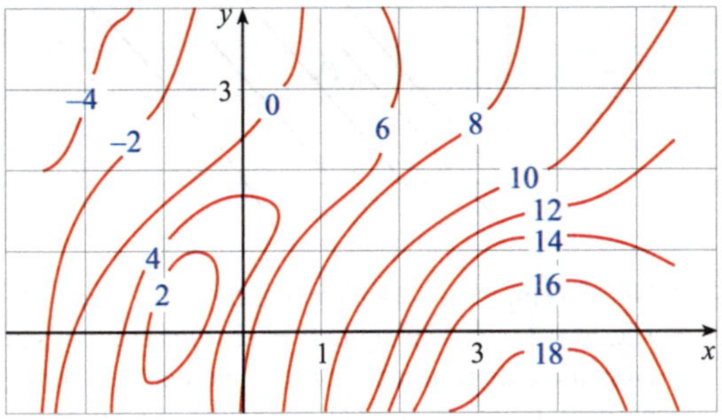

7. Supondo que $f(x, y) = 16 - 4x^2 - y^2$, determine $f_x(1, 2)$ e $f_y(1, 2)$ e interprete esses valores como se fossem inclinações. Ilustre seu resultado com um desenho à mão ou um gráfico feito no computador.

8. Supondo que $f(x, y) = \sqrt{4 - x^2 - 4y^2}$, determine $f_x(1, 0)$ e $f_y(1, 0)$ e interprete esses valores como se fossem inclinações. Ilustre seu resultado com um desenho à mão ou um gráfico feito no computador.

9-36 Determine as derivadas parciais de primeira ordem da função.

9. $f(x, y) = x^4 + 5xy^3$

10. $f(x, y) = x^2y - 3y^4$

11. $g(x, y) = x^3 \operatorname{sen} y$

12. $g(x, t) = e^{xt}$

13. $z = \ln(x + t^2)$

14. $w = \dfrac{u}{v^2}$

15. $f(x, y) = ye^{xy}$

16. $g(x, y) = (x^2 + xy)^3$

17. $g(x, y) = y(x + x^2y)^5$

18. $f(x, y) = \dfrac{x}{(x+y)^2}$

19. $f(x, y) = \dfrac{ax + by}{cx + dy}$

20. $w = \dfrac{e^v}{u + v^2}$

21. $g(u, v) = (u^2v - v^3)^5$

22. $u(r, \theta) = \operatorname{sen}(r \cos \theta)$

23. $R(p, q) = \operatorname{tg}^{-1}(pq^2)$

24. $f(x, y) = x^y$

25. $F(x,y) = \int_y^x \cos(e^t)dt$

26. $F(\alpha,\beta) = \int_\alpha^\beta \sqrt{t^3 + 1}\,dt$

27. $f(x, y, z) = x^3yz^2 + 2yz$

28. $f(x, y, z) = xy^2e^{-xz}$

29. $w = \ln(x + 2y + 3z)$

30. $w = y \operatorname{tg}(x + 2z)$

31. $p = \sqrt{t^4 + u^2 \cos v}$

32. $u = x^{y/z}$

33. $h(x, y, z, t) = x^2y \cos(z/t)$

34. $\phi(x,y,z,t) = \dfrac{\alpha x + \beta y^2}{yz + \delta t^2}$

35. $u = \sqrt{x_1^2 + x_2^2 + \cdots + x_n^2}$

36. $u = \operatorname{sen}(x_1 + 2x_2 + \cdots + nx_n)$

37-40 Determine as derivadas parciais indicadas.

37. $R(s, t) = te^{s/t}$; $R_t(0, 1)$

38. $f(x, y) = y \operatorname{sen}^{-1}(xy)$; $f_y(1, \frac{1}{2})$

39. $f(x, y, z) = \ln \dfrac{1 - \sqrt{x^2 + y^2 + z^2}}{1 + \sqrt{x^2 + y^2 + z^2}}$; $f_y(1, 2, 2)$

40. $f(x, y, z) = x^{yz}$; $f_z(e, 1, 0)$

41-44 Use a derivação implícita para encontrar $\partial z/\partial x$ e $\partial z/\partial y$.

41. $x^2 + 2y^2 + 3z^2 = 1$

42. $x^2 - y^2 + z^2 - 2z = 4$

43. $e^z = xyz$

44. $yz + x \ln y = z^2$

45-46 Determine $\partial z/\partial x$ e $\partial z/\partial y$.

45. (a) $z = f(x) + g(y)$ (b) $z = f(x + y)$

46. (a) $z = f(x)g(y)$ (b) $z = f(xy)$
(c) $z = f(x/y)$

47-52 Determine todas as derivadas parciais de segunda ordem.

47. $f(x, y) = x^4y - 2x^3y^2$

48. $f(x, y) = \ln(ax + by)$

49. $z = \dfrac{y}{2x + 3y}$

50. $T = e^{-2r} \cos \theta$

51. $v = \operatorname{sen}(s^2 - t^2)$

52. $z = \operatorname{arctg} \dfrac{x + y}{1 - xy}$

53-56 Verifique se a conclusão do Teorema de Clairaut é válida, isto é, $u_{xy} = u_{yx}$.

53. $u = x^4y^3 - y^4$

54. $u = e^{xy} \operatorname{sen} y$

55. $u = \cos(x^2y)$

56. $u = \ln(x + 2y)$

57-64 Determine a(s) derivada(s) parcial(is) indicada(s).

57. $f(x, y) = x^4y^2 - x^3y$; f_{xxx}, f_{xyx}

58. $f(x, y) = \operatorname{sen}(2x + 5y)$; f_{yxy}

59. $f(x, y, z) = e^{xyz^2}$; f_{xyz}

60. $g(r, s, t) = e^r \operatorname{sen}(st)$; g_{rst}

61. $W = \sqrt{u + v^2}$; $\dfrac{\partial^3 W}{\partial u^2 \partial v}$

62. $V = \ln(r + s^2 + t^3)$; $\dfrac{\partial^3 V}{\partial r\, \partial s\, \partial t}$

63. $w = \dfrac{x}{y + 2z}$; $\dfrac{\partial^3 w}{\partial z\, \partial y\, \partial x}$, $\dfrac{\partial^3 w}{\partial x^2 \partial y}$

64. $u = x^a y^b z^c$; $\dfrac{\partial^6 u}{\partial x\, \partial y^2\, \partial z^3}$

65-66 Use a Definição 4 para determinar $f_x(x, y)$ e $f_y(x, y)$.

65. $f(x, y) = xy^2 - x^3y$

66. $f(x, y) = \dfrac{x}{x + y^2}$

67. Supondo que $f(x, y, z) = xy^2z^3 + \operatorname{arcsen}(x\sqrt{z})$, determine f_{xzy}. [*Dica*: Qual ordem de diferenciação é mais fácil de usar?]

68. Supondo que $g(x, y, z) = \sqrt{1 + xz} + \sqrt{1 - xy}$, determine g_{xyz}. [*Dica*: Use uma ordem de diferenciação diferente para cada termo.]

69. As seguintes superfícies, rotuladas a, b e c, são gráficos de uma função f e de suas derivadas parciais f_x e f_y. Identifique cada superfície e dê razões para sua escolha.

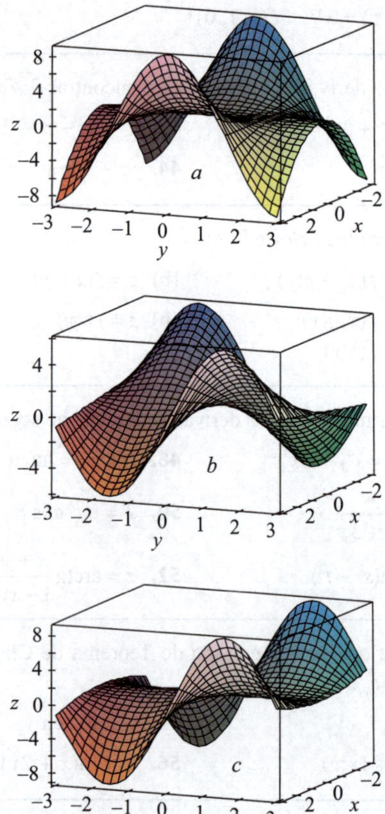

70-71 Determine f_x e f_y e faça os gráficos f, f_x e f_y com domínios e pontos de vista que lhe permitam ver a relação entre eles.

70. $f(x, y) = \dfrac{y}{1 + x^2y^2}$

71. $f(x, y) = x^2y^3$

---

72. Determine os sinais das seguintes derivadas parciais da função f cujo gráfico é mostrado nos Exercícios 4-5.
(a) $f_{xx}(-1, 2)$
(b) $f_{yy}(-1, 2)$
(c) $f_{xy}(1, 2)$
(d) $f_{xy}(-1, 2)$

73. Use a tabela de valores de $f(x, y)$ para estimar os valores de $f_x(3, 2)$, $f_x(3; 2{,}2)$ e $f_{xy}(3, 2)$.

x \ y	1,8	2,0	2,2
2,5	12,5	10,2	9,3
3,0	18,1	17,5	15,9
3,5	20,0	22,4	26,1

74. As curvas de nível são mostradas para uma função f. Determine se as seguintes derivadas parciais são positivas ou negativas no ponto P.
(a) f_x
(b) f_y
(c) f_{xx}
(d) f_{xy}
(e) f_{yy}

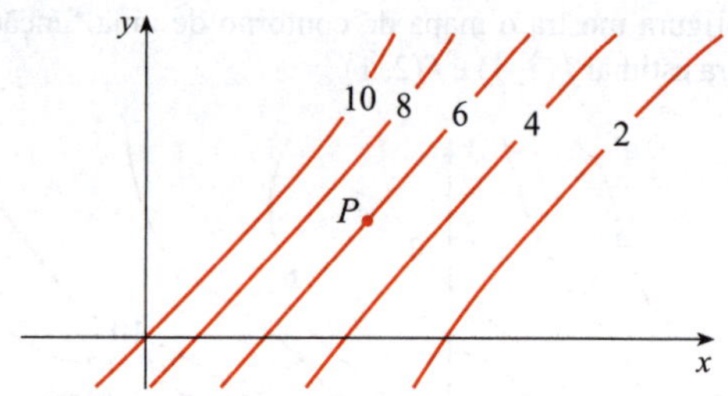

75. (a) No Exemplo 3, determinamos que, para a função $f(x, y) = 4 - x^2 - 2y^2$, $f_x(1, 1) = -2$. Interpretamos geometricamente esse resultado como a inclinação da reta tangente à curva C_1 no ponto $P(1, 1, 1)$, em que C_1 é o corte do gráfico de f gerado pelo plano $y = 1$. (Veja a figura a seguir.) Confirme essa interpretação determinando uma equação vetorial para C_1, calculando o vetor tangente a C_1 em P e, então, determinando a inclinação da reta tangente a C_1 em P, no plano $y = 1$.
(b) Use um método análogo para comprovar que $f_y(1, 1) = -4$.

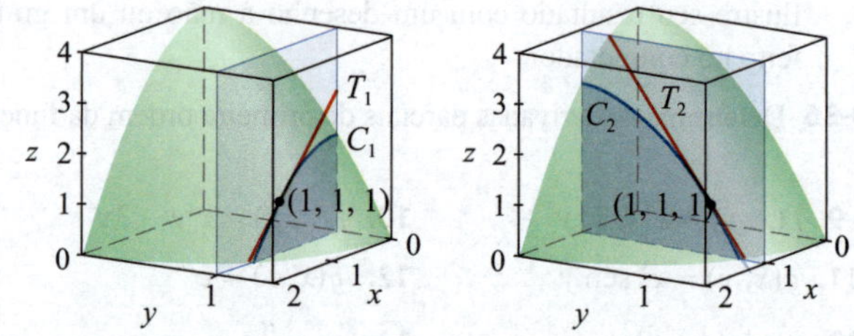

76. Supondo que $u = e^{a_1x_1 + a_2x_2 + \cdots + a_nx_n}$, em que $a_1^2 + a_2^2 + \cdots + a_n^2 = 1$, mostre que

$$\frac{\partial^2 u}{\partial x_1^2} + \frac{\partial^2 u}{\partial x_2^2} + \cdots + \frac{\partial^2 u}{\partial x_n^2} = u$$

77. Mostre que a função $u = u(x, t)$ é uma solução da equação da onda $u_{tt} = a^2u_{xx}$.
(a) $u = \text{sen}(kx)\,\text{sen}(akt)$
(b) $u = t/(a^2t^2 - x^2)$
(c) $u = (x - at)^6 + (x + at)^6$
(d) $u = \text{sen}(x - at) + \ln(x + at)$

78. Determine se cada uma das seguintes funções é solução da equação de Laplace $u_{xx} + u_{yy} = 0$.
(a) $u = x^2 + y^2$ (b) $u = x^2 - y^2$
(c) $u = x^3 + 3xy^2$ (d) $u = \ln\sqrt{x^2 + y^2}$
(e) $u = \text{sen}\, x \cosh y + \cos x\, \text{senh}\, y$
(f) $u = e^{-x}\cos y - e^{-y}\cos x$

79. Verifique se a função $u = 1/\sqrt{x^2 + y^2 + z^2}$ é uma solução da equação de Laplace tridimensional $u_{xx} + u_{yy} + u_{zz} = 0$.

80. A Equação do Calor Comprove que a função $u = e^{-\alpha^2k^2t}\,\text{sen}\,kx$ é a solução da *equação de condução do calor* $u_t = \alpha^2u_{xx}$.

81. A Equação de Difusão A *equação de difusão*

$$\frac{\partial c}{\partial t} = D\frac{\partial^2 c}{\partial x^2}$$

onde D é uma constante positiva, descreve a difusão de calor por um sólido ou a concentração de poluentes no instante t a uma distância x da fonte de poluição ou a invasão de espécies de outro lugar em um novo hábitat. Verifique que a função

$$c(x,t) = \frac{1}{\sqrt{4\pi Dt}} e^{-x^2/(4Dt)}$$

é solução da equação de difusão.

82. A temperatura em um ponto (x, y) de uma chapa de metal é dada por $T(x, y) = 60/(1 + x^2 + y^2)$, onde T é medido em °C e x, y em metros. Determine a taxa de variação da temperatura no ponto $(2, 1)$ em (a) a direção x e (b) a direção y.

83. A resistência total R produzida por três condutores com resistência R_1, R_2 e R_3 conectados em paralelo em um circuito elétrico é dada pela fórmula

$$\frac{1}{R} = \frac{1}{R_1} + \frac{1}{R_2} + \frac{1}{R_3}$$

Determine $\partial R/\partial R_1$.

84. Lei dos Gases Ideais A lei dos gases para uma massa fixa m de um gás ideal à temperatura absoluta T, pressão P e volume V é $PV = mRT$, onde R é a constante do gás.

(a) Mostre que $\dfrac{\partial P}{\partial V}\dfrac{\partial V}{\partial T}\dfrac{\partial T}{\partial P} = -1$.

(b) Mostre que $T\dfrac{\partial P}{\partial T}\dfrac{\partial V}{\partial T} = mR$.

85. Equação de van der Waals A *equação de van der Waals* para n mols de um gás é

$$\left(P + \frac{n^2 a}{V^2}\right)(V - nb) = nRT$$

onde P é a pressão, V é o volume e T é a temperatura do gás. A constante R é a constante universal de gás e a e b são constantes positivas que são características de um gás em particular. Calcule $\partial T/\partial P$ e $\partial P/\partial V$.

86. O índice de sensação térmica é modelado pela função

$$W = 13{,}12 + 0{,}6215T - 11{,}37v^{0{,}16} + 0{,}3965Tv^{0{,}16}$$

onde T é a temperatura (°C) e v, a velocidade do vento (km/h). Quando $T = -15$ °C e $v = 30$ km/h, quanto você espera que a temperatura aparente W caia se a temperatura real decrescer em 1 °C? E se a velocidade do vento aumentar em 1 km/h?

87. Um modelo para a área da superfície de um corpo humano é dado pela função

$$S = f(w, h) = 0{,}0072w^{0{,}425}h^{0{,}725}$$

onde w é o peso (em quilogramas), h é a altura (em centímetros) e S é medido em polegadas quadradas. Calcule e interprete as derivadas parciais.

(a) $\dfrac{\partial S}{\partial w}(73, 178)$ (b) $\dfrac{\partial S}{\partial h}(73, 178)$

88. Uma das leis de Poiseuille afirma que a resistência do sangue escoando por uma artéria é

$$R = C\frac{L}{r^4}$$

onde L e r são o comprimento e o raio da artéria e C é uma constante positiva determinada pela viscosidade do sangue. Calcule $\partial R/\partial L$ e $\partial R/\partial r$ e interprete-as.

89. No projeto seguinte à Seção 4.7, do Volume 1, expressamos a potência que um pássaro necessita durante seu voo no modo em que bate as asas por

$$P(v, x, m) = Av^3 + \frac{B(mg/x)^2}{v}$$

onde A e B são constantes específicas da espécie de pássaro, v é a velocidade do pássaro, m é a massa do pássaro e x é a fração do tempo de voo gasto no modo em que bate as asas. Calcule $\partial P/\partial v$, $\partial P/\partial x$ e $\partial P/\partial m$ e interprete-as.

90. Em um estudo sobre o processo de congelamento do solo, descobriu-se que a temperatura T no instante t (medido em dias) a uma profundidade x (medida em metros) pode ser modelada pela função

$$T(x, t) = T_0 + T_1 e^{-\lambda x}\,\mathrm{sen}(\omega t - \lambda x)$$

em que $\omega = 2\pi/365$ e λ é uma constante positiva.

(a) Determine $\partial T/\partial x$. Qual é o seu significado físico?

(b) Determine $\partial T/\partial t$. Qual é o seu significado físico?

(c) Mostre T satisfaz a equação do calor $T_t = kT_{xx}$, para uma determinada constante k.

(d) Trace o gráfico de $T(x, t)$ para $\lambda = 0{,}2$, $T_0 = 0$ e $T_1 = 10$.

(e) Qual é o significado físico do termo $-\lambda x$ na expressão $\mathrm{sen}(\omega t - \lambda x)$?

91. A energia cinética de um corpo com massa m e velocidade v é $K = \frac{1}{2}mv^2$. Mostre que

$$\frac{\partial K}{\partial m}\frac{\partial^2 K}{\partial v^2} = K$$

92. A energia média E (em kcal) necessária para um lagarto andar ou correr a distância de 1 km foi modelada pela equação

$$E(m, v) = 2{,}65m^{0{,}66} + \frac{3{,}5m^{0{,}75}}{v}$$

onde m é a massa do corpo do lagarto (em gramas) e v é sua velocidade (em km/h). Calcule $E_m(400, 8)$ e $E_v(400, 8)$ e interprete suas respostas.

Fonte: C. Robbins, *Wildlife Feeding and Nutrition*. 2. ed. San Diego: Academic Press, 1993.

93. O elipsoide $4x^2 + 2y^2 + z^2 = 16$ intercepta o plano $y = 2$ em uma elipse. Determine as equações paramétricas da reta tangente a essa elipse no ponto $(1, 2, 2)$.

94. O paraboloide $z = 6 - x - x^2 - 2y^2$ intercepta o plano $x = 1$ em uma parábola. Determine as equações paramétricas para a reta tangente a essa parábola no ponto $(1, 2, -4)$. Use um computador para fazer o gráfico do paraboloide, da parábola e da reta tangente em uma mesma tela.

95. Disseram-lhe que existe uma função f cujas derivadas parciais são $f_x(x, y) = x + 4y$ e $f_y(x, y) = 3x - y$. Você deve acreditar nisso?

96. Se a, b e c são os lados de um triângulo e A, B e C são os ângulos opostos, determine $\partial A/\partial a$, $\partial A/\partial b$ e $\partial A/\partial c$ pela derivação implícita da Lei dos Cossenos.

97. Utilize o Teorema de Clairaut para mostrar que, se as derivadas parciais de terceira ordem de f forem contínuas, então

$$f_{xyy} = f_{yxy} = f_{yyx}$$

98. (a) Quantas derivadas parciais de n-ésima ordem têm uma função de duas variáveis?
(b) Se essas derivadas parciais forem contínuas, quantas delas podem ser distintas?
(c) Responda à parte (a) da questão para uma função de três variáveis.

99. Se

$$f(x, y) = x(x^2 + y^2)^{-3/2} e^{\text{sen}(x^2 y)}$$

determine $f_x(1, 0)$. [*Dica*: Em vez de determinar $f_x(x, y)$ primeiro, observe que é mais fácil utilizar a Equação 1 ou a Equação 2.]

100. Se $f(x, y) = \sqrt[3]{x^3 + y^3}$, determine $f_x(0, 0)$.

101. Seja

$$f(x,y) = \begin{cases} \dfrac{x^3 y - xy^3}{x^2 + y^2} & \text{se} \quad (x,y) \neq (0,0) \\ 0 & \text{se} \quad (x,y) = (0,0) \end{cases}$$

(a) Trace o gráfico de f.
(b) Determine $f_x(x, y)$ e $f_y(x, y)$ quando $(x, y) \neq (0, 0)$.
(c) Determine $f_x(0, 0)$ e $f_y(0, 0)$ usando as Equações 2 e 3.
(d) Mostre que $f_{xy}(0, 0) = -1$ e $f_{yx}(0, 0) = 1$.
T (e) O resultado da parte (d) contradiz o Teorema de Clairaut? Use os gráficos de f_{xy} e f_{yx} para ilustrar sua resposta.

PROJETO DE DESCOBERTA | DEDUZINDO A FUNÇÃO DE PRODUÇÃO DE COBB-DOUGLAS

No Exemplo 14.1.4, descrevemos o trabalho desenvolvido por Cobb e Douglas para modelar a produção total P de um sistema econômico como uma função da quantidade de trabalho L e do capital investido K. Se a função de produção é denotada $P = P(K, L)$, a derivada parcial $\partial P/\partial L$, que é a taxa de variação da produção em relação à quantidade de trabalho, é denominada **produtividade marginal do trabalho**. Da mesma forma, a derivada parcial $\partial P/\partial K$ é a **produtividade marginal do capital**.

Usaremos agora essas derivadas parciais para mostrar como o formato particular do modelo empregado por Cobb e Douglas decorre das seguintes hipóteses que eles fizeram sobre a economia.

(i) Se não há trabalho ou capital, o mesmo ocorre com a produção.
(ii) A produtividade marginal do trabalho é proporcional à quantidade produzida por unidade de trabalho (P/L).
(iii) A produtividade marginal do capital é proporcional à quantidade produzida por unidade de capital (P/K).

1. A hipótese (ii) afirma que

$$\frac{\partial P}{\partial L} = \alpha \frac{P}{L}$$

para alguma constante α. Se K for mantida constante ($K = K_0$), essa equação diferencial parcial torna-se a equação diferencial ordinária

$$\frac{dP}{dL} = \alpha \frac{P}{L}$$

Resolva essa equação diferencial separável usando os métodos da Seção 9.3 de modo que se tenha $P(L, K_0) = C_1(K_0)\, L^\alpha$, em que a constante C_1 é escrita como $C_1(K_0)$ porque ela pode depender do valor de K_0.

2. Do mesmo modo, mostre que a hipótese (iii) implica que, se L é mantida constante ($L = L_0$), então $P(L_0, K) = C_2(L_0)\, K^\beta$.

3. Comparando os resultados das Questões 1 e 2, conclua que

$$P(L, K) = bL^\alpha K^\beta$$

em que b é uma constante que é independente de L e de K. Cobb e Douglas supõem que $\alpha + \beta = 1$, de modo que

$$P(L, K) = bL^\alpha K^{1-\alpha}$$

Nesse caso, se tanto o trabalho quanto o capital forem multiplicados por um fator de aumento m, qual será o fator de crescimento da produção?

(*continua*)

4. Mostre que $P(L, K) = bL^{\alpha}K^{1-\alpha}$ satisfaz a equação diferencial parcial

$$L\frac{\partial P}{\partial L} + K\frac{\partial P}{\partial K} = P$$

5. Cobb e Douglas usaram a função $P(L, K) = 1{,}01L^{0{,}75}K^{0{,}25}$ para modelar a economia norte-americana entre 1899 e 1922. Determine a produtividade marginal do trabalho e a produtividade marginal do capital em 1920, ano em que $L= 194$ e $K = 407$, e interprete os resultados. Naquele ano, o que teria beneficiado mais a produção, um aumento no investimento em capital ou um aumento nos gastos com mão de obra?

14.4 | Planos Tangentes e Aproximações Lineares

Uma das ideias mais importantes em cálculo de funções com uma única variável é que, à medida que damos *zoom* em torno de um ponto no gráfico de uma função diferenciável, esse gráfico vai se tornando indistinguível de sua reta tangente, e podemos aproximar a função por uma função linear. (Veja a Seção 3.10, no Volume 1.) Desenvolveremos ideias semelhantes em três dimensões. À medida que damos *zoom* em torno de um ponto na superfície que é o gráfico de uma função diferenciável de duas variáveis, essa superfície parece mais e mais com um plano (seu plano tangente) e podemos aproximar a função, nas proximidades do ponto, por uma função linear de duas variáveis. Estenderemos também a ideia de diferencial para as funções de duas ou mais variáveis.

Planos Tangentes

Suponha que uma superfície S tenha a equação $z = f(x, y)$, onde f tenha derivadas parciais contínuas de primeira ordem, e seja $P(x_0, y_0, z_0)$ um ponto em S. Como na Seção 14.3, sejam C_1 e C_2 as curvas obtidas pela intersecção dos planos verticais $y = y_0$ e $x = x_0$ com a superfície S. Então, o ponto P fica em C_1 e C_2. Sejam T_1 e T_2 as retas tangentes à curva C_1 e C_2 no ponto P. Então, o **plano tangente** à superfície S no ponto P é definido como o plano que contém as retas da tangente T_1 e T_2. (Veja a Figura 1.)

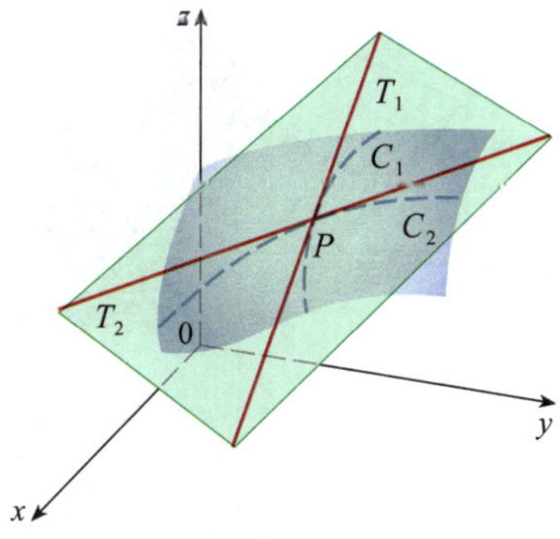

FIGURA 1
O plano tangente contém as retas tangentes T_1 e T_2.

Veremos na Seção 14.6 que, se C é outra curva qualquer que esteja contida na superfície S e que passe pelo ponto P, então sua reta tangente no ponto P também pertence ao plano tangente. Portanto, podemos pensar no plano tangente a S em P como o plano que contém todas as retas tangentes a curvas contidas em S que passam pelo ponto P. O plano tangente em P é o plano que melhor aproxima a superfície S perto do ponto P.

Sabemos da Equação 12.5.7 que qualquer plano passando pelo ponto $P(x_0, y_0, z_0)$ tem equação da forma

$$A(x - x_0) + B(y - y_0) + C(z - z_0) = 0$$

Dividindo essa equação por C e tomando $a = -A/C$ e $b = -B/C$, podemos escrevê-la como

1 $$z - z_0 = a(x - x_0) + b(y - y_0)$$

Se a Equação 1 representa o plano tangente em P, sua intersecção com o plano $y = y_0$ precisa ser a reta T_1. Impondo $y = y_0$ na Equação 1, obtemos

$$z - z_0 = a(x - x_0) \qquad \text{onde } y = y_0$$

e reconhecemos isso como a equação (na forma ponto-inclinação) de uma linha com a inclinação a. Mas a partir da Seção 14.3 sabemos que a inclinação da tangente T_1 é $f_x(x_0, y_0)$. Portanto, $a = f_x(x_0, y_0)$.

Da mesma forma, tomando $x = x_0$ na Equação 1, obtemos $z - z_0 = b(y - y_0)$, que precisa representar a reta tangente T_2 e, portanto, $b = f_y(x_0, y_0)$.

Observe a semelhança entre a equação do plano tangente e a equação da reta tangente

$$y - y_0 = f'(x_0)(x - x_0)$$

> **2 Equação do Plano Tangente** Suponha que f tenha derivadas parciais contínuas. Uma equação do plano tangente à superfície $z = f(x, y)$ no ponto $P(x_0, y_0, z_0)$ é dada por
>
> $$z - z_0 = f_x(x_0, y_0)(x - x_0) + f_y(x_0, y_0)(y - y_0)$$

EXEMPLO 1 Determine o plano tangente ao paraboloide elíptico $z = 2x^2 + y^2$ no ponto (1, 1, 3).

SOLUÇÃO Seja $f(x, y) = 2x^2 + y^2$. Então,

$$f_x(x, y) = 4x \qquad f_y(x, y) = 2y$$

$$f_x(1, 1) = 4 \qquad f_y(1, 1) = 2$$

Portanto, por (2) temos a equação do plano tangente em (1, 1, 3) como

$$z - 3 = 4(x - 1) + 2(y - 1)$$

ou

$$z = 4x + 2y - 3$$ ■

A Figura 2(a) mostra o paraboloide elíptico e seu plano tangente em (1, 1, 3) que encontramos no Exemplo 1. Nas partes (b) e (c) damos *zoom* em direção ao ponto (1, 1, 3). Observe que, quanto mais ampliamos a região próxima ao ponto, mais plano parece o gráfico da superfície e mais se parece com o plano tangente.

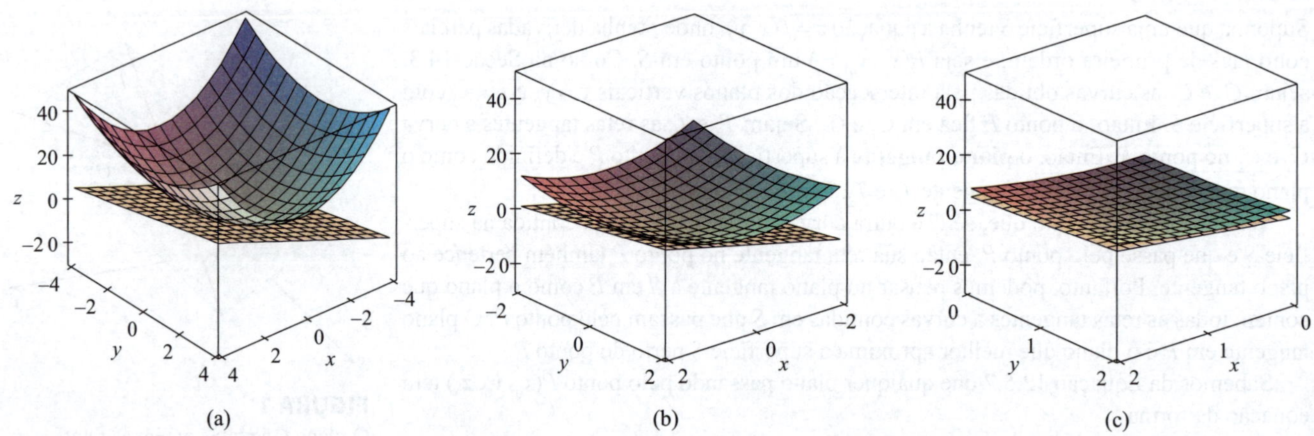

FIGURA 2 O paraboloide elíptico $z = 2x^2 + y^2$ parece coincidir com o plano tangente quando damos *zoom* em torno de (1, 1, 3).

Na Figura 3 reforçamos essa impressão dando *zoom* em torno de (1, 1) no mapa de contorno da função $f(x, y) = 2x^2 + y^2$. Observe que, quanto mais ampliamos, mais as curvas de nível parecem retas igualmente espaçadas, o que caracteriza uma região plana.

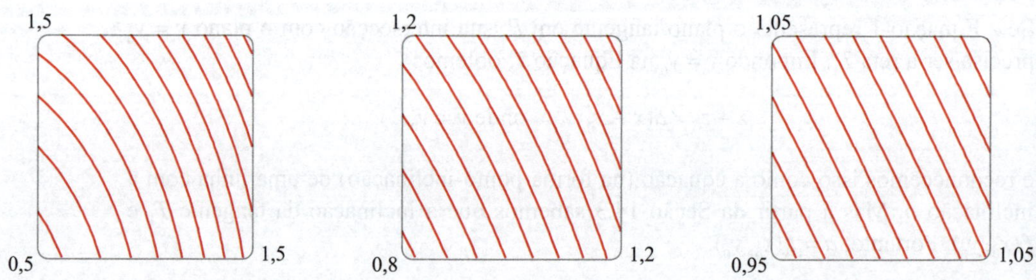

FIGURA 3
Dando *zoom* em torno do ponto (1, 1) no mapa de contorno de $f(x, y) = 2x^2 + y^2$

Aproximações Lineares

No Exemplo 1 descobrimos que uma equação do plano tangente ao gráfico da função $f(x, y) = 2x^2 + y^2$ no ponto (1, 1, 3) é $z = 4x + 2y - 3$. Portanto, em vista da evidência visual nas Figuras 2 e 3, a função linear de duas variáveis

$$L(x, y) = 4x + 2y - 3$$

é uma boa aproximação de $f(x, y)$ quando (x, y) está próximo de (1, 1). A função L é chamada *linearização* de f em (1, 1), e a aproximação

$$f(x, y) \approx 4x + 2y - 3$$

é denominada *aproximação linear* ou *aproximação pelo plano tangente* de f em (1, 1).

Por exemplo, no ponto (1,1; 0,95), a aproximação linear fornece

$$f(1{,}1;\ 0{,}95) \approx 4(1{,}1) + 2(0{,}95) - 3 = 3{,}3$$

que está bastante próximo do valor verdadeiro de $f(1{,}1; 0{,}95) = 2(1{,}1)^2 + (0{,}95)^2 = 3{,}3225$. Se, entretanto, tomarmos um ponto longe de (1, 1), como (2, 3), não teremos mais uma boa aproximação. De fato, $L(2, 3) = 11$, ao passo que $f(2, 3) = 17$.

Em geral, sabemos de (2) que uma equação do plano tangente ao gráfico de uma função f de duas variáveis que tem derivadas parciais contínuas em um ponto $(a, b, f(a, b))$ é

$$z = f(a, b) + f_x(a, b)(x - a) + f_y(a, b)(y - b)$$

A função linear cujo gráfico é esse plano tangente, a saber,

3 $$L(x, y) = f(a, b) + f_x(a, b)(x - a) + f_y(a, b)(y - b)$$

é denominada **linearização** de f em (a, b), e a aproximação

4 $$f(x, y) \approx f(a, b) + f_x(a, b)(x - a) + f_y(a, b)(y - b)$$

é chamada **aproximação linear** ou **aproximação pelo plano tangente** de f em (a, b).

Definimos o plano tangente para as superfícies $z = f(x, y)$, onde f tem derivadas parciais de primeira ordem contínuas. O que acontece se f_x e f_y não são contínuas? A Figura 4 apresenta uma tal função. Sua equação é

$$f(x,y) = \begin{cases} \dfrac{xy}{x^2 + y^2} & \text{se } (x,y) \neq (0,0) \\ 0 & \text{se } (x,y) = (0,0) \end{cases}$$

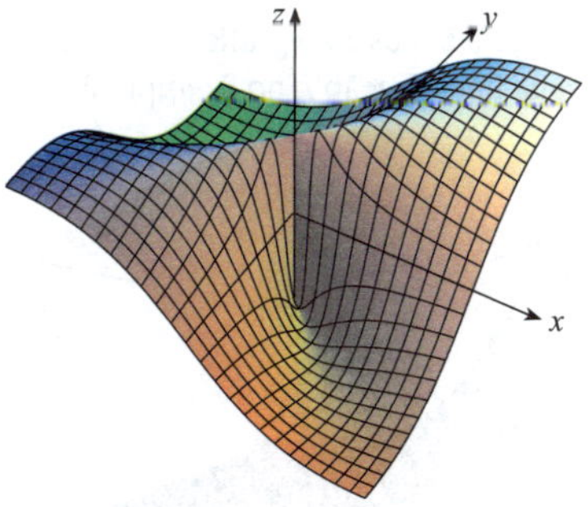

FIGURA 4
$f(x,y) = \dfrac{xy}{x^2 + y^2}$ se $(x, y) \neq (0, 0)$,
$f(0, 0) = 0$

Podemos verificar (veja o Exercício 54) que suas derivadas parciais existem na origem e são $f_x(0, 0) = 0$ e $f_y(0, 0) = 0$, mas f_x e f_y não são contínuas. A aproximação linear seria $f(x, y) \approx 0$, mas $f(x, y) = \frac{1}{2}$ em todos os pontos na reta $y = x$. Portanto, a função de duas variáveis pode comportar-se mal mesmo se ambas as derivadas parciais existirem. Para evitar esse comportamento, introduzimos a ideia de função diferenciável de duas variáveis.

Lembremo-nos de que para uma função de uma variável, $y = f(x)$, se x varia de a para $a + \Delta x$, definimos o incremento de y como

$$\Delta y = f(a + \Delta x) - f(a)$$

No Capítulo 3, no Volume I, mostramos que, se f é diferenciável em a, então

5 $$\Delta y = f'(a)\,\Delta x + \varepsilon \Delta x \qquad \text{onde} \qquad \varepsilon \to 0 \text{ quando } \Delta x \to 0$$

Esta é a Equação 3.4.7.

Considere agora uma função de duas variáveis, $z = f(x, y)$, e suponha que x varie de a para $a + \Delta x$ e y varie de b para $b + \Delta y$. Então, o **incremento** correspondente de z é

$$\boxed{6} \qquad \Delta z = f(a + \Delta x, b + \Delta y) - f(a, b)$$

Portanto, o incremento Δz representa a variação de valor de f quando (x, y) varia de (a, b) para $(a + \Delta x, b + \Delta y)$. Por analogia a (5), definimos a diferenciabilidade de uma função de duas variáveis como se segue.

7 Definição Se $z = f(x, y)$, então f é **diferenciável** em (a, b) se Δz puder ser expresso na forma

$$\Delta z = f_x(a, b)\, \Delta x + f_y(a, b)\, \Delta y + \varepsilon_1 \Delta x + \varepsilon_2 \Delta y$$

onde ε_1 e ε_2 são funções de Δx e Δy quando ε_1 e $\varepsilon_2 \to 0$ quando $(\Delta x, \Delta y) \to (0, 0)$.

A Definição 7 diz que uma função diferenciável é aquela para a qual a aproximação linear (4) é uma boa aproximação quando (x, y) está próximo de (a, b). Em outras palavras, o plano tangente aproxima bem o gráfico de f perto do ponto de tangência.

Algumas vezes é difícil usar a Definição 7 diretamente para verificar a diferenciabilidade da função, mas o próximo teorema nos dá uma condição suficientemente conveniente para a diferenciabilidade.

O Teorema 8 está demonstrado no Apêndice F.

8 Teorema Se as derivadas parciais f_x e f_y existirem perto do ponto (a, b) e forem contínuas em (a, b), então f é diferenciável em (a, b).

EXEMPLO 2 Mostre que $f(x, y) = xe^{xy}$ é diferenciável em $(1, 0)$ e encontre sua linearização ali. Em seguida, use a linearização para aproximar $f(1{,}1; -0{,}1)$.

A Figura 5 mostra o gráfico da função f e sua linearização L no Exemplo 2.

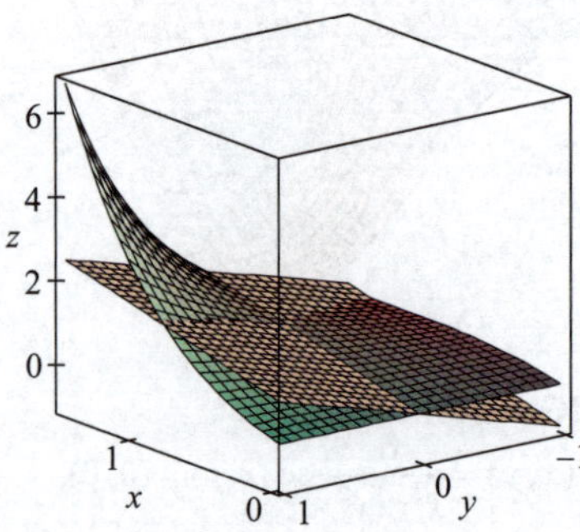

FIGURA 5

SOLUÇÃO As derivadas parciais são

$$f_x(x, y) = e^{xy} + xye^{xy} \qquad f_y(x, y) = x^2 e^{xy}$$

$$f_x(1, 0) = 1 \qquad f_y(1, 0) = 1$$

Tanto f_x quanto f_y são funções contínuas; portanto, f é diferenciável pelo Teorema 8. A linearização é dada por

$$L(x, y) = f(1, 0) + f_x(1, 0)(x - 1) + f_y(1, 0)(y - 0)$$

$$= 1 + 1(x - 1) + 1 \cdot y = x + y$$

A aproximação linear correspondente é

$$xe^{xy} \approx x + y$$

assim, $$f(1{,}1, -0{,}1) \approx 1{,}1 - 0{,}1 = 1$$

Compare esse valor com o valor real de $f(1{,}1, -0{,}1) = 1{,}1\, e^{-0{,}11} \approx 0{,}98542$. ■

EXEMPLO 3 No início da Seção 14.3 discutimos o índice de calor (temperatura aparente) I como uma função da temperatura real T e da umidade relativa H e fornecemos a seguinte tabela de valores, elaborada pelo National Weather Service, o serviço de meteorologia norte-americano:

Umidade relativa (%)

Temperatura real (°C)

T \ H	40	45	50	55	60	65	70	75	80
26	28	28	29	31	31	32	33	34	35
28	31	32	33	34	35	36	37	38	39
30	34	35	36	37	38	40	41	42	43
32	37	38	39	41	42	43	45	46	47
34	41	42	43	45	47	48	49	51	52
36	43	45	47	48	50	51	53	54	56

Determine uma aproximação linear para o índice de calor $I = f(T, H)$ quando T está próximo de 30 °C e H está próximo de 60%. Use essa estimativa do índice de calor quando a temperatura estiver a 31 °C e a umidade relativa for 62%.

SOLUÇÃO Lemos na tabela que $f(30, 60) = 38$. No começo da Seção 14.3 usamos os valores tabelados para estimar $f_T(30, 60) \approx 1{,}75$ e $f_H(30, 60) \approx 0{,}3$. Assim, a aproximação linear é

$$\begin{aligned} f(T, H) &\approx f(30, 60) + f_T(30, 60)(T - 30) + f_H(30, 60)(H - 60) \\ &\approx 38 + 1{,}75(T - 30) + 0{,}3(H - 60) \end{aligned}$$

Em particular,

$$f(31, 62) \approx 38 + 1{,}75(1) + 0{,}3(2) = 40{,}35$$

Portanto, quando $T = 31$ °C e $H = 62\%$, o índice de calor é

$$I \approx 40{,}4 \text{ °C}$$

Diferenciais

Para uma função diferencial de uma única variável, $y = f(x)$, definimos a diferencial dx como uma variável independente; ou seja, dx pode valer qualquer número real. A diferencial de y é definida como

9 $$dy = f'(x)\, dx$$

(Veja a Seção 3.10.) A Figura 6 mostra as relações entre o incremento Δy e a diferencial dy: Δy representa a variação de altura da curva $y = f(x)$ e dy representa a variação de altura da reta tangente quando x varia da quantidade $dx = \Delta x$.

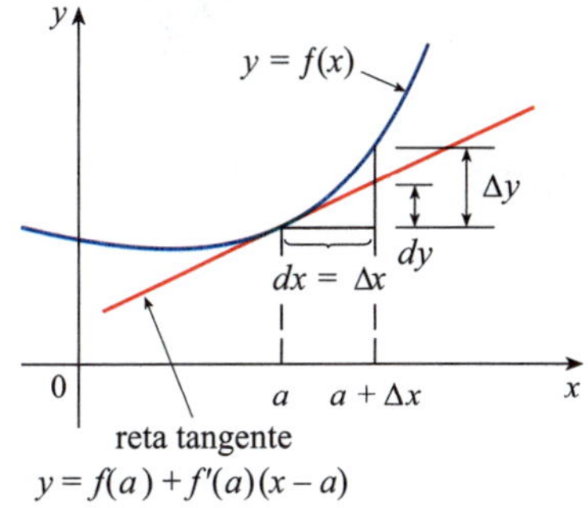

FIGURA 6

Para uma função de duas variáveis, $z = f(x, y)$, definimos as **diferenciais** dx e dy como variáveis independentes; ou seja, podem ter qualquer valor. Então, a **diferencial** dz, também chamada de **diferenciação total**, é definida por

10 $$dz = f_x(x, y)dx + f_y(x, y)dy = \frac{\partial z}{\partial x}dx + \frac{\partial z}{\partial y}dy$$

(Compare com a Equação 9.) Algumas vezes a notação df é usada no lugar de dz.

Se tomamos $dx = \Delta x = x - a$ e $dy = \Delta y = y - b$ na Equação 10, então, a diferencial de z é

$$dz = f_x(a, b)(x - a) + f_y(a, b)(y - b)$$

E, assim, com a notação de diferencial, a aproximação linear (4) pode ser escrita como

$$f(x, y) \approx f(a, b) + dz$$

A Figura 7 é uma correspondente tridimensional da Figura 6 e mostra a interpretação geométrica da diferencial dz e o incremento Δz: dz representa a alteração da altura do plano tangente, ao passo que Δz representa a alteração da altura da superfície $z = f(x, y)$ quando (x, y) varia de (a, b) para $(a + \Delta x, b + \Delta y)$.

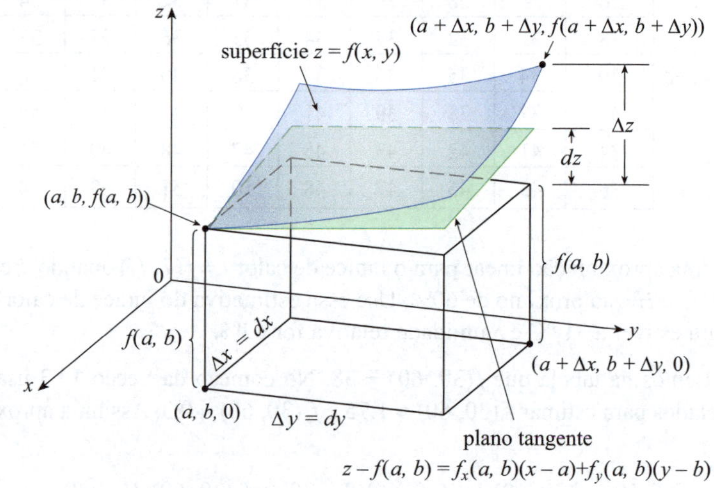

FIGURA 7

EXEMPLO 4

(a) Se $z = f(x, y) = x^2 + 3xy - y^2$, determine a diferencial dz.

(b) Se x varia de 2 para 2,05 e y varia de 3 a 2,96, compare os valores de Δz e dz.

No Exemplo 4, dz está próximo de Δz porque o plano tangente é uma boa aproximação da superfície $z = x^2 + 3xy - y^2$ perto do ponto (2, 3, 13). (Veja a Figura 8.)

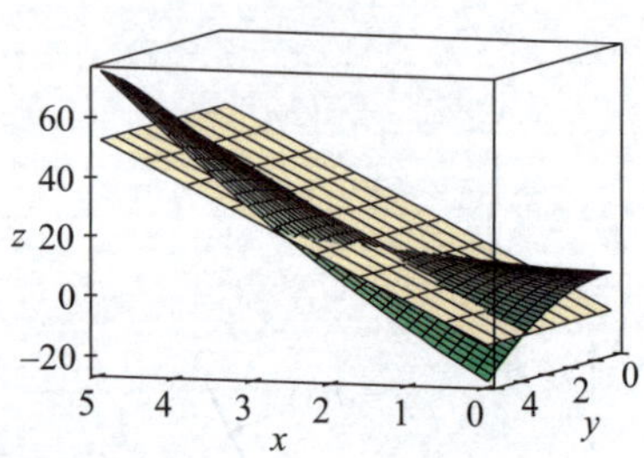

FIGURA 8

SOLUÇÃO

(a) Da Definição 10 vem

$$dz = \frac{\partial z}{\partial x}dx + \frac{\partial z}{\partial y}dy = (2x + 3y)dx + (3x - 2y)dy$$

(b) Tomando $x = 2$, $dx = \Delta x = 0{,}05$, $y = 3$ e $dy = \Delta y = -0{,}04$, obtemos

$$dz = [2(2) + 3(3)]0{,}05 + [3(2) - 2(3)](-0{,}04) = 0{,}65$$

O incremento de z é

$$\begin{aligned}\Delta z &= f(2{,}05; 2{,}96) - f(2, 3)\\ &= [(2{,}05)^2 + 3(2{,}05)(2{,}96) - (2{,}96)^2] - [2^2 + 3(2)(3) - 3^2]\\ &= 0{,}6449\end{aligned}$$

Observe que $\Delta z \approx dz$, mas dz é mais simples de calcular. ■

EXEMPLO 5 Foram feitas medidas do raio da base e da altura de um cone circular reto e obtivemos 10 cm e 25 cm, respectivamente, com possível erro nessas medidas de, no máximo, ε cm.

(a) Use diferenciais para estimar o erro máximo cometido no cálculo do volume do cone.

(b) Se o raio e a altura forem medidos com erro máximo de 0,1 cm, qual será o erro máximo estimado para o volume?

SOLUÇÃO

(a) O volume V do cone com raio da base r e altura h é $V = \pi r^2 h/3$. Logo, a diferencial de V é

$$dV = \frac{\partial V}{\partial r}dr + \frac{\partial V}{\partial h}dh = \frac{2\pi rh}{3}dr + \frac{\pi r^3}{3}dh$$

Como cada erro é de, no máximo, ε cm, temos $|\Delta r| \leq \varepsilon$, $|\Delta h| \leq \varepsilon$. Para estimarmos o maior erro no volume, tomamos o maior erro na mensuração de r e de h; portanto, tomamos $dr = \varepsilon$ e $dh = \varepsilon$ para $r = 10$, $h = 25$. Isso dá

$$\Delta V \approx dV = \frac{500\pi}{3}\varepsilon + \frac{100\pi}{3}\varepsilon = 200\pi\varepsilon$$

Assim, o erro máximo cometido no cálculo do volume é de cerca de $200\pi\varepsilon$ cm^3.

(b) Se o erro máximo em cada medida equivale a $\varepsilon = 0{,}1$ cm, então $dV = 200\pi(0{,}1) \approx 63$, de modo que o erro máximo estimado para o volume é de cerca de 63 cm^3. (Observe que, como a medida do volume do cone é igual a $V = \pi(10)^2(25)/3 \approx 2618$, o erro relativo corresponde a $63/2618 \approx 0{,}024$ ou 2,4%.) ■

Funções de Três ou Mais Variáveis

Aproximações lineares, diferenciabilidade e diferenciais podem ser definidas de maneira análoga para as funções de mais que duas variáveis. Uma função diferenciável é definida por uma expressão semelhante àquela da Definição 7. Para essas funções a **aproximação linear** é

$$f(x, y, z) \approx f(a, b, c) + f_x(a, b, c)(x - a) + f_y(a, b, c)(y - b) + f_z(a, b, c)(z - c)$$

e a linearização $L(x, y, z)$ é o lado direito dessa expressão.

Se $w = f(x, y, z)$, então o **incremento** de w é

$$\Delta w = f(x + \Delta x, y + \Delta y, z + \Delta z) - f(x, y, z)$$

A **diferencial** dw é definida em termos das diferenciais dx, dy e dz das variáveis independentes por

$$dw = \frac{\partial w}{\partial x}dx + \frac{\partial w}{\partial y}dy + \frac{\partial w}{\partial z}dz$$

EXEMPLO 6 Tomando-se as medidas das dimensões de uma caixa retangular, obtém-se os valores 75 cm, 60 cm e 40 cm, com precisão de ε cm em cada medida.

(a) Use diferenciais para estimar o maior erro que pode ser cometido ao calcular o volume da caixa a partir dessas medidas.

(b) Qual é o erro máximo estimado para o volume no caso de as medidas das dimensões terem precisão de 0,2 cm?

SOLUÇÃO

(a) Se as dimensões da caixa são x, y e z, seu volume é $V = xyz$; portanto,

$$dV = \frac{\partial V}{\partial x}dx + \frac{\partial V}{\partial y}dy + \frac{\partial V}{\partial z}dz = yz\,dx + xz\,dy + xy\,dz$$

Foi informado que $|\Delta x| \leq \varepsilon$, $|\Delta y| \leq \varepsilon$ e $|\Delta z| \leq \varepsilon$. Desta forma, para estimar o erro máximo do volume, usamos $dx = \varepsilon$, $dy = \varepsilon$ e $dz = \varepsilon$, juntamente com $x = 75$, $y = 60$ e $z = 40$:

$$\Delta V \approx dV = (60)(40)\varepsilon + (75)(40)\varepsilon + (75)(60)\varepsilon = 9.900\varepsilon$$

Assim, o erro máximo cometido no cálculo do volume é aproximadamente 9.900 vezes maior que o erro cometido ao efetuar cada medida.

(b) Se o maior erro em cada medida corresponde a $\varepsilon = 0{,}2$ cm, então $dV = 9.900(0{,}2) = 1.980$, de modo que um erro de apenas 0,2 cm na medida de cada dimensão pode levar a um erro de aproximadamente 1.980 cm^3 no cálculo do volume. (Este pode parecer um erro grande, mas você pode constatar que ele equivale a apenas 1% do volume da caixa.) ■

14.4 Exercícios

1-2 A figura mostra o gráfico de uma função f. Determine a equação do plano tangente à superfície $z = f(x, y)$ no ponto indicado.

1. $f(x, y) = 16 - x^2 - y^2$

2. $f(x, y) = y^2 \operatorname{sen} x$

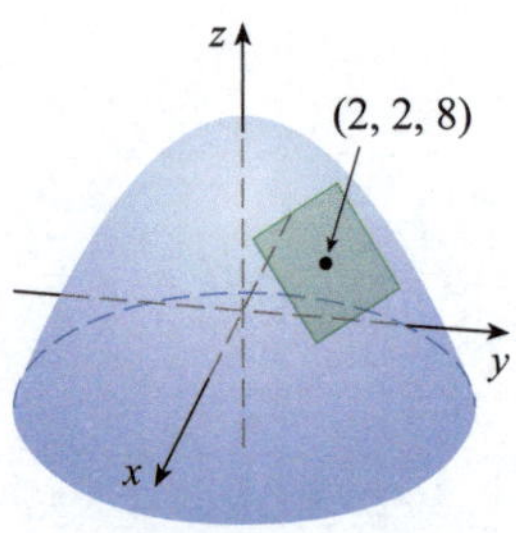

$z = 16 - x^2 - y^2$

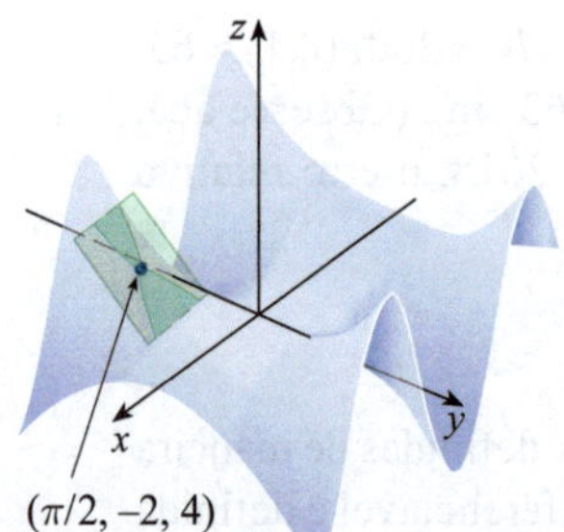

$z = y^2 \operatorname{sen} x$

3-10 Determine uma equação do plano tangente à superfície no ponto especificado.

3. $z = 2x^2 + y^2 - 5y$, $(1, 2, -4)$

4. $z = (x + 2)^2 - 2(y - 1)^2 - 5$, $(2, 3, 3)$

5. $z = e^{x-y}$, $(2, 2, 1)$

6. $z = y^2 e^x$, $(0, 3, 9)$

7. $z = 2\sqrt{y}/x$, $(-1, 1, -2)$

8. $z = x/y^2$, $(-4, 2, -1)$

9. $z = x \operatorname{sen}(x + y)$, $(-1, 1, 0)$

10. $z = \ln(x - 2y)$, $(3, 1, 0)$

11-12 Desenhe a superfície e o plano tangente no ponto dado. (Escolha o domínio e o ponto de vista de modo que se veja tanto a superfície quanto o plano tangente.) Em seguida, dê *zoom* até que a superfície e o plano tangente se tornem indistinguíveis.

11. $z = x^2 + xy + 3y^2$, $(1, 1, 5)$

12. $z = \sqrt{9 + x^2 y^2}$, $(2, 2, 5)$

T **13-14** Desenhe o gráfico de f e de seu plano tangente no ponto dado. (Utilize um computador tanto para calcular as derivadas parciais quanto para traçar os gráficos da função e de seu plano tangente.) Em seguida, dê *zoom* até que a superfície e o plano tangente se tornem indistinguíveis.

13. $f(x, y) = \dfrac{1 + \cos^2(x - y)}{1 + \cos^2(x + y)}$, $\left(\dfrac{\pi}{3}, \dfrac{\pi}{6}, \dfrac{7}{4}\right)$

14. $f(x, y) = e^{-xy/10}(\sqrt{x} + \sqrt{y} + \sqrt{xy})$, $(1, 1, 3e^{-0,1})$

15-22 Explique por que a função é diferenciável no ponto dado. A seguir, encontre a linearização $L(x, y)$ da função naquele ponto.

15. $f(x, y) = x^3 y^4$, $(-2, 1)$

16. $f(x, y) = y \operatorname{tg} x$, $(\pi/4, 2)$

17. $f(x, y) = 1 + x \ln(xy - 5)$, $(2, 3)$

18. $f(x, y) = \sqrt{xy}$, $(1, 4)$

19. $f(x, y) = x^2 e^y$ $(1, 0)$

20. $f(x, y) = \dfrac{1 + y}{1 + x}$, $(1, 3)$

21. $f(x, y) = 4 \operatorname{arctg}(xy)$, $(1, 1)$

22. $f(x, y) = y + \operatorname{sen}(x/y)$, $(0, 3)$

23-24 Verifique a aproximação linear em $(0, 0)$.

23. $e^x \cos(xy) \approx x + 1$

24. $\dfrac{y - 1}{x + 1} \approx x + y - 1$

25. Dado que f é uma função diferenciável $f(2, 5) = 6$, $f_x(2, 5) = 1$ e $f_y(2, 5) = -1$, use uma aproximação linear para estimar $f(2{,}2; 4{,}9)$.

26. Determine a aproximação linear da função $f(x, y) = 1 - xy \cos \pi y$ em $(1, 1)$ e use-a para aproximar o número $f(1{,}02; 0{,}97)$. Ilustre, traçando o gráfico de f e do plano tangente.

27. Determine a aproximação linear da função $f(x, y, z) = \sqrt{x^2 + y^2 + z^2}$ em $(3, 2, 6)$ e use-a para aproximar o número $\sqrt{(3{,}02)^2 + (1{,}97)^2 + (5{,}99)^2}$.

28. A altura h de ondas em mar aberto depende da velocidade do vento v e do tempo t durante o qual o vento se manteve naquela intensidade. Os valores da função $h = f(v, t)$ são apresentados na seguinte tabela. Use a tabela para determinar uma aproximação linear da função altura da onda quando v está próximo de 40 km/h e t está próximo de 20 horas. Em seguida, estime a altura das ondas quando está ventando por 24 horas a 43 km/h.

Duração (horas)

Velocidade do vento (km/h) — v \ t	5	10	15	20	30	40	50
40	1,5	2,2	2,4	2,5	2,7	2,8	2,8
60	2,8	4,0	4,9	5,2	5,5	5,8	5,9
80	4,3	6,4	7,7	8,6	9,5	10,1	10,2
100	5,8	8,9	11,0	12,2	13,8	14,7	15,3
120	7,4	11,3	14,4	16,6	19,0	20,5	21,1

29. Utilize a tabela do Exemplo 3 para encontrar a aproximação linear da função índice de calor quando a temperatura está próxima de 32 °C e a umidade relativa do ar é de aproximadamente 65%. Estime também o índice de calor quando a temperatura é de 33 °C e a umidade relativa, 63%.

30. O índice de sensação térmica W é a temperatura sentida quando a temperatura real é T e a velocidade do vento, v. Portanto, podemos escrever $W = f(T, v)$. A tabela de valores a seguir foi extraída da Tabela 1 da Seção 14.1. Use essa tabela para determinar a aproximação linear da função de sensação térmica

quando T estiver a –15 °C e v estiver próximo de 50 km/h. Estime, a seguir, a sensação térmica quando a temperatura estiver a –17 °C e a velocidade do vento for de 55 km/h.
Velocidade do vento (km/ h)

Velocidade do vento (km/h)

Temperatura real (°C)

T \ v	20	30	40	50	60	70
–10	–18	–20	–21	–22	–23	–23
–15	–24	–26	–27	–29	–30	–30
–20	–30	–33	–34	–35	–36	–37
–25	–37	–39	–41	–42	–43	–44

31-38 Determine a diferencial da função.

31. $m = p^5 q^3$

32. $z = x \ln(y^2 + 1)$

33. $z = e^{-2x} \cos 2\pi t$

34. $u = \sqrt{x^2 + 3y^2}$

35. $H = x^2 y^4 + y^3 z^5$

36. $w = xze^{-y^2 - z^2}$

37. $R = \alpha\beta^2 \cos \gamma$

38. $T = \dfrac{v}{1 + uvw}$

---

39. Se $z = 5x^2 + y^2$ e (x, y) varia de $(1, 2)$ a $(1{,}05; 2{,}1)$, compare os valores de Δz e dz.

40. Se $z = x^2 - xy + 3y^2$ e (x, y) varia de $(3, -1)$ a $(2{,}96; -0{,}95)$, compare os valores de Δz e dz.

41. O comprimento e a largura de um retângulo foram medidos como 30 cm e 24 cm, respectivamente, com um erro de medida de, no máximo, 0,1 cm. Utilize as diferenciais para estimar o erro máximo cometido no cálculo da área do retângulo.

42. Use diferenciais para estimar a quantidade de metal em uma lata cilíndrica fechada de 10 cm de altura e 4 cm de diâmetro se o metal das tampas de cima e de baixo possui 0,1 cm de espessura e o das laterais tem espessura de 0,05 cm.

43. Utilize diferenciais para estimar a quantidade de estanho em uma lata cilíndrica fechada com 8 cm de diâmetro e 12 cm de altura se a espessura da folha de estanho for de 0,04 cm.

44. Determinou-se que a base e a altura de um triângulo têm medidas correspondentes a 70 cm e 40 cm, respectivamente. Suponha que cada medida tenha um erro de, no máximo, ε centímetros.

(a) Use diferenciais para estimar o erro máximo cometido no cálculo da área do triângulo.

(b) Qual é o erro máximo estimado para a área do triângulo no caso de a base e a altura serem medidas com um erro de, no máximo 0,64 cm?

45. Determinou-se que o raio de um cilindro circular mede 1 m e que sua altura mede 4 m. Suponha que cada medida tenha um erro de, no máximo, ε pés.

(a) Use diferenciais para estimar o erro máximo cometido no cálculo do volume do cilindro.

(b) Supondo que o volume deva ter precisão de um pé cúbico, determine o maior valor admissível para ε.

46. O índice de sensação térmica é modelado pela função

$$W = 13{,}12 + 0{,}6215T - 11{,}37v^{0{,}16} + 0{,}3965Tv^{0{,}16}$$

onde T é a temperatura (em °C) e v, a velocidade do vento (em km/h). A velocidade do vento é medida como 26 km/h, com uma possibilidade de erro de ±2 km/h, e a temperatura é medida como –11 °C, com a possibilidade de erro de ±1 °C. Utilize as diferenciais para estimar o erro máximo cometido no valor calculado de W em decorrência dos erros de medida em T e v.

47. A tensão T no cordel do ioiô na figura é

$$T = \frac{mgR}{2r^2 + R^2}$$

onde m é a massa do ioiô e g é a aceleração pela gravidade. Utilize as diferenciais para estimar a variação na tensão se R aumentar de 3 cm para 3,1 cm e r aumentar de 0,7 cm para 0,8 cm. A tensão aumenta ou decresce?

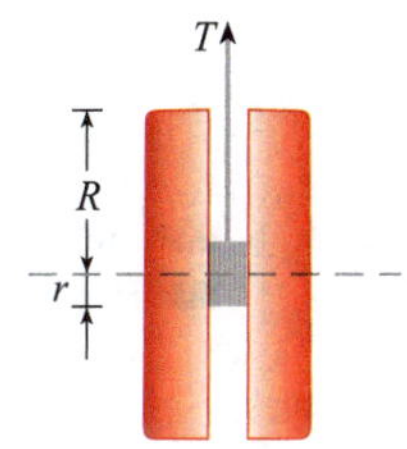

48. A pressão, o volume e a temperatura de um mol de um gás ideal estão relacionados pela equação $PV = 8{,}31T$, onde P é medida em quilopascals, V em litros e T em kelvins. Utilize diferenciais para determinar a variação aproximada da pressão se o volume aumenta de 12 L para 12,3 L e a temperatura decresce de 310 K para 305 K.

49. Se R é a resistência equivalente de três resistores conectados em paralelo, com resistências R_1, R_2 e R_3, então

$$\frac{1}{R} = \frac{1}{R_1} + \frac{1}{R_2} + \frac{1}{R_3}$$

Se as resistências são medidas em ohms como $R_1 = 25\ \Omega$, $R_2 = 40\ \Omega$ e $R_3 = 50\ \Omega$, com margem de erro de 0,5% em cada uma, estime o erro máximo no valor calculado de R.

50. Um modelo para a área da superfície do corpo humano é dado por $S = 0{,}0072w^{0{,}425}\,h^{0{,}725}$, onde w é o peso (em quilogramas), h é a altura (em centímetros) e S é medida em metros quadrados. Se os erros nas medidas de w e h forem no máximo de 2%, use diferenciais para estimar a porcentagem de erro máxima na área da superfície calculada.

51. No Exercício 14.1.39 e no Exemplo 14.3.4, o índice de massa corporal de uma pessoa foi definido por $B(m, h) = m/h^2$, onde m é a massa em quilogramas e h é a altura em metros.

(a) Qual é a aproximação linear de $B(m, h)$ para uma criança com massa 23 kg e altura 1,10 m?

(b) Se a massa da criança aumentar 1 kg e a altura 3 cm, use a aproximação linear para estimar o novo IMC. Compare com o novo IMC real.

52. Suponha que você precise saber sobre uma equação do plano tangente à superfície S no ponto $P(2, 1, 3)$. Você não tem uma equação para S, mas sabe que as curvas

$$\mathbf{r}_1(t) = \langle 2 + 3t,\ 1 - t^2,\ 3 - 4t + t^2 \rangle$$
$$\mathbf{r}_2(u) = \langle 1 + u^2,\ 2u^3 - 1,\ 2u + 1 \rangle$$

ambas estão em S. Encontre uma equação para o plano tangente em P.

53. Demonstre que se f é uma função de duas variáveis diferenciáveis em (a, b), então f é contínua em (a, b).

Dica: Mostre que

$$\lim_{(\Delta x, \Delta y) \to (0,0)} f(a + \Delta x, b + \Delta y) = f(a, b)$$

54. (a) A função

$$f(x,y) = \begin{cases} \dfrac{xy}{x^2 + y^2} & \text{se} \quad (x,y) \neq (0,0) \\ 0 & \text{se} \quad (x,y) = (0,0) \end{cases}$$

foi representada em um gráfico na Figura 4. Mostre que $f_x(0, 0)$ e $f_y(0, 0)$ existem, mas f não é diferenciável em $(0, 0)$. [*Dica*: Utilize o resultado do Exercício 53.]

(b) Explique por que f_x e f_y não são contínuas em $(0, 0)$.

PROJETO APLICADO | O TRAJE LZR RACER DA SPEEDO

Muitos avanços tecnológicos que ocorreram nos esportes contribuíram para aumentar o desempenho atlético. Um dos mais conhecidos foi a introdução, em 2008, do traje LZR Racer da Speedo. Alegou-se que esse maiô de corpo inteiro reduzia o arrasto do nadador na água. A Figura 1 mostra o número de recordes mundiais quebrados nos eventos de natação em estilo livre, masculinos e femininos, em raia longa de 1999 a 2011.[1] O aumento dramático em 2008 quando o traje foi introduzido levou pessoas a alegarem que tais trajes eram uma forma de *doping* tecnológico. Como resultado, todos os trajes de corpo inteiro foram banidos das competições a partir de 2010.

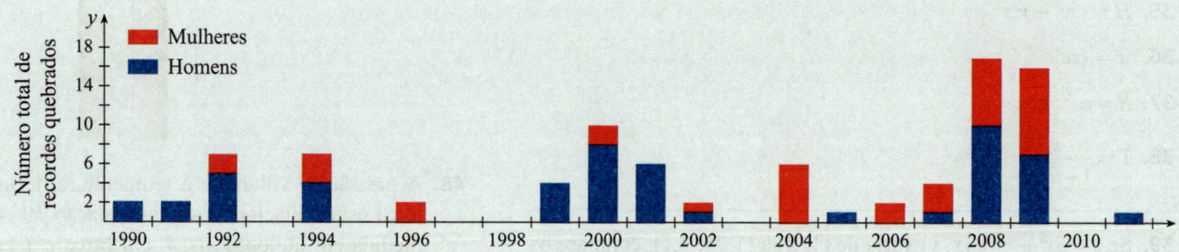

FIGURA 1 Número de recordes mundiais estabelecidos nos eventos de natação em estilo livre, masculinos e femininos, em raia longa de 1990 a 2011.

Poderia ser surpreendente que uma simples redução no arrasto pudesse ter um efeito tão grande no desempenho. Podemos compreender um pouco sobre isso usando um modelo matemático simples.[2]

A velocidade v de um objeto que está sendo impulsionado na água é dada por

$$v(P,C) = \left(\frac{2P}{kC}\right)^{1/3}$$

onde P é a potência usada para impulsionar o objeto, C é o coeficiente de arrasto e k é uma constante positiva. Os atletas podem, portanto, aumentar sua velocidade ao nadar aumentando sua potência ou reduzindo seus coeficientes de arrasto. Mas quão efetivo é cada um desses fatores?

Para comparar o efeito do aumento de potência com a redução do arrasto, precisamos, de alguma forma, comparar os dois em unidades comuns. Uma abordagem frequente é determinar a variação porcentual na velocidade resultante de uma variação percentual na potência e no arrasto. Se trabalharmos com as percentagens como frações, então quando a potência variar por uma fração x (com x correspondendo a $100x$ por cento), P varia de P para $P + xP$. Do mesmo modo, se o coeficiente de arrasto variar por uma fração y, isso significa que ele variou de C para $C + yC$. Finalmente, a variação em fração resultante de ambos os efeitos é

$$\frac{v(P + xP, C + yC) - v(P,C)}{v(P,C)} \qquad \boxed{1}$$

1. L. Foster et al., Influence of Full Body Swimsuits on Competitive Performance, *Procedia Engineering*, 34, 2012: 712-17.

2. Adaptado de http://plus.maths.org/content/swimming.

(*continua*)

1. A Expressão 1 dá a variação em fração na velocidade que resulta de uma variação de x na potência e de y no arrasto. Mostre que isso se reduz à função

$$f(x,y)=\left(\frac{1+x}{1+y}\right)^{1/3}-1$$

Considerando o contexto, qual é o domínio de f?

2. Suponha que as variações possíveis na potência x e no arrasto y sejam pequenas. Encontre a aproximação linear da função $f(x, y)$. O que essa aproximação lhe diz sobre o efeito de um pequeno aumento na potência *versus* uma pequena diminuição no arrasto?

3. Calcule $f_{xx}(x,y)$ e $f_{yy}(x,y)$. Com base nos sinais dessas derivadas, a aproximação no problema 2 resulta em uma estimativa para cima ou para baixo para um aumento da potência? E para uma diminuição no arrasto? Use sua resposta para explicar por que, para variações na potência ou no arrasto que não são muito pequenas, uma diminuição no arrasto é mais efetiva.

4. Trace as curvas de nível de $f(x, y)$. Explique como os formatos dessas curvas se relacionam às suas respostas nos Problemas 2 e 3.

14.5 Regra da Cadeia

Lembremo-nos de que a Regra da Cadeia para uma função de uma única variável nos dava uma regra para derivar uma função composta: se $y = f(x)$ e $x = g(t)$, onde f e g são funções diferenciáveis, então y é uma função indiretamente diferenciável de t e

$$\frac{dy}{dt}=\frac{dy}{dx}\frac{dx}{dt}$$

Nesta seção, estendemos a Regra da Cadeia às funções de mais de uma variável.

A Regra da Cadeia: Caso 1

Para as funções de mais de uma variável, a Regra da Cadeia tem muitas versões, cada uma delas fornecendo uma regra de derivação de uma função composta. A primeira versão (Teorema 1) lida com o caso onde $z = f(x, y)$ e cada uma das variáveis x e y é, por sua vez, uma função de uma variável t. Isso significa que z é indiretamente uma função de t, $z = f(g(t), h(t))$, e a Regra da Cadeia dá uma fórmula para diferenciar z como uma função de t. Presumimos que f seja diferenciável (Definição 14.4.7). Lembremo-nos de que este é o caso quando f_x e f_y são contínuas (Teorema 14.4.8).

1 **A Regra da Cadeia (Caso 1)** Suponha que $z = f(x, y)$ seja uma função diferenciável de x e y, onde $x = g(t)$ e $y = h(t)$ são funções diferenciáveis de t. Então, z é uma função diferenciável de t e

$$\frac{dz}{dt}=\frac{\partial f}{\partial x}\frac{dx}{dt}+\frac{\partial f}{\partial y}\frac{dy}{dt}$$

DEMONSTRAÇÃO Uma variação de Δt em t produz variações de Δx em x e Δy em y. Essas, por sua vez, produzem uma variação de Δz em z e, da Definição 14.4.7, temos

$$\Delta z=\frac{\partial f}{\partial x}\Delta x+\frac{\partial f}{\partial y}\Delta y+\varepsilon_1\Delta x+\varepsilon_2\Delta y$$

onde $\varepsilon_1 \to 0$ e $\varepsilon_2 \to 0$ quando $(\Delta x, \Delta y) \to (0, 0)$. [Se as funções ε_1 e ε_2 não estão definidas em (0, 0), podemos defini-las como 0.] Dividindo ambos os lados desta equação por Δt, temos

$$\frac{\Delta z}{\Delta t} = \frac{\partial f}{\partial x}\frac{\Delta x}{\Delta t} + \frac{\partial f}{\partial y}\frac{\Delta y}{\Delta t} + \varepsilon_1 \frac{\Delta x}{\Delta t} + \varepsilon_2 \frac{\Delta y}{\Delta t}$$

Se fizermos $\Delta t \to 0$, então $\Delta x = g(t + \Delta t) - g(t) \to 0$ porque g é diferenciável e, portanto, contínua. Da mesma forma, $\Delta y \to 0$. Isso, por sua vez, implica que $\varepsilon_1 \to 0$ e $\varepsilon_2 \to 0$, portanto,

$$\begin{aligned}\frac{dz}{dt} &= \lim_{\Delta t \to 0} \frac{\Delta z}{\Delta t} \\ &= \frac{\partial f}{\partial x} \lim_{\Delta t \to 0} \frac{\Delta x}{\Delta t} + \frac{\partial f}{\partial y} \lim_{\Delta t \to 0} \frac{\Delta y}{\Delta t} + \left(\lim_{\Delta t \to 0} \varepsilon_1\right) \lim_{\Delta t \to 0} \frac{\Delta x}{\Delta t} + \left(\lim_{\Delta t \to 0} \varepsilon_2\right) \lim_{\Delta t \to 0} \frac{\Delta y}{\Delta t} \\ &= \frac{\partial f}{\partial x}\frac{dx}{dt} + \frac{\partial f}{\partial y}\frac{dy}{dt} + 0 \cdot \frac{dx}{dt} + 0 \cdot \frac{dy}{dt} \\ &= \frac{\partial f}{\partial x}\frac{dx}{dt} + \frac{\partial f}{\partial y}\frac{dy}{dt}\end{aligned}$$

■

Como frequentemente escrevemos $\partial z/\partial x$ no lugar de $\partial f/\partial x$, podemos reescrever a Regra da Cadeia na forma

Observe a semelhança com a definição da diferencial:

$$dz = \frac{dz}{dx}dx + \frac{dz}{dy}dy$$

$$\boxed{\frac{dz}{dt} = \frac{\partial z}{\partial x}\frac{dx}{dt} + \frac{\partial z}{\partial y}\frac{dy}{dt}}$$

EXEMPLO 1 Se $z = x^2y + 3xy^4$, onde $x = \text{sen}\, 2t$ e $y = \cos t$, determine dz/dt quando $t = 0$.

SOLUÇÃO A Regra da Cadeia fornece

$$\begin{aligned}\frac{dz}{dt} &= \frac{\partial z}{\partial x}\frac{dx}{dt} + \frac{\partial z}{\partial y}\frac{dy}{dt} \\ &= (2xy + 3y^4)(2\cos 2t) + (x^2 + 12xy^3)(-\text{sen}\, t)\end{aligned}$$

Não é necessário substituir as expressões por x e y em termos de t. Nós simplesmente observamos que quando $t = 0$, temos $x = \text{sen}\, 0 = 0$ e $y = \cos 0 = 1$. Portanto,

$$\left.\frac{dz}{dt}\right|_{t=0} = (0 + 3)(2\cos 0) + (0 + 0)(-\text{sen}\, 0) = 6$$

■

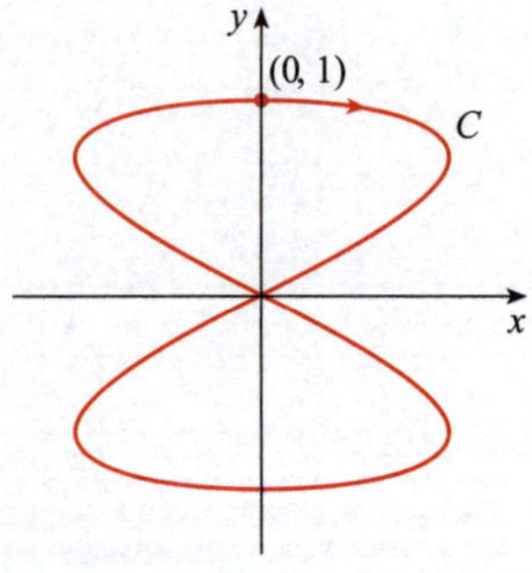

FIGURA 1
A curva $x = \text{sen}\, 2t$, $y = \cos t$

A derivada no Exemplo 1 pode ser interpretada como a taxa de variação de z com relação a t quando o ponto (x, y) se move ao longo da curva C com equações paramétricas $x = \text{sen}\, 2t$, $y = \cos t$ (Veja a Figura 1.) Em particular, quando $t = 0$, o ponto (x, y) é (0, 1), e $dz/dt = 6$ é a taxa de aumento quando nos movemos ao longo da curva C por (0, 1). Se, por exemplo, $z = T(x, y) = x^2y + 3xy^4$ representar a temperatura no ponto (x, y), então a função composta $z = T(\text{sen}\, 2t, \cos t)$ representa a temperatura dos pontos da curva C e sua derivada dz/dt corresponde à taxa de variação de temperatura ao longo da curva C.

EXEMPLO 2 A pressão em P (em kilopascals), volume V (em litros) e temperatura T (em kelvins) de um mol de um gás ideal relacionam-se pela equação $PV = 8{,}31T$. Determine a taxa de variação da pressão quando a temperatura é 300 K e está aumentando com a taxa de 0,1 K/s e o volume é 100 L e está aumentando com a taxa de 0,2 L/s.

SOLUÇÃO Se t representa o tempo decorrido, medido em segundos, então em um dado instante temos $T = 300$, $dT/dt = 0,1$, $V = 100$, $dV/dt = 0,2$. Como

$$P = 8,31\frac{T}{V}$$

pela Regra da Cadeia

$$\frac{dP}{dt} = \frac{\partial P}{\partial T}\frac{dT}{dt} + \frac{\partial P}{\partial V}\frac{dV}{dt} = \frac{8,31}{V}\frac{dT}{dt} - \frac{8,31T}{V^2}\frac{dV}{dt}$$

$$= \frac{8,31}{100}(0,1) - \frac{8,31(300)}{100^2}(0,2) = -0,04155$$

A pressão está decrescendo com a taxa de 0,042 kPa/s. ■

A Regra da Cadeia: Caso 2

Vamos considerar agora a situação onde $z = f(x, y)$, mas x e y são funções de outras duas variáveis s e t: $x = g(s, t)$, $y = h(s, t)$. Então, z é indiretamente uma função de s e t e desejamos determinar $\partial z/\partial s$ e $\partial z/\partial t$. Lembre-se de que para calcular $\partial z/\partial t$ mantemos s fixo e calculamos a derivada ordinária de z em relação a t. Portanto, aplicando o Teorema 1, obtemos

$$\frac{\partial z}{\partial t} = \frac{\partial z}{\partial x}\frac{\partial x}{\partial t} + \frac{\partial z}{\partial y}\frac{\partial y}{\partial t}$$

Argumento análogo serve para $\partial z/\partial s$, e assim demonstramos a seguinte versão da Regra da Cadeia.

2 **A Regra da Cadeia (Caso 2)** Suponha que $z = f(x, y)$ seja uma função diferenciável de x e y, onde $x = g(s, t)$ e $y = h(s, t)$ são funções diferenciáveis de s e t. Então,

$$\frac{\partial z}{\partial s} = \frac{\partial z}{\partial x}\frac{\partial x}{\partial s} + \frac{\partial z}{\partial y}\frac{\partial y}{\partial s} \qquad \frac{\partial z}{\partial t} = \frac{\partial z}{\partial x}\frac{\partial x}{\partial t} + \frac{\partial z}{\partial y}\frac{\partial y}{\partial t}$$

EXEMPLO 3 Se $z = e^x \operatorname{sen} y$, onde $x = st^2$ e $y = s^2t$, determine $\partial z/\partial s$ e $\partial z/\partial t$.

SOLUÇÃO Aplicando o Caso 2 da Regra da Cadeia, obtemos

$$\frac{\partial z}{\partial s} = \frac{\partial z}{\partial x}\frac{\partial x}{\partial s} + \frac{\partial z}{\partial y}\frac{\partial y}{\partial s} = (e^x \operatorname{sen} y)(t^2) + (e^x \cos y)(2st)$$

$$\frac{\partial z}{\partial t} = \frac{\partial z}{\partial x}\frac{\partial x}{\partial t} + \frac{\partial z}{\partial y}\frac{\partial y}{\partial t} = (e^x \operatorname{sen} y)(2st) + (e^x \cos y)(s^2)$$

Caso desejemos, podemos agora expressar $\partial z/\partial s$ e $\partial z/\partial t$ somente em função de s e t, efetuando as substituições $x = st^2$ e $y = s^2t$, de modo que obtemos

$$\frac{\partial z}{\partial s} = t^2 e^{st^2} \operatorname{sen}(s^2t) + 2ste^{st^2} \cos(s^2t)$$

$$\frac{\partial z}{\partial t} = 2ste^{st^2} \operatorname{sen}(s^2t) + s^2e^{st^2} \cos(s^2t)$$ ■

O Caso 2 da Regra da Cadeia contém três tipos de variáveis: s e t são variáveis **independentes**, x e y são chamadas de variáveis **intermediárias**, e z é a variável **dependente**.

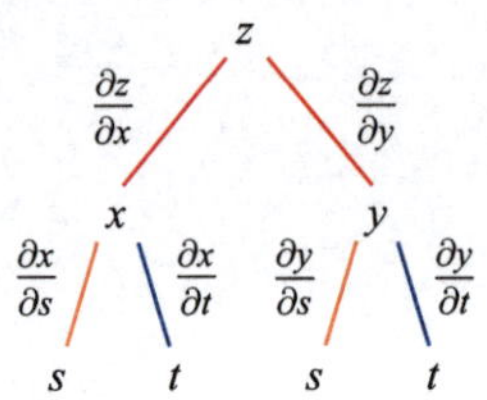

FIGURA 2

Observe que o Teorema 2 tem um termo para cada variável intermediária e que cada um desses termos se assemelha à Regra da Cadeia unidimensional (veja a Equação 3.4.2).

Para lembrar a Regra da Cadeia, é útil desenhar o **diagrama em árvore** da Figura 2. Desenhamos os ramos da árvore saindo da variável dependente z para as variáveis intermediárias x e y a fim de indicar que z é uma função de x e y. Então desenhamos os ramos saindo de x e y para as variáveis independentes s e t. Em cada ramo indicamos a derivada parcial correspondente. Para determinar $\partial z/\partial s$, nós determinamos o produto das derivadas parciais ao longo de cada caminho de z a s e somamos esses produtos:

$$\frac{\partial z}{\partial s} = \frac{\partial z}{\partial x}\frac{\partial x}{\partial s} + \frac{\partial z}{\partial y}\frac{\partial y}{\partial s}$$

Da mesma forma, para determinar $\partial z/\partial t$ usamos os caminhos de z a t.

A Regra da Cadeia: Versão Geral

Consideremos agora uma situação mais geral, na qual a variável dependente u é uma função de n variáveis intermediárias $x_1, \ldots, x_n$, cada uma das quais, por seu turno, é função de m variáveis independentes $t_1, \ldots, t_m$. Observe que existem n termos, um para cada variável intermediária. A demonstração é semelhante à do Caso 1.

3 A Regra da Cadeia (Visão Geral) Suponha que u seja uma função diferenciável de n variáveis $x_1, x_2, \ldots, x_n$ e cada x_j é uma função diferenciável de m variáveis $t_1, t_2, \ldots, t_m$. Então, u é uma função de $t_1, t_2, \ldots, t_m$ e

$$\frac{\partial u}{\partial t_i} = \frac{\partial u}{\partial x_1}\frac{\partial x_1}{\partial t_i} + \frac{\partial u}{\partial x_2}\frac{\partial x_2}{\partial t_i} + \cdots + \frac{\partial u}{\partial x_n}\frac{\partial x_n}{\partial t_i}$$

para cada $i = 1, 2, \ldots, m$.

EXEMPLO 4 Escreva a Regra da Cadeia para o caso onde $w = f(x, y, z, t)$ e $x = x(u, v)$, $y = y(u, v)$, $z = z(u, v)$ e $t = t(u, v)$.

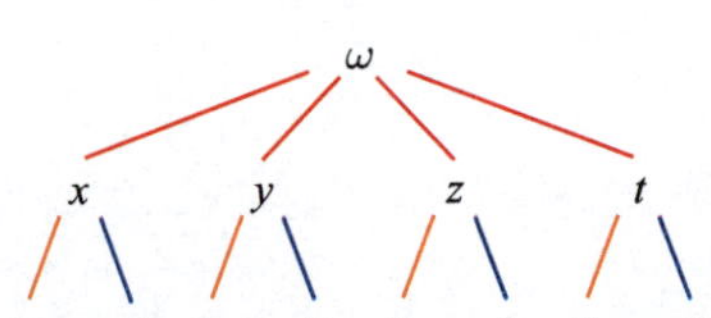

FIGURA 3

SOLUÇÃO Aplicamos o Teorema 3 com $n = 4$ e $m = 2$. A Figura 3 mostra o diagrama em árvore. Apesar de não termos escrito as derivadas nos ramos, entendemos que se um ramo liga y e u, então a derivada parcial para esse ramo é $\partial y/\partial u$. Com a ajuda do diagrama em árvore, podemos escrever as expressões pedidas:

$$\frac{\partial w}{\partial u} = \frac{\partial w}{\partial x}\frac{\partial x}{\partial u} + \frac{\partial w}{\partial y}\frac{\partial y}{\partial u} + \frac{\partial w}{\partial z}\frac{\partial z}{\partial u} + \frac{\partial w}{\partial t}\frac{\partial t}{\partial u}$$

$$\frac{\partial w}{\partial v} = \frac{\partial w}{\partial x}\frac{\partial x}{\partial v} + \frac{\partial w}{\partial y}\frac{\partial y}{\partial v} + \frac{\partial w}{\partial z}\frac{\partial z}{\partial v} + \frac{\partial w}{\partial t}\frac{\partial t}{\partial v}$$

EXEMPLO 5 Se $u = x^4y + y^2z^3$, onde $x = rse^t$, $y = rs^2e^{-t}$ e $z = r^2s$ sen t, determine o valor de $\partial u/\partial s$ quando $r = 2$, $s = 1$, $t = 0$.

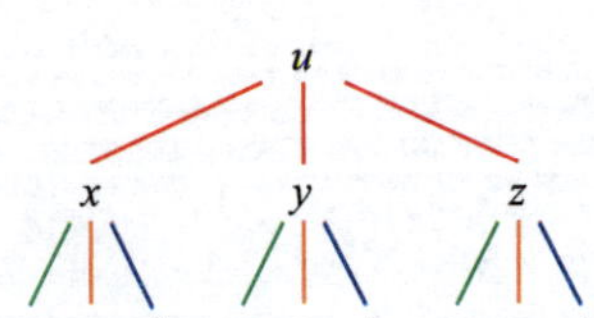

FIGURA 4

SOLUÇÃO Com o auxílio do diagrama em árvore da Figura 4, obtemos

$$\frac{\partial u}{\partial s} = \frac{\partial u}{\partial x}\frac{\partial x}{\partial s} + \frac{\partial u}{\partial y}\frac{\partial y}{\partial s} + \frac{\partial u}{\partial z}\frac{\partial z}{\partial s}$$

$$= (4x^3y)(re^t) + (x^4 + 2yz^3)(2rse^{-t}) + (3y^2z^2)(r^2 \text{ sen } t)$$

Quando $r = 2$, $s = 1$e $t = 0$, temos $x = 2$, $y = 2$ e $z = 0$, portanto,

$$\frac{\partial u}{\partial s} = (64)(2) + (16)(4) + (0)(0) = 192$$

EXEMPLO 6 Se $g(s, t) = f(s^2 - t^2, t^2 - s^2)$ e f é diferenciável, mostre que g satisfaz a equação

$$t\frac{\partial g}{\partial s} + s\frac{\partial g}{\partial t} = 0$$

SOLUÇÃO Seja $x = s^2 - t^2$ e $y = t^2 - s^2$. Então, $g(s, t) = f(x, y)$ e a Regra da Cadeia nos fornece

$$\frac{\partial g}{\partial s} = \frac{\partial f}{\partial x}\frac{\partial x}{\partial s} + \frac{\partial f}{\partial y}\frac{\partial y}{\partial s} = \frac{\partial f}{\partial x}(2s) + \frac{\partial f}{\partial y}(-2s)$$

$$\frac{\partial g}{\partial t} = \frac{\partial f}{\partial x}\frac{\partial x}{\partial t} + \frac{\partial f}{\partial y}\frac{\partial y}{\partial t} = \frac{\partial f}{\partial x}(-2t) + \frac{\partial f}{\partial y}(2t)$$

Portanto,

$$t\frac{\partial g}{\partial s} + s\frac{\partial g}{\partial t} = \left(2st\frac{\partial f}{\partial x} - 2st\frac{\partial f}{\partial y}\right) + \left(-2st\frac{\partial f}{\partial x} + 2st\frac{\partial f}{\partial y}\right) = 0$$ ■

EXEMPLO 7 Se $z = f(x, y)$ tem derivadas parciais de segunda ordem contínuas e $x = r^2 + s^2$ e $y = 2rs$, encontre expressões para (a) $\partial z/\partial r$ e (b) $\partial^2 z/\partial r^2$.

SOLUÇÃO

(a) A Regra da Cadeia fornece

$$\frac{\partial z}{\partial r} = \frac{\partial z}{\partial x}\frac{\partial x}{\partial r} + \frac{\partial z}{\partial y}\frac{\partial y}{\partial r} = \frac{\partial z}{\partial x}(2r) + \frac{\partial z}{\partial y}(2s)$$

(b) Aplicando a Regra do Produto na expressão da parte (a), obtemos

$$\frac{\partial^2 z}{\partial r^2} = \frac{\partial}{\partial r}\left(2r\frac{\partial z}{\partial x} + 2s\frac{\partial z}{\partial y}\right)$$

4 $$= 2\frac{\partial z}{\partial x} + 2r\frac{\partial}{\partial r}\left(\frac{\partial z}{\partial x}\right) + 2s\frac{\partial}{\partial r}\left(\frac{\partial z}{\partial y}\right)$$

Mas, usando a Regra da Cadeia novamente (veja a Figura 5), temos

$$\frac{\partial}{\partial r}\left(\frac{\partial z}{\partial x}\right) = \frac{\partial}{\partial x}\left(\frac{\partial z}{\partial x}\right)\frac{\partial x}{\partial r} + \frac{\partial}{\partial y}\left(\frac{\partial z}{\partial x}\right)\frac{\partial y}{\partial r} = \frac{\partial^2 z}{\partial x^2}(2r) + \frac{\partial^2 z}{\partial y\,\partial x}(2s)$$

$$\frac{\partial}{\partial r}\left(\frac{\partial z}{\partial y}\right) = \frac{\partial}{\partial x}\left(\frac{\partial z}{\partial y}\right)\frac{\partial x}{\partial r} + \frac{\partial}{\partial y}\left(\frac{\partial z}{\partial y}\right)\frac{\partial y}{\partial r} = \frac{\partial^2 z}{\partial x\partial y}(2r) + \frac{\partial^2 z}{\partial y^2}(2s)$$

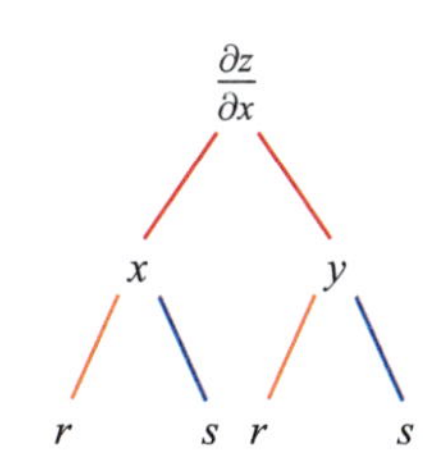

FIGURA 5

Colocando essas expressões na Equação 4 e usando a igualdade das derivadas parciais de segunda ordem mistas, obtemos

$$\frac{\partial^2 z}{\partial r^2} = 2\frac{\partial z}{\partial x} + 2r\left(2r\frac{\partial^2 z}{\partial x^2} + 2s\frac{\partial^2 z}{\partial y\,\partial x}\right) + 2s\left(2r\frac{\partial^2 z}{\partial x\,\partial y} + 2s\frac{\partial^2 z}{\partial y^2}\right)$$

$$= 2\frac{\partial z}{\partial x} + 4r^2\frac{\partial^2 z}{\partial x^2} + 8rs\frac{\partial^2 z}{\partial x\,\partial y} + 4s^2\frac{\partial^2 z}{\partial y^2}$$ ■

Diferenciação Implícita

A Regra da Cadeia pode ser usada para dar uma descrição mais completa do processo de derivação implícita introduzida nas Seções 3.5, no Volume 1, e 14.3. Supomos que uma equação da forma $F(x, y) = 0$ defina y implicitamente como uma função diferenciável de

x, isto é, $y = f(x)$, onde $F(x, f(x)) = 0$ para todo x no domínio de f. Se F é diferenciável, podemos aplicar o Casa 1 da Regra da Cadeia para diferenciar ambos os lados da equação $F(x, y) = 0$ com relação a x. Já que x e y são funções de x, obtemos

$$\frac{\partial F}{\partial x}\frac{dx}{dx} + \frac{\partial F}{\partial y}\frac{dy}{dx} = 0$$

No entanto, $dx/dx = 1$, então se $\partial F/\partial y \neq 0$ resolvemos para dy/dx e obtemos

5
$$\frac{dy}{dx} = -\frac{\dfrac{\partial F}{\partial x}}{\dfrac{\partial F}{\partial y}} = -\frac{F_x}{F_y}$$

Para deduzir essa equação, presumimos que $F(x, y) = 0$ define y implicitamente como função de x. O **Teorema da Função Implícita**, demonstrado em cálculo avançado, fornece condições sob as quais essa suposição é válida: ele afirma que se F é definida em um disco aberto contendo (a, b), onde $F(a, b) = 0$, $F_y(a, b) \neq 0$ e F_x e F_y são funções contínuas nesse disco, então a equação $F(x, y) = 0$ define y como uma função de x perto do ponto (a, b) e a derivada dessa função é dada pela Equação 5.

EXEMPLO 8 Determine y' se $x^3 + y^3 = 6xy$.

SOLUÇÃO A equação dada pode ser escrita como

$$F(x, y) = x^3 + y^3 - 6xy = 0$$

e, dessa forma, a Equação 5 nos dá

A solução do Exemplo 8 deve ser comparada com a do Exemplo 3.5.2, do Volume 1.

$$\frac{dy}{dx} = -\frac{F_x}{F_y} = -\frac{3x^2 - 6y}{3y^2 - 6x} = -\frac{x^2 - 2y}{y^2 - 2x}$$ ■

Suponha agora que z seja dado implicitamente como uma função $z = f(x, y)$ por uma equação da forma $F(x, y, z) = 0$. Isso significa que $F(x, y, f(x, y)) = 0$ para todo (x, y) no domínio de f. Se F e f forem diferenciáveis, utilizamos a Regra da Cadeia para derivar a equação $F(x, y, z) = 0$ da seguinte forma:

$$\frac{\partial F}{\partial x}\frac{\partial x}{\partial x} + \frac{\partial F}{\partial y}\frac{\partial y}{\partial x} + \frac{\partial F}{\partial z}\frac{\partial z}{\partial x} = 0$$

Mas, $$\frac{\partial}{\partial x}(x) = 1 \quad \text{e} \quad \frac{\partial}{\partial x}(y) = 0$$

portanto, essa equação se torna

$$\frac{\partial F}{\partial x} + \frac{\partial F}{\partial z}\frac{\partial z}{\partial x} = 0$$

Se $\partial F/\partial z \neq 0$, resolvemos para $\partial z/\partial x$ e obtemos a primeira fórmula das Equações 6. A fórmula para $\partial z/\partial y$ é obtida de uma maneira semelhante.

6
$$\frac{\partial z}{\partial x} = -\frac{\dfrac{\partial F}{\partial x}}{\dfrac{\partial F}{\partial z}} = -\frac{F_x}{F_z} \qquad \frac{\partial z}{\partial y} = -\frac{\dfrac{\partial F}{\partial y}}{\dfrac{\partial F}{\partial z}} = -\frac{F_y}{F_z}$$

Novamente, uma versão do **Teorema da Função Implícita** estipula condições sob as quais nossa suposição é válida: se F é definida dentro de uma esfera contendo (a, b, c), onde $F(a, b, c) = 0$, $F_z(a, b, c) \neq 0$ e F_x, F_y e F_z são contínuas dentro da esfera, então a equação $F(x, y, z) = 0$ define z como uma função de x e y perto do ponto (a, b, c), e as derivadas parciais dessa função são dadas por (6).

EXEMPLO 9 Determine $\dfrac{\partial z}{\partial x}$ e $\dfrac{\partial z}{\partial y}$ se $x^3 + y^3 + z^3 + 6xyz + 4 = 0$.

SOLUÇÃO Seja $F(x, y, z) = x^3 + y^3 + z^3 + 6xyz + 4$. Então, das Equações 6, temos

$$\frac{\partial z}{\partial x} = -\frac{F_x}{F_z} = -\frac{3x^2 + 6yz}{3z^2 + 6xy} = -\frac{x^2 + 2yz}{z^2 + 2xy}$$

$$\frac{\partial z}{\partial y} = -\frac{F_y}{F_z} = -\frac{3y^2 + 6xz}{3z^2 + 6xy} = -\frac{y^2 + 2xz}{z^2 + 2xy}$$

■

A solução do Exemplo 9 deve ser comparada com a do Exemplo 14.3.5.

14.5 Exercícios

1-2 Determine dz/dt de duas maneiras: usando a Regra da Cadeia e substituindo as expressões de x e y de modo que se escreva z como uma função de t. As suas respostas coincidem?

1. $z = x^2y + xy^2, \quad x = 3t, \quad y = t^2$

2. $z = xye^y, \quad x = t^2, \quad y = 5t$

3-8 Use a Regra da Cadeia para achar dz/dt ou dw/dt.

3. $z = xy^3 - x^2y, \quad x = t^2 + 1, \quad y = t^2 - 1$

4. $z = \dfrac{x - y}{x + 2y}, \quad x = e^{\pi t}, \quad y = e^{-\pi t}$

5. $z = \operatorname{sen} x \cos y, \quad x = \sqrt{t}, \quad y = 1/t$

6. $z = \sqrt{1 + xy}, \quad x = \operatorname{tg} t, \quad y = \operatorname{arctg} t$

7. $w = xe^{y/z}, \quad x = t^2, \quad y = 1 - t, \quad z = 1 + 2t$

8. $w = \ln\sqrt{x^2 + y^2 + z^2}, \quad x = \operatorname{sen} t, \quad y = \cos t, z = \operatorname{tg} t$

9-10 Determine $\partial z/\partial s$ e $\partial z/\partial t$ de duas maneiras: usando a Regra da Cadeia e substituindo as expressões de x e y de modo que se escreva z como uma função de s e t. As suas respostas coincidem?

9. $z = x^2 + y^2, \quad x = 2s + 3t, \quad y = s + t$

10. $z = x^2 \operatorname{sen} y, \quad x = s^2t, \quad y = st$

11-16 Use a Regra da Cadeia para achar $\partial z/\partial s$ e $\partial z/\partial t$.

11. $z = (x - y)^5, \quad x = s^2t, \quad y = st^2$

12. $z = \operatorname{tg}^{-1}(x^2 + y^2), \quad x = s \ln t, \quad y = te^s$

13. $z = \ln(3x + 2y), \quad x = s \operatorname{sen} t, \quad y = t \cos s$

14. $z = \sqrt{x}\, e^{xy}, \quad x = 1 + st, \quad y = s^2 - t^2$

15. $z = (\operatorname{sen} \theta)/r, \quad r = st, \quad \theta = s^2 + t^2$

16. $z = \operatorname{tg}(u/v), \quad u = 2s + 3t, \quad v = 3s - 2t$

17. Suponha que f seja uma função diferenciável de x e y e que $p(t) = f(g(t), h(t))$, $g(2) = 4$, $g'(2) = -3$, $h(2) = 5$, $h'(2) = 6$, $f_x(4, 5) = 2, f_y(4,5) = 8$. Determine $p'(2)$.

18. Seja $R(s, t) = G(u(s, t)), v(s, t))$, onde G, u e v são diferenciáveis, $u(1, 2) = 5$, $u_s(1, 2) = 4$, $u_t(1, 2) = -3$, $v(1, 2) = 7$, $v_s(1, 2) = 2$, $v_t(1, 2) = 6$, $G_u(5, 7) = 9$, $G_v(5, 7) = -2$. Encontre $R_s(1, 2)$ e $R_t(1, 2)$.

19. Suponha que f seja uma função diferenciável de x e y, e $g(u, v) = f(e^u + \operatorname{sen} v, e^u + \cos v)$. Use a tabela de valores para calcular $g_u(0, 0)$ e $g_v(0, 0)$.

	f	g	f_x	f_y
(0, 0)	3	6	4	8
(1, 2)	6	3	2	5

20. Suponha que f seja uma função diferenciável de x e y, e $g(r, s) = f(2r - s, s^2 - 4r)$. Use a tabela de valores do Exercício 19 para calcular $g_r(1, 2)$ e $g_s(1, 2)$.

21-24 Utilize um diagrama em árvore para escrever a Regra da Cadeia para o caso dado. Suponha que todas as funções sejam diferenciáveis.

21. $u = f(x, y), \quad$ onde $x = x(r, s, t), y = y(r, s, t)$

22. $w = f(x, y, z), \quad$ onde $x = x(u, v), y = y(u, v), z = z(u, v)$

23. $T = F(p, q, r), \quad$ onde $p = p(x, y, z), q = q(x, y, z), r = r(x, y, z)$

24. $R = F(t, u), \quad$ onde $t = t(w, x, y, z), u = u(w, x, y, z)$

25-30 Utilize a Regra da Cadeia para determinar as derivadas parciais indicadas.

25. $z = x^4 + x^2y, \quad x = s + 2t - u, \quad y = stu^2;$

$\dfrac{\partial z}{\partial s}, \dfrac{\partial z}{\partial t}, \dfrac{\partial z}{\partial u}$ quando $s = 4, t = 2, u = 1$

26. $T = \dfrac{v}{2u + v}, \quad u = pq\sqrt{r}, \quad v = p\sqrt{q}r;$

$\dfrac{\partial T}{\partial p}, \dfrac{\partial T}{\partial q}, \dfrac{\partial T}{\partial r}$ quando $p = 2, q = 1, r = 4$

27. $w = xy + yz + zx, \quad x = r\cos\theta, \quad y = r\,\text{sen}\theta, \; z = r\theta;$

$\dfrac{\partial w}{\partial r}, \dfrac{\partial w}{\partial \theta}$ quando $r = 2, \; \theta = \pi/2$

28. $P = \sqrt{u^2 + v^2 + w^2}, \quad u = xe^y, \quad v = ye^x, \quad w = e^{xy};$

$\dfrac{\partial P}{\partial x}, \dfrac{\partial P}{\partial y}$ quando $x = 0, y = 2$

29. $N = \dfrac{p+q}{p+r}, \quad p = u + vw, \quad q = v + uw, \quad r = w + uv;$

$\dfrac{\partial N}{\partial u}, \dfrac{\partial N}{\partial v}, \dfrac{\partial N}{\partial w}$ quando $u = 2, v = 3, w = 4$

30. $u = xe^{ty}, \quad x = \alpha^2\beta, \quad y = \beta^2\gamma, \quad t = \gamma^2\alpha;$

$\dfrac{\partial u}{\partial \alpha}, \dfrac{\partial u}{\partial \beta}, \dfrac{\partial u}{\partial \gamma}$, quando $\alpha = -1, \beta = 2, \gamma = 1$

31-34 Utilize a Equação 5 para determinar dy/dx.

31. $y \cos x = x^2 + y^2$

32. $\cos(xy) = 1 + \text{sen}\, y$

33. $\text{tg}^{-1}(x^2y) = x + xy^2$

34. $e^y \,\text{sen}\, x = x + xy$

35-38 Utilize as Equações 6 para determinar $\partial z/\partial x$ e $\partial z/\partial y$.

35. $x^2 + 2y^2 + 3z^2 = 1$

36. $x^2 - y^2 + z^2 - 2z = 4$

37. $e^z = xyz$

38. $yz + x \ln y = z^2$

39. A temperatura em um ponto (x, y) é $T(x, y)$, medida em graus Celsius. Um inseto rasteja, de modo que sua posição após t segundos é dada por $x = \sqrt{1+t}$, $y = 2 + \frac{1}{3}t$, onde x e y são medidos em centímetros. A função da temperatura satisfaz $T_x(2, 3) = 4$ e $T_y(2, 3) = 3$. Quão rápido a temperatura aumenta no caminho do inseto depois de três segundos?

40. A produção de trigo W em um determinado ano depende da temperatura média T e do volume anual das chuvas R. Cientistas estimam que a temperatura média anual está crescendo à taxa de 0,15 °C/ano e a quantidade anual de chuva está decrescendo à taxa de 0,1 cm/ano. Eles também estimam que, no atual nível de produção, $\partial W/\partial T = -2$ e $\partial W/\partial R = 8$.

(a) Qual é o significado do sinal dessas derivadas parciais?

(b) Estime a taxa de variação corrente da produção de trigo dW/dt.

41. A velocidade da propagação do som através do oceano com salinidade de 35 partes por milhar foi modelada pela equação

$$C = 1449{,}2 + 4{,}6T - 0{,}055T^2 + 0{,}00029T^3 + 0{,}016D$$

onde C é a velocidade do som (em metros por segundo), T é a temperatura (em graus Celsius) e D é a profundidade abaixo do nível do mar (em metros). Um mergulhador começa um mergulho tranquilo nas águas oceânicas, e a profundidade do mergulho e a temperatura da água ao redor são registradas nos gráficos a seguir. Estime a taxa de variação (em relação ao tempo) da velocidade do som através do oceano experimentada pelo mergulhador 20 minutos depois do início do mergulho. Quais são as unidades?

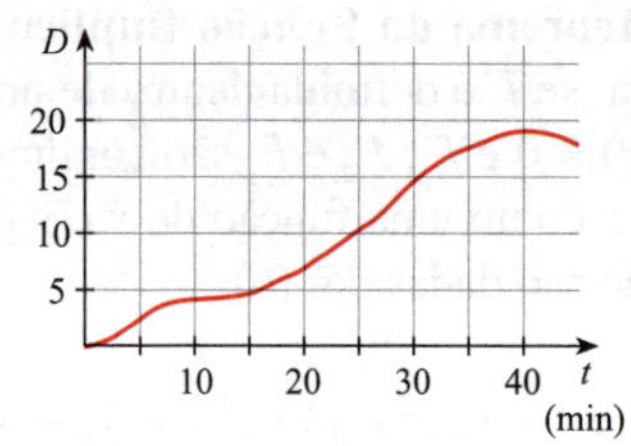

Profundidade

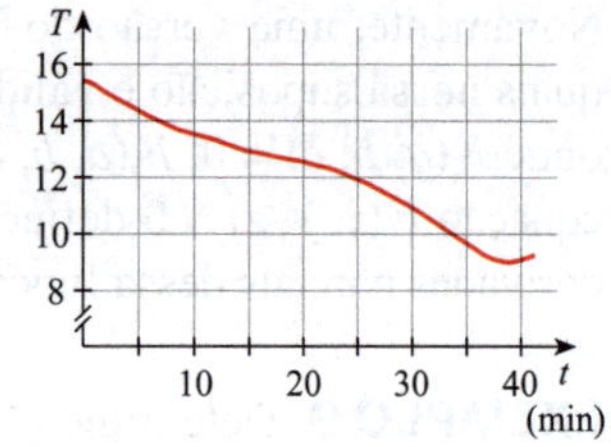

Temperature da água

42. O raio de um cone circular reto está aumentando em uma taxa de 4,6 cm/s enquanto sua altura está decrescendo em uma taxa de 6,5 cm/s. Em qual taxa o volume do cone está variando quando o raio é 300 cm e a altura é 350 cm?

43. O comprimento ℓ, a largura w e a altura h de uma caixa variam com o tempo. Em determinado momento, as dimensões são $\ell = 1$ m e $w = h = 2$ m, ℓ e w estão aumentando em uma taxa de 2 m/s enquanto h está decrescendo em uma taxa de 3 m/s. Nesse instante, encontre as taxas em que as seguintes quantidades estão variando.

(a) O volume

(b) A área da superfície

(c) O comprimento da diagonal

44. A voltagem V em um circuito elétrico simples decresce lentamente à medida que a pilha se descarrega. A resistência R aumenta lentamente com o aumento de calor do resistor. Use a Lei de Ohm, $V = IR$, para achar como a corrente I está variando no momento em que $R = 400\ \Omega$, $I = 0{,}08$ A, $dV/dt = -0{,}01$ V/s e $dR/dt = 0{,}03\ \Omega$/s.

45. A pressão de 1 mol de um gás ideal está aumentando em uma taxa de 0,05 kPa/s e a temperatura está aumentando em uma taxa de 0,15 K/s. Use a equação $PV = 8{,}31T$ no Exemplo 2 para determinar a taxa de variação do volume quando a pressão for 20 kPa e a temperatura for 320 K.

46. Um fabricante modelou sua função P da produção anual (o valor de toda essa produção em milhões de dólares) como uma função Cobb-Douglas

$$P(L, K) = 1{,}47\, L^{0{,}65} K^{0{,}35}$$

onde L é o número de horas trabalhadas (em milhares) e K é o capital investido (em milhões de dólares). Suponha que quando $L = 30$ e $K = 8$, a força de trabalho esteja decrescendo em uma taxa de 2.000 horas trabalhadas por ano e o capital esteja aumentando em uma taxa de \$ 500.000 por ano. Encontre a taxa de variação da produção.

47. Um lado de um triângulo está aumentando em uma taxa de 3 cm/s e um segundo lado está decrescendo em uma taxa de 2 cm/s. Se a área do triângulo permanece constante, a que taxa varia o ângulo entre os lados quando o primeiro lado tem 20 cm de comprimento, o segundo lado tem 30 cm de comprimento e o ângulo é $\pi/6$?

48. **Efeito Doppler** Se um som com frequência f_s for produzido por uma fonte se movendo ao longo de uma reta com velocidade v_s e um observador estiver se movendo com velocidade v_o ao longo da mesma reta a partir da direção oposta, em direção à fonte, então a frequência do som ouvido pelo observador é

$$f_o = \left(\frac{c + v_o}{c - v_s}\right) f_s$$

onde c é a velocidade do som, cerca de 332 m/s. (Este é o *efeito Doppler*.) Suponha que, em um dado momento, você esteja em um trem que se move a 34 m/s e acelera a 1,2 m/s^2. Um trem se aproxima de você da direção oposta no outro trilho a 40 m/s, acelerando a 1,4 m/s^2, e toca seu apito, com frequência de 460 Hz. Nesse instante, qual é a frequência aparente que você ouve e quão rapidamente ela está variando?

49-50 Suponha que todas as funções dadas sejam diferenciáveis.

49. Se $z = f(x, y)$, onde $x = r\cos\theta$ e $y = r \operatorname{sen}\theta$, (a) determine $\partial z/\partial r$ e $\partial z/\partial\theta$ e (b) mostre que

$$\left(\frac{\partial z}{\partial x}\right)^2 + \left(\frac{\partial z}{\partial y}\right)^2 = \left(\frac{\partial z}{\partial r}\right)^2 + \frac{1}{r^2}\left(\frac{\partial z}{\partial \theta}\right)^2$$

50. Se $u = f(x, y)$, onde $x = e^s \cos t$ e $y = e^s \operatorname{sen} t$, mostre que

$$\left(\frac{\partial u}{\partial x}\right)^2 + \left(\frac{\partial u}{\partial y}\right)^2 = e^{-2s}\left[\left(\frac{\partial u}{\partial s}\right)^2 + \left(\frac{\partial u}{\partial t}\right)^2\right]$$

51-55 Suponha que todas as funções dadas tenham derivadas parciais de segunda ordem contínuas.

51. Mostre que qualquer função da forma

$$z = f(x + at) + g(x - at)$$

é uma solução da equação de onda

$$\frac{\partial^2 z}{\partial t^2} = a^2 \frac{\partial^2 z}{\partial x^2}$$

[*Dica*: Seja $u = x + at$, $v = x - at$.]

52. Se $u = f(x, y)$, onde $x = e^s \cos t$ e $y = e^s \operatorname{sen} t$, mostre que

$$\frac{\partial^2 u}{\partial x^2} + \frac{\partial^2 u}{\partial y^2} = e^{-2s}\left[\frac{\partial^2 u}{\partial s^2} + \frac{\partial^2 u}{\partial t^2}\right]$$

53. Se $z = f(x, y)$, onde $x = r^2 + s^2$, $y = 2rs$, determine $\partial^2 z/\partial r\,\partial s$. (Compare com o Exemplo 7.)

54. Se $z = f(x, y)$, onde $x = r\cos\theta$, e $y = r\operatorname{sen}\theta$, determine (a) $\partial z/\partial r$, (b) $\partial z/\partial\theta$ e (c) $\partial^2 z/\partial r\,\partial\theta$.

55. Se $z = f(x, y)$, onde $x = r\cos\theta$, e $y = r\operatorname{sen}\theta$, mostre que

$$\frac{\partial^2 z}{\partial x^2} + \frac{\partial^2 z}{\partial y^2} = \frac{\partial^2 z}{\partial r^2} + \frac{1}{r^2}\frac{\partial^2 z}{\partial \theta^2} + \frac{1}{r}\frac{\partial z}{\partial r}$$

56-58 Funções Homogêneas Uma função f é chamada *homogênea de n-ésimo grau* se satisfaz a equação

$$f(tx, ty) = t^n f(x, y)$$

para todo t, onde n é um inteiro positivo e f tem derivadas parciais de segunda ordem contínuas.

56. Verifique se $f(x, y) = x^2y + 2xy^2 + 5y^3$ é homogênea de grau 3.

57. Mostre que, se f é homogênea de grau n, então

(a) $x\dfrac{\partial f}{\partial x} + y\dfrac{\partial f}{\partial y} = nf(x, y)$

[*Dica*: Utilize a Regra da Cadeia para derivar $f(tx, ty)$ com relação a t.]

(b) $x^2\dfrac{\partial^2 f}{\partial x^2} + 2xy\dfrac{\partial^2 f}{\partial x\,\partial y} + y^2\dfrac{\partial^2 f}{\partial y^2} = n(n-1)f(x, y)$

58. Se f é homogênea de grau n, mostre que

$$f_x(tx, ty) = t^{n-1} f_x(x, y)$$

59. Suponha que a equação $F(x, y, z) = 0$ defina implicitamente cada uma das três variáveis x, y e z como funções das outras duas: $z = f(x, y)$, $y = g(x, z)$, $x = h(y, z)$. Se F for diferenciável e F_x, F_y e F_z forem todas não nulas, mostre que

$$\frac{\partial z}{\partial x}\frac{\partial x}{\partial y}\frac{\partial y}{\partial z} = -1$$

60. A Equação 5 é uma fórmula para a derivada dy/dx de uma função definida implicitamente por uma equação $F(x, y) = 0$, sendo que F é diferenciável e $Fy \neq 0$. Comprove que se F tem derivadas contínuas de segunda ordem, então uma fórmula para a segunda derivada de y é

$$\frac{d^2 y}{dx^2} = -\frac{F_{xx}F_y^2 - 2F_{xy}F_xF_y + F_{yy}F_x^2}{F_y^3}$$

14.6 Derivadas Direcionais e o Vetor Gradiente

A Figura 1 mostra um mapa de contorno da função temperatura $T(x, y)$ para os estados da Califórnia e de Nevada às 15h em um dia de outubro. As curvas de nível, ou isotérmicas, ligam-se às localidades que têm a mesma temperatura. A derivada parcial T_x em um local como Reno é a taxa de variação da temperatura com relação à distância se nos movermos para o leste a partir de Reno; T_y é a taxa de variação da temperatura se nos movermos para o norte. Mas, e se quisermos saber a taxa de variação da temperatura quando viajamos para sudoeste (na direção de Las Vegas) ou em alguma outra direção? Nesta seção, introduziremos um tipo de derivada, chamada derivada direcional, que nos permite encontrar a taxa de variação de uma função de duas ou mais variáveis em qualquer direção.

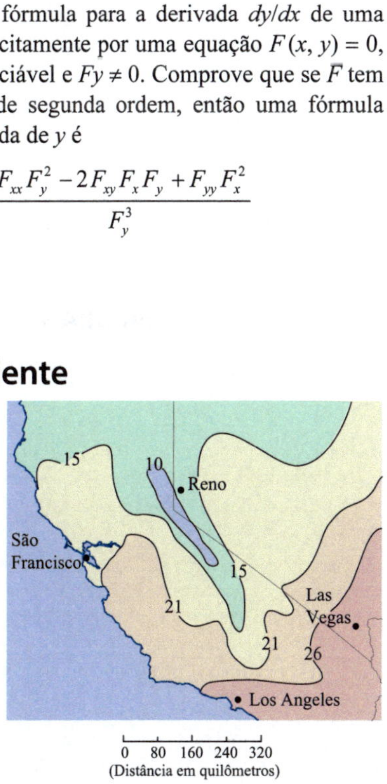

FIGURA 1

Derivadas Direcionais

Lembremo-nos de que, se $z = f(x, y)$, as derivadas parciais f_x e f_y são definidas como

1
$$f_x(x_0, y_0) = \lim_{h \to 0} \frac{f(x_0 + h, y_0) - f(x_0, y_0)}{h}$$
$$f_y(x_0, y_0) = \lim_{h \to 0} \frac{f(x_0, y_0 + h) - f(x_0, y_0)}{h}$$

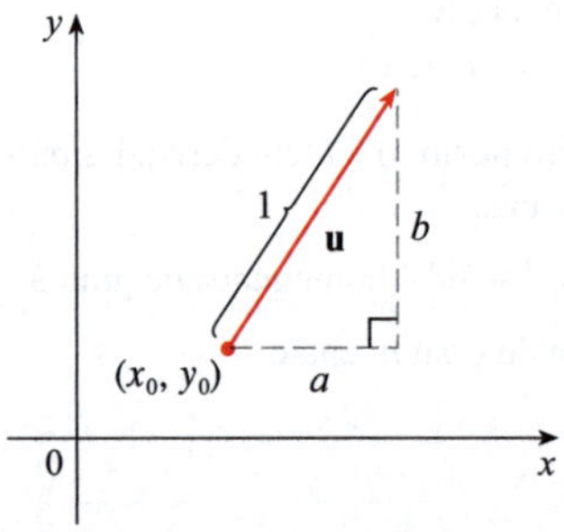

FIGURA 2
Um vetor unitário $\mathbf{u} = \langle a, b \rangle$

e representam as taxas de mudança de z nas direções x e y, ou seja, na direção dos vetores de unidade **i** e **j**.

Suponha que queiramos determinar a taxa de variação de z em (x_0, y_0) na direção de um vetor unitário arbitrário $\mathbf{u} = \langle a, b \rangle$. (Veja a Figura 2.) Para fazê-lo, devemos considerar a superfície S com equação $z = f(x, y)$ (gráfico de f) e tomar $z_0 = f(x_0, y_0)$. Então, o ponto $P(x_0, y_0, z_0)$ está em S. O plano vertical que passa por P na direção de **u** intercepta S em uma curva C. (Veja a Figura 3.) A inclinação da reta tangente T a C em P é a taxa de variação de z na direção de **u**.

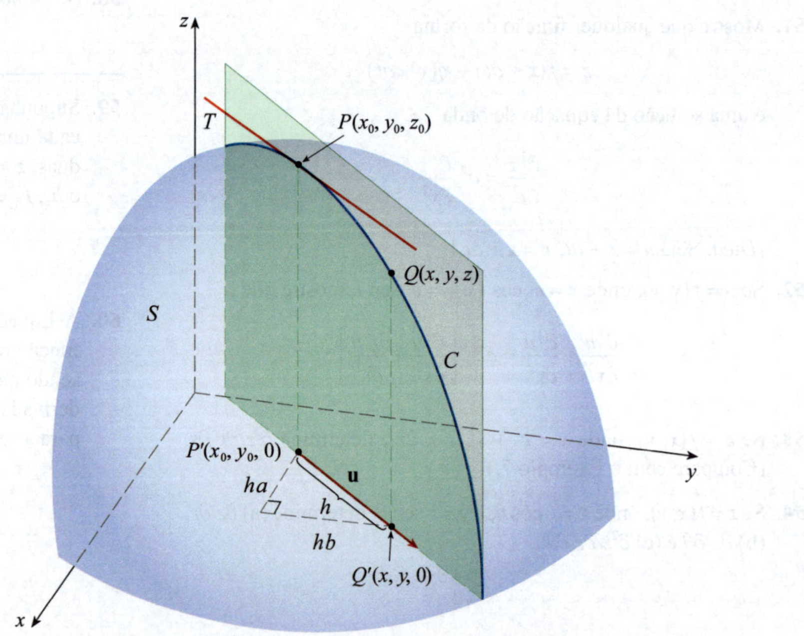

FIGURA 3

Se $Q(x, y, z)$ é outro ponto sobre C e P', Q' são as projeções de P, Q sobre o plano xy, então o vetor $\overrightarrow{P'Q'}$ é paralelo a **u** e, portanto,

$$\overrightarrow{P'Q'} = h\mathbf{u} = \langle ha, hb \rangle$$

para alguma escalar h. Logo, $x - x_0 = ha$, $y - y_0 = hb$, portanto, $x = x_0 + ha$, $y = y_0 + hb$, e

$$\frac{\Delta z}{h} = \frac{z - z_0}{h} = \frac{f(x_0 + ha, y_0 + hb) - f(x_0, y_0)}{h}$$

Se tomarmos o limite quando $h \to 0$, obteremos a taxa de variação de z na direção de **u**, que é chamada derivada direcional de f na direção e sentido de **u**.

2 Definição A **derivada direcionada** de f em (x_0, y_0) na direção do vetor unitário $\mathbf{u} = \langle a, b \rangle$ é

$$D_{\mathbf{u}} f(x_0, y_0) = \lim_{h \to 0} \frac{f(x_0 + ha, y_0 + hb) - f(x_0, y_0)}{h}$$

se esse limite existir.

Comparando a Definição 2 com as Equações (1), vemos que, se $\mathbf{u} = \mathbf{i} = \langle 1, 0 \rangle$, então $D_{\mathbf{i}} f = f_x$ e se $\mathbf{u} = \mathbf{j} = \langle 0, 1 \rangle$, então $D_{\mathbf{j}} f = f_y$. Em outras palavras, as derivadas parciais de f relacionadas a x e y são apenas casos especiais da derivada direcional.

EXEMPLO 1 Use o mapa climático na Figura 1 para estimar o valor da derivada direcional da função da temperatura em Reno na direção sudoeste.

SOLUÇÃO Começamos traçando um segmento de reta que passa por Reno e está voltado para o sudeste [na direção de $\mathbf{u} = (\mathbf{i} - \mathbf{j})/\sqrt{2}$; veja a Figura 4].

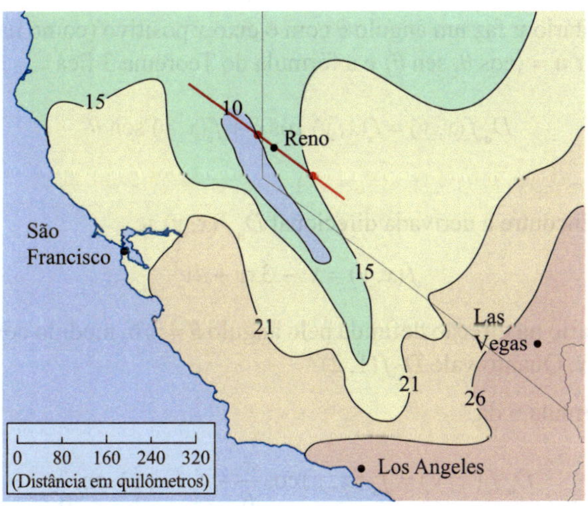

FIGURA 4

Aproximamos a derivada direcional $D_{\mathbf{u}}T$ pela taxa média da variação da temperatura entre os pontos onde essa linha intercepta as isotérmicas $T = 10$ e $T = 15$. A temperatura no ponto sudeste de Reno é $T = 15$ °C e a temperatura no ponto nordeste de Reno é $T = 10$ °C. A distância entre esses pontos parece ser aproximadamente de 120 km. Portanto, a taxa de variação da temperatura na direção sudeste é

$$D_{\mathbf{u}}T \approx \frac{15 - 10}{120} = \frac{1}{24} \approx 0{,}04 \text{ °C/km}$$ ■

Quando calculamos a derivada direcional de uma função definida por uma fórmula, geralmente usamos o seguinte teorema:

3 Teorema Se f é uma função diferenciável de x e y, então f tem derivada direcional na direção de qualquer vetor $\mathbf{u} = \langle a, b \rangle$ e

$$D_{\mathbf{u}} f(x, y) = f_x(x, y)\,a + f_y(x, y)\,b$$

DEMONSTRAÇÃO Se definirmos uma função g de uma única variável h por

$$g(h) = f(x_0 + ha, y_0 + hb)$$

então, pela definição de derivada direcional, temos

4
$$g'(0)=\lim_{h\to 0}\frac{g(h)-g(0)}{h}=\lim_{h\to 0}\frac{f(x_0+ha,y_0+hb)-f(x_0,y_0)}{h}$$
$$=D_{\mathbf{u}}f(x_0,y_0)$$

Por outro lado, podemos escrever $g(h) = f(x, y)$, onde $x = x_0 + ha$, $y = y_0 + hb$, e, pelo Caso 1 da Regra da Cadeia (Teorema 14.5.1), vem

$$g'(h)=\frac{\partial f}{\partial x}\frac{dx}{dh}+\frac{\partial f}{\partial y}\frac{dy}{dh}=f_x(x,y)a+f_y(x,y)b$$

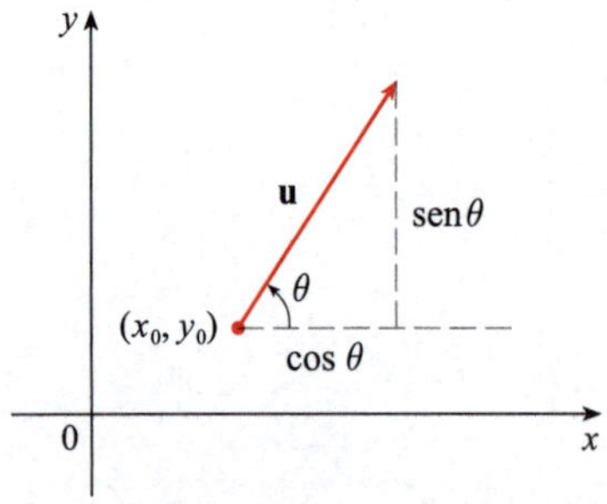

FIGURA 5
Um vetor unitário $\mathbf{u} = \langle \cos\theta, \text{sen}\,\theta\rangle$

Se tomarmos $h = 0$, então $x = x_0$, $y = y_0$, e

5
$$g'(0)=f_x(x_0,y_0)\,a+f_y(x_0,y_0)\,b$$

Comparando as Equações 4 e 5, vemos que

$$D_{\mathbf{u}}f(x_0,y_0)=f_x(x_0,y_0)\,a+f_y(x_0,y_0)\,b$$ ■

Se o vetor unitário **u** faz um ângulo θ com o eixo x positivo (como na Figura 5), então podemos escrever $\mathbf{u} = \langle \cos\theta, \text{sen}\,\theta\rangle$ e a fórmula do Teorema 3 fica

6
$$D_{\mathbf{u}}f(x,y)=f_x(x,y)\cos\theta+f_y(x,y)\,\text{sen}\,\theta$$

A derivada direcional $D_{\mathbf{u}}f(1, 2)$ no Exemplo 2 representa a taxa de variação de z na direção de **u**. Isso é a inclinação da reta da tangente para a curva de intersecção da superfície $z = x^3 - 3xy + 4y^2$ e o plano vertical por $(1, 2, 0)$ na direção de **u** mostrado na Figura 6.

EXEMPLO 2 Encontre a derivada direcional $D_{\mathbf{u}}f(x, y)$ se

$$f(x,y)=x^3-3xy+4y^2$$

e **u** é o vetor unitário na direção definida pelo ângulo $\theta = \pi/6$, medido com relação à parte positiva do eixo x. Quanto vale $D_{\mathbf{u}}f(1, 2)$?

SOLUÇÃO A Fórmula 6 dá

$$D_{\mathbf{u}}f(x,y)=f_x(x,y)\cos\frac{\pi}{6}+f_y(x,y)\,\text{sen}\frac{\pi}{6}$$
$$=(3x^2-3y)\frac{\sqrt{3}}{2}+(-3x+8y)\frac{1}{2}$$
$$=\tfrac{1}{2}\left[3\sqrt{3}x^2-3x+\left(8-3\sqrt{3}\right)y\right]$$

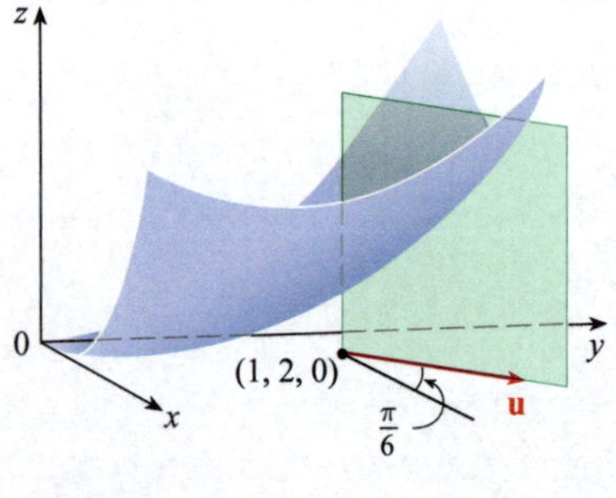

FIGURA 6

Portanto,

$$D_{\mathbf{u}}f(1,2)=\tfrac{1}{2}\left[3\sqrt{3}(1)^2-3(1)+\left(8-3\sqrt{3}\right)(2)\right]=\frac{13-3\sqrt{3}}{2}$$ ■

■ O Vetor Gradiente

Observe no Teorema 3 que a derivada direcional de uma função diferenciável pode ser escrita como o produto escalar de dois vetores:

7
$$D_{\mathbf{u}}f(x,y)=f_x(x,y)a+f_y(x,y)b$$
$$=\langle f_x(x,y),f_y(x,y)\rangle\cdot\langle a,b\rangle$$
$$=\langle f_x(x,y),f_y(x,y)\rangle\cdot\mathbf{u}$$

O primeiro vetor no produto escalar ocorre não somente no cômputo da derivada direcional, mas também em muitas outras situações. Assim, daremos a ele um nome especial (o *gradiente* de f) e uma notação especial (**grad** f ou ∇f, que lemos "del f").

8 Definição Se f é uma função de duas variáveis x e y, então o **gradiente** de f é a função vetorial f definida por

$$\nabla f(x,y)=\langle f_x(x,y), f_y(x,y)\rangle=\frac{\partial f}{\partial x}\mathbf{i}+\frac{\partial f}{\partial y}\mathbf{j}$$

EXEMPLO 3 Se $f(x, y) = \text{sen}\, x + e^{xy}$, então

$$\nabla f(x,y)=\langle f_x, f_y\rangle=\langle \cos x + ye^{xy}, xe^{xy}\rangle$$

e $$\nabla f(0,1)=\langle 2, 0\rangle$$ ■

Com a notação de vetor gradiente, podemos reescrever a Equação 7 para a derivada direcional de uma função diferenciável como

9 $$D_{\mathbf{u}}f(x,y)=\nabla f(x,y)\cdot\mathbf{u}$$

Isso expressa a derivada direcional na direção de **u** como a projeção escalar do vetor gradiente sobre **u**.

EXEMPLO 4 Determine a derivada direcional da função $f(x, y) = x^2y^3 - 4y$ no ponto $(2, -1)$ na direção do vetor $\mathbf{v} = 2\mathbf{i} + 5\mathbf{j}$.

SOLUÇÃO Primeiramente, vamos calcular o vetor gradiente em $(2, -1)$:

$$\nabla f(x,y) = 2xy^3\,\mathbf{i} + (3x^2y^2 - 4)\mathbf{j}$$
$$\nabla f(2,-1) = -4\mathbf{i} + 8\mathbf{j}$$

Observe que **v** não é um vetor unitário, mas, como $|\mathbf{v}|=\sqrt{29}$, o vetor unitário na direção de **v** é

$$\mathbf{u}=\frac{\mathbf{v}}{|\mathbf{v}|}=\frac{2}{\sqrt{29}}\mathbf{i}+\frac{5}{\sqrt{29}}\mathbf{j}$$

Portanto, pela Equação 9, temos

$$D_{\mathbf{u}}f(2,-1)=\nabla f(2,-1)\cdot\mathbf{u}=(-4\mathbf{i}+8\mathbf{j})\cdot\left(\frac{2}{\sqrt{29}}\mathbf{i}+\frac{5}{\sqrt{29}}\mathbf{j}\right)$$

e $$=\frac{-4\cdot 2+8\cdot 5}{\sqrt{29}}=\frac{32}{\sqrt{29}}$$ ■

O vetor gradiente $\nabla f(2, -1)$ do Exemplo 4 é mostrado na Figura 7 com ponto inicial $(2, -1)$. Também é mostrado o vetor **v**, que dá a direção da derivada direcional. Ambos os vetores estão sobrepostos ao mapa de contorno do gráfico de f.

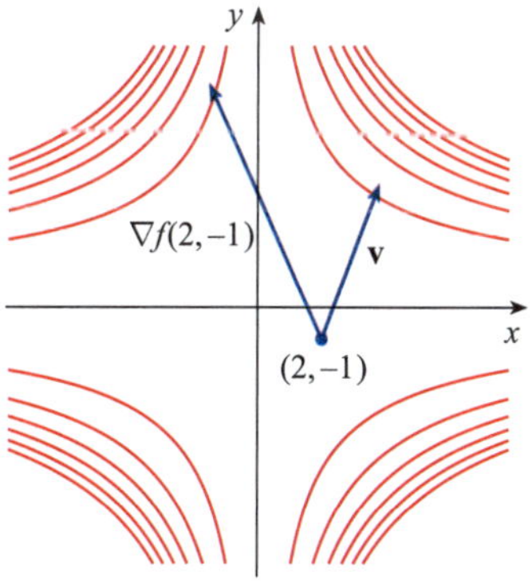

FIGURA 7

Funções de Três Variáveis

Para as funções de três variáveis podemos definir derivadas direcionais de modo semelhante. Novamente, $D_{\mathbf{u}}f(x, y, z)$ pode ser interpretado como a taxa de variação da função na direção de um vetor unitário **u**.

10 Definição A **derivada direcionada** de f em (x_0, y_0, z_0) na direção do vetor unitário $\mathbf{u} - \langle a, b, c\rangle$ é

$$D_{\mathbf{u}}f(x_0,y_0,z_0)=\lim_{h\to 0}\frac{f(x_0+ha, y_0+hb, z_0+hc)-f(x_0,y_0,z_0)}{h}$$

se esse limite existir.

Se usarmos a notação vetorial, poderemos escrever tanto a definição (2) quanto a (10) da derivada direcional na forma compacta

11 $$D_{\mathbf{u}} f(\mathbf{x}_0) = \lim_{h \to 0} \frac{f(\mathbf{x}_0 + h\mathbf{u}) - f(\mathbf{x}_0)}{h}$$

onde $\mathbf{x}_0 = \langle x_0, y_0 \rangle$ se $n = 2$ e $\mathbf{x}_0 = \langle x_0, y_0, z_0 \rangle$ se $n = 3$. Isso era esperado, porque a equação vetorial da reta que passa por $\mathbf{x}_0$ na direção do vetor $\mathbf{u}$ é dada por $\mathbf{x} = \mathbf{x}_0 + t\mathbf{u}$ (Equação 12.5.1), e, portanto, $f(\mathbf{x}_0 + h\mathbf{u})$ representa o valor de f em um ponto dessa reta.

Se $f(x, y, z)$ for diferenciável e $\mathbf{u} = \langle a, b, c \rangle$, então o mesmo método usado na demonstração do Teorema 3 pode ser usado para mostrar que

12 $$D_{\mathbf{u}} f(x, y, z) = f_x(x, y, z)a + f_y(x, y, z)b + f_z(x, y, z)c$$

Para uma função f de três variáveis, o **vetor gradiente**, denotado por ∇f ou **grad** f, é

$$\nabla f(x, y, z) = \langle f_x(x, y, z), f_y(x, y, z), f_z(x, y, z) \rangle$$

ou, de modo mais abreviado,

13 $$\nabla f = \langle f_x, f_y, f_z \rangle = \frac{\partial f}{\partial x}\mathbf{i} + \frac{\partial f}{\partial y}\mathbf{j} + \frac{\partial f}{\partial z}\mathbf{k}$$

Então, como para as funções de duas variáveis, a Fórmula 12 para a derivada direcional pode ser reescrita como

14 $$D_{\mathbf{u}} f(x, y, z) = \nabla f(x, y, z) \cdot \mathbf{u}$$

EXEMPLO 5 Se $f(x, y, z) = x \operatorname{sen} yz$, (a) determine o gradiente de f e (b) determine a derivada direcional de f em $(1, 3, 0)$ na direção de $\mathbf{v} = \mathbf{i} + 2\mathbf{j} - \mathbf{k}$.

SOLUÇÃO

(a) O gradiente de f é

$$\begin{aligned} \nabla f(x, y, z) &= \langle f_x(x, y, z), f_y(x, y, z), f_z(x, y, z) \rangle \\ &= \langle \operatorname{sen} yz, xz \cos yz, xy \cos yz \rangle \end{aligned}$$

(b) No ponto $(1, 3, 0)$ temos $\nabla f(1, 3, 0) = \langle 0, 0, 3 \rangle$. O vetor unitário na direção de $\mathbf{v} = \mathbf{i} + 2\mathbf{j} - \mathbf{k}$ é

$$\mathbf{u} = \frac{1}{\sqrt{6}}\mathbf{i} + \frac{2}{\sqrt{6}}\mathbf{j} - \frac{1}{\sqrt{6}}\mathbf{k}$$

Portanto, da Equação 14, vem

$$\begin{aligned} D_{\mathbf{u}} f(1, 3, 0) &= \nabla f(1, 3, 0) \cdot \mathbf{u} \\ &= 3\mathbf{k} \cdot \left(\frac{1}{\sqrt{6}}\mathbf{i} + \frac{2}{\sqrt{6}}\mathbf{j} - \frac{1}{\sqrt{6}}\mathbf{k} \right) \\ &= 3\left(-\frac{1}{\sqrt{6}} \right) = -\sqrt{\frac{3}{2}} \end{aligned}$$

■

Maximizando a Derivada Direcional

Suponha que tenhamos uma função f de duas ou três variáveis e consideremos todas as derivadas direcionais possíveis de f em um ponto determinado. Isso nos dará a taxa de variação de f em todas as direções possíveis. Podemos então perguntar: em qual dessas direções f varia mais rapidamente e qual a taxa máxima de variação? A resposta a essas perguntas é dada pelo seguinte teorema.

15 Teorema Suponha que f seja uma função diferenciável de duas ou três variáveis. O valor máximo da derivada direcional $D_{\mathbf{u}}f(\mathbf{x})$ é $|\nabla f(\mathbf{x})|$ ocorre quando $\mathbf{u}$ tem a mesma direção do vetor gradiente $\nabla f(\mathbf{x})$.

DEMONSTRAÇÃO Da Equação 9 ou 14, e usando o Teorema 12.3.3, temos

$$D_{\mathbf{u}}f = \nabla f \cdot \mathbf{u} = |\nabla f|\,|\mathbf{u}|\cos\theta = |\nabla f|\cos\theta$$

onde θ é o ângulo entre ∇f e $\mathbf{u}$. O valor máximo de $\cos\theta$ é 1 e isso ocorre quando $\theta = 0$. Logo, o valor máximo de $D_{\mathbf{u}}f$ é $|\nabla f|$ e ocorre quando $\theta = 0$, ou seja, quando $\mathbf{u}$ tem a mesma direção que ∇f. ■

EXEMPLO 6

(a) Se $f(x, y) = xe^y$, determine a taxa de variação de f no ponto $P(2, 0)$ na direção de P a $Q(\frac{1}{2}, 2)$.

(b) Em que direção f tem a máxima taxa de variação? Qual é a máxima taxa de variação?

SOLUÇÃO

(a) Primeiro calcularemos o vetor gradiente:

$$\nabla f(x, y) = \langle f_x, f_y \rangle = \langle e^y, xe^y \rangle$$

$$\nabla f(2, 0) = \langle 1, 2 \rangle$$

O vetor unitário na direção $\overrightarrow{PQ} = \langle -\frac{3}{2}, 2 \rangle$ é $\mathbf{u} = \langle -\frac{3}{5}, \frac{4}{5} \rangle$, logo a taxa de variação de f na direção que vai de P a Q é

$$D_{\mathbf{u}}f(2, 0) = \nabla f(2, 0) \cdot \mathbf{u} = \langle 1, 2 \rangle \cdot \langle -\tfrac{3}{5}, \tfrac{4}{5} \rangle = 1$$

(b) De acordo com o Teorema 15, f aumenta mais depressa na direção do gradiente $\nabla f(2, 0) = \langle 1, 2 \rangle$. A taxa máxima de variação é

$$|\nabla f(2, 0)| = |\langle 1, 2 \rangle| = \sqrt{5}$$ ■

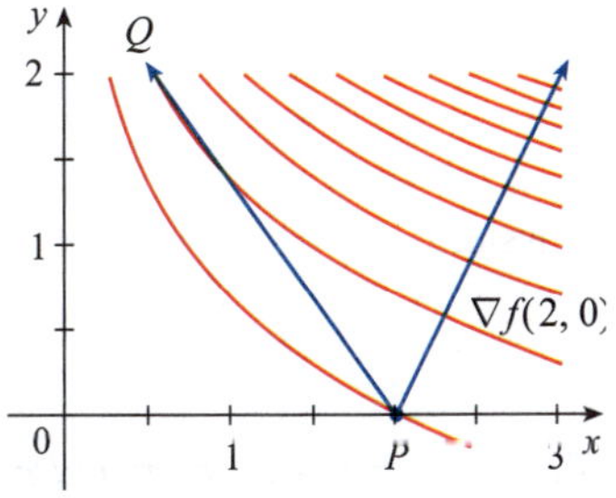

FIGURA 8

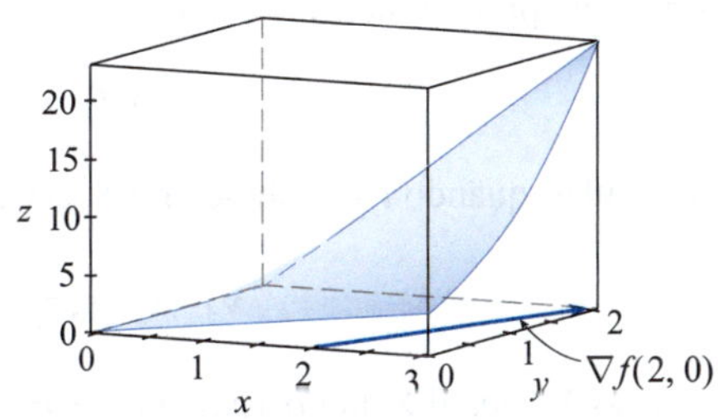

FIGURA 9

Em (2, 0) a função no Exemplo 6 aumenta mais rápido na direção do vetor gradiente $\nabla f(2, 0) = \langle 1, 2 \rangle$. Na Figura 8 observe que esse vetor parece ser perpendicular à curva de nível que passa por (2, 0). A Figura 9 mostra o gráfico de f e o vetor gradiente.

EXEMPLO 7 Suponha que a temperatura em um ponto (x, y, z) do espaço seja dada por $T(x, y, z) = 80/(1 + x^2 + 2y^2 + 3z^2)$, onde T é medida em graus Celsius e x, y e z em metros.

Em que direção no ponto (1, 1, –2) a temperatura aumenta mais rapidamente? Qual é a taxa máxima de aumento?

SOLUÇÃO O gradiente de T é

$$\nabla T = \frac{\partial T}{\partial x}\mathbf{i} + \frac{\partial T}{\partial y}\mathbf{j} + \frac{\partial T}{\partial z}\mathbf{k}$$

$$= -\frac{160x}{(1+x^2+2y^2+3z^2)^2}\mathbf{i} - \frac{320y}{(1+x^2+2y^2+3z^2)^2}\mathbf{j} - \frac{480z}{(1+x^2+2y^2+3z^2)^2}\mathbf{k}$$

$$= \frac{160x}{(1+x^2+2y^2+3z^2)^2}(-x\,\mathbf{i} - 2y\,\mathbf{j} - 3z\,\mathbf{k})$$

No ponto (1, 1, –2), o vetor gradiente é

$$\nabla T(1, 1, -2) = \tfrac{160}{256}(-\mathbf{i} - 2\,\mathbf{j} + 6\mathbf{k}) = \tfrac{5}{8}(-\mathbf{i} - 2\mathbf{j} + 6\mathbf{k})$$

Pelo Teorema 15, a temperatura aumenta mais rapidamente na direção do vetor gradiente $\nabla T(1, 1, -2) = \frac{5}{8}(-\mathbf{i} - 2\mathbf{j} + 6\mathbf{k})$ ou, de forma equivalente, na direção de $-\mathbf{i} - 2\mathbf{j} + 6\mathbf{k}$ ou o vetor unitário $(-\mathbf{i} - 2\mathbf{j} + 6\mathbf{k})/\sqrt{41}$. A taxa máxima de aumento é o módulo do vetor gradiente

$$|\nabla T(1, 1, -2)| = \tfrac{5}{8}|-\mathbf{i} - 2\mathbf{j} + 6\mathbf{k}| = \tfrac{5}{8}\sqrt{41}$$

Portanto, a taxa máxima de aumento da temperatura é $\frac{5}{8}\sqrt{41} \approx 4\,°\text{C/m}$. ■

Planos Tangente às Superfícies de Nível

Suponha que S seja a superfície com a equação $F(x, y, z) = k$, ou seja, uma superfície de nível de uma função F de três variáveis, e seja $P(x_0, y_0, z_0)$ um ponto em S. Seja C qualquer curva na superfície S e que passe pelo ponto P. Lembremo-nos da Seção 13.1 em que a curva C é descrita por uma função vetorial contínua $\mathbf{r}(t) = \langle x(t), y(t), z(t)\rangle$. Seja t_0 o valor do parâmetro correspondente ao ponto P; ou seja, $\mathbf{r}(t_0) = \langle x_0, y_0, z_0\rangle$. Como C pertence a S, qualquer ponto $(x(t), y(t), z(t))$ precisa satisfazer a equação de S, ou seja,

16 $$F(x(t), y(t), z(t)) = k$$

Se x, y e z são funções diferenciáveis de t e F é também diferenciável, então podemos usar a Regra da Cadeia para diferenciar ambos os lados da Equação 16 como se segue:

17 $$\frac{\partial F}{\partial x}\frac{dx}{dt} + \frac{\partial F}{\partial y}\frac{dy}{dt} + \frac{\partial F}{\partial z}\frac{dz}{dt} = 0$$

Mas, já que $\nabla F = \langle F_x, F_y, F_z\rangle$ e $\mathbf{r}'(t) = \langle x'(t), y'(t), z'(t)\rangle$, a Equação 17 pode ser escrita em termos de produto notável como

$$\nabla F \cdot \mathbf{r}'(t) = 0$$

Em particular, quando $t = t_0$, temos $\mathbf{r}(t_0) = \langle x_0, y_0, z_0\rangle$, e assim

18 $$\nabla F(x_0, y_0, z_0) \cdot \mathbf{r}'(t_0) = 0$$

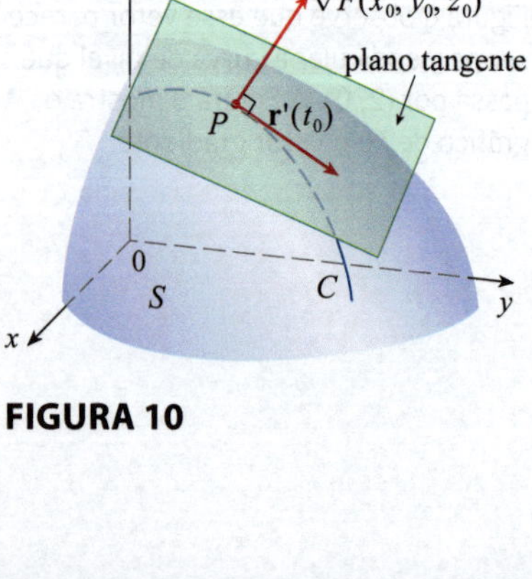

FIGURA 10

A Equação 18 nos diz que *o vetor gradiente em P, $\nabla F(x_0, y_0, z_0)$, é perpendicular ao vetor tangente $\mathbf{r}'(t_0)$ a qualquer curva C em S que passe por P.* (Veja Figura 10.) Se $\nabla F(x_0, y_0, z_0) \neq \mathbf{0}$, é natural definir o **plano tangente à superfície de nível** $F(x, y, z) = k$ **em** $P(x_0, y_0, z_0)$ como o plano que passa por P e tem vetor normal $\nabla F(x_0, y_0, z_0)$. Utilizando a equação geral do plano (Equação 12.5.7), podemos escrever a equação do plano tangente como

19 $$F_x(x_0, y_0, z_0)(x - x_0) + F_y(x_0, y_0, z_0)(y - y_0) + F_z(x_0, y_0, z_0)(z - z_0) = 0$$

A **reta normal** a S em P é a reta que passa através de P e perpendicular ao plano tangente. A direção da reta normal é, portanto, dada pelo vetor gradiente $\nabla F(x_0, y_0, z_0)$ e, assim, pela Equação 12.5.3, suas equações simétricas são

20 $$\frac{x - x_0}{F_x(x_0, y_0, z_0)} = \frac{y - y_0}{F_y(x_0, y_0, z_0)} = \frac{z - z_0}{F_z(x_0, y_0, z_0)}$$

EXEMPLO 8 Determine as equações do plano tangente e da reta normal no ponto (–2, 1, –3) ao elipsoide

$$\frac{x^2}{4} + y^2 + \frac{z^2}{9} = 3$$

A Figura 11 mostra o elipsoide, o plano tangente e a reta normal do Exemplo 8.

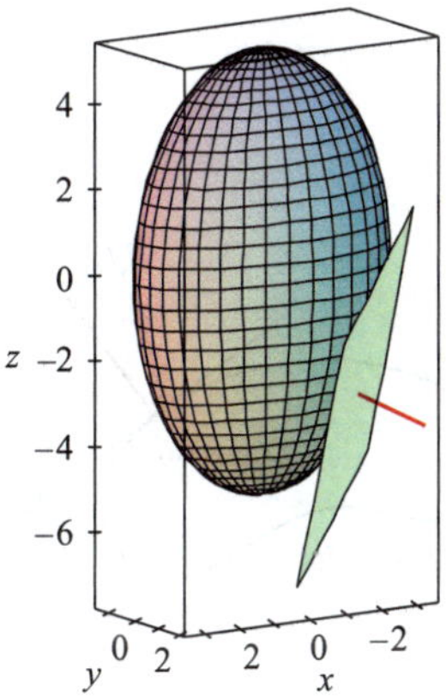

FIGURA 11

SOLUÇÃO O elipsoide é a superfície de nível (com $k = 3$) da função

$$F(x, y, z) = \frac{x^2}{4} + y^2 + \frac{z^2}{9}$$

Portanto, temos

$$F_x(x, y, z) = \frac{x}{2} \qquad F_y(x, y, z) = 2y \qquad F_z(x, y, z) = \frac{2z}{9}$$

$$F_x(-2, 1, -3) = -1 \qquad F_y(-2, 1, -3) = 2 \qquad F_z(-2, 1, -3) = -\tfrac{2}{3}$$

Então, da Equação 19, temos que a equação do plano tangente no ponto (–2, 1, –3) é

$$-1(x + 2) + 2(y - 1) - \tfrac{2}{3}(z + 3) = 0$$

que pode ser simplificada para $3x - 6y + 2z + 18 = 0$.

Pela Equação 20, as equações simétricas da reta normal são

$$\frac{x + 2}{-1} = \frac{y - 1}{2} = \frac{z + 3}{-\frac{2}{3}}$$ ■

No caso particular em que a equação de uma superfície S tem a forma $z = f(x, y)$ (ou seja, S é o gráfico de uma função de duas variáveis, f), podemos reescrever a equação como

$$F(x, y, z) = f(x, y) - z = 0$$

e considerar que S é uma superfície de nível (com $k = 0$) de F. Nesse caso,

$$F_x(x_0, y_0, z_0) = f_x(x_0, y_0)$$

$$F_y(x_0, y_0, z_0) = f_y(x_0, y_0)$$

$$F_z(x_0, y_0, z_0) = -1$$

de modo que a Equação 19 se torna

$$f_x(x_0, y_0)(x - x_0) + f_y(x_0, y_0)(y - y_0) - (z - z_0) = 0$$

que é equivalente à Equação 14.4.2. Assim, nossa nova definição de plano tangente, além de mais geral, é consistente com a definição fornecida para o caso particular da Seção 14.4.

EXEMPLO 9 Determine o plano tangente à superfície $z = 2x^2 + y^2$ no ponto (1, 1, 3).

SOLUÇÃO A superfície $z = 2x^2 + y^2$ ou, de forma equivalente, $2x^2 + y^2 - z = 0$ é uma superfície de nível (com $k = 0$) da função

$$F(x, y, z) = 2x^2 + y^2 - z$$

Logo,

$$F_x(x, y, z) = 4x \qquad F_y(x, y, z) = 2y \qquad F_z(x, y, z) = -1$$

$$F_x(1, 1, 3) = 4 \qquad F_y(1, 1, 3) = 2 \qquad F_z(1, 1, 3) = -1$$

Compare a solução do Exemplo 9 com a do Exemplo 14.4.1.

Segundo a Equação 19, a equação do plano tangente em (1, 1, 3) é

$$4(x - 1) + 2(y - 1) - (z - 3) = 0$$

que pode ser escrita de forma simplificada como $z = 4x + 2y - 3$. ■

Importância do Vetor Gradiente

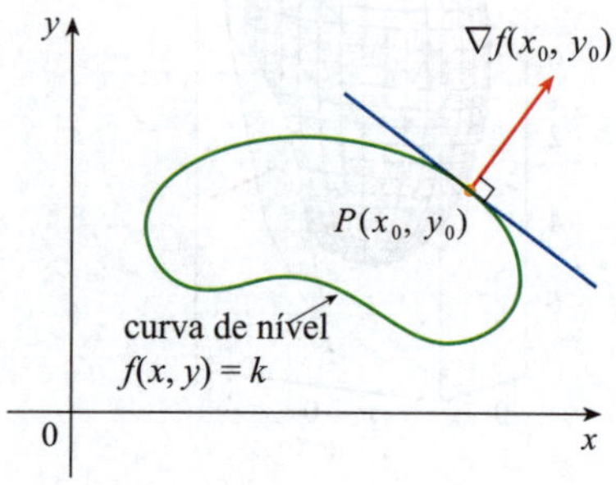

FIGURA 12

Primeiro, consideramos uma função f de três variáveis e um ponto $P(x_0, y_0, z_0)$ em seu domínio. Por um lado, sabemos do Teorema 15 que o vetor gradiente $\nabla f(x_0, y_0, z_0)$ dá a direção de um aumento mais rápido de f. Por outro, sabemos que $\nabla f(x_0, y_0, z_0)$ é ortogonal à superfície de nível S de f em P. (Consulte a Figura 10.) Essas duas propriedades são compatíveis intuitivamente porque, quando nos afastamos de P em uma superfície de nível S, o valor da função f não se altera. Parece razoável que, se nos movermos em uma direção perpendicular, obteremos o maior aumento.

De maneira semelhante, consideramos uma função f de duas variáveis e um ponto $P(x_0, y_0)$ em seu domínio. Novamente, o vetor gradiente $\nabla f(x_0, y_0)$ dá a direção de um aumento mais rápido de f. Da mesma forma, pelas considerações semelhantes à nossa discussão dos planos tangentes, pode ser mostrado que $\nabla f(x_0, y_0)$ é perpendicular à curva de nível $f(x, y) = k$ que passa por P. Mais uma vez, isso é intuitivamente plausível porque os valores de f continuam constantes à medida que movemos ao longo da curva. (Veja a Figura 12.)

Agora, vamos resumir as maneiras pelas quais o vetor de gradiente é significativo.

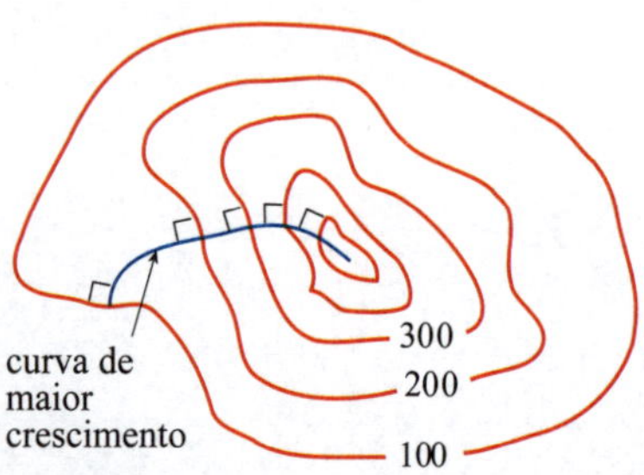

FIGURA 13

Propriedades do Vetor Gradiente Seja f uma função diferenciável de duas ou três variáveis e suponha que $\nabla f(\mathbf{x}) \neq \mathbf{0}$.

- A derivada direcional de f em $\mathbf{x}$, na direção de um vetor unitário $\mathbf{u}$, é dada por $D_{\mathbf{u}} f(\mathbf{x}) = \nabla f(\mathbf{x}) \cdot \mathbf{u}$.
- $\nabla f(\mathbf{x})$ aponta na direção em que a taxa de crescimento de f em $\mathbf{x}$ é máxima e essa taxa máxima de variação é igual a $|\nabla f(\mathbf{x})|$.
- $\nabla f(\mathbf{x})$ é perpendicular à curva ou à superfície de nível de f em $\mathbf{x}$.

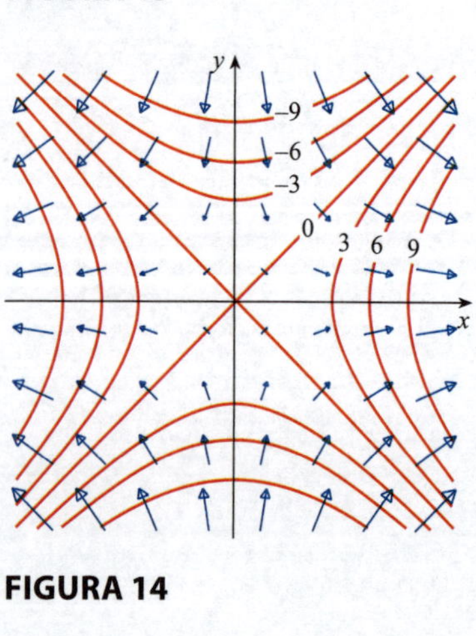

FIGURA 14

Se considerarmos um mapa topográfico de um morro e se $f(x, y)$ representar a altura acima do nível do mar do ponto de coordenadas (x, y), então a curva de aclive máximo pode ser desenhada como na Figura 13, fazendo-a perpendicular a todas as curvas de contorno. Esse fenômeno pode ser observado na Figura 14.1.12, na qual Lonesome Creek segue a curva de declive máximo.

Os sistemas de computação algébrica têm comandos que traçam alguns vetores gradientes. Cada vetor gradiente $\nabla f(a, b)$ é traçado partindo-se do ponto (a, b). A Figura 14 mostra esse gráfico (chamado *campo de vetor gradiente*) para a função $f(x, y) = x^2 - y^2$ sobreposto a um mapa de contornos de f. Como esperado, os vetores gradientes apontam na direção "ladeira acima" e são perpendiculares às curvas de nível.

14.6 | Exercícios

1. As curvas de nível da pressão barométrica (em milibares) são mostradas para as 6 horas da manhã de um dia de novembro. Uma baixa profunda com 972 mb de pressão está se movendo sobre o noroeste de Iowa. A distância ao longo da linha vermelha de K (Kearney, Nebraska) a S (Sioux City, Iowa) é 300 km. Estime o valor da derivada direcional da função pressão em Kearney na direção de Sioux City. Quais são as unidades da derivada direcional?

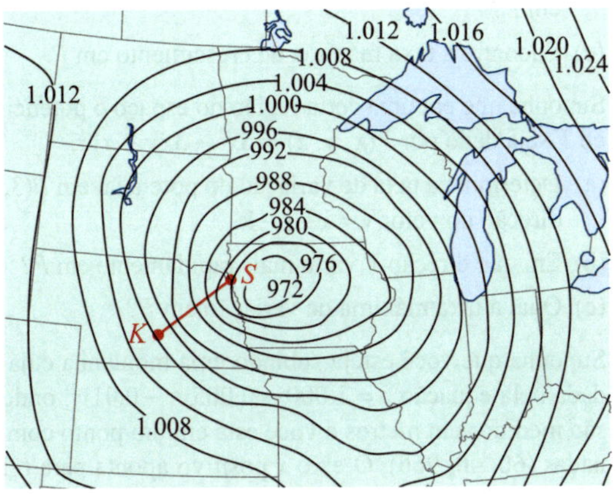

2. O mapa de contorno mostra a temperatura máxima média em novembro de 2004 (em °C). Estime o valor da derivada direcional da função da temperatura em Dubbo, New South Wales, na direção de Sydney. Quais são as unidades?

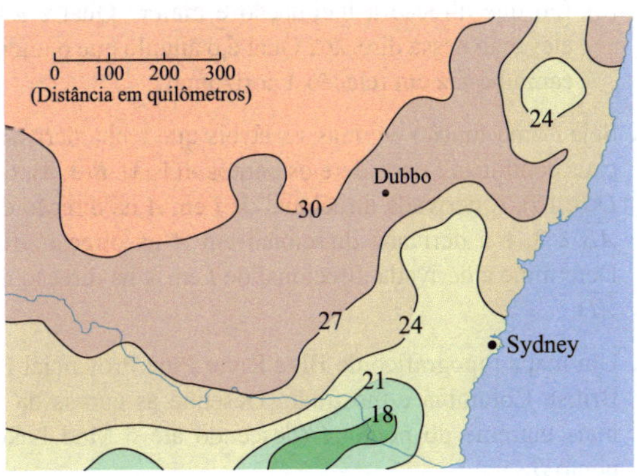

3. O índice de sensação térmica W é a temperatura aparente quando a temperatura real é T e a velocidade do vento é v, de modo que podemos escrever $W = f(T, v)$. A tabela de valores a seguir é um fragmento da Tabela 1 da Seção 14.1. Use a tabela para estimar o valor de $D_{\mathbf{u}}f(-20, 30)$, em que $\mathbf{u} = (\mathbf{i} + \mathbf{j})/\sqrt{2}$.

Velocidade do vento (km/h)

Temperatura real (°C) T \ v	20	30	40	50	60	70
−10	−18	−20	−21	−22	−23	−23
−15	−24	−26	−27	−29	−30	−30
−20	−30	−33	−34	−35	−36	−37
−25	−37	−39	−41	−42	−43	−44

4-7 Determine a derivada direcional de f no ponto dado e na direção indicada pelo ângulo θ.

4. $f(x, y) = xy^3 - x^2$, $(1, 2)$, $\theta = \pi/3$

5. $f(x, y) = y \cos(xy)$, $(0, 1)$, $\theta = \pi/4$

6. $f(x, y) = \sqrt{2x + 3y}$, $(3, 1)$, $\theta = -\pi/6$

7. $f(x, y) = \text{arctg}(xy)$, $(2, -3)$, $\theta = 3\pi/4$

8-12

(a) Determine o gradiente de f.

(b) Calcule o gradiente no ponto P.

(c) Determine a taxa de variação de f em P na direção do vetor $\mathbf{u}$.

8. $f(x, y) = x^2e^y$, $P(3, 0)$, $\mathbf{u} = \frac{1}{5}(3\mathbf{i} - 4\mathbf{j})$

9. $f(x, y) = x/y$, $P(2, 1)$, $\mathbf{u} = \frac{3}{5}\mathbf{i} - \frac{4}{5}\mathbf{j}$

10. $f(x, y) = x^2 \ln y$, $P(3, 1)$, $\mathbf{u} = -\frac{5}{13}\mathbf{i} + \frac{12}{13}\mathbf{j}$

11. $f(x, y, z) = x^2yz - xyz^3$, $P(2, -1, 1)$, $\mathbf{u} = \langle 0, \frac{4}{5}, -\frac{3}{5} \rangle$

12. $f(x, y, z) = y^2e^{xyz}$, $P(0, 1, -1)$, $\mathbf{u} = \langle \frac{3}{13}, \frac{4}{13}, \frac{12}{13} \rangle$

13-19 Determine a derivada direcional da função no ponto dado na direção do vetor $\mathbf{v}$.

13. $f(x, y) = e^x \operatorname{sen} y$, $(0, \pi/3)$, $\mathbf{v} = \langle -6, 8 \rangle$

14. $f(x, y) = \dfrac{x}{x^2 + y^2}$, $(1, 2)$, $\mathbf{v} = \langle 3, 5 \rangle$

15. $g(s, t) = s\sqrt{t}$, $(2, 4)$, $\mathbf{v} = 2\mathbf{i} - \mathbf{j}$

16. $g(u, v) = u^2e^{-v}$, $(3, 0)$, $\mathbf{v} = 3\mathbf{i} + 4\mathbf{j}$

17. $f(x, y, z) = x^2y + y^2z$, $(1, 2, 3)$, $\mathbf{v} = \langle 2, -1, 2 \rangle$

18. $f(x, y, z) = xy^2 \text{tg}^{-1} z$, $(2, 1, 1)$, $\mathbf{v} = \langle 1, 1, 1 \rangle$

19. $h(r, s, t) = \ln(3r + 6s + 9t)$, $(1, 1, 1)$, $\mathbf{v} = 4\mathbf{i} + 12\mathbf{j} + 6\mathbf{k}$

20. Use a figura para estimar $D_{\mathbf{u}}f(2, 2)$.

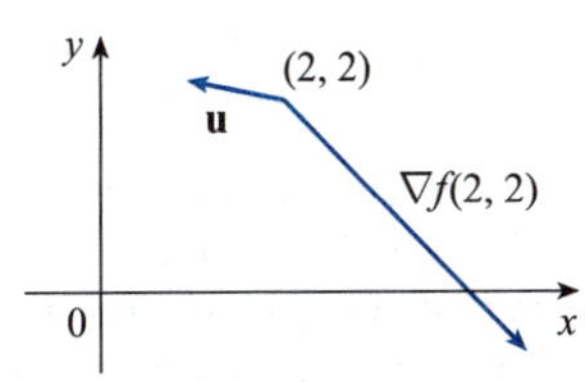

21-25 Determine a derivada direcional da função no ponto P, na direção do ponto Q.

21. $f(x, y) = x^2y^2 - y^3$, $P(1, 2)$, $Q(-3, 5)$

22. $f(x, y) = \dfrac{x}{y^2}$, $P(3, -1)$, $Q(-2, 11)$

23. $f(x, y) = \sqrt{xy}$, $P(2, 8)$, $Q(5, 4)$

24. $f(x, y, z) = xy^2z^3$, $P(2, 1, 1)$, $Q(0, -3, 5)$

25. $f(x, y, z) = xy - xy^2z^2$, $P(2, -1, 1)$, $Q(5, 1, 7)$

---

26. A figura mostra o mapa de contorno de uma função f. Nos pontos P, Q e R, trace uma seta que indique a direção do vetor gradiente.

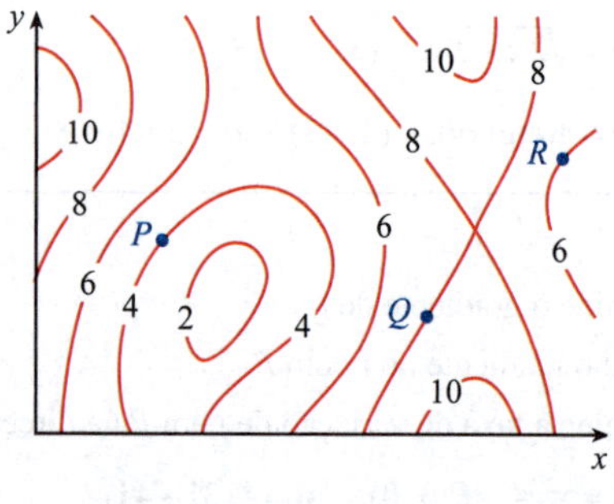

27-32 Determine a taxa de variação máxima de f no ponto dado e a direção em que isso ocorre.

27. $f(x, y) = 5xy^2$, $(3, -2)$

28. $f(s, t) = \dfrac{s}{s^2 + t^2}$, $(-1, 1)$

29. $f(x, y) = \text{sen}(xy)$, $(1, 0)$

30. $f(x, y, z) = x \ln(yz)$, $(1, 2, \frac{1}{2})$

31. $f(x, y, z) = x/(y + z)$, $(8, 1, 3)$

32. $f(p, q, r) = \text{arctg}(pqr)$, $(1, 2, 1)$

---

33. Direção de Decrescimento Mais Rápido

(a) Mostre que, em um ponto $\mathbf{x}$, uma função diferenciável f decresce mais rapidamente na direção oposta à do vetor gradiente, ou seja, na direção de $-\nabla f(\mathbf{x})$, e que a taxa máxima de decrescimento é $-|\nabla f(\mathbf{x})|$.

(b) Utilize o resultado do item (a) para determinar a direção na qual a função $f(x, y) = x^4y - x^2y^3$ decresce mais rapidamente no ponto $(2, -3)$. Qual é a taxa de decrescimento nesse caso?

34. Determine as direções em que a derivada direcional de $f(x, y) = x^2 + xy^3$ no ponto $(2, 1)$ tem o valor 2.

35. Determine todos os pontos nos quais a direção de maior variação da função $f(x, y) = x^2 + y^2 - 2x - 4y$ é $\mathbf{i} + \mathbf{j}$.

36. Próximo a uma boia, a profundidade de um lago com coordenadas (x, y) é $z = 200 + 0{,}02x^2 - 0{,}001y^3$, onde x, y e z são medidos em metros. Um pescador que está em um pequeno barco parte do ponto $(80, 60)$ em direção à boia, que está localizada no ponto $(0, 0)$. A água sob o barco está ficando mais profunda ou mais rasa quando ele começa a se mover? Explique.

37. A temperatura T em uma bola de metal é inversamente proporcional à distância do centro da bola, que tomamos como a origem. A temperatura no ponto $(1, 2, 2)$ é de 120°.

(a) Determine a taxa de variação de T em $(1, 2, 2)$ em direção ao ponto $(2, 1, 3)$.

(b) Mostre que em qualquer ponto da bola a direção de maior crescimento na temperatura é dada por um vetor que aponta para a origem.

38. A temperatura em um ponto (x, y, z) é dada por

$$T(x, y, z) = 200e^{-x^2 - 3y^2 - 9z^2}$$

onde T é medido em °C e x, y, z em metros.

(a) Determine a taxa de variação da temperatura no ponto $P(2, -1, 2)$ em direção ao ponto $(3, -3, 3)$.

(b) Qual é a direção de maior crescimento da temperatura em P?

(c) Encontre a taxa máxima de crescimento em P.

39. Suponha que em uma certa região do espaço o potencial elétrico V seja dado por $V(x, y, z) = 5x^2 - 3xy + xyz$.

(a) Determine a taxa de variação do potencial em $P(3, 4, 5)$ na direção do vetor $\mathbf{v} = \mathbf{i} + \mathbf{j} - \mathbf{k}$.

(b) Em que direção V varia mais rapidamente em P?

(c) Qual a taxa máxima de variação em P?

40. Suponha que você esteja subindo uma montanha cuja forma é dada pela equação $z = 1.000 - 0{,}005x^2 - 0{,}01y^2$, onde x, y e z são medidos em metros e você está em um ponto com coordenadas $(60, 40, 966)$. O eixo x positivo aponta para o leste e o eixo y positivo aponta para o norte.

(a) Se você andar exatamente para o Sul, começará a subir ou a descer? A que taxa?

(b) Se você caminhar em direção ao Noroeste, começará a subir ou a descer? A que taxa?

(c) Em que direção a inclinação é maior? Qual é a taxa de elevação nessa direção? Qual é o ângulo que o início desse caminho faz em relação à horizontal?

41. Seja f uma função de duas variáveis que tenha derivadas parciais contínuas e considere os pontos $A(1, 3)$, $B(3, 3)$, $C(1, 7)$ e $D(6, 15)$. A derivada direcional de f em A na direção do vetor $\overrightarrow{AB}$ é 3, e a derivada direcional em A na direção $\overrightarrow{AC}$ é 26. Determine a derivada direcional de f em A na direção do vetor $\overrightarrow{AD}$.

42. Um mapa topográfico de Blue River Pine Provincial Park em British Columbia é mostrado. Desenhe as curvas da descida mais íngreme do ponto A (descendo até o Mud Lake) e do ponto B.

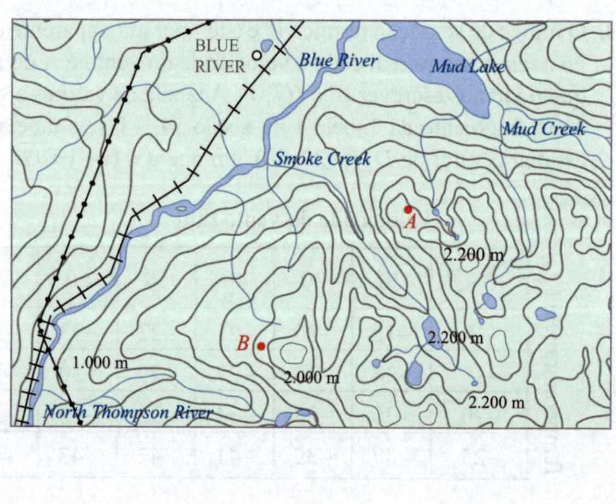

43. Mostre que a operação de calcular o gradiente de uma função tem a propriedade fornecida. Suponha que u e v sejam funções diferenciáveis de x e y e que a, b sejam constantes.

(a) $\nabla(au + bv) = a\,\nabla u + b\,\nabla v$

(b) $\nabla(uv) = u\,\nabla v + v\,\nabla u$

(c) $\nabla\left(\dfrac{u}{v}\right) = \dfrac{v\nabla u - u\nabla v}{v^2}$

(d) $\nabla u^n = nu^{n-1}\,\nabla u$

44. Esboce o vetor gradiente $\nabla f(4, 6)$ para a função f cujas curvas de nível são mostradas. Explique como você escolheu a direção e sentido e o comprimento desse vetor.

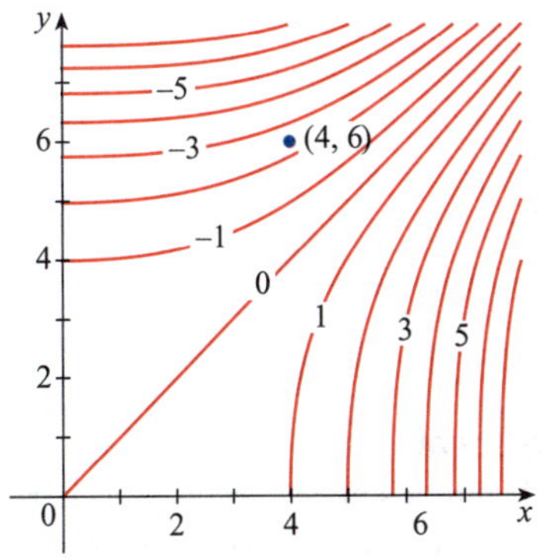

45-46 Segunda Derivada Direcional A *segunda derivada direcional* de $f(x, y)$ é

$$D_{\mathbf{u}}^2 f(x, y) = D_{\mathbf{u}}[D_{\mathbf{u}} f(x, y)]$$

45. Se $f(x, y) = x^3 + 5x^2y + y^3$ e $\mathbf{u} = \langle \frac{3}{5}, \frac{4}{5} \rangle$, calcule $D_{\mathbf{u}}^2 f(2, 1)$.

46. (a) Se $\mathbf{u} = \langle a, b \rangle$ é uma unidade vetorial e f tem derivadas parciais de segunda ordem contínuas, mostre que

$$D_{\mathbf{u}}^2 f = f_{xx}\,a^2 + 2f_{xy}\,ab + f_{yy}\,b^2$$

(b) Determine a segunda derivada direcional de $f(x, y) = xe^{2y}$ na direção de $\mathbf{v} = \langle 4, 6 \rangle$.

47-52 Encontre uma equação (a) do plano tangente e (b) da reta normal à superfície dada no ponto especificado.

47. $2(x-2)^2 + (y-1)^2 + (z-3)^2 = 10$, $(3, 3, 5)$

48. $x = y^2 + z^2 + 1$, $(3, 1, -1)$

49. $xy^2z^3 = 8$, $(2, 2, 1)$

50. $xy + yz + zx = 5$, $(1, 2, 1)$

51. $x + y + z = e^{xyz}$, $(0, 0, 1)$

52. $x^4 + y^4 + z^4 = 3x^2y^2z^2$, $(1, 1, 1)$

53-54 Utilize um computador para traçar o gráfico da superfície do plano tangente e da reta normal na mesma tela. Escolha um ponto de vista de modo que você possa ver bem os três objetos.

53. $xy + yz + zx = 3$, $(1, 1, 1)$

54. $xyz = 6$, $(1, 2, 3)$

55. Se $f(x, y) = xy$, encontre o vetor gradiente $\nabla f(3, 2)$ e use-o para encontrar a reta tangente à curva de nível $f(x, y) = 6$ no ponto $(3, 2)$. Esboce a curva de nível, a reta tangente e o vetor gradiente.

56. Se $g(x, y) = x^2 + y^2 - 4x$, encontre o vetor gradiente $\nabla g(1, 2)$ e use-o para encontrar a reta tangente à curva de nível $g(x, y) = 1$ no ponto $(1, 2)$. Esboce a curva de nível, a reta tangente e o vetor gradiente.

57. Mostre que a equação do plano tangente ao elipsoide $x^2/a^2 + y^2/b^2 + z^2/c^2 = 1$ no ponto (x_0, y_0, z_0) pode ser escrita como

$$\frac{xx_0}{a^2} + \frac{yy_0}{b^2} + \frac{zz_0}{c^2} = 1$$

58. Determine a equação do plano tangente ao hiperboloide $x^2/a^2 + y^2/b^2 - z^2/c^2 = 1$ em (x_0, y_0, z_0) e expresse-a de forma semelhante à do Exercício 57.

59. Mostre que a equação do plano tangente ao paraboloide elíptico $z/c = x^2/a^2 + y^2/b^2$ no ponto (x_0, y_0, z_0) pode ser escrita como

$$\frac{2xx_0}{a^2} + \frac{2yy_0}{b^2} = \frac{z + z_0}{c}$$

60. Em qual ponto do paraboloide $x^2 + y^2 + 2z^2 = 1$ o plano tangente é paralelo ao plano $x + 2y + z = 1$?

61. Existem pontos no hiperboloide $x^2 - y^2 - z^2 = 1$ nos quais o plano tangente é paralelo ao plano $z = x + y$?

62. Mostre que o elipsoide $3x^2 + 2y^2 + z^2 = 9$ e a esfera $x^2 + y^2 + z^2 - 8x - 6y - 8z + 24 = 0$ se tangenciam no ponto $(1, 1, 2)$. (Isso significa que eles têm um plano tangente comum nesse ponto.)

63. Mostre que todo plano que é tangente ao cone $x^2 + y^2 = z^2$ passa pela origem.

64. Mostre que toda reta normal à esfera $x^2 + y^2 + z^2 = r^2$ passa pelo centro da esfera.

65. Onde a reta normal à parábola $z = x^2 + y^2$ no ponto $(1, 1, 2)$ intercepta o paraboloide uma segunda vez?

66. Em quais pontos a reta normal que passa pelo ponto $(1, 2, 1)$ no elipsoide $4x^2 + y^2 + 4z^2 = 12$ intercepta a esfera $x^2 + y^2 + z^2 = 102$?

67. Mostre que a soma das intersecções x, y e z de qualquer plano tangente à superfície $\sqrt{x} + \sqrt{y} + \sqrt{z} = \sqrt{c}$ é uma constante.

68. Mostre que as pirâmides cortadas do primeiro octante por qualquer plano tangente à superfície $xyz = 1$ em pontos do primeiro octante têm o mesmo volume.

69. Determine as equações paramétricas da reta tangente à curva formada pela intersecção do paraboloide $z = x^2 + y^2$ com o elipsoide $4x^2 + y^2 + z^2 = 9$ no ponto $(-1, 1, 2)$.

70. (a) O plano $y + z = 3$ intercepta o cilindro $x^2 + y^2 = 5$ em uma elipse. Determine as equações paramétricas da reta tangente a essa elipse no ponto $(1, 2, 1)$.

(b) Desenhe o cilindro, o plano e a reta tangente na mesma tela.

71. Onde a hélice $\mathbf{r}(t) = \langle \cos \pi t, \text{sen}\, \pi t, t \rangle$ intercepta o paraboloide $z = x^2 + y^2$? Qual é o ângulo de intersecção entre a hélice e o paraboloide? (Esse é o ângulo entre o vetor tangente à curva e o plano tangente ao paraboloide.)

72. A hélice $\mathbf{r}(t) = \langle \cos(\pi t/2), \text{sen}(\pi t/2), t \rangle$ intercepta a esfera $x^2 + y^2 + z^2 = 2$ em dois pontos. Encontre o ângulo de intersecção em cada ponto.

73-74 Superfícies Ortogonais Duas superfícies são ditas *ortogonais* em um ponto de intersecção se suas normais são perpendiculares nesse ponto.

73. Mostre que superfícies com equações $F(x, y, z) = 0$ e $G(x, y, z) = 0$ são ortogonais no ponto P onde $\nabla F \neq \mathbf{0}$ e $\nabla G \neq \mathbf{0}$ se e somente se

$$F_x G_x + F_y G_y + F_z G_z = 0 \quad \text{em } P$$

74. Use o Exercício 73 para mostrar que as superfícies $z^2 = x^2 + y^2$ e $x^2 + y^2 + z^2 = r^2$ são ortogonais em todo ponto de intersecção. Você pode ver isso sem fazer os cálculos?

75. Suponha que as derivadas direcionais de $f(x, y)$ sejam conhecidas em determinado ponto em duas direções não paralelas dadas por vetores unitários $\mathbf{u}$ e $\mathbf{v}$. É possível determinar ∇f nesse ponto? Em caso afirmativo, como fazê-lo?

76. (a) Mostre que a função $f(x, y) = \sqrt[3]{xy}$ é contínua e que, na origem, as derivadas parciais f_x e f_y existem, mas as derivadas direcionais em todas as demais direções não existem.

(b) Trace o gráfico de f perto da origem e explique como o gráfico confirma o item (a).

77. Mostre que, se $z = f(x, y)$ for diferenciável em $\mathbf{x}_0 = \langle x_0, y_0 \rangle$, então

$$\lim_{\mathbf{x} \to \mathbf{x}_0} \frac{f(\mathbf{x}) - [f(\mathbf{x}_0) + \nabla f(\mathbf{x}_0) \cdot (\mathbf{x} - \mathbf{x}_0)]}{|\mathbf{x} - \mathbf{x}_0|} = 0$$

[*Dica*: Use a Definição 14.4.7 diretamente.]

14.7 Valores Máximo e Mínimo

Valores Máximo Local e Mínimo Local

Como vimos no Capítulo 4, no Volume 1, um dos principais usos da derivada ordinária é na determinação dos valores máximo e mínimo (valores extremos). Nesta seção, veremos como usar as derivadas parciais para localizar os pontos de máximo e mínimo de uma função de duas variáveis. Em particular, no Exemplo 6 veremos como maximizar o volume de uma caixa sem tampa se tivermos uma quantidade limitada de cartolina para trabalhar.

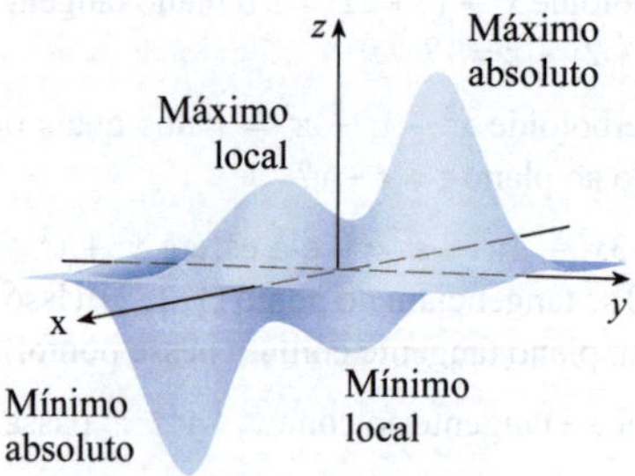

FIGURA 1

Olhe os picos e vales no gráfico de f mostrado na Figura 1. Existem dois pontos (a, b) nos quais f tem um *máximo local*, ou seja, onde $f(a, b)$ é maior que os valores próximos de $f(x, y)$. O maior desses dois valores é o *máximo absoluto*. Do mesmo modo, f tem dois *mínimos locais* onde $f(a, b)$ é menor que os valores próximos. O maior valor de $f(x, y)$ no domínio de f é o *máximo absoluto*, e o menor valor é o *mínimo absoluto*.

1 Definição Uma função de duas variáveis tem um **máximo local** em (a, b) se $f(x, y) \leq f(a, b)$ quando (x, y) está próximo de $(a, b.)$ [Isso significa que $f(x, y) \leq f(a, b)$ para todos os pontos (x, y) em algum disco aberto com centro (a, b).] O número $f(a, b)$ é chamado **valor máximo local**. Se $f(x, y) \geq f(a, b)$ quando (x, y) está próximo de (a, b), então f tem um **mínimo local** em (a, b) e $f(a, b)$ é um **valor mínimo local**.

O Teorema de Fermat (Seção 4.1) estabelece que, para funções de uma variável, se f tem um máximo ou mínimo local em c, e se $f'(c)$ existe, então $f'(c) = 0$. O teorema a seguir fornece um resultado similar para funções de duas variáveis.

Observe que a conclusão do Teorema 2 pode ser enunciada na notação de vetores gradientes como $\nabla f(a, b) = \mathbf{0}$.

2 Teorema Se f tem um máximo ou mínimo local em (a, b) e as derivadas parciais de primeira ordem de f existem nesses pontos, então $f_x(a, b) = 0$ e $f_y(a, b) = 0$.

DEMONSTRAÇÃO Seja $g(x) = f(x, b)$. Se f tem um máximo (ou mínimo) local em (a, b), então g tem um máximo (ou mínimo) local em a, portanto, $g'(a) = 0$ pelo Teorema de Fermat (veja o Teorema 4.1.4, no Volume 1. Mas $g'(a) = f_x(a, b)$ (veja a Equação 14.3.1) e, portanto, $f_x(a, b) = 0$. Da mesma forma, pela aplicação do Teorema de Fermat à função $G(y) = f(a, y)$, obtemos $f_y(a, b) = 0$. ■

Se impusermos $f_x(a, b) = 0$ e $f_y(a, b) = 0$ na equação do plano tangente (Equação 14.4.2), obteremos $z = z_0$. Assim, a interpretação geométrica do Teorema 2 é que o gráfico de f tem um plano tangente em um máximo ou mínimo local, portanto, o plano tangente deve ser horizontal.

Um ponto (a, b) é chamado **ponto crítico** (ou *ponto estacionário*) de f se $f_x(a, b) = 0$ e $f_y(a, b) = 0$, ou se uma das derivadas parciais não existir. O Teorema 2 diz que se f tem um máximo ou mínimo local em (a, b), então (a, b) é um ponto crítico de f. No entanto, como no cálculo variável único, nem todos os pontos críticos originam máximos ou mínimos.

EXEMPLO 1 Seja $f(x, y) = x^2 + y^2 - 2x - 6y + 14$. Então,

$$f_x(x, y) = 2x - 2 \qquad f_y(x, y) = 2y - 6$$

Essas derivadas parciais são nulas quando $x = 1$ e $y = 3$, portanto, o único ponto crítico é $(1, 3)$. Completando os quadrados, achamos

$$f(x, y) = 4 + (x - 1)^2 + (y - 3)^2$$

Já que $(x - 1)^2 \geq 0$ e $(y - 3)^2 \geq 0$, temos $f(x, y) \geq 4$ para todos os valores de x e y. Logo, $f(1, 3) = 4$ é um mínimo local e, de fato, é o mínimo absoluto de f. Isso pode ser confirmado geometricamente a partir do gráfico de f, que é o paraboloide elíptico com vértice $(1, 3, 4)$ mostrado na Figura 2. ■

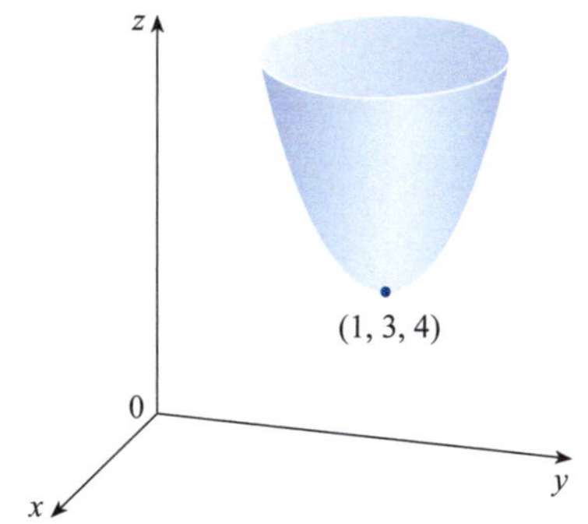

FIGURA 2
$z = x^2 + y^2 - 2x - 6y + 14$

EXEMPLO 2 Determine os valores extremos de $f(x, y) = y^2 - x^2$.

SOLUÇÃO Como $f_x = -2x$ e $f_y = 2y$, o único ponto crítico é $(0, 0)$. Observe que, para os pontos sobre o eixo x, temos $y = 0$, portanto, $f(x, y) = -x^2 < 0$ (se $x \neq 0$). Entretanto, para os pontos sobre o eixo y, temos $x = 0$, portanto, $f(x, y) = y^2 > 0$ (se $y \neq 0$). Logo, todo disco com centro $(0, 0)$ contém pontos nos quais a função tem valores positivos, assim como pontos onde f tem valores negativos. Então, $f(0, 0) = 0$ não pode ser um valor extremo de f, portanto, f não tem valor extremo. ■

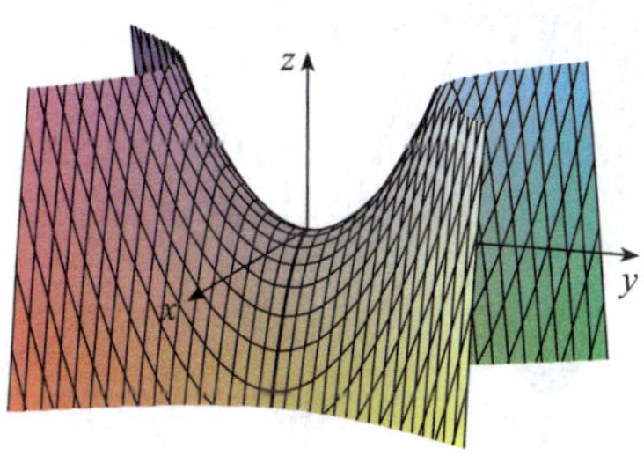

FIGURA 3
$z = y^2 - x^2$

O Exemplo 2 ilustra o fato de que uma função pode não ter nem máximo nem mínimo em um ponto crítico. A Figura 3 mostra uma das formas como isso pode ocorrer. O gráfico de f é o paraboloide hiperbólico $z = y^2 - x^2$, que tem plano horizontal tangente ($z = 0$) na origem. É possível observar que $f(0, 0) = 0$ é um máximo na direção do eixo x, mas um mínimo na direção do eixo y.

Lembre-se de que, para funções de uma variável, um número crítico c, no qual $f'(c) = 0$, pode corresponder a um máximo local, a um mínimo local ou a nenhum dos dois. Uma situação análoga ocorre com funções de duas variáveis. Se (a, b) é um ponto crítico de uma função f, no qual $f_x(a, b) = 0$ e $f_y(a, b) = 0$, então $f(a, b)$ pode ser um máximo local, um mínimo local ou nenhum dos dois. Nesse último caso, dizemos que (a, b) é um **ponto de sela** de f. O nome é motivado pelo formato da superfície da Figura 3 perto da origem. De um modo geral, o gráfico de uma função em um ponto de sela não precisa ser semelhante a uma sela de verdade, embora o gráfico cruze o plano tangente nesse ponto.

Precisamos ser capazes de determinar se uma função tem um valor extremo em um ponto crítico. O teste a seguir, que será demonstrado no fim desta seção, é análogo ao Teste da Segunda Derivada para as funções de uma única variável.

Foto de Stan Wagon, Macalester College

Uma montanha tem um formato de sela. Conforme a fotografia da formação geológica ilustra, para as pessoas que escalam em uma direção, o ponto de sela é o ponto mais baixo na rota, enquanto para aqueles que viajam em uma direção diferente, o ponto de sela é o ponto mais alto.

3 **Teste da Segunda Derivada** Suponha que as segundas derivadas parciais de f sejam contínuas em um disco aberto com centro em (a, b), e suponha que $f_x(a, b) = 0$ e $f_y(a, b) = 0$ [ou seja, (a, b) é um ponto crítico de f]. Seja

$$D = D(a, b) = f_{xx}(a, b) f_{yy}(a, b) - [f_{xy}(a, b)]^2$$

(a) Se $D > 0$ e $f_{xx}(a, b) > 0$, então $f(a, b)$ é um mínimo local.
(b) Se $D > 0$ e $f_{xx}(a, b) < 0$, então $f(a, b)$ é um máximo local.
(c) Se $D < 0$, então $f(a, b)$ não é mínimo local nem máximo local.

OBSERVAÇÃO 1 Se $D = 0$, não dá nenhuma informação: f pode ter um máximo local ou mínimo local em (a, b), ou (a, b) pode ser um ponto de sela de f.

OBSERVAÇÃO 2 Para lembrar a fórmula de D, é útil escrevê-la como um determinante:

$$D = \begin{vmatrix} f_{xx} & f_{xy} \\ f_{yx} & f_{yy} \end{vmatrix} = f_{xx}f_{yy} - (f_{xy})^2$$

EXEMPLO 3 Determine os valores máximos e mínimos locais e os pontos de sela de $f(x, y) = x^4 + y^4 - 4xy + 1$.

SOLUÇÃO Primeiro localizamos as derivadas parciais:

$$f_x = 4x^3 - 4y \qquad f_y = 4y^3 - 4x$$

Como essas derivadas parciais existem em toda parte, os pontos críticos são aqueles nos quais ambas as derivadas parciais são iguais a zero:

$$x^3 - y = 0 \qquad \text{e} \qquad y^3 - x = 0$$

Para resolvê-las, substituímos $y = x^3$ da primeira equação na segunda. Isso dá

$$0 = x^9 - x = x(x^8 - 1) = x(x^4 - 1)(x^4 + 1) = x(x^2 - 1)(x^2 + 1)(x^4 + 1)$$

e existem três raízes reais: $x = 0, 1, -1$. Os três pontos críticos são $(0, 0)$, $(1, 1)$ e $(-1, -1)$.

Agora vamos calcular as segundas derivadas parciais e $D(x, y)$:

$$f_{xx} = 12x^2 \qquad f_{xy} = -4 \qquad f_{yy} = 12y^2$$

$$D(x, y) = f_{xx}f_{yy} - (f_{xy})^2 = 144x^2y^2 - 16$$

Como $D(0, 0) = -16 < 0$, segue do caso (c) do Teste da Segunda Derivada que a origem é um ponto de sela. Como $D(1, 1) = 128 > 0$ e $f_{xx}(1, 1) = 12 > 0$, vemos do caso (a) do teste que $f(1, 1) = -1$ é um mínimo local. Isso significa que -1 é o valor de um mínimo local, que está localizado no ponto $(1, 1)$. Da mesma forma, temos $D(-1, -1) = 128 > 0$ e $f_{xx}(-1, -1) = 12 > 0$, portanto, $f(-1, -1) = -1$ é também um mínimo local.

O gráfico de f é mostrado na Figura 4. ■

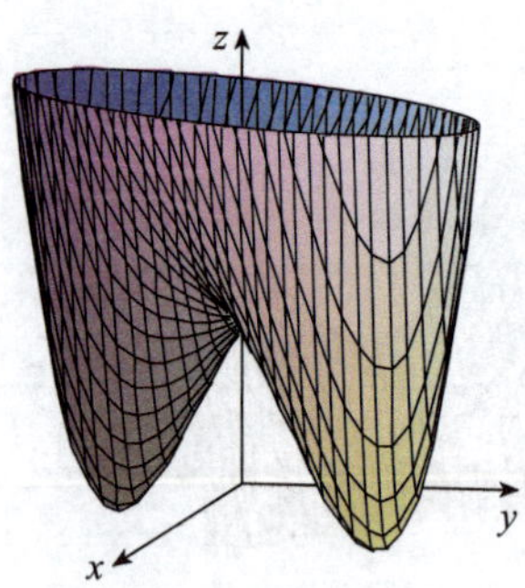

FIGURA 4
$z = x^4 + y^4 - 4xy + 1$

Um mapa de contorno da função f do Exemplo 3 é mostrado na Figura 5. As curvas de nível perto de $(1, 1)$ e $(-1, -1)$ têm forma oval e indicam que, quando nos movemos para longe de $(1, 1)$ ou $(-1, -1)$ em qualquer direção, os valores de f crescem. As curvas de nível perto de $(0, 0)$, por outro lado, parecem hipérboles. Elas revelam que, quando nos movemos para longe da origem (onde o valor de f é 1), os valores de f decrescem em algumas direções, mas crescem em outras. Portanto, o mapa de contornos sugere a presença dos mínimos e do ponto de sela que encontramos no Exemplo 3.

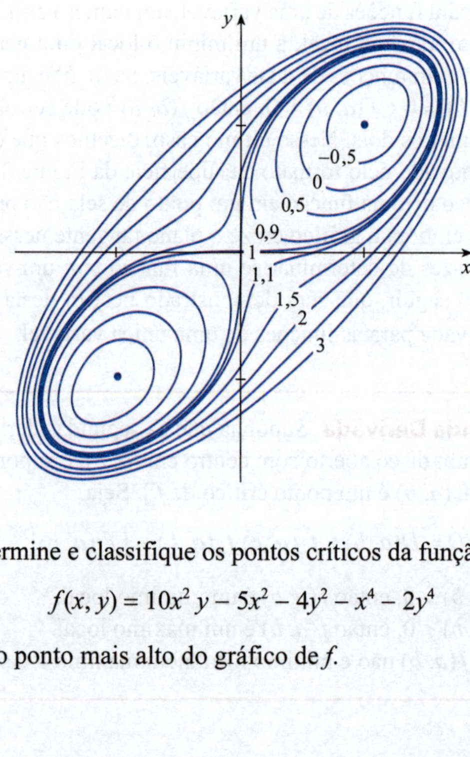

FIGURA 5

EXEMPLO 4 Determine e classifique os pontos críticos da função

$$f(x, y) = 10x^2y - 5x^2 - 4y^2 - x^4 - 2y^4$$

Determine também o ponto mais alto do gráfico de f.

SOLUÇÃO As derivadas parciais de primeira ordem são

$$f_x = 20xy - 10x - 4x^3 \qquad f_y = 10x^2 - 8y - 8y^3$$

Para acharmos os pontos críticos precisamos resolver as equações

$$\boxed{4} \qquad 2x(10y - 5 - 2x^2) = 0$$

$$\boxed{5} \qquad 5x^2 - 4y - 4y^3 = 0$$

Da Equação 4, vemos que

$$x = 0 \qquad \text{ou} \qquad 10y - 5 - 2x^2 = 0$$

No primeiro caso ($x = 0$), a Equação 5 fica $-4y(1 + y^2) = 0$, assim, $y = 0$ e temos um ponto crítico (0, 0).

No segundo caso ($10y - 5 - 2x^2 = 0$), temos

$$\boxed{6} \qquad x^2 = 5y - 2{,}5$$

e, substituindo na Equação 5, temos $25y - 12{,}5 - 4y - 4y^3 = 0$, ou, de forma equivalente,

$$4y^3 - 21y + 12{,}5 = 0$$

Utilizando uma calculadora gráfica ou um computador para resolver essa equação numericamente, obtemos

$$y \approx -2{,}5452 \qquad y \approx 0{,}6468 \qquad y \approx 1{,}8984$$

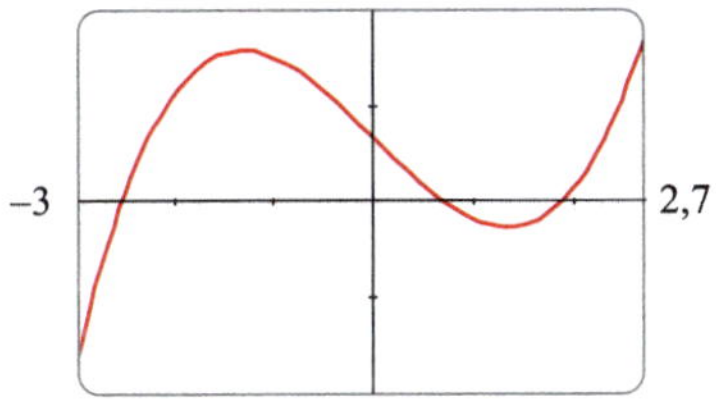

FIGURA 6

(Como alternativa, podemos fazer o gráfico da função $g(y) = 4y^3 - 21y + 12{,}5$, como na Figura 6.) Da Equação 6, os valores x correspondentes são dados por

$$x = \pm\sqrt{5y - 2{,}5}$$

Se $y \approx -2{,}5452$, então x não tem valor real correspondente. Se $y \approx 0{,}6468$, então $x \approx \pm 0{,}8567$. Se $y \approx 1{,}8984$, então $x \approx \pm 2{,}6442$. Assim, temos o total de cinco pontos críticos, que são analisados na tabela a seguir. Todos os valores estão arredondados para duas casas decimais.

Ponto crítico	Valor de f	f_{xx}	D	Conclusão
(0, 0)	0,00	−10,00	80,00	máximo local
(±2,64, 1,90)	8,50	−55,93	2.488,72	máximo local
(±0,86, 0,65)	−1,48	−5,87	−187,64	ponto de sela

As Figuras 7 e 8 mostram o gráfico de f sob dois pontos de vista diferentes, e vemos que a superfície se abre para baixo. [Isso pode ser visto da expressão de $f(x, y)$: os termos dominantes são $-x^4 - 2y^4$ quando $|x|$ e $|y|$ são grandes.] Comparando os valores de f nos máximos locais, vemos que o máximo absoluto de f é $f(\pm 2{,}64, 1{,}90) \approx 8{,}50$. Em outras palavras, os pontos mais altos do gráfico de f são (±2,64, 1,90, 8,50).

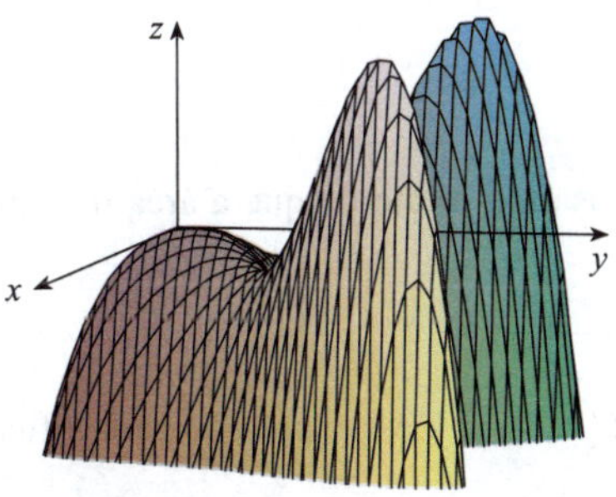

FIGURA 7

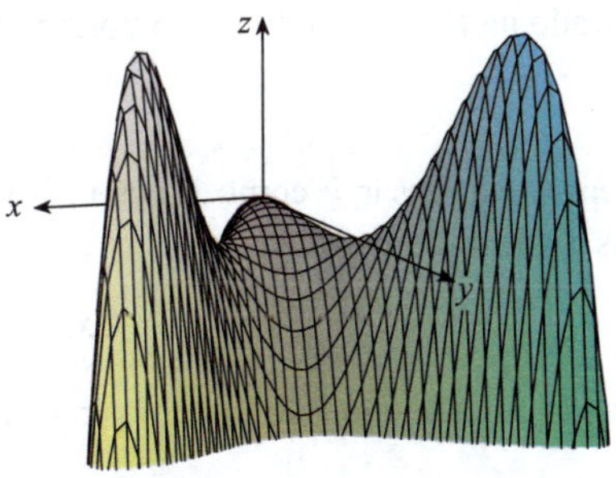

FIGURA 8 ■

Os cinco pontos críticos da função f do Exemplo 4 estão destacados em vermelho no mapa de contorno de f na Figura 9.

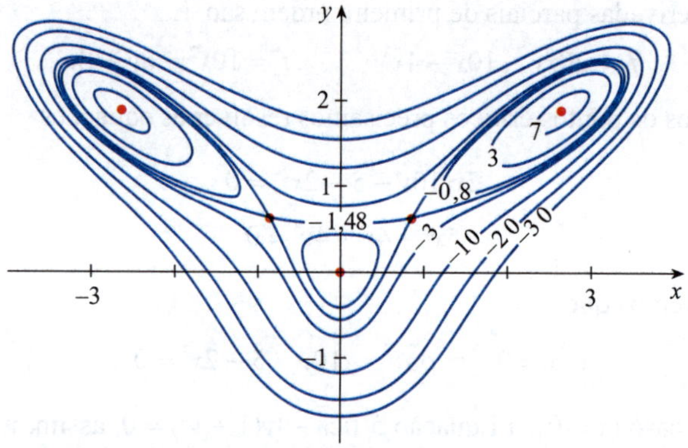

FIGURA 9

EXEMPLO 5 Determine a menor distância entre o ponto (1, 0, −2) e o plano $x + 2y + z = 4$.

SOLUÇÃO A distância entre um ponto qualquer (x, y, z) e o ponto (1, 0, −2) é

$$d = \sqrt{(x-1)^2 + y^2 + (z+2)^2}$$

mas, se (x, y, z) pertence ao plano $x + 2y + z = 4$, então $z = 4 - x - 2y$ e assim temos $d = \sqrt{(x-1)^2 + y^2 + (6-x-2y)^2}$. Podemos minimizar d minimizando a expressão mais simples

$$d^2 = f(x, y) = (x-1)^2 + y^2 + (6-x-2y)^2$$

Resolvendo as equações

$$f_x = 2(x-1) - 2(6-x-2y) = 4x + 4y - 14 = 0$$
$$f_y = 2y - 4(6-x-2y) = 4x + 10y - 24 = 0$$

achamos que o único ponto crítico é $\left(\frac{11}{6}, \frac{5}{3}\right)$. Como $f_{xx} = 4$, $f_{xy} = 4$ e $f_{yy} = 10$, temos $D(x, y) = f_{xx}f_{yy} - (f_{xy})^2 = 24 > 0$ e $f_{xx} > 0$, portanto, pelo Teste da Segunda Derivada, f tem um mínimo local em $\left(\frac{11}{6}, \frac{5}{3}\right)$. Intuitivamente podemos ver que esse mínimo local é, na verdade, um mínimo absoluto, porque precisa haver um ponto no plano dado que esteja mais próximo de (1, 0, −2). Se $x = \frac{11}{6}$ e $y = \frac{5}{3}$, então

O Exemplo 5 poderia ser resolvido utilizando-se vetores. Compare com os métodos da Seção 12.5.

$$d = \sqrt{(x-1)^2 + y^2 + (6-x-2y)^2} = \sqrt{\left(\tfrac{5}{6}\right)^2 + \left(\tfrac{5}{3}\right)^2 + \left(\tfrac{5}{6}\right)^2} = \tfrac{5}{6}\sqrt{6}$$

A menor distância de (1, 0, −2) ao plano $x + 2y + z = 4$ é $\frac{5}{6}\sqrt{6}$. ■

EXEMPLO 6 Uma caixa retangular sem tampa deve ser feita com 12 m² de papelão. Determine o volume máximo dessa caixa.

SOLUÇÃO Sejam x, y e z o comprimento, a largura e a altura da caixa (em metros) como mostrado na Figura 10. Então, o volume da caixa é

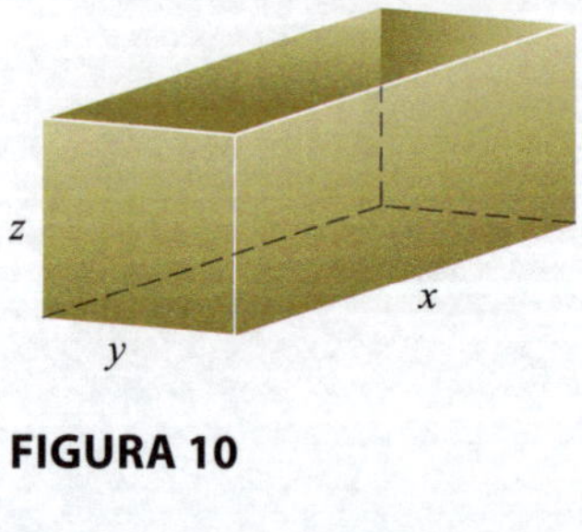

FIGURA 10

$$V = xyz$$

Podemos expressar V como função só de x e y usando o fato de que a área dos quatro lados e do fundo da caixa é

$$2xz + 2yz + xy = 12$$

Isolando z nessa equação, obtemos $z = (12 - xy)/[2(x + y)]$, e a expressão para V fica

$$V = xy\frac{12 - xy}{2(x+y)} = \frac{12xy - x^2y^2}{2(x+y)}$$

Calculamos as derivadas parciais:

$$\frac{\partial V}{\partial x} = \frac{y^2(12 - 2xy - x^2)}{2(x+y)^2} \qquad \frac{\partial V}{\partial y} = \frac{x^2(12 - 2xy - y^2)}{2(x+y)^2}$$

Se V é um máximo, então $\partial V/\partial x = \partial V/\partial y = 0$, mas $x = 0$ ou $y = 0$ dá $V = 0$. Resta-nos resolver as equações

$$12 - 2xy - x^2 = 0 \qquad 12 - 2xy - y^2 = 0$$

Isso implica que $x^2 = y^2$ e, portanto, $x = y$. (Observe que ambos devem ser não negativos neste problema.) Se colocarmos $x = y$ em qualquer uma das equações obtemos $12 - 3x^2 = 0$, o que dá $x = 2$, $y = 2$ e $z = (12 - 2 \cdot 2)/[2(2 + 2)] = 1$.

Podemos usar o Teste da Segunda Derivada para mostrar que o ponto obtido é um máximo local de V, ou podemos argumentar que a natureza física do problema exige a existência de um máximo absoluto, que deve ocorrer em um ponto crítico de V, portanto, esse máximo pode ocorrer quando $x = 2$, $y = 2$, $z = 1$. Assim, $V = 2 \cdot 2 \cdot 1 = 4$, e o volume máximo da caixa é 4 m^3. ■

Valores Máximo e Mínimo Absolutos

Assim como ocorre com as funções de uma variável, os valores máximo e mínimo absolutos de uma função de duas variáveis f são o maior e o menor valor que f atinge em seu domínio.

7 Definição Seja (a, b) um ponto do domínio D de uma função de duas variáveis f. Nesse caso, $f(a, b)$ é o

- valor **máximo absoluto** de f em D se $f(a, b) \geq f(x, y)$ para todo (x, y) em D.
- valor **mínimo absoluto** de f em D se $f(a, b) \leq f(x, y)$ para todo (x, y) em D.

Para uma função f de uma variável, o Teorema do Valor Extremo diz que, se f é contínua em um intervalo fechado $[a, b]$, então f tem um valor mínimo absoluto e um valor máximo absoluto. De acordo com o Método dos Intervalos Fechados da Seção 4.1, no Volume 1, achamos esses valores calculando f não somente nos pontos críticos, mas também nas extremidades a e b.

Para as funções de duas variáveis, a situação é semelhante. Do mesmo modo que os intervalos fechados contêm suas extremidades, um **conjunto fechado** de $\mathbb{R}^2$ contém todos os seus pontos da fronteira. [Um ponto da fronteira de D é um ponto (a, b) tal que qualquer disco aberto com centro em (a, b) contém pontos de D e pontos não pertencentes a D.] Por exemplo, o disco

$$D = \{(x, y) \mid x^2 + y^2 \leq 1\}$$

constituído de todos os pontos sobre e dentro da circunferência $x^2 + y^2 = 1$ é um conjunto fechado porque contém todos os seus pontos da fronteira (que são os pontos sobre a circunferência $x^2 + y^2 = 1$). Mas se um único ponto da fronteira for omitido, o conjunto deixa de ser fechado (veja a Figura 11.)

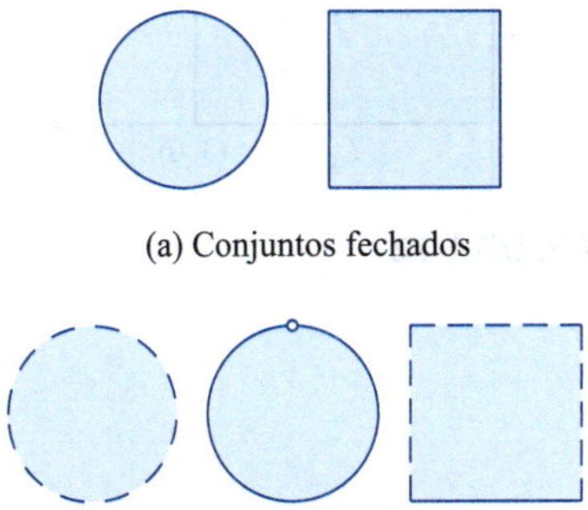

(a) Conjuntos fechados

(b) Conjuntos que não são fechados

FIGURA 11

Um **conjunto limitado** em $\mathbb{R}^2$ é aquele que está contido em algum disco. Em outras palavras, ele é finito em extensão. Então, em termos de conjuntos fechados e limitados, podemos enunciar o correspondente ao Teorema do Valor Extremo para duas dimensões.

8 Teorema do Valor Extremo para as Funções de Duas Variáveis Se f é contínua em um conjunto fechado e limitado D em $\mathbb{R}^2$, então f assume um valor máximo absoluto $f(x_1, y_1)$ e um valor mínimo absoluto $f(x_2, y_2)$ em alguns pontos (x_1, y_1) e (x_2, y_2) de D.

Para acharmos os pontos extremos, cuja existência é garantida pelo Teorema 8, observamos que, pelo Teorema 2, se f tem um valor extremo em (x_1, y_1), então (x_1, y_1) ou é um ponto crítico de f, ou um ponto da fronteira de D. Portanto, temos a seguinte extensão do Método dos Intervalos Fechados.

9 Para determinar os valores máximo e mínimo absolutos de uma função contínua f em um conjunto fechado e limitado D:

1. Determine os valores de f nos pontos críticos de f em D.
2. Determine os valores extremos de f na fronteira de D.
3. O maior dos valores dos passos 1 e 2 é o valor máximo absoluto; o menor desses valores é o valor mínimo absoluto.

EXEMPLO 7 Determine os valores máximo e mínimo absolutos da função $f(x, y) = x^2 - 2xy + 2y$ no retângulo $D = \{(x, y) \mid 0 \leq x \leq 3, 0 \leq y \leq 2\}$.

SOLUÇÃO Como f é um polinômio, é contínua no retângulo fechado e limitado D, portanto o Teorema 8 nos diz que existem tanto o máximo absoluto quanto o mínimo absoluto. De acordo com o passo 1 de (9), inicialmente devemos calcular os pontos críticos. Eles ocorrem quando

$$f_x = 2x - 2y = 0$$

$$f_y = -2x + 2 = 0$$

e, assim, o único ponto crítico existente é (1, 1). Esse ponto pertence a D e o valor de f aí é $f(1, 1) = 1$.

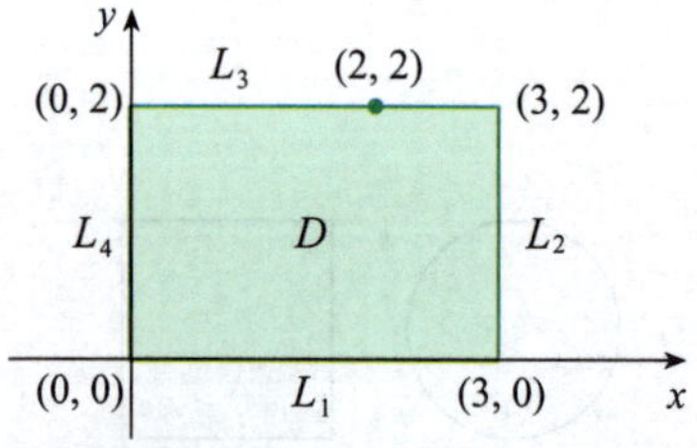

FIGURA 12

No passo 2 olhamos para os valores de f na fronteira de D, que é constituído por quatro segmentos de reta L_1, L_2, L_3 e L_4 mostrados na Figura 12. Em L_1, temos $y = 0$ e

$$f(x, 0) = x^2 \qquad 0 \leq x \leq 3$$

Isso corresponde a uma função crescente de x, que tem valor mínimo $f(0, 0) = 0$ e máximo $f(3, 0) = 9$. Em L_2, temos $x = 3$ e

$$f(3, y) = 9 - 4y \qquad 0 \leq y \leq 2$$

Essa é uma função decrescente de y, portanto seu máximo é $f(3, 0) = 9$ e seu mínimo é $f(3, 2) = 1$. Em L_3, temos $y = 2$ e

$$f(x, 2) = x^2 - 4x + 4 \qquad 0 \leq x \leq 3$$

Pelos métodos do Capítulo 4, no Volume I, ou simplesmente observando que $f(x, 2) = (x - 2)^2$, vemos que o valor mínimo dessa função é $f(2, 2) = 0$, e seu valor máximo é $f(0, 2) = 4$. Finalmente, em L_4, temos $x = 0$ e

$$f(0, y) = 2y \qquad 0 \leq y \leq 2$$

com valor máximo $f(0, 2) = 4$ e valor mínimo $f(0, 0) = 0$. Portanto, na fronteira, o valor mínimo de f é 0 e o máximo, 9.

No passo 3 comparamos esses valores com o valor $f(1, 1) = 1$ no ponto crítico e concluímos que o valor máximo absoluto de f em D é $f(3, 0) = 9$, e o valor mínimo absoluto é $f(0, 0) = f(2, 2) = 0$. A Figura 13 mostra o gráfico de f. ■

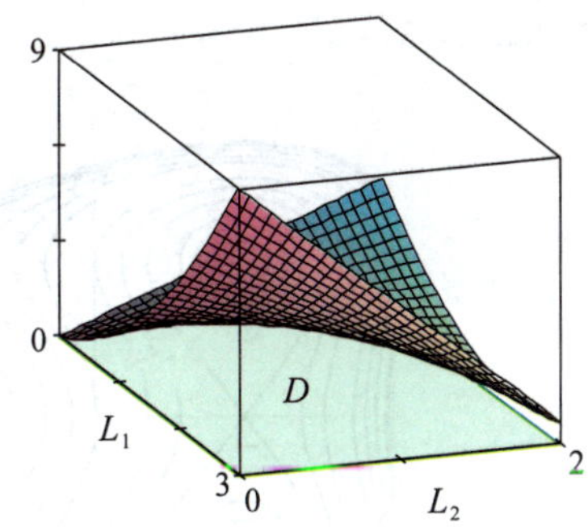

FIGURA 13
$f(x, y) = x^2 - 2xy + 2y$

Demonstração do Teste da Segunda Derivada

Concluímos esta seção com a demonstração da primeira parte do Teste da Segunda Derivada. A parte (b) têm demonstrações semelhantes.

DEMONSTRAÇÃO DO TEOREMA 3, PARTE (a) Vamos calcular a derivada direcional de segunda ordem de f na direção de $\mathbf{u} = \langle h, k\rangle$. A derivada de primeira ordem é dada pelo Teorema 14.6.3:

$$D_{\mathbf{u}} f = f_x h + f_y k$$

Aplicando esse teorema uma segunda vez, temos

$$\begin{aligned} D_{\mathbf{u}}^2 f &= D_u (D_u f) = \frac{\partial}{\partial x}(D_u f)h + \frac{\partial}{\partial y}(D_u f)k \\ &= (f_{xx}h + f_{yx}k)h + (f_{xy}h + f_{yy}k)k \\ &= f_{xx}h^2 + 2f_{xy}hk + f_{yy}k^2 \quad \text{(pelo Teorema de Clairaut)} \end{aligned}$$

Se completarmos os quadrados na expressão, obteremos

10 $$D_{\mathbf{u}}^2 f = f_{xx}\left(h + \frac{f_{xy}}{f_{xx}}k\right)^2 + \frac{k^2}{f_{xx}}(f_{xx}f_{yy} - f_{xy}^2)$$

Foi-nos dado que $f_{xx}(a, b) > 0$ e $D(a, b) > 0$. Mas f_{xx} e $D = f_{xx}f_{yy} - f_{xy}^2$ são funções contínuas, portanto, há um disco aberto B com centro (a, b) e raio $\delta > 0$ tal que $f_{xx}(x, y) > 0$ e $D(x, y) > 0$ sempre que (x, y) está em B. Logo, ao olhar na Equação 10, vemos que $D_{\mathbf{u}}^2 f(x, y) > 0$ sempre que (x, y) pertencer a B. Isso significa que se C é a curva obtida pela intersecção do gráfico de f com o plano vertical que passa por $P(a, b, f(a, b))$ na direção de $\mathbf{u}$, então C é côncava para cima no intervalo do comprimento 2δ. Isso é verdadeiro na direção de cada vetor $\mathbf{u}$, portanto se restringirmos (x, y) para ficar em B, o gráfico de f fica acima de seu plano horizontal tangente em P. Assim, $f(x, y) \geq f(a, b)$ sempre que (x, y) estiver em B. Isso mostra que $f(a, b)$ é um mínimo local. ■

14.7 Exercícios

1. Suponha que (1, 1) seja um ponto crítico de uma função f com derivadas de segunda ordem contínuas. Em cada caso, o que se pode dizer sobre f?
(a) $f_{xx}(1, 1) = 4$, $f_{xy}(1, 1) = 1$, $f_{yy}(1, 1) = 2$
(b) $f_{xx}(1, 1) = 4$, $f_{xy}(1, 1) = 3$, $f_{yy}(1, 1) = 2$

2. Suponha que (0, 2) seja um ponto crítico de uma função g com derivadas de segunda ordem contínuas. Em cada caso, o que se pode dizer sobre g?
(a) $g_{xx}(0, 2) = -1$, $g_{xy}(0, 2) = 6$, $g_{yy}(0, 2) = 1$
(b) $g_{xx}(0, 2) = -1$, $g_{xy}(0, 2) = 2$, $g_{yy}(0, 2) = -8$
(c) $g_{xx}(0, 2) = 4$, $g_{xy}(0, 2) = 6$, $g_{yy}(0, 2) = 9$

3-4 Utilize as curvas de nível da figura para predizer a localização dos pontos críticos de f e se f tem um ponto de sela ou um máximo ou mínimo local em cada um desses pontos. Explique seu raciocínio. Em seguida, empregue o Teste da Segunda Derivada para confirmar suas predições.

3. $f(x, y) = 4 + x^3 + y^3 - 3xy$

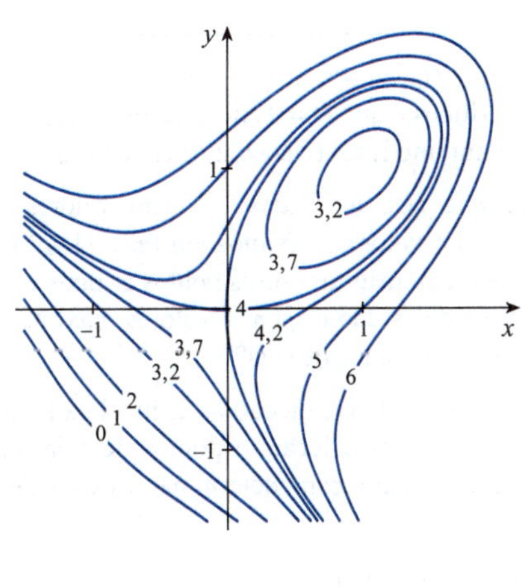

4. $f(x, y) = 3x - x^3 - 2y^2 + y^4$

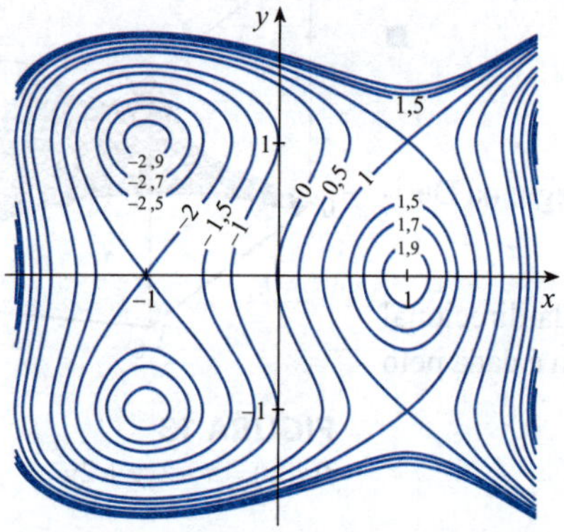

5-22 Determine os valores máximos e mínimos locais e pontos de sela da função. Se você tiver um programa de computador para desenhar em três dimensões, trace o gráfico da função usando um ponto de vista e domínio convenientes para mostrar os aspectos importantes da função.

5. $f(x, y) = x^2 + xy + y^2 + y$

6. $f(x, y) = xy - 2x - 2y - x^2 - y^2$

7. $f(x, y) = 2x^2 - 8xy + y^4 - 4y^3$

8. $f(x, y) = x^3 + y^3 + 3xy$

9. $f(x, y) = (x - y)(1 - xy)$

10. $f(x, y) = y(e^x - 1)$

11. $f(x, y) = y\sqrt{x} - y^2 - 2x + 7y$

12. $f(x, y) = 2 - x^4 + 2x^2 - y^2$

13. $f(x, y) = x^3 - 3x + 3xy^2$

14. $f(x, y) = x^3 + y^3 - 3x^2 - 3y^2 - 9x$

15. $f(x, y) = x^4 - 2x^2 + y^3 - 3y$

16. $f(x, y) = x^2 + y^4 + 2xy$

17. $f(x, y) = xy - x^2y - xy^2$

18. $f(x, y) = (6x - x^2)(4y - y^2)$

19. $f(x, y) = e^x \cos y$

20. $f(x, y) = (x^2 + y^2)e^{-x}$

21. $f(x, y) = y^2 - 2y \cos x, \quad -1 \leq x \leq 7$

22. $f(x, y) = \text{sen}\, x \,\text{sen}\, y, \quad -\pi < x < \pi, \quad -\pi < y < \pi$

23. Mostre que $f(x, y) = x^2 + 4y^2 - 4xy + 2$ um número infinito de pontos críticos e que $D = 0$ em cada um. A seguir, mostre que f tem um mínimo local (e absoluto) em cada ponto crítico.

24. Mostre que $f(x, y) = x^2ye^{-x^2-y^2}$ tem valores máximos em $(\pm 1, 1/\sqrt{2})$ e valores máximos em $(\pm 1, -1/\sqrt{2})$. Mostre também que f tem infinitos outros pontos críticos e $D = 0$ em cada um. Quais deles dão origem a valores máximos? E a valores mínimos? E a pontos de sela?

25-28 Utilize um gráfico e/ou curvas de nível para estimar os valores máximos e mínimos locais e pontos de sela da função. Em seguida, use o cálculo para determinar esses valores de modo preciso.

25. $f(x, y) = x^2 + y^2 + x^{-2}y^{-2}$

26. $f(x, y) = (x - y)e^{-x^2-y^2}$

27. $f(x, y) = \text{sen}\, x + \text{sen}\, y + \text{sen}(x + y), \; 0 \leq x \leq 2\pi, \; 0 \leq y \leq 2\pi$

28. $f(x, y) = \text{sen}\, x + \text{sen}\, y + \cos(x + y), \; 0 \leq x \leq \pi/4, \; 0 \leq y \leq \pi/4$

T 29-32 Encontre os pontos críticos de f com precisão de três casas decimais (como no Exemplo 4). Em seguida, classifique o ponto crítico e determine o valor mais alto e o mais baixo do gráfico, se houver.

29. $f(x, y) = x^4 + y^4 - 4x^2y + 2y$

30. $f(x, y) = y^6 - 2y^4 + x^2 - y^2 + y$

31. $f(x, y) = x^4 + y^3 - 3x^2 + y^2 + x - 2y + 1$

32. $f(x, y) = 20e^{-x^2-y^2} \,\text{sen}\, 3x \cos 3y, \quad |x| \leq 1, \quad |y| \leq 1$

33-40 Determine os valores máximo e mínimo absolutos de f no conjunto D.

33. $f(x, y) = x^2 + y^2 - 2x$, D é a região triangular fechada com vértices (2, 0), (0, 2) e (0, −2)

34. $f(x, y) = x + y - xy$, D é a região triangular fechada com vértices (0, 0), (0, 2) e (4, 0)

35. $f(x, y) = x^2 + y^2 + x^2y + 4, \quad D = \{(x, y) \mid |x| \leq 1, \quad |y| \leq 1\}$

36. $f(x, y) = x^2 + xy + y^2 - 6y, \quad D = \{(x, y) \mid -3 \leq x \leq 3, 0 \leq y \leq 5\}$

37. $f(x, y) = x^2 + 2y^2 - 2x - 4y + 1, \quad D = \{(x, y) \mid 0 \leq x \leq 2, 0 \leq y \leq 3\}$

38. $f(x, y) = xy^2, \quad D = \{(x, y) \mid x \geq 0, y \geq 0, x^2 + y^2 \leq 3\}$

39. $f(x, y) = 2x^3 + y^4, \quad D = \{(x, y) \mid x^2 + y^2 \leq 1\}$

40. $f(x, y) = x^3 - 3x - y^3 + 12y$, D é o quadrilátero cujos vértices são (−2, 3), (2, 3), (2, 2) e (−2, −2).

41. Para as funções de uma variável, é impossível uma função contínua ter dois pontos de máximo local e nenhum de mínimo local. Para as funções de duas variáveis, esse caso existe. Mostre que a função

$$f(x, y) = -(x^2 - 1)^2 - (x^2y - x - 1)^2$$

só tem dois pontos críticos, ambos de máximo local. Em seguida, utilize um computador com uma escolha conveniente de domínio e ponto de vista para ver como isso é possível.

42. Se uma função de uma variável é contínua em um intervalo e tem um único ponto crítico, então um máximo local tem de ser um máximo absoluto. Mas isso não é verdadeiro para as funções de duas variáveis. Mostre que a função

$$f(x, y) = 3xe^y - x^3 - e^{3y}$$

tem exatamente um ponto crítico, onde f tem um máximo local, porém este não é um máximo absoluto. Em seguida, utilize um computador com uma escolha conveniente de domínio e ponto de vista para ver como isso é possível.

43. Determine a menor distância entre o ponto (2, 0, −3) e o plano $x + y + z = 1$.

44. Determine o ponto do plano $x - 2y + 3z = 6$ que está mais próximo do ponto (0, 1, 1).

45. Determine os pontos do cone $z^2 = x^2 + y^2$ que estão mais próximos do ponto (4, 2, 0).

46. Determine os pontos da superfície $y^2 = 9 + xz$ que estão mais próximos da origem.

47. Determine três números positivos cuja soma é 100 e cujo produto é máximo.

48. Encontre três números positivos cuja soma é 12 e cuja soma dos quadrados é a menor possível.

49. Encontre o volume máximo de uma caixa retangular que está inscrita em uma esfera de raio r.

50. Encontre as dimensões de uma caixa com volume de 1.000 cm^3 que tenha a área de sua superfície mínima.

51. Determine o volume da maior caixa retangular no primeiro octante com três faces nos planos coordenados e com um vértice no plano $x + 2y + 3z = 6$.

52. Determine as dimensões da caixa retangular de maior volume se a área total de sua superfície é dada por 64 cm^2.

53. Determine as dimensões de uma caixa retangular de volume máximo tal que a soma dos comprimentos de suas 12 arestas seja uma constante c.

54. A base de um aquário com volume V é feita de ardósia e os lados são de vidro. Se o preço da ardósia (por unidade de área) equivale a cinco vezes o preço do vidro, determine as dimensões do aquário para minimizar o custo do material.

55. Uma caixa de papelão sem tampa deve ter um volume de 32.000 cm^3. Determine as dimensões que minimizem a quantidade de papelão utilizado.

56. Um prédio retangular está sendo projetado para minimizar a perda de calor. As paredes leste e oeste perdem calor a uma taxa de 10 unidades/m^2 por dia; as paredes norte e sul, a uma taxa de 8 unidades/m^2 por dia; o piso, a uma taxa de 1 unidade/m^2 por dia e o teto, a uma taxa de 5 unidades/m^2 por dia. Cada parede deve ter pelo menos 30 m de comprimento, a altura deve ser no mínimo 4 m, e o volume, exatamente 4.000 m^3.

(a) Determine e esboce o domínio da perda de calor como uma função dos comprimentos dos lados.

(b) Encontre as dimensões que minimizam a perda de calor. (Analise tanto os pontos críticos como os pontos sobre a fronteira do domínio.)

(c) Você poderia projetar um prédio com precisamente menos perda de calor ainda se as restrições sobre os comprimentos das paredes fossem removidas?

57. Se o comprimento da diagonal de uma caixa retangular deve ser L, qual é o maior volume possível?

58. Um modelo para a colheita Y de uma cultura agrícola como função do nível de hidrogênio N e do nível de fósforo P no solo (medida nas unidades apropriadas) é

$$Y(N, P) = kNPe^{-N-P}$$

onde k é uma constante positiva. Que níveis de nitrogênio e fósforo resultam na melhor colheita?

59. O índice de Shannon (às vezes chamado de índice de Shannon-Wiener ou índice de Shannon-Weaver) é uma medida da diversidade em um ecossistema. Para o caso de três espécies ele é definido como

$$H = -p_1 \ln p_1 - p_2 \ln p_2 - p_3 \ln p_3$$

onde p_i é a proporção da espécie i no ecossistema.

(a) Expresse H como uma função de duas variáveis usando o fato de que $p_1 + p_2 + p_3 = 1$.

(b) Qual é o domínio de H?

(c) Encontre o valor máximo de H. Para quais valores de p_1, p_2, p_3 ele ocorre?

60. Três alelos (versões alternativas de um gene) A, B e O determinam os quatro tipos de sangue: A (AA ou AO), B (BB ou BO), O (OO) e AB. A Lei de Hardy-Weinberg afirma que a proporção de indivíduos em uma população que carregam dois alelos diferentes é

$$P = 2pq + 2pr + 2rq$$

onde p, q e r são as proporções de A, B e O na população. Use o fato de que $p + q + r = 1$ para mostrar que P é no máximo $\frac{2}{3}$.

61. Método dos Quadrados Mínimos Suponha que um cientista tenha razões para acreditar que duas quantidades x e y estejam relacionadas linearmente, ou seja, $y = mx + b$, pelo menos aproximadamente, para algum valor de m e de b. O cientista realiza uma experiência e coleta os dados na forma de pontos (x_1, y_1), (x_2, y_2), ..., (x_n, y_n), e então coloca-os em um gráfico. Os pontos não estão todos alinhados, de modo que o cientista quer determinar as constantes m e b para que a reta $y = mx + b$ "ajuste" os pontos tanto quanto possível (veja a figura).

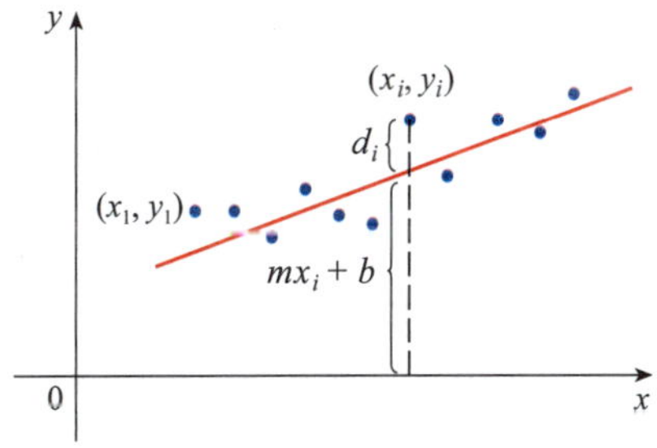

Seja $d_i = y_i - (mx_i + b)$ o desvio vertical do ponto (x_i, y_i) da reta. O *método dos quadrados mínimos* determina m e b de modo que minimize $\Sigma_{i=1}^{n} d_i^2$, a soma dos quadrados dos desvios. Mostre que, de acordo com esse método, a reta de melhor ajuste é obtida quando

$$m\sum_{i=1}^{n} x_i + bn = \sum_{i=1}^{n} y_i$$

e
$$m\sum_{i=1}^{n} x_i^2 + b\sum_{i=1}^{n} x_i = \sum_{i=1}^{n} x_i y_i$$

Dessa forma, a reta é determinada ao resolver essas duas equações nas incógnitas m e b. (Veja a Seção 1.2, no Volume 1, para mais discussões e aplicações do método dos quadrados mínimos.)

62. Determine uma equação do plano que passa pelo ponto (1, 2, 3) e que corta o menor volume do primeiro octante.

PROJETO DE DESCOBERTA | APROXIMAÇÃO QUADRÁTICA E PONTOS CRÍTICOS

A aproximação por polinômio de Taylor de uma função de uma variável discutida no Capítulo 11 pode ser estendida para as funções de duas ou mais variáveis. Estudaremos aqui a aproximação quadrática para as funções de duas variáveis e usaremos esse estudo para melhor entender o Teste da Segunda Derivada para classificar pontos críticos.

Na Seção 14.4, discutimos a linearização de uma função f de duas variáveis em um ponto (a, b):

$$L(x, y) = f(a, b) + f_x(a, b)(x - a) + f_y(a, b)(y - b)$$

Lembre-se de que o gráfico de L é o plano tangente à superfície $z = f(x, y)$ em $(a, b, f(a, b))$, e a aproximação linear correspondente é $f(x, y) \approx L(x, y)$. A linearização L também é chamada **polinômio de Taylor de primeiro grau** de f em (a, b).

1. Se f tiver derivadas parciais de segunda ordem contínuas em (a, b), então o **polinômio de Taylor de segundo grau** de f em (a, b) é

$$Q(x, y) = f(a, b) + f_x(a, b)(x - a) + f_y(a, b)(y - b) + \tfrac{1}{2} f_{xx}(a, b)(x - a)^2 + f_{xy}(a, b)(x - a)(y - b) + \tfrac{1}{2} f_{yy}(a, b)(y - b)^2$$

e a aproximação $f(x, y) \approx Q(x, y)$ é denominada **aproximação quadrática** de f em (a, b). Verifique se Q tem as mesmas derivadas parciais de primeira e segunda ordens que f em (a, b).

2. (a) Determine os polinômios de Taylor de primeiro e segundo graus L e Q de $f(x, y) = e^{-x^2-y^2}$ em $(0, 0)$.

(b) Esboce o gráfico de f, L e Q. Comente o quanto L e Q se aproximam de f.

3. (a) Determine os polinômios de Taylor de primeiro e segundo graus L e Q para $f(x, y) = xe^y$ em $(1, 0)$.

(b) Compare os valores de L, Q e f em (0,9; 0,1).

(c) Esboce o gráfico de f, L e Q. Comente o quanto L e Q se aproximam de f.

4. Neste problema, analisaremos o comportamento do polinômio $f(x, y) = ax^2 + bxy + cy^2$ (sem utilizar o Teste da Segunda Derivada) identificando o gráfico como um paraboloide.

(a) Completando os quadrados, mostre que, se $a \neq 0$, então

$$f(x, y) = ax^2 + bxy + cy^2 = a\left[\left(x + \frac{b}{2a}y\right)^2 + \left(\frac{4ac - b^2}{4a^2}\right)y^2\right]$$

(b) Seja $D = 4ac - b^2$. Mostre que se $D > 0$ e $a > 0$, então f tem um mínimo local em $(0, 0)$.

(c) Demonstre que se $D > 0$ e $a < 0$, então f tem um máximo local em $(0, 0)$.

(d) Demonstre que se $D < 0$, então $(0, 0)$ é um ponto de sela.

5. (a) Suponha que f seja uma função qualquer com derivadas parciais de segunda ordem contínuas, tal que $f(0, 0) = 0$ e que $(0, 0)$ seja um ponto crítico de f. Escreva uma expressão para o polinômio de Taylor de segundo grau Q de f em $(0, 0)$.

(b) O que você conclui sobre Q usando os resultados do Problema 4?

(c) Em vista da aproximação quadrática $f(x, y) \approx Q(x, y)$, o que a parte (b) sugere sobre f?

14.8 | Multiplicadores de Lagrange

No Exemplo 14.7.6 maximizamos a função volume $V = xyz$ sujeita à restrição $2xz + 2yz + xy = 12$, que expressa a condição de a área da superfície ser de 12 m². Nesta seção apresentaremos o método de Lagrange para maximizar uma função genérica $f(x, y, z)$ sujeita a uma restrição (ou vínculo) da forma $g(x, y, z) = k$.

Multiplicadores de Lagrange: Uma Restrição

É fácil explicar a base geométrica do método de Lagrange para as funções de duas variáveis. Então, vamos começar tentando determinar os valores extremos de $f(x, y)$ sujeita a uma restrição da forma $g(x, y) = k$. Em outras palavras, queremos achar os valores extremos de $f(x, y)$ quando o ponto (x, y) pertencer à curva de nível $g(x, y) = k$. A Figura 1 mostra essa curva junto de diversas curvas de nível de f. Estas têm as equações $f(x, y) = c$, onde $c = 7, 8, 9, 10, 11$. Para maximizar $f(x, y)$ sujeita a $g(x, y) = k$ é preciso determinar o maior valor de c, tal que a curva de nível $f(x, y) = c$ intercepte $g(x, y) = k$. Parece, da Figura 1, que isso acontece quando essas curvas se tocam, ou seja, quando essas curvas têm uma reta tangente comum. (Caso contrário, poderíamos aumentar o valor de c.) Isso significa que as retas normais ao ponto (x_0, y_0) onde as duas curvas se tocam devem ser as mesmas. Logo, os vetores gradientes são paralelos, ou seja, $\nabla f(x_0, y_0) = \lambda \nabla g(x_0, y_0)$ para algum escalar λ.

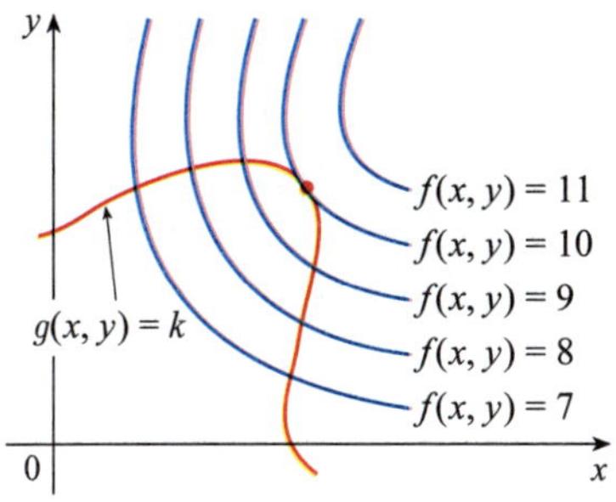

FIGURA 1

Esse tipo de argumento também se aplica ao problema de achar os valores extremos de $f(x, y, z)$ sujeita à restrição $g(x, y, z) = k$. Assim, o ponto (x, y, z) está restrito a pertencer à superfície S com equação $g(x, y, z) = k$. Em vez das curvas de nível na Figura 1, devemos considerar as superfícies de nível $f(x, y, z) = c$ e argumentar que, se o valor máximo de f é $f(x_0, y_0, z_0) = c$, então a superfície de nível $f(x, y, z) = c$ é tangente à superfície de nível $g(x, y, z) = k$, e então os correspondentes gradientes são paralelos.

Esse argumento intuitivo pode se tornar preciso da seguinte forma. Suponha que uma função f tenha um valor extremo no ponto $P(x_0, y_0, z_0)$ sobre a superfície S e seja C uma curva com equação vetorial $\mathbf{r}(t) = \langle x(t), y(t), z(t)\rangle$ que pertença a S e passe pelo ponto P. Se t_0 é o valor do parâmetro correspondente ao ponto P, então $\mathbf{r}(t_0) = \langle x_0, y_0, z_0\rangle$. A função composta $h(t) = f(x(t), y(t), z(t))$ representa os valores que f assume sobre a curva C. Como f tem um valor extremo em (x_0, y_0, z_0), segue que h tem um valor extremo em t_0, portanto, $h'(t_0) = 0$. Porém, se f for diferenciável, usando a Regra da Cadeia, podemos escrever

$$\begin{aligned} 0 &= h'(t_0) \\ &= f_x(x_0, y_0, z_0)x'(t_0) + f_y(x_0, y_0, z_0)y'(t_0) + f_z(x_0, y_0, z_0)z'(t_0) \\ &= \nabla f(x_0, y_0, z_0) \cdot \mathbf{r}'(t_0) \end{aligned}$$

Isso mostra que o vetor gradiente $\nabla f(x_0, y_0, z_0)$ é ortogonal ao vetor da tangente $\mathbf{r}'(t_0)$ para todas as curvas C. Mas já sabemos da Seção 14.6 que o vetor gradiente de g, $\nabla g(x_0, y_0, z_0)$, também é ortogonal a $\mathbf{r}'(t_0)$ para todas as curvas. (Veja a Equação 14.6.18.) Isso significa que os vetores $\nabla f(x_0, y_0, z_0)$ e $\nabla g(x_0, y_0, z_0)$ precisam ser paralelos. Logo, se $\nabla g(x_0, y_0, z_0) \neq \mathbf{0}$, existe um número λ tal que

1 $$\nabla f(x_0, y_0, z_0) = \lambda \nabla g(x_0, y_0, z_0)$$

O número λ na Equação 1 é chamado **multiplicador de Lagrange**. O procedimento baseado na Equação 1 é o seguinte:

Multiplicadores de Lagrange têm esse nome em homenagem ao matemático franco-italiano Joseph-Louis Lagrange (1736-1813). Um esboço biográfico de Lagrange está disponível na Seção 4.2, do Volume 1.

Método dos Multiplicadores de Lagrange Para determinar os valores máximo e mínimo de $f(x, y, z)$ sujeitos à restrição $g(x, y, z) = k$ [supondo que esses valores extremos existam e que $\nabla g \neq \mathbf{0}$ sobre a superfície $g(x, y, z) = k$]:

1. Determine todos os valores de x, y, z e λ tal que

$$\nabla f(x, y, z) = \lambda \nabla g(x, y, z)$$

e $$g(x, y, z) = k$$

2. Calcule f em todos os pontos (x, y, z) que resultaram do passo 1. O maior desses valores será o valor máximo de f, e o menor será o valor mínimo de f.

Ao deduzirmos o Método de Lagrange, supusemos que $\nabla g \neq \mathbf{0}$. Em cada um de nossos exemplos, você pode verificar que $\nabla g \neq \mathbf{0}$ em todos os pontos onde $g(x, y, z) = k$. Veja o Exercício 35 para descobrir o que pode sair errado se $\nabla g = \mathbf{0}$. O Exercício 34 mostra o que pode acontecer se ∇g for indefinido.

Se escrevermos a equação vetorial $\nabla f = \lambda \nabla g$ em termos de suas componentes, as equações do passo (1) ficarão

$$f_x = \lambda g_x \qquad f_y = \lambda g_y \qquad f_z = \lambda g_z \qquad g(x, y, z) = k$$

Esse é um sistema com quatro equações nas quatro incógnitas x, y, z e λ, e devemos encontrar *todas* as suas possíveis soluções (embora os valores explícitos de λ não sejam necessários para a conclusão do método). Se $x = x_0$, $y = y_0$, $z = z_0$ formarem uma solução desse sistema de equações e se o valor correspondente de λ não for 0, então $\nabla f(x_0, y_0, z_0)$ e $\nabla g(x_0, y_0, z_0)$ serão paralelos (como afirmamos com base em argumentos geométricos no início da seção). Se o valor de λ for 0, então $\nabla f(x_0, y_0, z_0) = \mathbf{0}$ e, portanto, (x_0, y_0, z_0) é um ponto crítico de f. Desta forma, $f(x_0, y_0, z_0)$ é um possível extremo local de f em seu domínio e, consequentemente, um possível valor extremo de f sujeito à referida restrição (veja o Exercício 61).

Para as funções de duas variáveis, o método dos multiplicadores de Lagrange é análogo àquele que acabamos de descrever. Para acharmos os valores extremos de $f(x, y)$ sujeitos à restrição $g(x, y) = k$, olhamos para todos os valores de x, y e λ, tal que

$$\nabla f(x, y) = \lambda \nabla g(x, y) \text{ e } g(x, y) = k$$

Isso leva à solução de um sistema de três equações a três incógnitas:

$$f_x = \lambda g_x \qquad f_y = \lambda g_y \qquad g(x, y) = k$$

EXEMPLO 1 Determine os valores extremos da função $f(x, y) = x^2 + 2y^2$ no círculo $x^2 + y^2 = 1$.

SOLUÇÃO Foi-nos pedido para determinar os valores extremos de f sujeita à restrição $g(x, y) = x^2 + y^2 = 1$. Usando os multiplicadores de Lagrange, resolvemos as equações $\nabla f = \lambda \nabla g$ e $g(x, y) = 1$, que podem ser escritas como

$$f_x = \lambda g_x \qquad f_y = \lambda g_y \qquad g(x, y) = 1$$

ou

$$\boxed{2} \qquad 2x = 2x\lambda$$

$$\boxed{3} \qquad 4y = 2y\lambda$$

$$\boxed{4} \qquad x^2 + y^2 = 1$$

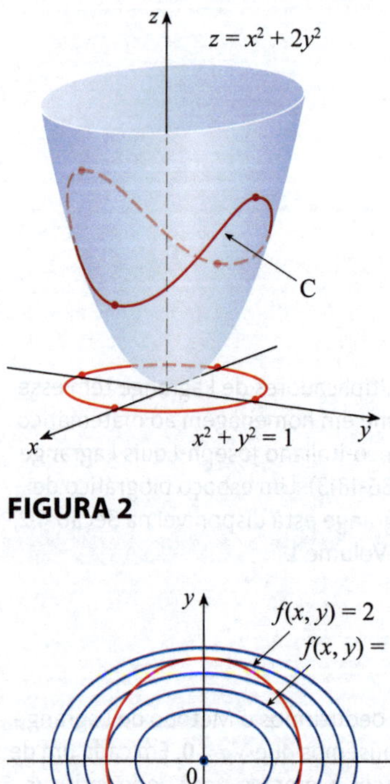

FIGURA 2

De (2) temos $2x(1 - \lambda) = 0$, então $x = 0$ ou $\lambda = 1$. Se $x = 0$, então (4) leva a $y = \pm 1$. Se $\lambda = 1$, então $y = 0$ de (3), e assim (4) dá $x = \pm 1$. Dessa forma, os valores extremos possíveis de f são os pontos $(0, 1)$, $(0, -1)$, $(1, 0)$ e $(-1, 0)$. Calculando f nesses quatro pontos, achamos

$$f(0, 1) = 2 \qquad f(0, -1) = 2 \qquad f(1, 0) = 1 \qquad f(-1, 0) = 1$$

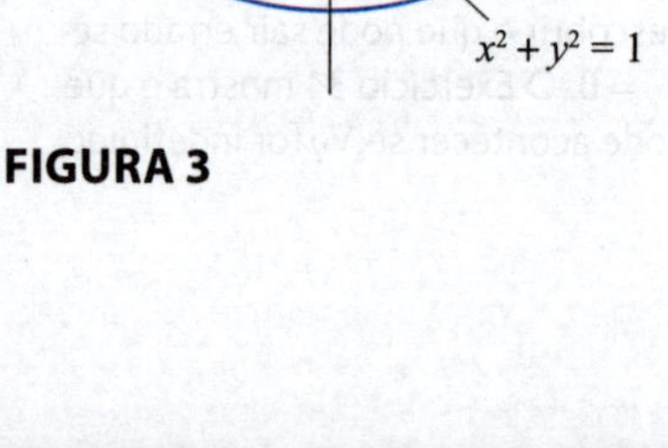

FIGURA 3

Portanto, o valor máximo de f no círculo $x^2 + y^2 = 1$ é $f(0, \pm 1) = 2$, e o valor mínimo é $f(\pm 1, 0) = 1$. Em termos geométricos, esses correspondem aos pontos mais alto e mais baixo na curva C na Figura 2, onde C consiste daqueles pontos no paraboloide $z = x^2 + 2y^2$ que estão diretamente acima do círculo de restrição $x^2 + y^2 = 1$.

A Figura 3 mostra um mapa de contorno de f. Os valores extremos de $f(x, y) = x^2 + 2y^2$ correspondem aos valores das curvas de nível de f que apenas tocam a circunferência $x^2 + y^2 = 1$. ■

Nossa próxima ilustração do Método de Lagrange é reconsiderar o problema apresentado no Exemplo 14.7.6.

EXEMPLO 2 Deseja-se fabricar uma caixa retangular sem tampa usando 12 m^2 de papelão. Determine o volume máximo de tal caixa.

Muitos dos problemas de otimização com os quais nos deparamos na Seção 4.7, do Volume 1, podem ser interpretados como a otimização de uma função de duas variáveis sujeita a uma restrição. Nos Exercícios 17 a 22, pedimos-lhe que revisite vários problemas da Seção 4.7 e os resolva usando o método dos multiplicadores de Lagrange.

SOLUÇÃO Como no Exemplo 14.7.6, definimos x, y e z, respectivamente, como o comprimento, a largura e a altura da caixa, em metros. Dessa forma, desejamos maximizar

$$V = xyz$$

sujeita à restrição

$$g(x, y, z) = 2xz + 2yz + xy = 12$$

Empregando o método dos multiplicadores de Lagrange, tentamos encontrar valores de x, y, z e λ tal que $\nabla V = \lambda \nabla g$ e $g(x, y, z) = 12$. Isso fornece as equações

$$V_x = \lambda g_x$$

$$V_y = \lambda g_y$$

$$V_z = \lambda g_z$$

$$2xz + 2yz + xy = 12$$

que vêm a ser

5 $$yz = \lambda(2z + y)$$

6 $$xz = \lambda(2z + x)$$

7 $$xy = \lambda(2x + 2y)$$

8 $$2xz + 2yz + xy = 12$$

Não há regras gerais para a resolução de sistemas de equações. Algumas vezes, é preciso recorrer a alguma engenhosidade. Neste exemplo, você pode notar que, se multiplicarmos (5) por x, (6) por y e (7) por z, os lados esquerdos dessas equações tornam-se idênticos. Fazendo isso, obtemos

9 $$xyz = \lambda(2xz + xy)$$

10 $$xyz = \lambda(2yz + xy)$$

11 $$xyz = \lambda(2xz + 2yz)$$

Outro método de resolução do sistema de equações (5-8) consiste em isolar λ nas Equações 5, 6 e 7 e, então, igualar as expressões resultantes.

Normalmente, λ pode ser igual a 0, mas observamos que, nesse caso, $\lambda \neq 0$ porque, segundo (5), (6) e (7), $\lambda = 0$ implicaria em termos $yz = xz = xy = 0$ e isso contradiria (8). Portanto, de (9) e (10), temos

$$2xz + yz = 2yz + xy$$

que fornece $xz = yz$. Mas $z \neq 0$ (uma vez que $z = 0$ faria com que $V = 0$), de modo que $x = y$. De (10) e (11), temos

$$2yz + xy = 2xz + 2yz$$

que fornece $2xz = xy$ e, portanto, $y = 2z$ (já que $x \neq 0$). Substituindo, agora, $x = y = 2z$ em (8), obtemos

$$4z^2 + 4z^2 + 4z^2 = 12$$

Já que as três variáveis, x, y e z, são positivas, temos, portanto, $z = 1$ e, consequentemente, $x = 2$ e $y = 2$. Assim, temos apenas um ponto no qual f pode assumir um valor extremo. E como descobrimos se esse ponto corresponde a um máximo ou mínimo? Como no Exemplo 14.7.6, afirmamos que é necessário que exista um volume máximo, o qual, consequentemente, deve estar associado ao ponto que encontramos. ■

EXEMPLO 3 Determine os pontos da esfera $x^2 + y^2 + z^2 = 4$ que estão mais próximos e mais distantes do ponto (3, 1, –1).

SOLUÇÃO A distância de um ponto (x, y, z) ao ponto (3, 1, –1) é

$$d = \sqrt{(x-3)^2 + (y-1)^2 + (z+1)^2}$$

mas a álgebra fica mais simples se maximizarmos e minimizarmos o quadrado dessa distância:

$$d^2 = f(x, y, z) = (x-3)^2 + (y-1)^2 + (z+1)^2$$

A restrição é que o ponto (x, y, z) pertença à esfera, ou seja,

$$g(x, y, z) = x^2 + y^2 + z^2 = 4$$

De acordo com o método dos multiplicadores de Lagrange, resolvemos $\nabla f = \lambda \nabla g$, $g = 4$. Isso dá

12 $$2(x-3) = 2x\lambda$$

13 $$2(y-1) = 2y\lambda$$

14 $$2(z+1) = 2z\lambda$$

15 $$x^2 + y^2 + z^2 = 4$$

O modo mais simples de resolver essas equações é determinar x, y e z em termos de λ de (12), (13) e (14) e substituir esses valores em (15). De (12) temos

$$x - 3 = x\lambda \quad \Rightarrow \quad x(1-\lambda) = 3 \quad \Rightarrow \quad x = \frac{3}{1-\lambda}$$

[Observe que $1 - \lambda \neq 0$ porque $\lambda = 1$ é impossível a partir de (12).] Da mesma forma, (13) e (14) dão

$$y = \frac{1}{1-\lambda} \qquad z = \frac{1}{1-\lambda}$$

A Figura 4 mostra a esfera e o ponto mais próximo *P* do Exemplo 3. Você pode pensar em um modo de calcular as coordenadas de *P* sem usar o cálculo?

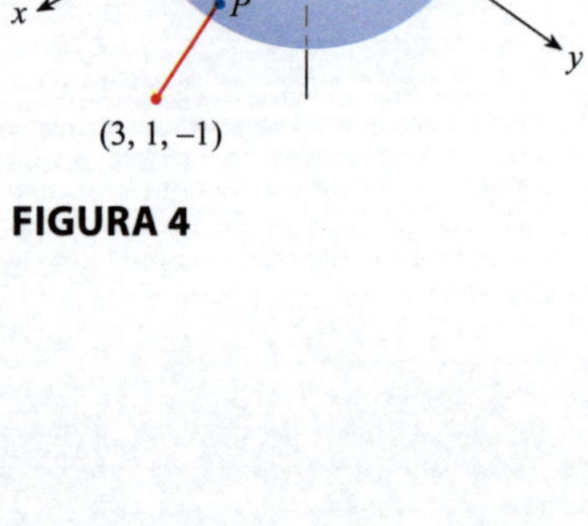

FIGURA 4

Portanto, de (15) temos

$$\frac{3^2}{(1-\lambda)^2} + \frac{1^2}{(1-\lambda)^2} + \frac{(-1)^2}{(1-\lambda)^2} = 4$$

que nos dá $(1-\lambda)^2 = \frac{11}{4}, 1-\lambda = \pm\sqrt{11}/2$, logo

$$\lambda = 1 \pm \frac{\sqrt{11}}{2}$$

Esses valores de λ então fornecem os pontos correspondentes (x, y, z)

$$\left(\frac{6}{\sqrt{11}}, \frac{2}{\sqrt{11}}, -\frac{2}{\sqrt{11}}\right) \quad \text{e} \quad \left(-\frac{6}{\sqrt{11}}, -\frac{2}{\sqrt{11}}, \frac{2}{\sqrt{11}}\right)$$

É fácil ver que *f* tem valor menor no primeiro desses pontos; dessa forma, o ponto mais próximo é $\left(6/\sqrt{11}, 2/\sqrt{11}, -2/\sqrt{11}\right)$ e o mais distante é $\left(-6/\sqrt{11}, -2/\sqrt{11}, 2/\sqrt{11}\right)$. ■

EXEMPLO 4 Determine os valores extremos de $f(x, y) = x^2 + 2y^2$ no disco $D = \{(x, y) \mid x^2 + y^2 \leq 1\}$.

SOLUÇÃO De acordo com o procedimento em (14.7.9), comparamos os valores de f nos pontos críticos com os pontos na fronteira. Uma vez que $f_x = 2x$ e $f_y = 4y$, o único ponto crítico é $(0, 0)$. Comparamos o valor de f no ponto com os valores extremos no limite do Exemplo 1 usando multiplicadores de Lagrange:

$$f(0, 0) = 0 \qquad f(\pm 1, 0) = 1 \qquad f(0, \pm 1) = 2$$

Portanto, o valor máximo de f em D é $f(0, \pm 1) = 2$ e o valor mínimo é $f(0, 0) = 0$. A Figura 5 mostra a parte do gráfico de f que está sobre o disco D. Observe que o ponto mais alto da superfície está localizado em $(0, \pm 1)$ e o ponto mais baixo está na origem. A Figura 6 mostra um mapa de contorno de f sobreposto ao disco D.

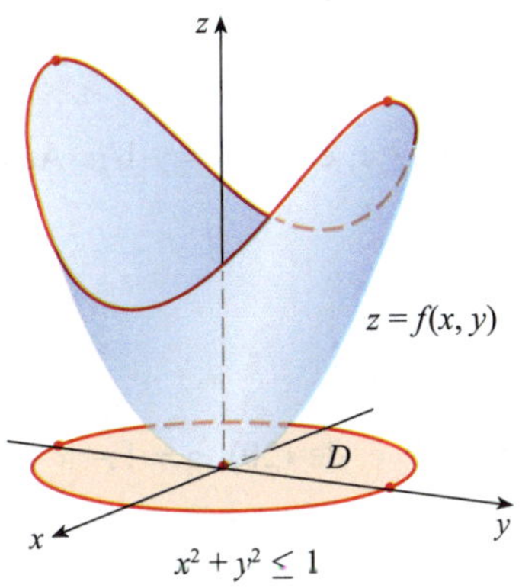

FIGURA 5

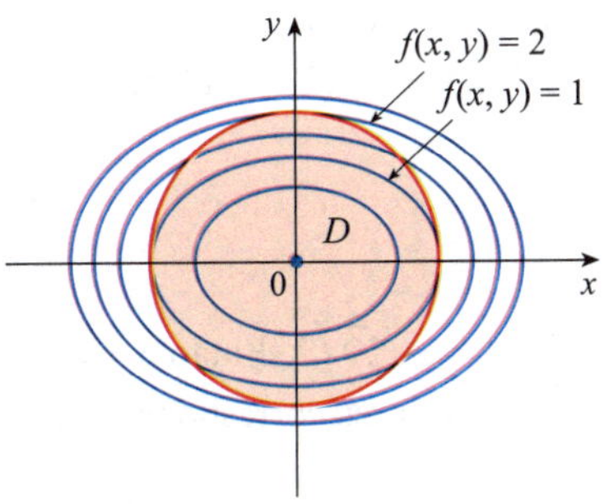

FIGURA 6

Multiplicadores de Lagrange: Duas Restrições

Suponha agora que queiramos determinar os valores máximo e mínimo de $f(x, y, z)$ sujeita a duas restrições (vínculos) da forma $g(x, y, z) = k$ e $h(x, y, z) = c$. Geometricamente, isso significa que estamos procurando pelos valores extremos de f quando (x, y, z) está restrito a pertencer à curva C, obtida pela intersecção das superfícies de nível $g(x, y, z) = k$ e $h(x, y, z) = c$. (Veja a Figura 7.) Suponha que f tenha um tal valor extremo no ponto $P(x_0, y_0, z_0)$. Sabemos que do início dessa seção que ∇f é ortogonal a C em P. Mas também sabemos que ∇g é ortogonal a $g(x, y, z) = k$ e ∇h é ortogonal a $h(x, y, z) = c$, portanto, ∇g e ∇h são ortogonais a C. Isso significa que o vetor gradiente $\nabla f(x_0, y_0, z_0)$ está no plano determinado por $\nabla g(x_0, y_0, z_0)$ e $\nabla h(x_0, y_0, z_0)$. (Presumimos que esses vetores gradientes não são nulos nem paralelos.) Portanto, existem números λ e μ (chamados multiplicadores de Lagrange) tal que

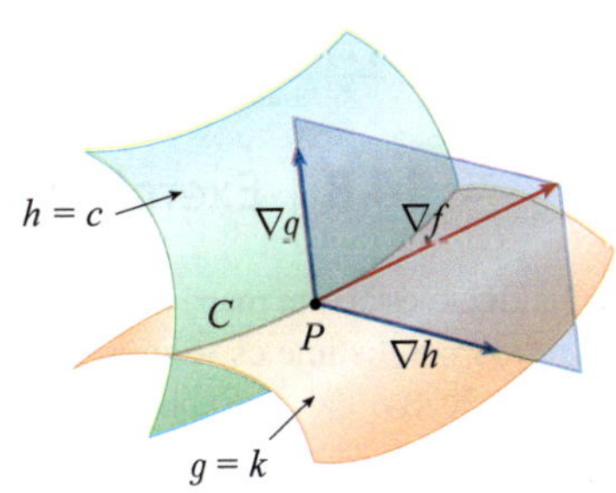

FIGURA 7

16
$$\nabla f(x_0, y_0, z_0) = \lambda \nabla g(x_0, y_0, z_0) + \mu \nabla h(x_0, y_0, z_0)$$

Nesse caso, o método de Lagrange nos leva a procurar por valores extremos ao resolver cinco equações nas cinco incógnitas x, y, z, λ e μ. Essas equações são obtidas ao escrever a Equação 16 em termos de seus componentes e ao utilizar as equações de restrição:

$$f_x = \lambda g_x + \mu h_x$$

$$f_y = \lambda g_y + \mu h_y$$

$$f_z = \lambda g_z + \mu h_z$$

$$g(x, y, z) = k$$

$$h(x, y, z) = c$$

O cilindro $x^2 + y^2 = 1$ intercepta o plano $x - y + z = 1$ em uma elipse (Figura 8). O Exemplo 5 questiona o valor máximo de f quando (x, y, z) pertence a essa elipse.

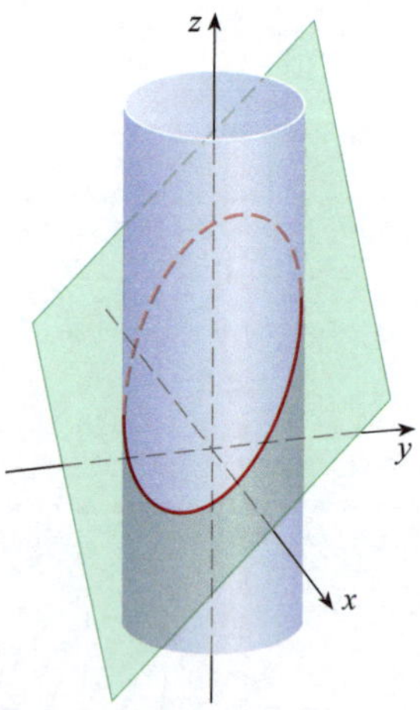

FIGURA 8

EXEMPLO 5 Determine o valor máximo da função $f(x, y, z) = x + 2y + 3z$ na curva da intersecção do plano $x - y + z = 1$ com o cilindro $x^2 + y^2 = 1$.

SOLUÇÃO Maximizamos a função $f(x, y, z) = x + 2y + 3z$ sujeita às restrições $g(x, y, z) = x - y + z = 1$ e $h(x, y, z) = x^2 + y^2 = 1$. A condição de Lagrange é $\nabla f = \lambda \nabla g + \mu \nabla h$, de modo que devemos resolver as equações

17 $$1 = \lambda + 2x\mu$$

18 $$2 = -\lambda + 2y\mu$$

19 $$3 = \lambda$$

20 $$x - y + z = 1$$

21 $$x^2 + y^2 = 1$$

Substituindo $\lambda = 3$ [de (19) em (17)], obtemos $2x\mu = -2$ e, então, $x = -1/\mu$. Analogamente, (18) dá $y = 5/(2\mu)$. Substituindo em (21), temos

$$\frac{1}{\mu^2} + \frac{25}{4\mu^2} = 1$$

e $\mu^2 = \frac{29}{4}$, $\mu = \pm\sqrt{29}/2$. Então $x = \mp 2/\sqrt{29}$, $y = \pm 5/\sqrt{29}$ e, de (20), $z = 1 - x + y = 1 \pm 7/\sqrt{29}$. Os valores correspondentes de f são

$$\mp\frac{2}{\sqrt{29}} + 2\left(\pm\frac{5}{\sqrt{29}}\right) + 3\left(1 \pm \frac{7}{\sqrt{29}}\right) = 3 \pm \sqrt{29}$$

Portanto, o valor máximo de f na curva dada é $3 + \sqrt{29}$. ■

14.8 Exercícios

1. Na figura estão um mapa de contorno de f e a curva de equação $g(x, y) = 8$. Estime os valores máximo e mínimo de f sujeita à restrição $g(x, y) = 8$. Explique suas razões.

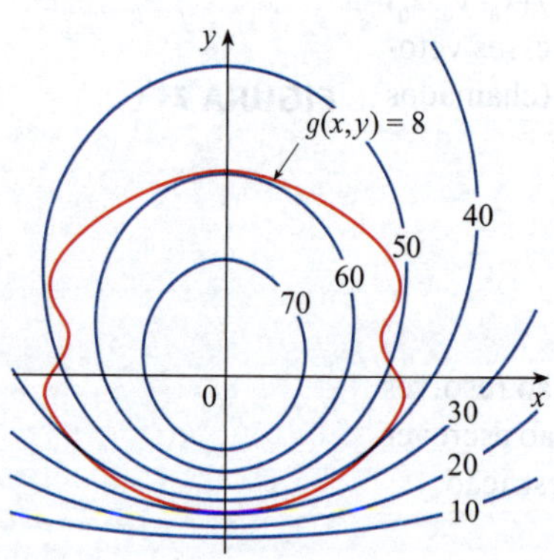

2. (a) Use uma calculadora gráfica ou um computador para traçar o círculo $x^2 + y^2 = 1$. Na mesma tela, trace diversas curvas da forma $x^2 + y = c$ até que você encontre duas que apenas toquem o círculo. Qual o significado dos valores de c dessas duas curvas?

(b) Utilize os multiplicadores de Lagrange para determinar os valores extremos de $f(x, y) = x^2 + y$ sujeita à restrição $x^2 + y^2 = 1$. Compare sua resposta com a da parte (a).

3-16 Cada um desses problemas de valor extremo tem uma solução tanto com valor máximo quanto com valor mínimo. Use multiplicadores de Lagrange para encontrar os valores extremos da função sujeita à restrição dada.

3. $f(x, y) = x^2 - y^2$; $x^2 + y^2 = 1$

4. $f(x, y) = x^2 y$; $x^4 + y^4 = 5$

5. $f(x, y) = xy$; $4x^2 + y^2 = 8$

6. $f(x, y) = xe^y$; $x^2 + y^2 = 2$

7. $f(x, y) = 2x^2 + 6y^2$; $x^4 + 3y^4 = 1$

8. $f(x, y) = xye^{-x^2-y^2}$; $2x - y = 0$

9. $f(x, y, z) = 2x + 2y + z$; $x^2 + y^2 + z^2 = 9$

10. $f(x, y, z) = e^{xyz}$; $2x^2 + y^2 + z^2 = 24$

11. $f(x, y, z) = xy^2 z$; $x^2 + y^2 + z^2 = 4$

12. $f(x, y, z) = x^2 + y^2 + z^2$; $x^2 + y^2 + z^2 + xy = 12$

13. $f(x, y, z) = x^2 + y^2 + z^2$; $x^4 + y^4 + z^4 = 1$

14. $f(x, y, z) = x^4 + y^4 + z^4$; $x^2 + y^2 + z^2 = 1$

15. $f(x, y, z, t) = x + y + z + t$; $x^2 + y^2 + z^2 + t^2 = 1$

16. $f(x_1, x_2, \ldots, x_n) = x_1 + x_2 + \cdots + x_n$; $x_1^2 + x_2^2 + \cdots + x_n^2 = 1$

17-22 Use multiplicadores de Lagrange para fornecer uma solução alternativa ao exercício indicado da Seção 4.7, no Volume 1.

17. Exercício 3

18. Exercício 8

19. Exercício 7

20. Exercício 18

21. Exercício 25

22. Exercício 24

23-24 O método dos multiplicadores de Lagrange pressupõe que existam valores extremos, mas nem sempre isso ocorre. Mostre que o problema que consiste em determinar o valor mínimo de f sujeita à restrição indicada pode ser resolvido usando-se multiplicadores de Lagrange, mas que f não possui um valor máximo sob tal restrição.

23. $f(x, y) = x^2 + y^2, \quad xy = 1$

24. $f(x, y, z) = x^2 + 2y^2 + 3z^2, \quad x + 2y + 3z = 10$

25-26 Use multiplicadores de Lagrange para determinar o valor máximo de f sujeita à restrição indicada. Em seguida, mostre que f não tem um valor mínimo sob tal restrição.

25. $f(x, y) = e^{xy}, \quad x^3 + y^3 = 16$

26. $f(x, y, z) = 4x + 2y + z, \quad x^2 + y + z^2 = 1$

27-29 Determine os valores extremos de f na região descrita pela desigualdade.

27. $f(x, y) = x^2 + y^2 + 4x - 4y, \quad x^2 + y^2 \le 9$

28. $f(x, y) = 2x^2 + 3y^2 - 4x - 5, \quad x^2 + y^2 \le 16$

29. $f(x, y) = e^{-xy}, \quad x^2 + 4y^2 \le 1$

30-33 Determine os valores extremos de f sujeitos a ambas as restrições.

30. $f(x, y, z) = z; \quad x^2 + y^2 = z^2, \quad x + y + z = 24$

31. $f(x, y, z) = x + y + z; \quad x^2 + z^2 = 2, \quad x + y = 1$

32. $f(x, y, z) = x^2 + y^2 + z^2; \quad x - y = 1, \quad y^2 - z^2 = 1$

33. $f(x, y, z) = yz + xy; \quad xy = 1, \quad y^2 + z^2 = 1$

---

34. Considere o problema de maximizar a função $f(x, y) = 2x + 3y$ sujeita à restrição $\sqrt{x} + \sqrt{y} = 5$.
(a) Tente usar multiplicadores de Lagrange para resolver este problema.
(b) $f(25,0)$ dá um valor maior que o obtido na parte (a)?
(c) Resolva o problema traçando a equação da restrição e diversas curvas de nível de f.
(d) Explique por que o método dos multiplicadores de Lagrange falha em resolver o problema.
(e) Qual é o significado de $f(9, 4)$?

35. Considere o problema de minimizar a função $f(x, y) = x$ na curva $y^2 + x^4 - x^3 = 0$ (uma piriforme).
(a) Tente usar multiplicadores de Lagrange para resolver este problema.
(b) Mostre que o valor mínimo é $f(0, 0) = 0$, mas que a condição de Lagrange $\nabla f(0, 0) = \lambda \nabla g(0, 0)$ não é satisfeita para nenhum valor de λ.
(c) Explique por que os multiplicadores de Lagrange falham em encontrar o mínimo neste caso.

T **36.** (a) Se seu sistema de computação algébrica traça o gráfico de curvas definidas implicitamente, use-o para estimar os valores mínimo e máximo de $f(x, y) = x^3 + y^3 + 3xy$ sujeita à restrição $(x - 3)^2 + (y - 3)^2 = 9$ por métodos gráficos.
(b) Resolva o problema da parte (a) com o auxílio dos multiplicadores de Lagrange. Use um computador para resolver as equações numericamente. Compare sua resposta com a da parte (a).

37. A produção total P de certo produto depende da quantidade L de trabalho empregado e da quantidade K de capital investido. Na Seção 14.1 e no projeto seguinte à Seção 14.3, discutimos como o modelo Cobb-Douglas $P = bL^{\alpha}K^{1-\alpha}$ segue a partir de determinadas suposições econômicas, onde b e α são constantes positivas e $\alpha < 1$. Se o custo por unidade de trabalho for m e o custo por unidade de capital for n, e uma companhia puder gastar somente uma quantidade p de dinheiro como despesa total, então a maximização da produção P estará sujeita à restrição $mL + nK = p$. Mostre que a produção máxima ocorre quando

$$L = \frac{\alpha p}{m} \quad \text{e} \quad K = \frac{(1-\alpha)p}{n}$$

38. Em relação ao Exercício 37, suponha agora que a produção seja fixada em $bL^{\alpha}K^{1-\alpha} = Q$, onde Q é uma constante. Quais valores de L e K minimizam a função custo $C(L, K) = mL + nK$?

39. Utilize os multiplicadores de Lagrange para demonstrar que o retângulo com área máxima, que tem um perímetro constante p é um quadrado.

40. Use multiplicadores de Lagrange para demonstrar que o triângulo com área máxima, e que tem um perímetro constante p, é equilátero.
Dica: Utilize a fórmula de Heron para a área:

$$A = \sqrt{s(s-x)(s-y)(s-z)}$$

onde $s = p/2$ e x, y, z são os comprimentos dos lados.

41-53 Utilize os multiplicadores de Lagrange para dar uma solução alternativa aos exercícios da Seção 14.7 indicados.

41. Exercício 43
42. Exercício 44
43. Exercício 45
44. Exercício 46
45. Exercício 47
46. Exercício 48
47. Exercício 49
48. Exercício 50
49. Exercício 51
50. Exercício 52
51. Exercício 53
52. Exercício 54
53. Exercício 57

---

54. Um pacote no formato de uma caixa retangular pode ser enviado pelos correios dos EUA desde que a soma do seu comprimento e de seu contorno (o perímetro de uma seção transversal perpendicular ao comprimento; veja o Exercício 4.7.23, no Volume 1) não ultrapasse 274 centímetros. Use multiplicadores de Lagrange para determinar as dimensões do pacote de maior volume que pode ser enviado.

55. Pretende-se construir um silo de grãos acoplando uma cobertura semiesférica e um piso horizontal (plano) a um cilindro circular. Use multiplicadores de Lagrange para mostrar que, supondo que a área total da superfície seja S, o volume do silo é maximizado quando o raio e a altura do cilindro são iguais.

56. Determine os volumes máximo e mínimo da caixa retangular cuja superfície tem 1.500 cm² e cuja soma dos comprimentos das arestas é 200 cm.

57. O plano $x + y + 2z = 2$ intercepta o paraboloide $z = x^2 + y^2$ em uma elipse. Determine os pontos dessa elipse que estão mais próximo e mais longe da origem.

58. O plano $4x - 3y + 8z = 5$ intercepta o cone $z^2 = x^2 + y^2$ em uma elipse.

(a) Faça os gráficos do cone, do plano e observe a intersecção elíptica.

(b) Use os multiplicadores de Lagrange para achar os pontos mais alto e mais baixo da elipse.

59-60 Ache os valores de máximo e mínimo da função f sujeita às restrições dadas. Utilize um sistema de computação algébrica para resolver o sistema de equações proveniente do uso dos multiplicadores de Lagrange. (Se seu computador achar somente uma solução, você pode precisar do uso de comandos adicionais.)

59. $f(x, y, z) = ye^{x-z}$; $\quad 9x^2 + 4y^2 + 36z^2 = 36, \quad xy + yz = 1$

60. $f(x, y, z) = x + y + z$; $\quad x^2 - y^2 = z, \quad x^2 + z^2 = 4$

61. Use multiplicadores de Lagrange para determinar os valores extremos de $f(x, y) = 3x^2 + y^2$ sujeita à restrição $x^2 + y^2 = 4y$. Mostre que o valor mínimo corresponde a $\lambda = 0$.

62. (a) Maximize $\Sigma_{i=1}^n x_i y_i$ sujeita às restrições $\Sigma_{i=1}^n x_i^2 = 1$ e $\Sigma_{i=1}^n y_i^2 = 1$.

(b) No somatório, substitua

$$x_i = \frac{a_i}{\sqrt{\Sigma a_j^2}} \quad \text{e} \quad y_i = \frac{b_i}{\sqrt{\Sigma b_j^2}}$$

para mostrar que

$$\Sigma a_i b_i \leq \sqrt{\Sigma a_j^2}\,\sqrt{\Sigma b_j^2}$$

para quaisquer números $a_1, \ldots, a_n, b_1, \ldots, b_n$. Essa desigualdade é conhecida como a *Desigualdade de Cauchy-Schwarz*.

63. (a) Determine o valor máximo de

$$f(x_1, x_2, \ldots, x_n) = \sqrt[n]{x_1 x_2 \ldots x_n}$$

sendo que $x_1, x_2, \ldots, x_n$ são números positivos e $x_1 + x_2 + \cdots + x_n = c$, onde c é uma constante.

(b) Deduza do item (a) que se $x_1, x_2, \ldots, x_n$ são números positivos, então

$$\sqrt[n]{x_1 x_2 \ldots x_n} \leq \frac{x_1 + x_2 + \ldots + x_n}{n}$$

Essa desigualdade diz que a média geométrica de n números não pode ser maior que a média aritmética deles. Sob que circunstâncias as duas médias são iguais?

PROJETO APLICADO | CIÊNCIA DOS FOGUETES

NASA

NASA/Lori Losey

Muitos foguetes, tais como o *Saturno V*, que colocou o primeiro homem na Lua, são projetados para usar três estágios em sua subida para o espaço. O primeiro e maior estágio impulsiona o foguete até que seu combustível seja consumido, quando esse estágio é ejetado para decrescer a massa do foguete. O segundo e o terceiro estágios, que são menores, funcionam da mesma forma, colocando a carga do foguete em órbita em torno da Terra. (Com esse projeto são necessários pelo menos dois estágios para que o foguete atinja a velocidade necessária, e o uso de três estágios provou oferecer boa relação entre custo e desempenho.) Nosso objetivo aqui é determinar as massas individuais dos três estágios, que foram projetados de forma que minimize a massa total do foguete e ao mesmo tempo permitam que ele atinja a velocidade desejada.

Para um foguete com um único estágio consumindo combustível a uma taxa constante, a variação na velocidade resultante da aceleração do foguete foi modelada por

$$\Delta V = -c \ln\left(1 - \frac{(1-S)M_r}{P + M_r}\right)$$

onde M_r é a massa do propulsor do foguete, incluindo o combustível inicial, P é a massa da carga, S é o *fator estrutural* determinado pelo projeto do foguete (especificamente, é a razão entre a massa do foguete sem combustível e sem carga e a massa do foguete com carga e combustível) e c é a velocidade (constante) de exaustão relativa do foguete.

(*continua*)

Considere agora um foguete de três estágios e carga de massa A. Vamos supor que as forças externas sejam desprezíveis e que c e S permaneçam constantes em cada estágio. Se M_i é a massa do i-ésimo estágio, podemos inicialmente considerar que o propulsor do foguete tenha massa M_1 e sua carga tenha massa $M_2 + M_3 + A$; o segundo e o terceiro estágios podem ser tratados da mesma forma.

1. Mostre que a velocidade atingida pelo foguete depois que os três estágios são ejetados é dada por

$$v_f = c\left[\ln\left(\frac{M_1 + M_2 + M_3 + A}{SM_1 + M_2 + M_3 + A}\right) + \ln\left(\frac{M_2 + M_3 + A}{SM_2 + M_3 + A}\right) + \ln\left(\frac{M_3 + A}{SM_3 + A}\right)\right]$$

2. Desejamos minimizar a massa total $M = M_1 + M_2 + M_3$ do propulsor do foguete sujeita à restrição que a velocidade desejada v_f do Problema 1 seja atingida. O método dos multiplicadores de Lagrange é apropriado, mas é difícil implementá-lo usando as expressões de que dispomos até aqui. Para simplificarmos, definimos variáveis N_i de modo que a restrição possa ser expressa como $v_f = c(\ln N_1 + \ln N_2 + \ln N_3)$. Como é difícil exprimir M em termos dos N_i, é desejável usar uma função mais simples, que ao ser minimizada leve também à minimização de M. Mostre que

$$\frac{M_1 + M_2 + M_3 + A}{M_2 + M_3 + A} = \frac{(1-S)N_1}{1-SN_1}$$

$$\frac{M_2 + M_3 + A}{M_3 + A} = \frac{(1-S)N_2}{1-SN_2}$$

$$\frac{M_3 + A}{A} = \frac{(1-S)N_3}{1-SN_3}$$

e conclua que

$$\frac{M + A}{A} = \frac{(1-S)^3 N_1 N_2 N_3}{(1-SN_1)(1-SN_2)(1-SN_3)}$$

3. Verifique se $\ln((M + A)/A)$ tem os mesmos pontos de mínimo que M; utilize os multiplicadores de Lagrange e o resultado do Problema 2 para determinar as expressões para os valores de N_i onde o mínimo ocorre sujeito à restrição $v_f = c(\ln N_1 + \ln N_2 + \ln N_3)$. [*Dica*: Utilize as propriedades dos logaritmos para ajudar na simplificação das expressões.]

4. Determine uma expressão para o valor mínimo de M como função de v_f.

5. Se desejarmos colocar um foguete de três estágios em uma órbita 160 km acima da superfície terrestre, a velocidade final necessária é de aproximadamente 28.000 km/h. Suponha que cada estágio seja construído com um fator estrutural $S = 0{,}2$ e que a velocidade de exaustão seja $c = 9.600$ km/h.

(a) Determine a massa total mínima M do propulsor do foguete como função de A.

(b) Determine a massa de cada estágio como função de A. (Eles não precisam ter tamanhos iguais.)

6. O mesmo foguete precisaria de uma velocidade final de 39.700 km/h, aproximadamente, para escapar da gravidade terrestre. Determine a massa de cada estágio que minimizaria a massa total do propulsor do foguete e lhe permitiria carregar uma sonda de 200 kg para o espaço.

PROJETO APLICADO | OTIMIZAÇÃO DE UMA TURBINA HIDRÁULICA

Romaset / Shutterstock.com

Na estação geradora hidrelétrica, a água é bombeada de uma represa para a estação de energia. A taxa pela qual a água flui nas tubulações varia, dependendo de condições externas.

A usina geradora de potência tem três turbinas hidrelétricas diferentes; para cada uma delas, é conhecida a quantidade da potência elétrica gerada em função do fluxo de água que chega à turbina (função de potência da turbina). A água que chega pode ser distribuída em quantidades diferentes entre as turbinas, e nosso objetivo é determinar como programar essa distribuição de água para obter máxima produção de energia total para qualquer vazão.

Usando dados experimentais e a *Equação de Bernoulli*, chegou-se ao modelo quadrático mostrado para a saída de potência de cada turbina, com as seguintes vazões de operação permitidas:

$$KW_1 = (-18,89 + 0,1277Q_1 - 4,08 \cdot 10^{-5} Q_1^2)(170 - 1,6 \cdot 10^{-6} Q_T^2)$$

$$KW_2 = (-24,51 + 0,1358Q_2 - 4,69 \cdot 10^{-5} Q_2^2)(170 - 1,6 \cdot 10^{-6} Q_T^2)$$

$$KW_3 = (-27,02 + 0,1380Q_3 - 3,84 \cdot 10^{-5} Q_3^2)(170 - 1,6 \cdot 10^{-6} Q_T^2)$$

$$250 \le Q_1 \le 1.110, \quad 250 \le Q_2 \le 1.110, \quad 250 \le Q_3 \le 1.225,$$

onde

Q_i = fluxo pela turbina i em pés cúbicos por segundo
KW_i = potência gerada pela turbina i em quilowatts
Q_T = fluxo total pela turbina em pés cúbicos por segundo

1. Se todas as três turbinas estiverem sendo usadas, queremos determinar o fluxo Q_i em cada turbina que resultará na produção total máxima de energia. Nossas limitações são que o fluxo total precisa ser igual ao fluxo que chega à usina e que para cada turbina o fluxo esteja na faixa permitida. Consequentemente, utilize os multiplicadores de Lagrange para achar os valores de cada fluxo individual (como função de Q_T) que maximizem a produção total de energia

$$KW_1 + KW_2 + KW_3$$

sujeita às restrições

$$Q_1 + Q_2 + Q_3 = Q_T$$

e restrições de domínio de cada Q_i.

2. Para que valores de Q_T seu resultado é válido?

3. Para uma vazão de entrada de 70 m³/s, determine a distribuição para as turbinas e verifique (tentando algumas distribuições semelhantes) se seu resultado corresponde realmente a um máximo.

4. Até agora supusemos que as três turbinas estavam em operação. É possível que mais potência possa ser obtida usando somente uma turbina em algumas situações? Faça um gráfico das funções potência e utilize-o para decidir se uma vazão de entrada de 30 m³/s deveria ser distribuída para as três turbinas ou concentrada em uma só. (Se você concluir que só uma turbina deverá ser utilizada, responda: qual é ela?) E se a vazão for de somente 17 m³/s?

5. Talvez para alguns níveis de vazão seja vantajoso usar duas turbinas. Se a vazão de chegada for de 40 m³/s, quais duas turbinas devem ser utilizadas? Use os multiplicadores de Lagrange para determinar como a vazão deveria ser distribuída entre as duas turbinas para maximizar a energia produzida. Para essa vazão, o uso de duas turbinas é mais eficiente que o emprego das três?

6. Se a vazão de entrada for de 96 m³/s, o que você recomendaria para a empresa?

14 REVISÃO

VERIFICAÇÃO DE CONCEITOS

As respostas para a Verificação de Conceitos podem ser encontradas na página deste livro no site da Cengage.

1. (a) O que é uma função de duas variáveis?
   (b) Descreva três métodos para visualizar uma função de duas variáveis.
2. O que é uma função de três variáveis? Como você pode visualizar tal função?
3. O que
$$\lim_{(x,\,y)\to(a,\,b)} f(x, y) = L$$
significa? Como mostrar que esse limite não existe?
4. (a) O que significa dizer que f é contínua em (a, b)?
   (b) Se f é contínua em $\mathbb{R}^2$, o que você pode dizer de seu gráfico?
5. (a) Escreva as expressões para as derivadas parciais $f_x(a, b)$ e $f_y(a, b)$ como limites.
   (b) Como você interpreta $f_x(a, b)$ e $f_y(a, b)$ geometricamente? Como as interpreta como taxas de variação?
   (c) Se $f(x, y)$ é dada por uma fórmula, como calcular f_x e f_y?
6. O que o Teorema de Clairaut diz?
7. Como achar o plano tangente a cada um dos seguintes tipos de superfície?
   (a) Um gráfico de uma função de duas variáveis, $z = f(x, y)$
   (b) Uma superfície de nível de uma função de três variáveis, $F(x, y, z) = k$
8. Defina a linearização de f em (a, b). Qual é a correspondente aproximação linear? Qual é a interpretação geométrica da aproximação linear?
9. (a) O que significa dizer que f é diferenciável em (a, b)?
   (b) Como usualmente verificamos que f é diferenciável?
10. Se $z = f(x, y)$, o que são as diferenciais dx, dy e dz?
11. Enuncie a Regra da Cadeia para o caso em que $z = f(x, y)$ e x e y são funções de uma variável. E se x e y forem funções de duas variáveis?
12. Se z é definido implicitamente como uma função de x e y por uma equação da forma $F(x, y, z) = 0$, como determinar $\partial z/\partial x$ e $\partial z/\partial y$?
13. (a) Escreva uma expressão limitando a derivada direcional de f em (x_0, y_0) na direção do vetor unitário $\mathbf{u} = \langle a, b\rangle$. Como interpretá-la como taxa de variação? Como interpretá-la geometricamente?
    (b) Se f é diferenciável, escreva uma expressão para $D_{\mathbf{u}}f(x_0, y_0)$ em termos de f_x e f_y.
14. (a) Defina o vetor gradiente ∇f de uma função f e duas ou três variáveis.
    (b) Expresse $D_{\mathbf{u}}f$ em termos de ∇f.
    (c) Explique o significado geométrico do gradiente.
15. O que as seguintes sentenças significam?
    (a) f tem um máximo local em (a, b).
    (b) f tem um máximo absoluto em (a, b).
    (c) f tem um mínimo local em (a, b).
    (d) f tem um mínimo absoluto em (a, b).
    (e) f tem um ponto de sela em (a, b).
16. (a) Se f tem um máximo local em (a, b), o que você pode dizer de suas derivadas parciais em (a, b)?
    (b) O que é um ponto crítico de f?
17. Qual é o Teste da Segunda Derivada?
18. (a) O que é um conjunto fechado em $\mathbb{R}^2$? O que é um conjunto limitado?
    (b) Dê o enunciado do Teorema dos Valores Extremos para as funções de duas variáveis.
    (c) Como achar os valores que o Teorema dos Valores Extremos garante existirem?
19. Explique como o método dos multiplicadores de Lagrange funciona para determinar os valores extremos de $f(x, y, z)$ sujeita à restrição $g(x, y, z) = k$. E se tivermos uma segunda restrição $h(x, y, z) = c$?

TESTES VERDADEIRO-FALSO

Determine se a afirmação é falsa ou verdadeira. Se for verdadeira, explique por quê. Caso contrário, explique por que ou dê um exemplo que mostre que é falsa.

1. $f_y(a,b) = \lim_{y\to b} \dfrac{f(a,y) - f(a,b)}{y - b}$
2. Existe uma função f com derivadas parciais de segunda ordem contínuas, tais que $f_x(x, y) = x + y^2$ e $f_y(x, y) = x - y^2$.
3. $f_{xy} = \dfrac{\partial^2 f}{\partial x\, \partial y}$
4. $D_{\mathbf{k}}f(x, y, z) = f_z(x, y, z)$
5. Se $f(x, y) \to L$ quando $(x, y) \to (a, b)$ ao longo de toda reta que passa por (a, b), então $\lim_{(x,y)\to(a,b)} f(x, y) = L$.
6. Se $f_x(a, b)$ e $f_y(a, b)$ existem, então f é diferenciável em (a, b).
7. Se f tem um mínimo local em (a, b) e f é diferenciável em (a, b), então $\nabla f(a, b) = \mathbf{0}$.
8. Se f é uma função, então
$$\lim_{(x,\,y)\to(2,\,5)} f(x, y) = f(2, 5)$$
9. Se $f(x, y) = \ln y$, então $\nabla f(x, y) = 1/y$.
10. Se $(2, 1)$ é um ponto crítico de f e
$$f_{xx}(2, 1)\, f_{yy}(2, 1) < [f_{xy}(2, 1)]^2$$
então f tem um ponto de sela em $(2, 1)$.
11. Se $f(x, y) = \text{sen}\, x + \text{sen}\, y$, então $-\sqrt{2} \le D_{\mathbf{u}}f(x, y) \le \sqrt{2}$.
12. Se $f(x, y)$ tem dois máximos locais, então f tem um mínimo local.

EXERCÍCIOS

1-2 Determine e esboce o domínio da função.

1. $f(x, y) = \ln(x + y + 1)$

2. $f(x, y) = \sqrt{4 - x^2 - y^2} + \sqrt{1 - x^2}$

3-4 Esboce o gráfico da função.

3. $f(x, y) = 1 - y^2$ **4.** $f(x, y) = x^2 + (y - 2)^2$

5-6 Esboce várias curvas de nível da função.

5. $f(x, y) = \sqrt{4x^2 + y^2}$ **6.** $f(x, y) = e^x + y$

7. Faça um esboço de um mapa de contorno da função cujo gráfico está mostrado.

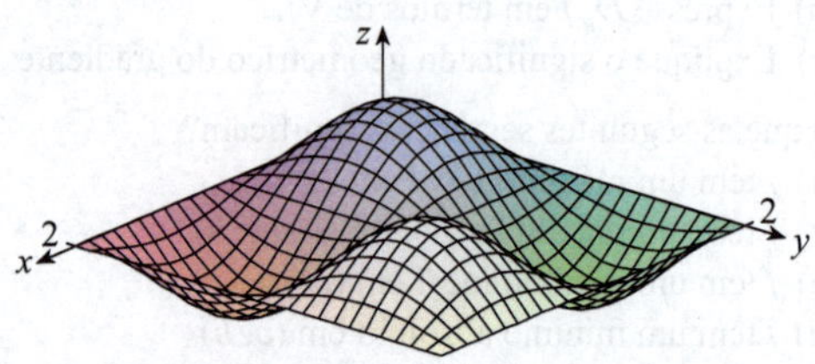

8. É mostrado o mapa de contorno de uma função f.

(a) Estime o valor de $f(3, 2)$.

(b) O valor de $f_x(3, 2)$ é positivo ou negativo? Explique.

(c) Qual é maior, $f_y(2, 1)$ ou $f_y(2, 2)$? Explique.

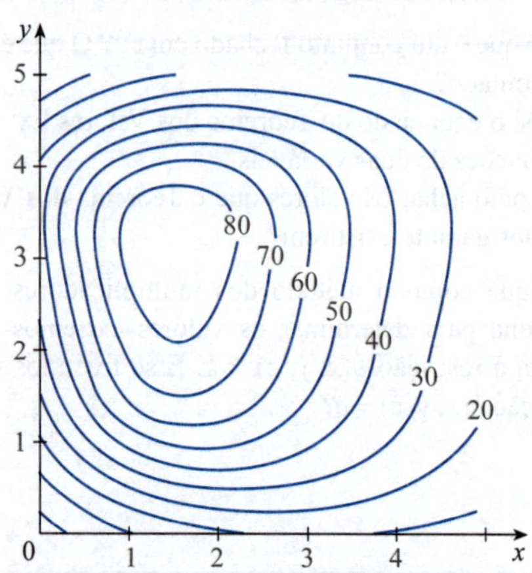

9-10 Calcule o limite ou mostre que ele não existe.

9. $\displaystyle\lim_{(x, y) \to (1, 1)} \frac{2xy}{x^2 + 2y^2}$ **10.** $\displaystyle\lim_{(x, y) \to (0, 0)} \frac{2xy}{x^2 + 2y^2}$

11. Uma placa de metal está situada no plano xy e ocupa o retângulo $0 \le x \le 10$, $0 \le y \le 8$, onde x e y são medidos em metros. A temperatura no ponto (x, y) do plano é $T(x, y)$, onde T é medido em graus Celsius. Temperaturas em pontos igualmente espaçados foram medidas e registradas na tabela.

(a) Estime o valor das derivadas parciais $T_x(6, 4)$ e $T_y(6, 4)$. Quais são as unidades?

(b) Estime o valor de $D_{\mathbf{u}}T(6, 4)$, onde $\mathbf{u} = (\mathbf{i} + \mathbf{j})/\sqrt{2}$. Interprete o resultado.

(c) Estime o valor de $T_{xy}(6, 4)$.

x \ y	0	2	4	6	8
0	30	38	45	51	55
2	52	56	60	62	61
4	78	74	72	68	66
6	98	87	80	75	71
8	96	90	86	80	75
10	92	92	91	87	78

12. Determine uma aproximação linear para a função temperatura $T(x, y)$ do Exercício 11 perto do ponto (6, 4). Em seguida use-a para estimar a temperatura no ponto (5, 3,8).

13-17 Determine as derivadas parciais de primeira ordem.

13. $f(x, y) = (5y^3 + 2x^2y)^8$

14. $g(u, v) = \dfrac{u + 2v}{u^2 + v^2}$

15. $F(\alpha, \beta) = \alpha^2 \ln(\alpha^2 + \beta^2)$

16. $G(x, y, z) = e^{xz}\operatorname{sen}(y/z)$

17. $S(u, v, w) = u \operatorname{arctg}(v\sqrt{w})$

18. A velocidade da propagação da onda sonora no oceano é uma função da temperatura, da salinidade e da pressão. Foi modelada como

$$C = 1.449{,}2 + 4{,}6T - 0{,}055T^2 + 0{,}00029T^3$$
$$+ (1{,}34 - 0{,}01T)(S - 35) + 0{,}016D$$

onde C é a velocidade do som (em metros por segundo), T é a temperatura (em graus Celsius), S é a salinidade (concentração de sal em partes por milhar, o que significa o número de gramas de sólidos dissolvidos por 1.000 g de água) e D é a profundidade abaixo da superfície do oceano (em metros). Calcule $\partial C/\partial T$, $\partial C/\partial S$, $\partial C/\partial D$, quando $T = 10$ °C, $S = 35$ partes por milhar e $D = 100$ m. Explique o significado físico dessas derivadas parciais.

19-22 Determine todas as derivadas parciais de segunda ordem de f.

19. $f(x, y) = 4x^3 - xy^2$ **20.** $z = xe^{-2y}$

21. $f(x, y, z) = x^k y^l z^m$ **22.** $v = r\cos(s + 2t)$

23. Se $z = xy + xe^{y/x}$, mostre que $x\dfrac{\partial z}{\partial x} + y\dfrac{\partial z}{\partial y} = xy + z$.

24. Se $z = \operatorname{sen}(x + \operatorname{sen} t)$, mostre que

$$\frac{\partial z}{\partial x}\frac{\partial^2 z}{\partial x \partial t} = \frac{\partial z}{\partial t}\frac{\partial^2 z}{\partial x^2}$$

25-29 Encontre uma equação (a) do plano tangente e (b) da reta normal à superfície dada no ponto especificado.

25. $z = 3x^2 - y^2 + 2x$, $(1, -2, 1)$

26. $z = e^x \cos y$, $(0, 0, 1)$

27. $x^2 + 2y^2 - 3z^2 = 3$, $(2, -1, 1)$

28. $xy + yz + zx = 3$, $(1, 1, 1)$

29. $\operatorname{sen}(xyz) = x + 2y + 3z$, $(2, -1, 0)$

30. Use um computador para traçar o gráfico da superfície $z = x^2 + y^4$ e de seu plano tangente e reta normal em (1, 1, 2) na mesma tela. Escolha o domínio e ponto de vista para obter uma boa visão dos três objetos.

31. Encontre os pontos no hiperboloide

$$x^2 + 4y^2 - z^2 = 4$$

onde o plano tangente é paralelo ao plano

$$2x + 2y + z = 5$$

32. Encontre du se $u = \ln(1 + se^{2t})$.

33. Determine a aproximação linear da função

$$f(x, y, z) = x^3\sqrt{y^2 + z^2}$$

no ponto (2, 3, 4) e use-a para aproximar o número $(1{,}98)^3\sqrt{(3{,}01)^2 + (3{,}97)^2}$.

34. Os dois catetos de um triângulo retângulo medem 5 m e 12 m com um erro possível nas medidas de, no máximo, 0,2 cm em cada. Utilize diferenciais para estimar o erro máximo no cálculo (a) da área do triângulo e (b) do comprimento da hipotenusa.

35. Se $u = x^2y^3 + z^4$, onde $x = p + 3p^2$, $y = pe^p$ e $z = p$ sen p, use a Regra da Cadeia para encontrar du/dp.

36. Se $v = x^2$ sen $y + ye^{xy}$, onde $x = s + 2t$ e $y = st$, use a Regra da Cadeia para encontrar $\partial v/\partial s$ e $\partial v/\partial t$ quando $s = 0$ e $t = 1$.

37. Suponha que $z = f(x, y)$, onde $x = g(s, t)$, $y = h(s, t)$, $g(1, 2) = 3$, $g_s(1, 2) = -1$, $g_t(1, 2) = 4$, $h(1, 2) = 6$, $h_s(1, 2) = -5$, $h_t(1, 2) = 10$, $f_x(3, 6) = 7$ e $f_y(3, 6) = 8$. Determine $\partial v/\partial s$ e $\partial z/\partial t$ quando $s = 1$ e $t = 2$.

38. Utilize o diagrama em árvore para escrever a Regra da Cadeia para o caso onde $w = f(t, u, v)$, $t = t(p, q, r, s)$, $u = u(p, q, r, s)$ e $v = v(p, q, r, s)$, todas diferenciáveis.

39. Se $z = y + f(x^2 - y^2)$, onde f é diferenciável, mostre que

$$y\frac{\partial z}{\partial x} + x\frac{\partial z}{\partial y} = x$$

40. O comprimento x de um lado de um triângulo está aumentando a uma taxa de 3 pol/s, o comprimento y de um outro lado está diminuindo a uma taxa de 2 pol/s e o ângulo θ entre eles está aumentando a uma taxa de 0,05 radiano/s. Quão rapidamente está variando a área do triângulo quando $x = 40$ pol, $y = 50$ pol e $\theta = \pi/6$?

41. Se $z = f(u, v)$, onde $u = xy$, $v = y/x$ e f têm derivadas parciais de segunda ordem contínuas, mostre que

$$x^2\frac{\partial^2 z}{\partial x^2} - y^2\frac{\partial^2 z}{\partial y^2} = -4uv\frac{\partial^2 z}{\partial u\,\partial v} + 2v\frac{\partial z}{\partial v}$$

42. Se $\cos(xyz) = 1 + x^2y^2 + z^2$, determine $\dfrac{\partial z}{\partial x}$ e $\dfrac{\partial z}{\partial y}$.

43. Determine o gradiente da função $f(x, y, z) = x^2e^{yz^2}$.

44. (a) Quando a derivada direcional de f é máxima?
(b) Quando é mínima?
(c) Quando é 0?
(d) Quando é a metade de seu valor máximo?

45-46 Determine a derivada direcional de f no ponto dado na direção indicada.

45. $f(x, y) = x^2e^{-y}$, $(-2, 0)$, na direção do ponto $(2, -3)$

46. $f(x, y, z) = x^2y + x\sqrt{1 + z}$, (1, 2, 3), na direção de $\mathbf{v} = 2\mathbf{i} + \mathbf{j} - 2\mathbf{k}$

47. Determine a taxa máxima de variação de $f(x, y) = x^2y + \sqrt{y}$ no ponto (2, 1). Em que direção isso ocorre?

48. Determine a direção na qual $f(x, y, z) = ze^{xy}$ aumenta mais rápido no ponto (0, 1, 2). Qual é a taxa máxima de aumento?

49. O mapa de contorno mostra a velocidade do vento em nós durante o furacão Andrew em 24 de agosto de 1992. Utilize-o para estimar o valor da derivada direcional da velocidade do vento em Homestead, Flórida, na direção do olho do furacão.

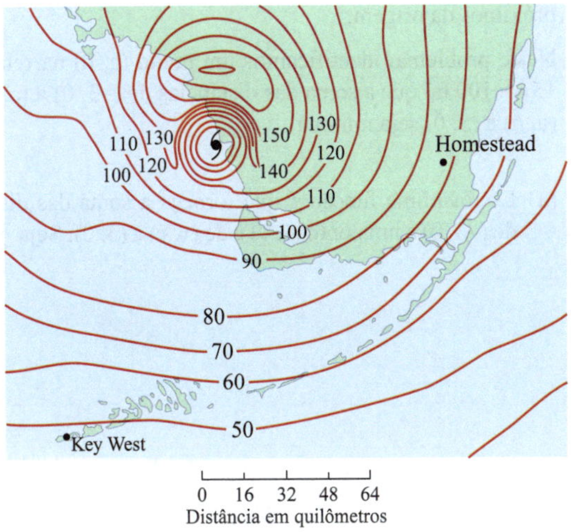

50. Determine as equações paramétricas da reta tangente no ponto $(-2, 2, 4)$ à curva de intersecção da superfície $z = 2x^2 - y^2$ com o plano $z = 4$.

51-54 Determine os valores máximos e mínimos locais e os pontos de sela da função. Se você tiver um programa de computador para desenhar em três dimensões, trace o gráfico da função usando um ponto de vista e domínio conveniente para mostrar os aspectos importantes da função.

51. $f(x, y) = x^2 - xy + y^2 + 9x - 6y + 10$

52. $f(x, y) = x^3 - 6xy + 8y^3$

53. $f(x, y) = 3xy - x^2y - xy^2$

54. $f(x, y) = (x^2 + y)e^{y/2}$

55-56 Determine os valores máximo e mínimo absolutos de f no conjunto D.

55. $f(x, y) = 4xy^2 - x^2y^2 - xy^3$; D é a região triangular fechada do plano xy com vértices (0, 0), (0, 6) e (6, 0)

56. $f(x, y) = e^{-x^2-y^2}(x^2 + 2y^2)$; D é o disco $x^2 + y^2 \le 4$

57. Utilize o gráfico e/ou curvas de nível para estimar os valores máximo e mínimo e os pontos de sela de $f(x, y) = x^3 - 3x + y^4 - 2y^2$. Em seguida, use o cálculo para determinar esses valores de modo preciso.

58. Use uma calculadora gráfica ou um computador (método de Newton ou sistema de computação algébrica) para determinar os pontos críticos de

$$f(x, y) = 12 + 10y - 2x^2 - 8xy - y^4$$

com precisão de três casas decimais. Em seguida, classifique os pontos críticos e determine o ponto mais alto do gráfico.

59-62 Utilize os multiplicadores de Lagrange para determinar os valores máximo e mínimo de f sujeita à(s) restrição(ões) dada(s).

59. $f(x, y) = x^2 y; \quad x^2 + y^2 = 1$

60. $f(x, y) = \dfrac{1}{x} + \dfrac{1}{y}, \quad \dfrac{1}{x^2} + \dfrac{1}{y^2} = 1$

61. $f(x, y, z) = xyz; \quad x^2 + y^2 + z^2 = 3$

62. $f(x, y, z) = x^2 + 2y^2 + 3z^2; \quad x + y + z = 1, \quad x - y + 2z = 2$

---

63. Determine os pontos da superfície $xy^2z^3 = 2$ que estão mais próximos da origem.

64. Neste problema, identificamos um ponto (a, b) na reta $16x + 15y = 100$ tal que a soma das distâncias de $(-3, 0)$ a (a, b) e de (a, b) a $(3, 0)$ seja mínima.

(a) Escreva uma função f que forneça a soma das distâncias de $(-3, 0)$ a um ponto (x, y) e de (x, y) a $(3, 0)$. Seja $g(x, y) = 16x + 15y$. Seguindo o método dos multiplicadores de Lagrange, desejamos encontrar o valor mínimo de f sujeito à restrição $g(x, y) = 100$. Trace a curva de restrição juntamente com várias curvas de nível de f e, em seguida, use o gráfico para estimar o valor mínimo de f. Que ponto (a, b) na linha minimiza f?

(b) Comprove se os vetores gradiente $\nabla f(a, b)$ e $\nabla g(a, b)$ são paralelos.

65. Um pentágono é formado colocando-se um triângulo isósceles sobre um retângulo, como mostrado na figura. Se o pentágono tem perímetro P fixo, determine os comprimentos dos lados do pentágono que maximiza sua área.

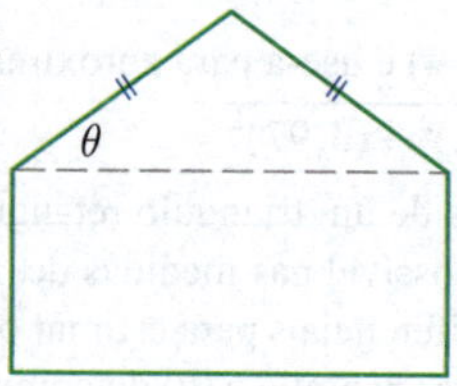

Problemas Quentes

1. Um retângulo com comprimento L e largura W é cortado em quatro retângulos menores por duas retas paralelas aos lados. Determine os valores máximo e mínimo da soma dos quadrados das áreas dos retângulos menores.

2. Biólogos marinhos determinaram que, quando um tubarão detecta a presença de sangue na água, ele nada na direção em que a concentração de sangue aumenta mais rapidamente. Com base em certos testes na água do mar, sabe-se que a concentração de sangue (em partes por milhão) em um ponto $P(x, y)$ na superfície é de aproximadamente

$$C(x, y) = e^{-(x^2+2y^2)/10^4}$$

onde x e y são medidos em metros em coordenadas cartesianas com a fonte do sangue como origem.

(a) Identifique as curvas de nível da função concentração e esboce vários membros dessa família, junto com a trajetória que o tubarão deve percorrer para chegar à fonte.

(b) Suponha que um tubarão esteja no ponto (x_0, y_0) quando detecta a presença de sangue na água. Determine a equação da trajetória do tubarão escrevendo e resolvendo uma equação diferencial.

3. Uma longa folha de metal galvanizado de espessura w polegadas deve ser dobrada em uma forma simétrica com três lados planos para fazer uma calha. A seção transversal é mostrada na figura.

(a) Determine as dimensões para permitir a máxima vazão, ou seja, determine as dimensões que fornecem a maior área da seção transversal.

(b) Você acharia melhor dobrar a folha de metal em uma calha com seção transversal semicircular do que em uma seção transversal de três lados?

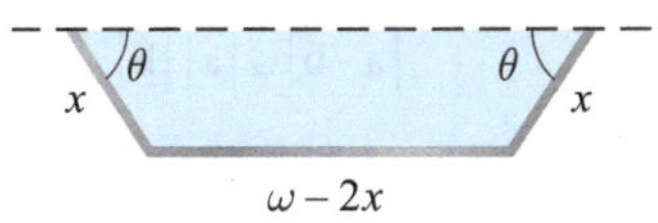

4. Para que valores do número r a função

$$f(x,y,z) = \begin{cases} \dfrac{(x+y+z)^r}{x^2+y^2+z^2} & \text{se } (x,y,z) \neq (0,0,0) \\ 0 & \text{se } (x,y,z) = (0,0,0) \end{cases}$$

é contínua em $\mathbb{R}^3$?

5. Suponha que f seja uma função diferenciável de uma variável. Mostre que todos os planos tangentes à superfície $z = xf(y/x)$ se interceptam em um ponto comum.

6. (a) O método de Newton para aproximar a raiz de uma equação $f(x) = 0$ (veja a Seção 4.8, no Volume 1) pode ser adaptado para aproximar a solução de um sistema de equações $f(x, y) = 0$ e $g(x, y) = 0$. As superfícies $z = f(x, y)$ e $z = g(x, y)$ se interceptam em uma curva que intercepta o plano xy no ponto (r, s), que é a solução deste sistema. Se uma aproximação inicial (x_1, y_1) estiver próxima deste ponto, então os planos tangentes às superfícies em (x_1, y_1) se interceptam em uma reta que intercepta o plano xy em um ponto (x_2, y_2), que deveria estar mais próximo de (r, s). (Compare com a Figura 4.8.2, do Volume 1.) Mostre que

$$x_2 = x_1 - \frac{fg_y - f_y g}{f_x g_y - f_y g_x} \qquad \text{e} \qquad y_2 = y_1 - \frac{f_x g - f g_x}{f_x g_y - f_y g_x}$$

onde f, g e suas derivadas parciais são calculadas em (x_1, y_1). Se continuarmos esse processo, obteremos uma sequência de aproximações sucessivas (x_n, y_n).

(b) Foi Thomas Simpson (1710-1761) quem formulou o método de Newton como o conhecemos hoje e quem o estendeu para as funções de duas variáveis como no item (a). (Veja a biografia de Simpson na Seção 7.7, no Volume 1.) O exemplo que ele deu para ilustrar o método foi resolver o sistema de equações

$$x^x + y^y = 1.000 \qquad x^y + y^x = 100$$

Em outras palavras, ele descobriu os pontos de intersecção das curvas da figura. Utilize o método da parte (a) para determinar as coordenadas dos pontos de intersecção com precisão de seis casas decimais.

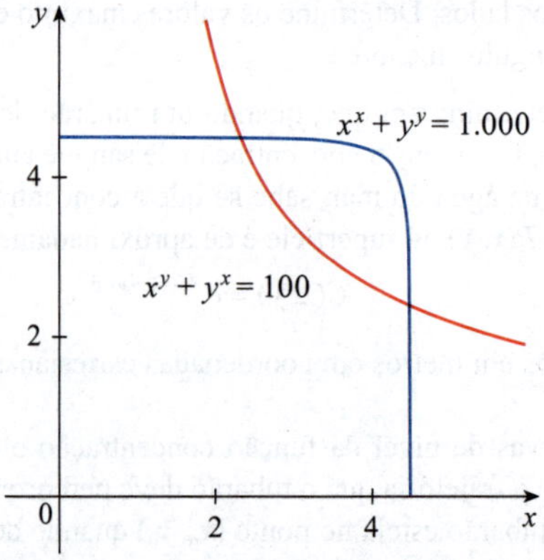

7. Se a elipse $x^2/a^2 + y^2/b^2 = 1$ circunda a circunferência $x^2 + y^2 = 2y$, quais são os valores de a e b que minimizam a área da elipse?

8. Mostre que o valor máximo da função

$$f(x,y) = \frac{(ax + by + c)^2}{x^2 + y^2 + 1}$$

é $a^2 + b^2 + c^2$.

Dica: Um método para atacar o problema é usar a desigualdade de Cauchy-Schwarz:

$$|\mathbf{a} \cdot \mathbf{b}| \leq |\mathbf{a}||\mathbf{b}|$$

(Veja o Exercício 12.3.61.)

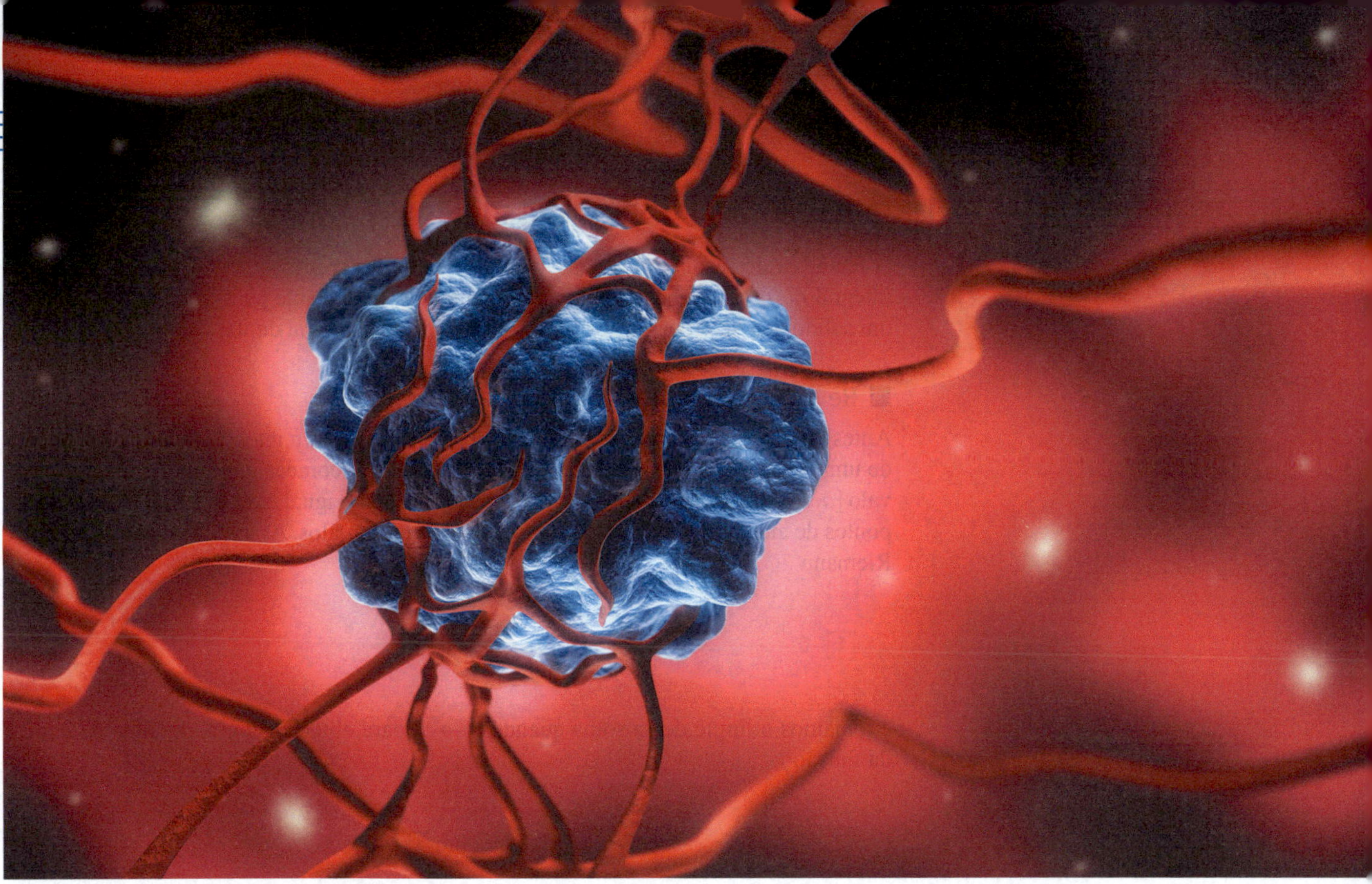

Tumores, como o ilustrado aqui, têm sido modelados como "esferas irregulares". No Exercício 15.8.49, será pedido que você calcule o volume englobado por essa superfície.

peterschreiber.media/Shutterstock.com

15 Integrais Múltiplas

NESTE CAPÍTULO, ESTENDEMOS a ideia de integrais definidas para integrais duplas e triplas de funções de duas ou três variáveis. Essas ideias serão usadas para calcular volumes, áreas de superfícies, massas e centroides de regiões mais gerais do que as consideradas nos Capítulos 6 e 8, no Volume 1. Usaremos também as integrais duplas para calcular probabilidades quando duas variáveis aleatórias estiverem envolvidas.

Veremos que as coordenadas polares são úteis no cálculo de integrais duplas em alguns tipos de região. De modo parecido, introduziremos dois novos sistemas de coordenadas no espaço tridimensional – coordenadas cilíndricas e coordenadas esféricas –, que simplificam muito o cálculo de integrais triplas em certas regiões sólidas que ocorrem frequentemente.

15.1 Integrais Duplas sobre Retângulos

A tentativa de resolvermos o problema de determinar áreas nos levou à definição de integral definida. Aplicaremos um procedimento semelhante para calcular o volume de um sólido, e esse processo nos levará à definição de integral dupla.

Revisão da Integral Definida

Antes de tudo, vamos relembrar os fatos básicos relativos à integral definida de funções de uma variável real. Se $f(x)$ é definida em $a \leq x \leq b$, começamos subdividindo o intervalo $[a, b]$ em n subintervalos $[x_{i-1}, x_i]$ de comprimento igual $\Delta x = (b - a)/n$ e escolhemos pontos de amostragem x_i^* em cada um desses subintervalos. Assim, formamos a soma de Riemann

1
$$\sum_{i=1}^{n} f(x_i^*)\,\Delta x$$

e tomamos o limite dessa soma quando $n \to \infty$ para obter a integral definida de a até b da função f:

2
$$\int_a^b f(x)\,dx = \lim_{n\to\infty} \sum_{i=1}^{n} f(x_i^*)\,\Delta x$$

No caso especial em que $f(x) \geq 0$, a soma de Riemann pode ser interpretada como a soma das áreas dos retângulos aproximadores da Figura 1 e $\int_a^b f(x)\,dx$ representa a área sob a curva $y = f(x)$ de a até b.

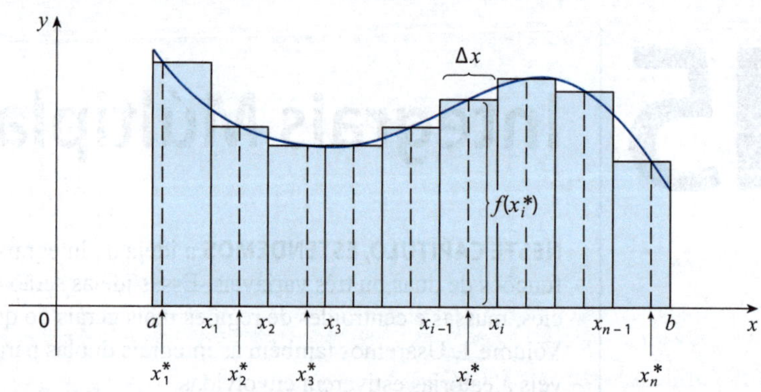

FIGURA 1

Volumes e Integrais Duplas

De modo semelhante, vamos considerar uma função f de duas variáveis definida em um retângulo fechado

$$R = [a, b] \times [c, d] = \{(x, y) \in \mathbb{R}^2 \mid a \leq x \leq b,\ c \leq y \leq d\}$$

e vamos inicialmente supor que $f(x, y) \geq 0$. O gráfico de f é a superfície com equação $z = f(x, y)$. Seja S o sólido que está acima da região R e abaixo do gráfico de f, isto é,

$$S = \{(x, y, z) \in \mathbb{R}^3 \mid 0 \leq z \leq f(x, y),\ (x, y) \in R\}$$

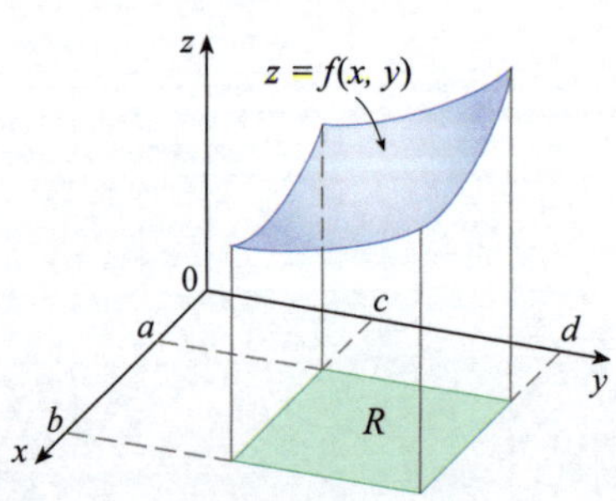

FIGURA 2

(Veja a Figura 2.) Nosso objetivo é determinar o volume de S.

O primeiro passo consiste em dividir o retângulo R em sub-retângulos. Faremos isso dividindo o intervalo $[a, b]$ em m subintervalos $[x_{i-1}, x_i]$ de mesmo comprimento $\Delta x = (b - a)/m$ e dividindo o intervalo $[c, d]$ em n subintervalos $[y_{j-1}, y_j]$ de mesmo comprimento $\Delta y = (d - c)/n$. Traçando retas paralelas aos eixos coordenados, passando pelas extremidades dos subintervalos, como na Figura 3, formamos os sub-retângulos

$$R_{ij} = [x_{i-1}, x_i] \times [y_{j-1}, y_j] = \{(x, y) \mid x_{i-1} \le x \le x_i, y_{j-1} \le y \le y_j\}$$

cada um dos quais com área $\Delta A = \Delta x \, \Delta y$.

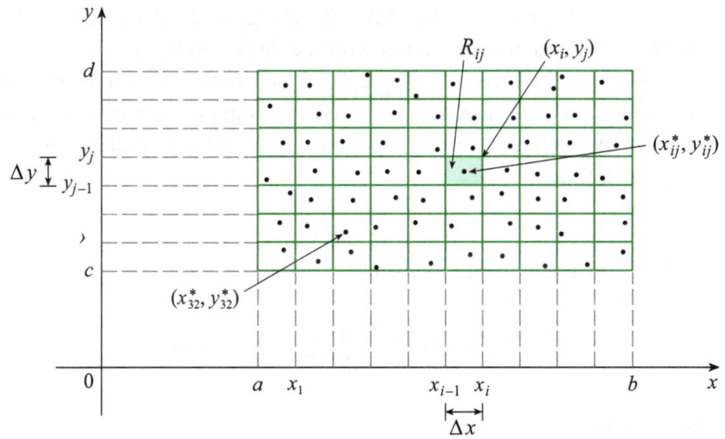

FIGURA 3
Dividindo R em sub-retângulos

Se escolhermos um ponto arbitrário, que chamaremos **ponto de amostragem**, (x_{ij}^*, y_{ij}^*), em cada R_{ij}, poderemos aproximar a parte de S que está acima de cada R_{ij} por uma caixa retangular fina (ou "coluna") com base R_{ij} e altura $f(x_{ij}^*, y_{ij}^*)$, como mostrado na Figura 4. (Compare com a Figura 1.) O volume dessa caixa é dado pela sua altura vezes a área do retângulo da base:

$$f(x_{ij}^*, y_{ij}^*)\Delta A$$

Se seguirmos com esse procedimento para todos os retângulos e somarmos os volumes das caixas correspondentes, obteremos uma aproximação do volume total de S:

3 $$V \approx \sum_{i=1}^{m}\sum_{j=1}^{n} f(x_{ij}^*, y_{ij}^*)\Delta A$$

(Veja a Figura 5.) Essa soma dupla significa que, para cada sub-retângulo, calculamos o valor de f no ponto escolhido, multiplicamos esse valor pela área do sub-retângulo e então adicionamos os resultados.

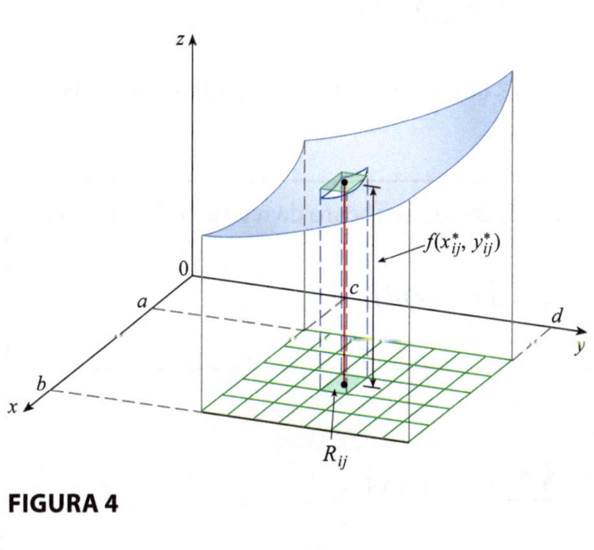

FIGURA 4

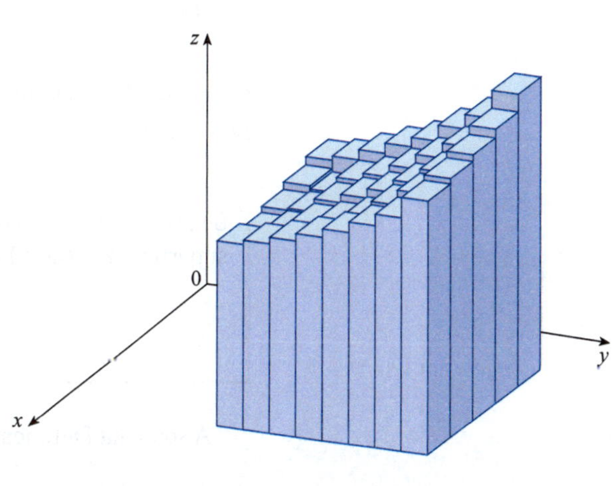

FIGURA 5

O significado do limite duplo na Equação 4 é que podemos tornar a somatória dupla tão próxima quanto desejarmos do número V [para qualquer escolha de (x_{ij}^*, y_{ij}^*) em R_{ij}] tomando m e n suficientemente grandes.

Nossa intuição diz que a aproximação dada em (3) melhora quando aumentamos os valores de m e n e, portanto, devemos esperar que

$$V = \lim_{m,\, n\to\infty} \sum_{i=1}^{m} \sum_{j=1}^{n} f(x_{ij}^*, y_{ij}^*)\Delta A \tag{4}$$

Usamos a expressão da Equação 4 para definir o **volume** do sólido S que corresponde à região que está abaixo do gráfico de f e acima do retângulo R. (Pode-se mostrar que essa definição é coerente com nossa fórmula de volume da Seção 6.2.)

Limites do tipo que aparecem na Equação 4 ocorrem muito frequentemente, não somente quando estamos determinando volumes, mas também em diversas outras situações – como será visto na Seção 15.4 – mesmo f não sendo uma função positiva. Assim, faremos a seguinte definição:

Observe a semelhança entre a Definição 5 e a definição de integral unidimensional na Equação 2.

5 Definição A **integral dupla** de f sobre o retângulo R é

$$\iint_R f(x,y)\,dA = \lim_{m,\, n\to\infty} \sum_{i=1}^{m} \sum_{j=1}^{n} f(x_{ij}^*, y_{ij}^*)\Delta A$$

se esse limite existir.

Embora tenhamos definido a integral dupla dividindo R em sub-retângulos de mesmo tamanho, poderíamos ter usado sub-retângulos R_{ij} de tamanhos diferentes. Mas então teríamos de garantir que todas as dimensões deles tendessem a zero no processo de limite.

O significado preciso do limite da Definição 5 é que para todo $\varepsilon > 0$ existe um inteiro N tal que

$$\left| \iint_R f(x,y)\,dA - \sum_{i=1}^{m} \sum_{j=1}^{n} f(x_{ij}^*, y_{ij}^*)\Delta A \right| < \varepsilon$$

para todos os inteiros m e n maiores que N e para qualquer escolha de (x_{ij}^*, y_{ij}^*) em R_{ij}.

Uma função f é dita **integrável** se o limite na Definição 5 existir. É mostrado em cursos de cálculo avançado que todas as funções contínuas são integráveis. Na realidade, a integral dupla de f existe contanto que f "não seja descontínua demais". Em particular, se f for limitada em R [isto é, existe uma constante M tal que $|f(x, y)| \leq M$ para todo (x, y) em R], e se f for contínua ali, exceto, possivelmente, em um número finito de curvas suaves, então f é integrável em R.

O ponto de amostragem (x_{ij}^*, y_{ij}^*) pode ser tomado como qualquer ponto no sub-retângulo R_{ij}, porém, se o escolhermos como o canto superior direito de R_{ij} [ou seja, (x_i, y_j), veja a Figura 3], a expressão da soma dupla ficará mais simples:

$$\iint_R f(x,y)\,dA = \lim_{m,\, n\to\infty} \sum_{i=1}^{m} \sum_{j=1}^{n} f(x_{ij}^*, y_{ij}^*)\Delta A \tag{6}$$

Comparando as Definições 4 e 5, vemos que o volume pode ser escrito como uma integral dupla:

Se $f(x, y) \geq 0$, então o volume V do sólido que está acima do retângulo R e abaixo da superfície $z = f(x, y)$ é

$$V = \iint_R f(x,y)\,dA$$

A soma na Definição 5,

$$\sum_{i=1}^{m} \sum_{j=1}^{n} f(x_{ij}^*, y_{ij}^*)\Delta A$$

é chamada **soma dupla de Riemann** e é usada como uma aproximação do valor da integral dupla. [Observe a semelhança dessa soma com a de Riemann em (1) para funções de uma única variável.] Se f for uma função *positiva*, então a soma dupla de Riemann representa a soma dos volumes das colunas, como na Figura 5, e é uma aproximação do volume abaixo do gráfico de f.

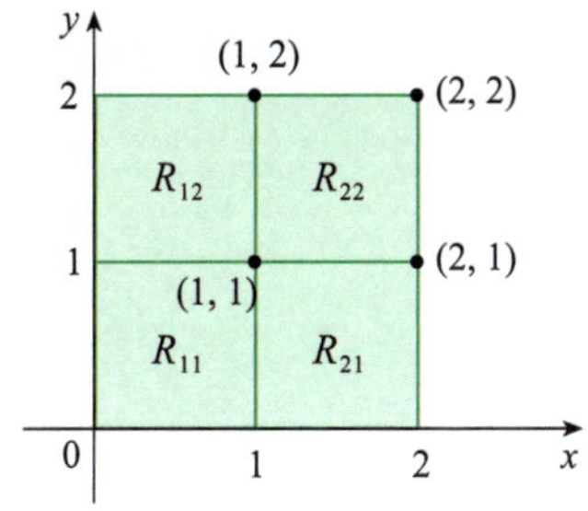

FIGURA 6

EXEMPLO 1 Estime o volume do sólido que está acima do quadrado $R = [0, 2] \times [0, 2]$ e abaixo do paraboloide elíptico $z = 16 - x^2 - 2y^2$. Divida R em quatro quadrados iguais e escolha o ponto de amostragem como o canto superior direito de cada quadrado R_{ij}. Faça um esboço do sólido e das caixas retangulares aproximadoras.

SOLUÇÃO Os quadrados estão ilustrados na Figura 6. O paraboloide elíptico é o gráfico de $f(x, y) = 16 - x^2 - 2y^2$ e a área de cada quadrado é $\Delta A = 1$. Aproximando o volume pela soma de Riemann com $m = n = 2$, temos

$$
\begin{aligned}
V &\approx \sum_{i=1}^{2}\sum_{j=1}^{2} f(x_i, y_i)\Delta A \\
&= f(1,1)\Delta A + f(1,2)\Delta A + f(2,1)\Delta A + f(2,2)\Delta A \\
&= 13(1) + 7(1) + 10(1) + 4(1) = 34
\end{aligned}
$$

Esse é o volume das caixas aproximadoras mostradas na Figura 7. ■

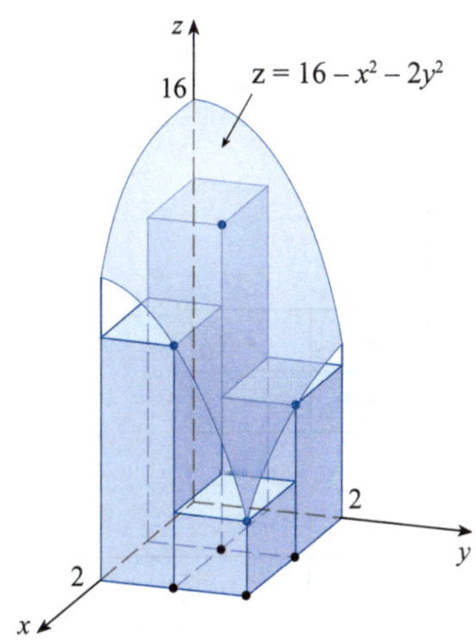

FIGURA 7

Obtemos melhores aproximações do volume no Exemplo 1 quando aumentamos o número de quadrados. A Figura 8 mostra como as colunas começam a parecer mais com o sólido verdadeiro e as aproximações correspondentes vão se tornando mais precisas quando usamos 16, 64 e 256 quadrados. No Exemplo 7 mostraremos que o volume exato é 48.

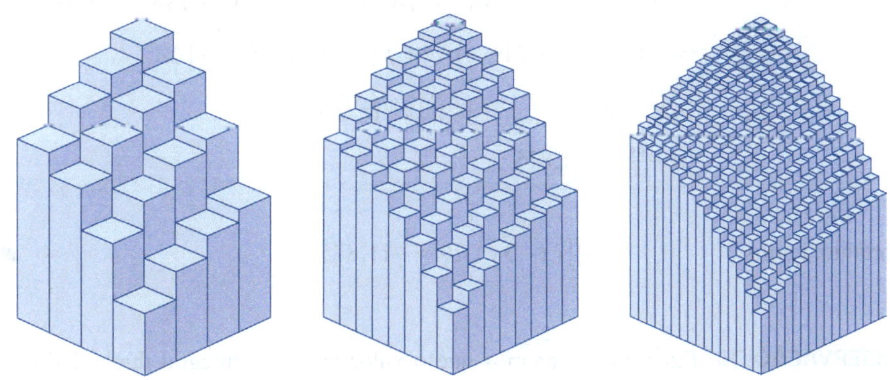

(a) $m = n = 4$, $V \approx 41{,}5$ (b) $m = n = 8$, $V \approx 44{,}875$ (c) $m = n = 16$, $V \approx 46{,}46875$

FIGURA 8
As aproximações para as somas de Riemann do volume abaixo de $z = 16 - x^2 - 2y^2$ ficam mais precisas quando m e n aumentam.

EXEMPLO 2 Se $R = \{(x, y) \mid -1 \le x \le 1, -2 \le y \le 2\}$, calcule a integral

$$\iint_R \sqrt{1 - x^2}\, dA$$

SOLUÇÃO Seria muito difícil calcular a integral diretamente da Definição 5, mas, como $\sqrt{1-x^2} \ge 0$, podemos calcular a integral interpretando-a como um volume. Se $z = \sqrt{1-x^2}$, então $x^2 + z^2 = 1$ e $z \ge 0$, logo, a integral dupla dada representa o volume do sólido S que está abaixo do cilindro circular $x^2 + z^2 = 1$ e acima do retângulo R. (Veja a Figura 9.) O volume de S é a área de um semicírculo com raio uma vez o comprimento do cilindro. Portanto

$$\iint_R \sqrt{1-x^2}\, dA = \tfrac{1}{2}\pi(1)^2 \times 4 = 2\pi$$ ■

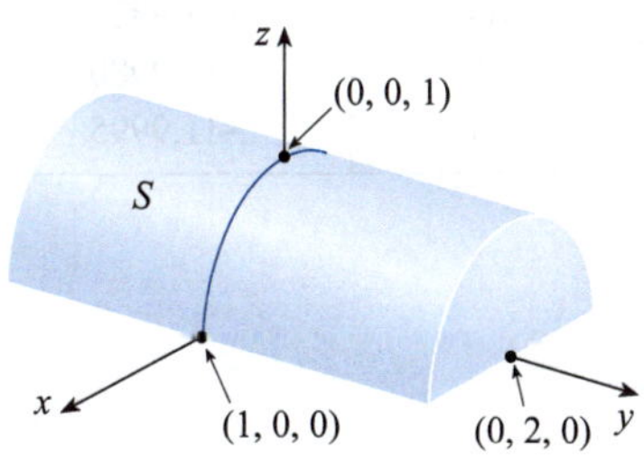

FIGURA 9

A Regra do Ponto Médio

Os métodos usados para aproximar as integrais de funções de uma variável real (a Regra do Ponto Médio, a Regra dos Trapézios, a Regra de Simpson) têm seus correspondentes para integrais duplas. Consideraremos aqui somente a Regra do Ponto Médio para integrais duplas. Isso significa que usaremos a soma dupla de Riemann para aproximar a integral dupla, na qual o ponto de amostragem (x_{ij}^*, y_{ij}^*) em R_{ij} é tomado como o ponto central $(\bar{x}_i, \bar{y}_j)$ de R_{ij}. Em outras palavras, $\bar{x}_i$ é o ponto médio de $[x_{i-1}, x_i]$ e $\bar{y}_j$ é o ponto médio de $[y_{j-1}, y_j]$.

Regra do Ponto Médio para Integrais Múltiplas

$$\iint_R f(x,y)\,dA \approx \sum_{i=1}^{m}\sum_{j=1}^{n} f(\bar{x}_i, \bar{y}_j)\,\Delta A$$

onde $\bar{x}_i$ é o ponto médio de $[x_{i-1}, x_i]$ e $\bar{y}_j$ é o ponto médio de $[y_{j-1}, y_j]$.

EXEMPLO 3 Use a Regra do Ponto Médio com $m = n = 2$ para estimar o valor da integral $\iint_R (x - 3y^2)\,dA$, onde $R = \{(x, y) \mid 0 \le x \le 2,\ 1 \le y \le 2\}$.

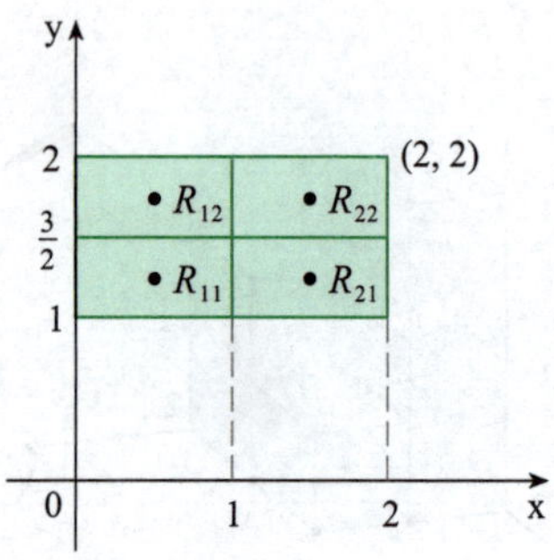

FIGURA 10

SOLUÇÃO Usando a Regra do Ponto Médio com $m = n = 2$, calcularemos $f(x, y) = x - 3y^2$ no centro dos quatro sub-retângulos mostrados na Figura 10. Logo, $\bar{x}_1 = \frac{1}{2}$, $\bar{x}_2 = \frac{3}{2}$, $\bar{y}_1 = \frac{5}{4}$ e $\bar{y}_2 = \frac{7}{4}$. A área de cada sub-retângulo é $\Delta A = \frac{1}{2}$. Assim,

$$\begin{aligned}\iint_R (x - 3y^2)\,dA &\approx \sum_{i=1}^{2}\sum_{j=1}^{2} f(\bar{x}_i, \bar{y}_j)\,\Delta A\\ &= f(\bar{x}_1, \bar{y}_1)\,\Delta A + f(\bar{x}_1, \bar{y}_2)\,\Delta A + f(\bar{x}_2, \bar{y}_1)\,\Delta A + f(\bar{x}_2, \bar{y}_2)\,\Delta A\\ &= f\left(\tfrac{1}{2}, \tfrac{5}{4}\right)\Delta A + f\left(\tfrac{1}{2}, \tfrac{7}{4}\right)\Delta A + f\left(\tfrac{3}{2}, \tfrac{5}{4}\right)\Delta A + f\left(\tfrac{3}{2}, \tfrac{7}{4}\right)\Delta A\\ &= \left(-\tfrac{67}{16}\right)\tfrac{1}{2} + \left(-\tfrac{139}{16}\right)\tfrac{1}{2} + \left(-\tfrac{51}{16}\right)\tfrac{1}{2} + \left(-\tfrac{123}{16}\right)\tfrac{1}{2}\\ &= -\tfrac{95}{8} = -11{,}875\end{aligned}$$

Portanto, temos

$$\iint_R (x - 3y^2)\,dA \approx -11{,}875$$

■

Número de sub-retângulos	Aproximação pela Regra do Ponto Médio
1	−11,5000
4	−11,8750
16	−11,9687
64	−11,9922
256	−11,9980
1.024	−11,9995

OBSERVAÇÃO No Exemplo 5 veremos que o valor exato da integral dupla dado no Exemplo 3 é −12. (Lembre-se de que a interpretação da integral dupla como volume só é válida quando a função f é uma função *positiva*. O integrando no Exemplo 3 não é uma função positiva, dessa forma, a integral dupla não é um volume. Nos Exemplos 5 e 6, discutiremos como interpretar integrais de funções que não são sempre positivas em termos de volumes.) Se continuarmos dividindo cada sub-retângulo da Figura 10 em quatro menores, todos com a mesma forma, obteremos as aproximações pela Regra do Ponto Médio exibidas na tabela na margem. Observe como esses valores estão se aproximando do valor exato da integral dupla, −12.

Integrais Iteradas

Lembremos que geralmente é difícil calcular as integrais de funções de uma variável real diretamente da definição de integral, mas que o Teorema Fundamental do Cálculo fornece um método mais fácil para calculá-las. O cálculo de integrais duplas pela definição é ainda mais complicado, porém aqui veremos como expressar uma integral dupla como uma integral iterada, cujo valor pode ser obtido calculando-se duas integrais unidimensionais.

Suponha que f seja uma função de duas variáveis que é integrável no retângulo $R = [a, b] \times [c, d]$. Usaremos a notação $\int_c^d f(x, y)\, dy$ significando que x é mantido fixo e $f(x, y)$ é integrada em relação a y de $y = c$ até $y = d$. Esse procedimento é chamado *integração parcial em relação a y*. (Observe a semelhança com a derivada parcial.) Como $\int_c^d f(x, y)\, dy$ é um número que depende do valor de x, ele define uma função de x:

$$A(x) = \int_c^d f(x, y)\, dy$$

Se agora integrarmos a função A com relação à variável x de $x = a$ a $x = b$, obteremos

7 $$\int_a^b A(x)\, dx = \int_a^b \left[\int_c^d f(x, y)\, dy \right] dx$$

A integral do lado direito da Equação 7 é chamada **integral iterada**. Em geral, os colchetes são omitidos. Assim,

8 $$\int_a^b \int_c^d f(x, y)\, dy\, dx = \int_a^b \left[\int_c^d f(x, y)\, dy \right] dx$$

significa que, primeiramente, integramos com relação a y (mantendo x fixo) de $y = c$ a $y = d$ e, em seguida, integramos a função de x resultante com relação a x, de $x = a$ a $x = b$.

Da mesma forma, a integral iterada

9 $$\int_c^d \int_a^b f(x, y)\, dx\, dy = \int_c^d \left[\int_a^b f(x, y)\, dx \right] dy$$

significa que primeiro integramos com relação a x (fixando y) de $x = a$ a $x = b$ e em seguida integramos a função de y resultante com relação a y de $y = c$ a $y = d$. Observe que, em ambas as Equações, 8 e 9, trabalhamos *de dentro para fora*.

EXEMPLO 4 Calcule o valor das integrais iteradas

(a) $\int_0^3 \int_1^2 x^2 y\, dy\, dx$ (b) $\int_1^2 \int_0^3 x^2 y\, dx\, dy$

SOLUÇÃO

(a) Olhando x como constante, obtemos

$$\int_1^2 x^2 y\, dy = \left[x^2 \frac{y^2}{2} \right]_{y=1}^{y=2} = x^2 \left(\frac{2^2}{2} \right) - x^2 \left(\frac{1^2}{2} \right) = \tfrac{3}{2} x^2$$

Portanto, a função A da discussão precedente é dada por $A(x) = \frac{3}{2} x^2$ neste exemplo. Integramos agora essa função de x de 0 até 3:

$$\int_0^3 \int_1^2 x^2 y\, dy\, dx = \int_0^3 \left[\int_1^2 x^2 y\, dy \right] dx = \int_0^3 \tfrac{3}{2} x^2\, dx = \frac{x^3}{2} \bigg]_0^3 = \frac{27}{2}$$

(b) Aqui integraremos primeiro em relação a x, considerando y como uma constante:

$$\int_1^2 \int_0^3 x^2 y\, dx\, dy = \int_1^2 \left[\int_0^3 x^2 y\, dx \right] dy = \int_1^2 \left[\frac{x^3}{3} y \right]_{x=0}^{x=3} dy$$

$$= \int_1^2 9y\, dy = 9 \frac{y^2}{2} \bigg]_1^2 = \frac{27}{2}$$ ■

Observe que no Exemplo 4 obtemos a mesma resposta se integramos primeiro em relação a y ou a x. Em geral, acontece (veja o Teorema 10) de as duas integrais iteradas das Equações 8 e 9 serem sempre iguais, ou seja, a ordem da integração não é importante. (Isso é semelhante ao Teorema de Clairaut sobre as igualdades das derivadas parciais mistas.)

O seguinte teorema fornece um método prático para calcular uma integral dupla, expressando-a como uma integral iterada (em qualquer ordem).

10 Teoria de Fubini Se f for contínua no retângulo

$$R = \{(x, y) \mid a \leq x \leq b, c \leq y \leq d\}$$

então,

$$\iint_R f(x,y)\,dA = \int_a^b \int_c^d f(x,y)\,dy\,dx = \int_c^d \int_a^b f(x,y)\,dx\,dy$$

De modo mais geral, esse resultado vale se supusermos que f seja limitada em R, f tenha descontinuidades apenas em um número finito de curvas suaves e que a integral iterada exista.

O Teorema 10 tem o nome do matemático italiano Guido Fubini (1879-1943), que demonstrou uma versão geral desse teorema em 1907. Mas a versão para as funções contínuas era conhecida pelo menos um século antes pelo matemático francês Augustin-Louis Cauchy.

A demonstração do Teorema de Fubini foge ao escopo deste livro, mas podemos ao menos fornecer uma justificativa razoável de sua validade quando $f(x, y) \geq 0$. Lembremos que se f é positiva, podemos interpretar a integral dupla $\iint_R f(x, y)\,dA$ como o volume V do sólido S que está acima de R e abaixo da superfície $z = f(x, y)$. Contudo, temos outra fórmula usada para calcular volume, vista na Seção 6.2, no Volume 1, que é

$$V = \int_a^b A(x)\,dx$$

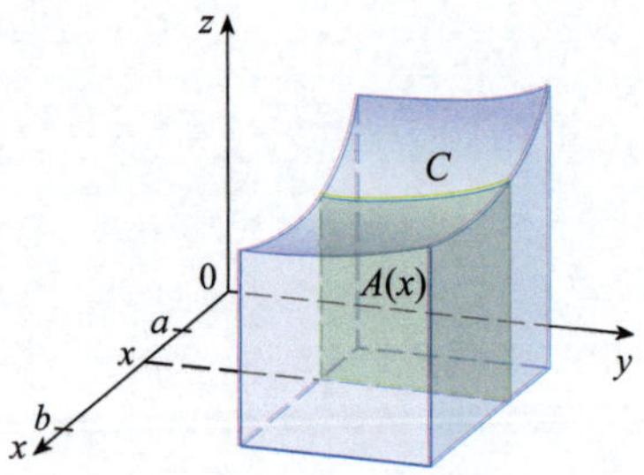

FIGURA 11

onde $A(x)$ é a área da seção transversal de S em um plano x perpendicular ao eixo x. Você pode ver a partir da Figura 11 que $A(x)$ é a área abaixo da curva C cuja equação é $z = f(x, y)$, onde x é mantido constante e $c \leq y \leq d$. Portanto,

$$A(x) = \int_c^d f(x,y)\,dy$$

e temos

$$\iint_R f(x,y)\,dA = V = \int_a^b A(x)\,dx = \int_a^b \int_c^d f(x,y)\,dy\,dx$$

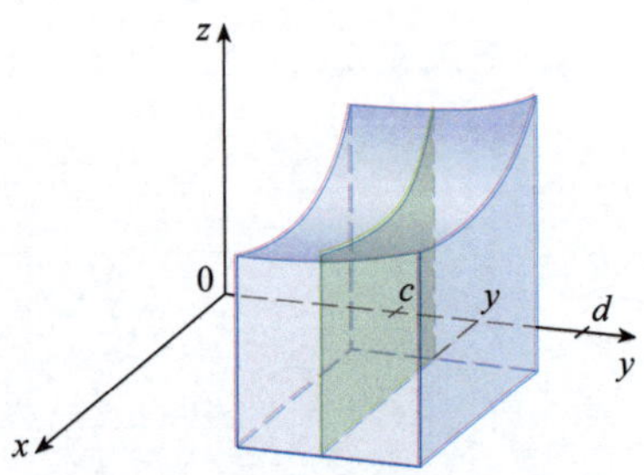

FIGURA 12

Uma argumentação semelhante, usando a seção transversal perpendicular ao eixo y como na Figura 12, mostra que

$$\iint_R f(x,y)\,dA = \int_c^d \int_a^b f(x,y)\,dx\,dy$$

EXEMPLO 5 Calcule a integral dupla $\iint_R (x - 3y^2)\,dA$, onde $R = \{(x, y) \mid 0 \leq x \leq 2, 1 \leq y \leq 2\}$. (Compare com o Exemplo 3.)

SOLUÇÃO 1 O Teorema de Fubini nos dá

$$\iint_R (x-3y^2)\,dA = \int_0^2 \int_1^2 (x-3y^2)\,dy\,dx = \int_0^2 \Big[xy - y^3\Big]_{y=1}^{y=2} dx$$

$$= \int_0^2 (x-7)\,dx = \frac{x^2}{2} - 7x\Big]_0^2 = -12$$

SOLUÇÃO 2 Novamente, aplicando o Teorema de Fubini, mas dessa vez integrando com relação a x primeiro, temos

$$\iint_R (x-3y^2)\,dA = \int_1^2 \int_0^2 (x-3y^2)\,dx\,dy = \int_1^2 \left[\frac{x^2}{2} - 3xy^3\right]_{x=0}^{x=2} dy$$

$$= \int_1^2 (2-6y^2)\,dy = 2y - 2y^3 \Big]_1^2 = -12$$

■

Observe a resposta negativa no Exemplo 5; não há nada errado com isso. A função f não é positiva e a integral não representa um volume. Da Figura 13 vemos que, se f for sempre negativa em R, o valor da integral é menos o volume que está *acima* do gráfico de f e *abaixo* de R.

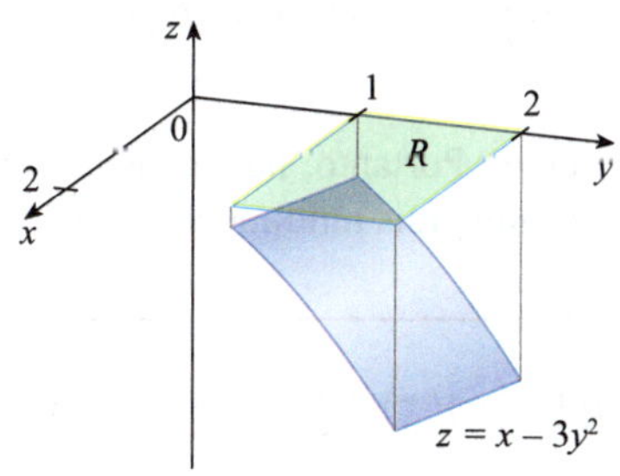

FIGURA 13

EXEMPLO 6 Calcule $\iint_R y\,\text{sen}(xy)\,dA$, onde $R = [1, 2] \times [0, \pi]$.

SOLUÇÃO Se integrarmos primeiro em relação a x, obteremos

$$\iint_R y\,\text{sen}(xy)\,dA = \int_0^\pi \int_1^2 y\,\text{sen}(xy)\,dx\,dy$$

$$= \int_0^\pi y\left[-\frac{1}{y}\cos(xy)\right]_{x=1}^{x=2} dy$$

$$= \int_0^\pi (-\cos 2y + \cos y)\,dy$$

$$= -\tfrac{1}{2}\,\text{sen}\,2y + \text{sen}\,y\Big]_0^\pi = 0$$

■

Para uma função f com valores positivos e negativos, $\iint_R f(x, y)\,dA$ é a diferença dos volumes: $V_1 - V_2$, onde V_1 é o volume acima de R e abaixo do gráfico de f e V_2 é o volume abaixo de R e acima do gráfico. O fato de a integral do Exemplo 6 ser 0 significa que os dois volumes V_1 e V_2 são iguais. (Veja a Figura 14.)

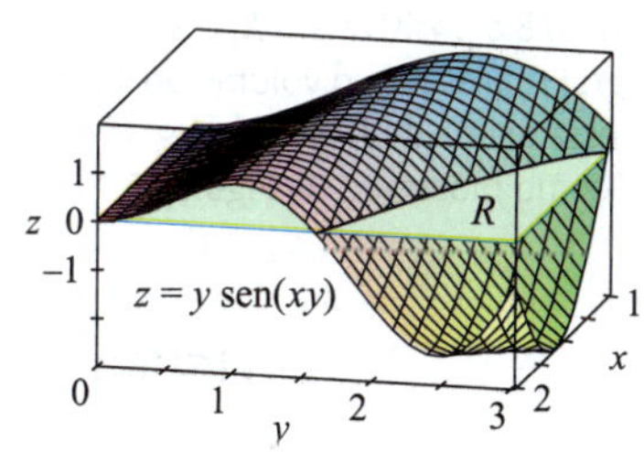

FIGURA 14

OBSERVAÇÃO No Exemplo 6, se invertermos a ordem de integração e integrarmos primeiro em relação a y no Exemplo 6, obtemos

$$\iint_R y\,\text{sen}(xy)\,dA = \int_1^2 \int_0^\pi y\,\text{sen}(xy)\,dy\,dx$$

mas essa ordem de integração é muito mais difícil que o método dado no exemplo porque envolve integração por partes duas vezes. Portanto, quando calculamos integrais duplas, é prudente escolher a ordem de integração que produz integrais mais simples.

EXEMPLO 7 Determine o volume do sólido S que é limitado pelo paraboloide elíptico $x^2 + 2y^2 + z = 16$, pelos planos $x = 2$ e $y = 2$ e pelos três planos coordenados.

SOLUÇÃO Observemos primeiro que S é o sólido que está abaixo da superfície $z = 16 - x^2 - 2y^2$ e acima do quadrado $R = [0, 2] \times [0, 2]$. (Veja a Figura 15.) Esse sólido foi considerado no Exemplo 1 da Seção 15.1, mas agora temos condições de calcular a integral dupla usando o Teorema de Fubini. Portanto,

$$V = \iint_R (16 - x^2 - 2y^2)\,dA = \int_0^2 \int_0^2 (16 - x^2 - 2y^2)\,dx\,dy$$

$$= \int_0^2 \left[16x - \tfrac{1}{3}x^3 - 2y^2x\right]_{x=0}^{x=2} dy$$

$$= \int_0^2 \left(\tfrac{88}{3} - 4y^2\right) dy = \left[\tfrac{88}{3}y - \tfrac{4}{3}y^3\right]_0^2 = 48$$

■

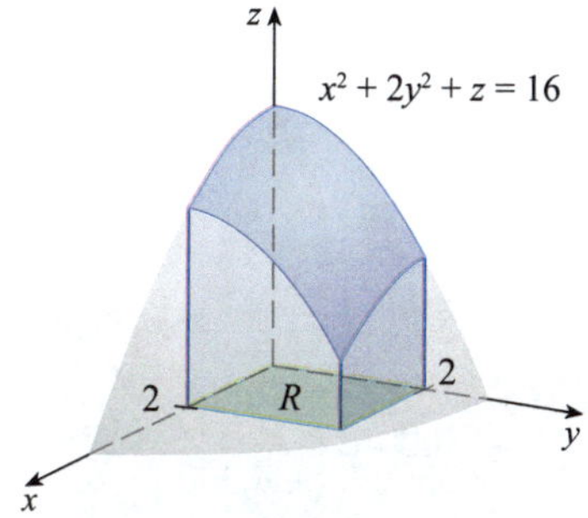

FIGURA 15

No caso especial em que $f(x, y)$ pode ser fatorado como o produto de uma função só de x por uma função só de y, a integral dupla de f pode ser escrita de forma particularmente simples. Para sermos específicos, suponha que $f(x, y) = g(x)\,h(y)$ e $R = [a, b] \times [c, d]$. Então, o Teorema de Fubini nos dá

$$\iint_R f(x,y)\,dA = \int_c^d \int_a^b g(x)h(y)\,dx\,dy = \int_c^d \left[\int_a^b g(x)h(y)\,dx\right]dy$$

Na integral interna, y é uma constante, então $h(y)$ é uma constante e podemos escrever

$$\int_c^d \left[\int_a^b g(x)h(y)\,dx\right]dy = \int_c^d \left[h(y)\left(\int_a^b g(x)\,dx\right)\right]dy = \int_a^b g(x)\,dx \int_c^d h(y)\,dy$$

já que $\int_a^b g(x)\,dx$ é uma constante. Portanto, nesse caso, a integral dupla de f pode ser escrita como o produto de duas integrais unidimensionais:

11 $$\iint_R g(x)h(y)\,dA = \int_a^b g(x)\,dx \int_c^d h(y)\,dy \quad \text{onde } R = [a,b]\times[c,d]$$

EXEMPLO 8 Se $R = [0, \pi/2] \times [0, \pi/2]$, então, pela Equação 11,

$$\iint_R \operatorname{sen} x \cos y\,dA = \int_0^{\pi/2} \operatorname{sen} x\,dx \int_0^{\pi/2} \cos y\,dy$$

$$= \left[-\cos x\right]_0^{\pi/2} \left[\operatorname{sen} y\right]_0^{\pi/2} = 1 \cdot 1 = 1$$ ■

A função $f(x, y) = \operatorname{sen} x \cos y$ do Exemplo 8 é positiva em R, assim, a integral representa o volume do sólido que está acima de R e entre o gráfico de f, como mostrado na Figura 16.

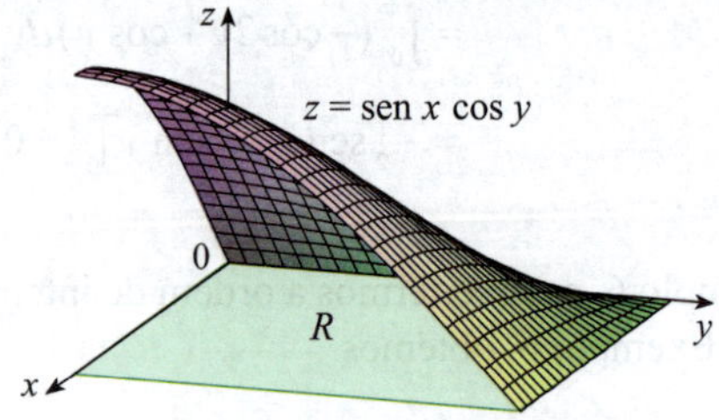

FIGURA 16

Valor Médio

Na Seção 6.5, no Volume 1, mostramos que o valor médio de uma função f de uma variável definida em um intervalo $[a, b]$ é

$$f_{\text{méd}} = \frac{1}{b-a}\int_a^b f(x)\,dx$$

De modo semelhante, definimos o **valor médio** de uma função f de duas variáveis em um retângulo R contido em seu domínio como

$$f_{\text{méd}} = \frac{1}{A(R)}\iint_R f(x,y)\,dA$$

onde $A(R)$ é a área de R.

Se $f(x, y) \geq 0$, a equação

$$A(R) \times f_{\text{méd}} = \iint_R f(x,y)\,dA$$

diz que a caixa com base R e altura $f_{\text{méd}}$ tem o mesmo volume que o sólido sob o gráfico de f. [Se $z = f(x, y)$ descreve uma região montanhosa e você corta os topos dos morros na altura $f_{\text{méd}}$, então pode usá-los para encher os vales de forma a tornar a região completamente plana. Veja a Figura 17.]

FIGURA 17

EXEMPLO 9 O mapa de contorno na Figura 18 mostra a precipitação de neve, em centímetros, no estado do Colorado em 20 e 21 de dezembro de 2006. (O Estado tem a forma de um retângulo que mede 624 km de Oeste a Leste e 444 km do Sul ao Norte.) Use o mapa de contorno para estimar a queda de neve média em todo o Estado do Colorado naqueles dias.

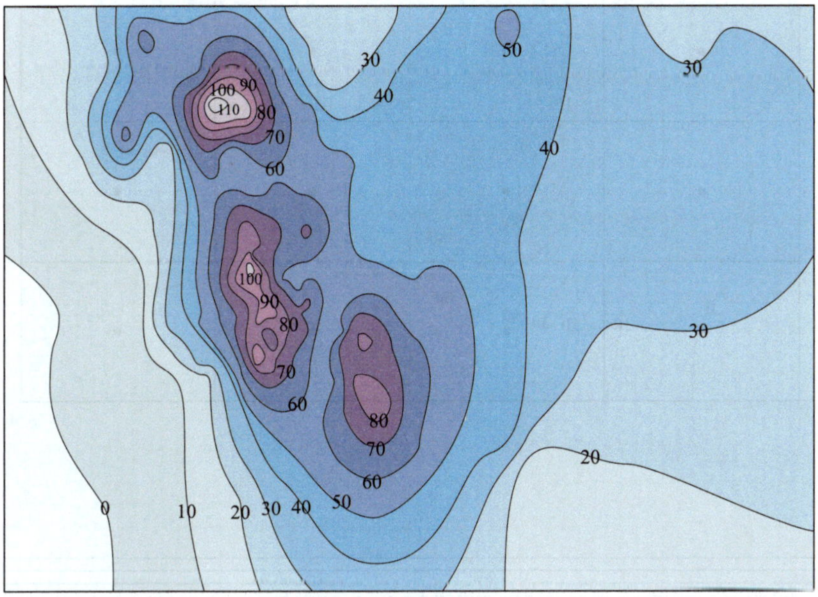

FIGURA 18

SOLUÇÃO Vamos colocar a origem no canto Sudoeste do Estado. Então, $0 \leq x \leq 624$, $0 \leq y \leq 444$ e $f(x, y)$ é a queda de neve, em centímetros, no local x quilômetros para Leste e y quilômetros para Norte da origem. Se R é o retângulo que representa o Estado do Colorado, então a precipitação média de neve no Colorado em 20 e 21 de dezembro foi

$$f_{\text{méd}} = \frac{1}{A(R)} \iint_R f(x, y)\, dA$$

onde $A(R) = 624 \cdot 444$. Para estimarmos o valor dessa integral dupla, vamos usar a Regra do Ponto Médio com $m = n = 4$. Em outras palavras, dividimos R em 16 sub-retângulos de tamanhos iguais, como na Figura 19. A área de cada sub-retângulo é

$$\Delta A = \tfrac{1}{16}\,(624)(444) = 17.316 \text{ km}^2$$

Usando o mapa de contorno para estimar o valor de f no ponto central de cada sub-retângulo, obtemos

$$\begin{aligned}\iint_R f(x, y)\, dA &\approx \sum_{i=1}^{4}\sum_{j=1}^{4} f(\bar{x}_i, \bar{y}_i)\Delta A \\ &\approx \Delta A[0 + 38 + 20 + 18 + 5 + 64 + 47 + 28 \\ &\qquad + 11 + 70 + 43 + 34 + 30 + 38 + 44 + 33] \\ &= (17.316)(523)\end{aligned}$$

Logo,

$$f_{\text{med}} \approx \frac{(17.316)(523)}{(624)(444)} \approx 32{,}7$$

Em 20 e 21 de dezembro de 2006, o Colorado recebeu uma média de aproximadamente 32,7 centímetros de neve. ■

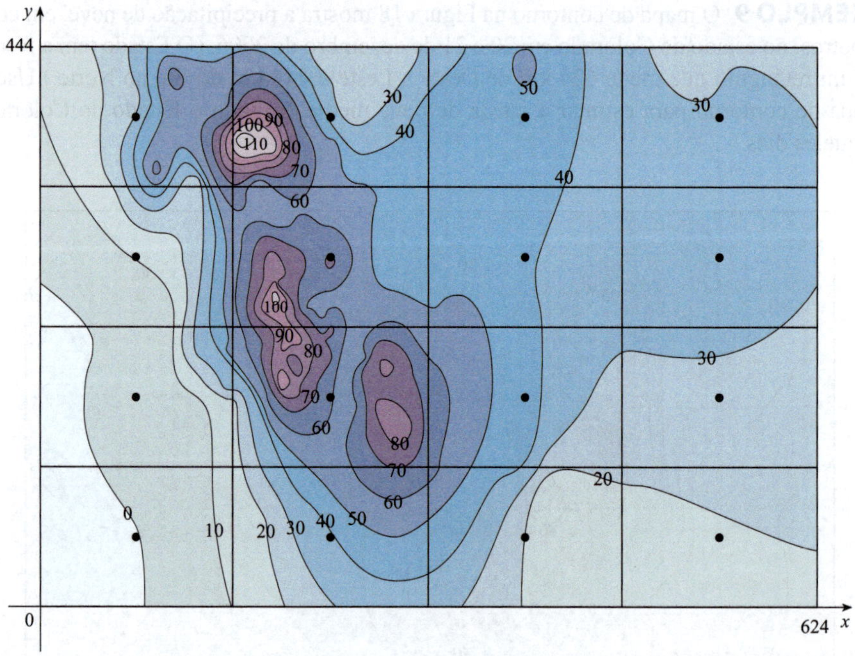

FIGURA 19

15.1 Exercícios

1. (a) Estime o volume do sólido que está abaixo da superfície $z = xy$ e acima do retângulo

$$R = \{(x, y) \mid 0 \leq x \leq 6, 0 \leq y \leq 4\}$$

Utilize a soma de Riemann com $m = 3$, $n = 2$ e tome como ponto de amostragem o canto superior direito de cada sub-retângulo.

(b) Use a Regra do Ponto Médio para estimar o volume do sólido da parte (a).

2. Se $R = [0, 4] \times [-1, 2]$, use a soma de Riemann com $m = 2$, $n = 3$ para estimar o valor de $\iint_R (1 - xy^2)\, dA$. Tome os pontos de amostragem como (a) os cantos inferiores direitos e (b) como os cantos superiores esquerdos dos retângulos.

3. (a) Use uma soma de Riemann com $m = n = 2$ para estimar o valor de $\iint_R xe^{-xy}\, dA$, onde $R = [0, 2] \times [0, 1]$. Tome os pontos de amostragem como os cantos superiores direitos.

(b) Use a Regra do Ponto Médio para dar uma estimativa da integral do item (a).

4. (a) Estime o volume do sólido que está abaixo da superfície $z = 1 + x^2 + 3y$ e acima do retângulo $R = [1, 2] \times [0, 3]$. Use a soma de Riemann com $m = n = 2$ e escolha os pontos de amostragem como os cantos inferiores esquerdos.

(b) Use a Regra do Ponto Médio para estimar o volume do item (a).

5. Seja V o volume do sólido que fica abaixo do gráfico de $f(x, y) = \sqrt{52 - x^2 - y^2}$ e acima do retângulo dado por $2 \leq x \leq 4$, $2 \leq y \leq 6$. Use as retas $x = 3$ e $x = 4$ para dividir R em sub-retângulos. Sejam L e U as somas de Riemann usando os cantos inferiores esquerdos e os cantos superiores direitos, respectivamente. Sem calcular os números V, L e U, coloque-os em ordem crescente e explique seu raciocínio.

6. Uma piscina de 8 por 12 metros está cheia de água. A profundidade é medida em intervalos de 2 metros, começando em um canto da piscina, e os valores foram registrados na tabela. Estime o volume de água na piscina.

	0	2	4	6	8	10	12
0	1	1,5	2	2,4	2,8	3	3
2	1	1,5	2	2,8	3	3,6	3
4	1	1,8	2,7	3	3,6	4	3,2
6	1	1,5	2	2,3	2,7	3	2,5
8	1	1	1	1	1,5	2	2

7. A figura mostra o mapa de contorno de f no quadrado $R = [0, 4] \times [0, 4]$.

(a) Use a Regra do Ponto Médio com $m = n = 2$ para estimar o valor de $\iint_R f(x, y)\, dA$.

(b) Estime o valor médio de f.

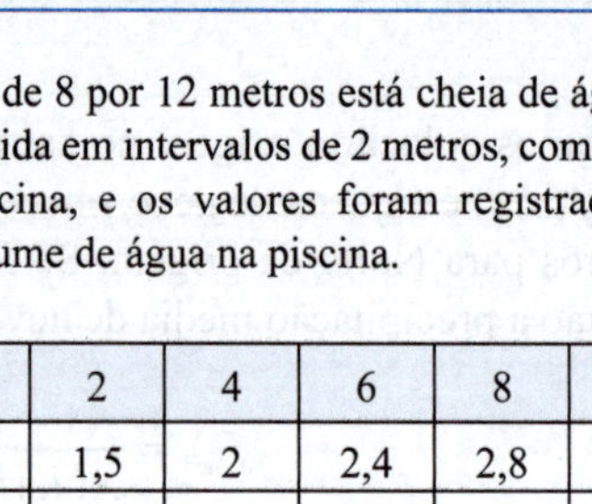

8. O mapa de contorno mostra a temperatura, em graus Celsius, às 4 horas da tarde do dia 26 de fevereiro, no Estado do Colorado. (O Estado mede 624 km de Leste a Oeste e 444 km de Norte a Sul.) Utilize a Regra do Ponto Médio com $m = n = 4$ para estimar a temperatura média do Colorado nessa hora.

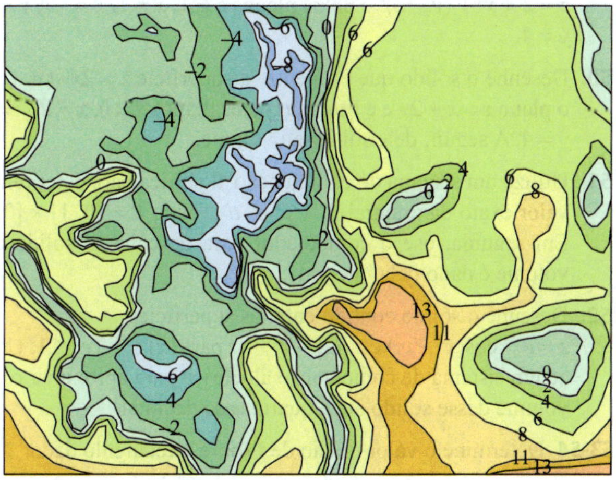

9-11 Calcule a integral dupla, identificando-a antes com o volume de um sólido.

9. $\iint_R \sqrt{2}\,dA, \quad R = \{(x, y) \mid 2 \le x \le 6, -1 \le y \le 5\}$

10. $\iint_R (2x+1)\,dA, \quad R = \{(x, y) \mid 0 \le x \le 2, 0 \le y \le 4\}$

11. $\iint_R (4-2y)\,dA, \quad R = [0,1] \times [0,1]$

12. A integral $\iint_R \sqrt{9 - y^2}$, onde $R = [0, 4] \times [0, 2]$, representa o volume de um sólido. Esboce o sólido.

13-14 Encontre $\int_0^2 f(x, y)\,dx$ e $\int_0^3 f(x, y)dy$.

13. $f(x, y) = x + 3x^2 y^2$ **14.** $f(x, y) = y\sqrt{x+2}$

15-26 Calcule a integral iterada.

15. $\int_1^4 \int_0^2 (6x^2 y - 2x)\,dy\,dx$

16. $\int_0^1 \int_0^1 (x + y)^2\,dx\,dy$

17. $\int_0^1 \int_1^2 (x + e^{-y})\,dx\,dy$

18. $\int_{-3}^1 \int_1^2 (x^2 + y^{-2})\,dy\,dx$

19. $\int_{-3}^3 \int_0^{\pi/2} (y + y^2 \cos x)\,dx\,dy$

20. $\int_1^3 \int_1^5 \dfrac{\ln y}{xy}\,dy\,dx$

21. $\int_1^4 \int_1^2 \left(\dfrac{x}{y} + \dfrac{y}{x}\right) dy\,dx$

22. $\int_0^1 \int_0^2 y e^{x-y}\,dx\,dy$

23. $\int_0^3 \int_0^{\pi/2} t^2 \operatorname{sen}^3 \phi\,d\phi\,dt$

24. $\int_0^1 \int_0^1 xy\sqrt{x^2 + y^2}\,dy\,dx$

25. $\int_0^1 \int_0^1 v(u + v^2)^4\,du\,dv$

26. $\int_0^1 \int_0^1 \sqrt{s+t}\,ds\,dt$

27-34 Calcule a integral dupla.

27. $\iint_R x \sec^2 y\,dA, \quad R = \{(x, y) \mid 0 \le x \le 2, 0 \le y \le \pi/4\}$

28. $\iint_R (y + xy^{-2})\,dA, \quad R = \{(x, y) \mid 0 \le x \le 2, 1 \le y \le 2\}$

29. $\iint_R \dfrac{xy^2}{x^2+1}\,dA, \quad R = \{(x, y) \mid 0 \le x \le 1, -3 \le y \le 3\}$

30. $\iint_R \dfrac{\operatorname{tg}\theta}{\sqrt{1-t^2}}\,dA, \quad R = \{(\theta, t) \mid 0 \le \theta \le \pi/3,\ 0 \le t \le \frac{1}{2}\}$

31. $\iint_R x \operatorname{sen}(x+y)\,dA, \quad R = [0, \pi/6] \times [0, \pi/3]$

32. $\iint_R \dfrac{x}{1+xy}\,dA, \quad R = [0,1] \times [0,1]$

33. $\iint_R y e^{-xy}\,dA, \quad R = [0,2] \times [0,3]$

34. $\iint_R \dfrac{1}{1+x+y}\,dA, \quad R = [1,3] \times [1,2]$

35-37 Esboce o sólido cujo volume é dado pela integral iterada.

35. $\int_0^1 \int_0^1 (4 - x - 2y)\,dx\,dy$

36. $\int_0^1 \int_0^1 (2 - x^2 - y)\,dy\,dx$

37. $\int_{-2}^2 \int_{-1}^3 (4 - x^2)\,dy\,dx$

38. Considere a região sólida S que está sob a superfície $z = x^2\sqrt{y}$ e acima do retângulo $R = [0, 2] \times [1, 4]$.

(a) Determine uma fórmula para a área da seção transversal de S contida no plano perpendicular ao eixo x em x para $0 \le x \le 2$. Em seguida, use a fórmula para calcular as áreas das seções transversais ilustradas na figura.

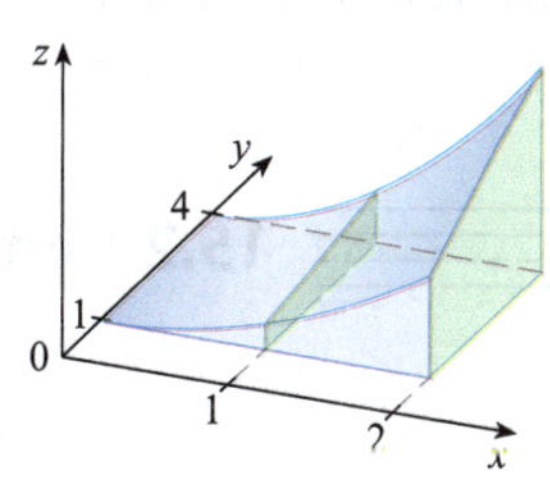

(b) Determine uma fórmula para a área da seção transversal de S contida no plano perpendicular ao eixo y em y, para $1 \le y \le 4$. Em seguida, use a fórmula para calcular as áreas das seções transversais ilustradas na figura.

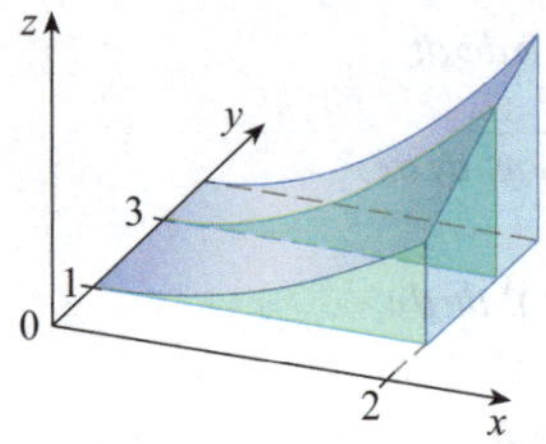

(c) Determine o volume de S.

39-42 A figura mostra uma superfície e um retângulo R no plano xy.

(a) Defina uma integral iterada para o volume do sólido que está sob a superfície e acima de R.

(b) Calculando a integral iterada, determine o volume do sólido.

39.

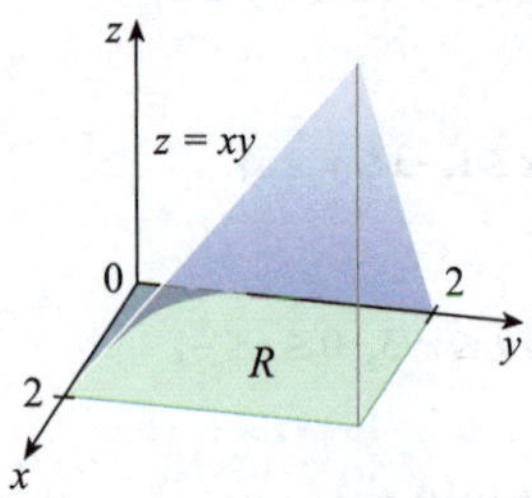

40.

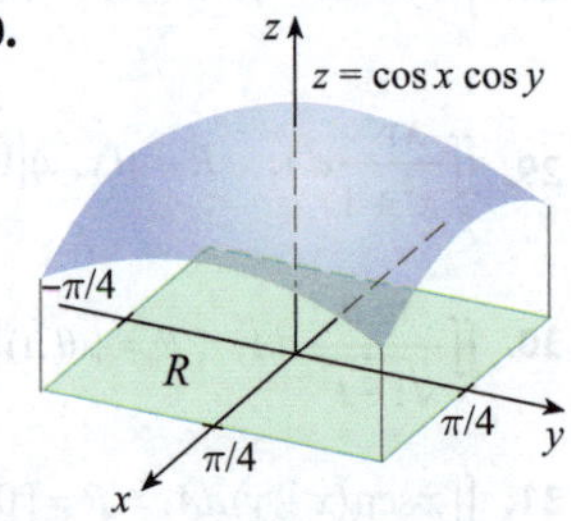

41.

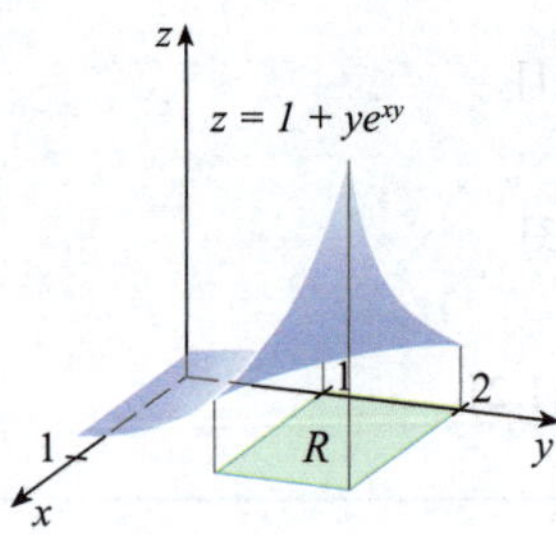

42.

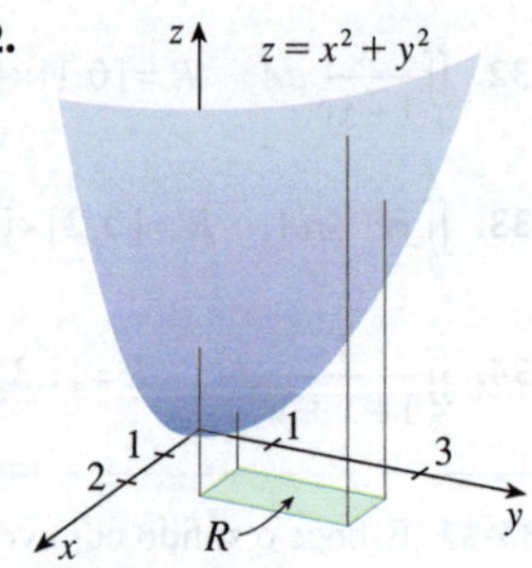

---

43. Determine o volume do sólido que se encontra abaixo do plano $4x + 6y - 2z + 15 = 0$ e acima do retângulo

$$R = \{(x, y) \mid -1 \leq x \leq 2, -1 \leq y \leq 1\}$$

44. Determine o volume do sólido que se encontra abaixo do paraboloide hiperbólico $z = 3y^2 - x^2 + 2$ e acima do retângulo $R = [-1, 1] \times [-2, 2]$.

45. Determine o volume do sólido que está abaixo do paraboloide elíptico $x^2/4 + y^2/9 + z = 1$ e acima do retângulo $R = [-1, 1] \times [-2, 2]$

46. Determine o volume do sólido limitado pela superfície $z = x^2 + xy^2$ e pelos planos $z = 0, x = 0, x = 5$ e $y = \pm 2$.

47. Determine o volume do sólido limitado pela superfície $z = 1 + x^2 y e^y$ e pelos planos $z = 0, x = \pm 1, y = 0$ e $y = 1$.

48. Determine o volume do sólido contido no primeiro octante e limitado pelo cilindro $z = 16 - x^2$ e pelo plano $y = 5$.

49. Determine o volume do sólido delimitado pelo paraboloide $z = 2 + x^2 + (y - 2)^2$ e pelos planos $z = 1, x = 1, x = -1, y = 0$ e $y = 4$.

50. Desenhe o sólido que está entre a superfície $z = 2xy/(x^2 + 1)$ e o plano $z = x + 2y$ e é limitado pelos planos $x = 0, x = 2, y = 0$ e $y = 4$. A seguir, determine seu volume.

T 51. Utilize um sistema de computação algébrica para determinar o valor exato da integral $\iint_R x^5 y^3 e^{xy}\, dA$, onde $R = [0, 1] \times [0, 1]$. Em seguida, use o computador para desenhar o sólido cujo volume é dado pela integral.

T 52. Desenhe o sólido contido entre as superfícies $z = e^{-x^2} \cos(x^2 + y^2)$ e $z = 2 - x^2 - y^2$ para $|x| \leq 1, |y| \leq 1$. Utilize um sistema de computação algébrica para aproximar o volume desse sólido até a quarta casa decimal.

53-54 Determine o valor médio de f sobre o retângulo dado.

53. $f(x, y) = x^2 y$, R possui vértices $(-1, 0), (-1, 5), (1, 5), (1, 0)$

54. $f(x, y) = e^y \sqrt{x + e^y}$, $R = [0, 4] \times [0, 1]$

55-56 Utilize a simetria para calcular a integral dupla.

55. $\displaystyle\iint_R \frac{xy}{1 + x^4}\, dA, \quad R = \{(x, y) \mid -1 \leq x \leq 1, 0 \leq y \leq 1\}$

56. $\displaystyle\iint_R (1 + x^2 \operatorname{sen} y + y^2 \operatorname{sen} x)\, dA, \quad R = [-\pi, \pi] \times [-\pi, \pi]$

T 57. Utilize um sistema de computação algébrica para calcular as integrais iteradas

$$\int_0^1 \int_0^1 \frac{x - y}{(x + y)^3}\, dy\, dx \quad \text{e} \quad \int_0^1 \int_0^1 \frac{x - y}{(x + y)^3}\, dx\, dy$$

Suas respostas contradizem o Teorema de Fubini? Explique o que acontece.

58. (a) Em que aspectos os teoremas de Fubini e Clairaut são semelhantes?

(b) Se $f(x, y)$ é contínuo em $[a, b] \times [c, d]$ e

$$g(x, y) = \int_a^x \int_c^y f(s, t)\, dt\, ds$$

para $a < x < b$, $c < y < d$, mostre que

$$g_{xy} = g_{yx} = f(x, y).$$

15.2 Integrais Duplas sobre Regiões Gerais

Para as integrais de funções de uma variável real, a região sobre a qual integramos é sempre um intervalo. Porém, para integrais duplas, queremos integrar a função f não somente sobre retângulos, como também sobre uma região D de forma mais geral.

Regiões Gerais

Considere uma região geral como aquela ilustrada na Figura 1. Vamos supor que D seja uma região limitada, o que significa que pode ser encerrada em uma região retangular R, como mostrado na Figura 2. Para integrar uma função f em D, criamos uma nova função com domínio R, definida por

1 $$F(x,y)=\begin{cases} f(x,y) & \text{se } (x,y) \text{ pertence a } D \\ 0 & \text{se } (x,y) \text{ pertence a } R \text{ mas não a } D \end{cases}$$

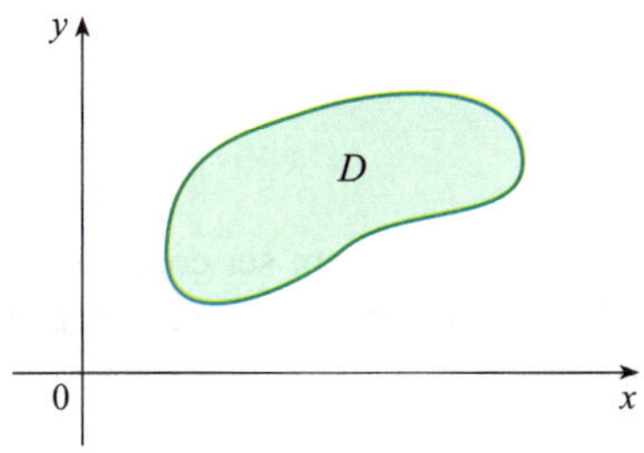

FIGURA 1

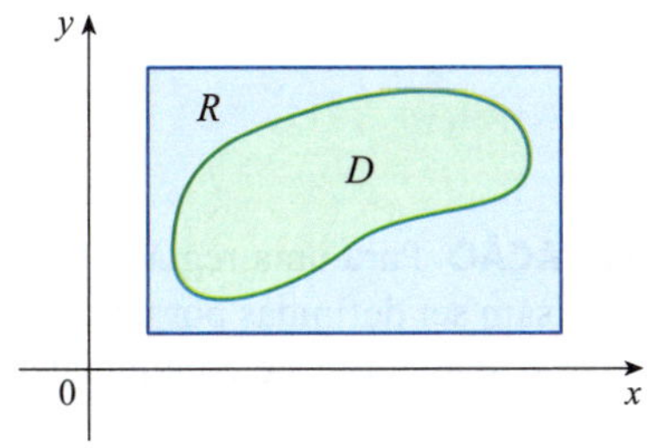

FIGURA 2

Se F for integrável em R, então definimos a **integral dupla de f em D** por

2 $$\iint_D f(x,y)\,dA = \iint_R F(x,y)\,dA \qquad \text{onde } F \text{ é dada pela Equação 1}$$

A Definição 2 faz sentido porque R é um retângulo e, portanto, $\iint_R F(x, y)\, dA$ já foi definida na Seção 15.1. O procedimento usado é razoável, pois os valores de $F(x, y)$ são 0 quando (x, y) está fora de D e, dessa forma, não contribuem para o valor da integral. Isso significa que não importa qual o retângulo R tomado, desde que contenha D.

No caso em que $f(x, y) \geq 0$, podemos ainda interpretar $\iint_D f(x, y)\, dA$ como o volume do sólido que está acima de D e abaixo da superfície $z = f(x, y)$ (o gráfico de f). Você pode constatar que isso é razoável comparando os gráficos de f e F nas Figuras 3 e 4 e lembrando que $\iint_R F(x, y)\, dA$ é o volume abaixo do gráfico de F.

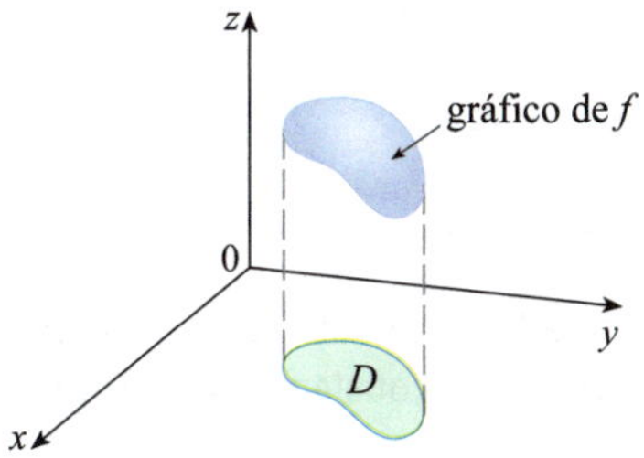

FIGURA 3

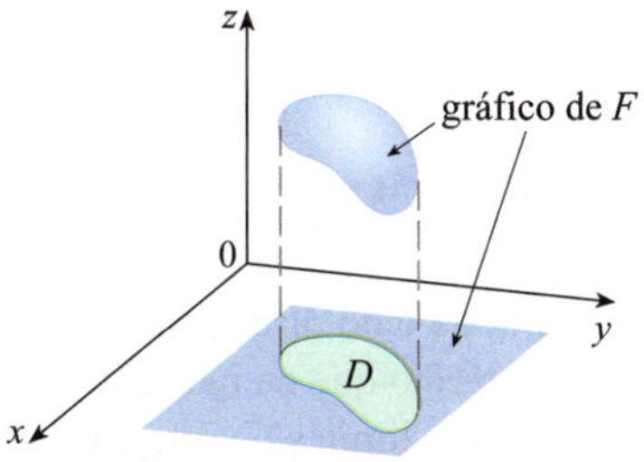

FIGURA 4

A Figura 4 mostra também que F provavelmente tem descontinuidades nos pontos de limite de D. Apesar disso, se f for contínua em D e se a curva limite de D for "comportada" (em um sentido que está fora do escopo deste livro), então pode ser mostrado que $\iint_R F(x, y)\, dA$ existe e, portanto, $\iint_D f(x, y)\, dA$ existe. Em particular, esse é o caso para os dois tipos de regiões listados a seguir.

Uma região plana D é dita do **tipo I** se for a região entre o gráfico de duas funções contínuas de x, ou seja,

$$D = \{(x, y) \mid a \leq x \leq b,\ g_1(x) \leq y \leq g_2(x)\}$$

onde g_1 e g_2 são contínuas em $[a, b]$. Alguns exemplos de regiões do tipo I estão mostrados na Figura 5.

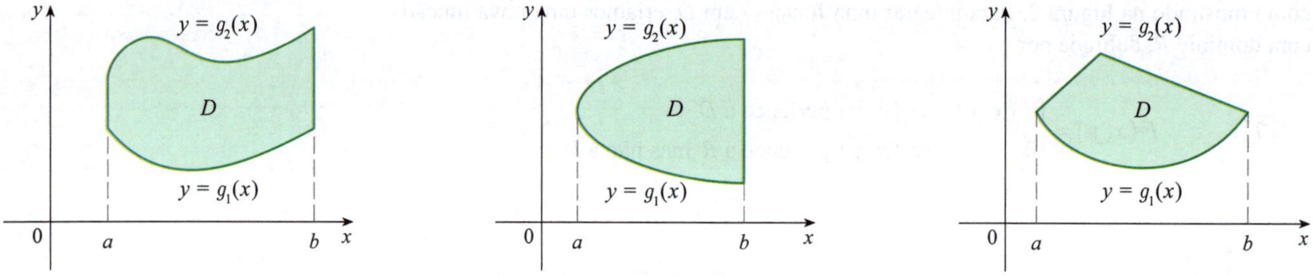

FIGURA 5 Algumas regiões do tipo I

OBSERVAÇÃO Para uma região do tipo I, as funções g_1 e g_2 devem ser contínuas, mas não precisam ser definidas por uma única fórmula. Como exemplo, na terceira região da Figura 5, g_2 é uma função contínua definida por partes.

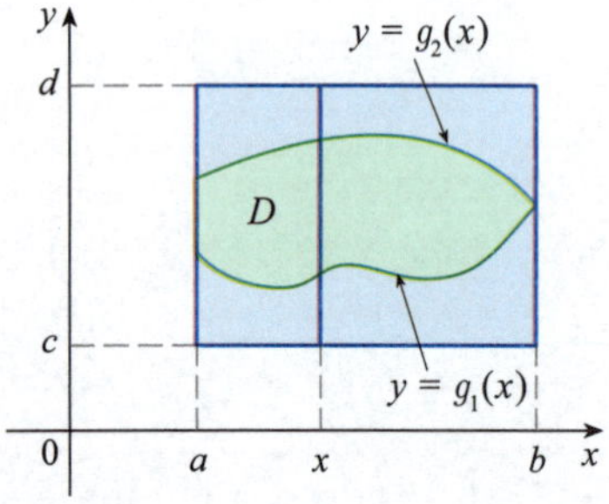

FIGURA 6

Para calcularmos $\iint_D f(x, y)\, dA$ quando D é do tipo I, escolhemos um retângulo $R = [a, b] \times [c, d]$ que contenha D, como na Figura 6, e consideramos a função F definida na Equação 1; ou seja, F coincide com f em D e F é 0 fora da região D. Então, pelo Teorema de Fubini,

$$\iint_D f(x,y)\,dA = \iint_R F(x,y)\,dA = \int_a^b \int_c^d F(x,y)\,dy\,dx$$

Observe que $F(x, y) = 0$ se $y < g_1(x)$ ou $y > g_2(x)$ porque (x, y) está fora da região D. Portanto,

$$\int_c^d F(x,y)\,dy = \int_{g_1(x)}^{g_2(x)} F(x,y)\,dy = \int_{g_1(x)}^{g_2(x)} f(x,y)\,dy$$

porque $F(x, y) = f(x, y)$ quando $g_1(x) \le y \le g_2(x)$. Portanto, temos a seguinte fórmula, que nos permite calcular a integral dupla como uma integral iterada.

3 Se f é contínua em uma região D do tipo I tal que

$$D = \{(x, y) \mid a \le x \le b,\ g_1(x) \le y \le g_2(x)\}$$

então,

$$\iint_D f(x,y)\,dA = \int_a^b \int_{g_1(x)}^{g_2(x)} f(x,y)\,dy\,dx$$

A integral do lado direito de (3) é uma integral iterada semelhante às consideradas na Seção 15.1, exceto que na integral de dentro consideramos x constante não só em $f(x, y)$, mas também nos limites de integração $g_1(x)$ e $g_2(x)$.

Consideraremos também regiões planas do **tipo II**, que podem ser expressas como

$$D = \{(x, y) \mid c \le y \le d,\ h_1(y) \le x \le h_2(y)\}$$

onde h_1 e h_2 são contínuas. Essas duas regiões estão ilustradas na Figura 7.

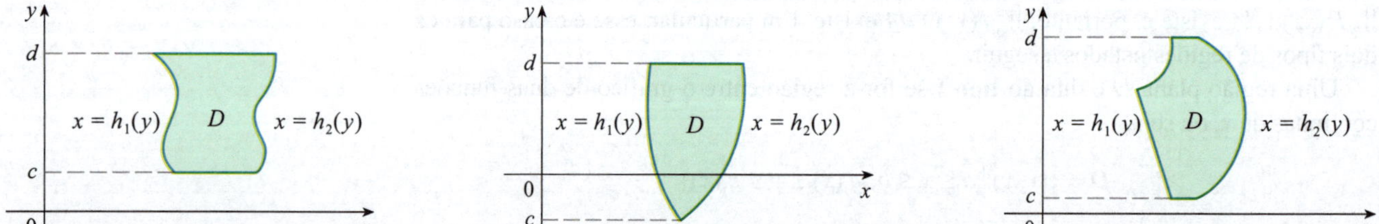

FIGURA 7 Algumas regiões do tipo II

Usando os mesmos métodos empregados para estabelecer (3), podemos mostrar que o resultado a seguir é válido.

4 Se f é contínua em uma região D do tipo II descrita por

$$D = \{(x, y) \mid c \le y \le d,\ h_1(y) \le x \le h_2(y)\}$$

então,
$$\iint_D f(x, y)\, dA = \int_c^d \int_{h_1(y)}^{h_2(y)} f(x, y)\, dx\, dy$$

EXEMPLO 1 Calcule $\iint_D (x + 2y)\, dA$, onde D é a região limitada pelas parábolas $y = 2x^2$ e $y = 1 + x^2$.

SOLUÇÃO As parábolas se interceptam quando $2x^2 = 1 + x^2$, ou seja, $x^2 = 1$, logo, $x = \pm 1$. Observamos que a região D, ilustrada na Figura 8, é uma região do tipo I, mas não do tipo II, e podemos escrever

$$D = \{(x, y) \mid -1 \le x \le 1,\ 2x^2 \le y \le 1 + x^2\}$$

Como o limite inferior é $y = 2x^2$ e o superior é $y = 1 + x^2$, a Equação 3 leva a

$$\begin{aligned}\iint_D (x+2y)\, dA &= \int_{-1}^{1} \int_{2x^2}^{1+x^2} (x+2y)\, dy\, dx \\ &= \int_{-1}^{1} \Big[xy + y^2 \Big]_{y=2x^2}^{y=1+x^2} dx \\ &= \int_{-1}^{1} [x(1+x^2) + (1+x^2)^2 - x(2x^2) - (2x^2)^2]\, dx \\ &= \int_{-1}^{1} (-3x^4 - x^3 + 2x^2 + x + 1)\, dx \\ &= -3\frac{x^5}{5} - \frac{x^4}{4} + 2\frac{x^3}{3} + \frac{x^2}{2} + x \Big]_{-1}^{1} = \frac{32}{15}\end{aligned}$$

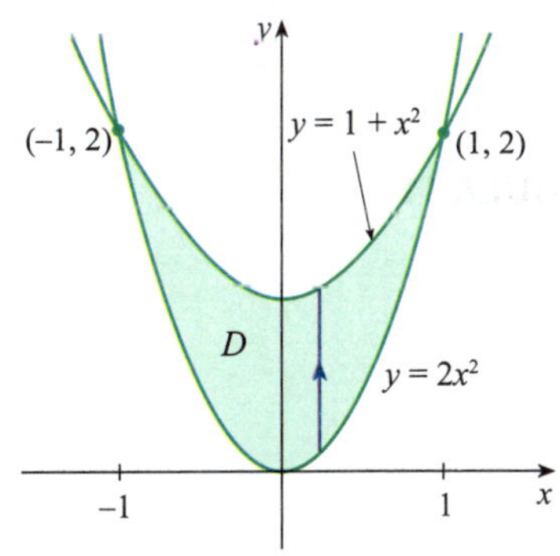

FIGURA 8

OBSERVAÇÃO Quando escrevemos uma integral dupla como no Exemplo 1, é essencial desenhar um diagrama. Frequentemente, é útil desenhar uma seta vertical, como na Figura 8. Assim, os limites de integração da integral de *dentro* podem ser lidos do diagrama desta forma: a seta começa na fronteira inferior $y = g_1(x)$, que fornece o extremo inferior da integral, e termina na fronteira de cima $y = g_2(x)$, que dá o extremo superior de integração. Para uma região do tipo II, a seta é desenhada horizontalmente da fronteira esquerda para a fronteira direita.

EXEMPLO 2 Determine o volume do sólido que está abaixo do paraboloide $z = x^2 + y^2$ e acima da região D do plano xy limitada pela reta $y = 2x$ e pela parábola $y = x^2$.

SOLUÇÃO 1 Da Figura 9 vemos que D é uma região do tipo I e

$$D = \{(x, y) \mid 0 \le x \le 2,\ x^2 \le y \le 2x\}$$

Portanto, o volume abaixo de $z = x^2 + y^2$ e acima de D é

$$\begin{aligned} V &= \iint_D (x^2 + y^2)\, dA = \int_0^2 \int_{x^2}^{2x} (x^2 + y^2)\, dy\, dx \\ &= \int_0^2 \left[x^2 y + \frac{y^3}{3} \right]_{y=x^2}^{y=2x} dx \end{aligned}$$

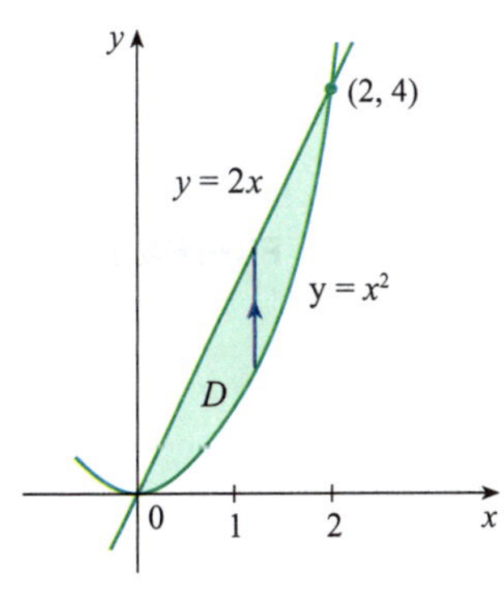

FIGURA 9
D como uma região do tipo I

$$= \int_0^2 \left[x^2 (2x) + \frac{(2x)^3}{3} - x^2 x^2 - \frac{(x^2)^3}{3} \right] dx$$

$$= \int_0^2 \left(-\frac{x^6}{3} - x^4 + \frac{14x^3}{3} \right) dx$$

$$= -\frac{x^7}{21} - \frac{x^5}{5} + \frac{7x^4}{6} \Big]_0^2 = \frac{216}{35}$$

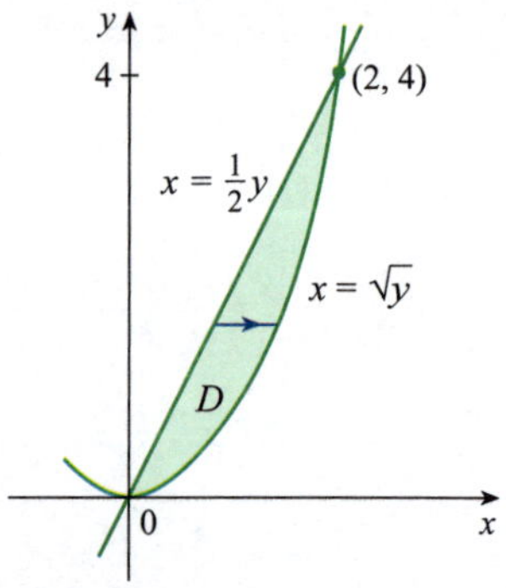

FIGURA 10
D como uma região do tipo II

SOLUÇÃO 2 Da Figura 10, vemos que D pode ser descrita como uma região do tipo II:

$$D = \{(x, y) \mid 0 \le y \le 4,\ \tfrac{1}{2}y \le x \le \sqrt{y}\}$$

Logo, outra expressão para V é

$$V = \iint_D (x^2 + y^2)\, dA = \int_0^4 \int_{\frac{1}{2}y}^{\sqrt{y}} (x^2 + y^2)\, dx\, dy$$

$$= \int_0^2 \left[\frac{x^3}{3} + y^2 x \right]_{x=\frac{1}{2}y}^{x=\sqrt{y}} dy = \int_0^4 \left(\frac{y^{3/2}}{3} + y^{5/2} - \frac{y^3}{24} - \frac{y^3}{2} \right) dy$$

$$= \tfrac{2}{15} y^{5/2} + \tfrac{2}{7} y^{7/2} - \tfrac{13}{96} y^4 \Big]_0^4 = \tfrac{216}{35}$$ ■

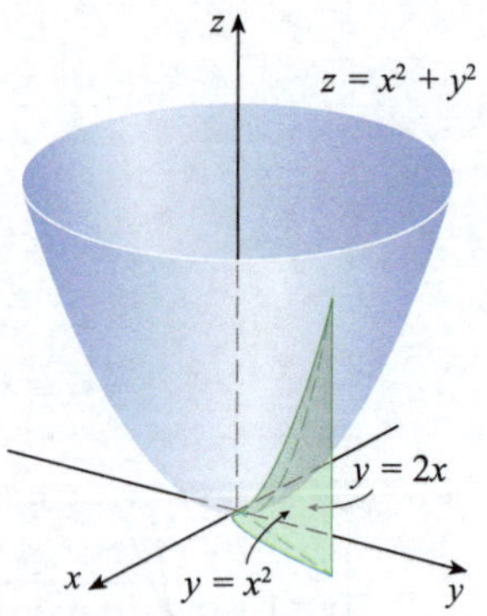

FIGURA 11

A Figura 11 mostra o sólido cujo volume é calculado no Exemplo 2. Ela está sobre o plano xy, abaixo do paraboloide $z = x^2 + y^2$ e entre o plano $y = 2x$ e o cilindro parabólico $y = x^2$.

EXEMPLO 3 Calcule $\iint_D xy\, dA$, onde D é a região limitada pela reta $y = x - 1$ pela parábola $y^2 = 2x + 6$.

SOLUÇÃO A região D é mostrada na Figura 12. Novamente, D pode ser vista tanto como uma região do tipo I quanto uma região do tipo II, mas a descrição de D como região do tipo I é mais complicada porque o limite inferior é constituído de duas partes. Portanto, preferimos expressar D como uma região do tipo II:

$$D = \{(x, y) \mid -2 \le y \le 4,\ \tfrac{1}{2}y^2 - 3 \le x \le y + 1\}$$

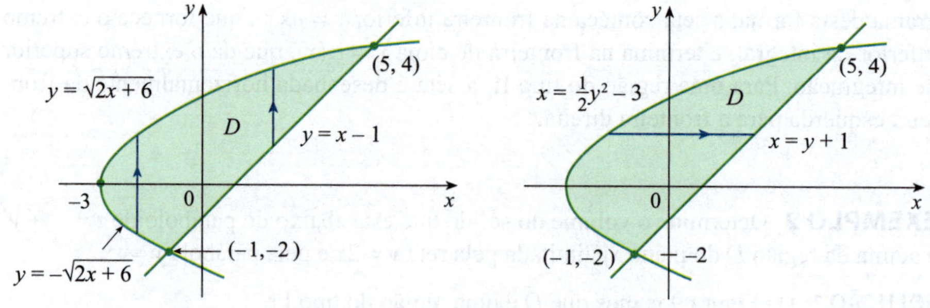

FIGURA 12
(a) D como uma região do tipo I
(b) D como uma região do tipo II

Então, (4) dá

$$\iint_D xy\, dA = \int_{-2}^4 \int_{\frac{1}{2}y^2-3}^{y+1} xy\, dx\, dy = \int_{-2}^4 \left[\frac{x^2}{2} y \right]_{x=\frac{1}{2}y^2-3}^{x=y+1} dy$$

$$= \tfrac{1}{2} \int_{-2}^4 y \left[(y+1)^2 - \left(\tfrac{1}{2}y^2 - 3\right)^2 \right] dy$$

$$= \frac{1}{2}\int_{-2}^{4}\left(-\frac{y^5}{4} + 4y^3 + 2y^2 - 8y\right)dy$$

$$= \frac{1}{2}\left[-\frac{y^6}{24} + y^4 + 2\frac{y^3}{3} - 4y^2\right]_{-2}^{4} = 36$$ ■

No Exemplo 3, se tivéssemos expressado D como uma região do tipo I, usando a Figura 12(a), a curva que define a fronteira inferior seria

$$g_1(x) = \begin{cases} -\sqrt{2x+6} & \text{se} -3 \le x \le -1 \\ x-1 & \text{se} -1 < x \le 5 \end{cases}$$

e teríamos obtido

$$\iint_D xy\,dA = \int_{-3}^{-1}\int_{-\sqrt{2x+6}}^{\sqrt{2x+6}} xy\,dy\,dx + \int_{-1}^{5}\int_{x-1}^{\sqrt{2x+6}} xy\,dy\,dx$$

cujo cálculo teria envolvido mais trabalho que o outro método.

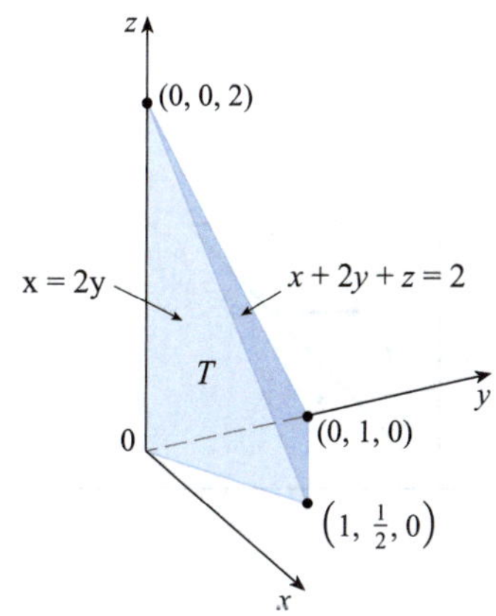

FIGURA 13

EXEMPLO 4 Determine o volume do tetraedro limitado pelos planos $x + 2y + z = 2$, $x = 2y$, $x = 0$ e $z = 0$.

SOLUÇÃO Em uma questão como essa, é prudente desenhar dois diagramas: um do sólido tridimensional e outro da região plana D sobre a qual o sólido se encontra. A Figura 13 mostra o tetraedro T limitado pelos planos coordenados $x = 0$, $z = 0$, pelo plano vertical $x = 2y$ e pelo plano $x + 2y + z = 2$. Como o plano $x + 2y + z = 2$ intercepta o plano xy (cuja equação é $z = 0$) na reta $x + 2y = 2$, vemos que T está acima da região triangular D no plano xy limitado pelas retas $x = 2y$, $x + 2y = 2$ e $x = 0$. (Veja a Figura 14.)

O plano $x + 2y + z = 2$ pode ser escrito como $z = 2 - x - 2y$, de modo que o volume pedido está sob o gráfico da função $z = 2 - x - 2y$ e acima de

$$D = \{(x, y) \mid 0 \le x \le 1,\ x/2 \le y \le 1 - x/2\}$$

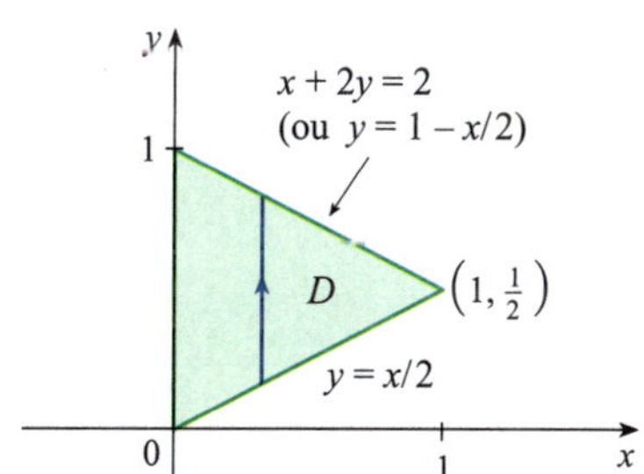

FIGURA 14

Portanto,

$$V = \iint_D (2 - x - 2y)\,dA$$

$$= \int_0^1\int_{x/2}^{1-x/2}(2 - x - 2y)\,dy\,dx$$

$$= \int_0^1\Big[2y - xy - y^2\Big]_{y=x/2}^{y=1-x/2}\,dx$$

$$= \int_0^1\left[2 - x - x\left(1 - \frac{x}{2}\right) - \left(1 - \frac{x}{2}\right)^2 - x + \frac{x^2}{2} + \frac{x^2}{4}\right]dx$$

$$= \int_0^1 (x^2 - 2x + 1)\,dx = \frac{x^3}{3} - x^2 + x\Big]_0^1 = \frac{1}{3}$$ ■

Trocando a Ordem de Integração

O Teorema de Fubini nos diz que podemos expressar uma integral dupla como uma integral iterada usando duas ordens diferentes. Às vezes, uma ordem torna o cálculo muito mais difícil – ou mesmo impossível. O próximo exemplo mostra como podemos trocar a ordem de integração quando nos deparamos com uma integral iterada difícil de calcular.

EXEMPLO 5 Calcule a integral iterada $\int_0^1\int_x^1 \operatorname{sen}(y^2)\,dy\,dx$.

SOLUÇÃO Se tentarmos calcular a integral na forma pela qual ela se apresenta, teremos inicialmente de resolver o problema de calcular $\int \operatorname{sen}(y^2)\,dy$. Mas isso é impossível de

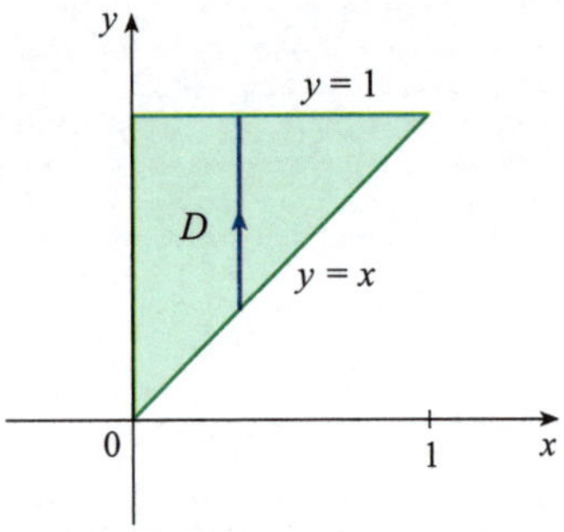

FIGURA 15
D como uma região do tipo I

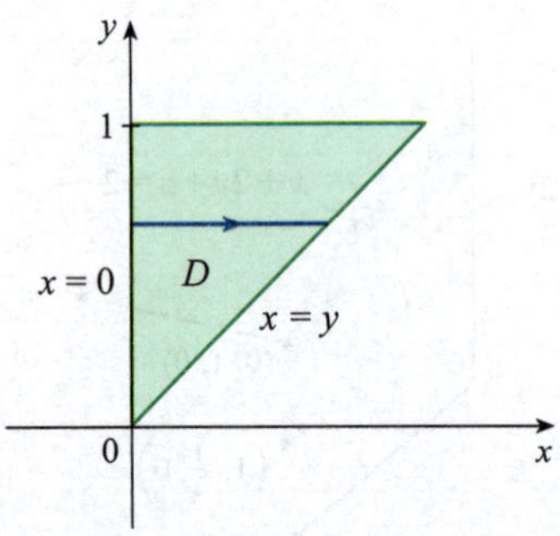

FIGURA 16
D como uma região do tipo II

fazer em termos finitos, uma vez que $\int \text{sen}(y^2)\,dy$ não é uma função elementar. (Veja o final da Seção 7.5.) Precisamos então mudar a ordem de integração, o que pode ser conseguido escrevendo-se inicialmente a integral iterada dada como uma integral dupla. Usando (3) na ordem inversa, temos

$$\int_0^1\int_x^1 \text{sen}(y^2)\,dy\,dx = \iint_D \text{sen}(y^2)\,dA$$

onde $$D = \{(x, y) \mid 0 \le x \le 1,\ x \le y \le 1\}$$

Esboçamos essa região *D* na Figura 15. Então, da Figura 16, vemos que um modo alternativo de descrever *D* é

$$D = \{(x, y) \mid 0 \le y \le 1,\ 0 \le x \le y\}$$

Isso nos permite usar (4) para exprimir a integral dupla como uma integral iterada na ordem reversa:

$$\begin{aligned}\int_0^1\int_x^1 \text{sen}(y^2)\,dy\,dx &= \iint_D \text{sen}(y^2)\,dA \\ &= \int_0^1\int_0^y \text{sen}(y^2)\,dx\,dy = \int_0^1 \Big[x\,\text{sen}(y^2)\Big]_{x=0}^{x=y} dy \\ &= \int_0^1 y\,\text{sen}(y^2)\,dy = -\tfrac{1}{2}\cos(y^2)\Big]_0^1 = \tfrac{1}{2}(1-\cos 1)\end{aligned}$$ ■

■ Propriedades das Integrais Duplas

Suponha que todas as seguintes integrais existam. Para regiões retangulares *D* as primeiras três propriedades podem ser demonstradas da mesma maneira que na Seção 5.2. E, então, para regiões gerais, as propriedades seguem da definição 2.

5 $$\iint_D [f(x,y)+g(x,y)]\,dA = \iint_D f(x,y)\,dA + \iint_D g(x,y)\,dA$$

6 $$\iint_D cf(x,y)\,dA = c\iint_D f(x,y)\,dA \qquad \text{onde } c \text{ é uma constante}$$

Se $f(x, y) \ge g(x, y)$ para todo (x, y) em *D*, então

7 $$\iint_D f(x,y)\,dA \ge \iint_D g(x,y)\,dA$$

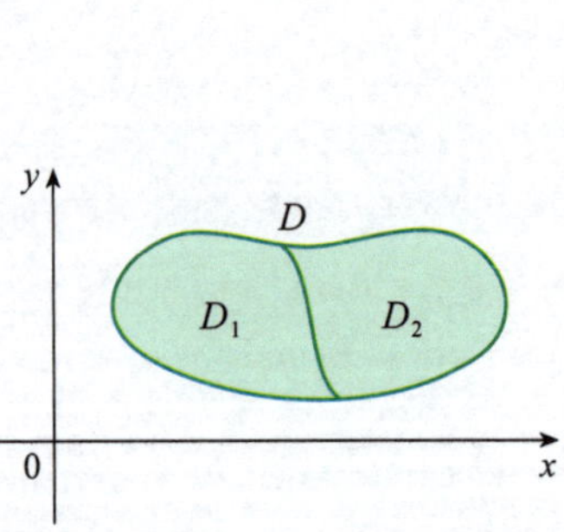

FIGURA 17

A próxima propriedade de integral dupla é semelhante à propriedade de integral de uma função de uma variável real, dada pela equação $\int_a^b f(x)\,dx = \int_a^c f(x)\,dx + \int_c^b f(x)\,dx$ (Propriedade 5 na Seção 5.2).

Se $D = D_1 \cup D_2$, onde D_1 e D_2 não se sobrepõem exceto talvez nas fronteiras (veja a Figura 17), então

8 $$\iint_D f(x,y)\,dA = \iint_{D_1} f(x,y)\,dA + \iint_{D_2} f(x,y)\,dA$$

A Propriedade 8 pode ser usada para calcular integrais duplas sobre regiões *D* que não sejam nem do tipo I nem do tipo II. A Figura 18 ilustra esse procedimento. (Veja os Exercícios 67 e 68.)

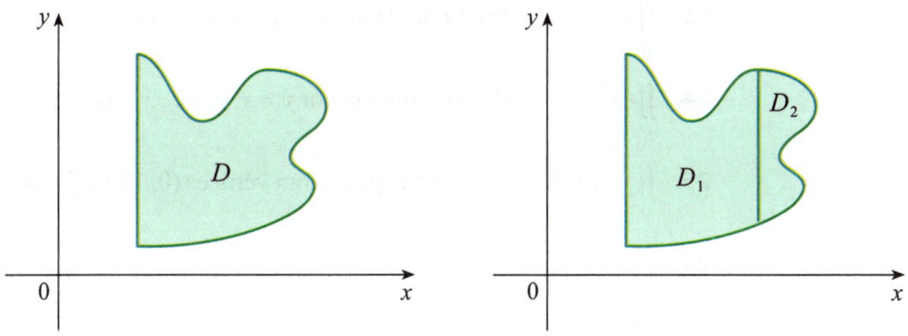

(a) D não é do tipo I nem do tipo II. (b) $D = D = D_1 \cup D_2$, D_1 é do tipo I, D_2 é do tipo II.

FIGURA 18

A próxima propriedade de integrais diz que, se integrarmos a função constante $f(x, y) = 1$ sobre uma região D, obteremos a área de D:

9
$$\iint_D 1\,dA = A(D)$$

A Figura 19 ilustra por que a Equação 9 é verdadeira: um cilindro sólido, cuja base é D e a altura é 1, tem volume $A(D) \cdot 1 = A(D)$, mas sabemos que também podemos escrever seu volume como $\iint_D 1\,dA$.

Finalmente, podemos combinar as Propriedades 6, 7 e 9 para demonstrar a seguinte propriedade. (Veja o Exercício 73.)

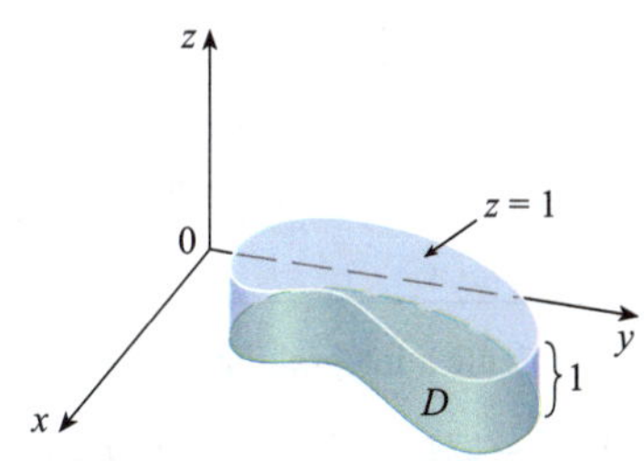

FIGURA 19
Cilindro com base D e altura 1

10 *Se* $m \leq f(x, y) \leq M$ para todo (x, y) em D, então

$$m \cdot A(D) \leq \iint_D f(x, y)\,dA \leq M \cdot A(D)$$

A Figura 20 ilustra a Propriedade 10 no caso em que $m > 0$. O volume do sólido sob o gráfico de $z = f(x, y)$ e acima de D está compreendido entre os volumes dos cilindros que têm base D e alturas m e M. (Compare esta figura com a Figura 5.2.17, que ilustra a propriedade análoga das integrais simples.)

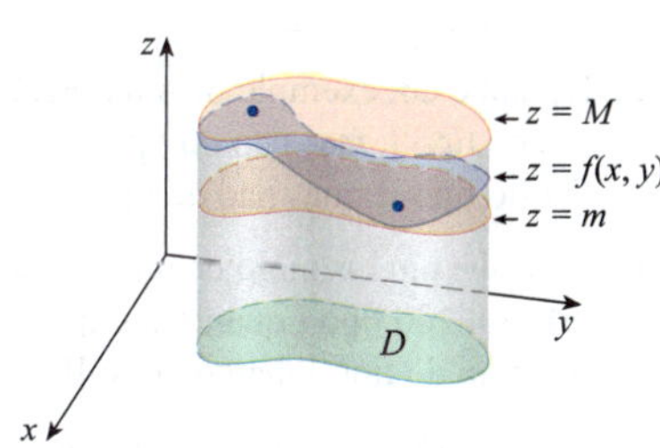

FIGURA 20

EXEMPLO 6 Utilize a Propriedade 10 para estimar a integral $\iint_D e^{\text{sen}\,x\cos y}\,dA$, onde D é o disco com centro na origem e raio 2.

SOLUÇÃO Como $-1 \leq \text{sen}\,x \leq 1$ e $-1 \leq \cos y \leq 1$, temos $-1 \leq \text{sen}\,x \cos y \leq 1$, uma vez que a função exponencial natural é crescente, temos,

$$e^{-1} \leq e^{\text{sen}\,x\cos y} \leq e^1 = e$$

Assim, usando $m = e^{-1} = 1/e$, $M = e$ e $A(D) = \pi(2)^2$ na Propriedade 10, obtemos

$$\frac{4\pi}{e} \leq \iint_D e^{\text{sen}\,x\cos y}\,dA \leq 4\pi e$$ ■

15.2 Exercícios

1-6 Calcule a integral iterada.

1. $\int_1^5 \int_0^x (8x - 2y)\,dy\,dx$

2. $\int_0^2 \int_0^{y^2} x^2 y\,dx\,dy$

3. $\int_0^1 \int_0^y xe^{y^3}\,dx\,dy$

4. $\int_0^{\pi/2} \int_0^x x\ \text{sen}\ y\ dy\,dx$

5. $\int_0^1 \int_0^{s^2} \cos(s^3)\,dt\,ds$

6. $\int_0^1 \int_0^{e^v} \sqrt{1 + e^v}\,dw\,dv$

7-10

(a) Para a função f e a região R fornecidas, expresse a integral dupla $\iint_D f(x, y)\,dA$ como uma integral iterada.

(b) Calcule a integral iterada.

7. $f(x, y) = 2y$

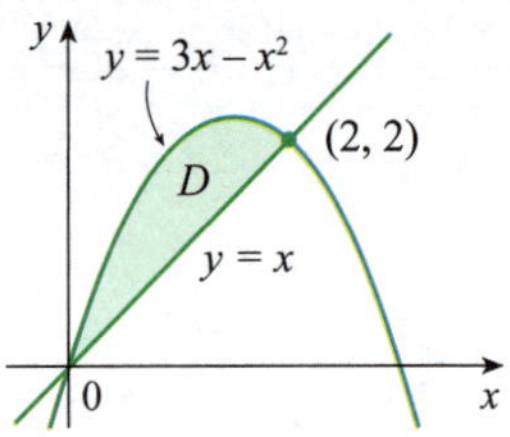

8. $f(x, y) = x + y$

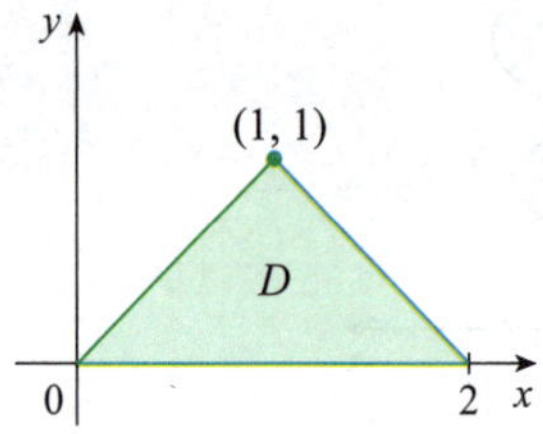

9. $f(x, y) = xy$

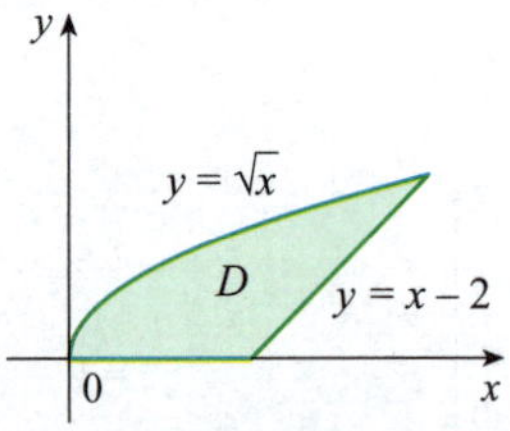

10. $f(x, y) = x$

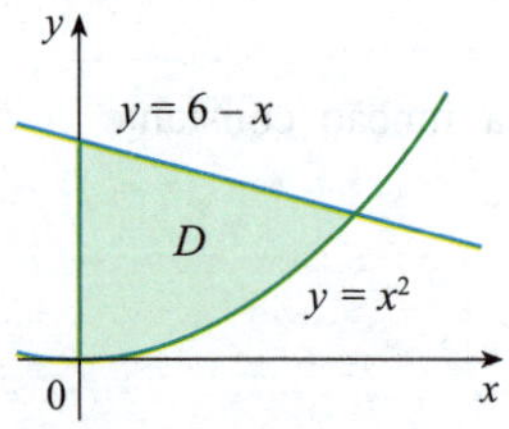

11-14 Calcule a integral dupla.

11. $\iint_D \dfrac{y}{x^2+1}\,dA, \quad D = \{(x, y) \mid 0 \le x \le 4, 0 \le y \le \sqrt{x}\}$

12. $\iint_D (2x + y)\,dA, \quad D = \{(x, y) \mid 1 \le y \le 2, y - 1 \le x \le 1\}$

13. $\iint_D e^{-y^2}\,dA, \quad D = \{(x, y) \mid 0 \le y \le 3, 0 \le x \le y\}$

14. $\iint_D y\sqrt{x^2 - y^2}\,dA, \quad D = \{(x, y) \mid 0 \le x \le 2, 0 \le y \le x\}$

---

15. Desenhe um exemplo de uma região que seja
(a) do tipo I, mas não do tipo II
(b) do tipo II, mas não do tipo I

16. Desenhe um exemplo de uma região que seja
(a) tanto do tipo I quanto do tipo II
(b) nem do tipo I nem do tipo II

17-18 Expresse D como a região do tipo I e também como uma região do tipo II. Em seguida, calcule a integral dupla de duas maneiras.

17. $\iint_D x\,dA$, D é limitada pelas retas $y = x$, $y = 0$, $x = 1$

18. $\iint_D xy\,dA$, D é limitada pelas curvas $y = x^2$, $y = 3x$

19-22 Defina as integrais iteradas para ambas as ordens de integração. Então, calcule a integral dupla usando a ordem mais fácil e explique por que ela é mais fácil.

19. $\iint_D y\,dA$, D é limitada por $y = x - 2$, $x = y^2$

20. $\iint_D y^2 e^{xy}\,dA$, D é limitada por $y = x$, $y = 4$, $x = 0$

21. $\iint_D \operatorname{sen}^2 x\,dA$, D é limitada por $y = \cos x$, $0 \le x \le \pi/2$, $y = 0$, $x = 0$

22. $\iint_D 6x^2\,dA$, D é limitada por $y = x^3$, $y = 2x + 4$, $x = 0$

23-28 Calcule a integral dupla.

23. $\iint_D x\cos y\,dA$, D é limitada por $y = 0$, $y = x^2$, $x = 1$

24. $\iint_D (x^2 + 2y)\,dA$, D é limitada por $y = x$, $y = x^3$, $x \ge 0$

25. $\iint_D y^2\,dA$, D é a região triangular com vértices (0, 1), (1, 2), (4, 1)

26. $\iint_D xy\,dA$, D é limitada pelo quarto de círculo, $y = \sqrt{1 - x^2}$, $x \ge 0$ e pelos eixos.

27. $\iint_D (2x - y)\,dA$, D é limitada pelo círculo de centro na origem e raio 2

28. $\iint_D y\,dA$, D é a região triangular com vértices (0, 0), (1, 1) e (4, 0)

29-30 A figura mostra uma superfície e uma região D no plano xy.
(a) Defina uma integral dupla iterada que forneça o volume do sólido que está sob a superfície e acima de D.
(b) Calculando a integral iterada, determine o volume do sólido.

29.

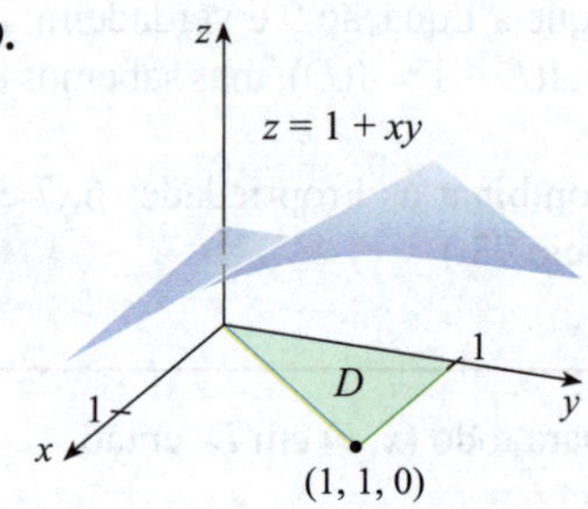

30.

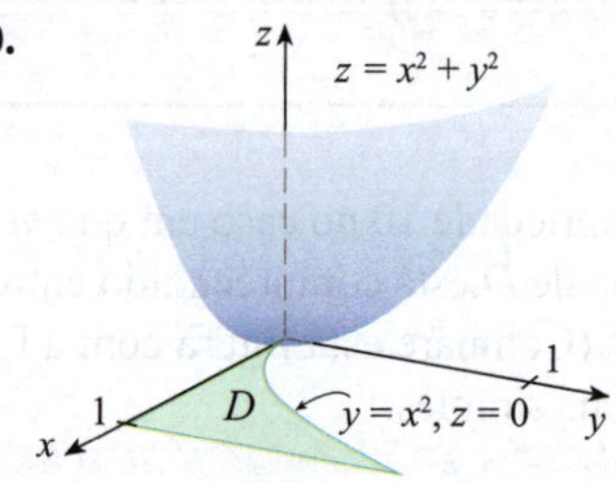

31-40 Determine o volume do sólido dado.

31. Abaixo do plano $3x + 2y - z = 0$ e acima da região limitada pelas parábolas $y = x^2$ e $x = y^2$

32. Abaixo da superfície $z = 1 + x^2y^2$ e acima da região limitada por $x = y^2$ e $x = 4$

33. Abaixo da superfície $z = xy$ e acima do triângulo e vértices (1, 1), (4, 1) e (1, 2)

34. Limitado pelo paraboloide $z = x^2 + y^2 + 1$ e pelos planos $x = 0$, $y = 0$, $z = 0$ e $x + y = 2$

35. O tetraedro limitado pelos planos coordenados e pelo plano $2x + y + z = 4$

36. Limitado pelos planos $z = x$, $y = x$, $x + y = 2$ e $z = 0$

37. Limitado pelos cilindros $z = x^2$, $y = x^2$ e pelos planos $z = 0$, $y = 4$

38. Limitado pelo cilindro $y^2 + z^2 = 4$ e pelos planos $x = 2y$, $x = 0$, $z = 0$ no primeiro octante

39. Limitado pelo cilindro $x^2 + y^2 = 1$ e pelos planos $y = z$, $x = 0$, $z = 0$ no primeiro octante

40. Limitado pelos cilindros $x^2 + y^2 = r^2$ e $y^2 + z^2 = r^2$

41. Utilize um gráfico ou um computador para estimar a coordenada x dos pontos de intersecção da curva $y = x^4$ e $y = 3x - x^2$. Se D é a região limitada por essas curvas, estime $\iint_D x\,dA$.

42. Encontre o volume aproximado do sólido no primeiro octante limitado pelos planos $y = x$, $z = 0$ e $z = x$ e pelo cilindro $y = \cos x$. (Utilize um gráfico para estimar os pontos de intersecção.)

43-46 Determine o volume do sólido por subtração de dois volumes.

43. O sólido limitado pelos cilindros parabólicos $y = 1 - x^2$, $y = x^2 - 1$ e pelos planos $x + y + z = 2$, $2x + 2y - z + 10 = 0$

44. O sólido limitado pelo paraboloide cilíndrico $y = x^2$ e pelos planos $z = 3y$, $z = 2 + y$

45. O sólido sob o plano $z = 3$, acima do plano $z = y$ e entre os cilindros parabólicos $y = x^2$ e $y = 1 - x^2$

46. O sólido no primeiro octante sob o plano $z = x + y$, acima da superfície $z = xy$ e limitado pelas superfícies $x = 0$, $y = 0$ e $x^2 + y^2 = 4$

47-50 Esboce o sólido cujo volume é dado pela integral iterada.

47. $\int_0^1\int_0^{1-x}(1-x-y)\,dy\,dx$ **48.** $\int_0^1\int_0^{1-x^2}(1-x)\,dy\,dx$

49. $\int_0^3\int_0^y\sqrt{9-x^2}\,dx\,dy$ **50.** $\int_{-2}^2\int_{-1}^{3\ x^2}e^{-y}\,dy\,dx$

51-54 Use um sistema de computação algébrica para determinar o volume exato do sólido.

51. Abaixo da superfície $z = x^3y^4 + xy^2$ e acima da região limitada pelas curvas $y = x^3 - x$ e $y = x^2 + x$ para $x \geq 0$

52. Entre os paraboloides $z = 2x^2 + y^2$ e $z = 8 - x^2 - 2y^2$ e dentro do cilindro $x^2 + y^2 = 1$

53. Limitado por $z = 1 - x^2 - y^2$ e $z = 0$

54. Limitado por $z = x^2 + y^2$ e $z = 2y$

55-60 Esboce a região de integração e mude a ordem de integração.

55. $\int_0^1\int_0^y f(x,y)\,dx\,dy$ **56.** $\int_0^2\int_{x^2}^4 f(x,y)\,dy\,dx$

57. $\int_0^{\pi/2}\int_{\operatorname{sen} x}^1 f(x,y)\,dy\,dx$ **58.** $\int_{-2}^2\int_0^{\sqrt{4-y^2}} f(x,y)\,dx\,dy$

59. $\int_1^2\int_0^{\ln x} f(x,y)\,dy\,dx$ **60.** $\int_0^1\int_{\operatorname{arctg} x}^{\pi/4} f(x,y)\,dy\,dx$

61-66 Calcule a integral trocando a ordem de integração.

61. $\int_0^1\int_{3y}^3 e^{x^2}\,dy\,dx$ **62.** $\int_0^1\int_{x^2}^1\sqrt{y}\operatorname{sen} y\,dy\,dx$

63. $\int_0^1\int_{\sqrt{x}}^1\sqrt{y^3+1}\,dy\,dx$ **64.** $\int_0^2\int_{y/2}^1 y\cos(x^3-1)\,dx\,dy$

65. $\int_0^1\int_{\operatorname{arcsen} y}^{\pi/2}\cos x\sqrt{1+\cos^2 x}\,dx\,dy$

66. $\int_0^8\int_{\sqrt[3]{y}}^2 e^{x^4}\,dx\,dy$

67-68 Expresse D como a união de regiões do tipo I ou do tipo II e calcule a integral.

67. $\iint_D x^2\,dA$ **68.** $\iint_D y\,dA$

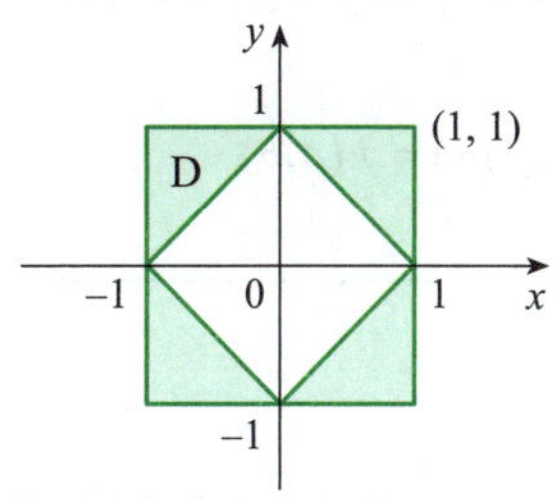

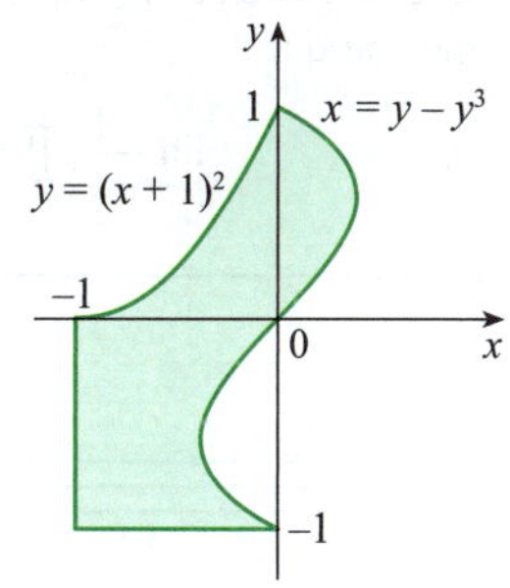

69-70 Use a Propriedade 10 para estimar o valor da integral.

69. $\iint_S\sqrt{4-x^2y^2}\,dA$, $S = \{(x, y) \mid x^2 + y^2 \leq 1, x \geq 0\}$

70. $\iint_T \operatorname{sen}^4(x+y)\,dA$, T é o triângulo delimitado pelas linhas $y = 0$, $y = 2$ e $x = 1$

71-72 Encontre o valor médio de f na região D.

71. $f(x, y) = xy$, D é o triângulo com vértices, $(0, 0)$, $(1, 0)$ e $(1, 3)$

72. $f(x, y) = x \operatorname{sen} y$, D é limitada pelas curvas $y = 0$, $y = x^2$ e $x = 1$

73. Demonstre a Propriedade 10.

74. No cálculo de uma integral dupla sobre uma região D, obtivemos uma soma de integrais iteradas como a que segue:

$$\iint_D f(x,y)\,dA = \int_0^1\int_0^{2y} f(x,y)\,dx\,dy + \int_1^3\int_0^{3-y} f(x,y)\,dx\,dy$$

Esboce a região D e expresse a integral dupla como uma integral iterada com ordem de integração contrária.

75-79 Use a geometria ou simetria, ou ambas, para calcular a integral dupla.

75. $\iint_D (x+2)\,dA$, $D = \{(x,y) \mid 0 \leq y \leq \sqrt{9-x^2}\}$

76. $\iint_D \sqrt{R^2-x^2-y^2}\,dA$, D é o disco com centro na origem e raio R

77. $\iint_D (2x+3y)\,dA$, D é o retângulo $0 \leq x \leq a$, $0 \leq y \leq b$

78. $\iint_D (2+x^2y^3-y^2\operatorname{sen} x)\,dA$, $D = \{(x,y) \mid |x|+|y| \leq 1\}$

79. $\iint_D \left(ax^3+by^3+\sqrt{a^2-x^2}\right)dA$, $D = [-a,a]\times[-b,b]$

80-81 Teorema do Valor Médio para Integrais Duplas O *Teorema do Valor Médio para integrais duplas* afirma que, se f é uma função contínua em uma região plana D do tipo I ou do tipo II, então existe um ponto (x_0, y_0) em D tal que

$$\iint_D f(x,y)\,dA = f(x_0,y_0)\,A(D)$$

80. Use o Teorema do Valor Extremo (14.7.8) e a Propriedade 15.2.10 para demonstrar o Teorema do Valor Médio para integrais duplas. (Siga o roteiro da demonstração da versão para uma variável apresentada na Seção 6.5, no Volume 1.)

81. Suponha que f seja contínua em um disco que contenha o ponto (a, b). Seja D o disco fechado com centro em (a, b) e raio r. Use o Teorema do Valor Médio para integrais duplas para mostrar que

$$\lim_{r\to 0}\frac{1}{\pi r^2}\iint_{D_r} f(x,y)\,dA = f(a,b)$$

T 82. Desenhe o sólido limitado pelo plano $x + y + z = 1$ e pelo paraboloide $z = 4 - x^2 - y^2$ e determine seu volume exato. (Utilize um sistema de computação algébrica para fazer esse desenho, para achar as equações dos limites da região de integração e para calcular a integral dupla.)

15.3 Integrais Duplas em Coordenadas Polares

Suponha que desejemos calcular uma integral dupla $\iint_R f(x, y)\, dA$, em que R é um disco circular centrado na origem. Nesse caso, a descrição de R em coordenadas retangulares é bastante complicada, mas R é descrita facilmente usando-se coordenadas polares. De modo geral, se R é uma região que pode ser descrita mais facilmente usando coordenadas polares, é frequentemente mais vantajoso calcular a integral dupla convertendo-a, primeiramente, para coordenadas polares.

Revisão de Coordenadas Polares

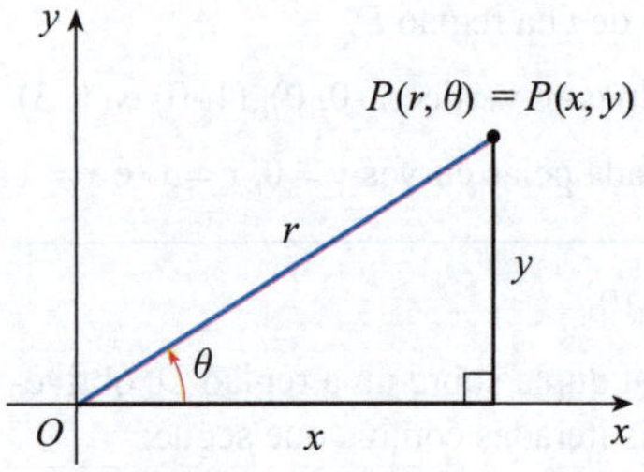

FIGURA 1

As coordenadas polares foram introduzidas na Seção 10.3. Lembre-se de que, como ilustrado na Figura 1, as coordenadas polares (r, θ) de um ponto estão relacionadas com as coordenadas retangulares (x, y) desse ponto por meio das equações

$$r^2 = x^2 + y^2 \qquad x = r\cos\theta \qquad y = r\,\text{sen}\,\theta$$

As equações de circunferências centradas na origem são particularmente simples em coordenadas polares. A circunferência unitária tem equação $r = 1$ a região delimitada por essa circunferência é mostrada na Figura 2(a). A Figura 2(b) ilustra outra região que é convenientemente descrita em coordenadas polares.

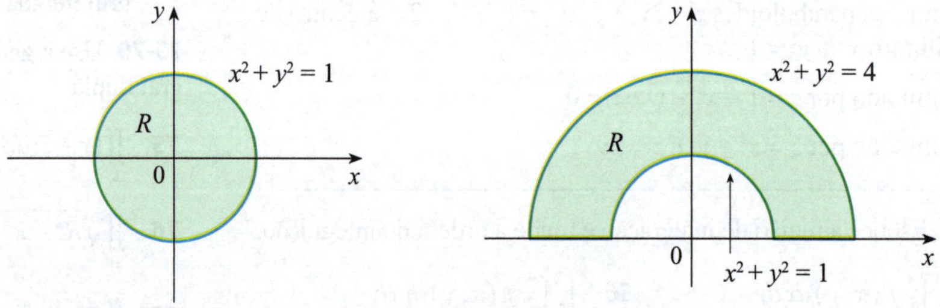

FIGURA 2 (a) $R = \{(r, \theta) \mid 0 \le r \le 1, 0 \le \theta \le 2\pi\}$ (b) $R = \{(r, \theta) \mid 1 \le r \le 2, 0 \le \theta \le \pi\}$

Uma revisão da Tabela 10.3.1 pode lhe auxiliar a lembrar outras curvas típicas que são descritas adequadamente em coordenadas polares.

Integrais Duplas em Coordenadas Polares

As regiões da Figura 2 são casos especiais de um **retângulo polar**

$$R = \{(r, \theta) \mid a \le r \le b, \alpha \le \theta \le \beta\}$$

que é apresentado na Figura 3. Para calcularmos a integral dupla $\iint_R f(x, y)\, dA$, onde R é um retângulo polar, dividimos o intervalo $[a, b]$ em m subintervalos $[r_{i-1}, r_i]$ de larguras iguais $\Delta r = (b - a)/m$ e dividimos o intervalo $[\alpha, \beta]$ em n subintervalos $[\theta_{j-1}, \theta_j]$ de larguras iguais $\Delta\theta = (\beta - \alpha)/n$. Então, os círculos $r = r_i$ e os raios $\theta = \theta_j$ dividem o retângulo polar R nos retângulos polares menores R_{ij} mostrados na Figura 4.

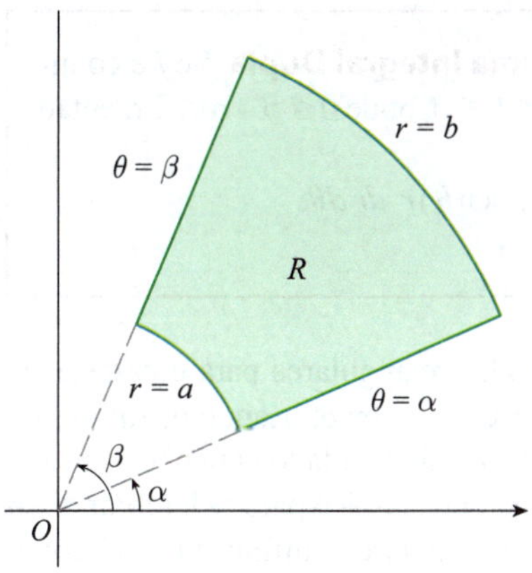

FIGURA 3 Retângulo polar

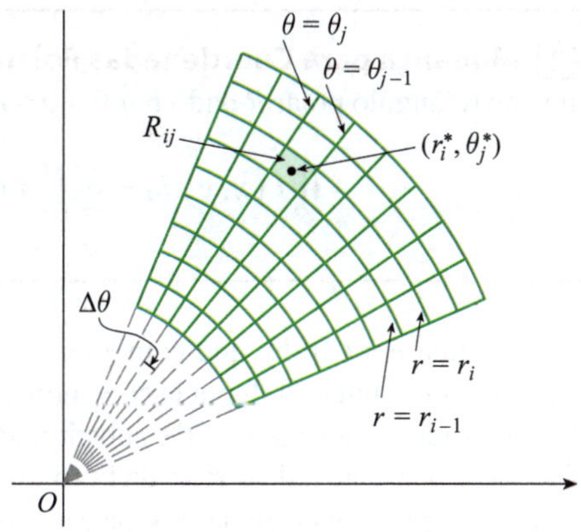

FIGURA 4 Divisão de R em sub-retângulos polares

Compare a Figura 4 com a Figura 15.13.

O "centro" do sub-retângulo polar

$$R_{ij} = \{(r, \theta) \mid r_{i-1} \leq r \leq r_i, \theta_{j-1} \leq \theta \leq \theta_j\}$$

tem coordenadas polares

$$r_i^* = \tfrac{1}{2}(r_{i-1} + r_i) \qquad \theta_j^* = \tfrac{1}{2}(\theta_{j-1} + \theta_j)$$

Calculamos a área de R_{ij} usando o fato de que a área de um setor de círculo de raio r e ângulo central θ é $\frac{1}{2}r^2\theta$. Subtraindo as áreas de dois desses setores, cada um deles com ângulo central $\Delta\theta = \theta_j - \theta_{j-1}$, descobrimos que a área de R_{ij} é

$$\begin{aligned}\Delta A_i &= \tfrac{1}{2}r_i^2\,\Delta\theta - \tfrac{1}{2}r_{i-1}^2\,\Delta\theta = \tfrac{1}{2}(r_i^2 - r_{i-1})\,\Delta\theta \\ &= \tfrac{1}{2}(r_i + r_{i-1})(r_i - r_{i-1})\,\Delta\theta = r_i^*\,\Delta r\,\Delta\theta\end{aligned}$$

Apesar de termos definido a integral dupla $\iint_R f(x, y)\,dA$ em termos de retângulos convencionais, podemos mostrar que, para as funções contínuas f, obtemos a mesma resposta usando retângulos polares. As coordenadas retangulares do centro de R_{ij} são $(r_i^* \cos\theta_j^*, r_i^* \operatorname{sen}\theta_j^*)$, portanto, uma soma de Riemann típica é

1 $$\sum_{i=1}^{m}\sum_{j=1}^{n} f(r_i^* \cos\theta_j^*, r_i^* \operatorname{sen}\theta_j^*)\,\Delta A_i = \sum_{i=1}^{m}\sum_{j=1}^{n} f(r_i^* \cos\theta_j^*, r_i^* \operatorname{sen}\theta_j^*)\,r_i^*\,\Delta r\,\Delta\theta$$

Se escrevermos $g(r, \theta) = rf(r \cos\theta, r \operatorname{sen}\theta)$, a soma de Riemann na Equação 1 pode ser reescrita como

$$\sum_{i=1}^{m}\sum_{j=1}^{n} g(r_i^*, \theta_j^*)\,\Delta r\,\Delta\theta$$

que é a soma de Riemann para a integral dupla

$$\int_\alpha^\beta \int_a^b g(r, \theta)\,dr\,d\theta$$

Portanto, temos

$$\begin{aligned}\iint_R f(x, y)\,dA &= \lim_{m, n\to\infty} \sum_{i=1}^{m}\sum_{j=1}^{n} f(r_i^* \cos\theta_j^*, r_i^* \operatorname{sen}\theta_j^*)\,\Delta A_i \\ &= \lim_{m, n\to\infty} \sum_{i=1}^{m}\sum_{j=1}^{n} g(r_i^*, \theta_j^*)\,\Delta r\,\Delta\theta = \int_\alpha^\beta \int_a^b g(r, \theta)\,dr\,d\theta \\ &= \int_\alpha^\beta \int_a^b f(r\cos\theta, r\operatorname{sen}\theta)\,r\;dr\,d\theta\end{aligned}$$

2 Mudança para Coordenadas Polares em uma Integral Dupla Se f é contínua no retângulo polar R dado por $0 \le a \le r \le b$, $\alpha \le \theta \le \beta$, onde $0 \le \beta - \alpha \le 2\pi$, então

$$\iint_R f(x,y)\,dA = \int_\alpha^\beta \int_a^b f(r\cos\theta, r\,\text{sen}\,\theta)\,r\,dr\,d\theta$$

A fórmula em (2) diz que convertemos coordenadas retangulares para coordenadas polares em uma integral dupla escrevendo $x = r\cos\theta$ e $y = r\,\text{sen}\,\theta$, usando os limites de integração adequados para r e θ e substituindo dA por $r\,dr\,d\theta$. Cuidado para não esquecer o fator adicional r no lado direito da Fórmula 2. Um método clássico para se lembrar disso está na Figura 5, onde podemos pensar nos retângulos polares "infinitesimais" como retângulos convencionais com dimensões $r\,d\theta$ e dr e, portanto, com "área" $dA = r\,dr\,d\theta$.

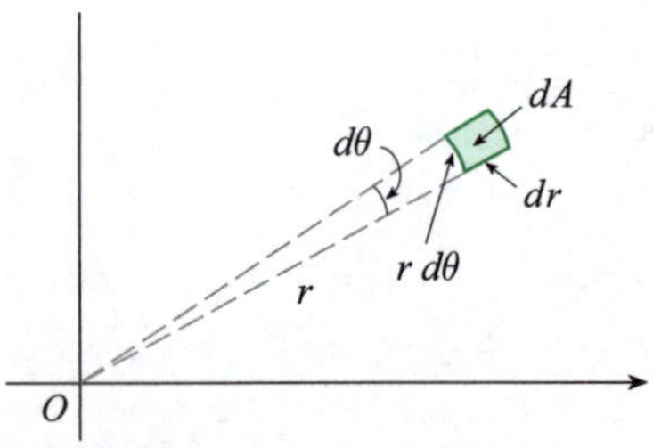

FIGURA 5

EXEMPLO 1 Calcule $\iint_R (3x + 4y^2)\,dA$, onde R é a região no semiplano superior limitada pelos círculos $x^2 + y^2 = 1$ e $x^2 + y^2 = 4$.

SOLUÇÃO A região R pode ser descrita como

$$R = \{(x,y) \mid y \ge 0,\ 1 \le x^2 + y^2 \le 4\}$$

É a metade do anel mostrado na Figura 2(b), e em coordenadas polares é dado por $1 \le r \le 2$, $0 \le \theta \le \pi$. Portanto, pela Fórmula 2,

$$\begin{aligned}\iint_R (3x + 4y^2)\,dA &= \int_0^\pi \int_1^2 [3(r\cos\theta) + 4(r\,\text{sen}\,\theta)^2]\,r\,dr\,d\theta \\ &= \int_0^\pi \int_1^2 (3r^2\cos\theta + 4r^3\,\text{sen}^2\theta)\,dr\,d\theta \\ &= \int_0^\pi \Big[r^3\cos\theta + r^4\,\text{sen}^2\theta\Big]_{r=1}^{r=2} d\theta = \int_0^\pi (7\cos\theta + 15\,\text{sen}^2\theta)\,d\theta \\ &= \int_0^\pi \Big[7\cos\theta + \tfrac{15}{2}(1 - \cos 2\theta)\Big]d\theta \\ &= 7\,\text{sen}\,\theta + \frac{15\theta}{2} - \frac{15}{4}\text{sen}\,2\theta\Big]_0^\pi = \frac{15\pi}{2}\end{aligned}$$

Aqui usamos a identidade trigonométrica

$$\text{sen}^2\,\theta = \tfrac{1}{2}(1 - \cos 2\theta)$$

Veja a Seção 7.2, no Volume 1, para informações sobre a integração de funções trigonométricas.

EXEMPLO 2 Calcule a integral dupla

$$\int_{-1}^1 \int_0^{\sqrt{1-x^2}} (x^2 + y^2)\,dy\,dx$$

SOLUÇÃO Essa integral iterada é uma integral dupla sobre a região R mostrada na Figura 6 e descrita por

$$R = \left\{(x,y) \middle| -1 \le x \le 1, 0 \le y \le \sqrt{1 - x^2}\right\}$$

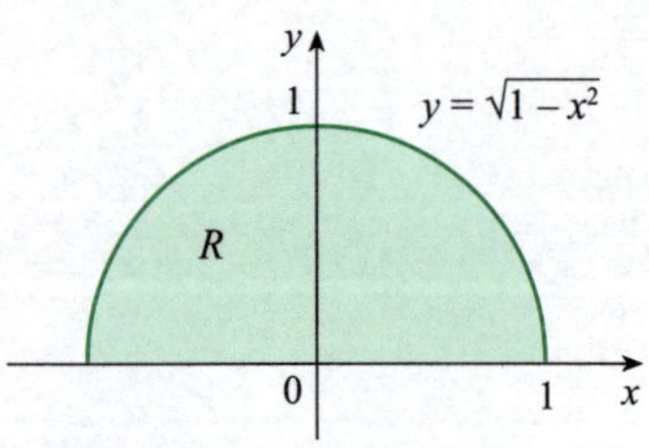

FIGURA 6

A região é um semicírculo, de modo que é descrita mais facilmente em coordenadas polares:

$$R = \{(r,\theta) \mid 0 \le \theta \le \pi,\ 0 \le r \le 1\}$$

Dessa forma, temos

$$\begin{aligned}\int_{-1}^1 \int_0^{\sqrt{1-x^2}} (x^2 + y^2)\,dy\,dx &= \int_0^\pi \int_0^1 (r^2)\,r\,dr\,d\theta \\ &= \int_0^\pi \left[\frac{r^4}{4}\right]_{r=0}^{r=1} d\theta = \frac{1}{4}\int_0^\pi d\theta = \frac{\pi}{4}\end{aligned}$$

EXEMPLO 3 Determine o volume do sólido limitado pelo plano $z = 0$ e pelo paraboloide $z = 1 - x^2 - y^2$.

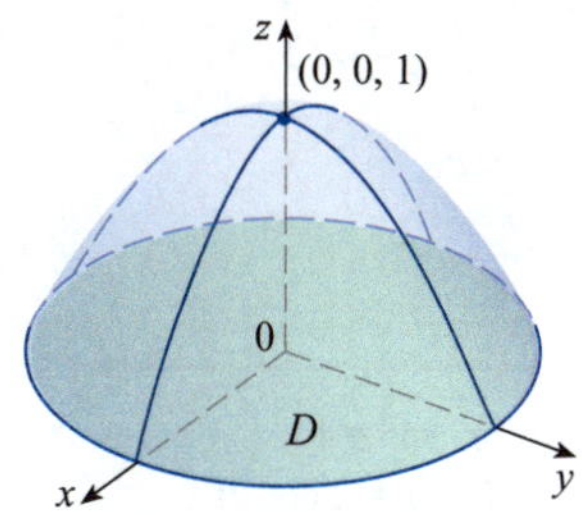

FIGURA 7

SOLUÇÃO Se tomarmos $z = 0$ na equação do paraboloide, obteremos $x^2 + y^2 = 1$. Isso significa que o plano intercepta o paraboloide no círculo $x^2 + y^2 = 1$ e o sólido está abaixo do paraboloide e acima do disco circular D dado por $x^2 + y^2 \leq 1$ [veja as Figuras 7 e 2(a)]. Em coordenadas polares, D é dado por $0 \leq r \leq 1$, $0 \leq \theta \leq 2\pi$. Como $1 - x^2 - y^2 = 1 - r^2$, o volume é

$$V = \iint_D (1 - x^2 - y^2)\,dA = \int_0^{2\pi}\int_0^1 (1 - r^2)r\,dr\,d\theta$$

$$= \int_0^{2\pi} d\theta \int_0^1 (r - r^3)\,dr = 2\pi\left[\frac{r^2}{2} - \frac{r^4}{4}\right]_0^1 = \frac{\pi}{2}$$

No Exemplo 3, se trabalhássemos com coordenadas retangulares em vez de coordenadas polares, obteríamos

$$V = \iint_D (1 - x^2 - y^2)\,dA = \int_{-1}^{1}\int_{-\sqrt{1-x^2}}^{\sqrt{1-x^2}} (1 - x^2 - y^2)\,dy\,dx$$

que não é fácil de calcular, pois envolve determinar $\int (1 - x^2)^{3/2}\,dx$.

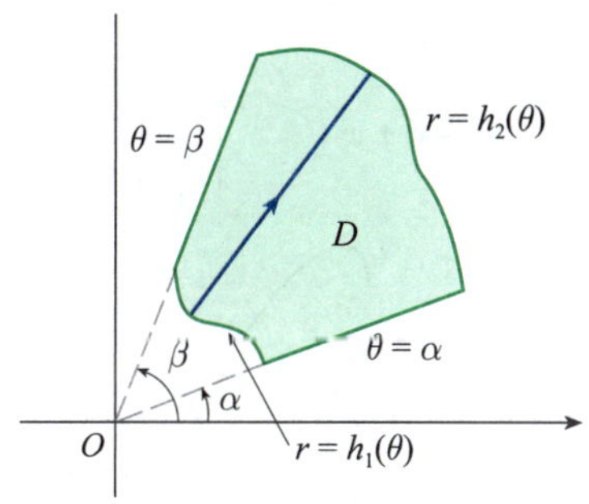

FIGURA 8
$D = \{(r, \theta) \mid \alpha \leq \theta \leq \beta, h_1(\theta) \leq r \leq h_2(\theta)\}$

O que fizemos até aqui pode ser estendido para tipos de região mais complicados, como o mostrado na Figura 8. Isso é semelhante à região com coordenadas retangulares do tipo II vista na Seção 15.2. De fato, combinando a Fórmula 2 desta seção com a Fórmula 15.2.4, obtemos o seguinte.

3 Se f é contínua em uma região polar da forma

$$D - \{(r, \theta) \mid \alpha \leq \theta \leq \beta,\ h_1(\theta) \leq r \leq h_2(\theta)\}$$

então,
$$\iint_D f(x, y)\,dA = \int_\alpha^\beta \int_{h_1(\theta)}^{h_2(\theta)} f(r\cos\theta, r\,\text{sen}\,\theta)\,r\,dr\,d\theta$$

Em particular, tomando $f(x, y) = 1$, $h_1(\theta) = 0$ e $h_2(\theta) = h(\theta)$ nessa fórmula, vemos que a área da região D limitada por $\theta = \alpha$, $\theta = \beta$ e $r = h(\theta)$ é

$$A(D) = \iint_D 1\,dA = \int_\alpha^\beta \int_0^{h(\theta)} r\,dr\,d\theta$$

$$= \int_\alpha^\beta \left[\frac{r^2}{2}\right]_0^{h(\theta)} d\theta = \int_\alpha^\beta \tfrac{1}{2}[h(\theta)]^2\,d\theta$$

que coincide com a Fórmula 10.4.3.

EXEMPLO 4 Use a integral dupla para determinar a área contida em um laço da rosácea de quatro pétalas $r = \cos 2\theta$.

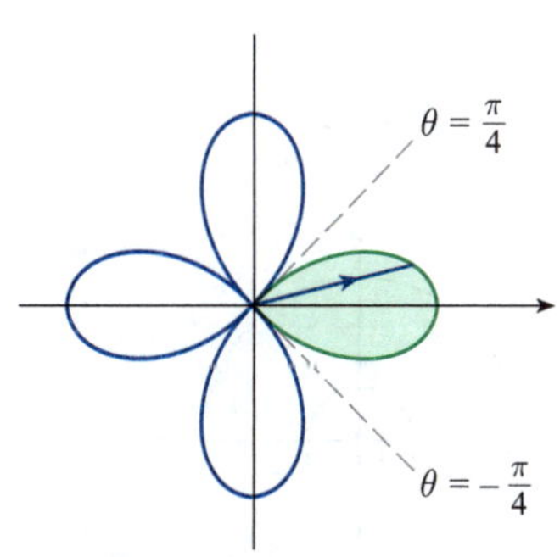

FIGURA 9

SOLUÇÃO Do esboço da curva na Figura 9, vemos que um laço da rosácea de quatro pétalas corresponde à região

$$D = \{(r, \theta) \mid -\pi/4 \leq \theta \leq \pi/4,\ 0 \leq r \leq \cos 2\theta\}$$

Então, a área é

$$A(D) = \iint_D dA = \int_{-\pi/4}^{\pi/4} \int_0^{\cos 2\theta} r\,dr\,d\theta$$

$$= \int_{-\pi/4}^{\pi/4} \left[\tfrac{1}{2}r^2\right]_0^{\cos 2\theta} d\theta = \tfrac{1}{2}\int_{-\pi/4}^{\pi/4} \cos^2 2\theta\,d\theta$$

$$= \tfrac{1}{4}\int_{-\pi/4}^{\pi/4} (1+\cos 4\theta)\,d\theta = \tfrac{1}{4}\left[\theta + \tfrac{1}{4}\operatorname{sen} 4\theta\right]_{-\pi/4}^{\pi/4} = \frac{\pi}{8}$$ ■

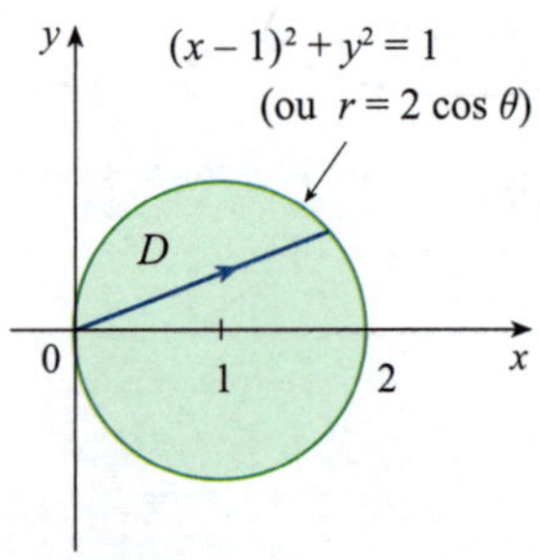

FIGURA 10

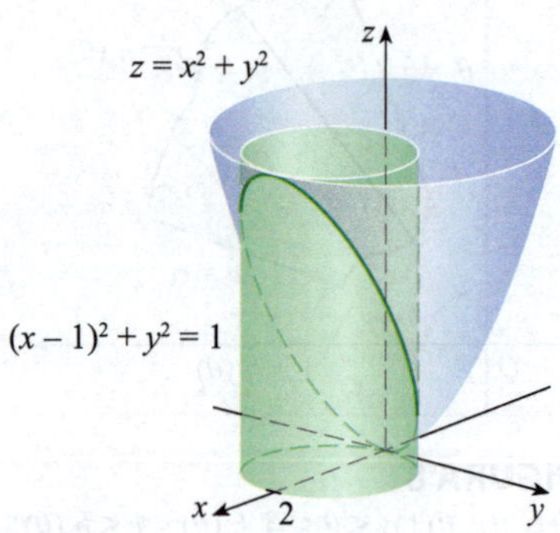

FIGURA 11

EXEMPLO 5 Determine o volume do sólido que está sob o paraboloide $z = x^2 + y^2$, acima do plano xy e dentro do cilindro $x^2 + y^2 = 2x$.

SOLUÇÃO O sólido está acima do disco D cujo limite tem equação $x^2 + y^2 = 2x$ ou, após completar os quadrados,

$$(x-1)^2 + y^2 = 1$$

(Veja as Figuras 10 e 11.)

Em coordenadas polares, temos $x^2 + y^2 = r^2$ e $x = r\cos\theta$, assim, o limite circular $x^2 + y^2 = 2x$ fica $r^2 = 2r\cos\theta$ ou $r = 2\cos\theta$. Portanto, o disco D é dado por

$$D = \{(r,\theta)\,|\,-\pi/2 \le \theta \le \pi/2,\ 0 \le r \le 2\cos\theta\}$$

e, da Fórmula 3, temos

$$V = \iint_D (x^2+y^2)\,dA = \int_{-\pi/2}^{\pi/2}\int_0^{2\cos\theta} r^2\,r\,dr\,d\theta = \int_{-\pi/2}^{\pi/2}\left[\frac{r^4}{4}\right]_0^{2\cos\theta} d\theta$$

$$= 4\int_{-\pi/2}^{\pi/2}\cos^4\theta\,d\theta = 8\int_0^{\pi/2}\cos^4\theta\,d\theta = 8\int_0^{\pi/2}\left(\frac{1+\cos 2\theta}{2}\right)^2 d\theta$$

$$= 2\int_0^{\pi/2}\left[1 + 2\cos 2\theta + \tfrac{1}{2}(1+\cos 4\theta)\right]d\theta$$

$$= 2\left[\tfrac{3}{2}\theta + \operatorname{sen} 2\theta + \tfrac{1}{8}\operatorname{sen} 4\theta\right]_0^{\pi/2} = 2\left(\frac{3}{2}\right)\left(\frac{\pi}{2}\right) = \frac{3\pi}{2}$$ ■

15.3 Exercícios

1-6 Uma região R é mostrada. Decida se você deve usar coordenadas polares ou retangulares, e escreva $\iint_R f(x, y)\,dA$ como uma integral iterada, onde f é uma função qualquer contínua em R.

1.

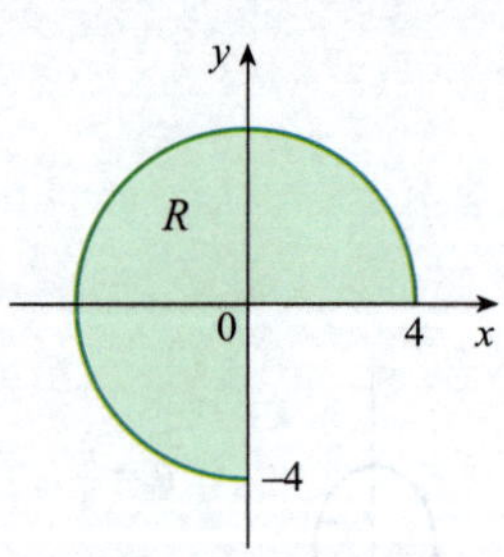

2.

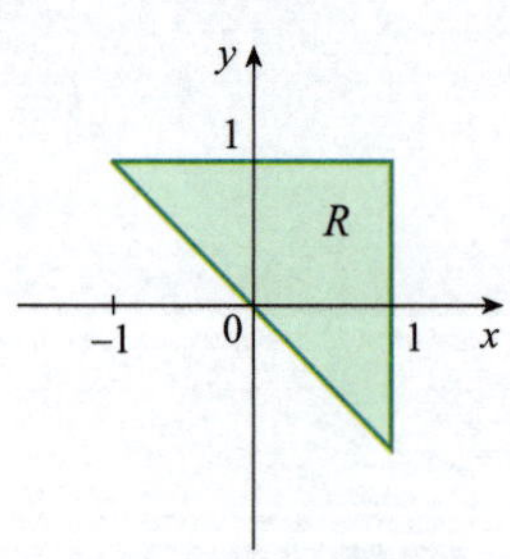

3.

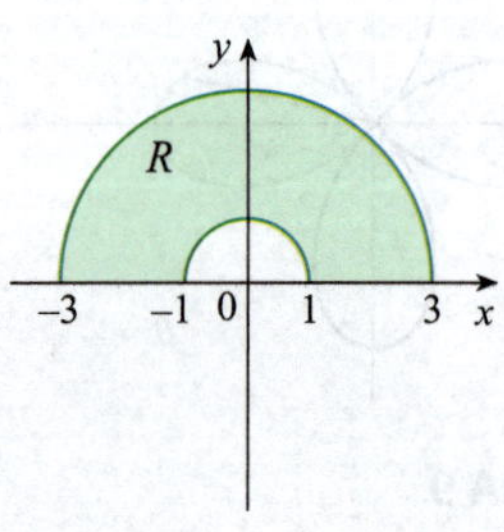

4.

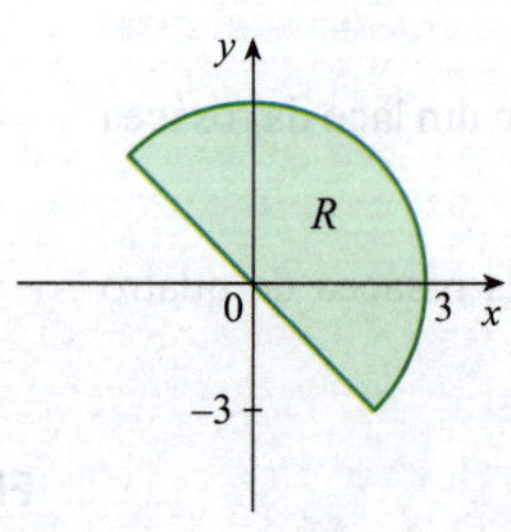

5.

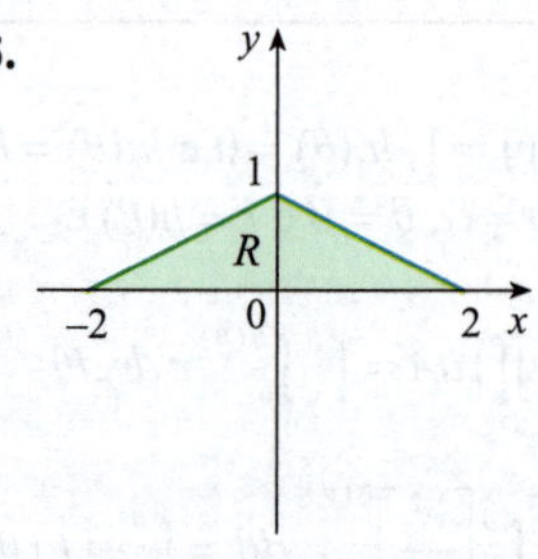

6.

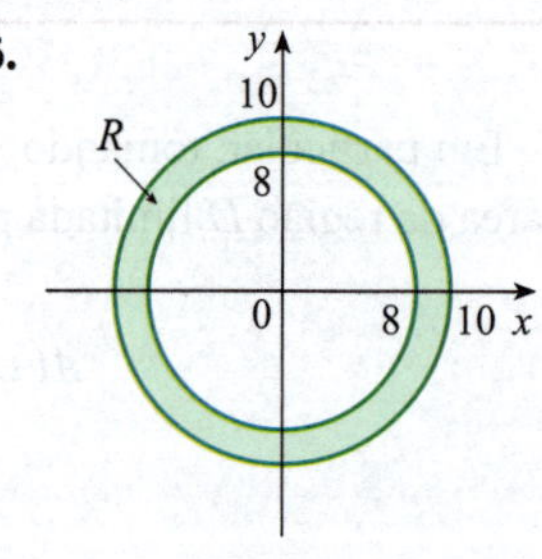

7-8 Esboce a região cuja área é dada pela integral e calcule-a.

7. $\int_{\pi/4}^{3\pi/4}\int_1^2 r\,dr\,d\theta$

8. $\int_{\pi/2}^{\pi}\int_0^{2\operatorname{sen}\theta} r\,dr\,d\theta$

9-16 Calcule a integral dada, colocando-a em coordenadas polares.

9. $\iint_D x^2 y\,dA$, onde D é a metade superior do disco com centro na origem e raio 5

10. $\iint_R (2x - y)\, dA$, onde R é a região do primeiro quadrante limitada pelo círculo $x^2 + y^2 = 4$ e as retas $x = 0$ e $y = x$

11. $\iint_R \operatorname{sen}(x^2 + y^2)\, dA$, onde R é a região do primeiro quadrante entre os círculos com centro na origem e raios 1 e 3

12. $\iint_R \dfrac{y^2}{x^2 + y^2}\, dA$, onde R é a região que fica entre os círculos $x^2 + y^2 = a^2$ e $x^2 + y^2 = b^2$ com $0 < a < b$

13. $\iint_D e^{-x^2 - y^2}\, dA$, onde D é a região limitada pelo semicírculo $x = \sqrt{4 - y^2}$ e o eixo y

14. $\iint_D \cos \sqrt{x^2 + y^2}\, dA$, onde D é o disco com centro na origem e raio 2

15. $\iint_R \operatorname{arctg}(y/x)\, dA$, onde $R = \{(x, y) \mid 1 \le x^2 + y^2 \le 4,\ 0 \le y \le x\}$

16. $\iint_D x\, dA$, onde D é a região no primeiro quadrante que se encontra entre os círculos $x^2 + y^2 = 4$ e $x^2 + y^2 = 2x$

17-22 Use uma integral dupla para determinar a área da região D.

17.

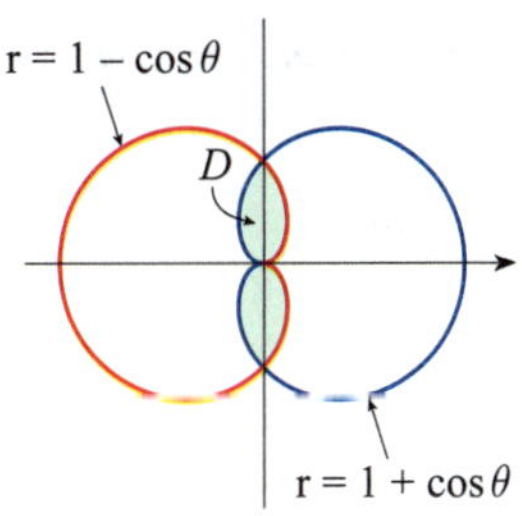

18.

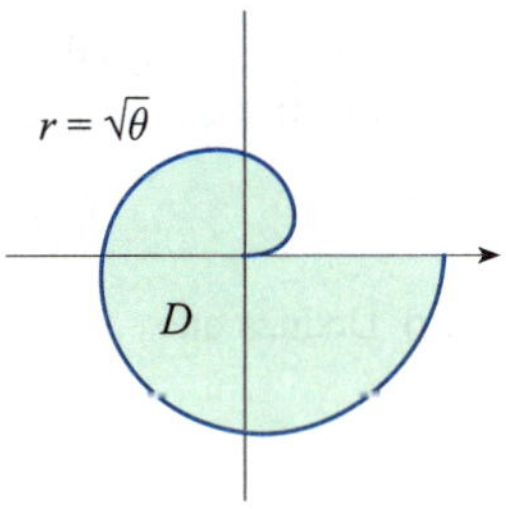

19.

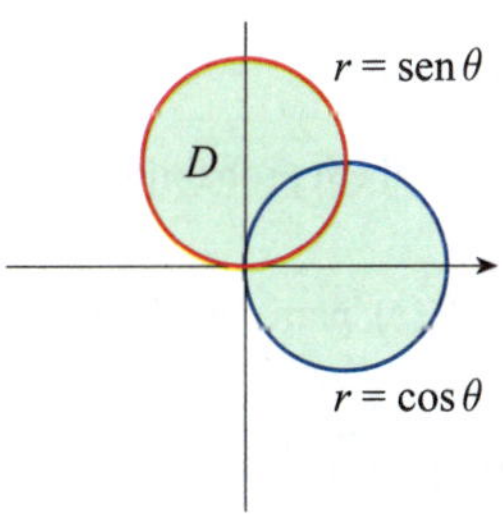

20.

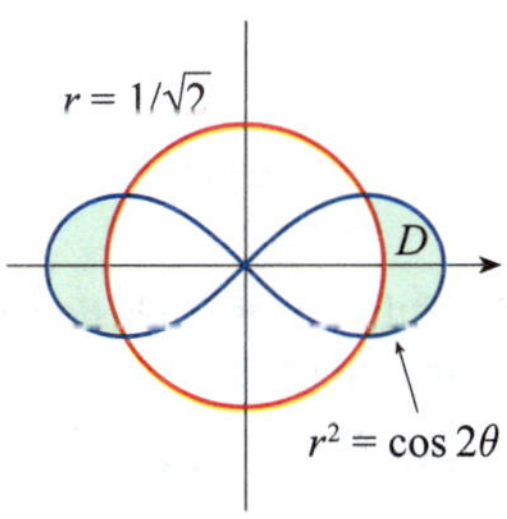

21. D é o laço da rosácea $r = \operatorname{sen} 3\theta$ que está no primeiro quadrante.

22. D é a região interna à circunferência $(x - 1)^2 + y^2 = 1$ e externa à circunferência $x^2 + y^2 = 1$.

23-24

(a) Defina uma integral iterada em coordenadas polares que forneça o volume do sólido sob a superfície e acima da região D.

(b) Calculando a integral iterada, determine o volume do sólido.

23.

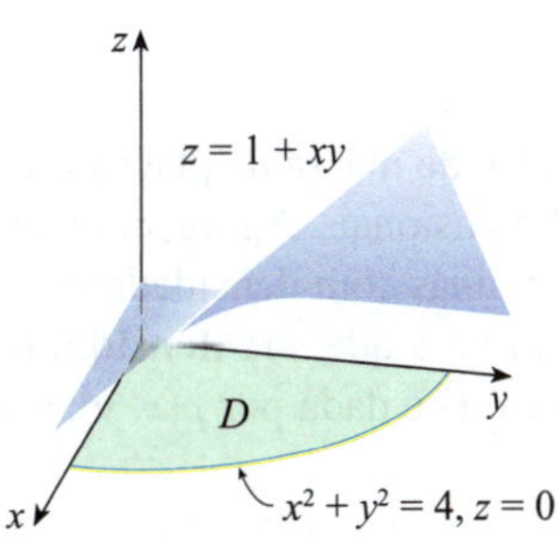

24.

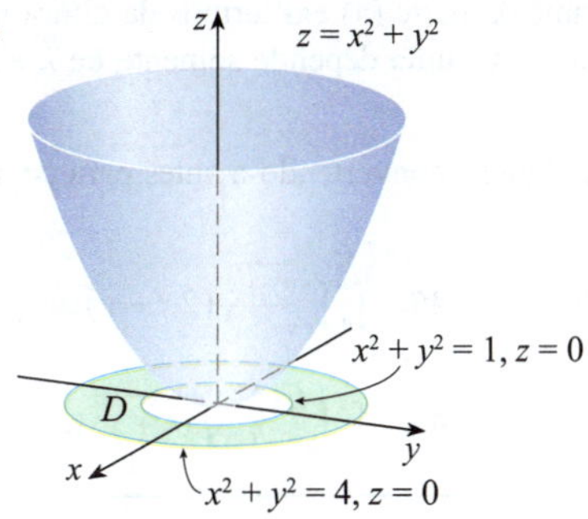

25-28

(a) Defina uma integral iterada em coordenadas polares que forneça o volume do sólido sob o gráfico da função indicada e acima da região D.

(b) Calculando a integral iterada, determine o volume do sólido.

25. $f(x, y) = y$

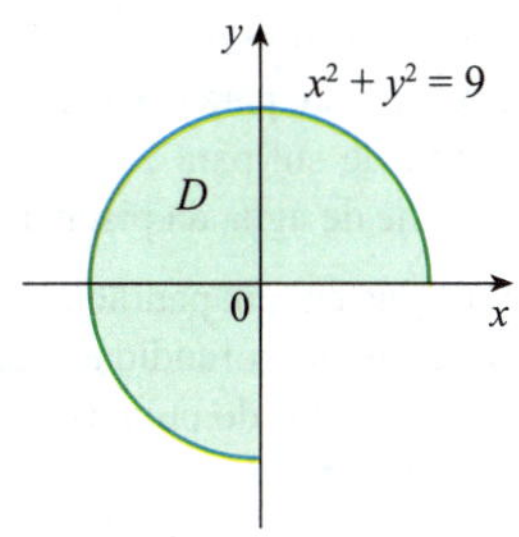

26. $f(x, y) = xy^2$

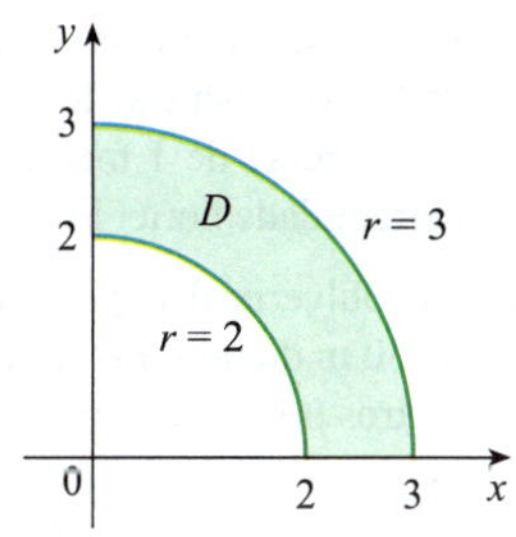

27. $f(x, y) = x$

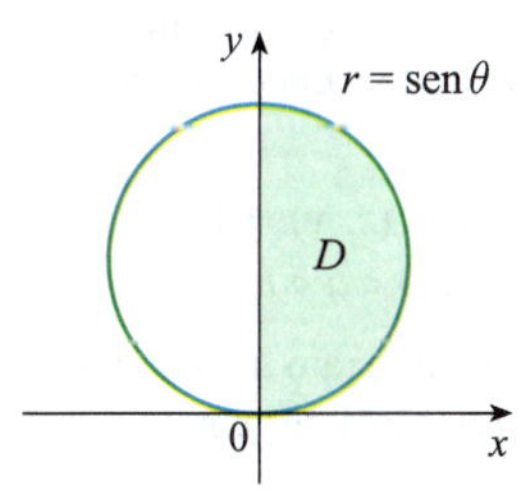

28. $f(x, y) = 1$

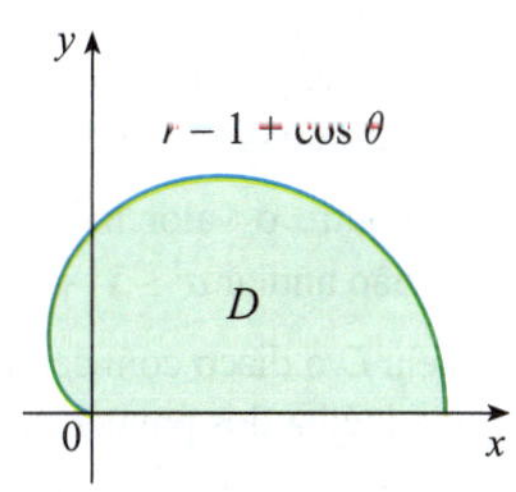

29-37 Utilize coordenadas polares para determinar o volume do sólido dado.

29. Sob o paraboloide $z = x^2 + y^2$ e acima do disco $x^2 + y^2 \le 25$.

30. Abaixo do cone $z = \sqrt{x^2 + y^2}$ e acima do anel $1 \le x^2 + y^2 \le 4$.

31. Abaixo do plano $2x + y + z = 4$ e acima do disco $x^2 + y^2 \le 1$.

32. Dentro da esfera $x^2 + y^2 + z^2 = 16$ e fora do cilindro $x^2 + y^2 = 4$

33. Uma esfera de raio a

34. Limitado pelo paraboloide $z = 1 + 2x^2 + 2y^2$ e pelo plano $z = 7$ no primeiro octante

35. Acima do cone $z = \sqrt{x^2 + y^2}$ e abaixo da esfera $x^2 + y^2 + z^2 = 1$

36. Limitado pelos paraboloides $z = 6 - x^2 - y^2$ e $z = 2x^2 + 2y^2$

37. Dentro tanto do cilindro $x^2 + y^2 = 4$ quanto do elipsoide $4x^2 + 4y^2 + z^2 = 64$

38. (a) Uma broca cilíndrica de raio r_1 é usada para fazer um furo que passa pelo centro de uma esfera de raio r_2. Determine o volume do sólido em formato de anel resultante.

(b) Expresse o volume da parte (a) em termos da altura h do anel. Observe que o volume depende somente de h e não de r_1 ou r_2.

39-42 Calcule a integral iterada, convertendo-a antes para coordenadas polares.

39. $\int_0^2 \int_0^{\sqrt{4-x^2}} e^{-x^2-y^2}\, dy\, dx$

40. $\int_0^a \int_{-\sqrt{a^2-y^2}}^{\sqrt{a^2-y^2}} (2x+y)\, dx\, dy$

41. $\int_0^{1/2} \int_{\sqrt{3}y}^{\sqrt{1-y^2}} xy^2\, dx\, dy$

42. $\int_0^2 \int_0^{\sqrt{2x-x^2}} \sqrt{x^2+y^2}\, dy\, dx$

T **43-44** Expresse a integral dupla em termos de uma integral unidimensional com relação a r. Em seguida, use a calculadora (ou computador) para avaliar a integral correta com quatro casas decimais.

43. $\iint_D e^{(x^2+y^2)^2}\, dA$, onde D é o disco com centro na origem e raio 1

44. $\iint_D xy\sqrt{1+x^2+y^2}\, dA$, onde D é a porção do disco $x^2+y^2 \leq 1$ que fica no primeiro quadrante

45. Uma piscina circular tem diâmetro de 10 metros. A profundidade é constante ao longo das retas de leste para oeste e cresce linearmente de 1 metro na extremidade sul para 2 metros na extremidade norte. Encontre o volume de água da piscina.

46. Um pulverizador agrícola distribui água em um padrão circular de 50 m de raio. Ele fornece água até uma profundidade de e^{-r} metros por hora a uma distância de r metros do pulverizador.

(a) Se $0 < R \leq 50$, qual a quantidade total de água fornecida por hora para a região dentro do círculo de raio R centrada no pulverizador?

(b) Determine uma expressão para a quantidade média de água por hora por metro quadrado fornecida à região dentro do círculo de raio R.

47. Encontre o valor médio da função $f(x, y) = 1/\sqrt{x^2+y^2}$ na região anular $a^2 \leq x^2+y^2 \leq b^2$, onde $0 < a < b$.

48. Seja D o disco com centro na origem e raio a. Qual é a distância média dos pontos em D em relação à origem?

49. Utilize coordenadas polares para combinar a soma

$$\int_{1/\sqrt{2}}^1 \int_{\sqrt{1-x^2}}^x xy\, dy\, dx + \int_1^{\sqrt{2}} \int_0^x xy\, dy\, dx + \int_{\sqrt{2}}^2 \int_0^{\sqrt{4-x^2}} xy\, dy\, dx$$

em uma única integral dupla. Em seguida calcule essa integral dupla.

50. (a) Definimos a integral imprópria (sobre todo o plano $\mathbb{R}^2$)

$$\begin{aligned} I &= \iint_{\mathbb{R}^2} e^{-(x^2+y^2)}\, dA \\ &= \int_{-\infty}^{\infty}\int_{-\infty}^{\infty} e^{-(x^2+y^2)}\, dy dx \\ &= \lim_{a\to\infty} \iint_{Da} e^{-(x^2+y^2)}\, dA \end{aligned}$$

onde D_a é o disco com raio a e centro na origem. Mostre que

$$\int_{-\infty}^{\infty}\int_{-\infty}^{\infty} e^{-(x^2+y^2)}\, dA = \pi$$

(b) Uma definição equivalente da integral imprópria da parte (a) é

$$\iint_{\mathbb{R}^2} e^{-(x^2+y^2)}\, dA = \lim_{a\to\infty} \iint_{Sa} e^{-(x^2+y^2)}\, dA$$

onde S_a é o quadrado com vértices $(\pm a, \pm a)$. Use isso para mostrar que

$$\int_{-\infty}^{\infty} e^{-x^2}\, dx \int_{-\infty}^{\infty} e^{-y^2}\, dy = \pi$$

(c) Deduza que

$$\int_{-\infty}^{\infty} e^{-x^2}\, dx = \sqrt{\pi}$$

(d) Fazendo a mudança de variável $t = \sqrt{2}\, x$, mostre que

$$\int_{-\infty}^{\infty} e^{-x^2/2}\, dx = \sqrt{2\pi}$$

(Esse é um resultado fundamental em probabilidade e estatística.)

51. Utilize o resultado do Exercício 50 (c), para calcular as seguintes integrais.

(a) $\int_0^{\infty} x^2 e^{-x^2}\, dx$ (b) $\int_0^{\infty} \sqrt{x}\, e^{-x}\, dx$

15.4 Aplicações de Integrais Duplas

Já vimos uma aplicação da integral dupla: o cálculo de volumes. Outra aplicação geométrica importante é a determinação de áreas de superfícies, o que será feito na próxima seção. Nesta seção, vamos explorar as aplicações físicas, tais como cálculo de massa, carga elétrica, centro de massa e momento de inércia. Veremos que essas ideias físicas também são importantes quando aplicadas a funções densidade de probabilidade de duas variáveis aleatórias.

Densidade e Massa

Na Seção 8.3, no Volume 1, calculamos momentos e centro de massa de placas finas ou lâminas de densidade constante usando as integrais unidimensionais. Agora, com auxílio das integrais duplas, temos condições de considerar as lâminas com densidade variável. Suponha que uma lâmina ocupe uma região D do plano xy e que sua **densidade** (em unidades de massa por unidade de área) no ponto (x, y) em D é dada por $\rho(x, y)$, onde ρ é uma função contínua em D. Isso significa que

$$\rho(x, y) = \lim \frac{\Delta m}{\Delta A}$$

onde Δm e ΔA são a massa e a área de um pequeno retângulo que contém (x, y) e tomamos o limite quando as dimensões do retângulo se aproximam de 0 (veja a Figura 1).

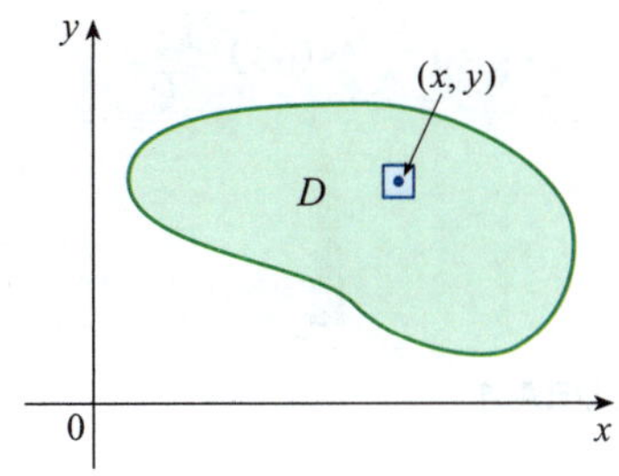

FIGURA 1

Para determinarmos a massa total m da lâmina, dividimos o retângulo R contendo D em sub-retângulos R_{ij}, todos do mesmo tamanho (como na Figura 2), e consideramos $\rho(x, y)$ como 0 fora de D. Se escolhermos um ponto (x_{ij}^*, y_{ij}^*) em R_{ij}, então a massa da parte da lâmina que ocupa R_{ij} é aproximadamente $\rho(x_{ij}^*, y_{ij}^*)\,\Delta A$, onde ΔA é a área de R_{ij}. Se somarmos todas essas massas, obteremos uma aproximação do valor da massa total:

$$m \approx \sum_{i=1}^{k}\sum_{j=1}^{l} \rho(x_{ij}^*, y_{ij}^*)\,\Delta A$$

Aumentando o número de sub-retângulos, obtemos a massa total m da lâmina como o valor-limite das aproximações:

1 $$m \lim_{k,\, l \to \infty} \sum_{i=1}^{k}\sum_{j=1}^{l} \rho(x_{ij}^*, y_{ij}^*)\,\Delta A = \iint_D \rho(x, y)\,dA$$

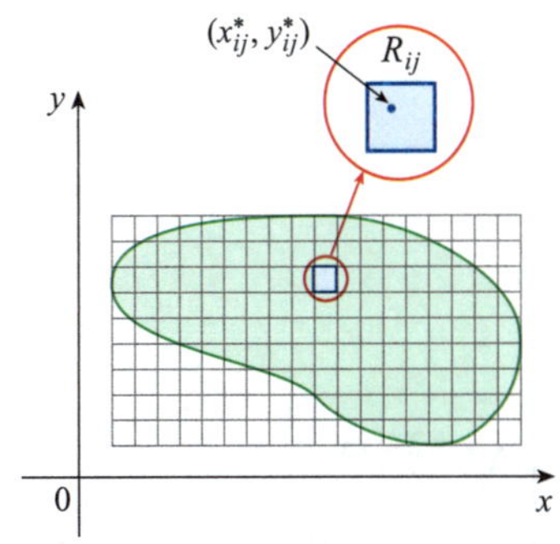

FIGURA 2
A massa de cada sub-retângulo R_{ij} é aproximada por $\rho(x_{ij}^*, y_{ij}^*)\,\Delta A$.

Físicos consideram ainda outros tipos de densidade que podem ser tratados da mesma maneira. Por exemplo: se uma carga elétrica está distribuída sobre uma região D e a densidade de carga (em unidades de carga por unidade de área) é dada por $\sigma(x, y)$ em um ponto (x, y) em D, então a **carga elétrica** total Q é dada por

2 $$Q = \iint_D \sigma(x, y)\,dA$$

EXEMPLO 1 Uma carga está distribuída na região triangular D da Figura 3 de modo que a densidade de carga em (x, y) é $\sigma(x, y) = xy$, medida em coulombs por metro quadrado (C/m^2). Determine a carga total.

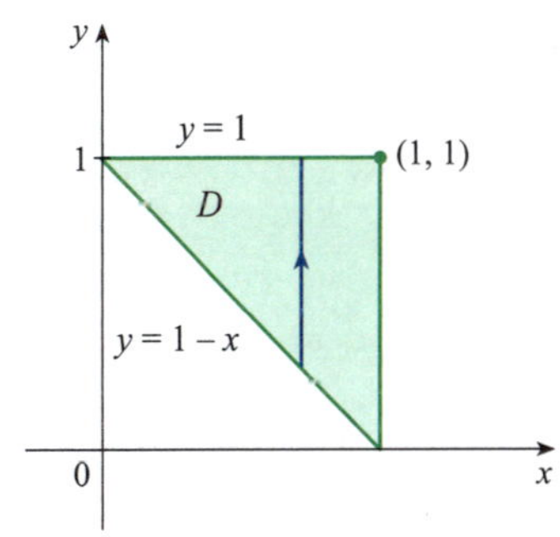

FIGURA 3

SOLUÇÃO Da Equação 2 e da Figura 3, temos

$$Q = \iint_D \sigma(x, y)\,dA = \int_0^1\int_{1-x}^1 xy\,dy\,dx = \int_0^1 \left[x\frac{y^2}{2}\right]_{y=1-x}^{y=1} dx = \int_0^1 \frac{x}{2}[1^2 - (1-x)^2]\,dx$$

$$= \tfrac{1}{2}\int_0^1 (2x^2 - x^3)\,dx = \frac{1}{2}\left[\frac{2x^3}{3} - \frac{x^4}{4}\right]_0^1 = \frac{5}{24}$$

Logo, a carga total é $\frac{5}{24}$ C. ■

Momentos e Centros de Massa

Na Seção 8.3, no Volume 1, determinamos o centro de massa de uma lâmina de densidade constante; aqui, consideraremos uma lâmina de densidade variável. Suponha que a lâmina ocupe uma região D e que tenha $\rho(x, y)$ como função densidade. Lembre-se de que, no Capítulo 8, definimos o momento de uma partícula em relação a um eixo como o produto de sua massa pela distância (perpendicular) ao eixo. Dividimos D em retângulos pequenos, como na Figura 2. Então, a massa de R_{ij} é aproximadamente $\rho(x_{ij}^*, y_{ij}^*)\,\Delta A$, e podemos aproximar o momento de R_{ij} com relação ao eixo x por

$$[\rho(x_{ij}^*, y_{ij}^*)\,\Delta A]\,y_{ij}^*$$

Se somarmos essas quantidades e tomarmos o limite quando o número de sub-retângulos cresce indefinidamente, obteremos o **momento** da lâmina inteira **em relação ao eixo** x:

3 $$M_x = \lim_{m,\, n \to \infty} \sum_{i=1}^{m}\sum_{j=1}^{n} y_{ij}^* \rho(x_{ij}^*, y_{ij}^*)\,\Delta A = \iint_D y\rho(x, y)\,dA$$

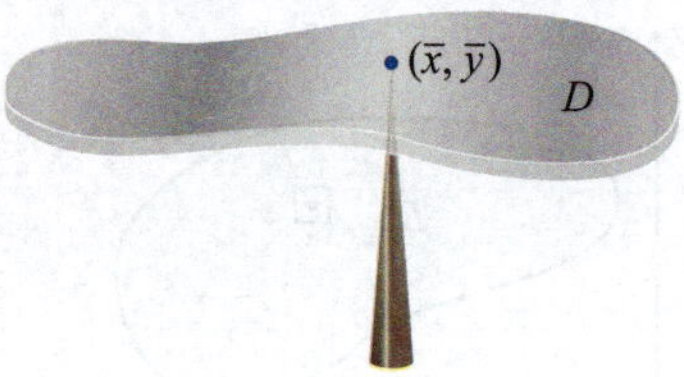

FIGURA 4

Da mesma forma, **o momento em relação ao eixo *y*** é

4 $$M_y = \lim_{m,\, n \to \infty} \sum_{i=1}^{m} \sum_{j=1}^{n} x_{ij}^* \rho(x_{ij}^*, y_{ij}^*)\, \Delta A = \iint_D x\rho(x, y)\, dA$$

Como anteriormente, definimos o centro de massa $(\bar{x}, \bar{y})$ de modo que $m\bar{x} = M_y$ e $m\bar{y} = M_x$. O significado físico disso é que a lâmina se comporta como se toda sua massa estivesse concentrada em seu centro de massa. Assim, a lâmina permanece horizontal quando equilibrada em seu centro de massa (veja a Figura 4).

5 As coordenadas $(\bar{x}, \bar{y})$ do centro de massa de uma lâmina ocupando a região D e tendo função densidade $\rho(x, y)$ são

$$\bar{x} = \frac{M_y}{m} = \frac{1}{m} \iint_D x\rho(x, y)\, dA \qquad \bar{y} = \frac{M_x}{m} = \frac{1}{m} \iint_D y\rho(x, y)\, dA$$

onde a massa m é dada por

$$m = \iint_D \rho(x, y)\, dA$$

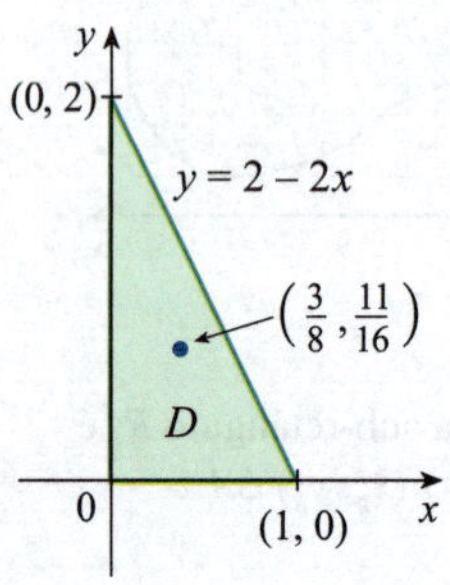

FIGURA 5

EXEMPLO 2 Determine a massa e o centro de massa de uma lâmina triangular com vértices (0, 0), (1, 0) e (0, 2), se a função densidade for $\rho(x, y) = 1 + 3x + y$.

SOLUÇÃO O triângulo está mostrado na Figura 5. (Observe que a equação do limite superior é $y = 2 - 2x$.) A massa da lâmina é

$$m = \iint_D \rho(x, y)\, dA = \int_0^1 \int_0^{2-2x} (1 + 3x + y)\, dy\, dx$$

$$= \int_0^1 \left[y + 3xy + \frac{y^2}{2} \right]_{y=0}^{y=2-2x} dx$$

$$= 4 \int_0^1 (1 - x^2)\, dx = 4 \left[x - \frac{x^3}{3} \right]_0^1 = \frac{8}{3}$$

Então, as fórmulas em (5) fornecem

$$\bar{x} = \frac{1}{m} \iint_D x\rho(x, y)\, dA = \tfrac{3}{8} \int_0^1 \int_0^{2-2x} (x + 3x^2 + xy)\, dy\, dx$$

$$= \frac{3}{8} \int_0^1 \left[xy + 3x^2 y + x\frac{y^2}{2} \right]_{y=0}^{y=2-2x} dx$$

$$= \frac{3}{2} \int_0^1 (x - x^3)\, dx = \frac{3}{2} \left[\frac{x^2}{2} - \frac{x^4}{4} \right]_0^1 = \frac{3}{8}$$

$$\bar{y} = \frac{1}{m} \iint_D y\rho(x, y)\, dA = \tfrac{3}{8} \int_0^1 \int_0^{2-2x} (y + 3xy + y^2)\, dy\, dx$$

$$= \frac{3}{8} \int_0^1 \left[\frac{y^2}{2} + 3x\frac{y^2}{2} + \frac{y^3}{3} \right]_{y=0}^{y=2-2x} dx = \tfrac{1}{4} \int_0^1 (7 - 9x - 3x^2 + 5x^3)\, dx$$

$$= \frac{1}{4} \left[7x - 9\frac{x^2}{2} - x^3 + 5\frac{x^4}{4} \right]_0^1 = \frac{11}{6}$$

O centro de massa é o ponto $\left(\tfrac{3}{8}, \tfrac{11}{16}\right)$. ■

EXEMPLO 3 A densidade em qualquer ponto de uma lâmina semicircular é proporcional à distância ao centro do círculo. Determine o centro de massa da lâmina.

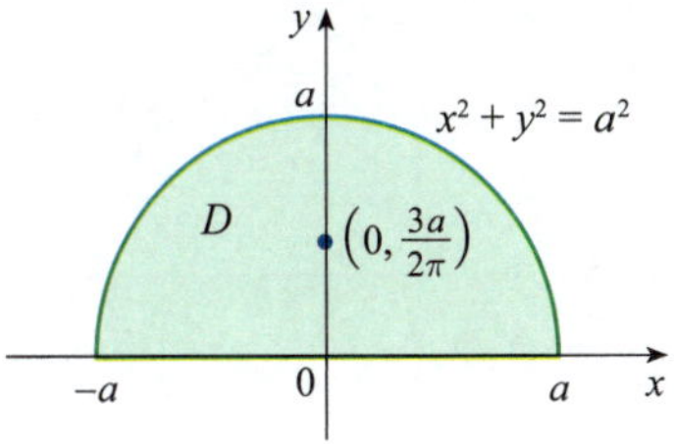

FIGURA 6

SOLUÇÃO Vamos posicionar a lâmina na metade superior do círculo $x^2 + y^2 = a^2$. (Veja a Figura 6.) Então, a distância do ponto (x, y) ao centro do círculo (origem) é $\sqrt{x^2 + y^2}$. Portanto, a função densidade é

$$\rho(x, y) = K\sqrt{x^2 + y^2}$$

onde K é alguma constante. Tanto a função densidade quanto o formato da lâmina sugerem a conversão para coordenadas polares. Então, $\sqrt{x^2 + y^2} = r$ e a região D é dada por $0 \le r \le a$, $0 \le \theta \le \pi$. Logo, a massa da lâmina é

$$m = \iint_D \rho(x, y)\,dA = \iint_D K\sqrt{x^2 + y^2}\,dA$$

$$= \int_0^\pi \int_0^a (Kr)r\,dr\,d\theta = K\int_0^\pi d\theta \int_0^a r^2\,dr = K\pi \frac{r^3}{3}\bigg]_0^a = \frac{K\pi a^3}{3}$$

Tanto a lâmina quanto a função densidade são simétricas com relação ao eixo y e, assim, o centro de massa precisa estar sobre o eixo y, ou seja, $\bar{x} = 0$. A coordenada y é dada por

$$\bar{y} = \frac{1}{m}\iint_D y\rho(x, y)\,dA = \frac{3}{K\pi a^3}\int_0^\pi \int_0^a r\ \operatorname{sen}\theta\,(Kr)r\,dr\,d\theta$$

$$= \frac{3}{\pi a^3}\int_0^\pi \operatorname{sen}\theta\,d\theta \int_0^a r^3\,dr = \frac{3}{\pi a^3}[-\cos\theta]_0^\pi \left[\frac{r^4}{4}\right]_0^a$$

$$= \frac{3}{\pi a^3}\,\frac{2a^4}{4} = \frac{3a}{2\pi}$$

Compare a localização do centro de massa no Exemplo 3 com o Exemplo 8.3.4, no Volume 1, onde encontramos que o centro de massa da lâmina com o mesmo formato, mas com densidade uniforme, está localizado no ponto $(0, 4a/(3\pi))$.

Portanto, o centro de massa está localizado no ponto $(0{,}3a/(2\pi))$. ■

Momento de Inércia

O **momento de inércia** (também chamado **segundo momento**) de uma partícula de massa m em relação a um eixo é definido como mr^2, onde r é a distância da partícula ao eixo. Estendemos o conceito a uma lâmina com função densidade $\rho(x, y)$ e que ocupa uma região D pelo mesmo processo que fizemos para os momentos normais. Dividimos D em pequenos retângulos, aproximamos o momento de inércia de cada sub-retângulo em relação ao eixo x e tomamos o limite da soma quando o número de sub-retângulos aumenta indefinidamente. O resultado é o **momento de inércia** da lâmina **em relação ao eixo x**:

6 $$I_x = \lim_{m,\, n \to \infty} \sum_{i=1}^{m}\sum_{j=1}^{n} (y_{ij}^*)^2\,\rho(x_{ij}^*, y_{ij}^*)\,\Delta A = \iint_D y^2\rho(x, y)\,dA$$

Da mesma forma, o **momento de inércia em relação ao eixo y** é

7 $$I_y = \lim_{m,\, n \to \infty} \sum_{i=1}^{m}\sum_{j=1}^{n} (x_{ij}^*)^2\,\rho(x_{ij}^*, y_{ij}^*)\,\Delta A = \iint_D x^2\rho(x, y)\,dA$$

Também consideramos o **momento de inércia em relação à origem**, também chamado **momento polar de inércia**:

8 $$I_0 = \lim_{m,\, n \to \infty} \sum_{i=1}^{m}\sum_{j=1}^{n} \left[(x_{ij}^*)^2 + (y_{ij}^*)^2\right]\rho(x_{ij}^*, y_{ij}^*)\,\Delta A = \iint_D (x^2 + y^2)\rho(x, y)\,dA$$

Observe que $I_0 = I_x + I_y$.

EXEMPLO 4 Determine os momentos de inércia I_x, I_y e I_0 do disco homogêneo D com densidade $\rho(x, y) = \rho$, centro na origem e raio a.

SOLUÇÃO A fronteira de D é o círculo $x^2 + y^2 = a^2$, que em coordenadas polares D é descrito por $0 \leq \theta \leq 2\pi$, $0 \leq r \leq a$. Pela Fórmula 6,

$$I_x = \iint_D y^2 \rho \, dA = \rho \int_0^{2\pi} \int_0^a (r \operatorname{sen} \theta)^2 \, r \, dr \, d\theta$$

$$= \rho \int_0^{2\pi} \operatorname{sen}^2\theta \, d\theta \int_0^a r^3 dr = \rho \int_0^{2\pi} \tfrac{1}{2}(1 - \cos 2\theta) \, d\theta \int_0^a r^3 dr$$

$$= \frac{\rho}{2} [\theta - \tfrac{1}{2} \operatorname{sen} 2\theta]_0^{2\pi} \left[\frac{r^4}{4}\right]_0^a = \frac{\pi \rho a^4}{4}$$

Do mesmo modo, a Fórmula 7 fornece

$$I_y = \iint_D x^2 \rho \, dA = \rho \int_0^{2\pi} \int_0^a (r \cos \theta)^2 \, r \, dr \, d\theta$$

$$= \rho \int_0^{2\pi} \tfrac{1}{2}(1 + \cos 2\theta) d\theta \int_0^a r^3 \, dr = \frac{\pi \rho a^4}{4}$$

(Dada a simetria do problema, espera-se que $I_x = I_y$.) Poderíamos usar a Fórmula 8 para calcular I_0 diretamente, ou considerar que

$$I_0 = I_x + I_y = \frac{\pi \rho a^4}{4} + \frac{\pi \rho a^4}{4} = \frac{\pi \rho a^4}{2}$$ ■

Note que, no Exemplo 4, a massa do disco é dada por

$$m = \text{densidade} \times \text{área} = \rho(\pi a^2)$$

de modo que o momento de inércia do disco em torno da origem (como uma roda em torno de seu eixo) pode ser escrito como

$$I_0 = \frac{\pi \rho a^4}{2} = \tfrac{1}{2}(\rho \pi a^2) a^2 = \tfrac{1}{2} m a^2$$

Portanto, se aumentarmos a massa ou o raio do disco, aumentaremos o momento de inércia. Em geral, o momento de inércia tem um papel em um movimento de rotação semelhante ao que a massa tem em um movimento linear. O momento de inércia de uma roda é o que torna difícil começar ou parar a rotação da roda, assim como a massa do carro dificulta seu movimento inicial e a frenagem.

O **raio de giração de uma lâmina em relação a um eixo** é o número R tal que

9 $$mR^2 = I$$

onde m é a massa da lâmina e I é o momento de inércia em relação ao eixo dado. A Equação 9 nos diz que, se a massa da lâmina estiver concentrada a uma distância R do eixo, então o momento de inércia dessa "massa pontual" será o mesmo que o momento de inércia da lâmina.

Em particular, o raio de giração $\bar{\bar{y}}$ em relação ao eixo x e o raio de giração $\bar{\bar{x}}$ em relação ao eixo y têm as equações

10 $$m\bar{\bar{y}}^2 = I_x \qquad m\bar{\bar{x}}^2 = I_y$$

Então $(\bar{\bar{x}}, \bar{\bar{y}})$ é o ponto no qual podemos concentrar a massa da lâmina sem modificar os momentos de inércia em relação aos eixos coordenados resultantes. (Observe a analogia com o centro de massa.)

EXEMPLO 5 Determine o raio de giração em torno do eixo x do disco do Exemplo 4.

SOLUÇÃO Como observado, a massa do disco é $m = \rho\pi a^2$, e da Equação 10 temos

$$\bar{\bar{y}}^2 = \frac{I_x}{m} = \frac{\frac{1}{4}\pi\rho a^4}{\rho\pi a^2} = \frac{a^2}{4}$$

Portanto, o raio de giração em relação ao eixo x é $\bar{\bar{y}} = \frac{1}{2}a$, que é metade do raio do disco. ■

Probabilidade

Na Seção 8.5, no Volume 1, consideramos a *função de densidade de probabilidade* f de uma variável aleatória contínua X. Isso significa que $f(x) \geq 0$ para todo x, $\int_{-\infty}^{\infty} f(x)\,dx = 1$ e a probabilidade de que X esteja entre a e b é determinada integrando-se f de a até b:

$$P(a \leq X \leq b) = \int_a^b f(x)dx$$

Consideremos agora um par de variáveis aleatórias X e Y como o tempo de vida de dois componentes de uma máquina ou a altura e o peso de uma mulher adulta escolhida ao acaso. A **função densidade conjunta** de X e Y é uma função f de duas variáveis tais que a probabilidade de que (X, Y) esteja em uma região D seja

$$P((X, Y) \in D) = \iint_D f(x, y)dA$$

Em particular, se a região for um retângulo, a probabilidade de que X esteja entre a e b e de que Y esteja entre c e d é

$$P(a \leq X \leq b,\ c \leq Y \leq d) = \int_a^b \int_c^d f(x, y)dy\,dx$$

(Veja a Figura 7.)

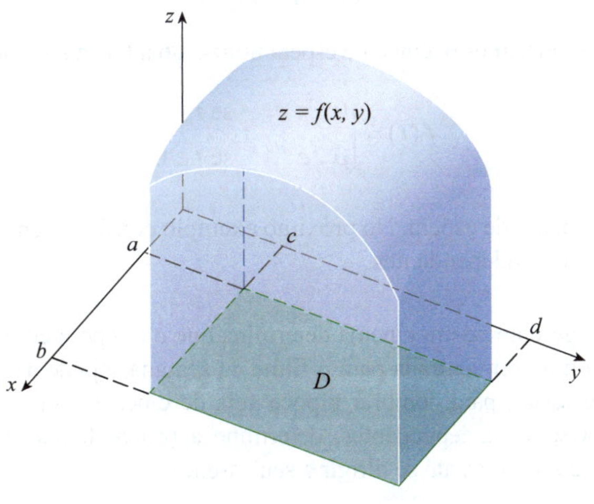

FIGURA 7
A probabilidade de que X esteja entre a e b e de que Y esteja entre c e d é o volume do sólido acima do retângulo $D = [a, b] \times [c, d]$ e abaixo do gráfico da função densidade conjunta.

Como probabilidades não podem ser negativas e são medidas na escala de 0 a 1, a função densidade conjunta tem as seguintes propriedades:

$$f(x, y) \geq 0 \qquad \iint_{\mathbb{R}^2} f(x, y)dA = 1$$

Como no Exercício 15.3.50, a integral dupla sobre $\mathbb{R}^2$ é uma integral imprópria, definida como o limite da integral dupla sobre os círculos ou retângulos que se expandem, e podemos escrever

$$\iint_{\mathbb{R}^2} f(x, y)dA = \int_{-\infty}^{\infty}\int_{-\infty}^{\infty} f(x, y)dx\,dy = 1$$

EXEMPLO 6 Se a função densidade conjunta de X e Y for dada por

$$f(x,y)=\begin{cases} C(x+2y) & \text{se } 0\le x\le 10,\ 0\le y\le 10 \\ 0 & \text{caso contrário}\end{cases}$$

determine o valor da constante C. Então, calcule $P(X \le 7, Y \ge 2)$.

SOLUÇÃO Determinamos o valor de C garantindo que a integral dupla de f sobre $\mathbb{R}^2$ seja igual a 1. Como $f(x, y) = 0$ está fora do retângulo $[0, 10] \times [0, 10]$, temos

$$\int_{-\infty}^{\infty}\int_{-\infty}^{\infty} f(x,y)\,dy\,dx = \int_0^{10}\int_0^{10} C(x+2y)\,dy\,dx = C\int_0^{10}\Big[xy+y^2\Big]_{y=0}^{y=10} dx$$

$$= C\int_0^{10}(10x+100)\,dx = 1.500C$$

Portanto, $1.500C = 1$ e, assim, $C = \frac{1}{1.500}$.

Agora, podemos calcular a probabilidade de X ser no máximo 7 e de Y ser no mínimo 2:

$$P(X\le 7, Y\ge 2) = \int_{-\infty}^{7}\int_2^{\infty} f(x,y)\,dy\,dx = \int_0^7\int_2^{10}\frac{1}{1.500}(x+2y)\,dy\,dx$$

$$= \frac{1}{1.500}\int_0^7\Big[xy+y^2\Big]_{y=2}^{y=10} dx = \frac{1}{1.500}\int_0^7(8x+96)\,dx$$

$$= \frac{868}{1.500} \approx 0{,}5787$$ ■

Suponha que X seja uma variável aleatória com função densidade de probabilidade $f_1(x)$ e Y seja uma variável aleatória com função densidade $f_2(y)$. Então, X e Y são ditas **variáveis aleatórias independentes** se a função densidade conjunta for o produto das funções densidade individuais:

$$f(x,y) = f_1(x)\,f_2(y)$$

Na Seção 8.5, modelamos o tempo de espera utilizando a função densidade exponencial

$$f(t)=\begin{cases} 0 & \text{se } t<0 \\ \mu^{-1}e^{-t/\mu} & \text{se } t\ge 0\end{cases}$$

onde μ é o tempo médio de espera. No próximo exemplo consideraremos a situação com dois tempos de espera independentes.

EXEMPLO 7 O gerente de um cinema determina que o tempo médio de espera na fila para as pessoas comprarem entrada para o filme da semana seja de dez minutos e que o tempo médio que levam para comprar pipoca seja de cinco minutos. Supondo que os tempos de espera sejam independentes, determine a probabilidade de um espectador esperar menos de 20 minutos até se dirigir a seu assento.

SOLUÇÃO Supondo que os tempos de espera X para comprar a entrada e Y para comprar pipoca possam ser modelados por funções densidade de probabilidade exponencial, podemos escrever as funções densidade individuais como

$$f_1(x)=\begin{cases} 0 & \text{se } x<0 \\ \frac{1}{10}e^{-x/10} & \text{se } x\ge 0\end{cases} \qquad f_2(y)=\begin{cases} 0 & \text{se } y<0 \\ \frac{1}{5}e^{-y/5} & \text{se } y\ge 0\end{cases}$$

Como X e Y são independentes, a função densidade conjunta é o produto:

$$f(x,y) = f_1(x)\,f_2(y) = \begin{cases} \frac{1}{50}e^{-x/10}e^{-y/5} & \text{se } x\ge 0,\ y\ge 0 \\ 0 & \text{caso contrário}\end{cases}$$

Foi pedida também a probabilidade de $X + Y < 20$:

$$P(X + Y < 20) = P((X, Y) \in D)$$

onde D é a região triangular mostrada na Figura 8. Então,

$$P(X+Y<20) = \iint_D f(x,y)\,dA = \int_0^{20}\int_0^{20-x} \tfrac{1}{50} e^{-x/10} e^{-y/5}\,dy\,dx$$

$$= \tfrac{1}{50}\int_0^{20} \left[e^{-x/10}(-5)e^{-y/5}\right]_{y=0}^{y=20-x} dx = \tfrac{1}{10}\int_0^{20} e^{-x/10}\left(1-e^{(x-20)/5}\right)dx$$

$$= \tfrac{1}{10}\int_0^{20}\left(e^{-x/10} - e^{-4}e^{x/10}\right)dx = 1 + e^{-4} - 2e^{-2} \approx 0,7476$$

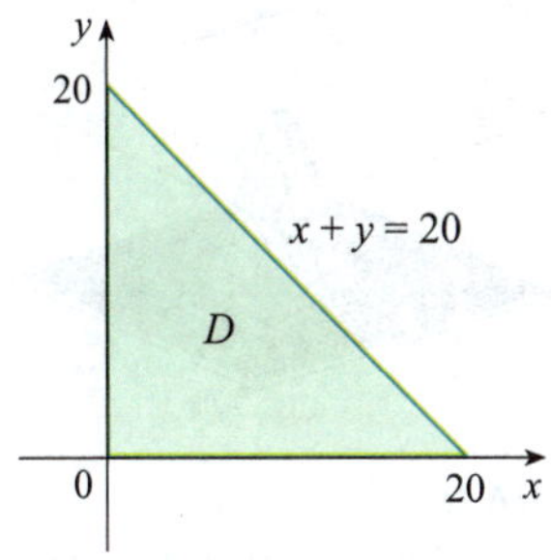

FIGURA 8

Isso significa que cerca de 75% dos espectadores esperam menos de 20 minutos antes de tomarem seus assentos. ■

Valores Esperados

Lembre-se da Seção 8.5, no Volume 1, de que, se X é uma variável aleatória com função densidade de probabilidade f, então sua *média* é

$$\mu = \int_{-\infty}^{\infty} x f(x)\,dx$$

Se X e Y são variáveis aleatórias com função densidade conjunta f, definimos a **média X** e a **média Y**, também chamadas **valores esperados** de X e Y, como

11 $$\mu_1 = \iint_{\mathbb{R}^2} x f(x,y)\,dA \qquad \mu_2 = \iint_{\mathbb{R}^2} y f(x,y)\,dA$$

Observe como são parecidas as expressões de μ_1 e μ_2 em (11) com os momentos M_x e M_y de uma lâmina com função densidade ρ nas Equações 3 e 4. De fato, podemos pensar na probabilidade como uma massa continuamente distribuída. Calculamos probabilidade da mesma maneira que calculamos massa: integrando a função densidade. E, como a "massa de probabilidade" total é 1, as expressões de $\bar{x}$ e $\bar{y}$ em (5) mostram que podemos pensar que os valores esperados de X e Y, μ_1 e μ_2, são as coordenadas do "centro de massa" da distribuição de probabilidade.

No próximo exemplo trabalharemos com distribuições normais. Como na Seção 8.5 (no Volume 1), uma única variável aleatória tem *distribuição normal* se sua função densidade de probabilidade é da forma

$$f(x) = \frac{1}{\sigma\sqrt{2\pi}} e^{-(x-\mu)^2/(2\sigma^2)}$$

onde μ é sua média e s é seu desvio padrão.

EXEMPLO 8 Uma fábrica produz rolamentos (de forma cilíndrica) que são vendidos como tendo 4,0 cm de diâmetro e 6,0 cm de comprimento. Na verdade, o diâmetro X tem distribuição normal com média 4,0 cm e desvio padrão 0,01 cm, enquanto o comprimento Y tem distribuição normal com média 6,0 cm e desvio padrão 0,01 cm. Supondo que X e Y sejam independentes, escreva a função densidade conjunta e faça seu gráfico. Determine a probabilidade de que um rolamento escolhido aleatoriamente da linha de produção tenha comprimento ou diâmetro que difiram dos valores médios em mais que 0,02 cm.

SOLUÇÃO Temos que X e Y têm distribuições normais com $\mu_1 = 4{,}0$, $\mu_2 = 6{,}0$ e $\sigma_1 = \sigma_2 = 0{,}01$. As funções densidade individuais para X e Y são

$$f_1(x) = \frac{1}{0{,}01\sqrt{2\pi}} e^{-(x-4)^2/0{,}0002} \qquad f_2(x) = \frac{1}{0{,}01\sqrt{2\pi}} e^{-(y-6)^2/0{,}0002}$$

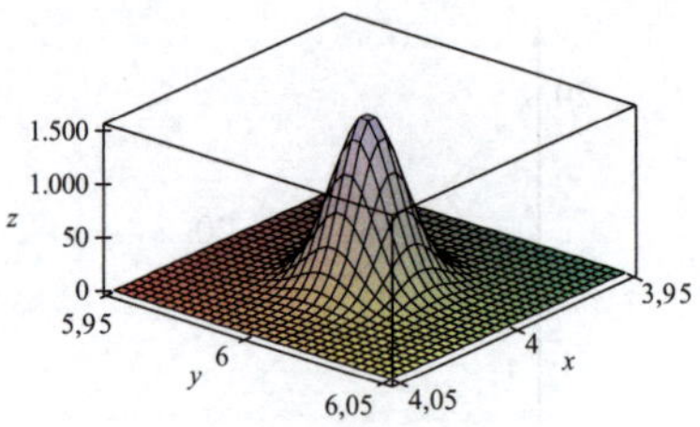

FIGURA 9
Gráfico da função densidade normal conjunta em duas variáveis do Exemplo 8

Como X e Y são independentes, a função densidade conjunta é o produto:

$$f(x,y) = f_1(x)f_2(y) = \frac{1}{0{,}0002\pi} e^{-(x-4)^2/0{,}0002} e^{-(y-6)^2/0{,}0002}$$

$$= \frac{5.000}{\pi} e^{-5.000[(x-4)^2+(y-6)^2]}$$

O gráfico dessa função é mostrado na Figura 9.

Vamos inicialmente calcular a probabilidade de ambos, X e Y, diferirem de seus valores médios por menos de 0,02 cm. Usando uma calculadora ou computador para estimar a integral, temos

$$P(3{,}98 < X < 4{,}02,\ 5{,}98 < Y < 6{,}02) = \int_{3,98}^{4,02}\int_{5,98}^{6,02} f(x,y)\,dy\,dx$$

$$= \frac{5.000}{\pi}\int_{3,98}^{4,02}\int_{5,98}^{6,02} e^{-5.000[(x-4)^2+(y-6)^2]}\,dy\,dx$$

$$\approx 0{,}91$$

Então, a probabilidade de X ou Y diferir de seu valor médio em 0,02 cm ou mais é de aproximadamente

$$1 - 0{,}91 = 0{,}09$$ ■

15.4 Exercícios

1. Uma carga elétrica é distribuída sobre o retângulo $0 \le x \le 5$, $2 \le y \le 5$, de modo que a densidade de carga em (x, y) é $\sigma(x, y) = 2x + 4y$ (medida em coulombs por metro quadrado). Determine a carga total no retângulo.

2. Uma carga elétrica é distribuída sobre o disco $x^2 + y^2 \le 1$, de modo que a densidade de carga em (x, y) é $\sigma(x, y) = \sqrt{x^2 + y^2}$ (medida em coulombs por metro quadrado). Determine a carga total no disco.

3-4 A figura mostra uma lâmina que é sombreada de acordo com a função de densidade indicada: um sombreado mais escuro indica uma densidade maior. Estime a localização do centro de massa da lâmina e, em seguida, calcule a sua localização exata.

3. $\rho(x, y) = x^2$

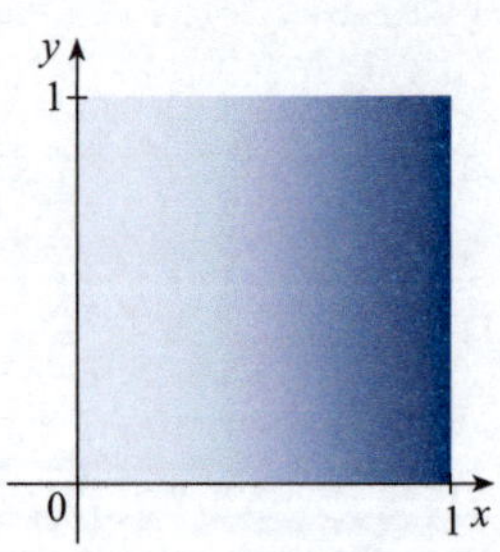

4. $\rho(x, y) = xy$

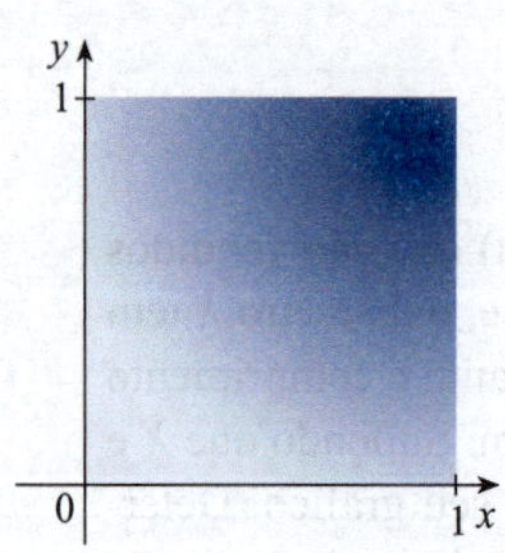

5-12 Determine a massa e o centro de massa da lâmina que ocupa a região D e tem função densidade ρ.

5. $D = \{(x, y) \mid 1 \le x \le 3,\ 1 \le y \le 4\}$; $\rho(x, y) = ky^2$

6. $D = \{(x, y) \mid 0 \le x \le a,\ 0 \le y \le b\}$; $\rho(x, y) = 1 + x^2 + y^2$

7. D é a região triangular com vértices (0, 0), (2, 1), (0, 3); $\rho(x, y) = x + y$

8. D é a região triangular limitada pelas retas $y = 0$, $y = 2x$ e $x + 2y = 1$; $\rho(x, y) = x$.

9. D é limitada por $y = 1 - x^2$ e $y = 0$; $\rho(x, y) = ky$

10. D é limitada por $y = x + 2$ e $y = x^2$; $\rho(x, y) = kx^2$

11. D é limitada pelas curvas $y = e^{-x}$, $y = 0$, $x = 0$, $x = 1$; $\rho(x, y) = xy$

12. D é limitada pelas curvas $y = 0$ e $y = \cos x$, $-\pi/2 \le x \le \pi/2$; $\rho(x, y) = y$

13. Uma lâmina ocupa a parte do disco $x^2 + y^2 \le 1$ no primeiro quadrante. Determine o centro de massa se a densidade em qualquer ponto for proporcional à distância do ponto ao eixo x.

14. Determine o centro de massa da lâmina do Exercício 13 se a densidade em qualquer ponto for proporcional ao quadrado da distância do ponto à origem.

15. O limite de uma lâmina consiste nos semicírculos $y = \sqrt{1 - x^2}$ e $y = \sqrt{4 - x^2}$ juntamente com as partes do eixo x que os une. Encontre o centro de massa da lâmina se a densidade em qualquer ponto for proporcional à sua distância da origem.

16. Encontre o centro de massa da lâmina do Exercício 15 se a densidade em qualquer ponto for inversamente proporcional à sua distância da origem.

17. Encontre o centro de massa de uma lâmina em forma de triângulo retângulo isósceles, com os lados iguais tendo comprimento a, se a densidade em qualquer ponto for proporcional ao quadrado da distância do vértice oposto à hipotenusa.

18. A lâmina ocupa a região dentro do círculo $x^2 + y^2 = 2y$, mas fora do círculo $x^2 + y^2 = 1$. Encontre o centro de massa se a densidade em qualquer ponto for inversamente proporcional à sua distância da origem.

19. Encontre os momentos de inércia I_x, I_y, I_0 para a lâmina do Exercício 5.

20. Encontre os momentos de inércia I_x, I_y, I_0 para a lâmina do Exercício 8.

21. Encontre os momentos de inércia I_x, I_y, I_0 para a lâmina do Exercício 17.

22. Considere uma pá quadrada de um ventilador com lados de comprimento 2 e com o canto inferior esquerdo colocado na origem. Se a densidade da pá for $\rho(x, y) = 1 + 0{,}1x$, é mais difícil girar a pá em torno do eixo x ou do eixo y?

23-26 Uma lâmina com densidade constante $\rho(x, y) = \rho$ ocupa a região dada. Encontre os momentos de inércia I_x e I_y e os raios de giração $\bar{\bar{x}}$ e $\bar{\bar{y}}$.

23. O retângulo $0 \le x \le b$, $0 \le y \le h$

24. O triângulo com vértices $(0, 0)$, $(b, 0)$ e $(0, h)$

25. A parte do disco $x^2 + y^2 \le a^2$ no primeiro quadrante

26. A região sob a curva $y = \operatorname{sen} x$ de $x = 0$ a $x = \pi$

T **27-28** Utilize um sistema de computação algébrica para determinar a massa, o centro de massa e os momentos de inércia da lâmina que ocupa a região D e tem a densidade dada.

27. D está limitada pelo laço direito da rosácea de quatro folhas $r = \cos 2\theta$; $\rho(x, y) = x^2 + y^2$

28. $D = \{(x, y) \mid 0 \le y \le xe^{-x}, 0 \le x \le 2\}$; $\rho(x, y) = x^2 y^2$

---

29. A função densidade conjunta para um par de variáveis aleatórias X e Y é

$$f(x,y) = \begin{cases} Cx(1+y) & \text{se } 0 \le x \le 1,\ 0 \le y \le 2 \\ 0 & \text{caso contrário} \end{cases}$$

(a) Determine o valor da constante C.

(b) Encontre $P(X \le 1, Y \le 1)$.

(c) Encontre $P(X + Y \le 1)$.

30. (a) Verifique se

$$f(x,y) = \begin{cases} 4xy & \text{se } 0 \le x \le 1,\ 0 \le y \le 1 \\ 0 & \text{caso contrário} \end{cases}$$

é uma função densidade conjunta.

(b) Se X e Y são variáveis aleatórias cuja função densidade conjunta é a função f da parte (a), determine

(i) $P(X \ge \frac{1}{2})$ (ii) $P(X \ge \frac{1}{2}, Y \le \frac{1}{2})$

(c) Determine os valores esperados de X e Y.

31. Suponha que X e Y sejam variáveis aleatórias com função densidade conjunta

$$f(x,y) = \begin{cases} 0{,}1e^{-(0{,}5x+0{,}2y)} & \text{se } x \ge 0,\ y \ge 0 \\ 0 & \text{caso contrário} \end{cases}$$

(a) Verifique se f é de fato uma função densidade conjunta.

(b) Determine as seguintes probabilidades.

(i) $P(Y \ge 1)$ (ii) $P(X \le 2, Y \le 4)$

(c) Determine os valores esperados de X e Y.

32. (a) Uma luminária tem duas lâmpadas de um tipo com tempo de vida médio de 1.000 horas. Supondo que possamos modelar a probabilidade de falha dessas lâmpadas por uma função densidade exponencial com média $\mu = 1.000$, determine a probabilidade de que ambas as lâmpadas venham a falhar dentro de um período de 1.000 horas.

(b) Outra luminária tem somente uma lâmpada do mesmo tipo das da parte (a). Se a lâmpada queima e é trocada por outra do mesmo tipo, determine a probabilidade de que as duas venham a falhar dentro de 1.000 horas.

T **33.** Suponha que X e Y sejam variáveis aleatórias, onde X tem distribuição normal com média 45 e desvio padrão 0,5 e Y tem distribuição normal com média 20 e desvio padrão 0,1. Avalie uma integral dupla numericamente para encontrar a probabilidade correta dada para três partes decimais.

(a) $P(40 \le X \le 50, 20 \le Y \le 25)$.

(b) $P(4(X - 45)^2 + 100(Y - 20)^2 \le 2)$.

34. Xavier e Yolanda têm aulas que terminam ao meio-dia e concordaram em se encontrar todo dia depois das aulas. Eles chegam em um café separadamente. O tempo de chegada de Xavier é X e o da Yolanda é Y, onde X e Y são medidos em minutos após o meio-dia. As funções densidade individuais são

$$f_1(x) = \begin{cases} e^{-x} & \text{se } x \ge 0 \\ 0 & \text{se } x < 0 \end{cases} \qquad f_2(y) = \begin{cases} \frac{1}{50}y & \text{se } 0 \le y \le 10 \\ 0 & \text{caso contrário} \end{cases}$$

(Xavier chega algumas vezes depois do meio-dia, e é mais provável que ele chegue na hora do que se atrase. Yolanda sempre chega às 12h10 e é mais provável que se atrase do que chegue pontualmente.) Depois de Yolanda chegar, ela espera até meia hora por Xavier, mas ele não espera por ela. Determine a probabilidade de eles se encontrarem.

35. Quando estudamos uma contaminação epidêmica, supomos que a probabilidade de um indivíduo infectado disseminar a doença para um indivíduo não infectado seja uma função da distância entre eles. Considere uma cidade circular com raio de 10 km na qual a população está uniformemente distribuída. Para um indivíduo não infectado no ponto $A(x_0, y_0)$, suponha que a função probabilidade seja dada por

$$f(P) = \tfrac{1}{20}[20 - d(P, A)]$$

onde $d(P, A)$ denota a distância entre os pontos P e A.

(a) Suponha que a exposição de uma pessoa à doença seja a soma das probabilidades de adquirir a doença de todos os membros da população. Suponha ainda que as pessoas infectadas estejam uniformemente distribuídas pela cidade, existindo k indivíduos contaminados por quilômetro quadrado. Determine a integral dupla que representa a exposição de uma pessoa que reside em A.

(b) Calcule a integral para o caso em que A está no centro da cidade e para o caso em que A está na periferia da cidade. Onde seria preferível viver?

15.5 Área de Superfície

Na Seção 16.6, trabalharemos com áreas de superfícies mais gerais, denominadas superfícies parametrizadas, portanto, esta seção pode ser omitida se a seção posterior for estudada.

Nesta seção, aplicamos as integrais duplas ao problema de calcular a área de uma superfície. Na Seção 8.2, no Volume 1, descobrimos a área de um tipo muito especial de superfície – uma superfície de revolução – pelos métodos de cálculo de uma variável única. Aqui, calculamos a área de uma superfície com equação $z = f(x, y)$, o gráfico de uma função de duas variáveis.

Seja S a superfície com a equação $z = f(x, y)$, onde f tem derivadas parciais contínuas. Para simplificar a dedução da fórmula da área de superfície, supomos que $f(x, y) \geq 0$ e o domínio D de f é um retângulo. Dividimos D em pequenos retângulos R_{ij} com área $\Delta A = \Delta x \Delta y$. Se (x_i, y_j) é o canto de R_{ij} mais próximo da origem, seja P_{ij} $(x_i, y_i, f(x_i, y_i))$ o ponto em S diretamente acima dele (veja a Figura 1). O plano tangente a S em P_{ij} é uma aproximação a S próximo de P_{ij}. Então, a área ΔT_{ij} da parte desse plano tangente (um paralelogramo) que fica diretamente acima de R_{ij} é uma aproximação à área ΔS_{ij} da parte de S que fica diretamente acima de R_{ij}. Portanto, a soma $\Sigma\Sigma\, \Delta T_{ij}$ é uma aproximação à área total de S e essa aproximação parece melhorar conforme o número de retângulos aumenta. Portanto, definimos a **área da superfície** de S como

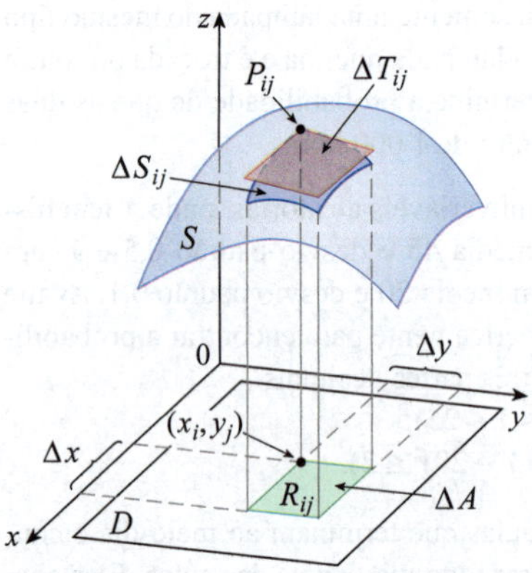

FIGURA 1

1
$$A(S) = \lim_{m,\, n \to \infty} \sum_{i=1}^{m} \sum_{j=1}^{n} \Delta T_{ij}$$

Para encontrar uma fórmula que seja mais conveniente do que a Equação 1 para fins de cálculo, sejam **a** e **b** os vetores que começam em P_{ij} e ficam ao longo dos lados do paralelogramo com área ΔT_{ij}. (Veja a Figura 2.) Então, $\Delta T_{ij} = |\mathbf{a} \times \mathbf{b}|$. Lembre-se, da Seção 14.3, de que $f_x(x_i, y_j)$ e $f_y(x_i, y_j)$ são as inclinações das retas tangentes através de P_{ij} nas direções de **a** e **b**. Portanto,

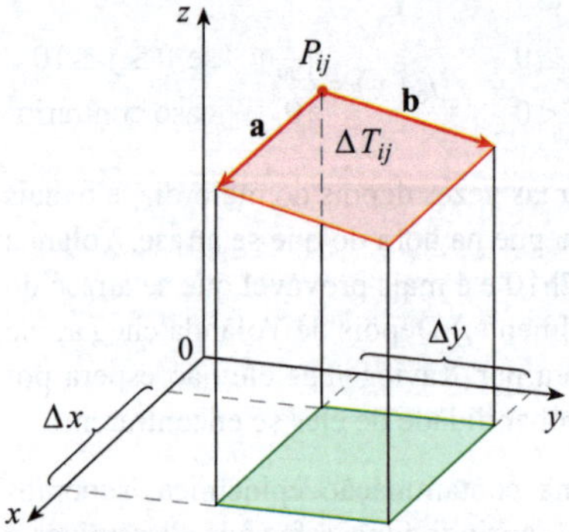

FIGURA 2

$$\mathbf{a} = \Delta x\, \mathbf{i} + f_x(x_i, y_j)\, \Delta x\, \mathbf{k}$$

$$\mathbf{b} = \Delta y\, \mathbf{j} + f_y(x_i, y_j)\, \Delta y\, \mathbf{k}$$

e

$$\mathbf{a} \times \mathbf{b} = \begin{vmatrix} i & j & k \\ \Delta x & 0 & f_x(x_i, y_i)\Delta x \\ 0 & \Delta y & f_y(x_i, y_i)\Delta y \end{vmatrix}$$

$$= -f_x(x_i, y_i)\Delta x \Delta y \mathbf{i} - f_y(x_i, y_i)\Delta x \Delta y \mathbf{j} + \Delta x \Delta y \mathbf{k}$$

$$= [-f_x(x_i, y_i)\mathbf{i} - f_y(x_i, y_i)\mathbf{j} + \mathbf{k}]\Delta A$$

Logo, $$\Delta T_{ij} = |\mathbf{a} \times \mathbf{b}| = \sqrt{[f_x(x_i, y_i)]^2 + [f_y(x_i, y_i)]^2 + 1}\, \Delta A$$

Da Definição 1 temos, então,

$$A(S) = \lim_{m,\, n \to \infty} \sum_{i=1}^{m} \sum_{j=1}^{n} \Delta T_{ij}$$

$$= \lim_{m,\, n \to \infty} \sum_{i=1}^{m} \sum_{j=1}^{n} \Delta T_{ij} \sqrt{[f_x(x_i, y_i)]^2 + [f_y(x_i, y_i)]^2 + 1}\, \Delta A$$

e pela definição de uma integral dupla, obtemos a seguinte fórmula.

2 A área da superfície com equação $z = f(x, y)$, $(x, y) \in D$, onde f_x e f_y são contínuas, é

$$A(S) = \iint_D \sqrt{[f_x(x, y)]^2 + [f_y(x, y)]^2 + 1}\, dA$$

Na Seção 16.6, verificaremos que essa fórmula é consistente com nossa fórmula anterior para a área de uma superfície de revolução. Se usarmos a notação alternativa para derivadas parciais, podemos reescrever a Fórmula 2 da seguinte maneira:

3

$$A(S) = \iint_D \sqrt{1 + \left(\frac{\partial z}{\partial x}\right)^2 + \left(\frac{\partial z}{\partial y}\right)^2}\, dA$$

Observe a semelhança entre a fórmula da área da superfície da Equação 3 e a fórmula do comprimento do arco da Seção 8.1:

$$L = \int_a^b \sqrt{1 + \left(\frac{dy}{dx}\right)^2}\, dx$$

EXEMPLO 1 Determine a área de superfície da parte da superfície $z = x^2 + 2y + 2$ que fica acima da região triangular T no plano xy com vértices (0, 0), (1, 0) e (1, 1).

SOLUÇÃO A região T é mostrada na Figura 3 e é descrita por

$$T = \{(x, y) \mid 0 \le x \le 1,\ 0 \le y \le x\}$$

Usando a Fórmula 2 com $f(x, y) = x^2 + 2y + 2$, obtemos

$$A = \iint_T \sqrt{(2x)^2 + (2)^2 + 1}\, dA = \int_0^1 \int_0^x \sqrt{4x^2 + 5}\, dy\, dx$$

$$= \int_0^1 x\sqrt{4x^2 + 5}\, dx = \tfrac{1}{8} \cdot \tfrac{2}{3}(4x^2 + 5)^{3/2} \Big]_0^1 = \tfrac{1}{12}(27 - 5\sqrt{5})$$

A Figura 4 mostra a porção da superfície cuja área acabamos de calcular. ■

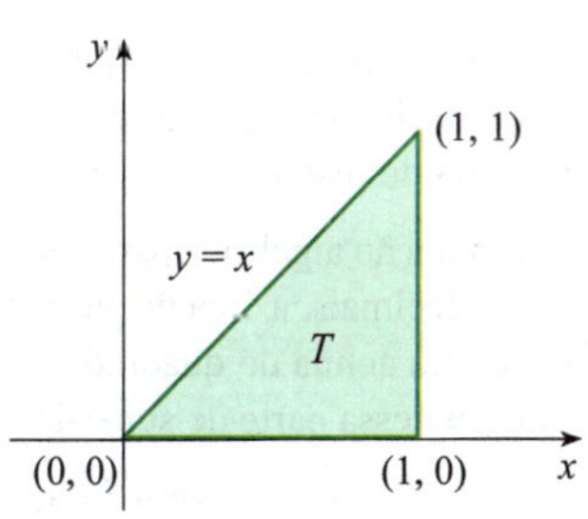

FIGURA 3

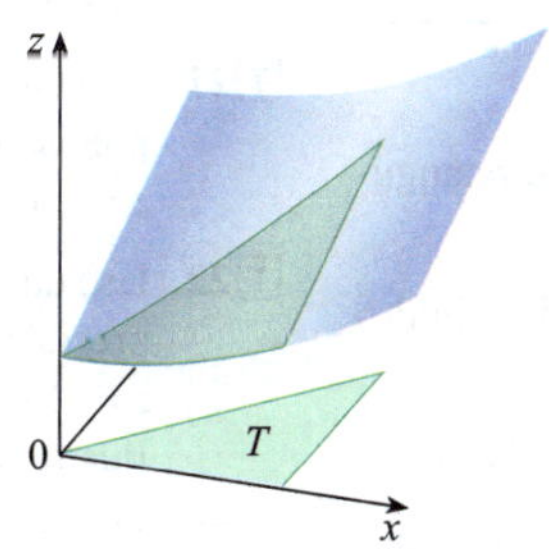

FIGURA 4

EXEMPLO 2 Determine a área da parte do paraboloide $z = x^2 + y^2$ que está abaixo do plano $z = 9$.

SOLUÇÃO O plano intercepta o paraboloide no círculo $x^2 + y^2 = 9$, $z = 9$. Portanto, a superfície dada fica acima do disco D com centro na origem e raio 3. (Veja a Figura 5.) Usando a Fórmula 3, temos

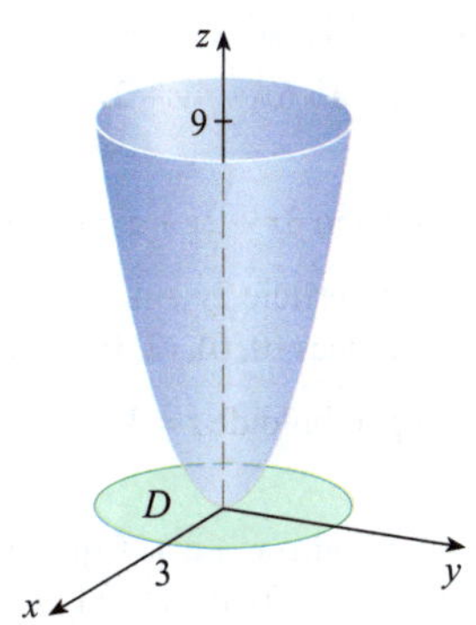

FIGURA 5

$$A = \iint_D \sqrt{1 + \left(\frac{\partial z}{\partial x}\right)^2 + \left(\frac{\partial z}{\partial y}\right)^2}\, dA = \iint_D \sqrt{1 + (2x)^2 + (2y)^2}\, dA$$

$$= \iint_D \sqrt{1 + 4(x^2 + y^2)}\, dA$$

Convertendo para coordenadas polares, obtemos

$$A = \int_0^{2\pi} \int_0^3 \sqrt{1 + 4r^2}\, r\, dr\, d\theta = \int_0^{2\pi} d\theta \int_0^3 \tfrac{1}{8}\sqrt{1 + 4r^2}\,(8r)\, dr$$

$$= 2\pi \left(\tfrac{1}{8}\right) \tfrac{2}{3}(1 + 4r^2)^{3/2} \Big]_0^3 = \frac{\pi}{6}\left(37\sqrt{37} - 1\right)$$

■

15.5 Exercícios

1-2 Determine a área da parte indicada da superfície (sobre a região D).

1.

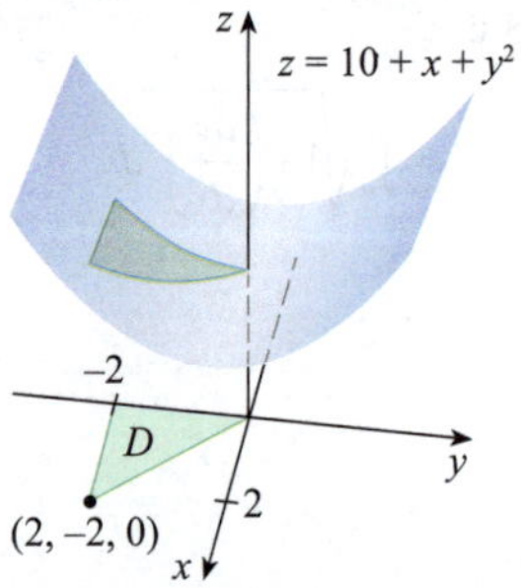

2.

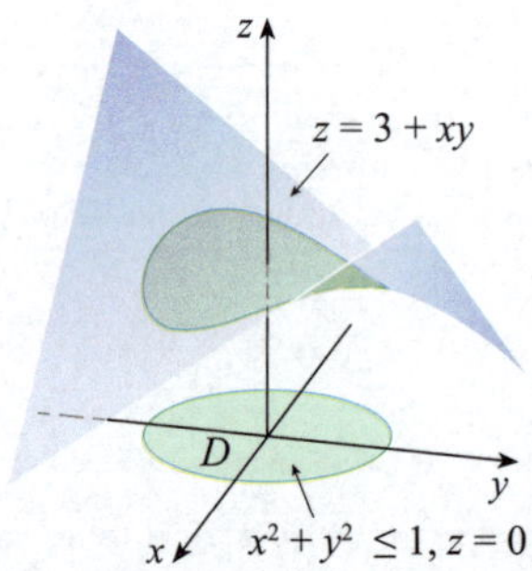

3-14 Determine a área da superfície.

3. A parte do plano $5x + 3y - z + 6 = 0$ que está acima do retângulo $[1, 4] \times [2, 6]$

4. A parte do plano $6x + 4y + 2z = 1$ que está dentro do cilindro $x^2 + y^2 = 25$

5. A parte do plano $3x + 2y + z = 6$ que está no primeiro octante

6. A parte da superfície $2y + 4z - x^2 = 5$ que está acima do triângulo com vértices $(0, 0)$, $(2, 0)$ e $(2, 4)$

7. A parte do paraboloide $z = 1 - x^2 - y^2$ que está acima do plano $z = -2$.

8. A parte do cilindro $x^2 + z^2 = 4$ que está acima do quadrado com vértices $(0, 0)$, $(1, 0)$, $(0, 1)$ e $(1, 1)$.

9. A parte do paraboloide hiperbólico $z = y^2 - x^2$ que está entre os cilindros $x^2 + y^2 = 1$ e $x^2 + y^2 = 4$

10. A superfície $z = \frac{2}{3}(x^{3/2} + y^{3/2})$, $0 \leq x \leq 1$, $0 \leq y \leq 1$

11. A parte da superfície $z = xy$ contida no cilindro $x^2 + y^2 = 1$

12. A parte da esfera $x^2 + y^2 + z^2 = 4$ que está sobre o plano $z = 1$

13. A parte da esfera $x^2 + y^2 + z^2 = a^2$ que está dentro do cilindro $x^2 + y^2 = ax$ e acima do plano xy

14. A parte da esfera $x^2 + y^2 + z^2 = 4z$ que está dentro do paraboloide $z = x^2 + y^2$

T **15-16** Encontre a área da superfície com precisão de quatro casas decimais, simplificando uma expressão para a área um em termos de uma única integral e, em seguida, avalie a integral numericamente.

15. A parte da superfície $z = 1/(1 + x^2 + y^2)$ que está acima do disco $x^2 + y^2 \leq 1$

16. A parte da superfície $z = \cos(x^2 + y^2)$ que está dentro do cilindro $x^2 + y^2 = 1$

17. (a) Use a Regra do Ponto Médio para integrais duplas (veja a Seção 15.1) com quatro quadrados para estimar a área da superfície da porção do paraboloide $z = x^2 + y^2$ que está acima do quadrado $[0, 1] \times [0, 1]$.

T (b) Use um sistema de computação algébrica para aproximar a área de superfície da parte (a) até a quarta casa decimal. Compare com sua resposta para a parte (a).

18. (a) Use a Regra do Ponto Médio para integrais duplas com $m = n = 2$ para estimar a área da superfície $z = xy + x^2 + y^2$, $0 \leq x \leq 2$, $0 \leq y \leq 2$.

T (b) Use um sistema de computação algébrica para aproximar a área de superfície da parte (a) até a quarta casa decimal. Compare com sua resposta para a parte (a).

T **19.** Use um sistema de computação algébrica para determinar a área exata da superfície

$$z = 1 + 2x + 3y + 4y^2, \quad 1 \leq x \leq 4, \quad 0 \leq y \leq 1.$$

T **20.** Use um sistema de computação algébrica para determinar a área exata da superfície

$$z = 1 + x + y + x^2 \quad -2 \leq x \leq 1 \quad -1 \leq y \leq 1$$

Ilustre, traçando o gráfico da superfície.

T **21.** Use um sistema de computação algébrica para determinar, com precisão de quatro casas decimais, a área da parte da superfície $z = 1 + x^2y^2$ que está acima do disco $x^2 + y^2 \leq 1$.

T **22.** Use um sistema de computação algébrica para determinar, com precisão de quatro casas decimais, a área da parte da superfície $z = (1 + x^2)/(1 + y^2)$ que está acima do quadrado $|x| + |y| \leq 1$. Ilustre, traçando o gráfico dessa parte de superfície.

23. Mostre que a área da parte do plano $z = ax + by + c$ que projeta sobre uma região D no plano xy com área $A(D)$ é $\sqrt{a^2 + b^2 + 1}\, A(D)$.

24. Se você tentar usar a Fórmula 2 para encontrar a área da metade superior da esfera $x^2 + y^2 + z^2 = a^2$, você terá um pequeno problema, pois a integral dupla é imprópria. De fato, o integrando tem uma descontinuidade infinita em cada ponto do limite circular $x^2 + y^2 = a^2$. No entanto, a integral pode ser calculada como o limite da integral sobre o disco $x^2 + y^2 \leq t^2$ quando $t \to a^-$. Utilize este método para mostrar que a área de uma esfera de raio a é $4\pi a^2$.

25. Determine a área da parte finita do paraboloide $y = x^2 + z^2$ limitada pelo plano $y = 25$. [*Dica*: Projete a superfície sobre o plano xz.]

26. A figura mostra a superfície criada quando o cilindro $y^2 + z^2 = 1$ intercepta o cilindro $x^2 + z^2 = 1$. Encontre a área desta superfície.

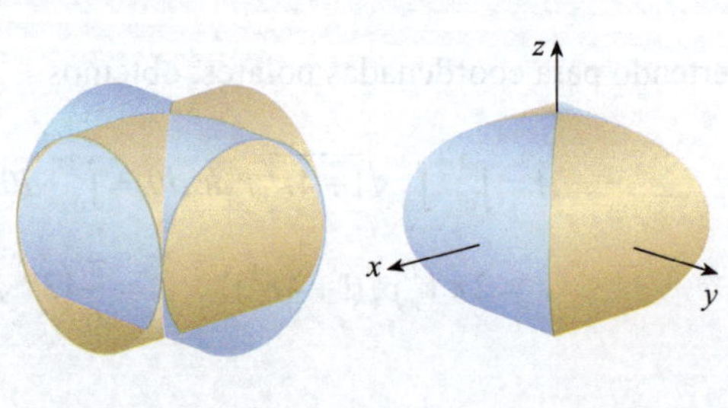

15.6 Integrais Triplas

Assim como definimos integrais unidimensionais para funções de uma única variável e duplas para funções de duas variáveis, vamos definir integrais triplas para funções de três variáveis.

Integrais Triplas sobre Caixas Retangulares

Inicialmente, trataremos o caso mais simples, quando f é definida em uma caixa retangular:

1 $$B = \{(x, y, z) \mid a \le x \le b,\ c \le y \le d,\ r \le z \le s\}$$

O primeiro passo é dividir B em subcaixas. Fazemos isso dividindo o intervalo $[a, b]$ em l subintervalos $[x_{i-1}, x_i]$ de comprimentos iguais Δx, dividindo $[c, d]$ em m subintervalos de comprimentos Δy, e dividindo $[r, s]$ em n subintervalos de comprimento Δz. Os planos que passam pelas extremidades desses subintervalos, paralelos aos planos coordenados, subdividem a caixa B em lmn subcaixas

$$B_{ijk} = [x_{i-1}, x_i] \times [y_{j-1}, y_j] \times [z_{k-1}, z_k]$$

como mostrado na Figura 1. Cada subcaixa tem volume $\Delta V = \Delta x\, \Delta y\, \Delta z$.

Assim formamos a **soma tripla de Riemann**

2 $$\sum_{i=1}^{l} \sum_{j=1}^{m} \sum_{k=1}^{n} f(x_{ijk}^*, y_{ijk}^*, z_{ijk}^*)\Delta V$$

onde o ponto de amostragem $(x_{ijk}^*, y_{ijk}^*, z_{ijk}^*)$ está em B_{ijk}. Por analogia com a definição da integral dupla (15.1.5), definimos a integral tripla como o limite das somas triplas de Riemann em (2).

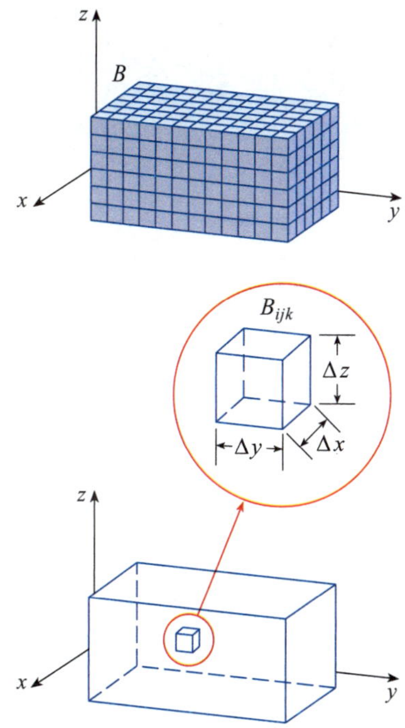

FIGURA 1

3 Definição A **integral tripla** de f na caixa B é

$$\iiint_B f(x, y, z)\, dV = \lim_{l,\, m,\, n \to \infty} \sum_{i=1}^{l} \sum_{j=1}^{m} \sum_{k=1}^{n} f(x_{ijk}^*, y_{ijk}^*, z_{ijk}^*)\Delta V$$

se esse limite existir.

Novamente, a integral tripla sempre existe se f for contínua. Escolhemos o ponto de amostragem como qualquer ponto de cada subcaixa, mas, se escolhermos o ponto (x_i, y_j, z_k), obteremos uma expressão com aparência menos complicada para a integral tripla:

$$\iiint_B f(x, y, z)\, dV = \lim_{l,\, m,\, n \to \infty} \sum_{i=1}^{l} \sum_{j=1}^{m} \sum_{k=1}^{n} f(x_i, y_j, z_k)\Delta V$$

Assim como para as integrais duplas, o método prático para calcular uma integral tripla consiste em expressá-la como uma integral iterada, como se segue.

4 Teorema de Fubini para as Integrais Triplas Se f é contínua em uma caixa retangular $B = [a, b] \times [c, d] \times [r, s]$, então

$$\iiint_B f(x, y, z)\, dV = \int_r^s \int_c^d \int_a^b f(x, y, z)\, dx\, dy\, dz$$

A integral iterada do lado direito do Teorema de Fubini indica que primeiro integramos em relação a x (mantendo y e z fixados), em seguida integramos em relação a y

(mantendo z fixado) e, finalmente, em relação a z. Existem cinco outras ordens possíveis de integração, todas fornecendo o mesmo resultado. Por exemplo, se primeiro integrarmos em relação a y, então em relação a z e depois a x, teremos

$$\iiint_B f(x, y, z)\,dV = \int_a^b \int_r^s \int_c^d f(x, y, z)\,dy\,dz\,dx$$

EXEMPLO 1 Calcule a integral tripla $\iiint_B xyz^2\,dV$, onde B é a caixa retangular dada por

$$B = \{(x, y, z) \mid 0 \le x \le 1, -1 \le y \le 2, 0 \le z \le 3\}$$

SOLUÇÃO Podemos usar qualquer uma das seis possíveis ordens de integração. Se escolhermos integrar primeiro em relação a x, depois em relação a y e então em relação a z, obteremos

$$\iiint_B xyz^2\,dV = \int_0^3 \int_{-1}^2 \int_0^1 xyz^2\,dx\,dy\,dz = \int_0^3 \int_{-1}^2 \left[\frac{x^2yz^2}{2}\right]_{x=0}^{x=1} dy\,dz$$

$$= \int_0^3 \int_{-1}^2 \frac{yz^2}{2}\,dy\,dz = \int_0^3 \left[\frac{y^2z^2}{4}\right]_{y=-1}^{y=2} dz$$

$$= \int_0^3 \frac{3z^2}{4}\,dz = \frac{z^3}{4}\bigg]_0^3 = \frac{27}{4}$$ ■

■ Integrais Triplas sobre Regiões Gerais

Agora definiremos a **integral tripla sobre uma região limitada geral** E no espaço tridimensional (um sólido) pelo mesmo método usado para as integrais duplas (15.2.2). Envolveremos E por uma caixa B do tipo dado pela Equação 1. Em seguida, definiremos uma função F de modo que ela coincida com f em E e seja 0 nos pontos de B fora de E. Por definição,

$$\iiint_E f(x, y, z)\,dV = \iiint_B F(x, y, z)\,dV$$

Essa integral existe se f for contínua e se o limite de E for "razoavelmente liso". A integral tripla tem essencialmente as mesmas propriedades da integral dupla (Propriedades 5-8 da Seção 15.2).

Vamos nos restringir às funções contínuas f e a certos tipos de regiões. Uma região sólida E é dita do **tipo 1** se estiver contida entre os gráficos de duas funções contínuas de x e y, ou seja,

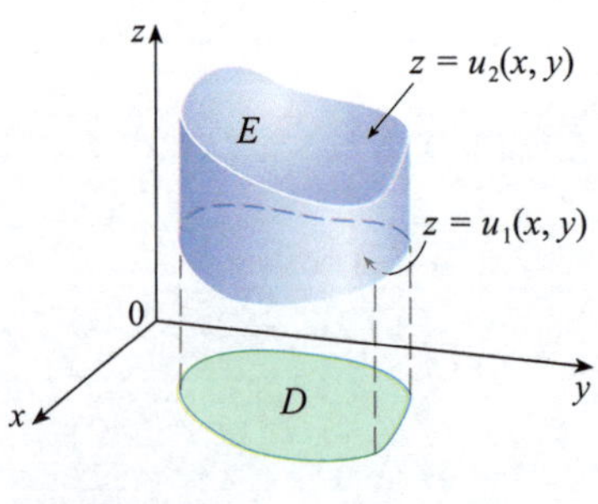

FIGURA 2
Uma região sólida do tipo 1

5 $$E = \{(x, y, z) \mid (x, y) \in D, u_1(x, y) \le z \le u_2(x, y)\}$$

onde D é a projeção de E sobre o plano xy, como mostrado na Figura 2. Observe que o limite superior do sólido E é a superfície de equação $z = u_2(x, y)$, enquanto o limite inferior é a superfície $z = u_1(x, y)$.

Pelos mesmos argumentos que nos levaram à (15.2.3), podemos mostrar que, se E é uma região do tipo 1 dada pela Equação 5, então

6 $$\iiint_E f(x, y, z)\,dV = \iint_D \left[\int_{u_1(x, y)}^{u_2(x, y)} f(x, y, z)\,dz\right] dA$$

O significado da integral de dentro do lado direito da Equação 6 é que x e y são mantidos fixos e, assim, $u_1(x, y)$ e $u_2(x, y)$ são vistas como constantes, enquanto $f(x, y, z)$ é integrada em relação a z.

Em particular, se a projeção D de E sobre o plano xy é uma região plana do tipo I (como na Figura 3), então

$$E = \{(x, y, z) \mid a \leq x \leq b,\ g_1(x) \leq y \leq g_2(x),\ u_1(x, y) \leq z \leq u_2(x, y)\}$$

e a Equação 6 se torna

7 $$\iiint_E f(x, y, z)\,dV = \int_a^b \int_{g_1(x)}^{g_2(x)} \int_{u_1(x,y)}^{u_2(x,y)} f(x, y, z)\,dz\,dy\,dx$$

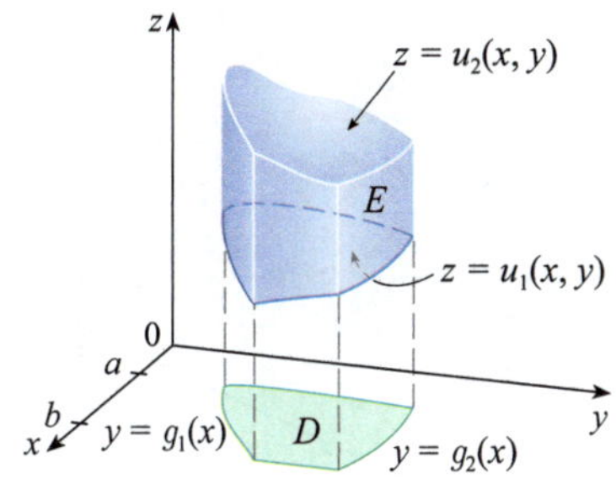

FIGURA 3
Uma região sólida do tipo 1 na qual a projeção D é uma região plana de tipo I

Se, por outro lado, D é uma região plana do tipo II (como na Figura 4), então

$$E = \{(x, y, z) \mid c \leq y \leq d,\ h_1(y) \leq x \leq h_2(y),\ u_1(x, y) \leq z \leq u_2(x, y)\}$$

e a Equação 6 se torna

8 $$\iiint_E f(x, y, z)\,dV = \int_c^d \int_{h_1(y)}^{h_2(y)} \int_{u_1(x,y)}^{u_2(x,y)} f(x, y, z)\,dz\,dx\,dy$$

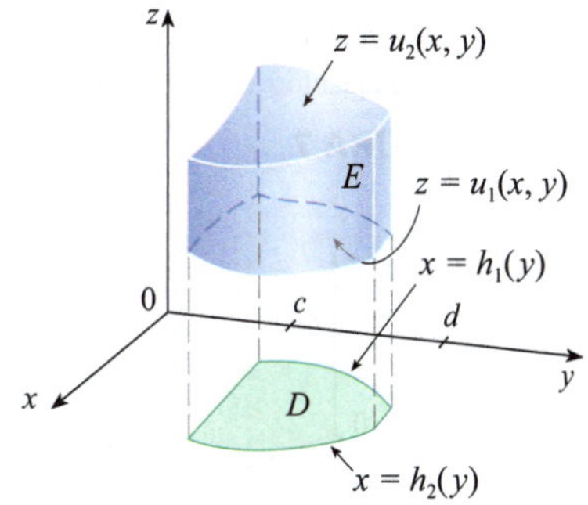

FIGURA 4
Uma região sólida de tipo 1 com uma projeção de tipo II

EXEMPLO 2 Calcule $\iiint_E z\,dV$, em que E é o sólido no primeiro octante delimitado pela superfície $z = 12xy$ e pelos planos $y = x$, $x = 1$.

SOLUÇÃO Ao definimos uma integral tripla, é recomendável que desenhemos *dois* diagramas: um da região sólida E (Figura 5) e, para uma região do tipo I, outro de sua projeção D sobre o plano xy (Figura 6). A fronteira inferior do sólido E é o plano $z = 0$ e a fronteira superior é a superfície $z = 12xy$, de modo que usamos $u_1(x, y) = 0$ e $u_2(x, y) = 12xy$ na Fórmula 7. Note que a projeção de E sobre o plano xy é a região triangular mostrada na Figura 6, o que nos fornece

9 $$E = \{(x, y, z) \mid 0 \leq x \leq 1,\ 0 \leq y \leq x,\ 0 \leq z \leq 12xy\}$$

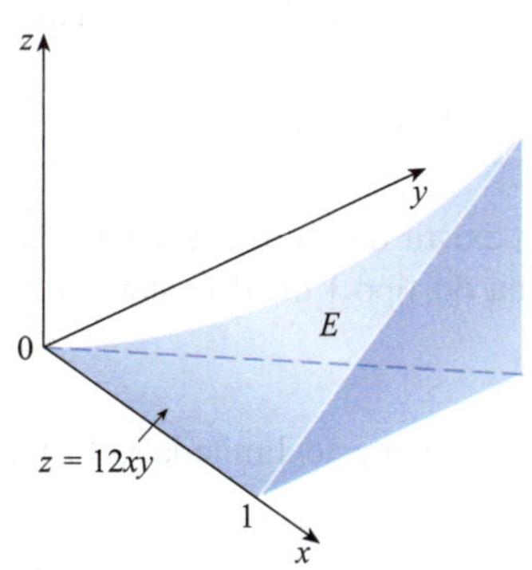

FIGURA 5

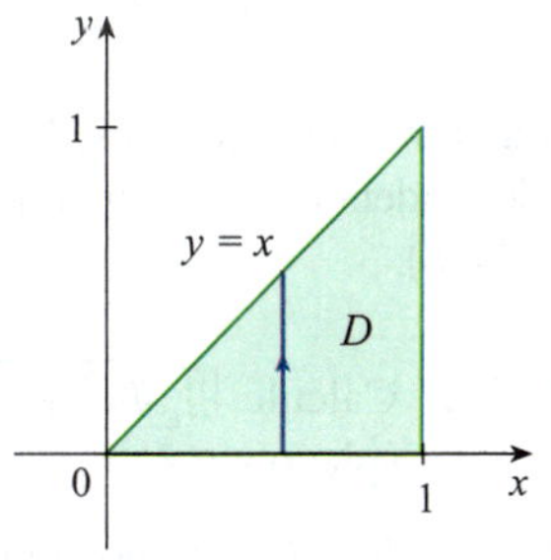

FIGURA 6

Essa descrição de E como região do tipo 1 nos permite calcular a integral como se segue:

$$\iiint_E z\,dV = \int_0^1 \int_0^x \int_0^{12xy} z\,dz\,dy\,dx = \int_0^1 \int_0^x \left[\frac{z^2}{2}\right]_{z=0}^{z=12xy} dy\,dx$$

$$= \tfrac{1}{2}\int_0^1 \int_0^x (12xy)^2\,dy\,dx = 72\int_0^1 \int_0^x x^2 y^2\,dy\,dx$$

$$= 72\int_0^1 \left[x^2 \frac{y^3}{3}\right]_{y=0}^{y=x} dx = 24\int_0^1 x^5\,dx = 24\left[\frac{x^6}{6}\right]_{x=0}^{x=1} = 4$$

■

A Figura 7 mostra como o sólido E do Exemplo 2 é varrido pela integral tripla ao integrarmos primeiramente com relação a z, seguida por y e, então, por x.

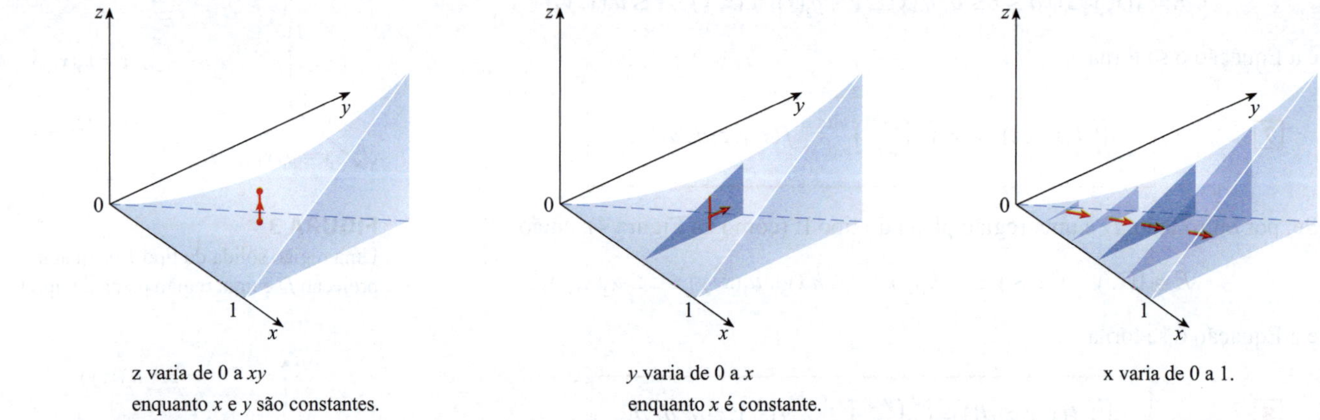

FIGURA 7

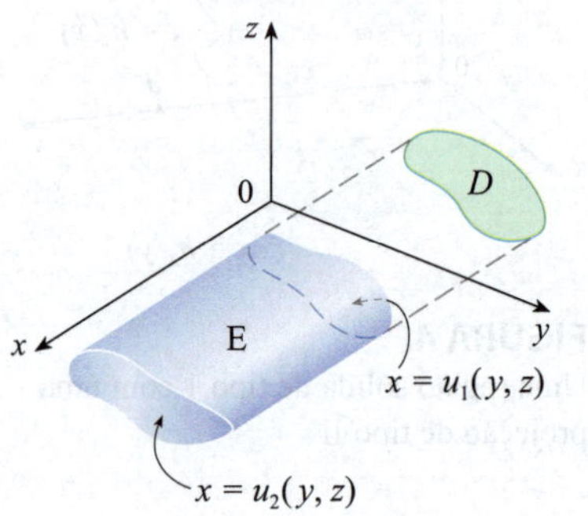

FIGURA 8
Uma região do tipo 2

Uma região sólida E é do **tipo 2** se for da forma

$$E = \{(x, y, z) \mid (y, z) \in D, u_1(y, z) \leq x \leq u_2(y, z)\}$$

onde, desta vez, D é a projeção de E sobre o plano yz (veja a Figura 8). A superfície de trás é $x = u_1(y, z)$ e a superfície da frente é $x = u_2(y, z)$. Assim, temos

10 $$\iiint_E f(x, y, z)\, dV = \iint_D \left[\int_{u_1(y,z)}^{u_2(y,z)} f(x, y, z)\, dx \right] dA$$

Finalmente, uma região do **tipo 3** é da forma

$$E = \{(x, y, z) \mid (x, z) \in D, u_1(x, z) \leq y \leq u_2(x, z)\}$$

onde D é a projeção de E sobre o plano xz, $y = u_1(x, z)$ é a superfície da esquerda e $y = u_2(x, z)$ é a superfície da direita (veja a Figura 9). Para esse tipo de região, temos

11 $$\iiint_E f(x, y, z)\, dV = \iint_D \left[\int_{u_1(x,z)}^{u_2(x,z)} f(x, y, z)\, dy \right] dA$$

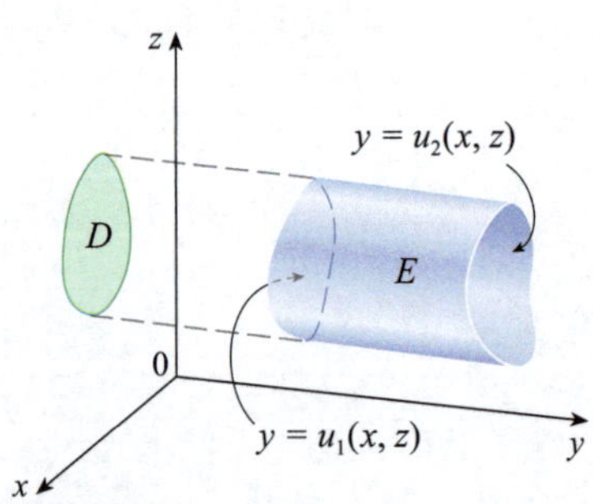

FIGURA 9
Uma região do tipo 3

Em cada uma das Equações, 10 e 11, podem existir duas possíveis expressões para a integral, dependendo de D ser uma região plana do tipo I ou II (e correspondendo às Equações 7 e 8).

EXEMPLO 3 Calcule $\iiint_E \sqrt{x^2 + z^2}\, dV$, onde E é a região limitada pelo paraboloide $y = x^2 + z^2$ e pelo plano $y = 4$.

SOLUÇÃO O sólido E está mostrado na Figura 10. Se o olharmos como uma região do tipo 1, então precisaremos considerar sua projeção D_1 sobre o plano xy, que é a região parabólica das Figuras 10 e 11. (O corte de $y = x^2 + z^2$ no plano $z = 0$ é a parábola $y = x^2$.)

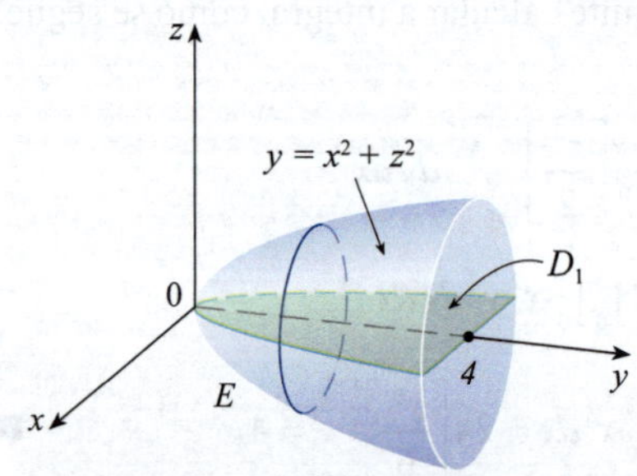

FIGURA 10 Região de integração

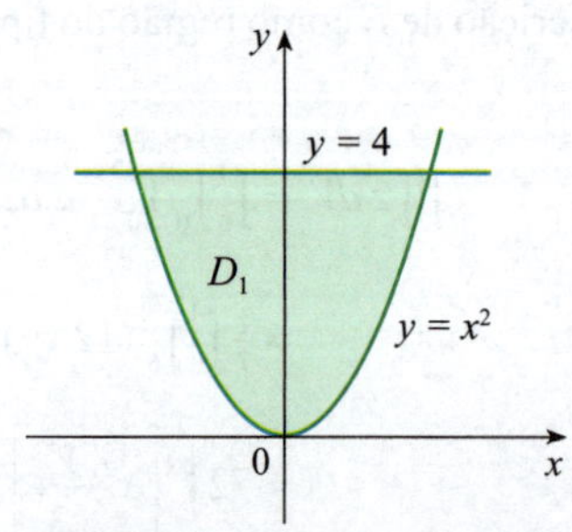

FIGURA 11 Projeção sobre o plano xy

De $y = x^2 + z^2$ obtemos $z = \pm\sqrt{y - x^2}$, e então a superfície limite de baixo de E é $z = -\sqrt{y - x^2}$ e a superfície de cima é $z = \sqrt{y - x^2}$. Portanto, a descrição de E como região do tipo 1 é

$$E = \left\{(x, y, z) \mid -2 \le x \le 2,\ x^2 \le y \le 4,\ -\sqrt{y - x^2} \le z \le \sqrt{y - x^2}\right\}$$

e obtemos

$$\iiint_E \sqrt{x^2 + z^2}\, dV = \int_{-2}^{2}\int_{x^2}^{4}\int_{-\sqrt{y-x^2}}^{\sqrt{y-x^2}} \sqrt{x^2 + z^2}\, dz\, dy\, dx$$

Embora essa expressão esteja correta, ela é extremamente difícil de calcular. Em lugar de adotá-la, consideremos então que E é uma região de outro tipo. Se tratarmos E como uma região do tipo 3, deveremos levar em conta sua projeção D_3 sobre o plano xz, que vem a ser o disco $x^2 + z^2 \le 4$, mostrado nas Figuras 12 e 13. (O corte produzido em $y = x^2 + z^2$ pelo plano $y = 4$ é a circunferência $x^2 + z^2 = 4$.)

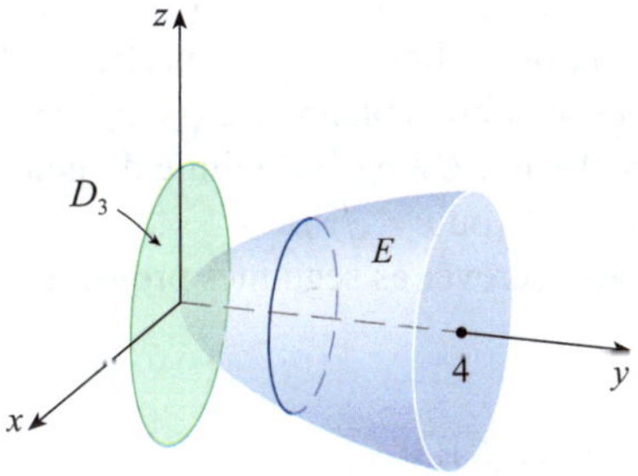

FIGURA 12
Região de integração

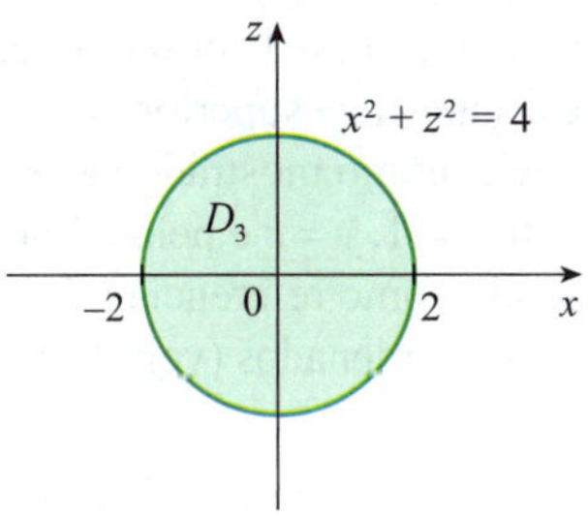

FIGURA 13
Projeção sobre o plano xz

Nesse caso, a fronteira esquerda de E é o paraboloide $y = x^2 + z^2$ e a fronteira direita é o plano $y = 4$, de modo que, empregando $u_1(x, z) = x^2 + z^2$ e $u_2(x, z) = 4$ na Equação 11, temos

$$\iiint_E \sqrt{x^2 + z^2}\, dV = \iint_{D_3}\left[\int_{x^2+z^2}^{4} \sqrt{x^2 + z^2}\, dy\right] dA = \iint_{D_3} (4 - x^2 - z^2)\sqrt{x^2 + z^2}\, dA$$

Embora essa integral possa ser escrita como

$$\int_{-2}^{2}\int_{-\sqrt{4-x^2}}^{\sqrt{4-x^2}} (4 - x^2 - z^2)\sqrt{x^2 + z^2}\, dz\, dx$$

é mais fácil convertê-la para coordenadas polares no plano xz: $x = r\cos\theta$, $z = r\,\text{sen}\,\theta$. Isso fornece

$$\begin{aligned}\iiint_E \sqrt{x^2 + z^2}\, dV &= \iint_{D_3} (4 - x^2 - z^2)\sqrt{x^2 + z^2}\, dA \\ &= \int_0^{2\pi}\int_0^2 (4 - r^2)\, r\, r\, dr\, d\theta = \int_0^{2\pi} d\theta \int_0^2 (4r^2 - r^4)\, dr \\ &= 2\pi\left[\frac{4r^3}{3} - \frac{r^5}{5}\right]_0^2 = \frac{128\pi}{15}\end{aligned}$$

■

⊘ A maior dificuldade no cálculo de uma integral tripla é escrever uma expressão para a região de integração (como na Equação 9 do Exemplo 2). Lembre-se de que os limites de integração da integral de dentro contêm no máximo duas variáveis, os limites de integração da integral do meio contêm no máximo uma variável e os limites de integração de fora precisam ser constantes.

Trocando a Ordem de Integração

O Teorema de Fubini para integrais triplas nos permite expressar uma integral tripla como uma integral iterada, havendo seis ordens de integração diferentes por meio das quais isso pode ser feito. Dada uma integral iterada, pode ser vantajoso alterar a ordem de integração em virtude de ser mais simples calcular a integral iterada em uma ordem do que em outra. No próximo exemplo, investigamos integrais iteradas equivalentes obtidas empregando-se ordens de integração diferentes.

EXEMPLO 4 Expresse a integral iterada $\int_0^1 \int_0^{x^2} \int_0^y f(x, y, z)\, dz\, dy\, dx$ como uma integral tripla e, em seguida, reescreva-a como uma integral iterada com as seguintes ordens de integração.

(a) Integre primeiramente com relação a x, seguida de z e, finalmente, de y.

(b) Integre primeiramente com relação a y, seguida de x e, finalmente, de z.

SOLUÇÃO Podemos escrever

$$\int_0^1 \int_0^{x^2} \int_0^y f(x,y,z)\,dz\,dy\,dx = \iiint_E f(x,y,z)\,dV$$

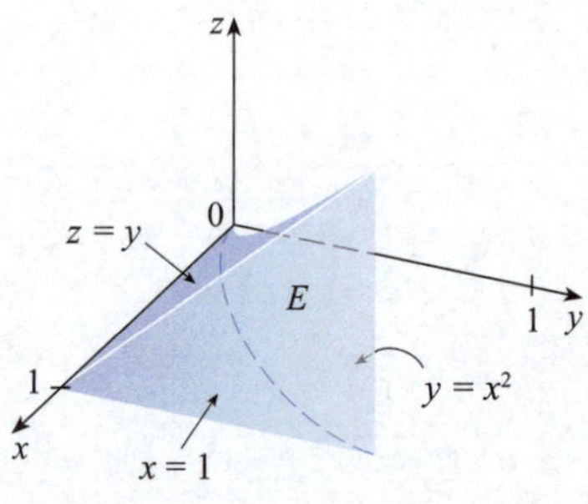

FIGURA 14
O sólido E

em que $E = \{(x, y, z) \mid 0 \leq x \leq 1, 0 \leq y \leq x^2, 0 \leq z \leq y\}$. A partir dessa descrição de E como uma região do tipo 1, observamos que E está compreendida entre a superfície inferior $z = 0$ e a superfície superior $z = y$, e que sua projeção sobre o plano xy é $\{(x, z) \mid 0 \leq x \leq 1, 0 \leq y \leq x^2\}$, como mostrado nas Figuras 14 e 15. Assim, E é o sólido limitado pelos planos $z = 0$, $x = 1$, $y = z$ e pelo cilindro parabólico $y = x^2$ $\left(\text{ou } x = \sqrt{y}\right)$.

Usando como referência a Figura 14, podemos escrever as seguintes projeções sobre os planos coordenados (veja a Figura 15):

$$\text{sobre o plano } xy\text{:}\quad D_1 = \{(x,y) \mid 0 \leq x \leq 1,\ 0 \leq y \leq x^2\}$$
$$= \{(x,y) \mid 0 \leq y \leq 1,\ \sqrt{y} \leq x \leq 1\}$$

$$\text{sobre o plano } yz\text{:}\quad D_2 = \{(y,z) \mid 0 \leq y \leq 1,\ 0 \leq z \leq y\}$$
$$= \{(y,z) \mid 0 \leq z \leq 1,\ z \leq y \leq 1\}$$

$$\text{sobre o plano } xz\text{:}\quad D_3 = \{(x,z) \mid 0 \leq x \leq 1,\ 0 \leq z \leq x^2\}$$
$$= \{(x,z) \mid 0 \leq z \leq 1,\ \sqrt{z} \leq x \leq 1\}$$

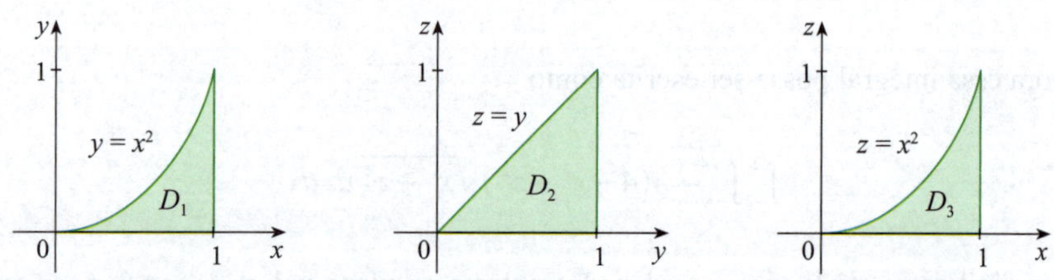

FIGURA 15
Projeções de E

(a) Para integrar primeiramente com relação a x, seguida de z e, finalmente, de y, devemos considerar E como uma região do tipo 2 na qual a fronteira do fundo é a superfície $x = \sqrt{y}$ e a fronteira da frente é o plano $x = 1$; por sua vez, a projeção sobre o plano yz é D_2. Assim, descrevemos E como

$$E = \left\{(x,y,z) \mid 0 \leq y \leq 1,\ 0 \leq z \leq y,\ \sqrt{y} \leq x \leq 1\right\}$$

e, portanto,
$$\iiint_E f(x,y,z)\,dV = \int_0^1 \int_0^y \int_{\sqrt{y}}^1 f(x,y,z)\,dx\,dz\,dy$$

(b) Para integrar primeiramente com relação a y, seguida de x e, finalmente, de z, devemos considerar E uma região do tipo 3 na qual a fronteira esquerda é o plano $y = z$ e a fronteira direita é a superfície $y = x^2$. Nesse caso, a projeção sobre o plano xz é D_3 e

$$E = \{(x, y, z) \mid 0 \le z \le 1, \sqrt{z} \le x \le 1, z \le y \le x^2\}$$

Assim,
$$\iiint_E f(x, y, z)\, dV = \int_0^1 \int_{\sqrt{z}}^1 \int_z^{x^2} f(x, y, z)\, dy\, dx\, dz$$ ■

■ Aplicações de Integrais Triplas

Lembre-se de que, se $f(x) \ge 0$, então a integral $\int_a^b f(x)\,dx$ representa a área abaixo da curva $y = f(x)$ de a até b, e se $f(x, y) \ge 0$, então a integral dupla $\iint_D f(x, y)\,dA$ representa o volume sob a superfície $z = f(x, y)$ acima de D. A interpretação correspondente para a integral tripla $\iiint_E f(x, y, z)\,dV$, onde $f(x, y, z) \ge 0$, não é muito útil, porque seria um "hipervolume" de um objeto de quatro dimensões e, é claro, de muito difícil visualização. (Lembre-se de que E é somente o *domínio* da função f; o gráfico de f pertence ao espaço quadridimensional.) Apesar disso, a integral tripla $\iiint_E f(x, y, z)\,dV$ pode ser interpretada de forma diversa em diferentes situações físicas, dependendo das interpretações físicas de x, y, z e $f(x, y, z)$.

Vamos começar com o caso especial onde $f(x, y, z) = 1$ para todos os pontos em E. Nesse caso, a integral tripla representa o volume de E:

12 $$V(E) = \iiint_E dV$$

Por exemplo, você pode ver isso no caso de uma região do tipo 1 colocando $f(x, y, z) = 1$ na Fórmula 6:

$$\iiint_E 1\,dV = \iint_D \left[\int_{u_1(x, y)}^{u_2(x, y)} dz\right] dA = \iint_D [u_2(x, y) - u_1(x, y)]\,dA$$

e, da Seção 15.2, sabemos que isso representa o volume que está entre as superfícies $z = u_1(x, y)$ e $z = u_2(x, y)$.

EXEMPLO 5 Use a integral tripla para determinar o volume do tetraedro T limitado pelos planos $x + 2y + z = 2$, $x = 2y$, $x = 0$ e $z = 0$.

SOLUÇÃO O tetraedro T e sua projeção D sobre o plano xy são mostrados nas Figuras 16 e 17. O limite inferior de T é o plano $z = 0$ e o limite superior é o plano $x + 2y + z = 2$, isto é, $z = 2 - x - 2y$.

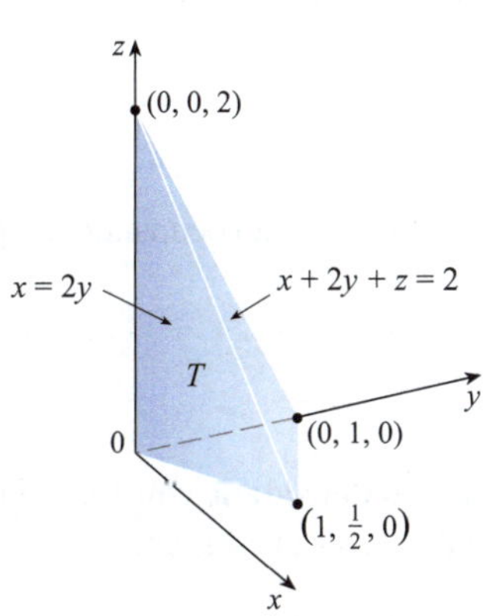

FIGURA 16

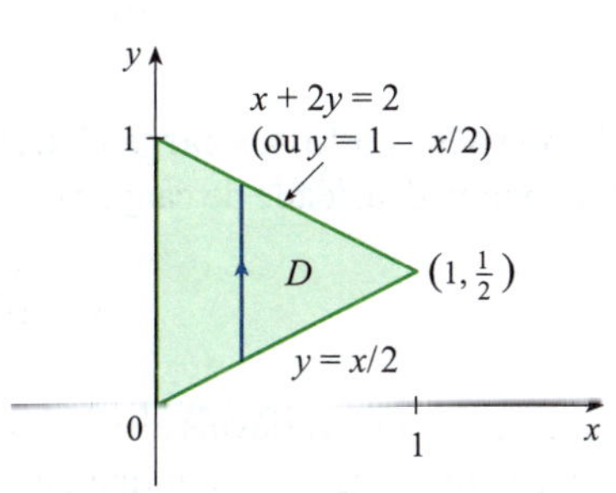

FIGURA 17

Portanto, temos

$$V(T) = \iiint_T dV = \int_0^1 \int_{x/2}^{1-x/2} \int_0^{2-x-2y} dz\, dy\, dx$$

$$= \int_0^1 \int_{x/2}^{1-x/2} (2 - x - 2y)\, dy\, dx = \tfrac{1}{3}$$

pelo mesmo cálculo usado no Exemplo 15.2.4.

(Observe que não é necessário usar as integrais triplas para calcular volumes. As integrais triplas simplesmente fornecem um método alternativo para descrever os cálculos.) ■

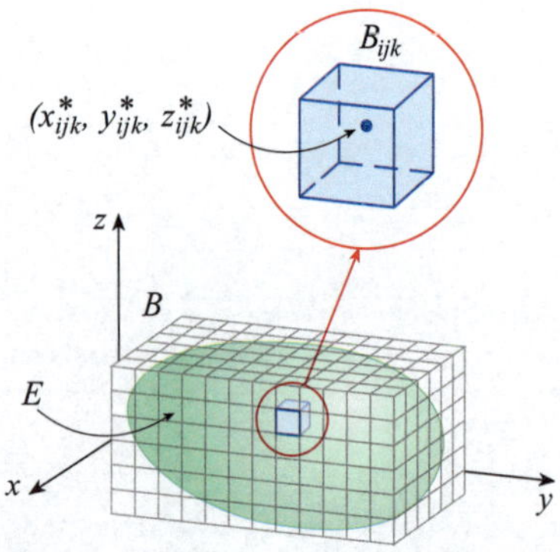

FIGURA 18
A massa de cada subcaixa B_{ijk} é aproximada por $\rho(x^*_{ijk}, y^*_{ijk}, z^*_{ijk})\,\Delta V$

Todas as aplicações de integrais duplas apresentadas na Seção 15.4 podem ser estendidas para integrais triplas usando-se um raciocínio análogo. Como exemplo, suponha que um objeto sólido que ocupa uma região E tenha, em cada ponto (x, y, z) de E, uma densidade $\rho(x, y, z)$, em unidade de massa por volume unitário. Para determinar m, a massa total de E, dividimos uma caixa retangular B que contém E em subcaixas de mesmo tamanho B_{ijk} (como na Figura 18) e consideramos que $\rho(x, y, z) = 0$ do lado de fora de E. Se escolhermos um ponto $(x^*_{ijk}, y^*_{ijk}, z^*_{ijk})$ em B_{ijk}, a massa da parte de E que ocupa B_{ijk} será aproximadamente igual a $\rho(x^*_{ijk}, y^*_{ijk}, z^*_{ijk})\,\Delta V$, em que ΔV é o volume de B_{ijk}. Dessa forma, encontramos uma aproximação para a massa total somando as massas (aproximadas) de todas as subcaixas. Aumentando o número de subcaixas, obtemos m, a massa total de E, como o valor-limite das aproximações:

13 $$m = \lim_{l,m,n\to\infty} \sum_{i=1}^{l}\sum_{j=1}^{m}\sum_{k=1}^{n} \rho(x^*_{ijk}, y^*_{ijk}, z^*_{ijk})\,\Delta V = \iiint_E \rho(x, y, z)\, dV$$

Da mesma forma, os **momentos** de E com relação aos três planos coordenados são dados por

14 $$M_{yz} = \iiint_E x\,\rho(x, y, z)\, dV \qquad M_{xz} = \iiint_E y\,\rho(x, y, z)\, dV$$

$$M_{xy} = \iiint_E z\,\rho(x, y, z)\, dV$$

O **centro de massa** está localizado no ponto $(\bar{x}, \bar{y}, \bar{z})$, onde

15 $$\bar{x} = \frac{M_{yz}}{m} \qquad \bar{y} = \frac{M_{xz}}{m} \qquad \bar{z} = \frac{M_{xy}}{m}$$

Se a densidade é constante, o centro de massa do sólido é chamado **centroide** de E. Os **momentos de inércia** em relação aos três eixos coordenados são

16 $$I_x = \iiint_E (y^2 + x^2)\,\rho(x, y, z)\, dV \qquad I_y = \iiint_E (x^2 + z^2)\,\rho(x, y, z)\, dV$$

$$I_z = \iiint_E (x^2 + z^2)\,\rho(x, y, z)\, dV$$

Como na Seção 15.4, a **carga elétrica** total sobre um objeto sólido ocupando a região E e tendo uma densidade de carga $\sigma(x, y, z)$ é

$$Q = \iiint_E \sigma(x, y, z)\, dV$$

Se tivermos três variáveis aleatórias X, Y e Z, sua **função densidade conjunta** é uma função das três variáveis, de forma que a probabilidade de (X, Y, Z) estar em E é

$$P((X, Y, Z) \in E) = \iiint_E f(x, y, z)\, dV$$

Em particular,

$$P(a \le X \le b,\ c \le Y \le d,\ r \le Z \le s) = \int_a^b \int_c^d \int_r^s f(x,y,z)\,dz\,dy\,dx$$

A função densidade conjunta satisfaz

$$f(x,y,z) \ge 0 \qquad \int_{-\infty}^{\infty}\int_{-\infty}^{\infty}\int_{-\infty}^{\infty} f(x,y,z)\,dz\,dy\,dx = 1$$

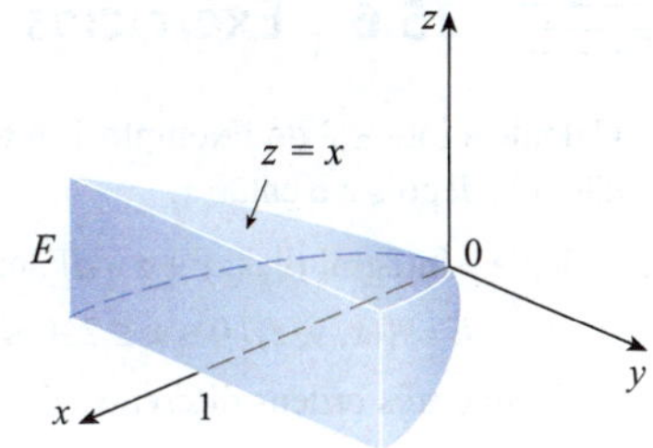

EXEMPLO 6 Determine o centro de massa de um sólido com densidade constante que é limitado pelo cilindro parabólico $x = y^2$ e pelos planos $x = z$, $z = 0$ e $x = 1$.

SOLUÇÃO O sólido E e sua projeção sobre o plano xy são mostrados na Figura 19. As superfícies inferior e superior de E são os planos $z = 0$ e $z = x$, então, descrevemos E como uma região do tipo 1:

$$E = \{(x, y, z) \mid -1 \le y \le 1,\ y^2 \le x \le 1,\ 0 \le z \le x\}$$

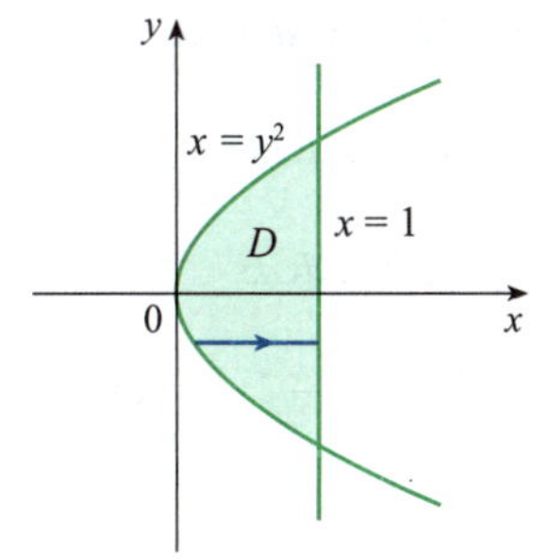

FIGURA 19

Então, se a densidade é $\rho(x, y, z) = \rho$, a massa é

$$m = \iiint_E \rho\,dV = \int_{-1}^{1}\int_{y^2}^{1}\int_0^x \rho\,dz\,dx\,dy$$

$$= \rho\int_{-1}^{1}\int_{y^2}^{1} x\,dx\,dy = \rho\int_{-1}^{1}\left[\frac{x^2}{2}\right]_{x=y^2}^{x=1} dy$$

$$= \frac{\rho}{2}\int_{-1}^{1}(1-y^4)\,dy = \rho\int_0^1(1-y^4)\,dy$$

$$= \rho\left[y - \frac{y^5}{5}\right]_0^1 = \frac{4\rho}{5}$$

Por causa da simetria de E e ρ em relação ao plano xz, podemos dizer imediatamente que $M_{xz} = 0$ e, portanto, $\bar{y} = 0$. Os outros momentos são

$$M_{yz} = \iiint_E x\rho\,dV = \int_{-1}^{1}\int_{y^2}^{1}\int_0^x x\rho\,dz\,dx\,dy$$

$$= \rho\int_{-1}^{1}\int_{y^2}^{1} x^2\,dx\,dy = \rho\int_{-1}^{1}\left[\frac{x^3}{3}\right]_{x=y^2}^{x=1} dy$$

$$= \frac{2\rho}{3}\int_0^1(1-y^6)\,dy = \frac{2\rho}{3}\left[y - \frac{y^7}{7}\right]_0^1 = \frac{4\rho}{7}$$

$$M_{xy} = \iiint_E z\rho\,dV = \int_{-1}^{1}\int_{y^2}^{1}\int_0^x z\rho\,dz\,dx\,dy$$

$$= \rho\int_{-1}^{1}\int_{y^2}^{1}\left[\frac{z^2}{2}\right]_{z=0}^{z=x} dx\,dy = \frac{\rho}{2}\int_{-1}^{1}\int_{y^2}^{1} x^2\,dx\,dy$$

$$= \frac{\rho}{3}\int_0^1(1-y^6)\,dy = \frac{2\rho}{7}$$

Logo, o centro de massa é

$$(\bar{x}, \bar{y}, \bar{z}) = \left(\frac{M_{yz}}{m}, \frac{M_{xz}}{m}, \frac{M_{xy}}{m}\right) = \left(\tfrac{5}{7}, 0, \tfrac{5}{14}\right)$$ ■

15.6 Exercícios

1. Calcule a integral do Exemplo 1, integrando primeiro em relação a y, depois z e então x.

2. Calcule a integral $\iiint_E (xy + z^2)\, dV$, onde

$$E = \{(x, y, z) \mid 0 \le x \le 2,\ 0 \le y \le 1,\ 0 \le z \le 3\}$$

utilizando três ordens diferentes de integração.

3-8 Calcule a integral iterada.

3. $\int_0^2 \int_0^{z^2} \int_0^{y-z} (2x - y)\, dx\, dy\, dz$

4. $\int_0^1 \int_0^{2y} \int_0^{x+y} 6xy\, dz\, dx\, dy$

5. $\int_1^2 \int_0^{2z} \int_0^{\ln x} xe^{-y}\, dy\, dx\, dz$

6. $\int_0^{\pi/2} \int_0^{2x} \int_0^{x+z} \cos(x - 2y + z)\, dy\, dz\, dx$

7. $\int_1^3 \int_{-1}^2 \int_{-y}^{z} \dfrac{z}{y}\, dx\, dz\, dy$

8. $\int_0^1 \int_0^1 \int_0^{2-x^2-y^2} xye^z\, dz\, dy\, dx$

9-12

(a) Para a função f e a região sólida E fornecidas, expresse a integral tripla $\iiint_E f(x, y, z)\, dV$ como uma integral iterada.

(b) Calcule a integral iterada.

9. $f(x, y, z) = x$

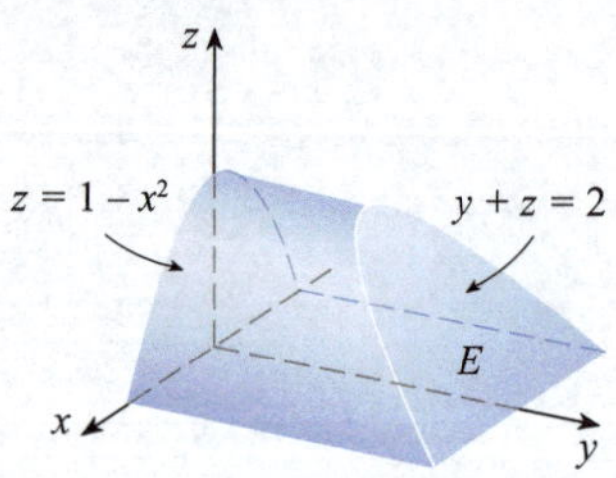

10. $f(x, y, z) = xy$

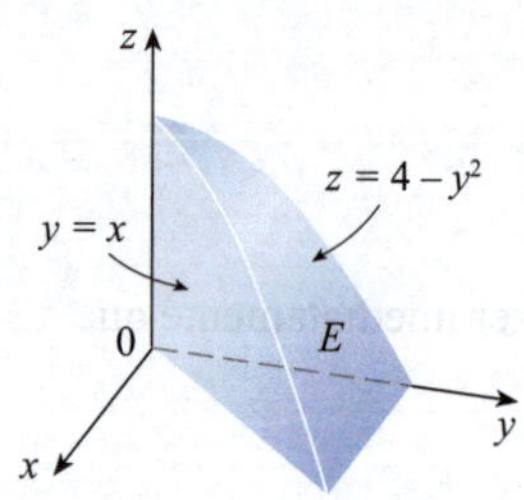

11. $f(x, y, z) = x + y$

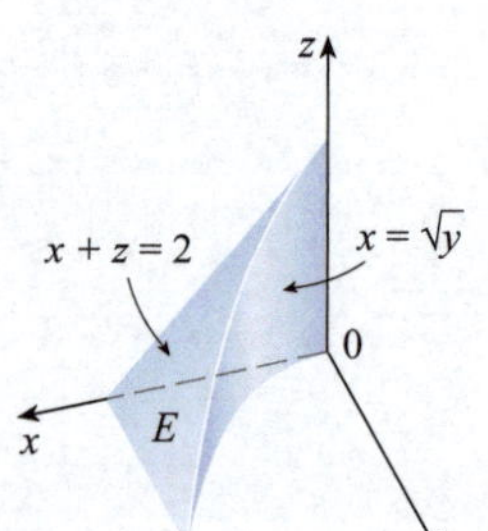

12. $f(x, y, z) = 2$

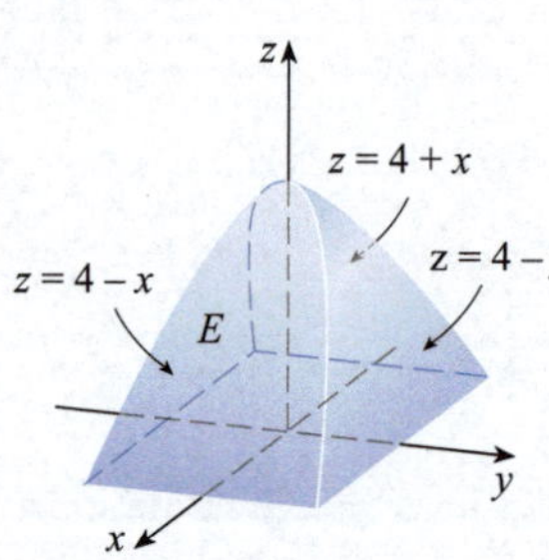

13-22 Calcule a integral tripla.

13. $\iiint_E y\, dV$, onde

$$E = \{(x, y, z) \mid 0 \le x \le 3,\ 0 \le y \le x,\ x - y \le z \le x + y\}$$

14. $\iiint_E e^{z/y}\, dV$, onde

$$E = \{(x, y, z) \mid 0 \le y \le 1,\ y \le x \le 1,\ 0 \le z \le xy\}$$

15. $\iiint_E (1/x^3)\, dV$, onde

$$E = \{(x, y, z) \mid 0 \le y \le 1,\ 0 \le z \le y^2,\ 1 \le z \le z + 1\}$$

16. $\iiint_E \operatorname{sen} y\, dV$, onde E está abaixo do plano $z = x$ e acima da região triangular com vértice $(0, 0, 0)$, $(\pi, 0, 0)$ e $(0, \pi, 0)$

17. $\iiint_E 6xy\, dV$, onde E está abaixo do plano $z = 1 + x + y$ e acima da região do plano xy limitada pelas curvas $y = \sqrt{x}$, $y = 0$ e $x = 1$

18. $\iiint_E (x - y)\, dV$, onde E é limitado pelas superfícies $z = x^2 - 1$, $z = 1 - x^2$, $y = 0$ e $y = 2$

19. $\iiint_T y^2\, dV$, onde T é tetraedro sólido com vértices $(0, 0, 0)$, $(2, 0, 0)$, $(0, 2, 0)$ e $(0, 0, 2)$

20. $\iiint_T xz\, dV$, onde T é o tetraedro sólido com vértices $(0, 0, 0)$, $(1, 0, 1)$, $(0, 1, 1)$ e $(0, 0, 1)$

21. $\iiint_E x\, dV$, onde E é limitado pelo paraboloide $x = 4y^2 + 4z^2$ e pelo plano $x = 4$

22. $\iiint_E z\, dV$, onde E é limitado pelo cilindro $y^2 + z^2 = 9$ e pelos planos $x = 0$, $y = 3x$ e $z = 0$ no primeiro octante

23-26 Use a integral tripla para determinar o volume do sólido dado.

23. O tetraedro limitado pelos planos coordenados e o plano $2x + y + z = 4$

24. O sólido limitado pelos paraboloides $y = x^2 + z^2$ e $y = 8 - x^2 - z^2$

25. O sólido limitado pelo cilindro $y = x^2$ e pelos planos $z = 0$ e $y + z = 1$

26. O sólido limitado pelo cilindro $x^2 + z^2 = 4$ e pelos planos $y = -1$ e $y + z = 4$

27. (a) Expresse o volume da cunha no primeiro octante que é cortada do cilindro $y^2 + z^2 = 1$ pelos planos $y = x$ e $x = 1$ como uma integral tripla.

T (b) Utilize a Tabela de Integrais (nas Páginas de Referência 6-10) ou um sistema de computação algébrica para determinar o valor exato da integral tripla da parte (a).

28-30 Regra do Ponto Médio para Integrais Triplas Na *Regra do Ponto Médio para integrais triplas*, usamos uma soma de Riemann tripla para aproximar a integral tripla em uma caixa B, calculando $f(x, y, z)$ em $(\bar{x}_i, \bar{y}_j, \bar{z}_k)$, o centro da caixa B_{ijk}. Use a Regra do Ponto Médio para estimar o valor da integral. Divida B em oito subcaixas de mesmo tamanho.

28. $\iiint_B \sqrt{x^2 + y^2 + z^2}\, dV$, em que

$$B = \{(x, y, z) \mid 0 \le x \le 4,\ 0 \le y \le 4,\ 0 \le z \le 4\}$$

29. $\iiint_B \cos(xyz)\, dV$, em que

$$B = \{(x, y, z) \mid 0 \le x \le 1,\ 0 \le y \le 1,\ 0 \le z \le 1\}$$

30. $\iiint_B \sqrt{x}\, e^{xyz}\, dV$, em que

$$B = \{(x, y, z) \mid 0 \le x \le 4,\ 0 \le y \le 1,\ 0 \le z \le 2\}$$

31-32 Esboce o sólido cujo volume é dado pela integral iterada.

31. $\int_1^1 \int_0^{1-x} \int_0^{2-2z} dy\, dz\, dx$

32. $\int_0^2 \int_0^{2-y} \int_0^{4-y^2} dx\, dz\, dy$

33-36 Expresse a integral $\iiint_E f(x, y, z)\, dV$ como uma integral iterada de seis modos diferentes, onde E é o sólido limitado pelas superfícies dadas.

33. $y = 4 - x^2 - 4z^2, \quad y = 0$

34. $y^2 + z^2 = 9, \quad x = -2, \quad x = 2$

35. $y = x^2, \quad z = 0, \quad y + 2z = 4$

36. $x = 2, \quad y = 2, \quad z = 0, \quad x + y - 2z = 2$

---

37. A figura mostra a região de integração da integral

$$\int_0^1 \int_{\sqrt{x}}^1 \int_0^{1-y} (x, y, z)\, dz\, dy\, dx$$

Reescreva essa integral como uma integral iterada equivalente nas cinco outras ordens.

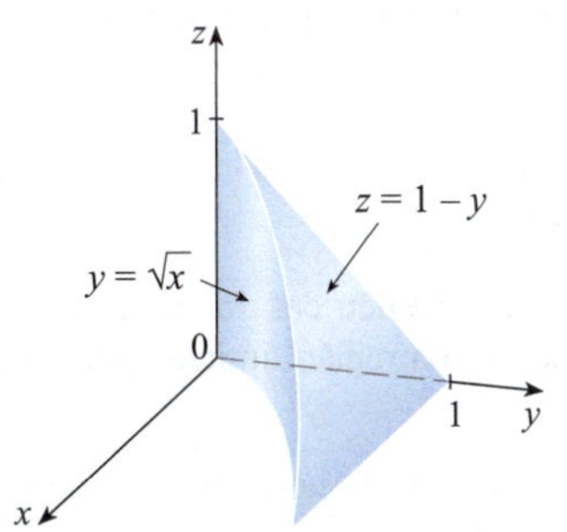

38. A figura mostra a região de integração da integral

$$\int_0^1 \int_0^{1-x^2} \int_0^{1-x} f(x, y, z)\, dy\, dz\, dx$$

Reescreva essa integral como uma integral iterada equivalente nas cinco outras ordens.

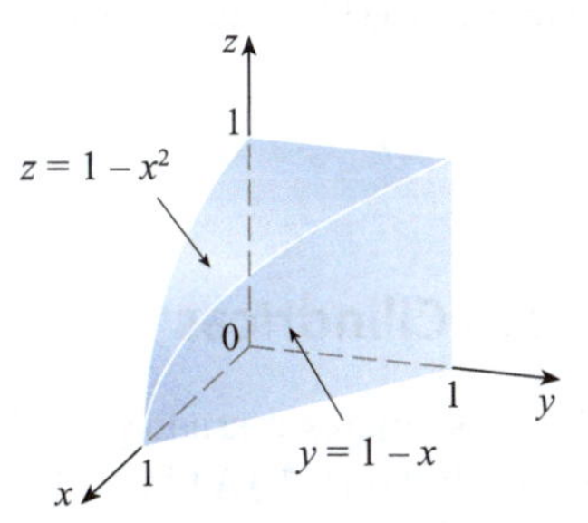

39-40 Escreva cinco outras integrais iteradas que sejam iguais à integral iterada dada.

39. $\int_0^1 \int_y^1 \int_0^y f(x, y, z)\, dz\, dx\, dy$

40. $\int_0^1 \int_y^1 \int_0^z f(x, y, z)\, dx\, dz\, dy$

41-42 Calcule a integral tripla usando apenas interpretação geométrica e simetria.

41. $\iiint_C (4 + 5x^2yz^2)\, dV$, onde C é a região cilíndrica $x^2 + y^2 \le 4$, $-2 \le z \le 2$

42. $\iiint_B (z^3 + \operatorname{sen} y + 3)\, dV$, onde B é a bola unitária $x^2 + y^2 + z^2 \le 1$

43-46 Determine a massa e o centro de massa do sólido dado E com função densidade dada ρ.

43. E está acima do plano xy e abaixo do paraboloide $z = 1 - x^2 - y^2$; $\rho(x, y, z) = 3$

44. E é limitado pelo cilindro parabólico $z = 1 - y^2$ e os planos $x + z = 1$, $x = 0$ e $z = 0$; $\rho(x, y, z) = 4$

45. E é o cubo dado por $0 \le x \le a$, $0 \le y \le a$, $0 \le z \le a$; $\rho(x, y, z) = x^2 + y^2 + z^2$

46. E é o tetraedro limitado pelos planos $x = 0$, $y = 0$, $z = 0$, $x + y + z = 1$; $\rho(x, y, z) = y$

47-50 Suponha que o sólido tenha densidade constante k.

47. Encontre os momentos de inércia para um cubo com comprimento de lado L se um vértice está localizado na origem e três arestas estão nos eixos coordenados.

48. Encontre os momentos de inércia de um tijolo retangular com dimensões a, b e c e massa M se o centro do tijolo está localizado na origem e as arestas são paralelas aos eixos coordenados.

49. Encontre o momento de inércia em relação ao eixo z do cilindro sólido $x^2 + y^2 \le a^2$, $0 \le z \le h$.

50. Encontre o momento de inércia em relação ao eixo z do cone sólido $\sqrt{x^2 + y^2} \le z \le h$.

51-52 Escreva, mas não calcule, as expressões integrais para (a) a massa, (b) o centro de massa e (c) o momento de inércia em relação ao eixo z.

51. O sólido do Exercício 25; $\quad \rho(x, y, z) = \sqrt{x^2 + y^2}$

52. O hemisfério $x^2 + y^2 + z^2 \le 1$, $z \ge 0$; $\rho(x, y, z) = \sqrt{x^2 + y^2 + z^2}$

T **53.** Seja E o sólido no primeiro octante limitado pelo cilindro $x^2 + y^2 = 1$ e pelos planos $y = z$, $x = 0$ e $z = 0$ com função densidade $\rho(x, y, z) = 1 + x + y + z$. Use um sistema de computação algébrica para determinar os valores exatos das seguintes quantidades para E.

(a) A massa
(b) O centro de massa
(c) O momento de inércia em relação ao eixo z

T **54.** Se E é o sólido do Exercício 22 com função densidade $\rho(x, y, z) = x^2 + y^2$, determine as seguintes quantidades, com precisão de três casas decimais.

(a) A massa
(b) O centro de massa
(c) O momento de inércia em relação ao eixo z

55. A função densidade conjunta das variáveis aleatórias X, Y e Z é $f(x, y, z) = Cxyz$ se $0 \le x \le 2$, $0 \le y \le 2$, $0 \le z \le 2$ e $f(x, y, z) = 0$, caso contrário.

(a) Determine o valor da constante C.
(b) Determine $P(X \le 1, Y \le 1, Z \le 1)$.
(c) Determine $P(X + Y + Z \le 1)$.

56. Suponha que X, Y e Z sejam variáveis aleatórias com função densidade conjunta $f(x, y, z) = Ce^{-(0{,}5x + 0{,}2y + 0{,}1z)}$ se $x \ge 0$, $y \ge 0$, $z \ge 0$ e $f(x, y, z) = 0$, caso contrário.

(a) Determine o valor da constante C.
(b) Determine $P(X \le 1, Y \le 1)$.
(c) Determine $P(X \le 1, Y \le 1, Z \le 1)$.

57-58 Valor Médio O *valor médio* de uma função $f(x, y, z)$ em uma região sólida E é definido como

$$f_{\text{méd}} = \frac{1}{V(E)} \iiint_E f(x, y, z)\, dV$$

onde $V(E)$ é o volume de E. Por exemplo, se ρ é a função densidade, então $\rho_{\text{méd}}$ é a densidade média de E.

57. Determine o valor médio da função $f(x, y, z) = xyz$ no cubo com lados de comprimento L que está no primeiro octante, com um vértice na origem e arestas paralelas aos eixos coordenados.

58. Encontre a altura média dos pontos do hemisfério sólido $x^2 + y^2 + z^2 \leq 1, z \geq 0$.

59. (a) Determine a região E para a qual a integral tripla

$$\iiint_E (1 - x^2 - 2y^2 - 3z^2)\, dV$$

é máxima.

T (b) Use um sistema de computação algébrica para calcular o valor máximo exato da integral tripla na parte (a).

PROJETO DE DESCOBERTA | VOLUMES DE HIPERESFERAS

Neste projeto, determinamos fórmulas para o volume da região limitada por uma hiperesfera em um espaço n-dimensional. Em $\mathbb{R}^n$, a hiperesfera com raio r e centro na origem tem equação

$$x_1^2 + x_2^2 + x_3^2 + \cdots + x_n^2 = r^2$$

Suponha que $V_n(r)$ denote o volume da região limitada por essa hiperesfera. Em $\mathbb{R}^2$, uma hiperesfera é uma circunferência e, em $\mathbb{R}^3$, ela é uma esfera.

1. Use uma integral dupla e substituições trigonométricas, juntamente com a Fórmula 64 da Tabela de Integrais, para determinar a área da região limitada por uma circunferência de raio r em $\mathbb{R}^2$.

2. Use uma integral tripla e substituições trigonométricas para determinar $V_3(r)$, o volume da região limitada por uma esfera de raio r em $\mathbb{R}^3$.

3. Use uma integral quádrupla para determinar $V_4(r)$, o volume (tetradimensional) da região limitada por uma hiperesfera de raio r em $\mathbb{R}^4$. (Use apenas substituições trigonométricas e fórmulas de redução para $\int \text{sen}^n x\, dx$ ou $\int \cos^n x\, dx$.)

4. Use uma integral n-upla para determinar $V_n(r)$, o volume da região limitada por uma hiperesfera de raio r em $\mathbb{R}^n$. [*Dica*: As fórmulas são diferentes para n par e n ímpar.]

5. Mostre que $V_n(1)$, o volume da região limitada pela hiperesfera unitária em $\mathbb{R}^n$, tende a zero à medida que n cresce.

15.7 Integrais Triplas em Coordenadas Cilíndricas

Em geometria plana, o sistema de coordenadas polares é usado para dar uma descrição conveniente de certas curvas e regiões. (Veja a Seção 10.3.) A Figura 1 nos permite relembrar a ligação entre coordenadas polares e cartesianas. Se o ponto P tiver coordenadas cartesianas (x, y) e coordenadas polares (r, θ), então, a partir da figura,

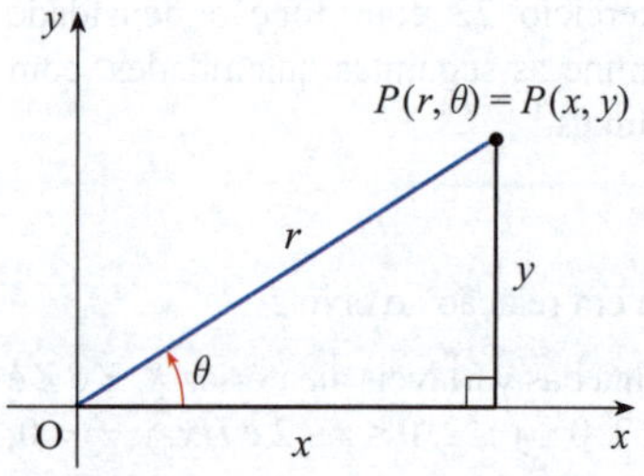

FIGURA 1

$$x = r\cos\theta \qquad y = r\,\text{sen}\,\theta$$

$$r^2 = x^2 + y^2 \qquad \text{tg}\,\theta = \frac{y}{x}$$

Em três dimensões, há um sistema de coordenadas, chamado *coordenadas cilíndricas*, que é análogo às coordenadas polares e dá descrições convenientes de algumas superfícies e sólidos que ocorrem usualmente. Como veremos, algumas integrais triplas são muito mais fáceis de calcular em coordenadas cilíndricas.

Coordenadas Cilíndricas

No **sistema de coordenadas cilíndricas**, um ponto P no espaço tridimensional é representado pela tripla ordenada (r, θ, z), onde r e θ são as coordenadas polares da projeção de P no plano xy e z é a distância orientada do plano xy a P. (Veja a Figura 2.)

Para convertermos de coordenadas cilíndricas para retangulares, usamos as equações

1 $$x = r\cos\theta \qquad y = r\,\text{sen}\,\theta \qquad z = z$$

enquanto que para converter de coordenadas retangulares para cilíndricas, usamos

2 $$r^2 = x^2 + y^2 \qquad \text{tg}\,\theta = \frac{y}{x} \qquad z = z$$

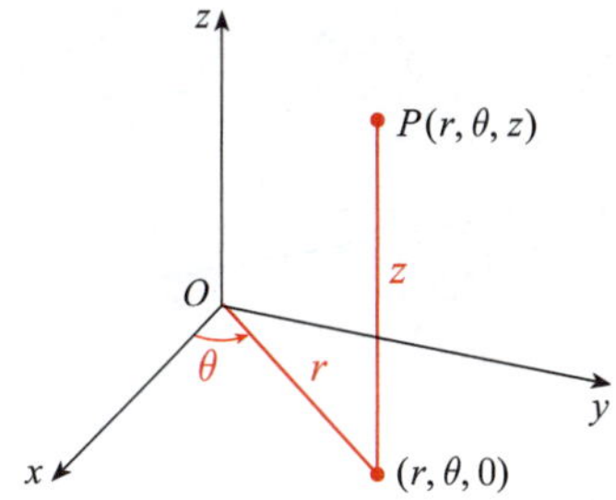

FIGURA 2
As coordenadas cilíndricas de um ponto P

EXEMPLO 1

(a) Marque o ponto com coordenadas cilíndricas $(2, 2\pi/3, 1)$ e encontre suas coordenadas retangulares.

(b) Encontre as coordenadas cilíndricas do ponto com coordenadas retangulares $(3, -3, -7)$.

SOLUÇÃO

(a) O ponto com coordenadas cilíndricas $(2, 2\pi/3, 1)$ está marcado na Figura 3. Das Equações 1, suas coordenadas retangulares são

$$x = 2\cos\frac{2\pi}{3} = 2\left(-\frac{1}{2}\right) = -1$$

$$y = 2\,\text{sen}\,\frac{2\pi}{3} = 2\left(\frac{\sqrt{3}}{2}\right) = \sqrt{3}$$

$$z = 1$$

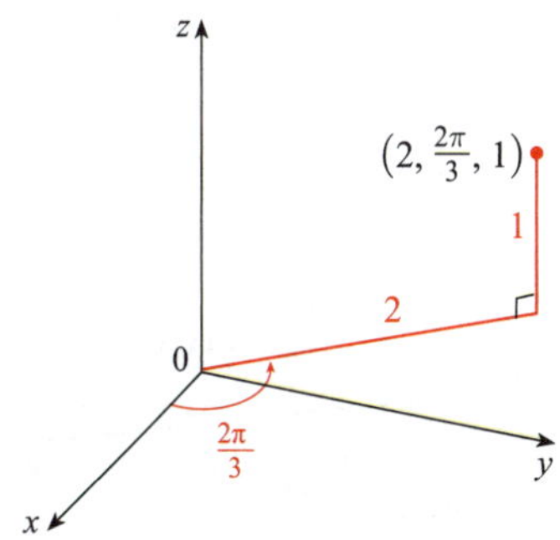

FIGURA 3

Logo, o ponto é $(-1, \sqrt{3}, 1)$ em coordenadas retangulares.

(b) Usando as Equações 2 e observando que θ está no quarto quadrante do plano xy, obtemos

$$r = \sqrt{3^2 + (-3)^2} = 3\sqrt{2}$$

$$\text{tg}\,\theta = \frac{-3}{3} = -1 \qquad \text{logo} \qquad \theta = \frac{7\pi}{4} + 2n\pi$$

$$z = -7$$

Portanto, um conjunto de coordenadas cilíndricas é $(3\sqrt{2}, 7\pi/4, -7)$. Outro é $(3\sqrt{2}, -\pi/4, -7)$. Como no caso das coordenadas polares, existem infinitas escolhas. ■

Coordenadas cilíndricas são úteis em problemas que envolvem simetria em torno de um eixo e o eixo z é escolhido de modo a coincidir com o eixo de simetria. Por exemplo, o eixo do cilindro circular com equação cartesiana $x^2 + y^2 = c^2$ é o eixo z. Em coordenadas cilíndricas, este cilindro tem a equação muito simples $r = c$. (Veja a Figura 4.) Essa é a razão para o nome coordenadas "cilíndricas". O gráfico da equação $\theta = c$ é um plano vertical que passa pela origem (veja a Figura 5) e o gráfico da equação $z = c$ é um plano horizontal (veja a Figura 6).

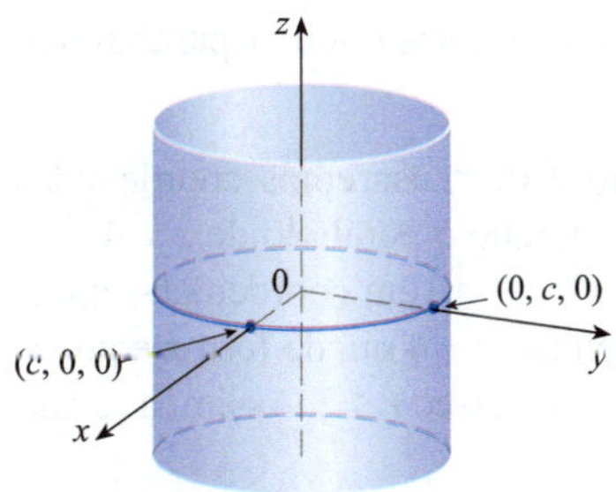

FIGURA 4
$r = c$, um cilindro

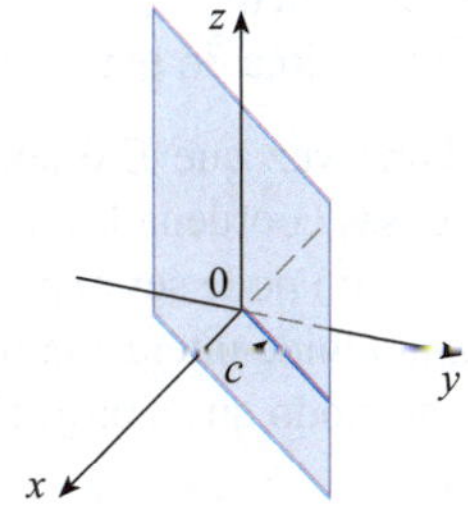

FIGURA 5
$\theta = c$, um plano vertical

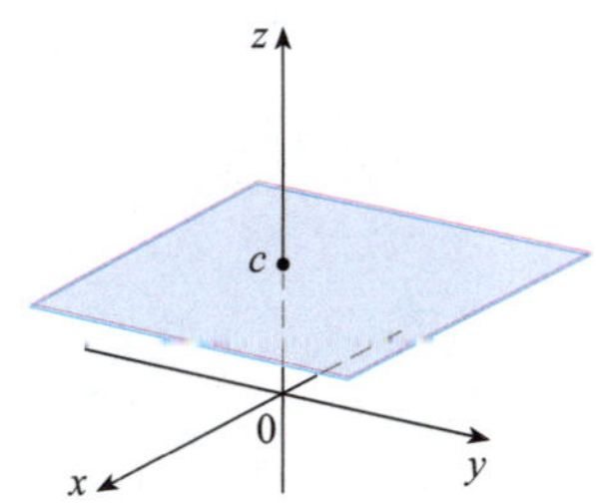

FIGURA 6
$z = c$, um plano horizontal

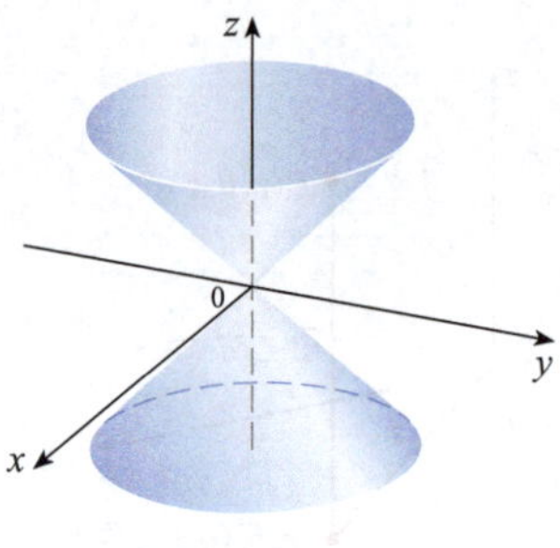

FIGURA 7
$z = r$, um cone

EXEMPLO 2 Descreva a superfície cuja equação em coordenadas cilíndricas é $z = r$.

SOLUÇÃO A equação diz que o valor z, ou altura, de cada ponto da superfície é o mesmo que r, a distância do ponto ao eixo z. Como θ não aparece, ele pode variar. Assim, qualquer corte horizontal no plano $z = k$ $(k > 0)$ é um círculo de raio k. Esses cortes sugerem que a superfície é um cone. Essa previsão pode ser confirmada convertendo a equação para coordenadas retangulares. Da primeira equação em (2), temos

$$z^2 = r^2 = x^2 + y^2$$

Reconhecemos a equação $z^2 = x^2 + y^2$ (pela comparação com a Tabela 1 na Seção 12.6) como o cone circular cujo eixo é o eixo z. (Veja a Figura 7.) ■

■ Cálculo de Integrais Triplas com Coordenadas Cilíndricas

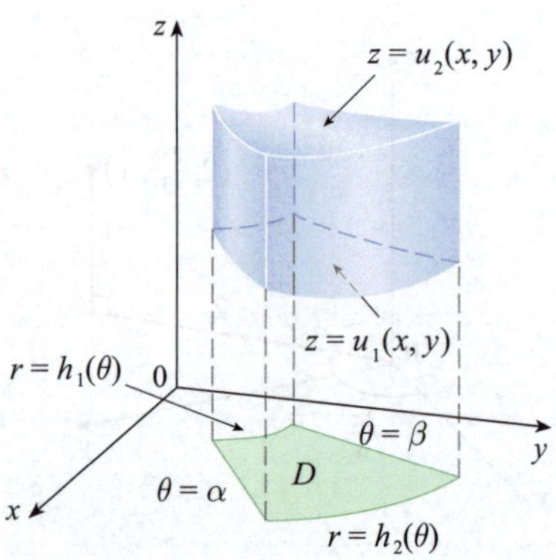

FIGURA 8

Suponha que E seja uma região do tipo 1, cuja projeção D no plano xy tenha uma representação conveniente em coordenadas polares (veja a Figura 8). Em particular, suponha que f seja contínua e

$$E = \{(x, y, z) \mid (x, y) \in D,\ u_1(x, y) \le z \le u_2(x, y)\}$$

onde D é dado em coordenadas polares por

$$D = \{(r, \theta) \mid \alpha \le \theta \le \beta,\ h_1(\theta) \le r \le h_2(\theta)\}$$

Sabemos da Equação 15.6.6 que

3 $$\iiint_E f(x, y, z)\, dV = \iint_D \left[\int_{u_1(x,\, y)}^{u_2(x,\, y)} f(x, y, z)\, dz \right] dA$$

Mas também sabemos como calcular integrais duplas em coordenadas polares. De fato, combinando a Equação 3 com a Equação 15.3.3, obtemos

4 $$\iiint_E f(x, y, z)\, dV = \int_\alpha^\beta \int_{h_1(\theta)}^{h_2(\theta)} \int_{u_1(r\cos\theta,\, r\,\text{sen}\,\theta)}^{u_2(r\cos\theta,\, r\,\text{sen}\,\theta)} f(r\cos\theta,\ r\,\text{sen}\,\theta,\ z)\, r\, dz\, dr\, d\theta$$

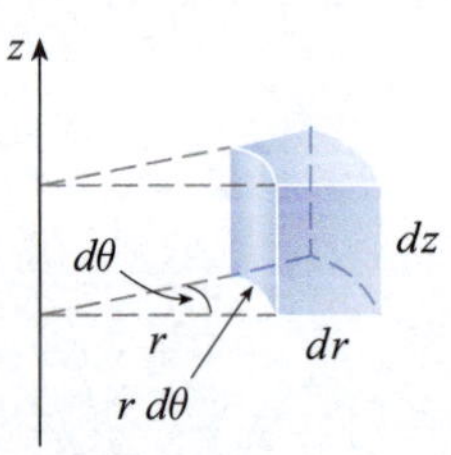

FIGURA 9
Elemento de volume em coordenadas cilíndricas: $dV = r\, dz\, dr\, d\theta$

A Fórmula 4 é a **fórmula para a integração tripla em coordenadas cilíndricas**. Ela nos diz que convertemos uma integral tripla em coordenadas retangulares para coordenadas cilíndricas escrevendo $x = r \cos \theta$, $y = r \,\text{sen}\, \theta$ e deixando z como está, utilizando os limites apropriados de integração para z, r e θ, e trocando dV por $r\, dz\, dr\, d\theta$. (A Figura 9 mostra como lembrar disso.) É recomendável a utilização dessa fórmula quando E for uma região sólida cuja descrição é mais simples em coordenadas cilíndricas e, especialmente, quando a função $f(x, y, z)$ envolver a expressão $x^2 + y^2$.

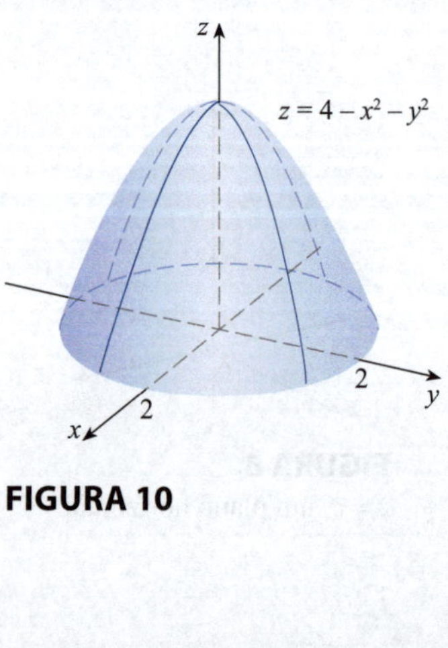

FIGURA 10

EXEMPLO 3 Calcule $\iiint_E x^2\, dV$, em que E é o sólido que está sob o paraboloide $z = 4 - x^2 - y^2$ e acima do plano xy (veja a Figura 10).

SOLUÇÃO Uma vez que E é simétrico com relação ao eixo z, usaremos coordenadas cilíndricas. Essas coordenadas também são apropriadas porque o paraboloide $z = 4 - x^2 - y^2 = 4 - (x^2 + y^2)$ pode ser expresso simplesmente por $z = 4 - r^2$ em coordenadas cilíndricas. O paraboloide intercepta o plano xy na circunferência $r^2 = 4$ ou, de forma equivalente, $r = 2$, de modo que a projeção de E sobre o plano xy é o disco $r \le 2$. Assim, a região E é dada por

$$\{(r, \theta, z) \mid 0 \le \theta \le 2\pi,\ 0 \le r \le 2,\ 0 \le z \le 4 - r^2\}$$

e, da Fórmula 4, obtemos

$$\iiint_E x^2\,dV = \int_0^{2\pi}\int_0^2\int_0^{4-r^2} (r\cos\theta)^2\, r\,dz\,dr\,d\theta$$

$$= \int_0^{2\pi}\int_0^2 (r^3\cos^2\theta)(4-r^2)\,dr\,d\theta$$

$$= \int_0^{2\pi}\cos^2\theta\,d\theta \int_0^2 (4r^3 - r^5)\,dr$$

$$= \tfrac{1}{2}\Big[\theta + \tfrac{1}{2}\operatorname{sen} 2\theta\Big]_0^{2\pi} \Big[r^4 - \tfrac{1}{6}r^6\Big]_0^2$$

$$= \tfrac{1}{2}(2\pi)(16 - \tfrac{32}{3}) = \tfrac{16}{3}\pi$$

A Figura 11 mostra como o sólido E do Exemplo 3 é varrido pela integral tripla iterada quando se integra primeiramente com relação a z, seguida por r e, então, por θ.

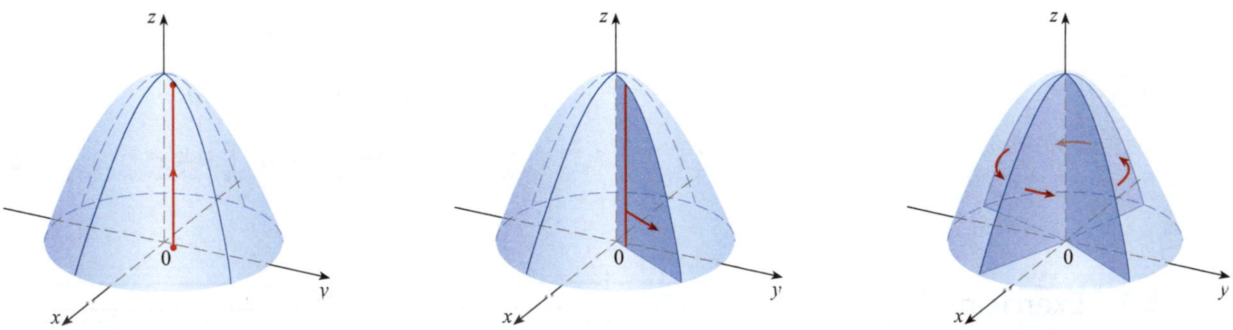

z varia de 0 a $4 - r^2$, enquanto r e θ são constantes.

r varia de 0 a 2, enquanto θ é constante.

θ varia de 0 a 2π.

FIGURA 11

EXEMPLO 4 Um sólido E está contido no cilindro $x^2 + y^2 = 1$, à direita do plano xz, abaixo do plano $z = 4$ e acima do paraboloide $z = 1 - x^2 - y^2$. (Veja a Figura 12.) A densidade em um ponto qualquer do cilindro é proporcional à distância deste ao eixo do cilindro. Determine a massa de E.

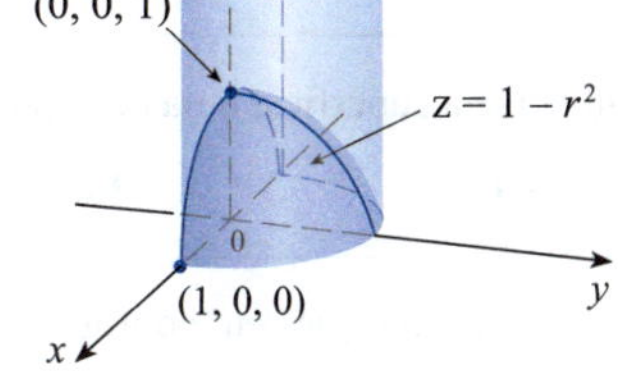

FIGURA 12

SOLUÇÃO Em coordenadas cilíndricas, o cilindro é descrito por $r = 1$ e o paraboloide por $z = 1 - r^2$, de modo que podemos escrever

$$E = \{(r, \theta, z) \mid 0 \le \theta \le \pi,\ 0 \le r \le 1,\ 1 - r^2 \le z \le 4\}$$

Como a densidade em (x, y, z) é proporcional à distância ao eixo z, a função densidade é

$$\rho(x, y, z) = K\sqrt{x^2 + y^2} = Kr$$

em que K é a constante de proporcionalidade. Portanto, usando a Fórmula 15.6.13, concluímos que a massa de E é

$$m = \iiint_E K\sqrt{x^2 + y^2}\,dV = \int_0^{\pi}\int_0^1\int_{1-r^2}^4 (Kr)\, r\,dz\,dr\,d\theta$$

$$= \int_0^{\pi}\int_0^1 Kr^2\,[4 - (1 - r^2)]\,dr\,d\theta = K\int_0^{\pi} d\theta \int_0^1 (3r^2 + r^4)\,dr$$

$$= \pi K\left[r^3 + \frac{r^5}{5}\right]_0^1 = \frac{6\pi K}{5}$$

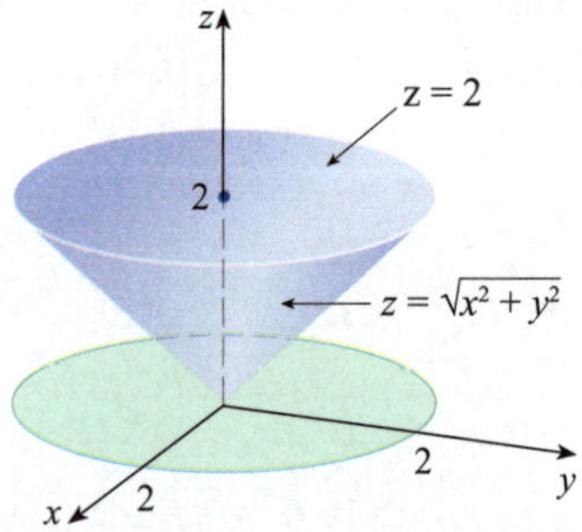

FIGURA 13

EXEMPLO 5 Calcule $\int_{-2}^{2}\int_{-\sqrt{4-x^2}}^{\sqrt{4-x^2}}\int_{\sqrt{x^2+y^2}}^{2}(x^2+y^2)\,dz\,dy\,dx$

SOLUÇÃO Essa integral iterada é uma integral tripla sobre a região sólida

$$E=\left\{(x,y,z)\,|\,-2\le x\le 2-\sqrt{4-x^2}\le y\le\sqrt{4-x^2},\sqrt{x^2+y^2}\le z\le 2\right\}$$

e a projeção de E sobre o plano xy é o disco $x^2+y^2\le 4$. A superfície inferior de E é o cone $z=\sqrt{x^2+y^2}$ e a superfície superior é o plano $z=2$. (Veja a Figura 13.) Essa região tem uma descrição muito mais simples em coordenadas cilíndricas:

$$E=\{(r,\theta,z)\,|\,0\le\theta\le 2\pi,\ 0\le r\le 2,\ r\le z\le 2\}$$

Portanto, temos

$$\begin{aligned}\int_{-2}^{2}\int_{-\sqrt{4-x^2}}^{\sqrt{4-x^2}}\int_{\sqrt{x^2+y^2}}^{2}(x^2+y^2)\,dz\,dy\,dx &= \iiint_E (x^2+y^2)\,dV\\ &=\int_0^{2\pi}\int_0^2\int_r^2 r^2\,r\,dz\,dr\,d\theta\\ &=\int_0^{2\pi}d\theta\int_0^2 r^3(2-r)\,dr\\ &=2\pi\left[\tfrac{1}{2}r^4-\tfrac{1}{5}r^5\right]_0^2=\tfrac{16}{5}\pi\end{aligned}$$

■

15.7 Exercícios

1-2 Marque o ponto cujas coordenadas cilíndricas são dadas. A seguir, encontre as coordenadas retangulares do ponto.

1. (a) $(5, \pi/2, 2)$ (b) $(6, -\pi/4, -3)$

2. (a) $(2, 5\pi/6, 1)$ (b) $(8, -2\pi/3, 5)$

3-4 Mude de coordenadas retangulares para cilíndricas.

3. (a) $(4, 4, -3)$ (b) $(5\sqrt{3}, -5, \sqrt{3})$

4. (a) $(0, -2, 9)$ (b) $(-1, \sqrt{3}, 6)$

5-6 Descreva com palavras a superfície cuja equação é dada.

5. $r=2$ **6.** $\theta=\pi/6$

7-8 Identifique a superfície cuja equação é dada.

7. $r^2+z^2=4$ **8.** $r=2\,\text{sen}\,\theta$

9-10 Escreva as equações em coordenadas cilíndricas.

9. (a) $x^2-x+y^2+z^2=1$ (b) $z=x^2-y^2$

10. (a) $2x^2+2y^2-z^2=4$ (b) $2x-y+z=1$

11-12 Esboce o sólido descrito pelas desigualdades dadas.

11. $r^2\le z\le 8-r^2$

12. $0\le\theta\le\pi/2,\qquad r\le z\le 2$

13. Uma casca cilíndrica tem 20 cm de comprimento, com raio interno 6 cm e raio externo 7 cm. Escreva desigualdades que descrevam a casca em um sistema de coordenadas adequado. Explique como você posicionou o sistema de coordenadas em relação à casca.

14. Use uma ferramenta gráfica para desenhar o sólido limitado pelos paraboloides $z=x^2+y^2$ e $z=5-x^2-y^2$.

15-16
(a) Para a função f e a região sólida E fornecidas, expresse a integral tripla $\iiint_E f(x,y,z)\,dV$ como uma integral iterada em coordenadas cilíndricas.
(b) Calcule a integral iterada.

15. $f(x,y,z)=x^2+y^2$ **16.** $f(x,y,z)=xy$

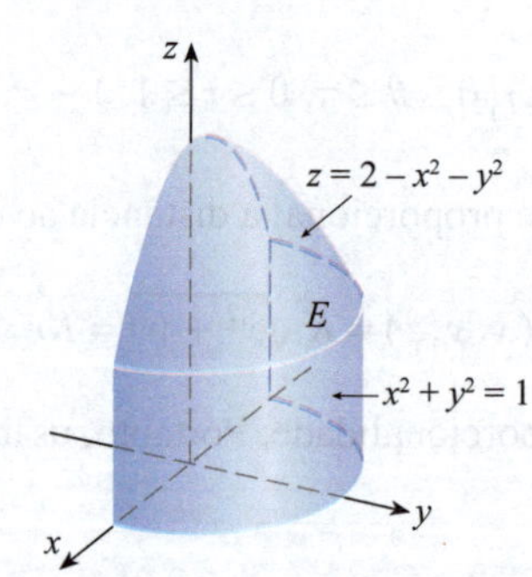

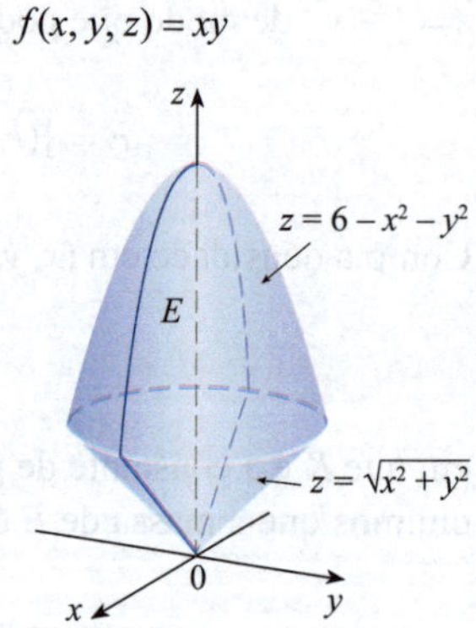

17-18 Esboce o sólido cujo volume é dado pela integral e calcule a integral.

17. $\int_{\pi/2}^{3\pi/2}\int_0^3\int_{r^2}^{9} r\,dz\,dr\,d\theta$

18. $\int_0^2\int_0^{2\pi}\int_0^r r\,dz\,d\theta\,dr$

19-30 Utilize coordenadas cilíndricas.

19. Calcule $\iiint_E \sqrt{x^2+y^2}\, dV$, onde E é a região que está dentro do cilindro $x^2+y^2=16$ e entre os planos $z=-5$ e $z=4$.

20. Calcule $\iiint_E z\, dV$, onde E é limitado pelo paraboloide $z=x^2+y^2$ e o plano $z=4$.

21. Calcule $\iiint_E (x+y+z)\, dV$, onde E é o sólido do primeiro octante que está abaixo do paraboloide $z=4-x^2-y^2$.

22. Calcule $\iiint_E (x-y)\, dV$, onde E é o sólido que está entre os cilindros $x^2+y^2=1$ e $x^2+y^2=16$, acima do plano xy e abaixo do plano $z=y+4$.

23. Calcule $\iiint_E x^2\, dV$, onde E é o sólido que está dentro do cilindro $x^2+y^2=1$, acima do plano $z=0$ e abaixo do cone $z^2=4x^2+4y^2$.

24. Determine o volume do sólido que está dentro do cilindro $x^2+y^2=1$ e da esfera $x^2+y^2+z^2=4$.

25. Determine o volume do sólido que é limitado pelo cone $z=\sqrt{x^2+y^2}$ e abaixo da esfera $x^2+y^2+z^2=2$.

26. Determine o volume do sólido que está entre o paraboloide $z=x^2+y^2$ e a esfera $x^2+y^2+z^2=2$.

27. (a) Encontre o volume da região E limitada pelos paraboloides $z=24-x^2-y^2$ e o cone $z=2\sqrt{x^2+y^2}$.
(b) Encontre o centroide do E (centro de massa no caso em que a densidade é constante).

28. (a) Determine o volume do sólido que o cilindro $r=a\cos\theta$ corta da esfera de raio a centrada na origem.
(b) Ilustre o sólido da parte (a) desenhando a esfera e o cilindro na mesma tela.

29. Determine a massa e o centro de massa do sólido S limitado pelo paraboloide $z=4x^2+4y^2$ e pelo plano $z=a$ $(a>0)$, se S tem densidade constante K.

30. Determine a massa da bola B dada por $x^2+y^2+z^2\le a^2$ se a densidade em qualquer ponto for proporcional à sua distância do eixo z.

31-32 Calcule a integral, transformando para coordenadas cilíndricas.

31. $\int_{-2}^{2}\int_{-\sqrt{4-y^2}}^{\sqrt{4-y^2}}\int_{\sqrt{x^2+y^2}}^{2} xz\, dz\, dx\, dy$

32. $\int_{-3}^{3}\int_{0}^{\sqrt{9-x^2}}\int_{0}^{9-x^2-y^2} \sqrt{x^2+y^2}\, dz\, dy\, dx$

33. Quando estudam a formação de cordilheiras, os geólogos estimam a quantidade de trabalho necessária para erguer uma montanha a partir do nível do mar. Considere uma montanha que tenha essencialmente o formato de um cone circular reto. Suponha que a densidade do material na vizinhança de um ponto P seja $g(P)$ e a altura seja $h(P)$.
(a) Determine a integral definida que representa o trabalho total exercido para formar a montanha.
(b) Assuma que o monte Fuji no Japão tenha o formato de um cone circular reto com raio de 19.000 m, altura de 3.800 m e densidade constante de 3.200 kg/m³. Quanto trabalho foi feito para formar o monte Fuji se a terra estivesse inicialmente ao nível do mar?

S.R. Lee Photo Traveller/Shutterstock.com

PROJETO DE DESCOBERTA | A INTERSECÇÃO DE TRÊS CILINDROS

A figura mostra o sólido limitado por três cilindros circulares de mesmo diâmetro que se interceptam em ângulos retos. Neste projeto, vamos calcular seu volume e determinar como sua forma varia quando os cilindros têm diâmetros diferentes.

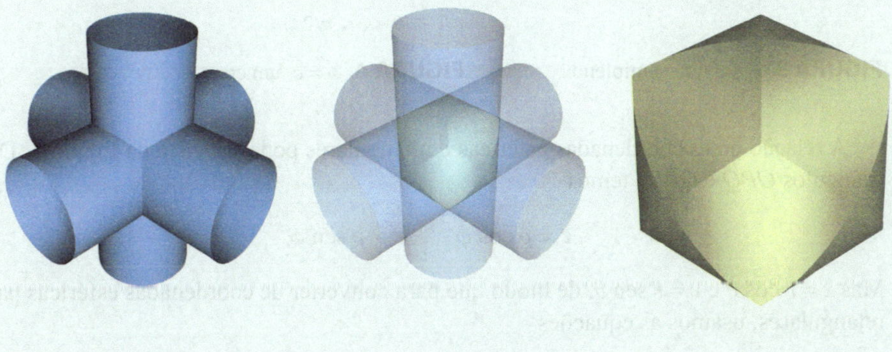

(continua)

1. Esboce cuidadosamente o sólido limitado pelos três cilindros $x^2 + y^2 = 1$, $x^2 + z^2 = 1$ e $y^2 + z^2 = 1$. Indique as posições dos eixos coordenados e rotule as faces com as equações dos cilindros correspondentes.
2. Determine o volume do sólido do Problema 1.
3. Utilize um sistema de computação algébrica para desenhar as arestas do sólido.
4. O que aconteceria ao sólido do Problema 1 se o raio do primeiro cilindro fosse diferente de 1? Ilustre com um desenho à mão livre ou com um gráfico feito no computador.
5. Se o primeiro cilindro for $x^2 + y^2 = a^2$, onde $a < 1$, escreva, mas não calcule, uma integral dupla que forneça o volume do sólido. E se $a > 1$?

15.8 Integrais Triplas em Coordenadas Esféricas

Outro sistema de coordenadas tridimensionais útil é o *sistema de coordenadas esféricas*. Ele simplifica o cálculo de integrais triplas em regiões limitadas por esferas ou cones.

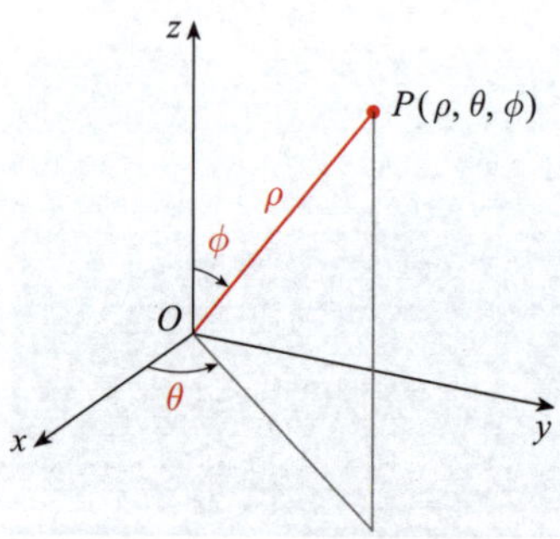

FIGURA 1
As coordenadas esféricas de um ponto

Coordenadas Esféricas

As **coordenadas esféricas** (ρ, θ, ϕ) de um ponto P no espaço são mostradas na Figura 1, onde $\rho = |OP|$ é a distância da origem a P, θ é o mesmo ângulo que nas coordenadas cilíndricas e ϕ é o ângulo entre o eixo z positivo e o segmento de reta OP. Observe que

$$\rho \geq 0 \qquad 0 \leq \phi \leq \pi$$

O sistema de coordenadas esféricas é especialmente útil em problemas nos quais exista simetria em torno de um ponto e a origem esteja colocada nesse ponto. Por exemplo, a esfera com centro na origem e raio c tem a equação simples $\rho = c$ (veja a Figura 2) – essa é a razão do nome "coordenadas esféricas". O gráfico da equação $\theta = c$ é um semiplano vertical (veja a Figura 3) e a equação $\phi = c$ representa um semicone com o eixo z como seu eixo (veja a Figura 4).

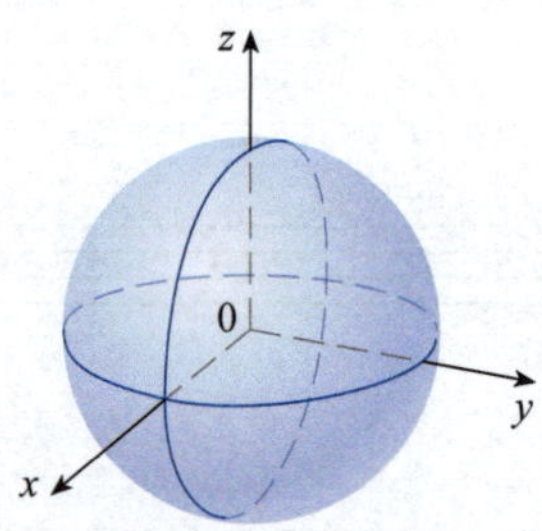

FIGURA 2 $\rho = c$, uma esfera

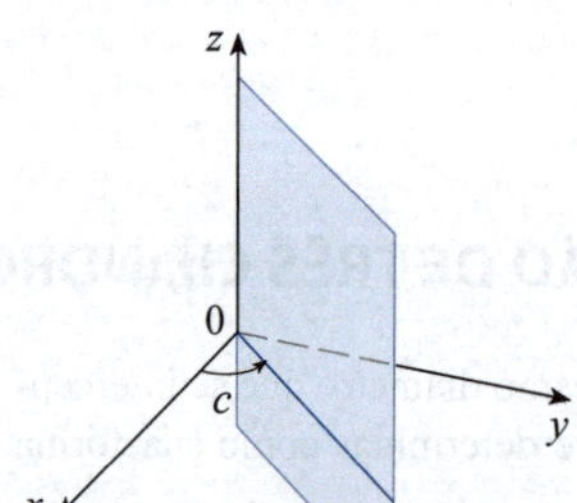

FIGURA 3 $\theta = c$, um semipleno

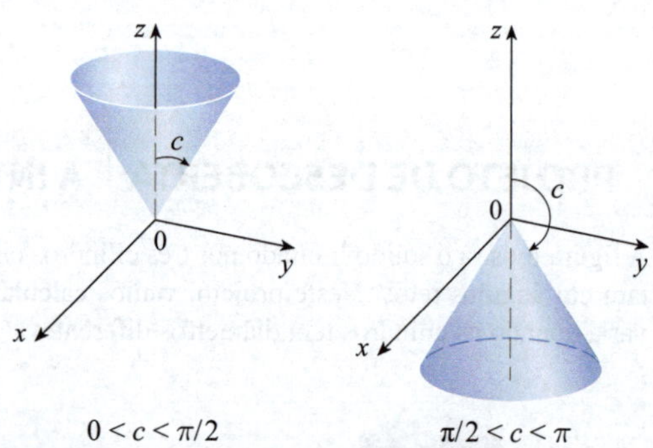

FIGURA 4 $\phi = c$, um cone

A relação entre coordenadas esféricas e retangulares pode ser vista na Figura 5. Dos triângulos OPQ e OPP', temos

$$z = \rho \cos \phi \qquad r = \rho \operatorname{sen} \phi$$

Mas $x = r \cos \theta$ e $y = r \operatorname{sen} \theta$, de modo que para converter de coordenadas esféricas para retangulares, usamos as equações

1 $$x = \rho \operatorname{sen} \phi \cos \theta \qquad y = \rho \operatorname{sen} \phi \operatorname{sen} \theta \qquad z = \rho \cos \phi$$

Além disso, a fórmula da distância mostra que

2
$$\rho = x^2 + y^2 + z^2$$

Usamos essa equação para converter de coordenadas retangulares para coordenadas esféricas.

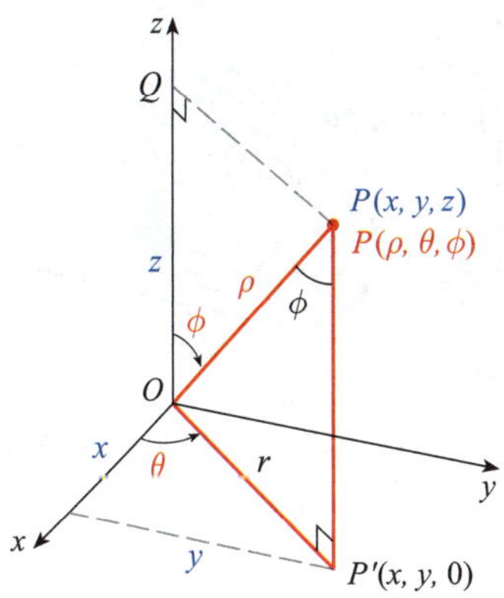

FIGURA 5

EXEMPLO 1 O ponto $(2, \pi/4, \pi/3)$ é dado em coordenadas esféricas. Marque o ponto e encontre suas coordenadas retangulares.

SOLUÇÃO Marcamos o ponto na Figura 6. Das Equações 1, temos

$$x = \rho \text{ sen } \phi \cos \theta = 2 \text{ sen } \frac{\pi}{3} \cos \frac{\pi}{4} = 2\left(\frac{\sqrt{3}}{2}\right)\left(\frac{1}{\sqrt{2}}\right) = \sqrt{\frac{3}{2}}$$

$$y = \rho \text{ sen } \phi \text{ sen } \theta = 2 \text{ sen } \frac{\pi}{3} \text{ sen } \frac{\pi}{4} = 2\left(\frac{\sqrt{3}}{2}\right)\left(\frac{1}{\sqrt{2}}\right) = \sqrt{\frac{3}{2}}$$

$$z = \rho \cos \phi = 2 \cos \frac{\pi}{3} = 2\left(\tfrac{1}{2}\right) = 1$$

Logo, o ponto $(2, \pi/4, \pi/3)$ é $\left(\sqrt{3/2}, \sqrt{3/2}, 1\right)$ em coordenadas retangulares. ■

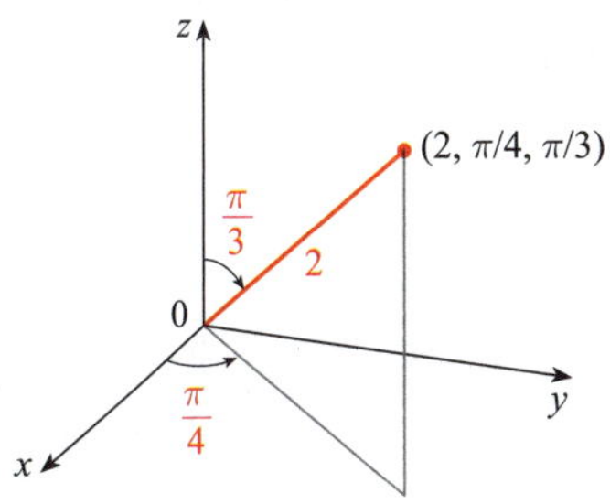

FIGURA 6

EXEMPLO 2 O ponto $(0, 2\sqrt{3}, -2)$ está dado em coordenadas retangulares. Encontre coordenadas esféricas para este ponto.

SOLUÇÃO Da Equação 2, temos $\rho = \sqrt{x^2 + y^2 + z^2} = \sqrt{0 + 12 + 4} = 4$ e, assim, as Equações 1 fornecem

$$\cos \phi = \frac{z}{\rho} = \frac{-2}{4} = -\frac{1}{2} \qquad \phi = \frac{2\pi}{3}$$

$$\cos \theta - \frac{x}{\rho \text{ sen } \phi} - 0 \qquad \theta - \frac{\pi}{2}$$

(Observe que $\theta \neq 3\pi/2$ porque $y = 2\sqrt{3} > 0$.) Portanto, as coordenadas esféricas do ponto dado são $(4, \pi/2, 2\pi/3)$. ■

ATENÇÃO Não existe uma convenção universal na notação de coordenadas esféricas. A maioria dos livros de física troca os significados de θ e ϕ e usa r no lugar de ρ.

Cálculo de Integrais Triplas com Coordenadas Esféricas

Neste sistema de coordenadas, o correspondente à caixa retangular é uma **cunha esférica**

$$E = \{(\rho, \theta, \phi) \mid a \le \rho \le b, \alpha \le \theta \le \beta, c \le \phi \le d\}$$

onde $a \ge 0$, $\beta - \alpha \le 2\pi$ e $d - c \le \pi$. Apesar de termos definido as integrais triplas dividindo sólidos em pequenas caixas, podemos mostrar que, dividindo o sólido em pequenas cunhas esféricas, obtemos sempre o mesmo resultado. Assim, dividiremos E em pequenas cunhas esféricas E_{ijk} por meio de esferas igualmente espaçadas $\rho = \rho_i$, semiplanos $\theta = \theta_j$ e semicones $\phi = \phi_k$ A Figura 7 mostra que E_{ijk} é aproximadamente uma caixa retangular com dimensões $\Delta\rho$, $\rho_i \Delta\phi$ (arco de circunferência de raio ρ_i, e ângulo $\Delta\phi$) e ρ_i sen $\phi_k \Delta\theta$ (arco de circunferência de raio ρ_i sen ϕ_k, e ângulo $\Delta\theta$). Logo, uma aproximação do volume de E_{ijk} é dada por

$$\Delta V_{ijk} \approx (\Delta\rho)(\rho_i \Delta\phi)(\rho_i \text{ sen } \phi_k \Delta\theta) = \rho_i^2 \text{ sen } \phi_k \Delta\rho \,\Delta\theta \,\Delta\phi$$

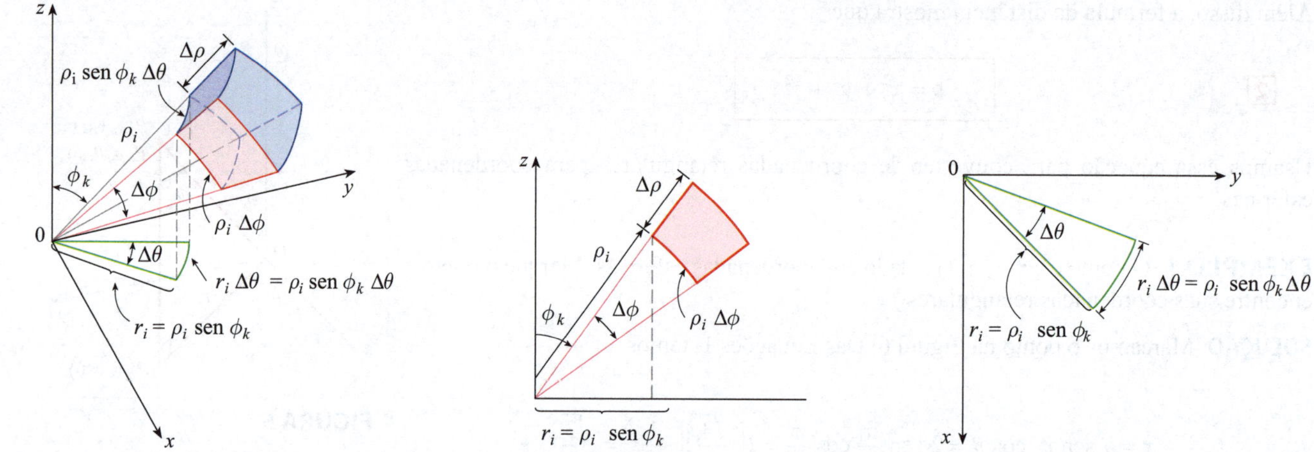

(a) Uma cunha esférica (b) Vista lateral (c) Vista superior

FIGURA 7

De fato, pode ser mostrado, com a ajuda do Teorema do Valor Médio (Exercício 51), que o valor exato do volume de E_{ijk} é dado por

$$\Delta V_{ijk} = \tilde{\rho}_i^2 \text{ sen } \tilde{\phi}_k \Delta\rho \, \Delta\theta \, \Delta\phi$$

onde $(\tilde{\rho}_i, \tilde{\theta}_j, \tilde{\phi}_k)$ é algum ponto em E_{ijk}. Sejam $(x_{ijk}^*, y_{ijk}^*, z_{ijk}^*)$ as coordenadas retangulares desse ponto. Então

$$\iiint_E f(x, y, z)\, dV = \lim_{l, m, n \to \infty} \sum_{i=1}^{l} \sum_{j=1}^{m} \sum_{k=1}^{n} f(x_{ijk}^*, y_{ijk}^*, z_{ijk}^*)\, \Delta V_{ijk}$$

$$= \lim_{l, m, n \to \infty} \sum_{i=1}^{l} \sum_{j=1}^{m} \sum_{k=1}^{n} f(\tilde{\rho}_i \text{ sen } \tilde{\phi}_k \cos \tilde{\theta}_j, \tilde{\rho}_i \text{ sen } \tilde{\phi}_k \text{ sen } \tilde{\theta}_j, \tilde{\rho}_i \cos \tilde{\phi}_k)\, \tilde{\rho}_i^2 \text{sen } \tilde{\phi}_k \text{sen } \tilde{\phi}_k \Delta\rho \, \Delta\theta \, \Delta\phi$$

Mas essa é uma soma de Riemann para a função

$$F(\rho, \theta, \phi) = f(\rho \text{ sen } \phi \cos \theta, \rho \text{ sen } \phi \text{ sen } \theta, \rho \cos \phi)\, \rho^2 \text{ sen } \phi$$

Consequentemente, chegamos à seguinte **fórmula para a integração tripla em coordenadas esféricas**.

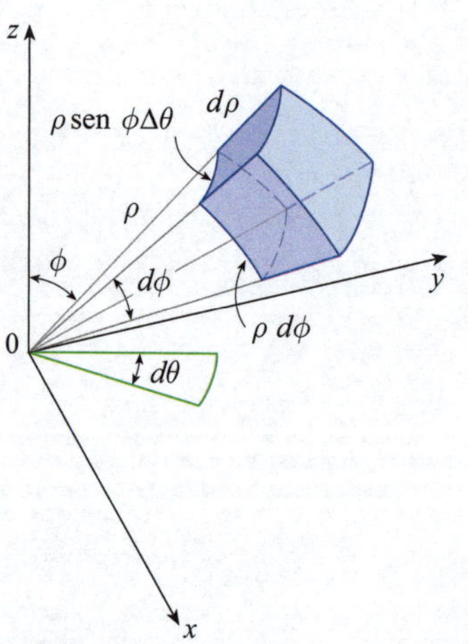

FIGURA 8
Elemento de volume em coordenadas esféricas: $dV = \rho^2 \text{ sen } \phi \, d\rho \, d\theta \, d\phi$

3 $$\iiint_E f(x, y, z)\, dV$$

$$= \int_c^d \int_\alpha^\beta \int_a^b f(\rho \text{ sen}\phi \, \cos\theta, \rho \text{ sen}\phi \, \text{ sen}\theta, \rho\cos\phi)\, \rho^2 \text{sen}\phi \, d\rho \, d\theta \, d\phi$$

onde E é uma cunha esférica dada por

$$E = \{(\rho, \theta, \phi) \mid a \le \rho \le b, \alpha \le \theta \le \beta, c \le \phi \le d\}$$

A Fórmula 3 nos diz que, para converter uma integral tripla de coordenadas retangulares para coordenadas esféricas, escrevemos

$$x = \rho \text{ sen } \phi \cos \theta \qquad y = \rho \text{ sen } \phi \text{ sen } \theta \qquad z = \rho \cos \phi$$

utilizando os limites de integração apropriados e substituindo dV por ρ^2 sen ϕ $d\rho$ $d\theta$ $d\phi$. Isso é ilustrado na Figura 8.

Essa fórmula pode ser estendida para incluir regiões esféricas mais gerais, como

$$E = \{(\rho, \theta, \phi) \mid \alpha \le \theta \le \beta, c \le \phi \le d, g_1(\theta, \phi) \le \rho \le g_2(\theta, \phi)\}$$

Nesse caso, a fórmula é a mesma que (3), exceto que os limites de integração para r são $g_1(\theta, \phi)$ e $g_2(\theta, \phi)$.

Em geral, as coordenadas esféricas são utilizadas nas integrais triplas quando superfícies como cones e esferas formam a fronteira da região de integração.

EXEMPLO 3 Calcule $\iiint_B e^{(x^2+y^2+z^2)^{3/2}} dV$, onde B é a bola unitária:

$$B = \{(x, y, z) \mid x^2 + y^2 + z^2 \le 1\}$$

SOLUÇÃO Como o limite de B é uma esfera, utilizaremos coordenadas esféricas:

$$B = \{(\rho, \theta, \phi) \mid 0 \le \rho \le 1, 0 \le \theta \le 2\pi, 0 \le \phi \le \pi\}$$

Além disso, as coordenadas esféricas são convenientes, pois

$$x^2 + y^2 + z^2 = \rho^2$$

Portanto, (3) fornece

$$\iiint_B e^{(x^2+y^2+z^2)^{3/2}} dV = \int_0^{\pi} \int_0^{2\pi} \int_0^1 e^{(\rho^2)^{3/2}} \rho^2 \operatorname{sen}\phi \, d\rho \, d\theta \, d\phi$$

$$= \int_0^{\pi} \operatorname{sen}\phi \, d\phi \int_0^{2\pi} d\theta \int_0^1 \rho^2 e^{\rho^3} d\rho$$

$$= [-\cos\phi]_0^{\pi} (2\pi) \left[\tfrac{1}{3} e^{\rho^3}\right]_0^1 = \tfrac{4}{3}\pi(e-1)$$

OBSERVAÇÃO Seria extremamente complicado calcular a integral do Exemplo 3 sem coordenadas esféricas. Com coordenadas retangulares, a integral iterada seria

$$\int_{-1}^{1} \int_{-\sqrt{1-x^2}}^{\sqrt{1-x^2}} \int_{-\sqrt{1-x^2-y^2}}^{\sqrt{1-x^2-y^2}} e^{(x^2+y^2+z^2)^{3/2}} dz \, dy \, dx$$

EXEMPLO 4 Utilize coordenadas esféricas para determinar o volume do sólido que fica acima do cone $z = \sqrt{x^2 + y^2}$ e abaixo da esfera $x^2 + y^2 + z^2 = z$. (Veja a Figura 9.)

SOLUÇÃO Observe que a esfera passa pela origem e tem centro em $(0, 0, \frac{1}{2})$. Escrevemos a equação da esfera em coordenadas esféricas como

$$\rho^2 = \rho\cos\phi \qquad \text{ou} \qquad \rho = \cos\phi$$

A equação do cone pode ser escrita como

$$\rho\cos\phi = \sqrt{\rho^2 \operatorname{sen}^2\phi \cos^2\theta + \rho^2 \operatorname{sen}^2\phi \operatorname{sen}^2\theta} = \rho \operatorname{sen}\phi$$

Isto resulta em sen $\phi = \cos\phi$, ou $\phi = \pi/4$. Portanto, a descrição do sólido E em coordenadas esféricas é

$$E = \{(\rho, \theta, \phi) \mid 0 \le \theta \le 2\pi, 0 \le \phi \le \pi/4, 0 \le \rho \le \cos\phi\}$$

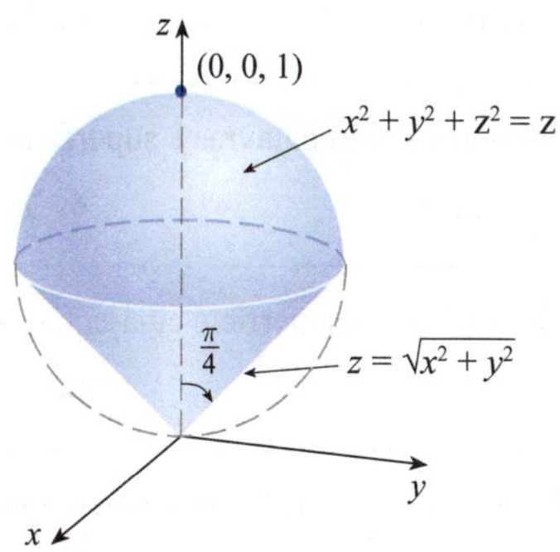

FIGURA 9

A Figura 10 mostra como E é apagado se integramos primeiro em relação a ρ, depois em relação a ϕ, e então em relação a θ. O volume de E é

$$V(E) = \iiint_E dV = \int_0^{2\pi} \int_0^{\pi/4} \int_0^{\cos\phi} \rho^2 \operatorname{sen}\phi \, d\rho \, d\phi \, d\theta$$

$$= \int_0^{2\pi} d\theta \int_0^{\pi/4} \operatorname{sen}\phi \left[\frac{\rho^3}{3}\right]_{\rho=0}^{\rho=\cos\phi} d\phi$$

$$= \frac{2\pi}{3}\int_0^{\pi/4} \operatorname{sen}\phi \, \cos^3\phi \, d\phi = \frac{2\pi}{3}\left[-\frac{\cos^4\phi}{4}\right]_0^{\pi/4} = \frac{\pi}{8}$$

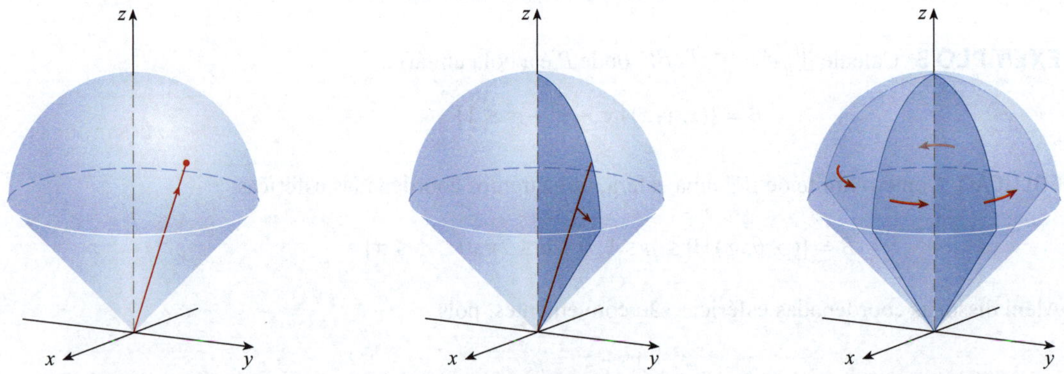

ρ varia de 0 a $\cos\phi$, enquanto ϕ e θ são constantes.

ϕ varia de 0 a $\pi/4$, enquanto θ é constante.

θ varia de 0 a 2π.

FIGURA 10

■

15.8 Exercícios

1-2 Marque o ponto cujas coordenadas esféricas são dadas. A seguir, encontre as coordenadas retangulares do ponto.

1. (a) $(2, 3\pi/4, \pi/2)$ (b) $(4, -\pi/3, \pi/4)$

2. (a) $(5, \pi/2, \pi/3)$ (b) $(6, 0, 5\pi/6)$

3-4 Mude de coordenadas retangulares para esféricas.

3. (a) $(3, 3, 0)$ (b) $(1, -\sqrt{3}, 2\sqrt{3})$

4. (a) $(0, 4, -4)$ (b) $(-2, 2, 2\sqrt{6})$

5-6 Descreva com palavras a superfície cuja equação é dada.

5. $\phi = 3\pi/4$ **6.** $\rho^2 - 3\rho + 2 = 0$

7-8 Identifique a superfície cuja equação é dada.

7. $\rho\cos\phi = 1$ **8.** $\rho = \cos\phi$

9-10 Escreva a equação em coordenadas esféricas.

9. (a) $x^2 + y^2 + z^2 = 9$ (b) $x^2 - y^2 - z^2 = 1$

10. (a) $z = x^2 + y^2$ (b) $z = x^2 - y^2$

11-14 Esboce o sólido descrito pelas desigualdades dadas.

11. $\rho \leq 1, \quad 0 \leq \phi \leq \pi/6, \quad 0 \leq \theta \leq \pi$

12. $1 \leq \rho \leq 2, \quad \pi/2 \leq \phi \leq \pi$

13. $1 \leq \rho \leq 3, \quad 0 \leq \phi \leq \pi/2, \quad \pi \leq \theta \leq 3\pi/2$

14. $\rho \leq 2, \quad \rho \leq \operatorname{cossec}\phi$

15. Um sólido compreende a região interna à esfera $x^2 + y^2 + z^2 = 4z$ e externa ao cone $z = \sqrt{x^2 + y^2}$. Escreva uma descrição do sólido usando desigualdades que envolvam coordenadas esféricas.

16. (a) Determine desigualdades que descrevem uma bola oca com diâmetro de 30 cm e espessura de 0,5 cm. Explique como você posicionou o sistema de coordenadas.

(b) Suponha que a bola seja cortada pela metade. Escreva desigualdades que descrevam uma das metades.

17-18 Esboce o sólido cujo volume é dado pela integral e calcule-a.

17. $\int_0^{\pi/6} \int_0^{\pi/2} \int_0^3 \rho^2 \operatorname{sen}\phi \, d\rho \, d\theta \, d\phi$

18. $\int_0^{\pi/4} \int_0^{2\pi} \int_0^{\sec\phi} \rho^2 \operatorname{sen}\phi \, d\rho \, d\theta \, d\phi$

19-20 Escreva a integral tripla de uma função contínua arbitrária $f(x, y, z)$ em coordenadas cilíndricas ou esféricas sobre o sólido mostrado.

19.

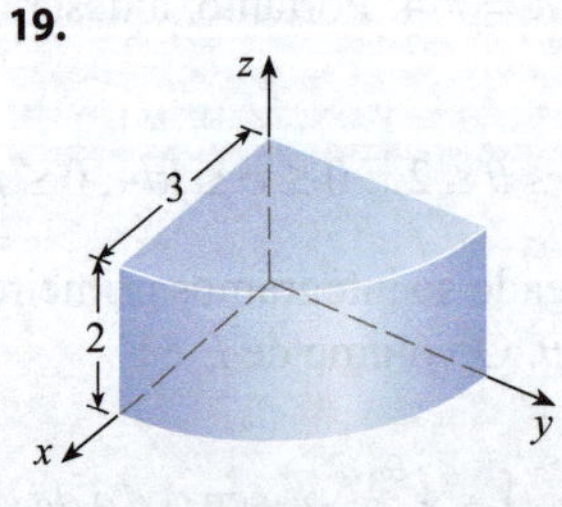

20.

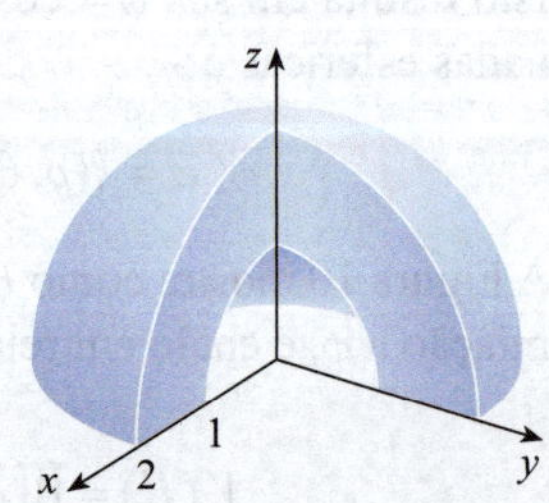

21-22

(a) Expresse a integral tripla $\iiint_E f(x, y, z)\, dV$ como uma integral iterada em coordenadas esféricas para a função dada f e a região sólida E.

(b) Avalie a integral iterada.

21. $f(x, y, z) = \sqrt{x^2 + y^2 + z^2}$ **22.** $f(x, y, z) = xy$

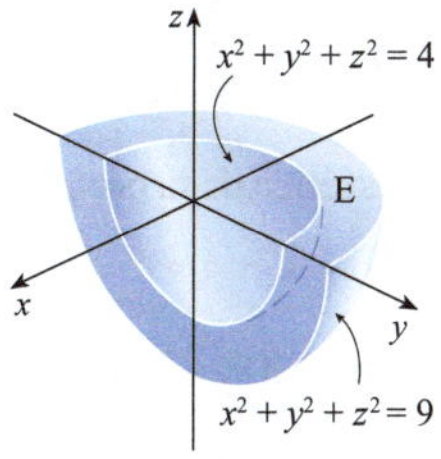

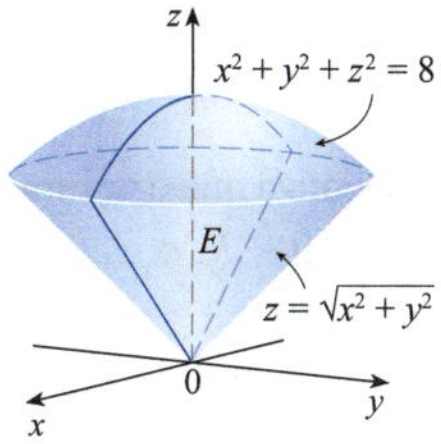

23-36 Utilize coordenadas esféricas.

23. Calcule $\iiint_B (x^2 + y^2 + z^2)^2\, dV$, onde B é a bola com centro na origem e raio 5.

24. Calcule $\iiint_E y^2z^2\, dV$, onde E está acima do cone $\phi = \pi/3$ e abaixo da esfera $\rho = 1$.

25. Calcule $\iiint_E (x^2 + y^2)\, dV$, onde E está entre as esferas $x^2 + y^2 + z^2 = 4$ e $x^2 + y^2 + z^2 = 9$.

26. Calcule $\iiint_E y^2\, dV$, onde E é o hemisfério sólido $x^2 + y^2 + z^2 \leq 9$ $y \geq 0$.

27. Calcule $\iiint_E xe^{x^2+y^2+z^2}\, dV$, onde E é a porção da bola unitária $x^2 + y^2 + z^2 \leq 1$ que fica no primeiro octante.

28. Calcule $\iiint_E \sqrt{x^2 + y^2 + z^2}\, dV$, onde E está acima do cone $z = \sqrt{x^2 + y^2}$ e entre as esferas $x^2 + y^2 + z^2 = 1$ e $x^2 + y^2 + z^2 = 4$.

29. Encontre o volume da parte da bola $\rho \leq a$ a que está entre os cones $\phi = \pi/6$ e $\phi = \pi/3$.

30. Encontre a distância média de um ponto em uma bola de raio a a seu centro.

31. (a) Determine o volume do sólido que está acima do cone $\phi = \pi/3$ e abaixo da esfera $\rho = 4 \cos \phi$.
(b) Encontre o centroide do sólido na parte (a).

32. Encontre o volume do sólido que está dentro da esfera $x^2 + y^2 + z^2 = 4$, acima do plano xy e abaixo do cone $z = \sqrt{x^2 + y^2}$.

33. (a) Encontre o centroide do sólido no Exemplo 4. (Suponha densidade constante K.)
(b) Encontre o momento de inércia em torno do eixo z para este sólido.

34. Seja H um hemisfério sólido de raio a cuja densidade em qualquer ponto é proporcional à distância ao centro da base.
(a) Determine a massa de H.
(b) Determine o centro de massa de H.
(c) Determine o momento de inércia de H em relação a seu eixo.

35. (a) Determine o centroide do hemisfério sólido homogêneo de raio a.
(b) Determine o momento de inércia do sólido da parte (a) em relação a um diâmetro de sua base.

36. Determine a massa e o centro de massa do hemisfério sólido de raio a se a densidade em qualquer ponto for proporcional à sua distância da base.

37-42 Dentre as coordenadas cilíndricas ou esféricas, utilize a que lhe parecer mais apropriada.

37. Determine o volume e o centroide do sólido E que está acima do cone $z = \sqrt{x^2 + y^2}$ e abaixo da esfera $x^2 + y^2 + z^2 = 1$.

38. Determine o volume da menor cunha esférica cortada de uma esfera de raio a por dois planos que se interceptam ao longo de um diâmetro com um ângulo de $\pi/6$.

39. Um cilindro sólido com densidade constante tem raio da base a e altura h.
(a) Encontre o momento de inércia do cilindro em relação a seu eixo.
(b) Encontre o momento de inércia do cilindro em relação a um diâmetro de sua base.

40. Um cone circular reto sólido com densidade constante tem raio da base a e altura h.
(a) Encontre o momento de inércia do cone em relação a seu eixo.
(b) Encontre o momento de inércia do cone em relação a um diâmetro de sua base.

T **41.** Calcule $\iiint_E z\, dV$, onde E está acima do paraboloide $z = x^2 + y^2$ e abaixo do plano $z = 2y$. Utilize a Tabela de Integrais (veja as Páginas de Referência 6-10) ou um sistema de computação algébrica para calcular a integral.

42. (a) Determine o volume limitado pelo toro $\rho = \text{sen}\, \phi$.
(b) Utilize um computador para desenhar o toro.

43-45 Calcule a integral, transformando para coordenadas esféricas.

43. $\displaystyle\int_0^1 \int_0^{\sqrt{1-x^2}} \int_{\sqrt{x^2+y^2}}^{\sqrt{2-x^2-y^2}} xy\, dz\, dy\, dx$

44. $\displaystyle\int_{-a}^{a} \int_{-\sqrt{a^2-y^2}}^{\sqrt{a^2-y^2}} \int_{-\sqrt{a^2-x^2-y^2}}^{\sqrt{a^2-x^2-y^2}} (x^2 z + y^2 z + z^3)\, dz\, dx\, dy$

45. $\displaystyle\int_{-2}^{2} \int_{-\sqrt{4-x^2}}^{\sqrt{4-x^2}} \int_{2-\sqrt{4-x^2-y^2}}^{2+\sqrt{4-x^2-y^2}} (x^2 + y^2 + z^3)^{3/2}\, dz\, dy\, dx$

46. Um modelo para a densidade d da atmosfera terrestre próxima à superfície é

$$\delta = 619{,}09 - 0{,}000097\rho$$

onde ρ (a distância do centro da Terra) é medido em metros e δ é medido em quilogramas por metro cúbico. Se tomarmos a superfície da Terra como uma esfera com raio de 6.370 km, então, este modelo é razoável para $6.370 \times 10^6 \leq \rho \leq 6.375 \times 10^6$. Use esse modelo para estimar a massa da atmosfera entre o solo e uma altitude de 5 km.

47. Use uma ferramenta gráfica para desenhar um silo que consista em um cilindro de raio 3 e altura 10 com um hemisfério no topo.

48. A latitude e a longitude de um ponto P no Hemisfério Norte estão relacionadas com as coordenadas esféricas ρ, θ, ϕ como a seguir. Tomamos a origem como o centro da Terra e o eixo z passando pelo Polo Norte. O eixo x positivo passa pelo ponto onde o meridiano principal (o meridiano atravessa Greenwich, na Inglaterra) intercepta o Equador. Então, a latitude de P é $\alpha = 90° - \phi°$ e a longitude é $\beta = 360° - \theta°$. Encontre a distância sobre um círculo máximo de Los Angeles (lat. 34,06° N, long. 118,25° W) a Montreal (lat. 45,50° N, long. 73,60° W). Tome o raio da Terra como 6.370 km. (Um *círculo máximo* é o círculo de intersecção de uma esfera com um plano que passe pelo centro da esfera.)

T **49.** As superfícies $r = 1 + \frac{1}{5}$ sen $m\theta$ sen $n\phi$ têm sido usadas para modelar tumores. A "esfera irregular" com $m = 6$ e $n = 5$ é mostrada. Utilize um sistema de computação algébrica para determinar seu volume.

50. Mostre que

$$\int_{-\infty}^{\infty}\int_{-\infty}^{\infty}\int_{-\infty}^{\infty} \sqrt{x^2+y^2+z^2}\, e^{-(x^2+y^2+z^2)}\,dx\,dy\,dz = 2\pi$$

(A integral imprópria tripla é definida como o limite da integral tripla sobre uma esfera sólida quando o raio da esfera aumenta indefinidamente.)

51. (a) Utilize coordenadas cilíndricas para mostrar que o volume do sólido limitado por cima pela esfera $r^2 + z^2 = a^2$ e por baixo pelo cone $z = r$ cotg ϕ_0 (ou $\phi = \phi_0$), onde $0 < \phi_0 < \pi/2$, é

$$V = \frac{2\pi a^3}{3}(1 - \cos\phi_0)$$

(b) Deduza que o volume da cunha esférica dada por $\rho_1 \leq \rho \leq \rho_2$, $\theta_1 \leq \theta \leq \theta_2$, $\phi_1 \leq \phi \leq \phi_2$ é

$$\Delta V = \frac{\rho_2^3 - \rho_1^3}{3}(\cos\phi_1 - \cos\phi_2)(\theta_2 - \theta_1)$$

(c) Utilize o Teorema do Valor Médio para mostrar que o volume da parte (b) pode ser escrito como

$$\Delta V = \tilde{\rho}^2 \text{ sen } \tilde{\phi}\, \Delta\rho\, \Delta\theta\, \Delta\phi$$

onde $\tilde{\rho}$ está entre ρ_1 e ρ_2, $\tilde{\phi}$ está entre ϕ_1 e ϕ_2, $\Delta\rho = \rho_2 - \rho_1$, $\Delta\theta = \theta_2 - \theta_1$ e $\Delta\phi = \phi_2 - \phi_1$.

PROJETO APLICADO | CORRIDA NA RAMPA

Suponha que uma bola sólida (de gude), uma bola oca (de *squash*), um cilindro sólido (uma barra de aço) e um cilindro oco (um cano de chumbo) rolem em um plano inclinado. Qual desses objetos chegará embaixo mais depressa? (Dê seu palpite antes de continuar.)

Para responder a essa questão, consideramos a bola ou o cilindro com massa m, raio r e momento de inércia I (em relação ao eixo de rotação). Se a queda vertical for h, a energia potencial no topo será mgh. Suponha que o objeto chegue embaixo com velocidade v e velocidade angular ω, de modo que $v = \omega r$. A energia cinética na base da rampa é composta por duas partes: ½ mv^2 da translação (movimento de descida da rampa) e ½ $I\omega^2$ da rotação. Se supusermos que a perda de energia por atrito na descida é desprezível, então a lei de conservação de energia nos dá

$$mgh = \tfrac{1}{2}mv^2 + \tfrac{1}{2}I\omega^2$$

1. Mostre que

$$v^2 = \frac{2gh}{1 + I^*} \qquad \text{onde } I^* = \frac{I}{mr^2}$$

2. Se $y(t)$ é a distância vertical percorrida até o instante t, então o mesmo raciocínio utilizado no Problema 1 mostra que $v^2 = 2gy/(1 + I^*)$ em qualquer instante t. Utilize esse resultado para mostrar que y satisfaz a equação diferencial

$$\frac{dy}{dt} = \sqrt{\frac{2g}{1+I^*}}(\text{sen }\alpha)\sqrt{y}$$

onde α é o ângulo de inclinação da rampa.

3. Resolvendo a equação diferencial do Problema 2, mostre que o tempo total de percurso é

$$T = \sqrt{\frac{2h(1+I^*)}{g\,\text{sen}^2\alpha}}$$

Isso mostra que o objeto com menor valor de I^* ganha a corrida.

4. Mostre que $I^* = \frac{1}{2}$ para o cilindro sólido e $I^* = 1$ para o cilindro oco.

5. Calcule I^* para a bola parcialmente oca com raio interior a e raio externo r. Expresse sua resposta em termos do coeficiente $b = a/r$. O que acontece quando $a \to 0$ e quando $a \to r$?

6. Mostre que $I^* = \frac{2}{5}$ para a bola sólida e $I^* = \frac{2}{3}$ para a bola oca. Assim, os objetos terminam a corrida na seguinte ordem: bola sólida, cilindro sólido, bola oca, cilindro oco.

15.9 Mudança de Variáveis em Integrais Múltiplas

Em cálculo unidimensional, frequentemente usamos uma mudança de variável (uma substituição) para simplificar uma integral. Revertendo os papéis de x e u, podemos escrever a Regra da Substituição (5.5.6, no Volume 1) como

1 $$\int_a^b f(x)\,dx = \int_c^d f(g(u))\,g'(u)\,du$$

onde $x = g(u)$ e $a = g(c)$, $b = g(d)$. Outro modo de escrever a Fórmula 1 é o seguinte:

2 $$\int_a^b f(x)\,dx = \int_c^d f(x(u))\,\frac{dx}{du}\,du$$

Uma mudança de variáveis também pode ser útil para o cálculo de integrais duplas e triplas.

Mudança de Variáveis em Integrais Duplas

Já vimos um exemplo de mudança de variáveis em integrais duplas: a conversão para coordenadas polares. As novas variáveis r e θ estão relacionadas às variáveis antigas x e y pelas equações

$$x = r\cos\theta \qquad y = r\,\text{sen}\,\theta$$

e a fórmula de mudança de variáveis (15.3.2) pode ser escrita como

$$\iint_R f(x, y)\,dA = \iint_S f(r\cos\theta,\ r\,\text{sen}\,\theta)\ r\,dr\,d\theta$$

onde S é a região no plano $r\theta$ que corresponde à região R no plano xy.

De modo mais geral, consideremos uma mudança de variável dada pela **transformação** T do plano uv no plano xy:

$$T(u, v) = (x, y)$$

onde x e y estão relacionados com u e v pelas equações

3 $$x = g(u, v) \qquad y = h(u, v)$$

ou, como às vezes escrevemos,

$$x = x(u, v) \qquad y = y(u, v)$$

Em geral, consideramos T uma ***transformação*** C^1, o que significa que g e h têm derivadas parciais de primeira ordem contínuas.

Uma transformação T é, de fato, somente uma função cujo domínio e imagem são ambos subconjuntos de $\mathbb{R}^2$. Se $T(u_1, v_1) = (x_1, y_1)$, então o ponto (x_1, y_1) é denominado **imagem** do ponto (u_1, v_1). Se não existem dois pontos com a mesma imagem, T é **injetora**. A Figura 1 mostra o efeito de uma transformação T em uma região S do plano uv. T transforma S em uma região R no plano xy denominada **imagem de S**, constituída das imagens de todos os pontos de S.

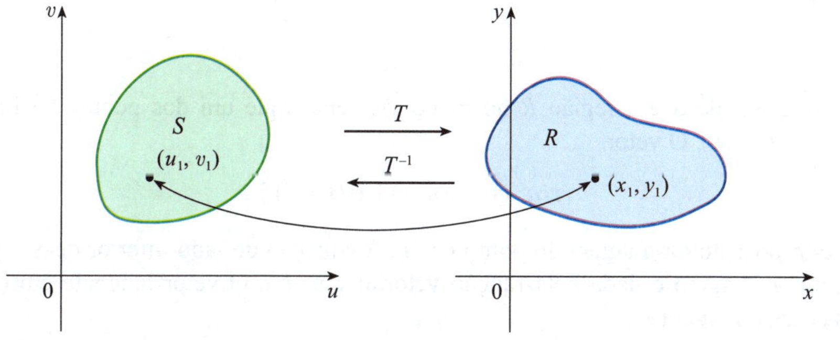

FIGURA 1

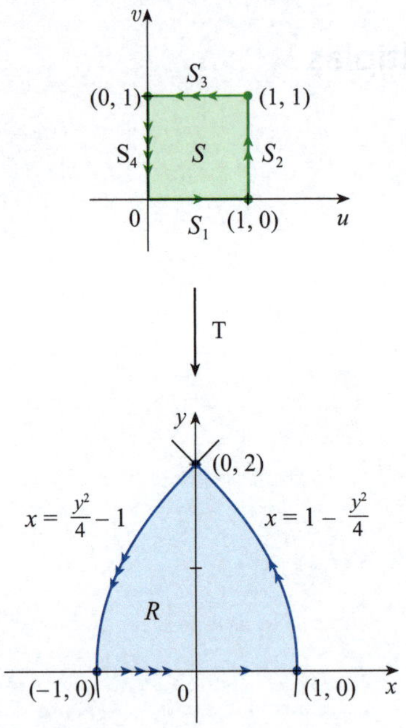

FIGURA 2

Se T é injetora, então existe uma **transformação inversa** T^{-1} do plano xy para o plano uv e pode ser possível inverter as Equações 3 para escrever u e v em termos de x e y:

$$u = G(x, y) \qquad v = H(x, y)$$

EXEMPLO 1 Uma transformação é definida pelas equações

$$x = u^2 - v^2 \qquad y = 2uv$$

Determine a imagem do quadrado $S = \{(u, v) \mid 0 \le u \le 1, 0 \le v \le 1\}$.

SOLUÇÃO A transformação leva a fronteira de S na fronteira da imagem. Assim, começamos por determinar a imagem dos lados de S. O primeiro lado, S_1, é dado por $v = 0$ $(0 \le u \le 1)$. (Veja a Figura 2.) Das equações dadas, temos $x = u^2$, $y = 0$ e, então, $0 \le x \le 1$. Então, S_1 é levado no segmento de reta que liga (0, 0) a (1, 0) no plano xy. O segundo lado, S_2, é $u = 1$ $(0 \le v \le 1)$ e, colocando $u = 1$ nas equações dadas, temos

$$x = 1 - v^2 \qquad y = 2v$$

Eliminando v, obtemos

4 $$x = 1 - \frac{y^2}{4} \qquad 0 \le x \le 1$$

que é parte de uma parábola. Da mesma forma, S_3 é dado por $v = 1$ $(0 \le u \le 1)$, cuja imagem é o arco parabólico

5 $$x = \frac{y^2}{4} - 1 \qquad -1 \le x \le 0$$

Finalmente, S_4 é dado por $u = 0$ $(0 \le v \le 1)$, cuja imagem é $x = -v^2$, $y = 0$, ou seja, $-1 \le x \le 0$. (Observe que quando nos movemos ao redor do quadrado no sentido anti-horário, também nos movemos ao redor da região parabólica no sentido anti-horário.) A imagem de S é a região R (mostrada na Figura 2) limitada pelo eixo x e pelas parábolas dadas pelas Equações 4 e 5. ■

Agora vamos ver como a mudança de variáveis afeta a integral dupla. Comecemos com um retângulo pequeno S no plano uv cujo canto inferior esquerdo é o ponto (u_0, v_0) e cujas dimensões são Δu e Δv. (Veja a Figura 3.)

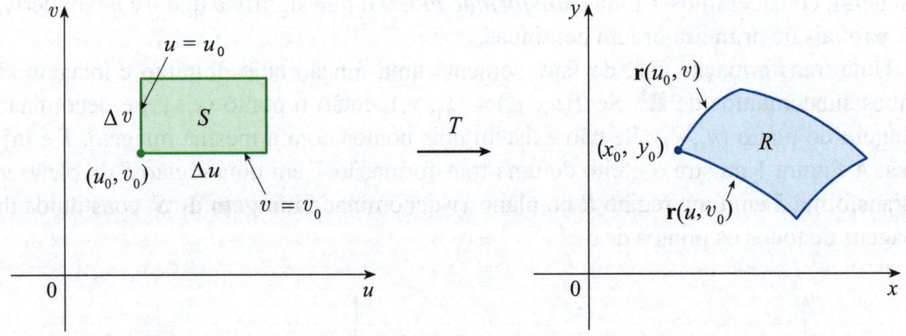

FIGURA 3

A imagem de S é a região R do plano xy, sendo que um dos pontos do limite é $(x_0, y_0) = T(u_0, v_0)$. O vetor

$$\mathbf{r}(u, v) = g(u, v)\,\mathbf{i} + h(u, v)\,\mathbf{j}$$

é o vetor posição da imagem do ponto (u, v). A equação do lado inferior de S é $v = v_0$, cuja curva imagem é dada pela função vetorial $\mathbf{r}(u, v_0)$. O vetor tangente em (x_0, y_0) a essa curva imagem é

$$\mathbf{r}_u = g_u(u_0, v_0)\mathbf{i} + h_u(u_0, v_0)\mathbf{j} = \frac{\partial x}{\partial u}\mathbf{i} + \frac{\partial y}{\partial u}\mathbf{j}$$

Da mesma forma, o vetor tangente em (x_0, y_0) à curva imagem do lado esquerdo de S é (a saber, $u = u_0$) é

$$\mathbf{r}_v = g_v(u_0, v_0)\mathbf{i} + h_v(u_0, v_0)\mathbf{j} = \frac{\partial x}{\partial v}\mathbf{i} + \frac{\partial y}{\partial v}\mathbf{j}$$

Podemos aproximar a região imagem $R = T(S)$ pelo paralelogramo determinado pelos vetores secantes

$$\mathbf{a} = \mathbf{r}(u_0 + \Delta u, v_0) - \mathbf{r}(u_0, v_0) \qquad \mathbf{b} = \mathbf{r}(u_0, v_0 + \Delta v) - \mathbf{r}(u_0, v_0)$$

mostrados na Figura 4. Mas

$$\mathbf{r}_u = \lim_{\Delta_u \to 0} \frac{\mathbf{r}(u_0 + \Delta u, v_0) - \mathbf{r}(u_0, v_0)}{\Delta u}$$

e, assim, $\qquad \mathbf{r}(u_0 + \Delta u, v_0) - \mathbf{r}(u_0, v_0) \approx \Delta u\, \mathbf{r}_u$

Da mesma forma, $\qquad \mathbf{r}(u_0, v_0 + \Delta v) - \mathbf{r}(u_0, v_0) \approx \Delta v\, \mathbf{r}_v$

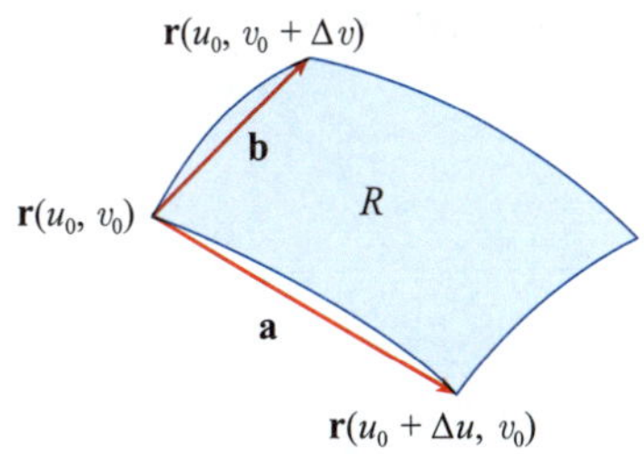

FIGURA 4

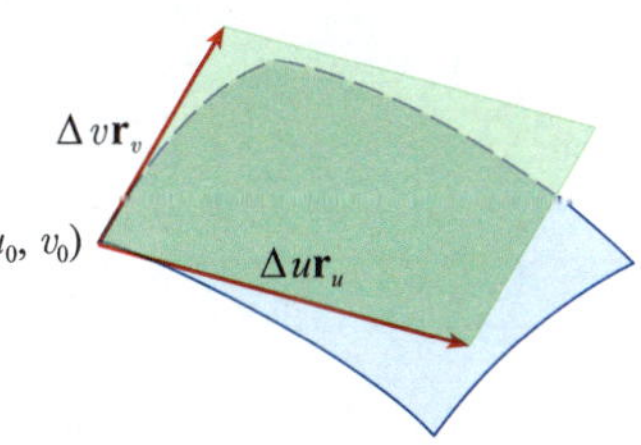

FIGURA 5

Isso significa que podemos aproximar R por um paralelogramo determinado pelos vetores $\Delta u\, \mathbf{r}_u$ e $\Delta v\, \mathbf{r}_v$. (Veja a Figura 5.) Portanto, podemos aproximar a área de R pela área desse paralelogramo, que, da Seção 12.4, é

6 $$|(\Delta u\, \mathbf{r}_u) \times (\Delta v\, \mathbf{r}_v)| = |\mathbf{r}_u \times \mathbf{r}_v|\, \Delta u\, \Delta v$$

Calculando o produto vetorial, obtemos

$$\mathbf{r}_u \times \mathbf{r}_v = \begin{vmatrix} \mathbf{i} & \mathbf{j} & \mathbf{k} \\ \frac{\partial x}{\partial u} & \frac{\partial y}{\partial u} & 0 \\ \frac{\partial x}{\partial v} & \frac{\partial y}{\partial v} & 0 \end{vmatrix} = \begin{vmatrix} \frac{\partial x}{\partial u} & \frac{\partial y}{\partial u} \\ \frac{\partial x}{\partial v} & \frac{\partial y}{\partial v} \end{vmatrix} \mathbf{k} = \begin{vmatrix} \frac{\partial x}{\partial u} & \frac{\partial x}{\partial v} \\ \frac{\partial y}{\partial u} & \frac{\partial y}{\partial v} \end{vmatrix} \mathbf{k}$$

O determinante que aparece nesse cálculo é chamado *jacobiano* da transformação e tem uma notação especial:

7 **Definição** O **jacobiano** da transformação T dada por $x = g(u, v)$ e $y = h(u, v)$ é

$$\frac{\partial(x, y)}{\partial(u, v)} = \begin{vmatrix} \frac{\partial x}{\partial u} & \frac{\partial x}{\partial v} \\ \frac{\partial y}{\partial u} & \frac{\partial y}{\partial v} \end{vmatrix} = \frac{\partial x}{\partial u}\frac{\partial y}{\partial v} - \frac{\partial x}{\partial v}\frac{\partial y}{\partial u}$$

O jacobiano recebeu esse nome em homenagem ao matemático alemão Carl Gustav Jacob Jacobi (1804-1851). Apesar de o matemático francês Cauchy ter sido o primeiro a usar estes determinantes especiais, envolvendo derivadas parciais, Jacobi usou-os para desenvolver um método para cálculo de integrais múltiplas.

Com essa notação, podemos utilizar a Equação 6 para obter uma aproximação da área ΔA de R:

8 $$\Delta A \approx \left| \frac{\partial(x, y)}{\partial(u, v)} \right| = \Delta u\, \Delta v$$

onde o jacobiano é calculado em (u_0, v_0).

Em seguida, dividimos a região S do plano uv em retângulos S_{ij} e chamamos suas imagens no plano xy de R_{ij}. (Veja a Figura 6.)

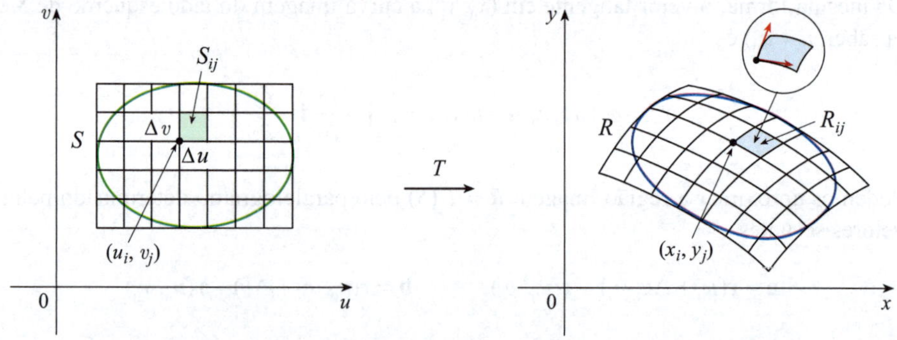

FIGURA 6

Aplicando a aproximação (8) a cada R_{ij}, aproximamos a integral dupla de f sobre R, como segue:

$$\iint_R f(x, y)\, dA \approx \sum_{i=1}^{m}\sum_{j=1}^{n} f(x_i, y_j)\Delta A$$

$$\approx \sum_{i=1}^{m}\sum_{j=1}^{n} f(g(u_i, v_j), h(u_i, v_j)) \left|\frac{\partial(x, y)}{\partial(u, v)}\right| \Delta u\, \Delta v$$

onde o jacobiano é calculado em (u_i, v_j). Observe que a soma dupla é a soma de Riemann para a integral

$$\iint_S f(g(u, v), h(u, v)) \left|\frac{\partial(x, y)}{\partial(u, v)}\right| du\, dv$$

A argumentação precedente sugere que o seguinte teorema seja verdadeiro. (Uma demonstração completa é dada em livros de cálculo avançado.)

9 Mudança de Variáveis em uma Integral Dupla Suponha que T seja uma transformação C^1 cujo jacobiano seja não nulo e leve uma região S do plano uv para uma região R do plano xy. Suponha que f seja contínua sobre R e que R e S sejam regiões planas do tipo I ou II. Suponha ainda que T seja injetora, exceto possivelmente nos pontos de fronteira de S. Então,

$$\iint_R f(x, y)\, dA = \iint_S f(x(u, v), y(u, v)) \left|\frac{\partial(x, y)}{\partial(u, v)}\right| du\, dv$$

O Teorema 9 diz que mudamos de uma integral em x e y para uma integral em u e v escrevendo x e y em termos de u e v e escrevendo

$$dA = \left|\frac{\partial(x, y)}{\partial(u, v)}\right| du\, dv$$

Observe a semelhança entre o Teorema 9 e a fórmula unidimensional da Equação 2. Em vez da derivada dx/du, temos o valor absoluto do jacobiano, ou seja, $|\partial(x, y)/\partial(u, v)|$.

Como primeira ilustração do Teorema 9, vamos mostrar que a fórmula de integração em coordenadas polares é um caso especial deste. Aqui, a transformação T do plano $r\theta$ para o plano xy é dada por

$$x = g(r, \theta) = r \cos \theta \qquad y = h(r, \theta) = r \operatorname{sen} \theta$$

e a geometria da transformação é mostrada na Figura 7. T transforma um retângulo comum do plano $r\theta$ em um retângulo polar do plano xy. O jacobiano de T é

$$\frac{\partial(x,y)}{\partial(r,\theta)} = \begin{vmatrix} \frac{\partial x}{\partial r} & \frac{\partial x}{\partial \theta} \\ \frac{\partial y}{\partial r} & \frac{\partial y}{\partial \theta} \end{vmatrix} = \begin{vmatrix} \cos\theta & -r\,\text{sen}\,\theta \\ \text{sen}\,\theta & r\cos\theta \end{vmatrix} = r\cos^2\theta + r\,\text{sen}^2\theta = r > 0$$

Assim, o Teorema 9 fornece

$$\iint_R f(x,y)\,dx\,dy = \iint_S f(r\cos\theta, r\,\text{sen}\,\theta)\left|\frac{\partial(x,y)}{\partial(r,\theta)}\right| dr\,d\theta$$
$$= \int_\alpha^\beta \int_a^b f(r\cos\theta, r\,\text{sen}\,\theta)\,r\,dr\,d\theta$$

que é o mesmo que a Fórmula 15.3.2.

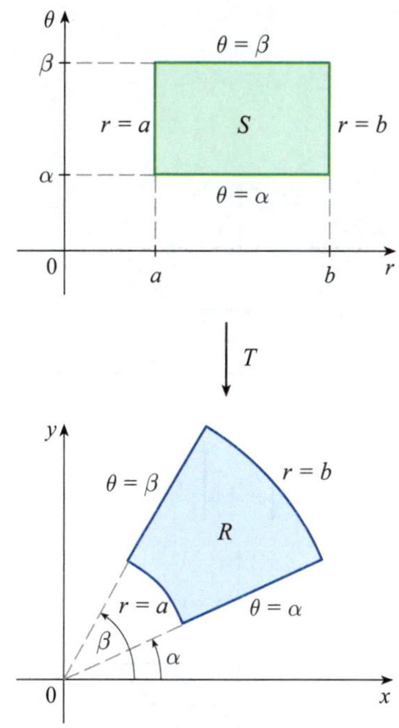

FIGURA 7
Transformação para as coordenadas polares

EXEMPLO 2 Utilize a mudança de variáveis $x = u^2 - v^2$, $y = 2uv$ para calcular a integral $\iint_R y\,dA$, onde R é a região limitada pelo eixo x e pelas parábolas $y^2 = 4 - 4x$ e $y^2 = 4 + 4x$, $y \geq 0$.

SOLUÇÃO A região R é mostrada na Figura 8. É a região do Exemplo 1 (veja a Figura 2); nesse exemplo descobrimos que $T(S) = R$, onde S é o quadrado $[0, 1] \times [0, 1]$. De fato, a razão que nos levou a fazer a mudança de variável para calcular a integral é que S é uma região muito mais simples que R. Vamos calcular o jacobiano:

$$\frac{\partial(x,y)}{\partial(u,v)} = \begin{vmatrix} \frac{\partial x}{\partial u} & \frac{\partial x}{\partial v} \\ \frac{\partial y}{\partial u} & \frac{\partial y}{\partial v} \end{vmatrix} = \begin{vmatrix} 2u & -2v \\ 2v & 2u \end{vmatrix} = 4u^2 + 4v^2 > 0$$

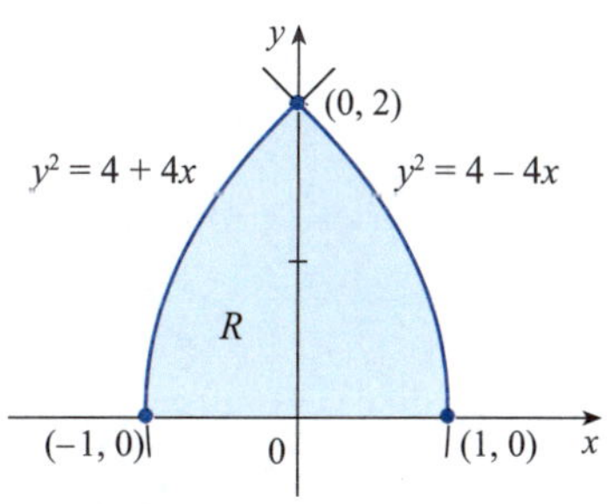

FIGURA 8

Portanto, pelo Teorema 9,

$$\iint_R y\,dA = \iint_S 2uv\left|\frac{\partial(x,y)}{\partial(u,v)}\right| dA = \int_0^1\int_0^1 (2uv)4(u^2+v^2)\,du\,dv$$
$$= 8\int_0^1\int_0^1 (u^3v + uv^3)\,du\,dv = 8\int_0^1 \left[\tfrac{1}{4}u^4v + \tfrac{1}{2}u^2v^3\right]_{u=0}^{u=1} dv$$
$$= \int_0^1 (2v + 4v^3)\,dv = \left[v^2 + v^4\right]_0^1 = 2$$

■

OBSERVAÇÃO O Exemplo 2 não foi um problema muito difícil de resolver porque já conhecíamos uma mudança de variáveis apropriada. Se não a conhecêssemos de antemão, então o primeiro passo seria descobrir uma mudança de variáveis apropriada. Se $f(x, y)$ for difícil de integrar, então a forma de $f(x, y)$ pode sugerir uma transformação. Se a região de integração R é complicada, então a transformação deve ser escolhida para que a região S correspondente no plano uv tenha uma descrição mais conveniente.

EXEMPLO 3 Calcule a integral $\iint_R e^{(x+y)/(x-y)}\,dA$, onde R é a região trapezoidal com vértices (1, 0), (2, 0), (0, –2) e (0, –1).

SOLUÇÃO Como não é fácil integrar $e^{(x+y)/(x-y)}$, vamos fazer a mudança de variáveis sugerida pela forma da função:

10 $$u = x + y \qquad v = x - y$$

Essas equações definem a transformação T^{-1} do plano xy para o plano uv. O Teorema 9 diz respeito à transformação T do plano uv para o plano xy. Esta é obtida isolando-se x e y nas Equações 10 de x e y:

11 $$x = \tfrac{1}{2}(u+v) \qquad y = \tfrac{1}{2}(u-v)$$

O jacobiano de T é

$$\frac{\partial(x,y)}{\partial(u,v)} = \begin{vmatrix} \frac{\partial x}{\partial u} & \frac{\partial x}{\partial v} \\ \frac{\partial y}{\partial u} & \frac{\partial y}{\partial v} \end{vmatrix} = \begin{vmatrix} \frac{1}{2} & \frac{1}{2} \\ \frac{1}{2} & -\frac{1}{2} \end{vmatrix} = -\frac{1}{2}$$

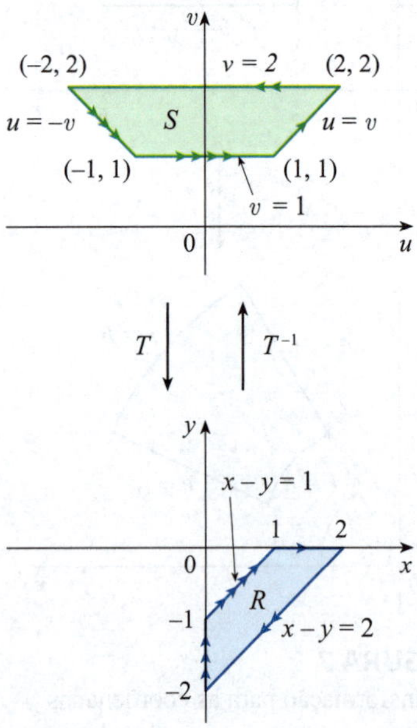

FIGURA 9

Para determinarmos a região S do plano uv correspondente a R, observamos que os lados de R estão sobre as retas

$$y = 0 \qquad x - y = 2 \qquad x = 0 \qquad x - y = 1$$

e, das Equações 10 ou 11, as retas imagem do plano uv são

$$u = v \qquad v = 2 \qquad u = -v \qquad v = 1$$

Então, a região S é a região trapezoidal com vértices (1, 1), (2, 2), (−2, 2) e (−1, 1) mostrada na Figura 9. Como

$$S = \{(u, v) \mid 1 \le v \le 2, -v \le u \le v\}$$

o Teorema 9 leva a

$$\iint_R e^{(x+y)/(x-y)}\,dA = \iint_S e^{u/v}\left|\frac{\partial(x,y)}{\partial(u,v)}\right| du\,dv$$

$$= \int_1^2 \int_{-v}^{v} e^{u/v}\left(\tfrac{1}{2}\right) du\,dv = \tfrac{1}{2}\int_1^2 \Big[ve^{u/v}\Big]_{u=-v}^{u=v} dv$$

$$= \tfrac{1}{2}\int_1^2 (e - e^{-1})v\,dv = \tfrac{3}{4}(e - e^{-1})$$ ■

■ Mudança de Variáveis em Integrais Triplas

Existe uma fórmula de mudança de variáveis semelhante para as integrais triplas. Seja T a transformação que leva uma região S no espaço uvw para uma região R no espaço xyz por meio das equações

$$x = g(u, v, w) \qquad y = h(u, v, w) \qquad z = k(u, v, w)$$

O **jacobiano** de T é o seguinte determinante 3 × 3:

12 $$\frac{\partial(x,y,z)}{\partial(u,v,w)} = \begin{vmatrix} \frac{\partial x}{\partial u} & \frac{\partial x}{\partial v} & \frac{\partial x}{\partial w} \\ \frac{\partial y}{\partial u} & \frac{\partial y}{\partial v} & \frac{\partial y}{\partial w} \\ \frac{\partial z}{\partial u} & \frac{\partial z}{\partial v} & \frac{\partial z}{\partial w} \end{vmatrix}$$

Sob hipóteses semelhantes àquelas do Teorema 9, temos a seguinte fórmula para integrais triplas:

13 $$\iiint_R f(x,y,z)\,dV = \iiint_S f(x(u,v,w), y(u,v,w), z(u,v,w))\left|\frac{\partial(x,y,z)}{\partial(u,v,w)}\right| du\,dv\,dw$$

EXEMPLO 4 Utilize a Fórmula 13 para deduzir a fórmula para a integração tripla em coordenadas esféricas.

SOLUÇÃO Aqui a mudança de variáveis é dada por

$$x = \rho \operatorname{sen} \phi \cos \theta \qquad y = \rho \operatorname{sen} \phi \operatorname{sen} \theta \qquad z = \rho \cos \phi$$

Calculamos o jacobiano como se segue:

$$\frac{\partial(x,y,z)}{\partial(\rho,\theta,\phi)} = \begin{vmatrix} \operatorname{sen}\phi \cos\theta & -\rho \operatorname{sen}\phi \operatorname{sen}\theta & \rho\cos\phi \cos\theta \\ \operatorname{sen}\phi \operatorname{sen}\theta & \rho\operatorname{sen}\phi \cos\theta & \rho\cos\phi \operatorname{sen}\theta \\ \cos\phi & 0 & -\rho \operatorname{sen}\phi \end{vmatrix}$$

$$= \cos\phi \begin{vmatrix} -\rho\operatorname{sen}\phi \operatorname{sen}\theta & \rho\cos\phi\cos\theta \\ \rho\operatorname{sen}\phi \cos\theta & \rho\cos\phi\operatorname{sen}\theta \end{vmatrix} - \rho \operatorname{sen}\phi \begin{vmatrix} \operatorname{sen}\phi \cos\theta & -\rho\operatorname{sen}\phi \operatorname{sen}\theta \\ \operatorname{sen}\phi \operatorname{sen}\theta & \rho\operatorname{sen}\phi \cos\theta \end{vmatrix}$$

$$= \cos\phi\,(-\rho^2\operatorname{sen}\phi \cos\phi \operatorname{sen}^2\theta - \rho^2\operatorname{sen}\phi \cos\theta \cos^2\theta)$$

$$-\rho \operatorname{sen}\phi\,(\rho \operatorname{sen}^2\phi \cos^2\theta + \rho \operatorname{sen}^2\phi \operatorname{sen}^2\theta)$$

$$= -\rho^2\operatorname{sen}\phi \cos^2\phi - \rho^2 \operatorname{sen}\phi \operatorname{sen}^2\phi = -\rho^2 \operatorname{sen}\phi$$

Visto que $0 \le \phi \le \pi$, temos sen $\phi \ge 0$. Portanto,

$$\left|\frac{\partial(x,y,z)}{\partial(\rho,\theta,\phi)}\right| = \left|-\rho^2 \operatorname{sen}\phi\right| = -\rho^2 \operatorname{sen}\phi$$

e a Fórmula 13 nos dá

$$\iiint_R f(x,y,z)\,dV = \iiint_S f(\rho\operatorname{sen}\phi \cos\theta,\ \rho\operatorname{sen}\phi \operatorname{sen}\theta,\ \rho\cos\phi)\,\rho^2\operatorname{sen}\phi\ d\rho\, d\theta\, d\phi$$

que é equivalente à Fórmula 15.8.3. ■

15.9 Exercícios

1. Associe a transformação fornecida à imagem (entre aquelas identificadas pelos números I a VI) que corresponde ao conjunto $S = \{(u, v) \mid 0 \le u \le 1,\ 0 \le v \le 1\}$ sob a transformação. Justifique suas escolhas.

(a) $x = u + v$, $y = u - v$ (b) $x = u - v$, $y = uv$

(c) $x = u \cos v$, $y = u \operatorname{sen} v$ (d) $x = u - v$, $y = u + v^2$

(e) $x = u + v$, $y = 2v$ (f) $x = uv$, $y = u^3 - v^3$

I

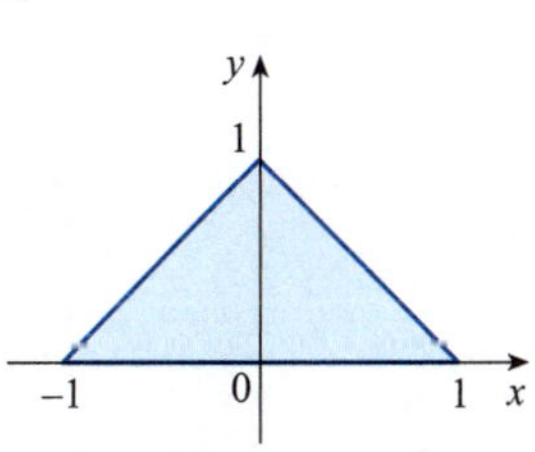

II

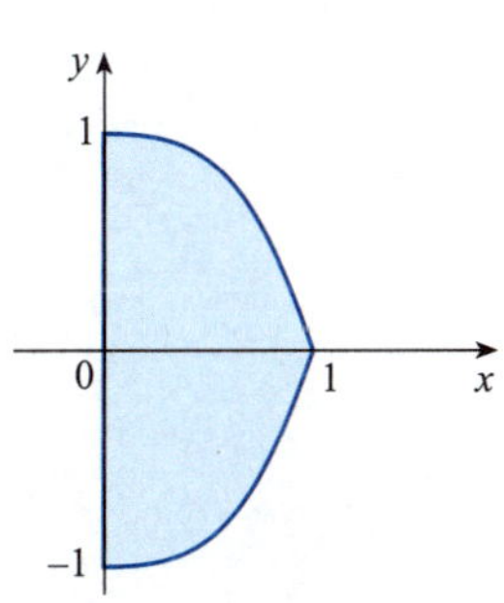

III

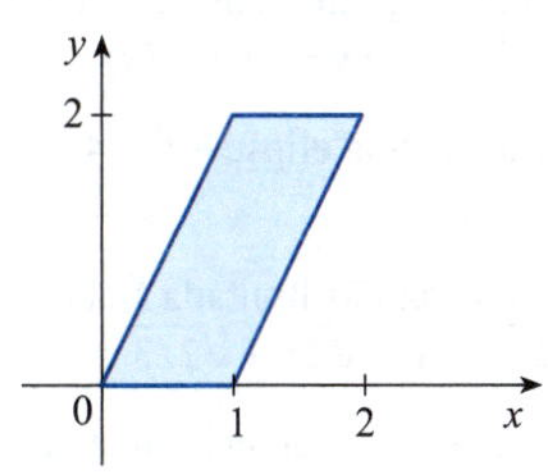

IV

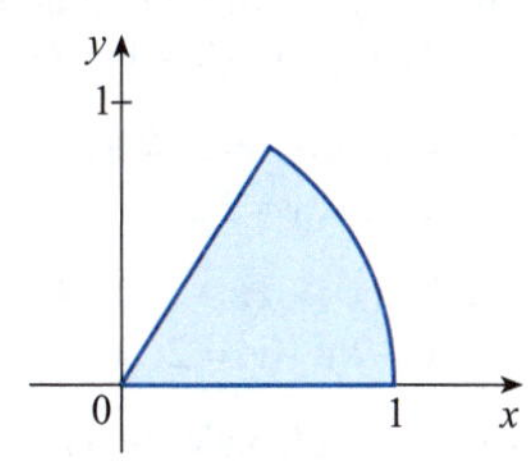

V

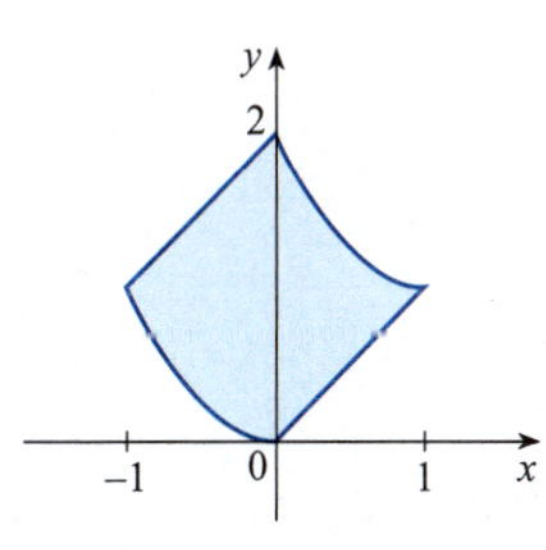

VI

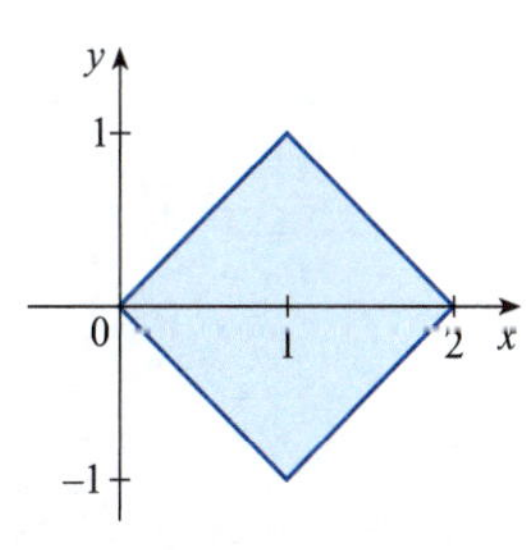

2-6 Determine a imagem do conjunto S sob a transformação dada.

2. $S = \{(u, v) \mid 0 \le u \le 1, 0 \le v \le 2\}$;
$x = u + v, y = -v$

3. $S = \{(u, v) \mid 0 \le u \le 3, 0 \le v \le 2\}$;
$x = 2u + 3v, y = u - v$

4. S é o quadrado limitado pelas retas $u = 0$, $u = 1$, $v = 0$, $v = 1$;
$x = v, y = u(1 + v^2)$

5. S é a região triangular com vértices $(0, 0)$, $(1, 1)$, $(0, 1)$;
$x = u^2, y = v$

6. S é o disco dado por $u^2 + v^2 \le 1$; $x = au, y = bv$

7-10 Uma região R no plano xy é dada. Determine equações para a transformação T que mapeia uma região retangular S no plano uv sobre R, onde os lados de S são paralelos aos eixos u e v.

7. R é limitado por $y = 2x - 1$, $y = 2x + 1$, $y = 1 - x$, $y = 3 - x$

8. R é o paralelogramo com vértices $(0, 0)$, $(4, 3)$, $(2, 4)$, $(-2, 1)$

9. R está entre os círculos $x^2 + y^2 = 1$ e $x^2 + y^2 = 2$ no primeiro quadrante

10. R é ligado pelas hipérboles $y = 1/x$, $y = 4/x$ e pelas retas $y = x$, $y = 4x$ no primeiro quadrante

---

11-16 Determine o jacobiano da transformação.

11. $x = 2u + v, \quad y = 4u - v$

12. $x = u^2 + uv, \quad y = uv^2$

13. $x = s\cos t, \quad y = s \operatorname{sen} t$

14. $x = pe^q, \quad y = qe^p$

15. $x = uv, \quad y = vw, \quad z = wu$

16. $x = u + vw, \quad y = v + wu, \quad z = w + uv$

17-22 Utilize a transformação dada para calcular a integral.

17. $\iint_R (x - 3y)\, dA$, onde R é a região triangular com vértices $(0, 0)$, $(2, 1)$ e $(1, 2)$; $x = 2u + v$, $y = u + 2v$

18. $\iint_R (4x + 8y)\, dA$, onde R é o paralelogramo com vértices $(-1, 3)$, $(1, -3)$, $(3, -1)$ e $(1, 5)$; $x = \frac{1}{4}(u + v)$ $y = \frac{1}{4}(v - 3u)$

19. $\iint_R x^2\, dA$, onde R é a região limitada pela elipse $9x^2 + 4y^2 = 36$; $x = 2u$, $y = 3v$

20. $\iint_R (x^2 - xy + y^2)\, dA$, onde R é a região limitada pela elipse $x^2 - xy + y^2 = 2$; $x = \sqrt{2}\,u - \sqrt{2/3}\,v$, $y = \sqrt{2}\,u + \sqrt{2/3}\,v$

21. $\iint_R xy\, dA$, onde R é a região no primeiro quadrante limitada pelas retas $y = x$ e $y = 3x$ e as hipérboles $xy = 1$, $xy = 3$; $x = u/v$, $y = v$

22. $\iint_R y^2\, dA$, onde R é a região limitada pelas curvas $xy = 1$, $xy = 2$, $xy^2 = 1$, $xy^2 = 2$; $u = xy$, $v = xy^2$. Ilustre utilizando uma calculadora gráfica ou um computador para traçar R.

---

23. (a) Calcule $\iiint_E dV$, onde E é o sólido limitado pelo elipsoide $x^2/a^2 + y^2/b^2 + z^2/c^2 = 1$. Utilize a transformação $x = au$, $y = bv$, $z = cw$.

(b) A Terra não é perfeitamente esférica; como resultado da rotação, os polos foram achatados. Assim, seu formato pode ser aproximado por um elipsoide com $a = b = 6.378$ km e $c = 6.356$ km. Use o item (a) para estimar o volume da Terra.

(c) Se o sólido do item (a) tiver densidade constante k, encontre seu momento de inércia em relação ao eixo z.

24. Um problema importante na termodinâmica é determinar o trabalho realizado por um motor de Carnot ideal. Um ciclo consiste na expansão alternada e compressão de gás em um pistão. O trabalho realizado pelo motor é igual à área da região R limitada por duas curvas isotérmicas $xy = a$, $xy = b$ e duas curvas adiabáticas $xy^{1,4} = c$, $xy^{1,4} = d$, onde $0 < a < b$ e $0 < c < d$. Calcule o trabalho realizado determinando a área de R.

25-30 Calcule a integral, efetuando uma mudança de variáveis apropriada.

25. $\displaystyle\iint_R \frac{x - 2y}{3x - y}\, dA$, onde R é o paralelogramo limitado pelas retas $x - 2y = 0$, $x - 2y = 4$, $3x - y = 1$ e $3x - y = 8$

26. $\iint_R (x + y)e^{x^2 - y^2}\, dA$, onde R é o retângulo limitado pelas retas $x - y = 0$, $x - y = 2$, $x + y = 0$ e $x + y = 3$

27. $\displaystyle\iint_R \cos\left(\frac{y - x}{y + x}\right) dA$, onde R á a região trapezoidal com vértices $(1, 0)$, $(2, 0)$, $(0, 2)$ e $(0, 1)$

28. $\iint_R \operatorname{sen}(9x^2 + 4y^2)\, dA$, onde R é a região do primeiro quadrante limitada pela elipse $9x^2 + 4y^2 = 1$

29. $\iint_R e^{x+y}\, dA$, onde R é dada pela inequação $|x| + |y| \le 1$

30. $\displaystyle\iint_R \frac{y}{x}\, dA$, em que R é a região delimitada pelas retas $x + y = 1$, $x + y = 3$, $y = 2x$, $y = x/2$

---

31. Seja f uma função contínua em $[0, 1]$ e seja R a região triangular com vértices $(0, 0)$, $(1, 0)$ e $(0, 1)$. Mostre que

$$\iint_R f(x + y)\, dA = \int_0^1 u f(u)\, du$$

15 REVISÃO

VERIFICAÇÃO DE CONCEITOS

As respostas para a Verificação de Conceitos podem ser encontradas na página deste livro no site da Cengage.

1. Suponha que f seja uma função contínua definida sobre um retângulo $R = [a, b] \times [c, d]$.
(a) Escreva uma expressão para uma soma de Riemann de uma função f. Se $f(x, y) \geq 0$, o que representa a soma?
(b) Escreva a definição de $\iint_R f(x, y)\, dA$ como um limite.
(c) Qual é a interpretação geométrica de $\iint_R f(x, y)\, dA$ se $f(x, y) \geq 0$? E se f tiver valores positivos e valores negativos?
(d) Como calcular $\iint_R f(x, y)\, dA$?
(e) O que a Regra do Ponto Médio para integrais duplas diz?
(f) Escreva uma expressão para o valor médio de f.

2. (a) Como você define $\iint_D f(x, y)\, dA$ se D é uma região limitada que não é retangular?
(b) O que é uma região do tipo I? Como calcular $\iint_D f(x, y)\, dA$ se D for uma região do tipo I?
(c) O que é uma região do tipo II? Como calcular $\iint_D f(x, y)\, dA$ se D for uma região do tipo II?
(d) Quais as propriedades de uma integral dupla?

3. Como transformar uma integral dupla em coordenadas retangulares para uma integral dupla em coordenadas polares? Por que você faria isso?

4. Se uma lâmina ocupa uma região plana D e tem densidade $\rho(x, y)$, escreva expressões para cada um dos seguintes itens em termos de integral dupla.
(a) A massa
(b) Os momentos em relação aos eixos
(c) O centro de massa
(d) Os momentos de inércia em relação aos eixos e à origem

5. Seja f uma função densidade conjunta de um par de variáveis aleatórias X e Y.
(a) Escreva uma integral dupla que represente a probabilidade de X estar entre a e b e Y estar entre c e d.
(b) Que propriedades f possui?
(c) Quais são os valores esperados de X e Y?

6. Escreva uma expressão para a área de uma superfície $z = f(x, y)$, $(x, y) \in D$.

7. (a) Escreva a definição da integral tripla de f sobre uma caixa retangular B.
(b) Como calcular $\iiint_B f(x, y, z)\, dV$?
(c) Como definir $\iiint_E f(x, y, z)\, dV$ se E for uma região sólida limitada diferente de uma caixa retangular?
(d) O que é uma região sólida do tipo 1? Como calcular $\iiint_E f(x, y, z)\, dV$ se E for uma região deste tipo?
(e) O que é uma região sólida do tipo 2? Como calcular $\iiint_E f(x, y, z)\, dV$ se E for uma região deste tipo?
(f) O que é uma região sólida do tipo 3? Como calcular $\iiint_E f(x, y, z)\, dV$ se E for uma região deste tipo?

8. Suponha que um objeto sólido ocupe uma região E e tenha função densidade $\rho(x, y, z)$. Escreva expressões para cada um dos seguintes itens.
(a) A massa
(b) Os momentos em relação aos planos coordenados
(c) As coordenadas do centro de massa
(d) Os momentos de inércia em relação aos eixos

9. (a) Como, em uma integral tripla, mudar de coordenadas retangulares para coordenadas cilíndricas?
(b) Como, em uma integral tripla, mudar de coordenadas retangulares para coordenadas esféricas?
(c) Em que situações você deve mudar para coordenadas cilíndricas ou esféricas?

10. (a) Se uma transformação T é dada por
$$x = g(u, v), \qquad y = h(u, v),$$
qual é o jacobiano de T?
(b) Como você muda de variáveis em uma integral dupla?
(c) Como você muda de variáveis em uma integral tripla?

TESTES VERDADEIRO-FALSO

Determine se a afirmação é falsa ou verdadeira. Se for verdadeira, explique por quê. Caso contrário, explique por que ou dê um exemplo que mostre que é falsa.

1. $\int_{-1}^{2}\int_{0}^{6} x^2 \operatorname{sen}(x - y)\, dx\, dy = \int_{0}^{6}\int_{-1}^{2} x^2 \operatorname{sen}(x - y)\, dy\, dx$

2. $\int_0^1\int_0^x \sqrt{x + y^2}\, dy\, dx = \int_0^x\int_0^1 \sqrt{x + y^2}\, dx\, dy$

3. $\int_1^2\int_3^4 x^2 e^y\, dy\, dx = \int_1^2 x^2\, dx \int_3^4 e^y\, dy$

4. $\int_{-1}^{1}\int_0^1 e^{x^2 + y^2} \operatorname{sen} y\, dx\, dy = 0$

5. Se f for contínua em $[0, 1]$, então,
$$\int_0^1\int_0^1 f(x) f(y)\, dy\, dx = \left[\int_0^1 f(x)\, dx\right]^2$$

6. $\int_1^4\int_0^1 \left(x^2 + \sqrt{y}\right) \operatorname{sen}(x^2 y^2)\, dx\, dy \leq 9$

7. Se D é um disco dado por $x^2 + y^2 \leq 4$, então
$$\iint_D \sqrt{4 - x^2 - y^2}\, dA = \tfrac{16}{3}\pi$$

8. A integral $\iiint_E kr^3\, dz\, dr\, d\theta$ representa o momento de inércia em relação ao eixo z de um sólido E com densidade constante k.

9. A integral
$$\int_0^{2\pi}\int_0^2\int_r^2 dz\, dr\, d\theta$$
representa o volume limitado pelo cone $z = \sqrt{x^2 + y^2}$ e pelo plano $z = 2$.

EXERCÍCIOS

1. A figura mostra o mapa de contorno de f no quadrado $R = [0, 3] \times [0, 3]$. Utilize uma soma de Riemann de nove termos para estimar o valor de $\iint_R f(x, y)\, dA$. Tome os pontos de amostragem como os cantos superiores direitos dos quadrados.

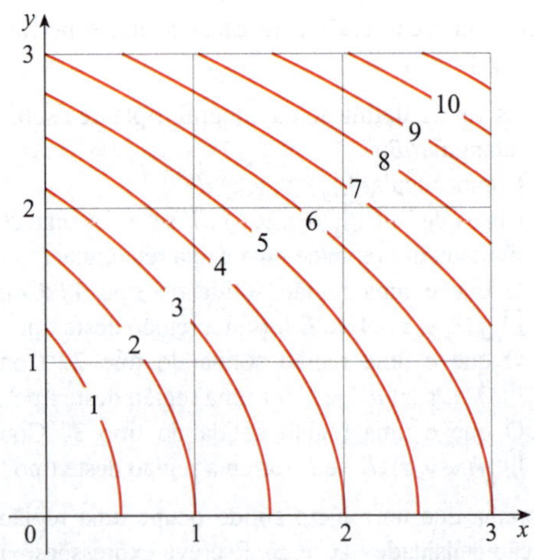

2. Utilize a Regra do Ponto Médio para estimar a integral do Exercício 1.

3-8 Calcule a integral iterada.

3. $\int_1^2 \int_0^2 (y + 2xe^y)\, dx\, dy$ **4.** $\int_0^1 \int_0^1 ye^{xy}\, dx\, dy$

5. $\int_0^1 \int_0^x \cos(x^2)\, dy\, dx$ **6.** $\int_0^1 \int_x^{e^x} 3xy^2\, dy\, dx$

7. $\int_0^\pi \int_0^1 \int_0^{\sqrt{1-y^2}} y \operatorname{sen} x\, dz\, dy\, dx$ **8.** $\int_0^1 \int_0^y \int_x^1 6xyz\, dz\, dx\, dy$

9-10 Escreva $\iint_R f(x, y)\, dA$ como uma integral iterada, onde R é a região mostrada e f é uma função arbitrária contínua em R.

9.

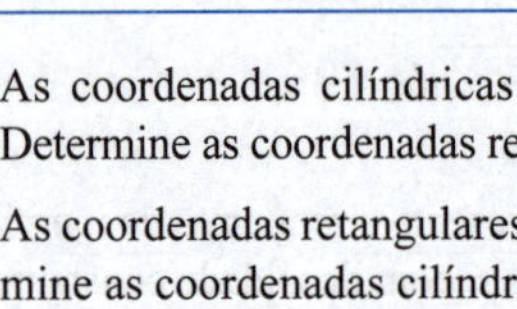

10.

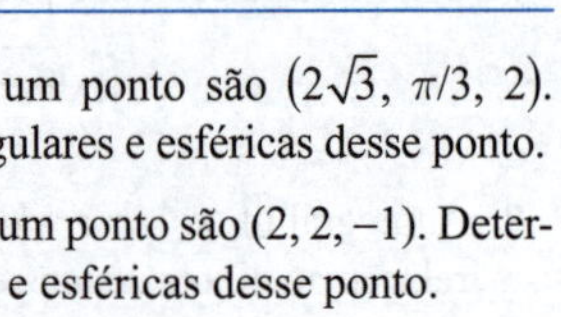

11. As coordenadas cilíndricas de um ponto são $(2\sqrt{3}, \pi/3, 2)$. Determine as coordenadas retangulares e esféricas desse ponto.

12. As coordenadas retangulares de um ponto são $(2, 2, -1)$. Determine as coordenadas cilíndricas e esféricas desse ponto.

13. As coordenadas esféricas de um ponto são $(8, \pi/4, \pi/6)$. Determine as coordenadas retangulares e cilíndricas desse ponto.

14. Identifique as superfícies cujas equações são dadas.
(a) $\theta = \pi/4$ (b) $\phi = \pi/4$

15. Escreva a equação em coordenadas cilíndricas e em coordenadas esféricas.
(a) $x^2 + y^2 + z^2 = 4$ (b) $x^2 + y^2 = 4$

16. Esboce o sólido que consiste em todos os pontos com coordenadas esféricas (ρ, θ, ϕ) tais que $0 \le \theta \le \pi/2$, $0 \le \phi \le \pi/6$ e $0 \le \rho \le 2 \cos \phi$.

17. Descreva a região cuja área é dada pela integral

$$\int_0^{\pi/2} \int_0^{\operatorname{sen} 2\theta} r\, dr\, d\theta$$

18. Descreva o sólido cujo volume é dado pela integral

$$\int_0^{\pi/2} \int_0^{\pi/2} \int_1^2 \rho^2 \operatorname{sen}\phi\, d\rho\, d\phi\, d\theta$$

e calcule a integral.

19-20 Calcule a integral iterada, primeiro invertendo a ordem de integração.

19. $\int_0^1 \int_x^1 \cos(y^2)\, dy\, dx$ **20.** $\int_0^1 \int_{\sqrt{y}}^1 \frac{ye^{x^2}}{x^3}\, dx\, dy$

21-34 Calcule o valor da integral múltipla.

21. $\iint_R ye^{xy}\, dA$, onde $R = \{(x, y) \mid 0 \le x \le 2, 0 \le y \le 3\}$

22. $\iint_D xy\, dA$, onde $D = \{(x, y) \mid 0 \le y \le 1, y^2 \le x \le y + 2\}$

23. $\iint_D \frac{y}{1 + x^2}\, dA$, onde D é limitado por $y = \sqrt{x}$, $y = 0$, $x = 1$

24. $\iint_D \frac{1}{1 + x^2}\, dA$, onde D é a região triangular com vértices $(0, 0)$, $(1, 1)$ e $(0, 1)$

25. $\iint_D y\, dA$, onde D é a região no primeiro quadrante limitada pelas parábolas $x = y^2$ e $x = 8 - y^2$

26. $\iint_D y\, dA$, onde D é a região do primeiro quadrante que está acima da hipérbole $xy = 1$ e da reta $y = x$ e abaixo da reta $y = 2$

27. $\iint_D (x^2 + y^2)^{3/2}\, dA$, onde D é a região do primeiro quadrante limitada pelas retas $y = 0$ e $y = \sqrt{3}x$ e pelo círculo $x^2 + y^2 = 9$

28. $\iint_D x\, dA$, onde D é a região no primeiro quadrante que se encontra entre os círculos $x^2 + y^2 = 1$ e $x^2 + y^2 = 2$

29. $\iiint_E xy\, dV$, onde
$E = \{(x, y, z) \mid 0 \le x \le 3, 0 \le y \le x, 0 \le z \le x + y\}$

30. $\iiint_T xy\, dV$, onde T é o tetraedro sólido com vértices $(0, 0, 0)$, $\left(\frac{1}{3}, 0, 0\right)$ $(0, 1, 0)$ $(0, 0, 1)$

31. $\iiint_E y^2 z^2\, dV$, onde E é limitado pelo paraboloide $x = 1 - y^2 - z^2$ e pelo plano $x = 0$

32. $\iiint_E z\, dV$, onde E é limitado pelos planos $y = 0$, $z = 0$, $x + y = 2$ e pelo cilindro $y^2 + z^2 = 1$ no primeiro octante

33. $\iiint_E yz\, dV$, onde E está acima do plano $z = 0$, abaixo do plano $z = y$ e dentro do cilindro $x^2 + y^2 = 4$

34. $\iiint_H z^3 \sqrt{x^2 + y^2 + z^2}\, dV$, onde H é o hemisfério sólido com centro na origem e raio 1, que está acima do plano xy

35-40 Determine o volume do sólido dado.

35. Abaixo do paraboloide $z = x^2 + 4y^2$ e acima do retângulo $R = [0, 2] \times [1, 4]$

36. Abaixo da superfície $z = x^2 y$ e acima do triângulo no plano xy com vértices $(1, 0)$, $(2, 1)$ e $(4, 0)$

37. O tetraedro sólido com vértices (0, 0, 0), (0, 0, 1), (0, 2, 0) e (2, 2, 0)

38. Limitado pelo cilindro $x^2 + y^2 = 4$ e pelos planos $z = 0$ e $y + z = 3$

39. Uma das cunhas obtidas pelo corte do cilindro $x^2 + 9y^2 = a^2$ pelos planos $z = 0$ e $z = mx$

40. Acima do paraboloide $z = x^2 + y^2$ e abaixo do semicone $z = \sqrt{x^2 + y^2}$

---

41. Considere uma lâmina que ocupa, no primeiro quadrante, a região D limitada pela parábola $x = 1 - y^2$ e pelos eixos coordenados, com função densidade $\rho(x, y) = y$.
(a) Determine a massa da lâmina.
(b) Determine o centro de massa.
(c) Determine os momentos de inércia e os raios de giração em relação aos eixos x e y.

42. Uma lâmina ocupa a parte do disco $x^2 + y^2 \leq a^2$ que está no primeiro quadrante.
(a) Determine o centroide da lâmina.
(b) Determine o centro de massa da lâmina se a função densidade for $\rho(x, y) = xy^2$.

43. (a) Determine o centroide de um cone circular reto com altura h e base com raio a. (Coloque o cone de forma que a base esteja sobre o plano xy com o centro na origem e seu eixo esteja sobre o eixo z.)
(b) Se o cone tem densidade $\rho(x, y, z) = \sqrt{x^2 + y^2}$, encontre o momento de inércia do cone em relação a seu eixo (o eixo z).

44. Encontre a área da parte do cone $z^2 = a^2(x^2 + y^2)$ entre os planos $z = 1$ e $z = 2$.

45. Determine a área da parte da superfície $z = x^2 + y$ que está acima do triângulo com vértices (0, 0), (1, 0) e (0, 2).

T **46.** Use um sistema de computação algébrica para traçar a superfície $z = x \operatorname{sen} y$, $-3 \leq x \leq 3$, $-\pi \leq y \leq \pi$ e encontre seu comprimento correto com 4 casas decimais.

47. Utilize coordenadas polares para calcular

$$\int_0^3 \int_{-\sqrt{9-x^2}}^{\sqrt{9-x^2}} (x^2 + xy^2)\, dy\, dx$$

48. Utilize coordenadas esféricas para calcular

$$\int_{-2}^2 \int_0^{\sqrt{4-y^2}} \int_{-\sqrt{4-x^2-y^2}}^{\sqrt{4-x^2-y^2}} y^2 \sqrt{x^2 + y^2 + z^2}\, dz\, dx\, dy$$

49. Se D é uma região limitada pelas curvas $y = 1 - x^2$ e $y = e^x$, determine o valor aproximado da integral $\iint_D y^2\, dA$. (Utilize uma ferramenta gráfica para estimar os pontos de intersecção das curvas.)

T **50.** Use um sistema de computação algébrica para determinar o centro de massa do tetraedro sólido com vértices (0, 0, 0), (1, 0, 0), (0, 2, 0), (0, 0, 3) e função densidade $\rho(x, y, z) = x^2 + y^2 + z^2$.

51. A função densidade conjunta das variáveis aleatórias X e Y é

$$f(x, y) = \begin{cases} C(x + y) & \text{se } 0 \leq x \leq 3,\ 0 \leq y \leq 2 \\ 0 & \text{caso contrário} \end{cases}$$

(a) Determine o valor da constante C.
(b) Encontre $P(X \leq 2, Y \geq 1)$.
(c) Encontre $P(X + Y \leq 1)$.

52. Uma luminária tem três lâmpadas, cada uma com vida média de 800 horas. Se modelarmos a probabilidade de falha das lâmpadas por uma função densidade exponencial com média 800, determine a probabilidade de as três lâmpadas virem a falhar dentro de um intervalo de 1.000 horas.

53. Reescreva a integral

$$\int_{-1}^1 \int_{x^2}^1 \int_0^{1-y} f(x, y, z)\, dz\, dy\, dx$$

como uma integral iterada na ordem $dx\, dy\, dz$.

54. Dê outras cinco integrais iteradas iguais a

$$\int_0^2 \int_0^{y^3} \int_0^{y^2} f(x, y, z)\, dz\, dx\, dy$$

55. Utilize a transformação $u = x - y$, $v = x + y$ para avaliar

$$\iint_R \frac{x - y}{x + y}\, dA$$

onde R é o quadrado com vértices (0, 2), (1, 1), (2, 2) e (1, 3).

56. Utilize a transformação $x = u^2$, $y = v^2$, $z = w^2$ para determinar o volume da região limitada pela superfície $\sqrt{x} + \sqrt{y} + \sqrt{z} = 1$ e pelos planos coordenados.

57. Utilize a fórmula de mudança de variáveis e uma transformação adequada para calcular $\iint_R xy\, dA$, onde R é o quadrado com vértices (0, 0), (1, 1), (2, 0) e (1, −1).

58. (a) Calcule

$$\iint_D \frac{1}{(x^2 + y^2)^{n/2}}\, dA$$

onde n é um inteiro e D é a região limitada pelos círculos com centro na origem e raios r e R, $0 < r < R$.
(b) Para que valores de n a integral da parte (a) tem limite quando $r \to 0^+$?
(c) Determine

$$\iiint_E \frac{1}{(x^2 + y^2 + z^2)^{n/2}}\, dV$$

onde E é a região limitada pelas esferas com centro na origem e raios r e R, $0 < r < R$.
(d) Para que valores de n a integral da parte (c) tem limite quando $r \to 0^+$?

Problemas Quentes

1. Se $[\![x]\!]$ denota o maior inteiro contido em x, calcule a integral

$$\iint_R [\![x+y]\!]\, dA$$

onde $R = \{(x, y) \mid 1 \le x \le 3,\ 2 \le y \le 5\}$.

2. Calcule a integral

$$\int_0^1 \int_0^1 e^{\max\{x^2, y^2\}} dy\, dx$$

onde $\max\{x^2, y^2\}$ significa o maior dos números x^2 e y^2.

3. Encontre o valor médio da função $f(x) = \int_x^1 \cos(t^2)\, dt$ no intervalo $[0, 1]$.

4. Mostre que

$$\int_0^2 \int_0^x 2e^{x^2-y^2}\, dy\, dx = \int_0^2 \int_y^{4-y} e^{xy}\, dx\, dy$$

5. A integral dupla $\int_0^1 \int_0^1 \frac{1}{1-xy}\, dx\, dy$ é uma integral imprópria e pode ser definida como o limite da integral dupla sobre o retângulo $[0, t] \times [0, t]$ quando $t \to 1^-$. Mas, se expandirmos o integrando como uma série geométrica, podemos exprimir a integral como a soma de uma série infinita. Mostre que

$$\int_0^1 \int_0^1 \frac{1}{1-xy}\, dx\, dy = \sum_{n=1}^{\infty} \frac{1}{n^2}$$

6. Leonhard Euler determinou o valor exato da soma da série do Problema 5. Em 1736, ele demonstrou que

$$\sum_{n=1}^{\infty} \frac{1}{n^2} = \frac{\pi^2}{6}$$

Neste problema, pedimos que você demonstre esse fato calculando a integral dupla do Problema 5. Comece fazendo a mudança de variável

$$x = \frac{u-v}{\sqrt{2}} \qquad y = \frac{u+v}{\sqrt{2}}$$

Isso corresponde a uma rotação em torno da origem de um ângulo de $\pi/4$. Você precisará esboçar a região correspondente no plano uv.

[*Sugestão*: Se, ao avaliar a integral, você encontrar uma das expressões $(1 - \text{sen}\,\theta)/\cos\theta$ ou $(\cos\theta)/(1 + \text{sen}\,\theta)$, pode usar a identidade $\cos\theta = \text{sen}((\pi/2) - \theta)$ e a identidade correspondente para $\text{sen}\,\theta$.].

7. (a) Mostre que

$$\int_0^1 \int_0^1 \int_0^1 \frac{1}{1-xyz}\, dx\, dy\, dz = \sum_{n=1}^{\infty} \frac{1}{n^3}$$

(Ninguém jamais foi capaz de determinar o valor exato da soma dessa série.)

(b) Mostre que

$$\int_0^1 \int_0^1 \int_0^1 \frac{1}{1+xyz}\, dx\, dy\, dz = \sum_{n=1}^{\infty} \frac{(-1)^{n-1}}{n^3}$$

Use essa equação para calcular a integral tripla com precisão de duas casas decimais.

8. Mostre que

$$\int_0^{\infty} \frac{\operatorname{arctg} \pi x - \operatorname{arctg} x}{x}\, dx = \frac{\pi}{2} \ln \pi$$

primeiro escrevendo a integral como uma integral iterada.

9. (a) Mostre que quando a equação de Laplace

$$\frac{\partial^2 u}{\partial x^2}+\frac{\partial^2 u}{\partial y^2}+\frac{\partial^2 u}{\partial z^2}=0$$

é escrita em coordenadas cilíndricas, ela se torna

$$\frac{\partial^2 u}{\partial r^2}+\frac{1}{r}\frac{\partial u}{\partial r}+\frac{1}{r^2}\frac{\partial^2 u}{\partial \theta^2}+\frac{\partial^2 u}{\partial z^2}=0$$

(b) Mostre que quando a equação de Laplace é escrita em coordenadas esféricas ela se torna

$$\frac{\partial^2 u}{\partial \rho^2}+\frac{2}{\rho}\frac{\partial u}{\partial \rho}+\frac{\operatorname{cotg}\phi}{\rho^2}\frac{\partial u}{\partial \phi}+\frac{1}{\rho^2}\frac{\partial^2 u}{\partial \phi^2}+\frac{1}{\rho^2 \operatorname{sen}^2\phi}\frac{\partial^2 u}{\partial \theta^2}=0$$

10. (a) Uma lâmina tem densidade constante ρ e o formato de um disco com centro na origem e raio R. Utilize a Lei da Gravitação Universal (veja a Seção 13.4) para mostrar que a intensidade da força de atração que a lâmina exerce sobre um corpo com massa m colocado em um ponto $(0, 0, d)$ no eixo z positivo é

$$F=2\pi G m\rho d\left(\frac{1}{d}-\frac{1}{\sqrt{R^2+d^2}}\right)$$

[*Sugestão*: Divida o disco como na Figura 15.3.4 e calcule primeiro a componente vertical da força exercida pelo sub-retângulo polar R_{ij}.]

(b) Mostre que a intensidade da força de atração da lâmina com densidade ρ que ocupa o plano inteiro sobre um objeto de massa m localizado à distância d do plano é

$$F=2\pi G m\rho$$

Observe que esta expressão não deve depender de d.

11. Se f for contínua, mostre que

$$\int_0^x\int_0^y\int_0^z f(t)\,dt\,dz\,dy=\tfrac{1}{2}\int_0^x (x-t)^2 f(t)\,dt$$

12. Calcule $\displaystyle\lim_{n\to\infty} n^{-2}\sum_{i=1}^{n}\sum_{j=1}^{n^2}\frac{1}{\sqrt{n^2+ni+j}}$.

13. O plano

$$\frac{x}{a}+\frac{y}{b}+\frac{z}{c}=1 \qquad a>0,\quad b>0,\quad c>0$$

corta o elipsoide sólido

$$\frac{x^2}{a^2}+\frac{y^2}{b^2}+\frac{z^2}{c^2}\le 1$$

em dois pedaços. Encontre o volume do pedaço menor.

Campos vetoriais podem ser usados para modelar fenômenos tão diversos como gravidade, eletricidade, magnetismo e o escoamento de fluidos. Como exemplo, um furacão pode ser modelado por uma função que descreve o vetor velocidade em cada ponto do espaço. Podemos, então, usar o cálculo vetorial para obter diversas medidas, como a circulação, a torção (rotacional), o escoamento (fluxo) ou as expansões e compressões (divergente) do vento, bem como as relações entre essas grandezas.

16 Cálculo Vetorial

NESTE CAPÍTULO, ESTUDAREMOS os cálculos de campos vetoriais. (Estes são as funções que associam vetores a pontos no espaço.) Em particular, definiremos integrais de linha (que podem ser usadas para encontrar o trabalho realizado por um campo de força para mover um objeto ao longo de uma curva). Em seguida, definiremos integrais de superfície (que podem ser usadas para encontrar a taxa de fluxo do fluido através de uma superfície). As conexões entre esses novos tipos de integrais e as integrais unidimensionais, duplas e triplas que já vimos são dadas por versões em maior dimensão do Teorema Fundamental do Cálculo: Teorema de Green, Teorema de Stokes e o Teorema do Divergente.

16.1 Campos Vetoriais

Campos Vetoriais em $\mathbb{R}^2$ e $\mathbb{R}^3$

Os vetores da Figura 1 representam os vetores velocidade do ar e indicam a velocidade escalar, a direção e o sentido do vento em pontos a 10 m da superfície, na área da Baía de São Francisco. Nós vemos em um relance a partir das maiores setas na parte (a) que as velocidades do vento maiores naquele tempo ocorreram quando entraram na baía do outro lado da Ponte Golden Gate. A parte (b) mostra o padrão de vento muito diferente 12 horas antes. Associado a cada ponto do ar, podemos imaginar um vetor velocidade do vento. Este é um exemplo de *campo vetorial de velocidade*.

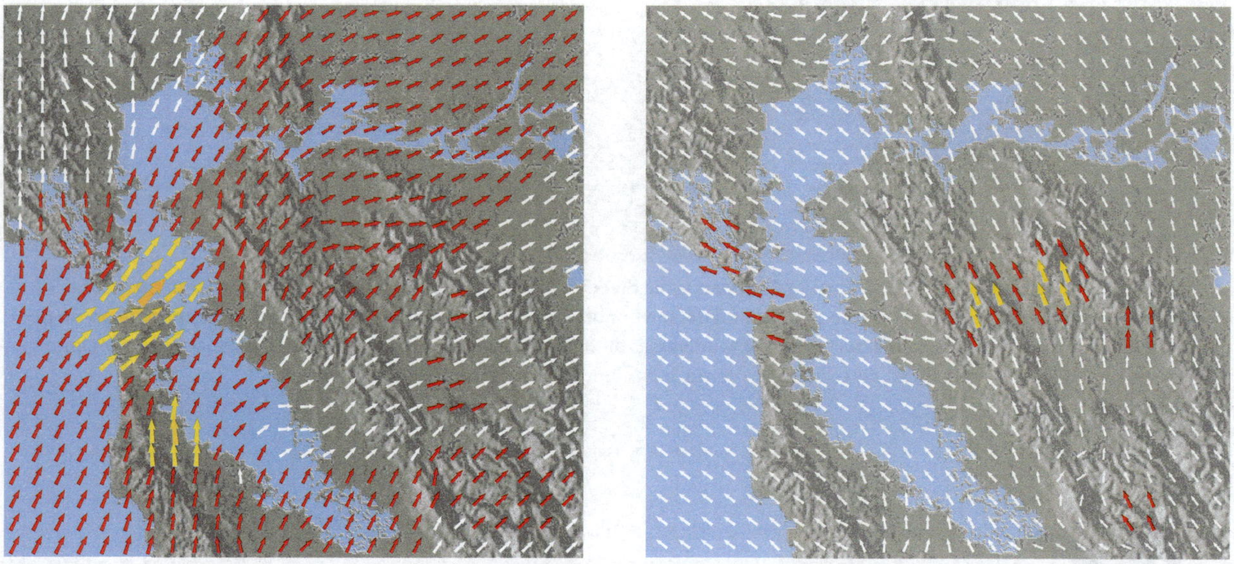

(a) 18 horas (b) 6 horas

FIGURA 1 Campos vetoriais de velocidade mostrando aspectos do vento na Baía de São Francisco

Outros exemplos de campos vetoriais de velocidade estão ilustrados na Figura 2: correntes oceânicas e fluxo passando por um aerofólio.

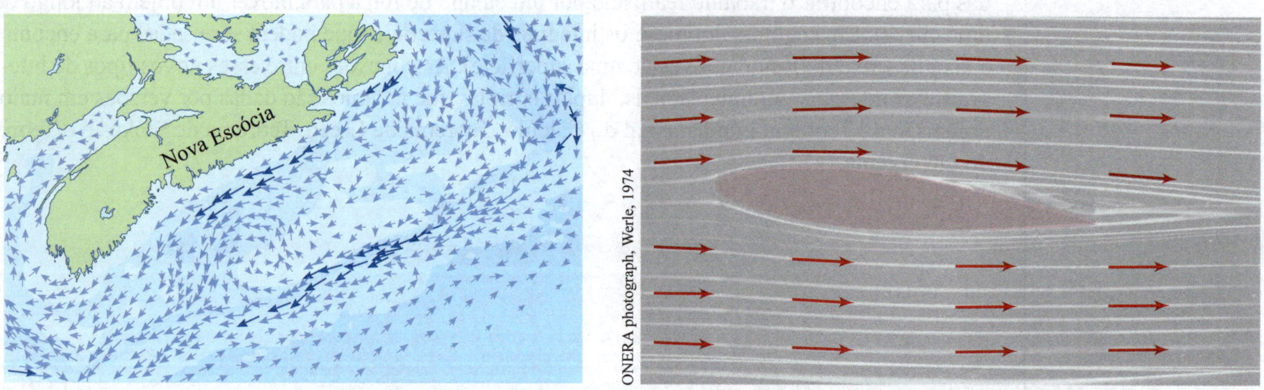

(a) Correntes oceânicas em frente à costa de Nova Escócia (b) Escoamento do ar por um aerofólio inclinado

FIGURA 2 Campos vetoriais de velocidade

Outro tipo de campo vetorial, chamado *campo de força*, associa um vetor força a cada ponto da região. Um exemplo é o campo de força gravitacional que examinaremos no Exemplo 4.

Em geral, um campo vetorial é uma função cujo domínio é um conjunto de pontos de $\mathbb{R}^2$ (ou $\mathbb{R}^3$) e cuja imagem é um conjunto de vetores em V_2 (ou V_3).

1 Definição Seja D um conjunto em $\mathbb{R}^2$ (uma região plana). Um **campo vetorial em** $\mathbb{R}^2$ é uma função $\mathbf{F}$ que associa a cada ponto (x, y) em D um vetor bidimensional $\mathbf{F}(x, y)$.

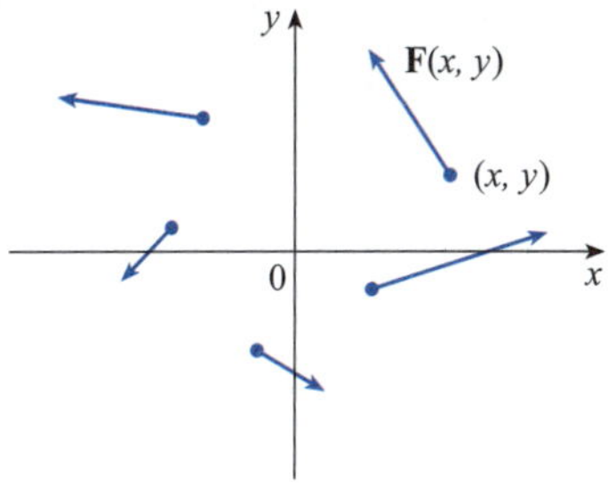

FIGURA 3
Campo vetorial em $\mathbb{R}^2$

A melhor maneira de enxergar um campo vetorial é desenhar a seta representando o vetor $\mathbf{F}(x, y)$ começando no ponto (x, y). É claro que é impossível fazer isso para todos os pontos (x, y), mas podemos visualizar $\mathbf{F}$ fazendo isso para alguns pontos representativos em D, como na Figura 3. Uma vez que $\mathbf{F}(x, y)$ é um vetor bidimensional, podemos escrevê-lo em termos de suas **funções componentes** P e Q da seguinte forma:

$$\mathbf{F}(x, y) = P(x, y)\,\mathbf{i} + Q(x, y)\,\mathbf{j} = \langle P(x, y), Q(x, y)\rangle$$

ou, de forma mais compacta, $\mathbf{F} = P\,\mathbf{i} + Q\,\mathbf{j}$

Observe que P e Q são funções escalares de duas variáveis e são chamadas, algumas vezes, **campos escalares**, para distingui-los dos campos vetoriais.

2 Definição Seja E um subconjunto de $\mathbb{R}^3$. Um **campo vetorial em** $\mathbb{R}^3$ é uma função $\mathbf{F}$ que associa a cada ponto (x, y, z) em E um vetor tridimensional $\mathbf{F}(x, y, z)$.

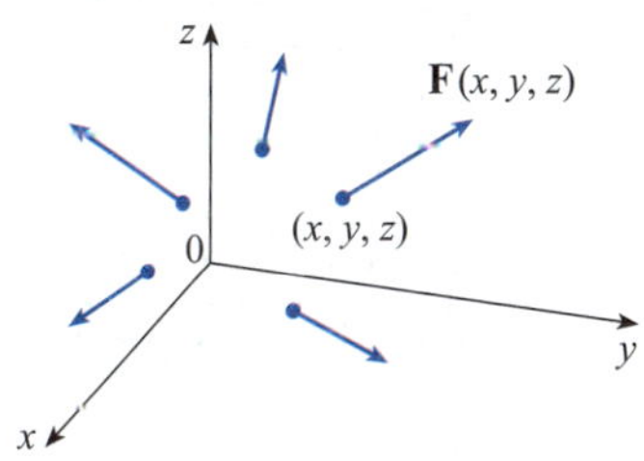

FIGURA 4
Campo vetorial em $\mathbb{R}^3$

Um campo vetorial $\mathbf{F}$ em $\mathbb{R}^3$ está ilustrado na Figura 4. Podemos escrevê-lo em termos das funções componentes P, Q e R como

$$\mathbf{F}(x, y, z) = P(x, y, z)\,\mathbf{i} + Q(x, y, z)\,\mathbf{j} + R(x, y, z)\,\mathbf{k}$$

Como nas funções vetoriais na Seção 13.1, podemos definir a continuidade dos campos vetoriais e mostrar que $\mathbf{F}$ será contínua se e somente se suas funções componentes P, Q e R forem contínuas.

Às vezes identificamos um ponto (x, y, z) com seu vetor posição $\mathbf{x} = \langle x, y, z\rangle$ e escrevemos $\mathbf{F}(\mathbf{x})$ em vez de $\mathbf{F}(x, y, z)$. Então $\mathbf{F}$ se torna uma função que associa um vetor $\mathbf{F}(\mathbf{x})$ a um vetor $\mathbf{x}$.

EXEMPLO 1 Um campo vetorial em $\mathbb{R}^2$ é definido por $\mathbf{F}(x, y) = -y\,\mathbf{i} + x\,\mathbf{j}$. Descreva $\mathbf{F}$ esboçando alguns dos vetores $\mathbf{F}(x, y)$ como na Figura 3.

SOLUÇÃO Uma vez que $\mathbf{F}(1, 0) = \mathbf{j}$, desenhamos o vetor $\mathbf{j} = \langle 0, 1\rangle$ começando no ponto $(1, 0)$ na Figura 5. Uma vez que $\mathbf{F}(0, 1) = -\mathbf{i}$, desenhamos o vetor $\langle -1, 0\rangle$ com ponto inicial $(0, 1)$. Continuando dessa maneira, podemos calcular vários outros valores representativos de $\mathbf{F}(x, y)$ na tabela e extrair os vetores correspondentes para representar o campo vetorial na Figura 5.

(x, y)	$\mathbf{F}(x, y)$	(x, y)	$\mathbf{F}(x, y)$
$(1, 0)$	$\langle 0, 1\rangle$	$(-1, 0)$	$\langle 0, -1\rangle$
$(2, 2)$	$\langle -2, 2\rangle$	$(-2, -2)$	$\langle 2, -2\rangle$
$(3, 0)$	$\langle 0, 3\rangle$	$(-3, 0)$	$\langle 0, -3\rangle$
$(0, 1)$	$\langle -1, 0\rangle$	$(0, -1)$	$\langle 1, 0\rangle$
$(-2, 2)$	$\langle -2, -2\rangle$	$(2, -2)$	$\langle 2, 2\rangle$
$(0, 3)$	$\langle -3, 0\rangle$	$(0, -3)$	$\langle 3, 0\rangle$

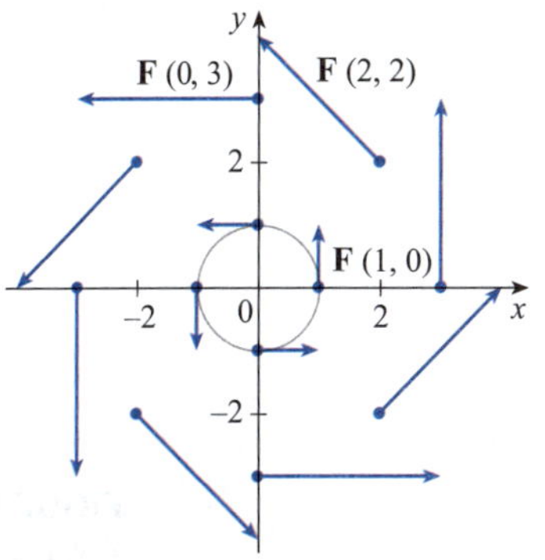

FIGURA 5
$\mathbf{F}(x, y) = -y\,\mathbf{i} + x\,\mathbf{j}$

Na Figura 5, parece que cada seta é tangente a um círculo com centro na origem. Para confirmarmos isso, vamos tomar o produto escalar do vetor posição $\mathbf{x} = x\,\mathbf{i} + y\,\mathbf{j}$ com o vetor $\mathbf{F}(\mathbf{x}) = \mathbf{F}(x, y)$:

$$\mathbf{x} \cdot \mathbf{F}(\mathbf{x}) = (x\,\mathbf{i} + y\,\mathbf{j}) \cdot (-y\,\mathbf{i} + x\,\mathbf{j}) = -xy + yx = 0$$

Isso mostra que $\mathbf{F}(x, y)$ é perpendicular ao vetor posição $\langle x, y\rangle$ e, portanto, tangente ao círculo com centro na origem e raio $|\mathbf{x}| = \sqrt{x^2 + y^2}$. Observe também que

$$|\mathbf{F}(x, y)| = \sqrt{(-y)^2 + x^2} = \sqrt{x^2 + y^2} = |\mathbf{x}|$$

de modo que o comprimento do vetor $\mathbf{F}(x, y)$ é igual ao raio do círculo. ■

Alguns sistemas de computação algébrica são capazes de traçar um campo vetorial em duas ou três dimensões. Eles fornecem melhor visualização do campo que o esboço feito à mão, pois o computador pode desenhar grande número de vetores representativos. A Figura 6 apresenta uma saída de computador para o campo vetorial do Exemplo 1; as Figuras 7 e 8 mostram outros dois campos vetoriais. Observe que o computador muda a escala de comprimento do vetor para que ele não fique comprido demais, embora ainda seja proporcional ao verdadeiro comprimento.

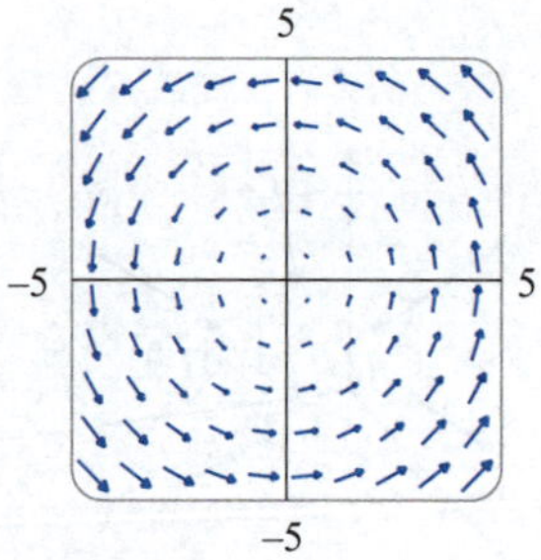

FIGURA 6
$\mathbf{F}(x, y) = \langle -y, x\rangle$

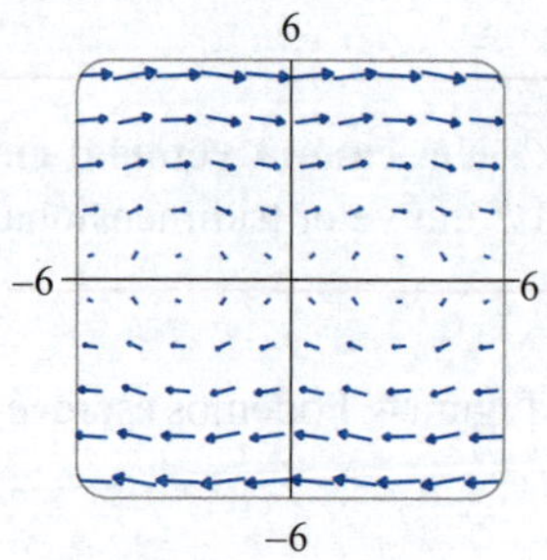

FIGURA 7
$\mathbf{F}(x, y) = \langle y, \text{sen}\, x\rangle$

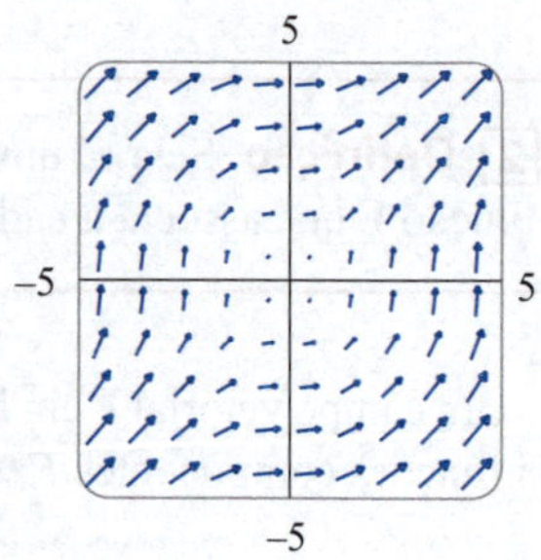

FIGURA 8
$\mathbf{F}(x, y) = \langle \ln(1 + y^2), \ln(1 + x^2)\rangle$

EXEMPLO 2 Esboce o campo vetorial em $\mathbb{R}^3$ dado por $\mathbf{F}(x, y, z) = z\,\mathbf{k}$.

SOLUÇÃO O desenho está mostrado na Figura 9. Observe que todos os vetores são verticais, apontando para cima, quando acima do plano xy ou para baixo, quando abaixo do plano xy. O comprimento aumenta à medida que nos distanciamos do plano xy.

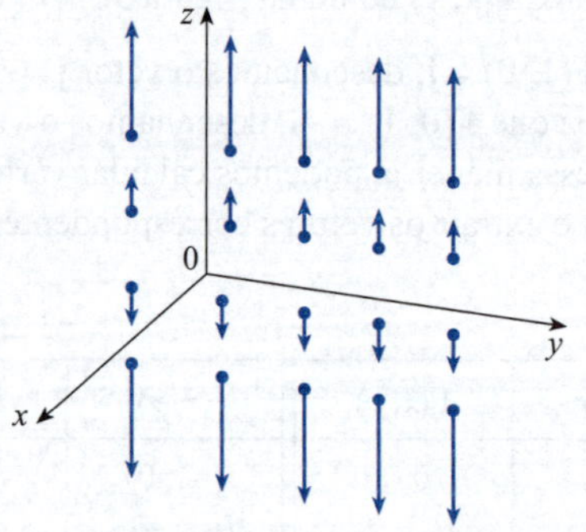

FIGURA 9
$\mathbf{F}(x, y, z) = z\,\mathbf{k}$

■

Somos capazes de desenhar o campo vetorial do Exemplo 2 à mão, pois ele é especialmente simples. A maioria dos campos vetoriais tridimensionais, no entanto, é virtualmente impossível de ser desenhada à mão e, por isso, precisamos recorrer a um sistema de computação algébrica. Exemplos são mostrados nas Figuras 10, 11 e 12. Observe que os campos vetoriais nas Figuras 10 e 11 têm fórmulas semelhantes, mas todos os vetores na Figura 11 apontam na direção geral do eixo negativo y porque seus componentes y são todos -2. Se o campo vetorial na Figura 12 representa um campo de velocidades, então uma partícula seria levada para cima e iria espiralar em torno do eixo z no sentido horário quando visto de cima.

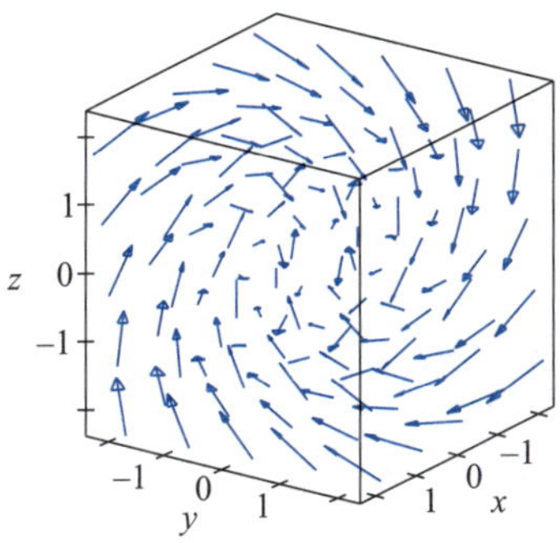

FIGURA 10
$\mathbf{F}(x, y, z) = y\,\mathbf{i} + z\,\mathbf{j} + x\,\mathbf{k}$

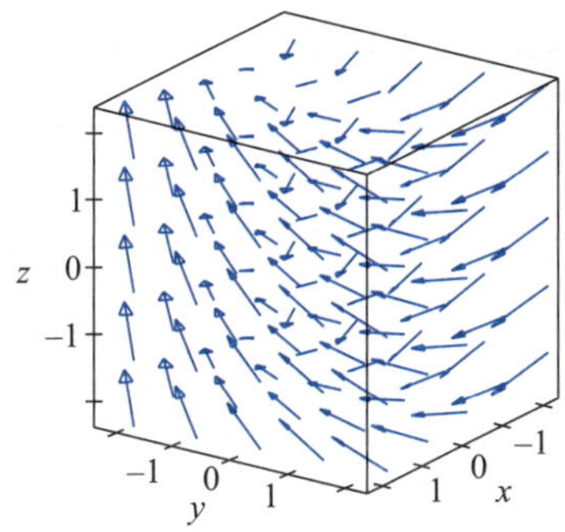

FIGURA 11
$\mathbf{F}(x, y, z) = y\,\mathbf{i} - 2\,\mathbf{j} + x\,\mathbf{k}$

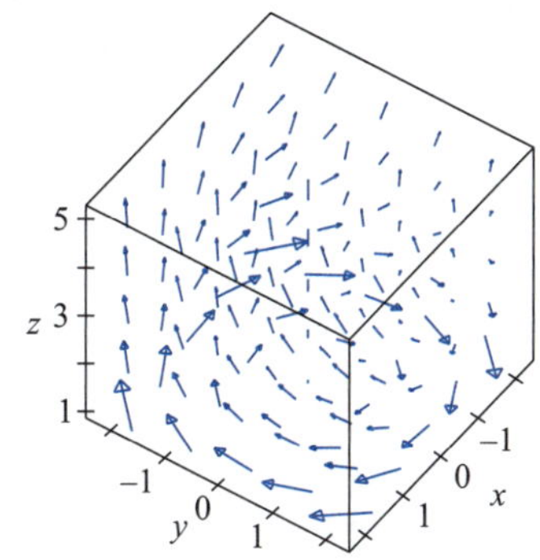

FIGURA 12
$\mathbf{F}(x, y, z) = \dfrac{y}{z}\,\mathbf{i} - \dfrac{x}{z}\,\mathbf{j} + \dfrac{z}{4}\,\mathbf{k}$

EXEMPLO 3 Imagine um líquido escoando uniformemente em um cano e seja $\mathbf{V}(x, y, z)$ o vetor velocidade em um ponto (x, y, z). Então $\mathbf{V}$ associa um vetor a cada ponto (x, y, z) de certo domínio E (interior do cano) e, assim, $\mathbf{V}$ é um campo vetorial em $\mathbb{R}^3$ chamado **campo de velocidade**. Um possível campo de velocidade é ilustrado na Figura 13. A velocidade em qualquer ponto é indicada pelo comprimento da seta.

Campos de velocidade ocorrem em outras áreas da física. Por exemplo: o campo vetorial do Exemplo 1 pode ser usado como o campo de velocidade descrevendo a rotação no sentido anti-horário de uma roda. Vimos outros exemplos de campo de velocidade nas Figuras 1 e 2. ■

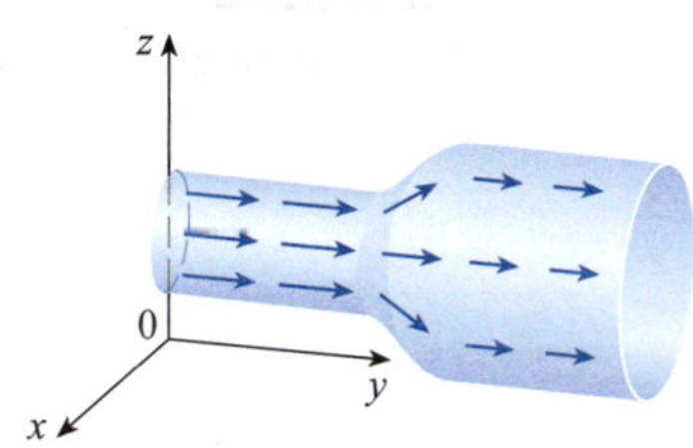

FIGURA 13
Campo de velocidade do escoamento de um fluido

EXEMPLO 4 A Lei da Gravitação de Newton afirma que a intensidade da força gravitacional entre dois objetos com massas m e M é

$$|\mathbf{F}| = \frac{mMG}{r^2}$$

onde r é a distância entre os objetos e G é a constante gravitacional. (Esse é um exemplo de lei do inverso do quadrado; veja a Seção 1.2 do Volume 1.) Vamos supor que o objeto com massa M esteja localizado na origem em $\mathbb{R}^3$. (Por exemplo, M pode ser a massa da Terra e a origem estaria em seu centro.) Seja o vetor posição do objeto com massa m $\mathbf{x} = \langle x, y, z \rangle$. Então $r = |\mathbf{x}|$, logo, $r^2 = |\mathbf{x}|^2$. A força gravitacional exercida nesse segundo objeto age em direção à origem e o vetor unitário em sua direção é

$$-\frac{\mathbf{x}}{|\mathbf{x}|}$$

Portanto, a força gravitacional agindo no objeto em $\mathbf{x} = \langle x, y, z \rangle$ é

3 $$\mathbf{F}(\mathbf{x}) = -\frac{mMG}{|\mathbf{x}|^3}\mathbf{x}$$

[Os físicos usam frequentemente a notação $\mathbf{r}$ em vez de $\mathbf{x}$ para o vetor posição, então você pode ver a Fórmula 3 escrita na forma $\mathbf{F} = -(mMG/r^3)\mathbf{r}$.] A função dada pela Equação 3 é um exemplo de campo vetorial, chamado **campo gravitacional**, porque associa um vetor [a força $\mathbf{F}(\mathbf{x})$] a cada ponto $\mathbf{x}$ do espaço.

A Fórmula 3 é um modo compacto de escrever o campo gravitacional, mas podemos escrevê-lo em termos de suas funções componentes, usando o fato de que $\mathbf{x} = x\,\mathbf{i} + y\,\mathbf{j} + z\,\mathbf{k}$ e $|\mathbf{x}| = \sqrt{x^2 + y^2 + z^2}$:

$$\mathbf{F}(x, y, z) = \frac{-mMGx}{(x^2 + y^2 + z^2)^{3/2}}\,\mathbf{i} + \frac{-mMGy}{(x^2 + y^2 + z^2)^{3/2}}\,\mathbf{j} + \frac{-mMGz}{(x^2 + y^2 + z^2)^{3/2}}\,\mathbf{k}$$

O campo gravitacional **F** está ilustrado na Figura 14.

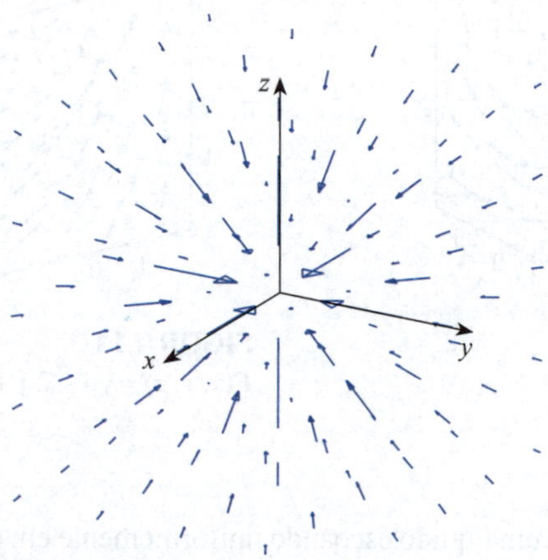

FIGURA 14
Campo de força gravitacional

EXEMPLO 5 Suponha que uma carga elétrica Q esteja localizada na origem. Pela Lei de Coulomb, a força elétrica $\mathbf{F}(\mathbf{x})$ exercida por essa carga sobre uma carga q localizada no ponto (x, y, z) com vetor posição $\mathbf{x} = \langle x, y, z\rangle$ é

4 $$\mathbf{F}(\mathbf{x}) = -\frac{\varepsilon q Q}{|\mathbf{x}|^3}\,\mathbf{x}$$

onde ε é uma constante (que depende da unidade usada). Para cargas de mesmo sinal, temos $qQ > 0$ e a força é repulsiva; para cargas opostas temos $qQ < 0$ e a força é atrativa. Observe a semelhança entre as Fórmulas 3 e 4. Ambas são exemplos de **campos de força**.

Em vez de considerarem a força elétrica **F**, os físicos frequentemente consideram a força por unidade de carga:

$$\mathbf{E}(\mathbf{x}) = \frac{1}{q}\,\mathbf{F}(\mathbf{x}) = \frac{\varepsilon Q}{|\mathbf{x}|^3}\,\mathbf{x}$$

Então **E** é um campo vetorial em $\mathbb{R}^3$ chamado **campo elétrico** de Q. ■

Campos Gradiente

Se f é uma função escalar de duas variáveis, sabemos da Seção 14.6 que seu gradiente ∇f(ou grad f) é definido por

$$\nabla f(x, y) = f_x(x, y)\,\mathbf{i} + f_y(x, y)\,\mathbf{j}$$

Portanto, ∇f é realmente um campo vetorial em $\mathbb{R}^2$ e é denominado **campo vetorial gradiente**. Da mesma forma, se f for uma função escalar de três variáveis, seu gradiente é um campo vetorial em $\mathbb{R}^3$ dado por

$$\nabla f(x, y, z) = fx(x, y, z)\,\mathbf{i} + fy(x, y, z)\,\mathbf{j} + fz(x, y, z)\,\mathbf{k}$$

EXEMPLO 6 Determine o campo vetorial gradiente de $f(x, y) = x^2y - y^3$. Desenhe o campo vetorial gradiente juntamente com um mapa de contorno de f. Como eles estão relacionados?

SOLUÇÃO O campo vetorial gradiente é dado por

$$\nabla f(x,y) = \frac{\partial f}{\partial x}\mathbf{i} + \frac{\partial f}{\partial y}\mathbf{j} = 2xy\mathbf{i} + (x^2 - 3y^2)\mathbf{j}$$

A Figura 15 mostra o mapa de contorno de f com o campo vetorial gradiente. Observe que os vetores gradientes são perpendiculares às curvas de nível, como devíamos esperar da Seção 14.6. Observe também que os vetores gradientes são mais longos onde as curvas de nível estão mais próximas umas das outras e mais curtos quando elas estão mais distantes entre si. Isso se deve ao fato de o comprimento do vetor gradiente ser o valor da derivada direcional de f e a proximidade das curvas de nível indicar uma grande inclinação no gráfico. ■

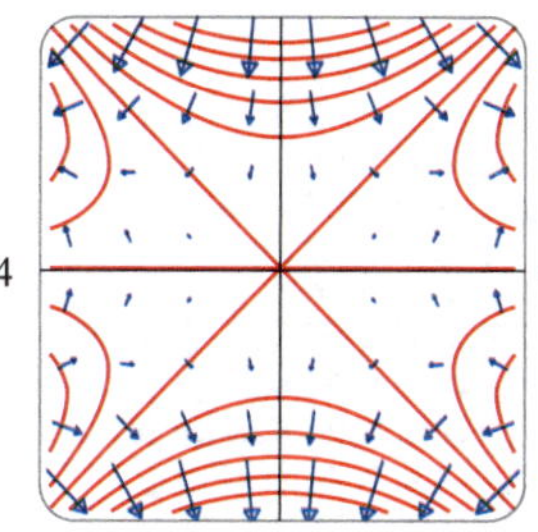

FIGURA 15

Um campo vetorial **F** é chamado **campo vetorial conservativo** se ele for o gradiente de alguma função escalar, ou seja, se existir uma função f tal que $\mathbf{F} = \nabla f$. Nessa situação, f é denominada **função potencial** de **F**.

Nem todos os campos vetoriais são conservativos, mas esses campos aparecem frequentemente em física. Por exemplo: o campo gravitacional **F** do Exemplo 4 é conservativo, pois, se definimos

$$f(x, y, z) = \frac{mMG}{\sqrt{x^2 + y^2 + z^2}}$$

então,

$$\begin{aligned}\nabla f(x,y) &= \frac{\partial f}{\partial x}\mathbf{i} + \frac{\partial f}{\partial y}\mathbf{j} + \frac{\partial f}{\partial z}\mathbf{k} \\ &= \frac{-mMGx}{(x^2+y^2+z^2)^{3/2}}\mathbf{i} + \frac{-mMGy}{(x^2+y^2+z^2)^{3/2}}\mathbf{j} + \frac{-mMGz}{(x^2+y^2+z^2)^{3/2}}\mathbf{k} \\ &= \mathbf{F}(x,y,z)\end{aligned}$$

Nas Seções 16.3 e 16.5, aprenderemos a determinar se um campo vetorial é conservativo ou não.

16.1 Exercícios

1-12 Esboce o campo vetorial **F** desenhando um diagrama como o da Figura 5 ou da Figura 9.

1. $\mathbf{F}(x, y) = \mathbf{i} + \frac{1}{2}\mathbf{j}$
2. $\mathbf{F}(x, y) = 2\mathbf{i} - \mathbf{j}$
3. $\mathbf{F}(x, y) = \mathbf{i} + \frac{1}{2}y\mathbf{j}$
4. $\mathbf{F}(x, y) = x\mathbf{i} + \frac{1}{2}y\mathbf{j}$
5. $\mathbf{F}(x, y) = -\frac{1}{2}\mathbf{i} + (y - x)\mathbf{j}$
6. $\mathbf{F}(x, y) = y\mathbf{i} + (x + y)\mathbf{j}$
7. $\mathbf{F}(x, y) = \dfrac{y\mathbf{i} + x\mathbf{j}}{\sqrt{x^2 + y^2}}$
8. $\mathbf{F}(x, y) = \dfrac{y\mathbf{i} - x\mathbf{j}}{\sqrt{x^2 + y^2}}$
9. $\mathbf{F}(x, y, z) = \mathbf{i}$
10. $\mathbf{F}(x, y, z) = z\,\mathbf{i}$
11. $\mathbf{F}(x, y, z) = -y\,\mathbf{i}$
12. $\mathbf{F}(x, y, z) = \mathbf{i} + \mathbf{k}$

13-18 Faça a correspondência entre o campo vetorial **F** e a figura rotulada de I-VI. Justifique suas escolhas.

13. $\mathbf{F}(x, y) = \langle x, -y\rangle$
14. $\mathbf{F}(x, y) = \langle y, x - y\rangle$
15. $\mathbf{F}(x, y) = \langle y, y + 2\rangle$
16. $\mathbf{F}(x, y) = \langle y, 2x\rangle$
17. $\mathbf{F}(x, y) = \langle \text{sen } y, \cos x\rangle$
18. $\mathbf{F}(x, y) = \langle \cos(x + y), x\rangle$

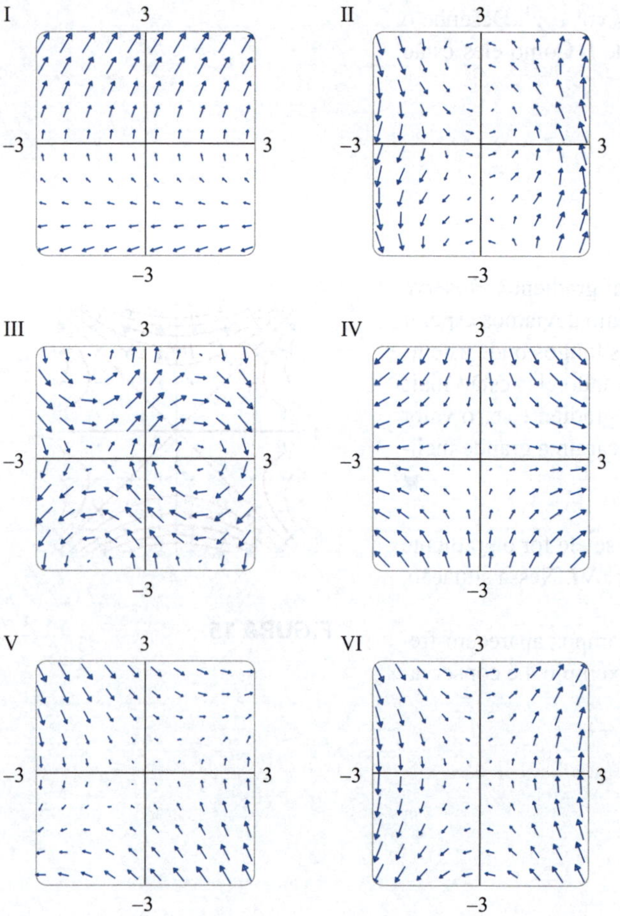

19-22 Faça a correspondência entre o campo vetorial $\mathbf{F}$ em $\mathbb{R}^3$ e a figura rotulada de I-IV. Justifique suas escolhas.

19. $\mathbf{F}(x, y, z) = \mathbf{i} + 2\,\mathbf{j} + 3\,\mathbf{k}$

20. $\mathbf{F}(x, y, z) = \mathbf{i} + 2\,\mathbf{j} + z\,\mathbf{k}$

21. $\mathbf{F}(x, y, z) = x\,\mathbf{i} + y\,\mathbf{j} + 3\,\mathbf{k}$

22. $\mathbf{F}(x, y, z) = x\,\mathbf{i} + y\,\mathbf{j} + z\,\mathbf{k}$

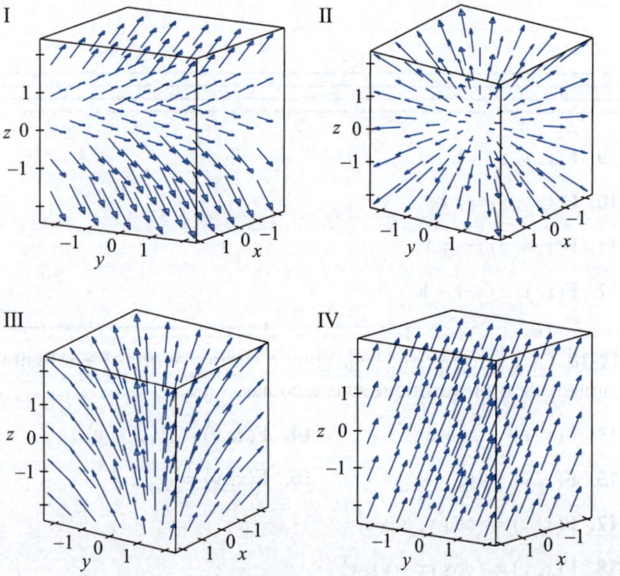

23. Use um programa gráfico para traçar o campo vetorial

$$\mathbf{F}(x, y) = (y^2 - 2xy)\,\mathbf{i} + (3xy - 6x^2)\,\mathbf{j}$$

Explique sua aparência, determinando um conjunto de pontos (x, y) tal que $\mathbf{F}(x, y) = \mathbf{0}$.

24. Seja $\mathbf{F}(\mathbf{x}) = (r^2 - 2r)\mathbf{x}$, onde $\mathbf{x} = \langle x, y\rangle$ e $r = |\mathbf{x}|$. Use um computador para traçar esse campo vetorial em vários domínios, até conseguir visualizar o que ocorre. Descreva a aparência do desenho e explique-o, determinando os pontos onde $\mathbf{F}(\mathbf{x}) = \mathbf{0}$.

25-28 Determine ∇f, o campo vetorial gradiente de f.

25. $f(x, y) = y\,\text{sen}(xy)$

26. $f(s, t) = \sqrt{2s + 3t}$

27. $f(x, y, z) = \sqrt{x^2 + y^2 + z^2}$

28. $f(x, y, z) = x^2 y e^{y/z}$

29-30 Determine o campo vetorial gradiente ∇f de f e esboce-o.

29. $f(x, y) = \frac{1}{2}(x - y)^2$

30. $f(x, y) = \frac{1}{2}(x^2 - y^2)$

31-34 Faça uma correspondência entre as funções f e os desenhos de seus campos vetoriais gradientes rotulados de I-IV. Justifique suas escolhas.

31. $f(x, y) = x^2 + y^2$

32. $f(x, y) = x(x + y)$

33. $f(x, y) = (x + y)^2$

34. $f(x, y) = \text{sen}\,\sqrt{x^2 + y^2}$

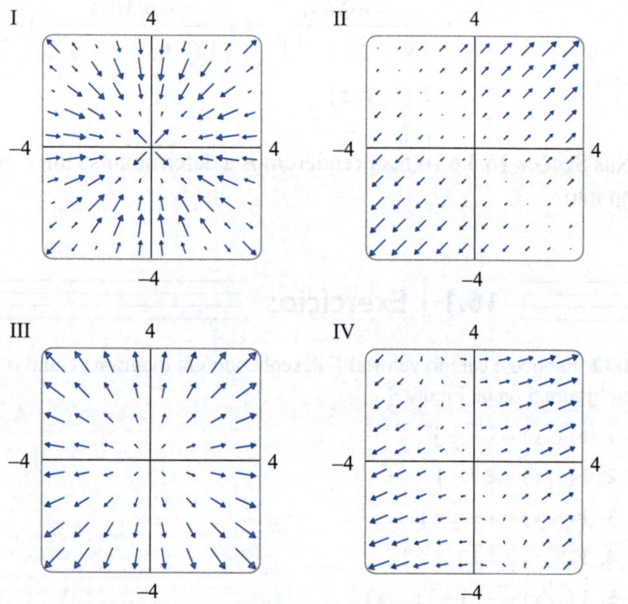

35-36 Desenhe o campo vetorial gradiente de f juntamente com um mapa de contorno de f. Explique como eles estão relacionados entre si.

35. $f(x, y) = \ln(1 + x^2 + 2y^2)$

36. $f(x, y) = \cos x - 2 \operatorname{sen} y$

---

37. Uma partícula se move em um campo de velocidade $\mathbf{V}(x, y) = \langle x^2, x + y^2 \rangle$. Se ela está na posição (2, 1) no instante $t = 3$, estime sua posição no instante $t = 3{,}01$.

38. No instante $t = 1$, uma partícula está localizada na posição (1, 3). Se ela se move em um campo de velocidade

$$\mathbf{F}(x, y) = \langle xy - 2, y^2 - 10 \rangle$$

encontre sua posição aproximada no instante $t = 1{,}05$.

39-40 Linhas de Escoamento As *linhas de escoamento* (ou *linhas de corrente*) de um campo vetorial são as trajetórias seguidas por uma partícula cujo campo de velocidade é um campo vetorial dado. Assim, os vetores do campo vetorial são tangentes a suas linhas de fluxo.

39. (a) Use um esboço do campo vetorial $\mathbf{F}(x, y) = x\,\mathbf{i} - y\,\mathbf{j}$ para desenhar algumas linhas de escoamento. Desses seus esboços é possível descobrir qual é a equação das linhas de escoamento?

(b) Se as equações paramétricas de uma linha de escoamento são $x = x(t)$, $y = y(t)$, explique por que essas funções satisfazem as equações diferenciais $dx/dt = x$ e $dy/dt = -y$. Então resolva as equações diferenciais para encontrar uma equação da linha de escoamento que passa através do ponto (1, 1).

40. (a) Esboce o campo vetorial $\mathbf{F}(x, y) = \mathbf{i} + x\,\mathbf{j}$ e algumas linhas de escoamento. Qual formato essas linhas de escoamento parecem ter?

(b) Se as equações paramétricas das linhas de escoamento são $x = x(t)$, $y = y(t)$, que equações diferenciais essas funções satisfazem? Deduza que $dy/dx = x$.

(c) Se uma partícula está na origem no instante inicial e o campo de velocidade é dado por **F**, determine uma equação para a trajetória percorrida por ela.

16.2 Integrais de Linha

Nesta seção, definiremos uma integral que é semelhante à integral unidimensional, exceto que, em vez de integrarmos sobre um intervalo $[a, b]$, integraremos sobre uma curva C. Tais integrais são chamadas *integrais de linha*, embora "integrais de curva" seria melhor terminologia. Elas foram inventadas no começo do século XIX para resolver problemas que envolviam escoamento de fluidos, forças, eletricidade e magnetismo.

Integrais de Linha no Plano

Começamos com uma curva plana C dada pelas equações paramétricas

1 $$x = x(t) \qquad y = y(t) \qquad a \leq t \leq b$$

ou, o que é equivalente, pela equação vetorial $\mathbf{r}(t) = x(t)\,\mathbf{i} + y(t)\,\mathbf{j}$, e supomos que C seja uma curva suave. [Isso significa que $\mathbf{r}'$ é contínua e $\mathbf{r}'(t) \neq \mathbf{0}$. Veja a Seção 13.3.] Se dividirmos o intervalo do parâmetro $[a, b]$ em n subintervalos $[t_{i-1}, t_i]$ de igual tamanho e se fizermos $x_i = x(t_i)$ e $y_i = y(t_i)$, então os pontos correspondentes $P_i(x_i, y_i)$ dividem C em n subarcos de comprimentos $\Delta s_1, \Delta s_2, \ldots, \Delta s_n$. (Veja a Figura 1.) Escolhemos um ponto qualquer $P_i^*(x_i^*, y_i^*)$ no i-ésimo subarco. (Isso corresponde a um ponto t_i^* em $[t_{i-1}, t_i]$.) Agora, se f for uma função de duas variáveis cujo domínio inclui a curva C, calculamos f no ponto (x_i^*, y_i^*), multiplicamos pelo comprimento Δs_i do subarco e somamos

$$\sum_{i=1}^{n} f(x_i^*, y_i^*)\,\Delta s_i$$

que é semelhante à soma de Riemann. Em seguida, tomamos o limite dessa soma e fazemos a seguinte definição, por analogia com a integral unidimensional:

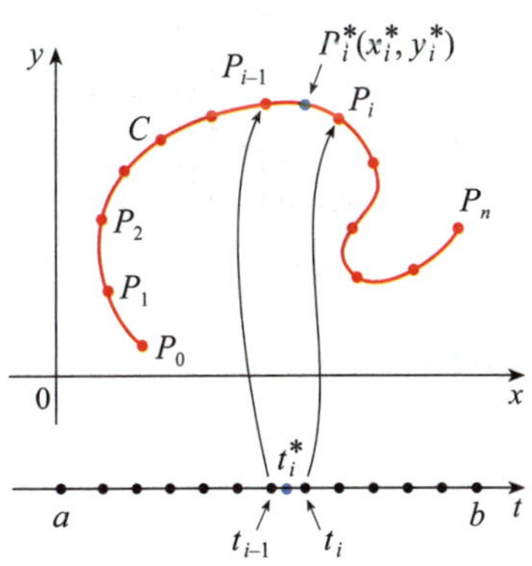

FIGURA 1

> **2 Definição** Se f é definida sobre uma curva suave C dada pelas Equações 1, então a **integral de linha de f sobre C** é
>
> $$\int_C f(x, y)\,ds = \lim_{n\to\infty} \sum_{i=1}^{n} f(x_i^*, y_i^*)\,\Delta s_i$$
>
> se esse limite existir.

Na Seção 10.2, verificamos que o comprimento da curva C é

$$L = \int_a^b \sqrt{\left(\frac{dx}{dt}\right)^2 + \left(\frac{dy}{dt}\right)^2}\, dt$$

Argumentação semelhante pode ser usada para mostrar que, se f é uma função contínua, então o limite na Definição 2 sempre existe e a fórmula seguinte pode ser empregada para calcular a integral de linha:

3 $$\int_C f(x, y)\, ds = \int_a^b f(x(t), y(t)) \sqrt{\left(\frac{dx}{dt}\right)^2 + \left(\frac{dy}{dt}\right)^2}\, dt$$

O valor da integral de linha não depende da parametrização da curva, desde que a curva seja percorrida uma única vez quando t cresce de a para b.

Se $s(t)$ é o comprimento de C entre $\mathbf{r}(a)$ e $\mathbf{r}(t)$, então

A função comprimento de arco s foi discutida na Seção 13.3.

$$\frac{ds}{dt} = |\mathbf{r}'(t)| = \sqrt{\left(\frac{dx}{dt}\right)^2 + \left(\frac{dy}{dt}\right)^2}$$

(Veja a Equação 13.3.7.) Um modo de memorizar a Fórmula 3 é escrever tudo em termos do parâmetro t: use a parametrização para exprimir x e y em termos de t e escreva ds como

$$ds = \sqrt{\left(\frac{dx}{dt}\right)^2 + \left(\frac{dy}{dt}\right)^2}\, dt$$

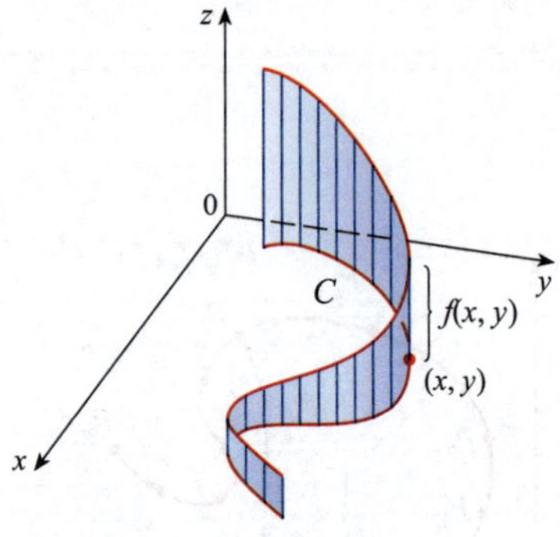

FIGURA 2

OBSERVAÇÃO No caso particular em que C é o segmento de reta que liga $(a, 0)$ a $(b, 0)$, se usarmos x como parâmetro, poderemos escrever as equações paramétricas de C da seguinte forma: $x = x$, $y = 0$, $a \le x \le b$. Nesse caso, a Fórmula 3 se torna

$$\int_C f(x, y)\, ds = \int_a^b f(x, 0)\, dx$$

e, nesse caso, a integral de linha se reduz a uma integral unidimensional.

Assim como para as integrais unidimensionais, podemos interpretar a integral de linha de uma função *positiva* como uma área. De fato, se $f(x, y) \ge 0$, $\int_C f(x, y)\, ds$ representa a área da "cerca" ou "cortina" da Figura 2, cuja base é C e cuja altura acima do ponto (x, y) é $f(x, y)$.

EXEMPLO 1 Calcule $\int_C (2 + x^2 y)\, ds$, onde C é a metade superior do círculo unitário $x^2 + y^2 = 1$.

SOLUÇÃO Para utilizar a Fórmula 3, primeiro precisamos de equações paramétricas para representar C. Recorde-se de que o círculo unitário pode ser parametrizado por meio das equações

$$x = \cos t \qquad y = \operatorname{sen} t$$

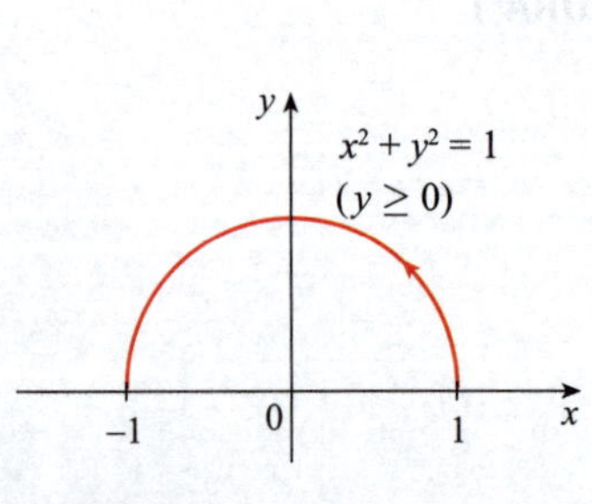

FIGURA 3

e a metade superior do círculo é descrita pelo intervalo do parâmetro $0 \le t \le \pi$. (Veja a Figura 3.) Portanto, a Fórmula 3 dá

$$\int_C (2 + x^2 y)\, ds = \int_0^\pi (2 + \cos^2 t \operatorname{sen} t) \sqrt{\left(\frac{dx}{dt}\right)^2 + \left(\frac{dy}{dt}\right)^2}\, dt$$

$$= \int_0^\pi (2 + \cos^2 t \operatorname{sen} t) \sqrt{\operatorname{sen}^2 t + \cos^2 t}\, dt$$

$$= \int_0^{\pi} (2 + \cos^2 t \operatorname{sen} t)\, dt \left[2t - \frac{\cos^3 t}{3} \right]_0^{\pi}$$

$$= 2\pi + \tfrac{2}{3}$$ ■

Suponha agora que C seja uma **curva suave por partes**; ou seja, C é a união de um número finito de curvas suaves $C_1, C_2, \ldots, C_n$ onde, como ilustrado na Figura 4, o ponto inicial de C_{i+1} é o ponto final de C_i. Nesse caso, definimos a integral de f ao longo de C como a soma das integrais de f ao longo de cada parte suave de C:

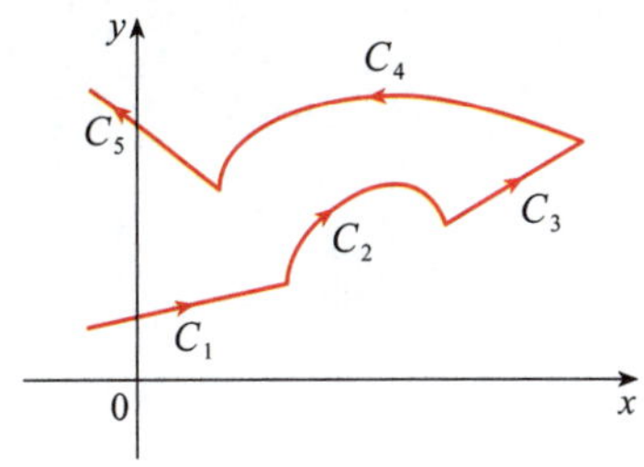

FIGURA 4
Curva suave por partes

$$\int_C f(x, y)\, ds = \int_{C_1} f(x, y)\, ds + \int_{C_1} f(x, y)\, ds + \cdots + \int_{C_n} f(x, y)\, ds$$

EXEMPLO 2 Calcule $\int_C 2x\, ds$, onde C é formada pelo arco C_1 da parábola $y = x^2$ de $(0, 0)$ a $(1, 1)$ seguido pelo segmento de reta vertical C_2 de $(1, 1)$ a $(1, 2)$.

SOLUÇÃO A curva C é mostrada na Figura 5. C_1 é o gráfico de uma função de x, então podemos escolher x como parâmetro e as equações de C_1 se tornam

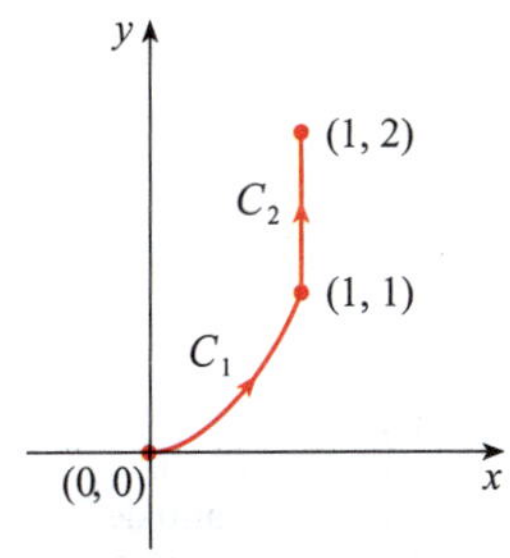

FIGURA 5
$C = C_1 \cup C_2$

$$x = x \qquad y = x^2 \qquad 0 \le x \le 1$$

Portanto,

$$\int_{C_1} 2x\, ds = \int_0^1 2x \sqrt{\left(\frac{dx}{dx}\right)^2 + \left(\frac{dy}{dx}\right)^2}\, dx$$

$$= \int_0^1 2x\sqrt{1 + 4x^2}\, dx$$

$$= \tfrac{1}{4} \cdot \tfrac{2}{3}(1 + 4x^2)^{3/2}\Big]_0^1 = \frac{5\sqrt{5} - 1}{6}$$

Em C_2 escolhemos y como parâmetro, e as equações de C_2 são

$$x = 1 \qquad y = y \qquad 1 \le y \le 2$$

e

$$\int_{C_1} 2x\, ds = \int_1^2 2(1) \sqrt{\left(\frac{dx}{dy}\right)^2 + \left(\frac{dy}{dy}\right)^2}\, dy = \int_1^2 2\, dy = 2$$

Logo,

$$\int_C 2x\, ds = \int_{C_1} 2x\, ds = \int_{C_2} 2x\, ds = \frac{5\sqrt{5} - 1}{6} + 2$$ ■

Qualquer interpretação física de uma integral de reta $\int_C f(x, y)\, ds$ depende da interpretação física da função f. Suponhamos que $\rho(x, y)$ represente a densidade linear de um ponto de (x, y) de um fio fino com a forma de uma curva C (veja o Exemplo 3.7.2). Então, a massa da parte do fio a partir de P_{i-1} até P_i na Figura 1 é de cerca de $\rho(x_i^*, y_i^*)\, \Delta s_i$ e assim a massa total do fio é de cerca de $\Sigma \rho(x_i^*, y_i^*)\, \Delta s_i$. Tomando cada vez mais pontos sobre a curva, obtemos o valor da **massa** m do fio como o valor-limite dessas aproximações:

$$m = \lim_{n \to \infty} \sum_{i=1}^{n} \rho(x_i^*, y_i^*)\, \Delta s_i = \int_C \rho(x, y)\, ds$$

[Por exemplo, se $f(x, y) = 2 + x^2 y$ representa a densidade de um fio semicircular, então a integral no Exemplo 1 representa a massa do fio.] O **centro de massa** do fio com a função densidade ρ encontra-se no ponto $(\bar{x}, \bar{y})$, onde

4 $$\bar{x} = \frac{1}{m} = \int_C x\rho(x, y)\, ds \qquad \bar{y} = \frac{1}{m} = \int_C y\rho(x, y)\, ds$$

Outras interpretações físicas das integrais de linha serão discutidas adiante neste capítulo.

EXEMPLO 3 Um arame tem o formato de um semicírculo $x^2 + y^2 = 1$, $y \geq 0$, é mais grosso perto da base do que perto do topo. Ache o centro de massa desse arame se a função densidade linear em qualquer ponto for proporcional à sua distância à reta $y = 1$.

SOLUÇÃO Como no Exemplo 1, usamos a parametrização $x = \cos t$, $y = \text{sen}\, t$, $0 \leq t \leq \pi$, e determinamos que $ds = dt$. A densidade linear é

$$\rho(x, y) = k(1 - y)$$

onde k é uma constante e, então, a massa do arame é

$$m = \int_C k(1-y)\,ds = \int_0^\pi k(1-\text{sen}\, t)\,dt = k\big[t + \cos t\big]_0^\pi = k(\pi - 2)$$

Das Equações 4, temos

$$\bar{y} = \frac{1}{m}\int_C y\rho(x,y)\,ds = \frac{1}{k(\pi-2)}\int_C yk(1-y)\,ds$$

$$= \frac{1}{\pi-2}\int_0^\pi (\text{sen}\, t - \text{sen}^2 t)\,dt = \frac{1}{\pi-2}\big[-\cos t - \tfrac{1}{2}t + \tfrac{1}{4}\text{sen}\, 2t\big]_0^\pi$$

$$= \frac{4-\pi}{2(\pi-2)}$$

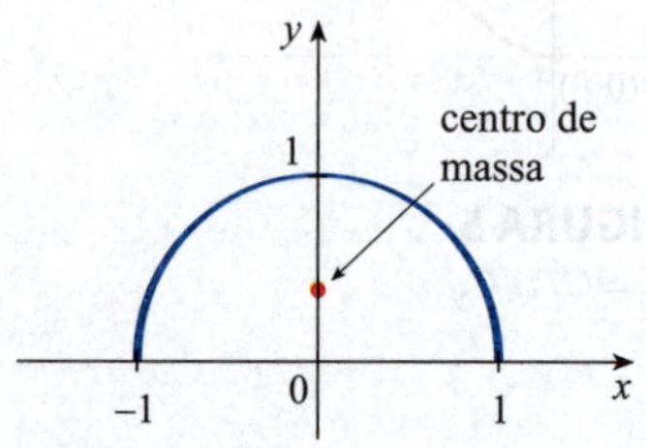

FIGURA 6

Por simetria, vemos que $\bar{x} = 0$, portanto o centro de massa é

$$\left(0, \frac{4-\pi}{2(\pi-2)}\right) \approx (0, 0{,}38)$$ ■

(Veja a Figura 6.)

■ Integrais de Linha com Relação a *x* ou a *y*

Duas outras integrais de linha são obtidas trocando-se Δs_i por $\Delta x_i = x_i - x_{i-1}$ ou $\Delta y_i = y_i - y_{i-1}$ na Definição 2. Elas são chamadas, respectivamente, **integrais de linha de *f* ao longo de *C* com relação a *x* e *y***:

5 $$\int_C f(x,y)\,dx = \lim_{n\to\infty}\sum_{i=1}^n f(x_i^*, y_i^*)\,\Delta x_i$$

6 $$\int_C f(x,y)\,dy = \lim_{n\to\infty}\sum_{i=1}^n f(x_i^*, y_i^*)\,\Delta y_i$$

Quando queremos distinguir a integral de linha original $\int_C f(x, y)\,ds$ das Equações 5 e 6, esta é chamada de **integral de linha com relação ao comprimento de arco.**

As fórmulas seguintes dizem que as integrais de linha com relação a x e y podem ser calculadas escrevendo-se tudo em termos de t: $x = x(t)$, $y = y(t)$, $dx = x'(t)\,dt$, $dy = y'(t)\,dt$.

7 $$\int_C f(x,y)\,dx = \int_a^b f(x(t), y(t))\,x'(t)\,dt$$

$$\int_C f(x,y)\,dy = \int_a^b f(x(t), y(t))\,y'(t)\,dt$$

Veremos ao longo deste capítulo que as integrais de linha com relação a x e a y frequentemente aparecem agrupadas (veja, por exemplo, a Equação 14). Quando isso acontece, é costume abreviar, escrevendo

$$\int_C P(x,y)\,dx + \int_C Q(x,y)\,dy = \int_C P(x,y)\,dx + Q(x,y)\,dy$$

Quando estamos nos preparando para resolver uma integral de linha, às vezes o mais difícil é pensar na representação paramétrica da curva cuja descrição geométrica foi dada. Em especial, frequentemente precisamos parametrizar um segmento de reta e, portanto, é útil lembrar que a representação vetorial do segmento de reta que inicia em $\mathbf{r}_0$ e termina em $\mathbf{r}_1$ é dada por

8 $$r(t) = (1-t)\mathbf{r}_0 + t\mathbf{r}_1 \qquad 0 \le t \le 1$$

(Veja a Equação 12.5.4.)

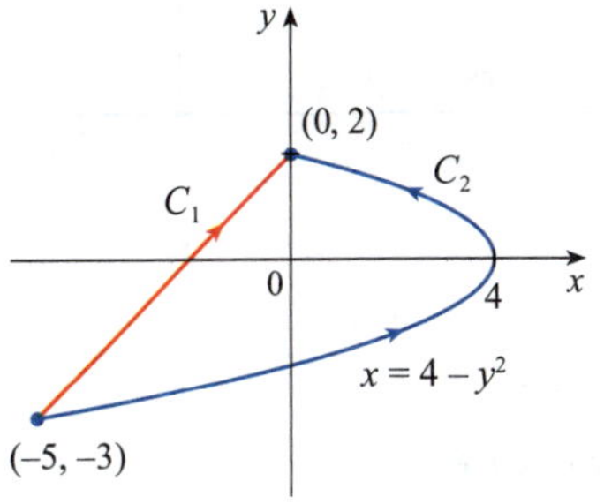

FIGURA 7

EXEMPLO 4 Calcule $\int_C y^2\,dx + x\,dy$ para dois diferentes caminhos de C.

(a) $C = C_1$ é o segmento de reta de (–5, –3) a (0, 2).

(b) $C = C_2$ é o arco da parábola $x = 4 - y^2$ de (–5, –3) a (0, 2). (Veja a Figura 7.)

SOLUÇÃO

(a) A representação parametrizada para o segmento de reta é

$$x = 5t - 5 \qquad y = 5t - 3 \qquad 0 \le t \le 1$$

(Utilize a Equação 8 com $\mathbf{r}_0 = \langle -5, -3 \rangle$ e $\mathbf{r}_1 = \langle 0, 2 \rangle$.) Assim, $dx = 5\,dt$, $dy = 5\,dt$ e a Fórmula 7 fornecem

$$\int_{C_1} y^2 dx + x dy = \int_0^1 (5t-3)^2 (5\,dt) + (5t-5)(5\,dt)$$
$$= 5\int_0^1 (25t^2 - 25t + 4)\,dt$$
$$= 5\left[\frac{25t^3}{3} - \frac{25t^2}{2} + 4t\right]_0^1 = -\frac{5}{6}$$

(b) Como a parábola é dada em função de y, usamos y como parâmetro e escrevemos C_2 como

$$x = 4 - y^2 \qquad y = y \qquad -3 \le y \le 2$$

Então $dx = -2y\,dy$ e, pela Fórmula 7, temos

$$\int_{C_2} y^2 dx + x\,dy = \int_{-3}^2 y^2 (-2y)\,dy + (4 - y^2)\,dy$$
$$= \int_{-3}^2 (-2y^2 - y^2 + 4)\,dy$$
$$= \left[-\frac{y^4}{2} - \frac{y^2}{3} + 4y\right]_{-3}^2 = 40\tfrac{5}{6}$$ ■

Observe que as respostas para os itens (a) e (b) do Exemplo 4 são diferentes, apesar de as duas curvas terem as mesmas extremidades. Assim, em geral, o valor de uma integral de linha depende não apenas das extremidades da curva, mas também da trajetória. (Mas veja a Seção 16.3 para as condições em que a integral é independente do caminho.)

Observe também que as respostas do Exemplo 4 dependem da orientação ou sentido em que a curva é percorrida. Se $-C_1$ representa o segmento de reta que vai de (0, 2) a (– 5, –3), você pode verificar, usando a parametrização

$$x = -5t \qquad y = 2 - 5t \qquad 0 \le t \le 1$$

que $$\int_{-C_1} y^2 dx + x\,dy = \tfrac{5}{6}$$

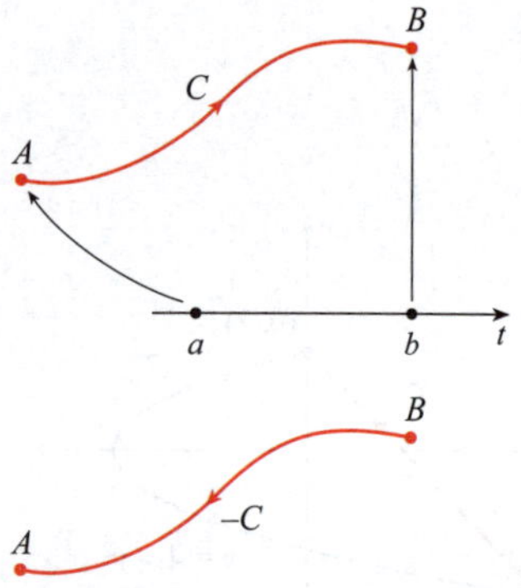

FIGURA 8

Em geral, dada a parametrização $x = x(t)$, $y = y(t)$, $a \le t \le b$, esta determina-se uma **orientação** da curva C, com a orientação positiva correspondendo aos valores crescentes do parâmetro t (veja a Figura 8, onde o ponto inicial A corresponde ao valor do parâmetro a e o ponto terminal B corresponde a $t = b$).

Se $-C$ denota a curva constituída pelos mesmos pontos que C, mas com orientação contrária (do ponto inicial B para o ponto terminal A na Figura 8), então temos

$$\int_{-C} f(x,y)\,dx = -\int_C f(x,y)\,dx \qquad \int_{-C} f(x,y)\,dy = -\int_C f(x,y)\,dy$$

Mas, se integrarmos em relação ao comprimento de arco, o valor da integral de linha *não* se altera ao revertermos a orientação da curva:

$$\int_{-C} f(x,y)\,ds = \int_C f(x,y)\,ds$$

Isso ocorre porque Δs_i é sempre positivo, enquanto Δx_i e Δy_i mudam de sinal quando invertemos a orientação de C.

Integrais de Linha no Espaço

Suponhamos agora que C seja uma curva espacial suave dada pelas equações paramétricas

$$x = x(t) \qquad y = y(t) \qquad z = z(t) \qquad a \le t \le b$$

ou por uma equação vetorial $\mathbf{r}(t) = x(t)\,\mathbf{i} + y(t)\,\mathbf{j} + z(t)\,\mathbf{k}$. Se f é uma função de três variáveis que é contínua em alguma região contendo C, então definimos a **integral de linha de f ao longo de C** (com relação ao comprimento de arco) de modo semelhante ao feito nas curvas planas:

$$\int_C f(x,y,z)\,ds = \lim_{n\to\infty} \sum_{i=1}^{n} f(x_i^*, y_i^*, z_i^*)\,\Delta s_i$$

Calculamos essa integral utilizando uma fórmula análoga à Equação 3:

9 $$\int_C f(x,y,z)\,ds = \int_a^b f(x(t),y(t),z(t))\sqrt{\left(\frac{dx}{dt}\right)^2 + \left(\frac{dy}{dt}\right)^2 + \left(\frac{dz}{dt}\right)^2}\,dt$$

Observe que as integrais das Equações 3 e 9 podem ser escritas de modo mais compacto pela notação vetorial

$$\int_a^b f(\mathbf{r}(t))\,|\mathbf{r}'(t)|\,dt$$

Para o caso especial em que $f(x, y, z) = 1$, temos

$$\int_C ds = \int_a^b |\mathbf{r}'(t)|\,dt = L$$

onde L é o comprimento da curva C (veja a Fórmula 13.3.3).

Também podemos definir integrais de linha ao longo de C em relação a x, y e z. Por exemplo,

$$\begin{aligned}\int_C f(x,y,z)\,dz &= \lim_{n\to\infty} \sum_{i=1}^{n} f(x_i^*, y_i^*, z_i^*)\,\Delta z_i \\ &= \int_a^b f(x(t),y(t),z(t))\,z'(t)\,dt\end{aligned}$$

Portanto, como para as integrais de linha no plano, podemos calcular integrais da forma

10 $$\int_C P(x,y,z)\,dx + Q(x,y,z)\,dy + R(x,y,z)\,dz$$

escrevendo tudo (x, y, z, dx, dy, dz) em termos do parâmetro t.

EXEMPLO 5 Calcule $\int_C y \operatorname{sen} z\, ds$, onde C é a hélice circular dada pelas equações $x = \cos t$, $y = \operatorname{sen} t$, $z = t$, $0 \le t \le 2\pi$. (Veja a Figura 9.)

SOLUÇÃO A Fórmula 9 nos dá

$$\begin{aligned}\int_C y \operatorname{sen} z\, ds &= \int_0^{2\pi} (\operatorname{sen} t)\operatorname{sen} t \sqrt{\left(\frac{dx}{dt}\right)^2 + \left(\frac{dy}{dt}\right)^2 + \left(\frac{dz}{dt}\right)^2}\, dt \\ &= \int_0^{2\pi} \operatorname{sen}^2 t \sqrt{\operatorname{sen}^2 t + \cos^2 t + 1}\, dt = \sqrt{2}\int_0^{2\pi} \tfrac{1}{2}(1 - \cos 2t)\, dt \\ &= \frac{\sqrt{2}}{2}\left[t - \tfrac{1}{2}\operatorname{sen} 2t\right]_0^{2\pi} = \sqrt{2}\pi\end{aligned}$$

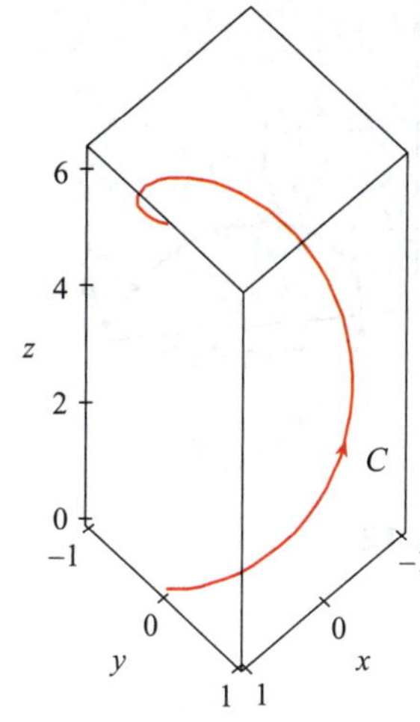

FIGURA 9

EXEMPLO 6 Calcule $\int_C y\, dx + z\, dy + x\, dz$, onde C consiste no segmento de reta C_1 de (2, 0, 0) a (3, 4, 5), seguido pelo segmento de reta vertical C_2 de (3, 4, 5) a (3, 4, 0).

SOLUÇÃO A curva C é mostrada na Figura 10. Usando a Equação 8, escrevemos C_1 como

$$\mathbf{r}(t) = (1 - t)\langle 2, 0, 0\rangle + t\langle 3, 4, 5\rangle = \langle 2 + t, 4t, 5t\rangle$$

ou, na forma paramétrica, como

$$x = 2 + t \qquad y = 4t \qquad z = 5t \qquad 0 \le t \le 1$$

Logo,

$$\begin{aligned}\int_{C_1} y\, dx + z\, dy + x\, dz &= \int_0^1 (4t)\, dt + (5t)4\, dt + (2 + t)5\, dt \\ &= \int_0^1 (10 + 29t)\, dt = 10t + 29\frac{t^2}{2}\Big]_0^1 = 24{,}5\end{aligned}$$

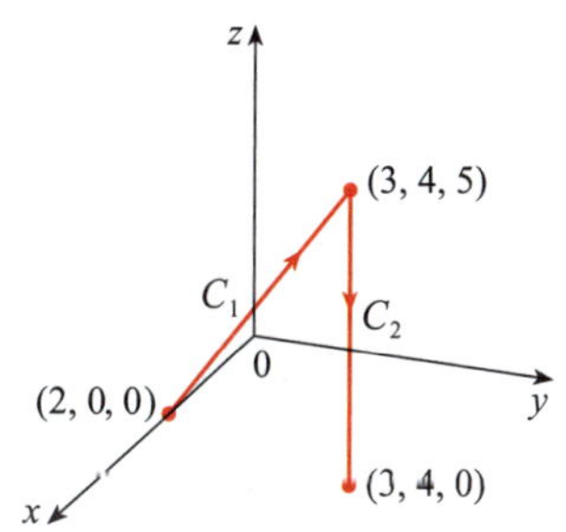

FIGURA 10

Da mesma maneira, pode-se escrever C_2 na forma

$$\mathbf{r}(t) = (1 - t)\langle 3, 4, 5\rangle + t\langle 3, 4, 0\rangle = \langle 3, 4, 5 - 5t\rangle$$

ou

$$x = 3 \qquad y = 4 \qquad z = 5 - 5t \qquad 0 \le t \le 1$$

Então $dx = 0 = dy$, logo,

$$\int_{C_2} y\, dx + z\, dy + x\, dz = \int_0^1 3(-5)\, dt = -15$$

Somando os valores das integrais, obtemos

$$\int_C y\, dx + z\, dy + x\, dz = 24{,}5 - 15 = 9{,}5$$

Integrais de Linha de Campos Vetoriais; Trabalho

Lembre-se, da Seção 6.4, no Volume 1, de que o trabalho feito por uma força variável $f(x)$ que move uma partícula de a até b ao longo do eixo x é dado por $W = \int_a^b f(x)\, dx$. Depois, na Seção 12.3, vimos que o trabalho feito por uma força constante $\mathbf{F}$ para mover um objeto de um ponto P para outro ponto Q do espaço é $W = \mathbf{F} \cdot \mathbf{D}$, onde $\mathbf{D} = \overrightarrow{PQ}$ é o vetor deslocamento.

Suponha agora que $\mathbf{F} = P\,\mathbf{i} + Q\,\mathbf{j} + R\,\mathbf{k}$ seja um campo de força contínuo em $\mathbb{R}^3$, tal como o campo gravitacional do Exemplo 16.1.4 ou o campo de força elétrica do Exemplo 16.1.5. (Um campo de força em $\mathbb{R}^2$ pode ser visto como um caso especial onde $R = 0$ e P e Q dependem só de x e y.) Queremos calcular o trabalho exercido por essa força ao mover uma partícula ao longo de uma curva suave C. Veja a Figura 11.

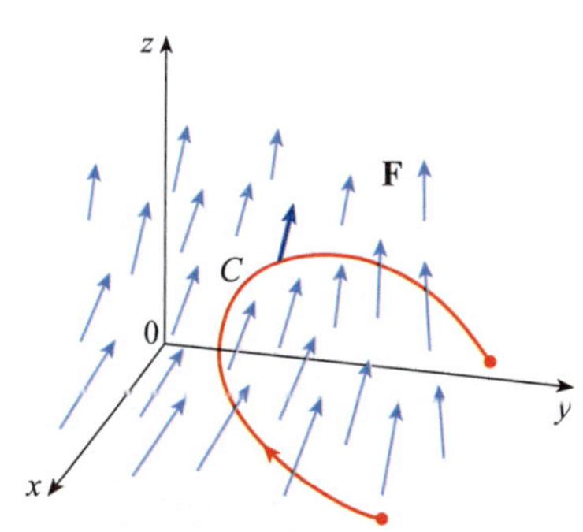

FIGURA 11

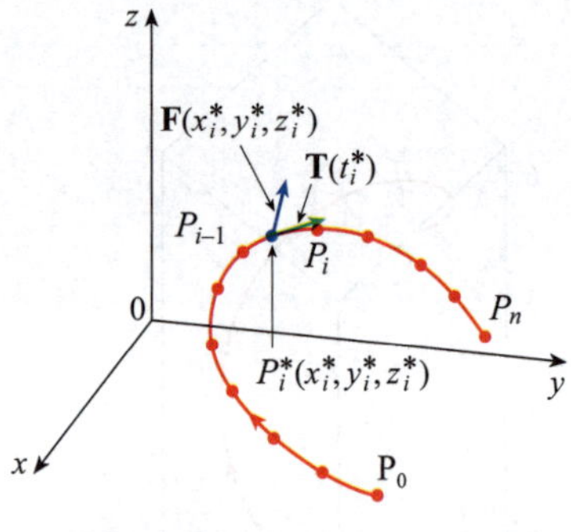

FIGURA 12

Para determinar o trabalho realizado por **F** ao mover uma partícula ao longo de C, dividimos C em subarcos $P_{i-1}P_i$ com comprimentos Δs_i por meio da divisão de intervalos de parâmetros $[a, b]$ em subintervalos de igual largura. (Veja a Figura 1 para o caso bidimensional, ou a Figura 12, para o caso tridimensional.) Escolha um ponto $P_i^*(x_i^*, y_i^*, z_i^*)$ no i-ésimo subarco correspondente ao valor do parâmetro t_i^*. Se Δs_i é pequeno, o movimento da partícula de P_{i-1} para P_i na curva ocorre aproximadamente na direção de $\mathbf{T}(t_i^*)$, vetor tangente unitário a P_i^*. Então, o trabalho feito pela força **F** para mover a partícula de P_{i-1} para P_i é aproximadamente

$$\mathbf{F}(x_i^*, y_i^*, z_i^*) \cdot [\Delta s_i \mathbf{T}(t_i^*)] = [\mathbf{F}(x_i^*, y_i^*, z_i^*) \cdot \mathbf{T}(t_i^*)]\, \Delta s_i$$

e o trabalho total executado para mover a partícula ao longo de C é aproximadamente

11
$$\sum_{i=1}^{n} [\mathbf{F}(x_i^*, y_i^*, z_i^*) \cdot \mathbf{T}(x_i^*, y_i^*, z_i^*)]\, \Delta s_i$$

onde $\mathbf{T}(x, y, z)$ é o vetor tangente unitário no ponto (x, y, z) em C. Intuitivamente, vemos que essas aproximações devem se tornar melhor quando n torna-se maior. Portanto, definimos o **trabalho** W feito por um campo de força **F** como o limite da soma de Riemann dada por (11), ou seja,

12
$$W = \int_C \mathbf{F}(x, y, z) \cdot \mathbf{T}(x, y, z)\, ds = \int_C \mathbf{F} \cdot \mathbf{T}\, ds$$

A Equação 12 nos diz que *o trabalho é a integral com relação ao comprimento de arco da componente tangencial da força.*

Se a curva C é dada pela equação vetorial $\mathbf{r}(t) = x(t)\,\mathbf{i} + y(t)\,\mathbf{j} + z(t)\,\mathbf{k}$, então $\mathbf{T}(t) = \mathbf{r}'(t)/|\mathbf{r}'(t)|$, e, pela Equação 9, podemos reescrever a Equação 12 como

$$W = \int_a^b \left[\mathbf{F}(\mathbf{r}(t)) \cdot \frac{\mathbf{r}'(t)}{|\mathbf{r}'(t)|} \right] |\mathbf{r}'(t)|\, dt = \int_a^b \mathbf{F}(\mathbf{r}(t)) \cdot \mathbf{r}'(t)\, dt$$

Essa última integral é frequentemente abreviada como $\int_C \mathbf{F} \cdot d\mathbf{r}$ e ocorre também em outras áreas da física. Portanto, definimos a integral de linha de *qualquer* campo vetorial contínuo como a seguir:

13 Definição Seja **F** um campo vetorial contínuo definido sobre uma curva suave C dada pela função vetorial $\mathbf{r}(t)$, $a \le t \le b$. Então, **a integral de linha de F ao longo de C** é

$$\int_C \mathbf{F} \cdot d\mathbf{r} = \int_a^b \mathbf{F}(\mathbf{r}(t)) \cdot \mathbf{r}'(t)\, dt = \int_C \mathbf{F} \cdot \mathbf{T}\, ds$$

Ao utilizar a Definição 13, tenha em mente que $\mathbf{F}(\mathbf{r}(t))$ é apenas uma abreviação de $\mathbf{F}(x(t), y(t), z(t))$, então podemos avaliar $\mathbf{F}(\mathbf{r}(t))$ simplesmente colocando $x = x(t)$, $y = y(t)$ e $z = z(t)$ na expressão para $\mathbf{F}(x, y, z)$. Observe também que podemos formalmente escrever que $d\mathbf{r} = \mathbf{r}'(t)\, dt$.

EXEMPLO 7 Determine o trabalho feito pelo campo de força $\mathbf{F}(x, y) = x^2\,\mathbf{i} - xy\,\mathbf{j}$ ao se mover uma partícula ao longo de um quarto de círculo $\mathbf{r}(t) = \cos t\,\mathbf{i} + \operatorname{sen} t\,\mathbf{j}$, $0 \le t \le \pi/2$.

SOLUÇÃO Uma vez que $x = \cos t$ e $y = \operatorname{sen} t$, temos

$$\mathbf{F}(\mathbf{r}(t)) = \cos^2 t\,\mathbf{i} - \cos t \operatorname{sen} t\,\mathbf{j}$$

e
$$\mathbf{r}'(t) = -\operatorname{sen} t\,\mathbf{i} + \cos t\,\mathbf{j}$$

Portanto, o trabalho realizado é

$$\int_C \mathbf{F} \cdot d\mathbf{r} = \int_0^{\pi/2} \mathbf{F}(\mathbf{r}(t)) \cdot \mathbf{r}'(t)\,dt = \int_0^{\pi/2} (-\cos^2 t \ \operatorname{sen} t - \cos^2 t \ \operatorname{sen} t)\,dt$$

$$= \int_0^{\pi/2} (-2\cos^2 t \operatorname{sen} t)\,dt = 2\frac{\cos^3 t}{3}\bigg]_0^{\pi/2} = -\frac{2}{3}$$ ■

A Figura 13 mostra o campo de força e a curva do Exemplo 7. O trabalho realizado é negativo porque o campo impede o movimento ao longo da curva.

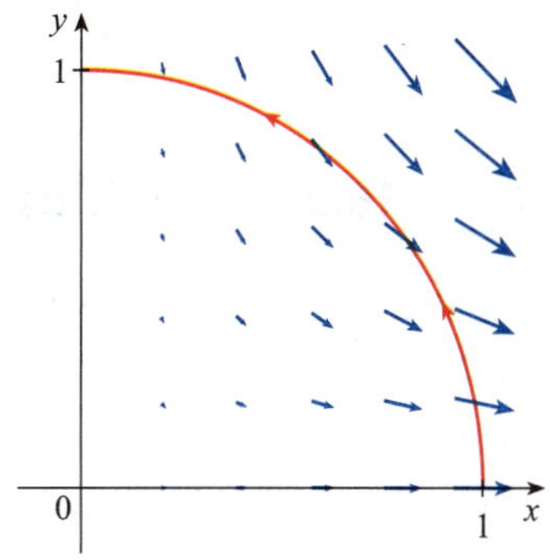

FIGURA 13

OBSERVAÇÃO Apesar de $\int_C \mathbf{F} \cdot d\mathbf{r} = \int_C \mathbf{F} \cdot \mathbf{T}\,ds$ e as integrais em relação ao comprimento de arco não trocarem de sinal quando a orientação do caminho for invertida, é verdade que

$$\int_{-C} \mathbf{F} \cdot d\mathbf{r} = -\int_C \mathbf{F} \cdot d\mathbf{r}$$

pois o vetor tangente da unidade **T** é substituído por sua negativa quando C é substituído por $-C$.

EXEMPLO 8 Calcule $\int_C \mathbf{F} \cdot d\mathbf{r}$, onde $\mathbf{F}(x, y, z) = xy\,\mathbf{i} + yz\,\mathbf{j} + zx\,\mathbf{k}$ e C é a cúbica retorcida dada por

$$x = t \qquad y = t^2 \qquad z = t^3 \qquad 0 \leq t \leq 1$$

A Figura 14 mostra a cúbica retorcida C no Exemplo 8 e alguns vetores típicos atuando sobre três pontos em C.

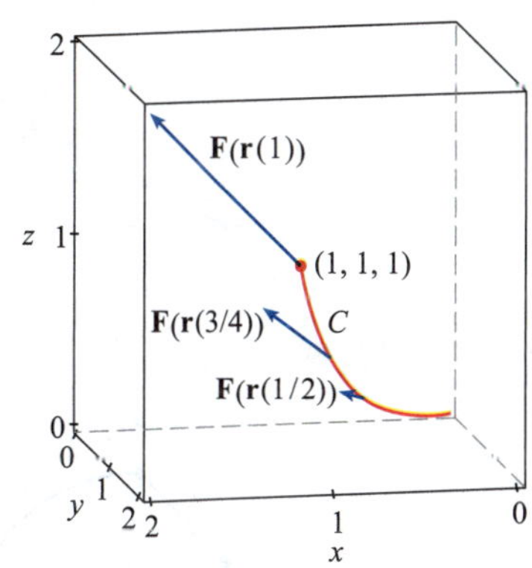

FIGURA 14

SOLUÇÃO Temos

$$\mathbf{r}(t) = t\,\mathbf{i} + t^2\,\mathbf{j} + t^3\,\mathbf{k}$$

$$\mathbf{r}'(t) = \mathbf{i} + 2t\,\mathbf{j} + 3t^2\,\mathbf{k}$$

$$\mathbf{F}(\mathbf{r}(t)) = t^3\,\mathbf{i} + t^5\,\mathbf{j} + t^4\,\mathbf{k}$$

Logo,

$$\int_C \mathbf{F} \cdot d\mathbf{r} = -\int_0^1 \mathbf{F}(\mathbf{r}(t)) \cdot \mathbf{r}'(t)\,dt$$

$$= \int_0^1 (t^3 + 5t^6)\,dt = \frac{t^4}{4} + \frac{5t^7}{7}\bigg]_0^1 = \frac{27}{28}$$ ■

Finalmente, observamos a relação entre as integrais de linha de campos vetoriais e as integrais de linha de campos escalares. Suponha que o campo vetorial **F** em $\mathbb{R}^3$ seja dado na forma de componente, a equação $\mathbf{F} = P\,\mathbf{i} + Q\,\mathbf{j} + R\,\mathbf{k}$. Usamos a Definição 13 para calcular a sua integral de linha ao longo de C:

$$\int_C \mathbf{F} \cdot d\mathbf{r} = \int_a^b \mathbf{F}(\mathbf{r}(t)) \cdot \mathbf{r}'(t)\,dt$$

$$= \int_a^b (P\,\mathbf{i} + Q\,\mathbf{j} + R\,\mathbf{k}) \cdot (x'(t)\,\mathbf{i} + y'(t)\,\mathbf{j} + z'(t)\,\mathbf{k})\,dt$$

$$= \int_a^b [P(x(t), y(t), z(t))\,x'(t) + Q(x(t), y(t), z(t))\,y'(t) + R(x(t), y(t), z(t))\,z'(t)]\,dt$$

Mas essa última integral é exatamente a integral de linha de (10). Portanto, temos

$$\int_C \mathbf{F} \cdot d\mathbf{r} = \int_C P\,dx + Q\,dy + R\,dz \qquad \text{onde} \qquad \mathbf{F} = P\,\mathbf{i} + Q\,\mathbf{j} + R\,\mathbf{k}$$

Por exemplo, a integral $\int_C y\,dx + z\,dy + x\,dz$ do Exemplo 6 poderia ser expressa como $\int_C \mathbf{F} \cdot d\mathbf{r}$, onde

$$\mathbf{F}(x, y, z) = y\,\mathbf{i} + z\,\mathbf{j} + x\,\mathbf{k}$$

Há um resultado semelhante para campos vetoriais $\mathbf{F}$ em $\mathbb{R}^2$:

$$\boxed{14} \qquad \int_C \mathbf{F} \cdot d\mathbf{r} = \int_C P\,dx + Q\,dy$$

onde $\mathbf{F} = P\,\mathbf{i} + Q\,\mathbf{j}$.

16.2 Exercícios

1-8 Calcule a integral de linha, em que C é a curva plana fornecida.

1. $\int_C y\,ds$, C: $x = t^2$, $y = 2t$, $0 \le t \le 3$

2. $\int_C (x/y)\,ds$, C: $x = t^3$, $y = t^4$, $1 \le t \le 2$

3. $\int_C xy^4\,ds$, C é a metade direita do círculo $x^2 + y^2 = 16$

4. $\int_C xe^y\,ds$, C é o segmento de reta de $(2, 0)$ a $(5, 4)$

5. $\int_C (x^2y + \text{sen}\,x)\,dy$,
C é o arco da parábola $y = x^2$ de $(0, 0)$ a (π, π^2)

6. $\int_C e^x\,dx$,
C é o arco da curva $x = y^3$ de $(-1, -1)$ a $(1, 1)$

7. $\int_C (x + 2y)\,dx + x^2\,dy$

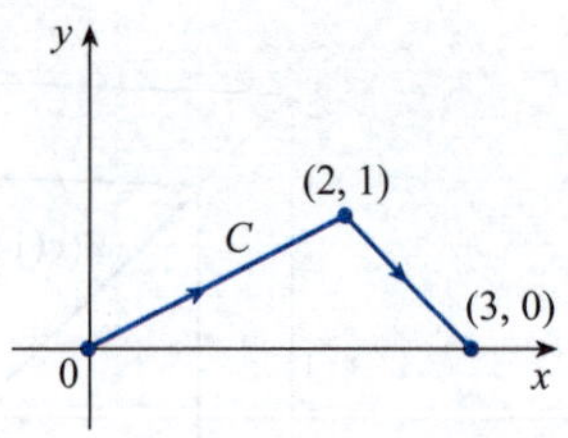

8. $\int_C x^2\,dx + y^2\,dy$

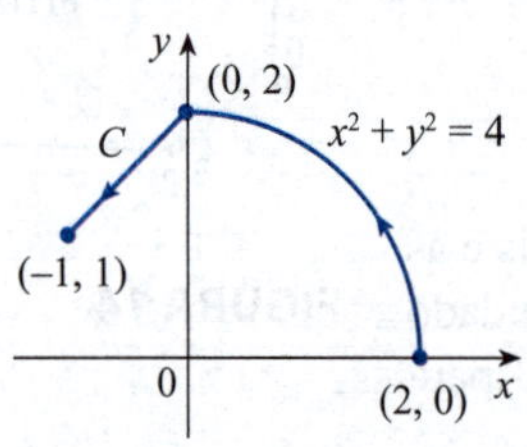

9-18 Calcule a integral de linha, em que C é a curva espacial fornecida.

9. $\int_C x^2y\,ds$,
C: $x = \cos t$, $y = \text{sen}\,t$, $z = t$, $0 \le t \le \pi/2$

10. $\int_C y^2z\,ds$,
C é o segmento de reta que vai de $(3, 1, 2)$ a $(1, 2, 5)$

11. $\int_C xe^{yz}\,ds$,
C é o segmento de reta que vai de $(0, 0, 0)$ a $(1, 2, 3)$

12. $\int_C (x^2 + y^2 + z^2)\,ds$,
C: $x = t$, $y = \cos 2t$, $z = \text{sen}\,2t$, $0 \le t \le 2\pi$

13. $\int_C xye^{yz}\,dy$, C: $x = t$, $y = t^2$, $z = t^3$, $0 \le t \le 1$

14. $\int_C ye^z\,dz + x \ln x\,dy - y\,dx$,
C: $x = e^t$, $y = 2t$, $z = \ln t$, $1 \le t \le 2$

15. $\int_C z\,dx + xy\,dy + y^2\,dz$,
C: $x = \text{sen}\,t$, $y = \cos t$, $z = \text{tg}\,t$, $-\pi/4 \le t \le \pi/4$

16. $\int_C y\,dx + z\,dy + x\,dz$,
C: $x = \sqrt{t}$, $y = t$, $z = t^2$, $1 \le t \le 4$

17. $\int_C z^2\,dx + x^2\,dy + y^2\,dz$,
C é o segmento de reta que vai de $(1, 0, 0)$ a $(4, 1, 2)$

18. $\int_C (y + z)\,dx + (x + z)\,dy + (x + y)\,dz$,
C é formada pelos segmentos de reta que vão de $(0, 0, 0)$ a $(1, 0, 1)$ e de $(1, 0, 1)$ a $(0, 1, 2)$

19. Seja $\mathbf{F}$ o campo vetorial mostrado na figura.
(a) Se C_1 é o segmento de reta vertical de $(-3, -3)$ a $(-3, 3)$, determine se $\int_{C_1} \mathbf{F} \cdot d\mathbf{r}$ é positivo, negativo ou nulo.
(b) Se C_2 é o círculo de raio 3 e centro na origem percorrido no sentido anti-horário, determine se $\int_{C_2} \mathbf{F} \cdot d\mathbf{r}$ é positivo, negativo ou nulo.

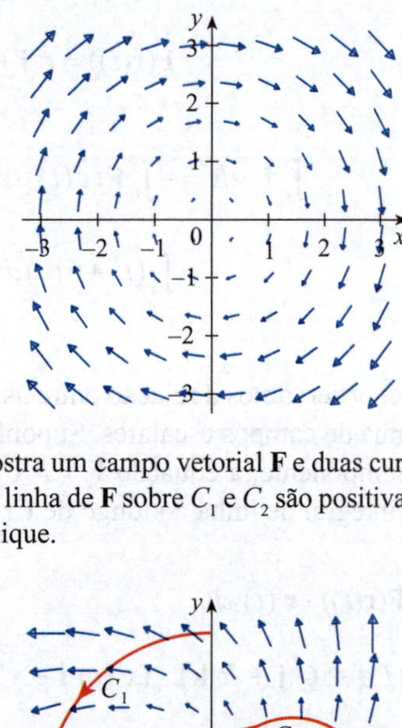

20. A figura mostra um campo vetorial $\mathbf{F}$ e duas curvas C_1 e C_2. As integrais de linha de $\mathbf{F}$ sobre C_1 e C_2 são positivas, negativas ou nulas? Explique.

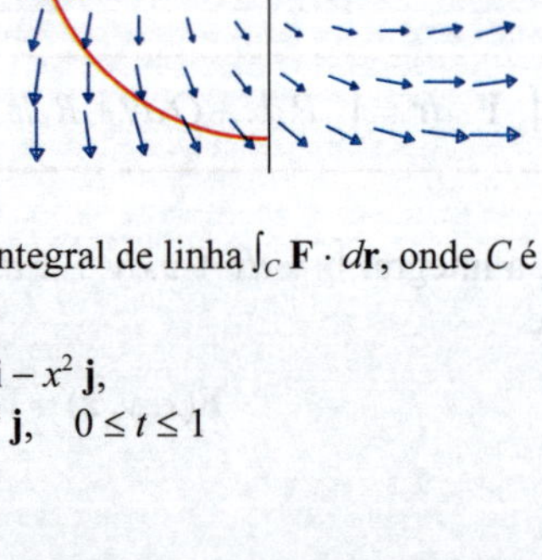

21-24 Calcule a integral de linha $\int_C \mathbf{F} \cdot d\mathbf{r}$, onde C é dada pela função vetorial $\mathbf{r}(t)$.

21. $\mathbf{F}(x, y) = xy^2\,\mathbf{i} - x^2\,\mathbf{j}$,
$\mathbf{r}(t) = t^3\,\mathbf{i} + t^2\,\mathbf{j}$, $0 \le t \le 1$

22. $\mathbf{F}(x, y, z) = (x + y^2)\,\mathbf{i} + xz\,\mathbf{j} + (y + z)\,\mathbf{k}$,
$\mathbf{r}(t) = t^2\,\mathbf{i} + t^3\,\mathbf{j} - 2t\,\mathbf{k}, \quad 0 \le t \le 2$

23. $\mathbf{F}(x, y, z) = \operatorname{sen} x\,\mathbf{i} + \cos y\,\mathbf{j} + xz\,\mathbf{k}$,
$\mathbf{r}(t) = t^3\,\mathbf{i} - t^2\,\mathbf{j} + t\,\mathbf{k}, \quad 0 \le t \le 1$

24. $\mathbf{F}(x, y, z) = xy\,\mathbf{i} + z^3\,\mathbf{j} + y\,\mathbf{k}$,
$\mathbf{r}(t) = e^t\,\mathbf{i} + e^{2t}\,\mathbf{j} + e^{-t}\,\mathbf{k}, \quad -1 \le t \le 1$

25-28 Use uma calculadora ou um computador para calcular a integral de linha correta até a quarta casa decimal.

25. $\int_C \mathbf{F} \cdot d\mathbf{r}$, onde $\mathbf{F}(x, y) = \sqrt{x + y}\,\mathbf{i} + (y/x)\,\mathbf{j}$ e
$\mathbf{r}(t) = \operatorname{sen}^2 t\,\mathbf{i} + \operatorname{sen} t \cos t\,\mathbf{j}, \quad \pi/6 \le t \le \pi/3$

26. $\int_C \mathbf{F} \cdot d\mathbf{r}$, onde $\mathbf{F}(x, y, z) = yze^x\,\mathbf{i} + zxe^y\,\mathbf{j} + xye^z\,\mathbf{k}$ e
$\mathbf{r}(t) = \operatorname{sen} t\,\mathbf{i} + \cos t\,\mathbf{j} + \operatorname{tg} t\,\mathbf{k}, \quad 0 \le t \le \pi/4$

27. $\int_C xy \operatorname{arctg} z\, ds$, onde C tem equações paramétricas
$x = t^2, y = t^3, z = \sqrt{t}, \quad 1 \le t \le 2$

28. $\int_C z \ln(x + y)\, ds$, onde C tem equações paramétricas
$x = 1 + 3t, y = 2 + t^2, z = t^4, -1 \le t \le 1$

29-30 Use um gráfico do campo vetorial $\mathbf{F}$ e a curva C para dizer se a integral de linha de $\mathbf{F}$ ao longo de C é positiva, negativa ou nula. Em seguida, calcule a integral.

29. $\mathbf{F}(x, y) = (x - y)\,\mathbf{i} + xy\,\mathbf{j}$,
C é o arco de círculo $x^2 + y^2 = 4$ percorrido no sentido horário de $(2, 0)$ a $(0, -2)$

30. $\mathbf{F}(x, y) = \dfrac{x}{\sqrt{x^2 + y^2}}\,\mathbf{i} + \dfrac{y}{\sqrt{x^2 + y^2}}\,\mathbf{j}$,
C é a parábola $y = 1 + x^2$ de $(-1, 2)$ a $(1, 2)$

---

31. (a) Calcule a integral de linha $\int_C \mathbf{F} \cdot d\mathbf{r}$, onde $\mathbf{F}(x, y) = e^{x-1}\,\mathbf{i} + xy\,\mathbf{j}$ e C é dado por $\mathbf{r}(t) = t^2\,\mathbf{i} + t^3\,\mathbf{j}, \quad 0 \le t \le 1$.
(b) Ilustre a parte (a) utilizando uma calculadora gráfica ou um computador para desenhar C e os vetores do campo vetorial correspondentes a $t = 0$, $1/\sqrt{2}$ e 1 (como na Figura 14).

32. (a) Calcule a integral de linha $\int_C \mathbf{F} \cdot d\mathbf{r}$, onde $\mathbf{F}(x, y, z) = x\,\mathbf{i} - z\mathbf{j} + y\,\mathbf{k}$ e C é dado por $\mathbf{r}(t) = 2t\,\mathbf{i} + 3t\,\mathbf{j} - t^2\,\mathbf{k}, -1 \le t \le 1$.
(b) Ilustre a parte (a) graficamente para C e os vetores do campo vetorial correspondentes a $t = \pm 1$ e $\pm \frac{1}{2}$ (como na Figura 14).

33. Utilize um sistema de computação algébrica para encontrar o valor exato de $\int_C x^3y^2z\, ds$, onde C é a curva com equações paramétricas $x = e^{-t} \cos 4t$, $y = e^{-t} \operatorname{sen} 4t$, $z = e^{-t}$, $0 \le t \le 2\pi$.

34. (a) Determine o trabalho realizado pelo campo de força $\mathbf{F}(x, y) = x^2\,\mathbf{i} + xy\,\mathbf{j}$ sobre uma partícula que dá uma volta no círculo $x^2 + y^2 = 4$ orientada no sentido anti-horário.
(b) Represente graficamente o campo de força e o círculo na mesma tela. Use essa figura para explicar sua resposta para a parte (a).

35. Um arame fino é entortado no formato da semicircunferência $x^2 + y^2 = 4$, $x \ge 0$. Se a densidade linear for uma constante k, determine a massa e o centro de massa do arame.

36. Um arame fino tem a forma da parte que está no primeiro quadrante da circunferência com centro na origem e raio a. Se a função densidade for $\rho(x, y) = kxy$, encontre a massa e o centro de massa do arame.

37. (a) Escreva fórmulas semelhantes à Equação 4 para o centro de massa $(\bar{x}, \bar{y}, \bar{z})$ de um arame fino com forma da curva espacial C se o fio tem função densidade $\rho(x, y, z)$.
(b) Determine o centro de massa de um arame com formato da hélice $x = 2 \operatorname{sen} t$, $y = 2 \cos t$, $z = 3t$, $0 \le t \le 2\pi$, se a densidade for uma constante k.

38. Determine a massa e o centro de massa de um arame com formato da hélice $x = t$, $y = \cos t$, $z = \operatorname{sen} t$, $0 \le t \le 2\pi$, se a densidade em qualquer ponto for igual ao quadrado da sua distância do ponto à origem.

39. Se um arame com densidade linear $\rho(x, y)$ está sobre uma curva plana C, seus **momentos de inércia** em relação aos eixos x e y são definidos por

$$I_x = \int_C y^2 \rho(x, y)\, ds \qquad I_y = \int_C x^2 \rho(x, y)\, ds$$

Determine os momentos de inércia do arame do Exemplo 3.

40. Se um arame com densidade linear $\rho(x, y, z)$ está sobre uma curva espacial C, seus **momentos de inércia** em relação aos eixos x, y e z são definidos por

$$I_x = \int_C (y^2 + z^2)\rho(x, y, z)\, ds$$
$$I_y = \int_C (x^2 + z^2)\rho(x, y, z)\, ds$$
$$I_z = \int_C (x^2 + y^2)\rho(x, y, z)\, ds$$

Determine os momentos de inércia do arame do Exercício 37(b).

41. Determine o trabalho realizado pelo campo de força

$$\mathbf{F}(x, y) = x\,\mathbf{i} + (y + 2)\,\mathbf{j}$$

sobre um objeto que se move sobre um arco da cicloide

$$\mathbf{r}(t) = (t - \operatorname{sen} t)\,\mathbf{i} + (1 - \cos t)\,\mathbf{j}, \quad 0 \le t \le 2\pi$$

42. Determine o trabalho realizado pelo campo de força $\mathbf{F}(x, y) = x^2\,\mathbf{i} + ye^x\,\mathbf{j}$ em uma partícula que se move sobre a parábola $x = y^2 + 1$ de $(1, 0)$ a $(2, 1)$.

43. Determine o trabalho realizado pelo campo de força

$$\mathbf{F}(x, y, z) = \langle x - y^2, y - z^2, z - x^2 \rangle$$

sobre uma partícula que se move ao longo do segmento de reta de $(0, 0, 1)$ a $(2, 1, 0)$.

44. A força exercida pela carga elétrica colocada na origem sobre uma partícula carregada em um ponto (x, y, z) com vetor posição $\mathbf{r} = \langle x, y, z \rangle$ é $\mathbf{F}(\mathbf{r}) = K\mathbf{r}/|\mathbf{r}|^3$, onde K é uma constante. (Veja o Exemplo 16.1.5.) Encontre o trabalho feito quando a partícula se move ao longo de uma linha reta de $(2, 0, 0)$ a $(2, 1, 5)$.

45. A posição de um objeto com massa m no instante t é $\mathbf{r}(t) = at^2\,\mathbf{i} + bt^3\,\mathbf{j}, 0 \le t \le 1$.
(a) Qual é a força que age sobre o objeto no instante t?
(b) Qual é o trabalho realizado pela força durante o intervalo de tempo $0 \le t \le 1$?

46. Um objeto com massa m se move com função posição $\mathbf{r}(t) = a \operatorname{sen} t\,\mathbf{i} + b \cos t\,\mathbf{j} + ct\,\mathbf{k}$, $0 \le t \le \pi/2$. Encontre o trabalho realizado sobre o objeto durante este período de tempo.

47. Um homem de 72,5 kg carrega uma lata de tinta de 11 kg subindo uma escada helicoidal que circunda um silo com um raio de 6 m. Se o silo é de 27 m de altura e o homem faz exatamente três rotações completas para subir ao topo, de quanto é o esforço feito pelo homem contra a gravidade?

48. Suponha que exista um furo na lata de tinta do Exercício 47 e 4 kg de tinta vazam da lata de modo contínuo e uniforme durante a subida do homem. Quanto trabalho é realizado?

49. (a) Mostre que um campo de força constante realiza trabalho nulo sobre uma partícula que dá uma única volta completa uniformemente na circunferência $x^2 + y^2 = 1$.

(b) Isso também é verdadeiro para um campo de força $\mathbf{F}(\mathbf{x}) = k\mathbf{x}$, onde k é uma constante e $\mathbf{x} = \langle x, y \rangle$?

50. A base de uma cerca circular com raio de 10 m é dada por $x = 10 \cos t$, $y = 10 \operatorname{sen} t$. A altura da cerca na posição (x, y) é dada pela função $h(x, y) = 4 + 0{,}01(x^2 - y^2)$, de modo que a altura varia de 3 m a 5 m. Suponha-se que 1 L de tinta cubra $100\ \text{m}^2$. Faça um esboço da cerca e determine de quanta tinta você precisará para pintar os dois lados da cerca.

51. Se C é uma curva suave dada por uma função vetorial $\mathbf{r}(t)$, $a \le t \le b$, e $\mathbf{v}$ é um vetor constante, mostre que

$$\int_C \mathbf{v} \cdot d\mathbf{r} = \mathbf{v} \cdot [\mathbf{r}(b) - \mathbf{r}(a)]$$

52. Se C é uma curva suave dada por uma função vetorial $\mathbf{r}(t)$, $a \le t \le b$, mostre que

$$\int_C \mathbf{r} \cdot d\mathbf{r} = \tfrac{1}{2}\left[|\mathbf{r}(b)|^2 - |\mathbf{r}(a)|^2\right]$$

53. Um objeto se move sobre a curva C, mostrada na figura, de $(1, 2)$ a $(9, 8)$. Os comprimentos dos vetores do campo de força $\mathbf{F}$ são medidos em newtons pela escala nos eixos. Estime o trabalho realizado por $\mathbf{F}$ sobre o objeto.

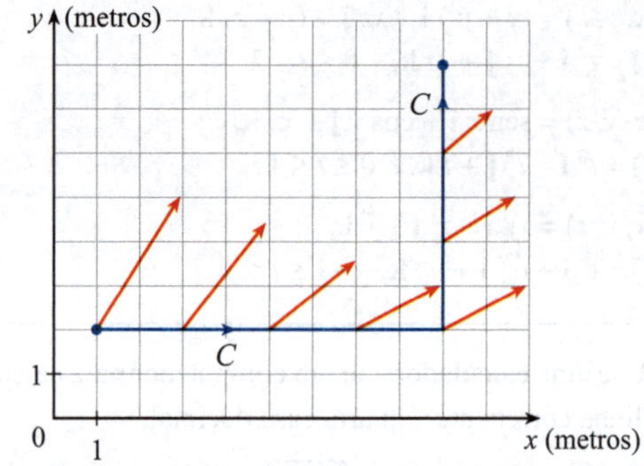

54. Experiências mostram que uma corrente contínua I em um fio comprido produz um campo magnético $\mathbf{B}$ que é tangente a qualquer círculo em um plano perpendicular ao fio cujo centro seja o eixo do fio (como na figura). A *Lei de Ampère* relaciona a corrente elétrica ao campo magnético criado e afirma que

$$\int_C \mathbf{B} \cdot d\mathbf{r} = \mu_0 I$$

onde I é a corrente total que passa por qualquer superfície limitada por uma curva fechada C, e μ_0 é uma constante chamada permeabilidade no vácuo. Tomando C como um círculo de raio r, mostre que o módulo $B = |\mathbf{B}|$ do campo magnético a uma distância r do centro do fio é dado por

$$B = \frac{\mu_0 I}{2\pi r}$$

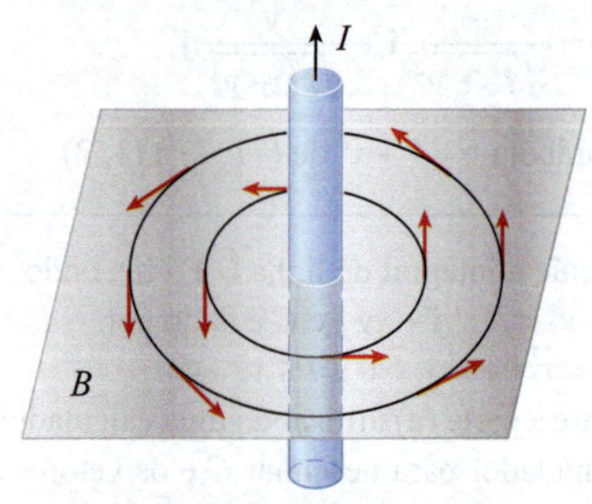

16.3 O Teorema Fundamental das Integrais de Linha

Lembre-se, da Seção 5.3, no Volume 1, que a Parte 2 do Teorema Fundamental do Cálculo pode ser escrita como

1
$$\int_a^b F'(x)\,dx = F(b) - F(a)$$

onde F' é contínua em $[a, b]$. A Equação 1 afirma que, para calcular a integral definida de F' em $[a, b]$, só precisamos conhecer os valores de F em a e b, os extremos do intervalo. Nesta seção, enunciamos um resultado similar para integrais de linha.

O Teorema Fundamental das Integrais de Linha

Se consideramos o vetor gradiente ∇f de uma função f de duas ou três variáveis como uma espécie de derivada de f, então o teorema seguinte pode ser visto como uma versão do Teorema Fundamental do Cálculo para as integrais de linha.

2 Teorema Seja C uma curva suave dada pela função vetorial $\mathbf{r}(t)$, $a \le t \le b$. Seja f uma função diferenciável de duas ou três variáveis cujo vetor gradiente ∇f é contínuo em C. Então,

$$\int_C \nabla f \cdot d\mathbf{r} = f(\mathbf{r}(b)) - f(\mathbf{r}(a))$$

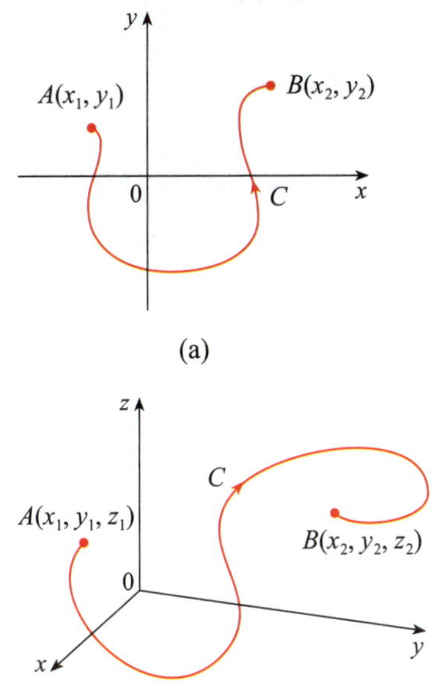

FIGURA 1

OBSERVAÇÃO 1 O Teorema 2 diz que podemos avaliar a integral de linha de um campo vetorial conservativo (o campo vetorial gradiente da função potencial f) simplesmente sabendo o valor de f nos pontos finais de C. De fato, o Teorema 2 diz que a integral de linha de ∇f é a variação total em f. Se f é uma função de duas variáveis e C é uma curva plana com o ponto inicial $A(x_1, y_1)$ e ponto terminal $B(x_2, y_2)$, como na Figura 1(a), então o Teorema 2 torna-se

$$\int_C \nabla f \cdot d\mathbf{r} = f(x_2, y_2) - f(x_1, y_1)$$

Se f é uma função de três variáveis e C, uma curva espacial ligando o ponto $A(x_1, y_1, z_1)$ ao ponto $B(x_2, y_2, z_2)$, então, como na Figura 1(b), temos

$$\int_C \nabla f \cdot d\mathbf{r} = f(x_2, y_2, z_2) - f(x_1, y_1, z_1)$$

OBSERVAÇÃO 2 Sob as hipóteses do Teorema 2, se C_1 e C_2 forem curvas suaves com os mesmos pontos iniciais e os mesmos pontos terminais, podemos concluir que

$$\int_{C_1} \nabla f \cdot d\mathbf{r} = \int_{C_2} \nabla f \cdot d\mathbf{r}$$

Demonstremos o Teorema 2 para o caso em que f é uma função de três variáveis.

DEMONSTRAÇÃO DO TEOREMA 2 Usando a Definição 16.2.13, temos

$$\begin{aligned}\int_C \nabla f \cdot d\mathbf{r} &= \int_a^b \nabla f(\mathbf{r}(t)) \cdot \mathbf{r}'(t)\,dt \\ &= \int_a^b \left(\frac{\partial f}{\partial x}\frac{dx}{dt} + \frac{\partial f}{\partial y}\frac{dy}{dt} + \frac{\partial f}{\partial z}\frac{dz}{dt} \right) dt \\ &= \int_a^b \frac{d}{dt} f(\mathbf{r}(t))\,dt \qquad \text{(pela Regra de Cadeia)} \\ &= f(\mathbf{r}(b)) - f(\mathbf{r}(a))\end{aligned}$$

O último passo segue do Teorema Fundamental do Cálculo (Equação 1). ■

OBSERVAÇÃO 3 Embora tenhamos provado o Teorema 2 para curvas suaves, ele também vale para curvas suaves por partes. Isso pode ser confirmado subdividindo C em um número finito de curvas suaves e somando as integrais resultantes.

EXEMPLO 1 Determine o trabalho realizado pelo campo gravitacional

$$\mathbf{F}(\mathbf{x}) = -\frac{mMG}{|\mathbf{x}|^3}\mathbf{x}$$

ao mover uma partícula de massa m do ponto (3, 4, 12) para o ponto (2, 2, 0) ao longo da curva suave por partes C. (Veja o Exemplo 16.1.4.)

SOLUÇÃO Da Seção 16.1, sabemos que **F** é um campo vetorial conservador e, de fato, $\mathbf{F} = \nabla f$, onde

$$f(x, y, z) = \frac{mMG}{\sqrt{x^2 + y^2 + z^2}}$$

Portanto, pelo Teorema 2, o trabalho realizado é

$$\begin{aligned} W &= \int_C \mathbf{F} \cdot d\mathbf{r} = \int_{C_2} \nabla f \cdot d\mathbf{r} \\ &= f(2,2,0) - f(3,4,12) \\ &= \frac{mMG}{\sqrt{2^2 + 2^2}} - \frac{mMG}{\sqrt{3^2 + 4^2 + 12^2}} = mMG\left(\frac{1}{2\sqrt{2}} - \frac{1}{13}\right) \end{aligned}$$ ■

Independência do Caminho

Suponha que C_1 e C_2 sejam curvas suaves por partes (denominadas **caminhos**) que têm o mesmo ponto inicial A e o mesmo ponto final B. Sabemos pelo Exemplo 16.2.4 que, em geral, $\int_{C_1} \mathbf{F} \cdot d\mathbf{r} \neq \int_{C_2} \mathbf{F} \cdot d\mathbf{r}$. Entretanto, comentamos na Observação 2 que

$$\int_{C_1} \nabla f \cdot d\mathbf{r} = \int_{C_2} \nabla f \cdot d\mathbf{r}$$

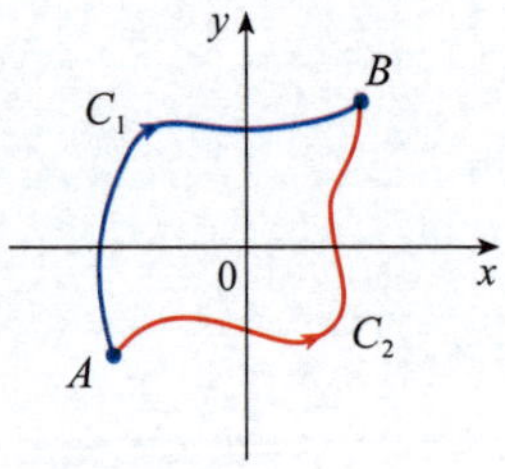

FIGURA 2
$\int_{C_1} \nabla f \cdot d\mathbf{r} = \int_{C_2} \nabla f \cdot d\mathbf{r}$

sempre que ∇f for contínua (veja a Figura 2). Em outras palavras, a integral de linha de um campo vetorial *conservativo* depende somente das extremidades da curva.

Em geral, se **F** for um campo vetorial contínuo com domínio D, dizemos que a integral de linha $\int_C \mathbf{F} \cdot d\mathbf{r}$ é **independente do caminho** se $\int_{C_1} \mathbf{F} \cdot d\mathbf{r} = \int_{C_2} \mathbf{F} \cdot d\mathbf{r}$ para quaisquer dois caminhos C_1 e C_2 em D que tenham os mesmos pontos iniciais e finais. Com essa terminologia, podemos dizer que *as integrais de linha de campos vetoriais conservativos são independentes do caminho*.

Uma curva é denominada **fechada** se seu ponto final coincide com seu ponto inicial, ou seja, $\mathbf{r}(b) = \mathbf{r}(a)$ (veja a Figura 3). Se $\int_C \mathbf{F} \cdot d\mathbf{r}$ é independente do caminho em D e C é uma curva fechada em D, podemos escolher quaisquer dois pontos A e B sobre C e olhar C como composta por um caminho C_1 de A a B seguido de um caminho C_2 de B a A. (Veja a Figura 4.) Então,

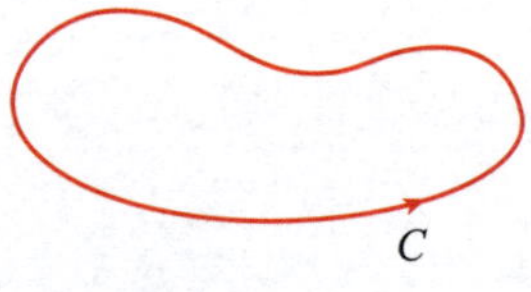

FIGURA 3
Uma curva fechada

$$\int_C \mathbf{F} \cdot d\mathbf{r} = \int_{C_1} \mathbf{F} \cdot d\mathbf{r} + \int_{C_2} \mathbf{F} \cdot d\mathbf{r} = \int_{C_1} \mathbf{F} \cdot d\mathbf{r} - \int_{-C_2} \mathbf{F} \cdot d\mathbf{r} = 0$$

já que C_1 e $-C_2$ têm os mesmos pontos inicial e final.

Por outro lado, se é verdade que $\int_C \mathbf{F} \cdot d\mathbf{r} = 0$ sempre que C for um caminho fechado em D, podemos demonstrar a independência do caminho da seguinte forma. Tome quaisquer dois caminhos C_1 e C_2 de A a B em D e defina C como a curva constituída por C_1 seguida por $-C_2$. Então,

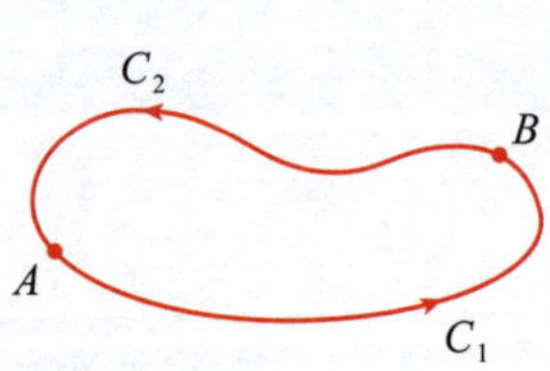

FIGURA 4

$$0 = \int_C \mathbf{F} \cdot d\mathbf{r} = \int_{C_1} \mathbf{F} \cdot d\mathbf{r} + \int_{-C_2} \mathbf{F} \cdot d\mathbf{r} = \int_{C_1} \mathbf{F} \cdot d\mathbf{r} - \int_{C_2} \mathbf{F} \cdot d\mathbf{r}$$

e, assim, $\int_{C_1} \mathbf{F} \cdot d\mathbf{r} = \int_{C_2} \mathbf{F} \cdot d\mathbf{r}$. Assim, demonstramos o seguinte teorema:

3 Teorema $\int_C \mathbf{F} \cdot d\mathbf{r}$ é independente do caminho em D se e somente se $\int_C \mathbf{F} \cdot d\mathbf{r} = 0$ para todo caminho fechado C em D.

Como sabemos que a integral de linha de qualquer campo vetorial conservativo **F** é independente do caminho, segue que $\int_C \mathbf{F} \cdot d\mathbf{r} = 0$ para qualquer caminho fechado. A interpretação física é que o trabalho realizado por qualquer campo de força conservativo (tal como o campo gravitacional ou o campo elétrico da Seção 16.1) para mover um objeto ao redor de um caminho fechado é 0.

O teorema a seguir diz que *todos* os campos vetoriais independentes do caminho são conservativos. Ele foi enunciado e demonstrado para curvas planas, mas existe uma versão espacial desse teorema. Admita que D seja **aberto**, o que significa que para todo ponto P em D existirá uma bola aberta com centro em P inteiramente contida em D. (Portanto, D não tem nenhum ponto de sua fronteira.) Além disso, vamos supor que D seja **conexo por caminhos**: isso significa que quaisquer dois pontos em D podem ser ligados por um caminho que se encontra em D.

4 Teorema Suponha que **F** seja um campo vetorial contínuo em uma região aberta conexa por caminhos D. Se $\int_C \mathbf{F} \cdot d\mathbf{r}$ for independente do caminho em D, então **F** é um campo vetorial conservativo em D, ou seja, existe uma função f tal que $\nabla f = \mathbf{F}$.

DEMONSTRAÇÃO Seja $A(a, b)$ um ponto fixo em D. Vamos construir a função potencial f desejada definindo

$$f(x,y) = \int_{(a,b)}^{(x,y)} \mathbf{F} \cdot d\mathbf{r}$$

para qualquer ponto (x, y) em D. Como $\int_C \mathbf{F} \cdot d\mathbf{r}$ é independente do caminho, não interessa qual o caminho C de integração utilizado de (a, b) a (x, y) para calcular $f(x, y)$. Como D é aberto, existe uma bola aberta contida em D com centro em (x, y). Escolha qualquer ponto (x_1, y) no disco com $x_1 < x$ e considere C qualquer caminho C_1 de (a, b) a (x_1, y), seguido pelo segmento de reta horizontal C_2 de (x_1, y) a (x, y). (Veja a Figura 5.) Então,

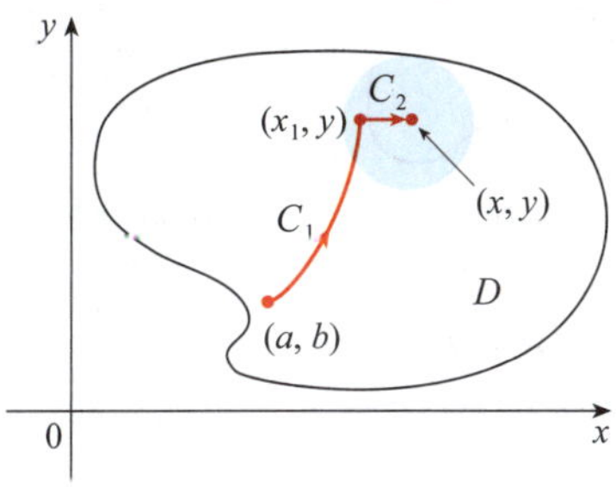

FIGURA 5

$$f(x,y) = \int_{C_1} \mathbf{F} \cdot d\mathbf{r} + \int_{C_2} \mathbf{F} \cdot d\mathbf{r} = \int_{(a,b)}^{(x,y)} \mathbf{F} \cdot d\mathbf{r} + \int_{C_2} \mathbf{F} \cdot d\mathbf{r}$$

Observe que a primeira dessas integrais não depende de x, e, assim,

$$\frac{\partial}{\partial x} f(x,y) = 0 + \frac{\partial}{\partial x}\int_{C_2} \mathbf{F} \cdot d\mathbf{r}$$

Se escrevemos $\mathbf{F} = P\,\mathbf{i} + Q\,\mathbf{j}$, então

$$\int_{C_2} \mathbf{F} \cdot d\mathbf{r} = \int_{C_1} P\,dx + Q\,dy$$

Em C_2, y é constante, portanto $dy = 0$. Usando t como parâmetro, onde $x_1 \le t \le x$, temos

$$\frac{\partial}{\partial x} f(x,y) = \frac{\partial}{\partial x}\int_{C_2} P\,dx + Q\,dy = \frac{\partial}{\partial x}\int_{x_1}^{x} P(t,y)\,dt = P(x,y)$$

pela Parte 1 do Teorema Fundamental do Cálculo (veja a Seção 5.3, no Volume 1). Uma argumentação semelhante, usando um segmento de reta vertical (veja a Figura 6), mostra que

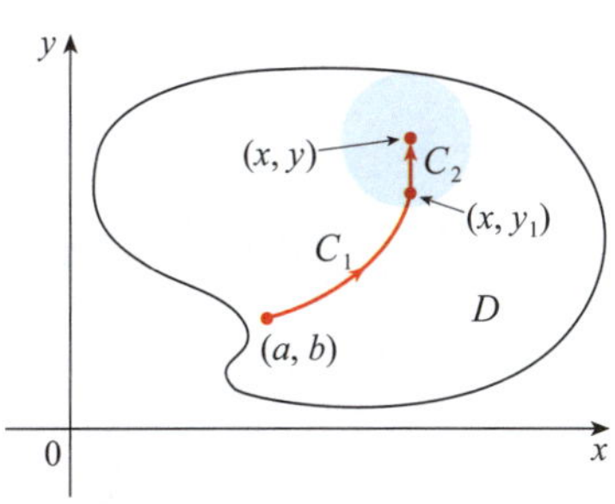

FIGURA 6

$$\frac{\partial}{\partial y} f(x,y) = \frac{\partial}{\partial y}\int_{C_2} P\,dx + Q\,dy = \frac{\partial}{\partial y}\int_{y_1}^{y} Q(x,t)\,dt = Q(x,y)$$

Logo,

$$\mathbf{F} = P\,\mathbf{i} + Q\,\mathbf{j} = \frac{\partial f}{\partial x}\mathbf{i} + \frac{\partial f}{\partial y}\mathbf{j} = \nabla f$$

o que mostra que **F** é conservativo. ■

Campos Vetoriais Conservativos e Funções Potencial

A questão permanece: como é possível saber se um campo vetorial **F** é conservativo ou não? E se soubermos que um campo **F** é conservativo, o que devemos fazer para determinar uma função potencial f?

Suponha que saibamos que $\mathbf{F} = P\,\mathbf{i} + Q\,\mathbf{j}$ é conservativo, onde P e Q têm derivadas parciais de primeira ordem contínuas. Então existe uma função f tal que $\mathbf{F} = \nabla f$, ou seja,

$$P = \frac{\partial f}{\partial x} \quad \text{e} \quad Q = \frac{\partial f}{\partial y}$$

Portanto, pelo Teorema de Clairaut,

$$\frac{\partial P}{\partial y} = \frac{\partial^2 f}{\partial y\, \partial x} = \frac{\partial^2 f}{\partial y\, \partial x} = \frac{\partial Q}{\partial x}$$

FIGURA 7
Tipos de curvas

5 Teorema Se $\mathbf{F}(x, y) = P(x, y)\,\mathbf{i} + Q(x, y)\,\mathbf{j}$ é um campo vetorial conservativo, onde P e Q têm derivadas parciais de primeira ordem contínuas em um domínio D, então em todos os pontos de D temos

$$\frac{\partial P}{\partial y} = \frac{\partial Q}{\partial x}$$

A recíproca do Teorema 5 só é verdadeira para um tipo especial de região. Para explicarmos isso, precisamos do conceito de **curva simples**, que é uma curva que não se autointercepta em nenhum ponto entre as extremidades. [Veja a Figura 7; $\mathbf{r}(a) = \mathbf{r}(b)$ para uma curva fechada simples, mas $\mathbf{r}(t_1) \neq \mathbf{r}(t_2)$ quando $a < t_1 < t_2 < b$.]

No Teorema 4, precisamos de região conexa por caminhos. Para o próximo teorema, precisaremos de uma condição mais forte. Uma **região simplesmente conexa** no plano é uma região conexa por caminhos D tal que toda curva fechada simples em D inclui apenas os pontos que estão em D. Observe a partir da Figura 8 que, intuitivamente falando, uma região simplesmente conexa não contém nenhum buraco e não podem consistir em duas regiões separadas.

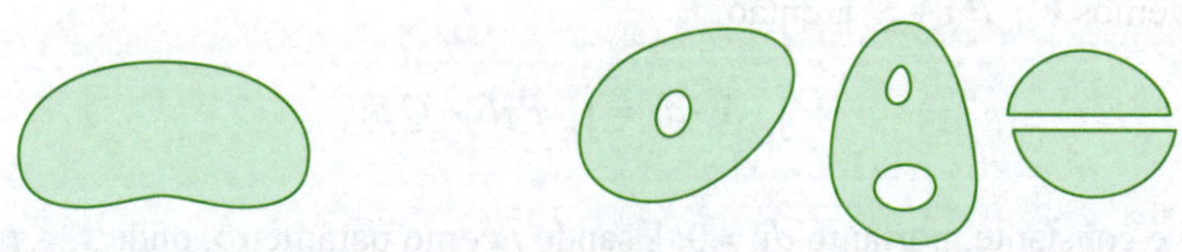

FIGURA 8 região simplesmente conexa — regiões que não são simplesmente conexas

Para regiões simplesmente conexas podemos agora enunciar a recíproca do Teorema 5, que fornece um processo conveniente para verificar se um campo vetorial em $\mathbb{R}^2$ é conservativo. A demonstração será esboçada na próxima seção, como consequência do Teorema de Green.

6 Teorema Se $\mathbf{F} = P\,\mathbf{i} + Q\,\mathbf{j}$ é um campo vetorial conservativo, onde P e Q têm derivadas parciais de primeira ordem contínuas em um domínio D, então em todos os pontos de D temos

$$\frac{\partial P}{\partial y} = \frac{\partial Q}{\partial x} \quad \text{em todo o } D$$

Então **F** é conservativo.

EXEMPLO 2 Determine se o campo vetorial fornecido é ou não conservativo.

(a) $\mathbf{F}(x, y) = (x - y)\,\mathbf{i} + (x - 2)\,\mathbf{j}$

(b) $\mathbf{F}(x, y) = (3 + 2xy)\,\mathbf{i} + (x^2 - 3y^2)\,\mathbf{j}$

SOLUÇÃO

(a) Sejam $P(x, y) = x - y$ e $Q(x, y) = x - 2$. Então,

$$\frac{\partial P}{\partial y} = -1 \qquad \frac{\partial Q}{\partial x} = 1$$

Como $\partial P/\partial y \neq \partial Q/\partial x$, pelo Teorema 5, **F** não é conservativo.

b) Seja $P(x, y) = 3 + 2xy$ e $Q(x, y) = x^2 - 3y^2$. Então,

$$\frac{\partial P}{\partial y} = 2x = \frac{\partial Q}{\partial x}$$

Além disso, o domínio de **F** é o plano inteiro ($D = \mathbb{R}^2$), que é aberto e simplesmente conexo. Portanto, podemos aplicar o Teorema 6 e concluir que **F** é conservativo. ■

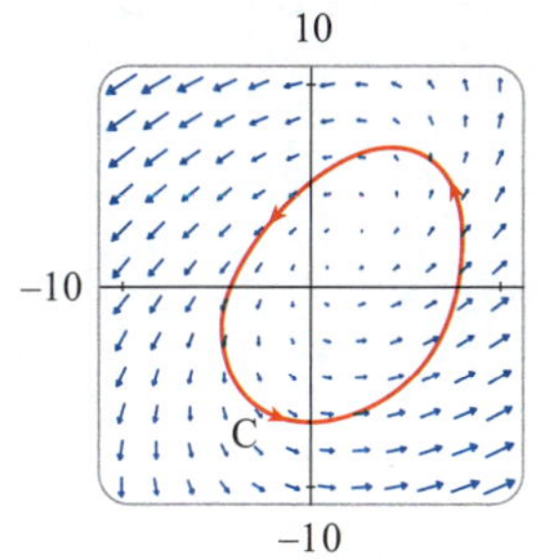

FIGURA 9

As Figuras 9 e 10 mostram os campos vetoriais dos Exemplos 2(a) e (b), respectivamente. Os vetores da Figura 9 que começam na curva fechada C parecem apontar aproximadamente para a mesma direção que C. Assim, parece que $\int_C \mathbf{F} \cdot d\mathbf{r} > 0$ e, portanto, **F** não seria conservativo. Os cálculos no Exemplo 2(a) confirmam essa impressão. Alguns dos vetores perto das curvas C_1 e C_2 na Figura 10 apontam aproximadamente para a mesma direção que as curvas, enquanto outros apontam para a direção oposta. Portanto, parece razoável que as integrais de linha sobre toda curva fechada sejam 0. O Exemplo 2(b) mostra que, de fato, **F** é conservativo.

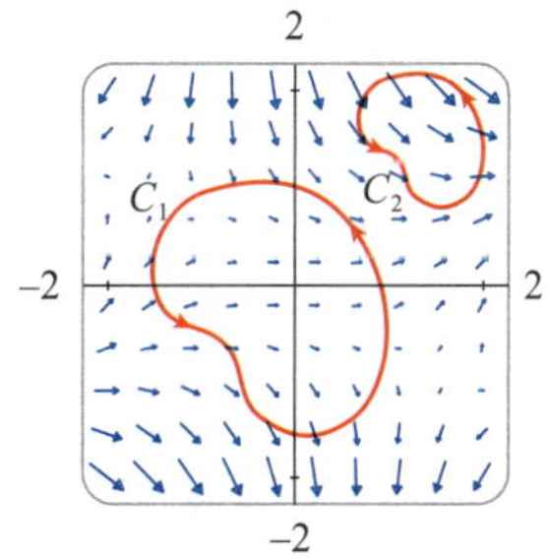

FIGURA 10

No Exemplo 2(b), o Teorema 6 diz que **F** é conservativo, mas não mostra como encontrar a função (potencial) f tal que $\mathbf{F} = \nabla f$. A demonstração do Teorema 4 nos dá uma pista de como encontrar f. Usamos "integração parcial", como no exemplo a seguir.

EXEMPLO 3 Se $\mathbf{F}(x, y) = (3 + 2xy)\,\mathbf{i} + (x^2 - 3y^2)\,\mathbf{j}$, encontre uma função de f tal que $\mathbf{F} = \nabla f$.

SOLUÇÃO Do Exemplo 2(b) sabemos que **F** é conservativo e, assim, existe uma função f com $\nabla f = \mathbf{F}$, ou seja,

7 $$f_x(x, y) = 3 + 2xy$$

8 $$f_y(x, y) = x^2 - 3y^2$$

Integrando (7) com relação a x, obtemos

9 $$f(x, y) = 3x + x^2 y + g(y)$$

Observe que a constante de integração é uma constante em relação a x, ou seja, uma função de y, que chamamos $g(y)$. Em seguida, derivamos ambos os lados de (9) em relação a y:

10 $$f_y(x, y) = x^2 + g'(y)$$

Comparando (8) e (10), vemos que

$$g'(y) = -3y^2$$

Integrando com relação a y, obtemos

$$g(y) = -y^3 + K$$

onde K é uma constante. Substituindo em (9), temos

$$f(x, y) = 3x + x^2y - y^3 + K$$

como a função potencial desejada. ■

EXEMPLO 4 Calcule a integral de linha $\int_C \mathbf{F} \cdot d\mathbf{r}$, onde

$$\mathbf{F}(x, y) = (3 + 2xy)\,\mathbf{i} + (x^2 - 3y^2)\,\mathbf{j}$$

e C é a curva dada por

$$\mathbf{r}(t) = e^t \operatorname{sen} t\,\mathbf{i} + e^t \cos t\,\mathbf{j} \qquad 0 \le t \le \pi$$

SOLUÇÃO 1 Descobrimos no Exemplo 2(b) que **F** é conservativo, de modo que podemos usar o Teorema 2. No Exemplo 3, descobrimos que $f(x, y) = 3x + x^2 y - y^3$ é uma função potencial de **F** (obtida escolhendo-se $K = 0$). Segundo o Teorema 2, resta-nos determinar os pontos inicial e final de C, que são $\mathbf{r}(0) = (0, 1)$ e $\mathbf{r}(\pi) = (0, -e^\pi)$. Logo,

$$\int_C \mathbf{F} \cdot d\mathbf{r} = \int_C \nabla f \cdot d\mathbf{r} = f(0, -e^\pi) - f(0,1) = e^{3\pi} - (-1) = e^{3\pi} + 1$$

Esse método é muito mais curto do que o método direto de cálculo de integrais de linha que aprendemos na Seção 16.2.

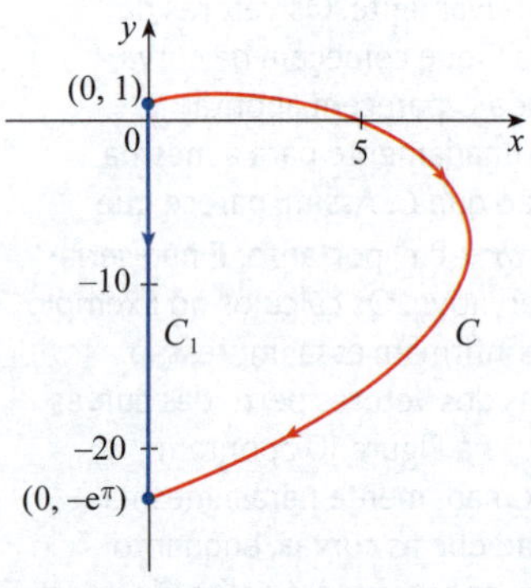

FIGURA 11

SOLUÇÃO 2 Como **F** é conservativo, sabemos que $\int_C \mathbf{F} \cdot d\mathbf{r}$ é independente do caminho. Substituamos, então, a curva C por outra curva (mais simples) C_1 que tenha o mesmo ponto inicial e o mesmo ponto final que C. Seja C_1 o segmento de reta que vai de $(0, 1)$ a $(0, -e^\pi)$, como mostrado na Figura 11. Nesse caso, C_1 é representada por

$$\mathbf{r}(t) = -t\,\mathbf{j} \qquad -1 \le t \le e^\pi$$

e

$$\int_C \mathbf{F} \cdot d\mathbf{r} = \int_{C_1} \mathbf{F} \cdot d\mathbf{r} = \int_{-1}^{e^\pi} \mathbf{F}(\mathbf{r}(t)) \cdot \mathbf{r}'(t)\,dt$$

$$= \int_{-1}^{e^\pi} (3\mathbf{i} - 3t^2\,\mathbf{j}) \cdot (-\mathbf{j})\,dt$$

$$= \int_{-1}^{e^\pi} 3t^2\,dt = t^3 \Big]_{-1}^{e^\pi} = e^{3\pi} + 1 \qquad \blacksquare$$

Um critério para determinar se um campo vetorial **F** em $\mathbb{R}^3$ é ou não é conservativo é fornecido na Seção 16.5. Por ora, veremos no próximo exemplo que a técnica para determinar a função potencial é a mesma adotada para campos vetoriais em $\mathbb{R}^2$.

EXEMPLO 5 Se $\mathbf{F}(x, y, z) = y^2\,\mathbf{i} + (2xy + e^{3z})\,\mathbf{j} + 3ye^{3z}\,\mathbf{k}$, encontre uma função f tal que $\nabla f = \mathbf{F}$.

SOLUÇÃO Se existe tal função f, então

11 $$f_x(x, y, z) = y^2$$

12 $$f_y(x, y, z) = 2xy + e^{3z}$$

13 $$f_z(x, y, z) = 3ye^{3z}$$

Integrando (11) em relação a x, obtemos

14 $$f(x, y, z) = xy^2 + g(y, z)$$

onde $g(y, z)$ é uma constante em relação a x. Em seguida, derivando (14) em relação a y, temos

$$f_y(x, y, z) = 2xy + g_y(y, z)$$

e, comparando com (12), vem

$$g_y(y, z) = e^{3z}$$

Então, $g(y, z) = ye^{3z} + h(z)$ e reescrevemos (14) como

$$f(x, y, z) = xy^2 + ye^{3z} + h(z)$$

Finalmente, derivando em relação a z e comparando com (13), obtemos $h'(z) = 0$ e, portanto, $h(z) = K$, uma constante. A função desejada é

$$f(x, y, z) = xy^2 + ye^{3z} + K$$

É fácil verificar que $\nabla f = \mathbf{F}$. ■

Conservação de Energia

Vamos aplicar as ideias deste capítulo a um campo de força contínuo $\mathbf{F}$ que move um objeto ao longo de um caminho C dado por $\mathbf{r}(t)$, $a \leq t \leq b$, onde $\mathbf{r}(a) = A$ é o ponto inicial e $\mathbf{r}(b) = B$ é o ponto terminal de C. De acordo com a Segunda Lei do Movimento de Newton (ver Seção 13.4), a força $\mathbf{F}(\mathbf{r}(t))$ a um ponto em C está relacionada com a aceleração $\mathbf{a}(t) = \mathbf{r}''(t)$ pela a equação

$$\mathbf{F}(\mathbf{r}(t)) = m\mathbf{r}''(t)$$

Assim, o trabalho realizado pela força sobre o objeto é

$$\begin{aligned} W &= \int_C \mathbf{F} \cdot d\mathbf{r} = \int_a^b \mathbf{F}(\mathbf{r}(t)) \cdot \mathbf{r}'(t)\,dt = \int_a^b m\mathbf{r}''(t) \cdot \mathbf{r}'(t)\,dt \\ &= \frac{m}{2} \int_a^b \frac{d}{dt}[\mathbf{r}'(t) \cdot \mathbf{r}'(t)]\,dt && \text{(Teorema 13.2.3, Fórmula 4)} \\ &= \frac{m}{2} \int_a^b \frac{d}{dt} |\mathbf{r}'(t)|^2\,dt = \frac{m}{2}\Big[|\mathbf{r}'(t)|^2\Big]_a^b && \text{(Teorema Fundamental do Cálculo)} \\ &= \frac{m}{2}(|\mathbf{r}'(b)|^2 - |\mathbf{r}'(a)|^2) \end{aligned}$$

Portanto,

15 $$W = \tfrac{1}{2}m|\mathbf{v}(b)|^2 - \tfrac{1}{2}m|\mathbf{v}(a)|^2$$

onde $\mathbf{v} = \mathbf{r}'$ é a velocidade.

A quantidade $\frac{1}{2}m\,|\,\mathbf{v}(t)\,|^2$, ou seja, a metade da massa multiplicada pelo quadrado da velocidade escalar, é chamada **energia cinética** do objeto. Portanto, podemos reescrever a Equação 15 como

16 $$W = K(B) - K(A)$$

que diz que o trabalho realizado pelo campo de forças ao longo do caminho C é igual à variação da energia cinética nas extremidades de C.

Agora vamos admitir que $\mathbf{F}$ seja um campo de forças conservativo, ou seja, podemos escrever $\mathbf{F} = \nabla f$. Em física, a **energia potencial** de um objeto no ponto de (x, y, z) é definida como $P(x, y, z) = -f(x, y, z)$, portanto temos $\mathbf{F} = -\nabla P$. Então, pelo Teorema 2, temos

$$W = \int_C \mathbf{F} \cdot d\mathbf{r} = -\int_C \nabla P \cdot d\mathbf{r} = -[P(\mathbf{r}(b)) - P(\mathbf{r}(a))] = P(A) - P(B)$$

Comparando essa equação com a Equação 16, vemos que

$$P(A) + K(A) = P(B) + K(B)$$

que diz que, se um objeto se move de um ponto A para outro B sob a influência de um campo de forças conservativo, então a soma de sua energia potencial e sua energia cinética permanece constante. Essa é a chamada **Lei da Conservação de Energia** e é a razão pela qual o campo vetorial é denominado *conservativo*.

16.3 Exercícios

1. A figura mostra uma curva C e um mapa de contorno de uma função f cujo gradiente é contínuo. Determine $\int_C \nabla f \cdot d\mathbf{r}$.

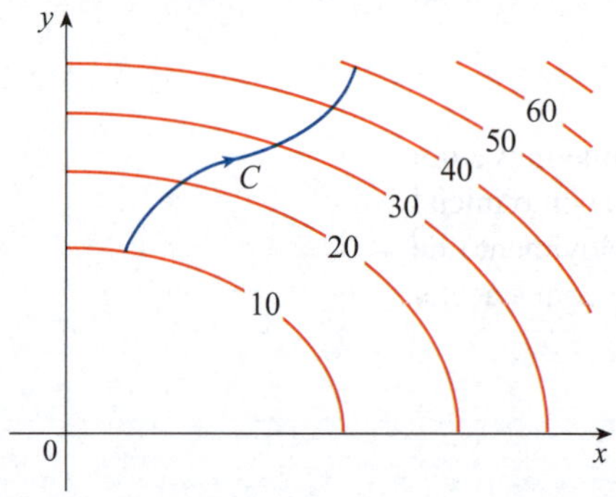

2. É dada uma tabela de valores de uma função f com gradiente contínuo. Determine $\int_C \nabla f \cdot d\mathbf{r}$, onde C tem equações paramétricas

$$x = t^2 + 1, \qquad y = t^3 + t, \qquad 0 \le t \le 1.$$

x \ y	0	1	2
0	1	6	4
1	3	5	7
2	8	2	9

3-10 Determine se **F** é ou não um campo vetorial conservador. Se for, determine uma função f tal que $\mathbf{F} = \nabla f$.

3. $\mathbf{F}(x, y) = (xy + y^2)\,\mathbf{i} + (x^2 + 2xy)\,\mathbf{j}$

4. $\mathbf{F}(x, y) = (y^2 - 2x)\,\mathbf{i} + 2xy\,\mathbf{j}$

5. $\mathbf{F}(x, y) = y^2 e^{xy}\,\mathbf{i} + (1 + xy)e^{xy}\,\mathbf{j}$

6. $\mathbf{F}(x, y) = ye^x\,\mathbf{i} + (e^x + e^y)\,\mathbf{j}$

7. $\mathbf{F}(x, y) = (ye^x + \operatorname{sen} y)\,\mathbf{i} + (e^x + x\cos y)\,\mathbf{j}$

8. $\mathbf{F}(x, y) = (2xy + y^{-2})\,\mathbf{i} + (x^2 - 2xy^{-3})\,\mathbf{j}, \quad y > 0$

9. $\mathbf{F}(x, y) = (y^2 \cos x + \cos y)\,\mathbf{i} + (2y \operatorname{sen} x - x \operatorname{sen} y)\,\mathbf{j}$

10. $\mathbf{F}(x, y) = (\ln y + y/x)\,\mathbf{i} + (\ln x + x/y)\,\mathbf{j}$

11. A figura mostra o campo vetorial $\mathbf{F}(x, y) = \langle 2xy, x^2 \rangle$ e três curvas que começam em (1, 2) e terminam em (3, 2).

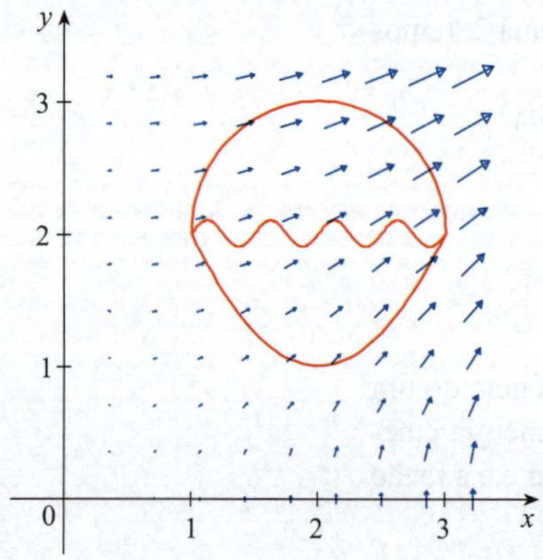

(a) Explique por que $\int_C \mathbf{F} \cdot d\mathbf{r}$ tem o mesmo valor para as três curvas.

(b) Qual é esse valor comum?

12. Calcule $\int_C \mathbf{F} \cdot d\mathbf{r}$ para o campo vetorial $\mathbf{F}(x, y) = 2xy\,\mathbf{i} + (x^2 + \operatorname{sen} y)\,\mathbf{j}$ e a curva C mostrada na figura.

(a) (b)

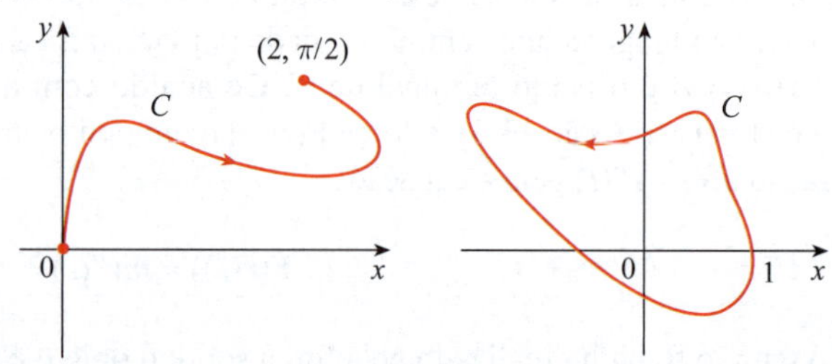

13. Seja $\mathbf{F}(x, y) = (3x^2 + y^2)\,\mathbf{i} + 2xy\,\mathbf{j}$ e seja C a curva mostrada na figura.

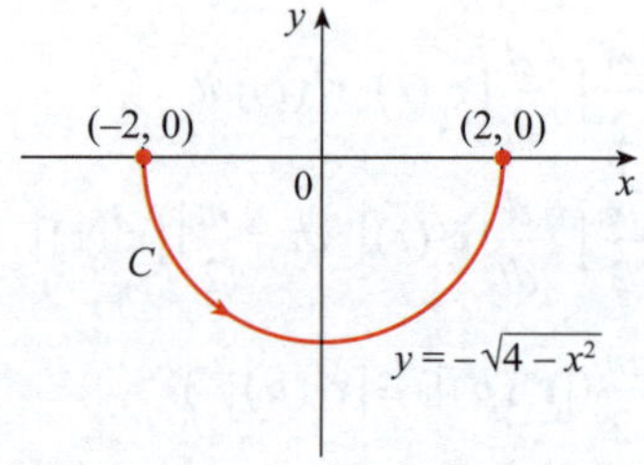

(a) Calcule $\int_C \mathbf{F} \cdot d\mathbf{r}$ diretamente.

(b) Mostre que **F** é conservativo e determine uma função f tal que $\mathbf{F} = \nabla f$.

(c) Calcule $\int_C \mathbf{F} \cdot d\mathbf{r}$ usando o Teorema 2.

(d) Calcule $\int_C \mathbf{F} \cdot d\mathbf{r}$ substituindo, primeiramente, C por uma curva mais simples que tenha os mesmos pontos inicial e final.

14-15 Sejam dados um campo vetorial **F** e uma curva C.

(a) Mostre que **F** é conservativo e determine uma função potencial f.

(b) Calcule $\int_C \mathbf{F} \cdot d\mathbf{r}$ usando o Teorema 2.

(c) Calcule $\int_C \mathbf{F} \cdot d\mathbf{r}$ substituindo, primeiramente, C por um segmento de reta que tenha os mesmos pontos inicial e final.

14. $\mathbf{F}(x, y) = \langle \operatorname{sen} y + e^x, x\cos y \rangle$,
C: $x = t,\ y = t(3 - t), \quad 0 \le t \le 3$

15. $\mathbf{F}(x, y) = \langle ye^{xy}, xe^{xy} \rangle$,
C: $x = \operatorname{sen}\frac{\pi}{2}t,\ y = e^{t-1}(1 - \cos \pi t), \quad 0 \le t \le 1$

16. Calcule $\int_C \nabla f \cdot d\mathbf{r}$, onde $f(x, y, z) = xy^2z + x^2$ e C é a curva dada por $x = t^2$, $y = e^{t^2-1}$, $z = t^2 + t$, $-1 \le t \le 1$.

17-24 (a) Determine uma função f tal que $\mathbf{F} = \nabla f$ e (b) use o item (a) para calcular $\int_C \mathbf{F} \cdot d\mathbf{r}$ sobre a curva C fornecida.

17. $\mathbf{F}(x, y) = \langle 2x, 4y \rangle$,

C é o arco da parábola $x = y^2$ que vai de (4, −2) a (1, 1)

18. $\mathbf{F}(x, y) = (3 + 2xy^2)\,\mathbf{i} + 2x^2y\,\mathbf{j}$,

C é o arco da hipérbole $y = 1/x$ que vai de (1, 1) a $(4, \frac{1}{4})$

19. $\mathbf{F}(x, y) = x^2y^3\,\mathbf{i} + x^3y^2\,\mathbf{j}$,

C: $\mathbf{r}(t) = \langle t^3 - 2t,\ t^3 + 2t \rangle, \quad 0 \le t \le 1$

20. $\mathbf{F}(x, y) = (1 + xy)e^{xy}\,\mathbf{i} + x^2 e^{xy}\,\mathbf{j}$,
C: $\mathbf{r}(t) = \cos t\,\mathbf{i} + 2\,\text{sen}\,t\,\mathbf{j}, \quad 0 \le t \le \pi/2$

21. $\mathbf{F}(x, y, z) = 2xy\,\mathbf{i} + (x^2 + 2yz)\,\mathbf{j} + y^2\,\mathbf{k}$,
C é o segmento de reta que vai de $(2, -3, 1)$ a $(-5, 1, 2)$

22. $\mathbf{F}(x, y, z) = (y^2z + 2xz^2)\,\mathbf{i} + 2xyz\,\mathbf{j} + (xy^2 + 2x^2z)\,\mathbf{k}$,
C: $x = \sqrt{t},\ y = t + 1,\ z = t^2, \quad 0 \le t \le 1$

23. $\mathbf{F}(x, y, z) = yze^{xz}\,\mathbf{i} + e^{xz}\,\mathbf{j} + xye^{xz}\,\mathbf{k}$,
C: $\mathbf{r}(t) = (t^2 + 1)\,\mathbf{i} + (t^2 - 1)\,\mathbf{j} + (t^2 - 2t)\,\mathbf{k}, \quad 0 \le t \le 2$

24. $\mathbf{F}(x, y, z) = \text{sen}\,y\,\mathbf{i} + (x\cos y + \cos z)\,\mathbf{j} - y\,\text{sen}\,z\,\mathbf{k}$,
C: $\mathbf{r}(t) = \text{sen}\,t\,\mathbf{i} + t\,\mathbf{j} + 2t\,\mathbf{k}, \quad 0 \le t \le \pi/2$

25-26 Mostre que a integral de linha é independente do caminho e calcule a integral.

25. $\int_C 2xe^{-y}\,dx + (2y - x^2 e^{-y})\,dy$,
C é qualquer caminho que parta de $(1, 0)$ e chegue em $(2, 1)$

26. $\int_C \text{sen}\,y\,dx + (x\cos y - \text{sen}\,y)\,dy$,
C é qualquer caminho que parta de $(2, 0)$ e chegue em $(1, \pi)$

27. Suponha que você seja solicitado a determinar a curva que exige o mínimo de trabalho para um campo de força **F** para mover uma partícula de um ponto a outro ponto. Você decide verificar primeiro se **F** é conservativo, e de fato verifica que ela é. Como você responde à solicitação?

28. Suponhamos que uma experiência determine que a quantidade de trabalho necessária para um campo de força **F** para mover uma partícula do ponto $(1, 2)$ para o ponto de $(5, -3)$ ao longo de uma curva C_1 é de 1,2 **J** e do trabalho realizado por **F** em mover a partícula ao longo de outra curva C_2 entre os mesmos dois pontos é de 1,4 **J**. O que você pode dizer sobre **F**? Por quê?

29-30 Determine o trabalho realizado pelo campo de força **F** ao mover um objeto de P para Q.

29. $\mathbf{F}(x, y) = x^3\,\mathbf{i} + y^3\,\mathbf{j}$; $\quad P(1, 0), Q(2, 2)$

30. $\mathbf{F}(x, y) = (2x + y)\,\mathbf{i} + x\,\mathbf{j}$; $\quad P(1, 1), Q(4, 3)$

31-32 A partir do gráfico de **F** você diria que o campo é conservativo? Explique.

31.

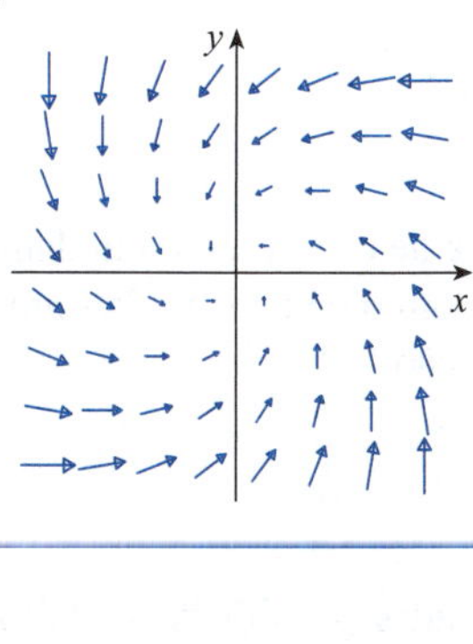

32.

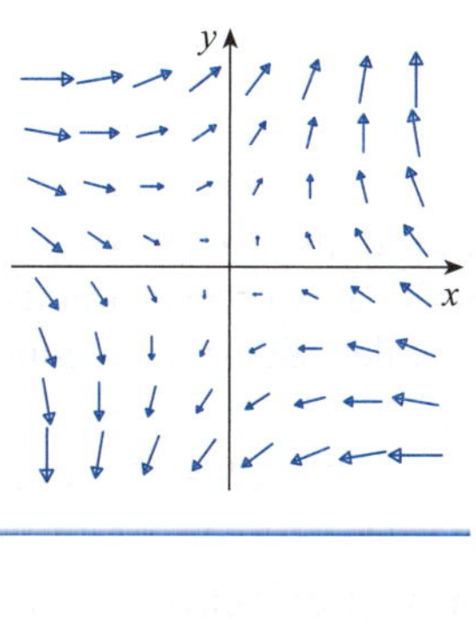

33. Se $\mathbf{F}(x, y) = \text{sen}\,y\,\mathbf{i} + (1 + x\cos y)\,\mathbf{j}$, use um gráfico para conjecturar se **F** é conservativo. Então, determine se sua conjectura estava correta.

34. Seja $\mathbf{F} = \nabla f$, onde $f(x, y) = \text{sen}(x - 2y)$. Encontre curvas C_1 e C_2 que não sejam fechadas e satisfaçam a equação.

(a) $\int_{C_1} \mathbf{F} \cdot d\mathbf{r} = 0$ $\qquad$ (b) $\int_{C_2} \mathbf{F} \cdot d\mathbf{r} = 1$

35. Mostre que, se um campo vetorial $\mathbf{F} = P\,\mathbf{i} + Q\,\mathbf{j} + R\,\mathbf{k}$ é conservativo e P, Q, R têm derivadas parciais de primeira ordem contínuas, então

$$\frac{\partial P}{\partial y} = \frac{\partial Q}{\partial x} \qquad \frac{\partial P}{\partial z} = \frac{\partial R}{\partial x} \qquad \frac{\partial Q}{\partial z} = \frac{\partial R}{\partial y}$$

36. Use o Exercício 35 para mostrar que a integral de linha $\int_C y\,dx + x\,dy + xyz\,dz$ não é independente do caminho.

37-40 Determine se o conjunto dado é ou não: (a) aberto, (b) conexo por caminhos e (c) simplesmente conexo.

37. $\{(x, y) \mid 0 < y < 3\}$

38. $\{(x, y) \mid 1 < |x| < 2\}$

39. $\{(x, y) \mid 1 \le x^2 + y^2 \le 4,\ y \ge 0\}$

40. $\{(x, y) \mid (x, y) \ne (2, 3)\}$

41. Seja $\mathbf{F}(x, y) = \dfrac{-y\mathbf{i} + x\mathbf{j}}{x^2 + y^2}$.

(a) Mostre que $\partial P/\partial y = \partial Q/\partial x$.
(b) Mostre que $\int_C \mathbf{F} \cdot d\mathbf{r}$ não é independente do caminho. [*Dica*: Calcule e $\int_{C_1} \mathbf{F} \cdot d\mathbf{r}$ e $\int_{C_2} \mathbf{F} \cdot d\mathbf{r}$, onde C_1 e C_2 são as metades superior e inferior do círculo $x^2 + y^2 = 1$ de $(1, 0)$ a $(-1, 0)$.] Isso contradiz o Teorema 6?

42. Campos Inverso do Quadrado Suponha que **F** seja um campo de força do tipo *inverso do quadrado*, ou seja,

$$\mathbf{F}(\mathbf{r}) = \frac{c\mathbf{r}}{|\mathbf{r}|^3}$$

para alguma constante c, onde $\mathbf{r} = x\,\mathbf{i} + y\,\mathbf{j} + z\mathbf{k}$.

(a) Determine o trabalho realizado por **F** ao mover um objeto de um ponto P_1 por um caminho para um ponto P_2 em termos da distância d_1 e d_2 desses pontos à origem.
(b) Um exemplo de um campo inverso do quadrado é o campo gravitacional $\mathbf{F} = -(mMG)\mathbf{r}/|\mathbf{r}|^3$ discutido no Exemplo 16.1.4. Use a parte (a) para determinar o trabalho realizado pelo campo gravitacional quando a Terra se move do afélio (em uma distância máxima de $1{,}52 \times 10^8$ km do Sol) ao periélio (em uma distância mínima de $1{,}47 \times 10^8$ km). (Use os valores $m = 5{,}97 \times 10^{24}$ kg, $M = 1{,}99 \times 10^{30}$ kg e $G = 6{,}67 \times 10^{-11}$ N · m²/kg².)
(c) Outro exemplo de campo inverso do quadrado é o campo elétrico $\mathbf{F} = \varepsilon qQ\mathbf{r}/|\mathbf{r}|^3$ discutido no Exemplo 5 da Seção 16.1. Suponha que um elétron com carga de $-1{,}6 \times 10^{-19}$ C esteja localizado na origem. Uma carga positiva unitária é colocada à distância de 10^{-12} m do elétron e se move para uma posição que está à metade da distância original do elétron. Use a parte (a) para determinar o trabalho realizado pelo campo elétrico. (Use o valor $\varepsilon = 8{,}985 \times 10^9$.)

16.4 Teorema de Green

O Teorema de Green fornece a relação entre uma integral de linha ao redor de uma curva fechada simples e uma integral dupla sobre a região plana delimitada pela curva.

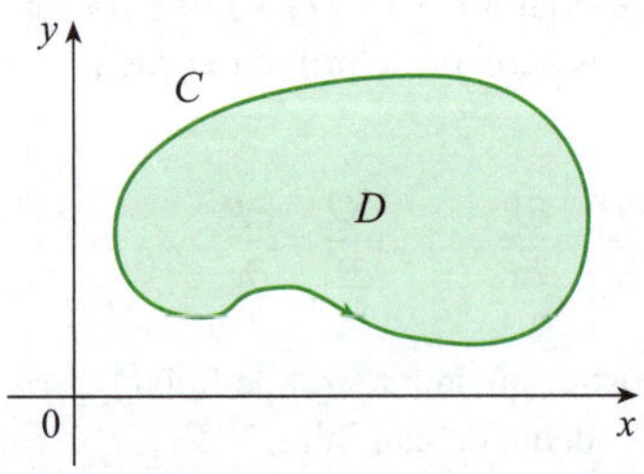

FIGURA 1

Teorema de Green

Seja C uma curva fechada simples e seja D a região delimitada por C, como mostrado na Figura 1. (Assumimos que D é constituído por todos os pontos dentro de C, bem como todos os pontos de C.) Ao enunciarmos o Teorema de Green, usamos a convenção de que a **orientação positiva** de uma curva fechada simples C refere-se ao *sentido anti-horário* de C, percorrido uma só vez. Assim, se C é dada pela função vetorial $\mathbf{r}(t)$, $a \le t \le b$, então a região D está sempre do lado esquerdo quando $\mathbf{r}(t)$ percorre C. (Veja a Figura 2.)

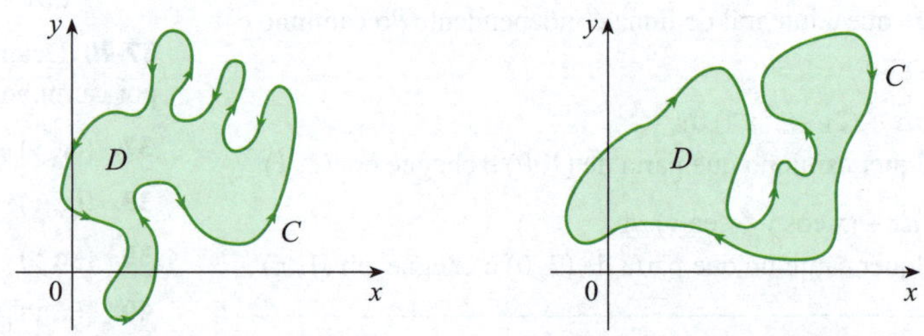

FIGURA 2 (a) Orientação positiva (b) Orientação negativa

Teorema de Green Seja C uma curva plana simples, fechada, contínua por partes, orientada positivamente, e seja D a região delimitada por C. Se P e Q têm derivadas parciais de primeira ordem contínuas sobre uma região aberta que contenha D, então

$$\int_C P\,dx + Q\,dy = \iint_D \left(\frac{\partial Q}{\partial x} - \frac{\partial P}{\partial y}\right) dA$$

Lembre-se de que o lado esquerdo desta equação é outra forma de escrever $\int_C \mathbf{F} \cdot d\mathbf{r}$, onde $\mathbf{F} = P\,\mathbf{i} + Q\,\mathbf{j}$.

OBSERVAÇÃO A notação

$$\oint_C P\,dx + Q\,dy \qquad \text{ou} \qquad \oint_C P\,dx + Q\,dy$$

é algumas vezes usada para indicar que a integral de linha é calculada usando a orientação positiva da curva fechada C. Outra notação para a curva na fronteira de D, positivamente orientada e ∂D, daí a equação do Teorema de Green pode ser escrita como

1
$$\iint_D \left(\frac{\partial Q}{\partial x} - \frac{\partial P}{\partial y}\right) dA = \int_{\partial D} P\,dx + Q\,dy$$

O Teorema de Green pode ser olhado como o correspondente do Teorema Fundamental do Cálculo para integrais duplas. Compare a Equação 1 com o enunciado da segunda parte do Teorema Fundamental do Cálculo, na seguinte equação:

$$\int_a^b F'(x)\,dx = F(b) - F(a)$$

Em ambos os casos existe uma integral envolvendo as derivadas (F', $\partial Q/\partial x$ e $\partial P/\partial y$) do lado esquerdo da equação. E, em ambos os casos, o lado direito envolve os valores das funções originais (F, Q e P) apenas na *fronteira* do domínio. (No caso unidimensional, o domínio é um intervalo $[a, b]$ cuja fronteira consiste em apenas dois pontos, a e b.)

Não é fácil provar o Teorema de Green no caso geral, mas podemos fornecer uma demonstração para o caso particular em que a região é, ao mesmo tempo, do tipo I e do tipo II (veja a Seção 15.2). Chamamos tais regiões de **regiões simples**.

DEMONSTRAÇÃO DO TEOREMA DE GREEN NOS CASOS ONDE *D* É UMA REGIÃO SIMPLES Observe que o Teorema de Green estará demonstrado se mostrarmos que

2 $$\int_C P\,dx = -\iint_D \frac{\partial P}{\partial y}\,dA$$

e

3 $$\int_C Q\,dy = \iint_D \frac{\partial Q}{\partial x}\,dA$$

Vamos demonstrar a Equação 2 exprimindo D como uma região do tipo I:

$$D = \{(x, y) \mid a \le x \le b,\ g_1(x) \le y \le g_2(x)\}$$

onde g_1 e g_2 são funções contínuas. Isso nos permite calcular a integral dupla do lado direito da Equação 2, como se segue:

4 $$\iint_D \frac{\partial P}{\partial y}\,dA = \int_a^b \int_{g_1(x)}^{g_2(x)} \frac{\partial P}{\partial y}(x, y)\,dy\,dx = \int_a^b [P(x, g_2(x)) - P(x, g_1(x))]\,dx$$

onde o último passo segue do Teorema Fundamental do Cálculo.

Vamos agora calcular o lado esquerdo da Equação 2, quebrando C como a união das quatro curvas C_1, C_2, C_3 e C_4 mostradas na Figura 3. Sobre C_1 tomamos x como parâmetro e escrevemos as equações paramétricas como $x = x$, $y = g_1(x)$, $a \le x \le b$. Logo,

$$\int_{C_1} P(x, y)\,dx = \int_a^b P(x, g_1(x))\,dx$$

Observe que C_3 vai da direita para a esquerda, mas $-C_3$ vai da esquerda para a direita, então podemos escrever as equações paramétricas de $-C_3$ como $x = x$, $y = g(x)$, $a \le x \le b$. Portanto,

$$\int_{C_3} P(x, y)\,dx = -\int_{-C_3} P(x, y)\,dx = -\int_a^b P(x, g_2(x))\,dx$$

Sobre C_2 ou C_4 (qualquer uma delas pode se reduzir a um único ponto), x é constante e, assim, $dx = 0$ e

$$\int_{C_2} P(x, y)\,dx = 0 = \int_{C_4} P(x, y)\,dx$$

Portanto,

$$\begin{aligned}\int_C P(x, y)\,dx &= \int_{C_1} P(x, y)\,dx + \int_{C_2} P(x, y)\,dx + \int_{C_3} P(x, y)\,dx + \int_{C_4} P(x, y)\,dx \\ &= \int_a^b P(x, g_1(x))\,dx - \int_a^b P(x, g_2(x))\,dx\end{aligned}$$

Comparando essa expressão com a da Equação 4, vemos que

$$\int_C P(x, y)\,dx = -\iint_D \frac{\partial P}{\partial y}\,dA$$

A Equação 3 pode ser demonstrada de forma semelhante, exprimindo D como região do tipo II (veja o Exercício 34). Então, somando as Equações 2 e 3, obtemos o Teorema de Green. ■

George Green

O Teorema de Green tem esse nome por causa do cientista autodidata inglês George Green (1793-1841). Ele trabalhou em tempo integral na padaria de seu pai a partir dos 9 anos de idade e aprendeu sozinho a matemática em livros da biblioteca. Em 1828, Green publicou *An Essay on the Application of Mathematical Analysis to the Theories of Electricity and Magnetism*, contudo, somente foram impressas 100 cópias, a maioria presenteada a seus amigos. Esse panfleto continha um teorema equivalente ao que conhecemos como Teorema de Green hoje, mas não se tornou conhecido na época. Finalmente, aos 40 anos, Green entrou para a Universidade de Cambridge como aluno de graduação, porém morreu quatro anos após ter se formado. Em 1846, William Thompson (lorde Kelvin) encontrou uma cópia dos ensaios de Green, percebeu sua importância e os reimprimiu. Green foi a primeira pessoa a tentar formular uma teoria matemática da eletricidade e do magnetismo. Seu estudo serviu de base para os trabalhos de teoria do eletromagnetismo subsequentes de Thomson, Stokes, Rayleigh e Maxwell.

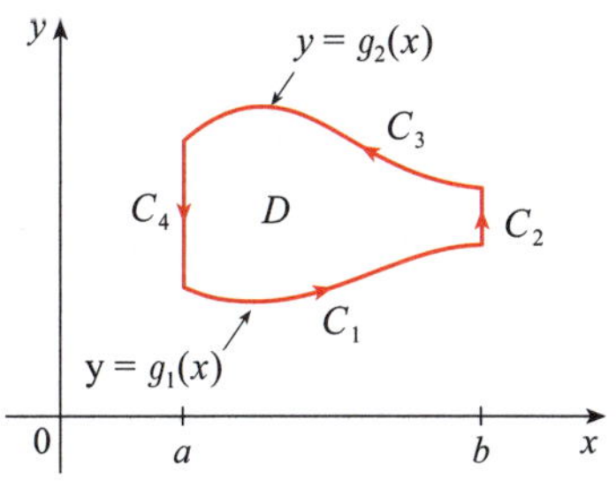

FIGURA 3

EXEMPLO 1 Calcule $\int_C x^4\,dx + xy\,dy$, onde C é a curva triangular constituída pelos segmentos de reta de (0, 0) a (1, 0), de (1, 0) a (0, 1) e de (0, 1) a (0, 0).

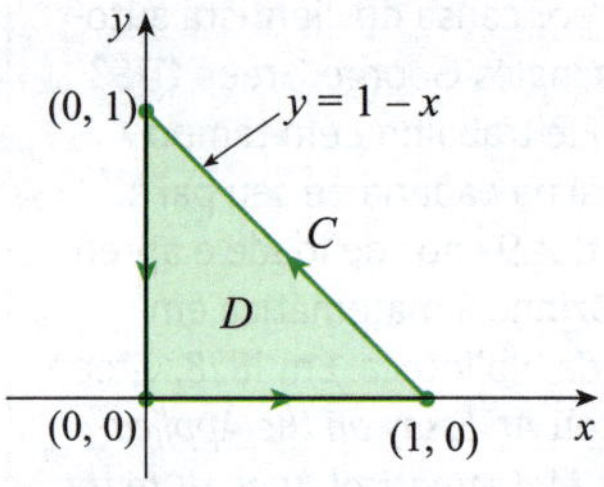

FIGURA 4

SOLUÇÃO Apesar desta integral poder ser calculada pelos métodos usuais da Seção 16.2, isso envolveria o cálculo de três integrais separadas sobre os três lados do triângulo. Em vez disso, vamos usar o Teorema de Green. Observe que a região D englobada por C é simples e que C tem orientação positiva (veja a Figura 4). Se tomarmos $P(x, y) = x^4$ e $Q(x, y) = xy$, então teremos

$$\int_C x^4\,dx + xy\,dy = \iint_D \left(\frac{\partial Q}{\partial x} - \frac{\partial P}{\partial y}\right) dA = \int_0^1 \int_0^{1-x} (y - 0)\,dy\,dx$$

$$= \int_0^1 \left[\tfrac{1}{2}y^2\right]_{y=0}^{y=1-x} dx = \tfrac{1}{2}\int_0^1 (1-x)^2\,dx$$

$$= -\tfrac{1}{6}(1-x)^3\Big]_0^1 = \tfrac{1}{6}$$ ■

EXEMPLO 2 Calcule $\oint_C (3y - e^{\operatorname{sen} x})\,dx + \left(7x + \sqrt{y^4 + 1}\right)dy$, onde C é o círculo $x^2 + y^2 = 9$.

SOLUÇÃO A região D delimitada por C é o círculo $x^2 + y^2 \le 9$, então vamos mudar para coordenadas polares depois de aplicar o Teorema de Green:

$$\oint_C (3y - e^{\operatorname{sen} x})\,dx + \left(7x + \sqrt{y^4+1}\right)dy$$

$$= \iint_D \left[\frac{\partial}{\partial x}\left(7x + \sqrt{y^4+1}\right) - \frac{\partial}{\partial y}\left(3y - e^{\operatorname{sen} x}\right)\right] dA$$

$$= \int_0^{2\pi}\int_0^3 (7-3)\,r\,dr\,d\theta = 4\int_0^{2\pi} d\theta \int_0^3 r\,dr = 36\pi$$ ■

Em vez de utilizarmos as coordenadas polares, podemos simplesmente usar o fato de que D é um círculo de raio 3 e escrever

$$\iint_D 4\,dA = 4 \cdot \pi\,(3)^2 = 36\pi$$

Nos Exemplos 1 e 2, consideramos que a integral dupla era mais fácil de calcular que a integral de linha. (Tente configurar a integral de linha no Exemplo 2 e em breve você vai ser convencido!) Mas às vezes é mais simples calcular a integral de linha, e, nesses casos, usaremos o Teorema de Green na ordem inversa. Por exemplo, se sabemos que $P(x, y) = Q(x, y) = 0$ sobre uma curva C, então o Teorema de Green fornece

$$\iint_D \left(\frac{\partial Q}{\partial x} - \frac{\partial P}{\partial y}\right) dA = \int_C P\,dx + Q\,dy = 0$$

não importando quais os valores das funções P e Q em D.

■ Determinando Áreas com o Teorema de Green

Outra aplicação da direção inversa do Teorema de Green está no cálculo de áreas. Como a área de uma região D é $\iint_D 1\,dA$, desejamos escolher P e Q tais que

$$\frac{\partial Q}{\partial x} - \frac{\partial P}{\partial y} = 1$$

Existem várias possibilidades:

$$P(x, y) = 0 \qquad P(x, y) = -y \qquad P(x, y) = -\tfrac{1}{2}y$$

$$Q(x, y) = x \qquad Q(x, y) = 0 \qquad (x, y) = \tfrac{1}{2}x$$

Assim, o Teorema de Green dá as seguintes fórmulas para a área de D:

5 $$A = \oint_C x\,dy = -\oint_C y\,dx = \tfrac{1}{2}\oint_C x\,dy - y\,dx$$

EXEMPLO 3 Determine a área delimitada pela elipse $\dfrac{x^2}{a^2}+\dfrac{y^2}{b^2}=1$.

SOLUÇÃO A elipse tem equações paramétricas $x = a \cos t$ e $y = b \operatorname{sen} t$, onde $0 \leq t \leq 2\pi$. Usando a terceira fórmula da Equação 5, temos

$$\begin{aligned} A &= \tfrac{1}{2}\int_C x\,dy - y\,dx \\ &= \tfrac{1}{2}\int_0^{2\pi} (a\cos t)(b\cos t)\,dt - (b\operatorname{sen} t)(-a\operatorname{sen} t)\,dt \\ &= \frac{ab}{2}\int_0^{2\pi} dt = \pi ab \end{aligned}$$

A Fórmula 5 pode ser usada para explicar como funcionam os planímetros. Um **planímetro** é um engenhoso instrumento mecânico inventado no século XIX para medir a área de uma região seguindo o traçado de sua fronteira. Esse aparelho pode ser usado, por exemplo por um biólogo para medir a área da superfície de uma folha ou da asa de um pássaro.

A Figura 5 mostra o funcionamento de um planímetro polar: o polo é fixo e, como o traçador é movido ao longo da curva limite da região, a roda desliza parcialmente e parcialmente rola perpendicular ao braço do traçador. O planímetro mede a distância a que a roda gira e é proporcional à área da região fechada. A explicação como consequência da Fórmula 5 pode ser encontrada nos seguintes artigos:

- R. W. Gatterman. The planimeter as an example of Green's Theorem. *Amer. Mat. Monthly*, v. 88, 1981, p. 701-4.
- Tanya Leise. As the planimeter wheel turns. *College Math. Journal*, v. 38, 2007, p. 24-31.

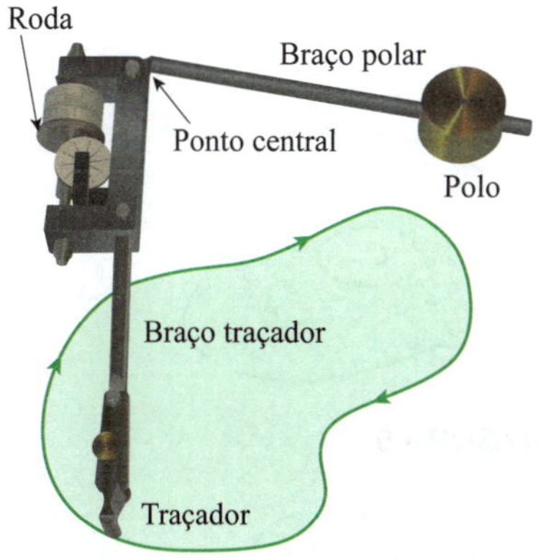

FIGURA 5
Um planímetro polar Keuffel e Esser

Versões estendidas do Teorema de Green

Apesar de termos demonstrado o Teorema de Green somente para o caso particular onde D é simples, podemos estendê-lo agora para o caso em que D é a união finita de regiões simples. Por exemplo, se D é uma região como a mostrada na Figura 6, então podemos escrever $D = D_1 \cup D_2$, onde D_1 e D_2 são ambas simples. A fronteira de D_1 é $C_1 \cup C_3$ e a fronteira de D_2 é $C_2 \cup (-C_3)$; portanto, aplicando o Teorema de Green em D_1 e D_2 separadamente, obtemos

$$\int_{C_1 \cup C_3} P\,dx + Q\,dy = \iint_{D_1} \left(\frac{\partial Q}{\partial x} - \frac{\partial P}{\partial y}\right) dA$$

$$\int_{C_2 \cup (-C_3)} P\,dx + Q\,dy = \iint_{D_2} \left(\frac{\partial Q}{\partial x} - \frac{\partial P}{\partial y}\right) dA$$

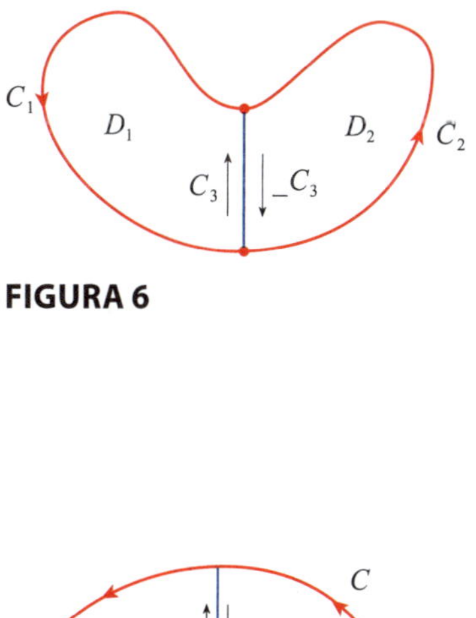

FIGURA 6

Se somarmos essas duas equações, as integrais de linha sobre C_3 e $-C_3$ se cancelam e obtemos

$$\int_{C_1 \cup C_2} P\,dx + Q\,dy = \iint_{D} \left(\frac{\partial Q}{\partial x} - \frac{\partial P}{\partial y}\right) dA$$

que é o Teorema de Green para $D = D_1 \cup D_2$, uma vez que sua fronteira é $C = C_1 \cup C_2$.

O mesmo tipo de argumentação nos permite estabelecer o Teorema de Green para qualquer união finita de regiões simples que não se sobreponham (veja a Figura 7).

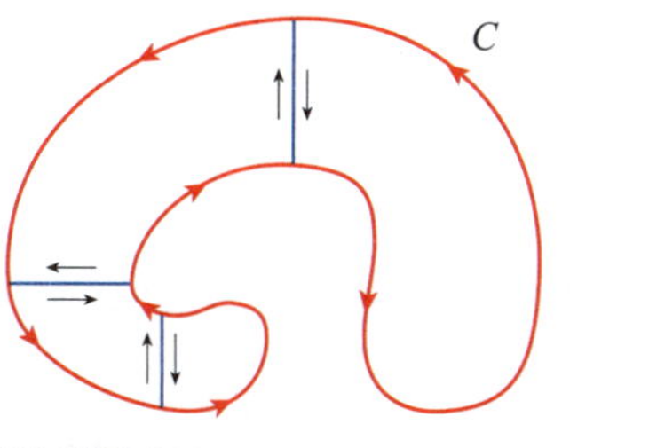

FIGURA 7

EXEMPLO 4 Calcule $\oint_C y^2\,dx + 3xy\,dy$, onde C é o limite da região semianular D contida no semiplano superior entre os círculos $x^2 + y^2 = 1$ e $x^2 + y^2 = 4$.

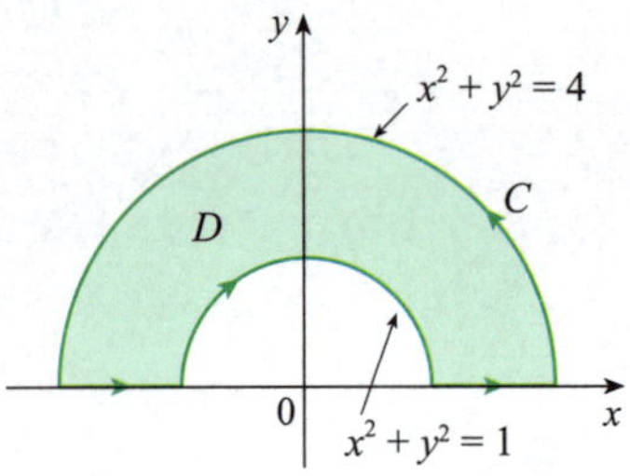

FIGURA 8

SOLUÇÃO Observe que, apesar de D não ser simples, o eixo y divide em duas regiões simples (veja a Figura 8). Em coordenadas polares, podemos escrever

$$D = \{(r, \theta) \mid 1 \leq r \leq 2, 0 \leq \theta \leq \pi\}$$

Portanto, o Teorema de Green fornece

$$\begin{aligned}\oint_C y^2\,dx + 3xy\,dy &= \iint_D \left[\frac{\partial}{\partial x}(3xy) - \frac{\partial}{\partial y}(y^2)\right] dA \\ &= \iint_D y\,dA = \int_0^{\pi}\int_1^2 (r\,\mathrm{sen}\,\theta)\,r\,dr\,d\theta \\ &= \int_0^{\pi} \mathrm{sen}\theta\,d\theta \int_1^2 r^2\,dr = [-\cos\theta]_0^{\pi}\left[\tfrac{1}{3}r^3\right]_1^2 = \tfrac{14}{3}\end{aligned}$$ ■

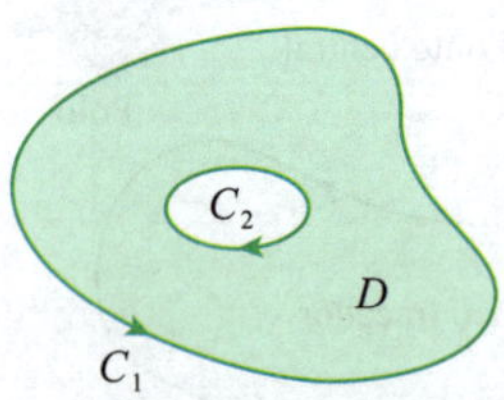

FIGURA 9

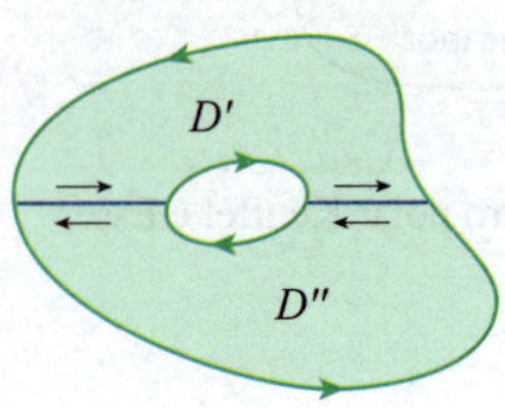

FIGURA 10

O Teorema de Green pode ser aplicado para regiões com furos, ou seja, regiões que não são simplesmente conexas. Observe que a fronteira C da região D na Figura 9 é constituída por duas curvas fechadas simples C_1 e C_2. Assumimos que estas curvas de contorno são orientadas de modo que a região D está sempre do lado esquerdo enquanto a curva C é percorrida. Assim, o sentido anti-horário é positivo para a curva exterior C_1, mas no sentido horário para o interior da curva C_2. Se dividirmos D em duas regiões D' e D'', pela introdução das retas mostradas na Figura 10, e então aplicarmos o Teorema de Green a cada uma das regiões D' e D'', obteremos

$$\begin{aligned}\iint_D \left(\frac{\partial Q}{\partial x} - \frac{\partial P}{\partial y}\right) dA &= \iint_{D'} \left(\frac{\partial Q}{\partial x} - \frac{\partial P}{\partial y}\right) dA + \iint_{D''} \left(\frac{\partial Q}{\partial x} - \frac{\partial P}{\partial y}\right) dA \\ &= \int_{\partial D'} P\,dx + Q\,dy + \int_{\partial D''} P\,dx + Q\,dy\end{aligned}$$

Como as integrais de linha sobre a fronteira comum são em sentidos opostos, elas se cancelam e obtemos

$$\iint_D \left(\frac{\partial Q}{\partial x} - \frac{\partial P}{\partial y}\right) dA = \int_{C_1} P\,dx + Q\,dy + \int_{C_2} P\,dx + Q\,dy = \int_C P\,dx + Q\,dy$$

que é o Teorema de Green para a região D.

EXEMPLO 5 Se $\mathbf{F}(x, y) = (-y\,\mathbf{i} + x\,\mathbf{j})/(x^2 + y^2)$, mostre que $\int_C \mathbf{F} \cdot d\mathbf{r} = 2\pi$ para todo caminho fechado simples que circunde a origem.

SOLUÇÃO Como C é um caminho fechado *arbitrário* contendo a origem em seu interior, é difícil calcular a integral dada diretamente. Então, vamos considerar um círculo anti-horário orientado C' com origem no centro e raio a, onde a é escolhido para ser pequeno o suficiente para que C' esteja contido em C (veja a Figura 11). Seja D a região limitada por C e C'. Então a orientação positiva do limite é $C \cup (-C')$ e, aplicando a versão geral do Teorema de Green, temos

$$\begin{aligned}\int_C P\,dx + Q\,dy + \int_{-C'} P\,dx + Q\,dy &= \iint_D \left(\frac{\partial Q}{\partial x} - \frac{\partial P}{\partial y}\right) dA \\ &= \iint_D \left[\frac{y^2 - x^2}{(x^2 + y^2)^2} - \frac{y^2 - x^2}{(x^2 + y^2)^2}\right] dA = 0\end{aligned}$$

Logo,
$$\int_C P\,dx + Q\,dy = \int_{C'} P\,dx + Q\,dy$$

isto é,
$$\int_C \mathbf{F} \cdot d\mathbf{r} = \int_{C'} \mathbf{F} \cdot d\mathbf{r}$$

Agora podemos calcular facilmente essa última integral usando a parametrização dada por $\mathbf{r}(t) = a\cos t\,\mathbf{i} + a\,\mathrm{sen}\,t\,\mathbf{j}$, $0 \leq t \leq 2\pi$. Logo,

$$\int_C \mathbf{F}\cdot d\mathbf{r} = \int_{C'} \mathbf{F}\cdot d\mathbf{r} = \int_0^{2\pi} \mathbf{F}(\mathbf{r}(t))\cdot \mathbf{r}'(t)\,dt$$

$$= \int_0^{2\pi} \frac{(-a\,\mathrm{sen}\,t)(-a\,\mathrm{sen}\,t) + (a\cos t)(a\cos t)}{a^2\cos^2 t + a^2\mathrm{sen}^2 t}\,dt = \int_0^{2\pi} dt = 2\pi \qquad \blacksquare$$

Terminaremos esta seção utilizando o Teorema de Green para discutir um resultado enunciado na seção anterior.

ESBOÇO DA DEMONSTRAÇÃO DO TEOREMA 16.3.6 Assumimos que $\mathbf{F} = P\,\mathbf{i} + Q\,\mathbf{j}$ é um campo vetorial em uma região simplesmente conexa D, que P e Q têm derivadas parciais de primeira ordem contínuas e que

$$\frac{\partial P}{\partial y} = \frac{\partial Q}{\partial x} \qquad \text{em todo o } D$$

Se C é um caminho fechado simples qualquer em D e R é a região envolvida por C, o Teorema de Green nos dá

$$\oint_C \mathbf{F}\cdot d\mathbf{r} = \oint_C P\,dx + Q\,dy = \iint_R \left(\frac{\partial Q}{\partial x} - \frac{\partial P}{\partial y}\right) dA = \iint_R 0\,dA = 0$$

Uma curva que não seja simples se autointercepta em um ou mais pontos e pode ser dividida em diversas curvas fechadas simples. Mostramos que as integrais de linha de $\mathbf{F}$ sobre essas curvas simples são todas 0 e, somando essas integrais, podemos ver que $\int_C \mathbf{F}\cdot d\mathbf{r} = 0$ para qualquer curva fechada C. Portanto, $\int_C \mathbf{F}\cdot d\mathbf{r}$ é independente do caminho em D pelo Teorema 16.3.3. Segue então que $\mathbf{F}$ é um campo vetorial conservativo. $\blacksquare$

16.4 Exercícios

1-4 Calcule a integral de linha por dois métodos: (a) diretamente e (b) utilizando o Teorema de Green.

1. $\oint_C y^2\,dx + x^2y\,dy$,
C é o retângulo com vértices (0, 0), (5, 0), (5, 4) e (0, 4)

2. $\oint_C y\,dx - x\,dy$,
C é o círculo com centro na origem e raio 4

3. $\oint_C xy\,dx + x^2y^3\,dy$,
C é o triângulo com vértices (0, 0), (1, 0) e (1, 2)

4. $\oint_C x^2y^2\,dx + xy\,dy$,
C consiste no arco da parábola $y = x^2$ de (0, 0) a (1, 1) e os segmentos de reta de (1, 1) a (0, 1) e de (0, 1) a (0, 0)

5-12 Use o Teorema de Green para calcular a integral de linha ao longo da curva dada com orientação positiva.

5. $\int_C ye^x\,dx + 2e^x\,dy$,
C é o retângulo com vértices (0, 0), (3, 0), (3, 4) e (0, 4)

6. $\int_C \ln(xy)\,dx + (y/x)\,dy$,
C é o retângulo com vértices (1, 1), (1, 4), (2, 4) e (2, 1)

7. $\int_C x^2y^2\,dx + y\,\mathrm{tg}^{-1}y\,dy$,
C é o triângulo com vértices (0, 0), (1, 0) e (1, 3)

8. $\int_C (x^2 + y^2)\,dx + (x^2 - y^2)\,dy$,
C é o triângulo com vértices (0, 0), (2, 1) e (0, 1)

9. $\int_C \left(y + e^{\sqrt{x}}\right)dx + (2x + \cos y^2)\,dy$,
C é a fronteira da região delimitada pelas parábolas $y = x^2$ e $x = y^2$

10. $\int_C y^4\,dx + 2xy^3\,dy$, C é a elipse $x^2 + 2y^2 = 2$

11. $\int_C y^3\,dx - x^3\,dy$, C é a circunferência $x^2 + y^2 = 4$

12. $\int_C (1 - y^3)\,dx + (x^3 + e^{y^2})\,dy$, C é a fronteira da região compreendida entre as circunferências $x^2 + y^2 = 4$ e $x^2 + y^2 = 9$

13-18 Use o Teorema de Green para calcular $\int_C \mathbf{F}\cdot d\mathbf{r}$. (Confira a orientação da curva antes de aplicar o teorema.)

13. $\int_C (3 + e^{x^2})\,dx + (\mathrm{tg}^{-1}\,y + 3x^2)\,dy$

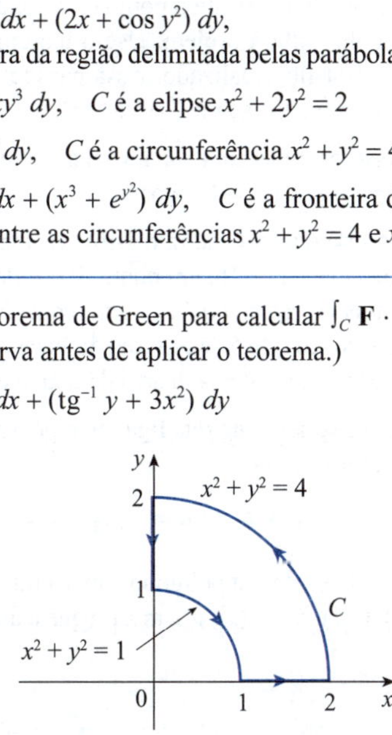

14. $\int_C (x^{2/3} + y^2)\,dx + (y^{4/3} - x^2)\,dy$

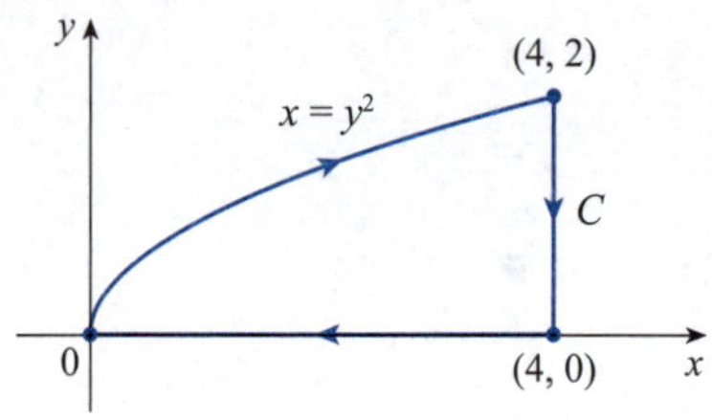

15. $\mathbf{F}(x, y) = \langle y \cos x - xy \operatorname{sen} x, xy + x \cos x \rangle$,
C é o triângulo que liga (0, 0) a (0, 4) a (2, 0) a (0, 0)

16. $\mathbf{F}(x, y) = \langle e^{-x} + y^2, e^{-y} + x^2 \rangle$,
C é formada pelo arco da curva $y = \cos x$ que vai de $(-\pi/2, 0)$ a $(\pi/2, 0)$ e pelo segmento de reta que liga $(\pi/2, 0)$ a $(-\pi/2, 0)$

17. $\mathbf{F}(x, y) = \langle y - \cos y, x \operatorname{sen} y \rangle$,
C é a circunferência $(x - 3)^2 + (y + 4)^2 = 4$, orientada no sentido horário

18. $\mathbf{F}(x, y) = \langle \sqrt{x^2 + 1}, \operatorname{tg}^{-1} x \rangle$,
C é o triângulo que liga (0, 0) a (1, 1) a (0, 1) a (0, 0)

T **19-20** Verifique o Teorema de Green usando um sistema de computação algébrica para calcular tanto a integral de linha como a integral dupla.

19. $P(x, y) = x^3y^4$, $Q(x, y) = x^5y^4$,
C consiste do segmento de reta de $(-\pi/2, 0)$ a $(\pi/2, 0)$ seguido pelo arco da curva $y = \cos x$ de $(\pi/2, 0)$ a $(-\pi/2, 0)$

20. $P(x, y) = 2x - x^3y^5$, $Q(x, y) = x^3y^8$,
C é a elipse $4x^2 + y^2 = 4$

---

21. Use o Teorema de Green para achar o trabalho realizado pela força $\mathbf{F}(x, y) = x(x + y)\,\mathbf{i} + xy^2\,\mathbf{j}$ ao mover uma partícula da origem ao longo do eixo x para (1, 0), em seguida ao longo de um segmento de reta até (0, 1), e então de volta à origem ao longo do eixo y.

22. Uma partícula começa na origem, se move ao longo do eixo x até o ponto (5, 0), depois ao longo do quarto de círculo $x^2 + y^2 = 25$, $x \geq 0$, $y \geq 0$, até o ponto (5, 0), e depois para baixo pelo eixo y de volta à origem. Use o teorema de Green para encontrar o trabalho realizado nessa partícula pelo campo de força $\mathbf{F}(x, y) = \langle \operatorname{sen} x, \operatorname{sen} y + xy^2 + \frac{1}{3}x^3 \rangle$.

23. Use uma das fórmulas em (5) para achar a área sob um arco da cicloide $x = t - \operatorname{sen} t$, $y = 1 - \cos t$.

24. Se uma circunferência C de raio 1 rola ao longo do interior da circunferência $x^2 + y^2 = 16$, um ponto fixo P de C descreve uma curva chamada *epicicloide*, com equações paramétricas $x = 5 \cos t - \cos 5t$, $y = 5 \operatorname{sen} t - \operatorname{sen} 5t$. Faça o gráfico da epicicloide e use (5) para calcular a área da região que ela envolve.

25. (a) Se C é o segmento de reta ligando o ponto (x_1, y_1) ao ponto (x_2, y_2), mostre que

$$\int_C x\,dy - y\,dx = x_1y_2 - x_2y_1$$

(b) Se os vértices de um polígono, em sentido anti-horário, são $(x_1, y_1), (x_2, y_2), \ldots, (x_n, y_n)$, mostre que a área do polígono é

$$A = \tfrac{1}{2}[(x_1y_2 - x_2y_1) + (x_2y_3 - x_3y_2) + \cdots + (x_{n-1}y_n - x_ny_{n-1}) + (x_ny_1 - x_1y_n)]$$

(c) Encontre a área do pentágono com vértices (0, 0), (2, 1), (1, 3), (0, 2) e (–1, 1).

26. Seja D a região limitada por um caminho fechado simples C no plano xy. Utilize o Teorema de Green para demonstrar que as coordenadas do centroide $(\bar{x}, \bar{y})$ de D são

$$\bar{x} = \frac{1}{2A}\oint_C x^2\,dy \qquad \bar{y} = -\frac{1}{2A}\oint_C y^2\,dx$$

onde A é a área de D.

27. Use o Exercício 26 para encontrar o centroide de um quarto de uma região circular de raio a.

28. Use o Exercício 26 para encontrar o centroide da região triangular de vértices (0, 0), $(a, 0)$ e (a, b), onde $a > 0$ e $b > 0$.

29. Uma lâmina plana com densidade constante $\rho(x, y) = \rho$ ocupa uma região do plano xy limitada por um caminho fechado simples C. Mostre que seus momentos de inércia em relação aos eixos são

$$I_x = -\frac{\rho}{3}\oint_C y^3\,dx \qquad I_y = \frac{\rho}{3}\oint_C x^3\,dy$$

(veja a Seção 15.4)

30. Utilize o Exercício 29 para achar o momento de inércia de um círculo de raio a com densidade constante ρ em relação a um diâmetro. (Compare com o Exemplo 4 da Seção 15.4.)

31. Use o método do Exercício 5 para calcular $\int_C \mathbf{F} \cdot d\mathbf{r}$, onde

$$\mathbf{F}(x, y) = \frac{2xy\,\mathbf{i} + (y^2 - x^2)\,\mathbf{j}}{(x^2 + y^2)^2}$$

e C é qualquer curva fechada simples positivamente orientada que envolve a origem.

32. Calcule $\int_C \mathbf{F} \cdot d\mathbf{r}$, onde $\mathbf{F}(x, y) = \langle x^2 + y, 3x - y^2 \rangle$ e C é a fronteira positivamente orientada de uma região D que tem área 6.

33. Se $\mathbf{F}$ é o campo vetorial do Exemplo 5, mostre que $\int_C \mathbf{F} \cdot d\mathbf{r} = 0$ para todo caminho fechado simples que não passe pela origem e nem a circunde.

34. Complete a demonstração do Teorema de Green demonstrando a Equação 3.

35. Utilize o Teorema de Green para demonstrar a fórmula de mudança de variáveis para as integrais duplas (Fórmula 15.9.9) para o caso onde $f(x, y) = 1$:

$$\iint_R dx\,dy = \iint_S \left| \frac{\partial(x, y)}{\partial(u, v)} \right| du\,dv$$

Aqui, R é a região do plano xy que corresponde à região S no plano uv sob a transformação dada por $x = g(u, v)$, $y = h(u, v)$.

[*Dica*: Observe que o lado esquerdo é $A(R)$ e aplique a primeira parte da Equação 5. Converta a integral de linha sobre ∂R para uma integral sobre ∂S e aplique o Teorema de Green no plano uv.]

16.5 Rotacional e Divergente

Nesta seção, definiremos duas operações que podem ser realizadas com campos vetoriais e que são essenciais nas aplicações de cálculo vetorial em mecânica dos fluidos e em eletricidade e magnetismo. Cada operação lembra uma derivação, mas uma produz um campo vetorial enquanto a outra gera um campo escalar.

Rotacional

Se $\mathbf{F} = P\,\mathbf{i} + Q\,\mathbf{j} + R\,\mathbf{k}$ é um campo vetorial em $\mathbb{R}^3$ e as derivadas parciais de P, Q e R existem, então o rotacional de $\mathbf{F}$ é o campo vetorial em $\mathbb{R}^3$ definido por

1
$$\text{rot } \mathbf{F} = \left(\frac{\partial R}{\partial y} - \frac{\partial Q}{\partial z}\right)\mathbf{i} + \left(\frac{\partial P}{\partial z} - \frac{\partial R}{\partial x}\right)\mathbf{j} + \left(\frac{\partial Q}{\partial x} - \frac{\partial P}{\partial y}\right)\mathbf{k}$$

Para auxiliarmos na memorização, vamos reescrever a Equação 1 usando notação de operadores. Introduziremos o operador diferencial vetorial ∇ ("del") como

$$\nabla = \mathbf{i}\frac{\partial}{\partial x} + \mathbf{j}\frac{\partial}{\partial y} + \mathbf{k}\frac{\partial}{\partial z}$$

Quando ele opera sobre uma função escalar, produz o gradiente de f:

$$\nabla f = \mathbf{i}\frac{\partial f}{\partial x} + \mathbf{j}\frac{\partial f}{\partial y} + \mathbf{k}\frac{\partial f}{\partial z} = \frac{\partial f}{\partial x}\mathbf{i} + \frac{\partial f}{\partial y}\mathbf{j} + \frac{\partial f}{\partial z}\mathbf{k}$$

Se pensarmos em ∇ como um vetor de componentes $\partial/\partial x$, $\partial/\partial y$ e $\partial/\partial z$, podemos também considerar o produto vetorial formal de ∇ pelo campo vetorial $\mathbf{F}$ como segue:

$$\nabla \times \mathbf{F} = \begin{vmatrix} \mathbf{i} & \mathbf{j} & \mathbf{k} \\ \dfrac{\partial}{\partial x} & \dfrac{\partial}{\partial y} & \dfrac{\partial}{\partial z} \\ P & Q & R \end{vmatrix}$$

$$= \left(\frac{\partial R}{\partial y} - \frac{\partial Q}{\partial z}\right)\mathbf{i} + \left(\frac{\partial P}{\partial z} - \frac{\partial R}{\partial x}\right)\mathbf{j} + \left(\frac{\partial Q}{\partial x} - \frac{\partial P}{\partial y}\right)\mathbf{k}$$

$$= \text{rot } \mathbf{F}$$

Assim, o modo mais fácil de lembrar a Definição 1 é pela expressão simbólica

2
$$\text{rot } \mathbf{F} = \nabla \times \mathbf{F}$$

EXEMPLO 1 Se $\mathbf{F}(x, y, z) = xz\,\mathbf{i} + xyz\,\mathbf{j} - y^2\mathbf{k}$, determine rot $\mathbf{F}$.

SOLUÇÃO Usando a Equação 2, temos

$$\text{rot } \mathbf{F} = \nabla \times \mathbf{F} = \begin{vmatrix} \mathbf{i} & \mathbf{j} & \mathbf{k} \\ \dfrac{\partial}{\partial x} & \dfrac{\partial}{\partial y} & \dfrac{\partial}{\partial z} \\ xz & xyz & -y^2 \end{vmatrix}$$

T A maioria dos sistemas de computação algébrica tem comandos para calcular rotacional e divergência de campos vetoriais. Se você tem acesso a um SCA, use esses comandos para verificar as respostas dos exemplos e exercícios desta seção.

$$= \left[\frac{\partial}{\partial y}(-y^2) - \frac{\partial}{\partial z}(xyz)\right]\mathbf{i} - \left[\frac{\partial}{\partial x}(-y^2) - \frac{\partial}{\partial z}(xz)\right]\mathbf{j} + \left[\frac{\partial}{\partial x}(xyz) - \frac{\partial}{\partial y}(xz)\right]\mathbf{k}$$

$$= (-2y - xy)\,\mathbf{i} - (0 - x)\,\mathbf{j} + (yz - 0)\,\mathbf{k}$$

$$= -y(2 + x)\,\mathbf{i} + x\,\mathbf{j} + yz\,\mathbf{k}$$

■

Lembre-se de que o gradiente de uma função f de três variáveis é um campo vetorial sobre $\mathbb{R}^3$, de modo que podemos calcular seu rotacional. O próximo teorema diz que o rotacional do gradiente de um campo vetorial é $\mathbf{0}$.

3 Teorema Se f é uma função de três variáveis que tem derivadas parciais de segunda ordem contínuas, então

$$\text{rot}\,(\nabla f) = \mathbf{0}$$

DEMONSTRAÇÃO Temos

Observe a semelhança com o que sabemos da Seção 12.4: $\mathbf{a} \times \mathbf{a} = \mathbf{0}$ para cada vetor tridimensional $\mathbf{a}$.

$$\text{rot}\,(\nabla f) = \nabla \times (\nabla f) = \begin{vmatrix} \mathbf{i} & \mathbf{j} & \mathbf{k} \\ \dfrac{\partial}{\partial x} & \dfrac{\partial}{\partial y} & \dfrac{\partial}{\partial z} \\ \dfrac{\partial f}{\partial x} & \dfrac{\partial f}{\partial y} & \dfrac{\partial f}{\partial z} \end{vmatrix}$$

$$= \left(\frac{\partial^2 f}{\partial y\,\partial z} - \frac{\partial^2 Q}{\partial z\,\partial y}\right)\mathbf{i} + \left(\frac{\partial^2 f}{\partial z\,\partial x} - \frac{\partial^2 f}{\partial x\,\partial z}\right)\mathbf{j} + \left(\frac{\partial^2 f}{\partial x\,\partial y} - \frac{\partial^2 f}{\partial y\,\partial x}\right)\mathbf{k}$$

$$= 0\,\mathbf{i} + 0\,\mathbf{j} + 0\,\mathbf{k} = \mathbf{0}$$

pelo Teorema de Clairaut. ■

Como um campo vetorial conservativo é da forma $\mathbf{F} = \nabla f$, o Teorema 3 pode ser reescrito como se segue:

Compare isso com o Exercício 16.3.35.

Se $\mathbf{F}$ é conservativo, então rot $\mathbf{F} = \mathbf{0}$.

E, assim, obtemos um modo de verificar que um campo vetorial *não* é conservativo.

EXEMPLO 2 Mostre que o campo vetorial $\mathbf{F}(x, y, z) = xz\,\mathbf{i} + xyz\,\mathbf{j} - y^2\,\mathbf{k}$ não é conservativo.

SOLUÇÃO No Exemplo 1, mostramos que

$$\text{rot}\,\mathbf{F} = -y(2 + x)\,\mathbf{i} + x\,\mathbf{j} + yz\,\mathbf{k}$$

Isso mostra que rot $\mathbf{F} \neq \mathbf{0}$ e, portanto, pelo Teorema 3, $\mathbf{F}$ não é conservativo. ■

Em geral, a recíproca do Teorema 3 não é verdadeira, mas o próximo teorema afirma que, se $\mathbf{F}$ for definido em todo o espaço, a recíproca vale. (Mais especificamente, a recíproca vale se o domínio é simplesmente conexo, ou seja, "não apresenta furos".) O Teorema 4 é a versão tridimensional do Teorema 16.3.6. Sua demonstração requer o teorema de Stokes e será esboçada no final da Seção 16.8.

4 Teorema Se **F** for um campo vetorial definido sobre todo $\mathbb{R}^3$ cujas funções componentes tenham derivadas parciais contínuas e rot $\mathbf{F} = \mathbf{0}$, então **F** será um campo vetorial conservativo.

EXEMPLO 3

(a) Mostre que

$$\mathbf{F}(x, y, z) = y^2z^3\,\mathbf{i} + 2xyz^3\,\mathbf{j} + 3xy^2z^2\,\mathbf{k}$$

é um campo vetorial conservativo.

(b) Determine uma função f tal que $\mathbf{F} = \nabla f$.

SOLUÇÃO

(a) Calculemos o rotacional de **F**:

$$\text{rot}\,\mathbf{F} = \nabla \times \mathbf{F} = \begin{vmatrix} \mathbf{i} & \mathbf{j} & \mathbf{k} \\ \dfrac{\partial}{\partial x} & \dfrac{\partial}{\partial y} & \dfrac{\partial}{\partial z} \\ y^2z^3 & 2xyz^3 & 3xy^2z^2 \end{vmatrix}$$

$$= (6xyz^2 - 6xyz^2)\,\mathbf{i} + (3y^2z^2 - 3y^2z^2)\,\mathbf{j} + (2yz^3 - 2yz^3)\,\mathbf{k}$$

$$= \mathbf{0}$$

Como rot $\mathbf{F} = \mathbf{0}$ e o domínio de **F** é $\mathbb{R}^3$, **F** é um campo vetorial conservativo pelo Teorema 4.

(b) A técnica para encontrar f foi dada na Seção 16.3. Temos

5 $$f_x(x, y, z) = y^2z^3$$

6 $$f_y(x, y, z) = 2xyz^3$$

7 $$f_z(x, y, z) = 3xy^2z^2$$

Integrando (5) em relação a x, obtemos

8 $$f_z(x, y, z) = xy^2z^3 + g(y, z)$$

Derivando (8) em relação a y, obtemos $f_y(x, y, z) = 2xyz^3 + g_y(y, z)$. Comparando com (6), obtemos $g_y(y, z) = 0$. Assim, $g(y, z) = h(z)$ e

$$f_z(x, y, z) = 3xy^2z^2 + h'(z)$$

Então, (7) fornece $h'(z) = 0$. Portanto,

$$f(x, y, z) = xy^2z^3 + K$$ ■

A razão para o nome *rotacional* é que o vetor rotacional está associado com rotações. Uma conexão será explicada no Exercício 39. Outra ocorre quando **F** representa um campo de velocidade em mecânica dos fluidos (veja o Exemplo 16.1.3). Na Seção 16.8, mostramos que partículas próximas a (x, y, z) no fluido tendem a girar em torno do eixo que aponta na direção de rot $\mathbf{F}(x, y, z)$, seguindo a regra da mão direita, e que o comprimento do vetor rotacional é a medida de quão rápido as partículas se movem em torno desse eixo (veja a Figura 1). Se rot $\mathbf{F} = \mathbf{0}$ no ponto P, então o fluido é isento de rotações em P e **F** é chamado **irrotacional** em P. Nesse caso, uma pequena roda de pás inserida no fluido move-se com o fluido, mas não gira em torno do seu eixo. Se rot $\mathbf{F} \neq \mathbf{0}$, a roda de pás gira em torno de seu eixo.

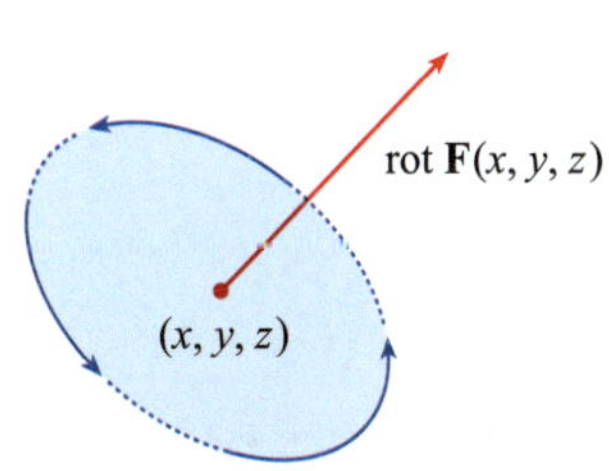

FIGURA 1

A título de ilustração, suponha que cada campo vetorial **F** mostrado na Figura 2 represente o campo de velocidade de um fluido. Na Figura 2(a), rot $\mathbf{F} \neq \mathbf{0}$ na maioria dos pontos, incluindo P_1 e P_2. Se uma pequena roda de pás fosse inserida em P_1, ela giraria no sentido anti-horário em torno de seu eixo (o fluido próximo a P_1 flui aproximadamente na mesma direção, mas com velocidade maior em um lado do ponto do que no outro), de modo que o vetor rotacional em P_1 aponta na direção de **k**. Da mesma forma, se uma roda de pás fosse inserida em P_2, ela giraria no sentido horário, de modo que, nesse ponto, o vetor rotacional aponta na direção de $-\mathbf{k}$. Na Figura 2(b), rot $\mathbf{F} = \mathbf{0}$ em todos os pontos. Nesse caso, uma roda de pás inserida em P move-se com o fluido, mas não gira em torno de seu eixo.

Na Seção 16.8, fornecemos uma explicação mais detalhada sobre o rotacional e seu significado (como consequência do Teorema de Stokes).

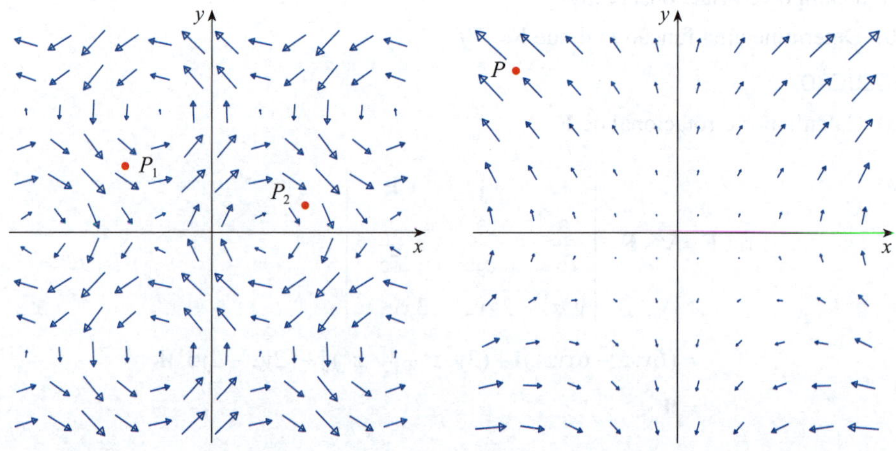

(a) $\mathbf{F}(x, y, z) = \operatorname{sen} y\, \mathbf{i} + \cos x\, \mathbf{j}$
rot $\mathbf{F}(x, y, z) = -(\operatorname{sen} x + \cos y)\, \mathbf{k}$

(b) $\mathbf{F}(x, y, z) = 2xy\, \mathbf{i} + (x^2 + y)\, \mathbf{j}$
rot $\mathbf{F}(x, y, z) = 0$

FIGURA 2
Campos de velocidade do escoamento de um fluido. (Apenas a parte de **F** que está no plano xy é mostrada; o campo vetorial tem a mesma aparência em todos os planos horizontais, uma vez que **F** é independente de z e sua componente z é 0.)

Divergente

Se $\mathbf{F} = P\,\mathbf{i} + Q\,\mathbf{j} + R\,\mathbf{k}$ é um campo vetorial em $\mathbb{R}^3$ e $\partial P/\partial x$, $\partial Q/\partial y$ e $\partial R/\partial z$ existem, então o **divergente de F** é a função de três variáveis definida por

9
$$\operatorname{div} \mathbf{F} = \frac{\partial P}{\partial x} + \frac{\partial Q}{\partial y} + \frac{\partial R}{\partial z}$$

(Se **F** é um campo vetorial em $\mathbb{R}^2$, então div **F** é uma função de duas variáveis cuja definição é similar à do caso em que há três variáveis.) Observe que rot **F** é um campo vetorial, mas div **F** é um campo escalar. Em termos do operador gradiente $\nabla = (\partial/\partial x)\,\mathbf{i} + (\partial/\partial y)\,\mathbf{j} + (\partial/\partial z)\,\mathbf{k}$, o divergente de **F** pode ser escrito simbolicamente como o produto escalar de ∇ e **F**:

10
$$\operatorname{div} \mathbf{F} = \nabla \cdot \mathbf{F}$$

EXEMPLO 4 Se $\mathbf{F}(x, y, z) = xz\,\mathbf{i} + xyz\,\mathbf{j} - y^2\mathbf{k}$, determine div **F**.

SOLUÇÃO Pela definição de divergente (Equação 9 ou 10), temos

$$\operatorname{div} \mathbf{F} = \nabla \cdot \mathbf{F} = \frac{\partial}{\partial x}(xz) + \frac{\partial}{\partial y}(xyz) + \frac{\partial}{\partial z}(-y^2) = z + xz$$ ■

Se **F** é um campo vetorial sobre $\mathbb{R}^3$, então rot **F** também é um campo vetorial sobre $\mathbb{R}^3$. Como tal, podemos calcular seu divergente. O próximo teorema mostra que o resultado é 0.

11 Teorema Se $\mathbf{F} = P\,\mathbf{i} + Q\,\mathbf{j} + R\mathbf{k}$ é um campo vetorial sobre $\mathbb{R}^3$ e P, Q e R têm derivadas parciais de segunda ordem contínuas, então

$$\text{div rot } \mathbf{F} = 0$$

DEMONSTRAÇÃO Usando as definições de divergente e rotacional, temos

$$\begin{aligned}\text{div rot } \mathbf{F} &= \nabla \cdot (\nabla \times \mathbf{F}) \\ &= \frac{\partial}{\partial x}\left(\frac{\partial R}{\partial y} - \frac{\partial Q}{\partial z}\right) + \frac{\partial}{\partial y}\left(\frac{\partial P}{\partial z} - \frac{\partial R}{\partial x}\right) + \frac{\partial}{\partial z}\left(\frac{\partial Q}{\partial x} - \frac{\partial P}{\partial y}\right) \\ &= \frac{\partial^2 R}{\partial x \partial y} - \frac{\partial^2 Q}{\partial x \partial z} + \frac{\partial^2 P}{\partial y \partial z} - \frac{\partial^2 R}{\partial y \partial x} + \frac{\partial^2 Q}{\partial z \partial x} - \frac{\partial^2 P}{\partial z \partial y} \\ &= 0\end{aligned}$$

Observe a analogia com o produto misto: $\mathbf{a} \cdot (\mathbf{a} \times \mathbf{b}) = 0$.

pois os termos se cancelam aos pares, pelo Teorema de Clairaut. ■

EXEMPLO 5 Mostre que o campo vetorial $\mathbf{F}(x, y, z) = xz\,\mathbf{i} + xyz\,\mathbf{j} - y^2\mathbf{k}$ não pode ser escrito como o rotacional de outro campo vetorial, ou seja, $\mathbf{F} \neq$ rot **G**.

SOLUÇÃO No Exemplo 4, mostramos que

$$\text{div } \mathbf{F} = z + xz$$

e, portanto, $\mathbf{F} \neq 0$. Se fosse verdade que **F** = rot **G**, então o Teorema 11 daria

$$\text{div } \mathbf{F} = \text{div rot } \mathbf{G} = 0$$

o que contradiz $\mathbf{F} \neq 0$. Portanto, **F** não é o rotacional de outro campo vetorial. ■

Novamente, a razão para o nome *divergente* pode ser entendida no contexto da mecânica dos fluidos. Se $\mathbf{F}(x, y, z)$ é a velocidade de um fluido (ou gás), então div $\mathbf{F}(x, y, z)$ representa a taxa de variação total (com relação ao tempo) da massa do fluido (ou gás) escoando do ponto (x, y, z) por unidade de volume. Em outras palavras, div $\mathbf{F}(x, y, z)$ mede a tendência de o fluido divergir do ponto (x, y, z). Se $\mathbf{F} = 0$, então **F** é dito **incompressível**.

A razão para essa interpretação de div **F** será explicada ao final da Seção 16.9 como consequência do Teorema do Divergente.

A título de ilustração, suponha que cada campo vetorial **F** mostrado na Figura 3 represente o campo de velocidade de um fluido. Na Figura 3(a), div $\mathbf{F} \neq 0$ de um modo geral. Por exemplo, div **F** é negativo no ponto P_1 (os vetores que partem das proximidades de P_1 são mais curtos que aqueles que terminam próximo a P_1, de modo há um fluxo líquido para dentro nesse ponto). No ponto P_2, div **F** é positivo (os vetores que partem das proximidades de P_2 são mais compridos que aqueles que terminam próximo a P_2, de modo que há um fluxo líquido para fora nesse ponto). Na Figura 3(b), div $\mathbf{F} = 0$ em todos os pontos (os vetores que começam e que terminam nas proximidades de qualquer ponto P tem aproximadamente o mesmo tamanho).

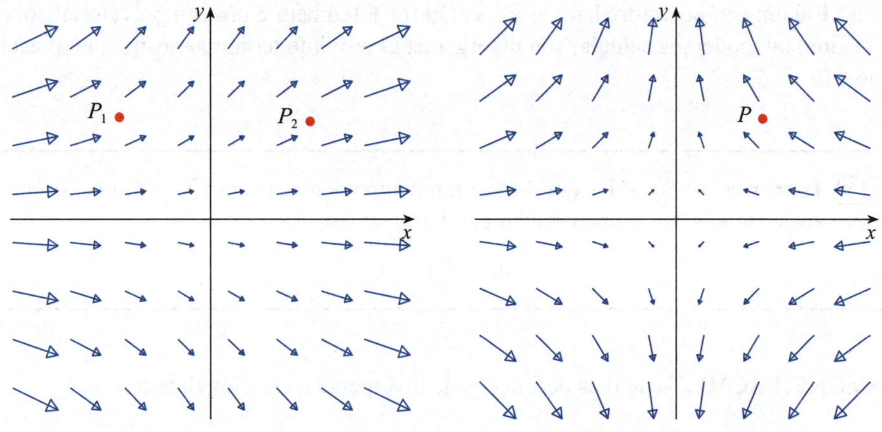

(a) $\mathbf{F}(x, y, z) = (1 + x^2)\,\mathbf{i} + y\,\mathbf{j}$
div $\mathrm{F}(x, y, z) = 2x + 1$

(b) $\mathbf{F}(x, y, z) = -x\,\mathbf{i} + y\,\mathbf{j}$
div $\mathbf{F}(x, y, z) = \mathbf{0}$

FIGURA 3
Campos de velocidade de escoamento de um fluido. (Apenas a parte de **F** que está no plano *xy* é mostrada; o campo vetorial tem a mesma aparência em todos os planos horizontais, uma vez que **F** é independente de *z* e sua componente *z* é 0.)

Outro operador diferencial aparece quando calculamos o divergente do gradiente de um campo vetorial ∇f. Se f é uma função de três variáveis, temos

$$\operatorname{div}(\nabla f) = \nabla \cdot (\nabla f) = \frac{\partial^2 f}{\partial x^2} + \frac{\partial^2 f}{\partial y^2} + \frac{\partial^2 f}{\partial z^2}$$

e essa expressão aparece tão frequentemente que vamos abreviá-la como $\nabla^2 f$. Esse operador

$$\nabla^2 = \nabla \cdot \nabla$$

é chamado **operador de Laplace** por sua relação com a **equação de Laplace**

$$\nabla^2 f = \frac{\partial^2 f}{\partial x^2} + \frac{\partial^2 f}{\partial y^2} + \frac{\partial^2 f}{\partial z^2} = 0$$

Podemos também aplicar o laplaciano ∇^2 a um campo vetorial

$$\mathbf{F} = P\,\mathbf{i} + Q\,\mathbf{j} + R\,\mathbf{k}$$

em termos de suas componentes:

$$\nabla^2\,\mathbf{F} = \nabla^2 P\,\mathbf{i} + \nabla^2 Q\,\mathbf{j} + \nabla^2 R\,\mathbf{k}$$

Formas Vetoriais do Teorema de Green

Os operadores divergente e rotacional nos permitem escrever o Teorema de Green em uma versão que será útil futuramente. Consideramos uma região plana D, sua curva fronteira C e funções P e Q que satisfaçam as hipóteses do Teorema de Green. Em seguida, consideramos o campo vetorial $\mathbf{F} = P\,\mathbf{i} + Q\,\mathbf{j}$. A sua integral de linha é

$$\oint_C \mathbf{F} \cdot d\mathbf{r} = \oint_C P\,dx + Q\,dy$$

e, considerando **F** um campo vetorial em $\mathbb{R}^3$ com terceira componente 0, temos

$$\operatorname{rot} \mathbf{F} = \begin{vmatrix} \mathbf{i} & \mathbf{j} & \mathbf{k} \\ \dfrac{\partial}{\partial x} & \dfrac{\partial}{\partial y} & \dfrac{\partial}{\partial z} \\ P(x,y) & Q(x,y) & 0 \end{vmatrix} = \left(\frac{\partial Q}{\partial x} - \frac{\partial P}{\partial y} \right) \mathbf{k}$$

Portanto,

$$(\text{rot } \mathbf{F}) \cdot \mathbf{k} = \left(\frac{\partial Q}{\partial x} - \frac{\partial P}{\partial y} \right) \mathbf{k} \cdot \mathbf{k} = \frac{\partial Q}{\partial x} - \frac{\partial P}{\partial y}$$

e podemos reescrever a equação do Teorema de Green na forma vetorial

12

$$\oint_C \mathbf{F} \cdot d\mathbf{r} = \oint_C \mathbf{F} \cdot \mathbf{T}\, ds = \iint_D (\text{rot } \mathbf{F}) \cdot \mathbf{k}\, dA$$

A Equação 12 expressa a integral de linha da componente tangencial de **F** ao longo de C como uma integral dupla da componente vertical rotacional **F** sobre a região D delimitada por C. Vamos deduzir, agora, uma fórmula semelhante, envolvendo a componente *normal* de **F**.

Se C é dada pela equação vetorial

$$\mathbf{r}(t) = x(t)\,\mathbf{i} + y(t)\,\mathbf{j} \qquad a \leq t \leq b$$

então o vetor tangente unitário (veja a Seção 13.2) é

$$\mathbf{T}(t) = \frac{x'(t)}{|\mathbf{r}'(t)|}\mathbf{i} + \frac{y'(t)}{|\mathbf{r}'(t)|}\mathbf{j}$$

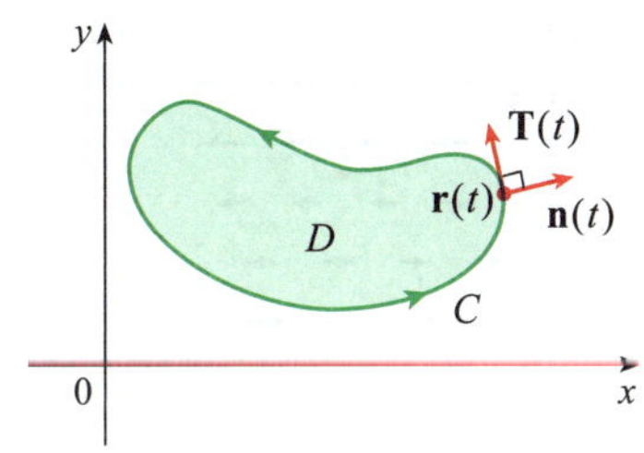

FIGURA 4

Você pode verificar que o vetor normal unitário externo a C é dado por

$$\mathbf{n}(t) - \frac{y'(t)}{|\mathbf{r}'(t)|}\mathbf{i} - \frac{x'(t)}{|\mathbf{r}'(t)|}\mathbf{j}$$

(Veja a Figura 4). Então, da Equação 16.2.3, temos

$$\begin{aligned}
\oint_C \mathbf{F} \cdot \mathbf{n}\, ds &= \int_a^b (\mathbf{F} \cdot \mathbf{n})(t)\, |\mathbf{r}'(t)|\, dt \\
&= \int_a^b \left[\frac{P(x(t), y(t))\, y'(t)}{|\mathbf{r}'(t)|} - \frac{Q(x(t), y(t))\, x'(t)}{|\mathbf{r}'(t)|} \right] |\mathbf{r}'(t)|\, dt \\
&= \int_a^b P(x(t), y(t))\, y'(t)\, dt - Q(x(t), y(t))\, x'(t)\, dt \\
&= \int_C P\, dy - Q\, dx = \iint_D \left(\frac{\partial P}{\partial x} + \frac{\partial Q}{\partial y} \right) dA
\end{aligned}$$

pelo Teorema de Green. Mas o integrando na integral dupla é o divergente de **F**. Logo, temos uma segunda forma vetorial do Teorema de Green:

13

$$\oint_C \mathbf{F} \cdot \mathbf{n}\, ds = \iint_D \text{div } \mathbf{F}(x, y)\, dA$$

Essa versão diz que a integral de linha da componente normal de **F** ao longo de C é igual à integral dupla do divergente de **F** na região D delimitada por C.

16.5 Exercícios

1-8 Determine (a) o rotacional e (b) o divergente do campo vetorial.

1. $\mathbf{F}(x, y, z) = xy^2z^2\,\mathbf{i} + x^2yz^2\,\mathbf{j} + x^2y^2z\,\mathbf{k}$
2. $\mathbf{F}(x, y, z) = x^3yz^2\,\mathbf{j} + y^4z^3\,\mathbf{k}$
3. $\mathbf{F}(x, y, z) = xye^z\,\mathbf{i} + yze^x\,\mathbf{k}$
4. $\mathbf{F}(x, y, z) = \text{sen } yz\,\mathbf{i} + \text{sen } zx\,\mathbf{j} + \text{sen } xy\,\mathbf{k}$
5. $\mathbf{F}(x, y, z) = \dfrac{\sqrt{x}}{1+z}\mathbf{i} + \dfrac{\sqrt{y}}{1+x}\mathbf{j} + \dfrac{\sqrt{z}}{1+y}\mathbf{k}$

6. $\mathbf{F}(x, y, z) = \ln(2y + 3z)\,\mathbf{i} + \ln(x + 3z)\,\mathbf{j} + \ln(x + 2y)\,\mathbf{k}$

7. $\mathbf{F}(x, y, z) = \langle e^x \operatorname{sen} y, e^y \operatorname{sen} z, e^z \operatorname{sen} x\rangle$

8. $\mathbf{F}(x, y, z) = \langle \operatorname{arctg}(xy), \operatorname{arctg}(yz), \operatorname{arctg}(zx)\rangle$

9-12 O campo vetorial **F** é mostrado no plano xy e é o mesmo em todos os planos horizontais (em outras palavras, **F** é independente de z e sua componente z é 0).

(a) Indique se div **F** é positivo, negativo ou nulo em P. Explique.

(b) Determine se rot **F** = **0**. Caso isso não ocorra, em que direção rot **F** aponta em P?

9.

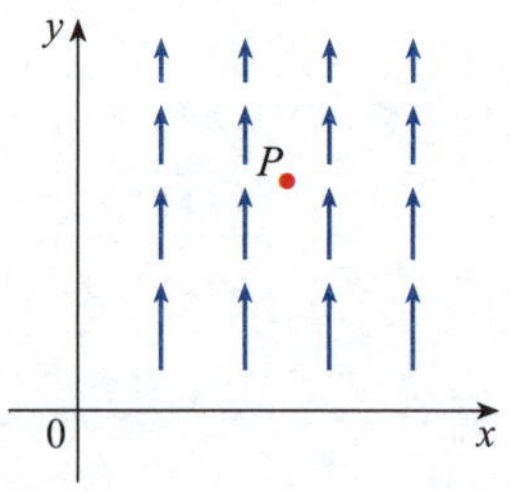

10.

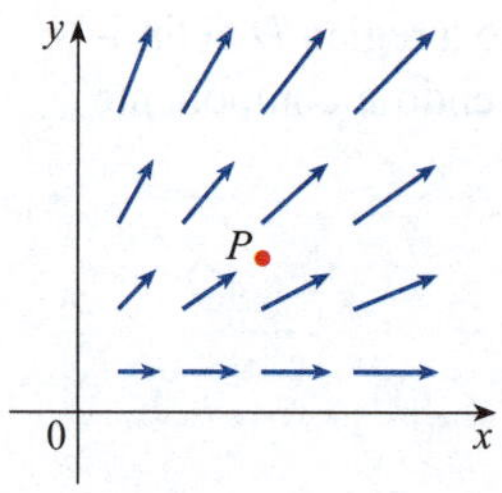

11.

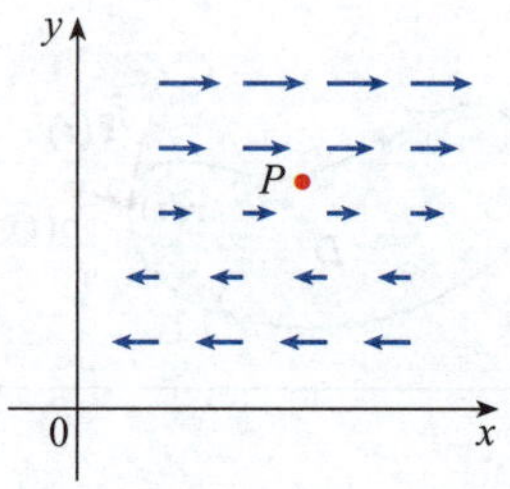

12.

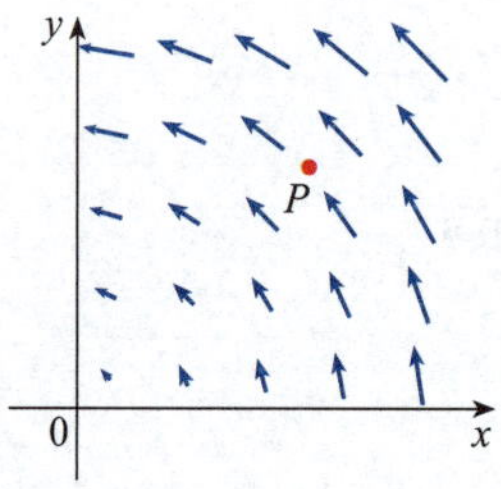

---

13. (a) Confirme que a Fórmula 3 é válida para $f(x, y, z) = \operatorname{sen} xyz$.
(b) Confirme que a Fórmula 11 é válida para $\mathbf{F}(x, y, z) = xyz^2\,\mathbf{i} + x^2yz^3\,\mathbf{j} + y^2\,\mathbf{k}$.

14. Seja f um campo escalar e **F** um campo vetorial. Diga se cada expressão tem significado. Em caso negativo, explique por quê. Em caso afirmativo, diga se é um campo vetorial ou escalar.

(a) rot f
(b) grad f
(c) div **F**
(d) rot(grad f)
(e) grad **F**
(f) grad(div **F**)
(g) div(grad f)
(h) grad(div f)
(i) rot(rot **F**)
(j) div(div **F**)
(k) (grad f) × (div **F**)
(l) div(rot(grad f))

15-20 Determine se o campo vetorial é conservativo ou não. Se for conservativo, determine uma função f tal que $\mathbf{F} = \nabla f$.

15. $\mathbf{F}(x, y, z) = \langle 2xy^3z^2, 3x^2y^2z^2, 2x^2y^3z\rangle$

16. $\mathbf{F}(x, y, z) = \langle yz, xz + y, xy - x\rangle$

17. $\mathbf{F}(x, y, z) = \langle \ln y, (x/y) + \ln z, y/z\rangle$

18. $\mathbf{F}(x, y, z) = yz \operatorname{sen} xy\,\mathbf{i} + xz \operatorname{sen} xy\,\mathbf{j} - \cos xy\,\mathbf{k}$

19. $\mathbf{F}(x, y, z) = yz^2 e^{xz}\,\mathbf{i} + ze^{xz}\,\mathbf{j} + xyze^{xz}\,\mathbf{k}$

20. $\mathbf{F}(x, y, z) = e^z \cos x\,\mathbf{i} + e^y \cos z\,\mathbf{j} + (e^z \operatorname{sen} x - e^y \operatorname{sen} z)\,\mathbf{k}$

---

21. Existe um campo vetorial **G** em $\mathbb{R}^3$ tal que rot $\mathbf{G} = \langle x \operatorname{sen} y, \cos y, z - xy\rangle$? Explique.

22. Existe um campo vetorial **G** em $\mathbb{R}^3$ tal que rot $\mathbf{G} = \langle x, y, z\rangle$? Explique.

23. Mostre que qualquer campo vetorial da forma

$$\mathbf{F}(x, y, z) = f(x)\,\mathbf{i} + g(y)\,\mathbf{j} + h(z)\,\mathbf{k}$$

onde f, g e h são diferenciáveis, é irrotacional.

24. Mostre que qualquer campo vetorial da forma

$$\mathbf{F}(x, y, z) = f(y, z)\,\mathbf{i} + g(x, z)\,\mathbf{j} + h(x, y)\,\mathbf{k}$$

é incompressível.

25-31 Demonstre a identidade, admitindo que as derivadas parciais apropriadas existem e são contínuas. Se f for um campo escalar e **F**, **G** forem campos vetoriais, então $f\mathbf{F}$, $\mathbf{F} \cdot \mathbf{G}$ e $\mathbf{F} \times \mathbf{G}$ serão definidos por

$$(f\mathbf{F})(x, y, z) = f(x, y, z)\,\mathbf{F}(x, y, z)$$
$$(\mathbf{F} \cdot \mathbf{G})(x, y, z) = \mathbf{F}(x, y, z) \cdot \mathbf{G}(x, y, z)$$
$$(\mathbf{F} \times \mathbf{G})(x, y, z) = \mathbf{F}(x, y, z) \times \mathbf{G}(x, y, z)$$

25. $\operatorname{div}(\mathbf{F} + \mathbf{G}) = \operatorname{div} \mathbf{F} + \operatorname{div} \mathbf{G}$

26. $\operatorname{rot}(\mathbf{F} + \mathbf{G}) = \operatorname{rot} \mathbf{F} + \operatorname{rot} \mathbf{G}$

27. $\operatorname{div}(f\mathbf{F}) = f \operatorname{div} \mathbf{F} + \mathbf{F} \cdot \nabla f$

28. $\operatorname{rot}(f\mathbf{F}) = f \operatorname{rot} \mathbf{F} + (\nabla f) \times \mathbf{F}$

29. $\operatorname{div}(\mathbf{F} \times \mathbf{G}) = \mathbf{G} \cdot \operatorname{rot} \mathbf{F} - \mathbf{F} \cdot \operatorname{rot} \mathbf{G}$

30. $\operatorname{div}(\nabla f \times \nabla g) = 0$

31. $\operatorname{rot}(\operatorname{rot} \mathbf{F}) = \operatorname{grad}(\operatorname{div} \mathbf{F}) - \nabla^2 \mathbf{F}$

32-34 Sejam $\mathbf{r} = x\,\mathbf{i} + y\,\mathbf{j} + z\,\mathbf{k}$ e $r = |\mathbf{r}|$.

32. Verifique as identidades.

(a) $\nabla \cdot \mathbf{r} = 3$
(b) $\nabla \cdot (r\mathbf{r}) = 4r$
(c) $\nabla^2 r^3 = 12r$

33. Verifique as identidades.

(a) $\nabla r = \mathbf{r}/r$
(b) $\nabla \times \mathbf{r} = \mathbf{0}$
(c) $\nabla(1/r) = -\mathbf{r}/r^3$
(d) $\nabla \ln r = \mathbf{r}/r^2$

34. Se $\mathbf{F} = \mathbf{r}/r^p$, determine div **F**. Existe um valor de p para que div **F** = 0?

---

35. Use o Teorema de Green na forma da Equação 13 para demonstrar a **primeira identidade de Green**:

$$\iint_D f\nabla^2 g\, dA = \oint_C f(\nabla g) \cdot \mathbf{n}\, ds - \iint_D \nabla f \cdot \nabla g\, dA$$

onde D e C satisfazem as hipóteses do Teorema de Green e as derivadas parciais apropriadas de f e g existem e são contínuas. (A quantidade $\nabla g \cdot \mathbf{n} = D_{\mathbf{n}} g$ aparece na integral de linha. Essa é a derivada direcional na direção do vetor normal **n** e é chamada **derivada normal** de g.)

36. Use a primeira identidade de Green (Exercício 33) para demonstrar a **segunda identidade de Green**:

$$\iint_D (f\nabla^2 g - g\nabla^2 f)\, dA = \oint_C (f\nabla g - g\nabla f) \cdot \mathbf{n}\, ds$$

onde D e C satisfazem as hipóteses do Teorema de Green e as derivadas parciais apropriadas de f e g existem e são contínuas.

37. Lembre-se, da Seção 14.3, de que uma função g é chamada *harmônica* em D se satisfaz a equação de Laplace, isto é, $\nabla^2 g = 0$ em D. Utilize primeira identidade de Green (com as mesmas hipóteses que no Exercício 35) para mostrar que se t é harmônica em D, então $\oint_C D_{\mathbf{n}}\, g\, ds = 0$. Aqui, $D_{\mathbf{n}} g$ é a derivada normal de g definida no Exercício 35.

38. Use a primeira identidade de Green para mostrar que se f for harmônica em D, e se $f(x, y) = 0$ na curva limite C, então $\iint_D |\nabla f|^2 \, dA = 0$. (Suponha que são válidas as mesmas hipóteses que no Exercício 35.)

39. Este exercício ilustra a relação entre vetor rotacional e rotações. Seja B um corpo rígido girando sobre o eixo z. A rotação pode ser descrita pelo vetor $\mathbf{w} = \omega\mathbf{k}$, onde ω é a velocidade angular de B, ou seja, a velocidade tangencial de qualquer ponto P em B dividida pela distância d do eixo de rotação. Seja $\mathbf{r} = \langle x, y, z \rangle$ o vetor posição de P.

(a) Considerando o ângulo θ da figura, mostre que o campo de velocidade de B é dado por $\mathbf{v} = \mathbf{w} \times \mathbf{r}$.

(b) Mostre que $\mathbf{v} = -\omega y\,\mathbf{i} + \omega x\,\mathbf{j}$.

(c) Mostre que rot $\mathbf{v} = 2\mathbf{w}$.

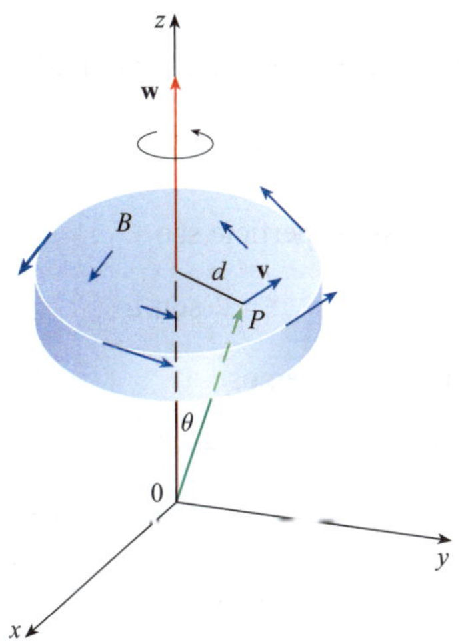

40. As equações de Maxwell relacionam o campo elétrico $\mathbf{E}$ e o campo magnético $\mathbf{H}$, quando eles variam com o tempo em uma região que não contenha carga nem corrente, como se segue:

$$\text{div}\,\mathbf{E} = 0 \qquad \text{div}\,\mathbf{H} = 0$$

$$\text{rot}\,\mathbf{E} = -\frac{1}{c}\frac{\partial \mathbf{H}}{\partial t} \qquad \text{rot}\,\mathbf{H} = \frac{1}{c}\frac{\partial \mathbf{E}}{\partial t}$$

onde c é a velocidade da luz. Use essas equações para demonstrar o seguinte:

(a) $\nabla \times (\nabla \times \mathbf{E}) = -\dfrac{1}{c^2}\dfrac{\partial^2 \mathbf{E}}{\partial t^2}$

(b) $\nabla \times (\nabla \times \mathbf{H}) = -\dfrac{1}{c^2}\dfrac{\partial^2 \mathbf{H}}{\partial t^2}$

(c) $\nabla^2 \mathbf{E} = \dfrac{1}{c^2}\dfrac{\partial^2 \mathbf{E}}{\partial t^2}$ [*Sugestão*: Use o Exercício 31.]

(d) $\nabla^2 \mathbf{H} = \dfrac{1}{c^2}\dfrac{\partial^2 \mathbf{H}}{\partial t^2}$

41. Vimos que todos os campos vetoriais da forma $\mathbf{F} = \nabla g$ satisfazem a equação rot $\mathbf{F} = \mathbf{0}$ e que todos os campos vetoriais da forma $\mathbf{F} = \text{rot}\,\mathbf{G}$ satisfazem a equação div $\mathbf{F} = 0$ (supondo a continuidade das correspondentes derivadas parciais). Isso sugere a pergunta: existe alguma equação que todas as funções da forma $f = \text{div}\,\mathbf{G}$ devam satisfazer? Mostre que a resposta para essa pergunta é "não" demonstrando que *toda* função contínua f em $\mathbb{R}^3$ é a divergência de algum campo de vetores.
[*Dica*: Seja $\mathbf{G}(x, y, z) = \langle g(x, y, z), 0, 0 \rangle$, onde $g(x, y, z) = \int_0^x f(t, y, z)\, dt$.]

16.6 Superfícies Parametrizadas e suas Áreas

Até agora temos considerado tipos especiais de superfícies: cilindros, superfícies quádricas, gráficos de funções de duas variáveis e superfícies de nível de funções de três variáveis. Aqui, usaremos funções vetoriais para descrever superfícies mais gerais, chamadas *superfícies parametrizadas* e calcularemos suas áreas. A seguir, tomaremos a fórmula para a área de superfícies gerais e veremos como se aplica a superfícies especiais.

Superfícies Parametrizadas

De modo muito semelhante à nossa descrição de curvas espaciais por uma função vetorial $\mathbf{r}(t)$ de um único parâmetro t, podemos descrever uma superfície por uma função vetorial $\mathbf{r}(u, v)$ de dois parâmetros u e v. Suponhamos que

1 $$\mathbf{r}(u, v) = x(u, v)\,\mathbf{i} + y(u, v)\,\mathbf{j} + z(u, v)\,\mathbf{k}$$

seja uma função a valores vetoriais definida sobre uma região D do plano uv. Então x, y e z, os componentes de funções de $\mathbf{r}$, serão funções das duas variáveis u e v com domínio D. O conjunto de todos os pontos (x, y, z) em $\mathbb{R}^3$ tal que

2 $$x = x(u, v) \qquad y = y(u, v) \qquad z = z(u, v)$$

e (u, v) varia ao longo de D, é chamado de **superfície parametrizada** S e as Equações 2 são denominadas **equações parametrizadas** de S. Cada escolha de u e v resulta um ponto em S; fazendo todas as escolhas, temos todos os pontos de S. Em outras palavras, a superfície é traçada pela ponta do vetor posição $\mathbf{r}(u, v)$ enquanto (u, v) se move ao longo da região D. (Veja a Figura 1.)

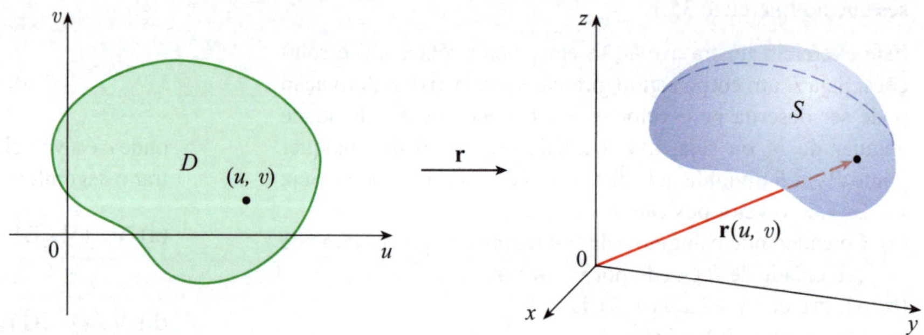

FIGURA 1
Uma superfície parametrizada

EXEMPLO 1 Identifique e esboce a superfície com equação vetorial

$$\mathbf{r}(u, v) = 2 \cos u\, \mathbf{i} + v\, \mathbf{j} + 2 \operatorname{sen} u\, \mathbf{k}$$

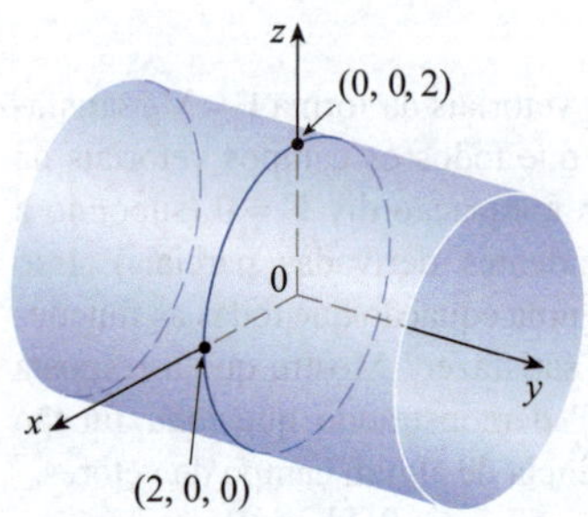

FIGURA 2

SOLUÇÃO As equações paramétricas para essa superfície são

$$x = 2 \cos u \qquad y = v \qquad z = 2 \operatorname{sen} u$$

Então, para qualquer ponto (x, y, z) da superfície, temos

$$x^2 + z^2 = 4 \cos^2 u + 4 \operatorname{sen}^2 u = 4$$

Isso significa que todas as seções transversais paralelas ao plano xz (isto é, com y constante) são circunferências de raio 2. Uma vez que $y = v$ e não existe restrição ao valor de v, a superfície é um cilindro circular de raio 2 cujo eixo é o eixo y (veja a Figura 2). ■

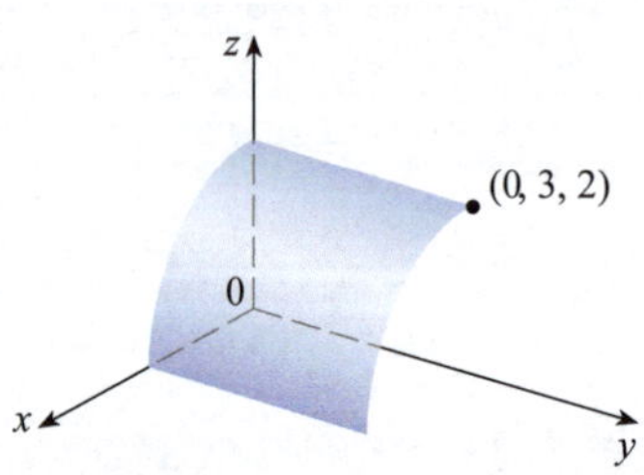

FIGURA 3

No Exemplo 1 não existiam restrições quanto aos parâmetros u e v e assim obtivemos o cilindro inteiro. Se, por exemplo, restringíssemos u e v, escrevendo o domínio dos parâmetros como

$$0 \le u \le \pi/2 \qquad 0 \le v \le 3$$

então $x \ge 0$, $z \ge 0$, $0 \le y \le 3$ e obteríamos o quarto do cilindro de comprimento 3 ilustrado na Figura 3.

Se uma superfície parametrizada S é dada por uma função vetorial $\mathbf{r}(u, v)$, então existem duas famílias de curvas úteis contidas em S, uma família com u constante e outra com v constante. Essas famílias correspondem a retas verticais e horizontais no plano uv. Se mantivermos u constante, impondo $u = u_0$, então $\mathbf{r}(u_0, v)$ se torna uma função vetorial com um único parâmetro v que define uma curva C_1 sobre S. (Veja a Figura 4.)

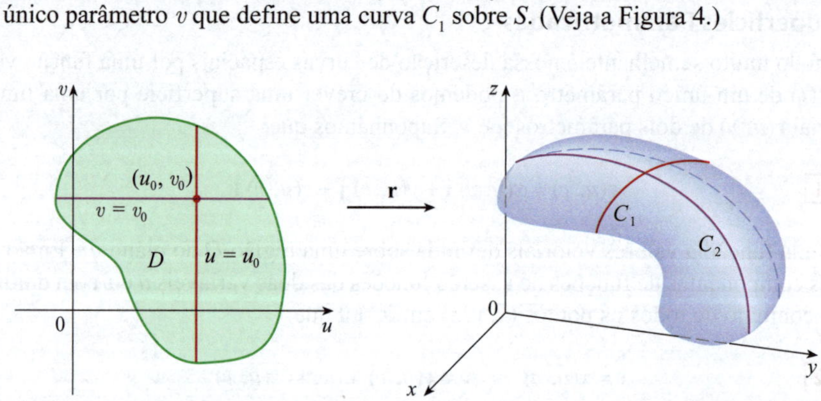

FIGURA 4

Da mesma forma, se mantivermos v constante tomando $v = v_0$, obteremos a curva C_2 dada por $\mathbf{r}(u, v_0)$ que está sobre S. Chamamos essas curvas **curva da grade**. (No Exemplo 1, exemplificando, as curvas da grade obtidas tornando u constante são linhas horizontais, enquanto as curvas da grade obtidas com v constante são circunferências.) Na verdade, quando um computador elabora em gráfico uma superfície parametrizada, que normalmente apresenta a superfície traçando as curvas da grade, como podemos ver no exemplo a seguir.

EXEMPLO 2 Use um computador para traçar o gráfico da superfície

$$\mathbf{r}(u, v) = \langle (2 + \text{sen } v) \cos u, (2 + \text{sen } v) \text{ sen } u, u + \cos v \rangle$$

Quais são as curvas da grade com u constante? Quais têm v constante?

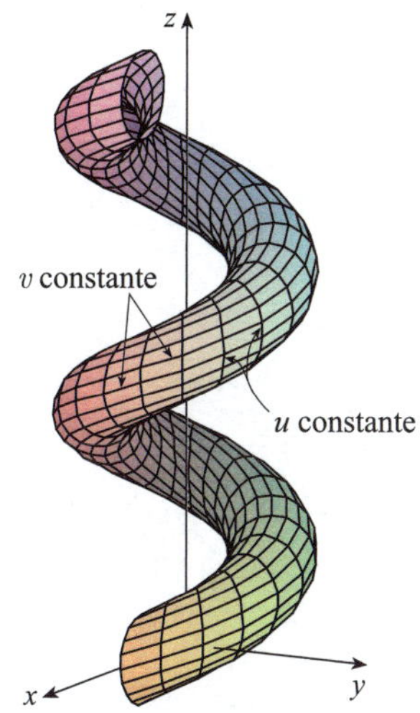

FIGURA 5

SOLUÇÃO Traçamos o pedaço da superfície com os parâmetros delimitados por $0 \leq u \leq 4\pi$, $0 \leq v \leq 2\pi$ na Figura 5. Esse gráfico tem a aparência de um tubo espiral. Para identificarmos as curvas da grade, escrevemos as equações paramétricas correspondentes:

$$x = (2 + \text{sen } v) \cos u \qquad y = (2 + \text{sen } v)\text{sen } u \qquad z = u + \cos v$$

Se v é constante, então sen v e cos v são constantes, portanto, as equações paramétricas se assemelham às da hélice no Exemplo 13.1.4. Assim, as curvas de grade com v constante são as curvas em espiral na Figura 5. Deduzimos que as curvas de grade com u constante devem ser curvas que parecem círculos na figura. Maior evidência dessa afirmação é que, se mantivermos u constante, $u = u_0$, então as equações $z = u_0 + \cos v$ mostram que os valores de z variam de $u_0 - 1$ até $u_0 + 1$. ■

Nos Exemplos 1 e 2 nos foi dada uma equação vetorial e pedido o gráfico da superfície parametrizada correspondente. Nos exemplos seguintes, entretanto, teremos o problema mais desafiador de achar a função vetorial que representa uma superfície dada. No restante deste capítulo, teremos de fazer exatamente isso muitas vezes.

EXEMPLO 3 Determine a função vetorial que representa o plano que passa pelo ponto P_0 com vetor posição $\mathbf{r}_0$ e que contenha dois vetores não paralelos **a** e **b**.

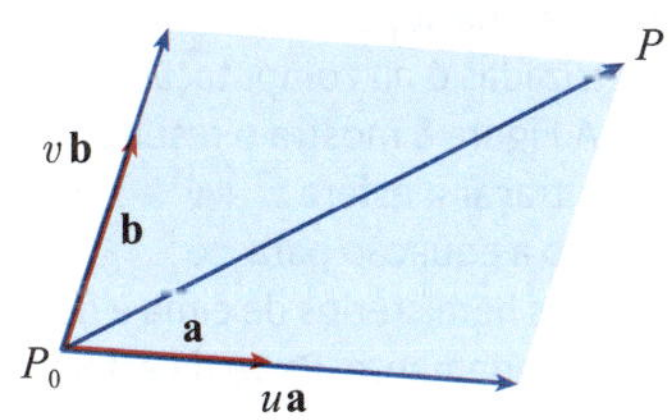

FIGURA 6

SOLUÇÃO Se P é qualquer ponto no plano, podemos ir de P_0 até P movendo uma certa distância na direção de **a** e uma outra distância na direção de **b**. Então, existem escalares u e v tais que $\overrightarrow{P_0P} = u\mathbf{a} + v\mathbf{b}$. (A Figura 6 ilustra como isso funciona, por meio da lei do paralelogramo, para o caso em que u e v são positivos. Veja também o Exercício 12.2.46) Se **r** é o vetor posição de P, então

$$\mathbf{r} = \overrightarrow{OP_0} + \overrightarrow{P_0P} = \mathbf{r}_0 + u\mathbf{a} + v\mathbf{b}$$

Assim, a equação vetorial do plano pode ser escrita como

$$\mathbf{r}(u, v) = \mathbf{r}_0 + u\mathbf{a} + v\mathbf{b}$$

onde u e v são números reais.

Se escrevermos $\mathbf{r} = \langle x, y, z \rangle$, $\mathbf{r}_0 = \langle x_0, y_0, z_0 \rangle$, $\mathbf{a} = \langle a_1, a_2, a_3 \rangle$ e $\mathbf{b} = \langle b_1, b_2, b_3 \rangle$, podemos escrever as equações paramétricas do plano pelo ponto (x_0, y_0, z_0) como segue:

$$x = x_0 + ua_1 + vb_1 \qquad y = y_0 + ua_2 + vb_2 \qquad z = z_0 + ua_3 + vb_3$$ ■

EXEMPLO 4 Determine uma representação parametrizada da esfera

$$x^2 + y^2 + z^2 = a^2$$

SOLUÇÃO A esfera tem uma representação simples $\rho = a$ em coordenadas esféricas, então vamos escolher os ângulos ϕ e θ das coordenadas esféricas como parâmetros (veja a Seção 15.8). Tomando $\rho = a$ nas equações para conversão de coordenadas esféricas para coordenadas retangulares (Equação 15.8.1), obtemos

$$x = a \text{ sen } \phi \cos \theta \qquad y = a \text{ sen } \phi \text{ sen } \theta \qquad z = a \cos \phi$$

como equações parametrizadas da esfera. A equação vetorial correspondente é

$$\mathbf{r}(\phi, \theta) = a \text{ sen } \phi \cos \theta \, \mathbf{i} + a \text{ sen } \phi \text{ sen } \theta \, \mathbf{j} + a \cos \phi \, \mathbf{k}$$

Temos $0 \leq \phi \leq \pi$ e $0 \leq \theta \leq 2\pi$, de modo que o domínio dos parâmetros é o retângulo $D = [0, \pi] \times [0, 2\pi]$. As curvas da grade com ϕ constante são as circunferências de latitude constante (incluindo o equador). As curvas da grade com θ constante são os meridianos (semicircunferências), que ligam os polos Norte e Sul (veja a Figura 7).

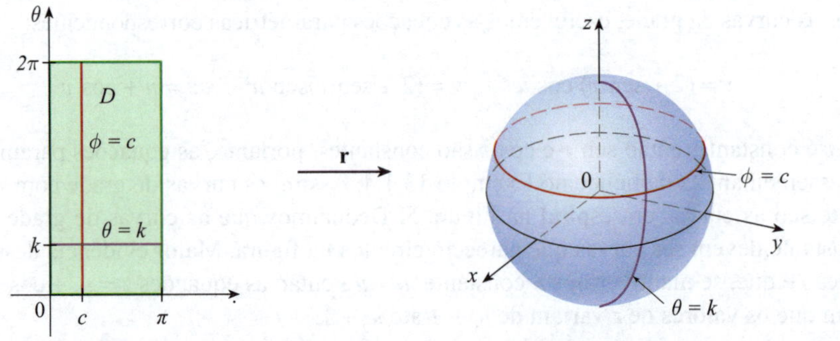

FIGURA 7

OBSERVAÇÃO Vimos no Exemplo 4 que as curvas de grade para uma esfera são curvas de latitude e longitude constantes. Para uma superfície parametrizada geral, estamos realmente fazendo um mapa e as curvas da grade são semelhantes a linhas de latitude e longitude. Descrever um ponto sobre uma superfície parametrizada (como o da Figura 5) dando valores específicos de u e v é como dar a latitude e a longitude de um ponto.

Um dos usos de superfícies parametrizadas é na computação gráfica. A Figura 8 mostra o resultado de tentar traçar a esfera $x^2 + y^2 + z^2 = 1$ resolvendo a equação para z e traçando os hemisférios de cima e de baixo separadamente. Parte da esfera parece estar ausente por causa do sistema de grade retangular utilizado pelo computador. A imagem, muito melhor na Figura 9, foi produzida por um computador, utilizando as equações parametrizadas encontradas no Exemplo 4.

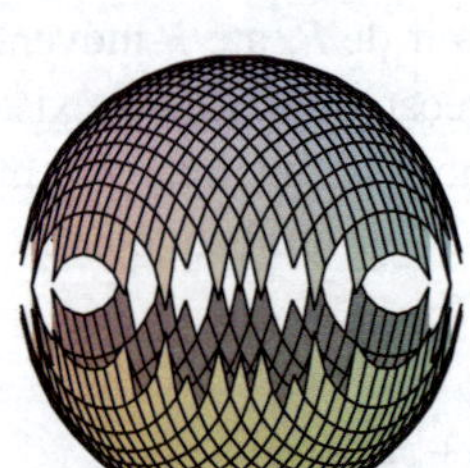

FIGURA 8

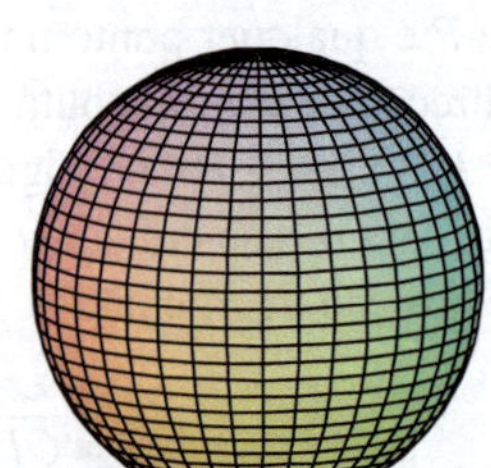

FIGURA 9

EXEMPLO 5 Determine uma representação parametrizada do cilindro

$$x^2 + y^2 = 4 \qquad 0 \leq z \leq 1$$

SOLUÇÃO O cilindro tem representação $r = 2$ em coordenadas cilíndricas; assim escolhemos como parâmetros θ e z das coordenadas cilíndricas. Então, as equações paramétricas do cilindro são

$$x = 2 \cos \theta \qquad y = 2 \text{ sen } \theta \qquad z = z$$

onde $0 \leq \theta \leq 2\pi$ e $0 \leq z \leq 1$. Na notação vetorial, escrevemos

$$\mathbf{r}(\theta, z) = 2 \cos \theta \, \mathbf{i} + 2 \text{ sen } \theta \, \mathbf{j} + z \, \mathbf{k}$$

e a função vetorial $\mathbf{r}$ associa o domínio dos parâmetros

$$D = \{(\theta, z) \mid 0 \le \theta \le 2\pi, 0 \le z \le 1\}$$

a um cilindro, como mostrado na Figura 10.

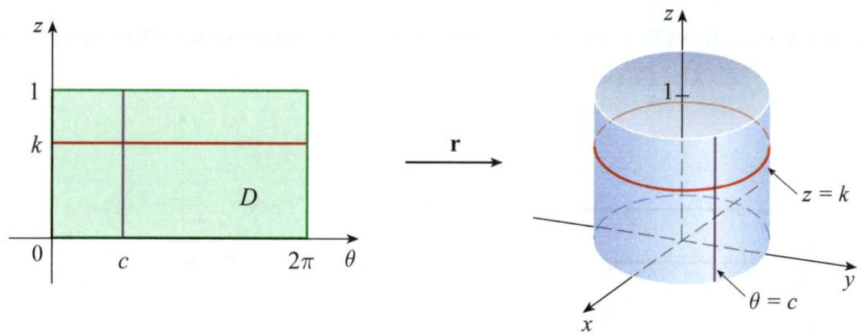

FIGURA 10 ■

EXEMPLO 6 Determine uma função vetorial que represente o paraboloide elíptico $z = x^2 + 2y^2$.

SOLUÇÃO Se olharmos para x e y como parâmetros, as equações paramétricas ficam simplesmente

$$x = x \qquad y = y \qquad z = x^2 + 2y^2$$

e a equação vetorial é

$$\mathbf{r}(x, y) = x\,\mathbf{i} + y\,\mathbf{j} + (x^2 + 2y^2)\mathbf{k}$$ ■

Em geral, uma superfície dada como o gráfico de uma função de x e y, ou seja, com equação da forma $z = f(x, y)$, pode sempre ser olhada como uma superfície parametrizada, tomando x e y como parâmetros e escrevendo as equações paramétricas como

$$x = x \qquad y = y \qquad z = f(x, y)$$

Representações parametrizadas (também chamadas parametrizações) de superfícies não são únicas. O próximo exemplo mostra dois modos de parametrizar um cone.

EXEMPLO 7 Determine uma representação parametrizada para a superfície $z = 2\sqrt{x^2 + y^2}$, ou seja, a metade superior do cone $z^2 = 4x^2 + 4y^2$.

SOLUÇÃO 1 Uma possível representação é obtida escolhendo-se x e y como parâmetros:

$$x = x \qquad y = y \qquad z = 2\sqrt{x^2 + y^2}$$

Assim, a equação vetorial é

$$\mathbf{r}(x, y) = x\mathbf{i} + y\mathbf{j} + 2\sqrt{x^2 + y^2}\,\mathbf{k}$$

SOLUÇÃO 2 Outra representação resulta da escolha das coordenadas polares r e θ. Um ponto (x, y, z) sobre o cone satisfaz $x = r\cos\theta$, $y = r \operatorname{sen}\theta$ e $z = 2\sqrt{x^2 + y^2} = 2r$. Assim, uma equação vetorial para o cone é

$$\mathbf{r}(r, \theta) = r\cos\theta\,\mathbf{i} + r\operatorname{sen}\theta\,\mathbf{j} + 2r\,\mathbf{k}$$

onde $r \ge 0$ e $0 \le \theta \le 2\pi$. ■

Embora para algumas finalidades as representações paramétricas das Soluções 1 e 2 do Exemplo 7 sejam igualmente adequadas, a Solução 2 pode ser preferível em certas situações. Se estivermos interessados apenas na parte do cone que está abaixo do plano

$z = 1$, por exemplo, tudo o que precisamos fazer na Solução 2 é trocar o domínio dos parâmetros para

$$D = \{(r, \theta) \mid 0 \le r \le \tfrac{1}{2},\, 0 \le \theta \le 2\pi\}$$

Nesse caso, a função vetorial **r** associa a região D ao semicone mostrado na Figura 11.

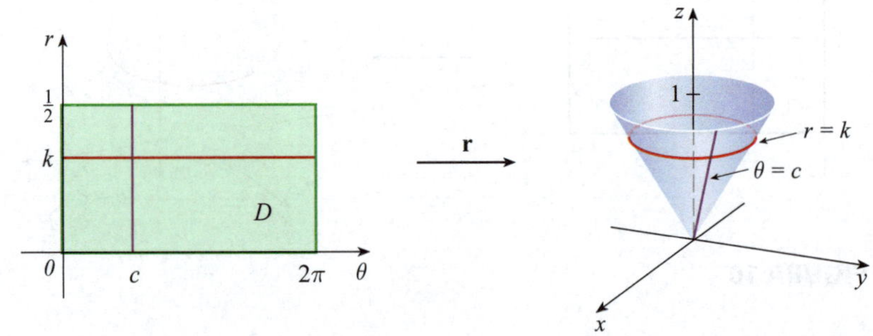

FIGURA 11

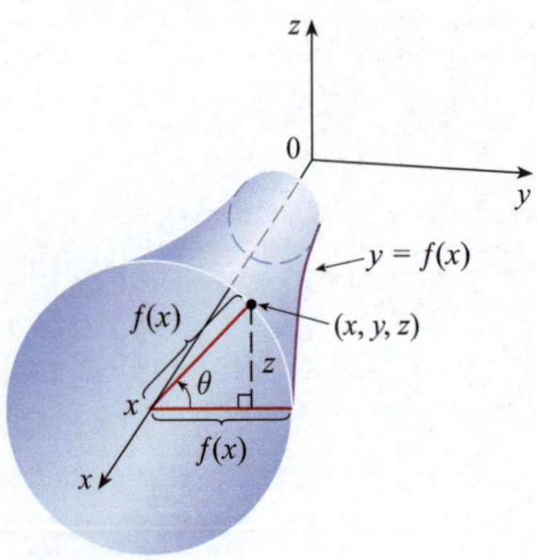

FIGURA 12

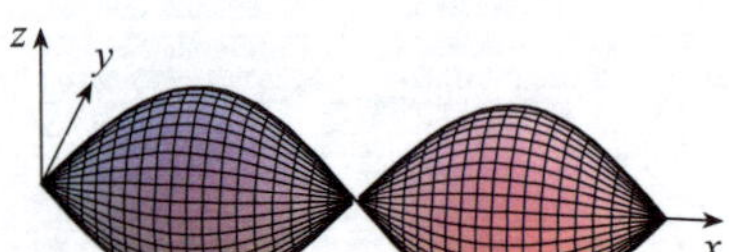

FIGURA 13

Superfícies de Revolução

As superfícies de revolução podem ser representadas na forma parametrizada. Por exemplo, vamos considerar a superfície S obtida pela rotação da curva $y = f(x)$, $a \le x \le b$, sobre o eixo x, onde $f(x) \ge 0$. Seja θ o ângulo de rotação, como mostrado na Figura 12. Se (x, y, z) é um ponto em S, então

3 $$x = x \qquad y = f(x)\cos\theta \qquad z = f(x)\,\text{sen}\,\theta$$

Portanto, tomamos x e θ como parâmetros e olhamos as Equações 3 como equações paramétricas de S. O domínio do parâmetro é dado por $a \le x \le b$, $0 \le \theta \le 2\pi$.

EXEMPLO 8 Encontre equações paramétricas para a superfície gerada pela rotação da curva $y = \text{sen}\,x$, $0 \le x \le 2\pi$ sobre o eixo x. Use essas equações para o gráfico da superfície de revolução.

SOLUÇÃO Das Equações 3, as equações paramétricas são

$$x = x \qquad y = \text{sen}\,x\cos\theta \qquad z = \text{sen}\,x\,\text{sen}\,\theta$$

e o domínio do parâmetro é $0 \le x \le 2\pi$, $0 \le \theta \le 2\pi$. Usando um computador para traçar essas equações e girar a imagem, obtemos o gráfico da Figura 13. ■

Podemos adaptar as Equações 3 para representar uma superfície obtida pela revolução em torno do eixo y ou do eixo z (veja o Exercício 30).

Planos Tangentes

Agora vamos determinar o plano tangente a uma superfície parametrizada S determinada por uma função vetorial

$$\mathbf{r}(u, v) = x(u, v)\,\mathbf{i} + y(u, v)\,\mathbf{j} + z(u, v)\,\mathbf{k}$$

em um ponto P_0 com vetor posição $\mathbf{r}(u_0, v_0)$. Se mantivermos u constante usando $u = u_0$, então $\mathbf{r}(u_0, v)$ torna-se uma função vetorial do parâmetro único v e define uma curva de grade C_1 em S. (Veja a Figura 14.) O vetor tangente a C_1 em P_0 é obtido tomando-se a derivada parcial de **r** em relação a v:

4 $$\mathbf{r}_v = \frac{\partial x}{\partial v}(u_0, v_0)\,\mathbf{i} + \frac{\partial y}{\partial v}(u_0, v_0)\,\mathbf{j} + \frac{\partial z}{\partial v}(u_0, v_0)\,\mathbf{k}$$

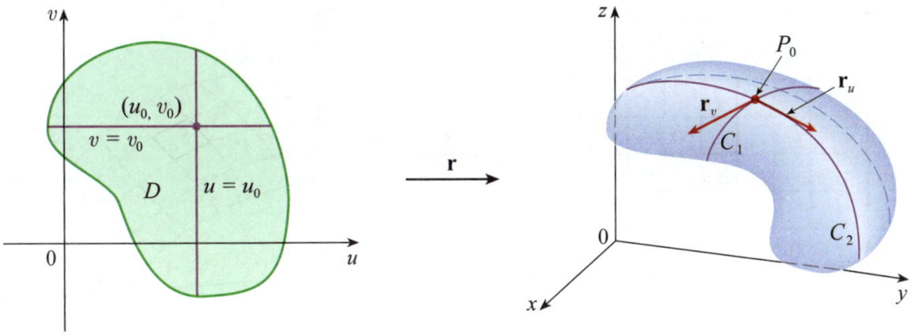

FIGURA 14

Da mesma forma, se mantivermos v constante tomando $v = v_0$, obteremos a curva da grade C_2 dada por $\mathbf{r}(u, v_0)$ que está sobre S, e cujo vetor tangente em P_0 é

5 $$\mathbf{r}_u = \frac{\partial x}{\partial u}(u_0, v_0)\,\mathbf{i} + \frac{\partial y}{\partial u}(u_0, v_0)\,\mathbf{j} + \frac{\partial z}{\partial u}(u_0, v_0)\,\mathbf{k}$$

Se $\mathbf{r}_u \times \mathbf{r}_v$ não é $\mathbf{0}$, então a superfície S é dita **suave** (sem "bicos"). Para uma superfície suave, o **plano tangente** é o que contém os vetores tangentes $\mathbf{r}_u$ e $\mathbf{r}_v$ e $\mathbf{r}_u \times \mathbf{r}_v$ é o vetor normal ao plano tangente.

EXEMPLO 9 Determine o plano tangente à superfície com equações paramétricas $x = u^2, y = v^2, z = u + 2v$ no ponto (1, 1, 3).

A Figura 15 mostra a superfície que se autointercepta no Exemplo 9 e seu plano tangente em (1, 1, 3)

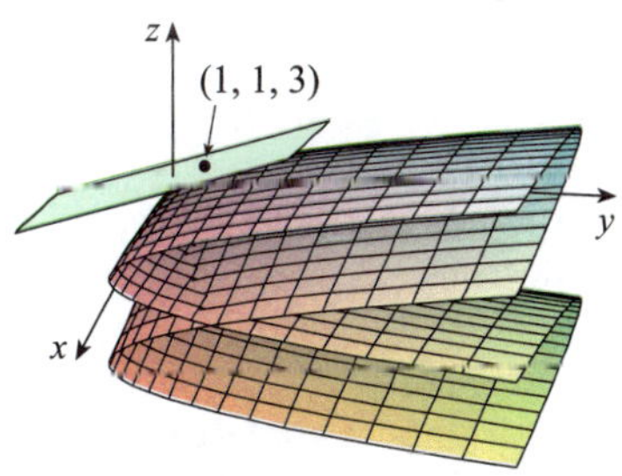

FIGURA 15

SOLUÇÃO Primeiro, vamos calcular os vetores tangentes.

$$\mathbf{r}_u = \frac{\partial x}{\partial u}\mathbf{i} + \frac{\partial y}{\partial u}\mathbf{j} + \frac{\partial z}{\partial u}\mathbf{k} = 2u\ \mathbf{i} + \mathbf{k}$$

$$\mathbf{r}_v = \frac{\partial x}{\partial v}\mathbf{i} + \frac{\partial y}{\partial v}\mathbf{j} + \frac{\partial z}{\partial v}\mathbf{k} = 2v\ \mathbf{j} + 2\mathbf{k}$$

Assim, o vetor normal ao plano tangente é

$$\mathbf{r}_u \times \mathbf{r}_v = \begin{vmatrix} \mathbf{i} & \mathbf{j} & \mathbf{k} \\ 2u & 0 & 1 \\ 0 & 2v & 2 \end{vmatrix} = -2v\,\mathbf{i} - 4u\,\mathbf{j} + 4uv\,\mathbf{k}$$

Observe que o ponto (1, 1, 3) corresponde aos valores dos parâmetros $u = 1$ e $v = 1$, de forma que o vetor normal ali é

$$-2\mathbf{i} - 4\mathbf{j} + 4\mathbf{k}$$

Portanto, uma equação do plano tangente em (1, 1, 3) é

$$-2(x - 1) - 4(y - 1) + 4(z - 3) = 0$$

ou $$x + 2y - 2z + 3 = 0$$ ■

Área da Superfície

Definiremos agora a área de uma superfície parametrizada S geral dada pela Equação 1. Para simplificar, vamos considerar inicialmente uma superfície cujo domínio dos parâmetros D é um retângulo, que dividiremos em sub-retângulos R_{ij}. Vamos escolher (u_i^*, v_j^*) como o canto inferior esquerdo do retângulo R_{ij}. (Veja a Figura 16.)

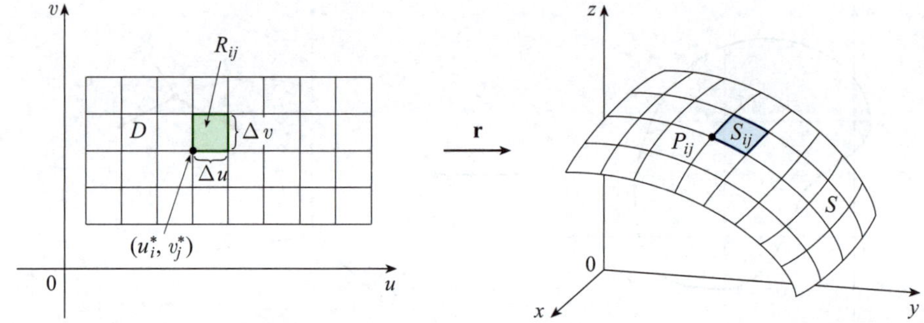

FIGURA 16
A imagem do sub-retângulo R_{ij} é o retalho S_{ij}

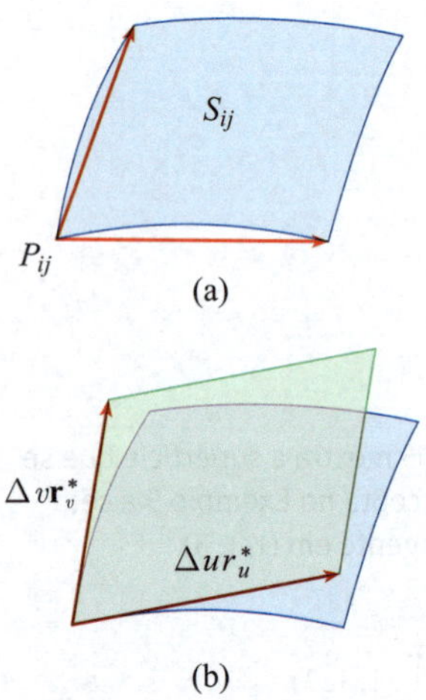

FIGURA 17
Aproximando um retalho por um paralelogramo

A parte S_{ij} da superfície S que corresponde a R_{ij} é chamada *retalho* e tem um ponto P_{ij} com vetor posição $\mathbf{r}(u_i^*, v_j^*)$ como um de seus cantos. Sejam

$$\mathbf{r}_u^* = \mathbf{r}_u(u_i^*, v_i^*) \qquad \text{e} \qquad \mathbf{r}_v^* = \mathbf{r}_v(u_i^*, v_i^*)$$

os vetores tangentes em P_{ij} calculados pelas Equações 5 e 4.

A Figura 17(a) mostra como os dois lados do retalho que se encontram em P_{ij} podem ser aproximados por vetores. Esses vetores, por sua vez, podem ser aproximados pelos vetores $\Delta u\, \mathbf{r}_u^*$ e $\Delta v\, \mathbf{r}_v^*$ porque as derivadas parciais podem ser aproximadas pelos quocientes de diferenças. Assim, aproximamos S_{ij} pelo paralelogramo determinado pelos vetores $\Delta u\, \mathbf{r}_u^*$ e $\Delta v\, \mathbf{r}_v^*$. Esse paralelogramo está representado na Figura 17(b) e está contido no plano tangente a S em P_{ij}. A área desse paralelogramo é

$$|(\Delta u\, \mathbf{r}_u^*) \times (\Delta v\, \mathbf{r}_v^*)| = |\mathbf{r}_u^* \times \mathbf{r}_v^*|\, \Delta u\, \Delta v$$

e, então, uma aproximação da área de S é

$$\sum_{i=1}^{m} \sum_{j=1}^{n} |\mathbf{r}_u^* \times \mathbf{r}_v^*|\, \Delta u\, \Delta v$$

A intuição nos diz que essa aproximação fica melhor à medida que aumentamos o número de sub-retângulos e reconhecemos a soma dupla como a soma de Riemann para a integral dupla $\iint_D |\mathbf{r}_u \times \mathbf{r}_v|\, du\, dv$. Isso justifica a seguinte definição:

6 Definição Se uma superfície parametrizada suave S é dada pela equação

$$\mathbf{r}(u, v) = x(u, v)\, \mathbf{i} + y(u, v)\, \mathbf{j} + z(u, v)\, \mathbf{k} \qquad (u, v) \in D$$

e S é coberta uma única vez quando (u, v) abrange todo o domínio D dos parâmetros, então a **área da superfície** de S é

$$A(S) = \iint_D |\mathbf{r}_u \times \mathbf{r}_v|\, dA$$

onde $$\mathbf{r}_u = \frac{\partial x}{\partial u}\mathbf{i} + \frac{\partial y}{\partial u}\mathbf{j} + \frac{\partial z}{\partial u}\mathbf{k} \qquad \mathbf{r}_v = \frac{\partial x}{\partial v}\mathbf{i} + \frac{\partial y}{\partial v}\mathbf{j} + \frac{\partial z}{\partial v}\mathbf{k}$$

EXEMPLO 10 Determine a área da esfera de raio a.

SOLUÇÃO No Exemplo 4 encontramos a representação parametrizada

$$x = a \operatorname{sen} \phi \cos \theta \qquad y = a \operatorname{sen} \phi \operatorname{sen} \theta \qquad z = a \cos \phi$$

onde o domínio dos parâmetros é

$$D = \{(\phi, \theta) \mid 0 \le \phi \le \pi,\ 0 \le \theta \le 2\pi\}$$

Vamos calcular primeiro o produto cruzado dos vetores tangentes:

$$\mathbf{r}_\phi \times \mathbf{r}_\theta = \begin{vmatrix} \mathbf{i} & \mathbf{j} & \mathbf{k} \\ \dfrac{\partial x}{\partial \phi} & \dfrac{\partial y}{\partial \phi} & \dfrac{\partial z}{\partial \phi} \\ \dfrac{\partial x}{\partial \theta} & \dfrac{\partial y}{\partial \theta} & \dfrac{\partial z}{\partial \theta} \end{vmatrix} = \begin{vmatrix} \mathbf{i} & \mathbf{j} & \mathbf{k} \\ a\cos\phi\ \cos\theta & a\cos\phi\ \text{sen}\,\theta & -a\,\text{sen}\,\phi \\ -a\,\text{sen}\,\phi\ \text{sen}\,\theta & a\,\text{sen}\,\phi\ \cos\theta & 0 \end{vmatrix}$$

$$= a^2\text{sen}^2\phi\ \cos\theta\,\mathbf{i} + a^2\text{sen}^2\phi\ \text{sen}\,\theta\,\mathbf{j} + a^2\text{sen}\,\phi\ \cos\phi\,\mathbf{k}$$

Logo,

$$|\mathbf{r}_\phi \times \mathbf{r}_\theta| = \sqrt{a^4\text{sen}^4\phi\ \cos^2\theta + a^4\text{sen}^4\phi\ \text{sen}^2\theta + a^4\text{sen}^2\phi\ \cos^2\phi}$$

$$= \sqrt{a^4\text{sen}^4\phi + a^4\text{sen}^2\phi\cos^2\phi} = a^2\sqrt{\text{sen}^2\phi} = a^2\text{sen}\phi$$

uma vez que sen $\phi \geq 0$ para $0 \leq \phi \leq \pi$. Portanto, pela Definição 6, a área da esfera é

$$A = \iint_D |r_\phi \times r_\theta|\,dA = \int_0^{2\pi}\int_0^{\pi} a^2\text{sen}\phi\ d\phi\ d\theta$$

$$= a^2\int_0^{2\pi} d\theta \int_0^{\pi} \text{sen}\phi\ d\phi = a^2(2\pi)2 = 4\pi a^2$$ ■

Área de Superfície do Gráfico de uma Função

Para o caso especial de uma superfície S com equação $z = f(x, y)$, onde (x, y) está em D e f tem derivadas parciais contínuas, tomamos x e y como parâmetros. As equações paramétricas são

$$x = x \qquad y = y \qquad z = f(x, y)$$

assim,
$$\mathbf{r}_x = \mathbf{i} + \left(\frac{\partial f}{\partial x}\right)\mathbf{k} \qquad \mathbf{r}_y = \mathbf{j} + \left(\frac{\partial f}{\partial y}\right)\mathbf{k}$$

e

7
$$\mathbf{r}_x \times \mathbf{r}_y = \begin{vmatrix} \mathbf{i} & \mathbf{j} & \mathbf{k} \\ 1 & 0 & \dfrac{\partial f}{\partial x} \\ 0 & 1 & \dfrac{\partial f}{\partial y} \end{vmatrix} = -\frac{\partial f}{\partial x}\mathbf{i} - \frac{\partial f}{\partial y}\mathbf{j} + \mathbf{k}$$

Então, temos

8
$$|\mathbf{r}_x \times \mathbf{r}_y| = \sqrt{\left(\frac{\partial f}{\partial x}\right)^2 + \left(\frac{\partial f}{\partial y}\right)^2 + 1} = \sqrt{1 + \left(\frac{\partial z}{\partial x}\right)^2 + \left(\frac{\partial z}{\partial y}\right)^2}$$

e a fórmula de área da superfície na Definição 6 fica

9
$$A(S) = \iint_D \sqrt{1 + \left(\frac{\partial z}{\partial x}\right)^2 + \left(\frac{\partial z}{\partial y}\right)^2}\,dA$$

Observe a semelhança entre a fórmula da área da superfície da Equação 9 e a fórmula do comprimento de arco

$$L = \int_a^b \sqrt{1 + \left(\frac{dy}{dx}\right)^2}\,dx$$

da Seção 8.1, no Volume 1.

EXEMPLO 11 Determine a área da parte do paraboloide $z = x^2 + y^2$ que está abaixo do plano $z = 9$.

SOLUÇÃO O plano intercepta o paraboloide no círculo $x^2 + y^2 = 9$, $z = 9$. Portanto, a superfície dada fica acima do disco D com centro na origem e raio 3. (Veja a Figura 18.) Usando a Fórmula 9, temos

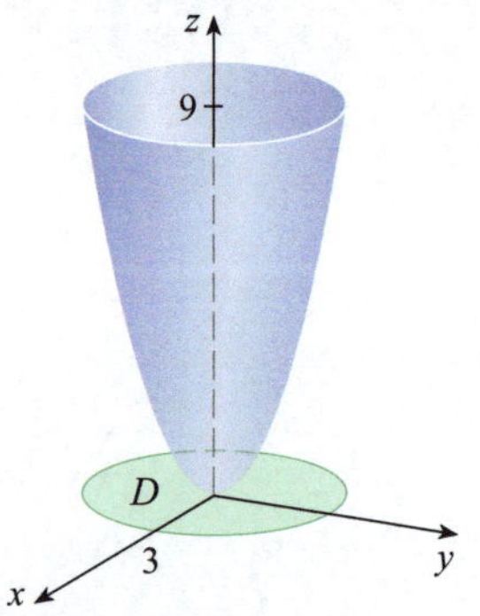

FIGURA 18

$$AS = \iint_D \sqrt{1 + \left(\frac{\partial z}{\partial x}\right)^2 + \left(\frac{\partial z}{\partial y}\right)^2}\, dA$$

$$= \iint_D \sqrt{1 + (2x)^2 + (2y)^2}\, dA = \iint_D \sqrt{1 + 4(x^2 + y^2)}\, dA$$

Convertendo para coordenadas polares, obtemos

$$A = \int_0^{2\pi} \int_0^3 \sqrt{1 + 4r^2}\, r\, dr\, d\theta = \int_0^{2\pi} d\theta \int_0^3 r\sqrt{1 + 4r^2}\, dr$$

$$= 2\pi \left(\tfrac{1}{8}\right)\tfrac{2}{3}(1 + 4r^2)^{3/2}\Big]_0^3 = \frac{\pi}{6}(37\sqrt{37} - 1)$$ ■

Precisamos ainda verificar se nossa definição da área de superfície (6) é coerente com a fórmula da área de superfície obtida no cálculo com uma única variável (8.2.4).

Consideremos a superfície S obtida pela rotação da curva $y = f(x)$, $a \le x \le b$, em torno do eixo x, onde $f(x) \ge 0$ e f' é contínua. Da Equação 3, sabemos que as equações paramétricas de S são

$$x = x \qquad y = f(x)\cos\theta \qquad z = f(x)\,\text{sen}\,\theta \qquad a \le x \le b \qquad 0 \le \theta \le 2\pi$$

Para calcularmos a área da superfície S, precisamos dos vetores tangentes

$$\mathbf{r}_x = \mathbf{i} + f'(x)\cos\theta\,\mathbf{j} + f'(x)\,\text{sen}\,\theta\,\mathbf{k}$$

$$\mathbf{r}_\theta = -f(x)\,\text{sen}\,\theta\,\mathbf{j} + f(x)\cos\theta\,\mathbf{k}$$

Logo,

$$\mathbf{r}_x \times \mathbf{r}_\theta = \begin{vmatrix} \mathbf{i} & \mathbf{j} & \mathbf{k} \\ 1 & f'(x)\cos\theta & f'(x)\,\text{sen}\,\theta \\ 0 & -f(x)\,\text{sen}\,\theta & f(x)\cos\theta \end{vmatrix}$$

$$= f(x)f'(x)\,\mathbf{i} + f(x)\cos\theta\,\mathbf{j} + f(x)\,\text{sen}\,\theta\,\mathbf{k}$$

E também

$$|\mathbf{r}_x \times \mathbf{r}_\theta| = \sqrt{[f(x)]^2[f'(x)]^2 + [f(x)]^2\cos^2\theta + [f(x)]^2\,\text{sen}^2\theta}$$

$$= \sqrt{[f(x)]^2[1 + [f'(x)]^2]} = f(x)\sqrt{1 + [f'(x)]^2}$$

porque $f(x) \ge 0$. Portanto, a área de S é

$$A = \iint_D |\mathbf{r}_x \times \mathbf{r}_\theta|\, dA$$

$$= \int_0^{2\pi} \int_a^b f(x)\sqrt{1 + [f'(x)]^2}\, dx\, d\theta$$

$$= 2\pi \int_a^b f(x)\sqrt{1 + [f'(x)]^2}\, dx$$

Isso é precisamente a fórmula que usamos para definir a área de uma superfície de revolução no cálculo com uma única variável (8.2.4).

16.6 Exercícios

1-2 Determine se os pontos P e Q estão na superfície dada.

1. $\mathbf{r}(u, v) = \langle u + v, u - 2v, 3 + u - v \rangle$
$P(4, -5, 1)$, $Q(0, 4, 6)$

2. $\mathbf{r}(u, v) = \langle 1 + u - v, u + v^2, u^2 - v^2 \rangle$
$P(1, 2, 1)$, $Q(2, 3, 3)$

3-6 Identifique a superfície que tem a equação paramétrica dada.

3. $\mathbf{r}(u, v) = (u + v)\,\mathbf{i} + (3 - v)\mathbf{j} + (1 + 4u + 5v)\mathbf{k}$

4. $\mathbf{r}(u, v) = u^2\mathbf{i} + u \cos v\,\mathbf{j} + u \operatorname{sen} v\,\mathbf{k}$

5. $\mathbf{r}(s, t) = \langle s \cos t, s \operatorname{sen} t, s \rangle$

6. $\mathbf{r}(s, t) = \langle 3 \cos t, s, \operatorname{sen} t \rangle, \quad -1 \leq s \leq 1$

7-12 Use um computador para traçar o gráfico da superfície parametrizada. Imprima o resultado e indique sobre essa impressão quais são as curvas da grade que têm u constante e quais têm v constante.

7. $\mathbf{r}(u, v) = \langle u^2, v^2, u + v \rangle$,
$-1 \leq u \leq 1, -1 \leq v \leq 1$

8. $\mathbf{r}(u, v) = \langle u, v^3, -v \rangle$,
$-2 \leq u \leq 2, -2 \leq v \leq 2$

9. $\mathbf{r}(u, v) = \langle u^3, u \operatorname{sen} v, u \cos v \rangle$,
$-1 \leq u \leq 1, 0 \leq v \leq 2\pi$

10. $\mathbf{r}(u, v) = \langle u, \operatorname{sen}(u + v), \operatorname{sen} v \rangle$,
$-\pi \leq u \leq \pi, -\pi \leq v \leq \pi$

11. $x = \operatorname{sen} v, \quad y = \cos u \operatorname{sen} 4v, \quad z = \operatorname{sen} 2u \operatorname{sen} 4v$,
$0 \leq u \leq 2\pi, -\pi/2 \leq v \leq \pi/2$

12. $x = \cos u, \quad y = \operatorname{sen} u \operatorname{sen} v, \quad z = \cos v$,
$0 \leq u \leq 2\pi, 0 \leq v \leq 2\pi$

13-18 Faça uma correspondência entre as equações e os gráficos identificados por I-VI e justifique sua resposta. Determine quais famílias de curvas da grade têm u constante e quais têm v constante.

13. $\mathbf{r}(u, v) = u \cos v\,\mathbf{i} + u \operatorname{sen} v\,\mathbf{j} + v\,\mathbf{k}$

14. $\mathbf{r}(u, v) = uv^2\,\mathbf{i} + u^2v\,\mathbf{j} + (u^2 - v^2)\,\mathbf{k}$

15. $\mathbf{r}(u, v) = (u^3 - u)\,\mathbf{i} + v^2\,\mathbf{j} + u^2\,\mathbf{k}$

16. $x = (1 - u)(3 + \cos v) \cos 4\pi u$,
$y = (1 - u)(3 + \cos v) \operatorname{sen} 4\pi u$,
$z = 3u + (1 - u) \operatorname{sen} v$

17. $x = \cos^3 u \cos^3 v, \quad y = \operatorname{sen}^3 u \cos^3 v, \quad z = \operatorname{sen}^3 v$

18. $x = \operatorname{sen} u, \quad y = \cos u \operatorname{sen} v, \quad z = \operatorname{sen} v$

I
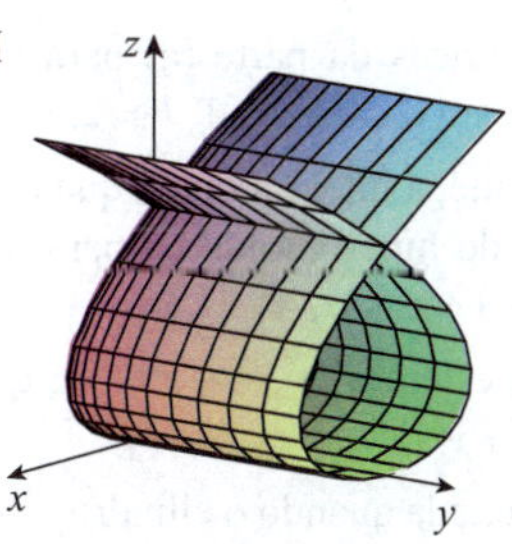

II
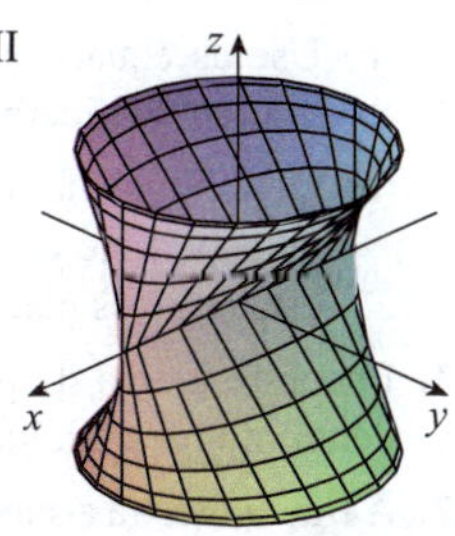

III
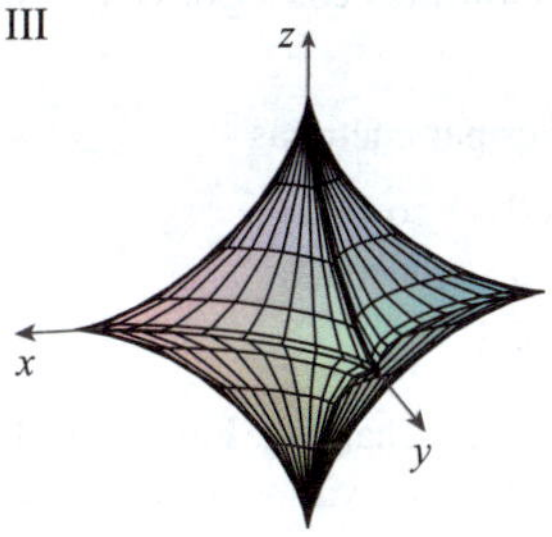

IV
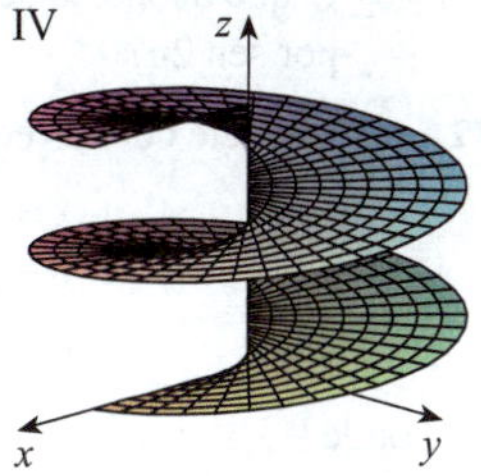

V
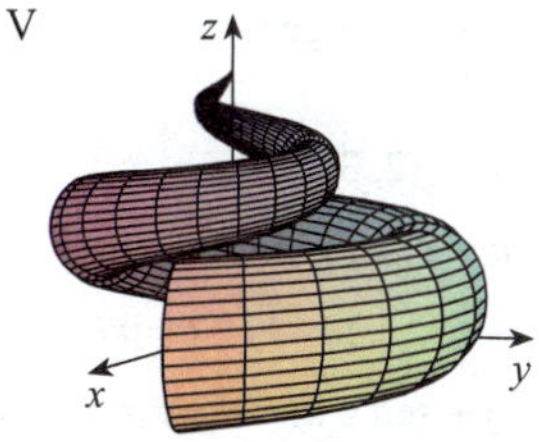

VI
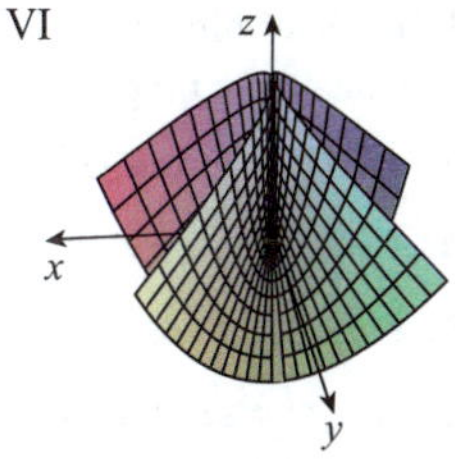

19-26 Determine uma representação parametrizada para a superfície.

19. O plano que passa pela origem que contém os vetores $\mathbf{i} - \mathbf{j}$ e $\mathbf{j} - \mathbf{k}$

20. O plano que passa pelo ponto $(0, -1, 5)$ e contém os vetores $\langle 2, 1, 4 \rangle$ e $\langle -3, 2, 5 \rangle$

21. A parte do hiperboloide $4x^2 - 4y^2 - z^2 = 4$ que está à frente do plano yz

22. A parte do elipsoide $x^2 + 2y^2 + 3z^2 = 1$ que está à esquerda do plano xz

23. A parte da esfera $x^2 + y^2 + z^2 = 4$ que está acima do cone $z = \sqrt{x^2 + y^2}$

24. A parte do cilindro $x^2 + z^2 = 9$ que está acima do plano xy e entre os planos $y = -4$ e $y = 4$.

25. A parte da esfera $x^2 + y^2 + z^2 = 36$ que está entre os planos $z = 0$ e $z = 3\sqrt{3}$.

26. A parte do plano $z = x + 3$ que está dentro do cilindro $x^2 + y^2 = 1$

27-28 Use um computador para produzir um gráfico semelhante ao das figuras.

27.
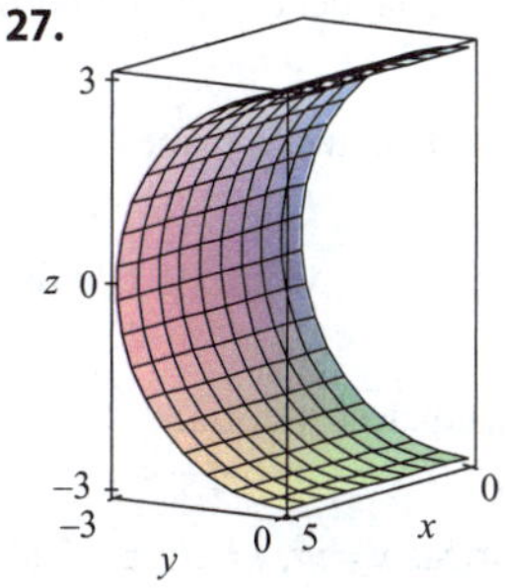

28.
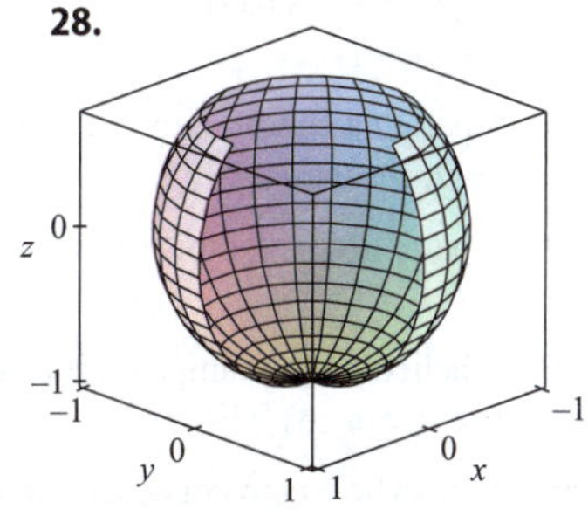

29. Determine as equações paramétricas da superfície obtida pela rotação da curva $y = 1/(1 + x^2)$ $-2 \leq x \leq 2$, em torno do eixo x e use-as para traçar o gráfico da superfície.

30. Determine as equações paramétricas da superfície obtida pela rotação da curva $x = 1/y$, $y \geq 1$, em torno do eixo y e use-as para traçar o gráfico da superfície.

31. (a) O que acontecerá com o tubo espiral do Exemplo 2 (veja a Figura 5) se substituirmos cos u por sen u e sen u por cos u?
(b) O que acontece se substituirmos cos u por cos $2u$ e sen u por sen $2u$?

32. A superfície com as equações paramétricas

$$x = 2\cos\theta + r\cos(\theta/2)$$
$$y = 2\,\text{sen}\,\theta + r\cos(\theta/2)$$
$$z = r\,\text{sen}(\theta/2)$$

onde $-\frac{1}{2} \le r \le \frac{1}{2}$ e $0 \le \theta \le 2\pi$, é chamada **Faixa de Möbius**. Trace o gráfico dessa superfície sob vários pontos de vista. O que há de estranho nela?

33-36 Determine uma equação do plano tangente à superfície parametrizada dada no ponto especificado.

33. $x = u + v,\quad y = 3u^2,\quad z = u - v;\quad (2, 3, 0)$

34. $x = u^2 + 1,\quad y = v^3 + 1,\quad z = u + v;\quad (5, 2, 3)$

35. $\mathbf{r}(u, v) = u\cos v\,\mathbf{i} + u\,\text{sen}\,v\,\mathbf{j} + v\,\mathbf{k};\quad u = 1,\quad v = \pi/3$

36. $\mathbf{r}(u, v) = \text{sen}\,u\,\mathbf{i} + \cos u\,\text{sen}\,v\,\mathbf{j} + \text{sen}\,v\,\mathbf{k};\quad u = \pi/6,\quad v = \pi/6$

37-38 Determine uma equação do plano tangente à superfície parametrizada dada no ponto especificado. Desenhe a superfície e o plano tangente.

37. $\mathbf{r}(u, v) = u^2\,\mathbf{i} + 2u\,\text{sen}\,v\,\mathbf{j} + u\cos v\,\mathbf{k};\quad u = 1, v = 0$

38. $\mathbf{r}(u, v) = (1 - u^2 - v^2)\,\mathbf{i} - v\,\mathbf{j} - u\,\mathbf{k};\ (-1, -1, -1)$

39-50 Determine a área da superfície.

39. A parte do plano $3x + 2y + z = 6$ que está no primeiro octante

40. A parte do plano com equação vetorial $\mathbf{r}(u, v) = \langle u + v, 2 - 3u, 1 + u - v\rangle$ que é dada por $0 \le u \le 2$, $-1 \le v \le 1$

41. A parte do plano $x + 2y + 3z = 1$ que está dentro do cilindro $x^2 + y^2 = 3$

42. A parte do cone $z = \sqrt{x^2 + y^2}$ compreendida entre o plano $y = x$ e o cilindro $y = x^2$

43. A superfície $z = \frac{2}{3}(x^{3/2} + y^{3/2})$, $0 \le x \le 1$, $0 \le y \le 1$

44. A parte da superfície $z = 4 - 2x^2 + y$ que está acima do triângulo com vértices (0,0), (1, 0) e (1, 1)

45. A parte da superfície $z = xy$ que está dentro do cilindro $x^2 + y^2 = 1$

46. A parte da superfície $x = z^2 + y$ que está entre os planos $y = 0$, $y = 2$, $z = 0$ e $z = 2$

47. A parte do paraboloide $y = x^2 + z^2$ que está dentro do cilindro $x^2 + z^2 = 16$

48. O helicoide (ou rampa espiral) com equação vetorial $\mathbf{r}(u, v) = u\cos v\,\mathbf{i} + u\,\text{sen}\,v\,\mathbf{j} + v\,\mathbf{k};\quad 0 \le u \le 1, 0 \le v \le \pi$

49. A superfície com equações paramétricas $x = u^2$, $y = uv$, $z = \frac{1}{2}v^2$, $0 \le u \le 1$, $0 \le v \le 2$

50. A parte da esfera $x^2 + y^2 + z^2 = b^2$ que está dentro do cilindro $x^2 + y^2 = a^2$, onde $0 < a < b$

51. Se a equação de uma superfície S é $z = f(x, y)$, onde $x^2 + y^2 \le R^2$, e você sabe que $|f_x| \le 1$ e $|f_y| \le 1$, o que você pode dizer sobre $A(S)$?

52-53 Encontre a área da superfície com precisão de quatro casas decimais, expressando-a em termos de uma integral unidimensional e usando sua calculadora para estimar a integral.

52. A parte da superfície $z = \cos(x^2 + y^2)$ que está dentro do cilindro $x^2 + y^2 = 1$

53. A parte da superfície $z = \ln(x^2 + y^2 + 2)$ que está acima do círculo $x^2 + y^2 \le 1$

54. Use um sistema de computação algébrica para determinar com precisão de quatro casas decimais, a área da parte da superfície $z = (1 + x^2)/(1 + y^2)$ que está acima do quadrado $|x| + |y| \le 1$. Ilustre, traçando o gráfico dessa parte de superfície.

55. (a) Use a Regra do Ponto Médio para integrais duplas (veja a Seção 15.1) com seis quadrados para estimar a área da superfície $z = 1/(1 + x^2 + y^2)$, $0 \le x \le 6$, $0 \le y \le 4$.
(b) Use um sistema de computação algébrica para aproximar área de superfície da parte (a) até a quarta casa decimal. Compare com sua resposta para a parte (a).

56. Use um sistema de computação algébrica para determinar a área da superfície de equação vetorial

$$\mathbf{r}(u, v) = \langle \cos^3 u \cos^3 v, \text{sen}^3 u \cos^3 v, \text{sen}^3 v\rangle,$$

$0 \le u \le \pi$, $0 \le v \le 2\pi$. Dê sua resposta com precisão de quatro casas decimais.

57. Use um sistema de computação algébrica para determinar a área exata da superfície $z = 1 + 2x + 3y + 4y^2$, $1 \le x \le 4$, $0 \le y \le 1$.

58. (a) Determine, mas não calcule, a integral dupla da área da superfície com as equações paramétricas $x = au\cos v$, $y = bu\,\text{sen}\,v$, $z = u^2$, $0 \le u \le 2$, $0 \le v \le 2\pi$.
(b) Elimine os parâmetros para mostrar que a superfície é um paraboloide elíptico e escreva outra integral dupla que forneça sua área.
(c) Use as equações paramétricas da parte (a) com $a = 2$ e $b = 3$ para traçar o gráfico da superfície.
(d) Para o caso $a = 2$, $b = 3$, use um sistema de computação algébrica para achar a área da superfície com precisão de quatro casas decimais.

59. (a) Mostre que as equações paramétricas $x = a\,\text{sen}\,u\cos v$, $y = b\,\text{sen}\,u\,\text{sen}\,v$, $z = c\cos u$, $0 \le u \le \pi$, $0 \le v \le 2\pi$, representam um elipsoide.
(b) Use as equações paramétricas da parte (a) para traçar o gráfico do elipsoide para o caso $a = 1$, $b = 2$, $c = 3$.
(c) Determine, mas não calcule, uma integral dupla que dá a área de superfície da parte do elipsoide da parte (b).

60. (a) Mostre que as equações paramétricas $x = a\cosh u\cos v$, $y = b\cosh u\,\text{sen}\,v$, $z = c\,\text{senh}\,u$ representam um hiperboloide de uma folha.
(b) Use as equações paramétricas da parte (a) para traçar o gráfico do hiperboloide para o caso $a = 1$, $b = 2$, $c = 3$.
(c) Determine, mas não calcule, a integral dupla que dá a área de superfície da porção do hiperboloide da parte (b) que está entre os planos $z = -3$ e $z = 3$.

61. Encontre a área da parte da esfera $x^2 + y^2 + z^2 = 4z$ que está dentro do paraboloide $z = x^2 + y^2$.

62. A figura mostra a superfície criada quando o cilindro $y^2 + z^2 = 1$ intercepta o cilindro $x^2 + z^2 = 1$. Encontre a área desta superfície.

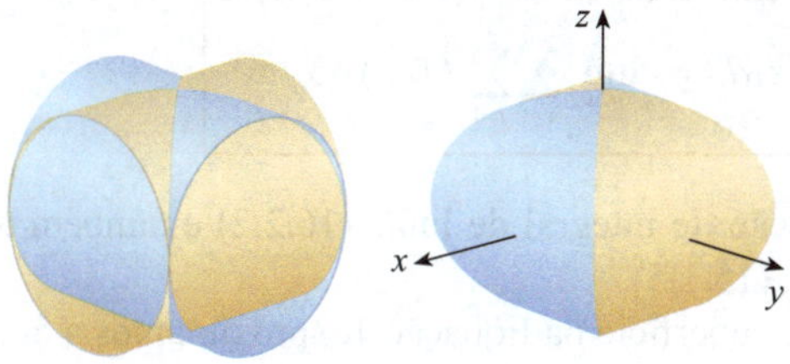

63. Encontre a área da parte da esfera $x^2 + y^2 + z^2 = a^2$ que está dentro do cilindro $x^2 + y^2 = ax$.

64. (a) Determine a representação parametrizada do toro obtido ao girar pelo eixo z o círculo no plano xz com centro $(b, 0, 0)$ e raio $a < b$. [*Dica*: Tome-se como parâmetros os ângulos θ e α mostrados na figura.]

(b) Use as equações paramétricas encontradas na parte (a) para traçar o gráfico do toro para diversos valores de a e b.

(c) Use a representação parametrizada da parte (a) para achar a área do toro.

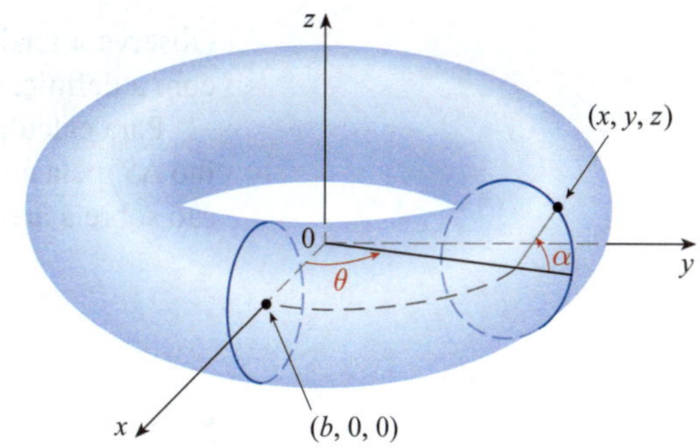

16.7 Integrais de Superfície

A relação entre integral de superfície e área de superfície é semelhante àquela entre a integral de linha e o comprimento de arco. Suponha que f seja uma função de três variáveis cujo domínio inclui uma superfície S. Definiremos a integral de superfície de f sobre S de tal forma que, no caso em que $f(x, y, z) = 1$, o valor da integral de superfície seja igual à área da superfície de S. Começamos com superfícies parametrizadas e trataremos em seguida o caso especial onde S é o gráfico de uma função de duas variáveis.

Superfícies Parametrizadas

Suponha que a superfície S tenha equação vetorial

$$\mathbf{r}(u, v) = x(u, v)\,\mathbf{i} + y(u, v)\,\mathbf{j} + z(u, v)\,\mathbf{k} \qquad (u, v) \in D$$

Vamos admitir inicialmente que o domínio dos parâmetros D seja um retângulo e vamos dividi-lo em sub-retângulos R_{ij} com dimensões Δu e Δv. Então, a superfície S é dividida em retalhos correspondentes S_{ij}, como na Figura 1.

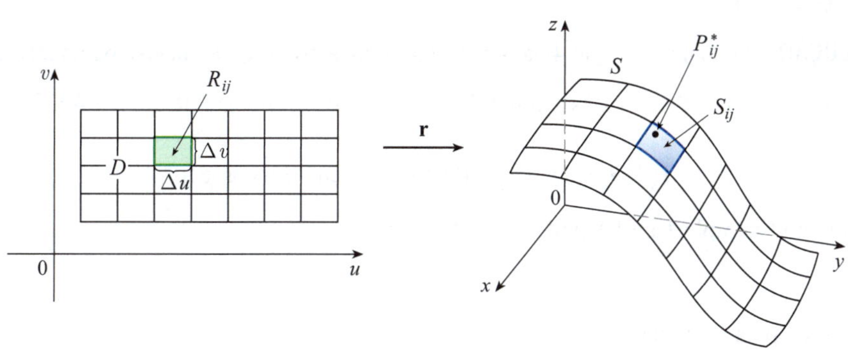

FIGURA 1

Calculamos f em um ponto P_{ij}^* de cada retalho, multiplicamos pela área ΔS_{ij} do retalho e formamos a soma de Riemann

$$\sum_{i=1}^{m} \sum_{j=1}^{n} f(P_{ij}^*)\, \Delta S_{ij}$$

A seguir, tomamos o limite quando o número de retalhos aumenta e definimos a **integral de superfície de f na superfície S** como

1
$$\iint_S f(x,y,z)\,dS = \lim_{m,\,n\to\infty} \sum_{i=1}^{m}\sum_{j=1}^{n} f(P_{ij}^*)\,\Delta S_{ij}$$

Observe a analogia com a definição de integral de linha (16.2.2) e também a analogia com a definição de integral dupla (15.1.5).

Para calcularmos a integral de superfície na Equação 1, aproximamos a área do retalho ΔS_{ij} pela área de um paralelogramo aproximador no plano tangente. Em nossa discussão sobre a área de superfície na Seção 16.6, fizemos a aproximação

$$\Delta S_{ij} \approx |\mathbf{r}_u \times \mathbf{r}_v|\,\Delta u\,\Delta v$$

onde
$$\mathbf{r}_u = \frac{\partial x}{\partial u}\mathbf{i} + \frac{\partial y}{\partial u}\mathbf{j} + \frac{\partial z}{\partial u}\mathbf{k} \qquad \mathbf{r}_v = \frac{\partial x}{\partial v}\mathbf{i} + \frac{\partial y}{\partial v}\mathbf{j} + \frac{\partial z}{\partial v}\mathbf{k}$$

são os vetores tangentes em um canto de S_{ij}. Se as componentes são contínuas e $\mathbf{r}_u$ e $\mathbf{r}_v$ são não nulos e não paralelos no interior de D, pode ser mostrado, da Definição 1, mesmo quando D não é retangular, que

Nós assumimos que a superfície é coberta apenas uma vez quando (u, v) varia ao longo de D. O valor da integral de superfície não depende da parametrização usada.

2
$$\iint_S f(x,y,z)\,dS = \iint_D f(\mathbf{r}(u,v))\,|\mathbf{r}_u \times \mathbf{r}_v|\,dA$$

Compare com a fórmula para a integral de linha:

$$\int_C f(x,y,z)\,ds = \int_a^b f(\mathbf{r}(t))\,|\mathbf{r}'(t)|\,dt$$

Observe também que

$$\iint_S 1\,dS = \iint_D |\mathbf{r}_u \times \mathbf{r}_v|\,dA = A(S)$$

A Fórmula 2 permite calcular uma integral de superfície, convertendo-a em uma integral dupla sobre o domínio do parâmetro D. Ao usar essa fórmula, lembre-se de que $f(\mathbf{r}(u, v))$ é avaliado ao escrever $x = x(u, v)$, $y = y(u, v)$ e $z = z(u, v)$ na fórmula $f(x, y, z)$.

EXEMPLO 1 Calcule a integral de superfície $\iint_S x^2\,dS$, onde S é a esfera unitária $x^2 + y^2 + z^2 = 1$.

SOLUÇÃO Como no Exemplo 4 da Seção 16.6, utilizamos a representação parametrizada

$$x = \text{sen}\,\phi\cos\theta \qquad y = \text{sen}\,\phi\,\text{sen}\,\theta \qquad z = \cos\phi \qquad 0 \le \phi \le \pi \qquad 0 \le \theta \le 2\pi$$

isto é,
$$\mathbf{r}(\phi, \theta) = \text{sen}\,\phi\cos\theta\,\mathbf{i} + \text{sen}\,\phi\,\text{sen}\,\theta\,\mathbf{j} + \cos\phi\,\mathbf{k}$$

Como no Exemplo 16.6.10, podemos obter que

$$|\mathbf{r}_\phi \times \mathbf{r}_\theta| = \text{sen}\,\phi$$

Portanto, pela Fórmula 2,

Aqui, usamos as identidades

$$\cos^2\theta = \tfrac{1}{2}(1 + \cos^2\theta)$$

$$\text{sen}^2\phi = 1 - \cos^2\phi$$

Em vez disso, poderíamos usar as Fórmulas 64 e 67 da Tabela de Integrais.

$$\begin{aligned}
\iint_S x^2\,dS &= \iint_D (\text{sen}\,\phi\,\cos\theta)^2\,|\mathbf{r}_\phi \times \mathbf{r}_\theta|\,dA \\
&= \int_0^{2\pi}\int_0^{\pi} \text{sen}^2\phi\,\cos^2\theta\,\text{sen}\,\phi\,d\phi\,d\theta = \int_0^{2\pi}\cos^2\theta\,d\theta \int_0^{\pi}\text{sen}^3\phi\,d\phi \\
&= \int_0^{2\pi}\tfrac{1}{2}(1+\cos 2\theta)\,d\theta \int_0^{\pi}(\text{sen}\,\phi - \text{sen}\,\phi\,\cos^2\phi)\,d\phi \\
&= \tfrac{1}{2}\Big[\theta + \tfrac{1}{2}\text{sen}\,2\theta\Big]_0^{2\pi}\Big[-\cos\phi + \tfrac{1}{3}\cos^3\phi\Big]_0^{\pi} = \frac{4\pi}{3}
\end{aligned}$$

■

As integrais de superfície têm aplicações semelhantes àquelas das integrais que estudamos anteriormente. Por exemplo, se uma folha fina (digamos, uma folha de alumínio) tiver a forma de uma superfície S e se a densidade (massa por unidade de área) no ponto (x, y, z) for $\rho(x, y, z)$, então o total da **massa** da folha será

$$m = \iint_S \rho(x, y, z)\, dS$$

e o **centro de massa** será $(\bar{x}, \bar{y}, \bar{z})$, onde

$$\bar{x} = \frac{1}{m}\iint_S x\rho(x, y, z)\, dS \qquad \bar{y} = \frac{1}{m}\iint_S y\rho(x, y, z)\, dS \qquad \bar{z} = \frac{1}{m}\iint_S z\rho(x, y, z)\, dS$$

Os momentos de inércia também podem ser definidos como antes (veja o Exercício 41).

Gráficos de Funções

Qualquer superfície S com equação $z = g(x, y)$ pode ser considerada uma superfície parametrizada com equações parametrizadas

$$x = x \qquad y = y \qquad z = g(x, y)$$

e, então, temos
$$\mathbf{r}_x = \mathbf{i} + \left(\frac{\partial g}{\partial x}\right)\mathbf{k} \qquad \mathbf{r}_y = \mathbf{j} + \left(\frac{\partial g}{\partial y}\right)\mathbf{k}$$

De modo que

3
$$\mathbf{r}_x \times \mathbf{r}_y = -\frac{\partial g}{\partial x}\mathbf{i} - \frac{\partial g}{\partial y}\mathbf{j} + \mathbf{k}$$

e
$$|\mathbf{r}_x \times \mathbf{r}_y| = \sqrt{\left(\frac{\partial z}{\partial x}\right)^2 + \left(\frac{\partial z}{\partial y}\right)^2 + 1}$$

Logo, nesse caso, a Fórmula 2 se torna

4
$$\iint_S f(x, y, z)\, dS = \iint_D f(x, y, g(x, y))\sqrt{\left(\frac{\partial z}{\partial x}\right)^2 + \left(\frac{\partial z}{\partial y}\right)^2 + 1}\, dA$$

Existem fórmulas análogas para quando for mais conveniente projetar S no plano yz ou no plano xz. Por exemplo, se S for a superfície com equação $y = h(x, z)$ e D for sua projeção no plano xz, então

$$\iint_S f(x, y, z)\, dS = \iint_D f(x, h(x, z), z)\sqrt{\left(\frac{\partial y}{\partial x}\right)^2 + \left(\frac{\partial y}{\partial z}\right)^2 + 1}\, dA$$

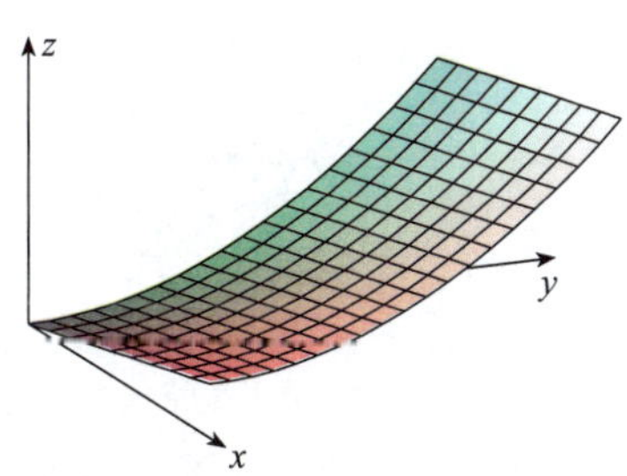

FIGURA 2

EXEMPLO 2 Calcule $\iint_S y\, dS$, onde S é a superfície $z = x + y^2$, $0 \le x \le 1$, $0 \le y \le 2$. (Veja a Figura 2.)

SOLUÇÃO Uma vez que

$$\frac{\partial z}{\partial x} = 1 \quad \text{e} \quad \frac{\partial z}{\partial y} = 2y$$

a Fórmula 4 dá

$$\iint_S y\,dS = \iint_D y\sqrt{1+\left(\frac{\partial z}{\partial x}\right)^2+\left(\frac{\partial z}{\partial y}\right)^2}\,dA$$

$$= \int_0^1\int_0^2 y\sqrt{1+1+4y^2}\,dy\,dx$$

$$= \int_0^1 dx\sqrt{2}\int_0^2 y\sqrt{1+2y^2}\,dy$$

$$= \sqrt{2}\left(\tfrac{1}{4}\right)\tfrac{2}{3}(1+2y^2)^{3/2}\Big]_0^2 = \frac{13\sqrt{2}}{3}$$ ■

Se S é uma superfície suave por partes, ou seja, uma união finita de superfícies suaves $S_1, S_2, \ldots, S_n$ que se interceptam somente ao longo de suas fronteiras, então a integral de superfície de f sobre S é definida por

$$\iint_S f(x,y,z)\,dS = \iint_{S_1} f(x,y,z)\,dS + \cdots + \iint_{S_n} f(x,y,z)\,dS$$

EXEMPLO 3 Calcule $\iint_S z\,dS$, onde S é a superfície cujo lado S_1 é dado pelo cilindro $x^2 + y^2 = 1$, cujo fundo S_2 é o círculo $x^2 + y^2 \leq 1$ no plano $z = 0$, e cujo topo S_3 é a parte do plano $z = 1 + x$ que está acima de S_2.

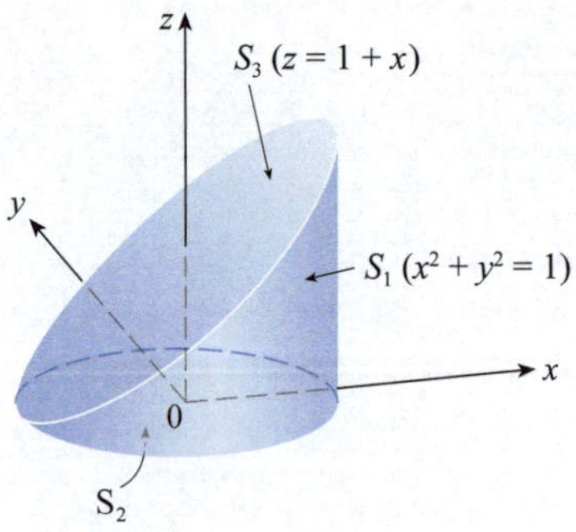

FIGURA 3

SOLUÇÃO A superfície S é mostrada na Figura 3 (trocamos a posição usual dos eixos para enxergar melhor S). Para S_1, usamos como parâmetros θ e z (veja o Exemplo 16.6.5) e escrevemos suas equações parametrizadas como

$$x = \cos\theta \qquad y = \operatorname{sen}\theta \qquad z = z$$

onde

$$0 \leq \theta \leq 2\pi \qquad \text{e} \qquad 0 \leq z \leq 1 + x = 1 + \cos\theta$$

Portanto,

$$\mathbf{r}_\theta \times \mathbf{r}_z = \begin{vmatrix} \mathbf{i} & \mathbf{j} & \mathbf{k} \\ -\operatorname{sen}\theta & \cos\theta & 0 \\ 0 & 0 & 1 \end{vmatrix} = \cos\theta\,\mathbf{i} + \operatorname{sen}\theta\,\mathbf{j}$$

e

$$|\mathbf{r}_\theta \times \mathbf{r}_z| = \sqrt{\cos^2\theta + \operatorname{sen}^2\theta} = 1$$

Então, a integral de superfície em S_1 é

$$\iint_{S_1} z\,dS = \iint_D z\,|\mathbf{r}_\theta \times \mathbf{r}_z|\,dA$$

$$= \int_0^{2\pi}\int_0^{1+\cos\theta} z\,dz\,d\theta = \int_0^{2\pi} \tfrac{1}{2}(1+\cos\theta)^2\,d\theta$$

$$= \tfrac{1}{2}\int_0^{2\pi}\left[1 + 2\cos\theta + \tfrac{1}{2}(1+\cos 2\theta)\right]d\theta$$

$$= \tfrac{1}{2}\left[\tfrac{3}{2}\theta + 2\operatorname{sen}\theta + \tfrac{1}{4}\operatorname{sen}2\theta\right]_0^{2\pi} = \frac{3\pi}{2}$$

Como S_2 está no plano $z = 0$, temos

$$\iint_{S_1} z\,dS = \iint_{S_2} 0\,dS = 0$$

A superfície superior S_3 se encontra acima do disco D e faz parte do plano $z = 1 + x$. Assim, tomando $g(x, y) = 1 + x$ na Fórmula 4 e convertendo para coordenadas polares, temos

$$\iint_{S_1} z\,dS = \iint_D (1+x)\sqrt{1+\left(\frac{\partial z}{\partial x}\right)^2+\left(\frac{\partial z}{\partial y}\right)^2}\,dA$$

$$= \int_0^{2\pi}\int_0^1 (1+r\cos\theta)\sqrt{1+1+0}\,r\,dr\,d\theta$$

$$= \sqrt{2}\int_0^{2\pi}\int_0^1 (r+r^2\cos\theta)\,dr\,d\theta = \sqrt{2}\int_0^{2\pi}\left(\tfrac{1}{2}+\tfrac{1}{3}\cos\theta\right)d\theta$$

$$= \sqrt{2}\left[\frac{\theta}{2}+\frac{\operatorname{sen}\theta}{3}\right]_0^{2\pi} = \sqrt{2}\pi$$

Portanto,

$$\iint_S z\,dS = \iint_{S_1} z\,dS + \iint_{S_2} z\,dS + \iint_{S_3} z\,dS$$

$$= \frac{3\pi}{2} + 0 + \sqrt{2}\pi = \left(\tfrac{3}{2}+\sqrt{2}\right)\pi$$ ■

Superfícies Orientadas

Para definir integrais de superfície de campos vetoriais, precisamos descartar superfícies não orientáveis tais como a faixa de Möbius mostrada na Figura 4. [Nomeado assim por causa do geômetra alemão August Möbius (1790-1868).] Você pode construir uma tomando uma faixa retangular longa de papel, dando-lhe uma meia-torção e juntando as arestas curtas, como na Figura 5. Se uma formiga andasse sobre uma faixa de Möbius começando no ponto P, ela acabaria do "outro lado" da faixa (ou seja, com sua parte de cima apontando para o sentido oposto). Então, se a formiga continuasse a andar na mesma direção, ela acabaria de volta no mesmo ponto P sem ter nunca cruzado uma aresta (se você construiu uma faixa de Möbius, tente desenhar uma linha a lápis pelo meio). Portanto, uma fita de Möbius realmente tem apenas um lado. Você pode traçar a faixa de Möbius usando as equações parametrizadas no Exercício 16.6.32.

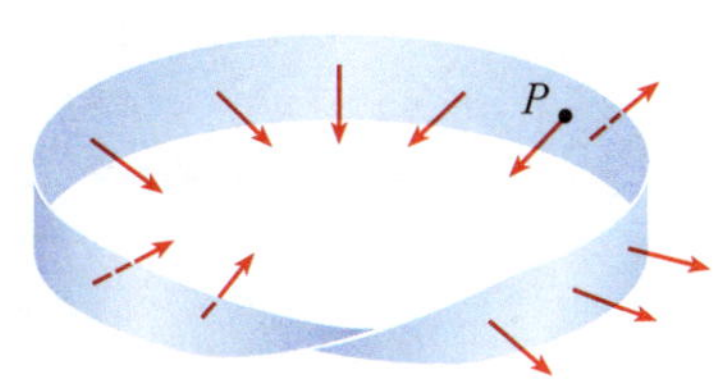

FIGURA 4
Uma faixa de Möbius

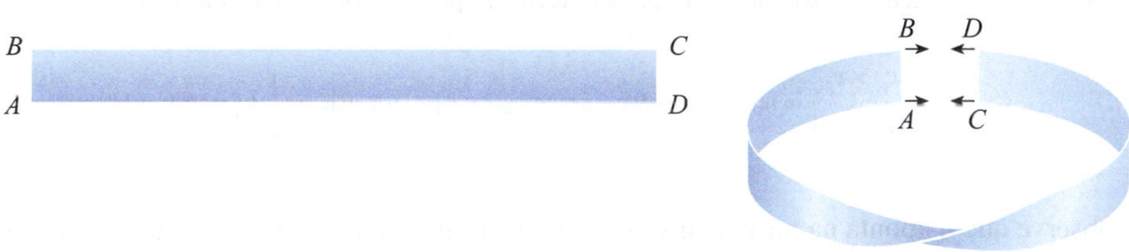

FIGURA 5
Construção de uma faixa de Möbius

Daqui para a frente consideraremos somente as superfícies orientáveis (com dois lados). Começaremos com uma superfície S que tenha um plano tangente em todos os pontos (x, y, z) em S (exceto nos pontos da fronteira). Existem dois vetores normais unitários $\mathbf{n}_1$ e $\mathbf{n}_2 = -\mathbf{n}_1$ em (x, y, z) (veja a Figura 6).

Se for possível escolher um vetor normal $\mathbf{n}$ em cada ponto (x, y, z) de modo que $\mathbf{n}$ varie continuamente sobre S, então S é chamada **superfície orientada** e a escolha dada de $\mathbf{n}$ fornece S com uma **orientação**. Existem duas possíveis orientações para qualquer superfície orientada (veja a Figura 7).

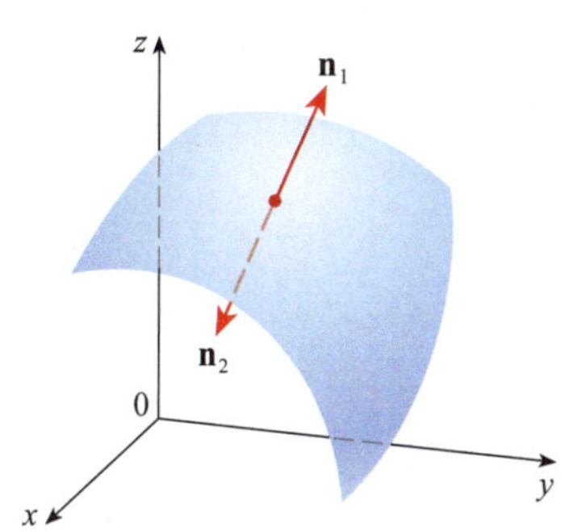

FIGURA 6

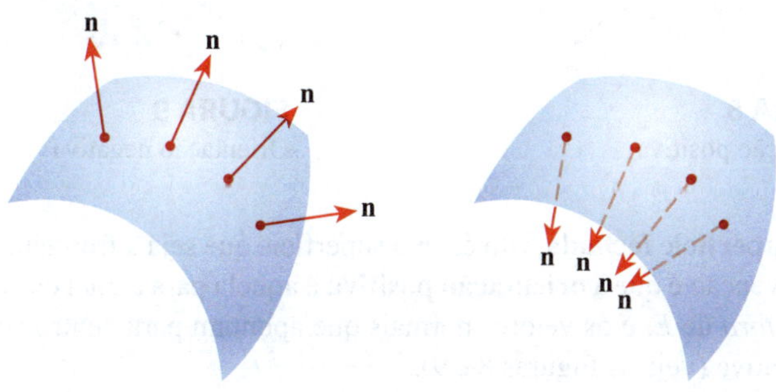

FIGURA 7
As duas orientações de uma superfície orientável

Para uma superfície $z = g(x, y)$ dada como o gráfico de g, usamos a Equação 3 e vemos que a orientação induzida é dada pelo vetor normal unitário

5
$$\mathbf{n} = \frac{-\dfrac{\partial g}{\partial x}\mathbf{i} - \dfrac{\partial g}{\partial y}\mathbf{j} + \mathbf{k}}{\sqrt{1 + \left(\dfrac{\partial g}{\partial x}\right)^2 + \left(\dfrac{\partial g}{\partial y}\right)^2}}$$

Como a componente na direção de $\mathbf{k}$ é positiva, isso fornece a orientação *ascendente* da superfície.

Se S for uma superfície orientada suave dada na forma parametrizada pela equação vetorial $\mathbf{r}(u, v)$, então ela está automaticamente associada à orientação do vetor normal unitário.

6
$$\mathbf{n} = \frac{\mathbf{r}_u \times \mathbf{r}_v}{|\mathbf{r}_u \times \mathbf{r}_v|}$$

e a orientação oposta é dada por $-\mathbf{n}$. Por exemplo, no Exemplo 16.6.4 nós encontramos a representação parametrizada

$$\mathbf{r}(\phi, \theta) = a \operatorname{sen} \phi \cos \theta \, \mathbf{i} + a \operatorname{sen} \phi \operatorname{sen} \theta \, \mathbf{j} + a \cos \phi \, \mathbf{k}$$

para a esfera $x^2 + y^2 + z^2 = a^2$. Então, no Exemplo 16.6.4, encontramos que

$$\mathbf{r}_\phi \times \mathbf{r}_\theta = a^2 \operatorname{sen}^2\phi \cos \theta \, \mathbf{i} + a^2 \operatorname{sen}^2\phi \operatorname{sen} \theta \, \mathbf{j} + a^2 \operatorname{sen} \phi \cos \phi \, \mathbf{k}$$

e
$$|\mathbf{r}_\phi \times \mathbf{r}_\theta| = a^2 \operatorname{sen} \phi$$

Assim, a orientação induzida por $\mathbf{r}(\phi, \theta)$ é definida pelo vetor normal unitário

$$\mathbf{n} = \frac{\mathbf{r}_\phi \times \mathbf{r}_\theta}{|\mathbf{r}_\phi \times \mathbf{r}_\theta|} = \operatorname{sen}\phi \; \cos\theta \, \mathbf{i} + \operatorname{sen}\phi \; \operatorname{sen}\theta \, \mathbf{j} + \cos\phi \, \mathbf{k} = \frac{1}{a}\mathbf{r}(\phi, \theta)$$

Observe que $\mathbf{n}$ aponta na mesma direção que o vetor posição, ou seja, para fora da esfera (veja a Figura 8). A orientação oposta (para dentro) poderia ser obtida (veja a Figura 9) se tivéssemos trocado a ordem dos parâmetros, porque $\mathbf{r}_\theta \times \mathbf{r}_\phi = -\mathbf{r}_\phi \times \mathbf{r}_\theta$.

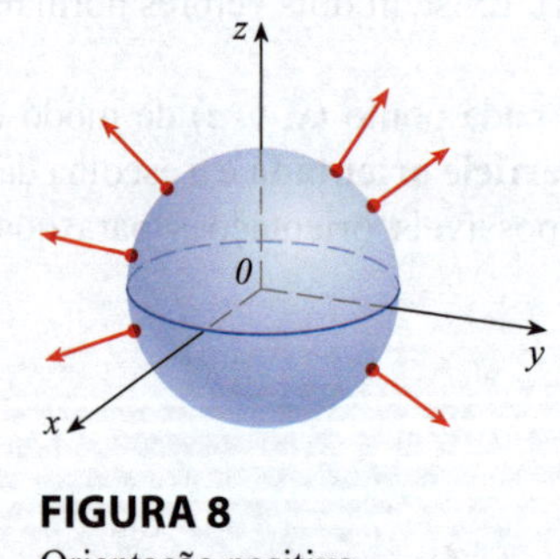

FIGURA 8
Orientação positiva

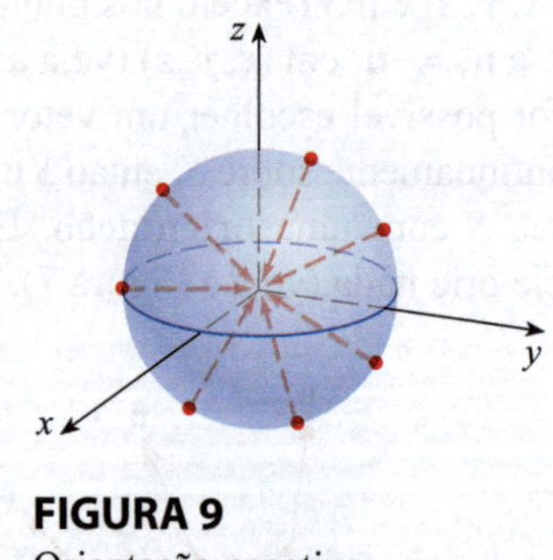

FIGURA 9
Orientação negativa

Para uma **superfície fechada**, isto é, uma superfície que seja a fronteira de uma região sólida E, a convenção é que a **orientação positiva** é aquela para a qual os vetores normais *apontam para fora* de E, e os vetores normais que apontam para dentro correspondem à orientação negativa (veja as Figuras 8 e 9).

Integrais de Superfície de Campos Vetoriais; Fluxo

Suponha que S seja uma superfície orientada com vetor unitário normal $\mathbf{n}$, e imagine um fluido com densidade $\rho(x, y, z)$ e campo de velocidade $\mathbf{v}(x, y, z)$ que flui através de S. (Pense em S como uma superfície imaginária que não impede o fluxo de fluido, tal como uma rede de pesca por um fluxo.) Nesse caso, a taxa de fluxo (massa por unidade de tempo) por unidade de área é dada pelo campo vetorial $\rho\mathbf{v}$. (Veja a Figura 10.)

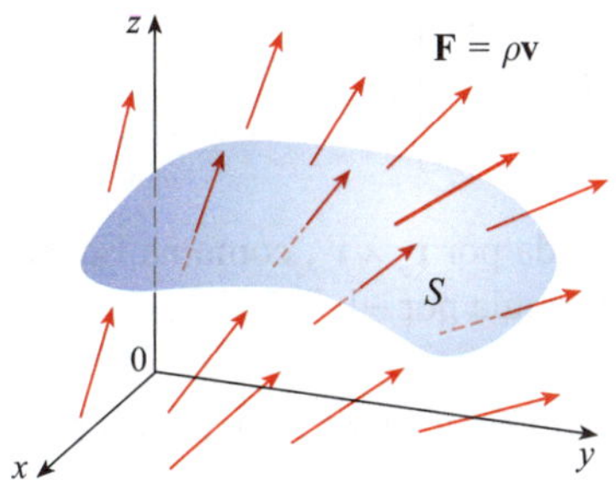

FIGURA 10

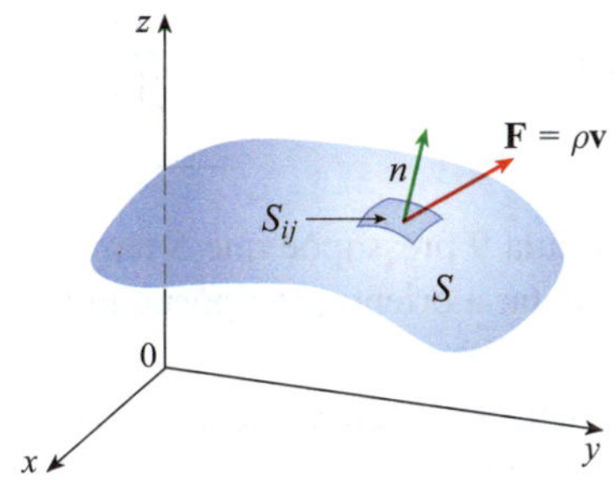

FIGURA 11

Se dividirmos S em pequenos retalhos S_{ij}, como na Figura 11 (compare com a Figura 1), então S_{ij} é aproximadamente plana, de modo que podemos aproximar a massa de fluido que passa por S_{ij} na direção da normal $\mathbf{n}$ por unidade de tempo pela quantidade

$$(\rho\mathbf{v} \cdot \mathbf{n})A(S_{ij})$$

onde ρ, $\mathbf{v}$ e $\mathbf{n}$ são avaliados em algum ponto em S_{ij}. (Recorde-se de que o componente do vetor de $\rho\mathbf{v}$ na direção da unidade de vetor $\mathbf{n}$ é $\rho\mathbf{v} \cdot \mathbf{n}$.) Somando essas quantidades e tomando o limite, obtemos, de acordo com a Definição 1, a integral de superfície da função $\rho\mathbf{v} \cdot \mathbf{n}$ sobre S:

7 $$\iint_S \rho\mathbf{v} \cdot \mathbf{n}\, dS = \iint_S \rho(x, y, z)\mathbf{v}(x, y, z) \cdot \mathbf{n}(x, y, z)\, dS$$

e ela é interpretada fisicamente como a vazão através de S.

Se escrevermos $\mathbf{F} = \rho\mathbf{v}$, então $\mathbf{F}$ também é um campo vetorial em $\mathbb{R}^3$ e a integral da Equação 7 fica

$$\iint_S \mathbf{F} \cdot \mathbf{n}\, dS$$

Uma integral de superfície dessa forma aparece frequentemente em física, mesmo quando $\mathbf{F}$ não é $\rho\mathbf{v}$, e é denominada *integral de superfície* (ou *integral de fluxo*) de $\mathbf{F}$ em S.

8 **Definição** Se $\mathbf{F}$ for um campo vetorial contínuo definido sobre uma superfície orientada S com vetor normal unitário $\mathbf{n}$, então a **superfície integral de F sobre S** é

$$\iint_S \mathbf{F} \cdot d\mathbf{S} = \iint_S \mathbf{F} \cdot \mathbf{n}\, dS$$

Essa integral é também chamada **fluxo** de $\mathbf{F}$ através de S.

Em palavras, a Definição 8 diz que a integral de superfície de um campo vetorial sobre S é igual à integral de superfície de sua componente normal em S (como definido anteriormente).

Se S é uma função vetorial dada por $\mathbf{r}(u, v)$, então $\mathbf{n}$ é dado pela Equação 6 da Definição 8 e, da Equação 2, temos

$$\iint_S \mathbf{F}\cdot d\mathbf{S} = \iint_S \mathbf{F}\cdot\mathbf{n}\,dS = \iint_S \mathbf{F}\cdot\frac{\mathbf{r}_u\times\mathbf{r}_v}{|\mathbf{r}_u\times\mathbf{r}_v|}\,dS$$

$$= \iint_D \left[\mathbf{F}(\mathbf{r}(u,v))\cdot\frac{\mathbf{r}_u\times\mathbf{r}_v}{|\mathbf{r}_u\times\mathbf{r}_v|}\right]|\mathbf{r}_u\times\mathbf{r}_v|\,dA$$

onde D é o domínio dos parâmetros. Assim, temos

Compare a Equação 9 com a expressão análoga para o cálculo da integral de linha de campos vetoriais da Definição 16.2.13:

$$\int_C \mathbf{F}\cdot d\mathbf{r} = \int_a^b \mathbf{F}(\mathbf{r}(t))\cdot\mathbf{r}'(t)\,dt$$

9 $$\iint_S \mathbf{F}\cdot d\mathbf{S} = \iint_S \mathbf{F}\cdot(\mathbf{r}_u\times\mathbf{r}_v)\,dA$$

A Fórmula 9 pressupõe que S tem orientação induzida por $\mathbf{r}_u \times \mathbf{r}_v$, como na Equação 6. Para adotar a orientação oposta, multiplicamos a fórmula por -1.

EXEMPLO 4 Determine o fluxo do campo vetorial $\mathbf{F}(x, y, z) = z\,\mathbf{i} + y\,\mathbf{j} + x\,\mathbf{k}$ por meio da esfera unitária $x^2 + y^2 + z^2 = 1$.

A Figura 12 mostra o campo vetorial **F** do Exemplo 4 em pontos da esfera unitária

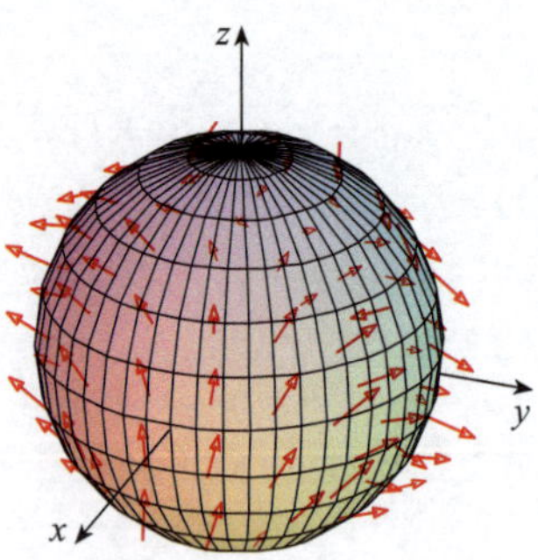

FIGURA 12

SOLUÇÃO Como no Exemplo 1, utilizamos a representação parametrizada

$$\mathbf{r}(\phi, \theta) = \text{sen}\,\phi\cos\theta\,\mathbf{i} + \text{sen}\,\phi\,\text{sen}\,\theta\,\mathbf{j} + \cos\phi\,\mathbf{k} \qquad 0 \le \phi \le \pi \qquad 0 \le \phi \le 2\pi$$

Então, $$\mathbf{F}(\mathbf{r}(\phi, \theta)) = \cos\phi\,\mathbf{i} + \text{sen}\,\phi\,\text{sen}\,\theta\,\mathbf{j} + \text{sen}\,\phi\cos\theta\,\mathbf{k}$$

e, do Exemplo 16.6.10,

$$\mathbf{r}_\phi \times \mathbf{r}_\theta = \text{sen}^2\phi\cos\theta\,\mathbf{i} + \text{sen}^2\phi\,\text{sen}\,\theta\,\mathbf{j} + \text{sen}\,\phi\cos\phi\,\mathbf{k}$$

(Você pode verificar que esses vetores estão orientados para fora da esfera.) Portanto,

$$\mathbf{F}(\mathbf{r}(\phi, \theta))\cdot(\mathbf{r}_\phi \times \mathbf{r}_\theta) = \cos\phi\,\text{sen}^2\phi\cos\theta + \text{sen}^3\phi\,\text{sen}^2\theta + \text{sen}^2\phi\cos\phi\cos\theta$$

e, pela Fórmula 9, o fluxo é

$$\iint_S \mathbf{F}\cdot d\mathbf{S} = \iint_S \mathbf{F}\cdot(\mathbf{r}_\phi\times\mathbf{r}_\theta)\,dA$$

$$= \int_0^{2\pi}\int_0^{\pi}(2\text{sen}^2\phi\cos\phi\cos\theta + \text{sen}^3\phi\,\text{sen}^2\theta)\,d\phi\,d\theta$$

$$= 2\int_0^{\pi}\text{sen}^2\phi\cos\phi\,d\phi\int_0^{2\pi}\cos\theta\,d\theta + \int_0^{\pi}\text{sen}^3\phi\,d\phi\int_0^{2\pi}\text{sen}^2\theta\,d\theta$$

$$= 0 + \int_0^{\pi}\text{sen}^3\phi\,d\phi\int_0^{2\pi}\text{sen}^2\theta\,d\theta \qquad \left(\text{uma vez que}\int_0^{2\pi}\cos\theta\,d\theta = 0\right)$$

$$= \frac{4\pi}{3}$$

pelos mesmos cálculos que no Exemplo 1. ■

Se, por exemplo, o campo vetorial do Exemplo 4 é um campo de velocidade descrevendo o escoamento de um fluido de densidade 1, então a resposta $4\pi/3$ representa a vazão através da esfera unitária em unidade de massa por unidade de tempo.

No caso de uma superfície S dada por um gráfico $z = g(x, y)$, podemos considerar x e y como parâmetros e usar a Equação 3 para escrever

$$F\cdot(\mathbf{r}_x\times\mathbf{r}_y) = (P\,\mathbf{i} + Q\,\mathbf{j} + R\,\mathbf{k})\cdot\left(-\frac{\partial g}{\partial x}\mathbf{i} - \frac{\partial g}{\partial y}\mathbf{j} + \mathbf{k}\right)$$

Logo, a Fórmula 9 se torna

10
$$\iint_S \mathbf{F} \cdot d\mathbf{S} = \iint_D \left(-P\frac{\partial g}{\partial x} - Q\frac{\partial g}{\partial y} + R \right) dA$$

Essa fórmula pressupõe uma orientação ascendente de S; para uma orientação descendente, multiplicamos por -1. Fórmulas semelhantes podem ser trabalhadas se S é dada por $y = h(x, z)$ ou $x = k(y, z)$. (Veja os Exercícios 37 e 38.)

EXEMPLO 5 Calcule $\iint_S \mathbf{F} \cdot d\mathbf{S}$, onde $\mathbf{F}(x, y, z) = y\,\mathbf{i} + x\,\mathbf{j} + z\,\mathbf{k}$ e S é o limite da região sólida E delimitada pelo paraboloide $z = 1 - x^2 - y^2$ e o plano $z = 0$.

SOLUÇÃO A superfície S é constituída pela superfície parabólica superior S_1 e pela superfície circular do fundo S_2 (veja a Figura 13). Como S é uma superfície fechada, usamos a convenção de orientação positiva (para fora). Isso significa que S_1 é orientada para cima e podemos usar a Equação 10 com D sendo a projeção de S_1 sobre o plano xy, ou seja, o círculo $x^2 + y^2 \leq 1$. Como

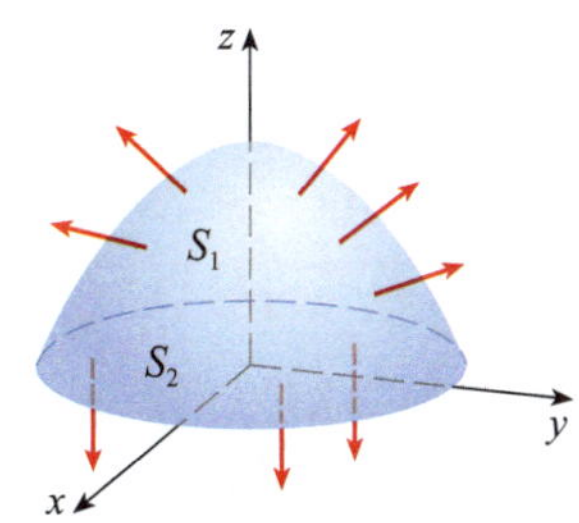

FIGURA 13

$$P(x, y, z) = y \qquad Q(x, y, z) = x \qquad R(x, y, z) = z = 1 - x^2 - y^2$$

sobre S_1 e
$$\frac{\partial g}{\partial x} = -2x \qquad \frac{\partial g}{\partial y} = -2y$$

temos

$$\begin{aligned}
\iint_{S_1} \mathbf{F} \cdot d\mathbf{S} &= \iint_D \left(-P\frac{\partial g}{\partial x} - Q\frac{\partial g}{\partial y} + R \right) dA \\
&= \iint_D [-y(-2x) - x(-2y) + 1 - x^2 - y^2]\, dA \\
&= \iint_D (1 + 4xy - x^2 - y^2)\, dA \\
&= \int_0^{2\pi} \int_0^1 (1 + 4r^2 \cos\theta \ \text{sen}\theta - r^2)\, r\, dr\, d\theta \\
&= \int_0^{2\pi} \int_0^1 (r - r^3 + 4r^3 \cos\theta \ \text{sen}\,\theta)\, dr\, d\theta \\
&= \int_0^{2\pi} \left(\tfrac{1}{4} + \cos\theta \ \text{sen}\ \theta\right) d\theta = \tfrac{1}{4}(2\pi) + 0 = \frac{\pi}{2}
\end{aligned}$$

O disco S_2 é orientado para baixo, então seu vetor normal unitário é $\mathbf{n} = -\mathbf{k}$ e temos

$$\iint_{S_2} \mathbf{F} \cdot d\mathbf{S} = \iint_{S_2} \mathbf{F} \cdot (-\mathbf{k})\, dS = \iint_D (-z)\, dA = \iint_D 0\, dA = 0$$

uma vez que $z = 0$ em S_2. Finalmente, calculamos, pela definição, $\iint_S \mathbf{F} \cdot d\mathbf{S}$ como a soma das integrais de superfície de $\mathbf{F}$ sobre as partes S_1 e S_2:

$$\iint_S \mathbf{F} \cdot d\mathbf{S} = \iint_{S_1} \mathbf{F} \cdot d\mathbf{S} + \iint_{S_2} \mathbf{F} \cdot d\mathbf{S} = \frac{\pi}{2} + 0 = \frac{\pi}{2}$$ ■

Embora tenhamos exemplificado a integral de superfície de um campo de vetores com seu uso em mecânica dos fluidos, esse conceito também aparece em outras situações físicas. Por exemplo, se $\mathbf{E}$ é um campo elétrico (veja o Exemplo 16.1.5), então a integral de superfície

$$\iint_S \mathbf{E} \cdot d\mathbf{S}$$

chama-se a **fluxo elétrico** de **E** através da superfície S. Uma importante lei de eletrostática é a **Lei de Gauss**, que diz que a carga total englobada por uma superfície S é

11
$$Q = \varepsilon_0 \iint_S \mathbf{E} \cdot d\mathbf{S}$$

onde ε_0 é uma constante (denominada permissividade no vácuo) que depende das unidades usadas. (No sistema SI, $\varepsilon_0 \approx 8{,}8542 \times 10^{-12}\ C^2/N{\cdot}m^2$.) Portanto, se o campo vetorial **F** do Exemplo 4 representa um campo elétrico, podemos concluir que a carga envolvida por S é $Q = \frac{4}{3}\pi\varepsilon_0$.

Outra aplicação de integrais de superfície ocorre no estudo de fluxo de calor. Suponha que a temperatura em um ponto (x, y, z) em um corpo seja $u(x, y, z)$. Então, o **fluxo de calor** é definido como o campo vetorial

$$\mathbf{F} = -K\,\nabla u$$

onde K é uma constante determinada experimentalmente, chamada **condutividade** da substância. A taxa de transmissão de calor através da superfície S no corpo é então dada pela integral de superfície

$$\iint_S \mathbf{F} \cdot d\mathbf{S} = -K \iint_S \nabla u \cdot d\mathbf{S}$$

EXEMPLO 6 A temperatura u em uma bola metálica é proporcional ao quadrado da distância do centro da bola. Determine a taxa de transmissão de calor através de uma esfera S de raio a e centro no centro da bola.

SOLUÇÃO Tomando o centro da bola como origem, temos

$$u(x, y, z) = C(x^2 + y^2 + z^2)$$

onde C é a constante de proporcionalidade. Então, o fluxo de calor é

$$\mathbf{F}(x, y, z) = -K\,\nabla u = -KC(2x\,\mathbf{i} + 2y\,\mathbf{j} + 2z\,\mathbf{k})$$

onde K é a condutividade do metal. Em vez de usar a parametrização usual da esfera dada no Exemplo 4, observamos que o vetor normal à esfera $x^2 + y^2 + z^2 = a^2$ que aponta para fora no ponto (x, y, z) é

$$\mathbf{n} = \frac{1}{a}(x\mathbf{i} + y\mathbf{j} + z\mathbf{k})$$

e, assim,
$$\mathbf{F} \cdot \mathbf{n} = -\frac{2KC}{a}(x^2 + y^2 + z^2)$$

Mas, sobre S temos $x^2 + y^2 + z^2 = a^2$, então $\mathbf{F} \cdot \mathbf{n} = -2aKC$. Portanto, a taxa de transmissão de calor através de S é

$$\iint_S \mathbf{F} \cdot d\mathbf{S} = \iint_S \mathbf{F} \cdot \mathbf{n}\, dS = -2aKC \iint_S dS$$
$$= -2aKCA(S) = -2aKC(4\pi a^2) = -8KC\pi a^3$$

16.7 Exercícios

1. Seja S a superfície que é fronteira da caixa delimitada pelos planos $x = \pm 1$, $y = \pm 1$, $z = \pm 1$. Aproxime $\iint_S \cos(x + 2y + 3z)\, dS$ usando uma soma de Riemann, como na Definição 1, tomando os retalhos S_{ij} como os retângulos que são as faces da caixa S e os pontos P_{ij}^* como os centros destes retângulos.

2. Uma superfície S é formada pelo cilindro $x^2 + y^2 = 1$, $-1 \le z \le 1$, e por círculos no fundo e no topo. Suponha que você saiba que f é uma função contínua com

$$f(\pm 1, 0, 0) = 2 \qquad f(0, \pm 1, 0) = 3 \qquad f(0, 0, \pm 1) = 4$$

Estime o valor de $\iint_S f(x, y, z)\, dS$ usando a soma de Riemann, tomando como retalhos S_{ij} os círculos do fundo e do topo e a lateral dividida em quatro partes.

3. Seja H o hemisfério $x^2 + y^2 + z^2 = 50$, $z \ge 0$, e suponha que f seja uma função contínua com $f(3, 4, 5) = 7$, $f(3, -4, 5) = 8$, $f(-3, 4, 5) = 9$ e $f(-3, -4, 5) = 12$. Ao dividir H em quatro partes, estime o valor de $\iint_H f(x, y, z)\, dS$.

4. Suponha que $f(x, y, z) = g\left(\sqrt{x^2 + y^2 + z^2}\right)$, onde g é uma função de uma variável tal que $g(2) = -5$. Calcule $\iint_S f(x, y, z)\, dS$, onde S é a esfera $x^2 + y^2 + z^2 = 4$.

5-20 Calcule a integral de superfície.

5. $\iint_S (x + y + z)\, dS$,
S é o paralelogramo com equações paramétricas $x = u + v$, $y = u - v$, $z = 1 + 2u + v$, $0 \le u \le 2$, $0 \le v \le 1$

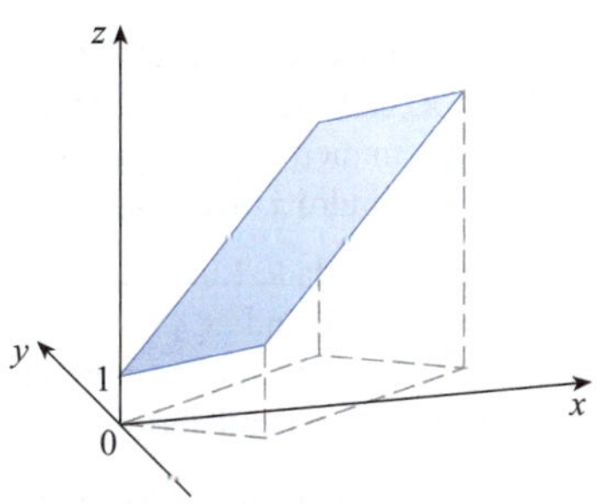

6. $\iint_S xyz\, dS$,
S é o cone com equações paramétricas $x = u \cos v$, $y = u \operatorname{sen} v$, $z = u$, $0 \le u \le 1$, $0 \le v \le \pi/2$

7. $\iint_S y\, dS$, S é o helicoide com equação vetorial $\mathbf{r}(u, v) = \langle u \cos v, u \operatorname{sen} v, v \rangle$, $0 \le u \le 1$, $0 \le v \le \pi$

8. $\iint_S (x^2 + y^2)\, dS$,
S é a superfície com equação vetorial $\mathbf{r}(u, v) = \langle 2uv, u^2 - v^2, u^2 + v^2 \rangle$, $u^2 + v^2 \le 1$

9. $\iint_S x^2yz\, dS$,
S é a parte do plano $z = 1 + 2x + 3y$ que está acima do retângulo $[0, 3] \times [0, 2]$

10. $\iint_S xz\, dS$,
S é a parte do plano $2x + 2y + z = 4$ que está no primeiro octante

11. $\iint_S x\, dS$,
S é a região triangular com vértices $(1, 0, 0)$, $(0, -2, 0)$ e $(0, 0, 4)$

12. $\iint_S y\, dS$,
S é a superfície $z = \frac{2}{3}(x^{3/2} + y^{3/2})$, $0 \le x \le 1$, $0 \le y \le 1$

13. $\iint_S z^2\, dS$,
S é a parte do paraboloide $x = y^2 + z^2$ dada por $0 \le x \le 1$

14. $\iint_S y^2z^2\, dS$,
S é a parte do cone $y = \sqrt{x^2 + z^2}$ dada por $0 \le y \le 5$

15. $\iint_S x\, dS$,
S é a superfície $y = x^2 + 4z$, $0 \le x \le 1$, $0 \le z \le 1$

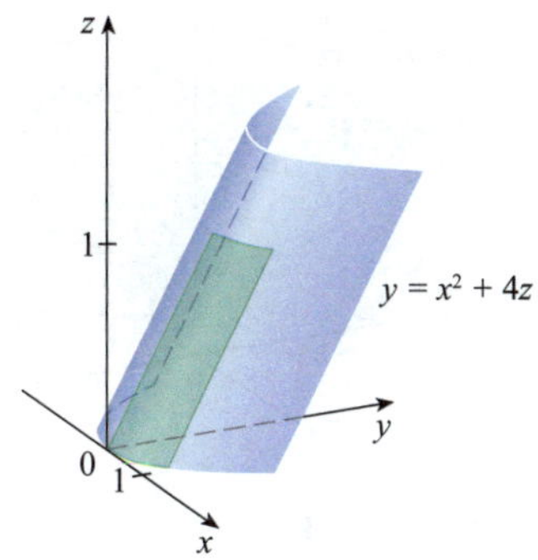

16. $\iint_S y^2\, dS$,
S é a parte da esfera $x^2 + y^2 + z^2 = 1$ que está acima do cone $z = \sqrt{x^2 + y^2}$

17. $\iint_S (x^2z + y^2z) = dS$,
S é o hemisfério $x^2 + y^2 + z^2 = 4$, $z \ge 0$

18. $\iint_S (x + y + z)\, dS$,
S é a parte do meio cilindro $x^2 + z^2 = 1$, $z \ge 0$ que está entre os planos $y = 0$ e $y = 2$

19. $\iint_S xz\, dS$,
S é a fronteira da região delimitada pelo cilindro $y^2 + z^2 = 9$ e pelos planos $x = 0$ e $x + y = 5$

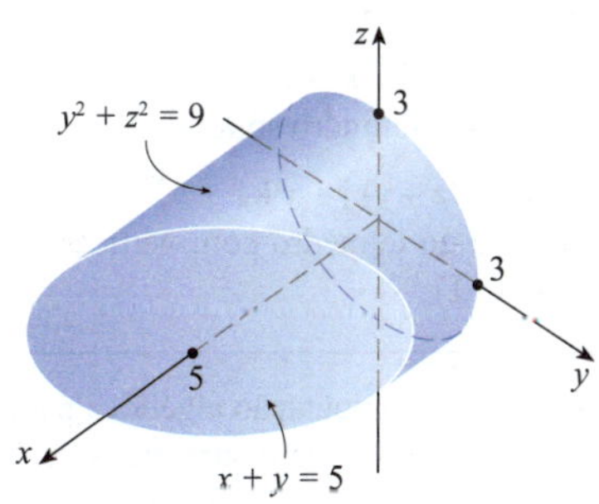

20. $\iint_S (x^2 + y^2 + z^2)\, dS$,
S é a parte do cilindro $x^2 + y^2 = 9$ compreendida entre os planos $z = 0$ e $z = 2$, juntamente com os discos que estão em sua base e em seu topo

---

21-32 Avalie a integral de superfície $\iint_S \mathbf{F} \cdot d\mathbf{S}$ para o campo vetorial dado $\mathbf{F}$ e a superfície orientada S. Em outras palavras, localize o fluxo de $\mathbf{F}$ através de S. Para superfícies fechadas, use a orientação (para o exterior) positiva.

21. $\mathbf{F}(x, y, z) = ze^{xy}\, \mathbf{i} - 3ze^{xy}\, \mathbf{j} + xy\, \mathbf{k}$,
S é o paralelogramo do Exercício 5 com orientação ascendente

22. $\mathbf{F}(x, y, z) = z\, \mathbf{i} + y\mathbf{j} + x\, \mathbf{k}$,
S é o helicoide do Exercício 7 com orientação ascendente

23. $\mathbf{F}(x, y, z) = xy\, \mathbf{i} + yz\, \mathbf{j} + zx\, \mathbf{k}$,
S é a parte do paraboloide $z = 4 - x^2 - y^2$ que está acima do quadrado $0 \le x \le 1$, $0 \le y \le 1$, e com orientação ascendente

24. $\mathbf{F}(x, y, z) = -x\, \mathbf{i} - y\, \mathbf{j} + z^3\, \mathbf{k}$ S é a parte do cone $z = \sqrt{x^2 + y^2}$ compreendida entre os planos $z = 1$ e $z = 3$, com orientação para baixo

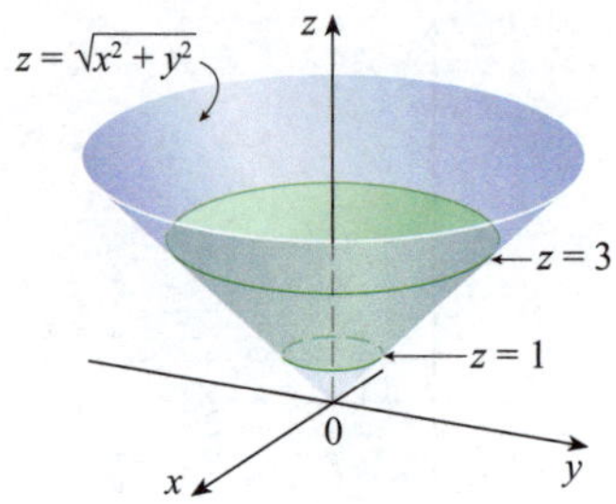

25. $\mathbf{F}(x, y, z) = x\,\mathbf{i} + y\,\mathbf{j} + z^2\,\mathbf{k}$,
S é a esfera com raio 1 e centro na origem

26. $\mathbf{F}(x, y, z) = y\,\mathbf{i} - x\,\mathbf{j} + 2z\,\mathbf{k}$,
S é o hemisfério $x^2 + y^2 + z^2 = 4$, $z \geq 0$, orientado para baixo

27. $\mathbf{F}(x, y, z) = y\,\mathbf{j} - z\,\mathbf{k}$,
S é formada pelo paraboloide $y = x^2 + z^2$, $0 \leq y \leq 1$, e pelo disco $x^2 + z^2 \leq 1$, $y = 1$

28. $\mathbf{F}(x, y, z) = yz\,\mathbf{i} + zx\,\mathbf{j} + xy\,\mathbf{k}$,
S é a superfície $z = x \operatorname{sen} y$, $0 \leq x \leq 2$, $0 \leq y \leq \pi$, com orientação para cima

29. $\mathbf{F}(x, y, z) = x\,\mathbf{i} + 2y\,\mathbf{j} + 3z\,\mathbf{k}$,
S é o cubo com vértices $(\pm 1, \pm 1, \pm 1)$

30. $\mathbf{F}(x, y, z) = x\,\mathbf{i} + y\,\mathbf{j} + 5\,\mathbf{k}$,
S é a fronteira da região delimitada pelo cilindro $x^2 + z^2 = 1$ e pelos planos $y = 0$ e $x + y = 2$

31. $\mathbf{F}(x, y, z) = x^2\,\mathbf{i} + y^2\,\mathbf{j} + z^2\,\mathbf{k}$,
S é o limite do semicilindro sólido $0 \leq z \leq \sqrt{1 - y^2}$, $0 \leq x \leq 2$

32. $\mathbf{F}(x, y, z) = y\,\mathbf{i} + (z - y)\,\mathbf{j} + x\,\mathbf{k}$,
S é a superfície do tetraedro com vértices $(0, 0, 0)$, $(1, 0, 0)$, $(0, 1, 0)$ e $(0, 0, 1)$

T **33.** Use um sistema de computação algébrica para calcular $\iint_S (x^2 + y^2 + z^2)\,dS$ com precisão de quatro casas decimais, onde S é a superfície $z = xe^y$, $0 \leq x \leq 1$, $0 \leq y \leq 1$

T **34.** Use um sistema de computação algébrica para encontrar o valor exato de $\iint_S xyz\,dS$, onde S é a superfície $z = x^2y^2$, $0 \leq x \leq 1$, $0 \leq y \leq 2$

T **35.** Use um sistema de computação algébrica para encontrar o valor de $\iint_S x^2y^2z^2\,dS$ correto até a quarta casa decimal, onde S é a parte do paraboloide $z = 3 - 2x^2 - y^2$ que está acima do plano xy

T **36.** Use um sistema de computação algébrica para encontrar o fluxo de

$$\mathbf{F}(x, y, z) = \operatorname{sen}(xyz)\,\mathbf{i} + x^2y\,\mathbf{j} + z^2e^{x/5}\,\mathbf{k}$$

através da parte do cilindro $4y^2 + z^2 = 4$ que está acima do plano xy e entre os planos $x = -2$ e $x = 2$ com orientação ascendente. Ilustre com um gráfico o cilindro e o campo vetorial na mesma tela.

37. Determine uma fórmula para $\iint_S \mathbf{F} \cdot d\mathbf{S}$ semelhante à Fórmula 10 para o caso onde S é dada por $y = h(x, z)$ e $\mathbf{n}$ é o vetor normal unitário que aponta para a esquerda (quando os eixos são traçados do modo usual).

38. Determine uma fórmula para $\iint_S \mathbf{F} \cdot d\mathbf{S}$ semelhante à Fórmula 10 para o caso onde S é dado por $x = k(y, z)$ e $\mathbf{n}$ é o vetor normal unitário que aponta para a frente (ou seja, para o observador, quando os eixos estão desenhados na posição usual).

39. Determine o centro de massa do hemisfério $x^2 + y^2 + z^2 = a^2$, $z \geq 0$, se ele tiver densidade constante.

40. Determine a massa de um funil fino com o formato do cone $z = \sqrt{x^2 + y^2}$, $1 \leq z \leq 4$, se sua função densidade é $\rho(x, y, z) = 10 - z$.

41. (a) Dê uma expressão integral para o momento de inércia I_z em torno do eixo z de uma folha fina no formato da superfície S se a função densidade é ρ.
(b) Determine o momento de inércia em torno do eixo z do funil do Exercício 40.

42. Seja S a parte da esfera $x^2 + y^2 + z^2 = 25$ que está acima do plano $z = 4$. Se S tem densidade constante k, determine (a) o centro da massa e (b) o momento de inércia em torno do eixo z.

43. Um fluido tem densidade 870 kg/m^3 e escoa com velocidade $\mathbf{v} = z\,\mathbf{i} + y^2\,\mathbf{j} + x^2\,\mathbf{k}$, onde x, y e z são medidos em metros e as componentes de $\mathbf{v}$, em metros por segundo. Encontre a taxa de vazão para fora do cilindro $x^2 + y^2 = 4$, $0 \leq z \leq 1$.

44. A água do mar tem densidade 1.025 kg/m^3 e flui em um campo de velocidade $\mathbf{v} = y\,\mathbf{i} + x\,\mathbf{j}$, onde x, y e z são medidos em metros e as componentes de $\mathbf{v}$, em metros por segundo. Encontre a taxa de vazão para fora do hemisfério $x^2 + y^2 + z^2 = 9$, $z \geq 0$.

45. Use a Lei de Gauss para achar a carga contida no hemisfério sólido $x^2 + y^2 + z^2 \leq a^2$, $z \geq 0$, se o campo elétrico for

$$\mathbf{E}(x, y, z) = x\,\mathbf{i} + y\,\mathbf{j} + 2z\,\mathbf{k}$$

46. Use a Lei de Gauss para achar a carga dentro de um cubo com vértices $(\pm 1, \pm 1, \pm 1)$ se o campo elétrico for

$$\mathbf{E}(x, y, z) = x\,\mathbf{i} + y\,\mathbf{j} + z\,\mathbf{k}$$

47. A temperatura no ponto (x, y, z) em uma substância com uma condutividade $K = 6{,}5$ é $u(x, y, z) = 2y^2 + 2z^2$. Determine a taxa de transmissão de calor nessa substância para dentro superfície cilíndrica $y^2 + z^2 = 6$, $0 \leq x \leq 4$.

48. A temperatura em um ponto de uma bola com condutividade K é inversamente proporcional à distância do centro da bola. Determine a taxa de transmissão de calor através de uma esfera S de raio a e centro no centro da bola.

49. Seja $\mathbf{F}$ um campo inverso do quadrado, ou seja, $\mathbf{F}(r) = c\mathbf{r}/|\,\mathbf{r}\,|^3$ para alguma constante c, onde $\mathbf{r} = x\,\mathbf{i} + y\,\mathbf{j} + z\,\mathbf{k}$. Mostre que o fluxo de $\mathbf{F}$ através de uma esfera S com o centro de origem é independente do raio de S.

16.8 Teorema de Stokes

O Teorema de Stokes pode ser visto como uma versão em dimensão maior do Teorema de Green. Enquanto o Teorema de Green relaciona uma integral dupla sobre uma região plana D com uma integral de linha em torno de sua curva limite plana, o Teorema de Stokes relaciona uma integral de superfície sobre uma superfície S com uma integral em torno da curva da fronteira S (que é uma curva no espaço). A Figura 1 mostra uma superfície orientada com vetor normal unitário **n**. A orientação de S induz a **orientação positiva da curva fronteira C** mostrada na figura. Isso significa que, se você andar na direção positiva ao redor da curva C com sua cabeça na direção e sentido de **n**, então a superfície estará sempre à sua esquerda.

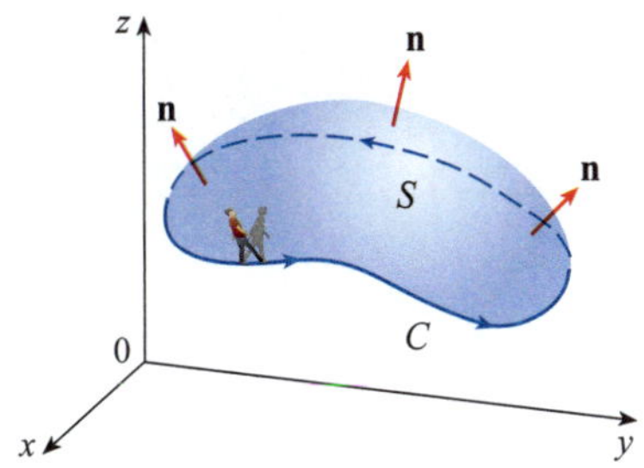

FIGURA 1

> **Teorema de Stokes** Seja S uma superfície orientada, suave por partes, cuja fronteira é formada por uma curva C fechada, simples, suave por partes, com orientação positiva. Seja **F** um campo vetorial cujas componentes têm derivadas parciais contínuas em uma região aberta de $\mathbb{R}^3$ que contém S. Então,
>
> $$\int_C \mathbf{F} \cdot d\mathbf{r} = \iint_S \text{rot } \mathbf{F} \cdot d\mathbf{S}$$

Como

$$\int_C \mathbf{F} \cdot d\mathbf{r} = \int_C \mathbf{F} \cdot \mathbf{T} \, ds \qquad e \qquad \iint_S \text{rot } \mathbf{F} \cdot d\mathbf{S} = \iint_S \text{rot } \mathbf{F} \cdot \mathbf{n} \, dS$$

o Teorema de Stokes nos diz que a integral de linha em torno da curva fronteira de S da componente tangencial de **F** é igual à integral de superfície sobre S da componente normal do rotacional de **F**.

A curva na fronteira orientada positivamente da superfície orientada S é com frequência denotada por ∂S, de modo que o Teorema de Stokes pode ser escrito como

1 $$\iint_S \text{rot } \mathbf{F} \cdot d\mathbf{S} = \int_{\partial S} \mathbf{F} \cdot d\mathbf{r}$$

Existe uma analogia entre o Teorema de Stokes, o de Green e o Teorema Fundamental do Cálculo. Como anteriormente, existe uma integral envolvendo derivadas do lado esquerdo da Equação 1 (lembre-se de que rot **F** é uma espécie de derivada de **F**) e do lado direito, envolvendo valores de **F** calculados somente na *fronteira* de S.

De fato, no caso especial em que a superfície S é plana e pertence ao plano xy, com orientação ascendente, o vetor normal unitário é **k**, a integral de superfície se transforma em uma integral dupla, e o Teorema de Stokes fica

$$\int_C \mathbf{F} \cdot d\mathbf{r} = \iint_S \text{rot } \mathbf{F} \cdot d\mathbf{S} = \iint_S (\text{rot } \mathbf{F}) \cdot \mathbf{k} \, dA$$

Essa é precisamente a forma vetorial do Teorema de Green dada na Equação 16.5.12. Assim, vemos que o Teorema de Green é realmente um caso especial do Teorema de Stokes.

Apesar de o Teorema de Stokes ser muito difícil de demonstrar no caso geral, podemos fazer uma demonstração quando S for um gráfico e **F**, S e C forem bem-comportados.

> **George Stokes**
> O Teorema de Stokes nomeado em homenagem ao físico matemático irlandês Sir George Stokes (1819-1903). Stokes era professor na Universidade de Cambridge (ele detinha a mesma cadeira de Newton, Lucasian Professor of Mathematics) e se sobressaiu por seus estudos sobre vazão de fluidos e luz. O teorema que hoje chamamos Teorema de Stokes foi, na verdade, descoberto pelo físico escocês Sir William Thompson (1824-1907, conhecido como Lorde Kelvin). Stokes soube desse teorema por uma carta de Thomson em 1850 e pediu a seus alunos que o demonstrassem em um exame em Cambridge, em 1854. Não se sabe se algum deles foi capaz de fazê-lo.

DEMONSTRAÇÃO DE UM CASO ESPECIAL DO TEOREMA DE STOKES Admitiremos que a equação de S é $z = g(x, y)$, $(x, y) \in D$, onde g tem derivadas parciais de segunda ordem contínuas, e que D seja uma região plana simples cuja curva fronteira C_1 corresponde a C. Se a orientação de S for ascendente, a orientação positiva de C corresponde à orientação positiva de C_1. (Veja a Figura 2.) Foi-nos dado que $\mathbf{F} = P\,\mathbf{i} + Q\,\mathbf{j} + R\,\mathbf{k}$, onde as derivadas parciais de P, Q e R são contínuas.

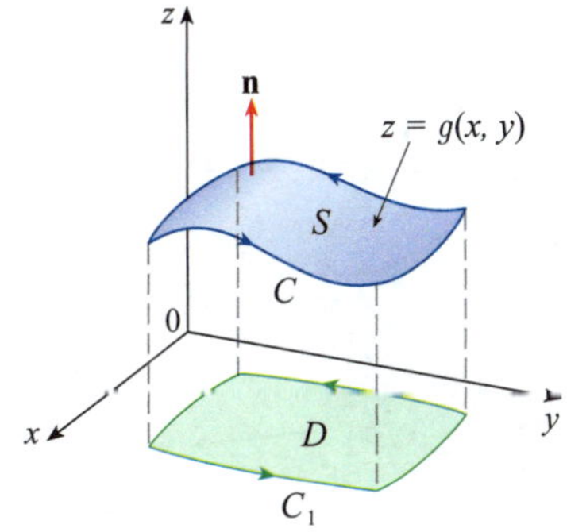

FIGURA 2

Como S é um gráfico de uma função, podemos aplicar a Fórmula 16.7.10 com **F** substituído por rot **F**. O resultado é

2 $$\iint_S \text{rot } \mathbf{F} \cdot d\mathbf{S} = \iint_D \left[-\left(\frac{\partial R}{\partial y} - \frac{\partial Q}{\partial z} \right) \frac{\partial z}{\partial x} - \left(\frac{\partial P}{\partial z} - \frac{\partial R}{\partial x} \right) \frac{\partial z}{\partial y} + \left(\frac{\partial Q}{\partial x} - \frac{\partial P}{\partial y} \right) \right] dA$$

onde as derivadas parciais de P, Q e R são calculadas em $(x, y, g(x, y))$. Se

$$x = x(t) \qquad y = y(t) \qquad a \leq t \leq b$$

é a representação parametrizada de C_1, então a representação parametrizada de C é

$$x = x(t) \qquad y = y(t) \qquad z = g(x(t), y(t)) \qquad a \leq t \leq b$$

Isso nos permite, com ajuda da Regra da Cadeia, calcular a integral de linha como se segue:

$$\begin{aligned}
\int_C \mathbf{F} \cdot d\mathbf{r} &= \int_a^b \left(P\frac{dx}{dt} + Q\frac{dy}{dt} + R\frac{dz}{dt} \right) dt \\
&= \int_a^b \left[P\frac{dx}{dt} + Q\frac{dy}{dt} + R\left(\frac{\partial z}{\partial x}\frac{dx}{dt} + \frac{\partial z}{\partial y}\frac{dy}{dt} \right) \right] dt \\
&= \int_a^b \left[\left(P + R\frac{\partial z}{\partial x} \right)\frac{dx}{dt} + \left(Q + R\frac{\partial z}{\partial y} \right)\frac{dy}{dt} \right] dt \\
&= \int_{C_1} \left(P + R\frac{\partial z}{\partial x} \right) dx + \left(Q + R\frac{\partial z}{\partial y} \right) dy \\
&= \iint_D \left[\frac{\partial}{\partial x}\left(Q + R\frac{\partial z}{\partial y} \right) - \frac{\partial}{\partial y}\left(P + R\frac{\partial z}{\partial x} \right) \right] dA
\end{aligned}$$

onde usamos o Teorema de Green no último passo. Então, utilizando novamente a Regra da Cadeia e lembrando que P, Q e R são funções de x, y e z e que z é, por sua vez, função de x e y, obtemos

$$\begin{aligned}
\int_C \mathbf{F} \cdot d\mathbf{r} = \iint_D \Bigg[&\left(\frac{\partial Q}{\partial x} + \frac{\partial Q}{\partial z}\frac{\partial z}{\partial x} + \frac{\partial R}{\partial x}\frac{\partial z}{\partial y} + \frac{\partial R}{\partial z}\frac{\partial z}{\partial x}\frac{\partial z}{\partial y} + R\frac{\partial^2 z}{\partial x \partial y} \right) \\
&- \left(\frac{\partial P}{\partial y} + \frac{\partial P}{\partial z}\frac{\partial z}{\partial y} + \frac{\partial R}{\partial y}\frac{\partial z}{\partial x} + \frac{\partial R}{\partial z}\frac{\partial z}{\partial y}\frac{\partial z}{\partial x} + R\frac{\partial^2 z}{\partial y \partial x} \right) \Bigg] dA
\end{aligned}$$

Quatro dos termos da integral dupla se cancelam, e os seis restantes podem ser rearranjados para que coincidam com o lado direito da Equação 2. Portanto,

$$\int_C \mathbf{F} \cdot d\mathbf{r} = \iint_S \operatorname{rot} \mathbf{F} \cdot d\mathbf{S}$$ ■

EXEMPLO 1 Calcule $\int_C \mathbf{F} \cdot d\mathbf{r}$, onde $\mathbf{F}(x, y, z) = y^2\,\mathbf{i} + x\,\mathbf{j} + z^2\,\mathbf{k}$ e C é a curva da intersecção do plano $y + z = 2$ com o cilindro $x^2 + y^2 = 1$. (Oriente C no sentido anti-horário quando observado de cima.)

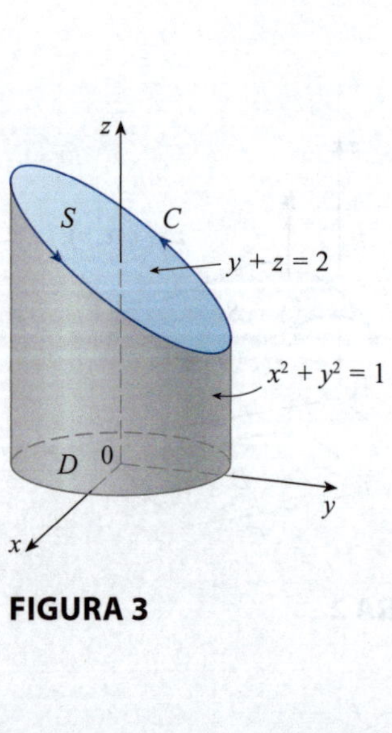

FIGURA 3

SOLUÇÃO A curva C (uma elipse) está mostrada na Figura 3. Apesar de $\int_C \mathbf{F} \cdot d\mathbf{r}$ poder ser calculada diretamente, é mais simples usar o Teorema de Stokes. Vamos inicialmente calcular

$$\operatorname{rot} \mathbf{F} = \begin{vmatrix} \mathbf{i} & \mathbf{j} & \mathbf{k} \\ \dfrac{\partial}{\partial x} & \dfrac{\partial}{\partial y} & \dfrac{\partial}{\partial z} \\ -y^2 & x & z^2 \end{vmatrix} = (1 + 2y)\mathbf{k}$$

O Teorema de Stokes nos permite escolher qualquer superfície (orientada, suave por partes) com fronteira C. Entre as muitas superfícies possíveis nesse caso, a escolha mais conveniente é a região elíptica S no plano $y + z = 2$ cuja fronteira é C. Se orientarmos S para cima, em seguida, C tem a orientação induzida positiva. A projeção D de S no plano xy é o disco $x^2 + y^2 \le 1$ e, portanto, usando a Equação 16.7.10 com $z = g(x, y) = 2 - y$, temos

$$\begin{aligned}\int_C \mathbf{F}\cdot d\mathbf{r} &= \iint_S \text{rot } \mathbf{F}\cdot d\mathbf{S} = \iint_D (1+2y)\,dA \\ &= \int_0^{2\pi}\int_0^1 (1+2r\,\text{sen}\,\theta)\,r\,dr\,d\theta \\ &= \int_0^{2\pi}\left[\frac{r^2}{2} + 2\,\frac{r^3}{3}\,\text{sen}\,\theta\right]_0^1 d\theta = \int_0^{2\pi}\left(\tfrac{1}{2} + \tfrac{2}{3}\,\text{sen}\,\theta\right)d\theta \\ &= \tfrac{1}{2}(2\pi) + 0 = \pi\end{aligned}$$

■

OBSERVAÇÃO O Teorema de Stokes nos permite calcular uma integral de superfície conhecendo apenas os valores de **F** na fronteira C. Isso significa que, se tivermos outra superfície orientada com a mesma fronteira C, obteremos exatamente o mesmo valor para a integral de superfície. De forma geral, se S_1 e S_2 forem superfícies orientadas com uma mesma fronteira orientada C e se ambas satisfizerem as hipóteses do Teorema de Stokes, então

3
$$\iint_{S_1} \text{rot } \mathbf{F}\cdot d\mathbf{S} = \int_C \mathbf{F}\cdot d\mathbf{r} = \iint_{S_2} \text{rot } \mathbf{F}\cdot d\mathbf{S}$$

Esse fato é útil quando é difícil integrar sobre uma superfície, mas fácil de integrar sobre a outra.

EXEMPLO 2 Use o Teorema de Stokes para calcular a integral $\iint_S$ rot $\mathbf{F}\cdot d\mathbf{S}$, onde $\mathbf{F}(x, y, z) = xz\,\mathbf{i} + yz\,\mathbf{j} + xy\,\mathbf{k}$ e S é a parte da esfera $x^2 + y^2 + z^2 = 4$ que está dentro do cilindro $x^2 + y^2 = 1$ e acima do plano xy. (Veja a Figura 4.)

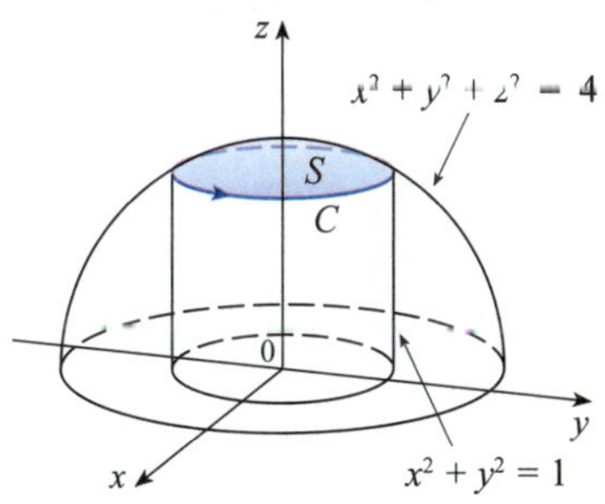

FIGURA 4

SOLUÇÃO 1 Para acharmos a curva fronteira C, resolvemos as equações $x^2 + y^2 + z^2 = 4$ e $x^2 + y^2 = 1$. Subtraindo, obtemos $z^2 = 3$ e, portanto, $z = \sqrt{3}$ (uma vez que $z > 0$). Então, C é a circunferência dada pelas equações $x^2 + y^2 = 1$, $z = \sqrt{3}$. A equação vetorial de C é

$$\mathbf{r}(t) = \cos t\,\mathbf{i} + \text{sen}\,t\,\mathbf{j} + \sqrt{3}\,\mathbf{k} \qquad 0 \le t \le 2\pi$$

assim,
$$\mathbf{r}'(t) = -\text{sen}\,t\,\mathbf{i} + \cos t\,\mathbf{j}$$

Temos também

$$\mathbf{F}(\mathbf{r}(t)) = \sqrt{3}\,\cos t\,\mathbf{i} + \sqrt{3}\,\text{sen}\,t\,\mathbf{j} + \cos t\,\text{sen}\,t\,\mathbf{k}$$

Portanto, pelo Teorema de Stokes,

$$\begin{aligned}\iint_S \text{rot } \mathbf{F}\cdot d\mathbf{S} &= \int_C \mathbf{F}\cdot d\mathbf{r} = \int_0^{2\pi} \mathbf{F}(\mathbf{r}(t))\cdot\mathbf{r}'(t)\,dt \\ &= \int_0^{2\pi}\left(-\sqrt{3}\cos t\;\text{sen}\,t + \sqrt{3}\;\text{sen}\,t\;\cos t\right)dt = \sqrt{3}\int_0^{2\pi} 0\,dt = 0\end{aligned}$$

SOLUÇÃO 2 Seja S_1 o disco no plano $z = \sqrt{3}$ contido no cilindro $x^2 + y^2 = 1$, como mostrado na Figura 5. Uma vez que S_1 e S têm a mesma fronteira C, decorre do Teorema de Stokes que

$$\iint_S \text{rot } \mathbf{F}\cdot d\mathbf{S} = \iint_{S_1} \text{rot } \mathbf{F}\cdot d\mathbf{S}$$

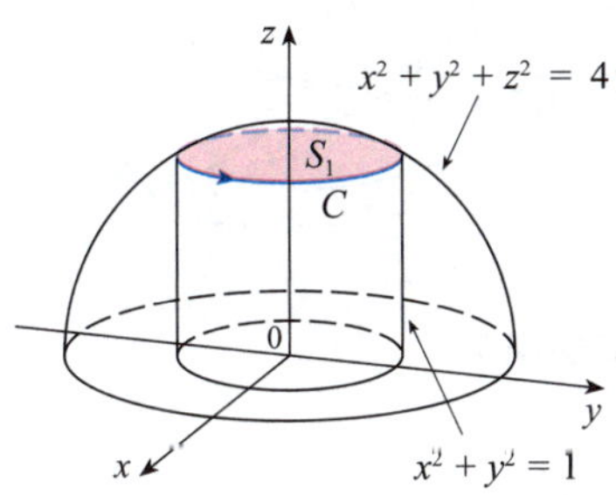

FIGURA 5

Como S_1 está contida em um plano horizontal, seu vetor normal na direção ascendente é **k**. Além disso, determinamos que $\mathbf{F} = (x - y)\,\mathbf{i} + (x - y)\,\mathbf{j}$, de modo que

$$\begin{aligned}\iint_S \text{rot } \mathbf{F}\cdot d\mathbf{S} &= \iint_{S_1} \text{rot } \mathbf{F}\cdot d\mathbf{S} = \iint_{S_1} \text{rot } \mathbf{F}\cdot\mathbf{n}\,dS \\ &= \iint_{S_1} [(x-y)\mathbf{i} + (x-y)\mathbf{j}]\cdot\mathbf{k}\,dS = \iint_{S_1} 0\,dS = 0\end{aligned}$$

■

Usaremos agora o Teorema de Stokes para tentar explicar o significado do vetor rotacional. Suponha que C seja uma curva fechada orientada e $\mathbf{v}$ represente o campo de velocidade de um fluido. Considere a integral de linha

$$\int_C \mathbf{v}\cdot d\mathbf{r} = \int_C \mathbf{v}\cdot \mathbf{T}\,ds$$

e recorde que $\mathbf{v}\cdot\mathbf{T}$ é a componente do vetor $\mathbf{v}$ na direção do vetor tangente unitário $\mathbf{T}$. Isso significa que quanto mais perto a direção de $\mathbf{v}$ é a direção de $\mathbf{T}$, maior é o valor de $\mathbf{v}\cdot\mathbf{T}$. (Lembre-se de que, se $\mathbf{v}$ e $\mathbf{T}$ apontam em direções que, de um modo genérico, são opostas, então $\mathbf{v}\cdot\mathbf{T}$ é negativo.) Assim, $\int_C \mathbf{v}\cdot d\mathbf{r}$ é a medida da tendência de o fluido se mover em torno de C e é chamada **circulação** de $\mathbf{v}$ em torno de C. (Veja a Figura 6.)

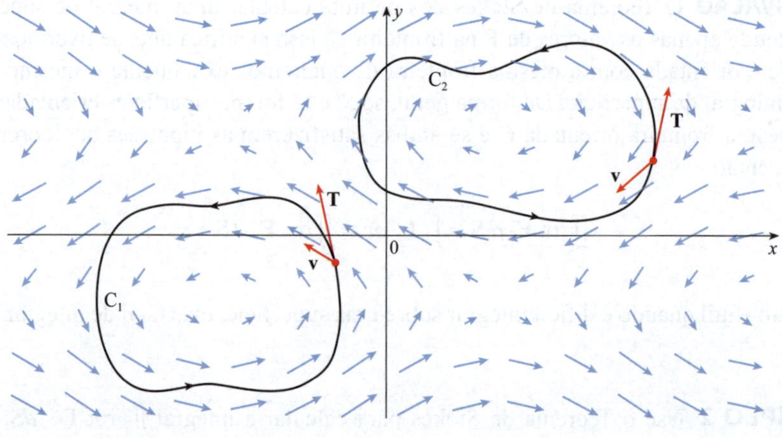

FIGURA 6
$\int_{C_1} \mathbf{v}\cdot d\mathbf{r} > 0$, circulação positiva

$\int_{C_2} \mathbf{v}\cdot d\mathbf{r} < 0$, circulação negativa

Seja agora $P_0(x_0, y_0, z_0)$ um ponto do fluido e seja S_a um pequeno círculo com raio a e centro P_0. Então, $(\text{rot}\,\mathbf{F})(P) \approx (\text{rot}\,\mathbf{F})(P_0)$ para todos os pontos P em S_a porque rot $\mathbf{F}$ é contínuo. Então, pelo Teorema de Stokes, temos a seguinte aproximação do fluxo em torno do círculo fronteira C_a:

$$\int_{C_a} \mathbf{v}\cdot d\mathbf{r} = \iint_{S_a} \text{rot}\,\mathbf{v}\cdot d\mathbf{S} = \iint_{S_a} \text{rot}\,\mathbf{v}\cdot\mathbf{n}\,d\,\mathbf{S}$$

$$\approx \iint_{S_a} \text{rot}\,\mathbf{v}(P_0)\cdot\mathbf{n}(P_0)\,dS = \text{rot}\,\mathbf{v}(P_0)\cdot\mathbf{n}(P_0)\,\pi a^2$$

Imagine uma roda pequena formada por pás colocadas em um fluido em um ponto P, como na Figura 7; essa roda vai girar mais rapidamente quando seu eixo for paralelo a rot $\mathbf{v}$.

Essa aproximação se torna melhor quando $a \to 0$, e temos

4 $$\text{rot}\,\mathbf{v}(P_0)\cdot\mathbf{n}(P_0) = \lim_{a\to 0}\frac{1}{\pi a^2}\int_{C_a}\mathbf{v}\cdot d\mathbf{r}$$

A Equação 4 fornece a relação entre o rotacional e a circulação. Ela mostra que rot $\mathbf{v}\cdot\mathbf{n}$ é uma medida do efeito de rotação do fluido em torno do eixo $\mathbf{n}$. O efeito de rotação é maior sobre o eixo paralelo a rot $\mathbf{v}$.

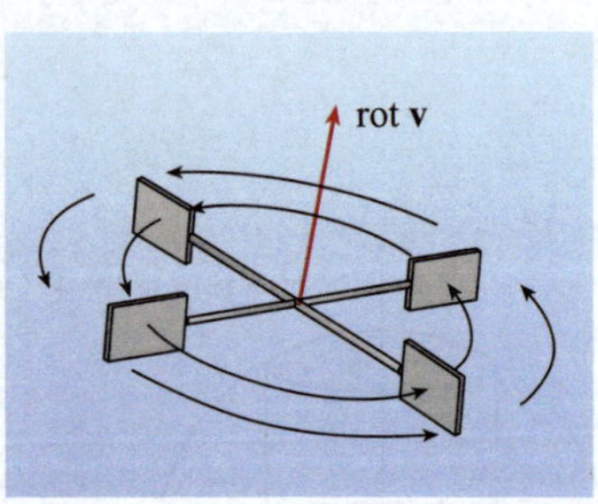

FIGURA 7

Finalmente, mencionamos que o Teorema de Stokes pode ser usado para demonstrar o Teorema 4 da Seção 16.5 (que afirma que, se rot $\mathbf{F} = \mathbf{0}$ sobre $\mathbb{R}^3$, então $\mathbf{F}$ é conservativo). Do nosso trabalho anterior (Teoremas 16.3.3 e 16.3.4), sabemos que $\mathbf{F}$ é conservativo se $\int_C \mathbf{F}\cdot d\mathbf{r} = 0$ para cada caminho fechado C. Dado C, suponha que possamos encontrar uma superfície orientável S cuja fronteira é C. (Isso pode ser feito, mas a demonstração exige técnicas avançadas.) Em seguida, o Teorema de Stokes fornece

$$\int_C \mathbf{F}\cdot d\mathbf{r} = \iint_S \text{rot}\,\mathbf{F}\cdot d\mathbf{S} = \iint_S \mathbf{0}\cdot d\mathbf{S} = 0$$

Uma curva que não seja simples pode ser quebrada em diversas curvas simples e as integrais ao longo dessas curvas simples são todas 0. Somando essas integrais, obtemos $\int_C \mathbf{F}\cdot d\mathbf{r} = 0$ para qualquer curva fechada C.

16.8 Exercícios

1. A figura mostra um disco D, uma semiesfera H e uma porção P de um paraboloide. Suponha que $\mathbf{F}$ seja um campo vetorial em $\mathbb{R}^3$ cujas componentes tenham derivadas parciais contínuas. Explique por que a seguinte afirmação é verdadeira:

$$\iint_D \text{rot } \mathbf{F} \cdot d\mathbf{S} = \iint_H \text{rot } \mathbf{F} \cdot d\mathbf{S} = \iint_P \text{rot } \mathbf{F} \cdot d\mathbf{S}$$

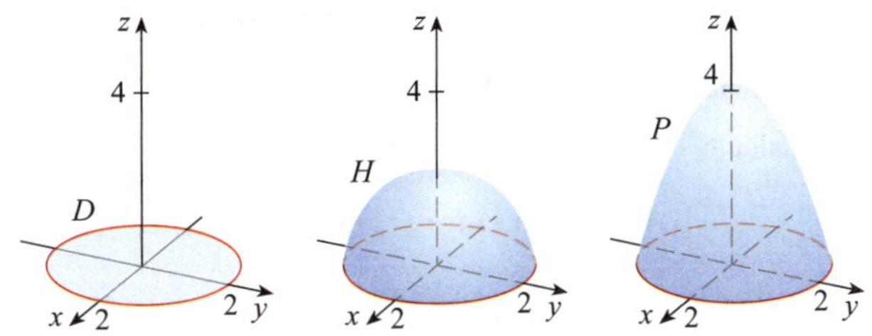

2-6 Use o Teorema de Stokes para calcular $\iint_S \text{rot } \mathbf{F} \cdot d\mathbf{S}$.

2. $\mathbf{F}(x, y, z) = x^2 \text{ sen } z \, \mathbf{i} + y^2 \, \mathbf{j} + xy \, \mathbf{k}$,
S é a parte do paraboloide $z = 1 - x^2 - y^2$ que está acima do plano xy, orientada para cima.

3. $\mathbf{F}(x, y, z) = ze^y \, \mathbf{i} + x \cos y \, \mathbf{j} + xz \text{ sen } y \, \mathbf{k}$,
S é o hemisfério $x^2 + y^2 + z^2 = 16$, $y \geq 0$ orientado na direção positiva de y.

4. $\mathbf{F}(x, y, z) = \text{tg}^{-1}(x^2yz^2) \, \mathbf{i} + x^2y \, \mathbf{j} + x^2z^2 \, \mathbf{k}$,
S é o cone $x = \sqrt{y^2 + z^2}$ $0 \leq x \leq 2$, orientado na direção positiva do eixo x

5. $\mathbf{F}(x, y, z) = xyz \, \mathbf{i} + xy \, \mathbf{j} + x^2yz \, \mathbf{k}$,
S é formada pelo topo e pelos quatro lados (mas não pelo fundo) do cubo com vértices $(\pm1, \pm1, \pm1)$, com orientação para fora.

6. $\mathbf{F}(x, y, z) = e^{xy} \, \mathbf{i} + e^{xz} \, \mathbf{j} + x^2z \, \mathbf{k}$,
S é a metade do elipsoide $4x^2 + y^2 + 4z^2 = 4$ que está à direita do plano xz, orientada na direção positiva do eixo y

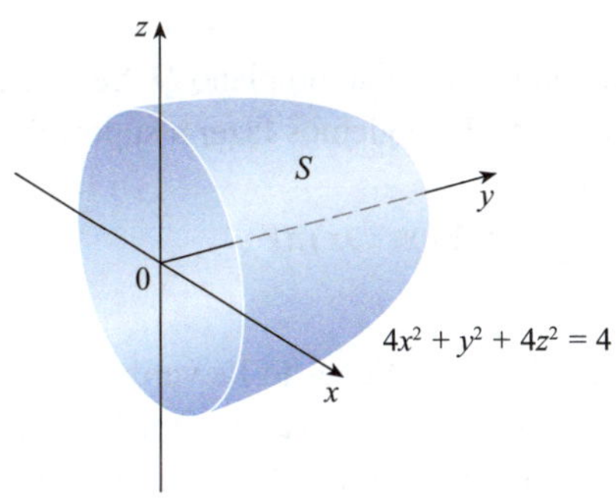

7-14 Use o Teorema de Stokes para calcular $\int_C \mathbf{F} \cdot d\mathbf{r}$. Em cada caso, C é orientado no sentido anti-horário quando visto de cima.

7. $\mathbf{F}(x, y, z) = (x + y^2) \, \mathbf{i} + (y + z^2) \, \mathbf{j} + (z + x^2) \, \mathbf{k}$,
C é o triângulo com vértices $(1, 0, 0)$, $(0, 1, 0)$ e $(0, 0, 1)$

8. $\mathbf{F}(x, y, z) = \mathbf{i} + (x + yz)\mathbf{j} + (xy - \sqrt{z})\mathbf{k}$,
C é fronteira da parte do plano $3x + 2y + z = 1$, que está no primeiro octante.

9. $\mathbf{F}(x, y, z) = xy \, \mathbf{i} + yz \, \mathbf{j} + zx \, \mathbf{k}$,
C é a fronteira da parte do paraboloide $z = 1 - x^2 - y^2$ no primeiro octante

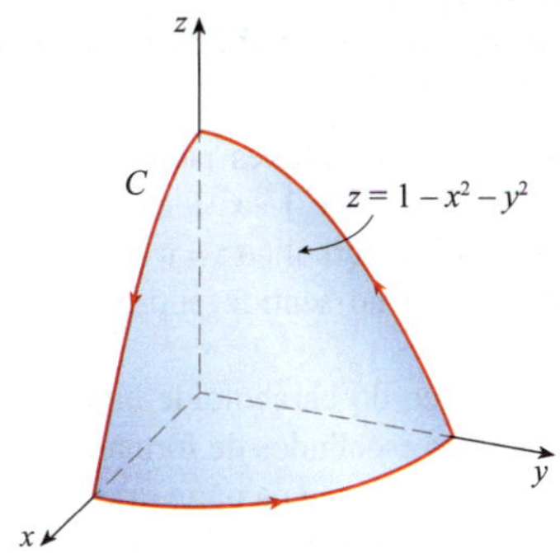

10. $\mathbf{F}(x, y, z) = 2y \, \mathbf{i} + xz \, \mathbf{j} + (x + y) \, \mathbf{k}$,
C é a curva de intersecção do plano $z = y + 2$ com o cilindro $x^2 + y^2 = 1$

11. $\mathbf{F}(x, y, z) = \langle -yx^2, xy^2, e^{xz} \rangle$,
C é a circunferência no plano xy que tem raio 2 e está centrada na origem

12. $\mathbf{F}(x, y, z) = ze^x \, \mathbf{i} + (z - y^3) \, \mathbf{j} + (x - z^3) \, \mathbf{k}$,
C é a circunferência $y^2 + z^2 = 4$, $x = 3$, orientada no sentido horário quando vista a partir da origem

13. $\mathbf{F}(x, y, z) = x^2y \, \mathbf{i} + x^3 \, \mathbf{j} + e^z \text{ tg}^{-1} z \, \mathbf{k}$,
C é a curva com equações paramétricas $x = \cos t$, $y = \text{sen } t$, $z = \text{sen } t$, $0 \leq t \leq 2\pi$

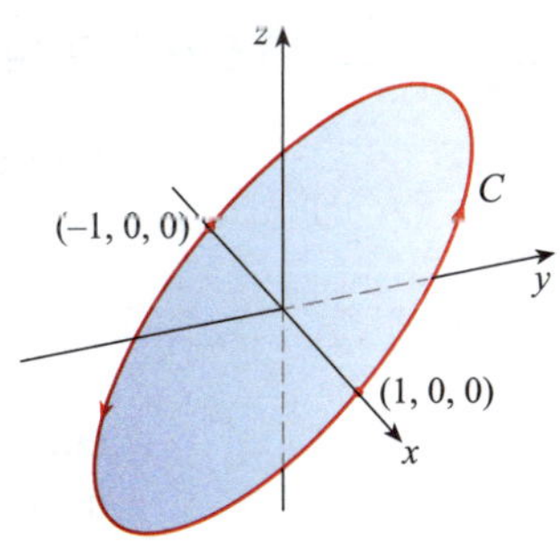

14. $\mathbf{F}(x, y, z) = \langle x^3 - z, xy, y + z^2 \rangle$,
C é a curva de intersecção do paraboloide $z = x^2 + y^2$ com o plano $z = x$

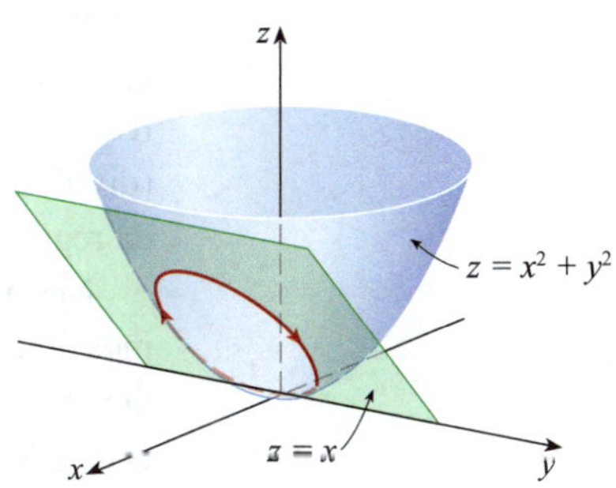

15. (a) Use o Teorema de Stokes para calcular $\int_C \mathbf{F} \cdot d\mathbf{r}$, onde

$$\mathbf{F}(x, y, z) = x^2z \, \mathbf{i} + xy^2 \, \mathbf{j} + z^2 \, \mathbf{k}$$

e C é a curva da intersecção do plano $x + y + z = 1$ com o cilindro $x^2 + y^2 = 9$ com orientação no sentido anti-horário quando visto de cima.

(b) Trace o gráfico do plano e do cilindro com domínios escolhidos de forma a ver a curva C e a superfície que você usou na parte (a).

(c) Determine equações paramétricas para C e use-as para traçar o gráfico de C.

16. (a) Use o Teorema de Stokes para calcular $\int_C \mathbf{F} \cdot d\mathbf{r}$, onde $\mathbf{F}(x, y, z) = x^2 y\,\mathbf{i} + \frac{1}{3}x^3\,\mathbf{j} + xy\,\mathbf{k}$ e C é a curva da intersecção do paraboloide hiperbólico $z = y^2 - x^2$ e o cilindro $x^2 + y^2 = 1$ com orientação no sentido anti-horário quando visto de cima.

(b) Trace o gráfico do paraboloide hiperbólico e do cilindro com domínios escolhidos de forma a ver a curva C e a superfície que você usou na parte (a).

(c) Determine equações paramétricas para C e use-as para traçar o gráfico de C.

17-19 Verifique se o Teorema de Stokes é verdadeiro para o campo vetorial dado $\mathbf{F}$ e a superfície S.

17. $\mathbf{F}(x, y, z) = -y\,\mathbf{i} + x\,\mathbf{j} - 2\,\mathbf{k}$,
S é o cone $z^2 = x^2 + y^2$, $0 \le z \le 4$, com orientação descendente

18. $\mathbf{F}(x, y, z) = -2yz\,\mathbf{i} + y\,\mathbf{j} + 3x\,\mathbf{k}$,
S é a parte do paraboloide $z = 5 - x^2 - y^2$ que está acima do plano $z = 1$, com orientação ascendente

19. $\mathbf{F}(x, y, z) = y\,\mathbf{i} + z\,\mathbf{j} + x\,\mathbf{k}$,
S é o hemisfério $x^2 + y^2 + z^2 = 1$, $y \ge 0$, orientado na direção do eixo positivo y

20. Seja C uma curva fechada simples suave que se situa no plano $x + y + z = 1$. Mostre que a integral de linha

$$\int_C z\,dx - 2x\,dy + 3y\,dz$$

depende apenas da área da região englobada por C e não da forma de C ou de sua posição no plano.

21. Uma partícula se move ao longo de segmentos de reta da origem aos pontos (1, 0, 0), (1, 2, 1), (0, 2, 1), e de volta para a origem sob a influência do campo de forças

$$\mathbf{F}(x, y, z) = z^2\,\mathbf{i} + 2xy\,\mathbf{j} + 4y^2\,\mathbf{k}$$

Encontre o trabalho realizado.

22. Calcule

$$\int_C (y + \operatorname{sen} x)\,dx + (z^2 + \cos y)\,dy + x^3\,dz$$

onde C é a curva $\mathbf{r}(t) = \langle \operatorname{sen} t, \cos t, \operatorname{sen} 2t \rangle$, $0 \le t \le 2\pi$. [*Dica*: Observe que C está na superfície $z = 2xy$.]

23. Se S é uma esfera e $\mathbf{F}$ satisfaz as hipóteses do Teorema de Stokes, mostre que $\iint_S \operatorname{rot} \mathbf{F} \cdot d\mathbf{S} = 0$.

24. Suponha que S e C satisfaçam as hipóteses do Teorema de Stokes e f e g tenham derivadas parciais de segunda ordem contínuas. Use os Exercícios 26 e 28 da Seção 16.5 para demonstrar o seguinte:

(a) $\int_C (f\nabla g) \cdot d\mathbf{r} = \iint_S (\nabla f \times \nabla g) \cdot d\mathbf{S}$

(b) $\int_C (f\nabla f) \cdot d\mathbf{r} = 0$

(c) $\int_C (f\nabla g + g\nabla f) \cdot d\mathbf{r} = 0$

16.9 O Teorema do Divergente

Na Seção 16.5, reescrevemos o Teorema de Green na versão vetorial

$$\int_C \mathbf{F} \cdot \mathbf{n}\,ds = \iint_D \operatorname{div} \mathbf{F}(x, y)\,dA$$

onde C é a fronteira positivamente orientada da região do plano D. Se quisermos estender esse teorema para campos de vetores em $\mathbb{R}^3$, podemos fazer a suposição de que

1 $$\iint_S \mathbf{F} \cdot \mathbf{n}\,dS = \iiint_E \operatorname{div} \mathbf{F}(x, y, z)\,dV$$

onde S é a superfície fronteira da região sólida E. A Equação 1 é verdadeira sob hipóteses apropriadas e é chamada Teorema do Divergente. Observe sua semelhança com os Teoremas de Green e de Stokes, pois ele relaciona a integral da derivada de uma função (div $\mathbf{F}$, nesse caso) sobre uma região com a integral da função original $\mathbf{F}$ sobre a fronteira da região.

Nesta fase, você pode querer rever os vários tipos de regiões sobre as quais calculamos integrais triplas na Seção 15.6. Enunciaremos e demonstraremos o Teorema do Divergente para regiões E que são, simultaneamente, dos tipos 1, 2 e 3 e que chamamos de **regiões sólidas simples**. (Por exemplo, as regiões delimitadas por elipsoides ou caixas retangulares são simples regiões sólidas.) A fronteira de E é uma superfície fechada e usaremos a convenção, introduzida na Seção 16.7, de que a orientação positiva é para fora, ou seja, o vetor normal unitário $\mathbf{n}$ apontará para fora de E.

O Teorema do Divergente Seja E uma região sólida simples e seja S a superfície fronteira de E, orientada positivamente (para fora). Seja $\mathbf{F}$ um campo vetorial cujas funções componentes tenham derivadas parciais contínuas em uma região aberta que contenha E. Então,

$$\iint_S \mathbf{F} \cdot dS = \iiint_E \operatorname{div} \mathbf{F}\, dV$$

O Teorema do Divergente é às vezes chamado Teorema de Gauss, em homenagem ao grande matemático alemão Karl Friedrich Gauss (1777-1855), que descobriu esse teorema durante suas pesquisas sobre eletrostática. Em muitos países da Europa, o Teorema do Divergente é conhecido como Teorema de Ostrogradsky, em homenagem ao matemático russo Mikhail Ostrogradsky (1801-1862), que publicou esse resultado em 1826.

Portanto, o Teorema do Divergente afirma que, sob as condições dadas, o fluxo de $\mathbf{F}$ pela fronteira de E é igual à integral tripla da divergência de $\mathbf{F}$ em E.

DEMONSTRAÇÃO Seja $\mathbf{F} = P\,\mathbf{i} + Q\,\mathbf{j} + R\,\mathbf{k}$. Então,

$$\operatorname{div} \mathbf{F} = \frac{\partial P}{\partial x} + \frac{\partial Q}{\partial y} + \frac{\partial R}{\partial z}$$

assim,

$$\iiint_E \operatorname{div} \mathbf{F}\, dV = \iiint_E \frac{\partial P}{\partial x} dV + \iiint_E \frac{\partial Q}{\partial y} dV + \iiint_E \frac{\partial R}{\partial z} dV$$

Se $\mathbf{n}$ é o vetor normal unitário para fora de S, então a integral de superfície do lado esquerdo do Teorema do Divergente é

$$\iint_S \mathbf{F} \cdot d\mathbf{S} = \iint_S \mathbf{F} \cdot \mathbf{n}\, dS = \iint_S (P\,\mathbf{i} + Q\,\mathbf{j} + R\,\mathbf{k}) \cdot \mathbf{n}\, dS$$

$$= \iint_S P\,\mathbf{i} \cdot \mathbf{n}\, dS + \iint_S Q\,\mathbf{j} \cdot \mathbf{n}\, dS + \iint_S R\,\mathbf{k} \cdot \mathbf{n}\, dS$$

Portanto, para demonstrar o Teorema do Divergente, é suficiente demonstrar as três seguintes equações:

2 $$\iint_S P\mathbf{i} \cdot \mathbf{n}\, dS = \iiint_E \frac{\partial P}{\partial x} dV$$

3 $$\iint_S Q\mathbf{j} \cdot \mathbf{n}\, dS = \iiint_E \frac{\partial Q}{\partial y} dV$$

4 $$\iint_S R\mathbf{k} \cdot \mathbf{n}\, dS = \iiint_E \frac{\partial R}{\partial z} dV$$

Para demonstrarmos a Equação 4, usamos o fato de que E é uma região do tipo 1:

$$E = \{(x, y, z) \mid (x, y) \in D,\ u_1(x, y) \le z \le u_2(x, y)\}$$

onde D é a projeção de E sobre o plano xy. Pela Equação 15.6.6, temos

$$\iiint_E \frac{\partial R}{\partial z} dV = \iint_S \left[\int_{u_1(x,y)}^{u_2(x,y)} \frac{\partial R}{\partial z}(x, y, z)\, dz \right] dA$$

e, portanto, pelo Teorema Fundamental do Cálculo,

5 $$\iiint_E \frac{\partial R}{\partial z} dV = \iint_D [R(x, y, u_2(x, y)) - R(x, y, u_1(x, y))]\, dA$$

A fronteira S é constituída por três partes: a superfície inferior S_1, a superfície superior S_2, e, possivelmente, uma superfície vertical S_3, que se situa acima da curva fronteira de

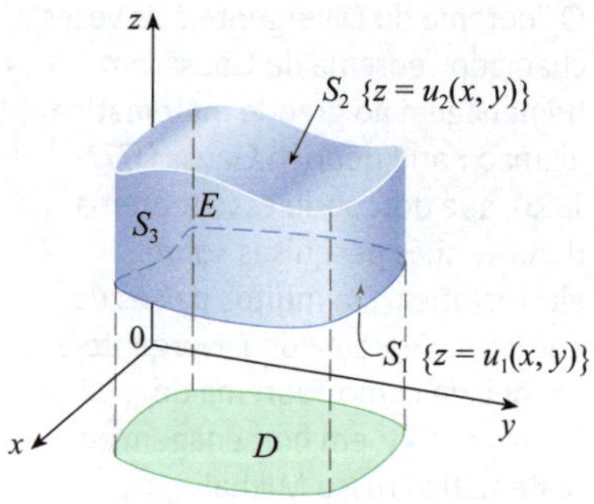

FIGURA 1

D. (Veja a Figura 1. S_3 pode não aparecer, tal como no caso de uma esfera.) Observe que em S_3 temos $\mathbf{k} \cdot \mathbf{n} = 0$, porque **k** é vertical e **n** é horizontal, e assim

$$\iint_{S_3} R\mathbf{k} \cdot \mathbf{n}\, dS = \iint_{S_3} 0\, dS = 0$$

Logo, independentemente da existência de uma superfície vertical, podemos escrever

$$\boxed{6} \qquad \iint_S R\, \mathbf{k} \cdot \mathbf{n}\, dS = \iint_{S_1} R\mathbf{k} \cdot \mathbf{n}\, dS + \iint_{S_2} R\mathbf{k} \cdot \mathbf{n}\, dS$$

A equação de S_2 é $z = u_2(x, y)$, $(x, y) \in D$, e o vetor normal que sai de **n** aponta para cima. Da Equação 16.7.10 (com **F** substituído por $R\,\mathbf{k}$), temos

$$\iint_{S_2} R\, \mathbf{k} \cdot \mathbf{n}\, dS = \iint_D R(x, y, u_2(x, y))\, dA$$

Sobre S_1 temos $z = u_1(x, y)$, mas aqui a normal **n** aponta para baixo, então multiplicamos por -1:

$$\iint_{S_1} R\, \mathbf{k} \cdot \mathbf{n}\, dS = -\iint_D R(x, y, u_1(x, y))\, dA$$

Portanto, a Equação 6 fornece

$$\iint_S R\, \mathbf{k} \cdot \mathbf{n}\, dS = \iint_D [R(x, y, u_2(x, y)) - R(x, y, u_1(x, y))]\, dA$$

Comparando com a Equação 5, temos que

$$\iint_S R\, \mathbf{k} \cdot \mathbf{n}\, dS = \iiint_E \frac{\partial R}{\partial z}\, dV$$

Observe que o método de demonstração do Teorema do Divergente é muito semelhante ao do Teorema de Green.

As Equações 2 e 3 são demonstradas de modo análogo, usando as expressões para *E* como uma região do tipo 2 ou do tipo 3. ■

EXEMPLO 1 Determine o fluxo do campo vetorial $\mathbf{F}(x, y, z) = z\,\mathbf{i} + y\,\mathbf{j} + x\,\mathbf{k}$ sobre a unidade esférica $x^2 + y^2 + z^2 = 1$.

SOLUÇÃO Primeiro calcularemos o divergente de **F**:

$$\text{div}\,\mathbf{F} = \frac{\partial}{\partial x}(z) + \frac{\partial}{\partial y}(y) + \frac{\partial}{\partial z}(x) = 1$$

A solução do Exemplo 1 deve ser comparada com a solução do Exemplo 16.7.4.

A esfera unitária *S* é a fronteira da bola unitária *B* dada por $x^2 + y^2 + z^2 \leq 1$. Então, o Teorema do Divergente dá o fluxo como

$$\iint_S \mathbf{F} \cdot d\mathbf{S} = \iiint_B \text{div}\,\mathbf{F}\, dV = \iiint_B 1\, dV = V(B) = \tfrac{4}{3}\pi(1)^3 = \frac{4\pi}{3}$$ ■

EXEMPLO 2 Calcule $\iint_S \mathbf{F} \cdot d\mathbf{S}$, onde

$$\mathbf{F}(x, y, z) = xy\,\mathbf{i} + (y^2 + e^{xz^2})\,\mathbf{j} + \text{sen}\,(xy)\,\mathbf{k}$$

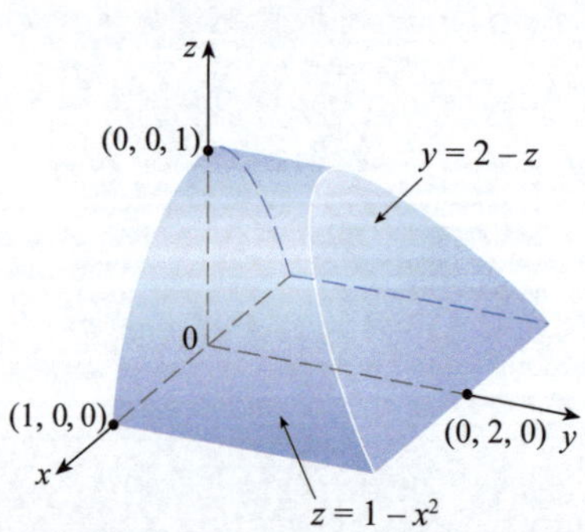

FIGURA 2

e *S* é a superfície da região *E* delimitada pelo cilindro parabólico $z = 1 - x^2$ e os planos $z = 0$, $y = 0$ e $y + z = 2$. (Veja a Figura 2.)

SOLUÇÃO Seria extremamente difícil calcular a integral de superfície determinada diretamente (teríamos de calcular quatro integrais de superfícies correspondentes às quatro partes de *S*). Além disso, o divergente de **F** é muito menos complicado que o próprio **F**:

$$\text{div}\,\mathbf{F} = \frac{\partial}{\partial x}(xy) + \frac{\partial}{\partial y}(y^2 + e^{xz^2}) + \frac{\partial}{\partial z}(\text{sen}\,xy) = y + 2y = 3y$$

Portanto, usamos o Teorema do Divergente para transformar a integral da superfície dada em uma integral tripla. O modo mais fácil de calcular a integral tripla é escrever E como uma região do tipo 3:

$$E = \{(x, y, z) \mid -1 \le x \le 1,\ 0 \le z \le 1 - x^2,\ 0 \le y \le 2 - z\}$$

Assim, temos

$$\iint_S \mathbf{F} \cdot d\mathbf{S} = \iiint_E \text{div}\,\mathbf{F}\,dV = \iiint_E 3y\,dV$$

$$= 3\int_{-1}^{1}\int_0^{1-x^2}\int_0^{2-z} y\,dy\,dz\,dx = 3\int_{-1}^{1}\int_0^{1-x^2} \frac{(2-z)^2}{2}\,dz\,dx$$

$$= \frac{3}{2}\int_{-1}^{1}\left[-\frac{(2-z)^3}{3}\right]_0^{1-x^2} dx = -\tfrac{1}{2}\int_{-1}^{1}[(x^2+1)^3 - 8]\,dx$$

$$= -\int_0^1 (x^6 + 3x^4 + 3x^2 - 7)\,dx = \frac{184}{35}$$ ■

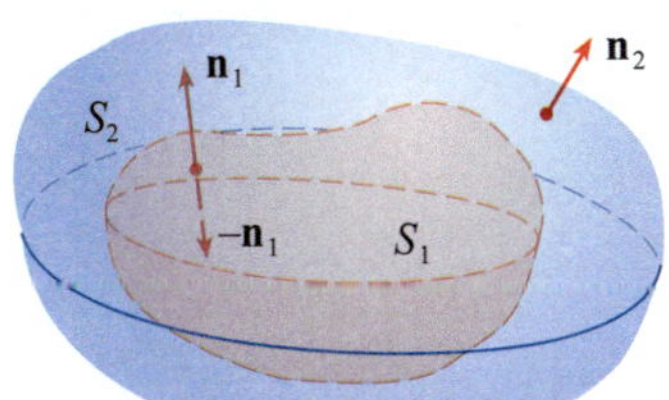

FIGURA 3

Apesar de termos demonstrado o Teorema do Divergente somente para o caso de regiões sólidas simples, ele pode ser demonstrado para regiões que são a união finita de regiões sólidas simples. (O procedimento é semelhante ao usado na Seção 16.4 para estender o Teorema de Green.)

Por exemplo, vamos considerar a região E que está entre as superfícies fechadas S_1 e S_2, onde S_1 está dentro de S_2. Sejam $\mathbf{n}_1$ e $\mathbf{n}_2$ as normais apontando para fora de S_1 e S_2. Então, a fronteira de E é $S = S_1 \cup S_2$ e a sua normal $\mathbf{n}$ é dada por $\mathbf{n} = -\mathbf{n}_1$ em S_1 e $\mathbf{n} = \mathbf{n}_2$ em S_2 (Veja a Figura 3.) Aplicando o Teorema do Divergente para S, obtemos

7
$$\iiint_E \text{div}\,\mathbf{F}\,dV = \iint_S \mathbf{F} \cdot d\mathbf{S} = \iint_S \mathbf{F} \cdot dS$$
$$= \iint_{S_1} \mathbf{F} \cdot (-\mathbf{n}_1)\,dS + \iint_{S_2} \mathbf{F} \cdot \mathbf{n}_2\,dS$$
$$= -\iint_{S_1} \mathbf{F} \cdot d\mathbf{S} + \iint_{S_2} \mathbf{F} \cdot d\mathbf{S}$$

EXEMPLO 3 No Exemplo 16.1.5 consideramos o campo elétrico

$$\mathbf{E}(\mathbf{x}) = \frac{\varepsilon Q}{|\mathbf{x}|^3}\mathbf{x}$$

onde a carga elétrica Q está localizada na origem e $\mathbf{x} = \langle x, y, z \rangle$ é um vetor posição. Use o Teorema do Divergente para mostrar que o fluxo elétrico de $\mathbf{E}$ através de qualquer superfície fechada S_2 que inclui a origem é

$$\iint_S \mathbf{E} \cdot d\mathbf{S} = 4\pi\varepsilon Q$$

SOLUÇÃO A dificuldade é que não temos uma equação explícita para S porque S é *qualquer* superfície fechada envolvendo a origem. Seja S_1 uma esfera centrada na origem e com raio a, onde a é pequeno o suficiente para que S_1 esteja contida na região interna a S. Nesse caso, a Equação 7 fornece

8
$$\iiint_E \text{div}\,\mathbf{E}\,dV = -\iint_{S_1} \mathbf{E} \cdot d\mathbf{S} + \iint_S \mathbf{E} \cdot dS$$

Você pode constatar que div $\mathbf{E} = 0$. (Veja o Exercício 25.) Dessa forma, de (8) temos

$$\iint_S \mathbf{E} \cdot d\mathbf{S} = \iint_{S_1} \mathbf{E} \cdot d\mathbf{S}$$

O ponto importante nesse cálculo é que podemos calcular a integral de superfície sobre S_1 porque S_1 é uma esfera. O vetor normal em $\mathbf{x}$ é $\mathbf{x}/|\mathbf{x}|$. Portanto,

$$\mathbf{E} \cdot \mathbf{n} = \frac{\varepsilon Q}{|\mathbf{x}|^3} \mathbf{x} \cdot \left(\frac{\mathbf{x}}{|\mathbf{x}|} \right) = \frac{\varepsilon Q}{|\mathbf{x}|^4} \mathbf{x} \cdot \mathbf{x} = \frac{\varepsilon Q}{|\mathbf{x}|^2} = \frac{\varepsilon Q}{a^2}$$

uma vez que a equação de S_1 é $|\mathbf{x}| = a$. Assim, temos

$$\iint_S \mathbf{E} \cdot d\mathbf{S} = \iint_{S_1} \mathbf{E} \cdot \mathbf{n}\, dS = \frac{\varepsilon Q}{a^2} \iint_{S_1} dS = \frac{\varepsilon Q}{a^2} A(S_1) = \frac{\varepsilon Q}{a^2} 4\pi a^2 = 4\pi \varepsilon Q$$

Isso mostra que o fluxo elétrico de $\mathbf{E}$ é $4\pi\varepsilon Q$ através de *qualquer* superfície fechada S que contenha a origem. [Esse é um caso especial da Lei de Gauss (Equação 16.7.11) para uma única carga. A relação entre ε e ε_0 é $\varepsilon = 1/(4\pi\varepsilon_0)$.] ■

Outra aplicação do Teorema do Divergente aparece no escoamento de fluidos. Seja $\mathbf{v}(x, y, z)$ o campo de velocidade de um fluido com densidade constante ρ. Então, $\mathbf{F} = \rho\mathbf{v}$ é a taxa de vazão do fluido por unidade de área. Se $P_0(x_0, y_0, z_0)$ é um ponto no fluido e B_a é uma bola com centro em P_0 e raio muito pequeno a, então div $\mathbf{F}(P) \approx$ div $\mathbf{F}(P_0)$ para todos os pontos em B_a, uma vez que div $\mathbf{F}$ é contínuo. Aproximamos o fluxo sobre a fronteira esférica S_a como segue:

$$\iint_{S_a} \mathbf{F} \cdot d\mathbf{S} = \iiint_{B_a} \operatorname{div} \mathbf{F}\, dV \approx \iiint_{B_a} \operatorname{div} \mathbf{F}(P_0)\, dV = \operatorname{div} \mathbf{F}(P_0) V(B_a)$$

Essa aproximação se torna melhor à medida que $a \to 0$ e sugere que

9 $$\operatorname{div} \mathbf{F}(P_0) = \lim_{a \to 0} \frac{1}{V(B_a)} \iint_{S_a} \mathbf{F} \cdot d\mathbf{S}$$

A Equação 9 diz que div $\mathbf{F}(P_0)$ é a taxa líquida de fluxo para o exterior por unidade de volume em P_0. (Essa é a razão para o nome *divergente*.) Se div $\mathbf{F}(P) > 0$, o fluxo líquido é exteriormente perto de P e P é chamado uma **fonte**. Se div $\mathbf{F}(P) < 0$, o escoamento total perto de P é para dentro e P é denominado **sorvedouro**.

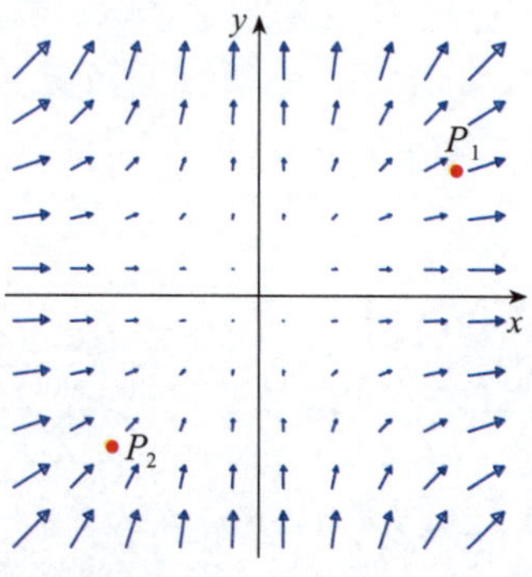

FIGURA 4
Campo vetorial $\mathbf{F} = x^2\,\mathbf{i} + y^2\,\mathbf{j}$

Para o campo vetorial da Figura 4, parece que os vetores que terminam próximo de P_1 são menores que os vetores que iniciam perto do mesmo ponto P_1. Então, o fluxo total é para fora perto de P_1, assim, div $\mathbf{F}(P_1) > 0$ e P_1 é uma fonte. Por outro lado, perto de P_2, os vetores que chegam são maiores que os que saem. Aqui o fluxo total é para dentro, assim div $\mathbf{F}(P_2) < 0$ e P_2 é um sorvedouro. Podemos usar a fórmula para $\mathbf{F}$ para confirmar essa impressão. Uma vez que $\mathbf{F} = x^2\,\mathbf{i} + y^2\,\mathbf{j}$, temos div $\mathbf{F} = 2x + 2y$, que é positivo quando $y > -x$. Assim, os pontos acima da linha $y = -x$ são fontes e os que estão abaixo são sorvedouros.

16.9 Exercícios

1-4 Verifique se o Teorema do Divergente é verdadeiro para o campo vetorial $\mathbf{F}$ na região E.

1. $\mathbf{F}(x, y, z) = 3x\,\mathbf{i} + xy\,\mathbf{j} + 2xz\,\mathbf{k}$,
E é o cubo limitado pelos planos $x = 0$, $x = 1$, $y = 0$, $y = 1$, $z = 0$ e $z = 1$

2. $\mathbf{F}(x, y, z) = y^2 z^3\,\mathbf{i} + 2yz\,\mathbf{j} + 4z^2\,\mathbf{k}$,
E é o sólido limitado pelo paraboloide $z = x^2 + y^2$ e pelo plano $z = 9$

3. $\mathbf{F}(x, y, z) = \langle z, y, x \rangle$,
E é a bola sólida $x^2 + y^2 + z^2 \le 16$

4. $\mathbf{F}(x, y, z) = \langle x^2, -y, z \rangle$,
E é o cilindro sólido $y^2 + z^2 \le 9$, $0 \le x \le 2$

5-17 Use o Teorema do Divergente para calcular a integral de superfície $\iint_S \mathbf{F} \cdot d\mathbf{S}$; ou seja, calcule o fluxo de $\mathbf{F}$ através de S.

5. $\mathbf{F}(x, y, z) = xye^z\,\mathbf{i} + xy^2z^3\,\mathbf{j} - ye^z\,\mathbf{k}$,
S é a superfície da caixa delimitada pelos planos coordenados e pelos planos $x = 3$, $y = 2$, $z = 1$

6. $\mathbf{F}(x, y, z) = x^2yz\,\mathbf{i} + xy^2z\,\mathbf{j} + xyz^2\,\mathbf{k}$,
S é a superfície da caixa delimitada pelos planos $x = 0$, $x = a$, $y = 0$, $y = b$, $z = 0$ e $z = c$, onde a, b e c são números positivos

7. $\mathbf{F}(x, y, z) = 3xy^2\,\mathbf{i} + xe^z\,\mathbf{j} + z^3\,\mathbf{k}$,
S é a superfície do sólido limitado pelo cilindro $y^2 + z^2 = 1$ e os planos $x = -1$ e $x = 2$

8. $\mathbf{F}(x, y, z) = (x^3 + y^3)\,\mathbf{i} + (y^3 + z^3)\,\mathbf{j} + (z^3 + x^3)\,\mathbf{k}$,
S é a esfera com centro na origem e raio igual a 2

9. $\mathbf{F}(x, y, z) = xe^y\,\mathbf{i} + (z - e^y)\,\mathbf{j} - xy\,\mathbf{k}$,
S é o elipsoide $x^2 + 2y^2 + 3z^2 = 4$

10. $\mathbf{F}(x, y, z) = e^y \operatorname{tg} z\,\mathbf{i} + x^2y\,\mathbf{j} + e^x \cos y\,\mathbf{k}$,
S é a superfície do sólido que está sobre o plano xy e sob a superfície $z = 2 - x - y^3$, $-1 \le x \le 1$, $-1 \le y \le 1$

11. $\mathbf{F}(x, y, z) = (2x^3 + y^3)\,\mathbf{i} + (y^3 + z^3)\,\mathbf{j} + 3y^2z\,\mathbf{k}$,
S é a superfície do sólido limitado pelo paraboloide $z = 1 - x^2 - y^2$ e pelo plano xy

12. $\mathbf{F}(x, y, z) = (xy + 2xz)\,\mathbf{i} + (x^2 + y^2)\,\mathbf{j} + (xy - z^2)\,\mathbf{k}$,
S é a superfície do sólido limitado pelo cilindro $x^2 + y^2 = 4$ e pelos planos $z = y - 2$ e $z = 0$

13. $\mathbf{F}(x, y, z) = x^2z\,\mathbf{i} + xz^3\,\mathbf{j} + y \ln(x + 1)\,\mathbf{k}$,
S é a superfície do sólido delimitado pelos planos $x + 2z = 4$, $y = 3$, $x = 0$, $y = 0$ e $z = 0$

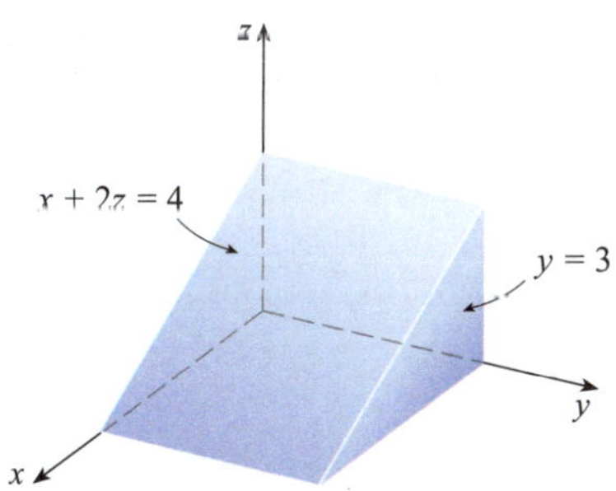

14. $\mathbf{F}(x, y, z) = (xy - z^2)\,\mathbf{i} + x^3\sqrt{z}\,\mathbf{j} + (xy + z^2)\,\mathbf{k}$,
S é a superfície do sólido delimitado pelo cilindro $x = y^2$ e pelos planos $x + z = 1$ e $z = 0$

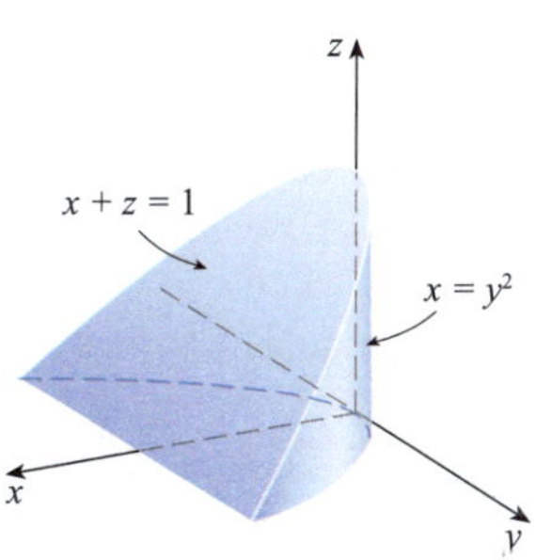

15. $\mathbf{F}(x, y, z) = z\,\mathbf{i} + y\,\mathbf{j} + zx\,\mathbf{k}$,
S é a superfície do tetraedro delimitado pelos planos coordenados e pelo plano

$$\frac{x}{a} + \frac{y}{b} + \frac{z}{c} = 1$$

onde a, b e c são números positivos

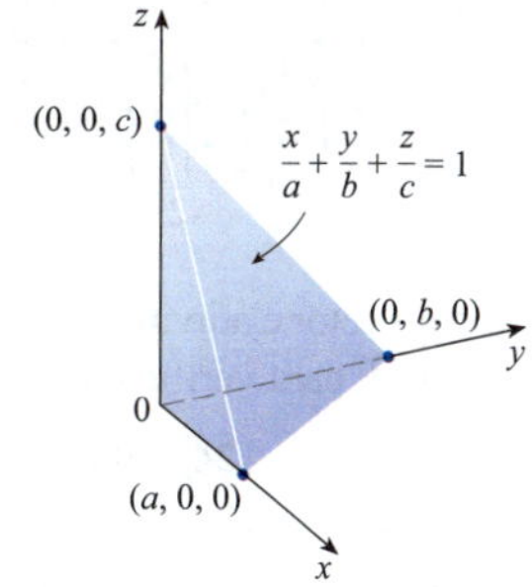

16. $\mathbf{F} = |\mathbf{r}|^2\,\mathbf{r}$, onde $\mathbf{r} = x\,\mathbf{i} + y\,\mathbf{j} + z\,\mathbf{k}$,
S é a esfera com raio R e centro na origem

17. $\mathbf{F} = |\mathbf{r}|\,\mathbf{r}$, onde $\mathbf{r} = x\,\mathbf{i} + y\,\mathbf{j} + z\,\mathbf{k}$,
S é composta pela semiesfera $z = \sqrt{1 - x^2 - y^2}$ e pelo disco $x^2 + y^2 \le 1$ no plano xy

---

T **18.** Trace o campo vetorial
$\mathbf{F}(x, y, z) = \operatorname{sen} x \cos^2 y\,\mathbf{i} + \operatorname{sen}^3 y \cos^4 z\,\mathbf{j} + \operatorname{sen}^5 z \cos^6 x\,\mathbf{k}$
no cubo obtido cortando o primeiro octante pelos planos $x = \pi/2$, $y = \pi/2$ e $z = \pi/2$. Em seguida, calcule o fluxo através da superfície do cubo.

19. Use o Teorema do Divergente para calcular $\iint_S \mathbf{F} \cdot d\mathbf{S}$, onde

$$\mathbf{F}(x, y, z) = z^2 x\,\mathbf{i} + \left(\tfrac{1}{3}y^3 + \operatorname{tg}^{-1} z\right)\mathbf{j} + (x^2z + y^2)\,\mathbf{k}$$

e S é a metade superior da esfera $x^2 + y^2 + z^2 = 1$.

[*Dica*: Observe que S não é uma superfície fechada. Calcule primeiramente as integrais sobre S_1 e S_2, onde S_1 é o disco $x^2 + y^2 \le 1$, com orientação para baixo, e $S_2 = S \cup S_1$.]

20. Seja $\mathbf{F}(x, y, z) = z \operatorname{tg}^{-1}(y^2)\,\mathbf{i} + z^3 \ln(x^2 + 1)\,\mathbf{j} + z\,\mathbf{k}$. Determine o fluxo de $\mathbf{F}$ através da parte do paraboloide $x^2 + y^2 + z = 2$ que está acima do plano $z = 1$ e tem orientação ascendente.

21. Um campo vetorial $\mathbf{F}$ é mostrado. Use a interpretação do divergente deduzida nesta seção para determinar se os pontos P_1 e P_2 são fontes ou sorvedouros.

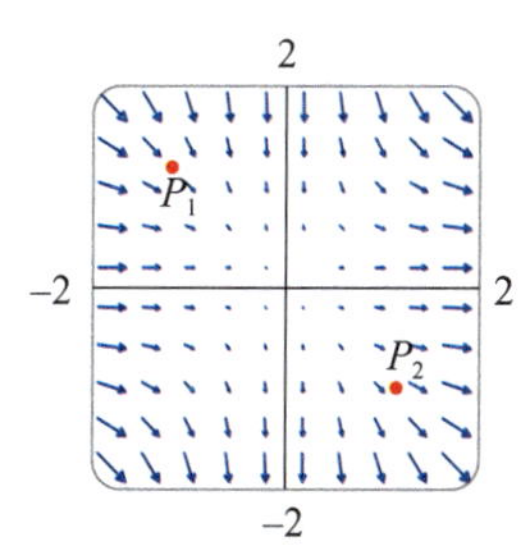

22. (a) Os pontos P_1 e P_2 são fontes ou sorvedouros no campo vetorial $\mathbf{F}$ mostrado na figura? Dê uma explicação baseada exclusivamente na figura.
(b) Dado que $\mathbf{F}(x, y) = \langle x, y^2 \rangle$, use a definição de divergente para verificar sua resposta da parte (a).

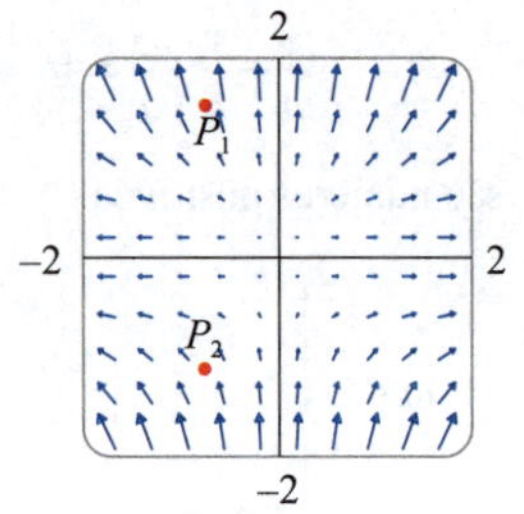

23-24 Trace o campo do vetor e adivinhe onde div **F** > 0 e onde div **F** < 0. Então, calcule div **F** para verificar o seu palpite.

23. $\mathbf{F}(x, y) = \langle xy, x + y^2 \rangle$ **24.** $\mathbf{F}(x, y) = \langle x^2, y^2 \rangle$

25. Verifique se div **E** = 0 para o campo elétrico $\mathbf{E}(\mathbf{x}) = \dfrac{\varepsilon Q}{|\mathbf{x}|^3}\mathbf{x}$.

26. Use o Teorema do Divergente para avaliar

$$\iint_S (2x + 2y + z^2)\, dS$$

onde S é a esfera $x^2 + y^2 + z^2 = 1$.

27-32 Demonstre cada identidade, supondo que S e E satisfaçam as condições do Teorema do Divergente e que as funções escalares e as componentes dos campos vetoriais tenham derivadas parciais de segunda ordem contínuas.

27. $\iint_S \mathbf{a} \cdot \mathbf{n}\, dS = 0$, onde **a** é um vetor constante

28. $V(E) = \frac{1}{3}\iint_S \mathbf{F} \cdot d\mathbf{S}$, onde $\mathbf{F}(x, y, z) = x\,\mathbf{i} + y\,\mathbf{j} + z\,\mathbf{k}$

29. $\iint_S \text{rot}\, \mathbf{F} \cdot d\mathbf{S} = 0$ **30.** $\iint_S D_{\mathbf{n}} f\, dS = \iiint_E \nabla^2 f\, dV$

31. $\iint_S (f\nabla g) \cdot \mathbf{n}\, dS = \iiint_E (f\nabla^2 g + \nabla f \cdot \nabla g)\, dV$

32. $\iint_S (f\nabla g - g\nabla f) \cdot \mathbf{n}\, dS = \iiint_E (f\nabla^2 g - g\nabla^2 f)\, dV$

33. Suponha que S e E satisfaçam as condições do Teorema do Divergente e que f seja uma função escalar com derivadas parciais contínuas. Demonstre que

$$\iint_S f\mathbf{n}\, dS = \iiint_E \nabla f\, dV$$

Estas integrais de superfície e triplos de funções vetoriais são vetores definidos por meio da integração de cada função do componente. [*Dica*: Comece por aplicar o Teorema do Divergente para $\mathbf{F} = f\,\mathbf{c}$, onde **c** é um vetor constante arbitrário.]

34. Um sólido ocupa uma região E com superfície S e é imerso em um líquido com uma densidade constante ρ. Escolhemos um sistema de coordenadas de modo que o plano xy coincida com a superfície do líquido e valores positivos de z sejam medidos para baixo, adentrando o líquido. Então, a pressão na profundidade z é $p = \rho g z$, onde g é a aceleração da gravidade (veja a Seção 8.3, no Volume 1). A força de empuxo total sobre o sólido devida à distribuição de pressão é dada pela integral de superfície

$$\mathbf{F} = -\iint_S p\mathbf{n}\, dS$$

onde **n** é o vetor normal unitário apontando para fora. Use o resultado do Exercício 33 para mostrar que $\mathbf{F} = -W\mathbf{k}$, onde W é o peso do líquido deslocado pelo sólido. (Observe que **F** é dirigida para cima porque z é dirigida para baixo.) O resultado é o *Princípio de Arquimedes*: a força de empuxo sobre um objeto é igual ao peso do líquido deslocado.

16.10 Resumo

Os principais resultados deste capítulo são versões em dimensão maior do Teorema Fundamental do Cálculo. Para facilitarmos a memorização, reunimos os teoremas (sem suas hipóteses) para que você possa visualizar mais facilmente suas semelhanças essenciais. Observe que em cada caso temos uma integral de uma "derivada" sobre uma região do lado esquerdo e do lado direito temos os valores da função original somente na *fronteira* da região.

Curvas e suas fronteiras (extremidades)

Teorema Fundamental do Cálculo $\int_a^b F'(x)\,dx = F(b) - F(a)$

Teorema Fundamental para as Integrais de Linha $\int_C \nabla f \cdot d\mathbf{r} = f(\mathbf{r}(b)) - f(\mathbf{r}(a))$

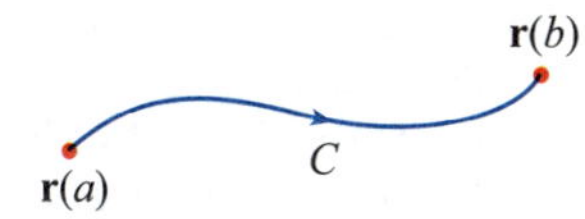

Superfícies e suas fronteiras

Teorema de Green $\iint_D \left(\frac{\partial Q}{\partial x} - \frac{\partial P}{\partial y} \right) dA = \int_C P\,dx + Q\,dy$

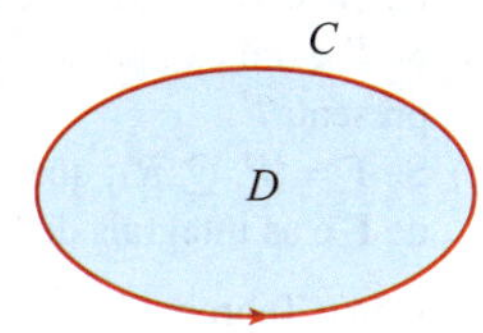

Teorema de Stokes $\iint_S \operatorname{rot} \mathbf{F} \cdot d\mathbf{S} = \int_C \mathbf{F} \cdot d\mathbf{r}$

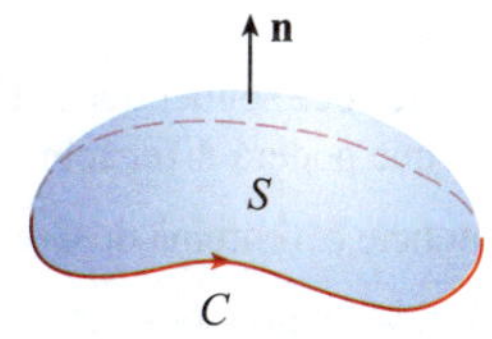

Sólidos e suas fronteiras

Teorema do Divergente $\iiint_E \operatorname{div} \mathbf{F}\,dV = \iint_S \mathbf{F} \cdot d\mathbf{S}$

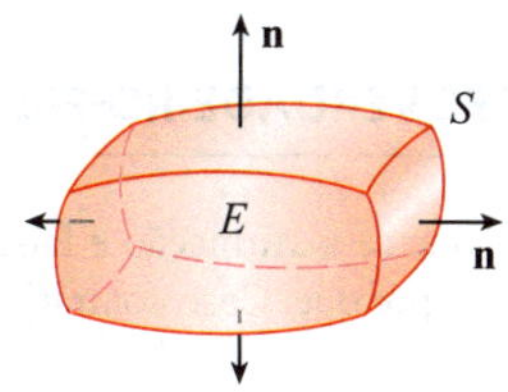

16 REVISÃO

VERIFICAÇÃO DE CONCEITOS

As respostas para a Verificação de Conceitos podem ser encontradas na página deste livro no site da Cengage.

1. O que é um campo vetorial? Dê três exemplos com significado físico.

2. (a) O que é um campo vetorial conservativo?
(b) O que é uma função potencial?

3. (a) Escreva a definição da integral de linha para uma função escalar f ao longo de uma curva suave C em relação ao comprimento de arco.
(b) Como calcular tal integral?
(c) Escreva expressões para a massa e para o centro de massa de um arame fino com o formato da curva C se o arame tiver função densidade linear $\rho(x, y)$.
(d) Escreva as definições das integrais de linha sobre C de uma função escalar f com relação a x, y e z.
(e) Como calcular essas integrais de linha?

4. (a) Defina a integral de linha do campo vetorial $\mathbf{F}$ ao longo da curva suave C dada pela função vetorial $\mathbf{r}(t)$.
(b) Se $\mathbf{F}$ é um campo de força, o que essa integral de linha representa?
(c) Se $\mathbf{F} = \langle P, Q, R\rangle$, qual é a relação entre a integral de linha de $\mathbf{F}$ e as integrais de linha das componentes P, Q e R?

5. Enuncie o Teorema Fundamental das Integrais de Linha.

6. (a) O que significa dizer que $\int_C \mathbf{F} \cdot d\mathbf{r}$ é independente do caminho?
(b) Se você souber que $\int_C \mathbf{F} \cdot d\mathbf{r}$ é independente do caminho, o que poderá dizer sobre $\mathbf{F}$?

7. Enuncie o Teorema de Green.

8. Escreva expressões para a área delimitada pela curva C em termos da integral de linha em torno de C.

9. Suponha que $\mathbf{F}$ seja um campo vetorial sobre $\mathbb{R}^3$.
(a) Defina rot $\mathbf{F}$. (b) Defina div $\mathbf{F}$.
(c) Se $\mathbf{F}$ for um campo de velocidade em um fluido, qual a interpretação física de rot $\mathbf{F}$ e de div $\mathbf{F}$?

10. Se $\mathbf{F} = P\,\mathbf{i} + Q\,\mathbf{j}$, como é que você testa para determinar se $\mathbf{F}$ é conservativo? E se $\mathbf{F}$ for um campo vetorial em $\mathbb{R}^3$?

11. (a) O que é uma superfície parametrizada? O que são suas curvas de grade?
(b) Escreva uma expressão para a área de uma superfície parametrizada.
(c) Qual é a área da superfície dada pela equação $z = g(x, y)$?

12. (a) Escreva a definição da integral de superfície de uma função escalar f sobre uma superfície S.
(b) Como calcular tal integral se S for uma superfície parametrizada dada por uma função vetorial $\mathbf{r}(u, v)$?
(c) E se S for dada pela equação $z = g(x, y)$?
(d) Se uma folha fina tem o formato de uma superfície S e a densidade em (x, y, z) é $\rho(x, y, z)$, escreva expressões para a massa e o centro de massa da folha.

13. (a) O que é uma superfície orientada? Dê um exemplo de superfície não orientável.
(b) Defina a integral de superfície (ou fluxo) de um campo vetorial $\mathbf{F}$ sobre uma superfície orientada S com vetor normal unitário $\mathbf{n}$.
(c) Como calcular tal integral se S for uma superfície parametrizada dada por uma função vetorial $\mathbf{r}(u, v)$?
(d) E se S for dada pela equação $z = g(x, y)$?

14. Enuncie o Teorema de Stokes.

15. Enuncie o Teorema do Divergente.

16. Quais as semelhanças entre o Teorema Fundamental das Integrais de Linha, o Teorema de Green, o Teorema de Stokes e o Teorema do Divergente?

TESTES VERDADEIRO-FALSO

Determine se a afirmação é falsa ou verdadeira. Se for verdadeira, explique por quê. Caso contrário, explique por que ou dê um exemplo que mostre que é falsa.

1. Se $\mathbf{F}$ for um campo vetorial, então div $\mathbf{F}$ é um campo vetorial.

2. Se $\mathbf{F}$ for um campo vetorial, então rot $\mathbf{F}$ é um campo vetorial.

3. Se f tem derivadas parciais de todas as ordens contínuas sobre $\mathbb{R}^3$, então div(rot ∇f) = 0.

4. Se f tem derivadas parciais contínuas sobre $\mathbb{R}^3$ e C for um círculo qualquer, então $\int_C \nabla f \cdot d\mathbf{r} = 0$.

5. Se $\mathbf{F} = P\,\mathbf{i} + Q\,\mathbf{j}$ e $P_y = Q_x$ em uma região aberta D, então $\mathbf{F}$ é conservativo.

6. $\int_{-C} f(x, y)\, ds = -\int_C f(x, y)\, ds$

7. Se $\mathbf{F}$ e $\mathbf{G}$ são campos vetoriais e div $\mathbf{F}$ = div $\mathbf{G}$, então $\mathbf{F} = \mathbf{G}$.

8. O trabalho feito por um campo de força conservativo em movimento de uma partícula em torno de um caminho fechado é igual a zero.

9. Se $\mathbf{F}$ e $\mathbf{G}$ são campos vetoriais, então

$$\text{rot}(\mathbf{F} + \mathbf{G}) = \text{rot}\,\mathbf{F} + \text{rot}\,\mathbf{G}$$

10. Se $\mathbf{F}$ e $\mathbf{G}$ são campos vetoriais, então

$$\text{rot}(\mathbf{F} \cdot \mathbf{G}) = \text{rot}\,\mathbf{F} \cdot \text{rot}\,\mathbf{G}$$

11. Se S é uma esfera e $\mathbf{F}$ é uma constante de campo vetorial, então

$$\iint_S \mathbf{F} \cdot d\mathbf{S} = 0$$

12. Existe um campo vetorial $\mathbf{F}$ tal que

$$\text{rot}\,\mathbf{F} = x\mathbf{i} + y\mathbf{j} + z\mathbf{k}$$

13. A área da região limitada pela curva fechada simples, lisa por partes, com orientação positiva C é $A = \oint_C y\, dx$.

EXERCÍCIOS

1. São mostrados um campo vetorial **F**, uma curva C e um ponto P.
(a) $\int_C \mathbf{F} \cdot d\mathbf{r}$ é positivo, negativo ou zero? Explique.
(b) div $\mathbf{F}(P)$ é positivo ou negativo? Explique.

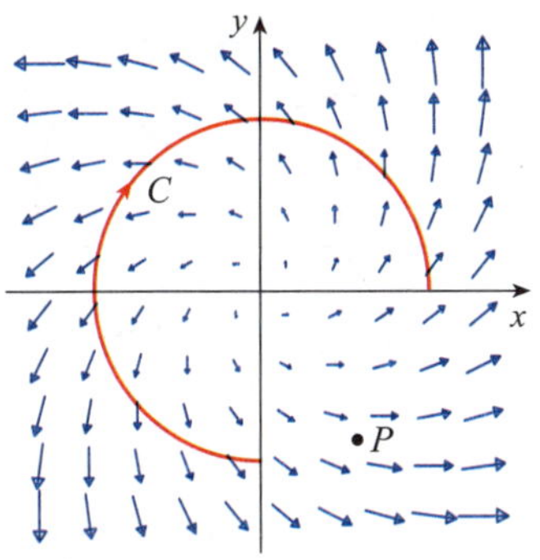

2-9 Calcule a integral de linha.

2. $\int_C x\, ds$,
C é o arco de parábola $y = x^2$ de $(0, 0)$ a $(1, 1)$

3. $\int_C yz \cos x\, ds$,
C: $x = t$, $y = 3 \cos t$, $z = 3 \operatorname{sen} t$, $0 \le t \le \pi$

4. $\int_C y\, dx + (x + y^2)dy$,
C é a elipse $4x^2 + 9y^2 = 36$ com a orientação anti-horária

5. $\int_C y^3\, dx + x^2\, dy$, C é o arco da parábola $x = 1 - y^2$ de $(0, -1)$ a $(0, 1)$

6. $\int_C \sqrt{xy}\; dx + e^y\, dy + xz\, dz$
C é dado por $\mathbf{r}(t) = t^4\, \mathbf{i} + t^2\, \mathbf{j} + t^3\, \mathbf{k}$, $0 \le t \le 1$

7. $\int_C xy\, dx + y^2\, dy + yz\, dz$, C é o segmento de reta de $(1, 0, -1)$ a $(3, 4, 2)$

8. $\int_C \mathbf{F} \cdot d\mathbf{r}$, onde $\mathbf{F}(x, y) = xy\, \mathbf{i} + x^2\, \mathbf{j}$, e C é dado por $\mathbf{r}(t) = \operatorname{sen} t\, \mathbf{i} + (1 + t)\, \mathbf{j}$, $0 \le t \le \pi$

9. $\int_C \mathbf{F} \cdot d\mathbf{r}$, onde $\mathbf{F}(x, y, z) = e^z\, \mathbf{i} + xz\, \mathbf{j} + (x + y)\, \mathbf{k}$ e
C é dado por $\mathbf{r}(t) = t^2\, \mathbf{i} + t^3\, \mathbf{j} - t\, \mathbf{k}$, $0 \le t \le 1$

10. Encontre o trabalho feito pelo campo de força.

$$\mathbf{F}(x, y, z) = z\, \mathbf{i} + x\, \mathbf{j} + y\, \mathbf{k}$$

ao mover uma partícula do ponto $(3, 0, 0)$ ao ponto $(0, \pi/2, 3)$ ao longo
(a) de uma reta
(b) da hélice $x = 3 \cos t$, $y = t$, $z = 3 \operatorname{sen} t$

11-12 Mostre que **F** é um campo vetorial conservativo. Então determine uma função f tal que $\mathbf{F} = \nabla f$.

11. $\mathbf{F}(x, y) = (1 + xy)e^{xy}\, \mathbf{i} + (e^y + x^2 e^{xy})\, \mathbf{j}$

12. $\mathbf{F}(x, y, z) = \operatorname{sen} y\, \mathbf{i} + x \cos y\, \mathbf{j} - \operatorname{sen} z\, \mathbf{k}$

13-14 Mostre que **F** é conservativo e use esse fato para calcular $\int_C \mathbf{F} \cdot d\mathbf{r}$ ao longo da curva dada.

13. $\mathbf{F}(x, y) = (4x^3y^2 - 2xy^3)\, \mathbf{i} + (2x^4 y - 3x^2y^2 + 4y^3)\, \mathbf{j}$,
C: $\mathbf{r}(t) = (t + \operatorname{sen} \pi t)\, \mathbf{i} + (2t + \cos \pi t)\, \mathbf{j}$, $0 \le t \le 1$

14. $\mathbf{F}(x, y, z) = e^y\, \mathbf{i} + (xe^y + e^z)\, \mathbf{j} + ye^z\, \mathbf{k}$,
C é o segmento de reta que liga $(0, 2, 0)$ a $(4, 0, 3)$

15. Verifique que o Teorema de Green é verdadeiro para a integral de linha $\int_C xy^2\, dx - x^2y\, dy$, onde C consiste na parábola $y = x^2$ de $(-1, 1)$ a $(1, 1)$ e no segmento de reta de $(1, 1)$ a $(-1, 1)$.

16. Use o Teorema de Green para calcular

$$\int_C \sqrt{1 + x^3}\, dx + 2xydy$$

onde C é o triângulo com vértices $(0, 0)$, $(1, 0)$ e $(1, 3)$.

17. Use o Teorema de Green para calcular $\int_C x^2y\, dx - xy^2\, dy$, onde C é o círculo $x^2 + y^2 = 4$ orientado no sentido anti-horário.

18. Determine rot **F** e div **F** se

$$\mathbf{F}(x, y, z) = e^{-x} \operatorname{sen} y\, \mathbf{i} + e^{-y} \operatorname{sen} z\, \mathbf{j} + e^{-z} \operatorname{sen} x\, \mathbf{k}$$

19. Mostre que não existe um campo vetorial **G** tal que

$$\operatorname{rot} \mathbf{G} = 2x\, \mathbf{i} + 3yz\, \mathbf{j} - xz^2\, \mathbf{k}$$

20. Se **F** e **G** são campos vetoriais cujas funções componentes têm as primeiras derivadas parciais contínuas, mostre que

$$\operatorname{rot}(\mathbf{F} \times \mathbf{G}) = \mathbf{F} \operatorname{div} \mathbf{G} - \mathbf{G} \operatorname{div} \mathbf{F} + (\mathbf{G} \cdot \nabla)\mathbf{F} - (\mathbf{F} \cdot \nabla)\mathbf{G}$$

21. Se C é uma curva fechada simples suave por partes e f e g são funções diferenciáveis, mostre que $\int_C f(x)\, dx + g(y)\, dy = 0$.

22. Se f e g são funções com derivadas de segunda ordem, mostre que

$$\nabla^2(fg) = f\nabla^2 g + g\nabla^2 f + 2\nabla f \cdot \nabla g$$

23. Se f é uma função harmônica, ou seja, $\nabla^2 f = 0$, mostre que a integral de linha $\int f_y\, dx - f_x\, dy$ é independente do caminho em qualquer região simples D.

24. (a) Esboce a curva C com equações paramétricas

$$x = \cos t \qquad y = \operatorname{sen} t \qquad z = \operatorname{sen} t \qquad 0 \le t \le 2\pi$$

(b) Determine $\int_C 2xe^{2y}\, dx + (2x^2e^{2y} + 2y \operatorname{cotg} z)\, dy - y^2 \operatorname{cossec}^2 z\, dz$.

25. Determine a área da parte da superfície $z = x^2 + 2y$ que está acima do triângulo com vértices $(0, 0)$, $(1, 0)$ e $(1, 2)$.

26. (a) Determine uma equação do plano tangente no ponto $(4, -2, 1)$ à superfície parametrizada S dada por

$$\mathbf{r}(u, v) = v^2\, \mathbf{i} - uv\, \mathbf{j} + u^2\mathbf{k},\ 0 \le u \le 3,\ -3 \le v \le 3$$

(b) Trace o gráfico da superfície S e do plano tangente encontrado na parte (a).
(c) Escreva, mas não calcule, uma integral que dê a área da superfície S.
(d) Se

$$\mathbf{F}(x, y, z) = \frac{z^2}{1 + x^2}\mathbf{i} + \frac{x^2}{1 + y^2}\mathbf{j} + \frac{y^2}{1 + z^2}\mathbf{k}$$

Use um sistema de computação algébrica para encontrar $\iint_S \mathbf{F} \cdot d\mathbf{S}$ correta até a quarta casa decimal.

27-30 Calcule a integral de superfície.

27. $\iint_S z\, dS$, onde S é a parte do paraboloide $z = x^2 + y^2$ que está abaixo do plano $z = 4$

28. $\iint_S (x^2z + y^2z)\, dS$, onde S é a parte do plano $z = 4 + x + y$ que está dentro do cilindro $x^2 + y^2 = 4$

29. $\iint_S \mathbf{F} \cdot d\mathbf{S}$, onde $\mathbf{F}(x, y, z) = xz\, \mathbf{i} - 2y\, \mathbf{j} + 3x\, \mathbf{k}$ e S é a esfera $x^2 + y^2 + z^2 = 4$ com orientação para fora

30. $\iint_S \mathbf{F} \cdot d\mathbf{S}$, onde $\mathbf{F}(x, y, z) = x^2\,\mathbf{i} + xy\,\mathbf{j} + z\,\mathbf{k}$ e S é a parte do paraboloide $z = x^2 + y^2$ abaixo do plano $z = 1$ com orientação ascendente.

31. Verifique se o Teorema de Stokes é verdadeiro para o campo vetorial $\mathbf{F}(x, y, z) = x^2\,\mathbf{i} + y^2\,\mathbf{j} + z^2\,\mathbf{k}$, onde S é a parte do paraboloide $z = 1 - x^2 - y^2$ que está acima do plano xy e S tem orientação ascendente.

32. Use o Teorema de Stokes para calcular $\iint_S \operatorname{rot} \mathbf{F} \cdot d\mathbf{S}$, onde $\mathbf{F}(x, y, z) = x^2yz\,\mathbf{i} + yz^2\,\mathbf{j} + z^3e^{xy}\,\mathbf{k}$, S é a parte da esfera $x^2 + y^2 + z^2 = 5$ que está acima do plano $z = 1$ e S tem orientação ascendente.

33. Use o Teorema de Stokes para calcular $\int_C \mathbf{F} \cdot d\mathbf{r}$, onde $\mathbf{F}(x, y, z) = xy\,\mathbf{i} + yz\,\mathbf{j} + zx\,\mathbf{k}$ e C é o triângulo com vértices $(1, 0, 0)$, $(0, 1, 0)$ e $(0, 0, 1)$, orientado no sentido horário, como visto de cima.

34. Use o Teorema do Divergente para calcular a integral de superfície $\iint_S \mathbf{F} \cdot d\mathbf{S}$, onde $\mathbf{F}(x, y, z) = x^3\,\mathbf{i} + y^3\,\mathbf{j} + z^3\,\mathbf{k}$ e S é a superfície do sólido delimitado pelo cilindro $x^2 + y^2 = 1$ e pelos planos $z = 0$ e $z = 2$.

35. Verifique se o Teorema do Divergente é verdadeiro para o campo vetorial $\mathbf{F}(x, y, z) = x\,\mathbf{i} + y\,\mathbf{j} + z\,\mathbf{k}$, onde E é a bola unitária $x^2 + y^2 + z^2 \leq 1$.

36. Calcule o fluxo para fora de

$$\mathbf{F}(x, y, z) = \frac{x\,\mathbf{i} + y\,\mathbf{j} + z\,\mathbf{k}}{(x^2 + y^2 + z^2)^{3/2}}$$

através do elipsoide $4x^2 + 9y^2 + 6z^2 = 36$.

37. Seja

$$\mathbf{F}(x, y, z) = (3x^2yz - 3y)\,\mathbf{i} + (x^3z - 3x)\,\mathbf{j} + (x^3y + 2z)\,\mathbf{k}$$

Calcule $\int_C \mathbf{F} \cdot d\mathbf{r}$, onde C é a curva com início em $(0, 0, 2)$ e término em $(0, 3, 0)$, como mostrado na figura.

38. Seja

$$\mathbf{F}(x, y) = \frac{(2x^3 + 2xy^2 - 2y)\,\mathbf{i} + (2y^3 + 2x^2y + 2x)\,\mathbf{j}}{x^2 + y^2}$$

Calcule $\oint_C \mathbf{F} \cdot d\mathbf{r}$, onde C está representado na figura.

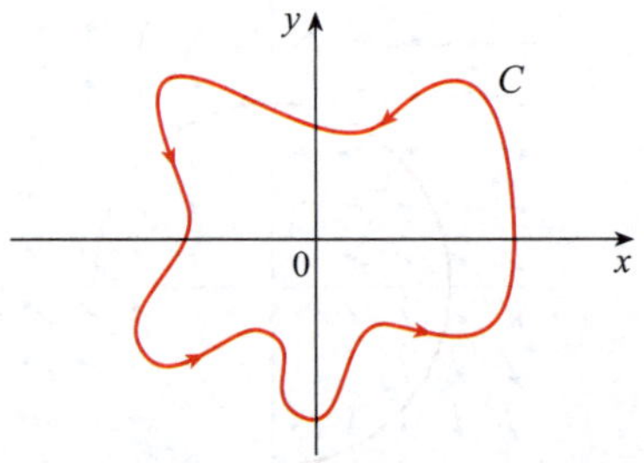

39. Determine $\iint_S \mathbf{F} \cdot \mathbf{n}\, dS$, onde $\mathbf{F}(x, y, z) = x\,\mathbf{i} + y\,\mathbf{j} + z\,\mathbf{k}$ e S é a superfície mostrada na figura, com orientação para fora (o limite do cubo com um cubo unitário removido).

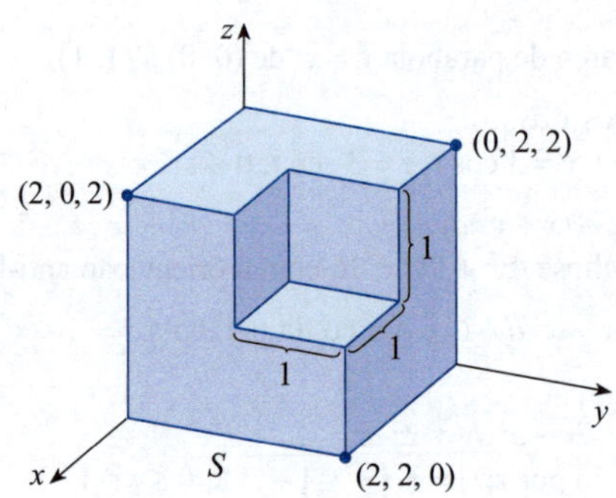

40. Se as componentes de $\mathbf{F}$ têm derivadas parciais de segunda ordem contínuas e S é a superfície limite de uma região sólida simples, mostre que $\iint_S \operatorname{rot} \mathbf{F} \cdot d\mathbf{S} = 0$.

41. Se $\mathbf{a}$ é um vetor constante, $\mathbf{r} = x\,\mathbf{i} + y\,\mathbf{j} + z\,\mathbf{k}$ e S é uma superfície orientada suave com uma curva fronteira C fechada simples, suave e positivamente orientada, mostre que

$$\iint_S 2\mathbf{a} \cdot d\mathbf{S} = \int_C (\mathbf{a} \times \mathbf{r}) \cdot d\mathbf{r}$$

Problemas Quentes

1. Seja S uma superfície parametrizada suave e seja P um ponto tal que cada reta que comece em P intercepte S no máximo uma vez. O **ângulo sólido** $\Omega(S)$ subentendido por S em P é o conjunto de retas a partir de P e passando por S. Seja $S(a)$ a intersecção de $\Omega(S)$ com a superfície da esfera com centro em P e raio a. Então, a medida do ângulo sólido (em *estereoradianos*) é definida como

$$|\Omega(S)| = \frac{\text{área de } S(a)}{a^2}$$

Aplique o Teorema do Divergente para a parte de $\Omega(S)$ entre $S(a)$ e S e mostre que

$$|\Omega(S)| = \iint_S \frac{\mathbf{r} \cdot \mathbf{n}}{r^2}\, dS$$

onde $\mathbf{r}$ é o vetor radial de P a um ponto qualquer sobre S, $r = |\mathbf{r}|$, e o sentido do vetor normal unitário $\mathbf{n}$ é dirigido para longe de P.

Isso mostra que a definição de medida de um ângulo sólido independe do raio a da esfera. Assim, a medida do ângulo sólido é igual à área subtendida sobre uma esfera unitária (observe a analogia com a definição da medida em radianos). O ângulo sólido total subtendido por uma esfera em seu centro é, portanto, 4π esterradianos.

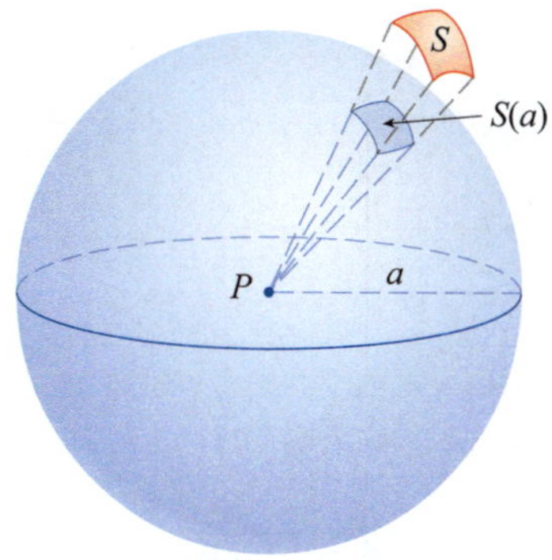

FIGURA PARA O PROBLEMA 1

2. Encontre uma curva fechada simples C para a qual o valor da integral de linha

$$\int_C (y^3 - y)\,dx + 2x^3\,dy$$

é máxima.

3. Seja C uma curva espacial simples fechada suave por partes que esteja contida em um plano com vetor unitário normal $\mathbf{n} = \langle a, b, c\rangle$ e orientada positivamente em relação a $\mathbf{n}$. Mostre que a área do plano delimitada por C é

$$\tfrac{1}{2}\int_C (bz - cy)\,dx + (cx - az)\,dy + (ay - bx)\,dz$$

4. Investigue a forma da superfície com as equações parametrizadas $x = \text{sen } u$, $y = \text{sen } v$, $z = \text{sen}(u + v)$. Comece traçando a superfície sob diversos pontos de vista. Explique a aparência dos gráficos determinando os cortes nos planos horizontais $z = 0$, $z = \pm 1$ e $z = \pm\frac{1}{2}$.

5. Demonstre a seguinte identidade:

$$\nabla(\mathbf{F} \cdot \mathbf{G}) = (\mathbf{F} \cdot \nabla)\mathbf{G} + (\mathbf{G} \cdot \nabla)\mathbf{F} + \mathbf{F} \times \text{rot } \mathbf{G} + \mathbf{G} \times \text{rot } \mathbf{F}$$

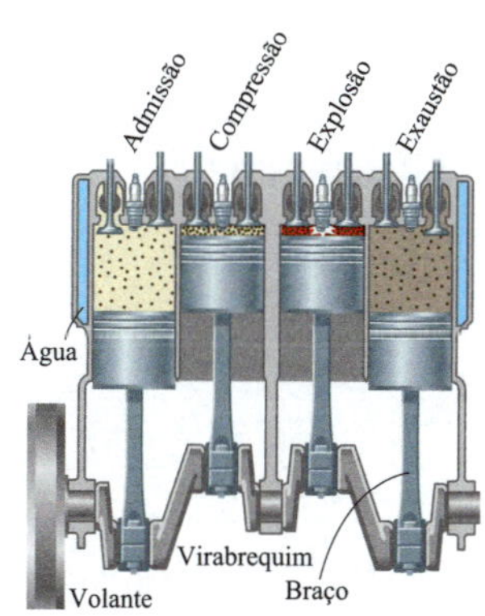

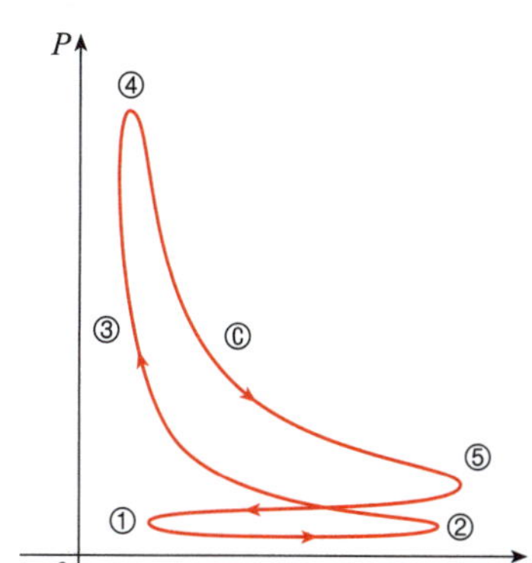

FIGURA PARA O PROBLEMA 6

6. A figura retrata a sequência de eventos em cada cilindro de um motor de quatro cilindros de combustão interna. Cada pistão se move para cima e para baixo e está ligado por um braço-pivô ao virabrequim. Sejam $P(t)$ e $V(t)$ a pressão e o volume dentro de um cilindro no instante t, onde $a \le t \le b$ é o tempo necessário para um ciclo completo. O gráfico mostra como P e V variam durante um ciclo em um motor de quatro tempos.

Durante o estágio de admissão (de ① a ②) a mistura de ar e gasolina à pressão atmosférica é aspirada para o interior do cilindro pela válvula de entrada à medida que o pistão se move para baixo. Então, o pistão comprime rapidamente a mistura com a válvula fechada, no estágio de compressão (de ② a ③), durante o qual a pressão aumenta e o volume diminui. Em ③ uma faísca proveniente da vela de ignição provoca a combustão da mistura, elevando a temperatura e a pressão com um volume praticamente constante até ④. Em seguida, com a válvula fechada, uma rápida expansão do volume força o pistão para baixo durante o estágio de potência (de ④ a ⑤). A válvula se abre, a temperatura e a pressão caem e a energia mecânica armazenada no volante em rotação impulsiona o pistão para cima, forçando a saída dos gases que se formaram no interior pela válvula, no estágio de exaustão. A válvula de exaustão se fecha e a válvula de entrada se abre. Estamos de volta a ① e o ciclo se reinicia.

(a) Mostre que o trabalho realizado pelo pistão durante um ciclo de um motor de quatro tempos é $W = \int_C P\,dV$, onde C é a curva no plano PV mostrada na figura.
[*Dica*: Seja $x(t)$ a distância do pistão até o topo do cilindro e observe que a força sobre o pistão é $\mathbf{F} = AP(t)\,\mathbf{i}$, onde A é a área do topo do pistão. Então $W = \int_{C_1} \mathbf{F} \cdot d\mathbf{r}$, onde C_1 é

dado por $\mathbf{r}(t) = x(t)\ \mathbf{i}$, $a \le t \le b$. Um modo alternativo é trabalhar diretamente com as somas de Riemann.]

(b) Use a Fórmula 16.4.5 para mostrar que o trabalho é a diferença das áreas englobadas pelos dois laços de C.

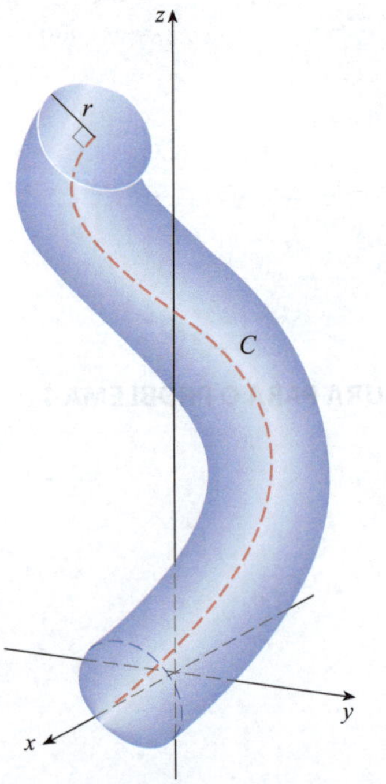

FIGURA PARA O PROBLEMA 7

7. O conjunto de todos os pontos que estão a uma distância máxima r, medida na perpendicular, de uma curva simples e suave C em $\mathbb{R}^3$ formam um "tubo" que denotamos Tubo(C, r); veja a figura à esquerda. (Supomos que r seja suficientemente pequeno para que o tubo não se autointercepte.) Embora possa parecer que o volume de tal tubo dependa das torções e das curvas de C, nesse problema você determinará uma fórmula para o volume de Tubo(C, r) que, talvez de forma surpreendente, depende apenas de r e do comprimento de C. Vamos supor aqui que C seja parametrizada em relação ao comprimento de arco s e representada por $\mathbf{r}(s)$, onde $a \le s \le b$, de modo que o comprimento de arco de C seja $L = b - a$.

(a) Mostre que a superfície de Tubo(C, q) é parametrizada por

$$\mathbf{X}(u, v) = \mathbf{r}(u) + q \cos v\, \mathbf{N}(u) + q \operatorname{sen} v\, \mathbf{B}(u) \qquad a \le u \le b,\ 0 \le v \le 2\pi$$

onde $\mathbf{N}$ e $\mathbf{B}$ são os vetores normal unitário e binormal de C.

(b) Use as Fórmulas de Frenet-Serret (Exercícios 13.3.71-72) e o Teorema de Pitágoras para vetores (Exercício 12.3.66) para mostrar que

$$|\mathbf{X}_u(u, v) \times \mathbf{X}_v(u, v)| = q[1 - \kappa(u)\, q \cos v]$$

e que, portanto, a área da superfície de Tubo(C, q) é dada por

$$S(q) = \int_a^b \int_0^{2\pi} |\mathbf{X}_u(u,v) \times \mathbf{X}_v(u,v)|\, dv\, du = 2\pi q L$$

(c) Considere uma casca tubular fina de raio q e espessura Δq ao longo de C, da qual uma seção transversal é mostrada na figura.

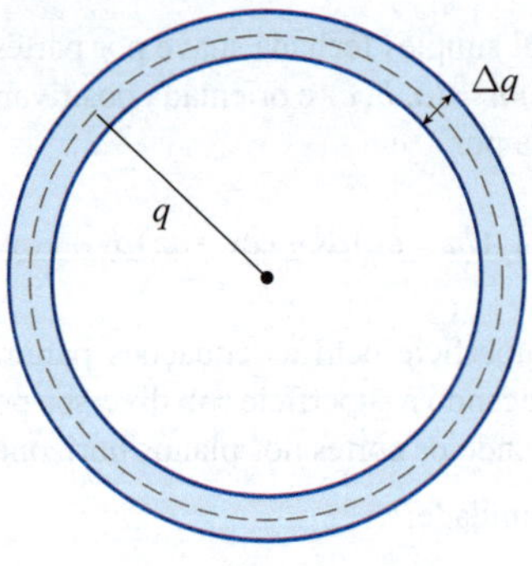

Observe que o volume da casca é aproximadamente igual a $\Delta q S(q)$ e conclua que o volume de Tubo(C, r) é dado por

$$\int_0^r S(q)\, dq = \pi r^2 L$$

(d) Determine o volume de um tubo de raio $r = 0{,}2$ ao redor da hélice $\mathbf{r}(t) = \langle \cos t, \operatorname{sen} t, t \rangle$, $0 \le t \le 4\pi$.

(e) Determine o volume do toro do Exemplo 8.3.7.

Fonte: Adaptado de A. Gray, *Tubes*. 2. ed. Basel; Boston: Birkhäuser, 2004.

O movimento de um amortecedor de uma motocicleta é descrito pelas equações diferenciais resolvidas na Seção 17.3.

17 Equações Diferenciais de Segunda Ordem

A IDEIA CENTRAL DAS EQUAÇÕES DIFERENCIAIS está explicada no Capítulo 9, onde nos concentramos em equações de primeira ordem. Neste capítulo, estudaremos as equações diferenciais lineares de segunda ordem e aprenderemos aplicá-las na resolução de problemas de vibrações de mola e circuitos elétricos. Veremos também como séries infinitas podem ser usadas para resolver equações diferenciais.

17.1 Equações Lineares de Segunda Ordem

Uma **equação diferencial linear de segunda ordem** tem a forma

$$\boxed{1} \qquad P(x)\frac{d^2y}{dx^2}+Q(x)\frac{dy}{dx}+R(x)y=G(x)$$

onde P, Q, R e G são funções contínuas. Vimos na Seção 9.1 que equações desse tipo surgem no estudo do movimento de uma mola. Na Seção 17.3 aprofundaremos essa aplicação, bem como sua aplicação aos circuitos elétricos.

Nesta seção, estudaremos o caso onde $G(x) = 0$ para todo x na Equação 1. Tais equações são chamadas equações lineares **homogêneas**. Assim, a forma de uma equação diferencial linear homogênea de segunda ordem é

$$\boxed{2} \qquad P(x)\frac{d^2y}{dx^2}+Q(x)\frac{dy}{dx}+R(x)y=0$$

Se $G(x) \neq 0$ para algum x, a Equação 1 é **não homogênea** e será discutida na Seção 17.2.

Dois fatos básicos permitem-nos resolver equações lineares homogêneas. O primeiro é que, se conhecermos duas soluções y_1 e y_2 de tal equação, então a **combinação linear** $y = c_1y_1 + c_2y_2$ também será uma solução.

3 Teorema Se $y_1(x)$ e $y_2(x)$ são ambas soluções da equação linear homogênea (2) e c_1 e c_2 são constantes quaisquer, então a função

$$y(x) = c_1y_1(x) + c_2y_2(x)$$

é também uma solução da Equação 2.

DEMONSTRAÇÃO Uma vez que y_1 e y_2 são soluções da Equação 2, temos

$$P(x)\,y_1'' + Q(x)\,y_1' + R(x)\,y_1 = 0$$

e

$$P(x)\,y_2'' + Q(x)\,y_2' + R(x)\,y_2 = 0$$

Portanto, usando as regras básicas para derivação, temos

$$\begin{aligned}
P(x)\,y'' &+ Q(x)\,y' + R(x)\,y \\
&= P(x)(c_1y_1 + c_2y_2)'' + Q(x)(c_1y_1 + c_2y_2)' + R(x)(c_1y_1 + c_2y_2) \\
&= P(x)(c_1y_1'' + c_2y_2'') + Q(x)(c_1y_1' + c_2y_2') + R(x)(c_1y_1 + c_2y_2) \\
&= c_1[P(x)y_1'' + Q(x)y_1' + R(x)y_1] + c_2[P(x)y_2'' + Q(x)y_2' + R(x)y_2] \\
&= c_1(0) + c_2(0) = 0
\end{aligned}$$

Assim, $y = c_1y_1 + c_2y_2$ é uma solução da Equação 2. ■

O outro fato de que precisamos é dado pelo seguinte teorema, demonstrado em cursos mais avançados. Ele diz que a solução geral é uma combinação linear de duas soluções **linearmente independentes** y_1 e y_2. Isso significa que nem y_1 nem y_2 são múltiplos por constantes um do outro. Por exemplo: as funções $f(x) = x^2$ e $g(x) = 5x^2$ são linearmente dependentes, mas $f(x) = e^x$ e $g(x) = xe^x$ são linearmente independentes.

4 Teorema Se y_1 e y_2 forem soluções linearmente independentes da Equação 2 em um intervalo, e $P(x)$ nunca for 0, então a solução geral será dada por

$$y(x) = c_1 y_1(x) + c_2 y_2(x)$$

onde c_1 e c_2 são constantes arbitrárias.

O Teorema 4 é muito útil, pois diz que, se conhecermos *duas* soluções particulares linearmente independentes, então conheceremos *todas* as soluções.

Em geral, não é fácil descobrir soluções particulares de uma equação linear de segunda ordem. Mas é sempre possível fazer isso se as funções coeficientes P, Q e R forem funções constantes, isto é, se a equação diferencial tiver a forma

5
$$ay'' + by' + cy = 0$$

onde a, b e c são constantes e $a \neq 0$.

Não é difícil pensar em alguns prováveis candidatos para as soluções particulares da Equação 5 se a enunciarmos verbalmente. Estamos procurando uma função y tal que uma constante vezes sua segunda derivada y'' mais outra constante vezes y' mais uma terceira constante vezes y é igual a 0. Sabemos que a função exponencial $y = e^{rx}$ (onde r é uma constante) tem a propriedade de que sua derivada é um múltiplo por constante dela mesma: $y' = re^{rx}$. Além disso, $y'' = r^2 e^{rx}$. Se substituirmos essas expressões na Equação 5, veremos que $y = e^{rx}$ é uma solução se

$$ar^2 e^{rx} + bre^{rx} + ce^{rx} = 0$$

ou

$$(ar^2 + br + c)e^{rx} = 0$$

Mas e^{rx} nunca é 0. Assim, $y = e^{rx}$ é uma solução da Equação 5 se r é uma raiz da equação

6
$$ar^2 + br + c = 0$$

A Equação 6 é denominada **equação auxiliar** (ou **equação característica**) da equação diferencial $ay'' + by' + cy = 0$. Observe que ela é uma equação algébrica que pode ser obtida da equação diferencial substituindo-se y'' por r^2, y' por r e y por 1.

Algumas vezes as raízes r_1 e r_2 da equação auxiliar podem ser determinadas por fatoração. Em outros casos, elas são encontradas usando-se a fórmula quadrática:

7
$$r_1 = \frac{-b + \sqrt{b^2 - 4ac}}{2a} \qquad r_2 = \frac{-b - \sqrt{b^2 - 4ac}}{2a}$$

Separamos em três casos, de acordo com o sinal do discriminante $b^2 - 4ac$.

CASO I $b^2 - 4\,ac > 0$

Nesse caso, as raízes r_1 e r_2 da equação auxiliar são reais e distintas, logo, $y_1 = e^{r_1 x}$ e $y_2 = e^{r_2 x}$ são duas soluções linearmente independentes da Equação 5. (Observe que $e^{r_2 x}$ não é um múltiplo por constante de $e^{r_1 x}$.) Portanto, pelo Teorema 4, temos o seguinte fato.

8 Teorema Se as raízes r_1 e r_2 da equação auxiliar $ar^2 + br + c = 0$ forem reais e distintas, então a solução geral de $ay'' + by' + cy = 0$ é

$$y = c_1 e^{r_1 x} + c_2 e^{r_2 x}$$

EXEMPLO 1 Resolva a equação $y'' + y' - 6y = 0$.

SOLUÇÃO A equação auxiliar é

$$r^2 + r - 6 = (r - 2)(r + 3) = 0$$

cujas raízes são $r = 2, -3$. Portanto, por (8), a solução geral da equação diferencial dada é

$$y = c_1e^{2x} + c_2e^{-3x}$$

Poderíamos verificar que isso é de fato uma solução derivando e substituindo na equação diferencial. ■

Na Figura 1, o gráfico das soluções básicas $f(x) = e^{2x}$ e $g(x) = e^{-3x}$ da equação diferencial do Exemplo 1 é exibido em azul e vermelho, respectivamente. Algumas das outras soluções, combinações lineares de f e g, são exibidas em preto.

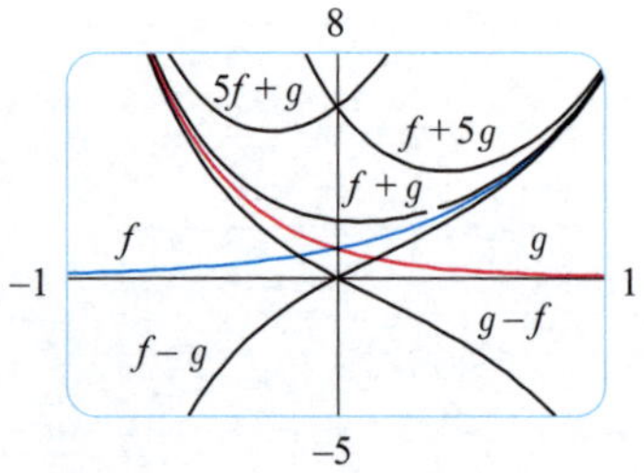

FIGURA 1

EXEMPLO 2 Resolva $3\dfrac{d^2y}{dx^2} + \dfrac{dy}{dx} - y = 0$.

SOLUÇÃO Para resolvermos a equação auxiliar $3r^2 + r - 1 = 0$, usamos a fórmula quadrática:

$$r = \frac{-1 \pm \sqrt{13}}{6}$$

Uma vez que as raízes são reais e distintas, a solução geral é

$$y = c_1e^{(-1+\sqrt{13})x/6} + c_2e^{(-1-\sqrt{13})x/6}$$ ■

CASO II $b^2 - 4ac = 0$

Nesse caso, $r_1 = r_2$; isto é, as raízes da equação auxiliar são reais e iguais. Vamos denotar por r o valor comum de r_1 e r_2. Então, das Equações 7, temos

9 $$r = -\frac{b}{2a} \qquad \text{então} \qquad 2ar + b = 0$$

Sabemos que $y_1 = e^{rx}$ é uma solução da Equação 5. Agora verifiquemos que $y_2 = xe^{rx}$ também é uma solução:

$$\begin{aligned} ay_2'' + by_2' + cy_2 &= a(2re^{rx} + r^2xe^{rx}) + b(e^{rx} + rxe^{rx}) + cxe^{rx} \\ &= (2ar + b)e^{rx} + (ar^2 + br + c)xe^{rx} \\ &= 0(e^{rx}) + 0(xe^{rx}) = 0 \end{aligned}$$

No primeiro termo, $2ar + b = 0$, pela Equação 9; no segundo termo, $ar^2 + br + c = 0$, pois r é uma raiz da equação auxiliar. Uma vez que $y_1 = e^{rx}$ e $y_2 = xe^{rx}$ são soluções linearmente independentes, o Teorema 4 nos fornece a solução geral.

10 Se a equação auxiliar $ar^2 + br + c = 0$ tem apenas uma raiz real r, então a solução geral de $ay'' + by' + cy = 0$ é

$$y = c_1e^{rx} + c_2xe^{rx}$$

A Figura 2 apresenta as soluções básicas $f(x) = e^{-3x/2}$ e $g(x) = xe^{-3x/2}$ do Exemplo 3 e alguns outros membros da família de soluções. Observe que todas elas tendem a 0 quando $x \to \infty$.

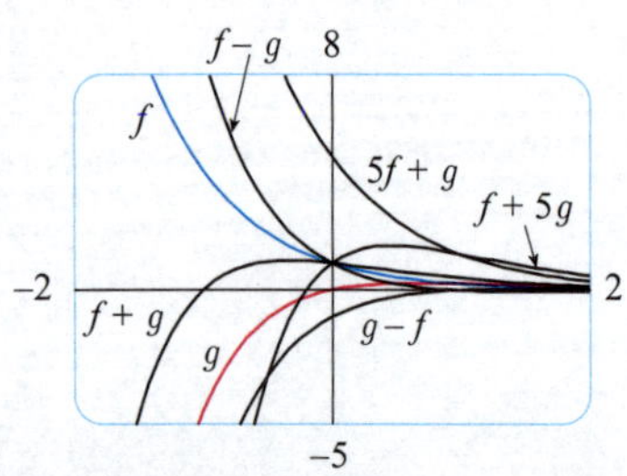

FIGURA 2

EXEMPLO 3 Resolva a equação $4y'' + 12y' + 9y = 0$.

SOLUÇÃO A equação auxiliar $4r^2 + 12r + 9 = 0$ pode ser fatorada como

$$(2r + 3)^2 = 0$$

de modo que a única raiz é $r = -\frac{3}{2}$. Por (10), a solução geral é

$$y = c_1e^{-3x/2} + c_2xe^{-3x/2}$$ ■

CASO III $b^2 - 4ac < 0$

Nesse caso, as raízes r_1 e r_2 da equação auxiliar são números complexos. (Veja o Apêndice H para informações sobre números complexos.) Podemos escrever

$$r_1 = \alpha + i\beta \qquad r_2 = \alpha - i\beta$$

onde α e β são números reais. [Na verdade, $\alpha = -b/(2a)$, $\beta = \sqrt{4ac - b^2}/(2a)$.] Então, usando a equação de Euler

$$e^{i\theta} = \cos\theta + i \operatorname{sen}\theta$$

do Apêndice H, escrevemos a solução da equação diferencial como

$$\begin{aligned} y &= C_1 e^{r_1 x} + C_2 e^{r_2 x} = C_1 e^{(\alpha + i\beta)x} + C_2 e^{(\alpha + i\beta)x} \\ &= C_1 e^{\alpha x}(\cos\beta x + i \operatorname{sen}\beta x) + C_2 e^{\alpha x}(\cos\beta x - i \operatorname{sen}\beta x) \\ &= e^{ax}[(C_1 + C_2)\cos\beta x + i(C_1 - C_2)\operatorname{sen}\beta x] \\ &= e^{ax}(c_1 \cos\beta x + c_2 \operatorname{sen}\beta x) \end{aligned}$$

onde $c_1 = C_1 + C_2$, $c_2 = i(C_1 - C_2)$. Isso nos dá todas as soluções (reais ou complexas) da equação diferencial. As soluções serão reais quando as constantes c_1 e c_2 forem reais. Resumiremos a discussão da seguinte forma:

> **11** Se as raízes da equação auxiliar $ar^2 + br + c = 0$ forem os números complexos $r_1 = \alpha + i\beta$, $r_2 = \alpha - i\beta$, então a solução geral de $ay'' + by' + cy = 0$ será
>
> $$y = e^{\alpha x}(c_1 \cos\beta x + c_2 \operatorname{sen}\beta x)$$

EXEMPLO 4 Resolva a equação $y'' - 6y' + 13y = 0$.

SOLUÇÃO A equação auxiliar é $r^2 - 6r + 13 = 0$. Pela fórmula quadrática, as raízes são

$$r = \frac{6 \pm \sqrt{36 - 52}}{2} = \frac{6 \pm \sqrt{-16}}{2} = 3 \pm 2i$$

Por (11), a solução geral da equação diferencial é

$$y = e^{3x}(c_1 \cos 2x + c_2 \operatorname{sen} 2x)$$ ■

A Figura 3 apresenta os gráficos das soluções do Exemplo 4,

$$f(x) = e^{3x}\cos 2x \text{ e } g(x) = e^{3x}\operatorname{sen} 2x,$$

com algumas combinações lineares. Todas as soluções tendem a 0 como $x \to \infty$.

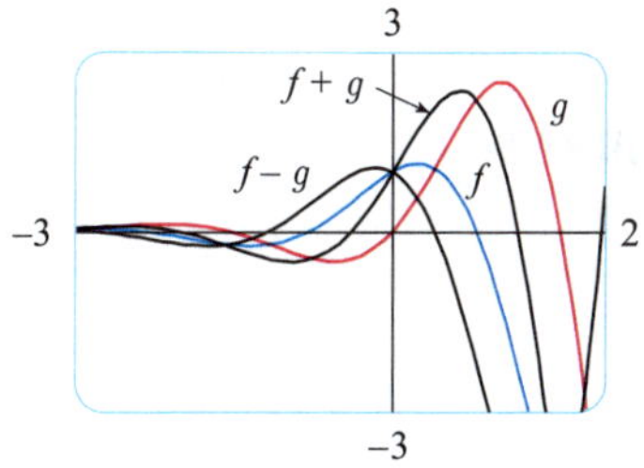

FIGURA 3

Problemas de Valores Iniciais e Valores de Contorno

Um **problema de valor inicial** para a Equação 1 ou 2 de segunda ordem consiste em determinar uma solução y da equação diferencial que satisfaça às condições iniciais da forma

$$y(x_0) = y_0 \qquad y'(x_0) = y_1$$

onde y_0 e y_1 são constantes. Se P, Q, R e G forem contínuas em um intervalo onde $P(x) \neq 0$, então um teorema encontrado em livros mais avançados garante a existência e a unicidade de uma solução para esse problema de valor inicial. Os Exemplos 5 e 6 mostram como resolver tal problema.

EXEMPLO 5 Resolva o problema de valor inicial

$$y'' + y' - 6y = 0 \qquad y(0) = 1 \qquad y'(0) = 0$$

SOLUÇÃO Do Exemplo 1, sabemos que a solução geral da equação diferencial é

$$y(x) = c_1 e^{2x} + c_2 e^{-3x}$$

A Figura 4 apresenta o gráfico da solução do problema de valor inicial do Exemplo 5. Compare com a Figura 1.

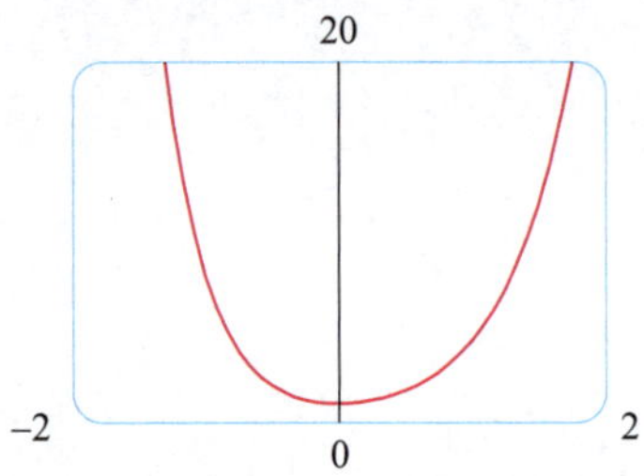

FIGURA 4

Derivando essa solução, obtemos

$$y'(x) = 2c_1e^{2x} - 3c_2e^{-3x}$$

Para satisfazermos às condições iniciais exigimos que

$$y(0) = c_1 + c_2 = 1 \tag{12}$$

$$y'(0) = 2c_1 - 3c_2 = 0 \tag{13}$$

De (13), temos $c_2 = \frac{2}{3}c_1$; logo, (12) resulta em

$$c_1 + \tfrac{2}{3}c_1 = 1 \qquad c_1 = \tfrac{3}{5} \qquad c_2 = \tfrac{2}{5}$$

Assim, a solução pedida do problema de valor inicial é

$$y = \tfrac{3}{5}e^{2x} + \tfrac{2}{5}e^{-3x}$$ ■

EXEMPLO 6 Resolva o problema de valor inicial

$$y'' + y = 0 \qquad y(0) = 2 \qquad y'(0) = 3$$

A solução do Exemplo 6 tem seu gráfico na Figura 5. Ela parece ser uma senoide deslocada. Realmente, você pode verificar que outra maneira de escrever a solução é

$$y = \sqrt{13}\,\text{sen}(x + \phi) \text{ em que } \text{tg}\,\phi = \tfrac{2}{3}$$

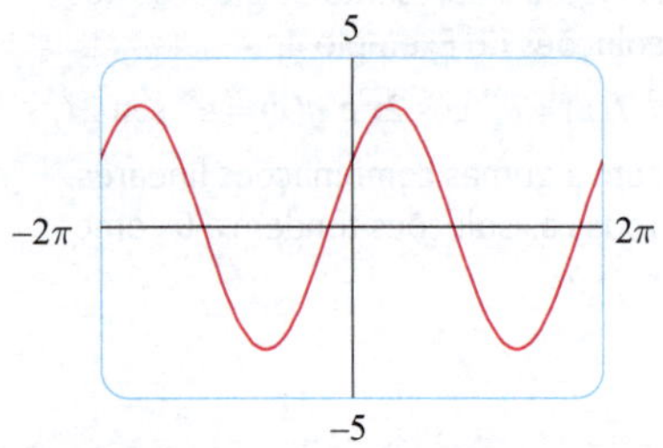

FIGURA 5

SOLUÇÃO A equação auxiliar é $r^2 + 1 = 0$, ou $r^2 = -1$, cujas raízes são $\pm i$. Assim, $\alpha = 0$, $\beta = 1$, e uma vez que $e^{0x} = 1$, a solução geral é

$$y(x) = c_1 \cos x + c_2 \,\text{sen}\, x$$

Uma vez que
$$y'(x) = -c_1 \,\text{sen}\, x + c_2 \cos x$$

as condições iniciais tornam-se

$$y(0) = c_1 = 2 \qquad y'(0) = c_2 = 3$$

Logo, a solução do problema de valor inicial é

$$y(x) = 2 \cos x + 3 \,\text{sen}\, x$$ ■

Um **problema de valor de contorno** para a Equação 1 ou 2 consiste em determinar uma solução y da equação diferencial que também satisfaça às condições de contorno da forma

$$y(x_0) = y_0 \qquad y(x_1) = y_1$$

Em contraste com a situação para problemas de valor inicial, um problema de valor de contorno nem sempre tem uma solução. O método está ilustrado no Exemplo 7.

EXEMPLO 7 Resolva o problema de valor de contorno

$$y'' + 2y' + y = 0 \qquad y(0) = 1 \qquad y(1) = 3$$

SOLUÇÃO A equação auxiliar é

$$r^2 + 2r + 1 = 0 \qquad \text{ou} \qquad (r + 1)^2 = 0$$

cuja única raiz é $r = -1$. Além disso, a solução geral é

$$y(x) = c_1e^{-x} + c_2\,xe^{-x}$$

As condições de contorno são satisfeitas se

$$y(0) = c_1 = 1$$

$$y(1) = c_1e^{-1} + c_2e^{-1} = 3$$

A primeira condição resulta em $c_1 = 1$, de modo que a segunda condição torna-se

$$e^{-1} + c_2e^{-1} = 3$$

Isolando c_2 nessa equação, primeiro multiplicando ambos os membros por e, obtém-se

$$1 + c_2 = 3e \qquad \text{logo,} \qquad c_2 = 3e - 1$$

Assim, a solução do problema de contorno é

$$y = e^{-x} + (3e - 1)xe^{-x}$$

■

A Figura 6 mostra o gráfico da solução do problema de valor de contorno no Exemplo 7.

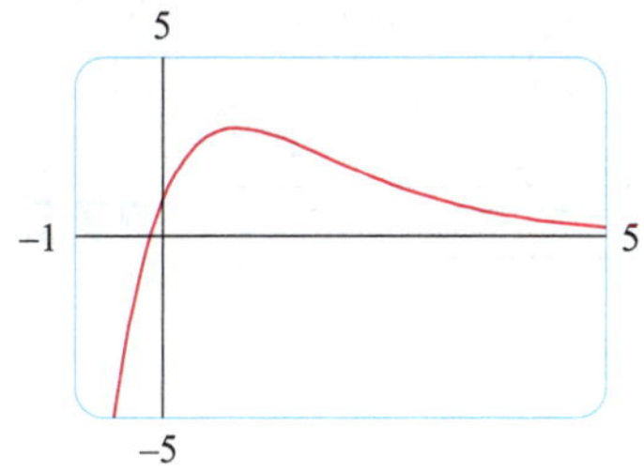

FIGURA 6

Resumo: Soluções de $ay'' + by' + c = 0$

Raízes de $ar^2 + br + c = 0$	Solução geral
r_1, r_2 reais e distintas	$y = c_1 e^{r_1x} + c_2 e^{r_2x}$
$r_1 = r_2 = r$	$y = c_1 e^{rx} + c_2 xe^{rx}$
r_1, r_2 complexas: $\alpha \pm i\beta$	$y = e^{\alpha x}(c_1 \cos \beta x + c_2 \operatorname{sen} \beta x)$

17.1 Exercícios

1-13 Resolva a equação diferencial.

1. $y'' - y' - 6y = 0$

2. $y'' - 6y' + 9y = 0$

3. $y'' + 2y = 0$

4. $y'' + y' - 12y = 0$

5. $4y'' - 4y' + y = 0$

6. $9y'' + 4y = 0$

7. $3y'' = 4y'$

8. $y = y''$

9. $y'' - 4y' + 13y = 0$

10. $3y'' + 4y' - 3y = 0$

11. $2\dfrac{d^2y}{dt^2} + 2\dfrac{dy}{dt} - y = 0$

12. $\dfrac{d^2R}{dt^2} + 6\dfrac{dR}{dt} + 34R = 0$

13. $3\dfrac{d^2V}{dt^2} + 4\dfrac{dV}{dt} + 3V = 0$

14-16 Faça o gráfico das duas soluções básicas da equação diferencial e de várias outras soluções. Que aspecto as soluções têm em comum?

14. $4\dfrac{d^2y}{dx^2} - 4\dfrac{dy}{dx} + y = 0$

15. $\dfrac{d^2y}{dx^2} + 2\dfrac{dy}{dx} + 2y = 0$

16. $2\dfrac{d^2y}{dx^2} + \dfrac{dy}{dx} - y = 0$

17-24 Resolva o problema de valor inicial.

17. $y'' + 3y = 0, \quad y(0) = 1, \quad y'(0) = 3$

18. $y'' - 2y' - 3y = 0, \quad y(0) = 2, \quad y'(0) = 2$

19. $9y'' + 12y' + 4y = 0, \quad y(0) = 1, \quad y'(0) = 0$

20. $3y'' - 2y' - y = 0, \quad y(0) = 0, \quad y'(0) = -4$

21. $2y'' + 5y' + 3y = 0, \quad y(0) = 3, \quad y'(0) = -4$

22. $y'' + 3y = 0, \quad y(0) = 1, \quad y'(0) = 3$

23. $y'' - y' - 12y = 0, \quad y(1) = 0, \quad y'(1) = 1$

24. $2y'' + y' - y = 0, \quad y(0) = 3, \quad y'(0) = 3$

25-32 Resolva o problema de valor de contorno, se possível.

25. $y'' + 16y = 0, \quad y(0) = -3, \quad y(\pi/8) = 2$

26. $y'' + 6y' = 0, \quad y(0) = 1, \quad y(1) = 0$

27. $y'' + 4y = 0, \quad y(0) = 5, \quad y(\pi/4) = 3$

28. $y'' = 4y, \quad y(0) = 1, \quad y(1) = 0$

29. $y'' = y', \quad y(0) = 1, \quad y(1) = 2$

30. $4y'' - 4y' + y = 0, \quad y(0) = 4, \quad y(2) = 0$

31. $y'' + 4y' + 20y = 0, \quad y(0) = 1, \quad y(\pi) = 2$

32. $y'' + 4y' + 20y = 0, \quad y(0) = 1, \quad y(\pi) = e^{-2\pi}$

33. Seja L um número real não nulo.

(a) Mostre que o problema de contorno $y'' + \lambda y = 0$, $y(0) = 0$, $y(L) = 0$ tem apenas a solução trivial $y = 0$ para os casos $\lambda = 0$ e $\lambda < 0$.

(b) Para o caso $\lambda > 0$, determine os valores de λ para os quais este problema tenha uma solução não trivial e dê a solução correspondente.

34. Se a, b e c são todas constantes positivas e $y(x)$ é uma solução da equação diferencial $ay'' + by' + cy = 0$, mostre que $\lim_{x\to\infty} y(x) = 0$.

35. Considere o problema de valor de contorno $y'' - 2y' + 2y = 0$, $y(a) = c$, $y(b) = d$.

(a) Se este problema tem uma solução única, como a e b estão relacionados?

(b) Se este problema não tem uma solução única, como a, b, c e d estão relacionados?

(c) Se este problema tem uma infinidade de soluções, como a, b, c e d estão relacionados?

17.2 Equações Lineares Não Homogêneas

Nesta seção, aprenderemos a resolver equações diferenciais lineares não homogêneas com coeficientes constantes, isto é, equações da forma

1 $$ay'' + by' + cy = G(x)$$

onde a, b e c são constantes e G é uma função contínua. A equação homogênea correspondente

2 $$ay'' + by' + cy = 0$$

é chamada **equação complementar** e desempenha um papel importante na solução da equação não homogênea original (1).

3 Teorema A solução geral da equação diferencial não homogênea (1) pode ser escrita como

$$y(x) = y_p(x) + y_c(x)$$

onde y_p é uma solução particular da Equação 1 e y_c é a solução geral da Equação complementar 2.

DEMONSTRAÇÃO Verificamos que, se y for qualquer solução da Equação 1, então $y - y_p$ será uma solução da Equação complementar 2. De fato,

$$\begin{aligned} a(y - y_p)'' + b(y - y_p)' + c(y - y_p) &= ay'' - ay_p'' + by' - by_p' + cy - cy_p \\ &= (ay'' + by' + cy) - (ay_p'' + by_p' + cy_p) \\ &= G(x) - G(x) = 0 \end{aligned}$$

Isso demonstra que cada solução é da forma $y(x) = y_p(x) + y_c(x)$. É fácil verificar que cada função desta forma é uma solução. ■

Sabemos, pela Seção 17.1, como resolver a equação complementar. (Recorde que a solução é $y_c = c_1y_1 + c_2y_2$, onde y_1 e y_2 são soluções linearmente independentes da Equação 2.) Além disso, o Teorema 3 diz que conheceremos a solução geral da equação não homogênea assim que conhecermos uma solução particular y_p. Existem dois métodos para encontrar uma solução particular: o método dos coeficientes indeterminados é simples, mas funciona apenas para uma classe restrita de funções G. O método de variação de parâmetros funciona para todas as funções G, mas, geralmente, é mais difícil de aplicar na prática.

O Método dos Coeficientes Indeterminados

Vamos primeiro ilustrar o método dos coeficientes indeterminados para a equação

$$ay'' + by' + cy = G(x)$$

onde $G(x)$ é um polinômio. É razoável prever que exista uma solução particular *yp* que seja um polinômio de mesmo grau de G, pois, se y for um polinômio, então $ay'' + by' + cy$

também será um polinômio. Portanto, substituímos $y_p(x)$ = a, um polinômio (de mesmo grau de G), na equação diferencial e determinamos os coeficientes.

A Figura 1 mostra quatro soluções da equação diferencial do Exemplo 1 em termos da solução particular y_p e das funções $f(x) = e^x$ e $g(x) = e^{-2x}$.

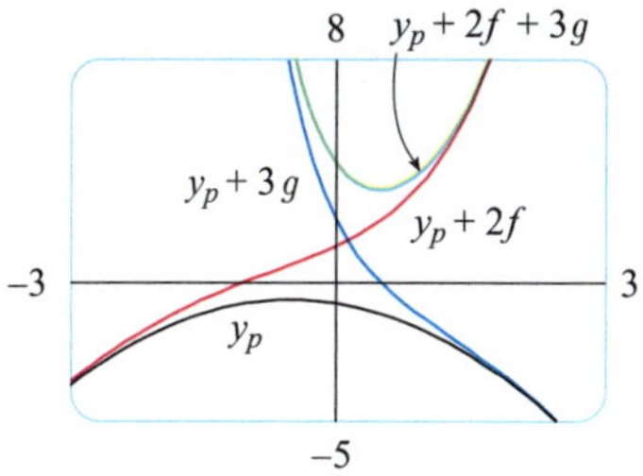

FIGURA 1

EXEMPLO 1 Resolva a equação $y'' + y' - 2y = x^2$.

SOLUÇÃO A equação auxiliar de $y'' + y' - 2y = 0$ é

$$r^2 + r - 2 = (r - 1)(r + 2) = 0$$

com as raízes $r = 1, -2$. Logo, a solução da equação complementar é

$$y_c = c_1 e^x + c_2 e^{-2x}$$

Uma vez que $G(x) = x^2$ é um polinômio de grau 2, procuramos uma solução particular da forma

$$y_p(x) = Ax^2 + Bx + C$$

Então, $y_p' = 2Ax + B$ e $y_p'' = 2A$. Assim, substituindo na equação diferencial dada, temos

$$(2A) + (2Ax + B) - 2(Ax^2 + Bx + C) = x^2$$

ou

$$-2Ax^2 + (2A - 2B)x + (2A + B - 2C) = x^2$$

Polinômios são iguais quando seus coeficientes são iguais. Assim,

$$-2A = 1 \qquad 2A - 2B = 0 \qquad 2A + B - 2C = 0$$

A solução desse sistema de equações é

$$A = -\tfrac{1}{2} \qquad B = -\tfrac{1}{2} \qquad C = -\tfrac{3}{4}$$

Uma solução particular é, portanto,

$$y_p(x) = -\tfrac{1}{2}x^2 - \tfrac{1}{2}x - \tfrac{3}{4}$$

e, pelo Teorema 3, a solução geral é

$$y = y_c + y_p = c_1 e^x + c_2 e^{-2x} - \tfrac{1}{2}x^2 - \tfrac{1}{2}x - \tfrac{3}{4}$$ ■

Se $G(x)$ (lado direito da Equação 1) é da forma Ce^{kx}, onde C e k são constantes, então tomamos como uma tentativa de solução uma função de mesma forma, $y_p(x) = Ae^{kx}$, pois as derivadas de e^{kx} são múltiplas por constantes de e^{kx}.

A Figura 2 mostra as soluções da equação diferencial do Exemplo 2 em termos de y_p e as funções $f(x) = \cos 2x$ e $g(x) = \text{sen } 2x$. Observe que todas as soluções tendem a ∞ quando $x \to \infty$ e todas as soluções (exceto y_p) parecem funções seno quando x é negativo.

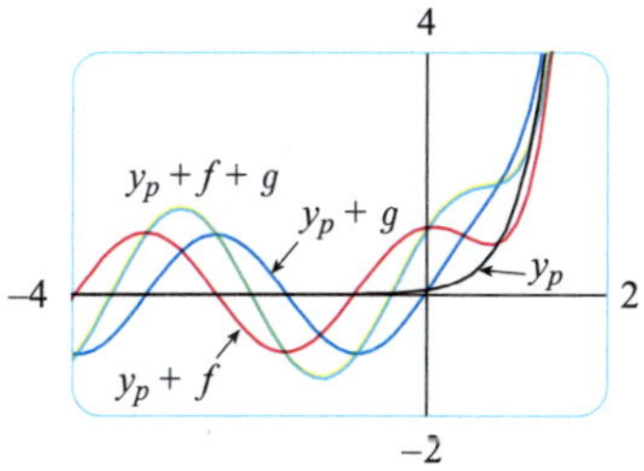

FIGURA 2

EXEMPLO 2 Resolva $y'' + 4y = e^{3x}$.

SOLUÇÃO A equação auxiliar é $r^2 + 4 = 0$ com raízes $\pm 2i$, logo, a solução da equação complementar é

$$y_c(x) = c_1 \cos 2x + c_2 \text{ sen } 2x$$

Para uma solução particular tentemos $y_p(x) = Ae^{3x}$. Então, $y_p' = 3Ae^{3x}$ e $y_p'' = 9Ae^{3x}$. Substituindo na equação diferencial, temos

$$9Ae^{3x} + 4(Ae^{3x}) = e^{3x}$$

logo, $13Ae^{3x} = e^{3x}$ e $A = \frac{1}{13}$. Assim, uma solução particular é

$$y_p(x) = \tfrac{1}{13}e^{3x}$$

e a solução geral é

$$y(x) = c_1 \cos 2x + c_2 \text{ sen } 2x + \tfrac{1}{13}e^{3x}$$ ■

Se $G(x)$ é $C \cos kx$ ou $C \operatorname{sen} kx$, então, por causa das regras de derivação para as funções seno e cosseno, tentamos, como solução particular, uma função da forma

$$y_p(x) = A \cos kx + B \operatorname{sen} kx$$

EXEMPLO 3 Resolva $y'' + y' - 2y = \operatorname{sen} x$.

SOLUÇÃO Tentemos uma solução particular

$$y_p(x) = A \cos x + B \operatorname{sen} x$$

Então, $\quad y_p' = -A \operatorname{sen} x + B \cos x \qquad y_p'' = -A \cos x - B \operatorname{sen} x$

logo, substituindo na equação diferencial, temos

$$(-A \cos x - B \operatorname{sen} x) + (-A \operatorname{sen} x + B \cos x) - 2(A \cos x + B \operatorname{sen} x) = \operatorname{sen} x$$

ou

$$(-3A + B) \cos x + (-A - 3B) \operatorname{sen} x = \operatorname{sen} x$$

Isso acontece se

$$-3A + B = 0 \quad \text{e} \quad -A - 3B = 1$$

A solução deste sistema é

$$A = -\tfrac{1}{10} \qquad B = -\tfrac{3}{10}$$

logo, uma solução particular é

$$y_p(x) = -\tfrac{1}{10} \cos x - \tfrac{3}{10} \operatorname{sen} x$$

No Exemplo 1, determinamos que a solução da equação complementar é $y_c = c_1 e^x + c_2 e^{-2x}$. Assim, a solução geral da equação dada é

$$y_p(x) = c_1 e^x + c_2 e^{-2x} - \tfrac{1}{10}(\cos x + 3 \operatorname{sen} x)$$ ■

Se $G(x)$ for um produto de funções dos tipos precedentes, então tentamos a solução como um produto de funções do mesmo tipo. Por exemplo, ao resolver a equação diferencial

$$y'' + 2y' + 4y = x \cos 3x$$

tentamos

$$y_p(x) = (Ax + B) \cos 3x + (Cx + D) \operatorname{sen} 3x$$

Se $G(x)$ for uma soma de funções desses tipos, usamos o *princípio da superposição*, que é facilmente verificável e nos diz que se y_{p_1} e y_{p_2} forem soluções de

$$ay'' + by' + cy = G_1(x) \qquad ay'' + by' + cy = G_2(x)$$

respectivamente, então $y_{p_1} + y_{p_2}$ é uma solução de

$$ay'' + by' + cy = G_1(x) + G_2(x)$$

EXEMPLO 4 Resolva $y'' - 4y = xe^x + \cos 2x$.

SOLUÇÃO A equação auxiliar é $r^2 - 4 = 0$ com as raízes ± 2, logo, a solução da equação complementar é $y_c(x) = c_1 e^{2x} + c_2 e^{-2x}$. Para a equação $y'' - 4y = xe^x$ tentamos

$$y_{p_1}(x) = (Ax + B)e^x$$

Então $y'_{p_1} = (Ax + A + B)e^x$, $y''_{p_1} = (Ax + 2A + B)e^x$, logo, substituindo na equação dada,

$$(Ax + 2A + B)e^x - 4(Ax + B)e^x = xe^x$$

ou

$$(-3Ax + 2A - 3B)e^x = xe^x$$

Assim, $-3A = 1$ e $2A - 3B = 0$, logo, $A = -\frac{1}{3}$, $B = -\frac{2}{9}$, e

$$y_{p_1}(x) = \left(-\tfrac{1}{3}x - \tfrac{2}{9}\right)e^x$$

Para a equação $y'' - 4y = \cos 2x$, tentamos

$$y_{p_2}(x) = C \cos 2x + D \operatorname{sen} 2x$$

Substituindo, temos

$$-4C \cos 2x - 4D \operatorname{sen} 2x - 4(C \cos 2x + D \operatorname{sen} 2x) = \cos 2x$$

ou

$$-8C \cos 2x - 8D \operatorname{sen} 2x = \cos 2x$$

Portanto, $-8C = 1$, $-8D = 0$, e

$$y_{p_2}(x) = -\tfrac{1}{8}\cos 2x$$

Pelo princípio da superposição, a solução geral é

$$y = y_c + y_{p_1} + y_{p_2} = c_1e^{2x} + c_2e^{-2x} - \left(\tfrac{1}{3}x - \tfrac{2}{9}\right)e^x - \tfrac{1}{8}\cos 2x$$ ■

Na Figura 3 mostramos a solução particular $y_p = y_{p_1} + y_{p_2}$ da equação diferencial do Exemplo 4. As outras soluções são dadas em termos de $f(x) = e^{2x}$ e $g(x) = e^{-2x}$

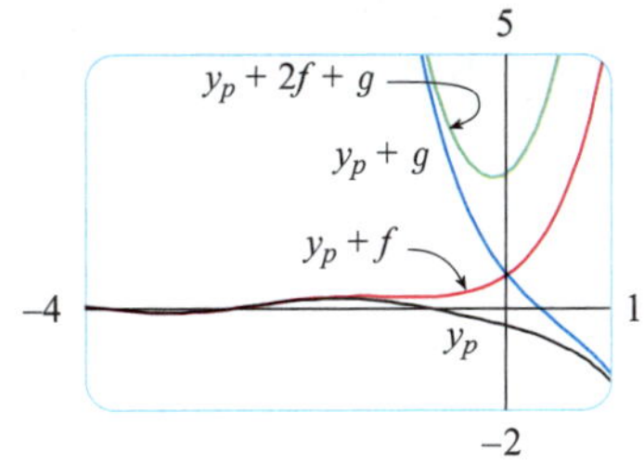

FIGURA 3

Finalmente, observamos que a solução tentativa recomendada y_p algumas vezes resulta em uma solução da equação complementar e, portanto, não pode ser uma solução de uma equação não homogênea. Em tais casos, multiplicamos a solução tentativa recomendada por x (ou por x^2 se necessário) de modo que nenhum termo em $y_p(x)$ seja uma solução da equação complementar.

EXEMPLO 5 Resolva $y'' + y = \operatorname{sen} x$.

SOLUÇÃO A equação auxiliar é $r^2 + 1 = 0$ com raízes $\pm i$, logo, a solução da equação complementar é

$$y_c(x) = c_1 \cos x + c_2 \operatorname{sen} x$$

Geralmente, teríamos usado a solução tentativa

$$y_p(x) = A \cos x + B \operatorname{sen} x$$

mas observe que ela é uma solução da equação complementar. Então, em vez disso, tentemos

$$y_p(x) = Ax \cos x + Bx \operatorname{sen} x$$

Então,

$$y'_p(x) = A \cos x - Ax \operatorname{sen} x + B \operatorname{sen} x + Bx \cos x$$

$$y''_p(x) = -2A \operatorname{sen} x - Ax \cos x + 2B \cos x - Bx \operatorname{sen} x$$

Substituindo na equação diferencial temos

$$y''_p + y_p = -2A \operatorname{sen} x + 2B \cos x = \operatorname{sen} x$$

logo, $A = -\frac{1}{2}$, $B = 0$, e

$$y_p(x) = -\tfrac{1}{2}x \cos x$$

A solução geral é

$$y(x) = c_1 \cos x + c_2 \operatorname{sen} x - \tfrac{1}{2}x \cos x$$ ■

Os gráficos de quatro soluções da equação diferencial do Exemplo 5 estão apresentados na Figura 4.

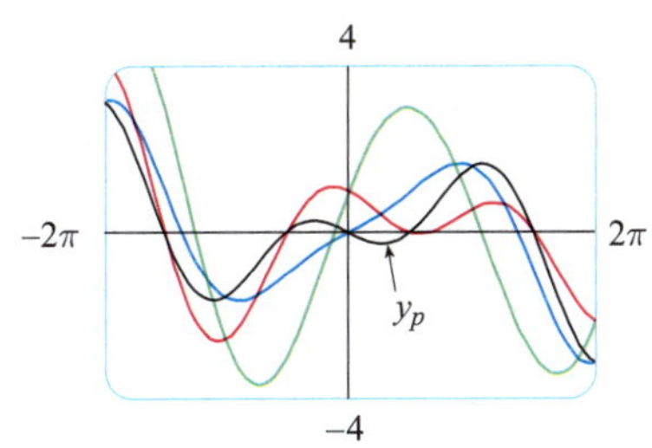

FIGURA 4

Resumimos o método dos coeficientes indeterminados como se segue:

Resumo do Método dos Coeficientes Indeterminados

1. Se $G(x) = e^{kx}P(x)$, onde P é um polinômio de grau n, então tente $y_p(x) = e^{kx}Q(x)$, onde $Q(x)$ é um polinômio de n-ésimo grau (cujos coeficientes são determinados através da substituição na equação diferencial).
2. Se $G(x) = e^{kx}P(x) \cos mx$ ou $G(x) = e^{kx}P(x) \operatorname{sen} mx$, onde P é um polinômio de n-ésimo grau, então tente

$$y_p(x) = e^{kx}Q(x) \cos mx + e^{kx}R(x) \operatorname{sen} mx$$

onde Q e R são polinômios de grau n-ésimo.

Modificação: Se algum termo de y_p for uma solução da equação complementar, multiplique y_p por x (ou por x^2 se necessário).

EXEMPLO 6 Determine a forma da solução tentativa para a equação diferencial $y'' - 4y' + 13y = e^{2x} \cos 3x$.

SOLUÇÃO Aqui $G(x)$ tem a forma encontrada na parte 2 do resumo, onde $k = 2$, $m = 3$ e $P(x) = 1$. Assim, à primeira vista, a forma da solução tentativa deveria ser

$$y_p(x) = e^{2x}(A \cos 3x + B \operatorname{sen} 3x)$$

Mas a equação auxiliar é $r^2 - 4r + 13 = 0$, com raízes $r = 2 \pm 3i$, portanto a solução da equação complementar é

$$y_c(x) = e^{2x}(c_1 \cos 3x + c_2 \operatorname{sen} 3x)$$

Isso significa que temos de multiplicar a solução tentativa sugerida por x. Então, em vez disso, usamos

$$y_p(x) = xe^{2x}(A \cos 3x + B \operatorname{sen} 3x)$$ ■

■ O Método da Variação dos Parâmetros

Suponha que, após resolver a equação homogênea $ay'' + by' + cy = 0$, escrevamos a solução como

4 $$y(x) = c_1 y_1(x) + c_2 y_2(x)$$

onde y_1 e y_2 são soluções linearmente independentes. Vamos substituir as constantes (ou parâmetros) c_1 e c_2 da Equação 4 pelas funções arbitrárias $u_1(x)$ e $u_2(x)$. Procuramos uma solução particular da equação não homogênea $ay'' + by' + cy = G(x)$ da forma

5 $$y_p(x) = u_1(x)\, y_1(x) + u_2(x)\, y_2(x)$$

(Esse método é chamado **variação dos parâmetros** porque variamos os parâmetros c_1 e c_2, tornando-os funções.) Derivando a Equação 5, obtemos

6 $$y_p' = (u_1' y_1 + u_2' y_2) + (u_1 y_1' + u_2 y_2')$$

Uma vez que u_1 e u_2 são funções arbitrárias, podemos impor duas condições sobre eles. Uma condição é que y_p é uma solução da equação diferencial e podemos escolher a outra condição de modo a simplificar nossos cálculos. Considerando a expressão da Equação 6, vamos impor a condição de que

7 $$u_1' y_1 + u_2' y_2 = 0$$

Então, $$y_p'' = u_1' y_1' + u_2' y_2' + u_1 y_1'' + u_2 y_2''$$

Substituindo na equação diferencial, obtemos

$$a(u_1' y_1' + u_2' y_2' + u_1 y_1'' + u_2 y_2'') + b(u_1 y_1' + u_2 y_2') + c(u_1 y_1 + u_2 y_2) = G$$

ou

8 $$u_1(ay_1'' + by_1' + cy_1) + u_2(ay_2'' + by_2' + cy_2) + a(u_1' y_1' + u_2' y_2') = G$$

Mas y_1 e y_2 são soluções da equação complementar, logo,

$$ay_1'' + by_1' + cy_1 = 0 \qquad \text{e} \qquad ay_2'' + by_2' + cy_2 = 0$$

e a Equação 8 simplifica para

9 $$a(u_1' y_1' + u_2' y_2') = G$$

As Equações 7 e 9 formam um sistema de duas equações nas funções desconhecidas u_1' e u_2'. Após resolver esse sistema, podemos integrar para encontrar u_1 e u_2 e então a solução particular é dada pela Equação 5.

EXEMPLO 7 Resolva a equação $y'' + y = \text{tg}\, x$, $0 < x < \pi/2$.

SOLUÇÃO A equação auxiliar é $r^2 + 1 = 0$ com as raízes $\pm i$; logo, a solução de $y'' + y = 0$ é $y(x) = c_1 \operatorname{sen} x + c_2 \cos x$. Usando a variação dos parâmetros, buscamos uma solução da forma

$$y_p(x) = u_1(x) \operatorname{sen} x + u_2(x) \cos x$$

Então,

$$y_p' = (u_1' \operatorname{sen} x + u_2' \cos x) + (u_1 \cos x - u_2 \operatorname{sen} x)$$

Faça

10 $$u_1' \operatorname{sen} x + u_2' \cos x = 0$$

Então, $$y_p'' = u_1' \cos x - u_2' \operatorname{sen} x - u_1 \operatorname{sen} x - u_2 \cos x$$

Para y_p ser uma solução, devemos ter

11 $$y_p'' + y_p = u_1' \cos x - u_2' \operatorname{sen} x = \text{tg}\, x$$

Resolvendo as Equações 10 e 11, obtemos

$$u_1'(\operatorname{sen}^2 x + \cos^2 x) = \cos x \,\text{tg}\, x$$

$$u_1' = \operatorname{sen} x \qquad u_1(x) = -\cos x$$

(Procuramos uma solução particular, logo, não precisaremos de uma constante de integração aqui.) Em seguida, a partir da Equação 10, obtém-se

$$u_2' = -\frac{\operatorname{sen} x}{\cos x} u_1' = -\frac{\operatorname{sen}^2 x}{\cos x} = \frac{\cos^2 x - 1}{\cos x} = \cos x - \sec x$$

Então, $$u_2(x) = \operatorname{sen} x - \ln(\sec x + \text{tg}\, x)$$

A Figura 5 mostra quatro soluções da equação diferencial do Exemplo 7.

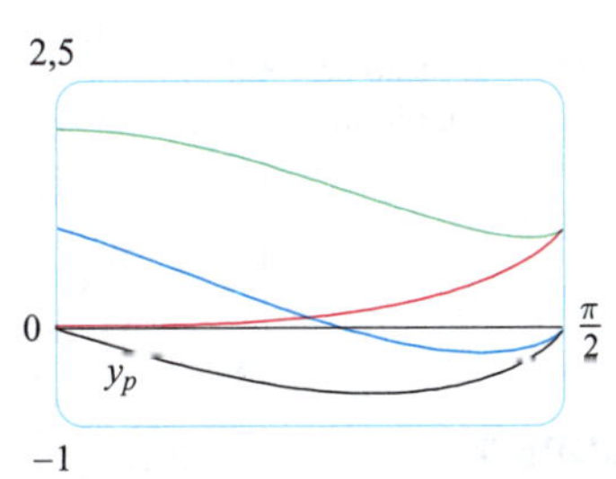

FIGURA 5

(Observe que $\sec x + \operatorname{tg} x > 0$ para $0 < x < \pi/2$.) Portanto,

$$y_p(x) = -\cos x \operatorname{sen} x + [\operatorname{sen} x - \ln(\sec x + \operatorname{tg} x)] \cos x$$
$$= -\cos x \ln(\sec x + \operatorname{tg} x)$$

e a solução geral é

$$y(x) = c_1 \operatorname{sen} x + c_2 \cos x - \cos x \ln(\sec x + \operatorname{tg} x)$$ ■

17.2 Exercícios

1-10 Resolva a equação diferencial ou problema de valor inicial usando o método dos coeficientes indeterminados.

1. $y'' + 2y' - 8y = 1 - 2x^2$

2. $y'' - 3y' = \operatorname{sen} 2x$

3. $9y'' + y = e^{2x}$

4. $y'' - 2y' + 2y = x + e^x$

5. $y'' - 4y' + 5y = e^{-x}$

6. $y'' + 2y' + 5y = 1 + e^x$

7. $y'' - 2y' + 5y = \operatorname{sen} x, \quad y(0) = 1, \quad y'(0) = 1$

8. $y'' - y = xe^{2x}, \quad y(0) = 1, \quad y'(0) = 1$

9. $y'' - y' = xe^x, \quad y(0) = 2, \quad y'(0) = 1$

10. $y'' - 4y = e^x \cos x, \quad y(0) = 1, \quad y'(0) = 2$

11-12 Faça o gráfico da solução particular e de várias outras soluções. Que características essas soluções têm em comum?

11. $y'' + 3y' + 2y = \cos x$ **12.** $y'' + 4y = e^{-x}$

13-18 Escreva uma solução tentativa para o método dos coeficientes indeterminados. Não determine os coeficientes.

13. $y'' + 9y = e^{2x} + x^2 \operatorname{sen} x$

14. $y'' + 9y' = xe^{-x} \cos \pi x$

15. $y'' - 3y' + 2y = e^x + \operatorname{sen} x$

16. $y'' + 3y' - 4y = (x^3 + x)e^x$

17. $y'' + 2y' + 10y = x^2e^{-x} \cos 3x$

18. $y'' + 4y = e^{3x} + x \operatorname{sen} 2x$

19-22 Resolva a equação diferencial usando (a) coeficientes indeterminados e (b) variação dos parâmetros.

19. $4y'' + y = \cos x$ **20.** $y'' - 2y' - 3y = x + 2$

21. $y'' - 2y' + y = e^{2x}$ **22.** $y'' - y' = e^x$

23-28 Resolva a equação diferencial usando o método da variação dos parâmetros.

23. $y'' + y = \sec^2 x, \quad 0 < x < \pi/2$

24. $y'' + y = \sec^3 x, \quad 0 < x < \pi/2$

25. $y'' - 3y' + 2y = \dfrac{1}{1 + e^{-x}}$

26. $y'' + 3y' + 2y = \operatorname{sen}(e^x)$

27. $y'' - 2y' + y = \dfrac{e^x}{1 + x^2}$

28. $y'' + 4y' + 4y = \dfrac{e^{-2x}}{x^3}$

17.3 Aplicações de Equações Diferenciais de Segunda Ordem

As equações diferenciais lineares de segunda ordem têm diversas aplicações na ciência e na engenharia. Nesta seção, exploraremos dois deles: a vibração de molas e os circuitos elétricos.

■ Vibração de Molas

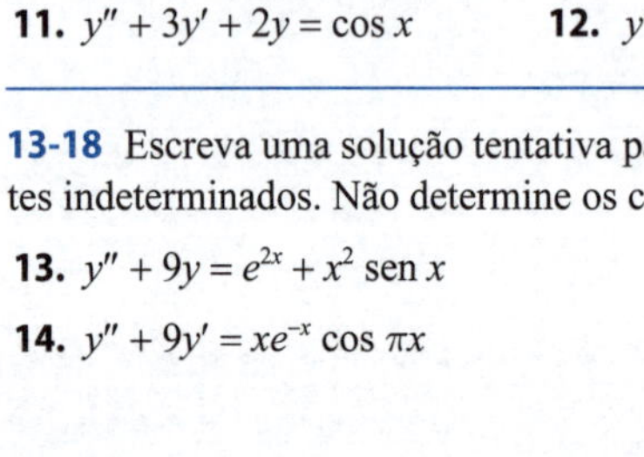

FIGURA 1

Consideremos o movimento de um objeto com massa m na extremidade de uma mola que está na vertical (como na Figura 1) ou na horizontal sobre uma superfície plana (como na Figura 2). Na Seção 6.4, no Volume 1, discutimos a Lei de Hooke, que diz que, se uma mola for esticada (ou comprimida) x unidades a partir de seu tamanho natural, então ela exerce uma força que é proporcional a x:

$$\text{força elástica} = -kx$$

onde k é uma constante positiva (chamada **constante elástica**). Se ignorarmos qualquer força de resistência externa (devido à resistência do ar ou ao atrito), em seguida, pela Segunda Lei de Newton (força é igual a massa vezes aceleração), temos

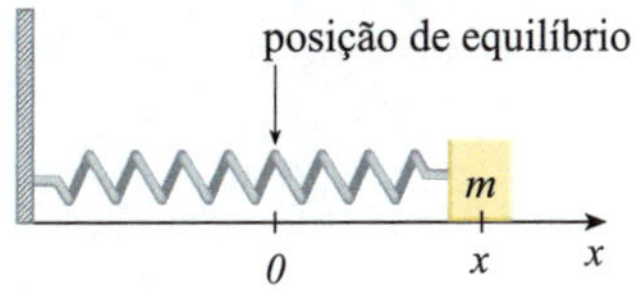

FIGURA 2

1 $$m\frac{d^2x}{dt^2} = -kx \qquad \text{ou} \qquad m\frac{d^2x}{dt^2} + kx = 0$$

Essa é uma equação diferencial linear de segunda ordem. Sua equação auxiliar é $mr^2 + k = 0$ com as raízes $r = \pm\omega i$, onde $\omega = \sqrt{k/m}$. Assim, a solução geral é

$$x(t) = c_1 \cos \omega t + c_2 \operatorname{sen} \omega t$$

que pode também ser escrita como

$$x(t) = A \cos(\omega t + \delta)$$

onde

$$\omega = \sqrt{k/m} \quad \text{(frequência)}$$

$$A = \sqrt{c_1^2 + c_2^2} \quad \text{(amplitude)}$$

$$\cos\delta = \frac{c_1}{A} \qquad \operatorname{sen}\delta = -\frac{c_2}{A} \quad (\delta \text{ é o ângulo de fase})$$

(Veja o Exercício 17.) Esse tipo de movimento é chamado **movimento harmônico simples**.

EXEMPLO 1 Uma mola com uma massa de 2 kg tem comprimento natural de 0,5 m. Uma força de 25,6 N é necessária para mantê-la esticada até um comprimento de 0,7 m. Se a mola é esticada até um comprimento de 0,7 m e, em seguida, solta com uma velocidade inicial 0, encontre a posição da massa em qualquer momento t.

SOLUÇÃO Pela Lei de Hooke, a força necessária para estender a mola é

$$k(0{,}2) = 25{,}6$$

e, dessa forma, $k = 25{,}6/0{,}2 = 128$. Usando esse valor da constante da mola k, junto com $m = 2$ na Equação 1, temos

$$2\frac{d^2x}{dt^2} + 128x = 0$$

Como na discussão anterior, a solução dessa equação é

2 $$x(t) = c_1 \cos 8t + c_2 \operatorname{sen} 8t$$

Estamos dando a condição inicial que $x(0) = 0{,}2$. Mas, da Equação 2, $x(0) = c_1$. Portanto, $c_1 = 0{,}2$. Derivando a Equação 2, obtemos

$$x'(t) = -8c_1 \operatorname{sen} 8t + 8c_2 \cos 8t$$

Uma vez que a velocidade inicial é dada como $x'(0) = 0$, temos $c_2 = 0$ e a solução é

$$x(t) = 0{,}2 \cos 8t$$ ■

■ Vibrações Amortecidas

A seguir, estudaremos o movimento de uma massa presa a uma mola que está sujeita a uma força de atrito (no caso da mola horizontal da Figura 2) ou a uma força de amortecimento (no caso de uma mola vertical que se movimenta em meio a um fluido, como na Figura 3). Um exemplo é a força de amortecimento fornecida pelo amortecedor em um carro ou uma bicicleta.

FIGURA 3

Vamos supor que a força de amortecimento seja proporcional à velocidade da massa e atue na direção oposta ao movimento. (Isso foi confirmado, pelo menos aproximadamente, por algumas experiências físicas.) Assim,

$$\text{força de amortecimento} = -c\,\frac{dx}{dt}$$

Schwinn Cycling and Fitness

onde c é uma constante positiva, chamada **constante de amortecimento**. Assim, nesse caso, a Segunda Lei de Newton fornece

$$m\,\frac{d^2x}{dt^2} = \text{força restauradora} + \text{força de amortecimento} = -kx - c\,\frac{dx}{dt}$$

ou

3 $$m\frac{d^2x}{dt^2} + c\frac{dx}{dt} + kx = 0$$

A Equação 3 é uma equação diferencial linear de segunda ordem e sua equação auxiliar é $mr^2 + cr + k = 0$. As raízes são

4 $$r_1 = \frac{-c + \sqrt{c^2 - 4mk}}{2m} \qquad r_2 = \frac{-c - \sqrt{c^2 - 4mk}}{2m}$$

De acordo com a Seção 17.1, precisamos discutir três casos.

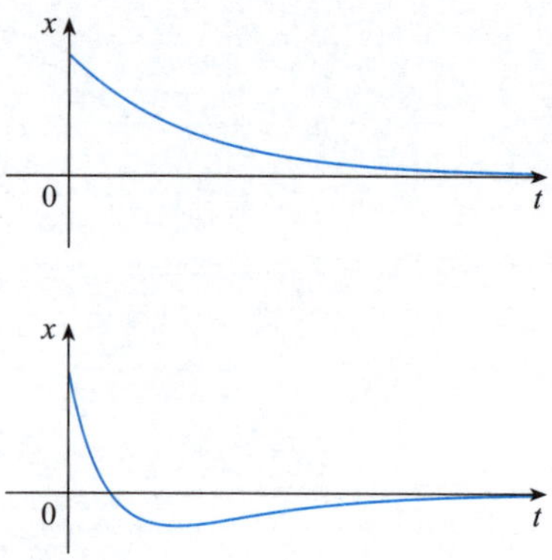

FIGURA 4
Superamortecimento

CASO I $c^2 - 4mk > 0$ (superamortecimento)

Nesse caso, r_1 e r_2 são raízes reais distintas e

$$x = c_1e^{r_1t} + c_2e^{r_2t}$$

Uma vez que c, m e k são todas positivas, temos $\sqrt{c^2 - 4mk} < c$, logo, as raízes r_1 e r_2 dadas pela Equação 4 devem ser ambas negativas. Isso mostra que $x \to 0$ quando $t \to \infty$. Os gráficos característicos de x como função de t estão mostrados na Figura 4. Observe que não ocorrem oscilações. (É possível que a massa passe para a posição de equilíbrio uma vez, porém apenas uma vez.) Isso porque $c^2 > 4mk$ significa que há uma forte força de amortecimento (óleo de alta viscosidade ou graxa) comparada com uma mola fraca ou com uma massa pequena.

CASO II $c^2 - 4mk = 0$ (amortecimento crítico)

Esse caso corresponde a raízes iguais

$$r_1 = r_2 = -\frac{c}{2m}$$

A solução é dada por

$$x = (c_1 + c_2t)e^{-(c/2m)t}$$

Isso é semelhante ao Caso I, e gráficos típicos são mostrados na Figura 4 (Veja o Exercício 12.), mas o amortecimento é só o suficiente para suprimir as vibrações. Qualquer decréscimo na viscosidade do fluido gera as vibrações do caso seguinte.

CASO III $c^2 - 4mk < 0$ (subamortecimento)

Aqui, as raízes são complexas:

$$\left.\begin{matrix} r_1 \\ r_2 \end{matrix}\right\} = -\frac{c}{2m} \pm \omega i$$

onde
$$\omega = \frac{\sqrt{4mk - c^2}}{2m}$$

A solução é dada por

$$x = e^{-(c/2m)t}(c_1 \cos \omega t + c_2 \operatorname{sen} \omega t)$$

Vemos que há oscilações amortecidas pelo fator $e^{-(c/2m)t}$. Uma vez que $c > 0$ e $m > 0$, temos $-(c/2m) < 0$, logo, $e^{-(c/2m)t} \to 0$ quando $t \to \infty$. Isso implica que $x \to 0$ quando $t \to \infty$; isto é, o movimento decai a 0 à medida que o tempo cresce. Um gráfico característico é mostrado na Figura 5.

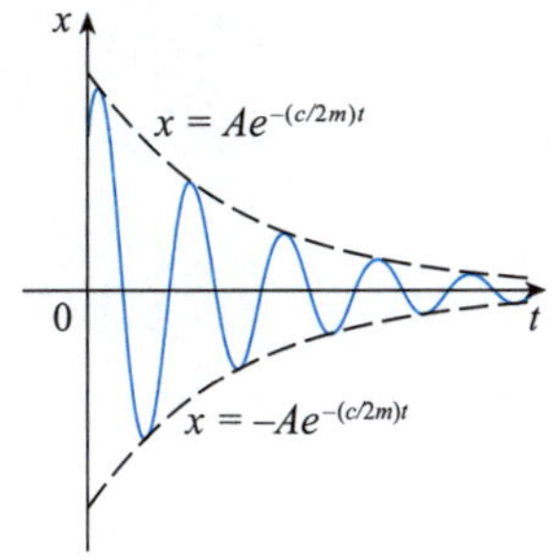

FIGURA 5
Subamortecimento

EXEMPLO 2 Suponha que a massa do Exemplo 1 esteja imersa em um fluido com constante de amortecimento $c = 40$. Determine a posição da massa em qualquer instante t se ele iniciar da posição de equilíbrio e for dado um empurrão para que a velocidade inicial seja de 0,6 m/s.

SOLUÇÃO Do Exemplo 1, a massa é $m = 2$ e a constante da mola é $k = 128$, logo, a equação diferencial (3) torna-se

$$2 = \frac{d^2x}{dt^2} + 40\frac{dx}{dt} + 128x = 0$$

ou
$$\frac{d^2x}{dt^2} + 20\frac{dx}{dt} + 64x = 0$$

A equação auxiliar é $r^2 + 20r + 64 = (r + 4)(r + 16) = 0$ com raízes -4 e -16, logo, o movimento é superamortecido e a solução é

$$x(t) = c_1e^{-4t} + c_2\, e^{-16t}$$

Temos que $x(0) = 0$, logo, $c_1 + c_2 = 0$. Derivando, obtemos

$$x'(t) = -4c_1e^{-4t} - 16c_2e^{-16t}$$

então
$$x'(0) = -4c_1 - 16c_2 = 0{,}6$$

Uma vez que $c_2 = -c_1$, isso nos fornece $12c_1 = 0{,}6$ ou $c_1 = 0{,}05$. Portanto,

$$x = 0{,}05(e^{-4t} - e^{-16t})$$ ■

A Figura 6 mostra o gráfico da função posição para o movimento superamortecido do Exemplo 2.

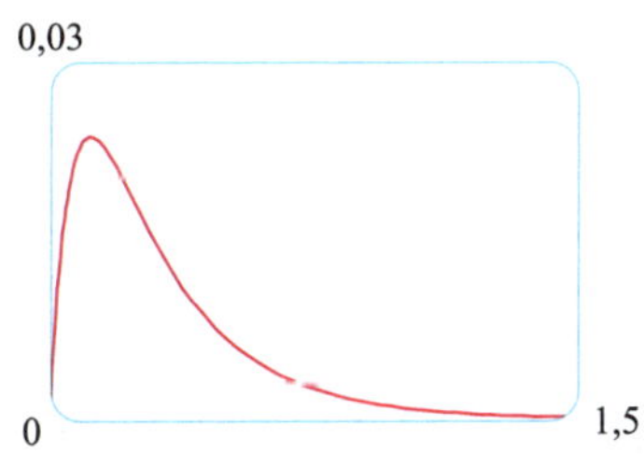

FIGURA 6

Vibrações Forçadas

Suponha que, em adição à força restauradora e à força de amortecimento, o movimento da mola seja afetado pela força externa $F(t)$. Então, a Segunda Lei de Newton fornece

$$m\frac{d^2x}{dt^2} = \text{força restauradora} + \text{força de amortecimento} + \text{força externa}$$

$$= -kx - c\frac{dx}{dt} + F(t)$$

Assim, em lugar da equação homogênea (3), o movimento da massa é agora governado pela seguinte equação diferencial não homogênea:

5
$$\boxed{m\frac{d^2x}{dt^2} + c\frac{dx}{dt} + kx = F(t)}$$

O movimento da massa pode ser determinado pelos métodos da Seção 17.2.

Uma força externa que ocorre comumente é uma função força periódica

$$F(t) = F_0 \cos\omega_0 t \qquad \text{onde} \qquad \omega_0 \neq \omega = \sqrt{k/m}$$

Nesse caso, e na falta de uma força de amortecimento ($c = 0$), será pedido no Exercício 9 que você use o método dos coeficientes indeterminados para mostrar que

6 $$x(t) = c_1 \cos\omega t + c_2 \operatorname{sen}\omega t + \frac{F_0}{m(\omega^2 - \omega_0^2)} \cos\omega_0 t$$

Se $\omega_0 = \omega$, então a frequência aplicada reforça a frequência natural e o resultado são vibrações de grande amplitude. Esse é o fenômeno da **ressonância** (veja o Exercício 10).

Circuitos Elétricos

Nas Seções 9.3 e 9.5, usamos equações lineares e separáveis de primeira ordem para analisar circuitos elétricos que contêm resistor e indutor (veja a Figura 9.3.5 e a Figura 9.5.4) ou um resistor e um capacitor (veja o Exercício 9.5.29). Agora que sabemos como resolver equações lineares de segunda ordem, estamos em posição de analisar o circuito mostrado na Figura 7, que contém uma força eletromotriz E (proporcionada pela pilha ou gerador), um resistor R, um indutor L e um capacitor C, em série. Se a carga no capacitor no instante t é $Q = Q(t)$, então a corrente é a taxa de variação de Q em relação a t: $I = dQ/dt$. Como na Seção 9.5, é sabido da física que as quedas de voltagem no resistor, indutor e capacitor são dadas por

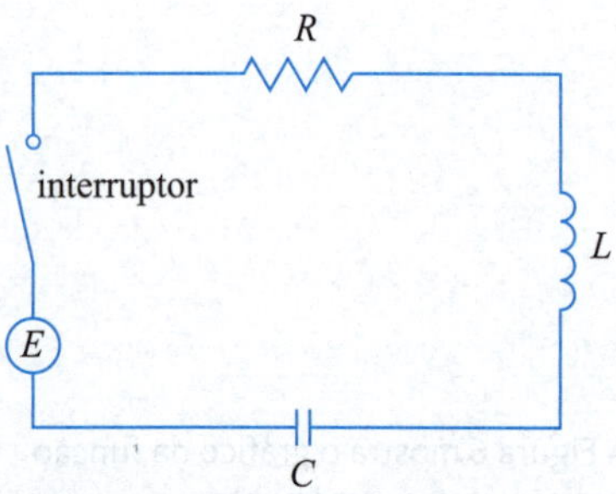

FIGURA 7

$$RI \qquad L\frac{dI}{dy} \qquad \frac{Q}{C}$$

respectivamente. A lei de voltagem de Kirchhoff diz que a soma dessas quedas de voltagem é igual à voltagem fornecida:

$$L\frac{dI}{dy} + RI + \frac{Q}{C} = E(t)$$

Uma vez que $I = dQ/dt$, essa equação se torna

7 $$L\frac{d^2Q}{dt^2} + R\frac{dQ}{dt} + \frac{1}{C}\,Q = E(t)$$

que é uma equação diferencial linear de segunda ordem com coeficientes constantes. Se a carga Q_0 e a corrente I_0 forem conhecidas no instante 0, então temos as condições iniciais

$$Q(0) = Q_0 \qquad Q'(0) = I(0) = I_0$$

e o problema de valor inicial pode ser resolvido pelos métodos da Seção 17.2.

Uma equação diferencial para a corrente pode ser obtida derivando-se a Equação 7 em relação a t e lembrando que $I = dQ/dt$:

$$L\frac{d^2I}{dt^2} + R\frac{dI}{dt} + \frac{1}{C}I = E'(t)$$

EXEMPLO 3 Determine a carga e a corrente no instante t no circuito da Figura 7 se $R = 40\ \Omega$, $L = 1$ H, $C = 16 \times 10^{-4}$ F, $E(t) = 100 \cos 10t$ e a carga e a corrente inicial forem ambas 0.

SOLUÇÃO Com os valores dados de L, R, C e $E(t)$, a Equação 7 torna-se

8 $$\frac{d^2Q}{dt^2}+40\frac{dQ}{dt}+625Q=100\cos 10t$$

A equação auxiliar é $r^2 + 40r + 625 = 0$ com raízes

$$r=\frac{-40\pm\sqrt{-900}}{2}=-20\pm 15i$$

de modo que a solução da equação complementar é

$$Q_c(t)=e^{-20t}(c_1\cos 15t+c_2\,\text{sen}\,15t)$$

Para o método dos coeficientes indeterminados, tentamos a solução particular

$$Q_p(t)=A\cos 10t+B\,\text{sen}\,10t$$

Então,
$$Q_p'(t)=-10A\,\text{sen}\,10t+10B\cos 10t$$
$$Q_p''(t)=-100A\cos 10t-100B\,\text{sen}\,10t$$

Substituindo na Equação 8, temos

$$(-100A\cos 10t-100B\,\text{sen}\,10t)+40(-10A\,\text{sen}\,10t+10B\cos 10t)$$
$$+625(A\cos 10t+B\,\text{sen}\,10t)=100\cos 10t$$

ou
$$(525A+400B)\cos 10t+(-400A+525B)\,\text{sen}\,10t=100\cos 10t$$

Igualando os coeficientes, temos

$$525A+400B=100 \qquad\qquad 21A+16B=4$$
ou
$$-400A+525B=0 \qquad\qquad -16A+21B=0$$

A solução deste sistema é $A=\frac{84}{697}$ e $B=\frac{64}{697}$, logo, uma solução particular é

$$Q_p(t)=\tfrac{1}{697}(84\cos 10t+64\,\text{sen}\,10t)$$

e a solução geral é

$$Q(t)=Q_c(t)+Q_p(t)$$
$$=e^{-20t}(c_1\cos 15t+c_2\,\text{sen}\,15t)+\tfrac{4}{697}(21\cos 10t+16\,\text{sen}\,10t)$$

Impondo a condição inicial $Q(0) = 0$, obtemos

$$Q(0)=c_1+\tfrac{84}{697}=0 \qquad c_1=-\tfrac{84}{697}$$

Para impormos a outra condição inicial, primeiro vamos derivar para determinar a corrente:

$$I=\frac{dQ}{dt}=e^{-20t}[(-20c_1+15c_2)\cos 15t+(-15c_1-20c_2)\text{sen}\,15t]$$
$$+\tfrac{40}{697}(-21\,\text{sen}\,10t+16\cos 10t)$$
$$I(0)=-20c_1+15c_2+\tfrac{640}{697}=0 \qquad c_2=-\tfrac{464}{2.091}$$

Assim, a fórmula para a carga é

$$Q(t)=\frac{4}{697}\left[\frac{e^{-20t}}{3}(-63\cos 15t-116\,\text{sen}\,15t)+(21\cos 10t+16\,\text{sen}\,10t)\right]$$

e a expressão para a corrente é

$$I(t) = \frac{1}{2.091}\left[e^{-20t}(-1.920 \cos 15t + 13.060 \operatorname{sen} 15t) + 120(-21 \operatorname{sen} 10t + 16 \cos 10t)\right] \quad \blacksquare$$

OBSERVAÇÃO 1 No Exemplo 3, a solução para $Q(t)$ consiste em duas partes. Uma vez que $e^{-20t} \to 0$ quando $t \to \infty$ e tanto cos $15t$ quanto sen $15t$ são funções limitadas,

$$Q_c(t) = \frac{4}{2.091} e^{-20t}(-63 \cos 15t - 116 \operatorname{sen} 15t) \to 0 \text{ quando } t \to \infty$$

Logo, para valores grandes de t,

$$Q(t) \approx Q_P(t) = \frac{4}{697}(21 \cos 10t + 16 \operatorname{sen} 10t)$$

e, por essa razão, $Q_p(t)$ é denominada **solução estacionária**. A Figura 8 mostra uma comparação entre o gráfico de Q nesse caso e a solução estacionária.

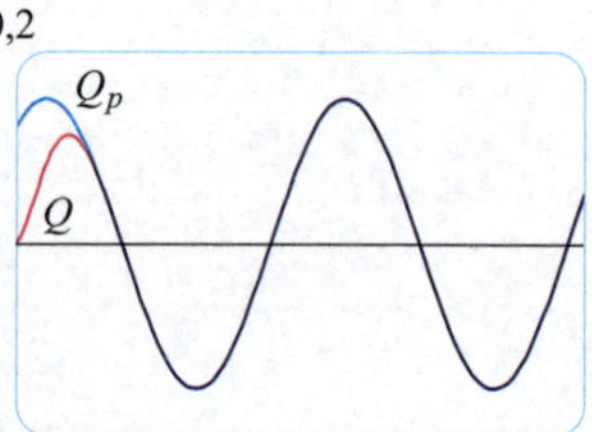

FIGURA 8

OBSERVAÇÃO 2 Comparando as Equações 5 e 7, vemos que matematicamente elas são idênticas. Isso sugere a analogia dada na tabela a seguir entre situações físicas que, à primeira vista, são muito diferentes.

Sistema de molas		Circuito elétrico	
x	deslocamento	Q	carga
dx/dt	velocidade	$I = dQ/dt$	corrente
m	massa	L	indutância
c	amortecimento constante	R	resistência
k	constante da mola	$1/C$	elastância
$F(t)$	força externa	$E(t)$	força eletromotriz

5 $$m\frac{d^2x}{dt^2} + c\frac{dx}{dt} + kx = F(t)$$

7 $$L\frac{d^2Q}{dt^2} + R\frac{dQ}{dt} + \frac{1}{C}Q = E(t)$$

Podemos também transferir outras ideias de uma situação para outra. Por exemplo, a solução estacionária discutida na Observação 1 faz sentido no sistema de massa-mola. E o fenômeno da ressonância no sistema de massa-mola pode ser proveitosamente transportado para circuitos elétricos como ressonância elétrica.

17.3 Exercícios

1. Uma mola tem comprimento natural 0,75 m e 5 kg de massa. Uma força de 25 N é necessária para manter a mola esticada até um comprimento de 1 m. Se a mola for esticada para um comprimento de 1,1 m e então solta com velocidade 0, encontre a posição da massa após t segundos.

2. Uma mola com uma massa de 8 kg presa a ela é mantida esticada 0,4 m além de seu comprimento natural por uma força de 32 N. A mola começa em sua posição de equilíbrio com velocidade inicial de 1 m/s. Localize a posição da massa em qualquer momento t.

3. Uma mola presa a uma massa de 2 kg tem uma constante de amortecimento 14 e uma força de 6 N é necessária para manter a mola esticada 0,5 m além de seu comprimento natural. A mola é esticada 1 m além de seu comprimento natural e então é solta com velocidade 0. Localize a posição da massa em qualquer momento t.

4. Uma força de 13 N é necessária para manter uma mola presa a uma massa de 2 kg esticada 0,25 m além de seu comprimento natural. A constante de amortecimento da mola é $c = 8$.
(a) Se a massa começa na posição de equilíbrio com velocidade de 0,5 m/s, encontre a posição no instante t.
(b) Faça o gráfico da função posição da massa.

5. Para a mola do Exercício 3, determine a massa que produziria amortecimento crítico.

6. Para a mola do Exercício 4, determine a constante de amortecimento que produziria amortecimento crítico.

7. Uma mola tem massa de 1 kg e a sua constante de mola é $k = 100$. A mola é liberada em um ponto 0,1 m acima da sua posição de equilíbrio. Faça os gráficos da função posição para os seguintes valores da constante de amortecimento c: 10, 15, 20, 25, 30. Que tipo de amortecimento ocorre em cada caso?

8. A mola tem uma massa de 1 kg e a sua constante de amortecimento é $c = 10$. A mola começa a partir da sua posição de equilíbrio a uma velocidade de 1 m/s. Faça os gráficos da função posição para os seguintes valores da constante de mola k: 10, 20, 25, 30, 40. Que tipo de amortecimento ocorre em cada caso?

9. Suponha que uma mola tenha uma massa m e constante de mola k e seja $\omega = \sqrt{k/m}$. Suponha uma constante de amortecimento tão pequena que a força de amortecimento seja desprezível. Se uma força externa $F(t) = F_0 \cos \omega_0 t$ for aplicada, onde $\omega_0 \neq \omega$, use o método dos coeficientes indeterminados para mostrar que o movimento da massa é descrito pela Equação 6.

10. Como no Exercício 9, considere uma mola com uma massa m, constante da mola k e constante de amortecimento $c = 0$, e seja $\omega = \sqrt{k/m}$. Se uma força externa $F(t) = F_0 \cos \omega t$ for aplicada (a frequência aplicada é igual à frequência natural), use o método dos coeficientes indeterminados para mostrar que o movimento da massa é dado por

$$x(t) = c_1 \cos \omega t + c_2 \operatorname{sen} \omega t + \frac{F_0}{2m\omega} t \operatorname{sen} \omega t$$

11. Mostre que se $\omega_0 \neq \omega$, mas ω/ω_0 é um número racional, então o movimento descrito pela Equação 6 é periódico.

12. Considere uma massa presa a uma mola sujeita a uma força de atrito ou de amortecimento.

(a) No caso de amortecimento crítico, o movimento é dado por $x = c_1 e^{rt} + c_2 t e^{rt}$. Mostre que o gráfico de x cruza o eixo t sempre que c_1 e c_2 tiverem sinais opostos.

(b) No caso de superamortecimento, o movimento é dado por $x = c_1 e^{r_1 t} + c_2 e^{r_2 t}$, onde $r_1 > r_2$. Determine uma condição sobre os módulos relativos de c_1 e c_2 sob a qual o gráfico de x cruza o eixo t para um valor positivo de t.

13. Um circuito em série consiste em um resistor com $R = 20\ \Omega$, um indutor com $L = 1$ H, um capacitor com $C = 0{,}002$ F, e uma pilha de 12 V. Se a carga inicial e a corrente forem 0, encontre a carga e a corrente no instante t.

14. Um circuito em série contém um resistor com $R = 24\ \Omega$, um indutor com $L = 2$ H, um capacitor com $C = 0{,}005$ F e uma pilha de 12 V. A carga inicial é $Q = 0{,}001$ C e a corrente inicial é 0.

(a) Determine a carga e a corrente no instante t.

(b) Faça o gráfico das funções carga e corrente.

15. A pilha no Exercício 13 é substituída por um gerador produzindo uma voltagem de $E(t) = 12 \operatorname{sen} 10t$. Determine a carga no instante t.

16. A pilha no Exercício 14 é substituída por um gerador produzindo uma voltagem de $E(t) = 12 \operatorname{sen} 10t$.

(a) Determine a carga no instante t.

(b) Faça o gráfico da função carga.

17. Verifique se a solução para a Equação 1 pode ser escrita na forma $x(t) = A \cos(\omega t + \delta)$.

18. A figura exibe um pêndulo com comprimento L e o ângulo θ a partir da vertical do pêndulo. Pode ser mostrado que θ, como uma função do tempo, satisfaz a equação diferencial não linear

$$\frac{d^2\theta}{dt^2} + \frac{g}{L} \operatorname{sen} \theta = 0$$

onde g é a aceleração da gravidade. Para valores pequenos de θ podemos usar a aproximação linear $\operatorname{sen} \theta \approx \theta$ e então a equação diferencial se torna linear.

(a) Determine a equação do movimento de um pêndulo com comprimento 1 m se θ é inicialmente 0,2 rad e a velocidade angular inicial é $d\theta/dt = 1$ rad/s.

(b) Qual o ângulo máximo a partir da vertical?

(c) Qual o período do pêndulo (isto é, o tempo necessário para uma oscilação completa)?

(d) Quando o pêndulo estará pela primeira vez na vertical?

(e) Qual a velocidade angular do pêndulo quando ele está na vertical?

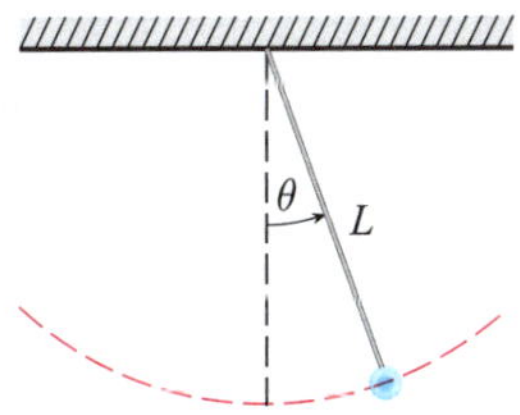

17.4 Soluções em Séries

Muitas equações diferenciais não podem ser resolvidas explicitamente em termos de combinações finitas de funções usuais simples. Isso é verdade mesmo para uma equação com aparência bem simples, como

1 $$y'' - 2xy' + y = 0$$

Todavia, é importante poder resolver equações como a que foi dada acima, pois elas surgem de problemas físicos, especialmente em conexão com a equação de Schrödinger na mecânica quântica. Em tais casos, vamos usar o método das séries de potência, isto é, procuraremos por uma solução da forma

$$y = f(x) = \sum_{n=0}^{\infty} c_n x^n = c_0 + c_1 x + c_2 x^2 + c_3 x^3 + \cdots$$

O método é substituir essa expressão na equação diferencial e determinar os valores dos coeficientes $c_0, c_1, c_2, \ldots$. Essa técnica assemelha-se ao método dos coeficientes indeterminados, discutido na Seção 17.2.

Antes de usarmos as séries de potências para resolver a Equação 1, ilustraremos o método com uma equação mais simples, $y'' + y = 0$, no Exemplo 1. Realmente, já sabemos como resolver essa equação pelas técnicas da Seção 17.1, contudo é mais fácil entender o método das séries de potências quando ele é aplicado a essa equação mais simples.

EXEMPLO 1 Use séries de potências para resolver a equação $y'' + y = 0$.

SOLUÇÃO Vamos supor que haja uma solução da forma

2
$$y = c_0 + c_1 x + c_2 x^2 + c_3 x^3 + \cdots = \sum_{n=0}^{\infty} c_n x^n$$

Podemos derivar a série de potências termo a termo. Assim,

$$y' = c_1 + 2c_2 x + 3c_3 x^2 + \cdots = \sum_{n=1}^{\infty} n c_n x^{n-1}$$

3
$$y'' = 2c_2 + 2 \cdot 3c_3 x + \cdots = \sum_{n=2}^{\infty} n(n-1) c_n x^{n-2}$$

A fim de compararmos as expressões de y e y'' mais facilmente, reescrevemos y'' como se segue:

Escrevendo os primeiros termos de (4), você verá que são iguais a (3). Para obtermos (4), substituímos n por $n + 2$ e começamos a somatória em 0 em vez de 2.

4
$$y'' = \sum_{n=0}^{\infty} (n+2)(n+1) c_{n+2} x^n$$

Substituindo as expressões nas Equações 2 e 4 na equação diferencial, obtemos

$$\sum_{n=0}^{\infty} (n+2)(n+1) c_{n+2} x^n + \sum_{n=0}^{\infty} c_n x^n = 0$$

ou

5
$$\sum_{n=0}^{\infty} [(n+2)(n+1) c_{n+2} + c_n] x^n = 0$$

Se duas séries de potências são iguais, então os coeficientes correspondentes devem ser iguais. Portanto, os coeficientes de x^n da Equação 5 devem ser 0:

$$(n+2)(n+1) c_{n+2} + c_n = 0$$

6
$$c_{n+2} = -\frac{c_n}{(n+1)(n+2)} \qquad n = 0, 1, 2, 3, \ldots$$

A Equação 6 é chamada *relação de recorrência.* Se c_0 e c_1 forem conhecidos, essa equação nos permite determinar os coeficientes restantes recursivamente, usando $n = 0, 1, 2, 3, \ldots$ em sucessão.

$$\text{Usando } n = 0: \quad c_2 = -\frac{c_0}{1 \cdot 2}$$

$$\text{Usando } n = 1: \quad c_3 = -\frac{c_1}{2 \cdot 3}$$

$$\text{Usando } n = 2: \quad c_4 = -\frac{c_2}{3 \cdot 4} = \frac{c_0}{1 \cdot 2 \cdot 3 \cdot 4} = \frac{c_0}{4!}$$

$$\text{Usando } n = 3: \quad c_5 = -\frac{c_3}{4 \cdot 5} = \frac{c_1}{2 \cdot 3 \cdot 4 \cdot 5} = \frac{c_1}{5!}$$

Usando $n = 4$: $\quad c_6 = -\dfrac{c_4}{5\cdot 6} = -\dfrac{c_0}{4!5\cdot 6} = -\dfrac{c_0}{6!}$

Usando $n = 5$: $\quad c_7 = -\dfrac{c_5}{6\cdot 7} = -\dfrac{c_1}{5!6\cdot 7} = -\dfrac{c_1}{7!}$

Agora, já percebemos o seguinte padrão:

$$\text{Para os coeficientes pares, } c_{2n} = (-1)^n \frac{c_0}{(2n)!}$$

$$\text{Para os coeficientes ímpares, } c_{2n+1} = (-1)^n \frac{c_1}{(2n+1)!}$$

Colocando esses valores na Equação 2, escrevemos a solução como

$$\begin{aligned} y &= c_0 + c_1 x + c_2 x^2 + c_3 x^3 + c_4 x^4 + c_5 x^5 + \cdots \\ &= c_0 \left(1 - \frac{x^2}{2!} + \frac{x^4}{4!} - \frac{x^6}{6!} + \cdots + (-1)^n \frac{x^{2n}}{(2n)!} + \cdots \right) \\ &\quad + c_1 \left(x - \frac{x^3}{3!} + \frac{x^5}{5!} - \frac{x^7}{7!} + \cdots + (-1)^n \frac{x^{2n+1}}{(2n+1)!} + \cdots \right) \\ &= c_0 \sum_{n=0}^{\infty} (-1)^n \frac{x^{2n}}{(2n)!} + c_1 \sum_{n=0}^{\infty} (-1)^n \frac{x^{2n+1}}{(2n+1)!} \end{aligned}$$

Observe que há duas constantes arbitrárias, c_0 e c_1. ■

OBSERVAÇÃO 1 Reconhecemos as séries obtidas no Exemplo 1 como as séries de Maclaurin para cos x e sen x. (Veja as Equações 15 e 16 da Seção 11.10.) Portanto, podemos escrever a solução como

$$y(x) = c_0 \cos x + c_1 \operatorname{sen} x$$

Entretanto, em geral não somos capazes de expressar soluções das equações diferenciais em séries de potências em termos de funções conhecidas.

EXEMPLO 2 Resolva $y'' - 2xy' + y = 0$.

SOLUÇÃO Vamos supor que haja uma solução da forma

$$y = \sum_{n=0}^{\infty} c_n x^n$$

Então $\quad y' = \sum_{n=1}^{\infty} n c_n x^{n-1}$

e $\quad y'' = \sum_{n=2}^{\infty} n(n-1) c_n x^{n-2} = \sum_{n=0}^{\infty} (n+2)(n+1) c_{n+2} x^n$

como no Exemplo 1. Substituindo na equação diferencial, obtemos

$$\sum_{n=0}^{\infty} (n+2)(n+1) c_{n+2} x^n - 2x \sum_{n=1}^{\infty} n c_n x^{n-1} + \sum_{n=0}^{\infty} c_n x^n = 0$$

$$\sum_{n=0}^{\infty} (n+2)(n+1) c_{n+2} x^n - \sum_{n=1}^{\infty} 2n c_n x^n + \sum_{n=0}^{\infty} c_n x^n = 0$$

$$\sum_{n=0}^{\infty} [(n+2)(n+1) c_{n+2} - (2n-1) c_n] x^n = 0$$

$$\sum_{n=1}^{\infty} 2n c_n x^n = \sum_{n=0}^{\infty} 2n c_n x^n$$

Essa equação estará satisfeita se o coeficiente de x^n for 0:

$$(n + 2)(n + 1)c_{n+2} - (2n - 1)c_n = 0$$

7 $$c_{n+2} = \frac{2n-1}{(n+1)(n+2)}c_n \qquad n = 0, 1, 2, 3, \ldots$$

Resolvemos essa relação de recursão usando $n = 0, 1, 2, 3, \ldots$ sucessivamente na Equação 7:

$$\text{Usando } n = 0: \qquad c_2 = \frac{-1}{1\cdot 2}c_0$$

$$\text{Usando } n = 1: \qquad c_3 = \frac{-1}{2\cdot 3}c_1$$

$$\text{Usando } n = 2: \qquad c_4 = \frac{3}{3\cdot 4}c_2 = -\frac{3}{1\cdot 2\cdot 3\cdot 4}c_0 = -\frac{3}{4!}c_0$$

$$\text{Usando } n = 3: \qquad c_5 = \frac{5}{4\cdot 5}c_3 = \frac{1\cdot 5}{2\cdot 3\cdot 4\cdot 5}c_1 = \frac{1\cdot 5}{5!}c_1$$

$$\text{Usando } n = 4: \qquad c_6 = \frac{7}{5\cdot 6}c_4 = -\frac{3\cdot 7}{4!\,5\cdot 6}c_0 = -\frac{3\cdot 7}{6!}c_0$$

$$\text{Usando } n = 5: \qquad c_7 = \frac{9}{6\cdot 7}c_5 = \frac{1\cdot 5\cdot 9}{5!\,6\cdot 7}c_1 = \frac{1\cdot 5\cdot 9}{7!}c_1$$

$$\text{Usando } n = 6: \qquad c_8 = \frac{11}{7\cdot 8}c_6 = -\frac{3\cdot 7\cdot 11}{8!}c_0$$

$$\text{Usando } n = 7: \qquad c_9 = \frac{13}{8\cdot 9}c_7 = \frac{1\cdot 5\cdot 9\cdot 13}{9!}c_1$$

Em geral, os coeficientes pares são dados por

$$c_{2n} = -\frac{3\cdot 7\cdot 11\cdot \cdots \cdot(4n-5)}{(2n)!}c_0$$

e os coeficientes ímpares são dados por

$$c_{2n+1} = \frac{1\cdot 5\cdot 9\cdot \cdots \cdot(4n-3)}{(2n+1)!}c_1$$

A solução é

$$\begin{aligned} y &= c_0 + c_1x + c_2x^2 + c_3x^3 + c_4x^4 + \cdots \\ &= c_0\left(1 - \frac{1}{2!}x^2 - \frac{3}{4!}x^4 - \frac{3\cdot 7}{6!}x^6 - \frac{3\cdot 7\cdot 11}{8!}x^8 - \cdots\right) \\ &\quad + c_1\left(x + \frac{1}{3!}x^3 + \frac{1\cdot 5}{5!}x^5 + \frac{1\cdot 5\cdot 9}{7!}x^7 + \frac{1\cdot 5\cdot 9\cdot 13}{9!}x^9 + \cdots\right) \end{aligned}$$

ou

8 $$\begin{aligned} y &= c_0\left(1 - \frac{1}{2!}x^2 - \sum_{n=2}^{\infty}\frac{3\cdot 7\cdot \cdots \cdot(4n-5)}{(2n)!}x^{2n}\right) \\ &\quad + c_1\left(x + \sum_{n=1}^{\infty}\frac{1\cdot 5\cdot 9\cdot \cdots \cdot(4n-3)}{(2n+1)!}x^{2n+1}\right) \end{aligned}$$ ■

OBSERVAÇÃO 2 No Exemplo 2, *supusemos* que a equação diferencial tivesse uma solução em série. Mas agora podemos verificar diretamente que a função dada pela Equação 8 é de fato uma solução.

OBSERVAÇÃO 3 Ao contrário da situação do Exemplo 1, as séries de potências que surgem na solução do Exemplo 2 não definem funções elementares. As funções

$$y_1(x) = 1 - \frac{1}{2!}x^2 - \sum_{n=2}^{\infty} \frac{3 \cdot 7 \cdot \cdots \cdot (4n-5)}{(2n)!} x^{2n}$$

e

$$y_2(x) = x + \sum_{n=1}^{\infty} \frac{1 \cdot 5 \cdot 9 \cdot \cdots \cdot (4n-3)}{(2n+1)!} x^{2n+1}$$

são perfeitamente boas, entretanto não podem ser expressas em termos de funções familiares. Podemos usar essas expressões em série de potência de y_1 e y_2 para calcular os valores aproximados das funções e até mesmo seus gráficos. A Figura 1 mostra as primeiras somas parciais $T_0, T_2, T_4, \ldots$ (polinômios de Taylor) para $y_1(x)$, e vemos como eles convergem para y_1. Dessa maneira, podemos fazer ambos os gráficos de y_1 e y_2 na Figura 2.

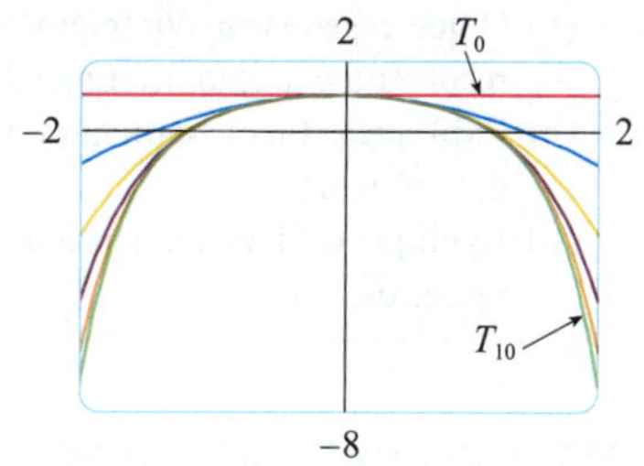

FIGURA 1

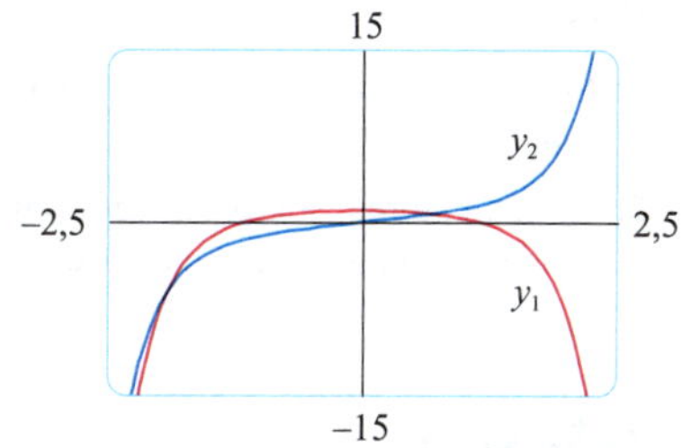

FIGURA 2

OBSERVAÇÃO 4 Se nos pedirem para resolver o problema de valor inicial

$$y'' - 2xy' + y = 0 \qquad y(0) = 0 \qquad y'(0) = 1$$

devemos observar, do Teorema 5 da Seção 11.10, que

$$c_0 = y(0) = 0 \qquad c_1 = y'(0) = 1$$

Isso simplificaria os cálculos no Exemplo 2, uma vez que todos os coeficientes pares seriam 0. A solução para o problema de valor inicial é

$$y(x) = x + \sum_{n=1}^{\infty} \frac{1 \cdot 5 \cdot 9 \cdot \cdots \cdot (4n-3)}{(2n+1)!} x^{2n+1}$$

17.4 Exercícios

1-11 Use séries de potências para resolver a equação diferencial.

1. $y' - y = 0$

2. $y' = xy$

3. $y' = x^2 y$

4. $(x - 3)y' + 2y = 0$

5. $y'' + xy' + y = 0$

6. $y'' = y$

7. $(x - 1)y'' + y' = 0$

8. $y'' = xy$

9. $y'' - xy' - y = 0, \quad y(0) = 1 \quad y'(0) = 0$

10. $y'' + x^2 y = 0, \quad y(0) = 1, \quad y'(0) = 0$

11. $y'' + x^2 y' + xy = 0, \quad y(0) = 0, \quad y'(0) = 1$

12. A solução do problema de valor inicial

$$x^2 y'' + xy' + x^2 y = 0 \quad y(0) = 1 \quad y'(0) = 0$$

é chamada função de Bessel de ordem 0.

(a) Resolva o problema de valor inicial para determinar uma expansão em série de potências da função de Bessel.

(b) Faça o gráfico de vários polinômios de Taylor até atingir um que pareça uma boa aproximação para a função de Bessel no intervalo [−5, 5].

17 REVISÃO

VERIFICAÇÃO DE CONCEITOS

As respostas para a Verificação de Conceitos podem ser encontradas na página deste livro no site da Cengage.

1. (a) Escreva a forma geral de uma equação diferencial linear de segunda ordem com coeficientes constantes.

(b) Escreva a equação auxiliar.

(c) Como você usaria as raízes da equação auxiliar para resolver a equação diferencial? Escreva a forma da solução para cada um dos três casos que podem ocorrer.

2. (a) O que é um problema de valor inicial para uma equação diferencial de segunda ordem?

(b) O que é o problema de contorno para tal equação?

3. (a) Escreva a forma geral de uma equação diferencial linear de segunda ordem não homogênea com coeficientes constantes.

(b) O que é a equação complementar? Como ela pode ajudar a resolver a equação diferencial original?

(c) Explique o funcionamento do método dos coeficientes indeterminados.

(d) Explique o funcionamento do método da variação dos parâmetros.

4. Discuta duas aplicações das equações diferenciais lineares de segunda ordem.

5. Como você usaria as séries de potência para resolver uma equação diferencial?

TESTES VERDADEIRO-FALSO

Determine se a afirmação é falsa ou verdadeira. Se for verdadeira, explique por quê. Caso contrário, explique por que ou dê um exemplo que mostre que é falsa.

1. Se y_1 e y_2 forem soluções de $y'' + y = 0$, então $y_1 + y_2$ também é uma solução da equação.

2. Se y_1 e y_2 forem soluções de $y'' + 6y' + 5y = x$, então $c_1y_1 + c_2y_2$ também é uma solução da equação.

3. A solução geral de $y'' - y = 0$ pode ser escrita como

$$y = c_1 \cosh x + c_2 \operatorname{senh} x$$

4. A equação $y'' - y = e^x$ tem uma solução particular da forma

$$y_p = Ae^x$$

EXERCÍCIOS

1-10 Resolva a equação diferencial.

1. $4y'' - y = 0$

2. $y'' - 2y' + 10y = 0$

3. $y'' + 3y = 0$

4. $y'' + 8y' + 16y = 0$

5. $\dfrac{d^2y}{dx^2} - 4\dfrac{dy}{dx} + 5y = e^{2x}$

6. $\dfrac{d^2y}{dx^2} + \dfrac{dy}{dx} - 2y = x^2$

7. $\dfrac{d^2y}{dx^2} - 2\dfrac{dy}{dx} + y = x \cos x$

8. $\dfrac{d^2y}{dx^2} + 4y = \operatorname{sen} 2x$

9. $\dfrac{d^2y}{dx^2} - \dfrac{dy}{dx} - 6y = 1 + e^{-2x}$

10. $\dfrac{d^2y}{dx^2} + y = \operatorname{cossec} x, \quad 0 < x < \pi/2$

11-14 Resolva o problema de valor inicial.

11. $y'' + 6y' = 0, \quad y(1) = 3, \quad y'(1) = 12$

12. $y'' - 6y' + 25y = 0, \quad y(0) = 2, \quad y'(0) = 1$

13. $y'' - 5y' + 4y = 0, \quad y(0) = 0, \quad y'(0) = 1$

14. $9y'' + y = 3x + e^{-x}, \quad y(0) = 1, \quad y'(0) = 2$

15-16 Resolva o problema de contorno, se possível.

15. $y'' + 4y' + 29y = 0, \quad y(0) = 1, \quad y(\pi) = -1$

16. $y'' + 4y' + 29y = 0, \quad y(0) = 1, \quad y(\pi) = -e^{-2\pi}$

17. Use a série de potências para resolver o problema de valor inicial.

$$y'' + xy' + y = 0 \quad y(0) = 0, \quad y'(0) = 1$$

18. Use a série de potência para resolver a equação.

$$y'' - xy' - 2y = 0$$

19. Um circuito em série contém um resistor com $R = 40\ \Omega$, um indutor com $L = 2$ H, um capacitor com $C = 0{,}0025$ F, e uma pilha de 12 V. A carga inicial é $Q = 0{,}01$ C e a corrente inicial é 0. Encontre a carga no instante t.

20. Uma mola com uma massa de 2 kg presa a ela tem uma constante de amortecimento 16 e uma força de 12,8 N mantém a mola esticada 0,2 m além de seu comprimento original. Determine a posição da massa no instante t se ela iniciar na posição de equilíbrio com velocidade de 2,4 m/s.

21. Suponha que a Terra seja uma esfera sólida de densidade uniforme com massa M e raio $R = 6.370$ km. Para uma partícula de massa m a uma distância r a partir do centro da Terra, a força gravitacional que atrai a partícula para o centro é

$$F_r = \frac{-GM_r m}{r^2}$$

onde G é a constante gravitacional e M_r é a massa de Terra dentro de uma esfera de raio r.

(a) Mostre que $F_r = \dfrac{-GMm}{R^3} r$.

(b) Suponha que um buraco seja perfurado na Terra ao longo de um diâmetro. Mostre que, se uma partícula de massa m cair a partir do repouso da superfície para dentro do buraco, então a distância $y = y(t)$ da partícula a partir do centro da Terra no instante t é dada por

$$y''(t) = -k^2 y(t)$$

onde $k^2 = GM/R^3 = g/R$.

(c) Conclua, a partir da parte (b), que a partícula está submetida a um movimento harmônico simples. Encontre o período T.

(d) Com que velocidade a partícula passa pelo centro da Terra?

Apêndices

A Números, Desigualdades e Valores Absolutos

B Geometria Analítica e Retas

C Gráficos das Equações de Segundo Grau

D Trigonometria

E Notação Sigma

F Demonstrações de Teoremas

G O Logaritmo Definido como uma Integral

H Respostas para os Exercícios Ímpares

A Números, Desigualdades e Valores Absolutos

O cálculo baseia-se no sistema de números reais. Começamos com os **inteiros**:

$$\ldots, \ -3, \ -2, \ -1, \ 0, \ 1, \ 2, \ 3, \ 4, \ \ldots$$

Então, construímos os **números racionais**, que são as razões de inteiros. Assim, qualquer número racional r pode ser expresso como

$$r = \frac{m}{n} \qquad \text{onde } m \text{ e } n \text{ são inteiros e } n \neq 0$$

Os exemplos são

$$\tfrac{1}{2} \qquad -\tfrac{3}{7} \qquad 46 = \tfrac{46}{1} \qquad 0{,}17 = \tfrac{17}{100}$$

(Lembre-se de que a divisão 0 sempre é descartada, portanto expressões como $\frac{3}{0}$ e $\frac{0}{0}$ são indefinidas.) Alguns números reais, como $\sqrt{2}$, não podem ser expressos como a razão de números inteiros e são, portanto, chamados **números irracionais**. Pode ser mostrado, com variado grau de dificuldade, que os números a seguir são irracionais:

$$\sqrt{3} \qquad \sqrt{5} \qquad \sqrt[3]{2} \qquad \pi \qquad \text{sen } 1° \qquad \log_{10} 2$$

O conjunto de todos os números reais é geralmente denotado pelo símbolo $\mathbb{R}$. Quando usarmos a palavra *número* sem qualificativo, estaremos nos referindo a um "número real".

Todo número tem uma representação decimal. Se o número for racional, então a dízima correspondente é repetida. Por exemplo,

$$\tfrac{1}{2} = 0{,}5000\ldots = 0{,}5\overline{0} \qquad \tfrac{2}{3} = 0{,}6666\ldots = 0{,}\overline{6}$$
$$\tfrac{157}{495} = 0{,}317171717\ldots = 0{,}3\overline{17} \qquad \tfrac{9}{7} = 1{,}285714285714\ldots = 1{,}\overline{285714}$$

(A barra indica que a sequência de dígitos se repete indefinidamente.) Caso contrário, se o número for irracional, a dízima não será repetitiva:

$$\sqrt{2} = 1{,}414213562373095\ldots \qquad \pi = 3{,}141592653589793\ldots$$

Ao pararmos a expansão decimal de qualquer número em certa casa decimal, obtemos uma aproximação dele. Por exemplo, podemos escrever

$$\pi \approx 3{,}14159265$$

onde o símbolo $\approx$ deve ser lido como "é aproximadamente igual a". Quanto mais casas decimais forem mantidas, melhor será a aproximação obtida.

Os números reais podem ser representados por pontos sobre uma reta, como na Figura 1. A direção positiva (à direita) é indicada por uma flecha. Escolhemos um ponto de referência arbitrário, O, denominado **origem**, que corresponde ao número real 0. Dada qualquer unidade conveniente de medida, cada número positivo x é representado pelo ponto da reta que está a x unidades de distância, à direita, da origem e cada número negativo $-x$ é representado pelo ponto sobre a reta que está a x unidades de distância, à esquerda, da origem. Assim, todo número real é representado por um ponto sobre a reta, e todo ponto P sobre a reta corresponde a um único número real. O número real associado ao ponto P é chamado **coordenada** de P, e a reta é dita então **reta coordenada**, ou **reta dos números reais**, ou simplesmente **reta real**. Frequentemente, identificamos o ponto com sua coordenada e pensamos em um número como um ponto na reta real.

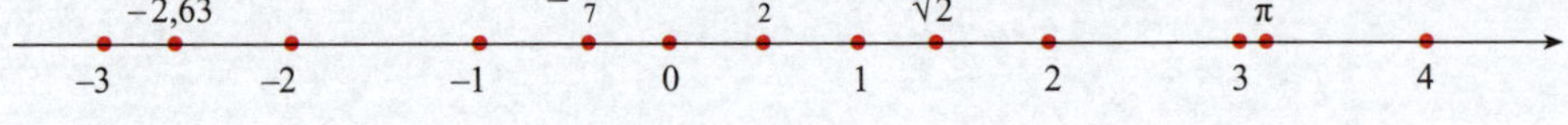

FIGURA 1

Os números reais são ordenados. Dizemos que *a é menor que b* e escrevemos $a < b$ se $b - a$ for um número positivo. Geometricamente, isso significa que a está à esquerda de b sobre a reta real. (De maneira equivalente, dizemos que *b é maior que a* e escrevemos $b > a$.) O símbolo $a \le b$ (ou $b \ge a$) significa que $a < b$ ou $a = b$ e deve ser lido como "a é menor ou igual a b". Por exemplo, são verdadeiras as seguintes desigualdades:

$$7 < 7{,}4 < 7{,}5 \qquad -3 > -\pi \qquad \sqrt{2} < 2 \qquad \sqrt{2} \le 2 \qquad 2 \le 2$$

A seguir, vamos precisar usar a *notação de conjunto*. Um **conjunto** é uma coleção de objetos, chamados **elementos** do conjunto. Se S for um conjunto, a notação $a \in S$ significa que a é um elemento de S, e $a \notin S$ significa que a não é um elemento de S. Por exemplo, se Z representa o conjunto dos inteiros, então $-3 \in Z$, mas $\pi \notin Z$. Se S e T forem conjuntos, então sua **união**, $S \cup T$, é o conjunto que consiste em todos os elementos que estão em S ou T (ou em ambos, S e T). A **intersecção** de S e T é o conjunto $S \cap T$ consistindo em todos os elementos que estão em S e em T. Em outras palavras, $S \cap T$ é a parte comum de S e T. O conjunto vazio, denotado por $\varnothing$, é o conjunto que não contém elemento algum.

Alguns conjuntos podem ser descritos listando-se seus elementos entre chaves. Por exemplo, o conjunto A consistindo em todos os inteiros positivos menores que 7 pode ser escrito como

$$A = \{1, 2, 3, 4, 5, 6\}$$

Podemos também descrever A na *notação construtiva de conjuntos* como

$$A = \{x \mid x \text{ é um inteiro e } 0 < x < 7\}$$

que deve ser lido "A é o conjunto dos x tal que x é um inteiro e $0 < x < 7$".

Intervalos

Certos conjuntos de números reais, denominados **intervalos**, ocorrem frequentemente no cálculo e correspondem geometricamente a segmentos de reta. Por exemplo, se $a < b$, o **intervalo aberto** de a até b consiste em todos os números entre a e b e é denotado pelo símbolo (a, b). Usando a notação construtiva de conjuntos, podemos escrever

$$(a, b) = \{x \mid a < x < b\}$$

Observe que as extremidades do intervalo, isto é, a e b, estão excluídas. Isso é indicado pelos parênteses ( ) e pelas bolinhas vazias na Figura 2. O **intervalo fechado** de a até b é o conjunto

FIGURA 2
Intervalo aberto (a, b)

$$[a, b] = \{x \mid a \le x \le b\}$$

Aqui, as extremidades do intervalo estão incluídas. Isso é indicado pelos colchetes [ ] e pelas bolinhas cheias na Figura 3. Também é possível incluir somente uma extremidade em um intervalo, conforme mostrado na Tabela 1.

FIGURA 3
Intervalo fechado [a, b]

É necessário também considerar intervalos infinitos, como

$$(a, \infty) = \{x \mid x > a\}$$

Isso não significa que ∞ ("infinito") seja um número. A notação (a, ∞) representa o conjunto de todos os números maiores que a; dessa forma, o símbolo ∞ indica que o intervalo se estende indefinidamente na direção positiva.

1 Tabela de Intervalos

A Tabela 1 apresenta uma lista dos nove tipos possíveis de intervalos. Em todos os casos, sempre presumimos que a é menor que b.

Notação	Descrição do conjunto	Ilustração
(a, b)	$\{x \mid a < x < b\}$	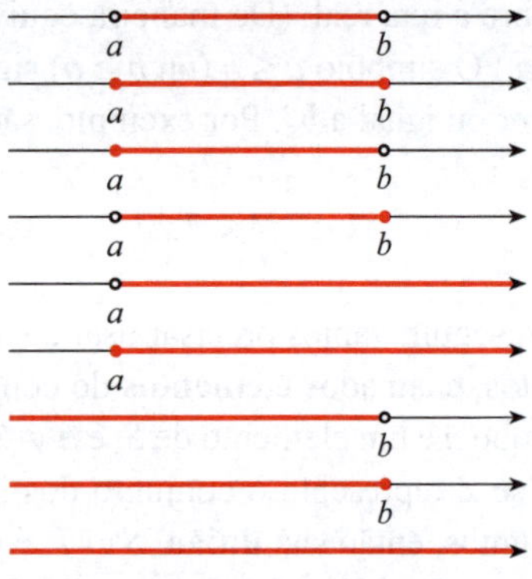
$[a, b]$	$\{x \mid a \leq x \leq b\}$	
$[a, b)$	$\{x \mid a \leq x < b\}$	
$(a, b]$	$\{x \mid a < x \leq b\}$	
(a, ∞)	$\{x \mid x > a\}$	
$[a, \infty)$	$\{x \mid x \geq a\}$	
$(-\infty, b)$	$\{x \mid x < b\}$	
$(-\infty, b]$	$\{x \mid x \leq b\}$	
$(-\infty, \infty)$	$\mathbb{R}$ (conjunto dos números reais)	

Desigualdades

Quando trabalhar com desigualdades, observe as seguintes regras:

2 Regras para Desigualdades

1. Se $a < b$, então $a + c < b + c$.
2. Se $a < b$ e $c < d$, então $a + c < b + d$.
3. Se $a < b$ e $c > 0$, então $ac < bc$.
4. Se $a < b$ e $c < 0$, então $ac > bc$.
5. Se $0 < a < b$, então $1/a > 1/b$.

A Regra 1 diz que podemos adicionar qualquer número a ambos os lados de uma desigualdade e a Regra 2 diz que duas desigualdades podem ser adicionadas. Porém, devemos ter cuidado com a multiplicação. A Regra 3 diz que podemos multiplicar ambos os lados de uma desigualdade por um *número* positivo, mas a Regra 4 diz que se multiplicarmos ambos os lados de uma desigualdade por um número negativo, então inverteremos o sentido da desigualdade. Por exemplo, se tomarmos a desigualdade $3 < 5$ e multiplicar por 2, obtemos $6 < 10$, mas se multiplicarmos por -2, obtemos $-6 > -10$. Por fim, a Regra 5 diz que se tomarmos recíprocos, então inverteremos o sentido de uma desigualdade (desde que os números sejam positivos).

EXEMPLO 1 Resolva a inequação $1 + x < 7x + 5$.

SOLUÇÃO A desigualdade dada é satisfeita por alguns valores de x, mas não por outros. *Resolver* uma inequação significa determinar o conjunto dos números x para os quais a desigualdade é verdadeira. Isto é conhecido como *conjunto solução*.

Primeiro, subtraímos 1 de cada lado da desigualdade (usando a Regra 1 com $c = -1$):

$$x < 7x + 4$$

Então subtraímos $7x$ de ambos os lados (Regra 1 com $c = -7x$):

$$-6x < 4$$

Vamos dividir agora ambos os lados por -6 (Regra 4 com $c = -\frac{1}{6}$):

$$x > -\tfrac{4}{6} = -\tfrac{2}{3}$$

Esses passos podem ser todos invertidos; dessa forma, o conjunto solução consiste em todos os números maiores que $-\frac{2}{3}$. Em outras palavras, a solução da inequação é o intervalo $(-\frac{2}{3}, \infty)$. ■

EXEMPLO 2 Resolva as inequações $4 \leq 3x - 2 < 13$.

SOLUÇÃO Aqui o conjunto solução consiste em todos os valores de x que satisfazem a ambas as desigualdades. Usando as regras dadas em (2), vemos que as seguintes desigualdades são equivalentes:

$$4 \leq 3x - 2 < 13$$

$$6 \leq 3x < 15 \qquad \text{(adicione 2)}$$

$$2 \leq x < 5 \qquad \text{(divida por 3)}$$

Portanto, o conjunto solução é $[2, 5)$. ■

EXEMPLO 3 Resolva a inequação $x^2 - 5x + 6 \leq 0$.

SOLUÇÃO Primeiro vamos fatorar o lado esquerdo:

$$(x - 2)(x - 3) \leq 0$$

Sabemos que a equação correspondente $(x - 2)(x - 3) = 0$ tem as soluções 2 e 3. Os números 2 e 3 dividem o eixo real em três intervalos:

$$(-\infty, 2) \qquad (2, 3) \qquad (3, \infty)$$

Em cada um desses intervalos, determinamos os sinais dos fatores. Por exemplo,

$$x \in (-\infty, 2) \quad \Rightarrow \quad x < 2 \quad \Rightarrow \quad x - 2 < 0$$

Vamos então registrar esses sinais na seguinte tabela:

Intervalo	$x - 2$	$x - 3$	$(x - 2)(x - 3)$
$x < 2$	−	−	+
$2 < x < 3$	+	−	−
$x > 3$	+	+	+

Um método visual para resolver o Exemplo 3 é esboçar a parábola $y = x^2 - 5x + 6$ (como na Figura 4, veja o Apêndice C) e observar que a curva está sobre ou abaixo do eixo x quando $2 \leq x \leq 3$.

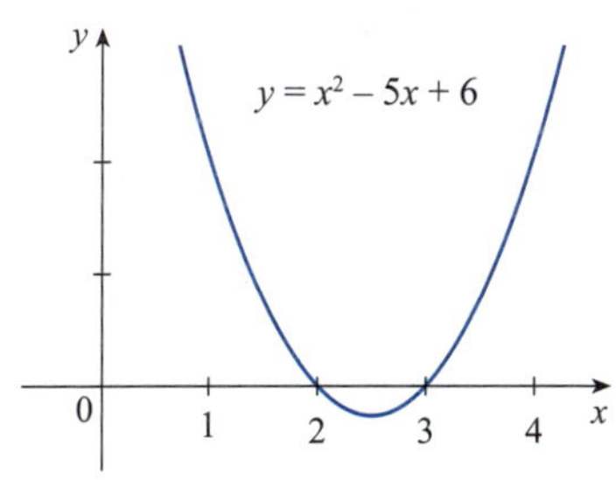

FIGURA 4

Outro método para obter a informação da tabela é usar *valores-teste*. Por exemplo, se usarmos o valor-teste $x = 1$ para o intervalo $(-\infty, 2)$, então, substituindo em $x^2 - 5x + 6$, obteremos

$$1^2 - 5(1) + 6 = 2$$

O polinômio $x^2 - 5x + 6$ não muda de sinal dentro de cada um dos três intervalos; logo, concluímos que é positivo em $(-\infty, 2)$.

Então, vemos a partir da tabela que $(x - 2)(x - 3)$ é negativo quando $2 < x < 3$. Assim, a solução da inequação $(x - 2)(x - 3) \leq 0$ é

$$\{x \mid 2 \leq x \leq 3\} = [2, 3].$$

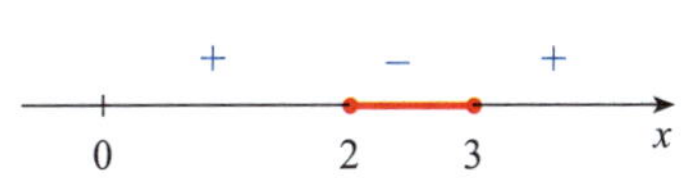

FIGURA 5

Observe que incluímos as extremidades 2 e 3, pois estávamos procurando os valores de x tais que o produto fosse negativo ou zero. A solução está ilustrada na Figura 5. ■

EXEMPLO 4 Resolva $x^3 + 3x^2 > 4x$.

SOLUÇÃO Primeiro deixamos todos os termos não nulos de um lado do sinal de desigualdade e então fatoramos a expressão resultante:

$$x^3 + 3x^2 - 4x > 0 \qquad \text{ou} \qquad x(x - 1)(x + 4) > 0$$

Como no Exemplo 3, resolvemos a equação correspondente $x(x-1)(x+4)=0$ e usamos as soluções $x=-4$, $x=0$ e $x=1$ para dividir a reta real nos quatro intervalos $(-\infty, -4)$, $(-4, 0)$, $(0, 1)$ e $(1, \infty)$. Em cada intervalo o produto mantém um sinal constante, conforme mostra a tabela:

Intervalo	x	$x-1$	$x+4$	$x(x-1)(x+4)$
$x<-4$	$-$	$-$	$-$	$-$
$-4<x<0$	$-$	$-$	$+$	$+$
$0<x<1$	$+$	$-$	$+$	$-$
$x>1$	$+$	$+$	$+$	$+$

Vemos a partir da tabela que o conjunto solução é

$$\{x \mid -4<x<0 \text{ ou } x>1\} = (-4, 0) \cup (1, \infty)$$

FIGURA 6

A solução está ilustrada na Figura 6. ■

■ Valor Absoluto

O **valor absoluto** de um número a, denotado por $|a|$, é a distância de a até 0 na reta real. Como distâncias são sempre positivas ou nulas, temos

$$|a| \geq 0 \qquad \text{para todo número } a.$$

Por exemplo,

$$|3|=3 \qquad |-3|=3 \qquad |0|=0 \qquad |\sqrt{2}-1|=\sqrt{2}-1 \qquad |3-\pi|=\pi-3$$

Em geral, temos

Lembre-se que se a for negativo, então $-a$ será positivo.

3
$$\begin{aligned} |a| &= a && \text{se } a \geq 0 \\ |a| &= -a && \text{se } a<0 \end{aligned}$$

EXEMPLO 5 Expresse $|3x-2|$ sem usar o símbolo de valor absoluto.

SOLUÇÃO

$$|3x-2| = \begin{cases} 3x-2 & \text{se } 3x-2 \geq 0 \\ -(3x-2) & \text{se } 3x-2<0 \end{cases}$$

$$= \begin{cases} 3x-2 & \text{se } x \geq \frac{2}{3} \\ 2-3x & \text{se } x<\frac{2}{3} \end{cases}$$ ■

Lembre-se de que o símbolo $\sqrt{\ }$ significa "raiz quadrada positiva de". Então $\sqrt{r}=s$ significa $s^2=r$ e $s \geq 0$. Portanto, a equação $\sqrt{a^2}=a$ não é sempre verdadeira. Só é verdadeira quando $a \geq 0$. Se $a<0$, então $-a>0$, portanto obtemos $\sqrt{a^2}=-a$. Em vista de (3), temos então a equação

4
$$\sqrt{a^2}=|a|$$

que é verdadeira para todos os valores de a.

Sugestões para as demonstrações das propriedades a seguir serão dadas nos exercícios.

5 **Propriedades dos Valores Absolutos** Suponhamos que a e b sejam números reais quaisquer e n seja um inteiro. Então

1. $|ab| = |a|\,|b|$ **2.** $\left|\dfrac{a}{b}\right| = \dfrac{|a|}{|b|} \quad (b \neq 0)$ **3.** $|a^n| = |a|^n$

Para resolver as equações e as inequações envolvendo valores absolutos, é frequentemente muito útil usar as seguintes afirmações.

6 Suponha $a > 0$. Então

4. $|x| = a$ se e somente se $x = \pm a$

5. $|x| < a$ se e somente se $-a < x < a$

6. $|x| > a$ se e somente se $x > a$ ou $x < -a$

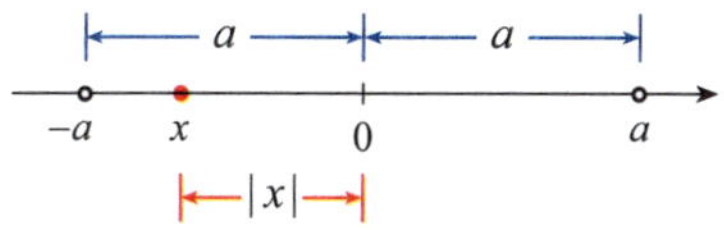

FIGURA 7

Por exemplo, a desigualdade $|x| < a$ diz que a distância de x à origem é menor que a, e você pode ver a partir da Figura 7 que isso é verdadeiro se e somente se x estiver entre $-a$ e a.

Se a e b forem números reais quaisquer, então a distância entre a e b é o valor absoluto da diferença, isto é, $|a - b|$, que também é igual a $|b - a|$. (Veja a Figura 8.)

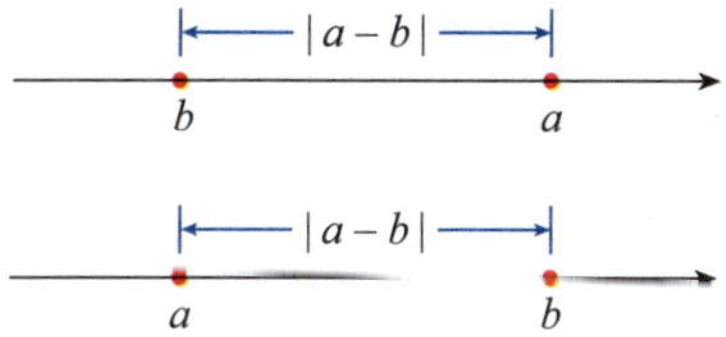

FIGURA 8
Comprimento de um segmento de reta $= |a - b|$

EXEMPLO 6 Resolva $|2x - 5| = 3$.

SOLUÇÃO Pela Propriedade 4 de (6), $|2x - 5| = 3$ é equivalente a

$$2x - 5 = 3 \qquad \text{ou} \qquad 2x - 5 = -3$$

Logo, $2x = 8$ ou $2x = 2$. Assim, $x = 4$ ou $x = 1$. ■

EXEMPLO 7 Resolva $|x - 5| < 2$.

SOLUÇÃO 1 Pela Propriedade 5 de (6), $|x - 5| < 2$ é equivalente a

$$-2 < x - 5 < 2$$

Assim, adicionando 5 a cada lado, temos

$$3 < x < 7$$

e o conjunto solução é o intervalo aberto (3, 7).

SOLUÇÃO 2 Geometricamente, o conjunto solução consiste em todos os números x cuja distância de 5 é menor que 2. Pela Figura 9, vemos que este é o intervalo (3,7). ■

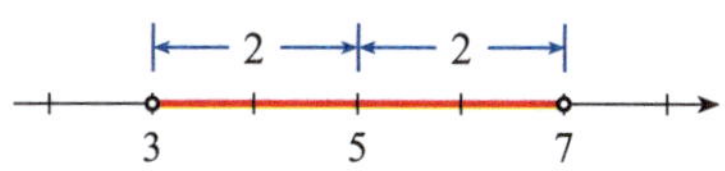

FIGURA 9

EXEMPLO 8 Resolva $|3x + 2| \geq 4$.

SOLUÇÃO Pelas Propriedades 4 e 6 de (6), $|3x + 2| \geq 4$ é equivalente a

$$3x + 2 \geq 4 \qquad \text{ou} \qquad 3x + 2 \leq -4$$

No primeiro caso $3x \geq 2$, o que resulta em $x \geq \frac{2}{3}$. No segundo caso $3x \leq -6$, o que resulta em $x \leq -2$. Logo, o conjunto solução é

$$\{x \mid x \leq -2 \text{ ou } x \geq \tfrac{2}{3}\} = (-\infty, -2] \cup [\tfrac{2}{3}, \infty)$$ ■

Outra propriedade importante do valor absoluto, denominada Desigualdade Triangular, é frequentemente usada não apenas no cálculo, mas em geral em toda a matemática.

7 A Desigualdade Triangular Se a e b forem quaisquer números reais, então

$$|a+b| \leq |a| + |b|$$

Observe que se os números a e b forem ambos positivos ou negativos, então os dois lados na Desigualdade Triangular serão realmente iguais. Mas se a e b tiverem sinais opostos, o lado esquerdo envolve uma subtração, ao passo que o lado direito, não. Isso faz com que a Desigualdade Triangular pareça razoável, mas podemos demonstrá-la da forma a seguir.

Observe que

$$-|a| \leq a \leq |a|$$

é sempre verdadeira, pois a é igual a $|a|$ ou $-|a|$. A afirmação correspondente para b é

$$-|b| \leq b \leq |b|$$

Somando-se essas desigualdades, obtemos

$$-(|a| + |b|) \leq a + b \leq |a| + |b|$$

Se aplicarmos agora as Propriedades 4 e 5 (com x substituído por $a + b$ e a por $|a| + |b|$), obteremos

$$|a+b| \leq |a| + |b|$$

que é o que queríamos mostrar.

EXEMPLO 9 Se $|x - 4| < 0{,}1$ e $|y - 7| < 0{,}2$, use a Desigualdade Triangular para estimar $|(x + y) - 11|$.

SOLUÇÃO A fim de usarmos a informação fornecida, utilizamos a Desigualdade Triangular com $a = x - 4$ e $b = y - 7$.

$$\begin{aligned} |(x+y) - 11| &= |(x-4) + (y-7)| \\ &\leq |x-4| + |y-7| \\ &< 0{,}1 + 0{,}2 = 0{,}3 \end{aligned}$$

Logo, $$|(x+y) - 11| < 0{,}3$$ ■

A Exercícios

1-12 Reescreva a expressão sem usar o símbolo de valor absoluto.

1. $|5 - 23|$
2. $|5| - |-23|$
3. $|-\pi|$
4. $|\pi - 2|$
5. $|\sqrt{5} - 5|$
6. $||-2| - |-3||$
7. $|x - 2|$ se $x < 2$
8. $|x - 2|$ se $x > 2$
9. $|x + 1|$
10. $|2x - 1|$
11. $|x^2 + 1|$
12. $|1 - 2x^2|$

13-38 Resolva a inequação em termos de intervalos e represente o conjunto solução na reta real.

13. $2x + 7 > 3$
14. $3x - 11 < 4$
15. $1 - x \leq 2$
16. $4 - 3x \geq 6$
17. $2x + 1 < 5x - 8$
18. $1 + 5x > 5 - 3x$
19. $-1 < 2x - 5 < 7$
20. $1 < 3x + 4 \leq 16$
21. $0 \leq 1 - x < 1$
22. $-5 \leq 3 - 2x \leq 9$
23. $4x < 2x + 1 \leq 3x + 2$
24. $2x - 3 < x + 4 < 3x - 2$
25. $(x - 1)(x - 2) > 0$
26. $(2x + 3)(x - 1) \geq 0$
27. $2x^2 + x \leq 1$
28. $x^2 < 2x + 8$
29. $x^2 + x + 1 > 0$
30. $x^2 + x > 1$

31. $x^2 < 3$

32. $x^2 \geq 5$

33. $x^3 - x^2 \leq 0$

34. $(x + 1)(x - 2)(x + 3) \geq 0$

35. $x^3 > x$

36. $x^3 + 3x < 4x^2$

37. $\dfrac{1}{x} < 4$

38. $-3 < \dfrac{1}{x} \leq 1$

39. A relação entre as escalas de temperatura Celsius e Fahrenheit é dada por $C = \frac{5}{9}(F - 32)$, onde C é a temperatura em graus Celsius e F é a temperatura em graus Fahrenheit. Qual é o intervalo sobre a escala Celsius correspondente à temperatura no intervalo $50 \leq F \leq 95$?

40. Use a relação entre C e F dada no Exercício 39 para determinar o intervalo na escala Fahrenheit correspondente à temperatura no intervalo $20 \leq C \leq 30$.

41. À medida que sobe, o ar seco se expande, e ao fazer isso se resfria a uma taxa de cerca de 1 °C para cada 100 m de subida, até cerca de 12 km.

(a) Se a temperatura do solo for de 20 °C, escreva uma fórmula para a temperatura a uma altura h.

(b) Que variação de temperatura você pode esperar se um avião decola e atinge uma altura máxima de 5 km?

42. Se uma bola for atirada para cima do topo de um edifício com 30 m de altura com velocidade inicial de 10 m/s, então a altura h acima do solo t segundos mais tarde será

$$h = 30 + 10t - 5t^2$$

Durante que intervalo de tempo a bola estará no mínimo a 15 m acima do solo?

43-46 Resolva a equação.

43. $|2x| = 3$

44. $|3x + 5| - 1$

45. $|x + 3| = |2x + 1|$

46. $\left|\dfrac{2x-1}{x+1}\right| = 3$

47-56 Resolva a inequação.

47. $|x| < 3$

48. $|x| \geq 3$

49. $|x - 4| < 1$

50. $|x - 6| < 0{,}1$

51. $|x + 5| \geq 2$

52. $|x + 1| \geq 3$

53. $|2x - 3| \leq 0{,}4$

54. $|5x - 2| < 6$

55. $1 \leq |x| \leq 4$

56. $0 < |x - 5| < \frac{1}{2}$

57-58 Isole x, supondo que a, b e c sejam constantes positivas.

57. $a(bx - c) \geq bc$

58. $a \leq bx + c < 2a$

59-60 Isole x, supondo que a, b e c sejam constantes negativas.

59. $ax + b < c$

60. $\dfrac{ax + b}{c} \leq b$

61. Suponha que $|x - 2| < 0{,}01$ e $|y - 3| < 0{,}04$. Use a Desigualdade Triangular para mostrar que $|(x + y) - 5| < 0{,}05$.

62. Mostre que se $|x + 3| < \frac{1}{2}$, então $|4x + 13| < 3$.

63. Mostre que se $a < b$, então $a < \dfrac{a+b}{2} \leq b$.

64. Use a Regra 3 para comprovar a Regra 5 de (2).

65. Demonstre que $|ab| = |a|\,|b|$. [*Dica*: Use a Equação 4.]

66. Demonstre que $\left|\dfrac{a}{b}\right| = \dfrac{|a|}{|b|}$.

67. Mostre que se $0 < a < b$, então $a^2 < b^2$.

68. Demonstre que $|x - y| \geq |x| - |y|$. [*Dica:* Use a Desigualdade Triangular com $a = x - y$ e $b = y$.]

69. Mostre que a soma, a diferença e o produto dos números racionais são números racionais.

70. (a) A soma de dois números irracionais é sempre irracional?
(b) O produto de dois números irracionais é sempre irracional?

B | Geometria Analítica e Retas

Da mesma forma que os pontos sobre uma reta podem ser identificados com números reais atribuindo-se a eles coordenadas, conforme descrito no Apêndice A, também os pontos no plano podem ser identificados com pares ordenados de números reais. Vamos começar desenhando duas retas coordenadas perpendiculares que se interceptam na origem O de cada reta. Geralmente uma reta é horizontal com direção positiva para a direita e é chamada eixo x; a outra reta é vertical com direção positiva para cima e é denominada eixo y.

Qualquer ponto P no plano pode ser localizado por um único par ordenado de números como a seguir. Desenhe as retas pelo ponto P perpendiculares aos eixos x e y. Essas retas interceptam os eixos nos pontos com as coordenadas a e b como mostrado na Figura 1. Então ao ponto P é atribuído o par ordenado (a, b). O primeiro número a é chamado de **coordenada x** ou **abscissa** de P; o segundo número b é chamado de **coordenada y** ou **ordenada** de P. Dizemos que P é o ponto com as coordenadas (a, b) e denotamos o ponto pelo símbolo $P(a, b)$. Na Figura 2 estão vários pontos com suas coordenadas.

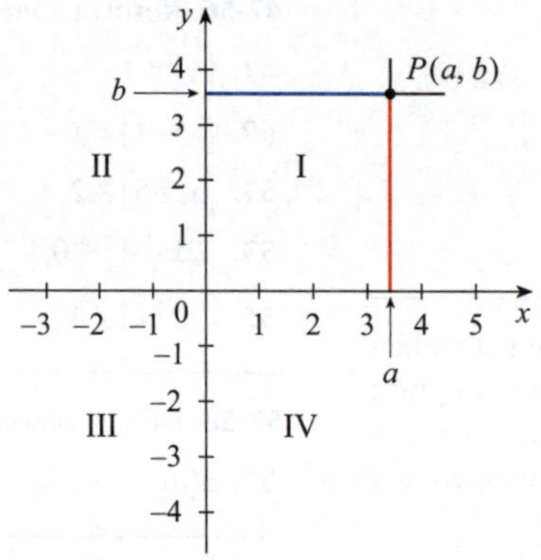

FIGURA 1

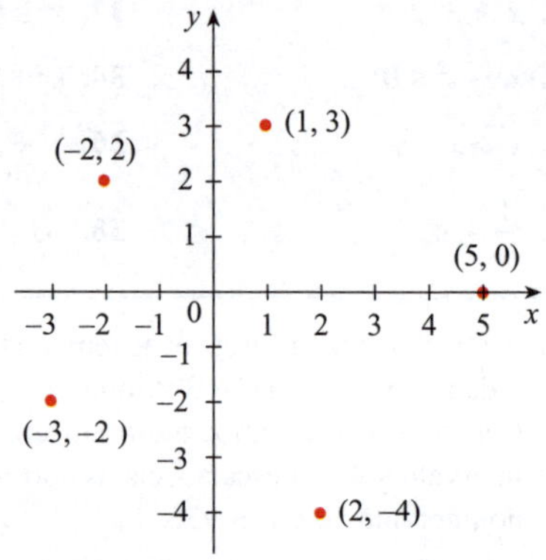

FIGURA 2

Ao revertermos o processo anterior, podemos começar com um par ordenado (a, b) e chegar ao ponto correspondente P. Muitas vezes, identificamos o ponto com o par ordenado (a, b) e nos referimos ao "ponto (a, b)". [Embora a notação usada para um intervalo aberto (a, b) seja a mesma usada para o ponto (a, b), você será capaz de distinguir pelo contexto qual o significado desejado.]

Esse sistema de coordenadas é dito **sistema coordenado retangular** ou **sistema de coordenadas cartesianas**, em homenagem ao matemático francês René Descartes (1596-1650), embora outro francês, Pierre Fermat (1601-1665), tenha inventado os princípios da geometria analítica ao mesmo tempo que Descartes. O plano munido com esse sistema de coordenadas é denominado **plano coordenado** ou **cartesiano**, sendo denotado por $\mathbb{R}^2$.

Os eixos x e y são chamados **eixos coordenados** e dividem o plano cartesiano em quatro quadrantes, denotados por I, II, III e IV na Figura 1. Observe que o primeiro quadrante consiste nos pontos com coordenadas x e y positivas.

EXEMPLO 1 Descreva e esboce as regiões dadas pelos seguintes conjuntos.

(a) $\{(x, y) \mid x \geq 0\}$ (b) $\{(x, y) \mid y = 1\}$ (c) $\{(x, y) \mid |y| < 1\}$

SOLUÇÃO

Os pontos cujas coordenadas x são positivas ou nulas estão situados à direita ou sobre o eixo y, como indicado pela região sombreada da Figura 3(a).

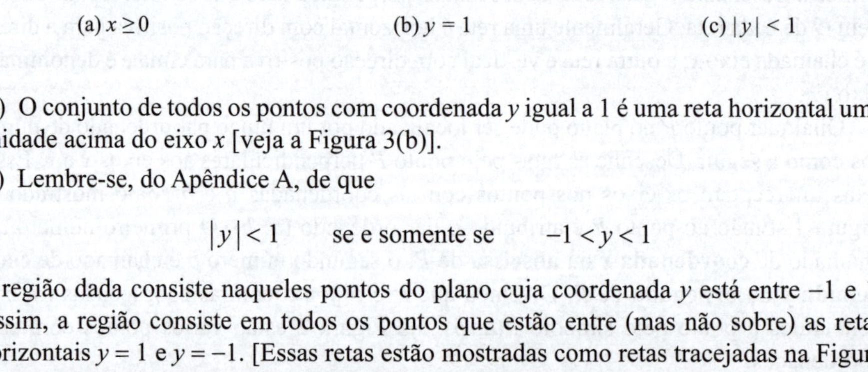

FIGURA 3 (a) $x \geq 0$ (b) $y = 1$ (c) $|y| < 1$

(b) O conjunto de todos os pontos com coordenada y igual a 1 é uma reta horizontal uma unidade acima do eixo x [veja a Figura 3(b)].

(c) Lembre-se, do Apêndice A, de que

$$|y| < 1 \quad \text{se e somente se} \quad -1 < y < 1$$

A região dada consiste naqueles pontos do plano cuja coordenada y está entre −1 e 1. Assim, a região consiste em todos os pontos que estão entre (mas não sobre) as retas horizontais $y = 1$ e $y = -1$. [Essas retas estão mostradas como retas tracejadas na Figura 3(c) para indicar que os pontos sobre essas retas não estão no conjunto.] ■

Lembre-se, a partir do Apêndice A, de que a distância entre os pontos a e b sobre a reta real é $|a - b| = |b - a|$. Portanto, a distância entre os pontos $P_1(x_1, y_1)$ e $P_3(x_2, y_1)$ sobre uma reta horizontal deve ser $|x_2 - x_1|$ e a distância entre $P_2(x_2, y_2)$ e $P_3(x_2, y_1)$ sobre uma reta vertical deve ser $|y_2 - y_1|$. (Veja a Figura 4.)

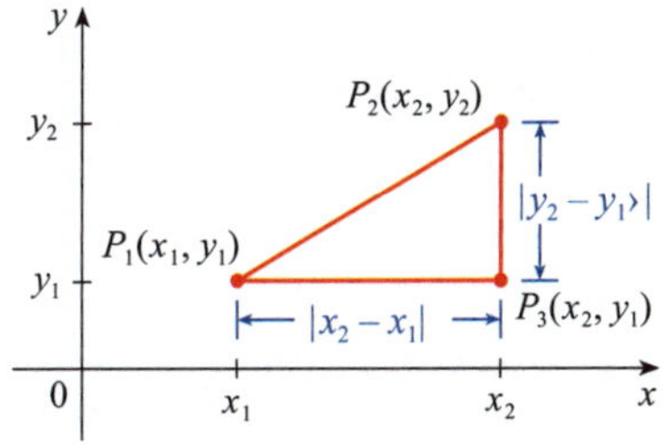

FIGURA 4

Para encontrarmos a distância $|P_1P_2|$ entre dois pontos quaisquer $P_1(x_1, y_1)$ e $P_2(x_2, y_2)$, observamos que o triângulo $P_1P_2P_3$ na Figura 4 é retângulo e, portanto, pelo Teorema de Pitágoras, temos

$$|P_1P_2| = \sqrt{|P_1P_3|^2 + |P_2P_3|^2} = \sqrt{|x_2 - x_1|^2 + |y_2 - y_1|^2}$$
$$= \sqrt{(x_2 - x_1)^2 + (y_2 - y_1)^2}$$

1 Fórmula de Distância A distância entre os pontos $P_1(x_1, y_1)$ e $P_2(x_2, y_2)$ é

$$|P_1P_2| = \sqrt{(x_2 - x_1)^2 + (y_2 - y_1)^2}$$

EXEMPLO 2 A distância entre (1, –2) e (5, 3) é

$$\sqrt{(5-1)^2 + [3-(-2)]^2} = \sqrt{4^2 + 5^2} = \sqrt{41}$$ ■

Retas

Desejamos encontrar uma equação para dada reta L; essa equação é satisfeita pelas coordenadas dos pontos em L e por nenhum outro ponto. Para encontrarmos a equação de L, usamos sua *inclinação*, que é uma medida do grau de declividade da reta.

2 Definição A **inclinação** de uma reta não vertical que passa pelos pontos $P_1(x_1, y_1)$ e $P_2(x_2, y_2)$,

$$m = \frac{\Delta y}{\Delta x} = \frac{y_2 - y_1}{x_2 - x_1}$$

A inclinação de uma reta vertical não está definida.

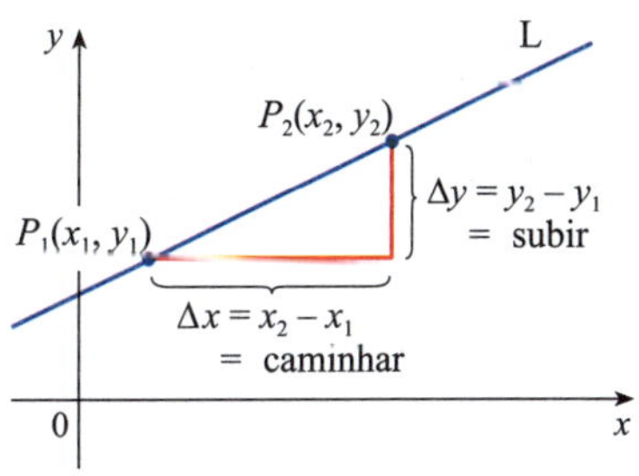

FIGURA 5

Assim, a inclinação de uma reta é a razão da variação em y, Δy, e da variação em x, Δx. (Veja a Figura 5.) A inclinação é, portanto, a taxa de variação de y com relação a x. O fato de tratar-se de uma reta significa que a taxa de variação é constante.

A Figura 6 mostra várias retas acompanhadas de suas inclinações. Observe que as retas com inclinação positiva se inclinam para cima à direita, enquanto as retas com inclinação negativa inclinam-se para baixo à direita. Observe também que as retas mais íngremes são aquelas para as quais o valor absoluto da inclinação é maior, e que uma reta horizontal tem inclinação zero.

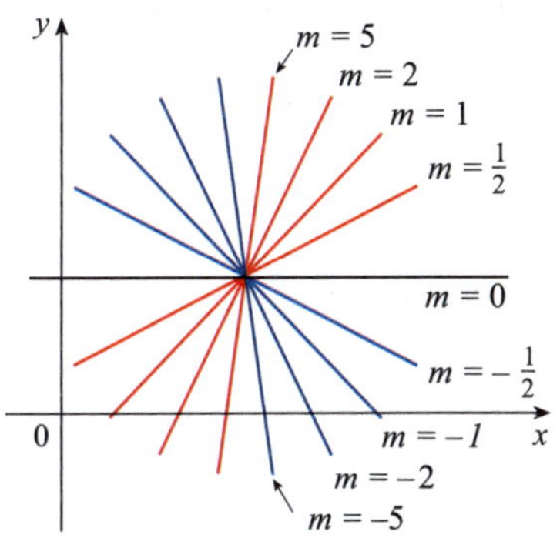

FIGURA 6

Agora determinemos uma equação da reta que passa por certo ponto $P_1(x_1, y_1)$ e tem inclinação m. Um ponto $P(x, y)$ com $x \neq x_1$ está nesta reta se e somente se a inclinação da reta por P_1 e P for igual a m; isto é,

$$\frac{y - y_1}{x - x_1} = m$$

Essa equação pode ser reescrita na forma

$$y - y_1 = m(x - x_1)$$

e observamos que essa equação também é satisfeita quando $x = x_1$ e $y = y_1$. Portanto, ela é uma equação da reta dada.

3 **Equação de uma Reta na Forma Ponto-Inclinação** Uma equação da reta passando pelo ponto $P_1(x_1, y_1)$ e tendo inclinação m é

$$y - y_1 = m(x - x_1)$$

EXEMPLO 3 Determine uma equação da reta por (1, –7) com inclinação $-\frac{1}{2}$.

SOLUÇÃO Usando (3) com $m = -\frac{1}{2}$, $x_1 = 1$ e $y_1 = -7$, obtemos uma equação da reta como

$$y + 7 = -\tfrac{1}{2}(x - 1)$$

que pode ser reescrita como

$$2y + 14 = -x + 1 \qquad \text{ou} \qquad x + 2y + 13 = 0$$ ■

EXEMPLO 4 Determine uma equação da reta que passa pelos pontos (–1, 2) e (3, –4).

SOLUÇÃO Pela Definição 2, a inclinação da reta é

$$m = \frac{-4 - 2}{3 - (-1)} = -\frac{3}{2}$$

Usando a forma ponto-inclinação com $x_1 = -1$ e $y_1 = 2$, obtemos

$$y - 2 = -\tfrac{3}{2}(x + 1)$$

que se simplifica para $3x + 2y = 1$ ■

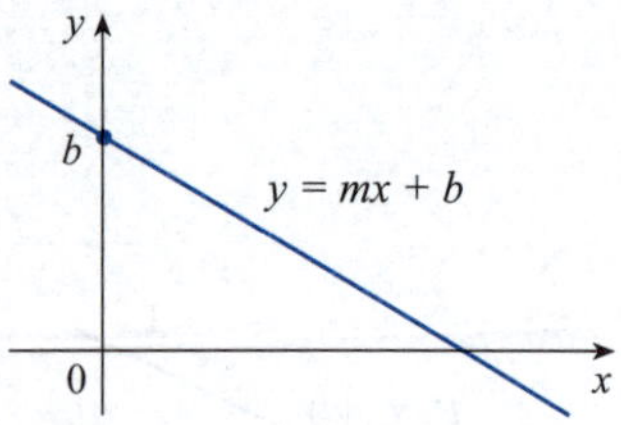

FIGURA 7

Suponha que uma reta não vertical tenha inclinação m e intersecção com o eixo y igual a (Veja a Figura 7.) Isso significa que ela intercepta o eixo y no ponto (0, b), logo a equação da reta na forma ponto-inclinação, com $x_1 = 0$ e $y_1 = b$, torna-se

$$y - b = m(x - 0)$$

Isso pode ser simplificado como a seguir.

4 **Equação de uma Reta na Forma Inclinação-Intersecção com o Eixo** Uma equação da reta com inclinação m e intersecção com o eixo y em b é

$$y = mx + b$$

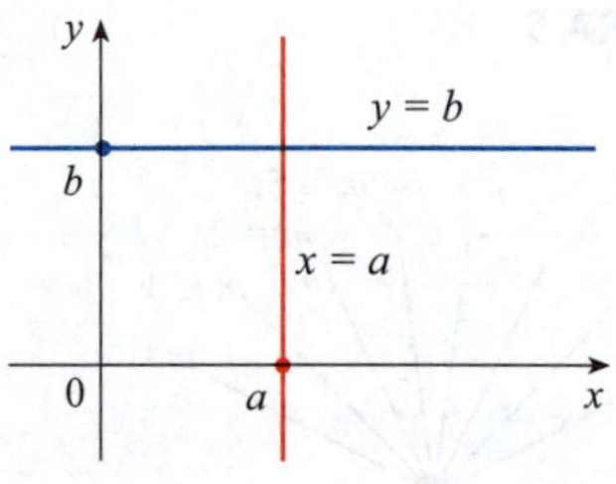

FIGURA 8

Em particular, se a reta for horizontal, sua inclinação é $m = 0$, logo sua equação é $y = b$, onde b é a intersecção com o eixo y (veja a Figura 8). Uma reta vertical não tem uma inclinação, mas podemos escrever sua equação como $x = a$, onde a é a intersecção com o eixo x, pois a coordenada x de todo ponto sobre a reta é a.

Observe que a equação de toda reta pode ser escrita na forma

5 $$Ax + By + C = 0$$

porque uma reta vertical tem a equação $x = a$ ou $x - a = 0$ ($A = 1$, $B = 0$, $C = -a$) e uma reta não vertical tem a equação $y = mx + b$ ou $-mx + y - b = 0$ ($A = -m$, $B = 1$, $C = -b$). Reciprocamente, se começarmos com uma equação geral de primeiro grau, isto é, uma equação da forma (5), onde A, B e C são constantes e A e B não são ambos 0, então podemos mostrar que ela é a equação de uma reta. Se $B = 0$, a equação torna-se $Ax + C = 0$ ou $x = -C/A$, que representa uma reta vertical com intersecção com o eixo x em $-C/A$. Se $B \neq 0$, a equação pode ser reescrita isolando-se y:

$$y = -\frac{A}{B}x - \frac{C}{B}$$

e reconhecemos isso como a equação de uma reta na forma inclinação-intersecção com o eixo ($m = -A/B$, $b = -C/B$). Portanto, uma equação da forma (5) é chamada **equação linear** ou **equação geral de uma reta**. Para sermos sucintos, nós nos referimos frequentemente "à reta $Ax + By + C = 0$" em vez de "à reta cuja equação é $Ax + By + C = 0$".

EXEMPLO 5 Esboce o gráfico da função $3x - 5y = 15$.

SOLUÇÃO Uma vez que a equação é linear, seu gráfico é uma reta. Para desenharmos o gráfico, podemos simplesmente determinar dois pontos sobre a reta. É mais fácil determinar as intersecções com os eixos. Substituindo $y = 0$ (a equação do eixo x) na equação dada, obtemos $3x = 15$, portanto $x = 5$ é a intersecção com o eixo x. Substituindo $x = 0$ na equação, vemos que a intersecção com o eixo y é -3. Isso nos permite esboçar o gráfico na Figura 9. ■

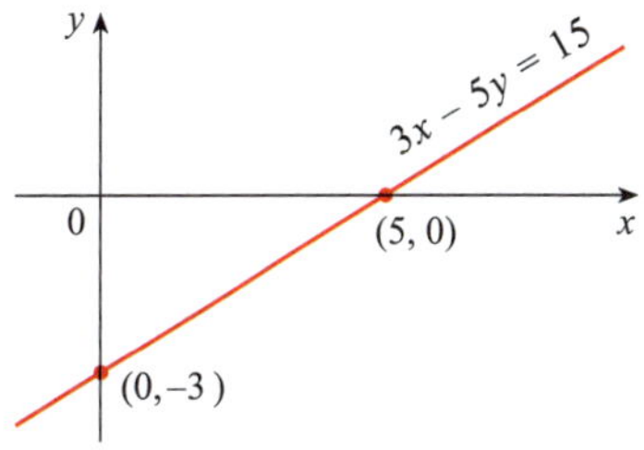

FIGURA 9

EXEMPLO 6 Represente graficamente a inequação $x + 2y > 5$.

SOLUÇÃO Devemos esboçar o gráfico do conjunto $\{(x, y) \mid x + 2y > 5\}$ e começamos ao isolar y na desigualdade:

$$x + 2y > 5$$
$$2y > -x + 5$$
$$y > -\tfrac{1}{2}x + \tfrac{5}{2}$$

Compare essa desigualdade com a equação $y = -\frac{1}{2}x + \frac{5}{2}$, que representa uma reta com inclinação $-\frac{1}{2}$ e intersecção com o eixo y igual a $\frac{5}{2}$. Observamos que a inequação em questão consiste nos pontos cuja coordenada y é *maior* que aquela sobre a reta $y = -\frac{1}{2}x + \frac{5}{2}$. Assim, a representação gráfica é a da região que se situa *acima* da reta, conforme ilustrado na Figura 10. ■

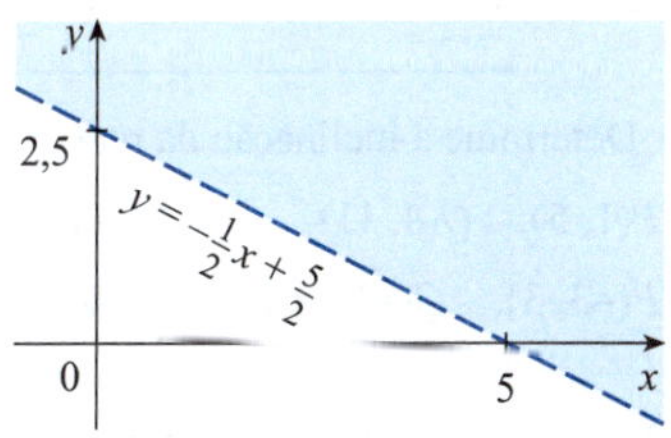

FIGURA 10

■ Retas Paralelas e Perpendiculares

As inclinações podem ser usadas para mostrar que as retas são paralelas ou perpendiculares. Os fatos a seguir são demonstrados, por exemplo, em *Precalculus: Mathematics for Calculus*, 7ª edição, de Stewart, Redlin e Watson (Boston, 2016).

6 Retas Paralelas e Perpendiculares

1. Duas retas não verticais são paralelas se e somente se tiverem a mesma inclinação.
2. Duas retas com inclinações m_1 e m_2 são perpendiculares se e somente se $m_1m_2 = -1$; isto é, suas inclinações são recíprocas opostas:

$$m_2 = -\frac{1}{m_1}$$

EXEMPLO 7 Determine uma equação da reta que passa pelo ponto (5, 2) e que é paralela à reta $4x + 6y + 5 = 0$.

SOLUÇÃO A reta dada pode ser escrita na forma

$$y = -\tfrac{2}{3}x - \tfrac{5}{6}$$

que está na forma inclinação-intersecção com o eixo com $m = -\frac{2}{3}$. As retas paralelas têm a mesma inclinação, logo a reta pedida tem a inclinação $-\frac{2}{3}$ e sua equação na forma ponto-inclinação é

$$y - 2 = -\tfrac{2}{3}(x - 5)$$

Podemos reescrever essa equação como $2x + 3y = 16$. ■

EXEMPLO 8 Mostre que as retas $2x + 3y = 1$ e $6x - 4y - 1 = 0$ são perpendiculares.

SOLUÇÃO As equações podem ser escritas como

$$y = -\tfrac{2}{3}x + \tfrac{1}{3} \qquad \text{e} \qquad y = \tfrac{3}{2}x - \tfrac{1}{4}$$

de onde vemos que as inclinações são

$$m_1 = -\tfrac{2}{3} \qquad \text{e} \qquad m_2 = \tfrac{3}{2}$$

Como $m_1 m_2 = -1$, as retas são perpendiculares. ■

B | Exercícios

1-6 Determine a distância entre os dois pontos.

1. (1, 1), (4, 5) **2.** (1, −3), (5, 7)

3. (6, −2), (−1, 3) **4.** (1, −6), (−1, −3)

5. (2, 5), (4, −7) **6.** (a, b), (b, a)

7-10 Determine a inclinação da reta que passa por P e Q.

7. $P(1, 5)$, $Q(4, 11)$ **8.** $P(-1, 6)$, $Q(4, -3)$

9. $P(-3, 3)$, $Q(-1, -6)$ **10.** $P(-1, -4)$, $Q(6, 0)$

11. Mostre que o triângulo com vértices $A(0, 2)$, $B(-3, -1)$ e $C(-4, 3)$ é isósceles.

12. (a) Mostre que o triângulo com vértices $A(6, -7)$, $B(11, -3)$ e $C(2, -2)$ é um triângulo retângulo usando a recíproca do Teorema de Pitágoras.
(b) Use as inclinações para mostrar que ABC é um triângulo retângulo.
(c) Determine a área do triângulo.

13. Mostre que os pontos (−2, 9), (4, 6), (1, 0) e (−5, 3) são os vértices de um quadrado.

14. (a) Mostre que os pontos $A(-1, 3)$, $B(3, 11)$ e $C(5, 15)$ são colineares (pertencem à mesma reta) mostrando que $|AB| + |BC| = |AC|$.
(b) Use as inclinações para mostrar que A, B e C são colineares.

15. Mostre que $A(1, 1)$, $B(7, 4)$, $C(5, 10)$ e $D(-1, 7)$ são vértices de um paralelogramo.

16. Mostre que $A(1, 1)$, $B(11, 3)$, $C(10, 8)$ e $D(0, 6)$ são vértices de um retângulo.

17-20 Esboce o gráfico da equação.

17. $x = 3$ **18.** $y = -2$

19. $xy = 0$ **20.** $|y| = 1$

21-36 Ache uma equação da reta que satisfaça as condições dadas.

21. Passa pelo ponto (2, −3), inclinação 6

22. Passa pelo ponto (−1, 4), inclinação −3

23. Passa pelo ponto (1, 7), inclinação $\frac{2}{3}$

24. Passa pelo ponto (−3, −5), inclinação $-\frac{7}{2}$

25. Passa pelos pontos (2, 1) e (1, 6)

26. Passa pelos pontos (−1, −2) e (4, 3)

27. Inclinação 3, intersecção com o eixo y igual a −2

28. Inclinação $^2/_5$, intersecção com o eixo y igual a 4

29. Intersecção com o eixo x igual a 1, intersecção com o eixo y igual a −3

30. Intersecção com o eixo x igual a −8, intersecção com o eixo y igual a 6

31. Passa pelo ponto (4, 5), paralela ao eixo x

32. Passa pelo ponto (4, 5), paralela ao eixo y

33. Passa pelo ponto (1, −6), paralela à reta $x + 2y = 6$

34. Intersecção com o eixo y igual a 6, paralela à reta $2x + 3y + 4 = 0$

35. Passa pelo ponto (−1, −2), perpendicular à reta $2x + 5y + 8 = 0$

36. Passa pelo ponto $(\frac{1}{2}, -\frac{2}{3})$, perpendicular à reta $4x - 8y = 1$

37-42 Ache a inclinação e a intersecção da reta com o eixo y e faça um esboço de seu gráfico.

37. $x + 3y = 0$ **38.** $2x - 5y = 0$

39. $y = -2$ **40.** $2x - 3y + 6 = 0$

41. $3x - 4y = 12$ **42.** $4x + 5y = 10$

43-52 Esboce a região no plano xy.

43. $\{(x, y) \mid x < 0\}$ **44.** $\{(x, y) \mid y > 0\}$

45. $\{(x, y) \mid xy < 0\}$ **46.** $\{(x, y) \mid x \geq 1 \text{ e } y < 3\}$

47. $\{(x, y) \mid |x| \leq 2\}$

48. $\{(x, y) \mid |x| < 3 \text{ e } |y| < 2\}$

49. $\{(x, y) \mid 0 \leq y \leq 4 \text{ e } x \leq 2\}$

50. $\{(x, y) \mid y > 2x - 1\}$

51. $\{(x, y) \mid 1 + x \leq y \leq 1 - 2x\}$

52. $\{(x, y) \mid -x \leq y < \frac{1}{2}(x + 3)\}$

53. Ache um ponto sobre o eixo y que seja equidistante de $(5, -5)$ e $(1, 1)$.

54. Mostre que o ponto médio do segmento de reta de $P_1(x_1, y_1)$ até $P_2(x_2, y_2)$ é

$$\left(\frac{x_1 + x_2}{2}, \frac{y_1 + y_2}{2}\right)$$

55. Encontre o ponto médio do segmento de reta que une os pontos dados.
(a) $(1, 3)$ e $(7, 15)$ (b) $(-1, 6)$ e $(8, -12)$

56. Determine os comprimentos das medianas do triângulo com vértices $A(1, 0)$, $B(3, 6)$ e $C(8, 2)$. (A mediana é um segmento de reta de um vértice até o ponto médio do lado oposto.)

57. Mostre que as retas $2x - y = 4$ e $6x - 2y = 10$ não são paralelas e ache o seu ponto de intersecção.

58. Mostre que as retas $3x - 5y + 19 = 0$ e $10x + 6y - 50 = 0$ são perpendiculares e ache o seu ponto de intersecção.

59. Ache uma equação da mediatriz do segmento de reta com extremidades nos pontos $A(1, 4)$ e $B(7, -2)$.

60. (a) Encontre as equações dos lados do triângulo com vértices $P(1, 0)$, $Q(3, 4)$ e $R(-1, 6)$.
(b) Ache equações para as medianas desse triângulo. Onde elas se interceptam?

61. (a) Mostre que se as intersecções com os eixos x e y de uma reta são os números a e b diferentes de zero, então a equação da reta pode ser colocada na forma

$$\frac{x}{a} + \frac{y}{b} = 1$$

Esta equação é chamada de **forma a partir das duas intersecções** da equação de uma reta.
(b) Use a parte (a) para encontrar a equação da reta cuja intersecção com o eixo x é 6 e cuja intersecção com o eixo y é -8.

62. Um carro parte de Detroit às 2 horas da tarde e viaja a uma velocidade constante pela rodovia I-96, na direção oeste, passando por Ann Arbor, que está a 65 km de Detroit, às 2h50.
(a) Expresse a distância percorrida em termos do tempo decorrido.
(b) Trace o gráfico da equação na parte (a).
(c) Qual a inclinação desta reta? O que ela representa?

C | Gráficos das Equações de Segundo Grau

No Apêndice B vimos que uma equação $Ax + By + C = 0$, de primeiro grau ou linear, representa uma reta. Nesta seção vamos discutir as equações do segundo grau, tais como

$$x^2 + y^2 = 1 \qquad y = x^2 + 1 \qquad \frac{x^2}{9} + \frac{y^2}{4} = 1 \qquad x^2 - y^2 = 1$$

que representam uma circunferência, uma parábola, uma elipse e uma hipérbole, respectivamente.

O gráfico de tais equações em x e y é o conjunto de todos os pontos (x, y) que satisfazem aquela equação; ele dá uma representação visual da equação. Reciprocamente, dada uma curva no plano xy, podemos ter de achar uma equação que a represente, isto é, uma equação satisfeita pelas coordenadas dos pontos na curva e por nenhum outro ponto. Esta é a outra metade dos princípios básicos da geometria analítica como formulada por Descartes e Fermat. A ideia é que se uma curva geométrica pode ser representada por uma equação algébrica, então as regras da álgebra podem ser usadas para analisar o problema geométrico.

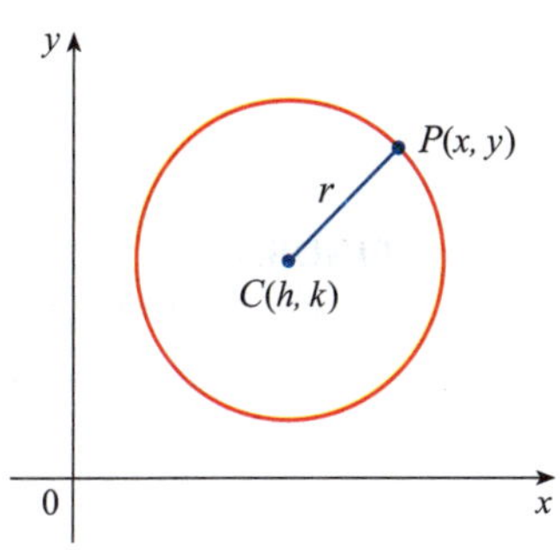

FIGURA 1

Circunferências

Como um exemplo desse tipo de problema, vamos determinar uma equação da circunferência com raio r e centro (h, k). Por definição, a circunferência é o conjunto de todos os pontos $P(x, y)$ cuja distância do centro $C(h, k)$ é r. (Veja a Figura 1.) Logo, P está sobre a circunferência se e somente se $|PC| = r$. Da fórmula de distância, temos

$$\sqrt{(x-h)^2 + (y-k)^2} = r$$

ou, de maneira equivalente, elevando ao quadrado ambos os membros, obtemos

$$(x - h)^2 + (y - k)^2 = r^2$$

Esta é a equação desejada.

1 Equação da Circunferência Uma equação da circunferência com centro (h, k) e raio r é

$$(x-h)^2 + (y-k)^2 = r^2$$

Em particular, se o centro for a origem (0, 0), a equação será

$$x^2 + y^2 = r^2$$

EXEMPLO 1 Ache uma equação da circunferência com raio 3 e centro (2, −5).

SOLUÇÃO Da Equação 1 com $r = 3$, $h = 2$ e $k = -5$, obtemos

$$(x-2)^2 + (y+5)^2 = 9$$

■

EXEMPLO 2 Esboce o gráfico da equação $x^2 + y^2 + 2x - 6y + 7 = 0$ mostrando primeiro que ela representa uma circunferência e então encontrando seu centro e raio.

SOLUÇÃO Vamos primeiro agrupar os termos em x e y da seguinte forma:

$$(x^2 + 2x) + (y^2 - 6y) = -7$$

Então, completando cada quadrado entre parênteses e somando as constantes apropriadas (os quadrados da metade dos coeficientes de x e y) a ambos os lados da equação, temos:

$$(x^2 + 2x + 1) + (y^2 - 6y + 9) = -7 + 1 + 9$$

ou

$$(x+1)^2 + (y-3)^2 = 3$$

Comparando essa equação com a equação padrão da circunferência (1), vemos que $h = -1$, $k = 3$ e $r = \sqrt{3}$, assim, a equação dada representa uma circunferência com centro (−1, 3) e raio $\sqrt{3}$. Ela está esboçada na Figura 2.

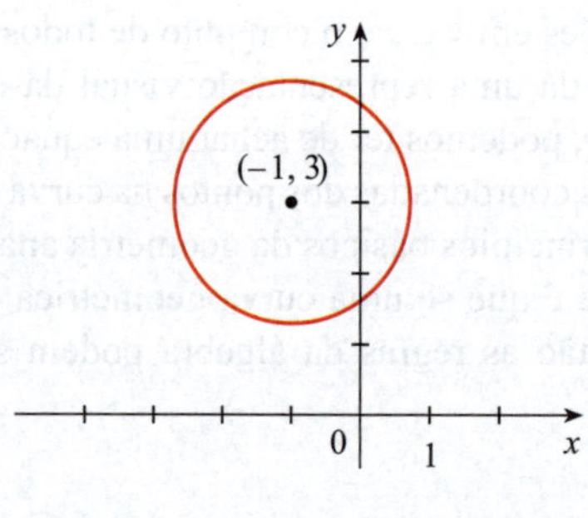

FIGURA 2
$x^2 + y^2 + 2x - 6y + 7 = 0$

■

Parábolas

As propriedades geométricas das parábolas serão revisadas na Seção 10.5 do volume 2. Aqui, consideraremos uma parábola um gráfico de uma equação da forma $y = ax^2 + bx + c$.

EXEMPLO 3 Esboce o gráfico da parábola $y = x^2$.

SOLUÇÃO Vamos fazer uma tabela de valores, marcar os pontos e depois juntá-los por uma curva suave para obter o gráfico da Figura 3.

x	$y = x^2$
0	0
$\pm\frac{1}{2}$	$\frac{1}{4}$
± 1	1
± 2	4
± 3	9

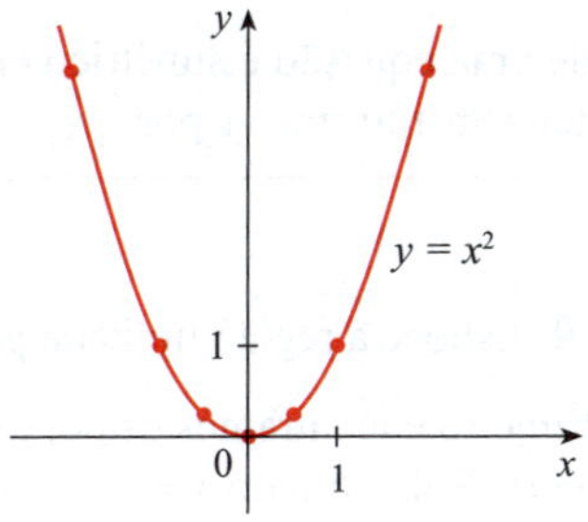

FIGURA 3

A Figura 4 mostra os gráficos de diversas parábolas com equações da forma $y = ax^2$ para diversos valores do número a. Em cada caso o *vértice* – o ponto onde a parábola muda de direção – é a origem. Vemos que a parábola $y = ax^2$ abre-se para cima se $a > 0$ e para baixo se $a < 0$ (como na Figura 5).

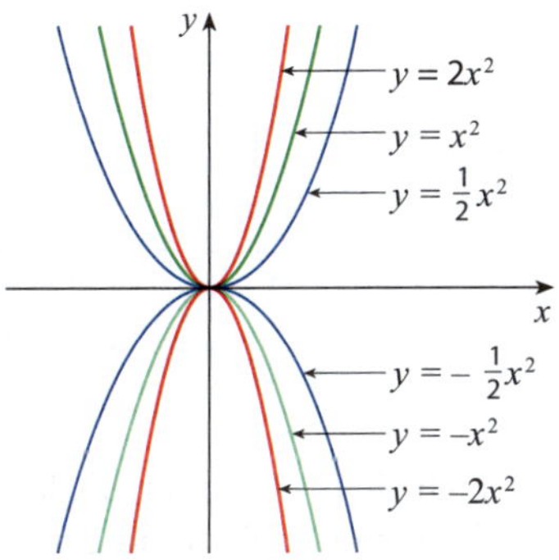

FIGURA 4

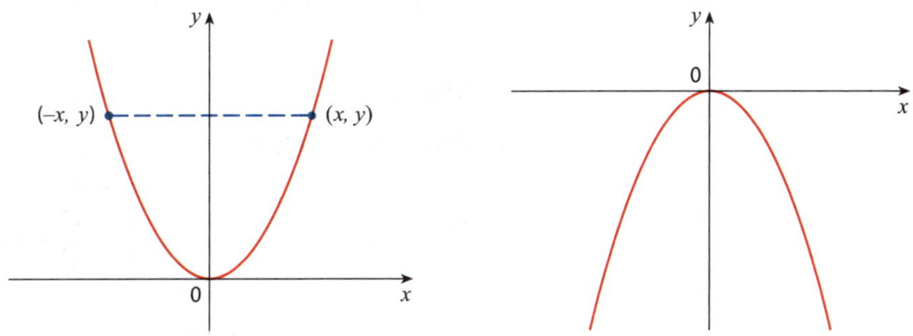

(a) $y = ax^2$, $a>0$ (b) $y = ax^2$, $a<0$

FIGURA 5

Observe que se (x, y) satisfaz $y = ax^2$, então $(-x, y)$ também o cumpre. Isso corresponde ao fato geométrico de que, se a metade direita do gráfico for refletida em torno do eixo y, obteremos a metade esquerda do gráfico. Dizemos que o gráfico é **simétrico em relação ao eixo y**.

O gráfico de uma equação é simétrico em relação ao eixo y se a equação ficar invariante quando substituirmos x por $-x$.

Se trocarmos x e y na equação $y = ax^2$, teremos $x = ay^2$, que também representa uma parábola. (Trocar x e y significa fazer uma reflexão em torno da reta bissetriz $y = x$.) A parábola $x = ay^2$ abre para a direita se $a > 0$ e para a esquerda se $a < 0$. (Veja a Figura 6.) Dessa vez a parábola é simétrica em relação ao eixo x, pois se (x, y) satisfizer a equação $x = ay^2$, então o mesmo acontece com $(x, -y)$.

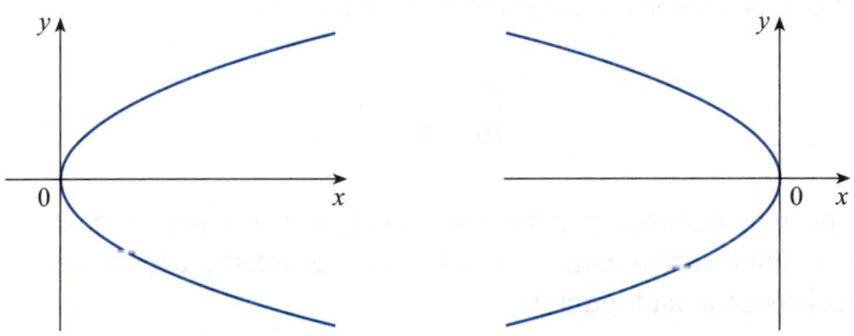

(a) $x = ay^2$, $a > 0$ (b) $x = ay^2$, $a < 0$

FIGURA 6

O gráfico de uma equação é simétrico em relação ao eixo x se a equação ficar invariante quando substituirmos y por $-y$.

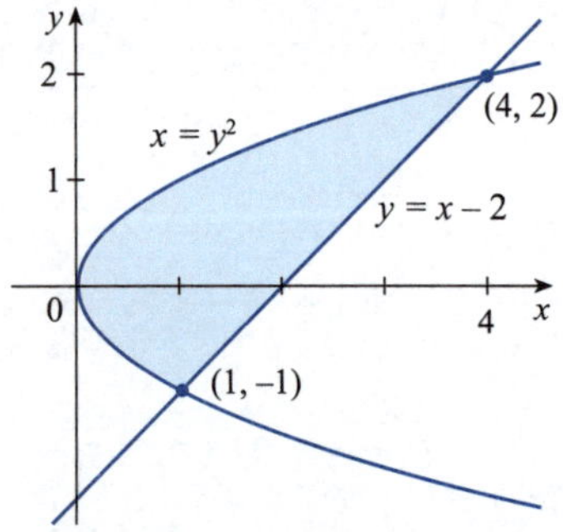

FIGURA 7

EXEMPLO 4 Esboce a região limitada pela parábola $x = y^2$ e pela reta $y = x - 2$.

SOLUÇÃO Primeiro encontramos os pontos da intersecção, resolvendo as duas equações simultaneamente. Substituindo $x = y + 2$ na equação $x = y^2$, obtemos $y + 2 = y^2$, o que resulta em

$$0 = y^2 - y - 2 = (y - 2)(y + 1)$$

logo, $y = 2$ ou -1. Assim, os pontos de intersecção são (4, 2) e (1, −1) e, passando por esses dois pontos, traçamos a reta $y = x - 2$. Esboçamos então a parábola $x = y^2$ lembrando-nos da Figura 6(a) e fazendo com que a parábola passe pelos pontos (4, 2) e (1, −1). A região delimitada por $x = y^2$ e $y = x - 2$ significa a região finita cuja fronteira é formada por essas curvas. Ela está esboçada na Figura 7. ■

Elipses

A curva com a equação

2 $$\frac{x^2}{a^2} + \frac{y^2}{b^2} = 1$$

onde a e b são números positivos é chamada **elipse** na posição padrão. (As propriedades geométricas serão discutidas na Seção 10.5 do volume 2.) Observe que a Equação 2 fica invariante se x for substituído por $-x$ ou se y for substituído por $-y$; dessa forma, a elipse é simétrica em relação aos eixos. Como uma ajuda adicional para o esboço da elipse, vamos determinar suas intersecções com os eixos.

As **intersecções com o eixo x** de um gráfico são as coordenadas x dos pontos onde ele intercepta o eixo x. Eles são encontrados fazendo-se $y = 0$ na equação do gráfico.

As **intersecções com o eixo y** de um gráfico são as coordenadas y dos pontos onde ele intercepta o eixo y. Eles são encontrados fazendo-se $x = 0$ na equação do gráfico.

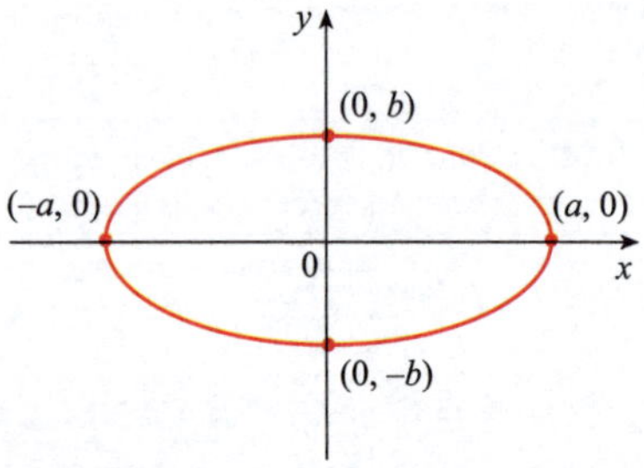

FIGURA 8
$\frac{x^2}{a^2} + \frac{y^2}{b^2} = 1$

Se fizermos $y = 0$ na Equação 2, obteremos $x^2 = a^2$ e, dessa forma, as intersecções com o eixo x são $\pm a$. Fazendo $x = 0$, obteremos $y^2 = b^2$; assim, as intersecções com o eixo y são $\pm b$. Usando essa informação, junto com a simetria, fazemos o esboço da elipse na Figura 8. Se $a = b$, a elipse é uma circunferência com raio a.

EXEMPLO 5 Esboce o gráfico de $9x^2 + 16y^2 = 144$.

SOLUÇÃO Dividimos ambos os lados da equação por 144:

$$\frac{x^2}{16} + \frac{y^2}{9} = 1$$

A equação está agora na forma padrão para uma elipse (2), e assim temos $a^2 = 16$, $b^2 = 9$, $a = 4$ e $b = 3$. As intersecções com o eixo x são ± 4; e as intersecções com o eixo y são ± 3. O gráfico está esboçado na Figura 9. ■

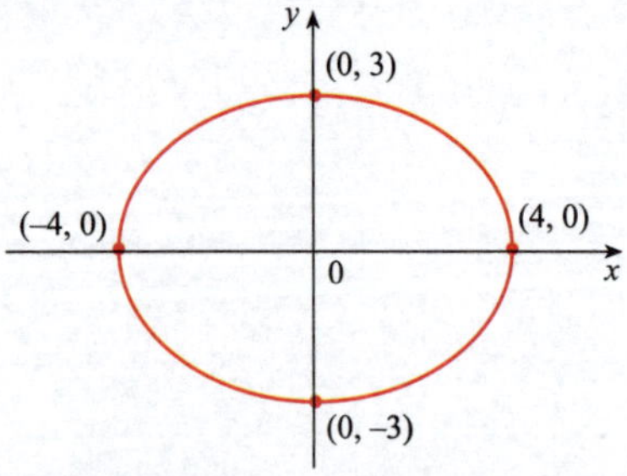

FIGURA 9
$9x^2 + 16y^2 = 144$

Hipérboles

A curva com equação

3 $$\frac{x^2}{a^2} - \frac{y^2}{b^2} = 1$$

é denominada **hipérbole** na posição padrão. Novamente, a Equação 3 fica invariante quando x é substituído por $-x$ ou y é substituído por $-y$; dessa forma, a hipérbole é simétrica em relação aos eixos. Para encontrarmos as intersecções com o eixo x, fazemos $y = 0$ e obtemos $x^2 = a^2$ e $x = \pm a$. Mas, se colocarmos $x = 0$ na Equação 3, teremos $y^2 = -b^2$, o que é impossível; dessa forma, não existe intersecção com o eixo y. Na verdade, da Equação 3 obtemos

$$\frac{x^2}{a^2} = 1 + \frac{y^2}{b^2} \geq 1$$

o que demonstra que $x^2 \geq a^2$ e, portanto, $|x| = \sqrt{x^2} \geq a$. Assim, temos $x \geq a$ ou $x \leq -a$. Isso significa que a hipérbole consiste em duas partes, chamadas *ramos*. Ela está esboçada na Figura 10.

Quando desenhamos uma hipérbole é útil traçar primeiro as *assíntotas*, que são as retas $y = (b/a)x$ e $y = -(b/a)x$ mostradas na Figura 10. Ambos os ramos da hipérbole tendem para as assíntotas; isto é, ficam arbitrariamente perto das assíntotas. Isso envolve a ideia de limite, como discutido no Capítulo 2 (veja também o Exercício 4.5.77).

Trocando os papéis de x e y, obtemos uma equação da forma

$$\frac{y^2}{a^2} - \frac{x^2}{b^2} = 1$$

que também representa uma hipérbole e está esboçada na Figura 11.

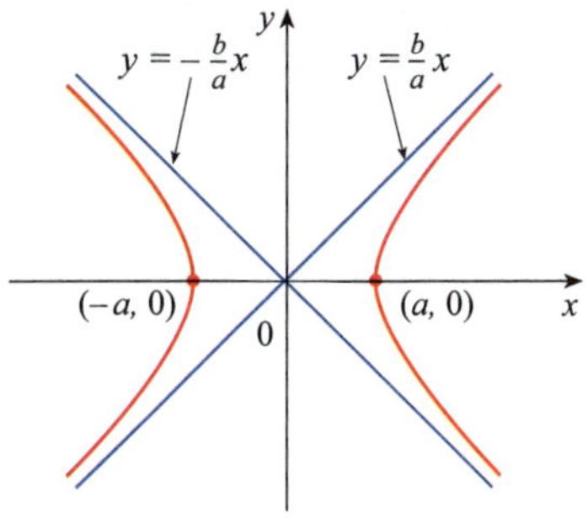

FIGURA 10
A hipérbole $\frac{x^2}{a^2} - \frac{y^2}{b^2} = 1$

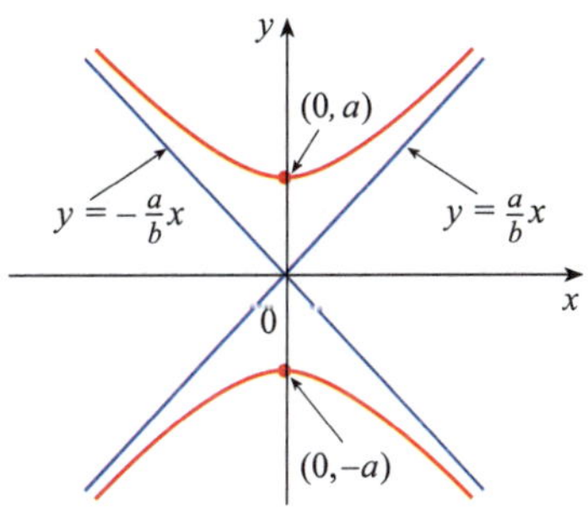

FIGURA 11
A hipérbole $\frac{y^2}{a^2} - \frac{x^2}{b^2} = 1$

EXEMPLO 6 Esboce a curva $9x^2 - 4y^2 = 36$.

SOLUÇÃO Dividindo ambos os lados por 36, obtemos

$$\frac{x^2}{4} - \frac{y^2}{9} = 1$$

que é a equação de uma hipérbole na forma padrão (Equação 3). Visto que $a^2 = 4$, as intersecções com o eixo x são ± 2. Como $b^2 = 9$, temos $b = 3$ e as assíntotas são $y = \pm \frac{3}{2}x$. A hipérbole está esboçada na Figura 12.

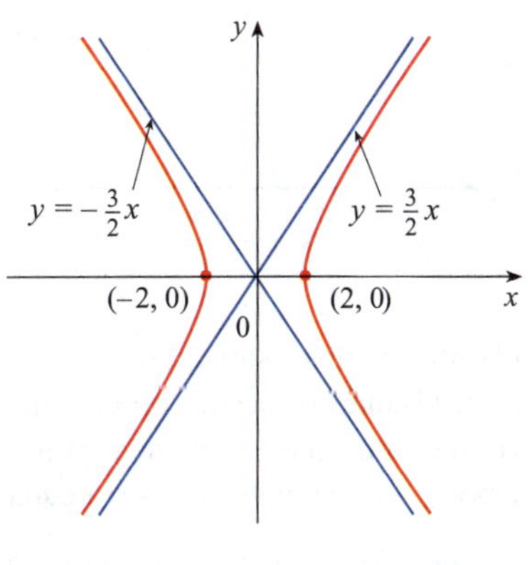

FIGURA 12
A hipérbole $9x^2 - 4y^2 = 36$

■

Se $b = a$, a hipérbole tem a equação $x^2 - y^2 = a^2$ (ou $y^2 - x^2 = a^2$) e é chamada *hipérbole equilátera* [veja a Figura 13(a)]. Suas assíntotas são $y = \pm x$, que são perpendiculares. Girando-se uma hipérbole equilátera em 45°, as assíntotas tornam-se os eixos x e y, e pode-se mostrar que a nova equação da hipérbole é $xy = k$, onde k é uma constante [veja a Figura 13(b)].

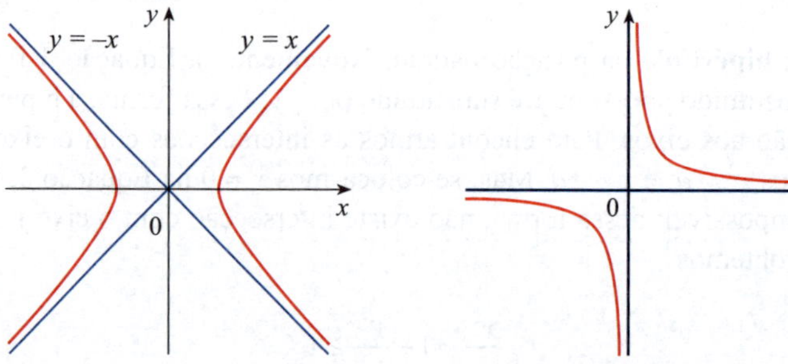

(a) $x^2 - y^2 = a^2$ (b) $xy = k$ $(k > 0)$

FIGURA 13
Hipérboles equiláteras

Cônicas Deslocadas

Lembre-se de que uma equação da circunferência com centro na origem e raio r é $x^2 + y^2 = r^2$, mas se o centro for o ponto (h, k), então a equação da circunferência fica

$$(x - h)^2 + (y - k)^2 = r^2$$

Analogamente, se tomarmos a elipse com a equação

$$\frac{x^2}{a^2} + \frac{y^2}{b^2} = 1 \tag{4}$$

e a deslocarmos de forma que se seu centro esteja no ponto (h, k), então sua equação torna-se

$$\frac{(x-h)^2}{a^2} + \frac{(y-k)^2}{b^2} = 1 \tag{5}$$

(Veja a Figura 14.)

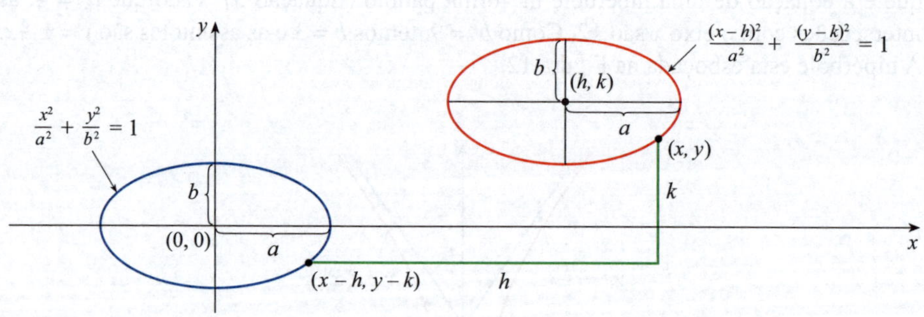

FIGURA 14

Observe que, ao transladarmos a elipse, substituímos x por $x - h$ e y por $y - k$ na Equação 4 para obter a Equação 5. Usando o mesmo procedimento, deslocamos a parábola $y = ax^2$ de forma que seu vértice (a origem) torna-se o ponto (h, k), como na Figura 15. Substituindo x por $x - h$ e y por $y - k$, vemos que a nova equação é

$$y - k = a(x - h)^2 \qquad \text{ou} \qquad y = a(x - h)^2 + k$$

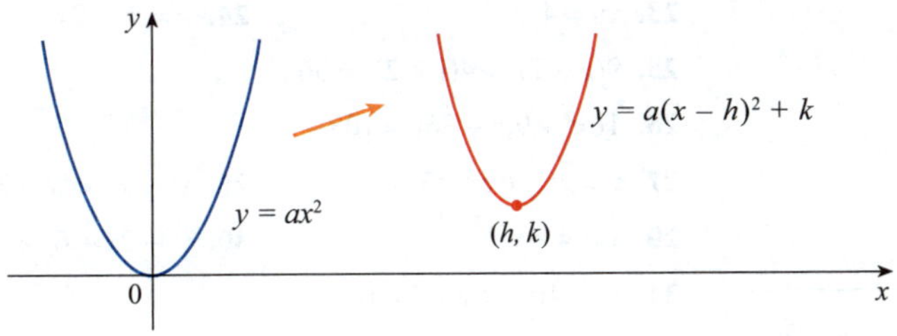

FIGURA 15

EXEMPLO 7 Esboce o gráfico da equação $y = 2x^2 - 4x + 1$.

SOLUÇÃO Primeiro vamos completar o quadrado:

$$y = 2(x^2 - 2x) + 1 = 2(x - 1)^2 - 1$$

Nessa forma vemos que a equação representa a parábola obtida deslocando-se $y = 2x^2$ de modo que seu vértice seja o ponto $(1, -1)$. O gráfico está esboçado na Figura 16.

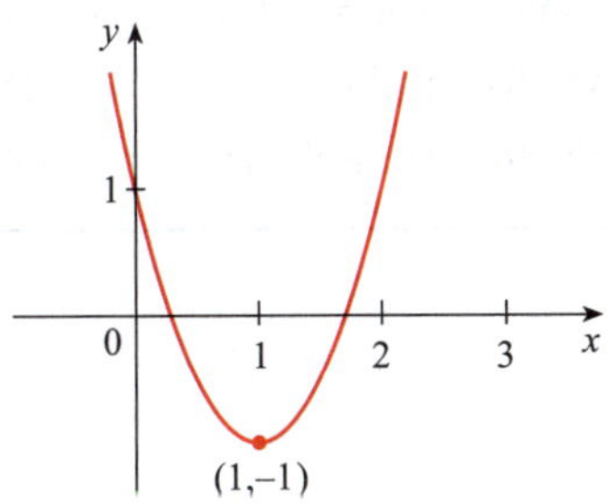

FIGURA 16
$y = 2x^2 - 4x + 1$

■

EXEMPLO 8 Esboce a curva $x = 1 - y^2$.

SOLUÇÃO Dessa vez começamos com a parábola $x = -y^2$ (como na Figura 6 com $a = -1$) e deslocamos uma unidade para a direita para obter o gráfico de $x = 1 - y^2$. (Veja a Figura 17.)

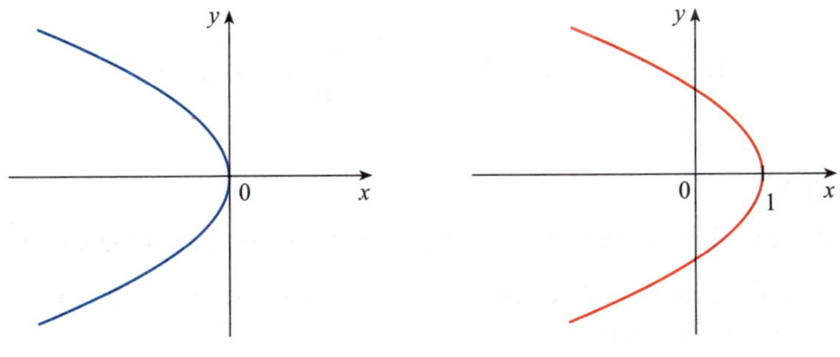

(a) $x = -y^2$ (b) $x = 1 - y^2$

FIGURA 17

■

C Exercícios

1-4 Determine uma equação de uma circunferência que satisfaça as condições dadas.

1. Centro $(3, -1)$, raio 5

2. Centro $(-2, -8)$, raio 10

3. Centro na origem, passa por $(4, 7)$

4. Centro $(-1, 5)$, passa por $(-4, -6)$

5-9 Mostre que a equação representa uma circunferência e determine o centro e o raio.

5. $x^2 + y^2 - 4x + 10y + 13 = 0$

6. $x^2 + y^2 + 6y + 2 = 0$

7. $x^2 + y^2 + x = 0$

8. $16x^2 + 16y^2 + 8x + 32y + 1 = 0$

9. $2x^2 + 2y^2 - x + y = 1$

10. Que condições nos coeficientes a, b e c fazem que a equação $x^2 + y^2 + ax + by + c = 0$ represente uma circunferência? Quando a condição for satisfeita, determine o centro e o raio da circunferência.

11-32 Identifique o tipo de curva e esboce o gráfico. Não marque os pontos. Somente use os gráficos padrão dados nas Figuras 5, 6, 8, 10 e 11 e desloque se for necessário.

11. $y = -x^2$

12. $y^2 - x^2 = 1$

13. $x^2 + 4y^2 = 16$

14. $x = -2y^2$

15. $16x^2 - 25y^2 = 400$

16. $25x^2 + 4y^2 = 100$

17. $4x^2 + y^2 = 1$

18. $y = x^2 + 2$

19. $x = y^2 - 1$

20. $9x^2 - 25y^2 = 225$

21. $9y^2 - x^2 = 9$

22. $2x^2 + 5y^2 = 10$

23. $xy = 4$

24. $y = x^2 + 2x$

25. $9(x - 1)^2 + 4(y - 2)^2 = 36$

26. $16x^2 + 9y^2 - 36y = 108$

27. $y = x^2 - 6x + 13$

28. $x^2 - y^2 - 4x + 3 = 0$

29. $x = 4 - y^2$

30. $y^2 - 2x + 6y + 5 = 0$

31. $x^2 + 4y^2 - 6x + 5 = 0$

32. $4x^2 + 9y^2 - 16x + 54y + 61 = 0$

33-34 Esboce a região delimitada pelas curvas.

33. $y = 3x, \quad y = x^2$

34. $y = 4 - x^2, \quad x - 2y = 2$

35. Determine uma equação da parábola com vértice (1, −1) que passe pelos pontos (−1, 3) e (3, 3).

36. Encontre uma equação da elipse com centro na origem que passe pelos pontos $(1, -10\sqrt{2}/3)$ e $(-2, 5\sqrt{5}/3)$.

37-40 Esboce o gráfico do conjunto.

37. $\{(x, y) \mid x^2 + y^2 \le 1\}$

38. $\{(x, y) \mid x^2 + y^2 > 4\}$

39. $\{(x, y) \mid y \ge x^2 - 1\}$

40. $\{(x, y) \mid x^2 + 4y^2 \le 4\}$

D | Trigonometria

Ângulos

Os ângulos podem ser medidos em graus ou radianos (abreviado por rad). O ângulo dado por uma revolução completa tem 360°, que é o mesmo que 2π rad. Portanto,

$$\pi \text{ rad} = 180° \tag{1}$$

e

$$1 \text{ rad} = \left(\frac{180}{\pi}\right)^{\circ} \approx 57{,}3° \qquad 1° = \frac{\pi}{180} \text{ rad} \approx 0{,}017 \text{ rad} \tag{2}$$

EXEMPLO 1

(a) Encontre a medida em radianos de 60°. (b) Expresse $5\pi/4$ rad em graus.

SOLUÇÃO Da Equação 1 ou 2 vemos que, para converter de graus para radianos, multiplicamos por $\pi/180$. Portanto,

$$60° = 60\left(\frac{\pi}{180}\right) = \frac{\pi}{3} \text{ rad}$$

(b) Para convertermos de radianos para graus multiplicamos por $180/\pi$. Logo,

$$\frac{5\pi}{4} \text{ rad} = \frac{5\pi}{4}\left(\frac{180}{\pi}\right) = 225°$$

■

Em cálculo, usamos o radiano como medida dos ângulos, exceto quando explicitamente indicada outra unidade. A tabela a seguir fornece a correspondência entre medidas em graus e em radianos de alguns ângulos comuns.

Graus	0°	30°	45°	60°	90°	120°	135°	150°	180°	270°	360°
Radianos	0	$\frac{\pi}{6}$	$\frac{\pi}{4}$	$\frac{\pi}{3}$	$\frac{\pi}{2}$	$\frac{2\pi}{3}$	$\frac{3\pi}{4}$	$\frac{5\pi}{6}$	π	$\frac{3\pi}{2}$	2π

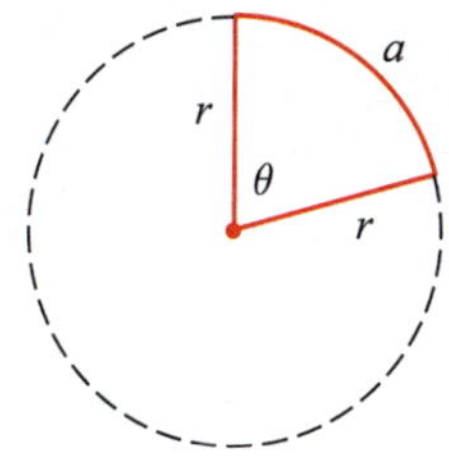

FIGURA 1

A Figura 1 mostra um setor de um círculo com ângulo central θ e raio r subtendendo um arco com comprimento a. Como o comprimento do arco é proporcional ao tamanho do ângulo, e como todo o círculo tem circunferência $2\pi r$ e ângulo central 2π, temos

$$\frac{\theta}{2\pi} = \frac{a}{2\pi r}$$

Isolando θ e a nessa equação, obtemos

3 $$\theta = \frac{a}{r} \qquad a = r\theta$$

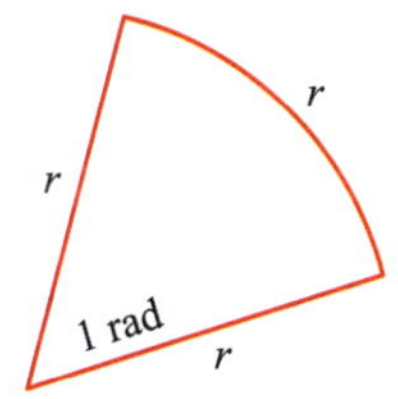

FIGURA 2

Lembre que essas equações são válidas somente quando θ é medido em radianos.

Em particular, fazendo $a = r$ na Equação 3, vemos que um ângulo de 1 rad é um ângulo subtendido no centro de um círculo por um arco com comprimento igual ao raio do círculo (veja a Figura 2).

EXEMPLO 2

(a) Se o raio de um círculo for 5 cm, qual o ângulo subtendido por um arco de 6 cm?

(b) Se um círculo tem raio 3 cm, qual é o comprimento de um arco subtendido por um ângulo central de $3\pi/8$ rad?

SOLUÇÃO

(a) Usando a Equação 3 com $a = 6$ e $r = 5$, vemos que o ângulo é

$$\theta = \tfrac{6}{5} = 1{,}2 \text{ rad}$$

(b) Com $r = 3$ cm e $\theta = 3\pi/8$ rad, o comprimento de arco é

$$a = r\theta = 3\left(\frac{3\pi}{8}\right) = \frac{9\pi}{8} \text{ cm}$$ ■

A **posição padrão** de um ângulo ocorre quando colocamos seu vértice na origem do sistema de coordenadas e seu lado inicial sobre o eixo x positivo, como na Figura 3. Um ângulo **positivo** é obtido girando-se o lado inicial no sentido anti-horário até que ele coincida com o lado final; da mesma forma, ângulos **negativos** são obtidos girando-se no sentido horário, como na Figura 4.

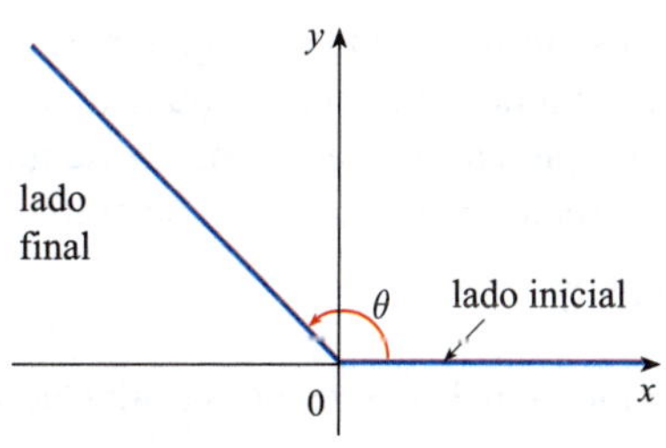

FIGURA 3 $\theta \geq 0$

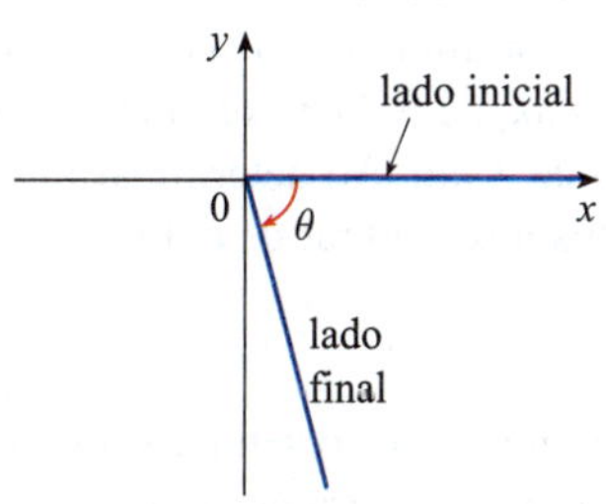

FIGURA 4 $\theta < 0$

A Figura 5 mostra vários exemplos de ângulos em posição padrão. Observe que ângulos diferentes podem ter o mesmo lado final. Por exemplo, os ângulos $3\pi/4$, $-5\pi/4$ e $11\pi/4$ têm os mesmos lados inicial e final, pois

$$\frac{3\pi}{4} - 2\pi = -\frac{5\pi}{4} \qquad \frac{3\pi}{4} + 2\pi = \frac{11\pi}{4}$$

e 2π rad representa uma revolução completa.

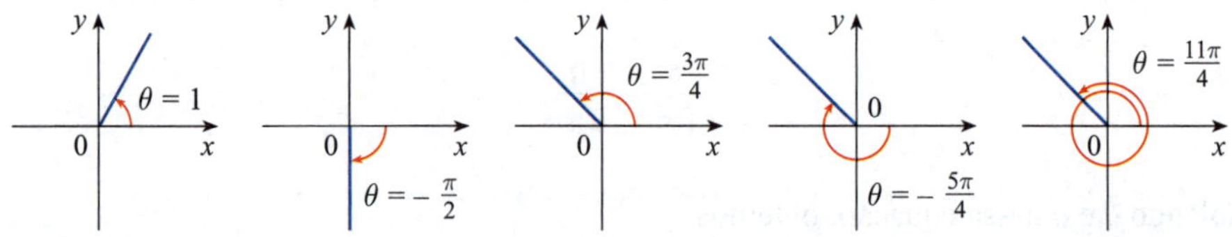

FIGURA 5
Ângulos na posição padrão

As Funções Trigonométricas

Para um ângulo agudo θ as seis funções trigonométricas são definidas como razões de comprimento de lados de um triângulo retângulo como segue (veja a Figura 6).

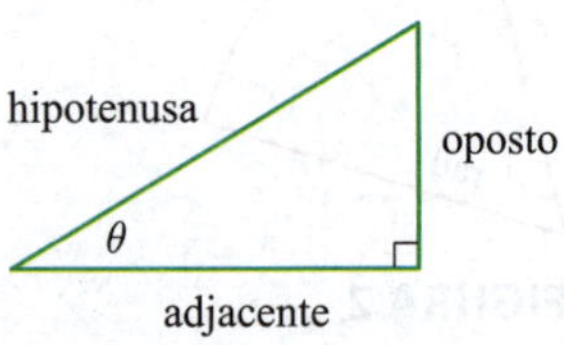

FIGURA 6

4

$$\operatorname{sen}\theta = \frac{\text{op}}{\text{hip}} \qquad \operatorname{cossec}\theta = \frac{\text{hip}}{\text{op}}$$

$$\cos\theta = \frac{\text{adj}}{\text{hip}} \qquad \sec\theta = \frac{\text{hip}}{\text{adj}}$$

$$\operatorname{tg}\theta = \frac{\text{op}}{\text{adj}} \qquad \operatorname{cotg}\theta = \frac{\text{adj}}{\text{op}}$$

Essa definição não se aplica aos ângulos obtusos ou negativos, de modo que, para um ângulo geral θ na posição padrão, tomamos $P(x, y)$ como um ponto qualquer sobre o lado final de θ e r como a distância $|OP|$, como na Figura 7. Então, definimos

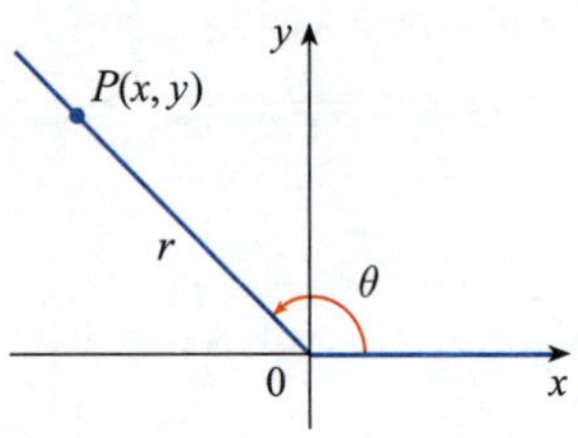

FIGURA 7

5

$$\operatorname{sen}\theta = \frac{y}{r} \qquad \operatorname{cossec}\theta = \frac{r}{y}$$

$$\cos\theta = \frac{x}{r} \qquad \sec\theta = \frac{r}{x}$$

$$\operatorname{tg}\theta = \frac{y}{x} \qquad \operatorname{cotg}\theta = \frac{x}{y}$$

Se colocarmos $r = 1$ na Definição 5 e desenharmos um círculo unitário com centro na origem e rotularmos θ como na Figura 8, então as coordenadas de P serão $(\cos\theta, \operatorname{sen}\theta)$.

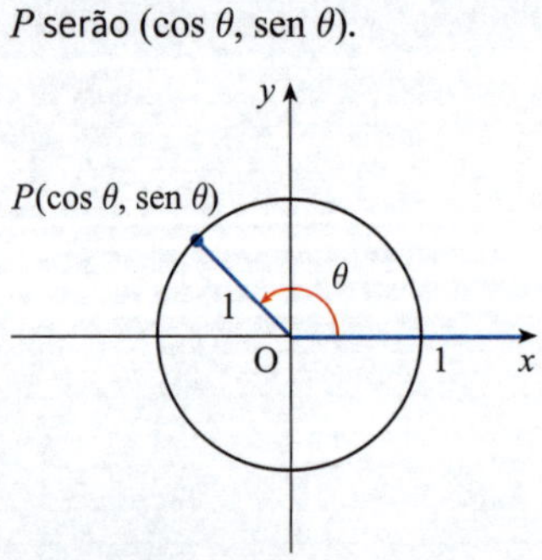

FIGURA 8

Como a divisão por 0 não é definida, tg θ e sec θ são indefinidas quando $x = 0$ e cossec θ e cotg θ são indefinidas quando $y = 0$. Observe que as definições em (4) e (5) são consistentes quando θ é um ângulo agudo.

Se θ for um número, a convenção é que sen θ significa o seno do ângulo cuja medida em *radianos* é θ. Por exemplo, a expressão sen 3 implica que estamos tratando com um ângulo de 3 rad. Ao determinarmos uma aproximação na calculadora para esse número, devemos nos lembrar de colocar a calculadora no modo radiano, e então obteremos

$$\operatorname{sen} 3 \approx 0{,}14112$$

Para conhecermos o seno do ângulo 3°, escrevemos sen 3° e, com nossa calculadora no modo grau, encontramos que

$$\operatorname{sen} 3^\circ \approx 0{,}05234$$

As razões trigonométricas exatas para certos ângulos podem ser lidas dos triângulos da Figura 9. Por exemplo,

$$\operatorname{sen}\frac{\pi}{4}=\frac{1}{\sqrt{2}} \qquad \operatorname{sen}\frac{\pi}{6}=\frac{1}{6} \qquad \operatorname{sen}\frac{\pi}{3}=\frac{\sqrt{3}}{2}$$

$$\cos\frac{\pi}{4}=\frac{1}{\sqrt{2}} \qquad \cos\frac{\pi}{6}=\frac{\sqrt{3}}{2} \qquad \cos\frac{\pi}{3}=\frac{1}{2}$$

$$\operatorname{tg}\frac{\pi}{4}=1 \qquad \operatorname{tg}\frac{\pi}{6}=\frac{1}{\sqrt{3}} \qquad tg\frac{\pi}{3}=\sqrt{3}$$

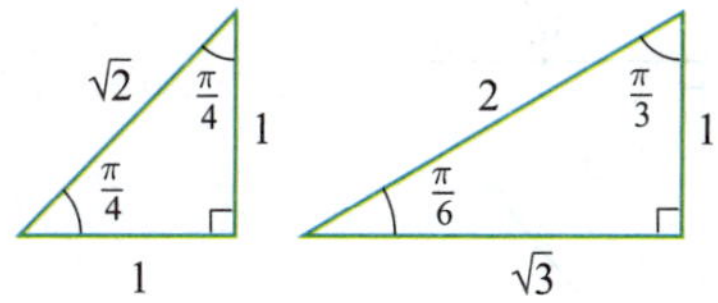

FIGURA 9

Os sinais das funções trigonométricas para ângulos em cada um dos quatro quadrantes podem ser lembrados pela regra mostrada na Figura 10 "All Students Take Calculus".

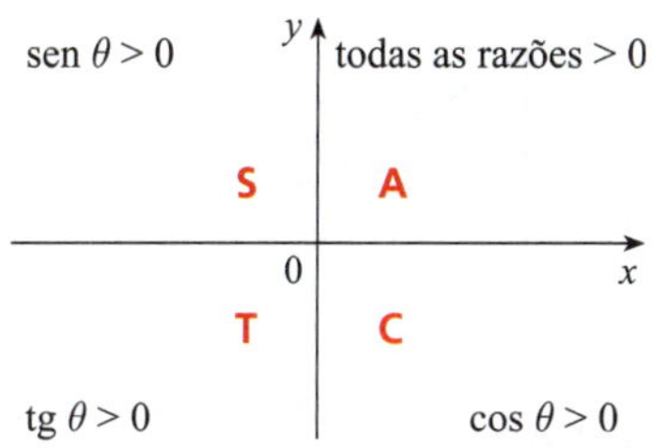

FIGURA 10

EXEMPLO 3 Encontre as razões trigonométricas exatas para $\theta = 2\pi/3$.

SOLUÇÃO Da Figura 11 vemos que um ponto sobre a reta final para $\theta = 2\pi/3$ é $P(-1, \sqrt{3})$. Portanto, tomando

$$x=-1 \qquad y=\sqrt{3} \qquad r=2$$

nas definições das razões trigonométricas, temos

$$\operatorname{sen}\frac{2\pi}{3}=\frac{\sqrt{3}}{2} \qquad \cos\frac{2\pi}{3}=-\frac{1}{2} \qquad \operatorname{tg}\frac{2\pi}{3}=-\sqrt{3}$$

$$\operatorname{cossec}\frac{2\pi}{3}=\frac{2}{\sqrt{3}} \qquad \sec\frac{2\pi}{3}=-2 \qquad \operatorname{cotg}\frac{2\pi}{3}=-\frac{1}{\sqrt{3}}$$

■

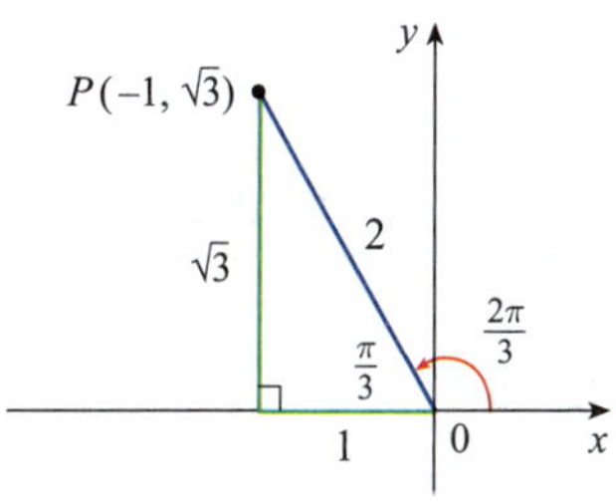

FIGURA 11

A tabela a seguir fornece alguns valores de sen θ e cos θ encontrados pelo método do Exemplo 3.

θ	0	$\frac{\pi}{6}$	$\frac{\pi}{4}$	$\frac{\pi}{3}$	$\frac{\pi}{2}$	$\frac{2\pi}{3}$	$\frac{3\pi}{4}$	$\frac{5\pi}{6}$	π	$\frac{3\pi}{2}$	2π
sen θ	0	$\frac{1}{2}$	$\frac{1}{\sqrt{2}}$	$\frac{\sqrt{3}}{2}$	1	$\frac{\sqrt{3}}{2}$	$\frac{1}{\sqrt{2}}$	$\frac{1}{2}$	0	-1	0
cos θ	1	$\frac{\sqrt{3}}{2}$	$\frac{1}{\sqrt{2}}$	$\frac{1}{2}$	0	$-\frac{1}{2}$	$-\frac{1}{\sqrt{2}}$	$-\frac{\sqrt{3}}{2}$	-1	0	1

EXEMPLO 4 Se $\cos\theta = \frac{2}{5}$ e $0 < \theta < \pi/2$, determine as outras cinco funções trigonométricas de θ.

SOLUÇÃO Como $\cos\theta = \frac{2}{5}$, podemos tomar a hipotenusa como tendo comprimento igual a 5 e o lado adjacente como tendo comprimento igual a 2 na Figura 12. Se o lado oposto tem comprimento x, então o Teorema de Pitágoras fornece $x^2 + 4 = 25$ e, portanto, $x^2 = 21$, $x = \sqrt{21}$. Podemos agora usar o diagrama para escrever as outras cinco funções trigonométricas:

$$\operatorname{sen}\theta=\frac{\sqrt{21}}{5} \qquad \operatorname{tg}\theta=\frac{\sqrt{21}}{2}$$

$$\operatorname{cossec}\theta=\frac{5}{\sqrt{21}} \qquad \sec\theta=\frac{5}{2} \qquad \operatorname{cotg}=\frac{2}{\sqrt{21}}$$

■

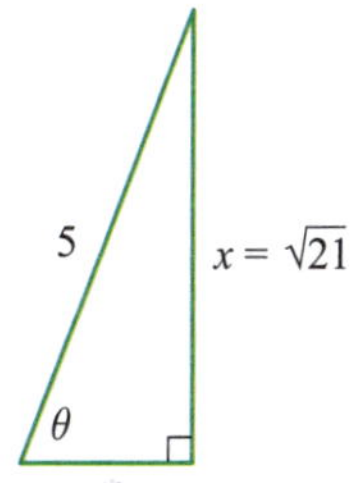

FIGURA 12

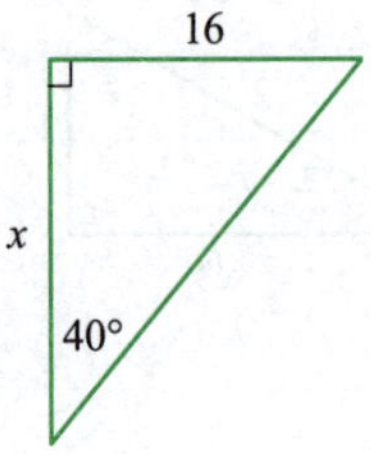

FIGURA 13

EXEMPLO 5 Use uma calculadora para aproximar o valor de x na Figura 13.

SOLUÇÃO Do diagrama vemos que

$$\text{tg } 40° = \frac{16}{x}$$

Logo,

$$x = \frac{16}{\text{tg } 40°} \approx 19{,}07$$

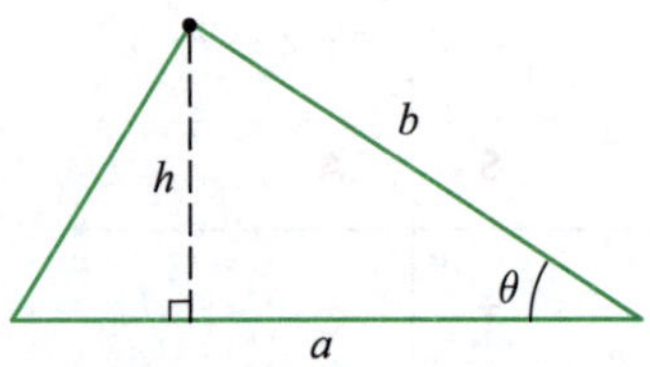

FIGURA 14

Se θ é um ângulo agudo, então a altura do triângulo mostrado na Figura 14 é $h = b \text{ sen } \theta$, de modo que a área do triângulo, $\mathcal{A}$, é dada por

$$\mathcal{A} = \tfrac{1}{2}(\text{base})(\text{altura}) = \tfrac{1}{2}ab \text{ sen } \theta$$

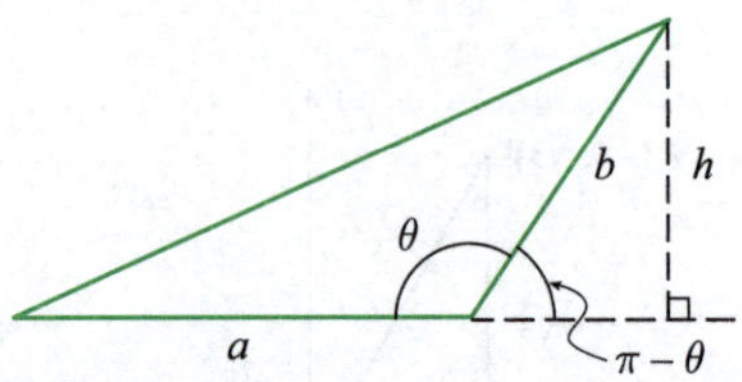

FIGURA 15

Se θ é obtuso, como mostrado na Figura 15, então a altura é $h = b \text{ sen } (\pi - \theta) = b \text{ sen } \theta$ (veja o Exercício 44). Assim, em ambos os casos a área do triângulo com lados de comprimento a e b e cujo ângulo compreendido entre esses lados mede θ é

6 $$\mathcal{A} = \tfrac{1}{2}ab \text{ sen } \theta$$

EXEMPLO 6 Determine a área de um triângulo equilátero com lados de comprimento a.

SOLUÇÃO Todos os ângulos do triângulo equilátero medem $\pi/3$ e são adjacentes a dois lados de comprimento a, de modo que a área do triângulo é

$$\mathcal{A} = \frac{1}{2}a^2 \text{sen} \frac{\pi}{3} = \frac{\sqrt{3}}{4}a^2$$

Identidades Trigonométricas

Uma identidade trigonométrica é uma relação entre as funções trigonométricas. As mais elementares são dadas a seguir e são consequências imediatas das definições das funções trigonométricas.

7
$$\text{cossec } \theta = \frac{1}{\text{sen } \theta} \qquad \sec \theta = \frac{1}{\cos \theta} \qquad \text{cotg } \theta = \frac{1}{\text{tg } \theta}$$
$$\text{tg } \theta = \frac{\text{sen } \theta}{\cos \theta} \qquad \text{cotg } \theta = \frac{\cos \theta}{\text{sen } \theta}$$

Para a próxima identidade, voltemos à Figura 7. A fórmula da distância (ou, de maneira equivalente, o Teorema de Pitágoras) nos diz que $x^2 + y^2 = r^2$. Portanto,

$$\text{sen}^2 \theta + \cos^2 \theta = \frac{y^2}{r^2} + \frac{x^2}{r^2} = \frac{x^2 + y^2}{r^2} = \frac{r^2}{r^2} = 1$$

Demonstramos, portanto, uma das mais úteis identidades da trigonometria:

8 $$\text{sen}^2 \theta + \cos^2 \theta = 1$$

Se agora dividirmos ambos os lados da Equação 8 por $\cos^2\theta$ e usarmos as Equações 7, obteremos

9 $$\text{tg}^2 \theta + 1 = \sec^2 \theta$$

Analogamente, se dividirmos ambos os lados da Equação 8 por $\operatorname{sen}^2\theta$, obteremos

10
$$1+\operatorname{cotg}^2\theta = \operatorname{cossec}^2\theta$$

As identidades

11a
$$\operatorname{sen}(-\theta) = -\operatorname{sen}\theta$$
11b
$$\cos(-\theta) = \cos\theta$$

indicam que seno é uma função ímpar e o cosseno uma função par. Elas são facilmente demonstradas desenhando um diagrama mostrando θ e $-\theta$ na posição padrão (veja o Exercício 39).

As funções ímpares e as funções pares são discutidas na Seção 1.1.

Uma vez que os ângulos θ e $\theta + 2\pi$ têm o mesmo lado final, temos

12
$$\operatorname{sen}(\theta + 2\pi) = \operatorname{sen}\theta \qquad \cos(\theta + 2\pi) = \cos\theta$$

Essas identidades revelam que as funções seno e cosseno são periódicas com período 2π.

As identidades trigonométricas restantes são todas consequências de duas identidades básicas chamadas **fórmulas da adição**:

13a
$$\operatorname{sen}(x+y) = \operatorname{sen}x\cos y + \cos x\operatorname{sen}y$$
13b
$$\cos(x+y) = \cos x\cos y - \operatorname{sen}x\operatorname{sen}y$$

As demonstrações dessas fórmulas de adição estão resumidas nos Exercícios 89, 90 e 91.

Substituindo $-y$ por y nas Equações 13a e 13b e usando as Equações 11a e 11b, obtemos as seguintes **fórmulas de subtração**:

14a
$$\operatorname{sen}(x-y) = \operatorname{sen}x\cos y - \cos x\operatorname{sen}y$$
14b
$$\cos(x-y) = \cos x\cos y + \operatorname{sen}x\operatorname{sen}y$$

Então, dividindo as fórmulas nas Equações 13 ou 14, obtemos as fórmulas correspondentes para $\operatorname{tg}(x \pm y)$:

15a
$$\operatorname{tg}(x+y) = \frac{\operatorname{tg}x + \operatorname{tg}y}{1 - \operatorname{tg}x\operatorname{tg}y}$$
15b
$$\operatorname{tg}(x-y) = \frac{\operatorname{tg}x - \operatorname{tg}y}{1 + \operatorname{tg}x\operatorname{tg}y}$$

Se fizermos $y = x$ nas fórmulas de adição (13), obteremos as **fórmulas dos ângulos duplos**:

16a
$$\operatorname{sen}2x = 2\operatorname{sen}x\cos x$$
16b
$$\cos 2x = \cos^2 x - \operatorname{sen}^2 x$$

Então, usando a identidade $\operatorname{sen}^2 x + \cos^2 x = 1$, obtemos as seguintes formas alternativas de fórmulas de ângulos duplos para $\cos 2x$:

17a
$$\cos 2x = 2\cos^2 x - 1$$
17b
$$\cos 2x = 1 - 2\operatorname{sen}^2 x$$

Se agora isolarmos $\cos^2 x$ e $\operatorname{sen}^2 x$ nestas equações, obteremos as seguintes **fórmulas do ângulo-metade**, que são úteis em cálculo integral:

18a $$\cos^2 x = \frac{1+\cos 2x}{2}$$

18b $$\operatorname{sen}^2 x = \frac{1-\cos 2x}{2}$$

Finalmente, enunciamos as **fórmulas do produto** que podem ser deduzidas das Equações 13 e 14:

19a $$\operatorname{sen} x \cos y = \tfrac{1}{2}[\operatorname{sen}(x+y)+\operatorname{sen}(x-y)]$$

19b $$\cos x \cos y = \tfrac{1}{2}[\cos(x+y)+\cos(x-y)]$$

19c $$\operatorname{sen} x \operatorname{sen} y = \tfrac{1}{2}[\cos(x-y)-\cos(x+y)]$$

Há muitas outras identidades trigonométricas, mas as aqui enunciadas são algumas das mais usadas no cálculo. Se você se esquecer alguma das identidades 14-19, lembre-se de que elas podem ser deduzidas das Equações 13a e 13b.

EXEMPLO 7 Determine todos os valores de x no intervalo $[0, 2\pi]$ tal que $\operatorname{sen} x = \operatorname{sen} 2x$.

SOLUÇÃO Usando a fórmula do ângulo duplo (16a), reescrevemos a equação dada como

$$\operatorname{sen} x = 2 \operatorname{sen} x \cos x \qquad \text{ou} \qquad \operatorname{sen} x\,(1 - 2\cos x) = 0$$

Portanto, há duas possibilidades:

$$\operatorname{sen} x = 0 \qquad \text{ou} \qquad 1 - 2\cos x = 0$$

$$x = 0, \pi, 2\pi \qquad\qquad \cos x = \tfrac{1}{2}$$

$$x = \frac{\pi}{3}, \frac{5\pi}{3}$$

A equação dada tem cinco soluções: 0, $\pi/3$, π, $5\pi/3$ e 2π. ■

A Lei dos Senos e a Lei dos Cossenos

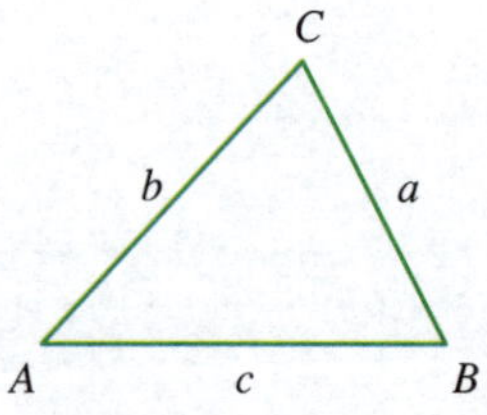

FIGURA 16

A **Lei dos Senos** estabelece que, em qualquer triângulo, os comprimentos dos lados são proporcionais aos senos dos ângulos opostos correspondentes. Para apresentá-la, denotaremos A, B e C os vértices de um triângulo, bem como os ângulos correspondentes a esses vértices, e seguiremos a convenção de denominar a, b e c os comprimentos dos lados opostos correspondentes, como mostrado na Figura 16.

Lei dos Senos Em qualquer triângulo ABC

$$\frac{\operatorname{sen} A}{a} = \frac{\operatorname{sen} B}{b} = \frac{\operatorname{sen} C}{c}$$

DEMONSTRAÇÃO Segundo a Fórmula 6, a área do triângulo ABC apresentado na Figura 16 é $\frac{1}{2}ab \operatorname{sen} C$. Segundo a mesma fórmula, a área também é dada por $\frac{1}{2}ac \operatorname{sen} B$ e por $\frac{1}{2}bc \operatorname{sen} A$. Logo,

$$\tfrac{1}{2}bc \operatorname{sen} A = \tfrac{1}{2}ac \operatorname{sen} B = \tfrac{1}{2}ab \operatorname{sen} C$$

e multiplicando os três termos por $2/abc$, obtemos a Lei dos Senos. ■

A **Lei dos Cossenos** exprime o comprimento de um lado de um triângulo em função dos outros dois lados e do ângulo compreendido entre eles.

Lei dos Cossenos Em qualquer triângulo ABC

$$a^2 = b^2 + c^2 - 2bc \cos A$$

$$b^2 = a^2 + c^2 - 2ac \cos B$$

$$c^2 = a^2 + b^2 - 2ab \cos C$$

DEMONSTRAÇÃO Provaremos a primeira fórmula; a demonstração das outras duas é feita de forma similar. Posicione o triângulo no plano coordenado, de modo que o vértice A esteja sobre a origem, como mostrado na Figura 17. As coordenadas dos vértices B e C são, respectivamente, $(c, 0)$ e $(b \cos A, b \operatorname{sen} A)$. (Você deve conferir que as coordenadas desses pontos serão as mesmas se traçarmos um triângulo cujo ângulo A é agudo.) Empregando a fórmula da distância, temos

$$\begin{aligned} a^2 &= (b \cos A - c)^2 + (b \operatorname{sen} A - 0)^2 \\ &= b^2 \cos^2 A - 2bc \cos A + c^2 + b^2 \operatorname{sen}^2 A \\ &= b^2(\cos^2 A + \operatorname{sen}^2 A) - 2bc \cos A + c^2 \\ &= b^2 + c^2 - 2bc \cos A \end{aligned}$$

(pela Fórmula 8) ■

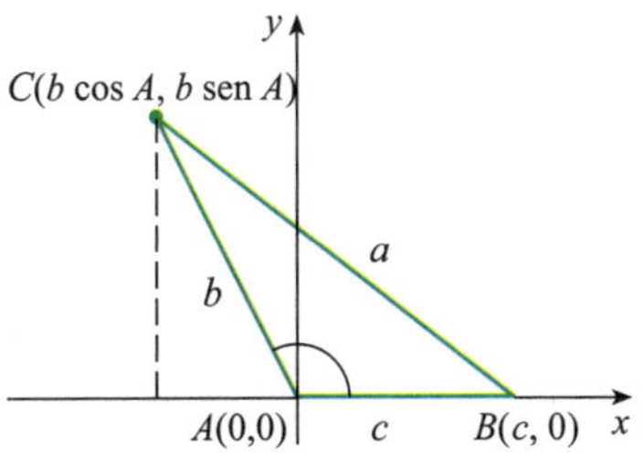

FIGURA 17

A Lei dos Cossenos pode ser usada para demonstrar a seguinte fórmula da área, na qual supomos serem conhecidos apenas os comprimentos dos lados de um triângulo.

Fórmula de Heron A área $\mathcal{A}$ de um triângulo ABC qualquer é dada por

$$\mathcal{A} = \sqrt{s(s-a)(s-b)(s-c)}$$

em que $s = \frac{1}{2}(a + b + c)$ é o *semiperímetro* do triângulo.

DEMONSTRAÇÃO Aplicando inicialmente a Lei dos Cossenos, obtém-se

$$\begin{aligned} 1 + \cos C &= 1 + \frac{a^2 + b^2 - c^2}{2ab} = \frac{2ab + a^2 + b^2 - c^2}{2ab} \\ &= \frac{(a+b)^2 - c^2}{2ab} = \frac{(a+b+c)(a+b-c)}{2ab} \end{aligned}$$

De forma similar,

$$1 - \cos C = \frac{(c+a-b)(c-a+b)}{2ab}$$

Logo, pela Fórmula 6, tem-se

$$\begin{aligned} \mathcal{A}^2 &= \tfrac{1}{4}a^2b^2 \operatorname{sen}^2\theta = \tfrac{1}{4}a^2b^2(1 - \cos^2\theta) \\ &= \tfrac{1}{4}a^2b^2(1 + \cos\theta)(1 - \cos^2\theta) \end{aligned}$$

$$
\begin{aligned}
&= \tfrac{1}{4}a^2b^2\,\frac{(a+b+c)(a+b-c)}{2ab}\,\frac{(c+a-b)(c-a+b)}{2ab}\\
&= \frac{(a+b+c)}{2}\,\frac{(a+b-c)}{2}\,\frac{(c+a-b)}{2}\,\frac{(c-a+b)}{2}\\
&= s(s-c)(s-b)(s-a)
\end{aligned}
$$

Extraindo a raiz quadrada dos dois lados dessa equação, chega-se à Fórmula de Heron. ■

Gráficos das Funções Trigonométricas

O gráfico da função $f(x) = \text{sen}\, x$, mostrado na Figura 18(a), é obtido desenhando-se os pontos para $0 \leq x \leq 2\pi$ e então usando-se a periodicidade da função (da Equação 12) para completar o gráfico. Observe que os zeros da função seno ocorrem em múltiplos inteiros de π, isto é,

$$\text{sen}\, x = 0 \qquad \text{sempre que } x = n\pi, \qquad \text{com } n \text{ um número inteiro}$$

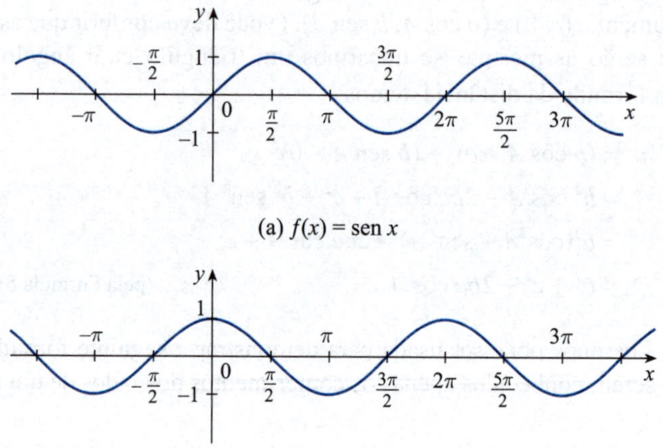

(a) $f(x) = \text{sen}\, x$

FIGURA 18 (b) $g(x) = \cos x$

Em virtude da identidade

$$\cos x = \text{sen}\left(x + \frac{\pi}{2}\right)$$

(que pode ser verificada usando-se a Equação 13a), o gráfico do cosseno é obtido deslocando-se em $\pi/2$ para a esquerda o gráfico do seno [veja a Figura 18(b)]. Observe que tanto para a função seno quanto para a função cosseno o domínio é $(-\infty, \infty)$, e a imagem é o intervalo fechado $[-1, 1]$. Dessa forma, para todos os valores de x, temos

$$\boxed{-1 \leq \text{sen}\, x \leq 1 \qquad -1 \leq \cos x \leq 1}$$

Os gráficos das quatro funções trigonométricas restantes estão mostrados na Figura 19, e seus domínios estão ali indicados. Observe que a tangente e a cotangente têm a mesma imagem $(-\infty, \infty)$, enquanto a cossecante e a secante têm como imagem $(-\infty, -1] \cup [1, \infty)$. Todas as funções são periódicas: tangente e cotangente têm período π, ao passo que cossecante e secante possuem período 2π.

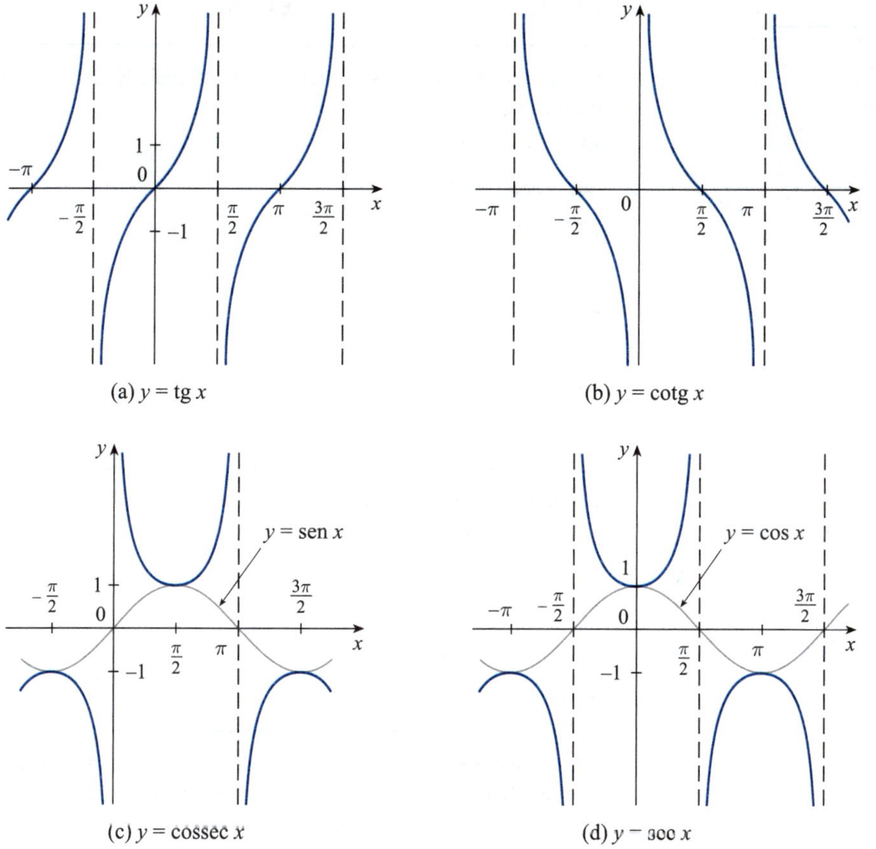

FIGURA 19

D | Exercícios

1-6 Converta de graus para radianos.

1. 210° **2.** 300° **3.** 9°

4. −315° **5.** 900° **6.** 36°

7-12 Converta de radianos para graus.

7. 4π **8.** $-\dfrac{7\pi}{2}$ **9.** $\dfrac{5\pi}{12}$

10. $\dfrac{8\pi}{3}$ **11.** $-\dfrac{3\pi}{8}$ **12.** 5

13. Determine o comprimento de um arco circular subtendido pelo ângulo de $\pi/12$ rad se o raio do círculo for de 36 cm.

14. Se um círculo tem raio de 10 cm, qual é o comprimento de arco subtendido pelo ângulo central de 72°?

15. Um círculo tem raio de 1,5 m. Qual o ângulo subtendido no centro do círculo por um arco de 1 m de comprimento?

16. Determine o raio de um setor circular com ângulo $3\pi/4$ e comprimento de arco 6 cm.

17-22 Desenhe, na posição padrão, o ângulo cuja medida é dada.

17. 315° **18.** −150° **19.** $-\dfrac{3\pi}{4}$ rad

20. $\dfrac{7\pi}{3}$ rad **21.** 2 rad **22.** −3 rad

23-28 Determine as razões trigonométricas exatas para o ângulo cuja medida em radianos é dada.

23. $\dfrac{3\pi}{4}$ **24.** $\dfrac{4\pi}{3}$ **25.** $\dfrac{9\pi}{2}$

26. -5π **27.** $\dfrac{5\pi}{6}$ **28.** $\dfrac{11\pi}{4}$

29-34 Determine as demais razões trigonométricas.

29. $\operatorname{sen}\theta = \dfrac{3}{5}, \quad 0 < \theta < \dfrac{\pi}{2}$

30. $\operatorname{tg}\alpha = 2, \quad 0 < \alpha < \dfrac{\pi}{2}$

31. $\sec\phi = -1{,}5, \quad \dfrac{\pi}{2} < \phi < \pi$

32. $\cos x = -\dfrac{1}{3}, \quad \pi < x < \dfrac{3\pi}{2}$

33. $\operatorname{cotg}\beta = 3, \quad \pi < \beta < 2\pi$

34. $\operatorname{cossec}\theta = -\dfrac{4}{3}, \quad \dfrac{3\pi}{2} < \theta < 2\pi$

35-38 Determine, com precisão de cinco casas decimais, o comprimento do lado chamado de x.

35.

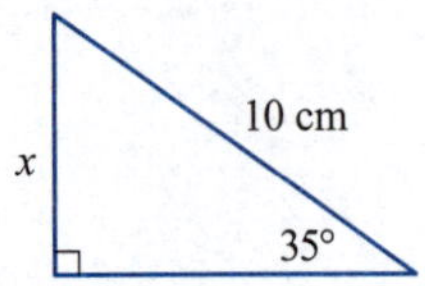

36.

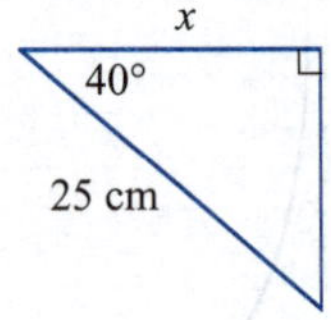

37.

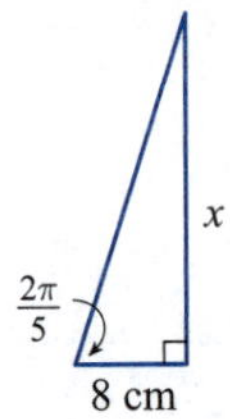

38.

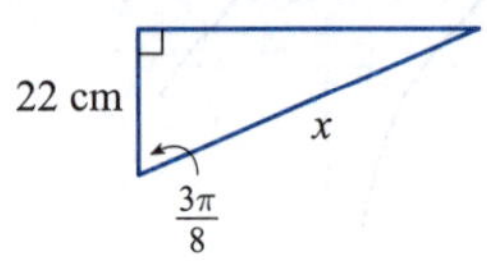

39-41 Demonstre cada equação.

39. (a) Equação 11a (b) Equação 11b

40. (a) Equação 15a (b) Equação 15b

41. (a) Equação 19a (b) Equação 19b
(c) Equação 19c

42-58 Demonstre a identidade.

42. $\cos\left(\dfrac{\pi}{2} - x\right) = \text{sen}\, x$

43. $\text{sen}\left(\dfrac{\pi}{2} + x\right) = \cos x$

44. $\text{sen}(\pi - x) = \text{sen}\, x$

45. $\text{sen}\, \theta \text{ cotg}\, \theta = \cos \theta$

46. $(\text{sen}\, x + \cos x)^2 = 1 + \text{sen}\, 2x$

47. $\sec y - \cos y = \text{tg}\, y \text{ sen}\, y$

48. $\text{tg}^2 \alpha - \text{sen}^2 \alpha = \text{tg}^2 \alpha \text{ sen}^2 \alpha$

49. $\text{cotg}^2 \theta + \sec^2 \theta = \text{tg}^2 \theta + \text{cossec}^2 \theta$

50. $2 \text{ cossec}\, 2t = \sec t \text{ cossec}\, t$

51. $\text{tg}\, 2\theta = \dfrac{2\,\text{tg}\,\theta}{1 - \text{tg}^2\theta}$

52. $\dfrac{1}{1 - \text{sen}\,\theta} + \dfrac{1}{1 + \text{sen}\,\theta} = 2\sec^2\theta$

53. $\text{sen}\, x \text{ sen}\, 2x + \cos x \cos 2x = \cos x$

54. $\text{sen}^2 x - \text{sen}^2 y = \text{sen}(x + y)\, \text{sen}(x - y)$

55. $\dfrac{\text{sen}\,\phi}{1 - \cos\phi} = \text{cossec}\,\phi + \text{cotg}\,\phi$

56. $\text{tg}\, x + \text{tg}\, y = \dfrac{\text{sen}(x + y)}{\cos x \cos y}$

57. $\text{sen}\, 3\theta + \text{sen}\, \theta = 2 \text{ sen}\, 2\theta \cos \theta$

58. $\cos 3\theta = 4\cos^3\theta - 3\cos\theta$

59-64 Se $\text{sen}\, x = \frac{1}{3}$ e $\sec y = \frac{5}{4}$, onde x e y estão entre 0 e $\pi/2$, calcule a expressão.

59. $\text{sen}(x + y)$ **60.** $\cos(x + y)$

61. $\cos(x - y)$ **62.** $\text{sen}(x - y)$

63. $\text{sen}\, 2y$ **64.** $\cos 2y$

65-72 Encontre todos os valores de x no intervalo $[0, 2\pi]$ que satisfaçam a equação.

65. $2\cos x - 1 = 0$

66. $3 \text{ cotg}^2 x = 1$

67. $2 \text{ sen}^2 x = 1$

68. $|\text{tg}\, x| = 1$

69. $\text{sen}\, 2x = \cos x$

70. $2\cos x + \text{sen}\, 2x = 0$

71. $\text{sen}\, x = \text{tg}\, x$

72. $2 + \cos 2x = 3\cos x$

73-76 Determine todos os valores de x no intervalo $[0, 2\pi]$ que satisfaçam a desigualdade.

73. $\text{sen}\, x \le \frac{1}{2}$

74. $2\cos x + 1 > 0$

75. $-1 < \text{tg}\, x < 1$

76. $\text{sen}\, x > \cos x$

77. No triângulo ABC, $\angle A = 50°$, $\angle B = 68°$ e $c = 230$. Use a Lei dos Senos para determinar os comprimentos dos lados e os ângulos restantes, com precisão de duas casas decimais.

78. No triângulo ABC, $a = 3{,}0$, $b = 4{,}0$ e $\angle C = 53°$. Use a Lei dos Cossenos para determinar c, com precisão de duas casas decimais.

79. Para determinar a distância $|AB|$ entre pontos separados por uma pequena enseada, introduziu-se um ponto C como ilustrado na figura e efetuou-se as seguintes medidas:

$$\angle C = 103° \qquad |AC| = 820 \text{ m} \qquad |BC| = 910 \text{ m}$$

Use a Lei dos Cossenos para determinar a distância desejada.

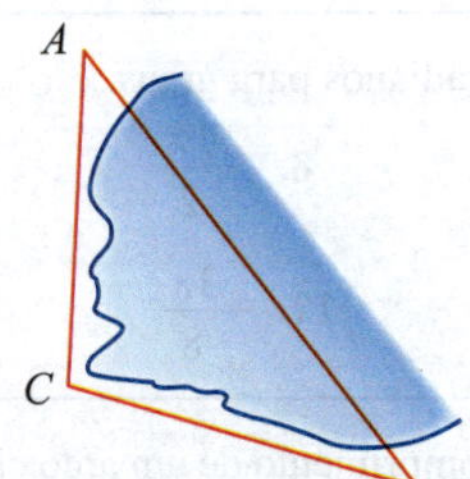

80. No triângulo ABC, $a = 100$, $c = 200$ e $\angle B = 160°$. Determine b e $\angle A$, com precisão de duas casas decimais.

81. Determine a área do triângulo ABC, com precisão de cinco casas decimais, supondo que

$$|AB| = 10 \text{ cm} \qquad |BC| = 3 \text{ cm} \qquad \angle B = 107°$$

82. No triângulo ABC, $a = 4$, $b = 5$ e $c = 7$. Determine a área do triângulo.

83-88 Faça o gráfico da função começando com o gráfico das Figuras 18 e 19 e aplicando as transformações da Seção 1.3 quando apropriado.

83. $y = \cos\left(x - \frac{\pi}{3}\right)$

84. $y = \text{tg}\, 2x$

85. $y = \frac{1}{3}\,\text{tg}\left(x - \frac{\pi}{2}\right)$

86. $y = 1 + \sec x$

87. $y = |\,\text{sen}\, x\,|$

88. $y = 2 + \text{sen}\left(x + \frac{\pi}{4}\right)$

89. Use a figura para demonstrar a fórmula da subtração

$$(\cos \alpha - \beta) = \cos \alpha \cos \beta + \text{sen}\, \alpha\, \text{sen}\, \beta$$

[*Dica*: Calcule c^2 de duas maneiras (usando a Lei dos Cossenos e também a fórmula da distância) e compare as duas expressões.]

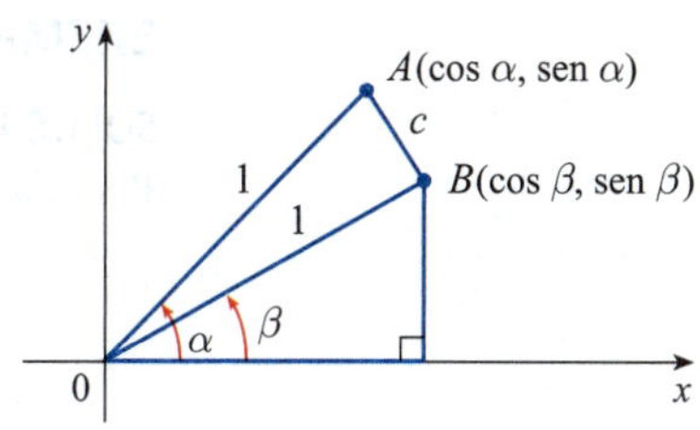

90. Use a fórmula do Exercício 89 para demonstrar a fórmula da adição para cosseno (13b).

91. Use a fórmula da adição para cosseno e as identidades

$$\cos\left(\frac{\pi}{2} - \theta\right) = \text{sen}\,\theta \qquad \text{sen}\left(\frac{\pi}{2} - \theta\right) = \cos\theta$$

para demonstrar a fórmula da subtração (14a) para a função seno.

E | Notação Sigma

Uma maneira conveniente de escrever as somas usa a letra grega Σ (sigma maiúsculo, correspondente à nossa letra S) e é chamada **notação de somatória (ou notação sigma)**.

1 Definição Se $a_m, a_{m+1}, \ldots, a_n$ forem números reais e m e n inteiros tais que $m \leq n$, então

$$\sum_{i=m}^{n} a_i = a_m + a_{m+1} + a_{m+2} + \cdots + a_{n-1} = a_n$$

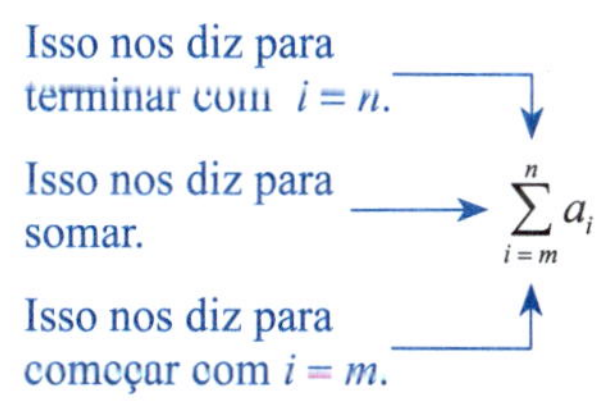

Com a notação de função, a Definição 1 pode ser escrita como

$$\sum_{i=m}^{n} f(i) = f(m) + f(m+1) + f(m+2) + \cdots + f(n-1) + f(n)$$

Assim, o símbolo $\Sigma_{i=m}^{n}$ indica uma soma na qual a letra i (denominada **índice da somatória**) assume valores inteiros consecutivos começando em m e terminando em n, isto é, $m, m+1, \ldots, n$. Outras letras também podem ser usadas como índice da somatória.

EXEMPLO 1

(a) $\sum_{i=1}^{4} i^2 = 1^2 + 2^2 + 3^2 + 4^2 = 30$

(b) $\sum_{i=3}^{n} i = 3 + 4 + 5 + \cdots + (n-1) + n$

(c) $\sum_{j=0}^{5} 2^j = 2^0 + 2^1 + 2^2 + 2^3 + 2^4 + 2^5 = 63$

(d) $\sum_{k=1}^{n} \frac{1}{k} = 1 + \frac{1}{2} + \frac{1}{3} + \cdots + \frac{1}{n}$

(e) $\sum_{i=1}^{3} \frac{i-1}{i^2+3} = \frac{1-1}{1^2+3} + \frac{2-1}{2^2+3} + \frac{3-1}{3^2+3} = 0 + \frac{1}{7} + \frac{1}{6} = \frac{13}{42}$

(f) $\sum_{i=1}^{4} 2 = 2 + 2 + 2 + 2 = 8$ ■

EXEMPLO 2 Escreva a soma $2^3 + 3^3 + \cdots + n^3$ na notação de somatória.

SOLUÇÃO Não há uma maneira única de escrever uma soma na notação de somatória. Poderíamos escrever

$$2^3 + 3^3 + \cdots + n^3 = \sum_{i=2}^{n} i^3$$

ou
$$2^3 + 3^3 + \cdots + n^3 = \sum_{j=1}^{n-1} (j+1)^3$$

ou
$$2^3 + 3^3 + \cdots + n^3 = \sum_{k=0}^{n-2} (k+2)^3$$
■

O teorema a seguir apresenta três regras simples para se trabalhar com a notação de somatória.

2 Teorema Se c for uma constante qualquer (isto é, não depender de i), então

(a) $\displaystyle\sum_{i=m}^{n} ca_i = c\sum_{i=m}^{n} a_i$ (b) $\displaystyle\sum_{i=m}^{n} (a_i + b_i) = \sum_{i=m}^{n} a_i + \sum_{i=m}^{n} b_i$

(c) $\displaystyle\sum_{i=m}^{n} (a_i - b_i) = \sum_{i=m}^{n} a_i - \sum_{i=m}^{n} b_i$

DEMONSTRAÇÃO Para vermos por que essas regras são verdadeiras, devemos escrever ambos os lados na forma expandida. A regra (a) é tão somente a propriedade distributiva dos números reais:

$$ca_m + ca_{m+1} + \cdots + ca_n = c(a_m + a_{m+1} + \cdots + a_n)$$

A regra (b) segue das propriedades associativa e comutativa:

$$\begin{aligned}(a_m + b_m) + (a_{m+1} + b_{m+1}) + \cdots + (a_n + b_n)\\ = (a_m + a_{m+1} + \cdots + a_n) + (b_m + b_{m+1} + \cdots + b_n)\end{aligned}$$

A regra (c) é demonstrada de modo análogo. ■

EXEMPLO 3 Encontre $\displaystyle\sum_{i=1}^{n} 1$.

SOLUÇÃO
$$\sum_{i=1}^{n} 1 = \underbrace{1 + 1 + \cdots + 1}_{n \text{ termos}} = n$$
■

EXEMPLO 4 Demonstre a fórmula para a soma do n primeiros inteiros positivos:

$$\sum_{i=1}^{n} i = 1 + 2 + 3 + \cdots + n = \frac{n(n+1)}{2}$$

A indução matemática é discutida na seção Princípios da Resolução de Problemas, apresentada após o Capítulo 1.

SOLUÇÃO Essa fórmula pode ser demonstrada por indução matemática ou pelo método a seguir, usado pelo matemático alemão Karl Friedrich Gauss (1777-1855) quando ele tinha 10 anos de idade.

Escreva a soma S duas vezes, uma na ordem usual e a outra na ordem invertida:

$$\begin{aligned}S &= 1 + 2 + 3 + \cdots + (n-1) + n\\ S &= n + (n-1) + (n-2) + \cdots + 2 + 1\end{aligned}$$

Somando-se verticalmente todas as colunas, obtemos

$$2S = (n+1) + (n+1) + (n+1) + \cdots + (n+1) + (n+1)$$

Do lado direito existem n termos, cada um dos quais é $n + 1$; portanto,

$$2S = n(n+1) \quad \text{ou} \quad S = \frac{n(n+1)}{2}$$

■

EXEMPLO 5 Demonstre a fórmula para a soma dos quadrados dos n primeiros inteiros positivos:

$$\sum_{i=1}^{n} i^2 = 1^2 + 2^2 + 3^2 + \cdots n^2 = \frac{n(n+1)(2n+1)}{6}$$

SOLUÇÃO 1 Seja S a soma desejada. Começamos com a *soma telescópica* (ou soma reduzida):

A maioria dos termos se cancela em pares.

$$\sum_{i=1}^{n} [(1+i)^3 - i^3] = (2^3 - 1^3) + (3^3 - 2^3) + (4^3 - 3^3) + \cdots + [(n+1)^3 - n^3]$$

$$= (n+1)^3 - 1^3 = n^3 + 3n^2 + 3n$$

Por outro lado, usando o Teorema 2 e os Exemplos 3 e 4, temos

$$\sum_{i=1}^{n}[(1+i)^3 - i^3] = \sum_{i=1}^{n}[3i^2 + 3i + 1] = 3\sum_{i=1}^{n} i^2 + 3\sum_{i=1}^{n} i + \sum_{i=1}^{n} 1$$

$$= 3S + 3\frac{n(n+1)}{2} + n = 3S + \tfrac{3}{2}n^2 + \tfrac{5}{2}n$$

Então temos

$$n^3 + 3n^2 + 3n = 3S + \tfrac{3}{2}n^2 + \tfrac{5}{2}n$$

Isolando S nessa equação, obtemos

$$3S = n^3 + \tfrac{3}{2}n^2 + \tfrac{1}{2}n$$

ou

$$S = \frac{2n^3 + 3n^2 + n}{6} = \frac{n(n+1)(2n+1)}{6}$$

SOLUÇÃO 2 Seja S_n a fórmula dada.

Princípio de Indução Matemática

Seja S_n uma afirmativa envolvendo o inteiro positivo n. Suponha que

1. S_1 seja verdadeira.
2. Se S_k for verdadeira, então S_{k+1} é verdadeira.

Então, S_n é verdadeira para todos inteiros positivos n.

1. S_1 é verdadeira, pois $\quad 1^2 = \dfrac{1(1+1)(2 \cdot 1+1)}{6}$

2. Suponha que S_k seja verdadeira; isto é,

$$1^2 + 2^2 + 3^2 + \cdots + k^2 = \frac{k(k+1)(2k+1)}{6}$$

Então,

$$1^2 + 2^2 + 3^2 + \cdots + (k+1)^2 = (1^2 + 2^2 + 3^2 + \cdots + k^2) + (k+1)^2$$

$$= \frac{k(k+1)(2k+1)}{6} + (k+1)^2$$

$$= (k+1)\frac{k(2k+1) + 6(k+1)}{6}$$

$$= (k+1)\frac{2k^2+7k+6}{6}$$

$$= \frac{(k+1)(k+2)(2k+3)}{6}$$

$$= \frac{(k+1)[(k+1)+1][2(k+1)+1]}{6}$$

Logo, S_{k+1} é verdadeira.

Pelo Princípio da Indução Matemática, S_n é verdadeira para todo n. ■

Vamos agrupar os resultados dos Exemplos 3, 4 e 5 com um resultado similar para cubos (veja os Exercícios 37-40) como o Teorema 3. Essas fórmulas são necessárias para encontrar áreas e calcular integrais no Capítulo 5.

3 Teorema Seja c uma constante e n um inteiro positivo. Então,

(a) $\sum_{i=1}^{n} 1 = n$ (b) $\sum_{i=1}^{n} c = nc$

(c) $\sum_{i=1}^{n} i = \frac{n(n+1)}{2}$ (d) $\sum_{i=1}^{n} i^2 = \frac{n(n+1)(2n+1)}{6}$

(e) $\sum_{i=1}^{n} i^3 = \left[\frac{n(n+1)}{2}\right]^2$

EXEMPLO 6 Calcule $\sum_{i=1}^{n} i(4i^2-3)$.

SOLUÇÃO Usando os Teoremas 2 e 3, temos

$$\sum_{i=1}^{n} i(4i^2-3) = \sum_{i=1}^{n}(4i^3-3i) = 4\sum_{i=1}^{n} i^3 - 3\sum_{i=1}^{n} i$$

$$= 4\left[\frac{n(n+1)}{2}\right]^2 - 3\frac{n(n+1)}{2}$$

$$= \frac{n(n+1)[2n(n+1)-3]}{2}$$

$$= \frac{n(n+1)(2n^2+2n-3)}{2}$$ ■

EXEMPLO 7 Encontre $\lim_{n\to\infty}\sum_{i=1}^{n}\frac{3}{n}\left[\left(\frac{i}{n}\right)^2+1\right]$.

SOLUÇÃO

O tipo de cálculo do Exemplo 7 ocorre no Capítulo 5, quando calculamos áreas.

$$\lim_{n\to\infty}\sum_{i=1}^{n}\frac{3}{n}\left[\left(\frac{i}{n}\right)^2+1\right] = \lim_{n\to\infty}\sum_{i=1}^{n}\left[\frac{3}{n^3}i^2+\frac{3}{n}\right]$$

$$= \lim_{n\to\infty}\left[\frac{3}{n^3}\sum_{i=1}^{n} i^2 + \frac{3}{n}\sum_{i=1}^{n} 1\right]$$

$$= \lim_{n\to\infty}\left[\frac{3}{n^3}\frac{n(n+1)(2n+1)}{6} + \frac{3}{n}\cdot n\right]$$

$$= \lim_{n\to\infty}\left[\frac{1}{2}\cdot\frac{n}{n}\cdot\left(\frac{n+1}{n}\right)\left(\frac{2n+1}{n}\right) + 3\right]$$

$$= \lim_{n\to\infty}\left[\frac{1}{2}\cdot 1\left(1+\frac{1}{n}\right)\left(2+\frac{1}{n}\right) + 3\right]$$

$$= \tfrac{1}{2}\cdot 1\cdot 1\cdot 2 + 3 = 4$$

■

E | Exercícios

1-10 Escreva a soma na forma expandida.

1. $\sum_{i=1}^{5}\sqrt{i}$ **2.** $\sum_{i=1}^{6}\frac{1}{i+1}$

3. $\sum_{i=4}^{6}3^i$ **4.** $\sum_{i=4}^{6}i^3$

5. $\sum_{k=0}^{4}\frac{2k-1}{2k+1}$ **6.** $\sum_{k=5}^{8}x^k$

7. $\sum_{i=1}^{n}i^{10}$ **8.** $\sum_{j=n}^{n+3}j^2$

9. $\sum_{j=0}^{n-1}(-1)^j$ **10.** $\sum_{i=1}^{n}f(x_i)\Delta x_i$

11-20 Escreva a soma na forma expandida.

11. $1 + 2 + 3 + 4 + \cdots + 10$

12. $\sqrt{3} + \sqrt{4} + \sqrt{5} + \sqrt{6} + \sqrt{7}$

13. $\frac{1}{2} + \frac{2}{3} + \frac{3}{4} + \frac{4}{5} + \cdots + \frac{19}{20}$

14. $\frac{3}{7} + \frac{4}{8} + \frac{5}{9} + \frac{6}{10} + \cdots + \frac{23}{27}$

15. $2 + 4 + 6 + 8 + \cdots + 2n$

16. $1 + 3 + 5 + 7 + \cdots + (2n - 1)$

17. $1 + 2 + 4 + 8 + 16 + 32$

18. $\frac{1}{1} + \frac{1}{4} + \frac{1}{9} + \frac{1}{16} + \frac{1}{25} + \frac{1}{36}$

19. $x + x^2 + x^3 + \cdots + x^n$

20. $1 - x + x^2 - x^3 + \cdots + (-1)^n x^n$

21-35 Determine o valor da soma.

21. $\sum_{i=4}^{8}(3i-2)$ **22.** $\sum_{i=3}^{6}i(i+2)$

23. $\sum_{j=1}^{6}3^{j+1}$ **24.** $\sum_{k=0}^{8}\cos k\pi$

25. $\sum_{n=1}^{20}(-1)^n$ **26.** $\sum_{i=1}^{100}4$

27. $\sum_{i=0}^{4}(2^i + i^2)$ **28.** $\sum_{i=-2}^{4}2^{3-i}$

29. $\sum_{i=1}^{n}2i$ **30.** $\sum_{i=1}^{n}(2-5i)$

31. $\sum_{i=1}^{n}(i^2+3i+4)$ **32.** $\sum_{i=1}^{n}(3+2i)^2$

33. $\sum_{i=1}^{n}(i+1)(i+2)$ **34.** $\sum_{i=1}^{n}i(i+1)(i+2)$

35. $\sum_{i=1}^{n}(i^3-i-2)$

36. Determine o número n tal que $\sum_{i=1}^{n} i = 78$.

37. Demonstre a fórmula (b) do Teorema 3.

38. Demonstre a fórmula (e) do Teorema 3 usando indução matemática.

39. Demonstre a fórmula (e) do Teorema 3 usando um método similar àquele da Solução 1 do Exemplo 5 [comece com $(1 + i)^4 - i^4$].

40. Demonstre a fórmula (e) do Teorema 3 usando o seguinte método publicado por Abu Bekr Mohammed ibn Alhusain Alkarchi por volta do ano 1010. A figura mostra um quadrado cujos lados AB e AD foram divididos em segmentos com comprimentos 1, 2, 3, …, n. Dessa forma, o lado do quadrado tem comprimento $n(n + 1)/2$, de modo que a área é $[n(n + 1)/2]^2$. Porém a área também é a soma das áreas dos n "gnomons" G_1, G_2, …, G_n mostrados na figura. Demonstre que a área de G_i é i^3 e conclua que a fórmula (e) é verdadeira.

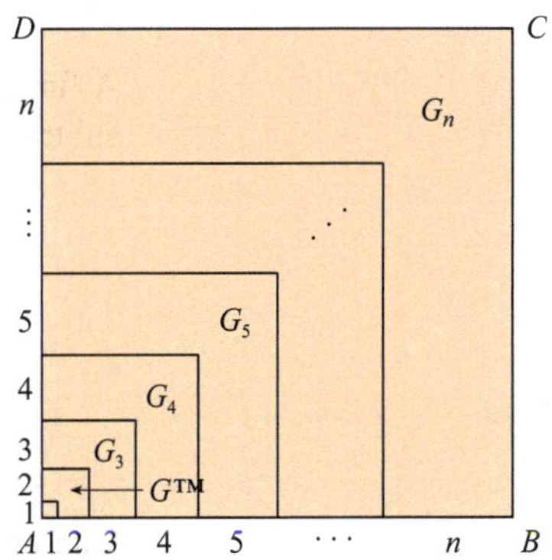

41. Calcule cada soma telescópica.

(a) $\sum_{i=1}^{n}[i^4 - (i-1)^4]$ (b) $\sum_{i=1}^{100}(5^i - 5^{i-1})$

(c) $\sum_{i=3}^{99}\left(\frac{1}{i}-\frac{1}{i+1}\right)$ (d) $\sum_{i=1}^{n}(a_i - a_{i-1})$

42. Demonstre a desigualdade triangular generalizada:

$$\left|\sum_{i=1}^{n} a_i\right| \leq \sum_{i=1}^{n} |a_i|$$

43-46 Determine o limite.

43. $\lim_{n\to\infty}\sum_{i=1}^{n}\frac{1}{n}\left(\frac{i}{n}\right)^2$

44. $\lim_{n\to\infty}\sum_{i=1}^{n}\frac{1}{n}\left[\left(\frac{i}{n}\right)^3+1\right]$

45. $\lim_{n\to\infty}\sum_{i=1}^{n}\frac{2}{n}\left[\left(\frac{2i}{n}\right)^3+5\left(\frac{2i}{n}\right)\right]$

46. $\lim_{n\to\infty}\sum_{i=1}^{n}\frac{3}{n}\left[\left(1+\frac{3i}{n}\right)^3-2\left(1+\frac{3i}{n}\right)\right]$

47. Demonstre a fórmula para a soma de um série geométrica finita com primeiro termo a e razão $r \neq 1$:

$$\sum_{i=1}^{n} ar^{i-1} = a + ar + ar^2 + \cdots + ar^{n-1} = \frac{a(r^n - 1)}{r-1}$$

48. Calcule $\sum_{i=1}^{n}\frac{3}{2^{i-1}}$.

49. Calcule $\sum_{i=1}^{n}(2i+2^i)$.

50. Calcule $\sum_{i=1}^{m}\left[\sum_{j=1}^{n}(i+j)\right]$.

F Demonstrações de Teoremas

Neste apêndice apresentamos as demonstrações de vários teoremas que estão enunciados na parte principal do texto. As seções nas quais eles ocorrem estão indicadas na margem.

SEÇÃO 2.3

Propriedades dos Limites Suponha que c seja uma constante e que os limites

$$\lim_{x\to a} f(x) = L \quad \text{e} \quad \lim_{x\to a} g(x) = M$$

existam. Então,

1. $\lim_{x\to a}[f(x)+g(x)] = L+M$

2. $\lim_{x\to a}[f(x)-g(x)] = L-M$

3. $\lim_{x\to a}[cf(x)] = cL$

4. $\lim_{x\to a}[f(x)g(x)] = LM$

5. $\lim_{x\to a}\frac{f(x)}{g(x)} = \frac{L}{M}$ se $M \neq 0$

DEMONSTRAÇÃO DA PROPRIEDADE 4 Seja $\varepsilon > 0$ arbitrário. Queremos encontrar $\delta > 0$ tal que

$$\text{se} \quad 0 < |x-a| < \delta, \quad \text{então} \quad |f(x)g(x) - LM| < \varepsilon$$

A fim de conseguirmos termos que contenham $|f(x) - L|$ e $|g(x) - M|$, adicionamos e subtraímos $Lg(x)$ como segue:

$$\begin{aligned} |f(x)g(x) - LM| &= |f(x)\,g(x) - Lg(x) + Lg(x) - LM| \\ &= |[f(x) - L]\,g(x) + L[g(x) - M]| \\ &\leq |[f(x) - L]g(x)| + |L[g(x) - M]| \quad \text{(Desigualdade Triangular)} \\ &= |f(x) - L|\,|g(x)| + |L|\,|g(x) - M| \end{aligned}$$

Queremos fazer cada um desses termos menores que $\varepsilon/2$.

Uma vez que $\lim_{x\to a} g(x) = M$, há um número $\delta_1 > 0$ tal que

$$\text{se} \quad 0 < |x-a| < \delta_1, \quad \text{então} \quad |g(x) - M| < \frac{\varepsilon}{2(1+|L|)}$$

Também, há um número $\delta_2 > 0$ tal que se $0 < |x - a| < \delta_2$, então

$$|g(x) - M| < 1$$

e, portanto,

$$|g(x)| = |g(x) - M + M| \leq |g(x) - M| + |M| < 1 + |M|$$

Uma vez que $\lim_{x\to a} f(x) = L$, há um número $\delta_3 > 0$ tal que

$$\text{se} \quad 0<|x-a|<\delta_3, \quad \text{então} \quad |f(x)-L|<\frac{\varepsilon}{2(1+|M|)}$$

Seja $\delta = \min\{\delta_1, \delta_2, \delta_3\}$. Se $0 < |x - a| < \delta$, então temos $0 < |x - a| < \delta_1$, $0 < |x - a| < \delta_2$ e $0 < |x - a| < \delta_3$, portanto, podemos combinar as inequações para obter

$$\begin{aligned}
|f(x)g(x)-LM| &\leq |f(x)-L||g(x)|+|L||g(x)-M| \\
&< \frac{\varepsilon}{2(1+|M|)}(1+|M|)+|L|\frac{\varepsilon}{2(1+|L|)} \\
&< \frac{\varepsilon}{2}+\frac{\varepsilon}{2}=\varepsilon
\end{aligned}$$

Isso mostra que $\lim_{x\to a} [f(x)g(x)] = LM$. ■

DEMONSTRAÇÃO DA PROPRIEDADE 3 Se tomarmos $g(x) = c$ na Propriedade 4, obteremos

$$\begin{aligned}
\lim_{x\to a}[cf(x)] &= \lim_{x\to a}[g(x)f(x)] = \lim_{x\to a} g(x)\cdot\lim_{x\to a} f(x) \\
&= \lim_{x\to a} c\cdot\lim_{x\to a} f(x) \\
&= c\lim_{x\to a} f(x) \quad \text{(pela Propriedade 8)}
\end{aligned}$$
■

DEMONSTRAÇÃO DA PROPRIEDADE 2 Usando as Propriedades 1 e 3 com $c = -1$, temos

$$\begin{aligned}
\lim_{x\to a}[f(x)-g(x)] &= \lim_{x\to a}[f(x)+(-1)g(x)] = \lim_{x\to a} f(x)+\lim_{x\to a}(-1)g(x) \\
&= \lim_{x\to a} f(x)+(-1)\lim_{x\to a} g(x) = \lim_{x\to a} f(x)-\lim_{x\to a} g(x)
\end{aligned}$$
■

DEMONSTRAÇÃO DA PROPRIEDADE 5 Primeiro vamos mostrar que

$$\lim_{x\to a}\frac{1}{g(x)}=\frac{1}{M}$$

Para fazer isso devemos mostrar que, dado $\varepsilon > 0$, existe $\delta > 0$ tal que

$$\text{se} \quad 0<|x-a|<\delta, \quad \text{então} \quad \left|\frac{1}{g(x)}-\frac{1}{M}\right|<\varepsilon$$

Observe que

$$\left|\frac{1}{g(x)}-\frac{1}{M}\right|=\frac{|M-g(x)|}{Mg(x)}$$

Sabemos que podemos tornar o numerador pequeno. Porém, também precisamos saber que o denominador não é pequeno quando x está próximo de a. Como $\lim_{x\to a} g(x) = M$, há um número $\delta_1 > 0$ tal que, se $0 < |x - a| < \delta_1$, temos

$$|g(x)-M|<\frac{|M|}{2}$$

e, portanto, $$|M| = |M - g(x) + g(x)| \leq |M - g(x)| + |g(x)| < \frac{|M|}{2} + |g(x)|$$

Isso mostra que

$$\text{se} \quad 0 < |x - a| < \delta_1, \quad \text{então} \quad |g(x)| > \frac{|M|}{2}$$

então, para esses valores de x,

$$\frac{1}{|Mg(x)|} = \frac{1}{|M||g(x)|} < \frac{1}{|M|} \cdot \frac{2}{|M|} = \frac{2}{M^2}$$

Além disso, há $\delta_2 > 0$ tal que

$$\text{se} \quad 0 < |x - a| < \delta_2, \quad \text{então} \quad |g(x) - M| < \frac{M^2}{2} \varepsilon$$

Seja $\delta = \min \{\delta_1, \delta_2\}$. Então, para $0 < |x - a| < \delta$, temos

$$\left| \frac{1}{g(x)} - \frac{1}{M} \right| = \frac{|M - g(x)|}{|Mg(x)|} < \frac{2}{M^2} \frac{M^2}{2} \varepsilon = \varepsilon$$

Segue que $\lim_{x \to a} 1/g(x) = 1/M$. Finalmente, usando a Propriedade 4, obtemos

$$\lim_{x \to a} \frac{f(x)}{g(x)} = \lim_{x \to a} \left(f(x) \cdot \frac{1}{g(x)} \right) = \lim_{x \to a} f(x) + \lim_{x \to a} \frac{1}{g(x)} = L \cdot \frac{1}{M} = \frac{L}{M}$$ ■

2 Teorema Se $f(x) \leq g(x)$ para todo x em um intervalo aberto que contenha a (exceto possivelmente em a) e

$$\lim_{x \to a} f(x) = L \quad \text{e} \quad \lim_{x \to a} g(x) = M$$

então $L \leq M$.

DEMONSTRAÇÃO Usamos o método de prova por contradição. Suponha, se possível, que $L > M$. A propriedade 2 dos limites diz que

$$\lim_{x \to a} [g(x) - f(x)] = M - L$$

Portanto, para qualquer $\varepsilon > 0$, existe $\delta > 0$ tal que

$$\text{se} \quad 0 < |x - a| < \delta, \quad \text{então} \quad |[g(x) - f(x)] - (M - L)| < \varepsilon$$

Em particular, tomando $\varepsilon = L - M$ (observando que $L - M > 0$ por hipótese), temos um número $\delta > 0$ tal que

$$\text{se} \quad 0 < |x - a| < \delta, \quad \text{então} \quad |[g(x) - f(x)] - (M - L)| < L - M$$

Uma vez que $b \leq |b|$ para qualquer número b, temos

$$\text{se} \quad 0 < |x - a| < \delta, \quad \text{então} \quad [g(x) - f(x)] - (M - L) < L - M$$

que se simplifica para

$$\text{se} \qquad 0 < |x - a| < \delta, \qquad \text{então} \qquad g(x) < f(x)$$

Mas isso contradiz o fato de que $f(x) \le g(x)$. Assim, a desigualdade $L > M$ deve ser falsa. Portanto, $L \le M$. ■

3 O Teorema do Confronto Se $f(x) \le g(x) \le h(x)$ para todo x em um intervalo aberto que contenha a (exceto possivelmente em a) e

$$\lim_{x \to a} f(x) = \lim_{x \to a} h(x) = L$$

então

$$\lim_{x \to a} g(x) = L$$

DEMONSTRAÇÃO Considere $\varepsilon > 0$ arbitrário. Uma vez que $\lim_{x \to a} f(x) = L$, há um número $\delta_1 > 0$ tal que

$$\text{se} \qquad 0 < |x - a| < \delta_1, \qquad \text{então} \qquad |f(x) - L| < \varepsilon$$

ou seja,

$$\text{se} \qquad 0 < |x - a| < \delta_1, \qquad \text{então} \qquad L - \varepsilon < f(x) < L + \varepsilon$$

Uma vez que $\lim_{x \to a} h(x) = L$, há um número $\delta_2 > 0$ tal que

$$\text{se} \qquad 0 < |x - a| < \delta_2, \qquad \text{então} \qquad |h(x) - L| < \varepsilon$$

ou seja,

$$\text{se} \qquad 0 < |x - a| < \delta_2, \qquad \text{então} \qquad L - \varepsilon < h(x) < L + \varepsilon$$

Seja $\delta = \min\{\delta_1, \delta_2\}$. Se $0 < |x - a| < \delta$, então $0 < |x - a| < \delta_1$ e $0 < |x - a| < \delta_2$, de modo que

$$L - \varepsilon < f(x) \le g(x) \le h(x) < L + \varepsilon$$

Em particular, $$L - \varepsilon < g(x) < L + \varepsilon$$

ou melhor, $|g(x) - L| < \varepsilon$. Portanto, $\lim_{x \to a} g(x) = L$. ■

SEÇÃO 2.5

Teorema Se f for uma função contínua injetora definida em um intervalo (a, b), então sua função inversa f^{-1} também é contínua.

DEMONSTRAÇÃO Primeiro, mostramos que se f for tanto injetora quanto contínua em (a, b), então ela precisa ser ou crescente ou decrescente em (a, b). Se ela não fosse nem crescente nem decrescente, então existiriam números x_1, x_2 e x_3 em (a, b) com $x_1 < x_2 < x_3$ tais que $f(x_2)$ não está entre $f(x_1)$ e $f(x_3)$. Há duas possibilidades: ou (1) $f(x_3)$ está entre $f(x_1)$ e $f(x_2)$ ou (2) $f(x_1)$ está entre $f(x_2)$ e $f(x_3)$. (Desenhe uma figura.) No caso (1), aplicamos o Teorema do Valor Intermediário à função contínua f para obter um número c entre x_1 e x_2 tal que $f(c) = f(x_3)$. No caso (2), o Teorema do Valor Intermediário dá um número c entre x_2 e x_3 tal que $f(c) = f(x_1)$. Em ambos os casos, contradissemos o fato de f ser injetora.

Vamos supor, para fixarmos uma situação, que f seja crescente em (a, b). Tomamos qualquer número y_0 no domínio de f^{-1} e fazemos $f^{-1}(y_0) = x_0$; ou seja, x_0 é o número em (a, b) tal que $f(x_0) = y_0$. Para mostrarmos que f^{-1} é contínua em y_0, tomamos qualquer $\varepsilon > 0$ tal que o intervalo $(x_0 - \varepsilon, x_0 + \varepsilon)$ esteja contido no intervalo (a, b). Como f é crescente, ela leva os números no intervalo $(x_0 - \varepsilon, x_0 + \varepsilon)$ nos números no intervalo $(f(x_0 - \varepsilon), f(x_0 + \varepsilon))$ e f^{-1} inverte a correspondência. Se denotarmos por δ o menor dos números $\delta_1 = y_0 - f(x_0 - \varepsilon)$ e $\delta_2 = f(x_0 + \varepsilon) - y_0$, então o intervalo $(y_0 - \delta, y_0 + \delta)$ está contido no intervalo $(f(x_0 - \varepsilon), f(x_0 + \varepsilon))$ e assim é levado dentro do intervalo $(x_0 - \varepsilon, x_0 + \varepsilon)$ por f^{-1}. (Veja o diagrama de flechas na Figura 1.) Portanto, encontramos um número $\delta > 0$ tal que

$$\text{se} \quad |y - y_0| < \delta, \quad \text{então} \quad |f^{-1}(y) - f^{-1}(y_0)| < \varepsilon$$

Isso mostra que $\lim_{y \to y_0} f^{-1}(y) = f^{-1}(y_0)$ e, assim, f^{-1} é contínua em qualquer número y_0 em seu domínio.

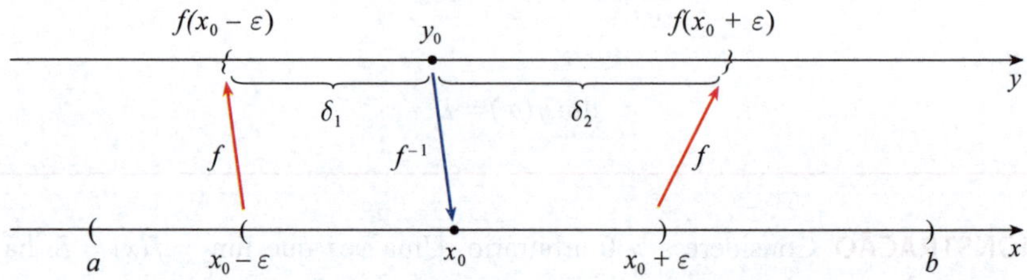

FIGURA 1

8 Teorema Se f for contínua em b $\lim_{x \to a} g(x) = b$, então

$$\lim_{x \to a} f(g(x)) = f(b)$$

DEMONSTRAÇÃO Considere $\varepsilon > 0$ arbitrário. Queremos encontrar um número $\delta > 0$ tal que

$$\text{se} \quad 0 < |x - a| < \delta, \quad \text{então} \quad |f(g(x)) - f(b)| < \varepsilon$$

Uma vez que f é contínua em b, temos

$$\lim_{y \to b} f(y) = f(b)$$

de modo que há $\delta_1 > 0$ satisfazendo

$$\text{se} \quad 0 < |y - b| < \delta_1, \quad \text{então} \quad |f(y) - f(b)| < \varepsilon$$

Uma vez que $\lim_{x \to a} g(x) = b$, existe $\delta > 0$ tal que

$$\text{se} \quad 0 < |x - a| < o, \quad \text{então} \quad |g(x) - b| < \delta_1$$

Combinando essas duas afirmações, vemos que sempre que $0 < |x - a| < \delta$, temos $|g(x) - b| < \delta_1$, o que implica que $|f(g(x)) - f(b)| < \varepsilon$. Dessa forma, demonstramos que $\lim_{x \to a} f(g(x)) = f(b)$. ■

SEÇÃO 3.3 A demonstração do resultado a seguir foi prometida ao demonstrarmos que $\lim_{\theta \to 0} \dfrac{\text{sen}\,\theta}{\theta} = 1$.

Teorema Se $0 < \theta < \pi/2$, então $\theta \le \text{tg}\,\theta$.

DEMONSTRAÇÃO A Figura 2 mostra um setor de um círculo com centro O, ângulo central θ e raio 1. Então

$$|AD| = |OA|\,\text{tg}\,\theta = \text{tg}\,\theta$$

Aproximamos o arco AB por uma linha poligonal inscrita no setor circular, composta por n segmentos de reta iguais, e tomamos um segmento típico PQ. Estendemos os segmentos OP e OQ para encontrar AD nos pontos R e S. Então traçamos $RT \| PQ$ como na Figura 2. Observe que

$$\angle RTO = \angle PQO < 90°$$

e também $\angle RTS > 90°$. Portanto, temos

$$|PQ| < |RT| < |RS|$$

Se adicionarmos as n desigualdades semelhantes a essa, obtemos

$$L_n < |AD| = \operatorname{tg} \theta$$

onde L_n é o comprimento da linha poligonal inscrita no setor circular. Assim, pelo Teorema 2 da Seção 2.3, temos

$$\lim_{n \to \infty} L_n \leq \operatorname{tg} \theta$$

Mas o comprimento do arco foi definido na Equação 8.1.1 como o limite dos comprimentos das linhas poligonais, de modo que

$$\theta = \lim_{n \to \infty} L_n \leq \operatorname{tg} \theta$$ ■

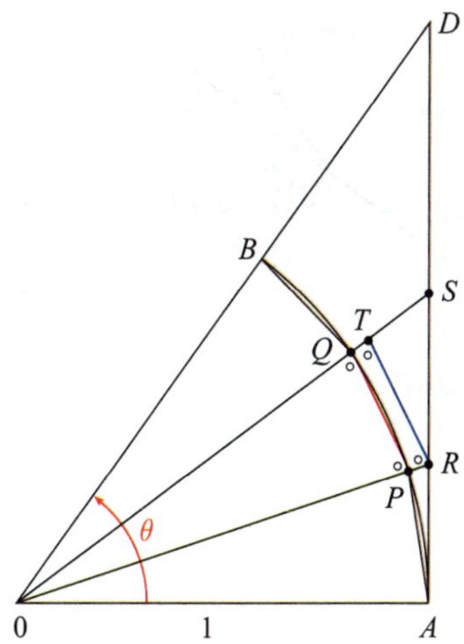

FIGURA 2

SEÇÃO 3.6

Teorema Se f é uma função injetora e diferenciável, com função inversa f^{-1} tal que $f'(f^{-1}(a)) \neq 0$, então sua função inversa é diferenciável em a e

$$(f^{-1})'(a) = \frac{1}{f'(f^{-1}(a))}$$

DEMONSTRAÇÃO Escreva a definição de derivada como indicado na Equação 2.7.5:

$$(f^{-1})'(a) = \lim_{x \to a} \frac{f^{-1}(x) - f^{-1}(a)}{x - a}$$

Se $f(b) = a$, então $f^{-1}(a) = b$. Da mesma forma, se definirmos $y = f^{-1}(x)$, então $f(y) = x$. Uma vez que f é diferenciável, ela é contínua, de modo que f^{-1} é contínua (veja a Seção 2.5). Assim, se $x \to a$, temos $f^{-1}(x) \to f^{-1}(a)$, ou seja, $y \to b$. Portanto,

$$\begin{aligned}(f^{-1})'(a) &= \lim_{x \to a} \frac{f^{-1}(x) - f^{-1}(a)}{x - a} = \lim_{y \to b} \frac{y - b}{f(y) - f(b)} \\ &= \lim_{y \to b} \frac{1}{\dfrac{f(y) - f(b)}{y - b}} = \frac{1}{\displaystyle\lim_{y \to b} \frac{f(y) - f(b)}{y - b}} \\ &= \frac{1}{f'(b)} = \frac{1}{f'(f^{-1}(a))}\end{aligned}$$ ■

SEÇÃO 4.3

Teste da Concavidade

(a) Se $f''(x) > 0$ para todo x em I, então o gráfico de f é côncavo para cima em I.
(b) Se $f''(x) < 0$ para todo x em I, então o gráfico de f é côncavo para baixo em I.

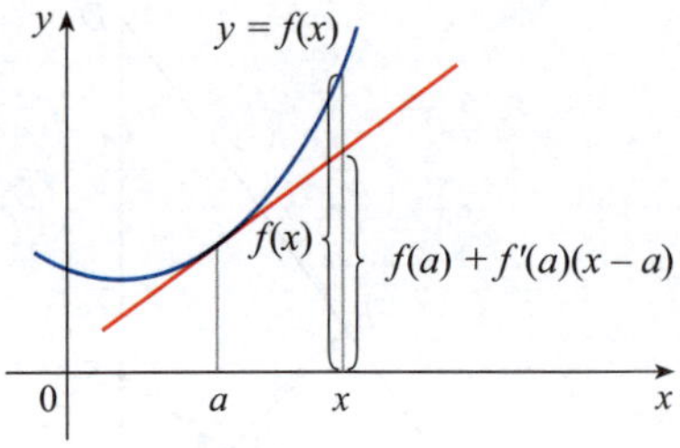

FIGURA 3

DEMONSTRAÇÃO DE (a) Seja a um número arbitrário em I. Devemos mostrar que a curva $y = f(x)$ está acima da reta tangente no ponto $(a, f(a))$. A equação dessa tangente é

$$y = f(a) + f'(a)(x - a)$$

Assim, devemos mostrar que

$$f(x) > f(a) + f'(a)(x - a)$$

qualquer que seja $x \in I$ $(x \neq a)$. (Veja a Figura 3.)

Primeiro, assumimos o caso onde $x > a$. Aplicando o Teorema do Valor Médio a f no intervalo $[a, x]$, obtemos um número c, com $a < c < x$, tal que

1 $$f(x) - f(a) = f'(c)(x - a)$$

Uma vez que $f'' > 0$ em I, sabemos do Teste Crescente/Decrescente que f' é crescente em I. Logo, como $a < c$, temos

$$f'(a) < f'(c)$$

de modo que, multiplicando essa desigualdade pelo número positivo $x - a$, obtemos

2 $$f'(a)(x - a) < f'(c)(x - a)$$

Somando agora $f(a)$ a ambos os lados dessa desigualdade, obtemos:

$$f(a) + f'(a)(x - a) < f(a) + f'(c)(x - a)$$

Porém, da Equação 1 temos $f(x) = f(a) + f'(c)(x - a)$. Dessa forma, a desigualdade fica

3 $$f(x) > f(a) + f'(a)(x - a)$$

que é o que queríamos demonstrar.

Para o caso onde $x < a$, temos $f'(c) < f'(a)$, mas a multiplicação pelo número negativo $x - a$ inverte o sinal da desigualdade; assim, obtemos (2) e (3) como anteriormente. ■

SEÇÃO 4.4

A fim de darmos a demonstração da Regra de L'Hôspital prometida precisamos, primeiro, de uma generalização do Teorema do Valor Médio. O nome do teorema a seguir é uma homenagem ao matemático francês Augustin-Louis Cauchy (1789-1857).

Um esboço biográfico de Cauchy é apresentado na Seção 2.4.

1 Teorema de Valor Médio de Cauchy Suponhamos que as funções f e g sejam contínuas em $[a, b]$ e deriváveis em (a, b), sendo $g'(x) \neq 0$ para todo x em (a, b). Então, existe um número c em (a, b) tal que

$$\frac{f'(c)}{g'(c)} = \frac{f(b) - f(a)}{g(b) - g(a)}$$

Observe que se considerarmos o caso especial no qual $g(x) = x$, então $g'(c) = 1$ e o Teorema 1 é exatamente o Teorema do Valor Médio Comum. Além disso, o Teorema 1 pode ser demonstrado de forma similar. Perceba que tudo o que devemos fazer é mudar a função h dada pela Equação 4 da Seção 4.2 para a função

$$h(x) = f(x) - f(a) - \frac{f(b) - f(a)}{g(b) - g(a)}[g(x) - g(a)]$$

e então aplicar o Teorema de Rolle como anteriormente.

Regras de L'Hôspital Suponhamos que f e g sejam deriváveis e $g'(x) \neq 0$ em um intervalo aberto I que contém a (exceto possivelmente em a). Suponha que

$$\lim_{x\to a} f(x) = 0 \quad \text{e} \quad \lim_{x\to a} g(x) = 0$$

ou que

$$\lim_{x\to a} f(x) = \pm\infty \quad \text{e} \quad \lim_{x\to a} g(x) = \pm\infty$$

(Em outras palavras, temos uma forma indeterminada do tipo $\frac{0}{0}$ ou $\frac{\infty}{\infty}$.) Então,

$$\lim_{x\to a} \frac{f(x)}{g(x)} = \lim_{x\to a} \frac{f'(x)}{g'(x)}$$

se o limite do lado direito existir (ou for ∞ ou $-\infty$).

DEMONSTRAÇÃO DA REGRA DE L'HÔSPITAL Supomos que $\lim_{x\to a} f(x) = 0$ e $\lim_{x\to a} g(x) = 0$. Seja

$$L = \lim_{x\to a} \frac{f'(x)}{g'(x)}$$

Devemos mostrar que $\lim_{x\to a} f(x)/g(x) = L$. Defina

$$F(x) = \begin{cases} f(x) & \text{se } x \neq a \\ 0 & \text{se } x = a \end{cases} \qquad G(x) = \begin{cases} g(x) & \text{se } x \neq a \\ 0 & \text{se } x = a \end{cases}$$

Então F é contínua em I, uma vez que f é contínua em $\{x \in I \mid x \neq a\}$ e

$$\lim_{x\to a} F(x) = \lim_{x\to a} f(x) = 0 = F(a)$$

Do mesmo modo, G é contínua em I. Seja $x \in I$ com $x > a$. Então F e G são contínuas em $[a, x]$ e deriváveis em (a, x) e $G' \neq 0$ ali (uma vez que $F' = f'$ e $G' = g'$). Portanto, pelo Teorema do Valor Médio de Cauchy, existe um número y tal que $a < y < x$ e

$$\frac{F'(y)}{G'(y)} = \frac{F(x) - F(a)}{G(x) - G(a)} = \frac{F(x)}{G(x)}$$

Aqui, usamos o fato de que, por definição, $F(a) = 0$ e $G(a) = 0$. Agora, se deixamos $x \to a^+$, então $y \to a^+$ (uma vez que $a < y < x$), portanto

$$\lim_{x\to a^+} \frac{f(x)}{g(x)} = \lim_{x\to a^+} \frac{F(x)}{G(x)} = \lim_{y\to a^+} \frac{F'(x)}{G'(x)} = \lim_{x\to a^+} \frac{f'(x)}{g'(x)} = L$$

Um argumento análogo mostra que o limite lateral à esquerda é também L. Portanto,

$$\lim_{x\to a} \frac{f(x)}{g(x)} = L$$

Isso prova a Regra de l'Hôspital para o caso onde a é finito.

Se a é infinito, consideramos $t = 1/x$. Então $t \to 0^+$ quando $x \to \infty$, assim temos

$$\begin{aligned}\lim_{x\to\infty}\frac{f(x)}{g(x)} &= \lim_{t\to 0^+}\frac{f(1/t)}{g(1/t)}\\ &= \lim_{t\to 0^+}\frac{f'(1/t)(-1/t^2)}{g'(1/t)(-1/t^2)} \qquad \text{(pela Regra de l'Hôspital para } a \text{ finito)}\\ &= \lim_{t\to 0^+}\frac{f'(1/t)}{g'(1/t)} = \lim_{x\to\infty}\frac{f'(x)}{g'(x)}\end{aligned}$$

■

SEÇÃO 11.1

7 Teorema Se $\lim_{n\to\infty} a_n = L$ e a função f é continua em L, então

$$\lim_{n\to\infty} f(a_n) = f(L)$$

DEMONSTRAÇÃO Seja dado $\varepsilon > 0$. Uma vez que f é contínua em L, temos $\lim_{x\to L} f(x) = f(L)$. Logo, existe $\delta > 0$ tal que

1 $\qquad$ se $\quad 0 < |x - L| < \delta, \quad$ então $\quad |f(x) - f(L)| < \varepsilon$

Além disso, uma vez que $\lim_{n\to\infty} a_n = L$ e δ é um número positivo, existe um número inteiro N tal que

2 $\qquad$ se $\quad n > N, \quad$ então $\quad |a_n - L| < \delta$

Combinando (1) e (2), obtemos

$$\text{se} \quad n > N, \quad \text{então} \quad |f(a_n) - f(L)| < \varepsilon$$

logo, pela Definição 11.1.2 (no volume 2 da obra), $\lim_{n\to\infty} f(a_n) = f(L)$. ■

SEÇÃO 11.8

Para demonstrarmos o Teorema 11.8.4, precisamos primeiro dos seguintes resultados.

Teorema

1. Se uma série de potências $\Sigma c_n x^n$ converge quando $x = b$ (onde $b \neq 0$), então ela converge sempre que $|x| < |b|$.
2. Se uma série de potências $\Sigma c_n x^n$ diverge quando $x = d$ (onde $d \neq 0$), então ela diverge sempre que $|x| > |d|$.

DEMONSTRAÇÃO DE 1 Suponha que $\Sigma c_n b^n$ convirja. Então, pelo Teorema 6 da Seção 11.2, temos $\lim_{n\to\infty} c_n b^n = 0$. De acordo com a Definição 11.1.2 com $\varepsilon = 1$, há um inteiro positivo N tal que $|c_n b^n| < 1$ sempre que $n \geq N$. Assim, para $n \geq N$, temos

$$|c_n x^n| = \left|\frac{c_n b^n x^n}{b^n}\right| = |c_n b^n| \left|\frac{x}{b}\right|^n < \left|\frac{x}{b}\right|^n$$

Se $|x| < |b|$, então $|x/b| < 1$, de onde $\Sigma |x/b|^n$ é uma série geométrica convergente. Portanto, pelo Teste da Comparação Direta, a série $\Sigma_{n=N}^{\infty} |c_n x^n|$ é convergente. Então a série $\Sigma c_n x^n$ é absolutamente convergente e, portanto, convergente. ■

DEMONSTRAÇÃO DE 2 Suponha que $\Sigma c_n d^n$ divirja. Se x for qualquer número real tal que $|x| > |d|$, então $\Sigma c_n x^n$ não pode convergir, pois, pela parte 1, a convergência de $\Sigma c_n x^n$ implicaria a convergência de $\Sigma c_n d^n$. Portanto, $\Sigma c_n x^n$ diverge sempre que $|x| > |d|$. ■

Teorema Para uma série de potências $\Sigma c_n x^n$, há somente três possibilidades:

(i) A série converge apenas quando $x = 0$.

(ii) A série converge para todo x.

(iii) Há um número positivo R tal que a série converge se $|x| < R$ e diverge se $|x| > R$.

DEMONSTRAÇÃO Suponha que nem o caso (i) nem o caso (ii) sejam verdadeiros. Então há números não nulos b e d tais que $\Sigma c_n x^n$ converge para $x = b$ e diverge para $x = d$. Portanto o conjunto $S = \{x \mid \Sigma c_n x^n \text{ converge}\}$ não é vazio. Pelo teorema precedente, a série diverge se $|x| > |d|$, de modo que $|x| \leq |d|$ para todo $x \in S$. Isso diz que $|d|$ é uma cota superior para o conjunto S. Assim, pelo Axioma da Completude (veja a Seção 11.1), S tem uma menor cota superior R. Se $|x| > R$, então $x \notin S$, portanto $\Sigma c_n x^n$ diverge. Se $|x| < R$, então $|x|$ não é uma cota superior S e assim há $b \in S$ tal que $b > |x|$. Como $b \in S$, $\Sigma c_n x^n$ converge, de modo que pelo teorema precedente $\Sigma c_n x^n$ converge. ■

Agora, estamos aptos a demonstrar o Teorema 11.8.4.

4 Teorema Para uma série de potências $\Sigma c_n (x-a)^n$, há somente três possibilidades:

(i) A série converge apenas quando $x = a$.

(ii) A série converge para todo x.

(iii) Existe um número positivo R tal que a série converge se $|x - a| < R$ e diverge se $|x - a| > R$.

DEMONSTRAÇÃO Se fizermos a mudança de variáveis $u = x - a$, então a série de potências se torna $\Sigma c_n u^n$ e podemos aplicar o teorema anterior a esta série. No caso (iii), temos convergência para $|u| < R$ e divergência para $|u| > R$. Assim, temos convergência para $|x - a| < R$ e divergência para $|x - a| > R$. ■

SEÇÃO 14.3

Teorema de Clairaut Suponha que f esteja definida em um disco D que contenha o ponto (a, b). Se as funções f_{xy} e f_{yx} forem ambas contínuas em D, então $f_{xy}(a, b) = f_{yx}(a, b)$.

DEMONSTRAÇÃO Para pequenos valores de h, $h \neq 0$, considere a diferença

$$\Delta(h) = [f(a+h, b+h) - f(a+h, b)] - [f(a, b+h) - f(a, b)]$$

Observe que, se fizermos $g(x) = f(x, b+h) - f(x, b)$, então

$$\Delta(h) = g(a+h) - g(a)$$

Pelo Teorema do Valor Médio, existe um número c entre a e $a + h$ tal que

$$g(a+h) - g(a) = g'(c)h = h\,[f_x(c, b+h) - f_x(c, b)]$$

Aplicando o Teorema do Valor Médio de novo, desta vez para f_x, obtemos um número d entre b e $b + h$ tal que

$$f_x(c, b+h) - f_x(c, b) = f_{xy}(c, d)h$$

Combinando essas equações, obtemos

$$\Delta(h) = h^2 f_{xy}(c, d)$$

Se $h \to 0$, então $(c, d) \to (a, b)$, de modo que a continuidade de f_{xy} em (a, b) fornece

$$\lim_{h\to 0} \frac{\Delta(h)}{h^2} = \lim_{(c,d)\to(a,b)} f_{xy}(c,d) = f_{xy}(a,b)$$

Analogamente, escrevendo

$$\Delta(h) = [f(a + h, b + h) - f(a, b + h)] - [f(a + h, b) - f(a, b)]$$

e usando o Teorema do Valor Médio duas vezes e a continuidade de f_{yx} em (a, b), obtemos

$$\lim_{h\to 0} \frac{\Delta(h)}{h^2} = f_{xy}(a,b)$$

Segue que $f_{xy}(a, b) = f_{yx}(a, b)$. ■

SEÇÃO 14.4

8 Teorema Se as derivadas parciais f_x e f_y existirem perto de (a, b) e forem contínuas em (a, b), então f é derivável em (a, b).

DEMONSTRAÇÃO Seja

$$\Delta z = f(a + \Delta x, b + \Delta y) - f(a, b)$$

De acordo com a Definição 14.4.7, para demonstrar que f é derivável em (a, b), devemos mostrar que podemos escrever Δz na forma

$$\Delta z = f_x(a, b)\, \Delta x + f_y(a, b)\, \Delta y + \varepsilon_1\, \Delta x + \varepsilon_2\, \Delta y$$

onde ε_1 e $\varepsilon_2 \to 0$ quando $(\Delta x, \Delta y) \to (0, 0)$.

Observando a Figura 4, escrevemos

1 $$\Delta z = [f(a + \Delta x, b + \Delta y) - f(a, b + \Delta y)] + [f(a, b + \Delta y) - f(a, b)]$$

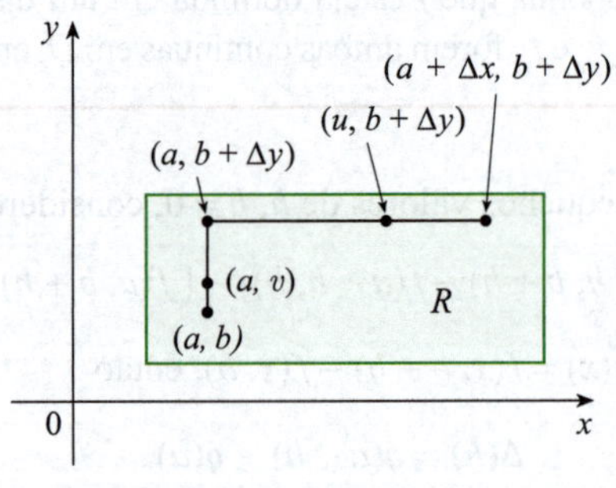

FIGURA 4

Observe que a função de uma única variável

$$g(x) = f(x, b + \Delta y)$$

está definida no intervalo $[a, a + \Delta x]$ e $g'(x) = f_x(x, b + \Delta y)$. Se aplicarmos o Teorema do Valor Médio a g, obtemos

$$g(a + \Delta x) - g(a) = g'(u)\, \Delta x$$

onde u é algum número entre a e $a + \Delta x$. Em termos de f, esta equação se torna

$$f(a + \Delta x, b + \Delta y) - f(a, b + \Delta y) = f_x(u, b + \Delta y)\, \Delta x$$

Isso nos dá uma expressão para a primeira parte do lado direito da Equação 1. Para a segunda parte, tomamos $h(y) = f(a, y)$. Então h é uma função de uma única variável definida no intervalo $[b, b + \Delta y]$ e $h'(y) = f_y(a, y)$. Uma segunda aplicação do Teorema do Valor Médio então dá

$$h(b + \Delta y) - h(b) = h'(v)\, \Delta y$$

onde v é algum número entre b e $b + \Delta y$. Em termos de f, isso se torna

$$f(a, b + \Delta y) - f(a, b) = f_y(a, v)\, \Delta y$$

Agora, substituímos essa expressão na Equação 1 e obtemos

$$\begin{aligned}
\Delta z &= f_x(u, b + \Delta y)\, \Delta x + f_y(a, v)\, \Delta y \\
&= f_x(a, b)\, \Delta x + [f_x(u, b + \Delta y) - f_x(a, b)]\, \Delta x + f_y(a, b)\, \Delta y \\
&\qquad + [f_y(a, v) - f_y(a, b)]\, \Delta y \\
&= f_x(a, b)\, \Delta x + f_y(a, b)\, \Delta y + \varepsilon_1\, \Delta x + \varepsilon_2\, \Delta y
\end{aligned}$$

onde
$$\begin{aligned}
\varepsilon_1 &= f_x(u, b + \Delta y) - f_x(a, b) \\
\varepsilon_2 &= f_y(a, v) - f_y(a, b)
\end{aligned}$$

Como $(u, b + \Delta y) \to (a, b)$ e $(a, v) \to (a, b)$ quando $(\Delta x, \Delta y) \to (0, 0)$ e uma vez que f_x e f_y são contínuas em (a, b), vemos que $\varepsilon_1 \to 0$ e $\varepsilon_2 \to 0$ quando $(\Delta x, \Delta y) \to (0, 0)$.

Portanto, f é derivável em (a, b). ■

G O Logaritmo Definido como uma Integral

Nosso tratamento das funções exponencial e logarítmica até agora fundamentou-se em nossa intuição, que é baseada na evidência numérica e visual. (Veja as Seções 1.4, 1.5 e 3.1.) Aqui, usaremos o Teorema Fundamental do Cálculo para dar um tratamento alternativo que fornece uma fundamentação mais sólida para estas funções.

Em vez de começarmos com b^x e definir $\log_b x$ como sua inversa, desta vez começamos pela definição de $\ln x$ como uma integral e então definimos a função exponencial como sua inversa. Você deve ter em mente que não usamos nenhuma de nossas definições e resultados prévios relativos a funções exponencial e logarítmica.

O Logaritmo Natural

Primeiro, definimos $\ln x$ como uma integral.

1 Definição A **função logaritmo natural** é a função definida por

$$\ln x = \int_1^x \frac{1}{t}\, dt \qquad x > 0$$

A existência dessa função depende do fato de a integral de uma função contínua sempre existir. Se $x > 1$, então $\ln x$ pode ser interpretada geometricamente como a área sob a hipérbole $y = 1/t$ de $t = 1$ a $t = x$. (Veja a Figura 1.) Para $x = 1$, temos

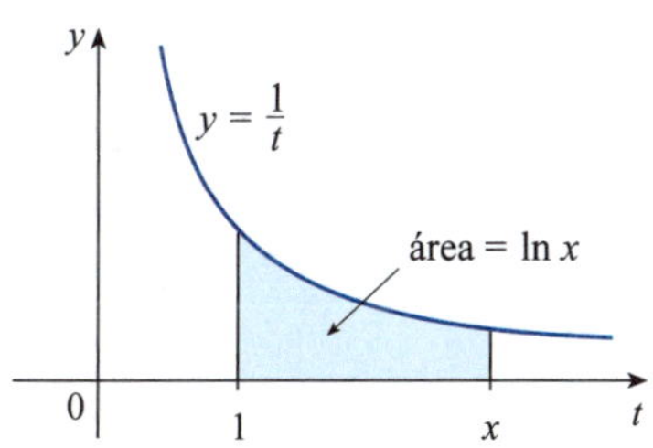

FIGURA 1

$$\ln 1 = \int_1^1 \frac{1}{t}\, dt = 0$$

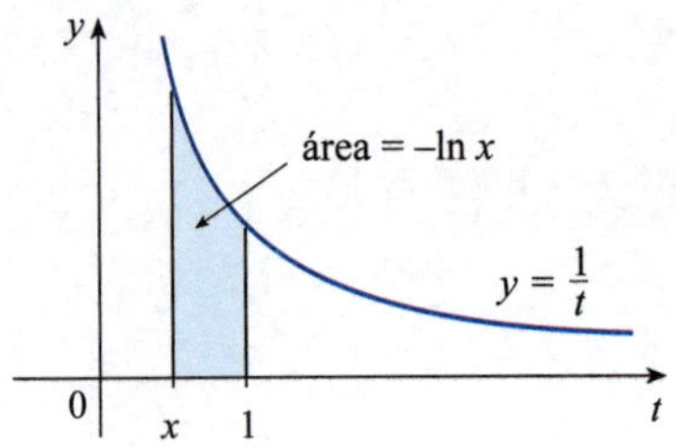

FIGURA 2

Para $0 < x < 1$, $$\ln x = \int_1^x \frac{1}{t}\,dt = -\int_x^1 \frac{1}{t}\,dt < 0$$

e assim $\ln x$ é o oposto da área mostrada na Figura 2.

EXEMPLO 1

(a) Comparando áreas, mostre que $\frac{1}{2} < \ln 2 < \frac{3}{4}$.

(b) Use a Regra do Ponto Médio com $n = 10$ para estimar o valor de ln 2.

SOLUÇÃO

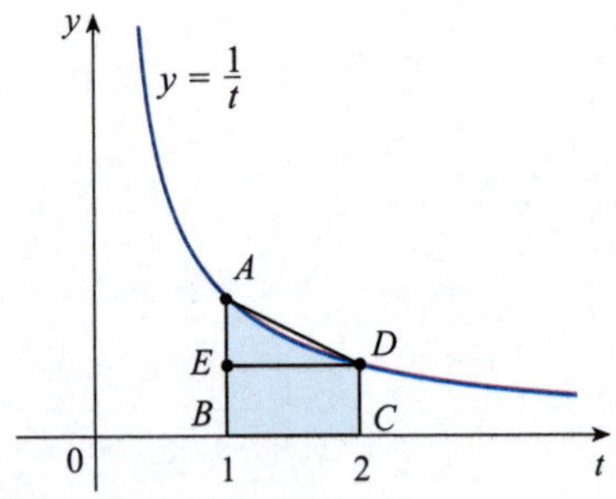

FIGURA 3

(a) Podemos interpretar ln 2 como a área sob a curva $y = 1/t$ de 1 a 2. Da Figura 3, vemos que esta área é maior que a área do retângulo $BCDE$ e menor que a área do trapézio $ABCD$. Assim, temos

$$\tfrac{1}{2}\cdot 1 < \ln 2 < 1\cdot\tfrac{1}{2}\left(1+\tfrac{1}{2}\right)$$
$$\tfrac{1}{2} < \ln 2 < \tfrac{3}{4}$$

(b) Se usarmos a Regra do Ponto Médio com $f(t) = 1/t$, $n = 10$ e $\Delta t = 0{,}1$, obtemos

$$\ln 2 = \int_1^2 \frac{1}{t}\,dt \approx (0{,}1)[f(1{,}05) + f(1{,}15) + \cdots + f(1{,}95)]$$
$$= (0{,}1)\left(\frac{1}{1{,}05} + \frac{1}{1{,}15} + \cdots + \frac{1}{1{,}95}\right) \approx 0{,}693$$ ■

Observe que a integral que define $\ln x$ é exatamente o tipo de integral discutida na Parte 1 do Teorema Fundamental do Cálculo (veja a Seção 5.3). De fato, usando aquele teorema, temos

$$\frac{d}{dx}\int_1^x \frac{1}{t}\,dt = \frac{1}{x}$$

e, então,

2 $$\frac{d}{dx}(\ln x) = \frac{1}{x}$$

Agora, usamos esta regra de derivação para demonstrar as seguintes propriedades sobre a função logaritmo.

3 Propriedades dos Logaritmos Se x e y forem números positivos e r for um número racional, então

1. $\ln(xy) = \ln x + \ln y$ **2.** $\ln\left(\dfrac{x}{y}\right) = \ln x - \ln y$ **3.** $\ln(x^r) = r\ln x$

DEMONSTRAÇÃO

1. Seja $f(x) = \ln(ax)$, onde a é uma constante positiva. Então, usando a Equação 2 e a Regra da Cadeia, temos

$$f'(x) = \frac{1}{ax}\frac{d}{dx}(ax) = \frac{1}{ax}\cdot a = \frac{1}{x}$$

Portanto, $f(x)$ e $\ln x$ têm a mesma derivada e devem então diferir por uma constante:

$$\ln(ax) = \ln x + C$$

Colocando $x = 1$ nesta equação, obtemos $\ln a = \ln 1 + C = 0 + C = C$. Logo,

$$\ln(ax) = \ln x + \ln a$$

Se agora substituirmos a constante a por qualquer número y, temos

$$\ln(xy) = \ln x + \ln y$$

2. Usando a Propriedade 1 com $x = 1/y$, temos

$$\ln \frac{1}{y} + \ln y = \ln\left(\frac{1}{y} \cdot y\right) = \ln 1 = 0$$

e assim

$$\ln \frac{1}{y} = -\ln y$$

Usando a Propriedade 1 novamente, temos

$$\ln\left(\frac{1}{y}\right) = \ln\left(x \cdot \frac{1}{y}\right) = \ln x + \ln \frac{1}{y} = \ln x - \ln y$$

A demonstração da Propriedade 3 será deixada como exercício. ■

Para traçarmos o gráfico de $y = \ln x$, primeiro determinamos seus limites:

4 (a) $\lim_{x\to\infty} \ln x = \infty$ (b) $\lim_{x\to 0^+} \ln x = -\infty$

DEMONSTRAÇÃO

(a) Usando a Propriedade 3 com $x = 2$ e $r = n$ (onde n é um inteiro positivo arbitrário), temos $\ln(2^n) = n \ln 2$. Agora $\ln 2 > 0$, portanto isso mostra que $\ln(2^n) \to \infty$ quando $n \to \infty$. Mas $\ln x$ é uma função crescente, já que sua derivada $1/x > 0$. Portanto, $\ln x \to \infty$ quando $x \to \infty$.

(b) Se tomarmos $t = 1/x$, então $t \to \infty$ quando $x \to 0^+$. Logo, usando (a), temos

$$\lim_{x\to 0^+} \ln x = \lim_{t\to\infty} \ln\left(\frac{1}{t}\right) = \lim_{t\to\infty}(-\ln t) = -\infty$$ ■

Se $y = \ln x$, $x > 0$, então

$$\frac{dy}{dx} = \frac{1}{x} > 0 \qquad \text{e} \qquad \frac{d^2y}{dx^2} = -\frac{1}{x^2} < 0$$

o que mostra que $\ln x$ é crescente e côncava para baixo em $(0, \infty)$. Juntando esta informação com (4), traçamos o gráfico de $y = \ln x$ na Figura 4.

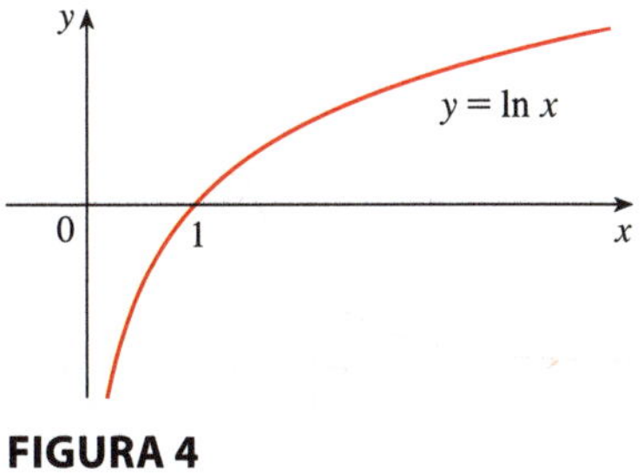

FIGURA 4

Como $\ln 1 = 0$ e $\ln x$ é uma função contínua crescente que assume valores arbitrariamente grandes, o Teorema do Valor Intermediário mostra que existe um número no qual $\ln x$ assume o valor 1. (Veja a Figura 5.) Esse número importante é denotado por e.

5 Definição e é o número tal que $\ln e = 1$.

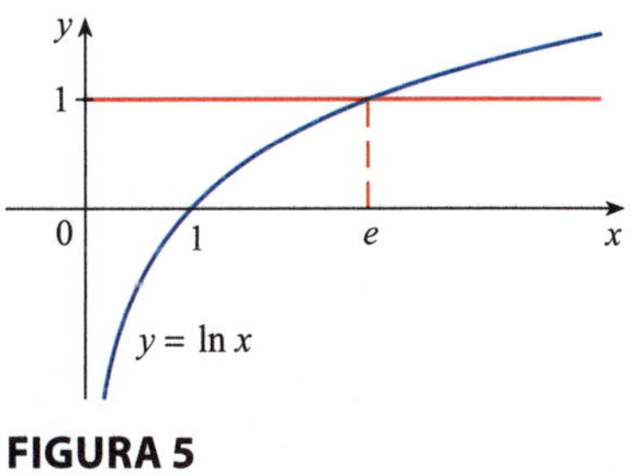

FIGURA 5

Mostraremos (no Teorema 19) que esta definição é consistente com nossa definição prévia de e.

A Função Exponencial Natural

Como ln é uma função crescente, ela é injetora e, portanto, tem uma função inversa, que denotaremos por exp. Assim, de acordo com nossa definição de função inversa,

$f^{-1}(x) = y \iff f(y) = x$

6 $$\exp(x) = y \iff \ln y = x$$

e as equações de cancelamento são

$f^{-1}(f(x)) = x$
$f(f^{-1}(x)) = x$

7 $$\exp(\ln x) = x \quad \text{e} \quad \ln(\exp x) = x$$

Em particular, temos

$$\exp(0) = 1 \text{ já que } \ln 1 = 0$$
$$\exp(1) = e \text{ já que } \ln e = 1$$

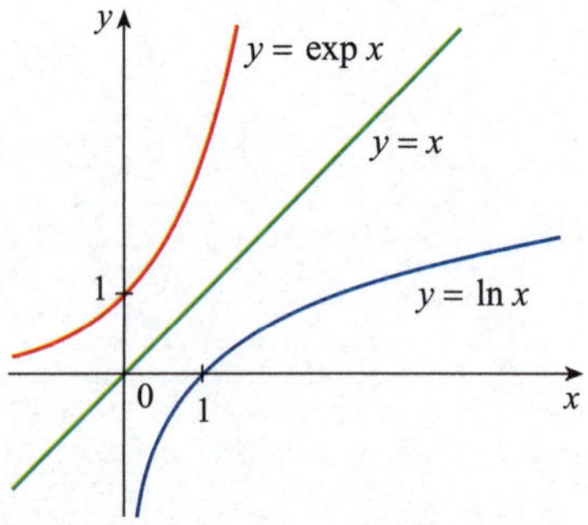

FIGURA 6

O gráfico de y = exp x é obtido refletindo o gráfico de $y = \ln x$ em torno da reta $y = x$. (Veja a Figura 6.) O domínio da exp é a imagem de ln, ou seja, $(-\infty, \infty)$; a imagem de exp é o domínio de ln, ou seja, $(0, \infty)$.

Se r for qualquer número racional, então a terceira propriedade dos logaritmos dá

$$\ln(e^r) = r \ln e = r$$

Portanto, por (6), $$\exp(r) = e^r$$

Logo, $\exp(x) = e^x$ sempre que x for um número racional. Isso nos leva a definir e^x, mesmo para valores irracionais de x, pela equação

$$e^x = \exp(x)$$

Em outras palavras, pelas razões apresentadas, definimos e^x como a função inversa de $\ln x$. Nesta notação, (6) se torna

8 $$e^x = y \iff \ln y = x$$

e as equações de cancelamento (7) são

9 $$e^{\ln x} = x \iff x > 0$$

10 $$\ln(e^x) = x \quad \text{para todo } x$$

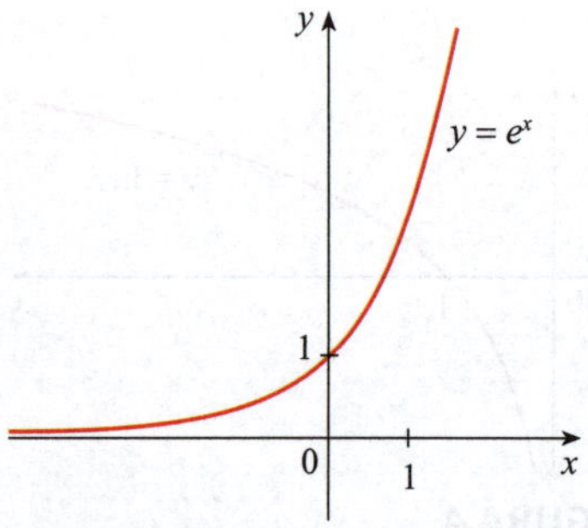

FIGURA 7
A função exponencial natural

A função exponencial natural $f(x) = e^x$ é uma das mais frequentes funções no cálculo e em suas aplicações, então é importante estar familiarizado com seu gráfico (Figura 7) e suas propriedades (que decorrem do fato de que ela é a inversa da função logarítmica natural).

Propriedades da Função Exponencial A função exponencial $f(x) = e^x$ é uma função contínua crescente com domínio $\mathbb{R}$ e imagem $(0, \infty)$. Assim, $e^x > 0$ para todo x. Temos também

$$\lim_{x \to -\infty} e^x = 0 \qquad \lim_{x \to \infty} e^x = \infty$$

Logo, o eixo x é uma assíntota horizontal de $f(x) = e^x$.

Verificamos agora que f tem as outras propriedades esperadas de uma função exponencial.

11 Propriedades dos Expoentes Se x e y forem números naturais e r for um racional, então

1. $e^{x+y} = e^x e^y$ **2.** $e^{x-y} = \dfrac{e^x}{e^y}$ **3.** $(e^x)^r = e^{rx}$

DEMONSTRAÇÃO DA PROPRIEDADE 1 Usando a primeira propriedade dos logaritmos e a Equação 10, temos

$$\ln(e^x e^y) = \ln(e^x) + \ln(e^y) = x + y = \ln(e^{x+y})$$

Como ln é uma função injetora, segue que $e^x e^y = e^{x+y}$.

As Propriedades 2 e 3 são demonstradas de modo análogo (veja os Exercícios 6 e 7). Como veremos em breve, a Propriedade 3 na realidade vale quando r é qualquer número real. ■

Demonstraremos agora a fórmula de derivação para e^x.

12 $$\frac{d}{dx}(e^x) = e^x$$

DEMONSTRAÇÃO A função $y = e^x$ é derivável porque ela é a inversa da função $y = \ln x$, que sabemos ser derivável, com derivada não nula. Para encontrarmos sua derivada, usamos o método da função inversa. Seja $y = e^x$. Então, $\ln y = x$ e, derivando essa última equação implicitamente com relação a x, obtemos

$$\frac{1}{y}\frac{dy}{dx} = 1$$

$$\frac{dy}{dx} = y = e^x$$ ■

Funções Exponenciais Gerais

Se $b > 0$ e r for qualquer número racional, então, por (9) e (11),

$$b^r = (e^{\ln b})^r = er^{\ln b}$$

Portanto, mesmo para um número irracional x, *definimos*

13 $$b^x = e^{x \ln b}$$

Assim, por exemplo,

$$2^{\sqrt{3}} = e^{\sqrt{3}\ln 2} \approx e^{1,20} \approx 3,32$$

A função $f(x) = b^x$ é chamada **função exponencial com base *b***. Observe que b^x é positivo para todo x porque e^x é positivo para todo x.

A Definição 13 nos permite estender uma das propriedades de logaritmos. Já sabemos que $\ln(b^r) = r \ln b$ a quando r é racional. Mas se agora permitimos que r seja *qualquer* número real, temos, pela Definição 13,

$$\ln b^r = \ln(e^{r \ln b}) = r \ln b$$

Logo,

14 $$\ln b^r = r \ln b \qquad \text{para todo número real } r$$

As propriedades gerais dos expoentes seguem da Definição 13 junto com as propriedades dos expoentes para e^x.

15 Propriedades dos Expoentes Se x e y forem números reais e a, $b > 0$, então

1. $b^{x+y} = b^x b^y$ **2.** $b^{x-y} = b^x / b^y$ **3.** $(b^x)^y = b^{xy}$ **4.** $(ab)^x = a^x b^x$

DEMONSTRAÇÃO

1. Usando a Definição 13 e as propriedades dos expoentes para e^x, temos

$$\begin{aligned} b^{x+y} &= e^{(x+y)\ln b} = e^{x \ln b + y \ln b} \\ &= e^{x \ln b} e^{y \ln b} = b^x b^y \end{aligned}$$

3. Usando a Equação 14, obtemos

$$(b^x)^y = e^{y \ln(b^x)} = e^{yx \ln b} = e^{xy \ln b} = b^{xy}$$

As demonstrações restantes são deixadas como exercícios. ■

A fórmula de derivação para as funções exponenciais também é uma consequência da Definição 13:

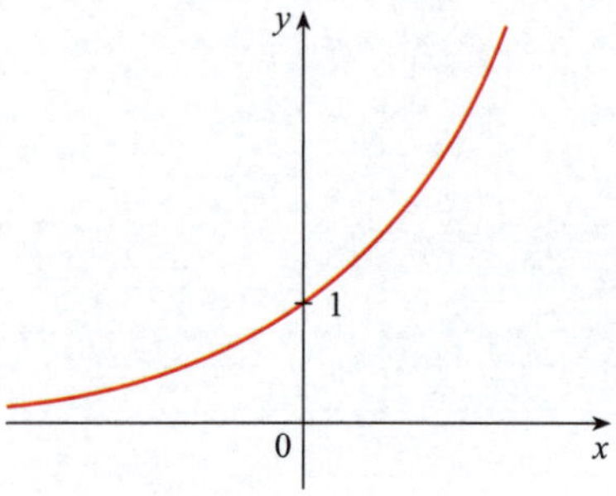

$\lim_{x \to -\infty} b^x = 0, \quad \lim_{x \to \infty} b^x = \infty$

FIGURA 8

$y = b^x$, $b > 1$

16 $$\frac{d}{dx}(b^x) = b^x \ln b$$

DEMONSTRAÇÃO

$$\frac{d}{dx}(b^x) = \frac{d}{dx}(e^{x \ln b}) = e^{x \ln b} \frac{d}{dx}(x \ln b) = b^x \ln b$$ ■

Se $b > 1$, então $\ln b > 0$, donde $(d/dx)\, b^x = b^x \ln b > 0$, o que mostra que $y = b^x$ é crescente (veja a Figura 8). Se $0 < b < 1$, então $\ln b < 0$ e, portanto, $y = b^x$ é decrescente (veja a Figura 9).

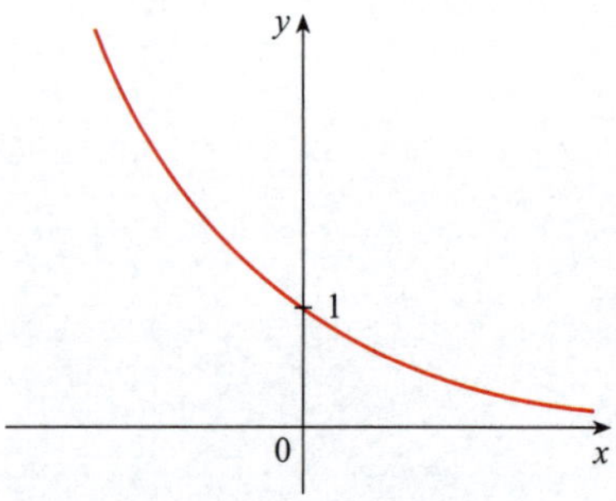

$\lim_{x \to -\infty} b^x = \infty, \quad \lim_{x \to \infty} b^x = 0$

FIGURA 9

$y = b^x$, $0 < b < 1$

Funções Logarítmicas Gerais

Se $b > 0$ e $b \neq 1$, então $f(x) = b^x$ é uma função injetora. Sua função inversa é chamada **função logarítmica de base *b*** e é denotada por $\log_b$. Logo,

17 $$\log_b x = y \iff b^y = x$$

Em particular, vemos que

$$\log_e x = \ln x$$

As propriedades dos logaritmos são parecidas com as do logaritmo natural e podem ser deduzidas das propriedades dos expoentes (veja o Exercício 10).

Para derivar $y = \log_b x$, escrevemos a equação como $b^y = x$. Da Equação 14, temos $y \ln b = \ln x$. Portanto,

$$\log_b x = y = \frac{\ln x}{\ln b}$$

Como ln b é constante, podemos derivar da seguinte forma:

$$\frac{d}{dx}(\log_b x) = \frac{d}{dx}\frac{\ln x}{\ln b} = \frac{1}{\ln b}\frac{d}{dx}(\ln x) = \frac{1}{x \ln b}$$

18 $$\frac{d}{dx}(\log_b x) = \frac{1}{x \ln b}$$

O Número *e* Expresso como um Limite

Neste apêndice, definimos e como o número tal que $\ln e = 1$. O próximo teorema mostra que isto é o mesmo que o número e definido na Seção 3.1 (veja a Equação 3.6.5).

19 $$e = \lim_{x\to\infty}(1+x)^{1/x}$$

DEMONSTRAÇÃO Seja $f(x) = \ln x$. Então $f'(x) = 1/x$, logo $f'(1) = 1$. Porém, pela definição de derivada,

$$f'(1) = \lim_{h\to 0}\frac{f(1+h)-f(1)}{h} = \lim_{x\to 0}\frac{f(1+x)-f(1)}{x}$$

$$= \lim_{x\to 0}\frac{f(1+x)-\ln 1}{x} = \lim_{x\to 0}\frac{1}{x}\ln(1+x) = \lim_{x\to 0}\ln(1+x)^{1/x}$$

Por causa de $f'(1) = 1$, temos

$$\lim_{x\to 0}\ln(1+x)^{1/x} = 1$$

Assim, pelo Teorema 2.5.8 e pela continuidade da função exponencial, temos

$$e = e^1 = e^{\lim_{x\to 0}\ln(1+x)^{1/x}} = \lim_{x\to 0} e^{\ln(1+x)^{1/x}} = \lim_{x\to 0}\ln(1+x)^{1/x}$$ ■

G | Exercícios

1. (a) Pela comparação de áreas, mostre que

$$\tfrac{1}{3} < \ln 1{,}5 < \tfrac{5}{12}$$

(b) Use a Regra do Ponto Médio com $n = 10$ para estimar ln 1,5.

2. Com referência ao Exemplo 1.
(a) Encontre a equação da reta tangente à curva $y = 1/t$ que seja paralela à reta secante AD.
(b) Use a parte (a) para mostrar que $\ln 2 > 0{,}66$.

3. (a) Pela comparação de áreas, mostre que

$$\frac{1}{2}+\frac{1}{3}+\cdots+\frac{1}{n} < \ln n < 1+\frac{1}{2}+\frac{1}{3}+\cdots+\frac{1}{n-1}$$

4. (a) Comparando áreas, mostre que $\ln 2 < 1 < \ln 3$.
(b) Deduza que $2 < e < 3$.

5. Demonstre a terceira propriedade dos logaritmos. [*Dica*: Comece mostrando que ambos os lados da equação têm a mesma derivada.]

6. Demonstre a segunda propriedade dos expoentes para e^x [veja (11)].

7. Demonstre a terceira propriedade dos expoentes para e^x [veja (11)].

8. Demonstre a segunda propriedade dos expoentes [veja (15)].

9. Demonstre a quarta propriedade dos expoentes [veja (15)].

10. Deduza as seguintes propriedades dos logaritmos a partir de (15):
(a) $\log_b(xy) = \log_b x + \log_b y$
(b) $\log_b(x/y) = \log_b x - \log_b y$
(c) $\log_b(x^y) = y \log_b x$

H Respostas para os Exercícios Ímpares

CAPÍTULO 9

EXERCÍCIOS 9.1

1. $dr/dt = k/r$ **3.** $dv/dt = k(M - v)$

5. $dy/dt = k(N - y)$ **7.** Sim **9.** Não **11.** Sim

15. (a) $\frac{1}{2}, -1$ **17.** (d)

19. (a) Deve ser 0 ou decrescente
(c) $y = 0$ (d) $y = 1/(x + 2)$

21. (a) $0 < P < 4.200$ (b) $P > 4.200$
(c) $P = 0, P = 4.200$

25. (a) III (b) I (c) IV (d) II

27. (a) No início; permanece positivo, mas decresce

(c)

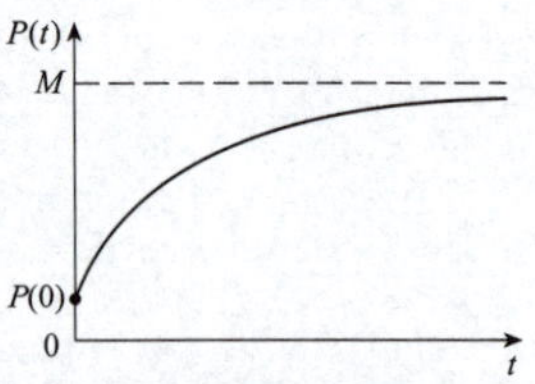

29. Tende a 0 à medida que c tende a c_s.

EXERCÍCIOS 9.2

1. (a)

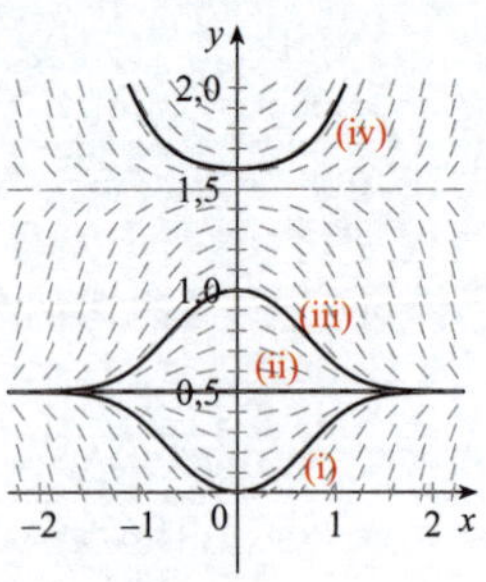

(b) $y = 0{,}5$, $y = 1{,}5$

3. III **5.** IV

7.

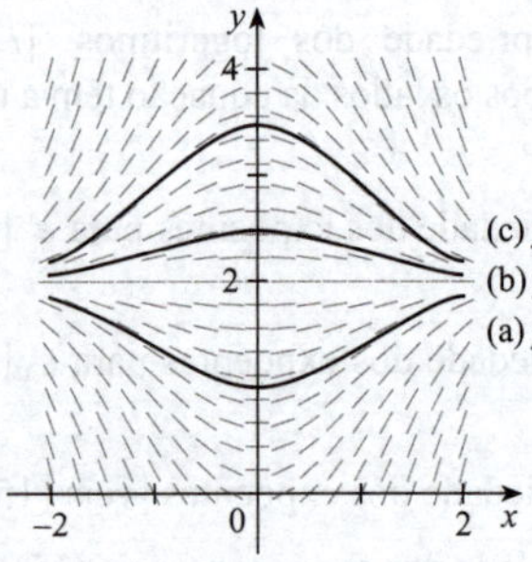

9.

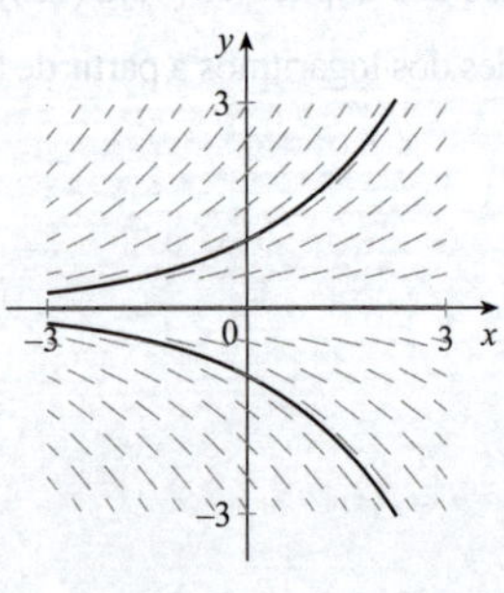

11.

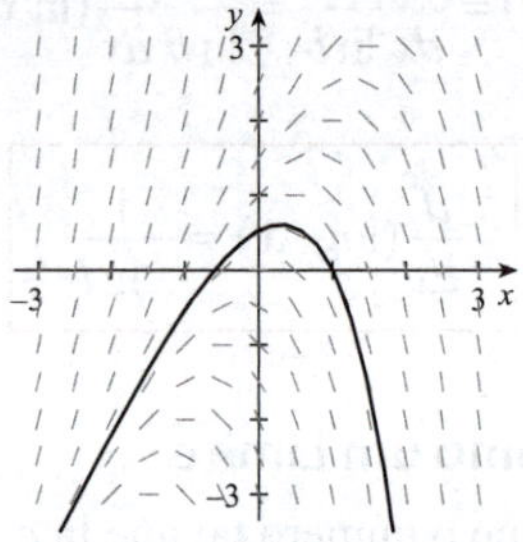

13.

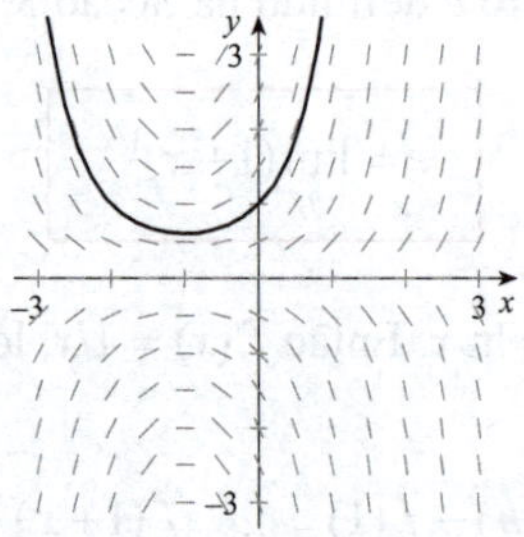

15.

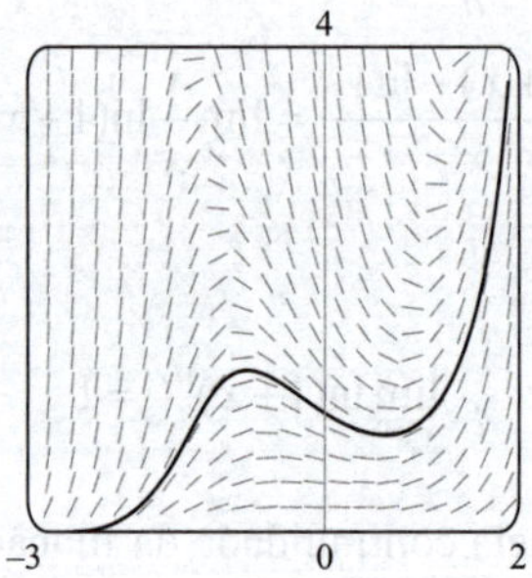

17. $-2 \le c \le 2$; $-2, 0, 2$

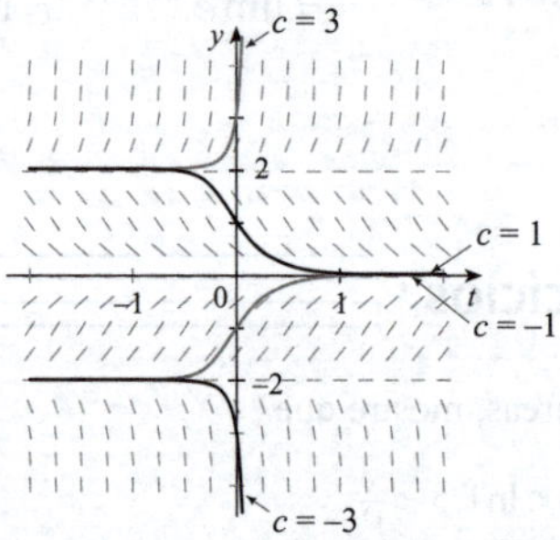

19. (a) (i) 1,4 (ii) 1,44 (iii) 1,4641

(b) Subestima

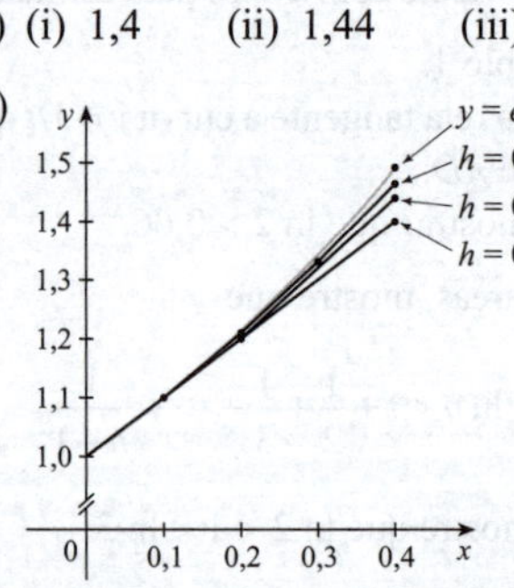

(c) (i) 0,0918 (ii) 0,0518 (iii) 0,0277
Parece que o erro também caiu pela metade (aproximadamente).

21. −1, −3, −6,5, −12,25 **23.** 1,7616

25. (a) (i) 3 (ii) 2,3928 (iii) 2,3701 (iv) 2,3681

(c) (i) −0,6321 (ii) −0,0249 (iii) −0,0022
(iv) −0,0002

Parece que o erro também foi dividido por 10 (aproximadamente).

27. (a), (d) (b) 3
(c) Sim; $Q = 3$
(e) 2,77 C

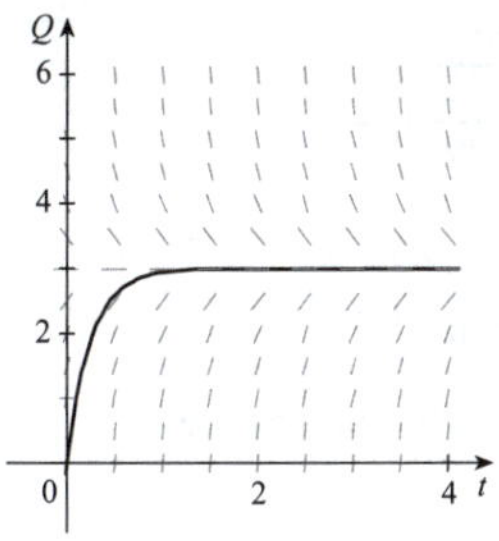

EXERCÍCIOS 9.3

1. $y = -1/(x^3 + C)$, $y = 0$ **3.** $y = (\frac{1}{4}x^2 + C)^2$, $y = 0$

5. $y = \pm\sqrt{x^2 + 2\ln|x| + C}$

7. $e^y - y = 2x + \text{sen}\, x + C$ **9.** $p = -Ke^{(t^3/3)-t} - 1$

11. $\theta\, \text{sen}\, \theta + \cos\theta = -\frac{1}{2}e^{-t^2} + C$

13. $y = -\ln(1 - \frac{1}{2}x^2)$ **15.** $A = b^3e^{b\,\text{sen}\, br}$

17. $u = -\sqrt{t^2 + \text{tg}\, t + 25}$

19. $\frac{1}{2}y^2 + \frac{1}{3}(3 + y^2)^{3/2} = \frac{1}{2}x^2\ln x - \frac{1}{4}x^2 + \frac{41}{12}$

21. $y = \sqrt{x^2 + 4}$ **23.** $y = Ke^x - x - 1$

25. (a) $\text{sen}^{-1}y = x^2 + C$
(b) $y = \text{sen}(x^2), -\sqrt{\pi/2} \le x \le \sqrt{\pi/2}$ (c) Não

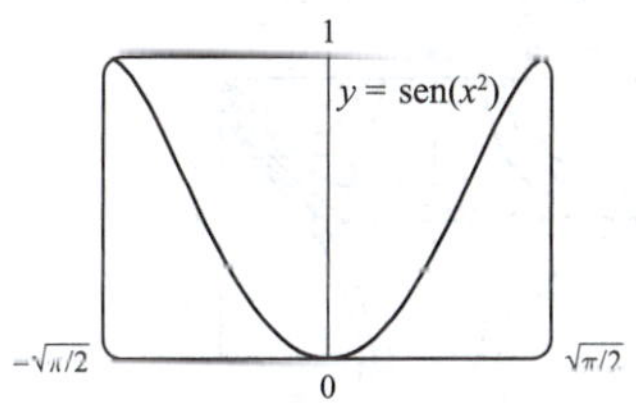

27. $\cos y = \cos x - 1$

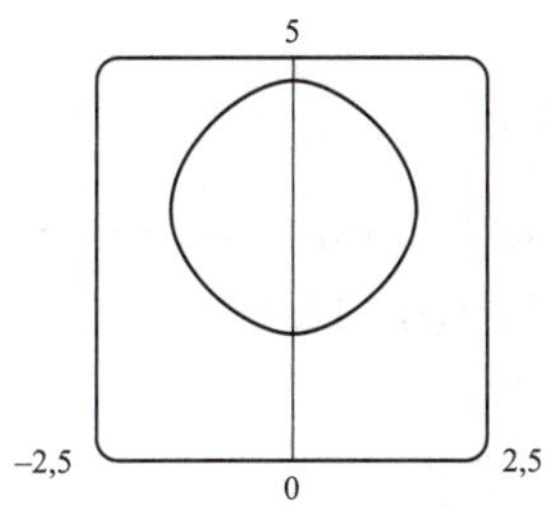

29. (a), (c) (b) $y = \dfrac{1}{K - x}$

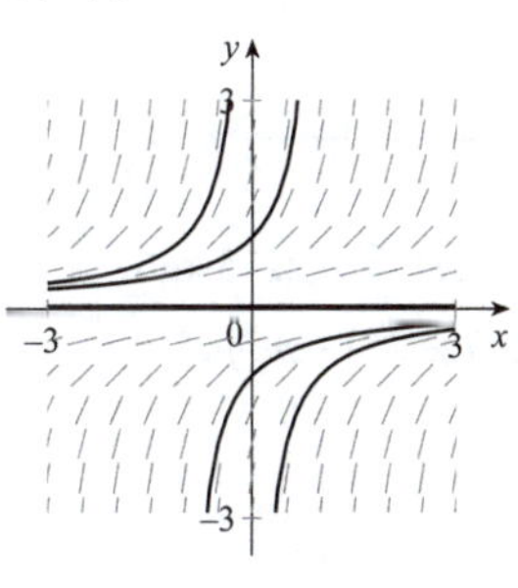

31. $y = Cx^2$

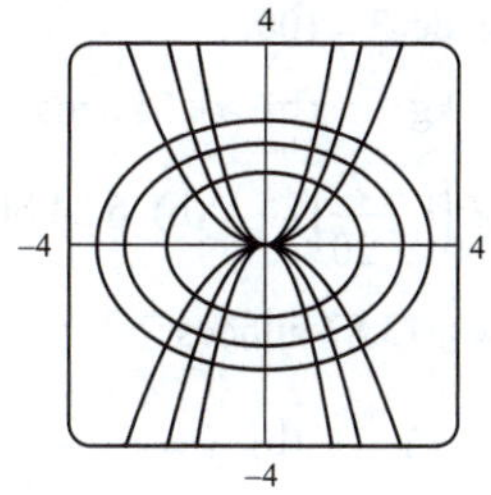

33. $x^2 - y^2 = C$

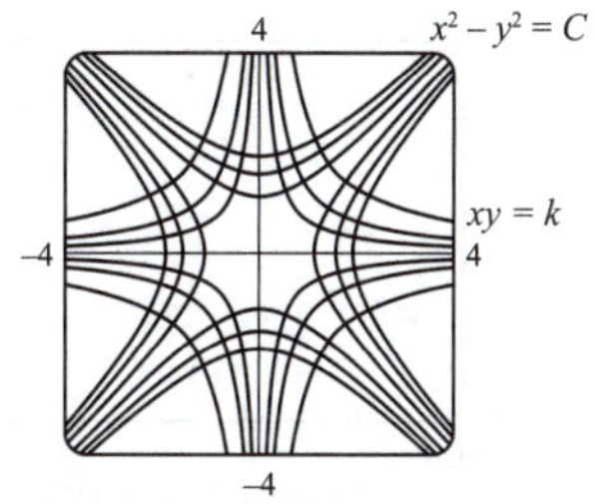

35. $y = 1 + e^{2-(x^2/2)}$ **37.** $y = (\frac{1}{2}x^2 + 2)^2$

39. $Q(t) = 3 - 3e^{-4t}$; 3 **41.** $P(t) = M - Me^{-kt}$; M

43. (a) $x = a - \dfrac{4}{(kt + 2/\sqrt{a})^2}$

(b) $t = \dfrac{2}{k\sqrt{a-b}}\left(\text{tg}^{-1}\sqrt{\dfrac{b}{a-b}} - \text{tg}^{-1}\sqrt{\dfrac{b-x}{a-b}}\right)$

45. (a) $C(t) = (C_0 - r/k)e^{-kt} + r/k$
(b) r/k; a concentração se aproxima de r/k independentemente do valor de C_0.

47. (a) $15e^{-t/100}$ kg (b) $15e^{-0,2} \approx 12,3$ kg

49. Cerca de 4,9% **51.** g/k

53. (a) $L_1 = KL_2^k$ (b) $B = KV^{0,0794}$

55. (a) $dA/dt = k\sqrt{A}(M - A)$

(b) $A(t) = M\left(\dfrac{Ce^{\sqrt{M}kt} - 1}{Ce^{\sqrt{M}kt} + 1}\right)^2$, onde $C = \dfrac{\sqrt{M} + \sqrt{A_0}}{\sqrt{M} - \sqrt{A_0}}$ e $A_0 = (0)$

57. (b) $v_e = \sqrt{2gR}$ (c) $v_e \approx 11.173$ m/s $\approx 11,2$ km/s

EXERCÍCIOS 9.4

1. (a) 1.200; 0,04 (b) $P(t) = \dfrac{1.200}{1 + 19e^{-0,04t}}$ (c) ≈87

3. (a) 100; 0.05 (b) Onde P está próximo de 0 ou 100; na reta $P = 50$; $0 < P_0 < 100$; $P_0 > 100$

(c)

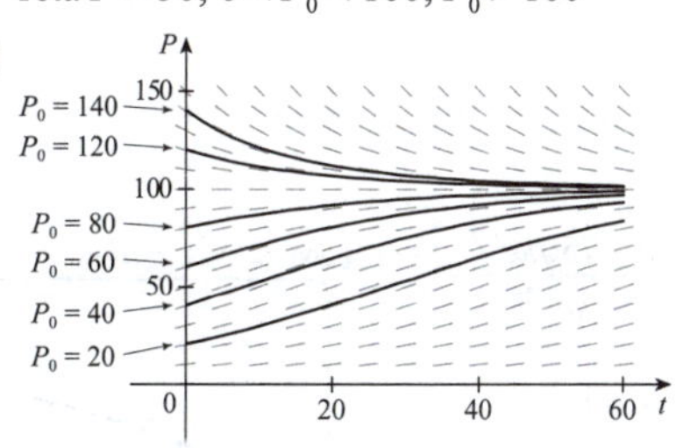

As soluções aproximam-se de 100; algumas crescem, outras decrescem; algumas têm ponto de inflexão, outras não; as soluções com $P_0 = 20$ e $P_0 = 40$ têm pontos de inflexão em $P = 50$.

(d) $P = 0$, $P = 100$; as outras soluções se afastam de $P = 0$ e se aproximam de $P = 100$.

5. (a) $\approx 3{,}23 \times 10^7$ kg (b) $\approx 1{,}55$ anos **7.** 9.000

9. (a) $\dfrac{dP}{dt} = \dfrac{1}{305} P\left(1 - \dfrac{P}{20}\right)$ (b) 6,24 bilhões

(c) 7,57 bilhões; 13,87 bilhões

11. (a) $\dfrac{dy}{dt} = ky(1-y)$ (b) $y = \dfrac{y_0}{y_0 + (1-y_0)e^{-kt}}$

(c) 3:36 PM

15. (a)

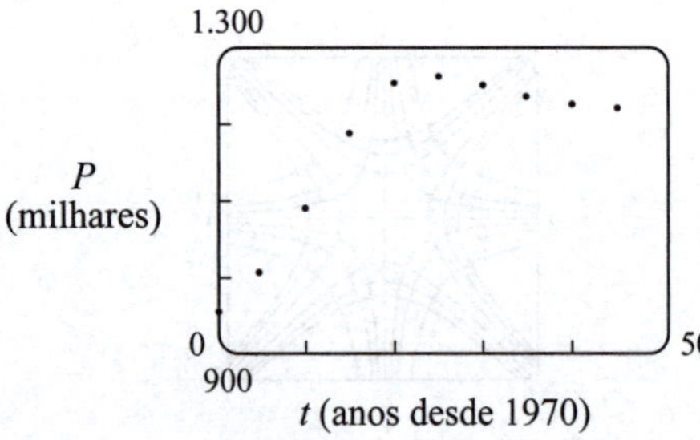

(b) $f(t) = \dfrac{345{,}5899}{1 + 7{,}9977e^{-0{,}2482t}}$

(c) $P(t) = 900 + \dfrac{345{,}5899}{1 + 7{,}9977e^{-0{,}2482t}}$

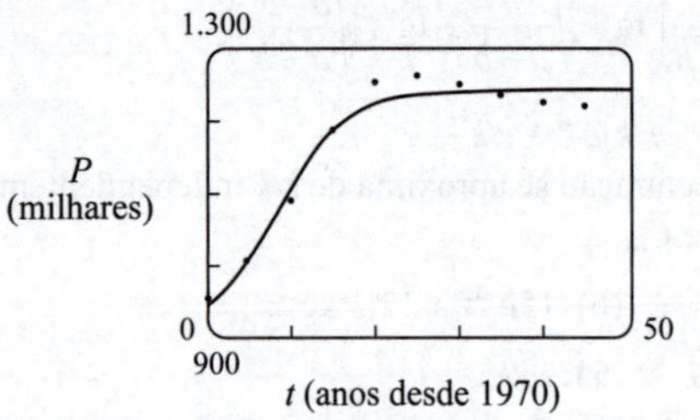

(d) A população se aproximará de 1,246 milhão de habitantes

17. (a) $P(t) = \dfrac{m}{k} + \left(P_0 - \dfrac{m}{k}\right)e^{kt}$ (b) $m < kP_0$

(c) $m = kP_0$, $m > kP_0$ (d) Diminuindo

19. (a) Os peixes são capturados em uma taxa de 15 por semana.

(b) Veja a parte (d). (c) $P = 250$, $P = 750$

(d)

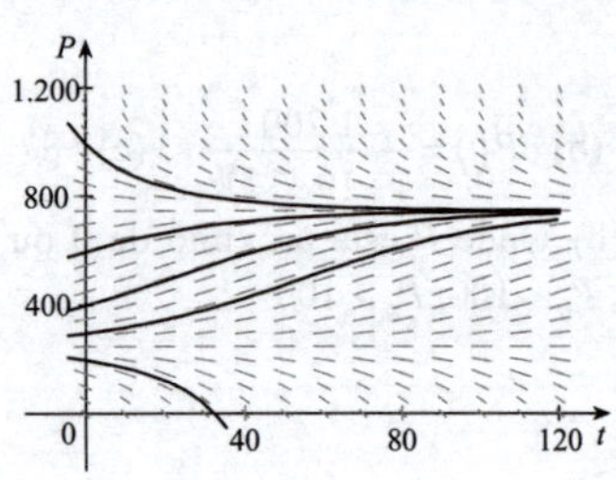

$0 < P_0 < 250$: $P \to 0$;
$P_0 = 250$: $P \to 250$;
$P_0 > 250$: $P \to 750$

(e) $P(t) = \dfrac{250 - 750ke^{t/25}}{1 - ke^{t/25}}$

onde $k = \frac{1}{11}, -\frac{1}{9}$

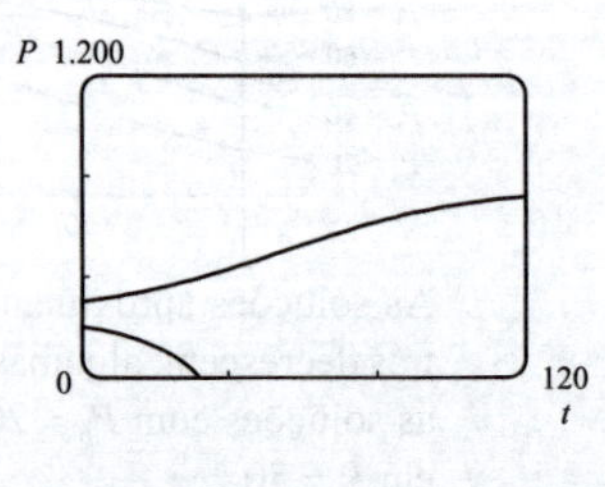

21. (b)

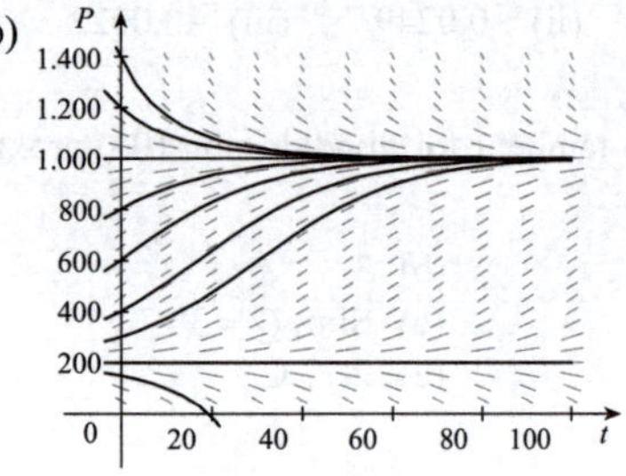

$0 < P_0 < 200$: $P \to 0$;
$P_0 = 200$: $P \to 200$;
$P_0 > 200$: $P \to 1.000$
$P = 200$,
$P = 1.000$

(c) $P(t) = \dfrac{m(M - P_0) + M(P_0 - m)e^{(M-m)(k/M)t}}{M - P_0 + (P_0 - m)e^{(M-m)(k/M)t}}$

23. (a) $P(t) = P_0 e^{(k/r)[\text{sen}(rt - \phi) + \text{sen}\,\phi]}$ (b) Não existe

EXERCÍCIOS 9.5

1. Não **3.** Sim; $\dfrac{du}{dt} - \dfrac{e^t}{\sqrt{t}}u = -\sqrt{t}$ **5.** $y = 1 + Ce^{-x}$

7. $y = x = 1 + Ce^{-x}$ **9.** $y = \frac{2}{3}\sqrt{x} + C/x$

11. $y = x^2(\ln x + C)$ **13.** $y = \frac{1}{3}t^{-3}(1+t^2)^{3/2} + Ct^{-3}$

15. $y = e^{-\text{sen}\,x}\int xe^{\text{sen}\,x}\,dx + Ce^{-\text{sen}\,x}$ **17.** $y = x^2 + 3/x$

19. $y = \dfrac{1}{x}\ln x - \dfrac{1}{x} + \dfrac{3}{x^2}$ **21.** $u = -t^2 + t^3$

23. $y = -x\cos x - x$

25. $y = \dfrac{(x-1)e^x + C}{x^2}$

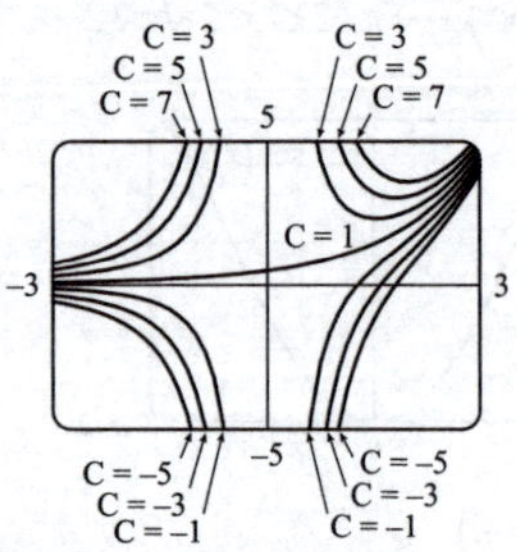

29. $y = \pm\left(Cx^4 + \dfrac{2}{5x}\right)^{-1/2}$

31. (a) $I(t) = 4 - 4e^{-5t}$ (b) $4 - 4e^{-1/2} \approx 1{,}57$ A

33. $Q(t) = 3(1 - e^{-4t})$, $I(t) = 12e^{-4t}$

35. $P(t) = M + Ce^{-kt}$

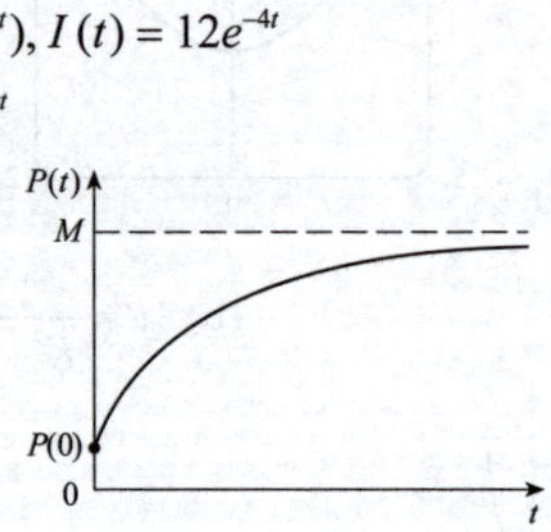

37. $y = \frac{2}{5}(100 + 2t) - 40.000(100 + 2t)^{-3/2}$; 0,2275 kg/L

39. (b) mg/c (c) $(mg/c)[t + (m/c)e^{-ct/m}] - m^2g/c^2$

41. (b) $P(t) = \dfrac{M}{1 + MCe^{-kt}}$

EXERCÍCIOS 9.6

1. (a) x = predadores, y = presas; o crescimento é restrito somente aos predadores, que se alimentam somente de sua presa.
(b) x = presas, y = predadores; o crescimento é restrito pela capacidade de suporte e pelos predadores, que se alimentam apenas da presa.

3. (a) Competição
(b) (i) $x = 0$, $y = 0$: zero populações
(ii) $x = 0$, $y = 400$: Na ausência de uma população x, a população y estabiliza em 400.
(iii) $x = 125$, $y = 0$: Na ausência de uma população y, a população x estabiliza em 125.
(iv) $x = 50$, $y = 300$: Ambas as populações são estáveis.

5. (a) A população de coelhos começa em cerca de 300, aumenta até 2.400, e então decresce de novo para 300. A população de raposas começa em 100, decresce para cerca de 20, aumenta para cerca de 315, decresce para 100, e o ciclo começa novamente.

(b)
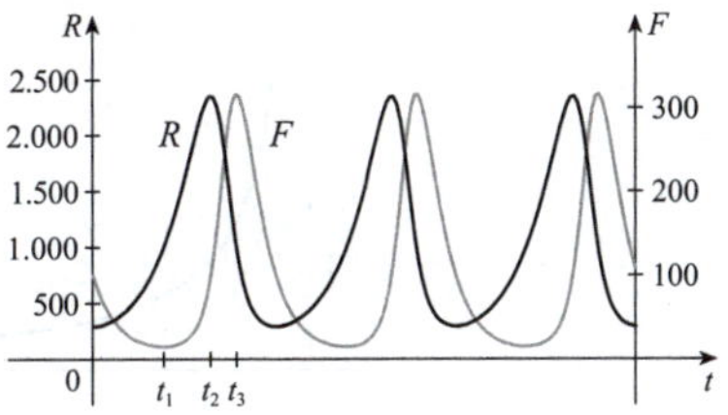

7.
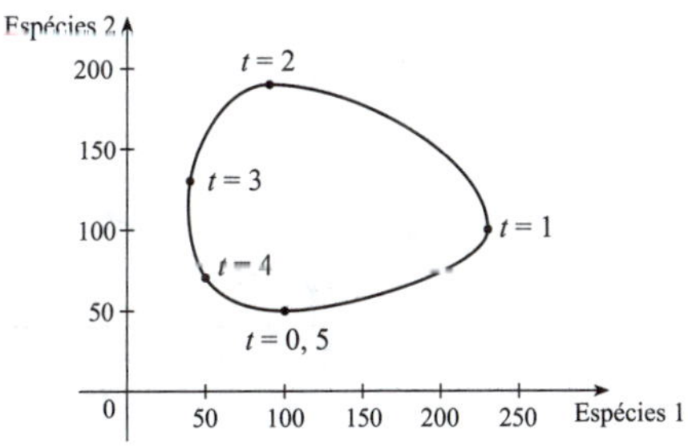

9. (b)
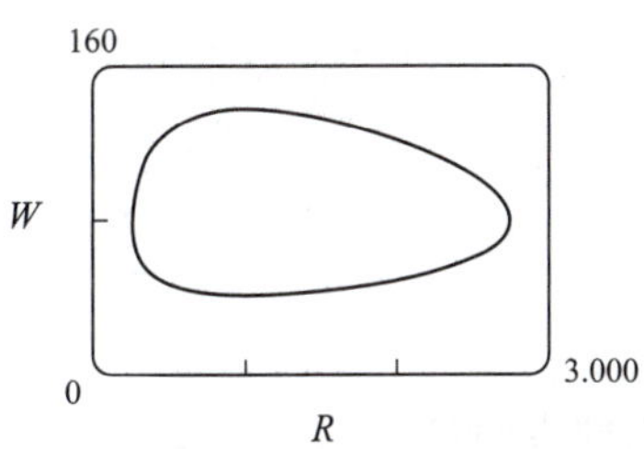

11. (a) As populações estabilizam em 5.000.
(b) (i) $W = 0$, $R = 0$: Zero populações
(ii) $W = 0$, $R = 5.000$: Na ausência de lobos, a população de coelhos é sempre de 5.000.
(iii) $W = 64$, $R = 1.000$: Ambas as populações são estáveis.
(c) As populações estabilizam em 1.000 coelhos e 64 lobos.

(d)
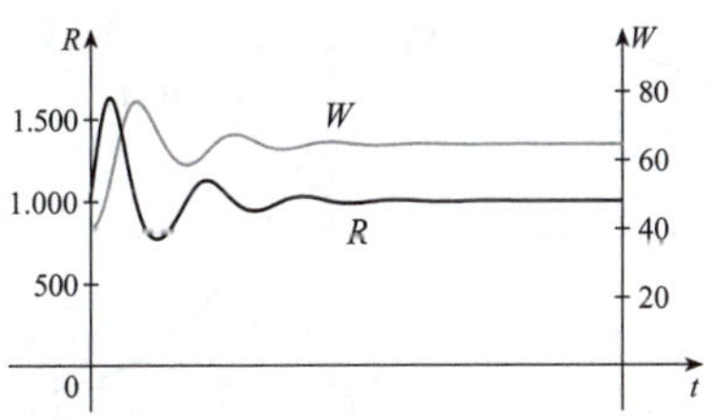

CAPÍTULO 9 REVISÃO

Testes Verdadeiro-Falso

1. Verdadeiro **3.** Falso **5.** Verdadeiro
7. Falso **9.** Verdadeiro

Exercícios

1. (a)
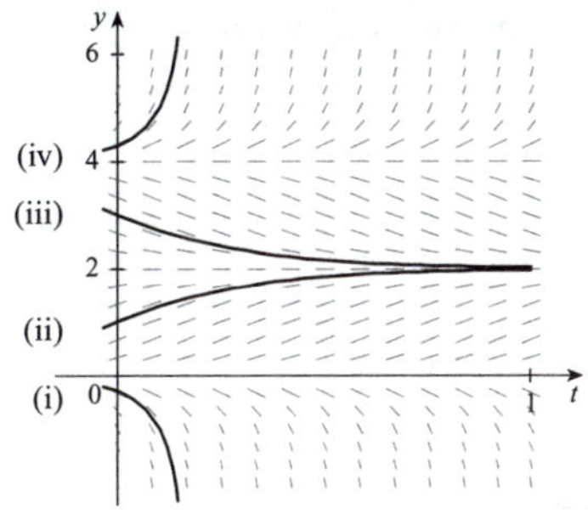

(b) $0 \le c \le 4$; $y = 0$, $y = 2$, $y = 4$

3. (a) $y(0,3) \approx 0,8$
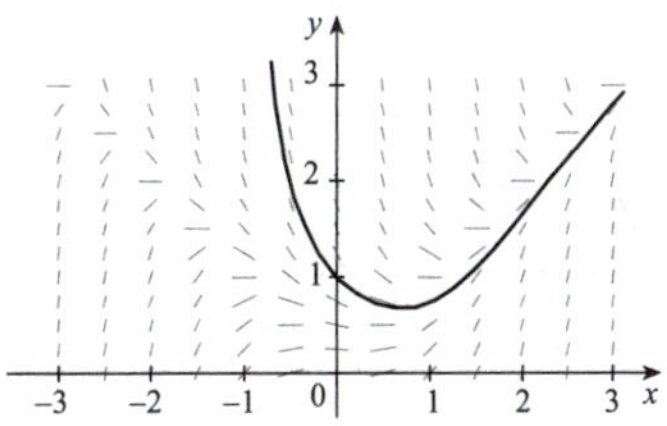

(b) 0,75676
(c) $y = x$ e $y = -x$; há um máx loc ou mín loc

5. $y = \left(\frac{1}{2}x^2 + C\right)e^{-\operatorname{sen} x}$

7. $y = \pm\sqrt{\ln(x^2 + 2x^{3/2} + C)}$

9. $r(t) = 5e^{t - t^2}$ **11.** $y = \frac{1}{2}x(\ln x)^2 + 2x$

13. $x = C - \frac{1}{2}y^2$

15. (a) $P(t) = \dfrac{2.000}{1 + 19e^{-0,1t}}$; ≈ 560
(b) $t = -10 \ln \frac{2}{57} \approx 33,5$

17. (a) $L(t) = L_\infty - [L_\infty - L(0)]e^{-kt}$
(b) $L(t) = 53 - 43e^{-0,2t}$

19. 15 dias **21.** $k \ln h + h = (-R/V)t + C$

23. (a) Estabiliza em 200.000
(b) (i) $x = 0$, $y = 0$: Zero populações
(ii) $x = 200.000$, $y = 0$: Na ausência de pássaros, a população de insetos é sempre 200.000.
(iii) $x = 25.000$, $y = 175$: Ambas as populações são estáveis.
(c) As populações se estabilizam em 25.000 insetos e 175 pássaros.

(d)
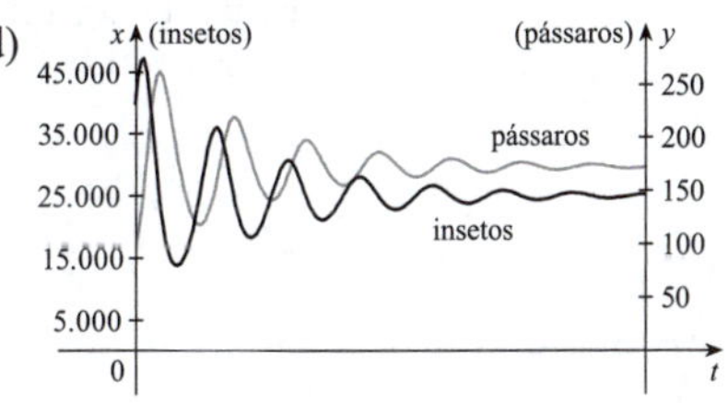

PROBLEMAS QUENTES

1. $f(x) = \pm 10e^x$ **5.** $y = x^{1/n}$ **7.** 20 °C

9. (b) $f(x) = \dfrac{x^2 - L^2}{4L} - \dfrac{L}{2}\ln\left(\dfrac{x}{L}\right)$ (c) Não

11. (a) 9,5 h (b) $2.700\pi \approx 8.482$ m^2; 471 m^2/h (c) 5,5 h

13. $x^2 + (y-6)^2 = 25$ **15.** $y = K/x, K \neq 0$

CAPÍTULO 10

EXERCÍCIOS 10.1

1. $(2, \frac{1}{3}), (0, 1), (0, 3), (2, 9), (6, 27)$

3.

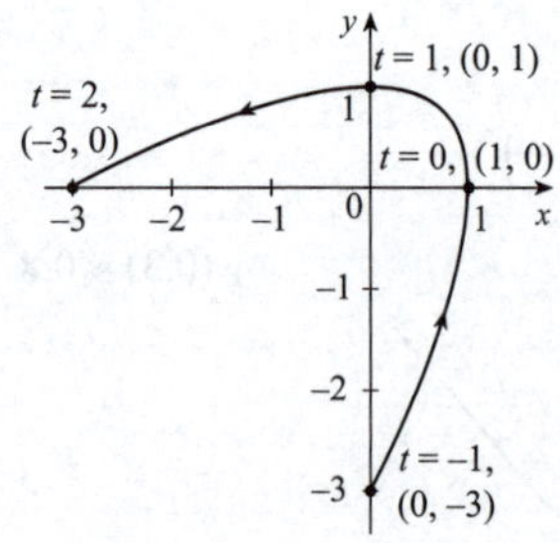

5.

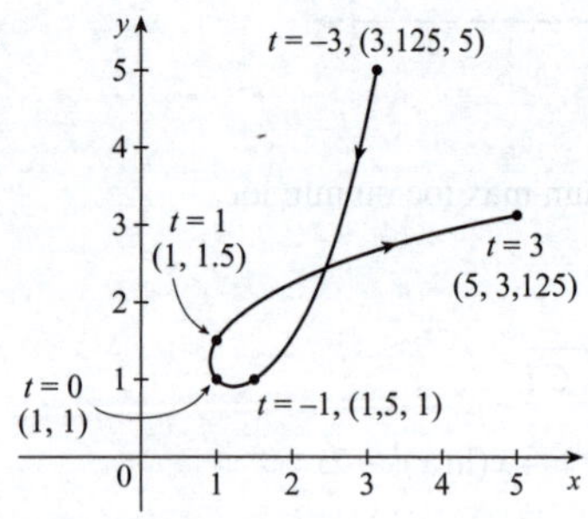

7. (a)

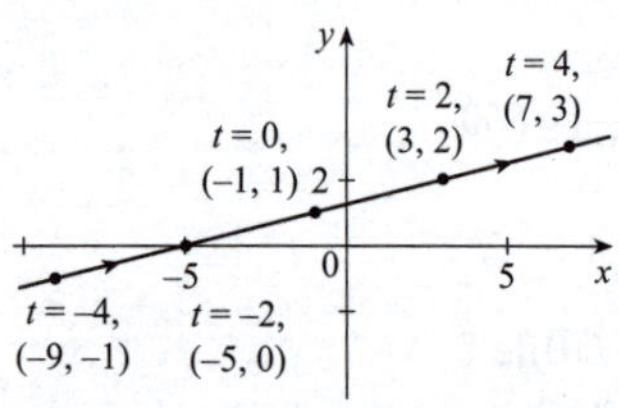

(b) $y = \frac{1}{4}x + \frac{5}{4}$

9. (a)

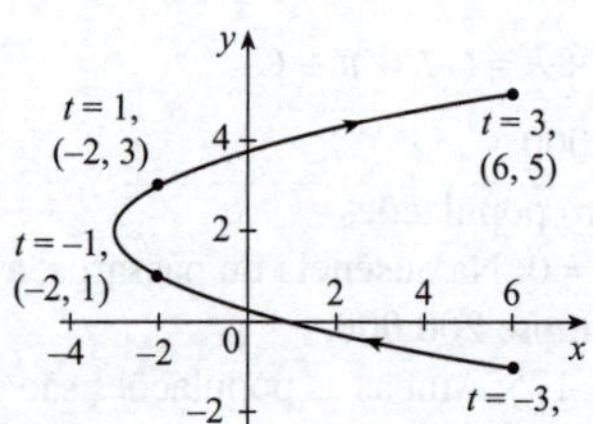

(b) $x = y^2 - 4y + 1$, $-1 \leq y \leq 5$

11. (a)

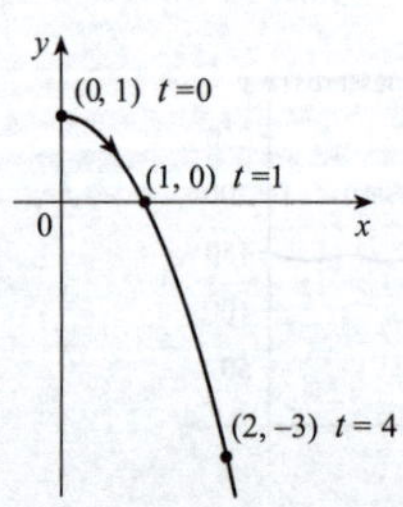

(b) $y = 1 - x^2, x \geq 0$

13. (a) $x^2 + y^2 = 9, y \geq 0$ (b)

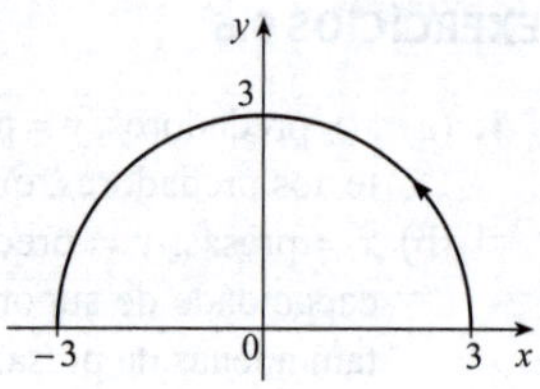

15. (a) $y = 1/x^2, 0 < x \leq 1$ (b)

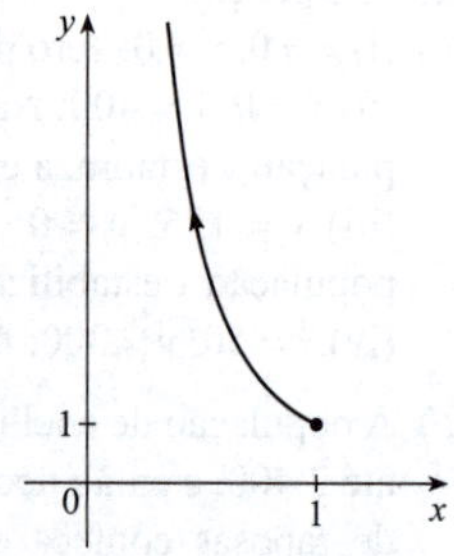

17. (a) $y = 1/x, x > 0$ (b)

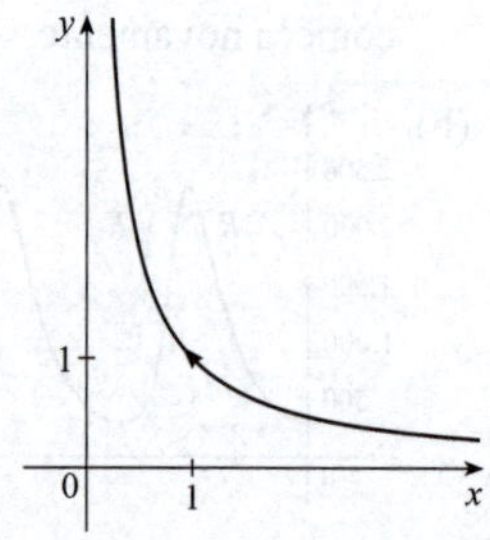

19. (a) $y = e^{x/2}, x \geq 0$ (b)

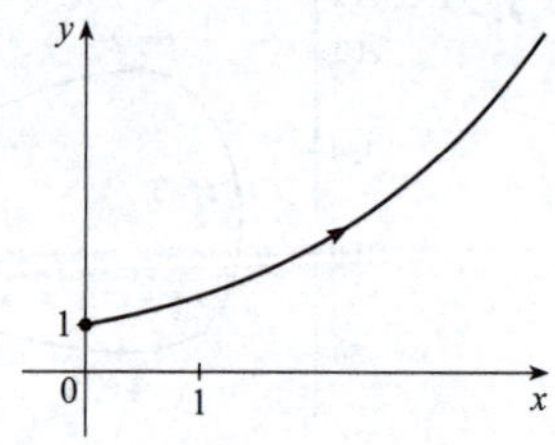

21. (a) $x + y = 1, 0 \leq x \leq 1$ (b)

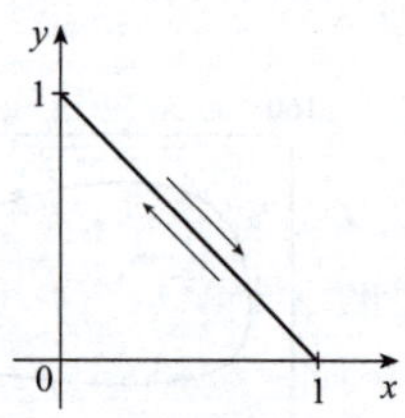

23. 2π segundos; sentido horário

25. Move-se no sentido anti-horário ao longo do círculo $(x-5)^2 + (y-3)^2 = 4$ de (3, 3) a (7, 3)

27. Move-se 3 vezes em sentido horário em torno da elipse $(x^2/25) + (y^2/4) = 1$, começando e terminando em (0, −2)

29. Está contida no retângulo descrito por $1 \leq x \leq 4$ e $2 \leq y \leq 3$.

31.

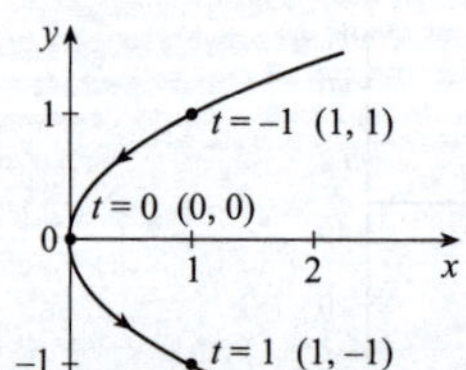

33.

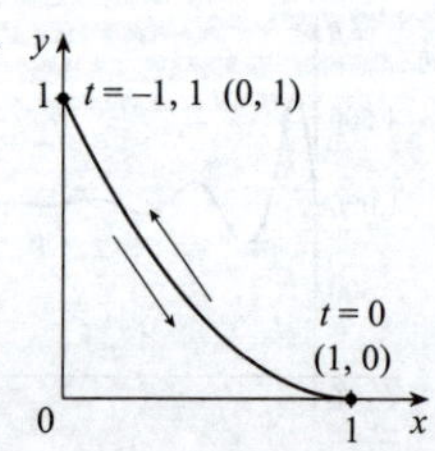

35.

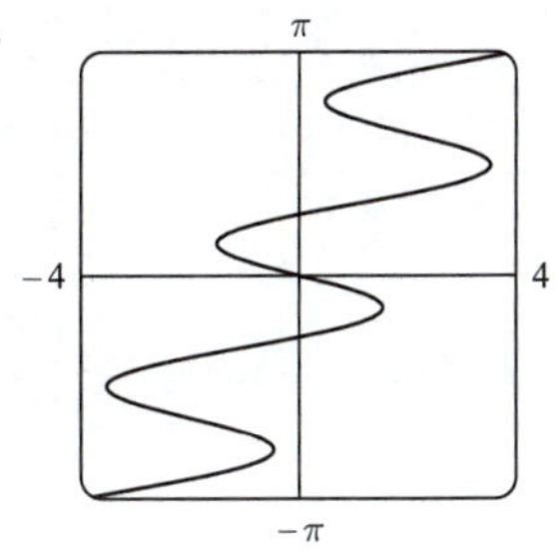

37. (b) $x = -2 + 5t$, $y = 7 - 8t$, $0 \le t \le 1$

39. Uma opção: $x = 5 \text{ sen}(t/2)$, $y = 5 \cos(t/2)$ onde t é o tempo em segundos

41. (a) $x = 2 \cos t$, $y = 1 - 2 \text{ sen } t$, $0 \le t \le 2\pi$
(b) $x = 2 \cos t$, $y = 1 + 2 \text{ sen } t$, $0 \le t \le 6\pi$
(c) $x = 2 \cos t$, $y = 1 + 2 \text{ sen } t$, $\pi/2 \le t \le 3\pi/2$

45. (b)

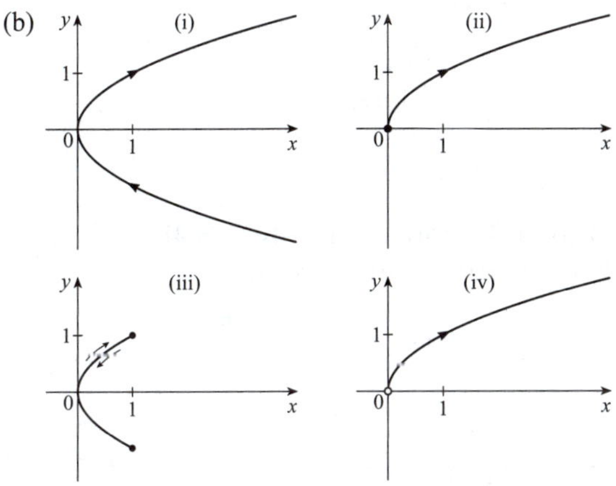

47. A curva $y = x^{2/3}$ é gerada em (a). Em (b), somente a porção com $x \ge 0$ é gerada, e em (c) obtemos somente a porção com $x > 0$.

49.

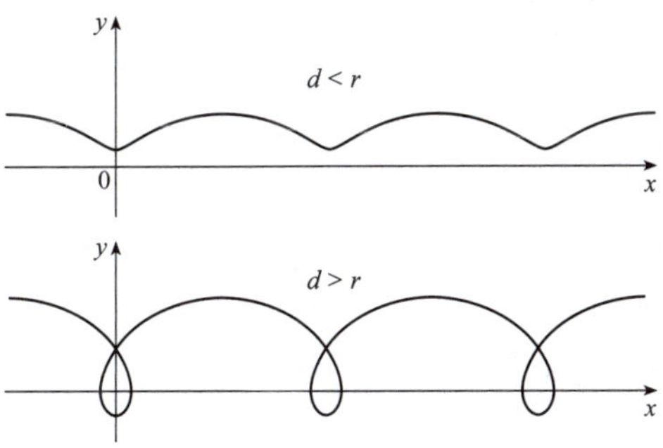

51. $x = a \cos \theta$, $y = b \text{ sen } \theta$; $(x^2/a^2) + (y^2/b^2) = 1$, elipse

53.

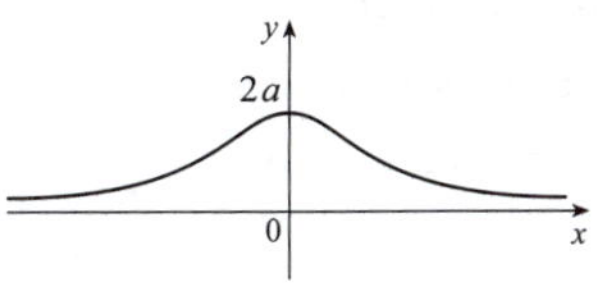

55. (a) Não (b) Sim; (6, 11) quando $t = 1$

57. (a) (0, 0); $t = 1$, $t = -1$
(b) $(-1, -1)$; $t = \dfrac{1+\sqrt{5}}{2}$, $t = \dfrac{1-\sqrt{5}}{2}$

59. Para $c = 0$, existe uma cúspide; para $c > 0$, há um ciclo cujo tamanho aumenta à medida que c aumenta.

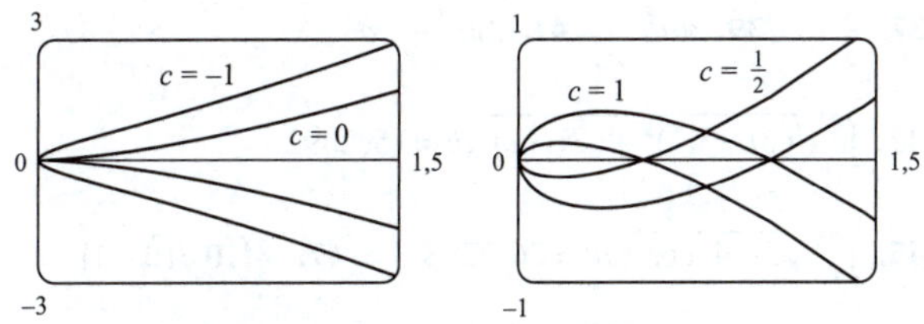

61. As curvas seguem aproximadamente a linha $y = x$ e começam a ter ciclos quando a está entre 1,4 e 1,6 (mais precisamente, quando $a > \sqrt{2}$); os ciclos aumentam de tamanho à medida que a aumenta.

63. À medida que n aumenta, o número de oscilações aumenta; a e b determinam a largura e a altura.

EXERCÍCIOS 10.2

1. $6t^2 + 3, 4 - 10t, \dfrac{4-10t}{6t^2+3}$

3. $e^t(t+1), 1 + \cos t, \dfrac{1+\cos t}{e^t(t+1)}$ **5.** $\ln 2 - \frac{1}{4}$

7. $y = -x$ **9.** $y = \frac{1}{2}x + \frac{3}{2}$ **11.** $y = -x + \frac{5}{4}$

13. $y = 3x + 3$

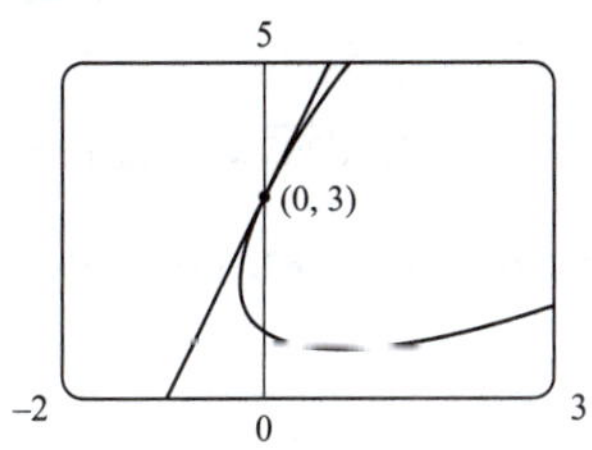

15. $\dfrac{2t+1}{2t}, -\dfrac{1}{4t^3}, t < 0$

17. $e^{-2t}(1 - t)$, $e^{-3t}(2t - 3)$, $t > 3/2$

19. $\dfrac{t+1}{t-1}, \dfrac{-2t}{(t-1)^3}$, $0 < t < 1$

21. Horizontal em (0, −3), vertical em (±2, −2)

23. Horizontal em $(\frac{1}{2}, -1)$ e $(-\frac{1}{2}, 1)$, não vertical

25. (0,6, 2); $(5 \cdot 6^{-6/5}, e^{6^{-1/5}})$

27.

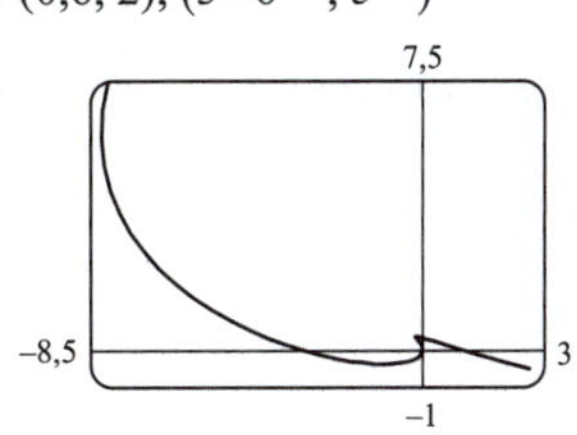

29. $y = x$, $y = -x$

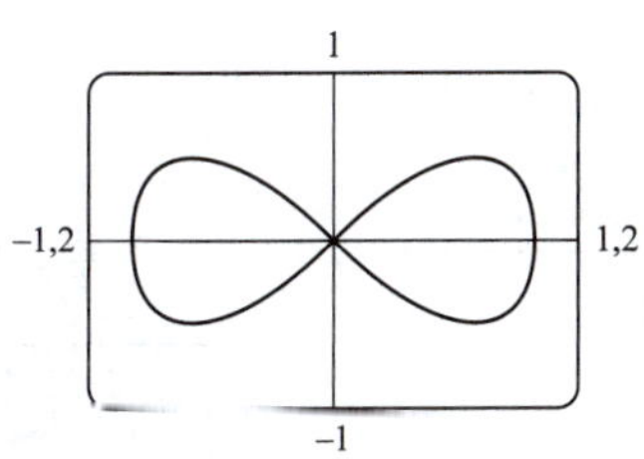

31. (a) $d \text{ sen } \theta/(r - d \cos \theta)$ **33.** (4, 0) **35.** $\frac{24}{5}$

37. $\frac{4}{3}$ **39.** πab **41.** $2\pi r^2 + \pi d^2$

43. $\int_{-1}^{3} \sqrt{(6t-3t^2)^2+(2t-2)^2}\,dt \approx 15{,}2092$

45. $\int_0^{4\pi} \sqrt{5-4\cos t}\,dt \approx 26{,}7298$ **47.** $\frac{2}{3}\left(10\sqrt{10}-1\right)$

49. $\frac{1}{2}\sqrt{2}+\frac{1}{2}\ln\left(1+\sqrt{2}\right)$

51. $\sqrt{2}\,(e^{\pi}-1)$

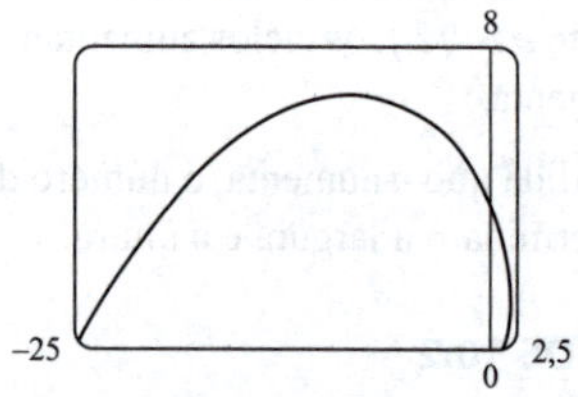

53. 16,7102

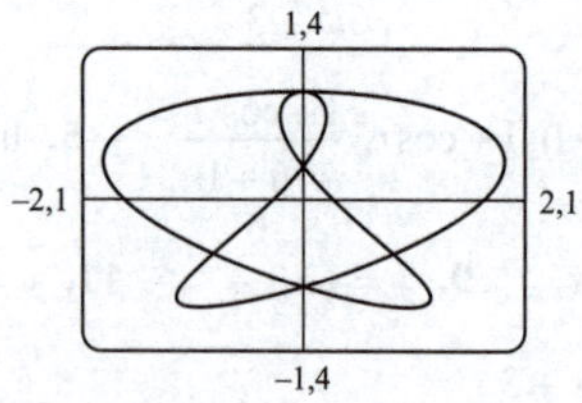

55. $6\sqrt{2}$, $\sqrt{2}$ **57.** $\sqrt{293} \approx 17{,}12$ m/s

59. $\sqrt{5}\ e \approx 6{,}08$ m/s **61.** (a) v_0 m/s (b) $v_0 \cos\alpha$ m/s

63. (a) $t \in [0, 4\pi]$

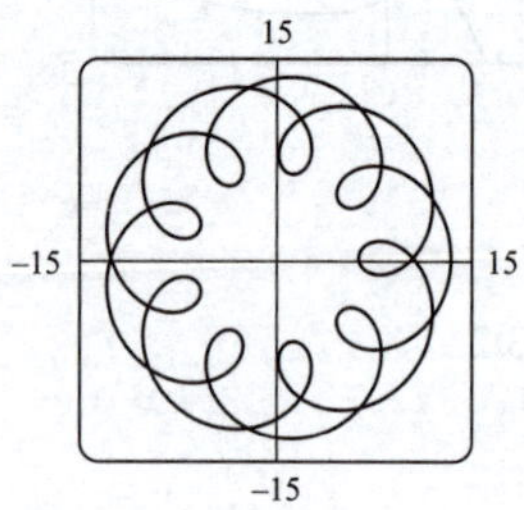

(b) 294

65. $\frac{3}{8}\pi a^2$ **67.** $\int_0^{\pi/2} 2\pi t \cos t \sqrt{t^2+1}\,dt \approx 4{,}7394$

69. $\int_0^1 2\pi e^{-t}\sqrt{1+2e^t+e^{2t}+e^{-2t}}\,dt \approx 10{,}6705$

71. $\frac{2}{1.215}\pi\left(247\sqrt{13}+64\right)$ **73.** $\frac{6}{5}\pi a^2$

75. $\frac{24}{5}\pi\left(949\sqrt{26}+1\right)$ **81.** $\frac{1}{4}$

EXERCÍCIOS 10.3

1. (a)

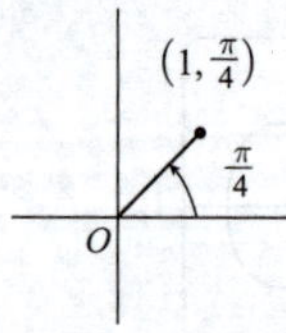

$(1, 9\pi/4)$, $(-1, 5\pi/4)$

(b)

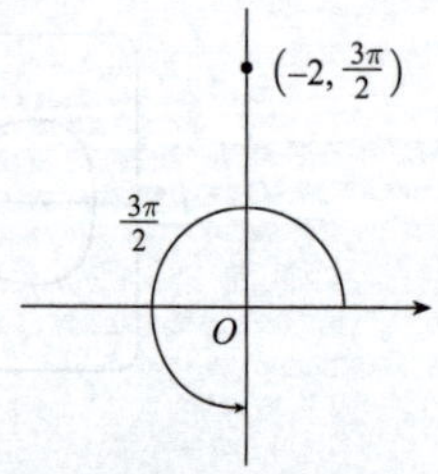

$(2, \pi/2)$, $(-2, 7\pi/2)$

(c)

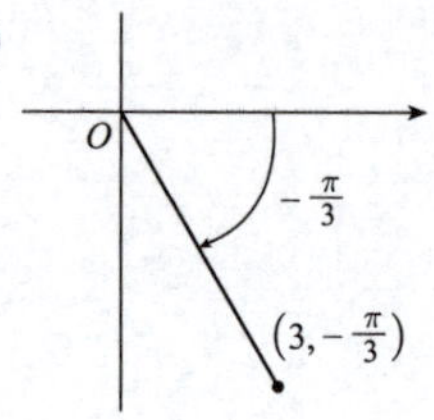

$(3, 5\pi/3)$, $(-3, 2\pi/3)$

3. (a)

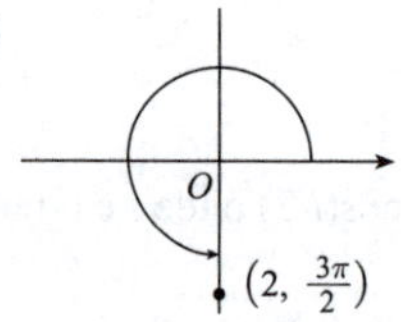

$(0, -2)$

(b)

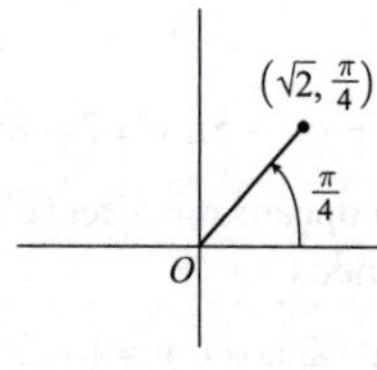

$(1, 1)$

(c)

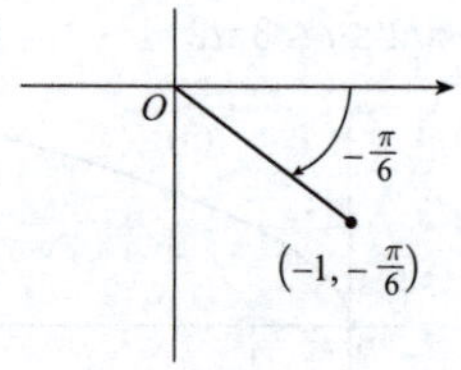

$(-\sqrt{3}/2, 1/2)$

5. (a) (i) $(4\sqrt{2}, 3\pi/4)$ (ii) $(-4\sqrt{2}, 7\pi/4)$
(b) (i) $(6, \pi/3)$ (ii) $(-6, 4\pi/3)$

7.

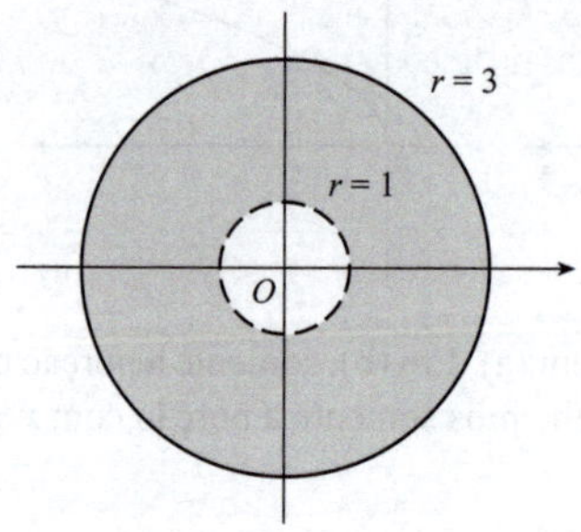

9.

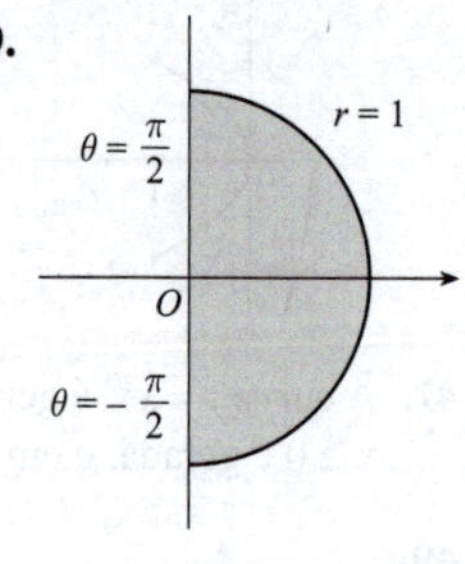

11.

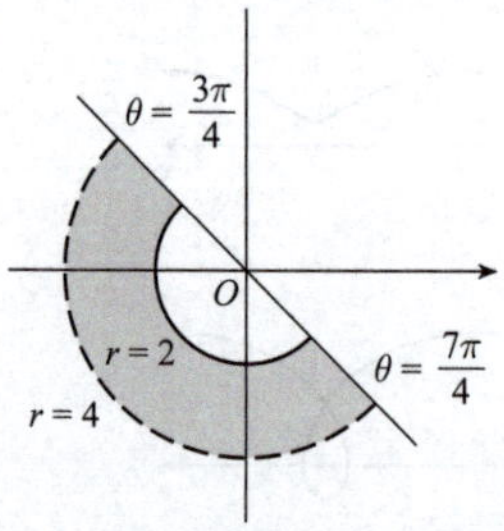

13. $2\sqrt{7}$ **15.** $x^2 + y^2 = 5$; círculo, centro O, raio $\sqrt{5}$

17. $x^2 + y^2 = 5x$; círculo, centro $(5/2, 0)$, raio $5/2$

19. $x^2 - y^2 = 1$; hipérbole, centro O, focos no eixo x

21. $r = \sqrt{7}$ **23.** $\theta = \pi/3$ **25.** $r = 4$ sen θ

27. (a) $\theta = \pi/6$ (b) $x = 3$

29.

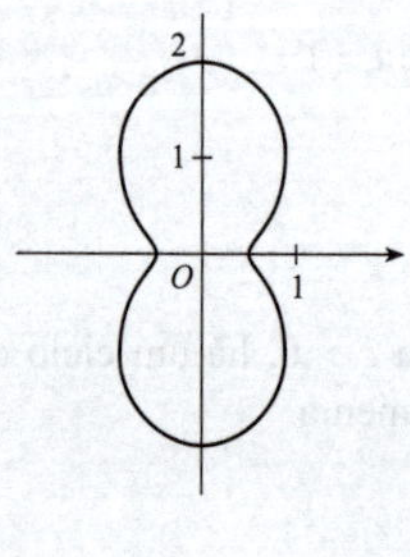

31.

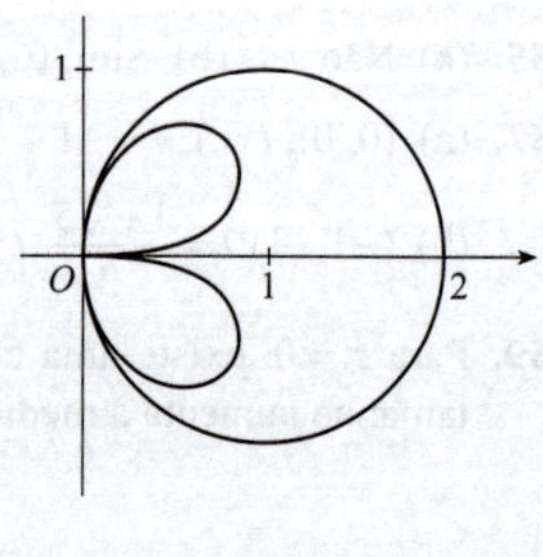

33.

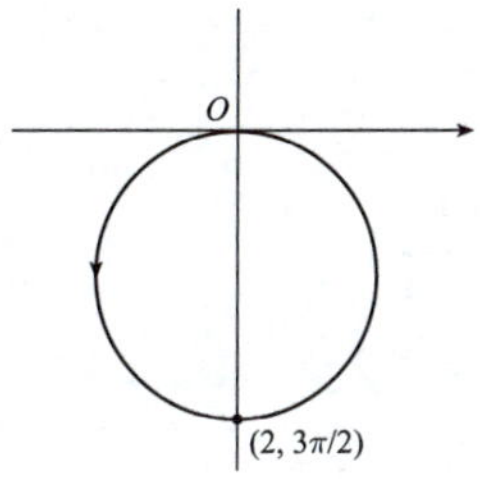

35.

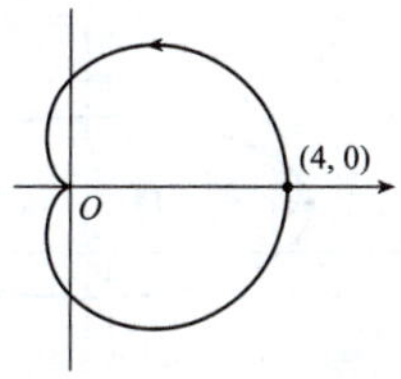

37.

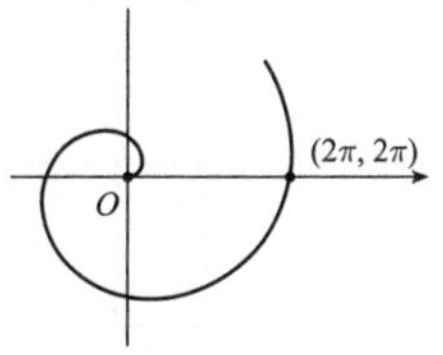

39.

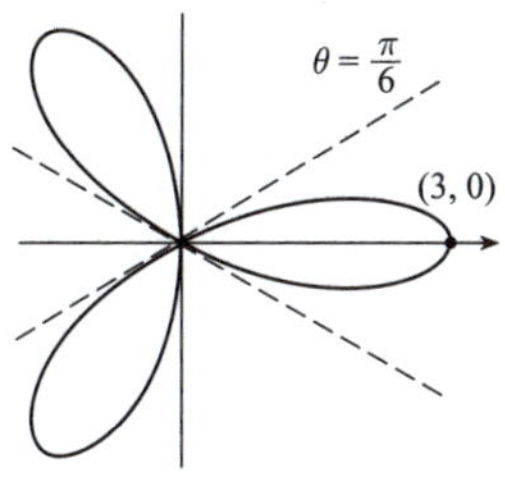

41.

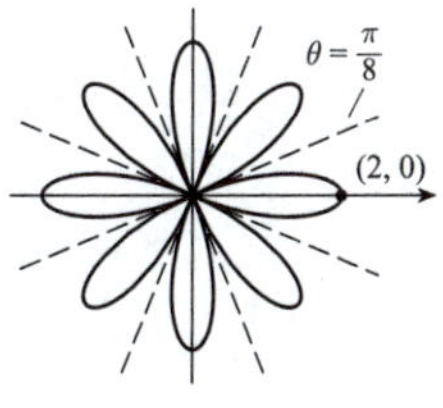

43.

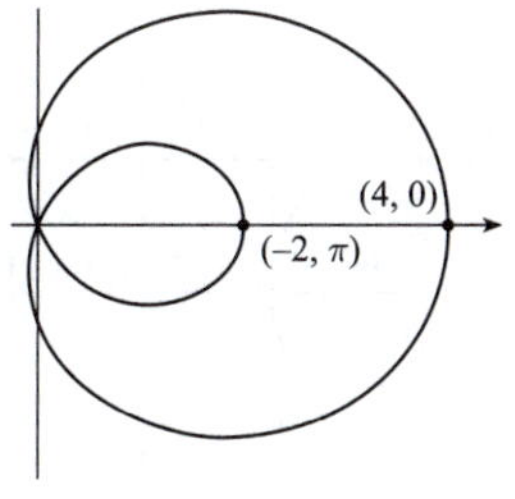

45.

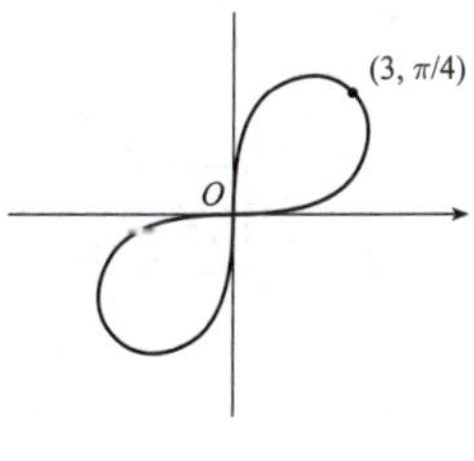

47.

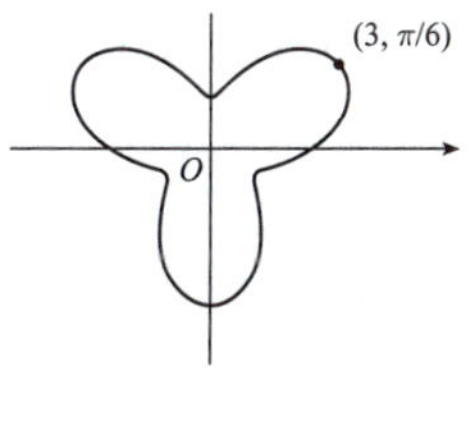

49.

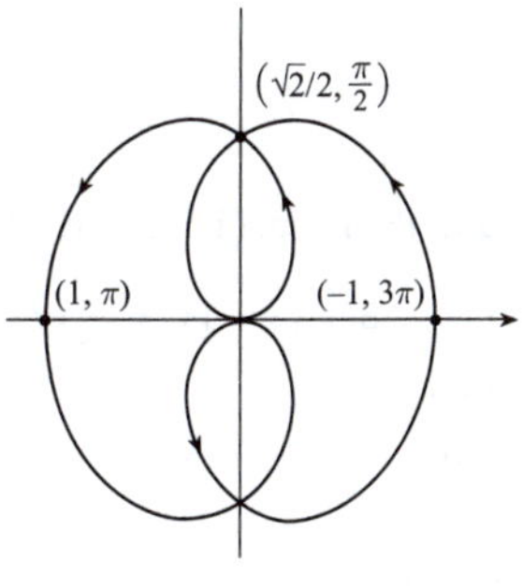

51.

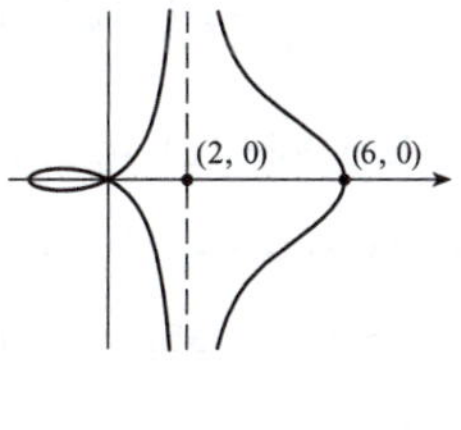

53.

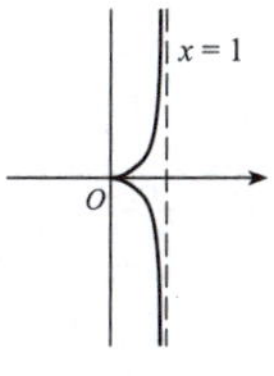

55. (a) Para $c < -1$, a volta interna começa em $\theta = \text{sen}^{-1}(-1/c)$ e termina em $\theta = \pi - \text{sen}^{-1}(-1/c)$; para $c > 1$, começa em $\theta = \pi + \text{sen}^{-1}(1/c)$ e termina em $\theta = 2\pi - \text{sen}^{-1}(1/c)$.

57. Centro $(b/2, a/2)$, raio $\sqrt{a^2 + b^2}/2$

59.

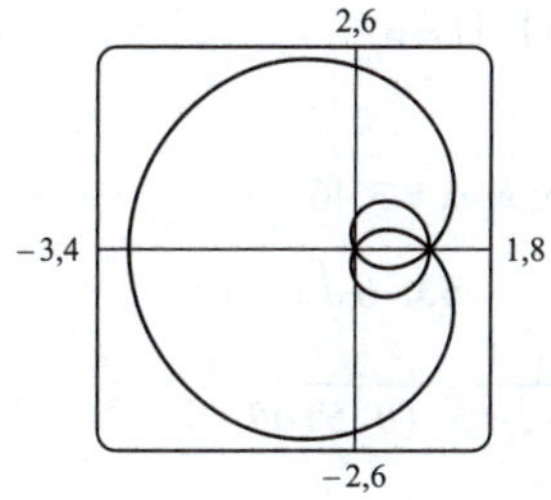

61.

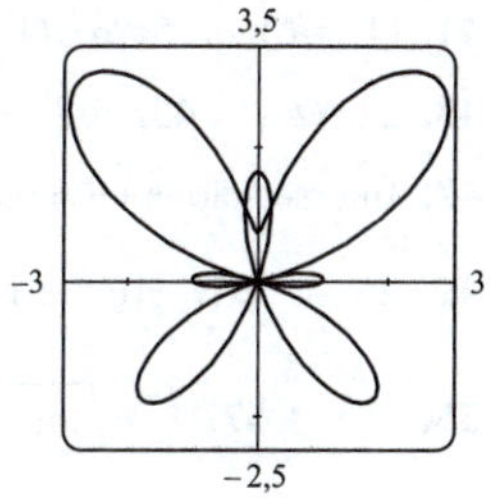

63.

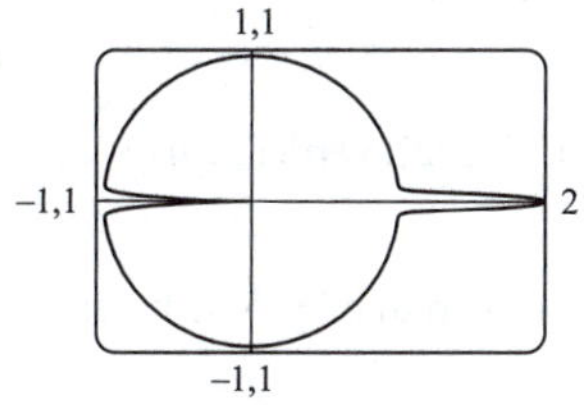

65. Pela rotação em sentido anti-horário pelo ângulo $\pi/6$, $\pi/3$ ou α em torno da origem

67. Para $c = 0$, a curva é um círculo. À medida que c cresce, o lado esquerdo fica mais achatado, então tem uma covinha $0{,}5 < c < 1$, uma cúspide para $c = 1$, e uma volta para $c > 1$.

EXERCÍCIOS 10.4

1. $\pi^2/8$ **3.** $\pi/2$ **5.** $\frac{1}{2}$ **7.** $\frac{41}{4}\pi$

9. 4π **11.** 11π

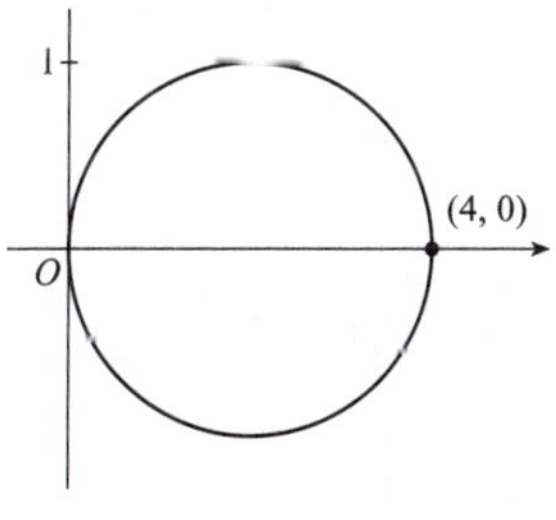

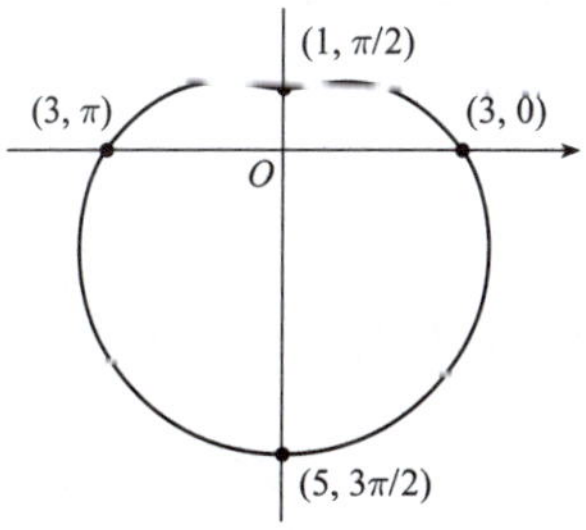

13. $\frac{9}{2}\pi$

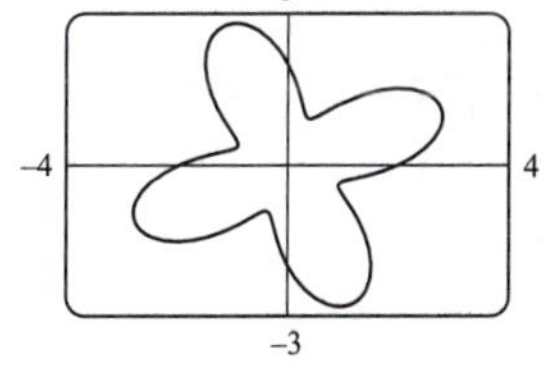

15. $\frac{3}{2}\pi$

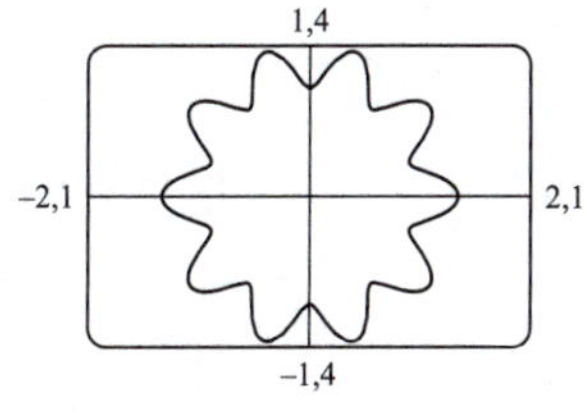

17. $\frac{4}{3}\pi$ **19.** $\frac{1}{16}\pi$ **21.** $\pi - \frac{3}{2}\sqrt{3}$ **23.** $\frac{4}{3}\pi + 2\sqrt{3}$

25. $4\sqrt{3} - \frac{4}{3}\pi$ **27.** π **29.** $\frac{9}{8}\pi - \frac{9}{4}$ **31.** $\frac{1}{2}\pi - 1$

33. $-\sqrt{3} + 2 + \frac{1}{3}\pi$ **35.** $\frac{1}{4}(\pi + 3\sqrt{3})$

37. $(\frac{1}{2}, \pi/6)$, $(\frac{1}{2}, 5\pi/6)$, e o polo

39. $(1, \theta)$ onde $\theta = \pi/12, 5\pi/12, 13\pi/12, 17\pi/12$ e $(-1, \theta)$ onde $\theta = 7\pi/12, 11\pi/12, 19\pi/12, 23\pi/12$

41. $(1, \pi/6), (1, 5\pi/6), (1, 7\pi/6), (1, 11\pi/6)$

43. $21\pi/2$ **45.** $\pi/8$

47. Intersecção em $\theta \approx 0{,}89,\ 2{,}25$; área $\approx 3{,}46$

49. 2π **51.** $\frac{8}{3}[(\pi^2 + 1)^{3/2} - 1]$ **53.** $6\sqrt{2} + 12$

55. $\frac{16}{3}$ **57.** $\int_{\pi}^{4\pi} \sqrt{\cos^2(\theta/5) + \frac{1}{25}\text{sen}^2(\theta/5)}\, d\theta$

59. 2,4221 **61.** 8,0091 **63.** $1/\sqrt{3}$

65. $-\pi$ **67.** 1

69. Horizontal em (0, 0) [o polo], $(1, \pi/2)$; vertical em $(1/\sqrt{2}, \pi/4)$, $(1/\sqrt{2}, 3\pi/4)$

71. Horizontal em $(\frac{3}{2}, \pi/3)$, $(0, \pi)$ [o polo] e $(\frac{3}{2}, 5\pi/3)$; vertical em $(2, 0)$, $(\frac{1}{2}, 2\pi/3)$, $(\frac{1}{2}, 4\pi/3)$

75. (b) $2\pi(2 - \sqrt{2})$

EXERCÍCIOS 10.5

1. $(0, 0), (0, 2), y = -2$ **3.** $(0, 0), (-\frac{5}{12}, 0), x = \frac{5}{12}$

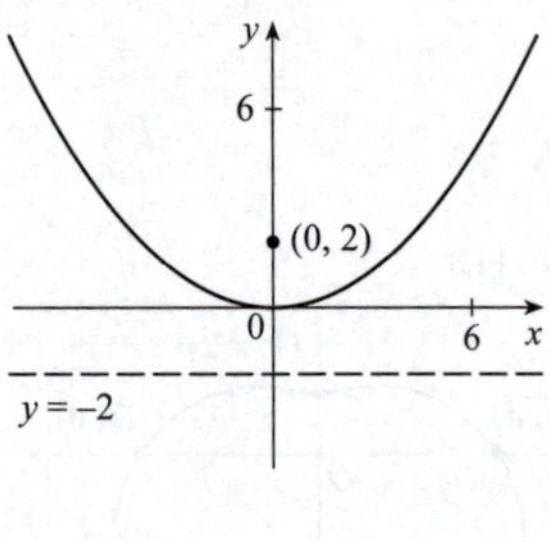

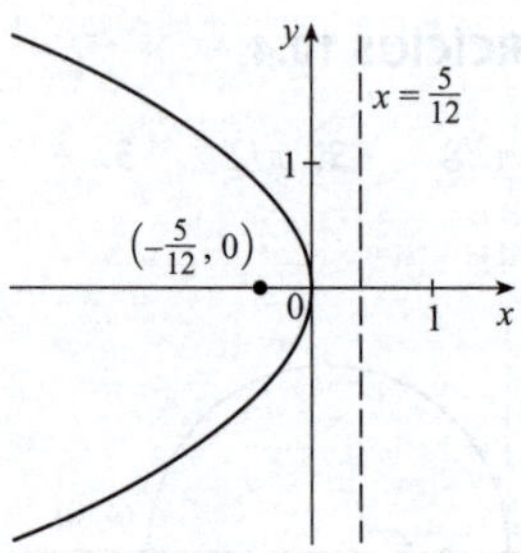

5. $(3, -1), (7, -1), x = 1$ **7.** $(4, -3), (\frac{7}{2}, -3), x = \frac{9}{2}$

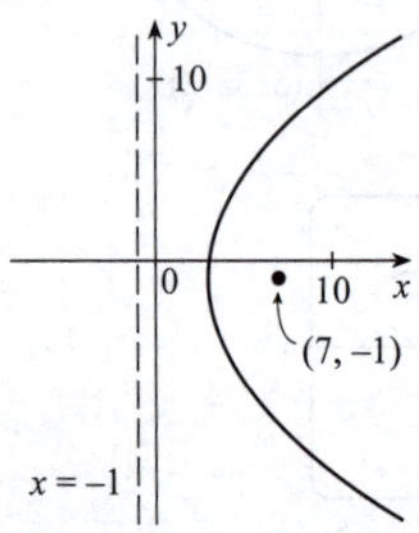

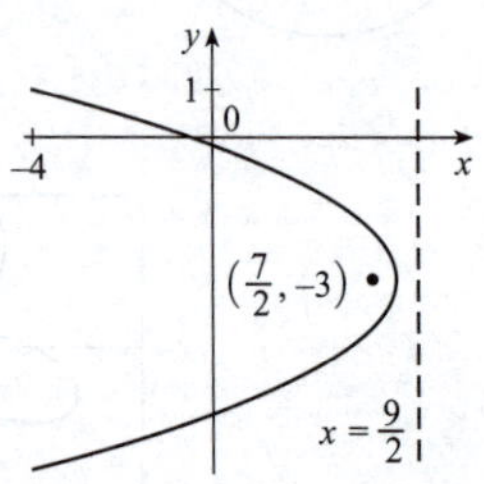

9. $x = -y^2$, foco $(-\frac{1}{4}, 0)$, diretriz $x = \frac{1}{4}$

11. $(0, \pm 5), (0, \pm 3)$ **13.** $(\pm 3, 0), (\pm\sqrt{6}, 0)$

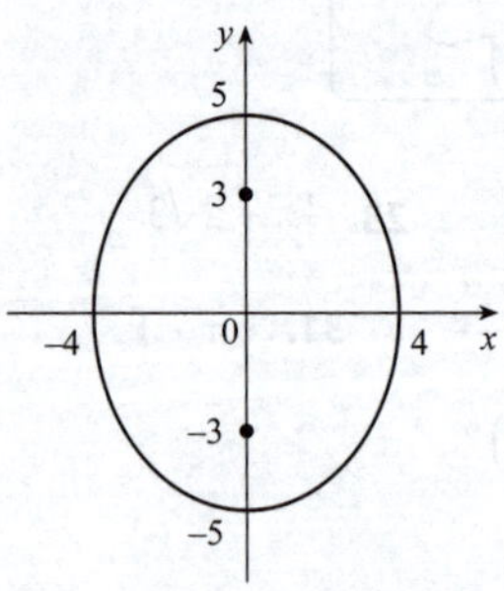

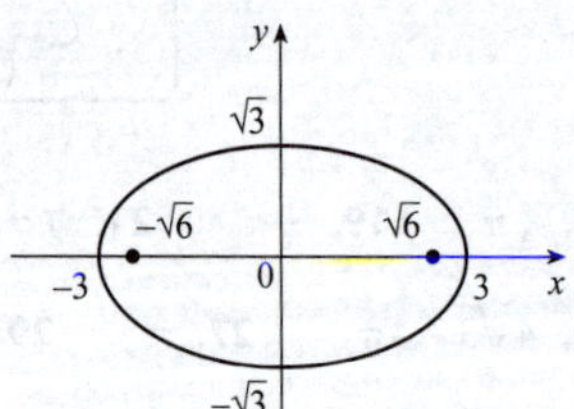

15. $(\pm 5, 1), (\pm\sqrt{21}, 1)$ **17.** $\frac{x^2}{4} + \frac{y^2}{9} = 1$, focos $(0, \pm\sqrt{5})$

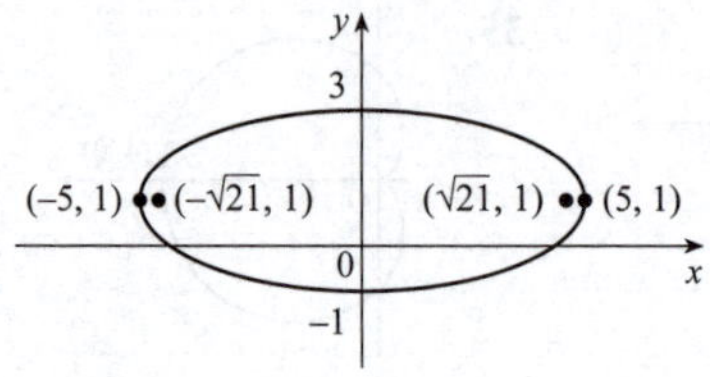

19. $(0, \pm 5), (0 \pm \sqrt{34}), y = \pm\frac{5}{3}x$

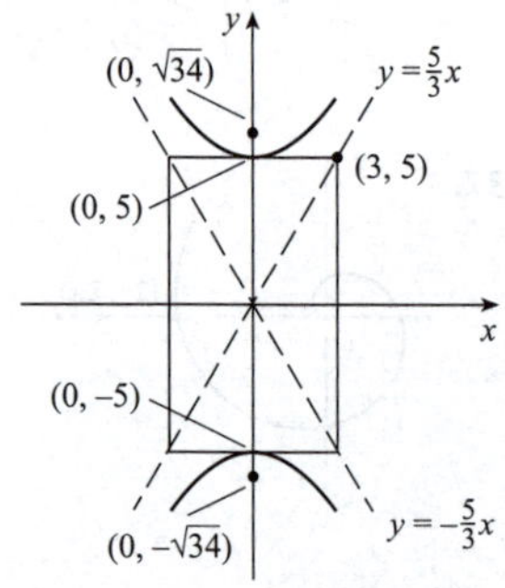

21. $(\pm 10, 0), (\pm 10\sqrt{2}, 0), y = \pm x$

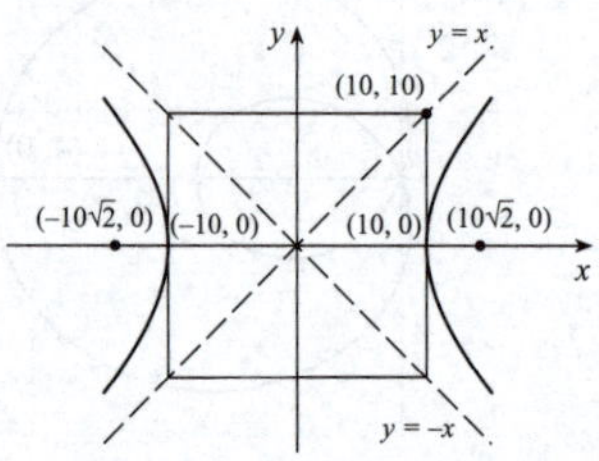

23. $(\pm 1, 1), (\pm\sqrt{2}, 1),\ y - 1 = \pm x$

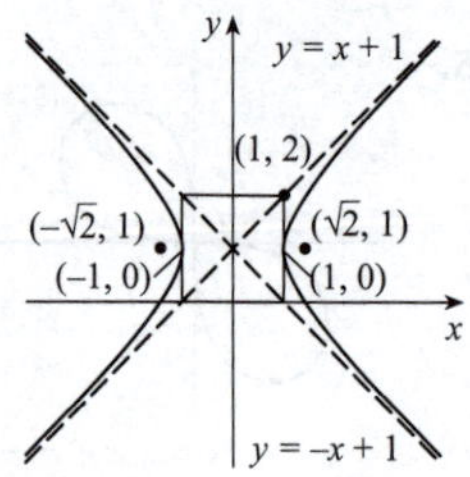

25. $\frac{x^2}{9} - \frac{y^2}{9} = 1$; $(\pm 3\sqrt{2}, 0)$, $y = \pm x$

27. Hipérbole, $(\pm 1, 0)$, $(\pm\sqrt{5}, 0)$

29. Elipse, $(\pm\sqrt{2}, 1)$, $(\pm 1, 1)$ **31.** Parábola, $(1, -2)$, $(1, -\frac{11}{6})$

33. $y^2 = 4x$ **35.** $y^2 = -12(x + 1)$ **37.** $(y + 1)^2 = -\frac{1}{2}(x - 3)$

39. $\frac{x^2}{25} + \frac{y^2}{21} = 1$ **41.** $\frac{x^2}{12} + \frac{(y-4)^2}{16} = 1$

43. $\frac{(x+1)^2}{12} + \frac{(y-4)^2}{16} = 1$ **45.** $\frac{x^2}{9} - \frac{y^2}{16} = 1$

47. $\frac{(y-1)^2}{25} - \frac{(x+3)^2}{39} = 1$ **49.** $\frac{x^2}{9} - \frac{y^2}{36} = 1$

51. $\frac{x^2}{3.763.600} + \frac{y^2}{3.753.196} = 1$

53. (a) $\frac{1{,}30x^2}{10.000} + \frac{5{,}83y^2}{100.000} = 1$ (b) ≈ 399 km

57. (a) Elipse (b) Hipérbole (c) Sem curva

61. 15,9

63. $\dfrac{b^2c}{a} + ab\ln\left(\dfrac{a}{b+c}\right)$ onde $c^2 = a^2 + b^2$

65. $(0, 4/\pi)$ **69.** $\dfrac{x^2}{16} + \dfrac{y^2}{15} = 1$

EXERCÍCIOS 10.6

1. $r = \dfrac{2}{1+\cos\theta}$ **3.** $r = \dfrac{8}{1-2\operatorname{sen}\theta}$

5. $r = \dfrac{10}{3-2\cos\theta}$ **7.** $r = \dfrac{6}{1+\operatorname{sen}\theta}$

9. VI **11.** II **13.** IV

15. (a) $\frac{4}{5}$ (b) Elipse (c) $y = -1$

(d)

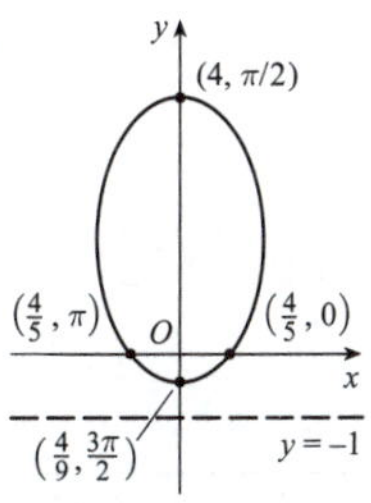

17. (a) 1 (b) Parábola (c) $y = \frac{2}{3}$

(d)

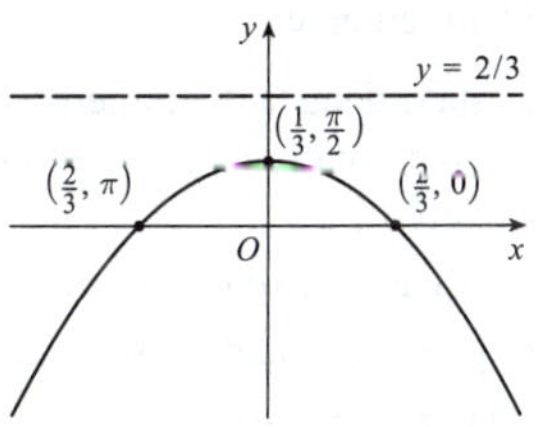

19. (a) $\frac{1}{3}$ (b) Elipse (c) $x = \frac{9}{2}$

(d)

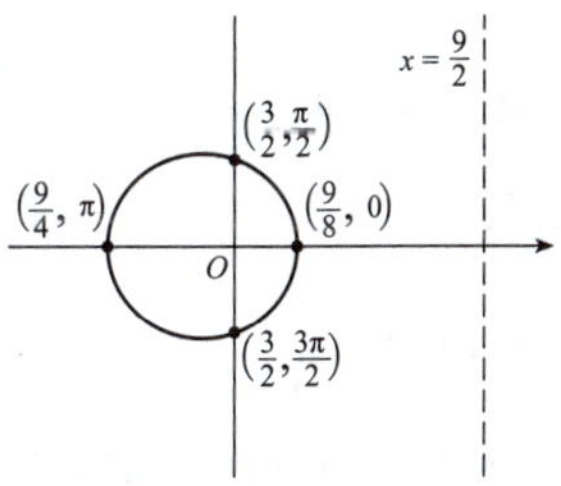

21. (a) 2 (b) Hipérbole (c) $x = -\frac{3}{8}$

(d)

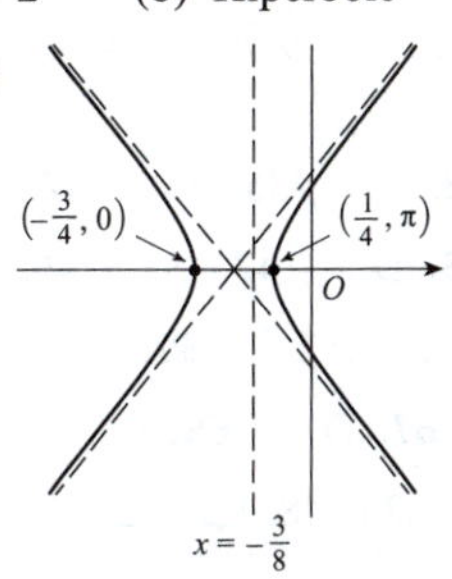

23. (a) $2, y = -\frac{1}{2}$

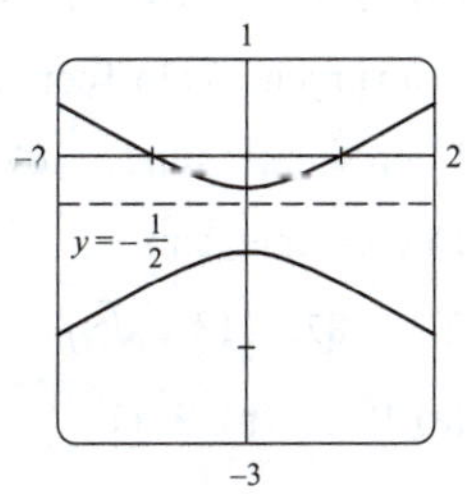

(b) $r = \dfrac{1}{1-2\operatorname{sen}(\theta - 3\pi/4)}$

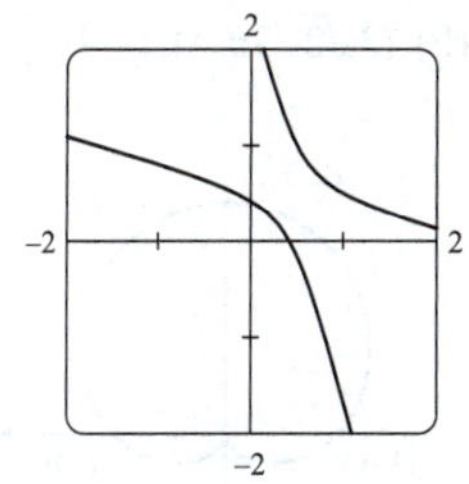

25. A elipse é quase circular quando e está próximo de 0 e se torna mais alongada conforme $e \to 1^-$. Em $e = 1$, a curva se torna uma parábola.

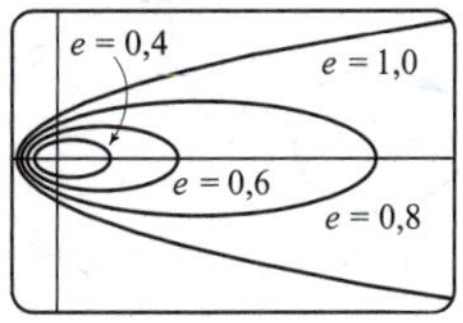

31. $r = \dfrac{2{,}26\times10^8}{1+0{,}093\ \cos\theta}$ **33.** $r = \dfrac{1{,}07}{1+0{,}097\ \cos\theta}$; 35,64 AU

35. $7{,}0 \times 10^7$ km **37.** $3{,}6 \times 10^8$ km

CAPÍTULO 10 REVISÃO

Testes Verdadeiro-Falso

1. Falso **3.** Falso **5.** Falso **7.** Verdadeiro

9. Verdadeiro **11.** Verdadeiro

Exercícios

1. $x = y^2 - 8y + 12$, $1 \le y \le 6$ **3.** $y = e^{2x}$

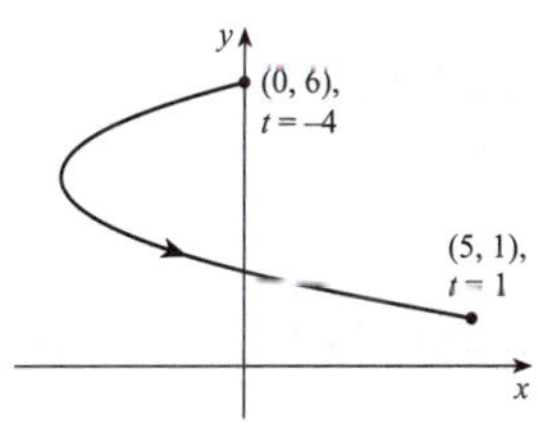

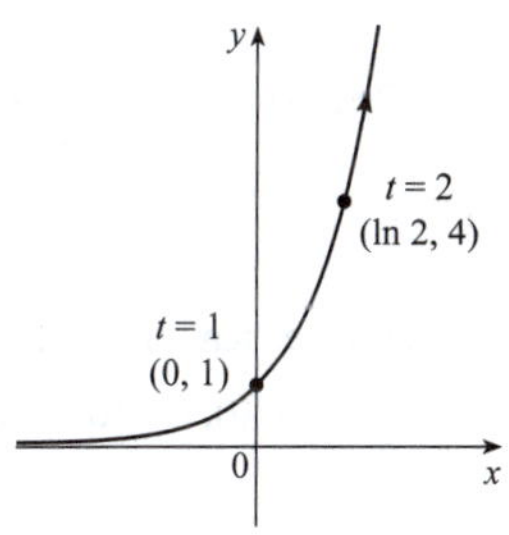

5. $y = 1/x$, $0 < x \le 1$

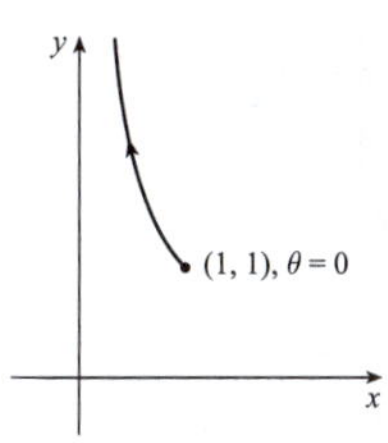

7. $x = t, y = \sqrt{t}$; $x = t^4, y = t^2$;
$x = \tan^2 t, y = \tan t, 0 \le t < \pi/2$

9. (a)

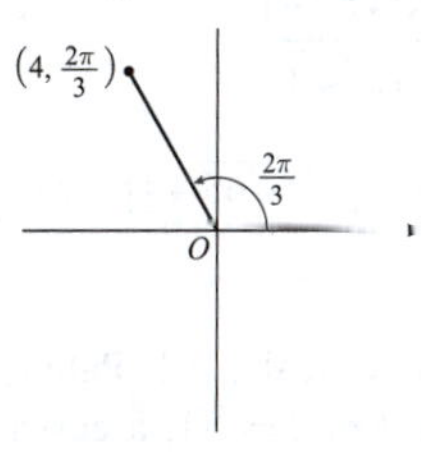

$(-2, 2\sqrt{3})$

(b) $(3\sqrt{2}, 3\pi/4)$, $(-3\sqrt{2}, 7\pi/4)$

11.

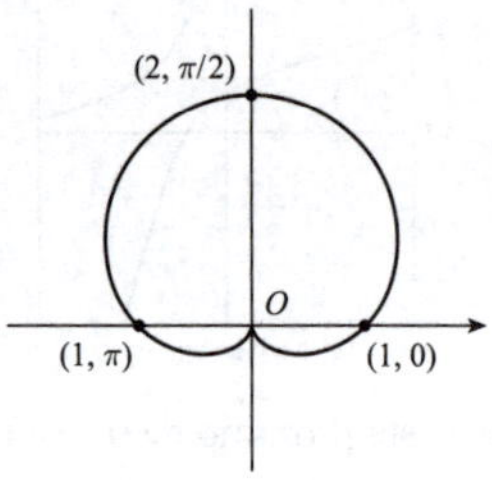

13.

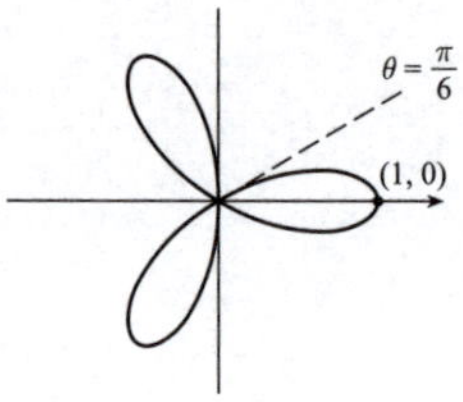

15.

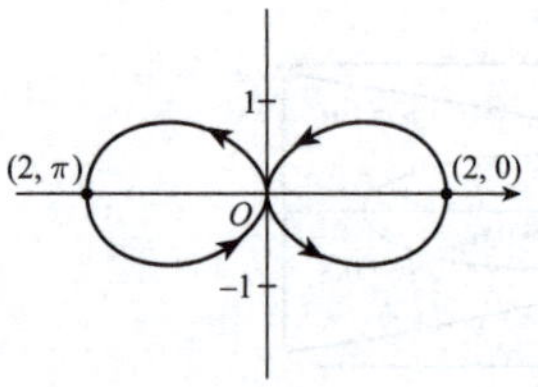

17.

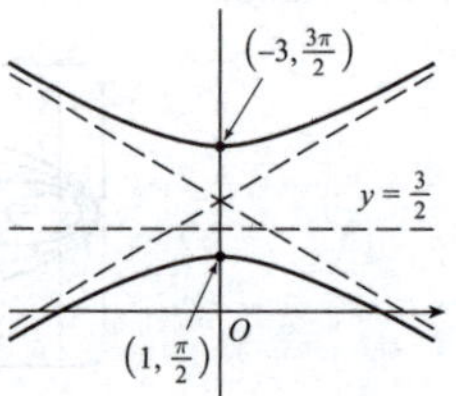

19. $r = \dfrac{2}{\cos\theta + \operatorname{sen}\theta}$

21.

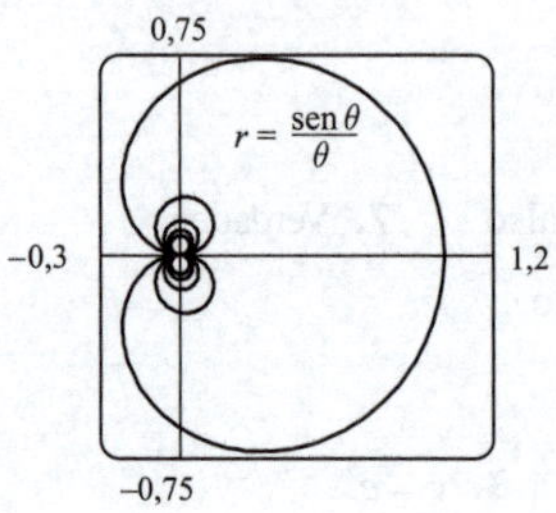

23. 2 **25.** −1 **27.** $\dfrac{1+\operatorname{sen} t}{1+\cos t}, \dfrac{1+\cos t+\operatorname{sen} t}{(1+\cos t)^3}$

29. $\left(\frac{11}{8}, \frac{3}{4}\right)$

31. Tangente vertical em $(3/2\ a, \pm\frac{1}{2}\sqrt{3}a)$, $(-3a, 0)$; tangente horizontal em $(a, 0)$, $(-\frac{1}{2}a, \pm\frac{3}{2}\sqrt{3}a)$

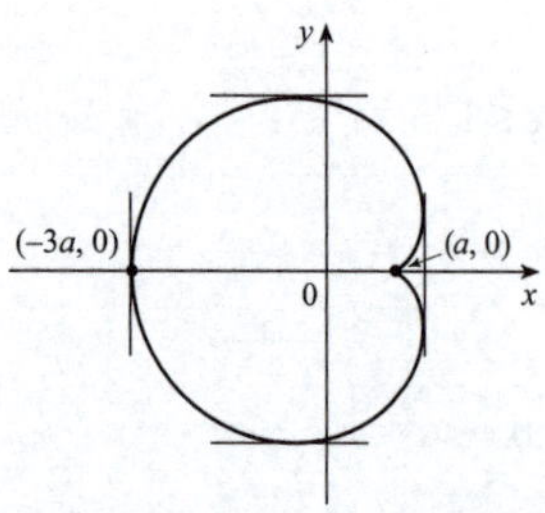

33. 18 **35.** $(2, \pm\pi/3)$ **37.** $\frac{1}{2}(\pi - 1)$

39. $2(5\sqrt{5} - 1)$

41. $\dfrac{2\sqrt{\pi^2+1} - \sqrt{4\pi^2+1}}{2\pi} + \ln\left(\dfrac{2\pi + \sqrt{4\pi^2+1}}{\pi + \sqrt{\pi^2+1}}\right)$

43. (a) $\sqrt{90} \approx 9{,}49$ m/s (b) $\frac{1}{24}\left(65\sqrt{65} - 1\right) \approx 21{,}79$ m/s

45. $471.295\pi/1.024$

47. Todas as curvas têm a assíntota vertical $x = 1$. Para $c < -1$, a curva é arqueada para a direita. Em $c = -1$, a curva é a reta $x = 1$. Para $-1 < c < 0$, é arqueada para a esquerda. Em $c = 0$ há uma cúspide em $(0, 0)$. Para $c > 0$, há uma volta.

49. $(\pm1, 0)$, $(\pm3, 0)$

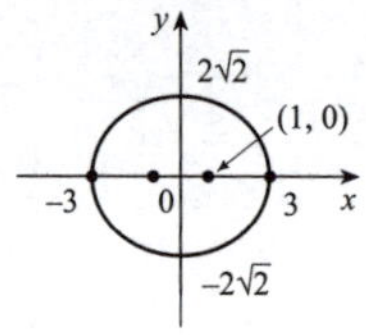

51. $\left(-\frac{25}{24}, 3\right)$, $(-1, 3)$

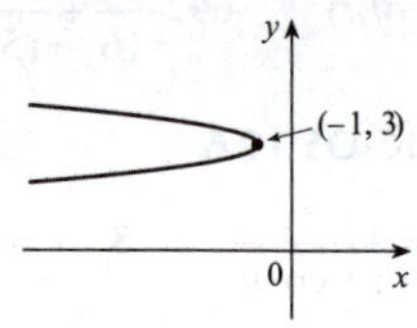

53. $\dfrac{x^2}{25} + \dfrac{y^2}{9} = 1$ **55.** $\dfrac{y^2}{72/5} - \dfrac{x^2}{8/5} = 1$

57. $\dfrac{x^2}{25} + \dfrac{(8y - 399)^2}{160.801} = 1$ **59.** $r = \dfrac{4}{3 + \cos\theta}$

PROBLEMAS QUENTES

1. $\frac{2}{3}\pi + 2 - 2\sqrt{3}$ **3.** $\left[-\frac{3}{4}\sqrt{3}, \frac{3}{4}\sqrt{3}\right] \times [-1, 2]$

CAPÍTULO 11

EXERCÍCIOS 11.1

Abreviações: C, convergente; D, divergente

1. (a) Uma sequência é uma lista ordenada de números. Ela também pode ser definida como uma função cujo domínio é o conjunto dos inteiros positivos.
(b) Os termos a_n tendem a 8 quando n se torna grande.
(c) Os termos a_n se tornam grandes quando n se torna grande.

3. 0, 7, 26, 63, 124 **5.** 6, 11, 20, 37, 70

7. $1, -\frac{1}{4}, \frac{1}{9}, -\frac{1}{16}, \frac{1}{25}$

9. −1, 1, −1, 1, −1 **11.** $-1, \frac{2}{3}, -\frac{1}{3}, \frac{2}{15}, -\frac{2}{45}$

13. 1, 3, 7, 15, 31 **15.** $2, \frac{2}{3}, \frac{2}{5}, \frac{2}{7}, \frac{2}{9}$ **17.** $a_n = 1/(2n)$

19. $a_n = -3\left(-\frac{2}{3}\right)^{n-1}$ **21.** $a_n = (-1)^{n+1}\dfrac{n^2}{n+1}$

23. 0,4286, 0,4615, 0,4737, 0,4800, 0,4839, 0,4865, 0,4884, 0,4898, 0,4909, 0,4918; sim; $\frac{1}{2}$

25. 0,5000, 1,2500, 0,8750, 1,0625, 0,9688, 1,0156, 0,9922, 1,0039, 0,9980, 1,0010; sim; 1

27. 0 **29.** 2 **31.** D **33.** 0 **35.** 1 **37.** 2

39. D **41.** 0 **43.** 0 **45.** D **47.** 0 **49.** 0

51. 1 **53.** e^2 **55.** ln 2 **57.** $\pi/2$ **59.** D

61. D **63.** D **65.** $\pi/4$ **67.** D **69.** 0

71. (a) 1.060, 1.123,60, 1.191,02, 1.262,48, 1.338,23 (b) D

73. (b) 5.734 **75.** $-1 < r < 1$

77. Convergente pelo Teorema da Sequência Monótona; $5 \le L < 8$

79. Decrescente; sim **81.** Não monótona; não

83. Decrescente; sim

85. 2 **87.** $\frac{1}{2}\left(3 + \sqrt{5}\right)$ **89.** (b) $\frac{1}{2}\left(1 + \sqrt{5}\right)$

91. (a) 0 (b) 9, 11

EXERCÍCIOS 11.2

1. (a) Uma sequência é uma lista ordenada de números enquanto uma série é a soma de uma lista de números.
(b) Uma série é convergente se a sequência das somas parciais for uma sequência convergente. A série é divergente se ela não for convergente.

3. 2

5. 1, 1,125, 1,1620, 1,1777, 1,1857, 1,1903, 1,1932, 1,1952; C

7. 0,8415, 1,7508, 1,8919, 1,1351, 0,1762, –0,1033, 0,5537, 1,5431; D

9. 0,5, 0,55, 0,5611, 0,5648, 0,5663, 0,5671, 0,5675, 0,5677; C

11. –2, –1,33333, –1,55556, –1,48148, –1,50617, –1,49794, –1,50069, –1,49977, –1,50008, –1,49997; convergente, soma = –1,5

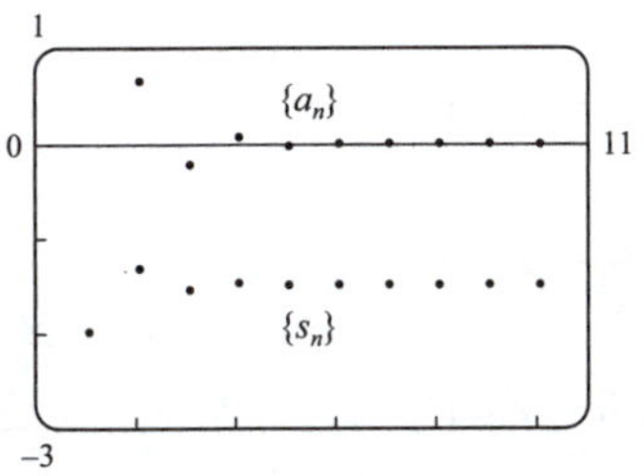

13. 0,44721, 1,15432, 1,98637, 2,88080, 3,80927, 4,75796, 5,71948, 6,68962, 7,66581, 8,64639; divergente

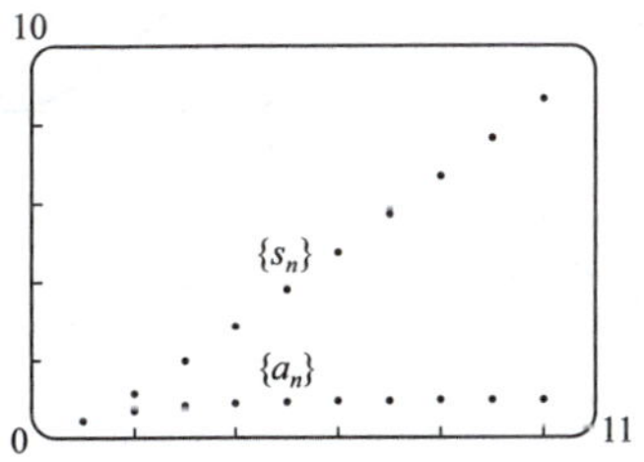

15. (a) Sim (b) Não **17.** $-\frac{3}{2}$ **19.** $\frac{11}{6}$

21. $e - 1$ **23.** D **25.** $\frac{25}{3}$ **27.** $\frac{400}{9}$ **29.** $\frac{1}{7}$

31. D **33.** D **35.** $\frac{2}{3}$ **37.** D **39.** 9

41. D **43.** $\dfrac{\text{sen } 100}{1 - \text{sen } 100} \approx -0{,}336$ **45.** D

47. D **49.** $e/(e - 1)$

51. (b) 1 (c) 2
(d) Todos os números racionais com uma representação decimal terminante, exceto 0.

53. $\frac{8}{9}$ **55.** $\frac{838}{333}$ **57.** 45.679/37.000

59. $-\dfrac{1}{5} < x < \dfrac{1}{5}; \dfrac{-5x}{1+5x}$

61. $-1 < x < 5; \dfrac{3}{5-x}$

63. $x > 2$ ou $x < -2; \dfrac{x}{x-2}$ **65.** $x < 0; \dfrac{1}{1-e^x}$

67. 1 **69.** $a_1 = 0,\ a_n = \dfrac{2}{n(n+1)}$ para $n > 1$, soma = 1

71. (a) 125 mg; 131,25 mg
(b) $Q_{n+1} = 100 + 0{,}25Q_n$ (c) $133{,}\overline{3}$ mg

73. (a) 157,875 mg; $\frac{3.000}{19}(1 - 0{,}05^n)$ (b) $\frac{3.000}{19} \approx 157{,}895$ mg

75. (a) $S_n = \dfrac{D(1-c^n)}{1-c}$ (b) 5 **77.** $\frac{1}{2}(\sqrt{3} - 1)$

83. $\dfrac{1}{n(n+1)}$ **85.** A série é divergente.

91. $\{s_n\}$ está ligada e é crescente.

93. (a) $0, \frac{1}{9}, \frac{2}{9}, \frac{1}{3}, \frac{2}{3}, \frac{7}{9}, \frac{8}{9}, 1$

95. (a) $\frac{1}{2}, \frac{5}{6}, \frac{23}{24}, \frac{119}{120}; \dfrac{(n+1)! - 1}{(n+1)!}$ (c) 1

EXERCÍCIOS 11.3

1. C

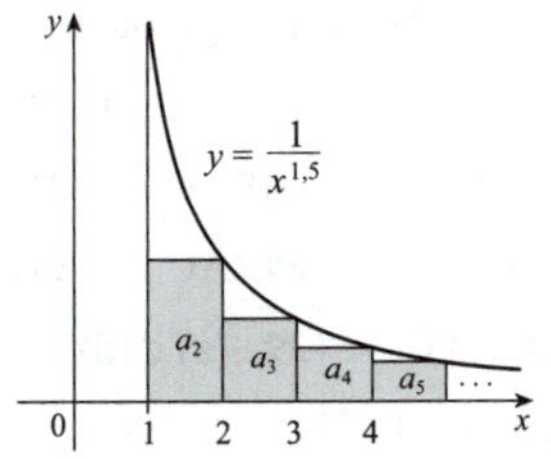

3. C **5.** D **7.** D **9.** C **11.** C **13.** C

15. D **17.** C **19.** C **21.** D **23.** D **25.** C

27. C **29.** f não é positiva nem decrescente.

31. $p > 1$ **33.** $p < -1$ **35.** $(1, \infty)$

37. (a) $\frac{9}{10}\pi^4$ (b) $\frac{1}{90}\pi^4 - \frac{17}{16}$

39. (a) 1,54977, erro ≤ 0,1 (b) 1,64522, erro ≤ 0,005
(c) 1,64522 comparado com 1,64493 (d) $n > 1.000$

41. 0,00145 **47.** $b < 1/e$

EXERCÍCIOS 11.4

1. (a) Nada (b) C **5.** (c) **7.** C **9.** D

11. C **13.** D **15.** C **17.** C **19.** D

21. D **23.** C **25.** D **27.** C **29.** D

31. C **33.** C **35.** C **37.** D **39.** C

41. 0,1993, erro < $2{,}5 \times 10^{-5}$

43. 0,0739, erro < $6{,}4 \times 10^{-8}$

53. Sim **55.** (a) Falso (b) Falso (c) Verdadeiro

EXERCÍCIOS 11.5

Abreviações: AC, absolutamente convergente; CC, condicionalmente convergente

1. (a) Uma série cujos termos são alternadamente positivos e negativos
(b) $0 < b_{n+1} \leq b_n$ e $\lim_{n \to \infty} b_n = 0$, onde $b_n = |a_n|$
(c) $|R_n| \leq b_{n+1}$

3. D **5.** C **7.** D **9.** C **11.** C **13.** D

15. C **17.** C **19.** C

21. (a) A série Σa_n é absolutamente convergente se $\Sigma |a_n|$ converge.
(b) A série Σa_n é condicionalmente convergente se Σa_n converge, mas $\Sigma |a_n|$ diverge.
(c) Ela é absolutamente convergente.

23. CC **25.** CC **27.** AC **29.** AC **31.** CC

33. CC **35.** –0,5507 **37.** 5 **39.** 5

41. –0,4597 **43.** –0,1050

45. Uma estimativa inferior

47. p não é um número inteiro negativo.

49. Porque $\{b_n\}$ não é decrescente.

53. $\sum_{n=2}^{\infty} \frac{(-1)^n}{n \ln n}$; $\sum_{n=1}^{\infty} \frac{(-1)^{n-1}}{n}$

EXERCÍCIOS 11.6

1. (a) D (b) C (c) Pode convergir ou divergir

3. AC **5.** D **7.** AC **9.** AC **11.** D

13. AC **15.** AC **17.** AC **19.** D **21.** AC

23. AC **25.** D **27.** CC **29.** AC **31.** D

33. AC **35.** D **37.** AC **39.** (a) e (d)

43. (a) $\frac{661}{960} \approx 0{,}68854$, erro < 0,00521
(b) $n \geq 11$, 0,693109

EXERCÍCIOS 11.7

1. (a) C (b) C **3.** (a) C (b) D

5. (a) D (b) C **7.** (a) C (b) D

9. D **11.** CC **13.** D **15.** D **17.** C **19.** C

21. C **23.** C **25.** C **27.** C **29.** D **31.** D

33. D **35.** C **37.** C **39.** C **41.** D

43. C **45.** D **47.** C

EXERCÍCIOS 11.8

1. Uma série da forma $\sum_{n=0}^{\infty} c_n (x-a)^n$, onde x é uma variável e a e c_n são constantes

3. 1, [–1, 1) **5.** 1, (–1, 1) **7.** 5, (–5, 5)

9. 3, [–3, 3) **11.** 1, [–1, 1) **13.** ∞, $(-\infty, \infty)$

15. 4, [–4, 4] **17.** $\frac{1}{4}$, $(-\frac{1}{4}, \frac{1}{4}]$ **19.** 2, [–2, 2)

21. 1, [1, 3] **23.** 2, [–4, 0) **25.** ∞, $(-\infty, \infty)$

27. 1, [–1, 1) **29.** b, $(a-b, a+b)$ **31.** 0, $\{\frac{1}{2}\}$

33. $\frac{1}{5}$, $[\frac{3}{5}, 1]$ **35.** ∞, $(-\infty, \infty)$ **37.** (a) Sim (b) Não

39. k^k **41.** Não **45.** 2

EXERCÍCIOS 11.9

1. 10 **3.** $\sum_{n=0}^{\infty} (-1)^n x^n$, (–1, 1) **5.** $\sum_{n=0}^{\infty} x^{2n}$, (–1, 1)

7. $2\sum_{n=0}^{\infty} \frac{1}{3^{n+1}} x^n$, (–3, 3) **9.** $\sum_{n=0}^{\infty} \frac{(-1)^n x^{4n+2}}{2^{4n+4}}$, (–2, 2)

11. $-\frac{1}{2} - \sum_{n=1}^{\infty} \frac{(-1)^n 3x^n}{2^{n+1}}$, (–2, 2)

13. $\sum_{n=0}^{\infty} \left(-1 - \frac{1}{3^{n+1}}\right) x^n$, (–1, 1)

15. (a) $\sum_{n=0}^{\infty} (-1)^n (n+1) x^n$, $R = 1$

(b) $\frac{1}{2}\sum_{n=0}^{\infty} (-1)^n (n+2)(n+1) x^n$, $R = 1$

(c) $\frac{1}{2}\sum_{n=2}^{\infty} (-1)^n n(n-1) x^n$, $R = 1$

17. $\sum_{n=0}^{\infty} (-1)^n 4^n (n+1) x^{n+1}$, $R = \frac{1}{4}$

19. $\sum_{n=0}^{\infty} (2n+1) x^n$, $R = 1$

21. $\ln 5 - \sum_{n=1}^{\infty} \frac{x^n}{n5^n}$, $R = 5$

23. $\sum_{n=0}^{\infty} (-1)^n x^{2n+2}$, $R = 1$

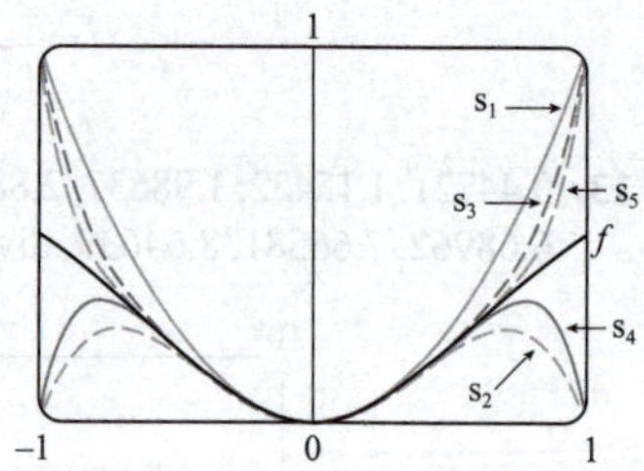

25. $\sum_{n=0}^{\infty} \frac{2x^{2n+1}}{2n+1}$, $R = 1$

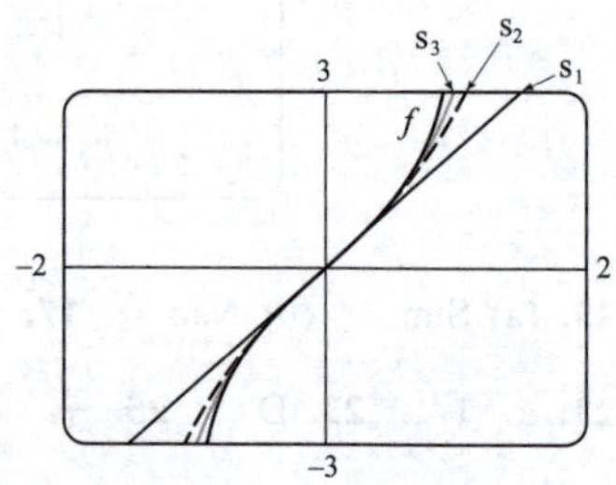

27. $C + \sum_{n=0}^{\infty} \frac{t^{8n+2}}{8n+2}$, $R = 1$

29. $C + \sum_{n=1}^{\infty} (-1)^{n-1} \frac{x^{n+3}}{n(n+3)}$, $R = 1$

31. 0,044522 **33.** 0,000395 **35.** 0,19740

39. (b) 0,920

41. (a) $(-\infty, \infty)$
(b), (c)

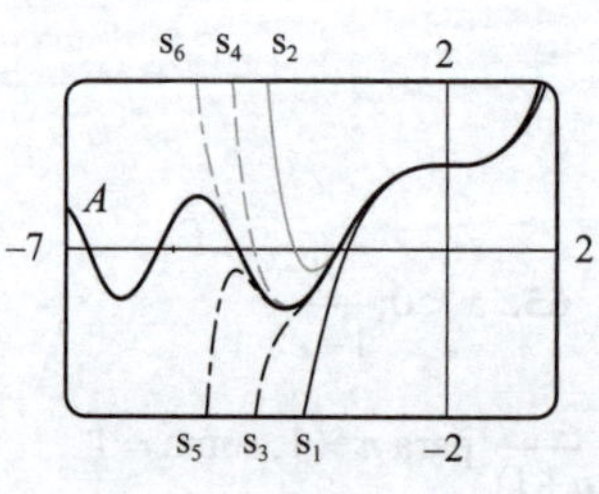

43. $(-1, 1), f(x) = (1 + 2x)/(1 - x^2)$

45. $[-1, 1], [-1, 1), (-1, 1)$

47. $\sum_{n=1}^{\infty} n^2 x^n, R = 1$

EXERCÍCIOS 11.10

1. $b_8 = f^{(8)}(5)/8!$

3. $\sum_{n=0}^{\infty} (n+1)x^n, R = 1$

5. $x + x^2 + \frac{1}{2}x^3 + \frac{1}{6}x^4$

7. $2 + \frac{1}{12}(x-8) - \frac{1}{288}(x-8)^2 + \frac{5}{20.736}(x-8)^3$

9. $\frac{1}{2} + \frac{\sqrt{3}}{2}\left(x - \frac{\pi}{6}\right) - \frac{1}{4}\left(x - \frac{\pi}{6}\right)^2 - \frac{\sqrt{3}}{12}\left(x - \frac{\pi}{6}\right)^3$

11. $\sum_{n=0}^{\infty} (n+1)x^n, R = 1$

13. $\sum_{n=0}^{\infty} (-1)^n \frac{x^{2n}}{(2n)!}, R = \infty$

15. $3 - 3x^2 + 2x^4, R = \infty$

17. $\sum_{n=0}^{\infty} \frac{(\ln 2)^n}{n!} x^n, R = \infty$

19. $\sum_{n=0}^{\infty} \frac{x^{2n+1}}{(2n+1)!}, R = \infty$

21. $50 + 105(x-2) + 92(x-2)^2 + 42(x-2)^3 + 10(x-2)^4 + (x-2)^5$, $R = \infty$

23. $\ln 2 + \sum_{n=1}^{\infty} (-1)^{n+1} \frac{1}{n2^n}(x-2)^n, R = 2$

25. $\sum_{n=0}^{\infty} \frac{2^n e^6}{n!}(x-3)^n, R = \infty$

27. $\sum_{n=0}^{\infty} \frac{(-1)^{n+1}}{(2n+1)!}(x-\pi)^{2n+1}, R = \infty$

29. $\sum_{n=0}^{\infty} (-1)^n \frac{2^{2n+1}}{(2n+1)!}(x-\pi)^{2n+1}, R = \infty$

35. $1 - \frac{1}{4}x - \sum_{n=2}^{\infty} \frac{3 \cdot 7 \cdot \cdots \cdot (4n-5)}{4^n \cdot n!} x^n, R = 1$

37. $\sum_{n=0}^{\infty} (-1)^n \frac{(n+1)(n+2)}{2^{n+4}} x^n, R = 2$

39. $\sum_{n=0}^{\infty} (-1)^n \frac{1}{2n+1} x^{4n+2}, R = 1$

41. $\sum_{n=0}^{\infty} (-1)^n \frac{2^{2n}}{(2n)!} x^{2n+1}, R = \infty$

43. $\sum_{n=0}^{\infty} (-1)^n \frac{1}{2^{2n}(2n)!} x^{4n+1}, R = \infty$

45. $\frac{1}{2}x + \sum_{n=1}^{\infty} (-1)^n \frac{1 \cdot 3 \cdot 5 \cdot \cdots \cdot (2n-1)}{n! 2^{3n+1}} x^{2n+1}, R = 2$

47. $\sum_{n=1}^{\infty} (-1)^{n+1} \frac{2^{2n-1}}{(2n)!} x^{2n}, R = \infty$

51. $\sum_{n=0}^{\infty} (-1)^n \frac{1}{(2n)!} x^{4n}, R = \infty$

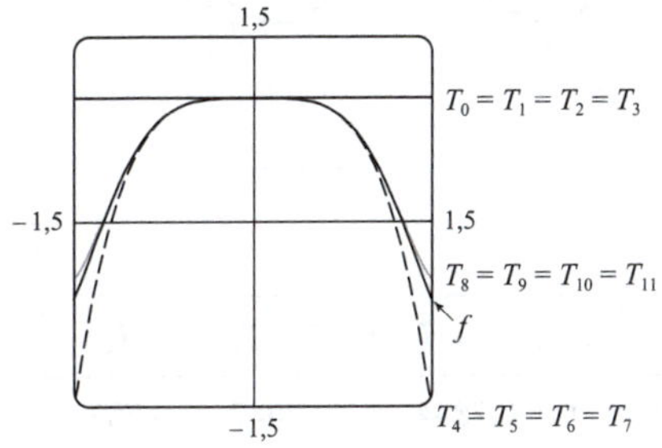

53. $\sum_{n=1}^{\infty} \frac{(-1)^{n-1}}{(n-1)!} x^n, R = \infty$

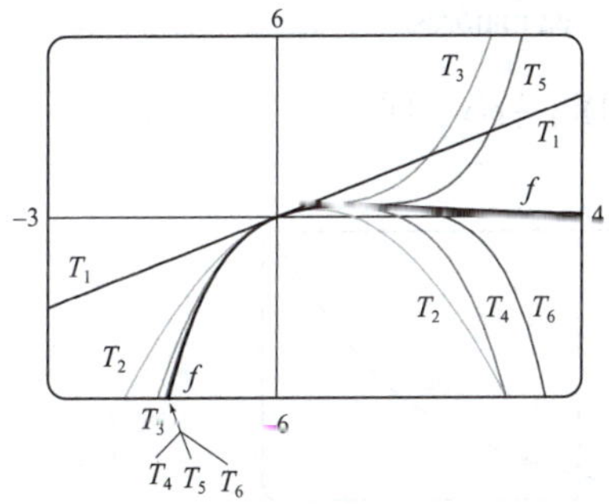

55. 0,99619

57. (a) $1 + \sum_{n=1}^{\infty} \frac{1 \cdot 3 \cdot 5 \cdot \cdots \cdot (2n-1)}{2^n n!} x^{2n}$

(b) $x + \sum_{n=1}^{\infty} \frac{1 \cdot 3 \cdot 5 \cdot \cdots \cdot (2n-1)}{(2n+1)2^n n!} x^{2n+1}$

59. $C + \sum_{n=0}^{\infty} \binom{\frac{1}{2}}{n} \frac{x^{3n+1}}{3n+1}, R = 1$

61. $C + \sum_{n=1}^{\infty} (-1)^n \frac{1}{2n(2n)!} x^{2n}, R = \infty$

63. 0,0059 **65.** 0,40102 **67.** $\frac{1}{2}$ **69.** $\frac{1}{120}$ **71.** $\frac{3}{5}$

73. $1 - \frac{3}{2}x^2 + \frac{25}{24}x^4$ **75.** $1 + \frac{1}{6}x^2 + \frac{7}{360}x^4$

77. $x - \frac{2}{3}x^4 + \frac{23}{45}x^6$ **79.** e^{-x^4} **81.** $\text{tg}^{-1}(x/2)$

83. $1/e$ **85.** $\ln \frac{8}{5}$ **87.** $1/\sqrt{2}$ **89.** $e^3 - 1$

93. $\frac{203!}{101!}$

EXERCÍCIOS 11.11

1. (a) $T_0(x) = 0$, $T_1(x) = T_2(x) = x$, $T_3(x) = T_4(x) = x - \frac{1}{6}x^3$,
$T_5(x) = x - \frac{1}{6}x^3 + \frac{1}{120}x^5$

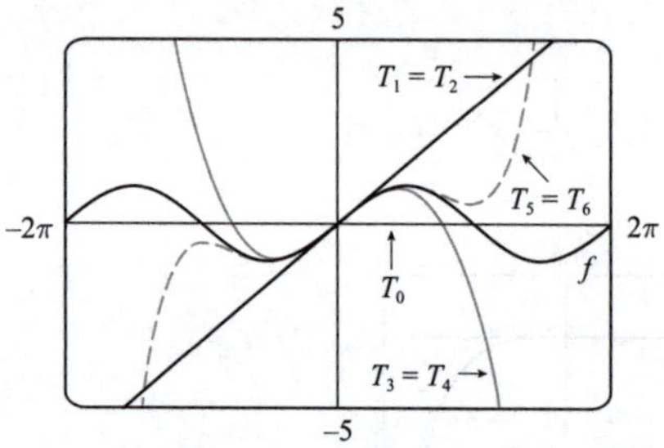

(b)

x	f	T_0	$T_1 = T_2$	$T_3 = T_4$	T_5
$\pi/4$	0,7071	0	0,7854	0,7047	0,7071
$\pi/2$	1	0	1,5708	0,9248	1,0045
π	0	0	3,1416	−2,0261	0,5240

(c) Quando n aumenta, $T_n(x)$ é uma boa aproximação de $f(x)$ em intervalos cada vez maiores.

3. $e + e(x-1) + \frac{1}{2}e(x-1)^2 + \frac{1}{6}e(x-1)^3$

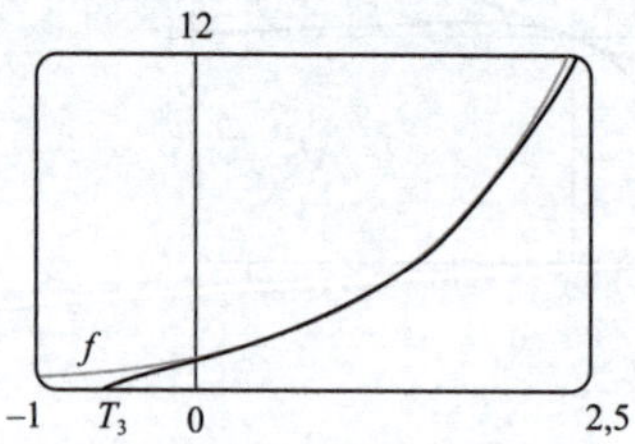

5. $-\left(x - \frac{\pi}{2}\right) + \frac{1}{6}\left(x - \frac{\pi}{2}\right)^3$

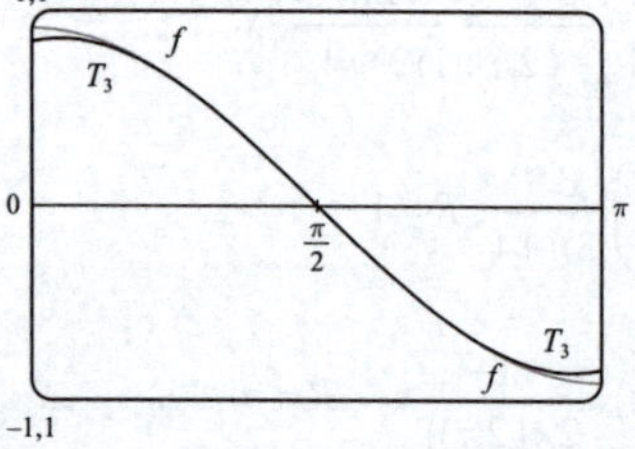

7. $(x-1) - \frac{1}{2}(x-1)^2 + \frac{1}{3}(x-1)^3$

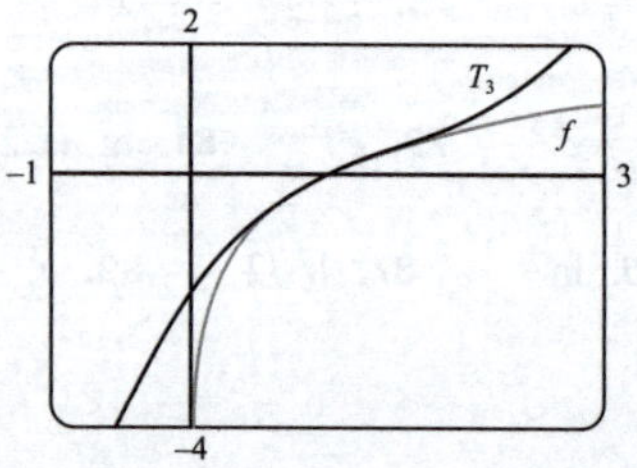

9. $x - 2x^2 + 2x^3$

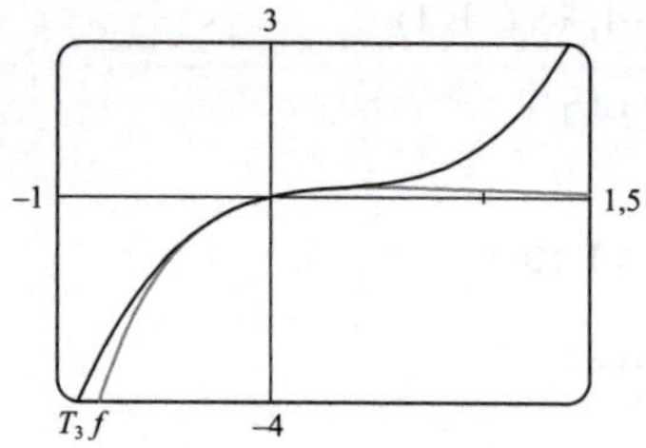

11. $T_5(x) = 1 - 2\left(x - \frac{\pi}{4}\right) + 2\left(x - \frac{\pi}{4}\right)^2 - \frac{8}{3}\left(x - \frac{\pi}{4}\right)^3$
$+ \frac{10}{3}\left(x - \frac{\pi}{4}\right)^4 - \frac{64}{15}\left(x - \frac{\pi}{4}\right)^5$

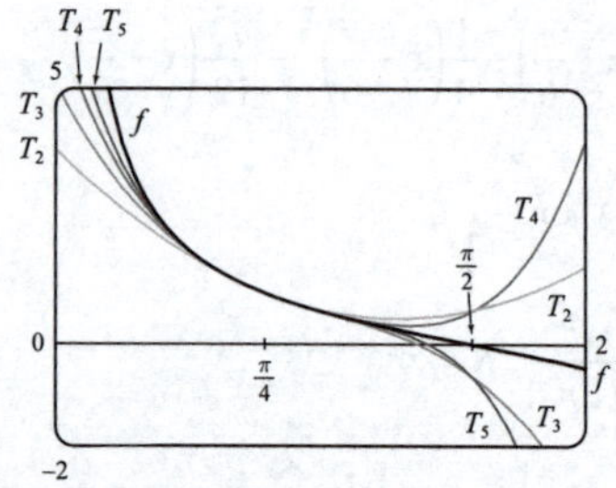

13. (a) $1 - (x-1) + (x-1)^2$ (b) 0,112 453

15. (a) $1 + \frac{2}{3}(x-1) + \frac{1}{9}(x-1)^2 + \frac{4}{81}(x-1)^3$ (b) 0,000 097

17. (a) $1 + \frac{1}{2}x^2$ (b) 0,001 447

19. (a) $1 + x^2$ (b) 0,000 053

21. (a) $x^2 - \frac{1}{6}x^4$ (b) 0,041 667

23. 0,17365 **25.** Quatro **27.** $-1{,}037 < x < 1{,}037$

29. $-0{,}86 < x < 0{,}86$ **31.** 21 m, não

37. (c) As correções diferem em cerca de 8×10^{-9} km.

CAPÍTULO 11 REVISÃO

Testes Verdadeiro-Falso

1. Falso **3.** Verdadeiro **5.** Falso **7.** Falso
9. Falso **11.** Verdadeiro **13.** Verdadeiro **15.** Falso
17. Verdadeiro **19.** Verdadeiro **21.** Verdadeiro

Exercícios

1. $\frac{1}{2}$ **3.** D **5.** 0 **7.** e^{12} **9.** 2 **11.** C
13. C **15.** D **17.** C **19.** C **21.** C **23.** CC
25. AC **27.** $\frac{1}{11}$ **29.** $\pi/4$ **31.** e^{-e} **35.** 0,9721
37. 0.189 762 24, erro $< 6{,}4 \times 10^{-7}$
41. 4, $[-6, 2)$ **43.** 0,5, $[2{,}5, 3{,}5)$

45. $\frac{1}{2}\sum_{n=0}^{\infty}(-1)^n\left[\frac{1}{(2n)!}\left(x - \frac{\pi}{6}\right)^{2n} + \frac{\sqrt{3}}{(2n+1)!}\left(x - \frac{\pi}{6}\right)^{2n+1}\right]$

47. $\sum_{n=0}^{\infty}(-1)^n x^{n+2}$, $R = 1$ **49.** $\ln 4 - \sum_{n=1}^{\infty}\frac{x^n}{n4^n}$, $R = 4$

51. $\sum_{n=0}^{\infty} (-1)^n \frac{x^{8n+4}}{(2n+1)!}$, $R = \infty$

53. $\frac{1}{2} + \sum_{n=1}^{\infty} \frac{1 \cdot 5 \cdot 9 \cdot \cdots \cdot (4n-3)}{n! 2^{6n+1}} x^n$, $R = 16$

55. $C + \ln|x| + \sum_{n=1}^{\infty} \frac{x^n}{n \cdot n!}$

57. (a) $1 + \frac{1}{2}(x-1) - \frac{1}{8}(x-1)^2 + \frac{1}{16}(x-1)^3$

(b)

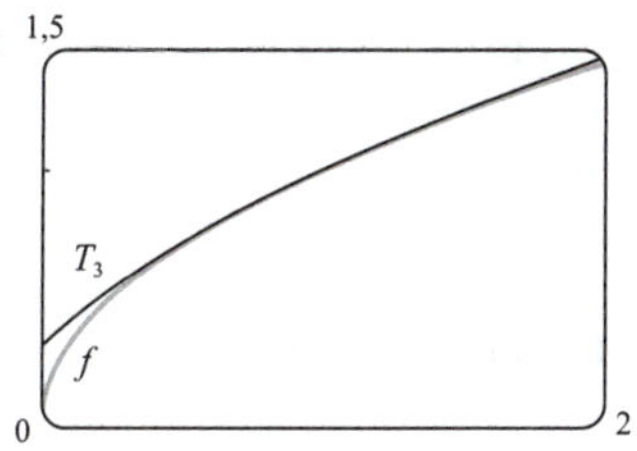

(c) 0,000 006

59. $-\frac{1}{6}$

PROBLEMAS QUENTES

1. (b) 0 se $x = 0$, $(1/x) - \text{cotg}\, x$ se $x \neq k\pi$, k é um inteiro

3. (a) $s_n = 3 \cdot 4^n$, $l_n = 1/3^n$, $p_n = 4^n/3^{n-1}$ (c) $\frac{2}{5}\sqrt{3}$

7. $\frac{3\pi}{4}$ **9.** $(-1, 1)$, $\frac{x^3 + 4x^2 + x}{(1-x)^4}$ **11.** $\ln \frac{1}{2}$

15. (a) $\frac{250}{101}\pi\,(e^{-(n-1)\pi/5} - e^{-n\pi/5})$ (b) $\frac{250}{101}\pi$

17. $\frac{\pi}{2\sqrt{3}} - 1$

19. $-\left(\frac{\pi}{2} - \pi k\right)^2$, onde k é um número inteiro positivo

CAPÍTULO 12

EXERCÍCIOS 12.1

1. $(4, 0, -3)$ **3.** C; A

5. Uma linha paralela ao eixo y e 4 unidades à direita dele; um plano vertical paralelo ao plano yz e 4 unidades na frente dele.

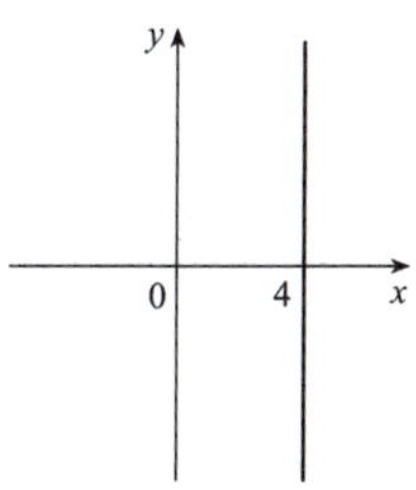

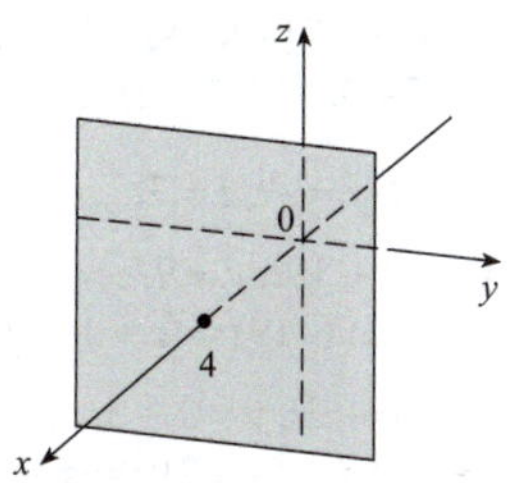

7. Um plano vertical que cruza o plano xy na linha $y = 2 - x$, $z = 0$

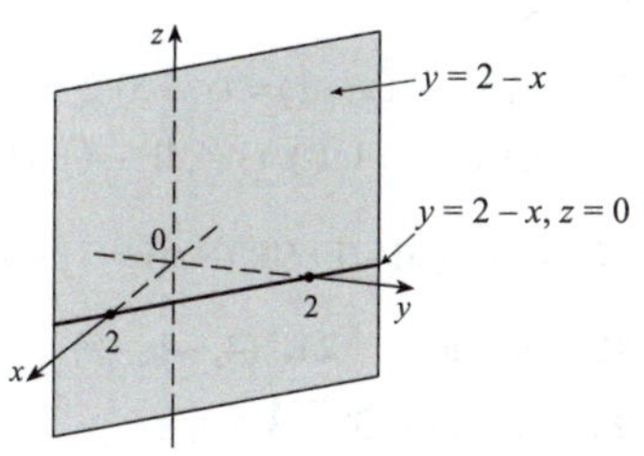

9. 6

11. $|PQ| = 6$, $|QR| = 2\sqrt{10}$, $|RP| = 6$; triângulo isósceles

13. (a) Não (b) Sim

15. $(x + 3)^2 + (y - 2)^2 + (z - 5)^2 = 16$; $(y - 2)^2 + (z - 5)^2 = 7$, $x = 0$ (um círculo)

17. $(x - 3)^2 + (y - 8)^2 + (z - 1)^2 = 30$

19. $(-4, 0, 1)$, 5 **21.** $(\frac{1}{2}, -1, 0)$, $\sqrt{3}/2$

25. (a) $(x + 1)^2 + (y - 4)^2 + (z - 5)^2 = 25$
(b) $(x + 1)^2 + (y - 4)^2 + (z - 5)^2 = 1$
(c) $(x + 1)^2 + (y - 4)^2 + (z - 5)^2 = 16$

27. Um plano horizontal situado 2 unidades abaixo do plano xy

29. Um semiespaço composto por todos os pontos sobre o plano $y = 1$ ou à direita deste

31. Todos os pontos sobre os planos verticais $x = -1$ e $x = 2$ ou entre eles

33. Todos os pontos contidos no plano $z = -1$ e pertencentes a um círculo de raio 2 e centro no eixo z

35. Todos os pontos sobre ou dentro de um cilindro circular de raio 5 cujo eixo é o eixo x

37. Todos os pontos sobre uma esfera de raio 2 e centro em (0, 0, 0)

39. Todos os pontos sobre ou entre as esferas de raios 1 e $\sqrt{5}$ e centradas em (0, 0, 0)

41. Todos os pontos sobre ou dentro de um cubo com arestas sobre os eixos coordenados e vértices opostos na origem e em (3, 3, 3)

43. $0 < x < 5$ **45.** $r^2 < x^2 + y^2 + z^2 < R^2$

47. (a) (2, 1, 4) (b)

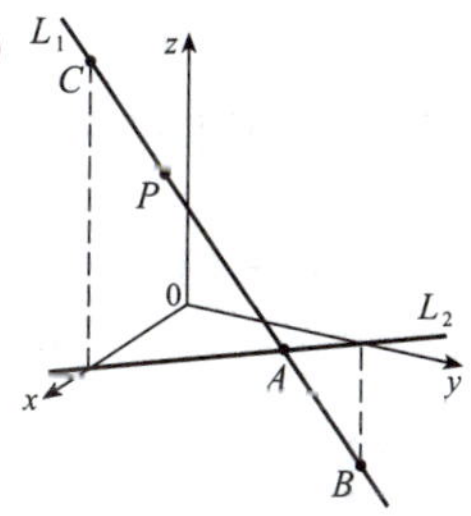

49. $14x - 6y - 10z = 9$; um plano perpendicular a AB

51. $2\sqrt{3} - 3$

EXERCÍCIOS 12.2

1. (a) Escalar (b) Vetorial (c) Vetorial (d) Escalar

3. $\overrightarrow{AB} = \overrightarrow{DC}$, $\overrightarrow{DA} = \overrightarrow{CB}$, $\overrightarrow{DE} = \overrightarrow{EB}$, $\overrightarrow{EA} = \overrightarrow{CE}$

5. (a)

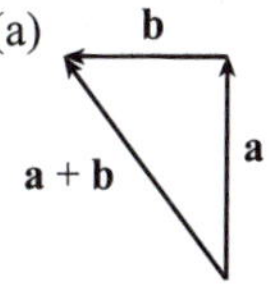

(b)

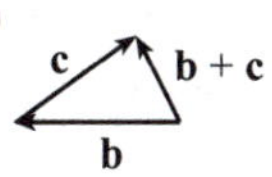

(c)

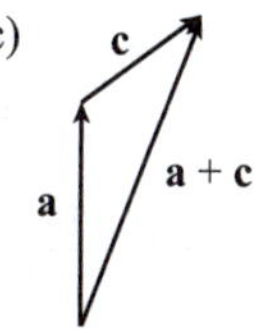

(d)

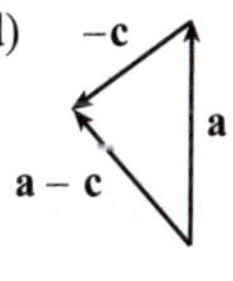

(e)

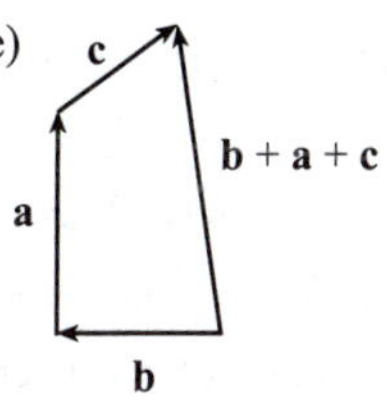

(f)

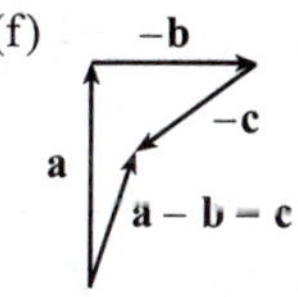

7. $\mathbf{c} = \frac{1}{2}\mathbf{a} + \frac{1}{2}\mathbf{b}$, $\mathbf{d} = \frac{1}{2}\mathbf{b} - \frac{1}{2}\mathbf{a}$

9. $\mathbf{a} = \langle 3, 1 \rangle$

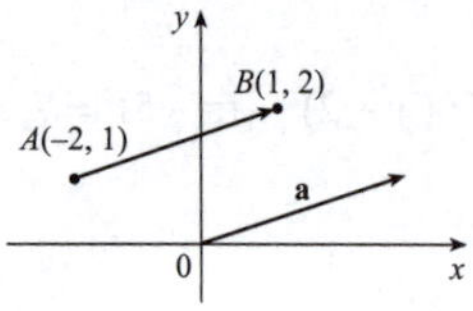

11. $\mathbf{a} = \langle -1, 4 \rangle$

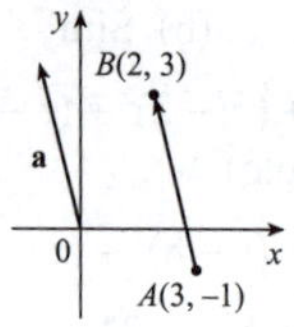

13. $\mathbf{a} = \langle -3, 5, -4 \rangle$

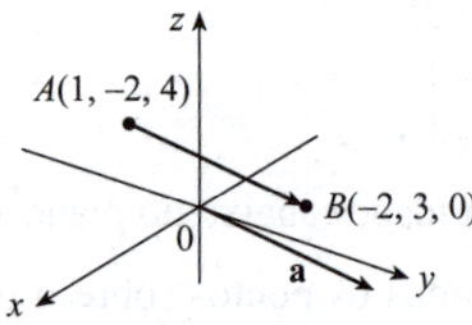

15. $\langle 5, 2 \rangle$

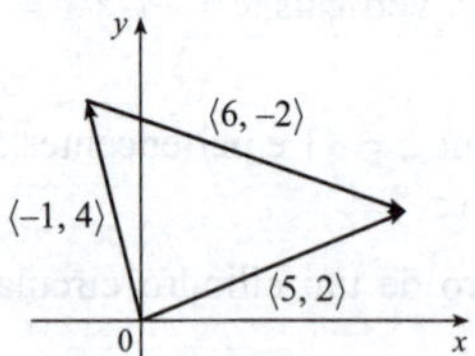

17. $\langle 3, 8, 1 \rangle$

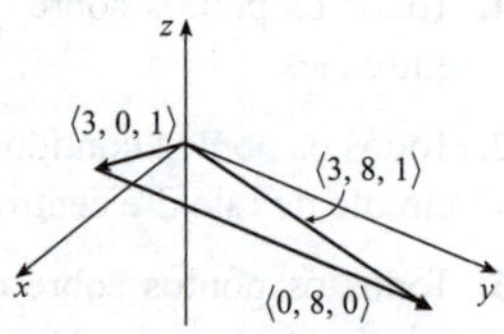

19. $\langle 6, 3 \rangle$, $\langle 6, 14 \rangle$, 5, 13

21. $6\mathbf{i} - 3\mathbf{j} - 2\mathbf{k}$, $20\mathbf{i} - 12\mathbf{j}$, $\sqrt{29}$, 7

23. $\left\langle \dfrac{3}{\sqrt{10}}, -\dfrac{1}{\sqrt{10}} \right\rangle$ **25.** $\frac{8}{9}\mathbf{i} - \frac{1}{9}\mathbf{j} + \frac{4}{9}\mathbf{k}$ **27.** 60°

29. $\langle -2\sqrt{3}, 2 \rangle$ **31.** ≈15,32 m/s, ≈12,86 m/s

33. $100\sqrt{7} \approx 264{,}6$ N, ≈139,1°

35. ≈−177,39 **i** + 211,41 **j**, ≈177,39 **i** + 138,59 **j**; ≈275,97 N, ≈225,11 N

37. ≈26,1 N **39.** ≈N 41,6° W, ≈237,3 km/h

41. $\pm(\mathbf{i} + 4\mathbf{j})/\sqrt{17}$ **43.** **0**

45. (a), (b)

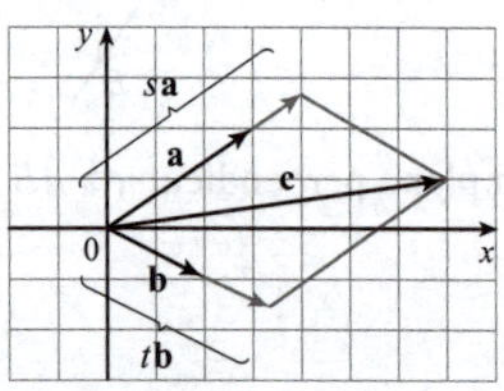

(d) $s = \frac{9}{7}$, $t = \frac{11}{7}$

47. Uma esfera com raio 1, centrada em (x_0, y_0, z_0)

EXERCÍCIOS 12.3

1. (b), (c), (d) são significativos **3.** −3,6 **5.** 19 **7.** 1

9. $14\sqrt{3}$ **11.** $\mathbf{u} \cdot \mathbf{v} = \frac{1}{2}$, $\mathbf{u} \cdot \mathbf{w} = -\frac{1}{2}$

15. $\cos^{-1}\left(\dfrac{17}{13\sqrt{2}}\right) \approx 22°$ **17.** $\cos^{-1}\left(-\frac{5}{6}\right) \approx 146°$

19. $\cos^{-1}\left(\dfrac{-2}{3\sqrt{70}}\right) \approx 95°$ **21.** 48°, 75°, 57°

23. (a) Ortogonal (b) Nenhum (c) Paralelo (d) Ortogonal

25. Sim **27.** $(\mathbf{i} - \mathbf{j} - \mathbf{k})/\sqrt{3}$ $[\text{ou } (-\mathbf{i} + \mathbf{j} + \mathbf{k})/\sqrt{3}]$

29. ≈36,9° **31.** 0° em (0, 0), ≈ 8,1° em (1, 1)

33. $\frac{4}{9}, \frac{1}{9}, \frac{8}{9}$; 63,6°, 83,6°, 27,3°

35. $3/\sqrt{14}$, $-1/\sqrt{14}$, $-2/\sqrt{14}$; 36,7°, 105,5°, 122,3°

37. $1/\sqrt{3}$, $1/\sqrt{3}$, $1/\sqrt{3}$; 54,7°, 54,7°, 57,7° **39.** 4, $\langle -\frac{20}{13}, \frac{48}{13} \rangle$

41. $\frac{1}{9}$, $\langle \frac{4}{81}, \frac{7}{81}, -\frac{4}{81} \rangle$ **43.** $-7/\sqrt{19}$, $-\frac{21}{19}\mathbf{i} + \frac{21}{19}\mathbf{j} - \frac{7}{19}\mathbf{k}$

47. $\langle 0, 0, -2\sqrt{10} \rangle$ ou qualquer vetor da forma $\langle s, t, 3s - 2\sqrt{10} \rangle$, $s, t \in \mathbb{R}$

49. 144 J **51.** 2.400 cos (40°) ≈ 1.839 J

53. $\frac{13}{5}$ **55.** ≈ 54,7°

EXERCÍCIOS 12.4

1. 15 **i** − 10 **j** − 3 **k** **3.** 14 **i** + 4 **j** + 2 **k**

5. $-\frac{3}{2}\,\mathbf{i} + \frac{7}{4}\,\mathbf{j} + \frac{2}{3}\,\mathbf{k}$

7. $(3t^3 - 2t^2)\,\mathbf{i} + (t^2 - 3t^4)\,\mathbf{j} + (2t^4 - t^3)\,\mathbf{k}$

9. **0** **11.** **i** + **j** + **k**

13. (a) Escalar (b) Sem sentido (c) Vetorial (d) Sem sentido (e) Sem sentido (f) Escalar

15. 6; na página **17.** $\langle -7, 10, 8 \rangle$, $\langle 7, -10, -8 \rangle$

19. $\left\langle -\dfrac{1}{3\sqrt{3}}, -\dfrac{1}{3\sqrt{3}}, \dfrac{5}{3\sqrt{3}} \right\rangle, \left\langle \dfrac{1}{3\sqrt{3}}, \dfrac{1}{3\sqrt{3}}, -\dfrac{5}{3\sqrt{3}} \right\rangle$

27. 20 **29.** (a) $\langle -10, 11, 3 \rangle$ (b) $\frac{1}{2}\sqrt{230}$

31. (a) $\langle 12, -1, 17 \rangle$ (b) $\frac{1}{2}\sqrt{434}$

33. 9 **35.** 16 **39.** 10,8 sen 80° ≈ 10,6 N · m

41. ≈417 N **43.** 60°

45. (b) $\sqrt{97/3}$ **53.** (a) Não (b) Não (c) Sim

EXERCÍCIOS 12.5

1. (a) Verdadeiro (b) Falso (c) Verdadeiro (d) Falso (e) Falso (f) Verdadeiro (g) Falso (h) Verdadeiro (i) Verdadeiro (j) Falso (k) Verdadeiro

3. $\mathbf{r} = (-\mathbf{i} + 8\mathbf{j} + 7\mathbf{k}) + t(\frac{1}{2}\mathbf{i} + \frac{1}{3}\mathbf{j} + \frac{1}{4}\mathbf{k})$;
$x = -1 + \frac{1}{2}t$, $y = 8 + \frac{1}{3}t$, $z = 7 + \frac{1}{4}t$

5. $\mathbf{r} = (5\mathbf{i} + 7\mathbf{j} + \mathbf{k}) + t(3\mathbf{i} - 2\mathbf{j} + 2\mathbf{k})$;
$x = 5 + 3t$, $y = 7 - 2t$, $z = 1 + 2t$

7. $x = 8t$, $y = -t$, $z = 3t$; $x/8 = -y = z/3$

9. $x = 12 - 19t$, $y = 9$, $z = -13 + 24t$;
$(x - 12)/(-19) = (z + 13)/24$, $y = 9$

11. $x = -6 + 2t$, $y = 2 + 3t$, $z = 3 + t$;
$(x + 6)/2 = (y - 2)/3 = z - 3$

13. Sim

15. (a) $(x - 1)/(-1) = (y + 5)/2 = (z - 6)/(-3)$
(b) $(-1, -1, 0)$, $(-\frac{3}{2}, 0, -\frac{3}{2})$, $(0, -3, 3)$

17. $\mathbf{r}(t) = (6\mathbf{i} - \mathbf{j} + 9\mathbf{k}) + t(\mathbf{i} + 7\mathbf{j} - 9\mathbf{k})$, $0 \le t \le 1$

19. Desvio **21.** (4, −1, −5) **23.** $5x + 4y + 6z = 29$

25. $-x + 2y + 3z = 3$

27. $4x - y + 5z = -4$

29. $2x - y + 3z = -0{,}2$ ou $10x - 5y + 15z = -1$

31. $x + y + z = 2$ **33.** $5x - 3y - 8z = -9$

35. $8x + y - 2z = 31$ **37.** $x - 2y - z = -3$

39. $3x - 8y - z = -38$

41.

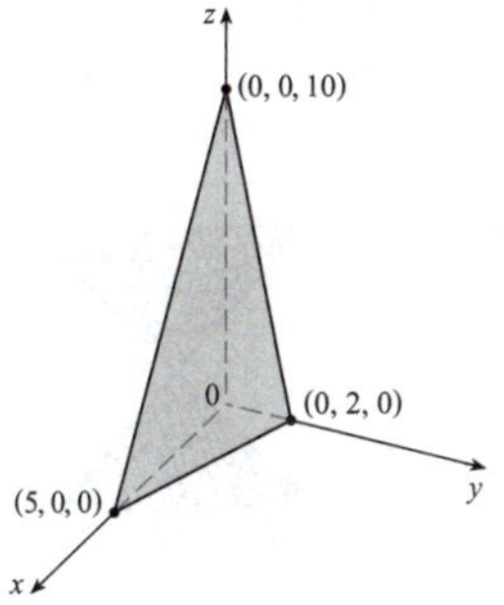

43.

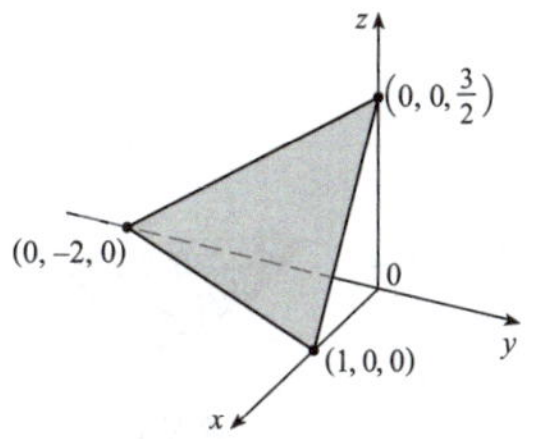

45. $(-2, 6, 3)$ **47.** $(\frac{2}{5}, 4, 0)$ **49.** $1, 0, -1$

51. Perpendicular

53. Nenhum dos dois, $\cos^{-1}\left(-\frac{1}{\sqrt{6}}\right) \approx 114{,}1°$

55. Paralelo

57. (a) $x = 1, y = -t, z = t$ (b) $\cos^{-1}\left(\frac{5}{3\sqrt{3}}\right) \approx 15{,}8°$

59. $x = 1, y - 2 = -z$ **61.** $x + 2y + z = 5$

63. $(x/a) + (y/b) + (z/c) = 1$

65. $x = 3t, y = 1 - t, z = 2 - 2t$

67. P_2 e P_3 são paralelos, P_1 e P_4 são idênticos

69. $\sqrt{61/14}$ **71.** $\frac{18}{7}$ **73.** $5/(2\sqrt{14})$

77. $1/\sqrt{6}$ **79.** $13/\sqrt{69}$

81. (a) $x = 325 + 440t, y = 810 - 135t, z = 561 + 38t, 0 \leq t \leq 1$
(b) Não

EXERCÍCIOS 12.6

1. (a) Parábola
(b) Cilindro parabólico com domínios paralelos ao eixo z
(c) Cilindro parabólico com domínios paralelos ao eixo x

3. Cilindro circular de raio 2

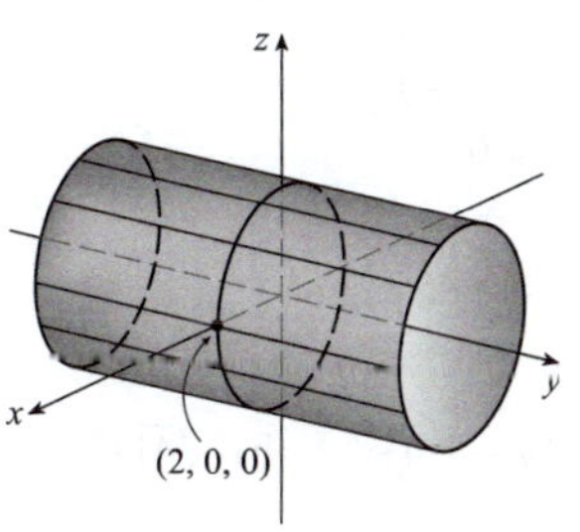

5. Cilindro parabólico

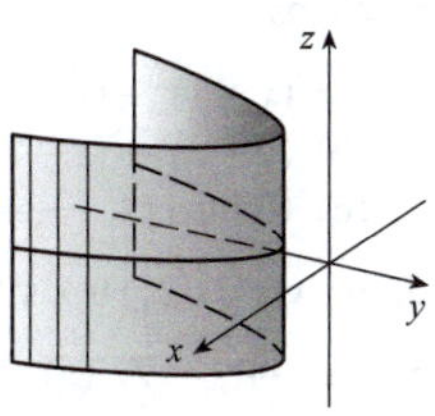

7. Cilindro hiperbólico

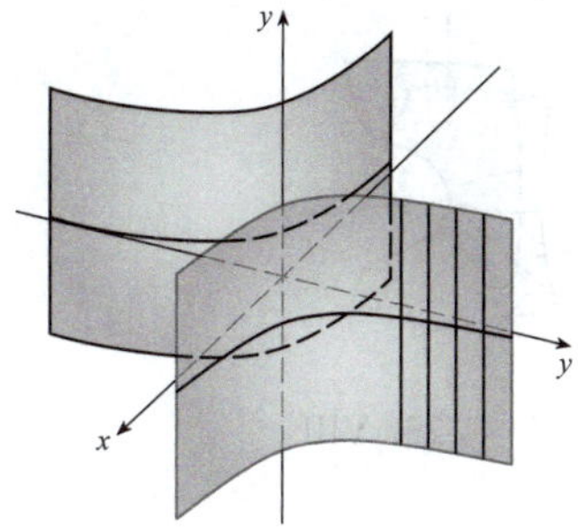

9. $z = \cos x$

11. (a) $x = k, y^2 - z^2 = 1 - k^2$, hipérbole $(k \neq \pm 1)$;
$y = k, x^2 - z^2 = 1 - k^2$, hipérbole $(k \neq \pm 1)$;
$z = k, x^2 + y^2 = 1 + k^2$, círculo
(b) A hiperboloide é rotacionada de modo que tenha o eixo no eixo y
(c) A hiperboloide é deslocada uma unidade na direção negativa y

13. Paraboloide elíptico cujo eixo é o eixo x

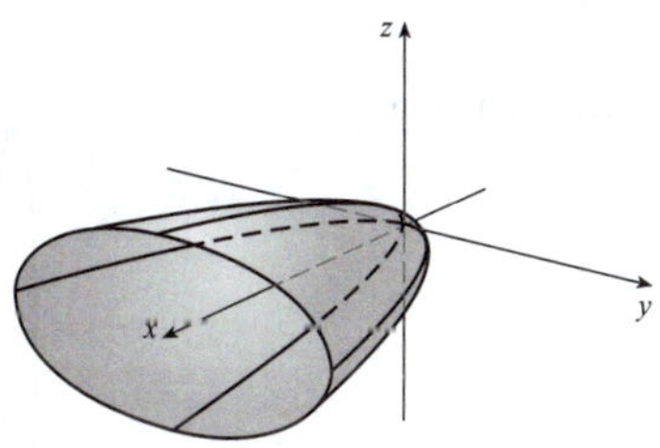

15. Cone elíptico cujo eixo é o eixo x

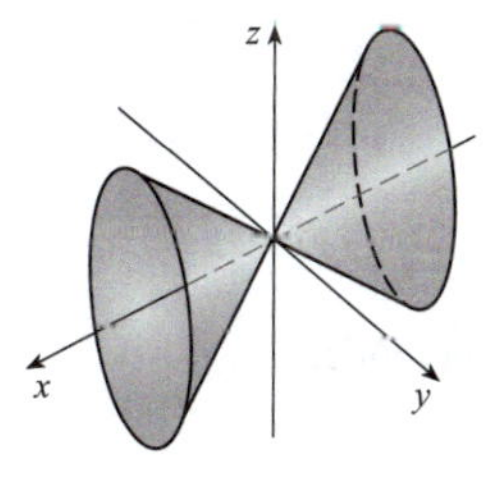

17. Hiperboloide de uma folha com eixo no eixo x

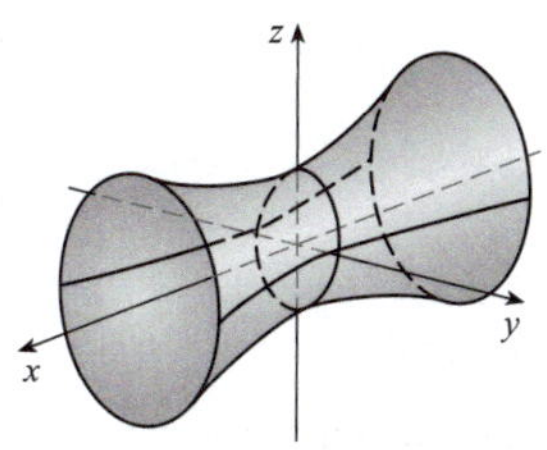

19. Elipsoide

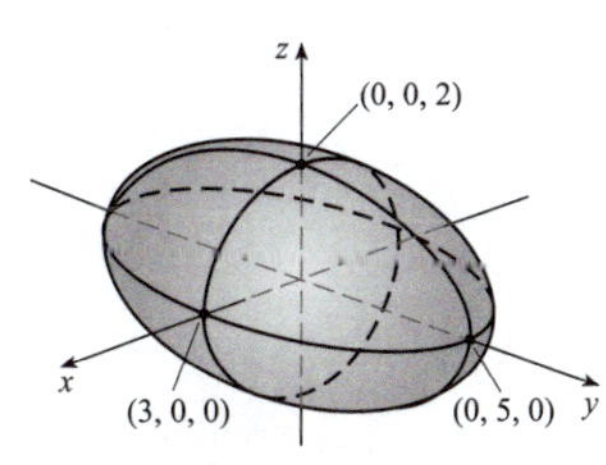

21. Paraboloide hiperbólico

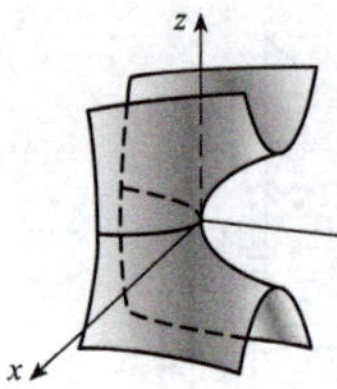

23. VII **25.** II **27.** VI **29.** VIII

31. Paraboloide circular

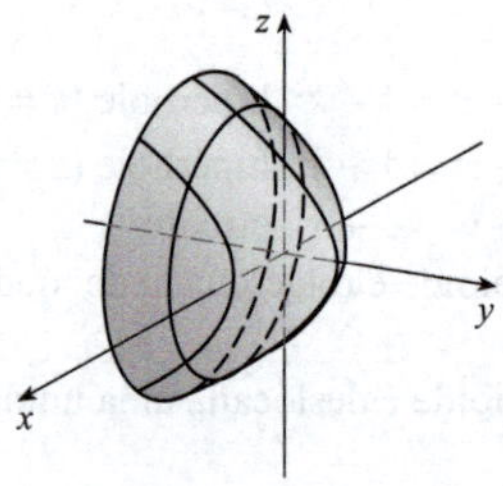

33. $y^2 = x^2 + \frac{z^2}{9}$

Cone elíptico com eixo y

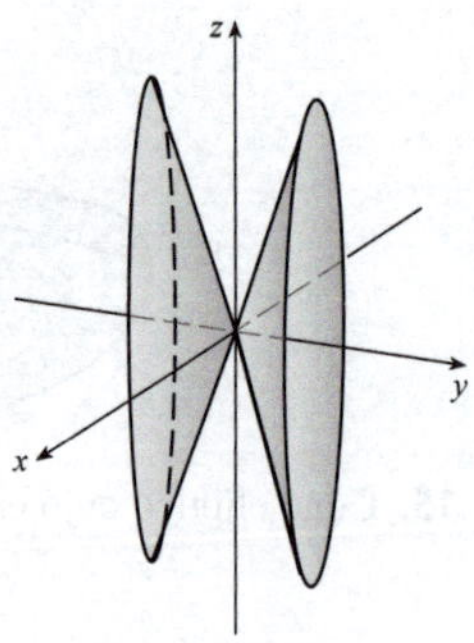

35. $y = z^2 - \frac{x^2}{2}$

Paraboloide hiperbólico

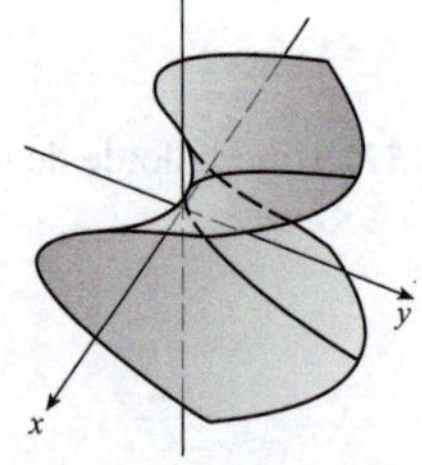

37. $z = (x-1)^2 + (y-3)^2$

Paraboloide circular com vértice (1, 3, 0) e eixo na reta vertical $x = 1, y = 3$

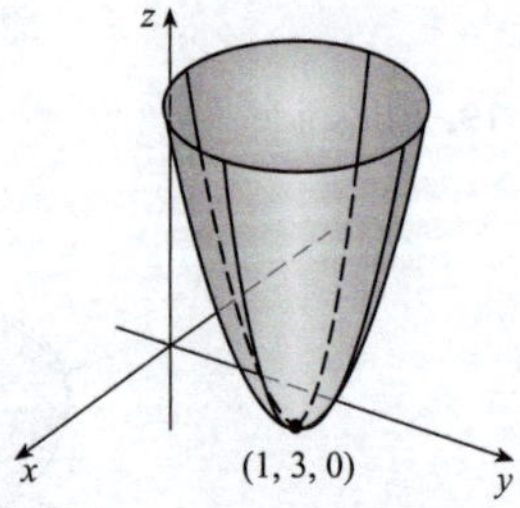

39. $\frac{(x-2)^2}{5} - \frac{y^2}{5} + \frac{(z-1)^2}{5} = 1$

Hiperboloide de uma folha com centro (2, 0, 1) e eixo na reta horizontal $x = 2, z = 1$

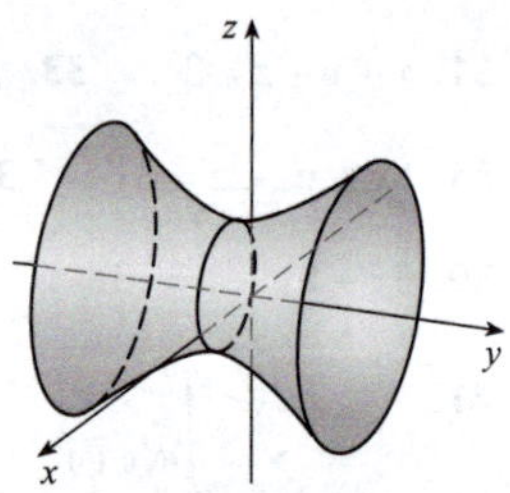

41.

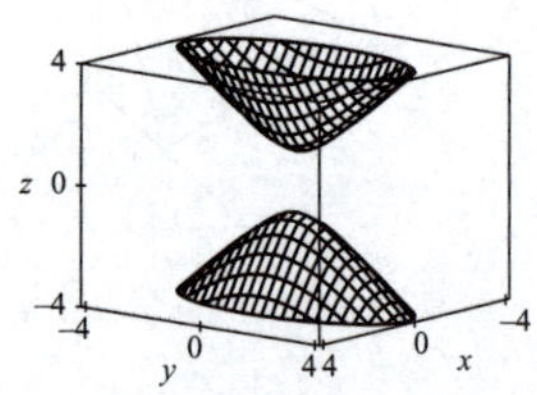

43.

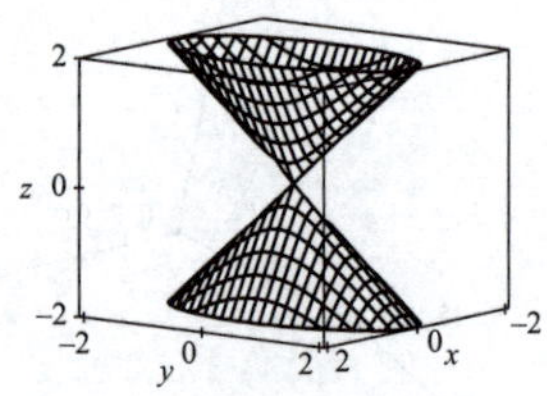

45.

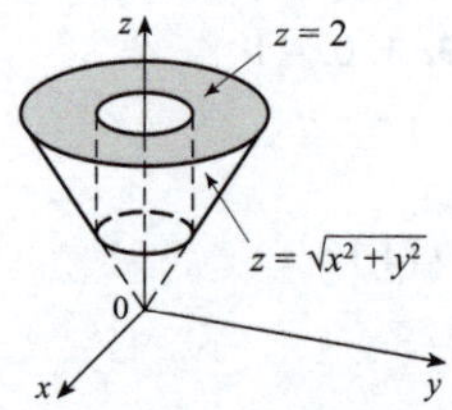

47. $x = y^2 + z^2$ **49.** $-4x = y^2 + z^2$, paraboloide

51. (a) $\frac{x^2}{(6378{,}137)^2} + \frac{y^2}{(6378{,}137)^2} + \frac{z^2}{(6356{,}523)^2} = 1$

(b) Círculo (c) Elipse

55.

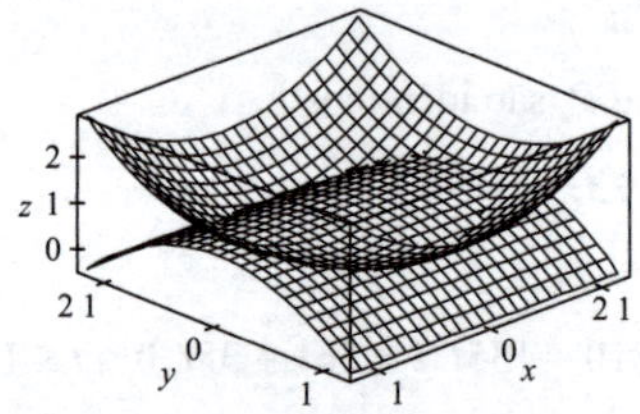

CAPÍTULO 12 REVISÃO

Testes Verdadeiro-Falso

1. Falso **3.** Falso **5.** Verdadeiro **7.** Verdadeiro
9. Verdadeiro **11.** Verdadeiro **13.** Verdadeiro
15. Falso **17.** Falso **19.** Falso **21.** Verdadeiro

Exercícios

1. (a) $(x+1)^2 + (y-2)^2 + (z-1)^2 = 69$
(b) $(y-2)^2 + (z-1)^2 = 68, x = 0$
(c) Centro $(4, -1, -3)$, raio 5

3. $\mathbf{u} \cdot \mathbf{v} = 3\sqrt{2}$; $|\mathbf{u} \times \mathbf{v}| = 3\sqrt{2}$; fora da página

5. −2, −4 **7.** (a) 2 (b) −2 (c) −2 (d) 0

9. $\cos^{-1}(\frac{1}{3}) \approx 71°$ **11.** (a) $\langle 4, -3, 4 \rangle$ (b) $\sqrt{41}/2$

13. ≈ 166 N, ≈ 114 N

15. $x = 4 - 3t, y = -1 + 2t, z = 2 + 3t$

17. $x = -2 + 2t,\ y = 2 - t,\ z = 4 + 5t$

19. $-4x + 3y + z = -14$ **21.** $(1, 4, 4)$ **23.** Desvio

25. $x + y + z = 4$ **27.** $22/\sqrt{26}$

29. Plano

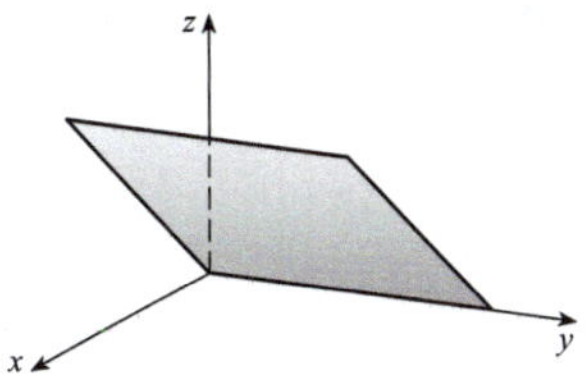

31. Cone

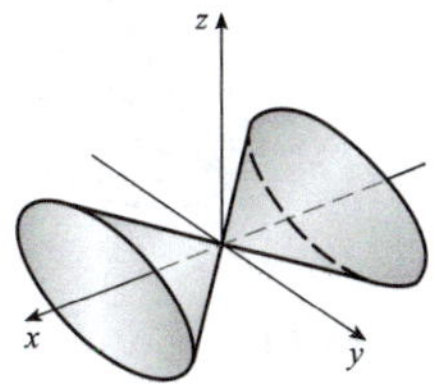

33. Hiperboloide de duas folhas

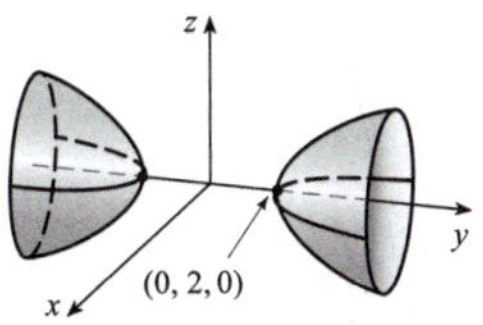

35. Elipsoide

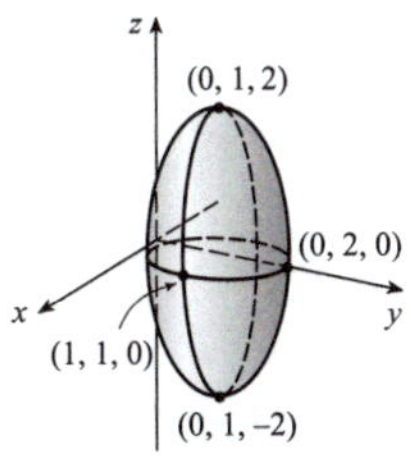

37. $4x^2 + y^2 + z^2 = 16$

PROBLEMAS QUENTES

1. $\left(\sqrt{3} - \frac{3}{2}\right)$ m

3. (a) $(x + 1)/(-2c) = (y - c)/(c^2 - 1) = (z - c)/(c^2 + 1)$
(b) $x^2 + y^2 = t^2 + 1,\ z = t$ (c) $4\pi/3$

5. 20

CAPÍTULO 13

EXERCÍCIOS 13.1

1. $(-1, 3)$ **3.** $\mathbf{i} + \mathbf{j} + \mathbf{k}$ **5.** $\langle -1, \pi/2, 0 \rangle$

7.

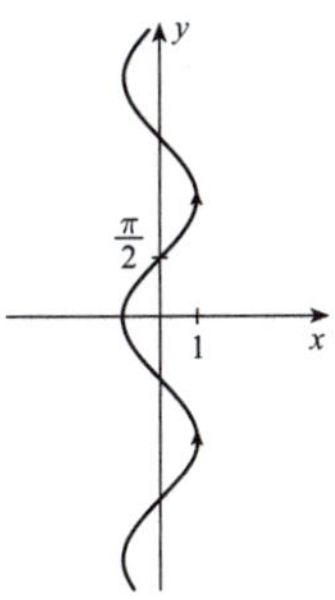

9.

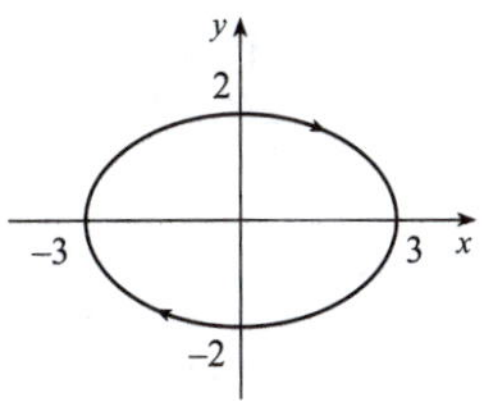

11.

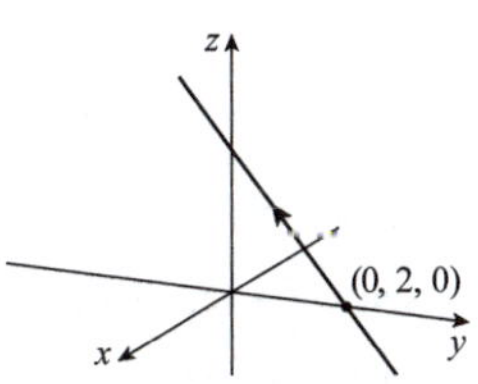

13.

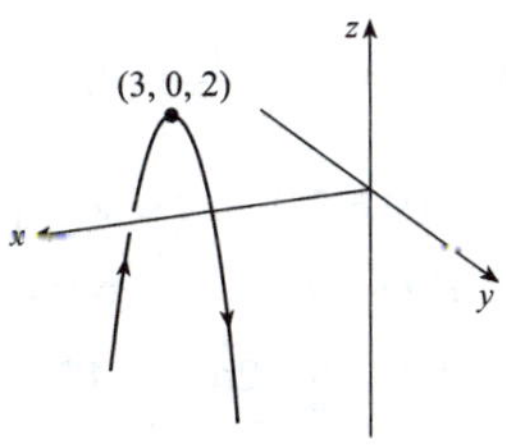

15.

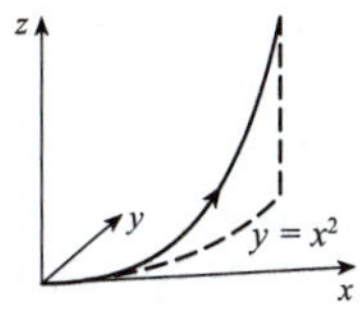

17.

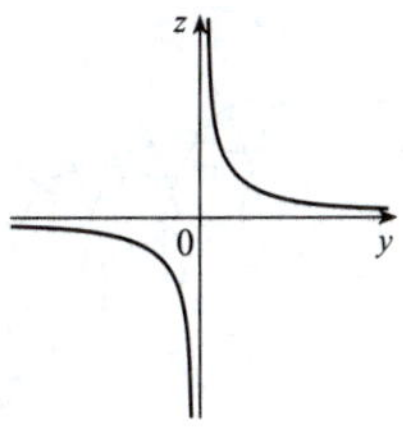

19.

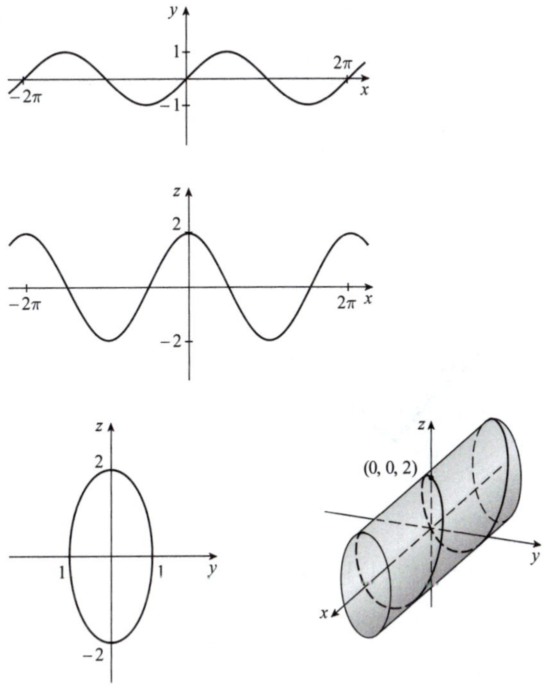

21. $\langle -2 + 7t, 1 + t, -3t \rangle,\ 0 \le t \le 1$;
$x = -2 + 7t,\ y = 1 + t,\ z = -3t,\ 0 \le t \le 1$

23. $\langle 3{,}5 - 1{,}7t, -1{,}4 + 1{,}7t, 2{,}1 \rangle,\ 0 \le t \le 1$;
$x = 3{,}5 - 1{,}7t,\ y = -1{,}4 + 1{,}7t,\ z = 2{,}1,\ 0 \le t \le 1$

25. II **27.** V **29.** IV **31.** $y = 4$ **33.** $z = -y$

35.

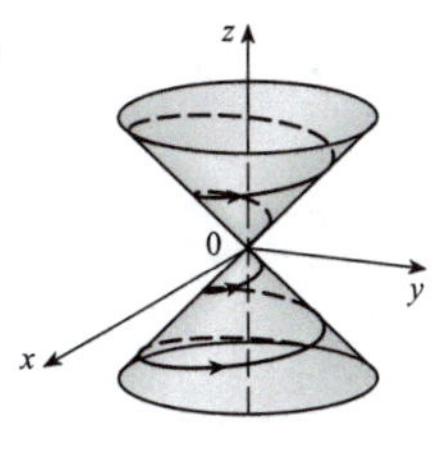

37. $y = e^{x/2},\ z = e^x,\ z = y^2$

39. $(0, 0, 0),\ (1, 0, 1)$

41.

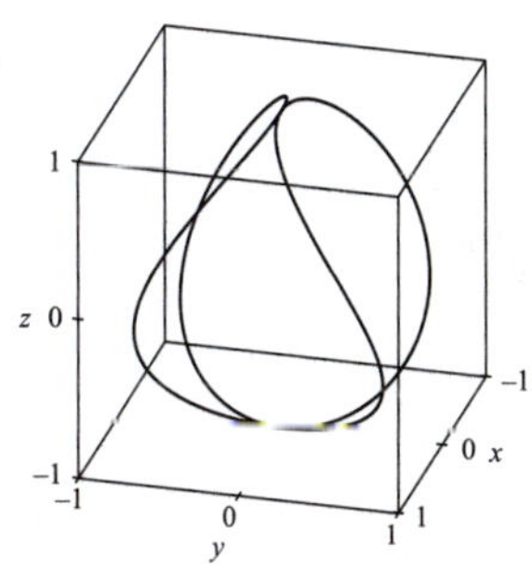

43.

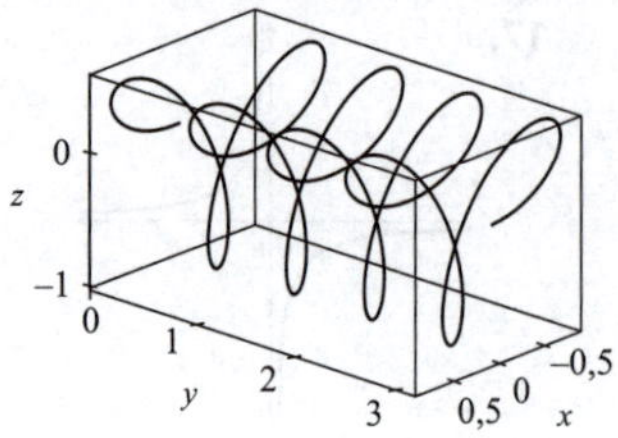

45.

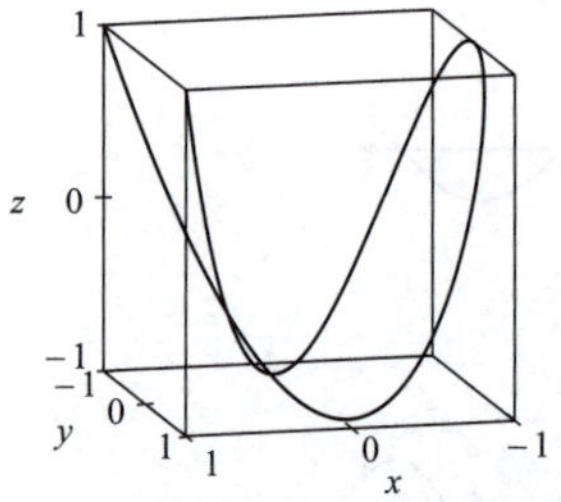

47.

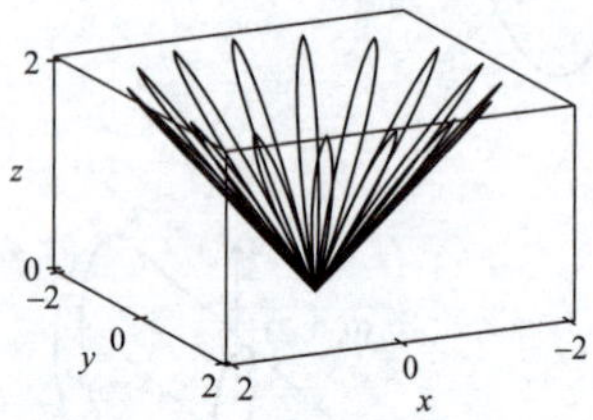

51. $\mathbf{r}(t) = t\,\mathbf{i} + \frac{1}{2}(t^2 - 1)\,\mathbf{j} + \frac{1}{2}(t^2 + 1)\,\mathbf{k}$

53. $\mathbf{r}(t) = \cos t\,\mathbf{i} + \operatorname{sen} t\,\mathbf{j} + \cos 2t\,\mathbf{k},\ 0 \le t \le 2\pi$

55. $x = 2\cos t,\ y = 2\operatorname{sen} t,\ z = 4\cos^2 t,\ 0 \le t \le 2\pi$

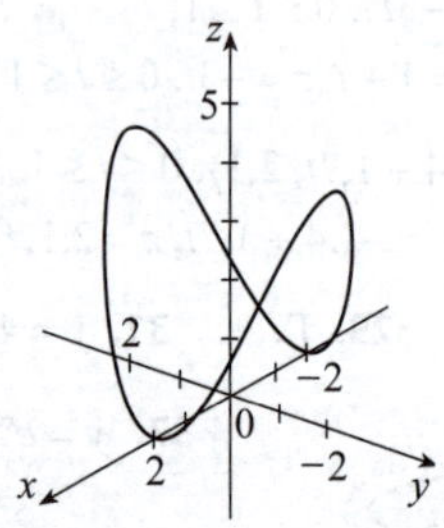

57. Sim

59. (a)

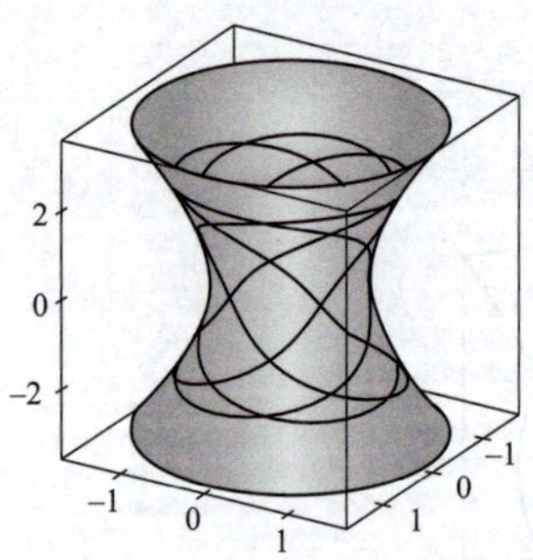

EXERCÍCIOS 13.2

1. (a)

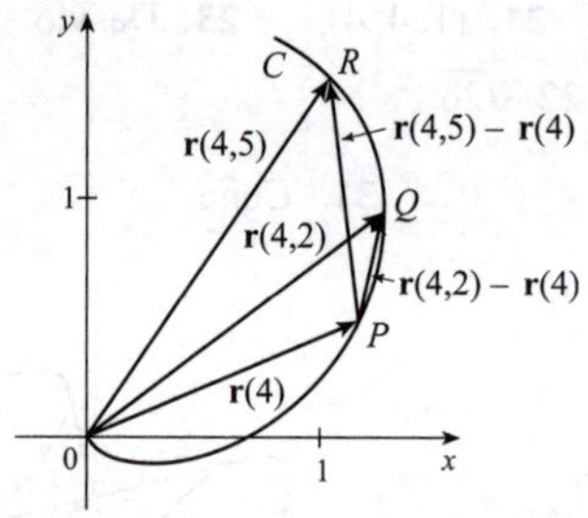

(b), (d)

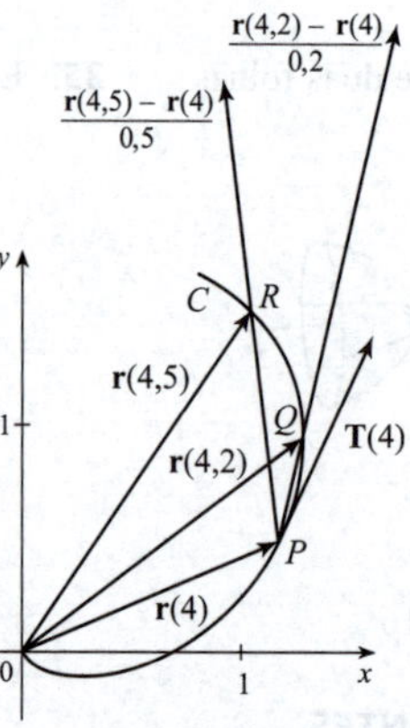

(c) $\mathbf{r}'(4) = \lim\limits_{h \to 0} \dfrac{\mathbf{r}(4+h) - \mathbf{r}(4)}{h}; \mathbf{T}(4) = \dfrac{\mathbf{r}'(4)}{|\mathbf{r}'(4)|}$

3. (a), (c)

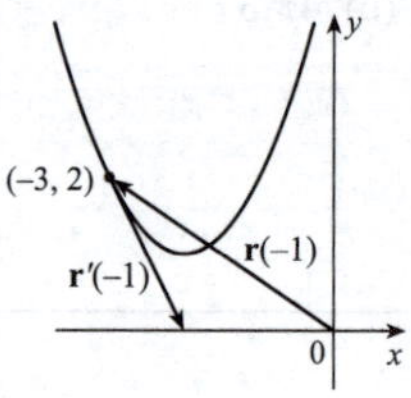

(b) $\mathbf{r}'(t) = \langle 1, 2t \rangle$

5. (a), (c)

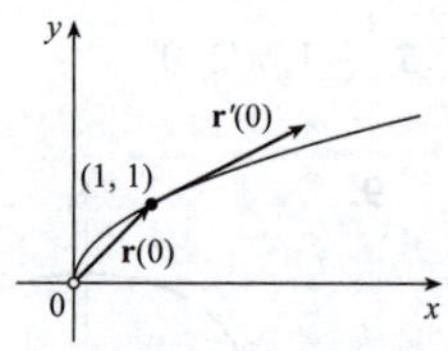

(b) $\mathbf{r}'(t) = 2e^{2t}\,\mathbf{i} + e^t\,\mathbf{j}$

7. (a), (c)

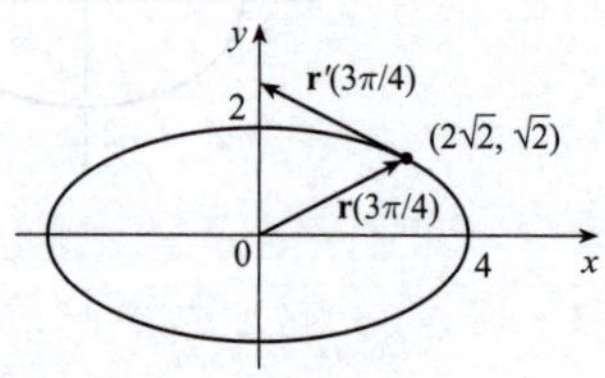

(b) $\mathbf{r}'(t) = 4\cos t\,\mathbf{i} + 2\operatorname{sen} t\,\mathbf{j}$

9. $\mathbf{r}'(t) = \left\langle \dfrac{1}{2\sqrt{t-2}}, 0, -\dfrac{2}{t^3} \right\rangle$

11. $\mathbf{r}'(t) = 2t\,\mathbf{i} - 2t\operatorname{sen}(t^2)\,\mathbf{j} + 2\operatorname{sen} t\cos t\,\mathbf{k}$

13. $\mathbf{r}'(t) = (t\cos t + \operatorname{sen} t)\,\mathbf{i} + e^t(\cos t - \operatorname{sen} t)\,\mathbf{j} + (\cos^2 t - \operatorname{sen}^2 t)\,\mathbf{k}$

15. $\mathbf{r}'(t) = \mathbf{b} + 2t\mathbf{c}$ **17.** $\left\langle \frac{2}{7}, \frac{3}{7}, \frac{6}{7} \right\rangle$ **19.** $\frac{3}{5}\mathbf{j} + \frac{4}{5}\mathbf{k}$

21. $\left\langle 3/\sqrt{34}, 3/\sqrt{34}, -4/\sqrt{34} \right\rangle$

23. $\langle 4t^3, 1, 2t\rangle, \langle 4/\sqrt{21}, 1/\sqrt{21}, 2/\sqrt{21}\rangle, \langle 12t^2, 0, 2\rangle,$
$\langle 2, 16t^3, -12t^2\rangle$

25. $x = 2 + 2t, y = 4 + 2t, z = 1 + t$

27. $x = 1 - t, y = t, z = 1 - t$

29. $\mathbf{r}(t) = (3 - 4t)\,\mathbf{i} + (4 + 3t)\,\mathbf{j} + (2 - 6t)\,\mathbf{k}$

31. $x = t, y = 1 - t, z = 2t$

33. $x = -\pi - t, y = \pi + t, z = -\pi t$

35. 66°

37. $2\,\mathbf{i} - 4\,\mathbf{j} + 32\,\mathbf{k}$

39. $(\ln 2)\,\mathbf{i} + (\pi/4)\,\mathbf{j} + \frac{1}{2}\ln 2\,\mathbf{k}$

41. $\text{tg}^{-1}\,t\,\mathbf{i} + \frac{1}{2}e^{t^2}\mathbf{j} + \frac{2}{3}t^{3/2}\,\mathbf{k} + \mathbf{C}$

43. $t^2\,\mathbf{i} + t^3\,\mathbf{j} + \left(\frac{2}{3}t^{3/2} - \frac{2}{3}\right)\mathbf{k}$

49. $2t\cos t + 2\,\text{sen}\,t - 2\cos t\,\text{sen}\,t$

51. 35

EXERCÍCIOS 13.3

1. (a) $2\sqrt{21}$ **3.** $10\sqrt{10}$ **5.** $e - e^{-1}$ **7.** $\frac{1}{27}(13^{3/2} - 8)$

9. 18,6833 **11.** 10,3311 **13.** 42

15. (a) $s(t) = \sqrt{26}\,(t - 1)$;

$$\mathbf{r}(t(s)) = \left(4 - \frac{s}{\sqrt{26}}\right)\mathbf{i} + \left(\frac{4s}{\sqrt{26}} + 1\right)\mathbf{j} + \left(\frac{3s}{\sqrt{26}} + 3\right)\mathbf{k}$$

(b) $\left(4 - \frac{4}{\sqrt{26}}, \frac{16}{\sqrt{26}} + 1, \frac{12}{\sqrt{26}} + 3\right)$

17. (3 sen 1, 4, 3 cos 1)

19. (a) $\frac{1}{\sqrt{5}}\langle 2, \text{sen}\,t, \cos t\rangle, \langle 0, \cos t, -\text{sen}\,t\rangle$ (b) $1/(5t)$

21. (a) $\frac{1}{\sqrt{1+4t^2}}\langle 1, 2t, 0\rangle, \frac{1}{\sqrt{1+4t^2}}\langle 2t, 1, 0\rangle$
(b) $2/(1 + 4t^2)^{3/2}$

23. (a) $\frac{1}{\sqrt{1+5t^2}}\langle 1, t, 2t\rangle, \frac{1}{\sqrt{5+25t^2}}\langle -5t, 1, 2\rangle$
(b) $\sqrt{5}/(1 + 5t^2)^{3/2}$

25. $6t^2/(9t^4 + 4t^2)^{3/2}$ **27.** $\frac{\sqrt{6}}{2(3t^2+1)^2}$

29. $\frac{1}{7}\sqrt{19/14}$ **31.** $12x^2/(1 + 16x^6)^{3/2}$

33. $e^x\,|x + 2|\,/[1 + (xe^x + e^x)^2]^{3/2}$

35. $\left(-\frac{1}{2}\ln 2, 1/\sqrt{2}\right)$; aproximações 0

37. (a) P (b) 1,3, 0,7

39.

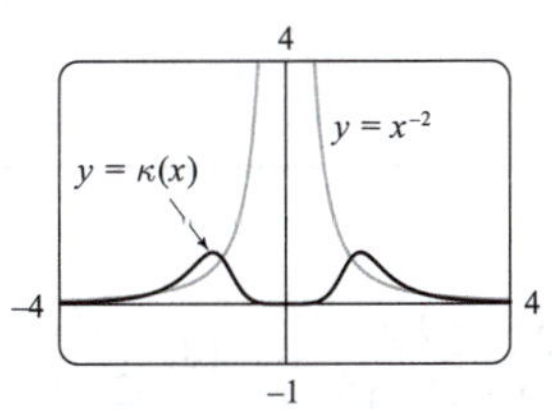

41.

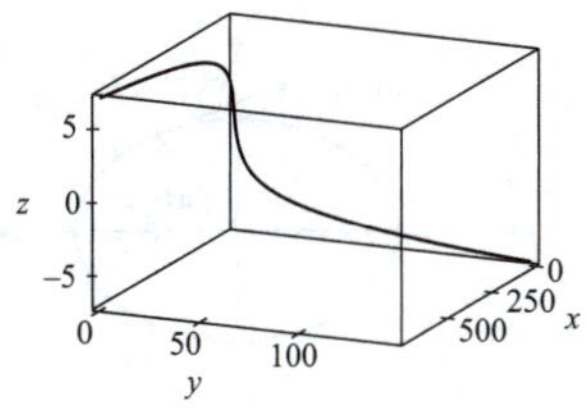

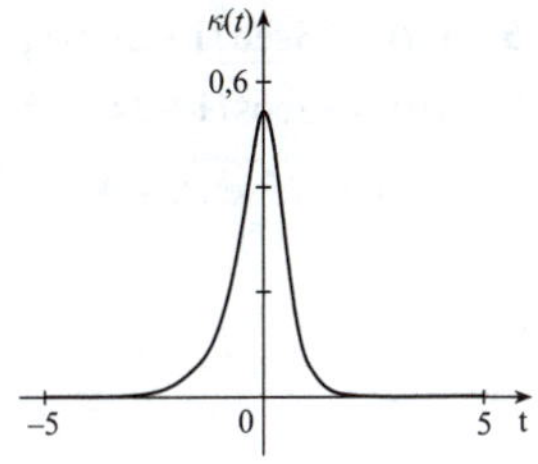

43. a é $y - f(x)$, b é $y = \kappa(x)$

45. $\kappa(t) = \frac{6\sqrt{4\cos^2 t - 12\cos t + 13}}{(17 - 12\cos t)^{3/2}}$

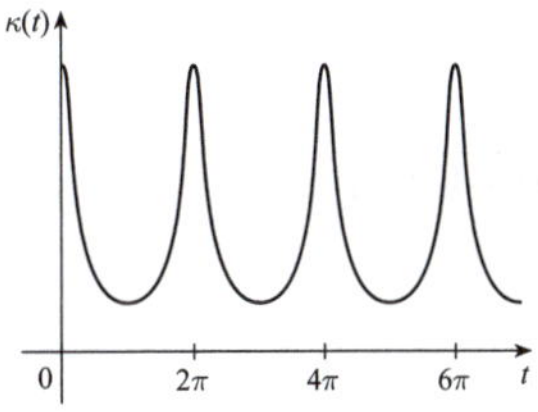

é máxima nos múltiplos inteiros de 2π

47. $6t^2/(4t^2 + 9t^4)^{3/2}$

49. $1/(\sqrt{2}e^t)$

51. $\langle\frac{2}{3}, \frac{2}{3}, \frac{1}{3}\rangle, \langle -\frac{1}{3}, \frac{2}{3}, -\frac{2}{3}\rangle, \langle -\frac{2}{3}, \frac{1}{3}, \frac{2}{3}\rangle$

53. $x - 2z = -4\pi, 2x + z = 2\pi$

55. $\left(x + \frac{5}{2}\right)^2 + y^2 = \frac{81}{4}, x^2 + \left(y - \frac{5}{3}\right)^2 = \frac{16}{9}$

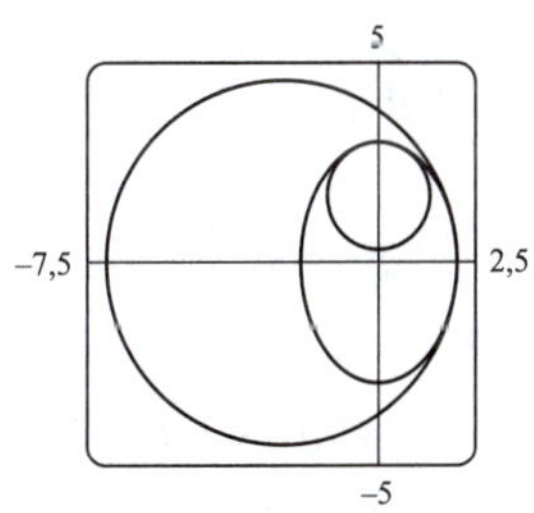

57. (−1, −3, 1)

59. $2x + y + 4z = 7, 6x - 8y - z = -3$ **67.** 0

69. $-2/(e^{2t} + e^{-2t} + 4), -\frac{1}{3}$

75. (b) $\mathbf{r}_e(t) = -\cos t\,\mathbf{i} - \text{sen}\,t\,\mathbf{j} + t\,\mathbf{k}$
(c) $\mathbf{r}_e(t) = -4t^3\,\mathbf{i} + \left(3t^2 + \frac{1}{2}\right)\mathbf{j}$ ou $y_e = \frac{1}{2} + 3(x/4)^{2/3}$

77. $2{,}07 \times 10^{10}$ Å ≈ 2 m

EXERCÍCIOS 13.4

1. (a) **1,8i − 3,8 j − 0,7k, 2,0i − 2,4 j − 0,6k,**
2,8i + 1,8j − 0,3k, 2,8i + 0,8j − 0,4k
(b) **2,4i − 0,8j − 0,5k**, 2,58

3. $\mathbf{v}(t) = \langle -t, 1\rangle$
$\mathbf{a}(t) = \langle -1, 0\rangle$
$|\mathbf{v}(t)| = \sqrt{t^2+1}$

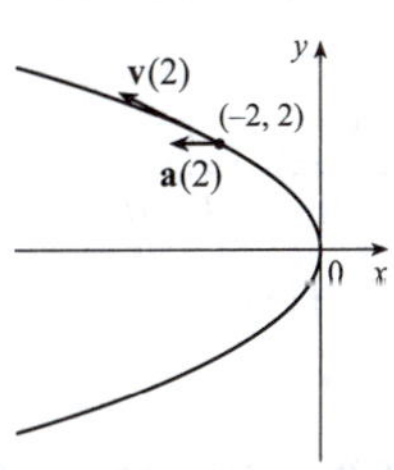

5. $\mathbf{v}(t) = -3\,\text{sen}\,t\,\mathbf{i} + 2\cos t\,\mathbf{j}$

$\mathbf{a}(t) = -3\cos t\,\mathbf{i} - 2\,\text{sen}\,t\,\mathbf{j}$

$|\mathbf{v}(t)| = \sqrt{5\,\text{sen}^2 t + 4}$

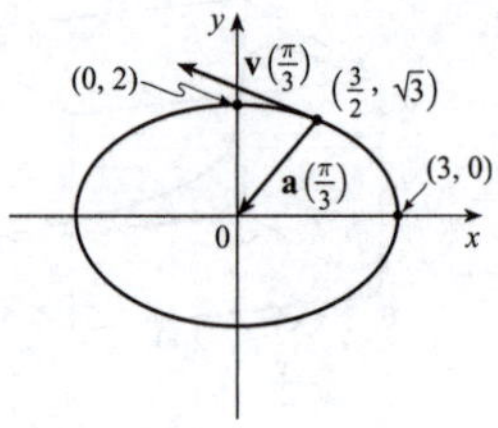

7. $\mathbf{v}(t) = \mathbf{i} + 2t\,\mathbf{j}$

$\mathbf{a}(t) = 2\,\mathbf{j}$

$|\mathbf{v}(t)| = \sqrt{1 + 4t^2}$

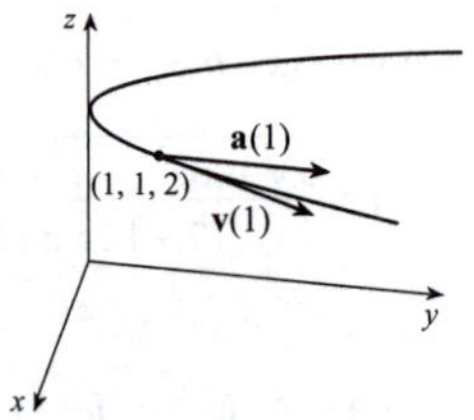

9. $\langle 2t+1, 2t-1, 3t^2 \rangle, \langle 2, 2, 6t \rangle, \sqrt{9t^4 + 8t^2 + 2}$

11. $\sqrt{2}\,\mathbf{i} + e^t\,\mathbf{j} - e^{-t}\,\mathbf{k},\; e^t\,\mathbf{j} + e^{-t}\,\mathbf{k},\; e^t + e^{-t}$

13. $e^t\,[(\cos t - \text{sen}\,t)\,\mathbf{i} + (\text{sen}\,t + \cos t)\,\mathbf{j} + (t+1)\,\mathbf{k}]$,

$e^t\,[-2\,\text{sen}\,t\,\mathbf{i} + 2\cos t\,\mathbf{j} + (t+2)\,\mathbf{k}], e^t\sqrt{t^2 + 2t + 3}$

15. $\mathbf{v}(t) = (2t+3)\,\mathbf{i} - \mathbf{j} + t^2\,\mathbf{k}$,

$\mathbf{r}(t) = (t^2 + 3t)\,\mathbf{i} + (1 - t)\,\mathbf{j} + \left(\frac{1}{3}t^3 + 1\right)\mathbf{k}$

17. (a) $\mathbf{r}(t) = \left(\frac{1}{3}t^3 + t\right)\mathbf{i} + (t - \text{sen}\,t + 1)\,\mathbf{j} + \left(\frac{1}{4} - \frac{1}{4}\cos 2t\right)\mathbf{k}$

(b)

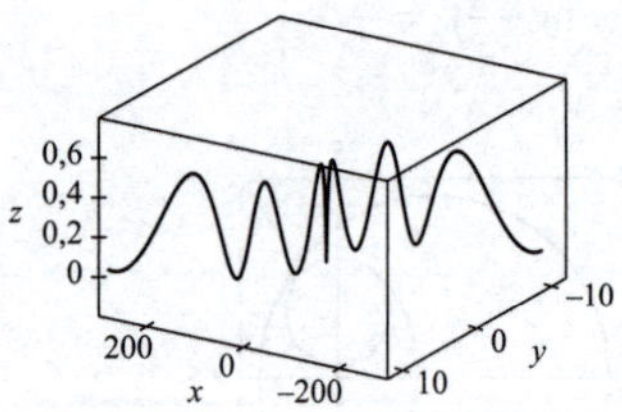

19. $t = 4$

21. $\mathbf{r}(t) = t\,\mathbf{i} - t\,\mathbf{j} + \frac{5}{2}t^2\,\mathbf{k}, |\mathbf{v}(t)| = \sqrt{25t^2 + 2}$

23. (a) $\approx$ 3.535 m (b) $\approx$ 1.531 m (c) 200 m/s

25. $\approx$ 30 m/s **27.** $\approx$ 198 m/s

29. $13{,}0° < \theta < 36{,}0°$, $55{,}4° < \theta < 85{,}5°$

31. $(250, -50, 0)$; $10\sqrt{93} \approx 96{,}4$ m/s

33. (a) 16 m (b) $\approx$ 23,6° rio acima

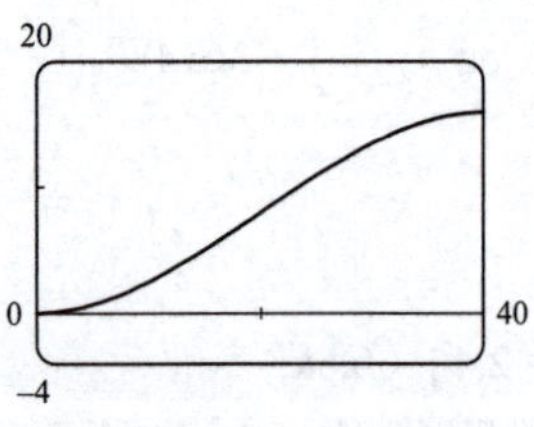

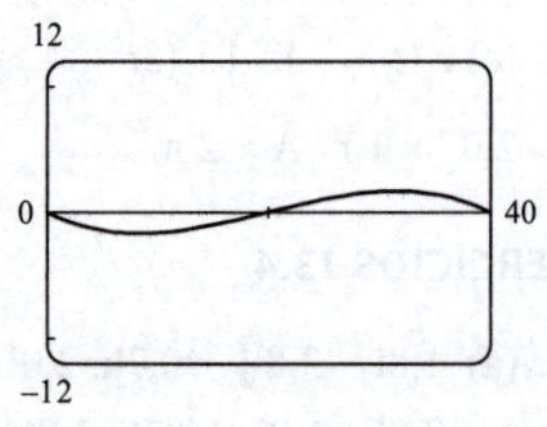

35. O caminho está contido em um círculo que está em um plano perpendicular a **c** com centro em uma reta pela origem na direção de **c**.

37. $\dfrac{4 + 18t^2}{\sqrt{4 + 9t^2}}, \dfrac{6t}{\sqrt{4 + 9t^2}}$ **39.** 0, 1

41. $\dfrac{7}{\sqrt{30}}, \sqrt{\dfrac{131}{30}}$

43. 4,5 cm/s², 9,0 cm/s² **45.** $t = 1$

CAPÍTULO 13 REVISÃO

Testes Verdadeiro-Falso

1. Verdadeiro **3.** Falso **5.** Falso **7.** Falso

9. Verdadeiro **11.** Falso **13.** Verdadeiro

15. Verdadeiro

Exercícios

1. (a)

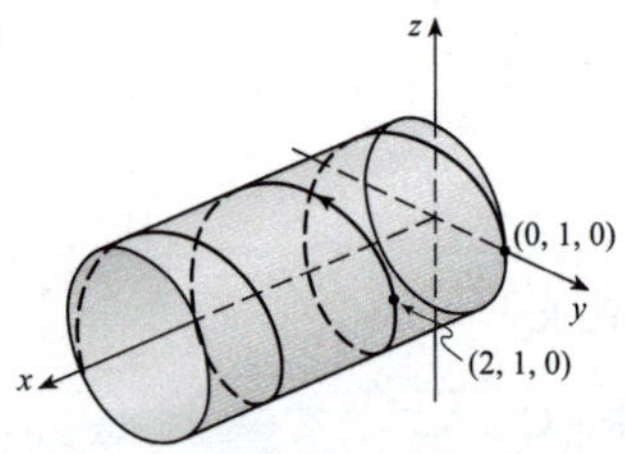

(b) $\mathbf{r}'(t) = \mathbf{i} - \pi\,\text{sen}\,\pi t\,\mathbf{j} + \pi\cos\pi t\,\mathbf{k}$,

$\mathbf{r}''(t) = -\pi^2\cos\pi t\,\mathbf{j} - \pi^2\,\text{sen}\,\pi t\,\mathbf{k}$

3. $\mathbf{r}(t) = 4\cos t\,\mathbf{i} + 4\,\text{sen}\,t\,\mathbf{j} + (5 - 4\cos t)\,\mathbf{k}$, $0 \le t \le 2\pi$

5. $\frac{1}{3}\mathbf{i} - (2/\pi^2)\,\mathbf{j} + (2/\pi)\,\mathbf{k}$ **7.** 86,631 **9.** 90°

11. (a) $\dfrac{1}{\sqrt{13}}\langle 3\,\text{sen}\,t, -3\cos t, 2\rangle$ (b) $\langle \cos t, \text{sen}\,t, 0\rangle$

(c) $\dfrac{1}{\sqrt{13}}\langle -2\,\text{sen}\,t, 2\cos t, 3\rangle$

(d) $\dfrac{3}{13\,\text{sen}\,t\cos t}$ ou $\dfrac{3}{13}\sec t\,\text{cossec}\,t$

(e) $\dfrac{2}{13\,\text{sen}\,t\cos t}$ ou $\dfrac{2}{13}\sec t\,\text{cossec}\,t$

13. $12/17^{3/2}$ **15.** $x - 2y + 2\pi = 0$

17. $\mathbf{v}(t) = (1 + \ln t)\,\mathbf{i} + \mathbf{j} - e^{-t}\,\mathbf{k}$,

$|\mathbf{v}(t)| = \sqrt{2 + 2\ln t + (\ln t)^2 + e^{-2t}}$, $\mathbf{a}(t) = (1/t)\,\mathbf{i} + e^{-t}\,\mathbf{k}$

19. $\mathbf{r}(t) = (t^3 + t)\,\mathbf{i} + (t^4 - t)\,\mathbf{j} + (3t - t^3)\,\mathbf{k}$

21. $\approx$ 37,3°, $\approx$ 157,4 m

23. (c) $-2e^{-t}\,\mathbf{v}_d + e^{-t}\,\mathbf{R}$

PROBLEMAS QUENTES

1. (a) $\mathbf{v} = \omega R(-\text{sen}\,\omega t\,\text{i} + \cos\omega t\,\mathbf{j})$ (c) $\mathbf{a} = -\omega^2\mathbf{r}$

3. (a) 90°, $v_0^2/(2g)$

5. (a) $\approx$ 0,25 m para a direita da borda da mesa, $\approx$ 4,9 m/s

(b) $\approx$ 5,9° (c) $\approx$ 0,56 m para a direita da borda da mesa

7. 56°

9. $(a_2b_3 - a_3b_2)(x - c_1) + (a_3b_1 - a_1b_3)(y - c_2) + (a_1b_2 - a_2b_1)(z - c_3) = 0$

CAPÍTULO 14

EXERCÍCIOS 14.1

1. (a) $-\frac{3}{7}$ (b) $\frac{4}{5}$ (c) $\dfrac{(x+h)^2 y}{2(x+h) - y^2}$ (d) $\dfrac{x^2}{2 - x}$

3. (a) $9 \ln 4$ (b) $\{(x, y) \mid y > -x\}$

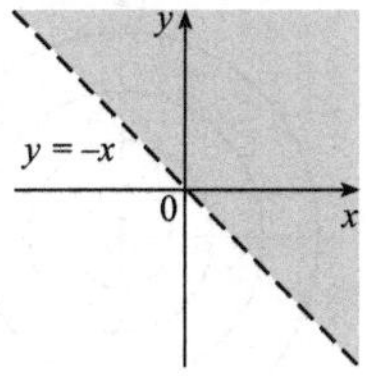

(c) $\mathbb{R}$

5. (a) 1

(b) $\{(x, y, z) \mid z \leq x/2, y \leq 0\}$, os pontos sobre ou abaixo do plano $z = x/2$ que estão à direita do plano xz

7. $\{(x, y) \mid x \geq 2, y \geq 1\}$

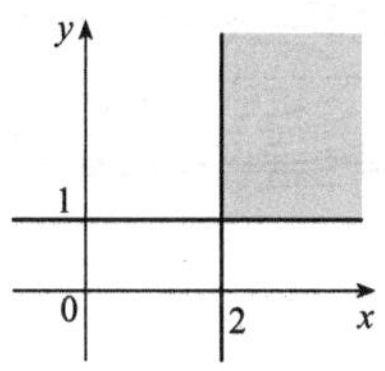

9. $\{(x, y) \mid x^2 + \frac{1}{4}y^2 \leq 1, x \geq 0\}$

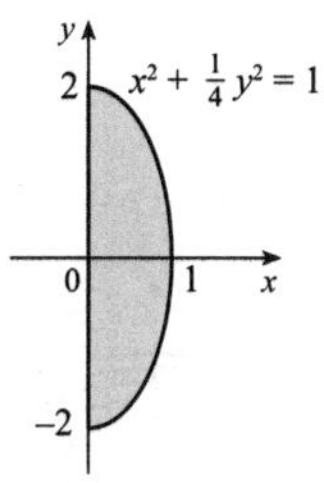

11. $\{(x, y) \mid y \neq -x\}$

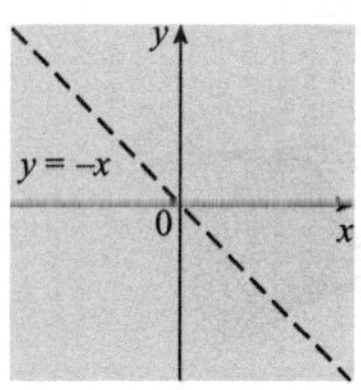

13. $\{(x, y) \mid xy \geq 0, x \neq -1\}$

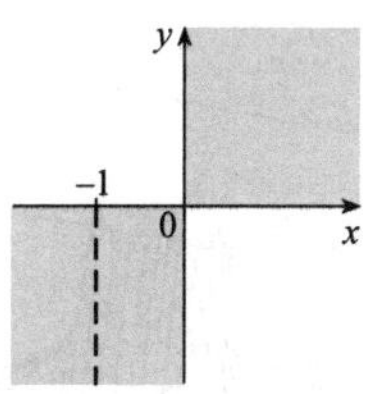

15. $\{(x, y, z) \mid -2 \leq x \leq 2, -3 \leq y \leq 3, -1 \leq z \leq 1\}$

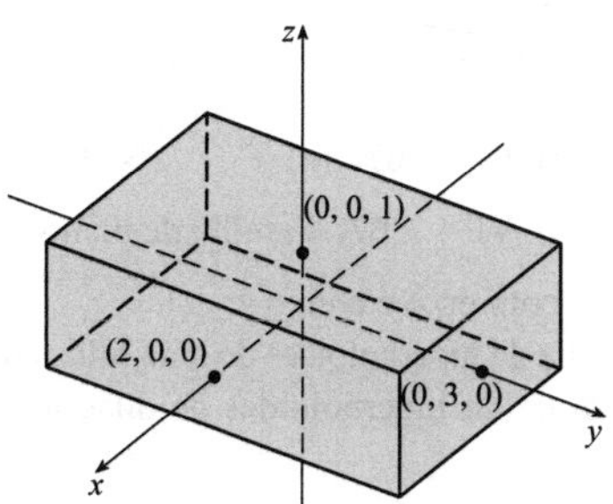

17. (a) $\approx$ 1,90 m²; a área da superfície de uma pessoa que tem 178 cm de altura e que pesa 73 kg é aproximadamente igual a 1,90 metro quadrado.

19. (a) −27; uma temperatura de −15 °C com vento que sopra a 40 km/h é equivalente a cerca de −27 °C sem vento.

(b) Quando a temperatura é de −20 °C, qual velocidade do vento fornece um resfriamento do vento de −30 °C? 20 km/h

(c) Com uma velocidade do vento de 20 km/h, qual temperatura dá um resfriamento pelo vento de −49 °C? −35 °C

(d) Uma função da velocidade do vento que fornece valores de sensação térmica quando a temperatura é de −5 °C

(e) Uma função de temperatura que fornece valores de sensação térmica quando a velocidade do vento é de 50 km/h

21. (a) 2,4; um vento de 40 km/h, soprando sobre o mar aberto por 15 h criará ondas com cerca de 2,4 m de altura.

(b) $f(30, t)$ é uma função de t que fornece a altura das ondas produzidas por ventos de 30 km/h que sopram por t horas.

(c) $f(v, 30)$ é uma função de v que fornece a altura das ondas produzidas por ventos que sopram à velocidade v por 30 horas.

23. $z = y$, plano através do eixo x

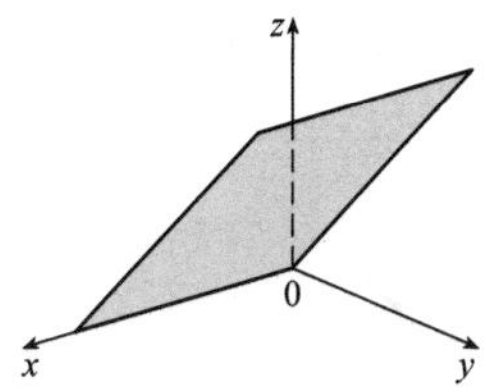

25. $4x + 5y + z = 10$, plano

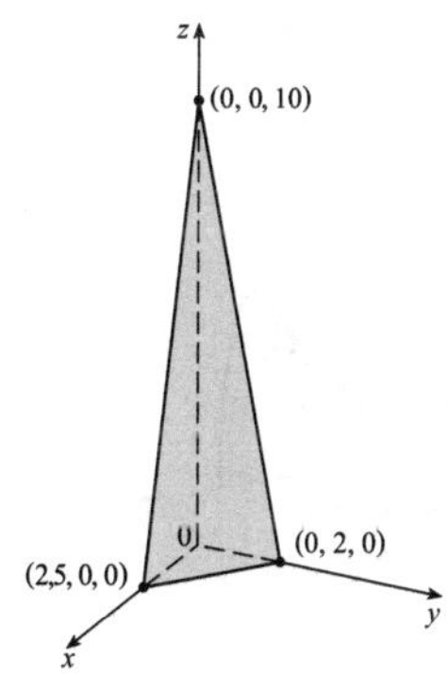

27. $z = \text{sen}\, x$, cilindro

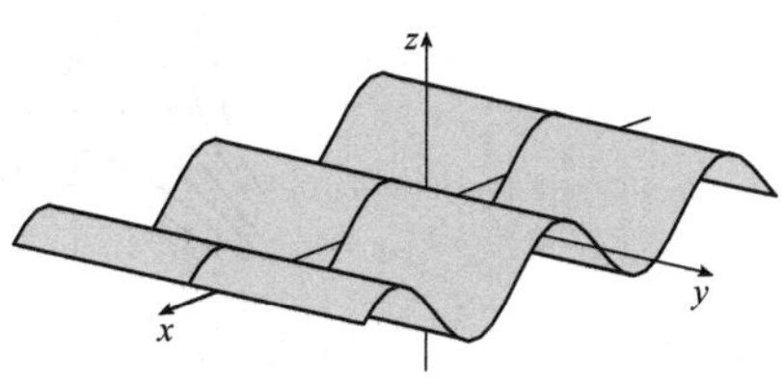

29. $z = x^2 + 4y^2 + 1$, paraboloide elíptico

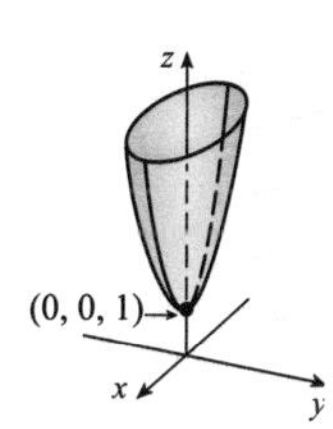

31. $z = \sqrt{4 - 4x^2 - y^2}$, metade superior do elipsoide

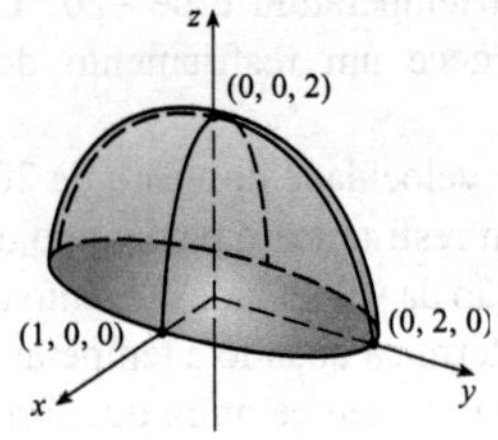

33. $\approx 56, \approx 35$ **35.** 11 °C, 19,5 °C **37.** Íngreme; quase plano

39.

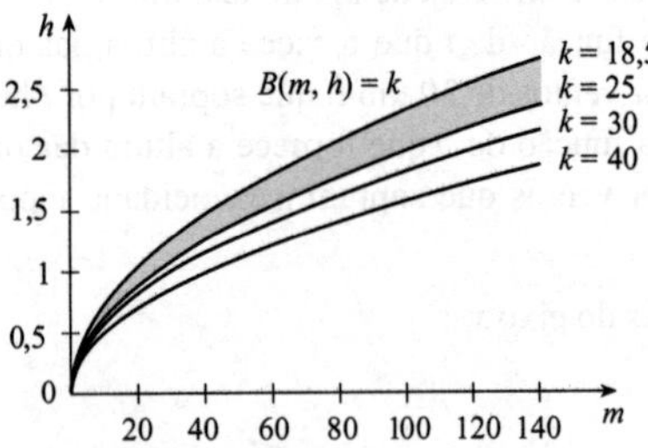

41.

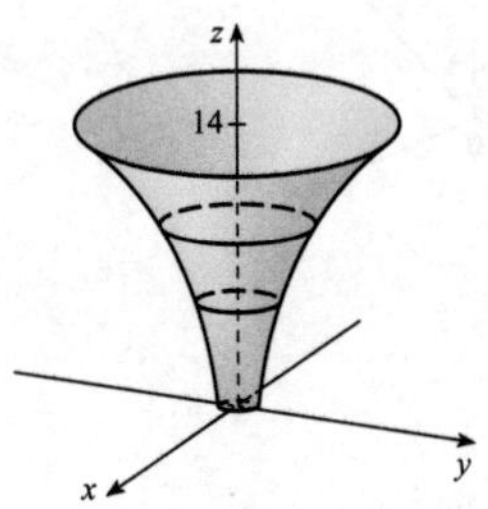

43.

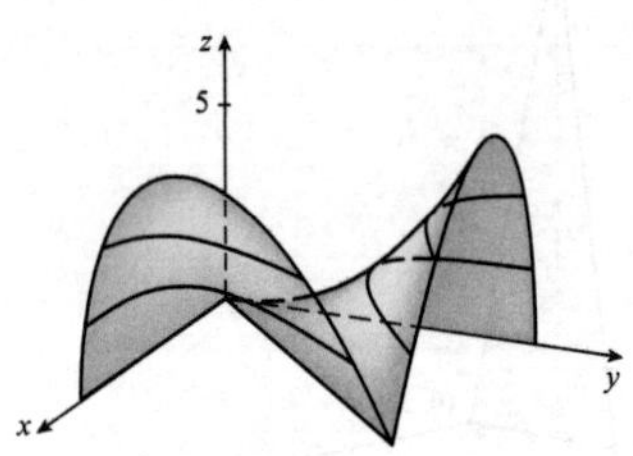

45. $x^2 - y^2 = k$

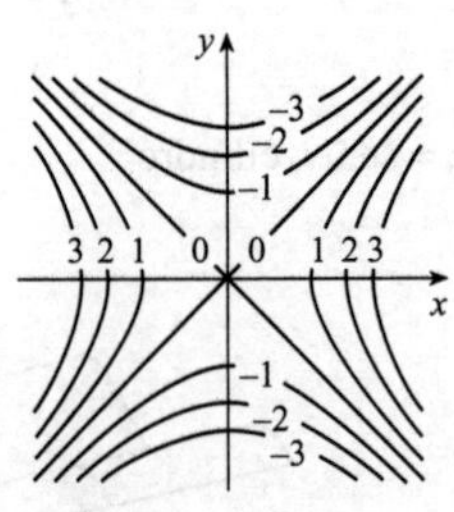

47. $y = -\sqrt{x} + k$

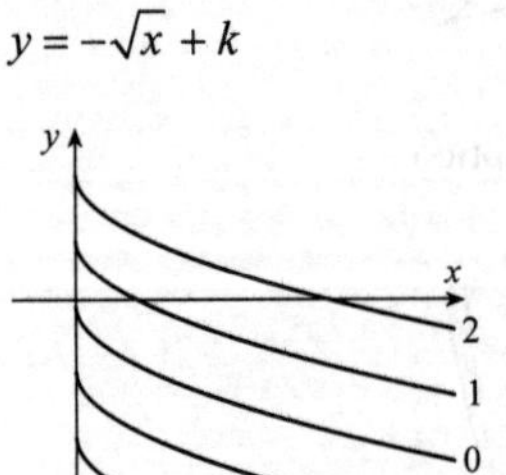

49. $y = ke^{-x}$

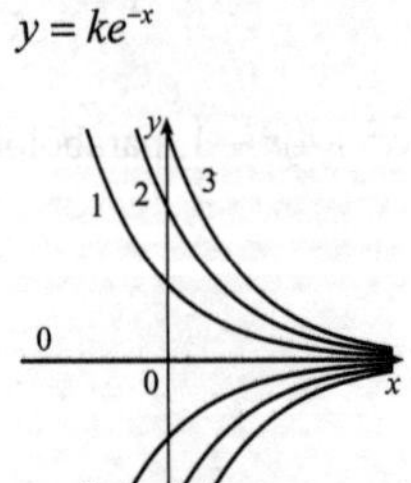

51. $x^2 + y^2 = k^3$ $(k \geq 0)$

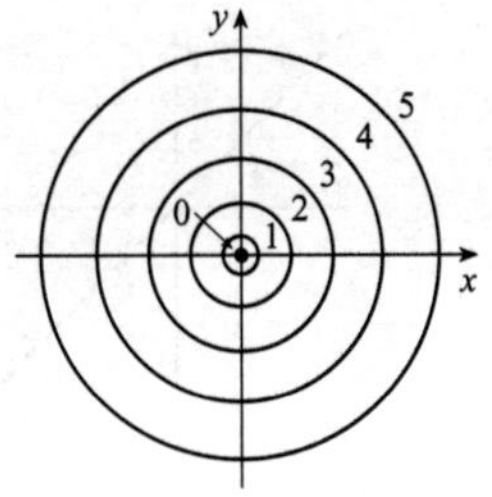

53. $x^2 + 9y^2 = k$

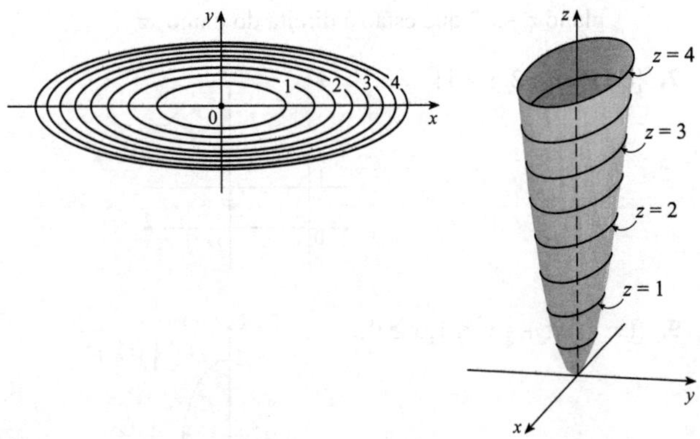

55.

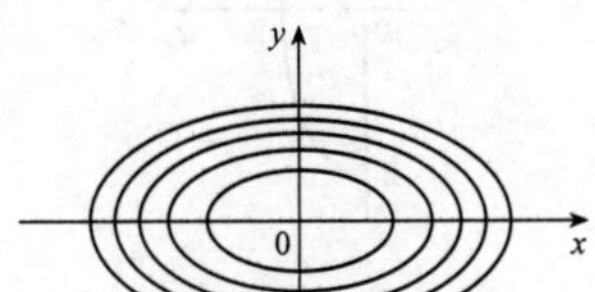

57.

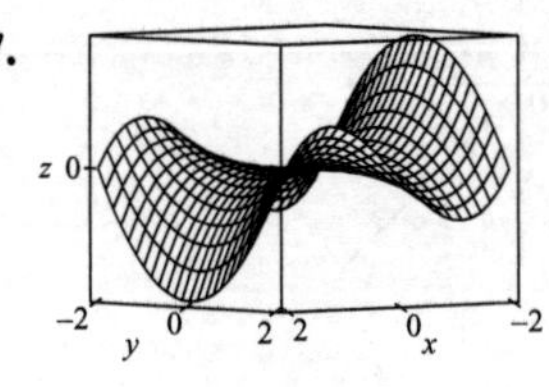

59.

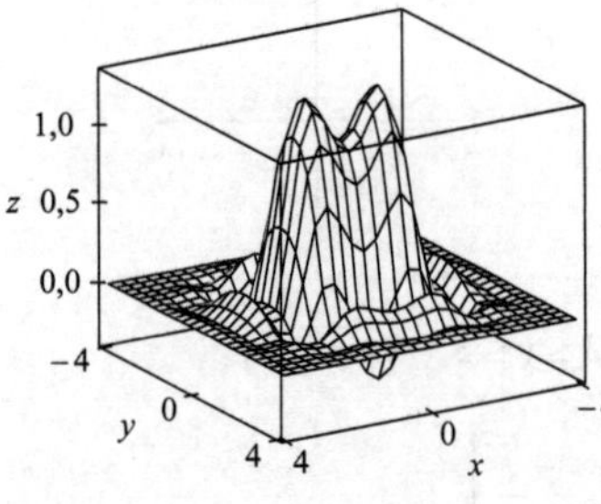

61. (a) C (b) II **63.** (a) F (b) I

65. (a) B (b) VI **67.** Família de planos paralelos

69. $k = 0$: cone com eixo é o eixo z;
$k > 0$: família de hiperboloides de uma folha cujo eixo é o eixo z;
$k < 0$: família de hiperboloides de duas folhas cujo eixo é o eixo z

71. (a) Mude o gráfico de f para cima 2 unidades
(b) Aumente o gráfico de f verticalmente por um fator de 2
(c) Projete o gráfico de f sobre o plano xy
(d) Projete o gráfico de f sobre o plano xy e, em seguida, desloque-o 2 unidades para cima

73.

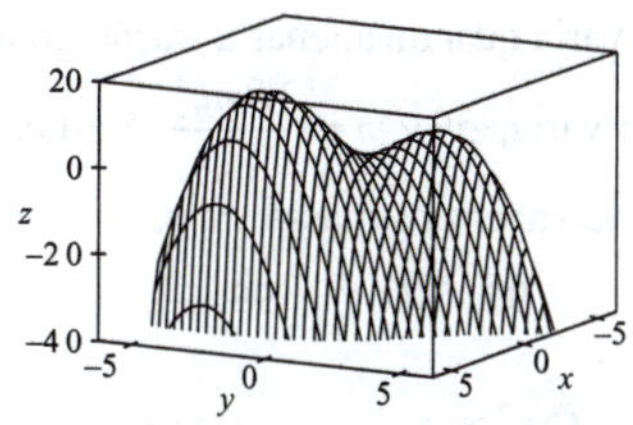

f parece ter um valor máximo de cerca de 15. Existem dois pontos máximos locais, mas nenhum ponto mínimo local.

75.

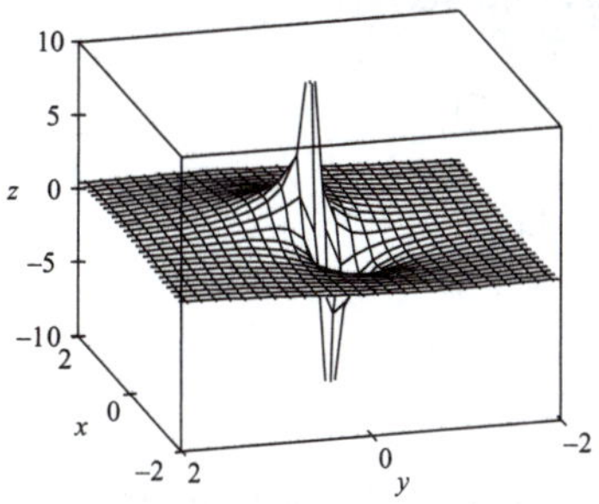

Os valores da função se aproximam de 0 quando x, y se tornam grandes; como (x, y) aproxima-se da origem, f se aproxima de $\pm\infty$ ou 0, dependendo da direção da abordagem.

77. Se $c = 0$, o gráfico é uma superfície cilíndrica. Para $c > 0$, as curvas de nível são elipses. O gráfico se curva para cima conforme saímos da origem, e a inclinação aumenta à medida que c aumenta. Para $c < 0$, as curvas de nível são hipérboles. O gráfico se curva para cima na direção y e para baixo, aproximando-se do plano xy, na direção x dando uma aparência próxima a uma forma de sela (0, 0, 1).

79. $c = -2, 0, 2$ **81.** (b) $y = 0{,}75x + 0{,}01$

EXERCÍCIOS 14.2

1. Nada; se f é contínuo, então $f(3, 1) = 6$ **3.** $-\frac{5}{2}$

5. 56 **7.** −6 **9.** $\pi/2$ **11.** $-\frac{1}{2}$ **19.** 125

21. 0 **23.** Não existe **25.** 2 **27.** −2

29. Não existe **31.** 0 **33.** 0

35. O gráfico mostra que a função se aproxima de diferentes números ao longo de diferentes linhas.

37. $h(x,y) = (2x+3y-6)^2 + \sqrt{2x+3y-6}$; $\{(x,y) \mid 2x+3y \geq 6\}$

39. Ao longo da linha $y = x$ **41.** $\mathbb{R}^2$

43. $\{(x, y) \mid x^2 + y^2 \neq 1\}$ **45.** $\{(x, y) \mid x^2 + y^2 \leq 1, x \geq 0\}$

47. $\{(x, y, z) \mid x^2 + y^2 + z^2 \leq 1\}$

49. $\{(x, y) \mid (x, y) \neq (0, 0)\}$ **51.** 0 **53.** −1

55.

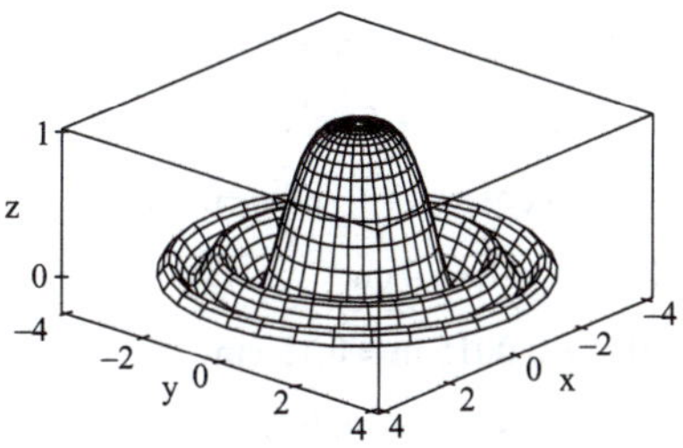

EXERCÍCIOS 14.3

1. $f_T(34, 75) \approx 2$ °C; para uma temperatura de 34 °C e uma umidade relativa de 75%, a temperatura aparente aumenta 2 °C para cada um grau de aumento da temperatura real. $f_H(34, 75) \approx 0{,}3$ °C; para uma temperatura de 34 °C e uma umidade relativa de 75%, a temperatura aparente aumenta 0,3 °C para cada 1% de aumento da umidade relativa.

3. (a) A taxa de variação da temperatura com relação à longitude, fixando-se a latitude e o tempo; a taxa de variação com relação apenas à latitude; a taxa de variação com relação apenas ao tempo
(b) Positivo, negativo, positivo

5. (a) Negativo (b) Negativo

7. $f_x(1, 2) = -8$ = inclinação de C_1, $f_y(1, 2) = 24$ = inclinação de C_2

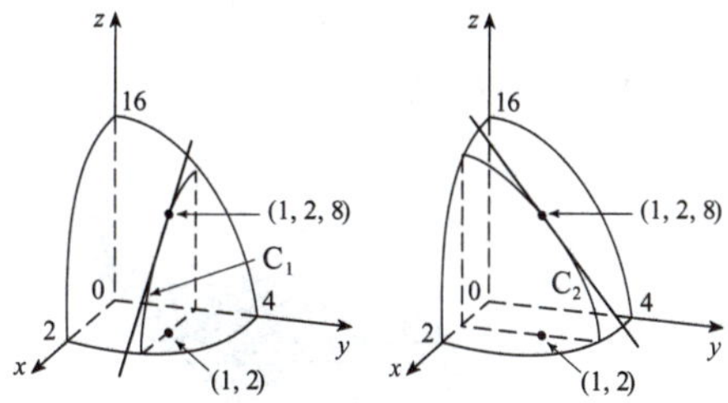

9. $f_x(x, y) = 4x^3 + 5y^3$, $f_y(x, y) = 15xy^2$

11. $g_x(x, y) = 3x^2 \operatorname{sen} y$, $g_y(x, y) = x^3 \cos y$

13. $\dfrac{\partial z}{\partial x} = \dfrac{1}{x+t^2}$, $\dfrac{\partial z}{\partial t} = \dfrac{2t}{x+t^2}$

15. $f_x(x, y) = y^2 e^{xy}$, $f_y(x, y) = e^{xy} + xye^{xy}$

17. $g_x(x, y) = 5y(1 + 2xy)(x + x^2y)^4$,
$g_y(x, y) = 5x^2y(x + x^2y)^4 + (x + x^2y)^5$

19. $f_x(x,y) = \dfrac{(ad-bc)y}{(cx+dy)^2}$, $f_y(x,y) = \dfrac{(bc-ad)x}{(cx+dy)^2}$

21. $g_u(u, v) = 10uv(u^2v - v^3)^4$,
$g_v(u, v) = 5(u^2 - 3v^2)(u^2v - v^3)^4$

23. $R_p(p, q) = \dfrac{q^2}{1+p^2q^4}$, $R_q(p, q) = \dfrac{2pq}{1+p^2q^4}$

25. $F_x(x, y) = \cos(e^x)$, $F_y(x, y) = -\cos(e^y)$

27. $f_x = 3x^2yz^2$, $f_y = x^3z^2 + 2z$, $fz = 2x^3yz + 2y$

29. $\partial w/\partial x = 1/(x + 2y + 3z)$, $\partial w/\partial y = 2/(x + 2y + 3z)$,
$\partial w/\partial z = 3/(x + 2y + 3z)$

31. $\partial p/\partial t = 2t^3/\sqrt{t^4 + u^2 \cos v}$,
$\partial p/\partial u = u \cos v/\sqrt{t^4 + u^2 \cos v}$,
$\partial p/\partial v = -u^2 \operatorname{sen} v/\left(2\sqrt{t^4 + u^2 \cos v}\right)$

33. $h_x = 2xy \cos(z/t)$, $h_y = x^2 \cos(z/t)$,
$h_z = (-x^2y/t) \operatorname{sen}(z/t)$, $h_t = (x^2yz/t^2) \operatorname{sen}(z/t)$

35. $\partial u/\partial x_i = x_i/\sqrt{x_1^2 + x_2^2 + \cdots + x_n^2}$

37. 1 **39.** $\frac{1}{6}$ **41.** $\dfrac{\partial z}{\partial x} = -\dfrac{x}{3z}$, $\dfrac{\partial z}{\partial y} = -\dfrac{2y}{3z}$

43. $\dfrac{\partial z}{\partial x} = \dfrac{yz}{e^z - xy}$, $\dfrac{\partial z}{\partial y} = \dfrac{xz}{e^z - xy}$

45. (a) $f'(x)$, $g'(y)$ (b) $f'(x + y)$, $f'(x + y)$

47. $f_{xx} = 12x^2y - 12xy^2$, $f_{xy} = 4x^3 - 12x^2y = f_{yx}$, $f_{yy} = -4x^3$

49. $z_{xx} = \dfrac{8y}{(2x+3y)^3},\; z_{xy} = \dfrac{6y-4x}{(2x+3y)^3} = z_{yx},$

$z_{yy} = -\dfrac{12x}{(2x+3y)^3}$

51. $v_{ss} = 2\cos(s^2 - t^2) - 4s^2 \operatorname{sen}(s^2 - t^2),$
$v_{st} = 4st \operatorname{sen}(s^2 - t^2) = v_{ts},$
$v_{tt} = -2\cos(s^2 - t^2) - 4t^2 \operatorname{sen}(s^2 - t^2)$

57. $24xy^2 - 6y,\ 24x^2y - 6x$

59. $(2x^2y^2z^5 + 6xyz^3 + 2z)e^{xyz^2}$

61. $34\,v(u + v^2)^{-5/2}$ **63.** $4/(y + 2z)^3,\ 0$

65. $f_x(x, y) = y^2 - 3x^2y,\ f_y(x, y) = 2xy - x^3$

67. $6yz^2$ **69.** $c = f,\ b = f_x,\ a = f_y$

71.

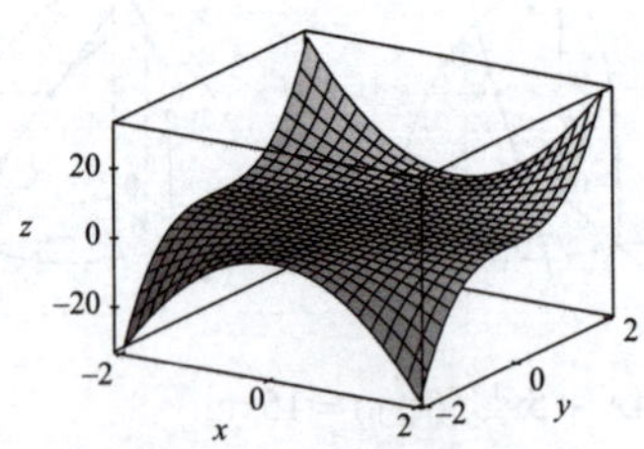

$f(x, y) = x^2y^3$

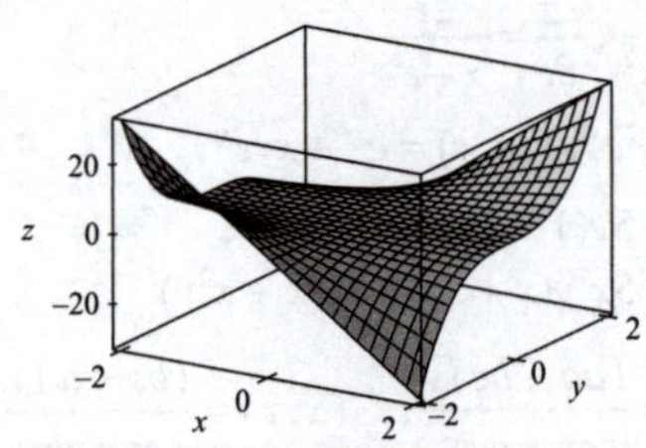

$f_x(x, y) = 2xy^3$

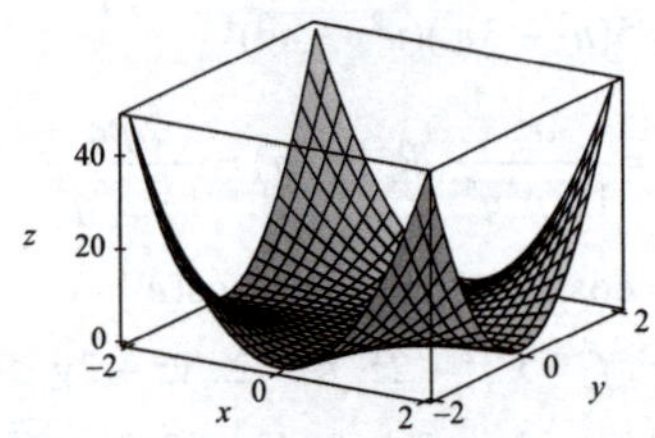

$f_y(x, y) = 3x^2y^2$

73. $\approx 12{,}2,\ \approx 16{,}8,\ \approx 23{,}25$ **83.** R^2/R_1^2

85. $\dfrac{\partial T}{\partial P} = \dfrac{V - nb}{nR},\ \dfrac{\partial P}{\partial V} = \dfrac{2n^2a}{V^3} - \dfrac{nRT}{(V - nb)^2}$

87. (a) $\approx 0{,}0035$; para uma pessoa que tem 178 cm de altura e pesa 73 kg, um aumento do peso faz a área de sua superfície crescer a uma taxa de cerca de 0,0035 m^2/kg.

(b) $\approx 0{,}0145$; para uma pessoa que tem 178 cm de altura e pesa 73 kg, um aumento da altura (sem alteração do peso) faz a área de sua superfície crescer a uma taxa de cerca de 0,0145 m^2/(m de altura).

89. $\partial P/\partial v = 3Av^2 - \dfrac{B(mg/x)^2}{v^2}$ é a taxa de variação da potência necessária durante o modo de bater as asas em relação à velocidade do pássaro quando a massa e a fração do tempo no modo bater asas permanecem constantes; $\partial P/\partial x = -\dfrac{2Bm^2g^2}{x^3v}$ é a taxa na qual a potência varia quando apenas a fração do tempo gasto batendo as asas varia; $\partial P/\partial m = \dfrac{2Bmg^2}{x^2v}$ é a taxa de variação da potência quando apenas a massa varia.

93. $x = 1 + t,\ y = 2,\ z = 2 - 2t$ **95.** Não **99.** -2

101. (a)

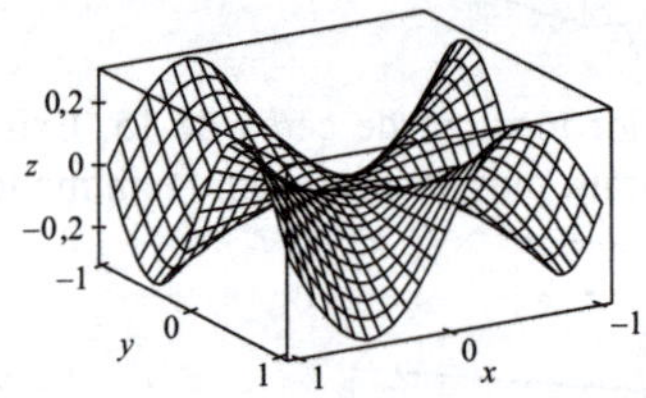

(b) $f_x(x, y) = \dfrac{x^4y + 4x^2y^3 - y^5}{(x^2 + y^2)^2},$

$f_y(x, y) = \dfrac{x^5 - 4x^3y^2 - xy^4}{(x^2 + y^2)^2}$

(c) 0, 0 (e) Não, porque f_{xy} e f_{yx} não são contínuos.

EXERCÍCIOS 14.4

1. $z = -4x - 4y + 24$ **3.** $z = 4x - y - 6$

5. $z = x - y + 1$ **7.** $z = -2x - y - 3$

9. $x + y + z = 0$

11.

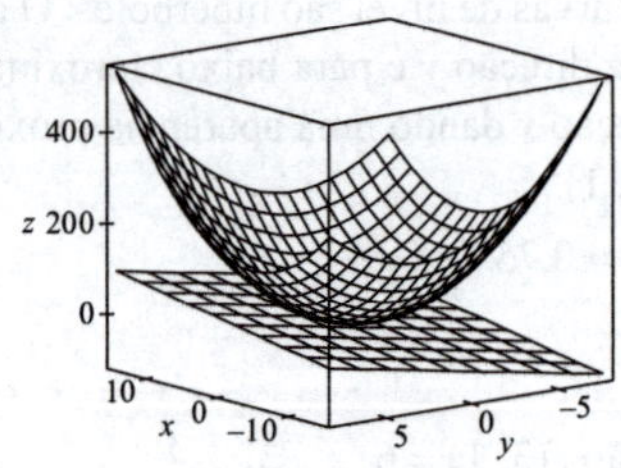

13.

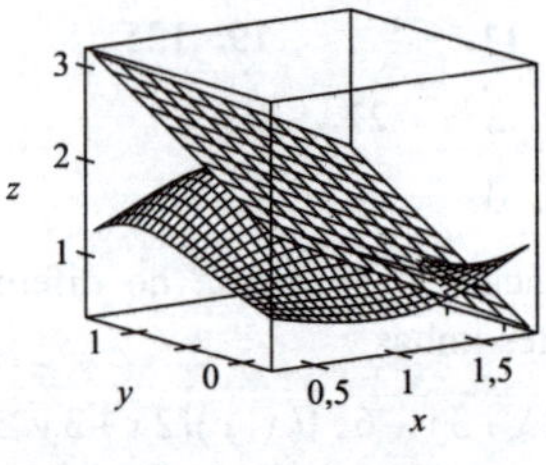

15. $12x - 16y + 32$ **17.** $6x + 4y - 23$

19. $2x + y - 1$ **21.** $2x + 2y + \pi - 4$ **25.** 6,3

27. $\frac{3}{7}x + \frac{2}{7}y + \frac{6}{7}z$; 6,9914 **29.** $2T + 0{,}3H - 40{,}5$; 44,4 °C

31. $dm = 5p^4q^3\,dp + 3p^5q^2\,dq$

33. $dz = -2e^{-2x}\cos 2\pi t\,dx - 2\pi e^{-2x}\operatorname{sen} 2\pi t\,dt$

35. $dH = 2xy^4\,dx + (4x^2y^3 + 3y^2z^5)\,dy + 5y^3z^4\,dz$

37. $dR = \beta^2\cos\gamma\,d\alpha + 2\alpha\beta\cos\gamma\,d\beta - \alpha\beta^2\operatorname{sen}\gamma\,d\gamma$

39. $\Delta z = 0{,}9225,\ dz = 0{,}9$ **41.** 5,4 cm^2 **43.** 16 cm^3

45. (a) $5{,}89\pi\varepsilon$ m^3 (b) $\approx 0{,}0015$ m $\approx 0{,}15$ cm

47. $\approx -0{,}0165mg$; diminui **49.** $\frac{1}{17} \approx 0{,}059\ \Omega$

51. (a) $0{,}8264m - 34{,}56h + 38{,}02$ (b) 18,801

EXERCÍCIOS 14.5

1. $36t^3 + 15t^4$ **3.** $2t(y^3 - 2xy + 3xy^2 - x^2)$

5. $\dfrac{1}{2\sqrt{t}}\cos x\cos y+\dfrac{1}{t^2}\operatorname{sen}x\ \operatorname{sen}y$

7. $e^{y/z}[2t-(x/z)-(2xy/z^2)]$

9. $\partial z/\partial s = 10s + 14t,\ \partial z/\partial t = 14s + 20t$

11. $\partial z/\partial s = 5(x-y)^4(2st-t^2),\ \partial z/\partial t = 5(x-y)^4(s^2-2st)$

13. $\dfrac{\partial z}{\partial s}=\dfrac{3\operatorname{sen}t-2t\ \operatorname{sen}s}{3x+2y},\dfrac{\partial z}{\partial t}=\dfrac{3s\cos t+2\cos s}{3x+2y}$

15. $\dfrac{\partial z}{\partial s}=-\dfrac{t\ \operatorname{sen}\theta}{r^2}+\dfrac{2s\cos\theta}{r},\dfrac{\partial z}{\partial t}=-\dfrac{s\ \operatorname{sen}\theta}{r^2}+\dfrac{2t\cos\theta}{r}$

17. 42 **19.** 7, 2

21. $\dfrac{\partial u}{\partial r}=\dfrac{\partial u}{\partial x}\dfrac{\partial x}{\partial r}+\dfrac{\partial u}{\partial y}\dfrac{\partial y}{\partial r},\dfrac{\partial u}{\partial s}=\dfrac{\partial u}{\partial x}\dfrac{\partial x}{\partial s}+\dfrac{\partial u}{\partial y}\dfrac{\partial y}{\partial s},$
$\dfrac{\partial u}{\partial t}=\dfrac{\partial u}{\partial x}\dfrac{\partial x}{\partial t}+\dfrac{\partial u}{\partial y}\dfrac{\partial y}{\partial t}$

23. $\dfrac{\partial T}{\partial x}=\dfrac{\partial T}{\partial p}\dfrac{\partial p}{\partial x}+\dfrac{\partial T}{\partial q}\dfrac{\partial q}{\partial x}+\dfrac{\partial T}{\partial r}\dfrac{\partial r}{\partial x},$
$\dfrac{\partial T}{\partial y}=\dfrac{\partial T}{\partial p}\dfrac{\partial p}{\partial y}+\dfrac{\partial T}{\partial q}\dfrac{\partial q}{\partial y}+\dfrac{\partial T}{\partial r}\dfrac{\partial r}{\partial y},$
$\dfrac{\partial T}{\partial z}=\dfrac{\partial T}{\partial p}\dfrac{\partial p}{\partial z}+\dfrac{\partial T}{\partial q}\dfrac{\partial q}{\partial z}+\dfrac{\partial T}{\partial r}\dfrac{\partial r}{\partial z},$

25. 1.582, 3.164, −700 **27.** $2\pi, -2\pi$

29. $\frac{5}{144}, -\frac{5}{96}, \frac{5}{144}$ **31.** $\dfrac{2x+y\ \operatorname{sen}x}{\cos x-2y}$

33. $\dfrac{1+x^4y^2+y^2+x^4y^4-2xy}{x^2-2xy-2x^5y^3}$

35. $-\dfrac{x}{3z},-\dfrac{2y}{3z}$ **37.** $\dfrac{yz}{e^z-xy},\dfrac{xz}{e^z-xy}$

39. 2 °C/s **41.** ≈ −0,33 m/s por minuto

43. (a) 6 m^3/s (b) 10 m^2/s (c) 0 m/s

45. ≈ −0,27 L/s **47.** $-1/(12\sqrt{3})$ rad/s

49. (a) $\partial z/\partial r = (\partial z/\partial x)\cos\theta + (\partial z/\partial y)\operatorname{sen}\theta,$
$\partial z/\partial\theta = -(\partial z/\partial x)\, r\operatorname{sen}\theta + (\partial z/\partial y)\, r\cos\theta$

53. $4rs\dfrac{\partial^2 z}{\partial x^2}+(4r^2+4s^2)\dfrac{\partial^2 z}{\partial x\partial y}+4rs\dfrac{\partial^2 z}{\partial y^2}+2\dfrac{\partial z}{\partial y}$

EXERCÍCIOS 14.6

1. ≈ −0,08 mb/km **3.** ≈ 0,778

5. $\sqrt{2}/2$ **7.** $5\sqrt{2}/74$

9. (a) $\nabla f(x, y) = (1/y)\,\mathbf{i} - (x/y^2)\,\mathbf{j}$ (b) $\mathbf{i} - 2\mathbf{j}$ (c) −1

11. (a) $\langle 2xyz - yz^3, x^2z - xz^3, x^2y - 3xyz^2\rangle$
(b) $\langle -3, 2, 2\rangle$ (c) $\frac{2}{5}$

13. $\dfrac{4-3\sqrt{3}}{10}$ **15.** $7/(2\sqrt{5})$ **17.** 1 **19.** $\frac{23}{42}$

21. $-\frac{36}{5}$ **23.** $\frac{2}{5}$ **25.** $-\frac{18}{7}$ **27.** $20\sqrt{10}, \langle 20, -60\rangle$

29. 1, $\langle 0, 1\rangle$ **31.** $\frac{3}{4}$, $\langle 1, -2, -2\rangle$

33. (b) $\langle -12{,}92\rangle$, $-4\sqrt{538}$

35. Todos os pontos na reta $y = x + 1$ **37.** (a) $-40/(3\sqrt{3})$

39. (a) $32/\sqrt{3}$ (b) $\langle 38, 6, 12\rangle$ (c) $2\sqrt{406}$

41. $\frac{327}{13}$ **45.** $\frac{774}{25}$

47. (a) $x + y + z = 11$ (b) $x - 3 = y - 3 = z - 5$

49. (a) $x + 2y + 6z = 12$ (b) $x-2=\dfrac{y-2}{2}=\dfrac{z-1}{6}$

51. (a) $x + y + z = 1$ (b) $x = y = z - 1$

53.

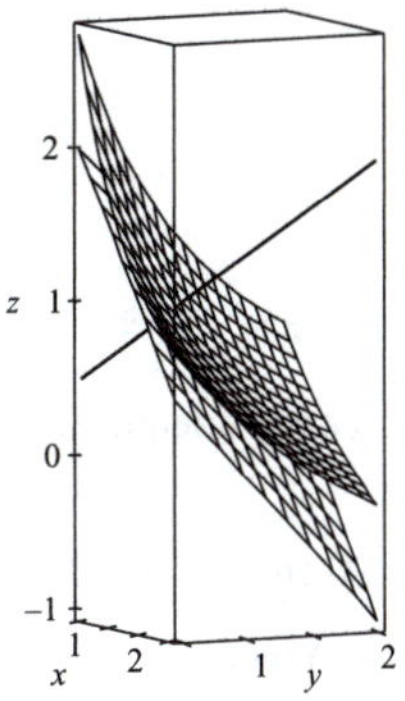

55. $\langle 2, 3\rangle$, $2x + 3y = 12$

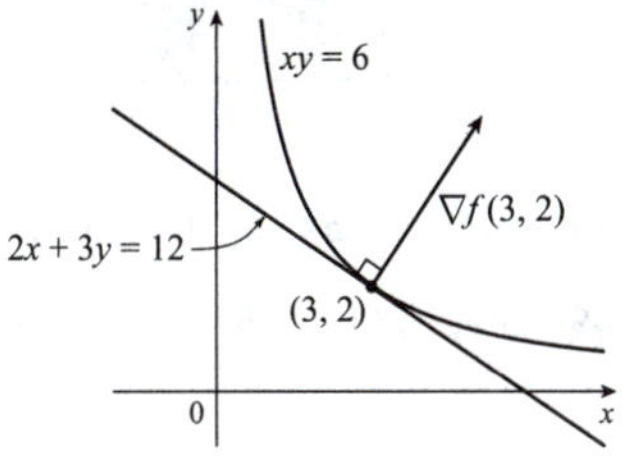

61. Não **65.** $\left(-\frac{5}{4}, -\frac{5}{4}, \frac{25}{8}\right)$

69. $x = -1 - 10t,\ y = 1 - 16t,\ z = 2 - 12t$

71. (−1, 0, 1); ≈ 7,8°

75. Se $\mathbf{u} = \langle a, b\rangle$ e $\mathbf{v} = \langle c, d\rangle$, então $af_x + bf_y$ e $cf_x + df_y$ são conhecidos, então resolvemos equações lineares para f_x e f_y.

EXERCÍCIOS 14.7

1. (a) f tem um mínimo local em (1, 1).
(b) f tem um ponto de sela em (1, 1).

3. Mínimo local em (1, 1), ponto de sela em (0, 0)

5. Mínimo: $f\left(\frac{1}{3}, -\frac{2}{3}\right) = -\frac{1}{3}$

7. Mínimos: $f(-2, -1) = -3$ e $f(8, 4) = -128$, ponto de sela em (0, 0)

9. Pontos de sela em (1, 1) e (−1, −1)

11. Máximo: $f(1, 4) = 14$

13. Máximo: $f(-1, 0) = 2$, mínimo: $f(1, 0) = -2$, pontos de sela em $(0, \pm 1)$

15. Máximo: $f(0, -1) = 2$, mínimos: $f(\pm 1, 1) = -3$, pontos de sela em (0, 1) e $(\pm 1, -1)$

17. Máximo: $f\left(\frac{1}{3}, \frac{1}{3}\right) = \frac{1}{27}$, pontos de sela em (0, 0), (1, 0) e (0, 1)

19. Nenhum

21. Mínimos: $f(0, 1) = f(\pi, -1) = f(2\pi, 1) = -1$, pontos de sela em $(\pi/2, 0)$ e $(3\pi/2, 0)$

25. Mínimos: $f(1, \pm 1) = f(-1, \pm 1) = 3$

27. Máximo: $f(\pi/3, \pi/3) = 3\sqrt{3}/2$, mínimo: $f(5\pi/3, 5\pi/3) = -3\sqrt{3}/2$, ponto de sela em (π, π)

29. Mínimos: $f(0, -0{,}794) \approx -1{,}191$, $f(\pm 1{,}592, 1{,}267) \approx -1{,}310$, pontos de sela em $(\pm 0{,}720, 0{,}259)$, pontos mais baixos: $(\pm 1{,}592, 1{,}267, -1{,}310)$

31. Máximo: $f(0{,}170, -1{,}215) \approx 3{,}197$, mínimos: $f(-1{,}301, 0{,}549) \approx -3{,}145$, $f(1{,}131, 0{,}549) \approx -0{,}701$, pontos de sela: (−1,301, −1,215), (0,170, 0,549), (1,131, −1,215), sem pontos mais altos ou mais baixos

33. Máximos: $f(0, \pm 2) = 4$, mínimo: $f(1, 0) = -1$

35. Máximos: $f(\pm 1, 1) = 7$, mínimo: $f(0, 0) = 4$

37. Máximos: $f(0, 3) = f(2, 3) = 7$, mínimo: $f(1, 1) = -2$

39. Máximo: $f(1, 0) = 2$, mínimo: $f(-1, 0) = -2$

41.

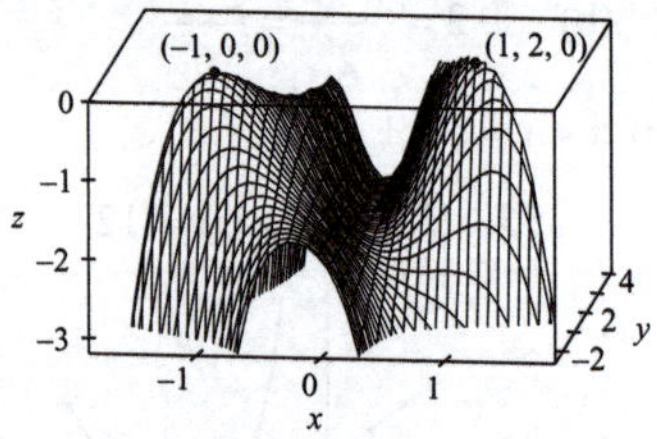

43. $2/\sqrt{3}$ **45.** $(2, 1, \sqrt{5}), (2, 1, -\sqrt{5})$ **47.** $\frac{100}{3}, \frac{100}{3}, \frac{100}{3}$

49. $8r^3/(3\sqrt{3})$ **51.** $\frac{4}{3}$ **53.** Cubo, comprimento da borda $c/12$

55. Base quadrada de lado 40 cm e altura 20 cm **57.** $L^3/(3\sqrt{3})$

59. (a) $H = -p_1 \ln p_1 - p_2 \ln p_2 - (1 - p_1 - p_2) \ln(1 - p_1 - p_2)$

(b) $\{(p_1, p_2) \mid 0 < p_1 < 1, p_2 < 1 - p_1\}$

(c) $\ln 3$; $p_1 = p_2 = p_3 = \frac{1}{3}$

EXERCÍCIOS 14.8

1. $\approx 59, 30$

3. Máximos: $f(\pm 1, 0) = 1$, mínimos: $f(0, \pm 1) = -1$

5. Máximos: $f(1, 2) = f(-1, -2) = 2$, mínimos: $f(1, -2) = f(-1, 2) = -2$

7. Máximos: $f(1/\sqrt{2}, \pm 1/\sqrt{2}) = f(-1/\sqrt{2}, \pm 1/\sqrt{2}) = 4$, mínimos: $f(\pm 1, 0) = 2$

9. Máximo: $f(2, 2, 1) = 9$, mínimo: $f(-2, -2, -1) = -9$

11. Máximos: $f(1, \pm\sqrt{2}, 1) = f(-1, \pm\sqrt{2}, -1) = 2$, mínimos: $f(1, \pm\sqrt{2}, -1) = f(-1, \pm\sqrt{2}, 1) = -2$

13. Máximo: $\sqrt{3}$, mínimo: 1

15. Máximo: $f\left(\frac{1}{2}, \frac{1}{2}, \frac{1}{2}, \frac{1}{2}\right) = 2$, mínimo: $f\left(-\frac{1}{2}, -\frac{1}{2}, -\frac{1}{2}, -\frac{1}{2}\right) = -2$

17. 10, 10

19. 25 m por 25 m

21. $\left(-\frac{6}{5}, \frac{3}{5}\right)$

23. Mínimos: $f(1, 1) = f(-1, -1) = 2$

25. Máximo: $f(2, 2) = e^4$

27. Máximo: $f\left(3/\sqrt{2}, -3/\sqrt{2}\right) = 9 + 12\sqrt{2}$, mínimo: $f(-2, 2) = -8$

29. Máximos: $f\left(\pm 1/\sqrt{2}, \mp 1/\left(2\sqrt{2}\right)\right) = e^{1/4}$, mínimos: $f\left(\pm 1/\sqrt{2}, \pm 1/\left(2\sqrt{2}\right)\right) = e^{-1/4}$

31. Máximo: $f(0, 1, \sqrt{2}) = 1 + \sqrt{2}$, mínimo: $f(0, 1, -\sqrt{2}) = 1 - \sqrt{2}$

33. Máximo: $\frac{3}{2}$, mínimo: $\frac{1}{2}$

41-53. Veja os Exercícios 43-57 na Seção 14.7.

57. Mais próximo: $\left(\frac{1}{2}, \frac{1}{2}, \frac{1}{2}\right)$, mais distante: $(-1, -1, 2)$

59. Máximo: $\approx 9{,}7938$, mínimo: $\approx -5{,}3506$

61. Máximo: $f(\pm\sqrt{3}, 3) = 18$, mínimo: $f(0, 0) = 0$

63. (a) c/n (b) Quando $x_1 = x_2 = \cdots = x_n$

CAPÍTULO 14 REVISÃO

Testes Verdadeiro-Falso

1. Verdadeiro **3.** Falso **5.** Falso **7.** Verdadeiro

9. Falso **11.** Verdadeiro

Exercícios

1. $\{(x, y) \mid y > -x - 1\}$

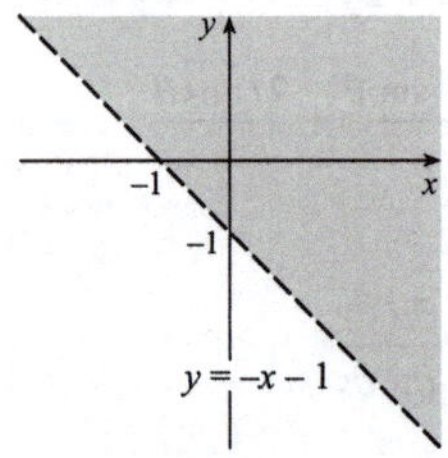

3.

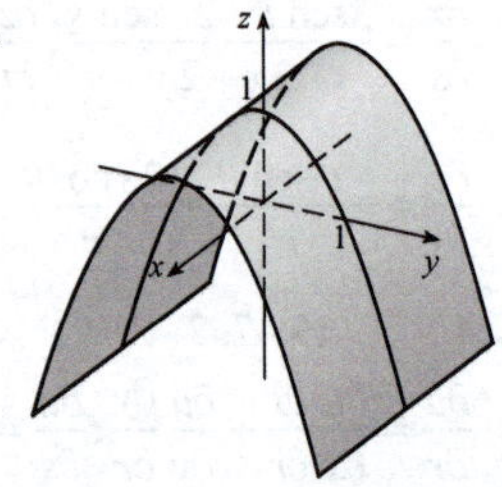

5.

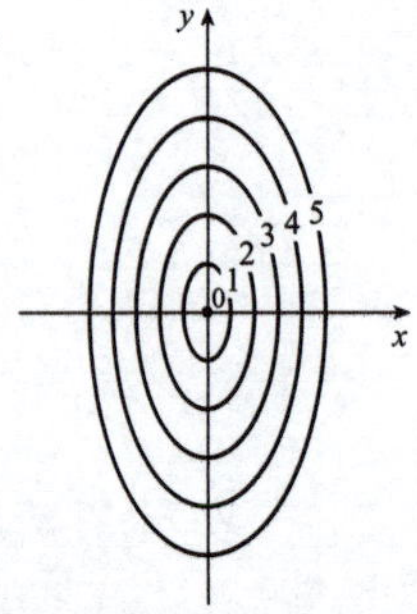

7.

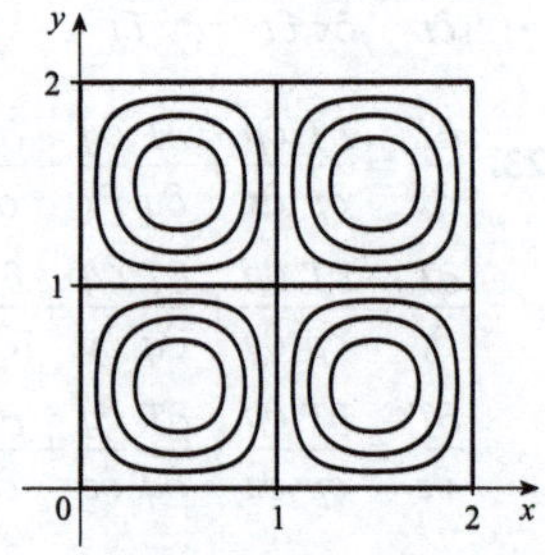

9. $\frac{2}{3}$

11. (a) $\approx 3{,}5$ °C/m, $-3{,}0$ °C/m

(b) $\approx 0{,}35$ °C/m pela Equação 14.6.9 (Definição 14.6.2 dada $\approx 1{,}1$ °C/m.) (c) $-0{,}25$

13. $f_x = 32xy(5y^3 + 2x^2y)^7$, $f_y = (16x^2 + 120y^2)(5y^3 + 2x^2y)^7$

15. $F_\alpha = \dfrac{2\alpha^3}{\alpha^2 + \beta^2} + 2\alpha \ln(\alpha^2 + \beta^2)$, $F_\beta = \dfrac{2\alpha^2\beta}{\alpha^2 + \beta^2}$

17. $S_u = \operatorname{arctg}\left(v\sqrt{w}\right)$, $S_v = \dfrac{u\sqrt{w}}{1 + v^2 w}$, $S_w = \dfrac{uv}{2\sqrt{w}\,(1 + v^2 w)}$

19. $f_{xx} = 24x$, $f_{xy} = -2y = f_{yx}$, $f_{yy} = -2x$

21. $f_{xx} = k(k-1)x^{k-2}y^l z^m$, $f_{xy} = klx^{k-1}y^{l-1}z^m = f_{yx}$, $f_{xz} = kmx^{k-1}y^l z^{m-1} = f_{zx}$, $f_{yy} = l(l-1)x^k y^{l-2} z^m$, $f_{yz} = lmx^k y^{l-1} z^{m-1} = f_{zy}$, $f_{zz} = m(m-1)x^k y^l z^{m-2}$

25. (a) $z = 8x + 4y + 1$

(b) $x = 1 + 8t$, $y = -2 + 4t$, $z = 1 - t$

27. (a) $2x - 2y - 3z = 3$

(b) $x = 2 + 4t$, $y = -1 - 4t$, $z = 1 - 6t$

29. (a) $x + 2y + 5z = 0$

(b) $x = 2 + t$, $y = -1 + 2t$, $z = 5t$

31. $\left(2, \frac{1}{2}, -1\right), \left(-2, -\frac{1}{2}, 1\right)$

33. $60x + \frac{24}{5}y + \frac{32}{5}z - 120$; $38{,}656$

35. $2xy^3(1 + 6p) + 3x^2y^2(pe^p + e^p) + 4z^3(p \cos p + \operatorname{sen} p)$

37. -47, 108

43. $\langle 2xe^{yz^2}, x^2z^2e^{yz^2}, 2x^2yze^{yz^2}\rangle$ **45.** $-\frac{4}{5}$

47. $\sqrt{145}/2, \langle 4, \frac{9}{2}\rangle$ **49.** $\approx 0{,}72$ km/h

51. Mínimo $f(-4, 1) = -11$

53. Máximo: $f(1, 1) = 1$; pontos de sela em $(0, 0)$, $(0, 3)$, $(3, 0)$

55. Máximo: $f(1, 2) = 4$, mínimo: $f(2, 4) = -64$

57. Máximo: $f(-1, 0) = 2$, mínima: $f(1, \pm 1) = -3$, pontos de sela em $(-1, \pm 1)$, $(1, 0)$

59. Máximo: $f\left(\pm\sqrt{2/3}, 1/\sqrt{3}\right) = 2/\left(3\sqrt{3}\right)$,

mínimo: $f\left(\pm\sqrt{2/3}, -1/\sqrt{3}\right) = -2/\left(3\sqrt{3}\right)$

61. Máximo: 1, mínimo: -1

63. $\left(\pm 3^{-1/4}, 3^{-1/4}\sqrt{2}, \pm 3^{1/4}\right), \left(+3^{-1/4}, -3^{-1/4}\sqrt{2}, \pm 3^{1/4}\right)$

65. $P\left(2-\sqrt{3}\right), P\left(3-\sqrt{3}\right)/6, P\left(2\sqrt{3}-3\right)/3$

PROBLEMAS QUENTES

1. L^2W^2, $\frac{1}{4}L^2W^2$ **3.** (a) $x = w/3$, base $= w/3$ (b) Sim

7. $\sqrt{3/2}, 3/\sqrt{2}$

CAPÍTULO 15

EXERCÍCIOS 15.1

1. (a) 288 (b) 144 **3.** (a) 0,990 (b) 1,151

5. $U < V < L$ **7.** (a) ≈ 248 (b) $\approx 15{,}5$

9. $24\sqrt{2}$ **11.** 3 **13.** $2 + 8y^2, 3x + 27x^2$

15. 222 **17.** $\frac{5}{2} - e^{-1}$ **19.** 18

21. $\frac{15}{2}\ln 2 + \frac{3}{2}\ln 4$ ou $\frac{21}{2}\ln 2$ **23.** 6

25. $\frac{31}{30}$ **27.** 2 **29.** $9 \ln 2$

31. $\frac{1}{2}\left(\sqrt{3}-1\right) - \frac{1}{12}\pi$ **33.** $\frac{1}{2}e^{-6} + \frac{5}{2}$

35.

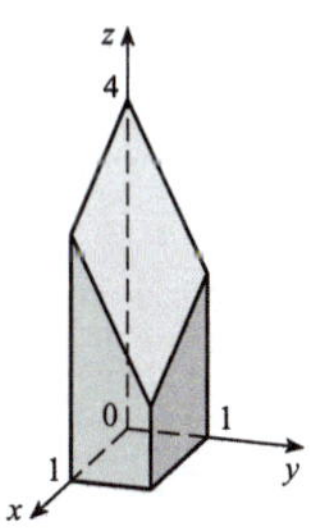

37.

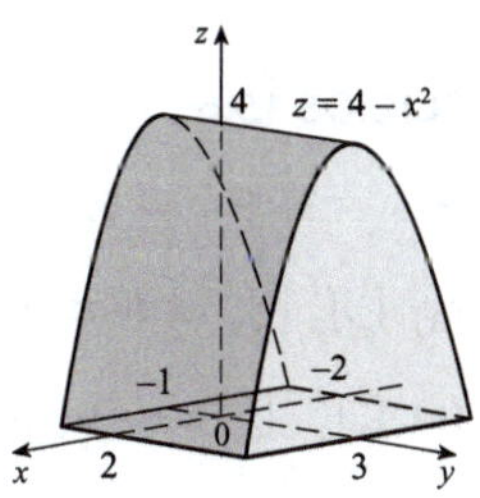

39. (a) $\int_0^2\int_0^2 xy\,dx\,dy$ (b) 4

41. (a) $\int_1^2\int_0^1 (1 + ye^{xy})\,dx\,dy$ (b) $e^2 - e$

43. 51 **45.** $\frac{166}{27}$ **47.** $\frac{8}{3}$ **49.** $\frac{64}{3}$

51. $21e - 57$

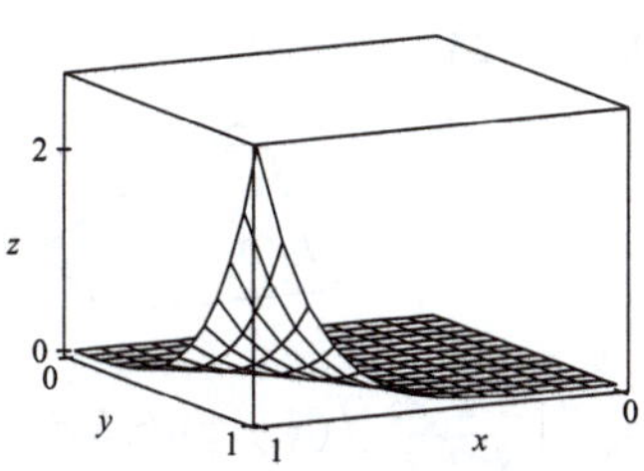

53. $\frac{5}{6}$ **55.** 0

57. O Teorema de Fubini não se aplica. O integrando possui uma descontinuidade infinita na origem.

EXERCÍCIOS 15.2

1. $\frac{868}{3}$ **3.** $\frac{1}{6}(e - 1)$ **5.** $\frac{1}{3}$ sen 1

7. (a) $\int_0^2\int_x^{3x-x^2} 2y\,dy\,dx$ (b) $\frac{56}{15}$

9. (a) $\int_0^2\int_{y^2}^{y+2} xy\,dx\,dy$ (b) 6

11. $\frac{1}{4}\ln 17$ **13.** $\frac{1}{2}(1 - e^{-9})$

15. (a)

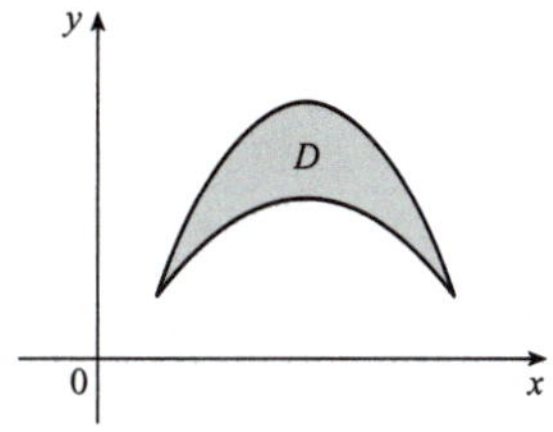

(b)

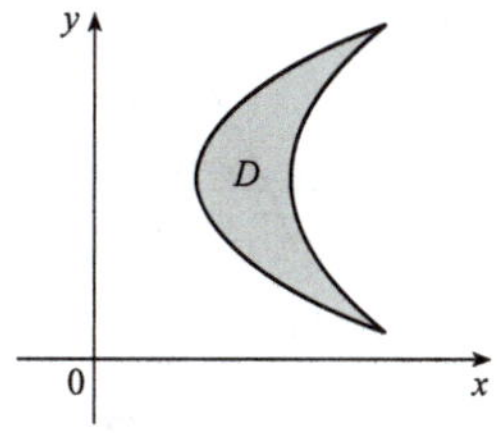

17. Tipo I: $D = \{(x, y) \mid 0 \le x \le 1, 0 \le y \le x\}$,
tipo II: $D = \{(x, y) \mid 0 \le y \le 1, y \le x \le 1\}$; $\frac{1}{3}$

19. $\int_0^1\int_{-\sqrt{x}}^{\sqrt{x}} y\,dy\,dx + \int_1^4\int_{x-2}^{\sqrt{x}} y\,dy\,dx = \int_{-1}^2\int_{y}^{y+2} y\,dy\,dx = \frac{9}{4}$

21. $\int_0^1\int_0^{\cos^{-1}y} \operatorname{sen}^2 x\,dx\,dy = \int_0^{\pi/2}\int_0^{\cos x} \operatorname{sen}^2 x\,dy\,dx = \frac{1}{3}$

23. $\frac{1}{2}(1 - \cos 1)$ **25.** $\frac{11}{3}$ **27.** 0

29. (a) $\int_0^1\int_0^y (1 + xy)\,dx\,dy$ (b) $\frac{5}{8}$ **31.** $\frac{3}{4}$

33. $\frac{31}{8}$ **35.** $\frac{16}{3}$ **37.** $\frac{128}{15}$ **39.** $\frac{1}{3}$

41. 0, 1,213; 0,713 **43.** $\frac{64}{3}$

45. $\dfrac{10}{3\sqrt{2}}$ ou $\dfrac{5\sqrt{2}}{3}$

47.

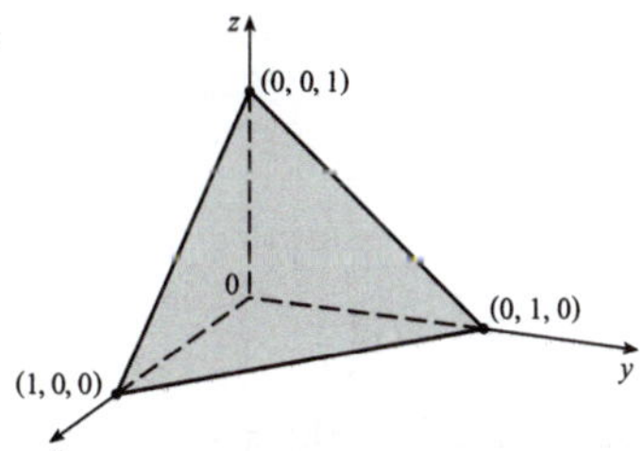

49.

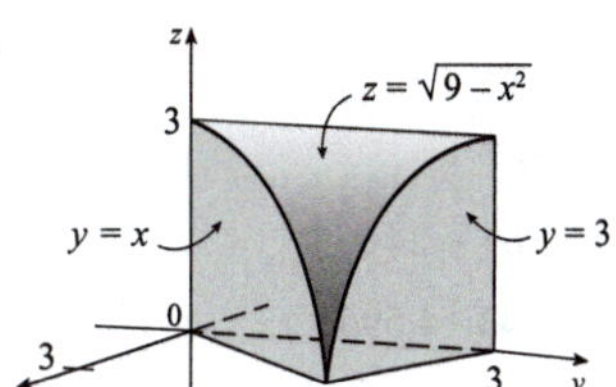

51. 13.984.735.616/14.549.535 **53.** $\pi/2$

55.

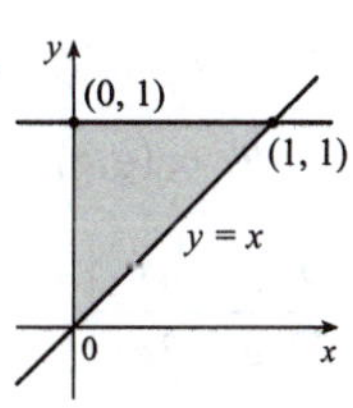

$\int_0^1\int_x^1 f(x, y)\,dy\,dx$

57. 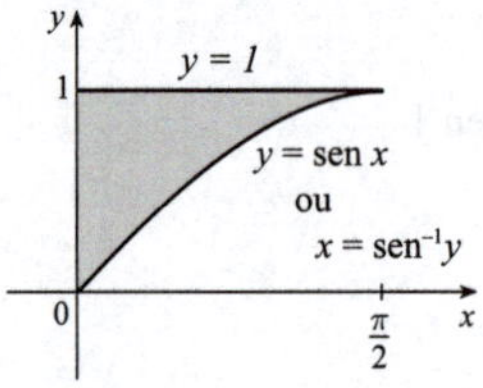

$\int_0^1 \int_0^{\text{sen}^{-1}y} f(x, y)\, dx\, dy$

59. 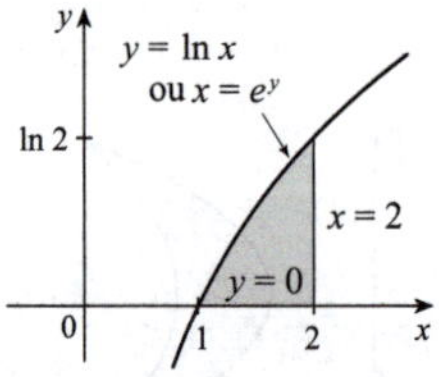

$\int_0^{\ln 2} \int_{e^y}^{2} f(x, y)\, dx\, dy$

61. $\frac{1}{6}(e^9 - 1)$ **63.** $\frac{2}{9}(2\sqrt{2} - 1)$

65. $\frac{1}{3}(2\sqrt{2} - 1)$ **67.** 1

69. $\frac{\sqrt{3}}{2}\pi \leq \iint_S \sqrt{4 - x^2y^2}\, dA \leq \pi$

71. $\frac{3}{4}$ **75.** 9π **77.** $a^2b + \frac{3}{2}ab^2$ **79.** $\pi a^2 b$

EXERCÍCIOS 15.3

1. $\int_0^{3\pi/2} \int_0^4 f(r \cos \theta, r \,\text{sen}\, \theta)\, r\, dr\, d\theta$

3. $\int_0^{\pi} \int_1^3 f(r \cos \theta, r \,\text{sen}\, \theta)\, r\, dr\, d\theta$

5. $\int_0^1 \int_{2y-2}^{2-2y} f(x, y)\, dx\, dy$

7. 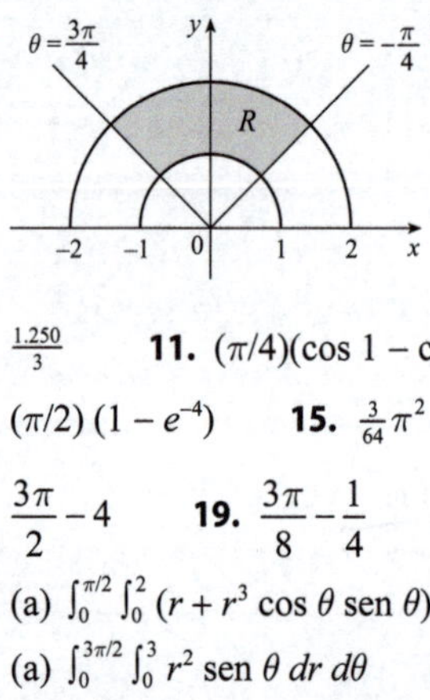

$3\pi/4$

9. $\frac{1.250}{3}$ **11.** $(\pi/4)(\cos 1 - \cos 9)$

13. $(\pi/2)(1 - e^{-4})$ **15.** $\frac{3}{64}\pi^2$

17. $\frac{3\pi}{2} - 4$ **19.** $\frac{3\pi}{8} - \frac{1}{4}$ **21.** $\pi/12$

23. (a) $\int_0^{\pi/2} \int_0^2 (r + r^3 \cos \theta \,\text{sen}\, \theta)\, dr\, d\theta$ (b) $\pi + 2$

25. (a) $\int_0^{3\pi/2} \int_0^3 r^2 \,\text{sen}\, \theta\, dr\, d\theta$ (b) 9

27. (a) $\int_0^{\pi/2} \int_0^{\text{sen}\,\theta} r^2 \cos \theta\, dr\, d\theta$ (b) $\frac{1}{12}$

29. $\frac{625}{2}\pi$ **31.** 4π **33.** $\frac{4}{3}\pi a^3$

35. $(\pi/3)(2 - \sqrt{2})$ **37.** $(8\pi/3)(64 - 24\sqrt{3})$

39. $(\pi/4)(1 - e^{-4})$ **41.** $\frac{1}{120}$ **43.** 4,5951

45. 38π m^3 **47.** $2/(a + b)$ **49.** $\frac{15}{16}$

51. (a) $\sqrt{\pi}/4$ (b) $\sqrt{\pi}/2$

EXERCÍCIOS 15.4

1. 285 C **3.** $\left(\frac{3}{4}, \frac{1}{2}\right)$ **5.** $42k, \left(2, \frac{85}{28}\right)$ **7.** $6, \left(\frac{3}{4}, \frac{3}{2}\right)$

9. $\frac{8}{15}k, \left(0, \frac{4}{7}\right)$ **11.** $\frac{1}{8}(1 - 3e^{-2}), \left(\frac{e^2 - 5}{e^2 - 3}, \frac{8(e^3 - 4)}{27(e^3 - 3e)}\right)$

13. $\left(\frac{3}{8}, 3\pi/16\right)$ **15.** $(0, 45/(14\pi))$

17. $(2a/5, 2a/5)$ se o vértice for (0, 0) e os lados estiverem ao longo dos eixos positivos

19. $409{,}2k$, $182k$, $591{,}2k$

21. $7ka^6/180$, $7ka^6/180$, $7ka^6/90$ se o vértice for (0, 0) e os lados estiverem ao longo de eixos positivos

23. $\rho bh^3/3$, $\rho b^3h/3$; $b/\sqrt{3}$, $h/\sqrt{3}$

25. $\rho a^4\pi/16$, $\rho a^4\pi/16$; $a/2$, $a/2$

27. $m = 3\pi/64, (\bar{x}, \bar{y}) = \left(\frac{16.384\sqrt{2}}{10.395\pi}, 0\right),$

$I_x = \frac{5\pi}{384} - \frac{4}{105}, I_y = \frac{5\pi}{384} + \frac{4}{105}, I_0 = \frac{5\pi}{192}$

29. (a) $\frac{1}{2}$ (b) 0,375 (c) $5/48 \approx 0{,}1042$

31. (b) (i) $e^{-0,2} \approx 0{,}8187$
(ii) $1 + e^{-1,8} - e^{-0,8} - e^{-1} \approx 0{,}3481$ (c) 2, 5

33. (a) $\approx 0{,}500$ (b) $\approx 0{,}632$

35. (a) $\iint_D k\left[1 - \frac{1}{20}\sqrt{(x - x_0)^2 + (y - y_0)^2}\right] dA$, onde D é o disco com raio de 10 km posicionado no centro da cidade
(b) $200\pi k/3 \approx 209k, 200(\pi/2 - \frac{8}{9})k \approx 136k$; na periferia

EXERCÍCIOS 15.5

1. $\frac{13}{3}\sqrt{2}$ **3.** $12\sqrt{35}$ **5.** $3\sqrt{14}$

7. $(\pi/6)(13\sqrt{13} - 1)$ **9.** $(\pi/6)(17\sqrt{17} - 5\sqrt{5})$

11. $(2\pi/3)(2\sqrt{2} - 1)$ **13.** $a^2(\pi - 2)$ **15.** 3,6258

17. (a) $\approx 1{,}83$ (b) $\approx 1{,}8616$

19. $\frac{45}{8}\sqrt{14} + \frac{15}{16}\ln\left[\left(11\sqrt{5} + 3\sqrt{70}\right)/\left(3\sqrt{5} + \sqrt{70}\right)\right]$

21. 3,3213 **25.** $(\pi/6)\left(101\sqrt{101} - 1\right)$

EXERCÍCIOS 15.6

1. $\frac{27}{4}$ **3.** $\frac{16}{15}$ **5.** $\frac{5}{3}$ **7.** $3 \ln 3 + 3$

9. (a) $\int_{-1}^1 \int_0^{1-x^2} \int_0^{2-z} x\, dy\, dz\, dx$ (b) 0

11. (a) $\int_0^2 \int_0^{2-x} \int_0^{x^2} (x + y)\, dy\, dz\, dx$ (b) $\frac{8}{3}$

13. $\frac{27}{2}$ **15.** $\pi/8 - \frac{1}{3}$ **17.** $\frac{65}{28}$

19. $\frac{8}{15}$ **21.** $16\pi/3$ **23.** $\frac{16}{3}$ **25.** $\frac{8}{15}$

27. (a) $\int_0^1 \int_0^x \int_0^{\sqrt{1-y^2}} dz\, dy\, dx$ (b) $\frac{1}{4}\pi - \frac{1}{3}$

29. $\approx 0{,}985$ **31.** 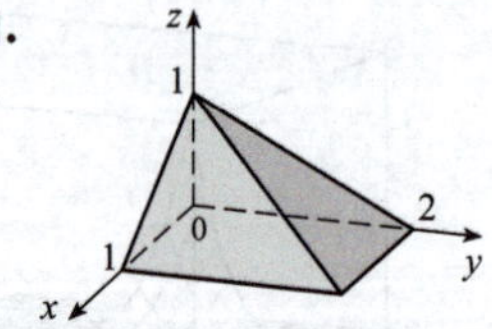

33. $\int_{-2}^2 \int_0^{4-x^2} \int_{-\sqrt{4-x^2-y}/2}^{\sqrt{4-x^2-y}/2} f(x, y, z)\, dz\, dy\, dx$

$= \int_0^4 \int_{-\sqrt{4-y}}^{\sqrt{4-y}} \int_{-\sqrt{4-x^2-y}/2}^{\sqrt{4-x^2-y}/2} f(x, y, z)\, dz\, dx\, dy$

$= \int_{-1}^1 \int_0^{4-4z^2} \int_{-\sqrt{4-y-4z^2}}^{\sqrt{4-y-4z^2}} f(x, y, z)\, dx\, dy\, dz$

$= \int_0^4 \int_{-\sqrt{4-y}/2}^{\sqrt{4-y}/2} \int_{-\sqrt{4-y-4z^2}}^{\sqrt{4-y-4z^2}} f(x, y, z)\, dx\, dz\, dy$

$$= \int_{-2}^{2} \int_{-\sqrt{4-x^2}/2}^{\sqrt{4-x^2}/2} \int_{0}^{4-x^2-4z^2} f(x,y,z)\, dy\, dz\, dx$$
$$= \int_{-1}^{1} \int_{-\sqrt{4-4z^2}}^{\sqrt{4-4z^2}} \int_{0}^{4-x^2-4z^2} f(x,y,z)\, dy\, dx\, dz$$

35. $\int_{-2}^{2} \int_{x^2}^{4} \int_{0}^{2-y/2} f(x,y,z)\, dz\, dy\, dx$
$= \int_{0}^{4} \int_{-\sqrt{y}}^{\sqrt{y}} \int_{0}^{2-y/2} f(x,y,z)\, dz\, dx\, dy$
$= \int_{0}^{2} \int_{0}^{4-2z} \int_{-\sqrt{y}}^{\sqrt{y}} f(x,y,z)\, dx\, dy\, dz$
$= \int_{0}^{4} \int_{0}^{2-y/2} \int_{-\sqrt{y}}^{\sqrt{y}} f(x,y,z)\, dx\, dz\, dy$
$= \int_{-2}^{2} \int_{0}^{2-x^2/2} \int_{x^2}^{4-2z} f(x,y,z)\, dy\, dz\, dx$
$= \int_{0}^{2} \int_{-\sqrt{4-2z}}^{\sqrt{4-2z}} \int_{x^2}^{4-2z} f(x,y,z)\, dy\, dx\, dz$

37. $\int_{0}^{1} \int_{\sqrt{x}}^{1} \int_{0}^{1-y} f(x,y,z)\, dz\, dy\, dx = \int_{0}^{1} \int_{0}^{y^2} \int_{0}^{1-y} f(x,y,z)\, dz\, dx\, dy$
$= \int_{0}^{1} \int_{0}^{1-z} \int_{0}^{y^2} f(x,y,z)\, dx\, dy\, dz = \int_{0}^{1} \int_{0}^{1-y} \int_{0}^{y^2} f(x,y,z)\, dx\, dz\, dy$
$= \int_{0}^{1} \int_{0}^{1-\sqrt{x}} \int_{\sqrt{x}}^{1-z} f(x,y,z)\, dy\, dz\, dx = \int_{0}^{1} \int_{0}^{(1-z)^2} \int_{\sqrt{x}}^{1-z} f(x,y,z)\, dy\, dx\, dz$

39. $\int_{0}^{1} \int_{y}^{1} \int_{0}^{y} f(x,y,z)\, dz\, dx\, dy = \int_{0}^{1} \int_{0}^{x} \int_{0}^{y} f(x,y,z)\, dz\, dy\, dx$
$= \int_{0}^{1} \int_{z}^{1} \int_{y}^{1} f(x,y,z)\, dx\, dy\, dz = \int_{0}^{1} \int_{0}^{y} \int_{y}^{1} f(x,y,z)\, dx\, dz\, dy$
$= \int_{0}^{1} \int_{0}^{x} \int_{z}^{x} f(x,y,z)\, dy\, dz\, dx = \int_{0}^{1} \int_{z}^{1} \int_{z}^{x} f(x,y,z)\, dy\, dx\, dz$

41. 64π **43.** $\frac{3}{2}\pi, (0, 0, \frac{1}{3})$

45. $a^5, (7a/12, 7a/12, 7a/12)$

47. $I_x = I_y = I_z = \frac{2}{3}kL^5$ **49.** $\frac{1}{2}\pi kha^4$

51. (a) $m = \int_{-1}^{1} \int_{x^2}^{1} \int_{0}^{1-y} x\sqrt{x^2 + y^2}\, dz\, dy\, dx$

(b) $(\bar{x}, \bar{y}, \bar{z})$, onde
$\bar{x} = (1/m) \int_{-1}^{1} \int_{x^2}^{1} \int_{0}^{1-y} x\sqrt{x^2 + y^2}\, dz\, dy\, dx,$
$\bar{y} = (1/m) \int_{-1}^{1} \int_{x^2}^{1} \int_{0}^{1-y} y\sqrt{x^2 + y^2}\, dz\, dy\, dx,$
e $\bar{z} = (1/m) \int_{-1}^{1} \int_{x^2}^{1} \int_{0}^{1-y} z\sqrt{x^2 + y^2}\, dz\, dy\, dx$

(c) $\int_{-1}^{1} \int_{x^2}^{1} \int_{0}^{1-y} (x^2 + y^2)^{3/2}\, dz\, dy\, dx$

53. (a) $\frac{3}{32}\pi + \frac{11}{24}$

(b) $\left(\dfrac{28}{9\pi + 44}, \dfrac{30\pi + 128}{45\pi + 220}, \dfrac{45\pi + 208}{135\pi + 660}\right)$

(c) $\frac{1}{240}(68 + 15\pi)$

55. (a) $\frac{1}{8}$ (b) $\frac{1}{64}$ (c) $\frac{1}{5.760}$ **57.** $L^3/8$

59. (a) A região delimitada pelo elipsoide $x^2 + 2y^2 + 3z^2 = 1$

(b) $4\sqrt{6}\pi/45$

EXERCÍCIOS 15.7

1. (a)

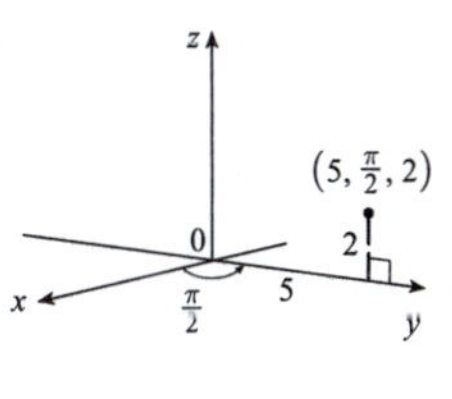

$(0, 5, 2)$

(b)

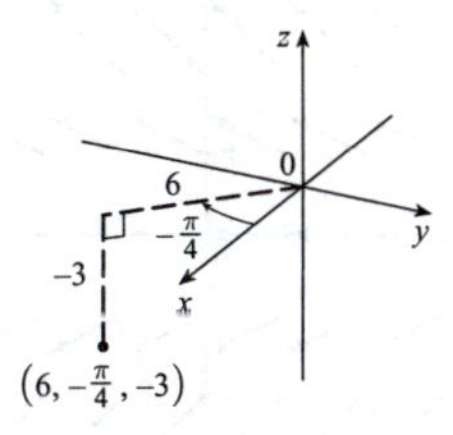

$(3\sqrt{2}, -3\sqrt{2}, -3)$

3. (a) $(4\sqrt{2}, \pi/4, -3)$ (b) $(10, -\pi/6, \sqrt{3})$

5. Cilindro circular com raio 2 e eixo z

7. Esfera com raio 2, centrada na origem

9. (a) $z^2 = 1 + r\cos\theta - r^2$ (b) $z = r^2\cos 2\theta$

11.

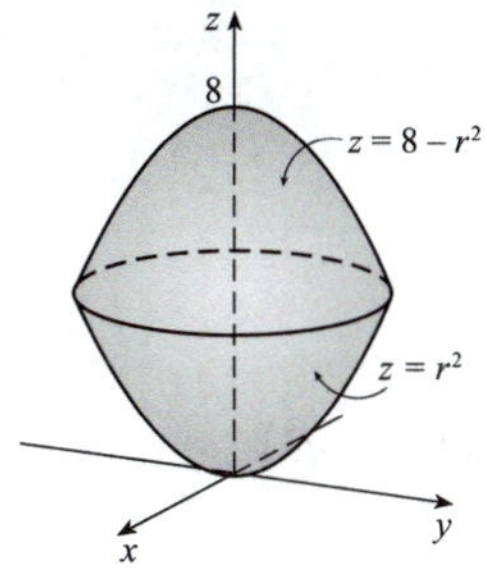

13. Coordenadas cilíndricas: $6 \le r \le 7$, $0 \le \theta \le 2\pi$, $0 \le z \le 20$

15. (a) $\int_{0}^{\pi} \int_{0}^{1} \int_{0}^{2-r^2} r^3\, dz\, dr\, d\theta$ (b) $\pi/3$

17.

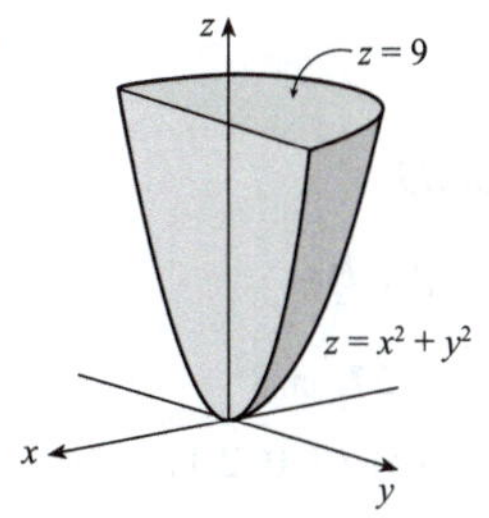

$\frac{81}{4}\pi$

19. 384π **21.** $\frac{8}{3}\pi + \frac{128}{15}$ **23.** $2\pi/5$ **25.** $\frac{4}{3}\pi(\sqrt{2} - 1)$

27. (a) $\frac{512}{3}\pi$ (b) $(0, 0, \frac{23}{2})$

29. $\pi Ka^2/8, (0, 0, 2a/3)$ **31.** 0

33. (a) $\iiint_C h(P)g(P)\, dV$, onde C é o cone

(b) $\approx 4{,}4 \times 10^{18}$ **J**

EXERCÍCIOS 15.8

1. (a)

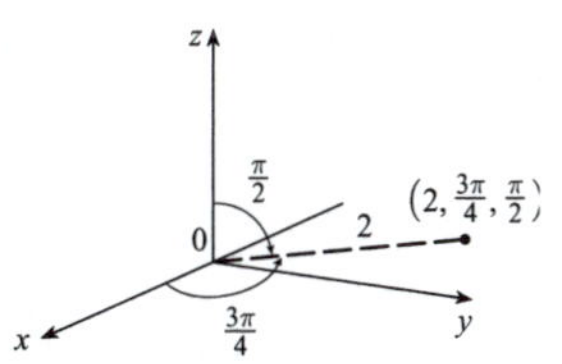

$(-\sqrt{2}, \sqrt{2}, 0)$

(b)

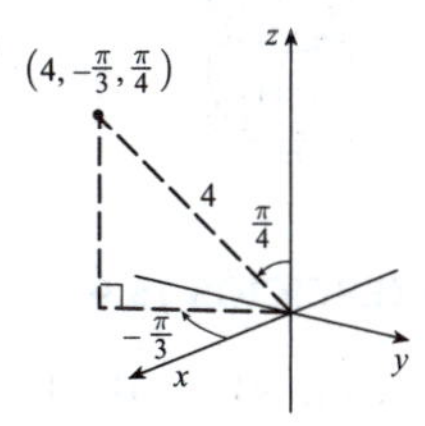

$(\sqrt{2}, -\sqrt{6}, 2\sqrt{2})$

3. (a) $(3\sqrt{2}, \pi/4, \pi/2)$ (b) $(4, -\pi/3, \pi/6)$

5. Metade inferior de um cone **7.** Plano horizontal

9. (a) $\rho = 3$ (b) $\rho^2(\text{sen}^2\phi\cos 2\theta - \cos^2\phi) = 1$

11.

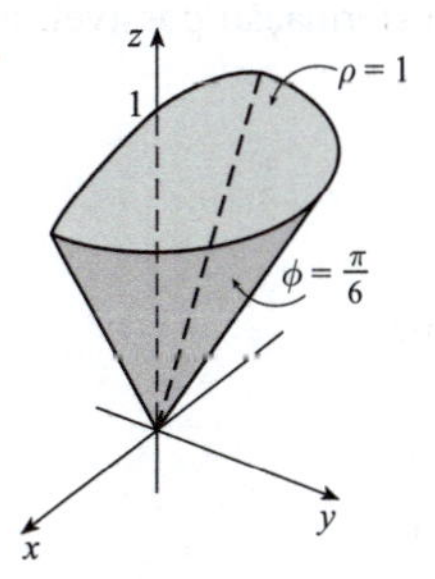

13.

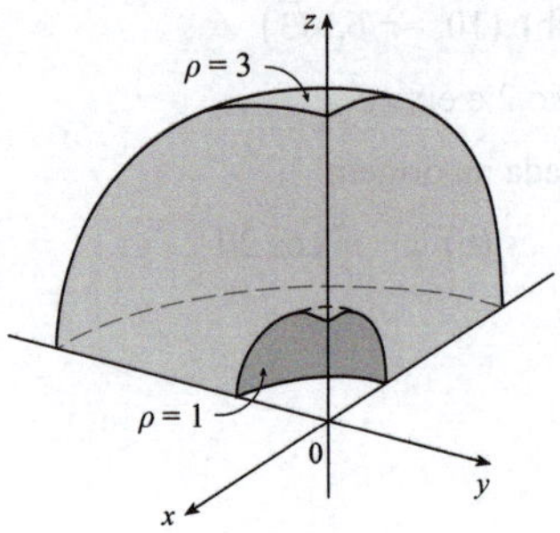

15. $\pi/4 \le \phi \le \pi/2,\ 0 \le \rho \le 4 \cos \phi$

17. $(9\pi/4)(2 - \sqrt{3})$

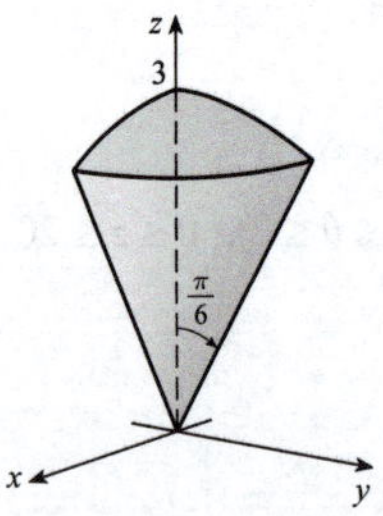

19. $\int_0^{\pi/2}\int_0^3\int_0^2 f(r\cos\theta, r\,\text{sen}\,\theta, z)\,r\,dz\,dr\,d\theta$

21. $\int_{\pi/2}^{\pi}\int_{\pi/2}^{3\pi/2}\int_2^3 \rho^3 \text{sen}\,\phi\ d\rho\ d\theta\ d\phi$ (b) $\frac{65}{4}\pi$

23. $312.500\,\pi/7$ **25.** $1.688\,\pi/15$ **27.** $\pi/8$

29. $(\sqrt{3} - 1)\pi a^3/3$ **31.** (a) 10π (b) $(0, 0, 2{,}1)$

33. (a) $(0, 0, \frac{7}{12})$ (b) $11K\pi/960$

35. (a) $(0, 0, \frac{3}{8}a)$ (b) $4K\pi a^5/15$ (K é a densidade)

37. $\frac{1}{3}\pi(2 - \sqrt{2}), (0, 0, 3/[8(2 - \sqrt{2})])$

39. (a) $\pi K a^4 h/2$ (K é a densidade) (b) $\pi K a^2 h(3a^2 + 4h^2)/12$

41. $5\pi/6$ **43.** $(4\sqrt{2} - 5)/15$ **45.** $4.096\pi/21$

47.

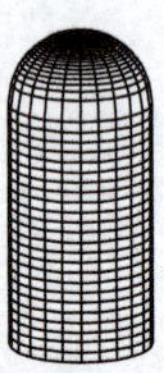

49. $136\pi/99$

EXERCÍCIOS 15.9

1. (a) VI (b) I (c) IV (d) V (e) III (f) II

3. O paralelogramo com vértice (0, 0), (6, 3), (12, 1), (6, −2)

5. A região delimitada pela linha $y = 1$, o eixo y e $y = \sqrt{x}$

7. $x = \frac{1}{3}(v - u), y = \frac{1}{3}(u + 2v)$ é uma transformação possível, onde $S = \{(u, v) \mid -1 \le u \le 1,\ 1 \le v \le 3\}$

9. $x = u \cos v, y = u \text{ sen } v$ é uma transformação possível, onde $S = \{(u, v) \mid 1 \le u \le \sqrt{2},\ 0 \le v \le \pi/2\}$

11. −6 **13.** s **15.** $2uvw$

17. −3 **19.** 6π **21.** 2 ln 3

23. (a) $\frac{4}{3}\pi abc$ (b) $1{,}083 \times 10^{12}$ km^3
(c) $\frac{4}{15}\pi(a^2 + b^2)abck$

25. $\frac{8}{5}\ln 8$ **27.** $\frac{3}{2}$ sen 1 **29.** $e - e^{-1}$

CAPÍTULO 15 REVISÃO

Testes Verdadeiro-Falso

1. Verdadeiro **3.** Verdadeiro **5.** Verdadeiro
7. Verdadeiro **9.** Falso

Exercícios

1. ≈ 64,0 **3.** $4e^2 - 4e + 3$ **5.** $\frac{1}{2}$ sen 1 **7.** $\frac{2}{3}$

9. $\int_0^{\pi}\int_2^4 f(r\cos\theta, r\,\text{sen}\,\theta)\,r\,dr\,d\theta$

11. $(\sqrt{3}, 3, 2), (4, \pi/3, \pi/3)$

13. $(2\sqrt{2}, 2\sqrt{2}, 4\sqrt{3}), (4, \pi/4, 4\sqrt{3})$

15. (a) $r^2 + z^2 = 4, \rho = 2$ (b) $r = 2, \rho \text{ sen } \phi = 2$

17. A região dentro do circuito da rosa de quatro folhas: $r = \text{sen } 2\theta$ no primeiro quadrante

19. $\frac{1}{2}$ sen 1 **21.** $\frac{1}{2}e^6 - \frac{7}{2}$ **23.** $\frac{1}{4}\ln 2$ **25.** 8

27. $81\pi/5$ **29.** $\frac{81}{2}$ **31.** $\pi/96$ **33.** $\frac{64}{15}$

35. 176 **37.** $\frac{2}{3}$ **39.** $2ma^3/9$

41. (a) $\frac{1}{4}$ (b) $(\frac{1}{3}, \frac{8}{15})$
(c) $I_x = \frac{1}{12}, I_y = \frac{1}{24}; \overline{\overline{y}} = 1/\sqrt{3}, \overline{\overline{x}} = 1/\sqrt{6}$

43. (a) $(0, 0, h/4)$ (b) $\pi a^5 h/15$

45. $\ln(\sqrt{2} + \sqrt{3}) + \sqrt{2}/3$ **47.** $\frac{486}{5}$ **49.** 0,0512

51. (a) $\frac{1}{15}$ (b) $\frac{1}{3}$ (c) $\frac{1}{45}$

53. $\int_0^1\int_0^{1-z}\int_{-\sqrt{y}}^{\sqrt{y}} f(x, y, z)\,dx\,dy\,dz$ **55.** −ln 2 **57.** 0

PROBLEMAS QUENTES

1. 30 **3.** $\frac{1}{2}$ sen 1 **7.** (b) 0,90

13. $abc\pi\left(\frac{2}{3} - \frac{8}{9\sqrt{3}}\right)$

CAPÍTULO 16

EXERCÍCIOS 16.1

1.

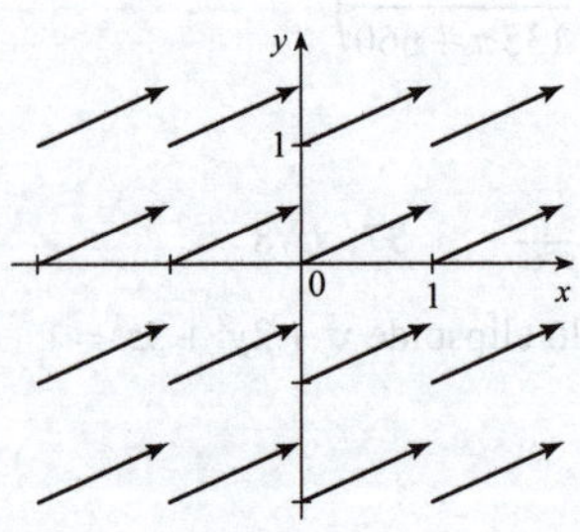

3.

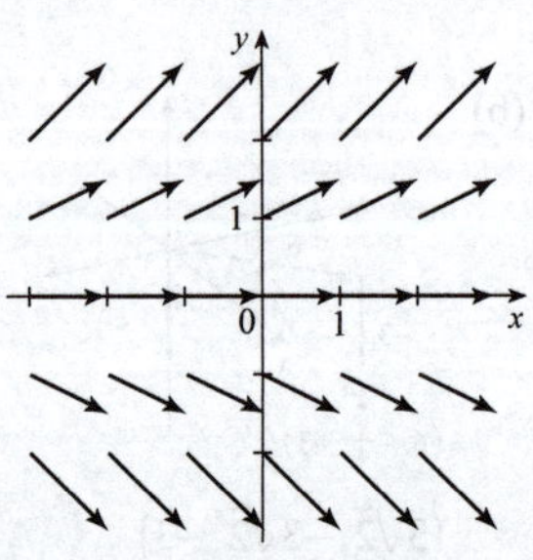

5.

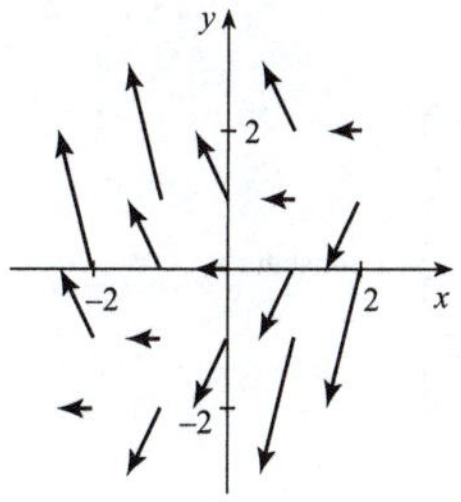

7.

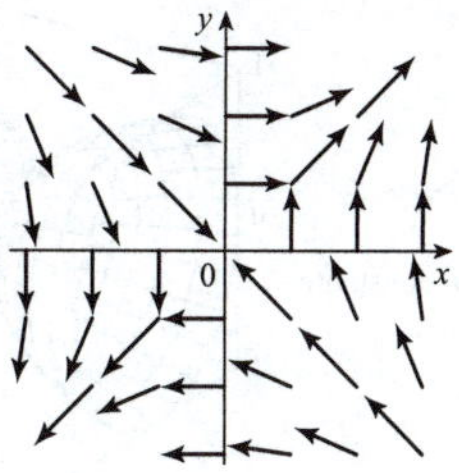

9.

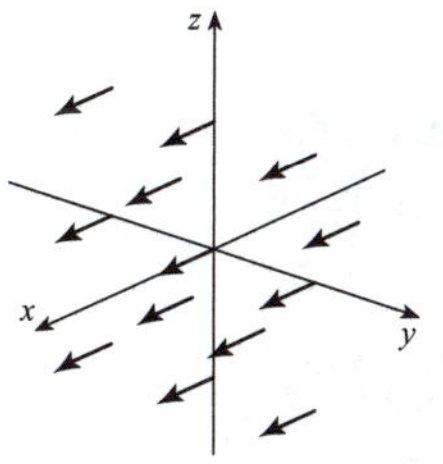

11.

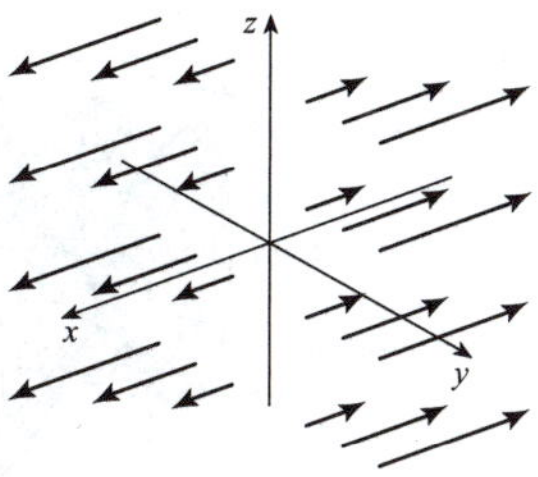

13. IV **15.** I **17.** III **19.** IV **21.** III

23.

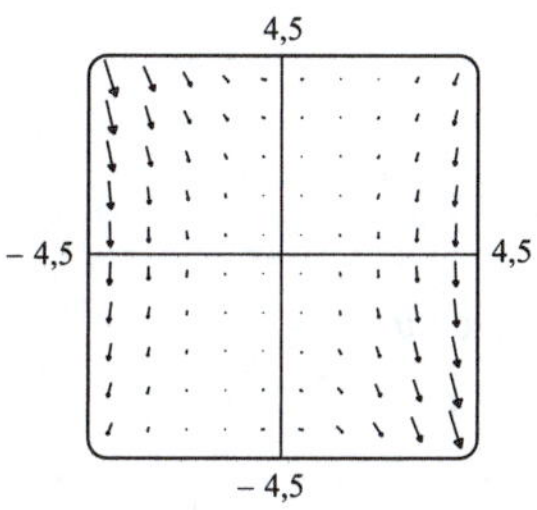

A linha $y = 2x$

25. $\nabla f(x, y) = y^2 \cos(xy)\,\mathbf{i} + [xy\cos(xy) + \operatorname{sen}(xy)]\,\mathbf{j}$

27. $$\nabla f(x,y,z) = \frac{x}{\sqrt{x^2+y^2+z^2}}\mathbf{i} + \frac{y}{\sqrt{x^2+y^2+z^2}}\mathbf{j} + \frac{z}{\sqrt{x^2+y^2+z^2}}\mathbf{k}$$

29. $\nabla f(x, y) = (x - y)\,\mathbf{i} + (y - x)\,\mathbf{j}$

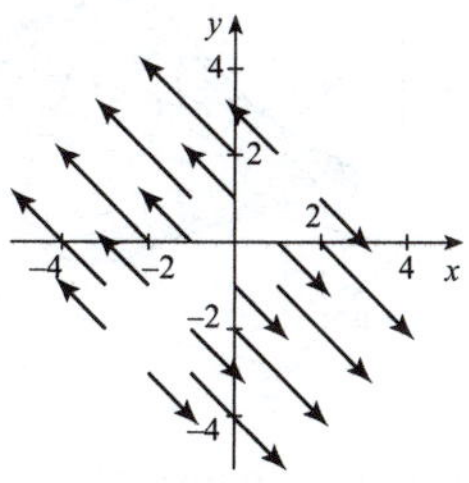

31. III **33.** II

35.

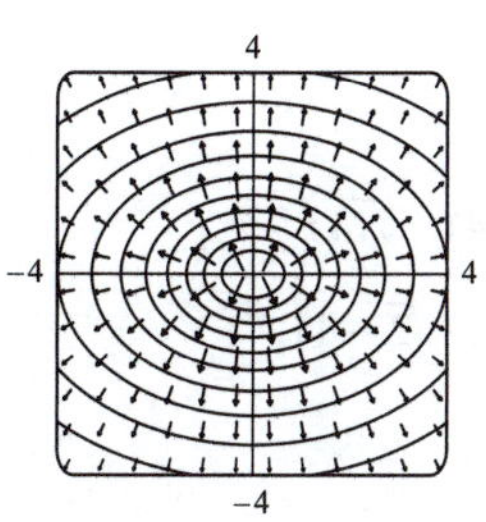

37. (2,04, 1,03)

39. (a)

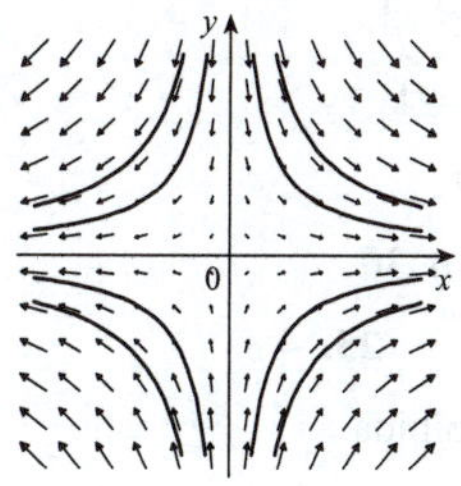

$y = C/x$

(b) $y = 1/x,\ x > 0$

EXERCÍCIOS 16.2

1. $\frac{4}{3}(10^{3/2} - 1)$ **3.** 1.638,4 **5.** $\frac{1}{3}\pi^6 + 2\pi$ **7.** $\frac{5}{2}$

9. $\sqrt{2}/3$ **11.** $\frac{1}{12}\sqrt{14}(e^6 - 1)$ **13.** $\frac{2}{5}(e - 1)$

15. $\pi/2 - \frac{1}{6}\sqrt{2}$ **17.** $\frac{35}{3}$

19. (a) Positivo (b) Negativo **21.** $\frac{1}{20}$

23. $\frac{6}{5} - \cos 1 - \operatorname{sen} 1$ **25.** 0,5424 **27.** 94,8231

29. $3\pi + \frac{2}{3}$

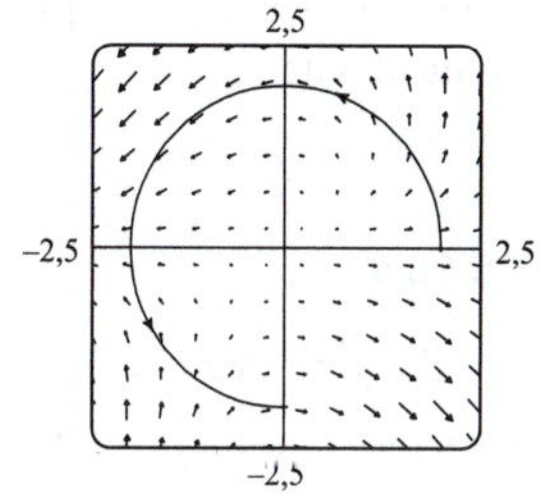

31. (a) $\frac{11}{8} - 1/e$ (b)

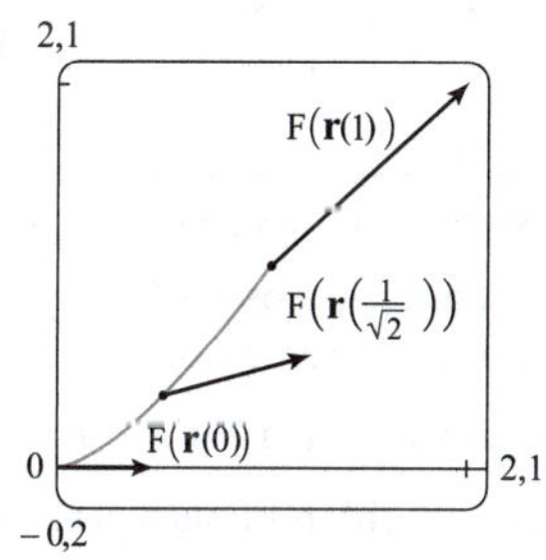

33. $\frac{172.704}{5.632.705}\sqrt{2}(1 - e^{-14\pi})$ **35.** $2\pi k$, $(4/\pi, 0)$

37. (a) $\bar{x} = (1/m)\int_C x\rho(x,y,z)\,ds$,
$\bar{y} = (1/m)\int_C y\rho(x,y,z)\,ds$,
$\bar{z} = (1/m)\int_C z\rho(x,y,z)\,ds$, onde $m = \int_C \rho(x,y,z)\,ds$
(b) $(0, 0, 3\pi)$

39. $I_x = k\left(\frac{1}{2}\pi - \frac{4}{3}\right)$, $I_y = k\left(\frac{1}{2}\pi - \frac{2}{3}\right)$ **41.** $2\pi^2$ **43.** $\frac{7}{3}$

45. (a) $2ma\,\mathbf{i} + 6mbt\,\mathbf{j},\ 0 \le t \le 1$ (b) $2ma^2 + \frac{9}{2}mb^2$

47. $\approx 2{,}26 \times 10^4$ J **49.** (b) Sim **53.** ≈ 22 J

EXERCÍCIOS 16.3

1. 40 **3.** Não conservativo

5. $f(x, y) = ye^{xy} + K$ **7.** $f(x, y) = ye^x + x \operatorname{sen} y + K$

9. $f(x, y) = y^2 \operatorname{sen} x + x\cos y + K$

11. (b) 16 **13.** (a) 16 (b) $f(x, y) = x^3 + xy^2 + K$

15. (a) $f(x, y) = e^{xy} + K$ (b) $e^2 - 1$

17. (a) $f(x, y) = x^2 + 2y^2$ (b) -21

19. (a) $f(x, y) = \frac{1}{3}x^3y^3$ (b) -9

21. (a) $f(x, y, z) = x^2y + y^2z$ (b) 30

23. (a) $f(x, y, z) = ye^{xz}$ (b) 4 **25.** $4/e$

27. Não importa qual curva é escolhida.

29. $\frac{31}{4}$ **31.** Não **33.** Conservativo

37. (a) Sim (b) Sim (c) Sim

39. (a) Não (b) Sim (c) Sim

EXERCÍCIOS 16.4

1. 120 **3.** $\frac{2}{3}$ **5.** $4(e^3 - 1)$ **7.** $-\frac{9}{5}$ **9.** $\frac{1}{3}$

11. -24π **13.** 14 **15.** $-\frac{16}{3}$ **17.** 4π

19. $\frac{1}{15}\pi^4 - \frac{4.144}{1.125}\pi^2 + \frac{7.578.368}{253.125} \approx 0{,}0779$

21. $-\frac{1}{12}$ **23.** 3π **25.** (c) $\frac{9}{2}$

27. $(4a/3\pi, 4a/3\pi)$ se a região é a parte do disco $x^2 + y^2 = a^2$ no primeiro quadrante

31. 0

EXERCÍCIOS 16.5

1. (a) $\mathbf{0}$ (b) $y^2z^2 + x^2z^2 + x^2y^2$

3. (a) $z e^x\,\mathbf{i} + (xye^z - yze^x)\,\mathbf{j} - xe^z\,\mathbf{k}$ (b) $y(e^z + e^x)$

5. (a) $-\dfrac{\sqrt{z}}{(1+y)^2}\mathbf{i} - \dfrac{\sqrt{x}}{(1+z)^2}\mathbf{j} - \dfrac{\sqrt{y}}{(1+x)^2}\mathbf{k}$

(b) $\dfrac{1}{2\sqrt{x}(1+z)} + \dfrac{1}{2\sqrt{y}(1+x)} + \dfrac{1}{2\sqrt{z}(1+y)}$

7. (a) $\langle -e^y \cos z, -e^z \cos x, -e^x \cos y\rangle$
(b) e^x sen $y + e^y$ sen $z + e^z$ sen x

9. (a) Negativa (b) rot $\mathbf{F} = \mathbf{0}$

11. (a) Zero (b) rot F pontos na direção negativa de z.

15. $f(x, y, z) = x^2y^3z^2 + K$

17. $f(x, y, z) = x \ln y + y \ln z + K$

19. Não conservativo **21.** Não

EXERCÍCIOS 16.6

1. P: sim; Q: não

3. Plano por (0, 3, 1) contendo os vetores $\langle 1, 0, 4\rangle$, $\langle 1, -1, 5\rangle$

5. Cone circular com eixo no eixo z

7.

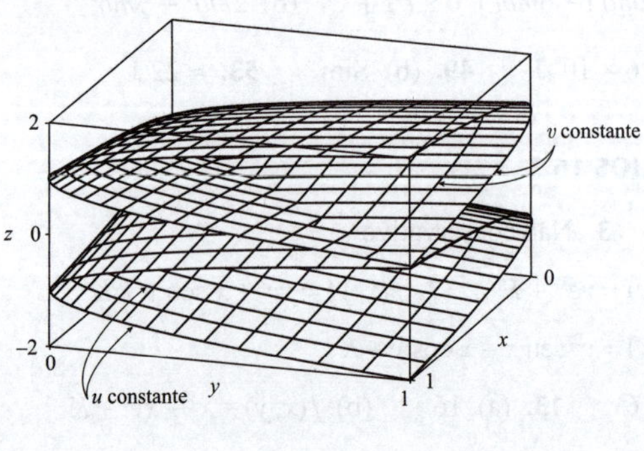

9.

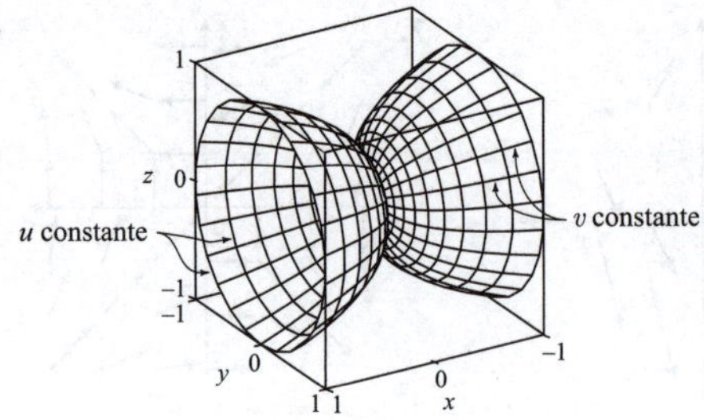

11.

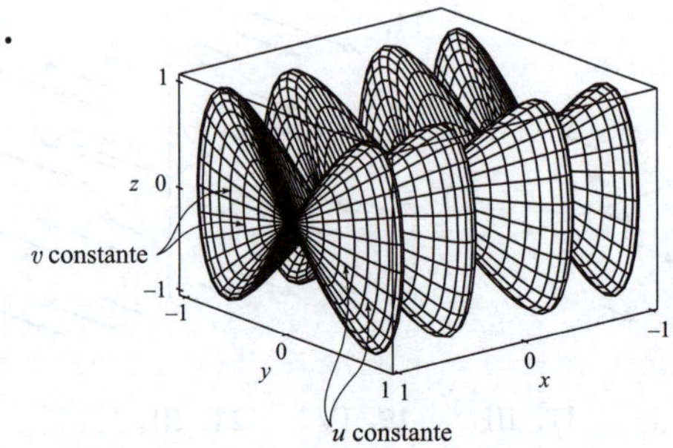

13. IV **15.** I **17.** III

19. $x = u, y = v - u, z = -v$

21. $y = y, z = z, x = \sqrt{1 + y^2 + \frac{1}{4}z^2}$

23. $x = 2\,\text{sen}\,\phi\ \cos\theta, y = 2\ \text{sen}\,\phi\ \text{sen}\,\theta$,
$z = 2\cos\phi, 0 \le \phi \le \pi/4, 0 \le \theta \le 2\pi$
$[\text{ou } x = x,\ y = y,\ z = \sqrt{4 - x^2 - y^2},\ x^2 + y^2 \le 2]$

25. $x = 6$ sen $\phi \cos\theta$, $y = 6$ sen ϕ sen θ, $z = 6 \cos\phi$,
$\pi/6 \le \phi \le \pi/2$, $0 \le \theta \le 2\pi$

29. $x = x,\ y = \dfrac{1}{1+x^2}\cos\theta,\ y = \dfrac{1}{1+x^2}\text{sen}\,\theta$,
$-2 \le x \le 2, 0 \le \theta \le 2\pi$

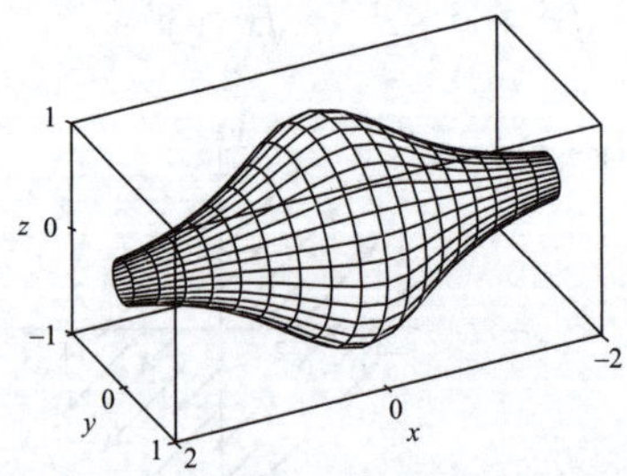

31. (a) Direção reversa (b) Número de bobinas duplas

33. $3x - y + 3z = 3$

35. $\dfrac{\sqrt{3}}{2}x - \dfrac{1}{2}y + z = \dfrac{\pi}{3}$

37. $-x + 2z = 1$ **39.** $3\sqrt{14}$ **41.** $\sqrt{14}\,\pi$

43. $\frac{4}{15}(3^{5/2} - 2^{7/2} + 1)$ **45.** $(2\pi/3)(2\sqrt{2} - 1)$

47. $(\pi/6)(65^{3/2} - 1)$ **49.** 4

51. $\pi R^2 \le A(S) \le \sqrt{3}\,\pi R^2$

53. 3,5618 **55.** (a) $\approx 24{,}2055$ (b) 24,2476

57. $\frac{45}{8}\sqrt{14} + \frac{15}{16}\ln\left[\left(11\sqrt{5} + 3\sqrt{70}\right)/\left(3\sqrt{5} + \sqrt{70}\right)\right]$

59. (b)

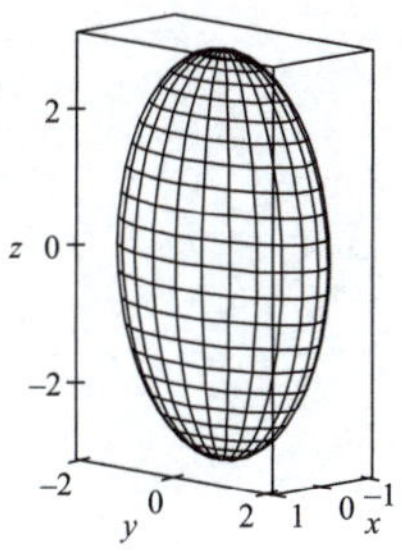

(c) $\int_0^{2\pi}\int_0^{\pi}\sqrt{36\,\text{sen}^4 u\cos^2 v + 9\,\text{sen}^4 u\,\text{sen}^2 v + 4\cos^2 u\,\text{sen}^2 u}\,du\,dv$

61. 4π **63.** $2a^2(\pi - 2)$

EXERCÍCIOS 16.7

1. $\approx -6{,}93$ **3.** 900π **5.** $11\sqrt{14}$ **7.** $\frac{2}{3}(2\sqrt{2}-1)$

9. $171\sqrt{14}$ **11.** $\sqrt{21}/3$ **13.** $(\pi/120)(25\sqrt{5}+1)$

15. $\frac{7}{4}\sqrt{21}-\frac{17}{12}\sqrt{17}$ **17.** 16π **19.** 0 **21.** 4

23. $\frac{713}{180}$ **25.** $\frac{8}{3}\pi$ **27.** 0 **29.** 48 **31.** $2\pi + \frac{8}{3}$

33. 4,5822 **35.** 3,4895

37. $\iint_S \mathbf{F}\cdot d\mathbf{S} = \iint_D [P(\partial h/\partial x) - Q + R(\partial h/\partial z)]\,dA$, onde D = projeção de S no plano xz

39. $(0, 0, a/2)$

41. (a) $I_z = \iint_S (x^2+y^2)\rho(x,y,z)\,dS$ (b) $4.329\sqrt{2}\,\pi/5$

43. 0 kg/s **45.** $\frac{8}{3}\pi a^3\varepsilon_0$ **47.** 1.248π

EXERCÍCIOS 16.8

3. 16π **5.** 0 **7.** -1 **9.** $-\frac{17}{20}$

11. 8π **13.** $\pi/2$

15. (a) $81\pi/2$ (b)

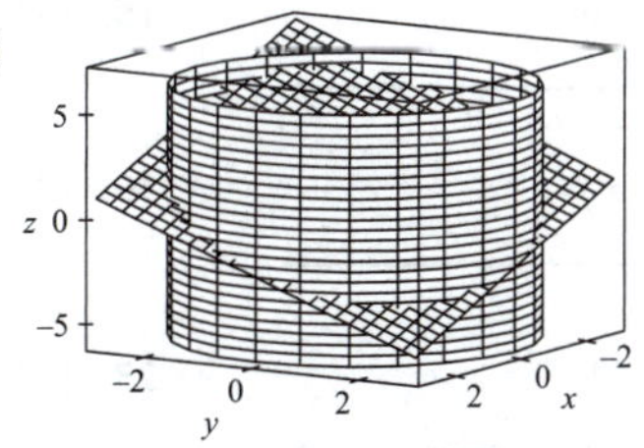

(c) $x = 3\cos t$, $y = 3\,\text{sen}\,t$, $z = 1 - 3(\cos t + \text{sen}\,t)$, $0 \le t \le 2\pi$

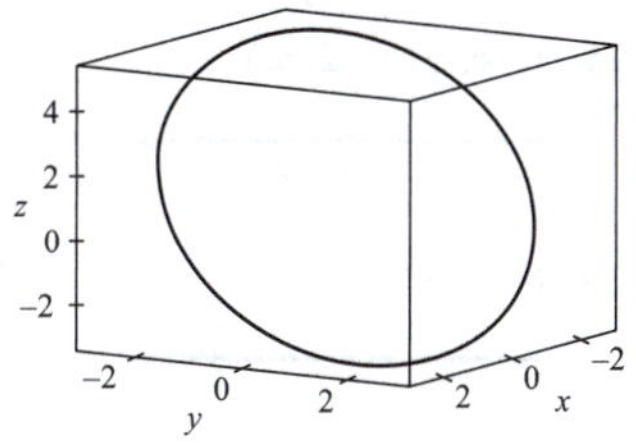

17. -32π **19.** $-\pi$ **21.** 3

EXERCÍCIOS 16.9

1. $\frac{9}{2}$ **3.** $256\pi/3$ **5.** $\frac{9}{2}$ **7.** $9\pi/2$ **9.** 0

11. π **13.** 16 **15.** $\frac{1}{24}abc(a+4)$ **17.** 2π

19. $13\pi/20$ **21.** Negativo em P_1, positivo em P_2

23. div $\mathbf{F} > 0$ nos quadrantes I, II; div $\mathbf{F} < 0$ nos quadrantes III, IV

CAPÍTULO 16 REVISÃO

Testes Verdadeiro-Falso

1. Falso **3.** Verdadeiro **5.** Falso **7.** Falso

9. Verdadeiro **11.** Verdadeiro **13.** Falso

Exercícios

1. (a) Negativo (b) Positivo **3.** $6\sqrt{10}$ **5.** $\frac{4}{15}$

7. $\frac{110}{3}$ **9.** $\frac{11}{12} - 4/e$ **11.** $f(x, y) = e^y + xe^{xy} + K$

13. 0 **15.** 0 **17.** -8π **25.** $\frac{1}{6}(27 - 5\sqrt{5})$

27. $(\pi/60)(391\sqrt{17}+1)$ **29.** $-64\pi/3$ **31.** 0

33. $-\frac{1}{2}$ **35.** 4π **37.** -4 **39.** 21

PROBLEMAS QUENTES

7. $\dfrac{4\sqrt{2}\pi^2}{25}$ (e) $2\pi^2 r^2 R$

CAPÍTULO 17

EXERCÍCIOS 17.1

1. $y = c_1e^{3x} + c_2e^{-2x}$ **3.** $y = c_1\cos(\sqrt{2}x) + c_2\,\text{sen}(\sqrt{2}x)$

5. $y = c_1e^{-t/2} + c_2te^{-t/2}$ **7.** $y = c_1 + c_2e^{4t/3}$

9. $y = e^{2x}(c_1\cos 3x + c_2\,\text{sen}\,3x)$

11. $y = c_1e^{(\sqrt{3}-1)t/2} + c_2e^{-(\sqrt{3}+1)t/2}$

13. $V = e^{-2t/3}\left[c_1\cos\left(\dfrac{\sqrt{5}}{3}t\right) + c_2\,\text{sen}\left(\dfrac{\sqrt{5}}{3}t\right)\right]$

15. $f(x) = e^{-x}\cos x$, $g(x)\,e^{-x}\,\text{sen}\,x$. Todas as curvas solução tendem a 0 quando $x \to \infty$ e oscilam com amplitudes que se tornam arbitrariamente grandes quando $x \to -\infty$.

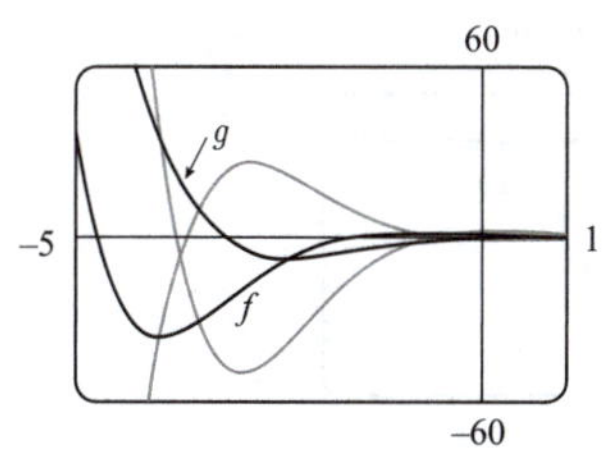

17. $y = \cos(\sqrt{3}x) + \sqrt{3}\,\text{sen}(\sqrt{3}x)$ **19.** $y = e^{-2x/3} + \frac{2}{3}xe^{-2x/3}$

21. $y = e^{3x}(2\cos x - 3\,\text{sen}\,x)$

23. $y = \frac{1}{7}e^{4x-4} - \frac{1}{7}e^{3-3x}$ **25.** $y = -3\cos 4x + 2\,\text{sen}\,4x$

27. $y = 2e^{-2x} - 2xe^{-2x}$ **29.** $y = \dfrac{e-2}{e-1} + \dfrac{e^x}{e-1}$

31. Sem solução

33. (b) $\lambda = n^2\pi^2/L^2$, n um inteiro positivo; $y = C\,\text{sen}(n\pi x/L)$

35. (a) $b - a \neq n\pi$, n qualquer inteiro

(b) $b - a = n\pi$ e $\dfrac{c}{d} \neq e^{a-b}\dfrac{\cos a}{\cos b}$ a menos que $\cos b = 0$, então $\dfrac{c}{d} \neq e^{a-b}\dfrac{\text{sen}\,a}{\text{sen}\,b}$

(c) $b - a = n\pi$ e $\dfrac{c}{d} = e^{a-b}\dfrac{\cos a}{\cos b}$ a menos que cos b = 0, então

$$\frac{c}{d} = e^{a-b}\frac{\text{sen}\, a}{\text{sen}\, b}$$

EXERCÍCIOS 17.2

1. $y = c_1 e^{2x} + c_2 e^{-4x} + \frac{1}{4}x^2 \frac{1}{8}x - \frac{1}{32}$

3. $y = c_1 \cos\left(\frac{1}{3}x\right) + c_2 \text{sen}\left(\frac{1}{3}x\right) + \frac{1}{37}e^{2x}$

5. $y = e^{2x}\left(c_1 \cos x + c_2 \text{sen}\, x\right) + \frac{1}{10}e^{-x}$

7. $y = e^{x}\left(\frac{9}{10}\cos 2x - \frac{1}{20}\text{sen}\, 2x\right) + \frac{1}{10}\cos x + \frac{1}{5}\text{sen}\, x$

9. $y = e^{x}\left(\frac{1}{2}x^2 - x + 2\right)$

11.

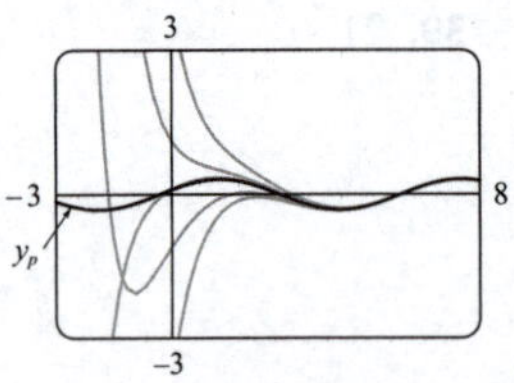

As soluções são assintóticas a $y_p = \frac{1}{10}\cos x + \frac{3}{10}$ sen x quando $x \to \infty$. Exceto por y_p, todas as soluções aproximam-se de ∞ ou $-\infty$ quando $x \to -\infty$.

13. $y_p = (Ax + B)e^x \cos x + (Cx + D)e^x$ sen x

15. $y_p = Axe^x + B\cos x + C$ sen x

17. $y_p = xe^{-x}\left[(Ax^2 + Bx + C)\cos 3x + (Dx^2 + Ex + F)\text{ sen } 3x\right]$

19. $y = c_1 \cos(\frac{1}{2}x) + c_2 \text{ sen}(\frac{1}{2}x) - \frac{1}{3}\cos x$

21. $y = c_1 e^x + c_2 x e^x + e^{2x}$

23. $y = c_1$ sen $x + c_2 \cos x$ + sen $x \ln(\sec x + \text{tg}\, x) - 1$

25. $y = [c_1 + \ln(1 + e^{-x})]e^x + [c_2 - e^{-x} + \ln(1 + e^{-x})]e^{2x}$

27. $y = e^x\left[c_1 + c_2 x - \frac{1}{2}\ln(1 + x^2) + x\, \text{tg}^{-1} x\right]$

EXERCÍCIOS 17.3

1. $x = 0{,}35\cos(2\sqrt{5}\, t)$ **3.** $x = -\frac{1}{5}e^{-6t} + \frac{6}{5}e^{-t}$ **5.** $\frac{49}{12}$ kg

7.

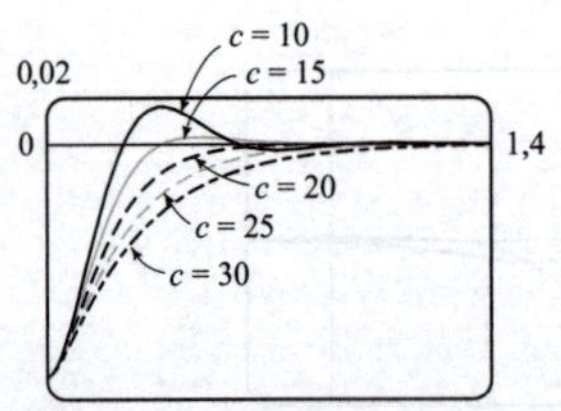

13. $Q(t) = (-e^{-10t}/250)(6\cos 20t + 3\text{ sen } 20t) + \frac{3}{125}$,
$I(t) = \frac{3}{5}e^{-10t}$ sen $20t$

15. $Q(t) = e^{-10t}\left[\frac{3}{250}\cos 20t - \frac{3}{500}\text{sen } 20t\right] - \frac{3}{250}\cos 10t + \frac{3}{12}$

EXERCÍCIOS 17.4

1. $c_0 \sum_{n=0}^{\infty} \frac{x^n}{n!} = c_0 e^x$ **3.** $c_0 \sum_{n=0}^{\infty} \frac{x^{3n}}{3^n n!} = c_0 e^{x^3/3}$

5. $c_0 \sum_{n=0}^{\infty} \frac{(-1)^n}{2^n n!} = x^{2n} + c_1 \sum_{n=0}^{\infty} \frac{(-2)^n n!}{(2n+1)!} x^{2n+1}$

7. $c_0 + c_1 \sum_{n-0}^{\infty} \frac{x^n}{n} = c_0 - c_1 \ln(1 - x)$ para $|x| < 1$

9. $\sum_{n-0}^{\infty} \frac{x^{2n}}{2^n n!} = e^{x^2/2}$

11. $x + \sum_{n-1}^{\infty} \frac{(-1)^n 2^2 5^2 \cdots (3n-1)^2}{(3n+1)!} = x^{3n+1}$

CAPÍTULO 17 REVISÃO

Testes Verdadeiro-Falso

1. Verdadeiro **3.** Verdadeiro

Exercícios

1. $y = c_1 e^{x/2} + c_2 e^{-x/2}$

3. $y = c_1 \cos(\sqrt{3}x) + c_2 \text{ sen}(\sqrt{3}x)$

5. $y = e^{2x}(c_1 \cos x + c_2 \text{ sen } x + 1)$

7. $y = c_1 e^x + c_2 x e^x - \frac{1}{2}\cos x - \frac{1}{2}(x + 1)$ sen x

9. $y = c_1 e^{3x} + c_2 e^{-2x} - \frac{1}{6} - \frac{1}{5}xe^{-2x}$

11. $y = 5 - 2e^{-6(x-1)}$ **13.** $y = (e^{4x} - e^x)/3$

15. Sem solução

17. $\sum_{n=0}^{\infty} \frac{(-2)^n n!}{(2n+1)!} = x^{2n+1}$

19. $Q(t) = -0{,}02e^{-10t}(\cos 10t + \text{sen } 10t) + 0{,}03$

21. (c) $2\pi/k \approx 85$ min (d) ≈ 17.600 km/h

APÊNDICES

EXERCÍCIOS A

1. 18 **3.** π **5.** $5 - \sqrt{5}$ **7.** $2 - x$

9. $|x + 1| = \begin{cases} x + 1 & \text{para } x \geq -1 \\ -x - 1 & \text{para } x < -1 \end{cases}$ **11.** $x^2 + 1$

13. $(-2, \infty)$

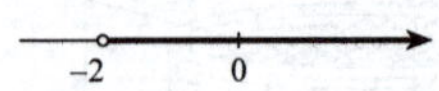

15. $[-1, \infty)$

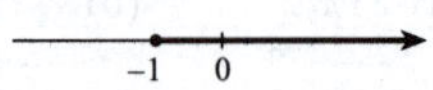

17. $(3, \infty)$

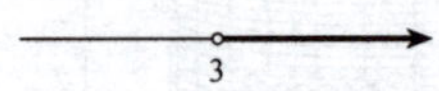

19. $(2, 6)$

21. $(0, 1]$

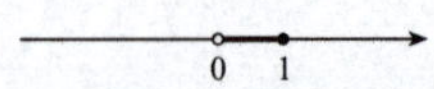

23. $[-1, \frac{1}{2})$

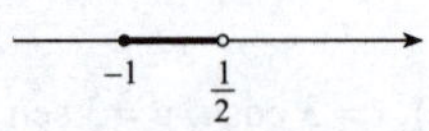

25. $(-\infty, 1) \cup (2, \infty)$

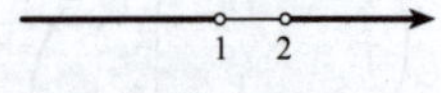

27. $[-1, \frac{1}{2}]$

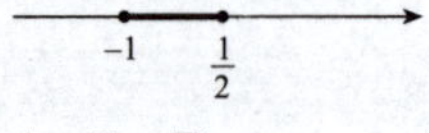

29. $(-\infty, \infty)$

31. $(-\sqrt{3}, \sqrt{3})$

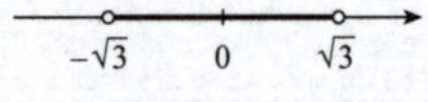

33. $(-\infty, 1]$

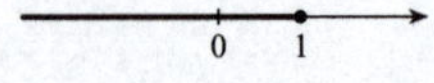

35. $(-1, 0) \cup (1, \infty)$

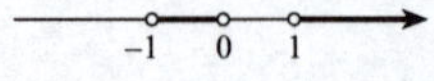

37. $(-\infty, 0) \cup (\frac{1}{4}, \infty)$

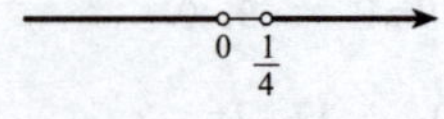

39. $10 \le C \le 35$

41. (a) $T = 20 - 10h, 0 \le h \le 12$
(b) $-30\ °C \le T \le 20\ °C$

43. $\pm\frac{3}{2}$ **45.** $2, -\frac{4}{3}$ **47.** $(-3, 3)$ **49.** $(3, 5)$

51. $(-\infty, -7] \cup [-3, \infty)$ **53.** $[1{,}3;\ 1{,}7]$

55. $[-4, -1] \cup [1, 4]$ **57.** $x \ge (a + b)c/(ab)$

59. $x > (c - b)/a$

EXERCÍCIOS B

1. 5 **3.** $\sqrt{74}$ **5.** $2\sqrt{37}$ **7.** 2 **9.** $-\frac{9}{2}$

17.

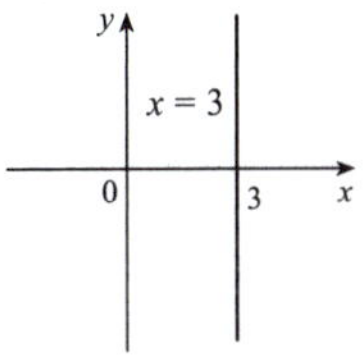

19.

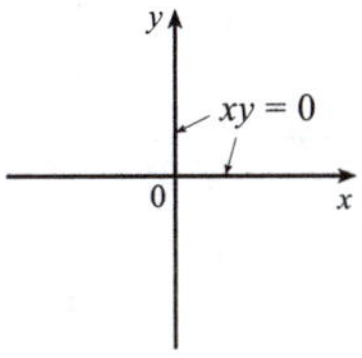

21. $y = 6x - 15$ **23.** $2x - 3y + 19 = 0$

25. $5x + y = 11$ **27.** $y = 3x - 2$ **29.** $y = 3x - 3$

31. $y = 5$ **33.** $x + 2y + 11 = 0$ **35.** $5x - 2y + 1 = 0$

37. $m = -\frac{1}{3}$, $b = 0$ **39.** $m = 0$, $b = -2$ **41.** $m = \frac{3}{4}$, $b = -3$

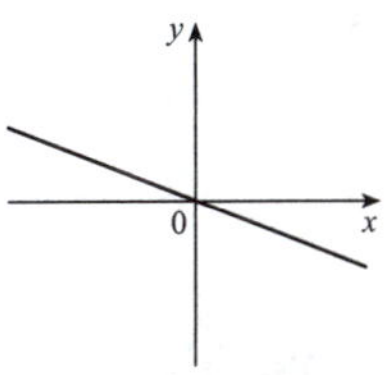

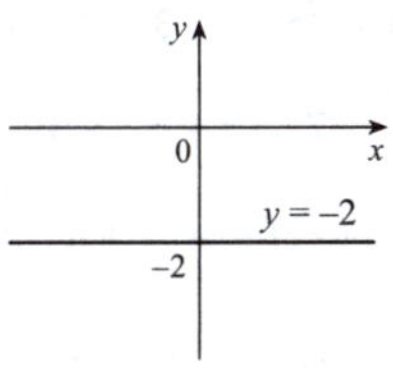

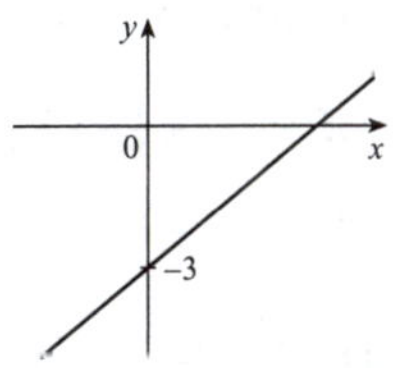

43.

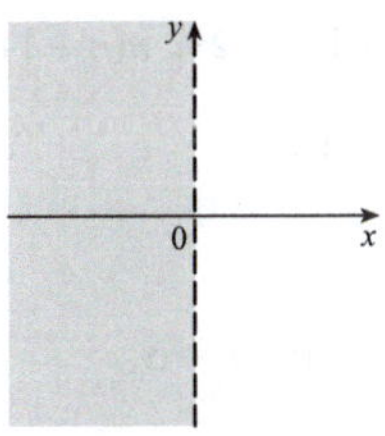

45.

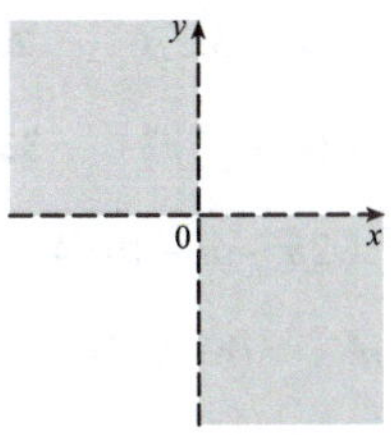

47.

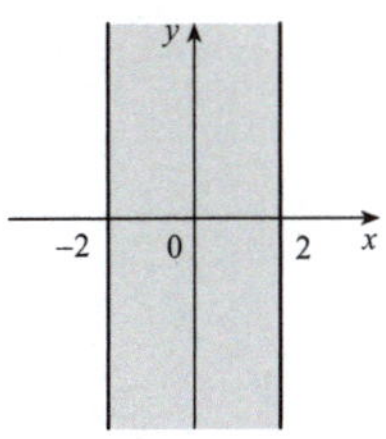

49.

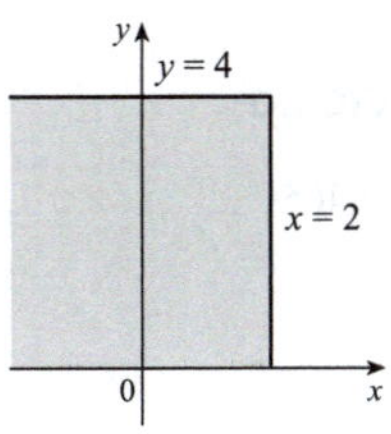

51.

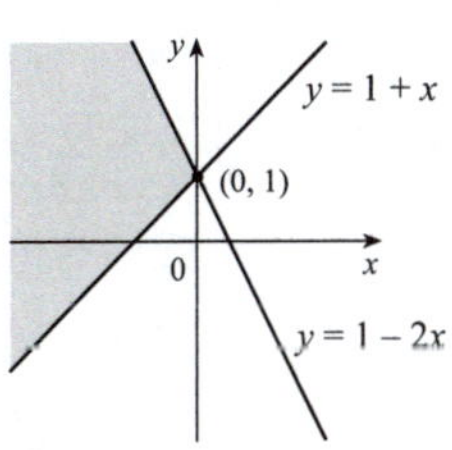

53. $(0, -4)$ **55.** (a) $(4, 9)$ (b) $(3{,}5; -3)$ **57.** $(1, -2)$

59. $y = x - 3$ **61.** (b) $4x - 3y - 24 = 0$

EXERCÍCIOS C

1. $(x - 3)^2 + (y + 1)^2 = 25$ **3.** $x^2 + y^2 = 65$

5. $(2, -5), 4$ **7.** $(-\frac{1}{2}, 0), \frac{1}{2}$ **9.** $(\frac{1}{4}, -\frac{1}{4}), \sqrt{10}/4$

11. Parábola

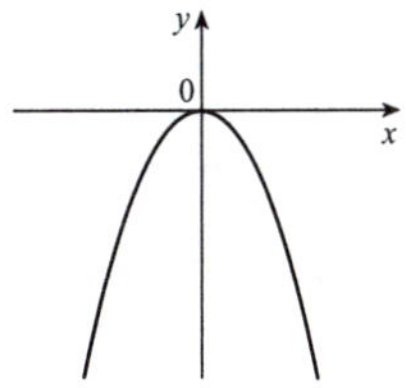

13. Elipse

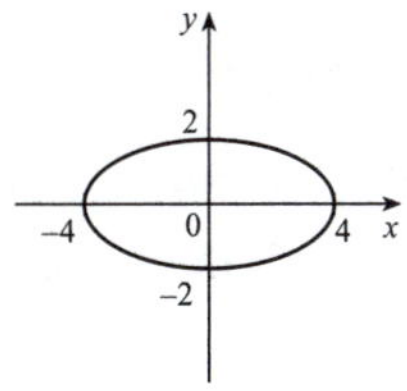

15. Hipérbole

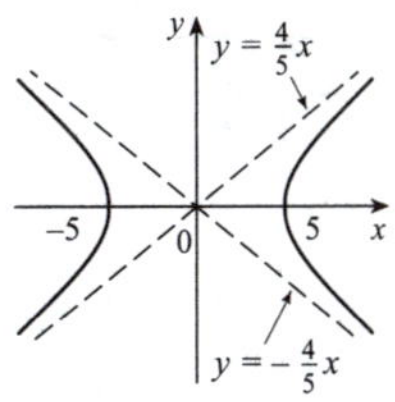

17. Elipse

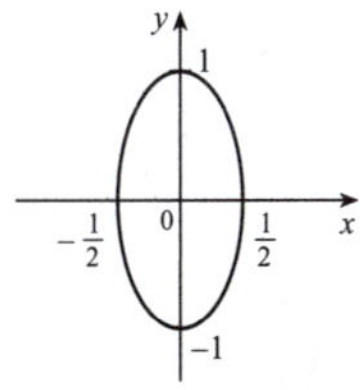

19. Parábola

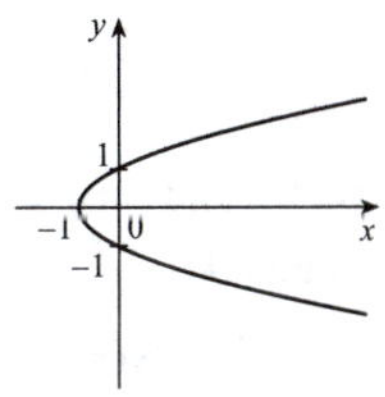

21. Hipérbole

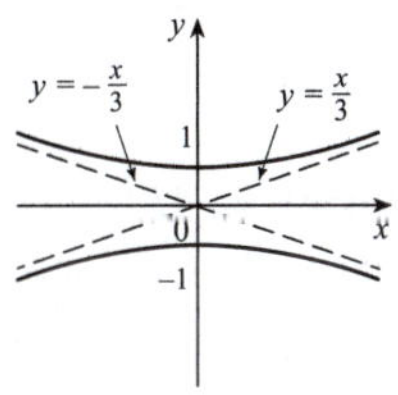

23. Hipérbole

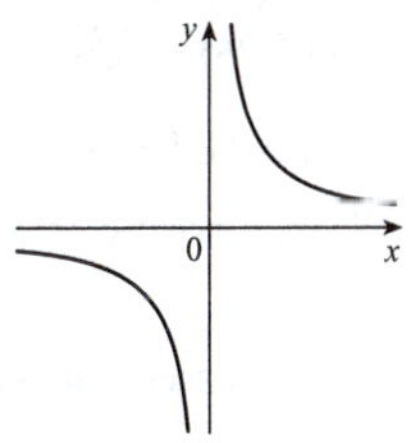

25. Elipse

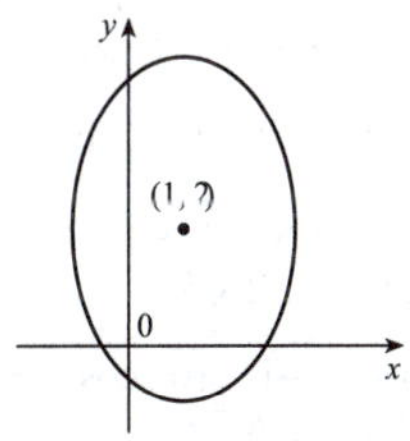

27. Parábola

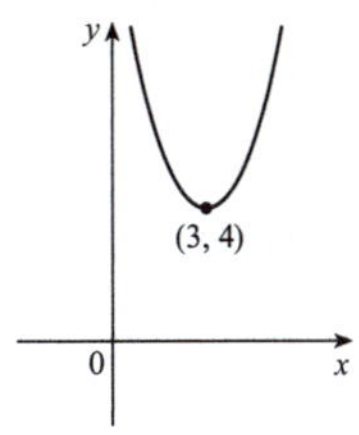

29. Parábola

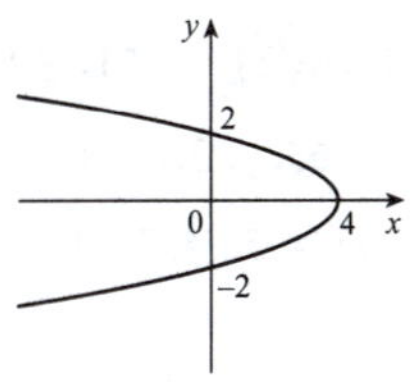

31. Elipse

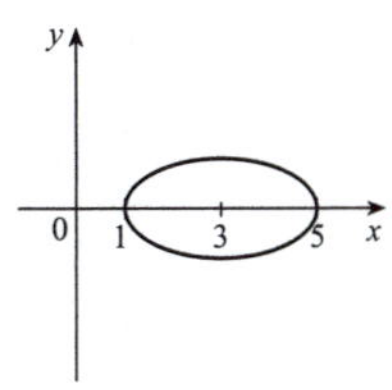

33.

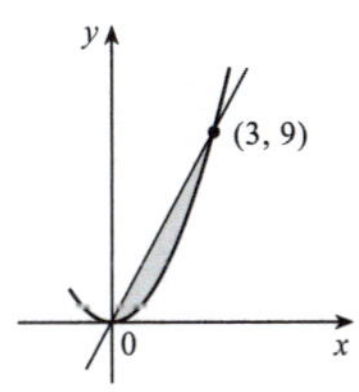

35. $y = x^2 - 2x$

37.

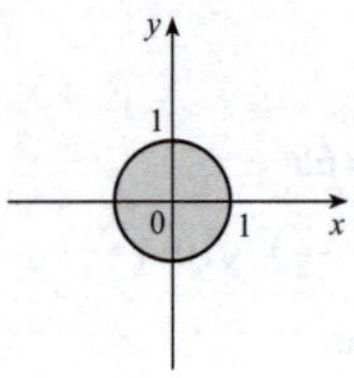

39.

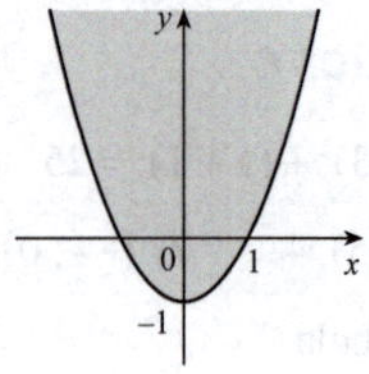

EXERCÍCIOS D

1. $7\pi/6$ **3.** $\pi/20$ **5.** 5π **7.** $720°$ **9.** $75°$

11. $-67{,}5°$ **13.** 3π cm **15.** $\frac{2}{3}$ rad $= (120/\pi)°$

17.

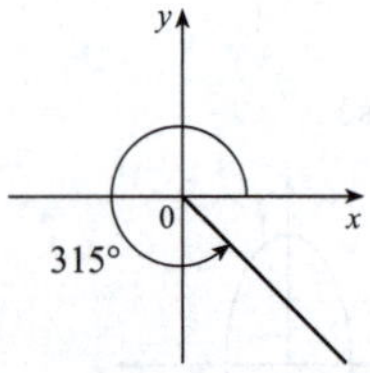

19.

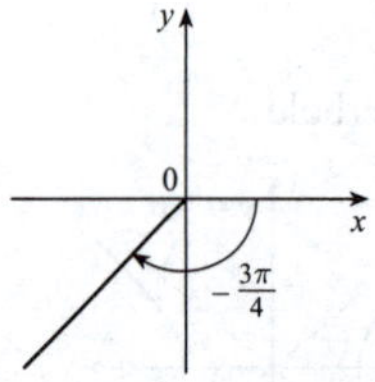

21.

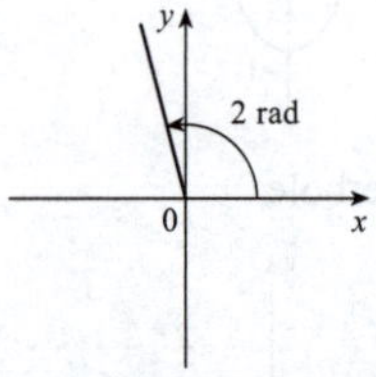

23. $\text{sen}(3\pi/4) = 1/\sqrt{2}$, $\cos(3\pi/4) = -1/\sqrt{2}$, $\text{tg}(3\pi/4) = -1$, $\text{cossec}(3\pi/4) = \sqrt{2}$, $\sec(3\pi/4) = -\sqrt{2}$, $\text{cotg}(3\pi/4) = -1$

25. $\text{sen}(9\pi/2) = 1$, $\cos(9\pi/2) = 0$, $\text{cossec}(9\pi/2) = 1$, $\text{cotg}(9\pi/2) = 0$, $\text{tg}(9\pi/2)$ e $\sec(9\pi/2)$ indefinidos

27. $\text{sen}(5\pi/6) = \frac{1}{2}$, $\cos(5\pi/6) = -\sqrt{3}/2$, $\text{tg}(5\pi/6) = -1/\sqrt{3}$, $\text{cossec}(5\pi/6) = 2$, $\sec(5\pi/6) = -2\sqrt{3}$, $\text{cotg}(5\pi/6) = -\sqrt{3}$

29. $\cos\theta = \frac{4}{5}$, $\text{tg}\,\theta = \frac{3}{4}$, $\text{cossec}\,\theta = \frac{5}{3}$, $\sec\theta = \frac{5}{4}$, $\text{cotg}\,\theta = \frac{4}{3}$

31. $\text{sen}\,\phi = \sqrt{5}/3$, $\cos\phi = -\frac{2}{3}$, $\text{tg}\,\phi = -\sqrt{5}/2$, $\text{cossec}\,\phi = 3/\sqrt{5}$, $\text{cotg}\,\phi = -2/\sqrt{5}$

33. $\text{sen}\,\beta = -1/\sqrt{10}$, $\cos\beta = -3/\sqrt{10}$, $\text{tg}\,\beta = \frac{1}{3}$, $\text{cossec}\,\beta = -\sqrt{10}$, $\sec\beta = -\sqrt{10}/3$

35. 5,73576 cm **37.** 24,62147 cm

59. $\frac{1}{15}(4 + 6\sqrt{2})$ **61.** $\frac{1}{15}(3 + 8\sqrt{2})$

63. $\frac{24}{25}$ **65.** $\pi/3$, $5\pi/3$

67. $\pi/4$, $3\pi/4$, $5\pi/4$, $7\pi/4$ **69.** $\pi/6$, $\pi/2$, $5\pi/6$, $3\pi/2$

71. $0, \pi, 2\pi$ **73.** $0 \le x \le \pi/6$ e $5\pi/6 \le x \le 2\pi$

75. $0 \le x < \pi/4$, $3\pi/4 < x < 5\pi/4$, $7\pi/4 < x \le 2\pi$

77. $\angle C = 62°$, $a \approx 199{,}55$, $b \approx 241{,}52$

79. ≈ 1.355 m **81.** 14,34457 cm^2

83.

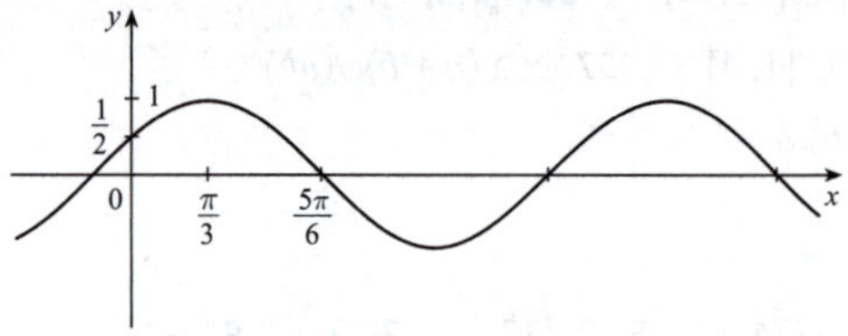

85.

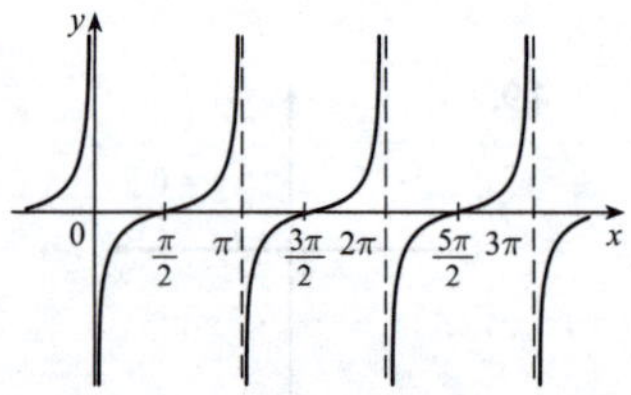

87.

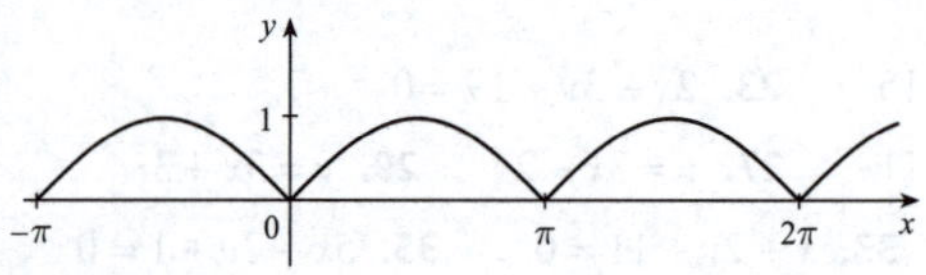

EXERCÍCIOS E

1. $\sqrt{1} + \sqrt{2} + \sqrt{3} + \sqrt{4} + \sqrt{5}$ **3.** $3^4 + 3^5 + 3^6$

5. $-1 + \frac{1}{3} + \frac{3}{5} + \frac{5}{7} + \frac{7}{9}$ **7.** $1^{10} + 2^{10} + 3^{10} + \cdots + n^{10}$

9. $1 - 1 + 1 - 1 + \cdots + (-1)^{n-1}$ **11.** $\sum_{i=1}^{10} i$

13. $\sum_{i=1}^{19} \frac{i}{i+1}$ **15.** $\sum_{i=1}^{n} 2i$ **17.** $\sum_{i=0}^{5} 2^i$ **19.** $\sum_{i=1}^{n} x^i$

21. 80 **23.** 3.276 **25.** 0 **27.** 61 **29.** $n(n+1)$

31. $n(n^2 + 6n + 17)/3$ **33.** $n(n^2 + 6n + 11)/3$

35. $n(n^3 + 2n^2 - n - 10)/4$

41. (a) n^4 (b) $5^{100} - 1$ (c) $\frac{97}{300}$ (d) $a_n - a_0$

43. $\frac{1}{3}$ **45.** 14 **49.** $2^{n+1} + n^2 + n - 2$

EXERCÍCIOS G

1. (b) 0,405

Índice Remissivo

Aceleração centrípeta, 859
Aceleração de Coriolis, 858
Aceleração de uma partícula, 846
    como um vetor, 846
    componentes, 849
Adição de vetores, 772, 776
Afélio, 659
Airy, Sir George, 731
Altura da onda como uma função de duas variáveis, 874
Ângulo
    entre planos, 803
    entre vetores, 783, 784
Ângulo sólido, 1121
Ângulos diretores, 785
Antena parabólica, 813
Aplicações
    nos negócios e na economia, 864, 870, 898, 947
    polinômios de Taylor, 748
Aplicações à física, 751
Apolúnio, 653
Aproximação
    do plano tangente, 901
    linear, 901, 905
    pela desigualdade de Taylor, 749, 750
    pelo polinômio de Taylor, 748, 749
    quadrática, 940
Aproximando funções por polinômios, 748
Área
    de um setor de um círculo, 639
    de uma região, 639
    de uma região plana, 1068
    em coordenadas polares, 609, 639, 983
    limitada por uma curva parametrizada, 622
    pelo teorema de Green, 1068, 1069
Área de superfície, 625
    de um gráfico de uma função, 1089, 1090
    de uma esfera, 1089
    de uma função de duas variáveis, 996, 997
    de uma superfície parametrizada, 625, 1087
Astroide, 620
Axioma de Completude, 675

Bernoulli, James, 572, 595
Bernoulli, John, 572, 733
Bessel, Friedrich, 729
Bézier, Pierre, 630
Brahe, Tycho, 851
Bruxa de Maria Agnesi, 618

Caminho, 1058
Campo
    conservativo, 1043, 1060, 1061, 1074
    de direções, 564, 565
    de inclinação, 565
    de força, 1038, 1042
    de gradiente, 1042
    de velocidade, 1038, 1075
    elétrico (força por unidade de carga), 1042
    escalar, 1039
    gravitacional, 1042, 1057
    incompressível, 1077
    inverso do quadrado, 1065
    irrotacional, 1075
    magnético **B**, 1056
Campo de velocidade, 1038, 1041
    correntes oceânicas, 1038
    fluxo de ar, 1038
    incompressível, 1077
    padrões de vento, 1038
Campo vetorial, 1038, 1039
    conservativo, 1043, 1061, 1062, 1075
    de força, 1038, 1042
    de velocidade, 1038, 1075
    divergente de um, 1076
    fluxo de um, 1099, 1101
    fluxo elétrico de um, 1101, 1113
    função potencial, 1043
    funções componentes, 1039
    gradiente, 920, 921, 922, 1038
    gravitacional, 1041
    incompressível, 1077
    integral de linha de um, 1051, 1052
    integral de superfície de um, 1099, 1100
    irrotacional, 1075
    rotacional de um, 1073, 1074
Cantor, Georg, 691
Capacidade de suporte, 559, 583
Cardioide, 633
Carga elétrica, 987, 1006
    total, 987, 1006
Cassini, Giovanni, 639
Catástrofe ultravioleta, 756
Catenária, 781
Cauchy, Augustin-Louis, 964, 1025
Centro de curvatura, 841
Centro de massa, 987, 988, 1047
    de um fio, 1047
    de um sólido, 1007
    de uma lâmina, 988
    de uma superfície, 10995
Centroide de um sólido, 1006
Cicloide, 614
Cilindro, 768, 808
    geratrizes, 808
    parabólico, 808
    parametrização de, 1084
Cilindros, intersecção de, 1015
Circuito elétrico, 571, 574, 593
Circulação de um campo de velocidade, 1108
Círculo de curvatura, 841
Círculo máximo, 1021
Círculo osculador, 841
Cissoide de Diocles, 618, 638
Clairaut, Alexis, 893
Clarke, Arthur C., 856
Cobb, Charles, 864
Cocleoide, 662
Coeficiente
    binomial, 740
    de atrito estático, 818
    de uma série, 720
    de uma série de potências, 720
Colisão e intersecção
    de partículas, 619
    de partículas no espaço, 829
Cometas, órbita dos, 661
Componente de b ao longo de a, 786
Componente normal
    da aceleração, 849, 850
    de **F**, integral de linha de, 1079
Componente tangencial
    da aceleração, 849, 850
    de **F**, integral de linha da, 1079
Componentes da aceleração, 849
Componentes de um vetor, 774, 786, 849
Componentes do vetor diretor, 799
Comportamento caótico de uma sequência, 679
Composição das funções
    continuidade da, 883
Comprimento
    de um vetor, 775
    de uma curva espacial, 835
    de uma curva parametrizada, 623
    de uma curva polar, 641
Comprimento do arco
    de uma curva espacial, 835
    de uma curva parametrizada, 623
    de uma curva polar, 641
Conchoide, 615, 638
Condição inicial, 561
Condutividade (de uma substância), 1102
Condutividade de calor, 896
Condutividade térmica, 579
Cone, 616, 812
    parametrização, 1085
Cônica, 646
    transladada, 651
Conjunto de Cantor, 691

Conjunto fechado, 935
Conjunto limitado, 935
Conservação de energia, 1063
Constante da mola, 559
Constante de Coulomb, 755
Continuidade
 de uma função de duas variáveis, 883
 de uma função de três variáveis, 884
 de uma função vetorial, 822
Convergência
 absoluta, 712
 condicional, 712
 de uma sequência, 668
 de uma série, 681
 intervalo de, 721
 raio de, 721
Conversão de coordenadas
 cilíndrica para retangular, 1011
 esférica para retangular, 1016
 retangular para cilíndrica, 1011
 retangular para esférica, 1016
Coordenadas x, y, z, 766
Coordenadas cilíndricas, 1010
Corrida na rampa, 1022
Corte de uma superfície, 808
Cossenos diretores, 785
Crescimento alométrico, 579
Crescimento de bactérias, 581, 586
Crescimento exponencial, 586
Crescimento populacional, 558
 de bactérias, 581, 586
 modelos, 581
Cúbica retorcida, 825
Cunha esférica, 1017
Curva, 612
 bruxa de Maria Agnesi, 618
 cissoide de Diocles, 638
 comprimento de uma, 835
 cúbica retorcida, 825
 de aprendizagem, 563, 596
 de arco longo, 618
 de Bézier, 614, 630
 de catástrofe em forma de cauda de andorinha, 619
 de contorno, 867
 de grade, 1082
 de nível, 867
 de transferência, 858
 dorso de cachorro, 876
 dorso do macaco, 876
 epicicloide, 620
 equipotencial, 876
 espacial, 823
 espiral de Cornu, 628
 espiral toroidal, 825
 estrofoide, 644, 663
 fechada, 1058
 floco de neve, 760
 hélice, 823, 831
 orientação de uma, 1050, 1066
 ovais de Cassini, 639
 parametrizada, 610
 planar, 845
 polar, 636
 simples, 1060
 solução, 564
 suave, 836
 suave por partes, 1047
 trocoide, 618
Curva de limite
 com orientação positiva, 973, 1104
 em integrais duplas, 971
Curva espacial, 823
 comprimento do arco de uma, 835
 gráfico de uma, 825
 parametrização de uma, 825
Curva parametrizada, 610, 612, 615
 área sob uma, 622
 comprimento do arco, 610
 inclinação da reta tangente a uma, 620
Curva polar, 632, 639
 comprimento do arco de uma, 641
 de uma cônica, 656, 853
 equações paramétricas de uma, 642
 equações polares, 631
 gráfico de uma, 632
 reta tangente a uma, 642
 simetria em uma, 634
 tabela de, 636
 traçando gráficos com a tecnologia, 635
 usual, 636
Curvas de Bézier, 614, 630
Curvas de contorno, 867
Curvas de grade, 1082
Curvas de nível, 867
Curvas equipotenciais, 876
Curvatura, 629, 836, 837, 838, 839, 841
Curvatura de uma curva plana parametrizada, 844
Cúspide, 620

Del (∇), 920, 922
Densidade
 de um sólido, 1006
 de uma lâmina, 986
Densidade de carga, 987, 1006
Derivação
 de uma função vetorial, 829, 831
 de uma série de potências, 725
 fórmulas para funções vetoriais, 831
 implícita, 891, 913
 parcial, 887, 888, 889, 892
 termo a termo, 725
Derivação e integração termo a termo, 726
Derivada
 de uma função vetorial, 829, 831
 de uma série de potências, 726
 normal, 1080
 notação, 889
 parcial, 887
 parcial de ordem superior, 892
 parcial de segunda ordem, 892
 segunda, 831
 segunda derivada direcional, 929
Derivada direcional, 917, 918, 919, 921
 de uma função de temperatura, 917, 919
 segunda, 929
 valor máximo da, 923
Derivada parcial, 887
 como inclinações das retas tangentes, 890
 como uma taxa de variação, 887
 de segunda ordem, 892
 de uma função de duas variáveis, 887, 889
 de uma função de mais de duas variáveis, 892
 de uma função de mais de três variáveis, 892
 de ordem superior, 892
 em relação a x, 888, 889
 em relação a y, 888
 interpretações, 890
 nos valores máximo e mínimo, 930
 notações, 889
 regras para determinar, 889
Descoberta da série binomial por Newton, 747
Descrição unificada das cônicas, 654
Desigualdade de Cauchy-Schwarz, 789, 948
Desigualdade de Taylor, 736, 749, 750
Desigualdade triangular para vetores, 789
Determinante, 790
Diagrama em árvore, 911
Diferença de vetores, 773, 774
Diferenciação implícita, 891, 913
Diferenciação parcial, 887, 888, 889, 892
Diferenciação total, 903
Diferencial, 903, 905
Direção de decrescimento mais rápido, 928
Diretriz, 647, 654
Distância
 entre planos paralelos, 804, 807
 entre pontos no espaço, 769
 entre retas reversas, 805
 entre um ponto e um plano, 797, 803, 804
 entre um ponto e uma reta no espaço, 788, 797
Divergência
 da série harmônica, 690
 de um campo vetorial, 1076
 de uma sequência, 668
 de uma série infinita, 681
 Teste de, 686, 717
Divisão de séries de potências, 743
DNA, formato de hélice, 823
Domínio de uma função
 de duas variáveis, 862
 de três variáveis, 871
 de uma função vetorial, 822
Dorso do cachorro, 876
Dorso do macaco, 876
Douglas, Paul, 864

e (o número)
  como uma soma de uma série infinita, 737
Efeito Doppler, 916
Efeito multiplicador, 690
Eixo maior de uma elipse, 648
Eixo menor de uma elipse, 649
Eixo polar, 630
Eixo x, y, z, 766
Eixos, coordenada, 766
Eixos coordenados, 766
Eixos de uma parábola, 647
Eliminação de um parâmetro, 611
Elipse, 648, 654
  diretriz, 654
  eixo maior, 648, 659
  eixo menor, 649
  equação polar, 656, 659
  excentricidade, 654
  foco, 648
  propriedade de reflexão, 649, 653
  vértices, 648
Elipsoide, 810, 812
Energia
  cinética, 1063
  conservação da, 1063
  potencial, 1063
Epicicloide, 620
Epistola posterior, 747
Epistola prior, 747
Epitrocoide, 628, 664
Equação
  da onda, 894
  de condução de calor, 896
  de diferença logística, 679
  de difusão, 896
  de integral, 577
  de Laplace, 893, 1035
  de um plano, 801
  de um plano por três pontos, 802
  de uma curva espacial, 823
  de uma elipse, 649, 656, 659
  de uma esfera, 769
  de uma hipérbole, 650, 651, 656
  de uma parábola, 647, 656
  de uma reta entre dois pontos, 800
  de uma reta no espaço, 799
  de van der Waals, 897
  do dia do juízo final, 590
  escalar de um plano, 802
  linear de um plano, 801
  Lotka-Volterra, 598
  parametrizada, 610, 799, 823
  polar, 632, 656
  predador-presa, 598
  simétrica, 800
  vetorial de uma reta, 798, 801
Equação diferencial, 557, 558, 560, 561
  autônoma, 567
  de Bernoulli, 595
  de primeira ordem, 560
  de segunda ordem, 559
  família de soluções, 558, 559, 561
  linear, 591
  logística, 583
  modelando o crescimento populacional com, 558
  ordem da, 559
  parcial, 893
  separável, 572
  solução, 560
  solução geral da, 561
Equação polar
  de uma cônica, 656, 853
  gráfico de, 632
Equação vetorial
  de um plano, 802
  de uma reta, 801
Equações paramétricas, 610, 799, 823
  de uma curva espacial, 823, 836
  de uma reta no espaço, 799
  de uma superfície, 1081
  de uma trajetória, 849
Erro
  na aproximação de Taylor, 748
Escalar, 773
Escoamento de fluidos, 1041, 1075, 1076, 1077, 1108, 1114
Esfera, 769
  área de superfície de uma, 1088
  equação de uma, 769
  fluxo em uma, 1100
  gráfico de uma, 1084
  parametrização de uma, 1084
Espaço tridimensional, 766
Espiral de Cornu, 628
Espiral toroidal, 825
Estágios de foguetes, determinando a massa ideal, 948
Estimativa da soma de uma série, 695, 702, 707, 714
  de uma série alternada, 707, 714
Estimativa de erro
  para séries alternadas, 707
Estimativas de resto
  para a série alternada, 707
  para o teste da integral, 695
Estratégia para o teste de séries, 717
Estrofoide, 644, 663
Euler, Leonhard, 569, 693, 698, 1034
Excentricidade, 654
Expansão em frações contínuas, 679

Faixa de Möbius, 1092, 1097
Família
  de curvas parametrizadas, 615
  de curvas polares, 639
  de epicicloides e hipocicloides, 620
  de soluções, 558, 559
Fator integrante, 592
Fibonacci, 667, 678
Figura de Lissajous, 613, 619
Fluxo, 1099, 1118
  de calor, 1102
Foco, 648, 650, 654
  de uma elipse, 648, 649, 654
  de uma hipérbole, 650, 654
  de uma parábola, 647, 654
  de uma seção cônica, 654
Fólio de Descartes, 663
Fonte, 1114
Força
  centrípeta, 859
  constante, 787
  de torque, 795, 855
  resultante, 778
  elétrica, 1042
Forma de Lagrange para o resto, 736
Fórmula da distância em três dimensões, 769
Fórmula de Leibniz para π, 728
Fórmula do comprimento do arco de uma curva espacial, 835
Fórmula do Ponto Médio para pontos no espaço, 771
Fórmulas de Frenet-Serret, 845
Fubini, Guido, 964
Função
  componente, 822, 1039
  composta, 884
  contínua, 822, 883, 885
  continuidade da, 822, 883, 885
  de Airy, 731
  de Bessel, 729
  de comprimento do arco, 836
  de comprimento do arco de uma curva parametrizada, 625
  de densidade conjunta, 991, 1006
  de densidade de probabilidade, 991
  de duas variáveis, 862
  de Gompertz, 587, 590
  de *n* variáveis, 872
  de produção de Cobb-Douglas, 864, 865, 866, 870, 898, 947
  de três variáveis, 871, 892
  de várias variáveis, 862, 871, 872, 892
  diferenciabilidade da, 902
  domínio da, 822, 862, 871
  epicicloides, 620
  gradiente da, 920, 922
  gráfico da, 865
  harmônica, 893, 1080
  homogênea, 917
  imagem de duas variáveis, 862
  integrável, 960
  limite da, 877, 878, 884
  linear, 865
  polinomial de duas variáveis, 881
  potencial, 1043
  racional de duas variáveis, 881
  representação como uma série de potências, 724
  representação por uma série de Taylor, 735
  representações de série de potências para, 729
  série de potências para, 737, 739

valor médio de uma, 966, 1010
valores máximo e mínimo de uma, 930
velocidade de escape, 579
vetorial, 822
Função de produção de Cobb-Douglas, 864, 870, 898, 947
curvas de nível, 870
gráfico, 865, 866
Função densidade conjunta
de duas variáveis, 991
de três variáveis, 1006
Função diferenciável
de duas variáveis, 901
Função exponencial natural
série de potência para, 733
Função seno
série de potências para a, 738
Função vetorial, 822
continuidade de uma, 822
derivação de uma, 829, 831
funções componentes de uma, 822
integração de uma, 832
limite de uma, 822, 829
segunda derivada, 831
Funções exponenciais
integração de, 741, 742
série de potências para, 734

Galileu, 615, 622, 647
Gause, G. F., 586
Gauss, Karl Friedrich, 753, 1111
Gelo marinho, 579
Geometria de um tetraedro, 797
Geratriz de uma superfície, 808
Gibbs, Josiah Willard, 777
Grad f, 920, 922
Gradiente, 920, 922
Gradiente, velocidade, 674
Gráfico
de equações em três dimensões, 767, 768
de uma curva parametrizada, 610
de uma função de duas variáveis, 865
de uma sequência, 672
de uma superfície, 1094
de uma superfície parametrizada, 1095
polar, 632, 636
Gráfico polar, 632
usando tecnologia, 635
Green, George, 1067
Gregory, James, 728, 733

Halley, Edmond, 860
Hamilton, Sir William Rowan, 790
Hélice, 823, 831
Hélice dupla, 823
Hipérboles, 650, 654
assíntotas, 650
diretriz, 654
equação, 650, 651, 656
equação polar, 656
excentricidade, 654
focos, 650, 654
propriedade de reflexão, 653
ramos, 650
vértices, 650
Hiperboloide, 811, 812, 813, 814
Hiperesfera, volume da, 1010
Hipervolume, 1005
Hipocicloide, 620
Huygens, Christiaan, 615

i (vetor de base canônica), 776
Identidades de Green, 1080
Imagem de um ponto, 1023
Imagem de uma função de duas variáveis, 862
Imagem de uma região, 1023
Incremento, 905
Independência do caminho, 1058, 1059
Índice de calor, 873, 887
Índice de massa corporal (IMC), 875, 890
Índice de sensação térmica, 863, 864
Índice de Shannon, 939
Índice de temperatura/umidade, 873
Indução matemática, 676
Integração
de uma função vetorial, 832
de uma série de potências, 726
em um sólido, 1000
ordem inversa, 962
parcial, 963
termo a termo, 726
parcial para integrais duplas, 962
Integral
conversão para coordenadas cilíndricas, 1012, 1013
conversão para coordenadas esféricas, 1017
conversão para coordenadas polares, 982
de fluxo, 1099
definida, revisão, 958
equação, 577
iteradas, 962
mudança de variável em uma, 982, 1012, 1017
múltipla, 957
Integral de linha
de campos vetoriais, 1051, 1053, 1054
do componente normal de **F**, 1079
do componente tangencial de **F**, 1079
em relação a x e y, 1046, 1048
em relação ao comprimento do arco, 1046, 1048, 1050
para uma curva espacial, 1050
para uma curva no plano, 1045, 1046
Teorema Fundamental para, 1056
trabalho definido como, 1052
Integral de superfície, 1093
de um campo vetorial, 1099, 1100
sobre uma superfície parametrizada, 1093
Integral definida
de uma função vetorial, 832
revisão, 958
Integral dupla, 985, 960
aplicações, 986
em coordenadas polares, 980, 981, 982, 983
mudança de variáveis em uma, 1023, 1026
propriedades da, 976, 977
Regra do Ponto Médio para, 962
sobre regiões gerais, 970
sobre retângulos, 958
volumes e, 958
Integral tripla, 999, 1000
aplicações, 1005
em coordenadas cilíndricas, 1010, 1012, 1013
em coordenadas esféricas, 1016, 1018
em uma caixa retangular, 999, 1000
em uma região geral limitada, 1000
em uma região plana de tipo I ou tipo II, 1000, 1001
mudança da ordem da integração em uma, 1004
mudança de variáveis em uma, 1028, 1029
região sólida de tipo 1, 2 ou 3, 1000, 1002
Regra do Ponto Médio para, 1008
volume em uma, 1005
Intersecção
de gráficos polares, área de, 641
de objetos no espaço, 829
de planos, 803
de três cilindros, 1015
e colisão de partículas, 619
Intervalo de convergência, 721
Involuta, 629
Isobárica, 867
Isotérmica, 867

j (vetor da base canônica), 776
Jacobi, Carl Gustav Jacob, 1025
Jacobiano de uma transformação, 1025

k (vetor da base canônica), 776
Kepler, Johannes, 658, 851, 855

Lagrange, Joseph-Louis, 941
Lâmina (de densidade da variável)
centro de massa da, 988
densidade em um ponto em uma, 986
momento de inércia em relação a um eixo, 989
momento em relação a um eixo, 987, 988
raio de giração em relação a um eixo, 990
Laplace, Pierre, 893
Lei da Conservação da Energia, 1063
Lei da Gravitação de Newton, 851, 855, 1041
Lei da Gravitação Universal, 851, 855

Lei de Ampère, 1056
Lei de conservação do momento angular, 855
Lei de Gauss, 1102, 1114
Lei de Hooke, 559
Lei de Ohm, 565
Lei de Planck, 756
Lei de Rayleigh-Jeans, 756
Lei de Resfriamento de Newton, 563
Lei do crescimento natural, 581
    versus modelo logístico, 586
Lei do paralelogramo, 772
Lei do triângulo, 772
Lei dos gases ideais, 897
Leibniz, Gottfried Wilhelm, 747
Leis de Kepler, 658, 851, 855
Leis de Kirchhoff, 565
Leis de Poiseuille, 897
Limaçon, 635
Limitante superior mínimo, 675
Limite
    de uma função de duas variáveis, 877, 878
    de uma função de três variáveis, 884
    de uma função vetorial, 822, 829
    de uma sequência, 668, 669
    elusivo, avaliação de, 747
    infinito de uma sequência, 670
    propriedades do, para funções vetoriais, 829
Linearização, 901
Linhas de corrente, 1045
Linhas de escoamento, 1045
Litotripsia, 649
LZR Racer, 908

Maclaurin, Colin, 733
Magnitude de um vetor, 775
Mapa de contorno, 867
Massa
    de um fio, 1047
    de um sólido, 1006
    de uma lâmina, 986
    de uma superfície, 1094
Máximo e mínimo locais, 930
Média aritmética-geométrica, 1679
Média x, y, 993
Método de Euler, 564, 567, 568
Método de Newton para funções de duas variáveis, 955
Método do intervalo fechado
    para uma função de duas variáveis, 935, 936
Método dos multiplicadores de Lagrange
    com duas restrições, 945
    com uma restrição, 940, 941
Método dos quadrados mínimos, 939
Möbius, August, 1097
Modelagem
    com equações diferenciais, 558
    crescimento populacional, 558, 582, 587, 605
    movimento de uma mola, 559
Modelo de crescimento sazonal, 590
Modelo de von Bertalanffy, 605
Modelo logístico, 559, 582
    versus modelo de crescimento natural, 586
    transladado, 589
Modelo quadrático, 597
Modelos matemáticos
    comparação entre crescimento natural e logístico, 586
    da corrente elétrica, 565
    da função de Gompertz, 587, 590
    de crescimento sazonal, 590
    de von Bertalanffy, 605
    do crescimento populacional, 558, 581, 587
    predador-presa, 597
Momento
    angular, 855
    de um sólido, 1006
    de uma lâmina, 987
    em relação a um eixo, 987
    em relação a um plano, 1006
    polar, 989
    segundo, 989
Momento de inércia, 989, 1006
    em relação a eixos, 1055
    em relação à origem, 989
    polar, 989
Movimento circular uniforme, 859
Movimento de um projétil, 848
    equações paramétricas para o, 849
Movimento no espaço, 846
Movimento planetário, leis, 658, 851
Mudança de variáveis
    em uma integral dupla, 1023, 1026
    em uma integral tripla, 1012, 1013, 1018, 1028, 1029
Multiplicação e divisão de séries de potência, 743
Multiplicação escalar, 773, 775
Multiplicador de Lagrange, 940
    com duas restrições, 945
    com uma restrição, 940, 941
Múltiplo escalar de um vetor, 773, 775

n-ésimo termo de uma sequência, 666
Newton, Sir Isaac, 747, 851, 855
Nicomedes, 615
Nó de trevo (ou trifólio), 825, 829
Notação de Leibniz, 573
N-upla, 776

O (origem), 766
Octante, 766
Operador de Laplace, 1078
Oposto de um vetor, 773
Óptica
    de primeira ordem, 753
    de terceira ordem, 753
    gaussiana, 753
Órbita de um planeta, 853
Órbita geoestacionária, 856
Órbita geoestacionária de Clarke, 856
Ordem da integração inversa, 965
Ordem de uma equação diferencial, 560
Ordem inversa da integração, 965
Oresme, Nicole, 686
Orientação de uma curva, 1049, 1066
Orientação de uma superfície, 1097
Orientação positiva
    de uma curva fechada, 1066
    de uma curva fronteira, 1104
    de uma superfície, 1098
Origem, 766
Ostrogradsky, Mikhail, 1111
Otimização de turbinas hidráulicas, 950
Ovais de Cassini, 639

Padrões de vento na Baía de São Francisco, 1038
Parábola, 647, 654
    diretriz, 647
    eixo, 647
    equação, 622, 647
    equação polar, 656
    foco, 647, 654
    vértice, 647
Paraboloide
    circular, 813
    elíptico, 810
    hiperbólico, 811
    parametrização de um, 1085
Paradoxos de Zenão, 666
Paralelepípedo, volume de um, 794
Paramécio, 586, 587
Parametrização de uma curva espacial, 836
    em relação ao comprimento do arco, 836
    suave, 836
Parâmetro, 610, 799, 823
Partícula, movimento de uma, 846
Periélio, 659
Perilúnio, 653
Período de uma partícula, 859
Planímetro, 1069
Plano
    ângulo entre, 803
    coordenado, 766
    de fase, 600
    distância de um ponto a um, 804, 805
    distância entre, 807
    equação de um, 801
    equação de um, por três pontos, 802
    equação escalar de um, 802
    equação linear de um, 802
    equação vetorial de um, 802
    horizontal, 767
    normal, 841
    osculador, 841
    paralelo, 803
    reta de intersecção, 803
    retificador, 845

tangente a uma superfície, 889, 1086
vertical, 767
Plano tangente, 899, 900
a uma superfície de nível, 924
a uma superfície parametrizada, 1086, 1087
a uma superfície z = f(x,y), 899, 900
Planos cortantes, 808
Planos não paralelos, 803
Planos paralelos, 803
Polinômio de Taylor, 735, 748, 940
aplicações do, 748
de *n*-ésimo grau, 735
de primeiro grau, 940
de segundo grau, 940
Polo, 630
Ponto crítico, 931, 940
Ponto de amostragem, 959
Ponto de colisão, 619
Ponto de equilíbrio, 599
Ponto de sela, 931
Ponto final
de um vetor, 772
de uma curva parametrizada, 611
Ponto inicial
de um vetor, 772
de uma curva parametrizada, 611
Pontos estacionários, 931
Pontos no espaço
coordenadas de, 766
distância entre, 769
projeção de, 767
Primeiro octante, 766
Princípio da indução matemática, 676
Princípio de Arquimedes, 1116
Princípios de resolução de problemas, 760
reconhecer algo familiar, 760
Probabilidade, 991
Problema da braquistócrona, 615
Problema de valor inicial, 561, 582
Problema tautocrônico, 615
Problemas de mistura, 575
Produtividade marginal do capital, 898
Produtividade marginal do trabalho, 898
Produto
escalar, 782
interno, 782
triplo, 794
triplo escalar, 794
vetorial, 789
Produto escalar, 782
na forma de componente, 782
na forma de vetor, 783
propriedades do, 783
Produto escalar triplo, 794
caracterização geométrica de um, 794
Produto vetorial, 789
caracterização geométrica, 792
comprimento, 791
direção, 791
magnitude, 792
propriedades, 791, 793, 794
triplo, 795
Projeção, 766, 786
ortogonal, 788
Projeção escalar, 786
Projeção ortogonal de um vetor, 788
Projeção vetorial, 786
Projétil, caminho de um, 619, 848
Propensão marginal a consumir ou economizar, 690
Propriedade da Diferença dos limites, 670
Propriedade da Potência dos limites, 671
Propriedade da Soma dos limites, 670
Propriedade de Multiplicação por Constante dos limites, 670
Propriedade de reflexão
de cônicas, 653
de uma elipse, 649
de uma hipérbole, 654
Propriedade do limite para sequências, 671
Propriedade do Produto dos limites, 670
Propriedade do Quociente dos limites, 670
Propriedades de séries convergentes, 687
Propriedades dos limites para funções de duas variáveis, 881

Quatérnions, 777

Radiação proveniente das estrelas, 756
Raio de convergência
de uma série de Maclaurin, 741
de uma série de potências, 721
Raio de giração de uma lâmina, 990
Razão comum de uma série geométrica, 683
Rearranjo de uma série, 710, 711
Reator nuclear, torres de resfriamento de, 813
Referencial TNB, 840
Refletor de canto, 781
Região
aberta, 1059
conectada, 1027
conexa, 1059
geral, integração na, 970
plana (de tipo I e tipo II), 971, 972
plana simples, 1067
polar, área de uma, 639
simplesmente conexa, 1060
sólida (de tipo 1, 2 ou 3), 1000, 1002
sólida simples, 1110
Regra da Cadeia para muitas variáveis, 909, 911, 912
Regra da mão direita, 766, 792
Regra do paralelogramo, 789
Regra do ponto médio
para integrais duplas, 962
para integrais triplas, 1008
Relação de recorrência, 676
Relação entre coordenadas polares e cartesianas, 631
Remos de uma hipérbole, 650
representações de funções como, 724
Representação de uma função
como uma série de potências, 724
usando séries geométricas, 724
Resto, 695
Resto da série de Taylor, 735
Restrição, 940, 945
Reta no espaço, 797, 798
equação de, em dois pontos, 800
equação vetorial de, 798
equações paramétricas, 799
equações simétricas de, 800
normal, 925
reversa, 801
tangente, 829
Reta normal para uma superfície, 925
Reta tangente
a uma curva espacial, 829
a uma curva parametrizada, 620, 621
a uma curva polar, 642
Retângulo polar, 980
Retas escondidas, 808
Retas reversas, 801
Retrato de fase, 600
Roberval, Gilles de, 622
Rosácea de quatro pétalas, 634
Rotacional de um campo vetorial, 1073, 1074

Seção cônica, 646, 654
descrição unificada, 654
diretriz, 647, 654
em coordenadas polares, 654
equação polar, 656
excentricidade, 654
foco, 647, 648, 654
transladada, 651
vértice, 647
Seção transversal de uma superfície, 808
Segmento de reta orientado, 772, 775
Segunda derivada de uma função vetorial, 831
Segunda derivada direcional, 929
Segunda Lei do Movimento de Newton, 848, 851, 855
Segundo momento de inércia, 989
Semiespaço, 871
Sequência, 666
convergente, 667
crescente, 674
de Fibonacci, 667
de somas parciais, 681
decrescente, 674
divergente, 667
gráfico de uma, 672
limitada, 674, 675
limite de uma, 668, 669
logística, 679
monótona, 674
propriedade do limite para uma, 671
termo de uma, 666
Série, 679
absolutamente convergente, 712

alternada, 705, 718
binomial, 739
coeficientes de uma, 720
condicionalmente convergente, 712
convergente, 681, 700
de Gregory, 728
de Maclaurin, 732, 733, 739
de potências, 719, 720, 726
de Taylor, 732, 733, 739
divergente, 681, 700
estratégia para testar, 717
geométrica, 683, 717
harmônica, 686, 694
harmônica alternada, 709, 712
infinita, 680
p, 694, 717
rearranjo de uma, 710
soma, 681
soma parcial de uma, 681
termo de uma, 680
teste de comparação para uma, 717
trigonométrica, 720
Série convergente, 681
propriedades, 670, 687
Série de Maclaurin, 732, 733, 739
tabela da, 741
Série de Taylor, 732, 733, 739
obtendo uma nova série, 741
Séries binomiais, 740
descoberta por Newton, 747
Séries condicionalmente convergentes, 708, 709, 712
Séries de potências, 719, 720, 727
coeficientes de, 720
diferenciação de, 726
divisão de, 743
integração de, 726
intervalo de convergência, 721
multiplicação de, 743
para funções exponenciais, 737
para seno e cosseno, 738
raio de convergência, 721
Setor de um círculo, área do, 639
Simetria em gráficos polares, 634
Simpson, Thomas, 955
Sistema coordenado
cilíndrico, 1010
esférico, 1016
polar, 630
retangular tridimensional, 766, 767
Sistema de coordenadas retangulares
tridimensional, 767
conversão em coordenadas cilíndricas, 1011
conversão em coordenadas esféricas, 1016
Sistema de coordenadas cartesianas, 630, 633
relação com coordenadas polares, 631
Sistema de coordenadas cilíndricas, 1010
equações de conversão para, 1011
integrais triplas no, 1012
Sistema de coordenadas esféricas, 1016
equações de conversão para, 1016
integrais triplas no, 1017
Sistema de coordenadas polares, 630, 980
área no, 639
cálculo no, 639
comprimento do arco no, 641
conversão de integrais duplas no, 980, 981, 982
equações de conversão para coordenadas cartesianas, 631
relação com coordenadas cartesianas, 631
seções cônicas no, 654
tangentes no, 642
Sistema de lebre e lince, 601
Sistema LORAN, 653
Sistemas de coordenadas tridimensionais, 766, 767
Sistemas predador-presa, 597
Sólido, volume de um, 960
Solução de equações predador-presa, 598
Solução de equilíbrio, 559, 598
Solução de uma equação diferencial, 560
Soma
de uma série geométrica, 683
de uma série infinita, 681
de vetores, 772, 773
telescópica, 682
Soma de Riemann
dupla, 961
tripla, 999
Soma parcial de uma série, 681
Sorvedouro, 1114
Stokes, Sir George, 1105
Subtração de vetores, 773, 775
Superfície, 767
cortes de uma, 808
de nível, 871
fechada, 1098
gráfico de uma, 1095
orientação positiva de uma, 1098
orientada, 1097
ortogonal, 930
quádrica, 809
suave, 1087
regrada, 815
Superfície de nível, 871
plano tangente à, 924
Superfície de revolução, representação parametrizada de uma, 1086
Superfície parametrizada, 1081, 1093
área de superfície de uma, 1087
dada por uma função vetorial, 1082
gráfico de uma, 1076, 1083
integral de superfície sobre, 1093
plano tangente a uma, 1086
suave, 1087
Superfícies quádricas, 808, 809
cone, 812
elipsoide, 810, 812
forma padrão de equação para, 809
hiperboloide, 811, 812
paraboloide, 810
paraboloide elíptico, 810 ,812
paraboloide hiperbólico, 811, 812
tabela de gráficos, 812
Tapete de Sierpinski, 691
Taxa de crescimento relativo, 582
Taylor, Brook, 733
Tecnologia, criando gráficos usando a
campo do vetor gradiente, 826
campo vetorial, 1040, 1041
curva espacial, 825, 826, 827
curva polar, 635
curvas de nível, 871
curvas parametrizadas, 613
equações paramétricas, 635
função de duas variáveis, 866
superfície parametrizada, 1083, 1084, 1087
Tecnologia, uso de, 613, 728
para a integração, 728
Teorema binomial, 747
Teorema da estimativa de séries alternadas, 707, 708
Teorema da Função Implícita, 913, 914, 915
Teorema da Sequência Monótona, 675, 692
Teorema de Clairaut, 893
Teorema de Fubini
para integrais duplas, 964
para integrais triplas, 999
Teorema de Gauss, 1111
Teorema de Green, 1066, 1117
formas vetoriais, 1078
para a união de regiões simples, 1069, 1070
versões estendidas, 1069
Teorema de Pitágoras
versão tridimensional, 797, 798
Teorema de Stokes, 1105, 1117
Teorema do divergente, 1110, 1117
Teorema do Valor Extremo, 936
Teorema do Valor Médio para integrais duplas, 979
Teorema Fundamental do Cálculo
para funções vetoriais, 833
para integrais de linha, 1056
para integrais de superfície, 1104
para integrais duplas, 1066
resumo de versões em dimensão maior, 1117
Teoria da Relatividade Especial de Einstein, 751
Termo de uma sequência, 666
Termo de uma série, 680
Termo restante de Taylor, 736
Teste da raiz, 715, 716, 718
Teste da segunda derivada, 931, 937
Teste de Comparação Direta, 699
Teste de comparação para séries, 699, 717
Teste de divergência, 686

Teste de integral, 693, 715
  demonstração, 697
Teste de Limite de Comparação, 701
Teste de razão, 712, 718
Teste de séries alternadas, 705, 707, 718
Testes para convergência e divergência de séries
  resumo dos testes, 717, 718
  teste da integral, 692
  teste da raiz, 715, 716
  teste da razão, 712
  teste de comparação direta, 699
  teste de comparação no limite, 701
  teste de séries alternadas, 705
Tetraedro, 797
Thomson, William (lorde Kelvin), 1067, 1105
Toro, 1093
Torque, 795, 855
Torre de resfriamento, forma hiperbólica, 813
Torricelli, Evangelista, +33
Torsão de uma curva espacial, 842, 843, 844
Trabalho (força), 787
  definido como uma integral de linha, 1052
Traje LZR Racer da Speedo, 908
Trajetória de fase, 600
Trajetória, equações paramétricas para, 849
Trajetória ortogonal, 575
Transformação, 1023
  C^1, 1023
  injetora, 1023
  inversa, 1024
  jacobiano da, 1025
  T e T^{1}, 1023, 1024
Tripla ordenada, 766
Trocoide, 618

Valor médio de uma função, 966
  em uma região sólida, 1010
Valores esperados, 993, 994
Valores máximo e mínimo, 930
  absolutos, 930, 935, 936
Variável
  aleatória independente, 992
  dependente, 862, 911
  independente, 862, 911
  intermediária, 911
Velocidade angular, 848
Velocidade de escape, 579
Velocidade de uma partícula, 625, 846
Velocidade terminal, 578
Verhulst, Pierre-François, 559
Vértice de uma parábola, 647
Vértices de uma elipse, 648
Vértices de uma hipérbole, 650
Vetor, 772
  aceleração, 846
  adição de, 772, 775
  algébrico, 774
  ângulo entre vetores, 783, 784
  bidimensional, 775
  binormal, 839, 841
  componentes de um, 774
  comprimento de um, 775
  coplanar, 794
  da base canônica, 776
  de base, 776
  de dimensão n, 776
  deslocamento, 772, 774, 787
  diferença, 773
  força gravitacional, 1041
  gradiente, 920, 921, 922, 926
  i, j e k, 776
  igualdade de vetores, 772
  magnitude de um, 775
  multiplicação de um, 773, 776
  múltiplo escalar de um, 773, 775
  normal, 801, 839
  normal unitário, 839, 841
  ortogonal, 784
  ortogonal, projeção de um, 786
  paralelo, 773, 792
  perpendicular, 784
  posição, 775
  produto escalar, 782, 783
  produto triplo, 794
  produto vetorial de um, 789
  propriedades, 776
  representação de um, 774, 775
  representação geométrica de um, 772, 775
  secante, 830
  subtração de vetores, 773, 775
  tangente, 830, 1087
  tangente unitário, 839, 841
  tridimensional, 775, 776
  unitário, 777
  velocidade, 846
  zero, 772
Vetores coplanares, 794
Vetores da base canônica, 776
  propriedades dos, 794
Vetores de base, 776
Vetores equivalentes, 772
Vetores ortogonais, 784
Vetores paralelos, 773, 792
Vetores perpendiculares, 784
Vibração de uma membrana, modelo computadorizado da, 729
Volterra, Vito, 598
Volume
  de um paralelepípedo, 794
  de um sólido, 960
  de uma hiperesfera, 1010
  por coordenadas polares, 983
  por integrais duplas, 958
  por integrais triplas, 1005

Wren, Sir Christopher, 625

PÁGINA DE REFERÊNCIA 1

ÁLGEBRA

Operações Aritméticas

$$a(b+c) = ab + ac \qquad \frac{a}{b} + \frac{c}{d} = \frac{ad+bc}{bd}$$

$$\frac{a+c}{b} = \frac{a}{b} + \frac{c}{b} \qquad \frac{\frac{a}{b}}{\frac{c}{d}} = \frac{a}{b} \times \frac{d}{c} = \frac{ad}{bc}$$

Expoentes e Radicais

$$x^m x^n = x^{m+n} \qquad \frac{x^m}{x^n} = x^{m-n}$$

$$(x^m)^n = x^{mn} \qquad x^{-n} = \frac{1}{x^n}$$

$$(xy)^n = x^n y^n \qquad \left(\frac{x}{y}\right)^n = \frac{x^n}{y^n}$$

$$x^{1/n} = \sqrt[n]{x} \qquad x^{m/n} = \sqrt[n]{x^m} = \left(\sqrt[n]{x}\right)^m$$

$$\sqrt[n]{xy} = \sqrt[n]{x}\sqrt[n]{y} \qquad \sqrt[n]{\frac{x}{y}} = \frac{\sqrt[n]{x}}{\sqrt[n]{y}}$$

Fatoração de Polinômios Especiais

$$x^2 - y^2 = (x+y)(x-y)$$
$$x^3 + y^3 = (x+y)(x^2 - xy + y^2)$$
$$x^3 - y^3 = (x-y)(x^2 + xy + y^2)$$

Teorema Binomial

$$(x+y)^2 = x^2 + 2xy + y^2 \qquad (x-y)^2 = x^2 - 2xy + y^2$$
$$(x+y)^3 = x^3 + 3x^2y + 3xy^2 + y^3$$
$$(x-y)^3 = x^3 - 3x^2y + 3xy^2 - y^3$$
$$(x+y)^n = x^n + nx^{n-1}y + \frac{n(n-1)}{2}x^{n-2}y^2$$
$$+ \cdots + \binom{n}{k}x^{n-k}y^k + \cdots + nxy^{n-1} + y^n$$

onde $\binom{n}{k} = \frac{n(n-1)\cdots(n-k+1)}{1 \cdot 2 \cdot 3 \cdot \cdots \cdot k}$

Fórmula Quadrática

Se $ax^2 + bx + c = 0$, então $x = \frac{-b \pm \sqrt{b^2 - 4ac}}{2a}$.

Desigualdades e Valor Absoluto

Se $a < b$ e $b < c$, então $a < c$.

Se $a < b$, então $a + c < b + c$.

Se $a < b$ e $c > 0$, então $ca < cb$.

Se $a < b$ e $c < 0$, então $ca > cb$.

Se $a > 0$, então

$|x| = a$ significa que $x = a$ ou $x = -a$

$|x| < a$ significa que $-a < x < a$

$|x| > a$ significa que $x > a$ ou $x < -a$

GEOMETRIA

Fórmulas Geométricas

Fórmulas para área A, circunferência C e volume V:

Triângulo	Círculo	Setor do Círculo
$A = \frac{1}{2}bh$	$A = \pi r^2$	$A = \frac{1}{2}r^2\theta$
$= \frac{1}{2}ab \operatorname{sen} \theta$	$C = 2\pi r$	$s = r\theta$ (θ em radiano)

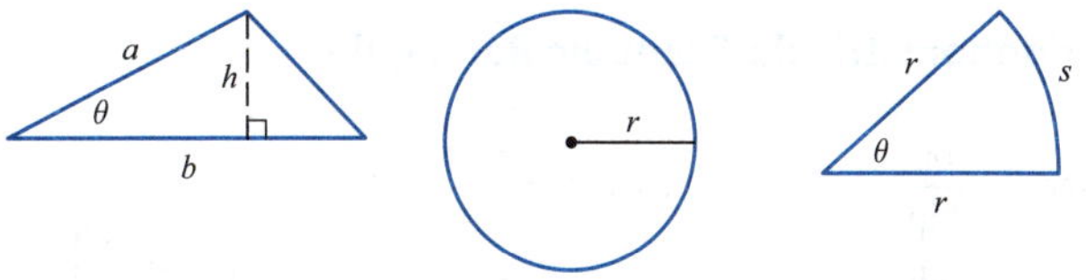

Esfera	Cilindro	Cone
$V = \frac{4}{3}\pi r^3$	$V = \pi r^2 h$	$V = \frac{1}{3}\pi r^2/h$
$A = 4\pi r^2$		$A = \pi r\sqrt{r^2 + h^2}$

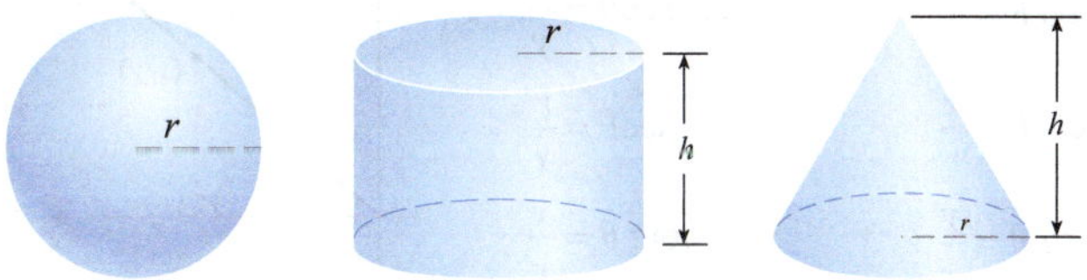

Fórmulas de Distância e Ponto Médio

Distância entre $P_1(x_1, y_1)$ e $P_2(x_2, y_2)$:

$$d = \sqrt{(x_2 - x_1)^2 + (y_2 - y_1)^2}$$

Ponto Médio de $\overline{P_1P_2}$: $\left(\frac{x_1 + x_2}{2}, \frac{y_1 + y_2}{2}\right)$

Retas

Inclinação da reta passando por $P_1(x_1, y_1)$ e $P_2(x_2, y_2)$:

$$m = \frac{y_2 - y_1}{x_2 - x_1}$$

Equação da reta passando por $P_1(x_1, y_1)$ com inclinação m:

$$y - y_1 = m(x - x_1)$$

Equação da reta com inclinação m e interceptando o eixo y em b:

$$y = mx + b$$

Circunferências

Equação da circunferência com centro (h, k) e raio r:

$$(x - h)^2 + (y - k)^2 = r^2$$

PÁGINA DE REFERÊNCIA 2

TRIGONOMETRIA

Medida de Ângulo

π radianos = 180°

$1° = \dfrac{\pi}{180}$ rad $\qquad$ 1 rad $= \dfrac{180°}{\pi}$

$s = r\theta$

(θ em radianos)

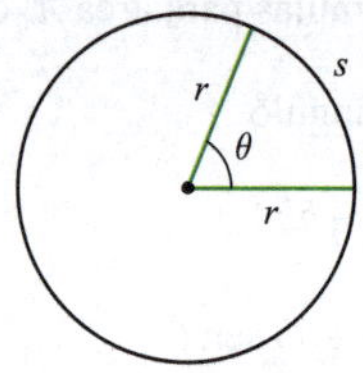

Trigonometria do Triângulo Retângulo

$$\text{sen}\ \theta = \frac{\text{op}}{\text{hip}} \qquad \text{cossec}\ \theta = \frac{\text{hip}}{\text{op}}$$

$$\cos\theta = \frac{\text{adj}}{\text{hip}} \qquad \sec\theta = \frac{\text{hip}}{\text{adj}}$$

$$\text{tg}\ \theta = \frac{\text{op}}{\text{adj}} \qquad \text{cotg}\ \theta = \frac{\text{adj}}{\text{op}}$$

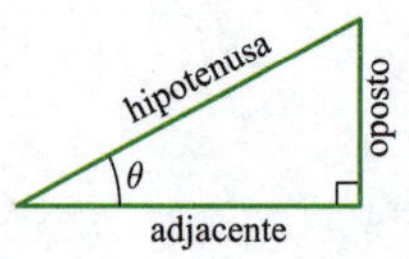

Funções Trigonométricas

$$\text{sen}\ \theta = \frac{y}{r} \qquad \text{cossec}\ \theta = \frac{r}{y}$$

$$\cos\theta = \frac{x}{r} \qquad \sec\theta = \frac{r}{x}$$

$$\text{tg}\ \theta = \frac{y}{x} \qquad \text{cotg}\ \theta = \frac{x}{y}$$

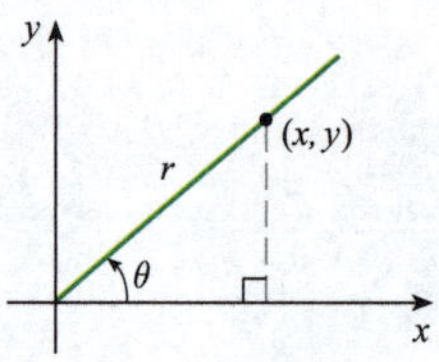

Gráficos de Funções Trigonométricas

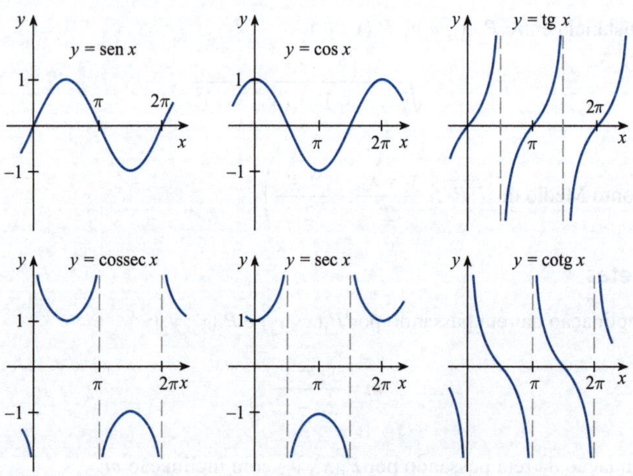

Funções Trigonométricas de Ângulos Importantes

θ	radianos	sen θ	cos θ	tg θ
0°	0	0	1	0
30°	$\pi/6$	1/2	$\sqrt{3}/2$	$\sqrt{3}/3$
45°	$\pi/4$	$\sqrt{2}/2$	$\sqrt{2}/2$	1
60°	$\pi/3$	$\sqrt{3}/2$	1/2	$\sqrt{3}$
90°	$\pi/2$	1	0	–

Identidades Fundamentais

$$\text{cossec}\ \theta = \frac{1}{\text{sen}\ \theta} \qquad \sec\theta = \frac{1}{\cos\theta}$$

$$\text{tg}\ \theta = \frac{\text{sen}\ \theta}{\cos\theta} \qquad \text{cotg}\ \theta = \frac{\cos\theta}{\text{sen}\ \theta}$$

$$\text{cotg}\ \theta = \frac{1}{\text{tg}\ \theta} \qquad \text{sen}^2\theta + \cos^2\theta = 1$$

$$1 + \text{tg}^2\theta = \sec^2\theta \qquad 1 + \text{cotg}^2\theta = \text{cossec}^2\theta$$

$$\text{sen}(-\theta) = -\text{sen}\ \theta \qquad \cos(-\theta) = \cos\theta$$

$$\text{tg}(-\theta) = -\text{tg}\ \theta \qquad \text{sen}\left(\frac{\pi}{2} - \theta\right) = \cos\theta$$

$$\cos\left(\frac{\pi}{2} - \theta\right) = \text{sen}\ \theta \qquad \text{tg}\left(\frac{\pi}{2} - \theta\right) = \text{cotg}\ \theta$$

Lei dos Senos

$$\frac{\text{sen}\ A}{a} = \frac{\text{sen}\ B}{b} = \frac{\text{sen}\ C}{c}$$

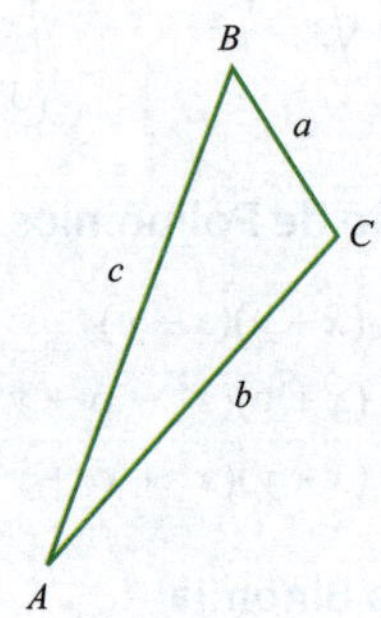

Lei dos Cossenos

$$a^2 = b^2 + c^2 - 2bc\cos A$$

$$b^2 = a^2 + c^2 - 2ac\cos B$$

$$c^2 = a^2 + b^2 - 2ab\cos C$$

Fórmulas de Adição e Subtração

$$\text{sen}(x + y) = \text{sen}\ x \cos y + \cos x\ \text{sen}\ y$$

$$\text{sen}(x - y) = \text{sen}\ x \cos y - \cos x\ \text{sen}\ y$$

$$\cos(x + y) = \cos x \cos y - \text{sen}\ x\ \text{sen}\ y$$

$$\cos(x - y) = \cos x \cos y + \text{sen}\ x\ \text{sen}\ y$$

$$\text{tg}(x + y) = \frac{\text{tg}\ x + \text{tg}\ y}{1 - \text{tg}\ x\ \text{tg}\ y}$$

$$\text{tg}(x - y) = \frac{\text{tg}\ x - \text{tg}\ y}{1 + \text{tg}\ x\ \text{tg}\ y}$$

Fórmulas de Ângulo Duplo

$$\text{sen}\ 2x = 2\,\text{sen}\ x \cos x$$

$$\cos 2x = \cos^2 x - \text{sen}^2 x = 2\cos^2 x - 1 = 1 - 2\,\text{sen}^2 x$$

$$\text{tg}\ 2x = \frac{2\,\text{tg}\ x}{1 - \text{tg}^2 x}$$

Fórmulas de Ângulo-Metade

$$\text{sen}^2 x = \frac{1 - \cos 2x}{2} \qquad \cos^2 x = \frac{1 + \cos 2x}{2}$$

PÁGINA DE REFERÊNCIA 3

FUNÇÕES ESPECIAIS

Funções Potências $f(x) = x^a$

(i) $f(x) = x^n$, n um inteiro positivo

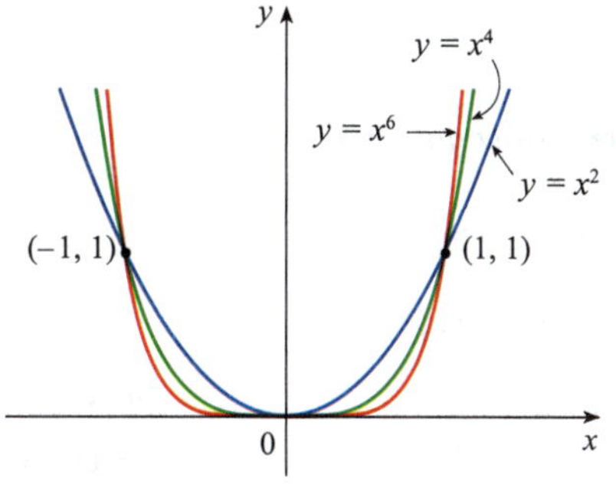

n par

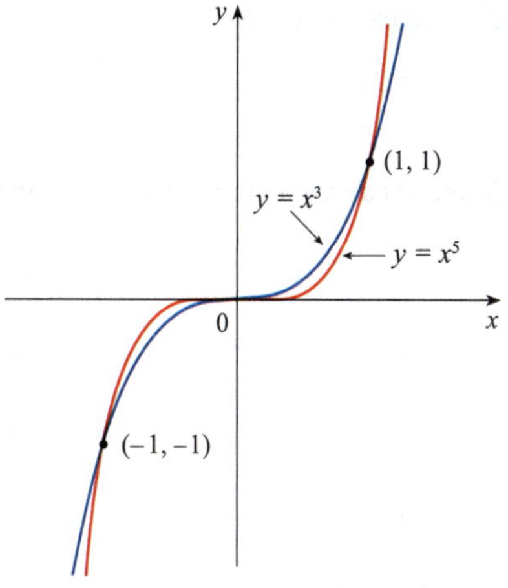

n ímpar

(ii) $f(x) = x^{1/n} = \sqrt[n]{x}$, n um inteiro positivo

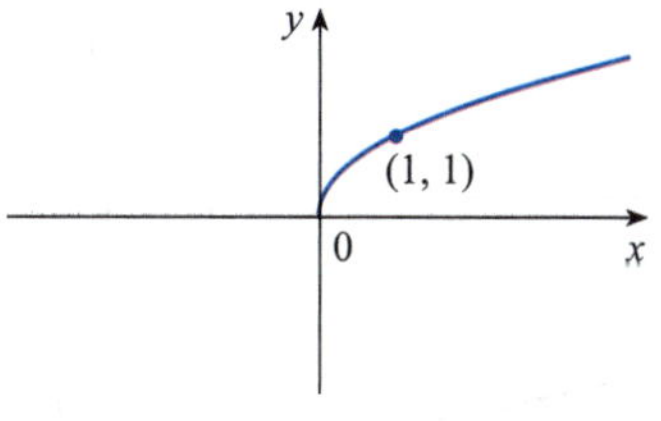

$f(x) = \sqrt{x}$

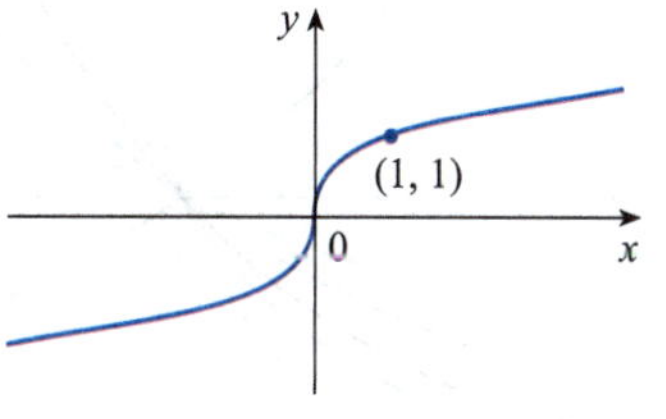

$f(x) = \sqrt[3]{x}$

(iii) $f(x) = x^{-1} = \dfrac{1}{x}$

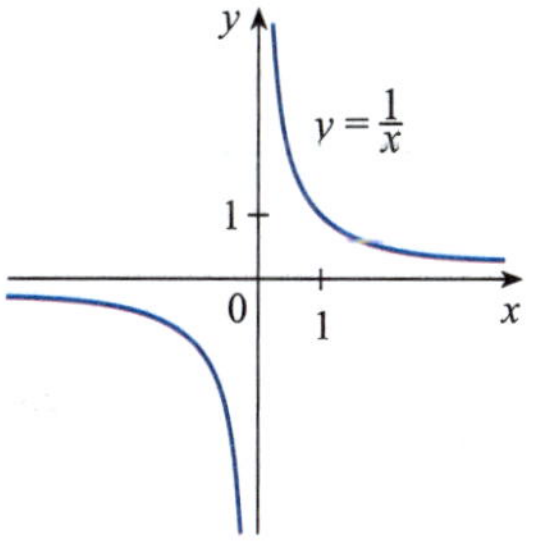

Funções Trigonométricas Inversas

$$\text{arcsen}\, x = \text{sen}^{-1} x = y \iff \text{sen}\, y = x \;\text{ e }\; -\frac{\pi}{2} \le y \le \frac{\pi}{2}$$

$$\arccos x = \cos^{-1} x = y \iff \cos y = x \;\text{ e }\; 0 \le y \le \pi$$

$$\text{arctg}\, x = \text{tg}^{-1} x = y \iff \text{tg}\, y = x \;\text{ e }\; -\frac{\pi}{2} \le y \le \frac{\pi}{2}$$

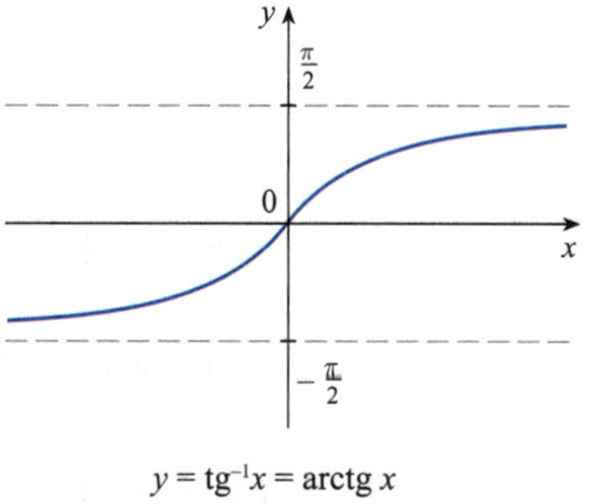

$y = \text{tg}^{-1} x = \text{arctg}\, x$

$$\lim_{x \to -\infty} \text{tg}^{-1} x = -\frac{\pi}{2}$$

$$\lim_{x \to \infty} \text{tg}^{-1} x = \frac{\pi}{2}$$

FUNÇÕES ESPECIAIS

Funções Exponenciais e Logarítmicas

$\log_b x = y \iff b^y = x$

$\ln x = \log_e x, \quad \text{onde} \quad \ln e = 1$

$\ln x = y \iff e^y = x$

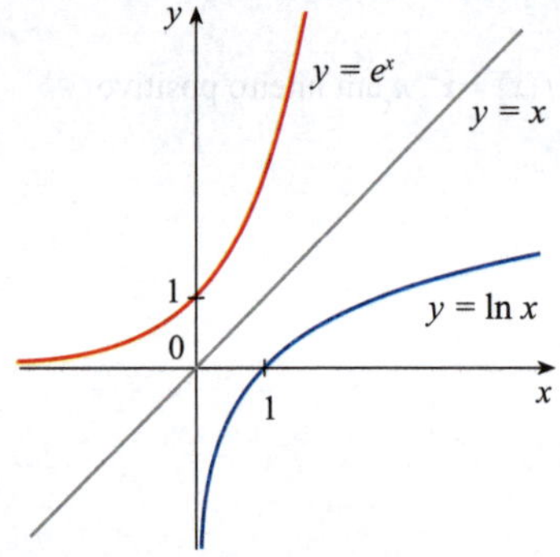

Equações de Cancelamento

$\log_b(b^x) = x \qquad b^{\log_b x} = x$

$\ln(e^x) = x \qquad e^{\ln x} = x$

Propriedades dos Logaritmos

1. $\log_b(xy) = \log_b x + \log_b y$

2. $\log_b\left(\dfrac{x}{y}\right) = \log_b x - \log_b y$

3. $\log_b(x^r) = r \log_b x$

$\lim_{x\to-\infty} e^x = 0 \qquad \lim_{x\to\infty} e^x = \infty$

$\lim_{x\to 0^+} \ln x = -\infty \qquad \lim_{x\to\infty} \ln x = \infty$

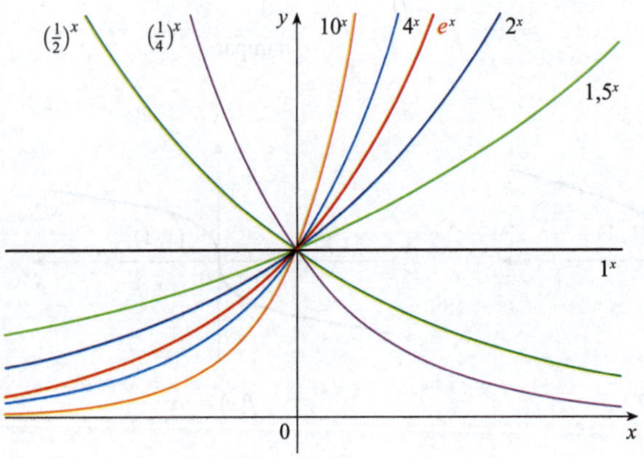

Funções Exponenciais

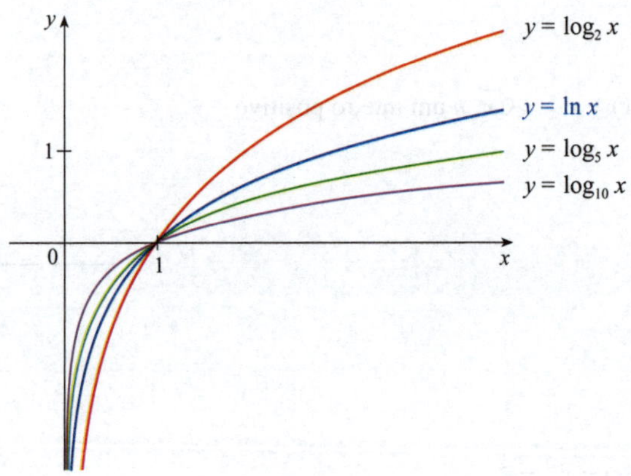

Funções Logarítmicas

Funções Hiperbólicas

$\text{senh}\, x = \dfrac{e^x - e^{-x}}{2} \qquad \text{cossech}\, x = \dfrac{1}{\text{senh}\, x}$

$\cosh x = \dfrac{e^x + e^{-x}}{2} \qquad \text{sech}\, x = \dfrac{1}{\cosh x}$

$\text{tgh}\, x = \dfrac{\text{senh}\, x}{\cosh x} \qquad \text{cotgh}\, x = \dfrac{\cosh x}{\text{senh}\, x}$

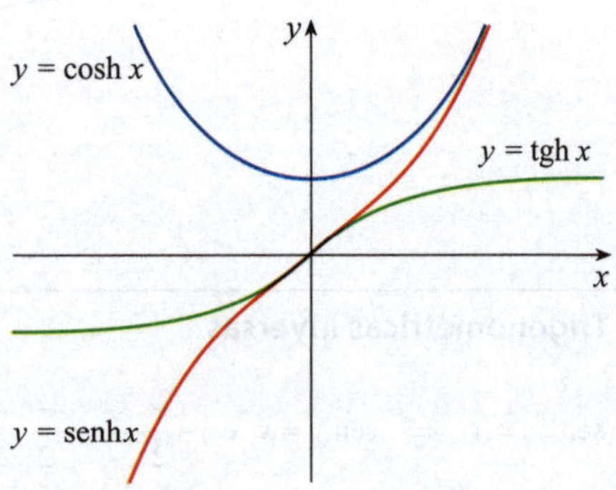

Funções Hiperbólicas Inversas

$y = \text{senh}^{-1} x \iff \text{senh}\, y = x$

$y = \cosh^{-1} x \iff \cosh y = x \;\text{ e }\; y \geq 0$

$y = \text{tgh}^{-1} x \iff \text{tgh}\, y = x$

$\text{senh}^{-1} x = \ln\left(x + \sqrt{x^2 + 1}\right)$

$\cosh^{-1} x = \ln\left(x + \sqrt{x^2 - 1}\right)$

$\text{tgh}^{-1} x = \tfrac{1}{2} \ln\left(\dfrac{1+x}{1-x}\right)$

REGRAS DE DERIVAÇÃO

Fórmulas Gerais

1. $\frac{d}{dx}(c) = 0$

2. $\frac{d}{dx}[cf(x)] = cf'(x)$

3. $\frac{d}{dx}[f(x) + g(x)] = f'(x) + g'(x)$

4. $\frac{d}{dx}[f(x) - g(x)] = f'(x) - g'(x)$

5. $\frac{d}{dx}[f(x)g(x)] = f(x)g'(x) + g(x)f'(x)$ (Regra de Produto)

6. $\frac{d}{dx}\left[\frac{f(x)}{g(x)}\right] = \frac{g(x)f'(x) - f(x)g'(x)}{[g(x)]^2}$ (Regra do Quociente)

7. $\frac{d}{dx} f(g(x)) = f'(g(x))g'(x)$ (Regra da Cadeia)

8. $\frac{d}{dx}(x^n) = nx^{n-1}$ (Regra da Potência)

Funções Exponenciais e Logarítmicas

9. $\frac{d}{dx}(e^x) = e^x$

10. $\frac{d}{dx}(b^x) = b^x \ln b$

11. $\frac{d}{dx} \ln|x| = \frac{1}{x}$

12. $\frac{d}{dx}(\log_b x) = \frac{1}{x \ln b}$

Funções Trigonométricas

13. $\frac{d}{dx}(\text{sen}\, x) = \cos x$

14. $\frac{d}{dx}(\cos x) = -\text{sen}\, x$

15. $\frac{d}{dx}(\text{tg}\, x) = \sec^2 x$

16. $\frac{d}{dx}(\text{cossec}\, x) = -\text{cossec}\, x\ \text{cotg}\, x$

17. $\frac{d}{dx}(\sec x) = \sec x\ \text{tg}\, x$

18. $\frac{d}{dx}(\text{cotg}\, x) = -\text{cossec}^2 x$

Funções Trigonométricas Inversas

19. $\frac{d}{dx}(\text{sen}^{-1} x) = \frac{1}{\sqrt{1 - x^2}}$

20. $\frac{d}{dx}(\cos^{-1} x) = -\frac{1}{\sqrt{1 - x^2}}$

21. $\frac{d}{dx}(\text{tg}^{-1} x) = \frac{1}{1 + x^2}$

22. $\frac{d}{dx}(\text{cossec}^{-1} x) = -\frac{1}{x\sqrt{x^2 - 1}}$

23. $\frac{d}{dx}(\sec^{-1} x) = \frac{1}{x\sqrt{x^2 - 1}}$

24. $\frac{d}{dx}(\text{cotg}^{-1} x) = -\frac{1}{1 + x^2}$

Funções Hiperbólicas

25. $\frac{d}{dx}(\text{senh}\, x) = \cosh x$

26. $\frac{d}{dx}(\cosh x) = \text{senh}\, x$

27. $\frac{d}{dx}(\text{tgh}\, x) = \text{sech}^2 x$

28. $\frac{d}{dx}(\text{cossech}\, x) = -\text{cossech}\, x\ \text{cotgh}\, x$

29. $\frac{d}{dx}(\text{sech}\, x) = -\text{sech}\, x\ \text{tgh}\, x$

30. $\frac{d}{dx}(\text{cotgh}\, x) = -\text{cossech}^2 x$

Funções Hiperbólicas Inversas

31. $\frac{d}{dx}(\text{senh}^{-1} x) = \frac{1}{\sqrt{1 + x^2}}$

32. $\frac{d}{dx}(\cosh^{-1} x) = -\frac{1}{\sqrt{x^2 - 1}}$

33. $\frac{d}{dx}(\text{tgh}^{-1} x) = \frac{1}{1 - x^2}$

34. $\frac{d}{dx}(\text{cossech}^{-1} x) = -\frac{1}{|x|\sqrt{x^2 + 1}}$

35. $\frac{d}{dx}(\text{sech}^{-1} x) = -\frac{1}{x\sqrt{1 - x^2}}$

36. $\frac{d}{dx}(\text{cotgh}^{-1} x) = \frac{1}{1 - x^2}$

TABELA DE INTEGRAIS

Fórmulas Básicas

1. $\int u\,dv = uv - \int v\,du$

2. $\int u^n\,du = \dfrac{u^{n+1}}{n+1} + C, \quad n \neq -1$

3. $\int \dfrac{du}{u} = \ln|u| + C$

4. $\int e^u\,du = e^u + C$

5. $\int b^u\,du = \dfrac{b^u}{\ln b} + C$

6. $\int \operatorname{sen} u\,du = -\cos u + C$

7. $\int \cos u\,du = \operatorname{sen} u + C$

8. $\int \sec^2 u\,du = \operatorname{tg} u + C$

9. $\int \operatorname{cossec}^2 u\,du = -\operatorname{cotg} u + C$

10. $\int \sec u\,\operatorname{tg} u\,du = \sec u + C$

11. $\int \operatorname{cossec} u\,\operatorname{cotg} u\,du = -\operatorname{cossec} u + C$

12. $\int \operatorname{tg} u\,du = \ln|\sec u| + C$

13. $\int \operatorname{cotg} u\,du = \ln|\operatorname{sen} u| + C$

14. $\int \sec u\,du = \ln|\sec u + \operatorname{tg} u| + C$

15. $\int \operatorname{cossec} u\,du = \ln|\operatorname{cossec} u - \operatorname{cotg} u| + C$

16. $\int \dfrac{du}{\sqrt{a^2 - u^2}} = \operatorname{sen}^{-1}\dfrac{u}{a} + C, \quad a > 0$

17. $\int \dfrac{du}{a^2 + u^2} = \dfrac{1}{a}\operatorname{tg}^{-1}\dfrac{u}{a} + C$

18. $\int \dfrac{du}{u\sqrt{u^2 - a^2}} = \dfrac{1}{a}\sec^{-1}\dfrac{u}{a} + C$

19. $\int \dfrac{du}{a^2 - u^2} = \dfrac{1}{2a}\ln\left|\dfrac{u+a}{u-a}\right| + C$

20. $\int \dfrac{du}{u^2 - a^2} = \dfrac{1}{2a}\ln\left|\dfrac{u-a}{u+a}\right| + C$

Funções Trigonométricas $\sqrt{a^2 + u^2}$, $a > 0$

21. $\int \sqrt{a^2 + u^2}\,du = \dfrac{u}{2}\sqrt{a^2 + u^2} + \dfrac{a^2}{2}\ln\left(u + \sqrt{a^2 + u^2}\right) + C$

22. $\int u^2\sqrt{a^2 + u^2}\,du = \dfrac{u}{8}(a^2 + 2u^2)\sqrt{a^2 + u^2} - \dfrac{a^4}{8}\ln\left(u + \sqrt{a^2 + u^2}\right) + C$

23. $\int \dfrac{\sqrt{a^2 + u^2}}{u}\,du = \sqrt{a^2 + u^2} - a\ln\left|\dfrac{a + \sqrt{a^2 + u^2}}{u}\right| + C$

24. $\int \dfrac{\sqrt{a^2 + u^2}}{u^2}\,du = -\dfrac{\sqrt{a^2 + u^2}}{u} + \ln\left(u + \sqrt{a^2 + u^2}\right) + C$

25. $\int \dfrac{du}{\sqrt{a^2 + u^2}} = \ln\left(u + \sqrt{a^2 + u^2}\right) + C$

26. $\int \dfrac{u^2\,du}{\sqrt{a^2 + u^2}} = \dfrac{u}{2}\sqrt{a^2 + u^2} - \dfrac{a^2}{2}\ln\left(u + \sqrt{a^2 + u^2}\right) + C$

27. $\int \dfrac{du}{u\sqrt{a^2 + u^2}} = -\dfrac{1}{a}\ln\left|\dfrac{\sqrt{a^2 + u^2} + a}{u}\right| + C$

28. $\int \dfrac{du}{u^2\sqrt{a^2 + u^2}} = -\dfrac{\sqrt{a^2 + u^2}}{a^2 u} + C$

29. $\int \dfrac{du}{(a^2 + u^2)^{3/2}} = -\dfrac{u}{a^2\sqrt{a^2 + u^2}} + C$

TABELA DE INTEGRAIS

Fórmulas Envolvendo $\sqrt{a^2 - u^2}$, $a > 0$

30. $\int \sqrt{a^2 - u^2}\,du = \frac{u}{2}\sqrt{a^2 - u^2} + \frac{a^2}{2}\text{sen}^{-1}\frac{u}{a} + C$

31. $\int u^2\sqrt{a^2 - u^2}\,du = \frac{u}{8}(2u^2 - a^2)\sqrt{a^2 - u^2} + \frac{a^4}{8}\text{sen}^{-1}\frac{u}{a} + C$

32. $\int \frac{\sqrt{a^2 - u^2}}{u}\,du = \sqrt{a^2 - u^2} - a\ln\left|\frac{a + \sqrt{a^2 - u^2}}{u}\right| + C$

33. $\int \frac{\sqrt{a^2 - u^2}}{u^2}\,du = -\frac{1}{u}\sqrt{a^2 - u^2} - \text{sen}^{-1}\frac{u}{a} + C$

34. $\int \frac{u^2\,du}{\sqrt{a^2 - u^2}} = -\frac{u}{2}\sqrt{a^2 - u^2} + \frac{a^2}{2}\text{sen}^{-1}\frac{u}{a} + C$

35. $\int \frac{du}{u\sqrt{a^2 - u^2}} = -\frac{1}{a}\ln\left|\frac{a + \sqrt{a^2 - u^2}}{u}\right| + C$

36. $\int \frac{du}{u^2\sqrt{a^2 - u^2}} = -\frac{1}{a^2u}\sqrt{a^2 - u^2} + C$

37. $\int (a^2 - u^2)^{3/2}\,du - -\frac{u}{8}(2u^2 - 5a^2)\sqrt{a^2 - u^2} + \frac{3a^4}{8}\text{sen}^{-1}\frac{u}{a} + C$

38. $\int \frac{du}{(a^2 - u^2)^{3/2}} = -\frac{u}{a^2\sqrt{a^2 - u^2}} + C$

Fórmulas Envolvendo $\sqrt{u^2 - a^2}$, $a > 0$

39. $\int \sqrt{u^2 - a^2}\,du = \frac{u}{2}\sqrt{u^2 - a^2} - \frac{a^2}{2}\ln\left|u + \sqrt{u^2 - a^2}\right| + C$

40. $\int u^2\sqrt{u^2 - a^2}\,du = \frac{u}{8}(2u^2 - a^2)\sqrt{u^2 - a^2} - \frac{a^4}{8}\ln\left|u + \sqrt{u^2 - a^2}\right| + C$

41. $\int \frac{\sqrt{u^2 - a^2}}{u}\,du = \sqrt{u^2 - a^2} - a\cos^{-1}\frac{a}{|u|} + C$

42. $\int \frac{\sqrt{u^2 - a^2}}{u^2}\,du = -\frac{\sqrt{u^2 - a^2}}{u} + \ln\left|u + \sqrt{u^2 - a^2}\right| + C$

43. $\int \frac{du}{\sqrt{u^2 - a^2}} = \ln\left|u + \sqrt{u^2 - a^2}\right| + C$

44. $\int \frac{u^2\,du}{\sqrt{u^2 - a^2}} = \frac{u}{2}\sqrt{u^2 - a^2} + \frac{a^2}{2}\ln\left|u + \sqrt{u^2 - a^2}\right| + C$

45. $\int \frac{du}{u^2\sqrt{u^2 - a^2}} = \frac{\sqrt{u^2 - a^2}}{a^2u} + C$

46. $\int \frac{du}{(u^2 - a^2)^{3/2}} = \frac{u}{a^2\sqrt{u^2 - a^2}} + C$

(continua)

TABELA DE INTEGRAIS

Fórmulas Envolvendo $a + bu$

47. $\int \frac{u\,du}{a+bu} = \frac{1}{b^2}(a+bu-a\ln|a+bu|)+C$

48. $\int \frac{u^2\,du}{a+bu} = \frac{1}{2b^2}\left[(a+bu)^2-4a(a+bu)+2a^2\ln|a+bu|\right]+C$

49. $\int \frac{du}{u(a+bu)} = \frac{1}{a}\ln\left|\frac{u}{a+bu}\right|+C$

50. $\int \frac{du}{u^2(a+bu)} = -\frac{1}{au}+\frac{b}{a^2}\ln\left|\frac{a+bu}{u}\right|+C$

51. $\int \frac{u\,du}{(a+bu)^2} = -\frac{a}{b^2(a+bu)}+\frac{1}{b^2}\ln|a+bu|+C$

52. $\int \frac{du}{u(a+bu)^2} = \frac{1}{a(a+bu)}-\frac{1}{a^2}\ln\left|\frac{a+bu}{u}\right|+C$

53. $\int \frac{u^2\,du}{(a+bu)^2} = \frac{1}{b^3}\left(a+bu-\frac{a^2}{a+bu}-2a\ln|a+bu|\right)+C$

54. $\int u\sqrt{a+bu}\,du = \frac{2}{15b^2}(3bu-2a)(a+bu)^{3/2}+C$

55. $\int \frac{u\,du}{\sqrt{a+bu}} = \frac{2}{3b^2}(bu-2a)\sqrt{a+bu}+C$

56. $\int \frac{u^2\,du}{\sqrt{a+bu}} = \frac{2}{15b^3}(8a^2+3b^2u^2-4abu)\sqrt{a+bu}+C$

57. $\int \frac{du}{u\sqrt{a+bu}} = \frac{1}{\sqrt{a}}\ln\left|\frac{\sqrt{a+bu}-\sqrt{a}}{\sqrt{a+bu}+\sqrt{a}}\right|+C$, se $a>0$

$= \frac{2}{\sqrt{-a}}\operatorname{tg}^{-1}\sqrt{\frac{a+bu}{-a}}+C$, se $a<0$

58. $\int \frac{\sqrt{a+bu}}{u}\,du = 2\sqrt{a+bu}+a\int\frac{du}{u\sqrt{a+bu}}$

59. $\int \frac{\sqrt{a+bu}}{u^2}\,du = -\frac{\sqrt{a+bu}}{u}+\frac{b}{2}\int\frac{du}{u\sqrt{a+bu}}$

60. $\int u^n\sqrt{a+bu}\,du = \frac{2}{b(2n+3)}\left[u^n(a+bu)^{3/2}-na\int u^{n-1}\sqrt{a+bu}\,du\right]$

61. $\int \frac{u^n\,du}{\sqrt{a+bu}} = \frac{2u^n\sqrt{a+bu}}{b(2n+1)}-\frac{2na}{b(2n+1)}\int\frac{u^{n-1}\,du}{\sqrt{a+bu}}$

62. $\int \frac{du}{u^n\sqrt{a+bu}} = -\frac{\sqrt{a+bu}}{a(n-1)u^{n-1}}-\frac{b(2n-3)}{2a(n-1)}\int\frac{du}{u^{n-1}\sqrt{a+bu}}$

TABELA DE INTEGRAIS

Fórmulas Trigonométricas

63. $\int \operatorname{sen}^2 u\,du = \frac{1}{2}u - \frac{1}{4}\operatorname{sen} 2u + C$

64. $\int \cos^2 u\,du = \frac{1}{2}u + \frac{1}{4}\operatorname{sen} 2u + C$

65. $\int \operatorname{tg}^2 u\,du = \operatorname{tg} u - u + C$

66. $\int \operatorname{cotg}^2 u\,du = -\operatorname{cotg} u - u + C$

67. $\int \operatorname{sen}^3 u\,du = -\frac{1}{3}(2 + \operatorname{sen}^2 u)\cos u + C$

68. $\int \cos^3 u\,du = \frac{1}{3}(2 + \cos^2 u)\operatorname{sen} u + C$

69. $\int \operatorname{tg}^3 u\,du = \frac{1}{2}\operatorname{tg}^2 u + \ln|\cos u| + C$

70. $\int \operatorname{cotg}^3 u\,du = -\frac{1}{2}\operatorname{cotg}^2 u - \ln|\operatorname{sen} u| + C$

71. $\int \sec^3 u\,du = \frac{1}{2}\sec u \operatorname{tg} u + \frac{1}{2}\ln|\sec u + \operatorname{tg} u| + C$

72. $\int \operatorname{cossec}^3 u\,du = -\frac{1}{2}\operatorname{cossec} u \operatorname{cotg} u + \frac{1}{2}\ln|\operatorname{cossec} u - \operatorname{cotg} u| + C$

73. $\int \operatorname{sen}^n u\,du = -\frac{1}{n}\operatorname{sen}^{n-1} u \cos u + \frac{n-1}{n}\int \operatorname{sen}^{n-2} u\,du$

74. $\int \cos^n u\,du = \frac{1}{n}\cos^{n-1} u \operatorname{sen} u + \frac{n-1}{n}\int \cos^{n-2} u\,du$

75. $\int \operatorname{tg}^n u\,du = \frac{1}{n-1}\operatorname{tg}^{n-1} u - \int \operatorname{tg}^{n-2} u\,du$

76. $\int \operatorname{cotg}^n u\,du = \frac{-1}{n-1}\operatorname{cotg}^{n-1} u - \int \operatorname{cotg}^{n-2} u\,du$

77. $\int \sec^n u\,du = \frac{1}{n-1}\operatorname{tg} u \sec^{n-2} u + \frac{n-2}{n-1}\int \sec^{n-2} u\,du$

78. $\int \operatorname{cossec}^n u\,du = \frac{1}{n-1}\operatorname{cotg} u \operatorname{cossec}^{n-2} u + \frac{n-2}{n-1}\int \operatorname{cossec}^{n-2} u\,du$

79. $\int \operatorname{sen} au \operatorname{sen} bu\,du = \frac{\operatorname{sen}(a-b)u}{2(a-b)} - \frac{\operatorname{sen}(a+b)u}{2(a+b)} + C$

80. $\int \cos au \cos bu\,du = \frac{\operatorname{sen}(a-b)u}{2(a-b)} + \frac{\operatorname{sen}(a+b)u}{2(a+b)} + C$

81. $\int \operatorname{sen} au \cos bu\,du = -\frac{\cos(a-b)u}{2(a-b)} - \frac{\cos(a+b)u}{2(a+b)} + C$

82. $\int u \operatorname{sen} u\,du = \operatorname{sen} u - u\cos + C$

83. $\int u \cos u\,du = \cos u + u \operatorname{sen} + C$

84. $\int u^n \operatorname{sen} u\,du = -u^n \cos u + u \int u^{n-1} \cos u\,du$

85. $\int u^n \cos u\,du = u^n \operatorname{sen} u - n \int u^{n-1} \operatorname{sen} u\,du$

86. $\int \operatorname{sen}^n u \cos^m u\,du = -\frac{\operatorname{sen}^{n-1} u \cos^{m+1} u}{n+m} + \frac{n-1}{n+m}\int \operatorname{sen}^{n-2} u \cos^m u\,du$

$= \frac{\operatorname{sen}^{n+1} u \cos^{m-1} u}{n+m} + \frac{m-1}{n+m}\int \operatorname{sen}^n u \cos^{m-2} u\,du$

Fórmulas Trigonométricas Inversas

87. $\int \operatorname{sen}^{-1} u\,du = u \operatorname{sen}^{-1} u + \sqrt{1-u^2} + C$

88. $\int \cos^{-1} u\,du = u \cos^{-1} u - \sqrt{1-u^2} + C$

89. $\int \operatorname{tg}^{-1} u\,du = u \operatorname{tg}^{-1} u - \frac{1}{2}\ln(1+u^2) + C$

90. $\int u \operatorname{sen}^{-1} u\,du = \frac{2u^2-1}{4}\operatorname{sen}^{-1} u + \frac{u\sqrt{1-u^2}}{4} + C$

91. $\int u \cos^{-1} u\,du = \frac{2u^2-1}{4}\cos^{-1} u + \frac{u\sqrt{1-u^2}}{4} + C$

92. $\int u \operatorname{tg}^{-1} u\,du = \frac{u^2+1}{2}\operatorname{tg}^{-1} u - \frac{u}{2} + C$

93. $\int u^n \operatorname{sen}^{-1} u\,du = \frac{1}{n+1}\left[u^{n+1}\operatorname{sen}^{-1} u - \int \frac{u^{n+1}\,du}{\sqrt{1-u^2}}\right], \quad n \neq -1$

94. $\int u^n \cos^{-1} u\,du = \frac{1}{n+1}\left[u^{n+1}\cos^{-1} u + \int \frac{u^{n+1}\,du}{\sqrt{1-u^2}}\right], \quad n \neq -1$

95. $\int u^n \operatorname{tg}^{-1} u\,du = \frac{1}{n+1}\left[u^{n+1}\operatorname{tg}^{-1} u - \int \frac{u^{n+1}\,du}{1+u^2}\right], \quad n \neq -1$

(continua)

TABELA DE INTEGRAIS

Fórmulas Exponenciais e Logarítmicas

96. $\int ue^{au}\,du = \frac{1}{a^2}(au-1)e^{au} + C$

97. $\int u^n e^{au}\,du = \frac{1}{a}u^n e^{au} - \frac{n}{a}\int u^{n-1}e^{au}\,du$

98. $\int e^{au}\operatorname{sen} bu\,du = \frac{e^{au}}{a^2+b^2}(a\operatorname{sen} bu - b\cos bu) + C$

99. $\int e^{au}\cos bu\,du = \frac{e^{au}}{a^2+b^2}(a\cos bu + b\operatorname{sen} bu) + C$

100. $\int \ln u\,du = u\ln u - u + C$

101. $\int u^n \ln u\,du = \frac{u^{n+1}}{(n+1)^2}[(n+1)\ln u - 1] + C$

102. $\int \frac{1}{u\ln u}\,du = \ln|\ln u| + C$

Fórmulas Hiperbólicas

103. $\int \operatorname{senh} u\;du = \cosh u + C$

104. $\int \cosh u\;du = \operatorname{senh} u + C$

105. $\int \operatorname{tgh} u\;du = \ln\cosh u + C$

106. $\int \operatorname{cotgh} u\;du = \ln|\operatorname{senh} u| + C$

107. $\int \operatorname{sech} u\;du = \operatorname{tg}^{-1}|\operatorname{senh} u| + C$

108. $\int \operatorname{cosech} u\;du = \ln\left|\operatorname{tgh}\tfrac{1}{2}u\right| + C$

109. $\int \operatorname{sech}^2 u\;du = \operatorname{tgh} u + C$

110. $\int \operatorname{cossech}^2 u\;du = -\operatorname{cotgh} u + C$

111. $\int \operatorname{sech} u\;\operatorname{tgh} u\,du = -\operatorname{sech} u + C$

112. $\int \operatorname{cossech} u\;\operatorname{cotgh} u\,du = -\operatorname{cossech} u + C$

Fórmulas Envolvendo $\sqrt{2au-u^2}$, $a>0$

113. $\int \sqrt{2au-u^2}\,du = \frac{u-a}{2}\sqrt{2au-u^2} + \frac{a^2}{2}\cos^{-1}\left(\frac{a-u}{a}\right) + C$

114. $\int u\sqrt{2au-u^2}\,du = \frac{2u^2-au-3a^2}{6}\sqrt{2au-u^2} + \frac{a^3}{2}\cos^{-1}\left(\frac{a-u}{a}\right) + C$

115. $\int \frac{\sqrt{2au-u^2}}{u}\,du = \sqrt{2au-u^2} + a\cos^{-1}\left(\frac{a-u}{a}\right) + C$

116. $\int \frac{\sqrt{2au-u^2}}{u^2}\,du = -\frac{2\sqrt{2au-u^2}}{u} - \cos^{-1}\left(\frac{a-u}{a}\right) + C$

117. $\int \frac{du}{\sqrt{2au-u^2}} = \cos^{-1}\left(\frac{a-u}{a}\right) + C$

118. $\int \frac{u\,du}{\sqrt{2au-u^2}} = -\sqrt{2au-u^2} + a\cos^{-1}\left(\frac{a-u}{a}\right) + C$

119. $\int \frac{u^2\,du}{\sqrt{2au-u^2}} = -\frac{(u+3a)}{2}\sqrt{2au-u^2} + \frac{3a^2}{2}\cos^{-1}\left(\frac{a-u}{a}\right) + C$

120. $\int \frac{du}{u\sqrt{2au-u^2}} = -\frac{\sqrt{2au-u^2}}{au} + C$

Este livro foi impresso na
LIS GRÁFICA E EDITORA LTDA.
Rua Felício Antônio Alves, 370 – Bonsucesso
CEP 07175-450 – Guarulhos – SP
Fone: (11) 3382-0777 – Fax: (11) 3382-0778
lisgrafica@lisgrafica.com.br – www.lisgrafica.com.br